AF723042

Reihenentwicklungen

$$f(z) = f(a) + f'(a)(z-a) + \frac{1}{2!}f''(a)(z-a)^2 + \frac{1}{3!}f'''(a)(z-a)^3 + \cdots \qquad \text{[Taylor-Reihe]}$$

$$e^z = 1 + z + \frac{1}{2!}z^2 + \frac{1}{3!}z^3 + \cdots \qquad \ln(1+z) = z - \frac{1}{2}z^2 + \frac{1}{3}z^3 - \cdots [\,|z| < 1]$$

$$\cos z = 1 - \frac{1}{2!}z^2 + \frac{1}{4!}z^4 - \cdots \qquad \sin z = z - \frac{1}{3!}z^3 + \frac{1}{5!}z^5 - \cdots$$

$$\cosh z = 1 + \frac{1}{2!}z^2 + \frac{1}{4!}z^4 + \cdots \qquad \sinh z = z + \frac{1}{3!}z^3 + \frac{1}{5!}z^5 + \cdots$$

$$\tan z = z + \frac{1}{3}z^3 + \frac{2}{15}z^5 + \cdots [\,|z| < \pi/2] \qquad \tanh z = z - \frac{1}{3}z^3 + \frac{2}{15}z^5 - \cdots [\,|z| < \pi/2]$$

$$(1+z)^n = 1 + nz + \frac{n(n-1)}{2!}z^2 + \cdots [\,|z| < 1] \qquad \text{[Binomial-Reihe]}$$

Einige Ableitungen

$$\frac{d}{dz}\tan z = \sec^2 z \qquad \frac{d}{dz}\tanh z = \operatorname{sech}^2 z$$

$$\frac{d}{dz}\sinh z = \cosh z \qquad \frac{d}{dz}\cosh z = \sinh z$$

Einige Integrale

$$\int \frac{dx}{1+x^2} = \arctan x \qquad \int \frac{dx}{1-x^2} = \operatorname{arctanh} x$$

$$\int \frac{dx}{\sqrt{1-x^2}} = \arcsin x \qquad \int \frac{dx}{\sqrt{1+x^2}} = \operatorname{arcsinh} x$$

$$\int \tan x\, dx = -\ln\cos x \qquad \int \tanh x\, dx = \ln\cosh x$$

$$\int \frac{dx}{x+x^2} = \ln\left(\frac{x}{1+x}\right) \qquad \int \frac{x\,dx}{1+x^2} = \frac{1}{2}\ln(1+x^2)$$

$$\int \frac{dx}{\sqrt{x^2-1}} = \operatorname{arccosh} x \qquad \int \frac{x\,dx}{\sqrt{1+x^2}} = \sqrt{1+x^2}$$

$$\int \frac{dx}{x\sqrt{x^2-1}} = \arccos(1/x) \qquad \int \frac{\sqrt{x}\,dx}{\sqrt{1-x}} = \arcsin(\sqrt{x}) - \sqrt{x(1-x)}$$

$$\int \frac{dx}{(1+x^2)^{3/2}} = \frac{x}{(1+x^2)^{1/2}} \qquad \int \ln(x)\,dx = x\ln(x) - x$$

$$\int_0^1 \frac{dx}{\sqrt{1-x^2}\sqrt{1-mx^2}} = K(m), \quad \text{vollständiges elliptisches Integral erster Art}$$

Klassische Mechanik

Klassische Mechanik

Ein Lehr- und Übungsbuch

John R. Taylor

ALWAYS LEARNING PEARSON

Bibliografische Information der Deutschen Nationalbibliothek

Die Deutsche Nationalbibliothek verzeichnet diese Publikation in der Deutschen Nationalbibliografie; detaillierte bibliografische Daten sind im Internet über <http://dnb.dnb.de> abrufbar.

Die Informationen in diesem Buch werden ohne Rücksicht auf einen eventuellen Patentschutz veröffentlicht. Warennamen werden ohne Gewährleistung der freien Verwendbarkeit benutzt.

Bei der Zusammenstellung von Texten und Abbildungen wurde mit größter Sorgfalt vorgegangen. Trotzdem können Fehler nicht ausgeschlossen werden. Verlag, Herausgeber und Autoren können für fehlerhafte Angaben und deren Folgen weder eine juristische Verantwortung noch irgendeine Haftung übernehmen. Für Verbesserungsvorschläge und Hinweise auf Fehler sind Verlag und Herausgeber dankbar.

Es konnten nicht alle Rechteinhaber von Abbildungen ermittelt werden. Sollte dem Verlag gegenüber der Nachweis der Rechtsinhaberschaft geführt werden, wird das branchenübliche Honorar nachträglich gezahlt.

Authorized translation from the English language edition, entitled CLASSICAL MECHANICS by JOHN R. TAYLOR, published by University Science Books © 2005. All rights reserved. No animals were harmed. No part of this book may be reproduced or transmitted in any form or by any means, electronic or mechanical, including photocopying, recording or by any information storage retrieval system, without permission from Pearson Education, Inc. GERMAN language edition published by PEARSON DEUTSCHLAND GMBH, Copyright © 2014.

Alle Rechte vorbehalten, auch die der fotomechanischen Wiedergabe und der Speicherung in elektronischen Medien. Die gewerbliche Nutzung der in diesem Produkt gezeigten Modelle und Arbeiten ist nicht zulässig.

Fast alle Hardware- und Softwarebezeichnungen und weitere Stichworte und sonstige Angaben, die in diesem Buch verwendet werden, sind als eingetragene Marken geschützt. Da es nicht möglich ist, in allen Fällen zeitnah zu ermitteln, ob ein Markenschutz besteht, wird das ® Symbol in diesem Buch nicht verwendet.

10 9 8 7 6 5 4 3 2 1

16 15 14

ISBN 978-3-86894-186-9
ISBN 978-3-86326-054-5 (E-Book)

© 2014 by Pearson Deutschland GmbH
Lilienthalstraße 2, 85399 Hallbergmoos
Alle Rechte vorbehalten
www.pearson.de
A part of Pearson plc worldwide

Programmleitung: Birger Peil, bpeil@pearson.de
Fachlektorat: Prof. Dr. Ulrich Schollwöck, München
Übersetzung: Carsten Heinisch, Heinisch@redaktor.de, Kaiserslautern
Korrektorat: Dr. Helmut Jarosch, Berlin
Herstellung: Philipp Burkart, pburkart@pearson.de
Satz: le-tex publishing services GmbH, Leipzig
Druck und Verarbeitung: Drukarnia Dimograf, Bielsko-Biała

Printed in Poland

Inhaltsverzeichnis

Übersicht der Beispiele

Vorwort zur Originalausgabe

Dieses Buch richtet sich an Studierende der Naturwissenschaften, speziell an Physiker, die im Rahmen der Einführungskurse (die „freshman physics" an einer typischen amerikanischen Universität) bereits einige Kenntnisse in Mechanik erworben haben und nun zu einem tieferen Einblick in dieses Thema bereit sind. Das Buch erwuchs aus einem Mechanik-Kurs für Anfänger, der am Physik-Department der University of Colorado gehalten und hauptsächlich von Studierenden mit dem Hauptfach Physik, aber auch Mathematik, Chemie oder Maschinenbau besucht wurde. Praktisch alle dieses Studierenden hatten den einjährigen Einführungskurs in die Physik gehört und somit eine zumindest oberflächliche Vertrautheit mit den Newton'schen Gesetzen und den Konzepten von Energie, Impuls, der harmonischen Schwingung und so weiter. In diesem Buch baue ich auf dieser oberflächlichen Vertrautheit auf, um ein tiefergehendes Verständnis dieser grundlegenden Ideen herbeizuführen, und gehe dann über zu eher fortgeschrittenen Themen wie der Lagrange'schen und der Hamilton'schen Formulierung der Mechanik, der Mechanik in nichtinertialen Bezugssystemen, der Bewegung von starren Körpern, gekoppelten Oszillatoren, Chaostheorie und einigen weiteren mehr.

Mechanik ist natürlich die Untersuchung von Dingen, die sich bewegen – etwa wie sich ein Elektron in der Bildröhre eines Fernsehers bewegt, wie ein Fußball durch die Luft fliegt, wie ein Komet sich um die Sonne bewegt. Die klassische Mechanik ist die Form der Mechanik, wie sie von Galilei und Newton im siebzehnten Jahrhundert entwickelt und dann von Lagrange im achtzehnten und von Hamilton im neunzehnten Jahrhundert neu formuliert wurde. Für über zweihundert Jahre schien es, als sei die klassische Mechanik die *einzige* Form der Mechanik und als könne sie die Bewegung aller denkbaren Systeme beschreiben.

Dann wurde in zwei großen Umwälzungen zu Beginn des zwanzigsten Jahrhunderts gezeigt, dass dies nicht der Fall ist: Die klassische Mechanik kann weder die Bewegung von Objekten beschreiben, die sich nahezu mit Lichtgeschwindigkeit bewegen, noch eignet sie sich zur Beschreibung von subatomaren Teilchen, die sich innerhalb von Atomen bewegen. Die Jahre zwischen etwa 1900 und 1930 erlebten die Entwicklung der relativistischen Mechanik – vorwiegend zur Beschreibung sehr schneller Körper – und der Quantenmechnik, mit der sich subatomare Systeme beschreiben lassen. Angesichts dieser Konkurrenz könnte man meinen, die klassische Mechanik habe viel von ihrer Bedeutung und ihrer Geltung verloren. Das Gegenteil ist der Fall: Heute, am Beginn des 21. Jahrhunderts, ist die klassische Mechanik so wichtig und so glanzvoll wie seit jeher. Ihre Zählebigkeit verdankt sie drei Aspekten: Erstens gibt es nach wie vor sehr viele physikalische Systeme, die sich mithilfe der klassischen Mechanik am besten beschreiben lassen. Um die Umlaufbahnen von Raumfahrzeugen oder von geladenen Teilchen in modernen Beschleunigern zu verstehen, muss man die klassische Mechanik verstanden haben. Zweitens haben neuere Entwicklungen in der klassischen Mechanik, überwiegend im Zusammenhang mit dem Aufkommen der Chaostheorie, ganz neue Zweige der Physik und der Mathematik hervorgebracht, die auch den Begriff der Kausalität verändert haben. Gerade diese neuen Ideen haben einige der besten Köpfe in der Physik dazu gebracht, sich wieder mit klassischer Physik zu beschäftigen. Und drittens gilt heute wie schon früher, dass ein umfassendes Verständnis der klassischen Mechanik die fachliche Voraussetzung dafür ist, sich auch mit der Relativitätstheorie und der Quantenmechanik zu beschäftigen.

Die Physiker verwenden den Begriff „klassische Mechanik" recht uneinheitlich. Viele bezeichnen damit nur die Mechanik von Newton, Lagrange und Hamilton; für sie schließt die „klassische Mechanik" die Relativitätstheorie und die Quantenmechanik aus. Es gibt aber in anderen Gebieten der Physik die Neigung, auch die Relativitätstheorie als Teil der „klassischen Physik" anzusehen; für Personen mit dieser Ansicht bedeutet „klassische Physik" einfach „Nicht-Quantenmechanik". Wohl als Reflex dieser zweiten Ansicht enthalten viele Kurse, die als „klassische Mechanik" bezeichnet werden, auch eine Einführung in die Relativitätstheorie. Aus diesem Grund habe auch ich ein Kapitel zur relativistischen Mechanik eingefügt, das Sie ganz nach Belieben lesen oder auslassen können.

Ein Kurs in klassischer Mechanik hat einen attraktiven Nebennutzen: Er ist eine wunderbare Gelegenheit, die mathematischen Techniken zu lernen, die man in allen anderen Zweigen der Physik ebenfalls braucht – Vektoren, Vektorrechnung, Differenzialgleichungen, komplexe Zahlen, Taylor-Reihen, Fourier-Reihen, Variationsrechnung und Matrizenrechnung. Ich habe versucht, wenigstens einen minimalen Überblick bzw. eine Einführung in jedes dieser Themen zu geben (mit Literaturangaben zum Weiterlesen) und ihren Gebrauch in dem normalerweise relativ einfachen Kontext der klassischen Mechanik zu beschreiben. Ich hoffe, dass Sie nach dem Durcharbeiten dieses Buches ein gesteigertes Vertrauen darin haben, diese wichtigen Werkzeuge wirklich gebrauchen zu können.

Es ist unvermeidlich, dass dieses Buch weit mehr Stoff enthält, als in einem einsemestrigen Kurs behandelt werden kann. Ich habe versucht, Ihnen die Auswahl dessen, was weggelassen werden kann, zu erleichtern. Das Buch besteht aus zwei Teilen: Teil I enthält elf Kapitel mit „grundlegendem" Stoff, die am besten hintereinander gelesen werden sollten; Teil II dagegen enthält fünf „weiterführende Themen", die jeweils unabhängig voneinander sind und die ohne Bezugnahme auf die anderen gelesen werden können. Diese Einteilung ist natürlich subjektiv, und wie Sie damit umgehen, hängt von Ihren Vorkenntnissen (oder denen Ihrer Studierenden) ab. In unserem einsemestrigen Kurs an der University of Colorado habe ich immer wieder nur Teil I durchgenommen; den zweiten Teil habe ich nur dann behandelt, wenn einige Studierende eines der dort angesprochenen Themen im Rahmen von Semesterprojekten näher bearbeiteten (was ihnen übrigens Spaß zu machen schien). Einige Dozenten, die mit einer vorangegangenen Auflage dieses Buchs arbeiteten, fanden bei ihren Studierenden derart gute Vorkenntnisse, dass sie die ersten vier oder fünf Kapitel nur im Schnelldurchgang behandelten, sodass mehr Zeit für einige Themen aus Teil II blieb. An Hochschulen, an denen der Mechanikkurs zwei Semester dauert, hat es sich als gangbar erwiesen, Teil I komplett und Teil II zum großen Teil zu behandeln.

Weil die Kapitel in Teil II voneinander unabhängig sind, kann man einige von ihnen schon behandeln, bevor Teil I abgeschlossen ist. Beispielsweise könnte man Kapitel 12 über das Chaos unmittelbar im Anschluss an Kapitel 5 über Schwingungen einfügen, und Kapitel 13 über die Hamilton'sche Mechanik könnte gleich im Anschluss an Kapitel 7 über die Lagrange'sche Mechanik gelesen werden. Eine Anzahl von Abschnitten ist mit einem Sternchen markiert, um anzudeuten, dass sie ohne Verlust des roten Fadens auch ausgelassen werden können. (Das heißt nicht, dass der Stoff unwichtig wäre. Ich hoffe sehr, dass Sie sich zu einem späteren Zeitpunkt mit diesem Stoff auseinandersetzen!)

Wie immer bei einem Physiklehrbuch ist es wesentlich, viele der Übungen am Ende eines jeden Kapitels durchzuarbeiten. Ich habe viele Übungsaufgaben aufgenommen, um sowohl den Dozenten als auch den Studierenden genügend Auswahl zu bieten. Einige davon betreffen einfach Anwendungen der Ideen aus dem entsprechenden Kapitel, einige spinnen diese Ideen weiter. Die Aufgaben sind nach den Abschnitten geordnet; auf diese Weise können – und sollten – Sie, sobald ein Abschnitt gelesen ist, einige der Aufgaben zu diesem Abschnitt bearbeiten. (Natürlich erfordern die Aufgaben zu einem bestimmten Abschnitt auch die Kenntnisse aus vorangegangenen Abschnitten; ich verspreche aber, dass Sie im Normalfall keinen Stoff aus späteren Abschnitten benötigen.) Ich habe versucht, die Aufgaben nach ihrem Schwierigkeitsgrad zu bewerten; die Kennzeichung geht von einem Stern (⋆) für eine unkomplizierte Aufgabe, die normalerweise nur ein einziges Grundkonzept erfordert, bis zu drei Sternen (⋆ ⋆ ⋆) für anspruchsvolle Aufgaben, in denen mehrere Gedankengänge verfolgt werden müssen und die möglicherweise viel Zeit und Mühe kosten. Diese Einschätzung ist aber recht subjektiv, sehr vage und erstaunlich schwierig durchzuführen. Alle Änderungsvorschläge, die Sie für nötig halten, sind mir willkommen.

Einige der Aufgaben erfordern einen Computer, um Kurven zu zeichnen, um Differenzialgleichungen zu lösen und so weiter. Keine von ihnen setzt eine bestimmte Software voraus; einige lassen sich mit relativ einfachen Systemen wie MathCad oder schon mit einer Tabellenkalkulation wie Excel bearbeiten, andere erfordern anspruchsvollere Programme wie Mathematica, Maple oder Matlab. (Nebenbei bietet der Kurs, für den dieses Buch geschrieben wurde, den Studierenden meiner Erfahrung nach eine gute Gelegenheit, eines dieser wunderbaren Mathematikprogramme kennenzulernen.) Aufgaben, für deren Bearbeitung der Einsatz eines Computers erforderlich ist, sind durch Computer gekennzeichnet. Ich habe sie in der Regel mit (⋆ ⋆ ⋆) oder wenigstens mit (⋆⋆) bewertet, weil es viel Zeit erfordert, den nötigen Programmcode zu schreiben. Natürlich fallen diese Aufgaben jenen Studierenden sehr viel leichter, die schon mit der nötigen Software vertraut sind.

Jedes Kapitel endet mit einer Zusammenfassung unter der Überschrift „Wichtige Definitionen und Formeln aus Kapitel *xx*". Eine solche Zusammenfassung kann hilfreich sein, um nach Abschluss eines Kapitels das eigene Verständnis zu prüfen. Sie dient auch zum Nachschlagen, wenn Sie eine Formel suchen, an deren Einzelheiten Sie sich nicht mehr erinnern können.

Es gibt eine Reihe von Personen, denen ich für ihre Hilfe und ihre Vorschläge danken möchte. An der University of Colorado gehören dazu die Professoren Larry Baggett, John Cary, Mike Dubson, Anatoli Levshin, Scott Parker, Steve Pollock und Mike Ritzwoller. Folgende Professoren von anderen Einrichtungen haben das Manuskript begutachtet oder eine vorangegangene Auflage in ihren Kursen benutzt:

- Meagan Aronson, U of Michigan
- Dan Bloom, Kalamazoo College
- Peter Blunden, U of Manitoba
- Andrew Cleland, UC Santa Barbara
- Gayle Cook, Cal Poly, San Luis Obispo
- Joel Fajans, UC Berkeley
- Richard Fell, Brandeis University
- Gayanath Fernando, U of Connecticut
- Jonathan Friedman, Amherst College

- David Goldhaber-Gordon, Stanford
- Thomas Griffy, U of Texas
- Elisabeth Gwinn, UC Santa Barbara
- Richard Hilt, Colorado College
- George Horton, Rutgers
- Lynn Knutson, U of Wisconsin
- Jonathan Maps, U of Minnesota, Duluth
- John Markert, U of Texas
- Michael Moloney, Rose-Hulman Institute
- Colin Morningstar, Carnegie Mellon
- Declan Mulhall, Cal Poly, San Luis Obispo
- Carl Mungan, US Naval Academy
- Robert Pompi, SUNY Binghamton
- Mark Semon, Bates College
- James Shepard, U of Colorado
- Richard Sonnenfeld, New Mexico Tech
- Edward Stern, U of Washington
- Michael Weinert, U of Wisconsin, Milwaukee
- Alma Zook, Pomona College

Ich bin ihnen und ihren Studierenden für die hilfreichen Kommentare sehr dankbar. Ich danke insbesondere Carl Mungan für seine erstaunliche Wachsamkeit beim Auffinden von Schreibfehlern und von unverständlichen oder zweideutigen Formulierungen, sowie Jonathan Friedman und seinem Studenten Ben Heidenreich, die mich vor einem äußerst peinlichen Fehler in Kapitel 10 bewahrt haben. Besonders dankbar bin ich meinen beiden Freunden und Kollegen Mark Semon vom Bates College und Dave Goodmanson von dem Flugzeughersteller Boeing; beide haben das Manuskript genauestens durchgekämmt und mir Hunderte von Änderungen vorgeschlagen; mein Dank gilt ebenso Christopher Taylor von der University of Wisconsin für seine geduldige Hilfe beim Einsatz von Mathematica und bei den Geheimnissen von LaTeX. Bruce Armbruster und Jane Ellis vom Verlag University Science Books sind der Traum eines jeden Autors. Mein Lektor Lee Young ist wirklich eine Rarität: Er kennt sich sowohl mit der Sprache als auch mit der Physik aus und hat viele wichtige Verbesserungen vorgeschlagen. Schließlich und besonders herzlich möchte ich meiner Frau Debby danken. Die Ehe mit einem Autor kann sehr anstrengend sein, aber sie kommt damit höchst wohlwollend zurecht. Als Englischlehrerin mit den höchstmöglichen Ansprüchen hat sie mir alles beigebracht, was ich über das Schreiben und die Verbesserung von Texten weiß. Ich bin ihr ewig dankbar.

John R. Taylor

Vorwort zur deutschen Ausgabe

Die klassische Mechanik ist eines der ältesten Gebiete der Physik: Ihre erste abgeschlossene Darstellung hat sie bereits im 17. Jahrhundert durch Isaac Newton erfahren, und im Prinzip ist bereits in dieser Darstellung alles Relevante enthalten, sofern man im Bereich kleiner Geschwindigkeiten bleibt und die Einstein'sche Relativitätstheorie nicht beachten muss. In dieser Form dominiert sie unseren Alltag bis heute. In der Tat waren das 18. und 19. Jahrhundert durch das Auffinden mathematisch eleganterer und leistungsfähigerer, aber im Ergebnis identischer Formulierungen sowie das Ausloten der praktischen physikalischen Konsequenzen, so etwa bei der Berechnung von Planetenbahnen, charakterisiert. Die Vervollständigung durch Einsteins Relativitätstheorie hat die klassische Mechanik zu einer in sich geschlossenen mathematisch-physikalischen Theorie gemacht, die geradezu als Paradigma einer physikalischen Theorie gelten kann und das Gegenstück zur klassischen Elektrodynamik ist, die Grundlage der statistischen Physik bildet und den Ausgangspunkt der Quantentheorie darstellt. Es wird daher wenig überraschen, dass in jedem Curriculum der Physik die klassische Mechanik an der Spitze der theoretischen Vorlesungen steht. Dennoch wurde und wird die klassische Mechanik oft nur als notwendiges, eingestaubtes Übel auf dem Weg zu den „wirklich interessanten" Bereichen der theoretischen Physik empfunden. In Wirklichkeit ist klassische Mechanik alles andere als eingestaubt, was so richtig erst wieder in den letzten fünfzig Jahren deutlich wurde: Insbesondere die Chaostheorie, deren Konsequenzen von der Entstehung des Wetters bis hin zu den Planetenbahnen im Sonnensystem reichen, hat diese Vorstellung als falsch entlarvt! Der phänomenologische Reichtum scheinbar einfacher mechanischer Systeme übersteigt alles, was man sich vorgestellt hatte; die Erkenntnis, dass Determinismus nicht zwingend Voraussagbarkeit zur Folge hat, war auch philosophisch von großer Wichtigkeit. Eleganz und Aktualität der klassischen Mechanik machen sie zu einem äußerst interessanten Studiengegenstand.

Natürlich gibt es bereits zahlreiche, oftmals herausragende Darstellungen der klassischen Mechanik und der angrenzenden Gebiete. Was das Buch *Klassische Mechanik* von John Taylor so besonders beliebt und reizvoll macht, ist die Breite der Darstellung und die frische Herangehensweise. Ohne besonders viel Mathematik vorauszusetzen, spannt Taylor den Bogen von der Newton'schen über die Lagrange'sche bis hin zur Hamilton'schen Mechanik; dabei behandelt er die wichtigsten Anwendungen sehr sorgfältig und stets mit klarer physikalischer Motivation und Begründung. Er verzichtet auf die oftmals sehr eingestaubten Beispiele, wie sie sich in älteren Lehrbüchern finden, und erliegt nicht der formalen Schönheit der klassischen Mechanik, die viele Autoren zu einer sehr abstrakten, eleganten, in einer ersten Begegnung jedoch eher abschreckenden mathematischen Formulierung verleitet. Zugleich behandelt er mit der nichtlinearen Mechanik (*vulgo* Chaostheorie) und Kontinuumsmechanik wichtige und aktuelle Gebiete der klassischen Mechanik, die in vielen anderen Darstellungen keine Erwähnung finden.

Zum Buch

Inhalt

Allen Kapiteln geht eine Einführung in den jeweiligen Stoff voraus; am Ende werden die wichtigsten Konzepte und Formeln noch einmal eher tabellarisch zusammengefasst.

Im **ersten Kapitel** werden zentrale Begriffe der klassischen Mechanik eingeführt (Raum, Zeit, Masse, Kraft, Inertialsystem), die drei Newton'schen Gesetze vorgestellt sowie die Verwendung unterschiedlicher Koordinatensysteme diskutiert.

Kapitel 2 vertieft die Inhalte aus Kapitel 1 durch ausführliche Anwendung auf einige einfache „klassische" Probleme: die Bewegung bei linearem und quadratischem Reibungswiderstand sowie die Bewegung einer Ladung im magnetischen Feld.

Die klassische Mechanik führt einige Begriffe ein, die in den **Kapiteln 3 und 4** sehr genau diskutiert und seziert werden: Während sich das dritte Kapitel mit Impuls und Drehimpuls befasst (sowie mit damit verbundenen Konzepten wie dem Schwerpunkt), werden im vierten Kapitel die verschiedenen Arten und Formen von Energie diskutiert: potenzielle Energie, kinetische Energie und Wechselwirkungsenergie sowie deren Zusammenhänge mit Kräften, insbesondere auch Zentralkräften.

Das **fünfte Kapitel** ist der Behandlung einfacher Schwingungen, auch in Anwesenheit eines äußeren Antriebs und von Dämpfung, gewidmet und führt zudem in die Verwendung der Fourier-Reihe ein.

Kapitel 6 und 7 befassen sich mit der Lagrange'schen Formulierung der klassischen Mechanik, wobei zunächst die Grundlagen der Variationsrechnung erläutert werden, um die Lagrange-Gleichungen dann ableiten zu können. Die Lagrange-Gleichungen werden dann auf den Fall von Zwangsbedingungen erweitert sowie auch für den speziellen Fall magnetischer Kräfte diskutiert.

Im **achten Kapitel** werden die Anfangsgründe einer Himmelsmechanik durch die Behandlung des Zweikörperproblems gelegt.

Kapitel 9 behandelt nicht-inertiale, d. h. beschleunigte Bezugssysteme, wobei rotierende Bezugssysteme und die in ihnen auftretenden Scheinkräfte (Zentrifugalkraft, Coriolis-Kraft) im Vordergrund stehen.

Kapitel 10 beschreibt die Bewegung starrer Körper mithilfe des Trägheitstensors und führt in die Theorie des Kreisels ein.

In einem **elften Kapitel** wird der Fall einer einfachen Schwingung auf den Fall mehrerer gekoppelter Schwingungen ausgedehnt.

An dieser Stelle endet der mehr oder weniger verpflichtende Kanon der klassischen Mechanik (wobei viele Autoren die Hamilton'sche Mechanik, Kapitel 13, hier dazunehmen würden); in einem **zweiten Teil** des Buchs werden in voneinander unabhängigen, d. h. nicht aufeinander aufbauenden Kapiteln weitere wichtige Themen der klassischen Mechanik behandelt.

In **Kapitel 12** wird ein eher phänomenologischer Überblick über wichtige Elemente der noch in Entwicklung befindlichen, doch mittlerweile wohletablierten Chaostheorie, also der nichtlinearen Mechanik, gegeben.

Kapitel 13 wiederum geht auf eine weitere „kanonische" Formulierung der klassischen Mechanik ein, die sogenannte Hamilton-Formulierung, deren besonderer Nutzen bei allgemeinen Überlegungen zur klassischen Mechanik sowie beim Übergang zur Quantenmechanik aufscheint.

Auch wenn die Streutheorie heute vor allem im Bereich der Quantenphysik wichtig ist, so werden die konzeptionellen Grundlagen doch bereits in der klassischen Physik gelegt; klassische Streutheorie wird in **Kapitel 14** diskutiert.

Kapitel 15 enthält eine ausführliche Darstellung der speziellen Relativitätstheorie: Ausgehend von den Postulaten werden die spektakulären Konsequenzen (Zeitdilatation, Längenkontraktion) dargestellt und aus der Lorentz-Transformation die weiteren wichtigen Aspekte relativistischer Mechanik hergeleitet. Eine kurze Darstellung relativistischer Elektrodynamik schließt dieses Kapitel ab.

In **Kapitel 16** wird die diskrete Teilchenmechanik der ersten 15 Kapitel auf das Kontinuum als Näherung für eine extrem hohe Teilchenzahl verallgemeinert. Zentrale Themen sind dabei der Spannungs- und der Dehnungstensor sowie ihre Verknüpfung durch das verallgemeinerte Hooke'sche Gesetz. Die Behandlung geht dabei sowohl auf Festkörper wie auch auf Fluide ein.

Es gibt neben den Kurzlösungen in diesem Buch auf der Webseite des Verlages unter *www.pearson-studium.de/4186* zu den Aufgaben ein Lösungsbuch (ISBN 978-3-86326-728-5), welches als PDF käuflich zu erwerben ist. Es enthält auf über 300 Seiten nachvollziehbare und ausführliche Lösungshinweise zu den über 700 Aufgaben aus diesem Buch.

Umgang mit diesem Buch

Dozent Vom Umfang her ist der Stoff des Buches in Auswahl in einem Semester zu bewältigen, in vollem Umfang würden eher zwei Semester benötigt. Je nach Studienplan könnte beispielsweise erwartet werden, dass die Relativitätstheorie in einer anderen Vorlesung behandelt wird; eine andere einfache Kürzung des Stoffs könnte darin bestehen, die (an sich sehr interessanten) Kapitel über Nichtlinearität und Chaos sowie Kontinuumsmechanik auszulassen. Die mathematischen Voraussetzungen sind nicht sehr hoch und sollten von allen Studierenden spätestens nach einführenden Mathematikvorlesungen mitgebracht werden.

Studierender Während Teil I des Buchs den absoluten Pflichtkanon einer klassischen Mechanik enthält, kann man sich bei Teil II je nach Neigung und benötigten Kenntnissen auf eine Auswahl beschränken, auch wenn alle Kapitel jeweils sehr wichtige und interessante Physik behandeln: Während dies etwa bei der Chaostheorie und der Relativitätstheorie offensichtlich ist, erweist sich der Nutzen des Hamilton-Formalismus ganz besonders dann, wenn es um die Zusammenhänge zwischen Quantenmechanik und klassischer Mechanik geht. Viele Kapitel enthalten durch einen Stern gekennzeichnete Abschnitte, die bei einer ersten Lektüre übersprungen werden können. Am Ende jedes Kapitels sind die wichtigsten Begriffe und Zusammenhänge noch einmal zusammengefasst. Die zahlreichen Aufgaben wiederum sollten Sie (in Auswahl – es sind sehr viele!) behandeln, wobei Sie auf eine gesunde Mischung aus Aufgaben mit einem bis drei Sternen, also von elementar bis aufwendig, achten sollten.

Ulrich Schollwöck
Lehrstuhl für Theoretische Nanophysik
Ludwig-Maximilians-Universität München

Grundlagen

» Der erste Teil diese Buches enthält Stoff, der wohl allgemein als grundlegend für einen einführenden Physikkurs angesehen werden kann. Im zweiten Teil folgen dann optionale weitere Themen, aus denen der Dozent nach persönlichen Vorlieben und unter Beachtung der zur Verfügung stehenden Zeit auswählen kann. Die Unterscheidung zwischen „grundlegend“ und „optional“ ist natürlich subjektiv, und die Auswirkung für Sie als Leser hängt stark von Ihren Vorkenntnissen ab. Wenn Sie beispielsweise sehr gute Vorkenntnisse besitzen, könnten Sie die ersten fünf Kapitel aus dem ersten Teil als kompakte Wiederholung betrachten oder sogar ganz überspringen wollen. Praktisch gesehen wurde die Unterscheidung anhand folgender Überlegung getroffen: Die elf Kapitel des ersten Teils wurden so angelegt, dass sie nacheinander gelesen werden sollten; beim Schreiben der einzelnen Kapitel habe ich vorausgesetzt, dass Sie mit den meisten Konzepten der vorangegangen Kapitel vertraut sind – sei es, weil Sie sie gerade durchgearbeitet haben oder weil Sie den Stoff schon anderweitig kennen. Die Kapitel des zweiten Teils sind dagegen so angelegt, dass man sie unabhängig voneinander lesen kann; Sie können sie also in beliebiger Reihenfolge durcharbeiten, wenn Sie den Stoff des ersten Teils beherrschen. «

Die Newton'schen Bewegungsgesetze

1

ÜBERBLICK

1.1 Klassische Mechanik

Die Mechanik untersucht, wie die Dinge sich bewegen: wie Planeten um die Sonne kreisen, wie ein Skifahrer den Hang hinunter gleitet oder wie ein Elektron sich um den Kern bewegt. Soweit wir wissen, haben die antiken Griechen vor über zweitausend Jahren als Erste ernsthaft über Mechanik nachgedacht. Ihre Mechanik bedeutete einen enormen Schritt in der Entwicklung der modernen Naturwissenschaften. Dennoch waren die Vorstellungen der Griechen nach heutigen Maßstäben völlig falsch und sollten uns daher hier nicht beschäftigen. Die Entwicklung der modernen Mechanik, wie wir sie heute kennen, begann mit dem Wirken von Galileo Galilei (1564–1642) und Isaac Newton (1642–1727). Newtons Formulierung der Mechanik mit ihren drei Bewegungsgesetzen wird der Ausgangspunkt in diesem Buch sein.

Im späten achtzehnten und im frühen neunzehnten Jahrhundert wurden zwei alternative Formulierungen der Mechanik entwickelt. Sie sind nach ihren Erfindern benannt, dem französischen Mathematiker und Astronomen Joseph Louis Lagrange (1736–1813) und dem irischen Mathematiker William Hamilton (1805–1865). Die Lagrange'sche und die Hamilton'sche Formulierung der Mechanik sind der Newton'schen Mechanik völlig gleichwertig, aber sie bieten für viele komplizierte Probleme mitunter erheblich einfachere Lösungen und dienen außerdem als Ausgangspunkt für verschiedene moderne Entwicklungen. Der Begriff *klassische Mechanik* ist nicht genau festgelegt; allgemein versteht man darunter die genannten drei gleichwertigen Formulierungen der Mechanik, und in diesem Sinne heißt auch der Gegenstand dieses Buches *klassische Mechanik*.

Bis zum Beginn des zwanzigsten Jahrhunderts schien es, als sei die klassische Mechanik die *einzige* Art der Mechanik, die alle möglichen Bewegungen korrekt beschreibt. Doch in den zwanzig Jahren von 1905 bis 1925 wurde klar, dass die klassische Mechanik weder die Bewegung von Körpern, die sich annähernd mit Lichtgeschwindigkeit bewegen, noch die Bewegung der mikroskopischen Teilchen innerhalb von Atomen und Molekülen korrekt zu beschreiben vermag. Das Ergebnis war die Entwicklung zweier völlig neuer Formen der Mechanik: Die relativistische Mechanik beschreibt sehr schnelle Bewegungen, die Quantenmechanik beschreibt die Bewegung von mikroskopischen Teilchen. Ich gebe im „optionalen" Kapitel 15 eine Einführung in die Relativitätstheorie. Die Quantenmechanik dagegen würde ein ganzes weiteres Buch erfordern (oder sogar mehrere); ich habe daher gar nicht erst versucht, eine kurze Einführung in die Quantenmechanik zu geben.

Obwohl die klassische Mechanik in den genannten Grenzbereichen durch die relativistische bzw. die Quantenmechanik ersetzt worden ist, gibt es noch immer eine gewaltige Anzahl interessanter und aktueller Themen, für die die klassische Mechanik die resultierenden Bewegungen vollständig und genau beschreibt. Besonders mit dem Aufkommen der Chaostheorie in den letzten Jahrzehnten wurde die Forschung im Bereich der klassischen Mechanik wieder intensiviert, sodass dieses Thema zu einem der modernsten Gebiete der Physik geworden ist. Der Zweck dieses Buches ist es, eine solide Grundlage für das aufregende Gebiet der klassischen Mechanik zu schaffen. Wo immer es angebracht ist, werde ich die Probleme im Rahmen der Newton'schen Formulierung behandeln; ich werde aber auch versuchen, jene Situationen genau herauszuarbeiten, in denen die neueren Formulierungen nach Lagrange und Hamilton besser geeignet sind, und werde sie in diesen Fällen auch benutzen. Auf dem Niveau dieses Buches bietet der Lagrange'sche Ansatz große Vorzüge gegenüber dem von Newton; nachdem die Lagrange'sche Formulierung in Kapitel 7 eingeführt wird, werden wir immer wieder mit ihr arbeiten. Die Vorzüge der Hamilton'schen Formulierung zeigen sich dagegen erst auf einem höheren Niveau, und ich verschiebe die Einführung der Hamilton'schen Mechanik daher auf Kapitel 13 (es kann jedoch zu jedem beliebigen Zeitpunkt nach Kapitel 7 gelesen werden).

Beim Schreiben dieses Buches bin ich davon ausgegangen, dass Sie eine Einführung in die Newton'sche Mechanik in der Art gehört haben, wie sie im Rahmen der typischen Anfängerkurse in der „Allgemeinen Physik" gehalten werden. Dieses Kapitel enthält einen knappen Rückblick auf jene Konzepte, von denen ich annehme, dass Sie sie bereits kennen.

1.2 Raum und Zeit

Die drei Newton'schen Gesetze wurden auf der Basis von vier entscheidenden, grundlegenden Konzepten formuliert: den Begriffen von Raum, Zeit, Masse und Kraft. Dieser Abschnitt behandelt die ersten beiden davon, nämlich Raum und Zeit. Neben einer kurzen Beschreibung der klassischen Auffassung von Raum und Zeit gebe ich einen knappen Überblick über Vektoren, mit denen wir Raumpunkte angeben.

Raum

Jeder Punkt P des dreidimensionalen Raums, in dem wir leben, kann durch einen Ortsvektor $\boldsymbol{r}$ festgelegt werden, der die Entfernung und die Richtung von P, bezogen auf einen gewählten Ursprung O, beschreibt (vgl. Abbildung 1.1). Es gibt viele verschiedene Schreibweisen für einen Vektor; die natürlichste ist wohl, seine Komponenten (x, y, z) in den Richtungen von drei zuvor gewählten, paarweise senkrecht aufeinander stehenden Achsen anzugeben. Meist drückt man dies aus, indem man drei Einheitsvektoren $\hat{\boldsymbol{x}}$, $\hat{\boldsymbol{y}}$ und $\hat{\boldsymbol{z}}$ einführt, die in die Richtungen der drei Achsen zeigen, und schreibt

$$\boldsymbol{r} = x\hat{\boldsymbol{x}} + y\hat{\boldsymbol{y}} + z\hat{\boldsymbol{z}}\,. \tag{1.1}$$

In einem einführenden Lehrbuch ist man gut beraten, eine einzige Notation – etwa die in (1.1) – zu wählen und dabei zu bleiben. In anspruchsvolleren Werken ist es jedoch nahezu unmöglich, ohne mehrere verschiedene Notationen auszukommen.

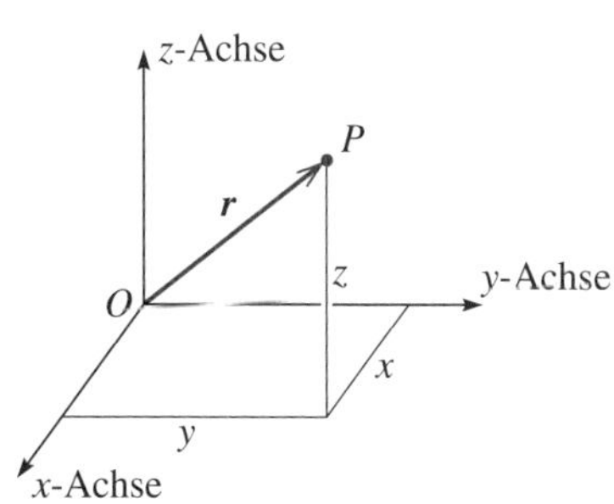

Abbildung 1.1: Der Punkt P wird durch seinen Ortsvektor $\boldsymbol{r}$ festgelegt, der die Lage von P relativ zu einem gewählten Ursprung O angibt. Der Vektor $\boldsymbol{r}$ lässt sich durch seine Komponenten (x, y, z) relativ zu drei senkrecht aufeinander stehenden Achsen (x-, y- und z-Achse) beschreiben.

Die einzelnen Autoren haben dabei verschiedene Vorlieben (in einer anderen verbreiteten Schreibweise verwendet man $\boldsymbol{i}$, $\boldsymbol{j}$ und $\boldsymbol{k}$ für die Einheitsvektoren, die ich hier als $\hat{\boldsymbol{x}}$, $\hat{\boldsymbol{y}}$ und $\hat{\boldsymbol{z}}$ bezeichnet habe); Sie müssen sich an alle diese Schreibweisen gewöhnen. Außerdem hat praktisch jede Notation auch ihre Nachteile, wegen derer sie in bestimmten Fällen nicht anzuwenden ist. Daher sollten Sie – auch wenn Sie sich natürlich Ihre „Lieblingsnotation" aussuchen können – eine gewisse Toleranz gegenüber verschiedenen anderen Schreibweisen aufbringen.

Es ist manchmal bequem, Gleichung (1.1) in einer kürzeren Form anzugeben, indem man einfach schreibt

$$\boldsymbol{r} = (x, y, z) . \tag{1.2}$$

Offensichtlich stimmt diese Schreibweise nicht mit (1.1) überein, aber normalerweise treten keine Mehrdeutigkeiten auf, wenn man einfach den Vektor mit $\boldsymbol{r}$ und seine Komponenten mit x, y, z bezeichnet. Wenn im jeweiligen Fall die Schreibweise von (1.2) die bequemste ist, werde ich sie ohne zu zögern verwenden. Bei den meisten Vektoren bezeichnen wir die Komponenten durch die Indices x, y, z. So hat etwa der Geschwindigkeitsvektor $\boldsymbol{v}$ die Komponenten v_x, v_y, v_z und die Beschleunigung $\boldsymbol{a}$ die Komponenten a_x, a_y, a_z. Wenn unsere Gleichungen komplizierter werden, ist es mitunter unhandlich, in Summen alle drei Terme wie in (1.1) auszuschreiben; bequemer ist es dann, hinter dem Summationszeichen nur einen einzigen Term zu schreiben. Die Schreibweise aus (1.1) eignet sich jedoch nicht für eine solche Verkürzung, und daher werde ich manchmal die drei Komponenten x, y, z von $\boldsymbol{r}$ mit r_1, r_2, r_3 und die drei Einheitsvektoren $\hat{\boldsymbol{x}}$, $\hat{\boldsymbol{y}}$ und $\hat{\boldsymbol{z}}$ mit $\boldsymbol{e}_1$, $\boldsymbol{e}_2$, $\boldsymbol{e}_3$ bezeichnen. Mit anderen Worten: Wir setzen

$$r_1 = x \quad r_2 = y \quad r_3 = z$$

und

$$\boldsymbol{e}_1 = \hat{\boldsymbol{x}} \quad \boldsymbol{e}_2 = \hat{\boldsymbol{y}} \quad \boldsymbol{e}_3 = \hat{\boldsymbol{z}} .$$

(Die Schreibweise $\boldsymbol{e}$ für den Einheitsvektor ist übrigens auch in der englischsprachigen Literatur verbreitet; sie wurde aus dem Deutschen („e" für „eins") importiert.) Mit diesen Notationen wird Gleichung (1.1) zu

$$\boldsymbol{r} = r_1\boldsymbol{e}_1 + r_2\boldsymbol{e}_2 + r_3\boldsymbol{e}_3 = \sum_{i=1}^{3} r_i\boldsymbol{e}_i . \tag{1.3}$$

In einer derart einfachen Gleichung wie dieser bietet die Form (1.3) noch keine echten Vorteile gegenüber (1.1), aber bei komplizierteren Gleichungen ist die Schreibweise von Gleichung (1.3) erheblich bequemer; ich werde diese Notation in passenden Fällen verwenden.

Vektoroperationen

Bei unserem Studium der Mechanik werden wir wiederholt verschiedene Vektoroperationen ausführen. Wenn $\boldsymbol{r}$ und $\boldsymbol{s}$ zwei Vektoren mit den Komponenten

$$\boldsymbol{r} = (r_1, r_2, r_3) \text{ und } \boldsymbol{s} = (s_1, s_2, s_3)$$

sind, dann findet man ihre Summe (oder Resultierende) $\boldsymbol{r}+\boldsymbol{s}$, indem man die einander entsprechenden Komponenten addiert; dann ergibt sich

$$\boldsymbol{r} + \boldsymbol{s} = (r_1 + s_1, r_2 + s_2, r_3 + s_3) . \tag{1.4}$$

(Wie Sie sich leicht klar machen können, ist diese Regel äquivalent zu den vertrauten Dreiecks- und Parallelogrammregeln für die Vektoraddition.) Ein wichtiges Beispiel für eine Vektorsumme ist die resultierende Kraft auf einen Körper: Wenn zwei Kräfte $\boldsymbol{F}_a$ und $\boldsymbol{F}_b$ an einem Körper angreifen, dann haben sie dieselbe Wirkung wie eine einzige Kraft – die sog. resultierende Kraft –, die sich als Vektorsumme

$$\boldsymbol{F} = \boldsymbol{F}_a + \boldsymbol{F}_b$$

nach dem Gesetz der Vektoraddition (1.4) ergibt.

Wenn c ein Skalar (also eine gewöhnliche Zahl) und $\boldsymbol{r}$ ein Vektor ist, dann ist das Produkt $c\boldsymbol{r}$ gegeben durch

$$c\boldsymbol{r} = (cr_1, cr_2, cr_3) \tag{1.5}$$

Demnach ist also $c\boldsymbol{r}$ ein Vektor in dieselbe Richtung[1] wie $\boldsymbol{r}$, sein Betrag ist c-mal so groß wie der Betrag von $\boldsymbol{r}$. Wenn beispielsweise ein Körper der Masse m (ein Skalar) eine Beschleunigung $\boldsymbol{a}$ (ein Vektor) erfährt, dann ist nach dem zweiten Newton'schen Gesetz die resultierende Kraft $\boldsymbol{F}$ immer gleich dem Produkt $m\boldsymbol{a}$, wie es in (1.5) allgemein definiert ist.

Es gibt zwei Möglichkeiten, das Produkt aus einem Paar von Vektoren zu bilden, das Skalar- und das Vektorprodukt.

Das **Skalarprodukt** (auch **Punktprodukt**) von zwei Vektoren $\boldsymbol{r}$ und $\boldsymbol{s}$ ist ein Skalar und ergibt sich nach einer der beiden gleichwertigen Formeln

$$\boldsymbol{r} \cdot \boldsymbol{s} = rs\cos\theta \tag{1.6}$$

$$= r_1 s_1 + r_2 s_2 + r_3 s_3 = \sum_{n=1}^{3} r_n s_n . \tag{1.7}$$

Dabei bezeichnen r und s die Beträge der Vektoren $\boldsymbol{r}$ und $\boldsymbol{s}$, und θ ist der von ihnen eingeschlossene Winkel. (Den Beweis dafür, dass beide Definitionen gleichwertig sind, können Sie in Aufgabe 7 führen.) Wenn beispielsweise eine Kraft $\boldsymbol{F}$ auf einen Körper wirkt, der sich dadurch um eine kleine Strecke $\mathrm{d}\boldsymbol{r}$ bewegt, dann ist die dabei verrichtete Arbeit nach (1.6) oder (1.7) durch das Skalarprodukt $\boldsymbol{F} \cdot \mathrm{d}\boldsymbol{r}$ gegeben. Eine weitere wichtige Anwendung des Skalarprodukts besteht darin, den Betrag eines Vektors zu definieren: Der Betrag (d. h. die Länge) eines Vektors $\boldsymbol{r}$ wird in der Form $|\boldsymbol{r}|$ oder r geschrieben. Nach dem Satz des Pythagoras ist der Betrag gleich $\sqrt{r_1^2 + r_2^2 + r_3^2}$. Nach (1.7) ist dies aber dasselbe wie

$$r = |\boldsymbol{r}| = \sqrt{\boldsymbol{r} \cdot \boldsymbol{r}} . \tag{1.8}$$

Das Skalarprodukt $\boldsymbol{r} \cdot \boldsymbol{r}$ wird oft in der Form $\boldsymbol{r}^2$ abgekürzt.

Die zweite Möglichkeit, das Produkt zweier Vektoren $\boldsymbol{r}$ und $\boldsymbol{s}$ zu bilden, ist das **Vektorprodukt** (oder **Kreuzprodukt**). Es ist definiert als der Vektor $\boldsymbol{p} = \boldsymbol{r} \times \boldsymbol{s}$ mit den Komponenten

$$\left.\begin{aligned} p_x &= r_y s_z - r_z s_y \\ p_y &= r_z s_x - r_x s_z \\ p_z &= r_x s_y - r_y s_x \end{aligned}\right\} \tag{1.9}$$

1 Dies ist zwar der übliche Sprachgebrauch, trotzdem muss man etwas vorsichtig sein: Wenn c negativ ist, dann zeigt $c\boldsymbol{r}$ in die zu $\boldsymbol{r}$ *entgegengesetzte* Richtung.

oder äquivalent

$$\boldsymbol{r} \times \boldsymbol{s} = \det \begin{bmatrix} \hat{\boldsymbol{x}} & \hat{\boldsymbol{y}} & \hat{\boldsymbol{z}} \\ r_x & r_y & r_z \\ s_x & s_y & s_z \end{bmatrix} .$$

Dabei steht „det“ für die Determinante. Nach beiden Definitionen ist $\boldsymbol{r} \times \boldsymbol{s}$ ein Vektor, der sowohl auf $\boldsymbol{r}$ als auch auf $\boldsymbol{s}$ senkrecht steht; seine Richtung ergibt sich nach der bekannten Rechte-Hand-Regel, sein Betrag ist gegeben durch $rs \sin\theta$ (Aufgabe 15). Das Vektorprodukt spielt eine wichtige Rolle bei der Beschreibung von Rotationsbewegungen. Beispielsweise drückt man die „Drehwirkung“, mit der eine an einem Punkt $\boldsymbol{r}$ angreifende Kraft $\boldsymbol{F}$ einen Körper in Drehung versetzt, durch das Drehmoment von $\boldsymbol{F}$ bezüglich O aus; dieses Drehmoment ist als das Vektorprodukt $\boldsymbol{\Gamma} = \boldsymbol{r} \times \boldsymbol{F}$ definiert.

Ableitung von Vektoren

Viele (vielleicht sogar die meisten) physikalischen Gesetze enthalten Vektoren, und in den meisten von ihnen findet man auch Ableitungen von Vektoren. Es gibt derart viele verschiedene Möglichkeiten, Vektoren abzuleiten, dass es eine ganze Fachrichtung gibt, die sogenannte Vektorrechnung, die wir zu großen Teilen im Laufe dieses Buchs anwenden werden. An dieser Stelle will ich nur die einfachste Art der Vektorableitung erwähnen, nämlich die zeitliche Ableitung eines zeitabhängigen Vektors. Beispielsweise ist die Geschwindigkeit $\boldsymbol{v}(t)$ eines Teilchens gleich der zeitlichen Ableitung vom Ort $\boldsymbol{r}(t)$ dieses Teilchens; es gilt also $\boldsymbol{v} = \mathrm{d}\boldsymbol{r}/\mathrm{d}t$. In analoger Weise ist die Beschleunigung die zeitliche Ableitung der Geschwindigkeit, also $\boldsymbol{a} = \mathrm{d}\boldsymbol{v}/\mathrm{d}t$.

Die Ableitung eines Vektors wird ganz ähnlich zu der eines Skalars definiert: Wenn wir mit $x(t)$ eine skalare Funktion von t bezeichnen, dann definieren wir deren Ableitung bekanntlich als

$$\frac{\mathrm{d}x}{\mathrm{d}t} = \lim_{\Delta t \to 0} \frac{\Delta x}{\Delta t} .$$

Dabei ist $\Delta x = x(t + \Delta t) - x(t)$ die Änderung von x, wenn sich die Zeit von t zu $t + \Delta t$ ändert. Bezeichnen wir mit $\boldsymbol{r}$ einen beliebigen zeitabhängigen Vektor, so definieren wir ganz analog dessen Ableitung als

$$\frac{\mathrm{d}\boldsymbol{r}}{\mathrm{d}t} = \lim_{\Delta t \to 0} \frac{\Delta \boldsymbol{r}}{\Delta t} . \tag{1.10}$$

Darin ist

$$\Delta \boldsymbol{r} = \boldsymbol{r}(t + \Delta t) - \boldsymbol{r}(t) \tag{1.11}$$

die entsprechende Änderung von $\boldsymbol{r}(t)$. Natürlich kann man die heikle Frage stellen, ob dieser Grenzwert überhaupt existiert. Das muss uns an dieser Stelle aber nicht weiter interessieren: Alle Vektoren, mit denen wir zu tun haben werden, sind differenzierbar, und Sie können immer davon ausgehen, dass der Grenzwert existiert. Anhand der Definition (1.10) lässt sich beweisen, dass die Ableitung all jene Eigenschaften hat, die man von ihr erwartet. Wenn beispielsweise $\boldsymbol{r}(t)$ und $\boldsymbol{s}(t)$ zwei von t abhängige Vektoren sind, dann hat die Ableitung ihrer Summe genau den erwarteten Wert, nämlich

$$\frac{\mathrm{d}}{\mathrm{d}t}(\boldsymbol{r} + \boldsymbol{s}) = \frac{\mathrm{d}\boldsymbol{r}}{\mathrm{d}t} + \frac{\mathrm{d}\boldsymbol{s}}{\mathrm{d}t} . \tag{1.12}$$

Weiterhin gilt für die Ableitung des Produkts $f(t)\boldsymbol{r}(t)$ aus einem Skalar $f(t)$ und einem Vektor $\boldsymbol{r}(t)$ eine entsprechende Version der Produktregel, nämlich

$$\frac{\mathrm{d}}{\mathrm{d}t}(f\boldsymbol{r}) = f\,\frac{\mathrm{d}\boldsymbol{r}}{\mathrm{d}t} + \frac{\mathrm{d}f}{\mathrm{d}t}\boldsymbol{r}\,. \tag{1.13}$$

Sollten Sie zu jenen Personen gehören, die Spaß daran haben, solche Sätze zu beweisen, können Sie gern überprüfen, dass sie wirklich aus der Definition (1.10) folgen. Wenn Sie solcherlei Tätigkeit weniger reizvoll finden, ist das aber auch kein Grund zur Sorge; sie dürfen dann die Ergebnisse einfach als korrekt voraussetzen.

Ein weiteres Thema, das hier erwähnt werden sollte, sind die Komponenten der Ableitung eines Vektors. Nehmen Sie an, dass $\boldsymbol{r}$ mit den Komponenten x, y, z ein Ortsvektor ist (also die Position eines sich bewegenden Teilchens beschreibt); nehmen Sie weiter an, dass wir die Geschwindigkeit $\boldsymbol{v} = \mathrm{d}\boldsymbol{r}/\mathrm{d}t$ des Teilchens wissen wollen. Wenn wir die Summe

$$\boldsymbol{r} = x\hat{\boldsymbol{x}} + y\hat{\boldsymbol{y}} + z\hat{\boldsymbol{z}} \tag{1.14}$$

ableiten, dann erhalten wir wegen der Summenregel (1.12) die Summe von drei einzelnen Ableitungen, die nach der Produktregel (1.13) aus jeweils zwei Termen bestehen. Damit enthält die Ableitung von (1.14) im Prinzip insgesamt sechs Terme. Allerdings hängen die Einheitsvektoren $\hat{\boldsymbol{x}}$, $\hat{\boldsymbol{y}}$ und $\hat{\boldsymbol{z}}$ nicht von der Zeit ab, sodass ihre zeitlichen Ableitungen null sind. Daher bleiben nur drei Terme übrig:

$$\frac{\mathrm{d}\boldsymbol{r}}{\mathrm{d}t} = \frac{\mathrm{d}x}{\mathrm{d}t}\hat{\boldsymbol{x}} + \frac{\mathrm{d}y}{\mathrm{d}t}\hat{\boldsymbol{y}} + \frac{\mathrm{d}z}{\mathrm{d}t}\hat{\boldsymbol{z}}\,. \tag{1.15}$$

Durch Vergleich mit der Standardformulierung

$$\boldsymbol{v} = v_x\hat{\boldsymbol{x}} + v_y\hat{\boldsymbol{y}} + v_z\hat{\boldsymbol{z}}$$

sehen wir, dass gilt:

$$v_x = \frac{\mathrm{d}x}{\mathrm{d}t}, \quad v_y = \frac{\mathrm{d}y}{\mathrm{d}t} \quad \text{und} \quad v_z = \frac{\mathrm{d}z}{\mathrm{d}t}\,. \tag{1.16}$$

In Worten: Die Komponenten von $\boldsymbol{v}$ in kartesischen Koordinaten sind gerade die Ableitungen der entsprechenden Komponenten von $\boldsymbol{r}$. Wir benutzen diese Aussage praktisch immer (meist ohne darüber nachzudenken), wenn wir ein elementares Problem der Mechanik behandeln. Bemerkenswerterweise gilt diese Aussage aber nur deshalb, weil die Einheitsvektoren $\hat{\boldsymbol{x}}$, $\hat{\boldsymbol{y}}$ und $\hat{\boldsymbol{z}}$ zeitlich konstant sind, sodass in (1.15) keine Ableitungen von ihnen auftauchen. Wir werden aber sehen, dass in den meisten Koordinatensystemen – beispielsweise bei Polarkoordinaten – die Basiseinheitsvektoren eben *nicht* konstant sind; die Ergebnisse, die dann der Gleichung (1.16) entsprechen, sind deutlich weniger einsichtig. Wie wir noch sehen werden, ist es bei Problemen, die wir mit nichtkartesischen Koordinaten behandeln, erheblich schwieriger, die Geschwindigkeit und die Beschleunigung mithilfe der Koordinaten von $\boldsymbol{r}$ auszudrücken.

Zeit

In der klassischen Auffassung ist die Zeit ein universeller Parameter t, der für alle Beobachter gleich ist. Wenn also alle Beobachter über genaue und sorgfältig synchronisierte Uhren verfügen, dann werden alle übereinstimmend einem eingetretenen Ereignis ein- und denselben Zeitpunkt zuschreiben. Wir wissen natürlich inzwischen, dass diese Sicht nicht ganz richtig ist: Nach der Relativitätstheorie stimmt für zwei Beobachter, die sich relativ zueinander bewegen, die Zeit *nicht* überein. Im Bereich der klassischen Mechanik jedoch sind, solange die auftretenden Geschwindigkeiten weit unter der Lichtgeschwindigkeit liegen, die Unterschiede in den gemessenen Zeiten vollständig vernachlässigbar; ich nehme daher durchgängig eine universelle Zeit an (außer natürlich in Kapitel 15 über die Relativitätstheorie). Abgesehen von der Unbestimmtheit eines Zeitnullpunkts (also der Zeit, die wir mit $t = 0$ bezeichnen) ist dann die Zeit für alle Beobachter eines Ereignisses dieselbe.

Bezugssysteme

Praktisch jedes Problem der klassischen Mechanik macht die (explizite oder implizite) Wahl eines **Bezugssystems** erforderlich. Dazu wählt man den räumlichen Nullpunkt (Ursprung), Achsen zur Festlegung einer bestimmten Position wie in Abbildung 1.1 und einen Zeitnullpunkt, um Zeiten messen zu können. Die Unterschiede zwischen zwei Bezugssystemen sind gering. Sie können sich beispielsweise in der Wahl des Zeitnullpunkts unterscheiden – was in dem einen Bezugssystem mit $t = 0$ bezeichnet wird, heißt in dem anderen $t' = t_{\text{anders}} \neq 0$. Oder die beiden Systeme haben zwar denselben räumlichen und zeitlichen Nullpunkt, unterscheiden sich aber durch die Orientierung ihrer drei räumlichen Achsen. Wenn man sein Bezugssystem angemessen wählt, kann man aus den Wahlmöglichkeiten einen Nutzen ziehen und sich die Arbeit in einigen Fällen erleichtern. Beispielsweise ist es bei der Untersuchung von Körpern, die eine geneigte Ebene hinab gleiten, oft nützlich, eine der Achsen entlang der geneigten Ebene zu wählen.

Ein bedeutsamer Unterschied tritt erst bei einer Relativbewegung der Systeme auf, wenn sich also der Ursprung des einen Systems relativ zu dem des anderen Systems bewegt. In Abschnitt 1.4 werden wir sehen, dass nicht alle derartigen Bezugssysteme physikalisch gleichwertig sind.[2] In bestimmten Bezugssystemen, die als **Inertialsysteme** bezeichnet werden, behalten die physikalischen Gesetze ihre einfache Standardform. (Der Name Inertialsystem leitet sich von dem lateinischen Begriff *inertia*, „Trägheit“, ab, weil in ihnen das Trägheitsgesetz gilt.) Wenn ein Bezugssystem gegenüber einem anderen System beschleunigt wird oder rotiert, dann ist das betrachtete System kein Inertialsystem mehr, und die grundlegenden Gesetze – insbesondere die Newton'schen Gesetze – nehmen in dem betrachteten Bezugssystem eine andere als ihre Standardform an. Wir werden sehen, dass die Unterscheidung zwischen Inertial- und Nichtinertialsystem in unserer Diskussion der klassischen Mechanik eine entscheidende Rolle spielt. Eine noch bedeutsamerere Rolle spielt sie im Rahmen der Relativitätstheorie.

1.3 Masse und Kraft

„Masse“ und „Kraft“ sind zentrale Begriffe zur Formulierung der klassischen Mechanik. Die Definition dessen, was Masse und Kraft „eigentlich“ sind, hat viele Naturforscher beschäftigt und war Gegenstand zahlreicher gelehrter Abhandlungen. Glücklicherweise müssen wir uns hier mit solch heiklen Fragen nicht auseinandersetzen.

2 Diese Aussage gilt sogar im Rahmen der Relativitätstheorie.

Nach Ihrem allgemeinen Einführungskurs in die Physik haben Sie schon eine hinreichende Vorstellung davon, was Masse und Kraft bedeuten, und man kann ohne Weiteres angeben, wie diese Größen in praktischen Situationen beschrieben und gemessen werden.

Masse

Die Masse eines Körpers charakterisiert dessen Trägheit – also den Widerstand gegen seine Beschleunigung: Ein Felsbrocken ist nur schwer zu beschleunigen, seine Masse ist groß. Ein kleiner Stein ist leichter zu beschleunigen, seine Masse ist klein. Um diese intuitiven Vorstellungen quantitativ zu fassen, müssen wir eine Masseneinheit definieren und dann ein Verfahren festlegen, nach dem die Masse eines Körpers mithilfe der gewählten Einheit anzugeben ist. Die international vereinbarte Masseneinheit ist das Kilogramm; sie ist willkürlich als die Masse eines Zylinders aus einer Platin-Iridium-Legierung festgesetzt, des sogenannten Urkilogramms. Es wird beim Internationalen Büro für Maß und Gewicht (BIPM) in Sèvres, einem Vorort von Paris, aufbewahrt. Um die Masse eines anderen Körpers zu messen, brauchen wir ein Verfahren, nach dem wir Massen miteinander vergleichen können. Im Prinzip ist dies mit einer Trägheitswaage möglich, wie sie in Abbildung 1.2 gezeigt ist. Die beiden zu vergleichenden Körper werden an den entgegengesetzten Enden eines leichten, starren Stabs befestigt; dann zieht man ruckartig am Mittelpunkt des Stabs. Wenn die Massen gleich sind, werden sie in gleicher Weise beschleunigt, und der Stab bewegt sich, ohne sich dabei zu drehen; sind die Massen dagegen ungleich, wird das Stabende mit der größeren Masse weniger beschleunigt, und der Stab dreht sich, während er sich bewegt. Die Massen sind dann und nur dann gleich, wenn eine auf den Mittelpunkt des Stabs wirkende Kraft beide Massen gleichermaßen beschleunigt, sodass der Stab sich nicht dreht.

Die Klarheit des Prinzips der Trägheitswaage liegt darin begründet, dass sie genau auf der Vorstellung der Masse als Widerstand gegen eine Beschleunigung beruht. In der Praxis wäre eine solche Waage aber nur sehr umständlich zu benutzen; glücklicherweise gibt es weit einfachere Methoden, um Massen miteinander zu verglei-

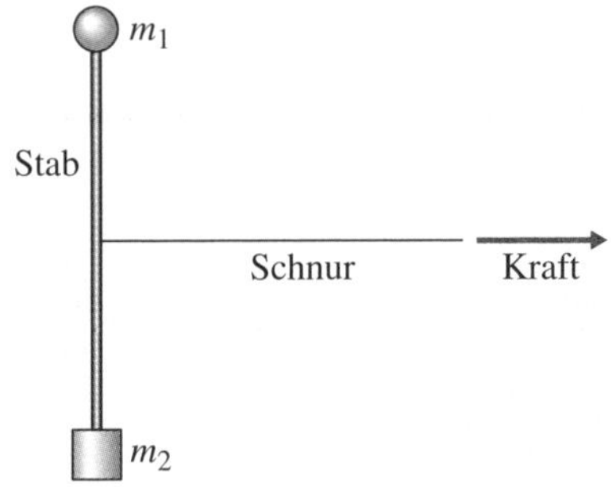

Abbildung 1.2: Eine Trägheitswaage vergleicht die Massen m_1 und m_2 von zwei Körpern, die an den entgegengesetzten Enden eines starren Stabs befestigt sind. Die Massen sind dann und nur dann gleich, wenn eine auf den Mittelpunkt des Stabs wirkende Kraft beide Massen gleichermaßen beschleunigt, sodass der Stab sich nicht dreht.

chen – am einfachsten ist es, die Körper zu wiegen. Wie Sie sicher aus Ihrem Einführungskurs zur Physik noch wissen, ist die Masse eines Körpers exakt proportional zu seinem *Gewicht*[3] (also der Gewichtskraft dieses Körpers), sofern die Messungen am selben Ort stattfinden. Zwei Körper haben demnach dann und nur dann dieselbe Masse, wenn sie dasselbe Gewicht haben (sofern es am selben Ort bestimmt wurde); will man ermitteln, ob zwei Massen gleich sind, kann man also in einem einfachen und praktikablen Verfahren die beiden Massen wiegen und prüfen, ob ihre Gewichte gleich sind.

Derart mit einem Verfahren zum Massenvergleich bewaffnet, können wir leicht ein Programm zur Messung beliebiger Massen entwerfen. Zunächst können wir eine große Anzahl von Standard-Kilogrammstücken herstellen, die jeweils mit dem Urkilogramm verglichen werden – entweder mit einer Trägheits- oder mit einer Gravitationswaage. Als nächstes stellen wir Vielfache und Bruchteile des Kilogramms her, die wieder mit unserer Waage verglichen werden. (Dabei befestigen wir eine Masse von 2 kg an einem Ende der Waage und zwei 1-kg-Stücke zusammen am anderen Ende; wir prüfen zwei Halb-Kilogramm-Stücke, indem wir sicherstellen, dass beide dieselbe Masse und beide zusammen die Masse von 1 kg haben; und so weiter.) Schließlich können wir eine unbekannte Masse bestimmen, indem wir sie an einem Ende der Waage befestigen und sie am anderen Ende mit bekannten Massestücken solange ausgleichen, bis wir die Übereinstimmung mit der gewünschten Genauigkeit erreicht haben.

Kraft

Die völlig informelle Gleichsetzung einer Kraft mit einem Zug oder mit einem Schub ist ein überraschend guter Ausgangspunkt für unsere Beschreibung von Kräften. Wir haben ein recht gutes Gespür für die Kraft, die wir selbst ausüben. Wenn ich beispielsweise einen Sack Zement hochhebe, dann ist mir klar, dass ich eine aufwärts gerichtete Kraft auf den Sack ausübe; schiebe ich eine schwere Kiste über den Boden, dann bringe ich selbstverständlich eine horizontale Kraft in der Bewegungsrichtung auf. Schwerer verständlich sind die Kräfte, die durch unbelebte Körper ausgeübt werden, und wir müssen die Newton'schen Gesetze anwenden, um solche Kräfte zu erkennen. Wenn ich den Zementsack loslasse, wird er in Richtung Erdboden beschleunigt; ich kann daraus schließen, dass es eine zweite Kraft gibt – die Gewichtskraft des Sacks, die Gravitationskraft der Erde –, die ihn nach unten zieht. Wenn ich die Kiste mit gleichmäßiger Kraft über den Boden schiebe, dann merke ich, dass ich sie dabei nicht beschleunige, und schließe daraus, dass es eine andere Kraft – die Reibungskraft – gibt, die die Kiste in die entgegengesetzte Richtung drückt. Eines der wichtigsten Lernziele für Studierende der Physik ist es, dass sie die Umgebung eines Körpers analysieren und alle Kräfte auf den Körper identifizieren können: Welche Gegenstände haben Kontakt zum Körper und können so möglicherweise eine Kraft auf ihn ausüben, z. B. die Reibungskraft oder die Kraft durch den Luftdruck? Und welche Gegenstände befinden sich in der näheren Umgebung und üben eventuell

3 Diese Beobachtung geht auf Galileis berühmte Experimente zurück, mit denen er zeigte, dass alle Körper durch die Schwerkraft dieselbe Beschleunigung erfahren. Die ersten modernen Experimente dazu führte der ungarische Physiker Loránd (Roland) Eötvös (1848–1919) durch; er zeigte, dass Gewicht und Masse bis auf einige Teile von $1 : 10^9$ proportional zueinander sind. Experimente der letzten Jahrzehnte haben die Genauigkeit auf etwa $1 : 10^{12}$ verbessert.

eine Fernwirkung aus, wie die Erdanziehungskraft oder eine elektrostatische Kraft auf einen geladenen Körper?

Wenn uns klar ist, wie wir Kräfte erkennen können, dann müssen wir festlegen, wie wir sie messen. Als Krafteinheit verwenden wir das Newton (abgekürzt N); es ist definiert als der Betrag einer Kraft, die einer Masse von einem Kilogramm eine Beschleunigung von $1\,\mathrm{m/s^2}$ verleiht. Wenn somit klar ist, was mit „1 Newton" gemeint ist, können wir auf verschiedene Weise fortfahren, aber wir gelangen immer zum selben Ziel. Nach dem Vorgehen, das von den meisten Naturphilosophen bevorzugt wird, verwendet man das zweite Newton'sche Gesetz dazu, eine Kraft anzugeben: Eine gegebene Kraft hat den Betrag von 2 N, wenn sie einem Körper von 1 Kilogramm eine Beschleunigung von $2\,\mathrm{m/s^2}$ verleiht, und so weiter. Dieser Ansatz entspricht nicht ganz dem Weg, nach dem wir üblicherweise Kräfte messen,[4] sodass wir für unsere aktuelle Diskussion lieber einen einfacheren Weg mit einigen Federwaagen einschlagen. Entsprechend unserer Definition eines Newtons können wir eine erste Federwaage so kalibrieren, dass sie 1 N anzeigt. Wenn wir nun eine zweite Federwaage mit der ersten kombinieren, wobei wir einen Arm der Waage wie in Abbildung 1.3 ansetzen, können wir Vielfache und Bruchteile eines Newtons definieren. Wenn wir schließlich eine vollständig kalibrierte Federwaage haben, können wir im Prinzip jede unbekannte Kraft messen, indem wir sie an die kalibrierte Waage ansetzen und dann deren Anzeige ablesen.

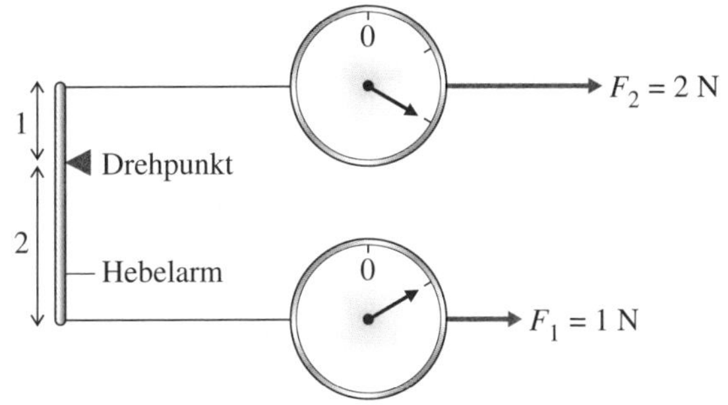

Abbildung 1.3: Eine von vielen denkbaren Möglichkeiten, Kräfte von beliebigem Betrag zu definieren. Die untere Federwaage ist so kalibriert, dass sie 1 N anzeigt. Wenn der Arm der Waage links im Bild so eingestellt wird, dass die Hebelarme oberhalb und unterhalb des Drehpunkts im Verhältnis 1 : 2 stehen, und wenn die Kraft F_1 gerade 1 N beträgt, dann muss die Kraft F_2 exakt 2 N betragen, damit die Waage im Gleichgewicht ist. Indem wir die Hebelarme in unterschiedlichster Weise justieren, können wir im Prinzip jede beliebige Kraft bestimmen.

Bislang haben wir nur den Betrag einer Kraft festgelegt. Sie wissen aber bereits, dass Kräfte Vektoren sind; wir müssen also auch die Richtung einer Kraft angeben. Das ist aber unproblematisch. Wenn eine Kraft $\boldsymbol{F}$ auf einen ruhenden Körper wirkt (und keine andere Kraft auf ihn einwirkt), dann ist die Richtung von $\boldsymbol{F}$ als die Richtung

4 Dieser Ansatz führt außerdem zu der irrigen Ansicht, das zweite Newton'sche Gesetz sei letztlich eine Folge aus der Definition der Kraft. Aber das stimmt nicht: Egal, welche Definition wir für eine Kraft verwenden, beschreibt das zweite Newton'sche Gesetz stets eine experimentelle Erfahrung. Der Vorzug, Kräfte mithilfe von Federwaagen zu definieren, liegt darin, dass man so die Definition der Kraft von der experimentellen Erfahrung des zweiten Newton'schen Gesetzes trennt. Natürlich führen alle akzeptierten Definitionen auf dasselbe Ergebnis für den Betrag einer gegebenen Kraft.

der resultierenden Beschleunigung definiert, d. h. als die Richtung, in der sich der Körper bewegt. Nun wissen wir im Prinzip, was mit den Begriffen Ort, Zeit, Masse und Kraft gemeint ist. Damit kommen wir zur Grundlage unseres Themas – zu den drei Newton'schen Bewegungsgesetzen.

1.4 Das erste und das zweite Newton'sche Gesetz; Inertialsysteme

In diesem Kapitel behandle ich die Newton'schen Gesetze im Zusammenhang mit einer **Punktmasse**. Eine Punktmasse, auch als **Teilchen** oder **Partikel** bezeichnet, ist eine zwar bequeme, aber unrealistische Vorstellung – nämlich ein Objekt mit einer bestimmten Masse, aber ohne Ausdehnung, das sich durch den Raum bewegen kann und keine inneren Freiheitsgrade besitzt. Aufgrund seiner Bewegung durch den Raum kann es kinetische Energie besitzen, die man als Translationsenergie bezeichnet; es hat aber keine Rotationsenergie und keine Energie aufgrund von inneren Schwingungen oder Verformungen. Natürlich sind die Bewegungsgesetze für Punktmassen einfacher als für ausgedehnte (starre) Körper; das ist der Hauptgrund, warum wir uns anfangs nur mit Punktmassen beschäftigen. Später werden wir unsere Überlegungen auf die Mechanik starrer Körper erweitern, indem wir den starren Körper als eine Ansammlung von vielen einzelnen Teilchen auffassen.

Bemerkenswerterweise gibt es viele wichtige Probleme, bei deren Lösung man die beteiligten Körper näherungsweise als Punktmassen auffassen kann. Atomare und subatomare Teilchen kann man als Punktmassen betrachten, sogar makroskopische Körper lassen sich oft näherungsweise als Punktmassen behandeln. Ein Stein, der von einer Klippe geworfen wird, ist für nahezu alle relevanten Berechnungen eine Punktmasse; selbst einen Planeten, der um die Sonne kreist, kann man in vielen Fällen näherungsweise als Punktmasse behandeln. Daher ist die Mechanik der Punktmasse mehr als nur der Ausgangspunkt für die Mechanik von starren Körpern; sie ist für sich selbst genommen ein Gebiet mit zahlreichen Anwendungen.

Die beiden ersten Newton'schen Gesetze sind wohlbekannt und lassen sich leicht formulieren:

Erstes Newton'sches Gesetz (Trägheitsgesetz)

Bei Abwesenheit von Kräften bewegt sich ein Teilchen mit der konstanten Geschwindigkeit $\boldsymbol{v}$.

und

Zweites Newton'sches Gesetz

Für ein Teilchen der Masse m ist die wirkende Kraft $\boldsymbol{F}$ auf das Teilchen immer gleich dem Produkt aus der Masse und der Beschleunigung des Teilchens:

$$\boldsymbol{F} = m\boldsymbol{a}\,. \tag{1.17}$$

In dieser Gleichung bezeichnet $\boldsymbol{F}$ die Vektorsumme aller auf das Teilchen wirkenden Kräfte, und $\boldsymbol{a}$ ist die Beschleunigung des Teilchens:

$$\begin{aligned} \boldsymbol{a} &= \frac{\mathrm{d}\boldsymbol{v}}{\mathrm{d}t} \equiv \dot{\boldsymbol{v}} \\ &= \frac{\mathrm{d}^2\boldsymbol{r}}{\mathrm{d}t^2} \equiv \ddot{\boldsymbol{r}}\,. \end{aligned}$$

Dabei bezeichne ich die Geschwindigkeit des Teilchens mit $\boldsymbol{v}$. Zudem habe ich eine bequeme Schreibweise mit Punkten eingeführt, um die zeitliche Ableitung zu kennzeichnen, beispielsweise $\boldsymbol{v} = \dot{\boldsymbol{r}}$ und $\boldsymbol{a} = \dot{\boldsymbol{v}} = \ddot{\boldsymbol{r}}$.

Beide Gesetze lassen sich in verschiedener Weise formulieren. Beispielsweise kann man das erste Gesetz auch folgendermaßen angeben: „Bei Abwesenheit von Kräften bleibt ein ruhendes Teilchen ruhend, und ein sich bewegendes Teilchen bewegt sich stets mit unveränderter Geschwindigkeit in die gleichbleibende Richtung." Das ist natürlich dasselbe wie zu sagen, dass die Geschwindigkeit stets konstant ist. Andererseits ist $\boldsymbol{v}$ dann und nur dann konstant, wenn die Beschleunigung $\boldsymbol{a}$ null ist; eine noch kompaktere Formulierung ist also: „Bei Abwesenheit von Kräften erfährt ein Teilchen keine Beschleunigung."

Das zweite Gesetz lässt sich auch mithilfe einer Größe ausdrücken, die man als den **Impuls** des Teilchens bezeichnet. Der Impuls ist definiert als

$$\boldsymbol{p} = m\boldsymbol{v}\,. \tag{1.18}$$

In der klassischen Mechanik gehen wir stets davon aus, dass sich die Masse m eines Teilchens nicht ändert.[5] Daher gilt

$$\dot{\boldsymbol{p}} = m\dot{\boldsymbol{v}} = m\boldsymbol{a}\,.$$

Das zweite Newton'sche Gesetz (1.17) nimmt dann die Form an:

$$\boldsymbol{F} = \dot{\boldsymbol{p}}\,. \tag{1.19}$$

In der klassischen Mechanik sind die beiden Gleichungen (1.17) und (1.19) vollständig äquivalent.[6]

Differenzialgleichungen

In der Gestalt $m\ddot{\boldsymbol{r}} = \boldsymbol{F}$ ist das zweite Newton'sche Gesetz eine **Differenzialgleichung** für die Teilchenposition $\boldsymbol{r}(t)$. Eine Differenzialgleichung ist eine Gleichung für die unbekannte Funktion $\boldsymbol{r}(t)$, in der *Ableitungen* der unbekannten Funktion vorkommen. Praktisch alle physikalischen Gesetze sind Differenzialgleichungen oder lassen sich zumindest in dieser Form schreiben; einen großen Teil ihrer Zeit verwenden

5 Natürlich kann sich die Masse eines *Körpers* sehr wohl ändern. Das werden wir beispielsweise bei der Bewegung von Raketen in Kapitel 3 näher untersuchen. (Anm. d. Übers.)

6 Wie wir in Kapitel 15 sehen werden, sind diese beiden Gleichungen in der Relativitätstheorie *nicht mehr* äquivalent. Welche der beiden Gleichungen korrekt ist, hängt von der im Rahmen der Relativitätstheorie verwendeten Definition für Kraft, Masse und Impuls ab. Wenn wir die am meisten verbreiteten Definitionen dieser drei Größen zugrundelegen, gilt in der Relativitätstheorie die Gleichung (1.19).

die Physiker darauf, solche Gleichungen zu lösen. Insbesondere beruhen auch die meisten Aufgaben in diesem Buch auf Differenzialgleichungen – sei es nun das zweite Newton'sche Gesetz oder dessen Gegenstücke in der Lagrange'schen oder Hamilton'schen Formulierung der Mechanik. Ihre Komplexität kann sehr verschieden sein. Manche Differenzialgleichungen sind so einfach, dass man sie kaum als solche erkennt. Nehmen Sie beispielsweise das zweite Newton'sche Gesetz für ein Teilchen, das sich nur entlang der x-Achse bewegen kann und auf das eine konstante Kraft $\boldsymbol{F}_0$ wirkt:

$$\ddot{x}(t) = \frac{F_0}{m} .$$

Dies ist eine Differenzialgleichung zweiter Ordnung für $x(t)$ als Funktion von t. („Zweite Ordnung" heißt, dass sie Ableitungen zweiter Ordnung enthält, aber nicht höherer Ordnungen.) Um diese Gleichung zu lösen, muss man sie lediglich zweimal integrieren. Die erste Integration liefert die Geschwindigkeit:

$$\dot{x}(t) = \int \ddot{x}(t)\,\mathrm{d}t = v_0 + \frac{F_0}{m}\,t .$$

Die Integrationskonstante v_0 ist dabei die Anfangsgeschwindigkeit des Teilchens. Die zweite Integration ergibt den Ort des Teilchens:

$$x(t) = \int \dot{x}(t)\,\mathrm{d}t = x_0 + v_0 t + \frac{F_0}{2m}\,t^2 .$$

Die Integrationskonstante x_0 ist die Anfangsposition des Teilchens. Die Lösung dieser Differenzialgleichung ist offenbar so einfach, dass wir keine Kenntnisse aus der Theorie der Differenzialgleichungen benötigten. Wir werden im Verlauf dieses Buches aber vielen Differenzialgleichungen begegnen, die ohne diese Kenntnisse nicht zu lösen sind; ich werde die notwendige Theorie jeweils dann einführen, sobald wir sie benötigen. Natürlich ist es von Vorteil, wenn Sie bereits Vorkenntnisse hinsichtlich der Theorie der Differenzialgleichungen mitbringen, aber Sie sollten keine Probleme haben, wenn Sie das erst während des Kurses lernen. Viele Professoren sind ohnehin der Überzeugung, dass man sich mit dieser mathematischen Theorie am besten vertraut macht, wenn man sie im Kontext ihrer physikalischen Anwendungen behandelt.

Inertialsysteme

Es sieht so aus, als würde das zweite Newton'sche Gesetz das erste enthalten: Wenn keine Kräfte auf einen Körper wirken, dann gilt $\boldsymbol{F} = 0$; nach dem zweiten Gesetz (1.17) ist dann auch $\boldsymbol{a} = 0$, und das ist ja genau das erste Gesetz. Es gibt aber einen wichtigen Umstand, für den das erste Gesetz eine Rolle spielt. Die Newton'schen Gesetze können nämlich nicht in allen denkbaren Bezugssystemen gelten. Um das einzusehen, betrachten Sie nur das erste Newton'sche Gesetz und stellen Sie sich ein Bezugssystem vor, das wir $\mathcal{S}$ nennen wollen und in dem das erste Gesetz gilt. Wenn Ursprung und Achsen von $\mathcal{S}$ beispielsweise relativ zur Erde fixiert sind, dann gilt im System $\mathcal{S}$ das erste Gesetz (das Trägheitsgesetz) in sehr guter Näherung. Ein reibungsloser Puck auf einer glatten horizontalen Fläche erfährt dann keine Kraft und bewegt sich – im Einklang mit dem ersten Gesetz – mit konstanter Geschwindigkeit. Weil das Trägheitsgesetz gilt, nennen wir $\mathcal{S}$ ein **Inertialsystem** (nach lat. *inertia*, „Trägheit"). Wenn wir nun ein zweites Bezugssystem $\mathcal{S}'$ betrachten, das sich relativ zu $\mathcal{S}$ mit konstanter Geschwindigkeit bewegt und nicht rotiert, dann bewegt sich derselbe Puck in $\mathcal{S}'$ ebenfalls mit konstanter Geschwindigkeit. Auch $\mathcal{S}'$ ist also ein Inertialsystem.

Wenn wir jedoch ein drittes Bezugssystem $\mathcal{S}''$ betrachten, das relativ zu $\mathcal{S}$ beschleunigt wird, dann sieht es (von $\mathcal{S}''$ aus betrachtet) so aus, als ob der Puck – in die entgegengesetzte Richtung – beschleunigt würde. Im beschleunigten Bezugssystem $\mathcal{S}''$ gilt also das Trägheitsgesetz nicht, $\mathcal{S}''$ ist also *kein* Inertialsystem. Ich möchte betonen, dass an diesem Befund nichts Mysteriöses ist, es ist eher eine Frage der Erfahrung. Das Bezugssystem $\mathcal{S}'$ könnte beispielsweise fest mit einem Hochgeschwindigkeitszug verbunden sein, der sich ruckelfrei entlang einer schnurgeraden Strecke bewegt; der reibungslose Puck wäre dann zum Beispiel ein Eiswürfel auf dem Boden des Zuges, so wie in Abbildung 1.4 dargestellt. Vom Zug aus gesehen (also im Bezugssystem $\mathcal{S}'$), ist der Eiswürfel in Ruhe und bleibt in Ruhe, ganz entsprechend dem ersten Newton'schen Gesetz. Von außen betrachtet (also im Bezugssystem $\mathcal{S}$), bewegt sich der Eiswürfel gleichförmig mit derselben Geschwindigkeit wie der Zug, ebenfalls in Übereinstimmung mit dem ersten Gesetz. Nun führen wir das Experiment aber in einem weiteren Zug (Bezugssystem $\mathcal{S}''$) durch, der beschleunigt wird. Während der Zug beschleunigt wird, rutscht der Eiswürfel zurück, d. h. relativ zum Bezugssystem $\mathcal{S}''$ beschleunigt der Eiswürfel nach hinten, obwohl keine resultierende Kraft auf ihn wirkt. Offenbar ist das Bezugssystem $\mathcal{S}''$ nicht inertial, und keines der beiden ersten Newton'schen Gesetze gilt in $\mathcal{S}''$. Zu einem ähnlichen Schluss kommen wir, wenn wir das Bezugssystem $\mathcal{S}''$ an ein sich drehendes Karussell heften. Ein reibungsloser Puck, auf den keine resultierenden Kräfte wirken, bewegt sich dann – von $\mathcal{S}''$ aus gesehen – nicht entlang einer geraden Linie, und die Newton'schen Gesetze gelten nicht.

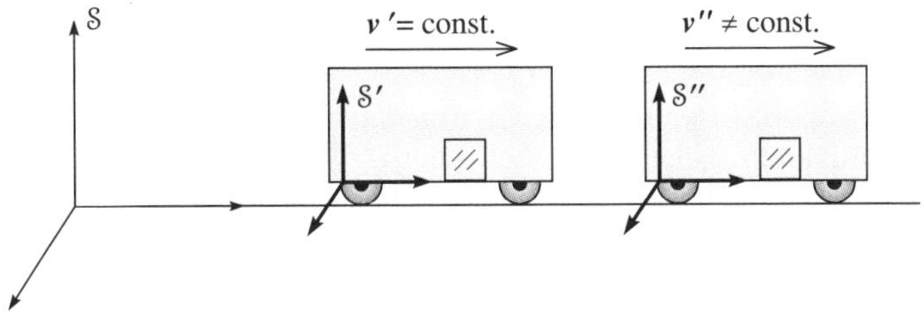

Abbildung 1.4: Das Bezugssystem $\mathcal{S}$ ist mit dem Erdboden verbunden, das Bezugssystem $\mathcal{S}'$ dagegen mit einem Zug, der sich mit konstanter Geschwindigkeit $\boldsymbol{v}'$ relativ zu $\mathcal{S}$ bewegt. Ein Eiswürfel auf dem Boden des Zugs gehorcht in beiden Bezugssystemen $\mathcal{S}$ und $\mathcal{S}'$ den Newton'schen Gesetzen. Ein drittes Bezugssystem $\mathcal{S}''$ ist mit einem Zug verbunden, der beschleunigt wird. Ein Eiswürfel auf dem Boden des Zuges wird in diesem Bezugssystem rückwärts beschleunigt; in $\mathcal{S}''$ gilt das erste Newton'sche Gesetz nicht.

Offenbar gelten die beiden Newton'schen Gesetze nur in ganz speziellen Bezugssystemen, nämlich in (nicht beschleunigten und nicht rotierenden) Inertialsystemen. Die meisten Naturphilosophen stehen auf dem Standpunkt, man solle solche Inertialsysteme mithilfe des ersten Newton'schen Gesetzes identifizieren – ein Bezugssystem $\mathcal{S}$ wäre dann ein Inertialsystem, wenn Körper, auf die offenbar keine Kräfte wirken, sich relativ zu $\mathcal{S}$ mit konstanter Geschwindigkeit bewegen.[7] Haben wir mithilfe des ersten Newton'schen Gesetzes ein Bezugssystem als Inertialsystem erkannt, dann können wir als experimentell überprüfbare Aussage behaupten, dass in eben diesem Bezugssystem auch das zweite Newton'sche Gesetz gilt.[8]

Da die Newton'schen Bewegungsgesetze nur in einem Inertialsystem gelten, könnten Sie jetzt auf den Gedanken kommen, wir würden uns ausschließlich mit Inertialsystemen beschäftigen. Fürs Erste werden wir das auch tun. Sie sollten sich allerdings im Klaren darüber sein, dass es Situationen gibt, in denen man mit einem nichtinertialen Bezugssystem arbeiten muss (oder in denen das zumindest bequemer ist). Das markanteste Beispiel eines nichtinertialen Bezugssystems ist unsere Erde. Man kann zwar ein Bezugssystem, das fest mit der Erde verbunden ist, in einer ausgezeichneten Näherung als Inertialsystem betrachten – zum Glück für Physikstudenten! Aber die Erde dreht sich einmal während des Tages um ihre Achse und bewegt sich im Laufe eines Jahres einmal um die Sonne, und die Sonne bewegt sich ihrerseits um das galaktische Zentrum. Aus all diesen Gründen ist ein mit der Erde verbundenes Bezugssystem nicht exakt inertial. Obwohl die Effekte sehr klein sind, gibt es doch einige Phänomene – z. B. die Gezeiten oder die Bahnkurven von langreichweitigen Geschossen – die sich am einfachsten damit erklären lassen, dass ein mit der Erde verbundenes Bezugssystem eben kein Inertialsystem ist. In Kapitel 9 werden wir untersuchen, wie die Bewegungsgesetze für ihren Gebrauch in Nichtinertialsystemen angepasst werden müssen. Fürs Erste werden wir uns jedoch auf die Behandlung von Inertialsystemen beschränken.

Die Gültigkeit der ersten beiden Gesetze

Seit der Aufstellung der Relativitätstheorie und der Quantenmechanik wissen wir, dass die Newton'schen Gesetze nicht universell gelten. Es gibt aber eine Fülle von Erscheinungen – die Erscheinungen der klassischen Physik –, bei denen die beiden ersten Newton'schen Gesetze für alle praktischen Anwendungen exakt angewendet werden können. Selbst dann, wenn die untersuchten Geschwindigkeiten sich der Lichtgeschwindigkeit c nähern und sich relativistische Effekte bemerkbar machen, bleiben dennoch die beiden ersten Gesetze exakt gültig. (In der Relativitätstheorie ist ein Inertialsystem, genau wie in der klassischen Mechanik, gerade als ein Bezugssystem *definiert*, in dem das erste Newton'sche Gesetz gilt.)[9] Wie wir in Kapitel 15

7 Man muss aber aufpassen, dass man sich dabei in der Argumentation nicht im Kreis dreht: Woher wissen wir, dass ein Körper keine wirkenden Kräfte erfährt? Wir sollten auf diese Frage besser nicht antworten: „Weil er sich mit konstanter Geschwindigkeit bewegt." Glücklicherweise kann man aber argumentieren, dass es möglich ist, alle in Frage kommenden Ursachen für eine wirkende Kraft zu identifizieren, z. B. schiebende oder ziehende Personen oder schwere Körper in der näheren Umgebung, die eine Gravitationskraft ausüben können. Gibt es so etwas in der Nähe des Körpers nicht, dann können wir zu Recht davon ausgehen, dass der Körper kräftefrei ist.

8 Wie bereits erwähnt, hängt die Frage, inwieweit wir das zweite Newton'sche Gesetz als experimentelle Aussage auffassen können, davon ab, wie wir Kräfte definieren. Definieren wir Kräfte mithilfe des zweiten Gesetzes, wird das Gesetz bis zu einem gewissen Grad (wenn auch nicht vollständig) zu einer Definitionssache. Wenn wir die Kräfte dagegen mithilfe der Federwaagen definiert haben, ist das zweite Gesetz eine experimentell überprüfbare Behauptung.

9 Allerdings gelten in der Relativitätstheorie andere Zusammenhänge zwischen verschiedenen Inertialsystemen – die sogenannten Lorentz-Transformationen – als in der klassischen Mechanik. Vergleichen Sie dazu Abschnitt 15.6.

sehen werden, sind im Rahmen der Relativitätstheorie die beiden Formulierungen $\boldsymbol{F} = m\boldsymbol{a}$ und $\boldsymbol{F} = \dot{\boldsymbol{p}}$ nicht mehr gleichwertig, auch wenn bei passender Definition von $\boldsymbol{F}$ und $\boldsymbol{p}$ das zweite Newton'sche Gesetz in der Form $\boldsymbol{F} = \dot{\boldsymbol{p}}$ noch immer gilt. Der entscheidende Punkt ist: Im klassischen Bereich können wir annehmen, dass die ersten beiden Newton'schen Gesetze (das zweite in beiden Formen) universell und exakt gelten. Sie können, wenn Sie mögen, diese Annahme als die Definition eines Modells – des klassischen Modells – der Natur ansehen. Dieses Modell ist in sich logisch widerspruchsfrei und liefert eine derart gute Beschreibung vieler Erscheinungen, dass es unbedingt eine eingehende Untersuchung verdient.

1.5 Das dritte Newton'sche Gesetz und die Impulserhaltung

Die beiden ersten Newton'schen Gesetze beschäftigen sich mit der Frage, wie ein *einzelner* Körper auf wirkende Kräfte reagiert. Das dritte Gesetz behandelt etwas ganz anderes: Zu jeder Kraft, die auf einen Körper ausgeübt wird, gehört unweigerlich ein zweiter Körper – nämlich der Körper, *der die Kraft ausübt:* Der Nagel wird *von dem Hammer* getroffen, die Kutsche *von einem Pferd* gezogen und so weiter. Wenn dies auch zweifellos eine Frage des gesunden Menschenverstands ist, so geht das dritte Newton'sche Gesetz erheblich über unsere Alltagserfahrung hinaus. Newton hat erkannt, dass – wenn ein Körper 1 eine Kraft auf einen anderen Körper 2 ausübt – auch der Körper 2 eine Kraft (die „Reaktionskraft") auf Körper 1 ausübt. Das ist wohl einsichtig: Wenn Sie stark gegen eine Wand drücken, dann lassen sie sich leicht davon überzeugen, dass die Wand ihrerseits auch eine Kraft auf Sie ausübt – sonst würden Sie nämlich durch die Wand fallen. In folgender Weise geht das dritte Gesetz jedoch ganz sicher über unsere normale Erfahrung hinaus: Dem dritten Gesetz zufolge ist die Reaktionskraft von Körper 2 auf den Körper 1 dem Betrag nach immer gleich der ursprünglichen Kraft von 1 auf 2, wirkt allerdings in die entgegengesetzte Richtung. Wenn wir die Schreibweise $\boldsymbol{F}_{21}$ einführen, um die Kraft zu bezeichnen, die auf Körper 2 von Körper 1 ausgeübt wird, dann lässt sich das dritte Newton'sche Gesetz sehr kompakt formulieren:

Drittes Newton'sches Gesetz

Wenn ein Körper 1 eine Kraft $\boldsymbol{F}_{21}$ auf einen Körper 2 ausübt, dann übt der Körper 2 immer eine Reaktionskraft $\boldsymbol{F}_{12}$ auf den Körper 1 aus, für die gilt:

$$\boldsymbol{F}_{12} - -\boldsymbol{F}_{21} . \tag{1.20}$$

Diese Aussage wird in Abbildung 1.5 illustriert. Die Abbildung könnte beispielsweise die Kraft der Erde auf den Mond und die Reaktionskraft des Mondes auf die Erde zeigen (oder die Kraft von einem Proton auf ein Elektron und von dem Elektron auf das Proton). Beachten Sie, dass die Abbildung noch ein wenig über die übliche Formulierung (1.20) des dritten Gesetzes hinausgeht: Ich habe die beiden Kräfte nicht nur gleich groß und einander entgegengesetzt gezeichnet; dem Bild ist auch zu entneh-

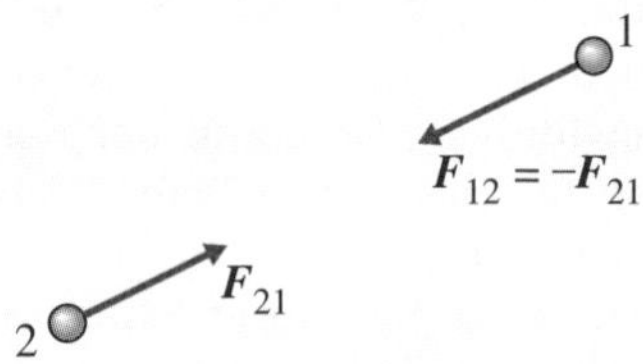

Abbildung 1.5: Nach dem dritten Newton'schen Gesetz ist die Reaktionskraft auf den Körper 1, die durch den Körper 2 ausgeübt wird, entgegengesetzt gleich der Kraft, die auf Körper 2 durch Körper 1 ausgeübt wird, also $\boldsymbol{F}_{12} = -\boldsymbol{F}_{21}$.

men, dass die Kräfte entlang der Verbindungslinie zwischen dem Körper 1 und dem Körper 2 wirken. Kräfte mit dieser zusätzlichen Eigenschaft heißen **Zentralkräfte**. (Sie wirken entlang der Verbindungslinie zwischen den Schwerpunkten.) Nach dem dritten Newton'schen Gesetz müssen die Kräfte zwar keine Zentralkräfte sein, aber, wie wir später sehen werden, sind die meisten Kräfte, denen wir begegnen (z. B. die Gravitationskraft oder die elektrostatische Kraft zwischen zwei Ladungen), Zentralkräfte.

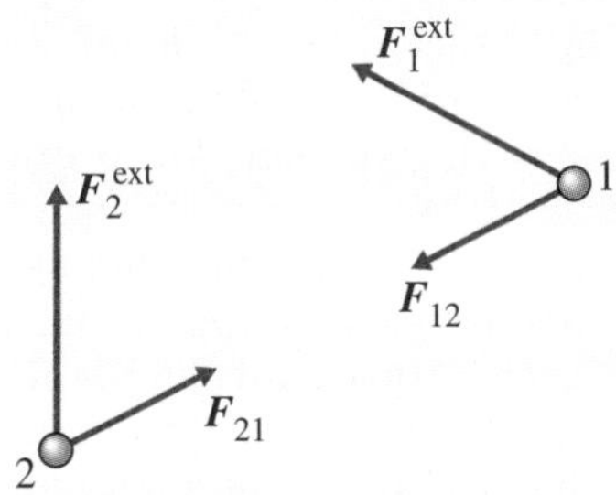

Abbildung 1.6: Zwei Körper üben Kräfte aufeinander aus und können außerdem zusätzliche „äußere" Kräfte durch Körper erfahren, die hier nicht dargestellt sind.

Wie schon Newton erkannt hat, ist das dritte seiner Gesetze aufs Engste mit der Impulserhaltung verbunden. Betrachten wir zunächst die beiden Körper in Abbildung 1.6; dies könnten beispielsweise die Erde und der Mond oder zwei Schlittschuhläufer sein. Zusätzlich zu den Kräften, die die beiden Körper aufeinander ausüben, wirkt jeweils eine „äußere“ (externe) Kraft, die durch andere Körper ausgeübt wird. Erde und Mond erfahren Kräfte, die durch die Sonne ausgeübt werden, auf die beiden Schlittschuhläufer könnte eine Kraft durch den Wind wirken. Ich habe die äußeren Kräfte, die auf die beiden Körper wirken, mit $\boldsymbol{F}_1^{\text{ext}}$ bzw. $\boldsymbol{F}_2^{\text{ext}}$ bezeichnet. Die resultierende Kraft auf den Körper 1 ist dann

$$(\text{resultierende Kraft auf 1}) \equiv \boldsymbol{F}_1 = \boldsymbol{F}_{12} + \boldsymbol{F}_1^{\text{ext}}$$

und entsprechend

$$(\text{resultierende Kraft auf 2}) \equiv \boldsymbol{F}_2 = \boldsymbol{F}_{21} + \boldsymbol{F}_2^{\text{ext}}\,.$$

Mithilfe des zweiten Newton'schen Gesetzes können wir berechnen, wie sich die Impulse der Körper ändern:

$$\dot{\boldsymbol{p}}_1 = \boldsymbol{F}_1 = \boldsymbol{F}_{12} + \boldsymbol{F}_1^{\text{ext}} \tag{1.21}$$

und

$$\dot{\boldsymbol{p}}_2 = \boldsymbol{F}_2 = \boldsymbol{F}_{21} + \boldsymbol{F}_2^{\text{ext}} . \tag{1.22}$$

Wenn wir nun den Gesamtimpuls der beiden Körper definieren als

$$\boldsymbol{P} = \boldsymbol{p}_1 + \boldsymbol{p}_2 ,$$

dann ist die zeitliche Änderung des Gesamtimpulses gegeben durch

$$\dot{\boldsymbol{P}} = \dot{\boldsymbol{p}}_1 + \dot{\boldsymbol{p}}_2 .$$

Um dies aufzulösen, müssen wir nur die Gleichungen (1.21) und (1.22) addieren. Dabei heben sich wegen des dritten Newton'schen Gesetzes die beiden „inneren" Kräfte $\boldsymbol{F}_{12}$ und $\boldsymbol{F}_{21}$ gegenseitig auf. Es bleibt

$$\dot{\boldsymbol{P}} = \boldsymbol{F}_1^{\text{ext}} + \boldsymbol{F}_2^{\text{ext}} \equiv \boldsymbol{F}^{\text{ext}} . \tag{1.23}$$

Hier habe ich die Schreibweise $\boldsymbol{F}^{\text{ext}}$ zur Bezeichnung der äußeren Gesamtkraft auf das Zweiteilchensystem verwendet. Das Ergebnis (1.23) ist das erste in einer Reihe von wichtigen Ergebnissen, mit deren Hilfe wir eine Theorie der Vielteilchensysteme aus den Gesetzen für ein einziges Teilchen konstruieren können. Die Formel sagt aus, dass die inneren Kräfte keinen Einfluss auf den Gesamtimpuls eines Systems haben. Ein Spezialfall von (1.23) liegt dann vor, wenn keine äußeren Kräfte wirken ($\boldsymbol{F}^{\text{ext}} = 0$): Dann ist auch $\dot{\boldsymbol{P}} = 0$. Damit kommen wir zu dem wichtigen Ergebnis:

$$\text{Für} \quad \boldsymbol{F}^{\text{ext}} = 0 \quad \text{ist} \quad \boldsymbol{P} = \text{const.} \tag{1.24}$$

Bei Abwesenheit von äußeren Kräften ist der Gesamtimpuls eines Zweiteilchensystems konstant. Diese Aussage wird als „Satz von der Impulserhaltung" bezeichnet.

Mehrteilchensysteme

Wir haben die Impulserhaltung nach Gleichung (1.24) für ein System aus zwei Teilchen hergeleitet. Die Erweiterung auf eine beliebige Anzahl von Teilchen ist im Prinzip problemlos; trotzdem werde ich hier etwas detaillierter darauf eingehen, weil ich auf diese Weise wichtige Schreibweisen einführen und Ihnen die Gelegenheit geben möchte, sich mit der Summationsschreibweise vertraut zu machen. Betrachten wir ein System aus N Teilchen. Ich markiere ein spezielles Teilchen mit dem griechischen Index α oder β, der jeweils einen beliebigen Wert aus der Menge $1, 2, \ldots, N$ annehmen kann. Die Masse des Teilchens α ist m_α, sein Impuls ist $\boldsymbol{p}_\alpha$. Die Kraft auf das Teilchen α ist recht schwierig auszudrücken: Jedes der anderen $(N-1)$ Teilchen kann eine Kraft ausüben, die ich mit $\boldsymbol{F}_{\alpha\beta}$ bezeichne, d. h. eine Kraft auf α durch β, wie in Abbildung 1.7 gezeigt. Daneben kann es eine resultierende äußere Kraft auf

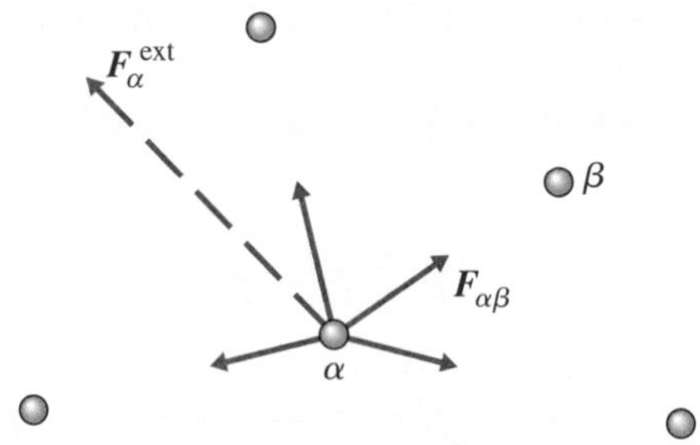

Abbildung 1.7: Ein Fünfteilchensystem, in dem die einzelnen Teilchen mit α oder β aus der Menge $\{1, 2, \ldots, 5\}$ bezeichnet sind. Auf das Teilchen α wirken vier innere Kräfte, die durch die durchgezogenen Pfeile angedeutet sind und mit $\boldsymbol{F}_{\alpha\beta}$ bezeichnet werden (Kraft auf α durch β). Zusätzlich kann auf das Teilchen α eine resultierende äußere Kraft wirken, die durch den gestrichelten Pfeil angedeutet ist und mit $\boldsymbol{F}_\alpha^{\text{ext}}$ bezeichnet wird.

das Teilchen α geben, die ich mit $\boldsymbol{F}_\alpha^{\text{ext}}$ bezeichne. Damit ist die resultierende Kraft auf dasTeilchen α

$$(\text{resultierende Kraft auf Teilchen } \alpha) = \boldsymbol{F}_\alpha = \sum_{\beta \neq \alpha} \boldsymbol{F}_{\alpha\beta} + \boldsymbol{F}_\alpha^{\text{ext}} . \tag{1.25}$$

Dabei läuft die Summation über alle Werte von β, die nicht gleich α sind. (Machen Sie sich klar, dass es keine Kraft $\boldsymbol{F}_{\alpha\alpha}$ gibt, weil das Teilchen α keine Kraft auf sich selbst ausüben kann.) Nach dem zweiten Newton'schen Gesetz ist das aber gerade gleich der zeitlichen Änderung von $\boldsymbol{p}_\alpha$:

$$\dot{\boldsymbol{p}}_\alpha = \sum_{\beta \neq \alpha} \boldsymbol{F}_{\alpha\beta} + \boldsymbol{F}_\alpha^{\text{ext}} . \tag{1.26}$$

Dieses Ergebnis gilt für jedes $\alpha \in \{1, 2, \ldots, N\}$.

Betrachten wir nun den Gesamtimpuls unseres N-Teilchen-Systems:

$$\boldsymbol{P} = \sum_\alpha \boldsymbol{p}_\alpha .$$

Nun läuft die Summation natürlich über alle N Teilchen mit $\alpha \in \{1, 2, \ldots, N\}$. Leiten wir diese Gleichung nach der Zeit ab, so ergibt sich

$$\dot{\boldsymbol{P}} = \sum_\alpha \dot{\boldsymbol{p}}_\alpha$$

oder – nach Einsetzen von $\dot{\boldsymbol{p}}_\alpha$ aus (1.26) –

$$\dot{\boldsymbol{P}} = \sum_\alpha \sum_{\beta \neq \alpha} \boldsymbol{F}_{\alpha\beta} + \sum_\alpha \boldsymbol{F}_\alpha^{\text{ext}} . \tag{1.27}$$

Die Doppelsumme enthält insgesamt $N(N-1)$ Terme. Jeder Term $\boldsymbol{F}_{\alpha\beta}$ in dieser Summe lässt sich mit einem zweiten Term $\boldsymbol{F}_{\beta\alpha}$ kombinieren (dabei wird $\boldsymbol{F}_{12}$ mit $\boldsymbol{F}_{21}$ kombiniert usw.), so dass gilt:

$$\sum_\alpha \sum_{\beta \neq \alpha} \boldsymbol{F}_{\alpha\beta} = \sum_\alpha \sum_{\beta > \alpha} (\boldsymbol{F}_{\alpha\beta} + \boldsymbol{F}_{\beta\alpha}) . \tag{1.28}$$

Die Doppelsumme auf der rechten Seite der Gleichung enthält nur Werte von α und β mit $\beta > \alpha$; sie hat daher nur halb so viele Terme wie die Doppelsumme auf der linken Seite. Aber jeder dieser Terme ist die Summe von zwei Kräften, nämlich $\boldsymbol{F}_{\alpha\beta} + \boldsymbol{F}_{\beta\alpha}$, und diese Summe ist nach dem dritten Newton'schen Gesetz jeweils null. Daher ist auch die gesamte Doppelsumme in (1.28) null; durch Vergleich mit (1.27) können wir also folgern:

$$\dot{\boldsymbol{P}} = \sum_{\alpha} \boldsymbol{F}_{\alpha}^{\text{ext}} \equiv \boldsymbol{F}^{\text{ext}} . \tag{1.29}$$

Gleichung (1.29) entspricht genau dem Ergebnis (1.23) für das Zweiteilchensystem. Wie dort haben auch hier die inneren Kräfte keinen Einfluss auf die Änderung des Gesamtimpulses $\boldsymbol{P}$ – die zeitliche Änderung von $\boldsymbol{P}$ wird nur durch die resultierende *äußere* Kraft auf das System verursacht. Insbesondere ergibt sich so für den Fall, dass die resultierende äußere Kraft null ist, der

Satz von der Impulserhaltung

Wenn die resultierende äußere Kraft $\boldsymbol{F}^{\text{ext}}$ auf ein System aus N Teilchen null ist, bleibt der Gesamtimpuls $\boldsymbol{P}$ des Systems konstant.

Dies ist, wie Sie sicherlich wissen, einer der wichtigsten Sätze der klassischen Physik. Er gilt auch in der Relativitätstheorie und in der Quantenmechanik. Wenn Sie mit der Manipulation von Summen, wie wir sie hier praktiziert haben, wenig vertraut sind, sollten Sie den Gedankengang, der von (1.25) zu (1.29) führte, noch einmal nachvollziehen, indem Sie für Systeme aus drei oder vier Teilchen alle Summen explizit ausschreiben (Aufgabe 28 bzw. 29). Sie sollten sich außerdem klar machen, dass – wenn die Impulserhaltung für alle Mehrteilchensysteme gilt – dann auch das dritte Newton'sche Gesetz gelten muss (Aufgabe 31). Mit anderen Worten: Die Impulserhaltung und das dritte Newton'sche Gesetz sind einander äquivalent.

Der Gültigkeitsbereich des dritten Newton'schen Gesetzes

Innerhalb der klassischen Physik gilt das dritte Newton'sche Gesetz – wie das zweite – mit einer solchen Genauigkeit, dass man es als exakt gültig annehmen kann. Wenn sich jedoch die relevanten Geschwindigkeiten der Lichtgeschwindigkeit annähern, dann kann, wie leicht einzusehen ist, das dritte Gesetz nicht mehr gelten: Nach diesem Gesetz müssen nämlich die Aktions- und die Reaktionskräfte $\boldsymbol{F}_{21}(t)$ bzw. $\boldsymbol{F}_{12}(t)$, *beide zur selben Zeit t gemessen,* gleich groß und entgegengesetzt gerichtet sein. Wie Sie sicherlich wissen, gilt aber die Vorstellung von einer universellen Zeit nicht mehr, wenn sich relativistische Effekte bemerkbar machen – in der Relativitätstheorie sind zwei Ereignisse, die von dem einen Beobachter gleichzeitig wahrgenommen werden, für einen anderen Beobachter im Allgemeinen *nicht* gleichzeitig. Wenn daher die Gleichung $\boldsymbol{F}_{12}(t) = -\boldsymbol{F}_{21}(t)$ (mit jeweils denselben Zeiten t) für den einen Beobachter wahr ist, ist sie für einen anderen Beobachter im Allgemeinen falsch. Daher kann das dritte Newton'sche Gesetz nicht mehr gelten, sobald relativistische Effekte eine Rolle spielen.

Überraschenderweise gibt es ein einfaches Beispiel mit einer wohlbekannten Kraft – der magnetischen Kraft zwischen zwei bewegten Teilchen –, für die das dritte Newton'sche Gesetz nie gilt, nicht einmal bei geringen Geschwindigkeiten. Betrachten Sie dazu zwei positiv geladene Teilchen; die Ladung q_1 soll sich in x-Richtung, die Ladung q_2 in y-Richtung bewegen (Abbildung 1.8). Die genaue Berechnung der Magnetfelder, die von den beiden Ladungen erzeugt werden, ist ziemlich kompliziert; man kann aber durch eine einfache Überlegung zumindest die Richtung der beiden Felder angeben, und mehr brauchen wir hier nicht. Die bewegte Ladung q_1 entspricht einem Strom in der x-Richtung. Nach der Rechte-Hand-Regel für Magnetfelder erzeugt ein solcher Strom ein Magnetfeld, das in der Umgebung von q_2 in die z-Richtung zeigt. Nach der Rechte-Hand-Regel für Kräfte ruft dieses Feld eine Kraft $\boldsymbol{F}_{21}$ auf q_2 hervor, die in die x-Richtung zeigt. Eine genau entsprechende Argumentation (prüfen Sie es selbst einmal nach!) führt zu dem Ergebnis, dass die Kraft $\boldsymbol{F}_{12}$ auf q_1 in die y-Richtung wirkt, wie in der Abbildung zu sehen. Ganz offensichtlich können diese beiden Kräfte das dritte Newton'sche Gesetz nicht erfüllen!

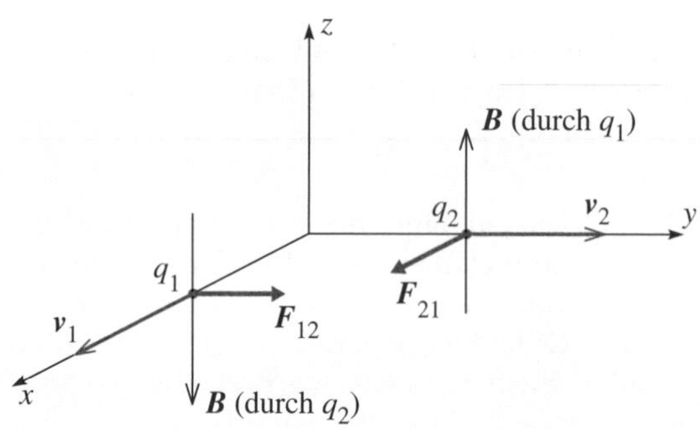

Abbildung 1.8: Jede der beiden bewegten positiven Ladungen q_1 und q_2 erzeugt ein Magnetfeld, das eine Kraft auf die jeweils andere Ladung ausübt. Die resultierenden magnetischen Kräfte F_{21} und F_{12} erfüllen nicht das dritte Newton'sche Gesetz.

Diese Schlussfolgerung ist deshalb besonders beunruhigend, weil wir zuvor gerade gezeigt haben, dass das dritte Newton'sche Gesetz der Impulserhaltung äquivalent ist. Offenbar bleibt der Gesamtimpuls $m_1\boldsymbol{v}_1 + m_2\boldsymbol{v}_2$ der beiden Ladungen in Abbildung 1.8 nicht erhalten. Diese (korrekte) Schlussfolgerung belehrt uns aber, dass der „mechanische" Impuls $m\boldsymbol{v}$ eines Teilchens offenbar nicht die einzige Art von Impuls ist. Auch elektromagnetische Felder können einen Impuls tragen; bei dem in Abbildung 1.8 dargestellten Fall wird der mechanische Impuls, den die beiden Teilchen verlieren, auf den elektromagnetischen Impuls der Felder übertragen.

Glücklicherweise sind, wenn beide Geschwindigkeiten in Abbildung 1.8 sehr viel kleiner sind als die Lichtgeschwindigkeit ($v \ll c$), der Verlust an mechanischem Impuls und die dadurch bewirkte Verletzung des dritten Newton'schen Gesetzes völlig zu vernachlässigen. Zwischen den beiden Ladungen wirkt nämlich nicht nur eine magnetische Kraft, sondern vor allem auch die elektrostatische Coulomb-Kraft[10] kq_1q_2/r^2, für die das dritte Newton'sche Gesetz exakt gilt. Man kann relativ leicht

10 Hier ist k die Coulomb-Konstante, meist geschrieben als $k = 1/(4\pi\varepsilon_0)$.

zeigen (vgl. Aufgabe 32), dass die magnetische Kraft mit einem Proportionalitätsfaktor in der Ordnung von v^2/c^2 proportional zur Coulomb-Kraft ist. Nur wenn sich also v der Lichtgeschwindigkeit c annähert – und die klassische Mechanik ohnehin in die Relativitätstheorie übergeht – wird die Verletzung des dritten Newton'schen Gesetzes durch die magnetische Kraft bedeutsam.[11] Das überraschende Ergebnis in der Situation von Abbildung 1.8 widerspricht also nicht unserer Behauptung, dass das dritte Newton'sche Gesetz innerhalb der klassischen Physik gültig ist. In unseren weiteren Darlegungen zur nichtrelativistischen Mechanik werden wir seine Gültigkeit stets voraussetzen.

1.6 Das zweite Newton'sche Gesetz in kartesischen Koordinaten

Von den drei Newton'schen Gesetzen wird das zweite am häufigsten verwendet; man bezeichnet es meist als das *Newton'sche Bewegungsgesetz*. Wie wir gesehen haben, ist das erste Newton'sche Gesetz von theoretischer Bedeutung – um nämlich zu definieren, was man unter einem Inertialsystem versteht –, hat aber darüber hinaus keine praktische Bedeutung. Das dritte Gesetz ist wichtig, um die inneren Kräfte in einem Mehrteilchensystem zu bestimmen; wenn wir aber die Kräfte erst einmal bestimmt haben, benötigen wir das zweite Gesetz, um die Bewegung der betrachteten Körper zu berechnen. Bei vielen einfachen Problemen sind jedoch die Kräfte bekannt oder lassen sich zumindest leicht bestimmen; in diesem Fall wird nur das zweite Gesetz benötigt, um das Problem zu lösen.

Wie wir bereits wissen, ist das zweite Newton'sche Gesetz in der Form

$$\boldsymbol{F} = m\ddot{\boldsymbol{r}} \tag{1.30}$$

eine Differenzialgleichung zweiter Ordnung[12] für den Ortsvektor $\boldsymbol{r}$ als Funktion der Zeit t. In einer typischen Aufgabenstellung ist die Kraft $\boldsymbol{F}$ gegeben, und es ist unsere Aufgabe, für die Differenzialgleichung (1.30) eine Lösung $\boldsymbol{r}(t)$ zu finden. Manchmal kennt man aber auch $\boldsymbol{r}(t)$ und nutzt dann (1.30), um etwas über die Kraft zu erfahren. In jedem Fall ist die Gleichung (1.30) eine *vektorielle* Differenzialgleichung. Und der einfachste Weg, eine solche Gleichung zu lösen, besteht darin, die Vektoren in ihre Komponenten bezüglich eines bestimmten Koordinatensystems zu zerlegen.

Das einfachste Koordinatensystem ist das kartesische oder rechtwinklige Koordinatensystem mit den Einheitsvektoren $\hat{\boldsymbol{x}}$, $\hat{\boldsymbol{y}}$ und $\hat{\boldsymbol{z}}$, mit deren Hilfe sich die Kraft in der Form

$$\boldsymbol{F} = F_x\hat{\boldsymbol{x}} + F_y\hat{\boldsymbol{y}} + F_z\hat{\boldsymbol{z}} \tag{1.31}$$

und der Ortsvektor $\boldsymbol{r}$ in der Form

$$\boldsymbol{r} = x\hat{\boldsymbol{x}} + y\hat{\boldsymbol{y}} + z\hat{\boldsymbol{z}} \tag{1.32}$$

11 Die magnetische Kraft zwischen zwei stationären Strömen ist nicht notwendigerweise klein, auch nicht im klassischen Fall, doch man kann zeigen, dass für diese Kraft das dritte Newton'sche Gesetz gilt. Vgl. auch Aufgabe 33.

12 Die Kraft $\boldsymbol{F}$ kann Ableitungen von $\boldsymbol{r}$ enthalten (beispielsweise enthält die magnetische Kraft auf eine bewegte Ladung die Geschwindigkeit $\boldsymbol{v} = \dot{\boldsymbol{r}}$). Ganz selten findet man auch eine höhere Ableitung von $\boldsymbol{r}$ mit $n > 2$; in einem solchen Fall ist das zweite Newton'sche Gesetz natürlich eine Differenzialgleichung n-ter Ordnung.

schreiben lassen. Wie ich bereits in Abschnitt 1.2 gezeigt habe, lässt sich $\boldsymbol{r}$ in der Darstellung mithilfe kartesischer Komponenten besonders einfach differenzieren, weil die Einheitsvektoren $\hat{\boldsymbol{x}}$, $\hat{\boldsymbol{y}}$ und $\hat{\boldsymbol{z}}$ zeitlich konstant sind. Wir können somit (1.32) zweimal differenzieren und erhalten das einfache Ergebnis

$$\ddot{\boldsymbol{r}} = \ddot{x}\hat{\boldsymbol{x}} + \ddot{y}\hat{\boldsymbol{y}} + \ddot{z}\hat{\boldsymbol{z}}\,. \tag{1.33}$$

Die drei kartesischen Komponenten von $\ddot{\boldsymbol{r}}$ sind also einfach die jeweiligen Ableitungen der drei Koordinaten x, y und z von $\boldsymbol{r}$. Das zweite Newton'sche Gesetz (1.30) wird damit zu

$$F_x\hat{\boldsymbol{x}} + F_y\hat{\boldsymbol{y}} + F_z\hat{\boldsymbol{z}} = m\ddot{x}\hat{\boldsymbol{x}} + m\ddot{y}\hat{\boldsymbol{y}} + m\ddot{z}\hat{\boldsymbol{z}}\,. \tag{1.34}$$

Wenn wir diese Gleichung in ihre Komponenten auflösen, erkennen wir, dass F_x gleich $m\ddot{x}$ sein muss (und entsprechend für die y- und die z-Komponente). In kartesischen Koordinaten ist also die eine vektorielle Differenzialgleichung (1.30) äquivalent zu drei separaten Gleichungen:

$$\boldsymbol{F} = m\ddot{\boldsymbol{x}} \iff \begin{cases} F_x = m\ddot{x} \\ F_y = m\ddot{y} \\ F_z = m\ddot{z} \end{cases} \tag{1.35}$$

Dieses schöne Ergebnis – in kartesischen Koordinaten ist das zweite Newton'sche Gesetz in drei Dimensionen äquivalent zu drei eindimensionalen Versionen desselben Gesetzes – bildet die Grundlage für die Lösung fast aller einfachen mechanischen Probleme in kartesischen Koordinaten. Es folgt ein Beispiel, das Ihnen zeigen soll, wie solche Aufgaben gelöst werden.

Ein Quader gleitet eine geneigte Ebene hinab

Beispiel 1.1 Ein Quader der Masse m gleitet eine geneigte Ebene mit dem Reibungskoeffizienten μ und dem Neigungswinkel θ gegen die Horizontale hinab und wird dabei aus dem Ruhezustand beschleunigt. Wie weit wird er in der Zeit t gelangen?

Lösung ■ Der erste Lösungsschritt besteht darin, unser Bezugssystem festzulegen. Vernünftigerweise wählt man als räumlichen Ursprung den Startpunkt des Quaders und als zeitlichen Nullpunkt ($t = 0$) den Zeitpunkt, zu dem der Quader losgelassen wird. Wie Sie sicherlich aus Ihren physikalischen Einführungskursen wissen, wählt man die Achsen am besten so, dass eine Achse (beispielsweise die x-Achse) die geneigte Ebene hinab zeigt, die zweite Achse (y) steht senkrecht und die dritte (z) quer dazu (vgl. Abbildung 1.9). Diese spezielle Wahl der Achsen hat zwei Vorzüge: Da einerseits der Quader die Ebene gerade hinabgleitet, spielt sich die Bewegung ausschließlich in der x-Richtung ab, es ändert sich also nur x. (Hätten wir die x-Achse horizontal und die y-Achse vertikal festgelegt, würden sich sowohl x als auch y ändern.)

Des Weiteren sind zwei der drei wirkenden Kräfte unbekannt (die Normalkraft $\boldsymbol{N}$ und die Reibungskraft $\boldsymbol{f}$; die Gewichtskraft $\boldsymbol{w} = m\boldsymbol{g}$ sehen wir als bekannt an). Bei unserer Wahl der Achsen hat jede der unbekannten Kräfte nur eine Komponente, die nicht null ist, da $\boldsymbol{N}$ in der y-Richtung und $\boldsymbol{f}$ in der (negativen) x-Richtung wirkt.

Wir können jetzt das zweite Newton'sche Gesetz anwenden. Das Ergebnis (1.35) bedeutet, dass wir die drei Komponenten separat untersuchen können:

Es gibt keine Kräfte in z-Richtung, also gilt $F_z = 0$. Wegen $F_z = m\ddot{z}$ muss auch $\ddot{z} = 0$ gelten, d. h. $\dot{z}$ (oder v_z) ist konstant. Da der Quader aus dem Ruhezustand startet, muss

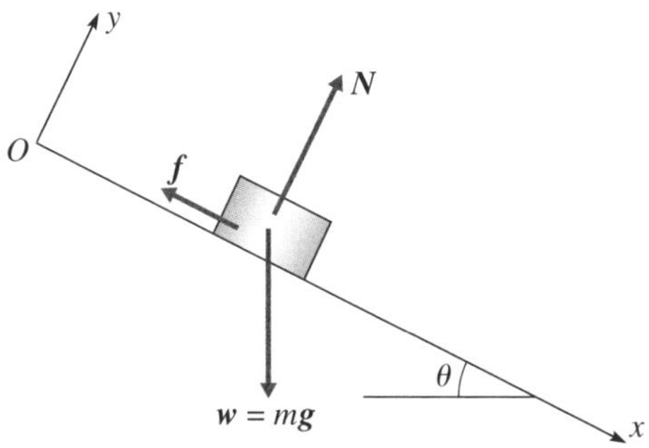

Abbildung 1.9: Ein Quader gleitet eine geneigte Ebene mit dem Neigungswinkel θ hinab. Die drei auf den Quader wirkenden Kräfte sind seine Gewichtskraft $\boldsymbol{w} = m\boldsymbol{g}$, die Normalkraft $\boldsymbol{N}$ senkrecht zur Ebene und die Reibungskraft $\boldsymbol{f}$ mit dem Betrag $f = \mu N$. Die z-Achse ist nicht gezeichnet; sie zeigt aus der Zeichenebene heraus, verläuft also quer zur geneigten Ebene.

$\dot{z}$ für alle t gleich null sein. Mit $\dot{z} = 0$ folgt, dass z konstant ist; da der Quader anfangs im Koordinatenursprung war, schließen wir $z = 0$ für *alle* t. Wie vermutet, bewegt sich der Quader ausschließlich in der x-y-Ebene.

Da der Quader nicht von der geneigten Ebene springt, wissen wir, dass es keine Bewegung in y-Richtung gibt. Insbesondere ist $\ddot{y} = 0$. Damit besagt das zweite Newton'sche Gesetz, dass die y-Komponente der resultierenden Kraft null ist, also $F_y = 0$. Nach Abbildung 1.9 muss dann gelten

$$F_y = N - mg\cos\theta = 0\,.$$

Damit verrät uns die y-Komponente der Kraft gemäß dem zweiten Newton'schen Gesetz, dass für die unbekannte Normalkraft gilt $N = mg\cos\theta$. Wegen $f = \mu N$ leiten wir daraus die Reibungskraft $f = \mu mg\cos\theta$ ab, und damit sind alle Kräfte bekannt. Es bleibt uns nur noch, mit der letzten Komponente (der x-Komponente) der Kraft und mithilfe des zweiten Newton'schen Gesetzes die tatsächliche Bewegung zu berechnen.

Für die x-Komponenten der Kräfte gilt nach dem zweiten Newton'schen Gesetz (vgl. Abbildung 1.9)

$$w_x - f = m\ddot{x}$$

beziehungsweise

$$mg\sin\theta - \mu mg\cos\theta = m\ddot{x}\,.$$

Die Massen kürzen sich auf beiden Seiten der Gleichung heraus, und es ergibt sich für die Beschleunigung entlang der geneigten Ebene

$$\ddot{x} = g(\sin\theta - \mu\cos\theta)\,. \tag{1.36}$$

Damit haben wir $\ddot{x}$ gefunden; $\ddot{x}$ ist, wie man sieht, konstant. Nun müssen wir nur noch zweimal integrieren, um x als eine Funktion von t zu bestimmen. Die erste Integration ergibt

$$\dot{x} = g(\sin\theta - \mu\cos\theta)t\,.$$

(Denken Sie daran, dass anfangs $\dot{x} = 0$ galt; daher ist die Integrationskonstante null.) Damit ergibt sich letztlich

$$x(t) = \tfrac{1}{2}g(\sin\theta - \mu\cos\theta)t^2$$

(wieder ist die Integrationskonstante null), und unsere Lösung ist vollständig. ■

1.7 Zweidimensionale Polarkoordinaten

Kartesische Koordinaten haben den Vorzug, dass sie sehr einfach zu handhaben sind; wir werden aber noch sehen, dass sich manche Probleme einfacher mit anderen als kartesischen Koordinatensystemen lösen lassen. Um die Komplexität solcher nichtkartesischer Koordinaten zu verdeutlichen, wollen wir einmal das zweite Newton'sche Gesetz auf ein zweidimensionales Problem mit Polarkoordinaten anwenden. Diese Koordinaten werden in Abbildung 1.10 definiert. Anstelle von zwei senkrecht aufeinander stehenden Koordinaten x und y beschreiben wir nun die Position eines Teilchens mithilfe der Entfernung r vom Ursprung O und des Winkels φ gegen die x-Achse. Wenn die rechtwinkligen Koordinaten x und y gegeben sind, lassen sich die Polarkoordinaten r und φ mit den folgenden Gleichungen aus ihnen berechnen (und umgekehrt). Vergewissern Sie sich, dass Sie alle vier Gleichungen wirklich verstanden haben.[13]

$$\left.\begin{aligned} x &= r\cos\varphi \\ y &= r\sin\varphi \end{aligned}\right\} \longleftrightarrow \left\{\begin{aligned} r &= \sqrt{x^2+y^2} \\ \varphi &= \arctan(y/x) \end{aligned}\right. \tag{1.37}$$

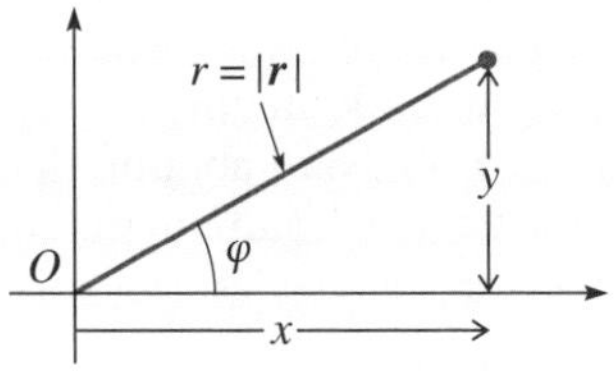

Abbildung 1.10: Definition der Polarkoordinaten r und φ.

Wie schon bei den rechtwinkligen Koordinaten, ist es auch hier zweckmäßig, zwei Einheitsvektoren einzuführen, die wir nun mit $\hat{\boldsymbol{r}}$ und $\hat{\boldsymbol{\varphi}}$ bezeichnen wollen. Um ihre Definitionen zu verstehen, betrachten wir zunächst noch einmal den Einheitsvektor $\hat{\boldsymbol{x}}$. Man kann ihn als den Einheitsvektor auffassen, der in die Richtung von zunehmendem x zeigt, wenn der Wert von y festgehalten wird (vgl. Abbildung 1.11a). In analoger Weise definieren wir den Einheitsvektor $\hat{\boldsymbol{r}}$, der in die Bewegungsrichtung zeigt, wenn wir uns entlang zunehmendem r bewegen und dabei den Wert von φ festhalten. Entsprechend definieren wir den Einheitsvektor $\hat{\boldsymbol{\varphi}}$, der in die Bewegungsrichtung zeigt, wenn wir uns in Richtung des zunehmenden Winkels φ bewegen und

13 Es gibt einen kleinen Stolperstein in der Gleichung für φ: Sie müssen dafür sorgen, dass φ im richtigen Quadranten landet, denn im ersten und im dritten Quadranten erhalten Sie dieselben Werte für y/x (und entsprechend im zweiten und vierten). Vgl. Aufgabe 42.

dabei den Wert von r festhalten. Abbildung 1.11 zeigt den höchst wichtigen Unterschied zwischen den Einheitsvektoren $\hat{\boldsymbol{x}}$ und $\hat{\boldsymbol{y}}$ des kartesischen Koordinatensystems und den neuen Einheitsvektoren $\hat{\boldsymbol{r}}$ und $\hat{\boldsymbol{\varphi}}$. Die Vektoren $\hat{\boldsymbol{x}}$ und $\hat{\boldsymbol{y}}$ haben für alle Punkte der Ebene die gleiche Richtung, während die neuen Vektoren $\hat{\boldsymbol{r}}$ und $\hat{\boldsymbol{\varphi}}$ ihre Richtung ändern, wenn sich der Vektor $\boldsymbol{r}$ bewegt. Wir werden sehen, dass dieser Umstand die Verwendung des zweiten Newton'schen Gesetzes in Polarkoordinaten stark verkompliziert.

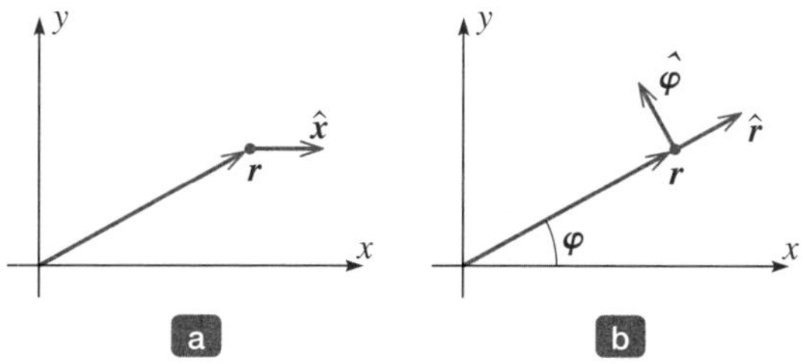

Abbildung 1.11: (a) Der Einheitsvektor $\hat{\boldsymbol{x}}$ zeigt in die Richtung von zunehmendem x; der Wert von y ist dabei fest. (b) Der Einheitsvektor $\hat{\boldsymbol{r}}$ zeigt in die Richtung von zunehmendem r; der Wert von φ ist dabei fest. Analog dazu zeigt der Einheitsvektor $\hat{\boldsymbol{\varphi}}$ in die Richtung von zunehmendem φ; der Wert von r ist dabei fest. Im Gegensatz zu $\hat{\boldsymbol{x}}$ ändern die Vektoren $\hat{\boldsymbol{r}}$ und $\hat{\boldsymbol{\varphi}}$ ihre Richtung, wenn sich der Vektor $\boldsymbol{r}$ bewegt.

Abbildung 1.11 legt noch eine andere Schreibweise für den Einheitsvektor $\hat{\boldsymbol{r}}$ nahe: Da $\hat{\boldsymbol{r}}$ in dieselbe Richtung zeigt wie $\boldsymbol{r}$, aber den Betrag 1 hat, gilt

$$\hat{\boldsymbol{r}} = \frac{\boldsymbol{r}}{|\boldsymbol{r}|}\,. \tag{1.38}$$

Mit diesem Ergebnis kann man die „Dach"-Schreibweise auch in anderer Weise verstehen: Für einen *beliebigen* Vektor $\boldsymbol{a}$ können wir den Einheitsvektor $\hat{\boldsymbol{a}}$ in die Richtung von $\boldsymbol{a}$ schreiben als $\hat{\boldsymbol{a}} = \boldsymbol{a}/|\boldsymbol{a}|$.

Da die zwei Einheitsvektoren $\hat{\boldsymbol{r}}$ und $\hat{\boldsymbol{\varphi}}$ in unserer zweidimensionalen Ebene senkrecht aufeinander stehen, können wir mit ihrer Hilfe jeden beliebigen Vektor der Ebene angeben. Beispielsweise lässt sich die Gesamtkraft $\boldsymbol{F}$ auf einen Körper schreiben als

$$\boldsymbol{F} = F_{\mathrm{r}}\,\hat{\boldsymbol{r}} + F_{\varphi}\,\hat{\boldsymbol{\varphi}}\,. \tag{1.39}$$

Wenn dieser Körper beispielsweise ein Stein ist, den ich an einem Seil im Kreis um mich herumschleudere (mit meiner Hand als Ursprung), dann ist F_{r} die in radialer Richtung wirkende mechanische Spannungskraft in dem Seil und F_{φ} die Luftwiderstandskraft, die den Stein tangential zu seiner Bewegungsrichtung abbremst. Der Ortsvektor lässt sich in diesem Fall besonders einfach mithilfe von Polarkoordinaten ausdrücken. Nach Abbildung 1.11b gilt

$$\boldsymbol{r} = r\,\hat{\boldsymbol{r}}\,. \tag{1.40}$$

Wir haben nun alles beisammen, um die Gleichung des zweiten Newton'schen Gesetzes $\boldsymbol{F} = m\ddot{\boldsymbol{r}}$ in Polarkoordinaten zu formulieren. In rechtwinkligen Koordinaten hatten wir erkannt, dass die x-Komponente von $\ddot{\boldsymbol{r}}$ gerade $\ddot{x}$ ist; daher hat das Ergebnis (1.35) eine so einfache Form. Wir müssen nun die Komponenten von $\ddot{\boldsymbol{r}}$ in

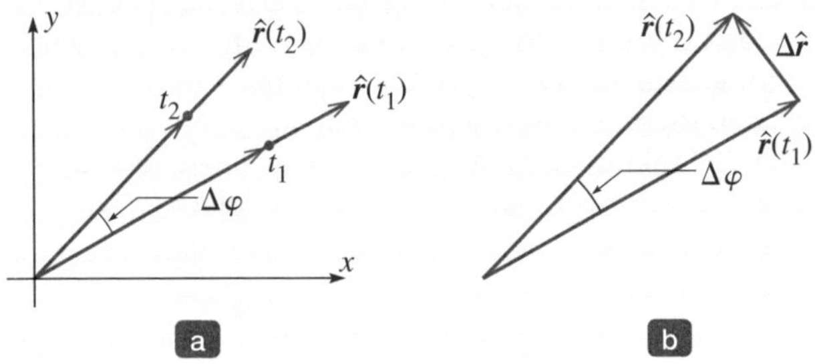

Abbildung 1.12: (a) Die Orte eines Teilchens zu zwei aufeinanderfolgenden Zeitpunkten t_1 und t_2. Wenn sich das Teilchen nicht exakt in radialer Richtung bewegt, zeigen die entsprechenden Einheitsvektoren $\hat{\boldsymbol{r}}(t_1)$ und $\hat{\boldsymbol{r}}(t_2)$ in verschiedene Richtungen. (b) Die Änderung $\Delta\hat{\boldsymbol{r}}$ von $\hat{\boldsymbol{r}}$ wird durch das gezeigte Dreieck angegeben.

Polarkoordinaten ausdrücken, mit anderen Worten, wir müssen (1.40) nach t ableiten. Obwohl (1.40) eigentlich ganz einfach aussieht, ändert sich aber der Vektor $\hat{\boldsymbol{r}}$, während sich $\boldsymbol{r}$ bewegt. Wenn wir also (1.40) ableiten, erhalten wir auch einen Term, der die Ableitung von $\hat{\boldsymbol{r}}$ enthält. Unsere erste Aufgabe ist es, die Ableitung von $\hat{\boldsymbol{r}}$ zu finden.

Abbildung 1.12a zeigt den Ort des untersuchten Teilchens zu zwei aufeinanderfolgenden Zeitpunkten t_1 und $t_2 = t_1 + \Delta t$. Wenn die zugehörigen Winkel $\varphi(t_1)$ und $\varphi(t_2)$ voneinander verschieden sind, dann zeigen die beiden Einheitsvektoren $\hat{\boldsymbol{r}}(t_1)$ und $\hat{\boldsymbol{r}}(t_2)$ in unterschiedliche Richtungen. Die Änderung von $\hat{\boldsymbol{r}}$ ist in Abbildung 1.12b dargestellt. Wenn Δt klein ist, gilt näherungsweise

$$\begin{aligned} \Delta\hat{\boldsymbol{r}} &\approx \Delta\varphi\hat{\boldsymbol{\varphi}} \\ &\approx \dot{\varphi}\Delta t\hat{\boldsymbol{\varphi}} \,. \end{aligned} \tag{1.41}$$

(Beachten Sie, dass die Richtung von $\Delta\hat{\boldsymbol{r}}$ senkrecht zu der von $\hat{\boldsymbol{r}}$ ist, d. h. in der Richtung von $\hat{\boldsymbol{\varphi}}$ liegt.) Wenn wir beide Seiten durch Δt dividieren und dann den Grenzwert für $\Delta t \to 0$ bilden, dann haben wir $\Delta\hat{\boldsymbol{r}}/\Delta t \to \mathrm{d}\hat{\boldsymbol{r}}/\mathrm{d}t$ und finden schließlich

$$\frac{\mathrm{d}\hat{\boldsymbol{r}}}{\mathrm{d}t} = \dot{\varphi}\hat{\boldsymbol{\varphi}} \,. \tag{1.42}$$

(Einen alternativen Beweis dieser Aussage werden wir in Aufgabe 43 führen.) Beachten Sie, dass $\mathrm{d}\hat{\boldsymbol{r}}/\mathrm{d}t$ in die Richtung von $\hat{\boldsymbol{\varphi}}$ zeigt und proportional zur Änderungsgeschwindigkeit des Winkels φ ist. Beide Eigenschaften waren nach Abbildung 1.12 zu erwarten.

Nun kennen wir die Ableitung von $\hat{\boldsymbol{r}}$ und können somit Gleichung (1.40) ableiten. Nach der Produktregel erhalten wir zwei Terme:

$$\dot{\boldsymbol{r}} = \dot{r}\hat{\boldsymbol{r}} + r\frac{\mathrm{d}\hat{\boldsymbol{r}}}{\mathrm{d}t} \,.$$

Setzen wir hier (1.42) ein, so erhalten wir für die Geschwindigkeit $\dot{\boldsymbol{r}}$ (oder $\boldsymbol{v}$):

$$\boldsymbol{v} \equiv \dot{\boldsymbol{r}} = \dot{r}\hat{\boldsymbol{r}} + r\dot{\varphi}\hat{\boldsymbol{\varphi}} \,. \tag{1.43}$$

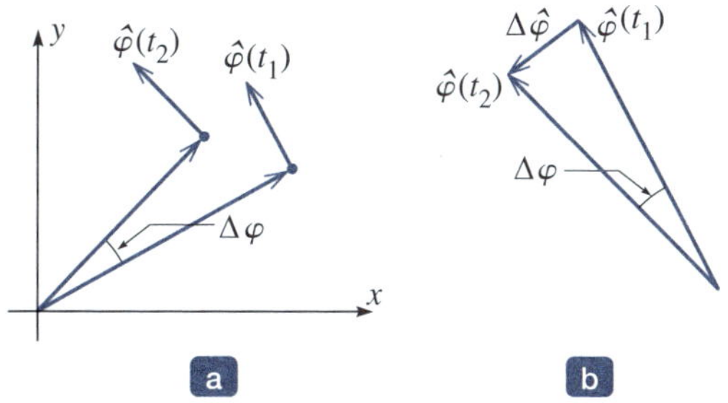

Abbildung 1.13: (a) Der Einheitsvektor $\hat{\boldsymbol{\varphi}}$ zu zwei aufeinanderfolgenden Zeitpunkten t_1 und t_2. (b) Die Änderung $\Delta\hat{\boldsymbol{\varphi}}$.

In diesem Ausdruck können wir die Polarkomponenten der Geschwindigkeit ablesen:

$$v_{\mathrm{r}} = \dot{r} \quad \text{und} \quad v_{\varphi} = r\dot{\varphi} = r\omega\,. \tag{1.44}$$

In der zweiten Gleichung habe ich die bekannte Notation ω für die Winkelgeschwindigkeit $\dot{\varphi}$ eingeführt. Sicherlich kennen Sie die Gleichungen (1.44) aus Ihren physikalischen Einführungskursen. Sie sind aber unbestreitbar komplizierter als die entsprechenden Gleichungen in kartesischen Koordinaten ($v_x = \dot{x}$ und $v_y = \dot{y}$).

Bevor wir das zweite Newton'sche Gesetz niederschreiben können, müssen wir ein zweites Mal nach t ableiten, um die Beschleunigung zu erhalten:

$$\boldsymbol{a} \equiv \ddot{\boldsymbol{r}} = \frac{\mathrm{d}}{\mathrm{d}t}\dot{\boldsymbol{r}} = \frac{\mathrm{d}}{\mathrm{d}t}(\dot{r}\hat{\boldsymbol{r}} + r\dot{\varphi}\hat{\boldsymbol{\varphi}})\,. \tag{1.45}$$

(Der letzte Ausdruck ergibt sich, wenn wir (1.43) für $\dot{\boldsymbol{r}}$ einsetzen.) Um die Differenziation in (1.45) auszuführen, müssen wir erst die Ableitung von $\hat{\boldsymbol{\varphi}}$ berechnen. Die Rechnung verläuft ganz analog zu dem Gedankengang, der zu (1.42) geführt hat, und ist in Abbildung 1.13 illustriert. Wenn Sie sich die Abbildung anschauen, können Sie sich leicht davon überzeugen, dass gilt:

$$\frac{\mathrm{d}\hat{\boldsymbol{\varphi}}}{\mathrm{d}t} = -\dot{\varphi}\hat{\boldsymbol{r}}\,. \tag{1.46}$$

Kehren wir nun zu Gleichung (1.45) zurück. Die Differenziation ergibt die folgenden fünf Terme:

$$\boldsymbol{a} = \left(\ddot{r}\hat{\boldsymbol{r}} + \dot{r}\,\frac{\mathrm{d}\hat{\boldsymbol{r}}}{\mathrm{d}t}\right) + \left((\dot{r}\dot{\varphi} + r\ddot{\varphi})\hat{\boldsymbol{\varphi}} + r\dot{\varphi}\,\frac{\mathrm{d}\hat{\boldsymbol{\varphi}}}{\mathrm{d}t}\right).$$

Mit (1.42) und (1.46) können wir schließlich die Ableitungen der beiden Einheitsvektoren ersetzen:

$$\boldsymbol{a} = \left(\ddot{r} - r\dot{\varphi}^2\right)\hat{\boldsymbol{r}} + (r\ddot{\varphi} + 2\dot{r}\dot{\varphi})\,\hat{\boldsymbol{\varphi}}\,. \tag{1.47}$$

Dieses schreckliche Ergebnis ist etwas besser zu verstehen, wenn wir den Spezialfall betrachten, in dem r konstant ist (das ist beispielsweise dann der Fall, wenn ich einen Stein an einem Seil mit fester Länge im Kreis um mich herumschleudere). Bei konstantem r sind sowohl die erste als auch die zweite Ableitung von r null, und (1.47) hat nur noch zwei Terme:

$$\boldsymbol{a} = -r\dot{\varphi}^2\hat{\boldsymbol{r}} + r\ddot{\varphi}\hat{\boldsymbol{\varphi}}$$

oder

$$\boldsymbol{a} = -r\omega^2\hat{\mathbf{r}} + r\alpha\hat{\boldsymbol{\varphi}}\,.$$

Dabei bezeichnet $\omega = \dot{\varphi}$ die Winkelgeschwindigkeit und $\alpha = \ddot{\varphi}$ die Winkelbeschleunigung. Das ist eine aus der Elementarphysik bekannte Gleichung, der zufolge ein Körper, der sich auf einer festen Kreisbahn bewegt, eine nach innen gerichtete „Zentripetalbeschleunigung" $r\omega^2$ (oder v^2/r) sowie eine tangentiale Beschleunigung $r\alpha$ erfährt. Wenn r allerdings nicht konstant ist, dann enthält die Beschleunigung alle vier in (1.47) aufgeführten Terme. Den erste Term $\ddot{r}$ in radialer Richtung konnten Sie wohl erwarten, wenn r sich ändert; der letzte Term $2\dot{r}\dot{\varphi}$ in Richtung von $\hat{\boldsymbol{\varphi}}$ ist aber schwerer zu verstehen. Er wird Coriolis-Beschleunigung genannt; wir werden ihn in Kapitel 9 noch eingehend untersuchen.

Nachdem wir nun die Beschleunigung durch (1.47) ausgedrückt haben, können wir endlich das zweite Newton'sche Gesetz mithilfe von Polarkoordinaten schreiben:

$$\boldsymbol{F} = m\boldsymbol{a} \Longleftrightarrow \begin{cases} F_{\mathrm{r}} = m(\ddot{r} - r\dot{\varphi}^2) \\ F_{\varphi} = m(r\ddot{\varphi} + 2\dot{r}\dot{\varphi})\,. \end{cases} \tag{1.48}$$

Diese Gleichungen in Polarkoordinaten sind weit entfernt von den einfachen und schönen Gleichungen, wie wir sie in (1.35) für rechtwinklige Koordinaten hergeleitet hatten. Wir werden später sehen, dass einer der Hauptgründe für die Neuformulierung der Newton'schen Mechanik in Form der Lagrange'schen Mechanik (Kapitel 7) gerade darin besteht, dass sich dort nicht rechtwinklige Koordinaten genauso einfach behandeln lassen wie rechtwinklige.

Sie könnten nun zu der verständlichen Ansicht gelangt sein, das zweite Newton'sche Gesetz in Polarkoordinaten sei derart kompliziert, dass es keine vernünftige Situation gibt, in der es in dieser Form anzuwenden wäre. Das Gegenteil aber ist der Fall: Es gibt viele Probleme, die sich mit Polarkoordinaten erheblich einfacher lösen lassen als mit rechtwinkligen Koordinaten. Ich möchte diesen Abschnitt mit einem einfachen Beispiel für diese Aussage abschließen.

Ein hin und her pendelndes Skateboard

Beispiel 1.2

Die Halfpipe in einer Skateanlage besteht aus einer Betonrinne mit halbkreisförmigem Querschnitt (Radius $R = 5\,\mathrm{m}$), wie in Abbildung 1.14 gezeigt. Ich halte ein reibungsfreies Skateboard so an der Seite der Rinne, dass es mit der Spitze nach unten zeigt, und lasse es los. Beschreiben Sie die Bewegung des Skateboards mithilfe des

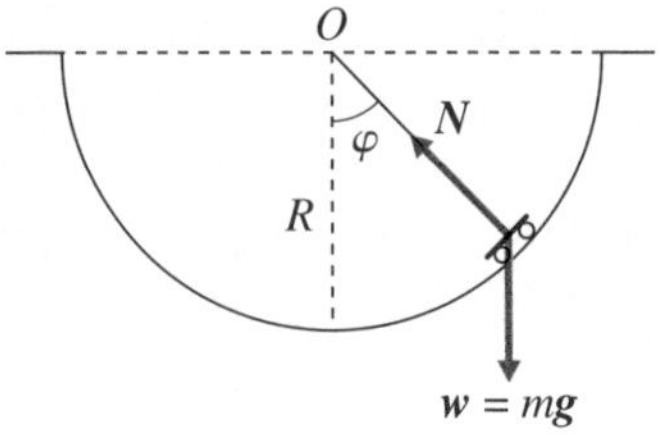

Abbildung 1.14: Ein Skateboard in einer Halfpipe vom Radius R. Der Ort des Skateboards ist durch die Angabe des Winkels φ gegen das Lot bestimmt. Die zwei Kräfte auf das Skateboard sind seine Gewichtskraft $\boldsymbol{w} = m\boldsymbol{g}$ und die Normalkraft $\boldsymbol{N}$.

zweiten Newton'schen Gesetzes. Geben Sie insbesondere an, in welcher Zeit das Skateboard zum Ausgangspunkt zurückkehrt, wenn es nur wenig oberhalb des tiefsten Punkts der Rinne losgelassen wird.

Lösung ■ Da sich das Skateboard auf einer kreisförmigen Bahn bewegen muss, lässt sich diese Aufgabe am einfachsten lösen, wenn man Polarkoordinaten verwendet, deren Ursprung O im Mittelpunkt der Halfpipe liegt, wie in Abbildung 1.14 gezeigt. (Versuchen Sie parallel zu den folgenden Rechnungen einmal, das zweite Newton'sche Gesetz in kartesischen Koordinaten zu schreiben, dann werden Sie sehen, welche Schwierigkeiten sich dabei ergeben.) Bei dieser Wahl der Polarkoordinaten ist die Koordinate r des Skateboards konstant ($r = R$), und der Ort des Skateboards ist durch den Winkel φ vollständig bestimmt. Mit konstantem r nimmt das zweite Newton'sche Gesetz (1.48) eine relativ einfache Form an:

$$F_\mathrm{r} = -mR\dot{\varphi}^2 \tag{1.49}$$

und

$$F_\varphi = mR\ddot{\varphi}\,. \tag{1.50}$$

Nach Abbildung 1.14 sind die beiden Kräfte, die auf das Skateboard wirken, dessen Gewichtskraft $\boldsymbol{w} = m\boldsymbol{g}$ und die Normalkraft $\boldsymbol{N}$, die durch die Wand ausgeübt wird. Die Komponenten der resultierenden Kraft $\boldsymbol{F} = \boldsymbol{w} + \boldsymbol{N}$ sind dann, wie man leicht sieht,

$$F_\mathrm{r} = mg\cos\varphi - N \quad \text{und} \quad F_\varphi = -mg\sin\varphi\,.$$

Setzt man dies für F_r in (1.49) ein, erhält man eine Gleichung in N, φ und $\dot{\varphi}$. Glücklicherweise brauchen wir N eigentlich nicht, und – wiederum glücklicherweise – erhalten wir eine Gleichung, in der N gar nicht vorkommt, wenn wir den obigen Ausdruck für F_φ in (1.50) einsetzen:

$$-mg\sin\varphi = mR\ddot{\varphi}$$

Durch Kürzen von m und nach Umordnen erhalten wir

$$\ddot{\varphi} = -\frac{g}{R}\sin\varphi\,. \tag{1.51}$$

Gleichung (1.51) ist die Differenzialgleichung für $\varphi(t)$, die die Bewegung des Skateboards beschreibt. Qualitativ können wir leicht die Form dieser Bewegung erkennen. Gilt für einen bestimmten Zeitpunkt $\varphi = 0$, dann besagt (1.51), dass $\ddot{\varphi} = 0$ gilt. Wenn also das Board im Punkt $\varphi = 0$ in Ruhe ist (d. h. $\dot{\varphi} = 0$), dann wird es sich niemals bewegen (außer, wenn man es anstößt). $\varphi = 0$ ist also eine Gleichgewichtsposition – aber das haben Sie sicherlich schon vermutet. Untersuchen wir also den Fall, dass φ zum betrachteten Zeitpunkt nicht null ist – nehmen wir beispielsweise $\varphi > 0$ an; dies heißt einfach, dass sich das Skateboard auf der rechten Seite der Halfpipe befindet. In diesem Fall kann man aus (1.51) $\ddot{\varphi} < 0$ folgern, die Beschleunigung weist also nach links. Wenn das Skateboard sich nach rechts bewegt, wird es also abgebremst, damit schließlich die Bewegung nach links beginnen kann.[14] Wenn es sich nach links

14 Ich setze voraus, dass das Skateboard den oberen Rand nicht erreicht, also nicht aus der Halfpipe herausspringt. Da es von einem Punkt im Inneren der Halfpipe aus startet, ist das eine zulässige Annahme. Am einfachsten beweist man diese Annahme unter Berufung auf die Energieerhaltung, die wir aber erst später behandeln werden. Fürs Erste sollten Sie diese Annahme als eine Sache des gesunden Menschenverstandes akzeptieren.

bewegt, nimmt es Geschwindigkeit auf und erreicht den tiefsten Punkt der Halfpipe, von wo an es sich auf der linken Seite weiterbewegt. Wenn sich das Skateboard auf der linken Seite der Halfpipe befindet, drehen wir die Argumentation um ($\varphi < 0$, also $\ddot{\varphi} > 0$); das Board muss also zum tiefsten Punkt der Halfpipe zurückkehren und sich wieder auf der rechten Seite bewegen. Mit anderen Worten: Die Differenzialgleichung (1.51) besagt, dass das Skateboard hin- und herschwingt, von rechts nach links und wieder zurück. Aus diesem Grund nennt man eine Differenzialgleichung der Form (1.51) auch eine *Schwingungsgleichung*.

Die Bewegungsgleichung (1.51) lässt sich mithilfe elementarer Funktionen (wie Polynomen, trigonometrischen Funktionen, Exponential- oder Logarithmusfunktionen) nicht lösen.[15] Wenn wir also quantitative Informationen über die Bewegung haben wollen, ist es das einfachste, einen Computer zu verwenden und die Lösung numerisch zu berechnen (vgl. Aufgabe 50). Wenn aber der Anfangswinkel φ_0 *klein* ist, dann können wir die **Kleinwinkelnäherung**

$$\sin\varphi \approx \varphi \tag{1.52}$$

verwenden. Mit dieser Näherung lässt sich (1.51) vereinfachen zu

$$\ddot{\varphi} = -\frac{g}{R}\varphi\,, \tag{1.53}$$

und diese Gleichung lässt sich *sehr wohl* mit elementaren Funktionen lösen. [In diesem Stadium haben Sie sicherlich bemerkt, dass unsere Behandlung des Skateboard-Problems ganz analog zu der des Fadenpendels verläuft. Insbesondere dürfte auch die Kleinwinkelnäherung (1.52) bei der Behandlung des Pendels in Ihren Einführungskursen verwendet worden sein. Diese Parallelen sind natürlich kein Zufall. Mathematisch sind die beiden Probleme nämlich völlig äquivalent.] Wenn wir einen Parameter

$$\omega = \sqrt{\frac{g}{R}} \tag{1.54}$$

definieren, vereinfacht sich (1.53) zu

$$\ddot{\varphi} = -\omega^2\varphi\,. \tag{1.55}$$

Dies ist die Bewegungsgleichung für das Skateboard in der Kleinwinkelnäherung. Ich möchte nun diese Lösung eingehend besprechen, um einige Prinzipien zu erläutern, auf die wir im Folgenden immer und immer wieder zurückgreifen werden. (Wenn Sie sich schon mit Differenzialgleichungen beschäftigt haben, betrachten Sie die nächsten drei Absätze einfach als kleine Wiederholung.)

Zunächst stellen wir fest, dass man durch einfaches Hinschauen leicht zwei Lösungen für (1.55) finden kann (also im Grunde durch nichts anderes als durch ein inspiriertes Raten). Die Funktion $\varphi(t) = A\sin(\omega t)$ ist für beliebige Werte der Konstanten A ganz sicher eine Lösung. [Differenzieren von $\sin(\omega t)$ führt zu einem Vorfaktor ω und ändert den sin in einen cos; eine weitere Ableitung bringt noch einmal den Vorfaktor ω und ändert cos in $-\sin$. Daher genügt die vorgeschlagene Lösung der Bedingung $\ddot{\varphi} = -\omega^2\varphi$.] Entsprechend ist auch die Funktion $\varphi(t) = B\cos(\omega t)$ für beliebige Werte der Konstanten B eine Lösung. Außerdem ist – wie Sie leicht nachprüfen können –

15 Die Lösung von (1.51) ist eine Jacobi'sche elliptische Funktion; ich bin der begründeten Ansicht, dass diese Funktion für die meisten unter uns nicht „elementar" ist.

die Summe dieser beiden Lösungen ebenfalls eine Lösung. Damit haben wir eine ganze Familie von Lösungen gefunden, nämlich

$$\varphi(t) = A\sin(\omega t) + B\cos(\omega t)\,. \tag{1.56}$$

Diese Funktion erfüllt die Gleichung (1.55) für beliebige Werte von A und B. Ich möchte nun zeigen, dass *jede* Lösung der Bewegungsgleichung (1.55) die Form (1.56) hat. Mit anderen Worten: (1.56) ist die *allgemeine Lösung*, wir haben somit *alle* Lösungen gefunden und brauchen nicht mehr nach weiteren Lösungen zu suchen. Um zu verstehen, warum das so ist, müssen wir uns klar machen, dass die Differenzialgleichung (1.55) eine Aussage über die zweite Ableitung $\ddot{\varphi}$ der unbekannten Funktion φ macht. Wenn wir nun wissen, was $\ddot{\varphi}$ ist, dann wissen wir aus der elementaren Analysis, dass man durch zweifache Integration φ findet und dass das Ergebnis zwei zunächst unbestimmte Konstanten enthält (die beiden Integrationskonstanten), die man beispielsweise durch Festlegung der Anfangswerte von φ und $\dot{\varphi}$ bestimmen kann. Mit anderen Worten: Die Kenntnis von $\ddot{\varphi}$ sagt uns, dass φ ein Vertreter einer Funktionenfamilie ist, die genau zwei unbestimmte Konstanten enthält. Natürlich verrät uns die Differenzialgleichung (1.55) nicht wirklich, wie φ aussieht – sie ist eine Gleichung, in der $\ddot{\varphi}$ mithilfe von φ ausgedrückt wird. Dennoch ist es plausibel, dass eine solche Gleichung zu der Folgerung führt, dass φ ein Vertreter einer Funktionenfamilie mit genau zwei unbestimmten Konstanten ist. Wenn Sie sich mit Differenzialgleichungen auskennen, dann wissen Sie, dass das so ist; wenn nicht, dann muss ich Sie bitten, dies als eine einleuchtende Aussage hinzunehmen: Für eine beliebige Differenzialgleichung zweiter Ordnung [aus der großen Klasse der „vernünftigen" Gleichungen, einschließlich (1.55) und aller anderen Gleichungen, denen wir in diesem Buch begegnen werden] gehören alle Lösungen zu einer Funktionenfamilie mit genau zwei unabhängigen Konstanten – so wie die beiden Konstanten A und B in (1.56). (Das lässt sich auch verallgemeinern: Die Lösungen einer Differenzialgleichung n-ter Ordnung enthalten genau n unabhängige Konstanten.)

Diese Aussage wirft ein neues Licht auf unsere Lösung (1.56). Wir wissen bereits, dass jede Funktion der Form (1.56) eine Lösung der Bewegungsgleichung ist. Unsere Überlegungen garantieren jetzt aber auch umgekehrt, dass *jede* Lösung der Bewegungsgleichung eben diese Gestalt hat. Dasselbe Argument gilt für alle Differenzialgleichungen zweiter Ordnung, denen wir noch begegnen werden. Wenn es uns – wie auch immer – gelungen ist, eine Lösung wie (1.56) zu finden, die zwei beliebig wählbare Konstanten enthält, dann können wir sicher sein, dass wir die allgemeine Lösung unserer Gleichung gefunden haben.

Wir müssen jetzt also nur noch die beiden Konstanten A und B für unser Skateboard festlegen. Dazu müssen wir die Anfangsbedingungen anschauen. Zum Zeitpunkt $t = 0$ gilt nach (1.56) $\varphi = B$. Also ist B gerade der Anfangswert von φ, den wir mit φ_0 bezeichnen, es gilt also $B = \varphi_0$. Zum Zeitpunkt $t = 0$ muss nach Differenziation von (1.56) auch $\dot{\varphi} = \omega A$ gelten. Da das Board aus dem Stillstand losgelassen wird, bedeutet dies $A = 0$, und unsere Lösung hat damit die Gestalt

$$\varphi(t) = \varphi_0\cos(\omega t)\,. \tag{1.57}$$

Zu dieser Lösung ist zunächst zu bemerken, dass – wie wir aus unseren qualitativen Überlegungen bereits wissen – $\varphi(t)$ oszilliert, also periodisch von positiven zu negativen Werten und zurück läuft. Das Board nimmt seine Anfangsposition φ_0 erstmals wieder ein, wenn gilt: $\omega t = 2\pi$. Die Zeit, die diese Bedingung erfüllt, nennen wir die *Periode* der Bewegung; sie wird mit dem Formelzeichen τ bezeichnet. Damit kommen wir zu dem Ergebnis, dass für die Periode der Skateboardbewegung gilt

$$\tau = \frac{2\pi}{\omega} = 2\pi\sqrt{\frac{R}{g}}\,. \tag{1.58}$$

In der Aufgabenstellung ist $R = 5\,\mathrm{m}$ gegeben, außerdem kennen wir $g = 9{,}81\,\mathrm{m/s^2}$. Wenn wir diese Werte einsetzen, lässt sich berechnen, dass das Skateboard nach einer Zeit $\tau = 4{,}5\,\mathrm{s}$ wieder seine Anfangsposition einnimmt. ■

ZUSAMMENFASSUNG

Wichtige Definitionen und Gleichungen aus Kapitel 1

Punkt- und Kreuzprodukte

$$\boldsymbol{r}\cdot\boldsymbol{s} = rs\cos\theta = r_x s_x + r_y s_y + r_z s_z \qquad ((1.6)\text{ und }(1.7))$$

$$\boldsymbol{r}\times\boldsymbol{s} = (r_y s_z - r_z s_y, r_z s_x - r_x s_z, r_x s_y - r_y s_x) = \det\begin{bmatrix}\hat{\boldsymbol{x}} & \hat{\boldsymbol{y}} & \hat{\boldsymbol{z}}\\ r_x & r_y & r_z\\ s_x & s_y & s_z\end{bmatrix} \tag{1.9}$$

Inertialsysteme

Ein Inertialsystem ist ein Bezugssystem, in dem das erste Newton'sche Gesetz gilt, also ein nicht beschleunigtes, nicht rotierendes Bezugssystem.

Einheitsvektoren in einem Koordinatensystem

Wenn (ξ, η, ζ) (man verwendet hier analog zu x, y, z die griechischen Buchstaben xi, eta und zeta) ein orthogonales Koordinatensystem bilden, dann gilt:

$\hat{\boldsymbol{\xi}}$ = Einheitsvektor in Richtung von zunehmendem ξ, wobei η und ζ festgehalten werden.

Entsprechendes gilt für die anderen Einheitsvektoren. Ein beliebiger Vektor $\boldsymbol{s}$ lässt sich damit in folgender Form schreiben: $\boldsymbol{s} = s_\xi\hat{\boldsymbol{\xi}} + s_\eta\hat{\boldsymbol{\eta}} + s_\zeta\hat{\boldsymbol{\zeta}}$.

Das zweite Newton'sche Gesetz in verschiedenen Koordinatensystemen

Vektorform	kartesische Koord. (x, y, z)	zweidim. Polarkoord. (r, φ)	Zylinderkoord. (ρ, φ, z)
$\boldsymbol{F} = m\ddot{\boldsymbol{r}}$	$\begin{cases} F_x = m\ddot{x}\\ F_y = m\ddot{y}\\ F_z = m\ddot{z}\end{cases}$	$\begin{cases} F_r = m(\ddot{r} - r\dot{\varphi}^2)\\ F_\varphi = m(r\ddot{\varphi} + 2\dot{r}\dot{\varphi})\end{cases}$	$\begin{cases} F_r = m(\ddot{\rho} - \rho\dot{\varphi}^2)\\ F_\varphi = m(\rho\ddot{\varphi} + 2\dot{\rho}\dot{\varphi})\\ F_z = m\ddot{z}\end{cases}$
	Gl. (1.35)	Gl. (1.48)	Aufgabe 47 oder 48

Aufgaben zu Kapitel 1

Die Aufgaben zu jedem Kapitel sind nach Abschnittsnummern geordnet. Um eine Aufgabe lösen zu können, die sich auf einen bestimmten Abschnitt bezieht, müssen Sie den Stoff des betreffenden und der vorangegangenen Abschnitte beherrschen, Stoff späterer Abschnitte wird dazu nicht benötigt. Innerhalb eines jeden Abschnitts sind die Aufgaben in etwa nach steigendendem Schwierigkeitsgrad angeordnet. Ein einzelner Stern (*) zeigt unkomplizierte Aufgaben an, die sich mit nur einem Grundkonzept lösen lassen. Die mit zwei Sternen (**) markierten Aufgaben sind etwas anspruchsvoller und erfordern in der Regel mehr als nur ein einziges Grundkonzept. Drei Sterne (***) kennzeichnen Aufgaben, die deutlich kniffliger sind, entweder weil sie besondere Schwierigkeiten enthalten oder weil sie längere Rechnungen erfordern. Es ist wohl unnötig zu erwähnen, dass diese Klassen fließend ineinander übergehen und sie sich nur vage gegeneinander abgrenzen lassen.
*Aufgaben, die sich nur mit einem Computer lösen lassen, sind mit dem Hinweis [Computer] gekennzeichnet. Sie sind meist als *** eingestuft, weil es normalerweise längere Zeit erfordert, den Programmcode zu entwickeln – besonders dann, wenn Sie die Programmiersprache gerade erst erlernen.*

1.2 Raum und Zeit

*** 1** Gegeben sind zwei Vektoren $\mathbf{b} = \hat{\mathbf{x}} + \hat{\mathbf{y}}$ und $\mathbf{c} = \hat{\mathbf{x}} + \hat{\mathbf{z}}$. Berechnen Sie $\mathbf{b} + \mathbf{c}$, $5\mathbf{b} + 2\mathbf{c}$, $\mathbf{b} \cdot \mathbf{c}$ und $\mathbf{b} \times \mathbf{c}$.

*** 2** Gegeben sind zwei Vektoren $\mathbf{b} = (1, 2, 3)$ und $\mathbf{c} = (3, 2, 1)$. (Machen Sie sich klar, dass dies nur eine kompakte Schreibweise ist, um die Komponenten der Vektoren anzugeben.) Berechnen Sie $\mathbf{b} + \mathbf{c}$, $5\mathbf{b} - 2\mathbf{c}$, $\mathbf{b} \cdot \mathbf{c}$ und $\mathbf{b} \times \mathbf{c}$.

*** 3** Zeigen Sie durch zweimalige Anwendung des Satzes von Pythagoras (in seiner zweidimensionalen Form), dass die Länge eines Vektors $\mathbf{r} = (x, y, z)$ der Beziehung $r^2 = x^2 + y^2 + z^2$ genügt.

*** 4** Eine der vielen Anwendungen des Skalarprodukts besteht darin, den Winkel zwischen zwei Vektoren zu berechnen. Geben Sie den Winkel zwischen den Vektoren $\mathbf{b} = (1, 2, 4)$ und $\mathbf{c} = (4, 2, 1)$ mithilfe ihres Skalarprodukts an.

*** 5** Berechnen Sie den Winkel zwischen einer Körperdiagonale durch einen Würfel und einer Diagonale auf einer seiner Oberflächen. [Hinweis: Wählen Sie einen Würfel mit der Kantenlänge 1, dessen eine Ecke im Ursprung positioniert ist; der gegenüberliegende Punkt hat dann die Koordinaten $(1, 1, 1)$. Schreiben Sie die Vektoren auf, die die Körperdiagonale und die Flächendiagonale repräsentieren, und berechnen Sie dann wie in Aufgabe 4 den Winkel zwischen diesen beiden Vektoren.]

*** 6** Bestimmen Sie die Werte für den Skalar s, bei dem die beiden Vektoren $\mathbf{b} = \hat{\mathbf{x}} + s\hat{\mathbf{y}}$ und $\mathbf{c} = \hat{\mathbf{x}} - s\hat{\mathbf{y}}$ orthogonal zueinander stehen, indem Sie ihr Skalarprodukt berechnen. (Bedenken Sie: Zwei Vektoren stehen dann und nur dann orthogonal zueinander, wenn ihr Skalarprodukt null ist.) Erläutern Sie Ihre Antwort anhand einer Zeichnung.

*** 7** Beweisen Sie, dass die beiden Definitionen des Skalarprodukts $\mathbf{r} \cdot \mathbf{s}$ als $rs\cos\theta$ [Gleichung (1.6)] bzw. als $\sum r_i s_i$ [Gleichung (1.7)] äquivalent sind. Eine Möglichkeit, das zu zeigen, besteht darin, die x-Achse entlang der

Richtung von $\boldsymbol{r}$ zu legen. [Genaugenommen müssten Sie zuerst zeigen, dass die Definition (1.7) unabhängig von der Wahl der Achsen ist. Wenn Sie es mögen, sich über solche Feinheiten den Kopf zu zerbrechen, schauen Sie sich Aufgabe 16 an.]

*** 8** **a)** Zeigen Sie mithilfe der Definition (1.7), dass das Skalarprodukt distributiv ist, d. h. dass gilt: $\boldsymbol{r} \cdot (\boldsymbol{u} + \boldsymbol{v}) = \boldsymbol{r} \cdot \boldsymbol{u} + \boldsymbol{r} \cdot \boldsymbol{v}$.
b) $\boldsymbol{r}$ und $\boldsymbol{s}$ sollen zeitabhängige Vektoren sein; beweisen Sie, dass dann auf $\boldsymbol{r} \cdot \boldsymbol{s}$ die Produktregel für die Ableitung von Produkten anwendbar ist, d. h. dass gilt

$$\frac{\mathrm{d}}{\mathrm{d}t}(\boldsymbol{r} \cdot \boldsymbol{s}) = \boldsymbol{r} \cdot \frac{\mathrm{d}\boldsymbol{s}}{\mathrm{d}t} + \frac{\mathrm{d}\boldsymbol{r}}{\mathrm{d}t} \cdot \boldsymbol{s} .$$

*** 9** In der elementaren Trigonometrie haben Sie sicherlich den Kosinussatz für ein Dreieck mit den Seitenlängen a, b, c kennengelernt, also $c^2 = a^2 + b^2 - 2ab \cos\theta$; dabei ist θ der Winkel zwischen den Seiten a und b. Zeigen Sie, dass der Kosinussatz unmittelbar aus der Identität $(\boldsymbol{a}+\boldsymbol{b})^2 = a^2 + b^2 + 2\boldsymbol{a} \cdot \boldsymbol{b}$ folgt.

*** 10** Ein Teilchen bewegt sich gegen den Uhrzeigersinn auf einem Kreis (Mittelpunkt O und Radius R) mit der konstanten Winkelgeschwindigkeit ω. Der Kreis liegt in der x-y-Ebene, das Teilchen befindet sich zum Zeitpunkt $t = 0$ auf der x-Achse. Zeigen Sie, dass der Ort des Teilchens gegeben ist durch

$$\boldsymbol{r}(t) = R\cos(\omega t)\hat{\boldsymbol{x}} + R\sin(\omega t)\hat{\boldsymbol{y}} .$$

Bestimmen Sie die Geschwindigkeit und die Beschleunigung des Teilchens. Was können Sie über den Betrag und die Richtung der Beschleunigung sagen? Vergleichen Sie Ihre Ergebnisse mit den wohlbekannten Eigenschaften einer gleichförmigen Kreisbewegung.

*** 11** Die Lage eines bewegten Teilchens ist durch eine zeitabhängige Funktion der Form

$$\boldsymbol{r}(t) = b\cos(\omega t)\hat{\boldsymbol{x}} + c\sin(\omega t)\hat{\boldsymbol{y}}$$

gegeben; darin sind b, c und ω Konstanten. Beschreiben Sie die Bahn des Teilchens.

*** 12** Der Ort eines bewegten Teilchens ist durch eine zeitabhängige Funktion der Form

$$\boldsymbol{r}(t) = b\cos(\omega t)\hat{\boldsymbol{x}} + c\sin(\omega t)\hat{\boldsymbol{y}} + v_0 t\hat{\boldsymbol{z}}$$

gegeben; darin sind b, c, ω und v_0 Konstanten. Beschreiben Sie die Bahn des Teilchens.

*** 13** $\hat{\boldsymbol{u}}$ ist ein beliebiger, aber fester Einheitsvektor. Zeigen Sie, dass für einen beliebigen Vektor $\boldsymbol{b}$ gilt:

$$b^2 = (\hat{\boldsymbol{u}} \cdot \boldsymbol{b})^2 + (\hat{\boldsymbol{u}} \times \boldsymbol{b})^2 .$$

Erläutern sie das Ergebnis mit eigenen Worten; nehmen Sie dabei eine Skizze zu Hilfe.

*** 14** Beweisen Sie für zwei beliebige Vektoren $\boldsymbol{a}$ und $\boldsymbol{b}$ die Aussage

$$|\boldsymbol{a}+\boldsymbol{b}| \leq (a+b)\,.$$

[*Hinweis:* Schreiben Sie $|\boldsymbol{a}+\boldsymbol{b}|^2$ explizit auf und vergleichen Sie mit $(a+b)^2$.] Erklären Sie, warum man diesen Zusammenhang als **Dreiecksungleichung** bezeichnet.

*** 15** Zeigen Sie, dass die Definition (1.9) des Kreuzprodukts äquivalent zu der elementaren Definition ist, nach der $\boldsymbol{r}\times\boldsymbol{s}$ senkrecht sowohl auf $\boldsymbol{r}$ als auch auf $\boldsymbol{s}$ steht, den Betrag $rs\sin\theta$ hat und in die Richtung zeigt, die durch die Rechte-Hand-Regel gegeben ist. [*Hinweis:* Tatsächlich ist die Definition (1.9) unabhängig von der Wahl der Achsen (das ist jedoch schwer zu beweisen). Sie können daher die Achsen so wählen, dass $\boldsymbol{r}$ in Richtung der x-Achse und $\boldsymbol{s}$ in der x-y-Ebene liegt.]

**** 16** **a)** Verwenden Sie die Definition des Skalarprodukts $\boldsymbol{r}\cdot\boldsymbol{s}$ aus Gleichung (1.7), also $\boldsymbol{r}\cdot\boldsymbol{s} = \sum r_i s_i$. Beweisen Sie damit, dass dann nach dem Satz von Pythagoras der Betrag eines Vektors $\boldsymbol{r}$ stets $r = \sqrt{\boldsymbol{r}\cdot\boldsymbol{r}}$ ist.
b) Natürlich hängt die Länge eines Vektors nicht von der Wahl der Koordinatenachsen ab. Damit garantiert das Ergebnis aus Teil a), dass das Skalarprodukt $\boldsymbol{r}\cdot\boldsymbol{r}$, definiert mithilfe von (1.7), für jede Wahl von orthogonalen Achsen gleich bleibt. Beweisen Sie mithilfe dieser Aussage, dass $\boldsymbol{r}\cdot\boldsymbol{s}$ in der Definition von (1.7) für jede Wahl von orthogonalen Achsen gleich ist. [*Hinweis:* Betrachten Sie die Länge des Vektors $\boldsymbol{r}+\boldsymbol{s}$.]

**** 17** **a)** Beweisen Sie, dass das Vektorprodukt $\boldsymbol{r}\times\boldsymbol{s}$ nach (1.9) **distributiv** ist, d. h. $\boldsymbol{r}\times(\boldsymbol{u}+\boldsymbol{v}) = (\boldsymbol{r}\times\boldsymbol{u}) + (\boldsymbol{r}\times\boldsymbol{v})$.
b) Beweisen Sie die Produktregel

$$\frac{\mathrm{d}}{\mathrm{d}t}(\boldsymbol{r}\times\boldsymbol{s}) = \boldsymbol{r}\times\frac{\mathrm{d}\boldsymbol{s}}{\mathrm{d}t} + \frac{\mathrm{d}\boldsymbol{r}}{\mathrm{d}t}\times\boldsymbol{s}\,.$$

Beachten Sie die richtige Reihenfolge der Faktoren!

**** 18** Die drei Vektoren $\boldsymbol{a}$, $\boldsymbol{b}$, $\boldsymbol{c}$ sind die drei Seiten eines Dreiecks ABC mit den Winkeln α, β, γ (Abbildung 1.15).
a) Beweisen Sie, dass die Fläche des Dreiecks durch jeden der folgenden drei Ausdrücke gegeben ist:

$$\text{Fläche} = \tfrac{1}{2}|\boldsymbol{a}\times\boldsymbol{b}| = \tfrac{1}{2}|\boldsymbol{b}\times\boldsymbol{c}| = \tfrac{1}{2}|\boldsymbol{c}\times\boldsymbol{a}|\,.$$

b) Beweisen Sie mithilfe der Gleichheit dieser drei Ausdrücke den sogenannten **Sinussatz**:

$$\frac{a}{\sin\alpha} = \frac{b}{\sin\beta} = \frac{c}{\sin\gamma}\,.$$

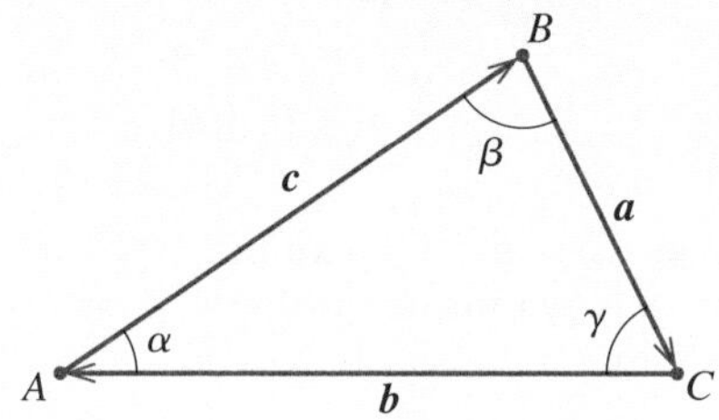

Abbildung 1.15: Das Dreieck für Aufgabe 18.

★19 $\boldsymbol{r}$, $\boldsymbol{v}$ und $\boldsymbol{a}$ bezeichnen Ort, Geschwindigkeit und Beschleunigung eines Teilchens. Beweisen Sie

$$\frac{\mathrm{d}}{\mathrm{d}t}[\boldsymbol{a}\cdot(\boldsymbol{v}\times\boldsymbol{r})] = \dot{\boldsymbol{a}}\cdot(\boldsymbol{v}\times\boldsymbol{r})\,.$$

★20 Die drei Vektoren $\boldsymbol{A}$, $\boldsymbol{B}$ und $\boldsymbol{C}$ zeigen vom Ursprung O zu den drei Ecken eines Dreiecks. Zeigen Sie mithilfe des Ergebnisses aus Aufgabe 18, dass für die Fläche des Dreiecks gilt:

$$\text{Fläche des Dreiecks} = \tfrac{1}{2}|(\boldsymbol{B}\times\boldsymbol{C}) + (\boldsymbol{C}\times\boldsymbol{A}) + (\boldsymbol{A}\times\boldsymbol{B})|\,.$$

★21 Eine Ecke eines Parallelepipeds (das ist ein sechsflächiger Körper, bei dem die jeweils gegenüber liegenden Flächen parallel zueinander sind) befindet sich im Ursprung O; die drei Kanten, die von O ausgehen, werden durch die Vektoren $\boldsymbol{a}$, $\boldsymbol{b}$, $\boldsymbol{c}$ bestimmt. Zeigen Sie, dass das Parallelepiped das Volumen $|\boldsymbol{a}\cdot(\boldsymbol{b}\times\boldsymbol{c})|$ hat.

★22 Die beiden Vektoren $\boldsymbol{a}$ und $\boldsymbol{b}$ liegen in der x-y-Ebene und bilden mit der x-Achse die Winkel α bzw. β.

a) Berechnen Sie $\boldsymbol{a}\cdot\boldsymbol{b}$ auf zwei Arten (nämlich unter Benutzung von (1.6) bzw. (1.7)) und beweisen Sie so die aus der Trigonometrie bekannte Identität

$$\cos(\alpha-\beta) = \cos\alpha\cos\beta + \sin\alpha\sin\beta\,.$$

b) Berechnen Sie in gleicher Weise $\boldsymbol{a}\times\boldsymbol{b}$ und beweisen Sie

$$\sin(\alpha-\beta) = \sin\alpha\cos\beta - \cos\alpha\sin\beta\,.$$

★23 Der unbekannte Vektor $\boldsymbol{v}$ genügt den Gleichungen $\boldsymbol{b}\cdot\boldsymbol{v} = \lambda$ und $\boldsymbol{b}\times\boldsymbol{v} = \boldsymbol{c}$; dabei sind λ, $\boldsymbol{b}$ und $\boldsymbol{c}$ feste und bekannte Größen. Drücken Sie $\boldsymbol{v}$ mithilfe von λ, $\boldsymbol{b}$ und $\boldsymbol{c}$ aus.

1.4 Das erste und das zweite Newton'sche Gesetz; Inertialsysteme

★24 Sollten Sie sich bislang noch nicht mit Differenzialgleichungen beschäftigt haben, werde ich Ihnen die notwendigen Kenntnisse vermitteln, sobald es nötig ist. Es folgt ein einfaches Beispiel für den Anfang: Suchen Sie die allgemeine Lösung der Gleichung erster Ordnung $\mathrm{d}f/\mathrm{d}t = f$ für eine unbekannte Funktion $f(t)$. [Dazu können Sie auf verschiedene Weise vorgehen: Eine Möglichkeit ist, die Gleichung in $\mathrm{d}f/f = \mathrm{d}t$ umzuformulieren und dann beide Seiten zu integrieren.] Wie viele frei wählbare Konstanten enthält die allgemeine Lösung? [Ihre Antwort sollte das wichtige allgemeine Theorem erläutern, nach dem die Lösung einer Differenzialgleichung n-ter Ordnung (zumindest in einer sehr großen Klasse von „vernünftigen" Gleichungen) n frei wählbare Konstanten enthält.]

***25** Beantworten Sie dieselben Fragen wie in Aufgabe 24, nun jedoch für die Differenzialgleichung $\mathrm{d}f/\mathrm{d}t = -3f$.

****26** Das Kennzeichen eines Inertialsystems ist es, dass jeder Körper, auf den keine resultierende Kraft ausgeübt wird, sich mit konstanter Geschwindigkeit entlang einer geraden Linie bewegt. Um das zu erläutern, betrachten Sie den folgenden Sachverhalt: Ich stehe im Erdgeschoss im Ursprung eines Inertialsystems $\mathcal{S}$ und schieße einen reibungsfreien Puck den Flur entlang nach Norden.
a) Geben Sie die x- und y-Koordinate des Pucks in meinem Inertialsystem als Funktion der Zeit an. (Lassen Sie dabei die x- und die y-Achse nach Osten bzw. nach Norden zeigen.) Stellen Sie sich nun zwei weitere Beobachter vor; der erste befindet sich in Ruhe in einem System $\mathcal{S}'$, das sich mit konstanter *Geschwindigkeit* $\mathbf{v}$ relativ zu $\mathcal{S}$ genau nach Osten bewegt, der zweite befindet sich in Ruhe in einem System $\mathcal{S}''$, das sich mit konstanter *Beschleunigung* relativ zu $\mathcal{S}$ genau nach Osten bewegt. (Alle drei Systeme stimmen in dem Augenblick überein, in dem ich den Puck abstoße, und $\mathcal{S}''$ ist zu diesem Zeitpunkt relativ zu $\mathcal{S}$ in Ruhe.)
b) Geben Sie die Koordinaten x' und y' des Pucks an und beschreiben Sie die Bahn des Pucks, wie man sie vom System $\mathcal{S}'$ aus sieht.
c) Machen Sie nun dasselbe für $\mathcal{S}''$. Welches der beiden Bezugssysteme ist ein Inertialsystem?

****27** Das Kennzeichen eines Inertialsystems ist, dass jeder Körper, auf den keine resultierende Kraft ausgeübt wird, sich mit konstanter Geschwindigkeit entlang einer geraden Linie bewegt. Um das erläutern, betrachten Sie das folgende Experiment: Ich stehe auf dem Boden (den wir als ein Inertialsystem annehmen wollen) neben einem völlig ebenen horizontalen Drehtisch, der mit einer konstanten Winkelgeschwindigkeit rotiert. Ich beuge mich vor und schubse einen reibungsfreien Puck so an, dass er über den Drehtisch gleitet, genau durch dessen Mittelpunkt. Der Puck erfährt keine resultierende Kraft und bewegt sich, von meinem Bezugssystem aus gesehen, auf einer geraden Linie. Beschreiben Sie die Bahn des Pucks, wie sie jemand beobachtet, der auf dem Drehtisch sitzt. Denken Sie sorgfältig nach; Sie sollten dann zumindest eine qualitative Lösung finden. Für eine quantitative Lösung muss man Polarkoordinaten verwenden (vgl. Aufgabe 46).

1.5 Das dritte Newton'sche Gesetz und die Impulserhaltung

*** 28** Schauen Sie sich nochmals die Schritte von Gleichung (1.25) zu (1.29) beim Beweis der Impulserhaltung an. Übertragen Sie diese Schritte auf den Fall $N = 3$ und geben Sie alle Summationen explizit an, um sicherzugehen, dass Sie die einzelnen Umformungen verstanden haben.

*** 29** Wiederholen Sie die Aufgabe 28, diesmal aber für vier Teilchen ($N = 4$).

*** 30** Die Erhaltungssätze, z. B. der Impulserhaltungssatz, liefern oft eine überraschende Menge an Informationen über die möglichen Ausgänge eines Experiments. Betrachten Sie das vielleicht einfachste Beispiel: Zwei Körper mit den Masse m_1 und m_2 erfahren keine äußeren Kräfte. Körper 1 bewegt sich mit der Geschwindigkeit $\mathbf{v}$ und stößt dann mit dem ruhenden Körper 2 zusammen. Die beiden Körper kleben nun aneinander und bewegen sich mit der gemeinsamen Geschwindigkeit $\mathbf{v}'$ weiter. Wenden Sie den Impulserhaltungssatz an und drücken Sie $\mathbf{v}'$ mithilfe von $\mathbf{v}$, m_1 und m_2 aus.

*** 31** In Abschnitt 1.5 hatten wir bewiesen, dass die Impulserhaltung aus dem dritten Newton'schen Gesetz folgt. Beweisen Sie nun die Gegenrichtung: Wenn der Impulserhaltungssatz auf ein Ensemble von Teilchen anzuwenden ist, dann müssen die Wechselwirkungskräfte zwischen den Teilchen dem dritten Newton'schen Gesetz unterliegen. [*Hinweis:* Egal, wie viele Teilchen in Ihrem System enthalten sind, brauchen Sie immer nur zwei von ihnen zu betrachten (nennen Sie die Teilchen 1 und 2). Nach dem Impulserhaltungssatz muss ihr Gesamtimpuls, wenn auf dieses Teilchenpaar keine äußeren Kräfte wirken, konstant sein. Beweisen Sie mit dieser Aussage $\mathbf{F}_{12} = -\mathbf{F}_{21}$.]

*** 32** Wenn Sie mit dem Elektromagnetismus vertraut sind, können Sie die folgende Aufgabe lösen, die sich auf die in Abbildung 1.8 auf Seite 46 dargestellte Situation bezieht: Die elektrischen und die magnetischen Felder in einem Punkt $\mathbf{r}_1$ aufgrund einer Ladung q_2 im Punkt $\mathbf{r}_2$, die sich mit konstanter Geschwindigkeit $\mathbf{v}_2$ bewegt (mit $v_2 \ll c$), sind[16]

$$\mathbf{E}(\mathbf{r}_1) = \frac{1}{4\pi\varepsilon_0}\frac{q_2}{s^2}\hat{\mathbf{s}} \qquad \text{und} \qquad \mathbf{B}(\mathbf{r}_1) = \frac{\mu_0}{4\pi}\frac{q_2}{s^2}\mathbf{v}_2 \times \hat{\mathbf{s}}\,;$$

dabei ist $\mathbf{s} = \mathbf{r}_1 - \mathbf{r}_2$ der Vektor, der von $\mathbf{r}_2$ nach $\mathbf{r}_1$ weist. (In der ersten dieser beiden Formeln sollten Sie das Coulomb-Gesetz erkennen.) $\mathbf{F}_{12}^{\text{el}}$ und $\mathbf{F}_{12}^{\text{mag}}$ sollen die elektrische bzw. die magnetische Kraft einer Ladung q_1 im Punkt $\mathbf{r}_1$ bezeichnen, die sich mit der Geschwindigkeit $\mathbf{v}_1$ bewegt. Beweisen Sie, dass gilt: $\mathbf{F}_{12}^{\text{mag}} \leq (v_1 v_2/c^2)\mathbf{F}_{12}^{\text{el}}$. Dies zeigt, dass es im nichtrelativistischen Geschwindigkeitsbereich legitim ist, die magnetischen Kräfte zwischen zwei bewegten Ladungen zu vernachlässigen.

16 Vgl. beispielsweise David J. Griffiths, *Elektrodynamik. Eine Einführung,* 3. Auflage, Pearson Studium (2011), S. 549f.

*****33** Wenn Sie etwas Erfahrung mit dem Elektromagnetismus und mit der Vektorrechnung haben, können Sie folgende Aussage beweisen: Die magnetischen Kräfte $\boldsymbol{F}_{12}$ und $\boldsymbol{F}_{21}$ zwischen zwei von einem stationären Strom durchflossenen Leiterschleifen genügen dem dritten Newton'schen Gesetz. [*Hinweis:* Nennen Sie die beiden Ströme I_1 und I_2, wählen Sie zwei typische Punkte $\boldsymbol{r}_1$ und $\boldsymbol{r}_2$ auf den beiden Leiterschleifen. Wenn $\mathrm{d}\boldsymbol{r}_1$ und $\mathrm{d}\boldsymbol{r}_2$ zwei kurze Abschnitte der Schleifen sind, dann gilt nach dem Biot-Savart'schen Gesetz für die Kraft auf $\mathrm{d}\boldsymbol{r}_1$ in Richtung auf $\mathrm{d}\boldsymbol{r}_2$

$$\frac{\mu_0}{4\pi}\frac{I_1 I_2}{s^2}\,\mathrm{d}\boldsymbol{r}_1 \times (\mathrm{d}\boldsymbol{r}_2 \times \hat{\boldsymbol{s}})\,.$$

Dabei ist $\boldsymbol{s} = \boldsymbol{r}_1 - \boldsymbol{r}_2$. Die Kraft $\boldsymbol{F}_{12}$ findet man durch Integration über beide Schleifen. Sie werden die „$BAC - CAB$"-Regel anwenden müssen, um das dreifache Kreuzprodukt auszuwerten.]

*****34** Beweisen Sie, dass bei Abwesenheit von äußeren Kräften der Gesamt*dreh*impuls (definiert als $\boldsymbol{L} = \sum_\alpha \boldsymbol{r}_\alpha \times \boldsymbol{p}_\alpha$) eines N-Teilchen-Systems erhalten bleibt. [*Hinweis:* Sie müssen dazu den Gedankengang von den Gleichungen (1.25) bis (1.29) analog anwenden. In diesem Fall brauchen Sie mehr als nur das dritte Newton'sche Gesetz: Zusätzlich müssen Sie annehmen, dass die Kräfte zwischen den Teilchen *Zentralkräfte* sind, d. h. dass $\boldsymbol{F}_{\alpha\beta}$ entlang der Verbindungslinie zwischen α und β wirkt. Eine ausführliche Behandlung des Drehimpulses folgt in Kapitel 3.]

1.6 Das zweite Newton'sche Gesetz in kartesischen Koordinaten

***35** Ein Golfball wird vom Boden mit der Geschwindigkeit $\boldsymbol{v}_0$ genau nach Osten und in einem Winkel θ gegen die Horizontale abgeschlagen. Vernachlässigen Sie den Luftwiderstand und bestimmen Sie mithilfe des zweiten Newton'schen Gesetzes (1.35) den Ort des Balls als Funktion der Zeit; verwenden Sie dazu die Koordinaten x nach Osten, y nach Norden und z senkrecht nach oben. Bestimmen Sie die Zeit, bis der Ball wieder auf dem Boden aufschlägt, und die Entfernung, die er in dieser Zeit zurückgelegt hat.

***36** Ein Flugzeug fliegt horizontal mit einer konstanten Geschwindigkeit $\boldsymbol{v}_0$ in einer Höhe h über dem Meer. Es soll für einen Schiffsbrüchigen auf einem kleinen Floß ein Bündel Hilfsgüter abwerfen.

a) Schreiben Sie das zweite Newton'sche Gesetz für die Bewegung des abgeworfenen Bündels (vernachlässigen Sie dabei den Luftwiderstand). Lösen Sie die Gleichungen, damit Sie den Ort des Bündels in der Luft als Funktion der Zeit t angeben können.

b) Wie weit von dem Floß entfernt (horizontal gemessen) muss der Pilot das Bündel abwerfen, damit es direkt beim Floß auftrifft? Wie groß ist die Entfernung für die Werte $v_0 = 50\,\mathrm{m/s}$, $h = 100\,\mathrm{m}$, $g \approx 10\,\mathrm{m/s^2}$?

c) Innerhalb welcher Zeitspanne ($\pm\Delta t$) muss der Pilot das Bündel abwerfen, damit es in einem Umkreis von $\pm 10\,\mathrm{m}$ beim Floß landet?

***37** Ein Student stößt einen reibungsfreien Puck mit der Anfangsgeschwindigkeit $\boldsymbol{v}_0$ derart, dass er auf einer in einem Winkel θ gegen die Horizontalen geneigten Ebene hinaufgleitet.

a) Geben Sie das zweite Newton'sche Gesetz für den Puck an und lösen Sie die Gleichung, damit Sie den Ort des Pucks als Funktion der Zeit angeben können.
b) Wie lange braucht der Puck, bis er wieder zu seinem Ausgangspunkt zurückkehrt?

*** 38** Legen Sie ein rechteckiges Brett auf den horizontalen Boden und kippen Sie dann das Brett, bis es einen Winkel θ gegen die Horizontale bildet. Wählen Sie Ihren Koordinatenursprung O in einer der beiden Ecken, die den Boden berühren; die x-Achse zeigt entlang der Unterkante des Brettes, die y-Achse zeigt die Steigung hinauf, und die z-Achse steht senkrecht auf dem Brett. Nun stoßen Sie einen reibungsfreien Puck an, der zuvor in O ruhte, sodass er auf dem Brett mit einer Anfangsgeschwindigkeit $(v_{0x}, v_{0y}, 0)$ hinaufgleitet. Stellen Sie das zweite Newton'sche Gesetz mithilfe der gewählten Koordinaten auf und berechnen Sie, wie lange der Puck braucht, bis er wieder auf das Niveau des Fußbodens zurückgekehrt ist, und wie weit er dann von O entfernt ist.

**** 39** Ein Ball wird mit einer Anfangsgeschwindigkeit $\mathbf{v}_0$ eine geneigte Ebene hinaufgeworfen. Die Ebene ist in einem Winkel φ gegen die Horizontale geneigt, die Anfangsgeschwindigkeit des Balls verläuft in einem Winkel θ oberhalb der Ebene. Wählen Sie die Koordinatenachsen so, dass die x-Richtung entlang der Steigung verläuft, die y-Richtung normal dazu und die z-Richtung quer dazu. Stellen Sie das zweite Newton'sche Gesetz mithilfe dieser Achsen auf und geben Sie den Ort des Balls als Funktion der Zeit an. Zeigen Sie, dass der Ball in einer Entfernung $R = 2v_0^2 \sin\theta \cos(\theta + \varphi)/(g \cos^2 \varphi)$ von seinem Ausgangspunkt landet. Zeigen Sie, dass für gegebene Werte von v_0 und φ die maximale Entfernung entlang der geneigten Ebene $R_{\max} = v_0^2/[g(1 + \sin\varphi)]$ ist.

***** 40** Eine Kanone schießt eine Kugel in einem Winkel θ gegen die Horizontale ab.
a) Vernachlässigen Sie den Luftwiderstand und geben Sie mithilfe des zweiten Newton'schen Gesetzes den Ort der Kugel als Funktion der Zeit an. (Verwenden Sie dazu eine horizontale x-Achse und eine vertikale y-Achse.)
b) Bezeichnen Sie mit $r(t)$ die Entfernung der Kugel von der Kanone. Welchen Maximalwert kann θ annehmen, damit $r(t)$ während des Flugs der Kugel zunimmt? [*Hinweis:* Wenn Sie Ihre Lösung aus Teil **a)** verwenden, können Sie r^2 als $x^2 + y^2$ schreiben und dann die Bedingung dafür finden, dass r^2 immer zunimmt.]

1.7 Zweidimensionale Polarkoordinaten

*** 41** Ein Astronaut in der Schwerelosigkeit schleudert eine Masse m an einem Faden der Länge R in einem Kreis um sich herum, die Winkelgeschwindigkeit ω ist dabei konstant. Stellen Sie das zweite Newton'sche Gesetz (1.48) in Polarkoordinaten auf und geben Sie die Zugkraft in dem Faden an.

*** 42** Beweisen Sie, dass die Transformation von rechtwinkligen Koordinaten in Polarkoordinaten und umgekehrt durch die vier Gleichungen (1.37) gegeben ist. Erläutern Sie, warum die Gleichung für φ nicht vollständig ist, und geben Sie eine vollständige Version an.

★ 43 **a)** Beweisen Sie, dass der Einheitsvektor $\hat{\boldsymbol{r}}$ in zweidimensionalen Polarkoordinaten gegeben ist durch

$$\hat{\boldsymbol{r}} = \cos\varphi\hat{\boldsymbol{x}} + \sin\varphi\hat{\boldsymbol{y}} \tag{1.59}$$

und geben Sie einen entsprechenden Ausdruck für $\hat{\boldsymbol{\varphi}}$ an.
b) φ soll von der Zeit t abhängen; differenzieren Sie die Ergebnisse aus Teil a) und geben Sie einen alternativen Beweis der Ergebnisse (1.42) und (1.46) für die zeitlichen Ableitungen $\frac{\mathrm{d}\hat{\boldsymbol{r}}}{\mathrm{d}t} = \dot{\varphi}\hat{\boldsymbol{\varphi}}$ und $\frac{\mathrm{d}\hat{\boldsymbol{\varphi}}}{\mathrm{d}t} = -\dot{\varphi}\hat{\boldsymbol{r}}$ an.

★ 44 Überprüfen Sie durch direktes Einsetzen, dass die Funktion $\varphi(t) = A\sin(\omega t) + B\cos(\omega t)$ aus (1.56) eine Lösung der Differenzialgleichung zweiter Ordnung $\ddot{\varphi} = -\omega^2\varphi$ (1.55) ist. (Da diese Lösung mit den Vorfaktoren A und B vor der Sinus- bzw. der Kosinusfunktion zwei beliebig wählbare Konstanten enthält, handelt es sich sogar um die allgemeine Lösung.)

★ 45 $\boldsymbol{v}(t)$ soll ein beliebiger Vektor sein, der von der Zeit abhängt (beispielsweise die Geschwindigkeit eines bewegten Teilchens) und einen *konstanten Betrag* hat. Beweisen Sie, dass dann $\dot{\boldsymbol{v}}(t)$ orthogonal auf $\boldsymbol{v}(t)$ steht. Beweisen Sie auch die Gegenaussage, also dass $|\boldsymbol{v}(t)|$ konstant ist, wenn $\dot{\boldsymbol{v}}(t)$ orthogonal zu $\boldsymbol{v}(t)$ ist. [*Hinweis:* Betrachten Sie die Ableitung von $\boldsymbol{v}^2$.] Dies ist ein sehr wertvolles Ergebnis. Es erklärt nämlich, warum in zweidimensionalen Polarkoordinaten $\mathrm{d}\hat{\boldsymbol{r}}/\mathrm{d}t$ in Richtung von $\hat{\boldsymbol{\varphi}}$ zeigen muss und umgekehrt. Es zeigt auch, dass die Geschwindigkeit eines geladenen Teilchens im Magnetfeld konstant ist, denn die Beschleunigung ist senkrecht zur Geschwindigkeitsrichtung.

★ 46 Schauen Sie sich noch einmal das Experiment aus Aufgabe 27 an, in dem ein reibungsfreier Puck über einen rotierenden Drehtisch durch dessen Mittelpunkt O gleitet.
a) Geben Sie die Polarkoordinaten r, φ des Pucks als Funktion der Zeit an, so wie sie ein Beobachter in dem Inertialsystem $\mathcal{S}$ auf dem Boden beobachtet. (Nehmen Sie dazu an, dass der Puck bei $t = 0$ entlang der Achse $\varphi = 0$ gestartet wurde.)
b) Geben Sie nun die Polarkoordinaten r', φ' des Pucks an, wie sie ein ruhender Beobachter in dem mit dem Drehtisch verbundenen Bezugssystem $\mathcal{S}'$ beobachtet. (Wählen Sie die Koordinaten so, dass φ und φ' zum Zeitpunkt $t = 0$ zusammenfallen.) Beschreiben und skizzieren Sie die Bahn, die der zweite Beobachter sieht. Ist das Bezugssystem $\mathcal{S}'$ ein Inertialsystem?

★ 47 Der Ort eines Punktes P in drei Dimensionen ist in rechtwinkligen (d. h. kartesischen) Koordinaten durch den Vektor $\boldsymbol{r} = (x, y, z)$ gegeben. Derselbe Ort lässt sich auch mit **zylindrischen Polarkoordinaten** (kurz: **Zylinderkoordinaten**) ρ, φ, z angeben, die folgendermaßen definiert sind: Man bezeichnet mit P' die Projektion von P auf die x-y-Ebene; P' hat also die kartesischen Koordinaten $(x, y, 0)$. ρ und φ werden dann als die zweidimensionalen Polarkoordinaten von P' in der x-y-Ebene definiert, z – also die dritte kartesische Koordinate – bleibt unverändert.

a) Fertigen Sie eine Skizze an, um sich die drei Zylinderkoordinaten klarzumachen. Drücken Sie ρ, φ, z mithilfe der kartesischen Koordinaten x, y, z aus. Erläutern Sie mit eigenen Worten, was ρ ist (etwa in der Art „ρ ist die Entfernung von P bis ________“.) Für die Schreibweise der Zylinderkoordinaten gibt es mehrere Varianten. Beispielsweise wird häufig r anstelle von ρ verwendet. Erläutern Sie, warum die Verwendung von r unglücklich ist.
b) Schreiben Sie die drei Einheitsvektoren $\hat{\boldsymbol{\rho}}$, $\hat{\boldsymbol{\varphi}}$, $\hat{\boldsymbol{z}}$ auf und geben Sie den Ortsvektor $\boldsymbol{r}$ vollständig mithilfe dieser Einheitsvektoren an.
c) Leiten Sie Ihr letztes Ergebnis zweimal nach der Zeit ab, damit Sie die Beschleunigung $\boldsymbol{a} = \ddot{\boldsymbol{r}}$ des Teilchens erhalten. Dazu brauchen Sie die Zeitableitungen von $\hat{\boldsymbol{\rho}}$ und $\hat{\boldsymbol{\varphi}}$. Sie können sie aus den entsprechenden zweidimensionalen Ergebnissen (1.42) und (1.46) erhalten, oder sie leiten sie – wie in Aufgabe 48 – direkt her.

48 Drücken Sie die Einheitsvektoren $\hat{\boldsymbol{\rho}}$, $\hat{\boldsymbol{\varphi}}$, $\hat{\boldsymbol{z}}$ in zylindrischen Polarkoordinaten (vgl. Aufgabe 47) mithilfe der kartesischen Einheitsvektoren $\hat{\boldsymbol{x}}$, $\hat{\boldsymbol{y}}$, $\hat{\boldsymbol{z}}$ aus. Leiten Sie diese Ausdrücke nach der Zeit ab und geben Sie $\mathrm{d}\hat{\boldsymbol{\rho}}/\mathrm{d}t$, $\mathrm{d}\hat{\boldsymbol{\varphi}}/\mathrm{d}t$ und $\mathrm{d}\hat{\boldsymbol{z}}/\mathrm{d}t$ an.

49 Stellen Sie sich zwei konzentrische Zylinder vor, die bezüglich der z-Achse zentriert sind; ihre Radien sind $R-\varepsilon$ bzw. $R+\varepsilon$ (mit einem sehr kleinen Wert ε). Ein kleiner reibungsfreier Puck der Dicke 2ε befindet sich zwischen den beiden Zylindern; man kann ihn als Punktmasse auffassen, die sich in einem festen Abstand von der vertikalen Achse frei bewegen kann. Wenn wir seinen Ort mithilfe von zylindrischen Polarkoordinaten (ρ, φ, z) beschreiben (vgl. Aufgabe 47), dann ist ρ festgelegt mit $\rho = R$, während φ und z beliebig variieren können. Geben Sie das zweite Newton'sche Gesetz für die allgemeine Bewegung des Pucks an; berücksichtigen Sie dabei auch die Wirkung der Schwerkraft. Beschreiben Sie die allgemeine Bewegung des Pucks.

50 Computer Die Differenzialgleichung (1.51) für das Skateboard in Beispiel 1.2 lässt sich zwar nicht mit elementaren Funktionen lösen, man kann aber eine numerische Lösung angeben.
a) Wenn Sie Zugang zu Software wie Mathematica, Maple oder Matlab haben, mit der sich Differenzialgleichungen numerisch lösen lassen, lösen Sie die Differenzialgleichung für den Fall, dass das Skateboard aus $\varphi_0 = 20°$ losgelassen wird; verwenden Sie die Werte $R = 5\,\mathrm{m}$ und $g = 9{,}81\,\mathrm{m/s^2}$. Tragen Sie φ in einem Diagramm für zwei oder drei Perioden gegen die Zeit auf.
b) Tragen Sie in demselben Diagramm die Näherungslösung (1.57) mit demselben Wert $\varphi_0 = 20°$ ein. Kommentieren Sie die beiden Kurven. Anmerkung: Wenn Sie bislang noch nicht mit einem Gleichungslöser gearbeitet haben, müssen Sie die notwendige Syntax erlernen. Beispielsweise müssen Sie für Mathematica die Syntax für die Funktion „NDSolve“ erlernen und wissen, wie man die damit erhaltenen Lösungen zeichnen kann. Das erfordert zwar etwas Zeit, doch der Lernaufwand lohnt sich.

51 Computer Führen Sie die Anweisungen aus Aufgabe 50 noch einmal aus, verwenden Sie aber diesmal den Anfangswert $\varphi_0 = \pi/2$.

Geschosse und geladene Teilchen

2

ÜBERBLICK

» In diesem Kapitel werde ich zwei Themen vorstellen: die Bewegung von Geschossen, auf die die Gravitationskraft und der Luftwiderstand wirken, und die Bewegung von geladenen Teilchen in gleichförmigen Magnetfeldern. Beide Probleme können mit den Newton'schen Gesetze in kartesischen Koordinaten gelöst werden, und beide erlauben es uns, einige wichtige mathematische Themen einzuführen bzw. zu wiederholen. Außerdem sind beide Themen von großem praktischen Interesse. «

2.1 Der Luftwiderstand

Die meisten Einführungskurse in die Physik verwenden viel Zeit darauf, die Bewegung von Geschossen zu untersuchen, doch sie vernachlässigen dabei fast immer den Luftwiderstand. Bei vielen Problemen ist das eine ausgezeichnete Näherung; bei anderen ist der Luftwiderstand allerdings wichtig, und wir müssen wissen, wie man ihn berücksichtigt. Zumindest – egal ob der Luftwiderstand wesentlich ist oder nicht – müssen wir abschätzen können, welche Rolle er wirklich spielt.

Beginnen wir mit einem Überblick über die wesentlichen Eigenschaften der Widerstandskraft oder der **Bremskraft** $\boldsymbol{f}$ der Luft bzw. eines anderen Mediums, durch das ein Körper sich bewegt. (Ich werde im allgemeinen von „Luftwiderstand" sprechen, weil die meisten Geschosse sich durch Luft bewegen, doch dieselben Überlegungen gelten auch für andere Gase und oft auch für Flüssigkeiten.) Wie jeder Radfahrer weiß, hängt der Luftwiderstand von der Geschwindigkeit $\boldsymbol{v}$ des bewegten Körpers ab. Außerdem ist für die meisten Körper bei ihrer Bewegung durch die Luft die Richtung der Kraft der Geschwindigkeit $\boldsymbol{v}$ entgegengesetzt. Für manche Körper, etwa für eine nicht rotierende Kugel, gilt das exakt, für viele andere ist es zumindest eine gute Näherung. Es sollte Ihnen aber bewusst sein, dass es auch Situationen gibt, bei denen diese Näherung gewiss nicht gilt: Die Kraft der Luft auf die Tragflächen eines Flugzeugs bespielsweise hat eine senkrecht zur Geschwindigkeit (nach *oben*) gerichtete Komponente, den sogenannten **Auftrieb**, ohne den kein Flugzeug fliegen könnte. Dennoch werde ich annehmen, dass $\boldsymbol{f}$ und $\boldsymbol{v}$ in entgegengesetzte Richtung zeigen. Ich werde also nur solche Objekte betrachten, für die die senkrecht zur Geschwindigkeit gerichtete Kraft null oder doch wenigstens so klein ist, dass man sie vernachlässigen kann. Die Situation wird in Abbildung 2.1 illustriert und in der Gleichung

$$\boldsymbol{f} = -f(v)\hat{\boldsymbol{v}} \tag{2.1}$$

zusammengefasst; dabei bezeichnet $\hat{\boldsymbol{v}} = \boldsymbol{v}/|\boldsymbol{v}|$ den Einheitsvektor in die Richtung von $\boldsymbol{v}$, und $f(v)$ ist der Betrag von $\boldsymbol{f}$.

Die Funktion $f(v)$, die die Größe des Luftwiderstands angibt, hängt mitunter in komplizierter Weise von v ab, besonders dann, wenn sich die Geschwindigkeit des Körpers der Schallgeschwindigkeit annähert. Bei geringeren Geschwindigkeiten gilt aber oft in guter Näherung[1]

$$f(v) = bv + cv^2 = f_{\text{lin}} + f_{\text{quad}}\,; \tag{2.2}$$

1 Mathematisch betrachtet, ist Gleichung (2.2) in gewissem Sinne einleuchtend, denn von jeder „vernünftigen" Funktion erwartet man, dass es für sie eine Taylor-Entwicklung gemäß $f = a + bv + cv^2 + \ldots$ gibt. Wenn v klein genug ist, sind die ersten drei Terme eine gute Näherung, und wegen $f = 0$ für $v = 0$ muss der konstante Term a null sein.

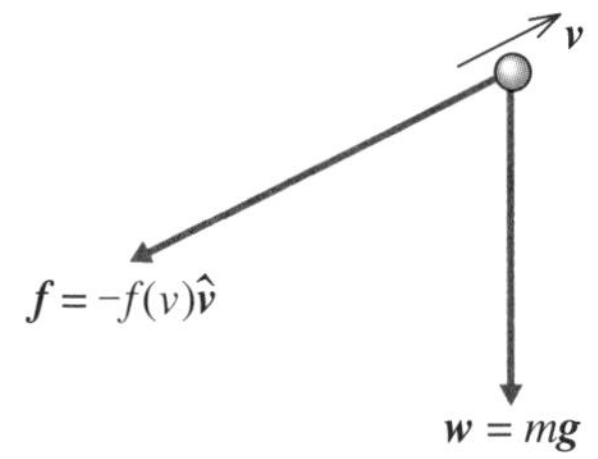

Abbildung 2.1: Ein sich bewegendes Geschoss unterliegt zwei Kräften, nämlich der Gravitationskraft $\mathbf{w} = m\mathbf{g}$ und der Luftwiderstandskraft $\mathbf{f} = -f(v)\hat{\mathbf{v}}$.

dabei bezeichnen f_{lin} und f_{quad} den linearen bzw. den quadratischen Term

$$f_{\text{lin}} = bv \quad \text{und} \quad f_{\text{quad}} = cv^2 \,. \tag{2.3}$$

Der physikalische Hintergrund dieser beiden Terme ist sehr unterschiedlich: Der lineare Term f_{lin} rührt vom Viskositätswiderstand des Mediums her und ist im Allgemeinen proportional zur Viskosität des Mediums und zu den Abmessungen des Geschosses (Aufgabe 2). Der quadratische Term f_{quad} rührt daher, dass das Geschoss eine gewisse Masse von Luft beschleunigt, mit der es bei seinem Flug beständig zusammenstößt. f_{quad} ist proportional zur Dichte des Mediums und zum Querschnitt des Geschosses (Aufgabe 4). Insbesondere haben für kugelförmige Geschosse (Kanonenkugeln, Bälle oder Regentropfen) die Koeffizienten b und c in Gleichung (2.2) die Form

$$b = \beta D \quad \text{und} \quad c = \gamma D^2 \,; \tag{2.4}$$

dabei gibt D den Durchmesser der Kugel an, die Koeffizienten β und γ hängen vom Medium ab. Für ein kugelförmiges Geschoss gelten bei Standardbedingungen die Näherungswerte

$$\beta = 1{,}6 \cdot 10^{-4}\,\text{N} \cdot \text{s/m}^2 \quad \text{und} \tag{2.5}$$

$$\gamma = 0{,}25\,\text{N} \cdot \text{s}^2/\text{m}^4 \tag{2.6}$$

(die beiden Konstanten werden in den Aufgaben 2 und 4 berechnet.) Bitte beachten Sie, dass diese Werte nur für ein kugelförmiges Geschoss gelten, das sich bei Standardbedingungen durch Luft bewegt. Sie geben aber eine gute Vorstellung von der Bedeutung der Bremskraft bei nicht-kugelförmigen Körpern, die sich bei beliebigen Temperaturen und Drücken durch Gase bewegen.

In vielen Fällen kann man einen der beiden Terme in Gleichung (2.2) vernachlässigen; das vereinfacht die Lösung des zweiten Newton'schen Gesetzes. Um entscheiden zu können, ob das bei einem bestimmten Problem möglich ist und welchen der Terme wir vernachlässigen können, müssen wir die Werte der beiden Terme miteinander vergleichen:

$$\frac{f_{\text{quad}}}{f_{\text{lin}}} = \frac{cv^2}{bv} = \frac{\gamma D}{\beta} v = \left(1{,}6 \cdot 10^3 \, \frac{\text{s}}{\text{m}^2}\right) Dv \tag{2.7}$$

(dabei haben wir die Werte (2.5) und (2.6) für eine Kugel in Luft verwendet). Bei einem gegebenen Problem müssen wir nur die Werte von D und v in die Gleichung einsetzen und sehen, welcher Term vernachlässigt werden kann. Das folgende Beispiel illustriert das Vorgehen.

Ein Baseball und ein Flüssigkeitstropfen

Beispiel 2.1 Wir berechnen das Verhältnis des quadratischen und des linearen Terms der Bremskraft für einen Baseball mit $D = 7\,\text{cm}$ Durchmesser, der sich mit $v = 5\,\text{m/s}$ bewegt. Führen Sie diese Rechnung auch für einen Regentropfen ($D = 1\,\text{mm}$ und $v = 0{,}6\,\text{m/s}$) sowie für einen winzigen Öltropfen durch, wie er im Millikan-Versuch verwendet wird ($D = 1,5\ \mu\text{m}$ und $v = 5 \cdot 10^{-5}\,\text{m/s}$).

Lösung Wenn wir die Werte für den Baseball in Gleichung 2.7) einsetzen (vergessen Sie nicht, den Durchmesser in Meter umzurechnen) erhalten wir

$$\frac{f_{\text{quad}}}{f_{\text{lin}}} \approx 600 \quad \text{(Baseball)}\,. \tag{2.8}$$

Für den Baseball ist der lineare Term vernachlässigbar, wir müssen also nur den quadratischen Term berücksichtigen. Ist der Ball schneller, wird das Verhältnis $f_{\text{quad}}/f_{\text{lin}}$ noch größer. Bei niedrigeren Geschwindigkeiten ist das Verhältnis kleiner, doch bei einer Geschwindigkeit von 1 m/s beträgt es noch immer 100. Wenn v so klein ist, dass der lineare Term mit dem quadratischen vergleichbar wird, sind beide Terme vernachlässigbar. Man kann also bei Basebällen und ähnlichen Körpern den linearen Term immer vernachlässigen und die Bremskraft ansetzen als

$$\boldsymbol{f} = -cv^2\hat{\boldsymbol{v}}\,. \tag{2.9}$$

Für den Regentropfen ergeben die Werte

$$\frac{f_{\text{quad}}}{f_{\text{lin}}} \approx 1 \quad \text{(Regentropfen)}\,. \tag{2.10}$$

Hier sind also die beiden Terme vergleichbar, und keiner von ihnen kann vernachlässigt werden. Das macht die Lösung der Bewegungsgleichung schwieriger. Wenn die Tropfen viel größer wären oder sich schneller bewegen würden, könnte man den linearen Term vernachlässigen; und wenn die Tropfen viel kleiner wären und sich viel langsamer bewegen würden, wäre der quadratische Term vernachlässigbar. Im Allgemeinen aber müssen wir bei Objekten wie Regentropfen sowohl f_{quad} als auch f_{lin} berücksichtigen.

Für das Öltröpfchen im Millikan-Versuch ergeben die Werte

$$\frac{f_{\text{quad}}}{f_{\text{lin}}} \approx 10^{-7} \qquad \text{(Millikan'sches Öltröpfchen)}\,. \tag{2.11}$$

In diesem Fall ist der quadratische Term völlig vernachlässigbar, und wir setzen

$$\boldsymbol{f} = -bv\hat{\boldsymbol{v}} = -b\boldsymbol{v} \tag{2.12}$$

an; dabei ergibt sich der zweite, sehr kompakte Ausdruck natürlich wegen $v\hat{\boldsymbol{v}} = \boldsymbol{v}$. ■

Was lernen wir aus diesem Beispiel? Erstens: es gibt Körper, für die die Bremskraft im Wesentlichen linear ist und der quadratische Term vernachlässigt werden kann –

dies gilt für sehr kleine Flüssigkeitstropfen in Luft, aber auch für etwas größere Körper in einer sehr zähen Flüssigkeit, etwa für einen Ball, der sich durch Sirup bewegt. Zweitens: Für die meisten Körper – etwa Golfbälle, Kanonenkugeln und selbst für einen Menschen im freien Fall – ist die Bremskraft im Wesentlichen quadratisch, wir können dann den linearen Term vernachlässigen. Das ist recht schade, denn das lineare Problem ist viel leichter zu lösen als das quadratische. In den folgenden beiden Abschnitten werde ich den linearen Fall behandeln – eben deshalb, weil er leichter zu lösen ist. Allerdings gibt es auch praktische Anwendungen des quadratischen Falles, und die verwendete Mathematik zur Lösung ist in vielen Bereichen weit verbreitet. In Abschnitt 2.4 werde ich den schwierigeren, aber häufiger anzutreffenden Fall der quadratischen Bremskraft behandeln.

Zum Schluss dieses Einführungabschnitts möchte ich noch die Reynolds-Zahl erwähnen, einen wichtigen Parameter, der bei vielen komplizierteren Problemen der Bewegung durch Fluide (Flüssigkeiten oder Gase) eine Rolle spielt. Wie erwähnt, kann man die lineare Bremskraft f_{lin} mit der Viskosität des Fluids in Beziehung setzen, der quadratische Term f_{quad} ist dagegen mit der Trägheit (und folglich mit der Dichte) des Fluids verbunden. Damit hängt das Verhältnis $f_{\text{quad}}/f_{\text{lin}}$ mit den grundlegenden Parametern η (der Viskosität) und ϱ (der Dichte des Fluids) zusammen (Aufgabe 3). Letztlich ist das Verhältnis $f_{\text{quad}}/f_{\text{lin}}$ etwa von derselben Größenordnung wie die dimensionslose Zahl $Re = Dv\varrho/\eta$, die als **Reynolds-Zahl** bezeichnet wird. Man kann also die vorangegangene Diskussion kompakt und allgemein in folgender Aussage zusammenfassen: Die quadratische Bremskraft f_{quad} dominiert, wenn die Reynolds-Zahl Re groß ist, dagegen dominiert der lineare Term, wenn Re klein ist.

2.2 Linearer Luftwiderstand

Betrachten wir zunächst ein Geschoss, für das der quadratische Term der Bremskraft vernachlässigt werden kann, sodass der Luftwiderstand durch Gleichung 2.12 gegeben ist. Wir sehen sofort, dass die Bewegungsgleichung dann einfach zu lösen ist, weil die Bremskraft linear in $\mathbf{v}$ ist. Die zwei Kräfte auf das Geschoss sind die Gewichtskraft $\mathbf{w} = m\mathbf{g}$ und die Bremskraft $\mathbf{f} = -b\mathbf{v}$ (Abbildung 2.2). Aus dem zweiten Newton'schen Gesetz $m\ddot{\mathbf{r}} = \mathbf{F}$ wird damit

$$m\ddot{\mathbf{r}} = m\mathbf{g} - b\mathbf{v}. \tag{2.13}$$

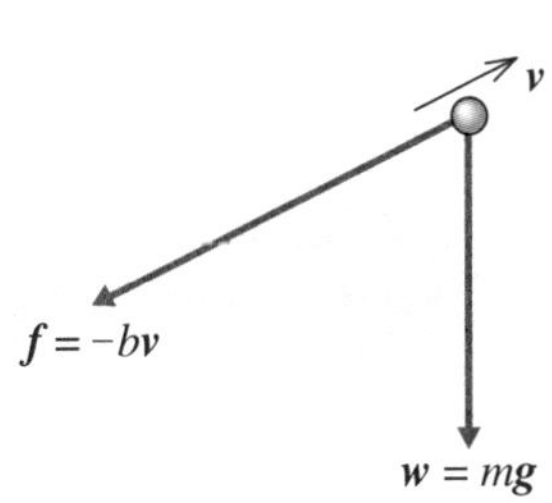

Abbildung 2.2: Die beiden Kräfte auf ein sich bewegendes Geschoss; die Luftwiderstandskraft hängt linear von der Geschwindigkeit ab: $\mathbf{f} = -b\mathbf{v}$.

Interessanterweise taucht in der Bewegungsgleichung $\boldsymbol{r}$ selbst gar nicht auf (nur die erste und die zweite Ableitung von $\boldsymbol{r}$), weil keine der beiden Kräfte von $\boldsymbol{r}$ abhängt. Wir können $\ddot{\boldsymbol{r}}$ schreiben als $\dot{\boldsymbol{v}}$, und Gleichung (2.13) wird zu

$$m\dot{\boldsymbol{v}} = m\boldsymbol{g} - b\boldsymbol{v}\,. \tag{2.14}$$

Dies ist eine Differenzialgleichung erster Ordnung in $\boldsymbol{v}$. Die Vereinfachung ist zulässig, weil die Kraft nur von $\boldsymbol{v}$ abhängt und nicht von $\boldsymbol{r}$. Wir müssen also nur noch eine Differenzialgleichung erster Ordnung für $\boldsymbol{r}$ lösen und dann $\boldsymbol{v}$ über die Zeit integrieren, um $\boldsymbol{r}$ zu bestimmen.

Der wohl wichtigste Vorteil einer linearen Bremskraft ist, dass sich die Bewegungsgleichung einfach in Komponenten zerlegen lässt. Wenn wir beispielsweise die x-Achse nach rechts und die y-Achse vertikal nach unten zeigen lassen, wird Gleichung (2.14) zu

$$m\dot{v}_x = -bv_x \quad \text{und} \tag{2.15}$$

$$m\dot{v}_y = mg - bv_y\,. \tag{2.16}$$

Wir haben damit zwei von einander unabhängige Gleichungen, eine für v_x und eine für v_y. In der Gleichung für v_x ist v_y nicht enthalten und umgekehrt. Es ist wesentlich zu erkennen, dass dies nur deshalb gilt, weil die Bremskraft linear in $\boldsymbol{v}$ ist. Wäre die Bremskraft beispielsweise quadratisch gemäß

$$\boldsymbol{f} = -cv^2\hat{\boldsymbol{v}} = -cv\boldsymbol{v} = -c\sqrt{v_x^2 + v_y^2}\,\boldsymbol{v}\,, \tag{2.17}$$

dann müssten wir in Gleichung (2.14) den Term $-b\boldsymbol{v}$ durch (2.17) ersetzen. Statt der zwei Gleichungen (2.15) und (2.16) hätten wir dann

$$\left.\begin{aligned} m\dot{v}_x &= -c\sqrt{v_x^2 + v_y^2}\, v_x \\ m\dot{v}_y &= mg - c\sqrt{v_x^2 + v_y^2}\, v_y\,. \end{aligned}\right\} \tag{2.18}$$

Nun enthält jede der beiden Gleichungen beide Variablen v_x und v_y. Solche *gekoppelten* Differenzialgleichungen sind weit schwerer zu lösen als die ungekoppelten Gleichungen des linearen Falles.

Weil die beiden Gleichungen (2.15) und (2.16) nicht gekoppelt sind, können wir jede dieser Gleichungen für die lineare Bremskraft separat lösen und dann die beiden Lösungen zusammenführen. Zudem beschreibt jede der Gleichungen ein Problem, das für sich schon interessant ist. Gleichung (2.15) ist die Bewegungsgleichung für einen Körper (beispielsweise einen Wagen mit reibungsfreien Rädern), der horizontal in einem Medium mit linearer Bremskraft rollt. Gleichung (2.16) beschreibt einen Körper (beispielsweise einen winzigen Öltropfen), der vertikal gegen einen linearen Luftwiderstand fällt. Diese beiden Probleme werde ich nacheinander behandeln.

Horizontale Bewegung gegen einen linearen Widerstand

Wir betrachten einen Körper wie den Wagen in Abbildung 2.3, der sich horizontal in einem zähen Medium gegen einen linearen Widerstand bewegt. Ich nehme an, dass sich der Wagen bei $t = 0$ am Ort $x = 0$ befindet und die Geschwindigkeit $v_x = v_{x0}$

Abbildung 2.3: Ein Wagen bewegt sich horizontal auf einem reibungsfreien Gleis durch ein Medium, das der Bewegung einen linearen Widerstand entgegensetzt.

hat. Die einzige Kraft auf den Wagen ist die Bremskraft $\boldsymbol{f} = -b\boldsymbol{v}$, daher wird der Wagen immer langsamer. Die Rate seiner Geschwindigkeitsabnahme ist durch Gleichung (2.15) in der allgemeinen Form

$$\dot{v}_x = -kv_x \tag{2.19}$$

bestimmt; dabei kürze ich vorübergehend b/m mit k ab. Dies ist eine Differenzialgleichung erster Ordnung für v_x, deren allgemeine Lösung eine beliebig wählbare Konstante enthalten muss. Nach dieser Gleichung ist die Ableitung von v_x gleich $-k$ mal v_x selbst; die einzige Funktion mit dieser Eigenschaft ist die Exponentialfunktion

$$v_x(t) = A\,\mathrm{e}^{-kt}\,, \tag{2.20}$$

die (2.19) für einen beliebigen Wert der Konstante A erfüllt (vgl. Aufgaben 24 und 25). Da diese Lösung eine beliebige Konstante enthält, ist sie die *allgemeine* Lösung unserer Gleichung erster Ordnung, d. h., *jede* Lösung muss diese Form haben. In unserem Fall wissen wir, dass $v_x(0) = v_{x0}$, also ist $A = v_{x0}$, und wir schließen

$$v_x(t) = v_{x0}\,\mathrm{e}^{-kt} = v_{x0}\,\mathrm{e}^{-t/\tau} \tag{2.21}$$

Dabei habe ich die bequeme Abkürzung

$$\tau = 1/k = m/b \quad \text{(für linearen Widerstand)} \tag{2.22}$$

eingeführt. Wir sehen, dass sich die Geschwindigkeit des Wagens exponentiell verringert, wie in Abbildung 2.4a dargestellt. Der Parameter τ hat die Dimension einer Zeit

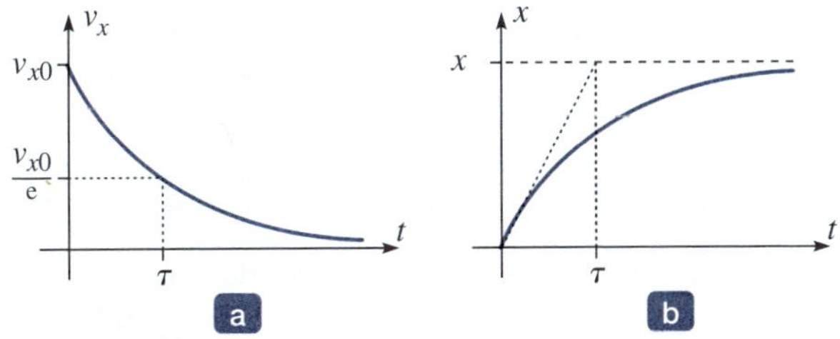

Abbildung 2.4: Ein Wagen bewegt sich horizontal gegen einen linearen Widerstand. (a) Die Geschwindigkeit des Wagens v_x als Funktion der Zeit t. Für $t \to \infty$ geht v_x exponentiell gegen null. (b) Der Ort x des Wagens als Funktion von t. Für $t \to \infty$ geht x gegen $x_\infty = v_{x0}\tau$.

(Sie sollten das nachprüfen), und Sie erkennen aus Gleichung (2.21), dass für $t = \tau$ die Geschwindigkeit gerade 1/e-tel des Anfangswerts beträgt; mit anderen Worten: τ ist die „1/e“-Zeit für die exponentiell abnehmende Geschwindigkeit. Man nennt τ die **charakteristische Zeit** für das System. Für $t \to \infty$ geht die Geschwindigkeit gegen null.

Um den Ort als Funktion der Zeit zu erhalten, müssen wir nur die Geschwindigkeit (2.21) über die Zeit integrieren. Eine solche Integration lässt sich mit einem bestimmten oder mit einem unbestimmten Integral durchführen. Das bestimmte Integral bietet den Vorteil, dass es die Integrationskonstante schon mit berücksichtigt: Wegen $v_x = \mathrm{d}x/\mathrm{d}t$ gilt

$$\int_0^t v_x(t')\,\mathrm{d}t' = x(t) - x(0)\,.$$

(Beachten Sie, dass ich die „Dummy“-Integrationsvariable als t' bezeichnet habe, um eine Verwechslung mit der oberen Integrationsgrenze t zu vermeiden.) Daher haben wir

$$\begin{aligned} x(t) &= x(0) + \int_0^t v_{x0}\,\mathrm{e}^{-t'/\tau}\,\mathrm{d}t' \\ &= 0 + \left[-v_{x0}\tau\,\mathrm{e}^{-t'/\tau}\right]_0^t \\ &= x_\infty\left(1 - \mathrm{e}^{-t/\tau}\right)\,. \end{aligned} \tag{2.23}$$

In der zweiten Zeile habe ich die Voraussetzung $x = 0$ für $t = 0$ berücksichtigt. Und in der letzten Zeile habe ich den Parameter

$$x_\infty = v_{x0}\tau \tag{2.24}$$

eingeführt, der sich als Grenzwert von $x(t)$ für $t \to \infty$ ergibt. Beim Ausrollen des Wagens nähert sich also sein Ort asymptotisch dem Wert x_∞ (vgl. Abbildung 2.4b).

Vertikale Bewegung gegen einen linearen Widerstand

Betrachten wir nun ein Geschoss, das einen linearen Luftwiderstand erfährt und vertikal nach unten geschossen wird. Die beiden Kräfte auf das Geschoss sind die Schwerkraft und der Luftwiderstand (Abbildung 2.5). Wenn wir y vertikal nach unten messen, interessieren wir uns einzig für die y-Komponente der Bewegungsgleichung in der Form

$$m\dot{v}_y = mg - bv_y\,. \tag{2.25}$$

Da die Geschwindigkeit nach unten gerichtet ist ($v_y > 0$), zeigt die Bremskraft nach oben; die Schwerkraft ist dagegen nach unten gerichtet. Für kleines v_y ist die Schwerkraft größer als die Bremskraft, und der fallende Körper wird auf seinem Fall nach unten beschleunigt; dies geht solange, bis die Bremskraft und die Gewichtskraft gleich sind. Die Gleichgewichtsgeschwindigkeit findet man, indem man die Gleichung (2.25) gleich null setzt; man erhält dann $v_y = mg/b$ bzw.

$$v_y = v_{\mathrm{End}}\,.$$

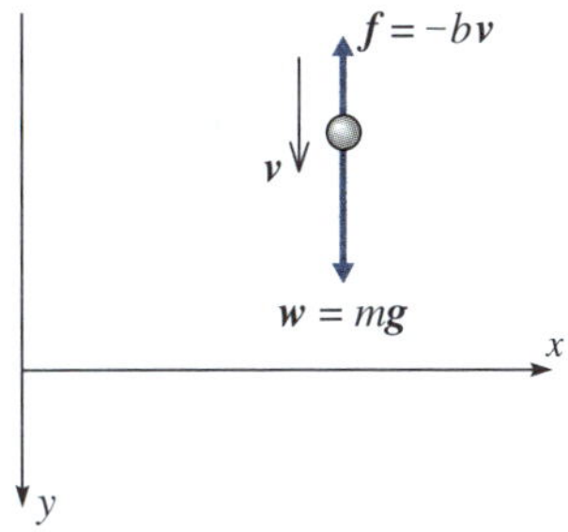

Abbildung 2.5: Die Kräfte auf ein Geschoss, das sich vertikal nach unten bewegt und einen linearen Luftwiderstand erfährt.

Darin habe ich die **Endgeschwindigkeit** definiert als

$$v_{\mathrm{End}} = \frac{mg}{b} . \tag{2.26}$$

Die Endgeschwindigkeit ist die Geschwindigkeit, mit der das Geschoss schließlich fällt, wenn es lange genug fallen kann. Da sie von m und b abhängt, haben verschiedene Körper unterschiedliche Endgeschwindigkeiten. Wenn beispielsweise zwei Körper dieselbe Form und Größe haben (dann ist b für beide gleich), hat – wie zu erwarten – der schwerere Körper (größeres m) die höhere Endgeschwindigkeit. Da v_{End} umgekehrt proportional zum Luftwiderstandskoeffizienten b ist, können wir v_{End} als inverses Maß für den Einfluss des Luftwiderstands betrachten – je größer der Luftwiderstand, desto kleiner ist, wie zu erwarten, die Endgeschwindigkeit.

Endgeschwindigkeit von kleinen Öltröpfchen

Beispiel 2.2 Berechnen Sie die Endgeschwindigkeit eines Öltröpfchens im Millikan-Versuch (Durchmesser $D = 1,5$ µm und Dichte $\varrho = 840\,\mathrm{kg/m^3}$). Führen Sie dieselbe Rechnung auch für ein Nebeltröpfchen mit einem Durchmesser von $D = 0{,}2$ mm durch.

Lösung Aus Beispiel 2.1 auf Seite 72 wissen wir, dass für einen derart kleinen Körper die Bremskraft dominiert; damit ist die Endgeschwindigkeit gegeben durch Gleichung (2.26). Nach Gleichung (2.4) gilt $b = \beta D$ mit $\beta = 1{,}6 \cdot 10^{-4}\,\mathrm{N\,s/m^2}$. Die Masse eines Tröpfchens ist $m = \varrho\,\pi D^3/6$. Somit wird Gleichung (2.26) zu

$$v_{\mathrm{End}} = \frac{\varrho\,\pi D^2 g}{6\,\beta} \quad \text{(für lineare Bremskraft)} . \tag{2.27}$$

Dieses interessante Ergebnis zeigt, dass die Endgeschwindigkeit (bei gegebener Dichte) proportional zu D^2 ist. Man sieht, dass – sobald der Luftwiderstand eine Rolle spielt – eine große Kugel am Ende schneller fällt als eine kleinere Kugel gleicher Dichte.[2]

Setzen wir Zahlenwerte ein, so ergibt sich für ein Öltröpfchen

$$v_{\mathrm{End}} = \frac{(840)\cdot\pi\cdot(1{,}5\cdot 10^{-6})^2\cdot(9{,}81)}{6\cdot(1{,}6\cdot 10^{-4})}\,\frac{\mathrm{m}}{\mathrm{s}} = 6,1\cdot 10^{-5}\,\mathrm{m/s} \quad \text{(Öltröpfchen)} .$$

2 Wir setzen hier zwar voraus, dass die Widerstandskraft linear ist; derselbe qualitative Schluss gilt aber auch für eine quadratische Widerstandskraft (Aufgabe 24).

Im Millikan'schen Tröpfchenexperiment fallen die Tröpfchen so langsam, dass man ihre Geschwindigkeit durch Beobachtung im Mikroskop bestimmen kann.

Setzen wir die Zahlen für Nebeltröpfchen ein, ergibt sich als Endgeschwindigkeit

$$v_{\text{End}} = 1{,}3\,\text{m/s} \quad \text{(Nebeltröpfchen)}\,. \tag{2.28}$$

Dieser Wert ist typisch für einen feinen Sprühregen. Bei größeren Regentropfen ist die Endgeschwindigkeit deutlich größer, allerdings muss man bei einem größeren (und damit auch schnelleren) Tropfen auch die quadratische Bremskraft berücksichtigen, um einen realistischen Wert zu erhalten. ■

Bislang haben wir nur die *End*geschwindigkeit eines Geschosses betrachtet, das sich vertikal bewegt; nun wollen wir untersuchen, wie das Geschoss überhaupt diese Geschwindigkeit erreicht. Dies wird durch die Gleichung (2.25) beschrieben, die sich auf folgende Form bringen lässt:

$$m\dot{v}_y = -b(v_y - v_{\text{End}})\,. \tag{2.29}$$

(Denken Sie daran, dass $v_{\text{End}} = mg/b$.) Diese Differenzialgleichung lässt sich auf verschiedene Weise lösen (eine Alternative stellt Aufgabe 9 vor). Bei dem wohl einfachsten Vorgehen nutzen wir aus, dass wir hier im Prinzip dieselbe Form haben wie in Gleichung (2.15) für die horizontale Bewegung, nur dass auf der rechten Seite anstelle von v_x jetzt $(v_y - v_{\text{End}})$ steht. Die Lösung für die Horizontalbewegung war die Exponentialfunktion (2.20). Der Trick zur Lösung unserer vertikalen Gleichung (2.29) besteht ja in der Einführung einer neuen Variable $u = (v_y - v_{\text{End}})$, die die Gleichung $m\dot{u} = -bu$ erfüllt (da v_{End} konstant ist). Dies ist *exakt* derselbe Ausdruck wie Gleichung (2.15) für die Horizontalbewegung; daher muss die Lösung für u dieselbe Exponentialfunktion sein: $u = A\,\mathrm{e}^{-t/\tau}$. [Denken Sie daran, dass die Konstante k in (2.20) inzwischen durch $k = 1/\tau$ ersetzt wurde.] Daher gilt

$$v_y - v_{\text{End}} = A\,\mathrm{e}^{-t/\tau}\,.$$

Mit $t = 0$ und $v_y = v_{y0}$ haben wir $A = v_{y0} - v_{\text{End}}$; unsere endgültige Lösung für v_y als Funktion von t ist somit

$$v_y(t) = v_{\text{End}} + (v_{y0} - v_{\text{End}})\,\mathrm{e}^{-t/\tau} \tag{2.30}$$

$$= v_{y0}\,\mathrm{e}^{-t/\tau} + v_{\text{End}}\left(1 - \mathrm{e}^{-t/\tau}\right)\,. \tag{2.31}$$

Der zweite Ausdruck gibt $v_y(t)$ als Summe zweier Terme an: Der erste ist für $t = 0$ gleich v_{y0}, verschwindet aber für wachsendes t; der zweite ist für $t = 0$ gleich null, geht aber für $t \to \infty$ gegen v_{End}. Insbesondere gilt für $t \to \infty$

$$v_y(t) \to v_{\text{End}}\,, \tag{2.32}$$

genau wie zu erwarten war.

Untersuchen wir nun das Ergebnis (2.31) für den Fall $v_{y0} = 0$ etwas genauer (d. h., das Geschoss beginnt aus dem Ruhezustand zu fallen). In diesem Fall wird aus (2.31)

$$v_y(t) = v_{\text{End}}\left(1 - \mathrm{e}^{-t/\tau}\right)\,. \tag{2.33}$$

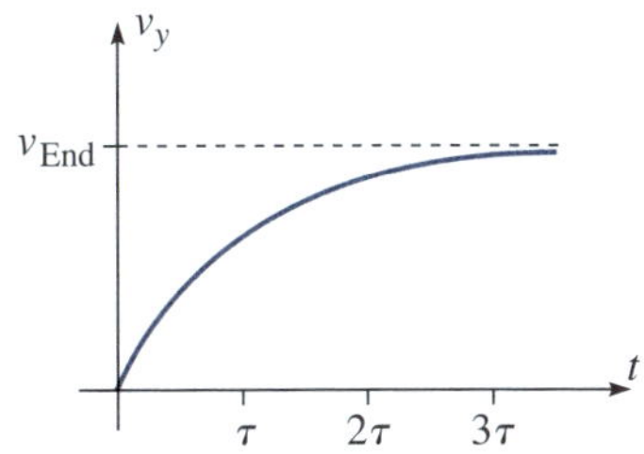

Abbildung 2.6: Wenn ein Körper in einem Medium fällt, das ihm einen linearen Widerstand entgegensetzt, erreicht seine Geschwindigkeit v_y den Endwert v_{End} wie angegeben.

Das Ergebnis ist in Abbildung 2.6 dargestellt. Wir sehen dort, dass v_y bei 0 beginnt und sich dann für $t \to \infty$ asymptotisch der Endgeschwindigkeit v_{End} annähert. Welche Bedeutung die Zeit τ für einen fallenden Körper hat, liest man leicht aus (2.33) ab. Für $t = \tau$ erkennt man, dass

$$v_y = v_{End}(1 - e^{-1}) = 0{,}63 v_{End} \,.$$

Innerhalb der Zeit τ erreicht der Körper also 63 % seiner Endgeschwindigkeit. Für Vielfache von τ findet man

Zeit t	Prozent von v_{End}
0	0
τ	63 %
2τ	86 %
3τ	95 %

Natürlich erreicht die Geschwindigkeit niemals wirklich ihren Endwert v_{End}, doch ist τ ein gutes Maß dafür, wie schnell sich die Geschwindigkeit dem Wert v_{End} annähert. Insbesondere hat der Körper nach Ablauf von 3τ eine Geschwindigkeit von 95 % von v_{End} erreicht; für viele Fälle reicht es aus zu sagen, dass die Geschwindigkeit nach 3τ im Wesentlichen gleich v_{End} ist.

Die charakteristische Zeit für zwei Flüssigkeitstropfen

Beispiel 2.3 Bestimmen Sie die charakteristische Zeit τ für die Öltröpfchen und die Nebeltröpfchen aus Beispiel 2.2.

Lösung ■ Die charakteristische Zeit τ ist in (2.22) als $\tau = m/b$ definiert, und v_{End} ist in (2.26) definiert als $v_{End} = mg/b$. Damit haben wir den nützlichen Zusammenhang

$$v_{End} = g\tau \,. \tag{2.34}$$

Machen Sie sich klar, dass sich v_{End} nach diesem Zusammenhang interpretieren lässt als die Geschwindigkeit, die ein fallender Körper in der Zeit τ erreichen *würde, wenn er die konstante Beschleunigung g erfahren würde.* Machen Sie sich weiterhin klar, dass die Zeit τ – so wie v_{End} auch – ein inverses Maß für die Größe des Luftwiderstands ist: Wenn der Koeffizient b des Luftwiderstands klein ist, sind sowohl v_{End} als auch τ groß; ist b groß, sind v_{End} und τ klein.

Für unser augenblickliches Ziel liegt die Bedeutung von (2.34) darin, dass wir – da wir die Endgeschwindigkeiten der zwei Tropfen bereits schon kennen – sofort die

Werte für τ angeben können. Für die Millikan'schen Öltröpfchen hatten wir $v_{\text{End}} = 6{,}1 \cdot 10^{-5}$ m/s gefunden und haben daher

$$\tau = \frac{v_{\text{End}}}{g} = \frac{6{,}1 \cdot 10^{-5}}{9{,}81}\,\text{s} = 6{,}2 \cdot 10^{-6}\,\text{s} \quad \text{(Öltröpfchen)}$$

Nachdem das Öltröpfchen gerade einmal 20 Mikrosekunden (3τ) gefallen ist, hat es bereits 95 % seiner Endgeschwindigkeit erreicht. In fast allen praktischen Situationen fällt das Tröpfchen damit *immer* mit seiner Endgeschwindigkeit.

Für das Nebeltröpfchen aus Beispiel 2.2 lag die Endgeschwindigkeit bei $v_{\text{End}} = 1{,}3$ m/s; damit ist $\tau = v_{\text{End}}/g \approx 0{,}13$ s. Nach etwa 0,4 s (3τ) hat das Tröpfchen 95 % seiner Endgeschwindigkeit erreicht. ■

Ganz gleich, ob der Körper aus dem Ruhezustand fällt oder nicht, wir können seinen Ort y als Funktion der Zeit durch Integration des Ausdrucks (2.30) für v_y bestimmen:

$$v_y(t) = v_{\text{End}} + (v_{y0} - v_{\text{End}})\,\mathrm{e}^{-t/\tau}\,.$$

Nehmen wir an, dass die Anfangsposition des Geschosses $y = 0$ ist, so folgt unmittelbar

$$\begin{aligned} y(t) &= \int_0^t v_y(t')\,\mathrm{d}t' \\ &= v_{\text{End}}t + (v_{y0} - v_{\text{End}})\tau\left(1 - \mathrm{e}^{-t/\tau}\right)\,. \end{aligned} \tag{2.35}$$

Diese Gleichung für $y(t)$ können wir nun mit Gleichung (2.23) für $x(t)$ kombinieren; dadurch ergibt sich eine Bahngleichung für ein Geschoss, das sich sowohl horizontal als auch vertikal durch ein Medium gegen einen linearen Widerstand bewegt.

2.3 Trajektorie und Reichweite in einem linearen Medium

Wir haben am Anfang des vorigen Abschnitts gesehen, dass sich die Bewegungsgleichung für ein Geschoss, das sich in eine beliebige Richtung bewegt, in zwei separate Gleichungen zerlegen lässt: in eine für den horizontalen und eine für den vertikalen Anteil (Gleichungen (2.15) und (2.16)). Mit den Ausdrücken (2.23) und (2.35) haben wir diese beide Gleichungen gelöst, und nun können wir diese Lösungen zusammenfügen, um die Bewegung eines beliebigen Geschosses in eine beliebige Richtung zu bestimmen. In der folgenden Betrachtung ist es von Vorteil, die Variable y vertikal nach *oben* zu messen, daher müssen wir das Vorzeichen von v_{End} umkehren. (Machen Sie sich diesen Punkt unbedingt klar.) Somit lauten die beiden Gleichungen für die Trajektorie

$$\left.\begin{aligned} x(t) &= v_{x0}\tau\left(1 - \mathrm{e}^{-t/\tau}\right) \\ y(t) &= (v_{y0} + v_{\text{End}})\tau\left(1 - \mathrm{e}^{-t/\tau}\right) - v_{\text{End}}t\,. \end{aligned}\right\} \tag{2.36}$$

Sie können nun t aus diesen beiden Gleichungen eliminieren, indem Sie die erste nach t auflösen und das Ergebnis in die zweite Gleichung einsetzen. (vgl. Aufgabe 17.) Das führt auf die Gleichung für die Trajektorie:

$$y = \frac{v_{y0} + v_{\text{End}}}{v_{x0}} x + v_{\text{End}} \tau \ln\left(1 - \frac{x}{v_{x0}\tau}\right) . \tag{2.37}$$

Diese Gleichung ist wohl etwas zu kompliziert, als dass sie sonderlich erhellend wäre, aber ich habe ihren Verlauf in Abbildung 2.7 dargestellt, sodass Sie die wichtigsten Merkmale von (2.37) verstehen sollten. Beim Blick beispielsweise auf den zweiten Term der rechten Seite von (2.37) sollten Sie erkennen, dass das Argument der Logarithmusfunktion für $x \to v_{x0}\tau$ gegen null geht; daher gehen der Logarithmusterm und folglich auch y beide gegen $-\infty$. Die Trajektorie hat also, wie in der Abbildung erkennbar, eine vertikale Asymptote bei $x = v_{x0}\tau$. Ich überlasse es Ihnen als Übung (Aufgabe 19) zu zeigen, dass die durch Gleichung (2.37) definierte Trajektorie sich bei einer Bewegung ohne Widerstand (v_{End} und τ gehen beide gegen unendlich) tatsächlich der gestrichelten Kurve für eine Bewegung ohne Luftwiderstand annähert.

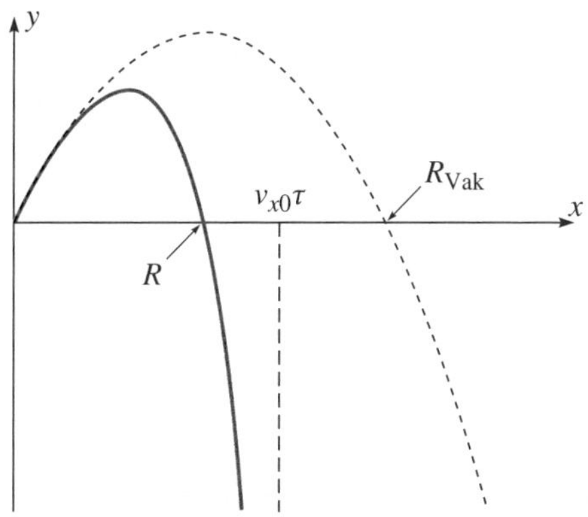

Abbildung 2.7: Die Trajektorie eines Geschosses, das sich gegen eine lineare Widerstandskraft bewegt (durchgezogene Linie), und die entsprechende Trajektorie im Vakuum (gestrichelte Linie). Anfangs sind die beiden Kurven einander sehr ähnlich, aber mit fortschreitender Zeit t verlangsamt der Luftwiderstand das Geschoss und zieht die Trajektorie nach unten gegen eine vertikale Asymptote bei $x = v_{x0}\tau$. Die horizontale Reichweite des Geschosses ist mit R bezeichnet, die entsprechende Reichweite im Vakuum mit R_{Vak}.

Horizontale Reichweite

Ein Standardproblem der elementaren Physikkurse (ein recht interessantes noch dazu) ist es zu zeigen, dass die horizontale Reichweite R eines Geschosses, das keinen Luftwiderstand erfährt, gegeben ist durch

$$R_{\text{Vak}} = \frac{2v_{x0}v_{y0}}{g} \quad \text{(ohne Luftwiderstand)} \tag{2.38}$$

Dabei steht R_{Vak} für die Reichweite im Vakuum. Schauen wir uns nun an, wie dieses Ergebnis durch den Luftwiderstand verändert wird.

Die Reichweite R ist der Wert von x, für den y nach Gleichung (2.37) null wird. Für R gilt also die Gleichung

$$\frac{v_{y0} + v_{\text{End}}}{v_{x0}} R + v_{\text{End}} \tau \ln\left(1 - \frac{R}{v_{x0}\tau}\right) = 0 \,. \tag{2.39}$$

Dies ist eine transzendente Gleichung, die sich nicht analytisch lösen lässt, d. h., man kann ihre Lösung nicht mit den bekannten elementaren Funktionen wie Logarithmus, Sinus oder Kosinus ausdrücken. Sind die Parameter gegeben, lässt sie sich mithilfe eines Computers numerisch lösen (Aufgabe 22), doch daraus erkennt man nicht, wie die Lösung von den Parametern abhängt. Eine gute Alternative kann es oft sein, eine Näherung einzuführen und damit eine analytische *Näherungslösung* zu finden. (Vor dem Aufkommen der Computer war dies sogar oft die einzige Möglichkeit herauszufinden, was passiert.) Im vorliegenden Fall sollten die Auswirkungen des Luftwiderstands *klein* sein, d. h., sowohl v_{End} als auch τ sind groß, und der zweite Term im Argument der Logarithmusfunktion ist klein (denn τ steht im Nenner). Das legt es nahe, den Logarithmus in einer Taylor-Reihe zu entwickeln (Aufgabe 18):

$$\ln(1 - \varepsilon) = -\left(\varepsilon + \tfrac{1}{2}\varepsilon^2 + \tfrac{1}{3}\varepsilon^3 + \cdots\right) \,. \tag{2.40}$$

Wir können diese Entwicklung für den Logarithmusterm in (2.39) verwenden. Solange τ nur groß genug ist, können wir alle Terme über ε^3 hinaus vernachlässigen. Damit ergibt sich

$$\left[\frac{v_{y0} + v_{\text{End}}}{v_{x0}}\right] R - v_{\text{End}} \tau \left[\frac{R}{v_{x0}\tau} + \frac{1}{2}\left(\frac{R}{v_{x0}\tau}\right)^2 + \frac{1}{3}\left(\frac{R}{v_{x0}\tau}\right)^3\right] = 0 \,. \tag{2.41}$$

Diese Gleichung lässt sich rasch vereinfachen. Zum einen hebt der zweite Term in der ersten Klammer den ersten Term in der zweiten hinweg. Zum anderen enthält jeder Term einen Faktor R. Daher muss $R = 0$ eine Lösung sein – natürlich, denn für $x = 0$ ist die Höhe y null. Das ist jedoch nicht die Lösung, an der wir interessiert sind, und wir können einen gemeinsamen Faktor R ausklammern. Wenn wir dann noch ein wenig umordnen (und v_{End}/τ durch g ersetzen), können wir die Gleichung in folgende Form bringen:

$$R = \frac{2 v_{x0} v_{y0}}{g} - \frac{2}{3 v_{x0} \tau} R^2 \,. \tag{2.42}$$

Das sieht nach einer recht perversen Schreibweise für eine quadratische Gleichung in R aus, aber sie führt uns rasch zu der gesuchten Näherungslösung. Entscheidend ist, dass der zweite Term auf der rechten Seite sehr klein ist. (Das R im Zähler ist mit Sicherheit kleiner als R_{Vak}, und wir nehmen an, dass τ im Nenner sehr groß ist.) Als erste Näherung erhalten wir damit

$$R \approx \frac{2 v_{x0} v_{y0}}{g} = R_{\text{Vak}} \,. \tag{2.43}$$

Und das ist genau das, was wir erwartet haben: Für einen geringen Luftwiderstand liegt die Reichweite nahe bei R_{Vak}. Doch mithilfe von Gleichung (2.42) erhalten wir noch eine bessere Näherung. Der letzte Term in (2.42) ist die nötige Korrektur zu R_{Vak}; weil die ohnehin schon sehr klein ist, können wir getrost auch einen Näherungswert für diese Korrektur einsetzen. Also können wir R bei der Berechnung des letzten Terms von (2.42) auch durch den Näherungswert $R \approx R_{\text{Vak}}$ ersetzen und erhalten so unsere zweite Näherung (denken Sie daran, dass der erste Term in (2.42) gerade R_{Vak} ist):

$$\begin{aligned} R &\approx R_{\text{Vak}} - \frac{2}{3v_{x0}\tau}(R_{\text{Vak}})^2 \\ &= R_{\text{Vak}}\left(1 - \frac{4}{3}\frac{v_{y0}}{v_{\text{End}}}\right). \end{aligned} \tag{2.44}$$

(Um auf die zweite Zeile zu kommen, habe ich das zweite R_{Vak} in der ersten Zeile durch $2v_{x0}v_{y0}/g$ und τg durch v_{End} ersetzt.) Machen Sie sich klar, dass die Korrektur, die den Luftwiderstand berücksichtigt, R immer kleiner macht als R_{End}, so wie man es auch erwarten würde. Beachten Sie außerdem, dass die Korrektur nur von dem Verhältnis v_{y0}/v_{End} abhängt. Allgemeiner ist es leicht zu sehen (vgl. Aufgabe 32), dass die Wirkung des Luftwiderstands durch das Verhältnis v/v_{End} von Geschwindigkeit zur Endgeschwindigkeit des Geschosses gegeben ist. Gilt während des gesamten Flugs $v/v_{\text{End}} \ll 1$, dann hat der Luftwiderstand nur geringe Auswirkungen, liegt v/v_{End} dagegen in der Größenordnung von 1 oder noch höher, dann ist der Luftwiderstand sicher sehr wichtig (und die Näherung (2.44) ist unbrauchbar).

Beispiel 2.4 Ich schnipse eine kleine Metallkugel mit dem Durchmesser $D = 0{,}2\,\text{mm}$ im Winkel von 45° gegen die Horizontale. Bestimmen Sie die horizontale Reichweite unter der Annahme, dass es sich um ein Goldkügelchen handelt (Dichte $\varrho \approx 16\,\text{g/cm}^3$). Wie groß wäre sie für ein Aluminiumkügelchen (Dichte $\varrho \approx 2{,}7\,\text{g/cm}^3$)?

Reichweite von kleinen Metallkugeln

Lösung *Ohne* Luftwiderstand hätten beide Kugeln dieselbe Reichweite

$$R_{\text{Vak}} = \frac{2v_{x0}v_{y0}}{g} = 10{,}2\,\text{cm}\,.$$

Nun betrachten wir die Bewegung *mit* Luftwiderstand. Für Gold erhalten wir aus Gleichung (2.27) die Endgeschwindigkeit $v_{\text{End}} \approx 21\,\text{m/s}$ (Sie sollten das nachrechnen). Der Korrekturterm in (2.44) ist dann

$$\frac{4}{3}\frac{v_{y0}}{v_{\text{End}}} = \frac{4}{3}\cdot\frac{0{,}71}{21} \approx 0{,}05\,.$$

Der Luftwiderstand reduziert also die Reichweite um 5 % auf etwa 9,7 cm. Die Dichte von Aluminium beträgt etwa ein Sechstel der Dichte von Gold. Die Endgeschwindigkeit beträgt also ebenfalls nur ein Sechstel des Wertes für Gold; der Korrekturterm ist dann sechsmal größer als bei Aluminium, etwa 30 %, sodass sich eine Reichweite von etwa 7 cm ergibt. Für das Goldkügelchen ist die Korrektur, die den Luftwiderstand berücksichtigt, recht klein und kann wohl vernachlässigt werden; auch für das Aluminiumkügelchen haben wir nur eine kleine Korrektur; sie ist aber sicher nicht vernachlässigbar. ■

2.4 Quadratischer Luftwiderstand

In den beiden vorangegangenen Abschnitten haben wir eine nahezu vollständige Theorie der Bewegung von Geschossen entwickelt, die eine lineare Bremskraft

$\boldsymbol{f} = -b\boldsymbol{v}$ erfahren. Doch während die Zahl der Anwendungen für diesen Fall nur gering ist (im Wesentlichen beschränkt sie sich auf sehr kleine Körper wie die Millikan'schen Öltröpfchen), ist es für die meisten Körper, die wir wohl eher als Geschosse bezeichnen würden (wie Fuß- oder Basebälle, Kanonenkugeln und dergleichen) eine weitaus bessere Näherung, die Bremskraft als rein quadratisch anzunehmen, also $\boldsymbol{f} = -cv^2\hat{\boldsymbol{v}}$. Wir müssen dazu nun auch noch eine entsprechende Theorie der quadratischen Bremskraft entwickeln. Allerdings sind diese Theorien bei näherem Hinsehen gar nicht so verschieden voneinander. In beiden Fällen müssen wir die Differenzialgleichung

$$m\dot{\boldsymbol{v}} = m\boldsymbol{g} + \boldsymbol{f} \tag{2.45}$$

lösen, und in beiden Fällen ist das eine Differenzialgleichung erster Ordnung für die Geschwindigkeit $\boldsymbol{v}$, in der $\boldsymbol{f}$ in relativ einfacher Weise von $\boldsymbol{v}$ abhängt. Allerdings gibt es einen wichtigen Unterschied: Im linearen Fall ($\boldsymbol{f} = -b\boldsymbol{v}$) ist Gleichung (2.45) eine *lineare* Gleichung, da die Terme, die $\boldsymbol{v}$ enthalten, allesamt linear in $\boldsymbol{v}$ oder deren Ableitungen sind; im quadratischen Fall dagegen ist Gleichung (2.45) natürlich nichtlinear. Wie sich herausstellen wird, ist die mathematische Theorie der nichtlinearen Differenzialgleichung erheblich komplizierter als die lineare Theorie. Wir werden feststellen, dass Gleichung (2.45) für ein allgemeines Geschoss, das sich sowohl in x- als auch in y-Richtung bewegt, nicht mithilfe von elementaren Funktionen gelöst werden kann, wenn die Bremskraft quadratisch ist. Noch allgemeiner werden wir in Kapitel 12 für kompliziertere Systeme feststellen, dass Nichtlinearität zu dem erstaunlichen Phänomen des Chaos führen kann; im vorliegenden Fall tritt allerdings kein Chaos ein.

In diesem Abschnitt werde ich mit denselben beiden Spezialfällen beginnen, die wir bereits in Abschnitt 2.2 diskutiert haben: Wir betrachten einen Körper, der auf eine horizontale Bewegung beschränkt ist (etwa einen Eisenbahnwaggon auf einem ebenen Gleis), und einen Körper, der sich vertikal bewegt (etwa einen Stein, der aus dem Fenster fällt); in beiden Fällen soll die Bremskraft rein quadratisch von der Geschwindigkeit abhängen. Es zeigt sich, dass man in diesen besonders einfachen Fällen die Differenzialgleichung (2.45) sehr wohl mit elementaren Funktionen lösen kann, und die Lösungen führen uns zu einigen wichtigen Verfahren und interessanten Ergebnissen. Ich werde dann kurz den allgemeinen Fall diskutieren (also eine Bewegung sowohl in horizontaler und vertikaler Richtung), die sich aber nur numerisch lösen lässt.

Horizontale Bewegung mit quadratischer Bremskraft

Wir betrachten einen Körper, der sich horizontal bewegt (in positive x-Richtung) und außer einer quadratischen Bremskraft keinen anderen Kräften unterliegt. Sie können sich beispielsweise einen Radrennfahrer vorstellen, der die Ziellinie überfahren hat und sich nun nur unter der Wirkung des Luftwiderstands ausrollen lässt. Wenn die Räder gut geschmiert und die Reifen hart aufgepumpt sind, können wir die gewöhnliche Reibung vernachlässigen.[3] Dann ist – außer bei extrem geringen Geschwindigkeiten – der Luftwiderstand rein quadratisch. Die x-Komponente der Bewegungsglei-

3 Wie ich später noch zeigen werde, wird der Luftwiderstand immer kleiner, je langsamer sich der Radrennfahrer bewegt, bis schließlich die gewöhnliche Reibung zur dominierenden Kraft wird. Bei Geschwindigkeiten größer als etwa 15 km/h ist es jedoch eine gute Näherung, nur den quadratisch von der Geschwindigkeit abhängigen Luftwiderstand zu berücksichtigen.

chung ist (ich kürze hier das v_x mit v ab)

$$m\frac{\mathrm{d}v}{\mathrm{d}t} = -cv^2 . \tag{2.46}$$

Wenn wir nun durch v^2 dividieren und mit $\mathrm{d}t$ multiplizieren, erhalten wir eine Gleichung, in der die Variable v nur auf der linken Seite und t nur auf der rechten Seite vorkommt:[4]

$$m\frac{\mathrm{d}v}{v^2} = -c\,\mathrm{d}t . \tag{2.47}$$

Dieser Trick – die Umordung einer Differenzialgleichung derart, dass die eine Variable nur auf der linken und die andere Variable nur auf der rechten Seite vorkommt – wird als **Variablenseparation** bezeichnet. Dort, wo sie möglich ist, bildet die Variablenseparation oft die einfachste Lösungsmöglichkeit für eine Differenzialgleichung erster Ordnung, weil man die Lösung dann durch einfache Integration der beiden Seiten gewinnen kann.

Durch Integration von Gleichung (2.47) erhalten wir

$$m\int_{v_0}^{v}\frac{\mathrm{d}v'}{v'^2} = -c\int_0^t \mathrm{d}t' ;$$

dabei ist v_0 die Anfangsgeschwindigkeit bei $t = 0$. Beachten Sie, dass ich beide Seiten als bestimmtes Integral mit den entsprechenden Integrationsgrenzen geschrieben habe, sodass ich mich nicht um irgendwelche Integrationskonstanten kümmern muss. Ich habe außerdem die Integrationsvariablen in v' und t' umbenannt, damit sie nicht mit den oberen Integralgrenzen v und t verwechselt werden. Beide Integrale lassen sich leicht bestimmen, und wir erhalten

$$m\left(\frac{1}{v_0} - \frac{1}{v}\right) = -ct \tag{2.48}$$

oder – durch Auflösen nach v –

$$v(t) = \frac{v_0}{1 + cv_0 t/m} = \frac{v_0}{1 + t/\tau} . \tag{2.49}$$

Dabei habe ich die Abkürzung τ für die folgende Kombination der Konstanten verwendet:

$$\tau = \frac{m}{cv_0} \quad \text{(quadratische Bremskraft)} . \tag{2.50}$$

4 Beim Übergang von Gleichung (2.46) zu (2.47) habe ich die Ableitung $\mathrm{d}v/\mathrm{d}t$ so behandelt, als hätte ich den Quotienten zweier unabhängiger Zahlen $\mathrm{d}v$ und $\mathrm{d}t$. Sie wissen sicher, dass dieses forsche Vorgehen mathematisch nicht ganz korrekt ist; es lässt sich aber durch zwei Argumente rechtfertigen: Erstens ist es in der Theorie der *Differenziale* sehr wohl richtig, dass $\mathrm{d}v$ und $\mathrm{d}t$ als einzelne Zahlen (nämlich die Differenziale) definiert sind, sodass ihr Quotient die Ableitung $\mathrm{d}v/\mathrm{d}t$ bildet. Allerdings ist es viel zu kompliziert, auf diese Theorie zurückzugreifen. Als Physiker wissen wir, dass $\mathrm{d}v/\mathrm{d}t$ der Grenzwert von $\Delta v/\Delta t$ ist, wenn sowohl Δv als auch Δt klein sind, und ich gehe davon aus, dass $\mathrm{d}v$ einfach die Kurzversion von Δv ist (entsprechend $\mathrm{d}t$ für Δt), *wobei wir selbstverständlich beide als so klein annehmen wollen, dass der Quotient* $\mathrm{d}v/\mathrm{d}t$ *innerhalb der gewünschten Genauigkeit gleich der wahren Ableitung ist.* Mit dieser Auffassung ist Gleichung (2.47) mit $\mathrm{d}v$ auf der einen und $\mathrm{d}t$ auf der anderen Seite durchaus sinnvoll.

Sie können leicht erkennen, dass τ eine Zeit ist; ihre Bedeutung liegt darin, dass für $t = \tau$ die Geschwindigkeit $v = v_0/2$ ist. Achtung: Der Parameter τ ist hier ein anderer als das τ, das wir in Gleichung (2.22) für die Bewegung gegen eine lineare Bremskraft eingeführt hatten; allerdings haben beide Parameter dieselbe Bedeutung als Indikatoren für die Zeit, in der der Luftwiderstand die Bewegung merklich verlangsamt.

Um den Ort des Radrennfahrers zu bestimmen, müssen wir nur v über die Zeit integrieren. Unter der Annahme, dass die Anfangsposition x_0 gleich null ist, erhalten wir

$$\begin{aligned} x(t) &= x_0 + \int_0^t v(t')\,dt' \\ &= v_0\tau \ln(1 + t/\tau) \end{aligned} \tag{2.51}$$

(Sie sollten das nachrechnen). Abbildung 2.8 zeigt unsere Ergebnisse für v und x als Funktionen von t. Es ist interessant, diese Kurven mit den entsprechenden Kurven in Abbildung 2.4 zu vergleichen, in denen das Ausrollen eines Körpers gegen eine *lineare* Bremskraft dargestellt ist. Auf den ersten Blick sehen die beiden Kurven für die Geschwindigkeit ganz ähnlich aus. Insbesondere gehen sie beide für $t \to \infty$ gegen null. Im linearen Fall haben wir aber eine *exponentielle* Abnahme, im quadratischen Fall ist die Abnahme viel langsamer, nämlich mit $1/t$. Dieses unterschiedliche Verhalten von v spiegelt sich dramatisch in dem Verhalten von x wider: Im linearen Fall erreicht x, wie wir gesehen haben, einen endlichen Wert, doch Gleichung (2.51) zeigt deutlich, dass x im quadratischen Fall für $t \to \infty$ über alle Schranken wächst.

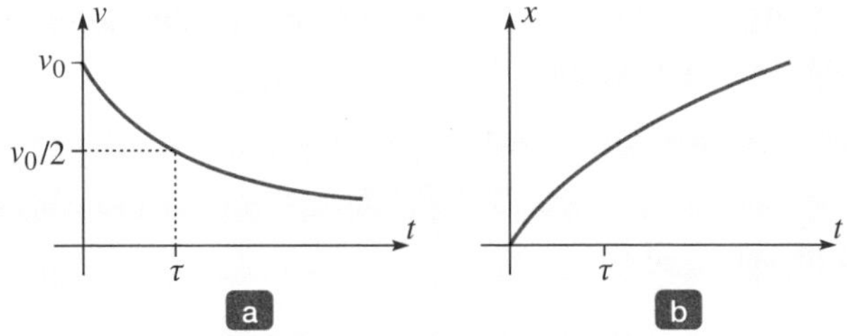

Abbildung 2.8: Die Bewegung eines Körpers, etwa eines Fahrrads, das sich horizontal bewegt und gegen die Wirkung einer quadratischen Bremskraft ausrollt. (a) Die Geschwindigkeit ist gegeben durch (2.49) und geht für $t \to \infty$ wie $1/t$ gegen null. (b) Der Ort ist gegeben durch (2.51) und geht für $t \to \infty$ gegen unendlich.

Der entscheidende Unterschied im Verhalten von x für eine quadratische bzw. für eine lineare Bremskraft lässt sich qualitativ leicht erklären. Im quadratischen Fall ist die Bremskraft proportional zu v^2. Wenn also v klein wird, wird die Bremskraft *außerordentlich* klein – so klein nämlich, dass sie das Fahrrad nicht innerhalb einer endlichen Zeit zum Stillstand bringen kann. Dieses unerwartete Ergebnis macht deutlich, dass eine für *alle* Geschwindigkeiten zu v^2 proportionale Bremskraft unrealistisch ist. Obwohl die lineare Bremskraft gewöhnlich sehr klein ist, muss sie für $v \to 0$ irgendwann doch wichtiger werden als der Term mit v^2, und dann kann man sie nicht mehr vernachlässigen. Insbesondere stellt einer dieser beiden Terme (bei einem Fahrrad ist es die Reibung) sicher, dass kein realer Körper bis ins Unendliche ausrollen kann.

Vertikale Bewegung gegen eine quadratische Bremskraft

Die vertikale Bewegung eines Körpers gegen eine quadratische Bremskraft lässt sich im Wesentlichen auf dieselbe Art behandeln wie die horizontale Bewegung. Betrachten wir einen Baseball, der von einem hohen Turm aus dem Fenster fällt. Wenn wir die y-Koordinate vertikal nach unten laufen lassen, dann haben wir die Bewegungsgleichung (ich kürze hier jetzt v_y durch v ab)

$$m\dot{v} = mg - cv^2 \,. \tag{2.52}$$

Bevor wir diese Gleichung lösen, machen wir uns über die Endgeschwindigkeit Gedanken, also über die Geschwindigkeit, bei der die beiden Terme auf der rechten Seite von (2.52) sich gerade aufheben. Offensichtlich muss dann gelten $cv_{\text{End}}^2 = mg$, mit der Lösung

$$v_{\text{End}} = \sqrt{\frac{mg}{c}} \,. \tag{2.53}$$

Berechnen wir nun die Endgeschwindigkeit für einen konkreten Körper (m, g und c sind fest). Bei einem Baseball beispielsweise erhalten wir (in Beispiel 2.5 werde ich das noch ausführen) $v_{\text{End}} \approx 35\,\text{m/s}$, also gut $120\,\text{km/h}$.

Wir können die Bewegungsgleichung (2.52) dadurch vereinfachen, dass wir mithilfe von (2.53) die Konstante c durch mg/v_{End}^2 ersetzen und den gemeinsamen Faktor m kürzen:

$$\dot{v} = g\left(1 - \frac{v^2}{v_{\text{End}}^2}\right) . \tag{2.54}$$

Diese Gleichung lässt sich durch Variablenseparation lösen, wie bei der horizontalen Bewegung. Zunächst schreiben wir die Gleichung um in

$$\frac{\mathrm{d}v}{1 - v^2/v_{\text{End}}^2} = g\,\mathrm{d}t \,. \tag{2.55}$$

Dies ist die gewünschte separierte Form (auf der linken Seite stehen nur Terme mit v, auf der rechten Seite nur Terme mit t), und wir können einfach beide Seiten integrieren.[5] Wenn wir annehmen, dass der Ball anfangs in Ruhe war, haben wir die Integrationsgrenzen 0 und v links sowie 0 und t rechts und erhalten dann

$$\frac{v_{\text{End}}}{g}\,\text{arctanh}\left(\frac{v}{v_{\text{End}}}\right) = t \tag{2.56}$$

(Sie sollten das nachrechnen, vgl. Aufgabe 36.) Das Funktionszeichen „arctanh" (arcus tangens hyperbolicus) steht für die Umkehrfunktion des hyperbolischen Tangens. Alternativ lässt sich dieses spezielle Integral mithilfe der natürlichen Logarithmusfunktion lösen (Aufgabe 37). Die hyperbolischen Funktionen sinh, cosh und tanh sowie ihre Umkehrfunktionen arcsinh, arccosh und arctanh tauchen allerdings so häufig in den unterschiedlichsten Bereichen der Physik auf, dass ich Ihnen dringend empfehle, sich mit der Anwendung dieser Funktionen vertraut zu machen.

5 Man kann jedes eindimensionale Problem, bei dem die Gesamtkraft nur von der Geschwindigkeit abhängt, durch Variablenseparation lösen, denn die Gleichung $m\dot{v} = F(v)$ lässt sich immer auf die Form $\mathrm{d}v \cdot f(v) = \mathrm{d}t$ bringen. Es gibt natürlich keine Garantie dafür, dass sich diese Gleichung auch integrieren lässt, wenn $F(v)$ allzu kompliziert ist, doch selbst im ungünstigsten Fall kann man noch eine unkomplizierte numerische Lösung finden (vgl. Aufgabe 7).

Sollten Sie bislang nur wenig Umgang mit diesen Funktionen gehabt haben, schauen Sie sich die Aufgaben 33 und 34 an und beschäftigen Sie sich mit den Graphen dieser Funktionen.

Wenn wir Gleichung (2.56) nach v auflösen, erhalten wir

$$v = v_{\text{End}} \tanh\left(\frac{gt}{v_{\text{End}}}\right). \tag{2.57}$$

Um den Ort y zu bestimmen, integrieren wir einfach über t und erhalten

$$y = \frac{(v_{\text{End}})^2}{g} \ln\left[\cosh\left(\frac{gt}{v_{\text{End}}}\right)\right]. \tag{2.58}$$

Beide Ausdrücke lassen sich zwar noch ein wenig vereinfachen (vgl. Aufgabe 35), doch für die Behandlung des folgenden Beispiels reichen sie völlig aus.

Ein Baseball fällt von einem hohen Turm

Beispiel 2.5

Bestimmen Sie die Endgeschwindigkeit eines Baseballs (Masse $m = 0{,}15$ kg, Durchmesser $D = 7$ cm), der von einem hohen Turm fällt. Zeichnen Sie die Kurven der Geschwindigkeit und des Ortes für die ersten sechs Sekunden des Falls.

Lösung ■ Die Endgeschwindigkeit ist gegeben durch (2.53); nach Gleichung (2.4) ist der Koeffizient c des Luftwiderstands gegeben durch $c = \gamma D^2$ mit $\gamma = 0{,}25\,\text{N}\cdot\text{s}^2/\text{m}^4$. Damit haben wir

$$v_{\text{End}} = \sqrt{\frac{mg}{\gamma D^2}} = \sqrt{\frac{(0{,}15\text{ kg})\cdot(9{,}81\text{ m/s}^2)}{(0{,}25\text{ N}\cdot\text{s}^2/\text{m}^4)\cdot(0{,}07\text{ m})^2}} = 35\text{ m/s} \tag{2.59}$$

oder gut 120 Kilometer pro Stunde. In einem Spiel bewegt sich ein Baseball sogar noch weitaus schneller – unter solchen Bedingungen ist die Bremskraft *größer* als die Gewichtskraft des Balls!

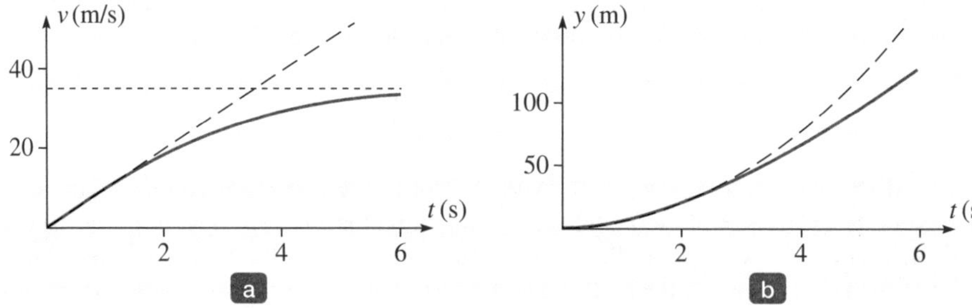

Abbildung 2.9: Die Bewegung eines Baseballs, der von einem hohen Turm herunterfällt (durchgezogene Kurven). Die entsprechende Bewegung im Vakuum wird durch gestrichelte Kurven dargestellt. (a) Die Geschwindigkeit erreicht für $t \to \infty$ die Endgeschwindigkeit $v_{\text{End}} = 35$ m/s. (b) Die Kurve für die Ortskoordinate bleibt immer mehr hinter der entsprechenden Kurve für den Fall im Vakuum zurück. Nach $t = 6$ s ist der Ball etwa 130 m gefallen; im Vakuum wären es dann schon 180 m gewesen.

Die Kurven für v und y können Sie von Hand zeichnen, viel leichter geht es natürlich, wenn Sie eine Software wie Mathcad oder Mathematica verwenden und den Computer für sich arbeiten lassen. Auf jeden Fall sollten Sie Kurven wie die in Abbildung 2.9 erhalten; die durchgezogenen Kurven zeigen die Bewegung gegen den quadratischen Luftwiderstand, die gestrichelten Kurven die Bewegung im Vakuum. Die tatsächliche Geschwindigkeit nimmt schließlich kaum noch zu und geht für $t \to \infty$ gegen den Endwert $v_{\text{End}} = 35\,\text{m/s}$, die Geschwindigkeit im Vakuum nimmt hingegen unbeschränkt zu. Anfangs nimmt die Ortskoordinate wie im Vakuum zu (also entsprechend $y = \frac{1}{2}gt^2$), bei höherer Geschwindigkeit, wenn der Luftwiderstand immer bedeutsamer wird, bleibt sie aber hinter den Vakuumwerten zurück. Schließlich nähert sie sich einer Geraden der Form $y = v_{\text{End}}t + \text{const.}$ an (vgl. Aufgabe 35). ■

Quadratische Bremskraft bei horizontaler und vertikaler Bewegung

Die allgemeine Bewegungsgleichung für ein Geschoss, das eine quadratische Bremskraft erfährt, ist

$$\begin{aligned} m\ddot{\mathbf{r}} &= m\mathbf{g} - cv^2\hat{\mathbf{v}} \\ &= m\mathbf{g} - cv\mathbf{v}\,. \end{aligned} \tag{2.60}$$

Sie lässt sich folgendermaßen in eine horizontale und eine vertikale Komponente zerlegen (y wird jetzt vertikal nach oben gemessen):

$$\left.\begin{aligned} m\dot{v}_x &= -c\sqrt{v_x^2 + v_y^2}\, v_x \\ m\dot{v}_y &= -mg - c\sqrt{v_x^2 + v_y^2}\, v_y\,. \end{aligned}\right\} \tag{2.61}$$

Dies sind zwei Differenzialgleichungen für zwei unbekannte Funktionen $v_x(t)$ und $v_y(t)$, doch v_x und v_y tauchen jeweils in *beiden* Gleichungen auf. Außerdem sind die beiden Gleichungen nicht identisch mit denen für einen Körper, der sich nur in x- oder nur in y-Richtung bewegt. Daher können wir diese beiden Gleichungen nicht dadurch lösen, dass wir die beiden Einzellösungen für die Horizontal- und die Vertikalbewegung einfach zusammenfügen. Doch es kommt noch schlimmer: Die beiden Gleichungen (2.61) lassen sich nicht analytisch lösen. Die einzige Möglichkeit ist eine numerische Berechnung, die wir aber nur für bestimmte numerische Anfangsbedingungen (d. h. für bestimmte Anfangswerte von Ort und Geschwindigkeit) durchführen können. Mit anderen Worten: Wir können keine *allgemeine* Lösung angeben, wir finden numerisch nur die jeweilige spezielle Lösung, die zu den gewählten Anfangsbedingungen passt. Bevor ich die allgemeinen Eigenschaften der Lösungen von (2.61) untersuche, wollen wir eine konkrete numerische Lösung erarbeiten.

Beispiel 2.6 Der Baseball aus Beispiel 2.5 wird nun mit der Geschwindigkeit 30 m/s (fast 110 km/h) unter einem Winkel von 50° gegen die Horizontale von einer hohen Klippe geworfen. Bestimmen Sie seine Trajektorie für die ersten acht Sekunden des Flugs und vergleichen Sie diese mit der entsprechenden Trajektorie für einen Flug im Vakuum. Wie weit würde der Ball fliegen, wenn er mit derselben Geschwindigkeit und in demselben Winkel auf einer ebenen Fläche geworfen würde? Mit anderen Worten: Wie groß ist die horizontale Reichweite?

Trajektorie eines Baseballs

Lösung ■ Wir müssen die beiden gekoppelten Differenzialgleichungen (2.61) mit den Anfangsbedingungen

$$v_{x0} = v_0 \cos\theta = 19{,}3\ \text{m/s} \quad \text{und} \quad v_{y0} = v_0 \sin\theta = 23{,}0\ \text{m/s}$$

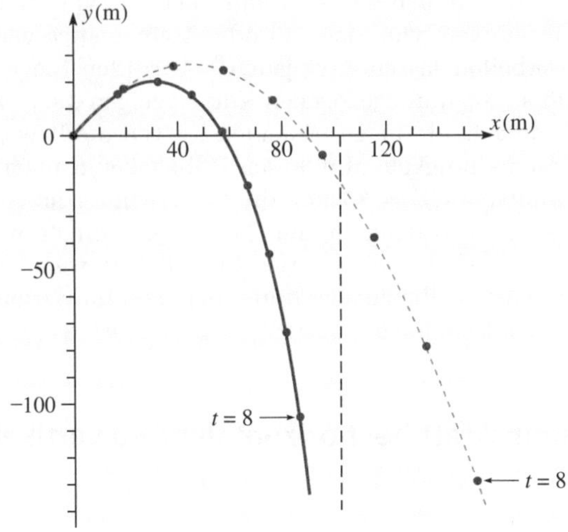

Abbildung 2.10: Trajektorie eines Baseballs, der von einer Klippe geworfen wird und einen quadratischen Luftwiderstand erfährt (durchgezogene Kurve). Der Ball wird mit einer Anfangsgeschwindigkeit von 30 m/s unter 50° gegen die Horizontale geworfen; die Endgeschwindigkeit beträgt 35 m/s. Die gestrichelte Kurve zeigt die entsprechende Trajektorie im Vakuum. Die Punkte zeigen den Ort des Balls im Abstand von jeweils einer Sekunde. Der Luftwiderstand verlangsamt die horizontale Bewegung, sodass der Ball sich einer vertikalen Asymptote bei einem Abstand von gut 100 m annähert.

und $x_0 = y_0 = 0$ lösen (die letzte Bedingung besagt, dass wir den Ursprung in den Punkt legen, von dem aus der Ball startet). Das ist mit Systemen wie Mathematica, Matlab oder Maple möglich, man kann auch eine Programmiersprache wie C oder Fortran verwenden. Abbildung 2.10 zeigt die Trajektorie, wie sie mit der Funktion NDSolve in Mathematica bestimmt wurde.

Die Abbildung erfordert einige Anmerkungen. Offenbar senkt der Luftwiderstand die Trajektorie im Vergleich zu der gestrichelt dargestellten Vakuum-Trajektorie ab. Man erkennt beispielsweise, dass die Vakuum-Trajektorie ihren höchsten Punkt bei $t \approx 2{,}3$ s, etwa 27 m oberhalb des Abwurfpunkts erreicht; mit Luftwiderstand liegt der höchste Punkt kurz vor $t \approx 2{,}0$ s bei nur etwa 21 m. Im Vakuum würde sich der Ball in x-Richtung unbeschränkt immer weiter bewegen. Durch den Luftwiderstand wird die Horizontalbewegung abgebremst, sodass x nicht weiter anwächst als bis zu einer Asymptote bei etwa $x = 100$ m.

Die horizontale Reichweite R des Baseballs liest man in der Abbildung leicht als denjenigen x-Wert ab, bei dem y wieder null wird. Wir finden $R \approx 59$ m, im Vakuum wären es $R \approx 90$ m. In diesem Beispiel hat der Luftwiderstand – wie erwartet – recht große Auswirkungen: Die Anfangsgeschwindigkeit des Balls beim Wurf ist nur wenig geringer als die Endgeschwindigkeit (30 m/s bzw. 35 m/s); somit ist die Bremskraft durch den Luftwiderstand nur wenig kleiner als die Gravitationskraft. Demzufolge war zu erwarten, dass der Luftwiderstand die Trajektorie erheblich verändert. ■

Dieses Beispiel zeigt einige der allgemeinen Merkmale einer Geschossbewegung bei einer quadratischen Bremskraft. Wenn wir auch die Bewegungsgleichungen (2.61) für dieses Problem nicht analytisch lösen können, so lassen sich aber anhand der

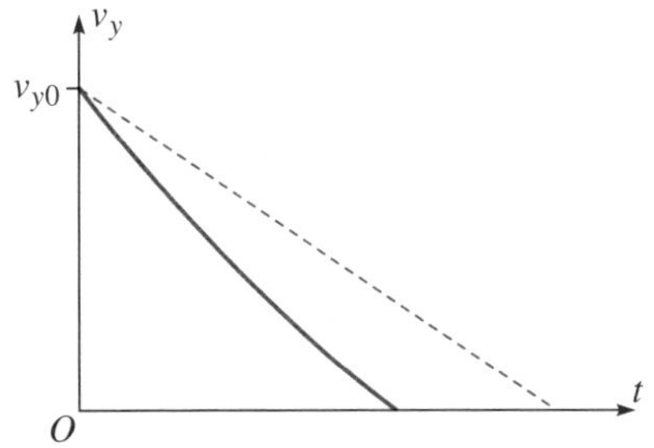

Abbildung 2.11: Kurve von v_y in Abhängigkeit von t für ein nach oben geworfenes Geschoss ($v_{y0} > 0$), das einen quadratischen Luftwiderstand erfährt (durchgezogene Kurve). Die gestrichelte Kurve (Steigung $= -g$) gilt für einen Wurf ohne Luftwiderstand. Das Geschoss bewegt sich nach oben und erreicht für $v_y = 0$ seine Maximalhöhe. Während dieser Zeit ist die Bremskraft abwärts gerichtet, sodass die Beschleunigung nach unten immer größer ist als g. Daher geht die durchgezogene Kurve steiler nach unten als die gestrichelte Kurve, und das Geschoss erreicht seinen höchsten Punkt eher als bei einem entsprechenden Wurf im Vakuum. Da die Fläche unter der durchgezogenen Kurve kleiner ist als unter der gestrichelten, ist die Maximalhöhe des Geschosses geringer als im Vakuum.

Gleichungen einige allgemeine Eigenschaften der Trajektorie angeben. Beispielsweise haben wir bemerkt, dass der Baseball eine geringere Maximalhöhe erreicht, und das etwas eher, als er sie im Vakuum erreicht hätte. Man kann leicht beweisen, dass dies immer der Fall ist: Solange sich das Geschoss nach oben bewegt ($v_y > 0$), hat die Bremskraft durch den Luftwiderstand eine *abwärts* gerichtete y-Komponente. Die Beschleunigung nach unten ist also größer als g (der Wert für das Vakuum). Wenn wir also die Kurve v_y in Abhängigkeit von t zeichnen, fällt sie vom Anfangswert v_{y0} stärker ab als im Vakuum (Abbildung 2.11). Damit ist garantiert, dass v_y schneller die Nulllinie erreicht als im Vakuum und dass der Ball in y-Richtung eine geringere Strecke zurücklegt, bevor er seinen höchsten Punkt erreicht. Zusammengefasst kommt der Ball also eher in seinem höchsten Punkt an, und dieser liegt niedriger als bei einer Bewegung im Vakuum.

Ich hatte behauptet, dass der Baseball aus Beispiel 2.6 sich für $t \to \infty$ einer vertikalen Asymptote annähert; wir wollen nun beweisen, dass dies immer der Fall ist. Zunächst können Sie sich leicht davon überzeugen, dass der Ball – sobald er seine Abwärtsbewegung beginnt – ständig nach unten beschleunigt wird; für $t \to \infty$ erreicht v_y den Wert $-v_{\text{End}}$. Während dieser Zeit nimmt v_x immer mehr ab und nähert sich dem Wert null. Folglich geht die Wurzel in den beiden Gleichungen (2.61) gegen v_{End}. Damit kann man für große t die Gleichung für v_x nähern durch den Ausdruck

$$\dot{v}_x \approx -\frac{cv_{\text{End}}}{m} v_x = -kv_x \,.$$

Die Lösung dieser Gleichung ist natürlich eine Exponentialfunktion der Form $v_x = A\,\mathrm{e}^{-kt}$, und wir erkennen, dass v_x für $t \to \infty$ sehr schnell (nämlich exponentiell) gegen null geht. Damit ist garantiert, dass x, also das Integral über v_x,

$$x(t) = \int_0^t v_x(t')\,\mathrm{d}t'$$

für $t \to \infty$ einen endlichen Grenzwert hat; damit hat die Trajektorie – wie behauptet – eine endliche vertikale Asymptote.

2.5 Bewegung einer Ladung im gleichförmigen Magnetfeld

Eine weitere interessante Anwendung der Newton'schen Gesetze, anhand derer ich (wie schon bei der Bewegung von Geschossen) einige wichtige mathematischen Methoden vorstellen kann, ist die Bewegung eines geladenen Teilchens in einem Magnetfeld. Ich betrachte hier ein Teilchen mit der Ladung q (die ich in der Regel als positiv annehme), das sich in einem gleichförmigen, in die z-Richtung weisenden Magnetfeld $\boldsymbol{B}$ bewegt (Abbildung 2.12). Die Kraft, die auf das Teilchen ausgeübt wird, ist die Magnetkraft[6]

$$\boldsymbol{F} = q\boldsymbol{v} \times \boldsymbol{B}. \tag{2.62}$$

Damit lässt sich die Bewegungsgleichung folgendermaßen schreiben:

$$m\dot{\boldsymbol{v}} = q\boldsymbol{v} \times \boldsymbol{B}. \tag{2.63}$$

(Wie schon bei den Geschossen, so hängt die Kraft auch hier nur von der Geschwindigkeit und nicht vom Ort ab; das zweite Newton'sche Gesetz reduziert sich damit auf ein Differenzialgleichung erster Ordnung in $\boldsymbol{v}$.)

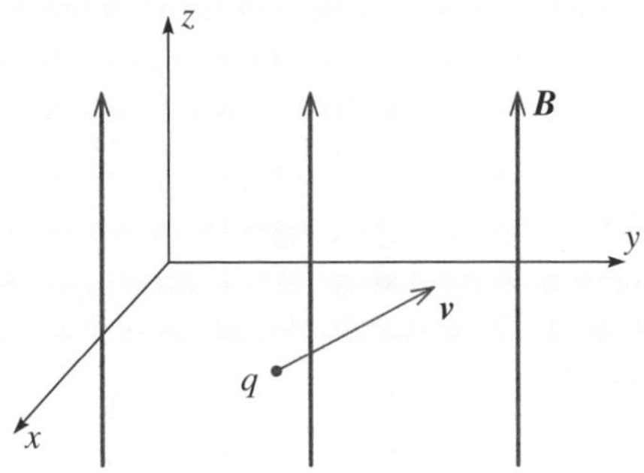

Abbildung 2.12: Ein geladenes Teilchen bewegt sich in einem gleichförmigen Magnetfeld, das in z-Richtung zeigt.

Wie so oft, kann man auch diese Gleichung am einfachsten dadurch lösen, dass man sie in ihre Komponenten zerlegt. Die Komponenten von $\boldsymbol{v}$ und $\boldsymbol{B}$ sind

$$\boldsymbol{v} = (v_x, v_y, v_z)$$

und

$$\boldsymbol{B} = (0, 0, B),$$

woraus wir die Komponenten von $\boldsymbol{v} \times \boldsymbol{B}$ ablesen können:

$$\boldsymbol{v} \times \boldsymbol{B} = (v_y B, -v_x B, 0).$$

6 Es handelt sich dabei um die sogenannte **Lorentz-Kraft**; sie enthält eigentlich auch noch den Einfluss eines elektrischen Feldes, vgl. dazu Aufgabe 53. (Anm. d. Übers.)

Die drei Komponenten der Bewegungsgleichung (2.63) sind also

$$m\dot{v}_x = \quad qBv_y \tag{2.64}$$

$$m\dot{v}_y = -qBv_x \tag{2.65}$$

$$m\dot{v}_z = 0\,. \tag{2.66}$$

Die letzte Gleichung besagt einfach, dass v_z, die Komponente der Teilchengeschwindigkeit in Feldrichtung, konstant ist:

$$v_z = \text{const.}\,,$$

ein zu erwartendes Ergebnis, da die magnetische Kraft immer senkrecht auf $\boldsymbol{B}$ steht. Da v_z konstant ist, konzentrieren wir unsere Aufmerksamkeit auf v_x und v_y. Wir können uns die beiden als einen zweidimensionalen Vektor (v_x, v_y) vorstellen, der sich als Projektion von $\boldsymbol{v}$ auf die x-y-Ebene ergibt und als *Transversalgeschwindigkeit* bezeichnet wird:

$$(v_x, v_y) = \text{Transversalgeschwindigkeit}\,.$$

Um die Gleichungen (2.64) und (2.65) für v_x und v_y zu vereinfachen, definiere ich einen Parameter

$$\omega = \frac{qB}{m} \tag{2.67}$$

mit der Dimension einer inversen Zeit; wir nennen ihn die **Zyklotronfrequenz**. Mit diesem Parameter werden die Gleichungen (2.64) und (2.65) zu

$$\left.\begin{aligned} \dot{v}_x &= \omega v_y \\ \dot{v}_y &= -\omega v_x\,. \end{aligned}\right\} \tag{2.68}$$

Diese beiden gekoppelten Differenzialgleichungen lassen sich auf ganz verschiedene Weise lösen. Ich möchte hier den Weg beschreiben, der sich der komplexen Zahlen bedient. Das mag nicht der allereinfachste Lösungsweg sein, doch dieses Verfahren hat überraschend viele Anwendungen in mehreren Bereichen der Physik. (Eine alternative Lösung ohne komplexe Zahlen können Sie in Aufgabe 54 erarbeiten.)

Die beiden Variablen v_x und v_y können natürlich als Werte nur reelle Zahlen annehmen. Allerdings kann uns nichts davon abhalten, die komplexe Zahl

$$\eta = v_x + \mathrm{i}v_y \tag{2.69}$$

zu definieren, in der i die Quadratwurzel aus -1 bezeichnet (in den Ingenieurwissenschaften bezeichnet man sie gewöhnlich mit j) mit $\mathrm{i} = \sqrt{-1}$ (η ist der griechische Buchstabe eta). Wenn wir die komplexe Zahl η in der komplexen Zahlenebene zeichnen (die Gauß'sche Zahlenebene, man spricht auch von einem *Argand-Diagramm*), dann hat sie die Komponenten v_x und v_y (Abbildung 2.13). Mit anderen Worten: Die Darstellung von η in der komplexen Ebene entspricht der zweidimensionalen Transversalgeschwindigkeit (v_x, v_y).

Der Vorteil des Arbeitens mit der komplexen Zahl η zeigt sich, wenn wir ihre Ableitung berechnen. Mit (2.68) erhalten wir

$$\dot{\eta} = \dot{v}_x + \mathrm{i}\dot{v}_y = \omega v_y - \mathrm{i}\omega v_x = -\mathrm{i}\omega(v_x + \mathrm{i}v_y)$$

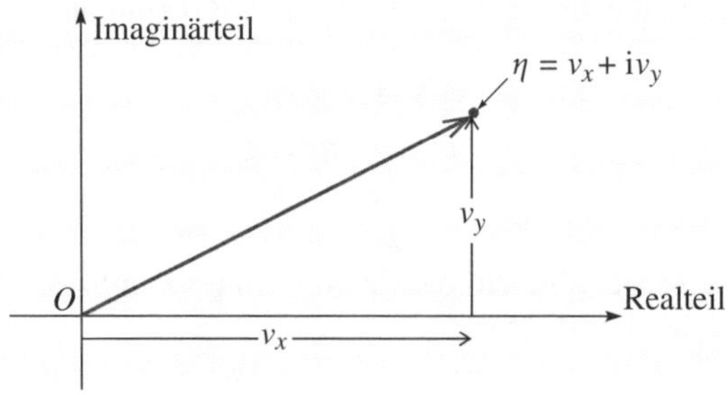

Abbildung 2.13: Die komplexe Zahl $\eta = v_x + \mathrm{i}v_y$ wird als ein Punkt in der komplexen Zahlenebene dargestellt. Der Pfeil von O nach η entspricht dem Vektor der Transversalgeschwindigkeit (v_x, v_y).

oder

$$\dot{\eta} = -\mathrm{i}\omega\eta\,. \tag{2.70}$$

Die beiden gekoppelten Gleichungen für v_x und v_y (Gleichungen (2.64) und (2.65)) sind nun zu einer einzigen Gleichung für die komplexe Zahl η geworden. Außerdem hat diese Gleichung die vertraute Form $\dot{u} = ku$, deren Lösung wir bereits kennen – es ist die Exponentialfunktion $u = A\,\mathrm{e}^{kt}$. Somit können wir sofort die Lösung für η angeben:

$$\eta = A\,\mathrm{e}^{-\mathrm{i}\omega t}\,. \tag{2.71}$$

Bevor wir die Bedeutung dieser Lösung untersuchen, möchte ich im nächsten Abschnitt einige Eigenschaften der komplexen Exponentialfunktionen angeben. Wenn Sie damit schon vertraut sind, können Sie diesen Abschnitt einfach überspringen.

2.6 Komplexe Exponentialfunktionen

Sie kennen sicher die Exponentialfunktion e^x mit einer reellen Variablen x, allerdings sind Sie möglicherweise nicht so vertraut mit e^z, wenn z eine komplexe Zahl ist.[7] Im reellen Fall gibt es mehrere Definitionen für die Exponentialfunktion e^x (beispielsweise als diejenige Funktion, die gleich ihrer Ableitung ist). Die Definition, die sich am einfachsten auf den komplexen Fall erweitern lässt, ist die Definition mithilfe der Taylor-Reihe

$$\mathrm{e}^z = 1 + z + \frac{z^2}{2!} + \frac{z^3}{3!} + \cdots\,. \tag{2.72}$$

Diese Reihe konvergiert für jeden beliebigen Wert von z – sei er nun reell oder komplex, groß oder klein – gegen einen wohldefinierten Wert von e^z. Wenn Sie diesen Ausdruck differenzieren, können Sie sich leicht davon überzeugen, dass er die erwartete Eigenschaft aufweist, dass er gleich seiner eigenen Ableitung ist. Und man kann zeigen (allerdings nicht ganz so leicht), dass er alle die anderen vertrauten Eigenschaften einer Exponentialfunktion aufweist – beispielsweise $\mathrm{e}^z\,\mathrm{e}^w = \mathrm{e}^{(z+w)}$

7 Eine Wiederholung zu einigen elementaren Eigenschaften von komplexen Zahlen finden Sie in den Aufgaben 45 bis 49.

(vgl. Aufgaben 50 und 51). Insbesondere hat die Funktion $A\,\mathrm{e}^{kz}$ (mit beliebigen reellen oder komplexen Konstanten A und k) die Eigenschaft

$$\frac{\mathrm{d}}{\mathrm{d}z}\left(A\,\mathrm{e}^{kz}\right) = k\left(A\,\mathrm{e}^{kz}\right). \tag{2.73}$$

Da die Funktion $A\,\mathrm{e}^{kz}$ diese Gleichung für jeden Wert für A erfüllt, ist sie tatsächlich die allgemeine Lösung der Differenzialgleichung erster Ordnung $\mathrm{d}f/\mathrm{d}z = kf$. Am Schluss des vorangegangenen Abschnitts hatte ich die komplexe Zahl $\eta(t)$ eingeführt und gezeigt, dass sie die Gleichung $\dot{\eta} = -\mathrm{i}\omega\eta$ erfüllt. Unsere in (2.71) vorweggenommene Annahme, damit müsse η die Exponentialfunktion sein, ist somit gerechtfertigt.

Wir werden uns insbesondere mit der Exponentialfunktion einer rein imaginären Zahl beschäftigen, also mit $\mathrm{e}^{\mathrm{i}\theta}$ mit einer reellen Zahl θ. Die Taylor-Reihe (2.72) für diese Funktion hat dann die Form

$$\mathrm{e}^{\mathrm{i}\theta} = 1 + \mathrm{i}\theta + \frac{(\mathrm{i}\theta)^2}{2!} + \frac{(\mathrm{i}\theta)^3}{3!} + \frac{(\mathrm{i}\theta)^4}{4!} + \cdots. \tag{2.74}$$

Wegen $\mathrm{i}^2 = -1$, $\mathrm{i}^3 = -\mathrm{i}$ und so weiter müssen alle geraden Potenzen dieser Reihe reell sein, alle ungeraden Potenzen sind rein imaginär. Wenn wir entsprechend umordnen, nimmt (2.74) die folgende Form an:

$$\mathrm{e}^{\mathrm{i}\theta} = \left[1 - \frac{\theta^2}{2!} + \frac{\theta^4}{4!} - \cdots\right] + \mathrm{i}\left[\theta - \frac{\theta^3}{3!} + \cdots\right]. \tag{2.75}$$

Die Reihe in der ersten Klammer ist die Taylor-Reihe für $\cos\theta$, die in der zweiten Klammer ist die Taylor-Reihe für $\sin\theta$ (Aufgabe 18). Damit haben wir die wichtige Beziehung

$$\mathrm{e}^{\mathrm{i}\theta} = \cos\theta + \mathrm{i}\sin\theta \tag{2.76}$$

bewiesen. Dieses Ergebnis, die sogenannte **Euler'sche Formel**, ist in Abbildung 2.14a dargestellt. Insbesondere hat die komplexe Zahl $\mathrm{e}^{\mathrm{i}\theta}$ den Polarwinkel θ und (wegen $\cos^2\theta + \sin^2\theta = 1$) den Betrag 1; mit anderen Worten: $\mathrm{e}^{\mathrm{i}\theta}$ liegt auf dem *Einheitskreis*, dem Kreis mit dem Radius 1 um den Ursprung O.

Unser Hauptaugenmerk liegt auf einer komplexen Zahl der Form $\eta = A\,\mathrm{e}^{-\mathrm{i}\omega t}$. Der Koeffizient A ist eine feste komplexe Zahl, die sich nach Abbildung 2.14b ausdrücken lässt als $A = a\,\mathrm{e}^{\mathrm{i}\delta}$, mit dem Betrag $a = |A|$ und dem Polarwinkel δ (vgl. Aufgabe 45). Damit kann man die Zahl η schreiben als

$$\eta = A\,\mathrm{e}^{-\mathrm{i}\omega t} = a\,\mathrm{e}^{\mathrm{i}\delta}\mathrm{e}^{-\mathrm{i}\omega t} = a\,\mathrm{e}^{\mathrm{i}(\delta-\omega t)}. \tag{2.77}$$

η hat also denselben Betrag wie A (nämlich a), allerdings den Polarwinkel $(\delta - \omega t)$, wie in Abbildung 2.14b zu sehen. Als Funktion von t bewegt sich die Zahl η mit der Winkelgeschwindigkeit ω im Uhrzeigersinn auf einem Kreis mit dem Radius a.

Sie sollten ein Gefühl für die Rolle der komplexen Konstante $A = a\,\mathrm{e}^{\mathrm{i}\delta}$ in Gleichung (2.77) entwickeln: Wenn A genau 1 ist, dann gilt $\eta = \mathrm{e}^{-\mathrm{i}\omega t}$: η liegt dann auf dem Einheitskreis, und zwar für $t = 0$ genau auf der reellen Achse ($\eta = 1$), und bewegt sich mit der Winkelgeschwindigkeit ω im Uhrzeigersinn. Für ein reelles A, das nicht 1 ist, wird der Einheitskreis auf einen Kreis mit dem Radius a skaliert; ansonsten bewegt sich η mit derselben Winkelgeschwindigkeit ω auf diesem Kreis und beginnt für $t = 0$ ebenfalls auf der reellen Achse ($\eta = a$). Für $A = a\,\mathrm{e}^{\mathrm{i}\delta}$ bewirkt

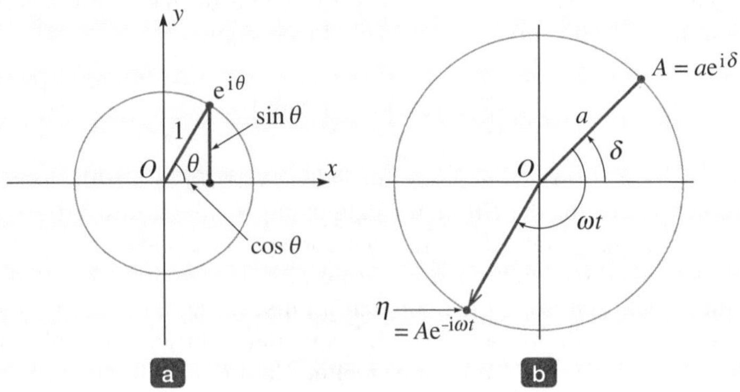

Abbildung 2.14: (a) Nach der Euler'schen Formel (2.76) liegt die komplexe Zahl $e^{i\theta}$ auf dem Einheitskreis (dem Kreis mit dem Radius 1 um den Ursprung O) beim Polarwinkel θ. (b) Die komplexe Konstante $A = a\,e^{i\delta}$ liegt auf einem Kreis mit dem Radius a beim Polarwinkel δ. Die Funktion $\eta(t) = A\,e^{-i\omega t}$ liegt auf demselben Kreis, allerdings beim Polarwinkel $(\delta - \omega t)$ und bewegt sich mit fortschreitender Zeit t im Uhrzeigersinn auf dem Kreis.

der feste Winkel δ, dass η um diesen festen Winkel gedreht ist, d. h. η beginnt für $t = 0$ bei dem Polarwinkel δ.

Mit diesen mathematischen Ergebnissen bewaffnet, können wir uns wieder dem geladenen Teilchen im Magnetfeld zuwenden.

2.7 Lösung für das geladene Teilchen in einem B-Feld

Mathematisch gesehen, liegt unsere Lösung für die Geschwindigkeit $\boldsymbol{v}$ eines geladenen Teilchens in einem gleichförmigen Magnetfeld bereits vor, wir müssen sie nur noch physikalisch interpretieren. Wir wissen bereits, dass v_z, die Geschwindigkeitskomponente in Richtung von $\boldsymbol{B}$, konstant ist. Die Komponenten (v_x, v_y) senkrecht zur Feldrichtung haben wir durch die komplexe Zahl $\eta = v_x + iv_y$ dargestellt und gesehen, dass η wegen des zweiten Newton'schen Gesetzes die Zeitabhängigkeit $\eta = A\,e^{-i\omega t}$ haben muss und sich gleichmäßig auf dem in Abbildung 2.14b dargestellten Kreis bewegt. Der dort gezeichnete Pfeil von O nach η entspricht der Transversalgeschwindigkeit (v_x, v_y). Die Transversalgeschwindigkeit ändert also permanent ihre Richtung (sie dreht sich mit konstanter Winkelgeschwindigkeit $\omega = qB/m$ und mit konstantem Betrag im Uhrzeigersinn.[8] Da v_z konstant ist, beschreibt das Teilchen eine Spiralbahn (man spricht auch von einer *Helikalbewegung*). Das lässt sich nachprüfen, indem wir $\boldsymbol{v}$ über die Zeit integrieren und damit $\boldsymbol{r}$ als Funktion von t gewinnen.

Da v_z konstant ist, folgt

$$z(t) = z_0 + v_{z0}t\,. \tag{2.78}$$

Die Bewegung von x und y findet man leicht durch Einführung einer weiteren komplexen Zahl

$$\xi = x + iy$$

8 Ich nehme hier an, dass die Ladung q positiv ist; für negatives q ist $\omega = qB/m$ negativ, d. h., die Transversalgeschwindigkeit rotiert gegen den Uhrzeigersinn.

(ξ ist der griechische Buchstabe xi). In der komplexen Zahlenebene entspricht ξ dem transversalen Ort (x, y). Natürlich ist η die Ableitung von ξ, d. h. $\dot{\xi} = \eta$. Damit gilt

$$\begin{aligned} \xi &= \int \eta \, \mathrm{d}t = \int A \, \mathrm{e}^{-\mathrm{i}\omega t} \, \mathrm{d}t \\ &= \frac{\mathrm{i}A}{\omega} \mathrm{e}^{-\mathrm{i}\omega t} + \text{const.} \end{aligned} \quad (2.79)$$

Wenn wir den Koeffizienten $\mathrm{i}A/\omega$ in C umbenennen und die Integrationskonstante als $X + \mathrm{i}Y$ bezeichnen, erhalten wir

$$x + \mathrm{i}y = C \, \mathrm{e}^{-\mathrm{i}\omega t} + (X + \mathrm{i}Y) \, .$$

Wenn wir nun noch unseren Ursprung so legen, dass die z-Achse durch den Punkt (X, Y) verläuft, können wir den konstanten Term auf der rechten Seite eliminieren und erhalten

$$x + \mathrm{i}y = C \, \mathrm{e}^{-\mathrm{i}\omega t} \, . \quad (2.80)$$

Wir setzen $t = 0$ und können dann die Konstante C schreiben als

$$C = x_0 + \mathrm{i}y_0 \, .$$

Abbildung 2.15 zeigt das Ergebnis. Offenbar bewegt sich die Transversalposition (x, y) mit der Winkelgeschwindigkeit $\omega = qB/m$ im Uhrzeigersinn auf einem Kreis. z hingegen nimmt nach Gleichung (2.78) stetig zu, sodass sich das Teilchen entlang einer gleichförmigen Helix (Schraubenlinie) bewegt, deren Achse parallel zum Magnetfeld ausgerichtet ist.

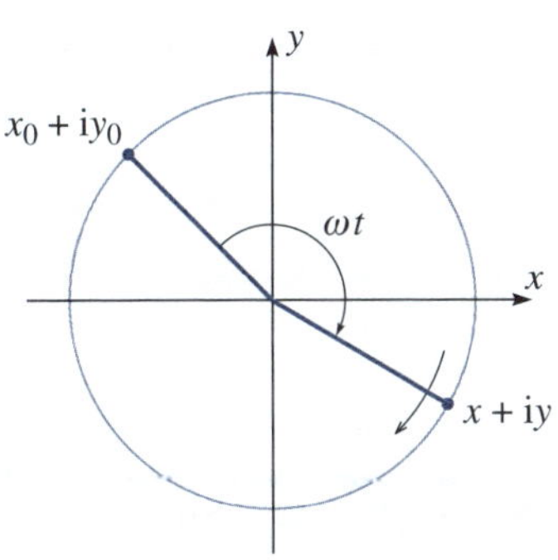

Abbildung 2.15: Bewegung eines geladenen Teilchens in einem gleichförmigen Magnetfeld in z-Richtung. Die Transversalposition (x, y) bewegt sich auf einem Kreis, die Koordinate z bewegt sich mit konstanter Geschwindigkeit senkrecht zur Zeichenebene.

Für diese Helikalbewegung eines geladenen Teilchens im Magnetfeld gibt es eine Reihe von Beispielen; so werden die Teilchen der kosmischen Strahlung (geladene Teilchen, die in die Erdatmosphäre eindringen) von den Feldlinien des Erdmagnetfelds „eingefangen“ und bewegen sich schraubenförmig entlang dieser Linien nach Norden oder Süden. Wenn die z-Komponente ihrer Geschwindigkeit gerade null ist, dann reduziert sich die Spiral- auf eine Kreisbahn. Im Zyklotron, einem Teilchenbeschleuniger, werden die hochenergetischen Teilchen so auf Kreisbahnen gehalten;

durch ein speziell abgestimmtes elektrisches Feld werden die Teilchen auf hohe Energien beschleunigt. Die Winkelfrequenz der Bahn ist natürlich $\omega = qB/m$ (das ist auch der Grund, weswegen sie als Zyklotronfrequenz bezeichnet wird). Der Bahnradius ist

$$r = \frac{v}{\omega} = \frac{mv}{qB} = \frac{p}{qB} . \qquad (2.81)$$

Er nimmt zu, wenn die Teilchen beschleunigt werden; die Teilchen verschwinden daher schließlich am äußeren Rand der Kreismagneten, die das Magnetfeld erzeugen.

Dasselbe Verfahren, mit dem wir die Bewegung eines geladenen Teilchens in einem Magnetfeld behandelt haben, können wir auch auf ein Teilchen im magnetischen *und elektrischen* Feld anwenden; diese Erweiterung trägt jedoch nichts Weiterführendes zum Lösungsverfahren bei. Die dabei wirkende Kraft wird als **Lorentz-Kraft** bezeichnet. Ich überlasse es Ihnen, sich damit in den Aufgaben 53 und 55 zu beschäftigen.

ZUSAMMENFASSUNG

Wichtige Definitionen und Gleichungen aus Kapitel 2

Lineare und quadratische Bremskraft

Solange die Geschwindigkeit v weit unterhalb der Schallgeschwindigkeit in dem Fluid liegt, lässt sich der Betrag der Bremskraft $\boldsymbol{f} = -f(v)\hat{\boldsymbol{v}}$ auf einen Körper, der sich durch das Fluid bewegt, ziemlich gut annähern durch

$$f(v) = f_{\text{lin}} + f_{\text{quad}} .$$

Darin ist

$$f_{\text{lin}} = bv = \beta D v \quad \text{und} \quad f_{\text{quad}} = cv^2 = \gamma D^2 v^2 . \qquad ((2.2) \text{ bis } (2.6))$$

D bezeichnet die lineare Abmessung des Körpers. Für eine Kugel ist D der Durchmesser. Unter Standardbedingungen haben wir für die Bewegung einer Kugel durch Luft $\beta = 1{,}6 \cdot 10^{-4}\,\text{N}\cdot\text{s/m}^2$ und $\gamma = 0{,}25\,\text{N}\cdot\text{s}^2/\text{m}^4$.

Die Lorentz-Kraft auf ein geladenes Teilchen

$$\boldsymbol{F} = q(\boldsymbol{E} + \boldsymbol{v} \times \boldsymbol{B}) . \qquad ((2.62) \text{ und Aufgabe 53})$$

Aufgaben zu Kapitel 2

*Die Sterne zeigen den ungefähren Schwierigkeitsgrad an, von * (leicht) bis *** (schwierig).*

2.1 Luftwiderstand

*** 1** Wenn ein Baseball durch die Luft fliegt, ist das Verhältnis $f_{\text{quad}}/f_{\text{lin}}$ der quadratischen zur linearen Bremskraft durch Gleichung (2.7) gegeben. Der Baseball soll einen Durchmesser von 7 cm haben; bestimmen Sie näherungsweise die Geschwindigkeit v, bei der die beiden Bremskräfte gleich bedeutsam sind. Für welchen Geschwindigkeitsbereich kann man die Bremskraft als rein quadratisch ansehen? Ist es unter normalen Bedingungen eine gute Näherung, den linearen Term zu vernachlässigen? Beantworten Sie dieselben Fragen für einen Wasserball mit 70 cm Durchmesser.

*** 2** Die Ursache für die lineare Bremskraft einer Kugel in einem Fluid ist dessen Viskosität. Nach dem Stokes'schen Gesetz berechnet man die viskose Bremskraft gemäß

$$f_{\text{lin}} = 3\pi\eta D v\,; \tag{2.82}$$

dabei ist η die Viskosität,[9] D der Durchmesser der Kugel und v deren Geschwindigkeit. Zeigen Sie, dass Sie aus diesem Ausdruck die Gleichung (2.3) herleiten können (mit b gemäß (2.4) als $b = \beta D$). Die Viskosität von Luft bei Standardbedingungen ist $\eta = 1{,}7 \cdot 10^{-5}\,\text{N}\cdot\text{s/m}^2$. Rechnen Sie den Wert von β aus Gleichung (2.5) nach.

*** 3** **a)** Die lineare und die quadratische Bremskraft auf eine sich bewegende Kugel in einem Fluid sind durch (2.82) und (2.84) gegeben (vgl. Aufgaben 2 und 4). Zeigen Sie, dass das Verhältnis dieser beiden Bremskräfte sich als $f_{\text{quad}}/f_{\text{lin}} = Re/48$ schreiben lässt;[10] der dimensionslose Faktor Re ist die sogenannte **Reynolds-Zahl**

$$Re = \frac{Dv\varrho}{\eta}\,; \tag{2.83}$$

D ist der Durchmesser und v die Geschwindigkeit der Kugel, ϱ ist die Dichte und η die Viskosität des Fluids.

---

9 Zum Verständnis: Die Viskosität η eines Fluids (einer Flüssigkeit oder eines Gases) ist folgendermaßen definiert: Betrachten Sie eine breite Rinne der Tiefe h, in der das Fluid in x-Richtung fließt, sodass die Geschwindigkeit am Boden der Rinne ($y = 0$) null beträgt und nach oben (nach $y = h$) immer mehr anwächst; man kann sich das so vorstellen, dass es übereinander mehrere Schichten des Fluids gibt, die mit einem Geschwindigkeitsgradienten $\mathrm{d}v/\mathrm{d}y$ übereinander gleiten. Die Kraft F, mit der eine Fläche A in einer dieser Schichten die darüberliegende Schicht abbremst, ist proportional zu A und zu $\mathrm{d}v/\mathrm{d}y$, und die Proportionalitätskonstante wird als η bezeichnet: $F = \eta A\,\mathrm{d}v/\mathrm{d}y$.

10 Der numerische Faktor 48 gilt für eine Kugel; für anders geformte Körper gilt ein ähnliches Ergebnis, allerdings mit jeweils einem anderen Zahlenwert.

Offenbar ist die Reynolds-Zahl ein Maß für die relative Gewichtung der beiden Arten der Bremskräfte.[11] Wenn *Re* sehr groß ist, dominiert die quadratische Bremskraft, und die lineare kann vernachlässigt werden; Die Umkehrung gilt, wenn *Re* sehr klein ist.

(b) Bestimmen Sie die Reynolds-Zahl für eine Stahlkugel mit 2 mm Durchmesser, die sich mit 5 cm/s durch Glycerin bewegt (Dichte $1{,}3\,\mathrm{g/cm^3}$ und Viskosität $12\,\mathrm{N\cdot s/m^2}$ bei Standardbedingungen).

⁑4 Die Ursache für die quadratische Bremskraft auf einen bewegten Körper in einem Fluid ist die Trägheit der Fluidmenge, die durch den sich bewegenden Körper verdrängt wird.

a) Der Körper soll eine Querschnittsfläche A (normal zu seiner Bewegungsrichtung) haben und sich mit der Geschwindigkeit v durch das Fluid mit der Dichte ϱ bewegen. Zeigen Sie, dass die zeitliche Rate, mit der der Körper das Fluid verdrängt (Masse/Zeit), durch $\varrho A v$ gegeben ist.

b) Nehmen Sie nun vereinfachend an, dass die gesamte Fluidmenge auf die Geschwindigkeit v des Körpers beschleunigt wird. Zeigen Sie, dass dann die Bremskraft $\varrho A v^2$ auf den Körper wirkt. Zwar wird sicherlich nicht die gesamte von dem Körper verdrängte Fluidmenge auf die volle Geschwindigkeit v beschleunigt, doch kann man gewiss annehmen, dass für die tatsächliche Bremskraft ein Ausdruck der Form

$$f_{\mathrm{quad}} = \kappa \varrho A v^2 \tag{2.84}$$

gilt; dabei ist κ eine Zahl kleiner 1, die von der Form des Körpers abhängt (κ ist klein für einen stromlinienförmigen und groß für einen „sperrigen“ Körper). Versuche haben diesen Ausdruck bestätigt, dabei findet man für eine Kugel $\kappa = 1/4$.

(c) Zeigen Sie, dass man aus (2.84) den Ausdruck (2.3) für die quadratische Bremskraft herleiten kann (mit c gemäß (2.4) als $c = \gamma D^2$). Die Dichte von Luft bei Standardbedingungen beträgt $\varrho = 1{,}29\,\mathrm{kg/m^3}$. Rechnen Sie für die Bewegung einer Kugel ($\kappa = 1/4$) den Wert von γ aus Gleichung (2.6) nach.

2.2 Linearer Luftwiderstand

⋆5 Ein Körper, der eine lineare Bremskraft erfährt, wird mit einer Geschwindigkeit v_{y0} senkrecht nach unten geworfen, die *größer* ist als die Endgeschwindigkeit v_{End}. Beschreiben und erläutern Sie, wie sich die Fallgeschwindigkeit mit der Zeit ändert, und tragen Sie für den Fall $v_{y0} = 2v_{\mathrm{End}}$ in einem Diagramm v_y in Abhängigkeit von t auf.

⋆6 Gleichung (2.33) gibt die Geschwindigkeit eines fallenden Körpers an, der anfangs ruht. Solange v_y klein ist, sollte der Luftwiderstand keine große Rolle spielen, sodass (2.33) mit dem Ausdruck $v_y = gt$ für den freien Fall

11 Die Reynolds-Zahl wird gewöhnlich durch (2.83) für eine Strömung um einen beliebigen Körper definiert; dabei betrachtet man D als eine typische lineare Abmessung des Körpers. Manchmal findet man auch die Aussage, R sei das Verhältnis $f_{\mathrm{quad}}/f_{\mathrm{lin}}$. Da wir aber für eine Kugel schon den Zusammenhang $f_{\mathrm{quad}}/f_{\mathrm{lin}} = Re/48$ angegeben hatten, sollte man besser sagen: „*Re* ist grob von der Größenordnung $f_{\mathrm{quad}}/f_{\mathrm{lin}}$“.

im Vakuum übereinstimmt. Zeigen Sie, dass dies tatsächlich der Fall ist. [*Hinweis:* Denken Sie an die Taylor-Reihe für $e^x = 1 + x + x^2/2! + x^3/3! + \ldots$; die ersten zwei oder drei Terme dieser Reihe sind eine gute Näherung, solange x klein ist.]
(b) Der Ort des fallenden Körpers ist gegeben durch (2.35) mit $v_{y0} = 0$. Zeigen Sie entsprechend, dass sich dies für kleine t zu dem vertrauten Ausdruck $y = \frac{1}{2}gt^2$ vereinfacht.

*** 7** Es gibt eine ganze Reihe von einfachen eindimensionalen Problemen, deren Bewegungsgleichung (das zweite Newton'sche Gesetz) sich immer lösen oder zumindest darauf reduzieren lässt, ein Integral zu berechnen. Eines dieser Probleme (dem wir in diesem Kapitel schon einige Male begegnet sind) ist die eindimensionale Bewegung eines Teilchens, das eine nur von der Geschwindigkeit v abhängende Kraft $F(v)$ erfährt. Geben Sie das zweite Newton'sche Gesetz für diesen Fall an und separieren Sie die Variablen, indem Sie die Gleichung auf die Form $m\,dv/F(v) = dt$ bringen. Nun integrieren Sie die Gleichung über die Zeit und zeigen Sie, dass gilt:

$$t = m \int_{v_0}^{v} \frac{dv'}{F(v')} .$$

Wenn Sie das Integral berechnen können, erhalten Sie t als eine Funktion von v. Dann können Sie auch nach v als Funktion von t auflösen. Behandeln Sie mit diesem Verfahren den Spezialfall $F(v) = F_0$ (eine Konstante). Erläutern Sie Ihr Ergebnis. Dieses Verfahren der *Variablenseparation* wird auch in den Aufgaben 8 und 9 angewandt.

*** 8** Eine Masse m hat zur Zeit $t = 0$ die Geschwindigkeit v_0 und rollt entlang der x-Achse in einem Medium mit der Bremskraft $F(v) = -cv^{3/2}$. Wenden Sie das in Aufgabe 7 beschriebene Verfahren der Variablenseparation an und bestimmen Sie v in Abhängigkeit von t und den anderen gegebenen Parametern. Zu welchem Zeitpunkt (wenn überhaupt) kommt die Masse zum Stillstand?

*** 9** Wir haben die Differenzialgleichung (2.29) $m\dot{v}_y = -b(v_y - v_{End})$ für die Geschwindigkeit eines gegen einen linearen Luftwiderstand fallenden Körpers durch „inspiriertes Raten" gelöst. Das ist zwar ein höchst respektabler Lösungsweg, manchmal würde man sich aber trotzdem ein systematischeres Vorgehen wünschen. Im Folgenden stelle ich Ihnen eines vor. Bringen Sie die Gleichung auf die „separierte" Form

$$\frac{m\,dv_y}{v_y - v_{End}} = -b\,dt$$

und integrieren Sie beide Seiten über die Zeit von $t = 0$ bis t; damit erhalten Sie v_y als Funktion von t. Vergleichen Sie mit (2.30).

*** 10** Die dominierende Bremskraft für eine Stahlkugel (Durchmesser 2 mm und Dichte 7,8 g/cm^3), die durch Glycerin fällt (Dichte 1,3 g/cm^3 und Viskosität 12 $N \cdot s/m^2$ unter Standardbedingungen), ist die lineare Kraft gemäß Gleichung (2.82) aus Aufgabe 2.

a) Bestimmen Sie die charakteristische Zeit τ und die Endgeschwindigkeit v_{End}. [Bei der Berechnung der Endgeschwindigkeit müssen Sie die archimedische Auftriebskraft berücksichtigen. Damit steht auf der rechten Seite von (2.25) noch eine dritte Kraft.] Die Kugel soll anfangs in Ruhe sein; nach welcher Zeit hat sie 95 % ihrer Endgeschwindigkeit erreicht?
b) Bestimmen Sie mithilfe von (2.82) und (2.84) (und mit $\kappa = 1/4$, es handelt sich ja um eine Kugel) das Verhältnis f_{quad}/f_{lin} bei der Endgeschwindigkeit. War es eine gute Näherung, f_{quad} zu vernachlässigen?

⋆11 Betrachten Sie einen Körper, der mit einer Anfangsgeschwindigkeit v_0 in einem linearen Medium senkrecht nach oben geworfen wird.
a) Lassen Sie y vom Ausgangspunkt *nach oben* anwachsen und geben Sie Ausdrücke für die Geschwindigkeit $v_y(t)$ und den Ort $y(t)$ des Körpers an.
(b) Welche Zeit benötigt der Körper, bis er seinen höchsten Punkt erreicht hat, und welchen Wert hat y_{max}?
(c) Zeigen Sie, dass sich die Antwort aus **(b)** auf den bekannten Ausdruck $y_{max} = \frac{1}{2}v_0^2/g$ für die Bewegung im Vakuum reduziert, wenn der Bremskoeffizient gegen null geht. [*Hinweis:* Wenn die Bremskraft sehr klein ist, ist die Endgeschwindigkeit sehr groß, d. h., v_0/v_{End} ist sehr klein. Wenden Sie die Taylor-Entwicklung an, um die Logarithmusfunktion $\ln(1+\delta)$ durch $\delta - \frac{1}{2}\delta^2$ anzunähern. (Mehr zu Taylor-Entwicklungen finden Sie in Aufgabe 18)]

⋆12 Aufgabe 7 behandelt eine Klasse von eindimensionalen Problemen, die sich immer auf die Berechnung eines Integrals reduzieren lassen. Nun geht es um eine andere Klasse von Problemen. Die Kraft auf ein sich in einer Dimension bewegendes Teilchen soll nur von dessen Ort abhängen: $F = F(x)$. Zeigen Sie, dass man die Gleichung für das zweite Newton'sche Gesetz lösen kann und dass v als eine Funktion von x dann die Form hat

$$v^2 = v_0^2 + \frac{2}{m}\int_{x_0}^{x} F(x')\,dx' . \tag{2.85}$$

[*Hinweis:* Wenden Sie die Kettenregel zum Beweis des folgenden praktischen Zusammenhangs an, den wir als „$v\mathrm{d}v/\mathrm{d}x$-Regel" bezeichnen könnten: Wenn v eine Funktion von x ist, dann gilt

$$\dot{v} = \frac{dv}{dx}\frac{dx}{dt} = \frac{dv}{dx}v = \frac{1}{2}\frac{dv^2}{dx} . \tag{2.86}$$

Bringen Sie damit das zweite Newton'sche Gesetz auf die separierte Form $m\,(dv^2) = 2F(x)\,dx$ und integrieren Sie dann von x_0 bis x.] Erläutern Sie Ihr Ergebnis für den Fall, dass $F(x)$ eine Konstante ist. (Vielleicht erkennen Sie in Ihrer Lösung dann eine Aussage über kinetische Energie und Arbeit, das werden wir aber erst in Kapitel 4 behandeln.)

⋆13 Betrachten Sie eine Masse m, die sich nur entlang der x-Achse bewegen kann und auf die eine Kraft $F = -kx$ mit einer positiven Konstanten k wirkt. Die Masse startet zur Zeit $t = 0$ aus dem Ruhezustand bei $x = x_0$.

Geben Sie mithilfe von Gleichung (2.85) aus Aufgabe 12 die Geschwindigkeit der Masse als Funktion von x an, d. h. bestimmen Sie $\mathrm{d}x/\mathrm{d}t = g(x)$ für eine gegebene Funktion $g(x)$. Um x als Funktion von t auszudrücken, separieren Sie diesen Ansatz zu der Form $\mathrm{d}x/g(x) = \mathrm{d}t$ und integrieren Sie von 0 bis t. (Sie erkennen in diesem Vorgehen vielleicht einen – wenn auch nicht den einfachsten – Weg zur Lösung des harmonischen Oszillators.)

***** 14** Lösen Sie mit dem Verfahren aus Aufgabe 7 das folgende Problem: Eine Masse m bewegt sich nur entlang der x-Achse und erfährt eine Kraft $F(v) = -F_0\,\mathrm{e}^{v/V}$ mit Konstanten F_0 und V.
a) Bestimmen Sie $v(t)$, wenn die Anfangsgeschwindigkeit v_0 zur Zeit $t = 0$ größer als null ist.
b) Zu welchem Zeitpunkt kommt die Masse zur Ruhe?
c) Durch Integration von $v(t)$ über die Zeit können Sie $x(t)$ bestimmen. Tun Sie das und geben Sie an, wie weit die Masse sich bewegt, bevor sie zur Ruhe kommt.

2.3 Trajektorie und Reichweite in einem linearen Medium

*** 15** Betrachten Sie ein Geschoss, das mit der Geschwindigkeit (v_{x0}, v_{y0}) von einer horizontalen Ebene abgefeuert wird (x wird horizontal und y vertikal nach oben gemessen). Es soll keinen Luftwiderstand geben. Bestimmen Sie, wie lange das Geschoss in der Luft ist, und zeigen Sie, dass die bis zur Landung zurückgelegte Entfernung (die horizontale Reichweite) durch $2v_{x0}v_{y0}/g$ gegeben ist.

*** 16** Ein Golfspieler schlägt seinen Ball mit der Geschwindigkeit v_0 in einem Winkel θ gegen die Horizontale ab. Nehmen Sie an, dass der Winkel θ fest und der Luftwiderstand zu vernachlässigen ist. Mit welcher Mindestgeschwindigkeit $v_{0(\mathrm{min})}$ muss der Ball abgeschlagen werden, damit er eine Mauer der Höhe h in der Entfernung d noch überwindet? Ihre Lösung sollte bei einem Winkel θ unsinnig werden, bei dem $\tan\theta < h/d$ ist. Erläutern Sie, warum. Geben Sie $v_{0(\mathrm{min})}$ für die Werte $\theta = 25°$, $d = 50\,\mathrm{m}$ und $h = 2\,\mathrm{m}$ an.

*** 17** Die beiden Gleichungen (2.36) geben den Ort (x, y) eines Geschosses als Funktion von t an. Eliminieren Sie t und bestimmen Sie y als Funktion von x. Rechnen Sie Gleichung (2.37) nach.

*** 18** Nach dem Taylor'schen Satz lässt sich für jede „vernünftige" Funktion $f(x)$ der Funktionswert von f an einer Stelle $(x + \delta)$ als eine unendliche Reihe in f und deren Ableitungen an der Stelle x angeben:

$$f(x+\delta) = f(x) + f'(x)\delta + \frac{1}{2!}f''(x)\delta^2 + \frac{1}{3!}f'''(x)\delta^3 + \cdots \tag{2.87}$$

Die Striche geben die jeweiligen Ableitungen von $f(x)$ an. (Je nach der betrachteten Funktion konvergiert diese Reihe für ein *beliebiges* δ oder nur für Werte von δ, die kleiner sind als ein bestimmter nicht verschwindender „Konvergenzradius".) Dieser Satz ist sehr hilfreich, besonders für kleine Werte von δ, wenn oft schon der erste oder die ersten beiden Terme der Reihe eine ausgezeichnete Näherung darstellen.[12]

a) Geben Sie die Taylor-Reihe für $\ln(1+\delta)$ an.

b) Tun Sie dasselbe für $\cos\delta$.

c) Und dasselbe für $\sin\delta$.

d) Und für e^{δ}.

*** 19** Betrachten Sie das Geschoss aus Abschnitt 2.3.

a) Nehmen Sie an, dass es keinen Luftwiderstand gibt; geben Sie den Ort (x, y) als Funktion von t an und dann die Trajektorie als Funktion von y, indem Sie t eliminieren.

b) Gleichung (2.37) gibt die korrekte Trajektorie unter Berücksichtigung einer linearen Bremskraft an. Zeigen Sie, dass sich dieser Ausdruck auf Ihr Ergebnis aus Teil a) reduziert, wenn der Luftwiderstand „abgeschaltet" wird (d. h. τ und $v_{\text{End}} = g\tau$ gehen beide gegen unendlich). [*Hinweis:* Denken Sie an die Taylor-Reihe (2.40) für $\ln(1-\varepsilon)$.]

**** 20** Computer Zeichnen Sie mithilfe einer geeigneten Plotting-Software die Trajektorie (2.36) eines Geschosses, das im 45°-Winkel gegen die Horizontale gestartet wird. Es soll ein linearer Luftwiderstand wirken. Wählen Sie vier verschiedene Werte für den Bremskoeffizienten, von einem deutlich spürbaren Wert bis zu einem Wert, bei dem gar kein Widerstand wirkt. Zeichnen Sie alle vier Trajektorien in einen Plot. [*Hinweis:* Da keine Zahlenwerte gegeben sind, können Sie selbst geeignete Werte auswählen. Beispielsweise könnten Sie $v_{x0} = v_{y0} = 1$ und $g = 1$ setzen (damit wählen Sie die *Einheiten* so, dass die genannten Parameter genau diese Werte erhalten). Bei einer solchen Festlegung hängt die Stärke der Bremskraft nur von dem einen Parameter $v_{\text{End}} = \tau$ ab, und Sie können dann die Trajektorien für die Werte $v_{\text{End}} = 0{,}3$, 1, 3 und ∞ (d. h. gar keine Bremskraft) und für Zeiten von $t = 0$ bis 3 bestimmen. Für $v_{\text{End}} = \infty$ sollten Sie die Trajektorie separat angeben.]

***** 21** Computer Eine Kanone kann Kugeln in beliebige Richtungen mit derselben Geschwindigkeit v_0 abfeuern. Vernachlässigen Sie den Luftwiderstand und verwenden Sie zylindrische Polarkoordinaten mit der Kanone im Ursprung und der z-Richtung senkrecht nach oben. Zeigen Sie, dass die Kanone so jeden Punkt innerhalb der Fläche

$$z = \frac{v_0^2}{2g} - \frac{g}{2v_0^2}\rho^2$$

erreicht. Beschreiben Sie diese Fläche und erläutern Sie deren Abmessungen.

12 Mehr Details zur Taylor-Reihe finden Sie beispielsweise in Mary Boas, *Mathematical Methods in the Physical Sciences* (Wiley, 1983), S. 22, oder in Donald McQuarrie, *Mathematical Methods for Scientists and Engineers* (University Science Books, 2003), S. 94.

★★22 Computer Gleichung (2.39) für die Reichweite eines Geschosses in einem linearen Medium lässt sich nicht analytisch mithilfe von elementaren Funktionen lösen. Wenn Sie aber Zahlenwerte für die Parameter einsetzen, dann können Sie sie mithilfe von geeigneten Softwarepaketen wie Mathematica, Maple oder Matlab wenigstens *numerisch* lösen. Gehen Sie dazu folgendermaßen vor: Betrachten Sie ein Geschoss, das mit der Anfangsgeschwindigkeit v_0 in einem Winkel θ zur Horizontalen in einem linearen Medium gestartet wird. Wählen Sie Ihre Einheiten so, dass $v_0 = 1$ und $g = 1$ ist. Nehmen Sie an, dass auch für die Endgeschwindigkeit gilt $v_{\text{End}} = 1$. (Bei $v_0 = v_{\text{End}}$ spielt der Luftwiderstand eine ziemlich wichtige Rolle.) Wir wissen, dass die maximale Reichweite im Vakuum bei $\theta = \pi/4 \approx 0{,}75$ auftritt.
a) Wie groß ist die maximale Reichweite im Vakuum?
b) Lösen Sie nun Gleichung (2.39) für die Reichweite in dem gegebenen Medium für denselben Winkel $\theta = 0{,}75$.
c) Wenn Sie Ihre Lösung programmiert haben, rechnen Sie verschiedene Werte von θ durch, bei denen möglicherweise die maximale Reichweite auftritt. (Sie könnten beispielsweise die Werte $\theta = 0{,}4, 0{,}5, \ldots, 0{,}8$ ausprobieren.)
d) Wählen Sie nun aufgrund Ihrer Ergebnisse ein kleineres Intervall für θ, in dem die maximale Reichweite ganz sicher liegt, und wiederholen Sie die Rechnungen, nötigenfalls so lange, bis Sie die maximale Reichweite und den zugehörigen Abschusswinkel auf zwei signifikante Stellen genau angeben können. Vergleichen Sie mit den Vakuumwerten.

Quadratischer Luftwiderstand

★23 Bestimmen Sie die Endgeschwindigkeiten in Luft
a) für eine Stahlkugel mit 3 mm Durchmesser,
b) für eine Kanonenkugel aus Stahl von 7,5 Kilogramm und
c) für einen 90 kg schweren Fallschirmspringer im freien Fall, der sich zur Minimierung des Luftwiderstands zusammenrollt. In allen drei Fällen können Sie davon ausgehen, dass der Luftwiderstand rein quadratisch ist. Die Dichte von Stahl beträgt etwa $8\,\text{g/cm}^3$, den Fallschirmspringer können Sie als Kugel mit einer Dichte von $1\,\text{g/cm}^3$ annehmen.

★24 Betrachten Sie eine Kugel (Durchmesser D, Dichte ϱ_{Kugel}), die in Luft (Dichte ϱ_{Luft}) fällt; die Bremskraft soll rein quadratisch sein.
a) Zeigen Sie mithilfe von Gleichung (2.84) aus Aufgabe 4 (mit $\kappa = 1/4$ für eine Kugel), dass die Endgeschwindigkeit

$$v_{\text{End}} = \sqrt{\frac{8}{3} D g \frac{\varrho_{\text{Kugel}}}{\varrho_{\text{Luft}}}} \tag{2.88}$$

beträgt.
b) Zeigen Sie mithilfe dieses Ergebnisses, dass von zwei Kugeln gleicher Größe die mit der höheren Dichte irgendwann schneller fällt.
(c) Zeigen Sie, dass von zwei Kugeln aus demselben Material die größere irgendwann schneller fällt.

*** 25** Betrachten Sie den Radfahrer aus Abschnitt 2.4, der sich unter dem Einfluss einer quadratischen Bremskraft bis zum Stillstand ausrollen lässt. Leiten Sie die Ergebnisse (2.49) für die Geschwindigkeit und (2.51) für den Ort des Radfahrers detailliert her und zeigen Sie, dass die Konstante $\tau = m/cv_0$ tatsächlich eine Zeit ist.

*** 26** Der Luftwiderstandskoeffizient für einen Radfahrer bei quadratischem Luftwiderstand liegt typischerweise bei etwa $c = 0{,}20\,\mathrm{N/(m/s)^2}$. Nehmen Sie eine Gesamtmasse (Rad plus Fahrer) von $m = 80\,\mathrm{kg}$ an. Der Radfahrer soll eine Anfangsgeschwindigkeit von $v_0 = 20\,\mathrm{m/s}$ haben (ca. 70 km/h). Er lässt sich unter dem Einfluss des Luftwiderstands bis zum Stillstand ausrollen. Bestimmen Sie die charakteristische Zeit $\tau = m/cv_0$. Nach welcher Zeit hat sich seine Geschwindigkeit auf 15 m/s verringert? Auf 10 m/s? Auf 5 m/s? (Unterhalb von 5 m/s darf man die Reibung nicht mehr vernachlässigen, es hat also keinen Sinn, diese Rechnung auf geringere Geschwindigkeiten auszuweiten.)

*** 27** Ich schlage einen Puck der Masse m mit der Anfangsgeschwindigkeit v_0 eine geneigte Ebene (Neigungswinkel θ) hinauf. Zwischen dem Puck und der Ebene tritt keine Reibung auf, es wirkt allerdings ein Luftwiderstand vom Betrag $f(v) = cv^2$. Schreiben Sie das zweite Newton'sche Gesetz für die Geschwindigkeit des Pucks, der die Ebene hinauf gleitet, als Funktion von t auf und lösen Sie die Gleichung. Wie lange bewegt sich der Puck die Ebene hinauf?

*** 28** Eine Masse m hat im Ursprung die Geschwindigkeit v_0 und rollt entlang der x-Achse in einem Medium mit der Bremskraft $F(v) = -cv^{3/2}$. Wenden Sie die „$v\mathrm{d}v/\mathrm{d}x$-Regel" (2.86) aus Aufgabe 12 an und schreiben Sie die Bewegungsgleichung in der separierten Form $mv\mathrm{d}v/F(v) = \mathrm{d}x$ nieder, integrieren Sie beide Seiten und geben Sie x mithilfe von v (oder umgekehrt) an. Zeigen Sie, dass die Masse beim Ausrollen eine Strecke $2m\sqrt{v_0}/c$ zurücklegt.

*** 29** Die Endgeschwindigkeit eines 70 kg schweren Fallschirmspringers, der weitestmöglich ausgestreckt im freien Fall fällt, beträgt etwa 50 m/s (rund 180 km/h). Geben Sie seine Geschwindigkeit zu den Zeitpunkten $t = 1, 5, 10, 20, 30$ Sekunden nach dem Absprung an. Vergleichen Sie die Ergebnisse mit den entsprechenden Werten ohne Luftwiderstand.

*** 30** Wir wollen nun den Fallschirmspringer aus der letzten Aufgabe als eine Kugel betrachten (keine besonders vielversprechende Näherung, aber solcherlei Näherungen sind bei den Physikern beliebt, weil sie einfach zu rechnen sind). Die Masse und die Endgeschwindigkeit sind gegeben. Welchen Kugeldurchmesser sollten wir annehmen? Erscheint Ihnen Ihre Antwort plausibel?

**** 31** Ein Basketball hat die Masse $m = 600\,\mathrm{g}$ und den Durchmesser $D = 24\,\mathrm{cm}$.
a) Welche Endgeschwindigkeit erreicht er im freien Fall in Luft (quadratischer Luftwiderstand)?
b) Der Ball fällt von einem 30 m hohen Turm. Wie lange braucht er, bis er auf dem Boden aufschlägt, und welche Geschwindigkeit hat er dann? Vergleichen Sie Ihre Ergebnisse mit den entsprechenden Werten im Vakuum.

★32 Betrachten Sie die folgende Aussage: Wenn die Geschwindigkeit eines Geschosses zu jedem Zeitpunkt des Flugs viel kleiner ist als die Endgeschwindigkeit, dann sind die Auswirkungen des Luftwiderstands normalerweise sehr gering.
a) Erläutern Sie ohne Rückgriff auf die Gleichungen (2.26) und (2.53), warum das so ist.
b) Untersuchen Sie nun die Gleichungen (2.26) und (2.53) und erläutern Sie, warum die Aussage für den Fall einer quadratischen Bremskraft noch nützlicher ist als für den linearen Fall. [*Hinweis:* Drücken Sie das Verhältnis f/mg von Bremskraft zu Gewicht des Körpers mithilfe des Verhältnisses v/v_{End} aus.]

★33 Die Hyperbelfunktionen $\cosh z$ und $\sinh z$ sind für ein beliebiges z (reell oder komplex) folgendermaßen definiert:

$$\cosh z = \frac{\mathrm{e}^z + \mathrm{e}^{-z}}{2} \quad \text{und} \quad \sinh z = \frac{\mathrm{e}^z - \mathrm{e}^{-z}}{2} .$$

a) Skizzieren Sie den Verlauf der beiden Funktionen auf einem geeignet gewählten Bereich von reellen Werten von z.
b) Zeigen Sie: $\cosh z = \cos(\mathrm{i}z)$. Wie sieht die entsprechende Beziehung für $\sinh z$ aus?
c) Wie sehen die Ableitungen von $\cosh z$ und $\sinh z$ aus? Was ist mit den Integralen?
d) Zeigen Sie: $\cosh^2 z - \sinh^2 z = 1$.
e) Zeigen Sie: $\int \mathrm{d}x/\sqrt{1+x^2} = \operatorname{arc\,sinh} x$. [*Hinweis:* Eine Möglichkeit dafür besteht in der Substitution $x = \sinh x$.]

★34 Die Hyperbelfunktion $\tanh z$ ist definiert als $\tanh z = \sinh z/\cosh z$ (mit den Definitionen von $\cosh z$ und $\sinh z$ aus Aufgabe 33).
a) Beweisen Sie: $\tanh z = -\mathrm{i}\tan(\mathrm{i}z)$.
b) Was ist die Ableitung von $\tanh z$?
c) Zeigen Sie: $\int \mathrm{d}z \tanh z = \ln\cosh z$.
d) Beweisen Sie: $1 - \tanh^2 z = \operatorname{sech}^2 z$ (mit $\operatorname{sech} z = 1/\cosh z$).
e) Zeigen Sie: $\int \mathrm{d}x/(1-x^2) = \operatorname{arc\,tanh} x$.

★35 **a)** Ergänzen Sie die Details in den Gedankengängen, die von der Bewegungsgleichung (2.52) zu den Gleichungen (2.57) und (2.58) für Geschwindigkeit und Ort eines Teilchens führen, das gegen einen quadratischen Luftwiderstand fällt. Berechnen Sie unbedingt die beiden auftretenden Integrale. (Dabei werden Ihnen die Ergebnisse aus Aufgabe 34 helfen.)
b) Vereinfachen Sie die beiden Gleichungen durch die Einführung des Parameters $\tau = v_{\mathrm{End}}/g$. Zeigen Sie, dass v für $t = \tau$ schon 76 % des Endwerts erreicht hat. Welche Werte haben die entsprechenden Prozentzahlen für $t = 2\tau$ und $t = 3\tau$?
c) Zeigen Sie, dass der Ort für $t \gg \tau$ näherungsweise $y = v_{\mathrm{End}}t + \text{const.}$ ist. [*Hinweis:* Mit der Definiton von $\cosh x$ (Aufgabe 33) haben Sie eine einfache Näherung für große x.]

d) Zeigen Sie, dass für kleine t aus Gleichung (2.58) für den Ort folgt $y \approx \frac{1}{2}gt^2$. [*Hinweis:* Wenden Sie die Taylor-Reihen für $\cosh x$ und für $\ln(1+\delta)$ an.]

36 Galileo Galilei schreibt in seinen 1638 erschienenen *Discorsi* („Unterredungen und mathematische Demonstrationen über zwei neue Wissenszweige, die Mechanik und die Fallgesetze betreffend") unter der Überschrift „Aristoteles' Lehre vom freien Fall bekämpft":

> Aristoteles sagt: Ein Eisenstab von 100 Pfund kommt von einer Höhe von 100 Ellen herabfallend in einer Zeit an, in welcher ein einpfündiger Stab, frei herabfallend, nur 1 Elle zurückgelegt hat; ich behaupte, beide kommen bei 100 Ellen Fall gleichzeitig an. Ihr findet, dass dabei der grössere um 2 Finger breit vorauseilt, so dass, wenn der grössere an der Erde ankommt, der kleinere noch einen Weg von 2 Fingerbreit Grösse zurückzulegen hat. [Zitiert nach der deutschen Übersetzung durch Arthur J. von Oettingen in *Ostwalds Klassiker*, 1890/91, Nachdruck 2007, S. 59.]

Wir wissen natürlich, dass die Aristoteles zugeschriebene Aussage völlig falsch ist, aber wie gut ist denn Galileis Behauptung, dass die Differenz gerademal „2 Fingerbreit" beträgt?
a) Eisen hat eine Dichte von etwa $8\,\mathrm{g/cm^3}$; berechnen Sie damit die Endgeschwindigkeiten für die beiden Eisenstäbe.
b) Das hier mit „Elle" übersetzte Längenmaß (im italienischen Original schreibt Galilei von „cubito") beträgt etwa 60 cm. Bestimmen Sie mit diesem Wert die Zeit, die der schwerere Stab bis zum Aufprall fällt, und dann den Ort des leichteren Stabs zum selben Zeitpunkt. Wie weit liegen sie auseinander?

37 Das Ergebnis (2.57) für die Geschwindigkeit eines fallenden Körpers wurde berechnet durch Integration von Gleichung (2.55). Die einfachste Möglichkeit dazu ist die Berechnung des Integrals $\int du/(1-u^2) = \operatorname{arc\,tanh} u$. Eine weitere Möglichkeit ist die Partialbruchzerlegung gemäß

$$\frac{1}{1-u^2} = \frac{1}{2}\left(\frac{1}{1+u} + \frac{1}{1-u}\right).$$

Dann können Sie das Integral mithilfe von natürlichen Logarithmen ausdrücken. Lösen Sie die resultierende Gleichung, geben Sie v als Funktion von t an und zeigen Sie, dass Ihre Antwort mit (2.57) übereinstimmt.

38 Ein Geschoss, das einem quadratischen Luftwiderstand unterliegt, wird mit der Anfangsgeschwindigkeit v_0 senkrecht nach *oben* abgefeuert.
a) Geben Sie Bewegungsgleichung für die Aufwärtsbewegung an und lösen Sie sie, damit Sie v als Funktion von t erhalten.
b) Zeigen Sie, dass das Geschoss den höchsten Punkt seiner Bahn nach der Zeit

$$t_{\max} = (v_{\mathrm{End}}/g)\operatorname{arc\,tan}(v_0/v_{\mathrm{End}})$$

erreicht.

c) Geben Sie t_{max} für den Baseball aus Beispiel 2.5 (mit $v_{End} = 35\,\mathrm{m/s}$) für die Werte $v_0 = 1, 10, 20, 30$ und $40\,\mathrm{m/s}$ an und vergleichen Sie Ihre Ergebnisse mit den entsprechenden Werten für das Vakuum.

★39 Wenn ein Radfahrer sich bis zum Stillstand ausrollen lässt, erfährt er eigentlich zwei Kräfte, nämlich die quadratische Luftwiderstandskraft $f = cv^2$ (mit einem Faktor c, wie er in Aufgabe 26 angegeben wurde) sowie eine geschwindigkeitsunabhängige Reibungskraft f_R von etwa 3 N. Bei hohen und mittleren Geschwindigkeiten dominiert der Luftwiderstand, bei geringer Geschwindigkeit die Reibung. (Die hier betrachtete Reibungskraft ist eine Kombination aus der Reibung in den Kugellagern und aus der Rollreibung der Reifen am Boden.)

a) Geben Sie die Bewegungsgleichung für den Radfahrer an, der sich bis zum Stillstand ausrollen lässt. Lösen Sie sie durch Variablenseparation, damit Sie t als eine Funktion von v erhalten.

b) Setzen Sie die Zahlenwerte aus Aufgabe 26 ein (und den oben angegebenen Wert von $f_R = 3\,\mathrm{N}$) und berechnen Sie, in welchem Zeitraum der Radfahrer sich von den anfänglichen $20\,\mathrm{m/s}$ auf $15\,\mathrm{m/s}$ verlangsamt hat. Wie lange dauert es, bis er nur noch $10\,\mathrm{m/s}$ bzw. $5\,\mathrm{m/s}$ schnell ist? Wie lange dauert es bis zum Stillstand? Vergleichen Sie Ihre Ergebnisse mit denen, die Sie in Aufgabe 26 ohne Berücksichtigung der Reibungskräfte erhalten haben.

★40 Betrachten Sie einen Körper, der horizontal (in positive x-Richtung) ausrollt und eine Bremskraft der Form $f = -bv - cv^2$ erfährt. Geben Sie das zweite Newton'sche Gesetz für diesen Körper an und lösen Sie die Gleichung durch Variablenseparation nach v auf. Erläutern Sie die Zeitabhängigkeit für große t. (Welcher Term dominiert, wenn t groß ist?)

★41 Ein Baseball wird mit der Geschwindigkeit v_0 vertikal nach oben geworfen und unterliegt einer quadratischen Bremskraft mit dem Betrag $f(v) = cv^2$. Geben Sie die Bewegungsgleichung für die Aufwärtsbewegung an (y soll vertikal nach *oben* gemessen werden) und zeigen Sie, dass sie sich auf die Form $\dot{v} = -g[1 + (v/v_{End})^2]$ bringen lässt. Wenden Sie die „$v\,dv/dx$-Regel" (2.86) an, damit Sie $\dot{v}$ als $v\,dv/dy$ schreiben können, und lösen Sie dann die Bewegungsgleichung durch Variablenseparation (bringen Sie dazu alle Terme mit v auf die eine und alle Terme mit y auf die andere Seite). Wenn Sie beide Seiten integrieren, können Sie y als Funktion von v ausdrücken und haben damit auch v als Funktion von y. Zeigen Sie, dass für die maximale Höhe des Baseballs gilt

$$v_{max} = \frac{v_{End}^2}{2g} \ln\left(\frac{v_{End}^2 + v_0^2}{v_{End}^2}\right). \tag{2.89}$$

Die Wurfgeschwindigkeit ist $v_0 = 20\,\mathrm{m/s}$, der Baseball hat die in Beispiel 2.5 angegebenen Parameter. Wie groß ist y_{max}? Vergleichen Sie mit dem Wert im Vakuum.

★42 Betrachten Sie noch einmal den Baseball aus Aufgabe 41 und geben Sie nun die Bewegungsgleichung für die Abwärtsbewegung an. (Beachten Sie, dass die Gleichung für die Abwärtsrichtung sich bei einer quadratischen Bremskraft von der für die Aufwärtsbewegung unterscheidet und separat behandelt werden muss.) Bestimmen Sie v als Funktion von y. Die Abwärtsbewegung beginnt bei dem in Gleichung (2.89) gegebenen y_{max}; zeigen Sie, dass die Aufprallgeschwindigkeit am Boden dann $v_{End}v_0/\sqrt{v_{End}^2 + v_0^2}$ beträgt. Wie groß ist diese Geschwindigkeit für den Baseball in Aufgabe 41? Vergleichen Sie mit dem Wert im Vakuum.

***** 43** Computer Der Basketball aus Aufgabe 31 wird mit einer Anfangsgeschwindigkeit $\boldsymbol{v}_0 = 15\,\mathrm{m/s}$ aus 2 m Höhe in einem Winkel von 45° über der Horizontalen geworfen.
a) Lösen Sie die Bewegungsgleichung (2.61) für den Ort (x, y) des Balls mithilfe geeigneter Software und zeichnen Sie die Trajektorie. Zeichnen Sie die entsprechende Trajektorie, wenn kein Luftwiderstand wirkt.
b) Bestimmen Sie anhand Ihrer Zeichnung, wie weit sich der Ball in horizontaler Richtung bewegt, bevor er den Boden erreicht. Vergleichen Sie Ihr Ergebnis mit dem entsprechenden Wert im Vakuum.

***** 44** Computer Um die genaue Trajektorie für ein Geschoss zu ermitteln, muss man mehrere Komplikationen berücksichtigen. Wenn das Geschoss beispielsweise sehr hoch fliegt, muss man die Abnahme des Luftwiderstands infolge des verringerten Luftdrucks beachten. Wir wollen diesen Umstand anhand einer eisernen Kanonenkugel untersuchen (Durchmesser 15 cm, Dichte $7{,}8\,\mathrm{g/cm^3}$), die mit der Anfangsgeschwindigkeit 300 m/s im Winkel von 50° über der Horizontalen abgefeuert wird. Die Bremskraft ist näherungsweise quadratisch, allerdings ist sie proportional zur atmosphärischen Dichte, die wiederum exponentiell mit der Höhe fällt; damit haben wir eine Bremskraft der Form $f = c(y)v^2$ mit $c(y) = \gamma D^2 \exp(-y/\lambda)$, dabei ist γ gegeben durch (2.6) und $\lambda \approx 10\,000\,\mathrm{m}$.
a) Geben Sie die Bewegungsgleichungen für die Kanonenkugel an und lösen Sie sie mithilfe einer geeigneten Software numerisch, sodass Sie $x(t)$ und $y(t)$ für den Zeitraum $0 \leq t \leq 35\,\mathrm{s}$ erhalten. Zeichnen Sie die Trajektorie der Kanonenkugel und bestimmen Sie ihre horizontale Reichweite.
b) Wiederholen Sie die Rechnung und ignorieren Sie dabei die Änderung der atmosphärischen Dichte (d. h. setzen Sie $c(y) = c(0)$). Dann wiederholen Sie die Rechnung noch einmal und ignorieren Sie den Luftwiderstand komplett. Zeichnen Sie alle drei Trajektorien für geeignete Zeitintervalle in dasselbe Diagramm. Sie werden erkennen, dass der Luftwiderstand eine große Rolle spielt; seine Änderung mit der Höhe hingegen erzeugt nur einen kleinen – wenn auch nicht vernachlässigbaren – Unterschied.

2.5 Komplexe Exponentialfunktionen

*** 45** **a)** Beweisen Sie mithilfe der Euler'schen Gleichung (2.76), dass sich jede komplexe Zahl $z = x + \mathrm{i}y$ in der Form $z = r\,\mathrm{e}^{\mathrm{i}\theta}$ (mit reellen Zahlen r und θ) schreiben lässt. Beschreiben Sie die Bedeutung von r und θ in der komplexen Zahlenebene.
b) Schreiben Sie $z = 3 + 4\mathrm{i}$ in der Form $z = r\,\mathrm{e}^{\mathrm{i}\theta}$.
c) Schreiben Sie $z = 2\,\mathrm{e}^{\mathrm{i}\pi/3}$ in der Form $x + \mathrm{i}y$.

★ 46 Der **Realteil** und der **Imaginärteil** einer beliebigen komplexen Zahl $z = x + \mathrm{i}y$ sind definiert als $\mathrm{Re}(z) = x$ bzw. $\mathrm{Im}(z) = y$. Der **Betrag** (manchmal findet man auch die Bezeichnung *Modulus*) ist $|z| = \sqrt{x^2 + y^2}$, und der *Phasenwinkel* oder kurz die **Phase** ist der Wert von θ in der Darstellung $z = r\,\mathrm{e}^{\mathrm{i}\theta}$. Das **komplex Konjugierte** ist $z^* = x - \mathrm{i}y$. (Diese Schreibweise mit dem Stern wird gewöhnlich von den Physikern verwendet, in der Mathematik schreibt man meist $\overline{z}$.) Geben Sie für jede der folgenden komplexen Zahlen den Real- und den Imaginärteil, den Betrag, die Phase sowie das komplex Konjugierte an und zeichnen Sie z und z^* in der komplexen Zahlenebene:

a) $z = 1 + \mathrm{i}$,
b) $z = 1 - \sqrt{3}$,
c) $z = \sqrt{2}\,\mathrm{e}^{\mathrm{i}\pi/4}$,
d) $z = 5\,\mathrm{e}^{\mathrm{i}\omega t}$.

In Teil d) ist ω eine Konstante und t die Zeit.

★ 47 Berechnen Sie für jedes der beiden folgenden Zahlenpaare $z + w$, $z - w$, $z\,w$ und z/w.

a) $z = 6 + 8\mathrm{i}$ und $w = 3 - 4\mathrm{i}$,
b) $z = 8\,\mathrm{e}^{\mathrm{i}\pi/3}$ und $w = 4\,\mathrm{e}^{\mathrm{i}\pi/6}$.

Sie werden bemerken, dass für die Addition und die Subtraktion komplexer Zahlen die Form $x + \mathrm{i}y$ bequemer ist, für die Multiplikation und insbesondere für die Division hingegen die Form $r\,\mathrm{e}^{\mathrm{i}\theta}$. In Teil **a)** hilft Ihnen ein Trick, z/w zu bestimmen, ohne auf die Form $r\,\mathrm{e}^{\mathrm{i}\theta}$ umzurechnen: Multiplizieren Sie einfach Zähler und Nenner mit w^*. Probieren Sie es aus und bestimmen Sie z/w auf beide Arten.

★ 48 Beweisen Sie, dass für eine beliebige komplexe Zahl z gilt: $|z| = \sqrt{z^* z}$.

★ 49 Betrachten Sie die komplexe Zahl $z = \mathrm{e}^{\mathrm{i}\theta} = \cos\theta + \mathrm{i}\sin\theta$.

a) Berechnen Sie z^2 auf zwei verschiedene Arten und beweisen Sie so die trigonometrischen Identitäten $\cos 2\theta = \cos^2\theta - \sin^2\theta$ und $\sin 2\theta = 2\sin\theta\cos\theta$.

b) Bestimmen Sie mit demselben Vorgehen die entsprechenden Identitäten für $\cos 3\theta$ und $\sin 3\theta$.

★ 50 Beweisen Sie mithilfe der Reihendefinition (2.72) von e^z, dass gilt:[13] $\mathrm{d}\,\mathrm{c}^z/\mathrm{d}z = \mathrm{e}^z$.

★★ 51 Beweisen Sie mithilfe der Reihendefinition (2.72) von e^z, dass gilt: $\mathrm{e}^z\,\mathrm{e}^w = \mathrm{e}^{z+w}$. [*Hinweis:* Wenn Sie die linke Seite als Produkt von zwei Reihen aufschreiben, erhalten Sie umfangreiche Summen von Termen wie $z^n\,w^m$.

---

13 Wenn Sie der Typ sind, der sich an mathematischen Feinheiten aufhängt, könnten Sie sich fragen, ob es überhaupt zulässig ist, eine unendliche Reihe zu differenzieren. Gute Frage! Glücklicherweise gibt es für Potenzreihen (und das haben wir hier vorliegen) einen Satz, der die Differenzierbarkeit für ein beliebiges z innerhalb des „Konvergenzradius" sicherstellt; vgl. Aufgabe 18. Und da der Konvergenzradius für e^z unendlich ist, können wir die Reihe für jeden *beliebigen* Wert von z ohne Einschränkung differenzieren.

Wenn Sie alle Terme in Gruppen zusammenfassen, für die $n + m$ gleich ist (nennen Sie es p) und dann den binomischen Lehrsatz anwenden, haben Sie schon die Reihe für die rechte Seite.]

2.7 Lösung für eine Ladung im Magnetfeld

*** 52** Wegen $\eta = v_x + iv_y$ ist die Transversalgeschwindigkeit des Teilchens in den Abschnitten 2.5 und 2.7 in (2.77) enthalten. Betrachten Sie jeweils den Real- und den Imaginärteil und geben Sie separate Ausdrücke für v_x und v_y an. Beschreiben Sie anhand dieser Ausdrücke die Zeitabhängigkeit der Transversalgeschwindigkeit.

*** 53** Ein geladenes Teilchen mit der Masse m und der positiven Ladung q bewegt sich in einem gleichförmigen elektrischen Feld $\boldsymbol{E}$ und einem Magnetfeld $\boldsymbol{B}$, die beide in z-Richtung weisen. Die Kraft auf das Teilchen ist $\boldsymbol{F} = q(\boldsymbol{E} + \boldsymbol{v} \times \boldsymbol{B})$. Stellen Sie die Bewegungsgleichung für das Teilchen auf und zerlegen Sie sie in ihre drei Komponenten. Lösen Sie die Gleichungen und beschreiben Sie die Bewegung des Teilchens.

**** 54** In Abschnitt 2.5 haben wir die Bewegungsgleichungen (2.68) für die Transversalgeschwindigkeit einer Ladung im Magnetfeld mit dem Trick gelöst, die komplexe Zahl $\eta = v_x + iv_y$ einzuführen. Wie Sie sich vorstellen können, lassen sich die Gleichungen aber auch ohne diesen Trick lösen.
a) Differenzieren Sie die erste der Gleichungen von (2.68) nach t und setzen Sie das Ergebnis in die zweite ein. Sie haben dann eine Differentialgleichung zweiter Ordnung für v_y. Diese Gleichung sollten Sie kennen (wenn nicht, schauen Sie sich Gleichung (1.55) an) und ihre allgemeine Lösung angeben können. Wenn Sie v_x kennen, erhalten Sie aus (2.68) auch v_y.
b) Zeigen Sie, dass die hier gewonnene allgemeine Lösung dieselbe ist wie die in Gleichung (2.77) enthaltene allgemeine Lösung, wie wir sie in Aufgabe 52 hergeleitet haben.

***** 55** Ein geladenes Teilchen mit der Masse m und der positiven Ladung q bewegt sich in einem gleichförmigen elektrischen Feld $\boldsymbol{E}$, das in y-Richtung weist, und einem Magnetfeld $\boldsymbol{B}$, das in z-Richtung weist (man spricht bei dieser Anordnung von einem „gekreuzten E- und B-Feld"). Das Teilchen soll sich anfangs im Ursprung befinden und erhält zur Zeit $t = 0$ einen Schubs entlang der x-Achse mit $v_x = v_{x0}$ (positiv oder negativ).
a) Stellen Sie die Bewegungsgleichung für das Teilchen auf und zerlegen Sie sie in ihre drei Komponenten. Zeigen Sie, dass die Bewegung in der Ebene $z = 0$ abläuft.
b) Zeigen Sie, dass es einen eindeutigen Wert von v_{x0} gibt, die sogenannte *Driftgeschwindigkeit* v_{Drift}, bei der das Teilchen durch die beiden Felder keine Ablenkung erfährt. (Das ist die Grundlage der sogenannten *Geschwindigkeitsselektoren,* mit denen man aus einem Strahl von Teilchen mit unterschiedlichen Geschwindigkeiten die Teilchen mit einer bestimmen Geschwindigkeit auswählen kann.)
c) Lösen Sie für beliebige v_{x0} die Bewegungsgleichungen und geben Sie die Teilchengeschwindigkeit als Funktion von t an. [*Hinweis:* Die Gleichungen für (v_x, v_y) sollten ganz ähnlich aussehen wie die Gleichungen (2.68),

abgesehen von einer konstanten Abweichung für v_x. Nach einem Variablenwechsel $u_x = v_x - v_{\mathrm{Drift}}$ und $u_y = v_y$ nehmen die Gleichungen für (u_x, u_y) genau die Form (2.68) an, deren allgemeine Lösung Sie bereits kennen.]

d) Integrieren Sie die Geschwindigkeit über die Zeit und bestimmen Sie den Ort als Funktion von t. Zeichnen Sie die Trajektorien für verschiedene Wert von v_{x0}.

Impuls und Drehimpuls

3

ÜBERBLICK

» In diesem und im folgenden Kapitel werde ich die Erhaltungssätze für Impuls, Drehimpuls und Energie beschreiben. Diese drei eng miteinander verwandten Gesetze sind – gemeinsam mit weiteren Erhaltungssätzen – wohl die wichtigsten Säulen der gesamten modernen Physik. Interessanterweise unterscheiden sich in der klassischen Mechanik die ersten beiden Sätze (Impuls- und Drehimpulserhaltung) deutlich vom dritten (Energieerhaltung). Es ist recht einfach, die ersten beiden aus den Newton'schen Gesetzen abzuleiten – und wir haben ja die Erhaltung des (linearen) Impulses bereits bewiesen. Im Gegensatz dazu ist der Beweis der Energieerhaltung überraschend komplex. Ich erläutere daher Impuls und Drehimpuls in diesem relativ kurzen Kapitel und die Energie dann im entsprechend längeren Kapitel 4. «

3.1 Die Impulserhaltung

In Kapitel 1 haben wir ein System aus N Teilchen untersucht, die mit dem Index $\alpha = 1, \ldots, N$ durchnummeriert wurden. Dabei fanden wir, dass – solange alle inneren Kräfte dem dritten Newton'schen Gesetz gehorchen – die zeitliche Änderung des linearen Impulses für das Gesamtsystem $\boldsymbol{P} = \boldsymbol{p}_1 + \ldots + \boldsymbol{p}_N = \sum p_\alpha$ ausschließlich durch die externen, also die von außen am System angreifenden Kräfte bestimmt wird:

$$\dot{\boldsymbol{P}} = \boldsymbol{F}^{\text{ext}}; \tag{3.1}$$

dabei steht $\boldsymbol{F}^{\text{ext}}$ für die Summe aller äußeren Kräfte. Aufgrund des dritten Newton'schen Gesetzes heben sich nämlich in der zeitlichen Änderung des *Gesamt*impulses alle inneren Kräfte gegenseitig auf. Insbesondere gilt für ein abgeschlossenes System, auf das entweder keine äußeren Kräfte wirken oder aber deren Summe verschwindet, das

Gesetz der Erhaltung des Impulses

Wenn die Summe $\boldsymbol{F}^{\text{ext}}$ der äußeren Kräfte auf ein N-Teilchen-System verschwindet, ist der mechanische Gesamtimpuls $\boldsymbol{P} = \sum m_\alpha \boldsymbol{v}_\alpha$ konstant.

Besteht unser System nur aus einem Teilchen ($N = 1$), dann sind alle auf das Teilchen wirkenden Kräfte extern, und die Impulserhaltung reduziert sich auf den nicht sonderlich interessanten Befund, dass sich in Abwesenheit äußerer Kräfte der Impuls des Teilchens nicht ändert – und das ist nichts anderes als das erste Newton'sche Gesetz. Wenn unser System jedoch zwei oder mehr Teilchen enthält ($N \geq 2$), dann ist die Impulserhaltung eine ganz und gar nichttriviale und oft nützliche Eigenschaft, wie das folgende einfache und wohlbekannte Beispiel zeigt.

Inelastischer Stoß zweier Körper

Beispiel 3.1 Zwei Körper (etwa zwei Teigklumpen oder zwei Autos an einer Kreuzung) haben die Massen m_1 und m_2 und die Geschwindigkeiten $\boldsymbol{v}_1$ und $\boldsymbol{v}_2$. Die beiden Körper kollidieren und bleiben aneinander kleben (bzw. sind ineinander verkeilt), sodass sie sich nach dem Stoß als Einheit weiterbewegen, vgl. Abbildung 3.1. (Eine

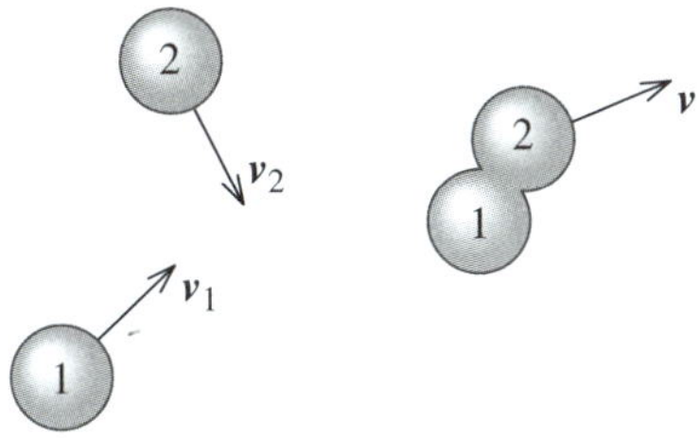

Abbildung 3.1: Ein vollständig inelastischer Stoß zwischen zwei Teigklumpen.

Kollision, nach der die Stoßpartner sich in dieser Art verbinden, nennt man einen **vollständig inelastischen Stoß**.) Nehmen Sie an, dass während des kurzen Moments der Kollision alle äußeren Kräfte vernachlässigt werden können, und bestimmen Sie die (gemeinsame) Geschwindigkeit $\boldsymbol{v}$ direkt nach dem Zusammenstoß.

Lösung Der Gesamtimpuls unmittelbar vor der Kollision ist

$$\boldsymbol{P}_{\text{vor}} = m_1\boldsymbol{v}_1 + m_2\boldsymbol{v}_2\,,$$

derjenige direkt nach dem Stoß

$$\boldsymbol{P}_{\text{nach}} = m_1\boldsymbol{v} + m_2\boldsymbol{v} = (m_1 + m_2)\boldsymbol{v}.$$

(Die zweite Gleichung nutzt aus, dass der Gesamtimpuls der beiden Körper, wenn sie denn miteinander verbunden sind, wie der eines einzigen Körpers der Masse $m_1 + m_2$ berechnet werden kann.) Wegen der Impulserhaltung müssen die beiden Impulse $\boldsymbol{P}_{\text{vor}}$ und $\boldsymbol{P}_{\text{nach}}$ gleich groß sein, und wir können die Gleichung nach der Endgeschwindigkeit $\boldsymbol{v}$ auflösen:

$$\boldsymbol{v} = \frac{m_1\boldsymbol{v}_1 + m_2\boldsymbol{v}_2}{m_1 + m_2}\,. \tag{3.2}$$

Die Geschwindigkeit der beiden Körper nach dem Stoß ist somit der mit den Massen der Einzelkörper gewichtete Mittelwert ihrer Geschwindigkeiten vor dem Stoß.

Ein wichtiger Spezialfall liegt dann vor, wenn einer der Körper zu Beginn in Ruhe ist, also wenn beispielsweise ein schnelles Auto vor einer Ampel oder einem Stau auf ein stehendes auffährt. Mit $\boldsymbol{v}_2 = 0$ reduziert sich Gleichung (3.2) auf

$$\boldsymbol{v} = \frac{m_1}{m_1 + m_2}\boldsymbol{v}_1\,. \tag{3.3}$$

In diesem Fall hat die Endgeschwindigkeit dieselbe Richtung wie $\boldsymbol{v}_1$, und ihr Betrag nimmt gegenüber v_1 um den Faktor $m_1/(m_1 + m_2)$ ab. Das Ergebnis (3.3) wird bei der Untersuchung von Unfällen benutzt, da man so die unbekannte Geschwindigkeit $\boldsymbol{v}_1$ des auffahrenden Fahrzeugs aus nach dem Crash messbaren Größen ermitteln kann – die Geschwindigkeit $\boldsymbol{v}$ nach dem Stoß erhält man aus den Bremsspuren der beiden Unfallwagen.

Diese Art der Rekonstruktion von Stößen mithilfe der Impulserhaltung ist ein wichtiges Hilfsmittel bei der Untersuchung von so unterschiedlichen Vorgängen wie Kernreaktionen, Crashtests und der Kollision von Galaxien. ■

3.2 Raketen

Ein schönes Beispiel für die Nützlichkeit des Impulserhaltungssatzes ist die Beschreibung eines Raketenantriebs. Das Grundproblem dabei ist die Frage, wie man sich fortbewegen kann, ohne sich von einem äußeren Objekt abzustoßen oder von ihm angestoßen zu werden. Sie können sich selbst in diese schwierige Situation bringen, wenn sie sich auf die perfekt reibungsfreie Oberfläche eines ideal zugefrorenen Sees begeben. Die einfachste Art, das Ufer zu erreichen, besteht darin, dass Sie einen entbehrlichen schweren Gegenstand (etwa einen Stiefel) ausziehen und ihn so kräftig wie möglich in die dem Ufer entgegengesetzte Richtung schleudern. Nach dem dritten Newton'schen Gesetz übt der Stiefel eine Reaktionskraft auf Sie aus, wenn Sie eine Kraft auf ihn ausüben. Diese Reaktionskraft beschleunigt Sie während des Wurfs auf das Ufer zu, und dann gleiten Sie antriebslos und reibungsfrei darauf zu. Eine Rakete bewegt sich im Prinzip auf genau dieselbe Weise fort. Ihr Antrieb ist so konstruiert, dass er die Verbrennungsgase mit möglichst hoher Geschwindigkeit nach hinten ausstößt, wodurch die Rakete nach dem dritten Newton'schen Gesetz nach vorn beschleunigt wird.

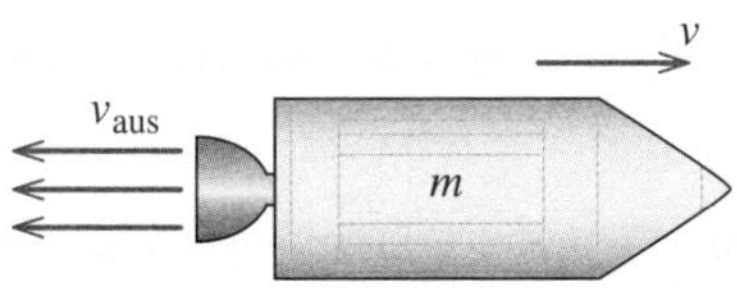

Abbildung 3.2: Eine Rakete mit der Masse m fliegt nach rechts mit der Geschwindigkeit v und stößt verbrannten Treibstoff mit der Geschwindigkeit v_{aus} relativ zur Rakete nach hinten aus.

Um den Impuls einer startenden Rakete quantitativ zu beurteilen, müssen wir den Gesamtimpuls untersuchen. Betrachten wir die in Abbildung 3.2 dargestellte Rakete mit der Masse m, die sich in die positive x-Richtung bewegt (der Einfachheit halber kürze ich v_x mit v ab) und den verbrannten Treibstoff mit der Geschwindigkeit v_{aus} relativ zur Rakete ausstößt. Da die Rakete Masse ausstößt, nimmt m mit der Zeit kontinuierlich ab. Zur Zeit t beträgt ihr Impuls $P(t) = mv$. Eine kurze Zeit[1] $t + \mathrm{d}t$ später ist die Masse der Rakete $m + \mathrm{d}m$ (dabei ist $\mathrm{d}m$ negativ), der Impuls ist $(m + \mathrm{d}m)(v + \mathrm{d}v)$. Der während $\mathrm{d}t$ ausgestoßene Treibstoff hat die Masse $-\mathrm{d}m$ und die Geschwindigkeit $v - v_{\text{aus}}$ relativ zum Boden. Der Gesamtimpuls (von Rakete und dem während $\mathrm{d}t$ ausgestoßenen Treibstoff) zum Zeitpunkt $t + \mathrm{d}t$ ist

$$P(t + \mathrm{d}t) = (m + \mathrm{d}m)(v + \mathrm{d}v) - \mathrm{d}m(v - v_{\text{aus}}) = mv + m\mathrm{d}v + \mathrm{d}m v_{\text{aus}} .$$

Dabei habe ich das „doppelt kleine“ Produkt $\mathrm{d}m\,\mathrm{d}v$ vernachlässigt. Damit ergibt sich für die Änderung des Gesamtimpulses $\mathrm{d}P$

$$\mathrm{d}P = (P + \mathrm{d}t) - P(t) = m\,\mathrm{d}v + \mathrm{d}m v_{\text{aus}} . \tag{3.4}$$

1 Zum Verständnis kleiner Größen wie $\mathrm{d}m$ oder $\mathrm{d}t$ empfehle ich noch einmal, sie als kleine, aber *nicht verschwindende* Inkremente zu betrachten, wobei $\mathrm{d}t$ gerade so klein gewählt sei, dass $\mathrm{d}m/\mathrm{d}t$ (im Rahmen der gewünschten Genauigkeit) gleich der Ableitung von m nach t ist. Weitere Erläuterungen finden Sie in der Fußnote nach Gleichung (2.47).

Wenn es eine äußere Kraft F^{ext} gibt (beispielsweise die Schwerkraft), dann führt sie zu einer Impulsänderung $F^{\text{ext}}\mathrm{d}t$ (vgl. Aufgabe 11). Hier nehme ich jedoch an, dass alle externen Kräfte verschwinden, d. h., P ist konstant und somit $\mathrm{d}P = 0$. Daraus folgt

$$m\,\mathrm{d}v = -\mathrm{d}m v_{\text{aus}} . \tag{3.5}$$

Dividiert man beide Seiten durch $\mathrm{d}t$, so kann man auch

$$m\dot{v} = -\dot{m} v_{\text{aus}} \tag{3.6}$$

schreiben; dabei ist $-\dot{m}$ die Rate, mit der die Rakete ihren Treibstoff ausstößt. Diese sogenannte **Raketengleichung** hat dieselbe Gestalt wie das zweite Newton'sche Gesetz für ein einzelnes Teilchen ($m\dot{v} = F$), allerdings übernimmt hier das Produkt $-\dot{m}v_{\text{aus}}$ auf der rechten Seite die Rolle der Kraft. Aus diesem Grund nennt man dieses Produkt den **Schub**:

$$\text{Schub} = -\dot{m} v_{\text{aus}} . \tag{3.7}$$

(Da $\dot{m}$ negativ ist, ist der Schub eine positive Größe.)

Gleichung (3.5) löst man durch Separation der Variablen. Die Division beider Seiten durch m führt auf

$$\mathrm{d}v = -v_{\text{aus}} \frac{\mathrm{d}m}{m} .$$

Wenn die Ausstoßgeschwindigkeit v_{aus} konstant ist, kann man diese Gleichung integrieren und erhält

$$v - v_0 = v_{\text{aus}} \ln(m_0/m) \tag{3.8}$$

mit v_0 als Startgeschwindigkeit und m_0 als Startmasse der Rakete (inklusive Treibstoff und Nutzlast). Dieses Ergebnis bedeutet spürbare Einschränkungen für die Höchstgeschwindigkeit der Rakete. Das Verhältnis m_0/m ist nämlich dann am größten, wenn der gesamte Treibstoff verbraucht und die Masse m lediglich die Masse von Rakete und Nutzlast ist. Selbst wenn die Startmasse beispielsweise zu 90 % aus Treibstoff besteht, beträgt dieses Verhältnis gerade mal 10. Wegen $\ln 10 \approx 2{,}3$ kann der Geschwindigkeitszuwachs $v - v_0$ höchstens das 2,3-Fache von v_{aus} betragen. Demzufolge müssen Raketeningenieure dafür sorgen, dass die Ausstoßgeschwindigkeit v_{aus} so groß wie irgend möglich ist; aus diesem Grund bauen sie auch mehrstufige Raketen, welche die schweren ausgebrannten Treibstofftanks der ersten Stufen abwerfen; beim Zünden der späteren Stufen ist dann die wirksame Gesamtmasse verringert.[2]

2 Der Abwurf des Treibstofftanks der ersten Stufe reduziert sowohl die Start- als auch die Endmasse der zweiten Brennstufe um denselben Betrag. Dies *erhöht* das Verhältnis m_0/m, wenn wir Gleichung (3.8) auf die zweite Stufe anwenden (vgl. Aufgabe 12).

3.3 Der Schwerpunkt

Einige Aussagen aus Abschnitt 3.1 kann man umformulieren, wenn man das wichtige Konzept des Schwerpunkts[3] für ein System von Teilchen heranzieht. Betrachten wir eine Gruppe von N Teilchen ($\alpha = 1, \ldots, N$) mit Massen m_α und Positionen $\boldsymbol{r}_\alpha$ relativ zum Koordinatenursprung O. Der **Schwerpunkt** S dieses Systems ist definiert als der Punkt mit dem Ortsvektor

$$\boldsymbol{R} = \frac{1}{M}\sum_{\alpha=1}^{N} m_\alpha \boldsymbol{r}_\alpha = \frac{m_1\boldsymbol{r}_1 + \cdots + m_N\boldsymbol{r}_N}{M} \tag{3.9}$$

relativ zum Ursprung O; mit $M = \sum m_\alpha$ bezeichnen wir die Gesamtmasse aller Teilchen. Bei der Gleichung (3.9) fällt als Erstes auf, dass es sich hierbei um eine Vektorgleichung handelt. Der Schwerpunkt hat den Ortsvektor $\boldsymbol{R}$ mit den drei Komponenten X, Y und Z, und Gleichung (3.9) ist äquivalent zu den folgenden drei skalaren (nicht vektoriellen) Komponentengleichungen

$$X = \frac{1}{M}\sum_{\alpha=1}^{N} m_\alpha x_\alpha\,, \qquad Y = \frac{1}{M}\sum_{\alpha=1}^{N} m_\alpha y_\alpha\,, \qquad Z = \frac{1}{M}\sum_{\alpha=1}^{N} m_\alpha z_\alpha\,.$$

In jedem Fall ist der Ortsvektor $\boldsymbol{R}$ des Schwerpunkts ein gewichtetes Mittel der Orte $\boldsymbol{r}_1, \ldots, \boldsymbol{r}_N$, wobei jedes $\boldsymbol{r}_\alpha$ mit der zugehörigen Masse m_α gewichtet wird. (Anders ausgedrückt: $\boldsymbol{R}$ ist die Summe der mit dem jeweiligen *Anteil* an der Gesamtmasse multiplizierten $\boldsymbol{r}_\alpha$.)

Um ein Gefühl für den Begriff des Schwerpunkts zu bekommen, ist es hilfreich, zunächst nur zwei Teilchen ($N = 2$) zu betrachten. In diesem Fall wird aus der Definition (3.9)

$$\boldsymbol{R} = \frac{m_1\boldsymbol{r}_1 + m_2\boldsymbol{r}_2}{m_1 + m_2}\,. \tag{3.10}$$

Man kann sich leicht davon überzeugen, dass der Schwerpunkt mehrere vertraute Eigenschaften besitzt. So lässt sich zeigen (Aufgabe 18), dass der Schwerpunkt aus Gleichung (3.10) auf der Verbindungslinie zwischen den beiden Teilchen liegt (Abbildung 3.3). Ebenso sieht man leicht, dass die Abstände von m_1 bzw. m_2 zum Schwerpunkt sich verhalten wie m_2/m_1, der Schwerpunkt also näher an der größeren Masse liegt (in Abbildung 3.3 beträgt das Verhältnis 1/3). Insbesondere liegt der Schwerpunkt für $m_1 \gg m_2$ sehr dicht bei $\boldsymbol{r}_1$. Für ein System aus N Teilchen (Gleichung 3.9), bei dem die Masse m_1 wesentlich größer ist als alle anderen (d. h. $m_1 \approx M$ und $m_\alpha \ll M$ für alle $\alpha \neq 1$) liegt $\boldsymbol{R}$ sehr dicht bei $\boldsymbol{r}_1$. So liegt beispielsweise der Schwerpunkt unseres Sonnensystems sehr dicht bei der Sonne (sogar noch innerhalb des Sonnenradius).

---

3 Im Deutschen verwendet man den Begriff „Schwerpunkt", obwohl der Begriff „Massenmittelpunkt" (engl. *center of mass*) eigentlich angemessener wäre, denn die beiden Begriffe bedeuten etwas Unterschiedliches: Den Massenmittelpunkt erhält man durch die Betrachtung einer *Massen*verteilung, den Schwerpunkt (engl. *center of gravity*) über ein Gleichgewicht von *Kräften*. Allerdings fallen Schwerpunkt und Massenmittelpunkt dann zusammen, wenn sich die Gravitationskraft über die Ausdehnung eines Systems von Teilchen oder eines Körpers nicht ändert – und das ist in den alltäglichen Situationen der Fall. Wir werden, um dem deutschen Sprachgebrauch zu folgen, in diesem Buch den Begriff „Schwerpunkt" verwenden und ihn mit dem Buchstaben S bezeichnen, auch wenn wir eigentlich immer eine Massenverteilung betrachten. (Anm. d. Übers.)

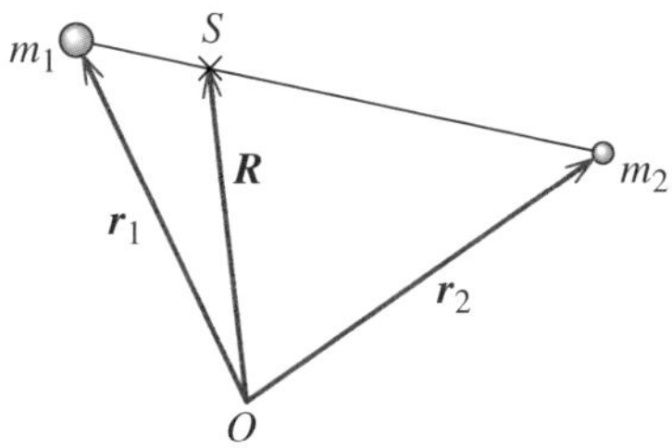

Abbildung 3.3: Der Schwerpunkt S von zwei Körpern mit den Massen m_1 und m_2 liegt bei der Position $\boldsymbol{R} = (m_1\boldsymbol{r}_1 + m_2\boldsymbol{r}_2)/M$. Sie können nachprüfen, dass dieser Ort auf der Verbindungslinie zwischen m_1 und m_2 liegt und dass sich die Abstände der Massen m_1 bzw. m_2 vom Schwerpunkt umgekehrt wie die Massen verhalten, also wie m_2/m_1.

Nun können wir den Gesamtimpuls $\boldsymbol{P}$ eines beliebigen N-Teilchen-Systems mithilfe des Schwerpunkts ausdrücken:

$$\boldsymbol{P} = \sum_\alpha \boldsymbol{p}_\alpha = \sum_\alpha m_\alpha \dot{\boldsymbol{r}}_\alpha = M\dot{\boldsymbol{R}}, \tag{3.11}$$

wobei die letzte Gleichung einfach die Ableitung von $\boldsymbol{R}$ laut Definition (3.9) nach der Zeit ist (multipliziert mit M). Nach diesem bemerkenswerten Ergebnis ist der Gesamtimpuls von N Teilchen gleich dem eines einzelnen Teilchen mit der Gesamtmasse M und mit der Geschwindigkeit des Schwerpunkts.

Ein noch bemerkenswerteres Ergebnis erhalten wir, wenn wir (3.11) nach der Zeit ableiten, da nach Gleichung (3.1) die Ableitung von $\boldsymbol{P}$ einfach die Summe der äußeren Kräfte $\boldsymbol{F}^{\text{ext}}$ ist:

$$\boldsymbol{F}^{\text{ext}} = M\ddot{\boldsymbol{R}}. \tag{3.12}$$

Dies bedeutet, dass sich der Schwerpunkt eines Systems in derselben Weise bewegt, wie sich ein einzelnes Teilchen der Masse M unter dem Einfluss der am System angreifenden Kräfte bewegen würde. Dieses Ergebnis ist der Hauptgrund dafür, dass wir ausgedehnte Körper wie Fußbälle oder Planeten häufig so behandeln können, als wären sie punktförmige Teilchen. So lange ein Körper klein ist im Vergleich zum Ausmaß seiner Trajektorie (der von ihm bei seiner Bewegung im Raum durchlaufenen Kurve), kann man seinen Aufenthaltsort gut mit dem Schwerpunkt beschreiben, der sich nach Gleichung (3.12) wie ein einzelner Massenpunkt bewegt.

Wegen der Bedeutung des Schwerpunkts für die ganze klassische Mechanik sollten Sie in der Lage sein, seine Position für eine Reihe von Systemen leicht zu berechnen. Möglicherweise haben Sie dies schon ausführlich in einem Einführungskurs zur Physik oder im Mathematikunterricht geübt doch für den Fall, dass Sie hierzu noch keine Gelegenheit hatten, finden Sie am Ende dieses Kapitels eine Reihe von Übungsaufgaben hierzu. Ein wichtiger Punkt dabei ist der folgende: Wenn die Masse eines Körpers kontinuierlich über sein Volumen verteilt ist, dann geht die Summe in Definition (3.9) über in das Integral

$$\boldsymbol{R} = \frac{1}{M}\int \boldsymbol{r}\,\mathrm{d}m = \frac{1}{M}\int \varrho\,\boldsymbol{r}\,\mathrm{d}V\,; \tag{3.13}$$

dabei ist ϱ die Massendichte des Körpers und $\mathrm{d}V$ ein (infinitesimales) Volumenelement. Das Integral erstreckt sich über das gesamte Körpervolumen, d. h. über

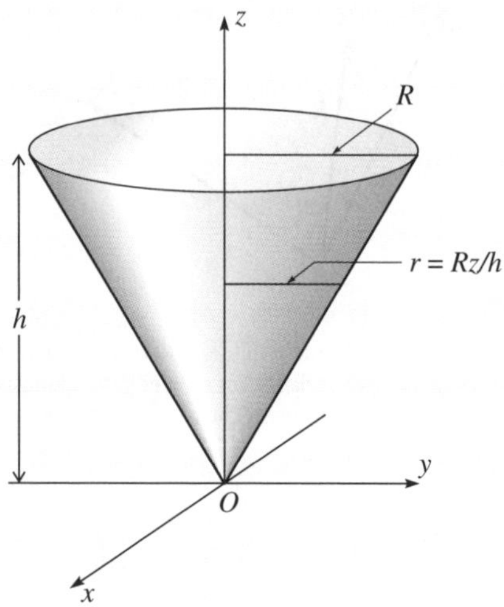

Abbildung 3.4: Ein massiver, aufrecht auf seiner Spitze stehender Kegel mit homogener Massenverteilung, dessen Spitze im Ursprung liegt. Seine Höhe ist h, seine Basis hat den Radius R.

alle Bereiche mit $\varrho \neq 0$. Wir werden in Kapitel 10 ähnliche Integrale benutzen, um den Trägheitstensor zu berechnen. Zunächst wollen wir aber ein einfaches Beispiel betrachten.

Der Schwerpunkt eines massiven Kegels

Beispiel 3.2 Bestimmen Sie die Lage des Schwerpunkts des Kegels in Abbildung 3.4, der eine kontinuierliche und homogene Massenverteilung hat.

Lösung ■ Es ist wohl offensichtlich, dass aus Symmetriegründen der Schwerpunkt auf der Symmetrieachse des Kegels liegen muss, also auf der z-Achse; dies folgt aber auch sofort aus dem Integral (3.13). Betrachten wir beispielsweise nur die Integration über die x-Koordinate, so hebt sich der Beitrag jedes beliebigen Punkts (x, y, z) exakt weg durch den des gegenüberliegenden Punkts $(-x, y, z)$; das Integral über x ist also gleich null. Da dasselbe Argument auch für die y-Richtung gilt, muss der Schwerpunkt die Koordinaten $(0, 0, Z)$ haben, also auf der z-Achse liegen. Um die Höhe Z zu bestimmen, müssen wir das Integral

$$Z = \frac{1}{M}\int \varrho\, z\, \mathrm{d}V = \frac{\varrho}{M}\int z\, \mathrm{d}x\, \mathrm{d}y\, \mathrm{d}z$$

berechnen (ich konnte den Faktor ϱ vor das Integral ziehen, da ja die Dichte im ganzen Kegel konstant sein soll; $\mathrm{d}x\,\mathrm{d}y\,\mathrm{d}z$ entspricht dem Volumenelement $\mathrm{d}V$). Für jedes z läuft das Integral über $\mathrm{d}x\,\mathrm{d}y$, also über die Querschnittsfläche eines Kreises mit dem Radius $r = Rz/h$, was zu einem Faktor $\pi r^2 = \pi R^2 z^2/h^2$ führt. Damit erhalten wir

$$Z = \frac{\varrho\pi R^2}{Mh^2}\int_0^h z^3\, \mathrm{d}z = \frac{\varrho\pi R^2}{Mh^2}\frac{h^4}{4} = \frac{3}{4}h$$

Dabei habe ich im letzten Schritt die Masse M durch das ϱ-Fache des Volumens ersetzt, also $M = \frac{1}{3}\varrho\pi R^2 h$. Als Ergebnis erhalten wir die einfache Beziehung, dass der Schwerpunkt eines (auf der Spitze stehenden) Kegels mit homogener Massenverteilung um 3/4 seiner Höhe über der Spitze bzw. um 1/4 der Höhe unter seiner Basis liegt. ■

3.4 Drehimpuls eines einzelnen Teilchens

Die **Erhaltung des Drehimpulses** gleicht in vielen Aspekten derjenigen des linearen (also des „gewöhnlichen") Impulses. Dennoch möchte ich den Formalismus im Detail wiederholen, zuerst für ein einzelnes Teilchen, dann für ein Vielteilchensystem. Auf diese Weise lernen wir eine Reihe von wichtigen Begriffen und nützlichen mathematischen Konzepten kennen.

Der **Drehimpuls $\boldsymbol{\ell}$** eines einzelnen Teilchens ist definiert als der Vektor

$$\boldsymbol{\ell} = \boldsymbol{r} \times \boldsymbol{p} . \tag{3.14}$$

Dabei ist $\boldsymbol{r} \times \boldsymbol{p}$ das Vektor- oder Kreuzprodukt des (auf einen gegebenen Ursprung O bezogenen) Ortsvektors $\boldsymbol{r}$ eines Teilchens mit seinem Impuls $\boldsymbol{p}$ (Abbildung 3.5). Beachten Sie, dass wegen der Abhängigkeit des Ortsvektors von der Wahl des Koordinatenursprungs diese Abhängigkeit auch für den Drehimpulsvektor besteht: Anders als beim Impulsvektor $\boldsymbol{p}$ können wir vom Drehimpuls immer nur *relativ* zu einem bestimmten Koordinatenursprung sprechen.

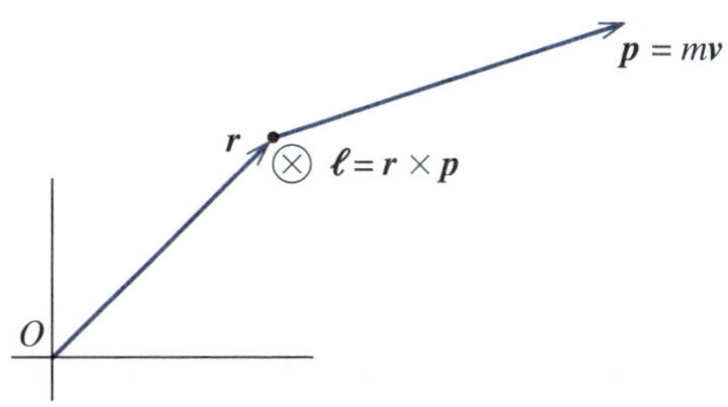

Abbildung 3.5: Definition des Drehimpulses $\boldsymbol{\ell} = \boldsymbol{r} \times \boldsymbol{p}$ eines Teilchens bezüglich des Koordinatenursprungs O. $\boldsymbol{r}$ ist der Orts- und $\boldsymbol{p}$ der Impulsvektor des Teilchens. Das Symbol ⊗ neben $\boldsymbol{\ell}$ soll andeuten, dass der Drehimpulsvektor in die Papierebene hinein zeigt, also senkrecht auf $\boldsymbol{r}$ und $\boldsymbol{p}$ steht (genauer gesagt, bildet er mit ihnen ein sogenanntes rechtssinniges Dreibeln).

Die zeitliche Änderung von $\boldsymbol{\ell}$, also seine Ableitung nach der Zeit, ist leicht anzugeben:

$$\dot{\boldsymbol{\ell}} = \frac{\mathrm{d}}{\mathrm{d}t}(\boldsymbol{r} \times \boldsymbol{p}) = (\dot{\boldsymbol{r}} \times \boldsymbol{p}) + (\boldsymbol{r} \times \dot{\boldsymbol{p}}) . \tag{3.15}$$

(Sie können leicht überprüfen, dass die Produktregel der Differenziation auch für das Vektorprodukt gilt, solange die Reihenfolge der Vektoren nicht verändert wird; vgl. Aufgabe 17.) Der erste Term auf der rechten Seite verschwindet, denn wir können $\boldsymbol{p}$ durch $m\dot{\boldsymbol{r}}$ ersetzen; es handelt sich hier also um ein Kreuzprodukt aus zwei parallelen Vektoren – und das ist immer gleich null. Im zweiten Term ersetzen wir $\dot{\boldsymbol{p}}$ durch die äußere Kraft $\boldsymbol{F}$ auf das Teilchen und erhalten

$$\dot{\boldsymbol{\ell}} = \boldsymbol{r} \times \boldsymbol{F} = \boldsymbol{\Gamma} . \tag{3.16}$$

Das Symbol $\boldsymbol{\Gamma}$ (ein großes griechisches „Gamma") steht hier für das **Drehmoment** $\boldsymbol{r}\times\boldsymbol{F}$ bezüglich des Ursprungs O, andere gebräuchliche Symbole für diese Größe sind $\boldsymbol{\tau}$ oder $\boldsymbol{N}$. In Worten ausgedrückt, besagt Gleichung (3.16), dass die Änderung des Drehimpulses eines Teilchens bezüglich eines bestimmten Koordinatenursprungs O gleich dem insgesamt an ihm angreifenden Drehmoment bezüglich O ist. Damit ist (3.16) das Analogon zur Gleichung $\dot{\boldsymbol{p}} = \boldsymbol{F}$ für den linearen Impuls und wird daher auch als **zweites Newton'sches Gesetz für Drehbewegungen** bezeichnet.

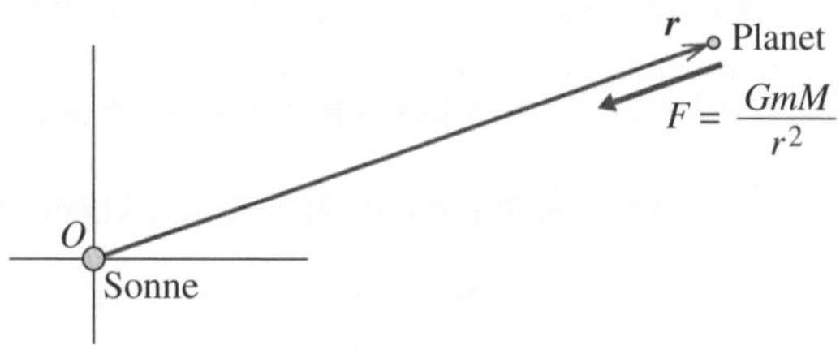

Abbildung 3.6: Ein Planet mit der Masse m unterliegt der zentralen Anziehungskraft $\boldsymbol{F}$ der Sonne (Masse M). Wenn wir den Koordinatenursprung O in die Sonne legen, ist $\boldsymbol{r}\times\boldsymbol{F} = 0$, und der Drehimpuls des Planeten bezüglich O ist daher konstant.

Bei vielen Bewegungsproblemen für Punktteilchen kann man den Ursprung O so wählen, dass das Drehmoment $\boldsymbol{\Gamma}$ (bezüglich O) verschwindet. Dann muss nach Gleichung (3.16) der Drehimpuls des Teilchens bezüglich O konstant sein. Betrachten wir beispielsweise einen Planeten (oder Kometen) mit der Masse m, der sich um die Sonne (Masse M) bewegt. Die einzige Kraft, die er spürt, ist die anziehende Gravitationskraft GmM/r^2 der Sonne (Abbildung 3.6). Eine wesentliche Eigenschaft der Schwerkraft ist es, dass es sich bei ihr um eine **Zentralkraft** handelt, dass sie also entlang der Verbindungslinie zwischen den beiden sich anziehenden Massen (Schwerpunkten) wirkt. Demnach liegt diese Kraft $\boldsymbol{F}$ parallel (genauer gesagt: antiparallel) zum Ortsvektor $\boldsymbol{r}$ des Planeten im Koordinatensystem der Sonne. Dann gilt aber definitionsgemäß für das Kreuzprodukt $\boldsymbol{r}\times\boldsymbol{F} = 0$. Dieses Ergebnis erleichtert die Berechnung der Planetenbewegung ganz erheblich. So folgt aus der Konstanz von $\boldsymbol{r}\times\boldsymbol{p}$, dass Orts- und Impulsvektor auf Dauer in derselben Ebene liegen, dass also die Bahn des Planeten immer in derselben Ebene um die Sonne liegt. Damit reduziert sich das Problem auf zwei Dimensionen. In Kapitel 8 werden wir näher darauf eingehen.

Das zweite Kepler'sche Gesetz

Einer der frühesten Triumphe der Newton'schen Mechanik war die Erklärung des zweiten Kepler'schen Gesetzes als einfache Folge aus der Erhaltung des Drehimpulses. Newtons Bewegungsgesetze wurden 1687 in seinen berühmten *Principia* veröffentlicht. Fast 80 Jahre zuvor hatte der deutsche Astronom Johannes Kepler (1571–1630) seine drei Gesetze der Planetenbewegung formuliert.[4] Diese Gesetze unterscheiden sich grundsätzlich von den Newton'schen Gesetzen, denn es handelt

4 Die beiden ersten Kepler'schen Gesetze erschienen 1609 in seinem Buch *Astronomia Nova* („Neue Astronomie"), das dritte 1619 in seinem Werk *Harmonices mundi libri V* („Fünf Bücher zur Harmonie der Welt").

sich bei ihnen lediglich um eine einfache mathematische Beschreibung der beobachteten Planetenbewegungen. So besagt das erste, dass die Planeten um die Sonne auf Ellipsenbahnen laufen, in deren einem Brennpunkt die Sonne steht. Kepler unternahm nicht den Versuch, diese Tatsache zu erklären, etwa indem er sie auf grundlegende Prinzipien zurückgeführt hätte. Die Kepler'schen Gesetze sind lediglich Verallgemeinerungen – brillante Verallgemeinerungen, die großes physikalisches Verständnis erforderten, aber doch nur Verallgemeinerungen – der beobachteten Bahndaten. Alle drei Kepler'schen Gesetze sind aber letztlich Folgerungen aus den Newton'schen Bewegungsgesetzen. Ich werde das erste und das dritte Kepler'sche Gesetz in Kapitel 8 herleiten, das zweite können wir bereits jetzt behandeln.

Das zweite Kepler'sche Gesetz wird üblicherweise folgendermaßen formuliert:

Zweites Kepler'sches Gesetz

Der „Fahrstrahl" eines Planeten, also die Verbindungslinie zwischen dem Planeten und der Sonne, überstreicht während seines Umlaufs um die Sonne in gleichen Zeiten gleiche Flächen.

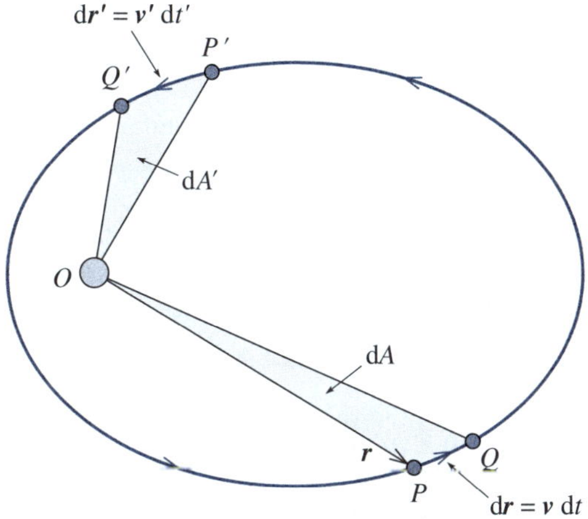

Abbildung 3.7: Die Bahn eines Planeten um die Sonne, die im Koordinatenursprung O ruht. Nach dem zweiten Kepler'schen Gesetz sind die beiden Fläche dA und dA' gleich, wenn die zwei Strecken PQ und $P'Q'$ auf der Planetenbahn in jeweils gleichen Zeitintervallen durchlaufen werden, also wenn $dt = dt'$ gilt.

Diese recht merkwürdige Aussage wird durch Abbildung 3.7 illustriert, in der die Bahn eines Planeten oder Kometen – das Gesetz gilt genauso für Kometen – um die im Koordinatenursprung angenommene Sonne dargestellt ist. (In der folgenden Herleitung mache ich die Annahme, dass sich die Sonne selbst nicht bewegt. Was sich ändert, wenn man diese Näherung fallen lässt und die geringfügige Bewegung der Sonne berücksichtigt, werden wir in Kapitel 8 sehen.) Die Fläche dA, die vom Fahrstrahl des Planeten bei seinem Weg vom Punkt P zum Punkt Q überstrichen wird, ist die Dreiecksfläche OPQ. (Genau genommen ist die äußere Seite dieses „Dreiecks" keine Gerade, sondern der *bogen*förmige Ellipsenabschnitt PQ. Wenn wir jedoch genügend dicht beieinanderliegende Punkte P und Q wählen, wird der Unterschied zwischen der geraden Verbindung zwischen P und Q einerseits und dem Bogen PQ andererseits beliebig klein und kann damit vernachlässigt werden.) Für den Weg von P nach Q benötigt der Planet die Zeit $\mathrm{d}t$. Das zweite Kepler'sche Gesetz besagt also: Aus $\mathrm{d}t = \mathrm{d}t'$ folgt $\mathrm{d}A = \mathrm{d}A'$ bzw. für die Dreiecksflächen $OPQ = OP'Q'$. Natürlich können wir die beiden Gleichungen auch durcheinander dividieren und erhalten $\mathrm{d}A/\mathrm{d}t = \mathrm{d}A'/\mathrm{d}t'$, d. h., die *Rate* $\mathrm{d}A/\mathrm{d}t$, mit der der Fahrstrahl die Innenfläche der Planetenbahn überstreicht, ist konstant.

Zum Beweis dieser Aussage bedenken wir zunächst, dass die Gerade OP dem Ortsvektor $\boldsymbol{r}$ des Planeten und die (kleine) Strecke PQ dem Bahnabschnitt $\mathrm{d}\boldsymbol{r} = \boldsymbol{v}\,\mathrm{d}t$ entspricht. Nun ist der Betrag des Kreuzprodukts $\boldsymbol{a} \times \boldsymbol{b}$ aber gerade das Doppelte der Fläche des von den beiden Vektoren $\boldsymbol{a}$ und $\boldsymbol{b}$ aufgespannten Dreiecks, dessen Fläche $\frac{1}{2}|\boldsymbol{a}\times\boldsymbol{b}|$ beträgt (vgl. Aufgabe 24). Damit erhalten wir für die Fläche des Dreiecks OPQ

$$\mathrm{d}A = \tfrac{1}{2}|\boldsymbol{r} \times \boldsymbol{v}\mathrm{d}t| \,.$$

Ersetzen wir $\boldsymbol{v}$ durch $\boldsymbol{p}/m$ und dividieren dann beide Seiten durch $\mathrm{d}t$, so erhalten wir

$$\frac{\mathrm{d}A}{\mathrm{d}t} = \frac{1}{2m}|\boldsymbol{r} \times \boldsymbol{p}| = \frac{1}{2m}\ell \,. \tag{3.17}$$

Darin steht ℓ für den Betrag des Drehimpulsvektors $\boldsymbol{\ell} = \boldsymbol{r} \times \boldsymbol{p}$. Da der Drehimpuls des Planeten um die Sonne eine Erhaltungsgröße ist, bedeutet dies, dass auch $\mathrm{d}A/\mathrm{d}t$ erhalten bleibt; diese Aussage ist, wie oben gezeigt, gleichbedeutend mit dem zweiten Kepler'schen Gesetz.

Ein alternativer Beweis desselben Satzes ist ebenfalls instruktiv, denn er zeigt direkt, dass gilt:

$$\ell = mr^2\omega \tag{3.18}$$

(Aufgabe 27), wobei $\omega = \dot{\varphi}$ die Winkelgeschwindigkeit des Planeten um die Sonne ist. Und es ist ebenfalls nur eine einfache geometrische Aufgabe zu zeigen, dass für die „Überstreichgeschwindigkeit" des Fahrstrahls gilt

$$\mathrm{d}A/\mathrm{d}t = \tfrac{1}{2}r^2\omega \,. \tag{3.19}$$

Ein Vergleich von (3.18) mit (3.19) zeigt, dass ℓ dann und nur dann konstant ist, wenn dies auch für $\mathrm{d}A/\mathrm{d}t$ gilt – die Drehimpulserhaltung ist also vollständig äquivalent zum zweiten Kepler'schen Gesetz. Weiterhin sehen wir, dass bei einem sich der Sonne annähernden Planeten (oder Kometen), also bei abnehmendem r, notwendigerweise die Winkelgeschwindigkeit ω zunimmt. Genauer gesagt, ist ω umgekehrt proportional zu r^2; wenn also der Abstand zur Sonne r am Ort P' halb so groß ist wie am Ort P, dann ist die Winkelgeschwindigkeit dort viermal so groß wie in P.

Bitte beachten Sie, dass wir für unseren Beweis des zweiten Kepler'schen Gesetzes lediglich davon Gebrauch gemacht haben, dass die Schwerkraft eine Zentralkraft ist, woraus ja bereits die Erhaltung des Drehimpulses folgt. Daher ist dieses Gesetz für alle Körper gültig, die sich unter dem Einfluss einer *beliebigen* Zentralkraft bewegen. Im Gegensatz dazu werden wir in Kapitel 8 sehen, dass das erste und das dritte Kepler'sche Gesetz (insbesondere das erste, demzufolge die Planetenbahnen Ellipsen mit der Sonne in einem der beiden Brennpunkte sind) auf der invers-quadratischen Radiusabhängigkeit der Schwerkraft beruhen und damit nicht für beliebige Zentralkräfte gelten.

3.5 Drehimpuls für mehrere Teilchen

Betrachten wir nun ein System aus N Teilchen, $\alpha = 1, \ldots, N$, die jeweils einen Drehimpuls $\boldsymbol{\ell}_\alpha = \boldsymbol{r}_\alpha \times \boldsymbol{p}_\alpha$ haben (alle Ortsvektoren $\boldsymbol{r}_\alpha$ müssen sich dabei natürlich auf denselben Koordinatenursprung O beziehen). Wir definieren den **Gesamtdrehimpuls** $\boldsymbol{L}$ des Systems nun als

$$\boldsymbol{L} = \sum_{\alpha=1}^{N} \boldsymbol{\ell}_\alpha = \sum_{\alpha=1}^{N} \boldsymbol{r}_\alpha \times \boldsymbol{p}_\alpha \,. \tag{3.20}$$

Durch Ableitung nach der Zeit und unter Zuhilfenahme von (3.16) finden wir

$$\dot{\boldsymbol{L}} = \sum_\alpha \dot{\boldsymbol{\ell}}_\alpha = \sum_\alpha \boldsymbol{r}_\alpha \times \boldsymbol{F}_\alpha \,. \tag{3.21}$$

Dabei steht $\boldsymbol{F}_\alpha$, wie üblich, für die an Teilchen α angreifende Kraft. Das Ergebnis zeigt, dass die zeitliche Änderung von $\boldsymbol{L}$ nichts anderes ist als das auf das Gesamtsystem einwirkende Drehmoment, was für sich genommen schon eine sehr wichtige Erkenntnis ist. Ich möchte jedoch für die weitere Diskussion die inneren und die äußeren Kräfte getrennt behandeln. Dazu schreiben wir wie in Gleichung (1.25) $\boldsymbol{F}$ als

$$(\text{Kraft auf Teilchen } \alpha) = \boldsymbol{F}_\alpha = \sum_{\beta\neq\alpha} \boldsymbol{F}_{\alpha\beta} + \boldsymbol{F}_\alpha^{\text{ext}} \,. \tag{3.22}$$

Dabei steht, wie zuvor, $\boldsymbol{F}_{\alpha\beta}$ für die von Teilchen β auf Teilchen α ausgeübte Kraft, und $\boldsymbol{F}_\alpha^{\text{ext}}$ ist die äußere Gesamtkraft auf das Teilchen α. Durch Einsetzen in (3.21) finden wir, dass

$$\dot{\boldsymbol{L}} = \sum_\alpha \sum_{\beta\neq\alpha} \boldsymbol{r}_\alpha \times \boldsymbol{F}_{\alpha\beta} + \sum_\alpha \boldsymbol{r}_\alpha \times \boldsymbol{F}_\alpha^{\text{ext}} \,. \tag{3.23}$$

Gleichung (3.23) entspricht der Gleichung (1.27) aus der früheren Diskussion des linearen Impulses in Kapitel 1, und wir können sie in etwa der gleichen Weise umformen wie damals; nur ein – interessanter – zusätzlicher Schritt kommt hinzu: Wir gruppieren zunächst die Terme der Doppelsumme so um, dass jeder Term mit den Indizes $\alpha\beta$ bei dem entsprechenden Term mit den Indizes $\beta\alpha$ steht, also:[5]

$$\sum_\alpha \sum_{\beta\neq\alpha} \boldsymbol{r}_\alpha \times \boldsymbol{F}_{\alpha\beta} = \sum_\alpha \sum_{\beta>\alpha} (\boldsymbol{r}_\alpha \times \boldsymbol{F}_{\alpha\beta} + \boldsymbol{r}_\beta \times \boldsymbol{F}_{\beta\alpha}) \,. \tag{3.24}$$

Wenn wir nun voraussetzen, dass alle inneren Kräfte dem dritten Newton'schen Gesetz gehorchen (d. h. $\boldsymbol{F}_{\alpha\beta} = -\boldsymbol{F}_{\beta\alpha}$), dann können wir die rechte Summe auch in folgender Form schreiben:

$$\sum_\alpha \sum_{\beta>\alpha} (\boldsymbol{r}_\alpha - \boldsymbol{r}_\beta) \times \boldsymbol{F}_{\alpha\beta} \,. \tag{3.25}$$

Um diese Summe zu interpretieren, betrachten wir den Vektor $(\boldsymbol{r}_\alpha - \boldsymbol{r}_\beta) \equiv \boldsymbol{r}_{\alpha\beta}$ (Abbildung 3.8). Wir erkennen anhand der Abbildung, dass dieser Vektor von Teilchen β auf Teilchen α hin zeigt. Wenn die internen Kräfte $\boldsymbol{F}_{\alpha\beta}$ nicht nur dem dritten Newton'schen Gesetz gehorchen, sondern außerdem noch Zentralkräfte sind, dann sind die Vektoren $\boldsymbol{r}_{\alpha\beta}$ und $\boldsymbol{F}_{\alpha\beta}$ (anti-)parallel, und ihr Kreuzprodukt verschwindet.

5 Machen Sie sich unbedingt klar, was hier passiert: Ich habe beispielsweise den Term $\boldsymbol{r}_1 \times \boldsymbol{F}_{12}$ mit dem Term $\boldsymbol{r}_2 \times \boldsymbol{F}_{21}$ gepaart.

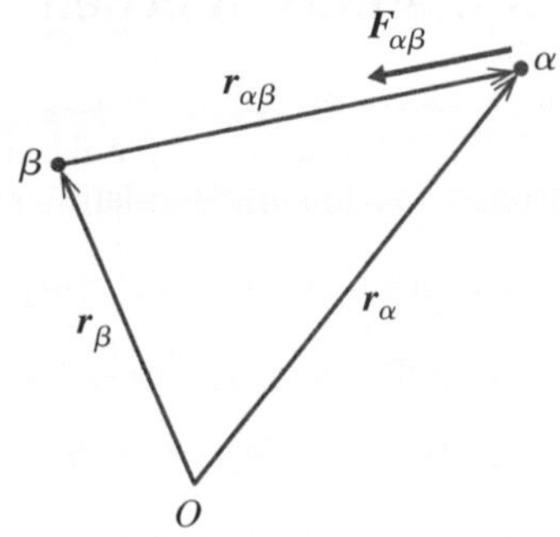

Abbildung 3.8: Der Vektor $\boldsymbol{r}_{\alpha\beta} = (\boldsymbol{r}_\alpha - \boldsymbol{r}_\beta)$ zeigt von Teilchen β zum Teilchen α. Wenn die zwischen beiden Teilchen wirkende Kraft $\boldsymbol{F}_{\alpha\beta}$ eine Zentralkraft ist (also entlang der Verbindungslinie wirkt), dann sind $\boldsymbol{r}_{\alpha\beta}$ und $\boldsymbol{F}_{\alpha\beta}$ (anti-)parallel, und ihr Kreuzprodukt ist null.

Kehren wir nun zu Gleichung (3.23) zurück, so sehen wir, dass unter den bisher getroffenen Annahmen die Doppelsumme in dieser Gleichung verschwindet. Die verbleibende (Einzel-)Summe ist gerade das äußere Drehmoment; damit gilt

$$\dot{\boldsymbol{L}} = \boldsymbol{\Gamma}^{\text{ext}} . \tag{3.26}$$

Insbesondere erhalten wir, wenn kein äußeres Drehmoment angreift (d. h., wenn $\boldsymbol{\Gamma}^{\text{ext}} = 0$ ist), das

Prinzip von der Erhaltung des Drehimpulses

Wenn das äußere Drehmoment auf ein N-Teilchen-System verschwindet, ist der Gesamtdrehimpuls $\boldsymbol{L} = \sum \boldsymbol{r}_\alpha \times \boldsymbol{p}_\alpha$ des Systems konstant.

Die Gültigkeit der Drehimpulserhaltung hängt von unseren beiden Annahmen ab, dass alle inneren Kräfte $\boldsymbol{F}_{\alpha\beta}$ dem dritten Newton'schen Gesetz gehorchen und außerdem Zentralkräfte sind. Da dies fast immer erfüllt ist, gilt also auch fast immer der angeführte Erhaltungssatz. Er ist für die Lösung vieler Probleme von großem Nutzen, was ich in Kürze anhand einiger Beispiele demonstrieren werde.

Das Trägheitsmoment

Bevor wir aber ein Beispiel besprechen, möchte ich anmerken, dass man für die Berechnung von Drehimpulsen nicht immer auf die Definition (3.20) zurückgreifen muss. Wie Sie vielleicht noch aus Ihrem physikalischen Einführungskurs wissen, lässt sich bei einem um eine feste Drehachse rotierenden starren Körper (etwa ein Rad an einer Achse) die recht komplizierte Summe (3.20) mithilfe der Winkelgeschwindigkeit und des sogenannten Trägheitsmoments ausdrücken. Insbesondere wird dann, wenn wir die z-Achse als Rotationsachse wählen, L_z (die z-Komponente des Drehimpulses $\boldsymbol{L}$) einfach zu $L_z = \omega I$, wobei I das **Trägheitsmoment** des rotierenden Körpers um diese Achse und ω die Winkelgeschwindigkeit der Drehbewegung ist. Wir werden dies in Kapitel 10 beweisen und auch noch weiter verallgemeinern – Sie können es aber schon jetzt mit den in Aufgabe 30 gegebenen Hilfestellungen selbst beweisen. Im Moment bitte ich Sie einfach, das Konzept des Trägheitsmoments als Vorkenntnis aus dem Einführungskurs hinzunehmen. Möglicherweise erinnern Sie sich auch noch an die Werte, die das Trägheitsmoment für verschiedene Standardkörper annimmt. So gilt beispielsweise für eine homogene Scheibe (Masse M, Radius R), die um ihre Symmetrieachse rotiert, $I = MR^2/2$. Für eine homogene Kugel (Masse M, Radius R), die um ihren Durchmesser rotiert, gilt $I = 2MR^2/5$. Generell gilt für alle Vielteilchensysteme $I = \sum m_\alpha \rho_\alpha^2$; dabei bezeichnet ρ_α die (senkrechte) Entfernung des Teilchens m_α von der Rotationsachse.

Stoß eines Kittklumpens mit einer Drehscheibe

Beispiel 3.3 Wir betrachten eine homogene kreisförmige Drehscheibe mit der Masse M, dem Radius R und dem Mittelpunkt O, die sich in der x-y-Ebene in Ruhe befindet. Die Scheibe ist auf einer reibungsfreien Achse montiert, die parallel zur z-Achse ausgerichtet ist. Nun werfe ich einen Klumpen Kitt mit der Masse m und der Geschwindigkeit $\boldsymbol{v}$ gegen den Rand der Scheibe, sodass seine Bewegungsrichtung einen senkrechten Abstand b vom Mittelpunkt O hat (siehe Abbildung 3.9). Man spricht dabei von einem **Drehstoß**.[6] Wenn der Klumpen auf die Scheibe trifft, bleibt er dort kleben, und das System Scheibe–Klumpen beginnt sich mit der Winkelgeschwindigkeit ω zu drehen. Wie groß ist ω?

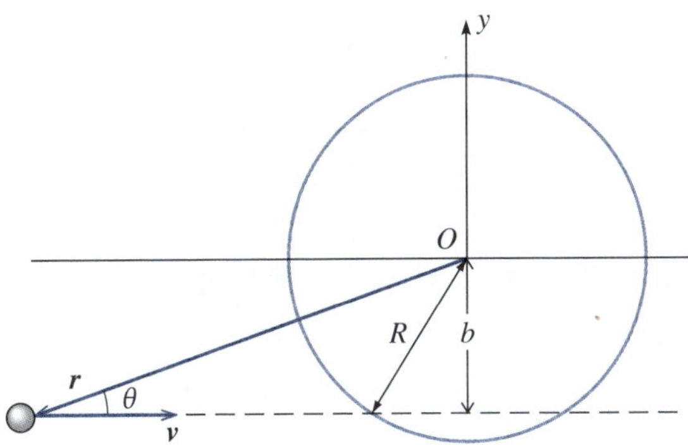

Abbildung 3.9: Ein Klumpen Kitt mit der Masse m wird mit der Geschwindigkeit $\boldsymbol{v}$ auf eine ruhende Drehscheibe (Radius R) geworfen. Der senkrechte Abstand seiner Wurfbahn zum Scheibenmittelpunkt O beträgt b.

Lösung Diese Aufgabe lässt sich leicht mithilfe der Drehimpulserhaltung lösen. Da die Drehscheibe sich um eine reibungsfreie Achse dreht, gibt es in z-Richtung kein Drehmoment auf die Scheibe. Daher ist die z-Komponente des äußeren Drehmoments auf das System null, und L_z bleibt erhalten. (Dies gilt auch dann, wenn wir den Einfluss der Schwerkraft berücksichtigen, die entlang der z-Achse wirkt und nichts zum Drehmoment in z-Richtung beiträgt.) Die Scheibe ruht vor dem Zusammenstoß,

6 In der Streutheorie, die sich vor allem mit Stößen zwischen atomaren oder subatomaren Teilchen befasst, bezeichnet b den sogenannten **Stoßparameter**.

hat also keinen Drehimpuls. Der Kittklumpen hingegen hat dagegen den Drehimpuls $\boldsymbol{\ell} = \boldsymbol{r} \times \boldsymbol{p}$ in z-Richtung. Damit ist der Gesamtdrehimpuls des Systems vor dem Stoß

$$L_z^{\text{Anf}} = \ell_z = r(mv)\sin\theta = mvb\,.$$

Nach dem Stoß rotieren der Kittklumpen und die Drehscheibe gemeinsam um die z-Achse mit einem Gesamtträgheitsmoment[7] $I = (m+M/2)R^2$, und die z-Komponente des Gesamtdrehimpulses ist dann $L_z^{\text{End}} = I\omega$. Die Erhaltung des Drehimpulses in z-Richtung gemäß $L_z^{\text{Anf}} = L_z^{\text{End}}$ bedeutet dann

$$mvb = (m + M/2)R^2\omega\,,$$

oder, nach ω aufgelöst:

$$\omega = \frac{m}{(m + M/2)} \cdot \frac{vb}{R^2}\,. \tag{3.27}$$

Dieses Ergebnis ist eigentlich nicht besonders spektakulär. Sehr interessant aber ist, dass wir es mit einem so vergleichsweise geringen Aufwand erhalten haben. Das ist typisch für die Anwendung von Erhaltungssätzen. Die hier benutzte Argumentation wird in vielen Situationen (etwa bei nuklearen Reaktionen) benutzt, in denen ein Teilchen auf ein ruhendes Target trifft und sein Drehimpuls auf zwei Körper aufgeteilt wird. ■

Drehimpuls um den Schwerpunkt

Das Prinzip von der Erhaltung des Drehimpulses und der noch allgemeinere Satz (3.26) – also $\dot{\boldsymbol{L}} = \boldsymbol{\Gamma}^{\text{ext}}$ – wurden unter der Voraussetzung hergeleitet, dass alle Größen in einem Inertialsystem gemessen werden und sich somit das erste Newton'sche Gesetz anwenden lässt. Deshalb mussten sowohl $\boldsymbol{L}$ als auch $\boldsymbol{\Gamma}^{\text{ext}}$ auf den Ursprung O eines Inertialsystems bezogen werden. Bemerkenswerterweise gelten aber beide Aussagen auch dann noch, wenn $\boldsymbol{L}$ und $\boldsymbol{\Gamma}^{\text{ext}}$ bezüglich des Schwerpunkts S gemessen werden – selbst dann, wenn der Schwerpunkt beschleunigt wird, sich also *nicht* in einem Inertialsystem befindet. Das bedeutet

$$\frac{\mathrm{d}}{\mathrm{d}t}\boldsymbol{L}\ (\text{bezüglich } S) = \boldsymbol{\Gamma}^{\text{ext}}\ (\text{bezüglich } S) \tag{3.28}$$

und damit die Erhaltung von $\boldsymbol{L}$ (bezüglich S), sofern $\boldsymbol{\Gamma}^{\text{ext}}$ (bezüglich S) $= 0$. Wir werden diese Aussage in Kapitel 10 beweisen, Sie können es aber auch schon jetzt anhand von Aufgabe 37 versuchen. Ich erwähne diesen Sachverhalt schon jetzt, da er für viele Probleme eine sehr einfache Lösung ermöglicht, wie das folgende Beispiel illustriert.

Gleitende und rollende Hantel

Beispiel 3.4 Eine Hantel aus zwei gleichen Massen m, die an den Enden eines starren, masselosen Stabes der Länge $2b$ befestigt sind, ruht auf einem reibungsfreien ebenen Tisch in der x-y-Ebene. Sie liegt entlang der x-Achse mit dem Mittelpunkt im Ursprung (Abbildung 3.10). Zur Zeit $t = 0$ wird die linke Masse kurz angestoßen, d. h. eine horizontale Kraft $\boldsymbol{F}$ in y-Richtung wirkt für die kurze Zeit Δt auf sie ein. Beschreiben Sie die dadurch hervorgerufene Bewegung.

7 Es setzt sich zusammen aus einem Anteil mR^2 für den Kittklumpen, der im Abstand R von der Drehachse haften bleibt, sowie aus einem Anteil $MR^2/2$ für die homogene Drehscheibe.

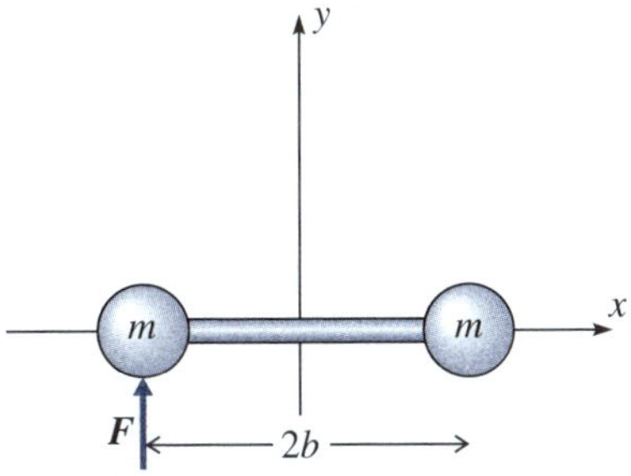

Abbildung 3.10: Der linke Teil der Hantel erhält einen kurzen Stoß in y-Richtung.

Lösung Diese Aufgabe besteht eigentlich aus zwei Problemen: Wir müssen zum einen die Anfangsbewegung direkt nach dem Stoß bestimmen und zum anderen die sich anschließende kräftefreie Bewegung der Hantel. Die Bewegung direkt nach dem Stoß ist nicht schwer zu erraten, aber wir wollen sie hier mithilfe der in diesem Kapitel besprochenen Sätze herleiten. Die einzige äußere Kraft ist $\boldsymbol{F}$, die während der kurzen Zeit Δt in y-Richtung wirkt. Wegen $\dot{\boldsymbol{P}} = \boldsymbol{F}^{\text{ext}}$ ist der Gesamtimpuls direkt nach dem Stoß $\boldsymbol{P} = \boldsymbol{F}\Delta t$. Da $\boldsymbol{P} = M\dot{\boldsymbol{R}}$ gilt (mit $M = 2m$), muss sich der Schwerpunkt S mit der Geschwindigkeit

$$\boldsymbol{v}_S = \dot{\boldsymbol{R}} = \boldsymbol{F}\Delta t/2m$$

in y-Richtung in Bewegung setzen. Solange die Kraft $\boldsymbol{F}$ wirkt, übt sie ein Drehmoment vom Betrag $\Gamma^{\text{ext}} = Fb$ bezüglich S aus. Mit (3.28) ergibt sich daraus für den anfänglichen Betrag des Drehimpulses (direkt nach dem Ende des Stoßes) $L = Fb\Delta t$. Wegen $L = I\omega$ und $I = 2mb^2$ schließen wir daraus, dass die Hantel sich mit einer anfänglichen Winkelgeschwindigkeit

$$\omega = F\Delta t/2mb$$

im Uhrzeigersinn dreht. Rotation „im Uhrzeigersinn" bedeutet hier, dass die linke Masse sich relativ zum Schwerpunkt mit der Geschwindigkeit ωb in Bewegung setzt; ihre Anfangsgeschwindigkeit beträgt

$$v_{\text{links}} = v_S + \omega b = F\Delta t/m\,.$$

Durch eine Überlegung ergibt sich, dass die rechte Masse sich in die entgegengesetzte Richtung (relativ zu S) bewegt; ihre Anfangsgeschwindigkeit ist

$$v_{\text{rechts}} = v_S - \omega b = 0\,.$$

Die rechte Masse ist also zu Beginn der kräftefreien Bewegung in Ruhe, während die linke den gesamten Impuls $F\Delta t$ des Systems trägt.

Die weitere Entwicklung des Systems ist unkompliziert: Sobald die Kraft zu wirken aufhört, gibt es keine äußeren Kräfte oder Drehmomente mehr. Damit bewegt sich der Schwerpunkt mit konstanter Geschwindigkeit in y-Richtung, und die Hantel rotiert weiterhin mit konstanter Winkelgeschwindigkeit um ihren Schwerpunkt. ■

ZUSAMMENFASSUNG

Wichtige Definitionen und Gleichungen aus Kapitel 3

Bewegungsgleichung einer Rakete

$$m\dot{v} = -\dot{m}v_{\text{aus}} + F^{\text{ext}}. \qquad \text{(3.6) und (3.29)}$$

(Gleichung (3.29) steht in Aufgabe 11.)

Schwerpunkt mehrerer Teilchen

$$\boldsymbol{R} = \frac{1}{M}\sum_{\alpha=1}^{N} m_\alpha \boldsymbol{r}_\alpha = \frac{m_1\boldsymbol{r}_1 + \cdots + m_N\boldsymbol{r}_N}{M}; \qquad (3.9)$$

M ist dabei die Gesamtmasse aller Teilchen mit $M = \sum m_\alpha$.

Drehimpuls

Der Drehimpuls $\boldsymbol{\ell}$ bezüglich des Koordinatenursprungs O ist für ein einzelnes Teilchen mit dem Impuls $\boldsymbol{p}$ und dem Ortsvektor $\boldsymbol{r}$ (bezüglich O) definiert als der Vektor

$$\boldsymbol{\ell} = \boldsymbol{r} \times \boldsymbol{p}. \qquad (3.14)$$

Der Gesamtdrehimpuls $\boldsymbol{L}$ eines Systems von N Teilchen ist

$$\boldsymbol{L} = \sum_{\alpha=1}^{N} \boldsymbol{\ell}_\alpha = \sum_{\alpha=1}^{N} \boldsymbol{r}_\alpha \times \boldsymbol{p}_\alpha. \qquad (3.20)$$

Wenn alle inneren Kräfte eines Systems Zentralkräfte sind, gilt

$$\dot{\boldsymbol{L}} = \boldsymbol{\Gamma}^{\text{ext}}; \qquad (3.26)$$

$\boldsymbol{\Gamma}^{\text{ext}}$ ist dabei das äußere Drehmoment.

Aufgaben zu Kapitel 3

*Die Sterne zeigen den ungefähren Schwierigkeitsgrad an, von * (leicht) bis *** (schwierig).*

3.1 Impulserhaltung

***1** Eine Pistole hat (ungeladen) die Masse M. Sie feuert eine Kugel der Masse m mit einer Mündungsgeschwindigkeit v ab (v ist somit die Relativgeschwindigkeit der Kugel bezüglich der Pistole). Zeigen Sie – unter der Annahme, dass auf die Pistole keine äußeren Kräfte wirken, die den Rückstoß auffangen könnten – mithilfe der Impulserhaltung, dass die Geschwindigkeit der Pistolenkugel relativ zum Erdboden $v/(1 + m/M)$ beträgt.

***2** Ein Geschoss, dass sich mit der Geschwindigkeit v_0 exakt horizontal nach Norden bewegt, zerbirst in zwei Teile mit gleicher Masse. Unmittelbar danach bewegt sich eines der Teile vertikal nach oben mit der Geschwindigkeit v_0. Welche Geschwindigkeit hat das andere?

***3** Ein Geschoss bewegt sich mit der Geschwindigkeit $\mathbf{v}_0$ und zerbirst dann in drei Teile von jeweils gleicher Masse. Unmittelbar danach hat ein Teil die Geschwindigkeit $\mathbf{v}_0 = \mathbf{v}_1$, die anderen beiden die Geschwindigkeiten $\mathbf{v}_2$ bzw. $\mathbf{v}_3$. Die Beträge v_2 und v_3 sind gleich, die beiden Vektoren $\mathbf{v}_2$ und $\mathbf{v}_3$ stehen jedoch senkrecht aufeinander. Bestimmen sie $\mathbf{v}_2$ und $\mathbf{v}_3$ und skizzieren Sie die drei Geschwindigkeitsvektoren.

****4** Zwei Männer, beide mit einer Masse m_M, stehen am selben Ende eines flachen Eisenbahnwaggons mit reibungsfreien Rädern und der Masse m_W. Die Männer laufen mit der gleichen Geschwindigkeit u los. Wenden Sie die Impulserhaltung an und betrachten Sie die folgenden beiden Fälle:
a) Die Männer laufen gleichzeitig los und springen am anderen Ende des Waggons (ebenfalls gleichzeitig) ab. Welche Geschwindigkeit erhält der Waggon durch den Rückstoß?
b) Ein Mann läuft los und springt ab, erst danach startet der andere und springt ebenfalls ab. Wie groß ist jetzt die Geschwindigkeit des Waggons? In welchem Fall erhält er die größere Geschwindigkeit? [*Hinweis:* In beiden Fällen ist u jeweils die Geschwindigkeit der beiden Männer direkt nach dem Absprung *relativ zum Waggon*.]

****5** Viele Anwendungen des Impulserhaltungssatzes machen auch von der Energieerhaltung Gebrauch. Auch wenn wir diesen Erhaltungssatz bisher noch nicht näher diskutiert haben, sollten Sie aus Ihren Einführungskursen genug über die Energie wissen, um schon einige Probleme dieses Typs lösen zu können. Hier ist ein elegantes Beispiel: Ein *elastischer Stoß* zwischen zwei Körpern ist dadurch definiert, dass die kinetische Gesamtenergie beider Körper nach dem Stoß dieselbe ist wie vorher. (Ein bekanntes Beispiel ist der Stoß zweier Billardkugeln, bei dem normalerweise nur ein extrem kleiner Teil der kinetischen Energie durch Reibung oder Verformung verloren geht.) Betrachten Sie einen solchen elastische Stoß zwischen zwei Körpern gleicher Masse, von denen am Anfang der erste die Geschwindigkeit $\mathbf{v}_1$ hat und der andere in Ruhe ist ($\mathbf{v}_2 = 0$). Die Geschwindigkeiten nach dem Stoß sollen $\boldsymbol{v}_1'$ und $\boldsymbol{v}_2'$ sein. Stellen Sie die Vektorgleichung für die Impulserhaltung und die (skalare) Gleichung für die Erhaltung der kinetischen Energie auf. Beweisen Sie damit, dass $\boldsymbol{v}_1'$ und $\boldsymbol{v}_2'$ senkrecht aufeinander stehen. Dieses Ergebnis war in der Frühzeit der Atom- und Kernphysik von Bedeutung, denn bei einem beobachteten rechten Winkel zwischen den Teilchenbahnen nach einem atomaren Stoß konnte man im Umkehrschluss davon ausgehen, dass die Teilchen die gleiche Masse hatten und der Stoß elastisch gewesen war.

3.2 Raketen

*** 6** Zu Beginn der Startphase einer Saturn-V-Rakete wurde Masse mit einer Rate von etwa 15 000 kg/s ausgestoßen, die Ausstoßgeschwindigkeit betrug etwa $v_{\text{aus}} = 2500\,\text{m/s}$. Welchen Schub erhielt die Rakete? Rechnen Sie das Ergebnis in Tonnen um ($1\,\text{t} \approx 9800\,\text{N}$) und vergleichen Sie Ihr Ergebnis mit der Startmasse der Rakete von knapp 3000 t.

*** 7** Die ersten Minuten eines Spaceshuttle-Starts lassen sich (sehr vereinfacht) etwa folgendermaßen beschreiben: Die Startmasse ist $2 \cdot 10^6\,\text{kg}$, nach zwei Minuten ist davon noch etwa die Hälfte übrig ($10^6\,\text{kg}$). Die mittlere Ausstoßgeschwindigkeit v_{aus} ist 3000 m/s, die Startgeschwindigkeit ist (natürlich) null. Welche Geschwindigkeit hätte der Spaceshuttle nach zwei Minuten, wenn dies im Weltraum, also ohne Einfluss der Schwerkraft, geschehen würde? Welchen Schub erfährt der Shuttle? Wie groß ist der Schub im Vergleich zu seinem Startgewicht (auf der Erde)?

*** 8** Eine Rakete (Startmasse m_0) hält sich mit laufenden Triebwerken stationär in einer konstanten Höhe über dem Erdboden.
a) Falls die Rakete nur einen Anteil von λm_0 des Treibstoffs verbrennen kann ($0 < \lambda < 1$): Wie lange kann die Rakete dann in dieser Weise weiterfliegen? [*Hinweis:* Setzen Sie den Schub mit der auf die Rakete wirkenden Schwerkraft gleich und integrieren Sie diese Gleichung durch Separation der Variablen t und m. Nehmen Sie v_{aus} als konstant an.]
b) Wie lange kann die Rakete mit $\lambda \approx 10\,\%$ und $v_{\text{aus}} = 3000\,\text{m/s}$ stationär über dem Erdboden fliegen?

*** 9** Mit den Daten aus Aufgabe 7 lassen sich die Startmasse und die (als konstant anzunehmende) Ausstoßrate $-\dot{m}$ des Spaceshuttles berechnen. Bei welcher Mindest-Ausstoßgeschwindigkeit $v_{\text{aus(min)}}$ würde sich das Shuttle gerade vom Boden lösen, wenn die Triebwerke mit voller Kraft arbeiten? [*Hinweis:* Der Schub muss mindestens so groß sein wie die Masse des Shuttles.]

*** 10** Betrachten Sie eine ruhende Rakete (Startmasse m_0), die im freien Weltraum beschleunigt wird. Zunächst nimmt der Impuls $p = mv$ mit wachsender Geschwindigkeit zu, wegen des Massenverlusts wird er aber von einem bestimmten Zeitpunkt an wieder abnehmen. Bei welchem Wert von $m(t)$ ist p maximal?

**** 11** **a)** Eine Rakete bewegt sich geradlinig unter dem Einfluss einer äußeren Kraft F^{ext}, die in Flugrichtung wirkt. Zeigen Sie, dass die Bewegungsgleichung (**Raketengleichung**) die Form

$$m\dot{v} = -\dot{m}v_{\text{aus}} + F^{\text{ext}} \tag{3.29}$$

hat. [Übernehmen Sie die Herleitung von Gleichung (3.6), behalten Sie aber den Term mit der äußeren Kraft bei.]

b) Betrachten Sie den Spezialfall, dass die Rakete aus dem Stillstand vertikal in einem Gravitationsfeld g startet. In diesem Fall lautet die Bewegungsgleichung

$$m\dot{v} = -\dot{m}v_{\text{aus}} - mg\,. \tag{3.30}$$

Wir nehmen nun an, dass die Rakete Masse mit einer konstanten Rate $\dot{m} = -k$ ausstößt (wobei k eine positive Konstante ist), also gilt $m = m_0 - kt$. Lösen Sie Gleichung (3.30) nach v auf (als Funktion von t), d. h. separieren Sie die Variablen (bringen Sie alle Terme mit v auf die linke Seite und alle mit t auf die rechte).

c) Berechnen Sie mit den Zahlenwerten aus Aufgabe 7 die Raketengeschwindigkeit nach zwei Minuten unter der (fast korrekten) Annahme, dass sich die Rakete senkrecht nach oben bewegt und g sich beim Aufstieg nicht merklich ändert. Vergleichen Sie Ihr Ergebnis mit dem entsprechenden Ergebnis im Fall, dass keine Schwerkraft wirkt.

d) Eine Rakete soll so konstruiert sein, dass der erste Term auf der rechten Seite von Gleichung (3.30) kleiner ist als der Anfangswert des zweiten Terms. Beschreiben Sie, was geschehen würde.

⋆12 Den Vorteil eines mehrstufigen Raketenantriebs zeigt die folgende Überlegung:

a) Der Treibstoff einer Rakete soll eine Masse von 60 % des Startgewichts haben, also $m_{\text{Treib}} = 0,6m_0$. Welche Endgeschwindigkeit v_{End} erreicht die Rakete im (kräfte-)freien Raum, wenn sie den gesamten Treibstoff in einer einzigen Brennstufe verbraucht? Geben Sie v_{End} als Vielfaches der Ausstoßgeschwindigkeit v_{aus} an.

b) Nehmen Sie nun an, dass der Treibstoff folgendermaßen in zwei Stufen verbrannt wird: Die erste Raketenstufe verbrennt eine Masse von $0{,}3m_0$, woraufhin der Tank der ersten Stufe (Masse: $0{,}1m_0$) abgestoßen wird. Anschließend wird die restliche Treibstoffmasse von $0{,}3m_0$ verbrannt. Bestimmen Sie v_{End} für diesen Fall, wobei v_{aus} während der gesamten Brenndauer (beider Stufen) als konstant angenommen werden soll, und vergleichen Sie die Werte.

⋆13 Wenn Sie es nicht bereits getan haben, lösen Sie Aufgabe 11b) und bestimmen Sie die Geschwindigkeit $v(t)$ einer aus dem Stillstand vertikal nach oben beschleunigten Rakete in einem Gravitationsfeld g als Funktion der Zeit. Integrieren Sie nun $v(t)$ und zeigen Sie, dass die Höhe der Rakete als Funktion von t die folgende Form hat:

$$y(t) = v_{\text{aus}}t - \frac{1}{2}gt^2 - \frac{mv_{\text{aus}}}{k}\ln\left(\frac{m_0}{m}\right).$$

Schätzen Sie mit den Zahlenwerten aus Aufgabe 7 die Höhe zwei Minuten nach dem Start.

14 Betrachten Sie eine Rakete, auf die eine lineare Reibungskraft $\boldsymbol{F}_R = -b\boldsymbol{v}$ wirkt, sonst jedoch keine weitere äußere Kraft. Die Rakete soll aus dem Stillstand starten und Treibstoff mit der konstanten Rate $k = -\dot{m}$ ausstoßen. Wenden Sie Gleichung (3.29) aus Aufgabe 11 an und zeigen Sie, dass ihre Geschwindigkeit dann gegeben ist durch

$$v = \frac{k}{b} v_{aus} \left[1 - \left(\frac{m}{m_0}\right)^{b/k}\right].$$

3.3 Der Schwerpunkt

15 Bestimmen Sie die Lage des Schwerpunkts von drei Teilchen, die in der x-y-Ebene bei $\boldsymbol{r}_1 = (1, 1, 0)$, $\boldsymbol{r}_2 = (1, -1, 0)$ und $\boldsymbol{r}_3 = (0, 0, 0)$ liegen, wenn für die Massen gilt $m_1 = m_2$ und $m_3 = 10m_1$. Veranschaulichen Sie ihre Antwort durch eine Skizze und erläutern Sie die Situation.

16 Die Massen der Erde und der Sonne sind $M_E \approx 6{,}0 \cdot 10^{24}$ kg bzw. $M_S \approx 2{,}0 \cdot 10^{30}$ kg, der Abstand ihrer geometrischen Mittelpunkte beträgt $1{,}5 \cdot 10^8$ km. Bestimmen Sie die Lage des Schwerpunkts und erläutern Sie Ihr Ergebnis (der Radius der Sonne ist etwa $7{,}0 \cdot 10^5$ km).

17 Die Massen der Erde und des (Erd-)Monds sind etwa $M_E \approx 6,0 \cdot 10^{24}$ kg bzw. $M_M \approx 7,4 \cdot 10^{22}$ kg, der Abstand ihrer geometrischen Mittelpunkte beträgt $3,8 \cdot 10^5$ km. Bestimmen Sie die Lage des Schwerpunkts und erläutern Sie Ihr Ergebnis (der Radius der Erde ist etwa $6,4 \cdot 10^3$ km).

18 **a)** Beweisen Sie, dass der Schwerpunkt zweier beliebiger Teilchen mit den Massen m_1 und m_2 immer auf der Verbindungslinie zwischen den Teilchen liegt (Abbildung 3.3). [*Hinweis:* Bestimmen Sie den Vektor, der von m_1 zum Schwerpunkt weist, und zeigen Sie, dass er parallel zu dem Vektor von m_1 nach m_2 ist.]

b) Zeigen Sie, dass die Abstände der Massen zum Schwerpunkt im umgekehrten Verhältnis stehen wie die Massen ($r_1/r_2 = m_2/m_1$). Warum liegt, wenn m_1 wesentlich größer als m_2 ist, der Schwerpunkt ganz nah bei m_1?

19 **a)** Wenn wir den Luftwiderstand vernachlässigen, ist die Flugbahn eines vom Boden gestarteten Geschosses eine Parabel. Was folgt für den Fall, dass das Geschoss mitten in der Luft zerplatzt, aus dem Ergebnis von Aufgabe 12 für die Flugbahn des Schwerpunkts der Trümmerstücke?

b) Eine Granate wird in Bodenhöhe auf ein 100 m entferntes Ziel abgeschossen. Unglücklicherweise explodiert die Granate während des Fluges vorzeitig und zerfällt in zwei gleich große Teile. Beide landen zur selben Zeit, eines davon 100 m hinter dem Ziel. Wo schlägt das andere auf? Gilt das Gleiche, wenn die Teile zu unterschiedlichen Zeiten aufschlagen (aber immer noch eines 100 m hinter dem Ziel)?

c) Gilt dieses Ergebnis auch, wenn die Bruchstücke zu verschiedenen Zeiten landen (aber immer noch eines 100 m hinter dem Ziel)?

20 Betrachten Sie ein System aus zwei ausgedehnten Körpern mit den Massen m_1 und m_2 und Schwerpunkten an den Orten $\boldsymbol{r}_1$ und $\boldsymbol{r}_2$. Beweisen Sie, dass der Schwerpunkt des Gesamtsystems bei

$$\boldsymbol{R} = \frac{m_1\boldsymbol{r}_1 + m_2\boldsymbol{r}_2}{m_1 + m_2}.$$

liegt. Dieses schöne Ergebnis bedeutet, dass man bei der Suche nach dem Schwerpunkt eines komplizierten Systems die einzelnen Komponenten als Punktmassen an den Positionen ihrer jeweiligen Schwerpunkte auffassen kann – selbst wenn es sich um ausgedehnte Körper mit beliebig komplexer Geometrie handelt.

⋆21 Aus einer homogenen dünnen Metallplatte wird ein Halbkreis mit dem Radius r ausgeschnitten, der in der x-y-Ebene mit dem Mittelpunkt im Ursprung und dem Durchmesser auf der x-Achse liege. Geben Sie die Lage des Schwerpunkts in Polarkoordinaten an. [In diesem Fall ist die Summe in Gleichung (3.9), die den Schwerpunkt definiert, ein Integral der Form $\int \boldsymbol{r}\sigma \, \mathrm{d}A$, wobei σ die Flächendichte (auf die Fläche bezogene Massendichte, Masse/Fläche) der Metallplatte und $\mathrm{d}A = r \, \mathrm{d}r\mathrm{d}\varphi$ ein infinitesimales Flächenelement ist.]

⋆22 Geben Sie mithilfe von Kugelkoordinaten r, θ, φ den Schwerpunkt einer homogenen Halbkugel mit dem Radius r an, deren flache Seite mit dem Mittelpunkt im Ursprung in der x-y-Ebene liegt. Zunächst müssen Sie beachten, dass ein Volumenelement in Kugelkoordinaten die Form $\mathrm{d}V = r^2 \, \mathrm{d}r \sin\theta \, \mathrm{d}\theta \, \mathrm{d}\varphi$ hat. (Kugelkoordinaten werden in Abschnitt 4.8 eingeführt. Wenn Sie mit ihnen noch nicht vertraut sind, sollten Sie diese Aufgabe vielleicht besser überspringen.)

⋆⋆⋆23 Computer Eine Handgranate wird mit der Startgeschwindigkeit $\boldsymbol{v}_0$ von einer hohen Klippe geworfen, wobei ihr Startpunkt den Ursprung des Koordinatensystems bildet. Der Luftwiderstand kann vernachlässigt werden.
a) Stellen Sie mit einem geeigneten mathematischen Grafikprogramm die Flugbahn für die folgenden Bahnparameter dar: $\boldsymbol{v}_0 = (4, 4)$, $g = 1$ und $0 \leq t \leq 4$; die x-Achse liegt in der Horizontalen, y weist senkrecht nach oben. Markieren Sie im Plot die Positionen bei $t = 1$, 2, 3 und 4.
b) Bei $t = 4$ explodiert die Granate in zwei gleiche Teile, zu diesem Zeitpunkt hat sie die Geschwindigkeit $\boldsymbol{v}$. Eines der beiden Bruchstücke hat danach die Geschwindigkeit $\boldsymbol{v} + \Delta\boldsymbol{v}$. Wie schnell ist das andere Stück?
c) Ergänzen Sie für $\Delta\boldsymbol{v} = (1, 3)$ die Flugbahnen beider Partikel für $4 \leq t \leq 9$. Fügen Sie Markierungen für die Positionen bei $t = 5$, 6, 7, 8 und 9 ein. Stellen Sie möglichst anschaulich dar, dass der Schwerpunkt beider Bruchstücke sich nach wie vor auf der ursprünglichen Parabelbahn fortbewegt.

3.4 Drehimpuls eines einzelnen Teilchens

⋆24 Die beiden Vektoren $\boldsymbol{a}$ und $\boldsymbol{b}$ bilden zwei Seiten eines Dreiecks. Beweisen Sie, dass die Fläche des Dreiecks $|\boldsymbol{a} \times \boldsymbol{b}|/2$ beträgt.

⋆25 Ein Teilchen der Masse m bewegt sich reibungsfrei auf einer horizontalen Tischplatte. Es ist mit einer masselosen Schnur verbunden, die durch ein Loch in der Platte gefädelt ist und deren anderes Ende ich festhalte. Zu Beginn bewegt sich das Teilchen mit einer Winkelgeschwindigkeit ω_0 auf einer Kreisbahn vom Radius r_0. Nun ziehe ich so lange an der Schnur, bis das Teilchen nur noch um eine Strecke $r < r_0$ von dem Loch entfernt ist. Welche Winkelgeschwindigkeit hat das Teilchen dann?

*26 Ein Teilchen bewegt sich unter dem Einfluss einer Zentralkraft, die auf den (ruhenden) Ursprung O des Koordinatensystems hin gerichtet ist.
a) Erklären Sie, warum der Drehimpuls des Teilchens bezüglich O konstant ist.
b) Erläutern Sie im Detail, warum die Bahn des Teilchens sich vollständig in einer Ebene befindet, die den Ursprung enthält.

**27 Betrachten Sie einen Planeten, der sich um die als ruhend angenommene Sonne bewegt. Seine Bahnebene ist die x-y-Ebene mit dem Sonnenmittelpunkt im Ursprung; die Position des Planeten wird in Polarkoordinaten (r, φ) angegeben.
a) Zeigen Sie, dass der Drehimpuls des Planeten $\ell = mr^2\omega$ beträgt ($\omega = \dot{\varphi}$ ist die konstante Winkelgeschwindigkeit des Planeten um die Sonne).
b) Zeigen Sie, dass die Geschwindigkeit, mit welcher der „Fahrstrahl" des Planeten die von der Bahn umschlossene Fläche überstreicht, gegeben ist durch $\mathrm{d}A/\mathrm{d}t = r^2/2$ und dass damit $\mathrm{d}A/\mathrm{d}t = \ell/2m$ gilt – mit anderen Worten: Leiten Sie das zweite Kepler'sche Gesetz her.

3.5 Drehimpuls für mehrere Teilchen

*28 Betrachten Sie ein System aus drei Teilchen und gehen Sie noch einmal Schritt für Schritt die Herleitung der Formel $\dot{\boldsymbol{L}} = \boldsymbol{\Gamma}^{\text{ext}}$ (Gleichungen (3.20) bis (3.26)) durch. Schreiben Sie dabei alle Summen explizit aus.

*29 Ein homogener kugelförmiger Planetoid mit dem Radius R_0 rotiert mit der Winkelgeschwindigkeit ω_0. Im Laufe von Jahrmilliarden nimmt seine Masse durch Akkumulation von kosmischem Staub zu, und dadurch wächst der Radius auf den Wert R. Nehmen Sie an, dass sich die Dichte des Himmelskörpers nicht ändert und dass sich die aufgenommene Masse im Mittel jeweils in Ruhe bezüglich des Planetoiden befindet; bestimmen Sie die Winkelgeschwindigkeit des Planetoiden nach der Massenzunahme. (Aus der elementaren Physik wissen Sie, dass das Trägheitsmoment einer homogenen Kugel $2MR^2/5$ beträgt.) Welche Winkelgeschwindigkeit ergibt sich, wenn sich der Radius verdoppelt hat ($R = 2R_0$)?

**30 Betrachten Sie einen starren Körper, der mit der Winkelgeschwindigkeit ω um eine feste Achse rotiert (Sie können sich beispielsweise eine Tür vorstellen, die sich um eine durch ihre Angeln definierte Achse dreht). Bezeichnen Sie diese Achse als z-Achse und geben Sie die Position der Teilchen $\alpha = 1, \ldots, N$, aus denen der Körper besteht, mithilfe von zylindrischen Polarkoordinaten $(\rho_\alpha, \varphi_\alpha, z_\alpha)$ an.
a) Zeigen Sie, dass die Geschwindigkeit des Teilchens α in φ-Richtung $\rho_\alpha\omega$ beträgt.
b) Leiten Sie daraus her, dass für das Teilchen α die z-Komponente des Drehimpulses $m_\alpha\rho_\alpha^2\omega$ beträgt.
c) Zeigen Sie, dass sich die z-Komponente des Gesamtdrehimpulses des Körpers (der „Tür") als $L_z = I\omega$ schreiben lässt. I ist dabei das Trägheitsmoment um die angegebene Achse

$$I = \sum_{\alpha=1}^{N} m_\alpha \rho_\alpha^2 \,. \tag{3.31}$$

⁑31 Bestimmen Sie das Trägheitsmoment einer um ihre eigene Achse rotierenden, homogenen Scheibe mit der Masse m und dem Radius r, indem Sie die Summe (3.31) durch ein entsprechendes Integral ersetzen und dieses in Polarkoordinaten lösen.

⁑32 Zeigen Sie, dass das Trägheitsmoment einer homogenen festen Kugel, die um eine Achse durch ihren Mittelpunkt rotiert, $2MR^2/5$ beträgt. Dazu muss die Summe (3.31) durch ein Integral ersetzt werden, das sich am einfachsten in sphärischen Polarkoordinaten (r, θ, φ) lösen lässt. Die Drehachse entspricht der z-Achse, ein Volumenelement hat die Form $\mathrm{d}V = r^2\,\mathrm{d}r \sin\theta\,\mathrm{d}\theta\,\mathrm{d}\varphi$. (Sphärische Polarkoordinaten werden in Abschnitt 4.8 eingeführt. Wenn Sie damit noch nicht vertraut damit sind, sollten Sie diese Aufgabe vielleicht besser überspringen.)

⁑33 Ersetzen Sie die Summe (3.31) durch das entsprechende Integral und bestimmen Sie daraus das Trägheitsmoment einer gleichförmigen dünnen quadratischen Platte mit der Kantenlänge $2b$ bezüglich einer Achse, die senkrecht zur Plattenfläche steht und durch deren Mittelpunkt verläuft.

⁑34 Ein Artist jongliert eine Fackel, bestehend aus einer homogenen Stange, deren eines Ende mit (masselosem) Teer bestrichen ist und brennt. Er hält sie (vernünftigerweise) am anderen Ende und wirft sie dann so in die Luft, dass sie beim Loslassen horizontal ist, ihr Schwerpunkt sich mit der Geschwindigkeit v_0 nach oben bewegt und sie mit der Winkelgeschwindigkeit ω_0 rotiert. Damit der Artist sie wieder auffangen kann, muss sie, wenn sie wieder auf der Abwurfhöhe ankommt, eine ganze Zahl von Umdrehungen ausgeführt haben. Wie groß muss v_0 sein, damit die Fackel nach n vollständigen Umdrehungen wieder mit dem richtigen Ende in seiner Hand landet?

⁑35 Gegeben ist eine homogene feste Scheibe mit der Masse M und dem Radius R, die ohne zu gleiten eine geneigte Ebene hinunterrollt, der Neigungswinkel zur Horizontalen ist γ. Der jeweils momentane Berührungspunkt zwischen Scheibe und geneigter Ebene sei P.

a) Zeichnen Sie ein Diagramm mit allen Kräften, die auf die Scheibe einwirken.

b) Bestimmen Sie die lineare Beschleunigung $\dot{v}$ der Scheibe, indem Sie die Gleichung $\dot{\boldsymbol{L}} = \boldsymbol{\Gamma}^{\text{ext}}$ auf die Rotation um den Berührungspunkt P anwenden. (Das Trägheitsmoment einer Scheibe für die Drehung um einen Punkt auf dem Umfang ist $I = 3MR^2/2$, und es gilt $L = I\omega$. Damit die Scheibe ohne zu gleiten rollt, muss $v = R\omega$ und daher $\dot{v} = R\dot{\omega}$ gelten.)

c) Leiten Sie dasselbe Ergebnis her, indem Sie die Gleichung $\dot{\boldsymbol{L}} = \boldsymbol{\Gamma}^{\text{ext}}$ auf die Rotation um den Schwerpunkt der Scheibe anwenden. (In diesem Fall werden Sie auf eine weitere Unbekannte stoßen, nämlich die Reibungskraft. Sie können diese durch Anwendung des zweiten Newton'schen Gesetzes auf die Schwerpunktsbewegung eliminieren. Das Trägheitsmoment für die Rotation um den Schwerpunkt beträgt $MR^2/2$.)

⁑36 Wiederholen Sie die Rechnungen aus Beispiel 3.4 (Seite 130) für den Fall, dass die Kraft $\boldsymbol{F}$ in „nordöstlicher" Richtung, d. h. in einem Winkel γ zur

x-Achse wirkt. Welche Geschwindigkeiten haben die beiden Massen direkt nach dem Anstoßen? Überprüfen Sie Ihr Ergebnis für $\gamma = 0°$ und $\gamma = 90°$.

★★37 Wir betrachten ein System aus N Massen m_α, die sich an den Positionen $\boldsymbol{r}_\alpha$ bezüglich eines ruhenden Ursprungs O befinden. Es sei nun $\boldsymbol{r}'_\alpha$ die Position von m_α relativ zum Schwerpunkt S (Position $\boldsymbol{R}$), also $\boldsymbol{r}'_\alpha = \boldsymbol{r}_\alpha - \boldsymbol{R}$.
a) Veranschaulichen Sie die letzte Gleichung durch eine Skizze.
b) Beweisen Sie die nützliche Beziehung $\sum m_\alpha \boldsymbol{r}'_\alpha = 0$. Können Sie erklären, warum sie eigentlich fast trivial ist?
c) Beweisen Sie mit dieser Beziehung die Gleichung (3.28), nach der die zeitliche Änderung des Drehimpulses *um den Schwerpunkt* gleich dem äußeren Gesamtdrehmoment um den Schwerpunkt ist. (Dieses Ergebnis ist insofern erstaunlich, als der Schwerpunkt sich beschleunigt bewegen könnte, also sich nicht unbedingt bezüglich eines beliebigen Inertialsystems in Ruhe befinden muss.)

Energie

4

ÜBERBLICK

» Dieses Kapitel beschäftigt sich mit der Energieerhaltung. Sie werden überrascht sein, dass dieses Thema viel komplizierter ist als die in Kapitel 3 diskutierte Erhaltung des linearen und des Drehimpulses. Der Hauptgrund dafür ist der folgende: In praktisch allen Problemen der klassischen Mechanik gibt es nur eine Art von linearem Impuls ($\boldsymbol{p} = m\boldsymbol{v}$ für jedes Teilchen) bzw. Drehimpuls ($\boldsymbol{\ell} = \boldsymbol{r} \times \boldsymbol{p}$ für jedes Teilchen). Im Gegensatz dazu tritt die Energie in vielen verschiedenen Formen auf, von denen die wichtigsten die kinetische, mehrere Arten von potenzieller und die thermische bzw. Wärmeenergie sind. Außerdem erschweren die Prozesse, bei denen Energie von einer Form in eine andere übergeht, die Anwendung der Energieerhaltung oft ganz erheblich. Wir werden sehen, dass die Erhaltung der Energie selbst für ein einzelnes Teilchen eine ziemlich raffinierte Angelegenheit ist.

Eine Folge der relativen Komplexität des Themas besteht darin, dass wir einige neue Hilfsmittel aus der Vektoranalysis kennenlernen müssen, nämlich die Vektorableitungen „Gradient" und „Rotation". Ich werde diese beiden wichtigen Begriffe dann einführen, wenn sie benötigt werden. «

4.1 Kinetische Energie und Arbeit

Wie Sie wissen, gibt es viele verschiedene Energieformen. Die grundlegendste von ihnen dürfte die mit der Bewegung verbundene **kinetische Energie** T sein;[1] sie ist für ein einzelnes Teilchen der Masse m, das sich mit einer Geschwindigkeit v bewegt, definiert als

$$T = \frac{1}{2}mv^2 \,. \tag{4.1}$$

Betrachten wir nun, wie sich die kinetische Energie ändert, wenn sich das Teilchen auf seiner Bahn vom Punkt $\boldsymbol{r}_1$ zum benachbarten Punkt $\boldsymbol{r}_1 + \mathrm{d}\boldsymbol{r}$ bewegt (Abbildung 4.1). Die zeitliche Ableitung von T lässt sich mit dem Zusammenhang $v^2 = \boldsymbol{v}\cdot\boldsymbol{v}$ leicht angeben:

$$\frac{\mathrm{d}T}{\mathrm{d}t} = \frac{1}{2}m\frac{\mathrm{d}}{\mathrm{d}t}(\boldsymbol{v}\cdot\boldsymbol{v}) = \frac{1}{2}m(\dot{\boldsymbol{v}}\cdot\boldsymbol{v} + \boldsymbol{v}\cdot\dot{\boldsymbol{v}}) = m\dot{\boldsymbol{v}}\cdot\boldsymbol{v} \,. \tag{4.2}$$

Nach dem zweiten Newton'schen Gesetz können wir $m\dot{\boldsymbol{v}}$ mit der resultierenden äußeren Kraft $\boldsymbol{F}$ auf das Teilchen gleichsetzen, sodass gilt

$$\frac{\mathrm{d}T}{\mathrm{d}t} = \boldsymbol{F}\cdot\boldsymbol{v} \,. \tag{4.3}$$

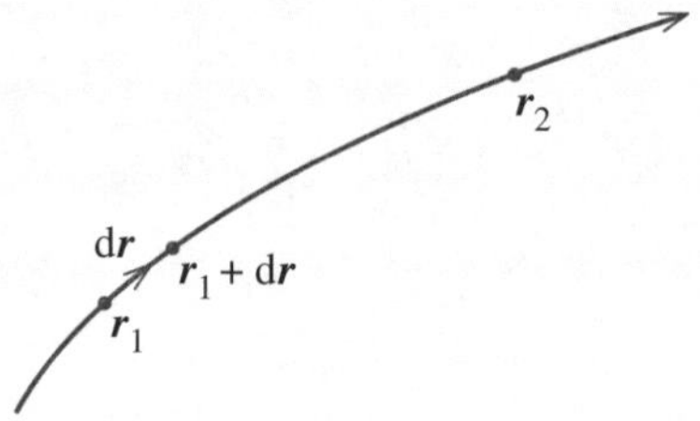

Abbildung 4.1: Drei Punkte auf der Bahn eines Teilchens: $\boldsymbol{r}_1$, $\boldsymbol{r}_1 + \mathrm{d}\boldsymbol{r}$, $\boldsymbol{r}_2$ ($\mathrm{d}\boldsymbol{r}$ ist infinitesimal klein).

1 In der Experimentalphysik wird eher das Formelzeichen E_{kin} verwendet. (Anm. d. Übers.)

Multiplizieren wir nun beide Seiten mit $\mathrm{d}t$, so erhalten wir

$$\mathrm{d}T = \boldsymbol{F} \cdot \mathrm{d}\boldsymbol{r} \,. \tag{4.4}$$

Der Ausdruck $\boldsymbol{F} \cdot \mathrm{d}\boldsymbol{r}$ auf der rechten Seite wird definiert als die **Arbeit**, die von der Kraft $\boldsymbol{F}$ geleistet wird, wenn sie über dem Bahnabschnitt $\mathrm{d}\boldsymbol{r}$ wirkt. Dieser Zusammenhang, den man etwas salopp als die Definition „Arbeit ist Kraft mal Weg" ansehen kann, besagt in präziser Formulierung: Die Änderung der kinetischen Energie, die ein Teilchen während seiner Bewegung zwischen zwei benachbarten Punkten erfährt, ist gleich der dabei von der resultierenden äußeren Kraft an dem Teilchen geleisteten Arbeit.[2]

Bis jetzt haben wir den Zusammenhang zwischen Arbeit und kinetischer Energie nur für eine infinitesimale Wegstrecke $\mathrm{d}\boldsymbol{r}$ angegeben, doch er lässt sich leicht auf endliche Wege verallgemeinern. Betrachten wir dazu die beiden Punkte $\boldsymbol{r}_1$ und $\boldsymbol{r}_2$ in Abbildung 4.1. Das zwischen ihnen liegende Bahnstück unterteilen wir in eine große Zahl von kleinen (genauer gesagt: infinitesimalen) Abschnitten, auf die wir die Gleichung (4.4) anwenden können. Summieren wir dann über alle diese infinitesimalen Bahnabschnitte, bekommen wir

$$\Delta T = T_2 - T_1 = \sum \boldsymbol{F} \cdot \mathrm{d}\boldsymbol{r} \,. \tag{4.5}$$

Im Grenzfall unendlich vieler unendlich kleiner Strecken $\mathrm{d}\boldsymbol{r}$ geht die Summe in ein Integral über:

$$\sum \boldsymbol{F} \cdot \mathrm{d}\boldsymbol{r} \to \int_1^2 \boldsymbol{F} \cdot \mathrm{d}\boldsymbol{r} \,. \tag{4.6}$$

Diese Art von Integral nennt man ein **Kurvenintegral**.[3] Es ist eine Verallgemeinerung des gewöhnlichen Integrals $\int f(x)\,\mathrm{d}x$ über eine Variable x, dessen Definition als Grenzfall von Ober- und Untersumme für unendlich viele unendlich kleine Intervalle $\mathrm{d}x$ ganz analog ist. Wenn Sie noch Probleme damit haben, sich unter dem Symbol $\int_1^2 \boldsymbol{F} \cdot \mathrm{d}\boldsymbol{r}$ auf der rechten Seite von Gleichung (4.6) etwas vorzustellen, dann betrachten Sie es einfach als Grenzfall der Summe auf der linken Seite (bei infinitesimal kleinen

2 Zwei auf den ersten Blick merkwürdig erscheinende Aspekte sind: Erstens kann die Arbeit $\boldsymbol{F} \cdot \mathrm{d}\boldsymbol{r}$ *negativ* sein, beispielsweise wenn $\boldsymbol{F}$ und $\mathrm{d}\boldsymbol{r}$ in entgegengesetzte Richtungen zeigen. Eine Kraft, die negative Arbeit verrichtet, deckt sich zwar nicht mit unserer Alltagsauffassung einer Arbeit, entspricht aber völlig der physikalischen Definition: Eine Kraft, die der Verschiebung entgegenwirkt, *reduziert* die kinetische Energie. Nach dem obigen Zusammenhang muss dann die zugehörige Arbeit negativ sein. Zweitens ist die Arbeit $\boldsymbol{F} \cdot \mathrm{d}\boldsymbol{r}$ null, wenn $\boldsymbol{F}$ und $\mathrm{d}\boldsymbol{r}$ senkrecht aufeinander stehen. Auch dies scheint unserer alltäglichen Erfahrung zu widersprechen, obwohl es physikalisch völlig korrekt ist: Eine Kraft, die senkrecht zur Verschiebung wirkt, verändert die kinetische Energie nicht.

3 Im Englischen spricht man von einem *line integral*, die wörtliche Übersetzung „Linienintegral" wird bisweilen auch im Deutschen benutzt. Dieser Begriff ist insofern etwas unglücklich gewählt, als man sich unter einer „Linie" meist eine gewöhnliche Gerade vorstellt, die Geometrie aber sowohl gerade als auch gekrümmte Kurven bzw. Linien von fast beliebig kompliziert verschlungener Form kennt. Somit ist der Begriff „Kurvenintegral" der anschaulichere, allerdings wird damit möglicherweise impliziert, dass der Integrationsweg *immer* gekrümmt sei, was natürlich auch missverständlich ist. Der neutrale, allerdings nicht so häufig verwendete Begriff „Wegintegral" trifft die Sache eigentlich am besten. Vermeiden sollte man übrigens den Ausdruck „Pfadintegral", weil dieser für einen ganz bestimmten Integraltyp in der Quantenfeldtheorie reserviert ist. (Anm. d. Übers.)

Verschiebungen). Beim Berechnen eines Kurvenintegrals kann man es meist in ein gewöhnliches Integral über eine Veränderliche überführen, wie das folgende Beispiel zeigt. Beachten Sie, dass im Allgemeinen der Wert eines Kurvenintegrals nicht nur von Start- und Zielpunkt, sondern auch von der speziellen Form des dazwischen liegenden Integrationswegs abhängt. Mit dem solchermaßen eingeführten Begriff des Kurvenintegrals können wir nun eine präzise Definition des Begriffs Arbeit formulieren:[4]

Arbeit

Für einen bestimmten Weg $1 \to 2$ nennt man das Kurvenintegral $\int_1^2 \boldsymbol{F} \cdot d\boldsymbol{r}$ die von der Kraft $\boldsymbol{F}$ entlang dieses Wegs geleistete Arbeit W.

Drei Kurvenintegrale

Beispiel 4.1 Berechnen Sie das Kurvenintegral für die Arbeit, die von der zweidimensionalen Kraft $\boldsymbol{F} = (y, 2x)$ entlang der drei in Abbildung 4.2 vom Ursprung O zum Punkt $P = (1, 1)$ verlaufenden Wege verrichtet wird. Der Weg a führt von O aus erst entlang der x-Achse zum Punkt $Q = (1, 0)$ und dann senkrecht nach oben zum Punkt P, der Weg b verläuft entlang der Winkelhalbierenden $y = x$ von O nach P, und der Weg c folgt einem Viertelkreis, dessen Mittelpunkt in Q liegt.

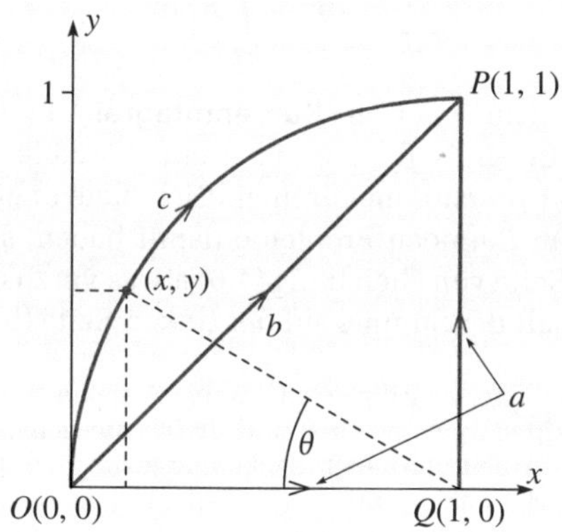

Abbildung 4.2: Drei verschiedene Wege a, b und c vom Ursprung O zum Punkt $P = (1, 1)$.

Lösung Das Integral entlang a lässt sich leicht bestimmen, indem der Weg in die zwei Abschnitte OQ und QP aufgeteilt wird. Auf dem Abschnitt OQ ist das infinite-

4 Für die Arbeit verwendet man gewöhnlich das Formelzeichen W. (Anm. d. Übers.)

simale Kurvenstück $\mathrm{d}\boldsymbol{r} = (\mathrm{d}x, 0)$, danach gilt $d\boldsymbol{r} = (0, \mathrm{d}y)$, also

$$W_a = \int_a \boldsymbol{F} \cdot \mathrm{d}\boldsymbol{r} = \int_O^Q \boldsymbol{F} \cdot \mathrm{d}\boldsymbol{r} + \int_Q^P \boldsymbol{F} \cdot \mathrm{d}\boldsymbol{r} = \int_0^1 F_x(x, 0)\,\mathrm{d}x + \int_0^1 F_y(1, y)\,\mathrm{d}y$$
$$= 0 + 2\int_0^1 \mathrm{d}y = 2\,.$$

Auf dem Weg b gilt $x = y$, also ist auch $\mathrm{d}x = \mathrm{d}y$ und damit

$$W_b = \int_b \boldsymbol{F} \cdot \mathrm{d}\boldsymbol{r} = \int_b (F_x\,\mathrm{d}x + F_y\,\mathrm{d}y) = \int_0^1 (x + 2x)\,\mathrm{d}x = 1{,}5\,.$$

Der Integrationsweg c wird am besten in einer Parameterdarstellung ausgedrückt:

$$\boldsymbol{r} = (x, y) = (1 - \cos\theta, \sin\theta)\,;$$

dabei ist θ der Winkel zwischen OQ und der Geraden von Q zu dem Punkt (x, y) mit $0 \leq \theta \leq \pi/2$. Damit gilt auf dem Wegstück c

$$\mathrm{d}\boldsymbol{r} = (\mathrm{d}x, \mathrm{d}y) = \left(\frac{\mathrm{d}x}{\mathrm{d}\theta}, \frac{\mathrm{d}y}{\mathrm{d}\theta}\right)\mathrm{d}\theta = (\sin\theta, \cos\theta)\,\mathrm{d}\theta$$

und

$$W_c = \int_c \boldsymbol{F} \cdot \mathrm{d}\boldsymbol{r} = \int_c (F_x\,\mathrm{d}x + F_y\,\mathrm{d}y)$$
$$= \int_0^{\pi/2} \left[\sin^2\theta + 2(1 - \cos\theta)\cos\theta\right]\mathrm{d}\theta = 2 - \pi/4 = 1{,}21\,.$$ ■

Sollten Kurvenintegrale für Sie noch neu sein, finden Sie in den Aufgaben 2 und 3 weitere Beispiele.

Mit der Kurvenintegral-Notation können wir nun Gleichung (4.5) umschreiben:

$$\Delta T \equiv T_2 - T_1 = \int_1^2 \boldsymbol{F} \cdot \mathrm{d}\boldsymbol{r} \equiv W(1 \to 2)\,. \tag{4.7}$$

Dabei habe ich mit dem Ausdruck $W(1 \to 2)$ die Arbeit bezeichnet, die von der Kraft $\boldsymbol{F}$ auf dem Weg von Punkt 1 nach Punkt 2 geleistet wird. Damit haben wir einen Zusammenhang zwischen Arbeit und kinetischer Energie[5] für *beliebige* endliche (und nicht nur infinitesimale) Wege: Die Änderung der kinetischen Energie eines Teilchens während seiner Bewegung ist die dabei an ihm geleistete Gesamtarbeit.

5 Dieser Zusammenhang läuft in der englischsprachigen Literatur als *Work-Kinetic Energy Theorem*; im Deutschen gibt es dafür keine spezielle Bezeichnung. (Anm. d. Übers.)

Es ist hierbei wichtig von der *Gesamt*arbeit W bzw. von der Gesamtkraft $\boldsymbol{F}$ zu sprechen. Im Allgemeinen ist die am Teilchen angreifende Kraft $\boldsymbol{F}$ die Summe mehrerer verschiedener Kräfte,

$$\boldsymbol{F} = \boldsymbol{F}_1 + \cdots + \boldsymbol{F}_n \equiv \sum_{i=1}^{n} \boldsymbol{F}_i$$

(beispielsweise ist die Kraft auf ein Geschoss die Summe aus Schwerkraft und Luftwiderstand). Es ist ein sehr angenehmer Umstand, dass die von der Gesamtkraft $\boldsymbol{F}$ geleistete Arbeit sich einfach aus der Summe der von den Einzelkräften $\boldsymbol{F}_1, \ldots, \boldsymbol{F}_n$ geleisteten „Einzelarbeiten" zusammensetzt. Diese Behauptung lässt sich leicht beweisen:

$$\begin{aligned} W(1 \to 2) &= \int_1^2 \boldsymbol{F} \cdot \mathrm{d}\boldsymbol{r} = \int_1^2 \sum_i \boldsymbol{F}_i \cdot \mathrm{d}\boldsymbol{r} \\ &= \sum_i \int_1^2 \boldsymbol{F}_i \cdot \mathrm{d}\boldsymbol{r} = \sum_i W_i(1 \to 2)\,. \end{aligned} \tag{4.8}$$

Der entscheidende Schritt von der ersten zur zweiten Zeile ist deshalb möglich, weil das Integral über eine Summe von n Termen dasselbe ist wie die Summe über die n einzeln integrierten Terme. Wir können demnach den Zusammenhang zwischen Arbeit und kinetischer Energie umschreiben zu

$$T_2 - T_1 = \sum_{i=1}^{n} W_i(1 \to 2)\,. \tag{4.9}$$

In der Praxis benutzt man diesen Zusammenhang fast immer in der Weise, dass zuerst die von den Kräften $\boldsymbol{F}_i$ an einem Teilchen geleisteten Einzelarbeiten W_i bestimmt werden und dann ΔT als Summe der W_i berechnet wird.

Wenn die Gesamtkraft auf ein Teilchen null ist, muss seine kinetische Energie konstant sein. Das bedeutet nichts anderes, als dass seine Geschwindigkeit v konstant ist – eine zwar wahre, dennoch nicht sonderlich interessante Aussage, denn das wissen wir ja bereits aus dem ersten Newton'schen Gesetz.

4.2 Potenzielle Energie und konservative Kräfte

Wenn wir einen Formalismus zur Beschreibung von Energien aufbauen wollen, müssen wir das Konzept der potenziellen Energie einführen, die mit dem Einfluss einer bestimmten Klasse von Kräften auf ein Objekt zusammenhängt. Wie Sie sicherlich wissen, lässt sich nicht für jede Kraft eine zugehörige potenzielle Energie definieren. Nur für die sogenannten **konservativen Kräfte** ist das möglich, und wir müssen ihre Eigenschaften in Abgrenzung zu denen der nichtkonservativen Kräfte beschreiben. Insbesondere werden wir feststellen, dass zwei Bedingungen erfüllt sein müssen, damit wir eine Kraft konservativ nennen können.

Um die Darlegungen zu vereinfachen, wollen wir zunächst annehmen, dass nur eine einzige Kraft $\boldsymbol{F}$ auf das zu untersuchende Objekt wirkt – etwa die Schwerkraft der Sonne auf einen Planeten oder die elektrische Kraft $q\boldsymbol{E}$ auf eine Probeladung q im elektrischen Feld $\boldsymbol{E}$ (alle anderen Kräfte sollen vernachlässigbar sein). Die Kraft $\boldsymbol{F}$ kann von vielen Variablen abhängen: Zunächst wird sie in vielen Fällen vom Ort

$\boldsymbol{r}$ des Teilchens abhängig sein (je weiter ein Planet von der Sonne entfernt ist, desto schwächer wirkt deren Anziehungskraft auf ihn ein). Die Kraft kann auch – wie der Luftwiderstand – von der Geschwindigkeit eines Objekts abhängen; oder sie hängt einfach von der Zeit ab, wie es etwa bei der Kraft auf eine Ladung in einem zeitlich veränderlichen elektrischen Feld der Fall ist. Wenn schließlich ein Mensch die Kraft ausübt, dann wird sie von einer großen Zahl von Unwägbarkeiten beeinflusst: wie müde er ist, wie geübt er in dieser speziellen Tätigkeit ist usw.

Wann ist eine Kraft $\boldsymbol{F}$ nun konservativ? Die erste Bedingung dafür besteht darin, dass sie ausschließlich vom momentanen Ort $\boldsymbol{r}$ des Objekts abhängt, auf das sie wirkt; sie darf weder von dessen Geschwindigkeit noch von der Zeit oder von irgendeiner anderen Variablen als $\boldsymbol{r}$ abhängen. Das klingt nach einer gewaltigen Einschränkung, und das ist es auch tatsächlich, doch es gibt viele Kräfte, die diese Bedingung erfüllen: Man kann beispielsweise die Gravitationskraft, die die Sonne auf einen Planeten mit dem Ortsvektor $\boldsymbol{r}$ relativ zur Sonne ausübt, als

$$\boldsymbol{F}(\boldsymbol{r}) = -\frac{GmM}{r^2}\hat{\boldsymbol{r}}$$

schreiben – und das erfüllt ganz offensichtlich die genannte Bedingung (die Sonnenmasse M und die Planetenmasse m sowie die Gravitationskonstante G sind für einen gegebenen Planeten – unabhängig vom Ort – konstant). Ganz analog gilt das auch für die elektrostatische Kraft $\boldsymbol{F}(\boldsymbol{r}) = q\boldsymbol{E}(\boldsymbol{r})$ auf die Probeladung q in einem statischen elektrischen Feld $\boldsymbol{E}(\boldsymbol{r})$. Kräfte, die diese Bedingung nicht erfüllen, sind etwa der Luftwiderstand (er hängt, wie in Kapitel 2 beschrieben wurde, von der Geschwindigkeit des sich durch die Luft bewegenden Körpers ab), die Reibungskraft (die außerdem noch von der Richtung der Geschwindigkeit abhängt), die Lorentz-Kraft auf eine bewegte Ladung im Magnetfeld (eine Funktion nicht nur von der Geschwindigkeit der Ladung, sondern auch vom Winkel zwischen der Bewegungsrichtung und dem Magnetfeld) und natürlich alle Kräfte mit einer expliziten Zeitabhängigkeit.

Die zweite Bedingung, die eine konservative Kraft erfüllen muss, hängt mit der Arbeit zusammen, die eine Kraft auf einen Körper auf dessen Weg von dem Punkt $\boldsymbol{r}_1$ zum Punkt $\boldsymbol{r}_2$ (kurz: von 1 nach 2) ausübt, also

$$W(1 \to 2) = \int_1^2 \boldsymbol{F} \cdot \mathrm{d}\boldsymbol{r}\,. \tag{4.10}$$

Abbildung 4.3 zeigt drei unterschiedliche Wege, auf denen sich der Körper von 1 nach 2 bewegen kann. Es ist durchaus möglich, dass der Wert dieses Kurvenintegrals unterschiedliche Werte annimmt, je nachdem, ob über den Weg a, b oder c integriert wird. Wir könnten beispielsweise die Kraft der Gleitreibung betrachten, die auf eine schwere, über den Boden geschobene Kiste wirkt. Diese Reibungskraft hat einen konstanten Betrag F_R und ist der Bewegungsrichtung immer entgegengerichtet. Mit Gleichung (4.10) ist die von ihr geleistete Arbeit

$$W_\mathrm{R}(1 \to 2) = -F_\mathrm{R}L$$

also proportional zur Länge L des zurückgelegten Wegs und führt damit offensichtlich auf den drei unterschiedlich langen Wegen a, b und c zu verschiedenen Werten.

Im Gegensatz dazu gibt es Kräfte, bei denen das Integral in Gleichung (4.10) auf jedem beliebigen Weg den gleichen Wert annimmt, vorausgesetzt, Anfangs- und Endpunkt sind gleich. Ein Beispiel dafür ist die Gewichtskraft $\boldsymbol{F}_\mathrm{G} = m\boldsymbol{g}$, die ein Körper

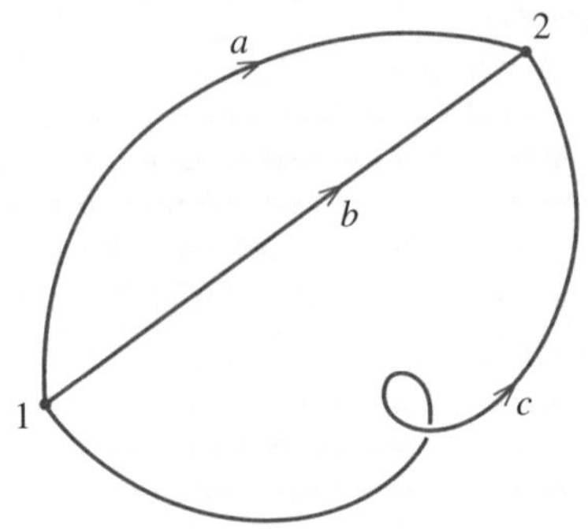

Abbildung 4.3: Drei Wege *a*, *b* und *c* von Punkt 1 nach Punkt 2.

auf (bzw. in der Nähe) der Erdoberfläche spürt. Der Vektor $\boldsymbol{g}$ hat einen konstanten Betrag und zeigt überall vertikal nach unten, woraus sich leicht ableiten lässt, dass die verrichtete Arbeit in diesem Fall

$$W_{\mathrm{G}}(1 \to 2) = -mgh \tag{4.11}$$

beträgt (h ist die vertikale Höhendifferenz zwischen Punkt 1 und Punkt 2; vgl. Aufgabe 5). Dieses Ergebnis gilt für *jeden* beliebigen Weg zwischen 1 und 2. Dass die Arbeit unabhängig vom Weg zwischen zwei Punkte sein muss, ist die zweite Bedingung für konservative Kräfte; und wir können somit festhalten:

Bedingungen für konservative Kräfte

Eine Kraft $\boldsymbol{F}$, die auf ein Teilchen wirkt, heißt **konservativ** dann und nur dann, wenn sie die folgenden beiden Bedingungen erfüllt:

1. $\boldsymbol{F}$ hängt nur von der Position $\boldsymbol{r}$ des Teilchens ab und nicht von dessen Geschwindigkeit, der Zeit oder irgendeiner anderen Variablen; es gilt also $\boldsymbol{F} = \boldsymbol{F}(\boldsymbol{r})$.
2. Für jeden beliebigen Weg $1 \to 2$ zwischen zwei Punkten 1 und 2 ist die von der Kraft $\boldsymbol{F}$ entlang dieses Wegs geleistete Arbeit $W(1 \to 2)$ gleich.

Warum heißen die so gekennzeichneten Kräfte eigentlich „konservativ“, und warum ist dieses Konzept überhaupt so wichtig? Wenn alle auf einen Körper wirkenden Kräfte konservativ sind, dann lässt sich eine Größe definieren, die wir potenzielle Energie (Formelzeichen E_{pot}, meist aber U) nennen, die nur vom Ort des Objekts abhängt und mit der für die mechanische Gesamtenergie des Körpers gilt

$$E = \text{kinetische Energie} + \text{potenzielle Energie} = T + U(\boldsymbol{r}) = \text{konstant}. \tag{4.12}$$

Mit anderen Worten: Die mechanische Energie bleibt erhalten oder „konserviert“.

Um die potenzielle Energie $U(\boldsymbol{r})$ zu bestimmen, die mit einer gegebenen konservativen Kraft verbunden ist, wählen wir zunächst willkürlich einen Bezugspunkt $\boldsymbol{r}_0$, an dem U den Wert null haben soll, also $U(\boldsymbol{r}_0) = 0$. (Im Fall der Gewichtskraft etwa wird man sinnvollerweise die Erdoberfläche als Bezugshöhe wählen.) Wir definieren nun die **potenzielle Energie** an einem beliebigen Punkt $\boldsymbol{r}$ als[6]

$$U(\mathbf{r}) = -W(\mathbf{r}_0 \to \mathbf{r}) \equiv -\int_{\mathbf{r}_0}^{\mathbf{r}} \mathbf{F}(\mathbf{r}') \cdot \mathrm{d}\mathbf{r}' . \tag{4.13}$$

In Worten ausgedrückt, ist $U(\boldsymbol{r})$ das Negative der Arbeit, die von der konservativen Kraft $\boldsymbol{F}$ geleistet wird, wenn ein Teilchen vom Bezugspunkt $\boldsymbol{r}_0$ zu dem interessierenden Punkt $\boldsymbol{r}$ bewegt wird (Abbildung 4.4; den Grund für das Minuszeichen werden wir bald verstehen). Beachten Sie, dass die Definition (4.13) nur bei erfüllter zweiter Bedingung für konservative Kräfte sinnvoll ist, denn andernfalls würde (4.13) keine eindeutige Funktion $U(\boldsymbol{r})$ definieren.[7]

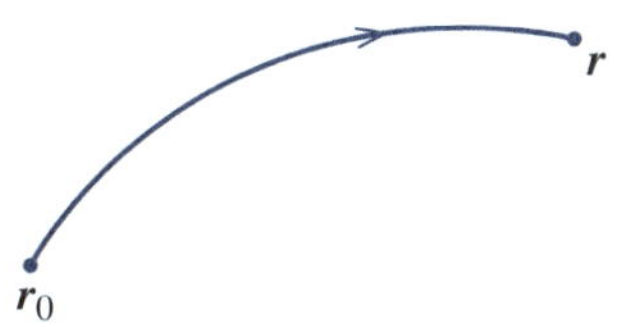

Abbildung 4.4: Die potenzielle Energie $U(\boldsymbol{r})$ an einem beliebigen Punkt $\boldsymbol{r}$ ist definiert als das Negative der Arbeit, die die Kraft $\boldsymbol{F}$ leistet, wenn ein Teilchen vom Bezugspunkt $\boldsymbol{r}_0$ zum Punkt $\boldsymbol{r}$ bewegt wird. Die so bestimmte Funktion $U(\boldsymbol{r})$ ist nur dann eindeutig, wenn die Arbeit wegunabhängig, wenn also die Kraft konservativ ist.

Die potenzielle Energie einer Ladung im homogenen elektrischen Feld

Beispiel 4.2 Eine Probeladung q befindet sich in einem räumlich homogenen und (zeitlich) konstanten elektrischen Feld mit dem Betrag E_0, dessen Richtung die x-Richtung ist. Die auf q wirkende Kraft ist also $\boldsymbol{F} = q\boldsymbol{E} = qE_0\hat{\mathbf{x}}$. Zeigen Sie, dass diese Kraft konservativ ist, und geben Sie die zugehörige potenzielle Energie explizit an.

Lösung Wenn die Probeladung q auf einem beliebigen Weg zwischen zwei beliebigen Punkten 1 und 2 bewegt wird, leistet die Kraft $q\boldsymbol{E}$ die Arbeit

$$W(1 \to 2) = \int_1^2 \mathbf{F} \cdot \mathrm{d}\mathbf{r} = qE_0 \int_1^2 \hat{\mathbf{x}} \cdot \mathrm{d}\mathbf{r} = qE_0 \int_1^2 \mathrm{d}x = qE_0(x_2 - x_1) . \tag{4.14}$$

6 Beachten Sie, dass ich die Integrationsvariable als $\boldsymbol{r}'$ bezeichnet habe, um mögliche Verwechslungen mit der oberen Integrationsgrenze $\boldsymbol{r}$ zu vermeiden.

7 Die Definition (4.13) verwendet auch die erste Bedingung für konservative Kräfte, jedoch auf eine nicht sofort ersichtliche Weise. Wäre $\boldsymbol{F}$ außer von $\boldsymbol{r}$ noch von einer anderen Variablen abhängig (etwa von t oder von $\boldsymbol{v}$), dann würde das Integral in (4.13) auch noch davon abhängen, wann und wie rasch der Körper von $\boldsymbol{r}_0$ nach $\boldsymbol{r}$ bewegt wird – und damit hätte man ebenfalls keine eindeutige Funktion $U(\boldsymbol{r})$ definiert.

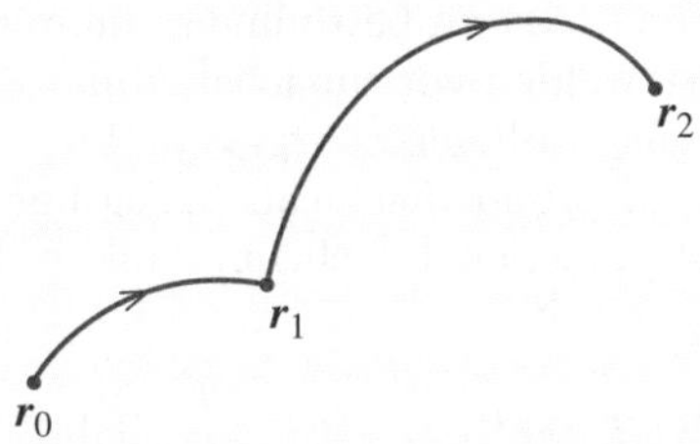

Abbildung 4.5: Die Arbeit $W(r_1 \to r_2)$, die auf dem Weg von r_1 nach r_2 geleistet wird, entspricht der Differenz $W(r_0 \to r_2) - W(r_0 \to r_1)$. Wenn die wirkende Kraft konservativ ist, ist dieses Ergebnis unabhängig davon, welchen Weg wir für die beiden Etappen wählen.

Dieser Ausdruck hängt in der Tat nur von den beiden Endpunkten ab, genauer gesagt, von deren x-Koordinaten x_1 und x_2. Damit ist die Arbeit wegunabhängig, d. h., die Kraft ist konservativ. Um die zugehörige potenzielle Energie $U(\boldsymbol{r})$ zu bestimmen, müssen wir zunächst einen Bezugspunkt $\boldsymbol{r}_0$ wählen, an dem U null sein soll. Natürlich bietet sich in diesem Fall der Ursprung mit $\boldsymbol{r}_0 = 0$ an. Wir erhalten $U(\boldsymbol{r}) = -W(0 \to \boldsymbol{r})$, oder mit (4.14),

$$U(\boldsymbol{r}) = -qE_0x\,.$$ ■

Wir können nun eine Kernaussage über die von einer konservativen Kraft $\boldsymbol{F}$ verrichtete Arbeit und die potenzielle Energie $U(\boldsymbol{r})$ ableiten. Seien $\boldsymbol{r}_1$ und $\boldsymbol{r}_2$ zwei beliebige Punkte (Abbildung 4.5) und $\boldsymbol{r}_0$ der Bezugspunkt, an dem U verschwindet; dann wird aus Abbildung 4.5 klar, dass

$$W(\boldsymbol{r}_0 \to \boldsymbol{r}_2) = W(\boldsymbol{r}_0 \to \boldsymbol{r}_1) + W(\boldsymbol{r}_1 \to \boldsymbol{r}_2)$$

und damit

$$W(\boldsymbol{r}_1 \to \boldsymbol{r}_2) = W(\boldsymbol{r}_0 \to \boldsymbol{r}_2) - W(\boldsymbol{r}_0 \to \boldsymbol{r}_1)\,. \tag{4.15}$$

Die Ausdrücke auf der rechten Seite von (4.15) entsprechen der potenziellen Energie (genauer: deren negativem Wert) an den Punkten $\boldsymbol{r}_1$ bzw. $\boldsymbol{r}_2$. Wir haben somit gezeigt, dass die Arbeit auf der linken Seite einfach die (negative) Differenz dieser zwei potenziellen Energien ist:

$$W(\boldsymbol{r}_1 \to \boldsymbol{r}_2) = -[U(\boldsymbol{r}_2) - U(\boldsymbol{r}_1)] = -\Delta U\,. \tag{4.16}$$

Wie nützlich dieses Resultat ist, wird deutlich, wenn wir es mit dem Zusammenhang zwischen Arbeit und kinetischer Energie (Gleichung (4.7)) in Verbindung bringen:

$$\Delta T = W(\boldsymbol{r}_1 \to \boldsymbol{r}_2)\,. \tag{4.17}$$

Aus dem Vergleich mit Gleichung (4.16) sehen wir nun, dass

$$\Delta T = -\Delta U \tag{4.18}$$

oder, wenn wir U auf die linke Seite bringen,[8]

$$\Delta(T + U) = 0\,. \tag{4.19}$$

Mit anderen Worten: Die **mechanische Energie**

$$E = T + U \tag{4.20}$$

ändert sich nicht, wenn ein Teilchen von $\boldsymbol{r}_1$ nach $\boldsymbol{r}_2$ bewegt wird. Und da die Bezeichnungen $\boldsymbol{r}_1$ und $\boldsymbol{r}_2$ für zwei beliebige Punkte auf der Bahn des Teilchens stehen, kommen wir zu folgender eminent wichtiger Schlussfolgerung: Wenn die Kraft auf ein Teilchen konservativ ist, dann ändert sich seine mechanische Energie nie, d. h., seine Energie bleibt erhalten oder „konserviert", was die Verwendung des Adjektivs „konservativ" erklärt.[9]

Mehrere Kräfte

Bis jetzt haben wir die Energieerhaltung für ein Teilchen betrachtet, das einer einzelnen konservativen Kraft ausgesetzt ist. Wenn mehrere Kräfte auf das Teilchen einwirken, die alle konservativ sind, lässt sich unsere Aussage leicht verallgemeinern. Betrachten wir beispielsweise eine Masse, die an einer Spiralfeder von der Decke hängt. Sie unterliegt zwei Kräften, nämlich ihrer Gewichtskraft $\boldsymbol{F}_{\mathrm{G}}$ und der Federkraft $\boldsymbol{F}_{\mathrm{Fed}}$. Die Gewichtskraft ist, wie bereits gezeigt, auf jeden Fall konservativ, und dies gilt ebenso für die Federkraft, sofern sie dem Hooke'schen Gesetz gehorcht (siehe Aufgabe 42). Wir können für beide Kräfte jeweils eine potenzielle Energie (oder ein „Potenzial") definieren, also U_{G} bzw. U_{Fed}. Für beide ist eine Änderung der potenziellen Energie das Negative der von der entsprechenden Kraft geleisteten Arbeit (Gleichung 4.16). Mit dem Zusammenhang von Arbeit und kinetischer Energie erhalten wir dann für die Änderung der kinetischen Energie der Masse

$$\begin{aligned} \Delta T &= W_{\mathrm{G}} + W_{\mathrm{Fed}} \\ &= -(\Delta U_{\mathrm{G}} + \Delta U_{\mathrm{Fed}})\,; \end{aligned} \tag{4.21}$$

dabei folgt die zweite Zeile aus den Potenzialeigenschaften von U_{G} und U_{Fed}. Durch Umformen erhält man daraus $\Delta(T + U_{\mathrm{G}} + U_{\mathrm{Fed}}) = 0$. Dies bedeutet aber, dass die mechanische Gesamtenergie $E = T + U_{\mathrm{G}} + U_{\mathrm{Fed}}$ erhalten bleibt.

Die Argumentation des letzten Absatzes lässt sich unmittelbar auf den Fall verallgemeinern, dass n Kräfte auf ein Teilchen einwirken, sofern sie alle konservativ sind. Wenn wir zu jeder Kraft $\boldsymbol{F}_i$ eine potenzielle Energie bzw. ein Potenzial U_i definieren, bekommen wir folgende Aussage:

8 Nun wird klar, warum in der Definition von U das Minuszeichen steht: Dadurch haben wir das Minuszeichen auf der rechten Seite von (4.18), das wiederum zu dem gewünschten positiven Vorzeichen auf der linken Seite von (4.19) führt.

9 Im Deutschen sollte es statt „konservativer Kraft" eigentlich besser „konservierende Kraft" heißen, denn „konservativ" hat im Sprachgebrauch eher die Bedeutung „am Hergebrachten festhaltend". Der Begriff hat sich aber eingebürgert, und wir werden das nicht ändern können. (Anm. d. Übers.)

Das Prinzip der Energieerhaltung für ein Teilchen

Wenn alle n auf ein Teilchen wirkenden Kräfte $\boldsymbol{F}_i$ $(i = 1, \ldots, n)$ konservativ sind und $U_i(\boldsymbol{r})$ die jeweils zugehörige potenzielle Energie bezeichnet, dann ist die **mechanische Gesamtenergie des Teilchens**

$$E \equiv T + U \equiv T + U_1(\boldsymbol{r}) + \cdots + U_n(\boldsymbol{r}) \tag{4.22}$$

zeitlich konstant.

Nichtkonservative Kräfte

Sind dagegen einige der an unser Teilchen angreifenden Kräfte nichtkonservativ, dann können wir keine zugehörigen potenziellen Energien definieren und auch keine erhaltene mechanische Energie. Dennoch lassen sich für diejenigen Kräfte, die konservativ *sind*, Potenziale definieren, und man kann dann mithilfe des Zusammenhangs von Arbeit und kinetischer Energie zeigen, dass für Änderungen der mechanischen Energie des Teilchens die nichtkonservativen Kräfte verantwortlich sind. Dazu teilen wir zunächst die Gesamtkraft auf das Teilchen in zwei Anteile auf, in den konservativen Anteil $\boldsymbol{F}_{\text{kon}}$ und in den nichtkonservativen Anteil $\boldsymbol{F}_{\text{nk}}$. Für $\boldsymbol{F}_{\text{kon}}$ definieren wir eine potenzielle Energie, die wir der Einfachheit halber U nennen. Dann ist die Änderung der kinetischen Energie zwischen zwei beliebigen Zeitpunkten

$$\Delta T = W = W_{\text{kon}} + W_{\text{nk}} \,. \tag{4.23}$$

Der erste Term auf der rechten Seite ist einfach $-\Delta U$ und kann auf die linke Seite gebracht werden, was auf $\Delta(T + U) = W_{\text{nk}}$ führt. Setzen wir nun für die mechanische Energie $E = T + U$, dann haben wir

$$\Delta E \equiv \Delta(T + U) = W_{\text{nk}} \,. \tag{4.24}$$

Die mechanische Energie ist nun keine Erhaltungsgröße mehr, aber immerhin haben wir eine „zweitbeste" Aussage abgeleitet: Die mechanische Energie ändert sich genau um den Betrag der Arbeit, die die nichtkonservativen Kräfte an dem Teilchen leisten. Bei vielen Problemen ist die einzige nichtkonservative Kraft die Gleitreibung, die gewöhnlich negative Arbeit leistet (die Reibungskraft $\boldsymbol{F}_{\text{R}}$ ist der Bewegungsrichtung entgegengesetzt, sodass das Skalarprodukt $\boldsymbol{F}_{\text{R}} \cdot \mathrm{d}\boldsymbol{r}$ einen negativen Wert annimmt). W_{nk} ist dann also kleiner als null, und Gleichung (4.24) sagt uns, dass das untersuchte Objekt mechanische Energie in dem Maße verliert, wie sie von der Reibung „gestohlen" wird. All diese Überlegungen illustriert das folgende einfache Beispiel.

Ein Quader gleitet eine geneigte Ebene hinab

Beispiel 4.3 Betrachten Sie noch einmal den Quader aus Beispiel 1.1 und bestimmen Sie diesmal den Betrag der Geschwindigkeit v, mit der er das Ende der geneigten Ebene in einer Entfernung d von seinem Startpunkt erreicht.

Lösung ■ Der Aufbau und die drei an dem Quader angreifenden Kräfte sind in Abbildung 4.6 dargestellt. Die Kräfte sind die Gewichtskraft $\boldsymbol{w} = m\boldsymbol{g}$, die Normalkraft der geneigten Ebene $\boldsymbol{N}$ und die Reibungskraft $\boldsymbol{f}$, deren Betrag wir in Beispiel 1.1

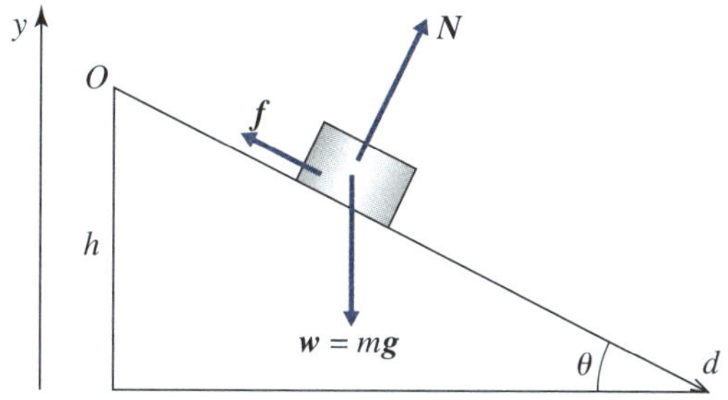

Abbildung 4.6: Ein Quader rutscht eine um den Winkel θ geneigte Ebene hinunter. Die Länge der geneigten Ebene ist d, die Höhe ist $h = d \sin\theta$.

zu $f = \mu mg \cos\theta$ bestimmt haben. Die Gewichtskraft $m\boldsymbol{g}$ ist konservativ, und die zugehörige potenzielle Energie ist (wie Sie sicherlich aus dem physikalischen Einführungskurs wissen, vgl. aber Aufgabe 5)

$$U = mgy$$

mit y als vertikaler Höhe des Blocks über der Grundlinie der geneigten Ebene, die wir als Bezugspunkt mit $U(y = 0) = 0$ wählen. Die Normalkraft leistet keine Arbeit, da sie senkrecht zur Bewegungsrichtung wirkt, und trägt damit nicht zur Energiebilanz bei. Die Reibungskraft leistet die (negative) Arbeit $W_R = -fd = -\mu mgd \cos\theta$. Die Änderung der kinetischen Energie ist $\Delta T = T_E - T_A = mv^2/2$, und die Änderung der potenziellen Energie beträgt $\Delta U = U_E - U_A = -mgh = -mgd \sin\theta$. Damit wird aus (4.24)

$$\Delta T + \Delta U = W_R$$

oder

$$\tfrac{1}{2}mv^2 - mgd \sin\theta = -\mu mgd \cos\theta \, .$$

Auflösen nach v ergibt

$$v = \sqrt{2gd(\sin\theta - \mu\cos\theta)} \, .$$

Wie immer sollten Sie prüfen, ob dieses Ergebnis mit dem gesunden Menschenverstand übereinstimmt. Ergibt sich beispielsweise für $\theta = 90°$ das erwartete Ergebnis? Wie sieht es für $\theta = 0°$ aus? (Der Fall $\theta = 0°$ ist etwas „kitzliger".) ■

4.3 Die Kraft als Gradient der potenziellen Energie

Wir haben in Gleichung (4.13) gesehen, dass die zu einer (konservativen) Kraft $\boldsymbol{F}(\boldsymbol{r})$ gehörige potenzielle Energie $U(\boldsymbol{r})$ als Integral über $\boldsymbol{F}(\boldsymbol{r})$ ausgedrückt werden kann. Dies lässt vermuten, dass wir umgekehrt $\boldsymbol{F}(\boldsymbol{r})$ als eine Art Ableitung von $U(\boldsymbol{r})$ schreiben können. Dies ist in der Tat der Fall, obwohl wir hierfür etwas Mathematik benötigen, die Ihnen möglicherweise noch nicht bekannt ist. Insbesondere benötigen wir, da $\boldsymbol{F}(\boldsymbol{r})$ eine vektorielle Funktion ist [$U(\boldsymbol{r})$ dagegen ist skalar], die sogenannte *Vektoranalysis*.

Betrachten wir ein Teilchen, auf das eine konservative Kraft $\boldsymbol{F}(\boldsymbol{r})$ wirkt, für die es eine zugehörige potenzielle Energie $U(\boldsymbol{r})$ gibt. Die Arbeit, die von $\boldsymbol{F}(\boldsymbol{r})$ während einer infinitesimal kleinen Verrückung von $\boldsymbol{r}$ nach $\boldsymbol{r} + \mathrm{d}\boldsymbol{r}$ geleistet wird, können wir auf zwei Weisen berechnen. Einerseits gilt für jedes infinitesimale Wegelement $\mathrm{d}\boldsymbol{r}$ mit den Komponenten $(\mathrm{d}x, \mathrm{d}y, \mathrm{d}z)$ definitionsgemäß

$$\begin{aligned} W(\boldsymbol{r} \to \boldsymbol{r} + \mathrm{d}\boldsymbol{r}) &= \boldsymbol{F}(\boldsymbol{r}) \cdot \mathrm{d}\boldsymbol{r} \\ &= F_x\,\mathrm{d}x + F_y\,\mathrm{d}y + F_z\,\mathrm{d}z\,. \end{aligned} \tag{4.25}$$

Andererseits haben wir gesehen, dass die Arbeit $W(\boldsymbol{r} \to \boldsymbol{r} + \mathrm{d}\boldsymbol{r})$ gleich dem Negativen der Änderung der potenziellen Energie entlang des Wegelements ist:

$$\begin{aligned} W(\boldsymbol{r} \to \boldsymbol{r} + \mathrm{d}\boldsymbol{r}) &= -\mathrm{d}U = -[U(\boldsymbol{r} + \mathrm{d}\boldsymbol{r}) - U(\boldsymbol{r})] \\ &= -[U(x + \mathrm{d}x, y + \mathrm{d}y, z + \mathrm{d}z) - U(x, y, z)]\,. \end{aligned} \tag{4.26}$$

In der zweiten Zeile habe ich anstelle des Ortsvektors $\boldsymbol{r}$ dessen Komponenten verwendet, um zu betonen, dass U eine Funktion aller drei Variablen x, y und z ist. Nun wissen Sie aus der Analysis von Funktionen mit einer Veränderlichen, dass Ausdrücke wie (4.26) als Ableitung geschrieben werden können:

$$\mathrm{d}f = f(x + \mathrm{d}x) - f(x) = \frac{\mathrm{d}f}{\mathrm{d}x}\,\mathrm{d}x\,. \tag{4.27}$$

Dies ist nichts anderes als die Definition der Ableitung.[10] Für eine Funktion von drei Variablen wie $U(x, y, z)$ lautet die entsprechende Definition

$$\begin{aligned} \mathrm{d}U &= U(x + \mathrm{d}x, y + \mathrm{d}y, z + \mathrm{d}z) - U(x, y, z) \\ &= \frac{\partial U}{\partial x}\,\mathrm{d}x + \frac{\partial U}{\partial y}\,\mathrm{d}y + \frac{\partial U}{\partial z}\,\mathrm{d}z\,. \end{aligned} \tag{4.28}$$

Dabei werden die drei Ableitungen als **partielle Ableitungen** nach den drei unabhängigen Variablen x, y und z bezeichnet. Beispielsweise gibt $\partial U/\partial x$ die Änderungsrate von U an, wenn x variiert wird und dabei y und z fest bleiben; sie wird berechnet, indem man U nach x ableitet und y sowie z dabei als Konstanten betrachtet (weitere Beispiele finden Sie in den Aufgaben 10 und 11). Setzen wir nun Gleichung (4.28) in (4.26) ein, finden wir für die bei der infinitesimalen Verrückung von $\boldsymbol{r}$ nach $\boldsymbol{r} + \mathrm{d}\boldsymbol{r}$ geleistete Arbeit

$$W(\boldsymbol{r} \to \boldsymbol{r} + \mathrm{d}\boldsymbol{r}) = -\left[\frac{\partial U}{\partial x}\,\mathrm{d}x + \frac{\partial U}{\partial y}\,\mathrm{d}y + \frac{\partial U}{\partial z}\,\mathrm{d}z\right]. \tag{4.29}$$

Beide Ausdrücke (4.25) und (4.29) gelten für eine *beliebige* kleine Verrückung $\mathrm{d}\boldsymbol{r}$. Insbesondere gelten sie auch dann, wenn wir $\mathrm{d}\boldsymbol{r}$ parallel zur x-Achse wählen – bei dieser Wahl verschwinden der zweite und der dritte Summand in (4.25) und (4.29). Gleichsetzen der verbleibenden Terme liefert $F_x = -\partial U/\partial x$. Wählen wir entsprechend $\mathrm{d}\boldsymbol{r}$ in y- bzw. z-Richtung, ergeben sich analoge Gleichungen für F_y und F_z:

$$F_x = -\frac{\partial U}{\partial x}\,, \qquad F_y = -\frac{\partial U}{\partial y}\,, \qquad F_z = -\frac{\partial U}{\partial z}\,. \tag{4.30}$$

10 Streng genommen gilt diese Gleichung nur im Grenzfall $\mathrm{d}x \to 0$. Aber wie üblich setze ich voraus, dass $\mathrm{d}x$ so klein ist (allerdings nicht null), dass die beiden Seiten innerhalb der gewünschten Genauigkeit gleich sind.

In Worten: $\boldsymbol{F}$ ist ein Vektor, dessen drei Komponenten jeweils das Negative der partiellen Ableitung von U nach den Variablen x, y bzw. z sind. Eine etwas kompaktere Formulierung dieses Sachverhalts ist

$$\boldsymbol{F} = -\hat{\boldsymbol{x}}\,\frac{\partial U}{\partial x} - \hat{\boldsymbol{y}}\,\frac{\partial U}{\partial y} - \hat{\boldsymbol{z}}\,\frac{\partial U}{\partial z}\,. \tag{4.31}$$

Solche Beziehungen zwischen einem Vektor und einem Skalar, wie in Gleichung (4.31) zwischen $\boldsymbol{F}$ und U, begegnen uns in der Physik immer wieder. Beispielsweise sind das elektrische Feld $\boldsymbol{E}$ und das elektrostatische Potenzial V in genau derselben Weise verknüpft.[11] Ganz allgemein bezeichnet man deshalb einen Vektor, dessen drei Komponenten die partiellen Ableitungen eines ortsabhängigen Skalars $f(\boldsymbol{r})$ sind, als den **Gradienten** von f und verwendet dafür das Formelzeichen $\boldsymbol{\nabla} f$:

$$\boldsymbol{\nabla} f = \hat{\boldsymbol{x}}\,\frac{\partial f}{\partial x} + \hat{\boldsymbol{y}}\,\frac{\partial f}{\partial y} + \hat{\boldsymbol{z}}\,\frac{\partial f}{\partial z}\,. \tag{4.32}$$

Das Symbol $\boldsymbol{\nabla}$ (sprich „Nabla") hat die Form eines auf die Spitze gestellten Dreiecks (Δ, Delta) und erinnert an eine antike griechische Harfe (griech. *nablá*). Man verwendet auch die Schreibweisen „grad" (von Gradient) oder – v. a. im angelsächsischen Sprachraum – „del" (von Delta). Mit dieser Notation verkürzt sich Gleichung (4.31) zu der eleganten Formulierung

$$\boldsymbol{F} = -\boldsymbol{\nabla} U\,. \tag{4.33}$$

Aus dieser wichtigen Beziehung erhalten wir die Kraft $\boldsymbol{F}$ in Form von Ableitungen von U, so wie die Definition (4.13) U als (Weg-)Integral über $\boldsymbol{F}$ eingeführt hat. Wenn eine Kraft $\boldsymbol{F}$ in der Form von Gleichung (4.33) ausgedrückt werden kann, dann bezeichnen wir $\boldsymbol{F}$ als *von einer potenziellen Energie ableitbar*. Wir haben damit gezeigt, dass jede konservative Kraft sich aus einer potenziellen Energie ableiten lässt.[12]

Bestimmung von $\boldsymbol{F}$ aus U

Beispiel 4.4 Die potenzielle Energie eines Teilchens ist $U = Axy^2 + B \sin Cz$ mit den Konstanten A, B und C. Wie sieht die zugehörige Kraft $\boldsymbol{F}$ aus?

Lösung Um $\boldsymbol{F}$ zu erhalten, müssen wir einfach die drei partiellen Ableitungen aus Gleichung (4.31) bilden. Dabei müssen wir bedenken, dass man $\partial U/\partial x$ als Ableitung von U nach x bestimmt, wobei y und z als konstant betrachtet werden (und entsprechend für y und z). Es ist also z. B. $\partial U/\partial x = Ay^2$, und als Ergebnis erhalten wir

$$\boldsymbol{F} = -(\hat{\boldsymbol{x}}\,Ay^2 + \hat{\boldsymbol{y}}\,2Axy + \hat{\boldsymbol{z}}\,BC\cos Cz)\,.$$ ■

11 Der Begriff „elektrostatisches Potenzial" ist recht unglücklich gewählt, denn es handelt sich dabei nicht um ein Potenzial (also um eine potenzielle Energie), sondern um eine „potenzielle Energie je Einheitsladung 1 Coulomb". Doch auch hier werden wir den etablierten Sprachgebrauch nicht ändern können. (Anm. d. Übers.)

12 Ich folge hier der gemeinhin verwendeten Terminologie. Beachten Sie, dass wir „konservativ" so definiert haben, dass eine konservative Kraft die Energie erhält *und* sich aus einer potenziellen Energie ableiten lässt. Das kann gelegentlich zu Verwirrung führen, denn es gibt Kräfte (wie die magnetische Kraft auf eine Ladung oder die Normalkraft auf einen gleitenden Körper), die keine Arbeit verrichten und somit zwar die Energie erhalten, aber nicht im hier definierten Sinn „konservativ" sind, weil man sie nicht aus einer potenziellen Energie ableiten kann. Dieses bedauerliche Durcheinander verursacht zum Glück nur selten Probleme. Sie sollten das aber im Hinterkopf behalten.

Es ist manchmal praktisch, die Funktion f in Gleichung (4.32) wegzulassen und einfach

$$\boldsymbol{\nabla} = \hat{\boldsymbol{x}}\frac{\partial}{\partial x} + \hat{\boldsymbol{y}}\frac{\partial}{\partial y} + \hat{\boldsymbol{z}}\frac{\partial}{\partial z} \qquad (4.34)$$

zu schreiben. In dieser Sichtweise ist $\boldsymbol{\nabla}$ ein vektorieller **Differenzialoperator**, der auf jede beliebige skalare Funktion f angewandt werden kann und dann die Gleichung (4.32) reproduziert.

Eine sehr praktische Anwendung des Gradientenformalismus ist Gleichung (4.28), auf deren rechter Seite Sie den Ausdruck $\boldsymbol{\nabla} U \cdot \mathrm{d}\boldsymbol{r}$ erkennen können. Wenn wir also nicht U, sondern eine beliebige skalare Funktion f betrachten, dann ist die Änderung von f aufgrund einer kleinen (vektoriellen) Verrückung $\mathrm{d}\boldsymbol{r}$ einfach

$$\mathrm{d}f = \boldsymbol{\nabla} f \cdot \mathrm{d}\boldsymbol{r}\,. \qquad (4.35)$$

Diese wertvolle Beziehung ist das dreidimensionale Analogon zu Gleichung (4.27), die die entsprechende Aussage für Funktionen einer Variablen macht. Wir sehen daraus, dass der Gradient sich in gewisser Weise als das dreidimensionale Äquivalent zur Ableitung in einer Dimension auffassen lässt.

Wenn die Gradientennotation mit dem Nabla-Symbol für Sie noch völlig neu ist, mag sie etwas gewöhnungsbedürftig sein. Vielleicht sollten Sie (4.33) zunächst einfach als eine abgekürzte Schreibweise für die drei Gleichungen in (4.30) betrachten. Anwendungen zum Üben finden Sie in den Aufgaben 12 bis 19.

4.4 Die zweite Bedingung für konservative Kräfte

Nach der zweiten der beiden Bedingungen, die an eine konservative Kraft zu stellen sind, darf die Arbeit $\int_1^2 \boldsymbol{F} \cdot \mathrm{d}\boldsymbol{r}$, die von der Kraft zwischen den Punkten 1 und 2 geleistet wird, nicht vom eingeschlagenen Weg abhängen. Selbstverständlich kann niemand von Ihnen verlangen, dass Sie einer bestimmten Kraft sofort ansehen, ob sie diese Bedingung erfüllt oder nicht. Den Wert dieses Integrals für jedes beliebige Paar von Punkten und jeden beliebigen Weg dazwischen bestimmen zu müssen, ist in der Tat keine sehr erfreuliche Aussicht! Glücklicherweise ist dies aber auch gar nicht notwendig. Es gibt einen einfachen Test, den man auf alle Kräfte anwenden kann, die in analytischer Form vorliegen. Dieser Test ist mit einem weiteren grundlegenden Konzept der Vektoranalysis verbunden, mit der sogenannten *Rotation* eines Vektorfelds.

Es lässt sich zeigen (ich werde das hier allerdings nicht tun),[13] dass die in Frage stehende zweite Bedingung, also die Wegunabhängigkeit der zwischen zwei Punkten geleisteten Arbeit, dann und nur dann erfüllt ist, wenn überall gilt

$$\boldsymbol{\nabla} \times \boldsymbol{F} = 0\,. \qquad (4.36)$$

13 Die Bedingung (4.36) folgt aus dem sogenannten Stokes'schen Satz. Sie können sich in Aufgabe 25 damit ein wenig näher beschäftigen. Mehr Details vermittelt Ihnen jedes Buch zur Vektoranalysis bzw. zu mathematischen Methoden. Ich empfehle besonders das Buch *Mathematical Methods in the Physical Sciences* von Mary Boas (Wiley, 1983), S. 260, die aktuelle (dritte) Auflage stammt von 2005.

Die Größe $\nabla \times \boldsymbol{F}$ heißt **Rotation** von $\boldsymbol{F}$, kurz „rot $\boldsymbol{F}$" (auch als „Nabla kreuz $\boldsymbol{F}$" ausgesprochen). Sie ist definiert als das Kreuzprodukt des Differenzialoperators ∇ mit dem Vektor $\boldsymbol{F}$, d. h. so, als ob die Komponenten von ∇, nämlich $(\partial/\partial x, \partial/\partial y, \partial/\partial z)$, normale Zahlen wären. Was bedeutet das? Betrachten Sie dazu zunächst das Kreuzprodukt von zwei Vektoren $\boldsymbol{A}$ und $\boldsymbol{B}$. In der folgenden Tabelle habe ich die Komponenten von $\boldsymbol{A}$, $\boldsymbol{B}$ und $\boldsymbol{A} \times \boldsymbol{B}$ aufgelistet:

Vektor	x-Komponente	y-Komponente	z-Komponente
$\boldsymbol{A}$	A_x	A_y	A_z
$\boldsymbol{B}$	B_x	B_y	B_z
$\boldsymbol{A} \times \boldsymbol{B}$	$A_yB_z - A_zB_y$	$A_zB_x - A_xB_z$	$A_xB_y - A_yB_x$

(4.37)

Die Komponenten von $\nabla \times \boldsymbol{F}$ findet man auf exakt dieselbe Weise, nur dass in der ersten Zeile Differenzialoperatoren stehen; also

Vektor	x-Komponente	y-Komponente	z-Komponente
∇	$\partial/\partial x$	$\partial/\partial y$	$\partial/\partial z$
$\boldsymbol{F}$	F_x	F_y	F_z
$\nabla \times \boldsymbol{F}$	$\frac{\partial}{\partial y}F_z - \frac{\partial}{\partial z}F_y$	$\frac{\partial}{\partial z}F_x - \frac{\partial}{\partial x}F_z$	$\frac{\partial}{\partial x}F_y - \frac{\partial}{\partial y}F_x$

(4.38)

Nun wird niemand ernstlich behaupten, dass Gleichung (4.36) ganz *offensichtlich* äquivalent zu der Bedingung ist, dass $\int_1^2 \boldsymbol{F} \cdot d\boldsymbol{r}$ nicht vom gewählten Weg abhängt. Doch es ist so, und dies bietet, wie das folgende Beispiel zeigt, einen einfach anzuwendenden Test für die Wegunabhängigkeit des Integrals.

Beispiel 4.5 Wir betrachten die Kraft $\boldsymbol{F}$ auf eine Probeladung q, die von einer im Ursprung ruhenden Ladung Q verursacht wird. Zeigen Sie, dass diese Kraft konservativ ist, finden Sie die zugehörige potenzielle Energie U und überprüfen Sie, dass $-\nabla U = \boldsymbol{F}$ ist.

Ist die Coulomb-Kraft konservativ?

Lösung Bei der Kraft $\boldsymbol{F}$ handelt es sich um die Coulomb-Kraft (Abbildung 4.7a)

$$\boldsymbol{F} = \frac{kqQ}{r^2}\hat{\boldsymbol{r}} = \frac{\gamma}{r^3}\boldsymbol{r}. \tag{4.39}$$

Dabei bezeichnet k die Kraftkonstante, die oft auch in der Form $1/(4\pi\varepsilon_0)$ geschrieben wird, und γ ist einfach eine Abkürzung für kqQ. Aus (4.39) können wir die Kom-

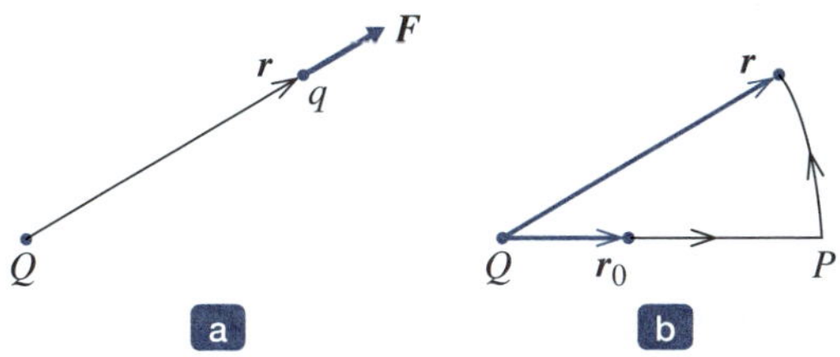

Abbildung 4.7: (a) Die Coulomb-Kraft $\boldsymbol{F} = kqQ\hat{\boldsymbol{r}}/r^2$ einer ruhenden Ladung Q auf eine Probeladung q. (b) Die Arbeit, die von $\boldsymbol{F}$ geleistet wird, während q sich von $\boldsymbol{r}_0$ nach $\boldsymbol{r}$ bewegt, kann man entlang eines Weges berechnen, der zunächst von $\boldsymbol{r}_0$ radial nach außen zum Punkt P und dann entlang eines Kreisbogens nach $\boldsymbol{r}$ führt.

ponenten von $\boldsymbol{F}$ direkt ablesen, und mit Gleichung (4.38) berechnen wir daraus die Komponenten von $\boldsymbol{\nabla} \times \boldsymbol{F}$. Beispielsweise ist die x-Komponente von $\boldsymbol{\nabla} \times \boldsymbol{F}$

$$(\boldsymbol{\nabla} \times \boldsymbol{F})_x = \frac{\partial}{\partial y} F_z - \frac{\partial}{\partial z} F_y = \frac{\partial}{\partial y}\left(\frac{\gamma z}{r^3}\right) - \frac{\partial}{\partial z}\left(\frac{\gamma y}{r^3}\right) . \tag{4.40}$$

Die beiden Ableitungen sind leicht berechnet: Zunächst gilt $\partial z/\partial y = \partial y/\partial z = 0$, und deswegen lässt sich Gleichung (4.40) umschreiben als

$$(\boldsymbol{\nabla} \times \boldsymbol{F})_x = \gamma z \left(\frac{\partial}{\partial y} r^{-3}\right) - \gamma y \left(\frac{\partial}{\partial z} r^{-3}\right) . \tag{4.41}$$

Dann berücksichtigen wir

$$r = (x^2 + y^2 + z^2)^{1/2}$$

und können daher beispielsweise schreiben

$$\frac{\partial r}{\partial y} = \frac{y}{r} . \tag{4.42}$$

(Sie sollten dies mit der Kettenregel nachrechnen.) Ebenfalls mithilfe der Kettenregel finden wir dann für die beiden Ableitungen in (4.41)

$$(\boldsymbol{\nabla} \times \boldsymbol{F})_x = \gamma z \left(\frac{-3}{r^4} \cdot \frac{y}{r}\right) - \gamma y \left(\frac{-3}{r^4} \cdot \frac{z}{r}\right) = 0 .$$

Die anderen beiden Komponenten von $\boldsymbol{\nabla} \times \boldsymbol{F}$ lassen sich auf exakt die gleiche Weise ermitteln (rechnen Sie nach, wenn Sie mir nicht glauben); wir kommen zu dem Schluss, dass tatsächlich $\boldsymbol{\nabla} \times \boldsymbol{F} = 0$ ist. Gemäß Gleichung (4.36) garantiert uns das, dass $\boldsymbol{F}$ die zweite Bedingung für eine konservative Kraft erfüllt. Da es selbstverständlich die erste Bedingung erfüllt (der Ortsvektor $\boldsymbol{r}$ ist die einzige Variable), haben wir bewiesen, dass $\boldsymbol{F}$ eine konservative Kraft ist. (Der Beweis von $\boldsymbol{\nabla} \times \boldsymbol{F} = 0$ ist in Polarkoordinaten noch erheblich einfacher zu führen, vgl. Aufgabe 22.)

Die potenzielle Energie ist über das Arbeitsintegral definiert (Gleichung 4.13):

$$U(\boldsymbol{r}) = -\int_{\boldsymbol{r}_0}^{\boldsymbol{r}} \boldsymbol{F}(\boldsymbol{r}') \cdot \mathrm{d}\boldsymbol{r}' , \tag{4.43}$$

wobei $\boldsymbol{r}_0$ der (noch nicht näher festgelegte) Referenzpunkt mit $U(\boldsymbol{r}_0) = 0$ ist. Glücklicherweise wissen wir ja nun, dass dieses Integral unabhängig vom Integrationsweg ist, sodass wir uns einen Weg auswählen können, der die Rechnung besonders einfach macht. Eine Möglichkeit zeigt Abbildung 4.7b; dort habe ich einen Integrationsweg gewählt, der zunächst radial nach außen zum Punkt P und dann entlang eines Kreisbogens (mit dem Mittelpunkt Q) nach $\boldsymbol{r}$ führt. Auf dem ersten Teilstück sind $\boldsymbol{F}(\boldsymbol{r}')$ und $\mathrm{d}\boldsymbol{r}'$ parallel, also ist $\boldsymbol{F}(\boldsymbol{r}') \cdot \mathrm{d}\boldsymbol{r}' = (\gamma/r'^2)\mathrm{d}r'$. Auf dem zweiten Teilstück stehen $\boldsymbol{F}(\boldsymbol{r}')$ und $\mathrm{d}\boldsymbol{r}'$ stets senkrecht aufeinander, sodass auf dieser Strecke keine Arbeit geleistet wird. Somit trägt zum Arbeitsintegral nur die erste Teilstrecke bei:

$$U(\boldsymbol{r}) = -\int_{r_0}^{r} \frac{\gamma}{r'^2}\,\mathrm{d}r' = \frac{\gamma}{r} - \frac{\gamma}{r_0} . \tag{4.44}$$

Es ist üblich, bei diesem Problem den Referenzpunkt $\boldsymbol{r}_0$ im Unendlichen zu wählen, sodass der zweite Term in (4.44) verschwindet. Damit (und nach Ersetzen von γ durch kqQ) gelangen wir zu dem wohlbekannten Ausdruck für die potenzielle Energie einer Probeladung q unter dem Einfluss der Ladung Q:[14]

$$U(\boldsymbol{r}) = U(r) = \frac{kqQ}{r} . \tag{4.45}$$

Beachten Sie, dass dieses Ergebnis nur vom *Betrag* r des Ortsvektors $\boldsymbol{r}$ abhängt und nicht von dessen Richtung.

Um nun den Gradienten von U zu bestimmen, wollen wir dessen x-Komponente explizit ausrechnen; zur Bildung der Ableitung wenden wir die Kettenregel an:

$$(\boldsymbol{\nabla} U)_x = \frac{\partial}{\partial x}\left(\frac{kqQ}{r}\right) = -\frac{kqQ}{r^2} \cdot \frac{\partial r}{\partial x} . \tag{4.46}$$

Die Ableitung $\partial r / \partial x$ ist x/r (vgl. Gleichung 4.42), also gilt

$$(\boldsymbol{\nabla} U)_x = -kqQ\frac{x}{r^3} = -F_x$$

wie in Gleichung (4.39). Die anderen beiden Komponenten ergeben sich ganz analog, womit wir – wie gefordert – gezeigt haben, dass

$$\boldsymbol{\nabla} U = -\boldsymbol{F} . \tag{4.47}$$

■

4.5 Zeitabhängige potenzielle Energie

Manchmal haben wir es mit einer Kraft $\boldsymbol{F}(\boldsymbol{r}, t)$ zu tun, die zwar die zweite Bedingung für konservative Kräfte erfüllt ($\boldsymbol{\nabla} \times \boldsymbol{F} = 0$), die erste aber – wegen ihrer Zeitabhängigkeit – nicht. In diesem Fall können wir zwar immer noch eine potenzielle Energie $U(\boldsymbol{r}, t)$ mit der Eigenschaft $\boldsymbol{F} = -\boldsymbol{\nabla} U$ definieren, die gesamte mechanische Energie $E = T + U$ bleibt dann jedoch nicht mehr erhalten. Bevor ich diese Behauptung beweise, lassen Sie mich zunächst ein Beispiel für solch eine Situation geben. Abbildung 4.8 zeigt eine kleine Probeladung q in der Nähe einer geladenen leitenden Kugel (etwa eines Van-de-Graaff-Generators), deren Ladung $Q(t)$ aufgrund der Luftfeuchtigkeit langsam an die Umgebung abgegeben wird. Da sich die Ladung $Q(t)$ der Kugel mit der Zeit ändert, hängt auch die Kraft, die sie auf die Probeladung q ausübt, explizit von der Zeit ab. Die räumliche Abhängigkeit der Kraft ist dagegen die gleiche wie bei der zeitunabhängigen Coulomb-Kraft in Beispiel 4.5. Mit exakt der gleichen Argumentation wie dort kann man daher zeigen, dass auch hier $\boldsymbol{\nabla} \times \boldsymbol{F} = 0$ gilt.

Lassen sie mich nun meine Behauptung aus dem letzten Absatz beweisen. Zunächst garantiert wegen $\boldsymbol{\nabla} \times \boldsymbol{F}(\boldsymbol{r}, t) = 0$ der im Zusammenhang mit Gleichung (4.36) erwähnte Stokes'sche Satz, dass das Arbeitsintegral $\int_1^2 \boldsymbol{F}(\boldsymbol{r}, t) \cdot d\boldsymbol{r}$ zu jeder beliebigen

14 Bitte verwechseln Sie die nach (4.45) definierte potenzielle Energie nicht mit dem „elektrostatischen Potenzial" – vgl. dazu die Fußnote auf Seite 155. (Anm. d. Übers.)

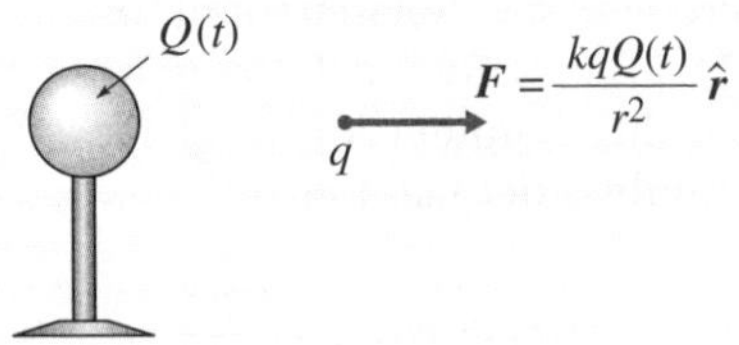

Abbildung 4.8: Die Ladung $Q(t)$ auf der leitenden Kugel nimmt langsam ab, sodass sich die Kraft auf die Probeladung q mit der Zeit ändert, selbst wenn deren Ort $\boldsymbol{r}$ konstant bleibt.

Zeit t wegunabhängig ist. Dies bedeutet, dass wir eine Funktion $U(\boldsymbol{r}, t)$ mithilfe des Integrals

$$U(\mathbf{r}, t) = -\int_{r_0}^{r} \mathbf{F}(\mathbf{r}', t) \cdot \mathrm{d}\mathbf{r}' \tag{4.48}$$

definieren können, ganz genauso wie in Gleichung (4.13), und aus den gleichen Gründen wie zuvor gilt $\boldsymbol{F}(\boldsymbol{r}, t) = -\boldsymbol{\nabla} U(\boldsymbol{r}, t)$ (vgl. Aufgabe 27). In diesem Fall können wir sagen, dass die Kraft $\boldsymbol{F}$ sich aus einer zeitabhängigen potenziellen Energie $U(\boldsymbol{r}, t)$ ableiten lässt.

Bis jetzt ist alles so geblieben wie gehabt, doch nun ändert sich die Geschichte. Wir können zwar weiterhin die mechanische Energie als $E = T + U$ definieren, aber E ist nun keine Erhaltungsgröße mehr. Wenn Sie sich die Argumentation, die zu Gleichung (4.19) geführt hat, noch einmal genau ansehen, wird Ihnen vielleicht auffallen, an welcher Stelle die Sache schiefgeht; wir können aber auf jeden Fall auch direkt zeigen, dass sich $E = T + U$ ändert, wenn sich das Teilchen auf seiner Bahn bewegt. Wie bisher betrachten wir dazu zwei eng benachbarte Punkte auf der Bahn, an denen sich das Teilchen zu den Zeiten t bzw. $t + \mathrm{d}t$ befindet. Genauso wie in Gleichung (4.4) ist die Änderung der kinetischen Energie

$$\mathrm{d}T = \frac{\mathrm{d}T}{\mathrm{d}t}\,\mathrm{d}t = \frac{\mathrm{d}(\frac{m}{2}v^2)}{\mathrm{d}v}\,\frac{\mathrm{d}v}{\mathrm{d}t}\,\mathrm{d}t = (m\dot{\mathbf{v}} \cdot \mathbf{v})\mathrm{d}t = \mathbf{F} \cdot \mathrm{d}\mathbf{r}\,. \tag{4.49}$$

Nun ist $U(\boldsymbol{r}, t) = U(x, y, z, t)$ eine Funktion der vier Variablen x, y, z und t, und damit gilt auch

$$\mathrm{d}U = \frac{\partial U}{\partial x}\,\mathrm{d}x + \frac{\partial U}{\partial y}\,\mathrm{d}y + \frac{\partial U}{\partial z}\,\mathrm{d}z + \frac{\partial U}{\partial t}\,\mathrm{d}t\,. \tag{4.50}$$

Die ersten drei Summanden erkennen Sie natürlich als das Skalarprodukt $\boldsymbol{\nabla} U \cdot \mathrm{d}\boldsymbol{r} = -\boldsymbol{F} \cdot \mathrm{d}\boldsymbol{r}$; demnach haben wir

$$\mathrm{d}U = -\mathbf{F} \cdot \mathrm{d}\mathbf{r} + \frac{\partial U}{\partial t}\,\mathrm{d}t\,. \tag{4.51}$$

Addieren wir dies zu Gleichung (4.49), dann heben sich die ersten beiden Terme weg, und es bleibt übrig

$$\mathrm{d}(T + U) = \frac{\partial U}{\partial t}\,\mathrm{d}t\,. \tag{4.52}$$

Daraus lässt sich deutlich ersehen, dass die mechanische Energie $E = T + U$ nur bei zeitunabhängigem U (also für $\partial U/\partial T = 0$) erhalten bleibt.

Kehren wir zurück zu dem Beispiel aus Abbildung 4.8. Wir können nun sehen, was mit der Energieerhaltung passiert ist. Stellen Sie sich vor, dass ich eine Probeladung q an der in der Abbildung markierten Position festhalte, während die Ladung der großen Kugel langsam abnimmt. Unter diesen Bedingungen ändert sich die kinetische Energie von q nicht, wohingegen ihre potenzielle Energie langsam auf 0 absinkt. Selbstverständlich ist $T + U$ hier nicht konstant. Die *Gesamt*energie jedoch bleibt, im Gegensatz zur mechanischen Energie, durchaus erhalten: Der Verlust an mechanischer Energie wird exakt ausgeglichen durch den Gewinn an Wärmeenergie infolge der mit der Entladung der großen Kugel verbundenen Erwärmung der Luft. Das Beispiel legt die (zutreffende) Vermutung nahe, dass die potenzielle Energie immer genau dann explizit von der Zeit abhängt, wenn mechanische Energie in eine andere Energieform umgewandelt oder auf andere Körper außerhalb des betrachteten Systems übertragen wird.

4.6 Energie linearer eindimensionaler Systeme

Bisher haben wir die Energie eines Teilchens betrachtet, das sich in allen drei (räumlichen) Dimensionen frei bewegen kann. Viele interessante Probleme befassen sich aber mit Objekten, deren Bewegung auf eine einzige Dimension beschränkt ist. Die Analyse solcher eindimensionaler Probleme ist erheblich einfacher als der allgemeine Fall. Merkwürdigerweise begegnet man allerdings einer gewissen Mehrdeutigkeit, wenn Physiker von „eindimensionalen Systemen" sprechen. Viele Bücher für Physikanfänger beginnen die Behandlung eines eindimensionalen Systems mit einem Objekt wie einem Eisenbahnwaggon, der sich lediglich auf einem völlig geraden, also linearen, Gleis bewegen kann. Bei der Behandlung von solchen linearen Systemen wählen wir natürlich die x-Achse entlang der Schienen; der Ort des Objekts wird dann nur durch die x-Koordinate beschrieben. In diesem Abschnitt werde auch ich mich auf solche linearen eindimensionalen Probleme beschränken. Es gibt jedoch erheblich komplizierte Systeme, etwa der kurvige Weg entlang einer Achterbahn, die zwar nicht linear, aber trotzdem eindimensional sind, da der Ort durch einen einzigen Parameter angegeben werden kann (etwa die auf der Achterbahn zurückgelegte Entfernung). Wie ich im nächsten Abschnitt zeigen werde, ist die Energieerhaltung bei solchen räumlich gekrümmten Bahnkurven genauso einfach gegeben wie für einen völlig geradlinigen Weg.

Lassen Sie uns zu Beginn ein Objekt betrachten, das sich nur entlang einer geradlinigen Bahn bewegen kann, die wir als x-Achse wählen. Die einzige Komponente einer beliebigen Kraft $\boldsymbol{F}$, die Arbeit leisten kann, ist deren x-Komponente, wir können die beiden anderen Komponenten somit im Folgenden ignorieren. Die von $\boldsymbol{F}$ geleistete Arbeit ist also das eindimensionale Integral

$$W(x_1 \to x_2) = \int_{x_1}^{x_2} F_x(x)\,\mathrm{d}x\,. \tag{4.53}$$

Wenn die Kraft konservativ ist, muss F_x die bekannten beiden Bedingungen erfüllen: (i) Die Kraft darf nur vom Ort x abhängen (was ich implizit bereits benutzt habe, um das Integral in der Form (4.53) zu schreiben), und (ii) darf das Integral nicht vom gewählten Weg abhängen. Eine wesentliche Eigenschaft eindimensionaler Systeme ist, dass die Erfüllung der ersten Bedingung bereits die der zweiten nach sich zieht,

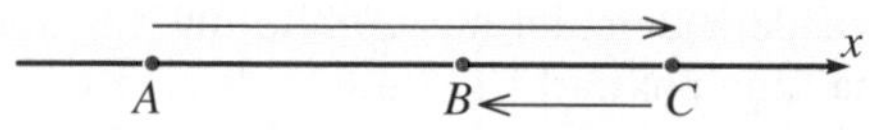

Abbildung 4.9: Der Weg *ABCB* verläuft von *A* über *B* nach *C* und dann zurück zum Punkt *B*.

sodass letztere überflüssig wird. Um dies zu verstehen, müssen Sie sich nur überlegen, dass es bei einer einzigen Dimension nur wenig Auswahl beim Integrationsweg gibt. Betrachten Sie beispielsweise die beiden Punkte A und B in Abbildung 4.9. Der naheliegendste Weg zwischen A und B ist die direkte Verbindung zwischen den beiden Punkten (nennen wir sie „AB"). Eine andere Möglichkeit ist, wie dargestellt, der Weg von A über B bis zum Punkt C und dann zurück nach B (nennen wir diesen Weg „$ABCB$"). Die Arbeit entlang dieses zweiten Weges lässt sich folgendermaßen aufteilen:

$$W(ABCB) = W(AB) + W(BC) + W(CB) .$$

Nun ist aber – vorausgesetzt, dass die Kraft nur vom Ort x abhängt (Bedingung (i)) – die auf dem Weg von B zu einem beliebigen Punkt C geleistete Arbeit exakt gleich dem Negativen der geleisteten Arbeit auf dem Weg von C nach B. Der zweite und der dritte Summand heben sich also weg; es bleibt, wie gewünscht,

$$W(ABCB) = W(AB) .$$

Man kann sich natürlich noch einen anderen Integrationsweg ausdenken, der von A nach B viele Male hin und zurück verläuft, aber mit ein wenig Nachdenken können Sie sich davon überzeugen, dass jeder derartige Weg in Teilstücke zerlegt werden kann, von denen sich alle bis auf den direkten Weg von A nach B paarweise gegenseitig aufheben. Damit ist die Arbeit auf *jedem* Weg von A nach B die gleiche wie auf AB, und wir haben bewiesen, dass für ein eindimensionales System die zweite Bedingung für konservative Kräfte direkt aus der ersten folgt.

Kurven der potenziellen Energie

Eine weitere nützliche Eigenschaft von eindimensionalen Systemen ist, dass wir bei nur einer unabhängigen Variablen x die potenzielle Energie $U(x)$ als Funktionskurve in ein Koordinatensystem einzeichnen und so veranschaulichen können. Nehmen wir also an, dass sämtliche auf ein Objekt wirkenden Kräfte konservativ sind, und definieren wir die potenzielle Energie als

$$U(x) = -\int_{x_0}^{x} F_x(x')\,\mathrm{d}x' , \qquad (4.54)$$

wobei F_x die x-Komponente der Gesamtkraft auf das Objekt (bzw. Teilchen) sein soll. Beispielsweise ist für eine Masse am Ende einer Feder, die dem Hooke'schen Gesetz gehorcht, die Kraft $F_x = -kx$, und mit $x_0 = 0$ als Referenzpunkt wird aus Gleichung (4.54) das bekannte Ergebnis

$$U = \tfrac{1}{2}\,kx^2$$

für jede Feder, die dem Hooke'schen Gesetz gehorcht.

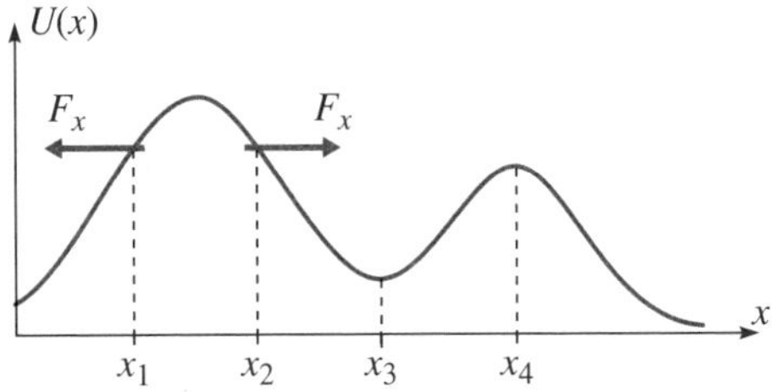

Abbildung 4.10: Die Kurve der potenziellen Energie $U(x)$ eines eindimensionalen Systems kann man sich als Weg entlang einer Achterbahn vorstellen. Die Kraft $F_x = -\mathrm{d}U/\mathrm{d}x$ versucht, das Objekt „bergab" zu bewegen, etwa an den Punkten x_1 und x_2. An den Punkten x_3 und x_4 ist $U(x)$ lokal minimal bzw. lokal maximal, $\mathrm{d}U/\mathrm{d}x$ ist hier null, und die Kraft verschwindet. An Punkten lokaler Minima befindet sich das System im Gleichgewicht.

Analog zur dreidimensionalen Gleichung $\boldsymbol{F} = -\boldsymbol{\nabla} U$ gilt in einer Dimension die einfachere Beziehung

$$F_x = -\frac{\mathrm{d}U}{\mathrm{d}x}\,. \tag{4.55}$$

Wenn wir die potenzielle Energie wie in Abbildung 4.10 gegen x auftragen, können wir leicht qualitativ vorhersagen, wie sich das Objekt verhalten wird. Die Richtung der Gesamtkraft lässt sich nach Gleichung (4.55) als „bergab“ auf der Kurve $U(x)$ ablesen – nach links in x_1, nach rechts in x_2. Daraus folgt, dass das Objekt immer „bergab“ beschleunigt wird; das erinnert an die Bewegung auf einer (nicht sehr spektakulären linearen) Achterbahn, wo ein Wagen ebenfalls immer nach unten beschleunigt wird. Diese Analogie ist kein Zufall: Auf einer Achterbahn gilt $U = mgh$ (dabei ist h die Höhe über dem Boden), und die Kurve von $U(x)$ hat dieselbe Form wie die Kurve von h gegen x, die ja nichts anderes als ein *Bild* der Achterbahn ist. Wir können uns bei jedem eindimensionalen System die Kurve von $U(x)$ als das Bild einer Achterbahn *vorstellen,* und unser gesunder Menschenverstand wird uns in der Regel sagen, welche Art der Bewegung an verschiedenen Stellen möglich ist. Das werde ich im Folgenden beschreiben.

An Punkten wie x_3 und x_4, wo $\mathrm{d}U/\mathrm{d}x = 0$ ist und $U(x)$ ein lokales Minimum bzw. Maximum hat, verschwindet die Gesamtkraft auf das Objekt, und das Objekt befindet sich in einer Gleichgewichtslage. Die Bedingung $\mathrm{d}U/\mathrm{d}x = 0$ charakterisiert also Gleichgewichtspunkte. Bei x_3, wo $\mathrm{d}^2U/\mathrm{d}x^2 > 0$ ist und $U(x)$ ein lokales Minimum annimmt, führt schon die kleinste Verschiebung des Objekts aus der Gleichgewichtslage zu einer Kraft, die es wieder zurück in die Gleichgewichtslage treibt (rechts von x_3 wirkt die Kraft nach links, links von x_3 wirkt sie nach rechts). Mit anderen Worten: An Punkten mit $\mathrm{d}^2U/\mathrm{d}x^2 > 0$, wo $U(x)$ minimal ist, besteht ein **stabiles Gleichgewicht**. An Gleichgewichtspunkten wie x_4 hingegen, wo $\mathrm{d}^2U/\mathrm{d}x^2 < 0$ gilt und $U(x)$ ein lokales Maximum hat, ruft schon eine kleine Verschiebung eine Kraft hervor, die das Objekt weiter aus der Gleichgewichtslage entfernt; es handelt sich um ein **instabiles** oder **labiles Gleichgewicht**.

Wenn sich das Objekt *bewegt,* ist seine kinetische Energie größer als null und seine Gesamtenergie folglich größer als $U(x)$. Nehmen wir beispielsweise an, dass sich das Objekt irgendwo in der Nähe des Gleichgewichtspunkts $x = b$ in Abbildung 4.11 bewegt. Seine Gesamtenergie muss größer sein als $U(b)$, sie könnte beispielsweise gleich dem als E in der Abbildung eingezeichneten Wert sein. Wenn sich das Objekt rechts von b befindet und sich „bergauf“ nach rechts bewegt, wird seine potenzi-

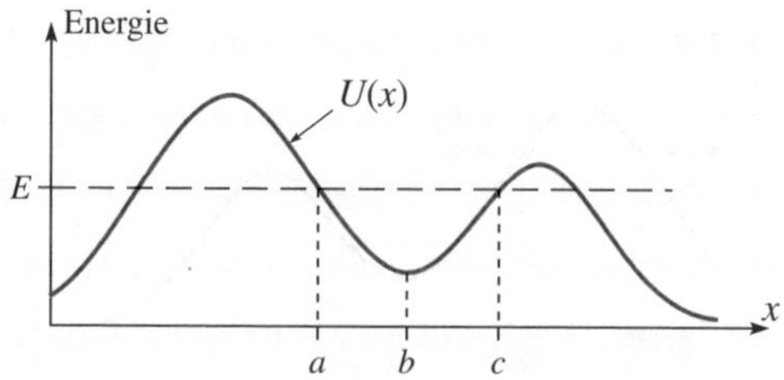

Abbildung 4.11: Wenn ein Objekt in der Nähe von $x = b$ mit der Energie E startet, ist es in dem „Tal" zwischen den beiden Potenzial-„Hügeln" gefangen und oszilliert auf ewig zwischen den beiden Umkehrpunkten $x = a$ und $x = c$; an diesen Punkten gilt jeweils $U(x) = E$, und die kinetische Energie des Objekts verschwindet.

elle Energie zu- und seine kinetische Energie abnehmen, bis es den **Umkehrpunkt** c erreicht, an dem $U(c) = E$ gilt und die kinetische Energie somit null wird. Bei $x = c$ bleibt das Objekt demnach stehen und beschleunigt dann aufgrund der dort nach links wirkenden Kraft wieder zurück nach links in Richtung $x = b$. Es kann solange nicht anhalten, bis seine kinetische Energie wieder auf null abgesunken ist. Das ist am linken Umkehrpunkt a der Fall; dort gilt $U(a) = E$, und das Objekt wird wieder nach rechts beschleunigt. Da sich der Zyklus nun wiederholt, ist das Objekt, wenn es zwischen den beiden Potenzial-„Hügeln" mit einer Energie startet, die niedriger ist als die Potenzial-„Gipfel" der beiden Hügel, in dem Tal dazwischen gefangen und schwingt unaufhörlich zwischen den beiden Umkehrpunkten hin- und her.

Nehmen wir nun wieder an, dass das Objekt zwischen den beiden Hügeln startet; diesmal soll seine Energie zwar höher sein als der Hügel rechts, aber niedriger als der Hügel links. In diesem Fall wird das Objekt rechts aus dem Tal entkommen, denn überall rechts von b gilt $E > U(x)$; wenn es sich einmal nach rechts bewegt, wird es sich immer weiter in diese Richtung bewegen. Wenn die Energie sogar höher ist als die der Hügel zu beiden Seiten, kann es in beide Richtungen entkommen.

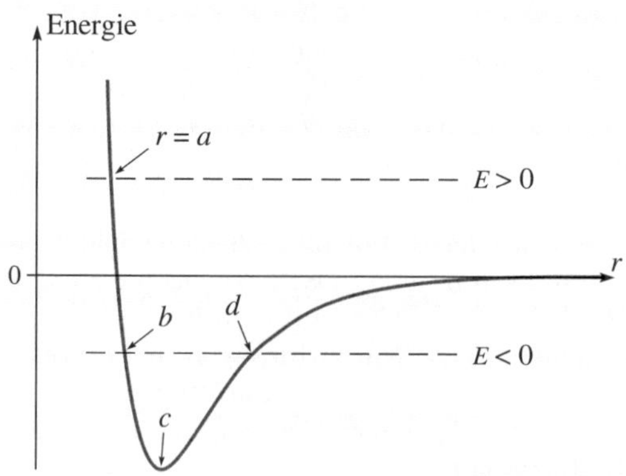

Abbildung 4.12: Potenzielle Energie für ein typisches zweiatomiges Molekül wie HCl, aufgetragen über dem Abstand r zwischen den beiden Atomen. Bei $E > 0$ können die beiden Atome sich nicht näher kommen als bis zum Umkehrpunkt $r = a$, sie können sich aber bis ins Unendliche voneinander entfernen. Im Fall von $E < 0$ sind die beiden Atome zwischen den Umkehrpunkten bei b und d gefangen und bilden ein gebundenes Molekül. Der Gleichgewichtszustand liegt bei $r = c$.

Solche Überlegungen spielen in vielen Bereichen der Physik eine wichtige Rolle. In Abbildung 4.12 ist ein Beispiel aus der Molekülphysik dargestellt. Es zeigt die potenzielle Energie eines typischen zweiatomigen Moleküls (z. B. HCl) als Funktion des Abstands zwischen den beiden Atomen. Die potenzielle Energiefunktion bestimmt (in diesem Beispiel mit HCl) die Radialbewegung des Wasserstoffatoms, wenn es von dem viel schwereren Chloratom weg- und wieder auf dieses zuschwingt. Der Nullpunkt der Energie liegt dort, wo die beiden Atome weit voneinander entfernt (im Unendlichen) und in Ruhe sind. Beachten Sie, dass die unabhängige Variable der Abstand r der Atome ist; nach Definition ist er immer positiv ($0 \leq r < \infty$). Für $r \to 0$ wird die potenzielle Energie sehr groß, denn die beiden Atome stoßen einander wegen der Coulomb-Kraft zwischen den Kernen ab, sobald sie einander sehr nahekommen. Wenn die Energie positiv ist ($E > 0$), kann sich das H-Atom ins Unendliche entfernen, denn es gibt keinen „Hügel", der es daran hindern könnte. Das H-Atom kann sich aus dem Unendlichen nähern, doch nur bis zum Umkehrpunkt $r = a$; von dort aus wird es sich (wenn nicht irgendein Ereignis eintritt, durch das ein Teil seiner Energie aufgenommen wird) wieder ins Unendliche entfernen. Wenn andererseits die Energie negativ ist ($E < 0$), dann ist das H-Atom gefangen und schwingt zwischen den beiden Umkehrpunkten $r = b$ und $r = d$ hin und her. Der mit $r = c$ bezeichnete Punkt entspricht dem Gleichgewichtsabstand der beiden Atome. Die Zustände mit $E < 0$ entsprechen dem, was wir gewöhnlich als HCl-Molekül bezeichnen. Damit sich ein solches Molekül bilden kann, müssen sich zunächst zwei einzelne Atome (beide mit $E > 0$) einander bis auf einen Abstand von etwa $r \approx c$ annähern, und dann muss ein beliebiger Prozess (etwa die Emission von Licht) so viel Energie abführen, dass die Atome mit $E < 0$ gefangen sind.

Vollständige Beschreibung der Bewegung

Eine dritte bemerkenswerte Eigenschaft von eindimensionalen konservativen Systemen besteht darin, dass wir – zumindest im Prinzip – die Bewegung mithilfe der Energie vollständig beschreiben, also den Ort x als Funktion der Zeit angeben können. Da $E = T + U(x)$ erhalten bleibt, wobei $U(x)$ eine für das konkrete Problem bekannte Funktion und E durch die Anfangsbedingungen bestimmt ist, können wir nach $T = \frac{1}{2}m\dot{x}^2 = E - U(x)$ und damit nach der Geschwindigkeit $\dot{x}$ als Funktion von x auflösen:

$$\dot{x}(x) = \pm\sqrt{\frac{2}{m}}\sqrt{E - U(x)} = \pm\sqrt{\frac{2(E - U(x))}{m}}\,. \tag{4.56}$$

(Beachten Sie, dass hier das doppelte Vorzeichen deswegen auftritt, weil man aus der Energiebetrachtung nicht die *Richtung* der Geschwindigkeit bestimmen kann. Daher funktioniert das hier beschriebene Verfahren bei einem realistischen dreidimensionalen Problem im Allgemeinen nicht. In einer Dimension können Sie aber das Vorzeichen von $\dot{x}$ fast immer durch eine genaue Analyse des Problems bestimmen – Sie dürfen es nur nicht vergessen.)

Wenn wir nun aber die Geschwindigkeit als Funktion von x kennen, können wir auch x als Funktion von t bestimmen; wir wenden dazu das Verfahren der Variablenseparation an und gehen folgendermaßen vor: Zunächst formulieren wir die Definition $\dot{x} = \mathrm{d}x/\mathrm{d}t$ um zu

$$\mathrm{d}t = \frac{\mathrm{d}x}{\dot{x}}\,.$$

(Wegen $\dot{x} = \dot{x}(x)$ werden dadurch die Variablen x und t separiert.) Dann können wir zwischen zwei beliebigen Anfangs- und Endpunkten integrieren und erhalten

$$t_\mathrm{E} - t_\mathrm{A} = \int_{x_\mathrm{A}}^{x_\mathrm{E}} \frac{\mathrm{d}x}{\dot{x}} . \tag{4.57}$$

Damit kennen wir die verstrichene Zeit zwischen Anfangs- und Endpunkt für die Bewegung, die wir untersuchen wollen. Wenn wir nun Gleichung (4.56) für $\dot{x}$ einsetzen (wir nehmen dabei an, dass $\dot{x}$ positiv ist), dann ist die für die Bewegung von einem Anfangspunkt x_0 (zum Zeitpunkt $t = 0$) zu einem beliebigen Punkt x (zum Zeitpunkt t) benötigte Zeit

$$t = \int_{x_0}^{x} \frac{\mathrm{d}x'}{\dot{x}(x')} = \sqrt{\frac{m}{2}} \int_{x_0}^{x} \frac{\mathrm{d}x'}{\sqrt{E - U(x')}} . \tag{4.58}$$

(Wie üblich, habe ich die Integrationsvariable in x' umbenannt, um eine Verwechslung mit der oberen Integrationsgrenze x zu vermeiden.) Das Integral (4.58) hängt von der speziellen Form von $U(x)$ für das untersuchte Problem ab. Wenn wir das Integral lösen können (und das können wir für ein beliebiges $U(x)$, zumindest numerisch), erhalten wir t als Funktion von x. Das können wir nun nach x auflösen und erhalten x als Funktion von t; damit ist unsere Lösung komplett. Das folgende Beispiel illustriert das Vorgehen.

Freier Fall

Beispiel 4.6 Ich lasse zum Zeitpunkt $t = 0$ einen Stein von einem Turm hinabfallen. Bestimmen Sie mithilfe des Satzes von der Energieerhaltung den Ort x des Steins als Funktion von t. Die x-Richtung soll von der Spitze des Turms (d. h. von $x = 0$) senkrecht nach unten laufen. Der Luftwiderstand ist zu vernachlässigen.

Lösung ■ Die einzige auf den Stein wirkende Kraft ist die Gravitationskraft, die natürlich konservativ ist. Die zugehörige potenzielle Energie ist

$$U(x) = -mgx .$$

(Denken Sie daran, dass x nach unten gemessen wird.) Da sich der Stein am Ort $x = 0$ in Ruhe befindet, ist die Gesamtenergie $E = 0$; nach Gleichung (4.56) haben wir dann für die Geschwindigkeit

$$\dot{x}(x) = \sqrt{\frac{2(E - U(x))}{m}} = \sqrt{2gx}$$

(ein aus der elementaren Kinematik wohlbekanntes Ergebnis). Somit gilt

$$t = \int_0^x \frac{\mathrm{d}x'}{\dot{x}(x')} = \int_0^x \frac{\mathrm{d}x'}{\sqrt{2gx'}} = \sqrt{\frac{2x}{g}} .$$

Wie erwartet, haben wir damit t als Funktion von x, und wir können die Gleichung nach dem vertrauten Ergebnis

$$x = \frac{1}{2} g t^2$$

auflösen. Dieses einfache Problem, bei dem nur die potenzielle Energie $U(x) = -mgx$ vorkommt, lässt sich auf viele Arten lösen (sicher auch auf einfachere); das hier angewandte Verfahren unter Beachtung der Energieerhaltung hat aber den Vorzug, dass es für ein *beliebiges* Potenzial $U(x)$ angewandt werden kann. In einigen Fällen lässt sich das Integral (4.58) mithilfe elementarer Funktionen berechnen, dann erhalten wir eine analytische Lösung des Problems; beispielsweise ist für $U(x) = \frac{1}{2}kx^2$ (für eine Masse an einer Hooke'schen Feder) das Integral die Umkehrfunktion des Sinus, und x schwingt daher – wie erwartet – sinusförmig hin und her (vgl. Aufgabe 28). Für andere potenzielle Energien kann man das Integral nicht mithilfe elementarer Funktionen berechnen, es lässt sich dann aber auf tabellierte Funktionen zurückführen (vgl. Aufgabe 38). Bei einigen Problemen kann man aber das Integral (4.58) nur numerisch bestimmen. ■

4.7 Eindimensionale Systeme in krummlinigen Koordinaten

Bislang bestand das eindimensionale System, das ich untersucht habe, aus einem Objekt, dessen Bewegung auf einen linearen Weg beschränkt ist und dessen Ort durch die Koordinate x angegeben wird. Doch es gibt weitere, allgemeinere Systeme, die auch als eindimensional bezeichnet werden können, da sich der Ort ebenfalls durch nur eine einzige Zahl angeben lässt. Ein Beispiel für ein solches eindimensionales System ist eine Perle auf einem gebogenen festen Draht, wie in Abbildung 4.13 gezeigt (ein anderes Beipiel ist ein Achterbahnwagen, der sich entlang eines wild geformten Gleises bewegt). Der Ort der Perle lässt sich durch einen einzigen Parameter angeben; wir können dazu beispielsweise die Entfernung s wählen, die entlang des Drahtes von einem beliebig gewählten Ursprung O aus gemessen wird. Mit dieser Koordinatenwahl lässt sich das Problem des gekrümmten eindimensionalen Gleises ganz ähnlich behandeln wie das schnurgerade Gleis. Das werde ich in diesem Abschnitt zeigen.

Abbildung 4.13: Ein Objekt, dessen Bewegung auf eine gekrümmte Bahn beschränkt ist, kann als eindimensionales System betrachtet werden, dessen Ort durch die Entfernung s (gemessen entlang der Bahn) von einem beliebigen Ursprung O angegeben wird. Die Abbildung zeigt ein solches System – eine Perle auf einem steifen, zu einer doppelten Schleife gebogenen Draht.

Die Koordinate s unserer Perle entspricht dem x eines Waggons auf einem schnurgeraden Gleis. Die Geschwindigkeit der Perle erkennt man leicht als $\dot{s}$, und die kinetische Energie ist dann ganz analog zu dem Ausdruck $\frac{1}{2}m\dot{x}^2$ bei der linearen Bewegung auf dem Gleis

$$T = \tfrac{1}{2}m\dot{s}^2 .$$

Die Kraft ist ein wenig komplizierter. Wenn unsere Perle sich entlang des gebogenen Drahts bewegt, ist die resultierende Normalkraft nicht null, im Gegenteil: Erst durch die Normalkraft wird die Perle ja auf den vorgeschriebenen gekrümmten Weg gezwungen. (Deshalb bezeichnet man die Normalkraft in diesem Zusammenhang als **Zwangskraft**). Andererseits verrichtet die Normalkraft keine Arbeit. Wir müssen uns also ausschließlich um die *Tangential*komponente F_{tang} der resultierenden Kraft kümmern. Insbesondere lässt sich leicht zeigen (Aufgabe 32), dass

$$F_{\mathrm{tang}} = m\ddot{s}$$

gilt (entsprechend $F_x = m\ddot{x}$ bei einem geraden Gleis). Wenn außerdem alle auf die Perle einwirkenden Kräfte, die eine Tangentialkomponente haben, konservativ sind, dann können wir eine potenzielle Energie $U(s)$ mit $F_{\mathrm{tang}} = -\mathrm{d}U/\mathrm{d}s$ definieren, sodass die mechanische Gesamtenergie $E = T + U(s)$ konstant ist. Alle Überlegungen aus Abschnitt 4.6 lassen sich nun auf das Problem der Perle auf einem gebogenen Draht (oder auf jedes andere System mit einem Objekt, dessen Bewegung auf einen eindimensionalen Weg beschränkt ist) übertragen. Insbesondere sind die Punkte, an denen $U(s)$ minimal wird, Punkte eines stabilen Gleichgewichts; an den Punkten, an denen $U(s)$ maximal ist, liegt ein instabiles Gleichgewicht vor.

Viele Probleme scheinen komplizierter zu sein als die Perle auf einem Draht, sie sind aber dennoch eindimensional und lassen sich ganz analog behandeln. Es folgt ein Beispiel.

Stabilität eines Würfels, der auf einem Zylinder balanciert

Beispiel 4.7 Ein Hartgummizylinder mit dem Radius r liegt fest auf dem Boden (Achse horizontal), auf ihm balanciert ein Holzwürfel mit der Masse m und der Kantenlänge $2b$; sein Mittelpunkt befindet sich zunächst genau vertikal oberhalb der Zylinderachse, vier Kanten des Würfels verlaufen parallel zur Zylinderachse. Der Würfel kann auf der Gummioberfläche des Zylinders nicht verrutschen, aber natürlich kann er etwas hin- und herschaukeln, wie in Abbildung 4.14 dargestellt. Untersuchen Sie die potenzielle Energie des Würfels und finden Sie heraus, ob die Gleichgewichtslage des Würfels auf dem Zylinder stabil oder instabil ist.

Lösung ■ Machen wir uns zunächst klar, dass es sich um ein eindimensionales Problem handelt, denn wenn der Würfel von einer Seite zur anderen schaukelt, lässt sich sein Ort durch eine einzige Koordinate angeben, beispielsweise durch den Winkel θ, um den er sich gedreht hat. (Man könnte auch die Entfernung s des Würfelmittelpunkts von seiner Gleichgewichtslage verwenden, aber der Winkel erweist sich für die Rechnungen als etwas bequemer. Doch ganz gleich, wie wir das System beschreiben, die Würfelposition lässt sich durch eine einzige Koordinate angeben, d. h., es handelt sich auf jeden Fall um ein eindimensionales Problem.) Die Zwangskräfte sind die Normalkraft und die Reibungskraft zwischen dem Zylinder und dem Holzwürfel; diese beiden Kräfte beschränken den Würfel auf die in Abbildung (4.14) gezeigte Bewegung. Da keine dieser beiden Kräfte Arbeit verrichtet, müssen wir sie nicht explizit berücksichtigen. Die einzige sonstige auf den Würfel einwirkende Kraft ist die Schwerkraft; von ihr wissen wir schon aus den Anfängerkursen, dass sie konservativ ist und dass die gravitative potenzielle Energie genauso groß ist wie die für eine Punktmasse, die sich im Mittelpunkt C des Würfels befindet – also $U = mgh$ (dabei ist h die Höhe von C oberhalb des Ursprungs (Abbildung 4.14; vgl. Aufgabe 6). Die Länge der mit OB bezeichneten Linie ist einfach $r + b$; die Linie BC ist die Strecke, die der Würfel um den Zylinder „herumgerollt" ist, nämlich $r\theta$. Damit gilt

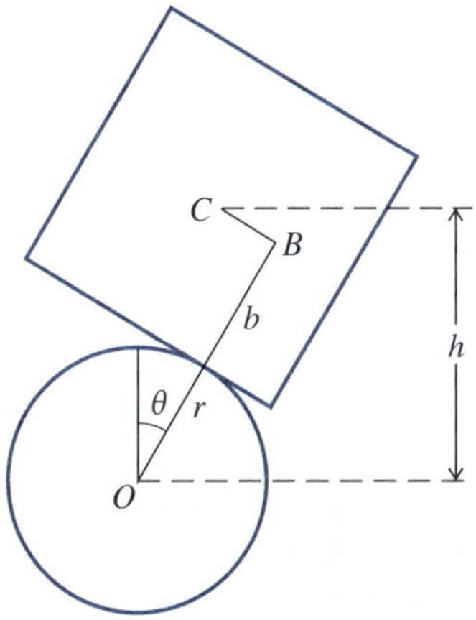

Abbildung 4.14: Ein Würfel mit der Kantenlänge $2b$ und dem Mittelpunkt C wird auf einem festen Zylinder (mit horizontaler Achse) mit Radius r und dem Mittelpunkt O platziert, und zwar so, dass C zunächst genau oberhalb von O ist. Der Würfel kann auf der Mantelfläche des Zylinders abrollen, aber nicht gleiten.

$h = (r + b)\cos\theta + r\theta\sin\theta$, und die potenzielle Energie ist

$$U(\theta) = mgh = mg[(r + b)\cos\theta + r\theta\sin\theta]\,. \tag{4.59}$$

Um die Gleichgewichtslage (oder die Gleichgewichtslagen) zu bestimmen, müssen wir jene Punkte finden, an denen $\mathrm{d}U/\mathrm{d}\theta$ verschwindet. (Streng genommen habe ich diese sehr einleuchtende Behauptung für diese Art von beschränkten Systemen noch nicht bewiesen, aber das hole ich gleich nach.) Die Ableitung ist (Sie sollten das nachrechnen, es ist nicht schwer)

$$\frac{\mathrm{d}U}{\mathrm{d}\theta} = mg[r\theta\cos\theta - b\sin\theta]\,.$$

Der Ausdruck wird null für $\theta = 0$ und bestätigt das Offensichtliche – für $\theta = 0$ liegt ein Gleichgewichtspunkt vor. Wenn wir nun entscheiden wollen, ob das Gleichgewicht stabil ist, müssen wir nur nochmals differenzieren und den Wert von $\mathrm{d}^2U/\mathrm{d}\theta^2$ für die Gleichgewichtslage $\theta = 0$ berechnen. Der Wert ist (auch dies sollten Sie nachrechnen)

$$\left.\frac{\mathrm{d}^2U}{\mathrm{d}\theta^2}\right|_{\theta=0} = mg(r - b)\,. \tag{4.60}$$

Wenn der Würfel kleiner ist als der Zylinder (also $b < r$), dann ist diese zweite Ableitung positiv, d. h., $U(\theta)$ hat bei $\theta = 0$ ein Minimum, und das Gleichgewicht ist stabil; wenn der Würfel auf dem Zylinder balanciert, kann er dort unbegrenzt lange liegen bleiben. Wenn der Würfel aber größer ist als der Zylinder ($b > r$), dann ist die zweite Ableitung negativ, das Gleichgewicht ist instabil, und der Würfel wird bei der kleinsten Störung anfangen zu rollen und dann herunterfallen. ■

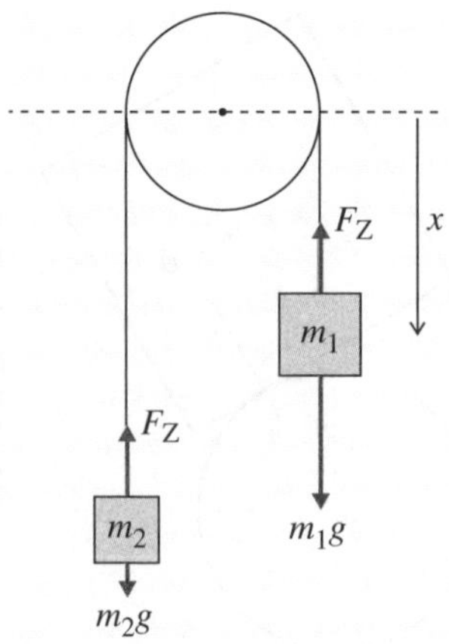

Abbildung 4.15: Die Atwood'sche Fallmaschine besteht aus zwei Massen m_1 und m_2 an einem masselosen, nicht dehnbaren Seil, das über eine reibungsfreie Rolle läuft. Weil die Länge des Seils fest ist, wird die Position des gesamten Systems durch die Strecke x bestimmt, um die sich die Masse m_1 unterhalb eines geeignet festgelegten Niveaus befindet. Auf die beiden Massen wirken jeweils ihre Gewichtskräfte $m_1 g$ und $m_2 g$ sowie die Zugkräfte F_Z (sie sind für beide Massen gleich, weil das Seil masselos ist).

Weitere Verallgemeinerungen

Es gibt viele weitere, noch kompliziertere Systeme, die man zu Recht als eindimensional bezeichnen kann. Solche Systeme können aus mehreren Körpern bestehen, die dann durch Streben oder Fäden so miteinander verbunden sein müssen, dass man nur einen einzigen Parameter benötigt, um den Ort des Systems zu beschreiben. Ein Beispiel für ein solches System ist die in Abbildung 4.15 gezeigte **Atwood'sche Fallmaschine**; sie besteht aus zwei Massen m_1 und m_2, die an den Enden eines masselosen, nicht dehnbaren Seils hängen, das über eine reibungsfreie Rolle läuft. (Um die Behandlung des Problems zu vereinfachen, nehme ich die Rolle als masselos an; es wäre jedoch nicht allzu schwierig, auch die Masse der Rolle zu berücksichtigen.) Die beiden Massen können sich aufwärts und abwärts bewegen, doch die Kräfte der Rolle auf das Seil und des Seils auf die Massen schränken die Bewegung dergestalt ein, dass die Masse m_2 sich nur exakt so weit nach oben bewegen kann, wie die Masse m_1 sich nach unten bewegt. Daher lässt sich der Ort des gesamten Systems durch einen einzigen Parameter angeben, beispielsweise – wie im Bild gezeigt – durch die Höhe x der Masse m_1 unterhalb des Mittelpunkts der Rolle, und das Problem ist wieder eindimensional.[15]

Betrachten wir die Energien der Massen m_1 und m_2. Die auf sie einwirkenden Kräfte sind die Gravitation und die Zugkraft in dem Seil. Da die Schwerkraft konservativ ist, können wir potenzielle Energien U_1 und U_2 für die Gravitationskräfte einführen. Aus unseren bisherigen Überlegungen folgt dann, dass für jede Verschie-

15 Sie mögen zu Recht einwenden, dass sich die Massen ja auch zur Seite bewegen können. Wenn Sie diese Möglichkeit beunruhigt, können wir die Massen auch mithilfe vertikaler reibungsfreier Stäbe „führen“, doch eigentlich sind solche Stäbe unnötig: Solange wir die Massen seitlich nicht anstoßen, bleibt ihre Bewegung von allein auf eine vertikale Linie beschränkt.

bung des Systems

$$\Delta T_1 + \Delta U_1 = W_1^Z \tag{4.61}$$

und

$$\Delta T_2 + \Delta U_2 = W_2^Z \tag{4.62}$$

gilt. Die Terme W_1^Z bzw. W_2^Z bezeichnen darin die Arbeit, die durch die Zugkraft an m_1 bzw. m_2 verrichtet wird. In Abwesenheit von Reibung ist die Zugkraft über die gesamte Länge des Seils konstant. Daher muss – obwohl die Zugkraft offenbar Arbeit an den beiden (unterschiedlichen) Massen verrichtet – die an m_1 verrichtete Arbeit der an m_2 verrichteten Arbeit entgegengesetzt gleich sein, wenn m_1 sich nach unten und m_2 sich um die gleiche Strecke nach oben bewegt (und umgekehrt). Wir haben also

$$W_1^Z = -W_2^Z\,. \tag{4.63}$$

Wenn wir die beiden Energiegleichungen (4.61) und (4.62) addieren, heben sich die Terme der durch die Zugkräfte verrichteten Arbeiten gegenseitig auf, und es bleibt

$$\Delta(T_1 + U_1 + T_2 + U_2) = 0\,.$$

Mit anderen Worten: Die mechanische Gesamtenergie

$$E = T_1 + U_1 + T_2 + U_2 \tag{4.64}$$

bleibt erhalten. Die Schönheit dieses Ergebnisses liegt darin, dass jeglicher Bezug auf die Zwangskräfte durch das Seil und die Rolle verschwunden ist.

Es stellt sich heraus, dass viele Systeme aus mehreren Teilchen, die Zwangsbedingungen unterliegen (durch Seile, Streben, ein Gleis, auf dem sie sich bewegen müssen, usw.) in gleicher Weise behandelt werden können: Die Zwangskräfte sind zwar entscheidend dafür, *wie* sich das System bewegt, doch sie verrichten keine Arbeit am System als Ganzem. Bei der Betrachtung der Gesamtenergie können wir die Zwangskräfte also einfach vernachlässigen. Wenn insbesondere alle anderen Kräfte konservativ sind (so wie bei unserem Beispiel der Atwood'schen Fallmaschine), dann können wir eine potenzielle Energie U_α für jedes Teilchen α definieren, und die Gesamtenergie

$$E = \sum_{\alpha=1}^{N} (T_\alpha + U_\alpha)$$

ist konstant. Wenn das System darüber hinaus noch eindimensional ist (d. h., wenn sich sein Ort durch einen einzigen Parameter angeben lässt, so wie bei der Atwood'schen Fallmaschine), dann gelten sämtliche Überlegungen aus Abschnitt 4.6.

Eine eingehende Analyse von Systemen mit Zwangsbedingungen ist in der Lagrange'schen Formulierung der Mechanik weit einfacher als in der Newton'schen Mechanik. Daher verschiebe ich dieses Thema auf Kapitel 7. Insbesondere wird der Beweis, dass bei einer großen Klasse von Systemen mit Zwangsbedingungen normalerweise ein stabiles Gleichgewicht einem Minimum der potenziellen Energie entspricht, in Aufgabe 47 skizziert.

4.8 Zentralkräfte

Ein dreidimensionaler Fall, der ähnlich einfach zu behandeln ist wie ein eindimensionales Problem, ist ein Teilchen, das eine sogenannte Zentralkraft erfährt, d. h., eine Kraft, die an jedem Punkt in Richtung auf ein bestimmtes „Kraftzentrum“ hin (oder von ihm weg) gerichtet ist. Wenn wir als Kraftzentrum den Ursprung annehmen, dann hat eine Zentralkraft die Form

$$\boldsymbol{F}(\boldsymbol{r}) = f(\boldsymbol{r})\,\hat{\boldsymbol{r}}\,; \tag{4.65}$$

darin gibt die Funktion $f(\boldsymbol{r})$ den Betrag der Kraft an (und das Vorzeichen: eine nach außen gerichtete Kraft ist positiv, eine nach innen gerichtete negativ). Ein Beispiel für eine Zentralkraft ist die Coulomb-Kraft auf eine Ladung q, die durch eine Ladung Q im Ursprung hervorgerufen wird. Sie hat die vertraute Form

$$\boldsymbol{F}(\boldsymbol{r}) = \frac{kqQ}{r^2}\,\hat{\boldsymbol{r}} \tag{4.66}$$

und genügt ganz offensichtlich den Anforderungen von (4.65); die Betragsfunktion ist $f(\boldsymbol{r}) = kqQ/r^2$. Die Coulomb-Kraft hat zwei spezielle Eigenschaften, die nicht alle Zentralkräfte aufweisen: Erstens ist sie, wie wir bereits gezeigt haben, konservativ. Und zweitens ist sie **sphärisch symmetrisch** oder **rotationsinvariant**; das bedeutet, dass die Betragsfunktion $f(\boldsymbol{r})$ in (4.65) nicht von der Richtung von $\boldsymbol{r}$ abhängt und somit für alle Punkte in derselben Entfernung vom Ursprung denselben Wert annimmt. Es gibt eine kompakte Schreibweise, um diese Eigenschaft der sphärischen Symmetrie auszudrücken – wenn die Betragsfunktion nur vom Betrag des Vektors $\boldsymbol{r}$ und nicht von dessen Richtung abhängt, dann kann man schreiben

$$f(\boldsymbol{r}) = f(r)\,. \tag{4.67}$$

Ein besonderes Merkmal von Zentralkräften ist es, dass die beiden erwähnten Eigenschaften immer gemeinsam auftreten: Eine konservative Zentralkraft ist immer auch sphärisch symmetrisch, und umgekehrt ist eine sphärisch symmetrische Zentralkraft stets auch konservativ. Diese Aussage lässt sich auf verschiedenen Wegen beweisen, für den einfachsten Beweis muss man sphärische Polarkoordinaten (Kugelkoordinaten) verwenden. Bevor ich den Beweis antrete, wiederhole ich kurz die Grundzüge dieser Koordinaten.

Sphärische Polarkoordinaten

Der Ort eines Punkts P wird durch den Vektor $\boldsymbol{r}$ beschrieben, der vom Ursprung O nach P zeigt. Der Vektor $\boldsymbol{r}$ lässt sich mithilfe seiner kartesischen Koordinaten (x, y, z) angeben; bei Problemen, bei denen eine sphärische Symmetrie vorliegt, ist es aber fast immer weitaus bequemer, $\boldsymbol{r}$ mithilfe der sphärischen Koordinaten (r, θ, φ) anzugeben, die in Abbildung 4.16 definiert sind. Die erste Koordinate r ist einfach die Entfernung vom Ursprung bis P, es gilt also wie üblich $r = |\boldsymbol{r}|$. Der Winkel θ, auch als **Polwinkel** bezeichnet, ist der Winkel zwischen $\boldsymbol{r}$ und der z-Achse. Der Winkel φ, auch als **Azimutwinkel** bezeichnet, ist – wie gezeigt – der Winkel zwischen der x-Achse

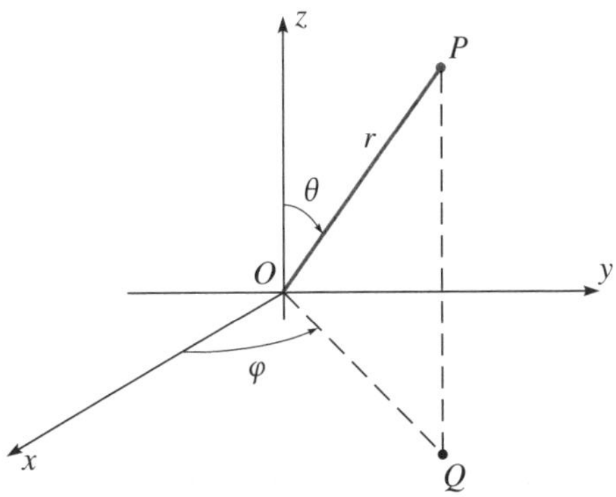

Abbildung 4.16: Die sphärischen Koordinaten (r, θ, φ) eines Punkts P sind so definiert, dass r die Entfernung des Punkts vom Ursprung O angibt; θ ist der Winkel zwischen der z-Achse und der Geraden OP; und φ ist der Winkel zwischen der x-Achse und der Geraden OQ (Q ist die Projektion von P auf die x-y-Ebene).

und der Projektion von $\boldsymbol{r}$ auf die x-y-Ebene.[16] Es ist eine einfache Übung, zwischen den kartesischen Koordinaten (x, y, z) und den Polarkoordinaten (r, θ, φ) und umgekehrt umzurechnen; in Aufgabe 40 können Sie eine solche Rechnung durchführen. Beispielsweise können Sie sich durch Betrachten von Abbildung 4.16 leicht davon überzeugen, dass gilt:

$$x = r\sin\theta\cos\varphi, \qquad y = r\sin\theta\sin\varphi \qquad \text{und} \qquad z = r\cos\theta\,. \tag{4.68}$$

Eine illustrative Anwendung der sphärischen Koordinaten, die Ihnen auch dabei helfen kann, die Kugelkoordinaten besser zu verstehen, ist die Angabe eines Orts auf der Erdoberfläche. Wenn wir den Ursprung in den Erdmittelpunkt legen, dann haben alle Punkte auf der Erdoberfläche denselben Wert für r, nämlich den Erdradius.[17] Ein Punkt auf der Erdoberfläche lässt sich somit durch die Angabe der beiden Winkel (θ, φ) bestimmen. Wenn wir die z-Achse so legen, dass sie durch den Nordpol verläuft, dann können Sie anhand von Abbildung 4.16 erkennen, dass θ die geografische *Breite* (Latitude) des Punkts P angibt, gemessen vom Nordpol nach Süden. (Auch hier gibt es wieder Verwirrung: Traditionell misst man die Breite nämlich vom Äquator aus nach Norden; daher wird unser Winkel θ oft als *Komplementbreite* oder Kolatitude bezeichnet.) Andererseits gibt φ die geografische *Länge* (Longitude) an, gemessen vom Meridian der x-Achse nach Osten.

Die Aussage, eine Funktion $f(\boldsymbol{r})$ sei sphärisch symmetrisch, ist schlicht die Aussage, dass – wenn man $\boldsymbol{r}$ in sphärischen Polarkoordinaten ausdrückt – die Funktion f unabhängig von θ und φ ist. Genau das meinen wir mit der Schreibweise $f(\boldsymbol{r}) = f(r)$.

16 Leider kommt es bei dieser Definition zu Verwirrung: Die hier angegebene Schreibweise wird gewöhnlich von den *Physikern* benutzt. In den meisten *mathematischen* Lehrbüchern hingegen sind die Rollen von θ und φ gerade vertauscht. Zusätzliche Verwirrung entsteht dadurch, dass der griechische Buchstabe phi zwei Erscheinungsformen hat: Neben φ gibt es auch die Form ϕ, die bei den Physikern aber oft für das Potenzial reserviert ist. (Anm. d. Übers.)

17 Das stimmt zwar nur näherungsweise, denn die Erde ist nicht exakt kugelförmig, und daher ist r nicht konstant. Doch das ändert nichts an unserer Schlussfolgerung, dass jeder Punkt auf der Erdoberfläche durch die Angabe von θ und φ bestimmt werden kann.

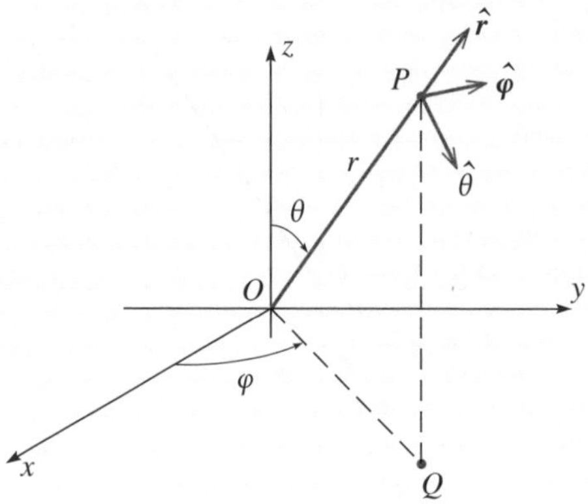

Abbildung 4.17: Die drei Einheitsvektoren der sphärischen Polarkoordinaten am Punkt P. Der Vektor $\hat{\boldsymbol{r}}$ zeigt radial nach außen, $\hat{\boldsymbol{\theta}}$ zeigt entlang einer Linie gleicher geografischer Länge nach „Süden", und $\hat{\boldsymbol{\varphi}}$ zeigt entlang eines Breitenkreises nach „Osten".

Will man prüfen, ob sphärische Symmetrie vorliegt, dann rechnet man einfach nach, ob die beiden partiellen Ableitungen $\partial f/\partial\theta$ und $\partial f/\partial\varphi$ überall null sind.

Die Einheitsvektoren $\hat{\boldsymbol{r}}$, $\hat{\boldsymbol{\theta}}$ und $\hat{\boldsymbol{\varphi}}$ werden auf die übliche Weise definiert: $\hat{\boldsymbol{r}}$ ist der Einheitsvektor, der in die Bewegungsrichtung zeigt, wenn r wächst (θ und φ sind dabei fest). Wie in Abbildung 4.17 zu sehen, zeigt der Vektor $\hat{\boldsymbol{r}}$ also radial nach außen und ist wie üblich einfach der Einheitsvektor in Richtung von $\boldsymbol{r}$. (Auf der Erdoberfläche zeigt $\hat{\boldsymbol{r}}$ in Richtung der lokalen Vertikalen.) Ganz analog zeigt $\hat{\boldsymbol{\theta}}$ in Richtung des wachsenden Winkels θ (r und φ sind dabei fest), also nach Süden entlang einer Linie gleicher geografischer Länge. Schließlich zeigt $\hat{\boldsymbol{\varphi}}$ in Richtung des wachsenden Winkels φ (r und θ sind dabei fest), also entlang eines Breitenkreises in Richtung Osten.

Da die drei Einheitsvektoren $\hat{\boldsymbol{r}}$, $\hat{\boldsymbol{\theta}}$ und $\hat{\boldsymbol{\varphi}}$ paarweise senkrecht aufeinander stehen, können wir das Skalarprodukt in sphärischen Polarkoordinaten auf dieselbe Weise berechnen wie in kartesischen Koordinaten. Wenn wir also die Vektoren

$$\boldsymbol{a} = a_r\hat{\boldsymbol{r}} + a_\theta\hat{\boldsymbol{\theta}} + a_\varphi\hat{\boldsymbol{\varphi}}$$

und

$$\boldsymbol{b} = b_r\hat{\boldsymbol{r}} + b_\theta\hat{\boldsymbol{\theta}} + b_\varphi\hat{\boldsymbol{\varphi}}$$

skalar miteinander multiplizieren, dann ergibt sich (rechnen Sie nach!)

$$\boldsymbol{a}\cdot\boldsymbol{b} = a_r b_r + a_\theta b_\theta + a_\varphi b_\varphi\,. \tag{4.69}$$

Wie die Einheitsvektoren bei den zweidimensionalen Polarkoordinaten, so ändern sich auch die Einheitsvektoren $\hat{\boldsymbol{r}}$, $\hat{\boldsymbol{\theta}}$ und $\hat{\boldsymbol{\varphi}}$ mit dem Ort; wie schon im zweidimensionalen Fall gestaltet diese Variabilität viele Rechnungen komplizierter, in denen eine Ableitung vorkommt. Das werden wir gleich im nächsten Abschnitt sehen.

Der Gradient in sphärischen Polarkoordinaten

In kartesischen Koordinaten sind die Komponenten von ∇f, wie wir gesehen haben, die partiellen Ableitungen von f bezüglich x, y und z:

$$\nabla f = \hat{\boldsymbol{x}}\,\frac{\partial f}{\partial x} + \hat{\boldsymbol{y}}\,\frac{\partial f}{\partial y} + \hat{\boldsymbol{z}}\,\frac{\partial f}{\partial z}\,. \tag{4.70}$$

Der entsprechende Ausdruck für ∇f in Polarkoordinaten ist leider nicht so einfach. Um ihn herzuleiten, gehen wir von Gleichung (4.35) aus: Bei einer infinitesimalen Verrückung $\mathrm{d}\boldsymbol{r}$ beträgt die Änderung einer beliebigen Funktion $f(\boldsymbol{r})$

$$\mathrm{d}f = \nabla f \cdot \mathrm{d}\boldsymbol{r}\,. \tag{4.71}$$

Um den Vektor $\mathrm{d}\boldsymbol{r}$ in Polarkoordinaten zu berechnen, müssen wir untersuchen, was mit dem Punkt $\boldsymbol{r}$ geschieht, wenn wir jeweils r, θ bzw. φ ändern: Eine kleine Änderung von r um $\mathrm{d}r$ bewegt den Punkt um die Strecke $\mathrm{d}r$ radial nach außen, in Richtung von $\hat{\boldsymbol{r}}$. Wie in Abbildung 4.17 zu erkennen, bewegt eine kleine Änderung von θ um $\mathrm{d}\theta$ den Punkt entlang eines Längenkreises (mit dem Radius r) um die Strecke $r\,\mathrm{d}\theta$ in Richtung von $\hat{\boldsymbol{\theta}}$. (Beachten Sie den hier auftretenden Faktor r – die Strecke ist eben nicht einfach nur $\mathrm{d}\theta$.) Entsprechend bewegt eine kleine Änderung φ um $\mathrm{d}\varphi$ den Punkt entlang eines Breitenkreises (mit dem Radius $r\sin\theta$) um die Entfernung $r\sin\theta\,\mathrm{d}\varphi$. Fügen wir das alles zusammen, so gewinnen wir

$$\mathrm{d}\boldsymbol{r} = \mathrm{d}r\,\hat{\boldsymbol{r}} + r\,\mathrm{d}\theta\,\hat{\boldsymbol{\theta}} + r\sin\theta\,\mathrm{d}\varphi\,\hat{\boldsymbol{\varphi}}\,.$$

Da wir nun die Komponenten von $\mathrm{d}\boldsymbol{r}$ kennen, können wir auch das Skalarprodukt in (4.71) mithilfe der unbekannten Komponenten von ∇f ausdrücken:

$$\mathrm{d}f = (\nabla f)_r\,\mathrm{d}r + (\nabla f)_\theta\,r\,\mathrm{d}\theta + (\nabla f)_\varphi\,r\sin\theta\,\mathrm{d}\varphi\,. \tag{4.72}$$

Nun ist andererseits f eine Funktion der drei Variablen r, θ und φ; daher gilt natürlich

$$\mathrm{d}f = \frac{\partial f}{\partial r}\,\mathrm{d}r + \frac{\partial f}{\partial \theta}\,\mathrm{d}\theta + \frac{\partial f}{\partial \varphi}\,\mathrm{d}\varphi\,. \tag{4.73}$$

Durch Vergleich von (4.72) und (4.73) können wir auf die Komponenten von ∇f in sphärischen Polarkoordinaten schließen:

$$(\nabla f)_r = \frac{\partial f}{\partial r}\,, \qquad (\nabla f)_\theta = \frac{1}{r}\,\frac{\partial f}{\partial \theta} \qquad \text{und} \qquad (\nabla f)_\varphi = \frac{1}{r\sin\theta}\,\frac{\partial f}{\partial \varphi} \tag{4.74}$$

oder, ein wenig kompakter,

$$\nabla f = \hat{\boldsymbol{r}}\,\frac{\partial f}{\partial r} + \hat{\boldsymbol{\theta}}\,\frac{1}{r}\,\frac{\partial f}{\partial \theta} + \hat{\boldsymbol{\varphi}}\,\frac{1}{r\sin\theta}\,\frac{\partial f}{\partial \varphi}\,. \tag{4.75}$$

Ähnliche Überlegungen gelten für die Rotation und andere Operatoren der Vektoranalysis; sie alle sind in sphärischen Polarkoordinaten (und in anderen nichtkartesischen Koordinaten) deutlich komplizierter als in kartesischen Koordinaten. Da man sich die Ausdrücke für diese Operatoren nur schlecht merken kann, habe ich die wichtigsten von ihnen auf dem hinteren Buchinnendeckel zusammengefasst. Die Beweise dafür finden Sie in jedem Lehrbuch zur Vektoranalysis.[18] Mit diesen Kenntnissen ausgerüstet, wollen wir uns nun wieder den Zentralkräften zuwenden.

18 Beispielsweise bei Mary L. Boas, *Mathematical Methods in the Physical Sciences*, John Wiley, 1983, S. 431, die aktuelle (dritte) Auflage stammt von 2005.

Konservative und sphärisch symmetrische Zentralkräfte

Ich habe an früherer Stelle (Seite 172) behauptet, dass eine Zentralkraft dann und nur dann konservativ ist, wenn sie sphärisch symmetrisch ist. Diese Behauptung lässt sich auf verschiedene Arten beweisen. Die kürzesten Beweise (allerdings sind sie nicht sonderlich einsichtig) verwenden sphärische Polarkoordinaten. Nehmen wir zunächst an, dass die Zentralkraft $\boldsymbol{F}(\boldsymbol{r})$ konservativ ist, und versuchen wir zu beweisen, dass sie dann auch sphärisch symmetrisch sein muss. Weil sie konservativ ist, lässt sie sich als $-\boldsymbol{\nabla} U$ angeben; nach (4.75) hat dieser Ausdruck die Form

$$\boldsymbol{F}(\boldsymbol{r}) = -\boldsymbol{\nabla} U = -\hat{\boldsymbol{r}}\,\frac{\partial U}{\partial r} - \hat{\boldsymbol{\theta}}\,\frac{1}{r}\,\frac{\partial U}{\partial \theta} - \hat{\boldsymbol{\varphi}}\,\frac{1}{r\sin\theta}\,\frac{\partial U}{\partial \varphi}\,. \tag{4.76}$$

Da $\boldsymbol{F}(\boldsymbol{r})$ eine Zentralkraft ist, kann nur die radiale Komponente von null verschiedenen sein, und die beiden letzten Terme in Gleichung (4.76) müssen verschwinden. Dazu muss $\partial U/\partial\theta = \partial U/\partial\varphi = 0$ gelten, d. h., $U(\boldsymbol{r})$ ist sphärisch symmetrisch, und (4.76) reduziert sich auf

$$\boldsymbol{F}(\boldsymbol{r}) = -\hat{\boldsymbol{r}}\,\frac{\partial U}{\partial r}\,.$$

Da U sphärisch symmetrisch ist (also nur von r abhängt), gilt das natürlich auch für $\partial U/\partial r$, und damit ist die Zentralkraft $\boldsymbol{F}(\boldsymbol{r})$ tatsächlich sphärisch symmetrisch. Den Beweis in der Umkehrrichtung – dass also eine Zentralkraft, die sphärisch symmetrisch ist, notwendigerweise auch konservativ sein muss – verschiebe ich in den Aufgabenteil (Aufgaben 43 und 44; der einfachste Beweis folgt nahezu vollständig den Überlegungen zur Coulomb-Kraft in Beispiel 4.5).

Die Bedeutung dieser Ergebnisse liegt in folgenden zwei Punkten: Erstens lässt sich die Kraft $\boldsymbol{F}(\boldsymbol{r})$, eben weil sie eine Zentralkraft und sphärisch symmetrisch ist (also ihr Betrag nur von r abhängt), fast so einfach behandeln wie eine eindimensionale Kraft. Zweitens werden wir in Kapitel 8 sehen, dass alle Probleme mit Kräften dieser Art – obwohl $\boldsymbol{F}(\boldsymbol{r})$ gewiss keine eindimensionale Kraft ist (denn ihre *Richtung* hängt immer noch von θ und φ ab) – mathematisch äquivalent sind zu einer bestimmten Art von eindimensionalen Problemen.

4.9 Wechselwirkungsenergie von zwei Teilchen

Unsere bisherigen Betrachtungen beschränkten sich auf die Energie eines einzelnen Teilchens (oder eines größeren Objekts, das sich näherungweise als Teilchen betrachten lässt). Es ist jetzt an der Zeit, unsere Diskussion auf Systeme aus mehreren Teilchen auszudehnen. Aus Gründen der Bequemlichkeit beginne ich mit Systemen aus nur zwei Teilchen. In diesem Abschnitt werde ich annehmen, dass die beiden Teilchen über die Kräfte $\boldsymbol{F}_{12}$ (die Kraft auf Teilchen 1 durch Teilchen 2) und $\boldsymbol{F}_{21}$ (die Kraft auf Teilchen 2 durch Teilchen 1) miteinander wechselwirken; andere (äußere) Kräfte soll es nicht geben. Im Allgemeinen kann die Kraft $\boldsymbol{F}_{12}$ von den Orten beider Teilchen abhängen und muss somit als

$$\boldsymbol{F}_{12} = \boldsymbol{F}_{12}(\boldsymbol{r}_1, \boldsymbol{r}_2)$$

ausgedrückt werden; nach dem dritten Newton'schen Gesetz gilt

$$\boldsymbol{F}_{12} = -\boldsymbol{F}_{21}\,.$$

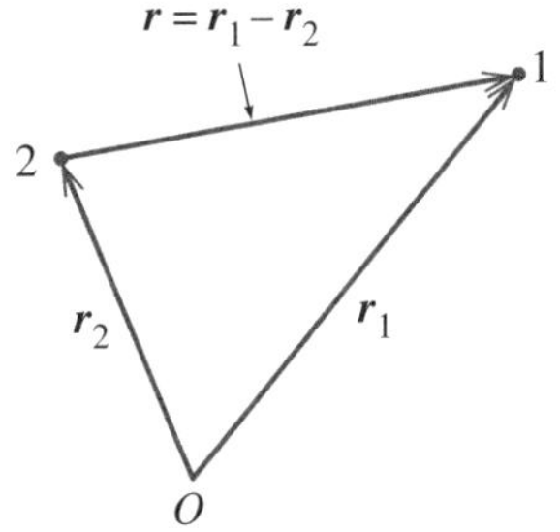

Abbildung 4.18: Der Vektor $\boldsymbol{r}$, der von Teilchen 2 zu Teilchen 1 führt, ist $\boldsymbol{r} = (\boldsymbol{r}_1 - \boldsymbol{r}_2)$.

Als Beispiel für ein solches Zweiteilchensystem wollen wir einen von seiner Umgebung isolierten Doppelstern betrachten, bei dem als einziges auftretendes Kräftepaar die gegenseitige gravitative Anziehung der beiden Sterne wirksam ist. Wenn wir den Vektor, der von Stern 2 auf Stern 1 weist, mit $\boldsymbol{r}$ bezeichnen (Abbildung 4.18), dann ist die Kraft $\boldsymbol{F}_{12}$ einfach der vertraute Ausdruck

$$\boldsymbol{F}_{12} = -\frac{Gm_1m_2}{r^2}\hat{\boldsymbol{r}} = -\frac{Gm_1m_2}{r^3}\boldsymbol{r}\,.$$

Der Vektor $\boldsymbol{r}$ lässt sich mithilfe der beiden Ortsvektoren $\boldsymbol{r}_1$ und $\boldsymbol{r}_2$ ausdrücken. Wie in Abbildung 4.18 zu sehen, gilt

$$\boldsymbol{r} = \boldsymbol{r}_1 - \boldsymbol{r}_2\,.$$

Damit wird aus der Kraft $\boldsymbol{F}_{12}$, ausgedrückt mithilfe von $\boldsymbol{r}_1$ und $\boldsymbol{r}_2$,

$$\boldsymbol{F}_{12} = -\frac{Gm_1m_2}{|\boldsymbol{r}_1 - \boldsymbol{r}_2|^3}(\boldsymbol{r}_1 - \boldsymbol{r}_2)\,. \tag{4.77}$$

Bemerkenswerterweise hängt die Kraft (4.77) zwar von den beiden Ortsvektoren $\boldsymbol{r}_1$ und $\boldsymbol{r}_2$ ab, aber nur über die spezielle Kombination $\boldsymbol{r}_1 - \boldsymbol{r}_2$. Diese Eigenschaft ist kein Zufall, sie gilt für jedes isolierte Zweiteilchensystem. Der Grund dafür ist, dass jedes isolierte System **translationsinvariant** sein muss: Wenn wir das System an einen anderen Ort verschieben, ohne die relativen Positionen der Teilchen zueinander zu ändern, müssen die Kräfte zwischen den Teilchen gleich bleiben. Dies ist in Abbildung 4.19 dargestellt; sie zeigt ein Punktepaar $\boldsymbol{r}_1$ und $\boldsymbol{r}_2$ sowie ein zweites Punktepaar $\boldsymbol{s}_1$ und $\boldsymbol{s}_2$ mit $\boldsymbol{s}_1 - \boldsymbol{s}_2 = \boldsymbol{r}_1 - \boldsymbol{r}_2$. Da die beiden Punkte $\boldsymbol{r}_1$ und $\boldsymbol{r}_2$ gemeinsam auf die Punkte $\boldsymbol{s}_1$ und $\boldsymbol{s}_2$ verschoben werden könnten, muss für *alle* Punkte, die den Zusammenhang $\boldsymbol{r}_1 - \boldsymbol{r}_2 = \boldsymbol{s}_1 - \boldsymbol{s}_2$ erfüllen, die Kraft $\boldsymbol{F}_{12}(\boldsymbol{r}_1, \boldsymbol{r}_2)$ gleich der Kraft $\boldsymbol{F}_{12}(\boldsymbol{s}_1, \boldsymbol{s}_2)$ sein. Mit anderen Worten: $\boldsymbol{F}_{12}(\boldsymbol{r}_1, \boldsymbol{r}_2)$ hängt, wie behauptet, nur von $\boldsymbol{r}_1 - \boldsymbol{r}_2$ ab, und wir können schreiben

$$\boldsymbol{F}_{12} = \boldsymbol{F}_{12}(\boldsymbol{r}_1 - \boldsymbol{r}_2)\,. \tag{4.78}$$

Das Ergebnis (4.78) vereinfacht unsere Betrachtungen erheblich. Wir können fast alles über die Kraft $\boldsymbol{F}_{12}$ herausfinden, wenn wir $\boldsymbol{r}_2$ an einem geeigneten Punkt festsetzen. Wenn wir insbesondere $\boldsymbol{r}_2$ in den Ursprung legen, dann reduziert sich (4.78) auf

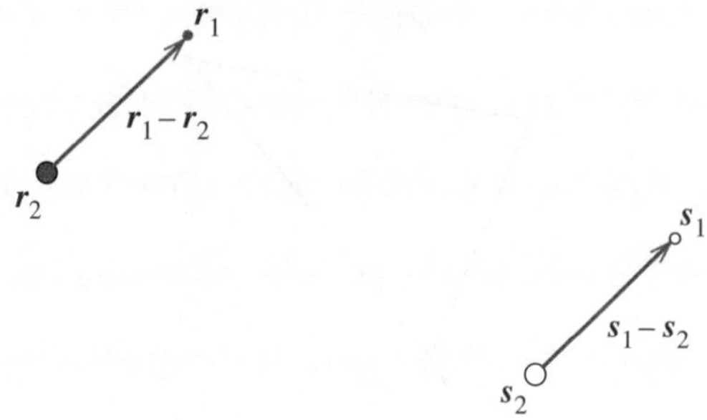

Abbildung 4.19: Für $\boldsymbol{r}_1 - \boldsymbol{r}_2 = \boldsymbol{s}_1 - \boldsymbol{s}_2$ können die beiden Teilchen an den Orten $\boldsymbol{r}_1$ und $\boldsymbol{r}_2$ an die Orte $\boldsymbol{s}_1$ und $\boldsymbol{s}_2$ verschoben werden, ohne dass ihre relative Lage sich ändert. Die Kraft zwischen den Teilchen in $\boldsymbol{r}_1$ und $\boldsymbol{r}_2$ muss dann dieselbe sein wie die Kraft zwischen den Teilchen in $\boldsymbol{s}_1$ und $\boldsymbol{s}_2$.

$\boldsymbol{F}_{12} = \boldsymbol{F}_{12}(\boldsymbol{r}_1)$. (Dieser Schritt läuft darauf hinaus, dass man beide Teilchen gemeinsam solange verschiebt, bis Teilchen 2 sich im Ursprung befindet; wir wissen, dass sich die Kraft zwischen den Teilchen dadurch nicht ändert.) Bei festem $\boldsymbol{r}_2$ sind aber alle unsere Überlegungen für eine Kraft auf ein einzelnes Teilchen anwendbar. Wenn beispielsweise die Kraft $\boldsymbol{F}_{12}$ auf Teilchen 1 konservativ sein soll, dann muss sie

$$\boldsymbol{\nabla}_1 \times \boldsymbol{F}_1 = 0 \tag{4.79}$$

erfüllen; $\boldsymbol{\nabla}_1$ ist dabei der Differenzialoperator

$$\boldsymbol{\nabla}_1 = \hat{\boldsymbol{x}}\frac{\partial}{\partial x_1} + \hat{\boldsymbol{y}}\frac{\partial}{\partial y_1} + \hat{\boldsymbol{z}}\frac{\partial}{\partial z_1}$$

bezüglich der Koordinaten (x_1, y_1, z_1) von Teilchen 1. Wenn (4.79) erfüllt ist, können wir eine potenzielle Energie $U(\boldsymbol{r}_1)$ definieren, sodass die Kraft auf Teilchen 1

$$\boldsymbol{F}_{12} = -\boldsymbol{\nabla}_1 U(\boldsymbol{r}_1)$$

ist. Damit erhalten wir die Kraft $\boldsymbol{F}_{12}$ für den Fall, dass sich Teilchen 2 im Ursprung befindet. Wollen wir die Kraft für ein Teilchen an einem beliebigen Ort angeben, müssen wir nur $\boldsymbol{r}_2$ auf eine beliebige Position „zurückschieben", indem wir $\boldsymbol{r}_1$ durch $\boldsymbol{r}_1 - \boldsymbol{r}_2$ ersetzen. Dann ergibt sich

$$\boldsymbol{F}_{12} = -\boldsymbol{\nabla}_1 U(\boldsymbol{r}_1 - \boldsymbol{r}_2)\,. \tag{4.80}$$

Beachten Sie, dass der Operator $\boldsymbol{\nabla}_1$ nicht angepasst werden muss, da ein Differenzialoperator wie $\partial/\partial x_1$ sich durch eine zu x_1 hinzuaddierte Konstante nicht ändert.

Um die Reaktionskraft $\boldsymbol{F}_{21}$ auf Teilchen 2 zu bestimmen, gehen wir vom dritten Newton'schen Gesetz aus, nach dem $\boldsymbol{F}_{21} = -\boldsymbol{F}_{12}$ gilt. Demnach müssen wir also nur das Vorzeichen in (4.80) ändern. Das lässt sich mithilfe des Zusammenhangs

$$\boldsymbol{\nabla}_1 U(\boldsymbol{r}_1 - \boldsymbol{r}_2) = -\boldsymbol{\nabla}_2 U(\boldsymbol{r}_1 - \boldsymbol{r}_2) \tag{4.81}$$

ausdrücken; $\boldsymbol{\nabla}_2$ bezeichnet nun den Gradienten bezüglich der Koordinaten von Teilchen 2. (Der Beweis wird mithilfe der Kettenregel geführt, vgl. Aufgabe 50.) Statt das

Vorzeichen in (4.80) zu ändern, bestimmen wir also $\boldsymbol{F}_{21}$ einfach dadurch, dass wir $\boldsymbol{\nabla}_1$ durch $\boldsymbol{\nabla}_2$ ersetzen; wir erhalten dann

$$\boldsymbol{F}_{21} = -\boldsymbol{\nabla}_2 U(\boldsymbol{r}_1 - \boldsymbol{r}_2)\,. \tag{4.82}$$

Die schönen Ergebnisse der Gleichungen (4.80) und (4.82) lassen sich leicht auf Mehrteilchensysteme erweitern. Um die Aussage der Gleichungen zu verdeutlichen, schreibe ich sie nochmals in folgender Form:

$$\left.\begin{aligned} \text{Kraft auf Teilchen 1} &= -\boldsymbol{\nabla}_1 U \\ \text{Kraft auf Teilchen 2} &= -\boldsymbol{\nabla}_2 U \end{aligned}\right\} \tag{4.83}$$

Es gibt also eine *einzige* potenzielle Energiefunktion U, aus der sich *beide* Kräfte ableiten lassen. Um die Kraft auf Teilchen 1 zu bestimmen, bilden wir einfach den Gradienten von U bezüglich der Koordinaten von Teilchen 1, zur Bestimmung der Kraft auf Teilchen 2 wird der Gradient bezüglich der Koordinaten von Teilchen 2 verwendet.

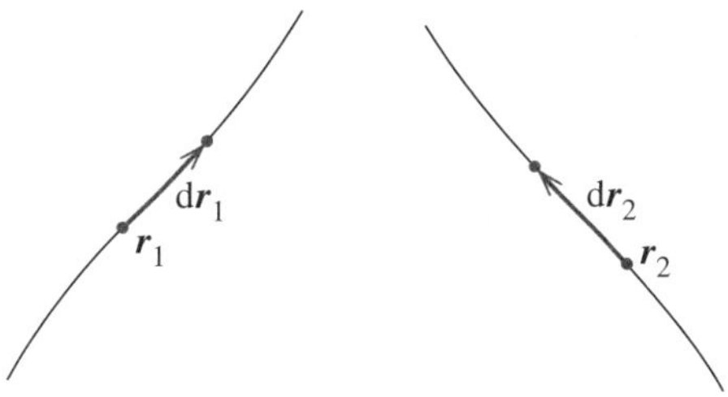

Abbildung 4.20: Bewegung von zwei miteinander wechselwirkenden Teilchen. Während eines infinitesimalen Zeitraums dt bewegt sich Teilchen 1 von $\boldsymbol{r}_1$ nach $\boldsymbol{r}_1 + \mathrm{d}\boldsymbol{r}_1$, Teilchen 2 bewegt sich im selben Zeitraum von $\boldsymbol{r}_2$ nach $\boldsymbol{r}_2 + \mathrm{d}\boldsymbol{r}_2$.

Bevor ich dieses Ergebnis auf Mehrteilchensysteme erweitere, betrachten wir noch die Energieerhaltung für unser Zweiteilchensystem. Abbildung 4.20 zeigt die Bahnen der beiden Teilchen. Während eines Zeitintervalls dt bewegt sich Teilchen 1 um d$\boldsymbol{r}_1$ und Teilchen 2 um d$\boldsymbol{r}_2$; an beiden Teilchen wird durch die wechselseitigen Kräfte Arbeit verrichtet. Aufgrund des Zusammenhangs zwischen Arbeit und kinetischer Energie gilt

$$\mathrm{d}T_1 = (\text{Arbeit an Teilchen 1}) = \mathrm{d}\boldsymbol{r}_1 \cdot \boldsymbol{F}_{12}$$

und entsprechend

$$\mathrm{d}T_2 = (\text{Arbeit an Teilchen 2}) = \mathrm{d}\boldsymbol{r}_2 \cdot \boldsymbol{F}_{21}\,.$$

Wenn man die beiden Gleichung addiert, erhalten wir für die Änderung der *gesamten* kinetischen Energie $T = T_1 + T_2$

$$\begin{aligned} \mathrm{d}T &= \mathrm{d}T_1 + \mathrm{d}T_2 \\ &= (\text{Arbeit an Teilchen 1}) + (\text{Arbeit an Teilchen 2}) = W_{\text{ges}}\,; \end{aligned} \tag{4.84}$$

darin bezeichnet

$$W_{ges} = d\boldsymbol{r}_1 \cdot \boldsymbol{F}_{12} + d\boldsymbol{r}_2 \cdot \boldsymbol{F}_{21}$$

die gesamte, an beiden Teilchen verrichtete Arbeit. Wenn wir $\boldsymbol{F}_{21}$ durch $-\boldsymbol{F}_{12}$ ersetzen und dann für $\boldsymbol{F}_{12}$ Gleichung (4.80) einsetzen, lässt sich W_{ges} folgendermaßen schreiben:

$$W_{ges} = (d\boldsymbol{r}_1 - d\boldsymbol{r}_2) \cdot \boldsymbol{F}_{12} = d(\boldsymbol{r}_1 - \boldsymbol{r}_2) \cdot [-\boldsymbol{\nabla}_1 U(\boldsymbol{r}_1 - \boldsymbol{r}_2)] . \tag{4.85}$$

Wenn wir nun noch $(\boldsymbol{r}_1 - \boldsymbol{r}_2)$ mit $\boldsymbol{r}$ bezeichnen, können wir die rechte Seite dieser Gleichung einfach als die (negative) Änderung der potenziellen Energie auffassen und erkennen[19]

$$W_{ges} = -d\boldsymbol{r} \cdot \boldsymbol{\nabla} U(\boldsymbol{r}) = -dU ; \tag{4.86}$$

das letzte Gleichheitszeichen folgt aus der Eigenschaft (4.35) des Gradientenoperators. Sie sollten einen Moment über dieses wichtige Ergebnis nachdenken: Die Gesamtarbeit W_{ges} ist die Summe aus zwei Termen, nämlich aus der von $\boldsymbol{F}_{12}$ verrichteten Arbeit, wenn sich Teilchen 1 um $d\boldsymbol{r}_1$ bewegt, *plus* der von $\boldsymbol{F}_{21}$ verrichteten Arbeit, wenn sich Teilchen 2 um $d\boldsymbol{r}_2$ bewegt. Nach Gleichung (4.86) berücksichtigt die potenzielle Energie diese beiden Terme, und W_{ges} ist einfach $-dU$.

Kehren wir nun zur gesamten kinetischen Energie zurück. Wir sehen, dass nach (4.84) die Änderung dT gerade $-dU$ ist. Bringen wir den Term dU auf die andere Seite, so ergibt sich

$$d(T + U) = 0 .$$

Die Gesamtenergie

$$E = T + U = T_1 + T_2 + U \tag{4.87}$$

für unser Zweiteilchensystem bleibt also erhalten. Beachten Sie bitte, dass die Gesamtenergie für unsere zwei Teilchen *zwei* Terme für die kinetische Energie enthält (wie auch anders), aber nur *einen* Term für die potenzielle Energie, denn U berücksichtigt sowohl die durch die Kraft $\boldsymbol{F}_{12}$ als auch die durch $\boldsymbol{F}_{21}$ verrichtete Arbeit.

Elastische Stöße

Ein einfacher Anwendungsfall dieser Ergebnisse sind die sogenannten elastischen Stöße. Ein Stoß zwischen zwei Teilchen (oder Körpern, die wie Teilchen behandelt werden können) heißt dann elastisch, wenn die Teilchen über eine konservative Kraft miteinander wechselwirken, die bei wachsendem Abstand $\boldsymbol{r}_1 - \boldsymbol{r}_2$ gegen null geht. Da die Kraft für $|\boldsymbol{r}_1 - \boldsymbol{r}_2| \to \infty$ gegen null geht, nähert sich die potenzielle Energie $U(\boldsymbol{r}_1 - \boldsymbol{r}_2)$ einer Konstanten, die wir mit null ansetzen können. Die beiden Stoßpartner können beispielsweise ein Elektron und ein Proton oder auch zwei Billardkugeln sein. Dass die Kraft zwischen zwei Billardkugeln konservativ ist, erkennt man nicht gleich, allerdings werden solche Kugeln gerade so hergestellt, dass sie sich wie nahezu perfekte (also konservative) Federn verhalten, wenn sie gegeneinander prallen. Man kann sich leicht andere Objekte vorstellen (beispielsweise zwei Klumpen Kitt), bei denen die zwischen ihnen wirkende Kraft nicht konservativ ist; der Stoß zwischen solchen Körpern heißt dann *inelastisch*.

19 Wenn Sie die Kettenregel für die Ableitung anwenden, werden Sie sehen, dass es egal ist, ob Sie $\boldsymbol{\nabla}_1 U(\boldsymbol{r})$ oder $\boldsymbol{\nabla} U(\boldsymbol{r})$ schreiben.

Bei einem Stoß sind die Teilchen anfangs weit voneinander entfernt, nähern sich dann einander an und entfernen sich schließlich wieder voneinander. Da die Kräfte konservativ sind, bleibt die Gesamtenergie erhalten, d. h., $T + U$ ist konstant (dabei gilt natürlich $T = T_1 + T_2$). Wenn die beiden Teilchen weit voneinander entfernt sind, ist U gleich null. Wenn wir also die Kennzeichungen „A" und „E" für die Zustände am Anfang, lange vor dem Stoß, und am Ende, lange nach dem Stoß, verwenden, dann folgt aus der Energieerhaltung

$$T_{\mathrm{A}} = T_{\mathrm{E}} . \tag{4.88}$$

Mit anderen Worten: Ein elastischer Stoß ist dadurch charakterisiert, dass zwei Teilchen sich einander nähern und wieder voneinander entfernen, ohne dass die gesamte kinetische Energie sich dabei ändert. Machen Sie sich aber klar, dass es keinen Energieerhaltungssatz für die *kinetische* Energie *während* des Stoßes gibt. Im Gegenteil: Während die Teilchen dicht beieinander sind, ist ihre potenzielle Energie null, und ihre kinetische Energie ändert sich ganz gewiss. Erst wenn die beiden Teilchen wieder so weit voneinander entfernt sind, dass man ihre potenzielle Energie vernachlässigen kann, greift der Satz von der Energieerhaltung und führt zu Gleichung (4.88).

Man könnte nach den vorangegangenen Ausführungen meinen, elastische Stöße würden häufig vorkommen. Die einzige Voraussetzung dafür ist ja, dass die Wechselwirkung zwischen den Teilchen konservativ ist. In der Praxis sind elastische Stöße jedoch nicht so weit verbreitet, wie es scheint. Die Schwierigkeit ist, dass zwei *Teilchen* an dem Stoß beteiligt sein sollen, d. h. sich einander nähern und wieder voneinander entfernen. Doch wenn wir beispielsweise eine Billardkugel mit genügend hoher Energie auf eine andere schießen, kann die Kugel zerplatzen; oder wenn ein Elektron mit genügend hoher Energie auf ein Atom trifft, kann das Atom in mehrere Teile zerfallen, zumindest kann sich die innere Bewegung der atomaren Bestandteile ändern. Auch wenn zwei Elementarteilchen aufeinander prallen (etwa ein Elektron und ein Proton), können neue Teilchen entstehen. Offenbar lässt sich die Annahme, man könne die beiden an dem Stoß beteiligten Partner näherungsweise als unteilbare Teilchen betrachten, bei sehr hohen Energien nicht mehr aufrechterhalten; in einem solchen Fall können wir den Stoß nicht als elastisch bezeichnen, auch dann nicht, wenn die wirkenden Kräfte konservativ sind. Bei hinreichend niedrigen Energien aber gibt es eine ganze Reihe von Beispielen für vollständig elastische Stöße. Dazu gehören niederenergetische Stöße zwischen einem Elektron und einem Atom sowie in guter Näherung auch der Stoß zwischen zwei Billardkugeln.

Mit elastischen Stößen lassen sich die Energie- und Impulserhaltung gut veranschaulichen, wie das folgende Beispiel zeigt.

Elastischer Stoß zweier gleicher Massen

Beispiel 4.8 Wir betrachten den elastischen Stoß von zwei Teilchen gleicher Masse, $m_1 = m_2 = m$, etwa von zwei Elektronen oder zwei Billardkugeln (Abbildung 4.21). Beweisen Sie: Wenn sich Teilchen 2 anfangs in Ruhe befindet, dann beträgt der Winkel zwischen den Endgeschwindigkeiten genau $\theta = 90°$.

Lösung ■ Wegen der Impulserhaltung gilt $m\boldsymbol{v}_1 = m\boldsymbol{v}_1' + m\boldsymbol{v}_2'$ oder

$$\boldsymbol{v}_1 = \boldsymbol{v}_1' + \boldsymbol{v}_2' . \tag{4.89}$$

Da der Stoß elastisch ist, muss die kinetische Energie vor und nach dem Stoß gleich sein, also $\frac{1}{2}m\boldsymbol{v}_1^2 = \frac{1}{2}m\boldsymbol{v}_1'^2 + \frac{1}{2}m\boldsymbol{v}_2'^2$ oder

$$\boldsymbol{v}_1^2 = \boldsymbol{v}_1'^2 + \boldsymbol{v}_2'^2 .$$

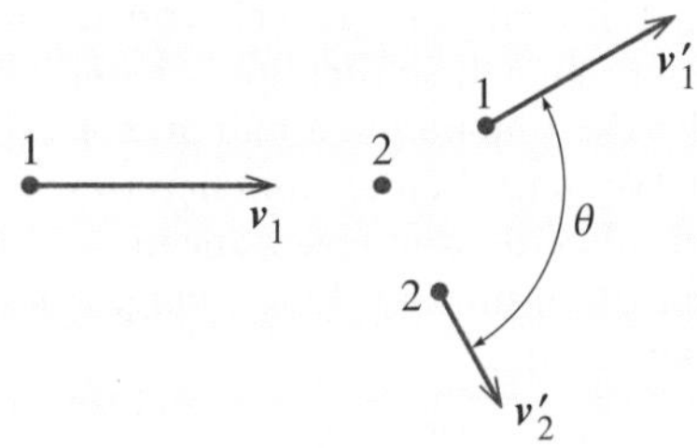

Abbildung 4.21: Elastischer Stoß zweier Teilchen gleicher Masse. Teilchen 1 nähert sich mit der Geschwindigkeit v_1 und stößt mit dem ruhenden Teilchen 2 zusammen. Die Endgeschwindigkeiten v_1' und v_2' schließen einen Winkel θ ein.

Wenn wir Gleichung (4.89) quadrieren, erhalten wir

$$\boldsymbol{v}_1^2 = \boldsymbol{v}_1'^2 + 2\boldsymbol{v}_1' \cdot \boldsymbol{v}_2' + \boldsymbol{v}_2'^2 .$$

Der Vergleich der beiden letzten Gleichungen zeigt

$$\boldsymbol{v}_1' \cdot \boldsymbol{v}_2' = 0 ;$$

demnach stehen $\boldsymbol{v}_1'$ und $\boldsymbol{v}_2'$ senkrecht aufeinander (oder eine der beiden Geschwindigkeiten ist null, in diesem Fall ist der Winkel zwischen ihnen unbestimmt). Dieses Ergebnis ist von großem Nutzen in der Atom- und Kernphysik: Wenn ein unbekanntes Projektil auf ein ruhendes Targetteilchen trifft und die beiden Teilchen sich nach dem Stoß im rechten Winkel voneinander fortbewegen, dann ist das ein Beleg für einen elastischen Stoß zwischen zwei Teilchen gleicher Masse. ■

4.10 Energie eines Mehrteilchensystems

Wir können unsere Aussagen über Zweiteilchensysteme relativ einfach auf Systeme von N Teilchen erweitern. Die Hauptschwierigkeit liegt dabei in der Schreibweise: Durch die große Anzahl von Summenzeichen ($\sum$) lässt sich mitunter nur schwer erkennen, was eigentlich vor sich geht. Aus diesem Grund beginne ich mit einer Erweiterung auf nur vier Teilchen ($N = 4$) und schreibe alle auftretenden Summen explizit aus.

Vier Teilchen

Betrachten wir ein System aus vier Teilchen, wie in Abbildung 4.22 gezeigt. Die Teilchen können miteinander wechselwirken (beispielsweise könnten sie geladen sein, sodass jedes der Teilchen die Coulomb-Kräfte der anderen drei erfährt), und es können äußere Kräfte auf sie einwirken, etwa die Gravitation oder die Coulomb-Kraft von nahegelegenen (aber nicht zum System gehörenden) geladenen Körpern. Will man die Energie für dieses System bestimmen, so ist der leichtere Teil der Übung die Angabe mit der kinetischen Energie T, also die Summe der vier Terme

$$T = T_1 + T_2 + T_3 + T_4 . \tag{4.90}$$

Jeder dieser Terme für die einzelnen Teilchen α hat die Gestalt $T_\alpha = \frac{1}{2} m_\alpha v_\alpha^2$.

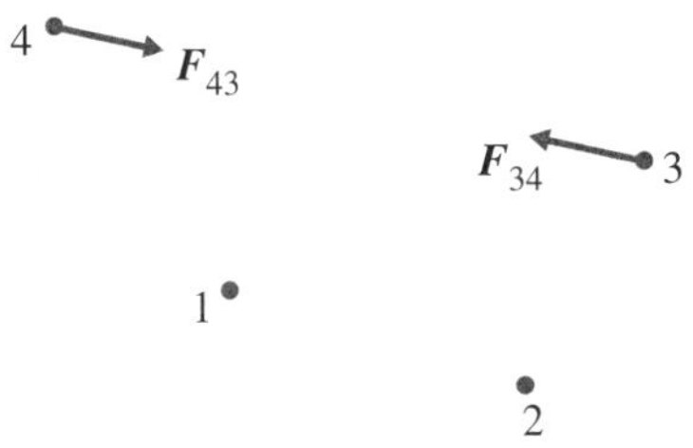

Abbildung 4.22: Ein System aus vier Teilchen $\alpha = 1, 2, 3, 4$. Für jedes Teilchenpaar $\alpha\beta$ gibt es ein Kräftepaar $\boldsymbol{F}_{\alpha\beta}$ und $\boldsymbol{F}_{\beta\alpha}$ (Kraft und Reaktionskraft), etwa für das hier gezeigte Paar $\boldsymbol{F}_{34}$ und $\boldsymbol{F}_{43}$. Außerdem kann jedes Teilchen α einer äußeren resultierenden Kraft $\boldsymbol{F}_{\alpha}^{\text{ext}}$ unterliegen. Die vier Teilchen könnten beispielsweise geladene Staubteilchen sein, die in der Luft schweben; die einzelnen Kräfte $\boldsymbol{F}_{\alpha\beta}$ sind dann elektrostatische Kräfte, und die resultierende äußere Kraft $\boldsymbol{F}_{\alpha}^{\text{ext}}$ ist die Summe aus der Gravitationskraft und der Auftriebskraft in der Luft.

Um die potenzielle Energie bestimmen zu können, müssen wir die Kräfte untersuchen, die auf die einzelnen Teilchen einwirken. Da sind zunächst die inneren Kräfte auf die miteinander wechselwirkenden Teilchen. Für jedes Teilchenpaar gibt es ein zugehöriges Paar von Kraft und Reaktionskraft; beispielsweise wirken auf die Teilchen 3 und 4 die Kräfte $\boldsymbol{F}_{34}$ und $\boldsymbol{F}_{43}$ (Abbildung 4.22). Ich setze voraus, dass keine der zwischen den Teilchen α und β wirkenden Kräfte $\boldsymbol{F}_{\alpha\beta}$ sich durch die Gegenwart der anderen Teilchen und der äußeren Körper ändert. Beispielsweise bleibt $\boldsymbol{F}_{34}$ auch dann unverändert, wenn ich die Teilchen 1 und 2 sowie alle äußeren Körper entferne.[20] Daher lassen sich die beiden Kräfte $\boldsymbol{F}_{34}$ und $\boldsymbol{F}_{43}$ so behandeln wie in Abschnitt 4.9. Wenn die Kräfte konservativ sind, können wir eine potenzielle Energie

$$U_{34} = U_{34}(\boldsymbol{r}_3 - \boldsymbol{r}_4) \tag{4.91}$$

definieren, und die entsprechenden Kräfte sind die jeweiligen Gradienten wie in Gleichung (4.83):

$$\boldsymbol{F}_{34} = -\boldsymbol{\nabla}_3 U_{34} \qquad \boldsymbol{F}_{43} = -\boldsymbol{\nabla}_4 U_{34} \tag{4.92}$$

Insgesamt gibt es sechs Teilchenpaare (12, 13, 14, 23, 24, 34); für jedes davon können wir eine zugehörige potenzielle Energie $U_{12}, \ldots, U_{34}$ definieren, aus der wir die entsprechenden Kräfte erhalten.

Jede der äußeren Kräfte $\boldsymbol{F}_{\alpha}^{\text{ext}}$ hängt nur von dem entsprechenden Ort $\boldsymbol{r}_{\alpha}$ ab (die Kraft $\boldsymbol{F}_{1}^{\text{ext}}$ beispielsweise hängt nur von dem Ort $\boldsymbol{r}_1$ ab, aber nicht von $\boldsymbol{r}_2$, $\boldsymbol{r}_3$ und $\boldsymbol{r}_4$). Daher können wir $\boldsymbol{F}_{\alpha}^{\text{ext}}$ genauso behandeln wie eine Kraft auf ein einzelnes Teilchen. Insbesondere können wir, sofern $\boldsymbol{F}_{\alpha}^{\text{ext}}$ konservativ ist, eine potenzielle Energie $U_{\alpha}^{\text{ext}}(\boldsymbol{r}_{\alpha})$ einführen, und die zugehörige Kraft ist gegeben durch

$$\boldsymbol{F}_{\alpha}^{\text{ext}} = -\boldsymbol{\nabla}_{\alpha} U_{\alpha}^{\text{ext}}(\boldsymbol{r}_{\alpha})\,; \tag{4.93}$$

20 Das ist ein etwas kitzliger Punkt. Ich bestreite natürlich nicht, dass ein zusätzliches Teilchen auch eine zusätzliche Kraft auf Teilchen 3 ausübt. Doch ich behaupte, dass die Kraft von Teilchen 4 auf Teilchen 3 nicht von der Anwesenheit oder Abwesenheit der Teilchen 1 bzw. 2 oder äußerer Kräfte abhängt. Man könnte sich eine Welt vorstellen, in der das anders ist (dann würde die Gegenwart eines Teilchens 1 irgendwie auch die Kraft von 4 auf 3 beeinflussen), doch alle Experimente scheinen zu bestätigen, dass das in unserer Welt nicht der Fall ist.

darin bezeichnet ∇_α natürlich die Differenziation bezüglich der Koordinaten von Teilchen α.

Nun können wir alle potenziellen Energien zusammenfassen und eine potenzielle Gesamtenergie als die Summe

$$\begin{aligned} U = U^{\text{int}} + U^{\text{ext}} =& (U_{12} + U_{13} + U_{14} + U_{23} + U_{24} + U_{34}) \\ &+ (U_1^{\text{ext}} + U_2^{\text{ext}} + U_3^{\text{ext}} + U_4^{\text{ext}}) \end{aligned} \tag{4.94}$$

definieren. Darin ist U^{int} die Summe der paarweisen potenziellen Energien $U_{12}, \dots, U_{34}$ über alle sechs Teilchenpaare, und U^{ext} ist die Summe der vier potenziellen Energien $U_1^{\text{ext}}, \dots, U_4^{\text{ext}}$, die mit den äußeren Kräften zusammenhängen.

Es lässt sich relativ leicht zeigen (vgl. Aufgabe 51), dass die Kraft auf Teilchen α gerade der (negative) Gradient von U bezüglich der Koordinaten $(x_\alpha, y_\alpha, z_\alpha)$ ist. Betrachten Sie beispielsweise den Gradienten $-\nabla_1 U$. Wenn der Operator $-\nabla_1$ auf die erste Zeile von (4.94) wirkt, dann ergeben sich bei seiner Anwendung auf die ersten drei Terme $U_{12} + U_{13} + U_{14}$ genau die drei inneren Kräfte $\boldsymbol{F}_{12} + \boldsymbol{F}_{13} + \boldsymbol{F}_{14}$. Die Anwendung des Operators auf die letzten drei Terme $U_{23} + U_{24} + U_{34}$ ergibt null, denn keiner dieser Terme hängt von $\boldsymbol{r}_1$ ab. Wenn der Operator $-\nabla_1$ auf die zweite Zeile von (4.94) wirkt, ergibt sich bei seiner Anwendung auf den ersten Term U_1^{ext} die äußere Kraft $\boldsymbol{F}_1^{\text{ext}}$. Bei seiner Anwendung auf die letzten drei Terme ergibt sich null, da keiner dieser Terme von $\boldsymbol{r}_1$ abhängt. Folglich ist

$$\begin{aligned} -\nabla_1 U &= \boldsymbol{F}_{12} + \boldsymbol{F}_{13} + \boldsymbol{F}_{14} + \boldsymbol{F}_1^{\text{ext}} \\ &= (\text{resultierende Kraft auf Teilchen 1}) . \end{aligned} \tag{4.95}$$

Genauso können wir allgemein zeigen, dass – wie erwartet – gilt

$$-\nabla_\alpha U = (\text{resultierende Kraft auf Teilchen } \alpha) . \tag{4.96}$$

Unsere Definition der potenziellen Energie hat eine weitere entscheidende Eigenschaft: Da alle betrachteten Kräfte konservativ sind (erst dann können wir ja U bestimmen), bleibt die Gesamtenergie $E = T + U$ erhalten. Wir beweisen diese Aussage in der inzwischen vertrauten Weise (nähere Details in Aufgabe 52): Wenden Sie den Zusammenhang zwischen Arbeit und kinetischer Energie auf jedes der vier Teilchen an, addieren Sie die Ergebnisse und zeigen Sie, dass in einem beliebigen kurzen Zeitraum $\mathrm{d}T = W_{\text{ges}}$ gilt; dabei bezeichnet W_{ges} die Gesamtarbeit, die von allen Kräften an allen Teilchen verrichtet wird. Zeigen Sie dann, dass $W_{\text{ges}} = -\mathrm{d}U$; Sie können dann auf $\mathrm{d}T = -\mathrm{d}U$ schließen und damit auf

$$\mathrm{d}E = \mathrm{d}T + \mathrm{d}U = 0 .$$

Mit anderen Worten: Die Energie bleibt erhalten.

N Teilchen

Die Erweiterung dieser Aussagen auf eine beliebige Anzahl von Teilchen ist nun recht unkompliziert, und ich gebe nur die wichtigsten Gleichungen dafür an. Für N Teilchen, gekennzeichnet als $\alpha = 1, \dots, N$, ist die kinetische Gesamtenergie gerade die Summe der N einzelnen kinetischen Energien

$$T = \sum_\alpha T_\alpha = \sum_\alpha \tfrac{1}{2} m_\alpha v_\alpha^2 .$$

Unter der Annahme, dass alle diese Kräfte für jedes Teilchenpaar $\alpha\beta$ konservativ sind, führen wir die potenzielle Energie $U_{\alpha\beta}$ zur Beschreibung ihrer Wechselwirkung ein; außerdem führen wir für jedes Teilchen α die potenzielle Energie U_α^{ext} ein, welche die äußere Gesamtkraft auf dieses Teilchen beschreibt. Dann ist die gesamte potenzielle Energie

$$U = U^{\text{int}} + U^{\text{ext}} = \sum_\alpha \sum_{\beta>\alpha} U_{\alpha\beta} + \sum_\alpha U_\alpha^{\text{ext}} . \tag{4.97}$$

(Die Bedingung $\beta > \alpha$ in der Doppelsumme stellt sicher, dass wir die potenziellen Energien der inneren Wechselwirkungen $U_{\alpha\beta}$ in der Summe nicht doppelt zählen; dank dieser Bedingung erscheint beispielsweise U_{12} in der Summe, U_{21} hingegen nicht.)

Starre Körper

Der Formalismus, den wir in den letzten beiden Abschnitten angewendet haben, ist recht abstrakt und kompliziert; vielleicht tröstet es Sie, dass die meisten Anwendungen dieses Formalismus viel einfacher sind als der Formalismus selbst. Betrachten Sie als ein einfaches Beispiel einen **starren Körper**, etwa einen Golfball oder einen Meteoriten, der aus N Atomen besteht. Die Anzahl N ist typischerweise sehr groß, doch der gerade entwickelte Formalismus für die Energien stellt sich als ganz einfach heraus. Sie wissen sicherlich noch aus den physikalischen Einführungskursen, dass die kinetische Gesamtenergie für N Teilchen, die starr miteinander verbunden sind, gleich der kinetischen Energie der Translationsbewegung des Schwerpunkts plus der kinetischen Energie der Rotation ist. (In Kapitel 10 werde ich diese Aussage auch beweisen, fürs Erste sollten Sie das einfach so hinnehmen.) Die potenzielle Energie der inneren Kräfte zwischen den Atomen ist nach (4.97)

$$U^{\text{int}} = \sum_\alpha \sum_{\beta>\alpha} U_{\alpha\beta}(\mathbf{r}_\alpha - \mathbf{r}_\beta) . \tag{4.98}$$

Wenn die interatomaren Kräfte Zentralkräfte sind (das sind sie üblicherweise), dann hängt die potenzielle Energie $U_{\alpha\beta}$, wie wir in Abschnitt 4.8 gesehen haben, nur vom Betrag des Vektors $\mathbf{r}_\alpha - \mathbf{r}_\beta$ ab, aber nicht von dessen Richtung. Daher können wir (4.98) auf die folgende Form bringen:

$$U^{\text{int}} = \sum_\alpha \sum_{\beta>\alpha} U_{\alpha\beta}(|\mathbf{r}_\alpha - \mathbf{r}_\beta|) . \tag{4.99}$$

Wenn sich der starre Körper bewegt, dann ändern sich natürlich auch die Orte $\mathbf{r}_\alpha$ der Atome, aus denen er aufgebaut ist; doch der Abstand $|\mathbf{r}_\alpha - \mathbf{r}_\beta|$ zwischen zwei beliebigen Atomen ändert sich nicht. (Das ist ja gerade die Definition eines starren Körpers.) Wenn also der betrachtete Körper wirklich „starr" ist, dann kann sich keiner der Terme in (4.99) ändern. Und damit ist die potenzielle Energie U^{int} der inneren Kräfte eine Konstante, d. h., sie kann vernachlässigt werden. Durch die Anwendung der Energiebetrachtungen auf einen starren Körper können wir also U^{int} völlig ignorieren und müssen uns nur um die Energie U^{ext} kümmern, die mit den äußeren Kräften einhergeht. Und da diese Energie oft eine ganz einfache Funktion ist (vgl. das folgende Beispiel), sind die Energiebetrachtungen in ihrer Anwendung auf einen starren Körper meist sehr einfach.

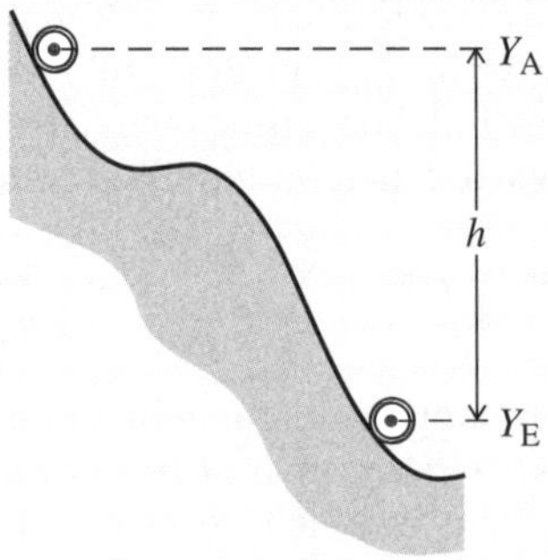

Abbildung 4.23: Ein gleichförmiger Zylinder bewegt sich aus dem Stillstand rollend eine gekrümmte Bahn hinab, ohne zu gleiten. Dabei legt er einen Höhenunterschied $h = Y_A - Y_E$ zurück (die Y-Koordinate des Schwerpunkts wird vertikal nach oben gemessen).

Ein Zylinder rollt eine gekrümmte Bahn hinab

Beispiel 4.9 Ein gleichförmiger starrer Zylinder der Masse M mit dem Radius R rollt eine gekrümmte Bahn hinab, ohne zu gleiten (Abbildung 4.23). Bestimmen Sie mithilfe des Satzes von der Energieerhaltung die Geschwindigkeit des Zylinders, wenn er einen Punkt auf der Höhe h unterhalb seines Startpunkts erreicht hat.

Lösung ■ Aufgrund der vorangegangenen Überlegungen zufolge können wir die inneren Kräfte, die den Zylinder zusammenhalten, völlig ignorieren. Die äußeren Kräfte auf den Zylinder sind die Normalkraft und die Reibungskraft der Bahn sowie die Schwerkraft. Die ersten beiden verrichten keine Arbeit, und die Gravitationskraft ist konservativ. Wie Sie aus den physikalischen Einführungskursen sicherlich noch wissen, ist die gravitative potenzielle Energie eines ausgedehnten Körpers genauso groß, als wäre die gesamte Masse in seinem Schwerpunkt vereinigt (vgl. Aufgabe 6). Daher gilt

$$U^{\text{ext}} = MgY\,;$$

Y ist dabei die Höhe des Schwerpunkts des Zylinders, gemessen ab einer geeigneten Bezugshöhe. Die kinetische Energie des Zylinders ist $T = \frac{1}{2}Mv^2 + \frac{1}{2}I\omega^2$ mit dem Trägheitsmoment $I = \frac{1}{2}MR^2$ und der Winkelgeschwindigkeit $\omega = v/R$ der Rollbewegung. Die kinetische Endenergie ist also

$$T = \frac{3}{4}Mv^2\,,$$

die kinetische Anfangsenergie ist null. Die Energieerhaltung in der Form $\Delta T = -\Delta U^{\text{ext}}$ besagt dann

$$\tfrac{3}{4}Mv^2 = -Mg(Y_E - Y_A) = Mgh\,,$$

und damit ist die Endgeschwindigkeit

$$v = \sqrt{\frac{4gh}{3}}\,.$$

■

ZUSAMMENFASSUNG

Wichtige Definitionen und Gleichungen aus Kapitel 4

Zusammenhang zwischen Arbeit und kinetischer Energie

Wenn sich ein Teilchen vom Punkt 1 zum Punkt 2 bewegt, ändert sich seine kinetische Energie um

$$\Delta T \equiv T_2 - T_1 = \int_1^2 \boldsymbol{F} \cdot \mathrm{d}\boldsymbol{r} \equiv W(1 \to 2)\,. \tag{4.7}$$

Dabei ist $T = \frac{1}{2}mv^2$, und $W(1 \to 2)$ ist die Arbeit, die von der Gesamtkraft $\boldsymbol{F}$ an dem Teilchen auf seinem Weg von Punkt 1 nach Punkt 2 verrichtet wird.

Konservative Kräfte und potenzielle Energie

Eine Kraft $\boldsymbol{F}$ auf ein Teilchen ist **konservativ**, wenn sie (i) nur vom Ort des Teilchens abhängt, d. h. $\boldsymbol{F} = \boldsymbol{F}(\boldsymbol{r})$, und (ii) wenn für zwei beliebige Punkte 1 und 2 die von $\boldsymbol{F}$ verrichtete Arbeit $W(1 \to 2)$ für alle Wege zwischen 1 und 2 gleich ist (diese Bedingung ist äquivalent zu $\boldsymbol{\nabla} \times \boldsymbol{F} = 0$). [Abschnitt 4.2 und 4.4]
Wenn $\boldsymbol{F}$ konservativ ist, können wir eine entsprechende **potenzielle Energie** definieren, für die gilt

$$U(\boldsymbol{r}) = -W(\boldsymbol{r}_0 \to \boldsymbol{r}) \equiv -\int_{\boldsymbol{r}_0}^{\boldsymbol{r}} \boldsymbol{F}(\boldsymbol{r}') \cdot \mathrm{d}\boldsymbol{r}'\,. \tag{4.13}$$

und

$$\boldsymbol{F} = -\boldsymbol{\nabla} U\,. \tag{4.33}$$

Wenn alle Kräfte auf ein Teilchen konservativ sind und es entsprechende potenzielle Energien $U_1, \ldots, U_n$ gibt, dann ist die **mechanische Gesamtenergie**

$$E = T + U_1 + \cdots + U_n \tag{4.22}$$

konstant. Wenn im allgemeineren Fall auch nichtkonservative Kräfte W_{nk} wirken, dann geht die verrichtete Arbeit nur auf die nichtkonservativen Kräfte zurück, d. h. $\Delta E = W_{\mathrm{nk}}$.

Zentralkräfte

Eine Kraft $\boldsymbol{F}(\boldsymbol{r})$ heißt eine **Zentralkraft**, wenn sie in jedem Punkt in Richtung auf ein „Kraftzentrum“ (oder von ihm weg) wirkt. Wenn wir dieses Kraftzentrum als im Ursprung befindlich annehmen, gilt

$$\boldsymbol{F}(\boldsymbol{r}) = f(\boldsymbol{r})\,\hat{\boldsymbol{r}}\,. \tag{4.65}$$

Eine Zentralkraft ist dann und nur dann sphärisch symmetrisch (d. h. $f(\boldsymbol{r}) = f(r)$), wenn sie konservativ ist. [Abschnitt 4.8]

Energie eines Mehrteilchensystems
Wenn alle auf ein Mehrteilchensystem wirkenden Kräfte (innere und äußere Kräfte) konservativ sind, dann genügt die potenzielle Gesamtenergie

$$U = U^{\text{int}} + U^{\text{ext}} = \sum_{\alpha} \sum_{\beta > \alpha} U_{\alpha\beta} + \sum_{\alpha} U_{\alpha}^{\text{ext}} \tag{4.97}$$

den Bedingungen

$$(\text{resultierende Kraft auf Teilchen } \alpha) = -\boldsymbol{\nabla}_{\alpha} U \tag{4.96}$$

und

$$T + U = \text{konstant.} \qquad \text{(Aufgabe 52)}$$

Aufgaben zu Kapitel 4

*Die Sterne zeigen den ungefähren Schwierigkeitsgrad an, von * (leicht) bis *** (schwierig).*

4.1 Kinetische Energie und Arbeit

***1** Schreiben Sie das Produkt $\boldsymbol{a} \cdot \boldsymbol{b}$ mithilfe der Vektorkomponenten und beweisen Sie, dass sich die Produktregel für die Differenziation auch auf das Skalarprodukt zweier Vektoren anwenden lässt, d. h. dass gilt

$$\frac{\mathrm{d}}{\mathrm{d}t}(\boldsymbol{a} \cdot \boldsymbol{b}) = \frac{\mathrm{d}\boldsymbol{a}}{\mathrm{d}t} \cdot \boldsymbol{b} + \boldsymbol{a} \cdot \frac{\mathrm{d}\boldsymbol{b}}{\mathrm{d}t}\,.$$

***2** Berechnen Sie die Arbeit

$$W = \int_O^P \boldsymbol{F} \cdot \mathrm{d}\boldsymbol{r} = \int_O^P (F_x\,\mathrm{d}x + F_y\,\mathrm{d}y)\,, \tag{4.100}$$

die von der zweidimensionalen Kraft $\boldsymbol{F} = (x^2, 2xy)$ entlang der drei in Abbildung 4.24a gezeigten Wege zwischen dem Ursprung und dem Punkt $P = (1, 1)$ verrichtet wird. Die Wege sind folgendermaßen definiert:

a) Der Weg verläuft entlang der x-Achse nach $Q = (1, 0)$ und dann senkrecht nach oben bis P. (Zerlegen Sie dazu das Integral in zwei Teile, $\int_O^P = \int_O^Q + \int_Q^P$.)

b) Der Weg verläuft entlang $y = x^2$. Sie können den Term $\mathrm{d}y$ in (4.100) durch $\mathrm{d}y = 2x\,\mathrm{d}x$ ersetzen und das ganze Integral in ein Integral über x umwandeln.

c) Der Weg ist parametrisch gegeben durch $x = t^3$, $y = t^2$. In diesem Fall formulieren Sie x, y, $\mathrm{d}x$ und $\mathrm{d}y$ in (4.100) mithilfe von t und $\mathrm{d}t$ und wandeln Sie das Integral in ein Integral über t um.

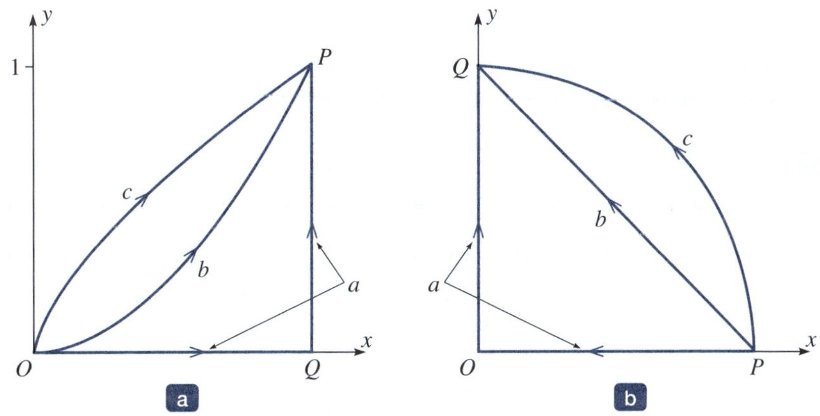

Abbildung 4.24: (a) Zu Aufgabe 2. (b) Zu Aufgabe 3.

★3 Wiederholen Sie Aufgabe 2, diesmal aber für die Kraft $\boldsymbol{F} = (-y, x)$ und für die drei Wege zwischen P und Q, die in Abbildung 4.24b gezeigt und folgendermaßen definiert sind:
a) Der Weg verläuft von $P = (0, 1)$ gerade zum Ursprung und dann gerade zu $Q = (0, 1)$.
b) Der Weg ist die Gerade zwischen P und Q. (Schreiben Sie y als Funktion von x und wandeln Sie das Integral in ein Integral über x um.)
c) Der Weg ist ein Viertelkreis um den Ursprung. (Schreiben Sie x und y in Polarkoordinaten und wandeln Sie das Integral in ein Integral über φ um.)

★4 Ein Teilchen der Masse m bewegt sich reibungsfrei über einen horizontalen Tisch. Es ist an einem masselosen Faden befestigt, dessen anderes Ende durch ein kleines Loch in der Tischfläche läuft und das ich dort festhalte. Anfangs bewegt sich das Teilchen mit der Winkelgeschwindigkeit ω_0 auf einem Kreis vom Radius r_0. Dann ziehe ich den Faden durch das Loch nach unten, bis sich dessen Länge auf r verkürzt hat.
a) Welche Winkelgeschwindigkeit hat das Teilchen nun?
b) Wir nehmen an, dass ich so langsam an dem Faden ziehe, dass sich die Teilchenbahn durch eine Kreisbahn mit langsam abnehmendem Radius annähern lässt. Berechnen Sie die Arbeit, die ich durch das Ziehen an dem Faden verrichte.
c) Vergleichen Sie Ihr Ergebnis mit dem in **b)** berechneten Zuwachs der kinetischen Energie des Teilchens.

4.2 Potenzielle Energie und konservative Kräfte

*** 5** **a)** Betrachten Sie eine Masse m in einem gleichförmigen Gravitationsfeld $\mathbf{g}$, sodass die Kraft $m\mathbf{g}$ ist ($\mathbf{g}$ ist ein konstanter Vektor, der vertikal nach unten zeigt). Die Masse bewegt sich auf einem beliebigen Weg von einem Punkt 1 zum Punkt 2. Zeigen Sie, dass für die von der Gravitation verrichtete Arbeit $W_{\text{Gr}}(1 \to 2) = mgh$ gilt; dabei ist h die vertikale Höhe, die beim Weg von 1 nach 2 gewonnen wird. Zeigen Sie mit dem Ergebnis, dass die Gravitationskraft konservativ ist (zumindest in einem kleinen Gebiet, in dem man $\mathbf{g}$ als konstant annehmen kann).
b) Wir wählen die Achsen so, dass y vertikal nach oben gemessen wird. Zeigen Sie, dass die gravitative potenzielle Energie gegeben ist durch $U = mgy$ (wenn wir U im Ursprung gleich null setzen).

*** 6** Betrachten Sie ein N-Teilchensystem, auf das ein gleichförmiges Gravitationsfeld $\mathbf{g}$ senkrecht nach unten wirkt. Beweisen Sie, dass dann die gravitative potenzielle Gesamtenergie des Systems genauso groß ist, wie wenn die gesamte Masse im Schwerpunkt des Systems vereint wäre; beweisen Sie also

$$U = \sum_{\alpha} U_{\alpha} = MgY$$

mit der Gesamtmasse $M = \sum m_{\alpha}$ und dem Ort $\boldsymbol{R} = (X, Y, Z)$ des Schwerpunkts (die y-Koordinate wird dabei senkrecht nach oben gemessen). [*Hinweis:* Aus Aufgabe 5 kennen wir den Zusammenhang $U_{\alpha} = m_{\alpha} g y_{\alpha}$.]

***7** Ich stehe auf der Oberfläche des Planeten X. In meiner Umgebung ist die Gravitationskraft auf eine Masse m vertikal nach unten gerichtet, ihr Betrag ist $m\gamma y^2$ (dabei ist γ eine Konstante und y die Höhe der Masse über dem Boden. **a)** Bestimmen Sie die durch die Gravitation an einer Masse m verrichtete Arbeit, wenn sich m von $\boldsymbol{r}_1$ nach $\boldsymbol{r}_2$ bewegt. Zeigen Sie anhand des Ergebnisses, dass die Gravitation auf dem Planeten X zwar eine höchst ungewöhnliche Form hat, aber doch konservativ ist. Bestimmen Sie die zugehörige potenzielle Energie.
b) Ich bin immer noch auf dem Planeten X und fädele eine Perle auf einen gebogenen, reibungsfreien starren Draht, der vom Boden bis in eine Höhe h reicht. Zeigen Sie in einer Zeichnung deutlich, welche Kräfte auf die Perle wirken, wenn sie sich an einer beliebigen Stelle auf dem Draht befindet. (Benennen Sie die Kräfte entsprechend, sodass deutlich wird, worum es sich handelt; kümmern Sie sich nicht um den Betrag der Kräfte.) Welche der Kräfte sind konservativ, welche nicht?
c) Ich lasse die Perle aus einer Höhe h los. Wie schnell ist sie, wenn sie am Boden ankommt?

****8** Betrachten Sie einen kleinen reibungsfreien Puck, der oben auf einer feststehenden Kugel vom Radius R ruht. Dann erhält der Puck einen kleinen Schubs und beginnt, die Kugelfläche hinabzurutschen. Bei welcher Höhe löst er sich von der Kugelfläche? [*Hinweis:* Berechnen Sie die Geschwindigkeit des Pucks mithilfe der Energieerhaltung. Wenden Sie dann das zweite Newton'sche Gesetz an und bestimmen Sie die von der Kugel verrichtete Normalkraft auf den Puck. Bei welchem Wert dieser Normalkraft löst sich der Puck von der Kugel?]

****9** **a)** Die von einer eindimensionalen, an einem Ende fixierten Feder ausgeübte Kraft ist $F = -kx$ (dabei ist x die Auslenkung des anderen Endes aus der Gleichgewichtslage). Wir nehmen (zu Recht) an, dass diese Kraft konservativ ist. Zeigen Sie, dass die zugehörige potenzielle Energie $U = \frac{1}{2}kx^2$ ist, wenn wir U in der Gleichgewichtslage als null setzen.
b) Dieselbe Feder soll nun vertikal von der Decke hängen. Am freien Ende ist eine Masse m befestigt, die sich nur in vertikaler Richtung bewegen kann. Bestimmen Sie die Auslenkung x_0, wenn sich die Masse in ihrer Gleichgewichtslage befindet. Zeigen Sie, dass die potenzielle Gesamtenergie (Feder plus Gravitation) dieselbe Form $\frac{1}{2}ky^2$ hat, wenn wir mit der Koordinate y die Auslenkung aus der neuen Gleichgewichtslage bei $x = x_0$ angeben (und unseren Bezugspunkt so umdefinieren, dass $U = 0$ für $y = 0$ gilt).

4.3 Kraft als Gradient der potenziellen Energie

***10** Bestimmen Sie die partiellen Ableitungen bezüglich x, y und z für die folgenden Funktionen:
a) $f(x, y, z) = ax^2 + bxy + cy^2$,
b) $g(x, y, z) = \sin(axyz^2)$,

c) $h(x, y, z) = a\,e^{xy/z^2}$. Dabei sind a, b und c Konstanten. Denken Sie daran, dass Sie zur Berechnung von $\partial f/\partial x$ nach x differenzieren und y und z als Konstanten behandeln müssen.

*** 11** Bestimmen Sie die partiellen Ableitungen bezüglich x, y und z für die folgenden Funktionen:
a) $f(x, y, z) = ay^2 + 2byz + cz^2$,
b) $g(x, y, z) = \cos(axy^2z^3)$,
c) $h(x, y, z) = ar$. Dabei sind a, b und c Konstanten, $r = \sqrt{x^2 + y^2 + z^2}$. Denken Sie daran, dass Sie zur Berechnung von $\partial f/\partial x$ nach x differenzieren und y und z als Konstanten behandeln müssen.

*** 12** Bestimmen Sie den Gradienten $\boldsymbol{\nabla} f$ für die folgenden Funktionen $f(x, y, z)$:
a) $f = x^2 + z^3$,
b) $f = ky$ mit einer Konstanten k,
c) $f = r \equiv \sqrt{x^2 + y^2 + z^2}$ [*Hinweis:* Wenden Sie die Kettenregel an.]

*** 13** Bestimmen Sie den Gradienten $\boldsymbol{\nabla} f$ für die folgenden Funktionen $f(x, y, z)$:
a) $f = \ln r$,
b) $f = r^n$,
c) $f = g(r)$ mit $r = \sqrt{x^2 + y^2 + z^2}$ und einer nicht näher bestimmten Funktion $g(r)$. [*Hinweis:* Wenden Sie die Kettenregel an.]

*** 14** Beweisen Sie, dass für zwei beliebige Skalarfunktionen $f(\boldsymbol{r})$ und $g(\boldsymbol{r})$ gilt:

$$\boldsymbol{\nabla}(fg) = f\boldsymbol{\nabla} g + g\boldsymbol{\nabla} f\,.$$

*** 15** Wenden Sie für die Funktion $f(\boldsymbol{r}) = x^2 + 2y^2 + 3z^2$ die Näherung (4.35) an und schätzen Sie damit die Änderung in f, wenn wir uns von einem Punkt $\boldsymbol{r} = (1, 1, 1)$ zum Punkt (1,01, 1,03, 1,05) bewegen. Vergleichen Sie das Ergebnis mit dem exakten Ergebnis.

*** 16** Die potenzielle Energie eines Teilchens beträgt $U(\boldsymbol{r}) = k(x^2 + y^2 + z^2)$ mit einer Konstanten k. Welche Kraft wirkt auf das Teilchen?

*** 17** Eine Punktladung q in einem gleichförmigen elektrischen Feld $\boldsymbol{E}_0$ erfährt die konstante Kraft $\boldsymbol{F} = q\boldsymbol{E}_0$.
a) Zeigen Sie, dass die Kraft konservativ ist, und beweisen Sie, dass die Ladung am Ort $\boldsymbol{r}$ die potenzielle Energie $U(\boldsymbol{r}) = -q\boldsymbol{E}_0 \cdot \boldsymbol{r}$ hat.
b) Führen Sie die notwendigen Ableitungen durch und rechnen Sie nach, dass $\boldsymbol{F} = -\boldsymbol{\nabla} U$.

***18** Beweisen Sie mit der Eigenschaft (4.35) des Gradienten die folgenden wichtigen Aussagen:
a) Der Vektor $\boldsymbol{\nabla} f$ steht in jedem Punkt $\boldsymbol{r}$ normal (senkrecht) auf der Fläche mit konstantem f, die durch $\boldsymbol{r}$ verläuft. (Wählen Sie dazu eine kleine Verrückung $\mathrm{d}\boldsymbol{r}$, die in einer Fläche mit konstantem f liegt. Was ist $\mathrm{d}f$ für eine solche Verrückung?)
b) Die Richtung von $\boldsymbol{\nabla} f$ in einem beliebigen Punkt $\boldsymbol{r}$ ist die Richtung der größten Zunahme von f, wenn man sich von $\boldsymbol{r}$ weg bewegt. (Wählen Sie eine kleine Verrückung $\mathrm{d}\boldsymbol{r} = \varepsilon\hat{\boldsymbol{r}}$ mit einem Einheitsvektor $\hat{\boldsymbol{r}}$ und einem kleinen, aber festen ε. Bestimmen Sie die Richtung von $\hat{\boldsymbol{r}}$, für die das zugehörige $\mathrm{d}f$ maximal wird, und denken Sie an den Zusammenhang $\boldsymbol{a} \cdot \boldsymbol{b} = ab\cos\theta$.)

***19** **a)** Beschreiben Sie die Flächen, die durch die Gleichung $f = \text{const.}$ beschrieben werden, für $f = x^2 + 4y^2$.
b) Verwenden Sie die Ergebnisse aus Aufgabe 18 und bestimmen Sie eine Normale zu der Fläche $f = 5$ in dem Punkt $(1, 1, 1)$. In welche Richtung sollte man sich von diesem Punkt aus bewegen, um die Änderungsrate von f zu maximieren?

4.4 Die zweite Bedingung an konservative Kräfte

***20** Bestimmen Sie die Rotation $\nabla \times \boldsymbol{F}$ für die folgenden Kräfte (A, B, C und k sind Konstanten): a) $\boldsymbol{F} = k\boldsymbol{r}$; b) $\boldsymbol{F} = (Ax, By^2, Cz^3)$; c) $\boldsymbol{F} = (Ay^2, Bx, Cz)$.

***21** Zeigen Sie, dass die Gravitationskraft $-GMm\hat{\mathbf{r}}/r^2$ auf eine Punktmasse bei $\boldsymbol{r}$, die durch eine ortsfeste Punktmasse M im Ursprung ausgeübt wird, konservativ ist. Berechnen Sie die zugehörige potenzielle Energie.

***22** Der Beweis in Beispiel 4.5 (Seite 157), dass die Coulomb-Kraft konservativ ist, lässt sich erheblich vereinfachen, wenn man $\nabla \times \boldsymbol{F}$ mithilfe von sphärischen Polarkoordinaten berechnet. Leider ist aber der Ausdruck für $\nabla \times \boldsymbol{F}$ in sphärischen Polarkoordinaten recht unübersichtlich und nur schwer herzuleiten. Er ist aber im hinteren Buchdeckel angegeben, und einen Beweis dafür findet man in jedem Buch über Vektoranalysis oder mathematische Methoden.[21] Vertrauen Sie auf den Ausdruck, wie er im hinteren Buchdeckel angegeben ist, und beweisen Sie damit, dass die Coulomb-Kraft $\boldsymbol{F} = \gamma\hat{\mathbf{r}}/r^2$ konservativ ist.

***23** Welche der folgenden Kräfte ist konservativ (k ist eine Konstante)?
a) $\boldsymbol{F} = k(x, 2y, 3z)$;
b) $\boldsymbol{F} = k(y, x, 0)$;
c) $\boldsymbol{F} = k(-y, x, 0)$. Bestimmen Sie für die konservativen Kräfte die jeweils zugehörige potenzielle Energie U und zeigen Sie durch direkte Differenziation, dass $\boldsymbol{F} = -\nabla U$ gilt.

****24** Ein unendlich langer, gleichförmiger Stab liegt auf der z-Achse. Er hat die lineare Massendichte (Masse pro Einheitslänge) μ.
a) Berechnen Sie die Gravitationskraft $\boldsymbol{F}$ auf eine Punktmasse m in einer Entfernung ρ von der z-Achse. (Die Gravitationskraft zwischen zwei Punktmassen ist in Aufgabe 21 gegeben.)
b) Drücken Sie $\boldsymbol{F}$ mithilfe der kartesischen Koordinaten (x, y, z) des Punkts aus und zeigen Sie, dass $\nabla \times \boldsymbol{F} = 0$ gilt.
c) Zeigen Sie mithilfe des im hinteren Buchdeckel angegebenen Ausdrucks für $\nabla \times \boldsymbol{F}$ in zylindrischen Polarkoordinaten, dass $\nabla \times \boldsymbol{F} = 0$ gilt.
d) Bestimmen Sie die zugehörige potenzielle Energie U.

---

21 Vgl. beispielsweise *Mathematical Methods in the Physical Sciences* von Mary Boas (Wiley, 1983), S. 435; die aktuelle (dritte) Auflage erschien 2005.

★★★25 Leider ist der Beweis, dass die Bedingung $\nabla \times \boldsymbol{F} = 0$ die Wegunabhängigkeit der von $\boldsymbol{F}$ geleisteten Arbeit $\int_1^2 \boldsymbol{F} \cdot \mathrm{d}\boldsymbol{r}$ garantiert, zu lang, um ihn hier wiederzugeben. Die drei folgenden Teilaufgaben zeigen aber die wichtigsten Punkte:[22]

a) Zeigen Sie, dass die Wegunabhängigkeit von $\int_1^2 \boldsymbol{F} \cdot \mathrm{d}\boldsymbol{r}$ gleichwertig ist zu der Aussage, dass das Integral $\oint_\Gamma \boldsymbol{F} \cdot \mathrm{d}\boldsymbol{r}$ entlang eines beliebigen *geschlossenen* Weges Γ null ist. (Üblicherweise verwendet man das Symbol $\oint$ für Integrale entlang eines geschlossenen Weges, also eines Weges, bei dem der Start- und der Endpunkt zusammenfallen.) [*Hinweis:* Betrachten Sie für zwei beliebige Punkte 1 und 2 und zwei beliebige Wege von 1 nach 2 die von $\boldsymbol{F}$ verrichtete Arbeit, indem Sie entlang des ersten Weges von 1 nach 2 und dann auf dem zweiten Weg in entgegengesetzter Richtung zurück nach 1 gehen.]

b) Nach dem *Stokes'schen Satz* gilt $\oint_\Gamma \boldsymbol{F} \cdot \mathrm{d}\boldsymbol{r} = \int (\nabla \times \boldsymbol{F}) \cdot \hat{\boldsymbol{n}}\, \mathrm{d}A$. Dabei steht auf der rechten Seite ein Flächenintegral über die von dem Weg Γ begrenzte Fläche, $\hat{\boldsymbol{n}}$ ist ein Einheitsvektor normal zu dem Flächenelement $\mathrm{d}A$. Zeigen Sie, dass mit dem Stokes'schen Satz aus der Bedingung, dass überall $\nabla \times \boldsymbol{F} = 0$ gilt, folgt: $\oint_\Gamma \boldsymbol{F} \cdot \mathrm{d}\boldsymbol{r} = 0$.

c) Der allgemeine Beweis des Stokes'schen Satzes geht über den Rahmen dieses Buchs hinaus. Doch der folgende Spezialfall lässt sich relativ einfach beweisen (und ist ein bedeutender Zwischenschritt für den allgemeinen Beweis): Γ bezeichnet einen rechteckigen geschlossenen Weg, der in einer Ebene senkrecht zur z-Richtung liegt; er wird durch die Geraden $x = B$, $x = B + b$, $y = C$ und $y = C + c$ begrenzt. Beweisen Sie für diesen einfachen Weg (der, von oben gesehen, im Gegenuhrzeigersinn durchlaufen wird) die Aussage des Stokes'schen Satzes

$$\oint_\Gamma \boldsymbol{F} \cdot \mathrm{d}\boldsymbol{r} = \int (\nabla \times \boldsymbol{F}) \cdot \hat{\boldsymbol{n}}\, \mathrm{d}A\,;$$

dabei gilt $\hat{\boldsymbol{n}} = \hat{\boldsymbol{z}}$, und das Integral auf der rechten Seite läuft über die ebene, rechteckige Fläche, die von Γ umschlossen wird. [*Hinweis:* Das Integral auf der linken Seite enthält vier Terme, je zwei davon sind ein Integral über x bzw. y. Wenn Sie sie auf diese Weise paaren, können Sie jedes Paar zu einem einzigen Integral umformen, bei dem der Integrand die Gestalt $F_x(x, C + c, z) - F_x(x, C, z)$ hat (oder einen entsprechenden Term, bei dem statt x die Variable y auftritt). Diesen Integranden können Sie dann schreiben als Integral von $\partial F_x(x, y, z)/\partial y$ über y (und entsprechend mit dem anderen Term) – und dann sind Sie fertig.]

4.5 Zeitabhängige potenzielle Energie

★26 Eine Masse m befindet sich in einem gleichförmigen Gravitationsfeld, das die übliche Kraft $F = mg$ vertikal nach unten ausübt, die sich aber mit der

22 Den vollständigen Beweis findet man beispielsweise in den erwähnten *Mathematical Methods* von Mary Boas, Kapitel 6, Abschnitte 8–11.

Zeit ändert (d. h. $g = g(t)$). Wählen Sie die Achsen so, dass y vertikal nach oben zeigt, und definieren Sie wie üblich $U = mgy$; zeigen Sie, dass immer noch $\boldsymbol{F} = -\nabla U$ gilt, und zeigen Sie durch Differenziation von $E = \frac{1}{2}mv^2 + U$ nach t, dass E nicht erhalten bleibt.

★27 Die Kraft $\boldsymbol{F}(\boldsymbol{r}, t)$ hängt von der Zeit t ab, erfüllt aber dennoch $\nabla \times \boldsymbol{F} = 0$. Man kann mathematisch zeigen, dass das Arbeitsintegral $\int_1^2 \boldsymbol{F}(\boldsymbol{r}, t) \cdot \mathrm{d}\boldsymbol{r}$ (berechnet zu einem beliebigen, aber festen Zeitpunkt) nicht von dem Weg zwischen den Punkten 1 und 2 abhängt (diese Aussage ist verwandt mit dem Stokes'schen Satz, der Gegenstand der Aufgabe 25 war). Zeigen Sie damit, dass die zeitunabhängige potenzielle Energie nach der Definition in (4.48) für einen beliebigen, aber festen Zeitpunkt t wie behauptet den Zusammenhang $\boldsymbol{F}(\boldsymbol{r}, t) = -\nabla U(\boldsymbol{r}, t)$ erfüllt. Erkennen Sie, an welcher Stelle die Argumentation, die zur Energieerhaltung (Gleichung (4.19)) führte, zusammenbricht?

4.6 Energie für lineare eindimensionale Systeme

★28 Betrachten Sie eine Masse m am Ende einer Feder mit der Kraftkonstanten k, die sich nur entlang der horizontalen x-Achse bewegen kann. Wenn wir den Ursprung in die Gleichgewichtslage der Feder legen, ist die potenzielle Energie $\frac{1}{2}kx^2$. Zur Zeit $t = 0$ ruht die Masse im Ursprung, dann erhält sie einen plötzlichen Stoß, sodass sie sich nach rechts bis zur maximalen Auslenkung $x_{\mathrm{max}} = A$ bewegt; danach schwingt sie um den Ursprung.
a) Geben Sie die Gleichung für die Energieerhaltung an und lösen Sie sie, sodass Sie die Geschwindigkeit der Masse $\dot{x}$ mithilfe des Ortes x und der Gesamtenergie E ausdrücken können.
b) Zeigen Sie, dass $E = \frac{1}{2}kA^2$ gilt, und eliminieren Sie damit E aus Ihrem Ausdruck für $\dot{x}$. Bestimmen Sie dann mithilfe des Ergebnisses (4.58), d. h. $t = \int \mathrm{d}x'/\dot{x}(x')$, die Zeit, in der die Masse sich vom Ursprung zum Ort x bewegt.
c) Lösen Sie die in Teil (b) gewonnene Gleichung und geben Sie x als Funktion von t an; zeigen Sie, dass die Masse eine harmonische Schwingung mit der Periode $2\pi\sqrt{m/k}$ ausführt.

★29 Computer Eine auf die x-Achse beschränkte Masse m hat die potenzielle Energie $U = kx^4$ mit $k > 0$.
a) Zeichnen Sie die Kurve für diese potenzielle Energie und beschreiben Sie die Bewegung qualitativ, wenn die Masse anfangs bei $x = 0$ ruht und dann bei $t = 0$ einen scharfen Stoß nach rechts erhält.
b) Bestimmen Sie mithilfe von Gleichung (4.58) die Zeit, in der die Masse ihre maximale Auslenkung $x_{\mathrm{max}} = A$ erreicht. Drücken Sie Ihre Antwort als Integral über x mithilfe von m, A und k aus. Bestimmen Sie somit die Periode τ der Schwingung mit der Amplitude A als Integral.
c) Führen Sie eine geeignete Variablensubstitution in dem Integral durch und zeigen Sie, dass die Periode τ umgekehrt proportional zur Amplitude A ist.

d) Das Integral in Teil (b) lässt sich nicht mithilfe von elementaren Funktionen ausdrücken, aber man kann es numerisch berechnen. Bestimmen Sie die Periode für den Fall $m = k = A = 1$.

4.7 Eindimensionale Systeme in krummlinigen Koordinaten

*** 30** Abbildung 4.25 zeigt ein Kinderspielzeug in Form eines Zylinders, das auf einer Halbkugel montiert ist. Der Radius der Halbkugel ist R, der Schwerpunkt S des Spielzeugs befindet sich in einer Höhe h über dem Boden.
a) Geben Sie die gravitative potenzielle Energie für das Spielzeug an, wenn es um eine Winkel θ aus der Vertikalen gekippt wird. [Dazu müssen Sie die Höhe des Schwerpunkts als Funktion von θ ausdrücken. Es ist hilfreich, zunächst über die Höhe des Mittelpunkts O der Halbkugel nachzudenken, wenn das Spielzeug gekippt wird.]
b) Für welche Werte von R und h ist das Gleichgewicht bei $\theta = 0$ stabil? [Wenn ein stabiles Gleichgewicht auftritt, spricht man von einem „Stehaufmännchen".]

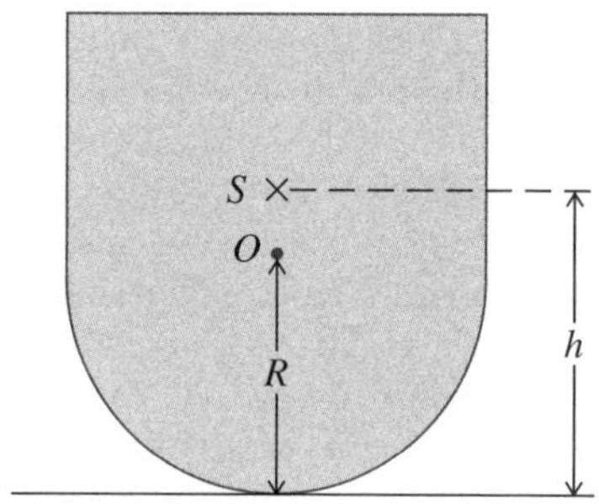

Abbildung 4.25: Zu Aufgabe 30.

*** 31** **a)** Geben Sie die Gesamtenergie E der zwei Massen aus der Atwood'schen Fallmaschine (Abbildung 4.15) mithilfe der Koordinaten x und $\dot{x}$ an.
b) Zeigen Sie, dass man die Bewegungsgleichung für die Koordinate x durch Differenziation der Gleichung $E =$ const. erhält (diese Aussage gilt für ein beliebiges eindimensionales System). Überprüfen Sie, dass Sie auf diese Weise dieselbe Bewegungsgleichung erhalten, wie wenn Sie das zweite Newton'sche Gesetz auf jede der Massen anwenden und dann die unbekannte Zugspannung aus den beiden resultierenden Gleichungen eliminieren.

*** 32** Betrachten Sie die Perle aus Abbildung 4.13, die auf einen gebogenen starren Draht aufgefädelt ist. Der Ort der Perle lässt sich mithilfe der Entfernung s angeben, gemessen entlang des Drahts vom Ursprung aus.
a) Beweisen Sie, dass die Geschwindigkeit der Perle einfach $v = \dot{s}$ ist. (Schreiben Sie dazu $\mathbf{v}$ mithilfe der Komponenten dx/dt usw. und bestimmen Sie den Betrag v mithilfe des Satzes des Pythagoras.)
b) Beweisen Sie, dass $m\ddot{s} = F_{\text{tang}}$ gilt (F_{tang} ist die Tangentialkomponente der resultierenden Kraft auf die Perle). Eine Möglichkeit dazu ist es, die

Zeitableitung der Gleichung $v^2 = \boldsymbol{v} \cdot \boldsymbol{v}$ zu bilden. Die linke Seite bringt Sie dann auf $\ddot{s}$ und die rechte auf F_{tang}.
c) Eine der Kräfte, die auf die Perle einwirken, ist die Normalkraft $\boldsymbol{F}_\text{N}$ des Drahts (die die Perle auf dem Draht hält). Wenn wir alle anderen Kräfte (Gravitation usw.) als konservativ annehmen, dann kann die Gesamtkraft aus einer potenziellen Energie U abgeleitet werden. Beweisen Sie $F_{\text{tang}} = -\mathrm{d}U/\mathrm{d}s$. Dies zeigt, dass eindimensionale Systeme dieser Art genau wie lineare Systeme behandelt werden können, wenn man x durch s und F_x durch F_{tang} ersetzt.

***33** Computer **a)** In Beispiel 4.7 (Seite 168) hatten wir die potenzielle Energie eines Würfels, der auf einem Zylinder balanciert, behandelt und den Ausdruck (4.59) hergeleitet. Prüfen Sie diesen Ausdruck nach.
b) Fertigen Sie Plots von $U(\theta)$ für $b = 0{,}9r$ und $b = 1{,}1r$ an. (Sie können auch die Einheiten so wählen, dass r, m und g alle gleich 1 sind.)
c) Bestätigen Sie mit Ihren Plots die Ergebnisse aus Beispiel 4.7 bezüglich der Stabilität des Gleichgewichts bei $\theta = 0$. Gibt es andere Gleichgewichtspunkte? Sind sie stabil?

***34** Ein interessantes eindimensionales System ist das *Fadenpendel;* es besteht aus einer Punktmasse m an einem Ende eines masselosen Stabes oder Fadens (Länge l), der mit seinem anderen Ende an einer Aufhängung befestigt ist und unbehindert in einer vertikalen Ebene schwingen kann (Abbildung 4.26). Der Ort des Pendels lässt sich durch den Winkel φ beschreiben, um den es aus der Gleichgewichtslage ausgelenkt ist. (Man könnte auch die Entfernung s aus der Gleichgewichtslage nehmen – es gilt ja $s = l\varphi$ –, aber der Winkel ist etwas bequemer.)
a) Zeigen Sie, dass die potenzielle Energie des Pendels (gemessen vom Niveau des Gleichgewichts) gegeben ist durch

$$U(\varphi) = mgl(1 - \cos\varphi)\,. \tag{4.101}$$

Schreiben Sie die Gesamtenergie E als Funktion von φ und $\dot{\varphi}$.
b) Zeigen Sie, dass Sie durch Ableitung ihres Ausdrucks für E nach t die Bewegungsgleichung für φ herleiten können und dass die Bewegungsgleichung gerade der vertraute Ausdruck $\Gamma = I\alpha$ ist (darin ist Γ das Drehmoment, I das Trägheitsmoment und α die Winkelbeschleunigung $\ddot{\varphi}$).

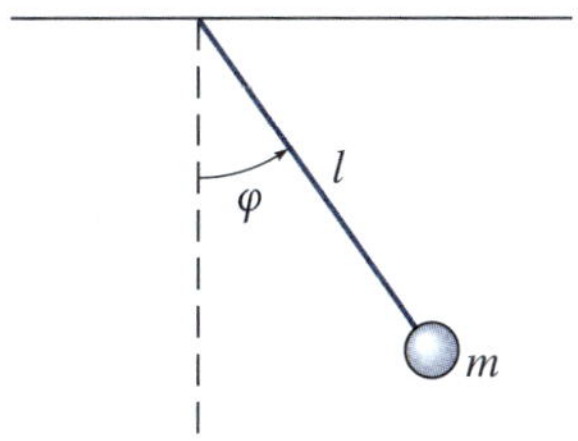

Abbildung 4.26: Zu Aufgabe 34.

c) Nehmen Sie an, dass der Winkel φ während der Bewegung klein bleibt. Lösen Sie die Gleichung nach $\varphi(t)$ auf und zeigen Sie, dass das Pendel eine periodische Bewegung mit der Periodendauer

$$\tau_k = 2\pi\sqrt{l/g} \tag{4.102}$$

vollführt (der Index „k" soll dabei andeuten, dass es sich um eine Näherung für kleine Winkel handelt).

***35** Betrachten Sie die Atwood'sche Fallmaschine aus Abbildung 4.15. Nun soll die Rolle aber den Radius R und das Trägheitsmoment I haben.
a) Geben Sie die Gesamtenergie der beiden Massen und der Rolle mithilfe der Koordinaten x und $\dot{x}$ an. (Die kinetische Energie eines drehenden Rades ist $\frac{1}{2}I\omega^2$.)
b) Zeigen Sie, dass sich die Bewegungsgleichung für die Koordinate x durch Differenziation der Gleichung $E = \text{const.}$ herleiten lässt (diese Aussage gilt für ein beliebiges eindimensionales System). Prüfen Sie nach, dass Sie auf dieselbe Bewegungsgleichung kommen, wenn Sie das zweite Newton'sche Gesetz auf die beiden Massen und die Rolle anwenden und die beiden unbekannten Zugspannungen aus den drei resultierenden Gleichungen eliminieren.

***36** Eine Metallkugel (Masse m) mit einer Bohrung entlang des Durchmessers wird auf einen reibungsfreien vertikalen Stab gesteckt. Ein an der Kugel befestigter masseloser Faden der Länge l läuft über eine masselose, reibungsfreie Rolle und trägt einen Körper der Masse M (Abbildung 4.27). Die Orte der beiden Massen lassen sich durch *einen* Winkel θ angeben.
a) Geben Sie die potenzielle Energie $U(\theta)$ an. (Die potenzielle Energie erhält man leicht mithilfe der in der Abbildung mit h und H bezeichneten Höhen. Eliminieren Sie diese beiden Variablen zugunsten von θ und der beiden Konstanten b und l. Nehmen Sie an, dass die Größen von Rolle und Kugel vernachlässigbar sind.)

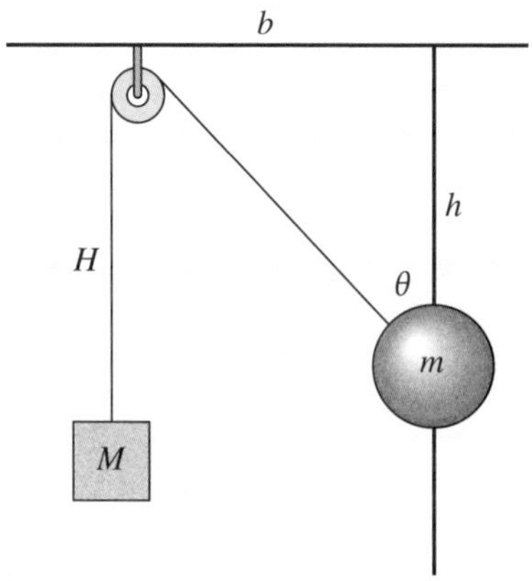

Abbildung 4.27: Zu Aufgabe 36.

b) Differenzieren Sie $U(t)$ und bestimmen Sie so, ob das System eine Gleichgewichtslage hat und für welche Werte von m und M ein Gleichgewicht eintreten kann. Diskutieren Sie die Stabilität der möglichen Gleichgewichtslagen.

37 Computer Abbildung 4.28 zeigt ein masseloses Rad vom Radius R, das reibungsfrei auf einer horizontalen Achse sitzt. Eine Punktmasse M wird am Rand des Rades befestigt, und eine zweite Masse m hängt an einem Faden, der um den Umfang des Rades gelegt ist.
a) Geben Sie die gesamte potenzielle Energie der beiden Massen als eine Funktion des Winkels φ an.
b) Bestimmen Sie damit die Werte für m und M, für die es Gleichgewichtslagen gibt. Beschreiben Sie die Gleichgewichtslagen, beurteilen Sie deren Stabilität und erläutern Sie Ihre Antworten mithilfe von Drehmomenten.
c) Zeichnen Sie den Verlauf von $U(\varphi)$ für die Fälle $m = 0{,}7M$ und $m = 0{,}8M$, und beschreiben Sie mithilfe der Kurven das Verhalten des Systems, wenn man es aus dem Stillstand bei $\varphi = 0$ loslässt.
d) Bestimmen Sie den kritischen Wert von m/M, bei dem einerseits das System schwingt, und den Wert andererseits, bei dem es das nicht tut (jeweils für den Fall, dass man das System bei $\varphi = 0$ aus dem Stillstand loslässt).

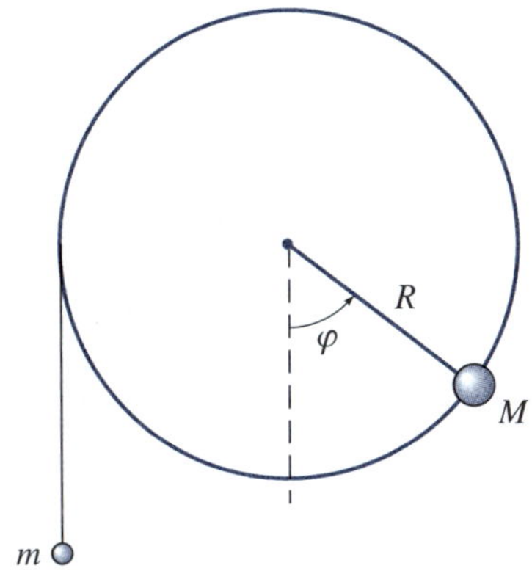

Abbildung 4.28: Zu Aufgabe 37.

38 Computer Betrachten Sie das Fadenpendel von Aufgabe 34. Sie können einen Ausdruck für die Periode des Pendels (gültig sowohl für große als auch für kleine Auslenkungen) mithilfe der Methode herleiten, die im Zusammenhang mit (4.57) beschrieben wurde. Gehen sie dazu folgendermaßen vor:
a) Verwenden Sie den Ausdruck (4.101) für die potenzielle Energie und geben Sie damit $\dot{\varphi}$ als Funktion von φ an. Wenden Sie dann Gleichung (4.57) in der Form $t = \int \mathrm{d}\varphi/\dot{\varphi}$ an und bestimmen Sie die Zeit, die das Pendel für seinen Weg von $\varphi = 0$ bis zur maximalen Auslenkung (der Amplitude) Φ

benötigt. Weil dies genau ein Viertel der Periodendauer ist, können Sie auch τ angeben. Zeigen Sie, dass

$$\tau = \tau_k \frac{1}{\pi} \int_0^{\Phi} \frac{d\varphi}{\sqrt{\sin^2(\Phi/2) - \sin^2(\varphi/2)}} = \tau_k \frac{2}{\pi} \int_0^1 \frac{du}{\sqrt{1-u^2}\sqrt{1-A^2u^2}} \tag{4.103}$$

gilt; dabei ist τ_k die in Aufgabe 34 bestimmte Periode für kleine Auslenkungen (Gleichung (4.102)), und es gilt $A = \sin(\Phi/2)$. [Für das erste Gleichheitszeichen in (4.103) müssen Sie $1 - \cos\varphi$ mit einer trigonometrischen Identität durch $\sin^2(\varphi/2)$ ausdrücken. Für das zweite Gleichheitszeichen führen Sie die Substitution $\sin(\varphi/2) = Au$ aus.] Diese Integrale lassen sich nicht durch elementare Funktionen berechnen. Das zweite Integral ist aber dennoch ein Standardintegral, es wird als *elliptisches Integral erster Gattung* mit dem Formelzeichen $K(A^2)$ bezeichnet; die Werte sind tabelliert[23]und sind auch als Befehle in Computeralgebrasystemen wie Mathematica zugänglich (dort heißt der Befehl EllipticK(A^2)).
b) Wenn Sie Zugang zu einem Computeralgebrasystem haben, das diese Funktion kennt, zeichnen Sie den Verlauf von τ/τ_k für Amplituden $0 \leq \Phi \leq 3\,\text{rad}$. Kommentieren Sie den Plot. Was wird aus τ, wenn die Schwingungsamplitude gegen π geht? Erläutern Sie das Ergebnis.

39 **a)** Wenn Sie es noch nicht getan haben, dann lösen Sie jetzt Aufgabe 38a.
b) Wenn die Amplitude Φ klein ist, dann ist auch $A = \sin(\Phi/2)$ klein. Wenn die Amplitude sehr klein ist, können wir die letzte Wurzel in (4.103) vernachlässigen. Zeigen Sie, dass man mit dieser sogenannten Kleinwinkelnäherung das vertraute Ergebnis für die Periodendauder eines Fadenpendels erhält, d. h. $\tau = \tau_k 2\pi\sqrt{l/g}$.
c) Wenn die Amplitude zwar klein, aber nicht allzu klein ist, können wir die Näherung von Teil (b) noch verbessern. Wenn Sie die binomische Erweiterung anwenden, gelangen Sie zu der Näherung $1/\sqrt{1-A^2u^2} \approx 1 + \frac{1}{2}A^2u^2$. Zeigen Sie, dass in dieser Näherung aus (4.103) folgt

$$\tau = \tau_k[1 + \tfrac{1}{4}\sin^2(\Phi/2)]\,.$$

Wie groß ist die relative Korrektur durch den zweiten Term bei einer Amplitude von 45°? (Die exakte Antwort für $\Phi = 45°$ ist $1{,}040\tau_k$, auf vier signifikante Stellen.)

23 Beispielsweise im *Handbook of Mathematical Functions* von M. Abramowitz und I. Stegun, Dover, New York 1965, das in jeder Fachbibliothek zu finden ist, oder im *Taschenbuch der Mathematik* von I. N. Bronstein (verschiedene Ausgaben). Seien Sie aber gewarnt: Einige Autoren verwenden unterschiedliche Schreibweisen. Insbesondere schreiben manche Autoren dieses Integral als $K(A)$.

4.8 Zentralkräfte

*** 40** a) Rechnen Sie die drei Gleichungen (4.68) nach, die x, y und z mithilfe der sphärischen Polarkoordinaten r, θ und φ angeben. b) Geben Sie mithilfe von x, y und z Ausdrücke für r, θ und φ an.

*** 41** Eine Masse m bewegt sich auf einer Kreisbahn mit dem Ursprung als Mittelpunkt unter der Einwirkung einer anziehenden Kraft mit der potenziellen Energie $U = kr^n$. Beweisen Sie den **Virialsatz**[24], nach dem $T = nU/2$ ist.

*** 42** Für den eindimensionalen Fall ist es unmittelbar einsichtig, dass eine dem Hooke'schen Gesetz gehorchende Kraft konservativ ist (denn $F = kx$ hängt nur vom Ort x ab, und das reicht aus, um zu garantieren, dass F in einer Dimension konservativ ist). Betrachten Sie nun eine Feder, für die das Hooke'sche Gesetz gilt; sie ist mit einem Ende im Ursprung befestigt, das andere Ende kann sich in allen drei Raumrichtungen frei bewegen. (Beispielsweise könnte die Feder an der Decke befestigt sein und am freien Ende eine hin- und herpendelnde Masse tragen.) Geben Sie mithilfe der Federlänge r und ihrer Gleichgewichtslänge r_0 die von der Feder ausgeübte Kraft $\boldsymbol{F}(\boldsymbol{r})$ an. Beweisen Sie, dass die Kraft konservativ ist. [*Hinweis:* Ist die Kraft eine Zentralkraft? Nehmen Sie an, dass sich die Feder nicht biegt.]

**** 43** In Abschnitt 4.8 habe ich behauptet, dass eine Kraft $\boldsymbol{F}(\boldsymbol{r})$, die zentral und sphärisch symmetrisch ist, immer auch konservativ ist. Nun sollen Sie diese Aussage auf zwei Arten beweisen:

a) Da die Kraft $\boldsymbol{F}(\boldsymbol{r})$ zentral und sphärisch symmetrisch ist, muss sie die Form $\boldsymbol{F}(\boldsymbol{r}) = f(r)\hat{\boldsymbol{r}}$ haben. Verwenden Sie kartesische Koordinaten und zeigen Sie, dass daraus $\nabla \times \boldsymbol{F} = 0$ folgt.

b) Verwenden Sie die Ausdrücke für $\nabla \times \boldsymbol{F}$, die im hinteren Buchdeckel angegeben sind. Damit können Sie noch schneller zeigen, dass $\nabla \times \boldsymbol{F} = 0$ gilt.

**** 44** Aufgabe 43 gibt zwei Beweiswege dafür an, dass eine zentrale, sphärisch symmetrische Kraft immer auch konservativ ist, aber keiner der beiden Beweise macht wirklich deutlich, *warum* das so ist. In dieser Aufgabe führen Sie einen zwar nicht so allgemeingültigen, dafür aber instruktiveren Beweis. Betrachten Sie zwei Punkte A und B und zwei verschieden Wege ACB und ADB zwischen ihnen (Abbildung 4.29). Der Weg ACB führt von A zunächst radial nach außen, bis der Radius r_B von B erreicht wird, und verläuft dann auf einer Kugeloberfläche (mit dem Mittelpunkt O) bis B. Der Weg ADB verläuft zunächst auf einer Kugeloberfläche mit dem Radius r_A bis zu der Verbindungslinie OB und dann radial nach außen bis B. Erläutern Sie in verständlicher Weise, warum die von einer zentralen, sphärisch symmetrischen Kraft $\boldsymbol{F}$ verrichtete Arbeit entlang beider Wege

24 Der Virialsatz gibt eine Beziehung zwischen den zeitlichen Mittelwerten der kinetischen und der potenziellen Energie eines Systems an. Die Bezeichnung leitet sich von dem lateinischen *vis* („Kraft“) ab. (Anm. d. Übers.)

gleich ist. (Das beweist allerdings noch lange nicht, warum die Arbeit entlang zweier *beliebiger* Wege von A nach B immer gleich ist. Wenn Sie mögen, können Sie den skizzierten Beweis vervollständigen, indem Sie zeigen, dass sich jeder beliebige Weg durch eine Folge von Teilwegen annähern lässt, die entweder radial nach außen oder auf Kugeloberflächen mit konstantem Radius r verlaufen.)

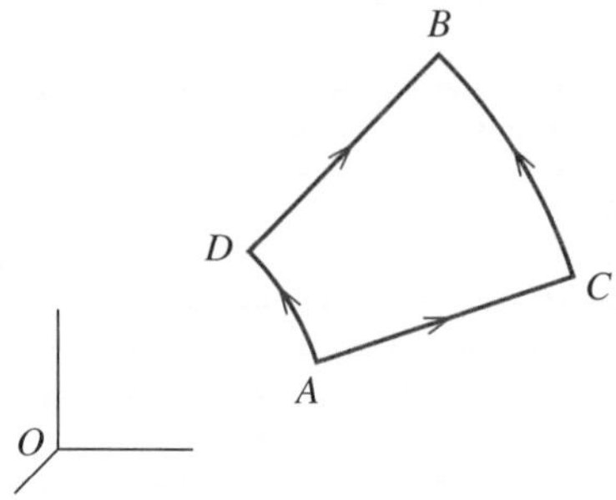

Abbildung 4.29: Zu Aufgabe 44.

****45** In Abschnitt 4.8 hatte ich bewiesen, dass eine Kraft $\boldsymbol{F}(\boldsymbol{r}) = f(\boldsymbol{r})\hat{\boldsymbol{r}}$, die zentral und konservativ ist, immer auch sphärisch symmetrisch sein muss. Hier kommt ein alternativer Beweis: Betrachten Sie die beiden Wege ACB und ADB aus Abbildung 4.29, nun aber mit $r_B = r_A + \mathrm{d}r$ mit einem infinitesimalen $\mathrm{d}r$: Geben Sie die von $\boldsymbol{f}(\boldsymbol{r})$ entlang der beiden Wege verrichtete Arbeit an und nutzen Sie aus, dass die Beträge gleich sein müssen. Beweisen Sie auf diese Weise, dass die Betragsfunktion $f(r)$ in den Punkten A und D gleich sein muss. Damit haben Sie $f(\boldsymbol{r}) = f(r)$ gezeigt – die Kraft ist also sphärisch symmetrisch.

4.9 Wechselwirkungsenergie von zwei Teilchen

***46** Betrachten Sie einen elastischen Stoß zweier Teilchen wie in Beispiel 4.8 (Seite 181), nun aber mit verschiedenen Massen ($m_1 \neq m_2$). Zeigen Sie, dass der Winkel θ zwischen den beiden Geschwindigkeiten nach dem Stoß für $m_1 > m_2$ der Bedingung $\theta < \pi/2$ genügt, für $m_1 < m_2$ aber $\theta > \pi/2$.

***47** Betrachten Sie einen frontalen elastischen Stoß zweier Teilchen. (Bei einem frontalen Stoß ist die Bewegung auf die Verbindungslinie zwischen den Teilchen beschränkt, sie ist also eindimensional.) Zeigen Sie, dass die Relativgeschwindigkeit nach dem Stoß der Relativgeschwindigkeit vor dem Stoß entgegengesetzt gleich ist. Es gilt also $v_1 - v_2 = -(v_1' - v_2')$ mit den Anfangsgeschwindigkeiten v_1 und v_2 und den entsprechenden Endgeschwindigkeiten.

***48** Ein Teilchen der Masse m_1 und der Geschwindigkeit v_1 stößt auf ein ruhendes Teilchen der Masse m_2. Der Stoß soll vollständig inelastisch sein, d. h., die Teilchen haften nach dem Stoß aneinander und bewegen sich wie ein einziges Teilchen zusammen weiter. Welcher Anteil der kinetischen Energie geht bei dem Stoß verloren? Kommentieren Sie ihre Lösung für die Fälle $m_1 \ll m_2$ und $m_2 \ll m_1$.

★49 Sowohl die Coulomb-Kraft als auch die Gravitationskraft führen zu einer potenziellen Energie der Form $U = \gamma/|\boldsymbol{r}_1 - \boldsymbol{r}_2|$, wobei γ im Fall der Coulomb-Kraft kq_1q_2 und im Fall der Gravitation $-Gm_1m_2$ bedeutet, $\boldsymbol{r}_1$ und $\boldsymbol{r}_2$ sind die Orte der beiden Teilchen. Zeigen Sie in allen Einzelheiten, dass $-\boldsymbol{\nabla}_1 U$ die Kraft auf Teilchen 1 und $-\boldsymbol{\nabla}_2 U$ die Kraft auf Teilchen 2 ist.

★50 Der Formalismus der potenziellen Energie für zwei Teilchen beruht auf Gleichung (4.81)

$$\boldsymbol{\nabla}_1 U(\boldsymbol{r}_1 - \boldsymbol{r}_2) = -\boldsymbol{\nabla}_2 U(\boldsymbol{r}_1 - \boldsymbol{r}_2)\,.$$

Beweisen Sie diese Aussage. (Wenden Sie für die Differenziation die Kettenregel an. Der Beweis in drei Dimensionen ist in seiner Notation etwas unbequem; beweisen Sie daher das eindimensionale Ergebnis

$$\frac{\partial}{\partial x_1} f(x_1 - x_2) = -\frac{\partial}{\partial x_2} f(x_1 - x_2)$$

und überzeugen Sie sich dann davon, dass es sich auf drei Dimensionen erweitern lässt.)

4.10 Energie eines Mehrteilchensystems

★51 Geben Sie die Argumente für alle potenziellen Energien des Vierteilchensystems in (4.94) an. Beispielsweise ist $U = U(\boldsymbol{r}_1, \boldsymbol{r}_2, \boldsymbol{r}_3, \boldsymbol{r}_4)$ und $U_{34} = U_{34}(\boldsymbol{r}_3 - \boldsymbol{r}_4)$. Zeigen Sie in allen Einzelheiten, dass die resultierende Kraft beispielsweise auf Teilchen 3 gegeben ist durch $-\boldsymbol{\nabla}_3 U$. [Sie wissen, dass die einzelnen inneren und äußeren Kräfte durch (4.92) und (4.93) gegeben sind.]

★52 Betrachten Sie das Vierteilchensystem aus Abschnitt 4.10.
a) Geben Sie den Zusammenhang zwischen der Arbeit und der kinetischen Energie für jedes der vier Teilchen einzeln an. Addieren Sie dann diese vier Gleichungen und zeigen Sie, dass die Änderung der gesamten kinetischen Energie über einen kurzen Zeitraum $\mathrm{d}t$ gerade $\mathrm{d}T = W_{\text{ges}}$ ist; dabei ist W_{ges} die Gesamtarbeit, die von allen Kräften an allen Teilchen verrichtet wird. [Das sollte nicht mehr als zwei oder drei Zeilen in Anspruch nehmen.]
b) Zeigen Sie dann, dass $W_{\text{ges}} = -\mathrm{d}U$ gilt; dabei ist $\mathrm{d}U$ die Änderung der gesamten potenziellen Energie über denselben Zeitraum. Leiten Sie daraus her, dass die gesamte mechanische Energie $E = T + U$ erhalten bleibt.

★53 **a)** Betrachten Sie ein Elektron (Ladung $-e$ und Masse m) auf einer kreisförmigen Bahn um ein festes Proton (Ladung $+e$). Die nach innen gerichtete Coulomb-Kraft ke^2/r^2 verleiht dem Elektron seine Zentripetalbeschleunigung. Beweisen Sie, dass die kinetische Energie des Elektrons das $-\frac{1}{2}$-Fache seiner potenziellen Energie ist, d. h., $T = -\frac{1}{2}U$ und somit $E = \frac{1}{2}U$. (Dieses Ergebnis ist eine Folge des sogenannten *Virialsatzes*, vgl. Aufgabe 41). Betrachten Sie den folgenden inelastischen Stoß eines Elektrons mit einem Wasserstoffatom: Das Elektron 1 befindet sich auf einer kreisförmigen Bahn vom Radius r um ein festes Proton (das ist das Wasserstoffatom.) Elektron 2 nähert sich aus großer Entfernung mit der kinetischen Energie T_2. Wenn das zweite Elektron das Atom trifft, wird das erste Elektron herausgeschlagen, und das zweite bewegt sich nun auf einer kreisförmigen Bahn vom Radius r'.

b) Geben Sie einen allgemeinen Ausdruck für die Gesamtenergie dieses Dreiteilchensystems an. (Ihre Antwort sollte fünf Terme enthalten, drei potenzielle Energien, aber nur zwei kinetische Energien, da das Proton als ortsfest angenommen wird.)

c) Ermitteln Sie die Werte für alle fünf Terme und für die Gesamtenergie lange vor und lange nach dem Stoß. Welche kinetische Energie hat das herausgeschlagene Elektron 1 in großer Entfernung? Drücken Sie Ihre Antwort mit den Variablen T_2, r und r' aus.

Schwingungen

5

ÜBERBLICK

» Praktisch jedes System, das aus einem stabilen Gleichgewicht ausgelenkt wird, vollführt *Schwingungen* (auch als *Oszillationen* bezeichnet). Solange die Auslenkung klein ist, gehören diese Schwingungen fast immer zu einem Typ, den man „harmonische Schwingungen" nennt. Schwingungen, insbesondere harmonische Schwingungen, sind daher außerordentlich weit verbreitet. Und sie sind in der Praxis außerordentlich nützlich. Beispielsweise haben alle guten Uhren einen Oszillator („Schwinger"), der ihren Lauf regelt: Bei den ersten verlässlichen Uhren war das ein Pendel; die ersten tragbaren Chronometer (die in der Geschichte der Navigation auf See eine entscheidende Rolle spielten) nutzten ein Drehpendel, die sogenannte Unruh; moderne Armbanduhren enthalten einen Schwingquarz; und die heute verfügbaren genauesten Uhren überhaupt, wie sie beispielsweise in der Physikalisch-Technischen Bundesanstalt (PTB) in Braunschweig betrieben werden, basieren auf Schwingungen innerhalb eines Atoms. In diesem Kapitel werden wir die Physik und die Mathematik der Schwingungen untersuchen. Ich werde mit harmonischen Schwingungen beginnen und gehe dann über zu gedämpften Schwingungen (d. h. zu Schwingungen, die aufgrund von Bremskräften abklingen) und zu erzwungenen Schwingungen (d. h. zu Schwingungen, die durch einen äußeren Antrieb aufrechterhalten werden, wie in allen Uhren). Die letzten drei Abschnitte dieses Kapitels beschreiben, wie man Fourier-Reihen einsetzt, um die Bewegung eines Oszillators zu bestimmen, der durch eine beliebige periodische Antriebskraft getrieben wird. «

5.1 Das Hooke'sche Gesetz

Wenn eine Masse am Ende einer Feder befestigt ist, die dem **Hooke'schen Gesetz** genügt, vollführt sie bekanntermaßen Schwingungen von einer Art, die wir *harmonisch* nennen. Bevor wir uns dem Beweis für diese Behauptung zuwenden, fragen wir uns zunächst, warum das Hooke'sche Gesetz eigentlich so wichtig ist und derart häufig auftaucht. Nach dem Hooke'schen Gesetz genügt die von einer Feder aufgebrachte Kraft der Form

$$F_x(x) = -kx \tag{5.1}$$

(hier und im Folgenden wollen wir eine Feder betrachten, deren Bewegung auf die x-Achse eingeschränkt ist); x ist dabei die Auslenkung der Feder aus ihrer Gleichgewichtslage, k ist eine positive Zahl, die wir als Federkonstante bezeichnen. Ein positives k bedeutet, dass das Gleichgewicht bei $x = 0$ stabil ist: Bei $x = 0$ wirkt keine Kraft, bei $x > 0$ (Auslenkung nach rechts) ist die Kraft negativ (sie wirkt zurück nach links), für $x < 0$ (Auslenkung nach links) ist die Kraft positiv (sie wirkt zurück nach rechts). In den beiden letztgenannten Fällen handelt es sich um eine **Rückstellkraft**, und das Gleichgewicht ist stabil. (Wäre k negativ, so würde die Kraft vom Ursprung wegweisen, und das Gleichgewicht wäre instabil; in diesem Fall würden wir keine Schwingungen erwarten.) Das Hooke'sche Gesetz lässt sich völlig gleichwertig ausdrücken, indem man für die potenzielle Energie annimmt:

$$U(x) = \tfrac{1}{2}kx^2 .$$

Betrachten wir nun ein beliebiges konservatives eindimensionales System, das durch die Koordinate x und die potenzielle Energie $U(x)$ beschrieben wird. Das

System soll eine stabile Gleichgewichtslage bei $x = x_0$ haben, die wir als Ursprung annehmen ($x_0 = 0$). Betrachten wir nun das Verhalten von $U(x)$ in der Umgebung der Gleichgewichtslage. Da sich jede „anständige" Funktion in einer Taylor-Reihe entwickeln lässt, können wir immer schreiben

$$U(x) = U(0) + U'(0)x + \tfrac{1}{2}U''(0)x^2 + \dots . \tag{5.2}$$

Solange x klein bleibt, sollten die ersten drei Terme in dieser Reihe eine gute Näherung ergeben. Der erste Term ist eine Konstante; da wir aber immer eine Konstante von $U(x)$ subtrahieren können, ohne dadurch die Physik zu ändern, können wir $U(0)$ auch als null festlegen. Da $x = 0$ ein Gleichgewichtspunkt ist, gilt $U'(0) = 0$, und damit ist der zweite Term in Gleichung (5.2) ebenfalls null. Da es sich um ein stabiles Gleichgewicht handelt, ist $U''(0)$ positiv. Wenn wir $U''(0)$ als k bezeichnen, dann kommen wir zu dem Schluss, dass der Ausdruck

$$U(x) = \tfrac{1}{2}kx^2 \tag{5.3}$$

für kleine Auslenkungen immer eine gute Näherung ist.[1] Mit anderen Worten: Für genügend kleine Auslenkungen aus der Gleichgewichtslage gilt immer das Hooke'sche Gesetz. Beachten Sie, dass für ein negatives $U''(0)$ auch k negativ und dass dann das Gleichgewicht instabil sein müsste – aber dieser Fall interessiert uns jetzt nicht. Das Hooke'sche Gesetz in der Form von Gleichung (5.3) taucht in vielen Situationen auf; dabei müssen die Koordinaten nicht unbedingt orthogonal (kartesisch) sein, wie das folgende Beispiel zeigt.

Beispiel 5.1 Wir betrachten noch einmal den Würfel aus Beispiel 4.7 (Seite 168) und zeigen, dass die potenzielle Energie für kleine Winkel θ die Form des Hooke'schen Gesetzes $U(\theta) = \frac{1}{2}k\theta^2$ annimmt.

Ein Würfel, der auf einem Zylinder balanciert

Lösung ■ In dem Beispiel haben wir gesehen, dass gilt:

$$U(\theta) = mg[(r + b)\cos\theta + r\theta \sin\theta] .$$

Für kleine θ gelten die Näherungen $\cos\theta \approx 1 - \theta^2/2$ und $\sin\theta \approx \theta$, sodass wir

$$U(\theta) \approx mg[(r + b)(1 - \tfrac{1}{2}\theta^2) + r\theta^2] = mg(r + b) + \tfrac{1}{2}mg(r - b)\theta^2$$

haben, und dass hat bis auf eine uninteressante Konstante die Form $\frac{1}{2}k\theta^2$ mit der „Federkonstanten" $k = mg(r - b)$. Beachten Sie, dass das Gleichgewicht nur für $r > b$ stabil ist – eine Bedingung, die wir schon in Beispiel 4.7 hergeleitet hatten. ■

Wie bereits in Abschnitt 4.6 dargelegt, lassen sich die allgemeinen Merkmale der Bewegung eines eindimensionalen Systems anhand der Kurve von $U(x)$ erkennen. Für die potenzielle Energie des Hooke'schen Gesetzes (5.3) ist diese Kurve eine Parabel (Abbildung 5.1). Wenn die Masse m eine potenzielle Energie dieser Form hat und wenn $E > 0$ ist, dann ist die Masse gebunden und schwingt zwischen den beiden Umkehrpunkten, an denen $U(x) = E$ ist; dort ist die kinetische Energie null, und die Masse befindet sich momentan in Ruhe. Weil $U(x)$ symmetrisch bezüglich $x = 0$ ist, liegen die beiden Umkehrpunkte äquidistant auf beiden Seiten des Ursprungs und werden gewöhnlich mit $x = \pm A$ bezeichnet; A heißt dann die **Amplitude** der Schwingung.

1 Die einzige Ausnahme tritt dann auf, wenn $U''(0)$ zufällig null ist, aber dieser Spezialfall soll uns nicht stören.

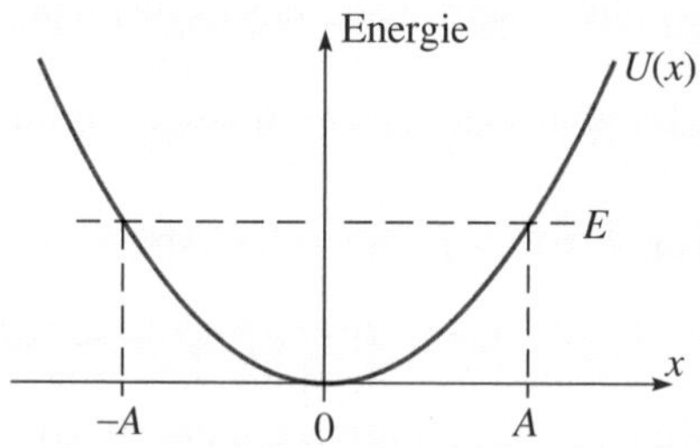

Abbildung 5.1: Eine Masse mit der potenziellen Energie $U(x) = \frac{1}{2}kx^2$ und der Gesamtenergie E schwingt zwischen den beiden Umkehrpunkten bei $x = \pm A$ hin und her. In den Umkehrpunkten gilt $U(x) = E$, und die kinetische Energie ist null.

5.2 Die harmonische Schwingung

Wir sind nun so weit, dass wir die Bewegungsgleichung (d. h. das zweite Newton'sche Gesetz) für eine Masse m untersuchen können, die aus einer stabilen Gleichgewichtslage ausgelenkt wird. Um konkret zu werden, betrachten wir einen Wagen auf einem reibungsfreien Gleis, der – wie in Abbildung 5.2 gezeigt – an einer Feder befestigt ist. Wie wir bereits gesehen haben, können wir dann die potenzielle Energie durch (5.3) oder, völlig gleichwertig, die Kraft durch den Ausdruck $F_x(x) = -kx$ annähern. Damit wird die Bewegungsgleichung zu $m\ddot{x} = F_x = -kx$ oder

$$\ddot{x} = -\frac{k}{m}x = -\omega^2 x\,; \qquad (5.4)$$

darin habe ich die Konstante

$$\omega = \sqrt{\frac{k}{m}}$$

eingeführt, die sich als die **Kreisfrequenz** herausstellen wird, mit der das Wagen hin- und herschwingt. Obwohl wir (5.4) für die konkrete Situation des Wagens an einer Feder hergeleitet haben, der sich entlang der x-Achse bewegt, werden wir sehen, dass diese Gleichung auf viele schwingungsfähige Systeme in verschiedenen Koordinatensystemen anwendbar ist. Man nennt (5.4) darum auch **Schwingungsgleichung**. Beispielsweise haben wir bereits in Gleichung (1.55) gesehen, dass der Winkel φ, der die Lage eines Pendels (oder eines Skateboards in einer Halfpipe) beschreibt, derselben Gleichung $\ddot{\varphi} = -\omega^2\varphi$ gehorcht, zumindest für kleine Werte von φ. In diesem

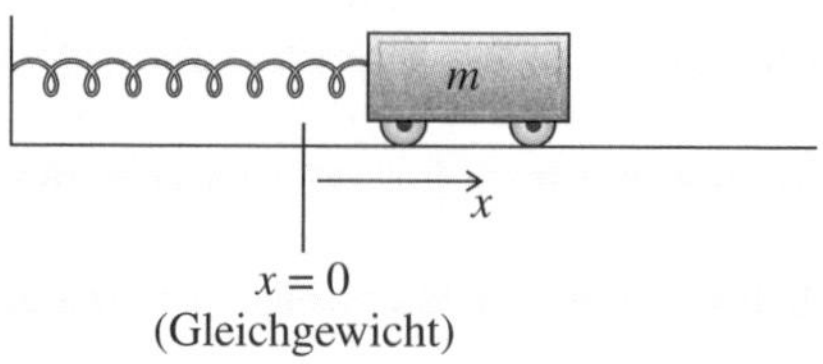

Abbildung 5.2: Ein Wagen der Masse m ist am Ende einer Feder befestigt und schwingt hin und her.

Abschnitt möchte ich die Eigenschaften der Lösungen von (5.4) besprechen. Unglücklicherweise gibt es eine ganze Reihe von Möglichkeiten, dieselbe Lösung aufzuschreiben, die alle ihre jeweiligen Vorzüge haben; Sie sollten mit allen diesen Möglichkeiten vertraut sein.

Exponentielle Lösungen

Gleichung (5.4) ist eine lineare, homogene Differenzialgleichung zweiter Ordnung[2] und hat daher zwei voneinander unabhängige Lösungen. Man kann die beiden Lösungen auf verschiedene Weise angeben; die wohl bequemste Möglichkeit ist diese:

$$x(t) = \mathrm{e}^{\mathrm{i}\omega t} \qquad \text{und} \qquad x(t) = \mathrm{e}^{-\mathrm{i}\omega t}\,.$$

Wie sich leicht nachprüfen lässt, wird (5.4) von beiden Funktionen erfüllt. Außerdem ist jedes konstante Vielfache von einer der beiden Lösungen ebenfalls eine Lösung, und ebenso eine beliebige Summe dieser Vielfachen. Daher ist auch die Funktion

$$x(t) = C_1\,\mathrm{e}^{\mathrm{i}\omega t} + C_2\,\mathrm{e}^{-\mathrm{i}\omega t} \tag{5.5}$$

eine Lösung, und zwar für beliebige Konstanten C_1 und C_2. (Den Umstand, dass jede Linearkombination von Lösungen ebenfalls eine Lösung ist, bezeichnet man als **Superpositionsprinzip** oder **Überlagerungsprinzip**. Dieses Prinzip spielt in vielen Bereichen der Physik eine entscheidende Rolle.) Da die Lösung (5.5) zwei frei wählbare Konstanten enthält, ist sie die allgemeine Lösung der Gleichung zweiter Ordnung (5.4).[3] Man kann folglich durch eine passende Wahl der Koeffizienten C_1 und C_2 *jede* Lösung von (5.4) in der Form (5.5) ausdrücken.

Lösungen mit Sinus und Kosinus

Mit den Exponentialfunktionen in (5.5) lässt sich derart bequem umgehen, dass sie oft die am besten geeignete Form der Lösung sind. Doch diese Form hat einen Nachteil. Wir wissen natürlich, dass $x(t)$ reell sein muss, die beiden Exponentialfunktionen in (5.5) jedoch komplex sind. Daher müssen die Koeffizienten C_1 und C_2 sorgfältig gewählt werden, damit $x(t)$ mit Sicherheit reell ist. Ich werde gleich näher auf diesen Punkt eingehen. Zunächst aber gebe ich (5.5) in einer anderen nützlichen Form an. Aufgrund der Euler'schen Formel (2.76) wissen wir, dass sich die beiden Exponentialfunktionen in (5.5) als

$$\mathrm{e}^{\pm\mathrm{i}\omega t} = \cos(\omega t) \pm \mathrm{i}\sin(\omega t)$$

schreiben lassen. Setzen wir das in (5.5) ein und fassen wir die Konstanten zusammen, erhalten wir

$$\begin{aligned} x(t) &= (C_1 + C_2)\cos(\omega t) + \mathrm{i}(C_1 - C_2)\sin(\omega t) \\ &= B_1\cos(\omega t) + B_2\sin(\omega t)\,, \end{aligned} \tag{5.6}$$

2 Sie heißt linear, weil die Variable x und ihre Ableitungen in keiner höheren Potenz als der ersten auftauchen; homogen ist sie, weil *jeder* Term in erster Potenz auftaucht, es gibt also keinen von x oder dessen Ableitungen unabhängigen Term.

3 Schauen Sie sich noch einmal die im Anschluss an Gleichung (1.56) getroffene Feststellung an, dass die allgemeine Lösung einer Differenzialgleichung zweiter Ordnung immer genau zwei beliebige Konstanten haben muss.

wobei B_1 und B_2 einfach neue Bezeichnungen für die Kombinationen der Koeffizienten in der oberen Zeile sind:

$$B_1 = C_1 + C_2 \qquad \text{und} \qquad B_2 = \mathrm{i}(C_1 - C_2)\,. \tag{5.7}$$

Gleichung (5.6) können wir als eine Definition der **harmonischen Schwingung** betrachten: Jede Bewegung, die sich als Kombination aus Sinus und Kosinus in dieser Form darstellen lässt, ist eine harmonische Schwingung. Weil die Funktionen $\cos(\omega t)$ und $\sin(\omega t)$ reell sind, besagt die Forderung, $x(t)$ müsse reell sein, einfach nur, dass die Koeffizienten B_1 und B_2 reell sind.

Wir können die Koeffizienten B_1 und B_2 leicht aus den Anfangsbedingungen bestimmen. Offenbar folgt für $t = 0$ aus (5.6) $x(0) = B_1$. Entsprechend können wir durch Differenziation von (5.6) leicht ωB_2 als die Anfangsgeschwindigkeit v_0 erkennen.

Wenn ich die Schwingungen auslöse, indem ich den Wagen aus der Gleichgewichtslage bis zu einem Startpunkt $x = x_0$ zurückziehe und dann aus dem Stillstand loslasse ($v_0 = 0$), dann gilt in (5.6) $B_2 = 0$, und allein der Kosinusterm bleibt übrig:

$$x(t) = x_0 \cos(\omega t)\,. \tag{5.8}$$

Wenn ich den Wagen vom Ursprung aus starte ($x_0 = 0$), indem ich ihm zum Zeitpunkt $t = 0$ einen Schubs versetze, bleibt nur der Sinusterm erhalten:

$$x(t) = \frac{v_0}{\omega}\sin(\omega t)\,.$$

Diese beiden einfachen Fälle sind in Abbildung 5.3 dargestellt. Machen Sie sich klar, dass beide Lösungen – genau wie die allgemeine Lösung (5.6) – periodisch sind, weil sowohl der Sinus als auch der Kosinus periodische Funktionen sind. Da das Argument in der Sinus- und in der Kosinusfunktion beide Male ωt ist, wiederholt sich in beiden Fällen die Funktion $x(t)$ nach einer Zeit τ, für die gilt $\omega\tau = 2\pi$. Die Periode ist demnach

$$\tau = \frac{2\pi}{\omega} = 2\pi\sqrt{\frac{m}{k}}\,. \tag{5.9}$$

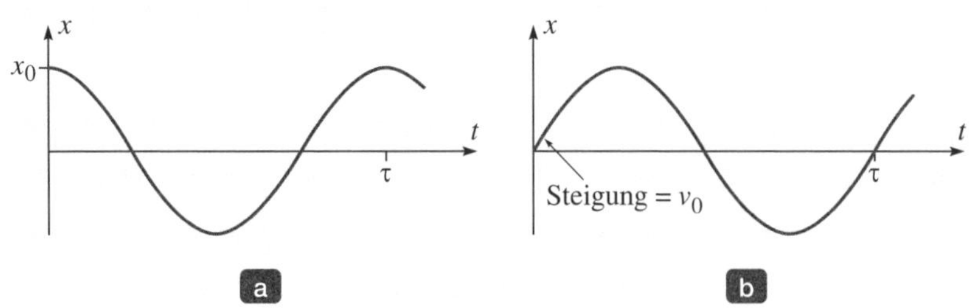

Abbildung 5.3: (a) Schwingungen, in denen der Wagen zum Zeitpunkt $t = 0$ ab x_0 startet, werden durch eine Kosinuskurve beschrieben. (b) Wenn der Wagen zum Zeitpunkt $t = 0$ einen Schubs erhält, kann man die Schwingungen durch eine Sinuskurve mit der anfänglichen Steigung v_0 beschreiben. In beiden Fällen ist die Periode der Schwingungen $\tau = 2\pi/\omega = 2\pi\sqrt{m/k}$. Sie bleibt für alle Werte von x_0 und v_0 gleich.

Die phasenverschobene Kosinuslösung

Die allgemeine Lösung (5.6) ist schwieriger zu visualisieren als die beiden in Abbildung 5.3 dargestellten Spezialfälle. Man kann sie aber folgendermaßen umformulieren: Wir definieren zunächst eine weitere Konstante

$$A = \sqrt{B_1^2 + B_2^2}\,. \tag{5.10}$$

Beachten Sie, dass A die Hypotenuse eines rechtwinkligen Dreiecks mit den anderen Seiten B_1 und B_2 ist (Abbildung 5.4). Ich habe in der Abbildung auch noch einen Winkel δ definiert. Damit können wir (5.6) umformulieren zu

$$\begin{aligned} x(t) &= A\left[\frac{B_1}{A}\cos(\omega t) + \frac{B_2}{A}\sin(\omega t)\right] \\ &= A[\cos\delta\cos(\omega t) + \sin\delta\sin(\omega t)] \\ &= A\cos(\omega t - \delta)\,. \end{aligned} \tag{5.11}$$

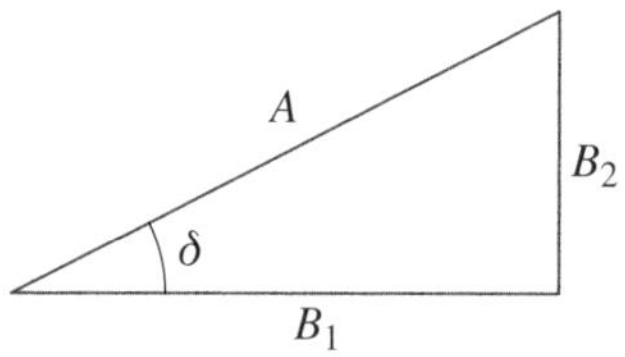

Abbildung 5.4: Definition der Konstanten A und δ mithilfe von B_1 und B_2.

In dieser Darstellung wird deutlich, dass der Wagen weiterhin mit der Amplitude A schwingt, doch der einfache Kosinus aus (5.8) ist jetzt phasenverschoben: Für $t = 0$ hat die Kosinusfunktion das Argument $-\delta$, und die Schwingungen bleiben hinter dem einfachen Kosinus um eine **Phasenverschiebung** δ zurück. Wir haben Gleichung (5.11) aus dem zweiten Newton'schen Gesetz hergeleitet, doch wie so oft gibt es noch weitere Möglichkeiten der Herleitung. Insbesondere ergibt sich (5.11) auch durch Überlegungen zur Energie, wie sie in Abschnitt 4.6 diskutiert wurden (vgl. Aufgabe 28).

Lösung als Realteil einer komplexen Exponentialfunktion

Es gibt noch eine weitere nützliche Möglichkeit, unsere Lösung zu schreiben, und zwar mithilfe der komplexen Exponentialfunktionen von Gleichung (5.5). Die dort eingeführten Koeffizienten C_1 und C_2 hängen mit den Koeffizienten B_1 und B_2 der Kosinus-Sinus-Form über Gleichung (5.7) zusammen; wir können die Ausdrücke nach C_1 und C_2 umstellen:

$$C_1 = \tfrac{1}{2}(B_1 - \mathrm{i}B_2) \qquad \text{und} \qquad C_2 = \tfrac{1}{2}(B_1 + \mathrm{i}B_2) \tag{5.12}$$

Da B_1 und B_2 beide reell sind, müssen demnach sowohl C_1 als auch C_2 komplex sein, und C_2 ist das komplex Konjugierte von C_1:

$$C_2 = C_1^* \,.$$

(Erinnern Sie sich daran, dass für eine beliebige komplexe Zahl $z = x + \mathrm{i}y$ das komplex Konjugierte z^* definiert ist als $z^* = x - \mathrm{i}y$.)[4] Damit lässt sich Gleichung (5.5) schreiben als

$$x(t) = C_1\,\mathrm{e}^{\mathrm{i}\omega t} + C_1^*\,\mathrm{e}^{-\mathrm{i}\omega t}\,, \tag{5.13}$$

wobei der zweite Summand auf der rechten Seite das konjugiert Komplexe des ersten ist. (Wenn Ihnen das nicht klar ist, schauen Sie sich Aufgabe 35 an.) Dann gilt für eine beliebige komplexe Zahl $z = x + \mathrm{i}y$

$$z + z^* = (x + \mathrm{i}y) + (x - \mathrm{i}y) = 2x = 2\,\mathrm{Re}(z)$$

mit dem Realteil $\mathrm{Re}(z)$ von z (also x). So lässt sich (5.13) schreiben als

$$x(t) = 2\,\mathrm{Re}(C_1\,\mathrm{e}^{\mathrm{i}\omega t})\,.$$

Wenn wir nun noch eine Konstante $C = 2C_1$ definieren, dann erkennen wir anhand der Gleichungen (5.12) und (5.11) sowie Abbildung 5.4 die Zusammenhänge

$$C = B_1 - \mathrm{i}B_2 = A\cos\delta - \mathrm{i}A\sin\delta = A\,\mathrm{e}^{-\mathrm{i}\delta} \tag{5.14}$$

und

$$x(t) = \mathrm{Re}(C\,\mathrm{e}^{\mathrm{i}\omega t}) = \mathrm{Re}(A\,\mathrm{e}^{\mathrm{i}(\omega t - \delta)})\,.$$

Dieses schöne Ergebnis ist in Abbildung 5.5 dargestellt. Die komplexe Zahl $A\,\mathrm{e}^{\mathrm{i}(\omega t-\delta)}$ bewegt sich gegen den Uhrzeigersinn mit der Winkelgeschwindigkeit ω auf einem Kreis mit dem Radius A. Ihr Realteil – nämlich $x(t)$ – ist die Projektion der komplexen Zahl auf die reelle Achse. Während die komplexe Zahl auf dem Kreis umläuft, schwingt diese Projektion mit der Kreisfrequenz ω und der Amplitude A auf der x-Achse hin und her. Insbesondere gilt in Übereinstimmung mit (5.11) $x(t) = A\cos(\omega t - \delta)$.

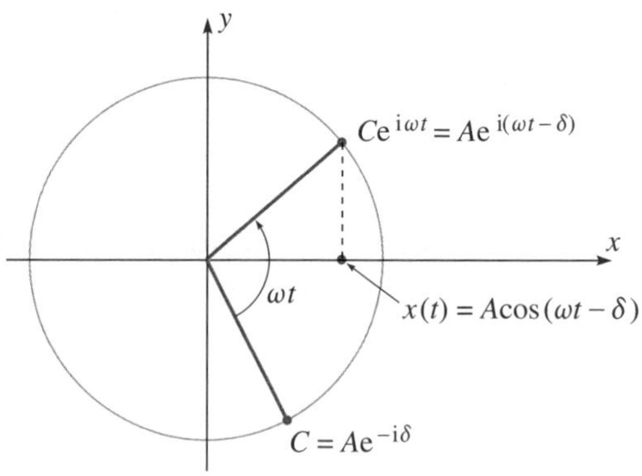

Abbildung 5.5: Der Ort $x(t)$ des schwingenden Systems ist der Realteil der komplexen Zahl $A\,\mathrm{e}^{\mathrm{i}(\omega t-\delta)}$. Während die komplexe Zahl auf einem Kreis mit dem Radius A umläuft, schwingt das System auf der x-Achse mit der Kreisfrequenz ω und der Amplitude A hin und her.

4 Die Schreibweise z^* wird gewöhnlich von den Physikern verwendet. In der Mathematik schreibt man das komplex Konjugierte von z fast immer als $\bar{z}$.

Beispiel 5.2 Eine Flasche schwimmt aufrecht in einem großen Wassereimer (Abbildung 5.6). Im Gleichgewicht taucht sie bis zu einer Tiefe d_0 in das Wasser ein. Nun wird die Flasche bis zu einer Tiefe d eingetaucht und dann losgelassen. Zeigen Sie, dass die Flasche harmonische Schwingungen ausführt, und bestimmen Sie die Schwingungsfrequenz. Wie groß ist die Schwingungsperiode für $d_0 = 20$ cm?

Eine Flasche im Eimer

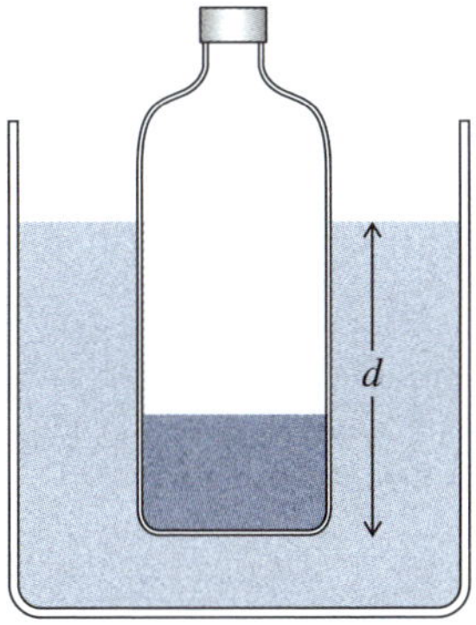

Abbildung 5.6: Die Flasche ist teilweise mit Sand gefüllt, sodass sie aufrecht in einem Wassereimer schwimmt. Die Eintauchtiefe im Gleichgewicht ist $d = d_0$.

Lösung ■ Die beiden auf die Flasche wirkenden Kräfte sind ihre Gewichtskraft mg nach unten und die aufwärts gerichtete Auftriebskraft ϱgAd; hierbei sind ϱ die Dichte des Wassers und A die Querschnittsfläche der Flasche. (Bedenken Sie, dass nach dem Archimedischen Prinzip die Auftriebskraft gerade ϱg-mal so groß ist wie das verdrängte Volumen, das gerade Ad beträgt.) Die Eintauchtiefe d_0 im Gleichgewicht ist gegeben durch die Bedingung

$$mg = \varrho gAd_0 \,. \tag{5.15}$$

Nehmen Sie nun an, dass die Flasche bis zu einer Tiefe $d = d_0 + x$ eintaucht. (Damit ist x als die Entfernung *vom Gleichgewicht* definiert – das ist immer die beste Wahl für die Variable.) Nach dem zweiten Newton'schen Gesetz gilt dann

$$m\ddot{x} = mg - \varrho gA(d_0 + x) = mg - \varrho gAd_0 - \varrho gAx \,.$$

Nach Gleichung (5.15) heben sich von den drei Termen der erste und der zweite auf, es bleibt $\ddot{x} = -\varrho gAx/m$. Wiederum nach (5.15) aber gilt $\varrho gA/m = g/d_0$, und somit wird die Bewegungsgleichung zu

$$\ddot{x} = -\frac{g}{d_0}\,x\,,$$

und das ist genau die Gleichung für eine harmonische Schwingung. Die Flasche schwingt also harmonisch mit der Kreisfrequenz $\omega = \sqrt{g/d_0}$ auf und ab. Bemerkenswerterweise hängt die Schwingungsfrequenz nicht explizit von m, ϱ oder A ab; außerdem ist die Frequenz dieselbe wie bei einem harmonischen Pendel der Länge $l = d_0$.

Für $d_0 = 20\,\text{cm}$ beträgt die Periode

$$\tau = \frac{2\pi}{\omega} = 2\pi\sqrt{\frac{d_0}{g}} = 2\pi\sqrt{\frac{0{,}20\,\text{m}}{9{,}81\,\text{m/s}^2}} = 0{,}9\,\text{s}\,.$$

Sie sollten das Experiment einmal selbst ausführen. Allerdings wird die Situation durch die Wasserströmung um die Flasche herum deutlich verkompliziert, sodass die von uns durchgeführte Rechnung nur eine stark vereinfachte Beschreibung der tatsächlichen Verhältnisse gibt. ■

Energiebetrachtungen

Zum Abschluss dieses Abschnitts über harmonische Schwingungen wollen wir kurz die Energie des Oszillators (beispielsweise des Wagens an einer Feder) bestimmen, während er hin- und zurückschwingt. Wegen $x(t) = A\cos(\omega t - \delta)$ ist die potenzielle Energie einfach

$$U = \tfrac{1}{2}kx^2 = \tfrac{1}{2}kA^2\cos^2(\omega t - \delta)\,.$$

Die zeitliche Ableitung von x ergibt die Geschwindigkeit $\dot{x}$, und wir erhalten für die kinetische Energie

$$\begin{aligned} T = \tfrac{1}{2}m\dot{x}^2 &= \tfrac{1}{2}m\omega^2A^2\sin^2(\omega t - \delta) \\ &= \tfrac{1}{2}kA^2\sin^2(\omega t - \delta)\,; \end{aligned}$$

die zweite Zeile folgt, wenn man ω^2 durch k/m ersetzt. Sowohl U als auch T schwanken also zwischen 0 und $\frac{1}{2}kA^2$, wobei ihre Schwingungen genau im Gegentakt ablaufen – wenn U maximal ist, ist T null und umgekehrt. Insbesondere erkennt man wegen $\sin^2\theta + \cos^2\theta = 1$, dass die Gesamtenergie konstant ist:

$$E = T + U = \frac{1}{2}kA^2\,, \tag{5.16}$$

und das muss bei einer konservativen Kraft ja auch so sein.

5.3 Zweidimensionale Oszillatoren

In zwei oder drei Dimensionen gibt es erheblich mehr Möglichkeiten für Schwingungen als in nur einer Dimension. Das einfachste Beispiel für den mehrdimensionalen Fall ist der sogenannte **isotrope harmonische Oszillator**, bei dem die Rückstellkraft proportional zur Auslenkung aus dem Gleichgewicht ist und bei dem für alle Richtungen dieselbe Proportionalitätskonstante gilt:

$$\boldsymbol{F} = -k\boldsymbol{r}\,. \tag{5.17}$$

Es gilt also in zwei Dimensionen $F_x = -kx$, $F_y = -ky$ und in drei Dimensionen auch $F_z = -kz$, jeweils mit derselben Konstanten k. Die Kraft ist eine Zentralkraft, die auf die Gleichgewichtslage hin gerichtet ist; das kann beispielsweise der Ursprung sein, wie es in Abbildung 5.7a dargestellt ist. Abbildung 5.7b zeigt eine Anordnung von vier identischen Federn, die eine Kraft dieser Art erzeugen; man erkennt sofort, dass

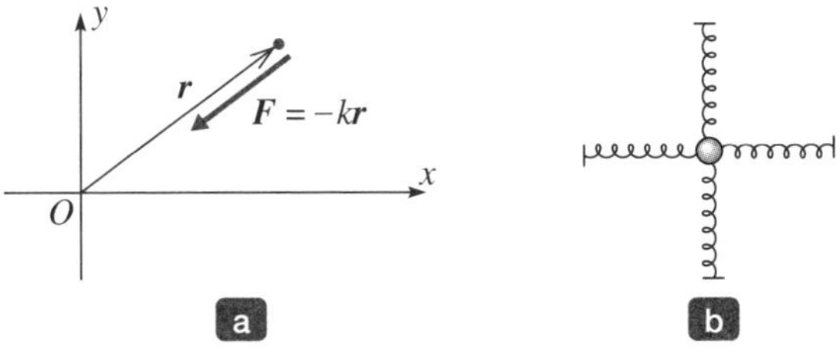

Abbildung 5.7: **a)** Eine zu ***r*** proportionale Rückstellkraft definiert einen isotropen harmonischen Oszillator. **b)** Die Masse im Zentrum dieser Anordnung von Federn erfährt eine resultierende Kraft der Form $\boldsymbol{F} = -k\boldsymbol{r}$, wenn man sie in der Ebene der vier Federn bewegt.

die Masse im Zentrum eine Kraft zum Ursprung hin erfährt, wenn man sie aus der Gleichgewichtslage auslenkt, und es ist nicht sonderlich schwierig zu zeigen (Aufgabe 19), dass diese auf das Zentrum hin gerichtete Kraft für kleine Auslenkungen $\boldsymbol{r}$ der in (5.17) angegebenen Gleichung genügt.[5] Ein anderes Beispiel für einen zweidimensionalen isotropen Oszillator ist (zumindest näherungsweise) eine auf dem Boden einer großen halbkugelförmigen Schüssel rollende Kugel. Zwei wichtige dreidimensionale Beispiele sind ein Atom, das im geringen Abstand von seiner Gleichgewichtslage in einem symmetrischen Kristall schwingt, und ein Proton (oder Neutron), das sich innerhalb des Kerns bewegt.

Betrachten wir ein Teilchen, das dieser Art von Kräften unterliegt, und nehmen wir zunächst der Einfachheit halber an, dass seine Bewegung auf zwei Dimensionen beschränkt ist. Die Bewegungsgleichung $\ddot{\boldsymbol{r}} = \boldsymbol{F}/m$ lässt sich in zwei unabhängige Gleichungen zerlegen:

$$\left.\begin{aligned} \ddot{x} &= -\omega^2 x \\ \ddot{y} &= -\omega^2 y \end{aligned}\right\} . \tag{5.18}$$

Hier habe ich die vertraute Kreisfrequenz $\omega = \sqrt{k/m}$ eingeführt; sie ist für die x- und die y-Richtung dieselbe, weil die Kraftkonstanten für beide Richtungen gleich sind. Die beiden Gleichungen haben genau dieselbe Form wie die für den eindimensionalen Fall, den wir im letzten Abschnitt besprochen haben, und die Lösungen sind [wie in (5.11)]

$$\left.\begin{aligned} x(t) &= A_x \cos(\omega t - \delta_x) \\ y(t) &= A_y \cos(\omega t - \delta_y) \end{aligned}\right\} \tag{5.19}$$

mit den vier Konstanten A_x, A_y, δ_x und δ_y, die sich aus den Anfangsbedingungen des Problems bestimmen lassen. Wenn wir den Zeitnullpunkt neu festlegen, können wir die Phasenverschiebung δ_x eliminieren, im Allgemeinen können wir dadurch aber nicht auch gleichzeitig die entsprechende Phase in der y-Lösung zum Verschwinden bringen. Die einfachste Form für die allgemeine Lösung ist damit

$$\left.\begin{aligned} x(t) &= A_x \cos(\omega t) \\ y(t) &= A_y \cos(\omega t - \delta) \end{aligned}\right\} \tag{5.20}$$

5 Es ist wichtig zu erwähnen, dass man *keine* Kraft der Form (5.17) erhält, wenn man einfach eine Masse an einer Feder befestigt, deren anderes Ende im Ursprung verankert ist.

mit der *relativen* Phase $\delta = \delta_y - \delta_x$ zwischen der y- und der x-Schwingung (vgl. Aufgabe 15).

Die Bewegung des Teilchens (5.20) hängt von den Werten der drei Konstanten A_x, A_y und δ ab. Wenn entweder A_x oder A_y null ist, führt das Teilchen eine harmonische Schwingung entlang einer der Achsen aus. (Die Kugel in der Schüssel rollt durch den Ursprung hin und her und bewegt sich nur in die x- oder nur in die y-Richtung.) Wenn weder A_x noch A_y null ist, hängt die Bewegung entscheidend von der relativen Phase δ ab. Für $\delta = 0$ steigen und fallen $x(t)$ und $y(t)$ im Gleichtakt, und der Punkt (x, y) bewegt sich auf der geneigten Linie hin und her, die (A_x, A_y) mit $(-A_x, -A_y)$ verbindet (Abbildung 5.8a). Für $\delta = \pi/2$ schwingen x und y im Gegentakt; x nimmt dann einen Extremwert an, wenn y null ist, und umgekehrt. Der Punkt (x, y) beschreibt dann eine Ellipse mit den Halbachsen A_x und A_y (Abbildung 5.8b). Für andere Werte von δ bewegt sich der Punkt (x, y) auf einer schiefen Ellipse (in Abbildung 5.8c gezeigt für den Fall $\delta = \pi/4$). Den Beweis, dass dieser Weg tatsächlich eine Ellipse ist, können Sie in Aufgabe 11 führen.

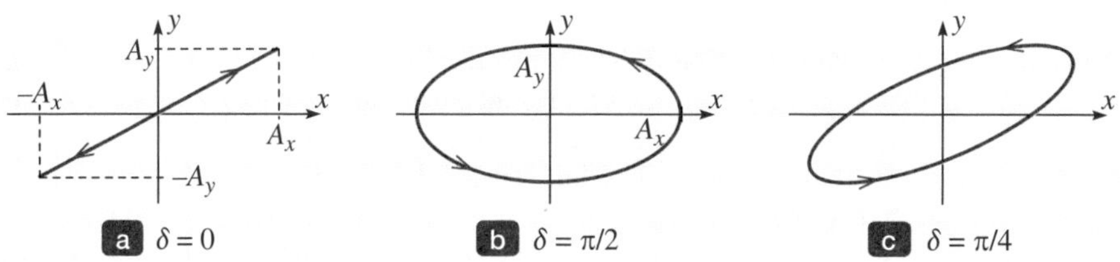

Abbildung 5.8: Bewegung eines zweidimensionalen isotropen Oszillators, wie er durch (5.20) gegeben ist. (a) Für $\delta = 0$ führen x und y eine harmonische Schwingung im Gleichtakt aus, und der Punkt (x, y) bewegt sich, wie gezeigt, auf einer geneigten Linie hin und zurück. (b) Für $\delta = \pi/2$ bewegt sich (x, y) entlang einer Ellipse, deren Achsen mit der x- und der y-Achse zusammenfallen. (c) Im Allgemeinen (im gezeigten Fall für $\delta = \pi/4$) bewegt sich der Punkt (x, y) auf einer geneigten Ellipse.

Bei einem **anisotropen Oszillator** sind zwar die Komponenten der Rückstellkraft ebenfalls proportional zu den Komponenten der Auslenkung, allerdings sind die Proportionalitätskonstanten voneinander verschieden:

$$F_x = -k_x x\,, \qquad F_y = -k_y y \qquad \text{und} \qquad F_z = -k_z z\,. \tag{5.21}$$

Eine solche Kraft wirkt beispielsweise auf ein Atom in einem Kristall von niedriger Symmetrie, weil sich die Kraftkonstanten entlang der verschiedenen Achsen voneinander unterscheiden. Der Einfachheit halber betrachte ich wieder ein Teilchen in zwei Dimensionen, für das sich das zweite Newtonsche Gesetz in zwei separate Gleichungen zerlegen lässt, gerade so wie in (5.18):

$$\left.\begin{aligned} \ddot{x}(t) &= -\omega_x^2 x \\ \ddot{y}(t) &= -\omega_y^2 y. \end{aligned}\right\} \tag{5.22}$$

Der einzige Unterschied zu (5.18) besteht in den unterschiedlichen Frequenzen für die beiden Achsen, also $\omega_x = \sqrt{k_x/m}$ und $\omega_y = \sqrt{k_y/m}$. Die Lösung dieser beiden Gleichungen hat die Form (5.20):

$$\left.\begin{aligned} x(t) &= A_x \cos(\omega_x t) \\ y(t) &= A_y \cos(\omega_y t - \delta)\,. \end{aligned}\right\} \tag{5.23}$$

Wegen der beiden unterschiedlichen Frequenzen gibt es eine größere Vielfalt an möglichen Bewegungsmustern. Wenn ω_x/ω_y eine rationale Zahl ist, lässt sich relativ leicht zeigen (vgl. Aufgabe 17), dass die Bewegung periodisch ist; die resultierende Bahn nennt man eine **Lissajous-Figur**, nach dem französischen Physiker Jules Antoine Lissajous (1822–1880). Abbildung 5.9a zeigt beispielsweise die Bahn eines Teilchens mit $\omega_x/\omega_y = 2$: Die Bewegung in x-Richtung wiederholt sich zweimal so oft wie die in y-Richtung. Im gezeigten Fall erinnert die Bahn an eine 8. Wenn ω_x/ω_y hingegen irrational ist, dann ist die Bewegung komplizierter und wiederholt sich nie. Dieser Fall ist (für $\omega_x/\omega_y = \sqrt{2}$) in Abbildung 5.9b dargestellt. Eine solche Bewegung nennt man **quasiperiodisch**: Die Bewegung jeder einzelnen Koordinate x bzw. y ist zwar periodisch, aber weil die beiden Perioden keine Vielfachen voneinander sind, zeigt die Bewegung von $\boldsymbol{r} = (x, y)$ keine Periodizität.

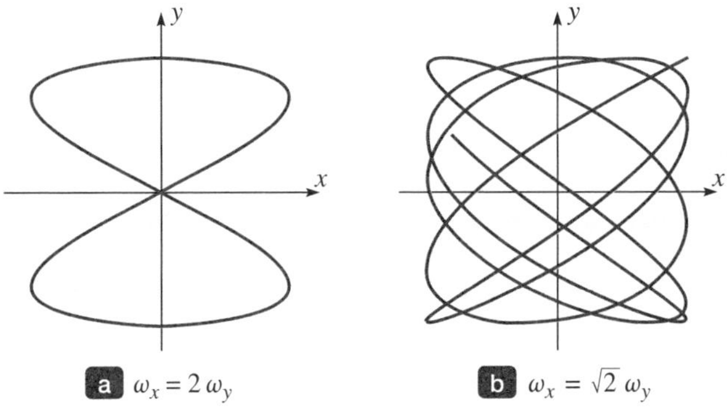

Abbildung 5.9: (a) Mögliche Bahn für einen anisotropen Oszillator mit $\omega_x = 2$ und $\omega_y = 1$. Man erkennt, dass x sich in der Zeit zweimal hin- und zurückbewegt, in der y es einmal tut; danach wiederholt sich die Bewegung in gleicher Weise. (b) Eine mögliche Bahn für den Fall $\omega_x = \sqrt{2}$ und $\omega_y = 1$ für $t = 0$ bis $t = 24$. In diesem Fall wiederholt sich die Bahn niemals. Wenn wir allerdings nur lange genug warten, nähert sie sich einem frei wählbaren Punkt in dem durch $x = \pm A_x$ und $y = \pm A_y$ gegebenem Rechteck beliebig nahe an. Dieser Umstand spielt in der Chaostheorie (vgl. Kapitel 12) eine Rolle.

5.4 Die gedämpfte Schwingung

Ich kehre nun zum eindimensionalen Oszillator zurück, berücksichtige jetzt aber auch Bremskräfte, die die Schwingung dämpfen. Es gibt verschiedene Formen einer solchen Bremskraft. Der Betrag der gewöhnlichen Gleitreibungskraft ist im Wesentlichen geschwindigkeitsunabhängig und immer der Geschwindigkeit entgegengerichtet. Die Widerstandskraft, die ein Fluid wie Luft oder Wasser der Bewegung entgegensetzt, hängt auf komplizierte Weise von der Geschwindigkeit ab. Es ist aber, wie wir in Kapitel 2 gesehen haben, manchmal eine sinnvolle Näherung, die Bremskraft proportional zu v oder (unter anderen Umständen) zu v^2 anzunehmen. An dieser Stelle werde ich davon ausgehen, dass die Bremskraft proportional zu v ist, d. h., es gilt $\boldsymbol{f} = -b\boldsymbol{v}$. Der entscheidende Grund dafür ist, dass wir damit zu einer besonders einfachen Gleichung gelangen; diese wichtige Gleichung taucht auch in vielen anderen Zusammenhängen auf und verdient daher eine sorgfältige Untersuchung.[6]

Betrachten wir also einen Körper in einer Dimension, etwa einen Wagen, der an einer dem Hooke'schen Gesetz unterliegenden Feder befestigt ist. Die Federkraft ist also $-kx$, die Bremskraft ist $-b\dot{x}$. Die resultierende Kraft auf den Körper ist demnach $-b\dot{x}-kx$. Wenn man die beiden Kraftterme auf die linke Seite bringt, wird das zweite Newton'sche Gesetz zu

$$m\ddot{x} + b\dot{x} + kx = 0\,. \tag{5.24}$$

Einer der schönen Züge der Physik besteht darin, dass dieselbe mathematische Gleichung in völlig unterschiedlichen physikalischen Zusammenhängen auftauchen kann. Wenn man eine bestimmte Gleichung in dem einen Zusammenhang verstanden hat, kann man sie sofort auch auf den anderen Fall anwenden. Bevor wir uns also der Lösung von Gleichung (5.24) zuwenden, möchte ich Ihnen zeigen, dass genau dieselbe Gleichung auch bei der Untersuchung von **LRC-Schwingkreisen** auftaucht. Ein LRC-Schwingkreis ist eine elektrische Schaltung aus einer Spule (mit der Induktivität L), einem Widerstand (mit dem Widerstand R) und einem Kondensator (mit der Kapazität C), wie in Abbildung 5.10 gezeigt. Die Stromrichtung soll gegen den Uhrzeigersinn laufen, und die Ladung $q(t)$ soll die Ladung auf der linken Platte des Kondensators sein [dann ist die Ladung auf der rechten Seite $-q(t)$]. Für den Strom gilt dann $I(t) = \dot{q}(t)$. Wenn wir nun den Stromkreis in der Stromrichtung durchlaufen, fällt das elektrische Potenzial über der Spule um $L\dot{I} = L\ddot{q}$, über dem Widerstand um $RI = R\dot{q}$ und über dem Kondensator um q/C. Wenn wir die zweite Kirchhoff'sche Regel (die Maschenregel) für Stromkreise anwenden, folgt

$$L\ddot{q} + R\dot{q} + \frac{1}{C}q = 0\,. \tag{5.25}$$

Diese Gleichung hat dieselbe Form wie Gleichung (5.24) für den gedämpften Oszillator, und all das, was wir über die Gleichung des Oszillators herausfinden, ist unmittelbar auf den LRC-Schwingkreis anwendbar. Machen Sie sich klar, dass die Induktivität L des elektrischen Schwingkreises die Rolle der Masse beim mechanischen Oszillator spielt, der Widerstandsterm $R\dot{q}$ entspricht der Bremskraft und $1/C$ der Federkonstanten k.

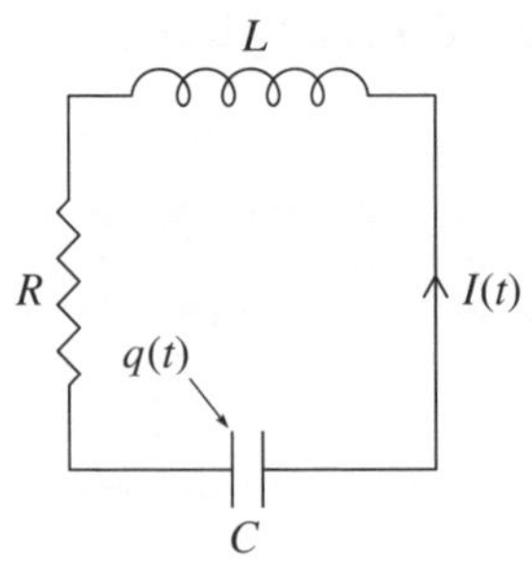

Abbildung 5.10: Ein LRC-Schwingkreis.

6 Machen Sie sich aber unbedingt klar, dass der hier betrachtete Fall – die Bremskraft $\boldsymbol{f}$ ist in $\boldsymbol{v}$ linear – zwar sehr wichtig, aber doch ein *sehr* spezieller Fall ist. Einige der überraschenden Komplikationen, die auftreten können, wenn $\boldsymbol{f}$ nicht linear in $\boldsymbol{v}$ ist, werde ich in Kapitel 12 über nichtlineare Mechanik und Chaos beschreiben.

Kehren wir nun zur Mechanik und zur Differenzialgleichung (5.24) zurück. Man kann diese Gleichung bequemer lösen, wenn man sie durch m dividiert und dann zwei weitere Konstanten einführt. Ich werde die Konstante b/m gemäß

$$\frac{b}{m} = 2\beta \tag{5.26}$$

umbenennen. Der so definierte Parameter β, auch als **Dämpfungskonstante** bezeichnet, charakterisiert einfach die Stärke der Bremskraft – ein großer Wert von b und folglich ein großes β entspricht einer starken Dämpfungskraft und umgekehrt. Außerdem fasse ich die Konstante k/m als ω_0^2 zusammen, d. h.

$$\omega_0 = \sqrt{\frac{k}{m}}\,. \tag{5.27}$$

Dabei ist ω_0 die Kreisfrequenz, die ich in den letzten beiden Abschnitten als ω bezeichnet hatte. Ich habe hier den Index nur deshalb hinzugesetzt, weil bei der Berücksichtigung von Bremskräften auch noch verschiedene andere Frequenzen wichtig werden. Von nun an bezeichnet ω_0 immer die **Eigenfrequenz** eines Systems, d. h. *diejenige Frequenz, mit der das System ohne irgendwelche Bremskräfte schwingen würde,* so wie sie in (5.27) gegeben ist. Mit diesen Vereinbarungen wird die Bewegungsgleichung (5.24) für den gedämpften Oszillator zu

$$\ddot{x} + 2\beta\dot{x} + \omega_0^2 x = 0\,. \tag{5.28}$$

Beachten Sie, dass die beiden Parameter β und ω_0 die Dimension einer inversen Zeit haben, also einer Frequenz.

Gleichung (5.28) ist eine lineare, homogene Differenzialgleichung zweiter Ordnung (eine andere war (5.4)). Wenn es uns also auf irgendeine Weise gelingt, zwei voneinander unabhängige[7] Lösungen $x_1(t)$ und $x_2(t)$ zu bestimmen, dann muss jede Lösung die Form $C_1x_1(t) + C_2x_2(t)$ haben. Das hat eine wichtige Konsequenz: Wir können uns auf eine (durch Kenntnisse oder Vermutungen begründete) Methode des inspirierten Ratens stützen, um die beiden unabhängigen Lösungen suchen. Wenn es uns dabei gelingt, irgend zwei spezielle Lösungen zu finden, dann haben wir auch die allgemeine Lösung.

Insbesondere kann uns nichts davon abhalten, es mit einer Lösung der Form

$$x(t) = \mathrm{e}^{rt} \tag{5.29}$$

zumindest erst einmal zu *versuchen*. Dann gilt

$$\dot{x} = r\,\mathrm{e}^{rt}$$

und

$$\ddot{x} = r^2\,\mathrm{e}^{rt}\,.$$

7 Es ist wohl an der Zeit, dass ich Ihnen eine Definition von „unabhängig“ gebe. Im Allgemeinen ist das ein wenig kompliziert, aber für zwei Funktionen ist es einfach: Zwei Funktionen sind dann unabhängig voneinander, wenn keine von ihnen ein konstantes Vielfaches der anderen ist. Die beiden Funktionen $\sin(x)$ und $\cos(x)$ sind also unabhängig voneinander, ebenso die Funktionen x und x^2; die beiden Funktionen x und $3x$ hingegen sind voneinander abhängig.

Wenn wir das in (5.28) einsetzen, wird klar, dass unsere geratene Lösung (5.29) die Bedingung (5.28) dann und nur dann erfüllt, wenn

$$r^2 + 2\beta r + \omega_0^2 = 0 \tag{5.30}$$

ist. Dieser Ausdruck wird als die **charakteristische Gleichung** oder die **Säkulargleichung** der Differenzialgleichung (5.28) bezeichnet. Ihre Lösungen sind natürlich $r = -\beta \pm \sqrt{\beta^2 - \omega_0^2}$. Wenn wir also die beiden Konstanten

$$\left.\begin{aligned} r_1 &= -\beta + \sqrt{\beta^2 - \omega_0^2} \\ r_2 &= -\beta - \sqrt{\beta^2 - \omega_0^2} \end{aligned}\right\} \tag{5.31}$$

definieren, dann sind die beiden Funktionen $e^{r_1 t}$ und $e^{r_2 t}$ *tatsächlich* zwei voneinander unabhängige Lösungen von (5.28), und die allgemeine Lösung ist

$$x(t) = C_1\, e^{r_1 t} + C_2\, e^{r_2 t} \tag{5.32}$$

$$= e^{-\beta t}\left(C_1\, e^{\sqrt{\beta^2-\omega_0^2}\,t} + C_2\, e^{-\sqrt{\beta^2-\omega_0^2}\,t}\right). \tag{5.33}$$

Diese Lösung ist allerdings zu unübersichtlich, als dass sie wirklich etwas erhellen würde. Wenn wir aber verschiedene Bereiche der Dämpfungskonstanten β betrachten, können wir sehen, was (5.33) zu bedeuten hat.

Ungedämpfte Schwingung

Ohne Dämpfung ist die Dämpfungskonstante β null, und die Wurzeln in den Exponenten von (5.33) sind einfach $i\omega_0$. Unsere Lösung reduziert sich dann auf

$$x(t) = C_1\, e^{i\omega_0 t} + C_2\, e^{-i\omega_0 t}, \tag{5.34}$$

also auf die bekannte Lösung für den ungedämpften harmonischen Oszillator.

Schwache Dämpfung

Nehmen wir nun an, dass die Dämpfungskonstante β klein ist. Insbesondere wollen wir

$$\beta < \omega_0 \tag{5.35}$$

annehmen; diese Bedingung wird in der experimentellen Physik häufig als **Unterdämpfung** bezeichnet. Auch in diesem Fall ist die Wurzel in den Exponenten von (5.33) imaginär, und wir können schreiben

$$\sqrt{\beta^2 - \omega_0^2} = i\sqrt{\omega_0^2 - \beta^2} = i\omega_1$$

mit

$$\omega_1 = \sqrt{\omega_0^2 - \beta^2}\,. \tag{5.36}$$

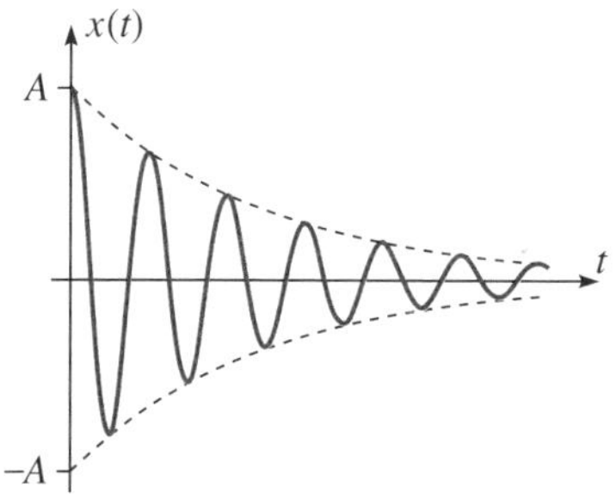

Abbildung 5.11: Man kann sich eine unterdämpfte Schwingung als eine harmonische Schwingung mit exponentiell abnehmender Amplitude $A\,e^{-\beta t}$ vorstellen. Die gestrichelten Kurven sind die Einhüllenden $\pm A\,e^{-\beta t}$.

Der Parameter ω_1 ist dabei eine Frequenz, die etwas geringer ist als die Eigenfrequenz ω_0. In dem besonders wichtigen Fall der sehr schwachen Dämpfung ($\beta \ll \omega_0$) liegt ω_1 sehr dicht bei ω_0. Mit dieser Schreibweise wird die Lösung (5.33) zu

$$x(t) = e^{-\beta t}\left(C_1\,e^{i\omega_1 t} + C_2\,e^{-i\omega_1 t}\right) . \tag{5.37}$$

Diese Lösung ist ein Produkt aus zwei Faktoren: Der erste Faktor $e^{-\beta t}$ beschreibt eine exponentiell abnehmende Funktion („Abklingfunktion"), die sich immer mehr der Null annähert. Der zweite Faktor hat genau die Form aus (5.34) für eine ungedämpfte Schwingung, außer dass hier nicht die Eigenfrequenz ω_0, sondern die etwas geringere Frequenz ω_1 steht. Wie schon in Gleichung (5.11), können wir auch hier den zweiten Faktor auf die Form $A\cos(\omega_1 t - \delta)$ bringen; unsere Lösung wird dann zu

$$x(t) = A\,e^{-\beta t}\cos(\omega_1 t - \delta) . \tag{5.38}$$

Diese Lösung beschreibt eine harmonische Schwingung mit der Frequenz ω_1, deren Amplitude exponentiell gemäß $A\,e^{-\beta t}$ abnimmt (Abbildung 5.11). Gleichung (5.38) legt noch eine andere Interpretation der Dämpfungskonstanten β nahe: Weil β die Dimension einer inversen Zeit hat, ist $1/\beta$ eine Zeit – und wir erkennen, dass es sich um diejenige Zeit handelt, in der die Amplitudenfunktion $A\,e^{-\beta t}$ auf 1/e-tel des Ausgangswerts gefallen ist. Zumindest für unterdämpfte Schwingungen kann man β also als einen **Abklingparameter** betrachten, d. h. als ein Maß für die Rate, mit der die Schwingung abklingt:

$$(\text{Abklingparameter}) = \beta \qquad [\text{unterdämpfte Schwingung}] .$$

Je größer β ist, desto schneller klingt die Schwingung ab, zumindest für den Fall $\beta < \omega_0$, den wir hier untersuchen.

Starke Dämpfung

Nehmen wir nun an, dass die Dämpfungskonstante β groß ist. Insbesondere soll

$$\beta > \omega_0 \tag{5.39}$$

sein; diese Bedingung wird manchmal als **Überdämpfung** bezeichnet. In diesem Fall ist die Wurzel in den Exponenten von (5.33) reell, und unsere Lösung ist

$$x(t) = C_1\,\mathrm{e}^{-\left(\beta-\sqrt{\beta^2-\omega_0^2}\right)t} + C_2\,\mathrm{e}^{-\left(\beta+\sqrt{\beta^2-\omega_0^2}\right)t}\,. \tag{5.40}$$

Jetzt haben wir zwei reelle Exponentialfunktionen, die beide mit der Zeit abnehmen (denn die Koeffizienten vor t sind in beiden Exponenten negativ). In diesem Fall wird die Bewegung derart stark gedämpft, dass das System keine wirklichen Schwingungen vollführt. Abbildung 5.12 zeigt einen typischen Fall, bei dem der Oszillator bei $t = 0$ im Ursprung O angestoßen wurde; er schlägt bis zu einer maximalen Auslenkung aus und bewegt sich dann langsam und immer langsamer wieder zurück, der Ursprung wird aber erst im Grenzfall $t \to \infty$ wieder erreicht. Der erste Term auf der rechten Seite von (5.40) nimmt langsamer ab als der zweite Term, weil sein Koeffizient im Exponenten der kleinere ist. Daher wird die Bewegung auf lange Sicht durch den ersten Term dominiert. Letztlich kann man die Rate, mit der die Bewegung abklingt, durch den Koeffizienten des ersten Exponenten charakterisieren:

$$(\text{Abklingparameter}) = \beta - \sqrt{\beta^2 - \omega_0^2} \qquad [\text{überdämpfte Schwingung}]\,. \tag{5.41}$$

Eine genauere Analyse von (5.41) zeigt, dass – entgegen der Erwartung – die Abklinggeschwindigkeit bei der überdämpften Schwingung abnimmt, wenn man den Abklingparameter β vergrößert (vgl. Aufgabe 20).

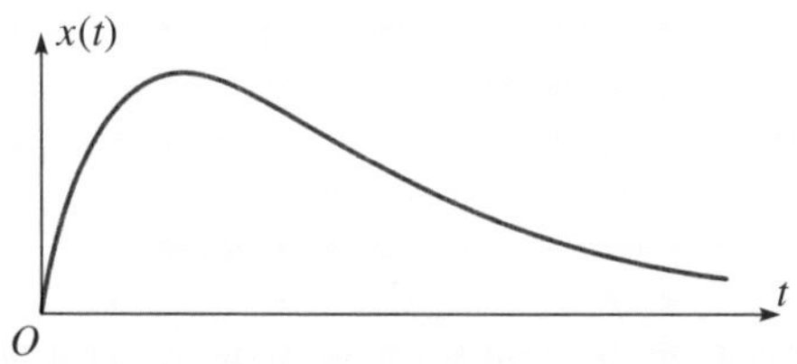

Abbildung 5.12: Überdämpfte Schwingung. Der Oszillator wird zum Zeitpunkt $t = 0$ ruckartig aus dem Ursprung angestoßen. Er schlägt bis zu einer maximalen Auslenkung aus und nähert sich dann für $t \to \infty$ asymptotisch wieder $x = 0$ an.

Kritische Dämpfung

Die Grenze zwischen Unterdämpfung und Überdämpfung bezeichnet man als **kritische Dämpfung**; sie wird dann erreicht, wenn die Dämpfungskonstante gleich der Eigenfrequenz ist, also $\beta = \omega_0$. Dieser Fall weist einige interessante Merkmale auf, insbesondere aus mathematischer Sicht. Mit $\beta = \omega_0$ sind die beiden in (5.33) gefundenen Lösungen gleich, nämlich von der Form

$$x(t) = \mathrm{e}^{-\beta t}\,. \tag{5.42}$$

[Dies tritt deshalb ein, weil die beiden Lösungen der Säkulargleichung (5.30) für $\beta = \omega_0$ identisch sind.] In diesem speziellen Fall hat uns die Methode des inspirierten Erratens einer Lösung in der Form $x(t) = \mathrm{e}^{rt}$ nicht auf zwei Lösungen der Bewegungsgleichung geführt, sodass wir eine zweite Lösung nach einer anderen Methode finden müssen. Glücklicherweise ist das in diesem Fall keine allzu schwere Aufgabe: Wie Sie leicht nachprüfen können, ist die Funktion

$$x(t) = t\,\mathrm{e}^{-\beta t} \tag{5.43}$$

für den Spezialfall $\beta = \omega_0$ ebenfalls eine Lösung der Bewegungsgleichung (5.28) (vgl. dazu die Aufgaben 21 und 24). Damit haben wir als allgemeine Lösung für den Fall der kritischen Dämpfung

$$x(t) = C_1\,\mathrm{e}^{-\beta t} + C_2 t\,\mathrm{e}^{-\beta t}\,. \tag{5.44}$$

Beachten Sie, dass beide Terme denselben Exponentialfaktor $\mathrm{e}^{-\beta t}$ enthalten. Weil dieser Faktor das Abklingen der Schwingung für $t \to \infty$ bestimmt, können wir sagen, dass beide Terme mit derselben Rate abklingen; der gemeinsame Abklingparameter ist

$$(\text{Abklingparameter}) = \beta = \omega_0 \qquad [\text{kritische Dämpfung}]\,.$$

Es ist interessant, die verschiedenen Raten miteinander zu vergleichen, mit denen bei den betrachteten gedämpften Systemen die Schwingungen abnehmen. Wir haben gerade gesehen, dass diese Rate jeweils durch einen Abklingparameter bestimmt wird, der gerade der (negative) Koeffizient von t im Exponenten des dominierenden Exponentialfaktors von $x(t)$ ist. Unsere Ergebnisse lassen sich folgendermaßen zusammenfassen:

Dämpfung	β	Abklingparameter
keine	$\beta = 0$	0
unterkritisch	$\beta < \omega_0$	β
kritisch	$\beta = \omega_0$	β
überkritisch	$\beta > \omega_0$	$\beta - \sqrt{\beta^2 - \omega_0^2}$

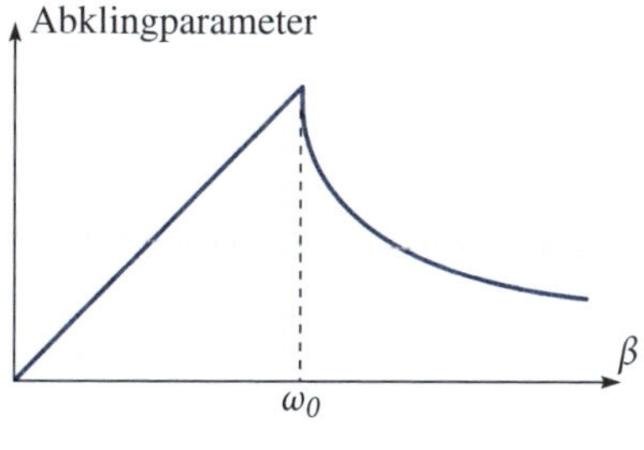

Abbildung 5.13: Der Abklingparameter für gedämpfte Schwingungen als Funktion der Dämpungskonstante β. Der Abklingparameter ist am größten (d. h., die Schwingung geht am schnellsten gegen null) für den Fall der kritischen Dämpfung mit $\beta = \omega_0$.

Abbildung 5.13 stellt den Abklingparameter als Funktion von β dar und zeigt deutlich, dass die Bewegung am schnellsten im Fall $\beta = \omega_0$ abklingt, d. h. bei kritischer Dämpfung. Es gibt Situationen, in denen genau dies höchst erwünscht ist: Beispielsweise sollte sich der Zeiger eines analogen Messinstruments (z. B. eines Voltmeters oder eines Druckmessers) sehr schnell auf den korrekten Anzeigewert einstellen.

Ähnlich sollten in einem Auto die Schwingungen durch eine unebene Straße so rasch wie möglich abklingen. In diesen Situationen muss man die Schwingungen dämpfen, im Auto etwa durch die Stoßdämpfer; für den schnellstmöglich Effekt sollte die Dämpfung so dicht wie möglich bei der kritischen Dämpfung liegen.

5.5 Die erzwungene gedämpfte Schwingung

Jeder natürliche Oszillator, den man sich selbst überlässt, kommt irgendwann zum Stillstand, weil die unvermeidlichen Dämpfungskräfte seine Energie aufzehren. Wenn die Schwingungen also andauern sollen, muss man einen externen „Antrieb" verwenden. Beispielsweise wird die Bewegung des Pendels in einer mechanischen Standuhr durch die periodischen Anstöße durch die Uhrgewichte angetrieben; die Bewegung eines schaukelnden Kinds wird aufrechterhalten, indem es von jemandem periodisch angeschubst wird. Wenn wir die externe Antriebskraft mit $F(t)$ bezeichnen und annehmen, dass die Dämpfungskraft die Form $-bv$ hat, dann ist die resultierende Kraft auf den Oszillator $-bv - kx + F(t)$, und die Bewegungsgleichung nimmt die Form

$$m\ddot{x} + b\dot{x} + kx = F(t) \tag{5.45}$$

an. Wie schon ihr Gegenstück für ungetriebene Schwingungen, so taucht auch diese Differenzialgleichung in etlichen anderen Gebieten der Physik auf. Ein bekanntes Beispiel ist der elektrische LRC-Schwingkreis aus Abbildung 5.10. Wenn der Strom permanent oszillieren soll, müssen wir eine treibende elektromotorische Kraft $\mathcal{E}(t)$ einführen;[8] in diesem Fall wird die Bewegungsgleichung des Stromkreises zu

$$L\ddot{q} + R\dot{q} + \frac{1}{C}q = \mathcal{E}(t)\,, \tag{5.46}$$

in genauer Entsprechung zu (5.45).

Wie zuvor können wir Gleichung (5.45) vereinfachen, indem wir die Gleichung durch m dividieren und b/m durch 2β sowie k/m durch ω_0^2 ersetzen. Zusätzlich bezeichne ich $F(t)/m$, die Kraft pro Einheitsmasse, als

$$f(t) = \frac{F(t)}{m}\,. \tag{5.47}$$

In dieser Schreibweise wird (5.45) zu

$$\ddot{x} + 2\beta\dot{x} + \omega_0^2 x = f(t)\,. \tag{5.48}$$

Lineare Differenzialoperatoren

Bevor wir nun untersuchen, wie diese Gleichung zu lösen ist, möchte ich unsere Notation noch ein wenig glätten. Es wird sich als hilfreich erweisen, die linke Seite

8 Die Bezeichnung „elektromotorische Kraft" ist zwar verbreitet, aber dennoch höchst unglücklich gewählt, denn es handelt sich dabei nicht um eine Kraft, sondern um eine Differenz des elektrischen Potenzials, also um die Differenz der potenziellen Energie einer Einheitsladung von 1 Coulomb. (Anm. d. Übers.)

als Ergebnis der Anwendung eines Operators aufzufassen, der auf die Funktion $x(t)$ wirkt. Wir definieren diesen **Differenzialoperator** als

$$D = \frac{\mathrm{d}^2}{\mathrm{d}t^2} + 2\beta\,\frac{\mathrm{d}}{\mathrm{d}t} + \omega_0^2\,. \tag{5.49}$$

Diese Definition soll einfach bedeuten, dass der Differenzialoperator D, wenn er auf x angewendet wird, die linke Seite von (5.48) ergibt:

$$Dx \equiv \ddot{x} + 2\beta\dot{x} + \omega_0^2 x\,.$$

Dies ist offensichtlich eine sehr bequeme Schreibweise, denn so wird aus Gleichung (5.48) einfach

$$Dx = f\,. \tag{5.50}$$

Die Operatorschreibweise wie in (5.49) bietet allerdings noch weitere Vorteile: Sie wird sich als ein leistungsfähiges mathematisches Werkzeug mit Anwendungen in der gesamten Physik herausstellen. Fürs Erste ist wichtig, dass der Operator *linear* ist: Aus der elementaren Analysis wissen wir, dass die Ableitung von ax (mit einer Konstanten a) einfach $a\dot{x}$ und die Ableitung von $x_1 + x_2$ einfach $\dot{x}_1 + \dot{x}_2$ ist. Dies gilt natürlich auch für die zweite Ableitung und damit auch für unseren Operator D:

$$D(ax) = aDx \qquad \text{und} \qquad D(x_1 + x_2) = Dx_1 + Dx_2\,.$$

(Bitte machen Sie sich unbedingt klar, was diese beiden Gleichungen bedeuten.) Wir können sie in einer einzigen Gleichung zusammenfassen:

$$D(ax_1 + bx_2) = aDx_1 + bDx_2 \tag{5.51}$$

für zwei beliebige Konstanten a und b sowie zwei beliebige Funktionen $x_1(t)$ und $x_2(t)$. Jeder Operator, der diese Gleichung erfüllt, ist ein **linearer Operator**.

Wir haben die Eigenschaft (5.51) von linearen Operatoren schon früher ausgenützt. Gleichung (5.28) für einen gedämpften (nicht getriebenen) Oszillator lässt sich schreiben als

$$Dx = 0\,. \tag{5.52}$$

Nach dem Superpositionsprinzip muss, wenn x_1 und x_2 Lösungen dieser Gleichung sind, dann für beliebige Konstanten a und b auch $ax_1 + bx_2$ eine Lösung sein. In der neu eingeführten Operatorschreibweise ist der Beweis dafür sehr einfach: Wir haben $Dx_1 = 0$ und $Dx_2 = 0$; mithilfe von (5.51) folgt daraus unmittelbar

$$D(ax_1 + bx_2) = aDx_1 + bDx_2 = 0 + 0 = 0\,,$$

und das heißt eben, dass auch $ax_1 + bx_2$ eine Lösung ist.

Gleichung (5.52), also $Dx = 0$ für den ungetriebenen Oszillator, wird als **homogene Gleichung** bezeichnet, da jeder Term entweder x oder eine der Ableitungen von x genau einmal enthält. Gleichung (5.50), also $Dx = f$, wird hingegen als **inhomogene Gleichung** bezeichnet, weil sie den inhomogenen Term f enthält, in dem x gar nicht vorkommt. Unsere Aufgabe besteht nun darin, die inhomogene Gleichung zu lösen.

Spezielle und homogene Lösungen

Mit unserer Operatorschreibweise können wir die allgemeine Lösung von (5.48) überraschend einfach finden, ja eigentlich ist der größte Teil der Arbeit bereits erledigt. Nehmen wir zunächst an, dass wir auf irgendeine Weise bereits eine Lösung erraten haben, d. h. wir haben eine Funktion $x_p(t)$ gefunden, die

$$Dx_p = f \tag{5.53}$$

erfüllt. Wir nennen diese Funktion $x_p(t)$ eine partikulare oder **spezielle Lösung** der Gleichung. Betrachten wir nun für einen Moment die homogene Gleichung $Dx = 0$ und nehmen wir an, wir hätten eine Lösung $x_h(t)$, die

$$Dx_h = 0 \tag{5.54}$$

erfüllt. Diese Funktion nennen wir eine **homogene Lösung.**[9] Wir wissen bereits alles über die Lösungen der homogenen Gleichung, und aus (5.32) wissen wir, dass x_h die Form

$$x_h(t) = C_1\,e^{r_1 t} + C_2\,e^{r_2 t} \tag{5.55}$$

haben muss, in der beide Exponentialfaktoren für $t \to \infty$ gegen null gehen.

Nun sind wir bereit, das entscheidende Ergebnis zu beweisen. Wir gehen von der speziellen Lösung x_p aus, die (5.53) erfüllt; dann muss $x_p + x_h$ eine weitere Lösung sein, denn es gilt

$$D(x_p + x_h) = Dx_p + Dx_h = f + 0 = f\,.$$

Wenn wir die eine spezielle Lösung x_p kennen, haben wir damit eine große Anzahl von weiteren Lösungen $x_p + x_h$. Und wir haben wirklich *alle* Lösungen gefunden, weil die Funktion x_h zwei frei wählbare Konstanten enthält – und wir wissen, dass die allgemeine Lösung jeder Differenzialgleichung zweiter Ordnung immer genau zwei beliebige Konstanten enthält. Daher ist $x_p + x_h$ mit dem durch (5.55) gegebenen x_h die allgemeine Lösung.

Was bedeutet dieses Ergebnis? Wir müssen also lediglich auf irgendeine Weise *eine einzige* spezielle Lösung $x_p(t)$ der Bewegungsgleichung (5.48) finden, und dann haben wir *jede* Lösung in der Form $x(t) = x_p(t) + x_h(t)$.

Komplexe Lösungen für eine sinusförmige Antriebskraft

Ich werde nun den Spezialfall betrachten, dass die Antriebskraft $f(t)$ sinusförmig von der Zeit abhängt, also

$$f(t) = f_0\,\cos(\omega t)\,. \tag{5.56}$$

Darin bezeichnet f_0 die Amplitude der Antriebskraft [eigentlich noch dividiert durch die Masse des Oszillators, denn es gilt ja $f(t) = F(t)/m$], und ω ist die Kreisfrequenz der Antriebskraft. (Bitte unterscheiden Sie sorgfältig zwischen der **Antriebsfrequenz** ω und der **Eigenfrequenz** ω_0 des Oszillators. Dies sind voneinander völlig unabhängige Frequenzen, obwohl wir noch sehen werden, dass der Oszillator für $\omega \approx \omega_0$ am heftigsten reagiert.) Für die meisten getriebenen Oszillatoren ist die Antriebskraft

9 Eine andere, wenn auch seltenere Bezeichnung ist *komplementäre Funktion*. Sie hat aber den Nachteil, dass man sich nur schwer merken kann, welche nun „speziell“ und welche „komplementär“ ist.

zumindest näherungsweise sinusförmig. Selbst der Fall, bei dem ein Kind auf der Schaukel angeschubst wird, lässt sich grob durch (5.56) nähern; die treibende elektromotorische Kraft in den Schwingkreisen Ihres Radios, die durch ein Antennensignal induziert wird, ist fast perfekt sinusförmig. Die Hauptbedeutung der sinusförmigen Antriebskräfte liegt wahrscheinlich darin, dass dem Fourier-Satz[10] zufolge *jede* Antriebskraft durch eine Summe von sinusförmigen Kräften dargestellt werden kann.

Nehmen wir also an, dass die Antriebskraft durch (5.56) gegeben ist; die Bewegungsgleichung (5.48) nimmt dann die Form

$$\ddot{x} + 2\beta\dot{x} + \omega_0^2 x = f_0 \cos(\omega t) \tag{5.57}$$

an. Durch einen Trick lässt sich die Lösung dieser Gleichung erheblich vereinfachen: Für jede beliebige Lösung von (5.57) muss es eine weitere Lösung geben, bei der die Kosinusfunktion auf der rechten Seite durch eine Sinusfunktion ersetzt ist. (Schließlich unterscheiden sich der Sinus und der Kosinus nur in ihrem unterschiedlichen Nullpunkt für die Zeit.) Folglich muss es auch eine Funktion $y(t)$ geben, die die Gleichung

$$\ddot{y} + 2\beta\dot{y} + \omega_0^2 y = f_0 \sin(\omega t) \tag{5.58}$$

erfüllt. Definieren wir nun die komplexe Funktion

$$z(t) = x(t) + \mathrm{i}y(t) \tag{5.59}$$

mit dem Realteil $x(t)$ und dem Imaginärteil $y(t)$. Wenn wir nun (5.58) mit i multiplizieren und zu (5.57) addieren, gelangen wir zu

$$\ddot{z} + 2\beta\dot{z} + \omega_0^2 z = f_0\, \mathrm{e}^{\mathrm{i}\omega t}\,. \tag{5.60}$$

Obwohl es vielleicht noch nicht so aussieht, ist Gleichung (5.60) doch ein gewaltiger Fortschritt. Wegen der günstigen Eigenschaften der Exponentialfunktion lässt sich (5.60) viel leichter lösen als (5.57) oder (5.58). Und sobald wir eine Lösung $z(t)$ für (5.60) gefunden haben, müssen wir nur deren Realteil betrachten und haben sofort eine Lösung für die Gleichung (5.57), die wir ja eigentlich suchen.

Bei der Suche nach einer Lösung von (5.60) haben wir offenbar die Freiheit, eine beliebige Funktion anzusetzen und die Lösung damit zu *probieren*. Insbesondere können wir ausprobieren, ob eine Lösung die Form

$$z(t) = C\, \mathrm{e}^{\mathrm{i}\omega t} \tag{5.61}$$

hat, bei der C eine vorerst noch unbestimmte Konstante ist. Wenn wir diesen geratenen Ansatz in die linke Seite von (5.60) einsetzen, erhalten wir

$$(-\omega^2 + 2\mathrm{i}\beta\omega + \omega_0^2)\, C\, \mathrm{e}^{\mathrm{i}\omega t} = f_0\, \mathrm{e}^{\mathrm{i}\omega t}\,.$$

Mit anderen Worten: Unsere geratene Lösung (5.61) ist dann und nur dann eine Lösung von (5.60), wenn gilt

$$C = \frac{f_0}{\omega_0^2 - \omega^2 + 2\mathrm{i}\beta\omega}\,, \tag{5.62}$$

10 Benannt nach dem französischen Mathematiker Jean Baptiste Joseph Fourier, 1768–1830. Wir werden in den Abschnitten 5.7 bis 5.9 näher darauf eingehen.

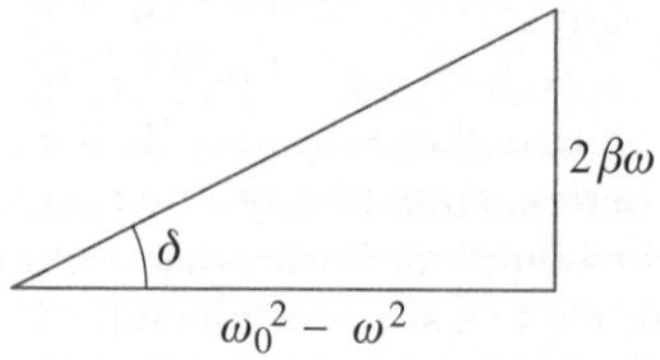

Abbildung 5.14: Der Phasenwinkel δ.

und damit haben wir tatsächlich eine spezielle Lösung der Bewegungsgleichung gefunden.

Bevor wir nun den Realteil von $z(t) = C\,\mathrm{e}^{\mathrm{i}\omega t}$ bestimmen, führen wir der Bequemlichkeit halber eine neue Schreibweise für den Koeffizienten C ein, nämlich

$$C = A\,\mathrm{e}^{-\mathrm{i}\delta} \tag{5.63}$$

mit reellem A und δ. [Man kann jede komplexe Zahl in dieser Form schreiben; diese Notation wird gewählt, um sie an Gleichung (5.14) anzupassen.] Um A und δ zu bestimmen, müssen wir (5.62) und (5.63) miteinander vergleichen. Wenn wir von beiden Gleichungen den Absolutbetrag nehmen und diesen quadrieren, kommen wir auf

$$A^2 = CC^* = \frac{f_0}{\omega_0^2 - \omega^2 + 2\mathrm{i}\beta\omega} \cdot \frac{f_0}{\omega_0^2 - \omega^2 - 2\mathrm{i}\beta\omega}$$

oder

$$A^2 = \frac{f_0^2}{(\omega_0^2 - \omega^2)^2 + 4\beta^2\omega^2}\,. \tag{5.64}$$

(Diese Herleitung müssen Sie unbedingt verstanden haben. Eine Hilfestellung dafür gibt Ihnen Aufgabe 35.) Wir werden gleich sehen, dass A einfach nur die Amplitude der Schwingung ist, die durch die Antriebskraft $f(t)$ verursacht wird. Damit ist Gleichung (5.64) das wichtigste Ergebnis unserer Überlegungen. Sie zeigt, dass die Amplitude der Schwingung von verschiedenen Parametern abhängt. Insbesondere werden wir sehen, dass sie für $\omega \approx \omega_0$ am größten ist, also wenn der Nenner klein ist; mit anderen Worten: Der Oszillator reagiert am heftigsten, wenn er mit einer Frequenz ω getrieben wird, die sehr dicht an seiner Eigenfrequenz ω_0 liegt, aber das haben Sie wahrscheinlich schon vermutet.

Bevor wir die Eigenschaften unserer Lösung weiter untersuchen, müssen wir uns noch mit dem Phasenwinkel δ in (5.63) befassen. Beim Vergleich von (5.63) und (5.62) wird – nach einer kleinen Umordnung – klar, dass

$$f_0\,\mathrm{e}^{\mathrm{i}\delta} = A(\omega_0^2 - \omega^2 + 2\mathrm{i}\beta\omega)\,.$$

Da f_0 und A beide reell sind, liest man daraus ab, dass der Phasenwinkel δ hier derselbe ist wie der Phasenwinkel der komplexen Zahl $(\omega_0^2 - \omega^2) + 2\mathrm{i}\beta\omega$. Dieser Zusammenhang wird in Abbildung 5.14 illustriert, aus der wir schließen

$$\delta = \arctan\left(\frac{2\beta\omega}{\omega_0^2 - \omega^2}\right). \tag{5.65}$$

Damit ist unsere Suche nach einer speziellen Lösung abgeschlossen. Die in (5.59) eingeführte „fiktive“ komplexe Lösung ist

$$z(t) = C\,\mathrm{e}^{\mathrm{i}\omega t} = A\,\mathrm{e}^{\mathrm{i}(\omega t-\delta)}\,,$$

und der Realteil davon ist die gesuchte Lösung

$$x(t) = A\,\cos(\omega t - \delta) \tag{5.66}$$

mit den durch (5.64) bzw. (5.65) gegebenen reellen Konstanten A und δ.

Die Lösung (5.66) ist nur *eine* spezielle Lösung der Bewegungsgleichung. Die allgemeine Lösung findet man durch Addition aller Lösungen der zugehörigen homogenen Gleichung (5.55); die allgemeine Lösung ist demnach

$$x(t) = A\cos(\omega t - \delta) + C_1\,\mathrm{e}^{r_1 t} + C_2\,\mathrm{e}^{r_2 t}\,. \tag{5.67}$$

Weil die beiden zusätzlichen Terme in der allgemeinen Lösung mit der Zeit exponentiell abnehmen, nennt man sie **Transienten** (nach dem lateinischen Begriff für „vorübergehend“). Sie hängen von den Anfangsbedingungen des Problems ab, werden aber mit der Zeit irrelevant: Das Langzeitverhalten unserer Lösung wird durch den Kosinusterm bestimmt. (Man spricht dann davon, das System sei „eingeschwungen“.) Daher ist die spezielle Lösung (5.66) diejenige, mit der wir uns üblicherweise befassen; im nächsten Abschnitt werden wir ihre Eigenschaften näher untersuchen.

Bevor wir ein Beispiel für eine Bewegung nach (5.67) behandeln, müssen Sie sich darüber im Klaren sein, auf welche Arten von Systemen diese Gleichung anwendbar ist: Es handelt sich um einen Oszillator, für den sowohl die Rückstellkraft ($-kx$) als auch die Widerstandskraft ($-b\dot{x}$) *linear* sind – also um einen getriebenen, gedämpften *linearen* Oszillator, dessen Bewegungsgleichung (5.45) eine *lineare* Differenzialgleichung ist. Weil nichtlineare Differenzialgleichungen oft nur schwer zu lösen sind, haben sich die meisten Mechaniklehrbücher bis in die neueste Zeit hauptsächlich mit linearen Gleichungen befasst. Dadurch konnte leicht der falsche Eindruck entstehen, als seien lineare Gleichungen in gewisser Weise der Normalfall und als beschreibe die Gleichung (5.67) die einzige (oder zumindest die einzig wichtige) Bewegung, in der ein Oszillator schwingen kann. In Kapitel 12 über nichtlineare Mechanik und Chaos werden wir sehen, dass sich ein Oszillator mit einer nichtlinearen Bewegungsgleichung in einer Weise verhalten kann, die in erstaunlicher Weise von (5.67) abweicht. Ein wichtiger Grund für die Untersuchung des linearen Oszillators hier ist es, Ihnen eine Grundlage zu geben, auf der wir dann später den nichtlinearen Oszillator behandeln können.

Die Einzelheiten der Bewegung gemäß (5.67) hängen von der Stärke der Dämpfungskonstante β ab. Betrachten wir zunächst den Fall, dass unser Oszillator nur schwach gedämpft ist (β ist kleiner als die Eigenfrequenz ω_0), d. h., es liegt Unterdämpfung vor. In diesem Fall können wir die beiden transienten Terme in (5.67) wie in (5.38) umschreiben, d. h. es gilt

$$x(t) = A\cos(\omega t - \delta) + A_{\mathrm{Tr}}\,\mathrm{e}^{-\beta t}\cos(\omega_1 t - \delta_{\mathrm{Tr}}). \tag{5.68}$$

Schauen Sie sich diese möglicherweise verwirrende Gleichung sehr sorgfältig an. Der zweite Term auf der rechten Seite ist der sogenannte homogene oder transiente Term; ich habe den Index „Tr“ angebracht, um die Konstanten A_{Tr} und δ_{Tr} von den

A und δ des ersten Terms zu unterscheiden. Die beiden Konstanten A_{Tr} und δ_{Tr} sind *frei wählbar*: (5.68) beschreibt eine mögliche Bewegung für *beliebige* Werte von A_{Tr} und δ_{Tr}, die durch die Anfangsbedingungen bestimmt werden. Der Faktor $e^{-\beta t}$ macht deutlich, dass dieser transiente Term exponentiell abklingt, sodass er für das Langzeitverhalten (d. h. das Verhalten nach der „Einschwingphase") wirklich irrelevant ist. Während der Abklingphase schwingt der transiente Term mit der Kreisfrequenz ω_1 des ungetriebenen (aber gedämpften) Oszillators, so wie in (5.36) beschrieben. Der erste Term ist unsere spezielle Lösung, und deren zwei Konstanten A und δ sind ganz sicher nicht frei wählbar. Sie sind entsprechend den Gleichungen (5.64) und (5.65) durch die Parameter des Systems festgelegt. Dieser Term schwingt mit der Frequenz ω der Antriebskraft und mit gleichbleibender Amplitude, solange die Antriebskraft wirkt.

Grafische Darstellung eines getriebenen gedämpften linearen Oszillators

Beispiel 5.3 Skizzieren Sie den Verlauf von $x(t)$ entsprechend (5.68) für einen getriebenen gedämpften linearen Oszillator, der zum Zeitpunkt $t = 0$ aus dem Stillstand losgelassen wird. Er soll folgende Parameter haben: Antriebsfrequenz $\omega = 2\pi$, Eigenfrequenz $\omega_0 = 5\omega$, Abklingparameter $\beta = \omega_0/20$, Amplitude der Antriebskraft $f_0 = 1000$. Zeichnen Sie die ersten fünf Perioden für die erzwungene Schwingung.

Lösung Die Wahl der Antriebsfrequenz mit dem Wert 2π bedeutet, dass die Periode des Antriebs $\tau = 2\pi/\omega = 1$ beträgt; das bedeutet einfach, dass wir die Zeit in Einheiten der Antriebsperiode messen – eine oftmals sehr günstige Wahl. Mit $\omega_0 = 5\omega$ hat unser Oszillator eine Eigenfrequenz, die fünfmal so groß ist wie die Frequenz des Antriebs; dadurch lassen sich die beiden in einem Diagramm leicht auseinanderhalten. $\beta = \omega_0/20$ bedeutet, dass der Oszillator nur schwach gedämpft ist. Und $f_0 = 1000$ bedeutet einfach nur eine konkrete Wahl unserer Krafteinheit; der Grund für diese merkwürdig erscheinende Wahl ist, dass sie zu einer geeignet dimensionierten Schwingungsamplitude führt (nämlich zu einem Wert von A sehr dicht bei 1).

Unser erster Schritt besteht darin, die Konstanten in (5.68) mithilfe der gegebenen Parameter auszudrücken. Dabei ist es leichter, den transienten Term in (5.68) in der Form „Kosinus plus Sinus" zu schreiben; dies führt auf

$$x(t) = A\cos(\omega t - \delta) + e^{-\beta t}[B_1\cos(\omega_1 t) + B_2\sin(\omega_1 t)]\,. \qquad (5.69)$$

Die Konstanten A und δ sind durch (5.64) und (5.65) bestimmt; mit den gegebenen Parameterwerten erhalten wir

$$A = 1{,}06 \quad \text{und} \quad \delta = 0{,}0208\,.$$

Die Frequenz ω_1 ist

$$\omega_1 = \sqrt{\omega_0^2 - \beta^2} = 9{,}987\pi\,.$$

Sie liegt also sehr dicht an ω_0, wie man es für einen schwach gedämpften Oszillator erwartet. Um B_1 und B_2 zu bestimmen, müssen wir den durch (5.69) gegebenen Ausdruck $x(0)$ gleich dem Anfangswert x_0 setzen, und ebenso den entsprechenden Ausdruck für $\dot{x}_0$ gleich dem Anfangswert v_0. Damit haben wir zwei gleichzeitig zu erfüllende Gleichungen für B_1 und B_2, die sich leicht lösen lassen (vgl. Aufgabe 33); man erhält so

$$B_1 = x_0 - A\cos\delta \quad \text{und} \quad B_2 = \frac{1}{\omega_1}(v_0 - \omega A\sin\delta + \beta B_1) \qquad (5.70)$$

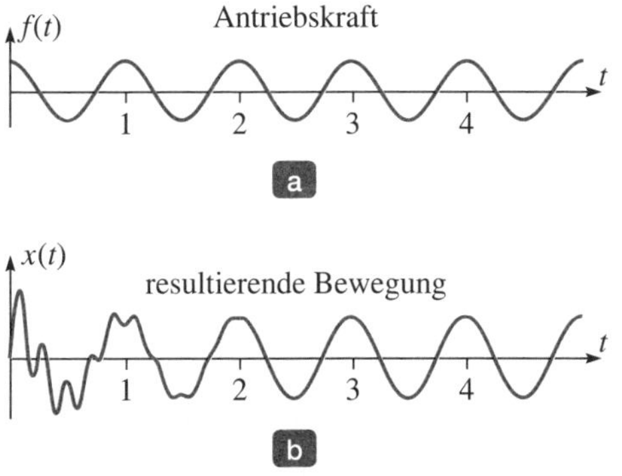

Abbildung 5.15: Die Reaktion eines gedämpften linearen Oszillators auf eine sinusförmige Antriebskraft. Die Zeit t ist in Einheiten der Antriebsperiode dargestellt. (a) Die Antriebskraft hängt über eine reine Kosinusfunktion von der Zeit ab. (b) Die resultierende Bewegung für die Anfangsbedingungen $x_0 = v_0 = 0$. Während der ersten zwei bis drei Antriebszyklen ist die transiente Bewegung noch klar zu erkennen, danach bleibt nur noch die Langzeitbewegung sichtbar, d. h. eine sinusförmige Schwingung mit genau der Antriebsfrequenz. Wie im Text erklärt, nennt man diese sinusförmige Bewegung nach $t \approx 3$ einen *Attraktor*.

bzw. mit den errechneten Zahlenwerten – einschließlich den Anfangsbedingungen $x_0 = v_0 = 0$ –

$$B_1 = -1{,}05 \quad \text{und} \quad B_2 = -0{,}0572\,.$$

Wenn wir alle diese Werte in (5.69) einsetzen, können wir die Bewegung aufzeichnen (Abbildung 5.15). Teil (a) der Abbildung zeigt den zeitlichen Verlauf der Antriebskraft $f(t) = f_0 \cos(\omega t)$, Teil (b) die resultierende Bewegung $x(t)$ des Oszillators. Die Antriebskraft ist perfekt sinusförmig mit der Periode 1. Die resultierende Bewegung ist erheblich interessanter: Nach etwa drei Antriebszyklen ($t \geq 3$) lässt sich ihr Verlauf nicht mehr von einem reinen Kosinus unterscheiden, der exakt mit der Antriebsfrequenz oszilliert; die Transienten sind also abgeklungen, und nur die Langzeitbewegung bleibt. Vor $t \approx 3$ sind dagegen die Auswirkungen der Transienten klar ersichtlich. Da sie mit der höheren Eigenfrequenz ω_0 oszillieren, zeigen sie sich als eine rasche Folge von Bergen und Tälern. Bei genauerem Hinsehen erkennt man fünf solcher Berge innerhalb des ersten Antriebszyklus, was auf $\omega_0 = 5\omega$ hindeutet. ■

Weil die transiente Bewegung von den Anfangswerten x_0 und v_0 abhängt, führen unterschiedliche Werte von x_0 und v_0 zu einem anfangs recht unterschiedlichen Bewegungsverlauf (vgl. Aufgabe 36). Nach einem kurzen Zeitraum aber (in diesem Beispiel nach wenigen Antriebszyklen) verschwinden die anfänglichen Unterschiede, und die Bewegung geht über in dieselbe sinusförmige Bewegung für die spezielle Lösung (5.66), und zwar *unabhängig von den Anfangsbedingungen.* Aus diesem Grund wird die Bewegung von (5.66) manchmal als **Attraktor** bezeichnet – die Bewegungen, die zu verschiedenen Anfangsbedingungen gehören, werden von der speziellen Bewegung (5.66) „angezogen". Für den hier diskutierten linearen Oszillator gibt es (bei gegebener Antriebskraft) nur einen einzigen, eindeutigen Attraktor: Jedwede mögliche Bewegung wird, unabhängig von den Anfangsbedingungen, von derselben Bewegung (5.66) angezogen. Wir werden in Kapitel 12 bei der Diskussion von nichtlinearen Oszillatoren sehen, dass es durchaus mehrere verschiedene Attraktoren geben kann und dass für einige Parameterwerte die Bewegung eines Attraktors weit komplizierter sein kann als eine harmonische Schwingung mit der Antriebsfrequenz.

Amplitude und Phase des Attraktors in Abbildung 5.15b hängen von den Parametern der Antriebskraft ab (und natürlich nicht von den Anfangsbedingungen). Die Abhängigkeit der Amplitude und der Phase von diesen Parametern ist Gegenstand des nächsten Abschnitts.

5.6 Resonanz

Im vorigen Abschnitt haben wir einen gedämpften Oszillator betrachtet, der durch eine sinusförmige Kraft (eigentlich die Kraft geteilt durch die Masse) $f(t) = f_0 \cos(\omega t)$ mit der Kreisfrequenz ω angetrieben wird. Wir haben gesehen, dass die transienten Bewegungen schnell abklingen und dass das System nach einer gewissen Zeit eine sinusförmige erzwungene Schwingung mit derselben Frequenz ω ausführt:

$$x(t) = A \cos(\omega t - \delta) ;$$

dabei ist die Amplitude A gegeben durch (5.64)

$$A^2 = \frac{f_0^2}{(\omega_0^2 - \omega^2)^2 + 4\beta^2\omega^2} \qquad (5.71)$$

und die Phasenverschiebung δ durch (5.65).

Am auffälligsten an Gleichung (5.71) ist, dass die Amplitude A der erzwungenen Schwingung proportional zur Amplitude der Antriebskraft ist, also $A \propto f_0$ – aber das haben Sie wahrscheinlich auch so erwartet. Weit interessanter ist die Abhängigkeit der Amplitude A von den Frequenzen ω_0 (die Eigenfrequenz des Oszillators) und ω (die Frequenz der Antriebskraft) sowie von der Dämpfungskonstante β. Der interessanteste Fall tritt auf, wenn die Dämpfungskonstante sehr klein ist, und genau diesen Fall möchte ich jetzt diskutieren.

Wenn β klein ist, ist auch der zweite Term im Nenner von (5.71) klein. Wenn ω_0 und ω stark voneinander abweichen, dann ist der erste Term im Nenner von (5.71) groß, und die Amplitude der erzwungenen Schwingung ist klein. Wenn andererseits ω_0 sich nur wenig von ω unterscheidet, dann sind beide Terme im Nenner klein, und die Amplitude ist groß. Wenn wir also entweder ω_0 oder ω variieren, kann sich die Amplitude des schwingenden Oszillators dramatisch ändern. Das ist in Abbildung 5.16 dargestellt; sie zeigt das Quadrat der Amplitude A^2 für ein schwach gedämpftes System ($\beta = 0{,}1\omega$) als Funktion von ω_0 bei festem ω. (Man verwendet eher Darstellungen von A^2 als von A, weil die Energie des Systems proportional zu A^2 ist.)

Wenn auch das in Abbildung 5.16 gezeigte Verhalten recht dramatisch aussieht, dürften Sie den qualitativen Verlauf der Kurve so oder so ähnlich erwartet haben: Wenn man einen Oszillator sich selbst überlässt, schwingt er mit seiner Eigenfrequenz ω_0 (oder mit einer etwas niedrigeren Frequenz ω_1, wenn man die Dämpfung berücksichtigt). Wenn wir ihn aber dazu zwingen, mit der Frequenz ω zu schwingen, dann ist der Ausschlag für ω-Werte in der Nähe von ω_0 ziemlich heftig, doch wenn ω sich stark von ω_0 unterscheidet, reagiert der Oszillator kaum. Dieses Phänomen – der dramatische Anstieg der Amplitude eines Oszillators, wenn man ihn mit der Eigenfrequenz antreibt – wird als **Resonanz** bezeichnet.

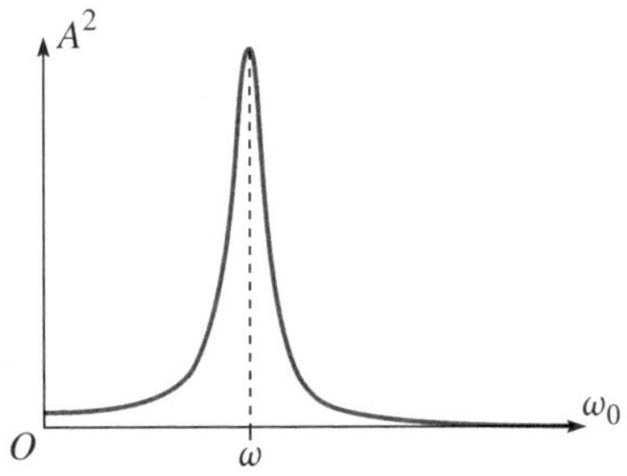

Abbildung 5.16: Das Quadrat der Amplitude A^2 für einen getriebenen Oszillator als Funktion der Eigenfrequenz ω_0; die Antriebsfrequenz ω ist konstant. Die Reaktion des Oszillators ist deutlich dann am größten, wenn ω_0 und ω dicht beieinander liegen.

Ein alltägliches Beispiel für Resonanz ist der Empfang von Radiosignalen durch den LRC-Schwingkreis in Ihrem „antiquierten" Radiogerät. Wir hatten gesehen, dass ein LRC-Schwingkreis genau derselben Bewegungsgleichung genügt wie ein getriebener Oszillator, und dementsprechend tritt Resonanz auch bei Schwingkreisen auf. Wenn Sie Ihr Radio auf einen bestimmten Sender mit einer Frequenz von beispielsweise 99,1 MHz einstellen, dann stimmen Sie einen LRC-Schwingkreis im Gerät so ab, dass seine Eigenfrequenz 99,1 MHz beträgt. Jeder der vielen Radiosender in ihrer Nähe strahlt Signale ab; jedes der Signale hat seine eigene Frequenz und induziert im Empfangskreis Ihres Radios eine winzige elektromotorische Kraft. Doch nur das Signal mit der Eigenfrequenz des Schwingkreises erzeugt auch einen messbaren Strom, dessen Verlauf dem Sendesignal folgt und der dadurch den gewünschten Klang hervorruft.

Ein Beispiel für eine mechanische Resonanz der hier beschriebenen Art ist das „Springen" eines Autos auf einer „Waschbrettstrecke" mit regelmäßigen Schlaglöchern. Jedesmal, wenn ein Rad über ein Schlagloch fährt, erhält es einen aufwärts gerichteten Stoß; die Frequenz dieser Stöße hängt von der Fahrgeschwindigkeit ab. Bei einer bestimmten Geschwindigkeit stimmt die Stoßfrequenz mit der Eigenfrequenz der Räder an den Federn[11] überein, und die Räder geraten in Resonanz, was die Fahrt ziemlich unangenehm gestaltet. Wenn das Auto langsamer oder schneller fährt, geraten die Räder „außer Resonanz", und die Fahrt verläuft viel ruhiger.

Resonanz tritt auch ein, wenn ein Trupp Soldaten im Gleichschritt über eine Brücke marschiert. Auch eine Brücke hat – wie fast jedes mechanische System – eine Reihe bestimmter Eigenfrequenzen; wenn die Soldaten zufällig eine dieser Eigenfrequenzen treffen, kann die Brücke durch Resonanz in merkliche Schwingungen

11 Die resonante Schwingung wird von den Rädern (plus den Achsen) ausgeführt; der viel schwerere Wagenkörper bleibt davon relativ unberührt.

geraten und sogar einstürzen.[12] Aus diesem Grund dürfen Soldaten eine Brücke nur „ohne Tritt" (nicht im Gleichschritt) überqueren.

In ihren Details ist die Resonanz etwas verwickelt. Beispielsweise hängt die genaue Lage des Schwingungsmaximums davon ab, ob wir ω_0 variieren und ω festhalten oder umgekehrt. Die Amplitude A ist maximal, wenn der Nenner

$$\text{Nenner} = (\omega_0^2 - \omega^2)^2 + 4\beta^2\omega^2 \tag{5.72}$$

in (5.71) minimal ist. Wenn wir ω_0 bei festem ω verändern (das ist der Fall, wenn Sie das Radio auf Ihren Lieblingssender einstellen), tritt dieses Minimum offenbar für $\omega_0 = \omega$ auf, weil dann der erste Term null wird. Wenn wir andererseits ω bei festem ω_0 variieren (das ist bei vielen Anwendungen der Fall), dann verändert sich auch der zweite Term in (5.72); durch Ableitung dieses Ausdrucks nach ω sieht man, dass das Maximum bei

$$\omega = \omega_2 = \sqrt{\omega_0^2 - 2\beta^2} \tag{5.73}$$

auftritt. Solange allerdings $\beta \ll \omega_0$ gilt (und das ist normalerweise der interessanteste Fall), ist der Unterschied zwischen (5.73) und $\omega = \omega_0$ zu vernachlässigen.

In diesem Kapitel haben wir so viele verschiedene Frequenzen eingeführt, dass wir nun erst einmal innehalten und das alles noch einmal zusammenfassen sollten. Da ist zunächst einmal ω_0, die Eigenfrequenz des Oszillators (ohne jegliche Dämpfung). Als Nächstes haben wir eine schwache Dämpfung eingeführt und gesehen, dass dasselbe System eine sinusförmige Schwingung mit der Frequenz $\omega_1 = \sqrt{\omega_0^2 - \beta^2}$ ausführt, deren Einhüllende exponentiell abnimmt. Dann hatten wir eine Antriebskraft mit der Frequenz ω hinzugenommen, die unabhängig von den beiden anderen Frequenzen jeden beliebigen Wert annehmen kann. Die Reaktion des getriebenen Oszillators ist für $\omega \approx \omega_0$ am größten; wenn wir insbesondere ω bei festem ω_0 verändern, tritt die maximale Reaktion bei $\omega = \omega_2$ auf, wie in (5.73) definiert. Zusammenfassend gilt:

$$\begin{aligned}
\omega_0 &= \sqrt{k/m} = \text{Eigenfrequenz des ungedämpften Oszillators}\\
\omega_1 &= \sqrt{\omega_0^2 - \beta^2} = \text{Frequenz des gedämpften Oszillators}\\
&\quad (\beta \text{ ist die Dämpfungskonstante})\\
\omega &= \text{Frequenz der Antriebskraft}\\
\omega_2 &= \sqrt{\omega_0^2 - 2\beta^2} = \text{Wert von } \omega\text{, bei dem die Reaktion maximal wird.}
\end{aligned}$$

Den Wert für die maximale Amplitude der erzwungenen Schwingung erhält man, wenn man $\omega_0 \approx \omega$ in (5.71) einsetzt:

$$A_{\text{max}} \approx \frac{f_0}{2\beta\omega_0}. \tag{5.74}$$

12 Die Statiker beachten bei der Konstruktion meist nur die Vertikalschwingungen der Brücke. Ein aktuelles Beispiel, dass auch *horizontale* Schwingungen wichtig werden können, ist die im Jahr 2000 gebaute Millennium Bridge in London, eine Fußgängerbrücke über die Themse. Sie hatte eine derart ungünstige Eigenfrequenz (etwa 1 Hz), dass sie schon durch wenige Fußgänger zu *Quer*schwingungen angeregt werden konnte. Obwohl Fußgänger normalerweise nicht im Gleichschritt laufen, passen sie aber doch ihre Bewegungen unbewusst einem schwankenden Untergrund an – und dadurch wurden die Querschwingungen resonant verstärkt. Schon wenige Tage nach ihrer Inbetriebnahme musste die Brücke daher gesperrt werden. Durch eine Konstruktionsänderung mit Dämpfern und Schwingungstilgern wurde die Eigenfrequenz so stark verschoben, dass keine Resonanzen mehr auftreten. (Anm. d. Übers.)

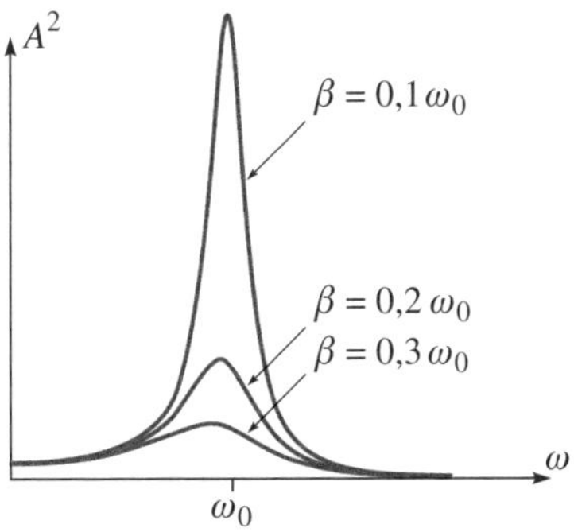

Abbildung 5.17: Die Amplitude (genauer: A^2) für erzwungene Schwingungen als Funktion der Anregungsfrequenz ω für verschiedene Werte der Dämpfungskonstante β. Beachten Sie, dass der Resonanzpeak immer höher und schmaler wird, je kleiner die Dämpfungskonstante ist.

Man erkennt, dass kleinere Werte der Dämpfungskonstante β zu größeren Werten der maximalen Schwingungsamplitude führen (Abbildung 5.17).[13]

Breite der Resonanz und Gütefaktor

In Abbildung 5.17 können Sie klar erkennen, dass bei kleiner werdender Dämpfungskonstante β der Resonanzpeak nicht nur immer höher, sondern auch schmaler wird. Dieses Phänomen lässt sich präziser beschreiben, indem wir die (volle) **Breite** als den Abstand zwischen den beiden Punkten definieren, in denen A^2 gerade die Hälfte der Maximalhöhe beträgt. Nach der englischen Bezeichnung *full width at half maximum* wird sie auch in der deutschen Fachsprache mit **FWHM** abgekürzt. Man kann leicht zeigen (und das dürfen Sie in Aufgabe 41 selbst tun), dass die beiden Halb-Maximum-Punkte bei $\omega \approx \omega_0 \pm \beta$ liegen, wie in Abbildung 5.18 dargestellt. Die Breite ist also

$$\text{FWHM} \approx 2\beta \tag{5.75}$$

oder äquivalent die **Halbwertsbreite**

$$\text{HWHM} \approx \beta\,. \tag{5.76}$$

Wie stark der Resonanzpeak ausgeprägt ist, wird durch das Verhältnis der doppelten Halbwertsbreite 2β zu seiner Lage ω_0 ausgedrückt. Für viele Zwecke ist eine möglichst scharfe Resonanz erwünscht; daher ist es üblich, einen **Gütefaktor** Q als Kehrwert dieses Verhältnisses anzugeben:

$$Q = \frac{\omega_0}{2\beta}\,. \tag{5.77}$$

Ein großer Wert von Q bedeutet eine sehr schmale Resonanz und umgekehrt. Beispielsweise hängt die Ganggenauigkeit einer Uhr von der Resonanz in einem Oszillator ab (das kann beispielsweise ein Pendel oder ein Schwingquarz sein); dadurch

13 In dieser Abbildung habe ich A^2 gegen ω aufgetragen, ω_0 ist dabei fest; das ist also gerade entgegengesetzt zu Abbildung 5.16. Wie Sie sehen, sind sich die Kurven trotzdem sehr ähnlich.

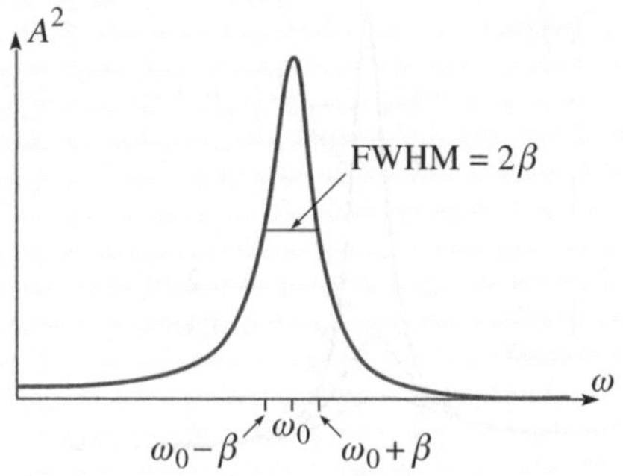

Abbildung 5.18: Die (volle) Breite des Peaks (FWHM) ist der Abstand zwischen den Punkten, an denen A^2 gerade die Hälfte des Maximalwerts beträgt.

wird der Mechanismus so geregelt, dass er mit einer exakt definierten Frequenz schwingt. Dazu muss die Breite 2β im Vergleich zur Eigenfrequenz ω_0 sehr klein sein. Anders ausgedrückt: Eine gute Uhr benötigt einen hohen Q-Wert. Für eine typische Pendeluhr liegt Q bei etwa 100, für eine Quarzuhr bei rund 10 000. Daher sind Quarzuhren viel genauer als eine mechanische Pendeluhr.[14] Man kann den Gütefaktor Q auch anders deuten. Wir haben gesehen, dass die Schwingung ohne eine äußere Antriebskraft innerhalb einer Zeit von der Größenordnung $1/\beta$ abklingt:

$$(\text{Abklingzeit}) = 1/\beta\,.$$

(Diese Zeit war ursprünglich definiert als die Zeit, innerhalb derer die Amplitude auf 1/e-tel ihres Anfangswerts zurückgeht.) Die Periode einer einzelnen Schwingung ist natürlich

$$\text{Periode} = 2\pi/\omega_0\,.$$

(Weil wir $\beta \ll \omega_0$ angenommen haben, müssen wir nicht zwischen ω_0 und ω_1 unterscheiden.) Damit können wir die Definition von Q auf folgende Form bringen:

$$Q = \frac{\omega_0}{2\beta} = \pi\,\frac{1/\beta}{2\pi/\omega_0} = \pi\,\frac{\text{Abklingzeit}}{\text{Periode}}\,. \tag{5.78}$$

Der Quotient auf der rechten Seite gibt einfach die Zahl der Perioden innerhalb der Abklingzeit an. Somit ist der Gütefaktor das π-Fache der Anzahl von Schwingungen, die der Oszillator in der Abklingzeit ausführt.[15]

14 In der Praxis gehen sowohl Quarz- als auch Pendeluhren viel genauer, als diese einfache Diskussion es vermuten lässt. Eine gute Uhr hält die Frequenz nämlich sehr dicht am *Zentrum* der Resonanz, sodass die Frequenzvariationen viel kleiner sind als die Resonanzbreite. Dennoch sind die oben getroffenen Aussagen korrekt.

15 Nach einer weiteren (vielleicht der grundlegendsten) Definition ist Q das π-Fache des Verhältnisses aus der im Oszillator gespeicherten Energie und der während einer Schwingung dissipierten Energie. Vgl. dazu Aufgabe 44.

Die Phase bei Resonanz

Die Bewegung des Oszillators läuft der Antriebskraft hinterher; ihre Phasendifferenz δ wird in (5.65) gegeben durch

$$\delta = \arctan\left(\frac{2\beta\omega}{\omega_0^2 - \omega^2}\right). \tag{5.79}$$

Schauen wir uns einmal genauer den Verlauf dieser Phase an, wenn wir ω verändern. Wir beginnen weit unterhalb einer schmalen Resonanz (d. h., β ist klein). Mit $\omega \ll \omega_0$ folgt aus (5.79), dass δ sehr klein ist; anders ausgedrückt: Solange ω viel kleiner ist als ω_0, sind die Schwingungen und die Antriebskraft fast perfekt im Takt. (Das war beispielsweise der Fall bei Abbildung 5.15.) Wenn ω langsam gegen ω_0 strebt, nimmt auch δ langsam zu. Im Resonanzfall (also bei $\omega = \omega_0$) wird das Argument des Arcustangens in (5.79) unendlich groß; es gilt folglich $\delta = \pi/2$, d. h., die Schwingungen laufen der Antriebskraft um 90° hinterher. Sobald ω größer wird als ω_0, wird das Argument des Arcustangens negativ und geht mit wachsendem ω gegen 0. Folglich nimmt δ über $\pi/2$ hinaus zu und erreicht schließlich den Wert π. Für $\omega \gg \omega_0$ sind die Schwingungen und die Antriebskraft fast genau im Gegentakt. Dieses Verhalten ist für zwei Werte von β in Abbildung 5.19 dargestellt. Beachten Sie insbesondere, dass δ umso schneller von 0 auf π springt, je schmaler die Resonanz ist.

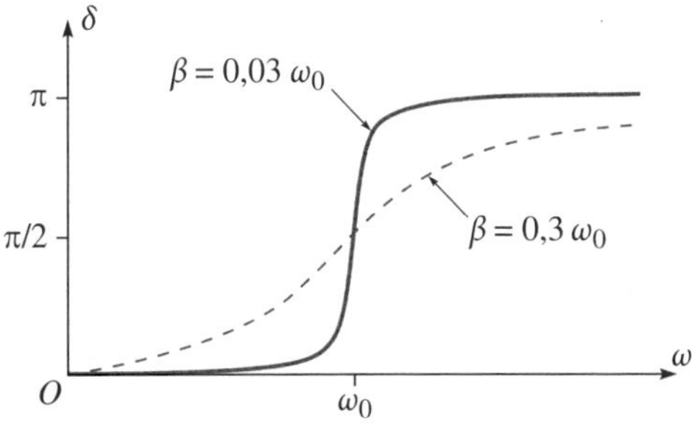

Abbildung 5.19: Die Phasenverschiebung δ nimmt von 0 über $\pi/2$ bis auf π zu, wenn die Frequenz der Antriebskraft die Resonanz durchläuft. Je schmaler die Resonanz (d. h. je kleiner die Dämpfungskonstante β), desto schärfer ist diese Änderung. Die durchgezogene Linie bezieht sich auf eine recht schmale Resonanzkurve ($\beta = 0{,}03\omega_0$ oder $Q = 16{,}7$), die gestrichelte Linie auf eine breitere Resonanzkurve ($\beta = 0{,}3\omega_0$ oder $Q = 1{,}67$).

Bei den Resonanzen der klassischen Mechanik ist das Verhalten der Phase (wie in Abbildung 5.19) normalerweise nicht so bedeutsam wie das der Amplitude (wie in Abbildung 5.18).[16] Bei den Streuversuchen (Stößen) der Atom- und Kernphysik hingegen ist gerade die Phasenverschiebung oft die interessierende Größe. Solche Stöße unterliegen zwar den Gesetzen der Quantenmechanik, doch auch hier tritt ein

16 Das geschilderte Verhalten von δ lässt sich trotzdem beobachten. Basteln Sie sich ein Fadenpendel aus einer Schnur und einer schweren Schraubenmutter und halten Sie es in der Hand. Erzeugen Sie erzwungene Schwingungen, indem Sie die Hand hin- und herbewegen. Offensichtlich erregen Sie das Pendel dann am besten, wenn die Frequenz Ihrer Bewegung genau die Eigenfrequenz des Pendels trifft; Sie können aber auch sehen, dass das Pendel im Takt mit Ihrer Hand schwingt, wenn Sie die Hand langsamer bewegen, und dass bei einer schnelleren Bewegung das Pendel im Gegentakt schwingt.

entsprechendes Resonanzphänomen auf. Beispielsweise kann ein Neutronenstrahl einen Atomkern beim Auftreffen „antreiben“. Wenn die Energie des Strahls exakt gleich einer bestimmten Resonanzenergie des System ist (in der Quantenmechanik wird die Rolle der Frequenz von der Energie übernommen), dann tritt Resonanz auf, und die Phase springt rasch von 0 auf π.

5.7 Fourier-Reihen*

**Fourier-Reihen finden breite Anwendung in praktisch jedem Gebiet der modernen Physik. Dennoch werden wir erst in Kapitel 16 wieder auf sie zurückkommen. Bei Zeitmangel können Sie daher beim ersten Durcharbeiten die letzten drei Abschnitte dieses Kapitels überspringen.*

In den letzten beiden Abschnitten haben wir uns mit einem Oszillator befasst, der durch eine sinusförmige Kraft $f(t) = f_0 \cos(\omega t)$ angetrieben wird. Es gibt zwei Gründe dafür, warum die Behandlung sinusförmiger Kräfte eine so große Rolle spielt: Der erste ist einfach, dasss es viele wichtige physikalische Systeme gibt, in denen die Antriebskraft tatsächlich sinusförmig *ist* – ein elektrischer Schwingkreis in einem Radio ist ein gutes Beispiel dafür. Der zweite Grund ist ein wenig tiefsinniger: Es stellt sich nämlich heraus, dass *jede* beliebige periodische Antriebskraft sich mithilfe des nützlichen Verfahrens der **Fourier-Reihen** aus sinusförmigen Kräften aufbauen lässt. In gewisser Weise (ich gehe gleich näher darauf ein) kennen wir also, wenn wir erst einmal die Bewegungsgleichung mit einer sinusförmigen Kraft gelöst haben, auch schon die Bewegung mit einer beliebigen periodischen Kraft. Bevor wir dieses wunderbare Ergebnis richtig würdigen können, müssen wir uns einige Aspekte der Fourier-Reihen anschauen. In diesem Abschnitt werde ich die für uns relevanten Eigenschaften von Fourier-Reihen erläutern,[17] im nächsten Abschnitt können wir sie dann auf den getriebenen Oszillator anwenden.

Betrachten wir eine mit der Periode τ periodische Funktion $f(t)$, d. h., die Funktion wiederholt sich jedes Mal, wenn die Zeit t um die Periode τ fortschreitet:

$$f(t+\tau) = f(t)$$

für alle t. Eine Funktion mit dieser Eigenschaft nennen wir τ-periodisch. Ein einfaches Beispiel für eine τ-periodische Funktion ist die Kraft, die durch einen im zeitlichen Abstand τ geschwungenen Hammer auf einen Nagel ausgeübt wird (Abbildung 5.20a). Ein anders Beispiel wäre etwa der Schalldruck, der unser Trommelfell erreicht, wenn ein Musikinstrument gespielt wird (Abbildung 5.20b). Man kann sich leicht viele weitere periodische Funktionen vorstellen. Insbesondere gibt es viele sinusförmige Funktionen mit einer beliebigen vorgegebenen Periode: Die Funktionen

$$\cos(2\pi t/\tau), \quad \cos(4\pi t/\tau), \quad \cos(6\pi t/\tau), \ldots \tag{5.80}$$

sind alle τ-periodisch, ebenso wie die entsprechenden Sinusfunktionen. (Wenn t um den Betrag τ wächst, nimmt jede dieser Funktionen wieder ihren Ausgangswert an, vgl. Abbildung 5.21.) Diese sinusförmigen Funktionen lassen sich etwas kompakter

17 Wie üblich stelle ich hier nur die absolut notwendige Theorie vor. Nähere Details finden Sie beispielsweise bei Mary Boas, *Mathematical Methods in the Physical Sciences* (Wiley, 1983), Kapitel 7, die aktuelle (dritte) Auflage stammt von 2005.

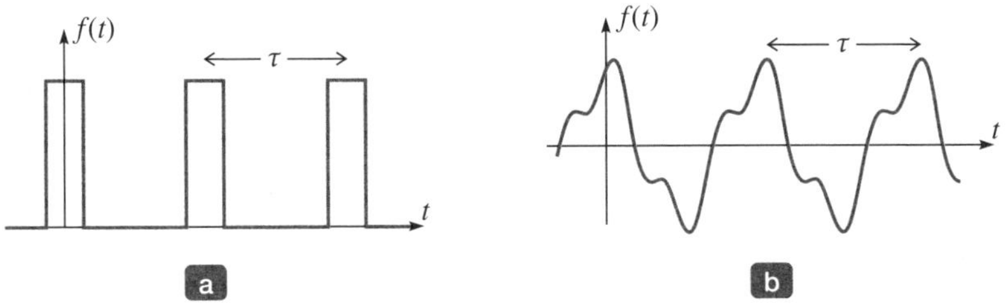

Abbildung 5.20: Zwei Beispiele für periodische Funktionen mit der Periode τ. (a) Ein Rechteckpuls, der beispielsweise einen Hammer beschreibt, der in Abständen von τ einen Nagel mit konstanter Kraft trifft, oder ein Digitalsignal in einer Übertragungsleitung. (b) Ein glattes periodisches Signal, das beispielsweise die Variation des Schalldrucks durch ein Musikinstrument beschreiben könnte.

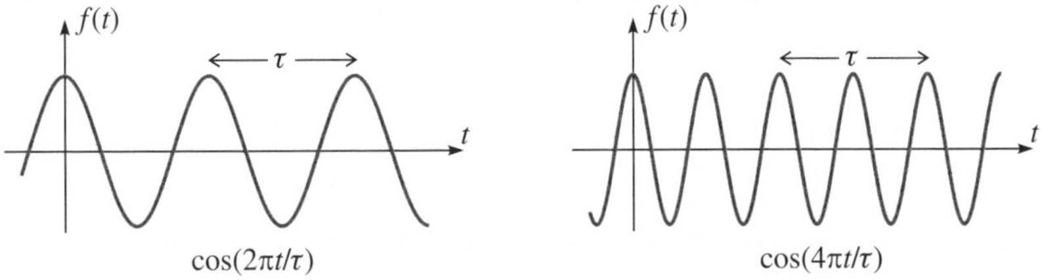

Abbildung 5.21: Jede Funktion der Form $\cos(2n\pi t/\tau)$ (oder die entsprechende Sinusfunktion) ist mit der Periode τ periodisch, wenn n eine ganze Zahl ist. Beachten Sie, dass $\cos(4\pi t/\tau)$ auch die kleinere Periode $\tau/2$ hat, aber das ändert nichts daran, dass sie ebenso τ-periodisch ist.

schreiben, wenn wir die Kreisfrequenz $\omega = 2\pi/\tau$ einführen. Damit lassen sich alle Funktionen aus (5.80) sowie die zugehörigen Sinusfunktionen auf die Form

$$\cos(n\omega t) \qquad \text{und} \qquad \sin(n\omega t) \qquad [n = 0, 1, 2, \ldots] \tag{5.81}$$

bringen. (Für $n = 0$ ist die Kosinusfunktion einfach die konstante Funktion 1 – sie ist mit Gewissheit periodisch; die Sinusfunktion ist dann 0 und nicht weiter interessant.)

Dass die Sinus- und die Kosinusfunktionen (5.81) alle τ-periodisch sind, ist offensichtlich. (Machen Sie sich das unbedingt klar!) Das eigentlich Verblüffende daran ist, dass Sinus- und Kosinusfunktion in gewisser Weise *alle denkbaren* τ-periodischen Funktionen definieren: 1807 behauptete der französische Mathematiker Jean-Baptiste-Joseph Fourier (1768–1830) in einer Abhandlung über die Wärmeausbreitung in Festkörpern erstmals, dass *jede* τ-periodische Funktion sich als Linearkombination der Sinus- und Kosinusfunktionen (5.81) schreiben lässt. Mit anderen Worten: Ist $f(t)$ eine beliebige periodische Funktion mit der Periode τ,[18]

18 Wie immer bei Sätzen dieser Art gilt das nur in der Einschränkung auf „vernünftige" Funktionen $f(t)$, doch der Fourier-Satz gilt mit Sicherheit für alle Funktionen, denen wir in diesem Buch begegnen werden.

dann kann man sie als Summe

$$f(t) = \sum_{n=0}^{\infty} [a_n \cos(n\omega t) + b_n \sin(n\omega t)] \tag{5.82}$$

schreiben; die Konstanten a_n und b_n hängen dabei von der Funktion $f(t)$ ab. Diese außergewöhnlich nützliche Aussage heißt *Fourier-Satz*, und die Summe (5.82) wird als **Fourier-Reihe** für $f(t)$ bezeichnet.

Man kann sich leicht vorstellen, dass Fourier mit seinem Satz auf Überraschung, wenn nicht gar Skepsis stieß, als er ihn erstmals veröffentlichte. Schließlich behauptete er damit, dass eine unstetige Funktion wie der Rechteckpuls aus Abbildung 5.20a durch Sinus- und Kosinusfunktionen aufgebaut werden kann, die ihrerseits sowohl stetig als auch völlig glatt sind. Doch ob nun Überraschung oder nicht – der Satz stellte sich als wahr heraus, wie wir anhand von Beispielen gleich sehen werden. Die vielleicht noch größere Überraschung aber besteht darin, dass man in vielen Fällen schon eine ausgezeichnete Näherung erhält, wenn man nur die ersten wenigen Glieder einer Fourier-Reihe benützt. Auf diese Weise muss man also nicht mit einer ziemlich unangenehmen und möglicherweise unstetigen Funktion umgehen, sondern benötigt nur eine geringe Anzahl von Sinus- und Kosinusausdrücken. Ehe wir die Anwendung des Fourier-Satzes auf getriebene Oszillatoren behandeln, wollen wir uns zunächst einige Eigenschaften von Fourier-Reihen anschauen.

Der Beweis des Fourier-Satzes ist kompliziert – erst viele Jahre nach Fouriers Veröffentlichung wurde ein befriedigender Beweis gefunden –, und ich bitte Sie, den Satz einfach hinzunehmen. Wenn man den Satz aber erst einmal akzeptiert hat, ist seine Anwendung ganz leicht zu erlernen. Insbesondere kann man für jede gegebene Funktion $f(t)$ die Koeffizienten a_n und b_n leicht finden. Aufgabe 48 gibt Ihnen Gelegenheit zu zeigen, dass diese Koeffizienten gegeben sind durch

$$a_n = \frac{2}{\tau} \int_{-\tau/2}^{\tau/2} f(t) \cos(n\omega t)\, \mathrm{d}t \qquad [n \geq 1] \tag{5.83}$$

und

$$b_n = \frac{2}{\tau} \int_{-\tau/2}^{\tau/2} f(t) \sin(n\omega t)\, \mathrm{d}t. \qquad [n \geq 1] \tag{5.84}$$

Leider benötigen die beiden Koeffizienten für $n = 0$ gesonderte Aufmerksamkeit. Da der Term $\sin n\omega t$ in (5.82) für $n = 0$ identisch null ist, spielt der Koeffizient b_0 keine Rolle, sodass wir ihn einfach als null definieren können. Man kann dann ganz leicht zeigen (Aufgabe 46), dass

$$a_0 = \frac{1}{\tau} \int_{-\tau/2}^{\tau/2} f(t)\, \mathrm{d}t \tag{5.85}$$

gilt. Mit diesen Gleichungen für die Fourier-Koeffizienten bewaffnet, können wir leicht die Fourier-Reihe für jede beliebige Funktion bestimmen. Im folgenden Beispiel suchen wir die Fourier-Reihe für die Rechteckpulse aus Abbildung 5.20a.

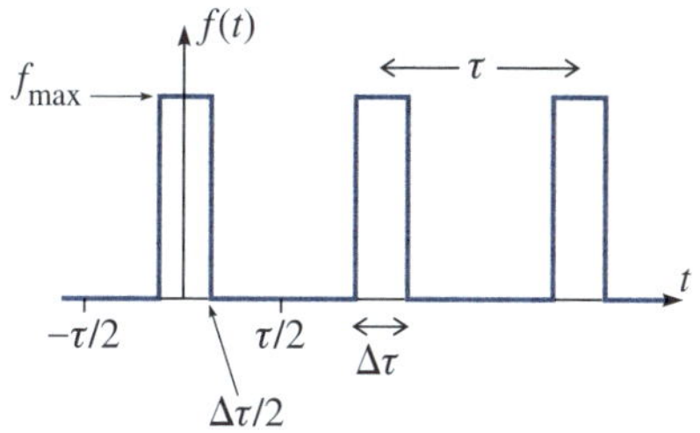

Abbildung 5.22: Ein periodischer Rechteckpuls. Die Periode ist τ, die Pulsdauer ist $\Delta\tau$, und die Pulshöhe ist f_{max}.

Beispiel 5.4 Bestimmen Sie die Fourier-Reihe für die in Abbildung 5.22 gezeigten periodischen Rechteckpulse $f(t)$; benutzen Sie dafür nur die Periode τ, die Pulshöhe f_{max} und die Dauer $\Delta\tau$ der Pulse. Zeichnen Sie $f(t)$ für die Werte $\tau = 1$, $f_{max} = 1$ und $\Delta t = 0{,}25$ und geben Sie für diese Werte die Summe der ersten drei sowie der ersten elf Terme der Fourier-Reihe an.

Fourier-Reihe für Rechteckpulse

Lösung Zunächst müssen wir die Fourier-Koeffizienten a_n und b_n der gegebenen Funktion berechnen. Nach (5.85) ist der konstante Term a_0

$$\begin{aligned} a_0 &= \frac{1}{\tau}\int\limits_{-\tau/2}^{\tau/2} f(t)\,\mathrm{d}t \\ &= \frac{1}{\tau}\int\limits_{-\Delta\tau/2}^{\Delta\tau/2} f_{max}\,\mathrm{d}t = \frac{f_{max}\,\Delta\tau}{\tau}\,. \end{aligned} \tag{5.86}$$

Der Wechsel der Integrationsgrenzen von der ersten zur zweite Zeile ist erlaubt, weil der Integrand $f(t)$ außerhalb des Bereichs $\pm\Delta\tau/2$ null ist. Nach (5.83) sind alle anderen Koeffizienten a_n (mit $n \geq 1$) gegeben durch

$$\begin{aligned} a_n &= \frac{2}{\tau}\int\limits_{-\tau/2}^{\tau/2} f(t)\cos(n\omega t)\,\mathrm{d}t \\ &= \frac{2f_{max}}{\tau}\int\limits_{-\Delta\tau/2}^{\Delta\tau/2} \cos(n\omega t)\,\mathrm{d}t \\ &= \frac{4f_{max}}{\tau}\int\limits_{0}^{\Delta\tau/2} \cos\left(\frac{2\pi n t}{\tau}\right)\mathrm{d}t = \frac{2f_{max}}{\pi n}\sin\left(\frac{\pi n\,\Delta\tau}{\tau}\right). \end{aligned} \tag{5.87}$$

Beachten Sie den Trick, den ich beim Übergang von der zweiten zur dritten Zeile angewendet habe und der bei der Berechnung von Fourier-Koeffizienten oft sehr nützlich ist: Der Integrand in der zweiten Zeile, also $\cos(n\omega t)$, ist eine *gerade* Funktion, d. h., er hat an einer beliebigen Stelle t denselben Wert wie bei $-t$. Dadurch ist es möglich, ein Integral von $-T$ bis T durch das Doppelte des Integrals von 0 bis T zu ersetzen.

Die Koeffizienten b_n sind alle exakt null, denn wenn Sie sich das Integral (5.84) genau anschauen, werden Sie sehen, dass (in diesem Fall) der Integrand eine *ungerade* Funktion ist, d. h., der Wert an einer beliebigen Stelle t ist das Negative des Werts bei $-t$. [Wenn man sich von t nach $-t$ bewegt, bleibt $f(t)$ unverändert, allerdings ändert sich das Vorzeichen von $\sin(n\omega t)$.] Daher ist jedes Integral von $-T$ bis T null, denn die linke und die rechte Hälfte heben sich genau hinweg.

Die gesuchte Fourier-Reihe ist daher

$$f(t) = a_0 + \sum_{n=1}^{\infty} a_n \cos(n\omega t) \tag{5.88}$$

mit dem in (5.86) gegebenen konstanten Term a_0 und allen weiteren Koeffizienten a_n (mit $n \geq 1$) nach (5.87). Wenn wir die vorgegebenen Zahlenwerte einsetzen, lassen sich diese Koeffizienten alle berechnen. Dann ergibt sich die Fourier-Reihe

$$\begin{aligned} f(t) = f_{\max}\big[&0{,}25 + 0{,}45\cos(2\pi t) + 0{,}32\cos(4\pi t) + 0{,}15\cos(6\pi t) \\ &+ 0\cos(8\pi t) - 0{,}09\cos(10\pi t) - 0{,}11\cos(12\pi t) + \cdots\big] \end{aligned} \tag{5.89}$$

Der praktische Nutzen einer Fourier-Reihe ist normalerweise dann am größten, wenn die Reihe rasch konvergiert, sodass man schon dann eine gute Näherung erhält, wenn nur die ersten wenigen Terme der Reihe berücksichtigt werden. Abbildung 5.23a zeigt die Summe der ersten drei Terme aus (5.89) sowie den Rechteckpuls selbst. Wie Sie wohl erwartet haben, erhält man mit gerade mal drei glatten Termen keine überwältigend gute Näherung der eigentlich unstetigen Funktion. Dennoch ist die Grundform schon bemerkenswert gut getroffen. Wenn wir 11 Terme berücksichtigen (Abbildung 5.23b), ist die Übereinstimmung schon überraschend gut.[19] Im nächsten Abschnitt werden wir mithilfe der Fourier-Reihen die Bewegung eines Oszillators beschreiben, der durch die periodischen Pulse aus diesem Beispiel getrieben wird. Wir erhalten als Lösung eine Fourier-Reihe, die derart schnell konvergiert, dass wir schon nach den ersten drei oder vier Termen fast alles daraus ablesen können, was uns interessiert.

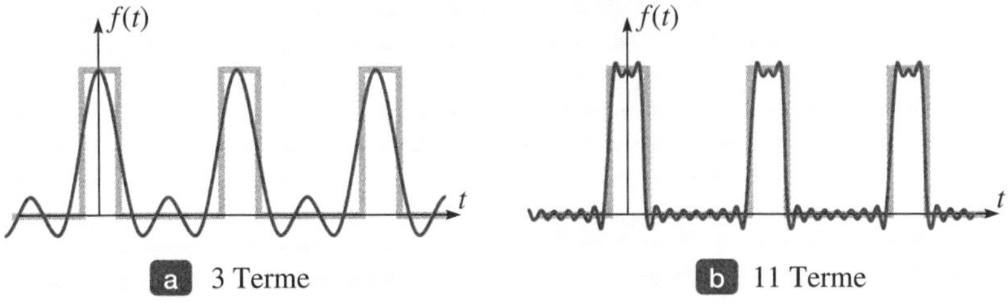

Abbildung 5.23: (a) Die Summe der ersten drei Terme aus der Fourier-Reihe für die Rechteckpulse aus Abbildung 5.22. (b) Die Summe der ersten 11 Terme.

■

19 Beachten Sie aber, dass die Fourier-Reihe in der unmittelbaren Umgebung der Sprungstellen von $f(t)$ zum Überschwingen neigt, d. h. einen etwas zu hohen Wert annimmt. Wenn man die Anzahl der berücksichtigten Terme erhöht, lässt sich zwar die Dauer des Überschwingens reduzieren, die relative Höhe bleibt aber nahezu konstant. Dieses Verhalten nahe einer Sprungstelle wird als *Gibbs'sches Phänomen* bezeichnet.

5.8 Lösung des getriebenen Oszillators mit Fourier-Reihen*

** Dieser Abschnitt enthält eine interessante Anwendung des Verfahrens der Fourier-Reihen. Doch obwohl es sehr wichtig ist, dieses Verfahren zu verstehen, können Sie diesen Abschnitt auch überspringen, ohne den Faden zu verlieren.*

In diesem Abschnitt führen wir unser Wissen über Fourier-Reihen (Abschnitt 5.7) und unsere Lösung des durch eine *sinusförmige* Kraft getriebenen Oszillators (Abschnitt 5.5) zusammen und bestimmen nun die Bewegung eines Oszillators, der durch eine *beliebige* periodische Kraft getrieben wird. Dazu kehren wir zu der Bewegungsgleichung (5.48) zurück:

$$\ddot{x} + 2\beta\dot{x} + \omega_0^2 x = f\,;$$

darin ist $x = x(t)$ der Ort des Oszillators, β ist die Dämpfungskonstante, ω_0 die Eigenfrequenz und $f = f(t)$ eine beliebige periodische Antriebskraft (eigentlich: Kraft/Masse) mit der Periode τ. Wie schon zuvor schreiben wir das bequem in der kompakten Form

$$Dx = f\,,$$

in der D für den linearen Differenzialoperator

$$D = \frac{\mathrm{d}^2}{\mathrm{d}t^2} + 2\beta\frac{\mathrm{d}}{\mathrm{d}t} + \omega_0^2$$

steht. Der Nutzen von Fourier-Reihen für die Lösung dieses Problems hängt mit der folgenden Beobachtung zusammen: Nehmen Sie an, die Kraft $f(t)$ sei die Summe zweier Kräfte $f(t) = f_1(t) + f_2(t)$, für die wir die Bewegungsgleichung jeweils schon einzeln gelöst haben. Wir kennen also bereits die Funktionen $x_1(t)$ und $x_2(t)$, die

$$Dx_1 = f_1 \quad \text{und} \quad Dx_2 = f_2$$

erfüllen. Wie sich leicht zeigen lässt, ist dann die Lösung[20] des komplexeren Problems einfach die Summe $x(t) = x_1(t) + x_2(t)$:

$$Dx = D(x_1 + x_2) = Dx_1 + Dx_2 = f_1 + f_2 = f\,.$$

Das entscheidende zweite Gleichheitszeichen gilt, weil D linear ist. Dieser Gedankengang ist immer korrekt, ganz gleich wie viele Terme wir in der Summe für $f(t)$ haben. Somit schließen wir: Wenn sich die Antriebskraft $f(t)$ als Summe einer beliebigen Anzahl von Termen ausdrücken lässt, also

$$f(t) = \sum_n f_n(t)\,,$$

und wir die Lösungen $x_n(t)$ für jede einzelne der Teilkräfte $f_n(t)$ kennen, dann ist die Lösung für die gesamte Antriebskraft $f(t)$ einfach die Summe

$$x(t) = \sum_n x_n(t)\,.$$

20 Streng genommen sollten wir nicht von *der* Lösung sprechen, denn unsere Differenzialgleichung zweiter Ordnung hat viele Lösungen. Allerdings wissen wir, dass die Differenz zweier beliebiger Lösungen transient ist, also gegen null abklingt, und wir interessieren uns ja für das Langzeitverhalten, das damit im Wesentlichen eindeutig ist.

Dieses Ergebnis lässt sich wunderbar in Kombination mit dem Fourier-Satz anwenden. Jede periodische Antriebskraft $f(t)$ lässt sich nämlich in einer Fourier-Reihe von Sinus- und Kosinusfunktionen entwickeln, und die Lösungen für sinusförmige Antriebskräfte kennen wir bereits. Wenn wir also die sinusförmigen Lösungen aufsummieren, erhalten wir die Lösung für eine beliebige periodische Antriebskraft. Um unsere Schreibweise zu vereinfachen, wollen wir annehmen, dass die Antriebskraft in ihrer Fourier-Reihe ausschließlich Kosinusterme enthält. [Dies war beispielsweise für die Rechteckpulse in Beispiel 5.4 der Fall und gilt für jede gerade Funktion – also für jede Funktion mit $f(-t) = f(t)$ –, denn dann sind die Koeffizienten der Sinusterme allesamt null.] In diesem Fall kann man die Antriebskraft als

$$f(t) = \sum_{n=0}^{\infty} f_n \cos(n\omega t) \tag{5.90}$$

schreiben; darin bezeichnet f_n den n-ten Fourier-Koeffizienten von $f(t)$, und es gilt wie üblich $\omega = 2\pi/\tau$. Nun hat jeder einzelne Term $f_n \cos(n\omega t)$ dieselbe Form (5.56), die wir in Abschnitt 5.5 für eine sinusförmige Antriebskraft angenommen haben (außer dass die Amplitude f_0 nun zu f_n und die Frequenz ω zu $n\omega$ geworden ist). Die zugehörige Lösung haben wir in (5.66) angegeben:[21]

$$x_n(t) = A_n \cos(n\omega t - \delta_n) \tag{5.91}$$

Die Amplituden nach (5.64) sind durch

$$A_n = \frac{f_n}{\sqrt{(\omega_0^2 - n^2\omega^2)^2 + 4\beta^2 n^2 \omega^2}} \tag{5.92}$$

und die Phasen nach (5.65) durch

$$\delta_n = \arctan\left(\frac{2\beta n\omega}{\omega_0^2 - n^2\omega^2}\right) \tag{5.93}$$

gegeben. Da (5.91) die Lösung für die Antriebskraft $f_n \cos(n\omega t)$ ist, ergibt sich als Lösung für die Gesamtkraft (5.90) die Summe

$$x(t) = \sum_{n=0}^{\infty} A_n \cos(n\omega t - \delta_n)\,. \tag{5.94}$$

Damit ist unsere Lösung für die Langzeitbewegung eines durch eine periodische Kraft $f(t)$ getriebenen Oszillators komplett. Wir fassen noch einmal die einzenlnen Lösungsschritte zusammen:

1. Bestimmen Sie die Koeffizienten f_n für die Fourier-Reihe (5.90) der gegebenen Kraft $f(t)$.
2. Berechnen Sie die Größen A_n und δ_n, wie sie in (5.92) und (5.93) gegeben sind.
3. Schreiben Sie die Lösung $x(t)$ als Fourier-Reihe (5.94).

---

21 Der konstante Term ($n = 0$) muss separat behandelt werden. Man erkennt leicht, dass sich für eine konstante Kraft f_0 die Lösung $x_0 = f_0/\omega_0^2$ ergibt. Und genau diese Lösung erhalten Sie auch, wenn Sie einfach in (5.92) und (5.93) $n = 0$ setzen.

In der Praxis reicht es gewöhnlich aus, verblüffend wenige Terme der Lösung (5.94) zu berücksichtigen, um eine befriedigende Lösung zu erhalten. Dies soll das folgende Beispiel illustrieren.[22]

Ein durch Rechteckpulse getriebener Oszillator

Beispiel 5.5 Wir betrachten einen schwach gedämpften Oszillator, der durch die bereits aus Beispiel 5.4 bekannten periodischen Rechteckpulse getrieben wird (Abbildung 5.22). Die Eigenperiode des Oszillators ist $\tau_0 = 1$, d. h., die Eigenfrequenz somit $\omega_0 = 2\pi$, und die Dämpfungskonstante ist $\beta = 0{,}2$. Die Pulse haben eine Dauer $\Delta\tau = 0{,}25$ und eine Höhe $f_{\max} = 1$. Berechnen Sie die ersten sechs Fourier-Koeffizienten A_n für die eingeschwungene (langfristige) Bewegung $x(t)$ des Oszillators; nehmen Sie dabei an, dass die Periode des Antriebs gleich der Eigenfrequenz ist, also $\tau = \tau_0 = 1$. Zeichnen Sie die Bewegung für mehrere komplette Schwingungen auf. Wiederholen Sie das für $\tau = 1{,}5\,\tau_0$, $2{,}0\,\tau_0$ und $2{,}5\,\tau_0$.

Lösung Die Fourier-Koeffizienten f_n der Antriebskraft wurden bereits in Beispiel 5.4 (Gleichungen (5.86) und (5.87)) berechnet und dort als a_n bezeichnet. Wenn wir das in Gleichung (5.92) für die Koeffizienten einsetzen und dabei die vorgegebenen Zahlenwerte verwenden (einschließlich $\tau = \tau_0 = 1$), erhalten wir für die ersten sechs Fourier-Koeffizienten $A_0, \ldots, A_5$:

A_0	A_1	A_2	A_3	A_4	A_5
63	1791	27	5	0	−1

(Da die Werte recht klein sind, steht in dieser Tabelle jeweils das 10^4-Fache, d. h., wir haben $A_0 = 63 \cdot 10^{-4}$, $A_1 = 1791 \cdot 10^{-4}$ usw.) Zwei Dinge fallen an diesen Werten auf: Erstens werden die Koeffizienten nach A_1 sehr schnell sehr klein, sodass man für praktisch alle Fälle schon eine ausgezeichnete Näherung erhält, wenn man nur die ersten drei Terme in der Fourier-Reihe für $x(t)$ berücksichtigt und alle höheren Terme vernachlässigt. Zweitens ist der Koeffizient A_1 erheblich größer als alle anderen. Das ist beim Blick auf (5.92) für den Koeffizienten A_1 leicht einzusehen: Wegen $\omega = \omega_0$ (denken Sie an das Kind auf der Schaukel, das mit der Eigenfrequenz der Schaukel angeschubst wird) und $n = 1$ ist der erste Term im Nenner exakt null, der Nenner wird damit äußerst klein, und so ist A_1 im Vergleich zu allen anderen Koeffizienten ungewöhnlich groß. Mit anderen Worten: Wenn die Antriebs- und die Eigenfrequenz übereinstimmen, ist der Term mit $n = 1$ in der Fourier-Reihe *in Resonanz*, und der Oszillator schwingt ungewöhnlich stark mit der Frequenz ω_0.

Bevor wir nun $x(t)$ in der Form von (5.94) auftragen können, müssen wir mithilfe von (5.93) die Phasenverschiebung δ_n berechnen. Das ist relativ einfach, ich werde allerdings keinen Platz damit verschwenden, die Ergebnisse anzugeben. Wir können die unendliche Reihe (5.94) ja ohnehin nicht aufzeichnen; stattdessen müssen wir eine endliche Zahl von Termen auswählen, mit denen $x(t)$ dann angenähert wird. Im vorliegenden Fall scheint klar, dass drei Terme ausreichen, doch um auf der sicheren Seite zu sein, nehme ich sechs. Abbildung 5.24 zeigt $x(t)$, genähert durch die Summe der ersten sechs Terme von (5.94). Im dargestellten Maßstab ist die Näherungskurve nicht unterscheidbar vom exakten Ergebnis, das seinerseits nicht von einem reinen

22 Die in den Gleichungen (5.92) bis (5.94) angegebene Lösung lässt sich sogar noch kompakter schreiben, wenn man die komplexe Schreibweise benutzt (vgl. Aufgabe 51).

Tabelle 5.1: Die ersten sechs Fourier-Koeffizienten A_n für die Bewegung $x(t)$ eines linearen Oszillators, der durch periodische Rechteckpulse angetrieben wird, für vier verschiedene Antriebsperioden $\tau = \tau_0$, $1{,}5\,\tau_0$, $2{,}0\,\tau_0$ und $2{,}5\tau_0$. Alle Werte sind mit 10^4 multipliziert.

	A_0	A_1	A_2	A_3	A_4	A_5
$\tau = 1{,}0\,\tau_0$	63	1791	27	5	0	−1
$\tau = 1{,}5\,\tau_0$	42	145	89	18	6	2
$\tau = 2{,}0\,\tau_0$	32	82	896	40	13	6
$\tau = 2{,}5\,\tau_0$	25	59	130	97	25	11

Kosinus[23] mit der Eigenfrequenz des Oszillators zu unterscheiden ist. Die starke Schwingung mit der Eigenfrequenz ist genau das, was wir erwartet haben. Um nur ein Beispiel zu nennen: Wer jemals einem Kind auf einer Schaukel geholfen hat, der weiß, dass man das Kind am leichtesten hoch schwingen lassen kann, wenn man es regelmäßig „anschubst" in Abständen, die genau der Eigenperiode entsprechen – also $\tau = \tau_0$; dann schwingt die Schaukel mit ihrer Eigenfrequenz am heftigsten.

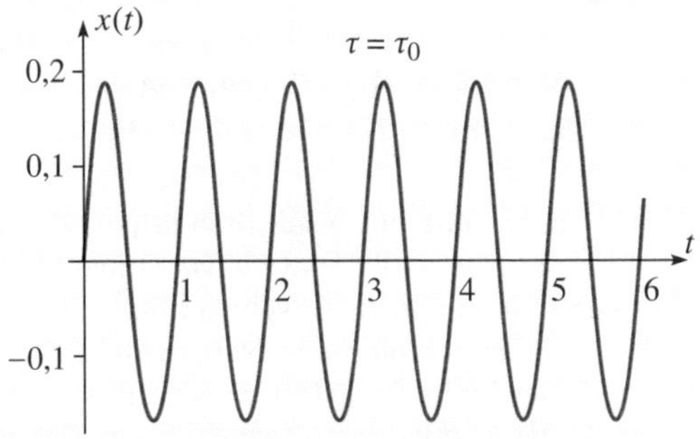

Abbildung 5.24: Die Bewegung eines linearen Oszillators, getrieben durch periodische Rechteckpulse mit der Antriebsperiode τ, die gleich der Eigenperiode des Oszillators ist (damit gilt $\omega = \omega_0$). Die horizontale Achse zeigt die Zeit in Einheiten der Eigenperiode τ_0. Wie erwartet, ist die Bewegung fast perfekt sinusförmig, die Periode ist gleich der Eigenperiode.

Eine Antriebskraft mit einer anderen Periode τ lässt sich ebenso behandeln. Die Fourier-Koeffizienten $A_0, \ldots, A_5$ für alle oben verlangten Werte von τ sind in Tabelle 5.1 dargestellt.

Schauen Sie sich die Einträge in den vier Zeilen dieser Tabelle genau an. Die erste Zeile ($\tau = \tau_0$) zeigt die zuvor schon angegebenen Koeffizienten; am auffälligsten ist, dass der Koeffizient mit $n = 1$ bei weitem am größten ist, weil er exakt die Resonanz trifft. In der nächsten Zeile ($\tau = 1{,}5\,\tau_0$) ist die Fourier-Komponente mit $n = 1$ weit von der Resonanz entfernt, und A_1 ist gegenüber der ersten Zeile auf etwa ein Zwölftel gefallen. Einige der anderen Koeffizienten haben zwar etwas zugelegt, doch insgesamt schwingt der Oszillator weit weniger stark als bei $\tau = \tau_0$. Dies erkennt man deutlich in den Abbildungen 5.25a und b, in denen $x(t)$ (in der Näherung der ersten

23 Eigentlich ist es ein reiner *Sinus*, doch das ist dasselbe wie $\cos(\omega t - \delta_1)$ mit $\delta_1 = \pi/2$ – ein Wert, den wir erwarten sollten, da wir genau auf der Resonanz sitzen.

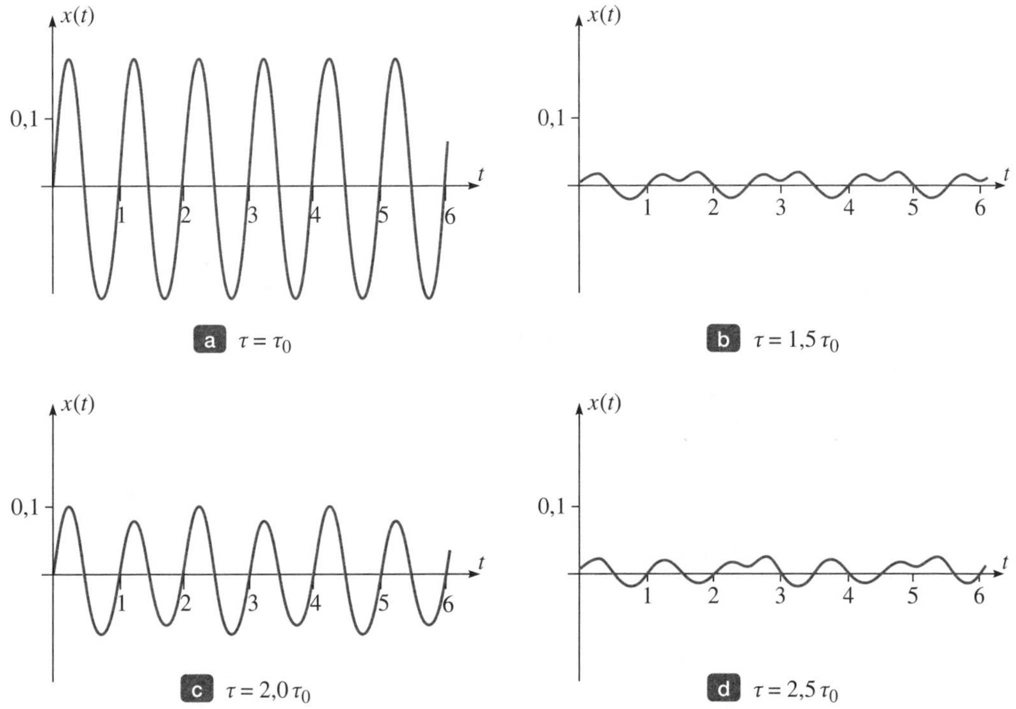

Abbildung 5.25: Die Bewegung eines linearen Oszillators, der durch Rechteckpulse getrieben wird, für vier verschiedene Werte der Antriebsperiode τ. (a) Wenn der Oszillator mit seiner Eigenfrequenz angetrieben wird ($\tau = \tau_0$), ist der Term mit $n = 1$ der Fourier-Reihe in Resonanz, und der Oszillator schwingt sehr heftig. (b) Für $\tau = 1{,}5\,\tau_0$ ist die Reaktion nur schwach. (c) Für $\tau = 2{,}0\,\tau_0$ ist der Term mit $n = 2$ in Resonanz, und wir finden wieder eine heftige Schwingung. (d) Für $\tau = 2{,}5\,\tau_0$ gibt es wieder nur eine schwache Reaktion.

sechs Terme der jeweiligen Fourier-Reihe) für diese beiden Werte von τ über eine Schwingungsperiode dargestellt ist.

Die dritte Zeile in Tabelle 5.1 zeigt die Fourier-Koeffizienten für den Fall, dass die Schwingungsperiode gerade das Doppelte der Eigenperiode ist – in unserem Beispiel mit der Schaukel würde das Kind nur bei jedem zweiten Schaukeln einen Schubs erhalten. Hier, bei $\tau = 2{,}0\,\tau_0$, beträgt die Antriebsfrequenz die Hälfte der Eigenfrequenz ($\omega = \frac{1}{2}\omega_0$). Der Fourier-Koeffizient mit $n = 2$ und der Frequenz $2\omega = \omega_0$ ist also genau in Resonanz, und der Koeffizient A_2 ist deshalb ungewöhnlich groß. Wieder finden wir eine sehr starke Schwingung (Abbildung 5.25c).

Schauen wir uns den Fall aus Abbildung 5.25c noch etwas genauer an. Natürlich weiß man aus Erfahrung, dass man ein Kind auf der Schaukel sehr gut auch bei jedem *zweiten* Mal anschubsen kann, wenngleich es dann natürlich nicht ganz so hoch schaukelt, wie wenn es bei *jedem* Mal angeschubst würde. Wenn Sie die Abbildung 5.25c genauer ansehen, werden Sie erkennen, dass die Schwingungen in ihrer Höhe etwas variieren – die geraden Schwingungen sind etwas größer als die ungeraden. Auch das war zu erwarten: Da der Oszillator gedämpft ist, muss die jeweils zweite Schwingung nach jedem Anschubsen etwas kleiner sein als die erste.

Für $\tau = 2{,}5\,\tau_0$ schließlich liegt die Fourier-Komponente mit $n = 2$ weit außerhalb der Resonanz, A_2 ist also wieder viel kleiner. Andererseits nähert sich die Komponente mit $n = 3$ der Resonanz, d. h., A_3 wird deutlich größer. A_2 und A_3 sind von etwa derselben Größenordnung, sodass $x(t)$ zwei dominierende Fourier-Komponenten hat und somit ein etwas merkwürdiges Verhalten zeigt, wie in Abbildung 5.25d zu sehen. (Ähnliche Überlegungen gelten auch für den Fall $\tau = 1{,}5\,\tau_0$, in dem Koeffizienten A_1 und A_2 etwa gleich groß sind.) ■

5.9 Die mittlere quadratische Auslenkung; Parseval'scher Satz*

** Der Parseval'sche Satz, den wir in diesem Abschnitt herleiten und anwenden wollen, beschreibt eine der nützlichsten Eigenschaften der Fourier-Reihen. Bei Zeitdruck können Sie diesen Abschnitt aber dennoch überspringen.*

Im vorangegangenen Abschnitt hatten wir untersucht, wie sich die Reaktion eines Oszillators bei einer Variation der angelegten periodischen Antriebskraft verändert. Wir haben dazu die Bewegung $x(t)$ für mehrere interessante Frequenzen mithilfe einer Fourier-Reihe ermittelt. Es wäre natürlich bequemer, wenn man die Reaktion des Oszillators mithilfe einer einzigen Zahl angeben könnte und dann nur diese Zahl gegen die Antriebsfrequenz (oder die Antriebsperiode) auftragen müsste. Nun, dafür gibt es mehrere Möglichkeiten. Die naheliegendste ist wohl, die mittlere Auslenkung des Oszillators $\langle x \rangle$ aus der Gleichgewichtslage zu betrachten. (Die spitzen Klammern $\langle\ \rangle$ sollen einen zeitlichen Mittelwert bedeuten.) Da aber der Oszillator genau soviel Zeit in einem beliebigen Bereich mit positivem x verbringt wie in dem entsprechenden Bereich mit negativem x, ist der Mittelwert $\langle x \rangle$ gleich null.[24] Man löst dieses Problem am einfachsten, indem man die Auslenkung *quadriert* und dann den Mittelwert bildet: $\langle x^2 \rangle$; um trotzdem eine Größe mit der Dimension einer Länge zu erhalten, verwendet man im Allgemeinen die Wurzel aus diesem Ausdruck:

$$x_{\mathrm{rms}} = \sqrt{\langle x^2 \rangle}\,. \tag{5.95}$$

Man spricht von der *effektiven* oder **quadratisch gemittelten** Auslenkung; nach der englischen Bezeichnung *root mean square* ist auch im Deutschen die Abkürzung „RMS“ üblich. Die Definition des zeitlichen Mittelwerts erfordert einige Sorgfalt. Es ist üblich, $\langle x^2 \rangle$ als Mittelwert *über eine Schwingungsperiode* τ zu definieren. Damit haben wir

$$\langle x^2 \rangle = \frac{1}{\tau} \int_{-\tau/2}^{\tau/2} x^2\,\mathrm{d}t\,. \tag{5.96}$$

Da die Bewegung periodisch ist, ist das gleich dem Mittelwert über eine beliebige ganzzahlige Anzahl von Perioden und somit auch gleich dem Mittelwert über eine beliebig lange Zeit. (Wenn Ihnen das nicht einleuchtet, sollten Sie sich mit Aufgabe 54 befassen.)

24 Nun, das ist nicht *ganz* richtig, denn der kleine konstante Term A_0 in (5.94) trägt einen nichtverschwindenden Mittelwert $\langle x \rangle = A_0$ bei; dieser Wert gehört aber nicht zu einer *Schwingung*, die wir hier ja gerade beschreiben wollen.

Um den Mittelwert $\langle x^2 \rangle$ zu berechnen, verwenden wir die Fourier-Entwicklung (5.94) von $x(t)$:

$$x(t) = \sum_{n=0}^{\infty} A_n \cos(n\omega t - \delta_n) . \tag{5.97}$$

(Im Allgemeinen enthält diese Reihe natürlich sowohl Sinus- als auch Kosinusfunktionen, doch in Beispiel 5.5 hatten wir angenommen, dass die Antriebskraft nur Kosinusfunktionen enthält; der Einfachheit halber wollen wir diese Annahme auch jetzt beibehalten. Den allgemeinen Fall behandeln wir in Aufgabe 56.) Setzen wir diesen Ausdruck für x in (5.96) ein, erhalten wir eine schreckliche Doppelsumme

$$\langle x^2 \rangle = \frac{1}{\tau} \int_{-\tau/2}^{\tau/2} \sum_n \sum_m A_n \cos(n\omega t - \delta_n) A_m \cos(m\omega t - \delta_m)\, \mathrm{d}t . \tag{5.98}$$

Glücklicherweise kann man diesen Ausdruck erheblich vereinfachen. Es ist relativ leicht zu zeigen (Aufgabe 55), dass man für das Integral Folgendes erhält:

$$\int_{-\tau/2}^{\tau/2} \cos(n\omega t - \delta_n) \cos(m\omega t - \delta_m)\, \mathrm{d}t = \begin{cases} \tau & \text{für } m = n = 0 \\ \tau/2 & \text{für } m = n \neq 0 \\ 0 & \text{für } m \neq n. \end{cases} \tag{5.99}$$

In der Doppelsumme (5.98) müssen also nur die Terme mit $m = n$ berücksichtigt werden; damit erhalten wir das erstaunlich einfache Ergebnis

$$\langle x^2 \rangle = A_0^2 + \frac{1}{2} \sum_{n=1}^{\infty} A_n^2 . \tag{5.100}$$

Diese Beziehung wird als **Parseval'scher Satz** bezeichnet;[25] er ist benannt nach dem französischen Mathematiker Marc-Antoine Parseval (1755–1836), der ihn 1799 formulierte. Für diesen Satz gibt es viele wichtige theoretische Anwendungen, für uns am wichtigsten ist Folgendes: Da wir die Koeffizienten A_n berechnen können, lässt sich mit dem Parseval'schen Satz die Reaktion $\langle x^2 \rangle$ unseres Oszillators bestimmen. Und wenn wir dann in der Summe (5.100) nur eine kleine Anzahl von Termen berücksichtigen, erhalten wir eine ausgezeichnete und leicht zu berechnende Näherung für $\langle x^2 \rangle$. Das folgende Beispiel soll das Vorgehen erläutern.

Beispiel 5.6 **Die mittlere quadratische Auslenkung eines getriebenen Oszillators**

Wir betrachten noch einmal den Oszillator aus Beispiel 5.5, der durch die Rechteckpulse von Beispiel 5.4 (Abbildung 5.22) angetrieben wird. Bestimmen Sie die mittlere quadratische Auslenkung (RMS-Auslenkung) $x_{\mathrm{rms}} = \sqrt{\langle x^2 \rangle}$ des Oszillators, wie sie in (5.100) gegeben ist. Verwenden Sie dieselben Zahlenwerte wie zuvor ($\tau_0 = 1$, $\beta = 0{,}2$, $f_{\mathrm{max}} = 1$, $\Delta\tau = 0{,}25$) und nähern Sie (5.100) durch die ersten sechs Terme an. Zeichnen Sie den Verlauf von x_{rms} als Funktion der Antriebsperiode τ über dem Intervall $0{,}25 < \tau < 5{,}5$.

25 Bitte vergessen Sie nicht, dass wir hier vereinfachend angenommen haben, dass unsere Fourier-Reihe nur Kosinusterme enthält. Im Allgemeinen wird die Summe in (5.100) auch Beiträge mit B_n^2 aus den Sinustermen enthalten. Vgl. Aufgabe 56.

Lösung Wir haben bereits alle erforderlichen Rechnungen ausgeführt, um $x_{rms} = \sqrt{\langle x^2 \rangle}$ zu bestimmen. $\langle x^2 \rangle$ ist durch (5.100) gegeben, darin berechnet man die Fourier-Koeffizienten A_n gemäß (5.92) zu

$$A_n = \frac{f_n}{\sqrt{(\omega_0^2 - n^2\omega^2)^2 + 4\beta^2 n^2 \omega^2}} \,. \tag{5.101}$$

Die Fourier-Koeffizienten f_n der Antriebskraft sind nach (5.87) und (5.88) gegeben durch

$$f_n = \frac{2f_{max}}{\pi n} \sin\left(\frac{\pi n \Delta\tau}{\tau}\right) \qquad [\text{für } n \geq 1] \tag{5.102}$$

mit $f_0 = f_{max}\Delta\tau/\tau$. Wenn man das alles zusammenführt, erhält man den gewünschten Ausdruck für x_{rms} (ich überlasse es Ihnen, den Ausdruck aufzuschreiben, wenn Sie ihn explizit sehen wollen).

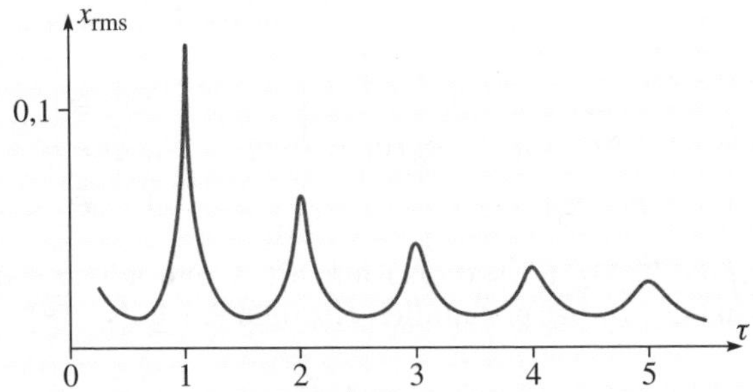

Abbildung 5.26: Die mittere quadratische Auslenkung x_{rms} für einen linearen Oszillator, der durch periodische Rechteckpulse getrieben wird, in Abhängigkeit von der Antriebsperiode τ. Die Kurve wurde mithilfe der ersten sechs Terme aus der Parseval'schen Gleichung (5.100) berechnet. Auf der Abszisse ist τ in Einheiten der Eigenperiode τ_0 aufgetragen. Wenn τ ein ganzzahliges Vielfaches von τ_0 ist, reagiert der Oszillator besonders stark.

Wenn wir nun die vorgegebenen Werte einsetzen, bleibt nur noch eine unabhängige Variable, nämlich die Periode τ der Antriebskraft. (Bitte beachten Sie $\omega = 2\pi/\tau$.) Durch Abschneiden der unendlichen Reihe (5.100) nach sechs Termen kommen wir zu einem Ausdruck, der sich mit einer geeigneten Software (evtl. reicht schon ein programmierbarer Taschenrechner) leicht berechnen und wie in Abbildung 5.26 darstellen lässt. Die Kurve zeigt klar und deutlich, was wir im letzten Beispiel hergeleitet haben: Bei Zunahme der Antriebsperiode ändert sich die Reaktion des Oszillators dramatisch. Jedes Mal, wenn τ ein ganzzahliges Vielfaches der Eigenperiode τ_0 ist (also $\tau = n\,\tau_0$), weist die Reaktion ein scharfes Maximum auf, weil dann die n-te Fourier-Komponente in Resonanz ist. Andererseits ist jeder dieser Peaks niedriger als der vorangegangene, weil wir die Pulsbreite $\Delta\tau$ und die Pulshöhe f_{max} fest gewählt haben; dadurch ist zu erwarten, dass die resultierende Wirkung der Kraft immer geringer wird, je größer die Antriebsperiode ist. ■

ZUSAMMENFASSUNG

Wichtige Definitionen und Gleichungen aus Kapitel 5

Das Hooke'sche Gesetz

$$F = -kx \iff U = \tfrac{1}{2}kx^2 \qquad \text{(Abschnitt 5.1)}$$

Die harmonische Schwingung

$$\ddot{x} = -\omega^2 x \iff x(t) = A\cos(\omega t - \delta) \text{ usw.} \qquad \text{(Abschnitt 5.2)}$$

Gedämpfte Schwingung

Wenn der Oszillator einer Dämpfungskraft $-bv$ unterliegt, dann gilt

$$\ddot{x} + 2\beta\dot{x} + \omega_0^2 x = 0 \iff x(t) = A\,\mathrm{e}^{-\beta t}\cos(\omega_1 t - \delta)\,. \qquad \text{(5.28) und (5.38)}$$

Hierbei ist $\beta = b/2m$, $\omega_0 = \sqrt{k/m}$ und $\omega_1 = \sqrt{\omega_0^2 - \beta^2}$. Die hier angegebene Lösung gilt für die sogenannte schwache Dämpfung ($\beta < \omega_0$).

Getriebene gedämpfte Schwingung und Resonanz

Wenn ein gedämpfter Oszillator zusätzlich eine sinusförmige Antriebskraft $F(t) = mf_0\cos(\omega t)$ erfährt, nimmt die Bewegung nach einer gewissen Zeit die Form

$$x(t) = A\cos(\omega t - \delta) \qquad (5.66)$$

an. Dabei gilt

$$A^2 = \frac{f_0^2}{(\omega_0^2 - \omega^2)^2 + 4\beta^2\omega^2}\,; \qquad (5.64)$$

die Phasenverschiebung δ ist durch (5.65) gegeben. Zu dieser Lösung kann eine „transiente" Lösung der zugehörigen homogenen Gleichung addiert werden, die allerdings mit der Zeit abklingt. Die „eingeschwungene" Lösung zeigt eine Resonanz (ein scharfes Maximum), wenn ω nahe bei ω_0 liegt.

Fourier-Reihen

Wenn die Antriebskraft zwar nicht sinusförmig, aber doch periodisch ist, kann man sie wie in (5.90) als unendliche Reihe von sinusförmigen Termen ausdrücken; man spricht dann von einer Fourier-Reihe. Die resultierende Bewegung ist die entsprechende Reihe der sinusförmigen Lösungen wie in (5.94):

$$x(t) = \sum_{n=0}^{\infty} A_n\cos(n\omega t - \delta_n)\,. \qquad (5.94)$$

Die mittlere quadratische Auslenkung

Die mittlere quadratische Auslenkung

$$x_{\mathrm{rms}} = \sqrt{\frac{1}{\tau}\int_{-\tau/2}^{\tau/2} x^2\,\mathrm{d}t} \qquad (5.95)\text{ und }(5.96)$$

(auch als RMS-Auslenkung bezeichnet) ist ein gutes Maß für die mittlere Reaktion des Oszillators. Sie ist durch den Parseval'schen Satz gegeben:

$$x_{\mathrm{rms}} = \sqrt{A_0^2 + \tfrac{1}{2}\sum_{n=1}^{\infty} A_n^2}\,. \qquad (5.100)$$

Aufgaben zu Kapitel 5

*Die Sterne zeigen den ungefähren Schwierigkeitsgrad an, von * (leicht) bis *** (schwierig).*

5.1 Das Hooke'sche Gesetz

*** 1** Eine masselose Feder hat ungedehnt die Länge l_0 und die Federkonstante k. Ein Ende der Feder ist an der Decke befestigt, eine Masse m hängt am anderen Ende. Die Gleichgewichtslänge der Feder ist nun l_1.
a) Geben Sie die Bedingung an, die l_1 bestimmt. Nehmen Sie nun an, dass die Feder um eine weitere Strecke x über ihre Gleichgewichtslänge gedehnt wird. Zeigen Sie, dass die Gesamtkraft auf die Masse (also Feder- plus Gewichtskraft) $F = -kx$ beträgt. Die Gesamtkraft gehorcht also dem Hooke'schen Gesetz, wenn wir mit x die Auslenkung aus der Gleichgewichtslage bezeichnen – ein sehr nützliches Ergebnis, nach dem wir eine Masse an einer vertikalen Feder genauso behandeln können wie eine Masse an einer horizontalen Feder.
b) Beweisen Sie dasselbe Ergebnis, indem Sie zeigen, dass die potenzielle Gesamtenergie (Feder plus Gravitation) die Form $U(x) = \text{const.} + \frac{1}{2}kx^2$ hat.

*** 2** Die potenzielle Energie zweier Atome in einem Molekül lässt sich manchmal durch die sog. *Morse-Funktion* annähern:

$$U(r) = A\left[\left(\mathrm{e}^{(R-r)/S} - 1\right)^2 - 1\right];$$

darin ist r der Abstand der beiden Atome, und A, R und S sind positive Konstanten mit $S \ll R$. Skizzieren Sie den Funktionsverlauf für $0 < r < \infty$. Bestimmen Sie den Gleichgewichtsabstand r_0, für den $U(r)$ minimal ist. Setzen Sie $r = r_0 + x$, sodass x die Auslenkung aus der Gleichgewichtslage angibt, und zeigen Sie, dass U für kleine Auslenkungen näherungsweise die Form $U = \text{const.} + \frac{1}{2}x^2$ hat, mit anderen Worten, dass das Hooke'sche Gesetz anwendbar ist. Was ist in diesem Fall die Federkonstante k?

*** 3** Geben Sie die potenzielle Energie $U(\varphi)$ eines Fadenpendels (Masse m, Länge l) mithilfe des Winkels φ zwischen dem Pendel und der Vertikalen an. (Setzen Sie den Nullpunkt für U an die tiefste Stelle.) Zeigen Sie, dass U für kleine Auslenkungen die Form des Hooke'schen Gesetzes $U(\varphi) = \frac{1}{2}k\varphi^2$ hat, wenn man φ als Variable verwendet. Was ist k?

**** 4** Ein ungewöhnliches Pendel erhält man, wenn man einen Faden an einem horizontalen Zylinder vom Radius R befestigt, den Faden dann einige Male um den Zylinder schlingt und dann eine Masse m am freien Ende anbringt. Im Gleichgewicht hängt die Masse eine Entfernung l_0 unterhalb des Zylinderrands. Bestimmen Sie die potenzielle Energie, wenn das Pendel um einen Winkel φ aus der Vertikalen ausgelenkt wird. Zeigen Sie, dass sie sich in der Form $U = \frac{1}{2}k\varphi^2$ des Hooke'schen Gesetzes angeben lässt. Erklären Sie den Wert von k.

5.2 Die harmonische Schwingung

*** 5** In Abschnitt 5.2 haben wir vier äquivalente Möglichkeiten angegeben, um eine harmonische Schwingung in einer Dimension darzustellen:

$$\begin{aligned} x(t) &= C_1\, e^{i\omega t} + C_2\, e^{-i\omega t} && \text{(I)} \\ &= B_1 \cos(\omega t) + B_2 \sin(\omega t) && \text{(II)} \\ &= A \cos(\omega t - \delta) && \text{(III)} \\ &= \mathrm{Re}\,(C\, e^{i\omega t}) && \text{(IV)} \end{aligned}$$

Um nachzuweisen, dass Sie alle vier Darstellungen wirklich verstanden haben, zeigen Sie, dass sie alle äquivalent sind. Dazu beweisen Sie bitte folgende Schlussfolgerungen: I $\Rightarrow$ II $\Rightarrow$ III $\Rightarrow$ IV $\Rightarrow$ I. Geben Sie für jede der Darstellungen einen Ausdruck für die Konstanten (C_1, C_2 usw.) mithilfe der Konstanten des vorangegangenen Ausdrucks an.

*** 6** Eine Masse am Ende einer Feder schwingt mit der Kreisfrequenz ω. Zum Zeitpunkt $t = 0$ befindet sich die Masse am Ort $x_0 > 0$, dann erhält sie einen Stoß, bewegt sich in Richtung Ursprung und vollführt dann eine harmonische Schwingung mit der Amplitude $2x_0$. Bestimmen Sie den Ort als Funktion der Zeit in der Form (III) von Aufgabe 5.

*** 7** **a)** Lösen Sie nach den Koeffizienten B_1 und B_2 aus Form (II) von Aufgabe 5 auf und drücken Sie sie mithilfe der Anfangsposition x_0 und der Geschwindigkeit v_0 bei $t = 0$ aus.
b) Die Masse des Oszillators ist $m = 0{,}5\,\mathrm{kg}$, die Federkonstante ist $k = 50\,\mathrm{N/m}$. Wie groß ist dann die Kreisfrequenz ω? Wie groß sind B_1 und B_2 für $x_0 = 3{,}0\,\mathrm{m}$ und $v_0 = 50\,\mathrm{m/s}$? Skizzieren Sie $x(t)$ für einige Schwingungszyklen.
c) Wann tritt zum ersten Mal $x = 0$ und wann $\dot{x} = 0$ auf?

*** 8** **a)** Am Ende einer Feder mit der Federkonstante $k = 80\,\mathrm{N/m}$ ist eine Masse $m = 0{,}2\,\mathrm{kg}$ befestigt, das andere Ende der Feder ist fest. Welche Kreisfrequenz ω, Frequenz f und Periode τ haben die auftretenden Schwingungen?
b) Die Anfangsposition beträgt $x_0 = 0$, die Anfangsgeschwindigkeit $v_0 = 40\,\mathrm{m/s}$. Geben Sie die Konstanten A und δ in dem Ausdruck $x(t) = A\cos(\omega t - \delta)$ an.

*** 9** Die maximale Auslenkung einer Masse, die um ihre Gleichgewichtslage schwingt, beträgt $0{,}2\,\mathrm{m}$, ihre maximale Geschwindigkeit ist $1{,}2\,\mathrm{m/s}$. Welche Periode τ haben die Schwingungen?

*** 10** Die Kraft, die auf eine Masse m am Ort x auf der x-Achse ausgeübt wird, soll $F = -F_0 \sinh \alpha x$ mit positiven Konstanten F_0 und α betragen. Bestimmen Sie die potenzielle Energie $U(x)$ und geben Sie eine Näherung von $U(x)$ an, die sich für kleine Schwingungen eignet. Welche Kreisfrequenz haben solche Schwingungen?

*** 11** Eine schwingende Masse m hat an den Orten x_1 und x_2 die Geschwindigkeit v_1 bzw. v_2. Geben Sie die Amplitude und die Kreisfrequenz der Schwingungen an.

⋆ 12 Betrachten Sie einen harmonischen Oszillator mit der Periode τ. $\langle f\rangle$ soll der Mittelwert einer beliebigen Variable $f(t)$ sein, gemittelt über eine vollständige Schwingungsperiode:

$$\langle f\rangle = \frac{1}{\tau}\int_0^\tau f(t)\,\mathrm{d}t\,. \tag{5.103}$$

Beweisen Sie: $\langle T\rangle = \langle U\rangle = \frac{1}{2}E$; dabei soll E die Gesamtenergie des Oszillators angeben. [*Hinweis:* Beginnen Sie mit dem Beweis der allgemeineren und extrem nützlichen Aussagen $\langle \sin^2(\omega t - \delta)\rangle = \langle \cos^2(\omega t - \delta)\rangle = \frac{1}{2}$. Erläutern Sie, warum diese beiden Aussagen fast offensichtlich sind, dann beweisen Sie sie, indem Sie mithilfe trigonometrischer Identitäten $\sin^2\theta$ und $\cos^2\theta$ durch $\cos(2\theta)$ ausdrücken.]

⋆ 13 Die potenzielle Energie einer Masse m in einer Entfernung r vom Ursprung ist im eindimensionalen Fall für $0 < r < \infty$

$$U(r) = U_0\left(\frac{r}{R} + \lambda^2\frac{R}{r}\right);$$

U_0, R und λ sind positive Konstanten. Bestimmen Sie die Gleichgewichtslage r_0. Bezeichnen Sie die Auslenkung aus der Gleichgewichtslage mit x und zeigen Sie, dass die potenzielle Energie für kleine x die Form $U = \text{const.} + \frac{1}{2}kx^2$ hat. Welche Kreisfrequenz haben kleine Schwingungen?

5.3 Zweidimensionale Oszillatoren

⋆ 14 Betrachten Sie ein Teilchen in zwei Dimensionen, das einer Rückstellkraft der Form (5.21) unterliegt. (Die beiden Konstanten k_x und k_y können, müssen aber nicht gleich sein; falls sie es sind, ist der Oszillator isotrop.) Zeigen Sie, dass seine potenzielle Energie (mit $U = 0$ am Ursprung)

$$U = \tfrac{1}{2}(k_x x^2 + k_y y^2)\,. \tag{5.104}$$

beträgt.

⋆ 15 Die allgemeine Lösung für einen zweidimensionalen isotropen Oszillator ist durch (5.19) gegeben. Zeigen Sie durch Verschieben des Zeitnullpunkts, dass sich das mit $\delta = \delta_y - \delta_x$ auf die einfache Form (5.20) bringen lässt. [*Hinweis:* Die Verschiebung des Zeitnullpunkts entspricht der Variablensubstitution von t zu $t' = t + t_0$. Führen Sie diese Substitution durch und wählen Sie eine geeignete Konstante t_0, dann benennen Sie t' in t um.]

⋆ 16 Betrachten Sie einen zweidimensionalen isotropen Oszillator, der sich entsprechend (5.20) bewegt. Zeigen Sie, dass sich das Teilchen auf einer Ellipse mit der großen bzw. kleinen Hauptachse A_x bzw. A_y bewegt, wenn die relative Phase $\delta = \pi/2$ beträgt.

⋆ 17 Betrachten Sie einen zweidimensionalen anisotropen Oszillator, dessen Bewegung durch (5.23) beschrieben wird.

a) Beweisen Sie, dass die Bewegung periodisch ist, wenn das Verhältnis der Frequenzen rational ist (d. h., wenn $\omega_x/\omega_y = p/q$ mit zwei ganzen Zahlen p und q).
b) Beweisen Sie, dass die Bewegung sich niemals wiederholt, wenn das Frequenzverhältnis irrational ist.

***** 18** Eine Masse ruht auf einem reibungsfreien horizontalen Tisch (Abbildung 5.27 zeigt eine Draufsicht). Jede der beiden identischen Federn hat die Federkonstante k und die ungedehnte Länge l_0. Im Gleichgewicht befindet sich die Masse im Ursprung; die beiden Entfernungen a müssen nicht unbedingt gleich l_0 sein (d. h., die Federn können schon zu Beginn gedehnt oder gestaucht sein). Die Masse bewegt sich nun zu einer Position (x, y), x und y sollen dabei klein sein. Zeigen Sie, dass die potenzielle Energie die in Aufgabe 14 angegebene Form (5.104) für einen anisotropen Oszillator hat. Zeigen Sie auch, dass das Gleichgewicht am Ursprung für $a < l_0$ labil ist, und begründen Sie das.

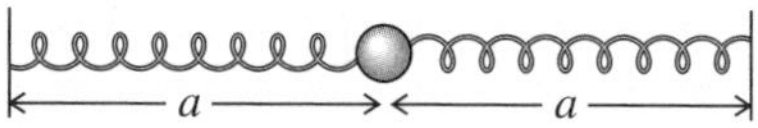

Abbildung 5.27: Zu Aufgabe 18.

***** 19** Betrachten Sie die Masse, die – wie in Abbildung 5.7 auf Seite 215 gezeigt – an vier identischen Federn befestigt ist. Alle vier Federn haben die Federkonstante k und die ungedehnte Länge l_0; wenn sich die Masse in ihrem Gleichgewicht im Ursprung befindet, hat jede Feder die Länge a (nicht unbedingt gleich l_0). Nun wird die Masse um ein kleines Stück zum Punkt (x, y) verschoben. Zeigen Sie, dass ihre potenzielle Energie dann die für einen isotropen harmonischen Oszillator typische Form $\frac{1}{2}k'r^2$ hat. Drücken Sie die Konstante k' mithilfe von k aus. Geben Sie einen Ausdruck für die entsprechende Kraft an.

5.4 Gedämpfte Schwingung

*** 20** Rechnen Sie nach, dass der Abklingparameter $\beta - \sqrt{\beta^2 - \omega_0^2}$ für einen überdämpften Oszillator (d. h. $\beta > \omega_0$) mit wachsendem β *abnimmt*. Zeichnen Sie das Verhalten für $\omega_0 < \beta < \infty$.

*** 21** Rechnen Sie nach, dass die Funktion (5.43) $x(t) = t\,\mathrm{e}^{-\beta t}$ tatsächlich eine zweite Lösung der Bewegungsgleichung (5.28) für einen kritisch gedämpften Oszillator ($\beta = \omega_0$) ist.

*** 22** **a)** An einer Feder befindet sich ein Wagen, der kritisch gedämpft ist. Zur Zeit $t = 0$ befindet er sich in seiner Gleichgewichtslage und wird in positiver Richtung mit der Geschwindigkeit v_0 angestoßen. Bestimmen Sie seinen Ort $x(t)$ für alle nachfolgenden Zeiten und zeichnen Sie die Ergebniskurve.
b) Wiederholen Sie die Aufgabe für einen Wagen, der aus dem Stillstand am Ort $x = x_0$ losgelassen wird. Wie weit ist in diesem Fall der Wagen nach

einer Zeit $\tau_0 = 2\pi/\omega_0$ entfernt? (τ_0 ist die Schwingungsperiode, wenn es keine Dämpfung gibt.)

*** 23** Ein gedämpfter Oszillator erfüllt die Gleichung (5.24); darin ist $F_\mathrm{D} = -b\dot{x}$ die Dämpfungskraft. Bestimmen Sie (einfach durch Differenziation), mit welcher Rate sich die Energie $E = \frac{1}{2}m\dot{x}^2 + \frac{1}{2}kx^2$ ändert, und zeigen Sie mithilfe von (5.24), dass $\mathrm{d}E/\mathrm{d}t$ die (negative) Rate angibt, mit der die Energie durch F_D dissipiert wird.

*** 24** In unserer Betrachtung der kritischen Dämpfung ($\beta = \omega_0$) sah die zweite Lösung (5.43) aus wie aus dem Hut gezaubert. Man findet sie aber in einer halbwegs systematischen Weise, wenn man sich die Lösungen für $\beta < \omega_0$ anschaut und dann β langsam gegen ω_0 gehen lässt. Dabei geht man folgendermaßen vor: Für $\beta < \omega_0$ können wir die zwei Lösungen als $x_1(t) = \mathrm{e}^{-\beta t}\cos(\omega_1 t)$ und $x_2(t) = \mathrm{e}^{-\beta t}\sin(\omega_1 t)$ schreiben. Zeigen Sie, dass für $\beta \to \omega_0$ der erste Ansatz sich der Lösung $x_1(t) = \mathrm{e}^{-\beta t}$ für die kritische Dämpfung annähert. Leider geht aber für $\beta \to \omega_0$ der zweite Ansatz gegen null (rechnen Sie das nach). Allerdings können wir, solange noch $\beta \neq \omega_0$ gilt, $x_2(t)$ durch ω_1 dividieren und dann immer noch eine wunderbare zweite Lösung erhalten. Zeigen Sie, dass diese neue zweite Lösung für $\beta \to \omega_0$ die angegebene Lösung $t\,\mathrm{e}^{-\beta t}$ annähert.

**** 25** Betrachten Sie einen gedämpften Oszillator mit $\beta < \omega_0$. Hier ist es schwierig, die „Periode" τ_1 zu definieren, weil die Bewegung (5.38) nicht periodisch ist; es ist allerdings eine sinnvolle Definition, τ_1 als die Zeit zwischen zwei aufeinanderfolgenden Maxima von $x(t)$ festzulegen.
a) Skizzieren Sie $x(t)$ in Abhängigkeit von t und verdeutlichen Sie die obige Definition für τ_1 auf dieser Kurve. Zeigen Sie, dass $\tau_1 = 2\pi/\omega_1$.
b) Zeigen Sie, dass man in einer äquivalenten Definition τ_1 als das Doppelte der Zeit zwischen zwei aufeinanderfolgenden Nullstellen von $x(t)$ festlegen kann. Verdeutlichen Sie das auf Ihrer Kurve.
c) Um welchen Faktor nimmt die Amplitude über eine Periode ab, wenn $\beta = \omega_0/2$ gilt?

**** 26** Ein ungedämpfter Oszillator hat die Eigenperiode $\tau_0 = 1{,}000\,\mathrm{s}$. Nun wird eine ganz schwache Dämpfung eingeschaltet, sodass sich die Periode auf $\tau_0 = 1{,}001\,\mathrm{s}$ ändert. Wie groß ist die Dämpfungskonstante β? Um welchen Faktor ist die Schwingungsamplitude nach zehn Schwingungszyklen abgeklungen? Welcher Effekt der Dämpfung ist eher zu bemerken, die Änderung der Periodendauer oder die Abnahme der Amplitude?

**** 27** Wenn man die Dämpfung eines Oszillators erhöht, kommt irgendwann der Punkt, bei dem man kaum mehr von einem „Oszillator" sprechen kann.
a) Um dies zu illustrieren, zeigen Sie, dass ein kritisch gedämpfter Oszillator sich niemals mehr als einmal durch den Ursprung $x = 0$ bewegen kann.
b) Zeigen Sie das auch für einen überdämpften Oszillator.

**** 28** Eine masselose Feder hängt ohne weitere Last vertikal von der Decke. Nun wird eine Masse am Ende befestigt und losgelassen. Die Ruhelage soll sich 0,5 m unterhalb der ursprünglichen Lage befinden. Wie nahe bei ihrer Ruhelage befindet die die Masse nach 1 Sekunde, wenn die Bewegung kritisch gedämpft ist?

29 Ein ungedämpfter Oszillator hat die Periode $\tau_0 = 1$ Sekunde. Nun wird eine schwache Dämpfung eingeschaltet. Dadurch nimmt die Schwingungsamplitude innerhalb einer Periode τ_1 um 50 % ab. (Wie in Aufgabe 25 ist die Periode der gedämpften Schwingung als die Zeitdauer zwischen zwei aufeinanderfolgenden Maxima definiert, $\tau_1 = 2\pi/\omega_1$.) Wie groß ist β im Vergleich zu ω_0? Was ist τ_1?

30 Der Ort $x(t)$ eines überdämpften Oszillators ist durch (5.40) gegeben.
a) Geben Sie die Konstanten C_1 und C_2 mithilfe der Anfangsposition x_0 und der Anfangsgeschwindigkeit v_0 an.
b) Skizzieren Sie das Verhalten von $x(t)$ für die beiden Fälle $v_0 = 0$ und $x_0 = 0$.
c) Um wieder einmal einzusehen, dass die Mathematik manchmal klüger ist als wir (und um Ihre Antwort zu überprüfen), zeigen Sie, dass Ihre Lösung für $x(t)$ in Teil (a) sich für $\beta \to 0$ der korrekten Lösung für eine ungedämpfte Bewegung annähert.

31 Computer Betrachten Sie einen Wagen an einer Feder mit der Eigenfrequenz $\omega_0 = 2\pi$, der bei $x_0 = 0$ und $t = 0$ aus dem Stillstand losgelassen wird. Zeichnen Sie mithilfe einer geeigneten Grafiksoftware den Ort $x(t)$ für $0 < t < 2$ mit den Dämpfungskonstanten $\beta = 0, 1, 2, 4, 6, 2\pi, 10$ und 20 als Parameter. [Denken Sie daran, dass $x(t)$ für $\beta < \omega_0$, $\beta = \omega_0$ und $\beta > \omega_0$ durch verschiedene Gleichungen gegeben ist.]

32 Computer Betrachten Sie einen unterdämpften Oszillator (etwa eine Masse am Ende einer Feder), der zur Zeit $t = 0$ am Ort x_0 losgelassen wird.
(a) Geben Sie den Ort $x(t)$ zu einer späteren Zeit in der Form

$$x(t) = e^{-\beta t}[B_1 \cos(\omega_1 t) + B_2 \sin(\omega_1 t)]$$

an, d. h., drücken Sie B_1 und B_2 mithilfe von x_0 aus.
(b) Zeigen Sie: Wenn Sie β gegen den kritischen Wert ω_0 gehen lassen, führt Ihre Lösung folgerichtig auf die kritische Lösung.
(c) Zeichnen Sie mithilfe einer geeigneten Grafiksoftware die Lösung für $0 < t \leq 20$ mit $x_0 = 1$, $\omega_0 = 1$ und $\beta = 0,\ 0{,}02,\ 0{,}1,\ 0{,}3$ und 1.

5.5 Erzwungene gedämpfte Schwingung

33 Die Lösung $x(t)$ für einen getriebenen, unterdämpften Oszillator lässt sich am bequemsten in der Form (5.69) bestimmen. Lösen Sie diese Gleichung und den entsprechenden Ausdruck für $\dot{x}$ und drücken Sie die Koeffizienten B_1 und B_2 mithilfe von A, δ, dem Anfangsort x_0 und der Anfangsgeschwindigkeit v_0 aus. Rechnen Sie die Ausdrücke aus (5.70) nach.

34 Sie haben eine spezielle Lösung $x_p(t)$ der inhomogenen Gleichung (5.48) für einen getriebenen Oszillator gefunden; in der Operatorschreibweise von (5.49) gilt also $Dx_p = f$. Die andere Lösung sei $x(t)$, es gelte also $Dx = f$. Zeigen Sie, dass die Differenz $x - x_p$ die entsprechende homogene Gleichung $D(x - x_p) = 0$ erfüllt. Das ist ein alternativer Beweis dafür, dass eine *beliebige* Lösung x der inhomogenen Gleichung sich als Summe Ihrer speziellen Lösung plus einer homogenen Lösung schreiben lässt, also $x = x_p + x_h$.

35 In diesem Kapitel wurden mehrmals komplexe Zahlen verwendet, insbesondere bei der Herleitung der Resonanzformel (5.64). Diese Aufgabe soll einige Eigenschaften komplexer Zahlen in Erinnerung rufen.

a) Beweisen Sie, dass sich eine beliebige komplexe Zahl $z = x + \mathrm{i}y$ (mit reellem x und y) in der Form $z = r\,\mathrm{e}^{\mathrm{i}\theta}$ schreiben lässt; dabei sind r und θ die Polarkoordinaten von z in der komplexen Ebene. [Denken Sie an die Euler'sche Formel (2.76).]

b) Beweisen Sie, dass der Betrag von z, definiert als $|z| = r$, auch durch $|z^2| = zz^*$ gegeben ist; dabei ist z^* das *komplex Konjugierte* von z, definiert als $z^* = x - \mathrm{i}y$.

c) Beweisen Sie $z^* = r\,\mathrm{e}^{-\mathrm{i}\theta}$.

d) Beweisen Sie, dass $(zw)^* = z^* w^*$ und dass $(1/z)^* = 1/z^*$ gilt.

e) Leiten Sie aus $z = a/(b + \mathrm{i}c)$ (mit reellem a, b und c) die Aussage $|z|^2 = a^2/(b^2 + c^2)$ her.

36 Computer Wiederholen Sie die Rechnungen von Beispiel 5.3 (Seite 230) mit denselben Parametern, allerdings mit den Anfangsbedingungen $x_0 = 2$ und $v_0 = 0$. Fertigen Sie einen Plot von $x(t)$ für $0 \leq t \leq 4$ an und vergleichen Sie mit dem Plot aus Beispiel 5.3. Erläutern Sie Ähnlichkeiten und Unterschiede.

37 Computer Wiederholen Sie die Rechnungen von Beispiel 5.3 (Seite 230) mit den Parametern

$$\omega = 2\pi; \quad \omega_0 = 0{,}25\omega; \quad \beta = 0{,}2\omega_0; \quad f_0 = 1000$$

und den Anfangsbedingungen $x_0 = 0$ und $v_0 = 0$. Fertigen Sie einen Plot von $x(t)$ für $0 \leq t \leq 12$ an und vergleichen Sie den Verlauf der Kurve mit dem aus Beispiel 5.3. Erläutern Sie Ähnlichkeiten und Unterschiede. (Es wird Ihnen bei der Erklärung helfen, wenn Sie sowohl die homogene Lösung als auch die vollständige – homogene plus spezielle – Lösung aufzeichnen.)

38 Computer Wiederholen Sie die Rechnungen von Beispiel 5.3 (Seite 230) mit den Parametern $\omega = \omega_0 = 1$, $\beta = 0{,}1$ und $f_0 = 0{,}4$ und den Anfangsbedingungen $x_0 = 0$ und $v_0 = 6$ (alles in den geeigneten Einheiten). Bestimmen Sie A und δ, dann B_1 und B_2 und fertigen Sie einen Plot von $x(t)$ für die ersten etwa zehn Perioden an.

39 Computer Um etwas Übung bei der numerischen Lösung von Differenzialgleichungen zu erhalten, wiederholen Sie die Rechnungen von Beispiel 5.3 (Seite 230); anstatt aber die verschiedenen Koeffizienten zu bestimmen, verwenden Sie bitte eine geeignete Software (beispielsweise das Kommando NDSolve aus Mathematica), um die Differenzialgleichung (5.48) mit den Randbedingungen $x_0 = v_0 = 0$ zu lösen. Sorgen Sie dafür, dass Ihr Plot mit Abbildung 5.15 übereinstimmt.

5.6 Resonanz

40 Betrachten Sie einen gedämpften Oszillator mit einer festen Eigenfrequenz ω_0 und einer festen Dämpfungskonstanten β (nicht zu groß), der durch eine sinusförmige Kraft mit variabler Frequenz ω getrieben wird. Zeigen Sie, dass die in Gleichung (5.71) angegebene Amplitude der erzwungenen Schwingung für $\omega = \sqrt{\omega_0^2 - 2\beta^2}$ maximal wird. (Beachten Sie: Solange die Resonanz schmal ist, gilt $\omega \approx \omega_0$.)

*** 41** Wenn die Antriebsfrequenz ω verändert wird, tritt bekanntermaßen die maximale Reaktion (A^2) eines getriebenen gedämpften Oszillators bei $\omega \approx \omega_0$ auf (hierbei ist ω_0 die Eigenfrequenz, für die Dämpfungskonstante gilt $\beta \ll \omega_0$). Zeigen Sie, dass A^2 für $\omega \approx \omega_0 \pm \beta$ die Hälfte des Maximalwerts annimmt, sodass die Breite der Resonanz gerade 2β beträgt. [*Hinweis:* Seien Sie vorsichtig mit Ihren Näherungen. Beispielsweise ist $\omega + \omega_0 \approx 2\omega_0$ in Ordnung, $\omega - \omega_0 \approx 0$ hingegen sicherlich nicht.]

*** 42** Ein großes Foucault'sches Pendel, wie es beispielsweise im Deutschen Museum hängt, kann viele Stunden lang schwingen, bevor es zur Ruhe kommt. Nehmen Sie eine Abklingzeit von etwa 8 Stunden sowie eine Pendellänge von 30 Metern an und bestimmen Sie den Gütefaktor Q.

**** 43** Wenn ein Auto über eine „Waschbrettpiste" fährt, lassen die regelmäßigen Vertiefungen die Räder heftig schwingen. (Genau genommen schwingt jeweils die ganze Achskonstruktion, bestehend aus der Achse selbst und den daran befestigten Rädern.) Bestimmen Sie unter Berücksichtigung der nachfolgenden Informationen die Fahrgeschwindigkeit, bei der Resonanz auftritt.

a) Wenn der Fahrer (Masse 80 kg) in das Auto steigt, sinkt der Wagenkörper um einige Zentimeter in die Federn. Bestimmen Sie daraus die Federkonstante der vier Federn.

b) Eine Achskonstruktion (Achse plus zwei Räder) hat eine Masse von 50 kg. Welche Eigenfrequenz f hat diese Konstruktion, wenn sie an den beiden Federn schwingt?

c) Die Vertiefungen auf der Straße haben jeweils 80 cm Abstand voneinander. Bei welcher ungefähren Fahrgeschwindigkeit gerät die Konstruktion in Resonanz?

**** 44** Eine andere Interpretation des Gütefaktors Q tritt in folgendem Fall auf: Betrachten Sie die Bewegung eines getriebenen gedämpften Oszillators, nachdem die Transienten abgeklungen sind. Der Oszillator ist nahe der Resonanz, Sie können also $\omega = \omega_0$ setzen.

a) Zeigen Sie, dass die Gesamtenergie des Oszillators (kinetische plus potenzielle Energie) gegeben ist durch $E = \frac{1}{2}m\omega^2 A^2$.

b) Zeigen Sie, dass die während einer vollständigen Schwingung durch die Dämpfungskraft F_D dissipierte Energie gegeben ist durch $\Delta E_{dis} = 2\pi m\beta\omega A^2$. (Denken Sie daran, dass die Rate, mit der eine Kraft Arbeit verrichtet, fv ist.)

c) Zeigen Sie nun, dass Q das 2π-Fache des Verhältnisses $E/\Delta E_{dis}$ ist.

***** 45** Betrachten Sie einen gedämpften Oszillator mit der festen Eigenfrequenz ω_0 und der festen Dämpfungskonstanten β. Er wird durch eine Kraft $F(t) = F_0 \cos(\omega t)$ angetrieben.

a) Bestimmen Sie die Rate $P(t)$, mit der $F(t)$ Arbeit verrichtet, und zeigen Sie, dass das Mittel $\langle P \rangle$ dieser Rate über eine beliebige Anzahl von vollständigen Schwingungen durch $m\beta\omega^2 A^2$ gegeben ist.

b) Rechnen Sie nach, dass dies genau dasselbe ist wie die mittlere Rate, mit der die Energie durch die Bremskräfte dissipiert wird.

c) Zeigen Sie: Wenn man ω variiert, wird $\langle P \rangle$ für $\omega = \omega_0$ maximal. Anders gesagt: Die Resonanz der Leistung tritt auf für $\omega = \omega_0$ (exakt).

5.7 Fourier-Reihen*

*** 46** Der konstante Term a_0 in einer Fourier-Reihe ist immer etwas lästig, weil er stets eine besondere Behandlung erfordert. Aber er lässt sich wenigstens einfach interpretieren. Zeigen Sie: Wenn $f(t)$ die Standard-Fourier-Reihe (5.82) hat, dann ist a_0 gleich dem Mittel $\langle f \rangle$ von $f(t)$ über eine vollständige Schwingung.

**** 47** Um die entscheidenden Gleichungen (5.83)–(5.85) für die Fourier-Koeffizienten a_n und b_n zu beweisen, müssen Sie zunächst folgende Aussage beweisen:

$$\int_{-\tau/2}^{\tau/2} \cos(n\omega t)\cos(m\omega t)\,\mathrm{d}t = \begin{cases} \tau/2 & \text{für } m = n \neq 0 \\ 0 & \text{für } m \neq n\,. \end{cases} \qquad (5.105)$$

(Für $m = n = 0$ ist dieses Integral offensichtlich 0.) Wenn man jeweils Kosinus durch Sinus ersetzt, erhält man dasselbe Ergebnis, und schließlich ergibt sich

$$\int_{-\tau/2}^{\tau/2} \cos(n\omega t)\sin(m\omega t)\,\mathrm{d}t = 0 \qquad \text{für alle ganzen Zahlen } n \text{ und } m \quad (5.106)$$

(wie immer ist $\omega = 2\pi/\tau$). Beweisen Sie das. [*Hinweis:* Wenden Sie trigonometrische Identitäten an, um $\cos(\theta)\cos(\varphi)$ durch Terme wie $\cos(\theta+\varphi)$ und so weiter zu ersetzen.]

**** 48** Beweisen Sie mithilfe von (5.105) und (5.106) die Gleichungen (5.83)–(5.85) für die Fourier-Koeffizienten a_n und b_n. [*Hinweis:* Multiplizieren Sie beide Seiten der Fourier-Entwicklung (5.82) mit $\cos(m\omega t)$ oder $\sin(m\omega t)$ und integrieren sie dann von $-\tau/2$ bis $\tau/2$.]

***** 49** Computer Bestimmen Sie die Fourier-Koeffizienten a_n und b_n für die in Abbildung 5.28a dargestellte Funktion. Fertigen Sie einen Plot ähnlich wie in Abbildung 5.23 an und vergleichen Sie die Funktion selbst mit den ersten wenigen Termen in der Fourier-Reihe; fertigen Sie danach einen Plot für die ersten etwa sechs Terme an. Setzen Sie $f_{max} = 1$.

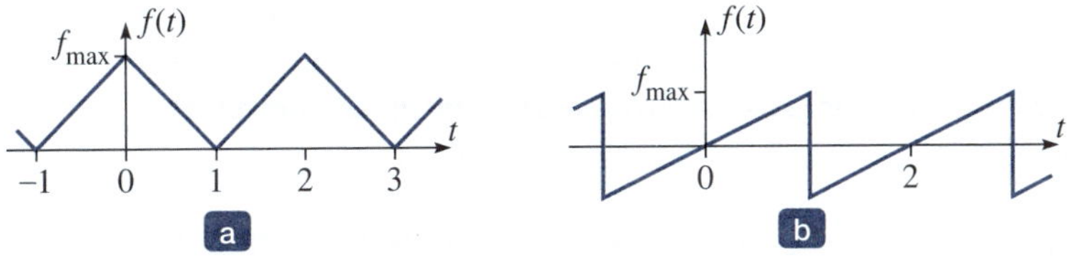

Abbildung 5.28: a) Zu Aufgabe 49. b) Zu Aufgabe 50.

★★★ 50 Computer Bestimmen Sie die Fourier-Koeffizienten a_n und b_n für die in Abbildung 5.28b dargestellte Funktion. Fertigen Sie einen Plot ähnlich wie in Abbildung 5.23 an und vergleichen Sie die Funktion selbst mit der Summe der ersten wenigen Terme in der Fourier-Reihe; fertigen Sie danach einen Plot für die ersten etwa zehn Terme an. Setzen Sie $f_{\max} = 1$.

5.8 Lösung des getriebenen Oszillators mit Fourier-Reihen*

★ 51 Sie können die Fourier-Reihe für einen periodisch getriebenen Oszillator ein wenig übersichtlicher darstellen, wenn Sie komplexe Zahlen verwenden. Offenbar lässt sich die periodische Kraft in Gleichung (5.90) schreiben als $f = \mathrm{Re}(g)$ mit einer komplexen Funktion

$$g(t) = \sum_{n=0}^{\infty} f_n \, \mathrm{e}^{\mathrm{i}n\omega t} .$$

Zeigen Sie, dass man die reelle Lösung für die Oszillatorbewegung entsprechend als $x = \mathrm{Re}(z)$ mit

$$z(t) = \sum_{n=0}^{\infty} C_n \, \mathrm{e}^{\mathrm{i}n\omega t}$$

und

$$C_n = \frac{f_n}{\omega_0^2 - n^2\omega^2 + 2\mathrm{i}\beta n\omega}$$

schreiben kann. Bei dieser Lösung brauchen Sie sich nicht mit der reellen Amplitude A_n und der Phasenverschiebung δ_n separat herumzuschlagen. (Natürlich sind A_n und δ_n in der komplexen Zahl C_n verborgen.)

★★★ 52 Computer Wiederholen Sie alle Rechnungen und Zeichnungen aus Beispiel 5.5 (Seite 245) mit denselben Parametern, nur mit einer anderen Dämpfungskonstante $\beta = 0{,}1$. Vergleichen Sie Ihre Ergebnisse mit denen aus dem Beispiel 5.5.

★★★ 53 Computer Ein Oszillator wird durch die periodische Kraft aus Aufgabe 49 (Abbildung 5.28a) mit der Periode $\tau = 2$ getrieben.
a) Bestimmen Sie die eingeschwungene Bewegung $x(t)$ mit folgenden Parametern: Eigenperiode $\tau_0 = 2$ (damit ist $\omega_0 = \pi$), Dämpfungskonstante $\beta = 0{,}1$ und maximale Antriebskraft $f_{\max} = 1$. Bestimmen Sie die Koeffizienten in der Fourier-Reihe für $x(t)$ und zeichnen Sie die Summe der ersten vier Terme der Reihe für $0 \leq t \leq 6$.
b) Wiederholen Sie die Rechnung, nun allerdings mit der Eigenperiode $\omega_0 = 3$.

5.9 Die mittlere quadratische Auslenkung; Parseval'scher Satz*

★ 54 $f(t)$ ist eine periodische Funktion mit der Periode τ. Erläutern Sie, warum der Mittelwert von f über eine Periode nicht unbedingt dasselbe ist wie der Mittelwert über ein anderes Zeitintervall. Erklären Sie, warum sich aber andererseits der Mittelwert über einen *langen* Zeitraum T für $T \to \infty$ dem Mittelwert über eine Periode annähert.

⁑55 Um den Parseval'schen Satz (5.100) zu beweisen, muss man zunächst das Ergebnis (5.99) für das Integral über ein Produkt aus Kosinusfunktionen beweisen. Tun Sie das und beweisen Sie dann den Parseval'schen Satz.

⁑56 Der Parseval'sche Satz in der Form von Gleichung (5.100) gilt für eine Funktion, deren Fourier-Reihe ausschließlich aus Kosinusfunktionen besteht. Schreiben Sie den Satz auf und beweisen Sie ihn für eine Funktion

$$x(t) = \sum_{n=0}^{\infty} [A_n \cos(n\omega t - \delta_n) + B_n \sin(n\omega t - \delta_n)] \,.$$

⁑57 Computer Wiederholen Sie die Rechnungen, die auf Abbildung 5.26 geführt haben. Alle Parameter bleiben gleich, nur die Dämpfungskonstante ist nun $\beta = 0{,}1$. Zeichnen Sie Ihre Ergebnisse auf und vergleichen Sie Ihren Plot mit Abbildung 5.26.

Variationsrechnung

6

ÜBERBLICK

» Bei vielen Problemen ist es ungünstig, kartesische Koordinaten zu verwenden. Es gibt – grob gesprochen – zwei Klassen solcher Probleme. Erstens kann es bei bestimmten Symmetrien vorteilhaft sein, spezielle Koordinaten zu verwenden: Probleme mit sphärischer Symmetrie verlangen geradezu nach sphärischen Polarkoordinaten (Kugelkoordinaten); entsprechend behandelt man Probleme mit axialer Symmetrie am besten in zylindrischen Polarkoordinaten (Zylinderkoordinaten). Zweitens ist es, wenn Teilchen bestimmten Zwangsbedingungen unterliegen, meist am besten, ein der Situation angemessenes (d. h. in der Regel nichtkartesisches) Koordinatensystem zu verwenden. Wenn sich ein Körper beispielsweise nur auf der Oberfläche einer Kugel bewegen kann, wird man wohl am besten sphärische Polarkoordinaten verwenden; ist eine Perle auf einem Draht aufgefädelt, könnte es sich als die beste Koordinatenwahl erweisen, die Entfernung von einem passend gewählten Ursprung, gemessen entlang des gebogenen Drahts, zu verwenden.

Leider sind aber, wie wir gesehen haben, die Ausdrücke für die Komponenten der Beschleunigung in nichtkartesischen Koordinaten recht kompliziert, und das wird noch schlimmer, wenn wir zu komplexeren Systemen übergehen. Daher lässt sich das zweite Newton'sche Gesetz in nichtkartesischen Koordinaten nur schwer anwenden. Wir benötigen eine alternative (obwohl letztlich äquivalente) Bewegungsgleichung, die für beliebige Koordinaten gilt, und eine solche Alternative liefern uns die Lagrange-Gleichungen.

Die beste Methode, die Lagrange-Gleichungen zu beweisen – und ihre große Anpassungsfähigkeit zu verstehen – besteht darin, das „Variationsprinzip" anzuwenden. Variationsprinzipien sind in vielen Bereichen der Mathematik und der Physik von großer Bedeutung. Es hat sich herausgestellt, dass man nahezu jeden Zweig der Physik – klassische Mechanik, Quantenmechanik, Optik, Elektromagnetismus usw. – mithilfe von Variationen beschreiben kann. Den zu Beginn ihrer Studien noch an die Newton'schen Gesetze gewohnten Studierenden scheint die Neuformulierung der klassischen Mechanik mithilfe des Variationsprinzips nicht unbedingt ein Fortschritt zu sein. Aber da die Variationsmethoden eine konsistente Formulierung derart vieler verschiedener Themen erlauben, haben sie der Physik eine gewisse Geschlossenheit verliehen und spielen deshalb eine entscheidende Rolle in der neueren Geschichte der physikalischen Theorien. Aus diesem Grund möchte ich die Variationsmethoden in einer halbwegs allgemeinen Fassung einführen. Daher ist dieses Kapitel eine kurze Einführung in die Variationsrechnung im Allgemeinen. Im nächsten Kapitel werde ich dann das Gelernte anwenden und die Lagrange'sche Formulierung der Mechanik einführen. Wenn Sie mit der „Variationsrechung" bereits vertraut sind, können Sie direkt zum Kapitel 7 übergehen. «

6.1 Zwei Beispiele

Das Ziel der **Variationsrechnung** besteht darin, das Minimum oder das Maximum einer Größe zu finden, die sich als Integral ausdrücken lässt. Um zu zeigen, was damit gemeint ist, möchte ich mit zwei einfachen Beispielen beginnen.

Der kürzeste Weg zwischen zwei Punkten

Mein erstes Beispiel ist das folgende Problem: Gegeben sind zwei Punkte in einer Ebene. Welches ist der kürzeste Weg zwischen ihnen? Natürlich kennen Sie die Antwort – eine Gerade –, aber Sie werden wohl kaum einen Beweis dafür gesehen haben, es sei denn, Sie haben sich schon mit der Variationsrechnung beschäftigt. Das Problem ist in Abbildung 6.1 illustriert. Sie zeigt zwei gegebene Punkte (x_1, y_1) und (x_2, y_2) sowie einen Weg $y = y(x)$, der sie miteinander verbindet. Unsere Aufgabe ist es, den kürzestmöglichen Weg $y(x)$ zu finden und zu beweisen, dass es sich dabei tatsächlich um eine Gerade handelt.

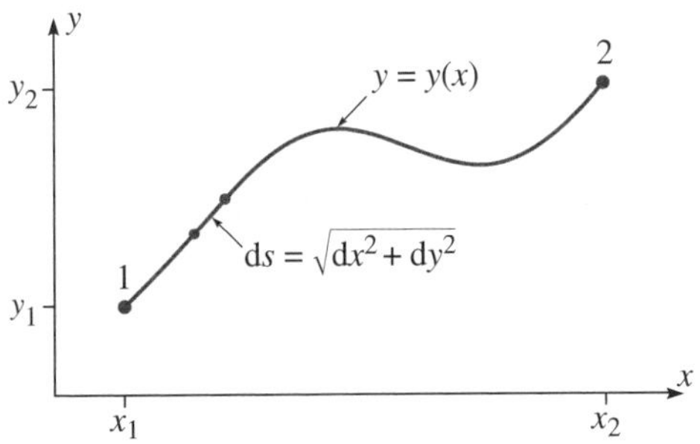

Abbildung 6.1: Ein Verbindungsweg zwischen den beiden Punkten 1 und 2. Die Länge des kurzen Wegstücks ist $ds = \sqrt{dx^2 + dy^2}$, und die Gesamtlänge des Wegs ist $L = \int_1^2 ds$.

Die Länge eines kurzen Wegstücks ist $ds = \sqrt{dx^2 + dy^2}$. Das kann man wegen

$$dy = \frac{dy}{dx}\,dx \equiv y'(x)\,dx$$

umschreiben auf die Form

$$ds = \sqrt{dx^2 + dy^2} = \sqrt{1 + y'(x)^2}\,dx\,. \tag{6.1}$$

Die Gesamtlänge des Wegs zwischen den Punkten 1 und 2 ist also

$$L = \int_1^2 ds = \int_{x_1}^{x_2} \sqrt{1 + y'(x)^2}\,dx\,. \tag{6.2}$$

Diese Gleichung bringt unser Problem in eine mathematische Form: Die Unbekannte ist nun die *Funktion* $y(x)$, die den Weg zwischen den Punkten 1 und 2 definiert. Das Problem besteht nun darin, jene Funktion $y(x)$ zu finden, für die das Integral (6.2) minimal wird. Es ist interessant, dieser Aufgabe das Standardproblem der Minimierung der gewöhnlichen Analysis gegenüberzustellen, wo die Unbekannte der Wert einer Variablen x ist, für den eine bekannte Funktion $f(x)$ minimal wird. Offensichtlich ist das hier formulierte Problem eine Stufe komplizierter als das alte.

Bevor wir uns nun aber die Werkzeuge beschaffen, mit denen sich das neue Problem lösen lässt, betrachten wir erst noch ein weiteres Beispiel.

Das Fermat'sche Prinzip

Ein ähnliches Problem wie das vorangegangene besteht darin, den Weg anzugeben, den ein Lichtstrahl zwischen zwei Punkten durchläuft. Wenn der Brechungsindex des Mediums räumlich konstant ist, dann ist dieser Weg natürlich eine Gerade, aber wenn der Brechungsindex räumlich variiert oder wenn wir einen Spiegel oder eine Linse in den Strahlengang bringen, dann ist der Weg nicht ganz so offensichtlich. Der französische Jurist und Mathematiker Pierre de Fermat (1601–1665) erkannte, dass der gesuchte Lichtweg gerade derjenige Weg ist, für den die benötigte Zeit minimal ist. Wir können das **Fermat'sche Prinzip** anhand von Abbildung 6.1 illustrieren. Die Ausbreitungszeit, die das Licht für die kurze Strecke $\mathrm{d}s$ benötigt, ist $\mathrm{d}s/v$; dabei ist v die Lichtgeschwindigkeit $v = c/n$ in dem jeweiligen Medium (n ist der Brechungsindex des Mediums). Nach dem Fermat'schen Prinzip ist also der tatsächlich durchlaufene Weg zwischen zwei Punkten 1 und 2 genau der Weg, für den die Zeit

$$(\text{Ausbreitungszeit}) = \int_1^2 \mathrm{d}t = \int_1^2 \frac{\mathrm{d}s}{v} = \frac{1}{c}\int_1^2 n\,\mathrm{d}s$$

minimal wird. Ist n konstant, dann kann man n aus dem Integral herausziehen, und das Problem reduziert sich darauf, den kürzesten Weg zwischen den Punkten 1 und 2 zu finden (das Ergebnis ist natürlich eine Gerade). Im allgemeinen Fall kann der Brechungsindex aber räumlich variieren, d. h. $n = n(x, y)$, und dann besteht das Problem darin, den Lichtweg $y(x)$ zu finden, für den das Integral

$$\int_1^2 n(x,y)\,\mathrm{d}s = \int_{x_1}^{x_2} n(x,y)\sqrt{1 + y'(x)^2}\,\mathrm{d}x \tag{6.3}$$

minimal wird. [Ich habe hier für $\mathrm{d}s$ den Ausdruck aus Gleichung (6.1) eingesetzt.]

Das Integral, das gemäß dem Fermat'schen Prinzip minimiert werden soll, ist dem Integral (6.2), das die Weglänge angibt, sehr ähnlich; es ist nur deshalb ein wenig komplizierter, weil der Faktor $n(x, y)$ eine zusätzliche Abhängigkeit von x und y einführt. Ähnliche Integrale tauchen bei vielen anderen Problemen auf. Manchmal suchen wir den Weg, für den ein Integral *maximal* wird, manchmal sind wir sowohl am Maximum als auch am Minimum interessiert. Um eine Vorstellung von den Möglichkeiten zu gewinnen, sollten Sie sich noch einmal ins Gedächtnis zurückrufen, wie die Minima und Maxima in der gewöhnlichen Analysis bestimmt werden. Bekanntermaßen ist dort die notwendige Bedingung für ein Maximum oder ein Minimum einer Funktion $f(x)$, dass deren Ableitung verschwindet, dass also $\mathrm{d}f/\mathrm{d}x = 0$. Leider ist die Erfüllung dieser Bedingung aber nicht hinreichend, die Existenz eines Minimums oder eines Maximums zu garantieren. Wie Sie sicher noch aus Ihren Mathematik-Einführungskursen wissen, gibt es im Prinzip drei Möglichkeiten, die in Abbildung 6.2 gezeigt sind. Ein Punkt x_0, für den die Ableitung $\mathrm{d}f/\mathrm{d}x$ null ist, kann ein Minimum oder ein Maximum sein, aber auch – wenn $\mathrm{d}^2f/\mathrm{d}x^2$ ebenfalls null ist – *keines* von beiden, wie in Abbildung 6.2c gezeigt. Wenn $\mathrm{d}f/\mathrm{d}x = 0$ für x_0 gilt, wir aber nicht wissen, welche der drei Möglichkeiten vorliegt, sprechen wir von x_0 als von einem **stationären Punkt** der Funktion $f(x)$, denn eine infinitesimale Verschiebung von x weg von x_0 verändert den Funktionswert $f(x)$ nicht (da die Steigung null ist).

Die Situation ist bei den in diesem Kapitel behandelten Problemen ganz ähnlich. Das Verfahren, das ich im nächsten Abschnitt beschreiben werde, gibt den Weg an, für den ein Integral wie (6.2) oder (6.3) **stationär** wird, in dem Sinne, dass eine infinitesimale Variation des Wegs gegenüber dem gesuchten Verlauf den Wert des betreffenden Integrals nicht verändert. Wenn Sie nicht wissen, ob das Integral eindeutig

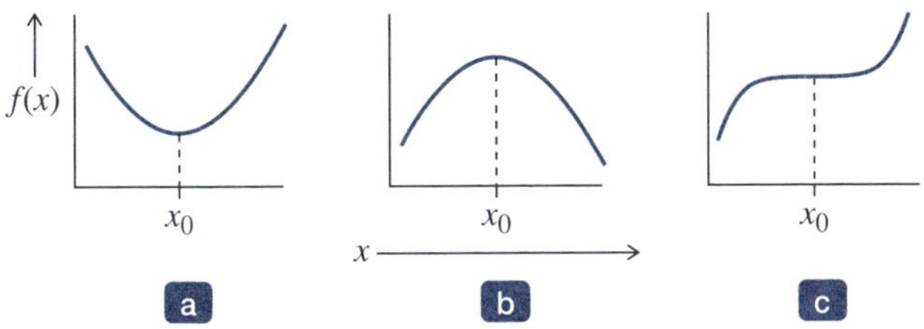

Abbildung 6.2: Wenn die Bedingung $df/dx = 0$ erfüllt ist, gibt es drei Möglichkeiten: (a) Ist die zweite Ableitung an der Stelle x_0 positiv, hat $f(x)$ bei x_0 ein Minimum. (b) Ist die zweite Ableitung negativ, hat $f(x)$ bei x_0 ein Maximum. (c) Ist die zweite Ableitung null, dann kann dort ein Minimum oder ein Maximum, aber auch (wie gezeigt) keines von beiden vorliegen.

ein Minimum (oder ein Maximum oder vielleicht keines von beiden) ist, müssen Sie das separat überprüfen. Damit können wir nun auch die Überschrift dieses Kapitels rechtfertigen: Da wir uns hier damit beschäftigen, wie infinitesimale Variationen von Wegen ein Integral verändern, heißt das Thema **Variationsrechnung**. Aus demselben Grund nennen wir die in diesem Kapitel entwickelten Methoden Variationsmethoden und ein Prinzip wie das von Fermat ein Variationsprinzip.

6.2 Die Euler-Lagrange-Gleichung

Die beiden Beispiele des vorangegangenen Abschnitts illustrieren das allgemeine Anliegen des sogenannten Variationsproblems. Wir haben ein Integral der Form

$$S = \int_{x_1}^{x_2} f[y(x), y'(x), x]\, dx\,, \tag{6.4}$$

in dem $y(x)$ eine noch unbekannte Kurve ist, die wie in Abbildung 6.1 die beiden Punkte (x_1, y_1) und (x_2, y_2) miteinander verbindet; es ist also

$$y(x_1) = y_1 \qquad \text{und} \qquad y(x_2) = y_2\,. \tag{6.5}$$

Unter allen möglichen Kurven, die (6.5) genügen, die also die Punkte 1 und 2 miteinander verbinden, müssen wir diejenige Kurve finden, die das Integral S minimal (oder maximal oder zumindest stationär) macht. Um ein eindeutiges Ziel vor Augen zu haben, nehme ich an, dass wir das Minimum finden wollen. Beachten Sie, dass die Funktion f in (6.4) eine Funktion von drei Variablen ist: $f = f(y, y', x)$; weil aber das Integral entlang des Wegs $y = y(x)$ berechnet wird, ist der Integrand $f = f[y(x), y'(x), x]$ eigentlich eine Funktion von nur einer einzigen Variablen x.

Wir wollen die gesuchte (also die „richtige“) Lösung für unser Problem mit $y = y(x)$ bezeichnen. Dann ist das Integral S in (6.4), wenn man es für $y = y(x)$ berechnet, kleiner als für jede andere Kurve $y = Y(x)$ in der Nachbarschaft (vgl. Abbildung 6.3). Man schreibt die „falsche“ Kurve $Y(x)$ bequemerweise als

$$Y(x) = y(x) + \eta(x)\,. \tag{6.6}$$

Dabei ist $\eta(x)$ (das griechische *eta*) die Abweichung zwischen der falschen Kurve $Y(x)$ und der richtigen Kurve $y(x)$. Weil $Y(x)$ auch durch die Endpunkte 1 und 2

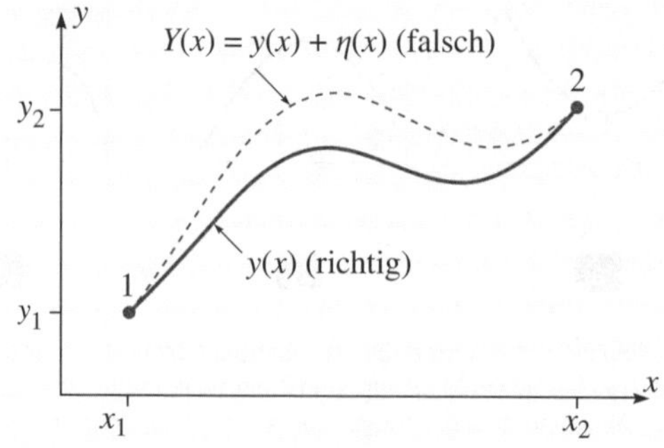

Abbildung 6.3: Der Weg $y = y(x)$ zwischen den Punkten 1 und 2 ist der „richtige" Weg, für den das Integral S aus Gleichung (6.4) minimal wird. Jeder andere Weg $Y(x)$ ist „falsch" in dem Sinne, dass er zu einem größeren Wert von S führt.

verlaufen muss, erfüllt $Y(x)$ die Gleichungen $Y(x_1) = y(x_1)$ und $Y(x_2) = y(x_2)$; also gilt

$$\eta(x_1) = \eta(x_2) = 0\,. \tag{6.7}$$

Es gibt unendlich viele Möglichkeiten, die Abweichung $\eta(x)$ zu wählen; eine mögliche Wahl wäre beispielsweise $\eta = (x-x_1)(x_2-x)$ oder $\eta(x) = \sin[\pi(x-x_1)/(x_2-x_1)]$.

Das Integral S über den falschen Weg $Y(x)$ muss größer sein, als wenn man es über den richtigen Weg $y(x)$ berechnet, ganz gleich, wie sehr sich $Y(x)$ dem richtigen Weg annähert. Um diese Bedingung auszudrücken, führe ich einen Parameter α ein und definiere $Y(x)$ neu als

$$Y(x) = y(x) + \alpha\eta(x)\,. \tag{6.8}$$

Das Integral S über den Weg $Y(x)$ hängt nun von dem Parameter α ab; ich nenne es daher $S(\alpha)$. Den richtigen Weg $y(x)$ erhält man aus (6.8), indem man $\alpha = 0$ setzt. Daher folgt aus der Bedingung, dass S für den richtigen Weg $y(x)$ minimal wird, dass $S(\alpha)$ für $\alpha = 0$ minimal ist. Mit diesem Ergebnis haben wir unser Problem auf die traditionelle Aufgabe aus der elementaren Analysis zurückgeführt, bei der eine gewöhnliche Funktion [nämlich $S(\alpha)$] ein Minimum an einem genau angegebenen Punkt ($\alpha = 0$) hat. Um das sicherzustellen, müssen wir nur überprüfen, ob $\mathrm{d}S/\mathrm{d}\alpha$ für $\alpha = 0$ null wird.

Wenn wir unser Integral $S(\alpha)$ ausführlich aufschreiben, sieht es folgendermaßen aus:

$$\begin{aligned} S(\alpha) &= \int_{x_1}^{x_2} f(Y, Y', x)\,\mathrm{d}x \\ &= \int_{x_1}^{x_2} f(y + \alpha\eta, y' + \alpha\eta', x)\,\mathrm{d}x\,. \end{aligned} \tag{6.9}$$

Beim Ableiten von (6.9) nach α ist zu beachten, dass α in der Funktion f auftaucht; wir müssen also $\partial f/\partial\alpha$ berechnen. Da α in zwei Argumenten von f erscheint, erhalten wir zwei Terme, nämlich (nach der Kettenregel)

$$\frac{\partial f(y+\alpha\eta, y'+\alpha\eta', x)}{\partial\alpha} = \eta\frac{\partial f}{\partial y} + \eta'\frac{\partial f}{\partial y'} .$$

Für $\mathrm{d}S/\mathrm{d}\alpha$ ergibt sich damit (der Ausdruck soll ja null sein)

$$\frac{\mathrm{d}S}{\mathrm{d}\alpha} = \int_{x_1}^{x_2} \frac{\partial f}{\partial\alpha}\,\mathrm{d}x = \int_{x_1}^{x_2}\left(\eta\frac{\partial f}{\partial y} + \eta'\frac{\partial f}{\partial y'}\right)\mathrm{d}x = 0 . \tag{6.10}$$

Diese Bedingung muss für jedes $\eta(x)$ erfüllt sein, das (6.7) genügt, also für jede Wahl eines „falschen“ Wegs $Y(x) = y(x) + \alpha\eta(x)$.

Um die Bedingung (6.10) auszunützen, müssen wir den zweiten Term auf der rechten Seite mithilfe einer partiellen Integration[1] umformen (beachten Sie, dass η' nur eine andere Schreibweise ist für $\mathrm{d}\eta/\mathrm{d}x$):

$$\int_{x_1}^{x_2} \eta'(x)\frac{\partial f}{\partial y'}\,\mathrm{d}x = \left[\eta(x)\frac{\partial f}{\partial y'}\right]_{x_1}^{x_2} - \int_{x_1}^{x_2}\eta(x)\frac{\mathrm{d}}{\mathrm{d}x}\left(\frac{\partial f}{\partial y'}\right)\mathrm{d}x .$$

Wegen der Bedingung (6.7) ist der erste Term auf der rechten Seite (der „Beitrag der Endpunkte“) null. Damit ist[2]

$$\int_{x_1}^{x_2} \eta'(x)\frac{\partial f}{\partial y'}\mathrm{d}x = -\int_{x_1}^{x_2}\eta(x)\,\frac{\mathrm{d}}{\mathrm{d}x}\left(\frac{\partial f}{\partial y'}\right)\mathrm{d}x . \tag{6.11}$$

Setzen wir diese Gleichung in (6.10) ein, so erhalten wir

$$\int_{x_1}^{x_2}\eta(x)\left(\frac{\partial f}{\partial y} - \frac{\mathrm{d}}{\mathrm{d}x}\frac{\partial f}{\partial y'}\right)\mathrm{d}x = 0 . \tag{6.12}$$

Diese Bedingung muss für jede Wahl der Funktion $\eta(x)$ erfüllt sein. Daher muss, wie ich gleich begründen werde, der zweite Faktor im Integranden null sein:

$$\frac{\partial f}{\partial y} - \frac{\mathrm{d}}{\mathrm{d}x}\frac{\partial f}{\partial y'} = 0 \qquad \text{(Euler-Lagrange-Gleichung)} \tag{6.13}$$

für alle x (in dem betrachteten Intervall $x_1 \le x \le x_2$). Das ist die sogenannte **Euler-Lagrange-Gleichung** (benannt nach dem Schweizer Mathematiker Leonhard Euler,

1 Wenn Sie daran gewöhnt sind, die partielle Integration in der Form $\int v\,\mathrm{d}u = [uv] - \int u\,\mathrm{d}v$ zu schreiben, dann sollten Sie sich klar machen, dass es noch eine weitere Schreibweise für denselben Sachverhalt gibt: $\int u'v\,\mathrm{d}x = [uv] - \int uv'\,\mathrm{d}x$. In Worten: In dem Integral $\int u'v\,\mathrm{d}x$ können Sie den Strich vom u zum v verschieben, wenn Sie gleichzeitig das Vorzeichen ändern und den Beitrag der Integrationsgrenzen $[uv]$ hinzuaddieren.

2 Dies ist die einfache Form, in der die partielle Integration in der Physik oft vorkommt: Wenn der Beitrag der Endpunkte $[uv]$ null ist (und das ist häufig der Fall), dann können Sie durch die partielle Integration die Ableitung von u nach v verschieben, wenn Sie dabei das Vorzeichen ändern, d. h. $\int u'v\,\mathrm{d}x = -\int uv'\,\mathrm{d}x$.

1707–1783, und dem aus Italien stammenden französischen Physiker und Mathematiker Joseph Louis Lagrange, 1736–1813). Mithilfe dieser Gleichung lässt sich der Weg finden, für den das Integral S stationär ist. Bevor ich das anhand von Beispielen illustriere, muss ich noch den Schritt von (6.12) nach (6.13) begründen, der ja alles andere als offensichtlich ist.

Gleichung (6.12) hat die Form $\int \eta(x)g(x)\,\mathrm{d}x = 0$. Ich will nicht behaupten, dass allein aus dieser Bedingung schon $g(x) = 0$ für alle x folgt; allerdings gilt (6.12) für eine *beliebige* Wahl der Funktion $\eta(x)$, und wenn $\int \eta(x)g(x)\,\mathrm{d}x = 0$ für eine beliebige Funktion $\eta(x)$ gilt, dann *können* wir wirklich folgern, dass $g(x) = 0$ für alle x gilt. Um das zu beweisen, müssen wir annehmen, dass alle betrachteten Funktionen stetig sind, aber davon gehen wir als Physiker ja sowieso immer aus.[3] Um die Behauptung zu beweisen, nehmen wir das Gegenteil an, dass also $g(x)$ in einem bestimmten Intervall zwischen x_1 und x_2 nicht null ist. Dann wählen wir eine Funktion $\eta(x)$ mit demselben Vorzeichen wie $g(x)$ (d. h. η ist positiv, wo g positiv ist, und η ist negativ, wo g negativ ist). Dann ist der Integrand stetig, erfüllt die Bedingung $\eta(x)g(x) \geq 0$ und ist wenigstens in einem Intervall von null verschieden. Unter diesen Bedingungen kann $\int \eta(x)g(x)\,\mathrm{d}x$ nicht null sein. Und aus diesem Widerspruch folgt, dass $g(x)$ *wirklich* null für alle x ist.

Damit ist der Beweis der Euler-Lagrange-Gleichung vollständig. Um sie anzuwenden, gehen Sie folgendermaßen vor: (1) Formulieren Sie das Problem so, dass die Größe, deren stationären Weg Sie suchen, sich als Integral in der Standardform

$$S = \int_{x_1}^{x_2} f[y(x), y'(x), x]\,\mathrm{d}x \tag{6.14}$$

ausdrücken lässt. Dabei ist $f[y(x), y'(x), x]$ eine Ihrem Problem angepasste Funktion. (2) Schreiben Sie dann die Euler-Lagrange-Gleichung (6.13) mithilfe der Funktion $f[y(x), y'(x), x]$ auf. (3) Lösen Sie (falls möglich) die Differenzialgleichung (6.13) für die Funktion $y(x)$, die den benötigten stationären Weg angibt. Im nächsten Abschnitt werde ich dieses Vorgehen anhand einiger Beispiele illustrieren.

6.3 Anwendungen der Euler-Lagrange-Gleichung

Wir beginnen mit dem Problem, das schon am Anfang dieses Kapitels stand, nämlich mit der Suche nach dem kürzesten Weg zwischen zwei Punkten in einer Ebene.

Die kürzeste Verbindung zwischen zwei Punkten

Beispiel 6.1 Wie wir gesehen haben, ist die Weglänge zwischen zwei Punkten 1 und 2 gegeben durch das Integral (6.2) gemäß

$$L = \int_1^2 \mathrm{d}s = \int_{x_1}^{x_2} \sqrt{1 + y'^2}\,\mathrm{d}x\,.$$

Dieses Integral hat die Standardform (6.14), wobei die Funktion f gegeben ist durch

$$f(y, y', x) = (1 + y'^2)^{1/2}\,. \tag{6.15}$$

3 Das Ergebnis ist natürlich falsch, wenn man auch nichtstetige Funktionen zulässt. Wenn beispielsweise $g(x)$ an nur einem einzigen Punkt von null verschieden wäre, dann wäre $\int \eta(x)g(x)\,\mathrm{d}x$ immer noch null.

Um die Euler-Lagrange-Gleichung verwenden zu können, müssen wir die beiden in ihr auftretenden partiellen Ableitungen berechnen:

$$\frac{\partial f}{\partial y} = 0 \quad \text{und} \quad \frac{\partial f}{\partial y'} = \frac{y'}{(1 + y'^2)^{1/2}} \,. \tag{6.16}$$

Wegen $\partial f/\partial y = 0$ folgt aus (6.13) einfach

$$\frac{\mathrm{d}}{\mathrm{d}x}\frac{\partial f}{\partial y'} = 0 \,.$$

Mit anderen Worten: $\partial f/\partial y'$ ist eine Konstante C. Nach (6.16) folgt daraus

$$y'^2 = C^2(1 + y'^2)$$

oder, nach einer kleinen Umordung, $y'^2 = \text{const.}$ Daraus wiederum folgt, dass $y'(x)$ eine Konstante ist, die wir mit m bezeichnen können. Integrieren wir die Gleichung $y'(x) = m$, finden wir $y(x) = mx + b$, also eine Geradengleichung. Damit haben wir bewiesen, dass die kürzeste Verbindung zwischen zwei Punkten eine Gerade ist! ■

Eine Bemerkung zu den Variablen

Bislang haben wir Probleme mit zwei Variablen betrachtet, die wir mit x und y bezeichnet haben. Dabei war immer x die unabhängige und y die abhängige Variable, die über die Gleichung $y = y(x)$ miteinander zusammenhingen. Leider sind wir – sei es aus Bequemlichkeit, sei es durch Tradition – häufig gehalten, die Variablen anders zu benennen. Beispielsweise ist bei einem einfachen eindimensionalen mechanischen Problem die unabhängige Variable die Zeit t und die abhängige Variable der Ort $x = x(t)$. Sie müssen sich also daran gewöhnen, die Euler-Lagrange-Gleichung auch mit anderen Variablen zu verwenden als mit x und y, also beispielsweise mit t und x. Im nächsten Beispiel sind die beiden Variablen zwar wieder x und y, allerdings ist hier y die unabhängige Variable, und die Rollen von x und y in den Gleichungen (6.13) und (6.14) sind genau vertauscht.

Die Brachistochrone

Beispiel 6.2 Ein berühmtes Problem der Variationsrechnung ist das folgende: Gegeben sind zwei Punkte 1 und 2, von denen der Punkt 1 höher über dem Boden liegt. Welche Form muss eine reibungsfreie Achterbahn haben, wenn ein Wagen auf ihr in der kürzestmöglichen Zeit von Punkt 1 zu Punkt 2 rollen soll? Dieses Problem wird das **Brachistochronenproblem** genannt (nach den griechischen Wörtern *brachistos* „kürzest“ und *chronos* „Zeit“). Die Geometrie des Problems ist in Abbildung 6.4 skizziert; ich habe dort Punkt 1 in den Ursprung gelegt und messe y vertikal nach unten.

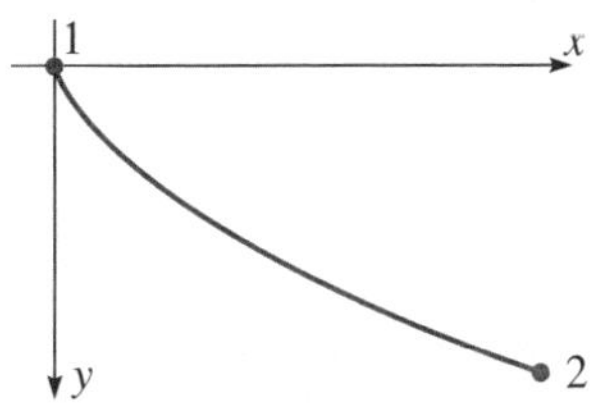

Abbildung 6.4: Beim Brachistochronenproblem ist die Form eines Achterbahngleises so zu bestimmen, dass ein Wagen, der in Punkt 1 startet, darauf in der kürzestmöglichen Zeit zu Punkt 2 gelangt.

Lösung Die Zeit für die Bewegung von Punkt 1 zu 2 ist

$$\text{Zeit}(1 \to 2) = \int_1^2 \frac{ds}{v}\,. \tag{6.17}$$

Dabei ergibt sich die Geschwindigkeit v für eine beliebige Höhe y über die Energieerhaltung gemäß $v = \sqrt{2gy}$ (Aufgabe 8). Man findet also v als eine Funktion von y. Es ist demnach sinnvoll, y als die unabhängige Variable anzusehen und die unbekannte Verbindungsstrecke als $x = x(y)$ zu schreiben. Daher ist die Entfernung ds zwischen zwei benachbarten Punkten auf der Verbindungsstrecke in der Form

$$ds = \sqrt{dx^2 + dy^2} = \sqrt{x'(y)^2 + 1}\,dy \tag{6.18}$$

zu schreiben; der Strich gibt hier die Ableitung nach y an, also $x'(y) = dx/dy$. Damit ergibt sich nach (6.17) die gesuchte Zeit als

$$\text{Zeit}(1 \to 2) = \frac{1}{\sqrt{2g}} \int_0^{y_2} \frac{\sqrt{x'(y)^2 + 1}}{\sqrt{y}}\,dy\,. \tag{6.19}$$

Gleichung (6.19) gibt das Integral an, dessen Minimum wir finden wollen. Es hat die Standardform (6.14), nur dass die Rollen von x und y vertauscht sind, mit dem Integranden

$$f(x, x', y) = \frac{\sqrt{x'^2 + 1}}{\sqrt{y}}\,. \tag{6.20}$$

Um den Weg zu finden, für den die Zeit minimal ist, müssen wir die Euler-Lagrange-Gleichung (wiederum mit vertauschtem x und y) auf diese Funktion anwenden:

$$\frac{\partial f}{\partial x} = \frac{d}{dy}\frac{\partial f}{\partial x'}\,. \tag{6.21}$$

Die Funktion in (6.20) ist unabhängig von x, ihre Ableitung nach x ist also null, und (6.21) sagt uns einfach, dass $\partial f/\partial x'$ eine Konstante ist. Wir berechnen diese Ableitung (dabei quadrieren wir der besseren Handhabung wegen) und folgern:

$$\frac{x'^2}{y(1 + x'^2)} = \text{const.} = \frac{1}{2a}\,. \tag{6.22}$$

Hier habe ich (um der späteren Bequemlichkeit willen) die Konstante als $1/2a$ geschrieben. Diese Gleichung lässt sich leicht nach x' auflösen und ergibt

$$x' = \sqrt{\frac{y}{2a - y}}\,,$$

woraus folgt

$$x = \int \sqrt{\frac{y}{2a - y}}\,dy\,. \tag{6.23}$$

Dieses Integral lässt sich durch die höchst eigenwillig anmutende Substitution

$$y = a(1 - \cos\theta) \tag{6.24}$$

lösen, und daraus ergibt sich (Sie sollten das nachrechnen!)

$$\begin{aligned} x &= a\int(1-\cos\theta)\,\mathrm{d}\theta \\ &= a(\theta-\sin\theta)+\text{const.} \end{aligned} \tag{6.25}$$

Die zwei Gleichungen (6.25) und (6.24) sind parametrische Gleichungen für den gewünschten Weg, in denen x und y jeweils als Funktionen des Parameters θ angegeben sind. Wir haben den Anfangspunkt 1 so gewählt, dass $x = y = 0$ ist, und daher liest man aus (6.24) ab, dass der Anfangswert von θ null ist. Daraus wiederum folgert man, dass die Integrationskonstante in (6.25) null ist. Damit ist die parametrische Gleichung für den Weg letztlich

$$x = a(\theta-\sin\theta) \qquad \text{und} \qquad y = a(1-\cos\theta)\,. \tag{6.26}$$

Man muss die Konstante a so wählen, dass die Kurve durch den vorgegebenen Punkt 2 mit (x_2, y_2) verläuft.

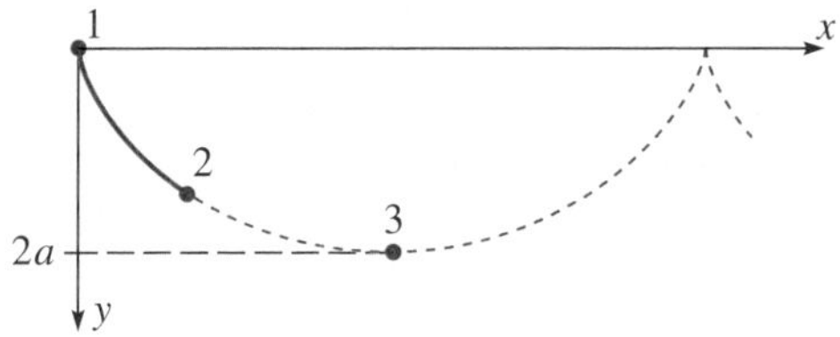

Abbildung 6.5: Die Bahn eines Achterbahnwagens, für die sich die kürzeste Zeit für den Weg zwischen den vorgegebenen Punkten 1 und 2 ergibt, ist Teil der Zykloide mit einem Scheitelpunkt in 1, die durch 2 verläuft. Die Zykloide wird von einem Punkt auf dem Rand eines Rades vom Radius a beschrieben, das mit seiner Unterseite auf der x-Achse abrollt. Der Punkt 3 ist der tiefste Punkt der Kurve.

Die Kurve (6.26) ist in Abbildung 6.5 dargestellt. Dort habe ich die Kurve über den Punkt 2 hinaus (punktiert) fortgesetzt, um zu zeigen, dass es sich bei der Lösungskurve für das Brachistochronenproblem um eine **Zykloide** handelt, eine Kurve, die von einem Punkt auf dem Rand eines sich drehenden Rades vom Radius a beschrieben wird, das auf der Unterseite der x-Achse abrollt (Aufgabe 14). Die Kurve hat noch eine weitere bemerkenswerte Eigenschaft: Wenn wir den Wagen in Punkt 2 aus dem Stand starten und bis zum Tiefpunkt der Kurve rollen lassen (Punkt 3 in der Abbildung), dann ist die Zeit für die Bewegung von 2 nach 3 immer dieselbe, egal wo wir den Punkt 2 (irgendwo zwischen 1 und 3) ansetzen. Wenn also ein Wagen auf einer zykloidenförmigen Bahn hin- und herrollt, dann sind diese Schwingungen genau **isochron** (d. h., die Periodendauer hängt nicht von der Amplitude ab; die Bezeichung kommt von den griechischen Begriffen *iso* „gleich" und *chronos* „Zeit"), im Gegensatz zu den Schwingungen eines Fadenpendels, die nur dann näherungsweise isochron sind, wenn die Amplitude gering ist (Aufgabe 25). Der Isochronismus der Zykloide wurde erstmals von Christiaan Huygens (1629–1695) beim Entwurf von mechanischen Uhren ausgenützt; die erste Uhr nach seinen Plänen mit einer Genauigkeit von etwa 10 Sekunden pro Tag wurde 1657 gebaut. ■

Maximum, Minimum und Stationarität

Sie werden vielleicht bemerkt haben, dass ich in keinem der Beispiele in diesem Abschnitt überprüft habe, ob die gefundene Kurve tatsächlich zum Minimalwert des untersuchten Integrals führt – dass also beispielsweise die gerade Linie zwischen zwei Punkten wirklich die Weglänge *minimal* macht (und nicht maximal oder einfach nur stationär). Die Euler-Lagrange-Gleichung garantiert nur, dass man durch sie einen Weg findet, für den das Ausgangsintegral stationär ist. Zu entscheiden, ob ein Minimum oder ein Maximum vorliegt (oder eine stationäre Kurve, für beides nicht zutrifft), ist im Allgemeinen sehr schwierig. Es gibt nur einige wenige Fälle, in denen man das leicht erkennen kann. Beispielsweise ist es offensichtlich, dass eine gerade Linie zwischen zwei Punkten den *minimalen* Abstand zwischen zwei Punkten angibt. Im Fall der Brachistochrone ist es aber keineswegs offensichtlich, dass der gefundene Weg die minimale Zeit garantiert, obwohl es tatsächlich so ist.

Um die Vielfalt der Möglichkeiten zu erkennen, versuchen Sie einmal, den kürzesten Weg – die so genannte **Geodäte** – zwischen zwei Punkten 1 und 2 auf der kugelförmigen Erdoberfläche zu finden. Wie Sie sicherlich wissen, ist das der **Großkreis** durch die beiden Punkte.[4] Mit der Variationsrechnung lässt sich relativ leicht beweisen, dass ein Großkreis tatsächlich den Abstand zwischen den Punkten stationär macht: In sphärischen Polarkoordinaten lässt sich jeder Punkt auf der Erdoberfläche durch die beiden Winkel θ und φ angeben. Wenn Sie den Weg als $\varphi = \varphi(\theta)$ schreiben und das Integral bestimmen, das den Abstand entlang des Weges zwischen den Punkten 1 und 2 berechnet, lässt sich zeigen, dass nach der Euler-Lagrange-Gleichung für $\varphi(\theta)$ der Weg ein Großkreis sein muss. (Details dazu werden in Aufgabe 16 angegeben.) Aber Sie müssen sorgfältig überlegen, um zu entscheiden, ob sich wirklich der *minimale* Abstand ergibt: Es gibt nämlich *zwei verschiedene* Großkreise, die die Punkte 1 und 2 auf der Kugel verbinden. Der Einfachheit halber betrachten wir zwei Städte am Äquator, nämlich Quito in Ecuador (an der Pazifikküste) und das brasilianische Macapá (an der Mündung des Amazonas in den Atlantik). Der „richtige" kürzeste Weg ist natürlich der Abschnitt des Großkreises entlang des Äquators, der rund 4000 Kilometer quer durch Südamerika verläuft. Aber es gibt eine zweite Lösung, die ebenfalls die Euler-Lagrange-Gleichung erfüllt: Man wendet sich von Quito aus entlang des Äquators nach Westen, überquert den Pazifik, den afrikanischen Kontinent und den Atlantik und kommt etwa 36 000 km später in Macapá an. Sie vermuten vielleicht, dass dieser Weg die maximale Länge hat, aber er ist weder minimal noch maximal lang: Man kann leicht nahegelegene Wege konstruieren, die kürzer sind, aber man findet auch leicht längere Wege. Mit anderen Worten: Der zweite Weg entlang des Großkreises ist weder ein Minimum noch ein Maximum. Damit ist dieser zweite Weg vergleichbar mit einem Punkt mit horizontaler Tangente in der gewöhnlichen Analysis. In diesem Fall ist es natürlich offensichtlich, dass der erste Weg tatsächlich die minimale Länge hat. Es sollte Ihnen aber bewusst sein, dass es im allgemeinen Fall recht knifflig sein kann zu entscheiden, von welcher Art der stationäre Weg ist, der sich aus der Euler-Lagrange-Gleichung ergibt.

Zum Glück ist diese Frage für unsere Zwecke irrelevant. Wir werden sehen, dass es für die Anwendungen in der Mechanik nur darauf ankommt, einen Weg zu finden, der ein bestimmtes Integral *stationär* macht. Es spielt schlicht keine Rolle, ob sich dabei ein Minimum, ein Maximum oder keines von beiden ergibt.

4 Ein Großkreis ist der größtmögliche Kreis auf einer Kugeloberfläche. Er ergibt sich, wenn man die Kugel in einer Ebene durch den Kugelmittelpunkt schneidet.

6.4 Mehr als zwei Variable

Bislang haben wir nur Probleme mit lediglich zwei Variablen betrachtet, nämlich mit einer unabhängigen Variable (normalerweise x) und einer abhängigen Variable (normalerweise y). Bei den meisten Anwendungen in der Mechanik gibt es jedoch mehrere abhängige Variable, allerdings glücklicherweise nur eine unabhängige Variable, normalerweise die Zeit t. Zu einem einfachen Beispiel für ein Problem mit zwei abhängigen Variablen gelangen wir, wenn wir noch einmal den kürzesten Weg zwischen zwei Punkten betrachten. Als wir nach dem kürzesten Weg zwischen den Punkten 1 und 2 suchten, waren wir davon ausgegangen, dass sich der Weg in der Form $y = y(x)$ schreiben lässt. Das erscheint zwar ganz vernünftig, aber es gibt ja auch Wege, die sich nicht in dieser Form schreiben lassen, etwa die Spirale in Abbildung 6.6. Wenn wir ganz sichergehen wollen, dass wir den kürzesten unter allen möglichen Wegen finden, müssen wir ein Verfahren anwenden, das auch solche Wege einschließt. Dazu schreiben wir den Weg in parametrischer Form als

$$x = x(u) \quad \text{und} \quad y = y(u)\,. \tag{6.27}$$

Dabei ist u eine passend gewählte Variable, mit der sich die Kurve bequem parametrisieren lässt (beispielsweise die Kurvenlänge entlang des Wegs). Die parametrische Form (6.27) schließt alle bislang betrachteten Wege ein. [Für $y = y(x)$ verwenden Sie einfach x als Parameter u.] Diese Form schließt aber auch Kurven der Art von Abbildung 6.6 und tatsächlich alle in Frage kommenden Kurven ein.[5]

Die Länge eines kleinen Abschnitts des Weges (6.27) ist

$$ds = \sqrt{dx^2 + dy^2} = \sqrt{x'(u)^2 + y'(u)^2}\,du\,, \tag{6.28}$$

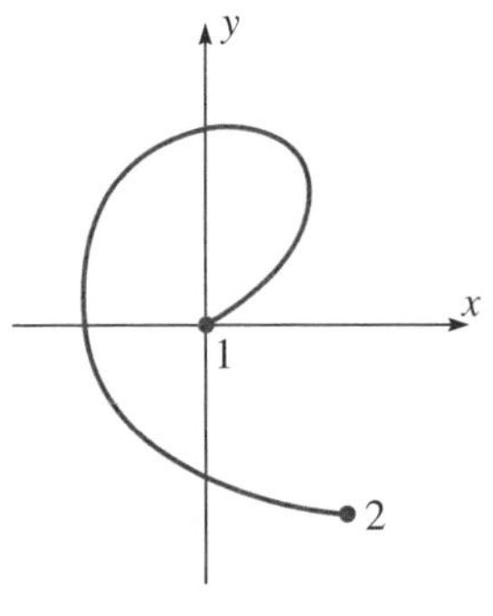

Abbildung 6.6: Dieser Weg zwischen den beiden Punkten 1 und 2 lässt sich nicht in der Form $y = y(x)$, aber auch nicht in der Form $x = x(y)$ schreiben. Man kann ihn aber sehr wohl in der parametrischen Form (6.27) darstellen.

5 Falls Sie sich für mathematische Feinheiten interessieren, sollte ich hinzufügen, dass ich im Folgenden annehmen werde, dass alle betrachteten Funktionen stetig sind und eine stetige zweite Ableitung haben. Diese Annahme könnte aber beispielsweise dadurch ein wenig abgeschwächt werden, dass einige Unstetigkeitsstellen in den Ableitungen zulässig sind.

wobei der Strich wie üblich die Ableitung nach dem Argument der Funktion bezeichnet, also $x'(u) = \mathrm{d}x/\mathrm{d}u$ und $y'(u) = \mathrm{d}y/\mathrm{d}u$. Die Gesamtlänge des Wegs ist demnach

$$L = \int_{u_1}^{u_2} \sqrt{x'(u)^2 + y'(u)^2}\, \mathrm{d}u\,; \tag{6.29}$$

es ist nun unsere Aufgabe, die beiden Funktionen $x(u)$ und $y(u)$ zu finden, für die das Integral minimal wird.

Diese Aufgabe ist komplizierter als alle bisher behandelten Probleme, weil es nun *zwei* unbekannte Funktionen $x(u)$ und $y(u)$ gibt. Ein solches Problem lässt sich allgemein so formulieren: Gegeben ist ein Integral der Form

$$S = \int_{u_1}^{u_2} f[x(u), y(u), x'(u), y'(u), u]\, \mathrm{d}u \tag{6.30}$$

zwischen zwei festen Punkten $[x(u_1), y(u_1)]$ und $[x(u_2), y(u_2)]$. Zu bestimmen ist der Weg $[x(u), y(u)]$, für den das Integral S stationär wird. Die Lösung dieses Problems ähnelt stark der Lösung des Falls mit einer Variablen, sodass ich sie hier nur skizziere und es Ihnen überlasse, die Lücken zu ergänzen. Es läuft darauf hinaus, dass wir bei zwei abhängigen Variablen auch zwei Euler-Lagrange-Gleichungen erhalten. Der Beweis läuft genauso wie zuvor: Der richtige Weg soll gegeben sein durch

$$x = x(u) \quad \text{und} \quad y = y(u)\,. \tag{6.31}$$

Dann betrachten wir einen benachbarten „falschen" Weg der Form

$$x = x(u) + \alpha\xi(u) \quad \text{und} \quad y = y(u) + \beta\eta(u) \tag{6.32}$$

(das ξ ist der griechische Buchstabe „xi"). Die Forderung, das Integral S für den richtigen Weg (6.31) solle stationär sein, ist äquivalent zu der Forderung, dass das Integral $S(\alpha, \beta)$, genommen über den falschen Weg (6.32), den Gleichungen

$$\frac{\partial S}{\partial \alpha} = 0 \quad \text{und} \quad \frac{\partial S}{\partial \beta} = 0 \tag{6.33}$$

mit $\alpha = \beta = 0$ genügt. Diese beiden Bedingungen sind die natürlichen Verallgemeinerungen der Bedingung (6.10) für den Fall mit einer Variablen. In einem Gedankengang, der völlig analog ist zu der Argumentation, die uns von (6.10) nach (6.13) geführt hat, können Sie zeigen, dass diese beiden Bedingungen zu den folgenden zwei Euler-Lagrange-Gleichungen äquivalent sind (vgl. dazu Aufgabe 26):

$$\frac{\partial f}{\partial x} = \frac{\mathrm{d}}{\mathrm{d}u}\frac{\partial f}{\partial x'} \quad \text{und} \quad \frac{\partial f}{\partial y} = \frac{\mathrm{d}}{\mathrm{d}u}\frac{\partial f}{\partial y'}\,. \tag{6.34}$$

Diese beiden Gleichungen bestimmen einen Weg, für den das Integral (6.30) stationär ist, und umgekehrt: Wenn das Integral für einen bestimmten Weg stationär ist, muss dieser Weg den beiden Gleichungen genügen.

Beispiel 6.3 Nun können wir das Problem des kürzesten Weges zwischen zwei Punkten vollständig (d. h. unter Einbeziehung *aller* möglichen Wege, einschließlich eines Weges wie in Abbildung 6.6), lösen. Aus (6.29) kennen wir den Integranden f für dieses Problem:

Noch einmal der kürzeste Weg zwischen zwei Punkten

$$f(x, x', y, y', u) = \sqrt{x'^2 + y'^2}\,. \tag{6.35}$$

Da dieser Ausdruck sowohl von x als auch von y unabhängig ist, sind die beiden Ableitungen $\partial f/\partial x$ und $\partial f/\partial y$ auf den jeweils linken Seiten von (6.34) null. Also folgt aus den beiden Euler-Lagrange-Gleichungen, dass die beiden Ableitungen $\partial f/\partial x'$ und $\partial f/\partial y'$ konstant sind:

$$\frac{\partial f}{\partial x'} = \frac{x'}{\sqrt{x'^2 + y'^2}} = C_1 \qquad \text{und} \qquad \frac{\partial f}{\partial y'} = \frac{y'}{\sqrt{x'^2 + y'^2}} = C_2\,. \tag{6.36}$$

Wir dividieren die zweite Gleichung durch die erste und erkennen, dass y'/x' gerade die Ableitung $\mathrm{d}y/\mathrm{d}x$ ist. Dann können wir folgern:

$$\frac{y'}{x'} = \frac{\mathrm{d}y/\mathrm{d}u}{\mathrm{d}x/\mathrm{d}u} = \frac{\mathrm{d}y}{\mathrm{d}x} = \frac{C_2}{C_1} = m\,. \tag{6.37}$$

Der gesuchte Weg ist also eine Gerade der Form $y = mx + b$. Interessanterweise ist dieser Beweis mithilfe einer parametrischen Gleichung nicht nur besser als der ursprüngliche Beweis (besser in dem Sinne, dass er *alle* möglichen Wege einbezieht), er ist auch noch etwas einfacher als der alte. ■

Die Euler-Lagrange-Gleichung lässt sich nach dieser einfachen Methode auf eine beliebige Anzahl von abhängigen Variablen verallgemeinern, darum müssen wir das nicht im Detail durchgehen. An dieser Stelle will ich nur skizzieren, auf welche Weise die Euler-Lagrange-Gleichungen in der Lagrange'schen Formulierung der Mechanik auftauchen.

Die unabhängige Variable im Lagrange-Formalismus ist die Zeit t. Die abhängigen Variablen sind die Koordinaten, die die Lage oder die „Konfiguration“ eines Systems angeben; sie werden üblicherweise mit $q_1, q_2, \ldots, q_n$ bezeichnet. Die Anzahl n der Koordinaten hängt vom jeweiligen System ab. Für ein einzelnes Teilchen, das sich ohne Nebenbedingungen in drei Dimensionen bewegen kann, gilt $n = 3$, und die drei Koordinaten q_1, q_2, q_3 können die drei kartesischen Koordinaten x, y, z sein, aber auch beispielsweise die sphärischen Polarkoordinaten r, θ, φ. Für N frei bewegliche Teilchen in drei Dimensionen gilt $n = 3N$, und die Koordinaten können die $3N$ kartesischen Koordinaten $x_1, y_1, z_1, \ldots, x_N, y_N, z_N$ sein. Bei einem Doppelpendel (zwei Fadenpendel, von denen das zweite am Pendelkörper des ersten befestigt ist, vgl. Abbildung 6.7) gibt es zwei Koordinaten q_1, q_2, die man beispielsweise als die beiden in der Abbildung gezeigten Winkel θ_1 und θ_2 wählen kann. Weil die Koordinaten $q_1, \ldots, q_n$ in so vielerlei Gestalt auftauchen können, nennt man sie oft **verallgemeinerte Koordinaten**. Es ist häufig hilfreich sich vorzustellen, die n verallgemeinerten Koordinaten würden einen Punkt in einem n-dimensionalen **Konfigurationsraum** angeben, dessen Punkte jeweils einen eindeutigen Zustand („Konfiguration“) des Systems beschreiben.

Das Ziel bei den meisten Problemen, die mithilfe des Lagrange-Formalismus behandelt werden, besteht darin herauszufinden, wie sich die Koordinaten mit der Zeit ändern, also die n Funktionen $q_1(t), \ldots, q_n(t)$ zu bestimmen. Man kann sich das so

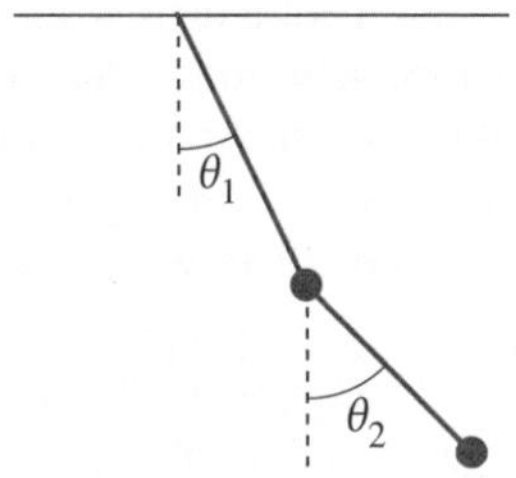

Abbildung 6.7: Eine gute Wahl für die verallgemeinerten Koordinaten bei diesem Doppelpendel sind die beiden Winkel θ_1 bzw. θ_2 zwischen dem jeweiligen Pendel und der Vertikalen.

vorstellen, dass diese n Funktionen einen Weg im n-dimensionalen Konfigurationsraum beschreiben. Dieser Weg ist natürlich durch das zweite Newton'sche Gesetz bestimmt, wir werden aber sehen, dass man ihn äquivalent auch als den Weg charakterisieren kann, für den ein bestimmtes Integral stationär ist. Er muss also die entsprechende Euler-Lagrange-Gleichung (die in diesem Zusammenhang nur als Lagrange-Gleichung bezeichnet wird) erfüllen; es wird sich zeigen, dass sich diese Lagrange-Gleichungen meist wesentlich leichter aufschreiben und anwenden lassen als das zweite Newton'sche Gesetz. Insbesondere haben die Lagrange-Gleichungen – anders als das zweite Newton'sche Gesetz – in allen Koordinatensystemen die gleiche einfache Gestalt.

Das Integral S, dessen stationärer Wert die zeitliche Entwicklung des mechanischen Systems bestimmt, heißt *Wirkungsintegral*. Sein Integrand ist die *Lagrange-Funktion* $\mathcal{L}$; diese hängt von den n Koordinaten $q_1, q_2, \ldots, q_n$, von deren n zeitlichen Ableitungen $\dot{q}_1, \dot{q}_2, \ldots, \dot{q}_n$ und von der Zeit t ab:

$$\mathcal{L} = \mathcal{L}(q_1, \dot{q}_1, \cdots, q_n, \dot{q}_n, t)\,. \tag{6.38}$$

Beachten Sie, dass die unabhängige Variable die Zeit t ist; die Ableitungen der Koordinaten q_i sind zeitliche Ableitungen und werden wie üblich mit einem Punkt als $\dot{q}_i$ gekennzeichnet. Aus der Forderung, dass das Wirkungsintegral

$$S = \int_{t_1}^{t_2} \mathcal{L}(q_1, \dot{q}_1, \ldots, q_n, \dot{q}_n, t)\,\mathrm{d}t \tag{6.39}$$

stationär ist, folgt, dass es n Euler-Lagrange-Gleichungen gibt:

$$\frac{\partial\mathcal{L}}{\partial q_1} = \frac{\mathrm{d}}{\mathrm{d}t}\frac{\partial\mathcal{L}}{\partial\dot{q}_1}\,, \quad \frac{\partial\mathcal{L}}{\partial q_2} = \frac{\mathrm{d}}{\mathrm{d}t}\frac{\partial\mathcal{L}}{\partial\dot{q}_2}\,, \quad \ldots \quad \text{und} \quad \frac{\partial\mathcal{L}}{\partial q_n} = \frac{\mathrm{d}}{\mathrm{d}t}\frac{\partial\mathcal{L}}{\partial\dot{q}_n}\,. \tag{6.40}$$

Diese n Gleichungen entsprechen exakt den beiden Euler-Lagrange-Gleichungen in (6.34); sie lassen sich auch genauso beweisen. Wenn diese n Gleichungen erfüllt sind, ist das Wirkungsintegral (6.39) stationär; und wenn umgekehrt das Wirkungsintegral stationär ist, sind auch diese n Gleichungen erfüllt. Im nächsten Kapitel werden Sie sehen, woher diese Gleichungen stammen und wie man sie anwendet.

ZUSAMMENFASSUNG

Wichtige Definitionen und Gleichungen aus Kapitel 6

Die Euler-Lagrange-Gleichung

Ein Integral der Form

$$S = \int_{x_1}^{x_2} f[y(x), y'(x), x]\,\mathrm{d}x \tag{6.4}$$

entlang eines Weges $y = y(x)$ ist stationär in Bezug auf Veränderungen des Weges dann und nur dann, wenn $y(x)$ der **Euler-Lagrange-Gleichung**

$$\frac{\partial f}{\partial y} - \frac{\mathrm{d}}{\mathrm{d}x}\frac{\partial f}{\partial y'} = 0 \tag{6.13}$$

genügt.

Mehrere Variable

Wenn es im ursprünglichen Integral n abhängige Variable gibt, erhält man n Euler-Lagrange-Gleichungen. Beispielsweise ist ein Integral der Form

$$S = \int_{u_1}^{u_2} f[x(u), y(u), x'(u), y'(u), u]\,\mathrm{d}u$$

mit zwei abhängigen Variablen [nämlich $x(u)$ und $y(u)$] stationär in Bezug auf Variationen von $x(u)$ und $y(u)$ dann und nur dann, wenn die beiden Funktionen den Gleichungen

$$\frac{\partial f}{\partial x} = \frac{\mathrm{d}}{\mathrm{d}u}\frac{\partial f}{\partial x'} \quad \text{und} \quad \frac{\partial f}{\partial y} = \frac{\mathrm{d}}{\mathrm{d}u}\frac{\partial f}{\partial y'} \tag{6.34}$$

genügen.

Aufgaben zu Kapitel 6

*Die Sterne zeigen den ungefähren Schwierigkeitsgrad an, von * (leicht) bis *** (schwierig).*

6.1 Zwei Beispiele

*** 1** Der kürzeste Weg zwischen zwei Punkten auf einer gekrümmten Fläche – beispielsweise auf der Oberfläche einer Kugel – wird **Geodäte** genannt. Um eine Geodäte zu finden, muss man zunächst das Integral aufstellen, das die Weglänge auf der betreffenden Fläche angibt. Ein solches Integral wird immer ähnlich aussehen wie das Integral (6.2), kann aber – je nach Art der Fläche – auch komplizierter sein und andere Koordinaten enthalten als x und y. Um das zu illustrieren, zeigen Sie mithilfe von sphärischen Polarkoordinaten (r, θ, φ), dass die Länge einer Verbindung zwischen zwei Punkten auf einer Kugel vom Radius R durch

$$L = R \int_{\theta_1}^{\theta_2} \sqrt{1 + \sin^2\theta\, \varphi'(\theta)^2}\, \mathrm{d}\theta \tag{6.41}$$

gegeben ist. Dabei bestimmen (θ_1, φ_1) und (θ_2, φ_2) die beiden Punkte; wir nehmen außerdem an, dass sich der Weg als $\varphi = \varphi(\theta)$ ausdrücken lässt. (Wie man diese Länge minimiert, wird in Aufgabe 16 behandelt.)

*** 2** Wiederholen Sie Aufgabe 1, bestimmen Sie nun aber die Länge L eines Weges auf einem Zylinder vom Radius R mithilfe von zylindrischen Polarkoordinaten (r, φ, z). Nehmen Sie an, dass der Weg sich als $\varphi = \varphi(z)$ ausdrücken lässt.

**** 3** Betrachten Sie einen Lichtstrahl, der sich im Vakuum vom Punkt P_1 nach P_2 ausbreitet und dabei durch einen Punkt Q auf einem ebenen Spiegel verläuft (Abbildung 6.8). Zeigen Sie, dass aus dem Fermat'schen Prinzip folgt: Wenn Q auf dem tatsächlichen Lichtweg liegt, liegt der Punkt in derselben vertikalen Ebene wie P_1 und P_2, und der Lichtweg genügt dem Reflexionsgesetz $\theta_1 = \theta_2$. [*Hinweise:* Der Spiegel soll in der x-y-Ebene liegen, P_1 liegt auf der y-Achse bei $(0, y_1, 0)$ und P_2 in der x-y-Ebene bei $(x_2, y_2, 0)$. Ferner

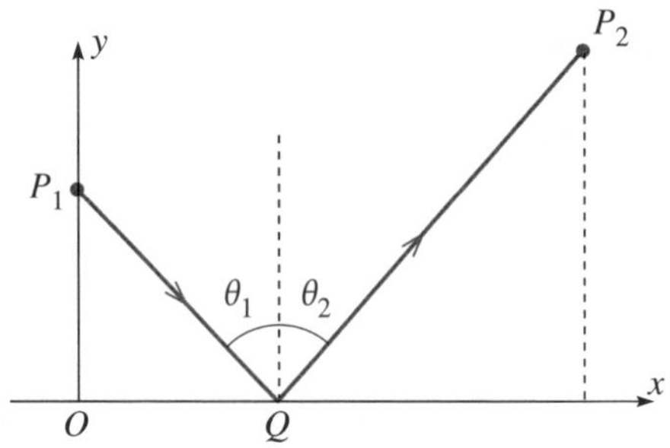

Abbildung 6.8: Zu Aufgabe 3.

soll $Q = (x, 0, z)$ gelten. Berechnen Sie die Zeit, die das Licht für den Weg P_1QP_2 benötigt, und zeigen Sie, dass die Zeit minimal wird, wenn für Q die Bedingung $z = 0$ gilt und wenn das Reflexionsgesetz bei Q erfüllt ist.]

4 Ein Lichtstrahl breitet sich vom Punkt P_1 in einem Medium mit dem Brechungsindex n_1 zum Punkt P_2 in einem Medium mit dem Brechungsindex n_2 aus; dabei verläuft er durch einen Punkt Q auf der Grenzfläche zwischen den beiden Medien (vgl. Abbildung 6.9). Zeigen Sie, dass aus dem Fermat'schen Prinzip folgt: Wenn Q auf dem tatsächlichen Lichtweg liegt, liegt der Punkt in derselben vertikalen Ebene wie P_1 und P_2, und der Lichtweg genügt dem Snellius'schen Gesetz $n_1 \sin\theta_1 = n_2 \sin\theta_2$. [*Hinweise:* Die Grenzfläche soll in der x-z-Ebene liegen, P_1 liegt auf der y-Achse bei $(0, h_1, 0)$ und P_2 in der x-y-Ebene bei $(x_2, -h_2, 0)$. Ferner soll $Q = (x, 0, z)$ gelten. Berechnen Sie die Zeit, die das Licht für den Weg P_1QP_2 benötigt, und zeigen Sie, dass die Zeit minimal wird, wenn $z = 0$ für Q gilt und das Snellius'sche Gesetz bei Q erfüllt ist.]

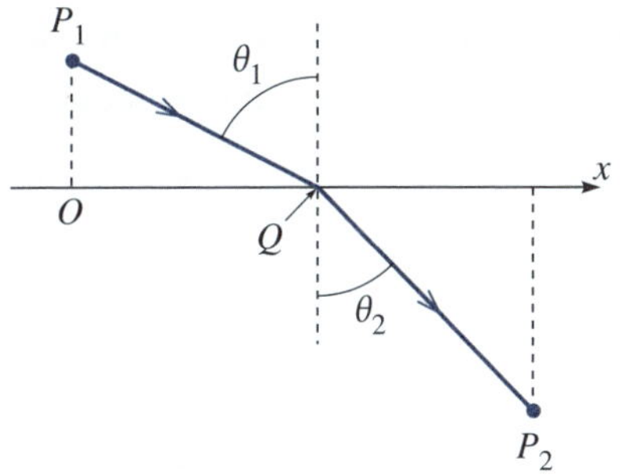

Abbildung 6.9: Zu Aufgabe 4.

5 Das Fermat'sche Prinzip wird oft in folgender Form zitiert: „Die Ausbreitungszeit für einen Lichtstrahl, der sich von einem Punkt A zu einem Punkt B bewegt, ist entlang des tatsächlichen Lichtwegs minimal." Streng genommen sollte man sagen, dass die Ausbreitungszeit *stationär* ist, nicht minimal. Man kann sich nämlich Situationen überlegen, in denen der tatsächliche Lichtweg zu einer maximalen Ausbreitungszeit führt. Es folgt ein Beispiel: Betrachten Sie den konkaven, halbkugelförmigen Spiegel aus Abbildung 6.10; die Punkte A und B liegen auf den entgegengesetzten Seiten des Durchmessers. Betrachten Sie nun einen Lichtstrahl, der sich im Vakuum von A nach B in derselben Ebene wie A und B ausbreitet und einmal am Punkt P reflektiert wird. Nach dem Reflexionsgesetz muss der tatsächliche Lichtweg durch den Punkt P_0 am Tiefpunkt der Halbkugel verlaufen ($\theta = 0$). Bestimmen Sie die Zeit für die Ausbreitung entlang des Wegs APB als Funktion von θ und zeigen Sie, dass die Zeit für $P = P_0$ maximal ist. Das zeigt, dass die Zeit für Wege der Form APB mit zwei geradlinigen Abschnitten maximal ist. Man kann jedoch leicht erkennen, dass sie für andere Wege *minimal* ist. Daher lautet die korrekte Aussage, dass die Zeit für beliebige Variationen des Lichtwegs *stationär* ist.

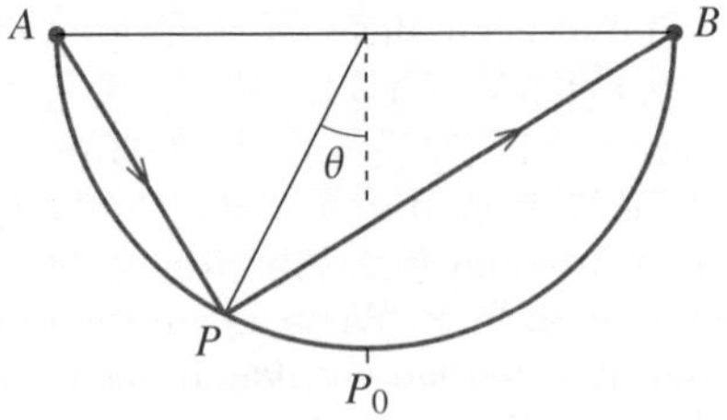

Abbildung 6.10: Zu Aufgabe 5.

⋆6 In vielen Aufgaben der Variationsrechnung müssen Sie die Länge des infinitesimalen Abschnitts ds einer Kurve auf einer Oberfläche kennen, etwa wie in Ausdruck (6.1). Stellen Sie eine Tabelle auf und tragen Sie den jeweiligen Ausdruck für ds in den folgenden acht Fällen ein:
a) Eine Kurve, gegeben durch $y = y(x)$ in einer Ebene;
b) dasselbe, aber für $x = x(y)$;
c) dasselbe, aber für $r = r(\varphi)$;
d) dasselbe, aber für $\varphi = \varphi(r)$;
e) eine Kurve, gegeben durch $\varphi = \varphi(z)$ auf einem Zylinder vom Radius R;
f) dasselbe, aber für $z = z(\varphi)$;
g) eine Kurve, gegeben durch $\theta = \theta(\varphi)$ auf einer Kugel vom Radius R;
h) dasselbe, aber für $\varphi = \varphi(\theta)$.

6.3 Anwendungen der Euler-Lagrange-Gleichung

⋆7 Betrachten Sie einen Kreiszylinder vom Radius R, der auf der z-Achse zentriert ist. Bestimmen Sie die Gleichung, die φ als Funktion von z für die Geodäte (d. h. den kürzesten Weg) auf dem Zylinder zwischen zwei Punkten angibt; verwenden Sie zylindrische Polarkoordinaten (R, φ_1, z_1) und (R, φ_2, z_2). Beschreiben Sie die Geodäte. Ist sie eindeutig? Stellen Sie sich die Zylinderoberfläche als eine abgewickelte Fläche vor und erklären Sie, warum die Geodäte gerade diese bestimmte Form hat.

⋆8 Zeigen Sie, dass die Geschwindigkeit des Achterbahnwagens von Beispiel 6.2 (Seite 273) $\sqrt{2gy}$ beträgt. (Die Reibung und die Masse der Räder sollen vernachlässigbar sein.)

⋆9 Geben Sie die Gleichung für den Weg an, der den Ursprung O mit dem Punkt $P(1, 1)$ in der x-y-Ebene verbindet und das Integral $\int_O^P (y'^2 + yy' + y^2)\,dx$ stationär macht.

⋆10 Im Allgemeinen hängt der Integrand $f(y, y', x)$ des Integrals, das wir minimieren wollen, von y, y' und x ab. Diese Aufgabe wird wesentlich einfacher, wenn f unabhängig von y ist, also $f = f(y', x)$. (Dies war etwa in den Beispielen 6.1 und 6.2 der Fall, auch wenn beim letzteren die Rollen von x und y vertauscht waren.) Beweisen Sie, dass sich in diesem Fall die Euler-

Lagrange-Gleichung (6.13) auf die Aussage

$$\partial f/\partial y' = \text{const.} \qquad (6.42)$$

reduziert. Dieser Ausdruck ist eine Differenzialgleichung erster Ordnung für $y(x)$, die Euler-Lagrange-Gleichung hingegen im allgemeinen Fall eine Differenzialgleichung zweiter Ordnung – und das bedeutet eine erhebliche Vereinfachung; die Aussage (6.42) wird manchmal auch als *erstes Integral* oder als **Vorintegral** der Euler-Lagrange-Gleichung bezeichnet. In der Lagrange-Mechanik werden wir sehen, dass diese Vereinfachung dann eintritt, wenn eine Impulskomponente erhalten bleibt.

***11** Bestimmen und beschreiben Sie den Weg $y = y(x)$, für den das Integral $\int_{x_1}^{x_2} \sqrt{x}\sqrt{1 + y'^2}\,\mathrm{d}x$ stationär ist.

***12** Zeigen Sie, dass sich der Weg $y = y(x)$, für den das Integral $\int_{x_1}^{x_2} \sqrt{x}\sqrt{1 - y'^2}\,\mathrm{d}x$ stationär ist, durch eine arcsinh-Funktion beschreiben lässt.

***13** In der Relativitätstheorie lassen sich Geschwindigkeiten durch Punkte in einem „Geschwindigkeitsraum“ darstellen, in dem die Entfernung zwischen zwei Punkten $\mathrm{d}s = [2/(1 - r^2)]\sqrt{\mathrm{d}r^2 + r^2\,\mathrm{d}\varphi^2}$ beträgt (r und φ sind dabei Polarkoordinaten; wir betrachten nur den zweidimensionalen Fall). Ein solcher Ausdruck für die Entfernung wird oft als *Metrik* des Raums bezeichnet. Zeigen Sie mithilfe der Euler-Lagrange-Gleichung, dass die kürzeste Verbindung vom Ursprung zu einem beliebigen anderen Punkt eine Gerade ist.

***14** **a)** Beweisen Sie, dass die Brachistochrone (6.26) wirklich eine Zykloide ist, d. h. die Kurve, die ein Punkt auf dem Umfang eines Rades mit dem Radius a beschreibt, das unterhalb der x-Achse abrollt.

b) Die Brachistochrone wiederholt sich zwar in einer beliebigen Anzahl von Schleifen, für das Brachistochronenproblem ist aber nur eine dieser Schleifen von Bedeutung. Zeichnen Sie eine einzelne Schleife für drei verschiedene Werte von a (jeweils mit demselben Startpunkt 1) und zeigen Sie, dass es für einen beliebigen Punkt 2 [mit positiven Koordinaten (x_1, y_2)] genau einen einzigen Wert für a gibt, bei dem die Schleife durch den Punkt 2 verläuft.

c) Will man den Wert von a für einen gegebenen Punkt (x_2, y_2) berechnen, stößt man gewöhnlich auf eine transzendente Gleichung. Es folgen zwei Fälle, in denen die Rechnung deutlich einfacher ist: Geben Sie für $x_2 = \pi b$, $y_2 = 2b$ sowie für $x_2 = 2\pi b$, $y_2 = 0$ den Wert für a an, für den die Zykloide durch den Punkt 2 verläuft, und berechnen Sie die entsprechenden Minimalzeiten.

***15** Behandeln Sie noch einmal das Brachistochronenproblem von Beispiel 6.2 (Seite 273); nehmen Sie diesmal aber an, dass der Wagen vom Punkt 1 mit der Geschwindigkeit v_0 startet. Zeigen Sie, dass der Weg mit der minimalen Zeit zu dem gewählten Punkt 2 noch immer eine Zykloide ist, deren Umkehrpunkt (die oben liegende Spitze der Kurve) in einer Höhe von $v_0^2/2g$ oberhalb von Punkt 1 liegt.

16 Verwenden Sie das Ergebnis (6.41) aus Aufgabe 1 und beweisen Sie damit, dass die Geodäte (d. h. der kürzeste Weg) zwischen zwei gegebenen Punkten auf einer Kugel ein Großkreis ist. [*Hinweis:* Der Integrand $f(\varphi, \varphi', \theta)$ in (6.41) hängt nicht von φ ab, die Euler-Lagrange-Gleichung reduziert sich also auf $\partial f/\partial\varphi' = c$, und das ist eine Konstante. Damit haben Sie φ' als Funktion von θ. Die Berechnung des letzten Integrals können Sie mit folgendem Trick vermeiden: Ohne Beschränkung der Allgemeinheit können Sie die z-Achse so legen, dass sie durch den Punkt 1 verläuft. Zeigen Sie, dass bei dieser Wahl die Konstante c notwendig null sein muss, und beschreiben Sie die entsprechende Geodäte.]

17 Bestimmen Sie die Geodäte auf einem Kegel mit der Gleichung (in zylindrischen Polarkoordinaten) $z = \lambda\rho$. [Die gesuchte Kurve soll die Form $\varphi = \varphi(\rho)$ haben.] Überprüfen Sie Ihr Ergebnis für den Fall $\lambda \to 0$.

18 Zeigen Sie unter Verwendung von ebenen Polarkoordinaten, dass die kürzeste Verbindung zwischen zwei gegebenen Punkten in einer Ebene eine Gerade ist.

19 Eine Rotationsfläche lässt sich folgendermaßen erzeugen: Zwei feste Punkte (x_1, y_1) und (x_2, y_2) in der x-y-Ebene sind durch eine Kurve $y = y(x)$ verbunden. [Sie können sich das Leben erleichtern, wenn Sie diesen Zusammenhang als $x = x(y)$ schreiben.] Man lässt nun die gesamte Kurve um die x-Achse rotieren und erzeugt so eine Rotationsfläche. Zeigen Sie, dass die Kurve, für die die Oberfläche stationär ist, die Form $y = y_0 \cosh[(x - x_0)/y_0]$ hat; x_0 und y_0 sind Konstanten. (Man spricht hier oft vom sogenannten *Seifenblasen-Problem*, da die sich ergebende Fläche normalerweise die Form einer Seifenblase zwischen zwei koaxialen Ringen mit den Radien y_1 bzw. y_2 hat.)

20 Wenn Sie es noch nicht getan haben, schauen Sie sich Aufgabe 10 an. In dieser Aufgabe geht es um einen weiteren Fall, in dem Sie ein Vorintegral der Euler-Lagrange-Gleichung bestimmen können: Falls der Integrand $f(y, y', x)$ nicht explizit von x abhängt (wenn also $f = f(y, y')$ gilt), dann ist

$$\frac{\mathrm{d}f}{\mathrm{d}x} = \frac{\partial f}{\partial y} y' + \frac{\partial f}{\partial y'} y'' .$$

Nun ersetzen Sie $\partial f/\partial y$ auf der rechten Seite mithilfe der Euler-Lagrange-Gleichung; Sie haben also zu zeigen, dass

$$\frac{\mathrm{d}f}{\mathrm{d}x} = \frac{\mathrm{d}}{\mathrm{d}x}\left(y' \frac{\partial f}{\partial y'}\right).$$

Damit erhalten Sie das Vorintegral

$$f - y' \frac{\partial f}{\partial y'} = \text{const.} \tag{6.43}$$

Diese Gleichung kann mitunter Rechnungen vereinfachen (Beispiele sind die Aufgaben 21 und 22). In der Lagrange-Mechanik mit der Zeit t als unabhängiger Variable ergibt sich entsprechend, dass die Energie erhalten bleibt, wenn die Lagrange-Funktion zeitunabhängig ist (vgl. Abschnitt 7.8).

21 In Beispiel 6.2 (Seite 273) konnten wir die Brachistochrone finden, indem wir die Variablen x und y vertauscht haben. Jetzt geht es um eine Methode, mit der man das vermeiden kann: Schreiben Sie die Zeit wie in Gleichung (6.19), aber setzen Sie x als Integrationsvariable. Ihr Integrand sollte dann die Form $f(y, y', x) = \sqrt{(y'^2 + 1)/y}$ haben. Da dieser Ausdruck unabhängig von x ist, können Sie das Vorintegral (6.43) aus Aufgabe 20 anwenden. Zeigen Sie, dass diese Differenzialgleichung Sie zu demselben Integral für x führt wie in Gleichung (6.23) und dass Sie somit dieselbe Kurve wie zuvor erhalten.

22 Ein Faden mit der festen Länge l ist mit einem Ende im Ursprung O befestigt. Sie sollen den Faden so in der x-y-Ebene platzieren (das andere Ende befindet sich auf der x-Achse), dass die von Faden und x-Achse eingeschlossene Fläche maximal wird. Zeigen Sie, dass der Faden dann in Form eines Halbkreises ausgelegt werden muss. Die eingeschlossene Fläche ist natürlich $\int y\,dx$; zeigen Sie, dass man das auch in der Form $\int_0^l f\,ds$ schreiben kann; dabei bezeichnet f den entlang des Fadens gemessenen Abstand von O; es gilt $f = y\sqrt{1 - y'^2}$, und y' bezeichnet die Ableitung dy/ds. Da f die unabhängige Variable s nicht explizit enthält, können Sie das Vorintegral (6.43) aus Aufgabe 20 anwenden.

23 Ein Flugzeug fliegt mit der Eigengeschwindigkeit v_0 von der Stadt O (gelegen im Ursprung) zur Stadt P in einer Entfernung D ostwärts. Ein beständiger leichter Scherwind weht mit der Geschwindigkeit $\mathbf{v}_{\text{Wind}} = Vy\hat{\mathbf{x}}$, wobei x und y in Ost- bzw. in Nordrichtung gemessen werden. Geben Sie die Route $y = y(x)$ an, die das Flugzeug fliegen muss, um die Flugzeit zu minimieren. Gehen Sie folgendermaßen vor:

a) Geben Sie die Geschwindigkeit über Grund an mithilfe von v_0, V und φ (dem Winkel, um den das Flugzeug von der Ostrichtung nach Norden hin abweicht) und der Position des Flugzeugs.

b) Schreiben Sie die Flugzeit als ein Integral der Form $\int_0^D f\,dx$. Nehmen Sie an, dass y' und φ beide klein bleiben (das ist plausibel, wenn die Windgeschwindigkeit nicht zu groß ist), und zeigen Sie, dass der Integrand dann die Näherungsform $f = (1 + \frac{1}{2}y'^2)/(1 + ky)$ (mal einer uninteressanten Konstante) annimmt; dabei ist $k = V/v_0$.

c) Geben Sie die Euler-Lagrange-Gleichung an, die die beste Route bestimmt. Dazu machen Sie die plausible Annahme $y(x) = x(D - x)$, die offensichtlich durch die beiden Städte verläuft. Zeigen Sie, dass die Euler-Lagrange-Gleichung unter der Voraussetzung $\lambda = (\sqrt{4 + 2k^2D^2} - 2)/(kD^2)$ erfüllt ist. Wie weit weicht das Flugzeug bei $D = 2000\,\text{km}$, $v_0 = 500\,\text{km/h}$ und einem Scherwind von $V = 0{,}5$ km/h pro Kilometer nach Norden ab? Wie viel Zeit spart das Flugzeug, wenn es dieser Route folgt? [Dieses Integral sollten Sie am besten mit einem Computer bestimmen.]

24 Betrachten Sie ein Medium, in dem der Brechungsindex n umgekehrt proportional zu r^2 ist (d. h. $n = a/r^2$, r ist die Entfernung vom Ursprung). Bestimmen Sie mithilfe des Fermat'schen Prinzips (d. h., das Integral (6.3) ist stationär) den Lichtweg in einer Ebene durch den Ursprung. [*Hinweis:* Verwenden Sie zweidimensionale Polarkoordinaten und schreiben Sie den

Lichtweg als $\varphi = \varphi(r)$. Das Fermat-Integral sollte die Form $\int f(\varphi, \varphi', r)\,\mathrm{d}r$ haben, wobei $f(\varphi, \varphi', r)$ sogar unabhängig von φ ist. Die Euler-Lagrange-Gleichung reduziert sich daher auf $\partial f/\partial\varphi' = \text{const}$. Wenn Sie dies nach φ' auflösen und integrieren, können Sie φ als Funktion von r angeben. Stellen Sie das um (schreiben Sie r als Funktion von φ) und zeigen Sie, dass sich als Lichtweg ein Kreis durch den Ursprung ergibt. Erläutern Sie das Fortschreiten des Lichts entlang des Kreises.]

★★25 Betrachten Sie eine einzelne Schleife der Zykloide (6.26) mit einem festen Wert a, wie in Abbildung 6.11 gezeigt. Ein Wagen startet aus dem Stillstand von einem Punkt P_0 aus irgendwo auf dem Gleis zwischen O und dem tiefsten Punkt P (d. h., P_0 hat die Parameter $0 < \theta_0 < \pi$). Zeigen Sie, dass die Zeit, die der Wagen für den Weg von P_0 nach P benötigt, durch

$$\text{Zeit}(P_0 \to P) = \sqrt{\frac{a}{g}} \int_{\theta_0}^{\pi} \sqrt{\frac{1-\cos\theta}{\cos\theta_0 - \cos\theta}}\,\mathrm{d}\theta$$

gegeben ist; beweisen Sie, dass diese Zeit gleich $\pi\sqrt{a/g}$ ist. Da dies *nicht von der Lage von P_0 abhängt*, benötigt der Wagen stets dieselbe Zeit, um von P_0 nach P zu rollen, ganz gleich, ob P_0 mit O zusammenfällt, irgendwo zwischen O und P oder sogar infinitesimal dicht bei P liegt. Erläutern Sie qualitativ, wie dieses überraschende Ergebnis zustande kommt. [*Hinweis:* Die Rechnung verlangt einige raffinierte Variablensubstitutionen. Ein möglicher Weg könnte so aussehen: Schreiben Sie $\theta = \pi - 2\alpha$ und formen Sie dann mithilfe der entsprechenden trigonometrischen Identitäten solange um, bis die Kosinus von θ durch Sinus von α ersetzt sind. Dann setzen Sie $\sin\alpha = u$ und lösen das verbleibende Integral.]

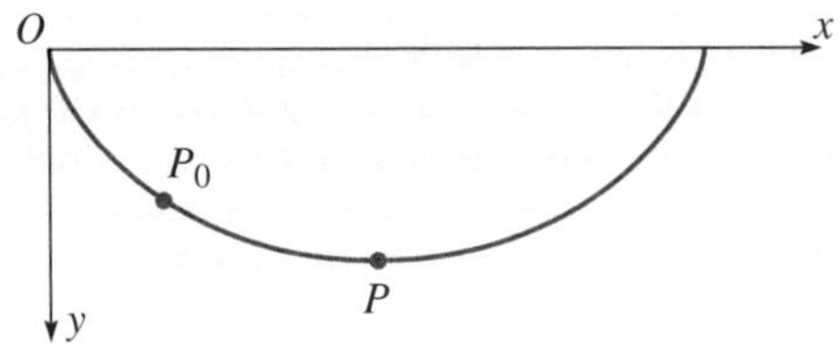

Abbildung 6.11: Zu Aufgabe 25.

6.4 Mehr als zwei Variable

★26 Geben Sie detailliert den Gedankengang an, der von der Stationarität des Integrals (6.30) zu den beiden Euler-Lagrange-Gleichungen (6.34) führt.

★27 Beweisen Sie, dass die kürzeste Verbindung zwischen zwei Punkten in drei Dimensionen eine Gerade ist. Schreiben Sie den Weg in Parameterform

$$x = x(u)\,, \qquad y = y(u) \qquad \text{und} \quad z = z(u)$$

und wenden Sie dann die drei Euler-Lagrange-Gleichungen entsprechend (6.34) an.

Die Lagrange-Gleichungen

7

ÜBERBLICK

> Die theoretische Durchdringung der Bewegungsgesetze von Körpern ist ein so interessantes und so wichtiges Problem, dass es die Aufmerksamkeit aller bedeutenden Mathematiker auf sich gezogen hat, seit Galilei die Dynamik als mathematische Wissenschaft begründete, und ganz besonders seit der wunderbaren Erweiterung, die diese Wissenschaft durch Newton erfahren hat. Unter den Nachfolgern dieser illustren Männer hat Lagrange wohl mehr als irgend ein anderer Analytiker getan, um diesen deduktiven Forschungen Maß und Harmonie zu geben, indem er zeigte, dass die unterschiedlichsten Folgerungen bezüglich der Bewegung von Systemen von Körpern sich aus einer einzigen grundlegenden Formel ableiten lassen. Die Schönheit der Methode, die so gut zu der Erhabenheit der Ergebnisse passt, macht aus seinem großartigen Werk fast ein wissenschaftliches Gedicht.
>
> *William Rowan Hamilton, 1834*

» Mit den Verfahren der Variationsrechnung bewaffnet, können wir uns nun daran machen, die Version der Mechanik zu erkunden, die der italienischstämmige französische Astronom und Mathematiker Joseph-Louis Lagrange (1736–1813) im Jahr 1788 veröffentlichte. Die Lagrange'sche Formulierung der Mechanik hat gegenüber der älteren Newton'schen Formulierung zwei bedeutende Vorteile: Erstens haben die Lagrange-Gleichungen – anders als die Newton'schen Gleichungen – für alle Koordinatensysteme dieselbe Form. Der zweite Vorteil betrifft die Behandlung von Zwangsbedingungen, beispielsweise die Behandlung einer Perle, die sich auf einem Draht bewegt. Bei solchen Systemen eliminiert der Ansatz von Lagrange die Zwangskräfte (etwa die Normalkraft, die der Draht auf die Perle ausübt, und die sie dazu zwingt, am Draht zu bleiben). Dadurch werden die meisten Probleme erheblich vereinfacht, denn die Zwangskräfte sind normalerweise unbekannt; dabei kostet uns die Vereinfachung fast nichts, da wir an den Zwangskräften ohnehin meist gar nicht interessiert sind.

In Abschnitt 7.1 werde ich zunächst beweisen, dass die Lagrange-Gleichungen äquivalent sind zum zweiten Newton'schen Gesetz für ein Teilchen, das sich unbeschränkt in drei Dimensionen bewegt. Die Erweiterung dieser Aussage auf N Teilchen ist überraschenderweise sehr einfach, und ich überlasse es Ihnen, die Details nachzuvollziehen (Aufgabe 7). In den darauffolgenden Abschnitten behandle ich den komplizierteren, aber auch interessanteren Fall von Systemen mit Zwangsbedingungen. Ich beginne mit einigen einfachen Beispielen und wichtigen Definitionen, unter anderem mit der Definition des Freiheitsgrads. In Abschnitt 7.4 beweise ich dann die Lagrange-Gleichungen für ein Teilchen, das sich auf einer gekrümmten Fläche bewegt (der allgemeine Fall wird in Aufgabe 13 behandelt). Abschnitt 7.5 bringt mehrere Beispiele, von denen einige mit dem Lagrange-Formalismus entschieden einfacher zu behandeln sind als mit der Newton'schen Formulierung. In Abschnitt 7.6 führe ich den merkwürdigen Begriff der „zyklischen Koordinaten" ein. Nach einigen zusammenfassenden Bemerkungen in Abschnitt 7.7 schließt das Kapitel mit drei Abschnitten über Themen, die zwar wichtig sind, beim ersten Lesen aber auch übersprungen werden können: In Abschnitt 7.8 zeige ich, wie sich die Gesetze von Energie- und Impulserhaltung in der Lagrange-Mechanik darstellen. Abschnitt 7.9 beschreibt, wie sich die Lagrange-Gleichungen auf magnetische Kräfte erweitern lassen, und Abschnitt 7.10 ist eine Einführung in die Lagrange-Multiplikatoren. Während des ganzen Kapitels (außer in Abschnitt 7.9) berücksichtige ich nur den Fall, dass alle Kräfte, die nicht Zwangskräfte sind, konservativ sind oder sich wenigstens aus einer Potenzialfunktion herleiten lassen. Diese Einschränkung kann man zwar auch lockern, aber sie gilt für die meisten Anwendungen, denen Sie in der Praxis begegnen werden. «

7.1 Die Lagrange-Gleichungen für Bewegungen ohne Zwangsbedingungen

Wir betrachten ein Teilchen, das sich ohne Zwangsbedingungen in drei Dimensionen bewegt und einer konservativen Gesamtkraft $\boldsymbol{F}(\boldsymbol{r})$ ausgesetzt ist. Die kinetische Energie des Teilchens ist natürlich

$$T = \tfrac{1}{2}mv^2 = \tfrac{1}{2}m\dot{\boldsymbol{r}}^2 = \tfrac{1}{2}m(\dot{x}^2 + \dot{y}^2 + \dot{z}^2)\,, \tag{7.1}$$

die potenzielle Energie ist

$$U = U(\boldsymbol{r}) = U(x, y, z)\,. \tag{7.2}$$

Die **Lagrange-Funktion**, in der englischsprachigen Literatur auch als *Lagrangian* bezeichnet, ist definiert als

$$\mathcal{L} = T - U\,. \tag{7.3}$$

Beachten Sie, dass die Lagrange-Funktion die kinetische Energie *minus* der potenziellen Energie angibt. Sie ist also *nicht* gleich der Gesamtenergie. Sicherlich werden Sie sich fragen, warum die Größe $T - U$ von Interesse sein sollte. Darauf gibt es keine einfache Antwort – außer dass es eben so ist, wie Sie sofort sehen werden. Bitte beachten Sie auch, dass ich als Formelzeichen für die Lagrange-Funktion ein kalligraphisches $\mathcal{L}$ verwendet habe[1] (um sie vom Drehimpuls $\boldsymbol{L}$ oder einer Länge L zu unterscheiden) und dass $\mathcal{L}$ sowohl vom Ort des Teilchens (x, y, z) als auch von seiner Geschwindigkeit $(\dot{x}, \dot{y}, \dot{z})$ abhängt; es gilt also $\mathcal{L} = \mathcal{L}(x, y, z, \dot{x}, \dot{y}, \dot{z})$.

Wir betrachten nun die zwei Ableitungen

$$\frac{\partial \mathcal{L}}{\partial x} = -\frac{\partial U}{\partial x} = F_x \tag{7.4}$$

und

$$\frac{\partial \mathcal{L}}{\partial \dot{x}} = \frac{\partial T}{\partial \dot{x}} = m\dot{x} = p_x\,. \tag{7.5}$$

Wenn wir die zweite Gleichung nach der Zeit ableiten und an das zweite Newton'sche Gesetz $F_x = \dot{p}_x$ denken (ich setze voraus, dass mit unserem Koordinatensystem ein Inertialsystem vorliegt), dann sehen wir

$$\frac{\partial \mathcal{L}}{\partial x} = \frac{\mathrm{d}}{\mathrm{d}t}\frac{\partial \mathcal{L}}{\partial \dot{x}}\,. \tag{7.6}$$

Auf genau dieselbe Weise können wir auch die entsprechenden Gleichungen in y und z herleiten. Somit haben wir gezeigt, dass aus dem zweiten Newton'schen Gesetz die drei **Lagrange-Gleichungen** (bislang nur in kartesischen Koordinaten) folgen:

$$\frac{\partial \mathcal{L}}{\partial x} = \frac{\mathrm{d}}{\mathrm{d}t}\frac{\partial \mathcal{L}}{\partial \dot{x}}\,, \quad \frac{\partial \mathcal{L}}{\partial y} = \frac{\mathrm{d}}{\mathrm{d}t}\frac{\partial \mathcal{L}}{\partial \dot{y}} \quad \text{und} \quad \frac{\partial \mathcal{L}}{\partial z} = \frac{\mathrm{d}}{\mathrm{d}t}\frac{\partial \mathcal{L}}{\partial \dot{z}}\,. \tag{7.7}$$

Sie können leicht überprüfen, dass der Gedankengang auch in umgekehrter Richtung gilt, sodass (zumindest für ein einzelnes Teilchen in kartesischen Koordinaten) das

1 Diese Notation führt allerdings in den Feldtheorien zu Schwierigkeiten; dort bezeichnet man die Lagrange-Funktion nämlich oft mit L und verwendet das $\mathcal{L}$ für die Lagrange-*Dichte*, doch das sollte uns hier nicht beunruhigen.

zweite Newton'sche Gesetz und die drei Lagrange-Gleichungen (7.7) exakt äquivalent sind. Die Teilchenbahn, die sich aus dem zweiten Newton'schen Gesetz ergibt, stimmt genau mit der durch die drei Lagrange-Gleichungen bestimmten Bahn überein.

Unser nächster Schritt besteht darin zu zeigen, dass die drei Lagrange-Gleichungen in (7.7) genau die Form der Euler-Lagrange-Gleichung (6.40) haben. Das setzt voraus, dass das Integral $S = \int \mathcal{L} dt$ über die Bahn des Teilchens stationär ist. Dieses Integral wird **Wirkungsintegral** genannt. Die Aussage, dass es entlang der Teilchenbahn stationär ist, wird als Hamilton-Prinzip[2] bezeichnet (nach dem irischen Mathematiker und Physiker W. R. Hamilton, 1805–1865). Es lässt sich auf folgende Weise formulieren:

Das Hamilton-Prinzip

Die tatsächliche Bahn, auf der sich ein Teilchen zwischen zwei Punkten 1 und 2 innerhalb des Zeitintervalls t_1 und t_2 bewegt, zeichnet sich dadurch aus, dass das Wirkungsintegral

$$S = \int_{t_1}^{t_2} \mathcal{L}\,\mathrm{d}t \tag{7.8}$$

entlang der Bahn stationär ist.

Obwohl wir dieses Prinzip bislang nur für ein einzelnes Teilchen und lediglich in kartesischen Koordinaten hergeleitet haben, werden wir doch sehen, dass dieses Prinzip für viele physikalische Probleme und für eine fast beliebige Wahl der Koordinaten gilt.

Bislang haben wir gezeigt, dass für ein einzelnes Teilchen die folgenden drei Aussagen exakt äquivalent sind:

1. Eine Teilchenbahn wird bestimmt durch das zweite Newton'sche Gesetz $\boldsymbol{F} = m\boldsymbol{a}$.
2. Die Teilchenbahn wird durch die drei Lagrange-Gleichungen (7.7) bestimmt, zumindest in kartesischen Koordinaten.
3. Die Teilchenbahn ist durch das Hamilton-Prinzip bestimmt.

Das Hamilton-Prinzip hat eine Reihe von Verallgemeinerungen in mehreren Gebieten der Physik erfahren (z. B. in den Feldtheorien) und hat damit ganz unterschiedlichen Bereichen der Physik ein einheitlicheres Aussehen verliehen. Im zwanzigsten Jahrhundert hat das Prinzip eine wichtige Rolle bei der Formulierung der Quantenmechanik gespielt. Für unsere momentanen Bedürfnisse besteht seine Bedeutung aber vor allem darin, dass wir mit seiner Hilfe die Gültigkeit der Lagrange-Gleichungen in nahezu jedem Koordinatensystem beweisen können:

2 Bitte lassen Sie sich nicht durch den unglücklichen Umstand verwirren, dass das Hamilton-Prinzip eine mögliche Aussage der Lagrange'schen Formulierung (im Gegensatz zur Hamilton'schen Formulierung) der klassischen Mechanik ist. – Das Hamilton-Prinzip wird auch als *Prinzip der kleinsten Wirkung* bezeichnet.

Anstelle der kartesischen Koordinaten $\boldsymbol{r} = (x, y, z)$ wollen wir beliebige andere Koordinaten verwenden. Das können sphärische Polarkoordinaten (r, θ, φ) oder zylindrische Polarkoordinaten (ρ, φ, z) oder ein beliebiger Satz von „verallgemeinerten Koordinaten" (q_1, q_2, q_3) sein, bei dem jede Position $\boldsymbol{r}$ einen eindeutigen Wert von (q_1, q_2, q_3) festlegt und umgekehrt. Es gilt also

$$q_i = q_i(\boldsymbol{r}) \quad \text{für } i = 1, 2, 3 \tag{7.9}$$

und

$$\boldsymbol{r} = \boldsymbol{r}(q_1, q_2, q_3) \,. \tag{7.10}$$

Diese beiden Gleichungen garantieren, dass es für jeden Wert von $\boldsymbol{r} = (x, y, z)$ einen eindeutigen Satz (q_1, q_2, q_3) gibt und umgekehrt. Mit (7.10) können wir (x, y, z) und $(\dot{x}, \dot{y}, \dot{z})$ mithilfe von (q_1, q_2, q_3) und $(\dot{q}_1, \dot{q}_2, \dot{q}_3)$ ausdrücken. Als Nächstes schreiben wir die Lagrange-Funktion mithilfe dieser neuen Variablen als

$$\mathcal{L} = \mathcal{L}(q_1, q_2, q_3, \dot{q}_1, \dot{q}_2, \dot{q}_3)$$

und das Wirkungsintegral als

$$S = \int_{t_1}^{t_2} \mathcal{L}(q_1, q_2, q_3, \dot{q}_1, \dot{q}_2, \dot{q}_3)\,\mathrm{d}t \,.$$

Der Wert dieses Integrals wird durch den Koordinatenwechsel nicht geändert. Daher muss die Aussage, dass S für Variationen der korrekten Bahn stationär ist, auch in unserem neuen Koordinatensystem gelten; nach den Erkenntnissen von Kapitel 6 muss dann die korrekte Bahn die drei Euler-Lagrange-Gleichungen bezüglich der neuen Koordinaten q_1, q_2 und q_3 erfüllen:

$$\frac{\partial \mathcal{L}}{\partial q_1} = \frac{\mathrm{d}}{\mathrm{d}t}\frac{\partial \mathcal{L}}{\partial \dot{q}_1}\,, \qquad \frac{\partial \mathcal{L}}{\partial q_2} = \frac{\mathrm{d}}{\mathrm{d}t}\frac{\partial \mathcal{L}}{\partial \dot{q}_2} \qquad \text{und} \qquad \frac{\partial \mathcal{L}}{\partial q_3} = \frac{\mathrm{d}}{\mathrm{d}t}\frac{\partial \mathcal{L}}{\partial \dot{q}_3}\,. \tag{7.11}$$

Da die neuen Koordinaten aber einen *beliebigen* Satz von Koordinaten bilden, kann die Einschränkung „in kartesischen Koordinaten" in der Aussage (2) oben entfallen. Die Schlussfolgerung – nämlich dass die Lagrange-Gleichungen in einem beliebig gewählten Koordinatensystem stets dieselbe Form haben – ist einer der Hauptgründe dafür, dass der Lagrange'sche Formalismus so nützlich ist.

Sie sollten unbedingt einen wesentlichen Punkt unserer Ableitung der Lagrange-Gleichungen im Hinterkopf behalten. Ein entscheidender Schritt in unserem Beweis war die Erkenntnis, dass (7.6) äquivalent zum zweiten Newton'schen Gesetz $F_x = \dot{p}_x$ ist, was allerdings nur dann gilt, wenn das originale Koordinatensystem, in dem wir $\mathcal{L} = T - U$ geschrieben haben, ein Inertialsystem ist. Obwohl also die Lagrange-Gleichungen für einen beliebigen Satz von verallgemeinerten Koordinaten q_1, q_2, q_3 gelten – und diese verallgemeinerten Koordinaten können ja auch die Koordinaten in einem Nichtinertialsystem sein – müssen wir dennoch stets darauf achten, dass wir die ursprüngliche Lagrange-Funktion $\mathcal{L} = T - U$ in einem Inertialsystem aufstellen.

Die Lagrange-Funktion lässt sich leicht auf Systeme mit mehreren Teilchen verallgemeinern, zunächst aber wollen wir einen Blick auf einige einfache Beispiele werfen.

Ein Teilchen in zwei Dimensionen, kartesische Koordinaten

Beispiel 7.1 Schreiben Sie die Lagrange-Gleichungen in kartesischen Koordinaten für ein Teilchen, das sich in einem konservativen Feld in zwei Dimensionen bewegt, und zeigen Sie, dass die Lagrange-Gleichungen das zweite Newton'sche Gesetz voraussetzen. (Das haben wir zwar schon bewiesen, aber es lohnt sich, den Rechengang einmal explizit anzuschauen.)

Lösung ■ Die Lagrange-Funktion für ein einzelnes Teilchen in zwei Dimensionen ist

$$\mathcal{L} = \mathcal{L}(x, y, \dot{x}, \dot{y}) = T - U = \tfrac{1}{2}m(\dot{x}^2 + \dot{y}^2) - U(x, y) . \tag{7.12}$$

Um die Lagrange-Gleichungen aufstellen zu können, benötigen wir die Ableitungen

$$\frac{\partial \mathcal{L}}{\partial x} = -\frac{\partial U}{\partial x} = F_x \qquad \text{und} \qquad \frac{\partial \mathcal{L}}{\partial \dot{x}} = \frac{\partial T}{\partial \dot{x}} = m\dot{x} \tag{7.13}$$

mit den entsprechenden Ausdrücken für die y-Ableitungen. Damit lassen sich die beiden Lagrange-Gleichungen folgendermaßen schreiben:

$$\left.\begin{aligned} \frac{\partial \mathcal{L}}{\partial x} = \frac{\mathrm{d}}{\mathrm{d}t}\frac{\partial \mathcal{L}}{\partial \dot{x}} \iff \quad F_x = m\ddot{x} \\ \frac{\partial \mathcal{L}}{\partial y} = \frac{\mathrm{d}}{\mathrm{d}t}\frac{\partial \mathcal{L}}{\partial \dot{y}} \iff \quad F_y = m\ddot{y} \end{aligned}\right\} \iff \boldsymbol{F} = m\boldsymbol{a} . \tag{7.14}$$

■

Beachten Sie, dass in (7.13) die Ableitung $\partial\mathcal{L}/\partial x$ die x-Komponente der Kraft angibt, während $\partial\mathcal{L}/\partial\dot{x}$ die x-Komponente des Impulses ist (Entsprechendes gilt für die y-Komponenten). Wenn wir die verallgemeinerten Koordinaten $q_1, q_2, \ldots, q_n$ verwenden, werden wir sehen, dass der Ausdruck $\partial\mathcal{L}/\partial q_i$ zwar nicht unbedingt eine Kraftkomponente ist, dass er aber eine der Kraft sehr ähnliche Rolle spielt. Entsprechend wirkt $\partial\mathcal{L}/\partial\dot{q}_i$, obwohl es sich dabei nicht unbedingt um eine Impulskomponente handelt, doch wie ein Impuls. Aus diesem Grund bezeichnen wir diese Ableitungen als **verallgemeinerte Kraft** bzw. als **verallgemeinerten Impuls**; dabei ist

$$\frac{\partial \mathcal{L}}{\partial q_i} = i\text{-te Komponente der verallgemeinerten Kraft} \tag{7.15}$$

und

$$\frac{\partial \mathcal{L}}{\partial \dot{q}_i} = i\text{-te Komponente des verallgemeinerten Impulses} \tag{7.16}$$

Mit diesen Schreibweisen nimmt jede der Lagrange-Gleichungen (7.11)

$$\frac{\partial \mathcal{L}}{\partial q_i} = \frac{\mathrm{d}}{\mathrm{d}t}\frac{\partial \mathcal{L}}{\partial \dot{q}_i}$$

die Form an:

$$\begin{aligned} &(\text{verallgemeinerte Kraft}) \\ &\quad = (\text{zeitliche Änderungsrate des verallgemeinerten Impulses}) \end{aligned} \tag{7.17}$$

Ich werde diese Begriffe mit dem nächsten Beispiel erläutern.

Beispiel 7.2 Suchen Sie die Lagrange-Gleichungen für dasselbe Systeme wie in Beispiel 7.1 – für ein Teilchen in zwei Dimensionen, verwenden Sie nun aber Polarkoordinaten.

Ein Teilchen in zwei Dimensionen, Polarkoordinaten

Lösung Wie bei allen Problemen, die man mit dem Lagrange-Formalismus lösen möchte, muss man in einem ersten Schritt die Lagrange-Funktion $\mathcal{L} = T - U$ in den gewählten Koordinaten aufschreiben. In diesem Fall sollen wir Polarkoordinaten verwenden, wie in Abbildung 7.1 skizziert. Die Komponenten der Geschwindigkeit sind dann $v_r = \dot{r}$ und $v_\varphi = r\dot{\varphi}$, die kinetische Energie ist $T = \frac{1}{2}mv^2 = \frac{1}{2}m(\dot{r}^2 + r^2\dot{\varphi}^2)$. Damit ist die Lagrange-Funktion

$$\mathcal{L} = \mathcal{L}(r, \varphi, \dot{r}, \dot{\varphi}) = T - U = \tfrac{1}{2}m\left(\dot{r}^2 + r^2\dot{\varphi}^2\right) - U(r, \varphi)\,. \tag{7.18}$$

Wenn die Lagrange-Funktion ermittelt wurde, müssen wir nur noch die beiden Lagrange-Gleichungen aufschreiben, eine mit den Ableitungen bezüglich r und die andere mit den Ableitungen bezüglich φ.

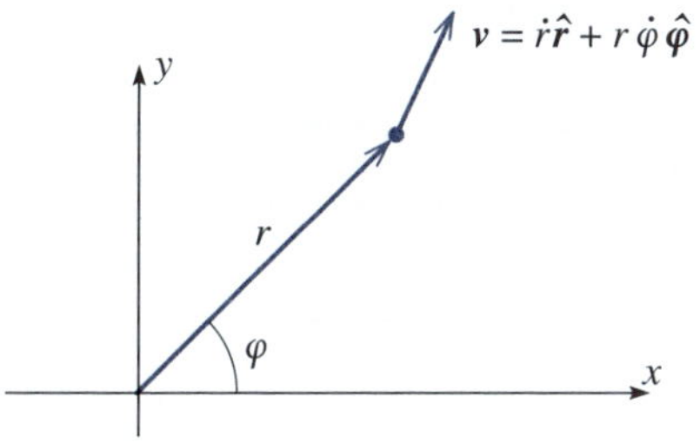

Abbildung 7.1: Die Geschwindigkeit eines Teilchens, ausgedrückt mithilfe von zweidimensionalen Polarkoordinaten.

Die Gleichung für *r*

Die Lagrange-Gleichung für die Koordinate r ist

$$\frac{\partial \mathcal{L}}{\partial r} = \frac{\mathrm{d}}{\mathrm{d}t}\frac{\partial \mathcal{L}}{\partial \dot{r}}$$

oder

$$mr\dot{\varphi}^2 - \frac{\partial U}{\partial r} = \frac{\mathrm{d}}{\mathrm{d}t}(m\dot{r}) = m\ddot{r}\,. \tag{7.19}$$

Da $-\partial U/\partial r$ gerade F_r ist, d. h. die radiale Komponente von $\boldsymbol{F}$, können wir die Gleichung (7.19) in folgende Form umschreiben:

$$F_r = m(\ddot{r} - r\dot{\varphi}^2)\,. \tag{7.20}$$

Sie werden in dieser Gleichung sicherlich den Ausdruck $F_r = ma_r$ wiedererkennen, d. h. den radialen Anteil von $\boldsymbol{F} = m\boldsymbol{a}$, den wir bereits in Gleichung (1.48) hergeleitet haben. (Der Term $-r\dot{\varphi}^2$ ist die berühmt-berüchtigte Zentripetalbeschleunigung.) Wenn wir in Polarkoordinaten (r, φ) arbeiten, ist die zu r gehörende Lagrange-Gleichung also gerade die Radialkomponente des zweiten Newton'schen Gesetzes.

(Beachten Sie jedoch, dass die Lagrange'sche Ableitung es uns erspart, die einzelnen Komponenten der Beschleunigung umständlich zu berechnen.) Wie wir gleich sehen werden, verhält es sich mit der Lagrange-Gleichung für φ ein wenig anders; das führt uns einen bemerkenswerten Vorteil des Lagrange'schen Ansatzes vor Augen.

Die Gleichung für φ

Die Lagrange-Gleichung für die Koordinate φ ist

$$\frac{\partial \mathcal{L}}{\partial \varphi} = \frac{\mathrm{d}}{\mathrm{d}t}\frac{\partial \mathcal{L}}{\partial \dot{\varphi}} \tag{7.21}$$

oder – wenn wir für $\mathcal{L}$ die Gleichung (7.18) einsetzen –

$$-\frac{\partial U}{\partial \varphi} = \frac{\mathrm{d}}{\mathrm{d}t}(mr^2\dot{\varphi})\,. \tag{7.22}$$

Um diese Gleichung weiterzuverwenden, müssen wir die linke Seite mit der φ-Komponente der Kraft $\boldsymbol{F} = -\boldsymbol{\nabla} U$ in Verbindung bringen. Dazu müssen wir die Komponenten von $\boldsymbol{\nabla} U$ in Polarkoordinaten kennen:

$$\boldsymbol{\nabla} U = \frac{\partial U}{\partial r}\hat{\boldsymbol{r}} + \frac{1}{r}\frac{\partial U}{\partial \varphi}\hat{\boldsymbol{\varphi}}\,. \tag{7.23}$$

(Wenn Sie das nicht nachvollziehen können, schauen Sie sich Aufgabe 5 an.) Die φ-Komponente der Kraft ist der Koeffizient vor $\hat{\boldsymbol{\varphi}}$ in $\boldsymbol{F} = -\boldsymbol{\nabla} U$, also

$$-\frac{1}{r}\frac{\partial U}{\partial \varphi}$$

Die linke Seite von (7.22) ist also rF_φ, und das ist einfach das *Drehmoment* Γ auf das Teilchen bezüglich des Ursprungs. Damit können wir die Größe $mr^2\dot{\varphi}$ auf der rechten Seite mit dem Drehimpuls L bezüglich des Ursprungs identifizieren. Daher besagt die Gleichung (7.22)

$$\Gamma = \frac{\mathrm{d}L}{\mathrm{d}t}\,, \tag{7.24}$$

und das ist nichts anderes als die aus der Newton'schen Mechanik vertraute Beziehung, nach der das Drehmoment gleich der zeitlichen Änderung des Drehimpulses ist. ■

Gleichung (7.24) führt uns eine wunderbare Eigenschaft der Lagrange-Gleichungen vor Augen: Bei Wahl eines geeigneten Satzes von verallgemeinerten Koordinaten erhalten wir die entsprechenden Lagrange-Gleichungen in einer natürlichen Form. Wenn wir r und φ als unsere Koordinaten wählen, dann erweist sich die Lagrange-Gleichung für φ als die Gleichung für den Drehimpuls. Doch eigentlich kommt alles noch besser: Erinnern Sie sich daran, wie ich die verallgemeinerte Kraft und den verallgemeinerten Impuls in (7.15) und (7.16) eingeführt habe. Im vorliegenden Fall ist die φ-Komponente der verallgemeinerten Kraft gerade das Drehmoment

$$(\varphi\text{-Komponente der verallgemeinerten Kraft}) = \frac{\partial \mathcal{L}}{\partial \varphi} = \Gamma\ (\text{Drehmoment})\,, \tag{7.25}$$

und die φ-Komponente des verallgemeinerten Impulses ist der Drehimpuls

$$(\varphi\text{-Komponente des verallgemeinerten Impulses}) = \frac{\partial \mathcal{L}}{\partial \dot{\varphi}} = L\ (\text{Drehimpuls})\,. \tag{7.26}$$

Bei einer „natürlichen" Wahl der Koordinaten (nämlich r und φ) erweisen sich die φ-Komponenten der verallgemeinerten Kraft und des verallgemeinerten Impulses als die entsprechenden „natürlichen" Größen: nämlich als das Drehmoment und der Drehimpuls.

Beachten Sie bitte, dass die verallgemeinerte „Kraft" nicht unbedingt die Dimension einer Kraft hat, so wie der verallgemeinerte „Impuls" auch nicht unbedingt die Dimension eines Impulses haben muss. Im vorliegenden Fall ist die verallgemeinerte Kraft (also ihre φ-Komponente) ein Drehmoment (d. h. Kraft × Entfernung), und ihr verallgemeinerter Impuls ist ein Drehimpuls (Impuls × Entfernung).

Das Beispiel zeigt noch ein weiteres Merkmal der Lagrange-Gleichungen: In der φ-Komponente $\partial\mathcal{L}/\partial\varphi$ der verallgemeinerten Kraft haben wir das Drehmoment auf das Teilchen erkannt. Wenn dieses Drehmoment null ist, dann bleibt der zugehörige verallgemeinerte Impuls $\partial\mathcal{L}/\partial\dot{\varphi}$ (der hier dem Drehimpuls entspricht) erhalten. Offenbar ist das ein allgemeines Ergebnis: Die i-te Komponente der verallgemeinerten Kraft ist $\partial\mathcal{L}/\partial q_i$; wenn sie null ist, dann besagt die Lagrange-Gleichung

$$\frac{\partial\mathcal{L}}{\partial q_i} = \frac{\mathrm{d}}{\mathrm{d}t}\frac{\partial\mathcal{L}}{\partial\dot{q}_i},$$

dass die i-te Komponente $\partial\mathcal{L}/\partial\dot{q}_i$ des verallgemeinerten Impulses konstant ist. Wenn also $\mathcal{L}$ nicht von q_i abhängt, dann ist die i-te Komponente der verallgemeinerten Kraft null, und die entsprechende Komponente des verallgemeinerten Impulses bleibt erhalten. In der Praxis sieht man oft sehr schnell, dass eine Lagrange-Funktion nicht von einer Koordinate q_i abhängt; damit hat man dann sofort ein entsprechendes Erhaltungsgesetz gefunden. Wir werden in Abschnitt 7.8 auf diesen Punkt zurückkommen.

Mehrere Teilchen ohne Zwangsbedingungen

Die Erweiterung der oben beschriebenen Verfahrensweise auf ein System von N Teilchen ohne Zwangsbedingungen (beispielsweise auf ein Gas mit N Molekülen) ist unkompliziert; ich überlasse es daher Ihnen, die Details auszuführen (Aufgaben 6 und 7). Ich werde an dieser Stelle lediglich den Gedankengang für zwei Teilchen skizzieren, hauptsächlich um die Form der Lagrange-Gleichung für $N > 1$ anzugeben. Für zwei Teilchen ist die Lagrange-Funktion (genau wie zuvor) definiert als $\mathcal{L} = T - U$. Das bedeutet jetzt aber

$$\mathcal{L}(\boldsymbol{r}_1, \boldsymbol{r}_2, \dot{\boldsymbol{r}}_1, \dot{\boldsymbol{r}}_2) = \tfrac{1}{2}m_1\dot{\boldsymbol{r}}_1^2 + \tfrac{1}{2}m_2\dot{\boldsymbol{r}}_2^2 - U(\boldsymbol{r}_1, \boldsymbol{r}_2)\,. \tag{7.27}$$

Wie zuvor sind die Kräfte auf die beiden Teilchen $\boldsymbol{F}_1 = -\boldsymbol{\nabla}_1 U$ und $\boldsymbol{F}_2 = -\boldsymbol{\nabla}_2 U$. Wenn man das zweite Newton'sche Gesetz auf jedes der beiden Teilchen anwendet, erhält man sechs Gleichungen

$$F_{1x} = \dot{p}_{1x}, \quad F_{1y} = \dot{p}_{1y}, \quad \ldots, \quad F_{2z} = \dot{p}_{2z}\,.$$

Genau wie in Gleichung (7.7) ist jede dieser sechs Gleichungen äquivalent zu einer entsprechenden Lagrange-Gleichung

$$\frac{\partial\mathcal{L}}{\partial x_1} = \frac{\mathrm{d}}{\mathrm{d}t}\frac{\partial\mathcal{L}}{\partial\dot{x}_1}, \quad \frac{\partial\mathcal{L}}{\partial y_1} = \frac{\mathrm{d}}{\mathrm{d}t}\frac{\partial\mathcal{L}}{\partial\dot{y}_1}, \quad \ldots, \quad \frac{\partial\mathcal{L}}{\partial z_2} = \frac{\mathrm{d}}{\mathrm{d}t}\frac{\partial\mathcal{L}}{\partial\dot{z}_2}\,. \tag{7.28}$$

Aus diesen sechs Gleichungen folgert man, dass das Integral $S = \int_{t_1}^{t_2} \mathcal{L}\, dt$ stationär ist. Schließlich können wir zu einem anderen geeigneten Satz von sechs Koordinaten $q_1, q_2, \ldots, q_6$ übergehen. Dass S stationär ist, muss auch in diesem neuen Koordinatensystem gelten, und daraus folgert man im Umkehrschluss, dass die Lagrange-Gleichungen auch bezüglich der neuen Koordinaten gelten:

$$\frac{\partial \mathcal{L}}{\partial q_1} = \frac{\mathrm{d}}{\mathrm{d}t} \frac{\partial \mathcal{L}}{\partial \dot{q}_1}, \quad \frac{\partial \mathcal{L}}{\partial q_2} = \frac{\mathrm{d}}{\mathrm{d}t} \frac{\partial \mathcal{L}}{\partial \dot{q}_2}, \quad \ldots, \quad \frac{\partial \mathcal{L}}{\partial q_6} = \frac{\mathrm{d}}{\mathrm{d}t} \frac{\partial \mathcal{L}}{\partial \dot{q}_6}. \tag{7.29}$$

Das folgende Beispiel für einen Satz von sechs verallgemeinerten Koordinaten werden wir in Kapitel 8 immer wieder anwenden: Anstelle der sechs Koordinaten von $\boldsymbol{r}_1$ und $\boldsymbol{r}_2$ können wir die drei Koordinaten des Schwerpunkts $\boldsymbol{R} = (m_1\boldsymbol{r}_1 + m_2\boldsymbol{r}_2)/(m_1 + m_2)$ und die drei Koordinaten der Relativposition $\boldsymbol{r} = \boldsymbol{r}_1 - \boldsymbol{r}_2$ verwenden. Wir werden sehen, dass die Wahl dieser Koordinaten zu einer geradezu dramatischen Vereinfachung führt. An dieser Stelle besteht die Aussage vor allem darin, dass die Lagrange-Gleichungen in ihrer Normalform (7.29) auch bezüglich dieser neuen, verallgemeinerten Koordinaten gelten.

Die Erweiterung dieses Gedankengangs auf den Fall von N Teilchen ohne Zwangsbedingungen ist völlig problemlos; ich überlasse den Nachweis Ihnen (vgl. Aufgabe 7). Das Ergebnis ist, dass es $3N$ Lagrange-Gleichungen

$$\frac{\partial \mathcal{L}}{\partial q_i} = \frac{\mathrm{d}}{\mathrm{d}t} \frac{\partial \mathcal{L}}{\partial \dot{q}_i} \quad [i = 1, 2, \ldots, 3N]$$

gibt, die für eine beliebige Wahl der $3N$ Koordinaten $q_1, \ldots q_{3N}$ gelten, die man für die Beschreibung der N Teilchen benötigt.

7.2 Systeme mit Zwangsbedingungen: ein Beispiel

Es ist vielleicht der größte Vorzug des Lagrange'schen Ansatzes, dass man mit ihm Systeme mit Zwangsbedingungen behandeln kann, also Systeme, die sich nicht frei in dem Raum bewegen können, den sie einnehmen. Ein uns bereits vertrautes Beispiel für ein System mit Zwangsbedingungen ist eine Perle auf einem Draht – die Perle kann sich zwar entlang des Drahtes bewegen, aber sonst nirgendwo. Ein weiteres Beispiel für ein System mit Zwangsbedingungen ist ein starrer Körper, dessen Atome sich nur so bewegen können, dass der Abstand zwischen zwei beliebigen Atomen fest bleibt. Bevor ich nun im Allgemeinen auf das Wesen von Zwangsbedingungen eingehen, werde ich zunächst ein weiteres einfaches Beispiel anführen, das ebene Pendel.

Betrachten Sie das ebene Pendel in Abbildung 7.2. Ein Pendelkörper der Masse m ist an einem masselosen Stab der Länge l befestigt, der sich um O dreht und reibungsfrei in der x-y-Ebene schwingen kann. Der Pendelkörper bewegt sich in x- und in y-Richtung, aber er erfährt durch den Stab eine Zwangsbedingung, sodass $\sqrt{x^2 + y^2} = l$ konstant bleibt. Offensichtlich ist nur eine der Koordinaten unabhängig (wenn sich x ändert, ist die Änderung von y durch die Zwangsbedingung vorgegeben), und wir schreiben daher dem System nur einen einzigen Freiheitsgrad zu. Eine Möglichkeit, dies zu verdeutlichen, wäre die Eliminierung von einer der Koordinaten, beispielsweise, indem man $y = \sqrt{l^2 - x^2}$ setzt und dadurch alles nur mithilfe der einen Koordinate x ausdrückt. Das ist zwar eine völlig legitime Vorgehensweise, es ist jedoch

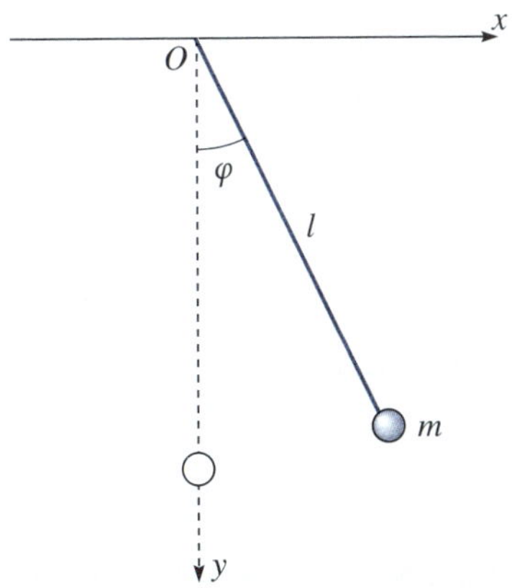

Abbildung 7.2: Ein ebenes Pendel. Der Pendelkörper der Masse m erfährt durch den Stab eine Zwangsbedingung, sodass er immer im Abstand l von O bleibt.

erheblich einfacher, sowohl x als auch y durch den Parameter φ auszudrücken, den Winkel zwischen dem Pendel und dessen Gleichgewichtslage (Abbildung 7.2).

Wir können nämlich alle interessierenden Größen mithilfe von φ ausdrücken. Die kinetische Energie ist $T = \frac{1}{2}mv^2 = \frac{1}{2}ml^2\dot{\varphi}^2$. Die potenzielle Energie ist $U = mgh$, worin h die Höhe des Pendelkörpers über der Gleichgewichtslage ist. Für h gilt (Sie sollten das nachprüfen!) $h = l(1 - \cos\varphi)$. Damit ist die potenzielle Energie $U = mgl(1 - \cos\varphi)$, und die Lagrange-Funktion wird zu

$$\mathcal{L} = T - U = \tfrac{1}{2}ml^2\dot{\varphi}^2 - mgl(1 - \cos\varphi)\,. \tag{7.30}$$

Ganz gleich, welchen Weg wir wählen – ob wir die Funktion $\mathcal{L}$ mithilfe von x (bzw. y) oder mithilfe von φ schreiben –, die Lagrange-Funktion wird unter Verwendung einer einzigen verallgemeinerten Koordinate q und deren Zeitableitung $\dot{q}$ ausgedrückt und hat die Form $\mathcal{L} = \mathcal{L}(q, \dot{q})$. Nun gilt aber (auch wenn ich das an dieser Stelle noch nicht beweisen werde), dass – sobald die Lagrange-Funktion erst einmal unter Verwendung dieser einen Variable aufgeschrieben ist (für ein System mit einem Freiheitsgrad) – die zeitliche Entwicklung dieses Systems ebenfalls die Lagrange-Gleichung erfüllt; wir haben das für ein Teilchen ohne Zwangsbedingungen bereits im vorangegangenen Abschnitt bewiesen. Es gilt also

$$\frac{\partial\mathcal{L}}{\partial q} = \frac{\mathrm{d}}{\mathrm{d}t}\frac{\partial\mathcal{L}}{\partial\dot{q}}\,. \tag{7.31}$$

Wenn wir als unsere verallgemeinerte Koordinate den Winkel φ wählen, nimmt die Lagrange-Gleichung die folgende Form an:

$$\frac{\partial\mathcal{L}}{\partial\varphi} = \frac{\mathrm{d}}{\mathrm{d}t}\frac{\partial\mathcal{L}}{\partial\dot{\varphi}}\,. \tag{7.32}$$

Die Lagrange-Funktion $\mathcal{L}$ ist durch (7.30) gegeben, und die erforderlichen Ableitungen sind leicht zu berechnen. Man erhält dann

$$-\,mgl\sin\varphi = \frac{\mathrm{d}}{\mathrm{d}t}(ml^2\dot{\varphi}) = ml^2\ddot{\varphi}\,. \tag{7.33}$$

Beim Vergleich mit Abbildung 7.2 erkennt man, dass die linke Seite dieser Gleichung gerade das Drehmoment Γ angibt, das durch die Schwerkraft auf das Pendel ausgeübt wird; der Term ml^2 ist das Trägheitsmoment I des Pendels. Da $\ddot{\varphi}$ die Winkelbeschleunigung α ist, erkennen wir: Die Lagrange-Gleichung reproduziert einfach die uns vertraute Beziehung $\Gamma = I\alpha$.

7.3 Systeme mit Zwangsbedingungen: allgemein

Verallgemeinerte Koordinaten

Wir betrachten nun ein beliebiges System aus N Teilchen ($\alpha = 1, \ldots, N$) mit den jeweiligen Orten $\boldsymbol{r}_\alpha$. Wir nennen die Parameter $q_1, \ldots, q_n$ dann einen Satz von **verallgemeinerten Koordinaten** für das System, wenn sich jeder Ort $\boldsymbol{r}_\alpha$ als eine Funktion der Koordinaten $q_1, \ldots, q_n$ (und möglicherweise noch der Zeit t) ausdrücken lässt:

$$\boldsymbol{r}_\alpha = \boldsymbol{r}_\alpha(q_1, \ldots, q_n, t) \quad [\alpha = 1, \ldots, N], \tag{7.34}$$

und wenn man umgekehrt jedes q_i mithilfe der Orte $\boldsymbol{r}_\alpha$ (und möglicherweise noch der Zeit t) ausdrücken kann:

$$q_i = q_i(\boldsymbol{r}_1, \ldots, \boldsymbol{r}_N, t) \quad [i = 1, \ldots, n]. \tag{7.35}$$

Zusätzlich fordern wir, dass die Anzahl der verallgemeinerten Koordinaten (n) die kleinste Zahl ist, mit der sich das System auf diese Weise parametrisieren lässt. In unserer dreidimensionalen Welt ist die Anzahl n der verallgemeinerten Koordinaten für N Teilchen sicher nicht größer als $3N$, sie ist aber für ein System mit Zwangsbedingungen gewöhnlich kleiner – manchmal sogar erheblich kleiner. Beispielsweise liegt für einen starren Körper die Anzahl N der Teilchen in der Größenordnung von 10^{23}, die Anzahl n der verallgemeinerten Koordinaten hingegen ist 6 (drei Koordinaten, mit denen die Lage des Schwerpunkts angegeben wird, und drei weitere Koordinaten, durch die die Orientierung des Körpers beschrieben wird).

Um den Zusammenhang (7.34) zu illustrieren, betrachten wir noch einmal das Pendel aus Abbildung 7.2. In diesem Beispiel gibt es nur ein Teilchen (den Pendelkörper) und zwei kartesische Koordinaten (da die Bewegung des Pendels auf zwei Dimensionen beschränkt ist). Wie wir gesehen haben, benötigen wir aber nur eine einzige verallgemeinerte Koordinate, als die wir den Winkel φ gewählt haben. Das Analogon zu (7.34) ist

$$\boldsymbol{r} \equiv (x, y) = (l \sin\varphi, l \cos\varphi). \tag{7.36}$$

Dadurch werden die beiden kartesischen Koordinaten x und y mithilfe der einen verallgemeinerten Koordinate φ ausgedrückt.

Das Doppelpendel in Abbildung 7.3 hat zwei Pendelkörper, deren Bewegung jeweils auf eine Ebene beschränkt ist; es hat somit vier kartesische Koordinaten, die sich jeweils mithilfe der zwei verallgemeinerten Koordinaten φ_1 und φ_2 ausdrücken lassen. Wenn wir den Ursprung in den Aufhängungspunkt des oberen Pendels legen, dann gilt

$$\boldsymbol{r}_1 = (l_1 \sin\varphi_1, l_1 \cos\varphi_1) = \boldsymbol{r}_1(\varphi_1) \tag{7.37}$$

und

$$\boldsymbol{r}_2 = (l_1 \sin\varphi_1 + l_2 \sin\varphi_2, l_1 \cos\varphi_1 + l_2 \cos\varphi_2) = \boldsymbol{r}_2(\varphi_1, \varphi_2). \tag{7.38}$$

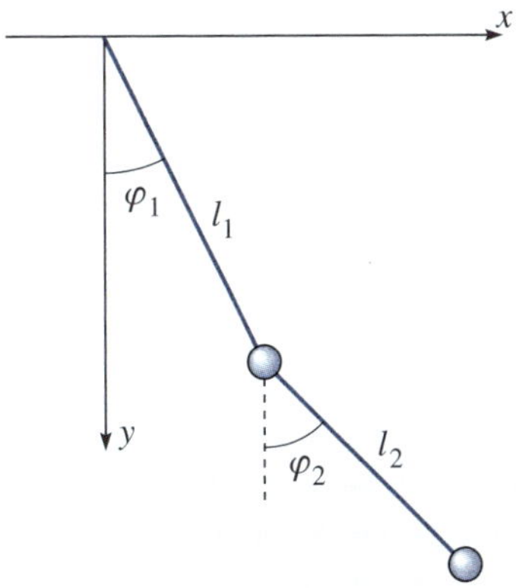

Abbildung 7.3: Die Orte der beiden Massen in einem Doppelpendel sind eindeutig durch die beiden verallgemeinerten Koordinaten φ_1 und φ_2 bestimmt, die jeweils unabhängig voneinander variiert werden können.

Beachten Sie, dass beide Komponenten von $\boldsymbol{r}_2$ sowohl von φ_1 als auch von φ_2 abhängen.

In diesen beiden Beispielen hängt die Transformation von den kartesischen zu den verallgemeinerten Koordinaten nicht von der Zeit t ab; man kann sich aber leicht Beispiele überlegen, in denen das anders ist. Betrachten Sie den Eisenbahnwaggon in Abbildung 7.4, in dessen Innenraum ein Pendel von der Decke hängt. Der Waggon erfährt eine erzwungene[3] Beschleunigung mit dem konstanten Wert a. Natürlich wird man die Lage des Pendels wie üblich durch den Winkel φ beschreiben, aber zumindest auf den ersten Blick sieht es so aus, als könnten wir damit nur den Pendelausschlag bezüglich des mit dem Waggon verbundenen beschleunigten (also nichtinertialen) Bezugssystems beschreiben. Wenn wir die Lage des Pendelkörpers bezüglich eines Inertialsystems angeben wollen, müssen wir ein fest mit dem Boden verbundenes Bezugssystem wählen, und in diesem Bezugssystem lässt sich die Lage des Pendels leicht mithilfe des Winkels φ angeben. Der Ort des Aufhängungspunkts bezüglich des Bodens ist (wenn wir unsere Achsen und den Ursprung geeignet wäh-

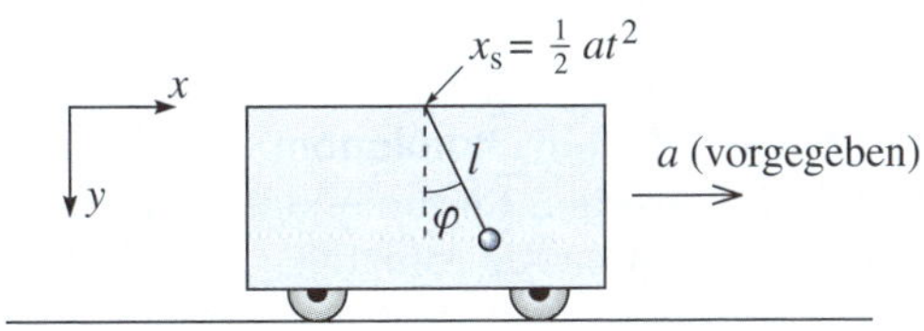

Abbildung 7.4: Ein Pendel hängt von der Decke eines Eisenbahnwaggons, der eine erzwungene Beschleunigung mit dem festen vorgegebenen Wert a erfährt.

3 Man verwendet oft den Begriff „erzwungen“, um eine Bewegung zu charakterisieren, die durch eine äußere Kraft verursacht und nicht durch die inneren Bewegungen des Systems beeinflusst wird. In dem vorliegenden Beispiel soll die „erzwungene“ Beschleunigung des Waggons stets gleich sein, ganz egal, wie das Pendel im Innenraum schwingt.

len) durch $x_S = \frac{1}{2}at^2$ gegeben; die Lage des Pendelkörpers beschreibt man dann leicht durch

$$\boldsymbol{r} \equiv (x, y) = (l \sin\varphi + \tfrac{1}{2}at^2, l\cos\varphi) = \boldsymbol{r}(\varphi, t)\,. \tag{7.39}$$

Der Zusammenhang zwischen $\boldsymbol{r}$ und der verallgemeinerten Koordinate φ hängt von der Zeit t ab, eine Möglichkeit, die ich bei der Formulierung von (7.34) vorgesehen habe.

Wir bezeichnen einen Satz von Koordinaten $q_1, \ldots, q_n$ mitunter als **natürlich**, wenn die Beziehung (7.34) zwischen den kartesischen Koordinaten $\boldsymbol{r}_\alpha$ und den verallgemeinerten Koordinaten *nicht* von der Zeit t abhängt. Wir werden sehen, dass die natürlichen Koordinaten einige günstige Eigenschaften haben, die solche Koordinaten nicht aufweisen, bei denen (7.34) auch von der Zeit abhängt. Glücklicherweise gibt es, wie der Name bereits andeutet, viele Probleme, bei denen die bequemsten Koordinaten in der Tat die natürlichen Koordinaten sind.[4]

Freiheitsgrade

Die Anzahl der **Freiheitsgrade** eines Systems ist die Anzahl der Koordinaten, die bei einer kleinen Verrückung unabhängig voneinander verändert werden können – also die Anzahl der unabhängigen „Richtungen“, in die sich ein System von einer gegebenen Anfangskonfiguration aus bewegen kann. Beispielsweise hat das einfache Pendel von Abbildung 7.2 nur einen und das Doppelpendel von Abbildung 7.3 zwei Freiheitsgrade. Ein Teilchen, das sich frei in drei Raumrichtungen bewegen kann, hat drei, ein Gas aus N Teilchen dementsprechend $3N$ Freiheitsgrade.

Wenn die Anzahl der Freiheitsgrade in einem N-Teilchen-System in drei Dimensionen geringer ist als $3N$, sprechen wir von einem beschränkten System oder einem **System mit Zwangsbedingungen.** (In zwei Dimensionen liegt die entsprechende Anzahl der Freiheitsgrade natürlich bei $2N$.) Der Pendelkörper eines ebenen Pendels – er hat einen Freiheitsgrad – ist beschränkt. Das System aus den beiden Massen eines Doppelpendels mit zwei Freiheitsgraden ist beschränkt. Die N Atome eines starren Körpers haben gerade mal sechs Freiheitsgrade, dieses System ist also ganz sicher beschränkt. Andere Beispiele für Systeme mit Zwangsbedingungen sind eine Perle, die sich nur entlang eines festen Drahtes bewegen kann, oder ein Teilchen, das sich in drei Dimensionen nur auf einer bestimmten Fläche bewegt.

In allen Beispielen, die ich bislang angeführt habe, war die Anzahl der Freiheitsgrade gleich der Anzahl der verallgemeinerten Koordinaten, die zur Beschreibung der Systemkonfiguration benötigt werden. (Das Doppelpendel hat zwei Freiheitsgrade und benötigt zwei verallgemeinerte Koordinaten usw.) Ein System mit dieser ganz natürlich erscheinenden Eigenschaft heißt **holonom**[5] (zu griechisch *holos* „ganz, völlig, unversehrt“). Mit anderen Worten: Ein holonomes System hat n Freiheitsgrade und lässt sich mit n verallgemeinerten Koordinaten $q_1, \ldots, q_n$ beschreiben. Holonome

4 Natürliche – also nicht explizit zeitabhängige – Koordinaten werden manchmal auch als *skleronom* bezeichnet, nicht-natürliche Koordinaten als *rheonom;* die Bezeichnungen leiten sich von den griechischen Wortstämmen für „fest, verhärtet“ bzw. „fließend“ ab. Ich werde diese nicht gerade einprägsamen Bezeichungen allerdings nicht verwenden. Nicht-natürliche Koordinaten nennt man manchmal auch *erzwungene* Koordinaten, weil eine zeitliche Abhängigkeit in (7.34) gewöhnlich mit einer erzwungenen Bewegung verbunden ist, so wie es bei der erzwungenen Beschleunigung des Waggons in Abbildung 7.4 der Fall ist.

5 Man findet in der Literatur eine Reihe unterschiedlicher Definitionen von „holonom“, die jedoch nicht alle äquivalent sind.

Systeme sind leichter zu behandeln als nichtholonome; ich werde mich in diesem Buch auf holonome Systeme beschränken.

Sie werden jetzt vielleicht denken, dass alle Systeme holonom sind oder dass nichtholonome Systeme wenigstens recht selten vorkommen und grotesk kompliziert sind. Das ist nicht der Fall, es gibt auch einige recht einfache Beispiele für nichtholonome Systeme. Betrachten wir beispielsweise einen Hartgummiball, der auf einer horizontalen Tischfläche rollen kann (allerdings nicht gleitet und nicht um eine vertikale Achse rotiert). Von einer beliebigen Anfangsposition (x, y) ausgehend, kann er sich nur in zwei unabhängige Richtungen bewegen. Der Ball hat also zwei Freiheitsgrade, und man sieht sofort, dass sich seine Konfiguration eindeutig durch die beiden Koordinaten x und y seines Mittelpunkts beschreiben lässt. Nun stellen wir uns Folgendes vor: Wir platzieren den Ball im Ursprung O und markieren seinen obersten Punkt. Dann führen wir nacheinander die drei folgenden Bewegungen durch (Abbildung 7.5): Wir rollen den Ball entlang der x-Achse um eine Strecke, die genau seinem Umfang c entspricht, bis zum Punkt P. Dort befindet sich die Markierung wieder am obersten Punkt des Balls. Nun rollen wir den Ball um dieselbe Strecke c in der y-Richtung bis zum Punkt Q, wo die Markierung wieder oben ist. Schließlich rollen wir den Ball entlang der Hypothenuse des Dreiecks OPQ zurück zum Ursprung. Da diese letzte Bewegung die Länge $\sqrt{2}c$ hat, bringt sie zwar den Ball an seinen Ausgangspunkt zurück, aber die Markierung befindet sich nicht mehr auf der Oberseite: Die Position (x, y) hat zwar wieder ihren Anfangswert angenommen, aber der Ball hat nun eine andere Orientierung. Offenbar reichen die beiden Koordinaten (x, y) nicht aus, eine eindeutige Konfiguration anzugeben. In der Tat sind drei zusätzliche Werte nötig, auch um die Orientierung des Balls zu beschreiben, und wir benötigen somit insgesamt fünf Koordinaten, um die Konfiguration des Balls vollständig anzugeben. Der Ball hat zwar nur zwei Freiheitsgrade, benötigt aber fünf verallgemeinerte Koordinaten – offensichtlich handelt es sich hier um ein nichtholonomes System.

Es gibt also offensichtlich auch einfache nichtholonome Systeme, doch selbst diese sind viel schwerer zu untersuchen als holonome Systeme. Ich werde sie deshalb in diesem Buch nicht weiter behandeln. Für ein beliebiges holonomes System mit den verallgemeinerten Koordinaten $q_1, \ldots, q_n$ und der potenziellen Energie $U(q_1, \ldots, q_n, t)$ (die – wie in Abschnitt 4.5 beschrieben – von der Zeit t abhängen

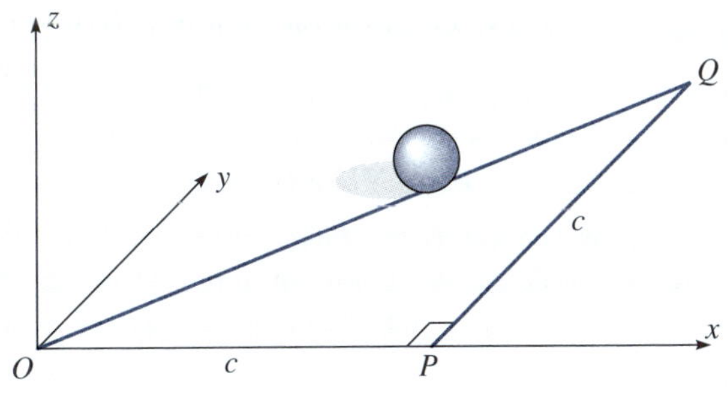

Abbildung 7.5: Das rechtwinklige Dreieck OPQ liegt in der x-y-Ebene, die Länge der Seiten OP und PQ beträgt jeweils c. Wenn wir einen Ball mit dem Umfang c entlang $OPQO$ rollen, kommt er mit einer veränderten Orientierung am Ausgangspunkt an.

kann) beschreibt man die zeitliche Entwicklung durch die n Lagrange-Gleichungen

$$\frac{\partial \mathcal{L}}{\partial q_i} = \frac{\mathrm{d}}{\mathrm{d}t}\frac{\partial \mathcal{L}}{\partial \dot{q}_i} \quad [i = 1, \ldots, n]\,. \tag{7.40}$$

Die Lagrange-Funktion $\mathcal{L}$ ist wie üblich definiert als $\mathcal{L} = T - U$. Ich werde diese Aussage im folgenden Abschnitt beweisen.

7.4 Beweis der Lagrange-Gleichungen mit Zwangsbedingungen

Wir sind jetzt in der Lage, die Lagrange-Gleichungen für ein beliebiges holonomes System zu beweisen. Um die Dinge einfach zu halten, behandle ich explizit nur den Fall mit einem einzigen Teilchen (die Verallgemeinerung auf eine beliebige Anzahl von Teilchen ist dann ganz unproblematisch, vgl. Aufgabe 13). Außerdem nehme ich an, das Teilchen sei in seinen Bewegungen auf eine Fläche beschränkt.[6] Das Teilchen hat also zwei Freiheitsgrade und lässt sich durch zwei verallgemeinerte Koordinaten q_1 und q_2 beschreiben, die sich unabhängig voneinander ändern können.

Wir müssen erkennen, dass es zwei Arten von Kräften auf das Teilchen (oder im allgemeinen Fall *die* Teilchen) gibt. Zunächst sind da die Zwangskräfte: Für eine Perle auf einem Draht ist die Zwangskraft die Normalkraft, die der Draht auf die Perle ausübt; in unserem Fall, in dem das Teilchen an eine Fläche gebunden ist, ist es die Normalkraft auf diese Fläche. Für die Atome in einem starren Körper sind die Zwangskräfte die interatomaren Kräfte, durch die die Atome innerhalb des Körpers an ihrem Ort gehalten werden. Im Allgemeinen sind die Zwangskräfte nicht unbedingt konservativ, aber das spielt keine Rolle. Eines der Ziele des Lagrange'schen Ansatzes ist es ja gerade, solche Gleichungen zu finden, in denen die Zwangskräfte nicht vorkommen, weil wir sie üblicherweise auch gar nicht wissen wollen. (Beachten Sie aber dennoch, dass die Lagrange-Gleichungen in der einfachen unbeschränkten Form aus Abschnitt 7.1 im Fall nichtkonservativer Zwangskräfte *nicht* gelten.) Ich bezeichne die Gesamt-Zwangskraft auf das Teilchen mit $\boldsymbol{F}_{\mathrm{Zw}}$; in unserem Fall ist das gerade die Normalkraft auf die Fläche, an die das Teilchen gebunden ist.

Zum Zweiten wirken all die Kräfte auf das Teilchen, die keine Zwangskräfte sind, z. B. die Schwerkraft. Das sind die Kräfte, mit denen wir uns in der Praxis üblicherweise beschäftigen; ich bezeichne ihre Resultierende mit $\boldsymbol{F}$. Ich werde annehmen, dass alle Nicht-Zwangskräfte wenigstens die zweite der Bedingungen für konservative Kräfte erfüllen, dass sie also aus einer potenziellen Energie $U(\boldsymbol{r}, t)$ abzuleiten sind, d. h., dass gilt

$$\boldsymbol{F} = -\boldsymbol{\nabla} U(\boldsymbol{r}, t)\,. \tag{7.41}$$

(Wenn wirklich alle Nicht-Zwangskräfte konservativ sind, dann ist U unabhängig von t; aber diese Annahme müssen wir hier nicht treffen.) Die resultierende Kraft auf unser Teilchen ist also $\boldsymbol{F}_{\mathrm{res}} = \boldsymbol{F}_{\mathrm{Zw}} + \boldsymbol{F}$. Schließlich definiere ich die Lagrange-Funktion wie üblich als

$$\mathcal{L} = T - U\,. \tag{7.42}$$

6 Es mag Ihnen vielleicht schwer fallen, sich vorzustellen, wie ein Teilchen an eine Fläche gebunden sein soll, ohne dass es herabspringen kann. Stellen Sie sich in diesem Fall einfach vor, das Teilchen würde durch zwei parallele Flächen beschränkt, deren Abstand gerade so groß ist, dass es sich zwischen ihnen frei bewegen kann.

Da U die potenzielle Energie nur für die Nicht-Zwangskräfte ist, schließt dieser Ausdruck für $\mathcal{L}$ die Zwangskräfte nicht mit ein. Dies spiegelt richtig wider, dass – wie wir sehen werden – in den Lagrange-Gleichungen für ein System mit Zwangsbedingungen die Zwangskräfte nicht auftreten.

Das Wirkungsintegral ist entlang des richtigen Weges stationär

Wir betrachten zwei beliebige Punkte $\boldsymbol{r}_1$ und $\boldsymbol{r}_2$, die das Teilchen zu den Zeiten t_1 bzw. t_2 durchläuft. Ich bezeichne mit $\boldsymbol{r}(t)$ den „richtigen" Weg, also die Bahn, die unser Teilchen zwischen den beiden Punkten zurücklegt, und mit $\boldsymbol{R}(t)$ eine beliebige benachbarte „falsche" Bahn zwischen denselben beiden Punkten. Es ist bequem, die folgende Schreibweise

$$\boldsymbol{R}(t) = \boldsymbol{r}(t) + \boldsymbol{\varepsilon}(t) \tag{7.43}$$

zu verwenden; darin wird $\boldsymbol{\varepsilon}(t)$ als der infinitesimale Vektor definiert, der von $\boldsymbol{r}(t)$ auf dem richtigen Weg auf den entsprechenden Punkt $\boldsymbol{R}(t)$ auf der falschen Bahn zeigt. Da ich annehmen werde, dass beide Punkte $\boldsymbol{r}(t)$ und $\boldsymbol{R}(t)$ in der Fläche liegen, an die das Teilchen gebunden ist, liegt auch der Vektor $\boldsymbol{\varepsilon}(t)$ in dieser Fläche. Und da sowohl $\boldsymbol{r}(t)$ als auch $\boldsymbol{R}(t)$ durch dieselben Endpunkte geht, gilt $\boldsymbol{\varepsilon}(t) = 0$ für t_1 und für t_2.

Wir bezeichnen mit S das **Wirkungsintegral**

$$S = \int_{t_1}^{t_2} \mathcal{L}(\boldsymbol{R}, \dot{\boldsymbol{R}}, t)\,\mathrm{d}t \tag{7.44}$$

entlang eines beliebigen Weges $\boldsymbol{R}(t)$ in der beschränkenden Fläche und mit S_0 das entsprechende Integral entlang des richtigen Weges $\boldsymbol{r}(t)$. Wie ich jetzt beweisen werde, ist das Integral S für Variationen des Weges $\boldsymbol{R}(t)$ stationär, wenn $\boldsymbol{R}(t) = \boldsymbol{r}(t)$ oder – äquivalent – wenn die Differenz $\boldsymbol{\varepsilon}$ gleich null ist. Eine andere Möglichkeit, das auszudrücken, ist: Die Differenz der Wirkungsintegrale

$$\delta S = S - S_0 \tag{7.45}$$

ist null in erster Ordnung des Abstands $\boldsymbol{\varepsilon}$ zwischen den Bahnen. Diese Aussage werde ich nun beweisen.

Die Differenz (7.45) ist das Integral über die Differenz zwischen den Lagrange-Funktionen für die beiden Wege

$$\delta\mathcal{L} = \mathcal{L}(\boldsymbol{R}, \dot{\boldsymbol{R}}, t) - \mathcal{L}(\boldsymbol{r}, \dot{\boldsymbol{r}}, t)\,. \tag{7.46}$$

Wir setzen $\boldsymbol{R}(t) = \boldsymbol{r}(t) + \boldsymbol{\varepsilon}(t)$ und erhalten

$$\mathcal{L}(\boldsymbol{r}, \dot{\boldsymbol{r}}, t) = T - U = \tfrac{1}{2}m\dot{\boldsymbol{r}}^2 - U(\boldsymbol{r}, t)\,,$$

woraus folgt[7]

$$\begin{aligned}\delta\mathcal{L} &= \tfrac{1}{2}m\left[(\dot{\boldsymbol{r}} + \dot{\boldsymbol{\varepsilon}})^2 - \dot{\boldsymbol{r}}^2\right] - \left[U(\boldsymbol{r} + \boldsymbol{\varepsilon}, t) - U(\boldsymbol{r}, t)\right] \\ &= m\dot{\boldsymbol{r}} \cdot \dot{\boldsymbol{\varepsilon}} - \boldsymbol{\varepsilon} \cdot \boldsymbol{\nabla} U + O(\varepsilon^2)\,.\end{aligned}$$

7 Den zweiten Term in der zweiten Zeile versteht man, wenn man sich an den Zusammenhang $f(\boldsymbol{r} + \boldsymbol{\varepsilon}) - f(\boldsymbol{r}) \approx \boldsymbol{\varepsilon} \cdot \boldsymbol{\nabla} f$ erinnert, der für eine beliebige Skalarfunktion $f(\boldsymbol{r})$ gilt (vgl. Abschnitt 4.3).

Darin fasst $O(\boldsymbol{\varepsilon}^2)$ (sprich: Ordnung von ε^2) die Terme zusammen, die quadratisch oder in höheren Ordnungen von ε und $\dot{\varepsilon}$ abhängen. – Wir kehren nun wieder zu der Differenz (7.45) der beiden Wirkungsintegrale zurück und sehen, dass in erster Ordnung von ε gilt:

$$\delta S = \int_{t_1}^{t_2} \delta\mathcal{L}\,\mathrm{d}t = \int_{t_1}^{t_2} [m\,\dot{\boldsymbol{r}}\cdot\dot{\boldsymbol{\varepsilon}} - \boldsymbol{\varepsilon}\cdot\boldsymbol{\nabla}U]\,\mathrm{d}t\,. \tag{7.47}$$

Der erste Term im letzten Integral lässt sich partiell integrieren. (Sie erinnern sich: Das bedeutet nur, dass man die Zeitableitung von einem Faktor zum anderen verschiebt und das Vorzeichen ändert.) Die Differenz $\boldsymbol{\varepsilon}$ ist an den beiden Endpunkten null, der Beitrag der Endpunkte ist also null. Wir erhalten dann

$$\delta S = -\int_{t_1}^{t_2} \boldsymbol{\varepsilon}\cdot[m\ddot{\boldsymbol{r}} + \boldsymbol{\nabla}U]\,\mathrm{d}t\,. \tag{7.48}$$

Der Weg $\boldsymbol{r}(t)$ ist nach Voraussetzung der „richtige" Weg und erfüllt das zweite Newton'sche Gesetz. Daher gibt der Term $m\ddot{\boldsymbol{r}}$ die resultierende Kraft auf das Teilchen an: $\boldsymbol{F}_{\text{res}} = \boldsymbol{F}_{\text{Zw}} + \boldsymbol{F}$. Andererseits ist $\boldsymbol{\nabla}U = -\boldsymbol{F}$. Daher heben sich der zweite Term in (7.48) und der zweite Summand des ersten Terms gegenseitig auf, und es bleibt

$$\delta S = -\int_{t_1}^{t_2} \boldsymbol{\varepsilon}\cdot\boldsymbol{F}_{\text{Zw}}\,\mathrm{d}t\,. \tag{7.49}$$

Aber die Zwangskraft $\boldsymbol{F}_{\text{Zw}}$ ist normal zu der Fläche, auf der unser Teilchen sich bewegt, während $\boldsymbol{\varepsilon}$ in der Fläche liegt. Daher ist $\boldsymbol{\varepsilon}\cdot\boldsymbol{F}_{\text{Zw}} = 0$, und somit haben wir bewiesen: $\delta S = 0$. Daher ist – wie behauptet – das Wirkungsintegral über den richtigen Weg stationär.[8]

Der endgültige Beweis

Wir haben soeben das Hamilton-Prinzip bewiesen, nach dem das Wirkungsintegral entlang des Weges, dem das Teilchen tatsächlich folgt, stationär ist. Wir haben das Prinzip aber nicht für *beliebige* Variationen des Weges bewiesen, sondern nur für Variationen des Weges, die mit den Zwangsbedingungen vereinbar sind – also für Wege, die in der Fläche liegen, an die unser Teilchen gebunden ist. Das bedeutet aber, dass wir die Lagrange-Gleichungen nicht bezüglich der drei kartesischen Koordinaten beweisen können. Wir können die Gleichungen aber bezüglich geeigneter *verallgemeinerter* Koordinaten beweisen. Dazu nehmen wir an, dass unser Teilchen durch holonome Zwangsbedingungen an eine Fläche gebunden ist, d. h. an einen

8 Der entscheidende Schritt in diesem Beweis ist die Erkenntnis, dass der Integrand in (7.49) null ist. Wenn Sie sich mit der Verallgemeinerung des Beweises auf ein beliebiges System mit Zwangsbedingungen befassen (beispielsweise dann, wenn Sie Aufgabe 13 bearbeiten), werden Sie auf einen entsprechenden Schritt stoßen und sehen, dass der entsprechende Term aus demselben Grund null ist: Bei einer Verrückung, die mit den Zwangsbedingungen vereinbar ist, verrichten die Zwangskräfte keine Arbeit. Dies ist *eine* mögliche Definition für die Zwangskräfte.

zweidimensionalen Ausschnitt der dreidimensionalen Welt. Das Teilchen hat dann zwei Freiheitsgrade und lässt sich durch zwei verallgemeinerte Koordinaten q_1 und q_2 beschreiben, die unabhängig voneinander variiert werden können. *Jede* Variation von q_1 und q_2 soll mit den Zwangsbedingungen vereinbar sein.[9] Entsprechend können wir das Wirkungsintegral mithilfe von q_1 und q_2 ausdrücken:

$$S = \int_{t_1}^{t_2} \mathcal{L}(q_1, q_2, \dot{q}_1, \dot{q}_2, t)\,\mathrm{d}t\,. \tag{7.50}$$

Dieses Integral ist bei einer *beliebigen* Variation von q_1 und q_2 um den richtigen Weg $[q_1(t), q_2(t)]$ stationär. Daher muss nach dem Gedankengang von Kapitel 6 der richtige Weg die zwei Lagrange-Gleichungen

$$\frac{\partial \mathcal{L}}{\partial q_1} = \frac{\mathrm{d}}{\mathrm{d}t}\frac{\partial \mathcal{L}}{\partial \dot{q}_1} \qquad \text{und} \qquad \frac{\partial \mathcal{L}}{\partial q_2} = \frac{\mathrm{d}}{\mathrm{d}t}\frac{\partial \mathcal{L}}{\partial \dot{q}_2} \tag{7.51}$$

erfüllen.

Der hier gegebene Beweis bezieht sich zwar nur auf ein einzelnes Teilchen in drei Dimensionen, das an eine zweidimensionale Fläche gebunden ist, aber die Grundideen des allgemeinen Falls sind allesamt vorhanden. Die Verallgemeinerung ist zum größten Teil recht problemlos (vgl. Aufgabe 13), und mittlerweile habe ich hoffentlich genug gesagt, um Sie von der Richtigkeit der allgemeinen Aussage zu überzeugen: Ein beliebiges holonomes System mit n Freiheitsgraden und n verallgemeinerten Koordinaten, dessen Nicht-Zwangskräfte sich aus einer potenziellen Energie $U(q_1, \ldots q_n, t)$ ableiten lassen, bewegt sich entlang eines Weges, der durch die n Lagrange-Gleichungen

$$\frac{\partial \mathcal{L}}{\partial q_i} = \frac{\mathrm{d}}{\mathrm{d}t}\frac{\partial \mathcal{L}}{\partial \dot{q}_i} \qquad [i = 1, \ldots, n] \tag{7.52}$$

bestimmt ist. Dabei ist $\mathcal{L}$ die Lagrange-Funktion $\mathcal{L} = T - U$, und $U = U(q_1, \ldots, q_n, t)$ ist das Gesamtpotenzial aller Kräfte mit Ausnahme der Zwangskräfte.

Für unseren Beweis der Lagrange-Gleichungen war es entscheidend, dass die Nicht-Zwangskräfte konservativ sind (oder dass sie wenigstens die zweite Bedingung für konservative Kräfte erfüllen); sie lassen sich also aus einer potenziellen Energie $\boldsymbol{F} = -\boldsymbol{\nabla} U$ herleiten. Wenn das nicht zutrifft, gelten die Lagrange-Gleichungen nicht (zumindest nicht in der in (7.52) angegebenen Form). Ein einfaches Beispiel für eine Kraft, die diese Bedingung nicht erfüllt, ist die Gleitreibungskraft. Die Gleitreibungskraft lässt sich nicht als Zwangskraft betrachten (sie ist nämlich nicht normal zur Oberfläche) und lässt sich nicht aus einem Potenzial herleiten. Wenn also Reibungskräfte vorkommen, gelten die Lagrange-Gleichungen nicht in der Form von (7.52). Die Lagrange-Gleichungen lassen sich aber in einer Weise modifizieren, dass auch Reibungskräfte berücksichtigt werden (vgl. Aufgabe 12). Das Ergebnis ist jedoch schwer zu handhaben; ich werde mich daher auf Fälle beschränken, in den die Gleichungen (7.52) gelten.

9 Wenn unsere Fläche beispielsweise die Oberfläche einer Kugel um den Ursprung ist, dann könnte man als verallgemeinerte Koordinaten q_1, q_2 die beiden Winkel θ, φ der sphärischen Polarkoordinaten wählen. Jede Variation von θ und φ ist vereinbar mit der Zwangsbedingung, dass das Teilchen sich nur auf der Kugelfläche bewegen soll.

7.5 Beispiele für Lagrange-Gleichungen

In diesem Abschnitt stelle ich fünf Beispiele vor, die den Nutzen der Lagrange-Gleichungen belegen. Die beiden ersten sind so einfach, dass sie sich auch leicht mithilfe des Newton'schen Formalismus lösen ließen. Wenn ich sie trotzdem an dieser Stelle anführe, dann deshalb, weil ich Ihnen vor allem Gelegenheit geben möchte, sich mit dem Lagrange'schen Ansatz vertraut zu machen. Doch schon diese einfachen Beispiele zeigen die Vorzüge des Lagrange'schen gegenüber dem Newton'schen Ansatz. Insbesondere werden wir sehen, dass der Lagrange'sche Ansatz uns der Notwendigkeit enthebt, die Zwangskräfte zu berücksichtigen. Die letzten drei Beispiele sind derart komplex, dass ihre Lösung mithilfe des Newton'schen Ansatzes erheblichen Scharfsinn erfordert. Mit dem Lagrange'schen Ansatz hingegen können wir die Bewegungsgleichungen fast ohne nachzudenken hinschreiben.

Die hier vorgestellten Beispiele beleuchten einen wesentlichen Aspekt der Lagrange-Gleichungen: Der Lagrange-Formalismus weist uns immer (oder nahezu immer) einen ganz unkomplizierten Weg, die Bewegungsgleichungen aufzuschreiben. Der Formalismus kann allerdings nicht garantieren, dass die gewonnenen Gleichungen auch leicht zu lösen sind. Wenn wir sehr viel Glück haben, können die Bewegungsgleichungen eine analytische Lösung haben, doch selbst wenn das nicht der Fall ist, sind sie ein wichtiger erster Schritt für das Verständnis der Lösungen und geben oft einen guten Ausgangspunkt für eine Näherungslösung ab. Die Bewegungsgleichungen können einfache Antworten auf nachgeordnete Fragen geben. (Wenn beispielsweise die Bewegungsgleichungen bekannt sind, können wir normalerweise auch leicht die Gleichgewichtslagen eines Systems finden.) Und wir können bei gegebenen Anfangsbedingungen die Bewegungsgleichungen immer numerisch lösen.

Das Lagrange'sche Verfahren ist so wichtig, dass es sicherlich mehr als nur fünf Beispiele verdient. Es ist also entscheidend, dass *Sie selbst* mehrere Beispiele durcharbeiten; deshalb habe ich am Ende des Kapitels mehrere Aufgaben zusammengestellt. Es ist wichtig, dass Sie so bald wie möglich einige davon bearbeiten, nachdem Sie diesen Abschnitt gelesen haben.

Die Atwood'sche Fallmaschine

Beispiel 7.3 Betrachten Sie die **Atwood'sche Fallmaschine**, der wir erstmals in Abbildung 4.15 auf Seite 170 begegnet sind, und die noch einmal in Abbildung 7.6 zu sehen ist. Die beiden Massen m_1 und m_2 hängen an einem nicht dehnbaren Seil der Länge l, das über eine feste Rolle vom Radius R mit reibungsfreier Lagerung läuft. Schreiben Sie die Lagrange-Funktion $\mathcal{L}$ auf, indem Sie die Entfernung x als verallgemeinerte Koordinate verwenden. Geben Sie die Lagrange'sche Bewegungsgleichung an und lösen Sie sie nach der Beschleunigung $\ddot{x}$ auf. Vergleichen Sie Ihr Ergebnis mit der Newton'schen Lösung.

Lösung Weil das Seil eine feste Länge hat, können sich die Höhen x und y der beiden Massen nicht unabhängig voneinander ändern. Es gilt vielmehr $x+y+\pi R = l$ (l ist die Länge des Seils), und damit lässt sich y mithilfe von x auf folgende Weise ausdrücken:

$$y = -x + \text{const.} \tag{7.53}$$

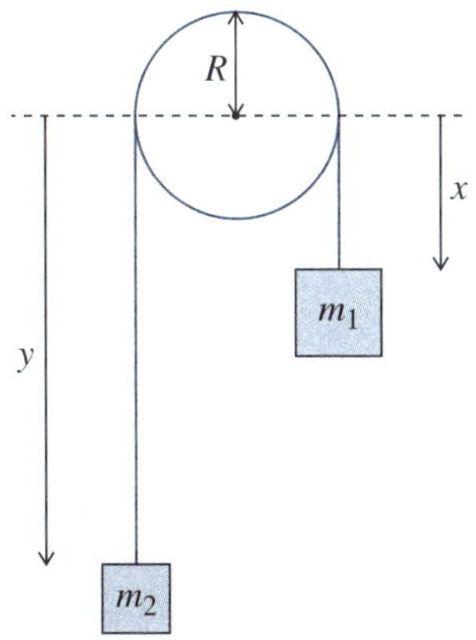

Abbildung 7.6: Eine Atwood'sche Fallmaschine, bestehend aus zwei Massen m_1 und m_2, die an einem nicht dehnbaren Seil hängen. Das Seil läuft über eine feste reibungsfreie Rolle mit dem Radius R. Weil die Länge des Seils konstant ist, lässt sich die Lage des gesamten Systems durch eine einzige Variable angeben; wir verwenden dazu die Entfernung x.

Daher können wir x als unsere verallgemeinerte Koordinate verwenden. Aus (7.53) folgt $\dot{y} = -\dot{x}$, die kinetische Energie des Systems ist also

$$T = \tfrac{1}{2}m_1\dot{x}^2 + \tfrac{1}{2}m_2\dot{y}^2 = \tfrac{1}{2}(m_1 + m_2)\dot{x}^2,$$

und die potenzielle Energie ist

$$U = -m_1gx - m_2gy = -(m_1 - m_2)gx + \text{const.}$$

Durch Kombination dieser beiden Gleichungen finden wir die Lagrange-Funktion

$$\mathcal{L} = T - U = \tfrac{1}{2}(m_1 + m_2)\dot{x}^2 + (m_1 - m_2)gx\,, \tag{7.54}$$

in der ich nur eine nicht weiter interessierende Konstante weggelassen habe.

Die Lagrange'sche Bewegungsgleichung ist einfach

$$\frac{\partial \mathcal{L}}{\partial x} = \frac{\mathrm{d}}{\mathrm{d}t}\frac{\partial \mathcal{L}}{\partial \dot{x}}$$

oder – indem wir (7.54) für $\mathcal{L}$ einsetzen –

$$(m_1 - m_2)g = (m_1 + m_2)\ddot{x}\,. \tag{7.55}$$

Diesen Ausdruck können wir nach $\ddot{x}$ umstellen und erhalten die gesuchte Beschleunigung:

$$\ddot{x} = \frac{m_1 - m_2}{m_1 + m_2}\,g\,. \tag{7.56}$$

Wenn sich m_1 und m_2 nur wenig voneinander unterscheiden, ist die Beschleunigung viel kleiner als g und damit weit besser zu messen. Damit bot die Atwood'sche Fallmaschine schon sehr früh – die Maschine wurde 1784 erfunden – eine recht genaue Möglichkeit zur Messung der Schwerebeschleunigung g.

Die entsprechende Newton'sche Lösung erfordert, dass wir das zweite Newton'sche Gesetz für jede der beiden Massen einzeln aufschreiben. Die resultierende Kraft auf m_1 ist $m_1 g - F_Z$ (dabei ist F_Z die Spannungskraft in dem Seil). Diese Zwangsbedingung taucht beim Lagrange'schen Ansatz gar nicht auf! Damit gilt für m_1 das folgende zweite Newton'sche Gesetz:

$$m_1 g - F_Z = m_1 \ddot{x} .$$

In analoger Weise finden wir auch das zweite Newton'sche Gesetz für m_2:

$$F_Z - m_2 g = m_2 \ddot{x} .$$

(Beachten Sie, dass die *aufwärts* gerichtete Beschleunigung von m_2 genauso groß ist wie die *abwärts* gerichtete Beschleunigung von m_1.) Der Newton'sche Ansatz liefert also zwei Gleichungen für zwei Unbekannte, für die gesuchte Beschleunigung $\ddot{x}$ und für die Zwangskraft F_Z. Durch Addition der beiden Gleichungen können wir F_Z eliminieren und kommen zu genau derselben Gleichung (7.55) wie mit der Lagrange'schen Methode und daher auch auf denselben Wert (7.56) von $\ddot{x}$.

Die Newton'sche Lösung der Atwood'schen Fallmaschine ist viel zu einfach, als dass wir wegen einer alternativen Lösung in Verzückung geraten würden. Aber schon dieses einfache Beispiel zeigt uns, dass wir mithilfe des Lagrange'schen Ansatzes die unbekannte (und normalerweise auch uninteressante) Zwangskraft ignorieren und uns somit wenigstens einen Schritt des Newton'schen Ansatzes sparen können. ■

Ein Teilchen, das sich auf einem Zylinder bewegt

Beispiel 7.4 Wir betrachten ein Teilchen der Masse m, das sich reibungsfrei auf der Oberfläche eines Zylinders mit dem Radius R bewegt; der Zylinder ist durch die Gleichung $\rho = R$ in zylindrischen Polarkoordinaten (ρ, φ, z) gegeben (Abbildung 7.7). Außer der Zwangskraft (also der Normalkraft, die der Zylinder auf das Teilchen ausübt) wirkt nur noch eine weitere Kraft $\boldsymbol{F} = -k\boldsymbol{r}$, die in Richtung des Ursprungs weist. (Dies ist die dreidimensionale Version der Kraft aus dem Hooke'schen Gesetz.) Mit z und φ als verallgemeinerte Koordinaten können wir die Lagrange-Funktion $\mathcal{L}$ angeben. Schreiben Sie die Lagrange-Gleichungen auf, lösen Sie die Gleichungen und beschreiben Sie die Bewegung.

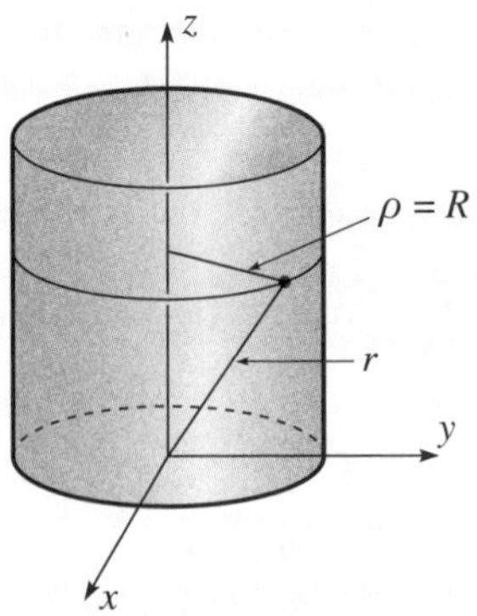

Abbildung 7.7: Eine Masse m bewegt sich auf der Oberfläche des Zylinders $\rho = R$ und unterliegt der Kraft $\boldsymbol{F} = -k\boldsymbol{r}$ aus dem Hooke'schen Gesetz.

Lösung Da die Teilchenkoordinate ρ mit $\rho = R$ festgelegt ist, können wir die Lage des Teilchens allein durch z und φ angeben. Da diese beiden Koordinaten unabhängig voneinander variieren können, hat das System zwei Freiheitsgrade; wir können also (z, φ) als verallgemeinerte Koordinaten betrachten. Für die Geschwindigkeit gilt $v_\rho = 0$, $v_\varphi = R\dot{\varphi}$ und $v_z = \dot{z}$. Damit ergibt sich für die kinetische Energie

$$T = \tfrac{1}{2}mv^2 = \tfrac{1}{2}m(R^2\dot{\varphi}^2 + \dot{z}^2)$$

Die potenzielle Energie für die Kraft $\boldsymbol{F} = -k\boldsymbol{r}$ ist (vgl. Aufgabe 25) $U = \frac{1}{2}kr^2$; dabei ist die Entfernung r des Teilchen vom Ursprung gegeben durch $r^2 = R^2 + z^2$ (Abbildung 7.7). Damit gilt

$$U = \tfrac{1}{2}k(R^2 + z^2)\,.$$

Die Lagrange-Funktion ist

$$\mathcal{L} = \tfrac{1}{2}m(R^2\dot{\varphi}^2 + \dot{z}^2) - \tfrac{1}{2}k(R^2 + z^2)\,. \tag{7.57}$$

Da das System zwei Freiheitsgrade hat, gibt es zwei Bewegungsgleichungen. Die Lagrange-Gleichung für z ist

$$\frac{\partial \mathcal{L}}{\partial z} = \frac{\mathrm{d}}{\mathrm{d}t}\frac{\partial \mathcal{L}}{\partial \dot{z}} \qquad \text{oder} \qquad -kz = m\ddot{z}\,. \tag{7.58}$$

Die Lagrange-Gleichung für φ ist noch einfacher. Da $\mathcal{L}$ nicht von φ abhängt, gilt $\partial\mathcal{L}/\partial\varphi = 0$, und es folgt

$$\frac{\partial \mathcal{L}}{\partial \varphi} = \frac{\mathrm{d}}{\mathrm{d}t}\frac{\partial \mathcal{L}}{\partial \dot{\varphi}} \qquad \text{oder} \qquad 0 = \frac{\mathrm{d}}{\mathrm{d}t}\,mR^2\dot{\varphi}\,. \tag{7.59}$$

Aus der Lagrange-Gleichung (7.58) für z lesen wir ab, dass die Masse eine harmonische Bewegung in z-Richtung ausführt, mit $z = A\cos(\omega t - \delta)$. Die Lagrange-Gleichung (7.59) für φ besagt, dass die Größe $mR^2\dot{\varphi}$ konstant ist, d. h., der Drehimpuls bezüglich der z-Achse bleibt erhalten – ein Ergebnis, auf das wir auch so hätten kommen können, da es kein Drehmoment in dieser Richtung gibt. Da $\rho = R$ fest ist, muss $\dot{\varphi}$ konstant sein, d. h. die Masse bewegt sich mit konstanter Winkelgeschwindigkeit $\dot{\varphi}$ um den Zylinder herum und vollführt gleichzeitig in z-Richtung eine harmonische Auf- und Abbewegung. ■

Diese beiden Beispiele illustrieren die Schritte, die für die Lösung eines beliebigen Problems mit der Lagrange'schen Methode notwendig sind (vorausgesetzt, dass alle Zwangskräfte holonom und die weiteren Kräfte aus einer potenziellen Energie abzuleiten sind, was wir beides jeweils als gegeben ansehen):

1. Schreiben Sie die kinetische und die potenzielle Energie auf; dann geben Sie die Lagrange-Funktion $\mathcal{L} = T - U$ an. Benutzen Sie dazu ein beliebiges geeignetes Koordinatensystem.
2. Wählen Sie einen Satz von verallgemeinerten Koordinaten $q_1, \ldots, q_n$ und drücken Sie die Koordinaten von Schritt 1 mithilfe der verallgemeinerten Koordinaten aus. (Die Reihenfolge von Schritt 1 und 2 können Sie auch vertauschen.)
3. Drücken Sie nun $\mathcal{L}$ mithilfe von $q_1, \ldots, q_n$ und $\dot{q}_1, \ldots, \dot{q}_n$ aus.
4. Schreiben Sie die n Lagrange-Gleichungen (7.52) auf.

Wie wir sehen werden, weisen uns diese vier Schritte einen fast unfehlbaren Weg zu den Bewegungsgleichungen für ein beliebiges System, ganz gleich, wie kompliziert es auch sei. Ob die gewonnenen Gleichungen sich dann auch leicht lösen lassen, ist eine ganz andere Frage; doch selbst wenn das nicht der Fall ist, ist schon die Kenntnis der Bewegungsgleichungen allein ein Riesenschritt hin zum Verständnis eines Systems und ein ganz entscheidender Schritt für die Suche nach einer Näherung oder einer numerischen Lösung.

Die nächsten beiden Beispiele illustrieren, wie der Lagrange'sche Ansatz fast mühelos zu den Bewegungsgleichungen führt, und das auch bei Problemen, die mithilfe der Newton'schen Methode nur mit großer Sorgfalt und erheblichem Scharfsinn zu lösen sind.

Ein Quader, der auf einem Keil gleitet

Beispiel 7.5 Betrachten Sie den Quader und den Keil, die in Abbildung 7.8 dargestellt sind. Der Quader (Masse m) kann auf dem Keil frei gleiten, der Keil (Masse M) kann seinerseits auf einem horizontalen Tisch frei gleiten. In beiden Fällen ist die Reibung zu vernachlässigen. Der Quader wird an der Oberkante des Keils losgelassen; sowohl der Quader als auch der Keil befinden sich anfangs in Ruhe. Der Keilwinkel soll α betragen, die Länge der geneigten Oberfläche ist l. Wie lange braucht dann der Quader, bis er unten angekommen ist?

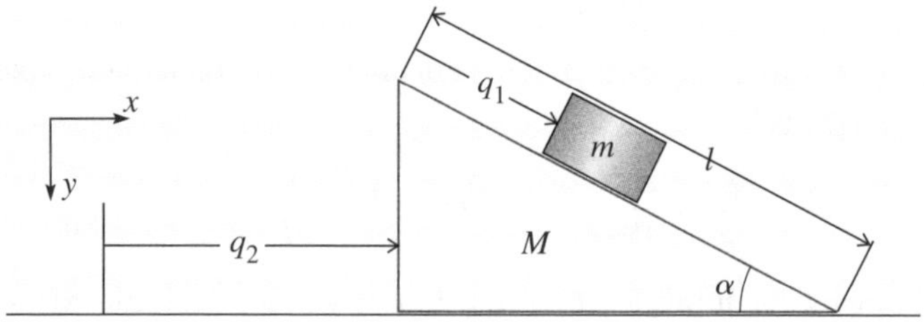

Abbildung 7.8: Ein Quader der Masse m gleitet reibungsfrei einen Keil der Masse M hinab, der sich seinerseits reibungsfrei auf einem horizontalen Tisch bewegen kann.

Lösung Das System hat zwei Freiheitsgrade. Eine gute Wahl für die beiden verallgemeinerten Koordinaten ist, wie in der Abbildung dargestellt, die Entfernung q_1 des Quaders von der Oberkante des Keils und die Entfernung q_2 des Keils von einem beliebigen geeignet gewählten Punkt auf dem Tisch. Zu bestimmen ist die Beschleunigung $\ddot{q}_1$ des Quaders relativ zu dem Keil, mit der wir dann leicht die Zeit berechnen können, die der Quader zum Herabgleiten auf dem Keil benötigt. Der erste Schritt besteht darin, die Lagrange-Funktion aufzuschreiben. Das lässt sich am sichersten in kartesischen Koordinaten bewerkstelligen, dann schreiben wir die Lagrange-Funktion in unsere gewählten verallgemeinerten Koordinaten um.

Die kinetische Energie des Keils ist $T_M = \frac{1}{2}M\dot{q}_2^2$, die des Quaders ist jedoch ein wenig komplizierter. Die Geschwindigkeit des Quaders *relativ zu dem Keil* ist $\dot{q}_1$ die geneigte Ebene hinab, aber der Quader selbst hat eine horizontale Geschwindigkeit $\dot{q}_2$ relativ zum Tisch. Die Geschwindigkeit des Quaders relativ zu dem Bezugssystem des Tisches ist die Vektorsumme dieser beiden Geschwindigkeiten. Zerlegen wir das Ganze in zwei senkrecht aufeinander stehende Komponenten (x nach rechts, y nach unten), so ergibt sich für die Geschwindigkeit des Quaders relativ zum Tisch

$$\mathbf{v} = (v_x, v_y) = (\dot{q}_1 \cos\alpha + \dot{q}_2, \dot{q}_1 \sin\alpha)\,.$$

Die kinetische Energie des Quaders ist damit

$$T_m = \tfrac{1}{2} m(v_x^2 + v_y^2) = \tfrac{1}{2} m(\dot{q}_1^2 + \dot{q}_2^2 + 2\dot{q}_1\dot{q}_2 \cos\alpha)\,.$$

(Ich habe hier die Identität $\cos^2\alpha + \sin^2\alpha = 1$ verwendet, um den Ausdruck zu vereinfachen.) Die kinetische Gesamtenergie des Systems ist

$$T = T_M + T_m = \tfrac{1}{2}(M + m)\dot{q}_2^2 + \tfrac{1}{2} m(\dot{q}_1^2 + 2\dot{q}_1\dot{q}_2 \cos\alpha)\,. \tag{7.60}$$

Die potenzielle Energie des Keils ist eine Konstante, die wir einfach als null ansetzen können. Die potenzielle Energie des Quaders ist $-mgy$; dabei ist $y = q_1 \sin\alpha$ die Höhe des Quaders, gemessen von der Oberkante des Keils nach unten. Dann ist

$$U = -mgq_1 \sin\alpha\,,$$

und die Lagrange-Funktion ist

$$\mathcal{L} = T - U = \tfrac{1}{2}(M + m)\dot{q}_2^2 + \tfrac{1}{2} m(\dot{q}_1^2 + 2\dot{q}_1\dot{q}_2 \cos\alpha) + mgq_1 \sin\alpha\,. \tag{7.61}$$

Haben wir erst einmal die Lagrange-Funktion mithilfe der verallgemeinerten Koordinaten q_1 und q_2 ausgedrückt, müssen wir nur noch die beiden Lagrange-Gleichungen aufschreiben – eine für q_1 und eine für q_2 – und sie lösen. Die Lagrange-Gleichung für q_2 (die ein wenig einfacher ist) lautet

$$\frac{\partial\mathcal{L}}{\partial q_2} = \frac{\mathrm{d}}{\mathrm{d}t}\frac{\partial\mathcal{L}}{\partial \dot{q}_2}\,. \tag{7.62}$$

Da $\mathcal{L}$ in (7.61) offensichtlich unabhängig von q_2 ist ($\mathcal{L}$ hängt nur von q_1, $\dot{q}_1$ und $\dot{q}_2$ ab), lässt sich daraus folgern, dass der verallgemeinerte Impuls $\partial\mathcal{L}/\partial\dot{q}_2$ konstant ist:

$$M\dot{q}_2 + m(\dot{q}_2 + \dot{q}_1 \cos\alpha) = \text{const.} \tag{7.63}$$

Sie erkennen dieses Ergebnis sofort als die Erhaltung des Gesamtimpulses in x-Richtung (ein Ergebnis übrigens, das Sie auch ohne Hilfe von Lagrange hätten angeben können).

Die Lagrange-Gleichung für q_1

$$\frac{\partial\mathcal{L}}{\partial q_1} = \frac{\mathrm{d}}{\mathrm{d}t}\frac{\partial\mathcal{L}}{\partial \dot{q}_1}\,. \tag{7.64}$$

ist komplizierter, da keine der Ableitungen null ist. Setzen wir (7.61) in $\mathcal{L}$ ein, können wir schreiben

$$\begin{aligned} mg\sin\alpha &= \frac{\mathrm{d}}{\mathrm{d}t} m(\dot{q}_1 + \dot{q}_2 \cos\alpha) \\ &= m(\ddot{q}_1 + \ddot{q}_2 \cos\alpha)\,. \end{aligned} \tag{7.65}$$

Durch Ableitung von (7.63) erhalten wir

$$\ddot{q}_2 = -\frac{m}{M + m}\ddot{q}_1 \cos\alpha\,, \tag{7.66}$$

womit wir $\ddot{q}_2$ aus (7.65) eliminieren und nach $\ddot{q}_1$ auflösen können:

$$\ddot{q}_1 = \frac{g \sin\alpha}{1 - \dfrac{m\cos^2\alpha}{M+m}} \,. \tag{7.67}$$

Mit diesem Ausdruck für $\ddot{q}_1$ bewaffnet, können wir leicht die Ausgangsfrage beantworten: Da die Beschleunigung entlang der geneigten Ebene konstant ist, wird entlang der geneigten Ebene in der Zeit t die Entfernung $\frac{1}{2}\ddot{q}_1 t^2$ zurückgelegt; die Zeit für die Strecke l ist $\sqrt{2l/\ddot{q}_1}$ (mit $\ddot{q}_1$ aus Gleichung (7.67)). Interessanter als diese Zeit explizit anzugeben, ist es zu überprüfen, ob (7.67) für $\ddot{q}_1$ in einigen Spezialfällen mit den Ergebnissen übereinstimmt, die der gesunde Menschenverstand nahelegt. Beispielsweise folgt aus (7.67) für $\alpha = 90°$ gerade $\ddot{q}_1 = g$, und das ist offenbar richtig; für $M \to \infty$ folgt aus (7.67) $\ddot{q}_1 \to g\sin\alpha$ – also die wohlbekannte Beschleunigung für einen Quader auf einer unbeweglichen geneigten Ebene, was ja offenbar auch sinnvoll ist. Ich überlasse es Ihnen als Übung (Aufgabe 19) zu prüfen, dass unsere Antwort auch für den Fall $M \to 0$ mit dem übereinstimmt, was Sie schon zu Beginn hätten sagen können. ■

Eine Perle auf einem rotierenden Drahtring

Beispiel 7.6 Eine Perle der Masse m sitzt reibungsfrei auf einem kreisförmigen Drahtring vom Radius R. Der Ring liegt in einer vertikalen Ebene, die sich mit konstanter Winkelgeschwindigkeit $\dot{\varphi} = \omega$ um den vertikalen Durchmesser des Rings dreht (Abbildung 7.9). Die Lage der Perle auf dem Ring lässt sich mithilfe des Winkels θ angeben, der gegen die Vertikale gemessen wird. Drücken Sie die Lagrange-Funktion für das System mithilfe der verallgemeinerten Koordinate θ aus und geben Sie die Bewegungsgleichung für die Perle an. Bestimmen Sie die Gleichgewichtspositionen der Perle (d. h. die Positionen, an denen $\theta = \text{const.}$ gilt), und erklären Sie die Lage dieser Gleichgewichtspositionen mithilfe der Statik und der „Zentrifugalkraft" $m\omega^2\rho$ (dabei ist ρ der Abstand der Perle von der Achse). Beurteilen Sie anhand der Bewegungsgleichung die Stabilität der Gleichgewichtspositionen.

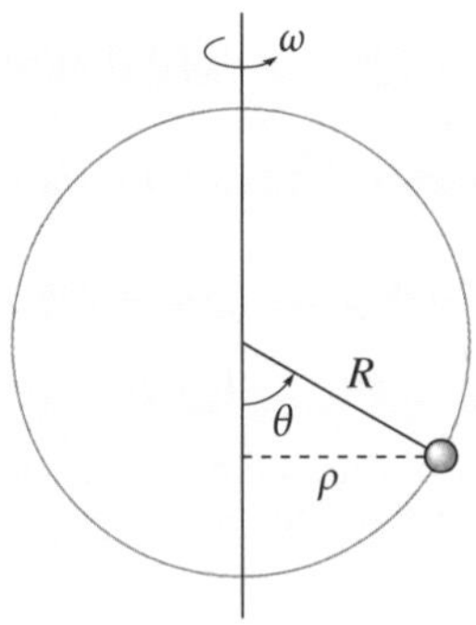

Abbildung 7.9: Eine Perle kann sich reibungsfrei auf einem kreisförmigen Drahtring bewegen, der sich mit konstanter Winkelgeschwindigkeit ω um seine vertikale Achse dreht. Die Lage der Perle auf dem Ring lässt sich mithilfe des Winkels θ angeben; ihr Abstand zur Drehachse ist $\rho = R\sin\theta$.

Lösung Wir müssen zuerst die Lagrange-Funktion aufschreiben. In einem nicht-rotierenden Bezugssystem hat die Perle die Geschwindigkeit $R\dot{\theta}$ tangential zu dem Ring und die Geschwindigkeit $\rho\omega = (R\sin\theta)\omega$ normal zu dem Ring (letztere wegen der Rotation des Rings mit der Winkelgeschwindigkeit ω). Die kinetische Energie ist also $T = \frac{1}{2}mv^2 = \frac{1}{2}mR^2(\dot{\theta}^2 + \omega^2\sin^2\theta)$. Die potenzielle Energie aufgrund der Gravitation ist, wie man leicht erkennt, $U = mgR(1 - \cos\theta)$, gemessen von der Unterseite des Rings aus. Die Lagrange-Funktion ist demnach

$$\mathcal{L} = \tfrac{1}{2}mR^2(\dot{\theta}^2 + \omega^2\sin^2\theta) - mgR(1 - \cos\theta)\,, \tag{7.68}$$

und als Lagrange-Gleichung haben wir

$$\frac{\partial\mathcal{L}}{\partial\theta} = \frac{\mathrm{d}}{\mathrm{d}t}\frac{\partial\mathcal{L}}{\partial\dot{\theta}} \qquad \text{oder} \qquad mR^2\omega^2\sin\theta\cos\theta - mgR\sin\theta = mR^2\ddot{\theta}\,.$$

Wenn wir nun durch mR^2 dividieren, erhalten wir die gesuchte Bewegungsgleichung:

$$\ddot{\theta} = (\omega^2\cos\theta - g/R)\sin\theta\,. \tag{7.69}$$

Obwohl sich diese Gleichung nicht analytisch mithilfe elementarer Funktionen lösen lässt, verrät sie uns dennoch eine ganze Menge über das Verhalten des Systems. Um das zu erläutern, wollen wir anhand von (7.69) die Gleichgewichtspositionen der Perle bestimmen. Eine Gleichgewichtsposition ist jeder Wert von θ – wir nennen ihn θ_0 –, der die folgende Bedingung erfüllt: Wenn die Perle bei $\theta = \theta_0$ in Ruhe ist (d. h. $\dot{\theta} = 0$), dann wird sie auch bei θ_0 in Ruhe bleiben. Diese Bedingung ist für $\ddot{\theta} = 0$ erfüllt. (Um das zu erkennen, bedenken Sie, dass sich $\dot{\theta}$ für $\ddot{\theta} = 0$ nicht ändert und null bleibt, und das heißt nichts anderes, als dass auch θ sich nicht ändert und gleich θ_0 bleibt.) Um die Gleichgewichtspositionen zu finden, müssen wir also nur die rechte Seite von (7.69) gleich null setzen:

$$(\omega^2\cos\theta - g/R)\sin\theta = 0\,. \tag{7.70}$$

Diese Gleichung ist erfüllt, wenn einer der beiden Faktoren null ist. Der Faktor $\sin\theta$ ist null für $\theta = 0$ oder $\theta = \pi$. Die Perle bleibt also am untersten und am obersten Punkt des Rings in Ruhe. Der erste Faktor aus (7.70) verschwindet für

$$\cos\theta = \frac{g}{\omega^2 R}\,.$$

Weil $|\cos\theta|$ immer kleiner oder gleich 1 ist, kann also der erste Faktor aus (7.70) nur für $\omega^2 \geq g/R$ verschwinden. Ist diese Bedingung erfüllt, dann gibt es zwei weitere Gleichgewichtspositionen bei

$$\theta_0 = \pm\arccos\left(\frac{g}{\omega^2 R}\right)\,. \tag{7.71}$$

Was können wir daraus schließen? Wenn der Ring langsam rotiert ($\omega^2 < g/R$), dann gibt es nur zwei Gleichgewichtspositionen, nämlich am untersten und am obersten Punkt des Rings; rotiert der Ring hingegen schnell genug ($\omega^2 > g/R$), dann gibt es nach (7.71) zwei zusätzliche Gleichgewichtspositionen, die symmetrisch beiderseits des untersten Punkts des Rings liegen.[10]

10 Beachten Sie, dass nach (7.71) für $\omega^2 = g/R$ die beiden zusätzlichen Gleichgewichtspositionen gerade erst entstehen; sie fallen dann mit der ersten Gleichgewichtsposition am untersten Punkt des Rings (d. h. $\theta = \pm 0$) zusammen.

Man versteht diese verschiedenen Gleichgewichtspositionen wohl am einfachsten, wenn man eine „Zentrifugalkraft" einführt. Die meisten Einführungskurse zur Physik tun die Zentrifugalkraft als eine Verirrung ab, die von allen „anständigen" Physikern gemieden werden sollte. Solange wir uns mit Inertialsystemen befassen, ist dies ein korrekter (und gewiss auch ein ungefährlicher) Standpunkt. Wie wir aber in Kapitel 9 sehen werden, gibt es jedoch, von einem nichtinertialen Bezugssystem aus betrachtet, eine sehr reale Zentrifugalkraft $m\omega^2\rho$ (möglicherweise vertrauter in der Form mv^2/ρ), in der ρ den Abstand des Objekts von der Drehachse angibt. Vom Standpunkt einer Fliege aus betrachtet, die auf dem rotierenden Ring sitzt, können wir die Gleichgewichtspositionen folgendermaßen erklären: Am obersten und am untersten Punkt des Rings liegt die Perle genau auf der Rotationsachse ($\rho = 0$); die Zentrifugalkraft $m\omega^2\rho$ ist also null. Die Gravitationskraft ist normal zu dem Ring, sodass es keine Kraft gibt, die die Perle entlang des Rings verschieben könnte – die Perle bleibt also in Ruhe. Die Argumentation für die beiden anderen Gleichgewichtspositionen ist ein wenig raffinierter: Bei jeder Position außerhalb der Achse (so wie in Abbildung 7.9) ist die Zentrifugalkraft ungleich null und hat eine Komponente, die die Perle entlang des Drahtes *nach außen* treibt; gleichzeitig hat die Gravitationskraft eine Komponente, die die Perle entlang des Drahtes *nach innen* zieht (vorausgesetzt, dass die Perle in der unteren Hälfte des Drahtes bleibt, also für $\theta < \pm\pi/2$). An den beiden Gleichgewichtspositionen nach (7.71) stehen diese beiden Komponenten im Gleichgewicht (in Aufgabe 28 können Sie das selbst überprüfen), und die Perle bleibt in Ruhe.

Eine Gleichgewichtsposition θ_0 ist nur dann von besonderem Interesse, wenn sie auch *stabil* ist – wenn also die Perle, die ein wenig aus der Position θ_0 verrückt wird, wieder nach θ_0 zurückkehrt. Anhand unserer Bewegungsgleichung (7.69) können wir diese Frage leicht beantworten. Ich werde mit der Gleichgewichtsposition am untersten Punkt des Rings ($\theta = 0$) beginnen. Solange θ nahe bei 0 bleibt, können wir $\cos\theta \approx 1$ und $\sin\theta \approx \theta$ setzen. Damit lässt sich die Gleichung annähern durch

$$\ddot{\theta} = (\omega^2 - g/R)\theta \qquad [\theta \text{ nahe bei } 0]. \tag{7.72}$$

Wenn der Ring langsam rotiert ($\omega^2 < g/R$), hat diese Gleichung die Form

$$\ddot{\theta} = (\text{negative Zahl})\theta\,.$$

Wenn wir die Perle nun etwas nach rechts verrücken ($\theta > 0$), dann muss $\ddot{\theta}$ (weil θ positiv ist) negativ sein; die Perle wird also nach links beschleunigt, zurück zum untersten Punkt des Rings. Verrücken wir die Perle dagegen nach links ($\theta < 0$), dann wird $\ddot{\theta}$ positiv, und die Perle erfährt eine Beschleunigung nach rechts, also wiederum in Richtung des untersten Punkts des Rings. In beiden Fällen wird die Perle in Richtung auf ihre Gleichgewichtsposition beschleunigt, die Gleichgewichtsposition ist daher *stabil*.

Wenn wir die Rotationsgeschwindigkeit des Rings soweit erhöhen, dass $\omega^2 > g/R$ wird, nimmt die angenäherte Bewegungsgleichung (7.72) die Form

$$\ddot{\theta} = (\text{positive Zahl})\theta$$

an. In diesem Fall macht eine kleine Verrückung der Perle nach rechts $\ddot{\theta}$ positiv, und die Perle beschleunigt von dem untersten Punkt des Rings fort. Entsprechend macht eine kleine Verrückung nach links $\ddot{\theta}$ negativ, und wieder beschleunigt die Perle vom untersten Punkt des Rings fort. Offenbar geht, wenn wir ω über den kritischen Wert $\omega^2 = g/R$ hinaus erhöhen, die Gleichgewichtsposition von stabil nach instabil über.

Das Gleichgewicht am obersten Punkt des Rings ($\theta = \pi$) ist immer instabil (vgl. Aufgabe 28). Das lässt sich mit unserer Betrachtung der Zentrifugalkraft leicht verstehen. Nahe beim obersten Punkt des Rings entfernen sowohl die Zentrifugal- als auch die Gravitationskraft die Perle aus ihrer Lage, und es gibt keinerlei rücktreibende Kraft, die sie wieder in die Gleichgewichtsposition zurückholen könnte.

Die beiden anderen Gleichgewichtspositionen treten nur für $\omega^2 > g/R$ auf. Man erkennt leicht, dass sie stabil sind: Die Bewegungsgleichung (7.69) ist

$$\ddot{\theta} = (\omega^2 \cos\theta - g/R)\sin\theta\,. \tag{7.73}$$

Um konkret zu sein, betrachten wir die Gleichgewichtsposition für $0 < \theta < \pi/2$. In der Gleichgewichtsposition ist der Term in Klammern auf der rechten Seite von (7.73) null, während $\sin\theta$ positiv ist. Wenn wir nun θ ein wenig vergrößern (die Perle bewegt sich dann nach oben und nach rechts), bleibt zwar $\sin\theta$ positiv, aber der Klammerterm wird negativ. (Denken Sie daran, dass $\cos\theta$ in diesem Quadranten eine abnehmende Funktion ist.) Also wird $\ddot{\theta}$ negativ, und die Perle erfährt eine Beschleunigung zurück in Richtung ihrer Gleichgewichtsposition. Verringern wir θ ein wenig, wird $\ddot{\theta}$ positiv, und wieder tritt eine Beschleunigung in Richtung der Gleichgewichtsposition auf. Daher ist das Gleichgewicht auf der rechten Seite des Rings stabil. Wie zu erwarten, zeigt eine entsprechende Betrachtung dasselbe Ergebnis auch für die Gleichgewichtsposition auf der linken Seite.

Wir kommen also zu der folgenden interessanten Erkenntnis: Wenn der Ring langsam rotiert ($\omega^2 < g/R$), dann gibt es nur eine stabile Gleichgewichtsposition, nämlich bei $\theta = 0$. Erhöht man die Rotationsgeschwindigkeit ω, dann wird zwar diese ursprüngliche Gleichgewichtsposition bei einem kritischen Wert $\omega^2 = g/R$ instabil, aber es bilden sich zwei neue Gleichgewichtspositionen, die, von $\theta = 0$ ausgehend, langsam auf dem Ring rechts bzw. links nach außen wandern, je mehr man die Rotationsgeschwindigkeit ω erhöht. Dieses Phänomen – das Verschwinden einer stabilen Gleichgewichtsposition und die gleichzeitige Herausbildung von zwei neuen Gleichgewichtspositionen, die sich aus demselben Punkt herausbilden – nennt man eine **Bifurkation**. Dieses Phänomen wird eines unserer Hauptthemen in Kapitel 12 über die Chaostheorie sein.

Eine interessante Anwendung der in diesem Beispiel beschriebenen Anordnung stammt von James Watt (1736–1829), der sie als **„Fliehkraftregler"** für seine Dampfmaschine verwendete: Die Anordnung rotierte mit der Maschine, und wenn die Rotation schneller wurde, stieg die Perle entlang des Rings nach oben. Bei einem vorher festgelegten maximal zulässigen Wert für ω erreichte die Perle eine entsprechende Höhe und setzte einen Mechanismus in Gang, der die Dampfzufuhr stoppte. ■

Dieses Beispiel illustriert eine weitere Stärke der Lagrange'schen Methode, die ich bereits in Abschnitt 7.1 erwähnt habe: Die verallgemeinerten Koordinaten können auch Koordinaten in einem nichtinertialen System sein, solange nur das Bezugssystem, in dem die ursprüngliche Lagrange-Funktion $\mathcal{L} = T - U$ aufgestellt wurde, ein Inertialsystem ist. Im vorstehenden Beispiel war zwar der Winkel θ der Polarwinkel der Perle, gemessen in dem nichtinertialen rotierenden Bezugssystem des Rings, aber die Lagrange-Funktion (7.68) $\mathcal{L} = T - U$ wurde mit den Größen T und U bestimmt, die in dem inertialen Bezugssystem gelten, relativ zu dem der Ring rotiert.[11]

11 Eine analoge Situation lag in Beispiel 7.5 vor: Die Koordinate q_1 zwar gab die Koordinate relativ zu dem beschleunigten Bezugssystem des Keils an, aber die kinetische Energie T wurde im Inertialsystem des Tischs bestimmt. Ein weiteres Beispiel dafür bringt Aufgabe 30.

Im nächsten und letzten Beispiel dieses Abschnitts betrachten wir noch einmal die Anordnung mit der Perle auf einem Ring aus dem vorangegangenen Beispiel. Nun aber wollen wir Näherungslösungen der Bewegungsgleichung in der Nachbarschaft der stabilen Gleichgewichtspositionen untersuchen.

Schwingungen der Perle nahe der Gleichgewichtsposition

Beispiel 7.7 Wir betrachten noch einmal die Perle aus dem vorangegangenen Beispiel und verwenden die Bewegungsgleichung, um das Verhalten der Perle in der Umgebung einer stabilen Gleichgewichtsposition näherungsweise beschreiben zu können.

Lösung ■ Für $\omega^2 < g/R$ liegt die einzige stabile Gleichgewichtsposition im untersten Punkt des Rings bei $\theta = 0$. Solange θ klein bleibt, können wir die Lösung der Bewegungsgleichung (7.73) annähern, indem wir $\sin\theta \approx \theta$ und $\cos\theta \approx 1$ setzen. Dann haben wir

$$\begin{aligned} \ddot{\theta} &= -(g/R - \omega^2)\theta \qquad [\theta \text{ nahe bei } 0] \\ &= -\Omega^2\theta \end{aligned} \tag{7.74}$$

Dabei wird in der zweiten Zeile die Frequenz

$$\Omega = \sqrt{g/R - \omega^2}$$

eingeführt. Solange $\omega^2 < g/R$ ist, ist Ω eine positive Zahl, und wir erkennen (7.74) als die Gleichung für eine harmonische Schwingung mit der Frequenz Ω. Folglich führt eine Perle, die ein wenig aus dem stabilen Gleichgewicht bei $\theta = 0$ verrückt wird, eine harmonische Schwingung mit der Frequenz Ω aus:

$$\theta(t) = A\cos(\Omega t - \delta)\,. \tag{7.75}$$

Wenn wir die Rotationsgeschwindigkeit des Rings solange erhöhen, bis $\omega^2 > g/R$ wird, dann ist Ω rein imaginär. Wegen $\cos i\alpha = \cosh\alpha$ wird aus unserer Lösung (7.75) ein hyperbolischer Kosinus, der mit der Zeit wächst, was korrekt widerspiegelt, dass das Gleichgewicht bei $\theta = 0$ instabil geworden ist.

Liegt die Rotationsgeschwindigkeit über dem kritischen Wert ($\omega^2 > g/R$), dann treten symmetrisch rechts und links vom untersten Punkt des Rings zwei neue Gleichgewichtspositionen auf. Wie Sie vermuten werden, verhalten sich die beiden Positionen gleich; ohne Beschränkung der Allgemeinheit betrachte ich deshalb nur die Gleichgewichtsposition auf der rechten Seite. Wir bezeichnen diese Gleichgewichtsposition mit $\theta = \theta_0$; nach (7.70) erfüllt θ_0 die Bedingung

$$\omega^2\cos\theta_0 - g/R = 0\,. \tag{7.76}$$

Wir nehmen nun an, dass sich die Perle nahe θ_0 bei

$$\theta = \theta_0 + \varepsilon$$

befindet, und untersuchen die Zeitabhängigkeit des Parameters ε. Wieder können wir die Bewegungsgleichung (7.73) näherungsweise lösen, dies bedarf aber einer größeren Sorgfalt. Wir nähern $\cos(\theta_0 + \varepsilon)$ und $\sin(\theta_0 + \varepsilon)$ durch die ersten beiden Terme der Taylor-Entwicklung an:

$$\cos(\theta_0 + \varepsilon) \approx \cos\theta_0 - \varepsilon\sin\theta_0 \quad \text{und} \quad \sin(\theta_0 + \varepsilon) \approx \sin\theta_0 + \varepsilon\cos\theta_0\,. \tag{7.77}$$

Dann erhalten wir für die Bewegungsgleichung (7.73)

$$\begin{aligned}\ddot{\theta} &= [\omega^2 \cos(\theta_0 + \varepsilon) - g/R] \sin(\theta_0 + \varepsilon) \\ &= [\omega^2 \cos\theta_0 - \varepsilon\,\omega^2 \sin\theta_0 - g/R]\,[\sin\theta_0 + \varepsilon\cos\theta_0] \quad [\theta \text{ nahe bei } \theta_0]\,.\end{aligned} \tag{7.78}$$

Nach (7.76) heben sich der erste und der dritte Term in der ersten eckigen Klammer der zweiten Zeile auf, und es bleibt nur der mittlere Term $-\varepsilon\omega^2 \sin\theta_0$. In niedrigster Ordnung in ε können wir den zweiten Term in der zweiten Klammer vernachlässigen, und – da $\ddot{\theta}$ dasselbe ist wie $\ddot{\varepsilon}$ – bleibt

$$\ddot{\varepsilon} = -\varepsilon\,\omega^2 \sin^2\theta_0 = -\Omega'^2 \varepsilon\,. \tag{7.79}$$

Mit dem zweiten Gleichheitszeichen haben wir hier eine Frequenz $\Omega' = \omega \sin\theta_0$ definiert. Mit (7.76) gilt

$$\Omega' = \sqrt{\omega^2 - \left(\frac{g}{\omega R}\right)^2} \tag{7.80}$$

(vgl. dazu auch Aufgabe 26). Gleichung (7.79) beschreibt eine harmonische Schwingung. Daher oszilliert der Parameter ε um null, und die Perle schwingt mit der Frequenz Ω' um die Gleichgewichtsposition θ_0. ■

7.6 Verallgemeinerte Impulse und zyklische Koordinaten

Wie bereits erwähnt, bezeichnen wir in einem System mit n verallgemeinerten Koordinaten q_i $(i = 1, \ldots, n)$ die n Größen $\partial\mathcal{L}/\partial q_i = F_i$ als **verallgemeinerte Kräfte** und die $\partial\mathcal{L}/\partial\dot{q}_i = p_i$ als **verallgemeinerte Impulse**. Mit dieser Terminologie lässt sich die Lagrange-Gleichung

$$\frac{\partial\mathcal{L}}{\partial q_i} = \frac{\mathrm{d}}{\mathrm{d}t}\frac{\partial\mathcal{L}}{\partial\dot{q}_i} \tag{7.81}$$

in folgender Form schreiben:

$$F_i = \frac{\mathrm{d}}{\mathrm{d}t} p_i\,. \tag{7.82}$$

In Worten: „verallgemeinerte Kraft = zeitliche Änderung des verallgemeinerten Impulses“. Insbesondere gilt: Wenn die Lagrange-Funktion nicht von einer speziellen Koordinate q_i abhängt, dann ist $F_i = \partial\mathcal{L}/\partial q_i = (\mathrm{d}/\mathrm{d}t)p_i = 0$, und der entsprechende verallgemeinerte Impuls p_i ist konstant.

Wir betrachten als Beispiel ein Geschoss, auf das nur die Gravitationskraft wirkt. Die potenzielle Energie ist $U = mgz$ (wenn wir kartesische Koordinaten verwenden, bei denen die z-Achse nach oben weist), und die Lagrange-Funktion ist

$$\mathcal{L} = \mathcal{L}(x, y, z, \dot{x}, \dot{y}, \dot{z}) = \tfrac{1}{2}m(\dot{x}^2 + \dot{y}^2 + \dot{z}^2) - mgz\,. \tag{7.83}$$

Bezüglich der kartesischen Koordinaten ist die verallgemeinerte Kraft gerade die übliche Kraft ($\partial\mathcal{L}/\partial x = -\partial U/\partial x = F_x$ usw.), und der verallgemeinerte Impuls ist gerade der übliche Impuls ($\partial\mathcal{L}/\partial\dot{x} = m\dot{x} = p_x$ usw.). Weil $\mathcal{L}$ weder von x noch von y abhängt, folgt unmittelbar, dass die Komponenten p_x und p_y konstant sind, wie wir ja bereits wissen.

Im Allgemeinen sind die verallgemeinerten Kräfte und Impulse nicht gleich den üblichen Kräften und Impulsen. Beispielsweise haben wir in den Gleichungen (7.25) und (7.26) gesehen, dass in zweidimensionalen Polarkoordinaten die φ-Komponente der verallgemeinerten Kraft das Drehmoment ist, und die φ-Komponente des verallgemeinerten Impulses ist der Drehimpuls. Wie dem auch sei, wenn die Lagrange-Funktion unabhängig von der Koordinate q_i ist, dann bleibt der entsprechende verallgemeinerte Impuls erhalten. Wenn also die Lagrange-Funktion eines sich in zwei Dimensionen bewegenden Teilchens nicht von φ abhängt, dann bleibt der Drehimpuls des Teilchens erhalten – ein weiteres wichtiges Resultat (das sich aber auch mit dem Newton'schen Ansatz leicht begründen lässt). Wenn die Lagrange-Funktion unabhängig ist von einer Koordinate q_i, dann nennt man diese Koordinate manchmal eine **ignorable** (vernachlässigbare) oder – häufiger – eine **zyklische Koordinate**. Offensichtlich ist es besonders günstig, die Koordinaten so zu wählen, dass möglichst viele Koordinaten zyklisch und damit die entsprechenden Impulse konstant sind. Dies ist vielleicht sogar das Hauptkriterium bei der Wahl der verallgemeinerten Koordinaten für ein gegebenes Problem: Koordinaten zu finden, von denen so viele wie möglich zyklisch sind.

Wir können das Ergebnis der letzten drei Absätze umformulieren, wenn wir beachten, dass die Aussage „$\mathcal{L}$ ist unabhängig von einer Koordinate q_i" dasselbe bedeutet wie „$\mathcal{L}$ bleibt unverändert, d. h. *invariant*, wenn q_i sich ändert und alle anderen q_j beibehalten werden". Somit bleibt – wenn $\mathcal{L}$ unter der Variation einer Koordinate q_i invariant ist – der entsprechende verallgemeinerte Impuls p_i erhalten. Dieser Zusammenhang zwischen der Invarianz von $\mathcal{L}$ und bestimmten Erhaltungssätzen ist die erste von analogen Aussagen, die eine Beziehung zwischen der Invarianz unter gewissen Transformationen (Verschiebungen, Drehungen usw.) und den Erhaltungssätzen herstellen. Zusammengefasst sind diese Aussagen als **Noether-Theorem** bekannt (nach der deutschen Mathematikerin Emmy Noether, 1882–1935). Ich werde in Abschnitt 7.8 auf diesen bedeutenden Satz zurückkommen.

7.7 Fazit

Der Lagrange'sche Ansatz der klassischen Mechanik hat zwei große Vorzüge gegenüber dem Newton'schen Verfahren: Er lässt sich gut in *allen* Koordinatensystemen einsetzen, und er lässt sich leicht auf Systeme mit Zwangsbedingungen anwenden, weil er jegliche Diskussion der Zwangskräfte vermeidet. Wenn das System Zwangskräften unterliegt, muss man nur einen geeigneten Satz von unabhängigen verallgemeinerten Koordinaten auswählen. Ganz gleich, ob nun Zwangskräfte vorliegen oder nicht, der nächste Schritt besteht darin, die Lagrange-Funktion $\mathcal{L}$ mithilfe der gewählten Koordinaten aufzuschreiben. Die Bewegungsgleichungen folgen dann daraus in der Normalform

$$\frac{\partial \mathcal{L}}{\partial q_i} = \frac{\mathrm{d}}{\mathrm{d}t}\frac{\partial \mathcal{L}}{\partial \dot{q}_i} \qquad [i = 1, \ldots, n]\,.$$

Es gibt natürlich keine Garantie dafür, dass die gewonnenen Gleichungen leicht zu lösen sind, und bei den meisten realen Problemen sind sie das auch nicht; sie erfordern vielmehr numerische Lösungen oder wenigstens einige Näherungen, bevor sie sich analytisch lösen lassen.

Selbst bei nur mäßig komplizierten Problemen, beispielsweise bei den Beispielen von Abschnitt 7.5, findet man die Bewegungsgleichungen mithilfe des

Lagrange'schen Ansatzes erheblich einfacher, als wenn man vom zweiten Newton'schen Gesetz ausgeht. Manche Puristen wenden sogar ein, der Lagrange'sche Ansatz würde das Leben *zu sehr* erleichtern, weil dabei das Nachdenken über die dem Problem zugrunde liegende Physik entfiele.

Der Lagrange-Formalismus lässt sich leicht erweitern und umfasst dann auch noch allgemeinere Systeme als die bislang behandelten. Ein wichtiger Fall sind die magnetischen Kräfte, auf die ich in Abschnitt 7.9 eingehe. Auch dissipative Kräfte (z. B. Reibung oder Luftwiderstand) können manchmal einbezogen werden; man sollte aber betonen, dass der Lagrange-Formalismus in erster Linie für die Lösung von Problemen geeignet ist, bei denen keine (oder allenfalls vernachlässigbare) dissipative Kräfte auftreten.

Die folgenden drei Abschnitte dieses Kapitels behandeln fortgeschrittene Aspekte, die zwar alle zentral für die Lagrange-Mechanik sind, die aber beim ersten Lesen auch ausgelassen werden können. In Abschnitt 7.8 behandle ich zwei weitere Beispiele für die bemerkenswerte Beziehung zwischen der Invarianz unter gewissen Transformationen und den Erhaltungssätzen. Diese Beziehung, bekannt als Noether-Theorem, ist für die gesamte moderne Physik von Bedeutung, insbesondere für die Quantenmechanik. In Abschnitt 7.9 zeige ich, wie magnetische Kräfte in die Lagrange-Mechanik einbezogen werden können, auch dies ein Thema von hoher Bedeutung für die Quantenmechanik. Schließlich führe ich in Abschnitt 7.10 die Methode der Lagrange-Multiplikatoren ein. Dieses Verfahren erscheint in mannigfacher Gestalt in mehreren Gebieten der Physik, aber ich werde mich hier auf einige einfache Beispiele in der Lagrange-Mechanik beschränken. Die nächsten drei Abschnitte sind jeweils in sich abgeschlossen und unabhängig voneinander. Sie können sie alle, keinen oder eine beliebige Auswahl von ihnen durcharbeiten.

7.8 Mehr über die Erhaltungssätze*

Der Stoff in diesem Abschnitt ist anspruchsvoller als der in den vorangegangenen Abschnitten. Sie können diesen Abschnitt beim ersten Lesen ohne weiteres überspringen. Allerdings sollten Sie den hier behandelten Stoff beherrschen, bevor Sie Abschnitt 11.5 und Kapitel 13 lesen.

In diesem Abschnitt werde ich darlegen, wie sich die Erhaltungssätze für den Impuls und die Energie in die Lagrange'sche Formulierung der Mechanik einordnen. Da wir die Lagrange'sche aus der Newton'schen Formulierung abgeleitet haben, wird natürlich alles, was wir auf der Grundlage der Newton'schen Mechanik bereits über die Erhaltungssätze wissen, auch in der Lagrange-Mechanik seine Gültigkeit behalten. Dennoch können wir einige neue Erkenntnisse gewinnen, wenn wir die Erhaltungssätze aus der Lagrange'schen Perspektive betrachten. Ferner gehen viele moderne Arbeiten von der Lagrange'schen Formulierung (beispielsweise basierend auf dem Hamilton-Prinzip) aus. In diesem Kontext ist es wichtig, dass man weiß, was sich innerhalb des Lagrange'schen Formalismus über die Erhaltungssätze aussagen lässt.

Erhaltung des Gesamtimpulses

Wir wissen bereits aus der Newton'schen Mechanik, dass der Gesamtimpuls eines isolierten Systems aus N Teilchen erhalten bleibt; wir wollen diese bedeutsame Aussage aber noch einmal vom Lagrange'schen Standpunkt aus betrachten. Die wich-

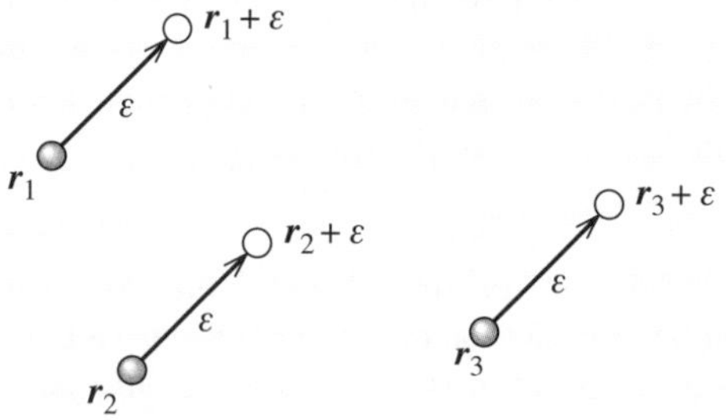

Abbildung 7.10: Ein isoliertes System aus N Teilchen ist translationsinvariant, d. h., wenn wir jedes Teilchen um dieselbe Verrückung $\boldsymbol{\varepsilon}$ bewegen, ändert sich nichts physikalisch Wichtiges.

tigste Eigenschaft eines isolierten Systems ist seine **Translationsinvarianz**: Wenn wir alle N Teilchen um dieselbe Verrückung $\boldsymbol{\varepsilon}$ bewegen, sollte sich nichts physikalisch Bedeutsames an diesem System ändern. Abbildung 7.10 illustriert diesen Sachverhalt; wir sehen, dass eine feste Verrückung um $\boldsymbol{\varepsilon}$ dieselbe Wirkung hat, als würde man jede einzelne Position $\boldsymbol{r}_\alpha$ der Teilchen durch $\boldsymbol{r}_\alpha + \boldsymbol{\varepsilon}$ ersetzen:

$$\boldsymbol{r}_1 \to \boldsymbol{r}_1 + \boldsymbol{\varepsilon}\,, \quad \boldsymbol{r}_2 \to \boldsymbol{r}_2 + \boldsymbol{\varepsilon}\,, \quad \ldots\,, \quad \boldsymbol{r}_N \to \boldsymbol{r}_N + \boldsymbol{\varepsilon}\,. \tag{7.84}$$

Insbesondere darf sich die potenzielle Energie durch diese Verrückung nicht ändern, es gilt also

$$U(\boldsymbol{r}_1 + \boldsymbol{\varepsilon}, \ldots, \boldsymbol{r}_N + \boldsymbol{\varepsilon}, t) = U(\boldsymbol{r}_1, \ldots, \boldsymbol{r}_N, t) \tag{7.85}$$

oder, etwas knapper formuliert,

$$\delta U = 0\,.$$

Hier bezeichnet δU die Änderung von U unter der Translation (7.84). Offensichtlich ändern sich die Geschwindigkeiten unter der Translation (7.84) nicht. (Die Addition einer Konstante $\boldsymbol{\varepsilon}$ zu allen $\boldsymbol{r}_\alpha$ ändert die $\dot{\boldsymbol{r}}_\alpha$ nicht.) Daher ist $\delta T = 0$, und damit gilt

$$\delta \mathcal{L} = 0 \tag{7.86}$$

unter der Translation (7.84). Dieses Ergebnis gilt für jede beliebige Verrückung $\boldsymbol{\varepsilon}$. Setzen wir für $\boldsymbol{\varepsilon}$ eine infinitesimale Verrückung in x-Richtung an, dann werden alle x-Koordinaten $x_1, \ldots, x_N$ um $\boldsymbol{\varepsilon}$ verschoben, die y- und z-Koordinaten hingegen bleiben unverändert. Für diese Translation ist die Änderung von $\mathcal{L}$ gegeben durch

$$\delta \mathcal{L} = \varepsilon \frac{\partial \mathcal{L}}{\partial x_1} + \ldots + \varepsilon \frac{\partial \mathcal{L}}{\partial x_N} = 0\,.$$

Daraus folgt

$$\sum_{\alpha=1}^{N} \frac{\partial \mathcal{L}}{\partial x_\alpha} = 0\,. \tag{7.87}$$

Mithilfe der Lagrange-Gleichung können wir nun jede Ableitung auf die Form

$$\frac{\partial \mathcal{L}}{\partial x_\alpha} = \frac{\mathrm{d}}{\mathrm{d}t} \frac{\partial \mathcal{L}}{\partial \dot{x}_\alpha} = \frac{\mathrm{d}}{\mathrm{d}t} p_{\alpha x}$$

bringen, wobei $p_{\alpha x}$ die x-Komponente des (verallgemeinerten) Impulses von Teilchen α ist. Damit wird (7.87) zu

$$\sum_{\alpha=1}^{N} \frac{\mathrm{d}}{\mathrm{d}t} p_{\alpha x} = \frac{\mathrm{d}}{\mathrm{d}t} P_x = 0\,.$$

P_x ist die x-Komponente des Gesamtimpulses $\boldsymbol{P} = \sum_\alpha \boldsymbol{p}_\alpha$. Wenn wir nun die infinitesimale Verrückung $\boldsymbol{\varepsilon}$ nacheinander in die y- und die z-Richtung zeigen lassen, können wir dasselbe Ergebnis auch für die y- und die z-Komponente beweisen. Somit kommen wir zu dem Schluss, dass – sofern die Lagrange-Funktion durch die Translation (7.84) unverändert bleibt – der Gesamtimpuls des N-Teilchen-Systems erhalten bleibt. Dieser Zusammenhang zwischen der Translationsinvarianz von $\mathcal{L}$ und der Gesamtimpuls-Erhaltung ist ein weiteres Beispiel für das Noether-Theorem.

Energieerhaltung

Abschließend möchte ich die Energieerhaltung vom Lagrange'schen Standpunkt aus betrachten. Diese Untersuchung wird sich als einigermaßen kompliziert herausstellen, aber sie führt zu Erkenntnissen, die bei fortgeschrittenen Problemen von Bedeutung sind, insbesondere bei der Hamilton'schen Formulierung der Mechanik (vgl. Kapitel 13).

Mit fortschreitender Zeit ändert sich die Funktion $\mathcal{L}(q_1, \ldots, q_n, \dot{q}_1, \ldots, \dot{q}_n, t)$, und zwar einerseits deswegen, weil sich t ändert, aber auch, weil sich die q_i und die $\dot{q}_i$ mit dem sich entwickelnden System verändern. Nach der Kettenregel gilt dann

$$\frac{\mathrm{d}}{\mathrm{d}t} \mathcal{L}(q_1, \ldots, q_n, \dot{q}_1, \ldots, \dot{q}_n, t) = \sum_i \frac{\partial \mathcal{L}}{\partial q_i} \dot{q}_i + \sum_i \frac{\partial \mathcal{L}}{\partial \dot{q}_i} \ddot{q}_i + \frac{\partial \mathcal{L}}{\partial t}\,. \tag{7.88}$$

Nach der Lagrange-Gleichung lässt sich die Ableitung in der ersten Summe auf der rechten Seite ersetzen durch

$$\frac{\partial \mathcal{L}}{\partial q_i} = \frac{\mathrm{d}}{\mathrm{d}t} \frac{\partial \mathcal{L}}{\partial \dot{q}_i} = \frac{\mathrm{d}}{\mathrm{d}t} p_i = \dot{p}_i\,.$$

Andererseits ist die Ableitung in der zweiten Summe auf der rechten Seite von (7.88) gerade der verallgemeinerte Impuls p_i. Damit lässt sich (7.88) auf die folgende Form bringen:

$$\begin{aligned} \frac{\mathrm{d}}{\mathrm{d}t} \mathcal{L} &= \sum_i (\dot{p}_i \dot{q}_i + p_i \ddot{q}_i) + \frac{\partial \mathcal{L}}{\partial t} \\ &= \frac{\mathrm{d}}{\mathrm{d}t} \sum_i (p_i \dot{q}_i) + \frac{\partial \mathcal{L}}{\partial t}\,. \end{aligned} \tag{7.89}$$

Für viele interessante Systeme hängt die Lagrange-Funktion nicht explizit von der Zeit ab, dann gilt also $\partial\mathcal{L}/\partial t = 0$. Ist dies der Fall, verschwindet der zweite Term auf der rechten Seite von (7.89). Wenn wir nun die linke Seite von (7.89) auf die rechte Seite bringen, erkennen wir, dass die zeitliche Ableitung der Größe $\sum p_i \dot{q}_i - \mathcal{L}$ null ist. Diese Größe hat eine derart große Bedeutung, dass sie ein eigenes Symbol erhält:

$$\mathcal{H} = \sum_{i=1}^{n} p_i \dot{q}_i - \mathcal{L}\,. \tag{7.90}$$

Die Größe $\mathcal{H}$ heißt die **Hamilton-Funktion** des Systems (in der englischsprachigen und manchmal auch in der deutschen Literatur spricht man auch von dem **„Hamiltonian"** des Systems). Mit dieser Terminologie gelangen wir zu dem folgenden wichtigen Schluss:

Erhaltung der Hamilton-Funktion

Wenn die Lagrange-Funktion $\mathcal{L}$ nicht explizit von der Zeit abhängt (d. h. $\partial\mathcal{L}/\partial t = 0$), dann bleibt die Hamilton-Funktion $\mathcal{H}$ erhalten.

Die Entdeckung eines neuen Erhaltungssatzes ist immer ein bedeutendes Ereignis und ist Rechtfertigung genug, die Hamilton-Funktion als wichtige Größe zu bezeichnen. Es steckt aber noch viel mehr dahinter. Wie wir in Kapitel 13 sehen werden, bildet die Hamilton-Funktion $\mathcal{H}$ die Grundlage für die Hamilton'sche Formulierung der Mechanik, so wie $\mathcal{L}$ die Grundlage für die Lagrange-Mechanik bildet.

Für den Augenblick besteht die wesentliche Bedeutung unserer neu entdeckten Hamilton-Funktion darin, dass man sie in vielen Fällen mit der Gesamtenergie des Systems gleichsetzen kann. Insbesondere werden wir beweisen, dass *unter der Voraussetzung, dass die Beziehung zwischen den verallgemeinerten und den kartesischen Koordinaten zeitunabhängig ist,* also

$$\boldsymbol{r}_\alpha = \boldsymbol{r}_\alpha(q_1, \ldots, q_n)\,, \tag{7.91}$$

die Hamilton-Funktion $\mathcal{H}$ gerade die Gesamtenergie ist:

$$\mathcal{H} = T + U\,. \tag{7.92}$$

Sie werden sich erinnern, dass wir in Abschnitt 7.3 die verallgemeinerten Koordinaten, die die Bedingung (7.91) erfüllen, als **natürliche Koordinaten** bezeichnet haben. Wir können also das Ergebnis (7.92) folgendermaßen umformulieren: Sofern die verallgemeinerten Koordinaten natürliche Koordinaten sind, ist $\mathcal{H}$ gerade die Gesamtenergie $T + U$. Um das zu beweisen, drücken wir die kinetische Gesamtenergie $T = \frac{1}{2}\sum_\alpha m_\alpha \dot{\boldsymbol{r}}_\alpha^2$ mithilfe der verallgemeinerten Koordinaten $q_1, \ldots, q_n$ aus. Durch Ableitung von (7.91) nach t finden wir nach der Kettenregel[12]

$$\dot{\boldsymbol{r}}_\alpha = \sum_{i=1}^{n} \frac{\partial \boldsymbol{r}_\alpha}{\partial q_i}\,\dot{q}_i\,. \tag{7.93}$$

Bilden wir nun das Skalarprodukt dieser Gleichung mit sich selbst, erhalten wir

$$\dot{\boldsymbol{r}}_\alpha^2 = \sum_j \left(\frac{\partial \boldsymbol{r}_\alpha}{\partial q_j}\,\dot{q}_j\right) \cdot \sum_k \left(\frac{\partial \boldsymbol{r}_\alpha}{\partial q_k}\,\dot{q}_k\right).$$

12 Wäre die Beziehung (7.91) explizit zeitabhängig, dann gäbe es einen zusätzlichen Term in diesem Ausdruck für $\dot{\boldsymbol{r}}_\alpha$, nämlich $\partial\boldsymbol{r}_\alpha/\partial t$. Dieser zusätzliche Term würde den später zu ziehenden Schluss $\mathcal{H} = T + U$ (Gleichung (7.98)) ungültig machen.

Ich habe hier die Summationsindizes als j und k bezeichnet, um eine eventuelle Verwirrung zu vermeiden. Die kinetische Energie ergibt sich nun als eine Dreifachsumme, die man umstellen und auf folgende Form bringen kann:[13]

$$T = \tfrac{1}{2}\sum_{\alpha} m_\alpha \dot{\mathbf{r}}_\alpha^2 = \tfrac{1}{2}\sum_{j,k} A_{jk}\dot{q}_j\dot{q}_k\,. \tag{7.94}$$

Dabei ist A_{jk} eine Abkürzung für die Summe

$$A_{jk} = A_{jk}(q_1,\ldots,q_n) = \sum_{\alpha} m_\alpha \left(\frac{\partial \mathbf{r}_\alpha}{\partial q_j}\right)\cdot\left(\frac{\partial \mathbf{r}_\alpha}{\partial q_k}\right)\,. \tag{7.95}$$

Wir können nun den verallgemeinerten Impuls p_i bestimmen, indem wir (7.94) nach $\dot{q}_i$ ableiten (vgl. Aufgabe 45):

$$p_i = \frac{\partial \mathcal{L}}{\partial \dot{q}_i} = \frac{\partial T}{\partial \dot{q}_i} = \sum_j A_{ij}\dot{q}_j\,. \tag{7.96}$$

Kehren wir nun zur Gleichung (7.90) für die Hamilton-Funktion zurück. Wir können die Summe auf der rechten Seite in der Form

$$\sum_i p_i\dot{q}_i = \sum_i\Big(\sum_j A_{ij}\dot{q}_j\Big)\dot{q}_i = \sum_{i,j} A_{ij}\dot{q}_i\dot{q}_j = 2T \tag{7.97}$$

schreiben; der letzte Schritt folgt dabei aus (7.94). Daher ist

$$\mathcal{H} = \sum_i p_i\dot{q}_i - \mathcal{L} = 2T - (T-U) = T + U\,. \tag{7.98}$$

Mit anderen Worten: Unter der Voraussetzung, dass die Transformation zwischen den kartesischen und den verallgemeinerten Koordinaten wie in (7.91) zeitunabhängig ist, gibt die Hamilton-Funktion $\mathcal{H}$ gerade die Gesamtenergie des Systems an.

Ich habe bereits bewiesen, dass – sofern die Lagrange-Funktion zeitunabhängig ist – die Hamilton-Funktion erhalten bleibt. Offenbar folgt also aus der Zeitunabhängigkeit der Lagrange-Funktion [zusammen mit Bedingung (7.91)] die Energieerhaltung. Wir können die Zeitunabhängigkeit von $\mathcal{L}$ auch ausdrücken, indem wir sagen, dass $\mathcal{L}$ bei zeitlichen Verrückungen ($t \to t+\varepsilon$) unverändert bleibt. Damit haben wir bewiesen, dass die Invarianz von $\mathcal{L}$ unter zeitlichen Verrückungen mit der Energieerhaltung zusammenhängt, und zwar im Wesentlichen auf dieselbe Weise, wie die Invarianz von $\mathcal{L}$ unter räumlichen Verrückungen ($\mathbf{r} \to \mathbf{r}+\boldsymbol{\varepsilon}$) mit der Impulserhaltung zusammenhängt. Beide Aussagen sind Erscheinungsformen des berühmten Noether-Theorems.

13 Man kann die Gleichung (7.94) auch folgendermaßen ausdrücken: Wenn die verallgemeinerten Koordinaten natürliche Koordinaten sind, ist die kinetische Energie T eine homogene quadratische Funktion der verallgemeinerten Geschwindigkeiten $\dot{q}_i$. Dieses Ergebnis spielt eine bedeutende Rolle in mehreren späteren Untersuchungen, vgl. beispielsweise Abschnitt 11.5.

7.9 Lagrange-Gleichungen für magnetische Kräfte*

**Dieser Abschnitt erfordert Kenntnisse des elektromagnetischen Skalar- und des Vektorpotenzials. Obwohl die hier beschriebenen Konzepte eine wichtige Rolle bei der quantenmechanischen Behandlung von magnetischen Feldern spielen, werden sie in diesem Buch nicht weiter verwendet.*

Ich habe bislang die Lagrange-Funktion stets als $\mathcal{L} = T - U$ geschrieben, es gibt aber Systeme – beispielsweise geladene Teilchen in einem magnetischen Feld –, die sich zwar ebenfalls nach dem Lagrange'schen Verfahren behandeln lassen, für die aber $\mathcal{L}$ eben *nicht* $T - U$ ist. Damit drängt sich die Frage auf: Wie wird die Lagrange-Funktion für solche Systeme definiert? Diese Frage werde ich als Erstes beantworten.

Definition und Nichteindeutigkeit der Lagrange-Funktion

Die wohl befriedigendste allgemeine Definition einer Lagrange-Funktion für ein mechanisches System ist die folgende:

Allgemeine Definition einer Lagrange-Funktion

Für ein gegebenes mechanisches System mit verallgemeinerten Koordinaten $q = (q_1, \ldots, q_n)$ ist eine **Lagrange-Funktion** $\mathcal{L}$ eine Funktion $\mathcal{L} = (q_1, \ldots, q_n, \dot{q}_1, \ldots, \dot{q}_n)$ der Koordinaten und der Geschwindigkeiten, sodass die korrekten Bewegungsgleichungen des Systems gerade die Lagrange-Gleichungen sind:

$$\frac{\partial \mathcal{L}}{\partial q_i} = \frac{\mathrm{d}}{\mathrm{d}t} \frac{\partial \mathcal{L}}{\partial \dot{q}_i} \qquad [i = 1, \ldots, n]\,.$$

Mit anderen Worten: Eine Lagrange-Funktion ist eine beliebige Funktion $\mathcal{L}$, für die die Lagrange-Gleichungen des betrachteten Systems gelten.

Offensichtlich stimmt für die bislang untersuchten Systeme die alte Definition $\mathcal{L} = T - U$ mit dieser neuen Fassung überein. Aber die neue Definition ist viel allgemeiner. Insbesondere erkennt man leicht, dass die neue Definition keine *eindeutige* Lagrange-Funktion festlegt. Betrachten Sie beispielsweise ein einzelnes Teilchen und nehmen Sie an, wir hätten bereits eine Lagrange-Funktion für dieses Teilchen gefunden, d. h., die Bewegungsgleichung für das Teilchen ist

$$\frac{\partial \mathcal{L}}{\partial x} = \frac{\mathrm{d}}{\mathrm{d}t} \frac{\partial \mathcal{L}}{\partial \dot{x}}\,. \tag{7.99}$$

Wir setzen nun $f(x, \dot{x})$ als eine Funktion an, für die gilt

$$\frac{\partial f}{\partial x} \equiv \frac{\mathrm{d}}{\mathrm{d}t} \frac{\partial \mathcal{L}}{\partial \dot{x}}\,. \tag{7.100}$$

(Eine solche Funktion lässt sich leicht angeben, beispielsweise als $f = x\dot{x}$.) Wenn wir $\mathcal{L}$ in (7.99) durch

$$\mathcal{L}' = \mathcal{L} + f$$

ersetzen, dann ergibt wegen (7.100) die Lagrange-Funktion $\mathcal{L}'$ genau dieselbe Bewegungsgleichung wie $\mathcal{L}$.

Diese mangelnde Eindeutigkeit bei der Lagrange-Funktion ähnelt – wenn auch weit radikaler – der bereits vertrauten fehlenden Eindeutigkeit bei der potenziellen Energie (bei der man ja eine beliebige Konstante addieren kann, ohne eine einzige der physikalischen Voraussagen zu ändern.) Entscheidend ist, dass eine beliebige Funktion $\mathcal{L}$, die die richtigen Bewegungsgleichungen ergibt, alle Merkmale aufweist, die wir von einer Lagrange-Funktion erwarten (beispielsweise, dass das Integral $\int \mathcal{L}\,\mathrm{d}t$ entlang des richtigen Wegs stationär ist) und damit als Lagrange-Funktion genauso akzeptabel ist wie eine beliebige andere ebensolche Funktion $\mathcal{L}'$. Wenn wir also für ein gegebenes System eine Funktion $\mathcal{L}$ angeben können, die zu den richtigen Bewegungsgleichungen führt, dann brauchen wir nicht darüber zu spekulieren, ob sie die „richtige“ Lagrange-Funktion ist – wenn sie die richtigen Bewegungsgleichungen ergibt, dann ist sie genauso richtig wie jede andere vorstellbare Lagrange-Funktion.

Die Lagrange-Funktion für eine Ladung im Magnetfeld

Wir betrachten nun ein Teilchen mit der Masse m und der Ladung q, das sich in einem elektrischen Feld $\boldsymbol{E}$ und einem Magnetfeld $\boldsymbol{B}$ bewegt. Dabei erfährt das Teilchen die bekannte **Lorentz-Kraft** $\boldsymbol{F} = q(\boldsymbol{E} + \boldsymbol{v} \times \boldsymbol{B})$. Das zweite Newton'sche Gesetz lautet also in diesem Fall

$$m\ddot{\boldsymbol{r}} = q(\boldsymbol{E} + \dot{\boldsymbol{r}} \times \boldsymbol{B})\,. \tag{7.101}$$

Um (7.101) auf die Lagrange'sche Form zu bringen, müssen wir lediglich eine Funktion $\mathcal{L}$ finden, für die die drei Lagrange-Gleichungen dieselben sind wie in (7.101). Dies lässt sich mithilfe der **Skalar-** und **Vektorpotenziale** $V(\boldsymbol{r}, t)$ und $\boldsymbol{A}(\boldsymbol{r}, t)$ bewerkstelligen, mit denen wir die zwei Felder schreiben können als:[14]

$$\boldsymbol{E} = -\boldsymbol{\nabla} V - \frac{\partial \boldsymbol{A}}{\partial t} \qquad \text{und} \qquad \boldsymbol{B} = \boldsymbol{\nabla} \times \boldsymbol{A}\,. \tag{7.102}$$

Ich behaupte nun, dass die Lagrange-Funktion[15]

$$\mathcal{L}(\boldsymbol{r}, \dot{\boldsymbol{r}}, t) = \tfrac{1}{2} m\dot{\boldsymbol{r}}^2 - q(V - \dot{\boldsymbol{r}} \cdot \boldsymbol{A}) \tag{7.103}$$

$$= \tfrac{1}{2} m(\dot{x}^2 + \dot{y}^2 + \dot{z}^2) - q(V - \dot{x}A_x - \dot{y}A_y - \dot{z}A_z) \tag{7.104}$$

wie gewünscht das zweite Newton'sche Gesetz (7.101) reproduziert. Um das zu prüfen, wollen wir die erste der drei Lagrange-Gleichungen untersuchen:

$$\frac{\partial \mathcal{L}}{\partial x} = \frac{\mathrm{d}}{\mathrm{d}t} \frac{\partial \mathcal{L}}{\partial \dot{x}}\,. \tag{7.105}$$

Um zu sehen, was daraus folgt, müssen wir die beiden Ableitungen der in (7.104) vorgeschlagenen Lagrange-Funktion berechnen:

$$\frac{\partial \mathcal{L}}{\partial x} = -q\left(\frac{\partial V}{\partial x} - \dot{x}\frac{\partial A_x}{\partial x} - \dot{y}\frac{\partial A_y}{\partial x} - \dot{z}\frac{\partial A_z}{\partial x}\right) \tag{7.106}$$

14 Vgl. beispielsweise David J. Griffiths, *Elektrodynamik. Eine Einführung*, 3. Auflage, Pearson Studium (2011), S. 524f.

15 Beachten Sie, dass Sie dies – falls Sie es denn wollen – auch in der Form $\mathcal{L} = T - U$ schreiben können; allerdings ist U hier sicher nicht die übliche potenzielle Energie, da sie von der Geschwindigkeit $\dot{\boldsymbol{r}}$ abhängt. Man nennt U manchmal eine „geschwindigkeitsabhängige potenzielle Energie“. In diesem Fall ergibt sich die Kraft auf die Ladung aber nicht als $-\boldsymbol{\nabla} U$.

und

$$\frac{\partial \mathcal{L}}{\partial \dot{x}} = m\dot{x} + qA_x \,.$$

Beim Ableiten nach t müssen wir beachten, dass auch A_x von t abhängt: $A_x = A_x(x, y, z, t)$. Wenn t sich ändert, bewegen sich x, y, z mit dem Teilchen mit. Nach der Kettenregel finden wir

$$\frac{\mathrm{d}}{\mathrm{d}t}\frac{\partial \mathcal{L}}{\partial \dot{x}} = m\ddot{x} + q\left(\dot{x}\frac{\partial A_x}{\partial x} + \dot{y}\frac{\partial A_x}{\partial y} + \dot{z}\frac{\partial A_x}{\partial z} + \frac{\partial A_x}{\partial t}\right). \tag{7.107}$$

Wir setzen (7.106) und (7.107) in (7.105) ein, streichen die beiden Terme in $\dot{x}$ und stellen um. Dann ergibt sich für die Lagrange-Gleichung (d. h. für die x-Komponente der Lagrange-Gleichung mit der vorgeschlagenen Lagrange-Funktion)

$$m\ddot{x} = -q\left(\frac{\partial V}{\partial x} + \frac{\partial A_x}{\partial t}\right) + q\dot{y}\left(\frac{\partial A_y}{\partial x} - \frac{\partial A_x}{\partial y}\right) - q\dot{z}\left(\frac{\partial A_x}{\partial z} - \frac{\partial A_z}{\partial x}\right) \tag{7.108}$$

oder nach (7.102)

$$m\ddot{x} = q\left(E_x + \dot{y}B_z - \dot{z}B_y\right) \,. \tag{7.109}$$

Sie werden diese Gleichung als die x-Komponente des zweiten Newton'schen Gesetzes (7.101) erkennen. Die Rechnung für die y- und die z-Komponente verläuft analog. Damit können wir schließen, dass die Lagrange-Gleichungen mit der vorgeschlagenen Lagrange-Funktion (7.104) exakt äquivalent zum zweiten Newton'schen Gesetz für geladene Teilchen sind. Damit ist es uns also gelungen, das zweite Newton'sche Gesetz für ein geladenes Teilchen in die Lagrange'sche Form mit der Lagrange-Funktion (7.103) zu bringen.

Mit der Lagrange-Funktion (7.103) können wir die verschiedensten Probleme der Bewegung von geladenen Teilchen in elektrischen und magnetischen Feldern behandeln (ein Beispiel dazu ist Aufgabe 49). Die für die Theorie bedeutsamste Folgerung aus dieser Untersuchung zeichnet sich ab, wenn wir den verallgemeinerten Impuls berechnen. Es gilt beispielsweise

$$p_x = \frac{\partial \mathcal{L}}{\partial \dot{x}} = m\dot{x} + qA_x \,.$$

Die y- und die z-Komponente sehen entsprechend aus. Damit können wir schließen:

$$\text{(verallgemeinerter Impuls)}\ \boldsymbol{p} = m\boldsymbol{v} + q\boldsymbol{A} \,. \tag{7.110}$$

Der verallgemeinerte Impuls ist also der mechanische Impuls $m\boldsymbol{v}$ *plus* einem magnetischen Term $q\boldsymbol{A}$. Dieses Ergebnis ist das Herzstück der Quantentheorie für ein geladenes Teilchen in einem Magnetfeld; es wird sich dort herausstellen, dass der verallgemeinerte Impuls dem Differenzialoperator $-\mathrm{i}\hbar\boldsymbol{\nabla}$ entspricht (dabei ist $\hbar$ das Planck'sche Wirkungsquantum h dividiert durch 2π). Das quantenmechanische Analogon zum mechanischen Impuls $m\boldsymbol{v}$ ist also der Operator $-\mathrm{i}\hbar\boldsymbol{\nabla} - q\boldsymbol{A}$.

7.10 Lagrange-Multiplikatoren und Zwangskräfte*

**Die Methode der Lagrange-Multiplikatoren wird in vielen Gebieten der Physik angewendet. Wir werden sie jedoch in diesem Buch nicht wieder benötigen. Sie können also diesen Abschnitt getrost überspringen, ohne den roten Faden zu verlieren.*

In diesem Abschnitt werde ich das Verfahren der **Lagrange-Multiplikatoren** vorstellen. Dieses leistungsfähige Verfahren findet in verschiedenen Bereichen der Physik Anwendung und nimmt dabei in verschiedenen Zusammenhängen ganz unterschiedliche Gestalt an. Hier werde ich lediglich seine Anwendung auf die Lagrange-Mechanik behandeln,[16] und um die Darlegungen einfach zu halten, beschränke ich mich auf die Diskussion von zweidimensionalen Systemen mit nur einem Freiheitsgrad.

Wie wir gesehen haben, besteht eine der Stärken der Lagrange-Mechanik darin, dass man mit ihrer Hilfe alle Zwangskräfte ignorieren kann. Es mag jedoch Situationen geben, in denen man diese Kräfte kennen muss. Beispielsweise muss der Konstrukteur einer Achterbahn die Normalkraft kennen, die das Gleis auf den Wagen ausübt, um das Gleis entsprechend stark auslegen zu können. Auch in einem solchen Fall können wir die Lagrange-Gleichungen verwenden, allerdings in einer modifizierten Form, und wir gehen dann etwas anders vor: Wir wählen keine verallgemeinerten Koordinaten $q_1, \ldots, q_n$, die jeweils unabhängig variiert werden können (bedenken Sie, dass es gerade die Unabhängigkeit der Koordinaten $q_1, \ldots, q_n$ war, deretwegen wir die normalen Lagrange-Gleichungen verwenden konnten, ohne uns Gedanken über die Zwangskräfte machen zu müssen); stattdessen verwenden wir hier eine größere Anzahl von Koordinaten und sogenannte Lagrange-Multiplikatoren, um die Zwangskräfte einzubeziehen.

Um das Vorgehen zu erläutern, betrachten wir ein System mit zwei rechtwinkligen Koordinaten x und y, deren Werte durch eine **Bedingungsgleichung** der Form[17]

$$f(x, y) = \text{const.} \tag{7.111}$$

eingeschränkt werden. Wir können beispielsweise ein Fadenpendel mit einem einzigen Freiheitsgrad (wie in Abbildung 7.2 auf Seite 299) betrachten. Bei der Behandlung des Problems mit dem normalen Lagrange-Ansatz würde man eine verallgemeinerte Koordinate φ verwenden – den Winkel zwischen dem Pendel und der Vertikalen – und somit die Zwangsbedingung ignorieren. Verwenden wir jedoch stattdessen die beiden originalen Koordinaten x und y, dann zeigt sich, dass diese beiden Koordinaten nicht unabhängig voneinander sind. Sie unterliegen der Bedingungsgleichung

$$f(x, y) = \sqrt{x^2 + y^2} = l.$$

l ist dabei die Länge des Pendels. In diesem Beispiel helfen uns die Lagrange-Multiplikatoren, dieser Zwangsbedingung Rechnung zu tragen, die Zeitabhängigkeit von x und y zu ermitteln *und* die Zwangskraft anzugeben (in diesem Beispiel die Zugkraft im Pendelfaden). Als zweites Beispiel betrachten wir die Atwood'sche

16 Anwendungen auf andere Klassen von Probleme finden Sie beispielsweise in *Mathematical Methods in the Physical Sciences* von Mary Boas (Wiley, 1983), Kapitel 4, Abschnitt 9 und Kapitel 9, Abschnitt 6; die aktuelle (dritte) Auflage stammt von 2005.

17 Wir werden an dem Beispiel gleich erkennen, dass sich einige typische Zwangsbedingungen in dieser Form angeben lassen. Man kann relativ leicht zeigen, dass dies für *beliebige* holonome Zwangsbedingungen gilt.

Fallmaschine aus Abbildung 7.6 auf Seite 309. In unserer bisherigen Untersuchung haben wir eine verallgemeinerte Koordinate x verwendet, nämlich den Ort der Masse m_1; wir können allerdings stattdessen auch die beiden Koordinaten x und y (die Orte der beiden Massen) verwenden, müssen dann aber bedenken, dass die beiden Koordinaten wegen der konstanten Länge des Seils über die Zwangsbedingung

$$f(x, y) = x + y = \text{const.}$$

miteinander verknüpft sind. Auch hier können wir durch die Lagrange-Multiplikatoren die Zwangsbedingung berücksichtigen, die Zeitabhängigkeit von x und y ermitteln und schließlich die Zwangskraft angeben (auch hier ist das die Zugkraft in dem Seil).

Um unsere neue Methode zu entwickeln, beginnen wir mit dem Hamilton-Prinzip. Unsere Lagrange-Funktion hat die Form $\mathcal{L}(x, \dot{x}, y, \dot{y})$. (Wir könnten auch eine explizite t-Abhängigkeit zulassen, aber um die Notation zu vereinfachen, nehme ich an, dass $\mathcal{L}$ nicht explizit zeitabhängig ist.) Der Beweis des Hamilton-Prinzips in Abschnitt 7.4 gilt auch dann, wenn die Koordinaten eingeschränkt sind. (In weiser Voraussicht wurde der Beweis schon so angelegt, dass er auch Zwangsbedingungen zulässt.) Damit können wir wie schon zuvor schlussfolgern, dass das Wirkungsintegral

$$S = \int_{t_1}^{t_2} \mathcal{L}(x, \dot{x}, y, \dot{y})\, \mathrm{d}t \tag{7.112}$$

entlang der tatsächlichen Bahn stationär ist. Wenn wir diese „richtige“ Bahn mit $x(t)$ und $y(t)$ beschreiben und uns eine kleine Verrückung zu einer benachbarten „falschen“ Bahn vorstellen:

$$\left.\begin{aligned} x(t) &\to x(t) + \delta x(t) \\ y(t) &\to y(t) + \delta y(t) \end{aligned}\right\}, \tag{7.113}$$

dann bleibt das Wirkungsintegral (7.112) unverändert, solange diese Verrückung mit den Zwangsbedingungen vereinbar ist: $\delta S = 0$. Um diese Aussage zu verwerten, müssen wir δS mithilfe der infinitesimalen Verrückungen δx und δy ausdrücken:

$$\delta S = \int \left(\frac{\partial \mathcal{L}}{\partial x}\,\delta x + \frac{\partial \mathcal{L}}{\partial \dot{x}}\,\delta \dot{x} + \frac{\partial \mathcal{L}}{\partial y}\,\delta y + \frac{\partial \mathcal{L}}{\partial \dot{y}}\,\delta \dot{y} \right) \mathrm{d}t\,. \tag{7.114}$$

Der zweite und der vierte Term lassen sich partiell integrieren. Damit gilt

$$\delta S = \int \left(\frac{\partial \mathcal{L}}{\partial x} - \frac{\mathrm{d}}{\mathrm{d}t}\frac{\partial \mathcal{L}}{\partial \dot{x}} \right) \delta x\, \mathrm{d}t + \int \left(\frac{\partial \mathcal{L}}{\partial y} - \frac{\mathrm{d}}{\mathrm{d}t}\frac{\partial \mathcal{L}}{\partial \dot{y}} \right) \delta y\, \mathrm{d}t = 0 \tag{7.115}$$

für beliebige Verrückungen δx und δy, die mit den Zwangsbedingungen vereinbar sind.

Würde (7.115) für *beliebige* Verrückungen gelten, könnten wir sofort zwei getrennte Lagrange-Gleichungen beweisen, eine für x und eine für y. (Mit $\delta y = 0$ bliebe von (7.115) nur das erste Integral; da es für eine beliebige Wahl von δx verschwinden müsste, müsste der Faktor in Klammern null sein, und daraus folgt die normale Lagrange-Gleichung für x. Entsprechend würde man für y vorgehen.) Dies wäre der richtige Schluss für den Fall ohne Zwangsbedingungen.

In unserem Fall *gibt* es jedoch Zwangsbedingungen, und daher gilt (7.115) nur für Verrückungen δx und δy, die mit den Zwangsbedingungen vereinbar sind. Wir gehen nun folgendermaßen vor: Da alle Bahnpunkte, die wir betrachten, die Bedingung $f(x, y) = \text{const.}$ erfüllen, lässt die Verschiebung (7.113) $f(x, y)$ unverändert, und es gilt

$$\delta f = \frac{\partial f}{\partial x}\,\delta x + \frac{\partial f}{\partial y}\,\delta y = 0 \tag{7.116}$$

für eine beliebige, mit den Zwangsbedingungen vereinbare Verrückung. Da δf null ist, können wir δf mit einer beliebigen Funktion $\lambda(t)$ multiplizieren – das ist der sogenannte **Lagrange-Multiplikator** – und zu dem Integranden in (7.115) addieren, ohne dass sich der Wert des Integrals (nämlich null) ändert. Daher folgt

$$\begin{aligned}\delta S = &\int \left(\frac{\partial \mathcal{L}}{\partial x} + \lambda(t)\,\frac{\partial f}{\partial x} - \frac{\mathrm{d}}{\mathrm{d}t}\,\frac{\partial \mathcal{L}}{\partial \dot{x}} \right) \delta x\,\mathrm{d}t \\ + &\int \left(\frac{\partial \mathcal{L}}{\partial y} + \lambda(t)\,\frac{\partial f}{\partial y} - \frac{\mathrm{d}}{\mathrm{d}t}\,\frac{\partial \mathcal{L}}{\partial \dot{y}} \right) \delta y\,\mathrm{d}t = 0\end{aligned} \tag{7.117}$$

für eine beliebige mit den Zwangsbedingungen vereinbare Verrückung. Und nun kommt der entscheidende Trick: Da $\lambda(t)$ eine *beliebige* Funktion von t ist, können wir sie so wählen, dass der Koeffizient von δx im ersten Integral verschwindet. Durch eine geeignete Wahl des Multiplikators $\lambda(t)$ können wir also erreichen, dass entlang der Bahn des Systems

$$\frac{\partial \mathcal{L}}{\partial x} + \lambda\,\frac{\partial f}{\partial x} = \frac{\mathrm{d}}{\mathrm{d}t}\,\frac{\partial \mathcal{L}}{\partial \dot{x}} \tag{7.118}$$

gilt. Das ist die erste der beiden modifizierten Lagrange-Gleichungen, die sich von der gewohnten Gleichung nur durch den zusätzlichen Term mit λ auf der linken Seite unterscheidet. Mit dem so gewählten Multiplikator wird das erste Integral in (7.117) null. Damit muss auch das zweite Integral null sein (denn die Summe der beiden Integrale ist ja null), und das gilt für eine *beliebige* Wahl von δy. (Die Zwangsbedingung gibt keine Einschränkung für δx oder δy einzeln vor – sie setzt nur δx fest, sobald δy gewählt ist, und umgekehrt.) Deshalb muss der Koeffizient von δy im zweiten Integral ebenfalls null sein, und damit haben wir eine zweite modifizierte Lagrange-Gleichung, nämlich

$$\frac{\partial \mathcal{L}}{\partial y} + \lambda\,\frac{\partial f}{\partial y} = \frac{\mathrm{d}}{\mathrm{d}t}\,\frac{\partial \mathcal{L}}{\partial \dot{y}}\,. \tag{7.119}$$

Wir haben nun zwei modifizierte Lagrange-Gleichungen für die beiden unbekannten Funktionen $x(t)$ und $y(t)$. Dieses elegante Ergebnis haben wir um den Preis der Einführung einer dritten unbekannten Funktion $\lambda(t)$ erkauft, dem Lagrange-Multiplikator. Um aber drei unbekannte Funktionen zu bestimmen, benötigen wir drei Gleichungen. Zum Glück jedoch ist eine dritte Gleichung bereits zur Hand, nämlich die Bedingungsgleichung

$$f(x, y) = \text{const.} \tag{7.120}$$

Die drei Gleichungen (7.118), (7.119) und (7.120) reichen – zumindest prinzipiell – aus, um die Koordinaten $x(t)$ und $y(t)$ sowie den Multiplikator $\lambda(t)$ zu bestimmen.

Bevor wir das anhand eines Beispiels illustrieren, müssen wir aber noch ein wenig Theorie entwickeln.

Bislang ist der Lagrange-Multiplikator $\lambda(t)$ nur ein mathematisches Konstrukt, das wir vor allem zu dem Zweck eingeführt haben, unser Problem zu lösen. Es stellt sich jedoch heraus, dass der Faktor auf Engste mit den Zwangskräften verbunden ist. Um das zu erkennen, müssen wir uns die modifizierten Lagrange-Gleichungen (7.118) und (7.119) etwa genauer anschauen. Die Lagrange-Funktion, die unseren Betrachtungen zugrundeliegt, hat die Form

$$\mathcal{L} = \tfrac{1}{2}m_1\dot{x}^2 + \tfrac{1}{2}m_2\dot{y}^2 - U(x, y)\,.$$

(Bei einem Problem wie dem Fadenpendel sind x und y einfach zwei Koordinaten einer einzigen Masse, und es gilt $m_1 = m_2$. Bei einem Problem wie der Atwood'schen Fallmaschine gibt es zwei Massen, und m_1 und m_2 müssen nicht unbedingt gleich sein.) Setzen wir diese Lagrange-Funktion in (7.118) ein, so finden wir

$$-\frac{\partial U}{\partial x} + \lambda\frac{\partial f}{\partial x} = m_1\ddot{x}\,. \tag{7.121}$$

Der Term $-\partial U/\partial x$ auf der linken Seite ist die x-Komponente einer Kraft, die keine Zwangskraft ist. (Denken Sie daran, dass U als die potenzielle Energie der Kräfte definiert wurde, die *keine* Zwangskräfte sind.) Auf der rechten Seite ist $m\ddot{x}$ die x-Komponente der resultierenden Kraft, die sich als Summe aus den Zwangskräften und den anderen Kräften ergibt. Es gilt also $m_1\ddot{x} = -\partial U/\partial x + F_{\text{Zw},x}$. Streichen wir den Term $-\partial U/\partial x$ auf beiden Seiten von (7.121), gelangen wir zu der wichtigen Folgerung

$$\lambda\,\frac{\partial f}{\partial x} = F_{\text{Zw},x}\,. \tag{7.122}$$

Für die y-Komponente gilt ein entsprechender Ausdruck. Das zeigt die Bedeutung des Lagrange-Multiplikators: Multipliziert man den Lagrange-Multiplikator $\lambda(t)$ mit einer passenden partiellen Ableitung der Bedingungsgleichung $f(x, y)$, so erhält man die entsprechende Komponente der Zwangskraft.

Wir wollen uns nun anschauen, wie dieses Konzept in der Praxis funktioniert. Dazu wenden wir den Formalismus der Lagrange-Mulitplikatoren einmal auf die Atwood'sche Fallmaschine an.

Die Atwood'sche Fallmaschine: Behandlung mithilfe eines Lagrange-Multiplikators

Beispiel 7.8 Untersuchen Sie die Atwood'sche Fallmaschine aus Abbildung 7.6 auf Seite 309 (hier in Abbildung 7.11 nochmals dargestellt) mithilfe der Methode der Lagrange-Multiplikatoren, indem Sie die Koordinaten x und y der beiden Massen verwenden.

Lösung Mit den vorgegebenen Koordinaten finden wir die Lagrange-Funktion

$$\mathcal{L} = T - U = \tfrac{1}{2}m_1\dot{x}^2 + \tfrac{1}{2}m_2\dot{y}^2 + m_1 gx + m_2 gy\,. \tag{7.123}$$

Die Bedingungsgleichung ist

$$f(x, y) = x + y = \text{const.} \tag{7.124}$$

Die modifizierte Lagrange-Gleichung (7.118) für x lautet

$$\frac{\partial \mathcal{L}}{\partial x} + \lambda\,\frac{\partial f}{\partial x} = \frac{\mathrm{d}}{\mathrm{d}t}\frac{\partial \mathcal{L}}{\partial \dot{x}} \qquad \text{oder} \qquad m_1 g + \lambda = m_1\ddot{x}\,, \tag{7.125}$$

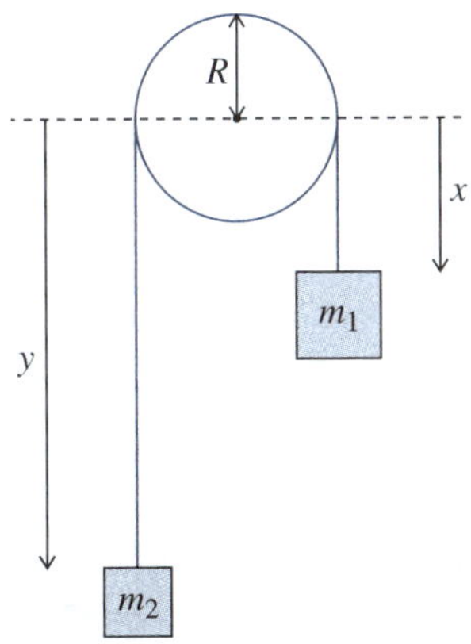

Abbildung 7.11: Noch einmal die Atwood'sche Fallmaschine.

die Gleichung für y ist

$$\frac{\partial \mathcal{L}}{\partial y} + \lambda \frac{\partial f}{\partial y} = \frac{d}{dt}\frac{\partial \mathcal{L}}{\partial \dot{y}} \qquad \text{oder} \qquad m_2 g + \lambda = m_2 \ddot{y} \,. \tag{7.126}$$

Mit diesen beiden Gleichungen und der Bedingungsgleichung (7.124) lassen sich die drei Funktionen $x(t)$, $y(t)$ und $\lambda(t)$ leicht bestimmen. Nach (7.124) ist $\ddot{y} = -\ddot{x}$, und wenn wir dann (7.126) von (7.125) subtrahieren, können wir λ eliminieren und erhalten dasselbe Ergebnis wie zuvor, nämlich

$$\ddot{x} = \frac{m_1 - m_2}{m_1 + m_2} g \,.$$

Um die beiden modifizierten Lagrange-Gleichungen (7.125) und (7.126) besser zu verstehen, vergleicht man sie sinnvollerweise mit den beiden Gleichungen der Newton'schen Lösung. Das zweite Newton'sche Gesetz für m_1 ist

$$m_1 g - F_Z = m_1 \ddot{x} \,;$$

darin gibt F_Z die Zugkraft in dem Seil an. Für m_2 haben wir

$$m_2 g - F_Z = m_2 \ddot{y} \,.$$

Wir erhalten also genau die beiden Lagrange-Gleichungen (7.125) und (7.126), wenn wir den Lagrange-Multiplikator als die negative Zwangskraft ansetzen

$$\lambda = -F_Z \,.$$

[Zwei kleine Anmerkungen: Das Minuszeichen taucht deshalb auf, weil die beiden Koordinaten x und y nach unten gemessen werden, die beiden Zugkräfte aber nach oben gerichtet sind. Im Allgemeinen ist nach (7.122) die Zwangskraft $\lambda \partial f/\partial x$, doch in diesem einfachen Fall gilt $\partial f/\partial x = 1$.] ■

Sie finden weitere Beispiele für den Gebrauch der Lagrange-Multiplikatoren in den Aufgaben 50 bis 52.

ZUSAMMENFASSUNG

Wichtige Definitionen und Gleichungen aus Kapitel 7

Die Lagrange-Funktion

Die **Lagrange-Funktion** $\mathcal{L}$ eines konservativen Systems ist

$$\mathcal{L} = T - U\,, \tag{7.3}$$

wobei T und U die kinetische bzw. die potenzielle Energie angeben.

Verallgemeinerte Koordinaten

Die n Variablen $q_1, \ldots, q_n$ heißen die **verallgemeinerten Koordinaten** für ein N-Teilchen-System, wenn sich der Ort $\boldsymbol{r}_\alpha$ eines jeden der N Teilchen als eine Funktion der $q_1, \ldots, q_n$ (und möglicherweise der Zeit t) ausdrücken lässt, wenn n die kleinste Zahl ist, mit der sich das System in dieser Weise beschreiben lässt,

$$\boldsymbol{r}_\alpha = \boldsymbol{r}_\alpha(q_1, \ldots, q_n, t) \qquad [\alpha = 1, \ldots, N]\,, \tag{7.34}$$

und wenn man umgekehrt jedes q_i mithilfe der N Orte $\boldsymbol{r}_\alpha$ (und möglicherweise noch der Zeit t) ausdrücken kann:

$$q_i = q_i(\boldsymbol{r}_1, \ldots, \boldsymbol{r}_N, t) \qquad [i = 1, \ldots, n]\,. \tag{7.35}$$

Für $n < 3N$ (in drei Dimensionen) spricht man von einem **System mit Zwangsbedingungen**. Die Koordinaten $q_1, \ldots, q_n$ heißen **natürliche Koordinaten**, wenn der funktionale Zusammenhang zwischen den $\boldsymbol{r}_\alpha$ und den $q_1, \ldots, q_n$ nicht von der Zeit abhängt. Die Anzahl der **Freiheitsgrade** des Systems ist die Anzahl der Koordinaten, die sich unabhängig voneinander variieren lassen. Wenn die Anzahl der Freiheitsgrade gleich der Anzahl der verallgemeinerten Koordinaten ist (das ist in gewisser Weise der „Normalfall"), dann heißt das System **holonom**.

[Abschnitt 7.3]

Lagrange-Gleichungen

Für ein beliebiges holonomes System ist das zweite Newton'sche Gesetz äquivalent zu den n **Lagrange-Gleichungen**

$$\frac{\partial \mathcal{L}}{\partial q_i} = \frac{\mathrm{d}}{\mathrm{d}t}\frac{\partial \mathcal{L}}{\partial \dot{q}_i} \qquad [i = 1, \ldots, n]\,,$$ [Abschnitte 7.3 und 7.4]

und umgekehrt sind die Lagrange-Gleichungen äquivalent zum **Hamilton-Prinzip**, nach dem die Bahn, auf der sich ein Teilchen zwischen zwei Punkten 1 und 2 innerhalb des Zeitintervalls t_1 und t_2 bewegt, sich dadurch auszeichnet, dass das Wirkungsintegral

$$S = \int_{t_1}^{t_2} \mathcal{L}\,\mathrm{d}t \tag{7.8}$$

entlang der Bahn stationär ist. Diese Aussage haben wir nur für den Beweis der Lagrange-Gleichungen verwendet.

Verallgemeinerte Impulse und zyklische Koordinaten

Der i-te **verallgemeinerte Impuls** p_i ist definiert als die Ableitung

$$p_i = \frac{\partial \mathcal{L}}{\partial \dot{q}_i} .$$

Falls $\partial \mathcal{L}/\partial q_i = 0$ gitl, nennen wir q_i eine **zyklische** oder **ignorable Koordinate**, und der entsprechende verallgemeinerte Impuls ist konstant.

[Abschnitt 7.6]

Die Hamilton-Funktion

Die **Hamilton-Funktion** ist definiert als

$$\mathcal{H} = \sum_{i=1}^{n} p_i \dot{q}_i - \mathcal{L} . \qquad (7.90)$$

Für $\partial \mathcal{L}/\partial t = 0$ bleibt $\mathcal{H}$ erhalten; wenn die Koordinaten $q_1, \ldots, q_n$ natürlich sind, ist $\mathcal{H}$ gerade die Energie des Systems.

Lagrange-Funktion für eine Ladung im elektromagnetischen Feld

Die Lagrange-Funktion für eine Ladung q in einem elektromagnetischen Feld ist

$$\mathcal{L}(\boldsymbol{r}, \dot{\boldsymbol{r}}, t) = \tfrac{1}{2} m \dot{\boldsymbol{r}}^2 - q(V - \dot{\boldsymbol{r}} \cdot \boldsymbol{A}) . \qquad (7.103)$$

Aufgaben zu Kapitel 7

*Die Sterne zeigen den ungefähren Schwierigkeitsgrad an, von * (leicht) bis *** (schwierig).*

7.1 Lagrange-Gleichungen für Bewegungen ohne Zwangsbedingungen

*** 1** Stellen Sie die Lagrange-Funktion für ein Geschoss mithilfe der kartesischen Koordinaten (x, y, z) auf, z wird dabei vertikal nach oben gemessen. Der Luftwiderstand soll vernachbar sein. Geben Sie die drei Lagrange-Gleichungen an und zeigen Sie, dass sie genauso aussehen, wie Sie das für die Bewegungsgleichungen erwartet haben.

*** 2** Stellen Sie die Lagrange-Funktion für ein eindimensionales Teilchen auf, das sich entlang der x-Achse bewegt und eine Kraft $F = -kx$ erfährt (k ist eine positive Zahl). Geben Sie die Lagrange'sche Bewegungsgleichung an und lösen Sie sie.

*** 3** Betrachten Sie eine Masse m, die sich in zwei Dimensionen mit der potenziellen Energie $U(x, y) = \frac{1}{2}kr^2$ bewegt; es soll gelten $r^2 = x^2 + y^2$. Stellen Sie die Lagrange-Funktion mithilfe der Koordinaten x und y auf und geben Sie die beiden Lagrange'schen Bewegungsgleichungen an. Erläutern Sie ihre Lösungen. [Es handelt sich hier um die potenzielle Energie eines Ions in einer „Ionenfalle“, die man für die Untersuchung der Eigenschaften von geladenen Atomen verwendet.]

*** 4** Betrachten Sie eine Masse m, die sich reibungsfrei auf einer um den Winkel α gegen die Horizontale geneigten Ebene bewegt. Stellen Sie die Lagrange-Funktion mithilfe der Koordinaten x und y auf; x wird horizontal quer zu der Neigung und y die Schräge hinab gemessen. (Behandeln Sie das System als zweidimensional, aber berücksichtigen Sie die potenzielle Gravitationsenergie.) Geben Sie die beiden Lagrange-Gleichungen an und zeigen Sie, dass sie genauso aussehen, wie Sie das erwartet haben.

*** 5** Geben Sie die Komponenten von $\nabla f(r, \varphi)$ in zweidimensionalen Polarkoordinaten an. [*Hinweis:* Denken Sie daran, dass die Änderung des Skalars f als Ergebnis der infinitesimalen Verrückung $\mathrm{d}\boldsymbol{r}$ gerade $\mathrm{d}f = \nabla f \cdot \boldsymbol{r}$ ist.]

*** 6** Betrachten Sie zwei Teilchen, die sich ohne Zwangskräfte in drei Dimensionen bewegen können und die potenzielle Energie $U(r_1, r_2)$ aufweisen.
a) Stellen Sie die sechs Bewegungsgleichungen auf, die Sie mithilfe des zweiten Newton'schen Gesetzes für jedes Teilchen erhalten.
b) Stellen Sie die Lagrange-Funktion $\mathcal{L}(\boldsymbol{r}_1, \boldsymbol{r}_2, \dot{\boldsymbol{r}}_1, \dot{\boldsymbol{r}}_2) = T - U$ auf und zeigen Sie, dass die sechs Lagrange-Gleichungen dieselben Gleichungen sind wie die Newton'schen Gleichungen aus Teil (a). Damit weist man die Gültigkeit der Lagrange-Gleichungen in rechtwinkligen Koordinaten nach, womit sich wiederum das Hamilton-Prinzip begründen lässt. Da aber das Hamilton-Prinzip unabhängig von den Koordinaten ist, beweist man damit die Lagrange-Gleichungen in einem beliebigen Koordinatensystem.

*** 7** Bearbeiten Sie noch einmal Aufgabe 6, jetzt aber für N Teilchen, die sich ohne Zwangskräfte in drei Dimensionen bewegen. (In diesem Fall erhalten Sie $3N$ Bewegungsgleichungen.)

⋆8 **a)** Stellen Sie die Lagrange-Funktion $\mathcal{L}(x_1, x_2, \dot{x}_1, \dot{x}_2)$ für zwei Teilchen gleicher Masse ($m_1 = m_2 = m$) auf, die sich nur entlang der x-Achse bewegen können und durch eine Feder mit der potenziellen Energie $U = \frac{1}{2}kx^2$ verbunden sind. [Hier ist x die Auslenkung der Feder mit $x = (x_1 - x_2 - l)$, darin ist l die Länge der ungedehnten Feder; ich gehe davon aus, dass Teilchen 1 sich zu allen Zeiten rechts von Teilchen 2 befindet.]
b) Schreiben Sie $\mathcal{L}$ auf die neuen Variablen $X = \frac{1}{2}(x_1 + x_2)$ (das ist der Ort des Schwerpunkts) und x (Auslenkung der Feder) um und geben Sie die beiden Lagrange-Gleichungen für X und x an.
c) Lösen Sie die Gleichungen für $X(t)$ und $x(t)$ und beschreiben Sie die Bewegung.

7.3 Systeme mit Zwangsbedingungen: allgemein

⋆9 Betrachten Sie eine Perle auf einer steifen kreisförmigen Drahtschleife vom Radius R. Die Drahtschleife liegt in der x-y-Ebene mit ihrem Mittelpunkt im Ursprung O. Verwenden Sie den Winkel φ der zweidimensionalen Polarkoordinaten als die eine verallgemeinerte Koordinate, um den Ort der Perle anzugeben. Stellen Sie die Gleichungen auf, durch die Sie die kartesischen Koordinaten (x, y) mithilfe von φ angeben können, und geben Sie die Gleichung an, die die verallgemeinerte Koordinate φ mithilfe von (x, y) ausdrückt.

⋆10 Ein Teilchen bewegt sich auf der Oberfläche eines Kreiskegels mit dem Halbwinkel α, dessen Achse mit der z-Achse zusammenfällt. Der Scheitelpunkt des Kegels befindet sich im Ursprung, die Kegelspitze zeigt nach unten. Der Ort des Teilchens lässt sich durch zwei verallgemeinerte Koordinaten angeben, beispielsweise durch zwei der zylindrischen Polarkoordinaten (ρ, φ). Stellen Sie die Gleichungen für die drei kartesischen Koordinaten des Teilchens mithilfe der verallgemeinerten Koordinaten (ρ, φ) auf und umgekehrt.

⋆11 Betrachten Sie das Pendel von Abbildung 7.4, das von der Decke eines Eisenbahnwaggons herabhängt. Der Wagen soll sich vor- und zurückbewegen, sodass der Ort der Aufhängung durch die Koordinaten $x_S = C \cos \omega t$, $y_S = 0$ gegeben ist. Verwenden Sie den Winkel φ als verallgemeinerte Koordinate und stellen Sie die Gleichungen auf, mit denen Sie die kartesischen Koordinaten des Pendelkörpers durch φ ausdrücken können, und umgekehrt.

7.4 Beweis der Lagrange-Gleichungen mit Zwangsbedingungen

⋆12 Die Lagrange-Gleichungen in der Form, in der sie in diesem Kapitel angewendet werden, gelten nur dann, wenn die Kräfte (zumindest die Nicht-Zwangskräfte) sich aus einer potenziellen Energie ableiten lassen. Um eine Vorstellung davon zu bekommen, wie man die Gleichungen modifizieren muss, um auch Kräfte wie die Reibung zu berücksichtigen, betrachten Sie Folgendes: Auf ein einzelnes Teilchen in einer Dimension wirken konservative Kräfte (die konservative resultierende Kraft ist $F = -\partial U/\partial x$) und eine nichtkonservative Kraft (die wir als $\boldsymbol{F}_R$ bezeichnen wollen). Definieren Sie die Lagrange-Funktion als $\mathcal{L} = T - U$ und zeigen Sie, dass

$$\frac{\partial \mathcal{L}}{\partial x} + \boldsymbol{F}_\mathrm{R} = \frac{\mathrm{d}}{\mathrm{d}t}\frac{\partial \mathcal{L}}{\partial \dot{x}}\,.$$

die richtige Modifikation ist.

****13** In Abschnitt 7.4 [Gleichungen [(7.41) bis (7.51)] habe ich die Lagrange-Gleichung für ein einzelnes Teilchen bewiesen, das sich nur entlang einer zweidimensionalen Oberfläche bewegen kann. Vollziehen Sie diese Schritte noch einmal für ein System aus zwei Teilchen, das verschiedenen nicht näher bestimmten Zwangsbedingungen unterliegt. [*Hinweis:* Die resultierende Kraft auf Teilchen 1 ergibt sich als Summe aus der Gesamtzwangskraft $\boldsymbol{F}_{\mathrm{Zw},1}$ und der gesamten Nicht-Zwangskraft $\boldsymbol{F}_1$, entsprechend auch für Teilchen 2. Die Zwangskräfte treten in vielerlei Gestalt auf (als Normalkraft auf eine Oberfläche, als Zugkraft in einem Faden, mit dem die Teilchen zusammengebunden sind, usw.); die resultierende Arbeit durch die Zwangskräfte ist aber stets für alle Verrückungen, die mit den Zwangskräften vereinbar sind, null – über diese Eigenschaft sind Zwangskräfte definiert. Wir können indes davon ausgehen, dass die Nicht-Zwangskräfte sich aus einer potenziellen Energie $U(\boldsymbol{r}_1, \boldsymbol{r}_2, t)$ ableiten lassen; es gilt also $\boldsymbol{F}_1 = -\boldsymbol{\nabla} U$ und entsprechend für Teilchen 2. Schreiben Sie die Differenz δS zwischen dem Wirkungsintegral für die „richtige" Bahn [gegeben durch $\boldsymbol{r}_1(t)$ und $\boldsymbol{r}_2(t)$] und für eine dicht daneben liegende „falsche" Bahn (gegeben durch $\boldsymbol{r}_1(t) + \boldsymbol{\varepsilon}_1(t)$ und $\boldsymbol{r}_2(t) + \boldsymbol{\varepsilon}_2(t)$) auf. Wie in Abschnitt 7.4 können Sie zeigen, dass δS dann durch ein Integral analog zu (7.49) gegeben ist, und dieses Integral muss aufgrund der vorausgesetzten Eigenschaften der Zwangskräfte null sein.]

7.5 Beispiele für Lagrange-Gleichungen

***14** Abbildung 7.12 zeigt ein einfaches Modell eines Jo-Jos. Ein masseloser Faden hängt vertikal von einem festen Punkt herab und ist auf der anderen Seite mehrmals um einen gleichförmigen Zylinder mit der Masse m und dem Radius R gewickelt. Wenn man den Zylinder loslässt, bewegt er sich vertikal nach unten und rotiert, während sich der Faden abwickelt. Stellen Sie die Lagrange-Funktion auf; verwenden Sie dazu die Entfernung x als verallgemeinerte Koordinate. Geben Sie die Lagrange'sche Bewegungsgleichung an und zeigen Sie, dass der Zylinder mit $\ddot{x} = 2g/3$ nach unten beschleunigt wird. [*Hinweis:* Aus den Einführungskursen zur Physik ist Ihnen sicherlich bekannt, dass die kinetische Energie eines Körpers wie des Jo-Jos durch $T = \frac{1}{2}mv^2 + \frac{1}{2}I\omega^2$ gegeben ist; dabei ist v die Geschwindigkeit des Schwerpunkts, I ist das Trägheitsmoment (für einen gleichförmigen Zylinder gilt $I = \frac{1}{2}mR^2$), und ω ist die Winkelgeschwindigkeit bezüglich des Schwerpunkts. Sie können ω mithilfe von $\dot{x}$ ausdrücken.]

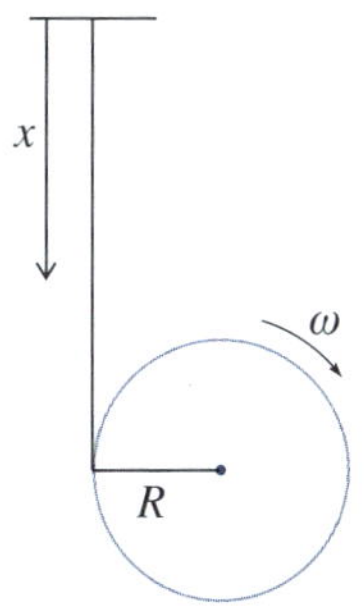

Abbildung 7.12: Zu Aufgabe 14.

*** 15** Eine Masse m_1 ruht auf einem reibungsfreien horizontalen Tisch. Sie ist an einem masselosen Faden befestigt. Der Faden verläuft horizontal bis zur Tischkante, wo er über eine masselose, reibungsfreie Rolle läuft und dann vertikal nach unten hängt. Nun wird eine zweite Masse m_2 an dem unteren Fadenende befestigt. Stellen Sie die Lagrange-Funktion für das System auf. Geben Sie die Lagrange'sche Bewegungsgleichung des Systems an und lösen Sie sie nach der Beschleunigung der Massen auf. Benutzen Sie als verallgemeinerte Koordinate die Tiefe x der zweiten Masse unter der Tischfläche.

*** 16** Stellen Sie die Lagrange-Funktion für einen Zylinder (Masse m, Radius R, Trägheitsmoment I) auf, der ohne zu gleiten auf einer um den Winkel α gegen die Horizontale geneigten Ebene hinabrollt. Verwenden Sie als verallgemeinerte Koordinate die Entfernung x des Zylinders vom Startpunkt (die Ebene hinab gemessen). Stellen Sie die Lagrange-Gleichung auf und lösen Sie sie nach der Beschleunigung $\ddot{x}$ des Zylinders auf. Die kinetische Energie ist $T = \frac{1}{2}mv^2 + \frac{1}{2}I\omega^2$ (mit der Geschwindigkeit v des Schwerpunkts und der Winkelgeschwindigkeit ω des Zylinders).

*** 17** Geben Sie mithilfe der Lagrange'schen Methode die Beschleunigung der Atwood'schen Fallmaschine aus Beispiel 7.3 (Seite 308) an. Berücksichtigen Sie dabei, dass die Rolle ein Trägheitsmoment I hat. (Die kinetische Energie der Rolle ist $\frac{1}{2}I\omega^2$, die Winkelgeschwindigkeit ist ω.)

*** 18** Eine Masse m hängt an einem masselosen Faden, dessen anderes Ende einige Male um einen horizontalen Zylinder mit dem Radius R und dem Trägheitsmoment I gewickelt ist. Dieser Zylinder kann sich reibungsfrei um eine feste horizontale Achse drehen. Verwenden Sie geeignete Koordinaten, stellen Sie die Lagrange-Funktion sowie die Lagrange'sche Bewegungsgleichung auf und geben Sie die Beschleunigung der Masse m an. [Die kinetische Energie des rotierenden Zylinders ist $\frac{1}{2}I\omega^2$.]

*** 19** In Beispiel 7.5 (Seite 312) sind die beiden Beschleunigungen durch die Gleichungen (7.66) und (7.67) gegeben. Prüfen Sie nach, dass die Beschleunigung des Quaders im Grenzfall $M \to 0$ korrekt angegeben ist. [Sie müssen dazu die Komponenten der Beschleunigung *relativ zum Tisch* bestimmen.]

***20** Ein flexibler Draht wird zu einer Schraubenlinie (Helix) gebogen, die sich mit den zylindrischen Polarkoordinaten $\rho = R$ und $z = \lambda\varphi$ beschreiben lässt (R und λ sind dabei Konstanten, die z-Achse steht senkrecht nach oben, die Schwerkraft wirkt senkrecht nach unten). Stellen Sie mit z als verallgemeinerter Koordinate die Lagrange-Funktion für eine Perle der Masse m auf, die auf diesem Draht aufgefädelt ist. Geben Sie die Lagrange-Gleichung und die daraus folgende Vertikalbeschleunigung $\ddot{z}$ der Perle an. Wie groß ist $\ddot{z}$ im Grenzfall $R \to 0$? Ist die Angabe sinnvoll?

***21** Der Mittelpunkt eines langen reibungsfreien Stabs ist drehbar um den Ursprung gelagert. Der Stab wird in einer horizontalen Ebene in eine Drehung mit konstanter Winkelgeschwindigkeit ω versetzt. Stellen Sie die Lagrange-Funktion für eine auf dem Stab sitzende Perle auf; verwenden Sie dazu r als die verallgemeinerte Koordinate, r und φ sind die Polarkoordinaten der Perle. (Beachten Sie, dass der Winkel φ keine unabhängige Variable ist, denn er ist wegen der Drehung des Stabs durch $\varphi = \omega t$ festgelegt.) Lösen Sie die Lagrange-Gleichung für $r(t)$. Was geschieht, wenn die Perle anfangs im Ursprung in Ruhe war? Zeigen Sie, dass $r(t)$ schließlich exponentiell wächst, wenn man die Perle von einem Punkt $r_0 > 0$ loslässt. Erklären Sie ihre Ergebnisse mithilfe der Zentrifugalkraft $m\omega^2 r$.

***22** Verwenden Sie den üblichen Winkel φ als verallgemeinerte Koordinate und stellen Sie die Lagrange-Funktion für ein Fadenpendel der Länge l auf, das von der Decke einer Fahrstuhlkabine herabhängt. Der Fahrstuhl wird mit konstanter Beschleunigung a nach oben beschleunigt. (Seien Sie sorgfältig bei der kinetischen Energie T: Es ist am wohl sichersten, wenn Sie die Geschwindigkeit des Pendelkörpers komponentenweise aufschreiben.) Geben Sie die Lagrange'sche Bewegungsgleichung an und zeigen Sie, dass dieselbe Gleichung vorliegt wie bei einem normalen, nicht beschleunigten Pendel, nur dass an die Stelle von g der Wert $g + a$ tritt. Insbesondere ist die Kreisfrequenz für kleine Ausschläge $\sqrt{(g + a)/l}$.

***23** Ein kleiner Wagen der Masse m steht auf Schienen im Innern eines großen Wagens. Die zwei sind mit einer Feder (Kraftkonstante k) so miteinander verbunden, dass der kleine Wagen sich im Mittelpunkt des großen Wagens im Gleichgewicht befindet. Die Entfernung des kleinen Wagens aus seiner Gleichgewichtsposition wird mit x, die Entfernung des großen Wagens von einem festen Punkt am Boden mit X bezeichnet (Abbildung 7.13). Der große Wagen wird nun zu Schwingungen der Form $X = A\cos\omega t$ angeregt (A und ω sind fest). Stellen Sie die Lagrange-Funktion für die Bewegung des kleinen Wagens auf und zeigen Sie, dass die Lagrange-Gleichung die Form

$$\ddot{x} + \omega_0^2 x = B\cos\omega t$$

hat; dabei ist ω_0 die Eigenfrequenz $\omega_0 = \sqrt{k/m}$, B ist eine Konstante. Das ist die Form, die wir in Abschnitt 5.5 [Gleichung (5.57)] für getriebene Schwingungen hergeleitet haben (außer dass wir hier die Dämpfung ignorieren). Das hier beschriebene System bietet also eine Möglichkeit, die in Abschnitt 5.5 untersuchte Bewegung zu realisieren. (Wenn wir den großen Wagen mit Honig oder Sirup füllen, können wir auch eine Dämpfung realisieren.)

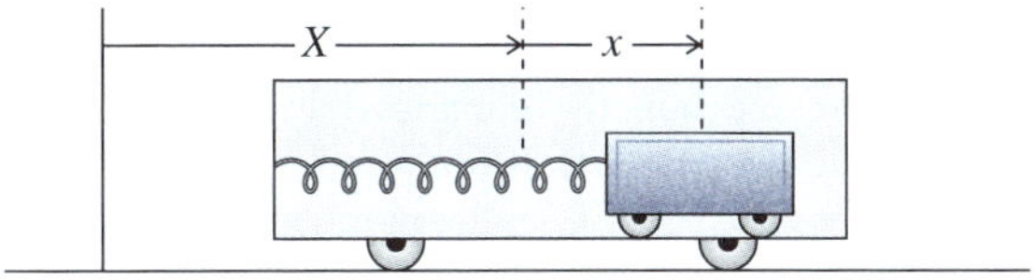

Abbildung 7.13: Zu Aufgabe 23.

***24** Wir haben in Beispiel 7.3 (Seite 308) für die Beschleunigung der Atwood'schen Fallmaschine den Ausdruck $\ddot{x} = (m_1 - m_x)g/(m_1 + m_2)$ hergeleitet. Es heißt manchmal, dieses Ergebnis sei ja „naheliegend", denn die effektive Kraft auf das System ist $(m_1 - m_2)g$, und seine effektive Masse ist $(m_1 + m_2)$. Das nun wiederum mag nicht allzu naheliegend sein, aber es wird mit dem Lagrange'schen Ansatz ganz problemlos geliefert. Erinnern Sie sich, dass man die Lagrange-Gleichung auch folgendermaßen auffassen kann [Gleichung (7.17)]:

$$\begin{aligned}&(\text{verallgemeinerte Kraft})\\&\quad= (\text{zeitliche Änderungsrate des verallgemeinerten Impulses})\end{aligned}$$

Zeigen Sie, dass die verallgemeinerte Kraft für die Atwood'sche Fallmaschine gerade $(m_1 - m_2)g$ und dass der verallgemeinerte Impuls $(m_1 + m_2)\dot{x}$ ist. Erläutern Sie dieses Ergebnis.

***25** Zeigen Sie, dass die potenzielle Energie einer Zentralkraft $\boldsymbol{F} = -kr^n\hat{\boldsymbol{r}}$ (mit $n \neq -1$) sich als $U = kr^{n+1}/(n+1)$ schreiben lässt. Insbesondere gilt für $n = 1$ dann $\boldsymbol{F} = -k\boldsymbol{r}$ und $U = \frac{1}{2}kr^2$.

***26** In Beispiel 7.7 (Seite 318) haben wir gesehen, dass die Perle auf einer rotierenden Drahtschleife kleine Schwingungen um ihre stabilen Gleichgewichtspositionen ausführen kann. Weisen Sie nach, dass die Schwingungsfrequenz Ω', wie sie in (7.79) definiert ist, gleich $\sqrt{\omega^2 - (g/\omega R)^2}$ ist. [Dies entspricht Gleichung (7.80).]

***27** Betrachten Sie eine doppelte Atwood-Maschine, die folgendermaßen konstruiert ist: Eine Masse $4m$ hängt an einem Faden, der über eine feste Rolle und reibungsfreie Lager läuft. Am anderen Fadenende hängt eine zweite, ebensolche Rolle; über sie läuft ein zweiter Faden, an dessen beiden Enden eine Masse $3m$ und eine Masse m hängen. Stellen Sie mithilfe von zwei geeigneten verallgemeinerten Koordinaten die Lagrange-Funktion auf und verwenden Sie die Lagrange-Gleichungen, um die Beschleunigung der Masse $4m$ anzugeben, wenn beide Seiten losgelassen werden. Erklären Sie, warum die obere Rolle rotiert, obwohl sie auf beiden Seiten mit dem gleichen Gewicht belastet ist.

***28** Für eine Reihe von Behauptungen aus Beispiel 7.6 (Seite 332) sind noch Prüfungen erforderlich.

a) Von einem mit dem Ring rotierenden Nichtinertialsystem aus gesehen erfährt die Perle die Gravitationskraft und eine Zentrifugalkraft $m\omega^2\rho$

(zusätzlich zu der Zwangskraft, die normal zu dem Drahtring steht). Weisen Sie nach, dass sich die Tangentialkomponenten dieser beiden Kräfte in den durch (7.71) gegebenen Gleichgewichtspositionen gegenseitig aufheben. (Eine Skizze mit einem Kräfteplan wird Ihnen dabei helfen.)

b) Weisen Sie nach, dass die Gleichgewichtsposition oben an dem Ring ($\theta = \pi$) instabil ist.

c) Weisen Sie nach, dass das Gleichgewicht in der zweiten durch (7.71) gegebenen Position (dem Punkt auf der linken Seite mit einem negativen θ) stabil ist.

⋆29 Abbildung 7.14 zeigt ein Fadenpendel (Masse m, Länge l), dessen Aufhängungspunkt P an der Kante eines Rades (Mittelpunkt O, Radius R) befestigt ist; das Rad dreht sich mit einer festen Winkelgeschwindigkeit ω. Zum Zeitpunkt $t = 0$ ist der Punkt P auf gleicher Höhe mit O auf der rechten Seite. Stellen Sie die Lagrange-Funktion auf und geben Sie die Bewegungsgleichung für den Winkel φ an. [*Hinweis:* Überlegen Sie sorgfältig, bevor Sie die kinetische Energie T angeben. Ein sicherer Weg, um die Geschwindigkeit richtig zu ermitteln, besteht darin den Ort des Pendelkörpers zur Zeit t anzugeben und diesen Ausdruck nach t abzuleiten.] Prüfen Sie nach, ob Ihr Ausdruck für den Spezialfall $\omega = 0$ sinnvoll ist.

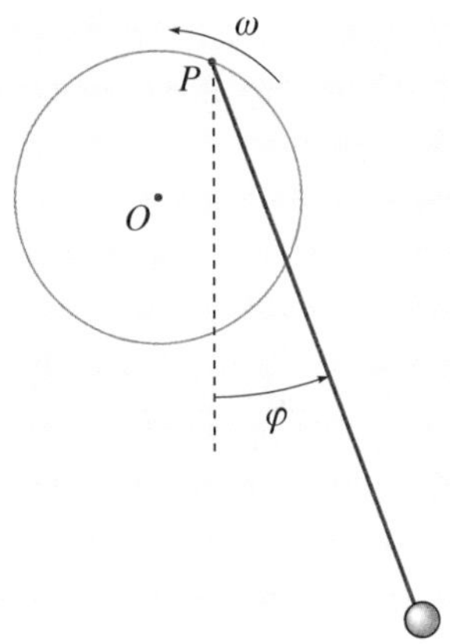

Abbildung 7.14: Zu Aufgabe 29.

⋆30 Betrachten Sie das Pendel von Abbildung 7.4, das von der Decke eines Eisenbahnwaggons herabhängt, der eine konstante Beschleunigung a erfährt.

a) Stellen Sie die Lagrange-Funktion für das System und die Bewegungsgleichung für den Winkel φ auf. Mit einem ähnlichen Trick wie bei Gleichung (5.11) können Sie dann die Kombination von $\sin\varphi$ und $\cos\varphi$ als ein Vielfaches von $\sin(\varphi + \beta)$ angeben.

b) Geben Sie den Gleichgewichtswinkel φ an, bei dem das Pendel in einer festen Position (relativ zum Waggon) bleibt, während der Wagen beschleunigt wird. Zeigen Sie mithilfe der Bewegungsgleichung, dass dieses Gleichgewicht stabil ist. Welche Frequenz haben die kleinen Schwingungen um die Gleichgewichtsposition? (Wir werden in Kapitel 9 noch einen geschickteren Weg kennenlernen, um dieses Problem zu lösen; die Lagrange'sche Methode bietet jedoch eine einfache Lösungsstrategie.)

★31 Ein Fadenpendel (Masse M und Länge L) hängt an der Unterseite eines kleinen Rollwagens (Masse m), der am Ende einer Feder mit der Kraftkonstante k hin- und herschwingen kann (Abbildung 7.15).

a) Stellen Sie die Lagrange-Funktion mithilfe der beiden verallgemeinerten Koordinaten x und φ auf; x ist dabei die Dehnung der Feder aus ihrer Gleichgewichtslänge. (Lesen Sie den Hinweis in Aufgabe 29.) Geben Sie die beiden Lagrange-Gleichungen an. (Warnung: Sie sind ziemlich hässlich!)

b) Vereinfachen Sie die Gleichungen für den Fall, dass sowohl x als auch φ klein sind. (Die Gleichungen sind dann immer noch hässlich, und sie sind immer noch *gekoppelt*, d. h., jede der Gleichungen enthält beide Variablen. Wir werden jedoch in Kapitel 11 sehen, wie sich solche Gleichungen lösen lassen – vgl. dazu insbesondere Aufgabe 19.)

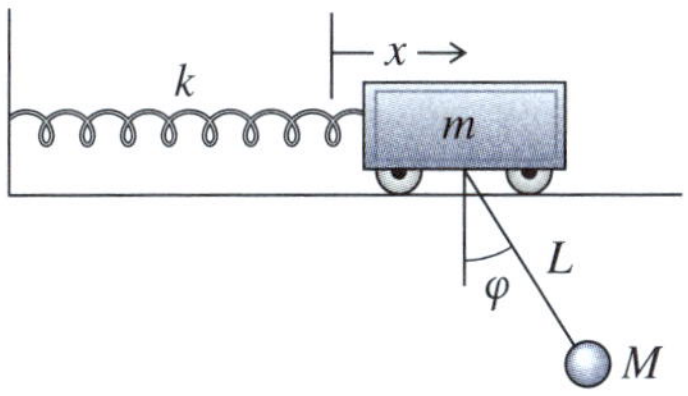

Abbildung 7.15: Zu Aufgabe 31.

★32 Betrachten Sie den Würfel, der – wie in Beispiel 4.7 beschrieben – auf einem Zylinder balanciert (Seite 168). Gehen Sie von $b < r$ aus und geben Sie mithilfe des Lagrange'schen Ansatzes die Frequenz der kleinen Schwingungen um die obere Position an. Das einfachste Vorgehen besteht darin, $\mathcal{L}$ für kleine Winkel zu nähern, bevor Sie ableiten, um die Lagrange-Gleichungen zu erhalten. Wie üblich denken Sie sorgfältig nach, bevor Sie die kinetische Energie angeben; sie beträgt $\frac{1}{2}(mv^2 + I\dot{\theta}^2)$; darin ist v die Geschwindigkeit des Schwerpunkts und I das Trägheitsmoment bezüglich des Schwerpunkts $(2mb^2/3)$. Am sichersten finden Sie v, indem Sie die Koordinaten des Schwerpunkts angeben und dann nach t ableiten.

★33 Ein Stück Seife (Masse m) ruht auf einem rechteckigen, reibungsfreien Blech, das auf einem horizontalen Tisch liegt. Zum Zeitpunkt $t = 0$ beginne ich damit, eine Kante des Blechs anzuheben; das Blech dreht sich dann um die gegenüberliegende Kante mit der konstanten Winkelgeschwindigkeit ω, und die Seife rutscht auf die untenliegende Kante zu. Zeigen Sie, dass die Bewegungsgleichung für die Seife die Form $\ddot{x} - \omega^2 x = -g \sin \omega t$ hat (dabei ist x die Entfernung der Seife von der unteren Kante). Gehen Sie von $x(0) = x_0$ aus und lösen Sie nach $x(t)$ auf. [Dazu wenden Sie die

Methode an, die bei der Lösung von Gleichung (5.48) verwendet wurde. Die homogene Gleichung können Sie leicht lösen. Für eine spezielle Lösung versuchen Sie den Ansatz $x = A \sin \omega t$ und lösen Sie nach A auf.]

★34 Betrachten Sie einen Wagen der Masse m, der sich entlang der x-Achse bewegt; an dem Wagen ist eine Feder befestigt (Federkonstante k), deren anderes Ende festgehalten wird (Abbildung 5.2). Wenn wir die Masse der Feder vernachlässigen (wie wir es meistens tun), dann führt der Wagen bekanntermaßen eine harmonische Schwingung mit der Winkelgeschwindigkeit $\omega = \sqrt{k/m}$ aus. Mit dem Lagrange'schen Ansatz können Sie auch den Einfluss der Federmasse M berücksichtigen:
a) Beginnen Sie mit der Annahme, dass die Feder gleichförmig ist und sich gleichmäßig dehnt; zeigen Sie, dass ihre kinetische Energie $\frac{1}{6}M\dot{x}^2$ ist. (Wie üblich gibt x die Ausdehnung der Feder aus ihrer Gleichgewichtsposition an.) Stellen Sie die Lagrange-Funktion für das System aus Wagen und Feder auf. (*Beachten Sie:* Die potenzielle Energie ist noch immer $\frac{1}{2}kx^2$.)
b) Stellen Sie die Lagrange-Gleichung auf und zeigen Sie, dass der Wagen noch immer eine harmonische Schwingung ausführt, allerdings ist die Winkelgeschwindigkeit jetzt $\omega = \sqrt{k/(m + M/3)}$. Mit anderen Worten: Der Einfluss der Federmasse M besteht einfach darin, dass zur Masse des Wagens $M/3$ hinzu addiert wird.

★35 Abbildung 7.16 zeigt den Blick von oben auf eine glatte horizontale Drahtschleife, die mit einer konstanten Winkelgeschwindigkeit ω um eine vertikale Achse durch den Punkt A rotiert. Eine Perle der Masse m ist auf dem Draht aufgefädelt und kann sich auf ihm frei bewegen. Ihre Lage wird durch den Winkel φ beschrieben, den sie mit dem Durchmesser AB bildet. Stellen Sie die Lagrange-Funktion für dieses System mit der verallgemeinerten Koordinate φ auf. (Lesen Sie dazu den Hinweis zu Aufgabe 29.) Zeigen Sie mithilfe der Lagrange'schen Bewegungsgleichung, dass die Perle genauso wie ein Fadenpendel um den Punkt B schwingt. Welche Frequenz hat diese Schwingung, wenn ihre Amplitude gering ist?

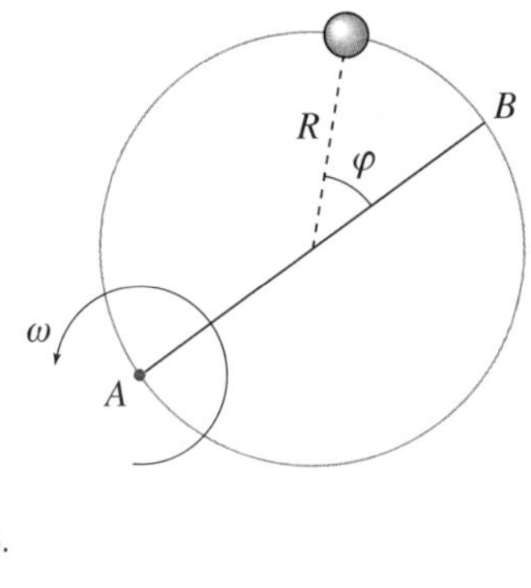

Abbildung 7.16: Zu Aufgabe 35.

36 Ein Pendel besteht aus einer masselosen Feder (mit der Federkonstanten k und einer ungedehnten Länge l_0), die mit einem Ende an einem festen Aufhängungspunkt O befestigt ist; am anderen Ende befindet sich eine Masse m. Die Feder kann sich dehnen und zusammenziehen, sie ist aber nicht biegsam. Das ganze System bewegt sich nur in einer einzigen vertikalen Ebene.

a) Stellen Sie die Lagrange-Funktion für dieses Pendel auf. Verwenden Sie den üblichen Winkel φ und die Federlänge r als verallgemeinerte Koordinaten.

b) Geben Sie die beiden Lagrange-Gleichungen des Systems an und interpretieren Sie die Gleichungen mithilfe des zweiten Newton'schen Gesetzes, wie es in Gleichung (1.48) gegeben ist.

c) Die Gleichungen aus Teil (b) lassen sich im allgemeinen Fall nicht analytisch lösen. Man *kann* sie aber für kleine Schwingung lösen. Lösen Sie die Gleichungen und beschreiben Sie die Bewegung. [*Hinweis:* Bezeichnen Sie mit l die Gleichgewichtslänge der Feder, wenn die Masse daran hängt, und setzen Sie $r = l + \varepsilon$. „Kleine Schwingungen" liegen nur bei kleinen Werten von ε und φ vor; Sie können dann die Kleinwinkelnäherung anwenden und aus Ihren Gleichungen alle Terme streichen, in denen ε und φ (oder ihre Ableitungen) in höherer als der einfachen Potenz vorkommen; streichen Sie auch Produkte von ε und φ oder von ihren Ableitungen. Dadurch lassen sich die Gleichungen stark vereinfachen und voneinander entkoppeln.]

37 Zwei gleiche Massen $m_1 = m_2 = m$ sind durch einen masselosen Faden der Länge L miteinander verbunden, der durch ein Loch in einer reibungsfreien horizontalen Tischplatte verläuft. Die erste Masse gleitet auf dem Tisch, die zweite hängt unter dem Tisch und bewegt sich vertikal auf und nieder.

a) Nehmen Sie an, dass der Faden stets straff bleibt. Stellen Sie dann die Lagrange-Funktion für das System mithilfe der Polarkoordinaten (r, φ) der Masse auf dem Tisch auf.

b) Stellen Sie die beiden Lagrange-Gleichungen auf und interpretieren Sie die Gleichung mithilfe des Drehimpulses ℓ der ersten Masse.

c) Drücken Sie $\dot{\varphi}$ mithilfe von ℓ aus und eliminieren Sie $\dot{\varphi}$ aus der Gleichung für r. Berechnen Sie nun mit der Gleichung für r den Wert $r = r_0$, bei dem sich die erste Masse entlang einer kreisförmigen Bahn bewegen kann. Interpretieren Sie Ihr Ergebnis mit Begriffen der Newton'schen Mechanik.

d) Nehmen Sie an, die erste Masse bewege sich auf einer kreisförmigen Bahn und würde nun einen kleinen radialen Stoß erhalten. Setzen Sie $r(t) = r_0 + \varepsilon(t)$ an und schreiben Sie die Gleichung für r mithilfe von $\varepsilon(t)$ um, indem Sie alle höheren Potenzen von $\varepsilon(t)$ als die lineare vernachlässigen. Zeigen Sie, dass die kreisförmige Bahn stabil ist und dass $r(t)$ sinusförmig um r_0 schwingt. Welche Frequenz hat diese Schwingung?

38 Ein Teilchen bewegt sich auf der Oberfläche eines Kreiskegels mit dem Halbwinkel α, dessen Achse mit der z-Achse zusammenfällt. Der Scheitelpunkt des Kegels befindet sich im Ursprung, die Kegelspitze zeigt nach unten.

a) Stellen Sie die Lagrange-Funktion $\mathcal{L}$ mithilfe der sphärischen Koordinaten r und φ auf.
b) Geben Sie die beiden Bewegungsgleichungen an. Interpretieren Sie die Gleichung in φ mithilfe des Drehimpulses ℓ_z und eliminieren Sie $\dot{\varphi}$ aus der Gleichung für r, indem Sie stattdessen die Konstante ℓ_z verwenden. Ist Ihre Gleichung für r im Fall $\ell_z = 0$ sinnvoll? Geben Sie den Wert r_0 von r an, für den das Teilchen auf einer horizontalen kreisförmigen Bahn bleiben kann.
c) Nehmen Sie an, dass das Teilchen einen kleinen radialen Stoß erfährt, sodass $r(t) = r_0 + \varepsilon(t)$ gilt [mit einem kleinen $\varepsilon(t)$]. Entscheiden Sie mithilfe der Gleichung für r, ob die kreisförmige Bahn stabil ist. Sollte dies der Fall sein: Mit welcher Frequenz oszilliert dann r um r_0?

39 **a)** Stellen Sie die Lagrange-Funktion für ein Teilchen auf, das sich unter dem Einfluss einer konservativen Zentralkraft mit der potenziellen Energie $U(r)$ in drei Dimensionen bewegt. Verwenden Sie sphärische Polarkoordinaten (r, θ, φ).
b) Stellen Sie die drei Lagrange-Gleichungen auf und erläutern Sie ihre Bedeutung mithilfe der radialen Beschleunigung, des Drehimpulses usw. (Die Gleichung für θ ist knifflig. Wie Sie feststellen werden, folgt aus ihr, dass die φ-Komponente von $\boldsymbol{\ell}$ sich mit der Zeit ändert, und das scheint der Drehimpulserhaltung zu widersprechen. Denken Sie aber daran, dass ℓ_φ die Komponente von $\boldsymbol{\ell}$ in eine *variable* Richtung ist.)
c) Nehmen Sie an, dass die Bewegung anfangs in der äquatorialen Ebene stattfindet (d. h. $\theta_0 = \pi/2$ und $\dot{\theta}_0 = 0$). Beschreiben Sie die spätere Bewegung.
d) Nehmen Sie nun an, dass die Bewegung anfangs entlang eines Längenkreises stattfindet (d. h. $\dot{\varphi}_0 = 0$). Beschreiben Sie die spätere Bewegung.

40 Das **„sphärische Pendel"** ist im Grunde ein Fadenpendel, das sich auch in seitlicher Richtung bewegen kann. (Bislang hatten wir das Fadenpendel immer als „ebenes Pendel" behandelt, das sich nur in einer vertikalen Ebene bewegt.) Der Pendelkörper eines sphärischen Pendels bewegt sich auf der Oberfläche einer Kugel, deren Mittelpunkt im Aufhängungspunkt liegt und die den Radius $r = R$ hat (d. h. die Länge des Pendels). Für die Lösung dieses Problems sind sphärische Polarkoordinaten r, θ, φ am besten geeignet; der Ursprung liegt im Aufhängungspunkt, die polare Achse zeigt vertikal nach unten. Die beiden Variablen θ und φ sind eine gute Wahl für verallgemeinerte Koordinaten.
a) Geben Sie die Lagrange-Funktion und die beiden Lagrange-Gleichungen an.
b) Erläutern Sie, was man aus der Gleichung in φ über die z-Komponente des Drehimpulses ℓ_z ablesen kann.
c) Beschreiben Sie für den Spezialfall $\varphi = \text{const.}$, was man aus der Gleichung für θ ablesen kann.
d) Ersetzen Sie mithilfe der φ-Gleichung in der θ-Gleichung die Ableitung $\dot{\varphi}$ durch ℓ_z und erläutern Sie die Existenz eines Winkels θ_0, bei dem θ konstant bleiben kann. Warum nennt man diese Bewegung ein *konisches Pendel*?

e) Zeigen Sie, dass θ für $\theta = \theta_0 + \varepsilon$ (mit einem kleinen ε) eine harmonische Schwingung um θ_0 ausführt. Beschreiben Sie die Bewegung des Pendelkörpers.

41 (★★★) Betrachten Sie eine Perle der Masse m, die reibungsfrei auf einem Draht gleitet, der in Form einer Parabel gebogen ist und sich mit konstanter Winkelgeschwindigkeit ω um seine vertikale Achse dreht (Abbildung 7.17). Verwenden Sie zylindrische Polarkoordinaten; die Parabelgleichung ist $z = k\rho^2$. Stellen Sie die Lagrange-Funktion mithilfe von ρ als verallgemeinerter Koordinate auf. Geben Sie die Bewegungsgleichung der Perle an und ermitteln Sie, ob es Gleichgewichtspositionen gibt, d. h. Werte von ρ, bei bei denen die Perle an einer festen Position bleibt, ohne sich auf dem drehenden Draht hinauf- oder hinabzubewegen. Beurteilen Sie die Stabilität der Gleichgewichtspositionen, die Sie finden.

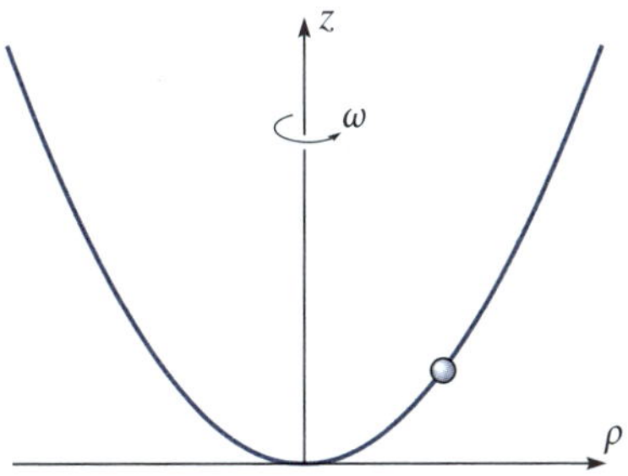

Abbildung 7.17: Zu Aufgabe 41.

42 (★★★) Computer In Beispiel 7.7 (Seite 318) haben wir gesehen, dass eine Perle auf einer rotierenden ringförmigen Drahtschleife kleine Schwingungen um die Gleichgewichtspositionen außerhalb der Nulllage ausführen kann, die näherungsweise sinusförmig sind und die Frequenz $\Omega' = \sqrt{\omega^2 - (g/\omega R)^2}$ haben (vgl. Gleichung (7.80)). Untersuchen Sie, wie gut diese Näherung ist, indem Sie die Bewegungsgleichung (7.73) numerisch lösen und die Kurven sowohl der numerischen Lösung als auch der Näherungslösung $\theta(t) = \theta_0 + A\cos(\Omega' t - \delta)$ in dasselbe Diagramm eintragen. Verwenden Sie die Werte $g = R = 1$ und $\omega^2 = 2$ sowie die Anfangsbedingungen $\dot{\theta}(0) = 0$ und $\theta(0) = \theta_0 + \varepsilon_0$ mit $\varepsilon_0 = 1°$. Wiederholen Sie die Rechnung mit $\varepsilon_0 = 10°$. Erläutern Sie Ihre Ergebnisse.

43 (★★★) Computer Betrachten Sie ein masseloses Rad mit dem Radius R, das auf einer reibungsfreien horizontalen Achse montiert ist. Eine Punktmasse M ist am Rand befestigt, und ein masseloser Faden ist einige Male außen um das Rad geschlungen und hängt dann vertikal nach unten; an seinem unteren Ende ist eine Masse m befestigt (vgl. Abbildung 4.28 auf Seite 199). Anfangs halte ich das Rad so, dass M sich vertikal unterhalb der Achse befindet. Zum Zeitpunkt $t = 0$ lasse ich das Rad frei, und m bewegt sich vertikal nach unten.

a) Stellen Sie die Lagrange-Funktion $\mathcal{L} = T - U$ als Funktion des Winkels φ auf, um den das Rad sich dreht. Bestimmen Sie die Bewegungsgleichung und zeigen Sie, dass es für $m < M$ eine stabile Gleichgewichtsposition gibt.
b) Zeichnen Sie für $m < M$ die potenzielle Energie $U(\varphi)$ für $-\pi \leq \varphi \leq 4\pi$ und erklären Sie anhand der Kurve die ermittelte Gleichgewichtsposition.
c) Da sich die Bewegungsgleichung nicht mit elementaren Funktionen lösen lässt, müssen Sie die Gleichung numerisch lösen. Dazu müssen Sie numerische Werte für die richtigen Parameter annehmen. Setzen Sie $M = g = R = 1$ (in den jeweils geeigneten Einheiten) und $m = 0{,}7$. Bevor Sie an die Lösung gehen, tragen Sie $U(\varphi)$ sorgfältig gegen φ auf. Welche Art von Bewegung erwarten Sie, wenn die ruhende Masse M bei $\varphi = 0$ losgelassen wird? Lösen Sie nun die Bewegungsgleichung für $0 \leq t \leq 20$ und überprüfen Sie Ihre Vorhersage.
d) Wiederholen Sie den Aufgabenteil (c), diesmal aber mit $m = 0{,}8$.

44 Computer Wenn Sie es bislang noch nicht getan haben, dann lösen Sie jetzt Aufgabe 29. Man könnte erwarten, dass die Drehung des Rades nur einen geringen Einfluss auf das Pendel hat, solange das Rad klein ist und sich nur langsam dreht.
a) Überprüfen Sie diese Erwartung, indem Sie die Bewegungsgleichung numerisch mit den folgenden Werten lösen: g und l sind 1 (das bedeutet, das auch die Eigenfrequenz $\sqrt{g/l}$ des Pendels 1 ist); setzen Sie $\omega = 0{,}2$, sodass die Drehfrequenz des Rades klein ist gegen die Eigenfrequenz des Pendels; nun setzen Sie den Radius $R = 0{,}2$, also erheblich kleiner als die Pendellänge. Für die Anfangsbedingungen setzen Sie $\varphi = 0{,}2$ und $\dot{\varphi} = 0$ bei $t = 0$. Tragen Sie Ihre Lösung $\varphi(t)$ für $0 < t < 20$ auf. Ihre Kurve sollte ganz ähnlich aussehen wie die sinusförmigen Schwingungen eines gewöhnlichen Fadenpendels. Sieht die Schwingungsperiode so richtig aus?
b) Tragen Sie $\varphi(t)$ nun für $0 < t < 100$ auf. Sie sehen, dass die rotierende Aufhängung eine kleine Differenz hervorruft, aufgrund derer die Amplitude periodisch wächst und wieder abfällt. Erläutern Sie die Periode dieser kleinen Fluktuationen.

7.8 Mehr über die Erhaltungssätze*

45 **a)** Zeigen Sie, dass die Koeffizienten A_{ij} in der wichtigen Gleichung (7.94) für die kinetische Energie eines „natürlichen" Systems symmetrisch sind, d. h. $A_{ij} = A_{ji}$.
b) Beweisen Sie für beliebige n Variable $v_1, \ldots, v_n$ den Ausdruck

$$\frac{\partial}{\partial v_i} \sum_{j,k} A_{jk} v_j v_k = 2 \sum_j A_{ij} v_j \,.$$

[*Hinweis:* Beginnen Sie mit dem Fall $n = 2$, für den Sie die Summe voll ausschreiben können. Beachten Sie, dass Sie dazu das Ergebnis aus Aufgabenteil (a) benötigen.] Diese Identität ist in vielen Gebieten der Physik von Nutzen; wir haben sie verwendet, um den Ausdruck (7.96) für den verallgemeinerten Impuls p_i zu beweisen.

★46 Das Noether-Theorem stellt einen Zusammenhang zwischen Invarianzprinzipien und Erhaltungssätzen her. In Abschnitt 7.8 haben wir gesehen, dass aus der Translationsinvarianz der Lagrange-Funktion die Erhaltung des linearen Gesamtimpulses folgt. Nun sollen Sie beweisen, dass aus der Rotationsinvarianz von $\mathcal{L}$ die Erhaltung des Gesamtdrehimpulses folgt. Nehmen Sie an, dass sich die Lagrange-Funktion eines N-Teilchen-Systems durch Drehungen um eine bestimmte Symmetrieachse nicht ändert.
a) Nehmen Sie ohne Beschränkung der Allgemeinheit an, dass diese Achse die z-Achse ist. Zeigen Sie, dass sich die Lagrange-Funktion nicht ändert, wenn alle Teilchen gleichzeitig von $(r_\alpha, \theta_\alpha, \varphi_\alpha)$ in $(r_\alpha, \theta_\alpha, \varphi_\alpha + \varepsilon)$ übergehen (ε ist für alle Teilchen gleich). Zeigen Sie also

$$\sum_{\alpha=1}^{N} \frac{\partial \mathcal{L}}{\partial \varphi_\alpha} = 0 .$$

b) Zeigen Sie anhand der Lagrange-Gleichungen, dass der gesamte Drehimpuls L_z bezüglich der Symmetrieachse konstant ist. Insbesondere bleiben dann, wenn die Lagrange-Funktion unter Rotationen um alle Achsen invariant bleibt, alle Komponenten von $\boldsymbol{L}$ erhalten.

★★47 In Kapitel 4 (am Ende von Abschnitt 4.7, Seite 171) habe ich behauptet, dass die stabilen Gleichgewichtspositionen für ein System mit einem Freiheitsgrad „normalerweise" dem Minimum der potenziellen Energie $U(q)$ entsprechen. Mithilfe der Lagrange-Mechanik können Sie diese Behauptung nun beweisen.
a) Betrachten Sie ein System mit einem Freiheitsgrad aus N Teilchen mit den Positionen $\boldsymbol{r}_\alpha = \boldsymbol{r}_\alpha(q)$. Dabei ist q die verallgemeinerte Koordinate, und alle Transformationen zwischen $\boldsymbol{r}$ und q hängen nicht von der Zeit ab; q ist also eine „natürliche" Koordinate. (Darauf bezog sich die Einschränkung „normalerweise" in der Aussage der Behauptung: Wenn die Transformation von der Zeit abhängt, muss die Behauptung nicht unbedingt wahr sein.) Zeigen Sie, dass die kinetische Energie die Form $T = \frac{1}{2}A\dot{q}^2$ hat; dabei kann $A = A(q) > 0$ von q abhängen, aber nicht von $\dot{q}$. [Das entspricht genau dem Ergebnis (7.94) für n Freiheitsgrade. Wenn Sie mit dem Beweis hier nicht vorankommen, schauen Sie sich den Beweis dort an.] Zeigen Sie, dass die Lagrange'sche Bewegungsgleichung folgende Form hat:

$$A(q)\ddot{q} = -\frac{\mathrm{d}U}{\mathrm{d}q} - \frac{1}{2}\frac{\mathrm{d}A}{\mathrm{d}q}\dot{q}^2 .$$

b) Ein Punkt q_0 ist ein Gleichgewichtspunkt, wenn ein System, das mit $\dot{q} = 0$ nach q gebracht wird, in diesem Punkt verbleibt. Zeigen Sie, dass q_0 dann und nur dann ein Gleichgewichtspunkt ist, wenn $\mathrm{d}U/\mathrm{d}q = 0$ gilt.
c) Zeigen Sie, dass das Gleichgewicht dann und nur dann stabil ist, wenn U in q_0 ein Minimum annimmt.
d) Wenn Sie Aufgabe 30 gelöst haben, zeigen Sie, dass das Pendel aus Aufgabe 30 die hier genannten Bedingungen nicht erfüllt und dass die hier bewiesene Aussage für ein solches System nicht gilt.

Lagrange-Gleichungen für magnetische Kräfte*

48 $F = F(q_1, \ldots, q_n)$ ist eine beliebige Funktion der verallgemeinerten Koordinaten $(q_1, \ldots, q_n)$ eines Systems mit der Lagrange-Funktion $\mathcal{L}(q_1, \ldots, q_n, \dot{q}_1, \ldots, \dot{q}_n, t)$. Zeigen Sie, dass die beiden Lagrange-Funktionen $\mathcal{L}$ und $\mathcal{L}' = \mathcal{L} + \mathrm{d}F/\mathrm{d}t$ zu denselben Bewegungsgleichungen führen.

49 Betrachten Sie ein Teilchen der Masse m und der Ladung q, das sich in einem gleichförmigen Magnetfeld $\boldsymbol{B}$ in z-Richtung bewegt.
a) Beweisen Sie, dass sich $\boldsymbol{B}$ als $\boldsymbol{B} = \boldsymbol{\nabla} \times \boldsymbol{A}$ mit $\boldsymbol{A} = \frac{1}{2}\boldsymbol{B} \times \boldsymbol{r}$ schreiben lässt. Beweisen Sie auch die äquivalente Aussage, dass in zylindrischen Polarkoordinaten $\boldsymbol{A} = \frac{1}{2}B\rho\hat{\boldsymbol{\varphi}}$ gilt.
b) Stellen Sie die Lagrange-Funktion (7.103) in zylindrischen Polarkoordinaten auf und bestimmen Sie die drei entsprechenden Lagrange-Gleichungen.
c) Beschreiben Sie *en détail* die Lösungen der Lagrange-Gleichungen, in denen ρ eine Konstante ist.

7.10 Lagrange-Multiplikatoren und Zwangskräfte*

50 Eine Masse m_1 ruht auf einem reibungsfreien Tisch. An ihr ist ein Faden befestigt, der horizontal bis zur Tischkante läuft, dort über eine reibungsfreie kleine Rolle umgelenkt wird und dann nach unten hängt; am unteren Ende hängt eine Masse m_2. Verwenden Sie als Koordinaten die Abstände x und y der beiden Massen von der Rolle. Sie erfüllen die Bedingungsgleichung $f(x, y) = x + y = \text{const}$. Geben Sie die beiden modifizierten Lagrange-Gleichungen an und lösen Sie sie (zusammen mit der Bedingungsgleichung) nach $\ddot{x}$, $\ddot{y}$ und dem Lagrange-Multiplikator λ auf. Geben Sie mithilfe von (7.122) (und der entsprechenden Gleichung für y) die Zugkräfte auf die beiden Massen an. Überprüfen Sie Ihr Ergebnis, indem Sie die Aufgabe mit dem elementaren Newton'schen Ansatz nochmals lösen.

51 Stellen Sie die Lagrange-Funktion für das Stabpendel von Abbildung 7.2 auf Seite 299 mithilfe der rechtwinkligen Koordinaten x und y auf. Diese Koordinaten hängen miteinander zusammen und unterliegen der Bedingungsgleichung $f(x, y) = \sqrt{x^2 + y^2}$.
a) Stellen Sie die beiden modifizierten Lagrange-Gleichungen (7.118) und (7.119) auf. Vergleichen Sie sie mit den beiden Komponenten des zweiten Newton'schen Gesetzes und zeigen Sie, dass der Lagrange-Multiplikator gerade die (negative) Zugkraft in dem Stab ist. Überprüfen Sie Gleichung (7.122) und die entsprechende Gleichung für y.
b) Die Bedingungsgleichung lässt sich auf verschiedene Weise angeben. Wir könnten beispielsweise schreiben $f'(x, y) = x^2 + y^2 = l^2$. Prüfen Sie nach, dass diese Funktion dieselben physikalischen Ergebnisse gebracht hätte.

52 Die Methode der Lagrange-Multiplikatoren funktioniert hervorragend mit nichtkartesischen Koordinaten. Betrachten Sie eine Masse m an einem Faden, dessen anderes Ende einige Male um ein Rad (Radius R, Trägheitsmoment I) auf einer reibungsfreien horizontalen Achse geschlungen ist. Verwenden Sie als Koordinaten für die Masse und das Rad die Strecke x, um die die Masse gefallen ist, und den Winkel φ, um den sich das Rad gedreht hat (beides jeweils von einer geeigneten Ausgangsposition aus gemessen). Geben Sie die modifizierten Lagrange-Gleichungen für diese beiden Multiplikatoren an und lösen Sie sie (zusammen mit der Bedingungsgleichung) nach $\ddot{x}$, $\ddot{\varphi}$ und dem Lagrange-Multiplikator auf. Stellen Sie das zweite Newton'sche Gesetz für die Masse und das Rad auf und rechnen Sie damit Ihre Ergebnisse für $\ddot{x}$ und $\ddot{\varphi}$ nach. Zeigen Sie, dass $\lambda \partial f/\partial x$ tatsächlich die Zugkraft auf die Masse ist. Erläutern Sie die Größe $\lambda \partial f/\partial \varphi$.

Das Zweikörperproblem mit einer Zentralkraft

8

ÜBERBLICK

» In diesem Kapitel diskutiere ich die Bewegung von zwei Körpern, von denen jeder eine konservative Zentralkraft auf den anderen ausübt; keiner der beiden Körper soll eine weitere „äußere" Kraft erfahren. Es gibt eine ganze Reihe von Beispielen für diese Art von Problemen: die beiden Sterne eines Doppelsternsystems, ein Planet, der die Sonne umkreist, der Mond auf seiner Bahn um die Erde, das Elektron und das Proton in einem Wasserstoffatom, die beiden Atome eines zweiatomigen Moleküls. Allerdings sind die meisten realen Fälle etwas komplizierter. Selbst wenn wir beispielsweise nur an der Bewegung eines einzelnen Planeten interessiert sind, der die Sonne umkreist, können wir die Einflüsse der anderen Planeten nicht komplett vernachlässigen; ebenso erfährt auch das System Erde–Mond eine äußere Kraft durch die Sonne. Trotzdem kann man in allen diesen Fällen in ausgezeichneter Näherung die beiden interessierenden Körper als isoliert von allen anderen äußeren Einflüssen betrachten (nötigenfalls kann man sie in weiteren Näherungsschritten einbeziehen).

Sie könnten einwenden, dass die Beispiele mit dem Wasserstoffatom und dem zweiatomigen Molekül nicht in eine *Klassische Mechanik* gehören, weil solche mikrophysikalischen Systeme eigentlich erst in der Quantenmechanik angemessen behandelt werden können. Allerdings spielen viele der Ideen dieses Kapitels (beispielsweise das wichtige Konzept der reduzierten Masse) eine entscheidende Rolle auch in Zweikörperproblemen der Quantenmechanik; damit ist es nur fair zu sagen, dass der hier eingeführte Stoff eine wichtige Voraussetzung für die entsprechenden Quantenprobleme ist. «

8.1 Das Problem

Betrachten wir zwei Körper mit den Massen m_1 und m_2. Für dieses Kapitel werde ich annehmen, dass die Körper so klein sind, dass man sie als Punktmassen behandeln kann, deren Orte (bezüglich des Ursprungs in einem bestimmten Inertialsystem) ich als $\boldsymbol{r}_1$ und $\boldsymbol{r}_2$ bezeichne. Die einzigen auftretenden Kräfte $\boldsymbol{F}_{12}$ und $\boldsymbol{F}_{21}$ bezeichnen die gegenseitige Wechselwirkung der Teilchen; diese Kräfte sollen konservativ und zentral sein. Daher lassen sich die Kräfte aus einer potenziellen Energie $U(\boldsymbol{r}_1, \boldsymbol{r}_2)$ ableiten. Bei zwei astronomischen Körpern (beispielsweise der Erde und der Sonne) ist diese Kraft die **Gravitationskraft** $Gm_1m_2/|\boldsymbol{r}_1 - \boldsymbol{r}_2|^2$ mit der entsprechenden potenziellen Energie (das haben wir in Kapitel 4 hergeleitet)

$$U(\boldsymbol{r}_1, \boldsymbol{r}_2) = -\frac{Gm_1m_2}{|\boldsymbol{r}_1 - \boldsymbol{r}_2|}. \tag{8.1}$$

Bei dem Elektron und dem Proton in einem Wasserstoffatom ist die potenzielle Energie die Coulomb-Energie für zwei Ladungen (e für das Proton und $-e$ für das Elektron):

$$U(\boldsymbol{r}_1, \boldsymbol{r}_2) = -\frac{ke^2}{|\boldsymbol{r}_1 - \boldsymbol{r}_2|}, \tag{8.2}$$

dabei bezeichnet $k = 1/4\pi\varepsilon_0$ die Coulomb'sche Kraftkonstante.

In diesen beiden Beispielen hängt U nur von der Differenz $(\boldsymbol{r}_1 - \boldsymbol{r}_2)$ ab, aber nicht von $\boldsymbol{r}_1$ und $\boldsymbol{r}_2$ separat. Wie wir in Abschnitt 4.9 gesehen haben, ist das kein Zufall: Jedes isolierte System ist translationsinvariant, und wenn $U(\boldsymbol{r}_1, \boldsymbol{r}_2)$ translationsinvariant ist, kann es eben nur von $(\boldsymbol{r}_1 - \boldsymbol{r}_2)$ abhängen. Der vorliegende Fall vereinfacht sich noch weiter: Wie in Abschnitt 4.8 gesehen, hängt U nicht von der Richtung von

$(\boldsymbol{r}_1 - \boldsymbol{r}_2)$ ab, wenn die konservative Kraft eine Zentralkraft ist. Mit anderen Worten hängt U nur von dem *Betrag* $|\boldsymbol{r}_1 - \boldsymbol{r}_2|$ ab, und wir können schreiben

$$U(\boldsymbol{r}_1, \boldsymbol{r}_2) = U(|\boldsymbol{r}_1 - \boldsymbol{r}_2|)\,, \tag{8.3}$$

so wie es in den Gleichungen (8.1) und (8.2) steht.

Um die Eigenschaft (8.3) auszunützen, führt man eine bequeme neue Variable ein:

$$\boldsymbol{r} = \boldsymbol{r}_1 - \boldsymbol{r}_2\,. \tag{8.4}$$

Wie in Abbildung 8.1 gezeigt, beschreibt $\boldsymbol{r}$ den Ort von Körper 1 relativ zu Körper 2; man bezeichnet $\boldsymbol{r}$ daher als die **relative Position**. Der letzte Absatz lässt sich damit in der Aussage zusammenfassen, dass die potenzielle Energie U nur vom Betrag der relativen Position $\boldsymbol{r}$ abhängt:

$$U = U(r)\,. \tag{8.5}$$

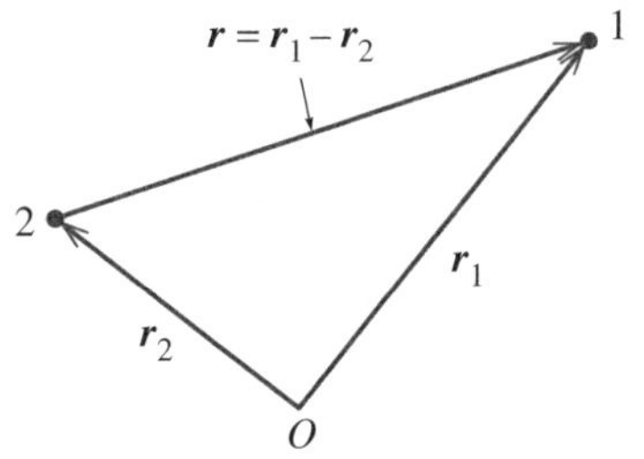

Abbildung 8.1: Die relative Position $\boldsymbol{r} = \boldsymbol{r}_1 - \boldsymbol{r}_2$ gibt den Ort von Körper 1 relativ zu Körper 2 an.

Damit können wir nun das mathematische Problem formulieren, das wir lösen wollen: Wir wollen die möglichen Bewegungen von zwei Körpern angeben (beispielsweise Mond und Erde oder Elektron und Proton), deren Lagrange-Funktion die Form

$$\mathcal{L} = \tfrac{1}{2}m_1\dot{\boldsymbol{r}}_1^2 + \tfrac{1}{2}m_2\dot{\boldsymbol{r}}_2^2 - U(r)\,, \tag{8.6}$$

hat. Natürlich ließe sich das Problem auch mithilfe der Newton'schen Mechanik formulieren, und ich werde auch ohne Hemmungen zwischen dem Lagrange- und dem Newton-Formalismus wechseln, je nachdem, was mir jeweils bequemer erscheint. Fürs Erste aber ist der Lagrange-Formalismus transparenter.

8.2 Schwerpunkt und Relativkoordinaten; die reduzierte Masse

Die erste Aufgabe besteht darin zu entscheiden, welche verallgemeinerten Koordinaten zur Lösung unseres Problems anzuwenden sind. Es liegt natürlich sehr nahe, die relative Position $\boldsymbol{r}$ als eine von ihnen zu verwenden (oder als drei von ihnen, je nachdem, wie Sie die Koordinaten zählen), weil die potenzielle Energie $U(r)$ sich mithilfe von $\boldsymbol{r}$ so einfach ausdrücken lässt. Die Frage ist dann, welche weitere (Vektorvariable) noch zu wählen ist. Als beste Wahl wird sich der schon vertraute Ortsvektor $\boldsymbol{R}$ des

Schwerpunkts S der beiden Körper herausstellen, wie wir ihn in Kapitel 3 definiert hatten:

$$\boldsymbol{R} = \frac{m_1\boldsymbol{r}_1 + m_2\boldsymbol{r}_2}{m_1 + m_2} = \frac{m_1\boldsymbol{r}_1 + m_2\boldsymbol{r}_2}{M}\,. \tag{8.7}$$

Wie immer bezeichnet M die Gesamtmasse der beiden Körper:

$$M = m_1 + m_2\,.$$

Wie wir in Kapitel 3 gesehen hatten, liegt der Schwerpunkt von zwei Teilchen auf der Verbindungslinie zwischen ihnen (Abbildung 8.2). Die Abstände des Schwerpunkts zu den beiden Massen m_2 und m_1 entsprechen dem Verhältnis m_1/m_2. Wenn insbesondere m_2 viel größer ist als m_1, dann liegt der Schwerpunkt sehr nahe bei Körper 2. (In Abbildung 8.2 beträgt das Verhältnis m_1/m_2 etwa $1/3$, der Schwerpunkt S liegt also etwa auf dem Viertel der Strecke von m_2 bis m_1.)

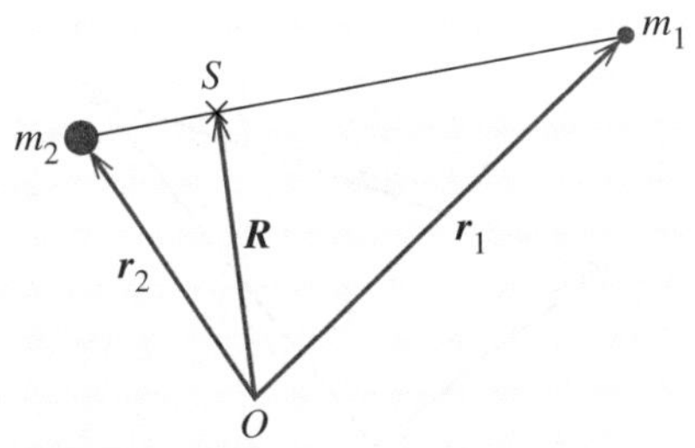

Abbildung 8.2: Der Schwerpunkt S der beiden Körper liegt an dem Ort $\boldsymbol{R} = (m_1\boldsymbol{r}_1 + m_2\boldsymbol{r}_2)/M$ auf der Verbindungslinie zwischen den Körpern.

Wir haben in Abschnitt 3.3 gesehen, dass der Gesamtimpuls genauso groß ist, als wäre die Gesamtmasse $M = m_1 + m_2$ im Schwerpunkt konzentriert und würde sich mit dem Schwerpunkt bewegen:

$$\boldsymbol{P} = M\dot{\boldsymbol{R}}\,. \tag{8.8}$$

Dieses Ergebnis führt zu einer wichtigen Vereinfachung: Wie wir wissen, ist der Gesamtimpuls natürlich konstant. Damit ist nach (8.8) auch $\dot{\boldsymbol{R}}$ konstant. Und das heißt, dass wir ein Inertialsystem wählen können, in dem der Schwerpunkt in Ruhe ist. Wie wir sehen werden, ist dieses sogenannte **Schwerpunktsystem** für die Untersuchung von Bewegungen besonders bequem.

Wenn wir nun die Bewegung unserer beiden Körper diskutieren, werde ich den Ort $\boldsymbol{R}$ des Schwerpunkts und die relative Position $\boldsymbol{r}$ als verallgemeinerte Koordinaten verwenden. Mithilfe dieser beiden Koordinaten ausgedrückt, hat, wie wir bereits wissen, die potenzielle Energie die einfache Form $U = U(r)$. Um damit die kinetische Energie auszudrücken, müssen wir die alten Variablen $\boldsymbol{r}_1$ und $\boldsymbol{r}_2$ mithilfe von $\boldsymbol{R}$ und $\boldsymbol{r}$ ausdrücken. Es ist eine relativ einfache Übung zu zeigen, dass dann gilt (vgl. Abbildung 8.2):

$$\boldsymbol{r}_1 = \boldsymbol{R} + \frac{m_2}{M}\boldsymbol{r} \qquad \text{und} \qquad \boldsymbol{r}_2 = \boldsymbol{R} - \frac{m_1}{M}\boldsymbol{r}\,. \tag{8.9}$$

Somit ist die kinetische Energie

$$\begin{aligned} T &= \frac{1}{2}\left(m_1\dot{\boldsymbol{r}}_1^2 + m_2\dot{\boldsymbol{r}}_2^2\right) \\ &= \frac{1}{2}\left(m_1\left[\dot{\boldsymbol{R}} + \frac{m_2}{M}\dot{\boldsymbol{r}}\right]^2 + m_2\left[\dot{\boldsymbol{R}} - \frac{m_1}{M}\dot{\boldsymbol{r}}\right]^2\right) \\ &= \frac{1}{2}\left(M\dot{\boldsymbol{R}}^2 + \frac{m_1 m_2}{M}\dot{\boldsymbol{r}}^2\right). \end{aligned} \tag{8.10}$$

Das Ergebnis (8.10) vereinfacht sich noch weiter, wenn wir den Parameter

$$\mu = \frac{m_1 m_2}{M} \equiv \frac{m_1 m_2}{m_1 + m_2} \qquad \text{[reduzierte Masse]} \tag{8.11}$$

einführen; er hat die Dimension einer Masse und wird als **reduzierte Masse** bezeichnet. Sie können leicht nachprüfen, dass μ immer kleiner ist als m_1 und als m_2 (daher der Name). Für $m_1 \ll m_2$ liegt μ sehr dicht bei m_1. Die reduzierte Masse des Systems Erde–Sonne ist also fast exakt die Erdmasse; die reduzierte Masse von Elektron und Positron im Wasserstoffatom ist fast exakt die Masse des Elektrons. Andererseits haben wir bei $m_1 = m_2$ offensichtlich $\mu = \frac{1}{2}m_1$.

Kehren wir zu (8.10) zurück. Wir können dann die kinetische Energie mithilfe von μ in folgender Form ausdrücken:

$$T = \tfrac{1}{2}M\dot{\boldsymbol{R}}^2 + \tfrac{1}{2}\mu\dot{\boldsymbol{r}}^2\,. \tag{8.12}$$

Nach diesem bemerkenswerten Ergebnis ist die kinetische Energie dieselbe wie von zwei „fiktiven" Teilchen – eines mit der Masse M, das sich mit der Geschwindigkeit des Schwerpunkts bewegt, und eines mit der Masse μ (der reduzierten Masse), das sich mit der Geschwindigkeit der relativen Position $\boldsymbol{r}$ bewegt. Noch wichtiger ist das entsprechende Ergebnis für die Lagrange-Funktion:

$$\begin{aligned} \mathcal{L} &= T - U = \tfrac{1}{2}M\dot{\boldsymbol{R}}^2 + \left(\tfrac{1}{2}\mu\dot{\boldsymbol{r}}^2 - U(r)\right) \\ &= \mathcal{L}_S + \mathcal{L}_{rel}\,. \end{aligned} \tag{8.13}$$

Wir haben also durch die Verwendung von Schwerpunkt und relativer Position als verallgemeinerte Koordinaten die Lagrange-Funktion in zwei separate Teile aufgespalten, von denen einer nur die Schwerpunktkoordinate $\boldsymbol{R}$ und der andere nur die relative Koordinate $\boldsymbol{r}$ enthält. Das bedeutet, dass wir die Bewegungen für $\boldsymbol{R}$ und $\boldsymbol{r}$ als getrennte Probleme behandeln können, was die Angelegenheit erheblich erleichtert.

8.3 Die Bewegungsgleichungen

Mit der Lagrange-Funktion (8.13) können wir die Bewegungsgleichungen für unser Zweikörperproblem angeben. Weil $\mathcal{L}$ unabhängig von $\boldsymbol{R}$ ist, wird die $\boldsymbol{R}$-Gleichung (eigentlich sind es ja drei Gleichungen, je eine für die X-, Y- und Z-Richtung) besonders einfach:

$$M\ddot{\boldsymbol{R}} = 0 \quad \text{oder} \quad \dot{\boldsymbol{R}} = \text{const.} \tag{8.14}$$

Wir können dieses Ergebnis auf verschiedene Weise erklären. Zunächst (das wissen wir ja bereits) ist es eine direkte Folge aus der Erhaltung des Gesamtimpulses. Alternativ können wir es als eine Konsequenz daraus ansehen, dass $\mathcal{L}$ unabhängig von $\boldsymbol{R}$

ist; in der Terminologie von Abschnitt 7.6 sprechen wir davon, die Schwerpunktkoordinate $\boldsymbol{R}$ sei „ignorabel" oder „zyklisch". Etwas genauer: $\mathcal{L}_S = \frac{1}{2}M\dot{\boldsymbol{R}}^2$ (der einzige Teil von $\mathcal{L}$, der von $\boldsymbol{R}$ abhängt) hat die Form der Lagrange-Funktion eines *freien* Teilchens mit der Masse M und dem Ort $\boldsymbol{R}$. Natürlich bewegt sich $\boldsymbol{R}$ daher (das ist das erste Newton'sche Gesetz) mit konstanter Geschwindigkeit.

Die Lagrange-Gleichung für die relative Koordinate $\boldsymbol{r}$ ist nicht ganz so einfach, aber ebenso schön: $\mathcal{L}_{\text{rel}}$, der einzige Teil von $\mathcal{L}$, der von $\boldsymbol{r}$ abhängt, ist mathematisch nicht zu unterscheiden von der Lagrange-Funktion für ein einzelnes Teilchen mit der Masse μ an dem Ort $\boldsymbol{r}$ mit der potenziellen Energie $U(r)$. Damit ist die entsprechende Lagrange-Gleichung für $\boldsymbol{r}$ einfach

$$\mu\ddot{\boldsymbol{r}} = -\boldsymbol{\nabla}U(r)\,. \tag{8.15}$$

(Sie sollten das unbedingt nachrechnen und sich selbst davon überzeugen!) Um nach der Relativbewegung aufzulösen, müssen wir nur das zweite Newton'sche Gesetz für ein einzelnes Teilchen mit einer Masse gleich der reduzierten Masse μ und dem Ort $\boldsymbol{r}$ und der potenziellen Energie $U(r)$ bestimmen.

Das Schwerpunktsystem

Unser Problem lässt sich leichter behandeln, wenn wir das Bezugssystem geschickt wählen. Insbesondere wegen $\dot{\boldsymbol{R}} = \text{const.}$ können wir ein Inertialsystem, das sogenannte **Schwerpunktsystem** wählen, in dem der Schwerpunkt in Ruhe und der Gesamtimpuls null ist. In diesem Bezugssystem gilt $\dot{\boldsymbol{R}} = 0$, und der Schwerpunktanteil der Lagrange-Funktion ist null ($\mathcal{L}_S = 0$). Damit gilt im Schwerpunktsystem

$$\mathcal{L} = \mathcal{L}_{\text{rel}} = \tfrac{1}{2}\mu\dot{\boldsymbol{r}}^2 - U(r)\,, \tag{8.16}$$

und das Ganze ist auf ein Einkörperproblem reduziert. Diese drastische Vereinfachung motiviert die merkwürdige Wortwahl der vernachlässigbaren oder „ignorablen Koordinate".[1] Denken Sie daran, dass eine Koordinate q_i als zylisch bezeichnet wird, wenn $\partial\mathcal{L}/q_i = 0$ gilt. Wir sehen – in diesem Fall zumindest –, dass die mit der zyklischen Koordinate $\boldsymbol{R}$ verbundene Bewegung tatsächlich keine Rolle spielt.

Wir sollten einen Moment darüber nachdenken, wie die Bewegung in dem in Abbildung 8.3 gezeigten Schwerpunktsystem aussieht. Der Schwerpunkt ist in Ruhe, und wir nehmen ihn natürlich als Ursprung. Beide Teilchen bewegen sich, aber mit entgegengesetzt gleichen Impulsen. Wenn (wie das häufig vorkommt) m_2 viel größer ist als m_1, dann liegt der Schwerpunkt sehr nahe bei m_2, und Teilchen 2 hat nur eine sehr kleine Geschwindigkeit. (In der Abbildung haben wir $m_2 = 3m_1$ und damit $v_2 = \frac{1}{3}v_1$.) Es ist wichtig sich klarzumachen, dass die relative Position $\boldsymbol{r}$ den Ort von Teilchen 1 bezüglich Teilchen 2 angibt; es handelt sich nicht um den tatsächlichen Ort von einem der beiden Teilchen. Wie in der Abbildung gezeigt, hat Teilchen 1 eigentlich den Ort $\boldsymbol{r}_1 = (m_2/M)\boldsymbol{r}$. Für $m_2 \gg m_1$ liegt jedoch der Schwerpunkt sehr nahe an Teilchen 2, das sich nahezu in Ruhe befindet, und es gilt $\boldsymbol{r}_1 \approx \boldsymbol{r}$ – d. h., $\boldsymbol{r}$ ist nahezu dasselbe wie $\boldsymbol{r}_1$.

Die Bewegungsgleichung im Schwerpunktsystem wird aus der Lagrange-Funktion $\mathcal{L}_{\text{rel}}$ aus (8.16) hergeleitet und stellt sich als Gleichung (8.15) heraus. Das ist genau

1 In der deutschen Literatur ist allerdings die Bezeichnung *zyklische Koordinate* verbreiteter. (Anm. d. Übers.)

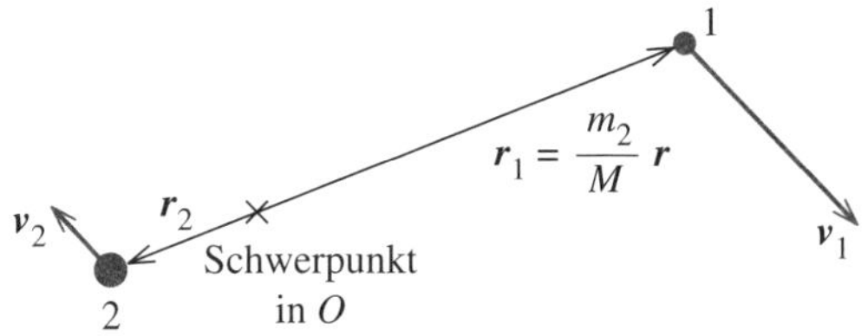

Abbildung 8.3: In dem als Schwerpunktsystem bezeichneten Bezugssystem befindet sich der Schwerpunkt im Ursprung in Ruhe. Die relative Position $\boldsymbol{r}$ gibt den Ort von Teilchen 1 in Bezug auf Teilchen 2 an; daher hat Teilchen 1 relativ zum Ursprung den Ort $\boldsymbol{r}_1 = (m_2/M)\boldsymbol{r}$.

dieselbe Gleichung wie für ein einzelnes Teilchen mit der reduzierten Masse μ in dem vorgegebenen Zentralkraftfeld der potenziellen Energie $U(x)$. In den Gleichungen dieses Kapitels soll das wiederholte Auftreten der Masse μ Sie daran erinnern, dass die Gleichungen für die Relativbewegung zweier Körper gelten. Sie könnten es allerdings einfacher finden, sich einen einzelnen Körper (mit der Masse μ) *vorzustellen,* der ein festes Kraftzentrum umläuft. Diese beiden Probleme sind insbesondere für $m_2 \gg m_1$ praktisch identisch. Mehr noch, wenn Sie sich eigentlich für einen Einzelkörper mit beispielsweise der Masse m interessieren, der ein festes Kraftzentrum umläuft, können Sie alle hier hergeleiteten Gleichungen verwenden: Sie müssen einfach nur m anstelle von μ verwenden. Auf jeden Fall erhalten wir aus jeder beliebigen Lösung für die Relativkoordinate $\boldsymbol{r}(t)$ immer die Bewegung von Teilchen 1 bezüglich Teilchen 2. Entsprechend können wir mit den Beziehungen aus Abbildung 8.3 aus der Kenntnis von $\boldsymbol{r}(t)$ die Bewegung von Teilchen 1 (oder Teilchen 2) bezüglich des Schwerpunkts herleiten.

Erhaltung des Drehimpulses

Wir wissen bereits, dass der Gesamtdrehimpuls unserer beiden Teilchen erhalten bleibt. Wie so viele andere Ausdrücke auch, nimmt diese Bedingung im Schwerpunktsystem eine besonders einfache Form an. In einem beliebigen Bezugssystem ist der Drehimpuls

$$\begin{aligned} \boldsymbol{L} &= \boldsymbol{r}_1 \times \boldsymbol{p}_1 + \boldsymbol{r}_2 \times \boldsymbol{p}_2 \\ &= m_1 \boldsymbol{r}_1 \times \dot{\boldsymbol{r}}_1 + m_2 \boldsymbol{r}_2 \times \dot{\boldsymbol{r}}_2 \,. \end{aligned} \tag{8.17}$$

Im Schwerpunktsystem folgt aus Gleichung (8.9) (wegen $\boldsymbol{R} = 0$)

$$\boldsymbol{r}_1 = \frac{m_2}{M}\boldsymbol{r} \qquad \text{und} \qquad \boldsymbol{r}_2 = -\frac{m_1}{M}\boldsymbol{r}\,. \tag{8.18}$$

Setzen wir das in (8.17) ein, ergibt sich für den Drehimpuls im Schwerpunktsystem

$$\begin{aligned} \boldsymbol{L} &= \frac{m_1 m_2}{M^2}(m_2 \boldsymbol{r} \times \dot{\boldsymbol{r}} + m_1 \boldsymbol{r} \times \dot{\boldsymbol{r}}) \\ &= \boldsymbol{r} \times \mu \dot{\boldsymbol{r}}\,; \end{aligned} \tag{8.19}$$

dabei habe ich $m_1 m_2/M$ durch die reduzierte Masse μ ersetzt.

Das Bemerkenswerteste an diesem Ergebnis ist, dass der Gesamtdrehimpuls im Schwerpunktsystem exakt derselbe ist wie der Drehimpuls eines einzelnen Teilchens mit der Masse μ und dem Ort $\boldsymbol{r}$. Für unsere momentanen Absichten ist der springende Punkt, dass wegen der Drehimpulserhaltung der Vektor $\boldsymbol{r} \times \dot{\boldsymbol{r}}$ konstant ist. Insbesondere ist die *Richtung* dieses Vektors konstant, und daraus folgt, dass die beiden Vektoren $\boldsymbol{r}$ und $\dot{\boldsymbol{r}}$ in einer festen Ebene bleiben. Im Schwerpunktsystem läuft also die gesamte Bewegung in einer festen Ebene ab, die wir als x-y-Ebene annehmen können. Mit anderen Worten: Im Schwerpunktsystem reduziert sich das Zweikörperproblem mit einer Zentralkraft auf ein zweidimensionales Problem.

Die beiden Bewegungsgleichungen

Um die Bewegungsgleichungen für das verbleibende Problem aufzustellen, müssen wir Koordinaten in der Ebene der Bewegung wählen. Es liegt nahe, die Polarkoordinaten r und φ zu verwenden. Die Lagrange-Funktion (8.16) nimmt damit die Form

$$\mathcal{L} = \tfrac{1}{2}\mu(\dot{r}^2 + r^2\dot{\varphi}^2) - U(r) \tag{8.20}$$

an. Da die Lagrange-Funktion von φ unabhängig ist, ist φ eine zyklische Koordinate, und die zu φ gehörende Lagrange-Gleichung ist einfach

$$\frac{\partial\mathcal{L}}{\partial\dot{\varphi}} = \mu r^2\dot{\varphi} = \text{const.} = \ell \qquad [\varphi\text{-Gleichung}] \tag{8.21}$$

Weil $\mu r^2\dot{\varphi}$ der Drehimpuls ℓ ist (strenggenommen die z-Komponente ℓ_z des Drehimpulses), drückt die φ-Gleichung einfach nur die Drehimpulserhaltung aus.

Die zu r gehörende Lagrange-Gleichung (oft als **Radialgleichung** bezeichnet) ist

$$\frac{\partial\mathcal{L}}{\partial r} = \frac{\mathrm{d}}{\mathrm{d}t}\frac{\partial\mathcal{L}}{\partial\dot{r}}$$

oder

$$\mu r\dot{\varphi}^2 - \frac{\mathrm{d}U}{\mathrm{d}r} = \mu\ddot{r} \qquad [r\text{-Gleichung}]\,. \tag{8.22}$$

Wie bereits in Beispiel 7.2 gesehen [Gleichungen (7.19) und (7.20)], erhalten wir daraus, wenn wir den Zentripetalterm $\mu r\dot{\varphi}^2$ auf die rechte Seite bringen, einfach die Radialkomponente von $\boldsymbol{F} = m\boldsymbol{a}$ (bzw. $\boldsymbol{F} = \mu\boldsymbol{a}$, denn wir hatten ja m durch μ ersetzt).

8.4 Das äquivalente eindimensionale Problem

Die beiden zu lösenden Bewegungsgleichungen sind die φ-Gleichung (8.21) und die Radialgleichung (8.22). Die Konstante ℓ (der Drehimpuls) in der φ-Gleichung wird durch die Anfangsbedingungen bestimmt; wir brauchen die φ-Gleichung hauptsächlich, um sie nach $\dot{\varphi}$ aufzulösen:

$$\dot{\varphi} = \frac{\ell}{\mu r^2}\,. \tag{8.23}$$

Damit können wir $\dot{\varphi}$ aus der Radialgleichung entfernen und ℓ verwenden. Die Radialgleichung lässt sich auf folgende Form bringen:

$$\mu\ddot{r} = -\frac{\mathrm{d}U}{\mathrm{d}r} + \mu r\dot{\varphi}^2 = -\frac{\mathrm{d}U}{\mathrm{d}r} + F_{\mathrm{Zf}}\,. \tag{8.24}$$

Dies ist die Form des zweiten Newton'schen Gesetzes für ein einzelnes Teilchen in *einer* Dimension mit der Masse μ und dem Ort r, das eine effektive Kraft $-\mathrm{d}U/\mathrm{d}r$ plus eine „fiktive" auswärts gerichtete **Zentrifugalkraft**[2] erfährt:

$$F_{\mathrm{Zf}} = \mu r\dot{\varphi}^2 \,. \tag{8.25}$$

Mit anderen Worten: Die Radialbewegung des Teilchens ist genau dieselbe, als ob sich das Teilchen in einer Dimension bewegen und eine effektive Kraft $-\mathrm{d}U/\mathrm{d}r$ *plus* die Zentrifugalkraft F_{Zf} erfahren würde.

Wir haben nunmehr das Problem der Relativbewegung zweier Körper auf ein eindimensionales Problem in der Form von (8.24) reduziert. Bevor wir uns anschauen, wie die Lösungen aussehen, sollten wir aber noch die Zentrifugalkraft anders formulieren, indem wir $\dot{\varphi}$ mithilfe der φ-Gleichung (8.23) durch einen Ausdruck in ℓ ersetzen:

$$F_{\mathrm{Zf}} = \frac{\ell^2}{\mu r^3} \,. \tag{8.26}$$

Doch es kommt noch besser: Wir können nun die Zentrifugalkraft mithilfe einer zentrifugalen potenziellen Energie ausdrücken:

$$F_{\mathrm{Zf}} = -\frac{\mathrm{d}}{\mathrm{d}r}\left(\frac{\ell^2}{2\mu r^2}\right) = -\frac{\mathrm{d}U_{\mathrm{Zf}}}{\mathrm{d}r} \,; \tag{8.27}$$

darin ist die **zentrifugale potenzielle Energie** U_{Zf} definiert als

$$U_{\mathrm{Zf}}(r) = \frac{\ell^2}{2\mu r^2} \,. \tag{8.28}$$

Kehren wir nun zu (8.24) zurück. Mithilfe von U_{Zf} lässt sich die Radialgleichung ausdrücken als

$$\mu\ddot{r} = -\frac{\mathrm{d}}{\mathrm{d}r}[U(r) + U_{\mathrm{Zf}}(r)] = -\frac{\mathrm{d}}{\mathrm{d}r}U_{\mathrm{eff}}(r) \,. \tag{8.29}$$

Die **effektive potenzielle Energie** $U_{\mathrm{eff}}(r)$ ist die Summe aus der tatsächlichen potenziellen Energie $U(r)$ und der zentrifugalen potenziellen Energie $U_{\mathrm{Zf}}(r)$:

$$U_{\mathrm{eff}}(r) = U(r) + U_{\mathrm{Zf}}(r) = U(r) + \frac{\ell^2}{2\mu r^2} \,. \tag{8.30}$$

Nach (8.29) ist die Radialbewegung des Teilchens genau dieselbe, als wenn das Teilchen sich in einer Dimension mit der potenziellen Energie $U_{\mathrm{eff}} = U + U_{\mathrm{Zf}}$ bewegen würde.

Beispiel 8.1 **Die effektive potenzielle Energie eines Kometen**

Geben Sie die tatsächliche und die effektive potenzielle Energie eines Kometen (oder eines Planeten) an, der sich im Gravitationsfeld der Sonne bewegt. Skizzieren Sie die drei auftretenden potenziellen Energien und beschreiben Sie die Bewegung von r anhand der Kurve von $U_{\mathrm{eff}}(r)$. Die Planetenbewegung wurde mathematisch zuerst von dem deutschen Astronomen Johannes Kepler (1571–1630) beschrieben; diese Art der Bewegung eines Planeten oder eines Kometen um die

2 Diese Zentrifugalkraft wird Ihnen ein wenig vertrauter vorkommen, wenn ich sie mithilfe der Azimutgeschwindigkeit $v_\varphi = r\dot{\varphi}$ als $F_{\mathrm{Zf}} = \mu v_\varphi^2/r$ schreibe.

Sonne (oder allgemein die Bewegung von zwei Körpern, die über ein $1/r^2$-Kraft wechselwirken) wird daher oft als **Kepler-Problem** bezeichnet.

Lösung Die tatsächliche potenzielle Gravitationsenergie des Planeten wird durch die wohlbekannte Gleichung

$$U(r) = -\frac{Gm_1m_2}{r} \tag{8.31}$$

angegeben; darin ist G die universelle Gravitationskonstante, m_1 und m_2 sind die Massen des Kometen und der Sonne. Die zentrifugale potenzielle Energie ist durch (8.28) gegeben. Damit ist die effektive potenzielle Energie

$$U_{\text{eff}}(r) = -\frac{Gm_1m_2}{r} + \frac{\ell^2}{2\mu r^2}\,. \tag{8.32}$$

Der allgemeine Verlauf dieser effektiven potenziellen Energie ist in Abbildung 8.4 dargestellt. Wenn r groß ist, dann ist der Zentrifugalterm $\ell^2/2\mu r^2$ gegen den Gravitationsterm $-Gm_1m_2/r$ vernachlässigbar; die effektive potenzielle Energie $U_{\text{eff}}(r)$ ist negativ und steigt mit wachsendem r an. Nach (8.29) verläuft die Beschleunigung von r diese Steigung hinab. [Ein Achterbahnwagen würde auf der durch $U_{\text{eff}}(r)$ definierten Bahn abwärts beschleunigen.] Wenn also ein Komet weit von der Sonne entfernt ist, ist $\ddot{r}$ immer nach innen gerichtet.

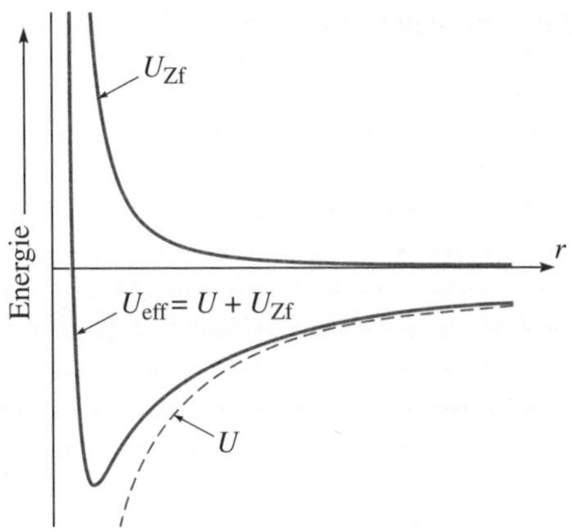

Abbildung 8.4: Die effektive potenzielle Energie $U_{\text{eff}}(r)$, die die radiale Bewegung eines Kometen bestimmt, ergibt sich als Summe aus der tatsächlichen potenziellen Gravitationsenergie $U(r) = -Gm_1m_2/r$ und aus dem Zentrifugalterm $U_{Zf} = \ell/2\mu r^2$. Für große r ist die anziehende Gravitationskraft dominant, für kleine r die auseinandertreibende Zentrifugalkraft.

Wenn r klein ist, dominiert der Zentrifugalterm $\ell^2/2\mu r^2$ gegenüber dem Gravitationsterm $-Gm_1m_2/r$ (außer bei $\ell = 0$); in der Nähe von $r = 0$ ist U_{eff} dann positiv und hat eine abwärts gerichtete Steigung. Wenn also ein Planet sich der Sonne nähert, wird $\ddot{r}$ schließlich nach außen gerichtet, und der Planet bewegt sich wieder von der Sonne fort. Diese Aussage trifft nur dann nicht zu, wenn der Drehimpuls exakt null ist ($\ell = 0$). In diesem Fall folgt aus (8.23) $\dot{\varphi} = 0$; der Komet bewegt sich dann exakt radial (entlang einer Geraden mit konstantem φ) und muss irgendwann auf die Sonne stürzen. ■

Energieerhaltung

Um die Bahnkurve im Detail zu finden, müssen wir uns die Radialgleichung (8.29) näher anschauen. Wenn wir beide Seiten dieser Gleichung mit $\dot{r}$ multiplizieren, erhalten wir

$$\frac{\mathrm{d}}{\mathrm{d}t}\left(\tfrac{1}{2}\mu\dot{r}^2\right) = -\frac{\mathrm{d}}{\mathrm{d}t}\,U_{\text{eff}}(r)\,. \tag{8.33}$$

Mit anderen Worten:

$$\tfrac{1}{2}\mu\dot{r}^2 + U_{\text{eff}}(r) = \text{const.} \tag{8.34}$$

Dieses Ergebnis beschreibt genau die Energieerhaltung: Wenn wir U_{eff} ausschreiben als $U + \ell^2/2\mu r^2$ und dann ℓ durch $\mu r^2\dot{\varphi}$ ersetzen, erkennen wir

$$\begin{aligned}\tfrac{1}{2}\mu\dot{r}^2 + U_{\text{eff}}(r) &= \tfrac{1}{2}\mu\dot{r}^2 + \tfrac{1}{2}\mu r^2\dot{\varphi}^2 + U(r)\\ &= E.\end{aligned} \tag{8.35}$$

Damit ist die Umformulierung der Relativbewegung als zweidimensionales Problem zu einem äquivalenten eindimensionalen Problem, bei dem nur die Radialbewegung eine Rolle spielt, komplett. Wir sehen, dass die Gesamtenergie (von der wir bereits wussten, dass sie konstant ist) sich darstellen lässt als eindimensionale kinetische Energie der Radialbewegung plus der effektiven eindimensionalen potenziellen Energie U_{eff}, da die letztere die tatsächliche potenzielle Energie U *und* die kinetische Energie $\frac{1}{2}\mu r^2\dot{\varphi}^2$ der Winkelbewegung enthält. Das heißt nichts anderes, als dass wir alle unsere Erkenntnisse zu eindimensionalen Problemen – ausgedrückt mithilfe der Kräfte oder mithilfe der Energie – sofort auf das Zweikörperproblem mit einer Zentralkraft übertragen können.

Beispiel 8.2 Untersuchen Sie wieder den Kometen (oder Planeten) aus Beispiel 8.1, betrachten Sie dessen Gesamtenergie E und bestimmen Sie so die maximale und die minimale Entfernung des Kometen von der Sonne. Die Energie soll einmal $E > 0$ und dann $E < 0$ sein.

Energiebetrachtungen für einen Kometen oder Planeten

Lösung ■ In der Energiegleichung (8.35) ist der Term $\frac{1}{2}\mu\dot{r}^2$ auf der linken Seite immer größer oder gleich null. Damit ist die Kometenbewegung auf den Bereich mit $E \geq U_{\text{eff}}$ beschränkt. Um zu verdeutlichen, was das bedeutet, habe ich in Abbildung 8.5 noch einmal den Verlauf der potenziellen Energie aus Abbildung 8.4 dargestellt. Betrachten wir zunächst den Fall, dass die Kometenenergie größer ist als null. In der Abbildung ist auf der Höhe von E eine gestrichelte, mit $E > 0$ bezeichnete horizontale Linie eingetragen. Ein Komet mit dieser Energie kann sich überall dort bewegen, wo diese Linie oberhalb der Kurve für $U_{\text{eff}}(r)$ verläuft, aber nicht in Bereichen, wo die Linie unterhalb der Kurve liegt. Das bedeutet, dass der Komet sich nirgends zwischen dem mit r_{min} bezeichneten Umkehrpunkt und der Sonne bewegen kann. Der Umkehrpunkt wird durch die Bedingung

$$U_{\text{eff}}(r_{\text{min}}) = E \tag{8.36}$$

bestimmt. Wenn der Komet sich anfangs nach innen (in Richtung zur Sonne) bewegt, nähert er sich der Sonne, bis er r_{min} erreicht, wo in dem Moment $\dot{r} = 0$ gilt. Dann bewegt er sich nach außen und verschwindet schließlich im Unendlichen, da es keine anderen Punkte gibt, an denen $\dot{r}$ verschwindet. Man spricht hier von einer **ungebundenen Bahn**.

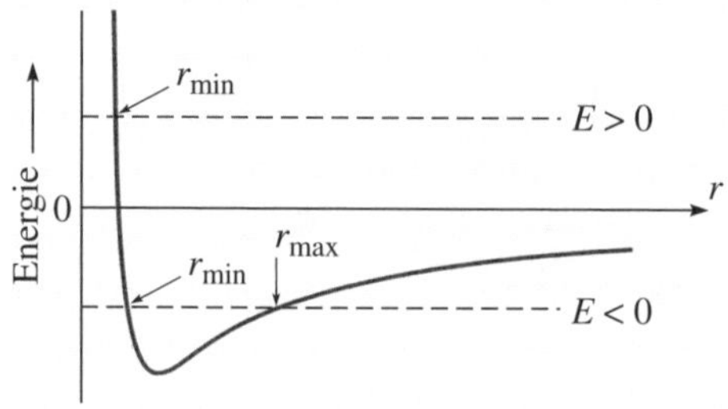

Abbildung 8.5: Verlauf der effektiven potenziellen Energie $U_{eff}(r)$ eines Kometen. Für eine gegebene Energie E bewegt sich der Komet nur in dem Bereich $E \geq U_{eff}(r)$. Für $E > 0$ heißt das, dass er nicht näher an die Sonne herankommt als bis zu dem Umkehrpunkt r_{min}, an dem $U_{eff} = E$ gilt. Für $E < 0$ ist eine Bewegung auf den Bereich zwischen den Umkehrpunkten r_{min} und r_{max} beschränkt.

Gilt stattdessen $E < 0$, dann schneidet die auf der Höhe von E gezogene, mit $E < 0$ bezeichnete Linie die Potenzialkurve $U_{eff}(r)$ in den beiden mit r_{min} und r_{max} bezeichneten Umkehrpunkten. Ein Komet mit $E < 0$ ist also zwischen diesen beiden Werten von r gefangen. Wenn er sich von der Sonne entfernt ($\dot{r} > 0$), bewegt er sich nach außen, bis er r_{max} erreicht, wo $\dot{r}$ verschwindet und das Vorzeichen wechselt. Er bewegt sich dann nach innen, bis er r_{min} erreicht, wo $\dot{r}$ wieder das Vorzeichen wechselt. Der Komet schwingt also zwischen r_{min} und r_{max}. Aus naheliegenden Gründen spricht man hier von einer **gebundenen Bahn**.[3]

Wenn schließlich E gleich dem Minimalwert von $U_{eff}(r)$ ist (minimal bei einem gegebenen Wert für den Drehimpuls ℓ), dann fallen die beiden Umkehrpunkte r_{min} und r_{max} zusammen; der Komet ist dann auf einen festen Radius beschränkt und beschreibt eine Kreisbahn um die Sonne. ■

In diesem Beispiel habe ich nur den Fall einer $1/r^2$-Kraft betrachtet, aber dieses qualitative Merkmal tritt bei vielen Zweikörperproblemen auf. Beispielsweise wird die Bewegung der Atome in einem zweiatomigen Molekül durch ein effektives Potenzial bestimmt, wie es in Abbildung 4.12 dargestellt ist; es sieht dem Gravitationspotenzial aus Abbildung 8.5 sehr ähnlich. Alle unsere qualitativen Schlüsse lassen sich also auch auf zweiatomige Moleküle und etliche andere Zweikörperprobleme anwenden.

Bei der Betrachtung der Radialbewegung im Zweikörperproblem dürfen Sie aber die Winkelbewegung nicht vollständig vergessen. Nach Gleichung (8.23) gilt $\dot{\varphi} = \ell/\mu r^2$, und φ ändert sich in jedem Augenblick, immer mit demselben Vorzeichen (entweder nimmt es permanent zu oder permanent ab). Wenn beispielsweise ein Komet mit positiver Energie sich der Sonne nähert, dann ändert sich der Winkel φ in dem gleichen Maße, wie r sich verringert; wenn sich der Komet wieder wegbewegt, ändert sich φ weiterhin in derselben Richtung, jetzt aber in dem Maße, wie r zunimmt. Eine echte Bahnkurve eines Kometen mit positiver Energie sieht also etwa so aus wie in Abbildung 8.6 dargestellt. Bei einer $1/r^2$-Kraft (wie der Gravitationskraft) ist

3 Wenn wir nur einen einzigen Kometen auf seiner Bahn um die Sonne betrachten, dann kann wegen der Energieerhaltung eine gebundene Bahn ($E < 0$) niemals zu einer ungebundenen Bahn ($E > 0$) werden und umgekehrt. In der Realität aber kann ein Komet unter Umständen einem anderen Kometen oder Planeten so nahe kommen, dass sich seine Energie E ändert; dann kann sich auch die Bahn von ungebunden nach gebunden (oder umgekehrt) ändern.

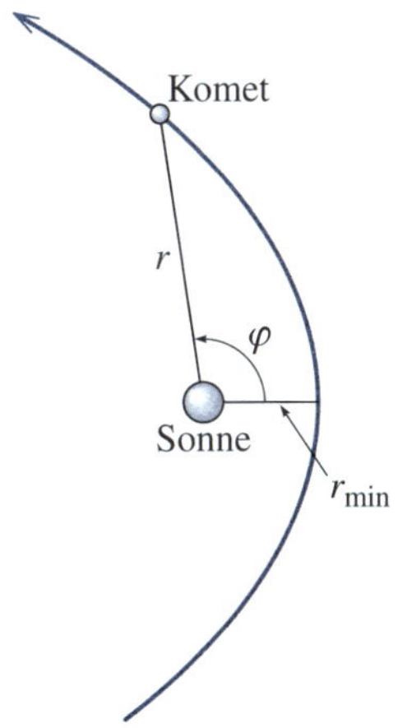

Abbildung 8.6: Typische ungebundene Bahn für einen Kometen mit positiver Energie. Zuerst geht r von unendlich bis $r_{\min}$ zurück und wächst dann wieder bis ins Unendliche. Dabei nimmt der Winkel φ kontinuierlich zu.

die Bahnkurve in Abbildung 8.6 eigentlich eine Hyperbel; den Beweis werden wir im nächsten Abschnitt kurz skizzieren. Ungebundene Bahnkurven (also Bahnen mit $E > 0$) sind qualitativ für viele unterschiedliche Kraftgesetze sehr ähnlich.

Für die gebundenen Bahnen ($E < 0$) hatten wir gesehen, dass r zwischen den beiden Extremwerten $r_{\min}$ und $r_{\max}$ hin- und herschwingt und φ kontinuierlich zunimmt (oder abnimmt, aber wir wollen annehmen, dass der Komet sich im Gegenuhrzeigersinn bewegt; dann nimmt φ zu). Für eine $1/r^2$-Kraft ist die Periode der radialen Oszillationen gerade gleich der Zeit, die φ für eine vollständige Drehung benötigt. Wie in Abbildung 8.7a dargestellt, wiederholt sich also die Bewegung nach genau einer Umkreisung. (Wir werden auch sehen, dass die gebundenen Bahnen für eine beliebige $1/r^2$-Kraft eigentlich Ellipsen sind.) Für die meisten Kraftgesetze haben die

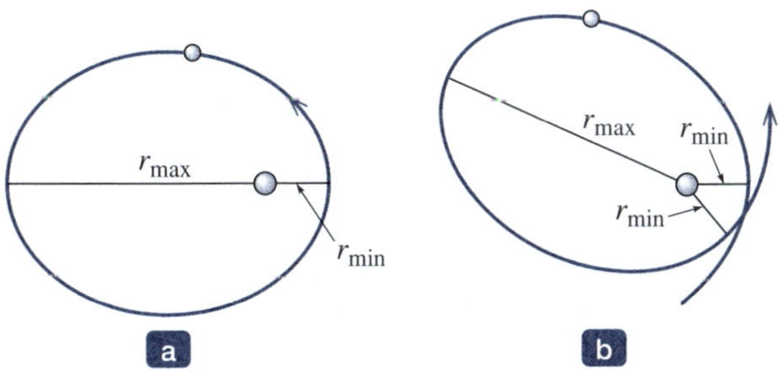

Abbildung 8.7: (a) Gebundene Bahnkurven für eine beliebige $1/r^2$-Kraft haben die ungewöhnliche Eigenschaft, dass r in genau derselben Zeit von $r_{\min}$ bis $r_{\max}$ und zurück zu $r_{\min}$ geht, in der der Winkel φ von 0 bis 360° zunimmt. Die Bahnkurve wird daher nach jedem Umlauf erneut durchlaufen. (b) Für die meisten anderen Kraftgesetze unterscheiden sich die Schwingungsperiode von r und die Zeit, in der φ um 360° zunimmt; die Bahnkurve schließt sich nicht in sich selbst. In dem hier gezeigten Beispiel vollführt r den vollständigen Zyklus von $r_{\min}$ bis $r_{\max}$ und wieder zurück zu $r_{\min}$ in der Zeit, in der φ um etwa 330° zunimmt.

Zeit für einen Umlauf und die Periode der Radialbewegung unterschiedliche Werte, in den meisten Fällen sind die Bahnen noch nicht einmal geschlossen (d. h., der Komet nimmt seine Anfangsbedingungen niemals wieder ein).[4] Abbildung 8.7b zeigt eine Bahn, bei der r von r_{min} bis r_{max} und zurück bis r_{min} während einer Zeit geht, in der der Winkel φ um etwa $330°$ zunimmt; diese Bahn wird nach einer Umdrehung nicht noch einmal durchlaufen.

8.5 Die Bahngleichung

Die Radialgleichung (8.29) bestimmt r als Funktion von t, doch für viele Zwecke wäre es wünschenswert, r auch als Funktion von φ zu kennen. Aus der Funktion $r = r(\varphi)$ ließe sich die Form der Bahn direkt ablesen. Dazu müssten wir die Radialgleichung zu einer Differenzialgleichung für r in Abhängigkeit von φ umformulieren. Dafür gibt es zwei Tricks, doch zunächst möchte ich die Radialgleichung mithilfe der Kräfte ausdrücken:

$$\mu\ddot{r} = F(r) + \frac{\ell^2}{\mu r^3}\,. \tag{8.37}$$

Dabei ist $F(r)$ die wirkende Zentralkraft $F = -\mathrm{d}U/\mathrm{d}r$, und der zweite Term ist die Zentrifugalkraft.

Der erste Trick, diese Gleichung mithilfe von φ neu zu formulieren, ist die Substitution

$$u = \frac{1}{r} \quad \text{oder} \quad r = \frac{1}{u}\,, \tag{8.38}$$

der zweite ist die Umformulierung des Differenzialoperators $\mathrm{d}/\mathrm{d}t$ zu $\mathrm{d}/\mathrm{d}\varphi$ mithilfe der Kettenregel:

$$\frac{\mathrm{d}}{\mathrm{d}t} = \frac{\mathrm{d}\varphi}{\mathrm{d}t}\frac{\mathrm{d}}{\mathrm{d}\varphi} = \dot{\varphi}\frac{\mathrm{d}}{\mathrm{d}\varphi} = \frac{\ell}{\mu r^2}\frac{\mathrm{d}}{\mathrm{d}\varphi} = \frac{\ell u^2}{\mu}\frac{\mathrm{d}}{\mathrm{d}\varphi}\,. \tag{8.39}$$

(Das dritte Gleichheitszeichen gilt wegen $\ell = \mu r^2\dot{\varphi}$, das letzte wegen der Variablensubstitution $u = 1/r$.)

Mithilfe der Identität (8.39) können wir $\ddot{r}$ auf der linken Seite der Radialgleichung umformulieren. Zunächst gilt

$$\dot{r} = \frac{\mathrm{d}}{\mathrm{d}t}(r) = \frac{\ell u^2}{\mu}\frac{\mathrm{d}}{\mathrm{d}\varphi}\left(\frac{1}{u}\right) = -\frac{\ell}{\mu}\frac{\mathrm{d}u}{\mathrm{d}\varphi}$$

und damit

$$\ddot{r} = \frac{\mathrm{d}}{\mathrm{d}t}(\dot{r}) = \frac{\ell u^2}{\mu}\frac{\mathrm{d}}{\mathrm{d}\varphi}\left(-\frac{\ell}{\mu}\frac{\mathrm{d}u}{\mathrm{d}\varphi}\right) = -\frac{\ell^2 u^2}{\mu^2}\frac{\mathrm{d}^2 u}{\mathrm{d}\varphi^2}\,. \tag{8.40}$$

Wenn wir das wieder in die Radialgleichung (8.37) einsetzen, erhalten wir

$$-\frac{\ell^2 u^2}{\mu}\frac{\mathrm{d}^2 u}{\mathrm{d}\varphi^2} = F + \frac{\ell^2 u^3}{\mu}$$

oder

$$u''(\varphi) = -u(\varphi) - \frac{\mu}{\ell^2 u(\varphi)^2}F\,. \tag{8.41}$$

4 Außer bei einer $1/r^2$-Kraft; die einzige wichtige Ausnahme ist der isotrope harmonische Oszillator, bei dem – wie in Abschnitt 5.3 diskutiert – die Bahnen ebenfalls Ellipsen sind.

Für eine beliebige gegebene Zentralkraft F ist diese transformierte Radialgleichung eine Differenzialgleichung für die neue Variable $u(\varphi)$. Wenn wir sie lösen können, dann können wir auch sofort r als $r = 1/u$ angeben. Im nächsten Abschnitt löse ich sie für eine $1/r^2$-Kraft und zeige, dass die sich ergebenden Bahnen Kegelschnitte sind, also Ellipsen, Parabeln oder Hyperbeln. Zunächst aber ein einfacheres Beispiel.

Die Radialgleichung für ein freies Teilchen

Beispiel 8.3 Lösen Sie die transformierte Radialgleichung (8.41) für ein *freies* Teilchen (also ein Teilchen, auf das keine Kräfte wirken) und zeigen Sie, dass die sich ergebende Bahnkurve wie erwartet eine Gerade ist.

Lösung ■ Dieses Beispiel dürfte einer der kompliziertesten Ansätze sein zu zeigen, dass sich ein freies Teilchen entlang einer Gerade bewegt. Dennoch bietet es uns eine nette Überprüfung, dass die transformierte Radialgleichung sinnvoll ist. In Abwesenheit von Kräften wird (8.41) zu

$$u''(\varphi) = -u(\varphi)\,,$$

dessen allgemeine Lösung wir kennen:

$$u(\varphi) = A\cos(\varphi - \delta) \tag{8.42}$$

mit beliebigen Konstanten A und δ. Daher haben wir (wir benennen die Konstante $A = 1/r_0$)

$$r(\varphi) = \frac{1}{u(\varphi)} = \frac{r_0}{\cos(\varphi - \delta)}\,. \tag{8.43}$$

Dieser nicht sehr vielversprechend aussehende Ausdruck ist die Gleichung einer Geraden in Polarkoordinaten (vgl. Abbildung 8.8). In dieser Abbildung ist Q ein fester Punkt in Polarkoordinaten (r_0, δ), die fragliche Gerade ist die Linie durch Q senkrecht durch OQ. Man sieht leicht, dass der Punkt P in Polarkoordinaten (r, φ) dann und nur dann auf dieser Linie liegt, wenn $r\cos(\varphi - \delta) = r_0$ gilt. Mit anderen Worten: Gleichung (8.43) ist eine Geradengleichung. ■

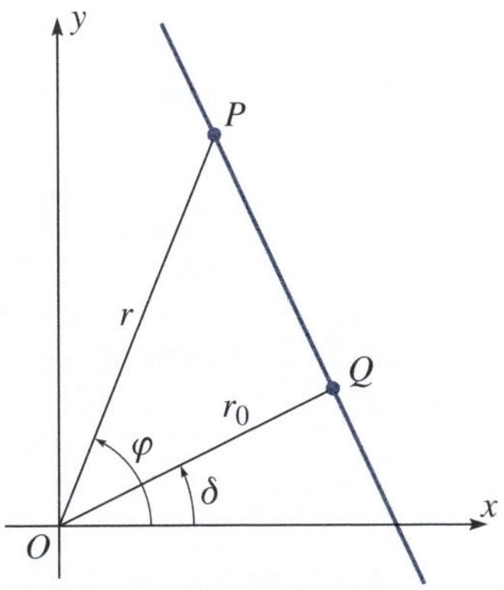

Abbildung 8.8: Der feste Punkt Q hat relativ zum Ursprung O die Polarkoordinaten (r_0, δ). Der Punkt P mit den Polarkoordinaten (r, φ) liegt auf einer Linie durch Q, die dann und nur dann senkrecht zu OQ ist, wenn $r\cos(\varphi - \delta) = r_0$ gilt. Die Gleichung dieser Linie ist (8.43).

Im nächsten Abschnitt verwende ich dieselbe transformierte Radialgleichung (8.41), um ein weniger triviales Problem zu lösen, nämlich die Bahnbestimmung eines Kometen oder eines anderen Körpers, der durch eine $1/r^2$-Kraft in seinem Orbit gehalten wird.

8.6 Kepler'sche Bahnen

Kehren wir nun zurück zum Kepler-Problem, also zur Aufgabe, mögliche Bahnen für einen Kometen oder ein anderes Objekt zu finden, das eine $1/r^2$-Kraft erfährt. Die beiden wichtigen Beispiele für dieses Problem sind die Bewegung von Planeten oder Kometen um die Sonne (oder die Bewegung eines Satelliten um die Erde) sowie die Orbitalbewegung von zwei entgegengesetzten Ladungen q_1 und q_2 umeinander. Im ersten Fall wirkt die Gravitationskraft $-Gm_1m_2/r^2$, im zweiten Fall die Coulomb-Kraft kq_1q_2/r^2. Um beide Fälle in einem Aufwasch behandeln zu können und um die Gleichungen so einfach wie möglich zu gestalten, schreibe ich die Kraft als (denken Sie an die Vereinbarung $u = 1/r$)

$$F(r) = -\frac{\gamma}{r^2} = -\gamma u^2 \,. \tag{8.44}$$

Darin ist γ die „Kraftkonstante“, die beispielsweise für die Gravitation Gm_1m_2 beträgt.[5]

Dank unserer ausführlichen Vorbereitungen können wir das Hauptproblem nun sehr rasch lösen. Wenn wir die Kraft nach Gleichung (8.44) in die transformierte Radialgleichung einsetzen, gelangen wir zu der Bedingung für $u(\varphi)$

$$u''(\varphi) = -u(\varphi) + \gamma\mu/\ell^2 \,. \tag{8.45}$$

Es ist eine Besonderheit von $1/r^2$-Kräften, dass der letzte Term in dieser Gleichung konstant ist, denn nur dann kann das u^2 in der Kraft das $1/u^2$ in (8.41) aufheben. Weil dieser letzte Term konstant ist, können wir (8.45) sehr leicht lösen: Mit der Substitution

$$w(\varphi) = u(\varphi) - \gamma\mu/\ell^2$$

wird die Gleichung zu

$$w''(\varphi) = -w(\varphi)$$

mit der allgemeinen Lösung

$$w(\varphi) = A\cos(\varphi - \delta) \,. \tag{8.46}$$

Darin ist A eine positive Konstante, und δ ist eine Konstante, die wir bei einer passenden Wahl der Richtung $\varphi = 0$ als null annehmen können. Die allgemeine Lösung für $u(\varphi)$ lässt sich dann schreiben als

$$u(\varphi) = \frac{\gamma\mu}{\ell^2} + A\cos\varphi = \frac{\gamma\mu}{\ell^2}(1 + \varepsilon\cos\varphi) \,; \tag{8.47}$$

5 Die Konstante γ ist für die Gravitationskraft und für die Kraft zwischen zwei entgegengesetzten Ladungen positiv. Wie wir in Aufgabe 31 diskutieren werden, ist sie für Ladungen mit gleichem Vorzeichen negativ. Fürs Erste nehmen wir γ als positiv an.

hier ist ε nur eine neue Bezeichnung für die dimensionslose positive Konstante $A\ell^2/\gamma\mu$. Wegen $u = 1/r$ hat die Konstante $\gamma\mu/\ell^2$ die richtige Dimension (1/Länge), und ich führe die Länge

$$c = \frac{\ell^2}{\gamma\mu} \tag{8.48}$$

ein. Mit ihr können wir die Lösung folgendermaßen ausdrücken:

$$\frac{1}{r(\varphi)} = \frac{1}{c}(1 + \varepsilon\cos\varphi)$$

oder

$$r(\varphi) = \frac{c}{1 + \varepsilon\cos\varphi}\,. \tag{8.49}$$

Dies ist unsere Lösung für r als Funktion von φ, ausgedrückt mithilfe der unbestimmten positiven Konstante ε und der Länge $c = \ell^2/\gamma\mu$ (wenn die wirkende Kraft die Gravitationskraft ist, haben wir $c = \ell^2/Gm_1m_2\mu$). Ich werde nun die Eigenschaften der Lösung untersuchen, zunächst für gebundene Bahnen, danach für ungebundene.

Gebundene Bahnen

Das Verhalten der Bahn $r(\varphi)$ hängt von der bislang noch unbestimmten positiven Konstante ε ab. Ein Blick auf (8.49) zeigt uns, dass es zu sehr unterschiedlichem Verhalten kommt, je nachdem, ob $\varepsilon < 1$ oder $\varepsilon \geq 1$: Für $\varepsilon < 1$ verschwindet der Nenner in (8.49) nie, und $r(\varphi)$ bleibt für alle φ endlich, d. h., die Bahn ist gebunden. Für $\varepsilon \geq 1$ hingegen verschwindet der Nenner für bestimmte Winkel, und $r(\varphi)$ geht dann ins Unendliche, wenn φ sich diesem Winkel nähert – die Bahn ist dann ungebunden. Offenbar gibt der Wert $\varepsilon = 1$ genau die Grenze zwischen gebundenen und ungebundenen Bahnen an. Ich werde gleich zeigen, dass diese Grenze genau der zuvor diskutierten Grenze zwischen $E < 0$ und $E \geq 0$ entspricht.

Beginnen wir mit dem Fall, dass die Konstante ε kleiner ist als 1. Mit $\varepsilon < 1$ schwankt der Nenner von $r(\varphi)$ in (8.49) zwischen den Werten $1 \pm \varepsilon$, wie in Abbildung 8.9 gezeigt. Daher schwankt $r(\varphi)$ zwischen

$$r_{\text{min}} = \frac{c}{1+\varepsilon} \qquad \text{und} \qquad r_{\text{max}} = \frac{c}{1-\epsilon}\,. \tag{8.50}$$

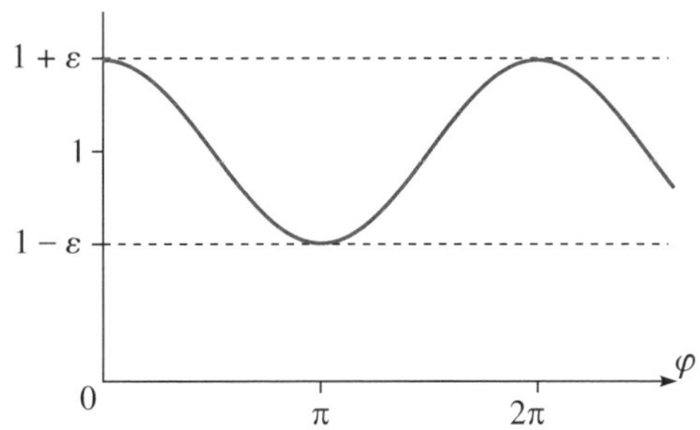

Abbildung 8.9: Der Nenner $1 + \varepsilon\cos\varphi$ in Gleichung (8.49) für $r(\varphi)$ schwankt zwischen $1 + \varepsilon$ und $1 - \varepsilon$; die Schwankung ist periodisch mit der Periode 2π.

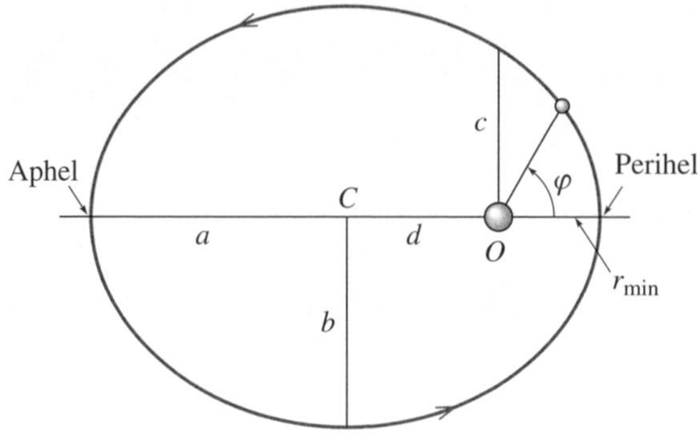

Abbildung 8.10: Die durch Gleichung (8.49) beschriebenen gebundenen Bahnen eines Kometen oder Planeten sind Ellipsen. Die Sonne steht im Ursprung O, einem der Brennpunkte der Ellipse (*nicht* im Mittelpunkt C der Ellipse). Die Strecken a und b werden die große bzw. die kleine Halbachse genannt. Der in Gleichung (8.48) eingeführte Parameter $c = \ell/\gamma\mu$ ist der Wert von r für $\varphi = 90°$. Die Punkte, bei denen der Komet der Sonne am nächsten ist bzw. am weitesten von ihr entfernt ist, heißen Perihel bzw. Aphel.

Die beiden Extremwerte der Radien haben besondere Namen: Beim sonnennächsten Punkt ($r = r_{\text{min}}$ für $\varphi = 0$) spricht man vom **Perihel** und beim sonnenfernsten Punkt ($r = r_{\text{max}}$ für $\varphi = \pi$) vom **Aphel** (von den griechischen Begriffen *peri* „nah", *apo* „fern" und *helios* „Sonne"). Da $r(\varphi)$ offenbar periodisch in φ ist (mit der Periode 2π), gilt $r(2\pi) = r(0)$, d. h., die Bahn schließt sich nach einem Umlauf in sich selbst. Die allgemeine Form dieser Bahnen ist in Abbildung 8.10 dargestellt.

Die in Abbildung 8.10 gezeigte Bahn *sieht zwar aus* wie eine Ellipse, bewiesen habe ich das aber noch nicht. Es ist aber eine relativ leichte Übung (vgl. Aufgabe 16), Gleichung (8.49) in kartesischen Koordinaten zu formulieren und auf die Form

$$\frac{(x+d)^2}{a^2} + \frac{y^2}{b^2} = 1 \tag{8.51}$$

zu bringen. Darin gilt (rechnen Sie nach!)

$$a = \frac{c}{1-\varepsilon^2}, \qquad b = \frac{c}{\sqrt{1-\varepsilon^2}} \qquad \text{und} \qquad d = a\varepsilon\,. \tag{8.52}$$

Gleichung (8.51) ist die Standardgleichung einer Ellipse mit der großen Halbachse a und der kleinen Halbachse b; die einzige Abweichung ist, dass wir hier $x + d$ haben, wo eigentlich x zu erwarten wäre. Dies spiegelt wieder, dass unser Ursprung – die Sonne – nicht im Mittelpunkt der Ellipse steht, sondern in einer Entfernung d davon, wie in Abbildung 8.10 gezeigt.

Nun können wir uns um die Konstante ε kümmern, die wir als vorerst völlig unbestimmte Integrationskonstante in Gleichung (8.47) eingeführt haben. Nach (8.52) beträgt das Verhältnis von großer zu kleiner Halbachse

$$\frac{b}{a} = \sqrt{1-\varepsilon^2}\,. \tag{8.53}$$

An diesen Ausdruck werden Sie sich wohl nicht erinnern, aber Sie sollten ihn aus den Mathematikvorlesungen kennen: Gleichung (8.53) ist die Definition der (numerischen) Exzentrizität einer Ellipse, genauer: *eine* mögliche Definition. Aus der Gleichung lesen wir ab, dass die Konstante ε die Exzentrizität angibt. Machen Sie sich klar: Für $\varepsilon = 0$ sind die Halbachsen gleich ($a = b$), und die Ellipse ist ein Kreis; für $\varepsilon \to 1$ haben wir $b/a \to 0$, und die Ellipse wird sehr dünn und lang.

Mit unserer Festlegung der Konstante ε als Exzentrizität können wir die Position der Sonne innerhalb der Ellipse näher bestimmen. Nach (8.52) ist der Abstand zwischen dem Mittelpunkt C und der Sonne in O gerade $d = a\varepsilon$; auch hieran werden Sie sich möglicherweise nicht erinnern, aber $a\varepsilon$ ist der Abstand des Mittelpunkts zu den beiden Brennpunkten der Ellipse. Die Sonne befindet sich also in einem der beiden Brennpunkte der Ellipse, und damit haben wir nun das **erste Kepler'sche Gesetz** bewiesen, nach dem die Planeten (sowie die Kometen mit gebundener Bahn) die Sonne auf Bahnen in Form einer Ellipse umrunden, in deren einem Brennpunkt die Sonne steht.

Beispiel 8.4 Der **Halley'sche Komet** – benannt nach dem englischen Astronomen Edmond Halley (1656–1742), der als Erster seine Bahn berechnete – hat eine stark exzentrische Bahn mit $\varepsilon = 0{,}967$. Er nähert sich der Sonne (in seinem Perihel) bis auf 0,59 AE an, das ist sehr nahe an der Merkurbahn. (Die Astronomische Einheit AE[6] ist die mittlere Entfernung der Erde von der Sonne, etwa $1{,}5 \cdot 10^8$ km.) Wie weit ist er im Aphel (maximale Entfernung) von der Sonne entfernt?

Der Halley'sche Komet

Lösung Die gegebene Entfernung ist $r_{\text{min}} = 0{,}59\,\text{AE}$, außerdem gilt nach Gleichung (8.50) $r_{\text{max}}/r_{\text{min}} = (1+\varepsilon)/(1-\varepsilon)$. Damit haben wir

$$r_{\text{max}} = \frac{1+\varepsilon}{1-\varepsilon}\, r_{\text{min}} = \frac{1{,}967}{0{,}033}\, r_{\text{min}} = 60\, r_{\text{min}} = 35\ \text{AE}\,.$$

Die größte Entfernung des Halley'schen Komet liegt somit noch jenseits der Neptunbahn. ■

Umlaufzeit; das dritte Kepler'sche Gesetz

Wir können nun die Umlaufzeit von Kometen und Planeten auf elliptischen Bahnen bestimmen. Nach dem zweiten Kepler'schen Gesetz (Abschnitt 3.4) überstreicht der Radiusvektor („Fahrstrahl") zwischen der Sonne und einem Planeten oder Kometen die Fläche mit der Rate

$$\frac{\mathrm{d}A}{\mathrm{d}t} = \frac{\ell}{2\mu}\,.$$

Da die Gesamtfläche einer Ellipse $A = \pi ab$ beträgt, ist die Umlaufzeit

$$\tau = \frac{A}{\mathrm{d}A/\mathrm{d}t} = \frac{2\pi ab\mu}{\ell}\,.$$

Wenn wir beide Seiten quadrieren und b^2 mithilfe von (8.53) durch $a^2(1-\varepsilon^2)$ ersetzen, wird daraus

$$\tau^2 = 4\pi^2\,\frac{a^4(1-\varepsilon^2)\mu^2}{\ell^2} = 4\pi^2\,\frac{a^3 c\mu^2}{\ell^2}\,.$$

Für das letzte Gleichheitszeichen habe ich $a(1-\varepsilon^2)$ mithilfe von (8.52) durch c ersetzt. Da die Länge c in (8.48) als $\ell^2/\gamma\mu$ definiert war, folgt daraus

$$\tau^2 = 4\pi^2\,\frac{a^3\mu}{\gamma}\,. \qquad (8.54)$$

6 In der englischsprachigen Literatur wird die Abkürzung AU (für astronomical unit) verwendet. (Anm. d. Übers.)

Nun ist γ die Konstante in dem invers-quadratischen Kraftgesetz $F = -\gamma/r^2$; für die Gravitationskraft haben wir $\gamma = Gm_1m_2 = G\mu M$ mit der Gesamtmasse $M = m_1 + m_2$. (Beachten Sie die praktische Identität $m_1m_2 = \mu M$.) In unserem Fall ist die Sonnenmasse $m_2 = M_S$ sehr viel größer als die Masse m_1 des Planeten oder Kometen. In ausgezeichneter Näherung gilt also $M \approx M_S$ und damit

$$\gamma = Gm_1m_2 \approx G\mu M_S\,.$$

Daher hebt sich der Faktor μ in (8.54) hinweg, und wir erhalten

$$\tau^2 = \frac{4\pi^2}{GM_S}\,a^3\,. \tag{8.55}$$

Dies ist das **dritte Kepler'sche Gesetz**: Weil die Masse des Kometen (oder Planeten) herausgefallen ist, ist diesem Gesetz zufolge für alle Körper, die die Sonne umkreisen, das Quadrat der Umlaufzeit proportional zur dritten Potenz der großen Halbachse ihrer Bahn. (Für kreisförmige Umlaufbahnen können wir a^3 durch r^3 ersetzen.) Das Gesetz gilt gleichermaßen für Satelliten (natürliche und künstliche) auf ihrer Bahn um einen Himmelskörper. Beispielsweise unterliegen auch sämtliche irdische Satelliten (sowohl künstliche als auch natürliche wie der Mond) demselben Gesetz, man muss dann in (8.55) nur die Sonnenmasse M_S durch die Erdmasse M_E ersetzen; dasselbe Gesetz gilt auch für alle Jupitermonde.

Umlaufzeit für Satelliten in einer erdnahen Umlaufbahn

Beispiel 8.5 Schätzen Sie mithilfe des dritten Kepler'schen Gesetzes die Umlaufzeit eines Satelliten ab, der die Erde in einigen zehn Kilometern Höhe auf einer kreisförmigen Bahn umläuft.

Lösung ■ Die Umlaufzeit wird durch (8.55) gegeben, wenn man M_S durch M_E ersetzt. Da die Bahn kreisförmig ist, können wir a durch r ersetzen, und da die Umlaufbahn des Satelliten sehr nahe der Erdoberfläche verläuft, können wir ihren Radius näherungsweise gleich dem Erdradius setzen ($r \approx R_E$). Dann gilt

$$\tau^2 = \frac{4\pi^2}{GM_E}\,{R_E}^3\,.$$

Dieser Ausdruck lässt sich vereinfachen, wenn wir für $GM_E/R_E^2 = g$ ansetzen, also die Gravitationsbeschleunigung auf der Erdoberfläche. Dann ergibt sich

$$\tau = 2\pi\sqrt{\frac{R_E}{g}} = 2\pi\sqrt{\frac{6{,}38\cdot 10^6\ \mathrm{m}}{9{,}81\ \mathrm{m/s^2}}} = 5067\ \mathrm{s} \approx 85\ \mathrm{min}, \tag{8.56}$$

in guter Übereinstimmung mit der bekannten Beobachtung, dass Satelliten auf niedrigen Umlaufbahnen die Erde in etwa eineinhalb Stunden umkreisen. ■

Zusammenhang zwischen Energie und Exzentrizität

Abschließend können wir noch die **Exzentrizität** ε der Bahn mit der Energie E des Kometen oder eines anderen umlaufenden Körpers verbinden. Am einfachsten geht das, wenn wir uns daran erinnern, dass die Energie des Kometen bei r_{min}, also bei größtmöglicher Annäherung an die Sonne, gleich der effektiven potenziellen Energie U_{eff} ist [vgl. Gleichung (8.36)]:

$$E = U_{\text{eff}}(r_{\text{min}}) = -\frac{\gamma}{r_{\text{min}}} + \frac{\ell^2}{2\mu r_{\text{min}}{}^2}$$
$$= \frac{1}{2r_{\text{min}}}\left(\frac{\ell^2}{\mu r_{\text{min}}} - 2\gamma\right). \tag{8.57}$$

Nun wissen wir aus Gleichung (8.50), dass $r_{\text{min}} = c/(1+\varepsilon)$ gilt, und nach der Definition in (8.48) gilt $c = \ell^2/\gamma\mu$. Daher ist

$$r_{\text{min}} = \frac{\ell^2}{\gamma\mu(1+\varepsilon)}$$

und damit, wenn wir das in (8.57) einsetzen,

$$E = \frac{\gamma\mu(1+\varepsilon)}{2\ell^2}[\gamma(1+\varepsilon) - 2\gamma]$$
$$= \frac{\gamma^2\mu}{2\ell^2}(\varepsilon^2 - 1). \tag{8.58}$$

Die Rechnungen, die zu (8.58) geführt haben, gelten gleichermaßen für gebundene wie für ungebundene Bahnen und führen zu folgenden (zu erwartenden) Zusammenhängen: Eine negative Energie ($E < 0$) entspricht einer Exzentrizität $\varepsilon < 1$, und das wiederum entspricht einer gebundenen Bahn. Eine positive Energie ($E > 0$) gehört zu einer Exzentrizität $\varepsilon > 1$ entsprechend einer ungebundenen Bahn. Gleichung (8.58) gibt uns einen nützlichen Zusammenhang zwischen den mechanischen Eigenschaften E und ℓ und der geometrischen Eigenschaft ε, sie zeigt uns aber auch einige interessante Verbindungen. Beispielsweise ist für einen gegebenen Wert des Drehimpulses ℓ die Bahn mit der niedrigstmöglichen Energie die Kreisbahn mit $\varepsilon = 0$ (dieser Zusammenhang gilt übrigens ähnlich in der Quantenmechanik).

8.7 Die ungebundenen Kepler'schen Bahnen

Im letzten Abschnitt haben wir in Gleichung (8.49) die allgemeine Kepler'sche Bahn angegeben

$$r(\varphi) = \frac{c}{1 + \varepsilon\cos\varphi} \tag{8.59}$$

und im Detail die gebundenen Bahnen untersucht – also Bahnen mit $\varepsilon < 1$ bzw. (wie wir gesehen haben, ist das eine gleichwertige Bedingung) mit $E < 0$. In diesem Abschnitt will ich die entsprechende Untersuchung für *un*gebundene Bahnen skizzieren, also für Bahnen mit $\varepsilon \geq 1$ bzw. $E \geq 0$.

Die Grenze zwischen den gebundenen und den ungebundenen Bahnen liegt bei $\varepsilon = 1$ bzw. $E = 0$. Bei $\varepsilon = 1$ verschwindet der Nenner in (8.59) für $\varphi = \pm\pi$. Daher gilt $r(\varphi) \to \infty$ für $\varphi \to \pm\pi$. Mit anderen Worten: Für $\varepsilon = 1$ ist die Bahn ungebunden und erstreckt sich ins Unendliche, wenn der Komet sich $\varphi \pm \pi$ nähert. Einige nicht allzu schwierige Rechnungen ähnlich denen, die auf (8.51) geführt haben, zeigen uns, dass die kartesische Fassung von (8.59) mit $\varepsilon = 1$ die Form

$$y^2 = c^2 - 2cx \tag{8.60}$$

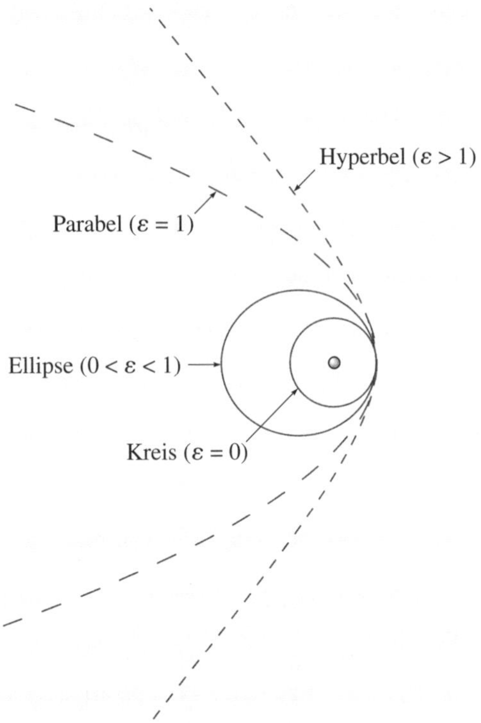

Abbildung 8.11: Vier verschiedene Kepler'sche Bahnen für einen Kometen: ein Kreis, eine Ellipse, eine Parabel und eine Hyperbel. Zur Verdeutlichung wurden alle vier Bahnen mit denselben Werten für r_{min} gezeichnet und so dargestellt, dass sie alle in derselben Richtung der Sonne am nächsten kommen.

annimmt – eine **Parabelgleichung**. Diese Bahn ist (langgestrichelt) in Abbildung 8.11 dargestellt.

Für $\varepsilon > 1$ (bzw. $E > 0$) verschwindet der Nenner in (8.59) bei einem Wert von φ_{max}, der durch die Bedingung

$$\varepsilon \cos(\varphi_{\text{max}}) = -1$$

bestimmt ist. Daher gilt $r(\varphi) \to \infty$ für $\varphi \to \pm\varphi_{\text{max}}$, und die Bahn ist auf den Winkelbereich $-\varphi_{\text{max}} < \varphi < \varphi_{\text{max}}$ beschränkt. Damit hat die Bahn eine Gestalt wie in Abbildung 8.6 skizziert. Mit $\varepsilon > 1$ nimmt die kartesische Fassung von (8.59) die Form

$$\frac{(x-\delta)^2}{\alpha^2} - \frac{y^2}{\beta^2} = 1 \qquad (8.61)$$

an, in der Sie die Konstanten α, β und δ leicht identifizieren können (vgl. Aufgabe 30). Es handelt sich um eine **Hyperbelgleichung** – die Kepler'schen Bahnen mit positiver Energie sind also Hyperbeln. Eine solche Bahn ist (kurzgestrichelt) in Abbildung 8.11 dargestellt.

Zusammenfassung der Kepler'schen Bahnen

Unsere Ergebnisse zu den Kepler'schen Bahnen lassen sich folgendermaßen zusammenfassen: Alle möglichen Bahnen sind gegeben durch Gleichung (8.59)

$$r(\varphi) = \frac{c}{1 + \varepsilon \cos \phi} \tag{8.62}$$

und durch die beiden Integrationskonstanten ε und c.[7] Die dimensionslose Konstante ε hängt über (8.58) mit der Energie des Kometen zusammen:

$$E = \frac{\gamma^2 \mu}{2\ell^2}(\varepsilon^2 - 1)\,. \tag{8.63}$$

Wie wir gesehen haben, wird die Form der Bahn durch die Exzentrizität bestimmt, und zwar gemäß folgendem Schema:

Exzentrizität	Energie	Bahn
$\varepsilon = 0$	$E < 0$	Kreis
$0 < \varepsilon < 1$	$E < 0$	Ellipse
$\varepsilon = 1$	$E = 0$	Parabel
$\varepsilon > 1$	$E > 0$	Hyperbel

Sie können aus Gleichung (8.62) ablesen, dass die Konstante c ein Skalenfaktor ist, der die Bahnausdehnung beschreibt. Die Konstante hat die Dimension einer Länge; sie ist gegeben durch den Abstand zwischen der Sonne und dem Kometen für $\varphi = \pi/2$. Sie ist gleich $\ell^2/\gamma\mu$ oder – da γ die Kraftkonstante $Gm_1 m_2$ ist –

$$c = \frac{\ell^2}{Gm_1 m_2 \mu}\,. \tag{8.64}$$

Darin gibt m_1 die Masse des Kometen und m_2 die Masse der Sonne an. μ ist die reduzierte Masse $\mu = m_1 m_2/(m_1 + m_2)$; da m_2 so groß ist, liegt μ äußerst nahe an m_1.

8.8 Bahnänderungen

In diesem letzten Abschnitt werde ich diskutieren, wie ein Satellit von einer Umlaufbahn auf eine andere gelangen kann. Beispielsweise könnte ein Raumschiff auf dem Weg zur Venus anfangs auf einer kreisförmigen Umlaufbahn um die Sonne in der Nähe des Erdorbitals fliegen und dann auf eine elliptische Bahn wechseln, auf der es zur Umlaufbahn der Venus um die Sonne kommt. Ein anderes Beispiel, das wir hier näher diskutieren werden, ist ein Raumschiff, das von einer Umlaufbahn um die Erde auf eine andere wechseln soll, etwa von einer kreisförmigen auf eine elliptische Bahn, die es in eine größere Höhe bringt. Bei der Untersuchung von Erdumlaufbahnen geht man genauso vor wie bei Umlaufbahnen um die Sonne, außer dass

7 Da das zweite Newton'sche Gesetz eine Differenzialgleichung zweiter Ordnung ist und die Bewegung in zwei Dimensionen abläuft, gibt es insgesamt eigentlich sogar vier Integrationskonstanten. Die dritte ist die Konstante δ aus Gleichung (8.46), die wir hier als null angesetzt haben, sodass die Bahnachse die x-Achse ist. Die vierte Konstante ist der Ort des Kometen auf seiner Bahn zur Zeit $t = 0$.

in den Gleichungen die Sonnenmasse M_S durch die Erdmasse M_E ersetzt wird und dass der erdnächste und der erdfernste Punkt der Bahn als **Perigäum** bzw. **Apogäum** bezeichnet werden (von griechisch *gaia* „Erde") anstelle Perihel bzw. Aphel bei den Sonnenumlaufbahnen. Wir beschränken uns auf gebundene elliptische Bahnen; die allgemeinste Form ist

$$r(\varphi) = \frac{c}{1 + \varepsilon \cos(\varphi - \delta)} \,. \tag{8.65}$$

(Solange wir nur an einer einzigen Bahn interessiert waren, konnten wir unsere x-Achse so legen, dass der Winkel δ null war; wenn wir uns aber mit zwei beliebigen Bahnen beschäftigen, werden wir das δ nicht los – zumindest nicht für *beide* Bahnen.)

Nehmen wir nun an, dass unser Raumschiff sich anfangs auf einer Bahn der Form (8.65) bewegt; es soll die Energie E_1, den Drehimpuls ℓ_1 und die Bahnparameter c_1, ε_1 und δ_1 haben. Bei dem üblichen Vorgehen zum Wechsel einer Umlaufbahn lässt man die Triebwerke für einen kurzen Zeitraum kräftig feuern. In guter Näherung lässt sich eine solche kurzzeitige Wirkung einer Kraft als **Kraftstoß** behandeln, der bei einem gegebenen Winkel φ_0 auftritt und eine instantane Geschwindigkeitsänderung um einen bestimmten Betrag bewirkt.[8] Aus der Geschwindigkeitsänderung können wir die neue Energie E_2 und den neuen Drehimpuls ℓ_2 berechnen. Aus (8.48) bestimmen wir dann auch den neuen Wert von c_2 und aus (8.58) die neue Exzentrizität ε_2. Weil die neue und die alte Bahn im Winkel φ_0 ineinander übergehen, d. h. $r_1(\varphi_0) = r_2(\varphi_0)$, bestimmen wir δ_2 aus der Gleichung

$$\frac{c_1}{1 + \varepsilon_1 \cos(\varphi_0 - \delta_1)} = \frac{c_2}{1 + \varepsilon_2 \cos(\varphi_0 - \delta_2)} \,. \tag{8.66}$$

Diese Rechnung ist zwar im Prinzip gar nicht schwer, in der Praxis stellt sie sich aber als langwierig und nicht sonderlich erhellend heraus. Um die Berechnungen zu vereinfachen und die wichtigsten Punkte besser herauszuarbeiten, behandle ich nur einen wichtigen Spezialfall.

Eine tangentiale Kraft im Perigäum

Betrachten wir einen Satelliten auf seiner Bahn um die Erde, der von einer Bahn auf eine andere wechselt, indem er seine Triebwerke in tangentialer Richtung (vorwärts oder rückwärts) feuern lässt, wenn er sich im Perigäum der Ursprungsbahn befindet. Durch die Wahl unserer x-Achse können wir es so einrichten, dass das Perigäum in Richtung $\varphi = 0$ liegt, sodass wir $\varphi_0 = 0$ und $\delta_1 = 0$ haben. Weil außerdem die Triebwerke in tangentialer Richtung feuern, hat die Geschwindigkeit unmittelbar danach noch immer dieselbe Richtung, nämlich senkrecht zu dem Radius zwischen der Erde und dem Satelliten. Daher ist der Ort, an dem die Triebwerke arbeiten, zugleich auch das Perigäum der neuen Bahn,[9] und es gilt auch $\delta_2 = 0$. Damit reduziert sich die Gleichung (8.66), die die Stetigkeit der Bahn garantiert, auf

$$\frac{c_1}{1 + \varepsilon_1} = \frac{c_2}{1 + \varepsilon_2} \,. \tag{8.67}$$

8 Der Kraftstoß (Formelzeichen $\boldsymbol{I}$) wird in der englischsprachigen Literatur als *impulse* bezeichnet. Die naheliegende Übersetzung mit „Impuls" wäre aber falsch, denn der Kraftstoß beschreibt eine Impuls*änderung*; er ist definiert als $\boldsymbol{I} = \Delta \boldsymbol{p} = \int \boldsymbol{F}(t)\,\mathrm{d}t$. (Anm. d. Übers.)

9 Streng genommen könnte es das Perigäum *oder das Apogäum* der neuen Bahn sein, aber wie wir gleich sehen werden, lassen sich beide Fälle gemeinsam behandeln.

Wir wollen für das Verhältnis der Geschwindigkeitsbeträge unmittelbar vor und nach dem Feuern der Triebwerke den Buchstaben λ verwenden: $v_2 = \lambda v_1$. Ich werde λ als **Schubfaktor** bezeichnen; für $\lambda > 1$ wirkt der Schub in Vorwärtsrichtung, der Satellit wird schneller; für $\lambda < 1$ wirkt der Schub in Rückwärtsrichtung, der Satellit wird dadurch gebremst. (Im Prinzip könnte λ auch negativ sein, aber das würde eine Geschwindigkeitsumkehr bedeuten – ein unwahrscheinliches Manöver, das wir hier nicht betrachten werden.)

Im Perigäum ist der Drehimpuls genau $\ell = \mu r v$. Der Wert von r ändert sich während des Kraftstoßes nicht, und ich nehme an, dass sich durch das Feuern der Triebwerke die Masse des Satelliten nur um einen vernachlässigbaren Betrag verringert. Unter diesen Annahmen ändert sich der Drehimpuls um denselben Faktor wie die Geschwindigkeit:

$$\ell_2 = \lambda \ell_1 \,. \tag{8.68}$$

Nach (8.8) ist der Parameter c proportional zu ℓ^2. Daher ist der neue Wert von c

$$c_2 = \lambda^2 c_1 \,. \tag{8.69}$$

Setzen wir das in (8.67) ein und lösen nach ε_2 auf, erhalten wir für die neue Exzentrizität

$$\varepsilon_2 = \lambda^2 \varepsilon_1 + (\lambda^2 - 1) \,. \tag{8.70}$$

Gleichung (8.70) enthält fast alle interessanten Informationen über die neue Bahn. Beispielsweise ist für $\lambda > 1$ (Schub in Vorwärtsrichtung) leicht zu erkennen, dass bei der neuen Bahn $\varepsilon_2 > \varepsilon_1$ gilt. Die neue Bahn hat also dasselbe Perigäum wie die alte, doch eine höhere Exzentrizität und liegt damit außerhalb der alten Bahn (äußere gestrichelte Kurve in Abbildung 8.12a). Wenn wir λ nur groß genug machen, wird die neue Exzentrizität auch größer als 1. In diesem Fall handelt es sich bei der neuen Bahn um eine Hyperbel, also um eine ungebundene Bahn, und unser Satellit entfernt sich von der Erde.

Bei einem Rückwärtsschub ($\lambda < 1$) ist die neue Bahn weniger exzentrisch als die alte, es gilt also $\varepsilon_2 < \varepsilon_1$; die neue Bahn liegt dann innerhalb der alten (innere gestrichelte Kurve in Abbildung 8.12b). Wenn wir λ immer kleiner machen, wird ε_2 irgendwann verschwinden, d. h., wenn die Triebwerke mit genau dem richtigen Kraftstoß in Rückwärtsrichtung feuern, können wir den Satelliten auf eine Kreisbahn bringen. Und wenn wir λ noch kleiner machen, wird ε_2 sogar negativ. Was bedeutet das? Der

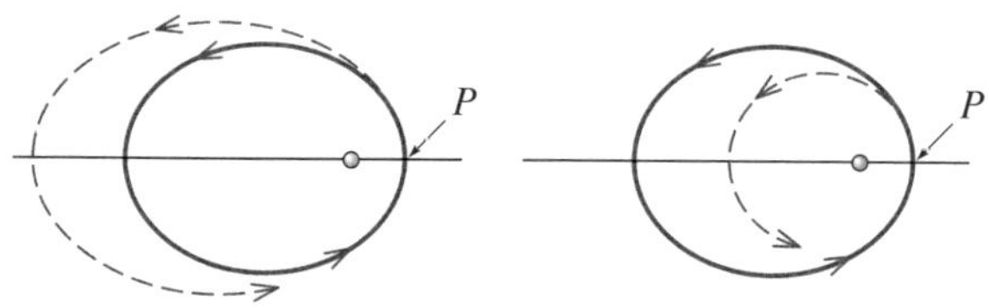

a Vorwärtsschub **b** Rückwärtsschub

Abbildung 8.12: Bahnänderungen. Die ursprüngliche Bahn des Satelliten ist als durchgezogene Linie gezeichnet; die Triebwerke werden gestartet, wenn der Satellit im Perigäum P ist. (a) Ein Schub in Vorwärtsrichtung bewegt den Satelliten auf eine exzentrischere elliptische Bahn (gestrichelt). (b) Ein Schub in Rückwärtsrichtung bewegt den Satelliten auf eine elliptische Bahn mit geringerer Exzentrizität (gestrichelt).

Parameter ε wurde zwar als positive Konstante eingeführt, doch die Bahngleichung $r = c/(1 + \varepsilon \cos\varphi)$ ist auch für $\varepsilon < 0$ sinnvoll. Der einzige Unterschied ist, dass die Richtung $\varphi = 0$ nun in Richtung des maximalen r und $\varphi = \pi$ in Richtung des minimalen r weist – Apogäum und Perigäum haben also einfach nur ihre Plätze getauscht. Wenn wir also in P (dem Perigäum der alten Bahn) einen genügend großen Rückwärtsschub wirken lassen, dann haben wir somit den Satelliten auf eine kleinere Bahn gebracht, für die P nun das Apogäum ist.

Wechsel zwischen Kreisbahnen

Beispiel 8.6 Die Besatzung eines Raumschiffs auf einer kreisförmigen Bahn mit Radius R_1 will auf eine kreisförmige Bahn mit dem Radius $2R_1$ wechseln. Dazu sollen die Triebwerke zweimal hintereinander feuern (Abbildung 8.13). Zunächst hebt sich das Raumschiff am Punkt P in einen elliptischen Transferorbit 2, der gerade groß genug ist, den gewünschten Radius zu erreichen. Wenn dann der gewünschte Radius erreicht wird (im Punkt P', dem Apogäum des Transferorbits), feuern die Triebwerke ein zweites Mal und heben das Raumschiff in die gewünschte Kreisbahn 3. Um welchen Faktor muss die Geschwindigkeit des Raumschiffs bei jedem dieser beiden Manöver zunehmen? Anders gefragt: Wie groß sind die Schubfaktoren λ und λ'? Um welchen Faktor nimmt die Geschwindigkeit des Raumschiffs durch das gesamte Manöver zu?

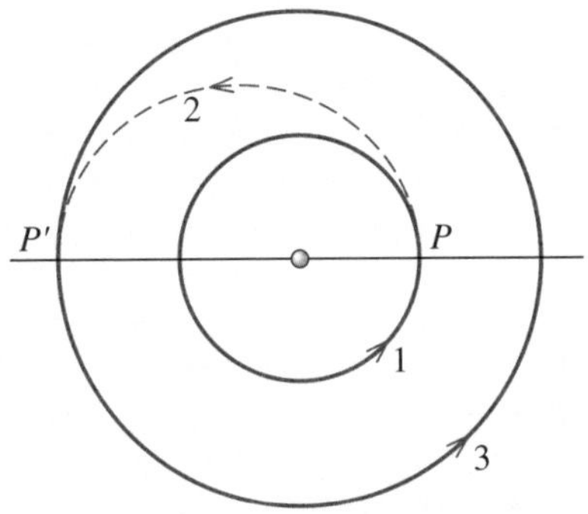

Abbildung 8.13: Wenn man die Raketen zweimal hintereinander feuern lässt (an den Punkten P und P'), wechselt der Satellit von der engen kreisförmigen Bahn 1 zunächst in den Transferorbit 2 und von dort in die endgültige Kreisbahn 3.

Lösung Die ursprüngliche Kreisbahn hat $c_1 = R_1$ und die Exzentrizität $\varepsilon_1 = 0$. Die Bahn am Ende des Manövers soll $R_3 = 2R_1$ haben. Nach (8.69) hat der Transferorbit $c_2 = \lambda^2 R_1$ und nach (8.70) die Exzentrizität $\varepsilon_2 = (\lambda^2 - 1)$; darin ist λ der Schubfaktor des ersten Manövers bei P. Sobald das Raumschiff den Punkt P' erreicht, soll seine Bahn den Radius R_3 haben. Da P' das Apogäum des Transferorbits ist, muss dazu

$$R_3 = \frac{c_2}{1 - \varepsilon_2} = \frac{\lambda^2 R_1}{1 - (\lambda^2 - 1)} = \frac{\lambda^2 R_1}{2 - \lambda^2} \tag{8.71}$$

gelten; dies löst man leicht nach λ auf und erhält

$$\lambda = \sqrt{\frac{2R_3}{R_1 + R_3}} = \sqrt{\frac{4}{3}} \approx 1{,}15\,. \tag{8.72}$$

Das Raumschiff muss seine Geschwindigkeit also um etwa 15 % erhöhen, um in den gewünschten Transferorbit zu gelangen.

Das zweite Manöver wird bei P' durchgeführt, dem Apogäum des Transferorbits. In Aufgabe 33 können Sie zeigen, dass der zweite Schubfaktor

$$\lambda' = \sqrt{\frac{R_1 + R_3}{2R_1}} = \sqrt{\frac{3}{2}} \approx 1{,}22 \tag{8.73}$$

ist; das Raumschiff muss seine Geschwindigkeit also um 22 % erhöhen, um von dem Transferorbit in die endgültige Kreisbahn zu gelangen.

Der Gedanke wäre zu schön, dass die Gesamtänderung der Geschwindigkeit bei dem Manöver von der ursprünglichen zur gewünschten größeren Kreisbahn sich einfach als das Produkt $\lambda\lambda'$ der beiden Schubfaktoren berechnen ließe. Bei diesem Gedanken übersieht man aber, dass die Geschwindigkeit des Raumschiffs sich ja auch ändert, wenn es sich auf dem Transferorbit bewegt. Wegen der Drehimpulserhaltung müssen die Geschwindigkeiten an den beiden Endpunkten des Transferorbits die Bedingung $v_2(\mathrm{Apo})R_3 = v_2(\mathrm{Per})R_1$ erfüllen. Die Gesamtzunahme der Geschwindigkeit ist daher

$$\begin{aligned} v_3 &= \lambda' \cdot \frac{v_2(\mathrm{Apo})}{v_2(\mathrm{Per})} \cdot \lambda \cdot v_1 \\ &= \sqrt{\frac{R_1 + R_3}{2R_1}} \cdot \frac{R_1}{R_3} \cdot \sqrt{\frac{2R_3}{R_1 + R_3}} \cdot v_1 = \sqrt{\frac{R_1}{R_3}} \cdot v_1 \,. \end{aligned} \tag{8.74}$$

Im betrachteten Fall gilt $R_3 = 2R_1$ und damit $v_3 = v_1/\sqrt{2}$. Die Endgeschwindigkeit ist also um einen Faktor $\sqrt{2}$ geringer als die Anfangsgeschwindigkeit. Dieses Ergebnis (sowie die Verallgemeinerung in Gleichung (8.74)) hätten wir erwarten können. Es ist nämlich leicht zu zeigen, dass für Kreisbahnen $v \propto 1/\sqrt{R}$ gilt (Aufgabe 32). Eine Verdopplung des Bahnradius muss also mit einer Geschwindigkeitsabnahme um den Faktor $\sqrt{2}$ einhergehen. ■

ZUSAMMENFASSUNG

Wichtige Definitionen und Gleichungen aus Kapitel 8

Relativkoordinaten und reduzierte Masse
Das Zweikörperproblem lässt sich vereinfachen, wenn man es mithilfe der **Relativkoordinate**

$$\boldsymbol{r} = \boldsymbol{r}_1 - \boldsymbol{r}_2 \tag{8.4}$$

und der Schwerpunktkoordinate $\boldsymbol{R}$ umformuliert. Es ist dann gleichwertig zu dem Problem der Bewegung zweier unabhängiger Teilchen, eines freien Teilchens mit der Masse $M = m_1 + m_2$ und dem Ort $\boldsymbol{R}$ und eines zweiten Teilchens mit der sogenannten **reduzierten Masse**

$$\mu = \frac{m_1 m_2}{m_1 + m_2}, \tag{8.11}$$

dem Ort $\boldsymbol{r}$ und der potenziellen Energie $U(r)$.

Das äquivalente eindimensionale Problem
Die Bewegung der Relativkoordinate mit einem gegebenen Drehimpuls ℓ ist äquivalent zur Bewegung eines Teilchen in einer (radialen) Dimension mit der Masse μ, dem Ort r (mit $0 < r < \infty$) und dem **effektiven Potenzial**

$$U_{\text{eff}}(r) = U(r) + U_{\text{Zf}}(r) = U(r) + \frac{\ell^2}{2\mu r^2} \tag{8.30}$$

U_{Zf} wird als **zentrifugale potenzielle Energie** bezeichnet.

Die transformierte Radialgleichung
Mit der Variablensubstitution von r zu $u = 1/r$ und der Elimination von t zugunsten von φ erhält die eindimensionale radiale Bewegungsgleichung die Form

$$u''(\varphi) = -u(\varphi) - \frac{\mu}{\ell^2 u(\varphi)^2} F. \tag{8.41}$$

Die Kepler'schen Bahnen
Auf einen Planeten oder einen Kometen wirkt die Kraft $F = Gm_1m_2/r^2 = \gamma/r^2$, und die Lösung von (8.41) ist

$$r(\varphi) = \frac{c}{1 + \varepsilon \cos\varphi}. \tag{8.49}$$

Darin ist $c = \ell^2/\gamma\mu$, und ε hängt mit der Energie über

$$E = \frac{\gamma^2 \mu}{2\ell^2}(\varepsilon^2 - 1) \tag{8.58}$$

zusammen. Eine solche sogenannte **Kepler'sche Bahn** ist eine Ellipse, eine Parabel oder eine Hyperbel, je nachdem, ob die Exzentrizität ε kleiner als, gleich oder größer als 1 ist.

Aufgaben zu Kapitel 8

*Die Sterne zeigen den ungefähren Schwierigkeitsgrad an, von * (leicht) bis *** (schwierig).*

8.2 Schwerpunkt und Relativkoordinaten; reduzierte Masse

*** 1** Zeigen Sie, dass die Orte von zwei Teilchen mithilfe des Schwerpunkts und der Relativposition als $\boldsymbol{r}_1 = \boldsymbol{R} + m_2\boldsymbol{r}/M$ und $\boldsymbol{r}_2 = \boldsymbol{R} - m_1\boldsymbol{r}/M$ angegeben werden können. Bestätigen Sie so, dass die kinetische Gesamtenergie der beiden Teilchen sich als $T = \frac{1}{2}m\dot{\boldsymbol{R}}^2 + \frac{1}{2}\mu\dot{\boldsymbol{r}}^2$ ausdrücken lässt (μ ist dabei die reduzierte Masse mit $\mu = m_1m_2/M$).

**** 2** Obwohl der Hauptgegenstand dieses Kapitels die Bewegung zweier Teilchen war, die keinen äußeren Kräften unterliegen, können viele der hier gewonnenen Ergebnisse leicht auch auf allgemeinere Fälle übertragen werden. Ein Beispiel dafür ist die Aufspaltung der Lagrange-Funktion in zwei unabhängige Teile, nämlich $\mathcal{L} = \mathcal{L}_S + \mathcal{L}_{rel}$ wie in Gleichung (8.13). Betrachten Sie dazu zwei Massen m_1 und m_2, die sich in einem gleichförmigen Gravitationsfeld $\boldsymbol{g}$ bewegen und über eine potenzielle Energie $U(r)$ miteinander wechselwirken.
a) Zeigen Sie, dass die Lagrange-Funktion sich wirklich wie in (8.13) zerlegen lässt.
b) Geben Sie die Lagrange-Funktionen für die drei Schwerpunktkoordinaten X, Y und Z an und beschreiben Sie die Schwerpunktbewegung. Geben Sie die drei Lagrange-Funktionen für die Relativkoordinaten an und zeigen Sie klar und deutlich, dass sich $\boldsymbol{r}$ genauso bewegt wie ein einzelnes Teilchen mit der reduzierten Masse μ und der potenziellen Energie $U(r)$ am Ort $\boldsymbol{r}$.

**** 3** Zwei Teilchen der Masse m_1 und m_2 sind durch eine masselose Feder mit der natürlichen Länge L und der Federkonstante k verbunden. Anfangs ruht m_2 auf einem Tisch, und ich halte m_1 in der Höhe L senkrecht oberhalb von m_2 über der Tischplatte. Zur Zeit $t = 0$ reiße ich m_1 mit der Anfangsgeschwindigkeit v_0 senkrecht nach oben. Geben Sie die Orte der beiden Massen zu jedem nachfolgenden Zeitpunkt t an (bevor die beiden wieder auf den Tisch fallen) und beschreiben Sie die Bewegung. [*Hinweis:* Vgl. Aufgabe 2. Nehmen Sie an, dass v_0 so klein ist, dass die beiden Massen niemals zusammenstoßen.]

8.3 Die Bewegungsgleichungen

*** 4** Geben Sie mithilfe der Lagrange-Funktion (8.13) die drei Lagrange-Funktionen für die Relativkoordinaten x, y und z an und zeigen Sie ausführlich, dass sich die Relativposition $\boldsymbol{r}$ genauso bewegt wie ein einzelnes Teilchen am Ort $\boldsymbol{r}$ mit der potenziellen Energie $U(r)$ und der reduzierten Masse μ.

*** 5** Der zur Relativposition $\boldsymbol{r}$ konjugierte Impuls $\boldsymbol{p}$ ist mit den Komponenten $p_x = \partial\mathcal{L}/\partial\dot{x}$ usw. definiert. Beweisen Sie den Zusammenhang $\boldsymbol{p} = \mu\dot{\boldsymbol{r}}$. Beweisen Sie auch, dass im Schwerpunktsystem $\boldsymbol{p}$ dasselbe ist wie $\boldsymbol{p}_1$, der Impuls von Teilchen 1 (es gilt außerdem $\boldsymbol{p} = -\boldsymbol{p}_2$).

***6** Zeigen Sie, dass der Drehimpuls $\boldsymbol{\ell}_1$ von Teilchen 1 im Schwerpunktsystem mit dem Gesamtdrehimpuls $\boldsymbol{L}$ über $\boldsymbol{\ell}_1 = (m_2/M)\boldsymbol{L}$ zusammenhängt; in gleicher Weise gilt $\boldsymbol{\ell}_2 = (m_1/M)\boldsymbol{L}$. Da $\boldsymbol{L}$ erhalten bleibt, muss das jeweils für sich auch für $\boldsymbol{\ell}_1$ und $\boldsymbol{\ell}_2$ im Schwerpunktsystem gelten.

***7** **a)** Bestimmen Sie mithilfe von elementarer Newton'scher Mechanik die Umlaufzeit für eine Masse m_1 in einer kreisförmigen Bahn vom Radius r um eine *raumfeste* Masse m_2.
b) Teilen Sie nun die Bewegung in die Schwerpunkt- und die Relativbewegungen auf und bestimmen Sie so die Umlaufzeit für den Fall, dass m_2 *nicht* raumfest ist und die Massen einander in einem konstanten Abstand r umkreisen. Diskutieren Sie den Grenzwert dieses Ergebnisses für $m_2 \to \infty$.
c) Wie groß wäre die Umlaufzeit für das System Sonne–Erde, wenn die Erde dieselbe Masse wie die Sonne hätte, die beiden sich auf einer kreisförmigen Bahn bewegten und der Abstand genauso groß wäre wie heute? (Die Masse der Sonne ist über 300 000-mal so groß wie die Erdmasse.)

***8** Zwei Massen m_1 und m_2 bewegen sich in einer Ebene und wechselwirken über eine potenzielle Energie $U(r) = \frac{1}{2}kr^2$. Geben Sie mithilfe des Schwerpunkts ihre Lagrange-Funktion sowie die relativen Orte $\boldsymbol{R}$ und $\boldsymbol{r}$ an und bestimmen Sie die Bewegungsgleichungen für die Koordinaten X, Y sowie x, y. Beschreiben Sie die Bewegung und bestimmen Sie die Frequenz der Relativbewegung.

***9** Betrachten Sie zwei Teilchen gleicher Masse $m_1 = m_2$, die durch eine leichte gerade Feder (Federkonstante k, natürliche Länge L) miteinander verbunden sind und sich reibungsfrei über einen horizontalen Tisch bewegen können.
a) Geben Sie die Lagrange-Funktion mithilfe der Koordinaten $\boldsymbol{r}_1$ und $\boldsymbol{r}_2$ an und formulieren Sie sie mithilfe der Schwerpunkt- und der Relativkoordinaten $\boldsymbol{R}$ und $\boldsymbol{r}$ um; verwenden Sie dabei Polarkoordinaten (r, φ) für $\boldsymbol{r}$.
b) Geben Sie die Lagrange-Funktionen für die Schwerpunktkoordinaten X, Y an und lösen Sie sie.
c) Geben Sie die Lagrange-Funktionen für r und φ an und lösen Sie die Gleichungen für die beiden Spezialfälle, in denen r konstant ist bzw. φ konstant ist. Beschreiben Sie die jeweiligen Bewegungen. Zeigen Sie insbesondere, dass sich für die Schwingungen im zweiten Fall eine Frequenz von $\omega = \sqrt{2k/m_1}$ ergibt.

***10** Zwei Teilchen gleicher Masse $m_1 = m_2$ bewegen sich in der Nähe eines ortsfesten Kraftzentrums reibungsfrei auf einem horizontalen Tisch. Die potenziellen Energien sind $U_1 = \frac{1}{2}kr_1^2$ und $U_2 = \frac{1}{2}kr_2^2$. Außerdem wechselwirken die beiden Teilchen miteinander über eine potenzielle Energie $U_{12} = \frac{1}{2}\alpha kr^2$ (dabei ist r der Abstand zwischen den Teilchen, α und k sind positive Konstanten).
a) Bestimmen Sie die Lagrange-Funktion mithilfe der Schwerpunktkoordinate $\boldsymbol{R}$ und der Relativkoordinate $\boldsymbol{r} = \boldsymbol{r}_1 - \boldsymbol{r}_2$.
b) Geben Sie die Lagrange-Funktionen für die Schwerpunkt- und die Relativkoordinaten X, Y und x, y an und lösen Sie sie. Beschreiben Sie die Bewegung.

***11** Betrachten Sie zwei Teilchen, die über eine dem Hooke'sche Gesetz genügende potenzielle Energie $U = \frac{1}{2}kr^2$ miteinander wechselwirken, sonst aber keinen äußeren Kräften unterliegen; $\boldsymbol{r}$ ist die relative Position $\boldsymbol{r} = \boldsymbol{r}_1 - \boldsymbol{r}_2$. Zeigen Sie, dass $\boldsymbol{r}(t)$ eine Ellipse beschreibt. Sie zeigen damit, dass sich beide Teilchen auf ähnlichen Ellipsen um ihren gemeinsamen Schwerpunkt bewegen. [Diese Aufgabe ist erstaunlich schwierig. Das einfachste Vorgehen dürfte es sein, die x-y-Ebene als Bahnebene zu wählen und dann die Bewegungsgleichungen (8.15) für x und y zu lösen. Ihre Lösung hat dann die Form $x = A\cos\omega t + B\sin\omega t$, für y gibt es einen entsprechenden Ausdruck. Wenn Sie die Bewegungsgleichungen nach $\sin\omega t$ und $\cos\omega t$ auflösen und die Identität $\sin^2 + \cos^2 = 1$ berücksichtigen, können Sie die Bahngleichung auf die Form $ax^2 + 2bxy + cy^2 = k$ bringen (k ist dabei eine positive Konstante). Dann können Sie sich auf das Standardergebnis berufen, dass diese Gleichung für positive a und c mit $ac > b^2$ eine Ellipse definiert.]

8.4 Das äquivalente eindimensionale Problem

★12 **a)** Untersuchen Sie die effektive potenzielle Energie (8.32) und bestimmen Sie den Radius, bei dem ein Planet (oder Komet) mit dem Drehimpuls ℓ die Sonne in einer Bahn mit festem Radius umkreisen kann. [Schauen Sie sich $\mathrm{d}U_{\text{eff}}/\mathrm{d}r$ an.]
b) Zeigen Sie, dass diese kreisförmige Bahn stabil ist (stabil in dem Sinne, dass eine kleine Störung nur kleine radiale Schwingungen verursacht.) [Schauen Sie sich $\mathrm{d}U^2_{\text{eff}}/\mathrm{d}r^2$ an.] Zeigen Sie, dass die Periode dieser Schwingungen gleich der Umlaufzeit des Planeten ist.

★★13 Zwei Teilchen im Abstand r voneinander, deren reduzierte Masse als μ bezeichnet wird, wechselwirken über eine potenzielle Energie $U = \frac{1}{2}kr^2$.
a) Skizzieren Sie $U(r)$, die zentrifugale potenzielle Energie $U_{\text{Zf}}(r)$ und die effektive potenzielle Energie $U_{\text{eff}}(r)$. (Behandeln Sie den Drehimpuls ℓ als bekannte, feste Konstante.)
b) Bestimmen Sie den „Gleichgewichtsabstand" r_0, d. h. den Abstand, bei dem die beiden Teilchen sich mit konstantem r gegenseitig umkreisen. [*Hinweis:* Dazu muss $\mathrm{d}U_{\text{eff}}/\mathrm{d}r$ gleich null sein.]
c) Entwickeln Sie $U_{\text{eff}}(r)$ in eine Taylor-Reihe um den Gleichgewichtspunkt r_0 und vernachlässigen Sie alle Terme in $(r-r_0)^3$ und höher. Bestimmen Sie damit die Frequenz der kleinen Schwingungen um die kreisförmige Bahn, wenn die Teilchen in ihrem Abstand r_0 eine kleine Störung erfahren.

★★14 Betrachten Sie ein Teilchen mit der reduzierten Masse μ, das sich unter dem Einfluss einer zentralen Kraft mit $u = kr^n$ (mit $kn > 0$) bewegt.
a) Erläutern Sie, was die Bedingung $kn > 0$ über die Kraft aussagt. Skizzieren Sie den Verlauf der effektiven potenziellen Energie U_{eff} für die Fälle $n = 2$, $n = -1$ und $n = -3$.
b) Bestimmen Sie den Radius, bei dem das Teilchen (mit einem gegebenen Drehimpuls ℓ) sich auf einer Bahn mit festem Radius bewegen kann. Für welche Werte von n ist die kreisförmige Bahn stabil? Bestätigen Ihre Skizzen diesen Schluss?
c) Zeigen Sie, dass die Periode der kleinen Schwingungen um die Kreisbahn im stabilen Fall $\tau_{\text{Schw}}/\sqrt{n+2}$ beträgt. Erörtern Sie, dass diese Bahnen geschlossen sind, wenn $\sqrt{n+2}$ eine rationale Zahl ist. Zeichnen Sie solche Bahnen für $n = 2$, $n = -1$ und $n = 7$.

8.6 Kepler'sche Bahnen

***15** Bei der Herleitung des dritten Kepler'schen Gesetzes (8.55) haben wir eine Näherung verwendet, die ausnutzte, dass die Sonnenmasse M_S viel größer ist als die Masse m des Planeten. Zeigen Sie, dass dies Gesetz eigentlich die Form $\tau^2 = [4\pi^2/G(M_S + m)]a^3$ haben müsste und dass die Proportionalitäts„konstante" sich demnach für die verschiedenen Planeten ein wenig unterscheidet. Die Sonnenmasse M_S beträgt etwa $2 \cdot 10^{30}$ kg, die Masse des schwersten Planeten (Jupiter) liegt bei etwa $2 \cdot 10^{27}$ kg, und die Massen der anderen Planeten liegen noch einige Größenordnungen unterhalb der Jupitermasse. Um welchen Prozentsatz sollte sich Ihrer Erwartung nach die „Konstante" im dritten Kepler'schen Gesetz für die verschiedenen Planeten ändern?

***16** Wir haben in (8.49) bewiesen, dass eine beliebige Kepler'sche Bahn sich in der Form $r(\varphi) = c/(1 + \varepsilon \cos \varphi)$ schreiben lässt (mit $c > 0$ und $\varepsilon \geq 0$). Geben Sie diese Gleichung für den Fall $0 \leq \varepsilon < 1$ in rechtwinkligen Koordinaten (x, y) an und beweisen Sie, dass man die Gleichung auf die Form der Ellipsengleichung (8.51) bringen kann. Prüfen Sie die Werte der in Gleichung (8.52) angegebenen Konstanten nach.

***17** Bei der Bearbeitung von Aufgabe 41 ist Ihnen der **Virialsatz** für eine kreisförmige Bahn eines Teilchen unter dem Einfluss einer Zentralkraft mit $U = kr^n$ begegnet. Hier behandeln wir eine allgemeinere Form dieses Satzes, die sich auf eine beliebige periodische Bahn eines Teilchens anwenden lässt.
a) Bestimmen Sie die Zeitableitung der Größe $G = \boldsymbol{r} \cdot \boldsymbol{p}$, integrieren Sie von 0 bis t und zeigen Sie, dass

$$\frac{G(t) - G(0)}{t} = 2\langle T \rangle + \langle \boldsymbol{F} \cdot \boldsymbol{r} \rangle$$

gilt; $\boldsymbol{F}$ ist dabei die resultierende Kraft auf das Teilchen, und $\langle f \rangle$ ist der zeitliche Mittelwert einer beliebigen Größe f.
b) Erläutern Sie, warum wir bei einer periodischen Teilchenbahn und bei genügend großen Zeiten t die linke Seite dieser Gleichung beliebig klein werden lassen können (mit anderen Worten: Warum geht die linke Seite für $t \to \infty$ gegen 0?).
c) Beweisen Sie mit diesem Ergebnis, dass $\langle T \rangle = n\langle U \rangle/2$ gilt, wenn die Kraft $\boldsymbol{F}$ sich aus einer potenziellen Energie $U = kr^n$ herleitet; dabei bedeutet $\langle f \rangle$ jetzt den zeitlichen Mittelwert über einen sehr langen Zeitraum.

***18** Sie beobachten einen Satelliten, der sich im Perigäum 250 km über der Erdoberfläche befindet und sich mit etwa 8500 m/s bewegt. Bestimmen Sie die Exzentrizität seiner Bahn und die Höhe über der Erdoberfläche im Apogäum. [*Hinweis:* Der Erdradius beträgt $R_E \approx 6{,}4 \cdot 10^6$ m. Sie benötigen außerdem den Wert von GM_E, aber den erhalten Sie leicht über die bekannte Beziehung $GM_E/R_E = g$.]

***19** Die Höhe eines Satelliten über der Erdoberfläche beträgt 300 km im Perigäum und 3000 km im Apogäum. Wir legen die x-y-Ebene in die Bahnebene, die Hauptachse soll in x-Richtung zeigen, die Erde befindet sich im Ursprung. Wie hoch ist dann der Satellit, wenn er die y-Achse schneidet? [Sehen Sie sich auch den Hinweis für Aufgabe 18 an.]

20 Wir betrachten einen Kometen, der sein Aphel in einer Entfernung r_{max} von der Erde durchläuft. Stellen Sie sich vor, dass es uns irgendwie gelingt, den Drehimpuls ℓ bei festem r_{max} immer weiter zu verringern, allerdings nicht bis auf null; wir lassen also $\ell \to 0$ gehen. Zeigen Sie mithilfe der Gleichungen (8.48) und (8.50), dass die Exzentrizität ε der elliptischen Bahn in diesem Limit gegen 1 und dass der Abstand zur Sonne bei der dichtesten Annäherung r_{min} gegen null geht. Beschreiben Sie die Bahn mit festem r_{max}, aber sehr kleinem ℓ. Welchen Wert hat die große Halbachse a?

21 **a)** Wenn Sie es noch nicht getan haben, lösen Sie Aufgabe 20.
b) Bestimmen Sie mithilfe des dritten Kepler'schen Gesetzes (8.55) die Umlaufzeit auf dieser Bahn, ausgedrückt durch r_{max} (sowie G und M_S).
c) Betrachten Sie nun den Extremfall, dass der Komet in einer Entfernung r_{max} von der Sonne aus dem *Stillstand* startet. (In diesem Fall ist ℓ null.) Bestimmen Sie mithilfe des im Zusammenhang mit (4.58) beschriebenen Verfahrens, wie lang der Komet braucht, bis er die Sonne erreicht hat. (Nehmen Sie dabei den Sonnenradius als null an.)
d) Beschreiben Sie unter der Annahme, dass der Komet sich irgendwie frei durch die Sonne bewegen kann, die Gesamtbewegung des Kometen und bestimmen Sie seine Umlaufzeit.
e) Vergleichen Sie die Antworten aus den Teilen (b) und (d).

22 Ein Teilchen der Masse m bewegt sich mit dem Drehimpuls ℓ um ein festes Kraftzentrum mit $F(r) = k/r^3$; die Konstante k kann positiv oder negativ sein.
a) Skizzieren Sie den Verlauf der effektiven potenziellen Energie U_{eff} für verschiedene Werte von k und beschreiben Sie die verschiedenen Arten der Umlaufbahnen.
b) Schreiben Sie die transformierte Radialgleichung (8.41) nieder und lösen Sie sie; bestätigen Sie mit den Lösungen Ihre Vorhersagen aus Teil (a).

23 Ein Teilchen der Masse m bewegt sich mit dem Drehimpuls ℓ im Feld eines festen Kraftzentrums mit

$$F(r) = -\frac{k}{r^2} + \frac{\lambda}{r^3}$$

mit den positiven Konstanten k und λ.
a) Geben Sie die transformierte Radialgleichung (8.41) an und beweisen Sie, dass die Bahn die Form

$$r(\varphi) = \frac{c}{1 + \varepsilon(\beta\varphi)}$$

annimmt; c, β und ε sind dabei positive Konstanten.
b) Bestimmen Sie c und β mithilfe der gegebenen Parameter und beschreiben Sie die Bahn für den Fall $0 < \varepsilon < 1$.
c) Für welche Werte von β ist die Bahn geschlossen? Was geschieht mit Ihren Ergebnissen für $\lambda \to 0$?

24 Betrachten Sie wieder das Teilchen aus Aufgabe 23, diesmal soll λ aber negativ sein. Geben Sie die transformierte Radialgleichung (8.41) an und beschreiben Sie die Bahnen mit niedrigem Drehimpuls (insbesondere $\ell^2 < -\lambda m$).

25 Computer Betrachten Sie ein Teilchen mit der Masse m und dem Drehimpuls ℓ im Feld einer Zentralkraft $F = -k/r^{5/2}$. Um Ihre Gleichungen zu vereinfachen, wählen Sie die Einheiten so, dass $m = \ell = k = 1$.
a) Bestimmen Sie den Wert r_0, für den U_{eff} minimal wird, und fertigen Sie ein Diagramm mit dem Verlauf von $U_{\text{eff}}(r)$ für $0 < r \leq 5r_0$ an. (Wählen Sie dabei den Maßstab so, dass Ihr Diagramm den interessanten Teil der Kurve zeigt.)
b) Nehmen Sie nun an, dass das Teilchen eine Energie $E = -0{,}1$ hat. Bestimmen Sie den genauen Wert für r_{min}, den Abstand des Teilchens vom Kraftzentrum bei der dichtesten Annäherung. (Hier brauchen Sie ein Computerprogramm, um die entscheidende Gleichung numerisch zu lösen.)
c) Nehmen Sie an, dass das Teilchen für $\varphi = 0$ bei $r = r_{\text{min}}$ ist. Lösen Sie nun mithilfe eines Computerprogramms (etwa „NDSolve" in *Mathematica*) die transformierte Radialgleichung (8.41) und bestimmen Sie die Bahn in der Form $r = r(\varphi)$ für $0 \leq \varphi \leq 7\pi$. Fertigen Sie ein Diagramm der Bahn an. Ist die Bahn geschlossen?

26 Zeigen Sie, dass aus der Gültigkeit der ersten beiden Kepler'schen Gesetze für einen beliebigen Körper auf einer Bahn um die Sonne folgt, dass die als konservativ angenommene Kraft der Sonne auf einen beliebigen Körper zentral ist und dass sie sich gemäß $1/r^2$ verhält.

27 Zur Zeit t_0 beobachtet man einen Kometen in der Entfernung r_0, der sich mit der Geschwindigkeit v_0 in einem spitzen Winkel α zur Verbindungslinie zwischen der Sonne und dem Kometen bewegt. Die Sonne soll sich im Ursprung O befinden, der Komet zur Zeit t_0 auf der x-Achse, seine Bahn liegt in der x-y-Ebene. Zeigen Sie, wie man die Parameter der Bahngleichung in der Form $r = c/[1 + \varepsilon\cos(\varphi - \delta)]$ berechnen kann. Führen Sie die Rechnung aus für $r_0 = 1{,}0 \cdot 10^{11}\,\text{m}$, $v_0 = 45\,\text{km/s}$ und $\alpha = 50°$. [Die Sonnenmasse ist etwa $2{,}0 \cdot 10^{30}\,\text{kg}$, die Gravitationskonstante beträgt $G = 6{,}7 \cdot 10^{-11}\,\text{N} \cdot \text{m}^2/\text{s}^2$.]

8.7 Ungebundene Kepler'sche Bahnen

28 Zeigen Sie: Für einen irdischen Satelliten mit gegebenem Drehimpuls ℓ auf einer parabolischen Bahn ist die Entfernung zur Erde bei der größtmöglichen Annäherung r_{min} gerade halb so groß wie der Radius einer kreisförmigen Bahn.

29 Wie würde sich die Erdbahn um die Sonne (die Sie als Kreisbahn annehmen können) verändern, wenn plötzlich die Hälfte der Sonnenmasse verschwinden würde? Bliebe die Erde dann an die Sonne gebunden? [*Hinweise:* Überlegen Sie, was mit der kinetischen und der potenziellen Energie der Erde im Moment des Verschwindens passieren würde. Der Virialsatz für die Kreisbahn (Aufgabe 41) wird Ihnen dabei helfen.] Betrachten Sie die Sonne (oder was immer davon übrigbleibt) als raumfest.

30 Die allgemeine Kepler'sche Bahn wird in Gleichung (8.49) in Polarkoordinaten angegeben. Schreiben Sie sie für die Fälle $\varepsilon = 1$ und $\varepsilon > 1$ in kartesische Koordinaten um. Zeigen Sie, dass Sie für $\varepsilon = 1$ die Parabel (8.60) und für $\varepsilon > 1$ die Hyperbel (8.61) erhalten. Drücken Sie für diesen letzten Fall die Konstanten α, β und δ mithilfe von c und ε aus.

31 Untersuchen Sie die Bewegung von zwei Teilchen, die eine *abstoßende* $1/r^2$-Kraft erfahren (beispielweise zwei positive Ladungen). Zeigen Sie, dass dieses System keine Zustände mit $E < 0$ (angegeben im Schwerpunktsystem) hat und dass in allen Zuständen mit $E > 0$ die Relativbewegung einer Hyperbel folgt. Skizzieren Sie eine typische Bahn. [*Hinweis:* Sie können eng dem Gang der Untersuchung in den Abschnitten 8.6 und 8.7 folgen, allerdings müssen Sie die Kraftrichtung umkehren. Das wohl einfachste Vorgehen ist es, das Vorzeichen von γ in (8.44) und allen nachfolgenden Gleichungen zu ändern (sodass $f(r) = +\gamma/r^2$ gilt) und dann γ selbst positiv zu belassen. Es soll $\ell \neq 0$ sein.]

8.8 Bahnänderungen

32 Beweisen Sie, dass die Geschwindigkeit eines auf einer kreisförmigen Bahn um ein festes Gravitationszentrum (so wie die Sonne) umlaufenden Körpers umgekehrt proportional zur Wurzel aus dem Bahnradius ist.

33 Abbildung 8.13 zeigt ein Raumschiff, dass von einer kreisförmigen Bahn 1 im Punkt P in einen Transferorbit 2 und von dort im Punkt P' in die endgültige, höhere Kreisbahn 3 wechselt. Der für den Wechsel in P nötige Schubfaktor wurde in Beispiel 8.6 (Seite 378) detailliert hergeleitet. Zeigen Sie auf ähnliche Weise, dass der in P' erforderliche Schubfaktor $\lambda' = \sqrt{(R_1 + R_3)/2R_1}$ ist. [Ihre Herleitung sollte sich eng an die Herleitung in Beispiel 8.6 anlehnen; sie müssen aber berücksichtigen, dass P' das Apogäum (nicht das Perigäum) des Transferorbits ist. Daher müssen beispielsweise die Pluszeichen in (8.67) hier Minuszeichen werden.]

34 Wir wollen ein Raumfahrzeug zum Neptun schicken und dabei den einfachen Bahnwechsel ausnützen, wie er in Beispiel 8.6 (Seite 378) beschrieben wird. Das Raumfahrzeug startet in einer Kreisbahn um die Sonne in der Nähe des Erdorbitals (Radius 1 AE; das Kürzel AE steht für die *Astronomische Einheit*, der mittleren Entfernung der Erde von der Sonne, ca. 150 Mio. Kilometer) und soll sich am Schluss auf einer Kreisbahn beim Neptun befinden (Radius etwa 30 AE). Zeigen Sie mithilfe des dritten Kepler'schen Gesetzes, dass ein solcher Transfer etwa 31 Jahre dauert. (In der Praxis lenkt man daher das Raumschiff besser so, dass es durch die Anziehungskraft des Jupiter beschleunigt wird, wenn es dort vorbeifliegt.)

35 Ein Raumschiff auf einer kreisförmigen Bahn will auf eine andere Kreisbahn mit einem Viertel des Radius wechseln, indem es durch einen Schub in tangentialer Richtung auf eine elliptische Bahn und dann durch einen zweiten tangentialen Schub am anderen Ende der Ellipse in die gewünschte Kreisbahn wechselt. (Das Bild sieht aus wie Abbildung 8.13, läuft nun aber „rückwärts".) Bestimmen Sie die dazu nötigen Schubfaktoren und zeigen Sie, dass die Geschwindigkeit auf der angestrebten Bahn *größer* ist als die Anfangsgeschwindigkeit (nämlich doppelt so groß).

Mechanik in Nichtinertialsystemen

9

ÜBERBLICK

» In Kapitel 1 haben wir gesehen, dass die Newton'schen Gesetze nur in einer ganz speziellen Klasse der Bezugssysteme gelten, in den *Inertialsystemen* – d. h. in Systemen, die weder beschleunigt sind noch rotieren. Die spontane Reaktion auf diese Einschränkung könnte es sein, dann eben alle mechanischen Probleme nur in Inertialsystemen zu behandeln, und genau das haben wir bislang ja auch getan. Es gibt jedoch Situationen, in denen es sehr wünschenswert wäre, auch in einem Nichtinertialsystem arbeiten zu können. Wenn Sie beispielsweise in einem beschleunigenden Auto sitzen, eine Münze in die Luft werfen und das Verhalten der Münze beschreiben, dann werden Sie natürlich die Bewegung der Münze so beschreiben wollen, *wie Sie selbst sie sehen,* also in dem beschleunigten Bezugssystem des Autos, in dem Sie sitzen. Ein anderes Beispiel wäre das mit der Erde verbundene („erdfeste") Bezugssystem. In hervorragender Näherung handelt es sich dabei um ein Inertialsystem – aber die Erde rotiert und erfährt auf ihrer elliptischen Bahn um die Sonne eine Beschleunigung. Ein erdfestes Bezugssystem kann also aus diesen Gründen eigentlich kein echtes Inertialsystem sein. Bei den allermeisten Problemen wird das keine Rolle spielen, es kann aber Fälle geben – etwa die Berechnung der Flugbahn einer Langstreckenrakete –, bei denen die Erdrotation wichtige Konsequenzen hat. Selbstverständlich würden wir gern die Bewegung relativ zu dem erdfesten Bezugssystem beschreiben, in dem wir leben, aber dazu müssen wir lernen, Mechanik in Nichtinertialsystemen zu betreiben.

In den ersten beiden Abschnitten dieses Kapitels werde ich den einfachen Fall eines Bezugssystems beschreiben, das zwar beschleunigt ist, aber nicht rotiert. Der Rest des Kapitels behandelt dann rotierende Bezugssysteme. «

9.1 Beschleunigung ohne Rotation

Betrachten wir ein Inertialsystem $\mathcal{S}_0$ und ein zweites Bezugssystem $\mathcal{S}$, das relativ zu $\mathcal{S}_0$ beschleunigt ist; die Beschleunigung $\boldsymbol{A}$ muss nicht unbedingt konstant sein. Zur Schreibweise: Da wir nur an dem Nichtinertialsystem interessiert sind, habe ich es als $\mathcal{S}$ bezeichnet (ohne Index). Ich verwende Großbuchstaben für die Beschleunigung (und die Geschwindigkeit) des Bezugssystems $\mathcal{S}$ relativ zu $\mathcal{S}_0$. Das Inertialsystem $\mathcal{S}_0$ könnte beispielsweise ein fest mit der Erde verbundenes Bezugssystem sein (wir vernachlässigen hier die winzige Beschleunigung, die ein erdfestes Bezugssystem immer erfährt). Das System $\mathcal{S}$ könnte beispielsweise fest mit einem Eisenbahnwaggon verbunden sein, der sich relativ zu $\mathcal{S}_0$ mit der Geschwindigkeit $\boldsymbol{V}$ und der Beschleunigung $\boldsymbol{A} = \dot{\boldsymbol{V}}$ bewegt. Stellen wir uns nun einen Passagier in dem Waggon vor, der mit einem Tennisball der Masse m jongliert. Wir betrachten zunächst die Bewegung des Balls im Bezugssystem $\mathcal{S}_0$. Da dies ein Inertialsystem ist, gilt das zweite Newton'sche Gesetz, d. h.

$$m\ddot{\boldsymbol{r}}_0 = \boldsymbol{F}\,; \tag{9.1}$$

darin ist $\boldsymbol{r}_0$ der Ort des Balls relativ zu $\mathcal{S}_0$, und $\boldsymbol{F}$ ist die resultierende Kraft auf den Ball (die Summe aller Kräfte wie Schwerkraft, Luftwiderstand, die Kraft von der Hand des Jongleus usw.).

Betrachten wir nun die Bewegung desselben Balls, nun aber im beschleunigten Bezugssystem $\mathcal{S}$. Der Ort des Balls relativ zu $\mathcal{S}$ wird mit $\boldsymbol{r}$ angegeben; die Geschwindigkeit $\dot{\boldsymbol{r}}$ relativ zu $\mathcal{S}$ hängt über die Vektoraddition von Geschwindigkeiten folgendermaßen mit $\dot{\boldsymbol{r}}_0$ zusammen:[1]

$$\dot{\boldsymbol{r}}_0 = \dot{\boldsymbol{r}} + \boldsymbol{V}\,. \tag{9.2}$$

In Worten:

(Ballgeschwindigkeit relativ zur Erde)
= (Ballgeschwindigkeit relativ zum Waggon)
+ (Waggongeschwindigkeit relativ zur Erde)

Wenn man das differenziert und umordnet, erhält man

$$\ddot{\boldsymbol{r}} = \ddot{\boldsymbol{r}}_0 - \boldsymbol{A}\,. \tag{9.3}$$

Multipliziert man diese Gleichung nun mit m und ersetzt $m\ddot{\boldsymbol{r}}_0$ durch $\boldsymbol{F}$, ergibt sich

$$m\ddot{\boldsymbol{r}} = \boldsymbol{F} - m\boldsymbol{A}\,. \tag{9.4}$$

Diese Gleichung hat genau die Form des zweiten Newton'schen Gesetzes – *außer* dass auf der rechten Seite neben $\boldsymbol{F}$, der Summe aller Kräfte im Inertialsystem, noch ein zusätzlicher Term von der Größe $-m\boldsymbol{A}$ auftaucht. Wir können also weiterhin das zweite Newton'sche Gesetz in dem Nichtinertialsystem $\mathcal{S}$ anwenden, *sofern* wir anerkennen, dass in dem Nichtinertialsystem ein zusätzlicher, wie eine Kraft wirkender Term addiert werden muss, den wir als **Trägheitskraft** bezeichnen:

$$\boldsymbol{F}_{\text{Träg}} = -m\boldsymbol{A}\,. \tag{9.5}$$

Die Trägheitskraft in Nichtinertialsystemen ist aus vielen alltäglichen Situationen vertraut: Wenn Sie in einem startenden Flugzeug sitzen, dann tritt aus Ihrem Blickwinkel eine große Kraft auf, die Sie in Ihren Sitz drückt. Wenn Sie im Bus stehen und der kräftig bremst ($\boldsymbol{A}$ rückwärts gerichtet), wirkt die Trägheitskraft $-m\boldsymbol{A}$ nach vorn, und Sie können fallen, wenn Sie sich nicht festhalten. Wenn ein Auto schnell durch eine scharfe Kurve fährt, erfahren die Insassen eine Trägheitskraft, die sie nach außen drückt, die sogenannte Zentrifugalkraft. Man kann die Sichtweise vertreten, dass es sich bei der Trägheitskraft um eine „fiktive" Kraft handelt, die nur eingeführt wurde, um die Form des zweiten Newton'schen Gesetzes zu erhalten. Einem Beobachter in einem beschleunigten Bezugssystem hingegen erscheint diese Kraft völlig real.

Viele Probleme mit Objekten in beschleunigten Bezugssystemen lassen sich am einfachsten behandeln, indem man einfach loslegt und das zweite Newton'sche Gesetz aus dem Nichtinertialsystem verwendet – dabei aber immer die zusätzliche Trägheitskraft wie in (9.4) hinzufügt. Es folgt ein einfaches Beispiel.

Ein Pendel in einem beschleunigten Auto

Beispiel 9.1 Wir betrachten ein Fadenpendel (Masse m und Länge L), das in einem Eisenbahnwaggon hängt, der mit der konstanten Beschleunigung $\boldsymbol{A}$ nach rechts beschleunigt wird (Abbildung 9.1). Bestimmen Sie den Gleichgewichtswinkel φ_{GG} relativ zu dem beschleunigten Waggon, in dem das Pendel in Ruhe ist, und berechnen Sie die Frequenz der kleinen Schwingungen um diesen Gleichgewichtswinkel.

1 Eine wichtige Erkenntnis der *Relativitätstheorie* ist, dass sich Geschwindigkeiten eben nicht genau nach den einfachen Regeln der Vektoraddition von (9.2) addieren lassen; solange wir uns aber im Rahmen der *klassischen* Physik bewegen, ist (9.2) korrekt. Ebenso nehme ich an, dass die in $\mathcal{S}$ und $\mathcal{S}_0$ gemessenen Zeiten gleich sind; auch dies ist in der klassischen Mechanik immer erfüllt, in der relativistischen hingegen nicht.

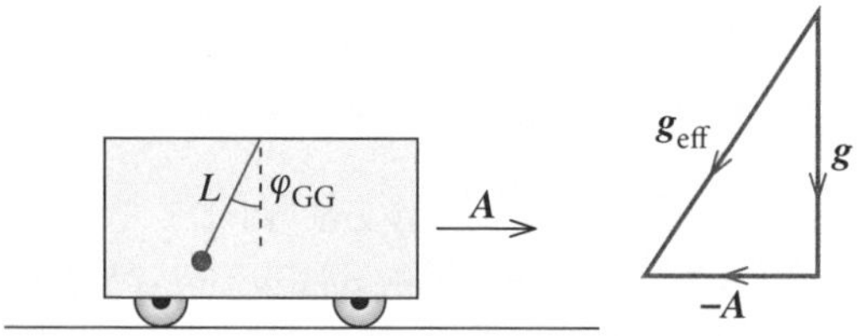

Abbildung 9.1: Ein Pendel hängt von der Decke eines Eisenbahnwaggons, der mit der konstanten Beschleunigung $\boldsymbol{A}$ beschleunigt wird. Im Nichtinertialsystem des Waggons zeigt sich die Beschleunigung in einer Trägheitskraft $-m\boldsymbol{A}$; dies ist wiederum äquivalent dazu, die Fallbeschleunigung $\boldsymbol{g}$ durch eine effektive Fallbeschleunigung $\boldsymbol{g}_{\text{eff}} = \boldsymbol{g} - \boldsymbol{A}$ zu ersetzen.

Lösung ■ In jedem Inertialsystem wirken nur zwei Kräfte auf den Pendelkörper, die Spannung (Zugkraft) $\boldsymbol{F}_\text{Z}$ des Fadens und die Gewichtskraft $m\boldsymbol{g}$; die resultierende Kraft (in einem Inertialsystem) ist also $\boldsymbol{F} = \boldsymbol{F}_\text{Z} + m\boldsymbol{g}$. Wollen wir die Situation im *Nicht-*Inertialsystem des beschleunigten Eisenbahnwaggons beschreiben, so ist zusätzlich die Trägheitskraft $-m\boldsymbol{A}$ zu berücksichtigen, und die Bewegungsgleichung wird zu

$$m\ddot{\mathbf{r}} = \boldsymbol{F}_\text{Z} + m\mathbf{g} - m\boldsymbol{A}\,. \tag{9.6}$$

Weil das Gewicht $m\boldsymbol{g}$ und die Trägheitskraft $-m\boldsymbol{A}$ beide proportional zur Masse m sind, lässt sich dies erheblich vereinfachen: Wir kombinieren diese beiden Terme und schreiben

$$\begin{aligned} m\ddot{\mathbf{r}} &= \boldsymbol{F}_\text{Z} + m(\mathbf{g} - \boldsymbol{A}) \\ &= \boldsymbol{F}_\text{Z} + m\mathbf{g}_\text{eff} \end{aligned} \tag{9.7}$$

mit $\mathbf{g}_\text{eff} = \boldsymbol{g} - \boldsymbol{A}$. Die Bewegungsgleichung für das Pendel im beschleunigten Bezugssystem des Waggons ist also genau dieselbe wie in einem Inertialsystem, *nur dass man* $\mathbf{g}$ *durch ein effektives* $\mathbf{g}_\text{eff} = \mathbf{g} - \boldsymbol{A}$ *ersetzt* (vgl. Abbildung 9.1).[2] Die Lösung unserer Aufgabe wird damit fast trivial.

Wenn das Pendel in Ruhe bleiben soll (so wie in dem Waggon), muss $\ddot{\mathbf{r}}$ null sein, und nach (9.7) müssen dann $\boldsymbol{F}_\text{Z}$ und $m\mathbf{g}_\text{eff}$ einander exakt entgegengesetzt gleich sein. In Abbildung 9.1 erkennt man, dass die Richtung von $\boldsymbol{F}_\text{Z}$ (und damit die Richtung des Pendels)

$$\varphi_\text{GG} = \arctan(A/g) \tag{9.8}$$

sein muss. Die Frequenz eines Fadenpendels in einem Inertialsystem ist für kleine Amplituden bekanntermaßen $\omega = \sqrt{g/L}$. Somit erhalten wir die Frequenz unseres Pendels, indem wir g durch $g_\text{eff} = \sqrt{g^2 + A^2}$ ersetzen:

$$\omega = \sqrt{\frac{g_\text{eff}}{L}} = \sqrt{\frac{\sqrt{g^2 + A^2}}{L}}\,. \tag{9.9}$$

Es lohnt sich, diese Lösung mit anderen, direkteren Methoden zu vergleichen. So hätten wir den Gleichgewichtswinkel (9.8) leicht auch in einem mit der Erde verbundenen Inertialsystem finden können. In diesem Bezugssystem wirken nur zwei Kräfte

2 Es macht also keinen Unterschied, ob man in einem beschleunigten Bezugssystem ist oder eine zusätzliche Gravitationskraft addiert. Dieses Ergebnis ist ein Grundstein der Allgemeinen Relativitätstheorie; dort wird es als *Äquivalenzprinzip* bezeichnet.

auf den Pendelkörper (nämlich $\boldsymbol{F}_Z$ und $m\boldsymbol{g}$). Wenn das Pendel im Eisenbahnwaggon in Ruhe bleiben soll, dann muss es (von der Erde aus gesehen) genau mit $\boldsymbol{A}$ beschleunigt werden. Die resultierende Kraft $\boldsymbol{F}_Z + m\boldsymbol{g}$ muss also gleich $m\boldsymbol{A}$ sein; wenn Sie ein Kräftedreieck zeichnen, können Sie sich leicht davon überzeugen, dass dafür $\boldsymbol{F}_Z$ in die durch (9.8) bestimmte Richtung zeigen muss. Um aber die Frequenz der Schwingungen (9.9) direkt im erdfesten Bezugssystem zu bestimmen, ist ein ziemliches Maß an Scharfsinn erforderlich, und man erhält nicht die Einblicke wie bei der nichtinertialen Herleitung.

Wir hätten beide Ergebnisse auch mit dem Lagrange'schen Verfahren herleiten können. Dieses Vorgehen hat den entschiedenen Vorteil, dass man nicht über Inertial- und Nichtinertialsysteme nachdenken muss – man schreibt einfach die Lagrange-Funktion $\mathcal{L}$ mithilfe der verallgemeinerten Koordinate φ nieder und zieht die Rechnung durch. Die Frequenz (9.9) auf diese Weise zu bestimmen ist aber recht mühsam, wie Sie wissen, wenn Sie die Aufgabe 30 gelöst haben. ■

9.2 Die Gezeiten

Eine schöne Anwendung von Ergebnis (9.4) ist die Erklärung der **Gezeiten**. Auch als Binnenländer werden Sie wissen, dass die Gezeiten ein Ergebnis der „Ausbeulungen" der Ozeane sind, die durch die Gravitationskraft von Mond und Sonne verursacht werden. Während die Erde rotiert, bewegen wir auf der Erdoberfläche uns über diese Ausbeulungen hinweg und erfahren das als ein Steigen bzw. ein Fallen des Meeresspiegels. Es stellt sich heraus, dass der Hauptverantwortliche dafür der Mond ist. Um unsere Diskussion zu vereinfachen, werde ich den Beitrag der Sonne zunächst völlig vernachlässigen. Und ich nehme zunächst an, dass die Meere die gesamte Erdoberfläche bedecken.

Eine sich plausibel anhörende, aber völlig falsche Erklärung der Gezeiten ist in Abbildung 9.2a dargestellt. Nach dieser Argumentation zieht die Anziehungskraft des Mondes die Meere in Richtung Mond und erzeugt damit eine einzelne Aufwölbung

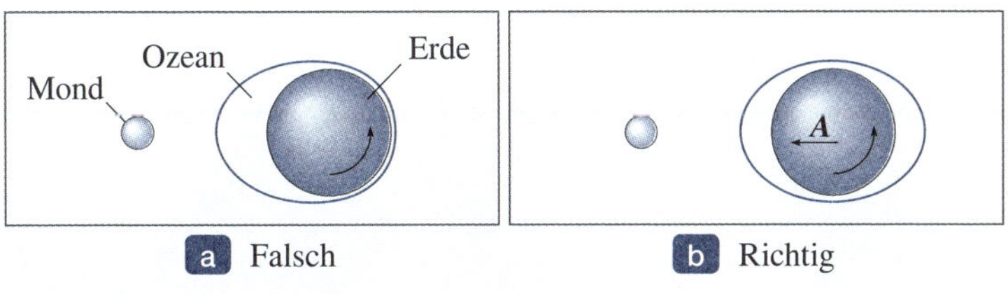

Abbildung 9.2: Ansicht der Erde und des Mondes von einem Punkt oberhalb des Nordpols gesehen; die Erde rotiert im Gegenuhrzeigersinn um die Erdachse. (a) Die dargestellte Erklärung der Gezeiten hört sich plausibel an, ist aber völlig falsch. Sie geht davon aus, dass die Anziehungskraft des Mondes die Meere in Richtung zum Mond aufwölbt. Da die Erde sich einmal pro Tag dreht, könnte eine Person an einem Ort aber nur eine einzige Flut pro Tag wahrnehmen. Es sind aber zwei. Richtig ist darum die Erklärung (b): Die Hauptwirkung der Mondanziehungskraft ist, dass sie der gesamten Erde (einschließlich den Ozeanen) eine kleine Beschleunigung $\boldsymbol{A}$ zum Mond hin verleiht. Wie im Text erklärt, führt das im Endeffekt – wie gezeigt – zu einer Ausbeulung der Ozeane zum Mond hin und vom Mond weg. Da die Erde sich einmal pro Tag dreht, verursachen die beiden Auswölbungen die beobachteten zwei Fluten (und zwei Ebben) pro Tag.

in Mondrichtung. Diese Erklärung ist nicht nur falsch, mit ihr kann man auch nur *eine* Flut (und eine Ebbe) pro Tag erklären – es sind aber jeden Tag *zwei*.

Die richtige Erklärung (Abbildung 9.2b) ist etwas komplizierter. Die Hauptwirkung des Mondes und seiner Anziehungskraft ist, dass die gesamte Erde (einschließlich der Ozeane) eine Beschleunigung $\boldsymbol{A}$ zum Mond hin erfährt. Es handelt sich um die Zentripetalbeschleunigung der Erde, die bei der Drehung von Mond und Erde um ihren gemeinsamen Schwerpunkt auftritt; dabei kann man (fast exakt) annehmen, dass die gesamte Masse der Erde in ihrem Mittelpunkt vereinigt ist. Dieser Zentripetalbeschleunigung auf jeden Körper auf der Erde, der sich mit ihr dreht, entspricht eine Anziehungskraft des Mondes, die der Körper im Erdmittelpunkt erfahren würde. Nun wird jedoch jeder Körper auf der dem Mond zugewandten Seite der Erdoberfläche vom Mond mit einer etwas *größeren* Kraft angezogen, als wenn er sich im Erdmittelpunkt befände. Von der Erde aus gesehen verhalten sich also Körper auf der dem Mond zugewandten Seite so, als würden sie eine kleine zusätzliche Anziehung zum Mond hin erfahren. Insbesondere wölben sich die Ozeane zum Mond hin. Andererseits wird ein Körper auf der dem Mond abgewandten Seite der Erdoberfläche mit einer etwas *kleineren* Kraft als im Erdmittelpunkt angezogen; relativ zur Erde bewegt er sich, als wenn er vom Mond etwas abgestoßen würde. Die kleine Abstoßung verursacht ebenfalls eine Aufwölbung der Ozeane, nämlich auf der dem Mond abgewandten Seite, und ist damit verantwortlich für die zweite Flut eines Tages.

Wir können diesen Gedankengang quantifizieren (und vielleicht auch etwas überzeugender darstellen), indem wir zu Gleichung (9.4) zurückkehren. Die Kräfte auf eine Masse m nahe der Erdoberfläche sind **(1)** die Gravitationsanziehung $m\boldsymbol{g}$ der Erde, **(2)** die Gravitationsanziehung $-GM_\mathrm{M}m\hat{\boldsymbol{d}}/d^2$ des Mondes (dabei ist M_M die Mondmasse und $\boldsymbol{d}$ der Ort des Körpes relativ zum Mond, vgl. Abbildung 9.3) sowie **(3)** die resultierenden Kräfte $\boldsymbol{F}_\mathrm{nG}$, die nicht Gravitationskräfte sind (beispielsweise die Auftriebskraft auf einen Tropfen Meerwasser im Ozean). Die Beschleunigung des Ursprungs O im Erdmittelpunkt ist somit

$$\boldsymbol{A} = -GM_\mathrm{M}\,\frac{\hat{\boldsymbol{d}}_0}{d_0^2}$$

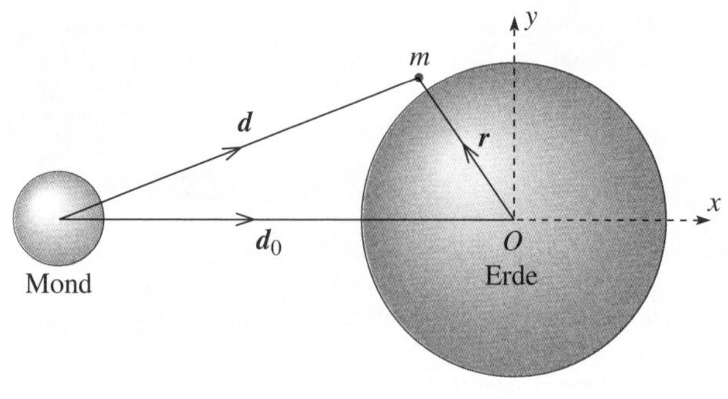

Abbildung 9.3: Eine Masse m nahe der Erdoberfläche hat den Ort $\boldsymbol{r}$ relativ zum Erdmittelpunkt und $\boldsymbol{d}$ relativ zum Mond. Der Vektor $\boldsymbol{d}_0$ ist der Ort des Erdmittelpunkts relativ zu dem des Mondes.

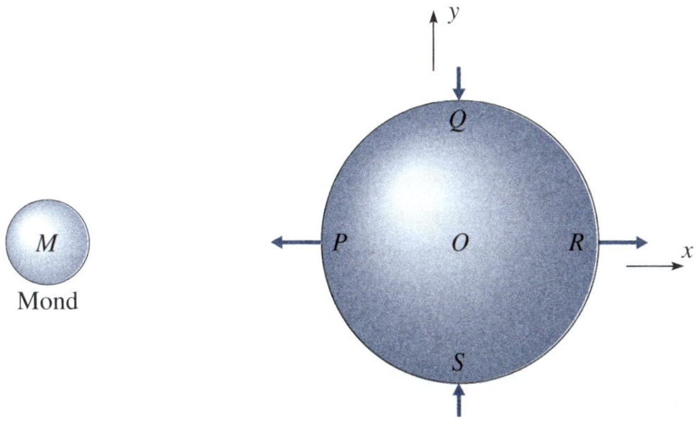

Abbildung 9.4: Die Gezeitenkraft $\boldsymbol{F}_{Gez}$, wie sie in (9.12) gegeben ist, zeigt in den Punkten P und R jeweils nach außen (vom Erdmittelpunkt weg), in den Punkten Q und S hingegen nach innen (zum Erdmittelpunkt hin).

mit dem Ort $\boldsymbol{d}_0$ des Erdmittelpunkts relativ zum Mond. Führen wir all dies zusammen, erhalten wir für (9.4)

$$m\ddot{\mathbf{r}} = \boldsymbol{F} - m\boldsymbol{A} \tag{9.10}$$

$$= \left(m\mathbf{g} - GM_{\mathrm{M}}m\,\frac{\hat{\boldsymbol{d}}}{d^2} + \boldsymbol{F}_{\mathrm{nG}} \right) + GM_{\mathrm{M}}m\,\frac{\boldsymbol{d}_0}{d_0^2} \tag{9.11}$$

oder, wenn wir die beiden Terme, die M_{M} enthalten, zusammenfassen

$$m\ddot{\mathbf{r}} = m\mathbf{g} + \boldsymbol{F}_{\mathrm{Gez}} + \boldsymbol{F}_{\mathrm{nG}}\,.$$

Darin ist die **Gezeitenkraft**

$$F_{\mathrm{Gez}} = -GM_{\mathrm{M}}m \left(\frac{\hat{\boldsymbol{d}}}{d^2} - \frac{\hat{\boldsymbol{d}}_0}{d_0^2} \right) \tag{9.12}$$

die Differenz zwischen der tatsächlichen Kraft des Mondes auf m und der entsprechenden Kraft für den Fall, dass m sich im Erdmittelpunkt befinden würde. Die gesamte Wirkung des Mondes auf die Bewegung (relativ zur Erde) eines Körpers nahe der Erdoberfläche ist in Gleichung (9.12) für die Gezeitenkraft $\boldsymbol{F}_{\mathrm{Gez}}$ enthalten. In dem dem Mond direkt gegenüberliegenden Punkt (in Abbildung 9.4 mit P bezeichnet) zeigen die Vektoren $\boldsymbol{d} = \overrightarrow{MP}$ und $\boldsymbol{d}_0 = \overrightarrow{MO}$ in dieselbe Richtung, allerdings gilt $d < d_0$. Daher dominiert der erste Term in (9.12), und die Gezeitenkraft ist zum Mond hin gerichtet. Im Punkt R, der vom Mond am weitesten entfernt ist, zeigen wieder $\boldsymbol{d}$ (gleich $\overrightarrow{MR}$) und $\boldsymbol{d}_0$ in dieselbe Richtung, hier gilt jedoch $d > d_0$, d. h., die Gezeitenkraft zeigt vom Mond weg. Im Punkt Q zeigen die Vektoren $\boldsymbol{d} = \overrightarrow{MQ}$ und $\boldsymbol{d}_0 = \overrightarrow{MO}$ in verschiedene Richtungen; die x-Komponenten der beiden Terme in (9.12) heben sich fast exakt gegeneinander auf, doch nur der erste Term hat eine y-Komponente. Daher ist die Gezeitenkraft im Punkt Q (und ebenso in S) nach innen gerichtet, zum Erdmittelpunkt hin, wie in Abbildung 9.4 gezeigt. Insgesamt bewirkt die Gezeitenkraft eine Verzerrung der Meeresoberfläche zu einer Form, wie sie in Abbildung 9.2b gezeigt ist; die Aufwölbungen um die Punkte P und R führen dann, wie zu beobachten, zweimal täglich zu einer Flut.

Höhe der Gezeiten

Die einfachste Möglichkeit, die Höhendifferenz zwischen Ebbe und Flut zu bestimmen, besteht darin, die Meeresoberfläche als eine Äquipotenzialfläche zu betrachten – also als eine Fläche konstanter potenzieller Energie. Um das zu beweisen, betrachten wir einen Tropfen Meerwasser auf der Meeresoberfläche. Der Tropfen ist unter der Wirkung von drei Kräften im Gleichgewicht (relativ zum erdfesten Bezugssystem); diese drei Kräfte sind die Gravitationskraft $m\boldsymbol{g}$ der Erde, die Gezeitenkraft $\boldsymbol{F}_{\mathrm{Gez}}$ sowie die Druckkraft $\boldsymbol{F}_{\mathrm{p}}$ des umgebenden Meerwassers. Da ein statisches Fluid keinerlei Scherkräfte ausüben kann, muss die Druckkraft $\boldsymbol{F}_{\mathrm{p}}$ normal zur Meeresoberfläche sein. (Es handelt sich nur um die Auftriebskraft aus dem Archimedischen Prinzip.) Da der Wassertropfen sich im Gleichgewicht befindet, muss auch die Kräftesumme $m\boldsymbol{g} + \boldsymbol{F}_{\mathrm{Gez}}$ normal zur Meeresoberfläche sein.

Nun sind sowohl $m\boldsymbol{g}$ als auch $\boldsymbol{F}_{\mathrm{Gez}}$ konservativ, d. h. sie lassen sich als Gradient einer potenziellen Energie schreiben:

$$m\boldsymbol{g} = -\boldsymbol{\nabla} U_{\mathrm{GE}} \quad \text{und} \quad \boldsymbol{F}_{\mathrm{Gez}} = -\boldsymbol{\nabla} U_{\mathrm{Gez}}\,;$$

dabei ist U_{GE} die potenzielle Energie aufgrund der Gravitation der Erde, U_{Gez} ist die potenzielle Energie der Gezeitenkraft. Durch Auswertung von (9.12) erkennt man sie als[3]

$$U_{\mathrm{Gez}} = -GM_{\mathrm{M}}m\left(\frac{1}{d} + \frac{x}{d_0^2}\right). \tag{9.13}$$

Die Aussage, $m\boldsymbol{g} + \boldsymbol{F}_{\mathrm{Gez}}$ sei normal zur Meeresoberfläche, lässt sich damit umformulieren zu der Aussage, $\boldsymbol{\nabla}(U_{\mathrm{GE}} + U_{\mathrm{Gez}})$ sei normal zur Meeresoberfläche, woraus wiederum folgt, dass $U = (U_{\mathrm{GE}} + U_{\mathrm{Gez}})$ auf der Meeresoberfläche konstant ist. Oder mit anderen Worten: Die Meeresoberfläche ist ein Äquipotenzialfläche.

Da U auf der Meeresoberfläche konstant ist, folgt

$$U(P) = U(Q)$$

(vgl. Abbildung 9.5) oder

$$U_{\mathrm{GE}}(P) - U_{\mathrm{GE}}(Q) = U_{\mathrm{Gez}}(Q) - U_{\mathrm{Gez}}(P)\,. \tag{9.14}$$

Die linke Seite ist hier einfach

$$U_{\mathrm{GE}}(P) - U_{\mathrm{GE}}(Q) = mgh\,; \tag{9.15}$$

h gibt die Differenz zwischen dem Höchst- und dem Tiefststand der Gezeiten an, den sogenannten Tidenhub (die Differenz zwischen den Längen OP und OQ in Abbildung 9.5). Um die rechte Seite von (9.14) zu bestimmen, müssen wir die beiden potenziellen Energien $U_{\mathrm{Gez}}(Q)$ und $U_{\mathrm{Gez}}(P)$ aus der Definition (9.13) berechnen. Im Punkt Q gilt $d = \sqrt{d_0^2 + r^2}$ (mit $r \approx R_{\mathrm{E}}$) und $x = 0$. Dann folgt aus (9.13)

$$U_{\mathrm{Gez}}(Q) = -GM_{\mathrm{M}}m\,\frac{1}{\sqrt{d_0^2 + R_{\mathrm{E}}^2}}\,.$$

3 Nach (9.12) ergibt sich $\boldsymbol{F}_{\mathrm{Gez}}$ als Summe zweier Terme. Der erste ist einfach nur die übliche $1/r^2$-Kraft mit der entsprechenden potenziellen Energie $-GM_{\mathrm{M}}m/d$; der zweite Term ist ein konstanter Vektor in die x-Richtung, aus dem der Ausdruck $-GM_{\mathrm{M}}mx/d_0^2$ folgt.

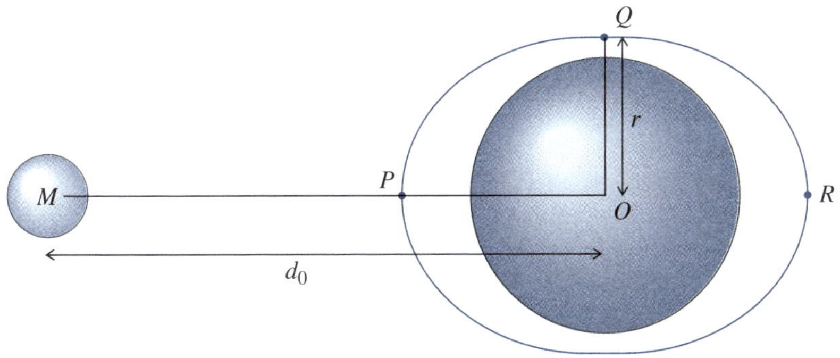

Abbildung 9.5: Der Tidenhub h, also der Unterschied zwischen dem Höchststand bei Flut und dem Tiefststand bei Ebbe, ergibt sich als Differenz zwischen den Längen OP und OQ. Der Tidenhub ist hier erheblich übertrieben dargestellt (h liegt in der Größenordnung von 1 m), und beide Längen OP und OQ weichen nur sehr wenig vom Erdradius ab ($R_E \approx 6400$ km). Im Übrigen ist $r \approx R_E$ etwa 60-mal kleiner als die Entfernung $OM = d_0$ zwischen Erde und Mond.

Die Wurzel können wir umschreiben zu $\sqrt{d_0^2 + R_E^2} = d_0\sqrt{1 + (R_E/d_0)^2}$. Wegen $R_E/d_0 \ll 1$ können wir die Binomialnäherung $(1+\varepsilon)^{-1/2} \approx 1 - \frac{1}{2}\varepsilon$ verwenden; damit ergibt sich

$$U_{\text{Gez}}(Q) \approx -\frac{GM_M m}{d_0}\left(1 - \frac{R_E{}^2}{2d_0{}^2}\right). \tag{9.16}$$

Am Punkt P haben wir $d = d_0 - R_E$ und $x = -R_E$, und eine ähnliche Rechnung ergibt (vgl. Aufgabe 5)

$$U_{\text{Gez}}(P) \approx -\frac{GM_M m}{d_0}\left(1 + \frac{R_E{}^2}{d_0{}^2}\right). \tag{9.17}$$

(Sie können nachrechnen, dass man dasselbe Ergebnis für den dem Mond abgewandten Punkt R erhält; in dieser Näherung sollte also die Höhe der beiden täglichen Gezeiten gleich sein.)

Setzen wir (9.15), (9.16) und (9.17) in (9.14) ein, erhalten wir

$$mgh = \frac{GM_M m}{d_0}\,\frac{3R_E^2}{2d_0^2}\,.$$

Mit $g = GM_E/R_E^2$ folgt daraus

$$h = \frac{3M_M R_E^4}{2M_E d_0^3}\,. \tag{9.18}$$

Mit den Zahlenwerten $M_M = 7{,}35 \cdot 10^{22}$ kg, $M_E = 5{,}98 \cdot 10^{24}$ kg, $R_E = 6{,}37 \cdot 10^6$ m und $d_0 = 3{,}84 \cdot 10^8$ m ergibt sich für die Höhe der durch den Mond allein verursachten Gezeiten

$$h = 54 \text{ cm} \qquad \text{[Mond allein]}\,. \tag{9.19}$$

Die Höhe der allein durch die Sonne verursachten Gezeiten lässt sich ebenfalls mit (9.18) bestimmen, wenn man statt M_M die Sonnenmasse $M_S = 1{,}99 \cdot 10^{30}$ kg einsetzt und für d_0 den Abstand der Erde von der Sonne verwendet, also $1{,}495 \cdot 10^{11}$ m. Damit ergibt sich

$$h = 25 \text{ cm} \qquad \text{[Sonne allein]}\,. \tag{9.20}$$

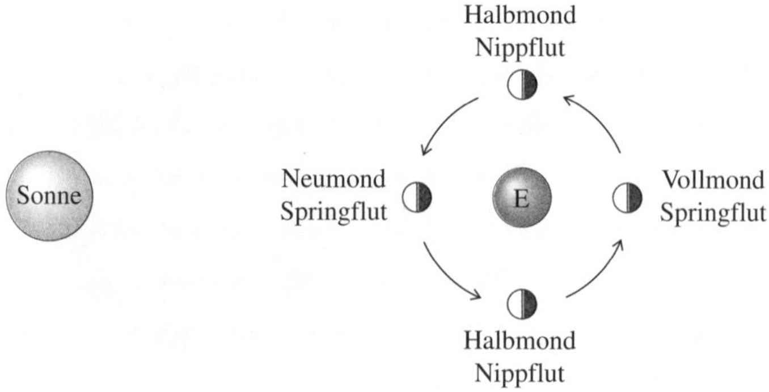

Abbildung 9.6: Vier aufeinanderfolgende Stellungen des Mondes bei seinem monatlichen Umlauf um die Erde. Bei Neumond und bei Vollmond verstärken die Gezeitenkräfte von Mond und Sonne einander, die Gezeiten sind höher als üblich („Springflut"). Bei Halbmond heben sich die Wirkungen nahezu auf, die Gezeiten sind klein („Nippflut").

Der Beitrag der Sonne zu den Gezeiten ist also zwar geringer als der des Mondes, aber er ist gewiss nicht vernachlässigbar, und die beiden Effekte verbinden sich auf interessante Weise. Betrachten Sie zunächst den Fall, dass die Erde, die Sonne und der Mond sich näherungsweise auf einer Geraden befinden – entweder mit der Erde in der Mitte (Vollmond) oder mit dem Mond in der Mitte (Neumond), vgl. Abbildung 9.6. In diesem Fall verstärken die Gezeitenkräfte aufgrund des Mondeinflusses und die aufgrund des Sonneneinflusses einander (da die beiden vom Mond verursachten Aufbeulungen mit den beiden durch die Sonne verursachten zusammenfallen). In diesem Fall können wir einen großen Tidenhub vorhersagen, man spricht von einer **Springflut**. Deren Höhe h ergibt sich hier als Summe von (9.19) und (9.20), d. h. $h = 54 + 25 = 79$ (Zentimeter). Wenn andererseits Sonne, Erde und Mond einen rechten Winkel bilden, dann heben sich die Gezeitenkräfte (teilweise) auf, und der Tidenhub ist niedriger (sogenannte **Nippflut**) mit einer Höhe von $h = 54 - 25 = 29$ (Zentimeter).

Obwohl die hier vorgestellte Theorie im Wesentlichen korrekt ist, insbesondere für die Mitte der Weltmeere, kommt es in realen Fällen zu verblüffenden Komplikationen. Der wohl wichtigste Einfluss stammt von den kontinentalen Landmassen. Bislang waren wir ja davon ausgegangen, dass die Meere die gesamte Erdoberfläche bedecken, sodass die Gezeitenkräfte des Mondes und der Sonne sich in den beiden großen Ausbeulungen von Abbildung 9.5 zeigen können. Doch das Vorhandensein der Kontinente beeinflusst unsere Schlüsse und führt zu manchmal kleineren und manchmal größeren Gezeiten. In einem kleinen Meer – etwa der Ostsee, dem Schwarzen Meer und selbst noch dem Mittelmeer –, das durch die Landmassen von den Weltmeeren abgeschnitten ist, sind die Gezeiten viel niedriger als eben berechnet. Andererseits können die Gezeitenwellen, die sich über das offene Meer bewegen, durch die angrenzenden Kontinente aufgehalten werden und sich so zu großen Höhen aufbauen. Und wenn eine Flut in eine trichterförmige Flussmündung oder eine Bucht hineinläuft, kann eine ziemlich dramatische Gezeitenwelle entstehen, nach einem indischen Wort als **Bore** bezeichnet. Boren können wie an dem chinesischen Fluss Qiantang eine Höhe von über 8 m erreichen und breiten sich mit bis zu

40 km/h flussaufwärts aus. In Europa sind schwächere Boren etwa in Großbritannien (Dee, Mersey, Severn, Trent), in Frankreich (Garonne, Gironde) und in Deutschland (Elbe, Ems, Unterweser) zu beobachten.

9.3 Der Vektor der Winkelgeschwindigkeit

In den weiteren Abschnitten dieses Kapitels werden wir die Bewegung von Körpern in Bezugssystemen betrachten, die relativ zu einem Inertialsystem *rotieren*. Doch bevor wir mit dieser Diskussion beginnen können, muss ich einige Konzepte und Notationen für die Beschreibung von Rotationen einführen. Eine eingehende Untersuchung von Drehbewegungen ist überraschend kompliziert. Glücklicherweise benötigen wir aber nicht allzuviele Einzelheiten, und einige der Eigenschaften, die sich nur schwer beweisen lassen, sind recht einsichtig und können daher auch ohne Beweis verwendet werden.

Die Rotationsachsen, mit denen wir uns befassen, sind fast immer fest mit einem starren Körper verbunden. Das wichtigste Beispiel ist ein Satz von Achsen, die fest mit der rotierenden Erde verbunden sind; in Kapitel 10 werden wir weitere Beispiele kennenlernen. Bei der Diskussion von Drehbewegungen starrer Körper gibt es eigentlich nur zwei Fälle, mit denen wir uns beschäftigen müssen: Manchmal rotiert der Körper um einen Punkt des Körpers, der (in einem bestimmten Inertialsystem) *fest* ist; Beispiele dafür sind ein Rad, das sich um eine feste Achse dreht, oder ein schwingendes Pendel, das an einem festen Punkt aufgehängt ist. Wenn der Körper *nicht* um einen festen Punkt rotiert (beispielsweise ein Ball, der durch die Luft fliegt und sich dabei dreht), gehen wir in zwei Schritten vor: Zunächst bestimmen wir die Bewegung des Schwerpunkts, und dann untersuchen wir die Drehbewegung des Körpers in seinem Schwerpunktsystem. Sobald wir unsere Aufmerksamkeit auf die Bewegung im Schwerpunktsystem richten, untersuchen wir tatsächlich die Bewegung in einem Bezugssystem, in dem der Schwerpunkt fest ist. Damit geht es also bei der Untersuchung eines rotierenden Körpers auf jeden Fall um einen Körper, bei dem ein Punkt effektiv fest ist.

Die entscheidenden Aussagen zu einem Körper, der sich um einen festen Punkt dreht, sind die **Euler'schen Kreiselgleichungen** (kurz auch als *Euler'sche Gleichungen* bezeichnet). Sie besagen, dass die allgemeinste Bewegung eines Körpers relativ zu einem festen Punkt O eine Drehung um eine Achse ist, die durch O verläuft. Diese Aussage ist nur ziemlich schwer zu beweisen, doch sie erscheint so selbstverständlich, dass ich hoffe, Sie können sie auch ohne Beweis akzeptieren.[4] Aus diesen Gleichungen folgt, dass man zur Beschreibung einer Rotation um einen gegebenen Punkt O nur die Richtung der Drehachse und den Drehwinkel angeben muss. Uns geht es hier aber um die Rotations*rate*, also die *Drehgeschwindigkeit*; die Euler'schen Gleichungen besagen also, dass sich diese Geschwindigkeit angeben lässt, indem man die Richtung der Drehachse und die Drehgeschwindigkeit um diese Achse angibt. Die Richtung der Drehachse kann man mit einem Einheitsvektor $\boldsymbol{u}$ angeben, die Drehgeschwindigkeit mit der Zahl $\omega = \mathrm{d}\theta/\mathrm{d}t$. Beispielsweise könnte ein Karussell sich mit einer Drehgeschwindigkeit von 10 rad/min (d. h. $\omega = 10\,\mathrm{rad/min}$) um eine vertikale Achse drehen ($\boldsymbol{u}$ steht vertikal).

4 Einen Beweis finden Sie beispielsweise in *Klassische Mechanik* von Herbert Goldstein, Charles Poole und John Safko (3. Auflage, Wiley-VCH, 2006), Abschnitt 4-6.

Es ist oftmals bequem, den Einheitsvektor $\boldsymbol{u}$ mit ω zu kombinieren; damit erhält man den **Vektor der Winkelgeschwindigkeit**

$$\boldsymbol{\omega} = \omega \boldsymbol{u} . \tag{9.21}$$

Dieser Vektor $\boldsymbol{\omega}$ gibt sowohl die Richtung der Drehachse (nämlich $\boldsymbol{u}$, d. h. die Richtung von $\boldsymbol{\omega}$) als auch die Drehgeschwindigkeit an (nämlich ω, den Betrag von $\boldsymbol{\omega}$). Allerdings ist der Vektor $\boldsymbol{\omega}$ bislang noch nicht eindeutig definiert. Um bei dem Beispiel mit dem Karussell von vorhin zu bleiben: Wenn es sich um eine vertikale Achse dreht, zeigt der Vektor $\boldsymbol{\omega}$ dann nach oben oder nach unten? Wir beseitigen diese Mehrdeutigkeit mithilfe der Rechte-Hand-Regel und wählen die Richtung von $\boldsymbol{\omega}$ so, dass die Finger der rechten Hand in die Drehrichtung zeigen, wenn der rechte Daumen in die Richtung von $\boldsymbol{\omega}$ weist. Alternativ kann man die Konvention treffen, dass man den Körper im Uhrzeigersinn rotieren sieht, wenn man in Richtung von $\boldsymbol{\omega}$ blickt.

Es ist wichtig sich klarzumachen, dass die Winkelgeschwindigkeit sich mit der Zeit ändern kann: Wenn die Drehgeschwindigkeit sich ändert, ändert sich der Betrag von $\boldsymbol{\omega}$; wenn sich die Drehachse verändert, ändert $\boldsymbol{\omega}$ seine Richtung. Wenn beispielsweise ein Raumschiff außer Kontrolle gerät und zu taumeln beginnt, ändert die Winkelgeschwindigkeit meist sowohl ihren Betrag als auch ihre Richtung. In einem solchen Fall ist $\boldsymbol{\omega} = \boldsymbol{\omega}(t)$ die momentane Winkelgeschwindigkeit zur Zeit t. Es gibt andererseits viele interessante Fälle, in denen $\boldsymbol{\omega}$ konstant (in Betrag und Richtung) ist; das gilt beispielsweise in hervorragender Näherung für die Winkelgeschwindigkeit der um ihre Achse rotierenden Erde.

Eine nützliche Beziehung

Es gibt einen wichtigen Zusammenhang zwischen der Winkelgeschwindigkeit eines starren Körpers und der linearen Geschwindigkeit eines beliebigen Punkts dieses Körpers. Betrachten wir beispielsweise die Erde, die sich mit der Winkelgeschwindigkeit $\boldsymbol{\omega}$ um eine Achse durch ihren Mittelpunkt O dreht (in der folgenden Diskussion werde ich diesen Punkt als stationär annehmen). Betrachten wir nun einen beliebigen, aber festen Punkt P in der Erde oder auf der Erdoberfläche, beispielsweise die Spitze des Mount Everest, mit einer gewissen Position $\boldsymbol{r}$ relativ zu O. Wir können $\boldsymbol{r}$ durch die entsprechenden sphärischen Koordinaten (r, θ, φ) angeben, wenn die z-Achse durch den Nordpol verläuft. θ ist dann die sogenannte **Komplementbreite** oder *Kolatitude*, also der Winkel, der vom Nordpol herab Richtung Äquator gemessen wird (*Komplement*breite deshalb, weil man die übliche geografische Breite vom Äquator aus zum Pol hin misst). Bei der Drehung der Erde um ihre Achse bewegt sich der Punkt P – wie in Abbildung 9.7 gezeigt – in östlicher Richtung auf seinem Breitenkreis mit dem Radius $\rho = r \sin\theta$. Mit anderen Worten: P bewegt sich mit der Geschwindigkeit $v = \omega r \sin\theta$, und wenn Sie in Abbildung 9.7 die Richtung überprüfen, dann sehen Sie, dass der Vektor der Geschwindigkeit $\boldsymbol{\omega} \times \boldsymbol{r}$ ist. Es ist leicht zu erkennen, dass dieses Ergebnis nicht von der Art des rotierenden Körpers abhängt; für einen beliebigen starren Körper mit der Winkelgeschwindigkeit $\boldsymbol{\omega}$ bezüglich einer Achse durch O ist also die Geschwindigkeit eines Punktes P mit der Position $\boldsymbol{r}$, der fest mit dem Körper verbunden ist,

$$\boldsymbol{v} = \boldsymbol{\omega} \times \boldsymbol{r} . \tag{9.22}$$

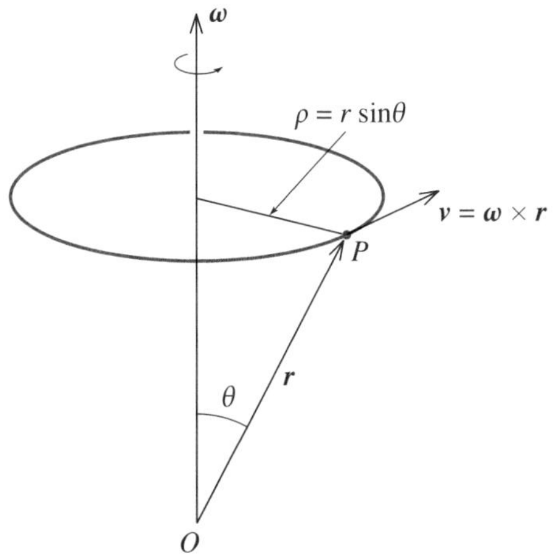

Abbildung 9.7: Durch die Erdrotation bewegt sich der Punkt P auf der Erdoberfläche entlang eines Breitenkreises (Radius $\rho = r \sin\theta$) mit der Geschwindigkeit $v = \omega\rho = \omega r \sin\theta$ und damit der (vektoriellen) Geschwindigkeit $\boldsymbol{v} = \boldsymbol{\omega} \times \boldsymbol{r}$.

Diese nützliche Beziehung ist natürlich eine Verallgemeinerung des Zusammenhangs $v = \omega r$, den man in den physikalischen Einführungskursen für die Geschwindigkeit eines Punkts auf dem Umfang eines sich drehenden Rades mit dem Radius r lernt. Es lohnt sich zu betonen, dass es einen entsprechenden Zusammenhang für einen *beliebigen* mit dem starren Körper verbundenen Vektor gibt. Wenn beispielsweise $\boldsymbol{e}$ ein mit dem Körper verbundener Einheitsvektor ist, dann ist seine Änderungsgeschwindigkeit (betrachtet in einem nichtrotierenden Bezugssystem)

$$\frac{\mathrm{d}\boldsymbol{e}}{\mathrm{d}t} = \boldsymbol{\omega} \times \boldsymbol{e}\,; \tag{9.23}$$

dieses Ergebnis werden wir in Kürze anwenden.

Addition von Winkelgeschwindigkeiten

Eine letzte grundlegende, der Erwähnung werte Eigenschaft von Winkelgeschwindigkeiten ist, dass sich relative Winkelgeschwindigkeiten bei Rotationsbewegungen auf dieselbe Weise addieren wie relative Geschwindigkeiten bei Translationsbewegungen. Bekanntermaßen gilt im Rahmen der klassischen Mechanik: Wenn wir ein Bezugssystem 2 haben, das sich mit der Geschwindigkeit $\boldsymbol{v}_{21}$ relativ zum Bezugssystem 1 bewegt, und ein Körper 3 sich mit der Geschwindigkeit $\boldsymbol{v}_{32}$ relativ zu dem System 2 bewegt, dann ist die Geschwindigkeit des Körpers 3 relativ zum System 1 gerade die Summe

$$\boldsymbol{v}_{31} = \boldsymbol{v}_{32} + \boldsymbol{v}_{21}\,. \tag{9.24}$$

Nehmen wir nun an, dass sich das System 2 mit der Winkelgeschwindigkeit $\boldsymbol{\omega}_{21}$ relativ zum System 1 dreht (beide System haben denselben Ursprung O) und dass sich der Körper 3 (bezüglich O) mit der Winkelgeschwindigkeit $\boldsymbol{\omega}_{31}$ bezüglich System 1 und mit der Winkelgeschwindigkeit $\boldsymbol{\omega}_{32}$ bezüglich System 2 dreht. Betrachten wir nun einen beliebigen festen Punkt $\boldsymbol{r}$ im Körper 3. Seine Translationsgeschwindigkeiten bezüglich der Systeme 1 und 2 müssen die Gleichung (9.24) erfüllen. Nach (9.22) bedeutet das

$$\boldsymbol{\omega}_{31} \times \boldsymbol{r} = (\boldsymbol{\omega}_{32} \times \boldsymbol{r}) + (\boldsymbol{\omega}_{21} \times \boldsymbol{r}) = (\boldsymbol{\omega}_{32} + \boldsymbol{\omega}_{21}) \times \boldsymbol{r} ;$$

weil dies für beliebige $\boldsymbol{r}$ gelten muss, folgt

$$\boldsymbol{\omega}_{31} = \boldsymbol{\omega}_{32} + \boldsymbol{\omega}_{21} . \tag{9.25}$$

Anders gesagt: Winkelgeschwindigkeiten werden auf dieselbe Weise addiert wie Translationsgeschwindigkeiten.

Notation für Winkelgeschwindigkeiten

Bei der Notation von Winkelgeschwindigkeiten werde ich normalerweise folgender Konvention folgen: Ich verwende den kleinen fett-kursiven Buchstaben $\boldsymbol{\omega}$ für die Winkelgeschwindigkeit eines Körpers (z. B. eines rotierenden Kreisels), dessen Bewegung wir untersuchen wollen. Ich verwende den Großbuchstaben $\boldsymbol{\Omega}$ für die Winkelgeschwindigkeit eines rotierenden Bezugssystems (Nichtinertialsystems), relativ zu dem wir die Bewegung von einem oder mehreren Körpern beschreiben. Diese Unterscheidung ist ganz analog zu der Konvention der vorangegangenen Abschnitte, in denen ich die Großbuchstaben $\boldsymbol{A}$ und $\boldsymbol{V}$ für die Beschleunigung bzw. die Geschwindigkeit von Nichtinertialsystemen (bezüglich eines Inertialsystems) verwendet habe. In der Praxis ist $\boldsymbol{\omega}$ meist eine unbekannte, $\boldsymbol{\Omega}$ hingegen eine gegebene, bekannte Winkelgeschwindigkeit, etwa die Winkelgeschwindigkeit der Erde, die sich einmal pro Tag um ihre Achse dreht. In den verbleibenden Abschnitten dieses Kapitels werden wir uns mit der Bewegung von Körpern in einem rotierenden Bezugssystem befassen; gemäß unserer Konvention bezeichne ich die Winkelgeschwindigkeit dieses Systems mit $\boldsymbol{\Omega}$.

9.4 Zeitableitungen in einem rotierenden Bezugssystem

Nun sind wir bereit für die Untersuchung der Bewegungsgleichungen für einen Körper in einem Bezugssystem $\mathcal{S}$, das mit der Winkelgeschwindigkeit $\boldsymbol{\Omega}$ relativ zu einem Inertialsystem $\mathcal{S}_0$ rotiert. Unsere Schlussfolgerungen gelten aber für ein beliebiges rotierendes Bezugssystem; das bei Weitem wichtigste Beispiel ist ein Bezugssystem, das mit der rotierenden Erde verbunden ist, und dieses Beispiel sollten Sie immer im Hinterkopf behalten. Legen wir deshalb eine kurze Pause ein und berechnen wir die Rotationsgeschwindigkeit der Erde, die sich innerhalb von 24 Stunden einmal um ihre Achse dreht.[5] Ein fest mit der Erde verbundenes Bezugssystem hat also die Rotationsgeschwindigkeit

$$\Omega = \frac{2\pi \text{ rad}}{24 \cdot 3600 \text{ s}} \approx 7{,}3 \cdot 10^{-5} \text{ rad/s} . \tag{9.26}$$

5 Genaugenommen ist die Dauer für eine Erdrotation ein **siderischer Tag**, d. h. die Zeit, in der sich die Erde relativ zu einem weit entfernten Stern einmal um ihre Achse dreht. Dieser Wert ist um einen Faktor 365/366 kürzer als der **Sonnentag**, doch die Differenz ist so klein, dass wir uns hier nicht darum kümmern müssen.

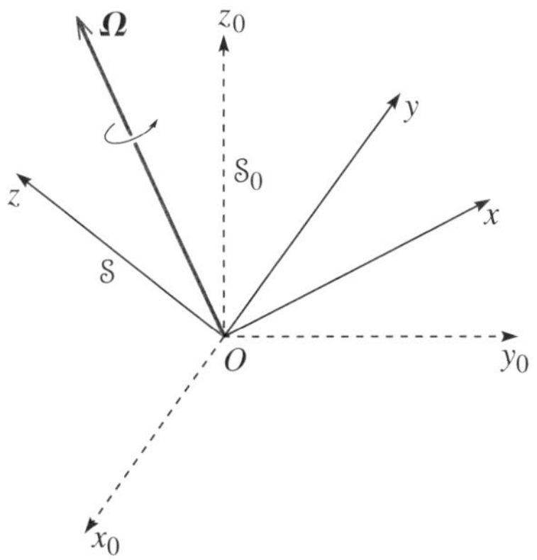

Abbildung 9.8: Das Bezugssysem $\mathcal{S}_0$ (dargestellt durch die gestrichelten Achsen) ist ein Inertialsystem. Das System $\mathcal{S}$ (dargestellt durch die durchgezogenen Achsen) hat denselben Ursprung O, dreht sich jedoch relativ zu $\mathcal{S}_0$ mit der Winkelgeschwindigkeit $\boldsymbol{\Omega}$.

Nur weil dieser Wert so gering, ist, können wir ihn oft gänzlich vernachlässigen. Wir werden aber sehen, dass die Drehung der Erde messbare Auswirkungen beispielsweise auf die Bewegung von Geschossen, von Pendeln und von anderen Systemen hat. Ferner gibt es andere Nicht-Inertialwirkungen (insbesondere die Gezeiten), die mit der Bahnbewegung von Erde und Mond zusammenhängen; sie spielen allerdings bei den Systemen, die wir hier behandeln wollen, eine weit weniger wichtige Rolle, sodass wir sie fürs Erste vernachlässigen können.

Ich werde annehmen, dass die beiden Systeme $\mathcal{S}$ und $\mathcal{S}_0$ – wie in Abbildung 9.8 gezeigt – einen gemeinsamen Ursprung O haben; die einzige Bewegung von $\mathcal{S}$ relativ zu $\mathcal{S}_0$ ist also eine Drehung mit der Winkelgeschwindigkeit $\boldsymbol{\Omega}$. Der gemeinsame Ursprung O könnte beispielsweise der Erdmittelpunkt sein, $\mathcal{S}$ könnte ein Satz von fest mit der Erde verbundenen Koordinatenachsen sein und $\mathcal{S}_0$ ein Satz von Achsen mit demselben Ursprung, deren Richtungen aber bezüglich weit entfernter Sterne fest sind. Das Bezugssystem $\mathcal{S}$ ist zwar bequem zu verwenden, ist aber kein Inertialsystem; das System $\mathcal{S}_0$ ist in seiner Verwendung relativ unbequem, ist aber inertial.

Betrachten wir nun einen beliebigen Vektor $\boldsymbol{Q}$; das kann beispielsweise der Geschwindigkeits- oder Ortsvektor eines Körpers oder irgendein anderer Vektor von Interesse sein. Unsere erste Aufgabe besteht darin, die in $\mathcal{S}_0$ gemessene zeitliche Änderungsrate von $\boldsymbol{Q}$ mit der entsprechenden in $\mathcal{S}$ gemessenen Rate zu verbinden. Um diese beiden Änderungsraten voneinander zu unterscheiden, benutze ich zeitweilig folgende Schreibweise:

$$\left(\frac{\mathrm{d}\boldsymbol{Q}}{\mathrm{d}t}\right)_{\mathcal{S}_0} = \left(\begin{array}{l}\text{Änderungsrate des Vektors } \boldsymbol{Q} \\ \text{relativ zum Inertialsystem } \mathcal{S}_0\end{array}\right)$$

und

$$\left(\frac{\mathrm{d}\boldsymbol{Q}}{\mathrm{d}t}\right)_{\mathcal{S}} = \left(\begin{array}{l}\text{Änderungsrate desselben Vektors } \boldsymbol{Q} \\ \text{relativ zum rotierenden Bezugssystem } \mathcal{S}\end{array}\right).$$

Um diese beiden Änderungsraten miteinander zu vergleichen, stelle ich den Vektor $\boldsymbol{Q}$ mithilfe der drei orthogonalen Einheitsvektoren $\boldsymbol{e}_1$, $\boldsymbol{e}_2$ und $\boldsymbol{e}_3$ dar, die fest mit dem rotierenden System $\mathcal{S}$ verbunden sind. (Diese drei Einheitsvektoren könnten beispielsweise entlang der drei in Abbildung 9.8 durchgezogen dargestellten Achsen verlaufen.) Damit haben wir[6]

$$\boldsymbol{Q} = Q_1\boldsymbol{e}_1 + Q_2\boldsymbol{e}_2 + Q_3\boldsymbol{e}_3 = \sum_{i=1}^{3} Q_i\,\boldsymbol{e}_i\,. \tag{9.27}$$

Diese Darstellung ist so gewählt, dass sie für einen Beobachter im Bezugssystem $\mathcal{S}$ besonders bequem ist, weil die Einheitsvektoren fest mit diesem System verbunden sind. Sie sollten sich aber klarmachen, dass die Darstellung in beiden Bezugssystemen gilt. [Ganz gleich, welches Bezugssystem wir verwenden, gibt (9.27) einfach nur die Darstellung des einen Vektors $\boldsymbol{Q}$ mithilfe der drei orthogonalen Vektoren $\boldsymbol{e}_1$, $\boldsymbol{e}_2$ und $\boldsymbol{e}_3$ an.] Der einzige Unterschied ist, dass die Vektoren $\boldsymbol{e}_1$, $\boldsymbol{e}_2$ und $\boldsymbol{e}_3$ für einen Beobachter in $\mathcal{S}$ fest sind, für einen Beobachter in $\mathcal{S}_0$ hingegen rotieren die Vektoren $\boldsymbol{e}_1$, $\boldsymbol{e}_2$ und $\boldsymbol{e}_3$.

Leiten wir nun die Darstellung (9.27) nach der Zeit ab. Im Bezugssystem $\mathcal{S}$ sind die Vektoren $\boldsymbol{e}_i$ konstant, und wir erhalten einfach

$$\left(\frac{\mathrm{d}\boldsymbol{Q}}{\mathrm{d}t}\right)_{\mathcal{S}} = \sum_i \frac{\mathrm{d}Q_i}{\mathrm{d}t}\,\boldsymbol{e}_i\,. \tag{9.28}$$

[Da die Koeffizienten Q_i der Darstellung in (9.27) für beide Systeme gleich sind, müssen wir die Ableitung auf der rechten Seite nicht durch ein $\mathcal{S}$ oder $\mathcal{S}_0$ im Index kennzeichnen.]

Im Bezugssystem $\mathcal{S}_0$ verändern sich die Vektoren $\boldsymbol{e}_1$, $\boldsymbol{e}_2$ und $\boldsymbol{e}_3$ mit der Zeit. Die zeitliche Ableitung von (9.27) ergibt also

$$\left(\frac{\mathrm{d}\boldsymbol{Q}}{\mathrm{d}t}\right)_{\mathcal{S}_0} = \sum_i \frac{\mathrm{d}Q_i}{\mathrm{d}t}\,\boldsymbol{e}_i + \sum_i Q_i \left(\frac{\mathrm{d}\boldsymbol{e}_i}{\mathrm{d}t}\right)_{\mathcal{S}_0}\,. \tag{9.29}$$

Die Ableitung im zweiten Term auf der rechten Seite lässt sich leicht mithilfe der „nützlichen Beziehung" (9.23) darstellen. Der Vektor $\boldsymbol{e}_i$ ist fest mit dem System $\mathcal{S}$ verbunden, das sich mit der Winkelgeschwindigkeit $\boldsymbol{\Omega}$ relativ zu $\mathcal{S}_0$ dreht. Die Änderungsrate von $\boldsymbol{e}_i$ im Bezugssystem $\mathcal{S}_0$ ist nach (9.23) gegeben als

$$\left(\frac{\mathrm{d}\boldsymbol{e}_i}{\mathrm{d}t}\right)_{\mathcal{S}_0} = \boldsymbol{\Omega} \times \boldsymbol{e}_i\,.$$

Somit können wir die zweite Summe in (9.29) schreiben als

$$\sum_i Q_i \left(\frac{\mathrm{d}\boldsymbol{e}_i}{\mathrm{d}t}\right)_{\mathcal{S}_0} = \sum_i Q_i(\boldsymbol{\Omega} \times \boldsymbol{e}_i) = \boldsymbol{\Omega} \times \sum_i Q_i\boldsymbol{e}_i = \boldsymbol{\Omega} \times \boldsymbol{Q}\,.$$

Wenn wir dieses Ergebnis in (9.29) einsetzen und mithilfe von (9.28) die erste Summe ersetzen, erhalten wir

$$\left(\frac{\mathrm{d}\boldsymbol{Q}}{\mathrm{d}t}\right)_{\mathcal{S}_0} = \left(\frac{\mathrm{d}\boldsymbol{Q}}{\mathrm{d}t}\right)_{\mathcal{S}} + \boldsymbol{\Omega} \times \boldsymbol{Q}\,. \tag{9.30}$$

6 Wir sind nun an einem Punkt, wo – wie in Kapitel 1 schon angedeutet – die Darstellung der Einheitsvektoren durch $\boldsymbol{e}_i$ mit $i = 1, 2, 3$ bequemer ist als die Schreibweise mit $\hat{\boldsymbol{x}}$, $\hat{\boldsymbol{y}}$ und $\hat{\boldsymbol{z}}$, ganz einfach deshalb, weil damit das Summenzeichen $\sum$ bei Summen wie in (9.27) anwendbar ist. In Kapitel 10 wird sich zeigen, dass die bequemste Wahl für die rotierenden Achsen die Verwendung der *Hauptachsen* des rotierenden Körpers ist, bei denen sich die Schreibweise mit den $\boldsymbol{e}_i$ ganz natürlich ergibt. Ich verwende daher diese Schreibweise hauptsächlich für Einheitsvektoren, die fest mit einem rotierenden System verbunden sind, und bezeichne die Einheitsvektoren in einem nichtrotierenden Bezugssystem weiterhin mit $\hat{\boldsymbol{x}}$, $\hat{\boldsymbol{y}}$ und $\hat{\boldsymbol{z}}$.

Diese wichtige Gleichung verbindet die Ableitung eines beliebigen Vektors $\boldsymbol{Q}$ (gemessen in dem Inertialsystem $\mathcal{S}_0$) mit der entsprechenden Ableitung im rotierenden Bezugssystem $\mathcal{S}$. Im nächsten Abschnitt werde ich sie verwenden, um die Form des zweiten Newton'schen Gesetzes im rotierenden Bezugssystem $\mathcal{S}$ herzuleiten.

9.5 Das zweite Newton'sche Gesetz in einem rotierenden Bezugssystem

Nun sind wir soweit, dass wir die Form des zweiten Newton'schen Gesetzes in einem rotierenden Bezugssystem $\mathcal{S}$ bestimmen können. Um die Angelegenheit zu vereinfachen, werde ich annehmen, dass die Winkelgeschwindigkeit $\boldsymbol{\Omega}$ von $\mathcal{S}$ bezüglich $\mathcal{S}_0$ konstant ist, so wie es (zumindest in hervorragender Näherung) für eine fest mit der rotierenden Erde verbundene Achse gilt. Die Annahme, dass $\boldsymbol{\Omega}$ konstant sein soll, führt zu der ziemlich überraschenden Aussage, dass das dann auch automatisch im jeweils anderen Bezugssystem gilt. Dies folgt unmittelbar aus (9.30): Wegen $\boldsymbol{\Omega}\times\boldsymbol{\Omega} = \mathbf{0}$ sind die beiden Ableitungen von $\boldsymbol{\Omega}$ immer gleich. Wenn insbesondere eine der Ableitungen null ist, dann ist die andere ebenfalls null.

Betrachten wir nun ein Teilchen der Masse m mit dem Ortsvektor $\boldsymbol{r}$. Im Inertialsystem $\mathcal{S}_0$ unterliegt das Teilchen dem zweiten Newton'schen Gesetz in seiner gewohnten Form

$$m\left(\frac{\mathrm{d}^2\boldsymbol{r}}{\mathrm{d}t^2}\right)_{\mathcal{S}_0} = \boldsymbol{F}\,; \tag{9.31}$$

hier bezeichnet wie üblich $\boldsymbol{F}$ die resultierende Kraft auf das Teilchen, d. h. die Vektorsumme aller Kräfte, die wir in dem Inertialsystem ermittelt haben. Die Ableitung auf der linken Seite ist natürlich die Ableitung, wie sie ein Beobachter im Inertialsystem $\mathcal{S}_0$ bestimmt. Wir können diese Ableitung nun aber mithilfe von Gleichung (9.30) durch die Ableitungen ausdrücken, die im rotierenden System $\mathcal{S}$ bestimmt wurden. Zunächst gilt (9.30) zufolge

$$\left(\frac{\mathrm{d}\boldsymbol{r}}{\mathrm{d}t}\right)_{\mathcal{S}_0} = \left(\frac{\mathrm{d}\boldsymbol{r}}{\mathrm{d}t}\right)_{\mathcal{S}} + \boldsymbol{\Omega}\times\boldsymbol{r}\,.$$

Wenn wir ein zweites Mal ableiten, erhalten wir

$$\begin{aligned}\left(\frac{\mathrm{d}^2\boldsymbol{r}}{\mathrm{d}t^2}\right)_{\mathcal{S}_0} &= \left(\frac{\mathrm{d}}{\mathrm{d}t}\right)_{\mathcal{S}_0}\left(\frac{\mathrm{d}\boldsymbol{r}}{\mathrm{d}t}\right)_{\mathcal{S}_0}\\ &= \left(\frac{\mathrm{d}}{\mathrm{d}t}\right)_{\mathcal{S}_0}\left[\left(\frac{\mathrm{d}\boldsymbol{r}}{\mathrm{d}t}\right)_{\mathcal{S}} + \boldsymbol{\Omega}\times\boldsymbol{r}\right].\end{aligned}$$

Nun wenden wir (9.30) auf die äußere Ableitung auf der rechten Seite an und kommen zu

$$\left(\frac{\mathrm{d}^2\boldsymbol{r}}{\mathrm{d}t^2}\right)_{\mathcal{S}_0} = \left(\frac{\mathrm{d}}{\mathrm{d}t}\right)_{\mathcal{S}}\left[\left(\frac{\mathrm{d}\boldsymbol{r}}{\mathrm{d}t}\right)_{\mathcal{S}} + \boldsymbol{\Omega}\times\boldsymbol{r}\right] + \boldsymbol{\Omega}\times\left[\left(\frac{\mathrm{d}\boldsymbol{r}}{\mathrm{d}t}\right)_{\mathcal{S}} + \boldsymbol{\Omega}\times\boldsymbol{r}\right]. \tag{9.32}$$

Dieses Ergebnis sieht ziemlich unübersichtlich aus, doch wir können es ein wenig aufräumen. Da es ja unser Hauptanliegen ist, die Ableitungen im rotierenden System $\mathcal{S}$ zu erhalten, beleben wir wieder die „Punktschreibweise" für diese Ableitungen. Ich werde also die Ableitung eines beliebigen Vektors $\boldsymbol{Q}$ im rotierenden Bezugssystem $\mathcal{S}$ mit $\dot{\boldsymbol{Q}}$ bezeichnen:

$$\dot{\boldsymbol{Q}} \equiv \left(\frac{\mathrm{d}\boldsymbol{Q}}{\mathrm{d}t}\right)_{\mathcal{S}} .$$

Außerdem ist $\boldsymbol{\Omega}$ konstant, und damit ist seine Ableitung null. Wenn wir nun ein wenig umstellen, können wir (9.32) auf die Form

$$\left(\frac{\mathrm{d}^2\boldsymbol{r}}{\mathrm{d}t^2}\right)_{\mathcal{S}_0} = \ddot{\boldsymbol{r}} + 2\boldsymbol{\Omega} \times \dot{\boldsymbol{r}} + \boldsymbol{\Omega} \times (\boldsymbol{\Omega} \times \boldsymbol{r}) \tag{9.33}$$

bringen; darin bezeichnen die Punkte auf der rechten Seite jeweils die Ableitungen bezüglich des rotierenden Bezugssystems $\mathcal{S}$.

Setzen wir nun das Ergebnis (9.33) in das zweite Newton'sche Gesetz (9.31) für das Inertialsystem $\mathcal{S}_0$ ein und bringen wir zwei Terme auf die rechte Seite, so erhalten wir das Newton'sche Gesetz für das rotierende Bezugssystem $\mathcal{S}$:

$$m\ddot{\boldsymbol{r}} = \boldsymbol{F} + 2m\dot{\boldsymbol{r}} \times \boldsymbol{\Omega} + m(\boldsymbol{\Omega} \times \boldsymbol{r}) \times \boldsymbol{\Omega} ; \tag{9.34}$$

hier bezeichnet wie üblich $\boldsymbol{F}$ die Vektorsumme aller Kräfte, die in einem beliebigen Inertialsystem ermittelt wurden. Wie bei dem beschleunigten Bezugssystem aus Abschnitt 9.1 ergibt sich, dass die Bewegungsgleichung in einem rotierenden Bezugssystem genauso *aussieht* wie das zweite Newton'sche Gesetz, es kommen aber zwei Zusatzterme auf der Kraftseite der Gleichung hinzu. Der erste dieser Terme wird als **Coriolis-Kraft** bezeichnet (benannt nach dem französischen Physiker Gaspard Gustave de Coriolis, 1792–1843, der sie als Erster erklärte):

$$\boldsymbol{F}_{\mathrm{Cor}} = 2m\dot{\boldsymbol{r}} \times \boldsymbol{\Omega} . \tag{9.35}$$

Der zweite dieser Zusatzterme ist die sogenannte **Zentrifugalkraft**

$$\boldsymbol{F}_{\mathrm{Zf}} = m(\boldsymbol{\Omega} \times \boldsymbol{r}) \times \boldsymbol{\Omega} . \tag{9.36}$$

Diese beiden Terme werde ich in den nächsten Abschnitten besprechen. An dieser Stelle ist nur wichtig, dass wir weitermachen und das Newton'sche Gesetz auch in rotierenden (d. h. nichtinertialen) Bezugssystemen verwenden können, solange wir nicht vergessen, immer die beiden „fiktiven" Kräfte (man spricht von **Scheinkräften**) zu der für ein Inertialsystem berechneten Gesamtkraft $\boldsymbol{F}$ hinzuzufügen. In einem rotierenden Bezugssystem haben wir also[7]

$$m\ddot{\boldsymbol{r}} = \boldsymbol{F} + \boldsymbol{F}_{\mathrm{Cor}} + \boldsymbol{F}_{\mathrm{Zf}} . \tag{9.37}$$

7 Unsere Herleitung dieses wichtigen Ergebnisses hängt ganz wesentlich von dem Zusammenhang (9.30) zwischen den Zeitableitungen eines Vektors im rotierenden und im nichtrotierenden Bezugssystem ab. Wenn diese Herleitung Sie verwirrt, sollten Sie sich die alternative, auf dem Lagrange-Formalismus beruhende Herleitung anschauen, die in Aufgabe 11 skizziert wird.

9.6 Die Zentrifugalkraft

Um das zweite Newton'sche Gesetz in einem rotierenden Bezugssystem (beispielsweise in einem fest mit der Erde verbundenen System) anwenden zu können, müssen wir – wie gerade gesehen – zwei Scheinkräfte einführen, die **Zentrifugal-** und die **Coriolis-Kraft**. Bis zu einem gewissen Grad können wir die beiden Kräfte separat behandeln. Insbesondere ist die Coriolis-Kraft auf einen Körper proportional zu dessen Geschwindigkeit $\boldsymbol{v} = \dot{\boldsymbol{r}}$ relativ zu dem rotierenden Bezugssystem. Daher ist die Coriolis-Kraft für einen im rotierenden Bezugssystem ruhenden Körper null, und sie ist vernachlässigbar, wenn der Körper sich im rotierenden Bezugssystem nur langsam bewegt. In den folgenden Abschnitten dieses Kapitels werden wir uns hauptsächlich mit dem rotierenden erdfesten Bezugssystem befassen, für das wir die relative Bedeutsamkeit der beiden Scheinkräfte leicht abschätzen können. Weil in beiden Kräften Vektorprodukte vorkommen, hängen sie zwar von den Richtungen der jeweiligen Vektoren ab, doch für eine Abschätzung der Größenordnung reichen die Annahmen

$$F_{\text{Cor}} \sim mv\Omega \quad \text{und} \quad F_{\text{Zf}} \sim mr\Omega^2 .$$

Darin ist v die Geschwindigkeit des Körpers relativ zum rotierenden erdfesten System, also die übliche Geschwindigkeit, wie wir sie auf der Erdoberfläche wahrnehmen. Daher gilt

$$\frac{F_{\text{Cor}}}{F_{\text{Zf}}} \sim \frac{v}{R\Omega} \sim \frac{v}{V} . \tag{9.38}$$

Hier habe ich in dem mittleren Ausdruck den gemeinsamen Faktor $m\Omega$ gekürzt und für die Variable r den Erdradius R eingesetzt. (Wir hatten ja vereinbart, dass der Ursprung im Erdmittelpunkt liegt; daher gilt für Objekte nahe der Erdoberfläche $r \approx R$.) Im letzten Ausdruck habe ich $R\Omega$ durch V ersetzt, d. h. durch die Geschwindigkeit eines Punkts auf dem Äquator, wenn die Erde mit der Winkelgeschwindigkeit Ω rotiert. Da V bei etwa 1600 km/h liegt, zeigt (9.38), dass man für Geschosse mit $v \ll 1600\,\text{km/h}$ in erster guter Näherung die Coriolis-Kraft vernachlässigen kann – und genau das werde ich in diesem Abschnitt auch tun.[8]

Die Zentrifugalkraft ist nach (9.36) gegeben durch

$$\boldsymbol{F}_{\text{Zf}} = m(\boldsymbol{\Omega} \times \boldsymbol{r}) \times \boldsymbol{\Omega} . \tag{9.39}$$

Mithilfe von Abbildung 9.9 können wir uns klarmachen, wie das aussieht: Die Abbildung zeigt einen Körper auf oder nahe der Erdoberfläche bei einer Komplementbreite θ. Die Erddrehung trägt den Körper entlang eines Breitenkreises, und der Vektor $\boldsymbol{\Omega} \times \boldsymbol{r}$ (also grade die Geschwindigkeit dieser Kreisbewegung, beobachtet in einem nichtrotierenden Bezugssystem) ist tangential zu diesem Kreis. Daher zeigt der Vektor $(\boldsymbol{\Omega} \times \boldsymbol{r}) \times \boldsymbol{\Omega}$ von der Drehachse radial nach außen in die Richtung von $\hat{\boldsymbol{\rho}}$, dem Einheitsvektor der zylindrischen Polarkoordinaten in Richtung ρ. Den Betrag von $(\boldsymbol{\Omega} \times \boldsymbol{r}) \times \boldsymbol{\Omega}$ bestimmt man leicht zu $\Omega^2 r \sin\theta = \Omega^2 \rho$. Damit gilt

$$\boldsymbol{F}_{\text{Zf}} = m\Omega^2 \rho\, \hat{\boldsymbol{\rho}} . \tag{9.40}$$

8 Wie wir später sehen werden, hat die Coriolis-Kraft allerdings auch für $v \ll 1600\,\text{km/h}$ nennenswerte Auswirkungen (beispielsweise bei dem Foucault'schen Pendel). Dennoch ist natürlich richtig, dass F_{Cor} im Vergleich zu F_{Zf} klein ist; daher scheint es sinnvoll, die Coriolis-Kraft in erster Näherung zu vernachlässigen.

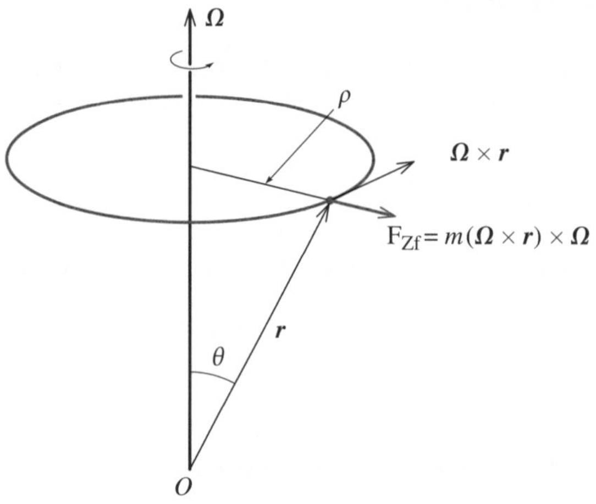

Abbildung 9.9: Der Vektor $\boldsymbol{\Omega} \times \boldsymbol{r}$ ist die (vektorielle) Geschwindigkeit eines Körpers, der von der Erdrotation mit der Geschwindigkeit $\Omega\rho$ ostwärts mitgeführt wird. Daher zeigt die Zentrifugalkraft $m(\boldsymbol{\Omega} \times \boldsymbol{r}) \times \boldsymbol{\Omega}$ von der Drehachse radial nach außen; ihr Betrag ist $m\Omega^2\rho$.

Es gibt also aus der Perspektive eines mit der Erde rotierenden Beobachters eine Zentrifugalkraft, die von der Erdachse radial nach außen wirkt und den Betrag $m\Omega^2\rho$ hat. Wenn wir für den Moment mit $\boldsymbol{v} = \boldsymbol{\Omega} \times \boldsymbol{r}$ die mit der Erddrehung verbundene vektorielle Geschwindigkeit (beobachtet in einem nichtrotierenden Bezugssystem) bezeichnen, dann hat sie den Betrag $v = \Omega\rho$, und die Zentrifugalkraft nimmt die vertraute Form mv^2/ρ an.

Fallbeschleunigung

Die Fallbeschleunigung (auch: Erdbeschleunigung) mit dem Formelzeichen $\boldsymbol{g}$ ist die anfängliche Beschleunigung relativ zur Erde, die ein Körper, der aus dem Ruhezustand im Vakuum nahe der Erdoberfläche losgelassen wird, im freien Fall erfährt. Wir erkennen nun, dass dies eigentlich eine überraschend schwierige Begriffsbildung ist. Die Bewegungsgleichung (relativ zur Erde) ist[9]

$$m\ddot{\boldsymbol{r}} = \boldsymbol{F}_{\text{Grav}} + \boldsymbol{F}_{\text{Zf}}, \tag{9.41}$$

darin ist $\boldsymbol{F}_{\text{Zf}}$ durch (9.40) gegeben, und $\boldsymbol{F}_{\text{Grav}}$ ist die Gravitationskraft

$$\boldsymbol{F}_{\text{Grav}} = -\frac{GMm}{R^2}\hat{\boldsymbol{r}} = m\boldsymbol{g}_0 . \tag{9.42}$$

9 Ich habe $\boldsymbol{g}$ als die *anfängliche* Beschleunigung eines Körpers definiert, der aus dem Ruhezustand losgelassen wird, damit die Coriolis-Kraft sicher null ist. Wenn die Geschwindigkeit des Körpers zunimmt, wird die Coriolis-Kraft irgendwann merklich und kann die Beschleunigung ändern (auch wenn dieser Effekt normalerweise sehr klein ist).

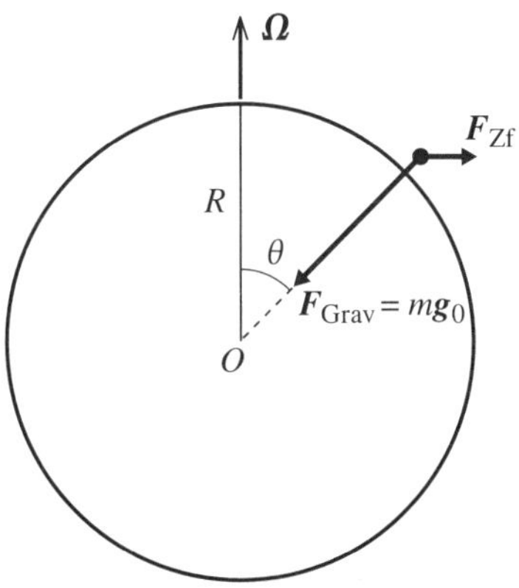

Abbildung 9.10: Die Fallbeschleunigung $\boldsymbol{F}_{\text{eff}}$ (relativ zur Erde) eines Körpers, der nahe der Erdoberfläche aus dem Ruhezustand losgelassen wird, ergibt sich als Summe von zwei Termen, der Gravitationskraft $\boldsymbol{F}_{\text{Grav}}$ mit der wahren Gravitationsbeschleunigung $v_{m\boldsymbol{g}_0}$ und der Scheinkraft (Zentrifugalkraft) $\boldsymbol{F}_{\text{Zf}}$, die von der Drehachse nach außen zeigt. (Die Größe der Zentrifugalkraft ist in dieser Darstellung erheblich übertrieben.)

Hier sind M und R die Erdmasse bzw. der Erdradius, und $\hat{\boldsymbol{r}}$ bezeichnet den Einheitsvektor, der radial vom Erdmittelpunkt O nach außen weist.[10] Die Beschleunigung $\boldsymbol{g}_0$ wird durch das zweite Gleichheitszeichen bestimmt und könnte als die „wahre" Gravitationsbeschleunigung bezeichnet werden, denn dies ist die Beschleunigung, die man ohne Zentrifugaleffekte beobachten würde.

Nach (9.41) ist die anfängliche Beschleunigung eines Körpers im freien Fall durch eine effektive Kraft bestimmt, die sich als Summe aus zwei Termen ergibt, nämlich

$$\boldsymbol{F}_{\text{eff}} = \boldsymbol{F}_{\text{Grav}} + \boldsymbol{F}_{\text{Zf}} = m\boldsymbol{g}_0 + m\Omega^2 R \sin\theta\,\hat{\boldsymbol{\rho}}\,. \tag{9.43}$$

Der Ausdruck für $\boldsymbol{F}_{\text{Zf}}$ lässt sich aus (9.40) herleiten, wenn man ρ durch $R\sin\theta$ ersetzt. Die beiden Kräfte bilden die in Abbildung 9.10 gezeigte effektive Kraft; damit wird es klar, dass die Fallbeschleunigung im Allgemeinen eben nicht gleich der wahren Gravitationsbeschleunigung ist, weder in ihrem Betrag noch in ihrer Richtung. Wenn wir insbesondere (9.43) durch m dividieren, erhalten wir für die Fallbeschleunigung $\boldsymbol{g}$

$$\boldsymbol{g} = \boldsymbol{g}_0 + \Omega^2 R \sin\theta\,\hat{\boldsymbol{\rho}}\,. \tag{9.44}$$

Die radial nach innen gerichtete Komponente von $\boldsymbol{g}$ (d. h. die Komponente in Richtung von $-\boldsymbol{r}$) ist[11]

$$g_{\text{rad}} - g_0 - \Omega^2 R \sin^2\theta\,. \tag{9.45}$$

10 Mit der Behauptung, die Gravitationskraft sei $-(GMm/R^2)\hat{\boldsymbol{r}} = m\boldsymbol{g}_0$, nehme ich an, dass die Erde eine perfekte Kugel ist – eine zwar sehr gute Näherung, aber eben doch nicht exakt richtig. Glücklicherweise kommt es nur darauf an, dass $\boldsymbol{F}_{\text{Grav}}$ proportional zu m ist, sodass man sie immer als $m\boldsymbol{g}_0$ schreiben kann. Für praktisch alle Fälle zeigt $\boldsymbol{g}_0$ in die Richtung von $-\hat{\boldsymbol{r}}$, und das mit extrem hoher Genauigkeit.

11 Genaugenommen ist dies die Komponente von $\boldsymbol{g}$ in Richtung von $\boldsymbol{g}_0$, nicht $-\boldsymbol{r}$. Ebenso ist der Faktor $\sin^2\theta$ eigentlich $\sin\theta\sin\theta'$, wobei θ' den Winkel zwischen der Verlängerung von $\boldsymbol{g}_0$ und der Nordrichtung beschreibt (im Unterschied zu θ, der Winkel zwischen $\boldsymbol{r}$ und der Nordrichtung). Die Differenz – die nur auftritt, weil die Erde keine perfekte Kugelsymmetrie zeigt – ist jedoch für die meisten praktischen Anwendungen völlig irrelevant.

Der zweite, der Zentrifugalterm, ist an den Polen null ($\theta = 0$ oder π) und am Äquator maximal; dort hat er den Betrag

$$\Omega^2 R = (7{,}3 \cdot 10^{-5}\ \mathrm{s}^{-1})^2 \cdot (6{,}4 \cdot 10^6\ \mathrm{m}) \approx 0{,}034\ \mathrm{m/s}^2 \tag{9.46}$$

(man rechnet dies mit dem Wert von Ω aus (9.26) leicht nach). Da g_0 etwa 9,81 m/s^2 beträgt, ist der Wert von g wegen der Zentrifugalkraft am Äquator etwa 0,3 % geringer als an den Polen.[12] Dieser Unterschied ist zwar recht klein, lässt sich aber mit modernen Gravimetern, die g mit einer Genauigkeit von 1 zu 10^9 messen können, leicht bestimmen.

Anhand von (9.44) und Abbildung 9.10 erkennen wir, dass die Tangentialkomponente von $\boldsymbol{g}$ (die Komponente, die normal zur wahren Gravitationsbeschleunigung ist) gänzlich durch die Zentrifugalkraft bestimmt wird:

$$g_{\mathrm{tang}} = \Omega^2 R \sin\theta \cos\theta\,. \tag{9.47}$$

Die Tangentialkomponente von $\boldsymbol{g}$ ist an den Polen und am Äquator null, das Maximum erreicht sie bei einer Breite von 45°. Wenn aber der Wert für g_{tang} nicht verschwindet, bedeutet dies, dass die Fallbeschleunigung nicht exakt in die Richtung der wahren Gravitationsbeschleunigung zeigt. Wie in Abbildung 9.11 zu sehen, ergibt sich für den Winkel zwischen $\boldsymbol{g}$ und der Radialrichtung etwa $\alpha \approx g_{\mathrm{tang}}/g_{\mathrm{rad}}$, und der Maximalwert (für $\theta = 45°$) beträgt

$$\alpha_{\max} = \frac{\Omega^2 R}{2g_0} \approx \frac{0{,}034}{2 \cdot 9{,}81} \approx 0{,}0017\ \mathrm{rad} \approx 0{,}1°\,. \tag{9.48}$$

Der Winkel α ist der Winkel zwischen der beobachteten Fallbeschleunigung $\boldsymbol{g}$ und der wahren Gravitationsbeschleunigung $\boldsymbol{g}_0$, die wir versucht sind als „vertikal" zu bezeichnen. Der Wert von α ist überraschend schwierig zu messen. Die Richtung des beobachteten $\boldsymbol{g}$ ist leicht zu bestimmen (zumindest im Prinzip). Um die Richtung von $\boldsymbol{g}_0$ zu bestimmen, könnte man auf die Idee kommen, ein Lot zu verwenden – ein Augenblick des Nachdenkens zeigt uns dann aber, dass auch ein Lot der Zentrifugalkraft unterliegt und daher die Richtung von $\boldsymbol{g}$ anzeigt, nicht die von $\boldsymbol{g}_0$. Tatsächlich bleiben alle Versuche, die Richtung von $\boldsymbol{g}_0$ einfach und direkt zu bestimmen, an der Bestimmung von $\boldsymbol{g}$ hängen. Aus diesem Grund werde ich im Folgenden „vertikal" als die Richtung eines Lots *definieren*. Bei den seltenen Gelegenheiten, wo dieser feine Unterschied eine Rolle spielt, bedeutet „vertikal" dann „in Richtung von $\pm\boldsymbol{g}$". Ebenso bedeutet „horizontal" dann „senkrecht zu $\boldsymbol{g}$".

9.7 Die Coriolis-Kraft

Wenn ein Körper sich bewegt, gibt es eine zweite Scheinkraft, die wir berücksichtigen müssen, wenn wir das zweite Newton'sche Gesetz in einem rotierenden Bezugssystem anwenden wollen. Es handelt sich um die in Gleichung (9.35) eingeführte Coriolis-Kraft

$$F_{\mathrm{Cor}} = 2m\dot{\boldsymbol{r}} \times \boldsymbol{\Omega} = 2m\boldsymbol{v} \times \boldsymbol{\Omega}\ ; \tag{9.49}$$

12 Wie Messungen zeigen, beträgt der Unterschied sogar etwa 0,5 %; die Differenz von 0,2 % ist ein Ergebnis der Ausbeulung der Erde am Äquator.

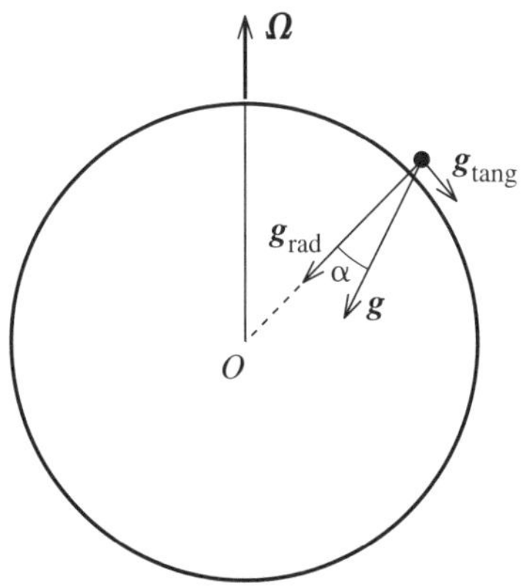

Abbildung 9.11: Wegen der Zentrifugalkraft hat die Fallbeschleunigung $\boldsymbol{g}$ eine nichtverschwindende tangentiale Komponente (hier erheblich übertrieben dargestellt), und $\boldsymbol{g}$ weicht um einen kleinen Winkel α von der Radialrichtung ab.

darin ist $\boldsymbol{v} = \dot{\boldsymbol{r}}$ die Geschwindigkeit des Körpers relativ zu dem rotierenden Bezugssystem. Es gibt eine bemerkenswerte Parallele zwischen der Coriolis-Kraft und der bekannten Kraft $q\boldsymbol{v} \times \boldsymbol{B}$ auf eine bewegte Ladung q in einem Magnetfeld $\boldsymbol{B}$ – wenn wir $2m$ durch q und $\boldsymbol{\Omega}$ durch $\boldsymbol{B}$ ersetzen, lassen sich die beiden Gleichungen ineinander überführen. Diese Parallele hat zwar keine tiefere Bedeutung, aber sie kann oft dabei helfen, wenn man sich die Wirkung der Coriolis-Kraft auf die Bewegung eines Teilchens veranschaulichen möchte.

Der Betrag der Coriolis-Kraft hängt sowohl von den Beträgen von $\boldsymbol{v}$ und $\boldsymbol{\Omega}$ als auch von deren relativen Orientierung ab. Für die rotierende Erde haben wir in (9.26) gesehen, dass $\Omega \approx 7{,}3 \cdot 10^{-5}\mathrm{s}^{-1}$ gilt. Für einen Körper mit $v \approx 50$ m/s (entsprechend einem schnellen Baseball) ist die maximale Beschleunigung aufgrund der Coriolis-Kraft (das ist der Fall für $\boldsymbol{v}$ senkrecht zu $\boldsymbol{\Omega}$)

$$a_{\max} = 2v\Omega \approx 2 \cdot (50\ \mathrm{m/s}) \cdot (7{,}3 \cdot 10^{-5}\ \mathrm{s}^{-1}) \approx 0{,}007\,\mathrm{m/s}^2\,.$$

Verglichen mit der Gravitationsbeschleunigung von 9,81 m/s^2 ist das ein sehr kleiner Wert, allerdings durchaus messbar, wenn man den Aufwand treiben will. Doch etliche Geschosse wie Raketen oder langreichweitige Granaten bewegen sich deutlich schneller als 50 m/s, und dann ist die Coriolis-Kraft für sie entsprechend bedeutsamer. Außerdem gibt es, wie wir sehen werden, Systeme wie das Foucault'sche Pendel, für die die Coriolis-Kraft zwar klein ist, aber über einen langen Zeitraum wirkt und damit eine große Wirkung erzielen kann.

Die Richtung der Coriolis-Kraft

Wie die magnetische Kraft $q\boldsymbol{v} \times \boldsymbol{B}$ wirkt die Coriolis-Kraft $2m\boldsymbol{v} \times \boldsymbol{\Omega}$ immer senkrecht zur Geschwindigkeit des bewegten Objekts; ihre Richtung wird durch die Rechte-Hand-Regel bestimmt. Abbildung 9.12 zeigt einen horizontalen Drehtisch (von oben gesehen), der entgegen dem Uhrzeigersinn relativ zum Labor rotiert. Die Winkelgeschwindigkeit $\boldsymbol{\Omega}$ zeigt senkrecht nach oben (in der Abbildung aus der Zeichenebene

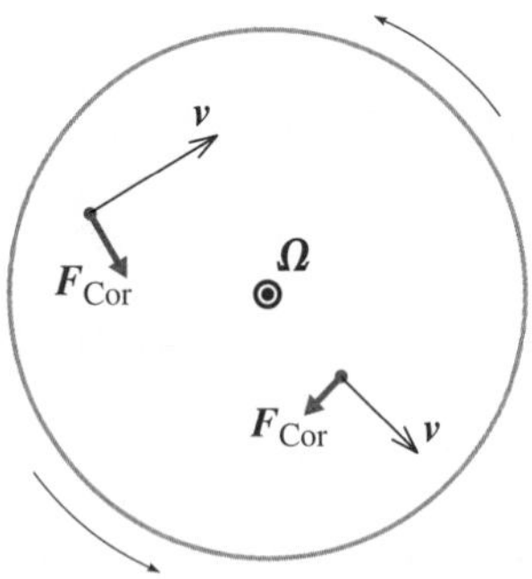

Abbildung 9.12: Blick von oben auf einen horizontalen Drehtisch, der sich bezüglich eines Inertialsystems gegen den Uhrzeigersinn dreht. Die Winkelgeschwindigkeit $\boldsymbol{\Omega}$ zeigt aus der Zeichenebene heraus. Für einen Beobachter auf dem Drehtisch erfahren die beiden Objekte, die auf dem Tisch gleiten, eine Coriolis-Kraft $F_{Cor} = 2m\boldsymbol{v} \times \boldsymbol{\Omega}$. Unabhängig vom Ort und der Geschwindigkeit der beiden Körper will die Coriolis-Kraft die Richtung der Geschwindigkeit nach rechts ablenken. (Dreht sich der Drehtisch im Uhrzeigersinn, zeigt $\boldsymbol{\Omega}$ in die Zeichenebene hinein, und die Coriolis-Kraft würde eine Ablenkung der Objekte nach links bewirken.)

heraus). Wenn wir ein Objekt betrachten, das sich rollend oder gleitend auf dem Drehtisch bewegen kann, sieht man leicht, dass die Coriolis-Kraft unabhängig von Ort und Geschwindigkeit des Objekts dessen Geschwindigkeitsrichtung nach rechts ablenken will. Entsprechend gibt es durch die Coriolis-Kraft eine Ablenkung nach links, wenn wir den Drehtisch im Uhrzeigersinn rotieren lassen. (Ob das Objekt auch tatsächlich in die angegebenen Richtungen abgelenkt *wird*, hängt davon ab, ob weitere Kräfte wirken und wie stark sie sind.)

Wir können uns vorstellen, dass Abbildung 9.12 die Nordhalbkugel der Erde zeigt, gesehen von einem Punkt oberhalb des Nordpols. (Da die Erde sich nach Osten dreht, ist die Winkelgeschwindigkeit genauso gerichtet wie in der Abbildung dargestellt.) Damit kommen wir zu dem Schluss, dass die Coriolis-Kraft aufgrund der Erddrehung sich bewegende Körper auf der Nordhalbkugel nach rechts (und auf der Südhalbkugel entsprechend nach links) ablenken will.[13] Dieser Effekt spielt für langreichweitige Geschosse eine wichtige Rolle; man muss daher auf der Nordhalbkugel links neben das Ziel zielen, entsprechend rechts neben das Ziel auf der Südhalbkugel (vgl. Aufgabe 28). Eine wichtiges Beispiel aus der Meteorologie sind die tropischen Wirbelstürme. Sie entstehen, wenn die Luft außerhalb eines Tiefdruckgebiets sich schnell nach innen bewegt. Wegen des Coriolis-Effekts wird die strömende Luft, wie in Abbildung 9.13 gezeigt, nach rechts abgelenkt und beginnt dann entgegen dem Uhrzeigersinn zu zirkulieren (das gilt für die Nordhalbkugel; auf der Südhalbkugel zirkuliert die Luftströmung im Uhrzeigersinn). Wenn dies genügend heftig geschieht, entsteht ein Wirbelsturm, der je nach Region als Zyklon, Taifun oder Hurrikan bezeichnet wird.

Seien Sie sich dessen bewusst, dass sowohl die Coriolis- als auch die Zentrifugalkraft im Kern kinematische Effekte sind, die nur deshalb auftreten, weil wir auf der

13 Anders als ein Drehtisch ist die Erde allerdings dreidimensional, und dadurch ist der Coriolis-Effekt real etwas komplizierter als in dieser vereinfachenden Aussage behauptet. Dennoch ist die obige Aussage für Objekte, die sich parallel zur Erdoberfläche bewegen, und für flach fliegende Geschosse gewiss richtig.

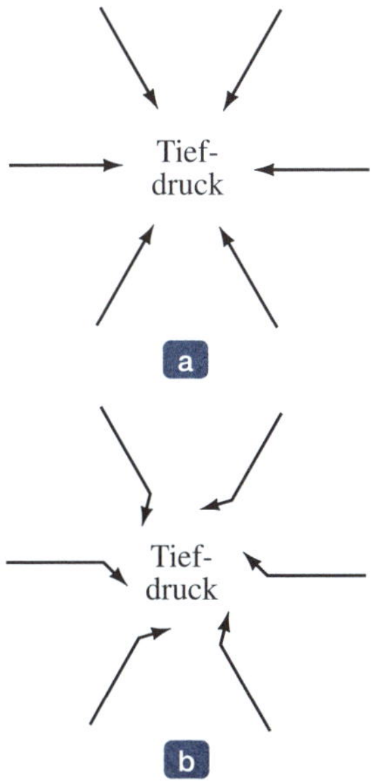

Abbildung 9.13: (a) In ein Tiefdruckgebiet strömt Luft aus Bereichen höheren Luftdrucks ein. (b) Dabei entsteht ein tropischer Wirbelsturm (Zyklon, Taifun oder Hurrikan), weil die Luft (auf der Nordhalbkugel) durch den Coriolis-Effekt nach rechts abgelenkt wird. Dies führt zu einer Strömung entgegen dem Uhrzeigersinn; die nach innen gerichtete Druckkraft wird dabei teilweise durch die nach außen gerichtete Coriolis-Kraft ausgeglichen. Die Differenz trägt zu der nach innen gerichteten Zentripetalbeschleunigung bei.

Verwendung eines rotierenden Bezugssystems bestehen. Wie die folgenden Beispiele zeigen, ist es in einigen einfachen Fällen aber leichter (und genauso instruktiv), die Bewegung in einem Inertialsystem zu untersuchen und dann die Ergebnisse auf ein rotierendes System zu transformieren. Im Normalfall allerdings ist die Transformation zwischen zwei Bezugssystemen so kompliziert, dass es in der Regel doch leichter ist, die ganze Zeit über in einem rotierenden Bezugssystem zu arbeiten und die Coriolis- und die Zentrifugalkraft als „Scheinkräfte“ hinzunehmen.

Harmonische Schwingung auf einer Drehscheibe

Beispiel 9.2 Drei Beobachter A, B und C stehen auf einer horizontalen Drehscheibe: A im Zentrum, C am Rand und B in der Mitte dazwischen (Abbildung 9.14a). Die Scheibe rotiert, von oben gesehen, mit der Winkelgeschwindigkeit $\boldsymbol{\Omega}$ gegen den Uhrzeigersinn. Zur Zeit $t = 0$ stößt A einen reibungsfreien Puck genau in die Richtung von B und C, doch zu seiner Überraschung geht der Puck an B und C vorbei; er verfehlt C um ein noch größeres Stück als B. Erläutern Sie diese Ereignisse sowohl vom Standpunkt eines Beobachters auf der Drehscheibe als auch von dem eines Beobachters auf dem Erdboden.

Lösung Die resultierende Kraft auf den Puck (beobachtet in einem Inertialsystem) ist null. Im rotierenden Bezugssystem sind also die einzigen Kräfte auf den Puck die Zentrifugal- und die Coriolis-Kraft. Die erste weist immer radial nach außen und hat keinen Einfluss auf die Ablenkung des Pucks, die letzte lenkt die Bahn des Pucks nach rechts ab, so wie ein aufwärts gerichtetes Magnetfeld auf eine positive elek-

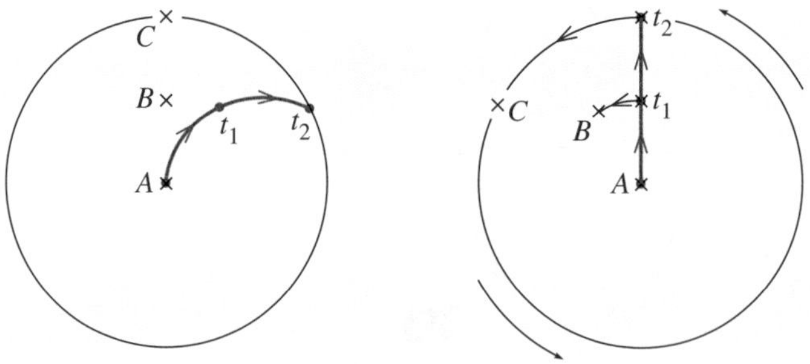

a Im rotierenden Bezugssystem b Im nichtrotierenden Bezugssystem

Abbildung 9.14: (a) Drei Beobachter A, B und C stehen in einer Reihe auf einer rotierenden Drehscheibe; A steht im Zentrum, C am Rand. Beobachter A stößt einen Puck in Richtung von B und C, doch wegen der Coriolis-Kraft weicht seine Bahn nach rechts ab und verfehlt B und C. (b) Dasselbe Experiment vom Standpunkt eines Beobachters auf dem Erdboden. In diesem Bezugssystem bewegt sich der Puck auf einer Geraden, doch zum Zeitpunkt t_1, wenn er den Radius von B erreicht, hat der Beobachter B sich nach links wegbewegt. Zum Zeitpunkt t_2, wenn der Puck am Rand der Scheibe ankommt, hat sich C noch weiter nach links bewegt.

trische Ladung wirkt. Dadurch folgt der Puck der gekrümmten, in Abbildung 9.14a gezeigten Bahn. Zum Zeitpunkt t_1, wenn er den Radius von B erreicht, ist er nur eine kleine Strecke rechts von B; zum Zeitpunkt t_2, wenn er am Rand der Scheibe ankommt, ist sein Abstand zu C größer. Diese Erläuterung ist korrekt und einsichtig, doch sie hängt von unserem Verständnis der Coriolis-Kraft ab. Wenn wir denselben Versuch in einem erdfesten Bezugssystem analysieren, können wir zusätzliche Einsichten darüber gewinnen, warum es zu einer Ablenkung kommt.

Im erdfesten Inertialsystem eines Beobachters auf dem Boden ist die resultierende Gesamtkraft auf den Puck null, und der Puck hat darum eine völlig gerade Bahn (Abbildung 9.14b). Wenn der Puck aber zum Zeitpunkt t_1 auf den Beobachter B treffen sollte, hat sich B inzwischen nach links wegbewegt, weil die Drehscheibe rotiert. Zum Zeitpunkt t_2, wenn der Puck auf C treffen sollte, hat sich der Beobachter C inzwischen noch weiter nach links bewegt. Von B und C aus gesehen, hat sich die Bahn des Pucks also nach rechts gekrümmt, wie in Abbildung 9.14a dargestellt.

Diese einfache alternative Erklärung des Coriolis-Effekts trügt aber, denn im Allgemeinen sind die Auswirkungen der Coriolis- und der Zentrifugalkraft überraschend kompliziert und in einem nichtrotierenden Bezugssystem bei weitem nicht so leicht zu erklären (vgl. Aufgaben 20 und 24). ■

9.8 Freier Fall und die Coriolis-Kraft

Betrachten wir nun die Auswirkungen der Coriolis-Kraft auf einen Körper im freien Fall, also auf einen Körper, der im Vakuum nahe einem Punkt $\boldsymbol{R}$ auf der Erdoberfläche fällt. Dazu müssen wir auch die Zentrifugalkraft berücksichtigen. Die Bewegungsgleichung ist also

$$m\ddot{\mathbf{r}} = m\mathbf{g}_0 + \boldsymbol{F}_{\mathrm{Zf}} + \boldsymbol{F}_{\mathrm{Cor}}\,; \tag{9.50}$$

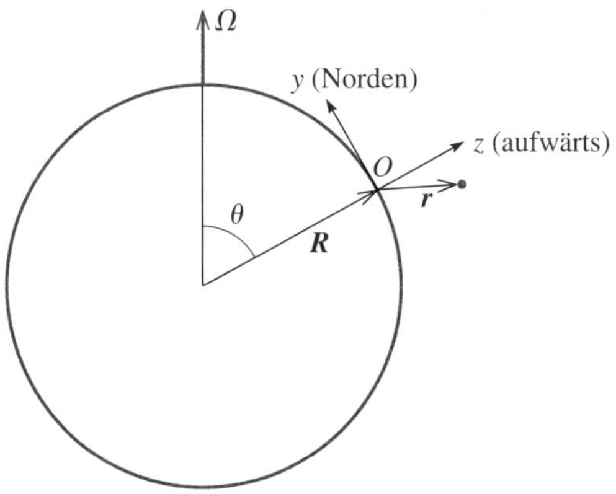

Abbildung 9.15: Wahl der Achsen für einen Versuch zum freien Fall. Der Ursprung O ist auf der Erdoberfläche am Standort des Versuchs (Ortsvektor $\boldsymbol{R}$ relativ zum Erdmittelpunkt). Die z-Achse zeigt senkrecht nach oben (genauer gesagt: in Richtung von $-\boldsymbol{g}$, wenn $\boldsymbol{g}$ die beobachtete Fallbeschleunigung ist), die x- und die y-Achse sind horizontal (d. h. senkrecht zu $\boldsymbol{g}$) und so orientiert, dass y nach Norden und x nach Osten zeigt. Der Ortsvektor des fallenden Körpers relativ zu O ist $\boldsymbol{r}$.

dabei ist wie schon zuvor $m\boldsymbol{g}_0$ die wahre Gravitationskraft der Erde auf den Körper. Die Zentrifugalkraft ist $m(\boldsymbol{\Omega} \times \boldsymbol{r}) \times \boldsymbol{\Omega}$ ($\boldsymbol{r}$ ist der Ort des Körpers relativ zum Erdmittelpunkt), doch in einer hervorragenden Näherung können wir $\boldsymbol{r}$ durch $\boldsymbol{R}$ (also durch den Punkt auf der Erdoberfläche, an dem der Versuch durchgeführt wird) ersetzen. Damit ergibt sich

$$F_{\mathrm{Zf}} = m(\boldsymbol{\Omega} \times \boldsymbol{R}) \times \boldsymbol{\Omega} \,.$$

Kehren wir nun zur Bewegungsgleichung (9.50) zurück. Sie werden erkennen, dass die Summe der ersten beiden Terme auf der rechten Seite einfach $m\boldsymbol{g}$ ist [$\boldsymbol{g}$ ist, so wie in (9.44) eingeführt, die beobachtete Fallbeschleunigung für einen am Ort $\boldsymbol{R}$ aus dem Ruhezustand losgelassenen Körper]. Mit anderen Worten: Wir können in (9.50) den Term $\boldsymbol{F}_{\mathrm{Zf}}$ weglassen, wenn wir $\boldsymbol{g}_0$ durch die beobachtete Fallbeschleunigung $\boldsymbol{g}$ am Ort des Versuchs ersetzen. Wenn wir für $\boldsymbol{F}_{\mathrm{Cor}}$ dann $2m\boldsymbol{v} \times \boldsymbol{\Omega}$ einsetzen und den Faktor m kürzen, wird aus der Bewegungsgleichung

$$\ddot{\boldsymbol{r}} = \boldsymbol{g} + 2\dot{\boldsymbol{r}} \times \boldsymbol{\Omega} \,. \tag{9.51}$$

Begünstigend in Gleichung (9.51) ist, dass dort an keiner Stelle der Ort $\boldsymbol{r}$ auftaucht (nur dessen Ableitungen $\dot{\boldsymbol{r}}$ und $\ddot{\boldsymbol{r}}$). Die Gleichung ändert sich also nicht, wenn man den Ursprung verschiebt (denn eine Verschiebung des Ursprungs bewirkt nur eine zusätzliche additive Konstante zu $\boldsymbol{r}$, die beim Differenzieren herausfällt). Dementsprechend kann ich nun, wie in Abbildung 9.15 dargestellt, meinen Ursprung auf die Erdoberfläche an den Ort $\boldsymbol{R}$ legen. Mit dieser Wahl der Achsen lässt sich die Bewegungsgleichung in ihre drei Komponenten zerlegen. Die Komponenten von $\dot{\boldsymbol{r}}$ und $\boldsymbol{\Omega}$ sind

$$\dot{\boldsymbol{r}} = (\dot{x}, \dot{y}, \dot{z})$$

und

$$\boldsymbol{\Omega} = (0, \Omega \sin\theta, \Omega \cos\theta) \,.$$

Somit sind die Komponenten von $\dot{\boldsymbol{r}} \times \boldsymbol{\Omega}$

$$\dot{\boldsymbol{r}} \times \boldsymbol{\Omega} = (\dot{y}\Omega \cos\theta - \dot{z}\Omega \sin\theta,\ -\dot{x}\Omega \cos\theta,\ \dot{x}\Omega \sin\theta)\,, \tag{9.52}$$

und die Bewegungsgleichung (9.52) lässt sich in die folgenden drei Gleichungen zerlegen:

$$\begin{aligned} \ddot{x} &= 2\Omega(\dot{y}\cos\theta - \dot{z}\sin\theta) \\ \ddot{y} &= -2\Omega\dot{x}\cos\theta \\ \ddot{z} &= -g + 2\Omega\dot{x}\sin\theta\,. \end{aligned} \tag{9.53}$$

Wir lösen diese drei Gleichungen durch mehrere aufeinanderfolgende Näherungen, die von der Kleinheit von Ω Gebrauch machen. Zunächst erhalten wir, weil Ω sehr klein ist, eine akzeptable Anfangsnäherung, wenn wir Ω komplett ignorieren. In dieser Näherung reduzieren sich die Gleichungen auf

$$\ddot{x} = 0, \qquad \ddot{y} = 0, \qquad \text{und} \qquad \ddot{z} = -g\,; \tag{9.54}$$

dies sind die Gleichungen für den freien Fall, wie man sie in jedem Einführungskurs zur Physik löst. Wenn man einen ruhenden Körper von einem Punkt mit $x = y = 0$ und $z = h$ fallen lässt, müssen nach den ersten beiden Gleichungen $\dot{x}$, $\dot{y}$, x und y allesamt null bleiben; aus der letzten Gleichung folgt $\dot{z} = -gt$ und $z = h - \frac{1}{2}gt^2$. Unsere Näherungslösung ist also

$$x = 0, \qquad y = 0, \qquad \text{und} \qquad z = h - \tfrac{1}{2}gt^2\,, \tag{9.55}$$

d. h., der Körper fällt mit konstanter Beschleunigung g vertikal nach unten. Diese Näherung wird manchmal als Näherung *nullter Ordnung* bezeichnet, weil sie nur die nullte Potenz von Ω berücksichtigt (d. h. von Ω unabhängig ist). Es handelt sich bekanntermaßen um eine sehr gute Näherung, doch sie zeigt keinerlei Auswirkungen der Coriolis-Kraft.

Für die nächste Näherung argumentieren wir folgendermaßen: Die Terme in (9.53), die Ω enthalten, sind alle klein. Daher können wir ruhig diese Terme mithilfe der Näherung nullter Ordnung für x, y und z berechnen. Setzen wir (9.55) in die rechte Seite von (9.53) ein, so erhalten wir

$$\ddot{x} = 2\Omega gt\sin\theta, \qquad \ddot{y} = 0, \qquad \text{und} \qquad \ddot{z} = -g\,. \tag{9.56}$$

Die letzten beiden Terme sind genau dieselben wie in der Näherung nullter Ordnung, doch die Gleichung für x ist neu. Man kann sie leicht integrieren und erhält

$$x = \tfrac{1}{3}\Omega gt^3 \sin\theta\,, \tag{9.57}$$

y und z sind dieselben wie in der Näherung nullter Ordnung (9.55). Dieses Ergebnis wird nun als Näherung *erster Ordnung* bezeichnet (weil sie die erste Potenz von Ω berücksichtigt). Diesen Prozess könnten wir wiederholen und eine Näherung zweiter Ordnung usw. herleiten, doch die Näherung erster Ordnung ist für unsere Zwecke gut genug.

Bemerkenswert an der Lösung (9.57) ist, dass ein frei fallender Körper nicht schnurgerade nach unten fällt: Die Coriolis-Kraft krümmt die Bahn leicht nach Osten (in die positive x-Richtung). Um eine Ahnung von der Größenordnung dieses Effekts zu bekommen, betrachten wir einen Körper, der einen 100 m tiefen senkrechten Schacht am Äquator hinunterfällt, und berechnen die Ablenkung, die er dann beim Aufprall am Boden erfährt. Die Zeit, die der Körper bis zum Aufprall benötigt, wird durch die letzte Gleichung in (9.55) zu $t = \sqrt{2h/g}$ bestimmt, und (9.57) gibt die östliche Ablenkung an (wir setzen $\theta = 90°$ und $g \approx 10\,\mathrm{m/s^2}$). So ergibt sich

$$\begin{aligned} x &= \frac{1}{3}\Omega g\left(\frac{2h}{g}\right)^{3/2} \\ &\approx \frac{1}{3}\cdot(7{,}3\cdot 10^{-5}\ \mathrm{s^{-1}})\cdot(10\ \mathrm{m/s^2})\cdot(20\ \mathrm{s^2})^{3/2} \approx 2{,}2\,\mathrm{cm}\,. \end{aligned}$$

Das ist zwar eine kleine Ablenkung, doch sie ist beobachtbar. Eine kleine Ablenkung nach Osten wurde schon von Newton vorhergesagt und auch von seinem Rivalen Robert Hooke (1635–1703) bestätigt, doch ließ sie sich erst nachvollziehbar erklären, als man den Coriolis-Effekt verstanden hatte.

9.9 Das Foucault'sche Pendel

Als letzte augenfällige Anwendung des Coriolis-Effekts betrachten wir das **Foucault'sche Pendel**, benannt nach seinem Erfinder, dem französischen Physiker Jean Bernard Léon Foucault (1819–1869); ein solches Pendel ist in vielen naturwissenschaftlichen Museen und Hochschulen auf der ganzen Welt zu sehen (z. B. im Hauptturm des Deutschen Museums in München). Das Foucault'sche Pendel besteht aus einem sehr schweren Pendelkörper der Masse m, der an einem langen dünnen Draht von einer hohen Decke hängt. In dieser Anordnung schwingt das Pendel eine sehr lange Zeit frei und kann sich sowohl in Ost-West- als auch in Nord-Süd-Richtung bewegen. In einem Inertialsystem betrachtet, wirken nur zwei Kräfte auf den Pendelkörper, nämlich die Zugkraft $\boldsymbol{F}_\mathrm{Z}$ im Draht und die Gewichtskraft $m\boldsymbol{g}_0$. Im rotierenden, mit der Erde verbundenen Bezugssystem gibt es außerdem noch die Zentrifugal- und die Coriolis-Kraft; die Bewegungsgleichung im erdfesten Bezugssystem ist

$$m\ddot{\boldsymbol{r}} = \boldsymbol{F}_\mathrm{Z} + m\boldsymbol{g}_0 + m(\boldsymbol{\Omega}\times\boldsymbol{r})\times\boldsymbol{\Omega} + 2m\dot{\boldsymbol{r}}\times\boldsymbol{\Omega}\,.$$

Genau wie im vorigen Abschnitt lassen sich der zweite und dritte Term auf der rechten Seite zu $m\boldsymbol{g}$ zusammenfassen (dabei ist $\boldsymbol{g}$ die beobachtete Fallbeschleunigung). Die Bewegungsgleichung wird dann zu

$$m\ddot{\boldsymbol{r}} = \boldsymbol{F}_\mathrm{Z} + m\boldsymbol{g} + 2m\dot{\boldsymbol{r}}\times\boldsymbol{\Omega}\,. \tag{9.58}$$

Wir können nun unsere Achsen wie im vorigen Abschnitt wählen, sodass x in Ostrichtung, y in Nordrichtung und z vertikal nach oben zeigt (Richtung von $-\boldsymbol{g}$); das Pendel sieht dann aus wie in Abbildung 9.16.

Ich beschränke unsere Diskussion auf den Fall kleiner Auslenkungen, sodass der Winkel β zwischen dem Pendel und der Vertikalen immer sehr klein ist. Daher sind zwei vereinfachende Näherungen zulässig: Erstens wird der Betrag der z-Komponente der Zugkraft $\boldsymbol{F}_\mathrm{Z}$ gut durch den Betrag der Zugkraft genähert, d. h. $F_{\mathrm{Z}z} = F_\mathrm{Z}\cos\beta \approx F_\mathrm{Z}$. Zweitens ist leicht zu erkennen, dass für kleine Schwingungen

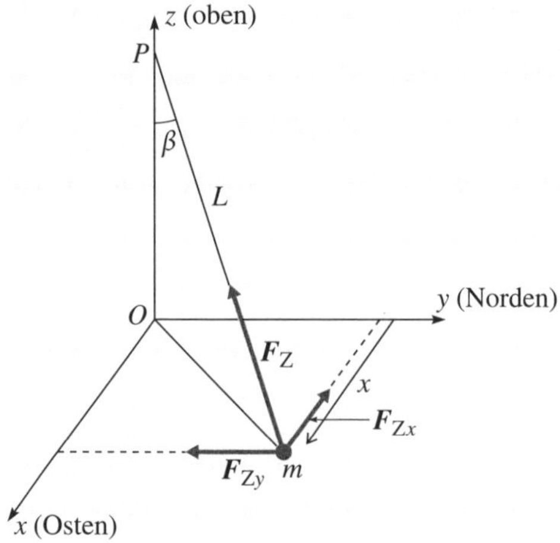

Abbildung 9.16: Ein Foucault'sches Pendel besteht aus einem Pendelkörper der Masse m, das an einem leichten langen Draht der Länge L von einem Punkt P herabhängt. Die Zugkraft auf den Pendelkörper ist als $\boldsymbol{F}_Z$ eingezeichnet, die x- und y-Komponente sind $\boldsymbol{F}_{Zx}$ und $\boldsymbol{F}_{Zy}$. Für kleine Schwingungen ist der Winkel β sehr klein.

gilt $F_{Zz} \approx mg$.[14] Mit diesen beiden Näherungen zusammen ergibt sich

$$F_Z \approx mg\,. \tag{9.59}$$

Nun müssen wir die x- und die y-Komponente der Bewegungsgleichung (9.58) untersuchen. Dazu müssen wir die x- und die y-Komponente von $\boldsymbol{F}_Z$ ermitteln. Beim Blick auf Abbildung 9.16 erkennen Sie, dass wegen der Ähnlichkeit der Dreiecke $F_{Zx}/F_Z = -x/L$ gilt; entsprechendes gilt für F_{Zy}. Kombinieren wir das mit (9.59), so ergibt sich

$$F_{Zx} = -mgx/L \quad \text{und} \quad F_{Zy} = -mgy/L\,. \tag{9.60}$$

Die x- und die y-Komponente von $\mathbf{g}$ sind natürlich null, und die Komponenten von $\dot{\boldsymbol{r}} \times \boldsymbol{\Omega}$ sind durch (9.52) gegeben. Wenn wir dies alles in (9.58) einsetzen, erhalten wir, nachdem wir den Faktor m gekürzt und einen Term mit $\dot{z}$ entfernt haben (er ist für kleine Schwingungen gegen $\dot{x}$ und $\dot{y}$ vernachlässigbar)

$$\left.\begin{aligned} \ddot{x} &= -gx/L + 2\dot{y}\Omega\cos\theta \\ \ddot{y} &= -gy/L - 2\dot{x}\Omega\cos\theta\,. \end{aligned}\right\} \tag{9.61}$$

Hier bezeichnet θ wie üblich die Komplementbreite des Pendelstandorts. Der Faktor g/L ist gerade ω_0^2 (ω_0 ist die Eigenfrequenz des Pendels), und $\Omega\cos\theta$ ist gerade Ω_z, die z-Komponente der Winkelgeschwindigkeit der Erde. Damit lassen sich diese beiden Bewegungsgleichungen umformen zu

$$\left.\begin{aligned} \ddot{x} - 2\Omega_z\dot{y} + \omega_0^2 x &= 0 \\ \ddot{y} + 2\Omega_z\dot{x} + \omega_0^2 y &= 0\,. \end{aligned}\right\} \tag{9.62}$$

14 Schauen Sie sich die z-Komponente von (9.58) an. Im Grenzfall kleiner Schwingungen gehen sowohl der Term auf der linken als auch der letzte Term auf der rechten Seite gegen null, und es bleibt $F_{Zz} - mg = 0$.

Wir können die gekoppelten Gleichungen (9.62) mit dem Trick lösen, den wir bereits in Kapitel 2 eingeführt haben, und definieren eine komplexe Zahl

$$\eta = x + \mathrm{i}y\,.$$

Rufen Sie sich ins Gedächtnis zurück, dass diese komplexe Zahl dieselben Informationen enthält wie der Ort in der x-y-Ebene; doch eine Darstellung von η in der komplexen Ebene ist auch ein Blick von oben auf die Projektion des Pendelorts (x, y). Wenn wir die zweite Gleichung aus (9.62) mit i multiplizieren und dann zur ersten addieren, erhalten wir eine einzige Differenzialgleichung:

$$\ddot{\eta} + 2\mathrm{i}\Omega_z\dot{\eta} + \omega_0^2\eta = 0\,. \tag{9.63}$$

Dies ist eine lineare, homogene Differenzialgleichung zweiter Ordnung und hat daher zwei unabhängige Lösungen. Wenn wir also zwei unabhängige Lösungen finden können, ist die allgemeine Lösung eine Linearkombination dieser beiden. Wie so oft lassen sich zwei unabhängige Lösungen durch „inspiriertes Raten" finden: Wir vermuten, dass es für ein bestimmtes konstantes α eine Lösung der Form

$$\eta(t) = \mathrm{e}^{-\mathrm{i}\alpha t} \tag{9.64}$$

gibt. Setzen wir dies in (9.63) ein, erkennen wir sofort, dass (9.64) dann und nur dann eine Lösung ist, wenn gilt

$$\alpha^2 - 2\Omega_z\alpha - \omega_0^2 = 0$$

bzw.

$$\begin{aligned}\alpha &= \Omega_z \pm \sqrt{\Omega_z^2 + \omega_0^2}\\ &\approx \Omega_z \pm \omega_0\,;\end{aligned} \tag{9.65}$$

die letzte Zeile ist eine extrem gute Näherung, da die Drehgeschwindigkeit Ω der Erde sehr viel kleiner ist als ω_0 des Pendels. Damit haben wir die beiden erforderlichen unabhängigen Lösungen, und als allgemeine Lösung der Bewegungsgleichung (9.63) ergibt sich

$$\eta = \mathrm{e}^{-\mathrm{i}\Omega_z t}\left(C_1\mathrm{e}^{\mathrm{i}\omega_0 t} + C_2\mathrm{e}^{-\mathrm{i}\omega_0 t}\right). \tag{9.66}$$

Um eine Vorstellung davon zu gewinnen, wie die Lösung aussieht, müssen wir die beiden Konstanten C_1 und C_2 durch Angabe der Anfangsbedingungen festlegen. Nehmen wir an, dass das Pendel zur Zeit $t = 0$ in die x-Richtung (ostwärts) zu einer Position $x = A$ und $y = 0$ ausgelenkt und dann aus dem Stillstand losgelassen wurde ($v_{x0} = v_{y0} = 0$). Mit diesen Anfangsbedingungen lässt sich leicht überprüfen,[15] dass $C_1 = C_2 = A/2$ gilt, und unsere Lösung wird zu

$$\eta(t) \equiv x(t) + \mathrm{i}y(t) = A\mathrm{e}^{-\mathrm{i}\Omega_z t}\cos\omega_0 t\,. \tag{9.67}$$

Für $t = 0$ ist der komplexe Exponentialfaktor gleich eins, und es ist $x = A$ und $y = 0$. Wegen $\Omega_z \ll \omega_0$ vollführt der Kosinusfaktor in (9.67) viele Schwingungen, bevor der Exponentialfaktor merklich von eins abweicht. Daraus folgt, dass $x(t)$ anfangs mit der Kreisfrequenz ω_0 zwischen $\pm A$ schwingt, während y dicht bei null bleibt. Mit

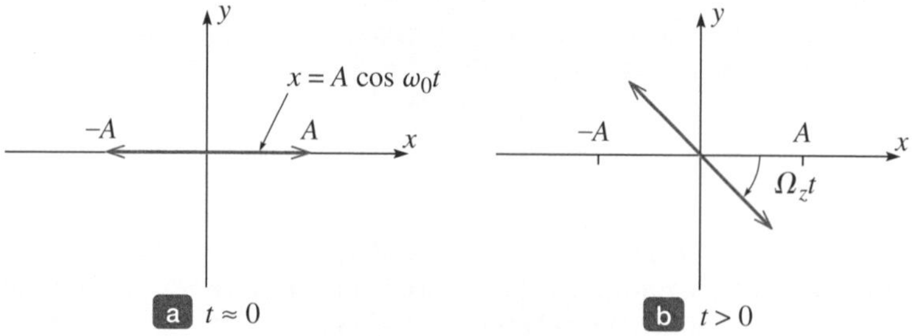

Abbildung 9.17: Blick von oben auf die Bewegung eines Foucault'schen Pendels. (a) Nach dem Loslassen schwingt das Pendel eine gewisse Zeit mit der Amplitude A und der Frequenz ω_0 entlang der x-Achse. (b) Mit fortschreitender Zeit dreht sich die Schwingungsebene langsam mit der Winkelgeschwindigkeit Ω_z, der z-Komponente der Winkelgeschwindigkeit der Erde.

anderen Worten: Anfangs schwingt das Pendel in harmonischer Schwingung entlang der x-Achse, so wie in Abbildung 9.17a dargestellt.

Nach einiger Zeit ändert sich der komplexe Exponentialfaktor $e^{-i\Omega_z t}$ jedoch merklich, wodurch die komplexe Zahl $\eta = x + iy$ sich um den Winkel $\Omega_z t$ dreht. Auf der Nordhalbkugel ist Ω_z positiv, d. h. die Zahl $x + iy$ schwingt zwar (wegen des Faktors $\cos \omega_0 t$) sinusförmig, aber zusammen mit einer Rotation im Uhrzeigersinn. Die Schwingungsebene des Pendels rotiert also mit der Winkelgeschwindigkeit Ω_z langsam im Uhrzeigersinn (Abbildung 9.17b). Auf der Südhalbkugel, wo Ω_z negativ ist, verläuft die entsprechende Rotation entgegen dem Uhrzeigersinn.

Hängt man ein Foucault'sches Pendel bei der Komplementbreite θ auf (geografische Breite $-\,\theta$), dann rotiert die Schwingungsebene mit der Geschwindigkeit

$$\Omega_z = \Omega \cos \theta \, . \tag{9.68}$$

Am Nordpol ($\theta = 0$) gilt $\Omega_z = \Omega$, die Drehgeschwindigkeit der Pendelebene und die Geschwindigkeit der Erddrehung stimmen also überein. Dieses Ergebnis ist leicht nachzuvollziehen: Wenn man ein am Nordpol aufgehängtes Foucault'sches Pendel in einem Inertialsystem (nicht rotierend) betrachtet, schwingt das Pendel offenbar in einer festen Ebene; im selben Inertialsystem betrachtet, dreht sich jedoch die Erde (von oben betrachtet) mit der Winkelgeschwindigkeit Ω im Gegenuhrzeigersinn. Natürlich muss sich dann, im erdfesten (rotierenden) Bezugssystem betrachtet, die Schwingungsebene des Pendels mit der Winkelgeschwindigkeit Ω im Uhrzeigersinn drehen.

Für jede andere geografische Breite ist das Ergebnis in einem Inertialsystem viel schwieriger zu beschreiben, die Drehgeschwindigkeit der Pendelebene lässt sich jedoch mit (9.68) leicht berechnen. Am Äquator ($\theta = 90°$) ist $\Omega_z = 0$, und die Pendelebene rotiert nicht. Auf 42. Breitengrad (auf der Breite z. B. von Boston, Chicago oder Rom) beträgt die Komplementbreite $\theta = 48°$, und es gilt

$$\Omega_z = \Omega \cos 48° \approx \tfrac{2}{3}\Omega \, .$$

15 Beim Nachrechnen wird Ihnen noch eine kleine Raffinesse auffallen, denn diese einfachen Werte hängen von der (zutreffenden) Annahme $\Omega_z \ll \omega_0$ ab.

Da Ω einer Winkelgeschwindigkeit von 360°/Tag entspricht, ist $\frac{2}{3}\Omega = 240°/\text{Tag}$; im Lauf von sechs Stunden (ein Zeitraum, den ein langes, gut aufgehängtes Pendel mit Sicherheit ohne nennenswerte Dämpfung schwingen kann) wird sich die Schwingungsebene des Pendels um 60° drehen – ein leicht zu beobachtender Effekt. Die Schwingungsebene des Foucault'schen Pendels im Deutschen Museum dreht sich an einem Tag um etwa 268°, in sechs Stunden also um ca. 67°. (München liegt auf der geografischen Breite 48°, wir haben also $\Omega_z = \Omega \cos 42° \approx \frac{3}{4}\Omega$.)

9.10 Die Coriolis-Kraft und die Coriolis-Beschleunigung

In Kapitel 1, Gleichung (1.48), hatten wir die Form des zweiten Newton'schen Gesetzes in zweidimensionalen Polarkoordinaten hergeleitet:

$$\boldsymbol{F} = m\boldsymbol{a} \Longleftrightarrow \begin{cases} F_r = m(\ddot{r} - r\dot{\varphi}^2) \\ F_\varphi = m(r\ddot{\varphi} + 2\dot{r}\dot{\varphi}) \,. \end{cases} \tag{9.69}$$

Nun können wir den ziemlich hässlichen jeweils letzten Term in den beiden Gleichungen mithilfe der Zentrifugal- und der Coriolis-Kraft erklären.

Betrachten wir ein Teilchen, das sich unter dem Einfluss einer resultierenden Kraft $\boldsymbol{F}$ in zwei Dimensionen bewegt. (Genau dieselbe Überlegung funktioniert auch in drei Dimensionen, wenn man zylindrische Polarkoordinaten verwendet, der Einfachheit halber arbeite ich hier aber nur in zwei Dimensionen.) Relativ zu jedem Inertialsystem $\mathcal{S}$ mit dem Ursprung O muss das Teilchen die Gleichung (9.69) erfüllen. Betrachten wir nun ein nichtinertiales Bezugssystem $\mathcal{S}'$ mit demselben Ursprung O, das sich mit der konstanten Rotationsgeschwindigkeit Ω dreht; Ω soll so gewählt sein, dass zu einem bestimmen Zeitpunkt $t = t_0$ gilt: $\Omega = \dot{\varphi}$. Mit anderen Worten: Zu diesem Zeitpunkt t_0 rotieren das Bezugssystem $\mathcal{S}'$ und das Teilchen mit derselben Winkelgeschwindigkeit. (Aus diesem Grund bezeichnet man das System $\mathcal{S}'$ manchmal auch als *korotierendes Bezugssystem*.) Wenn das Teilchen im System $\mathcal{S}'$ die Polarkoordinaten (r', φ') hat, dann gilt zu jedem Zeitpunkt

$$r' = r$$

(weil $\mathcal{S}$ und $\mathcal{S}'$ denselben Ursprung haben), und zum Zeitpunkt t_0 gilt

$$\dot{\varphi}' = 0$$

(weil das System $\mathcal{S}'$ und das Teilchen zum Zeitpunkt $t = t_0$ mit derselben Winkelgeschwindigkeit rotieren.) Das Newton'sche Gesetz kann im Bezugssystem $\mathcal{S}'$ angewandt werden, sofern wir die Zentrifugal- und die Coriolis-Kraft berücksichtigen. Somit haben wir

$$\boldsymbol{F} + \boldsymbol{F}_{\text{Zf}} + \boldsymbol{F}_{\text{Cor}} = m\ddot{\boldsymbol{r}}' \,. \tag{9.70}$$

Schreiben wir diese Gleichung nun in Polarkoordinaten um: Die Zentrifugalkraft ist rein radial mit der Radialkomponente $mr\Omega^2$. (Wegen des Zusammenhangs $r = r'$ ist es egal, ob wir r oder r' schreiben.) Die Coriolis-Kraft $\boldsymbol{F}_{\text{Cor}}$ ist $2m\boldsymbol{v}' \times \boldsymbol{\Omega}$, und (da $\boldsymbol{v}'$ im korotierenden Bezugssystem rein radial ist) wirkt $\boldsymbol{F}_{\text{Cor}}$ in die Richtung von φ' mit der φ'-Komponente $-2m\dot{r}\Omega$. Schließlich lässt sich der Term $m\ddot{\boldsymbol{r}}'$ auf der rechten Seite von (9.70) durch die Entsprechung aus (9.69) ersetzen; allerdings ist (zum gewählten

Zeitpunkt t_0) im korotierenden System $\dot{\varphi} = 0$, und daher fehlt der Term, der $\dot{\varphi}$ enthält. Führen wir nun alles zusammen, so erhalten wir für die Bewegungsgleichung im korotierenden Bezugssystem

$$\boldsymbol{F} + \boldsymbol{F}_{\text{Zf}} + \boldsymbol{F}_{\text{Cor}} = m\ddot{\boldsymbol{r}}' \Longleftrightarrow \begin{cases} F_r + mr\Omega^2 = m\ddot{r} \\ F_\varphi - 2m\dot{r}\Omega = mr\ddot{\varphi}\,. \end{cases} \tag{9.71}$$

(Da das Bezugssystem $\mathcal{S}'$ mit konstanter Winkelgeschwindigkeit rotiert, konnte ich $\ddot{\varphi}'$ durch $\ddot{\varphi}$ ersetzen – beide sind gleich.)

Vergleichen wir nun die Bewegungsgleichung (9.69) für das Inertialsystem mit (9.71) für das korotierende Bezugssystem. Am wichtigsten ist die Erkenntnis, dass wegen $\Omega = \dot{\varphi}$ die Gleichungen für r und φ jeweils gleich sind, wenn auch bestimmte Terme verschieden auf die beiden Seiten verteilt sind. In (9.69) für das nichtrotierende Bezugssystem sind die einzigen Terme auf der linken Seite die reale Gesamtkraft mit den Komponenten F_r und F_φ. Auf der rechten Seite von (9.69) enthält die Beschleunigung die Zentripetalbeschleunigung $-r\dot{\varphi}^2$ in ihrer Radialkomponente und die Coriolis-Beschleunigung $2\dot{r}\dot{\varphi}$ in ihrer φ-Komponente. In Gleichung (9.71) für das rotierende Bezugssystem tritt keiner dieser beiden zusätzlichen Terme auf (weil wir es so eingerichtet haben, dass $\dot{\varphi}'$ null ist); diese Terme tauchen aber (natürlich mit entgegengesetztem Vorzeichen) auf der Kraftseite der Gleichungen als Zentrifugalkraft $mr\Omega^2$ in der Radialgleichung und als Coriolis-Kraft $-2m\dot{r}\Omega$ in der φ-Gleichung wieder auf.

Da die beiden Versionen der Gleichungen übereinstimmen, müssen sie gleichermaßen richtig sein. Im Inertialsystem sind die Kräfte einfacher (es treten keine „Scheinkräfte" auf), doch die Gleichungen sind komplizierter; im rotierenden Bezugssystem ist es genau anders herum. Welches Bezugssystem man verwenden sollte, ist eine Frage der Bequemlichkeit. Insbesondere dann, wenn der Beobachter sich in einem rotierenden System befindet (so wie wir Erdlinge), ist es im Allgemeinen bequemer, mit dem rotierenden Bezugssystem zu arbeiten und zu lernen, wie man mit den „Scheinkräften" (Zentrifugalkraft und Coriolis-Kraft) zurechtkommt.

ZUSAMMENFASSUNG

Wichtige Definitionen und Gleichungen aus Kapitel 9

Trägheitskräfte in einem beschleunigten, aber nicht rotierenden Bezugssystem

Die Bewegung eines Körpers, beobachtet in einem Bezugsssytem, das eine Beschleunigung $\boldsymbol{A}$ relativ zu einem Inertialsystem erfährt, lässt sich mithilfe des zweiten Newton'schen Gesetzes in der Form $m\ddot{\boldsymbol{r}} = \boldsymbol{F} + \boldsymbol{F}_{\text{Träg}}$ beschreiben; darin ist $\boldsymbol{F}$ die Gesamtkraft auf den Körper (in einem beliebigen Inertialsystem gemessen), und $\boldsymbol{F}_{\text{Träg}}$ ist eine zusätzliche **Trägheitskraft**

$$\boldsymbol{F}_{\text{Träg}} = -m\boldsymbol{A}\,. \tag{9.5}$$

Der Vektor der Winkelgeschwindigkeit
Wenn ein Körper mit der Winkelgeschwindigkeit ω (üblicherweise in Radian pro Sekunde angegeben) um eine Achse rotiert, die durch den Einheitsvektor $\boldsymbol{u}$ beschrieben wird (die Drehrichtung folgt aus der Rechte-Hand-Regel), dann definiert man den **Vektor der Winkelgeschwindigkeit** als

$$\boldsymbol{\omega} = \omega \boldsymbol{u} . \tag{9.21}$$

Die „nützliche Beziehung"
Ein Punkt $\boldsymbol{r}$, der fest in einem mit der Winkelgeschwindigkeit $\boldsymbol{\omega}$ rotierenden Bezugssystem verankert ist, hat die vektorielle Geschwindigkeit

$$\boldsymbol{v} = \boldsymbol{\omega} \times \boldsymbol{r} . \tag{9.22}$$

Zeitableitungen in einem rotierenden Bezugssystem
Wenn das Bezugssystem $\mathcal{S}$ bezüglich eines Inertialsystems $\mathcal{S}_0$ die Winkelgeschwindigkeit $\boldsymbol{\Omega}$ hat, dann gilt für die zeitliche Ableitung eines Vektors $\boldsymbol{Q}$, beobachtet in den beiden Bezugssystemen, der folgende Zusammenhang:

$$\left(\frac{\mathrm{d}\boldsymbol{Q}}{\mathrm{d}t}\right)_{\mathcal{S}_0} = \left(\frac{\mathrm{d}\boldsymbol{Q}}{\mathrm{d}t}\right)_{\mathcal{S}} + \boldsymbol{\Omega} \times \boldsymbol{Q} . \tag{9.30}$$

Das zweite Newton'sche Gesetz in einem rotierenden Bezugssystem
Wenn das Bezugssystem $\mathcal{S}$ bezüglich eines Inertialsystems $\mathcal{S}_0$ die Winkelgeschwindigkeit $\boldsymbol{\Omega}$ hat, dann nimmt das zweite Newton'sche Gesetz im rotierenden System die Form

$$m\ddot{\boldsymbol{r}} = \boldsymbol{F} + \boldsymbol{F}_{\mathrm{Cor}} + \boldsymbol{F}_{\mathrm{Zf}} \tag{9.37}$$

an; darin ist $\boldsymbol{F}$ die resultierende Kraft auf den Körper (gemessen in einem beliebigen Inertialsystem), und die Scheinkräfte $\boldsymbol{F}_{\mathrm{Cor}}$ und $\boldsymbol{F}_{\mathrm{Zf}}$ sind die **Coriolis-Kraft** und die **Zentrifugalkraft**

$$\boldsymbol{F}_{\mathrm{Cor}} = 2m\dot{\boldsymbol{r}} \times \boldsymbol{\Omega} \quad \text{und} \quad \boldsymbol{F}_{\mathrm{Zf}} = m(\boldsymbol{\Omega} \times \boldsymbol{r}) \times \boldsymbol{\Omega} . \qquad \text{((9.35) und (9.36))}$$

Fallbeschleunigung
Die beobachtete Fallbeschleunigung $\boldsymbol{g}$ (definiert als die Anfangsbeschleunigung relativ zur Erde, wenn ein Körper aus dem Ruhezustand im freien Fall vertikal zu Boden fällt) enthält die „wahre" Gravitationsbeschleunigung $\boldsymbol{g}_0$ und einen Anteil, der auf die Zentrifugalkraft zurückgeht:

$$\boldsymbol{g} = \boldsymbol{g}_0 + (\boldsymbol{\Omega} \times \boldsymbol{R}) \times \boldsymbol{\Omega} . \tag{9.44}$$

„Vertikal" ist hier definiert als die Richtung von $\boldsymbol{g}$, „horizontal" ist die zu $\boldsymbol{g}$ senkrechte Richtung.

Aufgaben zu Kapitel 9

*Die Sterne zeigen den ungefähren Schwierigkeitsgrad an, von * (leicht) bis *** (schwierig).*

9.1 Beschleunigung ohne Rotation

*** 1** Machen Sie sich noch einmal klar, warum ein Pendel in Gleichgewichtslage, das in einem beschleunigten Auto hängt, nach hinten kippt. Betrachten Sie dazu Folgendes: Ein Heliumballon wird mit einer masselosen Schnur am Boden eines Autos befestigt, das mit der Beschleunigung $\boldsymbol{A}$ beschleunigt. Erläutern Sie, warum der Ballon nach *vorn* kippt, und berechnen Sie den Kippwinkel für die Gleichgewichtsposition. [*Hinweis:* Ein Heliumballon schwebt aufgrund der Archimedischen Auftriebskraft, die wiederum durch den Luftdruckunterschied zwischen Ober- und Unterseite des Ballons entsteht. Welcher Zusammenhang besteht zwischen der Richtung des Gravitationfelds und der Auftriebskraft?]

*** 2** In einer torusförmigen Raumstation (Außenradius R) wird eine künstliche Schwerkraft dadurch erzeugt, dass die Station sich mit der Drehgeschwindigkeit ω um die Symmetrieachse dreht. Skizzieren Sie die Kräfte und die Beschleunigungen, die ein in der Station stehender Astronaut erfährt,
a) von einem Inertialsystem außerhalb der Raumstation aus betrachtet und
b) betrachtet im Ruhesystem des Astronauten (das von dem Inertialsystem aus gesehen eine Zentripetalbeschleunigung $A = \omega^2 R$ erfährt). Welche Drehgeschwindigkeit muss die Station haben, wenn der Radius der Station $R = 40$ m beträgt und die scheinbare Schwerebeschleunigung den auf der Erde üblichen Wert von etwa 10 m/s^2 haben soll?
c) Wie groß ist der prozentuale Unterschied zwischen der Schwerebeschleunigung g auf Fußhöhe zwei Meter großen Astronauten ($R = 40$ m) und auf seiner Kopfhöhe ($R = 38$ m)?

9.2 Die Gezeiten

***3** **a)** Betrachten Sie die Gezeitenkraft (9.12) auf eine Masse m am Ort P in Abbildung 9.4 auf Seite 395. Schreiben Sie d als $(d_0 - R_\text{E}) = d_0(1 - R_\text{E}/d_0)$ und zeigen Sie mithilfe der Binomialnäherung$(1-\varepsilon)^{-2} \approx 1 + 2\varepsilon$, dass für die Gezeitenkraft $\boldsymbol{F}_\text{Gez} = -(2GM_\text{M}mR_\text{E}/d_0^3)\hat{\boldsymbol{x}}$ gilt. Prüfen Sie die Richtung der in Abbildung 9.4 gezeigten Kraft nach und vergleichen Sie den Betrag der Gezeitenkraft mit der Gravitationskraft $m\boldsymbol{g}$ der Erde.
b) Führen Sie die entsprechende Rechnung für die Kraft im Punkt R aus. Vergleichen Sie diese Kraft (Betrag und Richtung) mit der in Teil (a).

***4** Wiederholen Sie die Rechnung aus Aufgabe 3a), nun aber für die Gezeitenkraft im Punkt Q von Abbildung 9.4. [Schreiben Sie in diesem Fall $\hat{\boldsymbol{d}}/d^2 = \boldsymbol{d}/d^3$ und wenden Sie die Binomialnäherung in der Form $(1+\varepsilon)^{-3/2} \approx 1 - 3\varepsilon/2$ an.]

***5** Schauen Sie sich nochmals die Herleitung der potenziellen Gezeitenenergie (9.16) für einen Wassertropfen im Punkt Q von Abbildung 9.5 auf

Seite 397 an und leiten Sie dann detailliert die potenzielle Gezeitenenergie aus Gleichung (9.17) im Punkt P her.

★★★6 $h(\theta)$ soll die Tiefe des Meeres an einem beliebigen Punkt T der Oberfläche bezeichnen; dabei wird $h(\theta)$ von der Höhe des Punkts Q in Abbildung 9.5 auf Seite 397 nach oben gemessen, θ ist der Polwinkel $\angle TOR$ von T. Nehmen Sie an, dass die Meeresoberfläche eine Äquipotenzialfläche ist, und zeigen Sie $h(\theta) = h_0 \cos^2\theta$ mit $h_0 = 3M_M R_E^4/(2M_E d_0^3)$. Skizzieren und beschreiben Sie die Form der Meeresoberfläche; berücksichtigen Sie dabei $h_0 \ll R_E$: [*Hinweis:* Sie werden $U_{Gez}(T)$ berechnen müssen, wie es in (9.13) gegeben ist, dabei ist d der Abstand MT. Dazu müssen Sie d mithilfe des Kosinussatzes angeben und dann d^{-1} mithilfe der Binomialnäherung annähern; achten Sie sorgfältig darauf, dass Sie *alle* Terme in der Ordnung bis $(R_E/d_0)^2$ berücksichtigen. Vernachlässigen Sie die Wirkung der Sonne.]

9.4 Zeitableitungen in einem rotierenden Bezugssystem

★7 **a)** Erläutern Sie den in Gleichung (9.30) hergestellten Zusammenhang zwischen den Ableitungen eines Vektors $\boldsymbol{Q}$ in den beiden Bezugssystemen $\mathcal{S}_0$ und $\mathcal{S}$ für den Spezialfall, dass $\boldsymbol{Q}$ im System $\mathcal{S}$ fest ist.
b) Tun Sie dasselbe für einen Vektor $\boldsymbol{Q}$, der in dem System $\mathcal{S}_0$ fest ist, und vergleichen Sie mit Ihrer Antwort in Teil a).

9.5 Das zweite Newton'sche Gesetz in einem rotierenden Bezugssystem

★8 Welche Richtungen haben die Zentrifugal- und die Coriolis-Kraft auf eine Person, die sich
a) nahe dem Nordpol in südlicher Richtung,
b) auf dem Äquator ostwärts und
c) über den Äquator hinweg in südlicher Richtung bewegt?

★9 Eine Kugel der Masse m wird von einem Ort auf der Komplementbreite θ mit der Mündungsgeschwindigkeit v_0 horizontal in Nordrichtung abgefeuert. Drücken Sie die Richtung und den Betrag der Coriolis-Kraft mithilfe von m, v_0, θ und der Rotationsgeschwindigkeit Ω der Erde aus. Wie groß ist die Coriolis-Kraft im Vergleich zur Gewichtskraft der Kugel für $v_0 = 1000\,\mathrm{m/s}$ und $\theta = 40°$?

★★10 Bei der Herleitung der Bewegungsgleichung (9.34) für ein rotierendes Bezugssystem haben wir angenommen, dass die Winkelgeschwindigkeit $\boldsymbol{\Omega}$ konstant ist. Zeigen Sie, dass für $\dot{\boldsymbol{\Omega}} \neq 0$ auf der rechten Seite von (9.34) eine dritte „Scheinkraft" $m\boldsymbol{r} \times \dot{\boldsymbol{\Omega}}$ auftritt, die manchmal als **Azimutalkraft** bezeichnet wird.

★★★11 In dieser Aufgabe sollen Sie die Bewegungsgleichung (9.34) für ein rotierendes Bezugssystem mithilfe des Lagrange-Ansatzes beweisen. Wie üblich ist das Lagrange-Verfahren in vieler Hinsicht einfacher zu handhaben als als der Newton'sche Ansatz (außer, dass es manchmal einige trickreiche Verrenkungen bei der Vektorrechnung erfordert), ist aber unter Umständen weniger aufschlussreich. Sei $\mathcal{S}$ ein nichtinertiales Bezugssystem, das bezüglich eines Inertialsystems $\mathcal{S}_0$ mit der konstanten Winkelgeschwindigkeit $\boldsymbol{\Omega}$ rotiert. Beide Bezugssysteme sollen denselben Ursprung $O = O'$ haben.

a) Geben Sie die Lagrange-Funktion $\mathcal{L} = T - U$ mithilfe der Koordinaten $\boldsymbol{r}$ und $\dot{\boldsymbol{r}}$ in $\mathcal{S}$ an. [Denken Sie daran, dass Sie zuerst T in dem Inertialsystem berechnen müssen. Bedienen Sie sich diesem Zusammenhang der Gleichung $\boldsymbol{v}_0 = \boldsymbol{v} + \boldsymbol{\Omega} \times \boldsymbol{r}$.]
b) Zeigen Sie, dass die drei Lagrange-Gleichungen (9.34) genau wiedergeben.

9.6 Die Zentrifugalkraft

*** 12** **a)** Zeigen Sie: Um ein statisches Gebilde in einem rotierenden Bezugssystem zu konstruieren (z. B. eine Raumstation), kann man die üblichen statischen Regeln anwenden, außer dass man noch eine zusätzliche „Scheinkraft" ansetzen und berücksichtigen muss.
b) Sie möchten einen Puck auf einen rotierenden horizontalen Drehtisch (mit der Drehgeschwindigkeit Ω) legen, der durch die statische Reibungskraft (der Haftreibungskoeffizient ist μ) auf dem Tisch liegen bleiben soll. Wie weit von der Drehachse entfernt können Sie den Puck bestenfalls platzieren? (Argumentieren Sie vom Standpunkt eines Beobachters im rotierenden Bezugssystem aus.)

*** 13** Zeigen Sie: Der Winkel α zwischen der Lotrichtung und der Richtung zum Erdmittelpunkt ist gegeben durch $\sin\alpha = (R_E\Omega^2 \sin 2\theta)/(2g)$; dabei ist g die beobachtete Fallbeschleunigung, und wir nehmen an, dass die Erde eine perfekte Kugel ist. Schätzen Sie den Maximal- und den Minimalwert für den Betrag von α ab.

**** 14** Ein Wassereimer dreht sich mit der Rotationsgeschwindigkeit Ω um seine senkrechte Achse. Zeigen Sie, dass die Wasseroberfläche nach Einnehmen der Gleichgewichtslage (relativ zum Eimer) einen Paraboloid bildet. (Verwenden Sie zylindrische Polarkoordinaten und denken Sie daran, dass die Oberfläche eine Äquipotenzialfläche unter der gemeinsamen Wirkung der Gravitations- und der Zentrifugalkraft ist.)

**** 15** Auf einem außerirdischen, perfekt kugelsymmetrischen Planeten hat die Fallbeschleunigung den Betrag $g = g_0$ am Nordpol und $g = \lambda g_0$ am Äquator (mit $0 \leq \lambda \leq 1$). Bestimmen Sie $g(\theta)$, die Fallbeschleunigung bei der Komplementbreite θ als Funktion von θ.

9.7 Die Coriolis-Kraft

*** 16** Der Mittelpunkt eines langen Stabs ist im Ursprung befestigt; der Stab rotiert mit einer konstanten Winkelgeschwindigkeit Ω in einer horizontalen Ebene. Geben Sie die Bewegungsgleichung für eine Perle an, die auf dem Stab reibungsfrei gleiten kann; verwenden Sie dazu die Koordinaten x und y in einem Bezugssystem, das sich mit dem Stab dreht (x zeigt dabei entlang des Stabs und y senkrecht dazu). Lösen Sie nach $x(t)$ auf. Welche Rolle spielt die Zentrifugalkraft? Welche Rolle spielt die Coriolis-Kraft?

*** 17** Betrachten Sie die Perle aus Beispiel 7.6 auf Seite 314, die auf einem kreisförmigen rotierenden Drahtring aufgefädelt ist, in einem Bezugssystem, das sich mit dem Ring dreht. Geben Sie die Bewegungsgleichung der Perle an und prüfen Sie nach, ob Ihre Ergebnisse mit Gleichung (7.69) übereinstimmen. Erläutern Sie anhand eines Kräftediagramms das Ergebnis (7.71) für die Gleichgewichtsposition.

⋆18 Ein Teilchen der Masse m kann sich (reibungsfrei) nur in einer vertikalen Ebene bewegen; die x-Achse ist horizontal, die y-Achse zeigt vertikal nach oben. Die Ebene dreht sich nun mit der konstanten Rotationsgeschwindigkeit Ω um die y-Achse. Bestimmen Sie die Bewegungsgleichungen für x und y, lösen Sie sie und beschreiben Sie die möglichen Bewegungen.

⋆19 Ich stehe (mit Steigeisen an den Füßen) auf einem völlig reibungsfreien flachen Karussell, das sich mit der Rotationsgeschwindigkeit Ω gegen den Uhrzeigersinn um seine vertikale Achse dreht.
a) Ich halte einen Puck knapp über dem Boden des Karussells und lasse ihn los. Beschreiben Sie die Bahn des Pucks, wie sie ein Beobachter auf einem neben dem Karussell stehenden Turm sieht; beschreiben Sie dann die Bahn, wie ich (auf dem Karussell) sie sehe. Erläutern Sie, was ich sehe, mithilfe der Zentrifugal- und der Coriolis-Kraft.
b) Bearbeiten Sie dieselben Fragen nochmals für einen Puck, der von einem (ziemlich langarmigen) Zuschauer, der neben dem Karussell steht und sich über die Karussellfläche beugt, losgelassen wird.

⋆20 Betrachten Sie einen reibungsfreien Puck auf einem horizontalen Drehtisch, der sich mit der Rotationsgeschwindigkeit Ω gegen den Uhrzeigersinn dreht.
a) Geben Sie das zweite Newton'sche Gesetz für die x- und y-Koordinaten des Pucks an, wie ein Betrachter auf dem Drehtisch es wahrnimmt. [Berücksichtigen Sie die Zentrifugal- und Coriolis-Kraft, aber vernachlässigen Sie die Erdrotation.]
b) Lösen Sie die beiden Gleichungen mit der trickreichen Substitution $\eta = x + iy$ und dem „geratenen" Ansatz $\eta = e^{-i\alpha t}$. [In diesem Fall erhalten Sie – genau wie bei der kritisch gedämpften harmonischen Schwingung, die wir in Abschnitt 5.4 diskutiert haben – nur eine Lösung. Die andere Lösung hat die Form (5.43), die wir für die zweite Lösung der gedämpften harmonischen Schwingung gefunden haben.] Geben Sie die allgemeine Lösung an.
c) Zum Zeitpunkt $t = 0$ verschiebe ich den Puck vom Ort $\boldsymbol{r}_0 = (x_0, 0)$ mit der Geschwindigkeit $\boldsymbol{v}_0 = (v_{x0}, v_{y0})$ (jeweils von mir auf dem Drehtisch gemessen). Zeigen Sie, dass gilt

$$\left.\begin{aligned} x(t) &= (x_0 + v_{x0}t)\cos\Omega t + (v_{y0} + \Omega x_0)t\sin\Omega t \\ y(t) &= -(x_0 + v_{x0}t)\sin\Omega t + (v_{y0} + \Omega x_0)t\cos\Omega t \end{aligned}\right\} . \tag{9.72}$$

d) Beschreiben und skizzieren Sie das Verhalten des Pucks für große Werte von t. [*Hinweis:* Wenn t groß ist, dominieren die Terme proportional zu t (außer in dem Fall, dass beide Koeffizienten null sind). Schreiben Sie bei großen t die Gleichung (9.72) in der Form $x(t) = t(B_1\cos\Omega t + B_2\sin\Omega t)$ mit einem entsprechenden Ausdruck für $y(t)$ und verwenden Sie den Trick von (5.11), um den Sinus und den Kosinus zu einem einzigen Kosinus (oder, für $y(t)$, zu einem einzigen Sinus) zusammenzufassen. Nun sollten Sie erkennen, dass die Bahn eine Art von Spirale beschreibt (mit der genannten Ausnahme); die genaue Form hängt von den Anfangsbedingungen ab.]

★21 Wenn ein Puck wie in den Aufgaben 9.20 oder 9.24 auf einem rotierenden Drehtisch gleitet, kann er instantan zum Stillstand kommen. Skizzieren Sie die Form der Bahn, bei der dies auftritt, und erläutern Sie sie. Wenn Sie Aufgabe 24 gelöst haben, kommentieren Sie die Bedeutsamkeit Ihrer Erkenntnisse für Teil (d) der Aufgabe.

★22 Wenn eine negative elektrische Ladung $-q$ (beispielsweise ein Elektron) sich auf einer elliptischen Bahn um eine feste positive Ladung Q bewegt und ein schwaches gleichförmiges Magnetfeld $\boldsymbol{B}$ erfährt, so präzediert die Ellipse durch den Einfluss von $\boldsymbol{B}$ langsam. Dieser Effekt ist als **Larmor-Präzession** bekannt. Um die Aussage zu beweisen, geben Sie die Bewegungsgleichung für die negative Ladung im Feld von Q und $\boldsymbol{B}$ an. Schreiben Sie die Gleichung nun für ein Bezugssystem um, das mit der Winkelgeschwindigkeit $\boldsymbol{\Omega}$ rotiert. [Denken Sie daran, dass sich dadurch sowohl $\mathrm{d}^2\boldsymbol{r}/\mathrm{d}t^2$ als auch $\mathrm{d}\boldsymbol{r}/\mathrm{d}t$ ändern.] Zeigen Sie, dass Sie es durch eine passende Wahl von $\boldsymbol{\Omega}$ einrichten können, dass die Terme mit $\dot{\boldsymbol{r}}$ herausfallen, dass dann aber ein Term mit $\boldsymbol{B} \times (\boldsymbol{B} \times \boldsymbol{r})$ überbleibt. Wenn $\boldsymbol{B}$ schwach genug ist, kann dieser Term aber sicher ignoriert werden. Zeigen Sie, dass dann die Bahn in dem rotierenden Bezugssystem eine Ellipse (oder eine Hyperbel) ist. Beschreiben Sie, wie die Ellipse im ursprünglichen (nicht rotierenden) Bezugssystem aussieht.

★23 Diese Aufgabe stellt einen unüblichen Weg vor, wie man das Problem des zweidimensionalen isotropen Oszillators lösen kann (d. h. die Bewegung eines Teilchens unter dem Einfluss einer Kraft $-k\boldsymbol{r}$). Zeigen Sie, dass man es durch die Wahl eines passenden rotierenden Bezugssystems einrichten kann, dass die Zentrifugalkraft die Kraft $-k\boldsymbol{r}$ exakt ausgleicht. Wenn Sie an die Analogie zwischen der Coriolis-Kraft und der Magnetkraft denken, sollten Sie die allgemeine Lösung für die Bewegung in einem rotierenden Bezugssystem angeben können. Wenn Sie Ihre Lösung in der komplexen Form von Abschnitt 2.7 schreiben, können Sie durch Multiplikation mit einer passenden rotierenden komplexen Zahl auch wieder in das nicht rotierende Bezugssystem zurücktransformieren. Zeigen Sie, dass die allgemeine Lösung eine Ellipse ist. [Für den letzten Teil können Sie sich an Aufgabe 11 orientieren.]

★★★24 Computer Stellen Sie mithilfe eines geeigneten Plotprogramms (z. B. ParametricPlot in Mathematica) die Bahnen (9.72) des Pucks auf einem rotierenden Drehtisch aus Aufgabe 20 grafisch dar. Verwenden Sie die Werte $x_0 = \Omega = 1$ und die folgenden Anfangsgeschwindigkeiten $\boldsymbol{v}_0$: **a)** $(0, 1)$; **b)** $(0, 0)$; **c)** $(0, -1)$; **d)** $(-0{,}5, -0{,}5)$; **e)** $(-0{,}7, -0{,}7)$; **f)** $(0, -0{,}1)$. Nehmen Sie zu allen interessanten Effekten Stellung.

9.8 Freier Fall und die Coriolis-Kraft

★★25 Ein Hochgeschwindigkeitszug rast mit konstanten 150 m/s auf einem schnurgeraden, horizontalen Gleis über den Südpol. Bestimmen Sie den Winkel zwischen einem Lot, das in dem Zug von der Decke hängt, und einem anderen Lot in einer Hütte neben dem Gleis. In welche Richtung ist die Lotlinie im Zug abgelenkt?

★26 In Abschnitt 9.8 hatten wir ein Verfahren der sukzessiven Näherung angewandt, um die Bahn eines aus dem Stillstand fallenden Körpers innerhalb der ersten Ordnung der irdischen Rotationsgeschwindigkeit Ω zu bestimmen. Zeigen Sie ebenso: Wenn man einen Körper mit der Anfangsgeschwindigkeit $\boldsymbol{v}_0$ von einem Punkt O auf der Erdoberfläche bei der Komplementbreite θ aus wirft, dann gilt für die Bahn in erster Ordnung von Ω

$$\left.\begin{aligned} x &= v_{x0}t + \Omega(v_{y0}\cos\theta - v_{z0}\sin\theta)t^2 + \tfrac{1}{3}\Omega g t^3 \sin\theta \\ y &= v_{y0}t - \Omega(v_{x0}\cos\theta)t^2 \\ z &= v_{z0}t - \tfrac{1}{2}gt^2 + \Omega(v_{x0}\sin\theta)t^2. \end{aligned}\right\} \tag{9.73}$$

[Lösen Sie zuerst die Bewegungsgleichung (9.53) in nullter Ordnung, d. h. ignorieren Sie Ω völlig. Setzen Sie dann Ihre Lösung nullter Ordnung für $\dot{x}$, $\dot{y}$ und $\dot{z}$ in die rechte Seite von (9.53) ein; durch Integration erhalten Sie die nächste Näherung. v_0 soll so klein sein, dass der Luftwiderstand vernachlässigbar ist; $\boldsymbol{g}$ soll während des gesamten Fallwegs konstant bleiben.]

★27 In Abschnitt 9.8 haben wir die Bahn eines Körpers diskutiert, der in einem tiefen senkrechten Schacht am Äquator hinabfällt. Behandeln Sie nun das äquivalente Problem eines Körpers, der von einem hohen Turm am Äquator fällt.

a) Skizzieren Sie diese Bahn, wie man sie von einem Turm nördlich der Abwurfstelle aus beobachten kann. Erläutern Sie, warum der Körper beim Fall leicht nach Osten abgelenkt wird.

b) Skizzieren Sie dasselbe Experiment, wie es von einem inertialen Beobachter gesehen wird, der nördlich der Abwurfstelle im Weltraum schwebt. Erläutern Sie klar und deutlich, warum der Körper (für diesen Beobachter) östlich von der Abwurfstelle landet. [*Hinweis:* Der Drehimpuls des Körpers bezüglich des Erdmittelpunkts bleibt erhalten. Daher ändert sich die Winkelgeschwindigkeit $\dot{\varphi}$ des Körpers beim Fallen.]

★28 Verwenden Sie für diese Aufgabe das Ergebnis (9.73) aus Aufgabe 26. – Ein Schiff auf der Komplementbreite θ feuert eine Granate in östliche Richtung unter einem Winkel α gegen die Horizontale ab; die Mündungsgeschwindigkeit der Granate ist v_0.

a) Vernachlässigen Sie die Erddrehung und den Luftwiderstand. Berechnen Sie die Zeit t, für die das Geschoss in der Luft bleibt, und die Schussweite R. Welche Werte für t und R ergeben sich bei $v_0 = 500\,\text{m/s}$ und $\alpha = 20°$?

b) Ein Kanonier entdeckt ein feindliches Schiff genau östlich bei der Reichweite R von Teil (a) und feuert – ohne an den Coriolis-Effekt zu denken – seine Kanone genauso wie in Teil (a). Um wie viel verfehlt die Granate das

Ziel in Nord- oder Südrichtung? Drücken Sie die Entfernung mithilfe von Ω, v_0, α und g aus. (Es wird auch eine Abweichung in Ost-West-Richtung geben, die ist aber wohl weniger kritisch.) Wie groß ist diese Entfernung, wenn der Vorfall bei 50° nördlicher Breite (d. h. $\theta = 40°$) auftritt? Wie groß ist sie bei 50° südlicher Breite? [Dieses Problem spielt bei der Langstreckenartillerie tatsächlich eine wichtige Rolle. So verfehlte die britische Marine bei einem Seegefecht in der Nähe der Falklandinseln während des Ersten Weltkriegs die deutschen Schiffe mehrfach um mehrere Dutzend Meter, weil anscheinend vergessen wurde, dass der Coriolis-Effekt auf der Südhalbkugel genau in die entgegengesetzte Richtung wirkt wie auf der Nordhalbkugel.]

★29 **a)** Ein Baseball wird von einem Punkt mit der Komplementbreite θ mit der Anfangsgeschwindigkeit v_0 vertikal nach oben geworfen. Verwenden Sie das Ergebnis (9.73) aus Aufgabe 26 und zeigen Sie, dass der Ball dann in einer Entfernung $(4\Omega v_0^3 \sin\theta)/(3g^2)$ westlich von der Abwurfstelle wieder auf der Erde aufkommen wird.
b) Schätzen Sie die Größe dieses Effekts am Äquator mit $v_0 = 40\,\mathrm{m/s}$.
c) Skizzieren Sie die Bahn des Balls, wie sie ein erdfester Beobachter von Norden aus sieht. Vergleichen Sie mit der Bahn eines Balls, den man von einem Punkt oberhalb des Äquators fallen lässt, und erläutern Sie, warum der gefallene Ball durch den Coriolis-Effekt weiter östlich landet, der geworfene Ball aber nach Westen abgelenkt wird.

★★30 Die Coriolis-Kraft übt ein Drehmoment auf einen rotierenden Körper aus. Um sich dies klarzumachen, betrachten Sie einen horizontalen Ring der Masse m mit dem Radius r, der sich bei der Komplementbreite θ mit der Drehgeschwindigkeit ω um seine vertikale Achse dreht. Zeigen Sie, dass die Coriolis-Kraft aufgrund der Erddrehung ein Drehmoment vom Betrag $m\omega\Omega r^2 \sin\theta$ in Richtung Westen erzeugt (dabei ist Ω die Drehgeschwindigkeit der Erde). Dieses Drehmoment bildet die Grundlage für den **Kreiselkompass.**

★★★31 Der **Compton-Generator** demonstriert sehr schön die Coriolis-Kraft aufgrund der Erddrehung; er wurde noch während des Studiums von dem amerikanischen Physiker Arthur H. Compton (1892–1962) erfunden, der später für die Entdeckung des Compton-Effekts (vgl. S. 750) den Physik-Nobelpreis erhielt. Ein enges torus- bzw. ringförmiges Glasrohr (der Radius R des Rings ist viel größer als der Radius des Rohrs) wird mit Wasser gefüllt, dazu kommen einige Staubteilchen, um eine eventuelle Bewegung des Wassers sichtbar zu machen. Der Ring und das Wasser sind anfangs horizontal in Ruhe, dann lässt man den Ring 180° um seinen Ost-West-Durchmesser rotieren. Erläutern Sie, warum dadurch das Wasser um den Ring herum fließen muss. Zeigen Sie, dass die Geschwindigkeit des Wasser nach einer 180°-Drehung gerade $2\Omega R\cos\theta$ beträgt (Ω ist die Rotationsgeschwindigkeit der Erde, θ ist die Komplementbreite des Versuchsstandorts). Welche Geschwindigkeit ergibt sich für $R \approx 1\,\mathrm{m}$ und $\theta = 40°$? Compton maß die Geschwindigkeit mit einem Mikroskop; seine Werte stimmten auf 3 % mit den Berechnungen überein.

★★32 Wiederholen Sie alle Teile von Aufgabe 28, berechnen Sie nun aber die Nord-Süd- *und* die Ost-West-Entfernung, um die die Granate das Ziel verfehlt. [*Hinweis:* In diesem Fall müssen Sie berücksichtigen, dass die Flugdauer durch den Coriolis-Effekt beeinflusst wird.]

9.9 Das Foucault'sche Pendel

★33 Die allgemeine Lösung für die Bewegung des Foucault'schen Pendels bei kleiner Amplitude ist durch (9.66) gegeben. Das Pendel soll zur Zeit $t = 0$ in Ruhe sein, mit $x = A$ und $y = 0$. Bestimmen Sie die beiden Koeffizienten C_1 und C_2 und zeigen Sie, dass sie wegen $\Omega \ll \omega_0$ durch $C_1 = C_2 = A/2$ gut genähert werden, wodurch sich die Lösung (9.67) ergibt.

★★★34 In einem Punkt P auf der Erdoberfläche wird eine außerordentlich ebene, reibungsfreie Plattform aufgebaut. Sie ist exakt horizontal, d. h. senkrecht zur lokalen Fallbeschleunigung $\boldsymbol{g}_P$. Geben Sie die Bewegungsgleichung für einen Puck an, der auf der Plattform gleitet, und zeigen Sie, dass sie dieselbe Form hat wie Gleichung (9.61) für das Foucault'sche Pendel, außer dass nun die Pendellänge L durch den Erdradius R ersetzt ist. Welche Frequenz hat die Schwingung des Pucks, und wie sieht die Foucault-Präzession aus? [*Hinweise:* Schreiben Sie den Ortsvektor des Pucks relativ zum Erdmittelpunkt O als $\boldsymbol{R} + \boldsymbol{r}$ (dabei ist $\boldsymbol{R}$ der Ort des Punkts P und $\boldsymbol{r} = (x, y, 0)$ der Ort des Pucks relativ zu P). Der Beitrag der Zentrifugalkraft, der $\boldsymbol{R}$ enthält, kann in $\boldsymbol{g}_P$ gepackt werden, und der Beitrag, der $\boldsymbol{r}$ enthält, ist vernachlässigbar. Die Rückstellkraft kommt von der Veränderung von $\boldsymbol{g}$, während sich der Puck bewegt.] Um die Gültigkeit Ihrer Näherungen zu prüfen, vergleichen Sie die Näherungswerte für die gravitative Rückstellkraft, die Coriolis-Kraft und den vernachlässigten Term $m(\boldsymbol{\Omega} \times \boldsymbol{r}) \times \boldsymbol{\Omega}$ in der Zentrifugalkraft.

Die Drehbewegung starrer Körper

10

ÜBERBLICK

» Ein starrer Körper ist ein System aus N Teilchen, das sich dadurch auszeichnet, dass sich seine Form nicht ändern kann – der Abstand zwischen je zweien seiner Bestandteile ist fix. Ein perfekt starrer Körper ist natürlich eine Idealisierung, wenn auch eine extrem nützliche, die viele reale Systeme gut annähert. In mancher Hinsicht ist ein starrer Körper aus N Teilchen viel einfacher als ein beliebiges N-Teilchen-System: Bei dem beliebigen System benötigt man $3N$ Koordinaten, um seine Konfiguration zu bestimmen, je drei Koordinaten für jedes einzelne Teilchen. Der starre Körper erfordert nur sechs Koordinaten – mit dreien legt man den Schwerpunkt fest, mit dreien die Orientierung des Körpers. Darüber hinaus werden wir sehen, dass sich die Bewegung eines starren Körpers in zwei getrennte, einfachere Probleme zerlegen lässt, nämlich in die Translationsbewegung des Schwerpunkts und in die Drehbewegung des Körpers um den Schwerpunkt.

Ich beginne diese Kapitel mit einigen allgemeinen Aussagen, hauptsächlich zum Schwerpunkt des Systems. Sie verallgemeinern die Ergebnisse, die wir zu Beginn von Kapitel 8 für Systeme aus zwei Teilchen erhalten haben; die meisten von ihnen gelten auch für *beliebige* N-Teilchen-Systeme. Danach werde ich mich aber rasch auf die Bewegung eines starren Körpers beschränken. Der interessanteste Aspekt eines solchen Systems sind die Drehbewegungen. Mit ihnen werden wir uns im größten Teil dieses Kapitels beschäftigen. «

10.1 Eigenschaften des Schwerpunkts

Wir betrachten ein System von N Teilchen $\alpha = 1, \ldots, n$ mit den Massen m_α und den Ortsvektoren $\boldsymbol{r}_\alpha$ relativ zu einem gewählten Ursprung O. Der **Schwerpunkt** des Systems wurde in Kapitel 3, Gleichung (3.9), definiert als der Ort (relativ zu demselben Ursprung O)

$$\boldsymbol{R} = \frac{1}{M}\sum_{\alpha=1}^{N} m_\alpha \boldsymbol{r}_\alpha \qquad \text{oder} \qquad \frac{1}{M}\int \boldsymbol{r}\,\mathrm{d}m\,. \tag{10.1}$$

Darin bezeichnet M die Gesamtmasse aller Teilchen; die Integralform wird verwendet, wenn man das System als eine kontinuierliche Massenverteilung betrachten kann.

Der Gesamtimpuls und der Schwerpunkt

Einige wichtige Parameter der Bewegung des Systems lassen sich geschickt mithilfe des Schwerpunkts ausdrücken. Wie wir in Kapitel 3, Gleichung (3.9), gezeigt haben, ist der **Gesamtimpuls** des Systems

$$\boldsymbol{P} = \sum_\alpha \boldsymbol{p}_\alpha = \sum_\alpha m_\alpha \dot{\boldsymbol{r}}_\alpha = M\dot{\boldsymbol{R}}\,. \tag{10.2}$$

In Worten: Der Gesamtimpuls des Systems ist genau derselbe wie der Impuls eines einzelnen Teilchens, dessen Masse genauso groß ist wie die Gesamtmasse M und das dieselbe Geschwindigkeit hat wie der Schwerpunkt. Wenn wir dieses Ergebnis differenzieren, erhalten wir $\dot{\boldsymbol{P}} = M\ddot{\boldsymbol{R}}$ oder – da $\dot{\boldsymbol{P}}$ genau so groß ist wie die externe Kraft $\boldsymbol{F}^{\text{ext}}$ auf das System ist [das haben wir in Gleichung (1.29) gesehen] –

$$\boldsymbol{F}^{\text{ext}} = M\ddot{\boldsymbol{R}}\,. \tag{10.3}$$

Der Schwerpunkt bewegt sich also genauso, als ob er ein einzelnes Teilchen der Masse M wäre, das die gesamte auf das System wirkende äußere Kraft erfährt. Diese Erkenntnis ist die bei weitem wichtigste Begründung dafür, dass wir ausgedehnte Objekte – etwa einen Baseball oder einen Kometen – als punktförmige Teilchen behandeln können. Insoweit sich diese nicht-punktförmigen Teilchen durch ihren Schwerpunkt beschreiben lassen, bewegen sie sich genauso wie punktförmige Teilchen.

Der Gesamtdrehimpuls

Die Rolle, die der Schwerpunkt für den Gesamtdrehimpuls eines System spielt, ist komplizierter, aber nicht weniger entscheidend. Die folgende Herleitung hängt nicht davon ab, ob es sich bei dem System um einen starren Körper handelt. Um konkret zu werden, betrachten wir einen starren Körper aus N Teilchen mit den Massen m_α; in Abbildung 10.1 ist ein solcher Körper als Ellipsoid gezeichnet. Die Orte der m_α relativ zu dem beliebig gewählten Ursprung O sind als $\boldsymbol{r}_\alpha$ dargestellt, der Ort des Schwerpunkts S relativ zu O als $\boldsymbol{R}$. Die Abbildung zeigt auch den Ort $\boldsymbol{r}'_\alpha$ der Masse m_α *relativ zum Schwerpunkt*. Dafür gilt

$$\boldsymbol{r}_\alpha = \boldsymbol{R} + \boldsymbol{r}'_\alpha\,. \tag{10.4}$$

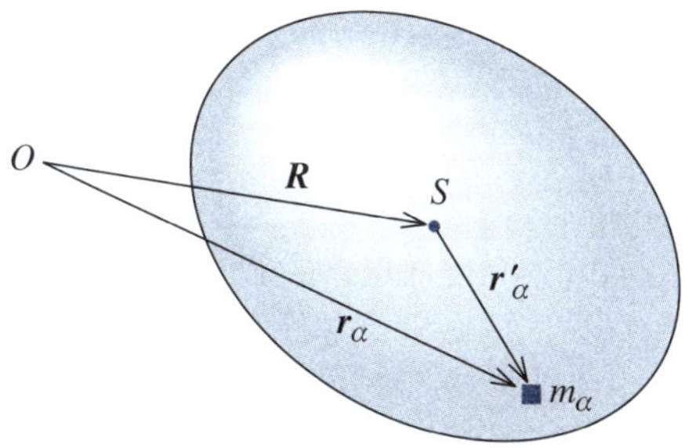

Abbildung 10.1: Einen starren Körper (hier als Ellipsoid dargestellt) kann man sich als aus vielen kleinen Teilchen $\alpha = 1, \ldots, N$ bestehend vorstellen. Die Masse eines typischen Teilchens ist m_α, dessen Position relativ zum Ursprung O ist $\boldsymbol{r}_\alpha$. Der Ort des Schwerpunkts S relativ zu O ist $\boldsymbol{R}$. Dann bezeichnet $\boldsymbol{r}'_\alpha$ den Ort von m_α relativ zum Schwerpunkt; es gilt also $\boldsymbol{r}_\alpha = \boldsymbol{R} + \boldsymbol{r}'_\alpha$.

Der Drehimpuls $\boldsymbol{\ell}_\alpha$ von m_α bezüglich des Ursprungs O ist

$$\boldsymbol{\ell}_\alpha = \boldsymbol{r}_\alpha \times \boldsymbol{p}_\alpha = \boldsymbol{r}_\alpha \times m_\alpha \dot{\boldsymbol{r}}_\alpha\,. \tag{10.5}$$

Der **Gesamtdrehimpuls** relativ zu O ist also

$$\boldsymbol{L} = \sum_\alpha \boldsymbol{\ell}_\alpha = \sum_\alpha \boldsymbol{r}_\alpha \times m_\alpha \dot{\boldsymbol{r}}_\alpha\,.$$

Mithilfe von (10.4) können wir sowohl $\boldsymbol{r}_\alpha$ als auch $\dot{\boldsymbol{r}}_\alpha$ umschreiben und erhalten dann für $\boldsymbol{L}$ eine Summe von vier Termen:

$$\boldsymbol{L} = \sum \boldsymbol{R} \times m_\alpha \dot{\boldsymbol{R}} + \sum \boldsymbol{R} \times m_\alpha \dot{\boldsymbol{r}}'_\alpha + \sum \boldsymbol{r}'_\alpha \times m_\alpha \dot{\boldsymbol{R}} + \sum \boldsymbol{r}'_\alpha \times m_\alpha \dot{\boldsymbol{r}}'_\alpha\,.$$

Wenn wir aus den ersten drei Summen die Faktoren ausklammern, die nicht von α abhängen, erhalten wir (denken Sie an $\sum m_\alpha = M$)

$$\boldsymbol{L} = \boldsymbol{R} \times M\dot{\boldsymbol{R}} + \boldsymbol{R} \times \sum m_\alpha \dot{\boldsymbol{r}}'_\alpha + \left(\sum m_\alpha \boldsymbol{r}'_\alpha\right) \times \dot{\boldsymbol{R}} + \sum \boldsymbol{r}'_\alpha \times m_\alpha \dot{\boldsymbol{r}}'_\alpha \,. \tag{10.6}$$

Dieser Ausdruck lässt sich nun dramatisch vereinfachen. Beachten Sie zunächst, dass die Summe in Klammern im dritten Term auf der rechten Seite der Ortsvektor des Schwerpunkts *relativ zum Schwerpunkt* ist (multipliziert mit M). Der ist natürlich null (vgl. Aufgabe 1):

$$\sum m_\alpha \boldsymbol{r}'_\alpha = 0 \,. \tag{10.7}$$

Damit ist der gesamte dritte Term in (10.6) auch null. Differenzieren wir nun Gleichung (10.7), so erkennen wir, dass auch der zweite Term in (10.6) null ist. Und somit vereinfacht sich (10.6) zu

$$\boldsymbol{L} = \boldsymbol{R} \times \boldsymbol{P} + \sum \boldsymbol{r}'_\alpha \times m_\alpha \dot{\boldsymbol{r}}'_\alpha \,. \tag{10.8}$$

Der erste Term darin ist der Drehimpuls (relativ zu O) der Bewegung des Schwerpunkts, der zweite Term ist der Drehimpuls der Bewegung relativ zum Schwerpunkt S. Wir können also (10.8) in Worten folgendermaßen ausdrücken:

$$\boldsymbol{L} = \boldsymbol{L}(\text{Bewegung von } S) + \boldsymbol{L}(\text{Bewegung relativ zu } S) \,. \tag{10.9}$$

Um dieses nützliche Ergebnis zu illustrieren, betrachten wir die Bewegung eines Planeten um die Sonne (die wir ohne Weiteres als raumfest betrachten können, weil ihre Masse so sehr viel größer ist als die Planetenmasse). In diesem Fall besagt (10.9), dass der Gesamtdrehimpuls des Planeten gleich dem Drehimpuls der Bahnbewegung seines Schwerpunkts um die Sonne plus dem Drehimpuls der Drehbewegung um seinen Schwerpunkt ist:

$$\boldsymbol{L} = \boldsymbol{L}_{\text{Bahn}} + \boldsymbol{L}_{\text{Dreh}} \,. \tag{10.10}$$

Diese Aufteilung des Gesamtdrehimpulses in einen Bahnanteil und einen Drehanteil ist besonders nützlich, weil diese beiden Teile oft (zumindest in guter Näherung) jeweils für sich erhalten bleiben. Um das zu erkennen, beachten wir zunächst $\boldsymbol{L}_{\text{Bahn}} = \boldsymbol{R} \times \boldsymbol{P}$ und erhalten

$$\dot{\boldsymbol{L}}_{\text{Bahn}} = \dot{\boldsymbol{R}} \times \boldsymbol{P} + \boldsymbol{R} \times \dot{\boldsymbol{P}} = \boldsymbol{R} \times \boldsymbol{F}^{\text{ext}} \tag{10.11}$$

(das zweite Gleichheitszeichen gilt, weil das erste Kreuzprodukt null ist und wegen $\dot{\boldsymbol{P}} = \boldsymbol{F}^{\text{ext}}$). Damit verhält sich $\boldsymbol{L}_{\text{Bahn}}$ so, als wäre der Planet ein punktförmiges Teilchen, dessen gesamte Masse im Schwerpunkt konzentriert ist. Wenn insbesondere die Kraft der Sonne auf den Planeten eine reine Zentralkraft ist (d. h. wenn $\boldsymbol{F}^{\text{ext}}$ exakt kollinear mit $\boldsymbol{R}$ ist), dann ist $\boldsymbol{L}_{\text{Bahn}}$ konstant. In der Realität ist die Kraft keine reine Zentralkraft (weil Planeten nicht exakt kugelförmig sind und weil das Gravitationsfeld der Sonne nicht perfekt gleichförmig ist), aber die Aussage gilt doch in ausgezeichneter Näherung.

Um $\dot{\boldsymbol{L}}_{\text{Dreh}}$ zu finden, können wir (10.10) umschreiben zu $\boldsymbol{L}_{\text{Dreh}} = \boldsymbol{L} - \boldsymbol{L}_{\text{Bahn}}$. Wir kennen bereits den Zusammenhang $\dot{\boldsymbol{L}} = \boldsymbol{\Gamma}^{\text{ext}}$ [Gleichung (3.16)], also gilt

$$\dot{\boldsymbol{L}} = \sum \boldsymbol{r}_\alpha \times \boldsymbol{F}_\alpha^{\text{ext}} = \sum (\boldsymbol{r}'_\alpha + \boldsymbol{R}) \times \boldsymbol{F}_\alpha^{\text{ext}} = \sum \boldsymbol{r}'_\alpha \times \boldsymbol{F}_\alpha^{\text{ext}} + \boldsymbol{R} \times \boldsymbol{F}^{\text{ext}} \,. \tag{10.12}$$

Wenn wir (10.11) von (10.12) subtrahieren, erhalten wir $\dot{\boldsymbol{L}}_{\text{Dreh}}$:

$$\dot{\boldsymbol{L}}_{\text{Dreh}} = \dot{\boldsymbol{L}} - \dot{\boldsymbol{L}}_{\text{Bahn}} = \sum \boldsymbol{r}'_\alpha \times \boldsymbol{F}^{\text{ext}}_\alpha = \boldsymbol{\Gamma}^{\text{ext}} \qquad \text{(bezüglich } S\text{)} ;$$

mit anderen Worten: Die zeitliche Änderungsrate von $\dot{\boldsymbol{L}}_{\text{Dreh}}$, d. h. des Drehimpulses bezüglich des Schwerpunkts, ist gerade das äußere Drehmoment, *gemessen bezüglich des Schwerpunkts*. [Dieses ganz natürlich erscheinende Ergebnis hatten wir schon in Gleichung (3.28) kennengelernt und ohne Beweis hinzugefügt, dass es auch in nichtinertialen Bezugssystemen gilt. Das Überraschende hier ist, dass ein mit dem Schwerpunkt verbundenes Bezugssystem in der Regel *kein* Inertialsystem ist. Doch ob überraschend oder nicht – das Ergebnis ist richtig und sehr nützlich.] Da das Drehmoment der Sonne bezüglich des Schwerpunkts eines Planeten sehr klein ist, ist $\boldsymbol{L}_{\text{Dreh}}$ nahezu konstant. Allerdings gilt dieser Schluss – obwohl er eine ausgezeichnete Näherung ist – eben nicht exakt. Beispielsweise wirkt durch die Ausbeulung der Erde am Äquator aufgrund der Anziehungskraft von Sonne (und Mond) ein kleines Drehmoment auf die Erde, und $\boldsymbol{L}_{\text{Bahn}}$ ist nicht genau konstant. Die langsame Änderung von $\boldsymbol{L}_{\text{Dreh}}$ verursacht den Effekt, der als **Präzession des Äquinoktiums** bezeichnet wird, eine Rotation der Erdachse relativ zu den Fixsternen um etwa 50 Bogensekunden pro Jahr.

Eine entsprechende (wenn auch nicht exakt analoge) Aufspaltung des Drehimpulses in einen Bahn- und einen Eigendrehanteil gibt es in der Quantenmechanik (dort nennt man den Eigendrehanteil dann Spin). Beispielsweise hat der Drehimpuls eines Elektrons, das in einem Wasserstoffatom um das Proton kreist, zwei Anteile wie in (10.10), und aus im Wesentlichen denselben Gründen wie dort bleibt jeder dieser beiden Anteile des Drehimpulses fast exakt erhalten. Doch auch hier gilt diese Aufspaltung nur näherungweise: In diesem Fall wirkt ein schwaches magnetisches Drehmoment auf das Elektron, und weder der Bahndrehimpuls noch der Spin bleiben exakt erhalten (der Gesamtdrehimpuls jedoch schon).

Kinetische Energie

Die kinetische Gesamtenergie von N Teilchen ist

$$T = \sum_{\alpha=1}^{N} \tfrac{1}{2} m_\alpha \dot{\boldsymbol{r}}_\alpha^2 . \tag{10.13}$$

Wie zuvor können wir mithilfe von (10.4) $\boldsymbol{r}_\alpha$ durch $\boldsymbol{R} + \boldsymbol{r}'_\alpha$ ersetzen. Das führt uns auf

$$\dot{\boldsymbol{r}}_\alpha^2 = (\dot{\boldsymbol{R}} + \dot{\boldsymbol{r}}'_\alpha)^2 = \dot{\boldsymbol{R}}^2 + \dot{\boldsymbol{r}}'^2_\alpha + 2\dot{\boldsymbol{R}} \cdot \dot{\boldsymbol{r}}'_\alpha$$

und damit zu

$$T = \tfrac{1}{2} \sum m_\alpha \dot{\boldsymbol{R}}^2 + \tfrac{1}{2} \sum m_\alpha \dot{\boldsymbol{r}}'^2_\alpha + \dot{\boldsymbol{R}} \cdot \sum m_\alpha \dot{\boldsymbol{r}}'_\alpha . \tag{10.14}$$

Die Summe im letzten Term auf der rechten Seite ist wegen (10.7) null, und somit haben wir

$$T = \tfrac{1}{2} M \dot{\boldsymbol{R}}^2 + \tfrac{1}{2} \sum m_\alpha \dot{\boldsymbol{r}}'^2_\alpha \tag{10.15}$$

bzw.

$$T = T(\text{Bewegung von } S) + T(\text{Bewegung relativ zu } S) . \tag{10.16}$$

Für einen starren Körper gibt es nur eine einzige mögliche Bewegung relativ zum Schwerpunkt S – eine Rotation. Damit können wir das Ergebnis auch folgendermaßen ausdrücken:

$$T = T(\text{Bewegung von } S) + T(\text{Rotation um } S)\,. \tag{10.17}$$

Dieses nützliche Ergebnis besagt beispielsweise, dass die kinetische Energie eines Rades, das eine Straße hinabrollt, gleich der Translationsenergie des Schwerpunkts plus der Rotationsenergie bezüglich der Achse ist.

Wir können aus (10.14) noch einen alternativen und manchmal nützlichen Ausdruck für die kinetische Gesamtenergie herleiten. Die Herleitung von (10.14) hing nicht davon ab, dass $\boldsymbol{R}$ den Ort des Schwerpunkts beschreibt; (10.14) gilt für einen beliebigen in dem starren Körper festen Punkt $\boldsymbol{R}$. Insbesondere können wir als $\boldsymbol{R}$ einen Punkt des Körpers auswählen, der sich in Ruhe befindet (auch wenn er sich nur momentan in Ruhe befindet). In diesem Fall sind sowohl der erste als auch der dritte Term auf der rechten Seite von (10.14) null, und wir erhalten

$$T = \frac{1}{2}\sum m_\alpha \dot{\boldsymbol{r}}_\alpha'^{\,2}\,. \tag{10.18}$$

Demnach ist die kinetische Gesamtenergie eines starren Körpers gerade die Rotationsenergie des Körpers bezüglich eines Punkts dieses Körpers, der sich (momentan) in Ruhe befindet. Beispielsweise lässt sich die kinetische Energie eines rollenden Rades als die Rotationsenergie bezüglich des Kontaktpunkts mit der Straße ausdrücken, denn dieser Abrollpunkt befindet sich momentan in Ruhe.

Potenzielle Energie eines starren Körpers

Wenn alle Kräfte auf einen und innerhalb eines starren Körpers aus N Teilchen konservativ sind, dann lässt sich, wie in Abschnitt 4.10 gesehen, die potenzielle Gesamtenergie schreiben als

$$U = U^{\text{ext}} + U^{\text{int}}\,; \tag{10.19}$$

darin ist U^{ext} die Summe aller potenziellen Energien aufgrund von äußeren Kräften. (Wenn der untersuchte Körper beispielsweise ein Baseball ist, dann könnte U^{ext} die Gravitionsenergie aller Teilchen, aus denen der Ball besteht, im „äußeren" Gravitationsfeld der Erde sein.) Die innere potenzielle Energie U^{int} ist die Summe der potenziellen Energien für alle Paare von Teilchen:

$$U^{\text{int}} = \sum_{\alpha<\beta} U_{\alpha\beta}(r_{\alpha\beta})\,, \tag{10.20}$$

worin $r_{\alpha\beta}$ der Abstand[1] zwischen den Teilchen α und β ist. In einem starren Körper sind aber die Abstände $r_{\alpha\beta}$ zwischen je zwei Teilchen fest. Deshalb ist die innere potenzielle Energie konstant und kann daher vernachlässigt werden. Mit anderen Worten: Bei der Diskussion von Bewegungen eines starren Körpers müssen wir nur die *äußeren* Kräfte und die jeweils ihnen entsprechenden potenziellen Energien berücksichtigen.

1 Ich werde in diesem Kapitel davon ausgehen, dass alle inneren Kräfte Zentralkräfte sind. Dadurch ist garantiert, dass $U_{\alpha\beta}$ nur vom Betrag von $\boldsymbol{r}_{\alpha\beta}$ abhängt, aber nicht von dessen Richtung. Es ist dann ebenfalls garantiert, dass die inneren Kräfte niemals dazu beitragen können, den Gesamtdrehimpuls zu ändern.

10.2 Drehung um eine feste Achse

Die Ergebnisse des vorigen Abschnitts zeigen die Bedeutung von Rotationsbewegungen. Beispielsweise ergibt sich die kinetische Energie eines jeden ausgedehnten Körpers (stellen Sie sich etwa den wirbelnden Taktstock des Tambourmajors in einer Militärkapelle vor) als Summe von zwei Termen: der Translationsenergie des Schwerpunkts und der Rotationsenergie seiner Drehbewegung um den Schwerpunkt. Den ersten Term haben wir schon fast vollständig verstanden, den zweiten wollen wir nun untersuchen. Im verbleibenden Teil dieses Kapitels werden wir uns auf solche Rotationsbewegungen konzentrieren.

In diesem Abschnitt beginne ich mit dem Spezialfall eines um eine raumfeste Achse rotierenden Körpers, so wie des Holzkörpers in Abbildung 10.2, der um einen festen Stab rotiert. Zunächst berechnen wir seinen Drehimpuls.

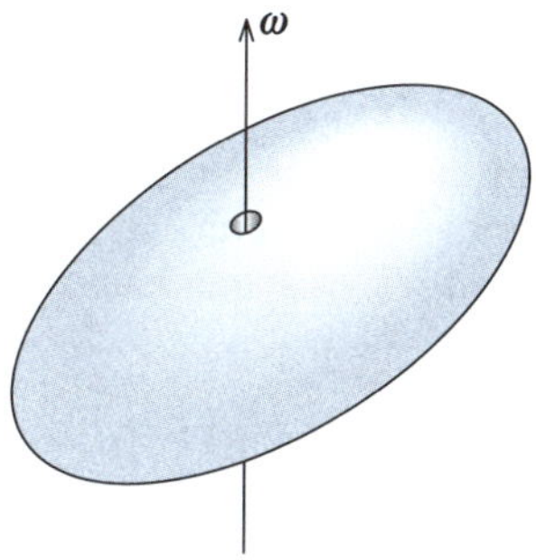

Abbildung 10.2: Ein eiförmiger Holzkörper mit einer Lochbohrung wird auf einer Drehachse (die wir als z-Achse annehmen) befestigt und dreht sich mit einer Winkelgeschwindigkeit $\boldsymbol{\omega}$.

Weil die Drehachse raumfest ist, können wir sie als z-Achse bezeichnen. Der Ursprung O soll irgendwo auf der Drehachse liegen. Wir üblich stellen wir uns den Körper in viele kleine Teilchen mit der Masse m_α $(\alpha = 1, \ldots, N)$ zerlegt vor; der Drehimpuls ist durch die übliche Gleichung

$$\boldsymbol{L} = \sum \boldsymbol{\ell}_\alpha = \sum \boldsymbol{r}_\alpha \times m_\alpha \boldsymbol{v}_\alpha \tag{10.21}$$

gegeben; darin sind die $\boldsymbol{v}_\alpha$ die Geschwindigkeiten, mit denen sich die Einzelteilchen des Körpers mit der Winkelgeschwindigkeit $\boldsymbol{\omega}$ auf kreisförmigen Bahnen bewegen. Wir haben in (9.22) gesehen, dass die Geschwindigkeiten durch $\boldsymbol{v}_\alpha = \boldsymbol{\omega} \times \boldsymbol{r}_\alpha$ gegeben sind. Da die z-Achse in Richtung von $\boldsymbol{\omega}$ zeigt, sind die Komponenten von $\boldsymbol{\omega}$

$$\boldsymbol{\omega} = (0,\, 0,\, \omega)$$

und

$$\boldsymbol{r}_\alpha = (x_\alpha,\, y_\alpha,\, z_\alpha)\,.$$

Damit hat $\boldsymbol{v}_\alpha = \boldsymbol{\omega} \times \boldsymbol{r}_\alpha$ die Komponenten

$$\boldsymbol{v}_\alpha = \boldsymbol{\omega} \times \boldsymbol{r}_\alpha = (-\omega y_\alpha,\, \omega x_\alpha,\, 0)\,,$$

und so ergibt sich letztendlich

$$\boldsymbol{\ell}_\alpha = m_\alpha \boldsymbol{r}_\alpha \times \boldsymbol{v}_\alpha = m_\alpha \omega(-z_\alpha x_\alpha, -z_\alpha y_\alpha, x_\alpha^2 + y_\alpha^2) . \tag{10.22}$$

Damit sind wir endlich soweit, den Gesamtdrehimpuls unseres drehenden Körpers zu berechnen. Ich beginne mit der z-Komponente. Wenn wir die z-Komponente von (10.22) in (10.21) einsetzen, erhalten wir

$$L_z = \sum m_\alpha (x_\alpha^2 + y_\alpha^2)\omega . \tag{10.23}$$

Nun ist die Größe $(x_\alpha^2 + y_\alpha^2)$ dasselbe wie ρ_α^2, wenn wie üblich $\rho = \sqrt{x^2 + y^2}$ die Entfernung eines Punkts (x, y, z) von der z-Achse bezeichnet. Damit gilt

$$L_z = \sum m_\alpha \rho_\alpha^2 \omega = I_z \omega , \tag{10.24}$$

worin

$$I_z = \sum m_\alpha \rho_\alpha^2 \tag{10.25}$$

das vertraute **Trägheitsmoment** bezüglich der z-Achse ist, wie es in jedem Physik-Einführungskurs definiert wird – die Summe der Massen aller Teilchen, jeweils multipliziert mit dem Quadrat ihres Abstands zur z-Achse.[2] Damit haben wir das bekannte Ergebnis bewiesen, dass

$$(\text{Drehimpuls}) = (\text{Trägheitsmoment}) \times (\text{Winkelgeschwindigkeit}) .$$

Beachten Sie, dass der Drehimpuls auf der linken Seite von (10.24) L_z ist, und das Trägheitsmoment bezieht sich natürlich auf die Rotation um die z-Achse.

Um dieses erfreuliche Ergebnis zu untermauern, berechnen wir noch die kinetische Energie unseres rotierenden Körpers. Sie ist

$$T = \tfrac{1}{2} \sum m_\alpha v_\alpha^2$$

bzw., da das Teilchen m_α, das sich mit der Winkelgeschwindigkeit ω auf seiner kreisförmigen Bahn um die z-Achse bewegt, die Geschwindigkeit $v_\alpha = \rho_\alpha \omega$ hat,

$$T = \tfrac{1}{2} \sum m_\alpha \rho_\alpha^2 \omega^2 = \tfrac{1}{2} I_z \omega^2 ; \tag{10.26}$$

auch dieses Ergebnis ist uns aus den Einführungskursen schon bekannt.

Bis hierhin sind uns keine Überraschungen begegnet, doch wenn wir die x- und die y-Komponente von $\boldsymbol{L}$ berechnen, erleben wir etwas Unerwartetes: Setzen wir die x- und die y-Komponente von (10.22) in (10.21) ein, so erhalten wir für die x- und die y-Komponente von $\boldsymbol{L}$:

$$L_x = -\sum m_\alpha x_\alpha z_\alpha \omega \qquad \text{und} \qquad L_y = -\sum m_\alpha y_\alpha z_\alpha \omega . \tag{10.27}$$

Wie wir gleich sehen werden, sind die Summen hier im Allgemeinen *nicht* null, und das führt zu einem überraschenden Schluss: Die Winkelgeschwindigkeit $\boldsymbol{\omega}$ zeigt in

2 Sie werden sich erinnern, dass wir bei praktischen Berechnungen des Trägheitsmoments die Summe in (10.25) oft durch ein Integral ersetzen. Fürs Erste aber werde ich die Trägheitsmomente weiterhin als Summen schreiben.

die z-Richtung (der Körper rotiert um die z-Achse), doch weil L_x und L_y von null verschieden sein können, kann der Drehimpuls $\boldsymbol{L}$ in eine *andere* Richtung zeigen. Nochmal zur Verdeutlichung: Der Drehimpuls und die Winkelgeschwindigkeit können in verschiedene Richtungen weisen, und der Zusammenhang $\boldsymbol{L} = I\boldsymbol{\omega}$, den Sie aus den Physik-Einführungskursen kennen, gilt nicht allgemein!

Um diesen unerwarteten Schluss besser verstehen zu können, betrachten wir einen starren Körper, bestehend aus einer einzelnen Masse m am Ende eines masselosen Stabs, der einen festen Winkel α mit der z-Achse bildet (Abbildung 10.3). Wenn dieser Körper um die z-Achse rotiert, sieht man leicht, dass die Geschwindigkeit $\boldsymbol{v}$ der Masse m in die Zeichenebene weist (negative x-Achse) und dass demnach $\boldsymbol{L} = \boldsymbol{r} \times m\boldsymbol{v}$ die gezeigte Richtung hat (nämlich in einem Winkel von $(90° - \alpha)$ zur z-Achse). Offensichtlich ist L_y nicht gleich null, und – obwohl der Körper um die z-Achse rotiert – zeigt der Drehimpuls nicht in die z-Richtung. Mit anderen Worten: $\boldsymbol{L}$ ist nicht parallel zu $\boldsymbol{\omega}$.

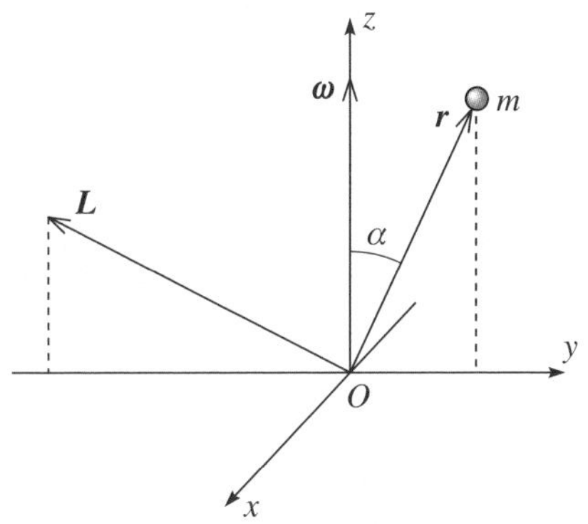

Abbildung 10.3: Ein starrer rotierender Körper besteht aus einer einzelnen Masse m; sie ist durch einen masselosen Stab an der z-Achse befestigt, der mit der Achse einen festen Winkel α bildet. Die Abbildung zeigt die Anordnung in dem Moment, in dem m gerade in der y-z-Ebene liegt. Da der Körper um die z-Achse rotiert, hat m im gezeigten Augenblick eine Geschwindigkeit – und somit auch einen Impuls – in die Zeichenebene hinein (in negative x-Richtung). Daher ist der Drehimpuls $\boldsymbol{L} = \boldsymbol{r} \times \boldsymbol{p}$ wie gezeigt gerichtet und ist sicher nicht parallel zur Winkelgeschwindigkeit $\boldsymbol{\omega}$.

Dieses Beispiel sollten wir noch etwas weiterverfolgen. Aus der Abbildung wird klar, dass die Richtung von $\boldsymbol{L}$ sich ändert, wenn der Körper sich gleichmäßig um die z-Achse dreht. (Konkret dreht sich $\boldsymbol{L}$ selbst um die z-Achse.) Daher gilt $\dot{\boldsymbol{L}} \neq 0$, und ein Drehmoment ist einfach schon deshalb nötig, damit sich der Körper weiterhin gleichmäßig dreht. Dieser zunächst recht überraschende Schluss ist aber leicht zu verstehen: Das erforderliche Drehmoment zeigt in die Richtung von $\dot{\boldsymbol{L}}$, in Abbildung 10.3 also aus der Zeichenebene heraus (positive x-Richtung); das Drehmoment muss demnach gegen den Uhrzeigersinn wirken. Sie können das am einfachsten nachvollziehen, wenn Sie sich in ein Bezugssystem versetzen, das mit dem Körper rotiert. In diesem Bezugssystem erfährt die Masse m eine Zentrifugalkraft von der z-Achse weg (in der Abbildung nach rechts). Damit ist ein Drehmoment im Gegenuhrzeigersinn nötig, um zu verhindern, dass der Stab, auf dem sich die Masse befindet, sich verbiegt oder sich von seinem Verankerungspunkt auf der z-Achse wegbewegt.

Wenn ein Körper – etwa das Rad Ihres Autos, mit dem Sie auf der Autobahn fahren – gleichmäßig um eine feste Richtung rotiert, dann soll normalerweise kein Drehmoment auf ihn wirken. Dazu muss der Körper so geformt sein, dass sein Drehimpuls parallel zu seiner Winkelgeschwindigkeit liegt. Bei einem Auto erreicht man das durch das dynamische Auswuchten der Räder. Wenn die Räder nicht genau ausgewuchtet sind, werden Sie es rasch bemerken, weil sie unangenehm zu flattern beginnen. Ganz allgemein ist es bei der Untersuchung rotierender Körper eine wichtige Frage, ob $\boldsymbol{L}$ und $\boldsymbol{\omega}$ parallel sind oder nicht; diese Frage wird uns zu dem wichtigen Konzept der *Hauptachsen* führen, das wir in Abschnitt 10.4 diskutieren werden.

Die Trägheitsprodukte

Wir müssen nun unsere Ergebnisse für den Drehimpuls eines um die z-Achse rotierenden Körpers nochmals zusammenstellen und unsere Schreibweisen anpassen. Aus (10.27) wird klar, dass L_x und L_y proportional zu ω sind; die Proportionalitätskonstanten bezeichnen wir allgemein mit I_{xz} und I_{yz}. Damit erhält (10.27) die Form

$$L_x = I_{xz}\omega \qquad \text{und} \qquad L_y = I_{yz}\omega \tag{10.28}$$

mit

$$I_{xz} = -\sum m_\alpha x_\alpha z_\alpha \qquad \text{und} \qquad I_{yz} = -\sum m_\alpha y_\alpha z_\alpha \,. \tag{10.29}$$

Die beiden Koeffizienten I_{xz} und I_{yz} heißen die **Trägheitsprodukte** des Körpers und bezeichnen anschaulich das Kippmoment des rotierenden Körpers auf seine Drehachse zu. Die Begründung für diese neue Notation ist, dass I_{xz} die x-Komponente von $\boldsymbol{L}$ festlegt, wenn $\boldsymbol{\omega}$ in die z-Richtung weist (entsprechend für I_{yz}). Gemäß dieser Notation müssen wir nun das zuvor als I_z bezeichnete Trägheitsmoment um die z-Achse als I_{zz} schreiben:

$$I_{zz} = \sum m_\alpha \rho_\alpha^2 = \sum m_\alpha (x_\alpha^2 + y_\alpha^2)\,. \tag{10.30}$$

In dieser Schreibweise hat ein Körper, der um die z-Achse rotiert, den Drehimpuls

$$\boldsymbol{L} = (I_{xz}\omega,\, I_{yz}\omega,\, I_{zz}\omega)\,. \tag{10.31}$$

Offenbar ist es wichtig, dass man die Koeffizienten I_{xz}, I_{yz} und I_{zz} für Körper verschiedener Form auch berechnen kann. Im Rest dieses Kapitels werde ich einige Beispiele behandeln, und in den Aufgaben sollten Sie noch weitere Werte ausrechnen. Im folgenden Beispiel werden wir drei einfache Fälle betrachten.

Berechnung einiger einfacher Trägheitsmomente und -produkte

Beispiel 10.1 Berechnen Sie das Trägheitsmoment und die Trägheitsprodukte für die Rotation um die z-Achse für folgende starre Körper: **(a)** Eine einzelne Masse m an dem Ort $(0, y_0, z_0)$, wie in Abbildung 10.3 gezeigt; **(b)** dasselbe wie in Teil (a), aber mit einer zweiten gleichen Masse, die symmetrisch unter der x-y-Ebene angebracht ist, wie in Abbildung 10.4a; **(c)** ein gleichförmiger Ring mit der Masse M und dem Radius ρ_0, zentriert um die z-Achse und parallel zur x-y-Ebene, wie in Abbildung 10.4b.

Lösung **(a)** Für die einzelne Masse aus Abbildung 10.3 reduzieren sich die Summen in (10.29) und (10.30) jeweils auf einen einzigen Term; wir erhalten

$$I_{xz} = 0\,, \qquad I_{yz} = -my_0 z_0 \qquad \text{und} \qquad I_{zz} = my_0^2\,.$$

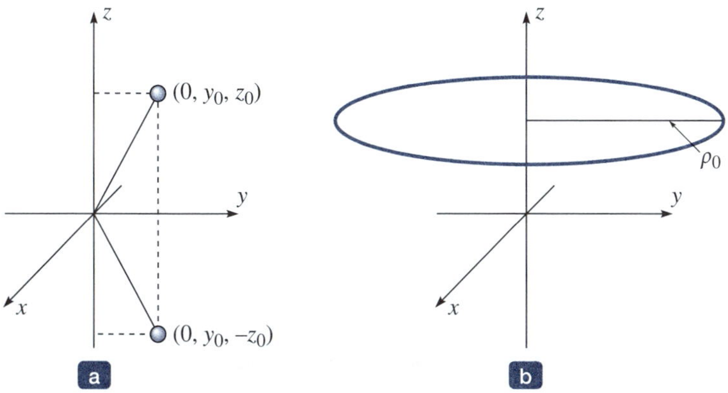

Abbildung 10.4: (a) Ein starrer Körper besteht aus zwei gleichen Massen m, die in jeweils gleichem Abstand ober- bzw. unterhalb der x-y-Ebene gehalten werden und um die z-Achse rotieren. Der Körper ist hier in dem Moment gezeigt, in dem die beiden Massen in der y-z-Ebene liegen. (b) Ein gleichförmiger Ring der Gesamtmasse M mit dem Radius ρ_0 ist um die z-Achse zentriert; er liegt parallel zur x-y-Ebene.

Dass I_{yz} von null verschieden ist, zeigt, dass $\boldsymbol{L}$ eine nicht verschwindende y-Komponente hat, d. h. der Drehimpuls $\boldsymbol{L}$ zeigt nicht in dieselbe Richtung wie die Drehachse. Die beiden anderen Teilbeispiele (b) und (c) illustrieren, dass bei einem starren Körper mit gewisser Symmetrie die Trägheitsprodukte null sein können.

(b) Für die beiden Massen in Abbildung 10.4a enthalten die Summen in (10.29) und (10.30) jeweils zwei Terme. Wir finden

$$I_{xz} = -\sum m_\alpha x_\alpha z_\alpha = 0\,, \tag{10.32}$$

weil für beide Massen $x_\alpha = 0$ gilt; ferner haben wir

$$I_{yz} = -\sum m_\alpha y_\alpha z_\alpha = -m[y_0 z_0 + y_0(-z_0)] = 0 \tag{10.33}$$

und

$$I_{zz} = \sum m_\alpha (x_\alpha^2 + y_\alpha^2) = m(0 + y_0^2 + 0 + y_0^2) = 2my_0^2\,.$$

Interessant ist hier das Trägheitsprodukt I_{yz}; es ist null, weil der Beitrag der ersten Masse durch den Beitrag der zweiten Masse genau ausgeglichen wird, die sich am „spiegelbildlichen" Punkt mit dem zu z_0 entgegengesetzten Vorzeichen befindet. Dieser Fall tritt immer dann auf, wenn ein Körper spiegelsymmetrisch zur Ebene $z = 0$ ist;[3] die beiden Trägheitsprodukte I_{xz} und I_{yz} sind null, weil jeweils ein Term in jeder der beiden Summen in (10.32) und (10.33) durch einen anderen Term mit dem entgegengesetzten Vorzeichen von z_0 aufgehoben wird. Mit $I_{xz} = I_{yz} = 0$ folgt aus (10.31), dass bei einer Rotation des Körpers um die z-Achse der Drehimpuls $\boldsymbol{L}$ ebenfalls entlang der z-Achse ausgerichtet ist.

3 Wir sprechen von der Spiegelsymmetrie eines Körpers bezüglich der Ebene $z = 0$, wenn die Massendichten in einem beliebigen Punkt (x, y, z) und in dessen Spiegelbild $(x, y, -z)$ genau gleich sind. Dieses „Spiegelbild" entsteht aus (x, y, z), wenn man einen Spiegel in der Ebene $z = 0$ platziert.

(c) Da der Körper in Abbildung 10.4b eine kontinuierliche Massenverteilung aufweist, müssten wir eigentlich die Trägheitsprodukte und das Trägheitsmoment über Integrale berechnen; in diesem Fall erkennen wir die Lösung jedoch auch ohne Integration. Das Trägheitsprodukt I_{xz} ist durch die Summe in (10.29) gegeben. Mit Blick auf Abbildung 10.4b erkennt man leicht, dass diese Summe null ist: Jeder Beitrag zu der Summe durch eine kleine Masse m_α am Ort $(x_\alpha, y_\alpha, z_\alpha)$ lässt sich mit dem Beitrag einer gleichen Masse koppeln, die sich in einem auf dem Ring genau gegenüber liegenden Ort $(-x_\alpha, -y_\alpha, z_\alpha)$ befindet. Dieser Beitrag mit demselben z-Wert, aber einem entgegengesetzten Wert für x hebt den ersten genau auf. Daher muss die Gesamtsumme I_{xz} null sein. Mit demselben Argument gilt auch $I_{yz} = 0$. Das Moment I_{zz} lässt sich am einfachsten berechnen, wenn wir die Form der ersten Summe in (10.30) verwenden. Da alle Terme in der Summe denselben Wert für ρ_α aufweisen (nämlich ρ_0), können wir ρ_α^2 aus der Summe herausziehen; es bleibt

$$I_{zz} = \left(\sum m_\alpha\right) \rho_0^2 = M\rho_0^2 \,.$$

In diesem Beispiel waren die beiden Trägheitsprodukte null, weil der Körper zu seiner Drehachse achsensymmetrisch war;[4] man erkennt leicht, dass dieses Ergebnis auch im allgemeinen Fall gilt: Wenn ein starrer Körper symmetrisch zu einer bestimmten Achse ist (etwa ein gut ausgewuchtetes Rad bezüglich seiner Drehachse oder ein Kreiskegel bezüglich seiner Mittellinie), dann sind die beiden Trägheitsprodukte bei einer Drehung um diese Achse immer null, da die Terme in den Summen (10.29) sich paarweise aufheben. Insbesondere verläuft – wenn der Körper achsensymmetrisch bezüglich einer bestimmten Achse ist und um diese Achse rotiert – der Drehimpuls des Körpers entlang der Drehachse. ■

10.3 Drehungen um eine beliebige Achse; der Trägheitstensor

Bislang haben wir stets einen Körper betrachtet, der um die z-Achse rotiert. In einem gewissen Sinn ist das keine Beschränkung der Allgemeinheit: Egal, um welche Achse ein Körper rotiert, wir können sie ja zur z-Achse machen. Leider ist aber diese zwar richtige Aussage doch nicht die ganze Wahrheit. Oft sind wir nämlich an Körpern interessiert, die sich um eine *beliebige* Achse drehen können – bei einem Kreisel etwa können wir durch die Lagerung die Drehachse beliebig einstellen, und ein Geschoss in der Luft wie ein Baseball oder der Taktstock des Tambourmajors hat dieselbe Freiheit. In einem solchen Fall kann sich die Drehachse des Körpers *mit der Zeit ändern*. Natürlich könnten wir dann die Rotationsachse jeweils als unsere z-Achse bezeichnen, doch das gilt nur für einen Augenblick; einen Moment später ist unsere so gewählte z-Achse sicher *nicht* mehr die Rotationsachse. Allein aus diesem Grund müssen wir die Form des Drehimpulses für einen Körper untersuchen, der sich um eine beliebige Achse dreht.

4 Wir nennen einen Körper rotationssymetrisch oder symmetrisch bezüglich einer Achse, wenn die Massendichte in allen Punkten eines Kreises um die Achse gleich ist (dabei geht die Achse durch den Mittelpunkt des Kreises, und der Kreis steht senkrecht auf der Achse). Ausgedrückt in zylindrischen Polarkoordinaten (ρ, φ, z), die um die fragliche Achse zentriert sind, hängt die Massendichte nicht von φ ab. Alternativ kann man sagen, dass die Massenverteilung sich durch eine beliebige Drehung um die Symmetrieachse nicht ändert.

Der zweite Grund, warum wir uns mit der Drehung um eine beliebige Achse befassen, ist etwas spitzfindiger; ich werde später ausführlicher darauf eingehen, möchte es aber hier schon einmal kurz anreißen. Wir haben gesehen, dass die Richtung des Drehimpulses eines rotierenden Körpers im Allgemeinen nicht mit der Drehachse zusammenfällt. Andererseits kann es manchmal durchaus vorkommen, dass die beiden Richtungen *doch* übereinstimmen. (Wir haben das beispielsweise im Fall eines achsensymmetrischen Körpers gesehen, der um seine Symmetrieachse rotiert.) In einem solchen Fall bezeichnen wir diese Achse als eine **Hauptachse**. Wir werden sehen, dass es für jeden Körper, der um einen gegebenen Punkt rotiert, drei paarweise zueinander senkrechte Hauptachsen gibt. Weil ein Großteil unserer Diskussion viel einfacher wird, wenn wir uns auf diese Hauptachsen beziehen, werden wir die Hauptachsen oft als Koordinatenachsen wählen. Wenn wir das tun, haben wir aber nicht mehr die Freiheit, unsere z-Achse mit einer frei gewählten Rotationsachse zusammenfallen zu lassen. Auch aus diesem Grund müssen wir also *beliebige* Drehachsen zulassen, und unsere wichtigste Aufgabe besteht dann darin, den Drehimpuls für eine solche Drehung zu berechnen.

Drehimpuls für eine beliebige Winkelgeschwindigkeit

Betrachten wir nun einen starren Körper, der mit der Winkelgeschwindigkeit

$$\boldsymbol{\omega} = (\omega_x, \omega_y, \omega_z)$$

um eine beliebige Achse rotiert. Bevor wir mit der Berechnung des Drehimpulses beginnen, halten wir kurz inne und überlegen uns, auf welche Situationen unsere Rechnung anwendbar ist. Sie sollten zwei wichtige Fälle im Auge behalten: Erstens kommt es manchmal vor, dass ein starrer Körper einen Fixpunkt hat, sodass die einzig mögliche Bewegung eine Drehung um diesen festen Punkt ist. Beispielsweise ist ein Foucault'sches Pendel an einem Punkt der Decke befestigt, und die einzig mögliche Bewegung des Pendels ist eine Drehung um den Aufhängepunkt. Ein kleiner Kreisel, der sich auf dem Tisch dreht, kann mit seiner Spitze in eine Delle auf der Tischplatte geraten und sich ab diesem Zeitpunkt nur noch um die an dieser Stelle fixierte Spitze drehen. In beiden Fällen können sich Betrag und Richtung der Winkelgeschwindigkeit $\boldsymbol{\omega}$ ändern, doch der Körper dreht sich immer um den festen Punkt, den wir als natürlichen Ursprung unseres Koordinatensystems betrachten.

Der zweite Fall, den Sie bedenken sollten, liegt bei einem in die Luft geworfenen Körper vor. In diesem Fall gibt es keinen festen Punkt, doch wir haben gesehen, dass wir die Bewegung des Körpers als Bewegung des Schwerpunkts und als Rotation um den Schwerpunkt beschreiben können. In diesem Fall untersuchen wir lediglich die Drehbewegung um den Schwerpunkt und betrachten den Schwerpunkt als den natürlichen Ursprung des Koordinatensystems.

Mit diesen Beispielen im Hinterkopf wollen wir nun den Drehimpuls des Körpers berechnen:

$$\begin{aligned} \boldsymbol{L} &= \sum m_\alpha \boldsymbol{r}_\alpha \times \boldsymbol{v}_\alpha \\ &= \sum m_\alpha \boldsymbol{r}_\alpha \times (\boldsymbol{\omega} \times \boldsymbol{r}_\alpha) \,. \end{aligned} \tag{10.34}$$

Dies können wir in gleicher Weise berechnen wie im letzten Abschnitt für den Fall, dass $\boldsymbol{\omega}$ entlang der z-Achse zeigt: Für einen beliebigen Ortsvektor $\boldsymbol{r}$ können wir die

Komponenten von $\boldsymbol{\omega} \times \boldsymbol{r}$ und dann $\boldsymbol{r} \times (\boldsymbol{\omega} \times \boldsymbol{r})$ angeben – mit dem allerdings recht hässlichen Ergebnis (es gibt verschiedene Möglichkeiten, dahin zu gelangen, eine davon ist die sogenannte *BAC – CAB*-Regel, vgl. Aufgabe 19)

$$\begin{aligned}\boldsymbol{r} \times (\boldsymbol{\omega} \times \boldsymbol{r}) = \big((y^2 + z^2)\omega_x - xy\omega_y - xz\omega_z\,,\\ -yx\omega_x + (z^2 + x^2)\omega_y - yz\omega_z\,,\\ -zx\omega_x - zy\omega_y + (x^2 + y^2)\omega_z\big)\,.\end{aligned} \tag{10.35}$$

Setzen wir (10.35) in (10.34) ein, so können wir die drei Komponenten von $\boldsymbol{L}$ folgendermaßen schreiben:

$$\left.\begin{aligned} L_x &= I_{xx}\omega_x + I_{xy}\omega_y + I_{xz}\omega_z \\ L_y &= I_{yx}\omega_x + I_{yy}\omega_y + I_{yz}\omega_z \\ L_z &= I_{zx}\omega_x + I_{zy}\omega_y + I_{zz}\omega_z \end{aligned}\right\} \tag{10.36}$$

Die drei Trägheitsmomente I_{xx}, I_{yy} und I_{zz} sowie die sechs Trägheitsprodukte $I_{xy}\dots$ sind in exakter Parallele zu den Definitionen (10.29) und (10.30) aus dem vorigen Abschnitt definiert. Beispielsweise gilt

$$I_{xx} = \sum m_\alpha (y_\alpha^2 + z_\alpha^2) \tag{10.37}$$

(entsprechend für I_{yy} bzw. I_{zz}) sowie

$$I_{xy} = -\sum m_\alpha x_\alpha y_\alpha \tag{10.38}$$

und so weiter.

Das ziemlich unförmige Ergebnis (10.36) lässt sich auf verschiedene Weise vereinfachen. Wenn Sie sich etwa darauf einlassen, die Indizes x, y und z durch $i = 1, 2, 3$ zu ersetzen, dann nimmt (10.36) die kompakte Form

$$L_i = \sum_{j=1}^{3} I_{ij}\omega_j \tag{10.39}$$

an. Dies legt eine andere Interpretation von (10.36) nahe, denn – wie Sie wohl erkennen – gibt (10.39) die Regel für die Matrizenmultiplikation an. Demnach kann man (10.36) in Matrizenschreibweise darstellen. Zunächst führen wir die (3×3)-Matrix

$$\boldsymbol{I} = \begin{bmatrix} I_{xx} & I_{xy} & I_{xz} \\ I_{yx} & I_{yy} & I_{yz} \\ I_{zx} & I_{zy} & I_{zz} \end{bmatrix} \tag{10.40}$$

ein, die man als **Moment des Trägheitstensors**[5] oder einfach als **Trägheitstensor** bezeichnet. Wenn wir zusätzlich zeitweise noch dreidimensionale Vektoren als

5 Die mathematische Definition eines Tensors umfasst die Transformationseigenschaften seiner Elemente, wenn wir die Koordinatenachsen drehen (vgl. Abschnitt 15.7), doch für unsere jetzigen Zwecke reicht es aus zu sagen, dass ein dreidimensionaler Tensor ein Satz von neun Zahlen ist, die in Form einer (3×3)-Matrix wie in (10.40) angeordnet sind.

(3 × 1)-Spaltenvektoren mit je drei Komponenten betrachten, dann schreiben wir

$$\boldsymbol{L} = \begin{bmatrix} L_x \\ L_y \\ L_z \end{bmatrix} \quad \text{und} \quad \boldsymbol{\omega} = \begin{bmatrix} \omega_x \\ \omega_y \\ \omega_z \end{bmatrix}. \tag{10.41}$$

(Beachten Sie, dass ich nun fett-kursive Buchstaben für zwei verschiedene Arten von Matrizen verwende – wir haben quadratische (3 × 3)-Matrizen wie $\boldsymbol{I}$ und (3 × 1)-Spaltenmatrizen wie $\boldsymbol{L}$ und $\boldsymbol{\omega}$, die eigentlich gewöhnliche Vektoren sind. Sie werden diese zwei Arten von Matrizen aber im Kontext leicht unterscheiden können.) In dieser Schreibweise nimmt Gleichung (10.36) die sehr kompakte Matrizenform

$$\boldsymbol{L} = \boldsymbol{I}\boldsymbol{\omega} \tag{10.42}$$

an; hier ist das Produkt auf der rechten Seite das Standardprodukt zweier Matrizen, nämlich einer quadratischen (3 × 3)-Matrix und einer (3 × 1)-Spaltenmatrix.

Dieses schöne Ergebnis ist unser erstes Beispiel für die große Fruchtbarkeit der Matrizenalgebra in der Mechanik. In vielen Gebieten der Physik – am häufigsten wohl in der Quantenmechanik, doch sicher auch in der klassischen Mechanik – lassen sich viele Probleme in Matrizenschreibweise um so vieles einfacher ausdrücken als auf andere Weise, dass Sie sich unbedingt mit den Grundlagen der Matrizenalgebra vertraut machen müssen.[6]

Eine wichtige Eigenschaft des Trägheitstensors (10.40) ist, dass er eine *symmetrische* Matrix ist, d. h. seine Elemente genügen der Bedingung

$$I_{ij} = I_{ji}\,. \tag{10.43}$$

Dies kann man auch so ausdrücken, dass die Matrix (10.40) sich nicht ändert, wenn man sie an der *Hauptdiagonalen* spiegelt, d. h. an der Diagonale von links oben nach rechts unten. Jedes Elemente oberhalb dieser Diagonale (beispielsweise I_{xy}) ist gleich seinem Spiegelbild (I_{yx}) unterhalb der Diagonale. Um diese Eigenschaft zu beweisen, müssen Sie sich nur die Definition (10.38) anschauen; sie erkennen dann, dass I_{xy} gleich I_{yx} ist, und entsprechend für alle anderen Elemente I_{ij} außerhalb der Diagonale (das sind die Elemente mit $i \neq j$). Eine andere Möglichkeit, die Bedingung zu formulieren, ist die Definition der *Transponierten* $\tilde{\boldsymbol{A}}$ einer beliebigen Matrix $\boldsymbol{A}$, die man durch Spiegelung von $\boldsymbol{A}$ an der Hauptdiagonalen erhält – das ij-te Elemente von $\tilde{\boldsymbol{A}}$ ist das ji-te Elemente von $\boldsymbol{A}$. Die Gleichung (10.43) bedeutet also, dass die Matrix $\boldsymbol{I}$ gleich ihrer eigenen Transponierten ist:

$$\boldsymbol{I} = \tilde{\boldsymbol{I}}\,. \tag{10.44}$$

Die Symmetrie von $\boldsymbol{I}$ und die daraus folgenden Eigenschaften spielen eine Schlüsselrolle in der mathematischen Theorie des Trägheitstensors.

6 Erläuterungen der Matrizenoperationen, von denen ich annehme, dass Sie sie bereits kennen – Addition, Multiplikation, Transposition, Determinanten und noch einige mehr – finden Sie beispielsweise in Kapitel 3 von Mary Boas, *Mathematical Methods in the Physical Sciences* (Wiley, 1983; die aktuelle (dritte) Auflage stammt von 2005). Einige der Konzepte, die ich in diesem und dem nächsten Kapitel entwickle, behandelt Frau Boas in Kapitel 10 ihres Buchs noch eingehender.

Trägheitstensor für einen massiven Würfel

Beispiel 10.2 Bestimmen Sie den Trägheitstensor für **(a)** einen gleichförmigen massiven Würfel mit der Masse M und der Seitenlänge a, der um eine seiner Ecken rotiert (Abbildung 10.5) und **(b)** denselben Würfel, der um seinen geometrischen Mittelpunkt rotiert. Legen Sie Ihre Achsen parallel zu den Würfelkanten. Bestimmen Sie in beiden Fällen den Drehimpuls, wenn die Rotationsachse parallel zu $\hat{\mathbf{x}}$ ist [d. h. $\boldsymbol{\omega} = (\omega, 0, 0)$] und wenn $\boldsymbol{\omega}$ entlang der Würfeldiagonale in die Richtung $(1, 1, 1)$ weist.

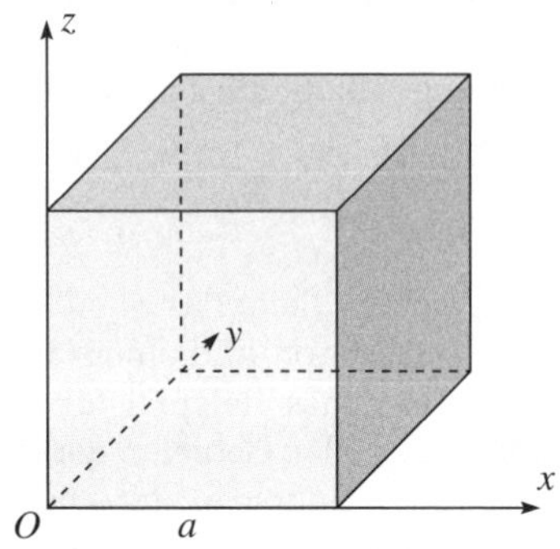

Abbildung 10.5: Ein gleichförmiger, massiver Würfel mit der Seitenlänge a, der um seine Ecke in O rotieren kann.

Lösung **(a)** Weil die Masse kontinuierlich verteilt ist, müssen wir die Summen in den Definitionen (10.37) und (10.38) durch Integrale ersetzen. So wird (10.37) zu

$$I_{xx} = \int_0^a \mathrm{d}x \int_0^a \mathrm{d}y \int_0^a \mathrm{d}z\, \varrho\,(y^2 + z^2)\,, \tag{10.45}$$

worin $\varrho = M/a^3$ die Massendichte des Würfels angibt. Dies führt auf eine Summe von zwei Dreifachintegralen, von denen jedes in drei Einfachintegrale zerlegt werden kann. Beispielsweise

$$\begin{aligned} \int_0^a \mathrm{d}x \int_0^a \mathrm{d}y \int_0^a \mathrm{d}z\, \varrho\, y^2 &= \varrho \left(\int_0^a \mathrm{d}x\right)\left(\int_0^a y^2\, \mathrm{d}y\right)\left(\int_0^a \mathrm{d}z\right) \\ &= \tfrac{1}{3}\varrho a^5 = \tfrac{1}{3}Ma^2\,. \end{aligned} \tag{10.46}$$

Der zweite Term in (10.45) hat denselben Wert, und wir folgern

$$I_{xx} = \tfrac{2}{3}Ma^2\,; \tag{10.47}$$

wegen der Symmetrie haben I_{yy} und I_{zz} denselben Wert.

Die Integralform von (10.38) für die Elemente von $\boldsymbol{I}$ außerhalb der Diagonalen lautet

$$\begin{aligned} I_{xy} &= -\int_0^a \mathrm{d}x \int_0^a \mathrm{d}y \int_0^a \mathrm{d}z\, \varrho xy \\ &= -\varrho \left(\int_0^a x\,\mathrm{d}x \right) \left(\int_0^a y\,\mathrm{d}y \right) \left(\int_0^a \mathrm{d}z \right) \\ &= -\tfrac{1}{4}\varrho a^5 = -\tfrac{1}{4} M a^2 \,, \end{aligned} \qquad (10.48)$$

wobei sich (wieder wegen der Symmetrie) für alle anderen Nicht-Diagonalelemente derselbe Wert ergibt.

Führen wir alle diese Ergebnisse zusammen, so erhalten wir für den Trägheitstensor eines Würfel, der um eine seiner Ecken rotiert,

$$\boldsymbol{I} = \begin{bmatrix} \tfrac{2}{3}Ma^2 & -\tfrac{1}{4}Ma^2 & -\tfrac{1}{4}Ma^2 \\ -\tfrac{1}{4}Ma^2 & \tfrac{2}{3}Ma^2 & -\tfrac{1}{4}Ma^2 \\ -\tfrac{1}{4}Ma^2 & -\tfrac{1}{4}Ma^2 & \tfrac{2}{3}Ma^2 \end{bmatrix} = \frac{Ma^2}{12} \begin{bmatrix} 8 & -3 & -3 \\ -3 & 8 & -3 \\ -3 & -3 & 8 \end{bmatrix} .$$

[bezüglich einer Ecke] (10.49)

Die zweite, kompaktere Form folgt aus den Regeln für die Multiplikation einer Matrix mit einer Zahl. (Beachten Sie, dass $\boldsymbol{I}$, wie erwartet, eine symmetrische Matrix ist.)

Nach (10.42) ist der Drehimpuls $\boldsymbol{L}$ zu einer Winkelgeschwindigkeit $\boldsymbol{\omega}$ gegeben als das Matrizenprodukt $\boldsymbol{L} = \boldsymbol{I\omega}$; darin fasst man die Vektoren $\boldsymbol{L}$ und $\boldsymbol{\omega}$ als (3×1)-Spaltenvektoren auf, die aus den drei Komponenten des entsprechenden Vektors bestehen. Wenn also der Würfel um die x-Achse rotiert, haben wir

$$\boldsymbol{L} = \boldsymbol{I\omega} = \frac{Ma^2}{12} \begin{bmatrix} 8 & -3 & -3 \\ -3 & 8 & -3 \\ -3 & -3 & 8 \end{bmatrix} \begin{bmatrix} \omega \\ 0 \\ 0 \end{bmatrix} = \frac{Ma^2}{12} \begin{bmatrix} 8\omega \\ -3\omega \\ -3\omega \end{bmatrix} \qquad (10.50)$$

bzw., wenn wir das in der eher vertrauten Vektorschreibweise angeben,

$$\boldsymbol{L} = Ma^2\omega \left(\tfrac{2}{3}, -\tfrac{1}{4}, -\tfrac{1}{4} \right) . \qquad (10.51)$$

Wie wir erkennen, zeigt in diesem Fall $\boldsymbol{L}$ nicht in dieselbe Richtung wie die Winkelgeschwindigkeit $\boldsymbol{\omega} = (\omega, 0, 0)$.

Wenn der Würfel um seine Körperdiagonale rotiert, dann ist der Einheitsvektor in Richtung der Rotation $\boldsymbol{u} = (1/\sqrt{3})(1, 1, 1)$, und die Winkelgeschwindigkeit ist $\boldsymbol{\omega} = \omega\boldsymbol{u} = (\omega/\sqrt{3})(1, 1, 1)$. Nach (10.42) ist dann der Drehimpuls für diesen Fall

$$\begin{aligned} \boldsymbol{L} = \boldsymbol{I\omega} &= \frac{Ma^2}{12} \frac{\omega}{\sqrt{3}} \begin{bmatrix} 8 & -3 & -3 \\ -3 & 8 & -3 \\ -3 & -3 & 8 \end{bmatrix} \begin{bmatrix} 1 \\ 1 \\ 1 \end{bmatrix} \\ &= \frac{Ma^2}{12} \frac{\omega}{\sqrt{3}} \begin{bmatrix} 2 \\ 2 \\ 2 \end{bmatrix} = \frac{Ma^2}{6} \boldsymbol{\omega} . \end{aligned} \qquad (10.52)$$

In diesem Fall – der Drehung um die Hauptdiagonale des Würfels – erkennen wir, dass der Drehimpuls in dieselbe Richtung zeigt wie die Winkelgeschwindigkeit.

(b) Wenn der Würfel sich um seinen Mittelpunkt dreht, dann müssen wir in Abbildung 10.5 den Ursprung O in den Mittelpunkt des Würfels legen. Das führt dann dazu, dass alle Integrale in (10.45) und (10.48) nun von $-a/2$ bis $+a/2$ laufen (und nicht von 0 bis a). Wenn wir gemäß (10.45) I_{xx} berechnen [so wie in (10.46)], erhalten wir

$$I_{xx} = \tfrac{1}{6}\,Ma^2 \tag{10.53}$$

und entsprechende Ergebnisse für I_{yy} und I_{zz}. Wenn man die Integralgrenzen in (10.48) durch $-a/2$ und $a/2$ ersetzt, dann sind die beiden ersten Integrale null, und wir schließen

$$I_{xy} = 0\,.$$

Wie Sie leicht überprüfen können, funktioniert dies so bei allen Nicht-Diagonalelementen von $\boldsymbol{I}$, sie sind alle null. Wir hätten uns auf der Grundlage von Beispiel 10.1 eigentlich auch schon vorher denken können, dass alle Nicht-Diagonalelemente von $\boldsymbol{I}$ wegfallen. Dort hatten wir gesehen, dass – wenn die Ebene $z = 0$ eine Spiegelebene ist – sowohl I_{xz} als auch I_{yz} null sind. (Jeder Beitrag von einem Teilchen oberhalb der Ebene $z = 0$ wurde durch einen gleich großen Beitrag des entsprechenden Teilchens unterhalb der Ebene aufgehoben.) Wenn es daher zu zwei der drei Koordinatenebenen $x = 0$, $y = 0$ und $z = 0$ eine Spiegelsymmetrie gibt, dann müssen *alle* diese Trägheitsprodukte null sein. Für den Würfel mit O im Mittelpunkt sind alle drei Koordinatenebenen Symmetrieebenen, es war daher unausweichlich, dass die Nicht-Diagonalelemente von $\boldsymbol{I}$ sich als null erweisen würden.

Stellen wir nun die Ergebnisse zusammen. Für einen Würfel, der um seinen Mittelpunkt rotiert, ist der Trägheitstensor

$$\boldsymbol{I} = \tfrac{1}{6}Ma^2 \begin{bmatrix} 1 & 0 & 0 \\ 0 & 1 & 0 \\ 0 & 0 & 1 \end{bmatrix} = \tfrac{1}{6}Ma^2\mathbf{1} \qquad \text{[bezüglich des Schwerpunkts]} \tag{10.54}$$

hierbei bezeichnet $\mathbf{1}$ die (3×3)-**Einheitsmatrix**

$$\mathbf{1} = \begin{bmatrix} 1 & 0 & 0 \\ 0 & 1 & 0 \\ 0 & 0 & 1 \end{bmatrix}. \tag{10.55}$$

Wie wir sehen werden, sind Rotationen eines Würfels um seinen Mittelpunkt besonders einfach zu untersuchen, weil der Trägheitstensor in diesem Fall ein Vielfaches der Einheitsmatrix ist. Insbesondere ist der Drehimpuls eines Würfels bei einer Drehung um seinen Mittelpunkt

$$\boldsymbol{L} = \boldsymbol{I}\boldsymbol{\omega} = \tfrac{1}{6}\,Ma^2\mathbf{1}\boldsymbol{\omega} = \tfrac{1}{6}\,Ma^2\boldsymbol{\omega}\,, \tag{10.56}$$

und die Richtung des Drehimpulses stimmt mit der Richtung der Winkelgeschwindigkeit $\boldsymbol{\omega}$ überein, *ganz gleich, in welche Richtung* $\boldsymbol{\omega}$ *zeigt.* Dieses einfache Ergebnis ist eine Folge der hohen Symmetrie des Würfels bezüglich seines Mittelpunkts.

Es wird Ihnen aufgefallen sein, dass die beiden Gleichungen (10.56) für die Drehung um eine beliebige Achse durch den Mittelpunkt des Würfels und (10.52) für die Drehung um die Hauptdiagonale durch eine Ecke des Würfels übereinstimmen. Das ist kein Zufall: Die Hauptdiagonale durch den Mittelpunkt des Würfels *ist* die Hauptdiagonale durch die Ecke. Daher *müssen* die Drehimpulse für Drehungen um diese beiden Achsen auch übereinstimmen. ■

Dieses Beispiel hat etliche Schritte bei einer typischen Berechnung des Trägheitstensors $\boldsymbol{I}$ erläutert. Sie sollten nun daran gehen, einige der Aufgaben am Ende des Kapitels selbst zu lösen und die Verfahren zu üben. Ich stelle Ihnen aber noch ein weiteres Beispiel vor, das die Besonderheiten bei einem achsensymmetrischen Körper behandelt.

Trägheitstensor für einen massiven Kegel

Beispiel 10.3 Bestimmen Sie den Trägheitstensor $\boldsymbol{I}$ für einen auf der Spitze stehenden Kreisel in Gestalt eines gleichförmigen massiven Kreiskegels (Masse M, Höhe h und Radius der Grundfläche R), der um seine Spitze rotiert. Wählen Sie die z-Achse entlang der Symmetrieachse des Kegels, wie in Abbildung 10.6 gezeigt. Wie groß ist der Drehimpuls $\boldsymbol{L}$ des Kegels für eine beliebige Winkelgeschwindigkeit $\boldsymbol{\omega}$?

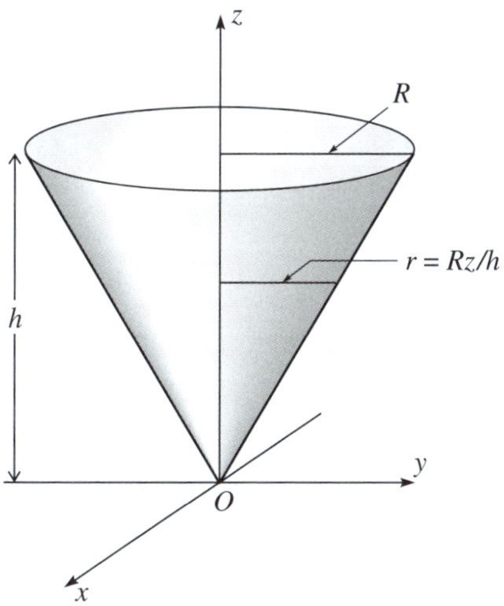

Abbildung 10.6: Ein Kreisel, bestehend aus einem gleichförmigen massiven Kreiskegel der Masse M und der Höhe h mit dem Grundradius R, der auf seiner Spitze rotiert. Auf der Höhe z hat der Kegel den Radius $r = Rz/h$. (Der Kegel muss nicht unbedingt vertikal orientiert sein, wir können aber die z-Achse immer so wählen, dass sie durch die Symmetrieachse des Kegels verläuft.

Lösung ■ Das Trägheitsmoment I_{zz} um die z-Achse ist gegeben durch das Integral

$$I_{zz} = \int_V \mathrm{d}V \varrho (x^2 + y^2) \,. \tag{10.57}$$

Der Index V am Integral deutet an, dass das Integral über das gesamte Volumen des Körpers läuft; $\mathrm{d}V$ ist ein Volumenelement, und ϱ ist die konstante Massendichte $\varrho = M/V = 3M/(\pi R^2 h)$. Wegen $x^2 + y^2 = \rho^2$ lässt sich dieses Integral leicht in zylindrischen Polarkoordinaten (ρ, φ, z) berechnen. Wir erhalten für das Integral dann[7]

$$I_{zz} = \varrho \int\limits_V \mathrm{d}V\, \rho^2 = \varrho \int\limits_0^h \mathrm{d}z \int\limits_0^{2\pi} \mathrm{d}\varphi \int\limits_0^r \rho\, \mathrm{d}\rho\, \rho^2\,. \qquad (10.58)$$

Darin ist die obere Integrationsgrenze r des Integrals über ρ der Radius des Kegels bei der Höhe z, wie in Abbildung 10.6 gezeigt. Man kann die Integration leicht durchführen (vgl. Aufgabe 26) und erhält

$$I_{zz} = \tfrac{3}{10}\, MR^2\,. \qquad (10.59)$$

Da der Kreisel rotationssymmetrisch bezüglich der z-Achse ist, sind die beiden anderen Trägheitsmomente I_{xx} und I_{yy} gleich. (Eine Drehung um 90° um die z-Achse verändert den Körper nicht, vertauscht aber I_{xx} und I_{yy}. Daher muss $I_{xx} = I_{yy}$ gelten.) Um I_{xx} zu berechnen, schreiben wir

$$I_{xx} = \int\limits_V \mathrm{d}V \varrho(y^2 + z^2) = \int\limits_V \mathrm{d}V \varrho y^2 + \int\limits_V \mathrm{d}V \varrho z^2\,. \qquad (10.60)$$

Das erste Integral hier ist dasselbe, das auch im zweiten Term von (10.57) auftaucht, und wegen der Rotationssymmetrie sind die beiden Terme in (10.57) gleich. Daher ist der erste Term in (10.60) einfach $I_{zz}/2$ oder $\frac{3}{20}\, MR^2$. Das zweite Integral in (10.60) lässt sich wie in (10.58) mithilfe von zylindrischen Polarkoordinaten berechnen und ergibt $\frac{3}{5}\, Mh^2$. Damit haben wir

$$I_{xx} = I_{yy} = \tfrac{3}{20}\, M(R^2 + 4h^2)\,. \qquad (10.61)$$

Es sind nun noch die Trägheitsprodukte $I_{xy}, \ldots$ (die Nicht-Diagonalelemente des Trägheitstensors) zu berechnen, doch wir können leicht erkennen, dass sie alle null sein müssen. Der springende Punkt ist, dass wegen der Axialsymmetrie bezüglich der z-Achse sowohl die Ebene $x = 0$ als auch die Ebene $y = 0$ Symmetrieebenen sind (vgl. Abbildung 10.6). Nach der Argumentation in Beispiel 10.1 folgt aus der Symmetrie bezüglich der Ebene $x = 0$, dass $I_{xy} = I_{xy} = 0$ ist. Aus der Symmetrie bezüglich $y = 0$ folgt entsprechend $I_{yz} = I_{yx} = 0$. Folglich garantiert die Symmetrie bezüglich zweier beliebiger Koordinatenebenen, dass *alle* Trägheitsprodukte null sind.

Wenn wir nun die Ergebnisse zusammenstellen, erhalten wir für den Trägheitstensor eines gleichförmigen Kegels bezüglich seiner Spitze

$$\boldsymbol{I} = \frac{3}{20} M \begin{bmatrix} R^2 + 4h^2 & 0 & 0 \\ 0 & R^2 + 4h^2 & 0 \\ 0 & 0 & 2R^2 \end{bmatrix} = \begin{bmatrix} \lambda_1 & 0 & 0 \\ 0 & \lambda_2 & 0 \\ 0 & 0 & \lambda_3 \end{bmatrix}. \qquad (10.62)$$

Der letzte Ausdruck dient nur einer bequemeren Diskussion der Ergebnisse (und im vorliegenden Fall gilt sogar noch $\lambda_1 = \lambda_2$). Das Überraschendste an dieser Matrix ist,

7 Hier haben wir einen der schrecklichen Fälle, wo die traditionelle Verwendung des griechischen Buchstabens „rho" für die Dichte mit unserer Verwendung für die zylindrische Koordinate, die den Abstand von der z-Achse angibt, kollidiert. Doch glücklicherweise kann man den Buchstaben „rho" auf zwei verschiedene Weisen schreiben: Ich verwende die Schreibweise ϱ für die Dichte und ρ für die Koordinate. Zum Glück kommen solcherlei Kollisionen nur sehr selten vor. Wenn Sie Ihre Kenntnisse über Volumenintegrale in Zylinderkoordinaten auffrischen müssen, schauen Sie sich Aufgabe 26 an.

dass die Nicht-Diagonalelemente alle null sind. Eine Matrix mit dieser Eigenschaft wird als **Diagonalmatrix** bezeichnet. [Auch der Trägheitstensor (10.54) für einen Würfel bei der Drehung um seinen Mittelpunkt war eine Diagonalmatrix, doch dort waren sogar alle Diagonalelemente gleich, sodass es sich eigentlich um ein Vielfaches der Einheitsmatrix **1** handelte – also um einen noch spezielleren Fall.] Die wichtige Konsequenz daraus, dass $\boldsymbol{I}$ diagonal ist, taucht bei der Berechnung des Drehimpulses $\boldsymbol{L}$ für eine beliebige Winkelgeschwindigkeit $\boldsymbol{\omega} = (\omega_x, \omega_y, \omega_z)$ auf:

$$\boldsymbol{L} = \boldsymbol{I}\boldsymbol{\omega} = (\lambda_1\omega_x,\ \lambda_2\omega_y,\ \lambda_3\omega_z)\,. \tag{10.63}$$

Dieses Ergebnis mag nicht besonders spektakulär erscheinen, doch machen Sie sich klar, dass immer dann, wenn die Winkelgeschwindigkeit $\boldsymbol{\omega}$ parallel zu einer der Koordinatenachsen ist, dasselbe auch für den Drehimpuls $\boldsymbol{L}$ gilt. Ist beispielsweise $\boldsymbol{\omega}$ parallel zur x-Achse, dann haben wir $\omega_y = \omega_z = 0$, und aus (10.63) folgt

$$\boldsymbol{L} = \boldsymbol{I}\boldsymbol{\omega} = (\lambda_1\omega_x, 0, 0)\,, \tag{10.64}$$

und auch $\boldsymbol{L}$ ist parallel zur x-Achse. Offensichtlich passiert dasselbe, wenn $\boldsymbol{\omega}$ parallel zur y- oder zur z-Achse ist, und wir erkennen verallgemeinernd, dass für den Fall eines diagonalen Trägheitstensors $\boldsymbol{I}$ der Drehimpulsvektor $\boldsymbol{L}$ immer dann parallel zu $\boldsymbol{\omega}$ ist, wenn $\boldsymbol{\omega}$ entlang einer der drei Koordinatenachsen weist. ■

10.4 Hauptträgheitsachsen

Wir haben gesehen, dass der Drehimpuls eines Körpers, der sich um einen Punkt O dreht, im Allgemeinen nicht dieselbe Richtung hat wie die Drehachse, d. h., $\boldsymbol{L}$ ist nicht parallel zu $\boldsymbol{\omega}$. Wir haben aber auch gesehen, dass es – zumindest für einige bestimmte Körper – gewisse Achsen gibt, für die $\boldsymbol{L}$ und $\boldsymbol{\omega}$ sehr wohl parallel sind. In einem solchen Fall nennen wir die entsprechende Achse eine **Hauptachse** oder **Hauptträgheitsachse**. Um dies mathematisch auszudrücken, denken Sie daran, dass zwei von null verschiedene Vektoren $\boldsymbol{a}$ und $\boldsymbol{b}$ dann und nur dann parallel sind, wenn für eine bestimmte reelle Zahl λ gilt: $\boldsymbol{a} = \lambda\boldsymbol{b}$. Demnach können wir eine Hauptachse eines Körpers (für eine Drehung um O) als eine beliebige Achse definieren, die durch O verläuft und die die Eigenschaft hat, dass für ein $\boldsymbol{\omega}$ entlang dieser Achse gilt

$$\boldsymbol{L} = \lambda\boldsymbol{\omega} \tag{10.65}$$

(dabei ist λ eine bestimmte reelle Zahl). Um die Bedeutung der Zahl λ in dieser Gleichung zu erkennen, wählen wir fürs Erste die Richtung von $\boldsymbol{\omega}$ so, dass sie in z-Richtung zeigt; in diesem Fall ist $\boldsymbol{L}$ nach (10.31) gegeben durch $\boldsymbol{L} = (I_{xz}\omega, I_{yz}\omega, I_{zz}\omega)$. Da $\boldsymbol{L}$ parallel zu $\boldsymbol{\omega}$ ist, sind die ersten beiden Komponenten null, d. h., wir haben $\boldsymbol{L} = (0, 0, I_{zz}\omega) = I_{zz}\boldsymbol{\omega}$. Durch Vergleich mit (10.65) erkennen wir, dass die in (10.65) auftretende Zahl λ gerade das Trägheitsmoment des Körpers bezüglich der entsprechenden Achse ist. Wir fassen zusammen: Wenn die Winkelgeschwindigkeit $\boldsymbol{\omega}$ entlang einer Hauptachse zeigt, dann gilt $\boldsymbol{L} = \lambda\boldsymbol{\omega}$, wobei λ das Trägheitsmoment bezüglich dieser Achse ist.

Schauen wir uns noch einmal an, was wir bereits über die Existenz von Hauptachsen wissen. Am Schluss des letzten Abschnitts haben wir gesehen, dass, sofern sich der Trägheitstensor $\boldsymbol{I}$ bezüglich eines gegebenen Satzes von Achsen als Diagonalmatrix

$$\boldsymbol{I} = \begin{bmatrix} \lambda_1 & 0 & 0 \\ 0 & \lambda_2 & 0 \\ 0 & 0 & \lambda_3 \end{bmatrix} \tag{10.66}$$

herausstellt, die gewählten x-, y- und z-Achsen Hauptachsen sind. Wenn umgekehrt die x-, die y- und die z-Achse Hauptachsen sind, ist leicht zu sehen (vgl. Aufgabe 23), dass dann $\boldsymbol{I}$ diagonal sein muss, so wie in (10.66). Die drei Zahlen, die ich mit λ_1, λ_2 und λ_3 bezeichnet habe, sind die Trägheitsmomente bezüglich der drei Hauptachsen und heißen die **Hauptträgheitsmomente** oder **Hauptmomente**.

Wenn ein Körper eine Symmetrieachse durch O hat (wie der rotierende Kreisel in Beispiel 10.3), dann ist diese Symmetrieachse eine Hauptachse. Darüber hinaus sind auch zwei beliebige, zur Symmetrieachse senkrechte Achsen (wie die x- und die y-Achse in Beispiel 10.3) Hauptachsen, weil der Trägheitstensor bezüglicher dieser Achsen diagonal ist. Und wenn ein Körper zwei zueinander senkrechte Spiegelebenen hat, die durch O verlaufen (wie der Würfel in Beispiel 10.2,[8] der um seinen Mittelpunkt rotiert), dann sind die durch diese beiden Ebenen und O definierten drei paarweise senkrechten Achsen ebenfalls Hauptachsen.

Bislang haben wir in all unseren Beispielen Körper mit spezieller Symmetrie behandelt, und Sie könnten verständlicherweise glauben, dass die Existenz von Hauptachsen auf irgendeine Weise mit der Symmetrie des Körpers im Zusammenhang steht. Diese Annahme ist allerdings ganz entschieden falsch. Natürlich machen es die Symmetrien eines Körpers viel einfacher, die Hauptachsen zu erkennen, doch es stellt sich heraus, *dass jeder starre Körper bei einer Drehung um einen beliebigen Punkt drei Hauptachsen hat:*

Existenz von Hauptachsen

Für einen beliebigen starren Körper und einen beliebigen Punkt O gibt es drei paarweise zueinander senkrechte Hauptachsen durch O. Mit anderen Worten: Es gibt drei zueinander senkrechte Achsen durch O, relativ zu denen der Trägheitstensor $\boldsymbol{I}$ diagonal ist; diese Achsen zeichnen sich durch folgende Eigenschaft aus: Wenn die Winkelgeschwindigkeit $\boldsymbol{\omega}$ entlang einer dieser Achsen zeigt, dann gilt das auch für den Drehimpuls $\boldsymbol{L}$.

Dieses überraschende Ergebnis ist die Folge eines wichtigen mathematischen Satzes, der aussagt: Ist $\boldsymbol{I}$ eine beliebige symmetrische Matrix (etwa der Trägheitstensor eines Körpers in Bezug auf einen bestimmten Satz von paarweise senkrechten Achsen), dann gibt es einen weiteren Satz von senkrechten Achsen (mit demselben Ursprung), sodass die entsprechende Matrix (wir könnten sie beispielsweise $\boldsymbol{I}'$ nennen) in Bezug

8 Natürlich hat der Würfel sogar *drei* Spiegelebenen, doch für die hier aufgestellte Behauptung reichen zwei Ebenen aus. Wenn beispielsweise der Kegel in Beispiel 10.3 kein Kreiskegel, sondern ein elliptischer Kegel wäre, dann wäre er zwar nicht mehr rotationssymmetrisch um die z-Achse, doch die beiden Ebenen $x = 0$ und $y = 0$ wären noch immer Spiegelebenen, und die drei Koordinatenachsen wären noch immer Hauptachsen.

auf diese neuen Achsen die Diagonalform aus Gleichung (10.66) hat. Dieses Ergebnis, das im Anhang bewiesen wird, erweist sich als extrem nützlich, denn die Behandlung einer Drehbewegung ist viel einfacher, wenn man sich auf einen Satz von Hauptachsen beziehen kann; das Ergebnis garantiert, dass dies immer möglich ist. (Es sollte an dieser Stelle deutlich gesagt werden, dass die Hauptachsen eines starren Körpers natürlich fest mit dem Körper verbunden sind. Wenn wir also die Hauptachsen als unsere Koordinatenachsen wählen, dann bedeutet das für uns, ein rotierendes Koordinatensystem zu verwenden.)

Es ist nicht unbedingt nötig, den Beweis für die Existenz von Hauptachsen im Einzelnen nachzuvollziehen (Sie können, falls Sie derlei Gelüste haben, den Beweis im Anhang anschauen). Ganz gewiss ist es aber nötig zu wissen, wie man diese Hauptachsen *bestimmt*; damit werde ich mich im nächsten Abschnitt befassen.

Kinetische Energie eines rotierenden Körpers

Es ist natürlich wichtig, dass man die kinetische Energie eines rotierenden Körpers angeben kann. Ich überlasse es Ihnen als anspruchsvolle Übung (Aufgabe 33), die folgende Aussage herzuleiten:

$$T = \tfrac{1}{2}\,\boldsymbol{\omega}\cdot\boldsymbol{L}\,. \tag{10.67}$$

Wenn wir insbesondere einen Satz von Hauptachsen als unser Koordinatensystem verwenden, dann gilt $\boldsymbol{L} = (\lambda_1\omega_1, \lambda_2\omega_2, \lambda_3\omega_3)$ und

$$T = \tfrac{1}{2}\left(\lambda_1\omega_1^2 + \lambda_2\omega_2^2 + \lambda_3\omega_3^2\right). \tag{10.68}$$

Dieses wichtige Ergebnis ist die natürliche Verallgemeinerung von Gleichung (10.26) $T = \frac{1}{2}\,I_{zz}\,\omega^2$, die für die Rotation um eine feste z-Achse gilt. Wir werden Gleichung (10.68) verwenden, wenn wir in Abschnitt 10.9 die Lagrange-Funktion für einen rotierenden Körper angeben.

10.5 Bestimmung der Hauptachsen; Eigenwertgleichungen

Wir wollen nun die Hauptachsen eines starren Körpers bestimmen, der um einen Punkt O rotiert. Der Trägheitstensor $\boldsymbol{I}$ des Körpers soll schon mithilfe eines gegebenen Satzes von Achsen berechnet worden sein. Wenn $\boldsymbol{I}$ diagonal ist, dann sind unsere gewählten Achsen bereits die Hauptachsen, und wir sind fertig. Nehmen wir nun aber an, dass $\boldsymbol{I}$ *nicht* diagonal ist. Wie können wir dann die Hauptachsen finden? Den entscheidenden Hinweis liefert Gleichung (10.65): Wenn $\boldsymbol{\omega}$ entlang einer Hauptachse zeigt, dann muss $\boldsymbol{L}$ gleich $\lambda\boldsymbol{\omega}$ sein (mit einer gewissen Zahl λ). Wegen $\boldsymbol{L} - \boldsymbol{I}\boldsymbol{\omega}$ folgt, dass $\boldsymbol{\omega}$ die Gleichung

$$\boldsymbol{I}\boldsymbol{\omega} = \lambda\boldsymbol{\omega} \tag{10.69}$$

erfüllen muss (mit einer – noch unbekannten – Zahl λ). Die Gleichung (10.69) hat die Form

(Matrix) mal (Vektor) = (Zahl) mal (derselbe Vektor)

und wird als **Eigenwertgleichung** bezeichnet. Eigenwertgleichungen gehören zu den wichtigsten Gleichungen der modernen Physik und kommen in vielen verschiedenen Gebieten vor. Sie drücken immer dieselbe Idee aus, nämlich dass eine bestimmte mathematische Operation, die auf einen Vektor angewendet wird (in unserem Fall auf $\boldsymbol{\omega}$), einen zweiten Vektor erzeugt (in unserem Fall $\lambda\boldsymbol{\omega}$), der dieselbe Richtung hat wie der erste. Ein Vektor $\boldsymbol{\omega}$, der (10.69) erfüllt, heißt **Eigenvektor**, die Zahl λ heißt der zugehörige **Eigenwert**.

Die Lösung des Eigenwertproblems (10.69) besteht eigentlich aus zwei Teilen: Üblicherweise wollen wir die Richtungen von $\boldsymbol{\omega}$ bestimmen, für die (10.69) erfüllt ist (in unserem Fall die Richtungen der Hauptachsen), und in den meisten Fällen wollen wir außerdem noch die Eigenwerte λ kennen (in unserem Fall die Trägheitsmomente bezüglich der Hauptachsen). In der Praxis löst man die beiden Teilprobleme meist in umgekehrter Reihenfolge – bestimmt also zunächst die möglichen Eigenwerte λ und danach erst die zugehörigen Richtungen von $\boldsymbol{\omega}$.

Der erste Schritt bei der Lösung der Matrizengleichung (10.69) besteht darin, sie umzuschreiben. Wegen $\boldsymbol{\omega} = \mathbf{1}\omega$ (darin ist $\mathbf{1}$ die (3×3)-Einheitsmatrix) ist (10.69) dasselbe wie $\boldsymbol{I\omega} = \lambda\mathbf{1}\omega$ bzw., wenn wir die rechte Seite auf die linke Seite bringen,

$$(\boldsymbol{I} - \lambda\mathbf{1})\boldsymbol{\omega} = 0\,. \tag{10.70}$$

Dies ist eine Matrizengleichung der Form $\boldsymbol{A\omega} = 0$; darin ist $\boldsymbol{A}$ eine (3×3)-Matrix und $\boldsymbol{\omega}$ ein Vektor, d. h. eine (3×1)-Spalte mit den Zahlen ω_x, ω_y und ω_z. Die Matrizengleichung $\boldsymbol{A\omega} = 0$ besteht eigentlich aus drei simultanen Gleichungen für die drei Zahlen ω_x, ω_y und ω_z; es ist eine wohlbekannte Eigenschaft solcher Gleichungen, dass sie dann und nur dann eine von null verschiedene Lösung haben, wenn ihre Determinante $\det(\boldsymbol{A})$ null ist.[9] Daher hat die Eigenwertgleichung (10.70) dann und nur dann eine nichttriviale Lösung, wenn

$$\det(\boldsymbol{I} - \lambda\mathbf{1}) = 0\,. \tag{10.71}$$

Diese Gleichung heißt die **charakteristische Gleichung** (manchmal auch als *Säkulargleichung* bezeichnet) der Matrix $\boldsymbol{I}$. In der Determinante taucht die Zahl λ in der dritten Potenz auf; daher handelt es sich um eine kubische Gleichung für die Eigenwerte λ, die im Allgemeinen drei Lösungen λ_1, λ_2 und λ_3 hat. Für jeden dieser Werte von λ lässt sich die Gleichung (10.70) lösen; dies führt dann auf den entsprechenden Vektor $\boldsymbol{\omega}$. In unserem Fall handelt es sich bei den drei Eigenwerten um die drei Hauptträgheitsmomente, und aus der Richtung des Vektors $\boldsymbol{\omega}$ können wir die Richtungen der drei Hauptachsen für den betrachteten Körper ablesen.

Wenn Sie das Verfahren zur Bestimmung der Hauptachsen (oder allgemeiner: das Verfahren zur Lösung einer Eigenwertgleichung) noch nie gesehen haben, werden Sie nun sicher ein Beispiel erwarten, das Sie durcharbeiten können. Hier kommt auch schon eines.

Hauptachsen eines Würfel bezüglich einer Ecke

Beispiel 10.4 Bestimmen Sie die Hauptachsen und die entsprechenden Hauptträgheitsmomente für den Würfel aus Beispiel 10.2, der um eine seiner Ecken rotiert. Welche Form hat der Trägheitstensor bezüglich der Hauptachsen?

Lösung Mithilfe dreier Achsen, die parallel zu den Würfelkanten lagen, haben wir mit Gleichung (10.49) den Trägheitstensor bestimmt:

$$\boldsymbol{I} = \mu \begin{bmatrix} 8 & -3 & -3 \\ -3 & 8 & -3 \\ -3 & -3 & 8 \end{bmatrix}. \tag{10.72}$$

9 Vgl. beispielsweise Mary Boas, *Mathematical Methods in the Physical Sciences* (Wiley, 1983), Seite 133; die aktuelle (dritte) Auflage stammt von 2005.

Darin habe ich die abkürzende Schreibweise μ für die Konstante $\mu = Ma^2/12$ eingeführt; sie hat die Dimension eines Trägheitsmoments. Da $\boldsymbol{I}$ nicht diagonal ist, sind unsere ursprünglich gewählten Achsen (parallel zu den Würfelkanten) keine Hauptachsen. Um diese zu finden, müssen wir die Richtungen von $\boldsymbol{\omega}$ bestimmen, die die Eigenwertgleichung $\boldsymbol{I}\boldsymbol{\omega} = \lambda\boldsymbol{\omega}$ erfüllen.

Im ersten Schritt bestimmen wir die Werte λ (die Eigenwerte), die die charakteristische Gleichung $\det(\boldsymbol{I} - \lambda\mathbf{1}) = 0$ erfüllen. Setzen wir für $\boldsymbol{I}$ (10.72) ein, so erhalten wir

$$\begin{aligned}\boldsymbol{I} - \lambda\mathbf{1} &= \begin{bmatrix} 8\mu & -3\mu & -3\mu \\ -3\mu & 8\mu & -3\mu \\ -3\mu & -3\mu & 8\mu \end{bmatrix} - \begin{bmatrix} \lambda & 0 & 0 \\ 0 & \lambda & 0 \\ 0 & 0 & \lambda \end{bmatrix} \\ &= \begin{bmatrix} 8\mu - \lambda & -3\mu & -3\mu \\ -3\mu & 8\mu - \lambda & -3\mu \\ -3\mu & -3\mu & 8\mu - \lambda \end{bmatrix}.\end{aligned}$$

Die Determinante dieser Matrix ist leicht zu berechnen:

$$\det(\boldsymbol{I} - \lambda\mathbf{1}) = (2\mu - \lambda)(11\mu - \lambda)^2\,. \tag{10.73}$$

Die drei Wurzeln (Lösungen) der Gleichung $\det(\boldsymbol{I} - \lambda\mathbf{1}) = 0$ (die Eigenwerte) sind also

$$\lambda_1 = 2\mu \quad \text{und} \quad \lambda_2 = \lambda_3 = 11\mu\,. \tag{10.74}$$

Beachten Sie, dass in diesem Fall zufällig zwei der drei Lösungen der kubischen Gleichung (10.73) übereinstimmen.

Mit diesen Eigenwerten bewaffnet, können wir nun die Eigenvektoren bestimmen, also die Richtungen der drei Hauptachsen des Würfels, der um eine seiner Ecken rotiert. Sie sind durch Gleichung (10.70) festgelegt, die wir für jeden der Eigenwerte λ_1, λ_2 und λ_3 einzeln untersuchen müssen (wenn auch in diesem Fall die letzten beiden Eigenwerte gleich sind). Beginnen wir mit λ_1.

Mit $\lambda = \lambda_1 = 2\mu$ wird Gleichung (10.70) zu

$$(\boldsymbol{I} - \lambda\mathbf{1})\boldsymbol{\omega} = \mu \begin{bmatrix} 6 & -3 & -3 \\ -3 & 6 & -3 \\ -3 & -3 & 6 \end{bmatrix} \begin{bmatrix} \omega_x \\ \omega_y \\ \omega_z \end{bmatrix} = 0\,. \tag{10.75}$$

Daraus erhalten wir drei Gleichungen für die Komponenten von $\boldsymbol{\omega}$:

$$\begin{aligned} 2\omega_x - \omega_y - \omega_z &= 0 \\ -\omega_x + 2\omega_y - \omega_z &= 0 \\ -\omega_x - \omega_y + 2\omega_z &= 0\,. \end{aligned} \tag{10.76}$$

Durch Subtraktion der zweiten Gleichung von der ersten erkennen wir zunächst $\omega_x = \omega_y$, und die erste Gleichung sagt uns dann, dass $\omega_x = \omega_z$. Es gilt also $\omega_x = \omega_y = \omega_z$, und wir schließen, dass die erste Hauptachse in der Richtung (1, 1, 1) entlang der Hauptdiagonale des Würfels verläuft. Wenn wir einen Einheitsvektor $\mathbf{e}_1$ in diese Richtung definieren mit

$$\mathbf{e}_1 = \frac{1}{\sqrt{3}}(1,\,1,\,1)\,, \tag{10.77}$$

dann legt $\boldsymbol{e}_1$ die Richtung unserer ersten Hauptachse fest. Wenn $\boldsymbol{\omega}$ entlang von $\boldsymbol{e}_1$ zeigt, dann gilt $\boldsymbol{L} = \boldsymbol{I}\boldsymbol{\omega} = \lambda_1\boldsymbol{\omega}$. Dies besagt einfach nur, dass das Trägheitsmoment bezüglich dieser Hauptachse $\lambda_1 = 2\mu = \frac{1}{6}Ma^2$ ist. Somit hat unsere Untersuchung des ersten Eigenwerts folgendes Ergebnis erbracht: Eine der Hauptachsen eines Würfels, der um seine Ecke O rotiert, ist die Hauptdiagonale durch O (Richtung $\boldsymbol{e}_1$), und das Trägheitsmoment für diese Achse ist der zugehörige Eigenwert $\frac{1}{6}Ma^2$.

Die beiden anderen Eigenwerte sind gleich ($\lambda_2 = \lambda_3 = 11\mu$), wir müssen also nur noch einen weiteren Fall betrachten. Mit $\lambda = 11\mu$ wird die Eigenwertgleichung (10.70) zu

$$(\boldsymbol{I} - \lambda\boldsymbol{1})\boldsymbol{\omega} = \mu\begin{bmatrix} -3 & -3 & -3 \\ -3 & -3 & -3 \\ -3 & -3 & -3 \end{bmatrix}\begin{bmatrix} \omega_x \\ \omega_y \\ \omega_z \end{bmatrix} = 0\,.$$

Damit haben wir drei Gleichungen für die Komponenten von $\boldsymbol{\omega}$, aber alle drei Gleichungen sind letztlich derselbe Ausdruck, nämlich

$$\omega_x + \omega_y + \omega_z = 0\,. \tag{10.78}$$

Diese Gleichung legt die Richtung von $\boldsymbol{\omega}$ nicht eindeutig fest. Um zu sehen, was das bedeutet, betrachten Sie $\omega_x + \omega_y + \omega_z$ als das Skalarprodukt von $\boldsymbol{\omega}$ mit dem Vektor $(1, 1, 1)$. Dann besagt Gleichung (10.78) einfach $\boldsymbol{\omega} \cdot \boldsymbol{e}_1 = 0$, d. h., $\boldsymbol{\omega}$ muss nur orthogonal zu unserer ersten Hauptachse $\boldsymbol{e}_1$ sein. Mit anderen Worten: Zwei beliebige orthogonale Richtungen $\boldsymbol{e}_2$ und $\boldsymbol{e}_3$, die senkrecht zu $\boldsymbol{e}_1$ sind, können als die beiden weiteren Hauptachsen dienen, beide mit dem Trägheitsmoment $\lambda_2 = \lambda_3 = 11\mu = \frac{11}{12}Ma^2$. Diese Freiheit bei der Wahl der letzten beiden Hauptachsen hängt direkt mit dem Umstand zusammen, dass die letzten beiden Eigenwerte λ_2 und λ_3 gleich sind; wenn alle drei Eigenwerte verschieden sind, dann führt jeder von ihnen zu einer eindeutigen Richtung für die zugehörige Hauptachse.

Wenn wir zum Schluss nochmals den Trägheitstensor bezüglich der neuen Achsen in den Richtungen $\boldsymbol{e}_1$, $\boldsymbol{e}_2$ und $\boldsymbol{e}_3$ bestimmen, dann muss die neue Matrix $\boldsymbol{I}'$ diagonal sein mit den Hauptträgheitsmomenten als Diagonalelemente:

$$\boldsymbol{I}' = \begin{bmatrix} \lambda_1 & 0 & 0 \\ 0 & \lambda_2 & 0 \\ 0 & 0 & \lambda_3 \end{bmatrix} = \frac{1}{12}Ma^2\begin{bmatrix} 2 & 0 & 0 \\ 0 & 11 & 0 \\ 0 & 0 & 11 \end{bmatrix}.$$

Aus diesem Grund bezeichnet man das Verfahren zur Bestimmung der Hauptachsen eines starren Körpers auch als **Diagonalisierung des Trägheitstensors.** ■

Der letzte Absatz des Beispiels zeigt einen nützlichen Aspekt: Wenn wir die Hauptachsen eines Körpers und die entsprechenden Hauptträgheitsmomente erst einmal gefunden haben, dann müssen wir den Trägheitstensor bezüglich der neuen Achsen nicht nochmals berechnen. Wir *wissen*, dass er bezüglich der Hauptachsen diagonal sein muss:

$$\boldsymbol{I}' = \begin{bmatrix} \lambda_1 & 0 & 0 \\ 0 & \lambda_2 & 0 \\ 0 & 0 & \lambda_3 \end{bmatrix}, \tag{10.79}$$

wobei die Hauptträgheitsmomente λ_1, λ_2 und λ_3 die Diagonalelemente sind. Im Allgemeinen sind die drei Hauptträgheitsmomente alle unterschiedlich; dann sind die Richtungen der drei Hauptachsen eindeutig festgelegt und automatisch orthogonal (vgl. Aufgabe 38). Wie in Beispiel 10.4 gezeigt, können zwei der Hauptmomente gleich sein; in diesem Fall haben die zugehörigen beiden Hauptachsen beliebige Richtungen, solange sie nur orthogonal zu der dritten Achse sind. (Das hatten wir in Beispiel 10.4, und es tritt ebenso bei jedem Körper auf, der bezüglich einer Achse durch O rotationssymmetrisch ist.) Wenn alle drei Hauptträgheitsmomente gleich sind (etwa bei einem Würfel oder einer Kugel bezüglich des Mittelpunkts), dann ist eigentlich *jede* Achse eine Hauptachse. Die Beweise dieser Aussagen zur Eindeutigkeit und zu weiteren Eigenschaften der Hauptachsen können Sie in Aufgabe 38 führen.

10.6 Präzession eines Kreisels aufgrund eines kleinen Drehmoments

Nun wissen wir genug über den Drehimpuls eines starren Körpers, sodass wir mit der Lösung von einigen interessanten Problemen beginnen können. Wir beginnen mit dem Phänomen der Präzession eines rotierenden Kreisels unter dem Einfluss eines schwachen Drehmoments.

Betrachten wir einen symmetrischen Kreisel wie in Abbildung 10.7. Die Achsen, bezeichnet mit x, y und z, sind raumfest, die z-Achse zeigt vertikal nach oben. Der Kreisel dreht sich frei auf seiner Spitze O und bildet einen Winkel θ mit der Vertikalen. Wegen der Axialsymmetrie des Kreisels ist der Trägheitstensor diagonal mit der Form

$$\boldsymbol{I} = \begin{bmatrix} \lambda_1 & 0 & 0 \\ 0 & \lambda_1 & 0 \\ 0 & 0 & \lambda_3 \end{bmatrix}, \tag{10.80}$$

relativ zu den Hauptachsen des Kreisels (nämlich relativ zu einer Achse $\boldsymbol{e}_3$ entlang der Symmetrieachse und zu zwei dazu senkrechten, zueinander orthogonalen Achsen).

Nehmen wir zunächst an, dass keine Gravitationskraft wirkt und dass der Kreisel mit der Winkelgeschwindigkeit $\boldsymbol{\omega} = \omega \boldsymbol{e}_3$ und dem Drehimpuls

$$\boldsymbol{L} = \lambda_3 \boldsymbol{\omega} = \lambda_3 \omega \boldsymbol{e}_3 \tag{10.81}$$

um seine Symmetrieachse rotiert. Da kein Drehmoment auf den Kreisel wirkt, ist $\boldsymbol{L}$ konstant. Daher dreht sich der Kreisel immer weiter um dieselbe Achse, ohne seine Winkelgeschwindigkeit zu ändern.[10]

Nun stellen wir uns vor, die Gravitation würde wieder angeschaltet; wir erzeugen dadurch ein Drehmoment $\boldsymbol{\Gamma} = \boldsymbol{R} \times M\boldsymbol{g}$ mit dem Betrag $RMg \sin\theta$ und in einer Richtung, die senkrecht sowohl auf der vertikalen z-Achse als auch der Kreiselachse steht. Nehmen wir weiterhin an, dass das Drehmoment klein ist. (Das können wir sicherstellen, indem wir einige oder alle unserer Parameter R, M oder g so wählen, dass sie im Vergleich zu den anderen relevanten Systemparametern klein sind.) Die Existenz eines Drehmoments sorgt dafür, dass sich der Drehimpuls gemäß $\dot{\boldsymbol{L}} = \boldsymbol{\Gamma}$ ändert.

Aus der Änderung von $\boldsymbol{L}$ folgt, dass auch $\boldsymbol{\omega}$ sich ändert und dass die Komponenten ω_1 und ω_2 nicht mehr null sind. Solange aber das Drehmoment klein ist, können wir

10 Dass die Winkelgeschwindigkeit konstant bleibt, ist nicht sofort zu erkennen. Wir werden diese Aussage aber später beweisen, und ich bitte Sie, sie vorerst als vernünftige Behauptung zu akzeptieren.

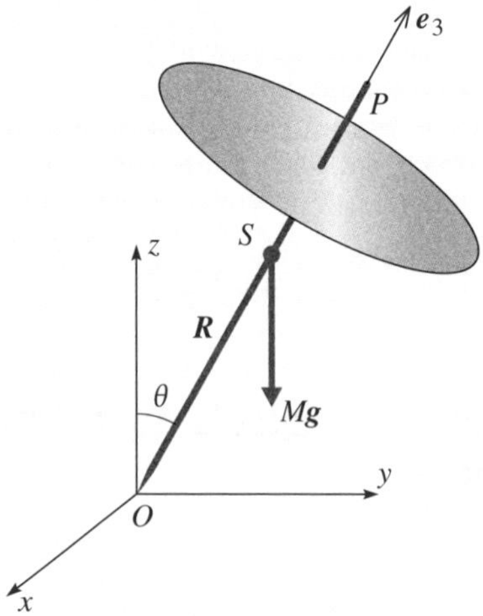

Abbildung 10.7: Ein rotierender Kreisel besteht aus einem Stab *OP*, der senkrecht durch den Mittelpunkt einer gleichförmigen Kreisscheibe verläuft und sich frei um den Ursprung *O* bewegen kann. Die Gesamtmasse ist *M*, und $\boldsymbol{R}$ bezeichnet den Ort des Schwerpunkts *S* relativ zu *O*. Die Hauptachsen des Kreisels zeigen in die Richtung des Einheitsvektors $\mathbf{e}_3$ entlang der Symmetrieachse des Kreisels sowie in die Richtungen von zwei beliebigen, zueinander orthogonalen Einheitsvektoren $\mathbf{e}_1$ und $\mathbf{e}_2$, die senkrecht auf $\mathbf{e}_3$ stehen. Das Gewicht $M\boldsymbol{g}$ des Kreisels erzeugt ein Drehmoment, das den Drehimpuls $\boldsymbol{L}$ ändert.

annehmen, dass ω_1 und ω_2 weiterhin klein bleiben.[11] Damit bleibt Gleichung (10.81) eine gute Näherung, d. h., der größte Anteil von $\boldsymbol{L}$ beschreibt immer noch die Drehung um $\boldsymbol{e}_1$. In dieser Näherung wirkt das Drehmoment $\boldsymbol{\Gamma}$ senkrecht zu $\boldsymbol{L}$ (weil $\boldsymbol{\Gamma}$ senkrecht zu $\boldsymbol{e}_3$ ist), und das bedeutet, dass sich zwar die Richtung von $\boldsymbol{L}$ ändert, nicht aber der Betrag. Aus (10.81) lesen wir ab, dass dann $\mathbf{e}_3$ langsam seine Richtung ändert, während ω konstant bleibt. Konkret wird aus der Gleichung $\dot{\boldsymbol{L}} = \boldsymbol{\Gamma}$ die Aussage

$$\lambda_3 \omega \dot{\mathbf{e}}_3 = \boldsymbol{R} \times M\boldsymbol{g} = -M\boldsymbol{g} \times \boldsymbol{R}$$

bzw., wenn wir $\boldsymbol{R} = R\boldsymbol{e}_3$ und $\boldsymbol{g} = -g\hat{\boldsymbol{z}}$ setzen ($\hat{\boldsymbol{z}}$ ist der Einheitsvektor, der vertikal nach oben zeigt)

$$\dot{\mathbf{e}}_3 = \frac{MgR}{\lambda_3 \omega} \hat{\boldsymbol{z}} \times \mathbf{e}_3 = \boldsymbol{\Omega} \times \mathbf{e}_3 \qquad (10.82)$$

mit

$$\boldsymbol{\Omega} = \frac{MgR}{\lambda_3 \omega} \hat{\boldsymbol{z}} . \qquad (10.83)$$

Sie werden (10.82) als die Aussage erkennen, dass die Kreiselachse $\boldsymbol{e}_3$ mit der Winkelgeschwindigkeit $\boldsymbol{\Omega}$ um die vertikale Richtung $\hat{\boldsymbol{z}}$ rotiert.

Unser Schluss ist, dass das durch die Gravitation bewirkte Drehmoment dafür sorgt, dass die Drehachse des Kreisels entlang eines vertikalen Kegels langsam *präzediert* (von lat. *praecedere* „voranschreiten“), das Phänomen heißt **Präzession**. Der

11 Auch diese einleuchtende Aussage muss später noch bewiesen werden (und das werden wir auch tun). Fürs Erste akzeptieren wir sie ohne Beweis.

Kegel hat einen festen Winkel θ, die Präzession läuft mit einer Winkelgeschwindigkeit $\Omega = MgR/\lambda_3\omega$ ab.[12] Die Präzession – obwohl auf den ersten Blick recht überraschend – lässt sich mit elementaren Überlegungen verstehen: In der Darstellung von Abbildung 10.7 wirkt das durch die Gravitation bewirkte Drehmoment im Uhrzeigersinn, und der Drehmomentvektor $\boldsymbol{\Gamma}$ zeigt in die Zeichenebene hinein. Wegen $\dot{\boldsymbol{L}} = \boldsymbol{\Gamma}$ muss also die Änderung von $\boldsymbol{L}$ ebenfalls in die Zeichenebene hinein wirken, und genau das ist die Richtung der ermittelten Präzession.

Die Präzession der Drehachse eines schnell rotierenden Körpers werden Sie sicher schon einmal bemerkt haben, etwa beim Spiel mit einem Kinderkreisel. Derselbe Effekt zeigt sich auch in anderen Situationen. Beispielsweise dreht sich die Erde um ihre Achse, so wie ein Kreisel, und die Erdachse ist gegen die Normale zur Bahnebene der Erde um einen Winkel $\theta = 23°$ geneigt. Da die Erde am Äquator etwas ausgebeult ist, üben Sonne und Mond kleine Drehmomente auf die Erde aus und verursachen so eine langsame Präzession (eine komplette Drehung in 26 000 Jahren), durch die ein Kegel mit dem Halbwinkel von 23° um die Normale zur Bahnebene ausgeschnitten wird – ein Phänomen, das die Astronomen als **Präzession des Äquinoktiums** bezeichnen. Es besagt, dass die Richtung zum Polarstern in 13 000 Jahren um etwa 46° von der wahren Nordrichtung abweichen wird.

10.7 Die Euler-Gleichungen

Nun sind wir so weit, dass wir die Bewegungsgleichungen (oder zumindest eine Form der Bewegungsgleichungen) für einen rotierenden starren Körper aufstellen können. Die zwei Fälle, um die es in unserer Diskussion geht, sind die folgenden: (1) Ein Körper, der um einen festen Punkt rotiert, wie der Kreisel aus Abschnitt 10.6, und (2) ein Körper ohne einen festen Drehpunkt, wie der wirbelnde Stab eines Tambourmajors, dessen Drehbewegung um den Schwerpunkt wir untersuchen wollen. Die Gleichungen, die ich herleiten werde, bezeichnet man als Euler-Gleichungen; sie sind nach demselben Mathematiker benannt, der auch die Euler-Lagrange-Gleichungen aus Kapitel 6 aufgestellt hat. Man kann sie als die für Drehbewegungen geltende Version des zweiten Newton'schen Gesetzes $m\boldsymbol{a} = \boldsymbol{F}$ deuten. Wie wir sehen werden, gibt es viele Probleme, die sich mit den Euler-Gleichungen leicht lösen lassen. Einige Probleme löst man aber noch einfacher mit dem Lagrange'schen Ansatz, den wir in Abschnitt 10.10 behandeln.

Bevor wir mit der Herleitung der Euler-Gleichungen beginnen, müssen wir uns noch mit einer kleinen Komplikation befassen. Um unsere Kenntnisse des Trägheitstensors und insbesondere der Hauptachsen auszunützen, wollen wir natürlich die Hauptachsen des Körpers als unsere Koordinatenachsen verwenden. Weil aber die Hauptachsen fest mit dem rotierenden Körper verbunden sind, führt das unweigerlich dazu, dass wir rotierende Koordinatenachsen verwenden müssen. Wir müssen daher die Verfahren einsetzen, die wir in Kapitel 9 für rotierende Bezugssysteme entwickelt haben. Ich werde die Notation verwenden, die in Abbildung 10.8 dargestellt ist. Für ein Bezugssystem, in dem die Newton'schen Gesetze in ihrer einfachen Form gelten, verwenden wir Achsen, die mit x, y und z bezeichnet werden. Dieses Inertial-

12 Ich sollte noch einmal betonen, dass die gesamte Diskussion hier eine Näherung ist; das Kriterium für die Gültigkeit ist $\Omega \ll \omega$. Eine exakte Untersuchung zeigt, dass der Kreisel zusätzlich noch sehr kleine Oszillationen in θ-Richtung ausführt, die als *Nutationen* bezeichnet werden. In der Praxis werden die Nutationen durch die Reibung jedoch schnell gedämpft.

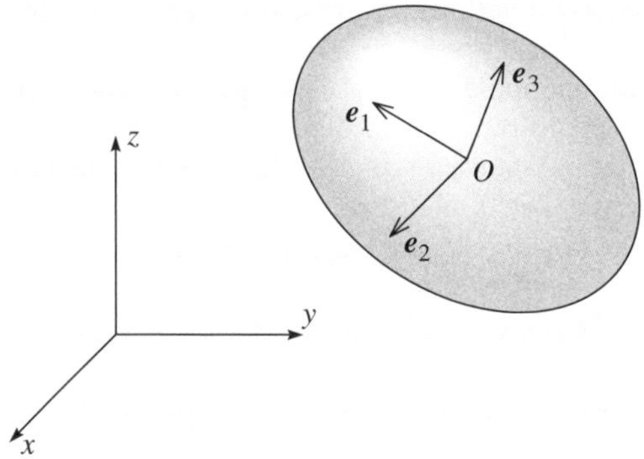

Abbildung 10.8: Achsen, die zur Herleitung der Euler-Gleichungen für einen rotierenden starren Körper (hier eiförmig dargestellt) verwendet werden. Die mit x, y und z bezeichneten Achsen definieren ein *raumfestes Inertialsystem*. Die Einheitsvektoren $\boldsymbol{e}_1$, $\boldsymbol{e}_2$ und $\boldsymbol{e}_3$ zeigen entlang den Hauptachsen des Körpers und definieren ebenfalls ein Bezugssystem, das jedoch kein Inertialsystem ist und als *körperfestes Bezugssystem* bezeichnet wird. Wenn die Bewegung des Körper keinen Fixpunkt hat (wie bei einem Ei, das in die Luft geworfen wird), legt man den Ursprung O in der Regel in den Schwerpunkt des Körpers. Wenn der Körper einen festen Drehpunkt hat, nimmt man diesen Fixpunkt als O. Im Allgemeinen wählt man O für beide Bezugssysteme gleich.

system ist fest mit dem Raum verbunden und heißt daher **raumfestes Bezugssystem** oder kurz **Raumsystem**. Das rotierende Bezugssystem, das durch die drei Einheitsvektoren $\boldsymbol{e}_1$, $\boldsymbol{e}_2$ und $\boldsymbol{e}_3$ definiert ist, fest mit dem rotierenden Körper verbunden ist und entlang den Hauptachsen zeigt, wird als **körperfestes Bezugssystem** oder kurz als **Körpersystem** bezeichnet.

Wenn der Körper die Winkelgeschwindigkeit $\boldsymbol{\omega}$ hat und die Hauptträgheitsmomente des Körpers λ_1, λ_2 und λ_3 sind, dann ist der Drehimpuls, gemessen im körperfesten System,

$$\boldsymbol{L} = (\lambda_1\omega_1, \lambda_2\omega_2, \lambda_3\omega_3) \quad \text{[im körperfesten System]}. \tag{10.84}$$

Wenn nun ein Drehmoment $\boldsymbol{\Gamma}$ auf den Körper wirkt, dann gilt *im raumfesten System*

$$\left(\frac{\mathrm{d}\boldsymbol{L}}{\mathrm{d}t}\right)_{\text{Raum}} = \boldsymbol{\Gamma}\,. \tag{10.85}$$

In Kapitel 9 haben wir gesehen, dass die Änderungsraten eines Vektors in zwei verschiedenenen Bezugssystemen gemäß Gleichung (9.30) zusammenhängen:

$$\begin{aligned}\left(\frac{\mathrm{d}\boldsymbol{L}}{\mathrm{d}t}\right)_{\text{Raum}} &= \left(\frac{\mathrm{d}\boldsymbol{L}}{\mathrm{d}t}\right)_{\text{Körper}} + \boldsymbol{\omega}\times\boldsymbol{L} \\ &= \dot{\boldsymbol{L}} + \boldsymbol{\omega}\times\boldsymbol{L}\,;\end{aligned} \tag{10.86}$$

hier habe ich in der zweiten Zeile wieder die Konvention aufgegriffen, dass ein Punkt die zeitliche Ableitung im rotierenden körperfesten System symbolisiert (dessen Winkelgeschwindigkeit $\boldsymbol{\omega}$ die Winkelgeschwindigkeit des Körpers selbst ist). Setzen wir (10.86) in (10.85) ein, kommen wir zu folgender Bewegungsgleichung für das rotierende körperfeste Bezugssystem:

$$\dot{\boldsymbol{L}} + \boldsymbol{\omega}\times\boldsymbol{L} = \boldsymbol{\Gamma}\,. \tag{10.87}$$

Diese Gleichung heißt **Euler-Gleichung**. Mithilfe von (10.84) können wir sie in ihre drei Komponenten zerlegen:

$$\left.\begin{aligned} \lambda_1\dot{\omega}_1 - (\lambda_2 - \lambda_3)\omega_2\omega_3 &= \Gamma_1 \\ \lambda_2\dot{\omega}_2 - (\lambda_3 - \lambda_1)\omega_3\omega_1 &= \Gamma_2 \\ \lambda_3\dot{\omega}_3 - (\lambda_1 - \lambda_2)\omega_1\omega_2 &= \Gamma_3 \end{aligned}\right\} \quad \text{[Euler-Gleichungen]} \qquad (10.88)$$

Die Komponentengleichungen werden häufig ebenfalls als Euler-Gleichungen bezeichnet.

Die drei Euler-Gleichungen bestimmen die zeitliche Entwicklung von $\boldsymbol{\omega}$ (beobachtet in einem körperfesten Bezugssystem). Im Allgemeinen sind sie schwierig anzuwenden, weil die Komponenten Γ_1, Γ_2 und Γ_3 des wirkenden Drehmoments im rotierenden körperfesten Bezugssystem komplizierte (und unbekannte) Funktionen der Zeit sind. Man wendet daher die Euler-Gleichungen meist nur in dem Fall an, dass kein äußeres Drehmoment wirkt; ich werde im nächsten Abschnitt darauf eingehen. Es gibt aber einige wenige Fälle, in denen das Drehmoment so einfach ist, dass wir aus den Euler-Gleichungen nützliche Informationen gewinnen können. Betrachten Sie beispielsweise noch einmal den rotierenden Kreisel aus Abschnitt 10.6. Wir wir dort gesehen haben, ist das Drehmoment auf den Kreisel aufgrund der Gravitation immer senkrecht zu der Achse $\boldsymbol{e}_3$, sodass Γ_3 immer null ist. Wegen der Achsensymmetrie des Kreisels sind außerdem die beiden Trägheitsmomente λ_1 und λ_2 gleich. Damit reduziert sich die dritte der Euler-Gleichungen (10.88) auf

$$\lambda_3\dot{\omega}_3 = 0\,.$$

Die Komponente von $\boldsymbol{\omega}$ entlang der Symmetrieachse ist also konstant; dieses Ergebnis hatte ich in Abschnitt 10.6 als einleuchtend bezeichnet, habe es aber dort nicht bewiesen.[13]

10.8 Die Euler-Gleichungen bei Drehmoment null

Betrachten wir nun einen rotierenden Körper, der kein Drehmoment erfährt (Drehmoment null). In diesem Fall nehmen die Euler-Gleichungen (10.88) die einfache Form

$$\left.\begin{aligned} \lambda_1\dot{\omega}_1 &= (\lambda_2 - \lambda_3)\omega_2\omega_3 \\ \lambda_2\dot{\omega}_2 &= (\lambda_3 - \lambda_1)\omega_3\omega_1 \\ \lambda_3\dot{\omega}_3 &= (\lambda_1 - \lambda_2)\omega_1\omega_2 \end{aligned}\right\} \qquad (10.89)$$

an. Im Folgenden werde ich diese drei Gleichungen diskutieren, zunächst für den Fall, dass die drei Hauptträgheitsmomente λ_1, λ_2 und λ_3 paarweise verschieden sind, dann für den Fall $\lambda_1 = \lambda_2 \neq \lambda_3$ (so wie bei dem rotierenden Kreisel).

13 Die andere wichtige unbewiesene Annahme der dortigen Diskussion – dass die Komponenten ω_1 und ω_2 für alle Zeiten klein bleiben – lässt sich ebenfalls mithilfe der Euler-Gleichungen verstehen. Die Komponenten Γ_1 und Γ_2 des Drehmoments sind nicht null, deswegen treiben sie ω_1 und ω_2 an. Dennoch sind beide klein und *oszillieren sehr schnell*, während der Kreisel sich dreht. Unter diesen Bedingungen folgt – wie man recht leicht sieht – aus den ersten beiden Euler-Gleichungen (10.88), dass ω_1 und ω_2 rasch und *mit kleiner Amplitude* oszillieren. Genau das ist das benötigte Ergebnis.

Ein Körper mit drei verschiedenen Hauptträgheitsmomenten

Nehmen wir zunächst an, dass alle drei Hauptträgheitsmomente des betrachteten Körpers verschieden sind. Wenn der Körper zur Zeit $t = 0$ um eine seiner Hauptachsen (etwa $\boldsymbol{e}_3$) rotiert, dann gilt $\omega_1 = \omega_2 = 0$ zum Zeitpunkt $t = 0$. Nun sind aber mit $\omega_1 = \omega_2 = 0$ die rechten Seiten aller drei Euler-Gleichungen (10.89) jeweils null. Das zeigt, dass – solange ω_1 und ω_2 null sind – alle drei Komponenten von $\boldsymbol{\omega}$ konstant bleiben, d. h., ω_1 und ω_2 bleiben null, und ω_3 ist konstant. Mit anderen Worten: Wenn der Körper anfangs um eine seiner Hauptachsen rotiert, dann wird er das auch weiterhin mit konstanter Winkelgeschwindigkeit $\boldsymbol{\omega}$ tun. Diese Aussage gilt zunächst für die Winkelgeschwindigkeit im rotierenden körperfesten Bezugssystem. Da aber $\boldsymbol{\omega}$ und $\boldsymbol{e}_3$ parallel sind, ist der Drehimpuls $\boldsymbol{L} = \lambda_3\boldsymbol{\omega}$, und wir wissen, dass $\boldsymbol{L}$ in jedem Inertialsystem konstant ist. Damit lässt sich unser Ergebnis auf ein beliebiges Inertialsystem anwenden: Wenn ein Körper, der kein Drehmoment erfährt, anfangs um eine seiner Hauptachsen rotiert, dann wird er auch für alle späteren Zeiten mit konstanter Winkelgeschwindigkeit weiter so rotieren.

Auch die Umkehrung diese Ergebnisses ist richtig: Wenn die Winkelgeschwindigkeit zum Zeitpunkt $t = 0$ *nicht* entlang der Hauptachse gerichtet ist, dann ist $\boldsymbol{\omega}$ nicht konstant. Um das zu erkennen, müssen wir uns zunächst klar machen, dass für ein $\boldsymbol{\omega}$, das nicht in Richtung einer der Hauptachsen zeigt, dann mindestens zwei seiner Komponenten nicht null sind. Bei einem Blick auf die Euler-Gleichungen (10.89) werden Sie sehen, dass wenigstens eine Komponente von $\dot{\boldsymbol{\omega}}$ von null verschieden sein muss, wenn zwei Komponenten von $\boldsymbol{\omega}$ nicht null sind. (Wenn beispielsweise ω_1 und ω_2 nicht null sind, dann gilt $\dot{\omega}_3 \neq 0$.) Wenn also zwei der Komponenten von $\boldsymbol{\omega}$ nicht null sind, dann kann $\boldsymbol{\omega}$ nicht konstant sein.

Wir schließen daraus, dass es nur eine einzige Möglichkeit gibt, einen Körper mit drei verschiedenen Hauptträgheitsmomenten bei konstanter Winkelgeschwindigkeit frei rotieren zu lassen: die Rotation um eine seiner Hauptachsen. Es wäre interessant zu wissen, ob eine solche Rotation stabil ist. Anders gefragt: Wenn der Körper um eine der Hauptachsen rotiert und einen kleinen Stoß erfährt, dreht er sich dann um eine Achse nahe der ursprünglichen Achse, oder ändert sich seine Bewegung grundlegend? Wir wollen annehmen, dass der Körper mit $\omega_1 = \omega_2 = 0$ um die Achse $\boldsymbol{e}_3$ rotiert. Wenn wir ihm nun einen kleinen Stoß versetzen, nehmen ω_1 und ω_2 von null verschiedene Werte an, die aber, zumindest am Anfang, nur klein sind. Die Frage ist nun, ob die Werte von ω_1 und ω_2 klein bleiben oder ob sie größer werden. Um das zu beantworten, schauen wir uns die dritte der Euler-Gleichungen (10.89) an: Solange sowohl ω_1 als auch ω_2 klein sind, bleibt $\dot{\omega}_3$ sehr klein („klein × klein“). Es ist daher, zumindest am Anfang, eine gute Näherung, ω_3 als konstant anzunehmen. In diesem Fall werden die beiden ersten Euler-Gleichungen zu

$$\left.\begin{aligned} \lambda_1\dot{\omega}_1 &= [(\lambda_2 - \lambda_3)\omega_3]\omega_2 \\ \lambda_2\dot{\omega}_2 &= [(\lambda_3 - \lambda_1)\omega_3]\omega_1 \end{aligned}\right\} ; \tag{10.90}$$

darin sind die Koeffizienten in eckigen Klammern (näherungsweise) konstant. Diese gekoppelten Differenzialgleichungen erster Ordnung für ω_1 und ω_2 lassen sich leicht lösen. Das wohl einfachste Verfahren besteht darin, die erste Gleichung einmal zu differenzieren und dann in die zweite einzusetzen; damit ergibt sich

$$\ddot{\omega}_1 = -\left[\frac{(\lambda_3 - \lambda_2)(\lambda_3 - \lambda_1)}{\lambda_1\lambda_2}\,\omega_3^2\right]\omega_1 \,. \tag{10.91}$$

Wenn der Koeffizient in eckigen Klammern positiv ist, ist die Lösung für ω_1 eine zeitabhängige Sinus- oder Kosinusfunktion, und ω_1 erfährt kleine Schwingungen und wird immer wieder zu null. Nach der ersten Gleichung aus (10.90) ist ω_2 proportional zu $\dot{\omega}_1$, sodass unter denselben Bedingungen auch ω_2 ähnliche kleine Schwingungen erfährt. Um zu sehen, was aus diesen Bedingungen folgt, beachten Sie, dass der Koeffizient in (10.91) positiv ist, wenn λ_3 entweder größer als λ_1 und λ_2 oder kleiner als λ_1 und λ_2 ist. Damit haben wir gezeigt, dass die Drehung des Körpers entweder um die Hauptachse mit dem größten oder um die Hauptachse mit dem kleinsten Trägheitsmoment stabil gegenüber kleinen Störungen ist.

Wenn andererseits λ_3 zwischen λ_1 und λ_2 liegt, dann ist der Koeffizient in eckigen Klammern in (10.91) negativ, und die Lösung für ω_1 ist eine reelle Exponentialfunktion, die schnell von null ansteigt.[14] Wegen $\omega_2 \propto \dot{\omega}_1$ gilt das auch für ω_2, und wir kommen zu folgendem Schluss: Für einen frei um die Hauptachse mit dem mittleren Trägheitsmoment rotierenden Körper (d. h., λ_3 ist kleiner als λ_1, aber größer als λ_2 oder umgekehrt) ist die Drehung instabil. Sie können das beispielsweise mit einem Buch überprüfen, das durch ein Gummiband geschlossen bleibt. Wenn Sie es in die Luft werfen, sodass es sich entweder um die Achse mit dem größten oder um die mit dem kleinsten Trägheitsmoment dreht, dann bleibt die Drehung bezüglich dieser Achse stabil; wenn Sie es aber um die Achse mit dem mittleren Trägheitsmoment drehen lassen, taumelt es wild durch die Luft (und lässt sich auch viel schwieriger wieder auffangen).

Bewegung eines Körpers mit zwei gleichen Trägheitsmomenten: Freie Präzession

Eine vollständige Lösung der Euler-Gleichungen (10.89) für einen frei rotierenden Körper mit drei verschiedenen Trägheitsmomenten ist möglich, aber kompliziert und wenig erhellend. Wenn zwei der drei Hauptträgheitsmomente gleich sind (so wie bei einem rotierenden Kreisel), ist das entsprechende Problem weit einfacher und ziemlich interessant. Betrachten wir darum diesen Fall und nehmen wir an, dass die beiden ersten Momente gleich sind ($\lambda_1 = \lambda_2$). Die Sache wird entscheidend dadurch vereinfacht, dass dann die dritte Euler-Gleichung (10.89) zu

$$\dot{\omega}_3 = 0$$

wird. Mit anderen Worten: ω_3, die dritte Komponente der Winkelgeschwindigkeit (gemessen im körperfesten Bezugssystem), ist konstant:

$$\omega_3 = \text{const.}$$

14 Eine kleine Raffinesse sollte erwähnt werden: Die Lösung für ω_1 ist eine Kombination aus den beiden Exponentialfunktionen $e^{\pm\alpha t}$, und Sie könnten auf den Gedanken kommen, dass der Spezialfall einer reinen Abklingfunktion $e^{-\alpha t}$ eine Ausnahme von dieser Behauptung sei. Aber diese Lösung ist schon durch die Anfangsbedingungen ausgeschlossen: Wenn der Körper einen kleinen Stoß von $\omega_1 = 0$ erhält, dann müssen ω_1 und $\dot{\omega}_1$ dasselbe Vorzeichen haben; bei einer reinen Abklingfunktion hingegen hätten sie entgegengesetzte Vorzeichen.

Wenn ω_3 konstant ist, können wir die beiden ersten Euler-Gleichungen wegen $\lambda_1 = \lambda_2$ umschreiben:

$$\left.\begin{aligned}\dot{\omega}_1 &= \frac{(\lambda_1 - \lambda_3)\omega_3}{\lambda_1}\,\omega_2 = \Omega_\mathrm{K}\omega_2\\ \dot{\omega}_2 &= -\frac{(\lambda_1 - \lambda_3)\omega_3}{\lambda_1}\,\omega_1 = -\Omega_\mathrm{K}\omega_1\end{aligned}\right\}; \tag{10.92}$$

darin habe ich die konstante Winkelgeschwindigkeit

$$\Omega_\mathrm{K} = \frac{\lambda_1 - \lambda_3}{\lambda_1}\,\omega_3 \tag{10.93}$$

definiert (der Index „K" steht für *Körper*, aus Gründen, die wir gleich sehen werden). Die gekoppelten Gleichungen (10.92) für ω_1 und ω_2 lassen sich leicht durch den mittlerweile vertrauten Trick lösen, $\omega_1 + \mathrm{i}\omega_2 = \eta$ anzusetzen; dadurch reduziert sich (10.92) auf

$$\dot{\eta} = -\mathrm{i}\Omega_\mathrm{K}\,\eta$$

mit

$$\eta = \eta_0\,\mathrm{e}^{-\mathrm{i}\Omega_\mathrm{K}t}\,.$$

Wenn wir unsere Achsen so wählen, dass (zum Zeitpunkt $t = 0$) $\omega_1 = \omega_0$ und $\omega_2 = 0$ gilt, dann haben wir $\eta_0 = \omega_0$; wenn wir dann den Real- und den Imaginärteil von η betrachten, erhalten wir für die vollständige Lösung

$$\boldsymbol{\omega} = (\omega_0\cos\Omega_\mathrm{K}t,\,-\omega_0\sin\Omega_\mathrm{K}t,\,\omega_3)\,, \tag{10.94}$$

worin ω_0 und ω_3 beide konstant sind. Die beiden Komponenten ω_1 und ω_2 rotieren mit der Winkelgeschwindigkeit Ω_K, während ω_3 konstant bleibt. Da ω_0 und ω_3 konstant sind, bleibt auch der Winkel α zwischen $\boldsymbol{\omega}$ und $\boldsymbol{e}_3$ konstant. Daher bewegt sich $\boldsymbol{\omega}$ im körperfesten Bezugssystem beständig auf einem Kegel, auf dem sogenannten **Körperkegel**, mit der durch (10.93) gegebenen Winkelgeschwindigkeit Ω_K (vgl. Abbildung 10.9a).

Der Drehimpuls $\boldsymbol{L}$ ist gegeben durch

$$\begin{aligned}\boldsymbol{L} &= (\lambda_1\omega_1,\,\lambda_1\omega_2,\,\lambda_3\omega_3)\\ &= (\lambda_1\omega_0\cos\Omega_\mathrm{K}t,\,-\lambda_1\omega_0\sin\Omega_\mathrm{K}t,\,\lambda_3\omega_3)\,.\end{aligned} \tag{10.95}$$

Der Vergleich von (10.94) und (10.95) sollte Sie davon überzeugen, dass die drei Vektoren $\boldsymbol{\omega}$, $\boldsymbol{L}$ und $\boldsymbol{e}_3$ in einer gemeinsamen Ebene liegen; die Winkel zwischen je zwei von ihnen sind dabei zeitlich konstant. (Wir haben dies zwar im körperfesten System gezeigt, daraus folgt aber, dass es in jedem beliebigen Bezugssystem gilt.) Damit präzedieren, wie wir im körperfesten System gesehen haben, sowohl $\boldsymbol{\omega}$ als auch $\boldsymbol{L}$ mit jeweils derselben Winkelgeschwindigkeit Ω_K um $\boldsymbol{e}_3$.

Um zu sehen, was im raumfesten Bezugssystem geschieht, machen Sie sich bitte klar, dass der Vektor $\boldsymbol{L}$ in jedem Inertialsystem konstant ist. Daher muss im raumfesten Bezugssystem die Ebene, die $\boldsymbol{\omega}$, $\boldsymbol{L}$ und $\boldsymbol{e}_3$ enthält, um $\boldsymbol{L}$ rotieren, so wie in Abbildung 10.9b gezeigt. Insbesondere schneidet, im raumfesten System betrachtet, $\boldsymbol{\omega}$ einen Kegel aus, den sogenannten **Raumkegel**, auf dem der Körperkegel abrollt. Ich

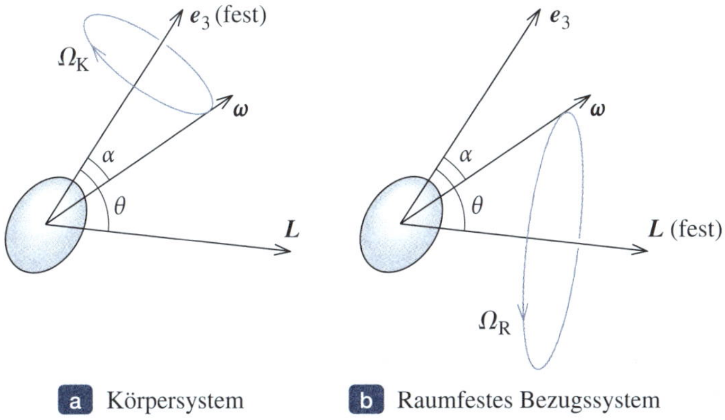

Abbildung 10.9: Ein axialsymmetrischer Körper (hier als „Ei" dargestellt) rotiert mit der Winkelgeschwindigkeit $\boldsymbol{\omega}$, die nicht in die Richtung von einer der Hauptachsen zeigt. (a) Im körperfesten System präzedieren sowohl $\boldsymbol{\omega}$ als auch $\boldsymbol{L}$ um die Symmetrieachse $\boldsymbol{e}_3$; die Präzessionsgeschwindigkeit Ω_K ist durch (10.93) gegeben. (b) Im raumfesten Bezugsystem ist $\boldsymbol{L}$ fest, und sowohl $\boldsymbol{\omega}$ als auch $\boldsymbol{e}_3$ präzedieren um $\boldsymbol{L}$ mit einer Präzessionsgeschwindigkeit Ω_R gemäß (10.96).

überlasse es Ihnen als (ziemlich schwierige) Aufgabe zu zeigen, dass die Präzessionsgeschwindigkeit von $\boldsymbol{\omega}$ um den Raumkegel sich auf verschiedene Weise ausdrücken lässt (vgl. Aufgabe 46); am einfachsten ist der Zusammenhang

$$\Omega_R = \frac{L}{\lambda_1}\,. \qquad (10.96)$$

Merken Sie sich, dass die hier hergeleitete sogenannte **freie Präzession** nichts mit einem äußeren Drehmoment auf den rotierenden Körper zu tun hat. Im Gegenteil – wir haben sie ja für einen rotierenden Körper hergeleitet, der *keinerlei* äußeres Drehmoment erfährt. Ein interessantes Beispiel für diese Präzession ist unsere Erde. Ich habe bereits erwähnt, dass die Sonne und der Mond ein kleines Drehmoment auf die äquatoriale Ausbeulung der Erde ausüben und dass dieses Drehmoment die sogenannte Präzession des Äquinoktiums verursacht, d. h. die Präzession um die Polachse mit einer Periode von 26 000 Jahren. Doch die äquatoriale Ausbeulung der Erde bedeutet auch, dass das Trägheitsmoment der Erde bezüglich der Polachse größer ist als die beiden anderen Hauptträgheitsmomente (etwa um den Faktor 1 : 300). Nach Gleichung (10.93) folgt daraus eine Präzession (es sei denn, die Erdrotation wäre *perfekt* entlang der Hauptachse ausgerichtet) mit der Winkelgeschwindigkeit $\Omega_K = \omega_3/300$. Da ω_3 einer Drehung pro Tag entspricht, sollte Ω_K zu einer Drehung alle 300 Tage gehören. Ein solches winziges Wackeln der Polachse – weniger als eine Bogensekunde – wurde von dem amerikanischen Amateurastronomen Seth Chandler (1846–1913) entdeckt. Diese sogenannte **periodische Polhöhenschwankung** (im Englischen spricht man vom **„Chandler wobble"**) geht offenbar auf die hier diskutierte freie Präzession zurück, auch wenn ihre Periode eher bei 400 Tagen liegt, vermutlich deshalb, weil die Erde kein vollständig starrer Körper ist.

10.9 Euler-Winkel*

**Die mit einem Stern gekennzeichneten Abschnitte enthalten meist etwas anspruchsvolleres Material, das Sie bei Zeitmangel ohne Weiteres überspringen können.*

Der Ärger mit den Euler-Gleichungen (10.88) besteht darin, dass sie sich auf körperfeste Achsen beziehen und dass mit solchen Achsen – außer in einigen ganz wenigen einfachen Fällen – absolut widerlich zu arbeiten ist. Wir müssen also Bewegungsgleichungen für ein nichtrotierendes Bezugssystem verwenden, und dazu benötigen wir zuvor einen Satz von Koordinaten, um die Orientierung unseres Körpers relativ zu einem solchen Bezugssystem anzugeben. Man kann das auf verschiedene Weise tun, und jede von ihnen ist überraschend schwerfällig; der bei weitem verbreitetste und nützlichste Koordinatensatz geht (wieder mal!) auf Euler zurück und gibt die Orientierung eines starren Körpers durch die drei sogenannten *Euler-Winkel* an. In vielen Anwendungen rotiert der interessierende Körper um einen festen Punkt; in diesem Fall (und das ist der einzige Fall, den wir im Detail untersuchen werden) wählen wir natürlich diesen festen Punkt als den Ursprung O der Achsen sowohl des raumfesten als auch des körperfesten Bezugssystems. Wie zuvor werden die Basisvektoren des raumfesten Bezugssystems mit $\hat{\boldsymbol{x}}$, $\hat{\boldsymbol{y}}$ und $\hat{\boldsymbol{z}}$ bezeichnet. Als körperfestes Bezugssystem verwenden wir die Hauptachsen des Körpers mit den Richtungen $\boldsymbol{e}_1$, $\boldsymbol{e}_2$ und $\boldsymbol{e}_3$. Wenn zwei der Hauptträgheitsmomente gleich sind, geben wir ihnen die Nummern 1 und 2, sodass $\lambda_1 = \lambda_2$ gilt, und wir sprechen von der dritten Richtung $\boldsymbol{e}_3$ als von der Symmetrieachse. Stellen wir uns nun den Körper am Anfang so orientiert vor, dass seine drei Achsen entlang den entsprechenden raumfesten Achsen liegen (also $\boldsymbol{e}_1$ entlang von $\hat{\boldsymbol{x}}$ und so weiter). Wir werden gleich sehen, dass man den Körper durch eine Folge von drei Drehungen um die Winkel θ, φ und ψ in jede beliebige vorgegebene Orientierung bringen kann und dass die drei Winkel (θ, φ, ψ) eine eindeutige Orientierung des Körpers angeben. Insbesondere sind die Winkel θ und φ gerade die Polarwinkel der Achse $\boldsymbol{e}_3$ bezüglich des raumfesten Systems.

Schritt (a). Wir beginnen damit, die Körperachsen und die raumfesten Achsen paarweise auszurichten, und drehen dann den Körper um einen Winkel φ um die Achse $\hat{\boldsymbol{z}}$, wie im ersten Teilbild von Abbildung 10.10 zu sehen. Dadurch drehen sich die erste und die zweite Körperachse in der x-y-Ebene. Insbesondere zeigt die zweite Körperachse nun in die mit $\boldsymbol{e}'_2$ bezeichnete Richtung.

Schritt (b). Nun drehen wir den Körper um einen Winkel θ um die neue Achse $\boldsymbol{e}'_2$. Dadurch bewegt sich die Körperachse $\boldsymbol{e}_3$ in die Richtung, deren Polarwinkel θ und φ sind. Offensichtlich können unsere ersten beiden Schritte die Körperachse $\boldsymbol{e}_3$ in jede beliebige Orientierung bringen; wenn $\boldsymbol{e}_3$ dann in Position ist, bleibt als einziger Freiheitsgrad eine Drehung um $\boldsymbol{e}_3$.

Schritt (c). Zum Abschluss drehen wir den Körper um $\boldsymbol{e}_3$ um den erforderlichen Winkel ψ, um die Körperachsen $\boldsymbol{e}_2$ und $\boldsymbol{e}_1$ in die vorgegebenen Richtungen zu bringen, wie im dritten Teilbild von 10.10 zu sehen.

Die drei Winkel (θ, φ, ψ) legen die Orientierung des Körpers fest und werden als **Euler-Winkel**[15] bezeichnet. Bevor wir sie anwenden können, müssen wir noch einige Parameter mithilfe der Euler-Winkel ausdrücken, beginnend mit der Winkelge-

15 Beachten Sie die vielen unterschiedlichen Konventionen, denen man bei der Definition der Euler-Winkel folgen kann. Wir verwenden hier eine Konvention, die in der Quantenmechanik sehr beliebt ist, von anderen Autoren der klassischen Mechanik jedoch eher selten angewandt wird. Sie hat den großen Vorzug, dass θ und φ genau die Polarwinkel der Körperachse $\boldsymbol{e}_3$ sind.

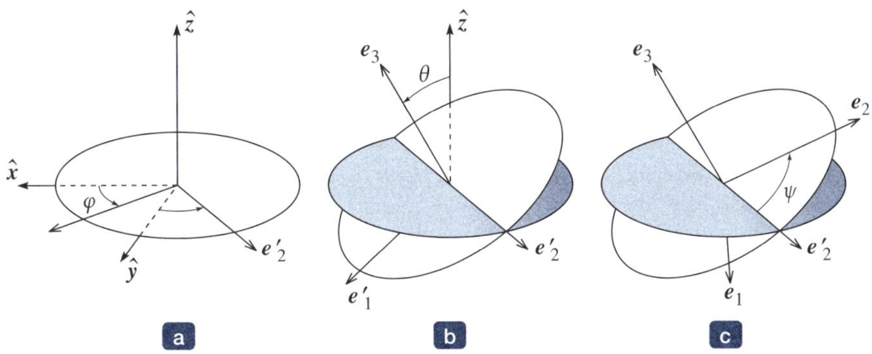

Abbildung 10.10: Definition der Euler-Winkel θ, φ und ψ. Wenn anfangs die Körperachsen $\boldsymbol{e}_1$, $\boldsymbol{e}_2$, $\boldsymbol{e}_3$ und die Raumachsen $\hat{\boldsymbol{x}}, \hat{\boldsymbol{y}}, \hat{\boldsymbol{z}}$ paarweise übereinstimmen, bringt man den Körper durch drei aufeinanderfolgende Drehungen in eine beliebig vorgegebene Orientierung.

schwindigkeit $\boldsymbol{\omega}$. Um $\boldsymbol{\omega}$ zu bestimmen, können wir die Schritte aus Abbildung 10.10 so betrachten, als würden sie eine Folge von vier Bezugssystemen definieren, beginnend mit den durch $\hat{\boldsymbol{x}}$, $\hat{\boldsymbol{y}}$ und $\hat{\boldsymbol{z}}$ definierten Raumachsen; über zwei dazwischenliegende Systeme kommen wir schließlich zu den durch $\boldsymbol{e}_1$, $\boldsymbol{e}_2$ und $\boldsymbol{e}_3$ definierten Körperachsen. Um die Winkelgeschwindigkeit der Körperachsen relativ zu den Raumachsen anzugeben, müssen wir nur die Winkelgeschwindigkeiten eines jeden dieser Systeme bezüglich seines Vorgängers bestimmen und deren Vektorsumme bilden. [Denken Sie daran, dass sich relative Winkelgeschwindigkeiten addieren, wie wir in Gleichung (9.25) gesehen haben.] Wenn φ sich verändert, rotiert das durch Schritt (a) definierte Bezugssystem mit der Winkelgeschwindigkeit $\boldsymbol{\omega}_{\mathrm{a}} = \dot{\varphi}\hat{\boldsymbol{z}}$ bezüglich der Raumachsen. Entsprechend hat das in Schritt (b) definierte Bezugssystem bezüglich seines Vorgängers eine Winkelgeschwindigkeit $\boldsymbol{\omega}_{\mathrm{b}} = \dot{\theta}\boldsymbol{e}'_2$, und das körperfeste System in Schritt (c) hat bezüglich seines Vorgängers die Winkelgeschwindigkeit $\boldsymbol{\omega}_{\mathrm{c}} = \dot{\psi}\boldsymbol{e}_3$. Damit ist die gesuchte Winkelgeschwindigkeit des körperfesten Systems bezüglich des raumfesten Systems

$$\boldsymbol{\omega} = \boldsymbol{\omega}_{\mathrm{a}} + \boldsymbol{\omega}_{\mathrm{b}} + \boldsymbol{\omega}_{\mathrm{c}} = \dot{\varphi}\hat{\boldsymbol{z}} + \dot{\theta}\boldsymbol{e}'_2 + \dot{\psi}\,\boldsymbol{e}_3\,. \tag{10.97}$$

Damit haben wir $\boldsymbol{\omega}$ zwar mithilfe einer etwas unübersichtlichen Zusammenstellung von Einheitsvektoren dargestellt, doch es ist nicht sonderlich anspruchsvoll, diese Vektoren nun mithilfe der Einheitsvektoren eines *beliebigen* Systems auszudrücken (Aufgabe 48).

Um den Drehimpuls oder die kinetische Energie zu bestimmen, brauchen wir im Allgemeinen die Komponenten von $\boldsymbol{\omega}$ bezüglich der Hauptachsen $\boldsymbol{e}_1$, $\boldsymbol{e}_2$ und $\boldsymbol{e}_3$. Wenn wir uns aber damit begnügen, nur den symmetrischen Fall ($\lambda_1 = \lambda_2$) zu betrachten, brauchen wir noch nicht einmal das. Der springende Punkt ist, dass im Fall $\lambda_1 = \lambda_2$ zwei *beliebige*, aufeinander senkrecht stehende Achsen in der Ebene von $\boldsymbol{e}_1$ und $\boldsymbol{e}_2$ ebenfalls Hauptachsen sind. Anstelle von $\boldsymbol{e}_1$ und $\boldsymbol{e}_2$ können wir dann auch die Achsen $\boldsymbol{e}'_1$, $\boldsymbol{e}'_2$ und $\boldsymbol{e}_3$ verwenden, wobei $\boldsymbol{e}'_1$ und $\boldsymbol{e}'_2$ beide im zweiten Teilbild von Abbildung 10.10 dargestellt sind. Diese Wahl hat den Vorteil, dass die beiden letzten Terme in (10.97) nicht umgerechnet werden müssen und dass wegen

$$\hat{\boldsymbol{z}} = (\cos\theta)\,\boldsymbol{e}_3 - (\sin\theta)\,\boldsymbol{e}'_1 \tag{10.98}$$

(Sie sollten das nachrechnen) außerdem gilt:

$$\boldsymbol{\omega} = (-\dot{\varphi}\sin\theta)\,\boldsymbol{e}_1' + \dot{\theta}\,\boldsymbol{e}_2' + (\dot{\psi} + \dot{\varphi}\cos\theta)\,\boldsymbol{e}_3\,. \tag{10.99}$$

Nun, da wir die Winkelgeschwindigkeit $\boldsymbol{\omega}$ bezüglich eines Satzes von Hauptachsen kennen, können wir sofort auch den Drehimpuls $\boldsymbol{L}$ und die kinetische Energie T angeben. Der Drehimpuls ist $\boldsymbol{L} = (\lambda_1\omega_1, \lambda_2\omega_2, \lambda_3\omega_3)$ (bezüglich eines beliebigen Satzes von Hauptachsen). Damit ist in unserem Fall

$$\boldsymbol{L} = (-\lambda_1\dot{\varphi}\sin\theta)\boldsymbol{e}_1' + \lambda_1\dot{\theta}\boldsymbol{e}_2' + \lambda_3(\dot{\psi} + \dot{\varphi}\cos\theta)\boldsymbol{e}_3\,. \tag{10.100}$$

Weil wir später darauf Bezug nehmen werden, merken Sie sich bitte, dass die Komponente von $\boldsymbol{L}$ entlang der Körperachse $\boldsymbol{e}_3$ einfach gegeben ist durch

$$L_3 = \lambda_3\omega_3 = \lambda_3(\dot{\psi} + \dot{\varphi}\cos\theta)\,. \tag{10.101}$$

Sie können ferner überprüfen (Aufgabe 49), dass die Komponente entlang der Raumachse $\hat{\boldsymbol{z}}$ gegeben ist durch

$$L_z = \lambda_1\dot{\varphi}\sin^2\theta + \lambda_3(\dot{\psi} + \dot{\varphi}\cos\theta)\cos\theta \tag{10.102}$$

$$= \lambda_1\dot{\varphi}\sin^2\theta + L_3\cos\theta\,; \tag{10.103}$$

dabei habe ich in der zweiten Zeile Gleichung (10.101) verwendet. Da wir auch darauf später Bezug nehmen werden, sollten Sie sich außerdem merken, dass man Gleichung (10.103) mithilfe von θ, L_z und L_3 nach $\dot{\varphi}$ auflösen kann:

$$\dot{\varphi} = \frac{L_z - L_3\cos\theta}{\lambda_1\sin^2\theta}\,. \tag{10.104}$$

In (10.68) haben wir gesehen, dass die kinetische Energie $T = \frac{1}{2}(\lambda_1\omega_1^2 + \lambda_2\omega_2^2 + \lambda_3\omega_3^2)$ ist. Damit ergibt (10.99) für einen Körper, dessen zwei erste Hauptträgheitsmomente gleich sind,

$$T = \tfrac{1}{2}\lambda_1(\dot{\varphi}^2\sin^2\theta + \dot{\theta}^2) + \tfrac{1}{2}\lambda_3(\dot{\psi} + \dot{\varphi}\cos\theta)^2. \tag{10.105}$$

Wir werden auf dieses Ergebnis zurückgreifen, wenn wir die Lagrange-Funktion für einen rotierenden Kreisel angeben.

10.10 Bewegung eines rotierenden Kreisels*

**Dieser Abschnitt kann bei Zeitmangel beim ersten Lesen ohne Weiteres übersprungen werden.*

Die Lagrange-Gleichungen

Um die Verwendung der Euler-Winkel zu illustrieren, wenden wir uns noch einmal dem symmetrischen rotierenden Kreisel aus Abschnitt 10.6 zu, der in Abbildung 10.7 gezeigt ist. Die Bewegung dieses Systems diskutiert man am einfachsten mit dem

Lagrange'schen Ansatz; wir beginnen also damit, die Lagrange-Funktion $\mathcal{L} = T - U$ niederzuschreiben. Die kinetische Energie ist durch (10.105) gegeben, die potenzielle Energie ist $U = MgR\cos\theta$. Die Lagrange-Funktion für den Kreisel ist also

$$\mathcal{L} = \tfrac{1}{2}\lambda_1(\dot{\varphi}^2 \sin^2\theta + \dot{\theta}^2) + \tfrac{1}{2}\lambda_3(\dot{\psi} + \dot{\varphi}\cos\theta)^2 - MgR\cos\theta\,. \qquad (10.106)$$

Mit drei verallgemeinerten Koordinaten ergeben sich drei Lagrange-Gleichungen. Die θ-Gleichung ist

$$\lambda_1\ddot{\theta} = \lambda_1\dot{\varphi}^2\sin\theta\cos\theta - \lambda_3(\dot{\psi}+\dot{\varphi}\cos\theta)\dot{\varphi}\sin\theta + MgR\sin\theta \qquad [\theta\text{-Gleichung}]\,. \quad (10.107)$$

Die φ- und die ψ-Gleichungen sind einfacher, weil weder φ noch ψ in $\mathcal{L}$ auftauchen; sowohl φ als auch ψ sind daher ignorabel, und die entsprechenden verallgemeinerten Impulse sind Konstanten. Für p_φ ergibt sich

$$p_\varphi = \frac{\partial\mathcal{L}}{\partial\dot{\varphi}} = \lambda_1\dot{\varphi}\sin^2\theta + \lambda_3(\dot{\psi} + \dot{\varphi}\cos\theta)\cos\theta = \text{const.} \qquad [\varphi\text{-Gleichung}]\,. \quad (10.108)$$

Beim Vergleich mit (10.102) erkennen wir, dass der verallgemeinerte Impuls p_φ gerade die z-Komponente L_z des Drehimpulses ist, und die Konstanz von p_φ besagt dann einfach nur, dass L_z erhalten bleibt – ein vorhersehbares Ergebnis, da ja kein Drehmoment bezüglich der z-Achse wirkt. Ganz ähnlich erhalten wir für p_ψ

$$p_\psi = \frac{\partial\mathcal{L}}{\partial\dot{\psi}} = \lambda_3(\dot{\psi} + \dot{\varphi}\cos\theta) = \text{const.} \qquad [\psi\text{-Gleichung}]\,. \qquad (10.109)$$

Der Vergleich mit (10.101) zeigt, dass p_ψ die Komponente von $\boldsymbol{L}$ entlang der Symmetrieachse des Körpers (also entlang von $\boldsymbol{e}_3$) ist, und die Konstanz von p_ψ sagt uns, dass L_3 erhalten bleibt. Eine wichtige Folge ist, dass wegen $L_3 = \lambda_3\omega_3$ die Komponente ω_3 der Winkelgeschwindigkeit ebenfalls konstant ist (ein Ergebnis, das wir bereits am Ende von Abschnitt 10.7 mithilfe der Euler-Gleichungen bewiesen haben).

Gleichmäßige Präzession

Als erste Anwendung der Lagrange-Gleichungen wollen wir untersuchen, ob der Kreisel eine Präzession ausführen kann, bei der die Kreiselachse sich um die z-Achse bewegt und dabei einen Kegel mit konstantem Öffnungswinkel θ ausschneidet. Aus (10.104) lesen wir ab, dass bei konstantem θ auch $\dot{\varphi}$ konstant ist. Mit anderen Worten: Wenn die Kreiselachse sich entlang eines Kegels mit dem festem Winkel θ bewegt, muss sie sich auch mit einer konstanten Winkelgeschwindigkeit bewegen, die wir beispielsweise $\dot{\varphi} = \Omega$ nennen wollen. Beim Blick auf die ψ-Gleichung (10.109) erkennen wir, dass dann für festes $\dot{\varphi}$ und θ auch $\dot{\psi}$ konstant sein muss.

Die Präzessionswinkelgeschwindigkeit Ω ist bestimmt durch die θ-Gleichung (10.107). Wenn θ konstant ist, ist die linke Seite null, und wenn wir $\dot{\varphi}$ durch Ω sowie $(\dot{\psi} + \dot{\varphi}\cos\theta)$ durch ω_3 ersetzen, sehen wir, dass für Ω gelten muss:

$$\lambda_1\Omega^2\cos\theta - \lambda_3\omega_3\Omega + MgR = 0\,. \qquad (10.110)$$

Dies ist eine quadratische Gleichung für Ω. Solange die Wurzeln reell sind, gibt es also bei gegebener Neigung θ und einer gegebenen Rotationsgeschwindigkeit ω_3 des

Kreisels zwei verschiedene Winkelgeschwindigkeiten Ω, mit der der Kreisel präzedieren kann. Wir können diese beiden Werte von Ω für beliebige Werte der anderen Parameter angeben, doch am interessantesten ist der Fall, dass der Kreisel sich schnell dreht und ω_3 groß ist. In diesem Fall erkennt man leicht, dass beide Wurzeln tatsächlich reell sind und dass eine der beiden Lösungen viel kleiner ist als die andere. Der kleine Wert für die Präzessionsgeschwindigkeit ist (vgl. Aufgabe 53)

$$\Omega \approx \frac{MgR}{\lambda_3 \omega_3} . \tag{10.111}$$

Diese langsame Präzession ist genau die Bewegung, die wir in Abschnitt 10.6 mit einer Geschwindigkeit Ω gemäß (10.83) berechnet haben.[16]

Die zweite, größere Lösung von (10.110) ist (wieder unter der Annahme, dass ω_3 sehr groß ist)

$$\Omega \approx \frac{\lambda_3 \omega_3}{\lambda_1 \cos\theta} \tag{10.112}$$

(vgl. Aufgabe 53). Beachten Sie, dass diese höhere Präzessionswinkelgeschwindigkeit nicht von g abhängt; wir können diese Art der Präzession also sogar in der Schwerelosigkeit erwarten. Tatsächlich ist diese Präzessionsbewegung genau die freie Präzession, die in Abschnitt 10.8 für einen symmetrischen Körper vorhergesagt wurde, der sich ohne äußere Drehmomente bewegt. Wie Sie leicht nachprüfen können (und sollten), stimmen der hier vorhergesagte Wert von Ω und der in Gleichung (10.96) mit Ω_R bezeichnete Wert überein (vgl. Aufgabe 52).

Nutation

Wenn ein Kreisel um die vertikale Achse präzediert (d. h. φ ändert sich), dann ändert sich im Allgemeinen auch der Winkel θ. Wenn sich also die Achse um die Vertikale dreht, nickt sie zugleich auf und ab. Diese Bewegung wird als **Nutation** bezeichnet (nach dem lateinischen *nutatio* „Schwanken"). Wir können die Änderung von θ mithilfe der θ-Gleichung untersuchen. Der erste Schritt dazu besteht darin, mithilfe der φ- und der ψ-Gleichung die Variablen $\dot\varphi$ und $\dot\psi$ durch die Konstanten $p_\varphi = L_z$ und $p_\psi = L_3$ zu ersetzen. Damit erhalten wir eine gewöhnliche Differenzialgleichung zweiter Ordnung für θ, aus der wir – zumindest prinzipiell – die Zeitabhängigkeit für θ bestimmen können.

Um sich ein qualitatives Bild von der Bewegung zu machen, ist es einfacher, auf die Gesamtenergie $E = T + U$ zu schauen; T ist dabei durch (10.105) gegeben, für die potenzielle Energie haben wir $U = MgR\cos\theta$. In T können wir die Variablen $\dot\varphi$ und $\dot\psi$ durch die Konstanten L_z und L_3 ersetzen und erhalten dann (vgl. Aufgabe 51)

$$E = \tfrac{1}{2}\lambda_1 \dot\theta^2 + U_\mathrm{eff}(\theta) \tag{10.113}$$

mit der effektiven potenziellen Energie $U_\mathrm{eff}(\theta)$

$$U_\mathrm{eff}(\theta) = \frac{(L_z - L_3\cos\theta)^2}{2\lambda_1 \sin^2\theta} + \frac{L_3^2}{2\lambda_3} + MgR\cos\theta . \tag{10.114}$$

16 In (10.111) enthält der Nenner einen Faktor ω_3, in (10.83) hatten wir dort einen Faktor ω; dieser Unterschied ist jedoch irrelevant, weil in beiden Diskussionen davon ausgegangen wird, dass ω_3 sehr groß ist, und damit gilt $\omega_3 \approx \omega$.

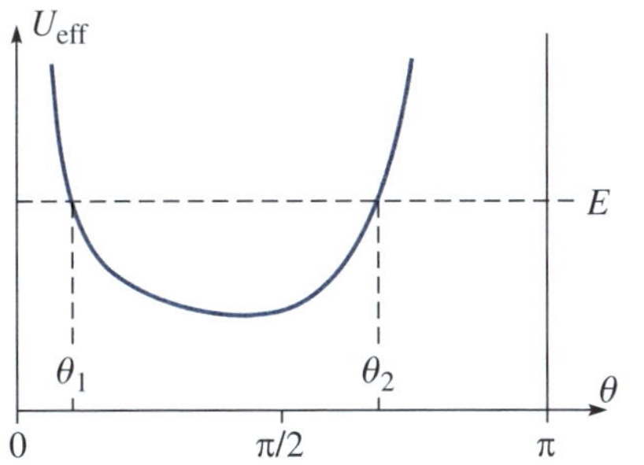

Abbildung 10.11: Die effektive potenzielle Energie (10.114), die die Zeitabhängigkeit von θ für einen symmetrischen Kreisel bestimmt. Da E nicht kleiner sein kann als $U_{eff}(\theta)$, ist die Bewegung auf das Intervall $\theta_1 \leq \theta \leq \theta_2$ beschränkt.

Gleichung (10.113) besagt, dass unser Problem sich jetzt auf ein eindimensionales Problem reduziert hat, in dem nur noch die Koordinate θ vorkommt. Wir können das Verhalten von θ qualitativ vorhersagen, indem wir uns die Kurve $U_{eff}(\theta)$ anschauen. Die Koordinate θ läuft von 0 bis π, und weil im Nenner des ersten Terms der Faktor $\sin^2\theta$ vorkommt, geht $U_{eff}(\theta)$ an den beiden Enden des Intervalls (also bei $\theta = 0$ und bei π) gegen $+\infty$. Man überzeugt sich leicht davon, dass die Kurve von U_{eff} die in Abbildung 10.11 dargestellte U-Form hat. Aus (10.113) folgt auch $E \geq U_{eff}(\theta)$, d. h., θ ist auf das Intervall zwischen den beiden Umkehrpunkten θ_1 und θ_2 beschränkt ($E = U_{eff}(\theta)$ hat den in der Abbildung gezeigten Verlauf). Offenbar oszilliert θ periodisch („nutiert") zwischen θ_1 und θ_2, während gleichzeitig die Kreiselachse um die Vertikale präzediert.

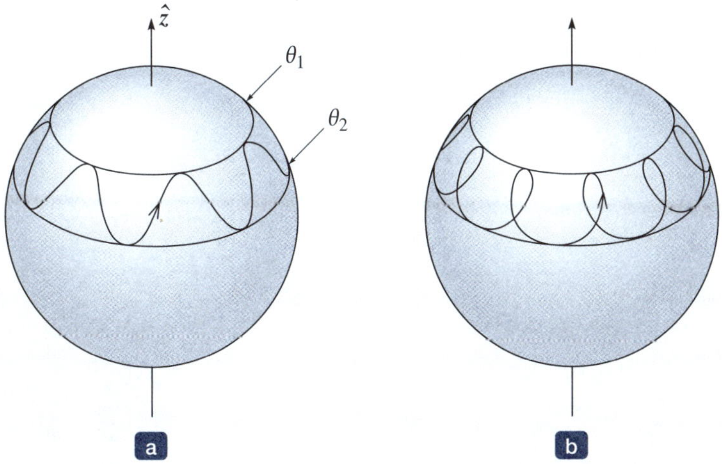

Abbildung 10.12: Nutation eines Kreisels. Das obere Ende eines rotierenden Kreisels bewegt sich auf einer Kugel, deren Mittelpunkt der Drehpunkt des unteren Kreiselendes ist. (a) Hier verschwindet $\dot{\varphi}$ niemals, und φ bewegt sich ständig in eine Richtung, während θ zwischen θ_1 und θ_2 oszilliert. (b) Wenn $\dot{\varphi}$ das Vorzeichen wechselt, beschreibt die Kreiselspitze eine Schleifenlinie auf der Kugel, d. h., φ bewegt sich zunächst vorwärts, dann wieder zurück, während θ oszilliert.

Die Details der Bewegung hängen davon ab, wie sich φ ändert. Nach (10.104) gilt

$$\dot{\varphi} = \frac{L_z - L_3 \cos\theta}{\lambda_1 \sin^2\theta}\,, \tag{10.115}$$

was die beiden Möglichkeiten zeigt: Wenn L_z (dem Betrag nach) größer ist als L_3, dann kann $\dot{\varphi}$ nicht verschwinden. Somit kann $\dot{\varphi}$ zwar variieren, aber nicht das Vorzeichen wechseln; φ ändert sich also immer in dieselbe Richtung (immer zunehmend oder immer abnehmend). Auf diese Weise präzediert der Kreisel in eine bestimmte Richtung, während sein Kippwinkel θ zwischen θ_1 und θ_2 schwankt, sodass das in Abbildung 10.12a gezeigte Bewegungsmuster entsteht. Ist L_z kleiner als L_3, dann verschwindet $\dot{\varphi}$ bei einem Winkel θ_0, für den gilt $L_z - L_3 \cos\theta_0 = 0$. Liegt dieser Winkel außerhalb des Bereichs zwischen θ_1 und θ_2, auf den die Bewegung beschränkt ist, dann kann $\dot{\varphi}$ nicht verschwinden, und die Bewegung sieht immer noch so aus wie in Abbildung 10.12a gezeigt. Wenn jedoch der Winkel θ_0 zwischen θ_1 und θ_2 liegt, dann ändert $\dot{\varphi}$ bei jeder Schwingung von θ zweimal sein Vorzeichen. In diesem Fall präzediert der Kreisel erst in die eine Richtung, dann in die andere; die Gesamtbewegung beschreibt dann eine Schleifenlinie wie in Abbildung 10.12b dargestellt.

ZUSAMMENFASSUNG

Wichtige Definitionen und Gleichungen aus Kapitel 10

Schwerpunkt und Relativbewegung

Der Drehimpuls eines starren Körpers setzt sich additiv aus zwei Teilen zusammen, nämlich aus einem Teil, der sich auf die Bewegung des Schwerpunkts S bezieht, und aus einem zweiten Teil, der sich auf die Bewegung relativ zum Schwerpunkt bezieht:

$$\boldsymbol{L} = \boldsymbol{L}(\text{Bewegung von } S) + \boldsymbol{L}(\text{Bewegung relativ zu } S)\,; \tag{10.9}$$

dasselbe gilt für die kinetische Energie:

$$T = T(\text{Bewegung von } S) + T(\text{Bewegung relativ zu } S)\,. \tag{10.16}$$

Der Trägheitstensor

Der Drehimpuls $\boldsymbol{L}$ und die Winkelgeschwindigkeit $\boldsymbol{\omega}$ eines starren Körpers hängen zusammen über

$$\boldsymbol{L} = \boldsymbol{I}\boldsymbol{\omega}\,; \tag{10.42}$$

darin sind $\boldsymbol{L}$ und $\boldsymbol{\omega}$ (3×1)-Spaltenvektoren und $\boldsymbol{I}$ der (3×3)-**Trägheitstensor**, dessen Diagonal- und Nichtdiagonalelemente definiert sind durch

$$I_{xx} = \sum m_\alpha (y_\alpha^2 + z_\alpha^2) \text{ usw.} \qquad \text{und} \qquad I_{xy} = -\sum m_\alpha x_\alpha y_\alpha \text{ usw.}$$

(10.37) und (10.38)

Hauptachsen

Eine **Hauptachse** eines Körpers (bezüglich eines Punkts O) ist eine beliebige Achse durch O mit der Eigenschaft, dass $\boldsymbol{L}$ parallel zu $\boldsymbol{\omega}$ ist, wenn $\boldsymbol{\omega}$ entlang dieser Achse zeigt; es gilt also

$$\boldsymbol{L} = \lambda\boldsymbol{\omega} \tag{10.65}$$

für eine gewisse reelle Zahl λ. Für einen beliebigen Körper und einen beliebigen Punkt O gibt es drei senkrecht aufeinanderstehende Hauptachsen durch O.

(Abschnitt 10.4 und Anhang)

Berechnet man den Trägheitstensor bezüglich der Hauptachsen, hat er die **Diagonalform**

$$\boldsymbol{I}' = \begin{bmatrix} \lambda_1 & 0 & 0 \\ 0 & \lambda_2 & 0 \\ 0 & 0 & \lambda_3 \end{bmatrix} \tag{10.79}$$

Euler-Gleichungen

$\dot{\boldsymbol{L}}$ soll die Änderungsrate für den Drehimpuls eines Körpers bezeichnen (betrachtet in einem fest mit dem Körper verbundenen Bezugssystem, dem sogenannten Körpersystem). Dann erfüllt $\dot{\boldsymbol{L}}$ die **Euler-Gleichungen**

$$\dot{\boldsymbol{L}} + \boldsymbol{\omega} \times \boldsymbol{L} = \boldsymbol{\Gamma}\,. \qquad \text{(10.87) und (10.88)}$$

Euler-Winkel

Die Orientierung eines starren Körpers lässt sich mithilfe der drei **Euler-Winkel** θ, φ und ψ angeben, die in Abbildung 10.10 definiert sind.

(Abschnitte 10.9 und 10.10)

Die Lagrange-Funktion für einen starren Körper, der um einen festen Drehpunkt rotiert, ist

$$\mathcal{L} = \tfrac{1}{2}\lambda_1(\dot{\varphi}^2 \sin^2\theta + \dot{\theta}^2) + \tfrac{1}{2}\lambda_3(\dot{\psi} + \dot{\varphi}\cos\theta)^2 - MgR\cos\theta\,. \tag{10.106}$$

Aufgaben zu Kapitel 10

*Die Sterne zeigen den ungefähren Schwierigkeitsgrad an, von * (leicht) bis *** (schwierig).*

10.1 Eigenschaften des Schwerpunkts

*** 1** Das Ergebnis (10.7), nach dem $\sum m_\alpha \boldsymbol{r}'_\alpha = 0$ gilt, lässt sich in Worten so fassen, dass der Ortsvektor des Schwerpunkts relativ zum Schwerpunkt null ist; in dieser Form leuchtet es unmittelbar ein. Sie sollten das Ergebnis trotzdem überprüfen und verstehen; beweisen Sie es, indem Sie (10.4) nach $\boldsymbol{r}'_\alpha$ auflösen und in die entsprechende Summe einsetzen.

*** 2** Um das Ergebnis (10.18) zu illustrieren, dass die kinetische Gesamtenergie eines Körpers gerade die kinetische Rotationsenergie bezüglich eines beliebigen Punkts ist, der sich momentan in Ruhe befindet, gehen Sie folgendermaßen vor: Schreiben Sie die kinetische Energie eines gleichförmigen Rades (Masse M, Radius R), das mit der Geschwindigkeit v entlang einer ebenen Straße rollt, als die Summe der Energien von Schwerpunktsbewegung und der Drehung um den Schwerpunkt. Nun schreiben Sie die Energie als die Energie der Rotation bezüglich des momentan ruhenden Kontaktpunkts mit der Straße und zeigen Sie, dass das zum selben Ergebnis führt. (Die Rotationsenergie ist $\frac{1}{2}I\omega^2$. Das Trägheitsmoment eines gleichförmigen Rades bezüglich des Mittelpunkts ist $I = \frac{1}{2}MR^2$, das Trägheitsmoment bezüglich eines Punkts auf dem Umfang ist $I' = \frac{3}{2}MR^2$.)

*** 3** Fünf gleiche Punktmassen werden in den fünf Ecken einer quadratischen Pyramide platziert, deren quadratische Grundfläche mit der Seitenlänge L um den Ursprung in der x-y-Ebene zentriert ist. Die Spitze der Pyramide liegt auf der z-Achse in einer Höhe H oberhalb des Ursprungs. Bestimmen Sie den Schwerpunkt dieses Systems aus fünf Punktmassen.

**** 4** Zur Bestimmung von Schwerpunkten oder Trägheitsmomenten muss man normalerweile ein Integral – meist ein Volumenintegral – berechnen; solche Integrale berechnet man am einfachsten in sphärischen Polarkoordinaten (ihre Definition ist in Abbildung 4.16 gezeigt). Beweisen Sie:

$$\int \mathrm{d}V f(\mathbf{r}) = \int r^2 \mathrm{d}r \int \sin\theta \,\mathrm{d}\theta \int \mathrm{d}\varphi\, f(r,\theta,\varphi)\,.$$

[Denken Sie über das kleine Volumenelement $\mathrm{d}V$ nach, das zwischen r und $r + \mathrm{d}r$, θ und $\theta + \mathrm{d}\theta$ sowie φ und $\varphi + \mathrm{d}\varphi$ eingeschlossen ist.] Lassen Sie das Volumenintegral über den gesamten Raum laufen. Welche Integrationsgrenzen haben Sie dann für die drei Integrale auf der rechten Seite?

**** 5** Eine gleichförmige massive Halbkugel vom Radius R hat ihren flachen Boden in der x-y-Ebene mit dem Zentrum im Ursprung. Berechnen Sie mithilfe des Ergebnisses aus Aufgabe 4 den Schwerpunkt. [*Anmerkung:* Diese und die nächsten beiden Aufgaben sollen Ihnen helfen, Ihre Kenntnisse der Rechenverfahren zur Bestimmung von Schwerpunkten durch Integration zu reaktivieren. Auf jeden Fall werden Sie die Integralform der Definition des Schwerpunkts benötigen. Wenn die Masse auf ein Volumen verteilt ist (so wie hier), dann ist das ein Volumenintegral mit $\mathrm{d}m = \varrho\,\mathrm{d}V$.]

***6** **a)** Bestimmen Sie den Schwerpunkt einer gleichförmigen Halbkugelschale mit dem inneren Radius a, dem äußeren Radius b und der Masse M, die so angeordnet ist wie in Aufgabe 5 beschrieben. [Vgl. dazu die Anmerkung zu Aufgabe 5 sowie das Ergebnis von Aufgabe 4.]
b) Welche Lösung erhalten Sie für $a = 0$?
c) Wie sieht die Lösung für $b \to a$ aus?

***7** Ein Kegel mit „abgerundeter" Grundfläche (so etwas wie eine Eistüte) lässt sich aus einer gleichförmigen Kugel vom Radius R herstellen, indem man das Volumen mit $R \leq \theta_0$ ausschneidet; θ ist dabei der übliche, von der Polarachse aus gemessene Winkel, und θ_0 ist eine Konstante zwischen 0 und π.
a) Beschreiben Sie diesen Kegel und berechnen Sie mithilfe des Ergebnisses aus Aufgabe 4 sein Volumen.
b) Bestimmen Sie den Schwerpunkt des Kegels und erläutern Sie Ihr Ergebnis für die Fälle $\theta_0 = \pi$ und $\theta_0 \to 0$.

***8** Ein gleichförmiger dünner Draht liegt entlang der y-Achse zwischen $y = \pm L/2$. Nun wird der Draht nach links zu einem Kreisbogen mit dem Radius R gebogen, sodass der Mittelpunkt im Ursprung und der Draht tangential zur y-Achse liegt. Bestimmen Sie den Schwerpunkt. [Vgl. die Anmerkung zu Aufgabe 5. In diesem Fall ist das Integral ein eindimensionales Integral.] Erläutern Sie Ihre Lösung für die Fälle $R \to \infty$ und $2\pi R = L$.

10.2 Drehung um eine feste Achse

***9** Das Trägheitsmoment einer kontinuierlichen Massenverteilung mit der Dichte ϱ erhält man, indem man die Summe aus (10.25) in ein Volumenintegral $\int \rho^2 \, dm = \int \rho^2 \varrho \, dV$ umwandelt. (Achten Sie auf die beiden verschiedenen Erscheinungsformen des griechischen Buchstabens rho: ρ ist der Abstand von der z-Achse, ϱ ist die Massendichte.) Bestimmen Sie das Trägheitsmoment eines gleichförmigen Kreiszylinders vom Radius R und der Masse M für Drehungen um seine Achse. Erläutern Sie, warum die Trägheitsprodukte null sind.

***10** **a)** Ein dünner gleichförmiger Stab mit der Masse M und der Länge L liegt auf der x-Achse mit einem Ende im Ursprung. Bestimmen Sie sein Trägheitsmoment für die Drehung um die z-Achse. [Hier muss die Summe aus (10.25) durch ein Integral der Form $\int x^2 \mu \, dx$ ersetzt werden, wobei μ die lineare Massendichte (d. h. Masse pro Länge) angibt.]
b) Welche Lösung erhalten Sie, wenn sich der Mittelpunkt des Stabs im Ursprung befindet?

***11** **a)** Bestimmen Sie mithilfe des Ergebnisses aus Aufgabe 4 das Trägheitsmoment einer gleichförmigen massiven Kugel (Masse M, Radius R) für die Rotation um einen Durchmesser.
b) Wiederholen Sie die Rechnung für eine gleichförmige Hohlkugel mit dem Innenradius a und dem Außenradius b. [Eine clevere Vorgehensweise ist es, sich die Hohlkugel als massive Kugel mit dem Radius b vorzustellen, aus der Sie eine Kugel derselben Dichte mit dem Radius a ausgeschnitten haben.]

⋆12 Ein dreieckiges Prisma (so wie eine Toblerone-Schachtel) mit der Masse M, dessen beide Endflächen gleichseitige Dreiecke parallel zur x-y-Ebene sind (Seitenlänge $2a$), ist im Ursprung zentriert, sodass seine Achse entlang der z-Achse liegt. Bestimmen Sie das Trägheitsmoment des Prismas für eine Rotation um die z-Achse. Geben Sie ferner die zwei Trägheitsprodukte für eine Rotation um die z-Achse an und erläutern Sie das Ergebnis. Sie sollen dabei keine Integrale berechnen.

⋆13 Ein dünner Stab (Dicke null, aber nicht unbedingt gleichförmig) ist an einem Ende beweglich befestigt, sodass er sich frei um die horizontale z-Achse bewegen und in der x-y-Ebene schwingen kann (die x-Achse verläuft horizontal, die y-Achse vertikal nach unten). Die Masse des Stabs ist m, sein Schwerpunkt befindet sich in einer Entfernung a vom Aufhängepunkt, und das Trägheitsmoment (um die z-Achse) ist I.
a) Geben Sie die Bewegungsgleichung $\dot{L}_z = \Gamma_z$ an; bestimmen Sie unter der Annahme, dass die Bewegung auf kleine Winkel beschränkt ist (gemessen jeweils gegen die nach unten zeigende Vertikale), die Schwingungdauer dieses **realen Pendels**. (Der Begriff „reales" Pendel wird traditionell für jedes Pendel verwendet, dessen Masse auf eine beliebige Weise verteilt ist, im Unterschied zum „mathematischen" Pendel, bei dem eine Masse an einem masselosen Arm befestigt und die Gesamtmasse in einem einzigen Punkt konzentriert ist.)
b) Wie lang muss ein „äquivalentes" mathematisches Pendel sein, d. h. ein mathematisches Pendel mit derselben Schwingungsperiode?

⋆14 Eine bestimmte stationäre Raumstation kann man als Hohlkugelschale mit einer Masse von 6000 kg auffassen, der Innenradius beträgt 5 m, der Außenradius 6 m. Um die Orientierung der Raumstation zu ändern, beschleunigt man ein gleichförmiges Schwungrad (Radius 10 cm, Masse 10 kg) im Mittelpunkt der Station rasch aus dem Stillstand auf 1000 Umdrehungen pro Minute.
a) Wie lange dauert es, bis sich die Raumstation um 10° gedreht hat?
b) Wie viel Energie wird für den gesamten Vorgang benötigt? [Um das erforderliche Trägheitsmoment zu berechnen, können Sie Aufgabe 11 lösen.]

⋆15 **a)** Geben Sie (wie in Aufgabe 9) das Integral für das Trägheitsmoment eines gleichförmigen Würfels mit der Kantenlänge a und der Masse M an, der um eine seiner Ecken rotiert; zeigen Sie, dass das Trägheitsmoment $\frac{2}{3}Ma^2$ beträgt.
b) Wenn man den Würfel auf einer rauen Tischplatte auf einer seiner Kanten in einem instabilen Gleichgewicht balanciert, fällt er schließlich um und vollführt dabei eine Drehbewegung, bis er auf die Tischplatte aufschlägt. Bestimmen Sie mithilfe einer Energiebetrachtung die Winkelgeschwindigkeit, mit der der Würfel auf der Tischplatte aufschlägt. [Nehmen Sie dabei an, dass die Würfelkante auf der Tischplatte nicht gleitet.]

⋆16 Bestimmen Sie das Trägheitsmoment eines gleichförmigen Würfels der Masse M und der Seitenlänge a wie in Aufgabe 15 und lösen Sie dann folgende Aufgabe: Der Würfel gleitet mit einer Geschwindigkeit $\mathbf{v}$ über eine ebene horizontale reibungsfreie Tischplatte, bis die Vorderkante des Würfels auf eine gerade, sehr niedrige Kante senkrecht zu $\boldsymbol{v}$ trifft und abrupt zum Stillstand kommt.

a) Machen Sie sich klar, welche Größen vor, während und nach dem kurzen Stoß erhalten bleiben. Bestimmen Sie die Winkelgeschwindigkeit des Würfels unmittelbar nach dem Stoß.

b) Bestimmen Sie den minimalen Geschwindigkeitsbetrag v, für den der Würfel nach dem Stoß gegen die Kante ins Rollen kommt.

***17** Geben Sie das Integral für das Trägheitsmoment eines gleichförmigen Ellipsoids (Masse M) mit der Oberfläche $(x/a)^2 + (y/b)^2 + (z/c)^2 = 1$ für die Drehung um die z-Achse an. Ein einfaches Verfahren zur Berechnung des Integrals ist die Variablensubstitution $\xi = x/a$, $\eta = y/b$ und $\zeta = z/c$. Jedes der beiden resultierenden Integrale kann mit dem entsprechenden Integral für eine Kugel in Beziehung gesetzt werden (vgl. Aufgabe 11). Tun Sie das. Überprüfen Sie Ihre Lösung für den Fall $a = b = c$.

*****18** Betrachten Sie nochmals den Stab aus Aufgabe 13. Mit einer horizontalen Kraft F, die einen Kraftstoß $F\Delta t = \xi$ überträgt, schlägt man nun im Abstand b unterhalb des Aufhängepunkts auf den Stab.

a) Bestimmen Sie den Drehimpuls des Stabs bezüglich des Aufhängepunkts und damit auch den Impuls unmittelbar nach dem Kraftstoß.

b) Bestimmen Sie den Kraftstoß η, der auf die Aufhängung übertragen wird.

c) Für welchen Wert b_0 von b gilt $\eta = 0$? (Der Abstand b_0 definiert den sogenannten *Sweetspot* oder „Idealpunkt". Wenn der Stab ein Tennisschläger wäre und die Aufhängung Ihre Hand, dann erführe Ihre Hand keinen Kraftstoß, wenn der Ball genau am Sweetspot auftrifft. Wird bei Sportarten, die man mit einem Schläger spielt (z. B. Tennis, Golf, Baseball usw.), der Ball mit dem Sweetspot getroffen, erreicht man die größtmögliche Beschleunigung und Genauigkeit.)

10.3 Drehungen um eine beliebige Achse; der Trägheitstensor

***19** Zeigen Sie, dass die Komponenten des Vektors $\boldsymbol{r} \times (\boldsymbol{\omega} \times \boldsymbol{r})$ durch Gleichung (10.35) korrekt angegeben sind. Gehen Sie auf zwei Weisen vor: Berechnen Sie die Komponenten direkt, und wenden Sie die sogenannte $BAC - CAB$-Regel an, nach der gilt $\boldsymbol{A} \times (\boldsymbol{B} \times \boldsymbol{C}) = \boldsymbol{B}(\boldsymbol{A} \cdot \boldsymbol{C}) - \boldsymbol{C}(\boldsymbol{A} \cdot \boldsymbol{B})$.

***20** Zeigen Sie, dass der Trägheitstensor in folgendem Sinne additiv ist: Nehmen Sie an, ein Körper A bestehe aus zwei Teilen B und C. (Beispielsweise besteht ein Hammer aus einem Holzstiel, der mit einem Metallkopf verbunden ist.) Dann gilt $\boldsymbol{I}_A = \boldsymbol{I}_B + \boldsymbol{I}_C$. In einem anderen Fall kann man sich vorstellen, dass A aus B dadurch entstanden ist, dass man C entfernt (etwa eine Hohlkugel, die dadurch entsteht, dass man aus einer großen Kugel eine kleine Kugel ausschneidet). Dann gilt $\boldsymbol{I}_A = \boldsymbol{I}_B - \boldsymbol{I}_C$.

***21** Die Definition des Trägheitstensors in den Gleichungen (10.37) und (10.38) hat die hässliche Eigenschaft, dass die Diagonal- und die Nichtdiagonalelemente durch völlig unterschiedliche Gleichungen definiert sind. Zeigen Sie, dass man die beiden Definitionen in einer einzigen Gleichung zusammenfassen kann (die in Integralform etwas weniger chaotisch ist)

$$I_{ij} = \int \varrho(r^2\delta_{ij} - r_i r_j)\,\mathrm{d}V$$

mit dem **Kronecker-Symbol** δ_{ij}

$$\delta_{ij} = \begin{cases} 1 & i = j \\ 0 & i \neq j\,. \end{cases} \tag{10.116}$$

★22 Ein starrer Körper besteht aus 8 gleichen Massen m in den Ecken eines Würfels mit der Kantenlänge a, die durch masselose Stäbe zusammengehalten werden.
a) Bestimmen Sie mithilfe der Gleichungen (10.37) und (10.38) den Trägheitstensor $\boldsymbol{I}$ für eine Drehung um eine Ecke O dieses Würfels. (Die Koordinatenachsen verlaufen entlang der Würfelseiten durch O.)
b) Bestimmen Sie den Trägheitstensor desselben Körpers, nun aber für eine Drehung um den Mittelpunkt des Würfels. (Die Koordinatenachsen sollen wieder parallel zu den Würfelseiten verlaufen.) Erläutern Sie, warum man in diesem Fall erwarten konnte, dass bestimmte Elemente von $\boldsymbol{I}$ null sind.

★23 Betrachten Sie einen flachen starren Körper in Gestalt einer Platte (etwa ein ebenes Stück Blech), der um einen Punkt O im Innern des Körpers rotiert. Wir wählen die Achsen so, dass die Platte in der x-y-Ebene liegt; welche Elemente des Trägheitstensors $\boldsymbol{I}$ sind dann automatisch null? Beweisen Sie die Aussage $I_{zz} = I_{xx} + I_{yy}$.

★24 **a)** $\boldsymbol{I}^S$ bezeichne den Trägheitstensor eines starren Körpers mit der Masse M bezüglich seines Schwerpunkts S; $\boldsymbol{I}$ ist der entsprechende Tensor bezüglich eines Punkts P, der um $\boldsymbol{\Delta} = (\xi, \eta, \zeta)$ von dem Schwerpunkt verrückt ist. Beweisen Sie:

$$I_{xx} = I^S_{xx} + M(\eta^2 + \zeta^2) \qquad \text{und} \qquad I_{yz} = I^S_{yz} - M\eta\zeta \tag{10.117}$$

und so weiter. (Diese Ergebnisse sind eine Verallgemeinerung des *Steiner'schen Satzes*, den Sie sicher im Physik-Einführungskurs kennengelernt haben. Sie besagen, dass die Berechnung des Trägheitstensors für die Drehung um einen beliebigen Punkt fast trivial ist, sobald Sie erst einmal den Trägheitstensor bezüglich der Drehung um den Schwerpunkt kennen.)
b) Prüfen Sie nach, dass die Ergebnisse aus Beispiel 10.2 (Seite 448) die Identitäten (10.117) erfüllen [womit Sie dann zugleich gezeigt haben, dass die Berechnungen aus Teil (a) eigentlich unnötig waren].

★25 **a)** Bestimmen Sie alle neun Elemente des Trägheitstensors für einen gleichförmigen Quader bezüglich des Schwerpunkts; die Seitenlängen des Quaders betragen $2a$, $2b$ und $2c$ in die x-, die y- und die z-Richtung, seine Masse ist M. Erläutern Sie anschaulich, warum Sie die Nichtdiagonalelemente des Trägheitstensors ohne jegliche Integration haben angeben können.
b) Kombinieren Sie die Ergebnisse aus Teil (a) und aus Aufgabe 24 und bestimmen Sie den Trägheitstensor desselben Quaders bezüglich der Ecke A bei (a, b, c).

c) Welchen Drehimpuls bezüglich A hat der Quader, wenn er sich mit der Winkelgeschwindigkeit ω um die Kante durch A parallel zur x-Achse dreht?

26 **a)** Beweisen Sie, dass das Volumenintegral in zylindrischen Polarkoordinaten die folgende Form annimmt:

$$\int \mathrm{d}V f(\mathbf{r}) = \int \rho\,\mathrm{d}\rho \int \mathrm{d}\varphi \int \mathrm{d}z f(\rho, \varphi, z)\,.$$

b) Betrachten Sie den in Abbildung 10.6 dargestellten Kegel, der auf der Spitze steht und um seine Achse rotiert. Zeigen Sie, dass sein Trägheitsmoment durch das Integral (10.58) gegeben ist. Welche Integrationsgrenzen verwenden Sie? Zeigen Sie, dass man für das Integral den Wert $\frac{3}{10}MR^2$ erhält.
c) Beweisen Sie ferner, dass wie in Gleichung (10.61) $I_{xx} = \frac{3}{20}M(R^2 + 4h^2)$ gilt.

27 Bestimmen Sie den Trägheitstensor für einen gleichförmigen dünnen Hohlkegel (wie eine Eiswaffel) mit der Masse M, der Höhe h und dem Radius R der Grundfläche, der um seine Spitze rotiert.

28 Bestimmen Sie den Trägheitstensor $\boldsymbol{I}$ für das Dreiecksprisma aus Aufgabe 12 mit der Höhe h. (Wenn Sie die Aufgabe 12 gelöst haben, ist die Hälfte der Arbeit schon erledigt.) Ihr Ergebnis sollte zeigen, dass $\boldsymbol{I}$ die Form hat, die wir für einen achsensymmetrischen Körper gefunden haben. Das deutet darauf hin (und ist auch richtig), dass eine dreizählige Symmetrie bezüglich einer Achse (d. h. eine Symmetrie unter Drehungen um 120°) ausreicht, um diese Form zu gewährleisten.

10.4 Hauptträgheitsachsen

29 Beweisen Sie: Wenn die Achsen Ox, Oy und Oz Hauptachsen eines gegebenen starren Körpers sind, dann ist der Trägheitstensor in Bezug auf diese Achsen diagonal, und die Hauptträgheitsmomente liegen wie in Gleichung (10.66) auf der Diagonalen.

30 Betrachten Sie eine Platte, etwa ein flaches Stück Blech, die um einen Punkt O in dem Körper rotiert. Beweisen Sie, dass die Achse durch O, die senkrecht zu der Platte steht, eine Hauptachse ist. [*Hinweis:* Vgl. Aufgabe 23.]

31 Betrachten Sie einen starren Körper, der bezüglich einer Achse rotationssymmetrisch ist. Diese Achse wollen wir $\hat{\boldsymbol{z}}$ nennen.
a) Beweisen Sie, dass die Symmetrieachse eine Hauptachse ist.
b) Beweisen Sie, dass zwei beliebige Richtungen $\hat{\boldsymbol{x}}$ und $\hat{\boldsymbol{y}}$, die senkrecht aufeinander und senkrecht auf $\hat{\boldsymbol{z}}$ stehen, ebenfalls Hauptachsen sind.
c) Beweisen Sie, dass die zu diesen beiden Achsen gehörenden Hauptträgheitsmomente gleich sind: $\lambda_1 = \lambda_2$.

32 **a)** Zeigen Sie, dass die Hauptträgheitsmomente eines beliebigen starren Körpers immer der Beziehung $\lambda_3 \leq \lambda_1 + \lambda_2$ genügen. [*Hinweis:* Schauen Sie sich die Integrale an, die diese Trägheitsmomente definieren.] Im Fall $\lambda_1 = \lambda_2$ gilt insbesondere $\lambda_3 \leq 2\lambda_1$.
b) Welche Form hat ein Körper, für den $\lambda_3 = \lambda_1 + \lambda_2$ gilt?

33 Dies ist eine gute Übung zum Umgang mit Vektoridentitäten und Matrizen, die auf einige wichtige allgemeine Ergebnisse führt:
a) Ein starrer Körper soll aus Teilchen der Masse m_α bestehen und sich mit der Winkelgeschwindigkeit $\boldsymbol{\omega}$ um eine Achse durch den Ursprung bewegen. Beweisen Sie, dass man dann die kinetische Gesamtenergie des Körpers als

$$T = \tfrac{1}{2} \sum m_\alpha [(\omega r_\alpha)^2 - (\boldsymbol{\omega} \cdot \boldsymbol{r}_\alpha)^2]$$

schreiben kann. Denken Sie an den Zusammenhang $\boldsymbol{v}_\alpha = \boldsymbol{\omega} \times \boldsymbol{r}_\alpha$. Möglicherweise wird Ihnen die folgende Vektoridentität helfen: Für zwei beliebige Vektoren $\boldsymbol{a}$ und $\boldsymbol{b}$ gilt

$$(\boldsymbol{a} \times \boldsymbol{b})^2 = a^2 b^2 - (\boldsymbol{a} \cdot \boldsymbol{b})^2 .$$

(Wenn Sie diese Identität verwenden, beweisen Sie sie.)
b) Beweisen Sie, dass man den Drehimpuls $\boldsymbol{L}$ des Körpers als

$$\boldsymbol{L} = \sum m_\alpha [\boldsymbol{\omega} {r_\alpha}^2 - \boldsymbol{r}_\alpha (\boldsymbol{\omega} \cdot \boldsymbol{r}_\alpha)]$$

schreiben kann. Dazu werden Sie die $BAC - CAB$-Regel benötigen, nach der gilt $\boldsymbol{A} \times (\boldsymbol{B} \times \boldsymbol{C}) = \boldsymbol{B}(\boldsymbol{A} \cdot \boldsymbol{C}) - \boldsymbol{C}(\boldsymbol{A} \cdot \boldsymbol{B})$.
c) Kombinieren Sie die Ergebnisse der Teilaufaufgaben (a) und (b) und beweisen Sie damit

$$T = \tfrac{1}{2} \boldsymbol{\omega} \cdot \boldsymbol{L} = \tfrac{1}{2} \tilde{\boldsymbol{\omega}} \boldsymbol{I} \boldsymbol{\omega} .$$

Beweisen Sie beide Gleichheitszeichen. Der letzte Ausdruck ist ein Matrizenprodukt; darin bezeichnet $\boldsymbol{\omega}$ die (3×1)-Spaltenmatrix mit den Zahlen ω_x, ω_y und ω_z, die Tilde bei $\tilde{\boldsymbol{\omega}}$ zeigt an, dass die Matrix transponiert ist (in diesem Fall in eine Zeilenmatrix), und $\boldsymbol{I}$ ist der Trägheitstensor. Das Ergebnis ist ziemlich bedeutsam; es entspricht der weit einleuchtenderen Aussage, dass für ein Teilchen $T = \frac{1}{2} \boldsymbol{v} \cdot \boldsymbol{p}$ gilt.
d) Zeigen Sie, dass wie in Gleichung (10.68) bezüglich der Hauptachsen gilt: $T = \frac{1}{2}(\lambda_1 \omega_1^2 + \lambda_2 \omega_2^2 + \lambda_3 \omega_3^2)$.

10.5 Bestimmung der Hauptachsen; Eigenwertgleichungen

34 Der Trägheitstensor $\boldsymbol{I}$ für einen massiven Würfel ist durch (10.72) gegeben. Prüfen Sie nach, dass $\det(\boldsymbol{I} - \lambda \mathbf{1})$ tatsächlich so aussieht wie in (10.73) angegeben.

35 Ein starrer Körper besteht aus drei miteinander verbundenen einzelnen Massen: m am Ort $(a, 0, 0)$, $2m$ am Ort $(0, a, a)$ und $3m$ am Ort $(0, a, -a)$.
a) Bestimmen Sie den Trägheitstensor $\boldsymbol{I}$.
b) Bestimmen Sie die Hauptträgheitsmomente und einen Satz von orthogonalen Hauptachsen.

36 Ein starrer Körper besteht aus drei gleichen miteinander verbundenen Massen m an den Orten $(a, 0, 0)$, $(0, a, 2a)$ und $(0, 2a, a)$.
a) Bestimmen Sie den Trägheitstensor $\boldsymbol{I}$.
b) Bestimmen Sie die Hauptträgheitsmomente und einen Satz von orthogonalen Hauptachsen.

37 Eine dünne dreieckige Blechplatte liegt in der x-y-Ebene mit den Ecken in den Punkten $(1, 0, 0)$, $(0, 1, 0)$ und im Ursprung. Die Flächendichte (d. h. Masse/Fläche) ist $\sigma = 24$. (Strecken und Massen werden in unspezifizierten Einheiten angegeben; der Zahlenfaktor 24 taucht hier nur deshalb auf, damit das Ergebnis schön aussieht.)

a) Bestimmen Sie den Trägheitstensor des Dreiecks.

b) Welche Hauptträgheitsmomente mit den zugehörigen Achsen hat das Dreieck?

38 Sie haben drei unabhängige Hauptachsen (in den Richtungen $\boldsymbol{e}_1$, $\boldsymbol{e}_2$ und $\boldsymbol{e}_3$) und die entsprechenden Hauptträgheitsmomente für einen starren Körper gefunden, dessen Trägheitstensor $\boldsymbol{I}$ Sie berechnet haben ($\boldsymbol{I}$ ist nicht diagonal). Sie können annehmen, dass alle vorkommenden Größen reell sind (das lässt sich recht einfach beweisen).

a) Beweisen Sie, dass für $\lambda_i \neq \lambda_j$ automatisch folgt $\boldsymbol{e}_i \cdot \boldsymbol{e}_j = 0$. (Eventuell hilft es Ihnen, eine Schreibweise einzuführen, bei der sich Matrizen und Vektoren unterscheiden lassen. Beispielsweise könnten Sie eine Matrix durch eine Unterstreichung kennzeichnen, sodass $\underline{\boldsymbol{a}}$ die (3×1)-Matrix ist, die den Vektor $\boldsymbol{a}$ darstellt, und das skalare Vektorprodukt $\boldsymbol{a} \cdot \boldsymbol{b}$ ist dasselbe wie das Matrizenprodukt $\underline{\tilde{\boldsymbol{a}}\boldsymbol{b}}$ bzw. $\underline{\tilde{\boldsymbol{b}}\boldsymbol{a}}$. Betrachten Sie dann die Zahl $\underline{\tilde{\boldsymbol{e}}_i \boldsymbol{I} \boldsymbol{e}_j}$, die man auf zwei Arten berechnen kann, wenn man ausnützt, dass $\boldsymbol{e}_i$ und $\boldsymbol{e}_j$ Eigenvektoren von $\boldsymbol{I}$ sind.

b) Zeigen Sie mithilfe des Ergebnisses aus Teil (a), dass die Richtungen der drei Hauptachsen eindeutig bestimmt sind, wenn die drei Hauptträgheitsmomente alle voneinander verschieden sind.

c) Beweisen Sie: Wenn zwei der Hauptträgheitsmomente gleich sind (beispielsweise $\lambda_1 = \lambda_2$), dann ist jede Richtung innerhalb der Ebene von $\boldsymbol{e}_1$ und $\boldsymbol{e}_2$ ebenfalls eine Hauptachse mit demselben Hauptträgheitsmoment. Mit anderen Worten: Für λ_1 und λ_2 sind die entsprechenden Hauptachsen nicht eindeutig bestimmt.

d) Beweisen Sie: Wenn alle drei Hauptträgheitsmomente gleich sind, dass ist *jede* Achse eine Hauptachse mit demselben Hauptträgheitsmoment.

10.6 Präzession eines Kreisels aufgrund eines kleinen Drehmoments

39 Betrachten Sie einen Kreisel, bestehend aus einem gleichförmigen Kegel, der frei auf seiner Spitze mit 1800 Umdrehungen pro Minute rotiert. Er ist 10 cm hoch, der Radius der Grundfläche ist 25 cm. Mit welcher Winkelgeschwindigkeit präzediert der Kreisel?

10.7 Die Euler-Gleichungen

40 **a)** Ein starrer Körper rotiert frei, er erfährt kein Drehmoment. Beweisen Sie mithilfe der Euler-Gleichungen (10.88), dass der Betrag des Drehimpulses $\boldsymbol{L}$ konstant ist. (Multiplizieren Sie die i-te Gleichung mit $L_i = \lambda_i \omega_i$ und addieren Sie die drei Gleichungen.)

b) Zeigen Sie auf ganz ähnliche Weise, dass die kinetische Rotationsenergie $T_{\text{rot}} = \frac{1}{2}\,(\lambda_1\omega_1^2 + \lambda_2\omega_2^2 + \lambda_3\omega_3^2)$, so wie in Gleichung (10.68), konstant ist.

41 Betrachten Sie eine Platte, die frei um den Punkt O in der Platte rotiert (freie Rotation heißt, dass keine Drehmomente wirken). Zeigen Sie mithilfe der Euler-Gleichungen, dass die Komponente von $\boldsymbol{\omega}$ in der Ebene der Platte einen konstanten Betrag hat. [*Hinweis:* Verwenden Sie die Ergebnisse der Aufgaben 23 und 30. Gemäß Aufgabe 30 zeigt $\boldsymbol{e}_3$ entlang einer Hauptachse, wenn Sie die Richtung von $\boldsymbol{e}_3$ normal zur Ebene der Platte wählen. Damit müssen Sie beweisen, dass die Zeitableitung von $\omega_1^2 + \omega_2^2$ null ist.]

10.8 Die Euler-Gleichungen bei Drehmoment Null

42 Ich nehme ein Buch mit den Maßen 30 cm × 20 cm × 3 cm, das durch ein Gummiband geschlossen gehalten wird, und werfe es so in die Luft, dass es mit 180 Umdrehungen pro Minute um eine Achse nahe der kürzesten Symmetrieachse rotiert. Welche Winkelfrequenz haben die kleinen Schwingungen um die Rotationsachse? Wie sieht es aus, wenn ich das Buch um eine Achse nahe der längsten Symmetrieachse rotieren lasse?

43 Ich werfe eine dünne gleichförmige Kreisscheibe (stellen Sie sich ein Frisbee vor) so in die Luft, dass sie mit der Winkelgeschwindigkeit $\boldsymbol{\omega}$ um eine Achse rotiert, die einen Winkel α mit der Achse der Scheibe bildet.
a) Zeigen Sie, dass der Betrag von $\boldsymbol{\omega}$ konstant ist. [Schauen Sie sich Gleichung (10.94) an.]
b) Zeigen Sie, dass von meinem Blickwinkel aus die Scheibenachse um die feste Richtung des Drehimpulses präzediert, und zwar mit der Winkelgeschwindigkeit $\Omega_R = \omega\sqrt{4 - 3\sin^2\alpha}$. (Die Ergebnisse der Aufgaben 23 und 46 können Ihnen weiterhelfen.)

44 Eine axialsymmetrische Raumstation (Hauptachse $\boldsymbol{e}_3$ und $\lambda_1 = \lambda_2$) schwebt im Weltraum. Symmetrisch auf beiden Seiten sind Raketen montiert, die ein konstantes Drehmoment Γ bezüglich der Symmetrieachse ausüben. Lösen Sie die Euler-Gleichungen für $\boldsymbol{\omega}$ (bezüglich der Körperachse) exakt und beschreiben Sie die Bewegung. Für $t = 0$ setzen Sie $\boldsymbol{\omega} = (\omega_{10}, 0, \omega_{30})$.

45 Wegen der Ausbeulung am Äquator ist das Trägheitsmoment der Erde bezüglich der Achse durch die Pole ein wenig größer als die beiden anderen Momente ($\lambda_3 = 1{,}00327\lambda_1$, aber $\lambda_1 = \lambda_2$).
a) Zeigen Sie, dass die in Abschnitt 10.8 beschriebene freie Präzession eine Periode von 305 Tagen haben sollte, die sog. Chandler-Periode. (Wie dort beschrieben, liegt die Periode dieser Polhöhenschwankung aber tatsächlich eher bei etwa 400 Tagen.)
b) Der Winkel zwischen der Erdachse und $\boldsymbol{\omega}$ beträgt etwa 0,2 Bogensekunden. Zeigen Sie mithilfe von Gleichung (10.118) aus Aufgabe 46, dass die Periode dieses Chandler-Wobbles in einem raumfesten Bezugssystem etwa einen Tag betragen sollte.

46 Wir haben in Abschnitt 10.8 gesehen, dass bei der freien Präzession eines axialsymmetrischen Körpers die drei Vektoren $\boldsymbol{e}_3$ (die Körperachse), $\boldsymbol{\omega}$ und $\boldsymbol{L}$ in einer Ebene liegen. Bei Beobachtung in einem Körpersystem ist $\boldsymbol{e}_3$ fest, und $\boldsymbol{\omega}$ und $\boldsymbol{L}$ präzedieren mit der Winkelgeschwindigkeit $\Omega_K = \omega_3(\lambda_1 - \lambda_3)/\lambda_1$ um $\boldsymbol{e}_3$. In einem raumfesten Bezugssystem ist $\boldsymbol{L}$ fest, und

$\boldsymbol{\omega}$ und $\boldsymbol{e}_3$ präzedieren mit der Winkelgeschwindigkeit Ω_{R} um $\boldsymbol{L}$. In dieser Aufgabe sollen Sie drei äquivalente Ausdrücke für Ω_{R} berechnen.

a) Legen Sie dar, dass $\boldsymbol{\Omega}_{\mathrm{R}} = \boldsymbol{\Omega}_{\mathrm{K}} + \boldsymbol{\omega}$. [Denken Sie daran, dass die relativen Winkelgeschwindigkeiten sich wie Vektoren addieren.]

b) Gehen Sie davon aus, dass $\boldsymbol{\Omega}_{\mathrm{K}}$ parallel zu $\boldsymbol{e}_3$ ist, und beweisen Sie $\Omega_{\mathrm{R}} = \omega \sin\alpha / \sin\theta$; dabei ist α der Winkel zwischen $\boldsymbol{e}_3$ und $\boldsymbol{\omega}$, und θ ist der Winkel zwischen $\boldsymbol{e}_3$ und $\boldsymbol{L}$ (vgl. Abbildung 10.9).

c) Von dort ausgehend, beweisen Sie

$$\Omega_{\mathrm{R}} = \omega \frac{\sin\alpha}{\sin\theta} = \frac{L}{\lambda_1} = \omega \frac{\sqrt{\lambda_3^2 + (\lambda_1^2 - \lambda_3^2)\sin^2\alpha}}{\lambda_1}\,. \tag{10.118}$$

★★★ 47 Stellen Sie sich vor, dass unsere Erde ein vollständig starrer, gleichförmiger und exakt sphärischer Körper ist, der mit seiner üblichen Rate um die übliche Achse rotiert. Nun wird ein Gebirge mit 10^{-8} Erdmassen bei der Kolatitude 60° hinzugefügt, wodurch die Erde die in Abschnitt 10.8 beschriebene freie Präzessionsbewegung beginnt. Wie lang dauert es, bis der Nordpol (definiert als das Nordende des Durchmessers entlang $\boldsymbol{\omega}$) sich um 150 km von seiner momentanen Position entfernt? [Setzen Sie für den Erdradius 6000 km an.]

10.9 Euler-Winkel*

★ 48 Gleichung (10.97) gibt die Winkelgeschwindigkeit eines Körpers in einer entsetzlichen Mischung von Einheitsvektoren an.

a) Drücken Sie $\boldsymbol{\omega}$ mithilfe von $\hat{\boldsymbol{x}}$, $\hat{\boldsymbol{y}}$ und $\hat{\boldsymbol{z}}$ aus.

b) Drücken Sie $\boldsymbol{\omega}$ mithilfe von $\boldsymbol{e}_1$, $\boldsymbol{e}_2$ und $\boldsymbol{e}_3$ aus.

★ 49 Gehen Sie von Gleichung (10.100) für $\boldsymbol{L}$ aus und zeigen Sie, dass L_z durch die Gleichungen (10.102) und (10.103) richtig gegeben ist.

★ 50 Gleichung (10.105) gibt die kinetische Energie mithilfe der Euler-Winkel für einen Körper mit $\lambda_1 = \lambda_2$ an. Bestimmen Sie einen entsprechenden Ausdruck für einen Körper, dessen drei Hauptträgheitsmomente jeweils verschieden sind.

10.10 Bewegung eines rotierenden Kreisels*

★ 51 Zeigen Sie, dass die Energie eines symmetrischen Kreisels sich als $E = \frac{1}{2}\lambda_1\dot{\theta}^2 + U_{\mathrm{eff}}(\theta)$ angeben lässt; die effektive potenzielle Energie ist in (10.114) gegeben.

★ 52 Betrachten Sie die rasche gleichmäßige Präzession eines symmetrischen Kreisels, die im Zusammenhang mit Gleichung (10.112) vorhergesagt wurde.

a) Zeigen Sie, dass der Drehimpuls $\boldsymbol{L}$ in dieser Bewegung sehr gut mit der Vertikalen übereinstimmen muss. [*Hinweis:* Schreiben Sie mithilfe von (10.100) die horizontale Komponente L_{hor} von $\boldsymbol{L}$. Zeigen Sie dann, dass L_{hor} exakt null ist, wenn $\dot{\varphi}$ durch die rechte Seite von (10.112) gegeben ist.]

b) Zeigen Sie mithilfe dieses Ergebnisses, dass die Präzessionsgeschwindigkeit Ω in (10.112) mit der freien Präzessionsgeschwindigkeit Ω_{R} aus Gleichung (10.96) übereinstimmt.

53 Bei der Diskussion der gleichmäßigen Präzession eines Kreisels in Abschnitt 10.10 hatten wir die Präzessionsgeschwindigkeit Ω durch die quadratische Gleichung (10.110) bestimmt und haben diese Gleichung für den speziellen Fall untersucht, dass ω_3 sehr groß ist. In diesem Fall kann man die Gleichung als $a\Omega^2 + b\Omega + c = 0$ schreiben (mit einem sehr großen b).

a) Rechnen Sie nach, dass für ein sehr großes b die beiden Lösungen der Gleichung näherungsweise $-c/b$ (klein) und $-b/a$ (groß) sind. Was genau hat die Bedingung „b ist sehr groß" zur Folge?

b) Zeigen Sie, dass diese beiden Ausdrücke die zwei Lösungen gemäß (10.111) und (10.112) sind.

54 Computer Die Nutation eines Kreisels ist durch dessen effektive potenzielle Energie (10.114) bestimmt. Erstellen Sie folgendermaßen einen Plot von $U_{\text{eff}}(\theta)$:

a) Da der zweite Term von $U_{\text{eff}}(\theta)$ eine Konstante ist, können Sie ihn zunächst vernachlässigen. Wählen Sie nun Ihre Einheiten so, dass $MgR = 1 = \lambda_1$ gilt. Die verbleibenden Parameter L_z und L_3 sind wirklich unabhängige Parameter. Setzen Sie $L_z = 10$ und $L_3 = 8$ und stellen Sie $U_{\text{eff}}(\theta)$ als Funktion von θ dar.

b) Erläutern Sie deutlich, wie sich mithilfe Ihres Graphen der Winkel θ_0 bestimmen lässt, bei dem der Kreisel gleichmäßig mit $\theta = \text{const.}$ präzedieren kann. Geben Sie θ_0 auf drei signifikante Stellen an.

c) Bestimmen Sie die Geschwindigkeit der gleichmäßigen Präzession $\Omega = \dot{\varphi}$, wie sie in (10.115) angegeben ist. Vergleichen Sie mit dem Näherungswert für Ω aus (10.112).

55 Die Untersuchung der freien Präzession eines symmetrischen Körpers in Abschnitt 10.8 beruhte auf den Euler-Gleichungen. Leiten Sie dieselben Ergebnisse mithilfe der Euler-Winkel her, und zwar folgendermaßen: Da $\boldsymbol{L}$ konstant ist, können Sie auch die Raumachse $\hat{\boldsymbol{z}}$ so wählen, dass $\boldsymbol{L} = L\hat{\boldsymbol{z}}$.

a) Drücken Sie $\boldsymbol{L}$ mithilfe von Gleichung (10.98) für $\hat{\boldsymbol{z}}$ durch die Einheitsvektoren $\boldsymbol{e}_1'$, $\boldsymbol{e}_2'$ und $\boldsymbol{e}_3$ aus.

b) Vergleichen Sie diesen Ausdruck mit (10.100) und leiten Sie drei Gleichungen für $\dot{\theta}$, $\dot{\varphi}$ und $\dot{\psi}$ her.

c) Zeigen Sie dann, dass θ und $\dot{\varphi}$ konstant sind und dass die Körperachse mit der Geschwindigkeit $\Omega_{\text{R}} = L/\lambda_1$ um die Raumachse $\hat{\boldsymbol{z}}$ präzediert, wie in (10.96) berechnet.

d) Zeigen Sie mithilfe von (10.99), dass der Winkel zwischen $\boldsymbol{\omega}$ und $\boldsymbol{e}_3$ konstant ist und dass die drei Vektoren $\boldsymbol{L}$, $\boldsymbol{\omega}$ und $\boldsymbol{e}_3$ immer koplanar sind (d. h. in einer Ebene liegen).

56 Ein wichtiger Spezialfall der Bewegung eines symmetrischen Kreisels tritt auf, wenn er um eine vertikale Achse rotiert. Untersuchen Sie seine Bewegung folgendermaßen:

a) Schauen Sie sich die effektive potientielle Energie (10.114) an und zeigen Sie, dass L_z und L_3 gleich sein müssen, wenn zu einem beliebigen Zeitpunkt $\theta = 0$ gilt.

b) Setzen Sie $L_z = L_3 = \lambda_3\omega_3$ und machen Sie eine Taylor-Entwicklung von $U_{\text{eff}}(\theta)$ um $\theta = 0$ bis zu Termen der Ordnung θ^2.
c) Zeigen Sie: Für $\omega_3 > \omega_{\text{min}} = 2\sqrt{MgR\,\lambda_1/\lambda_3^2}$ ist die Position $\theta = 0$ stabil, für $\omega_3 < \omega_{\text{min}}$ ist sie instabil. (In der Praxis wird die Rotation des Kreisels durch Reibungskräfte gebremst. Wenn also ω_3 genügend groß ist, dann ist der vertikale Kreisel stabil, doch wenn der Kreisel sich verlangsamt, beginnt er zu taumeln, sobald ω_3 einen Minimalwert ω_{min} erreicht.)

57 ★★★ **a)** Bestimmen Sie die Lagrange-Funktion für einen symmetrischen Kreisel, dessen Spitze reibungsfrei auf einer horizontalen Tischplatte gleiten kann. Verwenden Sie als verallgemeinerte Koordinaten die Euler-Winkel (θ, φ, ψ) plus X und Y, wobei (X, Y, Z) den Ort des Schwerpunkts bezüglich eines festen Punkts auf der Tischplatte angibt. (Beachten Sie, dass die vertikale Position Z keine unabhängige Koordinate ist, denn es gilt $Z = R\cos\theta$.)
b) Zeigen Sie, dass die Bewegung (X, Y) des Schwerpunkts sich vollständig von der Rotationsbewegung separieren lässt.
c) Betrachten Sie die beiden möglichen Geschwindigkeiten der gleichmäßigen Präzession (10.111) und (10.112) (dabei sind θ und ω_3 gegeben). Wie unterscheiden sich die beiden Werte von den entsprechenden Werten für einen Kreisel, dessen Spitze sich nicht bewegt?

Gekoppelte Oszillatoren und Normalmoden

11

ÜBERBLICK

» In Kapitel 5 haben wir die Schwingungen eines einzelnen Körpers behandelt, etwa einer Masse an einer einseitig festen Feder. Ich möchte mich nun mit den Schwingungen von mehreren Körpern befassen, etwa den Atomen, aus denen ein Molekül wie CO_2 besteht; ein solches Molekül können wir uns als System von Massen vorstellen, die untereinander durch Federn verbunden sind. Wenn jede Masse an einer einzelnen festen Feder hinge, ohne Verbindung zwischen den Massen, dann könnten sie, wie in Kapitel 5 beschrieben, unabhängig voneinander schwingen, und es wäre nichts mehr zu sagen. Unser Interesse richtet sich daher auf schwingungsfähige Systeme von Massen, die untereinander in bestimmter Weise verbunden sind – man spricht von **gekoppelten Oszillatoren**. Ein einzelner Oszillator hat nur eine Eigenfrequenz, mit der er (wenn keine Dämpfungs- oder Antriebskräfte wirken) ewig schwingen kann. Wir werden nun herausfinden, dass zwei oder mehr gekoppelte Oszillatoren mehrere Eigenfrequenzen (sog. Normalfrequenzen) haben und dass die allgemeine Bewegung sich als Überlagerung aus den Schwingungen bei allen Eigenfrequenzen zusammensetzt.

Wie die Theorie der rotierenden Körper in Kapitel 10 macht auch die Theorie der gekoppelten Oszillatoren ausgiebig Gebrauch von Matrizen, und etliche der Konzepte, die Sie schon aus Kapitel 10 kennen, spielen auch hier eine wichtige Rolle. Die naheliegendsten Anwendungen der Ergebnisse dieses Kapitels betreffen die Untersuchung von Molekülen, doch es gibt noch etliche weitere Anwendungen, darunter die Akustik, die Schwingungen von Bauwerken wie Brücken und Häusern sowie gekoppelte elektrische Schwingkreise.

Für dieses gesamte Kapitel werde ich annehmen, dass alle auftretenden Kräfte dem Hooke'schen Gesetz gehorchen und dass folglich die Bewegungsgleichungen allesamt linear sind. Das ist zwar nur ein Spezialfall, aber ein sehr wichtiger Spezialfall mit vielen Anwendungen in der Mechanik und in anderen Gebieten der Physik. Trotzdem sollten Sie immer im Hinterkopf behalten, dass die hier behandelten Systeme nur Spezialfälle sind; in Kapitel 12 werden wir sehen, dass die Bewegung von nichtlinearen Oszillatoren verblüffend kompliziert sein kann. «

11.1 Zwei Massen und drei Federn

Als ein einfaches Beispiel für gekoppelte Oszillatoren betrachten wir die beiden Wagen aus Abbildung 11.1. Die Wagen bewegen sich reibungsfrei auf einer horizontalen Schiene zwischen zwei festen Wänden. Jeder der beiden Wagen ist mit einer Feder (Federkonstante k_1 bzw. k_3) mit der benachbarten Wand verbunden, und außer-

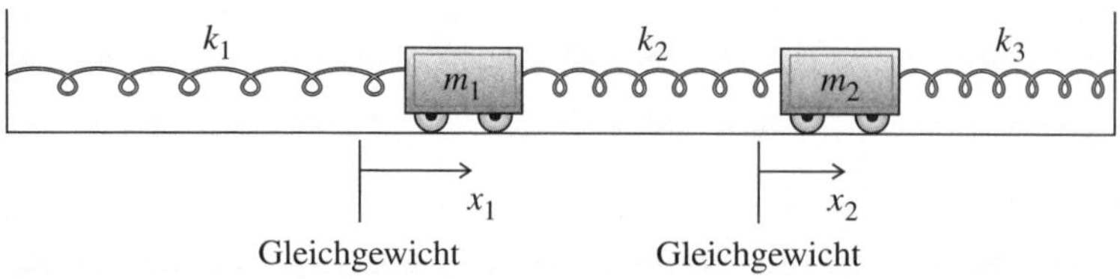

Abbildung 11.1: Zwei Wagen sind durch Federn mit den Federkonstanten k_1 und k_3 an festen Wänden befestigt und durch eine Feder mit der Federkonstanten k_2 miteinander verbunden. Die Orte x_1 und x_2 der Wagen werden jeweils von den Gleichgewichtspositionen aus gemessen.

dem sind die beiden Wagen untereinander mit einer Feder (Federkonstante k_2) verbunden. Ohne die Feder 2 würden die beiden Wagen sich unabhängig voneinander bewegen; diese Feder „koppelt" also die beiden Oszillatoren. Und tatsächlich kann sich wegen der Feder 2 keiner der beiden Wagen bewegen, ohne dass auch der andere sich bewegt. Wenn beispielweise Wagen 1 in Ruhe ist und Wagen 2 sich bewegt, dann ändert sich die Länge von Feder 2, und dadurch wird eine Kraft auf Wagen 1 ausgeübt, die ihn ebenfalls in Bewegung setzt.[1]

Man kann die Bewegungsgleichungen für die beiden Wagen leicht herleiten, entweder mithilfe des zweiten Newton'schen Gesetzes oder mithilfe der Lagrange-Gleichungen. Die Lagrange-Gleichungen lassen sich leichter niederschreiben, doch im vorliegenden einfachen Fall dürfte das Newton'sche Gesetz etwas erhellender sein. Nehmen Sie an, dass die beiden Wagen sich um eine Strecke x_1 bzw. x_2 aus ihren Gleichgewichtspositionen entfernt haben (jeweils nach rechts gemessen). Feder 1 ist nun um eine Strecke x_1 gedehnt, übt also eine Kraft $-k_1x_1$ nach links auf Wagen 1 aus. Feder 2 ist etwas komplizierter zu behandeln, weil sie vom Ort beider Wagen abhängt, doch Sie können sich leicht davon überzeugen, dass sie um $x_2 - x_1$ gedehnt ist und demnach eine Kraft $k_2(x_2 - x_1)$ nach rechts auf Wagen 1 ausübt. Die Gesamtkraft auf Wagen 1 ist also

$$\begin{aligned}(\text{Gesamtkraft auf Wagen 1}) &= -k_1x_1 + k_2(x_2 - x_1)\\ &= -(k_1 + k_2)x_1 + k_2x_2\,; \end{aligned} \tag{11.1}$$

die zweite Zeile soll nur die Abhängigkeit von den beiden Variablen x_1 und x_2 verdeutlichen. Die Gesamtkraft auf Wagen 2 finden Sie ganz entsprechend. Damit haben wir die beiden Bewegungsgleichungen

$$\left.\begin{aligned} m_1\ddot{x}_1 &= -(k_1 + k_2)x_1 + k_2x_2\\ m_2\ddot{x}_2 &= \quad k_2x_1 - (k_2 + k_3)x_2\,. \end{aligned}\right\} \tag{11.2}$$

Bevor wir versuchen, diese beiden gekoppelten Gleichungen zu lösen, machen Sie sich klar, dass man sie in einer schönen kompakten Matrizenform schreiben kann:

$$\boldsymbol{M}\ddot{\mathbf{x}} = -\boldsymbol{K}\mathbf{x}\,. \tag{11.3}$$

Hier habe ich die (2×1)-Spaltenmatrix (den „Spaltenvektor")

$$\mathbf{x} = \begin{bmatrix} x_1\\ x_2 \end{bmatrix} \tag{11.4}$$

eingeführt, der die Konfiguration unseres Systems beschreibt. (Die Spaltenmatrix hat zwei Elemente, weil das System zwei Freiheitsgrade hat; für ein System mit n Freiheitsgraden hätte sie n Elemente.) Und ich habe zwei quadratische Matrizen

$$\boldsymbol{M} = \begin{bmatrix} m_1 & 0\\ 0 & m_2 \end{bmatrix} \quad \text{und} \quad \boldsymbol{K} = \begin{bmatrix} k_1 + k_2 & -k_2\\ -k_2 & k_2 + k_3 \end{bmatrix} \tag{11.5}$$

1 In der folgenden Diskussion ist es am einfachsten anzunehmen, dass die drei Federn weder gedehnt noch komprimiert sind, wenn sich die beiden Wagen in ihrer Gleichgewichtsposition befinden. (Die Federlänge ist also ihre natürliche, ungedehnte Länge.) Abhängig von der Strecke zwischen den beiden Wänden könnte es natürlich sein, dass alle drei Federn entweder komprimiert oder gedehnt sind. Glücklicherweise aber – Sie können das in Aufgabe 1 leicht nachprüfen – wird keines der Ergebnisse der nächsten drei Abschnitte durch diese Möglichkeit beeinflusst.

definiert. Die „Massenmatrix“ $\boldsymbol{M}$ ist (zumindest in diesem einfachen Fall) eine Diagonalmatrix mit den Massen m_1 und m_2 in der Diagonale. Die „Federkonstantenmatrix“ $\boldsymbol{K}$ hat von null verschiedene Nichtdiagonalelemente und berücksichtigt damit, dass x_1 und x_2 auf der rechten Seite von (11.2) gekoppelt sind. Beachten Sie, dass die Matrixgleichung (11.3) eine ganz natürliche Verallgemeinerung der Bewegungsgleichung eines einzelnen Wagens an einer einzelnen Feder ist: Mit nur einem einzigen Freiheitsgrad sind alle drei Matrizen $\mathbf{x}$, $\boldsymbol{M}$ und $\boldsymbol{K}$ einfach nur (1×1)-Matrizen, also gewöhnliche Zahlen. Die Konfiguration $\mathbf{x}$ ist dann der Ort x des Wagens, die Massenmatrix $\boldsymbol{M}$ ist die Wagenmasse m, und $\boldsymbol{K}$ ist die Federkonstante k. Und die Bewegungsgleichung ist schlicht der vertraute Ausdruck $m\ddot{x} = -kx$. Beachten Sie auch, dass die beiden Matrizen $\boldsymbol{M}$ und $\boldsymbol{K}$ symmetrisch sind; das wird für alle entsprechenden Matrizen in diesem Kapitel gelten. Obwohl die Symmetrie von $\boldsymbol{M}$ und $\boldsymbol{K}$ in den Diskussionen hier keine besonders offenkundige Rolle spielt, ist sie ein entscheidendes Merkmal der zugrundeliegenden Mathematik – wir werden das im Anhang noch sehen.

Beim Versuch, die Bewegungsgleichung (11.3) zu lösen, können wir durchaus annehmen, dass es Lösungen gibt, in denen beide Wagen mit derselben Winkelgeschwindigkeit ω sinusförmig hin- und herschwingen, dass also

$$x_1(t) = \alpha_1 \cos(\omega t - \delta_1) \tag{11.6}$$

und

$$x_2(t) = \alpha_2 \cos(\omega t - \delta_2) \tag{11.7}$$

gilt. Auf jeden Fall kann uns niemand daran hindern, es mit Lösungen in dieser Form zumindest zu *versuchen*. (Und damit werden wir auch durchkommen!) Wenn es eine Lösung dieser Form gibt, dann gibt es sicherlich auch eine Lösung der gleichen Form, in der jedoch statt des Kosinus der Sinus steht:

$$y_1(t) = \alpha_1 \sin(\omega t - \delta_1)$$

und

$$y_2(t) = \alpha_2 \sin(\omega t - \delta_2)\,;$$

und nichts kann mich daran hindern, diese beiden Lösungen zu einer einzigen komplexen Lösung zu kombinieren:

$$z_1(t) = x_1(t) + \mathrm{i}y_1(t) = \alpha_1\, \mathrm{e}^{\mathrm{i}(\omega t - \delta_1)} = \alpha_1\, \mathrm{e}^{-\mathrm{i}\delta_1} \mathrm{e}^{\mathrm{i}\omega t} = a_1\, \mathrm{e}^{\mathrm{i}\omega t} \tag{11.8}$$

(mit $a_1 = \alpha_1 \mathrm{e}^{-\mathrm{i}\delta_1}$) und entsprechend

$$z_2(t) = x_2(t) + \mathrm{i}y_2(t) = \alpha_2\, \mathrm{e}^{\mathrm{i}(\omega t - \delta_2)} = \alpha_2\, \mathrm{e}^{-\mathrm{i}\delta_2} \mathrm{e}^{\mathrm{i}\omega t} = a_2\, \mathrm{e}^{\mathrm{i}\omega t}\,. \tag{11.9}$$

Den Trick, eine solche „fiktive“ komplexe Lösung für die Bewegungsgleichung einzuführen, kennen Sie schon aus Abschnitt 5.5. Natürlich behaupte ich nicht, dass diese komplexen Funktionen die tatsächliche Bewegung der beiden Wagen beschreiben. Die tatsächliche Bewegung ist durch die beiden reellen Funktionen (11.6) und (11.7) gegeben. Dennoch sind, wie wir gleich sehen werden, bei geeigneter Wahl von a_1, a_2 und ω die beiden komplexen Funktionen (11.8) und (11.9) Lösungen der Bewegungsgleichung, und ihre Realteile beschreiben tatsächlich die Bewegung unseres Systems. Der große Vorteil der komplexen Funktionen ist, wie Sie bei einem Blick auf die rechte Seite von (11.8) und (11.9) erkennen können, dass sie beide dieselbe Zeitabhängigkeit haben, gegeben durch den gemeinsamen Faktor $e^{i\omega t}$. Damit können wir die beiden komplexen Lösungen in einer einzigen (2×1)-Matrixlösung der Form

$$\mathbf{z}(t) = \begin{bmatrix} z_1(t) \\ z_2(t) \end{bmatrix} = \begin{bmatrix} a_1 \\ a_2 \end{bmatrix} e^{i\omega t} = \boldsymbol{a}\, e^{i\omega t} \tag{11.10}$$

zusammenfassen; dabei ist der Spaltenvektor $\boldsymbol{a}$ eine Konstante, bestehend aus zwei komplexen Zahlen:

$$\boldsymbol{a} = \begin{bmatrix} a_1 \\ a_2 \end{bmatrix} = \begin{bmatrix} \alpha_1\, e^{-i\delta_1} \\ \alpha_2\, e^{-i\delta_2} \end{bmatrix}.$$

Bei der Suche nach Lösungen für die Bewegungsgleichung (11.3) sollten wir entsprechend Lösungen $\mathbf{z}(t)$ in der komplexen Form (11.10) versuchen und dabei berücksichtigen, dass – sofern wir eine solche Lösung finden – die tatsächliche Bewegung $\mathbf{x}(t)$ gleich dem Realteil von $\mathbf{z}(t)$ ist:

$$\mathbf{x}(t) = \mathrm{Re}\,\mathbf{z}(t)\,.$$

Wenn wir die Form (11.10) in Gleichung (11.3) (d. h. $\boldsymbol{M}\ddot{\mathbf{x}} = -\boldsymbol{K}\mathbf{x}$) einsetzen, erhalten wir die Gleichung

$$-\omega^2 \boldsymbol{M}\boldsymbol{a}\, e^{i\omega t} = -\boldsymbol{K}\boldsymbol{a}\, e^{i\omega t}$$

und daraus nach Entfernen des gemeinsamen Exponentialfaktors und einer Umordnung

$$(\boldsymbol{K} - \omega^2 \boldsymbol{M})\boldsymbol{a} = 0\,. \tag{11.11}$$

Diese Gleichung ist eine Verallgemeinerung der Eigenwertgleichung, die wir in Abschnitt 10.5 untersucht haben. (In der normalen Eigenwertgleichung ist die hier mit ω^2 bezeichnete Größe der Eigenwert, und wo hier die Matrix $\boldsymbol{M}$ auftaucht, steht in der normalen Eigenwertgleichung die Einheitsmatrix $\mathbf{1}$.) Sie lässt sich auf fast genau dieselbe Weise lösen. Wenn die Matrix $(\boldsymbol{K} - \omega^2 \boldsymbol{M})$ eine von null verschiedene Determinate hat, dann ist die einzige Lösung von (11.11) die triviale Lösung $\boldsymbol{a} = 0$, und das entspricht gar keiner Bewegung. Wenn andererseits

$$\det(\boldsymbol{K} - \omega^2 \boldsymbol{M}) = 0 \tag{11.12}$$

gilt, dann gibt es mit Sicherheit eine nichttriviale Lösung für (11.11) und damit auch eine Lösung der Bewegungsgleichung in der von uns vermuteten Sinusform (11.10). Im vorliegenden Fall sind $\boldsymbol{K}$ und $\boldsymbol{M}$ (2×2)-Matrizen, und (11.12) ist also eine quadratische Gleichung für ω^2, die im Allgemeinen zwei Lösungen für ω^2 hat. Demnach gibt es zwei Frequenzen ω, für die die beiden Wagen eine Sinusschwingung wie in (11.10) [oder eher (11.6) und (11.7) für die tatsächliche Bewegung] ausführen können.[2]

Die beiden Frequenzen, mit denen unser System sinusförmige Schwingungen ausführen kann (die sogenannten **Normalfrequenzen**), werden durch die quadratische

2 Da es zwei Lösungen für ω^2 gibt, könnten Sie auf den Gedanken kommen, es gäbe vier Lösungen für $\omega = \pm\sqrt{\omega^2}$. Ein Blick auf die Gleichungen (11.6) und (11.7) wird Sie aber davon überzeugen, dass $+\omega$ und $-\omega$ in der tatsächlichen Bewegung *dieselbe* Frequenz bestimmen.

Gleichung (11.12) für ω^2 bestimmt. Die Einzelheiten dieser Gleichung hängen von den Werten der drei Federkonstanten und der beiden Massen ab. Der allgemeine Fall ist recht einfach zu berechnen, allerdings nicht sonderlich erhellend; ich werde stattdessen zwei Spezialfälle behandeln, die eher vermitteln, was hier vor sich geht. Ich beginne mit dem Fall, dass die drei Federn identisch und die beiden Massen gleich sind.

11.2 Identische Federn und gleiche Massen

Fahren wir mit unserer Untersuchung der beiden Wagen aus Abbildung 11.1 fort. Nun wollen wir aber annehmen, dass die beiden Massen gleich sind ($m_1 = m_2 = m$) und dass die drei Federkonstanten ebenfalls gleich sind ($k_1 = k_2 = k_3 = k$). In diesem Fall reduzieren sich die in (11.5) definierten Matrizen $\boldsymbol{M}$ und $\boldsymbol{K}$ auf

$$\boldsymbol{M} = \begin{bmatrix} m & 0 \\ 0 & m \end{bmatrix} \quad \text{und} \quad \boldsymbol{K} = \begin{bmatrix} 2k & -k \\ -k & 2k \end{bmatrix}. \tag{11.13}$$

Die Matrix $(\boldsymbol{K} - \omega^2\boldsymbol{M})$ der verallgemeinerten[3] Eigenwertgleichung (11.11) wird zu

$$(\boldsymbol{K} - \omega^2\boldsymbol{M}) = \begin{bmatrix} 2k - m\omega^2 & -k \\ -k & 2k - m\omega^2 \end{bmatrix} \tag{11.14}$$

mit der Determinante

$$\det(\boldsymbol{K} - \omega^2\boldsymbol{M}) = (2k - m\omega^2)^2 - k^2 = (k - m\omega^2)(3k - m\omega^2)\,.$$

Die beiden Normalfrequenzen werden durch die Bedingung bestimmt, dass die Determinante null ist, und daher gilt

$$\omega = \sqrt{\frac{k}{m}} = \omega_1 \quad \text{und} \quad \omega = \sqrt{\frac{3k}{m}} = \omega_2\,. \tag{11.15}$$

Diese beiden Normalfrequenzen sind diejenigen Frequenzen, bei denen unsere beiden Wagen in einer rein sinusförmigen Bewegung schwingen können. Beachten Sie, dass die erste Frequenz ω_1 genau die Frequenz einer einzelnen Masse m an einer einzigen Feder k ist. Den Grund für diesen scheinbaren Zufall werden wir gleich sehen.

Gleichung (11.15) verrät uns zwar die beiden möglichen Frequenzen unseres Systems, doch wir haben die zugehörigen Bewegungen noch nicht beschrieben. Rufen Sie sich ins Gedächtnis zurück, dass die tatsächliche Bewegung durch einen Spaltenvektor von reellen Zahlen beschrieben wird ($\boldsymbol{x}(t) = \mathrm{Re}\,\boldsymbol{z}(t)$), mit einem komplexen Spaltenvektor $\boldsymbol{z}(t) = \boldsymbol{a}\,\mathrm{e}^{\mathrm{i}\omega t}$ und $\boldsymbol{a}$, bestehend aus zwei konstanten Werten

$$\boldsymbol{a} = \begin{bmatrix} a_1 \\ a_2 \end{bmatrix},$$

die die Eigenwertgleichung

$$(\boldsymbol{K} - \omega^2\boldsymbol{M})\boldsymbol{a} = 0 \tag{11.16}$$

erfüllen müssen. Nun, da wir die möglichen Normalfrequenzen kennen, müssen wir diese Gleichung für den Vektor $\boldsymbol{a}$ für jede der beiden Normalfrequenzen einzeln lösen. Die sinusförmige Bewegung mit einer der Normalfrequenzen wird als eine **Normalmode** bezeichnet. Ich beginne mit der ersten Normalmode.

3 Von nun an bezeichne ich (11.11) als die Eigenwertgleichung und lasse den Zusatz „verallgemeinert“ weg.

Die erste Normalmode

Wenn wir ω als die Frequenz der ersten Normalmode wählen, also $\omega_1 = \sqrt{k/m}$, dann wird die Matrix $(\boldsymbol{K} - \omega^2\boldsymbol{M})$ aus (11.14) zu

$$(\boldsymbol{K} - \omega_1^2\boldsymbol{M}) = \begin{bmatrix} k & -k \\ -k & k \end{bmatrix}. \tag{11.17}$$

(Beachten Sie, dass diese Matrix die Determinante 0 hat, so wie es sein soll.) Daher wird für diesen Fall die Eigenwertgleichung (11.16) zu

$$\begin{bmatrix} 1 & -1 \\ -1 & 1 \end{bmatrix} \begin{bmatrix} a_1 \\ a_2 \end{bmatrix} = 0\,,$$

was äquivalent zu den beiden Gleichungen

$$\begin{aligned} a_1 - a_2 &= 0 \\ -a_1 + a_2 &= 0 \end{aligned}$$

ist. Beachten Sie, dass diese beiden Gleichungen eigentlich dasselbe sind und dass jede von ihnen beispielsweise auf $a_1 = a_2 = A\,\mathrm{e}^{-\mathrm{i}\delta}$ führt. Die komplexe Spaltenmatrix $\mathbf{z}(t)$ ist daher

$$\mathbf{z}(t) = \begin{bmatrix} a_1 \\ a_2 \end{bmatrix} \mathrm{e}^{\mathrm{i}\omega_1 t} = \begin{bmatrix} A \\ A \end{bmatrix} \mathrm{e}^{\mathrm{i}(\omega_1 t - \delta)}\,,$$

und die entsprechende tatsächliche Bewegung ist gegeben durch die reelle Spaltenmatrix $\mathbf{x}(t) = \mathrm{Re}\,\mathbf{z}(t)$ bzw.

$$\mathbf{x}(t) = \begin{bmatrix} x_1(t) \\ x_2(t) \end{bmatrix} = \begin{bmatrix} A \\ A \end{bmatrix} \cos(\omega_1 t - \delta)\,.$$

Mit anderen Worten:

$$\left.\begin{aligned} x_1(t) &= A\cos(\omega_1 t - \delta) \\ x_2(t) &= A\cos(\omega_1 t - \delta) \end{aligned}\right\} \quad \text{[erste Normalmode]}\,. \tag{11.18}$$

In der ersten Normalmode schwingen also, wie in Abbildung 11.2 dargestellt, die beiden Wagen in Phase und mit derselben Amplitude.

Das besondere Merkmal in Abbildung 11.2 ist, dass wegen $x_1(t) = x_2(t)$ die mittlere Feder während der Schwingungen weder gedehnt noch komprimiert wird. Für

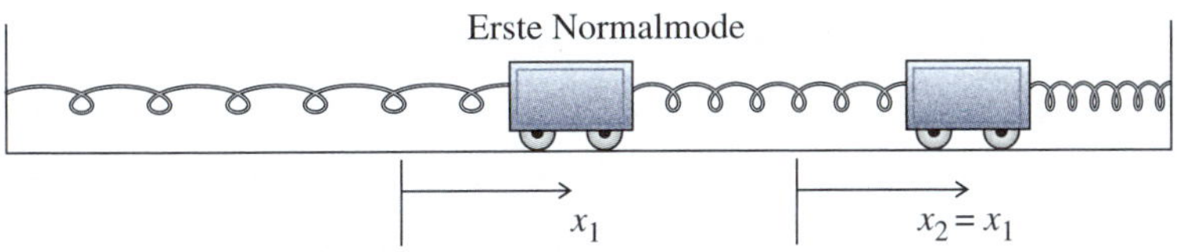

Abbildung 11.2: Die erste Normalmode für zwei Wagen gleicher Masse mit drei identischen Federn. Die beiden Wagen schwingen mit gleicher Amplitude hin und her und sind dabei exakt in Phase, sodass gilt $x_1(t) = x_2(t)$; die mittlere Feder behält die ganze Zeit über ihre Gleichgewichtslänge.

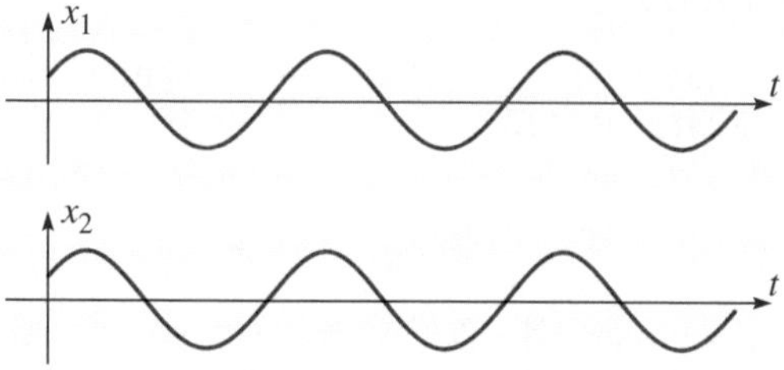

Abbildung 11.3: In der ersten Normalmode ändern sich die beiden Orte jeweils entsprechend einer Sinusschwingung; beide Schwingungen haben dieselbe Amplitude und sind in Phase.

die erste Normalmode ist die mittlere Feder also eigentlich völlig irrelevant, und jeder der beiden Wagen schwingt genau so, als wäre er an nur einer einzigen Feder befestigt. Dies erklärt, warum die erste Normalfrequenz $\omega_1 = \sqrt{k/m}$ genauso groß ist wie für einen einzelnen Wagen an einer einzigen Feder.

Man kann die Bewegung in der ersten Normalmode auch darstellen, indem man die beiden Orte x_1 und x_2 als Funktion der Zeit aufträgt (Abbildung 11.3).

Die zweite Normalmode

Die Frequenz der zweiten Normalmode, bei der unser System sinusförmige Schwingungen vollführt, wird durch (11.15) zu $\omega_2 = \sqrt{3k/m}$ angegeben; wenn man das in (11.14) einsetzt, ergibt sich

$$(\boldsymbol{K} - \omega_2^2 \boldsymbol{M}) = \begin{bmatrix} -k & -k \\ -k & -k \end{bmatrix}. \tag{11.19}$$

Für diese Normalmode folgt also aus der Eigenwertgleichung $(\boldsymbol{K} - \omega_2^2 \boldsymbol{M})\boldsymbol{a} = 0$

$$\begin{bmatrix} 1 & 1 \\ 1 & 1 \end{bmatrix} \begin{bmatrix} a_1 \\ a_2 \end{bmatrix} = 0$$

und daraus $a_1 + a_2 = 0$ oder beispielsweise $a_1 = -a_2 = A\,\mathrm{e}^{\mathrm{i}\delta}$. Die komplexe Spaltenmatrix $\mathbf{z}(t)$ ist damit

$$\mathbf{z}(t) = \begin{bmatrix} a_1 \\ a_2 \end{bmatrix} \mathrm{e}^{\mathrm{i}\omega_2 t} = \begin{bmatrix} A \\ -A \end{bmatrix} \mathrm{e}^{(\mathrm{i}\omega_2 t - \delta)},$$

und die entsprechende tatsächliche Bewegung ist gegeben durch die reelle Spaltenmatrix $\mathbf{x}(t) = \mathrm{Re}\,\mathbf{z}(t)$ bzw.

$$\mathbf{x}(t) = \begin{bmatrix} x_1(t) \\ x_2(t) \end{bmatrix} = \begin{bmatrix} A \\ -A \end{bmatrix} \cos(\omega_2 t - \delta).$$

Mit anderen Worten:

$$\left.\begin{aligned} x_1(t) &= A\cos(\omega_2 t - \delta) \\ x_2(t) &= -A\cos(\omega_2 t - \delta) \end{aligned}\right\} \quad \text{[zweite Normalmode]}. \tag{11.20}$$

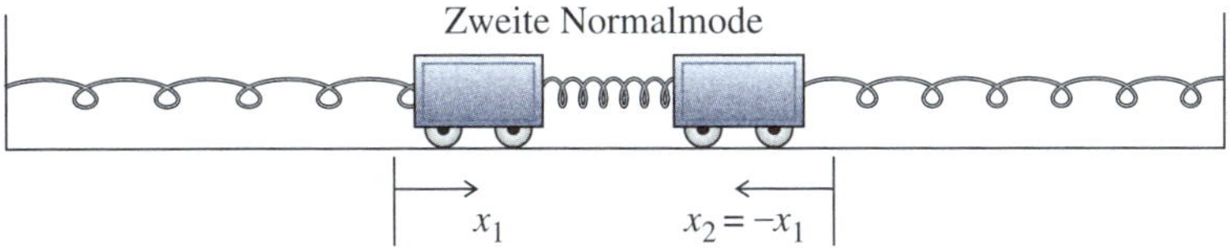

Abbildung 11.4: Die zweite Normalmode für zwei Wagen gleicher Masse mit drei identischen Federn. Die beiden Wagen schwingen mit gleicher Amplitude hin und her, sind dabei aber exakt gegenphasig, sodass zu jedem Zeitpunkt gilt $x_1(t) = -x_2(t)$.

In der zweiten Normalmode schwingen also die beiden Wagen mit derselben Amplitude A, sind aber genau gegenphasig, wie in Abbildung 11.4 zu sehen und in den Kurven von Abbildung 11.5 dargestellt.

In der zweiten Normalmode wird Wagen 2, wenn Wagen 1 nach rechts ausgelenkt wird, um eine gleiche Strecke nach links ausgelenkt (und umgekehrt). Wenn also die beiden äußeren Federn gedehnt werden (wie in Abbildung 11.4), dann wird die mittlere Feder doppelt so stark komprimiert. Wenn also beispielsweise die linke Feder Wagen 1 nach links zieht, dann schiebt die mittlere Feder den Wagen 1 mit einer doppelt so großen Kraft ebenfalls nach links. Das bedeutet, dass sich die beiden Wagen so bewegen, als wären sie an einer einzigen Feder mit der Kraftkonstanten $3k$ befestigt. Entsprechend hat die Frequenz der zweite Normalmode den Wert $\omega_2 = \sqrt{3k/m}$.

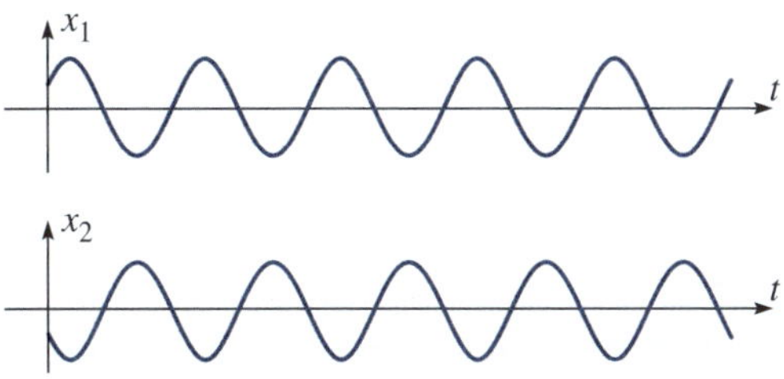

Abbildung 11.5: In der zweite Normalmode ändern sich die Orte der beiden Wagen jeweils entsprechend einer Sinusschwingung; beide Schwingungen haben dieselbe Amplitude, sind aber exakt gegenphasig.

Die allgemeine Lösung

Wir haben nun zwei Lösungen mit Normalmoden gefunden, die wir folgendermaßen schreiben können:

$$\mathbf{x}(t) = A_1 \begin{bmatrix} 1 \\ 1 \end{bmatrix} \cos(\omega_1 t - \delta_1) \qquad \text{und} \qquad \mathbf{x}(t) = A_2 \begin{bmatrix} 1 \\ -1 \end{bmatrix} \cos(\omega_2 t - \delta_2)\,;$$

dabei sind ω_1 und ω_2 die Normalfrequenzen nach (11.15). Beide Lösungen erfüllen die Bewegungsgleichung $\boldsymbol{M}\ddot{\mathbf{x}} = -\boldsymbol{K}\mathbf{x}$ für beliebige Werte der vier reellen Konstanten A_1, δ_1, A_2 und δ_2. Da die Bewegungsgleichung linear und homogen ist, ist auch die Summe dieser beiden Lösungen eine Lösung:

$$\mathbf{x}(t) = A_1 \begin{bmatrix} 1 \\ 1 \end{bmatrix} \cos(\omega_1 t - \delta_1) + A_2 \begin{bmatrix} 1 \\ -1 \end{bmatrix} \cos(\omega_2 t - \delta_2)\,. \tag{11.21}$$

Weil die Bewegungsgleichung eigentlich aus zwei Differenzialgleichungen zweiter Ordnung für die beiden Variablen $x_1(t)$ bzw. $x_2(t)$ besteht, hat ihre allgemeine Lösung vier Integrationskonstanten. Damit ist die in (11.21) angegebene Lösung mit ihren vier beliebigen Konstanten tatsächlich die allgemeine Lösung. *Jede* Lösung lässt sich in der Form von (11.21) schreiben, wobei die Konstanten A_1, δ_1, A_2 und δ_2 durch die Anfangsbedingungen bestimmt sind.

Die allgemeine Lösung (11.21) ist nur schwer zu veranschaulichen und zu beschreiben. Die Bewegung eines jeden der beiden Wagen zeigt eine Mischung von zwei Frequenzen ω_1 und ω_2. Wegen $\omega_2 = \sqrt{3}\omega_1$ wiederholt sich die Bewegung nicht, außer in dem speziellen Fall, dass eine der Konstanten A_1 oder A_2 null ist (dann haben wir wieder eine der Normalmoden). Abbildung 11.6 zeigt Kurven der beiden Orte in einer typischen Nichtnormalmode (mit $A_1 = 1$, $A_2 = 0{,}7$, $\delta_1 = 0$ und $\delta_2 = \pi/2$). Das einzig Einfache, was man über diese Kurven sagen kann, ist, dass sie ganz bestimmt nicht einfach sind!

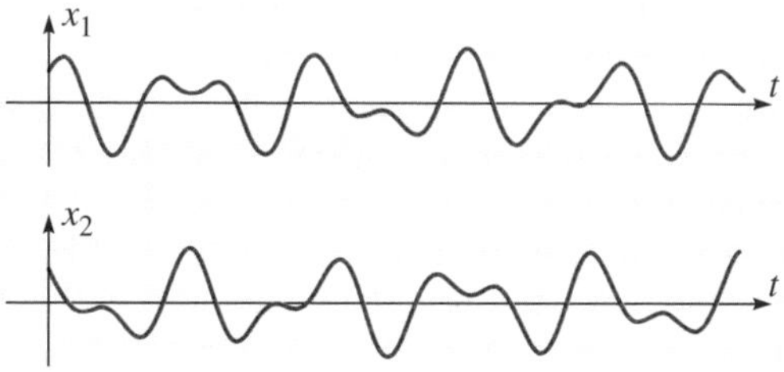

Abbildung 11.6: In der allgemeinen Lösung schwingen sowohl $x_1(t)$ als auch $x_2(t)$ mit *beiden* Normalfrequenzen und erzeugen dadurch ein ziemlich kompliziertes, nichtperiodisches Bewegungsmuster.

Normalkoordinaten

Wir haben gesehen, dass sich bei jeder möglichen Bewegung unseres Systems aus zwei Wagen *beide* Koordinaten $x_1(t)$ und $x_2(t)$ mit der Zeit ändern. In den Normalmoden haben wir zwar eine einfache (nämlich sinusförmige) Zeitabhängigkeit, doch ändern sich immer *beide* Koordinaten; darin spiegelt sich wider, dass alle Wagen gekoppelt sind und dass keiner der Wagen sich ohne den anderen bewegen kann. Man kann nun alternative, sogenannte **Normalkoordinaten** einführen; sie sind zwar physikalisch weniger transparent, bieten aber den Vorzug, dass jede von ihnen sich unabhängig von der anderen verändern lässt. Diese Aussage gilt für beliebige Systeme von gekoppelten Oszillatoren; sie lässt sich aber anhand des vorliegenden Systems mit zwei gleichen, durch drei identische Federn verbundenen Massen besonders leicht zeigen.

Anstelle der Koordinaten x_1 und x_2 können wir die Orte der beiden Wagen durch die beiden *Normalkoordinaten*

$$\xi_1 = \tfrac{1}{2}(x_1 + x_2) \qquad (11.22)$$

und

$$\xi_2 = \tfrac{1}{2}(x_1 - x_2) \qquad (11.23)$$

charakterisieren. Die physikalische Bedeutung der Originalvariablen x_1 und x_2 ist natürlich einleuchtender, doch ξ_1 und ξ_2 taugen genauso gut zur Kennzeichnung der Konfiguration des Systems. Darüberhinaus erkennen Sie bei einem Blick auf Gleichung (11.18) für die erste Normalmode, dass in der ersten Normalmode die neuen Variablen folgende Form annehmen:

$$\left.\begin{aligned} \xi_1(t) &= A\cos(\omega_1 t - \delta) \\ \xi_2(t) &= 0 \end{aligned}\right\} \quad \text{[erste Normalmode]}\,; \tag{11.24}$$

in der zweiten Normalmode folgt aus (11.20)

$$\left.\begin{aligned} \xi_1(t) &= 0 \\ \xi_2(t) &= A\cos(\omega_2 t - \delta) \end{aligned}\right\} \quad \text{[zweite Normalmode]}\,. \tag{11.25}$$

In der ersten Normalmode schwingt also die neue Variable ξ_1, aber ξ_2 bleibt null. In der zweiten Normalmode ist es gerade umgekehrt. In diesem Sinne sind die neuen Koordinaten unabhängig – jede von ihnen kann ohne die andere schwingen. Die allgemeine Bewegung unseres Systems ist eine Überlagerung der beiden Moden, dann schwingen sowohl ξ_1 als auch ξ_2, allerdings ξ_1 nur mit der Frequenz ω_1 und ξ_2 nur mit der Frequenz ω_2. In einigen komplizierteren Fällen können diese neuen Normalkoordinaten eine erhebliche Vereinfachung bedeuten (vgl. die Beispiele in den Aufgaben 9, 10 und 11 sowie die weiterführende Diskussion in Abschnitt 11.7).

11.3 Zwei schwach gekoppelte Oszillatoren

Im vorangegangenen Abschnitt haben wir die Schwingungen von zwei gleichen Massen behandelt, die durch drei identische Federn verbunden sind. Für dieses System waren die beiden Normalmoden leicht zu verstehen und zu veranschaulichen, doch bei den nichtnormalen Schwingungen war das anders. Ein System, bei dem sich auch die nichtnormalen Schwingungen leicht visualisieren lassen, ist ein Paar von Oszillatoren mit derselben Eigenfrequenz, die nur *schwach gekoppelt* sind. Als Beispiel für ein solches System betrachten Sie die beiden identischen Wagen in Abbildung 11.7, die an den jeweils benachbarten Wänden mit identischen Federn befestigt sind (Federkonstanten k), die aber miteinander durch eine viel schwächere Feder verbunden sind (Federkonstante $k_2 \ll k$).

Die Normalmoden für dieses System sind rasch gefunden. Die Massenmatrix $\boldsymbol{M}$ ist dieselbe wie zuvor. Die Federmatrix $\boldsymbol{K}$ und die entscheidende Kombination

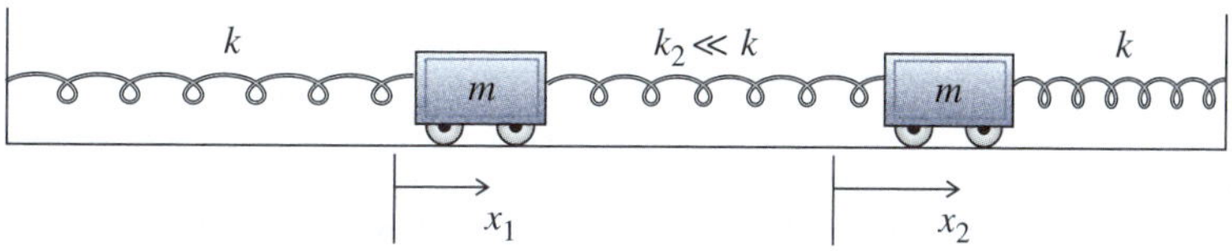

Abbildung 11.7: Zwei schwach gekoppelte Wagen. Die mittlere Feder, mit der die beiden Wagen verbunden sind, ist viel schwächer als die beiden äußeren Federn.

$(\boldsymbol{K}-\omega^2\boldsymbol{M})$, die das Eigenwertproblem bestimmt, kann man (ausgehend von (11.5) für $\boldsymbol{K}$) leicht angeben:

$$\boldsymbol{K}=\begin{bmatrix} k+k_2 & -k_2 \\ -k_2 & k+k_2 \end{bmatrix} \qquad \text{und}$$

$$(\boldsymbol{K}-\omega^2\boldsymbol{M})=\begin{bmatrix} k+k_2-m\omega^2 & -k_2 \\ -k_2 & k+k_2-m\omega^2 \end{bmatrix}. \tag{11.26}$$

Die Determinante von $(\boldsymbol{K}-\omega^2\boldsymbol{M})$ ist $(k-m\omega^2)(k+2k_2-m\omega^2)$, und damit kommen wir für die beiden Normalfrequenzen auf

$$\omega_1=\sqrt{\frac{k}{m}} \qquad \text{und} \qquad \omega_2=\sqrt{\frac{k+2k_2}{m}}. \tag{11.27}$$

Die erste Frequenz ist genau dieselbe wie beim vorigen Beispiel, und wir können auch leicht den Grund dafür erkennen. Die Bewegung in dieser ersten Mode ist (Sie sollten das nachrechnen!) dieselbe Bewegung wie in Abbildung 11.2 für die erste Normalmode des Systems mit identischen Federn. Wichtig hierbei ist, dass sich in dieser Mode die beiden Wagen zusammen derart bewegen, dass die mittlere Feder nicht beteiligt und daher irrelevant ist. Damit erhalten wir natürlich für diese Mode auch dieselbe Frequenz, ganz egal, wie stark die mittlere Feder ist.

Auch in der zweiten Normalmode haben wir dieselbe Bewegung wie bei der entsprechenden Mode in dem System mit identischen Federn: Die beiden Wagen schwingen genau gegenphasig, d. h. zu einem beliebigen Zeitpunkt bewegen sich beide nach innen oder beide nach außen, so wie in Abbildung 11.4. Doch in dieser Mode ist die Stärke der mittleren Feder natürlich relevant, und die Frequenz der zweiten Normalmode hängt nach Gleichung (11.27) von k_2 ab. Im vorliegenden Fall liegt ω_2 wegen $k_2 \ll k$ sehr nahe bei ω_1. Um diesen Umstand auszunützen, definiert man am bequemsten eine Frequenz ω_0 als Mittelwert der beiden Normalfrequenzen:

$$\omega_0=\frac{\omega_1+\omega_2}{2}.$$

Da ω_1 und ω_2 sehr nahe beieinander liegen, ist ω_0 sehr dicht bei beiden Frequenzen, und für die meisten Zwecke können wir uns ω_0 als im Wesentlichen gleich $\omega_1=\sqrt{k/m}$ vorstellen. Um anzudeuten, wie klein die Differenz zwischen ω_1 und ω_2 ist, schreibe ich

$$\omega_1=\omega_0-\varepsilon \qquad \text{und} \qquad \omega_2=\omega_0+\varepsilon.$$

Die kleine Zahl ε ist also gerade die Hälfte der Differenz zwischen den beiden Normalfrequenzen.

Die beiden Normalmoden der schwach gekoppelten Wagen lassen sich nun schreiben als

$$\mathbf{z}(t)=C_1\begin{bmatrix}1\\1\end{bmatrix}\mathrm{e}^{\mathrm{i}(\omega_0-\varepsilon)t} \qquad \text{und} \qquad \mathbf{z}(t)=C_2\begin{bmatrix}1\\-1\end{bmatrix}\mathrm{e}^{\mathrm{i}(\omega_0+\varepsilon)t}.$$

Beide Ausdrücke genügen der Bewegungsgleichung für beliebige Werte der komplexen Zahlen C_1 und C_2. (Es ist bequem, noch ein wenig länger mit den „fiktiven" komplexen Lösungen zu arbeiten.) Die Summe der beiden Lösungen ist ebenfalls eine Lösung:

$$\mathbf{z}(t)=C_1\begin{bmatrix}1\\1\end{bmatrix}\mathrm{e}^{\mathrm{i}(\omega_0-\varepsilon)t}+C_2\begin{bmatrix}1\\-1\end{bmatrix}\mathrm{e}^{\mathrm{i}(\omega_0+\varepsilon)t}. \tag{11.28}$$

Da diese Lösung vier beliebige reelle Konstanten enthält (die beiden komplexen Konstanten C_1 und C_2 sind äquivalent zu vier reellen Konstanten), ist das die allgemeine Lösung. Die Konstanten C_1 und C_2 in (11.28) sind durch die Anfangsbedingungen bestimmt – durch die Orte und die Geschwindigkeiten der beiden Wagen zum Zeitpunkt $t = 0$.

Um einige allgemeine Merkmale der Lösung (11.28) zu erkennen, ist es hilfreich, die Gleichung folgendermaßen zu faktorisieren:

$$\mathbf{z}(t) = \left\{ C_1 \begin{bmatrix} 1 \\ 1 \end{bmatrix} \mathrm{e}^{-\mathrm{i}\varepsilon t} + C_2 \begin{bmatrix} 1 \\ -1 \end{bmatrix} \mathrm{e}^{\mathrm{i}\varepsilon t} \right\} \mathrm{e}^{\mathrm{i}\omega_0 t} . \tag{11.29}$$

Damit drücken wir unsere Lösung als Produkt zweier Terme aus. Der Term in geschweiften Klammern $\{\ldots\}$ ist eine (2×1)-Spaltenmatrix, die von t abhängt. Doch weil ε sehr klein ist, ändert sich diese Spaltenmatrix im Vergleich zum zweiten Faktor $\mathrm{e}^{\mathrm{i}\omega_0 t}$ nur sehr langsam. Über einen angemessen kurzen Zeitraum ist der erste Faktor im Wesentlichen konstant, und unsere Lösung verhält sich wie $\mathbf{z}(t) = \boldsymbol{a}\mathrm{e}^{\mathrm{i}\omega_0 t}$ mit einem konstanten $\boldsymbol{a}$. Während eines kurzen Zeitintervalls schwingen also die beiden Wagen sinusförmig mit der Frequenz ω_0. Wenn wir aber lang genug warten, verändert sich die „Konstante" $\boldsymbol{a}$ ein wenig, und damit ändern sich auch die Einzelheiten der Bewegung für die beiden Wagen. Ich werden dieses Verhalten gleich en détail erklären.

Wir wollen nun das Verhalten von (11.29) für einige einfache Werte der Konstanten C_1 und C_2 untersuchen. Wenn entweder C_1 oder C_2 null ist, fällt die Lösung (11.29) auf eine der Normalmoden zurück. (Beispielsweise ist die Lösung für $C_1 = 0$ die zweite Normalmode.) Ein interessanterer Fall liegt dann vor, wenn C_1 und C_2 den gleichen Betrag haben; um die Diskussion zu vereinfachen, werde ich annehmen, dass C_1 und C_2 gleich und reell sind, etwa

$$C_1 = C_2 = A/2$$

(der Faktor 1/2 wird hier nur eingeführt, damit wir es später bequemer haben). In diesem Fall wird (11.29) zu

$$\mathbf{z}(t) = \frac{A}{2} \begin{bmatrix} \mathrm{e}^{-\mathrm{i}\varepsilon t} + \mathrm{e}^{\mathrm{i}\varepsilon t} \\ \mathrm{e}^{-\mathrm{i}\varepsilon t} - \mathrm{e}^{\mathrm{i}\varepsilon t} \end{bmatrix} \mathrm{e}^{\mathrm{i}\omega_0 t} = A \begin{bmatrix} \cos \varepsilon t \\ -\mathrm{i} \sin \varepsilon t \end{bmatrix} \mathrm{e}^{\mathrm{i}\omega_0 t} . \tag{11.30}$$

Um die tatsächliche Bewegung der beiden Wagen zu bestimmen, müssen wir den Realteil dieser Matrix betrachten [d. h. $\mathbf{x}(t) = \operatorname{Re} \mathbf{z}(t)$]; dessen beide Elemente sind die beiden Ortsfunktionen

$$\left.\begin{aligned} x_1(t) &= A \cos \varepsilon t \cos \omega_0 t \\ x_2(t) &= A \sin \varepsilon t \sin \omega_0 t . \end{aligned}\right\} \tag{11.31}$$

Die Lösung (11.31) hat eine einfache und elegante Interpretation. Beachten Sie zunächst, dass zum Zeitpunkt null $x_1 = A$ gilt sowie $\dot{x}_1 = x_2 = \dot{x}_2 = 0$. Unsere Lösung beschreibt also die Bewegung, nachdem Wagen 1 um die Strecke A nach rechts gezogen und dann zur Zeit $t = 0$ losgelassen wird, während Wagen 2 aus der Ruhe in seiner Gleichgewichtslage startet. Da ε sehr klein ist, gibt es einen nennenswerten Zeitraum (nämlich $0 \leq t \leq 1/\varepsilon$), während dessen die Funktionen in (11.31), die εt enthalten, im Wesentlichen unververändert bleiben, d. h. $\cos \varepsilon t \approx 1$

und $\sin \varepsilon t \approx 0$. Während dieses Anfangsintervalls sind die beiden Ortsfunktionen nach (11.31) einfach

$$\left.\begin{aligned} x_1(t) &\approx A \cos \omega_0 t \\ x_2(t) &\approx 0 \end{aligned}\right\} \qquad [t \approx 0]\,. \tag{11.32}$$

Anfangs schwingt also Wagen 1 mit der Amplitude A und der Frequenz ω_0, während Wagen 2 in Ruhe bleibt.

Dieser einfache Zustand kann natürlich nicht ewig andauern. Sobald Wagen 1 anfängt sich zu bewegen, verformt sich die schwache mittlere Feder, die dadurch eine Kraft auf Wagen 2 ausübt. Obwohl diese Kraft nur klein ist, versetzt sie schließlich auch Wagen 2 in Schwingungen. Dies lässt sich in (11.31) erkennen, wenn der Faktor $\sin \varepsilon t$ schließlich bemerkbar wird; dann beginnt Wagen 2 zu schwingen, und zwar ebenfalls mit der Frequenz ω_0. Beachten Sie, dass während des Anstiegs von Faktor $\sin \varepsilon t$ in $x_2(t)$ gegen 1 der Faktor $\cos \varepsilon t$ in $x_1(t)$ gegen null schrumpfen muss, damit die Gesamtenergie der beiden schwingenden Wagen konstant bleibt. Schließlich erreicht bei $t = \pi/2\varepsilon$ der Faktor $\sin \varepsilon t$ die 1 (und $\cos \varepsilon t$ die 0), und es gibt ein Zeitintervall, in dem gilt[4]

$$\left.\begin{aligned} x_1(t) &\approx 0 \\ x_2(t) &\approx A \sin \omega_0 t \end{aligned}\right\} \qquad [t \approx \pi/2\varepsilon]\,. \tag{11.33}$$

Wenn nun Wagen 2 mit der maximalen Auslenkung und Wagen 1 gar nicht schwingt, dann beginnt Wagen 2 den Wagen 1 anzutreiben. Wagen 1 schwingt also mit zunehmender Amplitude, und die Amplitude der Schwingungen von Wagen 2 nimmt wieder ab. Dieser Prozess, bei dem die Energie zwischen den Wagen hin und her ausgetauscht wird, könnte endlos andauern (er kommt zum Stillstand, wenn dissipative Kräfte die Energie aufgezehrt haben, doch die vernachlässigen wir hier). Dies ist in Abbildung 11.8 zu sehen; dargestellt sind $x_1(t)$ und $x_2(t)$ entsprechend (11.31) als Funktionen von t für einige Zyklen, in denen die Energie von Wagen 1 auf Wagen 2 und zurück übertragen wird.

Wenn Sie sich schon einmal mit dem Phänomen der Schwebung beschäftigt haben, werden Sie wahrscheinlich die Ähnlichkeit der beiden Kurven in Abbildung 11.8 mit der Darstellung einer Schwebung erkannt haben. Schwebungen sind das Ergebnis einer Überlagerung von zwei Wellen – beispielsweise zweier Schallwellen – mit nahezu gleicher Frequenz. Wegen des kleinen Frequenzunterschieds geraten die beiden Wellen (an einem festen Ort) regelmäßig in und außer Phase. Die resultierende Interferenz der Wellen ist also abwechselnd konstruktiv und destruktiv, und die Kurve des resultierenden Signals sieht aus wie eine der Kurven in Abbildung 11.8. Um zu untersuchen, was genau den Schwebungsvorgang im Fall unserer zwei Wagen verursacht, müssen wir noch einmal die Normalkoordinaten $\xi_1 = \frac{1}{2}(x_1 + x_2)$ und $\xi_2 = \frac{1}{2}(x_1 - x_2)$ aus den Gleichungen (11.22) und (11.23) anschauen. Für die jetzige Lösung (11.31) sind dies [denken Sie an die trigonometrische Identität $\cos\theta\cos\varphi +$

4 Machen Sie sich klar, dass wir die Geschehnisse hier auch mit den Begriffen der Diskussion über Resonanzphänomene in Abschnitt 5.6 interpretieren können. Die schwache Feder treibt Wagen 2 mit der Resonanzfrequenz ω_0 an, sodass Wagen 2 mit Schwingungen reagieren sollte, die dem Treiber um $\pi/2$ nacheilen. Genau das erkennen wir in (11.32) und (11.33), denn $\sin \omega_0 t$ liegt wirklich um $\pi/2$ hinter $\cos \omega_0 t$.

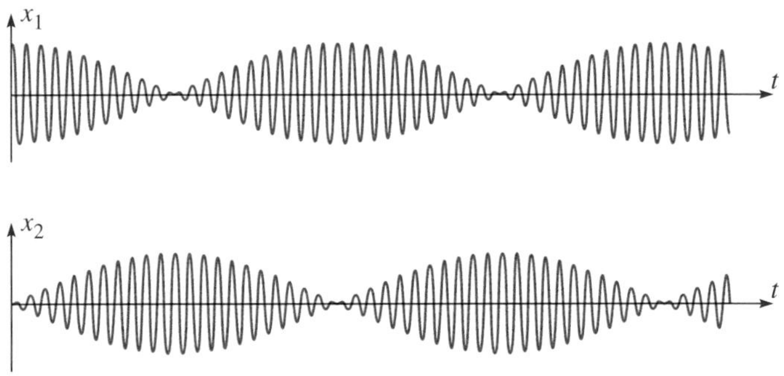

Abbildung 11.8: Die Orte $x_1(t)$ und $x_2(t)$ von zwei schwach gekoppelten oszillierenden Wagen, wenn Wagen 1 bei $x_1 = A > 0$ aus dem Stillstand losgelassen wird und Wagen 2 sich bei $x_2 = 0$ befindet.

$\sin\theta \sin\varphi = \cos(\theta - \varphi)]$

$$\left.\begin{aligned} \xi_1(t) &= \tfrac{1}{2}A\cos(\omega_0 - \varepsilon)t = \tfrac{1}{2}A\cos\omega_1 t \\ \xi_2(t) &= \tfrac{1}{2}A\cos(\omega_0 + \varepsilon)t = \tfrac{1}{2}A\cos\omega_2 t\,. \end{aligned}\right\} \tag{11.34}$$

Mit anderen Worten: Die beiden Normalkoordinaten oszillieren mit gleicher Amplitude, die erste mit der Frequenz ω_1 und die zweite mit der nur wenig abweichenden Frequenz ω_2. Wegen $x_1(t) = \xi_1(t)+\xi_2(t)$ erkennen wir, dass $x_1(t)$ die Überlagerung von $\xi_1(t)$ und $\xi_2(t)$ ist, und die Zu- und Abnahme von $x_1(t)$ ist das Ergebnis der Schwebung zwischen diesen beiden Schwingungen von fast gleicher Frequenz. Dasselbe gilt auch für $x_2(t)$, nur sind hier wegen $x_2(t) = \xi_1(t) - \xi_2(t)$ die Augenblicke mit *konstruktiver* Interferenz für $x_1(t)$ gerade die Augenblicke mit *destruktiver* Interferenz für $x_2(t)$ und umgekehrt; in Abbildung 11.8 ist das deutlich zu erkennen.

11.4 Der Lagrange-Ansatz: das Doppelpendel

Unsere Untersuchung der zwei oszillierenden Wagen in den letzten drei Abschnitten beruhte auf dem zweiten Newton'schen Gesetz. Wir hätten die Bewegungsgleichung auch mit dem Lagrange-Formalismus herleiten können, das hätte hier aber keinen besonderen Vorteil gebracht. Wir werden aber sehen, dass die Vorzüge des Lagrange-Ansatzes bei der Untersuchung von Systemen mit zunehmender Komplexität rasch überwältigend werden. Ich werde diesen Abschnitt mit einer neuerlichen Herleitung der Bewegungsgleichungen für die schon vertrauten Wagen aus der Lagrange-Funktion beginnen. Dann werde ich das auch für ein weiteres System mit zwei Freiheitsgraden tun, das sogenannte Doppelpendel. Die beiden Beispiele werden den Weg für die allgemeine Diskussion im nächsten Abschnitt bereiten.

Der Lagrange-Ansatz für zwei Wagen und drei Federn

Betrachten wir noch einmal die beiden Wagen aus Abbildung 11.1. Wir konnten die Bewegungsgleichungen (11.2) direkt aus dem zweiten Newton'schen Gesetz herleiten, nachdem wir die Kräfte auf jeden der Wagen identifiziert hatten. Wenn wir von den Lagrange-Gleichungen ausgehen wollen, müssen wir zunächst die kinetische Energie T und die potenzielle Energie U angeben und damit die Lagrange-Funktion $\mathcal{L} = T - U$ bestimmen. Die kinetische Energie ist einfach

$$T = \tfrac{1}{2}m_1\dot{x}_1^2 + \tfrac{1}{2}m_2\dot{x}_2^2\,. \tag{11.35}$$

Um die potenzielle Energie angeben zu können, setzen wir die Ausdehnungen der drei Federn mit x_1, $x_2 - x_1$ und $-x_2$ an, woraus für die potenzielle Energie sofort folgt

$$\begin{aligned} U &= \tfrac{1}{2}k_1x_1^2 + \tfrac{1}{2}k_2(x_2 - x_1)^2 + \tfrac{1}{2}k_3x_2^2 \\ &= \tfrac{1}{2}(k_1 + k_2)x_1^2 - k_2x_1x_2 + \tfrac{1}{2}(k_2 + k_3)x_2^2\,. \end{aligned} \tag{11.36}$$

Mit diesen Ergebnissen haben wir sofort die Lagrange-Funktion $\mathcal{L} = T - U$ und erhalten daraus die Lagrange-Gleichungen:

$$\frac{\mathrm{d}}{\mathrm{d}t}\frac{\partial\mathcal{L}}{\partial\dot{x}_1} = \frac{\partial\mathcal{L}}{\partial x_1} \qquad \text{oder} \qquad m_1\ddot{x}_1 = -(k_1 + k_2)x_1 + k_2x_2$$

und

$$\frac{\mathrm{d}}{\mathrm{d}t}\frac{\partial\mathcal{L}}{\partial\dot{x}_2} = \frac{\partial\mathcal{L}}{\partial x_2} \qquad \text{oder} \qquad m_2\ddot{x}_2 = k_2x_1 - (k_2 + k_3)x_2\,.$$

Dies sind genau die zwei Bewegungsgleichungen (11.2), die wir in die kompakte Matrixform $\boldsymbol{M}\ddot{\boldsymbol{x}} = -\boldsymbol{K}\boldsymbol{x}$ umgeschrieben haben. Die alternative Herleitung derselben Gleichungen bietet für dieses einfache Systeme keine besonderen Vorzüge. Doch jetzt kommt ein anderes, immer noch sehr einfaches System, für das der Lagrange-Ansatz bereits viel unkomplizierter ist als der Newton'sche.

Das Doppelpendel

Betrachten wir ein Doppelpendel, bestehend aus einer Masse m_1, die mit einem masselosen Stab der Länge L_1 an einem festen Aufhängepunkt befestigt ist, und einer zweiter Masse m_2, die mit einem masselosen Stab der Länge L_2 an m_1 befestigt ist (Abbildung 11.9). Man kann die Lagrange-Funktion $\mathcal{L}$ unkompliziert als Funktion der beiden eingezeichneten verallgemeinerten Koordinaten φ_1 und φ_2 angeben. Wenn der Winkel φ_1 von 0 aus zunimmt, hebt sich die Masse m_1 um die Strecke $L_1(1 - \cos\varphi_1)$ und gewinnt die potenzielle Energie

$$U_1 = m_1gL_1(1 - \cos\varphi_1)\,.$$

Wenn entsprechend der Winkel φ_2 von 0 aus zunimmt, hebt sich die zweite Masse um $L_2(1 - \cos\varphi_2)$, doch zusätzlich hat sich ihr Aufhängepunkt (die Masse m_1) schon um $L_1(1 - \cos\varphi_1)$ gehoben. Also haben wir

$$U_2 = m_2g[L_1(1 - \cos\varphi_1) + L_2(1 - \cos\varphi_2)].$$

Die gesamte potenzielle Energie ist daher

$$U(\varphi_1, \varphi_2) = (m_1 + m_2)gL_1(1 - \cos\varphi_1) + m_2gL_2(1 - \cos\varphi_2)\,. \tag{11.37}$$

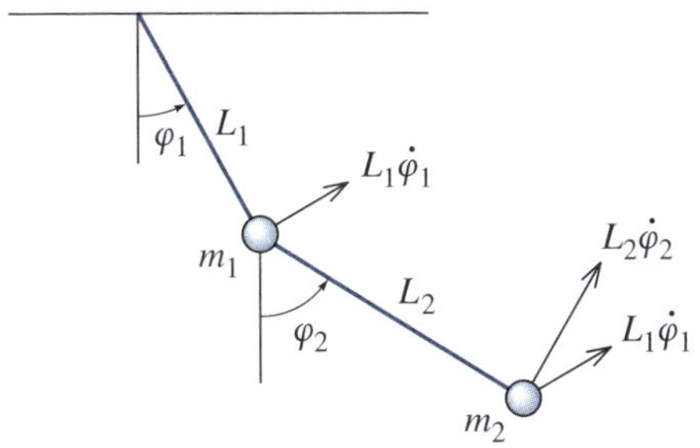

Abbildung 11.9: Ein Doppelpendel. Die Geschwindigkeit von m_2 ist die Vektorsumme der beiden angegebenen Geschwindigkeiten, deren Richtungen um einen Winkel $\varphi_2 - \varphi_1$ voneinander abweichen.

Wie in Abbildung 11.9 dargestellt, ist die Geschwindigkeit von m_1 gerade $L_1\dot{\varphi}_1$ in tangentialer Richtung, die kinetische Energie von m_1 ist also

$$T_1 = \tfrac{1}{2}m_1L_1^2\dot{\varphi}_1^2 \,.$$

Die Geschwindigkeit von m_2 ist die Vektorsumme der beiden in Abbildung 11.9 gezeigten Geschwindigkeiten, d. h. die Geschwindigkeit $L_2\dot{\varphi}_2$ von m_2 relativ zu ihrem Aufhängepunkt m_1 plus die Geschwindigkeit $L_1\dot{\varphi}_1$ des Aufhängepunkts. Diese beiden Geschwindigkeiten schließen einen Winkel $(\varphi_2 - \varphi_1)$ ein, sodass m_2 die kinetische Energie

$$T_2 = \tfrac{1}{2}m_2[L_1^2\dot{\varphi}_1^2 + 2L_1L_2\dot{\varphi}_1\dot{\varphi}_2\cos(\varphi_1 - \varphi_2) + L_2^2\dot{\varphi}_2^2]$$

hat; die kinetische Gesamtenergie ist

$$T = \tfrac{1}{2}(m_1 + m_2)L_1^2\dot{\varphi}_1^2 + m_2L_1L_2\dot{\varphi}_1\dot{\varphi}_2\cos(\varphi_1 - \varphi_2) + \tfrac{1}{2}m_2L_2^2\dot{\varphi}_2^2 \,. \tag{11.38}$$

Mit (11.38) und (11.37) können wir die Lagrange-Funktion $\mathcal{L} = T - U$ angeben und daraus die zwei Lagrange-Gleichungen für φ_1 und φ_2 herleiten. Die sich dadurch ergebenden Gleichungen sind jedoch viel zu kompliziert, als dass man daraus etwas Erhellendes ablesen könnte; sie lassen sich außerdem nicht analytisch lösen. Dies erinnert an das einfache Pendel, dessen Bewegungsgleichung $L\ddot{\varphi} = -g\sin\varphi$ ja ebenfalls keine analytische Lösung hatte, sodass wir sie numerisch lösen oder eine geeignete Näherung finden mussten. So wie damals setzen wir auch in unserem jetzigen Fall als einfachste nützliche Näherung die Kleinwinkelnäherung an; beim einfachen Pendel hatte sich die Gleichung damit auf den lösbaren Ausdruck $L\ddot{\varphi} = -g\phi$ reduziert. Wir werden gleich sehen, dass für fast alle gekoppelten schwingungsfähigen Systeme die exakten Gleichungen nicht analytisch lösbar sind; wenn wir uns aber auf *kleine Schwingungen* beschränken (und das ist sicher ein wichtiger Spezialfall), dann reduzieren sich die Gleichungen auf eine Standardform, die man sehr wohl lösen kann.

Kehren wir zu den Gleichungen für das Doppelpendel zurück und nehmen wir an, dass beide Winkel φ_1 und φ_2 sowie die zugehörigen Geschwindigkeiten $\dot{\varphi}_1$ und $\dot{\varphi}_2$ für alle Zeiten klein bleiben. Dann können wir die Ausdrücke für T und U durch eine Taylor-Entwicklung vereinfachen, in der wir alle Terme der dritten Potenz und höher für die vier kleinen Größen vernachlässigen. In (11.38) für die kinetische Energie müssen wir uns nur um den mittleren Term kümmern. Da der Faktor $\cos(\varphi_1 - \varphi_2)$ bereits mit dem „doppelt kleinen" Produkt $\dot{\varphi}_1\dot{\varphi}_2$ multipliziert wird, können wir den Kosinus durch 1 nähern und erhalten

$$T = \tfrac{1}{2}(m_1 + m_2)L_1^2\dot{\varphi}_1^2 + m_2L_1L_2\dot{\varphi}_1\dot{\varphi}_2 + \tfrac{1}{2}m_2L_2^2\dot{\varphi}_2^2\,. \tag{11.39}$$

In (11.37) für die potenzielle Energie müssen wir die Kosinusausdrücke etwas sorgfältiger behandeln (da sie nicht schon mit einer kleinen Größe multipliziert werden). Die Taylor-Reihe für $\cos\varphi$ gibt uns die Näherung $\cos\varphi \approx 1 - \varphi^2/2$, womit sich (11.37) reduziert auf

$$U = \tfrac{1}{2}(m_1 + m_2)gL_1\varphi_1^2 + \tfrac{1}{2}m_2gL_2\varphi_2^2\,. \tag{11.40}$$

Bevor wir diese vereinfachten Ausdrücke für T und U verwenden und die Bewegungsgleichungen aufstellen, halten wir kurz inne und untersuchen, was uns die Annahme von kleinen Schwingungen gebracht hat. Der exakte Ausdruck (11.38) für T war eine transzendente Funktion der Koordinaten φ_1 und φ_2 sowie der Geschwindigkeiten $\dot{\varphi}_1$ und $\dot{\varphi}_2$; die Kleinwinkelnäherung hat sie auf eine homogene quadratische Funktion[5] allein der beiden Geschwindigkeiten reduziert. Der exakte Ausdruck (11.37) für U war eine transzendente Funktion von φ_1 und φ_2; die Kleinwinkelnäherung hat sie auf eine homogene quadratische Funktion von φ_1 und φ_2 vereinfacht. Wir werden feststellen, dass diese Vereinfachungen bei einer großen Klasse von schwingungsfähigen Systemen auftauchen: Die Annahme, dass die Schwingungen alle klein sind, reduziert T auf eine homogene quadratische Funktion der Geschwindigkeiten und U auf eine homogene quadratische Funktion der Koordinaten.[6] Der vereinfachende Effekt der homogenen quadratischen Ausdrücke für T und U liegt darin, dass sie sich auf homogene lineare Funktionen reduzieren, wenn man sie zur Aufstellung der Lagrange-Gleichungen differenziert; die sich dadurch ergebenden Bewegungsgleichungen lassen sich immer leicht lösen.

Nun können wir die Näherungsausdrücke (11.39) und (11.40) für T und U in die Lagrange-Funktion $\mathcal{L} = T - U$ einsetzen und die beiden Lagrange'schen Bewegungsgleichungen für φ_1 und φ_2 aufstellen:

$$\frac{\mathrm{d}}{\mathrm{d}t}\frac{\partial\mathcal{L}}{\partial\dot{\phi}_1} = \frac{\partial\mathcal{L}}{\partial\phi_1} \quad \text{oder} \quad (m_1 + m_2)L_1^2\ddot{\varphi}_1 + m_2L_1L_2\ddot{\varphi}_2 = -(m_1 + m_2)gL_1\varphi_1 \tag{11.41}$$

und

$$\frac{\mathrm{d}}{\mathrm{d}t}\frac{\partial\mathcal{L}}{\partial\dot{\varphi}_2} = \frac{\partial\mathcal{L}}{\partial\varphi_2} \quad \text{oder} \quad m_2L_1L_2\ddot{\varphi}_1 + m_2L_2^2\ddot{\varphi}_2 = -m_2gL_2\phi_2\,. \tag{11.42}$$

Diese beiden Gleichungen für φ_1 und φ_2 lassen sich in eine einzige Matrixgleichung umschreiben:

$$\boldsymbol{M}\ddot{\boldsymbol{\varphi}} = -\boldsymbol{K}\boldsymbol{\varphi}\,; \tag{11.43}$$

darin definieren wir die (2×1)-Spaltenmatrix der Koordinaten

$$\boldsymbol{\varphi} = \begin{bmatrix}\varphi_1\\ \varphi_2\end{bmatrix}$$

5 Eine homogene quadratische Funktion enthält die Argumente nur in zweiter Potenz – es gibt also keine linearen und keine konstanten Terme und keine Potenzen höher als zwei.

6 Es ist ein ziemlich einmaliges Merkmal von Systemen, in denen Federn (die dem Hooke'schen Gesetz genügen) eine Rolle spielen, dass die exakten Ausdrücke für T und U [so wie in (11.35) und 11.36)] schon in dieser einfachen Form vorliegen, ohne dass irgendwelche Näherungen erforderlich sind.

und die (2×2)-Matrizen

$$\boldsymbol{M} = \begin{bmatrix} (m_1+m_2)L_1^2 & m_2L_1L_2 \\ m_2L_1L_2 & m_2L_2^2 \end{bmatrix} \qquad \text{und} \qquad \boldsymbol{K} = \begin{bmatrix} (m_1+m_2)gL_1 & 0 \\ 0 & m_2gL_2 \end{bmatrix}. \tag{11.44}$$

Die Matrizengleichung (11.43) ist ganz analog zu (11.3) für die zwei Wagen an Federn. Im vorliegenden Fall enthält die „Massenmatrix" $\boldsymbol{M}$ nicht wirklich Massen, spielt aber in der Bewegungsgleichung (11.43) nach wie vor die Rolle der Trägheit. (Das heißt, sie wird mit den zweiten Ableitungen der Koordinaten multipliziert.) Entsprechend enthält die „Federkonstantenmatrix" $\boldsymbol{K}$ nicht wirklich Federkonstanten, spielt aber in der Bewegungsgleichung dieselbe Rolle.

Beim Lösen der Bewegungsgleichung (11.43) gehen wir genauso vor wie bei den beiden Wagen in Abschnitt 11.1. Wir versuchen zunächst Lösungen – Normalmoden – zu finden, in denen die beiden Koordinaten φ_1 und φ_2 sich sinusförmig mit derselben Winkelfrequenz ω ändern. Genau wie zuvor lässt sich eine beliebige solche Lösung $\boldsymbol{\varphi}(t)$ als Realteil einer komplexen Lösung $\boldsymbol{z}(t)$ mit der Zeitabhängigkeit $e^{i\omega t}$ schreiben, d. h.

$$\boldsymbol{\varphi}(t) = \mathrm{Re}\,\boldsymbol{z}(t) \qquad \text{mit} \qquad \boldsymbol{z}(t) = \boldsymbol{a}\,e^{i\omega t} = \begin{bmatrix} a_1 \\ a_2 \end{bmatrix} e^{i\omega t};$$

die beiden Komponenten a_1 und a_2 von $\boldsymbol{a}$ sind Konstanten. Genau wie zuvor erfüllt eine Funktion dieser Form die Bewegungsgleichung (11.43) dann und nur dann, wenn die Frequenz ω und die Spaltenmatrix $\boldsymbol{a}$ die Eigenwertgleichung $(\boldsymbol{K} - \omega^2\boldsymbol{M})\boldsymbol{a} = 0$ erfüllen. Diese Gleichung für $\boldsymbol{a}$ hat dann und nur dann eine nichttriviale Lösung, wenn $\det(\boldsymbol{K} - \omega^2\boldsymbol{M}) = 0$ gilt, eine quadratische Gleichung für ω^2, die die beiden Normalfrequenzen des Doppelpendels bestimmt. Wenn wir diese zwei Frequenzen kennen, können wir zurückgehen und die entsprechenden Spaltenmatrizen $\boldsymbol{a}$ bestimmen – und damit haben wir die zwei Normalmoden. Die allgemeine Lösung schließlich ist dann einfach eine beliebige Überlagerung dieser beiden Normalmoden.

Gleiche Längen und Massen

Um die Diskussion zu vereinfachen, beschränken wir uns auf den Fall eines Doppelpendels mit gleichen Massen $m_1 = m_2 = m$ und gleichen Längen $L_1 = L_2 = L$. Die Gleichungen sehen dann viel aufgeräumter aus, wenn wir erkennen, dass $\sqrt{g/L}$ die Frequenz eines Einzelpendels mit derselben Länge L ist. Wenn wir diese Frequenz ω_0 nennen, können wir überall g durch $L\omega_0^2$ ersetzen, und die zwei Matrizen $\boldsymbol{M}$ und $\boldsymbol{K}$ aus (11.44) werden zu (Sie sollten das nachrechnen!)

$$\boldsymbol{M} = mL^2\begin{bmatrix} 2 & 1 \\ 1 & 1 \end{bmatrix} \qquad \text{und} \qquad \boldsymbol{K} = mL^2\begin{bmatrix} 2\omega_0^2 & 0 \\ 0 & \omega_0^2 \end{bmatrix}. \tag{11.45}$$

Die Matrix $(\boldsymbol{K} - \omega^2\boldsymbol{M})$ in der Eigenwertgleichung ist damit

$$(\boldsymbol{K} - \omega^2\boldsymbol{M}) = mL^2\begin{bmatrix} 2(\omega_0^2-\omega^2) & -\omega^2 \\ -\omega^2 & (\omega_0^2-\omega^2) \end{bmatrix}. \tag{11.46}$$

Die Normalfrequenzen werden durch die Bedingung $\det(\boldsymbol{K}-\omega^2\boldsymbol{M}) = 0$ bestimmt; daraus erhalten wir

$$2(\omega_0^2-\omega^2)^2 - \omega^4 = \omega^4 - 4\omega_0^2\omega^2 + 2\omega_0^4 = 0$$

mit den beiden Lösungen $\omega^2 = (2 \pm \sqrt{2})\omega_0^2$. Die Normalfrequenzen sind also mit anderen Worten bestimmt durch

$$\omega_1^2 = (2-\sqrt{2})\omega_0^2 \qquad \text{und} \qquad \omega_2^2 = (2+\sqrt{2})\omega_0^2 \tag{11.47}$$

(die Zahlenwerte sind $\omega_1 \approx 0{,}77\omega_0$ und $\omega_2 \approx 1{,}85\omega_0$), darin ist $\omega_0 = \sqrt{g/L}$ die Frequenz eines Einfachpendels der Länge L.

Nun, da wir die beiden Normalfrequenzen kennen, können wir darangehen, die Bewegung des Doppelpendels in den beiden Normalmoden zu bestimmen. Wir lösen dazu die Gleichung $(\boldsymbol{K}-\omega^2\boldsymbol{M})\boldsymbol{a} = 0$ nacheinander mit $\omega = \omega_1$ und $\omega = \omega_2$. Wenn wir $\omega = \omega_1$ entsprechend (11.47) in Gleichung (11.46) einsetzen, erhalten wir

$$(\boldsymbol{K}-\omega_1^2\boldsymbol{M}) = mL^2\omega_0^2(\sqrt{2}-1)\begin{bmatrix} 2 & -\sqrt{2} \\ -\sqrt{2} & 1 \end{bmatrix}.$$

Aus der Gleichung $(\boldsymbol{K}-\omega_1^2\boldsymbol{M})\boldsymbol{a} = 0$ folgt also $a_2 = \sqrt{2}a_1$, und wenn wir $a_1 = A_1\,\mathrm{e}^{-\mathrm{i}\delta_1}$ setzen, sind die beiden Koordinaten

$$\boldsymbol{\varphi}(t) = \begin{bmatrix} \varphi_1(t) \\ \varphi_2(t) \end{bmatrix} = \operatorname{Re}\boldsymbol{a}\,\mathrm{e}^{\mathrm{i}\omega_1 t} = A_1\begin{bmatrix} 1 \\ \sqrt{2} \end{bmatrix}\cos(\omega_1 t - \delta_1) \qquad \text{[erste Mode]}. \tag{11.48}$$

In der erste Normalmode schwingen die beiden Pendel genau in Phase, und die Amplitude des unteren Pendels ist $\sqrt{2}$-mal größer als die des oberen Pendels (Abbildung 11.10).

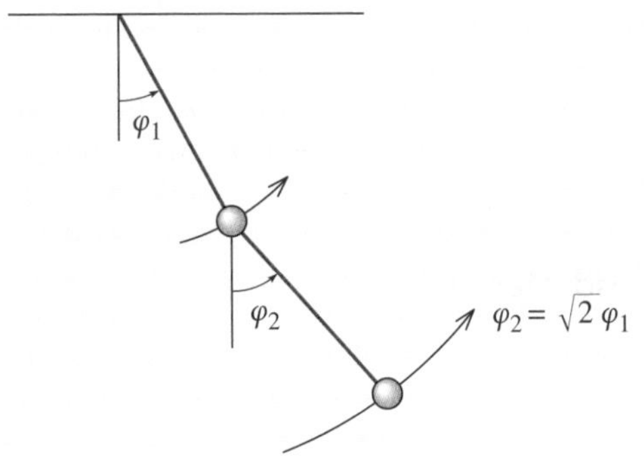

Abbildung 11.10: Die erste Normalmode für ein Doppelpendel mit gleichen Massen und gleichen Längen. Die zwei Winkel φ_1 und φ_2 schwingen in Phase; die Amplitude für φ_2 ist um einen Faktor $\sqrt{2}$ größer.

Wenn wir uns nun der zweite Mode zuwenden, erhalten wir aus (11.46) und (11.47)

$$(\boldsymbol{K}-\omega_2^2\boldsymbol{M}) = -mL^2\omega_0^2(\sqrt{2}+1)\begin{bmatrix} 2 & \sqrt{2} \\ \sqrt{2} & 1 \end{bmatrix}.$$

Aus der Gleichung $(\boldsymbol{K}-\omega_2^2\boldsymbol{M})\boldsymbol{a} = 0$ folgt $a_2 = -\sqrt{2}a_1$, und wenn wir $a_1 = A_2\,\mathrm{e}^{-\mathrm{i}\delta_2}$ setzen, sind die beiden Koordinaten

$$\boldsymbol{\varphi}(t) = \begin{bmatrix} \varphi_1(t) \\ \varphi_2(t) \end{bmatrix} = \operatorname{Re}\boldsymbol{a}\,\mathrm{e}^{\mathrm{i}\omega_1 t} = A_2\begin{bmatrix} 1 \\ -\sqrt{2} \end{bmatrix}\cos(\omega_2 t - \delta_2) \qquad \text{[zweite Mode]}. \tag{11.49}$$

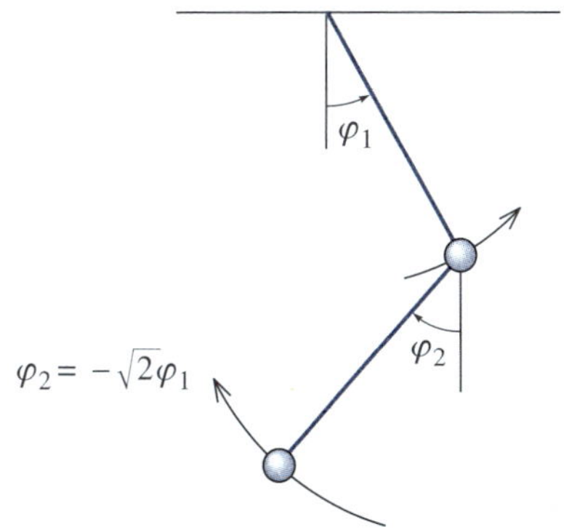

Abbildung 11.11: Die zweite Normalmode für ein Doppelpendel mit gleichen Massen und gleichen Längen. Die zwei Winkel φ_1 und φ_2 schwingen genau gegenphasig; die Amplitude für φ_2 ist um einen Faktor $\sqrt{2}$ größer.

In dieser zweiten Mode schwingt $\varphi_2(t)$ genau gegenphasig zu $\varphi_1(t)$, wieder mit einer um den Faktor $\sqrt{2}$ größeren Amplitude als die von $\varphi_1(t)$, wie in Abbildung 11.11 dargestellt. Die allgemeine Lösung ist eine beliebige Linearkombination der beiden Normalmoden (11.48) und (11.49).

11.5 Der allgemeine Fall

Wir haben nun die beiden Normalmoden von zwei Systemen – von zwei Wagen, die an drei Federn befestigt sind, und von einem Doppelpendel – in allen Einzelheiten untersucht und sind nun bereit für die Diskussion des allgemeinen Falls: eines Systems mit n Freiheitsgraden, das um einen stabilen Gleichgewichtspunkt herum schwingt. Da das System n Freiheitsgrade haben soll, kann man es durch n verallgemeinerte Koordinaten $q_1, \ldots, q_n$ spezifizieren.[7] Um allzu viel Durcheinander bei der Notation zu vermeiden, schreibe ich für ich einen Satz von allen n Koordinaten einen einzigen fetten Buchstaben $\boldsymbol{q}$:

$$\boldsymbol{q} = (q_1, \ldots, q_n)\,.$$

[Für die beiden Wagen aus Abschnitt 11.1 würde $\boldsymbol{q}$ die beiden Auslenkungen $\boldsymbol{q} = (x_1, x_2)$ und für das Doppelpendel $\boldsymbol{q} = (\varphi_1, \varphi_2)$ bezeichnen.] (Beachten Sie, dass $\boldsymbol{q}$ im Allgemeinen kein dreidimensionaler Vektor ist; $\boldsymbol{q}$ ist ein Vektor im n-dimensionalen Raum der verallgemeinerten Koordinaten $q_1, \ldots, q_n$.)

Ich nehme an, dass das System konservativ ist, dass es also die potenzielle Energie

$$U(q_1, \ldots, q_n) = U(\boldsymbol{q})$$

und die Lagrange-Funktion $\mathcal{L} = T - U$ hat. Die kinetische Energie ist natürlich $T = \sum_\alpha \frac{1}{2} m_\alpha \dot{\boldsymbol{r}}_\alpha^2$, die Summe läuft dabei über alle Teilchen $\alpha = 1, \ldots, N$, aus denen das System besteht. Diese Summe müssen wir auf die verallgemeinerten Koordinaten $\boldsymbol{q} = (q_1, \ldots, q_n)$ umschreiben; dazu verwenden wir den Zusammenhang zwischen den

7 Ich werde annehmen, dass das System holonom ist, d. h. dass die Anzahl der Freiheitsgrade gleich der Anzahl der verallgemeinerten Koordinaten ist, so wie in Abschnitt 7.3 diskutiert.

kartesischen Koordinaten $\boldsymbol{r}_\alpha$ und den verallgemeinerten Koordinaten:

$$\boldsymbol{r}_\alpha = \boldsymbol{r}_\alpha(q_1, \ldots, q_n)\,. \tag{11.50}$$

Dabei nehme ich an, dass in diesem Zusammenhang die Zeit t nicht explizit auftaucht. [Rufen Sie sich in Erinnerung, dass in der Terminologie von Abschnitt 7.3 die verallgemeinerten Koordinaten, für die in (11.50) die Zeit nicht explizit vorkommt, als „natürlich“ bezeichnet werden.] Wir haben in Abschnitt 7.8 detailliert besprochen, dass sich bei einer Differenziation von (11.50) nach t und anschließendem Einsetzen in die kinetische Energie [vgl. Gleichung 7.94)]

$$T = T(\boldsymbol{q}, \dot{\boldsymbol{q}}) = \tfrac{1}{2} \sum_{j,k} A_{jk}(\boldsymbol{q})\, \dot{q}_j\, \dot{q}_k \tag{11.51}$$

ergibt; dabei können die Koeffizienten $A_{jk}(\boldsymbol{q})$ von den Koordinaten $\boldsymbol{q}$ abhängen. [Vgl. dazu Gleichung (11.38) für das Doppelpendel.] Unter all diesen Annahmen hat die Lagrange-Funktion die allgemeine Form $\mathcal{L}(\boldsymbol{q}, \dot{\boldsymbol{q}}) = T(\boldsymbol{q}, \dot{\boldsymbol{q}}) - U(\boldsymbol{q})$; darin ist $T(\boldsymbol{q}, \dot{\boldsymbol{q}})$ durch (11.51) gegeben, und $U(\boldsymbol{q})$ ist eine noch unspezifizierte Funktion der Koordinaten $\boldsymbol{q}$.

Unsere letzte Annahme für das System ist, dass es nur kleine Schwingungen um eine stabile Gleichgewichtskonfiguration herum vollführt. Wir können – evtl. durch eine Neudefinition der Koordinaten – erreichen, dass die Gleichgewichtslage bei $\boldsymbol{q} = 0$ liegt (d. h. bei $q_1 = \cdots = q_n = 0$). Da wir nur an kleinen Schwingungen interessiert sind, müssen wir uns auch nur mit kleinen Werten der Koordinaten $\boldsymbol{q}$ befassen, und wir können Taylor-Entwicklungen von U und T um den Gleichgewichtspunkt $\boldsymbol{q} = 0$ verwenden. Für U erhalten wir so

$$U(\boldsymbol{q}) = U(0) + \sum_j \frac{\partial U}{\partial q_j} q_j + \frac{1}{2} \sum_{j,k} \frac{\partial^2 U}{\partial q_j\, \partial q_k} q_j\, q_k + \ldots\,; \tag{11.52}$$

darin werden alle Ableitungen bei $\boldsymbol{q} = 0$ berechnet. Dieser Ausdruck lässt sich noch erheblich vereinfachen. Zunächst können wir die Konstante $U(0)$ einfach weglassen, indem wir die Nulllage der potenziellen Energie neu festsetzen. Zweitens ist $\boldsymbol{q} = 0$ ein Gleichgewichtspunkt, und daher sind die ersten Ableitungen $\partial U/\partial q_j$ alle null. Ich benenne die zweiten Ableitungen um, nämlich $\partial^2 U/\partial q_j\, \partial q_k = K_{jk}$ (dabei gilt $K_{jk} = K_{kj}$, weil es egal ist, in welcher Reihenfolge die zweiten Ableitungen gebildet werden). Und schließlich sind alle Schwingungen klein, und daher werde ich alle Terme in höherer als der zweiten Ordnung in den kleinen Größen $\boldsymbol{q}$ oder $\dot{\boldsymbol{q}}$ vernachlässigen. Damit reduziert sich U auf

$$U = U(\boldsymbol{q}) = \tfrac{1}{2} \sum_{j,k} K_{jk}\, q_j\, q_k\,. \tag{11.53}$$

Für die kinetische Energie ist das noch einfacher: Jeder Term in (11.52) enthält einen Faktor $\dot{q}_j \dot{q}_k$, und das ist bereits ein Term zweiter Ordnung in einer kleinen Größe. Damit können wir in der Entwicklung von $A_{jk}(\boldsymbol{k})$ alles außer dem konstanten Term vernachlässigen. Wenn wir diesen konstanten Term $A_{jk}(0)$ als M_{jk} bezeichnen, reduziert sich die kinetische Energie auf

$$T = T(\dot{\boldsymbol{q}}) = \tfrac{1}{2} \sum_{j,k} M_{jk}\, \dot{q}_j\, \dot{q}_k \tag{11.54}$$

und die Lagrange-Funktion auf

$$\mathcal{L}(\boldsymbol{q}, \dot{\boldsymbol{q}}) = T(\dot{\boldsymbol{q}}) - U(\boldsymbol{q}), \tag{11.55}$$

wobei $T(\dot{\boldsymbol{q}})$ durch (11.54) und $U(\boldsymbol{q})$ durch (11.53) gegeben ist. Beachten Sie, dass die Näherungsformen (11.54) und (11.53) den Näherungen (11.39) und (11.40) für das Doppelpendel entsprechen. Wie die letzteren Näherungen reduzieren sie die kinetische Energie auf eine homogene quadratische Funktion der Geschwindigkeiten $\dot{\boldsymbol{q}}$ und die potenzielle Energie auf eine homogene quadratische Funktion der Koordinaten $\boldsymbol{q}$. Wie beim Doppelpendel stellen sie damit sicher, dass die Bewegungsgleichungen lösbare lineare Gleichungen sind. Doch bevor wir uns mit diesen Gleichungen befassen, schauen wir uns ein weiteres Beispiel für die dramatische Vereinfachung von T und U an, die durch die Annahme kleiner Schwingungen erreicht wird.

Eine Perle auf einem Draht

Beispiel 11.1 Eine Perle der Masse m ist auf einem reibungsfreien Draht aufgefädelt, der in der x-y-Ebene liegt (y vertikal nach oben) und in die Form $y = f(x)$ gebogen ist, die im Ursprung ein Minimum hat (Abbildung 11.12). Geben Sie die potenzielle und die kinetische Energie sowie deren vereinfachte Form bei kleinen Schwingungen um O an.

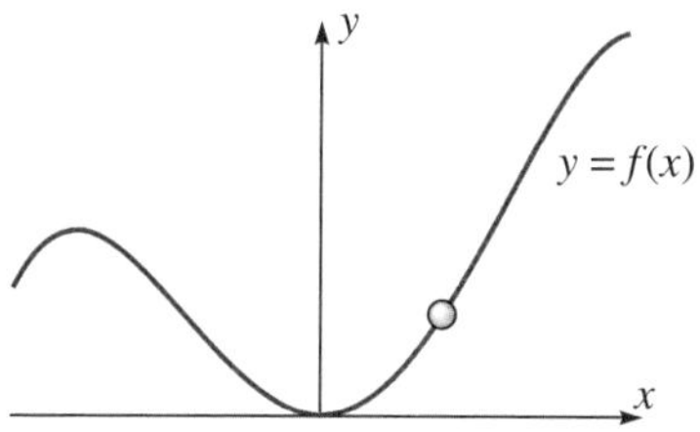

Abbildung 11.12: Eine Perle, die auf einem reibungsfreien Draht in der Form $y = f(x)$ aufgefädelt ist.

Lösung ■ Dieses System hat nur einen Freiheitsgrad, und die natürliche Wahl der verallgemeinerten Koordinate ist x. Mit dieser Wahl ist die potenzielle Energie gerade $U = mgy = mgf(x)$. Wenn wir uns auf kleine Schwingungen beschränken, können wir $f(x)$ in eine Taylor-Reihe entwickeln. Wegen $f(0) = f'(0) = 0$ ergibt das

$$U(x) = mgf(x) \approx \tfrac{1}{2} mgf''(0)x^2 .$$

Die kinetische Energie ist $T = \frac{1}{2}m(\dot{x}^2 + \dot{y}^2)$; wegen der Kettenregel gilt dabei $\dot{y} = f'(x)\dot{x}$. Damit haben wir $T = \frac{1}{2}m[1 + f'(x)^2]\dot{x}^2$. Beachten Sie, dass der exakte Ausdruck für T sowohl von x als auch von $\dot{x}$ abhängt. Da aber T bereits den Faktor $\dot{x}^2$ enthält, können wir bei der Näherung kleiner Schwingungen einfach den Term $f'(x)$ durch seinen Wert bei $x = 0$ ersetzen (nämlich 0), und wir erhalten

$$T(x, \dot{x}) = \tfrac{1}{2}m[1 + f'(x)^2]\,\dot{x}^2 \approx \tfrac{1}{2}m\dot{x}^2 .$$

Wie erwartet, hat die Näherung kleiner Schwingungen sowohl U als auch T auf homogene quadratische Funktionen in x (bei der potenziellen Energie U) bzw. in $\dot{x}$ (bei der kinetischen Energie T) reduziert. ■

Die Bewegungsgleichung

Wenn wir nun zur genäherten Lagrange-Funktion (11.55) für das allgemeine System zurückkehren, lassen sich die Bewegungsgleichungen leicht gewinnen. Da es n verallgemeinerte Koordinaten q_i gibt (mit $i = 1, \ldots, n$), gibt es auch n entsprechende Gleichungen

$$\frac{\mathrm{d}}{\mathrm{d}t}\frac{\partial \mathcal{L}}{\partial \dot{q}_i} = \frac{\partial \mathcal{L}}{\partial q_i} \qquad [i = 1, \ldots, n]\,. \tag{11.56}$$

Um diese Gleichungen explizit anzugeben, müssen wir die Ausdrücke (11.54) und (11.53) für T und U differenzieren. Wenn Sie derartige Summen noch nie differenziert haben, könnte es Ihnen helfen, sie zunächst explizit auszuschreiben. Für ein System mit nur zwei Freiheitsgraden ($n = 2$) beispielsweise wird Gleichung (11.53) zu

$$\begin{aligned} U = \tfrac{1}{2}\sum_{j,k=1}^{2} K_{jk}\, q_j\, q_k &= \tfrac{1}{2}(K_{11}q_1^2 + K_{12}q_1q_2 + K_{21}q_2q_1 + K_{22}q_2^2) \\ &= \tfrac{1}{2}(K_{11}q_1^2 + 2K_{12}q_1q_2 + K_{22}q_2^2)\,; \end{aligned} \tag{11.57}$$

die zweite Zeile folgt wegen $K_{12} = K_{21}$. In dieser Form lässt sich U leicht nach q_1 oder q_2 differenzieren. Beispielsweise erhalten wir

$$\frac{\partial U}{\partial q_1} = K_{11}q_1 + K_{12}q_2$$

und einen entsprechenden Ausdruck für $\partial U/\partial q_2$; im Allgemeinen erhalten wir (egal, wie viele Freiheitsgrade es gibt)

$$\frac{\partial U}{\partial q_i} = \sum_j K_{ij}q_j \qquad [i = 1, \ldots, n]\,. \tag{11.58}$$

Die Ableitung der kinetischen Energie (11.54) funktioniert genauso, und damit können wir die n Lagrange-Gleichungen (11.56) angeben:

$$\sum_j M_{ij}\ddot{q}_j = -\sum_j K_{ij}q_j \qquad [i = 1, \ldots, n]\,. \tag{11.59}$$

Diese n Gleichungen lassen sich sofort zu einer einzigen Matrizengleichung zusammenfassen:

$$\boldsymbol{M}\ddot{\boldsymbol{q}} = -\boldsymbol{K}\boldsymbol{q}\,; \tag{11.60}$$

darin ist $\boldsymbol{q}$ die $(n \times 1)$-Spaltenmatrix

$$\boldsymbol{q} = \begin{bmatrix} q_1 \\ \vdots \\ q_n \end{bmatrix},$$

und $\boldsymbol{M}$ bzw. $\boldsymbol{K}$ sind die $(n{\times}n)$-„Massenmatrix“ bzw. die $(n{\times}n)$-„Federkonstantenmatrix“, bestehend aus den Zahlen M_{ij} bzw. K_{ij}.[8]

8 Ab diesem Punkt in der Berechnung brauchen wir nur noch die beiden Matrizen $\boldsymbol{M}$ und $\boldsymbol{K}$. Daher ist es in der Praxis eigentlich nicht nötig, die Lagrange-Funktion oder die Lagrange-Gleichungen aufzustellen, da sich die Matrizen $\boldsymbol{M}$ bzw. $\boldsymbol{K}$ direkt aus den Näherungsgleichungen (11.54) bzw. (11.53) für T bzw. U ablesen lassen.

Die Matrixgleichung (11.60) ist natürlich das n-dimensionale Äquivalent der zweidimensionalen Gleichungen für die beiden Wagen [Gleichung (11.3)] und für das Doppelpendel [Gleichung (11.43)] und wird auf genau dieselbe Weise gelöst. Zunächst suchen wir die Normalmoden mit dem nunmehr vertrauten Ansatz

$$\boldsymbol{q}(t) = \mathrm{Re}\,\boldsymbol{z}(t) \qquad \text{mit} \qquad \boldsymbol{z}(t) = \boldsymbol{a}\,\mathrm{e}^{\mathrm{i}\omega t}\,, \tag{11.61}$$

worin $\boldsymbol{a}$ eine konstante $(n \times 1)$-Spaltenmatrix ist. Dies führt uns zu der Eigenwertgleichung

$$(\boldsymbol{K} - \omega^2 \boldsymbol{M})\boldsymbol{a} = 0 \tag{11.62}$$

die dann und nur dann nichttriviale Lösungen hat, wenn ω^2 die **charakteristische Gleichung** (oder **Säkulargleichung**)

$$\det(\boldsymbol{K} - \omega^2 \boldsymbol{M}) = 0 \tag{11.63}$$

erfüllt. Diese Determinante ist ein Polynom n-ten Grades in ω^2, die Gleichung (11.63) hat also n Lösungen und das System damit n Normalfrequenzen.[9] Wenn wir ω nacheinander alle Normalfrequenzen annehmen lassen, bestimmt Gleichung (11.62) die Bewegung des Systems in der entsprechenden Normalmode. Die allgemeine Lösung schließlich erhält man durch eine beliebige Überlagerung der Normalmode-Lösungen (11.61).

Dieses allgemeine, in den letzten drei Absätzen skizzierte Vorgehen ist genau das, was wir bereits detailliert in den Beispielen mit den beiden Wagen bzw. mit dem Doppelpendel diskutiert haben. Ich werde es im nächsten Abschnitt noch anhand eines weiteren Beispiels illustrieren, diesmal für ein System mit drei Freiheitsgraden, und Sie sollten unbedingt die Beispiele in den Aufgaben am Ende des Kapitels durcharbeiten.

11.6 Drei gekoppelte Pendel

Betrachten Sie drei identische Pendel, die, wie in Abbildung 11.13 gezeigt, durch zwei identische Federn verbunden sind. Es liegt nahe, als verallgemeinerte Koordinaten die drei mit φ_1, φ_2 und φ_3 bezeichneten Winkel zu verwenden; die Gleichgewichtsposition liegt dann bei $\varphi_1 = \varphi_2 = \varphi_3 = 0$. Unsere erste Aufgabe ist es, die Lagrange-Funktion für das System anzugeben, zumindest für kleine Auslenkungen. Das systematische – und vielleicht sicherste – Vorgehen wäre es, zunächst die exakten Ausdrücke für T und U niederzuschreiben und dann eine Kleinwinkelnäherung vorzunehmen. In der Praxis kann es aber sehr langwierig sein, die exakten Ausdrücke zu bestimmen. (Im vorliegenden Fall hängt die potenzielle Energie der Federn von ihrer Dehnung ab, und das für jeden Winkel exakt auszudrücken, ist sehr mühsam;

9 Zwei Aspekte seien erwähnt: Zunächst kann es vorkommen, das einige der Wurzeln von (11.63) gleich sind; das bedeutet einfach nur, dass einige der Normalmoden dieselbe Frequenz haben, und stellt kein ernstes Problem dar. Der zweite – und ernster zu nehmende – Aspekt ist, dass wir n reelle und positive Lösungen von (11.63) benötigen, damit die Normalfrequenzen reell sind. Dass dies tatsächlich der Fall ist, folgt aus Eigenschaften der Matrizen $\boldsymbol{K}$ und $\boldsymbol{M}$, die ich im Anhang diskutiere.

vgl. Aufgabe 2.) Bei entsprechend sorgfältigem Vorgehen kann man aber oft die Kleinwinkelnäherungen für T und U direkt angeben und sich viel Rechenaufwand ersparen; genau das will ich hier tun.

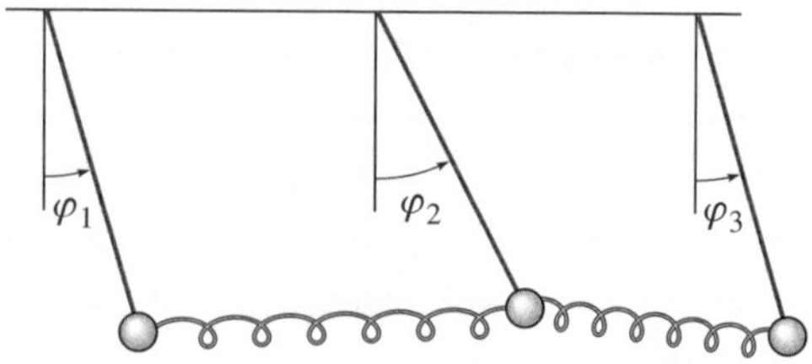

Abbildung 11.13: Drei identische Pendel, jeweils mit der Länge L und der Masse m, sind durch zwei identische Federn mit der Federkonstante k gekoppelt. Die verallgemeinerten Koordinaten sind die drei Winkel φ_1, φ_2 und φ_3. Die natürlichen Längen der Federn und der Abstand zwischen den Aufhängepunkten der Federn sind gleich; in der Gleichgewichtsposition hängen also alle drei Pendel vertikal, d. h. es ist $\varphi_1 = \varphi_2 = \varphi_3 = 0$.

Die kinetische Energie der drei Pendel ist, wie man leicht sieht,

$$T = \tfrac{1}{2}mL^2(\dot{\varphi}_1^2 + \dot{\varphi}_2^2 + \dot{\varphi}_3^2) \tag{11.64}$$

und macht keine Näherung erforderlich. Die gravitative potenzielle Energie jedes einzelnen Pendels hat die Form $mgL(1 - \cos\varphi) \approx \frac{1}{2}mgL\varphi^2$; darin ist der letzte Ausdruck die wohlbekannte Kleinwinkelnäherung. Damit ist die gesamte gravitative potenzielle Energie

$$U_{\text{grav}} = \tfrac{1}{2}mgL(\varphi_1^2 + \varphi_2^2 + \varphi_3^2)\,. \tag{11.65}$$

Um die potenzielle Energie der beiden Federn angeben zu können, müssen wir herausfinden, wie stark jede von ihnen gedehnt ist. Für beliebige Werte der Winkel φ ist das eine ziemlich unübersichtliche Angelegenheit, aber für kleine Winkel gibt es eine merkliche Dehnung nur durch die horizontale Auslenkung der Pendelkörper, von denen sich jeder um eine Strecke von etwa $L\varphi$ nach rechts bewegt. Dadurch wird beispielsweise die linke Feder um etwa $L(\varphi_2 - \varphi_1)$ gedehnt, und die gesamte potenzielle Energie der Federn ist

$$\begin{aligned} U_{\text{Feder}} &= \tfrac{1}{2}kL^2\left[(\varphi_2 - \varphi_1)^2 + (\varphi_3 - \varphi_2)^2\right] \\ &= \tfrac{1}{2}kL^2(\varphi_1^2 + 2\varphi_2^2 + \varphi_3^2 - 2\varphi_1\varphi_2 - 2\varphi_2\varphi_3)\,. \end{aligned} \tag{11.66}$$

Bevor wir die Ausdrücke für T und U zur Lagrange-Funktion kombinieren und die Bewegungsgleichungen herleiten, möchte ich noch einen praktischen Kunstgriff einführen. Die Gleichungen, die wir herleiten wollen, enthalten einige konstante Parameter (m, L, g, k), von denen einige nicht besonders interessant sind. Diese Parameter durch alle Rechnungen hindurchschleppen zu müssen, kann ziemlich lästig werden und leicht zu Flüchtigkeitsfehlern führen. Es wäre also praktisch, diese uninteressanten Parameter loszuwerden, bevor wir mit den Rechnungen beginnen. Ein radikales und bei den theoretischen Physikern sehr beliebtes Verfahren ist die Wahl eines Einheitensystems, in dem die uninteressanten Parameter jeweils den Wert 1 haben; manchmal sagt man, man würde **natürliche Einheiten** wählen. In dem vorliegenden

Fall können wir beispielsweise m als Einheitsmasse und L als Einheitslänge wählen. Mit dieser Wahl haben m und L natürlich den Wert 1 und verschwinden aus allen nachfolgenden Berechnungen. Dieser Trick vereinfacht die trivialen Einzelheiten der Rechnung ganz erheblich, verringert die Fehlergefahr und erleichtert es uns, die wirklich interessanten Eigenschaften zu erkennen.

Allerdings hat die Verwendung von natürlichen Einheiten auch einen ernsten Nachteil: Wenn unsere Rechnung abgeschlossen ist, wollen wir manchmal wissen, wie unsere Ergebnisse von den Werten der unterdrückten Parameter abhängen. (Etwa: Welche Frequenz hat eine bestimmte Normalmode bei $L = 1{,}5$ m?) Um solche Fragen beantworten zu können, müssen wir die verbannten Parameter wieder in die Ergebnisse einsetzen. Das mag einem Anfänger recht abschreckend erscheinen, ist aber normalerweise gar nicht so schwer. Beispielsweise werden wir für $m = L = 1$ gleich herausfinden, dass eine der Normalfrequenzen durch $\omega^2 = g$ gegeben ist. In unserem System der (natürlichen) Einheiten hat also die Größe g/ω^2 den Wert 1. Doch Sie werden erkennen, dass g/ω^2 die Dimension einer Länge hat; und die Aussage, dass eine Länge in unseren Einheiten den Wert 1 hat, ist dasselbe wie die Aussage, dass sie in einem beliebigen Einheitensystem den Wert L hat. Im Allgemeinen haben wir also $g/\omega^2 = L$, und wir kommen zu dem Ergebnis, dass unabhängig vom Einheitensystem $\omega^2 = g/L$ gilt. Damit ist das „L" wieder in das Ergebnis eingeführt, sodass wir ω für jeden vorgegebenen Wert von L bestimmen können.

Wählen wir nun also die Einheiten so, dass $m = L = 1$; die kinetische und die potenzielle Energie aus (11.64), (11.65) und (11.66) werden damit zu

$$T = \tfrac{1}{2}(\dot{\varphi}_1^2 + \dot{\varphi}_2^2 + \dot{\varphi}_3^2) \tag{11.67}$$

und

$$U = \tfrac{1}{2}g(\varphi_1^2 + \varphi_2^2 + \varphi_3^2) + \tfrac{1}{2}k(\varphi_1^2 + 2\varphi_2^2 + \varphi_3^2 - 2\varphi_1\varphi_2 - 2\varphi_2\varphi_3). \tag{11.68}$$

Wir könnten nun zunächst die Lagrange-Funktion und dann die Bewegungsgleichungen angeben, doch eigentlich brauchen wir das gar nicht: Wir wissen ja bereits, dass das Ergebnis die wohlbekannte Matrizengleichung

$$\boldsymbol{M}\ddot{\boldsymbol{\varphi}} = -\boldsymbol{K}\boldsymbol{\varphi} \tag{11.69}$$

ist; $\boldsymbol{\varphi}$ ist hier die (3×1)-Spaltenmatrix mit den drei Winkeln φ_1, φ_2 und φ_3. Die Elemente der (3×3)-Matrizen $\boldsymbol{M}$ und $\boldsymbol{K}$ liest man direkt aus (11.67) und (11.68) ab:[10]

$$\boldsymbol{M} = \begin{bmatrix} 1 & 0 & 0 \\ 0 & 1 & 0 \\ 0 & 0 & 1 \end{bmatrix} \quad \text{und} \quad \boldsymbol{K} = \begin{bmatrix} g+k & -k & 0 \\ -k & g+2k & -k \\ 0 & -k & g+k \end{bmatrix}. \tag{11.70}$$

Die Normalmoden unseres Systems haben die vertraute Form $\boldsymbol{\varphi}(t) = \mathrm{Re}\,\boldsymbol{z}(t) = \mathrm{Re}\,\boldsymbol{a}\,\mathrm{e}^{\mathrm{i}\omega t}$, und $\boldsymbol{a}$ und ω sind bestimmt durch die Eigenwertgleichung

$$(\boldsymbol{K} - \omega^2\boldsymbol{M})\boldsymbol{a} = 0\,. \tag{11.71}$$

10 Beim Ablesen der Elemente dieser Matrizen muss man ein bisschen aufpassen. Halten Sie sich an folgende Regel: Wenn Sie beispielsweise den Faktor $\frac{1}{2}$ am Beginn von (11.68) ignorieren, dann ist das Diagonalelement K_{ii} gerade der Koeffizient vor φ^2, das Nichtdiagonalelement K_{ij} hingegen ist gerade *die Hälfte* des Koeffizienten vor $\varphi_i\varphi_j$. Um das nachzuvollziehen, schauen Sie sich Gleichung (11.57) noch einmal an.

Im ersten Schritt bestimmen wir die möglichen Normalfrequenzen aus der charakteristischen Gleichung $\det(\boldsymbol{K} - \omega^2 \boldsymbol{M}) = 0$; dazu müssen wir die Matrix $(\boldsymbol{K} - \omega^2 \boldsymbol{M})$ explizit niederschreiben:

$$(\boldsymbol{K} - \omega^2 \boldsymbol{M}) = \begin{bmatrix} g + k - \omega^2 & -k & 0 \\ -k & g + 2k - \omega^2 & -k \\ 0 & -k & g + k - \omega^2 \end{bmatrix} . \qquad (11.72)$$

Für die Determinante erhält man leicht

$$\det(\boldsymbol{K} - \omega^2 \boldsymbol{M}) = (g - \omega^2)(g + k - \omega^2)(g + 3k - \omega^2) ,$$

sodass die drei Normalfrequenzen bestimmt sind durch

$$\omega_1^2 = g , \qquad \omega_2^2 = g + k \qquad \text{und} \qquad \omega_3^2 = g + 3k . \qquad (11.73)$$

Nun, da wir die drei Normalfrequenzen kennen, können wir nacheinander auch die drei entsprechenden Normalmoden bestimmen. Die erste Normalfrequenz ist $\omega_1 = \sqrt{g}$. (Denken Sie daran: Das gilt für unsere Wahl der Einheiten mit $L = 1$. Wie bereits erwähnt, gilt in beliebigen Einheiten $\omega_1 = \sqrt{g/L}$, also die Frequenz eines Einzelpendels der Länge L. Den Grund für diese Übereinstimmung werden wir gleich sehen.) Wenn wir ω_1 in Gleichung (11.72) für $(\boldsymbol{K} - \omega^2 \boldsymbol{M})$ einsetzen, folgt aus der Eigenwertgleichung (11.71) [Sie sollten das nachrechnen]

$$a_1 = a_2 = a_3 = A\,\mathrm{e}^{-\mathrm{i}\delta} . \qquad \text{[erste Mode]}$$

Mit anderen Worten: In der ersten Mode gilt

$$\varphi_1(t) = \varphi_2(t) = \varphi_3(t) = A \cos(\omega_1 t - \delta)$$

und die drei Pendel schwingen im Gleichtakt (gleiche Amplituden, gleiche Phasen), wie in Abbildung 11.14a dargestellt. In dieser Mode sind die Federn weder gedehnt noch komprimiert, und ihre Anwesenheit ist irrelevant. Jedes Pendel schwingt genau wie ein Einzelpendel mit der Frequenz $\omega_1 = \sqrt{g/L}$ (oder, in unseren natürlichen Einheiten, $\omega_1 = \sqrt{g}$).

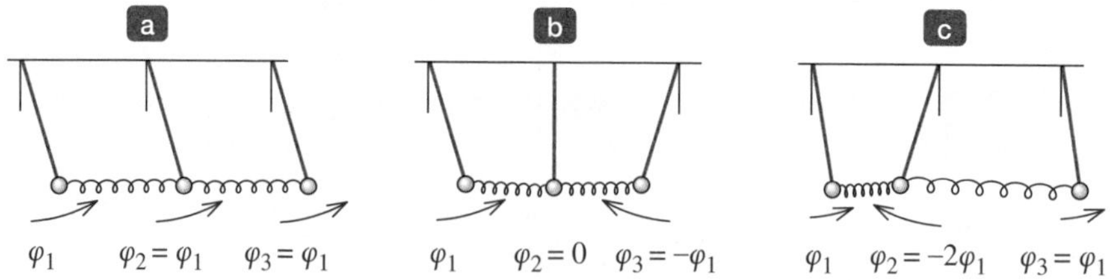

Abbildung 11.14: Die drei Normalmoden für drei gekoppelte Pendel. (a) In der ersten Mode schwingen die Pendel im Gleichtakt. Da keine der Federn gedehnt oder komprimiert wird, schwingen die drei Pendel mit genau derselben Frequenz wie ein Einzelpendel derselben Länge. (b) In der zweiten Mode schwingen die beiden äußeren Pendel gegenphasig, das mittlere Pendel bewegt sich gar nicht. (c) In der dritten Mode schwingen die beiden äußeren Pendel gleichsinnig, das mittlere hingegen genau gegenphasig mit der doppelten Amplitude.

Wenn wir $\omega = \omega_2$ einsetzen, folgt aus der Eigenwertgleichung (11.71)

$$a_1 = -a_3 = A\,\mathrm{e}^{-\mathrm{i}\delta}\,, \quad \text{aber} \quad a_2 = 0\,. \qquad \text{[zweite Mode]}$$

Daher schwingen die beiden äußeren Pendel genau gegenphasig, und das mittlere Pendel steht still, wie in Abbildung 11.14b gezeigt. Beim Einsetzen von $\omega = \omega_3$ in die Eigenwertgleichung (11.71) erhalten wir schließlich als Ergebnis

$$a_1 = -\tfrac{1}{2}a_2 = a_3 = A\,\mathrm{e}^{-\mathrm{i}\delta}\,. \qquad \text{[dritte Mode]}$$

In der dritten Mode schwingen daher die beiden äußeren Pendel im Gleichtakt, während das mittlere mit doppelter Amplitude und genau gegenphasig schwingt, wie in Abbildung 11.14c dargestellt. Die allgemeine Lösung ist eine beliebige Linearkombination der drei Normalmoden.

11.7 Normalkoordinaten*

**Diesen Abschnitt können Sie bei Zeitmangel ohne Weiteres überspringen.*

In Abschnitt 11.2 haben wir die Normalmoden für zwei gleiche Massen bestimmt, die durch drei identische Federn verbunden sind. Am Ende des Abschnitts hatte ich erwähnt, dass man die beiden Koordinaten x_1 und x_2 durch zwei „Normalkoordinaten"

$$\xi_1 = \tfrac{1}{2}(x_1 + x_2) \qquad \text{und} \qquad \xi_2 = \tfrac{1}{2}(x_1 - x_2) \tag{11.74}$$

substituieren kann. Diese neuen Koordinaten haben die Eigenschaft, dass jede von ihnen immer mit genau einer der beiden Normalfrequenzen schwingt – und zwar ξ_1 mit der Frequenz ω_1 und ξ_2 mit der Frequenz ω_2. In diesem Abschnitt will ich zeigen, dass solche Normalkoordinaten in jedem System möglich sind, das um einen stabilen Gleichgewichtspunkt schwingt. Wenn das System n Freiheitsgrade hat, wird es durch die n verallgemeinerten Koordinaten $q_1, \ldots, q_n$ beschrieben und hat n Normalmoden mit den Frequenzen $\omega_1, \ldots, \omega_n$. Ich werde zeigen, dass wir n neue Normalkoordinaten $\xi_1, \ldots, \xi_n$ einführen können, sodass jede Normalkoordinate ξ_i mit genau einer Frequenz schwingt, nämlich der entsprechenden Normalfrequenz ω_i. Zuvor muss ich aber die Diskussion aus Abschnitt 11.2 für die beiden durch eine Feder verbunden Wagen noch einmal aufnehmen und erweitern.

Normalkoordinaten für zwei Wagen an Federn

Die Bewegungsgleichungen für die Orte x_1 und x_2 der beiden Wagen sind mit (11.2) gegeben, die ich hier noch einmal anführe (für den Fall gleicher Massen und gleicher Federkonstanten):

$$\left.\begin{aligned} m\ddot{x}_1 &= -2kx_1 + kx_2 \\ m\ddot{x}_2 &= kx_1 - 2kx_2\,. \end{aligned}\right\} \tag{11.75}$$

Eine kurze Überprüfung sollte Sie davon überzeugen, dass wir bei Addition dieser beiden Gleichungen eine Gleichung für $\xi_1 = \frac{1}{2}(x_1 + x_2)$ allein erhalten; entsprechend ergibt sich bei Subtraktion eine Gleichung für $\xi_2 = \frac{1}{2}(x_1 - x_2)$ allein:

$$\left.\begin{aligned} m\ddot{\xi}_1 &= -k\xi_1 \\ m\ddot{\xi}_2 &= -3k\xi_2\,. \end{aligned}\right\} \tag{11.76}$$

Diese beiden Gleichungen sind *ungekoppelt* und zeigen, dass – wie behauptet – jede der Normalkoordinaten bei einer einzigen Frequenz schwingt, und zwar ξ_1 bei der Frequenz $\omega_1 = \sqrt{k/m}$ und ξ_2 bei der Frequenz $\omega_2 = \sqrt{3k/m}$. Mit anderen Worten: Die Normalkoordinaten verhalten sich genau so wie die Koordinaten von zwei *ungekoppelten* Oszillatoren – der Übergang zu den Normalkoordinaten hat die Schwingungen „entkoppelt“.

So wie sich die Gleichungen (11.75) für x_1 und x_2 in eine einzige Matrixgleichung $\mathbf{M}\ddot{\mathbf{x}} = -\mathbf{K}\mathbf{x}$ umschreiben lassen, so kann man auch die zwei Gleichungen (11.76) für ξ_1 und ξ_2 als $\mathbf{M}'\ddot{\boldsymbol{\xi}} = -\mathbf{K}'\boldsymbol{\xi}$ schreiben, mit dem wichtigen Unterschied, dass die Matrizen $\mathbf{M}'$ und $\mathbf{K}'$ beide diagonal sind:

$$\mathbf{M}' = \begin{bmatrix} m & 0 \\ 0 & m \end{bmatrix} \quad \text{und} \quad \mathbf{K}' = \begin{bmatrix} k & 0 \\ 0 & 3k \end{bmatrix} \tag{11.77}$$

Der Übergang von den ursprünglichen Koordinaten (x_1, x_2) zu den Normalkoordinaten (ξ_1, ξ_2) wird als *Diagonalisierung* der Matrizen $\mathbf{M}$ und $\mathbf{K}$ bezeichnet. Dass die neuen Matrizen diagonal sind, ist völlig äquivalent zu der Aussage, dass die beiden Gleichungen in (11.76) für ξ_1 und ξ_2 ungekoppelt sind und dass ξ_1 und ξ_2 unabhängig voneinander schwingen.

Wir können die zwei Normalkoordinaten ξ_1 und ξ_2 auch anders und allgemeiner definieren, und zwar mithilfe der Eigenvektoren $\mathbf{a}$, die die Bewegung der Normalmoden beschreiben und die durch die Eigenwertgleichung $(\mathbf{K} - \omega^2\mathbf{M})\mathbf{a} = 0$ bestimmt sind. In Abschnitt 11.2 haben wir gesehen, dass diese (2×1)-Spaltenmatrizen (für unsere beiden Wagen) folgendermaßen aussehen:

$$\mathbf{a}_{(1)} = \begin{bmatrix} 1 \\ 1 \end{bmatrix} \quad \text{und} \quad \mathbf{a}_{(2)} = \begin{bmatrix} 1 \\ -1 \end{bmatrix}. \tag{11.78}$$

[Zwei wichtige Anmerkungen: Jeder dieser Vektoren enthält einen beliebigen Faktor A, den ich jetzt festlegen möchte; die einfachste Wahl ist es, $A = 1$ zu setzen. Eine andere – und manchmal bessere Wahl – wäre es, die Vektoren zu normalisieren, indem man einen Faktor $1/\sqrt{2}$ einfügt. Zweitens: Jeder Spaltenvektor $\mathbf{a}$ besteht aus zwei Zahlen, die mit a_1 und a_2 bezeichnet sind. Doch hier spreche ich nun von zwei *verschiedenen Spaltenvektoren* $\mathbf{a}_{(1)}$ und $\mathbf{a}_{(2)}$, einer für jede der Normalmoden. Um sie unterscheiden zu können, setze ich die Zahl im Index in Klammern.] Man erkennt leicht, dass sich ein *beliebiger* (2×1)-Spaltenvektor als Kombination der zwei Vektoren $\mathbf{a}_{(1)}$ und $\mathbf{a}_{(2)}$ darstellen lässt (vgl. Aufgabe 33). Insbesondere kann ich den Spaltenvektor $\mathbf{x}$ auf diese Weise zu

$$\mathbf{x} = \xi_1\mathbf{a}_{(1)} + \xi_2\mathbf{a}_{(2)} = \begin{bmatrix} \xi_1 + \xi_2 \\ \xi_1 - \xi_2 \end{bmatrix} \tag{11.79}$$

ausmultiplizieren. Das erste Gleichheitszeichen definiert ξ_1 und ξ_2 bei dieser Darstellung von $\mathbf{x}$ als Koeffizienten vor den Eigenvektoren $\mathbf{a}_{(1)}$ und $\mathbf{a}_{(2)}$, doch eine Überprüfung des letzten Ausdrucks in (11.79) sollte Sie davon überzeugen, dass damit ξ_1 und ξ_2 genau als die Normalkoordinaten aus (11.74) definiert sind. Anders gesagt, lassen sich also die Normalkoordinaten – mit der Eigenschaft, dass jede von ihnen unabhängig von den anderen mit einer der Normalfrequenzen schwingt – als die Koeffizienten in der Entwicklung von $\mathbf{x}$ mithilfe der Eigenvektoren $\mathbf{a}_{(1)}$ und $\mathbf{a}_{(2)}$ definieren. Wir werden sehen, dass sich diese Definition ganz natürlich auf den allgemeinen Fall von Schwingungen eines beliebigen Systems mit n Freiheitsgraden übertragen lässt.

Der allgemeine Fall

Wir können nun leicht Normalkoordinaten für ein beliebiges schwingendes System mit n verallgemeinerten Koordinaten $q_1, \dots, q_n$ einführen. Wie wir wissen, hat ein solches System n Normalmoden. In der i-ten Mode schwingt der Spaltenvektor $\boldsymbol{q}$ sinusförmig:

$$\boldsymbol{q}(t) = \boldsymbol{a}_{(i)} \cos(\omega_i t - \delta_i) ;$$

darin genügt der feste Spaltenvektor $\boldsymbol{a}_{(i)}$ der Eigenwertgleichung

$$\boldsymbol{K}\boldsymbol{a}_{(i)} = \omega^2 \boldsymbol{M}\boldsymbol{a}_{(i)} . \tag{11.80}$$

Die Spaltenvektoren $\boldsymbol{a}_{(1)}, \dots, \boldsymbol{a}_{(n)}$ sind n unabhängige, reelle[11] $(n \times 1)$-Spaltenvektoren, mit deren Hilfe sich *jeder* $(n \times 1)$-Spaltenvektor ausdrücken lässt. Die Vektoren $\boldsymbol{a}_{(1)}, \dots, \boldsymbol{a}_{(n)}$ bilden eine **Basis** oder einen **vollständigen Satz** für den Raum aller $(n \times 1)$-Vektoren. (Einen Beweis dieser Aussagen finden Sie im Anhang.) Somit kann man eine beliebige Lösung der Bewegungsgleichungen $\boldsymbol{q}(t)$ in der Form

$$\boldsymbol{q}(t) = \sum_{i=1}^{n} \xi_i(t)\, \boldsymbol{a}_{(i)} \tag{11.81}$$

entwickeln. Diese Definition der Normalkoordinaten ξ_i entspricht genau der neuen Definition (11.79) für das System von zwei Wagen an Federn. Dass ein solches System die gewünschte Eigenschaft hat, dass die verschiedenen ξ_i unabhängig voneinander schwingen, können wir nun folgendermaßen beweisen:

Der Spaltenvektor $\boldsymbol{q}(t)$ genügt der Bewegungsgleichung

$$\boldsymbol{M}\ddot{\boldsymbol{q}} = -\boldsymbol{K}\boldsymbol{q} .$$

Wenn wir $\boldsymbol{q}$ durch die Entwicklung (11.81) ersetzen, wird daraus

$$\sum_{i=1}^{n} \ddot{\xi}_i(t)\, \boldsymbol{M}\boldsymbol{a}_{(i)} = -\sum_{i=1}^{n} \xi_i(t)\, \boldsymbol{K}\boldsymbol{a}_{(i)} = -\sum_{i=1}^{n} \xi_i(t)\, \omega_i^2 \boldsymbol{M}\boldsymbol{a}_{(i)} . \tag{11.82}$$

Dabei folgt das letzte Gleichheitszeichen aus der Eigenwertgleichung (11.80). Nun sind die n Spaltenvektoren $\boldsymbol{a}_{(1)}, \dots, \boldsymbol{a}_{(n)}$ voneinander unabhängig, und diese Eigenschaft wird durch die Multiplikation mit der Matrix $\boldsymbol{M}$ nicht verändert. Daher sind auch die n Vektoren $\boldsymbol{M}\boldsymbol{a}_{(1)}, \dots, \boldsymbol{M}\boldsymbol{a}_{(n)}$ voneinander unabhängig, und die Gleichung (11.82) kann nur dann gelten, wenn die entsprechenden Koeffizienten auf beiden Seiten jeweils gleich sind.[12] Es gilt also

$$\ddot{\xi}_i(t) = -\omega_i^2 \xi_i(t) .$$

Und damit ist gezeigt, dass die in (11.81) definierten Normalkoordinaten ξ_i tatsächlich mit den angegebenen Frequenzen unabhängig voneinander schwingen.

11 Dass die Vektoren $\boldsymbol{a}_{(i)}$ reell sind, ist nicht sofort zu erkennen. Für die beiden Wagen können Sie anhand von Gleichung (11.78) erkennen, dass dies tatsächlich der Fall ist. Im allgemeinen Fall sind die Vektoren durch die Eigenwertgleichungen (11.80) bestimmt; man beweist ziemlich leicht, dass sie tatsächlich reell sind oder sich so umdefinieren lassen, dass sie reell werden. Näheres im Anhang.

12 Das Ergebnis, das ich hier verwende, entspricht der vertrauten Aussage für den dreidimensionalen Raum, dass die Gleichung $\sum_1^3 \lambda_i \boldsymbol{e}_i = \sum_1^3 \mu_i \boldsymbol{e}_i$ nur dann gilt, wenn für alle i die Bedingung $\lambda_i = \mu_i$ erfüllt ist. Einen Beweis für die Unabhängigkeit der Vektoren $\boldsymbol{a}_{(1)}, \dots, \boldsymbol{a}_{(n)}$ finden Sie im Anhang.

ZUSAMMENFASSUNG

Wichtige Definitionen und Gleichungen aus Kapitel 11

Die Bewegungsgleichungen in Matrizenform

Die Konfiguration eines Systems mit n Freiheitsgraden lässt sich durch einen $(n \times 1)$-Spaltenvektor $\boldsymbol{q}$ angeben, der aus den n verallgemeinerten Koordinaten $q_1, \ldots, q_n$ besteht. Die Bewegungsgleichung für kleine Schwingungen um ein stabiles Gleichgewicht (wobei man die Koordinaten so wählt, dass im Gleichgewicht $\boldsymbol{q} = 0$ gilt) hat die Matrizenform

$$\boldsymbol{M}\ddot{\boldsymbol{q}} = -\boldsymbol{K}\boldsymbol{q}\,; \qquad (11.60)$$

darin sind $\boldsymbol{M}$ und $\boldsymbol{K}$ quadratische $(n \times n)$-Matrizen, nämlich die **„Massenmatrix"** bzw. die **„Federkonstantenmatrix"**. Man kann diese Matrizen beispielsweise finden, indem man die kinetische und die potenzielle Energie des Systems in folgender Form angibt:

$$T = \tfrac{1}{2}\sum_{j,k} M_{jk}\,\dot{q}_j\,\dot{q}_k \quad \text{und} \quad U = \tfrac{1}{2}\sum_{j,k} K_{jk}\,q_j\,q_k\,. \qquad (11.54)\text{ und }(11.53)$$

Normalmoden

Eine **Normalmode** ist jede Bewegung, bei der alle n Koordinaten sinusförmig mit derselben Frequenz ω (einer **Normalfrequenz**) schwingen und in der Form

$$\boldsymbol{q}(t) = \mathrm{Re}\left(\boldsymbol{a}\,\mathrm{e}^{\mathrm{i}\omega t}\right) \qquad (11.61)$$

angegeben werden können. Darin muss der konstante $(n \times 1)$-Spaltenvektor $\boldsymbol{a}$ die verallgemeinerte Eigenwertgleichung

$$(\boldsymbol{K} - \omega^2\boldsymbol{M})\boldsymbol{a} = 0 \qquad (11.62)$$

erfüllen.

Für ein beliebiges System mit n Freiheitsgraden und einem stabilen Gleichgewicht bei $\boldsymbol{q} = 0$ gibt es n Normalfrequenzen $\omega_1, \ldots, \omega_n$ (von denen einige gleich sein können) und n entsprechende unabhängige Eigenvektoren $\boldsymbol{a}_{(1)}, \ldots, \boldsymbol{a}_{(n)}$. Jede beliebige $(n \times 1)$-Spaltenmatrix lässt sich mithilfe dieser Eigenvektoren ausdrücken, und man kann jede Lösung der Bewegungsgleichungen in diesen Normalmoden entwickeln.

Normalkoordinaten

Wenn man eine Lösung in den Normalmoden entwickelt, bezeichnet man die Entwicklungskoeffizienten $\xi_i(t)$ als **Normalkoordinaten**; jede von ihnen schwingt mit der entsprechenden Frequenz ω_i. (Abschnitt 10.7)

Aufgaben zu Kapitel 11

*Die Sterne zeigen den ungefähren Schwierigkeitsgrad an, von * (leicht) bis *** (schwierig).*

11.1 Zwei Massen und drei Federn

***1** Bei der Analyse der beiden Wagen aus Abbildung 11.1 habe ich erwähnt, dass man für die Gleichgewichtsposition der Wagen am einfachsten annimmt, dass die Längen L_1, L_2 und L_3 der drei Federn ihren natürlichen, unverformten Längen l_1, l_2 und l_3 entsprechen. Diese Annahme ist aber nicht zwingend, alle drei Federn könnten auch in der Gleichgewichtslage gedehnt oder komprimiert sein.
a) Bestimmen Sie, welche Zusammenhänge zwischen diesen sechs Längen (und den drei Federkonstanten k_1, k_2 und k_3) gelten müssen, damit die beiden Wagen sich im Gleichgewicht befinden.
b) Zeigen Sie: Die Gesamtkraft auf jeden der beiden Wagen ist durch Gleichung (11.2) gegeben, unabhängig vom Zusammenhang zwischen L_1, L_2, L_3 und l_1, l_2, l_3, solange man x_1 und x_2 nur von der Gleichgewichtslage der Wagen aus misst.

****2** Eine masselose Feder mit der Federkonstanten k_1 hängt von der Decke, an ihrem unteren Ende ist eine Masse m_1 befestigt. Eine zweite masselose Feder (Federkonstante k_2) hängt an m_1, an ihrem unteren Ende ist eine zweite Masse m_2 befestigt. Nehmen Sie an, dass die Massen sich nur in vertikaler Richtung bewegen können, und verwenden Sie als Koordinaten y_1 und y_2, die jeweils von der Gleichgewichtslage der Massen aus gemessen werden. Zeigen Sie: Die Bewegungsgleichungen lassen sich in der Matrixform $\boldsymbol{M}\ddot{\boldsymbol{y}} = -\boldsymbol{K}\boldsymbol{y}$ schreiben, wobei $\boldsymbol{y}$ die (2×1)-Spaltenmatrix aus y_1 und y_2 ist. Bestimmen Sie die (2×2)-Matrizen $\boldsymbol{M}$ und $\boldsymbol{K}$.

11.2 Identische Federn und gleiche Massen

***3** Bestimmen Sie die Normalfrequenzen des in Abbildung 11.1 dargestellten Systems aus zwei Wagen und drei Federn für beliebige Werte von m_1 und m_2 sowie von k_1, k_2 und k_3. Überprüfen Sie die Korrektheit Ihrer Lösung für $m_1 = m_2$ und $k_1 = k_2 = k_3$.

****4** **a)** Bestimmen Sie die Normalfrequenzen des in Abbildung 11.1 dargestellten Systems aus zwei Wagen und drei Federn für den Fall $m_1 = m_2$ und $k_1 = k_3$ (die Federkonstante k_2 kann davon abweichen). Überprüfen Sie, ob Ihre Lösung auch für $k_1 = k_2$ zutrifft.
b) Bestimmen und beschreiben Sie nacheinander die Bewegung für jede der zwei Normalmoden. Vergleichen Sie Ihr Ergebnis mit der Bewegung, die wir in Abschnitt 11.2 für $k_1 = k_2$ gefunden haben, und erläutern Sie die Ähnlichkeiten.

****5** **a)** Bestimmen Sie die Normalfrequenzen ω_1 und ω_2 für die beiden in Abbildung 11.15 dargestellten Wagen; nehmen Sie $m_1 = m_2$ und $k_1 = k_2$ an.

b) Bestimmen und beschreiben Sie die Bewegung für jede der Normalmoden.

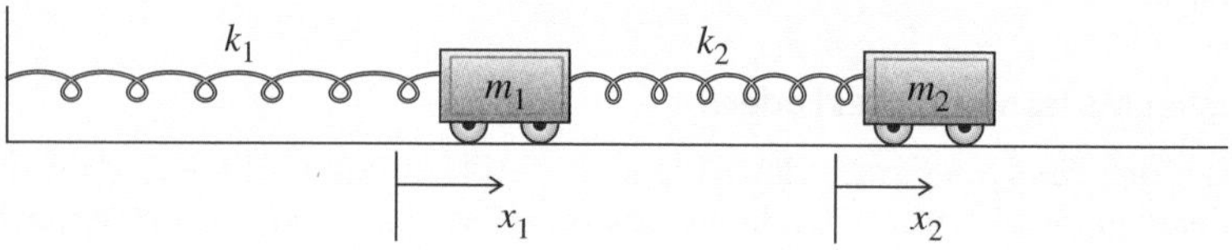

Abbildung 11.15: Zu Aufgabe 5 und 6.

***6** Beantworten Sie dieselben Fragen wie in Aufgabe 5, nun aber für $m_1 = m_2$ und $k_1 = 3k_2/2$ (schreiben Sie $k_1 = 3k$ und $k_2 = 2k$). Erläutern Sie die Bewegung in den beiden Normalmoden.

***7** Computer Die allgemeine Bewegung der zwei Wagen in Abschnitt 11.2 ist durch (11.2) gegeben, die darin vorkommenden Konstanten A_1, A_2, δ_1 und δ_2 werden durch die Anfangsbedingungen bestimmt.
a) Zeigen Sie, dass (11.21) sich auf die Form

$$\mathbf{x}(t) = (B_1 \cos \omega_1 t + C_1 \sin \omega_1 t) \begin{bmatrix} 1 \\ 1 \end{bmatrix} + (B_2 \cos \omega_2 t + C_2 \sin \omega_2 t) \begin{bmatrix} 1 \\ -1 \end{bmatrix}$$

umschreiben lässt. Diese Form ist normalerweise etwas leichter an gegebene Anfangsbedingungen anzupassen.
b) Die Wagen werden aus dem Stillstand an den Orten $x_1(0) = x_2(0) = A$ losgelassen. Bestimmen Sie die Koeffizienten B_1, B_2, C_1 sowie C_2 und zeichnen Sie $x_1(t)$ sowie $x_2(t)$. Verwenden Sie für Ihre Plots die Werte $A = \omega_1 = 1$ und $0 \leq t \leq 30$.
c) Wiederholen Sie Teil (a), verwenden Sie nun aber $x_1(0) = A$ und $x_2(0) = 0$.

***8** Wiederholen Sie Aufgabe 7, in Teil (b) sollen die Wagen nun aber bei $t = 0$ im Gleichgewicht sein und werden jeweils mit der Geschwindigkeit v_0 in entgegengesetzte Richtung angestoßen. In Teil (c) sollen die Wagen aus der Gleichgewichtsposition starten, Wagen 2 mit der Geschwindigkeit v_0 nach rechts und Wagen 1 mit der Anfangsgeschwindigkeit 0. Verwenden Sie für Ihre Plots die Werte $v_0 = \omega_1 = 1$ und $0 \leq t \leq 30$.

***9** **a)** Geben Sie die Bewegungsgleichungen (11.2) für die Wagen mit gleicher Masse an drei identischen Federn aus Abschnitt 11.2 an. Zeigen Sie, dass der Variablenwechsel zu den Normalkoordinaten $\xi_1 = \frac{1}{2}(x_1 + x_2)$ und $\xi_2 = \frac{1}{2}(x_1 - x_2)$ zu ungekoppelten Gleichungen für ξ_1 und ξ_2 führt.
b) Lösen Sie die Gleichungen für ξ_1 und ξ_2 und geben Sie davon ausgehend die allgemeine Lösung für x_1 und x_2 an. (Beachten Sie, wie einfach das Vorgehen wird, wenn die Normalkoordinaten erst einmal bestimmt sind. Für ein einfaches symmetrisches System wie dieses hier können Sie die Form von ξ_1 und ξ_2 manchmal schon durch Symmetrieüberlegungen erraten – insbesondere dann, wenn Sie ein wenig Erfahrung im Umgang mit Normalkoordinaten gewonnen haben.)

10 Computer Im Allgemeinen ist die Untersuchung von gekoppelten Oszillatoren mit dissipativen Kräften viel komplizierter als im konservativen Fall, den wir in diesem Kapitel untersucht haben. Es gibt jedoch einige Fälle, bei denen die Verfahren des konservativen Falls immer noch anzuwenden sind. Das folgende Problem soll das illustrieren.
a) Geben Sie die Bewegungsgleichungen für die Wagen mit gleicher Masse an drei identischen Federn aus Abschnitt 11.2 an, die den Gleichungen (11.2) entsprechen. Nun soll aber jeder Wagen eine lineare Widerstandskraft $-b\mathbf{v}$ (der Koeffizient b ist für beide Wagen gleich) erfahren.
b) Zeigen Sie: Wenn Sie eine Variablensubstitution zu den Normalkoordinaten $\xi_1 = \frac{1}{2}(x_1 + x_2)$ und $\xi_2 = \frac{1}{2}(x_1 - x_2)$ durchführen, werden die Bewegungsgleichungen für ξ_1 und ξ_2 entkoppelt.
c) Geben Sie die allgemeinen Lösungen für die Normalkoordinaten und damit für x_1 und x_2 an. (Nehmen Sie an, dass b klein ist; dann sind die Schwingungen nur wenig gedämpft.)
d) Bestimmen Sie $x_1(t)$ und $x_2(t)$ für die Anfangsbedingungen $x_1(0) = A$ und $x_2(0) = v_1(0) = v_2(0) = 0$; fertigen Sie einen Plot für $0 \leq t \leq 10\pi$ mit den Werten $A = k = m = 1$ und $b = 0{,}1$.

11 **a)** Geben Sie die Bewegungsgleichungen für die Wagen mit gleicher Masse an drei identischen Federn aus Abschnitt 11.2 an, die den Gleichungen (11.2) entsprechen. Nun soll aber jeder Wagen eine lineare Widerstandskraft $-b\mathbf{v}$ (der Koeffizient b ist für beide Wagen gleich) und eine Antriebskraft $F(t) = F_0 \cos \omega t$ erfahren.
b) Zeigen Sie: Wenn Sie eine Variablensubstitution zu den Normalkoordinaten $\xi_1 = \frac{1}{2}(x_1 + x_2)$ und $\xi_2 = \frac{1}{2}(x_1 - x_2)$ durchführen, werden die Bewegungsgleichungen für ξ_1 und ξ_2 entkoppelt.
c) Geben Sie mithilfe der Verfahren aus Abschnitt 5.5 die allgemeinen Lösungen an.
d) Nehmen Sie $\beta = b/2m \ll \omega_0$ an. Zeigen Sie, dass ξ_1 für $\omega \approx \omega_0 = \sqrt{k/m}$ in Resonanz ist; zeigen Sie entsprechend, dass ξ_2 für $\omega \approx \sqrt{3}\omega_0$ in Resonanz ist.
e) Beweisen Sie: Wenn beide Wagen in Phase mit derselben Kraft $F_0 \cos \omega t$ angetrieben werden, dann zeigt nur ξ_1 eine Resonanz. Erläutern Sie dies.

12 Diese Aufgabe zeigt einen anderen Weg, wie man zwei Oszillatoren koppeln kann. Die zwei Wagen in Abbildung 11.16 haben zwar verschiedene Form, aber dieselbe Masse m. Sie sind mit identischen Federn (Federkonstante k) an zwei Wänden befestigt. Wagen 2 bewegt sich wie gezeigt auf Wagen 1; Wagen 1 ist mit Sirup gefüllt, dessen Reibungswiderstand die Kopplung zwischen den beiden Wagen herstellt.
a) Die Reibungskraft soll den Betrag $\beta m v$ haben, die Vektorgröße $\boldsymbol{v}$ ist die Relativgeschwindigkeit zwischen den beiden Wagen. Geben Sie die Bewegungsgleichungen für die beiden Wagen an. Nehmen Sie dabei x_1 und x_2 (die jeweilige Auslenkung der Wagen aus ihrer Gleichgewichtsposition) als Koordinaten. Zeigen Sie, dass man die Gleichungen in Matrixform als $\ddot{\mathbf{x}} + \beta \boldsymbol{D}\dot{\mathbf{x}} + \omega_0^2 \mathbf{x} = 0$ schreiben kann; dabei ist $\mathbf{x}$ die (2×1)-Matrix aus x_1 und x_2, es gilt $\omega_0 = \sqrt{k/m}$, und $\boldsymbol{D}$ ist eine bestimmte (2×2)-Matrix.

b) Nichts sollte Sie davon abhalten können, eine Lösung der Form $\mathbf{x}(t) = \mathrm{Re}\,\mathbf{z}(t)$ mit $\mathbf{z}(t) = \boldsymbol{a}\,\mathrm{e}^{rt}$ zu versuchen. Zeigen Sie, dass es tatsächlich zwei Lösungen dieser Form mit $r = \mathrm{i}\omega_0$ bzw. $r = -\beta + \mathrm{i}\omega_1$ gibt, dabei ist $\omega_1 = \sqrt{\omega_0^2 - \beta^2}$. (Nehmen Sie an, dass die Reibungskraft schwach ist, sodass $\beta < \omega_0$.)
c) Beschreiben Sie die entsprechende Bewegung. Erläutern Sie, warum eine dieser Moden gedämpft ist, die andere aber nicht.

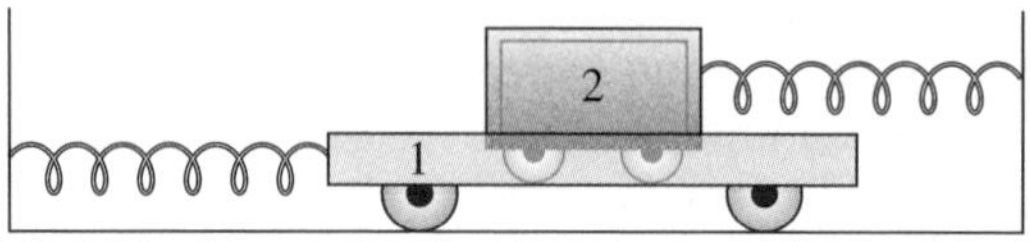

Abbildung 11.16: Zu Aufgabe 12.

11.3 Zwei schwach gekoppelte Oszillatoren

13 Computer Betrachten Sie die zwei Wagen aus Abschnitt 11.3, die durch eine schwache Feder gekoppelt sind; beide erfahren dieselbe Widerstandskraft $-b\boldsymbol{v}$.
a) Geben Sie die Bewegungsgleichungen für x_1 und x_2 in der Form (11.2) an und zeigen Sie, dass die Variablensubstitution zu den Normalkoordinaten $\xi_1 = \frac{1}{2}(x_1 + x_2)$ und $\xi_2 = \frac{1}{2}(x_1 - x_2)$ auf ungekoppelte Bewegungsgleichungen für ξ_1 und ξ_2 führt.
b) Lösen Sie die Gleichungen nach $\xi_1(t)$ und $\xi_2(t)$ auf; nehmen Sie dabei an, dass der Dissipationskoeffizient b klein ist („unterdämpfte Bewegung“ wie in Abschnitt 5.4). Von dort ausgehend, geben Sie die allgemeine Lösung für $x_1(t)$ und $x_2(t)$ an.
c) Wagen 1 soll bei $x_1 = A$ und Wagen 2 bei $x_2 = 0$ gehalten werden; zum Zeitpunkt $t = 0$ werden beide aus dem Stillstand losgelassen. Bestimmen Sie die Orte der zwei Wagen als Funktionen von t für $t \leq t \leq 80$ und fertigen Sie einen Plot davon an; verwenden Sie die Werte $A = k = m = 1$, $k_2 = 0{,}2$ und $b = 0{,}04$. (Bei der Anpassung an die Anfangsbedingungen nutzen Sie $b \ll 1$ aus; verwenden Sie ein geeignetes Computerprogramm für Ihre Plots.)

11.4 Der Lagrange-Ansatz: das Doppelpendel

14 Betrachten Sie zwei identische ebene Pendel (jedes mit der Länge L und der Masse m), die, wie in Abbildung 11.17 gezeigt, durch eine masselose Feder (Federkonstante k) verbunden sind. Die Orte der Pendel sind durch die angegebenen Winkel φ_1 und φ_2 bestimmt. Die natürliche Länge der Feder und der Abstand zwischen den Aufhängungspunkten der Pendel sind gleich, d. h. die Gleichgewichtsposition ist bei $\varphi_1 = \varphi_2 = 0$, wenn beide Pendel vertikal hängen.
a) Geben Sie die kinetische Gesamtenergie sowie die potenziellen Energien der Gravitation und der Feder an. [Beide Winkel sollen immer klein blei-

ben, sodass man die Dehnung der Feder gut durch $L(\varphi_2 - \varphi_1)$ nähern kann.] Schreiben Sie die Lagrange'schen Bewegungsgleichungen nieder.

b) Bestimmen und beschreiben Sie die Normalmoden für die beiden gekoppelten Pendel.

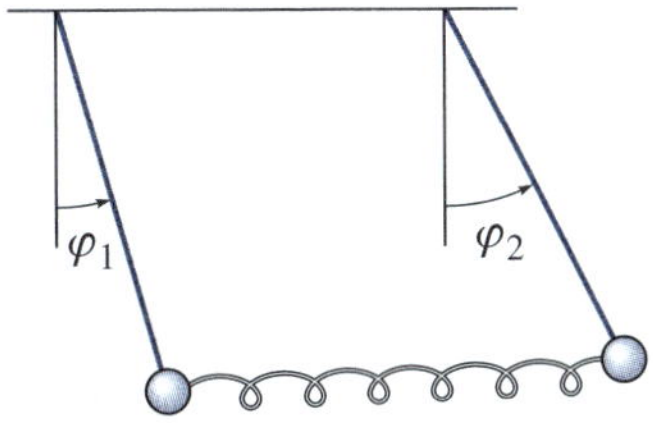

Abbildung 11.17: Zu Aufgabe 14.

15 Schreiben Sie die exakte Lagrange-Gleichung (gültig für alle Winkel) des Doppelpendels aus Abbildung 11.9 nieder und bestimmen Sie die entsprechenden Bewegungsgleichungen. Zeigen Sie, dass die Gleichungen sich auf (11.41) und (11.42) reduzieren, wenn beide Winkel klein sind.

16 **a)** Bestimmen Sie die Normalfrequenzen für kleine Schwingungen des Doppelpendels aus Abbildung 11.9 mit beliebigen Werten für die Massen und die Längen.

b) Überprüfen Sie die Korrektheit Ihrer Lösungen anhand des Spezialfalls mit $m_1 = m_2$ und $L_1 = L_2$.

c) Diskutieren Sie den Grenzwert $m_2 \to 0$.

17 **a)** Bestimmen Sie die Normalfrequenzen und die Normalmoden für das Doppelpendel aus Abbildung 11.9 mit den Werten $m_1 = 8m$, $m_2 = m$ und $L_1 = L_2 = L$.

b) Beschreiben Sie die tatsächliche Bewegung [d. h. $\varphi_1(t)$, $\varphi_2(t)$], wenn das Pendel mit $\varphi_1 = 0$ und $\varphi_2 = \alpha$ aus dem Stillstand losgelassen wird. Ist die Bewegung periodisch?

18 Zwei gleiche Massen m werden in eine reibungsfreie Bewegung gezwungen, die eine auf der positiven x-Achse, die andere auf der positiven y-Achse. Sie sind an zwei identischen Federn mit der Federkonstanten k befestigt, deren jeweils anderes Ende im Ursprung befestigt ist. Außerdem sind die beiden Massen untereinander durch eine dritte Feder mit der Federkonstanten k' verbunden. Die Federn sind so gewählt, dass sich das System im Gleichgewicht befindet, wenn alle drei Federn entspannt sind (d. h., die Federlänge entspricht ihrer natürlichen, ungedehnten Länge). Welche Normalfrequenzen treten auf? Bestimmen und beschreiben Sie die Normalmoden. Betrachten Sie nur kleine Auslenkungen aus dem Gleichgewicht.

19 Ein Fadenpendel (Masse M, Länge L) hängt, wie in Abbildung 11.18 gezeigt, unter einem Wagen (Masse m), der am Ende einer Feder (Federkonstante k) hin- und herschwingen kann.

a) Nehmen Sie an, dass der Winkel φ immer klein bleibt; geben Sie die Lagrange-Funktion des Systems und die Bewegungsgleichungen für x und φ an.
b) Setzen Sie $m = M = L = g = 1$ und $k = 2$ (jeweils in den geeigneten Einheiten). Bestimmen Sie die Normalfrequenzen, geben Sie jeweils dazu die Normalmode an und beschreiben Sie die Bewegung.

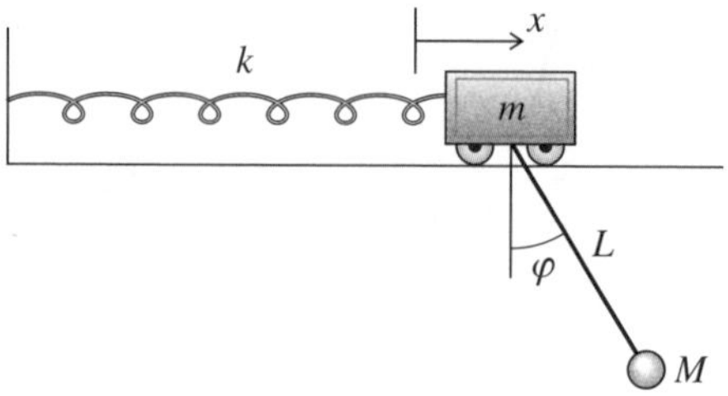

Abbildung 11.18: Zu Aufgabe 19.

★★20 Ein dünner, gleichförmiger Stab der Länge $2b$ hängt an zwei vertikalen leichten Fäden, beide mit der Länge l, die an der Decke befestigt sind. Das System erfährt nur kleine Auslenkungen aus dem Gleichgewicht. Bestimmen Sie die Lagrange-Funktion des Systems und die Normalfrequenzen. Bestimmen und beschreiben Sie die Normalmoden. [*Hinweis:* Sie können als verallgemeinerte Koordinaten beispielsweise folgende wählen: x, die longitudinale Auslenkung des Stabs, sowie y_1 und y_2, die seitwärtigen Auslenkungen der beiden Enden des Stabs. Sie müssen dann bestimmen, wie hoch die beiden Ende über ihrer Gleichgewichtsposition sind und um welchen Winkel sich der Stab gedreht hat.]

11.5 und 11.6 Der allgemeine Fall und drei gekoppelte Pendel

★21 Es gelte $U = \frac{1}{2}\sum_j \sum_k K_{jk} q_j q_k$, wobei die Koeffizienten K_{jk} alle konstant sind und die Bedingung $K_{ij} = K_{ji}$ erfüllen. Zeigen Sie, dass dann, wie in Gleichung (11.58) behauptet, $\partial U/\partial q_i = \sum_j K_{ij} q_j$ gilt.

★22 Geben Sie die exakte potenzielle Energie der drei Pendel aus Abbildung 11.13 an; die Gleichung soll für alle Winkel – seien sie nun klein oder groß – gelten. Zeigen Sie, dass sich Ihre Lösung auf (11.68) reduziert, wenn die drei Winkel klein sind.

★★23 Gleichung (11.73) gibt die drei Normalfrequenzen von drei gekoppelten Pendeln in natürlichen Einheiten (mit $L = m = 1$) an. Wir haben bereits gesehen, dass der Wert von ω_1^2 in beliebigen Einheiten g/L beträgt. Bestimmen Sie die Werte von ω_2^2 und ω_3^2 in beliebigen Einheiten. [*Hinweis:* Betrachten Sie zunächst die Größe $\omega_2^2 - \omega_3^2$.]

★★24 Zwei gleiche Massen m bewegen sich reibungsfrei auf einem horizontalen Tisch. Sie werden, wie in Abbildung 11.19 gezeigt, durch drei identische straffe Fäden (Länge jeweils L, Zugkraft F_Z) gehalten, sodass ihre Gleichgewichtsposition eine gerade Linie zwischen den Verankerungspunkten A

und B ist. Die beiden Massen können sich in transversaler Richtung (y) bewegen, aber nicht in longitudinaler Richtung (x). Geben Sie die Lagrange-Gleichung für kleine Auslenkungen an, dann bestimmen und beschreiben Sie die Bewegung in den entsprechenden Normalmoden. [*Hinweis:* Bei „kleinen" Auslenkungen sind y_1 und y_2 viel kleiner als L, sodass Sie die Zugkräfte als konstant annehmen können. Dadurch ist die potenzielle Energie jedes Fadens einfach $F_Z \cdot d$, worin d den Wert angibt, um den seine Länge aus dem Gleichgewicht zugenommen hat.]

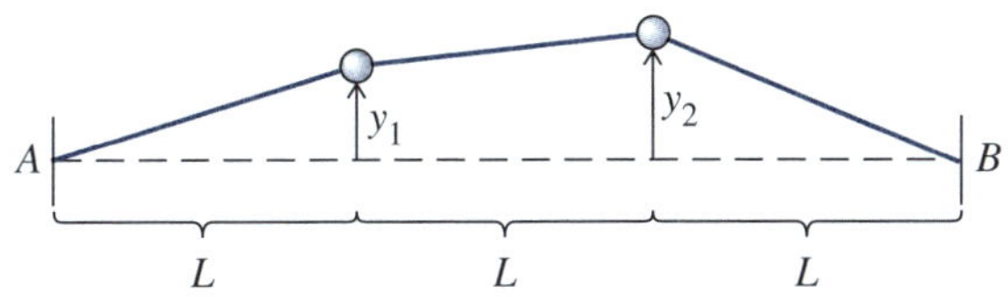

Abbildung 11.19: Zu Aufgabe 24.

25 Betrachten Sie ein System aus Wagen und Federn wie das in Abbildung 11.1, nur dass es hier *drei* Wagen gibt, die an *vier* identischen Federn befestigt sind. Lösen Sie nach den drei Normalfrequenzen auf, dann bestimmen und beschreiben Sie die Bewegung in den entsprechenden Normalmoden.

26 Eine Perle ist auf einem reibungsfreien kreisrunden Drahtring mit dem Radius R aufgefädelt; der Ring und die Perle haben dieselbe Masse m. Der Ring ist im Punkt A befestigt und kann wie in Abbildung 11.20 gezeigt in seiner vertikalen Ebene schwingen. Verwenden Sie die Winkel φ_1 und φ_2 als verallgemeinerte Koordinaten. Lösen Sie nach den Normalfrequenzen für kleine Schwingungen auf, dann bestimmen und beschreiben Sie die entsprechenden Normalmoden. [*Hinweis:* Die kinetische Energie des Rings ist $\frac{1}{2}I\dot{\varphi}_1^2$; dabei ist I das Trägheitsmoment bezüglich A, das man mithilfe des Steiner'schen Satzes berechnen kann.]

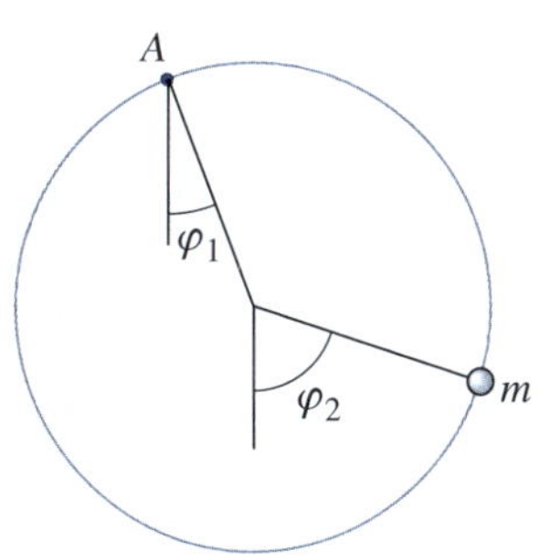

Abbildung 11.20: Zu Aufgabe 26.

27 Betrachten Sie zwei Wagen mit derselben Masse m auf einer horizontalen, reibungsfreien Bahn. Die Wagen sind durch eine Feder mit der Federkonstanten k miteinander verbunden, können sich sonst aber frei entlang der Bahn bewegen.
a) Geben Sie die Lagrange-Funktion an und bestimmen Sie die Normalfrequenzen des Systems. Zeigen Sie, dass eine der Normalfrequenzen null ist.
b) Bestimmen und beschreiben Sie die Bewegung in der Normalmode, deren Frequenz von null verschieden ist.
c) Tun Sie dasselbe für die Mode mit der Frequenz null. [*Hinweis:* Bei dieser Aufgabe müssen Sie scharf nachdenken, denn es ist nicht unmittelbar klar, was Schwingungen der Frequenz null sein sollen. Beachten Sie, dass die Eigenwertgleichung $(\boldsymbol{K} - \omega^2\boldsymbol{M})\boldsymbol{a} = 0$ sich in diesem Fall auf $\boldsymbol{K}\boldsymbol{a} = 0$ reduziert. Betrachten Sie eine Lösung $\mathbf{x}(t) = \boldsymbol{a}f(t)$ mit einer unbestimmten, von der Zeit t abhängigen Funktion f und zeigen Sie mithilfe der Bewegungsgleichung $\boldsymbol{M}\ddot{\mathbf{x}} = -\boldsymbol{K}\mathbf{x}$, dass die Lösung die Bewegung des gesamten Systems mit einer konstanten Geschwindigkeit beschreibt. Erläutern Sie, warum diese Art der Bewegung hier möglich ist, in den vorherigen Beispielen aber nicht.]

28 Ein Fadenpendel (Masse M und Länge L) hängt von einem Wagen der Masse M, der sich frei entlang einer horizontalen Bahn bewegen kann. (Schauen Sie sich Abbildung 11.18 an, aber denken Sie sich die Feder weg.)
a) Welche Normalfrequenzen hat das System?
b) Bestimmen und beschreiben Sie die entsprechenden Normalmoden. [Lesen Sie dazu auch den Hinweis zu Aufgabe 27.]

29 Ein dünner Stab der Länge $2b$ und der Masse m hängt mit beiden Enden an zwei identischen vertikalen Federn (Federkonstante k), die an der horizontalen Decke befestigt sind. Das System soll auf Bewegungen in einer vertikalen Ebene beschränkt sein. Bestimmen Sie die Normalfrequenzen und die Normalmoden für kleine Schwingungen. Beschreiben und erläutern Sie die Normalmoden. [*Hinweis:* Hier ist es entscheidend, die verallgemeinerten Koordinaten klug zu wählen. Eine mögliche Wahl ist r, φ und α; dabei bestimmen r und φ den Ort des Schwerpunkts des Stabs relativ zu einem Ursprung an der Decke in der Mitte zwischen den Federn, und α gibt den Winkel an, um den der Stab gekippt ist. Denken Sie vor der Angabe der potenziellen Energie scharf nach.]

30 Computer Betrachten Sie ein System aus Wagen und Federn wie das in Abbildung 11.1, nur dass es hier *vier* Wagen gibt, die an *fünf* identischen Federn befestigt sind. Lösen Sie nach den vier Normalfrequenzen auf, dann bestimmen und beschreiben Sie die Bewegung in den entsprechenden Normalmoden. [Diese Aufgabe lässt sich ohne Computerhilfe nicht lösen, aber sie ist wohl der Mühe wert, weil Sie dabei lernen, wie man mit geeigneter Software Determinanten berechnet und die charakteristische Gleichung löst.]

31 Betrachten Sie einen starren, reibungsfreien horizontalen Ring vom Radius R. Ich fädele drei Perlen mit den Massen $2m$, m und m auf den Ring auf, zwischen den Perlen sitzen drei identische Federn jeweils mit der Federkonstanten k. Lösen sie nach den drei Normalfrequenzen auf, dann bestimmen und beschreiben Sie die drei Normalmoden.

★★★ 32 Als Modell für ein lineares dreiatomiges Molekül (etwa CO_2) betrachten Sie ein System aus zwei identischen Molekülen, jeweils mit der Masse m, die durch zwei identische Federn an einem einzelnen Atom der Masse M befestigt sind (Abbildung 11.21). Um die Sache zu vereinfachen, soll das System auf Bewegungen in einer Dimension beschränkt sein.
a) Geben Sie die Lagrange-Funktion an und bestimmen Sie die Normalfrequenzen des Systems. Zeigen Sie, dass eine der Normalfrequenzen null ist.
b) Bestimmen und beschreiben Sie die Bewegung in den Normalmoden, deren Frequenzen von null verschieden sind.
c) Tun Sie dasselbe für die Mode mit der Frequenz null. [*Hinweis:* Lesen Sie die Anmerkungen am Ende von Aufgabe 27.]

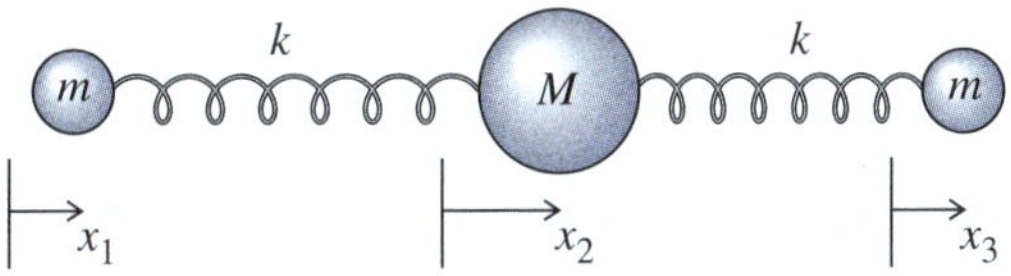

Abbildung 11.21: Zu Aufgabe 32.

Normalkoordinaten

★ 33 Die Eigenvektoren $\boldsymbol{a}_{(1)}$ und $\boldsymbol{a}_{(2)}$, die die Bewegung der zwei Wagen von Abschnitt 11.2 in den zwei Normalmoden beschreiben, sind durch (11.78) gegeben. Beweisen Sie, dass man *jede* (2×1)-Matrix $\mathbf{x}$ als Linearkombination dieser beiden Eigenvektoren schreiben kann; anders gesagt sind $\boldsymbol{a}_{(1)}$ und $\boldsymbol{a}_{(2)}$ eine *Basis* des Raums der (2×1)-Matrizen.

★★ 34 Es ist eine wesentliche Eigenschaft der Eigenvektoren $\boldsymbol{a}_{(1)}, \ldots, \boldsymbol{a}_{(n)}$, die die Bewegung eines schwingungsfähigen System in seinen Normalmoden beschreiben, dass man *jede* $(n \times 1)$-Matrix $\mathbf{x}$ als Linearkombination dieser n Eigenvektoren schreiben kann; anders gesagt sind die Eigenvektoren eine *Basis* des Raums der $(n \times 1)$-Matrizen. Diese Aussage wird im Anhang bewiesen; zur Illustration lösen Sie folgende Aufgabe:
a) Geben Sie die drei Eigenvektoren $\boldsymbol{a}_{(1)}$, $\boldsymbol{a}_{(2)}$ und $\boldsymbol{a}_{(3)}$ für das gekoppelte Pendel aus Abschnitt 11.6 an. (Jeder der Eigenvektoren enthält einen allgemeinen Faktor, den Sie nach Zweckmäßigkeit beliebig wählen können.) Beweisen Sie: Jede (3×1)-Matrix lässt sich mithilfe dieser drei Eigenvektoren darstellen.
b) Die Entwicklungskoeffizienten in dieser Berechnung sind die Normalkoordinaten ξ_1, ξ_2 und ξ_3. Bestimmen Sie die Normalkoordinaten für die drei gekoppelten Pendel und erläutern Sie, in welchem Sinne sie die drei Normalmoden von Abbildung 11.14 beschreiben.

⋆35 Betrachten Sie die beiden gekoppelten Pendel in Aufgabe 14.
a) Was könnte eine natürliche Wahl für die Normalkoordinaten ξ_1 und ξ_2 sein?
b) Zeigen Sie: Selbst wenn beide Pendel eine Widerstandskraft mit dem Betrag bv erfahren (b soll klein sein), sind die Bewegungsgleichungen für ξ_1 und ξ_2 immer noch entkoppelt.
c) Bestimmen und beschreiben Sie die Bewegung der Pendel in den beiden Moden.

Weiterführende Themen

» Der erste Teil diese Buches enthält Stoff, der in gewissem Sinn als grundlegend für einen einführenden Physikkurs gilt. Der zweite Teil behandelt weiterführende Themen, die man als optional ansehen könnte, obwohl alle von ihnen in der modernen Physik von höchster Bedeutung sind. Während die Kapitel in Teil I so aufgebaut sind, dass sie nacheinander gelesen werden sollten, habe ich versucht, die fünf Kapitel in Teil II unabhängig voneinander anzulegen. Wenn Sie den Großteil des Stoffs aus Teil I verstanden haben, können Sie mit einem beliebigen Kapitel aus Teil II weitermachen. Das soll allerdings nicht heißen, dass Sie Teil I komplett durchgearbeitet haben müssen, bevor Sie in Teil II hineinschauen dürfen. Beispielsweise können Sie Kapitel 12 auch schon lesen, sobald Sie Kapitel 5 über Schwingungen durchgearbeitet haben. Und entsprechend könnten Sie Kapitel 13 über die Hamilton'sche Mechanik sofort nach Kapitel 7 über Lagrange'sche Mechanik oder Kapitel 14 über die Streutheorie gleich nach Kapitel 8 über die Bewegung zweier Körper lesen. «

Nichtlineare Mechanik und Chaos

12

ÜBERBLICK

» Eine der faszinierendsten und aufregendsten Entdeckungen der letzten Jahrzehnte war die Erkenntnis, dass die meisten Systeme mit nichtlinearen Bewegungsgleichungen **Chaos** zeigen können. Dieses verblüffende Phänomen, das in vielen verschiedenen Gebieten auftritt – bei schwingenden mechanischen Systemen, bei chemischen Reaktionen, bei der Strömung von Fluiden, in Lasern, beim Wachstum von Populationen, bei der Ausbreitung von Krankheiten und bei vielem anderem mehr – bedeutet, dass ein System zwar den deterministischen Bewegungsgleichungen (etwa den Newton'schen Gesetzen) unterliegt, dass aber das künftige Verhalten in allen Einzelheiten praktisch unvorhersagbar ist.

Das Verhalten von chaotischen mechanischen Systemen kann sehr kompliziert sein, und das Bedürfnis, dieses Verhalten zu beschreiben, hat eine ganze Reihe von neuen Sichten hervorgebracht, wie man die Bewegung eines solchen Systems betrachten kann – durch Bahnen im Zustandsraum, Poincaré-Schnitte, Bifurkationsdiagramme usw. Glücklicherweise gibt es Systeme, die zwar hinreichend kompliziert sind, sodass bei ihnen Chaos auftritt, die aber doch so einfach sind, dass man nicht alle diese neuen Instrumente zu ihrer Beschreibung benötigt. Insbesondere kann ein getriebenes gedämpftes Pendel, dessen Bewegungsgleichung nichtlinear ist, Chaos zeigen – und doch lässt sich dieses System in halbwegs elementaren Begriffen beschreiben. Aus diesem Grund werde ich mich schwerpunktmäßig auf dieses System beschränken. Nach einer kurzen Übersicht über die Unterschiede zwischen linearen und nichtlinearen Gleichungen und über die Eigenschaften des gedämpften *linearen* Oszillators beschreibe ich eingehend die Bewegung des getriebenen gedämpften Pendels; dabei benutze ich nur unkomplizierte Kurven für seine Auslenkung φ in Abhängigkeit von der Zeit. Wenn Sie dann mit den zugrundeliegenden Phänomenen vertraut sind, führe ich einige der raffinierteren Instrumente ein, die Sie benötigen werden, wenn Sie die rasch anwachsende Literatur zum Thema Chaos lesen wollen. Zum Abschluss dieses Kapitels beschreibe ich ein weiteres System, das Chaos zeigen kann, die sogenannte logistische Abbildung. Sie gehört zwar strenggenommen nicht zur Mechanik, weist aber viele strenge Parallelen zu mechanischen Systemen auf; zudem hat sie den großen Vorzug der Einfachheit, sodass man leicht verschiedene Aspekte ihres Verhaltens verstehen kann. Ferner illustriere ich mit der logistischen Abbildung einen Teil der erstaunlichen Universalität des Chaos.

Bei der Planung dieses Kapitels bin ich zu der Überzeugung gelangt, dass es wichtiger ist, das grundlegende Verständnis einiger weniger Themen zu befördern, als einen nur oberflächlichen Überblick über das gesamte Gebiet zu geben. Insbesondere unterscheidet man in der Chaostheorie zwei große Bereiche – die dissipativen Systeme (wie ein gedämpftes Pendel) und die nichtdissipativen Systeme (die sogenannten Hamilton'schen Systeme); ich habe mich dafür entschieden, mich ganz auf die ersteren zu beschränken. Ich weiß, dass etliche Leser diese Entscheidung monieren werden. Viele wichtige Anwendungen der Chaostheorie – beispielsweise in der Astronomie und der statistischen Mechanik – behandeln nichtdissipative Systeme, darunter auch das bahnbrechende Werk von Poincaré. Nach meiner Erfahrung jedoch betreffen die dem Anfänger zugänglichsten Themen die dissipativen Systeme; um die Länge dieses Kapitels in einem vernünftigen Rahmen zu halten, habe ich mich dafür entschieden, nur solche Systeme zu behandeln. Bitte betrachten Sie dieses Kapitel als eine Sammlung der Perlen in der Chaostheorie; ich behaupte nicht, dass es alle Aspekte der Chaostheorie abdeckt.

Dieses Kapitel unterscheidet sich stark von allen anderen Kapiteln in diesem Buch. Die Theorie des Chaos ist noch ziemlich jung und alles andere als elementar. (Und Teile der Theorie müssen gar noch entdeckt werden!) Dieses Kapitel erfordert daher ein viel weitergehendes Verständnis von Differenzialgleichungen, als ich es sonst in diesem Buch voraussetze; eine angemessene Darstellung der Chaostheorie füllt eher ein ganzes Buch als nur ein einziges Kapitel.[1] Daher beschränke ich mich hier darauf, die wichtigsten der faszinierenden Eigenschaften chaotischer Bewegung zu *beschreiben*, ohne besondere Anstrengungen auf die Beweise zu verwenden, dass die Bewegungen wirklich so ablaufen wie behauptet. Das halte ich für einen halbwegs befriedigenden Ansatz, denn bevor Sie versuchen, eines der weiterführenden Bücher zu lesen, ist es sicher nicht verkehrt, wenn Sie eine gewisse Vorstellung vom Chaos und seinen Folgerungen haben und mit den Instrumenten zu seiner Beschreibung vertraut sind. Ich hoffe, genau das mit diesem Kapitel zu vermitteln. «

12.1 Linearität und Nichtlinearität

Damit ein System Chaos zeigen kann, müssen seine Bewegungsgleichungen *nichtlinear* sein. Wir haben in diesem Buch schon von Zeit zu Zeit Beispiele linearer und nichtlinearer Gleichungen behandelt, doch ich will die beiden Konzepte noch einmal zusammenfassen. Eine Differenzialgleichung ist linear, wenn sie die abhängige Variable (oder die Variablen) und deren Ableitungen nur in linearer Potenz enthält. Die Bewegungsgleichung für einen Wagen der Masse m an einer Feder mit der Federkonstante k

$$m\ddot{x} = -kx \tag{12.1}$$

ist eine lineare Differenzialgleichung für den Ort x des Wagens. Ganz ähnlich sind die Bewegungsgleichungen für die beiden in Kapitel 11 diskutierten Wagen [beispielsweise die Gleichungen (11.2)] lineare Differenzialgleichungen für die Orte x_1 und x_2 der beiden Wagen. Wenn wir eine Antriebskraft $F(t)$ auf den Wagen aus Gleichung (12.1) wirken lassen, ist die resultierende Gleichung

$$m\ddot{x} = -kx + F(t) \tag{12.2}$$

immer noch linear (allerdings nicht mehr homogen, da der „inhomogene" Term $F(t)$ die abhängige Variable x gar nicht enthält). Die Bewegungsgleichung für ein Fadenpendel (Masse m, Länge L) in der Form $I\ddot{\varphi} = \Gamma$ oder

$$mL^2\ddot{\varphi} = -mgL\sin\varphi \tag{12.3}$$

ist eine *nichtlineare* Differenzialgleichung für φ, denn $\sin\varphi$ hängt nicht linear von φ ab. (Wenn die Schwingungen klein sind, gilt $\sin\varphi \approx \varphi$, und man kann die Gleichung gut durch eine lineare Gleichung nähern; im Allgemeinen aber sind die Gleichungen für ein Fadenpendel ganz entschieden nichtlinear.) Ein weiteres Beispiel ist die Bewegungsgleichung für einen Planeten im Gravitationsfeld der Sonne

$$m\ddot{\mathbf{r}} = -GmM\hat{\mathbf{r}}/r^2\,, \tag{12.4}$$

1 Solche Bücher gibt es; mein Lieblingsbuch ist *Nonlinear Dynamics and Chaos* von Steven H. Strogatz, Addison-Wesley, Reading, MA (1994) – aber seien Sie gewarnt, es beginnt mit acht Kapiteln mathematischer Grundlagen, bevor es sich an das Chaos wagt.

eine nichtlineare Gleichung für die Variable $\boldsymbol{r} = (x, y, z)$, weil der Kraftterm in x, y und z nichtlinear ist. Die letzten beiden Beispiele zeigen, dass nichtlineare Gleichungen keineswegs unüblich sind. Im Gegenteil: Viele ganz alltägliche Systeme haben nichtlineare Bewegungsgleichungen.

In diesem Buch bestand der Hauptunterschied zwischen linearen und nichtlinearen Differenzialgleichungen bislang darin, dass die ersteren sich leicht analytisch lösen ließen, während eine analytische Lösung für die letzteren *unmöglich* war. Und damit spiegelt unsere Erfahrung in dieser Hinsicht die wahre Lage der Dinge wider: Fast alle linearen Gleichungen der Mechanik *sind* analytisch lösbar, hingegen fast keine nichtlineare Gleichung.[2] Hauptsächlich diesem Umstand ist es zuzuschreiben, dass die Wissenschaft erst vor relativ kurzer Zeit entdeckt hat, wie wichtig und wie weit verbreitet chaotische Phänomene sind. Weil nichtlineare Gleichungen so widerspenstig sind, haben sich die Lehrbücher immer auf lineare Phänomene beschränkt. Und wenn es sich dann doch einmal nicht vermeiden ließ, ein nichtlineares Problem zu behandeln, dann wurden zu seiner Lösung oft Näherungen verwendet, mit denen man es auf ein lineares Problem reduzieren konnte. Auf diese Weise blieb die erstaunlich reiche Vielfalt an Komplikationen, die bei nichtlinearen Systemen auftreten, fast völlig unerkannt. Als Erster bemerkte der französische Mathematiker Henri Poincaré (1854–1912) einige Anzeichen für Chaos, als er gravitative Dreikörperprobleme untersuchte – also die Bewegung von drei Körpern (wie Sonne, Erde und Mond), die über die Gravitation wechselwirken. Die Bewegungsgleichung für dieses System ist nichtlinear wie ihr Gegenstück (12.4) für das entsprechende Zweikörperproblem. Poincaré beobachtete, dass dabei ein Phänomen auftritt, das man heute als *Empfindlichkeit gegenüber den Anfangsbedingungen* bezeichnet und das, wie wir sehen werden, eines der charakteristischen Merkmale chaotischer Bewegung ist.

Dass Poincarés Beobachtung des Chaos von den Physikern bis in die 1970er-Jahre nahezu unbeachtet blieb, hat wohl mehrere Ursachen. Nach der Entwicklung der Relativitätstheorie (1905) und danach der Quantenmechanik (1925) verlagerte sich die Aufmerksamkeit der meisten Physiker von der klassischen Mechanik weg. Auch die Schwierigkeiten beim Lösen von nichtlinearen Gleichungen ohne die Hilfe von Computern schreckten von der Beschäftigung mit nichtlinearen Problemen ab. Erst in den 1970er-Jahren lenkten schließlich Computerlösungen zu einigen nichtlinearen Problemen[3] das Augenmerk einer nennenswerten Anzahl von Forschern (von Physikern und vielen anderen) auf das Phänomen, das wir heute Chaos nennen.

Nichtlinearität ist wesentlich für das Chaos – wenn die Bewegungsgleichungen eines Systems linear sind, kann es kein Chaos zeigen. Doch Nichtlinearität garantiert das Chaos keineswegs. Beispielsweise ist die Gleichung (12.3) für das Fadenpendel nichtlinear, doch selbst wenn die Amplitude groß ist (und die lineare Näherung definitiv schlecht wird), zeigt das Fadenpendel kein chaotisches Verhalten. Wenn wir aber eine Dämpfungskraft $-bv = -bL\dot{\varphi}$ und eine Antriebskraft $F(t)$ hinzufügen, wird

2 Eines der seltenen Beispiele für eine lösbare nichtlineare Gleichung ist (12.4) für einen Planeten, dessen Umlaufbahn wir in Kapitel 8 berechnet haben. Beachten Sie aber, dass wir die Gleichung nur durch eine raffinierte Variablensubstitution lösen konnten, durch die die nichtlineare Gleichung (8.37) für r auf die lineare Gleichung (8.45) für u reduziert wurde.

3 Eine erste solche Rechnung über atmosphärische Strömungen führte der Meteorologe Edward Lorenz 1963 am MIT durch, sie erregte aber ein ganzes Jahrzehnt lang keine größere Aufmerksamkeit. Eine erschöpfende, doch sehr lesenswerte Geschichte der Chaostheorie bietet das Buch *Chaos, Making a New Science* von James Gleick, Viking-Penguin, New York (1987).

aus (12.3) die Gleichung für das **getriebene gedämpfte Pendel**:

$$mL^2\ddot{\varphi} = -mgL\sin\varphi - bL^2\dot{\varphi} + LF(t)\,; \tag{12.5}$$

und diese Gleichung führt für bestimmte Parameterwerte *sehr wohl* zum Chaos. Etwas salopp ausgedrückt: Die Bedingung für Chaos ist, dass die Bewegungsgleichungen nichtlinear und *genügend kompliziert* sind. Gleichung (12.3) für das Fadenpendel ist offenbar nicht kompliziert genug, Gleichung (12.5) für das getriebene gedämpfte Pendel hingegen schon. Leider geht eine eingehende Diskussion darüber, wann eine Gleichung „genügend kompliziert" ist, um Chaos zu erzeugen, weit über den Rahmen dieses Buches hinaus.[4]

Ein weiteres relativ einfaches Beispiel für ein nichtlineares System, das Chaos zeigt, ist das Doppelpendel aus Abschnitt 11.4. In der Kleinwinkelnäherung sind die Bewegungsgleichungen für das Doppelpendel lineare Gleichungen für die beiden Winkel φ_1 und φ_2 [vgl. Gleichungen (11.41) und (11.42)], doch im Allgemeinen sind sie nichtlinear (vgl. Aufgabe 15) und hinreichend kompliziert, um Chaos zu produzieren. Das getriebene gedämpfte Pendel und das Doppelpendel sind zwei der einfachsten mechanischen Systeme, bei denen Chaos auftritt. Das getriebene gedämpfte Pendel hat nur einen Freiheitsgrad (eine Koordinate φ genügt, um seine Konfiguration festzulegen), während das Doppelpendel zwei Freiheitsgrade aufweist (zwei Koordinaten φ_1 und φ_2 sind erforderlich). Daher ist die Untersuchung des getriebenen gedämpften Pendels viel einfacher, und daher wird sich die Diskussion hier darauf konzentrieren.

Was ist das Besondere an der Nichtlinearität?

In der enormen Menge aller möglichen Differenzialgleichungen bilden die linearen Gleichungen nur eine winzige Untermenge, und viele ihrer Eigenschaften treffen auf die allgemeinen nichtlinearen Gleichungen nicht zu. Die linearen Gleichungen sind damit wirklich etwas „Besonderes". Trotzdem sind aus den bereits genannten Gründen viele Physiker mit dem linearen Fall viel vertrauter, und manchmal sind sie versucht anzunehmen, dass die geläufigen Eigenschaften der linearen Gleichungen sich auf die nichtlinearen Gleichungen übertragen lassen. Diese gefährliche Annahme ist meist falsch. Die Hauptbotschaft dieses Kapitels ist, dass Chaos, das in linearen Systemen nie auftritt, in nichtlinearen Systemen etwas ganz Normales ist. Leider geht die grundlegende Theorie dieses besonderen Unterschieds weit über dieses Buch hinaus. Wir müssen uns damit zufriedengeben, einige einfache Beispiele für chaotisches Verhalten anzuschauen, ohne dass wir im Einzelnen verstehen, *warum* Chaos auftritt. Ich möchte hier nur einen wichtigen Unterschied zwischen linearen und nichtlinearen Gleichungen erwähnen, der zeigt, wie wichtig es ist, sich bei der Untersuchung

4 Fürs Protokoll: Wir haben folgendes Kriterium: Wie wir in Kapitel 13 sehen werden, lässt sich ein Satz von Differenzialgleichungen zweiter Ordnung (wie das zweite Newton'sche Gesetz) für n Variable meist umschreiben in einen Satz von Differenzialgleichungen erster Ordnung für N Variable $\xi_1, \ldots, \xi_N$ mit $N > n$, die die allgemeine Form $\dot{\xi}_i = f_i(\xi_1, \ldots, \xi_n)$ für $i = 1, \ldots, N$ aufweisen. Wenn wir beispielsweise $\dot{\varphi} = \omega$ schreiben, dann wird die *eine* Gleichung (12.3) für den Winkel φ beim Fadenpendel zu *zwei* Gleichungen erster Ordnung, eine für φ und eine für ω, nämlich $\dot{\varphi} = \omega$ und $\dot{\omega} = -(g/L)\sin\varphi$. Wenn die rechten Seiten dieser Gleichungen nicht von t abhängen (das ist hier der Fall), dann nennt man die Gleichungen *autonom*. Damit ein dissipatives System Chaos zeigt, müssen die Bewegungsgleichungen, wenn wir sie auf die autonome Standardform bringen, nichtlinear sein und N Variable haben (mit $N \geq 3$). Nichtdissipative Systeme müssen nichtlinear sein und $N \geq 4$ haben.

von nichtlinearen Gleichungen nicht durch unsere „lineare Befangenheit“ in die Irre führen zu lassen.

Für nichtlineare Gleichungen gilt das Superpositionsprinzip nicht

In Kapitel 5 haben wir gesehen, dass für lineare Gleichungen das **Superpositionsprinzip** gilt – jede Linearkombination von Lösungen ist ebenfalls eine Lösung. Dieses Ergebnis haben wir schon viele Male angewandt, insbesondere in den Kapiteln 5 und 11; dennoch möchte ich Ihrer Erinnerung noch einmal mit einem Beispiel auf die Sprünge helfen. Betrachten Sie eine Differenzialgleichung zweiter Ordnung der Form

$$p(t)\ddot{x}(t) + q(t)\dot{x}(t) + r(t)x(t) = 0\,; \tag{12.6}$$

hier ist $x(t)$ die unbekannte Funktion, $p(t)$, $q(t)$ und $r(t)$ sind bekannte gegebene Funktionen. [Ein Beispiel für eine solche Gleichung ist (12.1) für die Bewegung eines Wagens an einer Feder.] Beachten Sie erstens, dass wir – weil jeder Term in dieser Gleichung linear in $x(t)$ (oder in einer Ableitung davon) ist – mit einer beliebigen Konstante a multiplizieren können: Wenn $x(t)$ eine Lösung ist, wissen wir sofort, dass auch $ax(t)$ eine Lösung ist. Zweitens: Wenn $x_1(t)$ und $x_2(t)$ zwei Lösungen sind, dann können wir die beiden entsprechenden Gleichungen – eine für $x_1(t)$ und eine für $x_2(t)$ – addieren und folgern, dass auch $x_1(t) + x_2(t)$ eine Lösung ist. Somit ist eine beliebige Linearkombination

$$x(t) = a_1x_1(t) + a_2x_2(t)$$

ebenfalls eine Lösung von (12.6) – und genau das ist das sogenannte Überlagerungs- oder Superpositionsprinzip. Es ist andererseits leicht zu sehen, dass keines der gerade genannten Argumente greift, wenn die Gleichung nichtlinear ist. [Vergewissern Sie sich, dass Sie das wirklich verstanden haben; nehmen Sie beispielsweise an, der letzte Term in (12.6) wäre $r(t)\sqrt{x(t)}$, vgl. Aufgabe 3.] Das Superpositionsprinzip gilt somit nicht für nichtlineare Gleichungen.

Eine wichtige Folge des schon mehrfach angewandten Superpositionsprinzips ist Folgendes: Um alle Lösungen von (12.6) zu bestimmen, müssen wir nur zwei unabhängige Lösungen $x_1(t)$ und $x_2(t)$ finden; dann lässt sich *jede* Lösung als Linearkombination von $x_1(t)$ und $x_2(t)$ ausdrücken. Allgemeiner: Wenn wir alle Lösungen einer linearen Differenzialgleichung n-ter Ordnung bestimmen wollen, müssen wir nur n unabhängige Lösungen finden, dann können wir jede Lösung als Linearkombination dieser n Lösungen ausdrücken. Da das Superpositionsprinzip für nichtlineare Gleichungen nicht gilt, können wir diese dramatische Vereinfachung auf sie nicht anwenden.

Ein entsprechender Fall taucht bei inhomogenen Differenzialgleichungen wie (12.2) und (12.5) auf; auch das haben wir in Kapitel 5 bereits gesehen. Wenn $x_\mathrm{p}(t)$ eine spezielle Lösung einer *linearen* inhomogenen Gleichung n-ter Ordnung ist, dann lässt sich *jede* Lösung als Summe von $x_\mathrm{p}(t)$ und einer Linearkombination von n unabhängigen Lösungen der zugehörigen homogenen Lösung schreiben. Für nichtlineare Lösungen gibt es keine entsprechende Aussage (vgl. Aufgabe 4). Somit kann man zwar jede Lösung einer beliebigen linearen Gleichung n-ter Ordnung (sei sie homogen oder inhomogen) einfach mithilfe von n unabhängigen Funktionen ausdrücken, bei nichtlinearen Gleichungen gibt es eine solche einfache Möglichkeit hingegen nicht.

Nach diesen allgemeinen Beobachtungen zu nichtlinearen Gleichungen kümmern wir uns nun um die eine nichtlineare Gleichung, die wir eingehend diskutieren wollen, nämlich um Gleichung (12.5) für ein getriebenes gedämpftes Pendel. Ich werde zunächst einige Merkmale seiner Bewegung beschreiben, die man erwarten kann (oder die zumindest nicht völlig unerwartet kommen), dann gehe ich über zu den überraschenden Besonderheiten, die mit der chaotischen Bewegung des Pendels verbunden sind.

12.2 Das getriebene gedämpfte Pendel

Die Bewegungsgleichung für das **getriebene gedämpfte Pendel**[5] kennen wir schon, es ist die Gleichung (12.5). Da diese Gleichung uns für etliche Abschnitte beschäftigen wird, möchte ich dafür sorgen, dass Ihnen klar ist, woher sie kommt, und die Gleichung ein wenig „aufräumen". Das Pendel ist in Abbildung 12.1 skizziert. Die Bewegungsgleichung ist einfach $I\ddot{\varphi} = \Gamma$; darin ist I das Trägheitsmoment und Γ das wirkende Drehmoment bezüglich des Aufhängungspunkts. Im vorliegenden Fall ist $I = mL^2$, und das Drehmoment entsteht durch die drei in Abbildung 12.1 gezeigten Kräfte. Die Bremskraft hat den Betrag bv und bewirkt somit ein Drehmoment $-Lbv = -bL^2\dot{\varphi}$. Das Drehmoment aufgrund der Gewichtskraft ist $-mgL\sin\varphi$, das Drehmoment durch die Antriebskraft ist $LF(t)$. Die Bewegungsgleichung $I\ddot{\varphi} = \Gamma$ ist somit

$$mL^2\ddot{\varphi} = -bL^2\dot{\varphi} - mgL\sin\varphi + LF(t) \tag{12.7}$$

genau wie in (12.5).

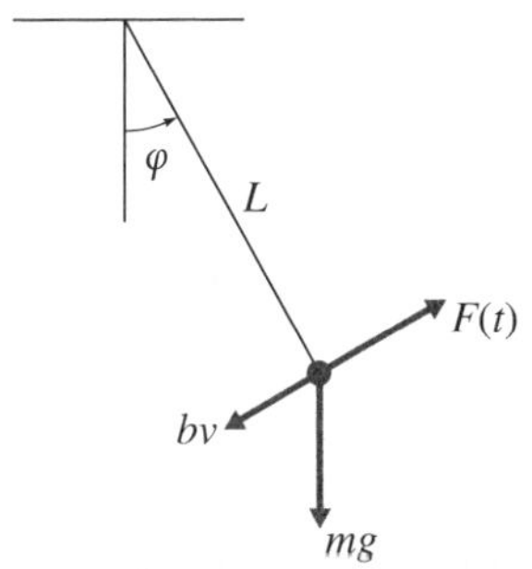

Abbildung 12.1: Die drei wesentlichen Kräfte auf das getriebene gedämpfte Pendel sind die Bremskraft mit dem Betrag bv, die Gewichtskraft mg und die Antriebskraft $F(t)$. (Außerdem gibt es noch die Reaktionskraft des Aufhängungspunkts; diese Kraft trägt aber nichts zum Drehmoment bei.)

Ich werde im ganzen Kapitel annehmen, dass die Antriebskraft sinusförmig ist, d. h., es soll gelten

$$F(t) = F_0 \cos\omega t\,; \tag{12.8}$$

darin ist F_0 die *Antriebsamplitude* (die Amplitude der Antriebskraft) und ω die **Antriebsfrequenz**. Wie in Kapitel 5 dargelegt, lassen sich viele reale und interessante

5 In der englischsprachigen Literatur spricht man vom „driven damped pendulum" und kürzt dies oft mit „DDP" ab. Eine entsprechende Abkürzung, etwa „GGP", ist in der deutschen Fachliteratur aber nicht gebräuchlich. (Anm. d. Übers.)

Antriebskräfte ziemlich gut durch diese sinusförmige Gestalt annähern, und es hat sich als möglich erwiesen, solche sinusförmigen Kräfte für Experimente zum Chaos mit bemerkenswerter Präzision zu reproduzieren. Setzen wir (12.8) in (12.7) ein und ordnen ein wenig um, so erhalten wir

$$\ddot{\varphi} + \frac{b}{m}\dot{\varphi} + \frac{g}{L}\sin\varphi = \frac{F_0}{mL}\cos\omega t\,. \tag{12.9}$$

Sie erkennen in dieser Gleichung den Koeffizienten b/m als die Konstante, die wir in Kapitel 5 als 2β bezeichnet haben:

$$\frac{b}{m} = 2\beta\,;$$

dabei haben wir β **Dämpfungskonstante** genannt. Entsprechend ist der Koeffizient g/L einfach ω_0^2

$$\frac{g}{L} = \omega_0^2$$

mit der **Eigenfrequenz** ω_0 des Pendels. Schließlich muss der Koeffizient F_0/mL die Dimension $(\text{Zeit})^{-2}$ haben, d. h., F_0/mL hat dieselbe Einheit wie ω_0^2. Der Bequemlichkeit halber schreiben wir diesen Koeffizienten als $F_0/mL = \gamma\omega_0^2$, d. h., wir führen einen dimensionslosen Parameter

$$\gamma = \frac{F_0}{mL\omega_0^2} = \frac{F_0}{mg} \tag{12.10}$$

ein, den ich als **Antriebsstärke** bezeichnen werde und der einfach das Verhältnis der Antriebsamplitude F_0 zur Gewichtskraft mg des Pendelkörpers ist. Der Parameter γ ist ein dimensionsloses Maß für die Stärke der Antriebskraft. Für $\gamma < 1$ ist die Antriebskraft kleiner als das Gewicht des Pendelkörpers, und man könnte erwarten, dass sie nur eine relativ kleine Pendelbewegung erzeugt. (Beispielsweise reicht die Antriebskraft nicht dafür aus, das Pendel bei $\varphi = 90°$ zu halten.) Bei $\gamma \geq 1$ hingegen übersteigt die Antriebskraft die Gewichtskraft des Pendels, und wir könnten erwarten, dass sie große Pendelbewegungen hervorruft (beispielsweise eine Bewegung, bei der sich das Pendel über den oberen Punkt bei $\varphi = \pi$ hinweg bewegt und sich „überschlägt").

Mit all diesen Ersetzungen erhalten wir nun die endgültige Form der Bewegungsgleichung (12.9) für ein getriebenes gedämpftes Pendel:

$$\ddot{\varphi} + 2\beta\dot{\varphi} + \omega_0^2\sin\varphi = \gamma\omega_0^2\cos\omega t\,. \tag{12.11}$$

Mit dieser Gleichung und ihren Lösungen werden wir uns in den nächsten Abschnitten eingehend beschäftigen.

12.3 Einige zu erwartende Merkmale des getriebenen gedämpften Pendels

Eigenschaften des linearen Oszillators

Um die außergewöhnliche Vielfalt der chaotischen Bewegungsformen unseres getriebenen gedämpften Pendels würdigen zu können, müssen wir zunächst zusammenstellen, welches Bewegungsverhalten wir aufgrund unserer Erfahrungen mit linearen

Oszillatoren überhaupt *erwarten* können. Konkret: Wenn wir das Pendel nahe der Gleichgewichtslage $\varphi = 0$ mit einer kleinen Anfangsgeschwindigkeit loslassen und die Antriebsstärke klein ist ($\gamma \ll 1$), dann sollten wir erwarten, dass φ für alle Zeiten klein bleibt. Somit sollten wir den Term $\sin\varphi$ in (12.11) durch φ nähern können, und aus der Bewegungsgleichung wird die lineare Gleichung

$$\ddot{\varphi} + 2\beta\dot{\varphi} + \omega_0^2\varphi = \gamma\omega_0^2 \cos\omega t\,, \tag{12.12}$$

und sie hat genau die Form von (5.57) für den linearen Oszillator aus Kapitel 5. Das „erwartete" Verhalten des getriebenen gedämpften Pendels ist also, zumindest für eine genügend schwache Antriebskraft, gerade das Verhalten, das wir in Abschnitt 5.5 beschrieben haben. Dieses Verhalten lässt sich rasch zusammenfassen: Zu Beginn hängt die Bewegung des Pendels von den Anfangsbedingungen ab, doch alle Abweichungen vom erwarteten Verhalten (sogenannte **„Transienten"**, nach lat. *transire* „hindurchgehen") aufgrund der Anfangsbedingungen verschwinden rasch, und die Bewegung nähert sich einem eindeutigen „Attraktor" (wir hatten diesen Begriff schon in Abschnitt 5.5 verwendet) an, in dem das Pendel sinusförmig mit genau derselben Frequenz wie die Antriebskraft schwingt:

$$\varphi(t) = A\cos(\omega t - \delta)\,. \tag{12.13}$$

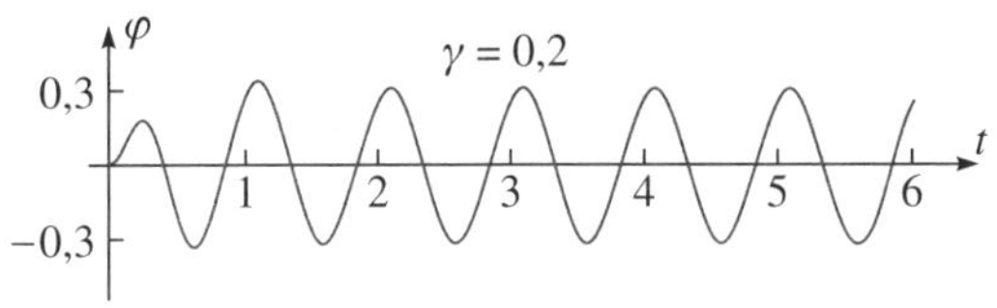

Abbildung 12.2: Die Bewegung eines getriebenen gedämpften Pendels mit relativ geringer Antriebsstärke ($\gamma = 0{,}2$). Die Antriebsperiode wurde zu $\tau = 1$ gewählt, sodass die horizontale Achse die Zeit in Einheiten der Antriebsperiode angibt. Sie erkennen deutlich, dass die Bewegung nach zwei Schwingungszyklen zu einer perfekt sinusförmigen Bewegung „einschwingt", deren Periode mit der der Antriebskraft übereinstimmt.

Diese Vorhersagen sind in Abbildung 12.2 anschaulich illustriert, in der die tatsächliche Bewegung eines getriebenen gedämpften Pendels für eine relativ geringe Antriebsstärke ($\gamma = 0{,}2$) zu sehen ist. [Da sich die exakte Bewegungsgleichung (12.11) analytisch nicht lösen lässt, beruhen diese und alle folgenden Darstellungen zur Bewegung eines getriebenen gedämpften Pendels auf numerischen Lösungen von (12.11).[6]] Die Antriebsfrequenz wurde auf $\omega = 2\pi$ festgesetzt, sodass die Antriebsperiode $\tau = 2\pi/\omega = 1$ beträgt. Damit zeigt die horizontale Achse die Zeit in Einheiten der Antriebsperiode an. Die Eigenfrequenz wurde als $\omega_0 = 1{,}5\omega$ gewählt, sodass das System ziemlich dicht an der Resonanz ist, denn dort ist chaotische Bewegung in der Regel am einfachsten festzustellen.[7] Das auffälligste

6 Alle Kurven wurde mithilfe des numerischen Gleichungslösers NDSolve von Mathematica angefertigt. Für viele Kurven war die voreingestellte Genauigkeit von 15 Stellen mehr als ausreichend, doch wenn es begründete Zweifel gab, wurde die Genauigkeit schrittweise erhöht, bis zwei aufeinanderfolgende Berechnungen nicht mehr voneinander zu unterscheiden waren.

7 Die anderen verwendeten Parameter waren: Dämpfungskonstante $\beta = \omega_0/4$, die Anfangsbedingungen waren $\varphi = \dot{\varphi} = 0$ bei $t = 0$.

Kennzeichen dieser Kurve ist, dass die Bewegung sich nach etwa zwei Schwingungszyklen in eine rein sinusförmige Bewegung „eingeschwungen" hat, deren Periode exakt mit der der Antriebskraft übereinstimmt ($\tau = 1$). Die Anfangsbedingungen für die Kurve waren $\varphi = \dot{\varphi} = 0$ bei $t = 0$. Es ist eine Tatsache (allerdings keine, die unsere Kurve zeigen kann), dass die Bewegung eines linearen Oszillators – ganz gleich, welche Anfangsbedingungen man wählt – sich immer demselben eindeutigen Attraktor nähert, sobald die anfänglichen Transienten verschwunden sind.

Wir fassen zusammen, was wir über einen linearen gedämpften Oszillator mit einer sinusförmigen Antriebskraft wissen: **(1)** Es gibt einen eindeutigen Attraktor, auf den die Bewegung zuläuft, unabhängig von den gewählten Anfangsbedingungen. **(2)** Die Bewegung dieses Attraktors selbst ist sinusförmig mit einer Frequenz genau gleich der Antriebsfrequenz.

Nahezu lineare Oszillationen eines getriebenen gedämpften Pendels

Stellen wir uns nun vor, dass die Antriebsstärke zunimmt, sodass auch die Schwingungsamplitude zunimmt und die Näherung

$$\sin\varphi \approx \varphi$$

irgendwann nicht mehr gilt. Solange die Amplitude nicht zu groß ist, erwarten wir eine befriedigende Näherung, wenn wir einfach noch einen weiteren Term in die Taylor-Reihe für $\sin\varphi$ einfügen und schreiben

$$\sin\varphi \approx \varphi - \tfrac{1}{6}\varphi^3\,.$$

Wenn wir diese Näherung zusammen mit der exakten Bewegungsgleichung (12.11) verwenden, erhalten wir die Näherungsgleichung

$$\ddot{\varphi} + 2\beta\dot{\varphi} + \omega_0^2\left(\varphi - \tfrac{1}{6}\varphi^3\right) = \gamma\omega_0^2\cos\omega t\,. \tag{12.14}$$

Solange der neue nichtlineare Term, der φ^3 enthält, klein bleibt, können wir erwarten, dass die Lösung dieser Gleichung nach dem Verschwinden der Transienten immer noch vernünftig durch einen Ausdruck angenähert wird, der dieselbe Form hat wie eben:

$$\varphi(t) \approx A\cos(\omega t - \delta)\,.$$

Wenn wir dies in (12.14) einsetzen, führt der kleine Term mit φ^3 zu einem Beitrag, der proportional zu $\cos^3(\omega t - \delta)$ ist. Wegen

$$\cos^3 x = \tfrac{1}{4}(\cos 3x + 3\cos x) \tag{12.15}$$

(vgl. Aufgabe 5) steht nun ein kleiner Term auf der linken Seite von (12.14), der proportional zu $\cos 3(\omega t - \delta)$ ist. Da die rechte Seite keinen Term mit dieser Zeitabhängigkeit enthält, muss wenigstens einer der Terme auf der linken Seite (φ, $\dot{\varphi}$ oder $\ddot{\varphi}$ – tatsächlich sind es alle drei) diese Zeitabhängigkeit aufweisen. Ein genauerer Ausdruck für $\varphi(t)$ hat also die Form

$$\varphi(t) = A\cos(\omega t - \delta) + B\cos 3(\omega t - \delta)\,, \tag{12.16}$$

wobei B viel kleiner ist als A. Wir müssen also damit rechnen, dass bei einer Erhöhung der Antriebskraft und der Schwingungsamplitude die Lösung um einen kleinen Term erweitert wird, der mit der Frequenz 3ω oszilliert.

Wir können diesen Gedankengang wiederholen: Wenn wir die verbesserte Lösung (12.16) wiederum in (12.14) einsetzen, ergibt der Term mit φ^3 noch kleinere Beiträge der Form $\cos n(\omega t - \delta)$ (mit einer ganzen Zahl $n > 3$). Wir müssen also kleinere Korrekturen zu (12.16) mit den Frequenzen $n\omega$ erwarten, wobei n verschiedene ganzzahlige Werte annimmt. Jeder Term, dessen Frequenz ein ganzzahliges Vielfaches von ω ist, heißt eine **Harmonische** der Antriebsfrequenz. Wenn wir die Antriebsstärke erhöhen, damit die Nichtlinearität bedeutsamer wird, gehen also in die Pendelbewegung verschiedene Harmonische der Antriebsfrequenz ω ein, deren wichtigste (die Harmonische mit $n = 3$) bereits in (12.16) enthalten ist.

Die n-te Harmonische mit der Frequenz $n\omega$ ist periodisch mit der Periode $\tau_n = 2\pi/n\omega = \tau/n$; dabei ist $\tau = 2\pi/\omega$ die Antriebsperiode. Während einer Antriebsperiode wiederholt sich demnach die n-te Harmonische n-mal. Während einer Antriebsperiode ist also jede Harmonische wieder auf ihren Ausgangswert zurückgegangen, und eine aus verschiedenen Harmonischen zusammengesetzte Bewegung ist demnach immer noch periodisch mit derselben Periode wie die Antriebskraft.

Der Hauptunterschied zwischen der Bewegung nach (12.16) (womöglich noch mit weiteren Harmonischen) und der Bewegung (12.13) des linearen Oszillators ist, dass (12.16) mit dem Zusatzterm (oder den Zusatztermen) sich nicht mehr nur durch eine einzige Kosinusfunktion beschreiben lässt. Wir sollten das sehen können, wenn wir $\varphi(t)$ grafisch gegen t auftragen: Die Kurve muss leicht von der reinen Kosinusform abweichen. Allerdings sind in dem hier betrachteten Fall der Koeffizient B in (12.16) und die Koeffizienten aller höheren Harmonischen viel kleiner als A, und der Unterschied zwischen der tatsächlichen Bewegung und einer reinen Kosinuskurve ist nur schwer zu erkennen. Abbildung 12.3a zeigt die Bewegung eines getriebenen gedämpften Pendels mit der Antriebsstärke $\gamma = 0{,}9$ (also knapp unterhalb unserer groben Grenze $\gamma = 1$ zwischen einer schwachen und einer starken Antriebskraft). Wie in Abbildung 12.2 hat sich die Bewegung rasch zu einer stabilen Schwingung eingependelt, die genau die Frequenz der Antriebskraft aufweist. Auf den ersten Blick sieht die Kurve nach dem Einschwingen (nach $t = 2$) aus wie eine reine Kosinusfunktion, doch bei einer genaueren Betrachtung können Sie sich selbst

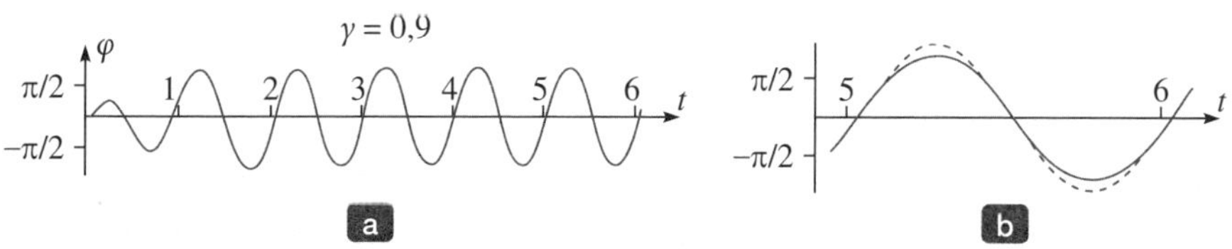

Abbildung 12.3: (a) Die Bewegung eines getriebenen gedämpften Pendels mit der Antriebsstärke $\gamma = 0{,}9$ (alle anderen Parameter sind dieselben wie in Abbildung 12.2). Nach zwei oder drei Zyklen pendelt sich die Bewegung zu einer regelmäßigen Schwingung ein, deren Periode mit der Periode der Antriebskraft übereinstimmt und die zumindest näherungsweise kosinusförmig ist. (b) Die durchgezogene Kurve ist die Vergrößerung eines einzelnen Schwingungszyklus aus Teil (a) (von $t = 5$ bis $t = 6$). Die gestrichelte Kurve – ein reiner Kosinus mit derselben Frequenz, Phase und Steigung an den Schnittstellen mit der Achse – zeigt deutlich, dass die tatsächliche Bewegung nicht mehr perfekt kosinusförmig ist: Sie ist in den Extrema merklich flacher.

davon überzeugen, dass die Kurve in den Bergen und Tälern ein wenig abgeflacht ist. Abbildung 12.3b zeigt vergrößert eine Periode (durchgezogene Linie), die gestrichelte Kurve entspricht einer reinen Kosinuskurve gleicher Periode und Phase. Der Vergleich macht deutlich, dass es sich bei der Bewegung nicht mehr um eine einzige reine Kosinusfunktion handelt.[8]

Das Verhalten des getriebenen gedämpften Pendels im linearen und im fast linearen Fall lässt sich schnell zusammenfassen: Nachdem die anfänglichen Transienten verschwunden sind, nähert sich die Bewegung einem eindeutigen Attraktor, in dem das Pendel mit derselben Frequenz schwingt wie die Antriebskraft. Im linearen Fall (Antriebsstärke $\gamma \ll 1$) ist diese Grenzbewegung eine einfache Kosinusfunktion mit derselben Frequenz ω wie die Antriebsfrequenz. Auch im „nicht ganz linearen" Fall (γ ist etwas größer, aber nicht viel größer als 1) ist die Grenzbewegung periodisch mit derselben Periode, doch es kommen einige Harmonische hinzu; die Funktion ist eine Summe von Kosinusfunktionen mit Frequenzen $n\omega$ wie in (12.16). Wie wir im nächsten Abschnitt sehen werden, müssen wir die Antriebsstärke nur ein wenig über $\gamma = 1$ hinaus erhöhen, um ein völlig anderes Verhalten zu bekommen.

12.4 Das getriebene gedämpfte Pendel: Wege ins Chaos

Erhöhen wir nun die Antriebskraft des getriebenen gedämpften Pendels weiter. Abbildung 12.4 zeigt die Bewegung (φ in Abhängigkeit von t) für dieselben Parameter und Anfangsbedingungen wie in den letzten beiden Abbildungen, nur dass die Antriebsstärke nun auf $\gamma = 1{,}06$ gesteigert wurde, also ein wenig über die grobe Grenze $\gamma = 1$ zwischen einer schwachen und einer starken Antriebskraft hinaus. Das hervorstechendste Merkmal dieser Kurve sind die heftigen Schwingungen der anfänglichen Transienten. In den ersten drei Antriebszyklen schwingt das Pendel von $\varphi = 0$ bis fast 5π – es vollführt also fast zweieinhalb Umdrehungen gegen den Uhrzeigersinn. In den nächsten beiden Zyklen schwingt es zurück bis $\varphi = \pi$ und pendelt sich dann auf mehr oder weniger sinusförmige Schwingungen um $\varphi \approx 2\pi$ ein. (Natürlich ist die Stellung $\varphi = 2\pi$ dasselbe wie $\varphi = 0$, doch die Aussage, dass φ sich letztendlich um 2π herum bewegt, hat trotzdem ihren Sinn – sie besagt nämlich, dass das Pendel seit $t = 0$ netto eine ganze Umdrehung gegen den Uhrzeigersinn vollführt hat.)

Man kann auf Grundlage einer Kurve wie in Abbildung 12.4 unmöglich mit Sicherheit sagen, ob die Bewegung letztendlich exakt periodisch ist. Eine Möglichkeit zur genaueren Beantwortung dieser Frage besteht darin, die Orte $\varphi(t)$ nach aufeinanderfolgenden Intervallen von je einem Zyklus aufzuzeichnen, also $t = t_0$, $t_0 + 1$, $t_0 + 2$, $t_0 + 3, \ldots$. Je größer wir t_0 wählen, desto besser sollten diese Orte jeweils übereinstimmen (wenn die Bewegung tatsächlich periodisch ist). Wenn wir beispielsweise bei $t = 34$ beginnen, finden wir für die Orte $\varphi(t)$ (nach derselben numerischen Lösung, auf der auch Abbildung 12.4 basiert) folgende Werte:

8 Die abgeflachte Form stimmt sehr schön mit (12.16) überein: Nehmen Sie an, dass B und A entgegengesetzte Vorzeichen haben; dann reduziert der zweite Term in (12.16) die Kurve $\varphi(t)$ an den Bergen und Tälern, aber erhöht die Werte an den Stellen, wo sie die Achse schneidet. Diese Verhalten lässt sich physikalisch leicht verstehen: An den Extremstellen ist das rücktreibende Drehmoment durch die Gravitationskraft ($mgL\sin\varphi$) schwächer als in der linearen Näherung ($mgL\varphi$), und die tatsächliche Bewegung ist daher weniger stark ausgeprägt.

t	$\varphi(t)$
34	6,0366
35	6,0367
36	6,0366
37	6,0366
38	6,0366
39	6,0366

Dabei sind alle weiteren Werte 6,0366. Offenbar hat sich die Bewegung nach 35 Zyklen auf fünf signifikante Stellen genau auf eine exakt periodische Bewegung eingeschwungen.[9] Natürlich wäre es *möglich*, dass die Bewegung sich zwischen den angegebenen ganzzahligen Zeitpunkten irgendwie nichtperiodisch verhält, und sicherlich wird niemand unsere Daten als mathematischen Beweis akzeptieren. Dennoch haben wir damit sehr starke Anzeichen dafür, dass $\varphi(t)$ sich für $\gamma = 1{,}06$ (mit den verwendeten Anfangsbedingungen) einem Attraktor nähert, der dieselbe Periode hat wie die Antriebskraft. In dieser Hinsicht unterscheidet sich die für $\gamma = 1{,}06$ ermittelte Bewegung nicht allzu sehr von der in Abbildung 12.3 dargestellten Bewegung mit $\gamma = 0{,}9$. Die anfänglichen dramatischen Überschwingungen in Abbildung 12.4 sind aber die Vorboten interessanter Entwicklungen, denen wir noch begegnen werden.

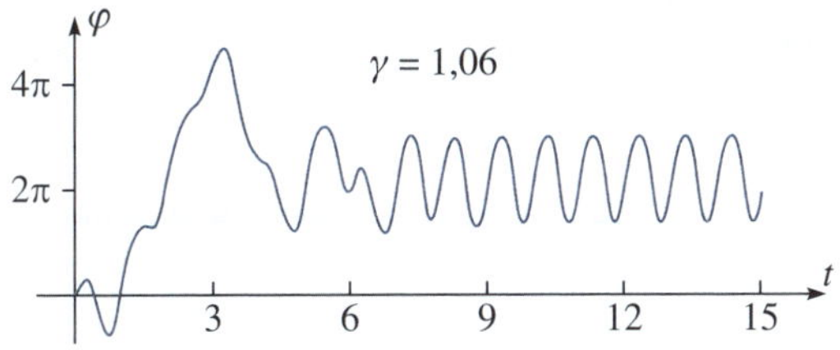

Abbildung 12.4: Bewegung eines getriebenen gedämpften Pendels mit der Antriebsstärke $\gamma = 1{,}06$. Die anfänglichen, ziemlich heftigen Transienten verschwinden nach etwa 9 Antriebszyklen, und die Bewegung schwingt sich auf einen Attraktor mit derselben Periode wie die Antriebskraft ein.

Periode 2

Die Abbildung 12.5a entspricht genau der vorigen Abbildung, nur dass ich nun die Antriebsstärke auf $\gamma = 1{,}073$ erhöht habe. Das auffälligste Merkmal sind wieder die wilden Anfangsschwingungen, die nun über 20 Antriebszyklen andauern, bevor die Bewegung sich auf eine gleichmäßige Schwingung von wenigstens annähernd sinusförmiger Gestalt einpendelt. Wenn Sie sich diese Schwingungen aber näher anschauen, wird Ihnen auffallen, dass die Berge und Täler (ganz besonders die Täler)

9 Natürlich dauert dieser „Einschwingvorgang" auf eine konstante Bewegung länger, wenn wir mehr signifikante Stellen betrachten. Beispielsweise müssen erst 46 Zyklen vergehen, bevor sich $\varphi(t)$ auf sechs signifikante Stellen genau wiederholt; dann haben wir $\varphi(t) = 0{,}03662$ für $t = 46, 47, 48, \ldots$.

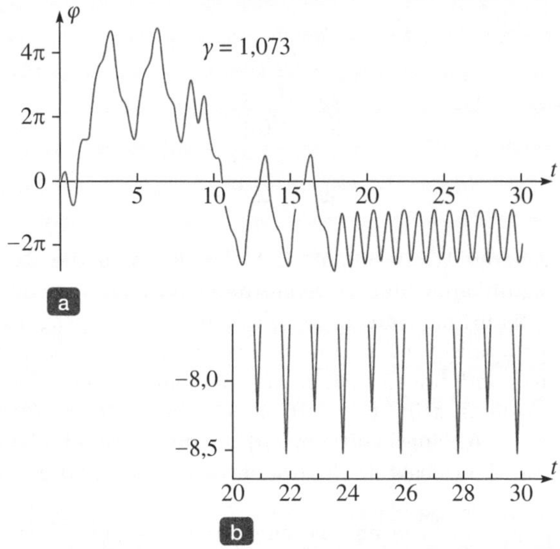

Abbildung 12.5: (a) Die ersten 30 Schwingungszyklen eines getriebenen gedämpften Pendels mit der Antriebsstärke 1,073. Die wilden Anfangsschwingungen halten etwa 20 Antriebszyklen lang an, danach läuft die Bewegung auf einen annähernd sinusförmigen Attraktor zu. Eine nähere Untersuchung zeigt, dass die Berge und Täler dieses Attraktors nicht alle dieselbe Höhe haben. (b) Diese Vergrößerung des Attraktors für $20 \leq t \leq 30$ zeigt die Täler von Teil (a). Die Höhe der Täler schwankt und wiederholt sich für jeden *zweiten* Antriebszyklus.

nicht alle dieselbe Höhe haben. Abbildung 12.5b zeigt eine starke Vergrößerung derselben Täler für den Bereich zwischen $t = 20$ und 30; man erkennt deutlich, dass die Höhe der Täler zwischen zwei verschiedenen Werten schwankt. Sie könnten sich fragen, ob es sich bei dieser Schwankung vielleicht um eine Transiente handelt, die nach hinreichend vielen Schwingungszyklen verschwindet, doch dem ist nicht so. Eine Kurve der Schwingungen für den Bereich $990 \leq t \leq 1000$ sieht genauso aus wie für den Bereich $20 \leq t \leq 30$. Man kann dies auch zeigen, indem man die Zahlenwerte von $\varphi(t)$ für Intervalle von einem Zyklus angibt. Beginnend bei $t = 30$, erhält man

t	$\varphi(t)$
30	−6,6438
31	−6,4090
32	−6,6438
33	−6,4090
34	−6,6438
35	−6,4090

und dieses Muster wiederholt sich unaufhörlich in genau derselben Weise. Offenbar hat sich die Bewegung für $t = 30$ so eingependelt, dass $\varphi(t)$ für alle geraden t den Wert −6,6438 (auf fünf signifikante Stellen genau) und für alle ungeraden t den davon verschiedenen Wert −6,4090 annimmt.

Dieses Verhalten bedeutet, dass die Bewegung sich nicht mehr mit der Antriebsfrequenz wiederholt. Stattdessen haben wir nun eine periodische Bewegung, deren Periode *doppelt so groß ist wie die Antriebsperiode*; man spricht dann davon, die Bewegung habe die **Periode 2** oder Periode zwei. (In den von uns gewählten Einheiten ist die Aussage buchstäblich richtig; im Allgemeinen bedeutet sie, dass die Periode der Bewegung zweimal so groß ist wie die Antriebsperiode.) Es ist wichtig zu erkennen, dass diese Entwicklung ganz anders vonstattengeht als das Auftreten der Harmonischen, denen wir bei der nahezu linearen Bewegung begegnet sind. Eine Harmonische hat die Frequenz $n\omega$, ein ganzzahliges Vielfaches der Antriebsfrequenz, und damit eine Periode von einem ganzzahligen *Bruchteil* der Antriebsperiode. Hier aber haben wir eine Periode von einem ganzzahligen *Vielfachen* der Antriebsperiode und damit der Frequenz ω/n, die man als **Subharmonische** der Antriebsfrequenz bezeichnen kann. Beim Blick auf Abbildung 12.5a erkennen Sie, dass die Bewegung immer noch nahezu sinusförmig mit der Periode des Antriebs ist (Periode 1). Der dominante Term in $\varphi(t)$ ist also immer noch von der Form $A\cos(\omega t - \delta)$; dennoch enthält $\varphi(t)$ definitiv einen kleinen subharmonischen Term mit der Periode 2.

Periode 3

Obwohl der in Abbildung 12.5 gezeigte Attraktor die Periode 2 hat, ist das dominante Verhalten deutlich von der Periode eins, d. h., die neue Subharmonische mit $n = 2$ liefert nur einen kleinen Beitrag zur Lösung. Wenn wir die Antriebsstärke noch ein wenig weiter erhöhen, erhalten wir einen Attraktor, für den die Subharmonische der dominante Term ist. Abbildung 12.6 zeigt die ersten 15 Zyklen eines getriebenen gedämpften Pendels mit der erhöhten Antriebsstärke 1,077 (alle anderen Parameter bleiben gegenüber den Beispielen zuvor unverändert). In diesem Fall sieht man schon nach einem flüchtigen Blick, dass die Bewegung sich einem Attraktor nähert, der sich nach jeweils *drei* Antriebszyklen wiederholt, also die Periode 3 hat. Auch wenn es wohl kaum zu bezweifeln ist, dass diese Kurve die **Periode 3** (Periode drei) hat, so können wir doch unsere Folgerung durch einen Blick auf die Werte von $\varphi(t)$ in Intervallen von je einem Zyklus untermauern. Beginnend ab $t = 30$, erhalten wir folgende Werte:

t	$\varphi(t)$
30	13,81225
31	7,75854
32	6,87265
33	13,81225
34	7,75854
35	6,87265
36	13,81225
37	7,75854
38	6,87265

bei denen sich das Muster, das sich nach jeweils drei Antriebszyklen wiederholt, unaufhörlich fortführen lässt. Offenbar enthält die Lösung einen Term mit der Periode 3, und dieser Term dominiert die Lösung.

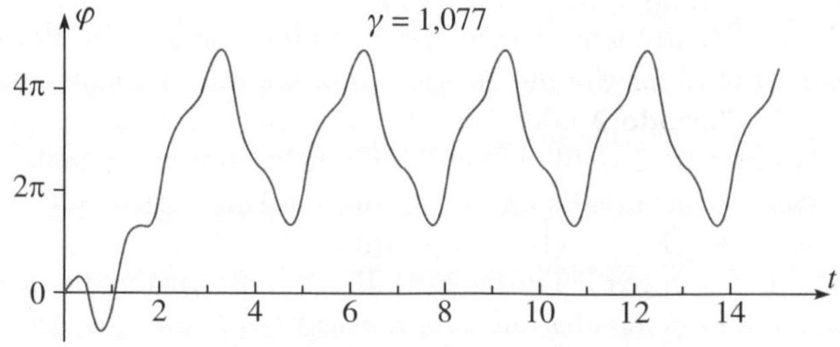

Abbildung 12.6: Die Bewegung eines getriebenen gedämpften Pendels mit der Antriebsstärke 1,077. Nach etwas mehr als zwei Antriebszyklen hat sich die Bewegung einem periodischen Attraktor angenähert, der sich nach jeweils drei Antriebszyklen wiederholt (beispielsweise tauchen die Täler jeweils kurz vor $t = 5, 8, 11, 14$ usw. auf); damit hat der Attraktor die Periode 3.

Mehr als ein Attraktor

Für einen linearen Oszillator mit einem gegebenen Parametersatz haben wir in Abschnitt 5.5 bewiesen, dass es einen einzigen Attraktor gibt; ganz gleich, welche Anfangswerte φ und $\dot{\varphi}$ haben, ist die Bewegung also letztendlich immer dieselbe, nachdem die Transienten verschwunden sind. Für einen nichtlinearen Oszillator gilt dies nicht, wie das Beispiel des getriebenen gedämpften Pendels mit der Antriebsstärke $\gamma = 1{,}077$ aus Abbildung 12.6 deutlich zeigt. Abbildung 12.7 stellt die Bewegung eines getriebenen gedämpften Pendels mit denselben Parametern wie in Abbildung 12.6 dar (einschließlich derselben Antriebsstärke), jedoch mit zwei verschiedenen Sätzen von Anfangsbedingungen. Die gestrichelte Kurve stellt dieselbe Lösung dar wie in Abbildung 12.6, mit den Anfangsbedingungen, die wir bislang für jede Abbildung verwendet haben [$\varphi(0) = 0$ und $\dot{\varphi}(0) = 0$]. Die durchgezogene Kurve zeigt die Bewegung für genau dasselbe getriebene gedämpfte Pendel, ebenfalls mit $\dot{\varphi}(0) = 0$, jedoch mit $\varphi(0) = -\pi/2$, d. h., das Pendel startet mit einer Auslenkung um 90° nach links. Klar erkennbar ergeben sich zwei völlig verschiedene Attraktoren (also Kurven, auf die die Bewegung zuläuft, nachdem die anfänglichen Transienten

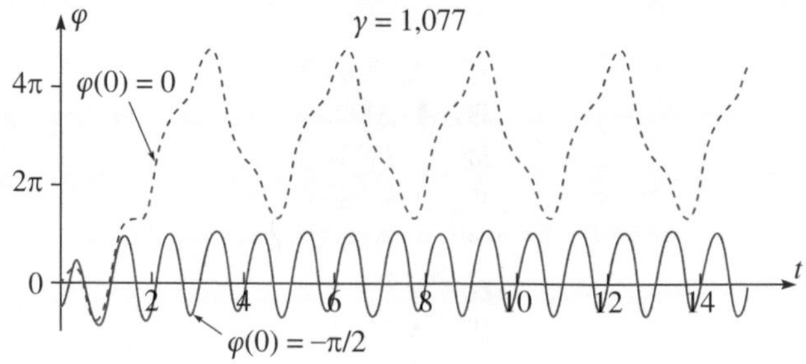

Abbildung 12.7: Zwei Lösungen für dasselbe getriebene gedämpfte Pendel mit derselben Antriebsstärke, aber mit verschiedenen Anfangsbedingungen [$\varphi(0) = \dot{\varphi}(0) = 0$ für die gestrichelte Kurve, aber $\varphi(0) = -\pi/2$ und $\dot{\varphi}(0) = 0$ für die durchgezogene Kurve.] Auch nachdem die Transienten verschwunden sind, ergeben sich zwei völlig verschiedene Bewegungen.

verschwunden sind). Für die gestrichelte Kurve hat der Attraktor die Periode 3, für die durchgezogene Kurve ergibt sich, wie Sie bei genauerem Hinsehen erkennen können, letztlich die Periode 2, wobei aufeinanderfolgende Täler (und Berge) leicht unterschiedliche Höhen aufweisen. Offensichtlich können bei einem nichtlinearen Oszillator leicht veränderte Anfangsbedingungen zu völlig verschiedenen Attraktoren führen.

Eine Periodenverdopplungskaskade

Nun, da wir erkannt haben, dass unterschiedliche Anfangsbedingungen zu verschiedenen Attraktoren führen können, müssen wir auch damit rechnen, dass die zeitliche Entwicklung der Schwingungen bei einer Veränderung von γ von den gewählten Anfangsbedingungen abhängen könnte. In der Folge der Abbildungen 12.2 bis 12.6 habe ich in allen fünf Abbildungen die Anfangsbedingungen $\varphi(0) = 0$ und $\dot{\varphi}(0) = 0$ verwendet. Wie sich herausgestellt hat, führen die neuen Anfangsbedingungen $\varphi(0) = -\pi/2$ und $\dot{\varphi}(0) = 0$, die ich in Abbildung 12.7 eingeführt habe, zu einer ganz anderen und sehr interessanten Lösung. In Abbildung 12.8 ist die Bewegung des getriebenen gedämpften Pendels für vier schrittweise leicht erhöhte Werte von γ dargestellt, jeweils mit diesen neuen Anfangsbedingungen. Die linken Teilbilder zeigen $\varphi(t)$ als eine Funktion von t für die ersten zehn Antriebszyklen. Für die oberste Kurve wurde $\gamma = 1{,}06$ verwendet, derselbe Wert wie in Abbildung 12.4; wie schon dort gezeigt, regelt sich die Bewegung zu einer gleichbleibenden Schwingung mit derselben Periode wie die Antriebsperiode ein – der Attraktor hat also die Periode eins. Um diesen Schluss zu bestätigen, zeigt das Teilbild rechts dieselbe Bewegung, allerdings für $28 < t < 40$ (zu dieser Zeit sind in dem gewählten Maßstab alle anfänglichen Transienten bereits vollständig verschwunden); die vertikale Achse ist stark vergrößert dargestellt, um deutlich zu zeigen, dass aufeinanderfolgende Schwingungen jeweils dieselbe Amplitude haben.

Für das zweite Bilderpaar wurde die Antriebsstärke auf $\gamma = 1{,}078$ erhöht. Auf den ersten Blick sieht die Bewegung ähnlich aus wie die für $\gamma = 1{,}06$, doch bei genauerem Hinsehen erkennt man, dass die Maxima und Minima nicht alle dieselbe Höhe haben. Dies wird in der Vergrößerung rechts besonders deutlich, in der Sie leicht erkennen können, dass die Minima abwechselnd zwei verschiedene, feste Werte annehmen; der Attraktor hat also die Periode 2.

Bei $\gamma = 1{,}081$, wie in dem dritten Bilderpaar, ist die Kurve ihren Vorgängern wieder ziemlich ähnlich, und man erkennt nur schwer, was hier vor sich geht. Einer der Gründe dafür ist, dass wir nicht sicher sein können, ob zehn Antriebszyklen (die links gezeigte Anzahl von Schwingungen) ausreichen, dass alle Transienten verschwunden sind. Die Vergrößerung rechts macht aber deutlich, dass die Minima zwischen vier verschiedenen Werten wechseln. Die Periode des Attraktors hat sich also noch einmal verdoppelt, wir haben hier Periode 4.

Beim letzten Bilderpaar mit $\gamma = 1{,}0826$ ist es im linken Teilbild noch schwieriger zu erkennen, was passiert, doch die Vergrößerung rechts macht deutlich, dass sich die Bewegung schließlich alle acht Antriebszyklen wiederholt. Der Attraktor hat also die Periode 8. Die in diesen vier Bilderpaaren gezeigte **Periodenverdopplungskaskade** lässt sich noch weiterführen: Wenn wir die Antriebsstärke weiter erhöhen, finden wir Bewegungen mit Periode 16, dann 32 und so beliebig weiter.

Ein Phänomen wie die Periodenverdopplungskaskade in Abbildung 12.8 ist völlig überraschend, doch die quantitativen Unterschiede zwischen den vier aufeinander-

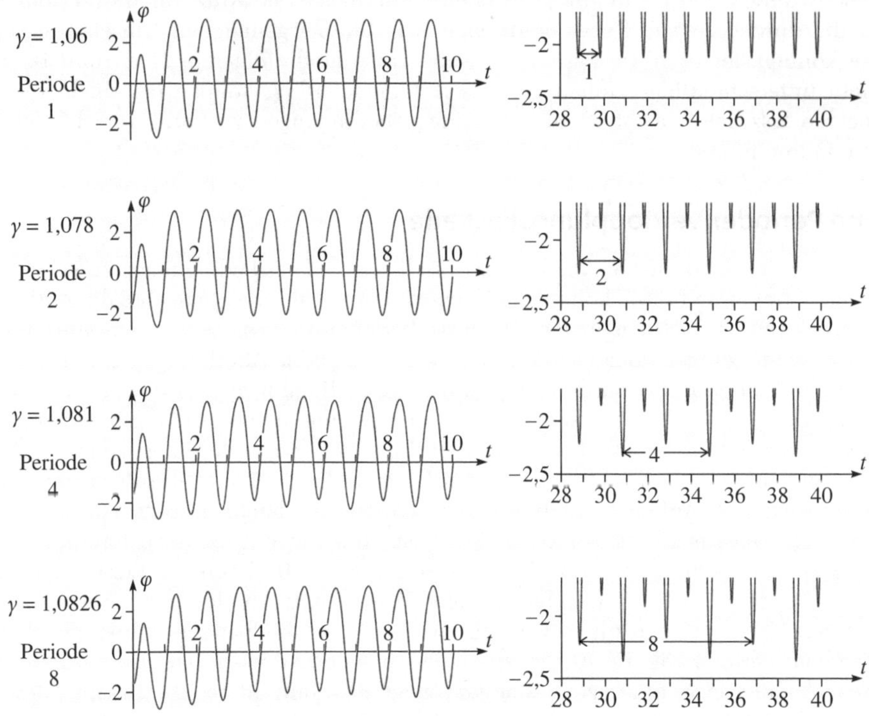

Abbildung 12.8: Eine Periodenverdopplungskaskade. Die Teilbilder links zeigen die ersten zehn Antriebszyklen eines getriebenen gedämpften Pendels mit schrittweise erhöhter Antriebskraft γ, die Werte sind jeweils vermerkt. Alle anderen Parameter einschließlich der Anfangsbedingungen [$\varphi(0) = -\pi/2$ und $\dot{\varphi}(0) = 0$] sind für alle Teilbilder gleich. In den Teilbildern rechts ist der jeweils untere Bereich der entsprechenden Bewegung auf der linken Seite vergrößert dargestellt, um die unterschiedlichen Werte bei aufeinanderfolgenden Oszillationen zu verdeutlichen. Diese Vergrößerungen zeigen jeweils zwölf Antriebszyklen, beginnend ab $t = 28$, weil sich die Bewegung bis dahin auf einen – zumindest in dem gewählten Maßstab – perfekt periodischen Attraktor eingeregelt hat. Die Doppelpfeile markieren jeweils einen kompletten Bewegungszyklus; man erkennt deutlich, dass die Perioden der vier Attraktoren – wie gezeigt – von 1 über 2 und 4 auf 8 zunehmen.

folgenden nicht vergrößerten Teilbildern sind recht klein. Man könnte daher vermuten, dass es schwierig ist, ein getriebenes gedämpftes Pendel zu bauen, bei dem diese kleinen Unterschiede genau zu messen sind, und das ist tatsächlich der Fall. Dennoch ist es gelungen, solche Pendel zu bauen, und man hat mit ihnen alle in diesem Kapitel beschriebenen Effekte nachweisen können – in bemerkenswerter Übereinstimmung zwischen Theorie und Experiment.[10] Das vielleicht Bemerkenswerteste ist, dass das Phänomen der Periodenverdopplung in vielen völlig unterschiedlichen nichtlinearen Systemen auftaucht – in elektrischen Schaltungen, bei chemischen Reaktionen, bei Bällen, die von schwingenden Oberflächen reflektiert werden, und

10 Eine Beschreibung von dreien der kommerziell erhältlichen „chaotischen Pendel" geben J. A. Blackburn und G. L. Baker, „A Comparison of Commercial Chaotic Pendulums," *American Journal of Physics*, Vol. 66, S. 821 (1998). Das dort beschriebene Daedalon-Pendel (die Firma gehört heute zu dem Didaktikunternehmen *The Science Source*) wurde zur Aufnahme der Daten für Abbildung 12.32 verwendet.

vielen anderen mehr. Für jedes dieser Systeme gibt es einen „Kontrollparameter“, der variiert werden kann (die Antriebsstärke bei einem getriebenen gedämpften Pendel, die Spannung in einem elektrischen Schaltkreis, der Durchsatz bei einer chemischen Reaktion). Wenn man das Verhalten überwacht, während dieser Parameter verändert wird, stellt man fest, dass in dem Verhalten Periodenverdopplungskaskaden auftreten. Abbildung 12.9 zeigt eine solche Kaskade, wie sie von Libchaber et al.[11] bei der Konvektion von Quecksilber beobachtet wurde. In ihrem Experiment befand sich das Quecksilber in einem kleinen Behälter, dessen Unterseite auf einer leicht höheren Temperatur gehalten wurde als die Oberseite. Dieser Temperaturunterschied ist der Kontrollparameter; er wird durch die Zahl R angegeben, die sogenannte Rayleigh-Zahl. Wenn R sehr klein ist, wird die Wärme ohne Konvektion nach oben geleitet. Bei einer kritischen Temperatur R_c setzt eine stationäre Konvektion ein, und wenn man R noch weiter erhöht, wird die Konvektion oszillatorisch. Diese Oszillationen lassen sich beobachten, indem man die Temperatur an einem festen Punkt der Zelle misst. Abbildung 12.9 zeigt den zeitlichen Verlauf der beobachteten Temperatur (an einem festen Punkt) für vier sukzessive steigende Werte des Kontrollparameters R.

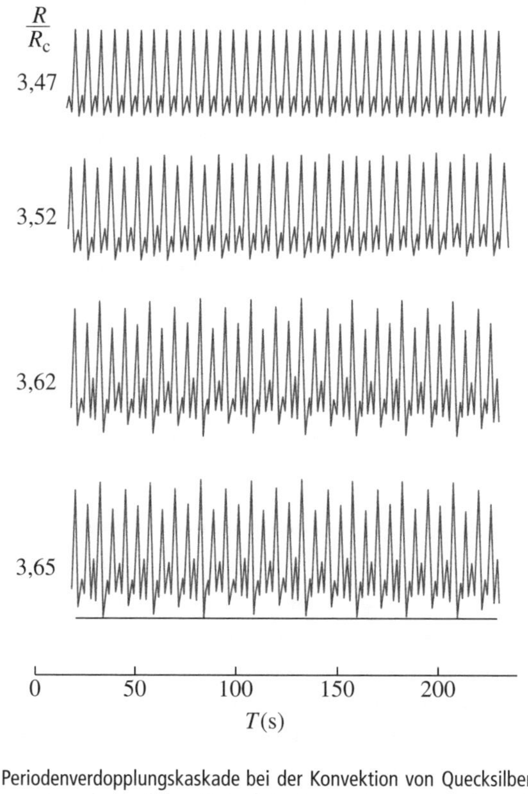

Abbildung 12.9: Eine Periodenverdopplungskaskade bei der Konvektion von Quecksilber in einer kleinen Konvektionszelle. Die Kurven zeigen den zeitlichen Verlauf der Temperatur an einem festen Punkt der Zelle für vier sukzessive zunehmende Werte des Temperaturgradienten, die durch den Parameter R/R_c angegeben werden.

11 Wiedergabe mit freundlicher Genehmigung von A. Libchaber, C. Laroche und S. Fauve, *Journal de Physique-Lettres*, Vol. 43, S. 211 (1982).

Die Periodenverdopplung von 1 auf 2, von 2 auf 4 und von 4 auf 8 ist sehr schön zu erkennen.

Es ist nicht nur so, dass sich Periodenverdopplungskaskaden in vielen verschiedenen Systemen beobachten lassen: Es ist auch der Fall, dass in gewissem Sinne – ich werde gleich darauf eingehen – diese Kaskaden *in gleicher Weise* auftreten, ein Umstand, der als „Universalität" bezeichnet wird.

Die Feigenbaum-Konstante und die Universalität

Kehren wir nun zu den Periodenverdopplungen des getriebenen gedämpften Pendels zurück. An den in Abbildung 12.8 gezeigten Werten der Antriebsstärke γ können Sie erkennen, dass bei Erhöhung von γ die Verdopplungen immer schneller und schneller aufeinanderfolgen. Um diesen Gedanken quantitativ zu fassen, müssen wir die **Schwellenwerte** von γ untersuchen, bei denen die Periode sich jeweils verdoppelt. Beispielsweise scheint es bei einem Blick auf die Zahlen in Abbildung 12.8 klar, dass irgendwo zwischen $\gamma = 1{,}06$ und 1,078 der Wert γ_1 liegt, bei dem sich die Periode von 1 auf 2 ändert. Es überrascht, wie schwer es ist herauszufinden, wo dieser Schwellenwert (der sogenannte **Bifurkationspunkt**, von lat. *bi* „zwei" und *furca* „Gabel") sich tatsächlich befindet; er liegt (auf fünf signifikante Stellen genau) bei $\gamma_1 = 1{,}0663$. Entsprechend ändert sich bei $\gamma_2 = 1{,}0793$ die Periode von 2 auf 4. Wenn wir mit γ_n den Schwellenwert bezeichnen, bei dem die Periode sich von 2^{n-1} auf 2^n ändert, dann können wir eine Tabelle mit den Werten für die ersten γ_n aufstellen (Tabelle 12.1). In der letzten Spalte habe ich die Abstände $\gamma_n - \gamma_{n-1}$ zwischen aufeinanderfolgenden Schwellenwerten eingetragen, die erkennbar gemäß einer geometrischen Folge schrumpfen;[12] jedes Intervall misst etwa ein Fünftel seines Vorläufers.

Tabelle 12.1: Die ersten vier Schwellenwerte γ_n, bei denen sich die Periode des getriebenen gedämpften Pendels [mit den Anfangsbedingungen $\varphi(0) = -\pi/2$ und $\dot{\varphi}(0) = 0$] von 1 auf 2, von 2 auf 4, von 4 auf 8 und von 8 auf 16 verdoppelt. Die letzte Spalte gibt die Breite der Intervalle zwischen aufeinanderfolgenden Schwellenwerten an.

n	Periode	γ_n	Intervall
1	$1 \to 2$	1,0663	
			0,0130
2	$2 \to 4$	1,0793	
			0,0028
3	$4 \to 8$	1,0821	
			0,0006
4	$8 \to 16$	1,0827	

In den späten 1970er-Jahren hat der US-amerikanische Physiker Mitchell Feigenbaum (geboren 1944) nicht nur gezeigt, dass viele verschiedene nichtlineare Systeme eine ähnliche Periodenverdopplungskaskade aufweisen, sondern auch, dass alle diese Kaskaden dieselbe geometrische Abhängigkeit zeigen; konkret genügen die Intervalle zwischen den Schwellenwerten für den Kontrollparameter (in unse-

12 Eine Zahlenfolge $a_1, a_2, \ldots$ heißt geometrisch, wenn für eine feste Zahl k gilt: $a_{n+1} = ka_n$. Für $k < 1$ geht die geometrische Folge für $n \to \infty$ gegen null.

rem Fall die Antriebsstärke) der sogenannten *Feigenbaum-Relation*

$$(\gamma_{n+1} - \gamma_n) \approx \frac{1}{\delta}(\gamma_n - \gamma_{n-1})\,; \tag{12.17}$$

die Konstante δ hat für alle diese Systeme denselben Wert

$$\delta = 4{,}6692016\,, \tag{12.18}$$

der als **Feigenbaum-Konstante** bezeichnet wird.[13] Wegen des weitverbreiteten Auftretens der Periodenverdopplung und weil δ für so viele verschiedene Systeme denselben Wert hat, bezeichnet man das Phänomen der Periodenverdopplung als **universell**. Ich habe die Feigenbaum-Relation (12.17) mit einem Ungefähr-gleich-Zeichen geschrieben, weil sie nur im Grenzfall $n \to \infty$ streng gilt. Für viele Systeme ist aber die Relation eine sehr gute Näherung für *alle* Werte von n (vgl. Aufgaben 11 und 29).

Die Feigenbaum-Relation (12.17) besagt, dass die Intervalle zwischen aufeinanderfolgenden Schwellenwerten rasch gegen null gehen; damit müssen die Schwellenwerte selbst gegen einen kritischen endlichen Wert γ_c gehen:

$$\gamma_n \to \gamma_c \qquad (\text{für } n \to \infty)\,. \tag{12.19}$$

Die Folge der Schwellenwerte γ_n genügt also der Bedingung

$$\gamma_1 < \gamma_2 < \cdots < \gamma_n < \cdots < \gamma_c$$

mit unendlich vielen Schwellenwerten, die sich in der rasch verengenden Lücke zwischen γ_n und γ_c drängen. Für unser getriebenes gedämpftes Pendel findet man einen Grenzwert γ_c von

$$\gamma_c = 1{,}0829\,. \tag{12.20}$$

Wir werden sehen, dass bei einer Erhöhung von γ über γ_c hinaus das Chaos einsetzt; die Periodenverdopplungskaskade wird daher als **Weg ins Chaos** bezeichnet. Ich sollte jedoch betonen, dass es auch Systeme gibt, die chaotisches Verhalten zeigen, ohne zuvor eine Periodenverdopplungskaskade durchlaufen zu haben. Die Periodenverdopplungskaskade ist also nur *ein* möglicher Weg ins Chaos.

12.5 Chaos und die Empfindlichkeit gegenüber den Anfangsbedingungen

Wenn wir die Antriebsstärke γ unseres getriebenen gedämpften Pendels über den kritischen Wert $\gamma_c = 1{,}0829$ hinaus erhöhen, findet man bei dem Pendel ein Verhalten, das man als „chaotisch" bezeichnet. Abbildung 12.10 zeigt die ersten dreißig Antriebszyklen des Pendels mit $\gamma = 1{,}105$. Das Pendel „versucht" offenbar, mit der Periode des Antriebs zu schwingen, doch die tatsächlichen Schwingungen ändern sich unregelmäßig und wiederholen sich niemals exakt. Sie könnten sich natürlich fragen, ob ich dem Pendel nicht einfach genug Zeit gelassen habe, damit sich die Schwingungen einregeln; zu einem späteren Zeitpunkt könnten sie ja gegen eine

13 Da es noch eine zweite Feigenbaum-Konstante gibt, auf die wir im Zusammenhang mit den Bifurkationsdiagrammen stoßen werden, bezeichnet man diese hier oft als „Feigenbaum-Delta".

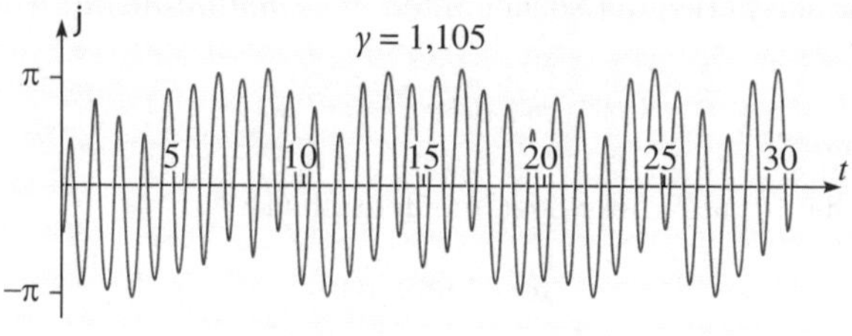

Abbildung 12.10: Chaos. Die ersten 30 Antriebszyklen eines getriebenen gedämpften Pendels mit $\gamma = 1{,}105$ sind unregelmäßig und zeigen keine Anzeichen von Periodizität. Tatsächlich regelt sich die Bewegung niemals auf eine regelmäßige periodische Bewegung ein; diese unregelmäßige, nichtperiodische langfristige Bewegung ist eines der bestimmenden Merkmale von Chaos.

periodische Bewegung konvergieren. Doch die Kurve eines jeden beliebigen Intervalls ist genauso unregelmäßig und ist in keinem Falle die Wiederholung eines anderen Intervalls. Selbst wenn die Antriebskraft völlig periodisch ist und alle Transienten verschwunden sind, ist die langfristige Bewegung ganz entschieden nichtperiodisch. Dieses unregelmäßige, nichtperiodische langfristige Verhalten ist eines der bestimmenden Kennzeichen des Chaos. Das andere bestimmende Kennzeichen ist das Phänomen, das als Empfindlichkeit gegenüber den Anfangsbedingungen bezeichnet wird.

Empfindlichkeit gegenüber den Anfangbedingungen

Das Thema „Empfindlichkeit gegenüber den Anfangsbedingungen" kommt im Zusammenhang mit folgenden Fragen auf: Stellen Sie sich zwei identische getriebene gedämpfte Pendel vor, bei denen alle Parameter identisch sind, die aber zur Zeit $t = 0$ mit leicht unterschiedlichen Anfangsbedingungen gestartet werden. [Beispielsweise könnten die Anfangswinkel $\varphi(0)$ um den Bruchteil eines Grads differieren.] Bleiben bei fortschreitender Zeit die Bewegungen der beiden Pendel nahezu gleich? Nähern sie sich vielleicht sogar einander an? Oder divergieren sie und entfernen sich immer mehr voneinander?

Um diese Fragen zu präzisieren, wollen wir die Orte der beiden Pendel mit $\varphi_1(t)$ und $\varphi_2(t)$ bezeichnen. Die beiden Funktionen erfüllen genau dieselbe Bewegungsgleichung, haben aber leicht unterschiedliche Anfangsbedingungen. Wenn nun $\Delta\varphi(t)$ die Differenz der beiden Lösungen bezeichnet:

$$\Delta\varphi(t) = \varphi_2(t) - \varphi_1(t)\,, \tag{12.21}$$

dann kommt die Frage nach der Zeitabhängigkeit von $\Delta\varphi(t)$ auf. Bleibt $\Delta\varphi(t)$ mehr oder weniger konstant? Nimmt es mit fortschreitender Zeit ab? Oder nimmt es zu?

Beim linearen Oszillator, den wir in Kapitel 5 diskutiert haben, ist die Antwort: $\Delta\varphi(t)$ geht gegen null, denn wir haben bewiesen, dass alle Lösungen der Bewegungsgleichung für $t \to \infty$ gegen denselben Attraktor gehen. Daher muss die *Differenz* zweier beliebiger Lösungen gegen null gehen. Außerdem muss die Differenz *exponentiell* gegen null gehen. Wir erkennen das, wenn wir uns an Gleichung (5.67) erinnern, nach der jede Lösung die Form

$$\varphi(t) = A\cos(\omega t - \delta) + C_1\,e^{r_1 t} + C_2\,e^{r_2 t} \tag{12.22}$$

hat; der Kosinusterm ist dabei für alle Lösungen gleich, die beiden Exponentialterme (Zerfallsterme) haben dagegen Koeffizienten C_1 und C_2, die von den Anfangsbedingungen abhängen. Daraus folgt, dass der Kosinusterm herausfällt, wenn wir die Differenz zweier Lösungen bilden; wir erhalten somit

$$\Delta\varphi(t) = B_1\,\mathrm{e}^{r_1 t} + B_2\,\mathrm{e}^{r_2 t}\,, \tag{12.23}$$

mit Konstanten B_1 und B_2, die von den beiden Sätzen der Anfangsbedingungen abhängen. Das genaue Verhalten dieser Differenz hängt von dem Verhältnis der Dämpfungskonstante β und der Eigenfrequenz ω_0 ab. In allen Beispielen dieses Kapitels habe ich bislang $\beta = 0{,}25\omega_0$ gewählt, also $\beta < \omega_0$ (Unterdämpfung). Für diesen Fall haben wir in Abschnitt 5.4 gesehen, dass die Koeffizienten r_1 und r_2 die Form $-\beta \pm \mathrm{i}\omega_1$ haben. Einige einfache Umrechnungen bringen (12.23) auf die Form [vgl. Gleichung (5.38)]

$$\Delta\varphi(t) = D\,\mathrm{e}^{-\beta t}\cos(\omega_1 t - \delta)\,. \tag{12.24}$$

Mit anderen Worten, $\Delta\varphi(t)$ ist das Produkt der Exponentialfunktion $\mathrm{e}^{-\beta t}$ mit einem oszillatorischen Kosinus.

Es ist problematisch, die Zeitabhängigkeit einer Funktion wie (12.24) grafisch darzustellen. Der Exponentialfaktor nimmt nämlich so schnell ab, dass man seinen Wertebereich in einer konventionellen Darstellung nicht leicht zeichnen kann. Beispielsweise beträgt bei den von mir verwendeten Zahlenwerten ($\beta = 0{,}25\omega_0 = 0{,}75\pi = 2{,}356$ der Exponentialfaktor nach nur einem Antriebszyklus ($t = 1$) schon $\mathrm{e}^{-\beta t} = \mathrm{e}^{-2{,}356} \approx 0{,}09$, und $\Delta\varphi(t)$ hat sich um eine Größenordnung verringert. Wenn wir $\Delta\varphi(t)$ über beispielsweise zehn Zyklen gegen t auftragen wollen, dann würde $\Delta\varphi(t)$ um zehn Größenordnungen fallen – eine Spannweite, die man wohl kaum auf einem einfachen linearen Plot von $\Delta\varphi(t)$ gegen t darstellen kann.

Wie Sie sicherlich wissen, kann man dieses Problem mit einer logarithmischen (genauer: halblogarithmischen) Darstellung lösen; wir tragen also den *Logarithmus* von $\Delta\varphi(t)$ gegen t auf. Da $\Delta\varphi(t)$ auch negativ werden kann, müssen wir sogar $\ln|\Delta\varphi(t)|$ gegen t auftragen. Nach (12.24) gilt dann für die Kurve

$$\ln|\Delta\varphi(t)| = \ln D - \beta t + \ln|\cos(\omega_1 t - \delta)|\,. \tag{12.25}$$

Der erste Term auf der rechten Seite ist eine Konstante, der zweite ist linear in t mit der Steigung $-\beta$. Der dritte Term ist ein wenig komplizierter: Da $|\cos(\omega_1 t - \delta)|$ zwischen 1 und 0 oszilliert, oszilliert der natürliche Logarithmus zwischen 0 und $-\infty$. Die Kurve $\ln|\Delta\varphi(t)|$ gegen t wird also auf- und abspringen (und jedesmal gegen $-\infty$ gehen, wenn der Kosinusterm verschwindet), dabei aber immer unterhalb einer Einhüllenden bleiben, die linear mit der Steigung $-\beta$ abnimmt. Diese Charakteristik ist in Abbildung 12.11 deutlich erkennbar, die den Verlauf von $\log|\Delta\varphi(t)|$ gegen t für die relativ geringe Antriebsstärke $\gamma = 0{,}1$ zeigt, bei der die lineare Näherung sicherlich noch gut gilt. [Ich habe in der Abbildung statt des natürlichen Logarithmus (ln) den Logarithmus (log) zur Basis 10 verwendet, weil der sich in einer grafischen Auftragung leichter interpretieren lässt. Doch da sich $\log(x)$ und $\ln(x)$ nur durch den konstanten Faktor $\log(\mathrm{e})$ unterscheiden ($\log(x) = \log(\mathrm{e})\cdot\ln(x)$), ändert sich unsere qualitative Aussage dadurch nicht.] Um diese Kurve zu zeichnen, habe ich dem ersten Pendel dieselben Anfangsbedingungen wie in den Abbildungen 12.8 und 12.10 gegeben; das zweite Pendel startet von einer 0,1 rad (entsprechend etwa 6 Grad) niedrigeren Ausgangsposition, die Anfangsdifferenz beträgt also $\Delta\varphi(0) = 0{,}1$ rad. Das wichtigste Merkmal der abgebildeten Kurve ist, dass die aufeinanderfolgenden Maximal

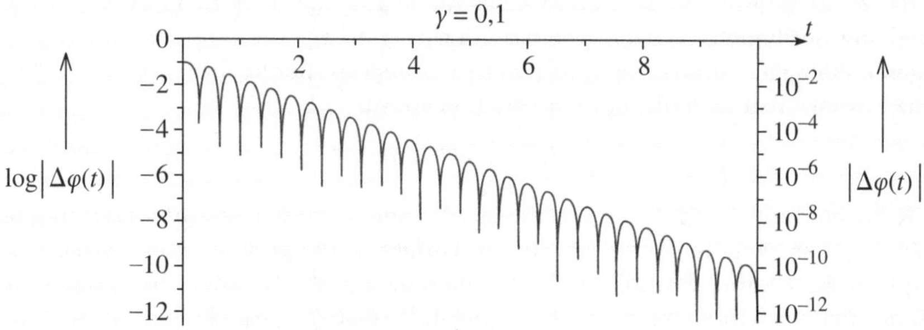

Abbildung 12.11: Logarithmische Darstellung von $|\Delta\varphi(t)|$, der Differenz der Auslenkungen von zwei identischen getriebenen gedämpften Pendeln, bei der geringen Antriebsstärke $\gamma = 0{,}1$; die Pendel werden bei sonst identischen Parametern aus zwei um 0,1 rad (entsprechend etwa 6°) differierenden Anfangspositionen gestartet. Auf der vertikalen Achse links ist $\log|\Delta\varphi(t)|$, auf der vertikalen Achse rechts $|\Delta\varphi(t)|$ selbst aufgetragen. Die Abbildung zeigt deutlich, dass die Maxima von $\log|\Delta\varphi(t)|$ linear abfallen und damit, dass $|\Delta\varphi(t)|$ exponentiell abfällt.

von $\log|\Delta\varphi(t)|$ völlig linear abnehmen; dies bestätigt den exponentiellen Abfall von $|\Delta\varphi(t)|$, der sich – wie Sie der Abbildung leicht entnehmen können – in den ersten zehn Antriebszyklen über 10 Größenordnungen erstreckt.[14]

Bis hierher haben wir bewiesen, dass im linearen Fall die Differenz $|\Delta\varphi(t)|$ zweier identischer Pendel, die mit unterschiedlichen Anfangsbedingungen gestartet werden, exponentiell abnimmt. Das hat eine wichtige praktische Konsequenz: Man kann in der Praxis unmöglich die Anfangsbedingungen eines Systems *exakt* kennen. Wenn wir also das zukünftige Verhalten des Pendels vorherzusagen versuchen, müssen wir akzeptieren, dass die verwendeten Anfangsbedingungen möglicherweise ein wenig von den wahren Anfangsbedingungen abweichen. Damit kann aber auch die vorhergesagte Bewegung für $t > 0$ ein wenig von der wahren Bewegung abweichen. Doch weil $|\Delta\varphi(t)|$ exponentiell gegen null geht, können wir sicher sein, dass unser Fehler dabei niemals größer ist als der Anfangsfehler, dass er vielmehr rasch gegen null geht. Wir können also sagen, dass der lineare Oszillator *unempfindlich gegen seine Anfangsbedingungen* ist. Wollen wir für unsere Vorhersagen eine bestimmte Genauigkeit erreichen, müssen wir nur die Anfangsbedingungen mit derselben Genauigkeit vorgeben.

Was passiert nun aber, wenn wir die Antriebsstärke γ über den linearen Bereich hinaus erhöhen? Natürlich können wir uns dann nicht mehr auf die Beweise für den linearen Oszillator stützen. Dennoch können wir begründet annehmen, dass die Differenz $|\Delta\varphi(t)|$ zumindest für einen gewissen Bereich der Antriebsstärke weiterhin exponentiell abnimmt. Die Frage ist, wie groß dieser Bereich ist, und die Antwort ist ziemlich überraschend: Wenn der Unterschied der Anfangsbedingungen genü-

14 Eine weitere bemerkenswerte Eigenschaft der Kurve ist, dass die Punkte, an denen $|\Delta\varphi(t)|$ verschwindet (und folglich $\log|\Delta\varphi(t)|$ gegen $-\infty$ geht) sich in der logarithmischen Darstellung als spitze, nach unten gerichtete Zacken zeigen. Das hängt damit zusammen, dass das Plot-Programm nur eine endliche Anzahl von Punkten darstellen kann und natürlich die Punkte verfehlt, bei denen $\log|\Delta\varphi(t)| = -\infty$ gilt. Stattdessen kann es nur erfassen, dass es Punkte gibt, an denen $\log|\Delta\varphi(t)|$ ein sehr steiles Minimum annimmt – und genau das zeigt das Programm auch.

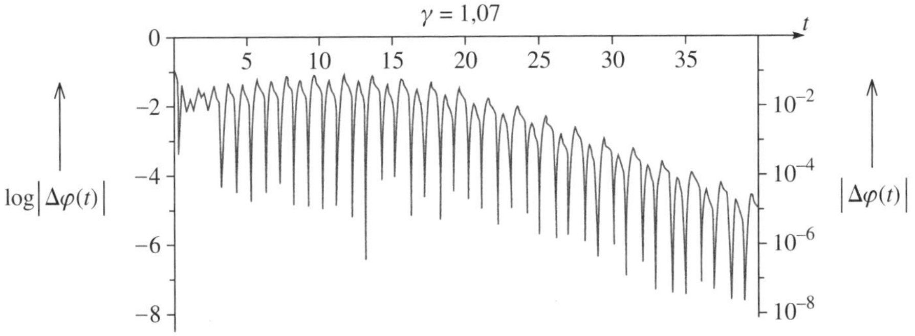

Abbildung 12.12: Logarithmische Darstellung von $|\Delta\varphi(t)|$, der Differenz der Auslenkungen von zwei identischen getriebenen gedämpften Pendeln, bei der Antriebsstärke $\gamma = 1{,}07$; die Pendel werden bei sonst identischen Parametern aus zwei um 0,1 rad (entsprechend etwa 6°) differierenden Anfangspositionen gestartet. Für die ersten etwa 15 Antriebszyklen bleibt die Amplitude von $|\Delta\varphi(t)|$ ungefähr konstant, dann aber gehen die Maxima von $\log|\Delta\varphi(t)|$ linear zurück, was darauf schließen lässt, dass $\Delta\varphi(t)$ für $t \to \infty$ exponentiell abfällt.

gend klein ist, fällt die Differenz $|\Delta\varphi(t)|$ weiterhin exponentiell ab, und zwar für alle Werte von γ bis zu dem kritischen Wert γ_c, bei dem das Chaos einsetzt. Beispielsweise lesen wir für $\gamma = 1{,}07$ aus Tabelle 12.1 auf Seite 552 ab, dass die Bewegung die Periode 2 hat (unbeachtet der Anfangsbedingungen in dieser Tabelle) und damit eindeutig nichtlinear ist. Dennoch geht die Differenz $|\Delta\varphi(t)|$ weiterhin exponentiell zurück, wie man in Abbildung 12.12 deutlich erkennt. Die Abbildung zeigt $|\Delta\varphi(t)|$ für zwei Lösungen mit denselben Anfangsbedingungen wie in Abbildung 12.11. Hier bleibt die Amplitude von $|\Delta\varphi(t)|$ für die ersten 15 bis 20 Antriebszyklen ziemlich konstant, dann aber fallen die Gipfel von $\log|\Delta\varphi(t)|$ perfekt linear ab, was darauf hindeutet, dass $|\Delta\varphi(t)|$ für $t \to \infty$ exponentiell gegen null geht. Beachten Sie aber, dass der exponentielle Abfall erheblich langsamer erfolgt als im linearen Fall: Hier fällt die Amplitude in den letzten 25 Antriebszyklen nur um etwa vier Größenordnungen; im linearen Fall, dargestellt in Abbildung 12.11, ist sie in nur 10 Zyklen um zehn Größenordnungen gefallen. Dennoch bleibt als Hauptaussage, dass $|\Delta\varphi(t)|$ exponentiell gegen null geht und dass wir – wie im linearen Fall – das zukünftige Verhalten unseres getriebenen gedämpften Pendels vorhersagen können, weil wir darauf vertrauen können, dass alle Unsicherheiten in der Vorhersage nicht viel größer (und in der Regel viel kleiner) sind als unsere Unsicherheiten bei den Anfangsbedingungen.

Wenn wir nun die Antriebsstärke über $\gamma_c = 1{,}0829$ hinaus in den chaotischen Bereich erhöhen, ändert sich das Bild komplett. Abbildung 12.13 zeigt $|\Delta\varphi(t)|$ für dasselbe getriebene gedämpfte Pendel wie in den Abbildungen 12.11 und 12.12, nur dass die Antriebsstärke jetzt $\gamma = 1{,}105$ beträgt (das ist derselbe Wert wie bei unserer ersten Kurve einer chaotischen Bewegung in Abbildung 12.10). Am auffälligsten an dieser Kurve ist, dass $|\Delta\varphi(t)|$ mit fortschreitender Zeit *zunimmt*. Um das Wachstum von $|\Delta\varphi(t)|$ zu betonen, habe ich für die anfängliche Differenz der Pendelstellungen einen Wert von $|\Delta\varphi(0)| = 0{,}0001\,\text{rad}$ angenommen. Von dieser winzigen Differenz ausgehend, ist $|\Delta\varphi(t)|$ innerhalb von 16 Antriebszyklen um mehr als vier Größenordnungen auf etwa $|\Delta\varphi| \approx 3{,}5\,\text{rad}$ angewachsen.

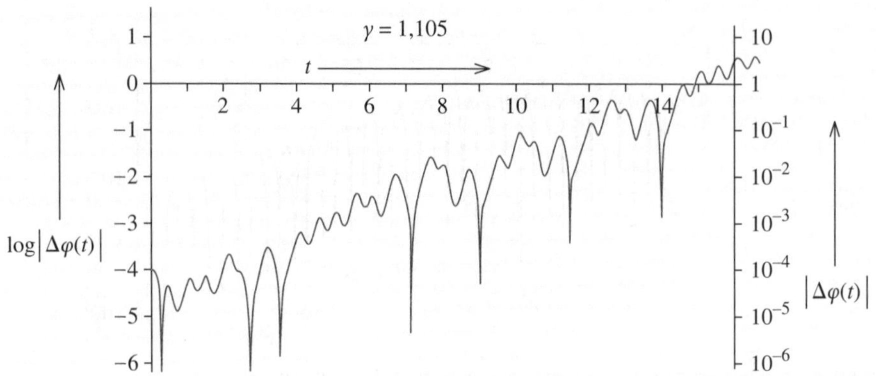

Abbildung 12.13: Die Differenz $|\Delta\varphi(t)|$ zweier identischer Pendel, beide mit der Antriebsstärke $\gamma = 1{,}105$, deren Anfangsstellungen sich um $\Delta\varphi(0) = 10^{-4}$ rad unterscheiden. Nach einem kleinen Abfall am Anfang erkennt man für die Maxima von $\log|\Delta\varphi(t)|$ einen *linearen Anstieg*, d. h., $|\Delta\varphi(t)|$ selbst *wächst exponentiell.*

Von $t = 1$ bis $t = 16$ (wo die Kurve Sättigung zeigt) wachsen die Maxima in Abbildung 12.13 fast genau linear, d. h., $|\Delta\varphi(t)|$ wächst exponentiell.[15] Dieses exponentielle Wachstum hat katastrophale Konsequenzen für jeden Versuch, die Bewegung des getriebenen gedämpften Pendels langfristig vorherzusagen. Im betrachteten Fall wächst ein mit 10^{-4} rad winziger Fehler bei den Anfangsbedingungen innerhalb von 16 Antriebszyklen auf einen Fehler von etwa 3,5 rad an, also auf mehr als π Radian. Bitte machen Sie sich klar, was das bedeutet: Eine Unbestimmtheit von $\pm 10^{-4}$ rad bei den Anfangsbedingungen führt zu einer Unbestimmtheit von $\pm\pi$ – und eine Unbestimmtheit von $\pm\pi$ bei der Auslenkung eines Pendels heißt, dass wir *überhaupt keine Aussage treffen können,* wo sich das Pendel befindet! Ich habe dieses Beispiel deshalb gewählt, weil es besonders dramatisch ist, doch die Kernaussage, dass $|\Delta\varphi(t)|$ – zumindest eine Zeitlang – exponentiell wächst, gilt für jede chaotische Bewegung. Selbst dann, wenn sich dieses Wachstum verringert, bevor $|\Delta\varphi(t)|$ in die Nähe von π gerät, bedeutet ein exponentieller Anstieg, dass eine winzige Unbestimmtheit bei den Anfangsbedingungen sehr schnell zu einer großen Unbestimmtheit bei der vorherzusagenden Bewegung führt. In diesem Sinne ist die Aussage zu verstehen, das Chaos würde eine **extreme Empfindlichkeit gegenüber den Anfangsbedingungen** zeigen, und genau diese Empfindlichkeit macht eine zuverlässige Vorhersage einer chaotischen Bewegung praktisch unmöglich.

Der Ljapunow-Exponent

Was wir in den letzten drei Beispielen gesehen haben, lässt sich in der Aussage zusammenfassen, dass die Differenz $|\Delta\varphi(t)|$ der Auslenkung von zwei identischen getriebenen gedämpften Pendeln, die von leicht unterschiedlichen Ausgangspositio-

15 Die Sättigung der Kurve lässt sich leicht verstehen. Sie erkennen in Abbildung 12.10, dass der Winkel $\varphi(t)$ [eigentlich ist es $\varphi_1(t)$, doch dasselbe gilt auch für $\varphi_2(t)$] ungefähr zwischen $\pm\pi$ oszilliert. Mit anderen Worten: Weder $\varphi_1(t)$ noch $\varphi_2(t)$ übersteigt jemals den Betrag π. Also kann ihre Differenz nie größer werden als 2π, und daher *muss* die Kurve Sättigung zeigen, bevor $|\Delta\varphi(t)|$ den Wert 2π erreicht.

nen starten, exponentiell anwächst:

$$|\Delta\varphi(t)| \sim K\,\mathrm{e}^{\lambda t}\,. \tag{12.26}$$

(Das Symbol „$\sim$“ soll andeuten, dass $|\Delta\varphi(t)|$ unterhalb einer Einhüllenden mit dem beschriebenen Verhalten oszillieren kann, und K ist eine positive Konstante.) Der Koeffizient λ im Exponenten wird als **Ljapunow-Exponent** bezeichnet, benannt nach dem russischen Mathematiker und Physiker Alexander Michailowitsch Ljapunow (1857–1918).[16] Wenn die Bewegung langfristig nichtchaotisch ist (d. h., sich auf eine periodische Oszillation einregelt), ist der Ljapunow-Exponent negativ; ist die Bewegung langfristig chaotisch (unregelmäßig und nichtperiodisch), dann ist der Ljapunow-Exponent positiv.

Noch höhere Werte von γ

Bislang haben wir gesehen, dass sich die Bewegung unseres getriebenen gedämpften Pendels bei einer Erhöhung der Antriebsstärke γ immer weiter verkompliziert – von einem zunächst linearen Verhalten mit rein sinusförmiger Reaktion über ein nahezu lineares Verhalten mit zusätzlichen Harmonischen und über das Auftreten von Subharmonischen und (zumindest für bestimmte Anfangsbedingungen) einer Periodenverdopplungskaskade bis schließlich zum Eintreten von Chaos. Sie könnten nun natürlich erwarten, dass sich bei einer weiteren Erhöhung von γ das Chaos immer weiter verstärkt, doch – wie gewohnt – widerspricht unser nichtlineares System allen Vorhersagen. Wenn man γ weiter erhöht, wechselt das getriebene gedämpfte Pendel zwischen Bereichen chaotischen Verhaltens und Bereichen mit periodischer, nichtchaotischer Bewegung. Ich werde das mit zwei Beispielen erläutern.

Wir haben gesehen, dass das getriebene gedämpfte Pendel bei einer Antriebsstärke von $\gamma = 1{,}105$ chaotisches Verhalten zeigt (Abbildung 12.10) und dass benachbarte Lösungen exponentiell divergieren (Abbildung 12.13). Wir müssen die Antriebsstärke nur auf $\gamma = 1{,}13$ erhöhen, um in ein schmales „Fenster“ einer *nichtchaotischen* Oszillation mit der Periode 3 zu gelangen, in dem die benachbarten Lösungen exponentiell *konvergieren* (Abbildung 12.14). In Teilbild (a) sehen Sie, dass sich die Bewegung innerhalb von drei Antriebszyklen auf eine regelmäßige Bewegung mit der Periode 3 einregelt. Teilbild (b) zeigt – in logarithmischer Darstellung – die Differenz $|\Delta\varphi(t)|$ der Auslenkung von zwei identischen Pendeln, deren Anfangsstellungen sich um $|\Delta\varphi(0)| = 0{,}001$ rad unterscheiden. Während der ersten acht Antriebszyklen nimmt $|\Delta\varphi(t)|$ zunächst zu, geht danach aber exponentiell gegen null und nimmt schon innerhalb der nächsten zwölf Antriebszyklen um sechs Größenordnungen ab.

Abbildung 12.15 zeigt die beiden entsprechenden Kurven für eine Antriebsstärke von $\gamma = 1{,}503$, bei der die Bewegung wieder in den chaotischen Bereich zurückgekehrt ist.[17] In Teilbild (a) erkennen wir einen neuen Typ von chaotischer Bewegung. Die Antriebsstärke ist nun so groß, dass das Pendel sich „überschlagen“ kann, und in

16 Streng genommen, gibt es mehrere Ljapunow-Exponenten, von denen der hier genannte der größte ist. – In der englischsprachigen Literatur heißt λ wegen der anderen Transkription *Liapunov* oder *Lyapunov exponent*. (Anm. d. Übers.)

17 Wie wir sehen werden, hat das getriebene gedämpfte Pendel zwischen den in den Abbildungen 12.14 und 12.15 gezeigten Werten $\gamma = 1{,}13$ und $\gamma = 1{,}503$ mehrere Bereiche von chaotischer und nichtchaotischer Bewegung durchlaufen, doch ich lasse die Details fürs Erste weg.

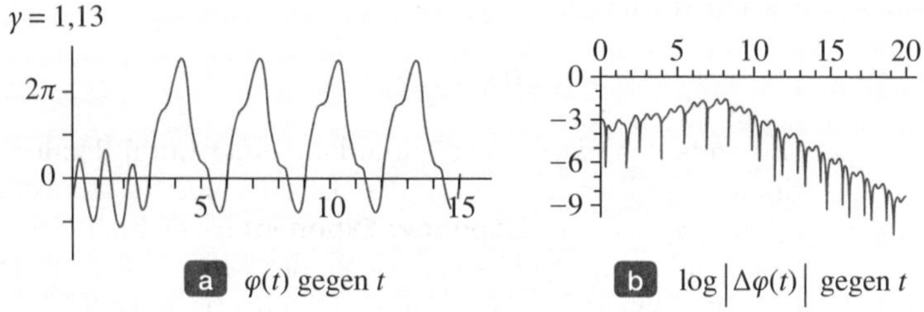

Abbildung 12.14: Bewegung eines getriebenen gedämpften Pendels mit $\gamma = 1{,}13$. (a) Der Verlauf von $\varphi(t)$ regelt sich rasch auf Schwingungen der Periode 3 ein; die Anfangsbedingungen sind dieselben wie bei den Abbildungen 12.8 und 12.10. (b) Logarithmische Darstellung der Differenz zweier identischer Pendel, von denen das eine mit denselben Anfangsbedingungen wie in Teil (a) startet, das zweite mit einer um 0,001 rad geringeren Auslenkung. Nach einem anfänglichen mäßigen Anstieg geht $|\Delta\varphi(t)|$ exponentiell gegen null.

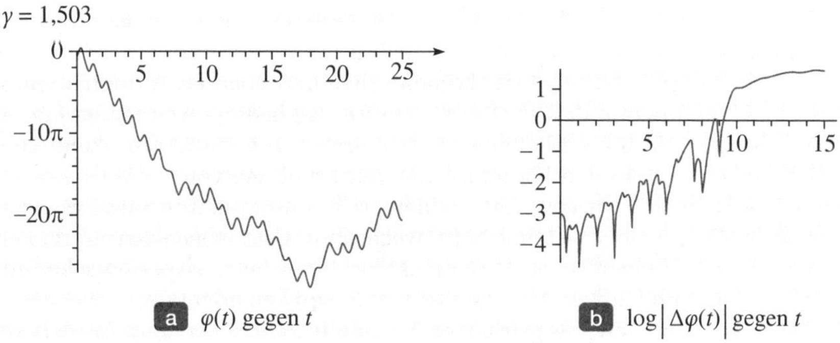

Abbildung 12.15: Bewegung eines getriebenen gedämpften Pendels mit $\gamma = 1{,}503$, die Anfangsbedingungen sind dieselben wie in Abbildung 12.14. (a) Der zeitliche Verlauf von $\varphi(t)$ oszilliert unregelmäßig; in den ersten 18 Antriebszyklen stürzt $\varphi(t)$ auf etwa -26π ab, d. h., das Pendel vollführt etwa 13 vollständige Rotationen im Uhrzeigersinn. (b) Logarithmische Darstellung des Abstands zweier identischer Pendel, von denen eines mit einer um 0,001 rad geringeren Auslenkung startet. Für die ersten neun oder zehn Antriebszyklen wächst $|\Delta\varphi(t)|$ exponentiell, danach flacht sich das Wachstum ab.

den ersten 18 Antriebszyklen vollführt das Pendel 13 vollständige Rotationen im Uhrzeigersinn [$\varphi(t)$ nimmt um 26π zu]. Diese Bewegung lässt sich als eine gleichmäßige Rotation mit einer Umdrehung pro Antriebszyklus auffassen, der eine unregelmäßige Oszillation überlagert ist.[18] Bei $t = 18$ kehrt die Bewegung zu einer mehr oder weniger gleichmäßigen Rotation gegen den Uhrzeigersinn mit überlagerten unregelmäßigen Oszillationen zurück und regelt sich, wie die Abbildung nahelegt, nie wieder auf ein periodisches Muster ein.

18 Bei genauerer Untersuchung können Sie erkennen, dass die Bewegung während der ersten 7 Antriebszyklen sehr dicht an einer gleichmäßigen Rotation mit -2π pro Antriebszyklus ist, der eine *regelmäßige* Schwingung von der Periode 1 überlagert ist. Diese Art der Bewegung ist eigentlich periodisch, denn eine Änderung um -2π bringt das Pendel wieder in dieselbe Stellung. Für einige Werte der Antriebsstärke regelt sich die Bewegung langfristig auf genau dieses Bewegungsmuster ein; man spricht hier von einer *phasenstarren* Bewegung (vgl. Aufgabe 17).

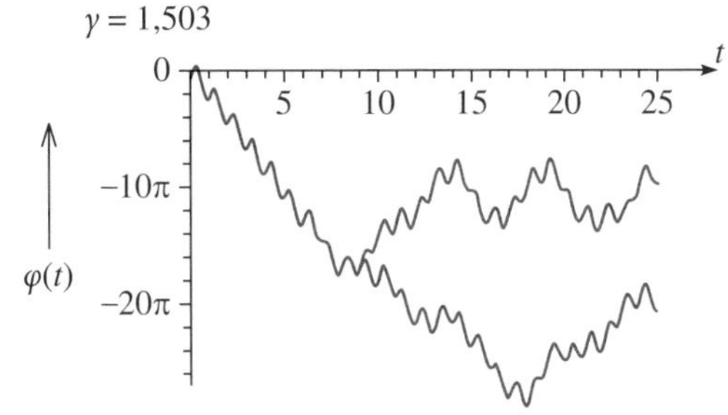

Abbildung 12.16: Lineare Darstellung der Auslenkung zweier identischer getriebener gedämpfter Pendel, deren Differenz $|\Delta\varphi(t)|$ in Abbildung 12.15b gezeigt wurde [$|\Delta\varphi(0)| = 0{,}001$ rad]. Für die ersten achteinhalb Antriebszyklen sind die beiden Kurven ununterscheidbar; danach ist der Unterschied deutlich zu erkennen.

Die logarithmische Darstellung in Abbildung 12.15b zeigt die Divergenz zweier Pendel mit derselben Antriebsstärke $\gamma = 1{,}503$, aber einer anfänglich um 0,001 rad abweichenden Auslenkung. Der Abstand der beiden Pendel wächst während der ersten neun oder zehn Antriebszyklen exponentiell an und flacht sich bei etwa $t = 15$ ab. Der Abstand ist so dramatisch groß, dass man ihn auch in der konventionellen linearen Darstellung von Abbildung 12.16 erkennen kann, die die tatsächlichen Auslenkungen $\varphi_1(t)$ und $\varphi_2(t)$ zeigt. Auf den ersten Blick mag es überraschen, dass die beiden Kurven für die ersten etwa achteinhalb Zyklen völlig ununterscheidbar sind, dass dann aber der Unterschied so deutlich sichtbar wird. Sie können dieses verblüffende Verhalten bei einem Blick auf Abbildung 12.15b verstehen: Bis $t \approx 8{,}5$ bleibt der Abstand $|\Delta\varphi(t)|$, obwohl er rasch anwächst, dennoch immer unter etwa 1/3 rad – zu wenig, als dass man ihn im Maßstab von Abbildung 12.16 erkennen könnte. Bei $t \approx 9{,}5$ hat $|\Delta\varphi(t)|$ einen Wert von etwa 3 erreicht – den man auf der linearen Darstellung leicht erkennen kann – und steigt danach schnell weiter an. Daher sind die beiden Kurven ab $t \approx 9{,}5$ deutlich voneinander zu unterscheiden.

Welche Lehren ziehen wir aus den letzten beiden Beispielen? **(1)** Wenn die Antriebsstärke γ unserer getriebenen gedämpften Pendel erst einmal über den kritischen Wert $\gamma_c = 1{,}0829$ hinaus erhöht ist, gibt es Intervalle, in denen die Bewegung chaotisch verläuft, und andere, in denen sie nicht chaotisch ist. Diese Intervalle sind oft recht schmal, sodass chaotische und nichtchaotische Bewegungsmuster überraschend schnell abwechseln können. **(2)** Das Chaos kann sich in mehreren verschiedenen Formen äußern, etwa in der unregelmäßigen „Überschlagbewegung“, wie sie in Abbildung 12.15a gezeigt ist. **(3)** Die unregelmäßige Bewegung im Chaos geht immer einher mit einer Empfindlichkeit gegenüber den Anfangsbedingungen, die mit dem exponentiellen Auseinanderlaufen von benachbarten Lösungen der Bewegungsgleichung verbunden ist.

12.6 Bifurkationsdiagramme

Bislang hat jede unserer Abbildungen von der Bewegung des getriebenen gedämpften Pendels die Bewegung für einen bestimmten Wert der Antriebsstärke γ dargestellt. Um die zeitliche Entwicklung der Bewegung bei einer Änderung von γ darzustellen,

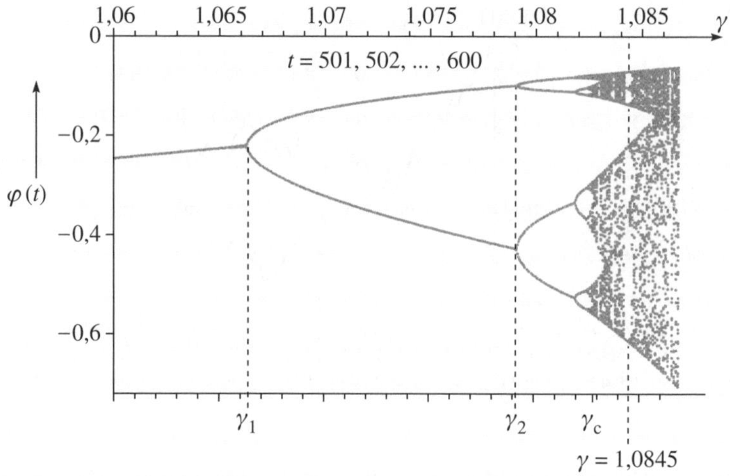

Abbildung 12.17: Bifurkationsdiagramm eines getriebenen gedämpften Pendels für die Antriebsstärken $1{,}060 \leq \gamma \leq 1{,}087$. Die Periodenverdopplungskaskade ist deutlich zu erkennen: Bei $\gamma_1 = 1{,}0663$ ändert sich die Periode von 1 auf 2, bei $\gamma_2 = 1{,}0793$ von 2 auf 4. Die nächste Bifurkation von Periode 4 auf 8 ist deutlich zu sehen (um das Diagramm nicht zu unübersichtlich zu machen, ist der Wert $\gamma_3 = 1{,}0821$ allerdings nicht eingetragen), und eine weitere Bifurkation von Periode 8 auf Periode 16 ist gerade noch zu erahnen (bei $\gamma_4 = 1{,}0827$, auch dieser Wert ist nicht eingetragen). Zur Rechten des kritischen Werts $\gamma_c = 1{,}0829$ ist die Bewegung zumeist chaotisch, wobei man jedoch bei $\gamma = 1{,}0845$ ein schmales Intervall mit einer Bewegung der Periode 6 erkennen kann.

mussten wir mehrere verschiedene Kurven zeichnen, eine für jeden Wert von γ. Es wäre schön, wenn man eine einzige Darstellung hätte, in der alle diese Zusammenhänge auf einmal erfasst würden, also die Veränderung der Perioden, der Wechsel der Periodizität und das Chaos in Abhängigkeit von γ. Dazu dienen sogenannte Bifurkationsdiagramme.

Ein **Bifurkationsdiagramm** ist ein geschickt aufgebauter Plot von $\varphi(t)$ in Abhängigkeit von γ, so wie in Abbildung 12.17. Die vielleicht beste Möglichkeit zu erklären, was diese Darstellung zeigt, besteht darin, genau zu beschreiben, wie man sie erstellt. Zunächst muss man sich entscheiden, welchen Wertebereich von γ man darstellen will (in Abbildung 12.17 reicht er von $\gamma = 1{,}06$ bis $1{,}087$). Dann muss man eine große Anzahl von γ-Werten auswählen, die gleichmäßig über den gewählten Bereich verteilt sind. Ich habe für die Abbildung 271 Werte für γ im Abstand von 0,0001 gewählt, also

$$\gamma = 1{,}0600,\ 1{,}0601,\ 1{,}0602,\ \cdots,\ 1{,}0869,\ 1{,}0870.$$

Der nächste Schritt besteht darin, für jeden dieser gewählten γ-Werte die Bewegungsgleichung (12.11) zu lösen, und zwar von einem Zeitpunkt $t = 0$ bis zu einer Zeit t_{max}, die man so festlegt, dass alle Transienten schon lange verschwunden sind. Für die Konstruktion von Abbildung 12.17 habe ich dieselben Anfangsbedingungen verwendet wie für die letzten Abbildungen, nämlich $\varphi(0) = -\pi/2$ und $\dot{\varphi}(0) = 0$.[19]

19 Einige Autoren überlagern die Plots für mehrere verschiedene Anfangsbedingungen. Dadurch erhält man zwar ein umfassenderes Bild der vielen möglichen Bewegungsformen, doch solche Plots sind schwieriger zu interpretieren. Im Interesse der Klarheit habe ich nur einen einzigen Satz von Anfangsbedingungen gewählt.

Um unseren nächsten Schritt zu verstehen, erinnern wir uns daran, dass sich die Periodizität (oder Nicht-Periodizität) überprüfen lässt, indem man die Werte

$$\varphi(t_0),\ \varphi(t_0+1),\ \varphi(t_0+2),\ldots$$

von $\varphi(t)$ für eine große Anzahl von Zeitpunkten im Abstand von jeweils einem Zyklus überprüft. Wenn die Bewegung periodisch von der Periode n ist, dann wiederholt sie sich nach n Zyklen, ansonsten tut sie es nicht. Daher ist unser nächster Schritt, unsere Lösungen für $\varphi(t)$ zu verwenden und damit die Werte von $\varphi(t)$ über einen Bereich von Zeiten zu bestimmen, die durch ganzzahlige zeitliche Intervalle der Breite von t_{min} bis t_{max} getrennt sind (dabei muss t_{min} so groß sein, dass alle Transienten verschwunden sind). Für Abbildung 12.17 habe ich $\varphi(t)$ für einhundert Zeiten

$$t = 501,\ 502,\ \ldots,\ 600$$

bestimmt. (Da dies für 271 verschiedene Werte von γ erforderlich ist, waren insgesamt 271·100, also fast 30 000 Rechnungen durchzuführen – ein Prozess über mehrere Stunden.) Schließlich wurden die hundert Werte von $\varphi(t)$ für jeden einzelnen Wert von γ als Punkte in den Plot von φ in Abhängigkeit von γ eingetragen. Was heißt das konkret? Betrachten Sie zunächst einen Wert wie beispielsweise $\gamma = 1{,}065$, bei dem die Bewegung bekanntlich die Periode 1 hat. Bei der Periode 1 sind die aufeinanderfolgenden Werte von $\varphi(t)$ alle gleich, und alle 100 Punkte landen in dem Diagramm von φ gegen γ an derselben Stelle. Wir sehen also für einenen Wert von γ, bei dem eine Bewegung der Periode 1 auftritt, nur einen *einzigen* Punkt. Für den Bereich von $\gamma = 1{,}06$ bis zum Schwellenwert $\gamma_1 = 1{,}0663$, bei dem sich die Periode verdoppelt, erhält man also eine einzige Kurve.

Beim Schwellenwert $\gamma_1 = 1{,}0663$ ändert sich die Periode von 1 auf Periode 2, und die Auslenkungen

$$\varphi(501),\ \varphi(502),\ \varphi(503),\ldots,\ \varphi(600)$$

wechseln nun zwischen *zwei verschiedenen* Werten. Die hundert Punkte ergeben also genau zwei verschiedene Punkte im Diagramm, und die einzelne Kurve gabelt sich bei γ_1 in *zwei* Kurven. (Nach dem lateinischen *bi* „zwei“ und *furca* „Gabel“ spricht man von einer **Bifurkation** an dieser Stelle.) Bei $\gamma_2 = 1{,}0793$ verdoppelt sich die Periode noch einmal auf Periode 4, und jede der beiden Kurven gabelt sich aufs Neue, sodass man nun vier Kurven hat. Die nächste Verdopplung (auf Periode 8) ist leicht zu erkennen (auch wenn ich den entsprechenden γ-Wert nicht in der Abbildung eingetragen habe). Wenn Sie etwas genauer hinschauen, können Sie auch noch die Bifurkationen auf Periode 16 erahnen. Weiter rechts findet man in dem Diagramm eine fast flächendeckende Ansammlung von Punkten, und man kann (zumindest in dem Diagramm) nicht die genaue Lage von γ_c erkennen, ab der das Chaos beginnt, auch wenn klar ist, dass der Wert irgendwo dicht unterhalb von $\gamma = 1{,}083$ liegen muss. Rechts von dieser Stelle ist für den Rest von Abbildung 12.17 die Bewegung zumeist chaotisch, allerdings lässt sich bei $\gamma = 1{,}0845$ (markiert durch eine senkrechte gestrichelte Linie) ein kleines Fenster erkennen. (Das Fenster ist im oberen Teil des Diagramms besser zu erkennen, wo sonst die Punkte dichter beieinander liegen.) Wenn Sie ein Lineal an diese vertikale Linie anlegen, werden Sie erkennen, dass bei diesem speziellen Wert von γ genau sechs verschiedene Punkte liegen. Mit anderen Worten: Für $\gamma = 1{,}0845$ ist die Bewegung kurzzeitig in ein periodisches Muster mit der Periode 6 zurückgekehrt.

Übersichtsdiagramme

Abbildung 12.17 zeigt nur einen recht kleinen Bereich von Antriebsstärken ($1{,}06 \leq \gamma \leq 1{,}087$), den dafür aber sehr detailliert. Bevor wir einen größeren Bereich von Antriebsstärken untersuchen können, müssen wir eine kleine Komplikation bewältigen. Wir wir gesehen haben, kann das Pendel bei der Erhöhung von γ beginnen, sich zu „überschlagen"; es vollführt dann viele vollständige Drehungen. In einigen Fällen „überschlägt" es sich auf unbegrenzte Zeit, sodass $\varphi(t)$ schließlich gegen $\pm\infty$ geht. Selbst dann, wenn die Überschläge völlig periodisch wären, würden sich die aufeinanderfolgenden Werte

$$\varphi(t_0), \varphi(t_0 + 1), \varphi(t_0 + 2), \ldots$$

niemals wiederholen, weil sie sich bei jedem Zyklus um 2π erhöhen. Dadurch würde ein Bifurkationsdiagramm, das nach dem Verfahren von Abbildung 12.17 erstellt wird, unbrauchbar. Der naheliegendste Weg, diese Schwierigkeit zu umgehen, wäre eine Umdefinition von φ derart, dass es immer im Bereich

$$-\pi < \varphi < \pi$$

liegt. Jedes Mal, wenn φ über π hinaus steigt, würden wir dann 2π abziehen, und jedes Mal, wenn es unter $-\pi$ fällt, würden wir 2π hinzuaddieren. Mit dieser Modifikation können wir ein Bifurkationsdiagramm wie zuvor zeichnen. Das Verfahren, φ auf diese Weise immer zwischen $\pm\pi$ zu halten, hat allerdings den Nachteil, dass $\varphi(t)$ jedesmal einen physikalisch bedeutungslosen unstetigen Sprung vollführt, wenn es $\pm\pi$ übersteigt.

Ein anderer und manchmal einfacherer Weg zur Umgehung der 2π-Uneindeutigkeit von φ besteht darin, anstelle der Werte für die Auslenkungen $\varphi(t_0), \varphi(t_0 + 1), \ldots$ die Werte der *Winkelgeschwindigkeit*

$$\dot{\varphi}(t_0), \dot{\varphi}(t_0 + 1), \dot{\varphi}(t_0 + 2), \ldots \tag{12.27}$$

aufzutragen. Die Winkelgeschwindigkeit $\dot{\varphi}$ ist immun gegen die 2π-Uneindeutigkeit von φ, denn $\dot{\varphi}$ ändert sich durch die Addition eines beliebigen Vielfachen von 2π zu φ nicht. Wenn also die Bewegung periodisch mit der Periode n ist, dann wiederholen sich die Werte von (12.27) nach n Zyklen, sonst nicht. Ein Bifurkationsdiagramm, das man anstatt mit den Werten von φ mit denen von $\dot{\varphi}$ konstruiert, funktioniert also genauso wie Abbildung 12.17, selbst dann, wenn sich das Pendel überschlägt.

Abbildung 12.18 zeigt ein solches Bifurkationsdiagramm für Werte von $\dot{\varphi}$ über einen Bereich knapp über $\gamma = 1{,}0$ bis knapp über $\gamma = 1{,}5$. Der erste Abschnitt dieses Diagramms (im oberen Teil mit (a) markiert) zeigt das Intervall, das – viel detaillierter – schon in Abbildung 12.17 zu sehen war; man sieht die Periodenverdopplungskaskade, die mit Periode 1 beginnt und im Chaos endet. Der Abschnitt (b) ist zum größten Teil chaotisch, obwohl wir bereits wissen, dass er mehrere enge Fenster mit Periodizität enthält (bei dem hier verwendeten Maßstab sind die meisten davon jedoch nicht zu erkennen). Der Abschnitt (c) ist sehr deutlich erkennbar von Periode 3 und enthält den Wert $\gamma = 1{,}13$, den wir bereits in Abbildung 12.14 gezeigt haben. Der Abschnitt (d) ist überwiegend chaotisch, der Abschnitt (e) beginnt mit einem langen Bereich der Periode 1, auf den eine neuerliche Periodenverdopplungskaskade folgt. Der Abschnitt (f) schließlich ist überwiegend chaotisch, obwohl man auch hier einige Fenster mit Periodizität finden kann.

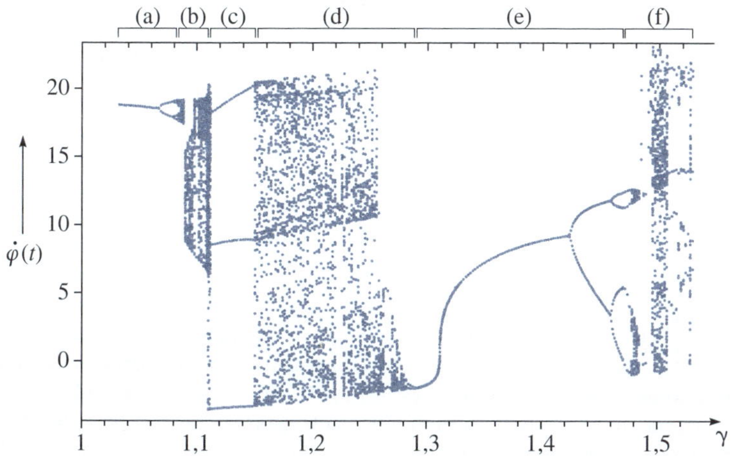

Abbildung 12.18: Bifurkationsdiagramm mit den Werten von $\dot{\varphi}$ für zwei getriebene gedämpfte Pendel mit den Antriebsstärken $1{,}03 \leq \gamma \leq 1{,}53$. Die ganz oben mit (a), (b), ..., (f) markierten Bereiche sind folgendermaßen zu interpretieren: (a) Dieses Intervall ist dasselbe wie das bereits detaillierter in Abbildung 12.17 gezeigte. Es beginnt mit Periode 1, gefolgt von einer Periodenverdopplungskaskade, die ins Chaos führt. (b) Vorwiegend chaotisch. (c) Periode 3. (d) Vorwiegend chaotisch. (e) Periode 1, gefolgt von einer weiteren Periodenverdopplungskaskade. (f) Vorwiegend chaotisch.

Ein überraschendes Merkmal von Abbildung 12.18 ist das lange Intervall mit einer Bewegung der Periode 1, das von knapp unter $\gamma = 1{,}3$ bis knapp über $\gamma = 1{,}4$ reicht. Diese Bewegung der Periode 1 ist ein Überschlag, wie man in Abbildung 12.19 erkennen kann, das die Bewegung für $\gamma = 1{,}4$ zeigt. In Teilbild (a), in dem $\varphi(t)$ als Funktion von t dargestellt ist, erkennt man, dass das Pendel sich im Uhrzeigersinn überschlägt und dabei eine vollständige Drehung pro Antriebszyklus vollführt (φ nimmt über 10 Zyklen um 20π ab). Dass diese Bewegung tatsächlich periodisch ist, wird in Teilbild (b) deutlicher, das $\dot{\varphi}(t)$ als Funktion von t darstellt. Nach etwa zwei Antriebszyklen ist $\dot{\varphi}(t)$ deutlich periodisch mit der Periode 1.

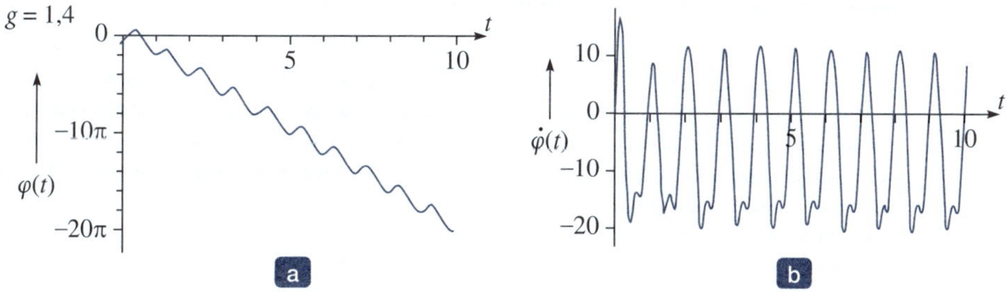

Abbildung 12.19: Bewegung des getriebenen gedämpften Pendels mit $\gamma = 1{,}4$. (a) Die Auftragung von $\varphi(t)$ gegen t zeigt eine periodische Überschlagbewegung, bei der φ in jedem Antriebszyklus um 2π abnimmt. (b) Die Auftragung von $\dot{\varphi}(t)$ gegen t zeigt noch deutlicher, dass die Bewegung nach etwa zwei Antriebszyklen periodisch wird; dabei nimmt $\dot{\varphi}(t)$ einmal pro Zyklus wieder denselben Wert an.

12.7 Bahnen im Zustandsraum

In den nächsten beiden Abschnitten werde ich den **Poincaré-Schnitt** einführen, eine wichtige alternative Möglichkeit, die Bewegung von chaotischen (und nichtchaotischen) Systemen zu betrachten. Der Poincaré-Schnitt ist eine Vereinfachung der sogenannten *Bahn im Zustandsraum*. Diese Vereinfachung ist besonders nützlich bei komplizierten mehrdimensionalen Systemen, kann aber schon im Zusammenhang mit unserem eindimensionalen getriebenen gedämpften Pendel eingeführt werden. Ich beginne in diesem Abschnitt mit einer Beschreibung von Bahnen im Zustandsraum für das getriebene gedämpfte Pendel.

In unserer bisherigen Betrachtung des getriebenen gedämpften Pendels haben wir uns fast ausschließlich auf den Ort, genauer: auf die Auslenkung $\varphi(t)$ als Funktion von t beschränkt. Es stellt sich aber heraus, dass es manchmal vorteilhaft ist, die zeitliche Entwicklung der Auslenkung $\varphi(t)$ *und* der Winkelgeschwindigkeit $\dot{\varphi}(t)$ simultan zu verfolgen. Im Prinzip kann man natürlich, wenn man $\varphi(t)$ für alle t kennt, $\dot{\varphi}(t)$ durch einfache Differenziation berechnen. In diesem Sinne erscheint es redundant, sowohl $\dot{\varphi}(t)$ als auch $\varphi(t)$ zu betrachten. Dennoch kann eine Verfolgung beider Variablen neue Erkenntnisse über die Bewegung vermitteln, und damit werden wir uns jetzt auch beschäftigen.

Es gibt ein unmittelbares Problem, wenn man die beiden Variablen $\varphi(t)$ und $\dot{\varphi}(t)$ als Funktion der dritten Variable t auftragen will, denn dazu müsste man eine dreidimensionale Darstellung wählen – und das ist schwierig (und wenn man es geschafft hat, auch nicht sonderlich erhellend). Bei dem üblichen Vorgehen zeichnet man ein Wertepaar $[\varphi(t), \dot{\varphi}(t)]$ als einen Punkt in eine zweidimensionale Ebene, wobei die horizontale Achse mit φ und die vertikale Achse mit $\dot{\varphi}$ beschriftet ist. (Aus Gründen, die ich gleich besprechen werde, bezeichnet man eine solche Ebene mit den Koordinaten φ und $\dot{\varphi}$ als *Zustandsraum*.) Wenn die Zeit voranschreitet, bewegt sich der Punkt $[\varphi(t), \dot{\varphi}(t)]$ in diesem zweidimensionalen Raum und beschreibt eine Kurve, die als **Bahn im Zustandsraum** bezeichnet wird (manchmal spricht man auch von einem *Orbit* oder einer *Trajektorie im Phasenraum*). Wenn Sie sich daran gewöhnt haben, solche Bahnen im Zustandsraum zu interpretieren, werden sie Ihnen ein ziemlich deutliches Bild von der Bewegung eines Systems vermitteln können.

Als erstes Beispiel betrachten wir ein getriebenes gedämpftes Pendel mit $\gamma = 0{,}6$ (eine Antriebsstärke, bei der die lineare Näherung noch ziemlich gut ist) und mit unseren gewohnten Anfangsbedingungen $\varphi(0) = -\pi/2$ und $\dot{\varphi}(0) = 0$. Abbildung 12.20 zeigt für diesen Fall eine konventionelle Kurve von $\varphi(t)$ gegen t. Um dieses Bild richtig zu interpretieren, muss man wissen (Sie wissen das natürlich), dass die jeweilige Auslenkung $\varphi(t)$ durch die vertikalen Ausschläge der Kurve dargestellt werden und dass die Zeit t von links nach rechts zunimmt. Wenn das klar ist, erkennt man deutlich, dass die Bewegung bei $t = 0$ mit $\varphi(0) = -\pi/2$ beginnt und sich rasch dem erwarteten sinusförmigen Attraktor annähert, sodass $\varphi(t)$ die Form $\varphi(t) = A\cos(\omega t - \delta)$ annimmt.

Abbildung 12.21 zeigt die Bahn im Zustandsraum für dasselbe getriebene gedämpfte Pendel mit denselben Anfangsbedingungen. In Teilbild (a) sind die ersten zwanzig Zyklen dargestellt ($0 \leq t \leq 20$). Um dieses Bild richtig zu interpretieren, muss man wissen, dass die Kurve mit zunehmender Zeit von dem Punkt $[\varphi(t), \dot{\varphi}(t)]$ in Pfeilrichtung durchlaufen wird. Wenn das klar ist, erkennt man deutlich, dass die Bahn bei $\varphi(0) = -\pi/2$ und $\dot{\varphi}(0) = 0$ beginnt. Da die Anfangsbeschleunigung $\ddot{\varphi}$ positiv

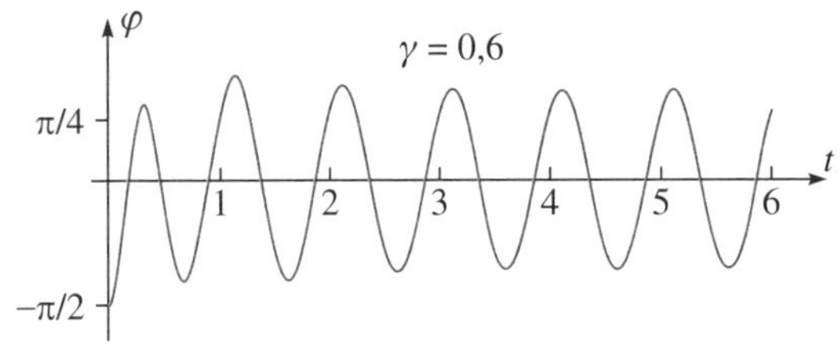

Abbildung 12.20: Konventionelle Auftragung von $\varphi(t)$ gegen t für ein getriebenes gedämpftes Pendel mit der Antriebsstärke $\gamma = 0{,}6$. Die Bewegung regelt sich rasch auf eine fast perfekt sinusförmige Schwingung ein.

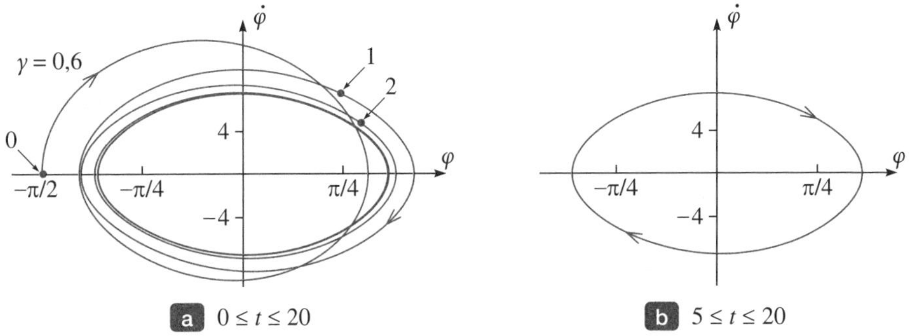

Abbildung 12.21: Bahn im Zustandsraum für ein getriebenes gedämpftes Pendel mit der Antriebsstärke $\gamma = 0{,}6$. Der Zustandsraum ist die zweidimensionale Ebene mit den Koordinaten φ und $\dot{\varphi}$; die Bahn im Zustandsraum ist der Weg, den der Punkt $[\varphi(t), \dot{\varphi}(t)]$ mit zunehmender Zeit t durchläuft. (a) Die ersten 20 Zyklen, beginnend bei den Anfangswerten $\varphi(0) = -\pi/2$ und $\dot{\varphi}(0) = 0$. Die mit 0, 1, und 2 bezeichneten Punkte zeigen die Orte $[\varphi(t), \dot{\varphi}(t)]$ zu den Zeiten $t = 0$, 1 und 2. Die Bahn windet sich nach innen und nähert sich rasch dem Attraktor der Periode 1 an, der hier als eine Ellipse im Zustandsraum erscheint. (b) Dasselbe wie in Teilbild (a), wobei jedoch die ersten fünf Zyklen weggelassen wurden, sodass nur noch der elliptische Attraktor zu sehen ist. Zwischen den Zeiten $5 \leq t \leq 20$ bewegt sich der Punkt $[\varphi(t), \dot{\varphi}(t)]$ 15-mal entlang derselben elliptischen Bahn.

ist,[20] wächst $\dot{\varphi}(t)$ von Beginn an, und $\varphi(t)$ steigt an, sobald $\dot{\varphi}$ von null verschieden ist. Daher bewegt sich der Punkt $[\varphi(t), \dot{\varphi}(t)]$ anfangs nach oben mit einer Krümmung nach rechts. Die Schwingung von $\varphi(t)$ zeigt sich in der Hin- und Herbewegung der Bahnpunkte nach rechts und links; die Schwingung von $\dot{\varphi}(t)$ äußert sich in der Auf- und Abbewegung der Bahnpunkte. Wenn schließlich die Transienten verschwunden sind, nähert sich die Bewegung ihrem langfristigen Attraktor, bei dem (in der linearen Näherung) $\varphi(t)$ bekanntermaßen die Form

$$\varphi(t) = A\cos(\omega t - \delta) \tag{12.28}$$

hat. Daraus folgt, dass die Winkelgeschwindigkeit $\dot{\varphi}(t)$ sich der Form

$$\dot{\varphi}(t) = -\omega A\sin(\omega t - \delta) \tag{12.29}$$

20 Wie Sie leicht nachprüfen können, geben bei diesen Anfangsbedingungen sowohl die Schwerkraft als auch die Antriebskraft dem Pendel zu Beginn eine positive Beschleunigung.

annähert. Die beiden Gleichungen (12.28) und (12.29) sind die parametrischen Gleichungen für eine Ellipse mit den Halbachsen A und ωA, die im Uhrzeigersinn in der $(\varphi, \dot{\varphi})$-Ebene durchlaufen wird. Sobald also die Transienten verschwunden sind, bewegt sich der Punkt $[\varphi(t), \dot{\varphi}(t)]$ mit einer Winkelgeschwindigkeit gleich der Winkelgeschwindigkeit ω der Antriebskraft auf der Ellipse, d. h., die Bahn im Zustandsraum wird einmal pro Antriebszyklus durchlaufen. In Abbildung 12.21a windet sich die Bahn im Zustandsraum spiralförmig nach innen und verschmilzt nach etwa drei Zyklen mit der Ellipse. [Schon das zeigt einen kleinen Vorteil der Bahn im Zustandsraum gegenüber der konventionellen Darstellung $\varphi(t)$ gegen t: Bei der konventionellen Kurve von Abbildung 12.20a sind die tatsächliche und die langfristige sinusförmige Bewegung schon nach etwas mehr als einem Zyklus nicht mehr voneinander zu unterscheiden; in der Darstellung als Bahn im Zustandsraum (Abbildung 12.21a) kann man die beiden über etwa drei Zyklen auseinanderhalten. Somit zeigt die Bahn im Zustandsraum ein deutlicheres Bild von der Annäherung an den Attraktor.] Abbildung 12.21b zeigt dasselbe wie Teilbild (a), nur dass ich die ersten fünf Zyklen weggelassen habe ($5 \leq t \leq 20$); in Teil (b) taucht somit lediglich der elliptische Attraktor auf. Da man sich in der Regel hauptsächlich für die langfristige Bewegung interessiert, zeichnet man Zustandsraumdiagramme meist wie in Abbildung 12.21b und lässt hinreichend viele anfängliche Zyklen weg, sodass nur die langfristige Bewegung übrigbleibt.

Abbildung 12.22 zeigt die Bahn im Zustandsraum für genau dasselbe getriebene gedämpfte Pendel wie in Abbildung 12.21, jedoch mit den Anfangsbedingungen $\varphi(0) = \dot{\varphi}(0) = 0$. In Teilbild (a) können Sie leicht erkennen, dass die Bahn mit diesen Anfangsbedingungen startet und sich dann nach außen windet, bis sie nach etwa zweieinhalb Zyklen mit dem elliptischen Attraktor verschmilzt. Teilbild (b) zeigt die 15 Zyklen ab $t = 5$, also ab der Zeit, zu der die Bahn und ihr langfristiger Attraktor nicht mehr voneinander zu unterscheiden sind. Abbildung 12.22b und Abbildung 12.21b sind exakt gleich, weil für $\gamma = 0{,}6$ alle Anfangsbedingungen zu demselben Attraktor führen.

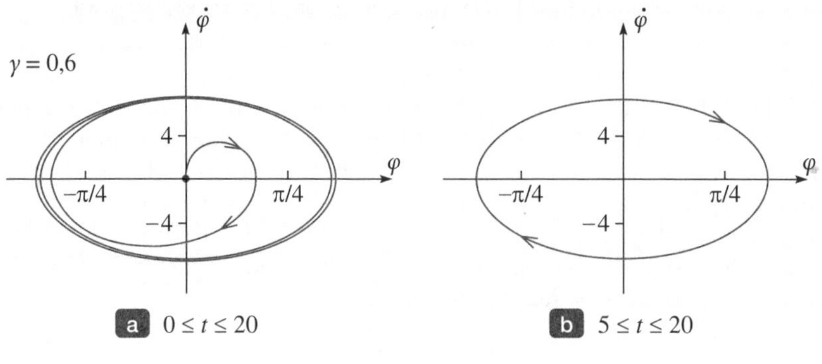

Abbildung 12.22: Bahn im Zustandsraum für ein getriebenes gedämpftes Pendel mit der Antriebsstärke $\gamma = 0{,}6$ und den Anfangsbedingungen $\varphi(0) = \dot{\varphi}(0) = 0$. (a) Die ersten 20 Zyklen, beginnend beim Ursprung; die Bahn windet sich nach außen und nähert sich dem elliptischen Attraktor. (b) In den 15 Zyklen $5 \leq t \leq 20$ läuft die Bahn 15-mal auf dem elliptischen Attraktor um; es entsteht genau dasselbe Bild wie in Abbildung 12.21b.

Zustandsraum

Eine detaillierte Beschreibung des Zustandraums werde ich in Kapitel 13 geben, hier folgt nur eine kurze Erläuterung der Terminologie. Für unser Pendel ist der **Zustandsraum** (manchmal auch als *Phasenraum* bezeichnet)[21] die zweidimensionale Ebene, die durch die beiden Variablen φ für die Winkelauslenkung und $\dot{\varphi}$ für die Winkelgeschwindigkeit definiert ist. Dem steht der eindimensionale **Konfigurationsraum** gegenüber, der durch die eine Variable φ für die Position oder *Konfiguration* des Pendels definiert ist. Allgemeiner ist der Konfigurationsraum eines n-dimensionalen mechanischen Systems der n-dimensionale Raum der n Ortskoordinaten $q_1, \ldots, q_n$, der Zustandsraum dagegen der $2n$-dimensionale Raum der Koordinaten $q_1, \ldots, q_n$ *und* der Geschwindigkeiten $\dot{q}_1, \ldots, \dot{q}_n$. Die verschiedenen Eigenschaften und Verwendungen des Zustandsraums werde ich in Kapitel 13 besprechen. Hier sei nur ein wichtiges Merkmal erwähnt: Der Begriff „**Zustand**" (oder, mit seiner vollständigen Bezeichnung: „Bewegungszustand") eines mechanischen Systems wird oft verwendet, um die Bewegung eines Systems so vollständig festzulegen, dass man damit die Bewegung zu jedem späteren Zeitpunkt beschreiben kann. Der Zustand eines Systems definiert also die *Anfangsbedingungen*, die für die Angabe einer eindeutigen Lösung der Bewegungsgleichung benötigt werden. Für unser Pendel reicht die Angabe der Anfangsstellung φ zur Zeit t_0 nicht aus, um eine eindeutige Lösung zu bestimmen, die Angabe von φ und $\dot{\varphi}$ hingegen schon. Mit anderen Worten: Die beiden Variablen φ und $\dot{\varphi}$ definieren den Zustand des Pendels, und daher bezeichnet man den Raum aller Paare $(\varphi, \dot{\varphi})$ als *Zustandsraum*.

Eine **Bahn im Zustandsraum**[22] ist einfach ein Weg im Zustandsraum, den das Paar $[\varphi(t), \dot{\varphi}(t)]$ bei fortschreitender Zeit im Zustandsraum zurücklegt. Der Name erscheint ganz natürlich, doch müssen Sie beachten, dass eine Bahn im Zustandsraum sich stark von der Bahn beispielsweise eines Planeten im Weltraum mit den Koordinaten $\boldsymbol{r} = (x, y, z)$ unterscheidet. Ein Planet im „Ortsraum" kann mehrere verschiedene Bahnen haben, die zu einer gegebenen Zeit t_0 durch ein und denselben Punkt $\boldsymbol{r}$ verlaufen. Im Gegensatz dazu haben wir den Zustandsraum ja gerade so definiert, dass es bei unserem Pendel für einen bestimmten „Punkt" $(\varphi, \dot{\varphi})$ im Zustandsraum nur *eine* Bahn im Zustandsraum gibt, die für ein beliebiges t_0 durch $(\varphi, \dot{\varphi})$ verläuft. Eine weitere Besonderheit der Bahnen im Zustandsraum betrifft ihre Durchlaufrichtung: Da die vertikale Achse die Geschwindigkeit $\dot{\varphi}$ repräsentiert, ist eine Bewegung oberhalb der horizontalen Achse ($\dot{\varphi} > 0$) immer nach rechts gerichtet (zunehmendes φ), wie in Abbildung 12.22 zu erkennen. Entsprechend verläuft die Bewegung für einen Punkt unterhalb der horizontalen Achse immer nach links. Wenn eine Bahn die horizontale Achse kreuzt, dann muss wegen $\dot{\varphi} = 0$ die Bahn genau vertikal verlaufen (d. h., φ ändert sich nicht). Alle diese Eigenschaften sind in Abbildung 12.22 illustriert. Man folgert daraus, dass eine geschlossene Bahn im Zustandsraum, etwa der elliptische Attraktor von Abbildung 12.22b, immer im Uhrzeigersinn durchlaufen wird.

21 Zur Unterscheidung von Zustandsraum und Phasenraum vgl. die Fußnote auf Seite 608. (Anm. d. Übers.)

22 Im Englischen unterscheidet man manchmal (präziser) zwischen beliebigen Bahnen *(state-space trajectory)* und geschlossenen Bahnen im Zustandsraum *(state-space orbit)*. Wir werden keine derartige terminologische Unterscheidung treffen. (Anm. d. Übers.)

Weitere Bahnen im Zustandsraum

Wir wissen, dass die Bewegung unseres getriebenen gedämpften Pendels bei einer Vergrößerung der Antriebsstärke γ mehrere dramatische Änderungen erfährt, von denen sich einige sehr schön in Darstellungen der Bahnen im Zustandsraum zeigen. Beispielsweise sind in Abbildung 12.23 die Bahnen im Zustandsraum für $\gamma = 1{,}078$ und $\gamma = 1{,}081$ dargestellt, beide im Zeitintervall der Periodenverdopplungskaskade, die erstmals in Abbildung 12.8 auftauchte. Beide Bahnen stellen vierzig Zyklen dar und beginnen bei $t = 20$, wenn alle anfänglichen Transienten vollständig verschwunden sind. Beide Bahnen zeigen also den Grenzfall der langfristigen Bewegung, d. h., sie können mit Abbildung 12.22b verglichen werden. Wie dort ergeben sich auch bei diesen neuen geschlossenen Bahnen Schleifen um den Ursprung in mehr oder weniger elliptischer Form, doch in beiden Fällen vollführt eine geschlossene Bahn mehr als einen Umlauf auf jeweils einer der Schleifen, bevor sie sich wieder schließt. In Teilbild (a) gibt es zwei unterscheidbare Schleifen, von denen jede bei jeweils einem Zyklus durchlaufen wird, sodass die Bewegung sich nach zwei Zyklen wiederholt – die Bewegung hat also die Periode 2. In Teilbild (b) gibt es vier unterschiedliche Schleifen, was klar zum Ausdruck bringt, dass die Periode sich nochmals auf Periode 4 verdoppelt hat. Es ist wichtig, sich klarzumachen, dass es keinen Unterschied bedeutet, wie viele Zyklen wir in diesen beiden Plots abbilden [solange wir erst beginnen, nachdem die anfänglichen Transienten verschwunden sind, und in Teil (a) wenigstens zwei bzw. in Teil (b) wenigstens vier Zyklen abbilden.] Ich hätte von $t = 20$ bis 100 oder von $t = 20$ bis 1000 plotten können, und Teil (a) würde immer noch dieselben zwei und Teil (b) dieselben vier Schleifen zeigen.

Chaos

Wenn wir die Antriebsstärke γ noch ein wenig weiter erhöhen, geraten wir in einen chaotischen Bereich. Abbildung 12.24 zeigt die Bahn für die Antriebsstärke $\gamma = 1{,}105$, deren chaotischer Charakter bereits in den Abbildungen 12.10 und 12.13 gezeigt wurde. Teilbild (a) zeigt sieben Zyklen von $t = 14$ bis $t = 21$. Sie können klar erkennen, dass sich die Bahn innerhalb von sieben Zyklen nicht wiederholt,

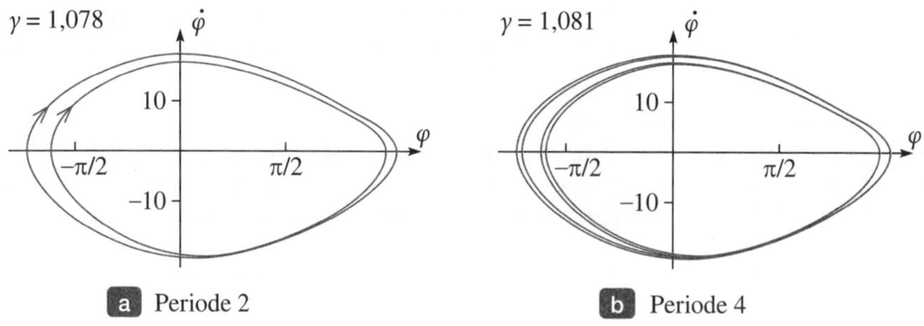

Abbildung 12.23: Bahnen im Zustandsraum, die den periodischen Attraktor für (a) $\gamma = 1{,}078$ mit der Periode 2 und (b) $\gamma = 1{,}081$ mit der Periode 4 zeigen. Beide Plots stellen die vierzig Zyklen von $t = 20$ bis 60 dar. In Teil (a) durchläuft die Bahn zwei verschiedene Schleifen jeweils 20-mal, in Teil (b) vier verschiedene Schleifen jeweils 10-mal. Vergleichen Sie mit Abbildung 12.8 (die beiden Teilbilder in der Mitte).

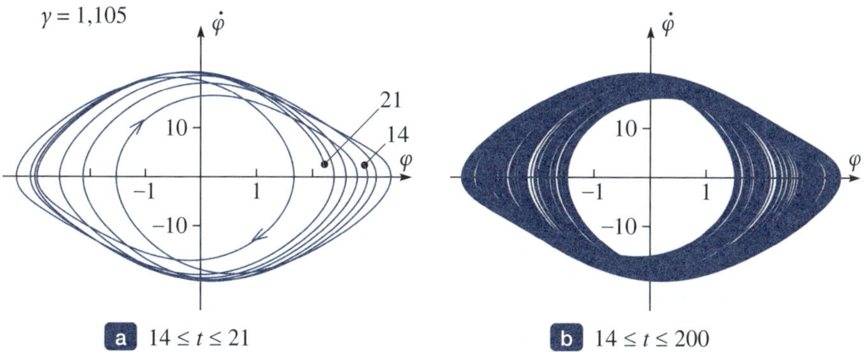

Abbildung 12.24: Bahnen im Zustandsraum eines getriebenen gedämpften Pendels mit $\gamma = 1{,}105$, die den chaotischen Attraktor zeigen. (a) In den sieben Zyklen von $t = 14$ bis 21 ergibt sich keine geschlossene Bahn. (b) Dasselbe gilt für die 186 Zyklen von $t = 14$ bis 200; sie machen ziemlich deutlich, dass die Bewegung sich nicht wiederholt und tatsächlich chaotisch ist.

also schließt. Wenn die Bewegung dennoch periodisch ist, muss die Periode größer als 7 sein. Um zu entscheiden, *ob* sie periodisch ist, müssen wir mehr Zyklen aufzeichnen. In Teilbild (b) habe ich die Bahnen von $t = 20$ bis 200 gezeichnet; das Bild ergibt einen breiten, fast vollständig gefüllten dunklen Streifen – aber die Bahn hat sich noch immer nicht wiederholt. [Der Beleg für diese Behauptung ist, dass sich die Kurve in einer Darstellung bis $t = 400$ (hier nicht wiedergegeben) in einige der verbleibenden freien Bereiche von Teilbild (b) hineinbewegt; somit hat sie sich bis $t = 200$ sicherlich nicht wiederholt.] Daher ist Abbildung 12.24 eine weitere starke Stütze für unsere Schlussfolgerung, dass die Bewegung sich nie wiederholt und wirklich chaotisch ist.

Der breite dunkle Bereich in Abbildung 12.24b ist recht markant, enthält aber viel zu viel Informationen, die wir gar nicht alle verwenden können. Wir benötigen ein Verfahren, durch das wir aus diesem Bild etwas weniger Informationen ziehen können, die uns letztlich aber mehr verraten. Das Verfahren der Wahl ist der sogenannte Poincaré-Schnitt, doch bevor wir uns ihm zuwenden, möchte ich zwei weitere Beispiele für Bahnen im Zustandsraum anführen.

Bahnen im Zustandsraum für die Überschlagbewegung

Wir haben bereits gesehen, dass unser getriebenes gedämpftes Pendel für $\gamma = 1{,}4$ eine „Überschlagbewegung" ausführt, d. h. eine vollständige Rotation im Uhrzeigersinn für jeden Antriebszyklus (Abbildung 12.19). Abbildung 12.25 zeigt die Bahn im Zustandsraum für diese Bewegung. In dieser Darstellung können Sie klar erkennen, wie das Pendel sich nach einigen wenigen Zyklen auf eine periodische Bewegung einschwingt, in der pro Antriebszyklus φ um 2π abnimmt und das Pendel eine volle Umdrehung im Uhrzeigersinn ausführt.

Die Darstellung in Abbildung 12.25 bietet ein sehr befriedigendes Verfahren, die Bahn im Zustandsraum für eine kleine Anzahl von Zyklen darzustellen. Manchmal jedoch (beispielsweise dann, wenn die Bewegung chaotisch ist) würde man gern die Bahn über ein sehr langes Zeitintervall – vielleicht über mehrere hundert Zyklen –

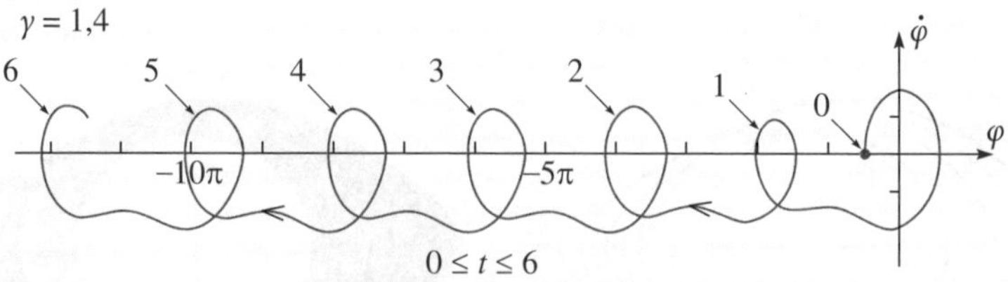

Abbildung 12.25: Die ersten sechs Zyklen für die Bahn im Zustandsraum eines getriebenen gedämpften Pendels mit $\gamma = 1{,}4$. Man erkennt die Überschlagbewegung, bei der φ in jedem Zyklus um 2π abnimmt. Die Zahlen 0, 1, ..., 6 kennzeichnen die „Position" $(\varphi, \dot{\varphi})$ im Zustandsraum zu den Zeiten $t = 0, 1, \ldots, 6$.

darstellen, und in diesem Fall könnte sich φ über mehrere hundert volle Umdrehungen erstrecken. Um das im Format von Abbildung 12.25 zu zeigen, müsste man die Skalierung der φ-Achse soweit komprimieren, dass die Bewegung überhaupt nicht mehr zu erkennen wäre. Man umgeht diese Schwierigkeit normalerweise dadurch, dass man φ neu definiert, sodass der Wert immer zwischen $-\pi$ und π liegt: Jedes Mal, wenn φ unter $-\pi$ absinkt, addieren wir 2π hinzu; jedes Mal, wenn φ über π steigt, ziehen wir 2π ab. (Das ist zulässig, weil zwei Werte von φ, die sich um ein Vielfaches von 2π unterscheiden, dieselbe Auslenkung des Pendels beschreiben.) Wenn wir φ in dieser Weise neu definieren, erhält die Bahn im Zustandsraum aus Abbildung 12.25 das in Abbildung 12.26a gezeigte Aussehen. Diese Darstellung ist zwar keine ins Auge springende Verbesserung gegenüber Abbildung 12.26 (auch wenn sie, wie wir noch sehen werden, schon einige Vorzüge hat), aber Sie sollten die Darstellung dennoch sorgfältig studieren, um den Zusammenhang der beiden Abbildungen zu verstehen. Sie können sich die neue Abbildung so vorstellen, als würde man in Abbildung 12.25 die Intervalle $-3\pi < \varphi < -\pi$, dann $-5\pi < \varphi < -3\pi$ usw. auseinanderschneiden und sie alle auf dem Intervall $-\pi < \varphi < \pi$ übereinander stapeln. In der so entstehenden Abbildung 12.26a macht φ jedesmal einen Sprung, wenn es den Wert $\varphi = \pm\pi$ annimmt. Beispielsweise fällt φ bei etwa $t = 0{,}7$ auf $-\pi$ am Punkt A und springt dann zum Punkt B.

Abbildung 12.26a hat gegenüber Abbildung 12.25 den Vorzug, dass man hier einen prägnanteren Test hinsichtlich der Periodizität der Bahn erhält. In der neuen Darstellung können Sie erkennen, dass die Bahn sich einem periodischen Attraktor nähert, doch es ist auch klar zu sehen, dass die Bahn im Intervall $0 \leq t \leq 6$ den periodischen Attraktor definitiv noch *nicht* erreicht hat. (Sie können gerade so erkennen, dass es 6 unterscheidbare Schleifen gibt.) Andererseits sind in dem gewählten Maßstab ab der Zeit $t = 10$ die aufeinanderfolgenden Schleifen nicht mehr voneinander zu unterscheiden. Die zwanzig in Abbildung 12.26b gezeigten Zyklen verschwinden alle auf der linken Seite des Bildes im Punkt C, erscheinen wieder im Punkt D und folgen dann zwanzig Mal exakt demselben Weg bis zum Punkt C.

Ein Nachteil der beiden Darstellungen in Abbildung 12.26 ist das Artefakt einer Unstetigkeit, die jedes Mal auftritt, wenn φ von $-\pi$ auf $+\pi$ springt, so wie beispielsweise in den Punkten A und B. Wir können diese Sprungstellen loswerden (zumindest in Gedanken), wenn wir uns das Bild als ausgeschnitten und zu einem Zylinder zusammengerollt vorstellen, bei dem die vertikalen Linien $\varphi = \pm\pi$ zusammengefügt sind. Auf diese Weise können wir die Punkte A und B zusammenführen, und die Bahn im Zustandsraum bewegt sich stetig um den vertikalen Zylinder.

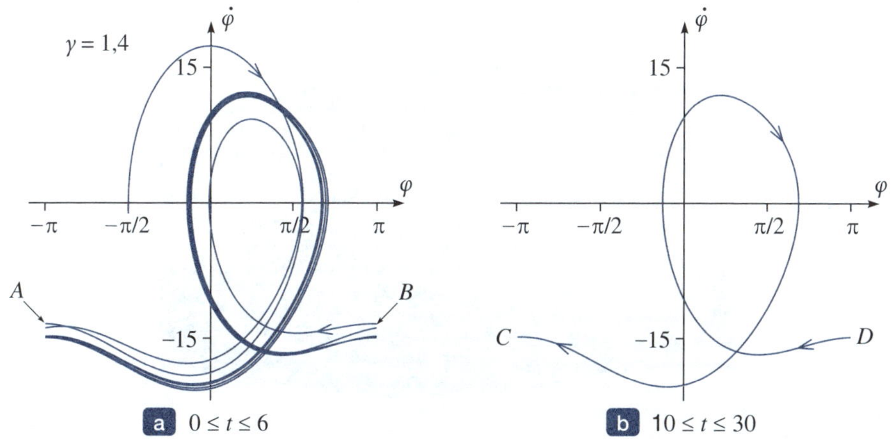

Abbildung 12.26: (a) Dieselbe Bahn im Zustandsraum wie in Abbildung 12.25, jedoch ist hier φ neu definiert, sodass es immer zwischen $-\pi$ und π bleibt. Jedes Mal, wenn φ auf $-\pi$ abnimmt (im Punkt A beispielsweise), verschwindet die Bahn und taucht bei $+\pi$ wieder auf (im Punkt B beispielsweise). (b) Bis zur Zeit $t = 10$ hat sich die Bewegung auf eine perfekt periodische Bewegung eingeregelt, bei der (zumindest in dem hier gewählten Maßstab) je zwei aufeinanderfolgende Zyklen genau übereinander liegen.

Noch mehr Chaos

Als letztes Beispiel für eine Bahn im Zustandsraum zeige ich in Abbildung 12.27 die Bahn für ein getriebenes gedämpftes Pendel mit der Antriebsstärke $\gamma = 1{,}5$. Wir wissen bereits, dass die Bewegung für diesen Wert von γ chaotisch ist; allerdings habe ich für diese Abbildung die Dämpfung mit $\beta = \omega_0/8$ kleiner gewählt als in allen anderen Abbildungen dieses Kapitels bislang (dort hatten wir jeweils $\beta = \omega_0/4$). Wie sich herausstellt, macht die schwächere Dämpfung die chaotische Bewegung noch wilder und erzeugt einen noch interessanteren und eleganteren Poincaré-Schnitt (das werde ich im nächsten Abschnitt beschreiben). Mit diesen Parameterwerten führt das Pendel eine unregelmäßige Bewegung aus, bei der es sich mehrfach „überschlägt", erst in die eine, dann in die andere Richtung. Wir sind also gezwungen, eine Darstellung mit einem φ anzufertigen, das wie in Abbildung 12.26 auf Werte zwischen $-\pi$ und π beschränkt ist – allerdings mit völlig anderen Ergebnissen. Die Bewegung wiederholt sich während der berücksichtigten 190 Zyklen (mit $10 \leq t \leq 200$) nicht. (Ein Beleg für diese Behauptung ist, dass die Bahn in einer Darstellung für $10 \leq t \leq 250$ – hier nicht gezeigt – in einige der Bereiche gerät, die in Abbildung 12.27 nicht erreicht werden; wenn sich die Bahn vor $t = 200$ wiederholt hätte, dann könnte sie nach $t = 200$ nicht in neue Bereiche geraten.)

Das dichte Durcheinander der Striche in Abbildung 12.27 stützt die Behauptung, dass die Bewegung bei dieser Wahl der Parameterwerte chaotisch ist. Leider kann man aber nicht behaupten, das die Abbildung andere Merkmale der Bewegung erhellen würde. Sie ist zu dicht mit Informationen besetzt, als dass damit eine sinnvolle Aussage ausgedrückt würde. Im nächsten Abschnitt beschreibe ich den Poincaré-Schnitt, ein Verfahren, mit dem man aus Bildern wie Abbildung 12.27 so viele Informationen ausschneiden und entfernen kann, dass ein interessantes Muster entsteht.

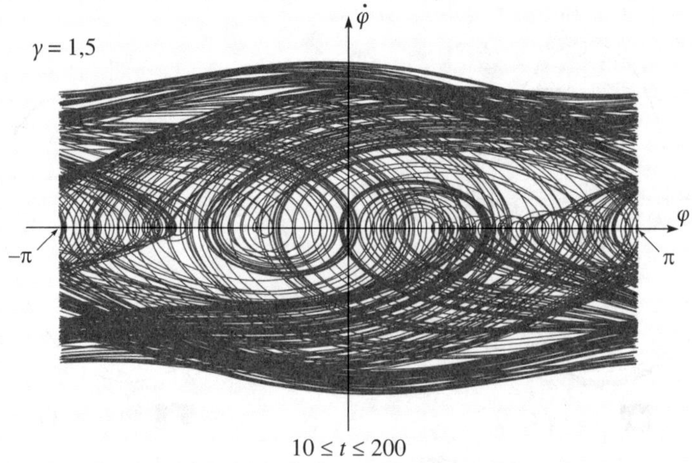

Abbildung 12.27: Die chaotische Bahn im Zustandsraum für ein getriebenes gedämpftes Pendel mit $\gamma = 1{,}5$ und $\beta = \omega_0/8$. In den berücksichtigten 190 Zyklen wiederholt sich die Bewegung nicht – wie sich herausstellt, wiederholt sie sich nie.

12.8 Poincaré-Schnitte

Bei einer periodischen Bewegung eines getriebenen gedämpften Pendels ist die Bahn im Zustandsraum ein anschauliches Verfahren, die Vergangenheit des Pendels darzustellen. Bei einer chaotischen Bewegung kann man mit der Bahn im Zustandsraum zwar die dramatischen Eigenschaften des Chaos einschätzen, doch die Bahn enthält zu viele Informationen, als dass man sie ernsthaft nützen könnte. Eine Möglichkeit, diese Schwierigkeit zu beheben, ist ein von Poincaré vorgeschlagener Trick, den wir bereits früher benutzt haben. Statt der Bewegung als einer Funktion der stetigen Variable t zu folgen, schauen wir uns die Position des Pendels nur einmal pro Antriebszyklus an, nämlich zu den Zeitpunkten $t = t_0, t_0+1, t_0+2, \ldots$. Der **Poincaré-Schnitt** für ein getriebenes gedämpftes Pendel ist einfach nur eine Darstellung, bei der die „Position" $[\varphi(t), \dot{\varphi}(t)]$ im Zustandsraum in Abständen von einem Zyklus

$$t = t_0, t_0 + 1, t_0 + 2, \ldots \tag{12.30}$$

dargestellt wird; t_0 wird dabei üblicherweise so gewählt, dass die anfänglichen Transienten schon verschwunden sind.[23] Um das zu illustrieren, betrachten wir die Bahn im Zustandsraum, die in Abbildung 12.28a für ein getriebenes gedämpftes Pendel mit $\gamma = 1{,}078$ (und mit der Dämpfungskonstanten wieder auf unserem üblichen Wert $\beta = \omega_0/4$) dargestellt ist. Die beiden Schleifen der Bahn deuten darauf hin, dass die langfristige Bewegung die Periode 2 hat (aber das wissen wir ja bereits). Um das zu betonen, habe ich Punkte eingezeichnet, die die Position $[\varphi(t), \dot{\varphi}(t)]$ in Abständen von je einem Zyklus angeben, mit $t = 20, 21, 22, \ldots$ Da die Bewegung die Periode 2 hat, wechselt sie zwischen zwei verschiedenen Punkten, es gibt in der Darstellung

23 Bei einem mehrdimensionalen System muss man bei einem Poincaré-Schnitt einen zweidimensionalen Anteil – einen *Schnitt* – durch den mehrdimensionalen Zustandsraum betrachten; daher der Begriff „Schnitt".

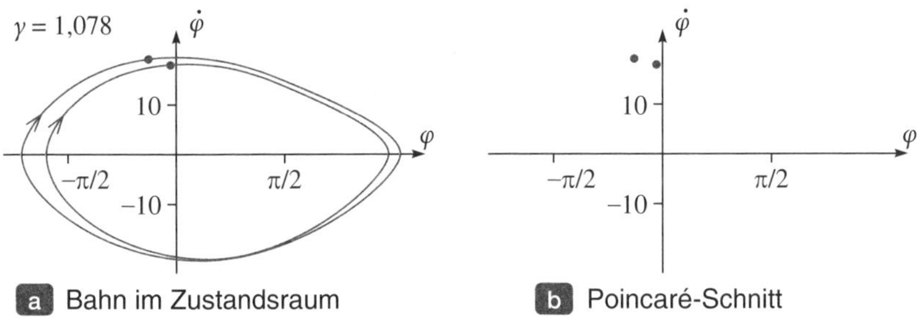

Abbildung 12.28: (a) Bahn im Zustandsraum für ein getriebenes gedämpftes Pendel mit $\gamma = 1{,}078$ für $20 \leq t \leq 60$. Die Punkte zeigen die Positionen bei $t = 20, 21, 22, \ldots$; weil aber die Bewegung die Periode 2 hat, springen die Positionen zwischen den beiden Fixpunkten hin und her. Der rechte Punkt zeigt die Positionen für $t = 20, 22, \ldots$, der linke für $t = 21, 23, \ldots$. (b) In dem zugehörigen Poincaré-Schnitt lässt man die Bahnen weg und zeichnet nur die Punkte ein, die die Positionen für $t = 20, 21, 22, \ldots$ angeben. Dass hier nur zwei Punkte auftauchen, ist ein klares Indiz für eine Bewegung der Periode 2.

also nur zwei Punkte. In einem Poincaré-Schnitt verzichtet man darauf, die komplette Bahn im Zustandsraum darzustellen und zeichnet nur die Punkte im Abstand von einem Zyklus (Abbildung 12.28b). Wenn die Bewegung periodisch ist, bietet der Poincaré-Schnitt gegenüber der vollständigen Darstellung der Bahn im Zustandsraum wie in Abbildung 12.28a keinen besonderen Vorteil, außer dass vielleicht die Periode etwas deutlicher angezeigt wird. (Ein Poincaré-Schnitt mit vier Punkten zeigt eine Bewegung der Periode 4 usw.) Wenn aber die Bewegung chaotisch ist, sind keine zwei Zyklen der Bewegung gleich, und die Bahn im Zustandsraum kann sehr unübersichtlich werden, wie wir in Abbildung 12.27 gesehen haben. In einem solchen Fall enthüllt ein Poincaré-Schnitt völlig unerwartete Strukturen.

Ich möchte nun einen Poincaré-Schnitt für chaotische Bewegungen mithilfe des Pendels illustrieren, dessen chaotische Bahn im Zustandsraum in Abbildung 12.27 dargestellt wurde. Da die Bewegung dieses Pendels sich nie wiederholt, ist klar, dass der Poincaré-Schnitt unendlich viele Punkte enthält und dass diese unendlich vielen Punkte eine Untermenge des vollständigen Zustandsraums bilden. Man sollte ehrlicherweise sagen, dass wohl niemand auch nur *erraten* würde, wie diese Untermenge aussieht, aber mithilfe eines Hochleistungsrechners kann man es herausfinden. Das Ergebnis ist in Abbildung 12.29 zu sehen. Auch wenn es keineswegs offensichtlich ist, was diese elegante Figur bedeutet, kann man doch sicher sein, *dass* sie etwas bedeutet. Dadurch, dass wir aus Abbildung 12.27 nur Punkte in Abständen von je einem Zyklus ausgewählt haben, ist das fast massive, dicke Durcheinander in Abbildung 12.27 auf die elegante Kurve in Abbildung 12.29 reduziert worden. Aber obwohl Abbildung 12.29 wie eine relativ einfache Kurve *aussieht*, handelt es sich nicht um eine Kurve, sondern um ein **Fraktal**. Man kann ein Fraktal auf verschiedene Weise definieren; ein charakteristisches Merkmal ist es, dass man bei einer Vergrößerung eines Teils des Fraktals eine neue Struktur erhält, die in gewisser Weise an das Urbild erinnert (einen ähnlichen Fall hat man bei dem Foto einer Person, die ein Foto einer Person in den Händen hält, die ein Foto einer Person in den Händen hält, ... und so weiter). Um diese Eigenschaft unseres Poincaré-Schnitts zu illustrieren, habe ich einen Teilbereich vergrößert (in Abbildung 12.29 durch einen rechteckigen Kasten gekennzeichnet). Im Maßstab von Abbildung 12.29 enthält der Kasten auf der

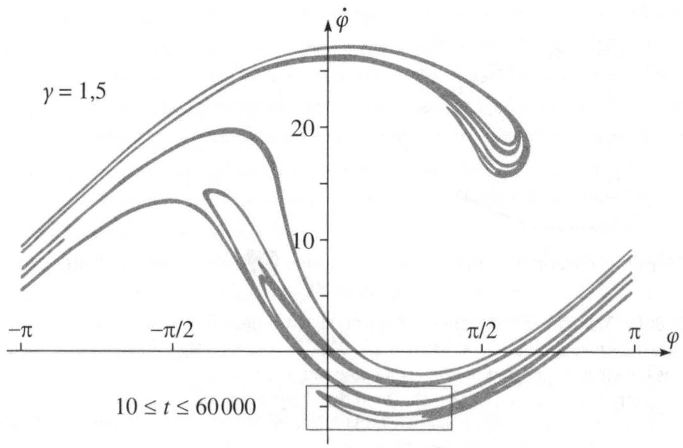

Abbildung 12.29: Poincaré-Schnitt für ein Pendel mit $\gamma = 1{,}5$ und mit der Dämpfungskonstanten $\beta = \omega_0/8$ für die Zeiten $10 \leq t \leq 60\,000$. Das Bild besteht aus fast 60 000 Punkten, die die „Position" $[\varphi(t), \dot{\varphi}(t)]$ in Abständen von jeweils einem Zyklus ($t = 10, 11, \ldots, 60\,000$) zeigen. Der rechteckige Kasten unten im Bild wird in Abbildung 12.30 vergrößert.

linken Seite eine nach links weisende „Zunge" und innerhalb dieser Zunge auf der rechten Seite des Kastens eine zweite Zunge. Abbildung 12.30 zeigt eine vierfache Vergrößerung dieses Kastens. In diesem Maßstab erkennt man, dass die scheinbar alleinige Zunge auf der rechten Seite des Kastens aus Abbildung 12.29 tatsächlich aus vier Zungen und die Zunge auf der linken Seite sogar aus mindestens fünf Zungen besteht.

Diese sukzessive Vergrößerung von immer kleineren Bereichen des Poincaré-Schnitts kann – zumindest prinzipiell – beliebig weit fortgeführt werden. Abbildung 12.31 zeigt eine weitere vierfache Vergrößerung des Bereichs, der im linken Teil von Abbildung 12.30 durch einen Kasten gekennzeichnet ist. Bei dieser Vergrößerung ist zu erkennen, dass jede der fünf Zungen im linken Teil von Abbildung 12.30 (vielleicht außer der fünften, innersten Zunge) aus mehreren einzelnen Zungen besteht. Diese sogenannte **Selbstähnlichkeit** ist eines der charakteristischen Merkmale eines Fraktals.

Wenn der Poincaré-Schnitt der Bewegung eines chaotischen Systems ein Fraktal ist, dann bezeichnet man die langfristige Bewegung des Systems als einen **seltsamen Attraktor**. Leider geht es weit über den Rahmen dieses Buches hinaus zu erläutern, was es bedeutet, dass der Poincaré-Schnitt eines chaotischen Attraktors fraktal ist, und es gibt noch immer viele Aspekte dieses Phänomens, die nicht vollständig verstanden sind. Dennoch ist es unbestreitbar faszinierend, dass diese merkwürdige geometrische Struktur der Fraktale in unserer Untersuchung des langfristigen Verhaltens von chaotischen Systemen auftaucht. Diese Entdeckung hat zahlreiche Forschungsarbeiten sowohl zur Physik chaotischer Systeme als auch zu den mathematischen Grundlagen von Fraktalen angeregt.

Einen seltsamen Attraktor bei der Bewegung eines realen Pendels zu beobachten, ist offensichtlich eine Herausforderung, doch die Experimentatoren haben sich ihr erfolgreich gestellt. Abbildung 12.32 zeigt einen Poincaré-Schnitt, der mithilfe eines

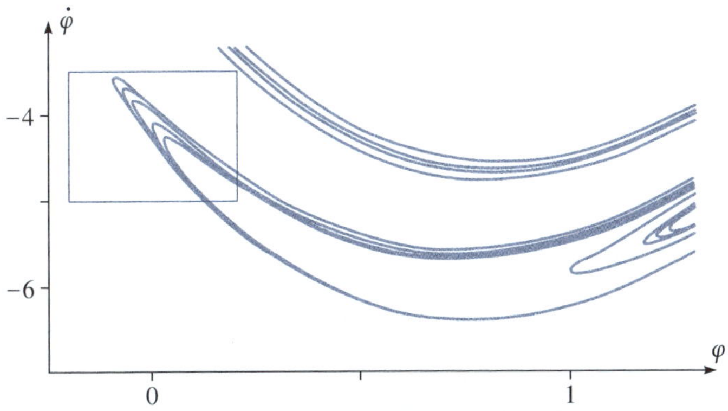

Abbildung 12.30: Vergrößerung des kleinen Kastens im unteren Teil des Poincaré-Schnitts von Abbildung 12.29. Wie man sieht, bestehen die beiden „Zungen" in dem Kasten in Abbildung 12.29 jeweils aus mehreren Zungen. Der rechteckige Kasten links oben im Bild wird in Abbildung 12.31 nochmals vergrößert.

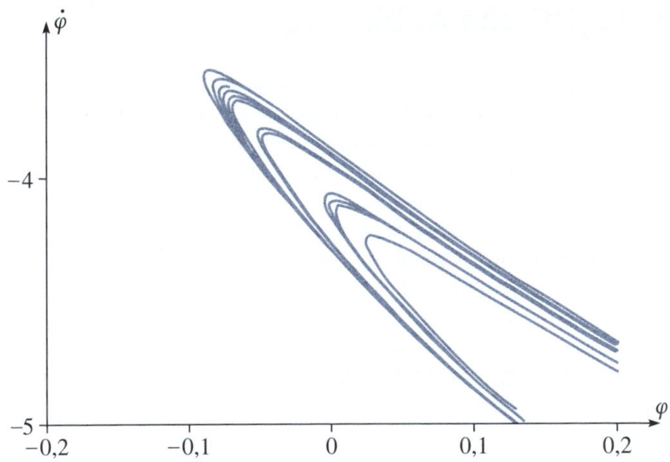

Abbildung 12.31: Weitere Vergrößerung des Kastens im oberen linken Teil von Abbildung 12.30. Wie man sieht, besteht jede der fünf Zungen in dem Kasten von Abbildung 12.30 (vielleicht außer der innersten) aus mehreren Zungen.

Pendels der amerikanischen Lehrmittelfirma Daedalon erstellt wurde [in Teilbild (a) die experimentellen, in Teilbild (b) die theoretisch vorhergesagten Ergebnisse, d. h. eine numerische Lösung der Bewegungsgleichung, bei der dieselben Parameterwerte verwendet wurden wie im Experiment]. Wenn man berücksichtigt, wie aufwendig und raffiniert diese Kurven konstruiert werden, ist die Übereinstimmung hervorragend.[24]

24 Trotzdem gibt es natürlich Unterschiede. Eine mögliche Ursache dafür könnte in der Schwierigkeit liegen, eine perfekt sinusförmige Antriebskraft zu realisieren.

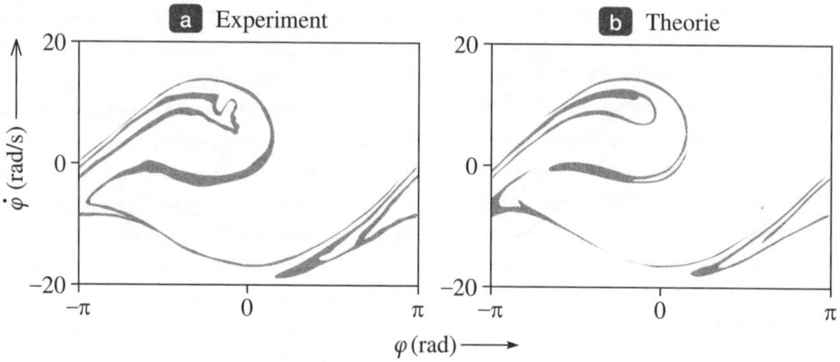

Abbildung 12.32: Poincaré-Schnitt für ein getriebenes gedämpftes Pendel. (a) Experimentelle Ergebnisse, die mit einem kommerziell erhältlichen Pendel (Daedalon Chaotic Pendulum) erzielt wurden. (b) Theoretische Vorhersage für dieselben Parameter wie in Teil (a). Wiedergabe dieses Bilds mit freundlicher Genehmigung von H. J. T. Smith und James Blackburn sowie der Daedalon Corp.

12.9 Die logistische Abbildung

Ich habe schon mehrfach betont, dass das Phänomen „Chaos" in vielen verschiedenen Situationen auftreten kann. Insbesondere gibt es bestimmte Systeme, die Chaos zeigen, obwohl deren Bewegungsgleichungen – als *Abbildung* bezeichnet – einfacher sind als die Gleichungen für ein mechanisches System. Obwohl diese Systeme streng genommen nicht zur klassischen Mechanik gehören, sind sie hier aus verschiedenen Gründen doch der Erwähnung wert: Weil ihre Bewegungsgleichungen einfach sind, lassen sich einige Aspekte ihrer Bewegung mithilfe elementarer Methoden erfassen. Und jede Einsicht in das Chaos, die wir aus der Untersuchung solcher einfachen Systeme gewinnen, kann auch ein Licht auf das entsprechende Verhalten von mechanischen Systemen werfen. So gibt es eine enge Verbindung zwischen solchen „Abbildungen" und den Poincaré-Schnitten von mechanischen Systemen. Schließlich unterstreicht eine Untersuchung des Chaos in diesem neuen Kontext die Vielfalt der Systeme, bei denen Chaos auftritt.

Diskrete Zeiten und Abbildungen

Bei fast allen Problemen der Mechanik untersucht man, wie sich ein System entwickelt, während die Zeit kontinuierlich voranschreitet. Es gibt aber auch Systeme, für die die Zeit eine diskrete Variable ist. Ein Beispiel dafür sind Werte, die nur einmal im Jahr ermittelt werden, etwa der Punktestand des Deutschen Meisters in der Fußball-Bundesliga. Der Punktestand ist dann eine Folge von Zahlen, die nur auf einer Folge von diskreten Zeitpunkten definiert ist, die jeweils um ein Jahr auseinander liegen:

$$t = 1964,\ 1965,\ 1966,\ \ldots \tag{12.31}$$

Wenn Sie einmal pro Woche mit Freunden essen gehen, ist die Teilnehmerzahl der Gruppe nur für diskrete Zeitpunkte definiert, die jeweils eine Woche auseinander liegen. Die Gesamtregenmenge des alljährlichen indischen Monsuns ist nur für diskrete Zeitpunkte definiert, die jeweils ein Jahr auseinander liegen, usw.

Auch dann, wenn eine Variable als Funktion einer kontinuierlichen Zeit definiert ist, kann es nötig sein, sie nur zu bestimmten diskreten Zeitpunkten zu bestimmen. Beispielsweise könnte der Insektenkundler, der die Population einer bestimmten Käferart untersucht, kein Interesse an Werten für jeden einzelnen Tag haben; stattdessen beschränkt er sich vielleicht auf die Population zu einem bestimmten Zeitpunkt des Jahres, z. B. unmittelbar nach Beginn der Saison, wenn die Käfer geschlüpft sind. Ein weiteres Beispiel ist der Poincaré-Schnitt für ein mechanisches System, wie er im vorangegangenen Abschnitt beschrieben wurde. Unser Interesse ist zwar letztlich, die Zustände des Systems für alle (kontinuierlichen) Zeiten zu bestimmen, doch wir haben dort gesehen, dass es manchmal nützlich ist, lediglich den Zustand zu bestimmten Zeitpunkten im Abstand von einem Zyklus aufzuzeichnen. Wenn wir uns mit dieser geringeren Informationsmenge zufriedengeben, reduziert der Poincaré-Schnitt das Problem des Pendels (oder eines anderen Systems) auf ein System mit diskreten Zeiten, und alles, was wir über zeitlich diskrete Systeme erfahren können, wirft ein Licht auf das mögliche Verhalten von Poincaré-Schnitten.

Im Falle des getriebenen gedämpften Pendels wissen wir, dass der Zustand des Systems zu einer bestimmten Zeit t – gegeben durch das Paar $[\varphi(t), \dot{\varphi}(t)]$ – den Zustand zu jedem späteren Zeitpunkt eindeutig festlegt. Insbesondere bestimmt er den Zustand $[\varphi(t+1), \dot{\varphi}(t+1)]$ einen Zyklus später. Es muss also eine Funktion f geben (die wir nicht kennen, die aber sicherlich existiert), die, wenn sie auf ein gewähltes Paar $[\varphi(t), \dot{\varphi}(t)]$ wirkt, das entsprechende Paar $[\varphi(t+1), \dot{\varphi}(t+1)]$ erzeugt:

$$[\varphi(t+1), \dot{\varphi}(t+1)] = f[\varphi(t), \dot{\varphi}(t)]\,. \tag{12.32}$$

Auf dieselbe Art könnten wir uns, wenn wir das Beispiel des Insektenkundlers wieder aufnehmen, eine Käferart vorstellen, bei der die Population n_{t+1} im Jahr $t+1$ eindeutig durch die Population n_t im vorangegangenen Jahr t bestimmt ist.[25] Auch in diesem Fall müsste es eine Funktion f geben, die n_t auf die entsprechende Population n_{t+1} abbildet:

$$n_{t+1} = f(n_t)\,. \tag{12.33}$$

Wir können eine Gleichung dieser Form als **Wachstumsgleichung** für die entsprechende Funktion bezeichnen.

Exponentielles Bevölkerungswachstum

Beispiel 12.1 Das einfachste Beispiel einer Wachstumsgleichung vom Typ (12.33) liegt vor, wenn n_{t+1} proportional zu n_t ist:

$$n_{t+1} = f(n_t) = r\,n_t\,. \tag{12.34}$$

In diesem Fall ist die Funktion $f(n)$, die die Population des Folgejahres aufgrund der Population des laufenden Jahres angibt,

$$f(n) = r\,n\,; \tag{12.35}$$

die positive Konstante r könnte man als **Wachstumsrate** oder **Wachstumsparameter** der Population bezeichnen. [Wenn beispielsweise jeder Käfer, der in diesem Frühjahr lebt, zwar vor dem nächsten Frühjahr stirbt, aber zwei Nachkommen hinterlässt,

25 Das ist natürlich ein stark vereinfachtes Modell. In der Praxis hängt die Population n_{t+1} zwar sicher von n_t ab, wird aber auch durch andere Faktoren beeinflusst, etwa durch die Regenmenge im Jahr t, die Verfügbarkeit von Futter und die Population von Vögeln, die die Käfer fressen. Dennoch könnte man sich eine einsame Insel vorstellen, auf der es ausreichend Nahrung und keine Käferfresser gibt und auf der n_{t+1} eindeutig allein durch n_t bestimmt ist.

genügt die Käferpopulation der Gleichung (12.34) mit $r = 2$.] Lösen Sie die Gleichung (12.34), indem Sie n_t mithilfe von n_0 ausdrücken, und untersuchen Sie das langfristige Verhalten von n_t.

Lösung Die Lösung von (12.34) findet man leicht durch genaues Hinsehen. Beachten Sie, dass

$$n_1 = f(n_0) = r\,n_0$$

und

$$n_2 = f(n_1) = f(f(n_0)) = r^2\,n_0$$

gilt; dann gilt natürlich

$$n_t = f(n_{t-1}) = \overbrace{f(f(\cdots f(}^{t\text{ Terme}}n_0)\cdots)) = r^t n_0\,. \tag{12.36}$$

Für $r > 1$ nimmt die Population n_t also exponentiell zu und geht für $t \to \infty$ gegen unendlich. Für $r = 1$ bleibt die Population konstant, für $r < 1$ nimmt sie exponentiell ab und geht gegen null. ■

Bevor wir uns einer interessanteren Wachstumsgleichung zuwenden, muss ich einige Begriffe einführen. In der Mathematik werden die Begriffe „Funktion" und „Abbildung" fast als Synonyme verwendet. Somit können wir sagen, dass Gleichung (12.33) ein n_{t+1} als eine *Funktion* von n_t definiert; oder wir können sagen, dass (12.33) eine **Abbildung** beschreibt, in der f den Wert n_t auf den entsprechenden Wert n_{t+1} abbildet, eine Beziehung, die wir folgendermaßen schreiben können:

$$n_t \xrightarrow{f} n_{t+1} = f(n_t)\,. \tag{12.37}$$

Die Folge der Zahlen $n_0, n_1, n_2, \ldots$ lässt sich in gleicher Weise schreiben als

$$n_0 \xrightarrow{f} n_1 \xrightarrow{f} n_2 \xrightarrow{f} n_3 \xrightarrow{f} \ldots \tag{12.38}$$

und wird gewöhnlich als eine **iterierte Abbildung** (auch *mehrfache Abbildung* oder kurz *Abbildung*) bezeichnet. Den Begriff „Abbildung" (in Abgrenzung zu „Funktion") verwendet man aus einem weiteren Grund fast universell zur Beschreibung von Zusammenhängen wie (12.37) zwischen den aufeinanderfolgenden Werten einer Variablen, die von diskreten Zeitpunkten abhängt. Die Abbildung (12.37) ist eine *eindimensionale Abbildung*, da sie die skalare Zahl n_t auf die skalare Zahl n_{t+1} abbildet. Der entsprechende Zusammenhang (12.32) für den Poincaré-Schnitt eines getriebenen gedämpften Pendels gibt eine *zweidimensionale Abbildung* an, die das Zahlenpaar $[\varphi(t), \dot{\varphi}(t)]$ auf das Zahlenpaar $[\varphi(t+1), \dot{\varphi}(t+1)]$ abbildet.

Die logistische Abbildung

Die exponentielle Abbildung aus Beispiel 12.1 mit $r > 1$ ist ein leidlich realistisches Modell für das anfängliche Wachstum vieler Populationen. Aber keine Population kann für immer exponentiell wachsen. Irgend etwas – beispielsweise Überbevölkerung oder Nahrungsmangel – wird das Wachstum nach einiger Zeit verlangsamen. Es gibt viele Möglichkeiten, die Abbildung (12.34) so zu modifizieren, dass sie ein realistischeres Modell für Populationswachstum abgibt. Eine der einfachsten Möglichkeiten ist es, die Funktion $f(n) = r\,n$ aus (12.34) durch

$$f(n) = r\,n(1 - n/N) \tag{12.39}$$

zu ersetzen (dabei ist N eine große positive Konstante, deren Bedeutung wir gleich erkennen werden). Damit ersetzen wir die exponentielle Abbildung (12.34) durch die sogenannte **logistische Abbildung**

$$n_{t+1} = f(n_t) = r\,n_t(1 - n_t/N)\,. \tag{12.40}$$

Solange die Population im Vergleich zu N klein bleibt, ist der Term n_t/N in (12.40) bedeutungslos, und unsere neue Abbildung erzeugt dasselbe exponentielle Verhalten wie die exponentielle Abbildung. Doch wenn n_t sich N nähert, nimmt die Bedeutung des Terms n_t/N zu, und der Ausdruck $(1 - n_t/N)$ lässt das Wachstum abnehmen. Der „Mortalitätsfaktor" $(1 - n_t/N)$ in (12.39) erzeugt also genau die erwartete Verlangsamung des Wachstums, wenn n groß wird und Effekte wie Überbevölkerung oder Nahrungsmangel eine Rolle spielen. Würde insbesondere n_t den Wert N erreichen, dann wäre der Mortalitätsfaktor $(1 - n_t/N)$ in (12.40) null, und die Population n_{t+1} im folgenden Jahr wäre ebenfalls null. Wenn n_t größer wäre als N, dann würde n_{t+1} negativ – und das ist unmöglich. Mit anderen Worten: Eine Population, deren Wachstum der logistischen Abbildung (12.40) unterliegt, kann niemals den Wert N übersteigen; man bezeichnet N daher als **Kapazität** des Modells. Beachten Sie, dass die logistische Abbildung (12.39) *nichtlinear* ist – anders als die exponentielle Abbildung –, weil der Mortalitätsfaktor einen Term mit n enthält. Diese Nichtlinearität macht das chaotische Verhalten der logistischen Abbildung erst möglich.

Abbildung 12.33 vergleicht das exponentielle und das logistische Wachstum für einen Wachstumsparameter $r = 2$ und eine Anfangspopulation $n_0 = 4$. Die obere Kurve (helle Punkte) zeigt die endlose Verdopplung im exponentiellen Fall; die untere Kurve (dunkle Punkte) zeigt das durch die logistische Abbildung (12.40) modellierte Wachstum mit demselben Wachstumsparameter $r = 2$ und einer Kapazität $N = 1000$. Solange n klein bleibt (viel kleiner als 1000), lassen sich das exponentielle und das logistische Wachstum nicht voneinander unterscheiden, doch ab einem Wert von etwa $n = 100$ verlangsamt der Mortalitätsfaktor das logistische Wachstum merklich, bis sich die Population schließlich bei etwa $n = 500$ einregelt.

Bevor wir die logistische Abbildung im Detail diskutieren, wollen wir die Gleichung (12.40) durch eine Variablensubstitution vereinfachen: Wir führen die *relative Population*

$$x = n/N \tag{12.41}$$

ein als Verhältnis der tatsächlichen Population zu dem maximal möglichen Wert N. Wenn wir beide Seiten von (12.40) durch N dividieren, kommen wir zu einer Wachstumsgleichung für x_t:

$$x_{t+1} = f(x_t) = r\,x_t(1 - x_t)\,; \tag{12.42}$$

hier habe ich die Abbildung f gemäß

$$f(x) = r\,x(1 - x) \tag{12.43}$$

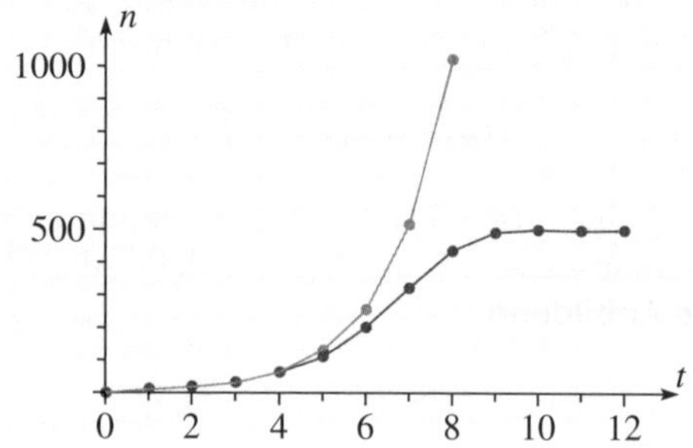

Abbildung 12.33: Exponentielles und logistisches Wachstum, beides mit dem Wachstumsparameter $r = 2$. Die hellen Punkte zeigen das exponentielle Wachstum: die Population wächst über alle Schranken; die dunklen Punkte zeigen das logistische Wachstum, bei dem sich die Populationszunahme verlangsamt und die Population sich schließlich einem Gleichgewichtswert bei $n = 500$ annähert. Die Verbindungslinien zwischen den Punkten haben keine Bedeutung, sie sollen nur „das Auge führen".

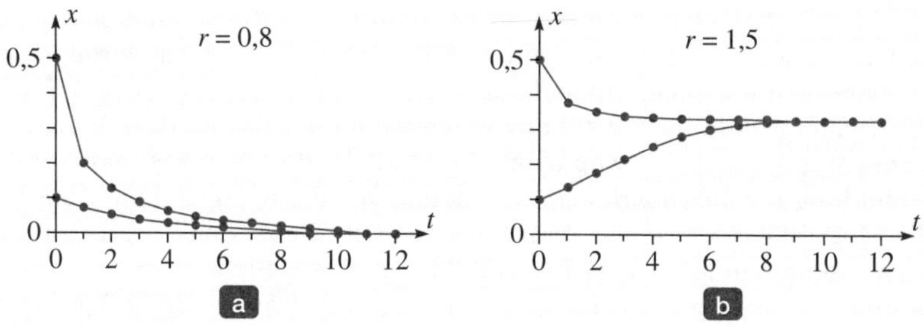

Abbildung 12.34: Die relative Population $x_t = n_t/N$ bei der logistischen Abbildung (12.42) mit zwei unterschiedlichen Anfangsbedingungen für zwei verschiedene Wachstumsraten. (a) Bei dem Wachstumsparameter $r = 0{,}8$ geht die Population rasch gegen null, ganz gleich, ob wir mit $x_0 = 0{,}1$ oder $x_0 = 0{,}5$ beginnen. (b) Bei $r = 1{,}5$ und denselben Anfangsbedingungen wie in (a) erreicht die Population den festen Wert 0,33.

zu einer Funktion von x umdefiniert. Da die Population n auf den Bereich $0 \leq n \leq N$ beschränkt ist, ist die relative Population $x = n/N$ auf den Wertebereich

$$0 \leq x \leq 1 \tag{12.44}$$

beschränkt. Innerhalb dieses Bereichs hat die Funktion $x(1-x)$ ein Maximum von $1/4$ (bei $x = 1/2$). Um also zu garantieren, dass x_{t+1}, wie es in (12.42) gegeben ist, niemals größer als 1 wird, müssen wir den Wachstumsparameter r auf $0 \leq r \leq 4$ beschränken. Wir untersuchen daher die modifizierte logistische Abbildung (12.42) nur für die Bereiche $0 \leq x \leq 1$ und $0 \leq r \leq 4$.

Bevor wir einen Blick auf die exotischeren Aspekte der logistischen Abbildung werfen, schauen wir uns zunächst einige Fälle an, bei denen sich die Abbildung so verhält, wie man es erwarten würde. Abbildung 12.34a zeigt das logistische Wachstum einer Population mit dem Wachstumsparameter $r = 0{,}8$ für zwei verschiedene Anfangswerte $x_0 = 0{,}1$ und $x_0 = 0{,}5$. Wie man sieht, geht x_t für $t \to \infty$ in beiden Fällen gegen null. Tatsächlich erkennt man leicht, dass für $r < 1$ die Population mit der Zeit immer gegen null gehen muss, unabhängig vom Anfangswert: Nach (12.42) haben wir $x_t \le r\,x_{t-1}$ und somit $x_t \le r^t\,x_0$; daher muss für $r < 1$ immer $x_t \to 0$ gelten, wenn $t \to \infty$.

Abbildung 12.34b zeigt das logistische Wachstum einer Population für den Wachstumsparameter $r = 1{,}5$ bei denselben Anfangsbedingungen. Wie man sieht, nimmt die Population für $x_0 = 0{,}1$ anfänglich zu. Für den größeren Anfangswert $x_0 = 0{,}5$ dagegen findet man wegen des Mortalitätsfaktors eine anfängliche Populations*abnahme*. In beiden Fällen regelt sich die Population schließlich bei $x = 0{,}33$ ein.

Fixpunkte

Beide in Abbildung 12.34 gezeigten Fälle können wir so auffassen, als habe die logistische Abbildung einen **Attraktor**, gegen den sich die Population langfristig entwickelt – nämlich $x = 0$ für einen Wachstumsparameter $r < 0$ und $x = 0{,}33$ für $r = 1{,}5$. Wenn die Population zufällig zu Beginn gleich einem solchen Attraktor ist, etwa $x_0 = x^*$, bleibt sie für alle Zeiten konstant, d. h., es gilt $x_t = x^*$ für alle t. Das passiert offenbar dann und nur dann, wenn gilt

$$f(x^*) = x^* \,. \tag{12.45}$$

Jeder Wert x^*, der diese Gleichung erfüllt, heißt ein **Fixpunkt** der Abbildung f. Diese Fixpunkte entsprechen den Gleichgewichtspunkten eines mechanischen Systems, in dem Sinne, dass ein System, das sich anfangs in einem solchen Punkt befindet, für immer in diesem Punkt verbleibt.

Wir können Gleichung (12.45) für eine gegebene Abbildung lösen, um deren Fixpunkte zu bestimmen. Beispielsweise müssen die Fixpunkte der logistischen Abbildung die Gleichung

$$r\,x^*(1 - x^*) = x^* \tag{12.46}$$

erfüllen, deren Lösungen

$$x^* = 0 \qquad \text{und} \qquad x^* = \frac{r-1}{r} \tag{12.47}$$

man leicht findet. Die erste Lösung ist der Fixpunkt $x^* = 0$, den wir bereits gefunden haben. Die zweite Lösung hängt vom Wert des Wachstumsparameters r ab: Für $r < 1$ ist sie negativ und hier irrelevant; für $r = 1$ fällt sie mit der ersten Lösung $x^* = 0$ zusammen, doch für $r > 1$ gibt es einen weiteren, davon verschiedenen Fixpunkt. Für den Wert $r = 1{,}5$ beispielsweise erhalten wir den Fixpunkt bei $x^* = 1/3$, den wir schon kennen.

Es ist ein glücklicher Umstand, dass wir die Gleichung (12.45) sogar analytisch lösen können, um die Fixpunkte der logistischen Abbildung zu finden; es ist aber auch aufschlussreich, die Gleichung grafisch zu behandeln, da grafische Überlegungen zusätzliche Einblicke bieten und sie sich auf viele verschiedene Abbildungen anwenden lassen, die nicht unbedingt analytisch zu lösen sind. Um Gleichung (12.45) grafisch zu lösen, tragen wir einfach die beiden Funktionen x und $f(x)$ gegen x auf (Abbildung 12.35) und lesen die Fixpunkte als diejenigen Werte x^* ab, bei denen sich die beiden Kurven schneiden. Für ein kleines r liegt die Kurve von $f(x)$ unterhalb der 45°-Geraden, der einzige Schnittpunkt ist bei $x = 0$; mit anderen Worten: Der einzige Fixpunkt ist $x^* = 0$. Für ein großes r wölbt sich die Kurve

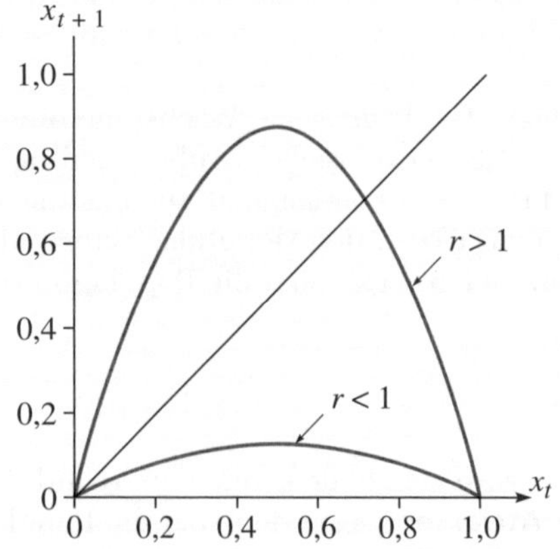

Abbildung 12.35: Verlauf von $f(x) = x$ (die Gerade im Winkel von 45°) und der logistischen Abbildung $f(x) = rx(1-x)$ (die beiden parabelähnlichen Kurven) für zwei Werte von r, einer kleiner und einer großer als 1. Die Fixpunkte der logistischen Abbildung sind die Schnittpunkte der Geraden mit der Kurve. Für $r < 1$ gibt es nur einen Schnittpunkt bei $x^* = 0$; für $r > 1$ gibt es zwei Schnittpunkte, einen ebenfalls bei $x^* = 0$ und einen bei einem $x^* > 0$.

von $f(x)$ oberhalb der 45°-Geraden, und es gibt zwei Fixpunkte. Die Abgrenzung zwischen den beiden Fällen findet man leicht, wenn man bedenkt, dass die Steigung von $f(x)$ bei $x = 0$ gerade r ist. Bei einer Erhöhung von r überschreitet also die Kurve die 45°-Gerade (die ja die Steigung 1 hat) genau bei $r = 1$. Daher gibt es für $r < 1$ nur einen Fixpunkt bei $x^* = 0$, doch für $r > 1$ gibt es zwei Fixpunkte, einen bei $x^* = 0$ und einen zweiten bei $x^* > 0$. Der Vorteil dieser grafischen Diskussion ist, dass sie gleichermaßen auf jede ähnliche Funktion $f(x)$ anzuwenden ist, solange sie aus einem einzigen nach unten konkaven Bogen besteht. [Beispielsweise kann man auf diese Weise auch die Funktion $f(x) = r\sin(\pi x)$ untersuchen, vgl. Aufgabe 23.]

Ein Stabilitätstest

Dass x^* ein Fixpunkt (d. h. ein Gleichgewichtswert) für die logistische Abbildung ist, garantiert zwar, dass die Population bei x^* bleibt, wenn sie diesen Anfangswert hat; doch das allein ist noch keine hinreichende Bedingung dafür, dass der Wert x^* auch ein Attraktor für die Abbildung ist. Wir müssen zusätzlich überprüfen, ob x^* ein **stabiler Fixpunkt** ist: Wenn also die Population anfangs einen Wert *nahe bei* x^* hat, muss sie sich auch auf x^* zubewegen und nicht davon weg. (Das hat seine exakte Parallele in der Beschreibung von Gleichgewichtspunkten eines mechanischen Systems: Wenn ein System sich anfangs genau in einem Gleichgewichtspunkt befindet, kann es – zumindest im Prinzip – dort unbegrenzt lange bleiben. Doch nur, wenn das Gleichgewicht stabil ist, kehrt das System nach einer kleinen Störung wieder in das Gleichgewicht zurück.)

Es gibt einen einfachen Stabilitätstest, den wir folgendermaßen herleiten können: Wenn x_t dicht bei einem Fixpunkt x^* liegt, schreiben wir natürlicherweise

$$x_t = x^* + \varepsilon_t \,. \tag{12.48}$$

Wir definieren auf diese Weise die Differenz zwischen x_t und dem Fixpunkt x^* als ε_t. Wenn ε_t klein ist, können wir x_{t+1} folgendermaßen entwickeln:

$$\begin{aligned} x_{t+1} &= f(x_t) = f(x^* + \varepsilon_t) \\ &\approx f(x^*) + f'(x^*)\varepsilon_t = x^* + \lambda\varepsilon_t\,; \end{aligned} \tag{12.49}$$

dabei habe ich für das letzte Gleichheitszeichen ausgenützt, dass x^* ein Fixpunkt ist, dass also gilt $f(x^*) = x^*$, und ich habe die Ableitung von $f(x)$ bei x^* als λ geschrieben, d. h.

$$\lambda = f'(x^*)\,. \tag{12.50}$$

Nun gilt nach (12.48) $x_{t+1} = x^* + \varepsilon_{t+1}$. Wenn wir das mit dem letzten Ausdruck in (12.49) vergleichen, erkennen wir

$$\varepsilon_{t+1} \approx \lambda\varepsilon_t\,. \tag{12.51}$$

Wegen dieses einfachen Zusammenhangs nennt man die Zahl $\lambda = f'(x^*)$ den **Multiplikator** oder **Eigenwert** des Fixpunkts. Wenn x_t dicht bei x^* liegt, nähern sich die aufeinanderfolgenden Werte für $|\lambda| < 1$ immer mehr an x^* an; wenn andererseits $|\lambda| > 1$ ist, dann *entfernen* sich die aufeinanderfolgenden Werte für ein anfangs dicht bei x^* liegendes x_t immer weiter von x^*. Das ist genau unser gesuchter Stabilitätstest:

Stabilität von Fixpunkten

Es sei x^* ein Fixpunkt der Abbildung $x_{t+1} = f(x_t)$, d. h., $f(x^*) = x^*$. Für $|f'(x^*)| < 1$ ist x^* stabil und wirkt als ein Attraktor. Für $|f'(x^*)| > 1$ ist x^* instabil und wirkt als ein Repellor (d. h. die Werte der Abbildung entfernen sich von x^*).

Wir können diesen Test sofort auf die beiden Fixpunkte der logistischen Abbildung anwenden: Wegen $f(x) = rx(1-x)$ ist die Ableitung der Abbildung

$$f'(x) = r(1-2x)\,.$$

An dem Fixpunkt $x^* = 0$ ist also die Ableitung

$$f'(x^*) = r\,;$$

daher ist der Fixpunkt $x^* = 0$ für $r < 1$ stabil, aber für $r > 1$ instabil. An dem Fixpunkt $x^* = (r-1)/r$ ist die Ableitung

$$f'(x^*) = 2 - r\,,$$

dieser Fixpunkt ist also stabil für $1 < r < 3$ und instabil für $r > 3$. Diese Ergebnisse sind in Abbildung 12.36 zusammengefasst. Sie zeigt die Werte x^* der Fixpunkte als Funktionen des Wachstumsparameters r; die stabilen Fixpunkte sind dabei als durchgezogene, die instabilen Fixpunkte als punktierte Kurven dargestellt.

Dieser Gedankengang zeigt genau, wann die beiden Fixpunkte jeweils instabil werden und dass der zweite genau dann auftaucht, wenn der erste instabil wird. Es wäre aber schön, auch begründen zu können, *warum* die Fixpunkte sich auf diese Weise verhalten, und wenn man klarer erkennen könnte, ob diese Schlussfolgerung auch für andere eindimensionale Abbildungen mit denselben allgemeinen Eigenschaften gilt (es ist so). Eine solche Begründung lässt sich durch Untersuchung der Kurve in Abbildung 12.35 finden. Dort haben wir gesehen, dass die Fixpunkte der Abbildung den Schnittpunkten der Kurve $f(x)$ gegen x mit der 45°-Gerade (also x gegen x) entsprechen. Es war klar, dass es für ein kleines r nur einen solchen Schnittpunkt bei $x^* = 0$ gibt. Bei Erhöhung von r krümmte sich die Kurve immer mehr und schnitt schließlich die 45°-Gerade ein zweites Mal, sodass es *einen* zweiten, von null verschiedenen Fixpunkt gab. Wir haben gesehen, dass dieser *zweite* Schnittpunkt auftaucht, wenn die Steigung $f'(0)$ der Kurve bei $x = 0$ genau 1 beträgt (wenn sie also tangential zur 45°-Geraden verläuft). Im Licht unseres Stabilitätstests bedeutet dies, dass der zweite Fixpunkt genau in dem Moment auftauchen muss, an dem der erste bei $x^* = 0$ von einem stabilen zu einem instabilen Fixpunkt wird.

Die erste Periodenverdopplung

Abbildung 12.36 fasst unsere Erkenntnisse über die Fixpunkte der logistischen Abbildung zusammen. Die durchgezogenen Kurven zeigen die stabilen Fixpunkte, die konstante Attraktoren sind. Wie man sieht, geht bei $t \to \infty$ die nach der logistischen Abbildung wachsende Population (die logistische Population) für $r < 1$ gegen null; für $1 < r < 3$ geht sie bei $t \to \infty$ gegen den zweiten Fixpunkt $x^* = (r-1)/r$. Doch was geschieht – und das stellt sich als die interessanteste Frage heraus – für $r > 3$? Im Zeitalter leistungsfähiger Computer lässt sich diese Frage leicht beantworten. Abbildung 12.37 zeigt die ersten 30 Zyklen der logistischen Population mit einem Wachstumsparameter $r = 3{,}2$. Das überraschende Merkmal dieser Kurve ist, dass sie nicht mehr gegen einen einzigen konstanten Wert läuft. Stattdessen springt sie zwischen den beiden Häufungspunkten x_a und x_b hin und her, wobei sie sich nach jeweils zwei Zyklen wiederholt. In der Sprechweise, die wir für das getriebene gedämpfte Pendel entwickelt haben, sprechen wir hier davon, die Periode habe sich auf die Periode 2 verdoppelt; diese langfristige Bewegung mit der Periode 2 wird als **Zweier-Zyklus** bezeichnet.

Wir können die Periodenverdopplung der logistischen Abbildung mit den grafischen Verfahren nachvollziehen, die wir bereits entwickelt haben, der Gedankengang ist jedoch ein wenig komplizierter. Die entscheidende Beobachtung ist folgende: Zunächst ist keiner der beiden grenzwertigen Punkte x_a und x_b ein Fixpunkt der Abbildung $f(x)$. Stattdessen finden wir

$$f(x_a) = x_b \qquad \text{und} \qquad f(x_b) = x_a\,. \tag{12.52}$$

Betrachten wir nun jedoch die **Doppelabbildung** (auch als **zweite iterierte Abbildung** bezeichnet)

$$g(x) = f(f(x))\,, \tag{12.53}$$

die die Population x_t auf die Population zwei Jahre später abbildet:

$$x_{t+2} = g(x_t)\,. \tag{12.54}$$

Aus Abbildung 12.37 und den Gleichungen (12.52) wird deutlich, dass sowohl x_a als auch x_b Fixpunkte der Doppelabbildung $g(x)$ sind:[26]

$$g(x_a) = x_a \qquad \text{und} \qquad g(x_b) = x_b\,. \tag{12.55}$$

26 Diese Punkte werden auch als *Fixpunkte zweiter Ordnung* bezeichnet.

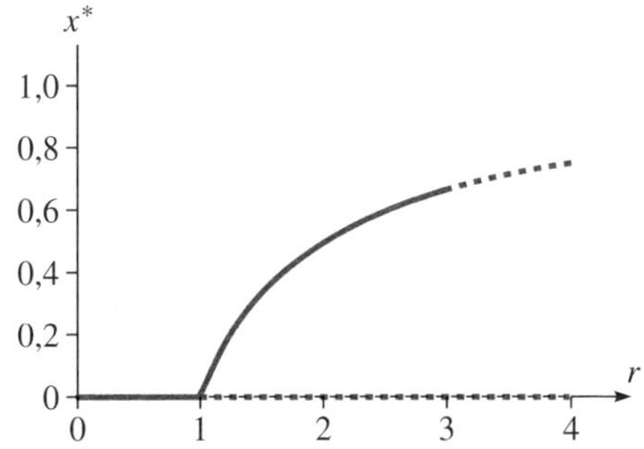

Abbildung 12.36: Die Fixpunkte x^* der logistischen Abbildung als Funktion des Wachstumsparameters r. Die durchgezogenen Kurven zeigen die stabilen, die punktierten Kurven die instabilen Fixpunkte. Beachten Sie, dass der Fixpunkt $x^* = 0$ genau an der Stelle instabil wird (nämlich bei $r = 1$), an der erstmals ein von null verschiedener Fixpunkt auftaucht.

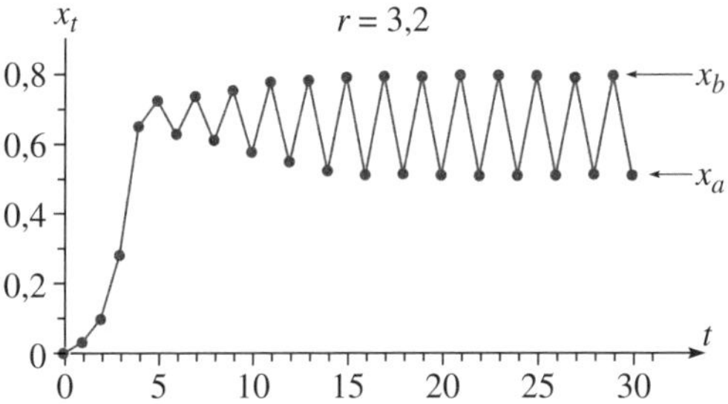

Abbildung 12.37: Eine logistische Population mit dem Wachstumsparameter $r = 3{,}2$ und dem Anfangswert $x_0 = 0{,}01$. Die Population geht nie gegen einen konstanten Wert; stattdessen springt sie zwischen zwei Werten hin und her, wobei sie sich nach jeweils *zwei* Zyklen wiederholt. In anderen Worten: Sie hat ihre Periode auf Periode 2 verdoppelt.

Um also die Zweier-Zyklen der Abbildung $f(x)$ zu untersuchen, müssen wir nur die Fixpunkte der Doppelabbildung $g(x) = f(f(x))$ betrachten, und dazu reichen unsere Kenntnisse zu den Fixpunkten aus. Doch bevor wir uns daran machen, sollten wir uns überlegen, dass jeder Fixpunkt von $f(x)$ auch ein Fixpunkt von $g(x)$ ist. (Denn wenn $x_{t+1} = x_t$ für alle t gilt, dann gilt sicher auch $x_{t+2} = x_t$). Daher entsprechen die Zweier-Zyklen von $f(x)$ den Fixpunkten von $g(x)$, die nicht zugleich auch Fixpunkte von $f(x)$ sind.

Da $f(x)$ eine quadratische Funktion in x ist, muss $g(x) = f(f(x))$ eine Funktion vierter Potenz sein, deren explizite Form man aufschreiben und untersuchen kann. Unser Erkenntnisgewinn ist aber höher, wenn wir den Verlauf der Funktion grafisch betrachten. Wenn r klein ist, dann ist $f(x)$, wie wir wissen, ein einziger Bogen (wie in Abbildung 12.35); Sie können sich leicht davon überzeugen, dass $g(x)$ ebenfalls einen einzigen Bogen ausbildet, wie in Abbildung 12.38a dargestellt; diese Abbildung zeigt beide Funktionen für einen Wachstumsparameter $r = 0{,}8$. Wenn r steigt, heben sich auch die Bögen, und für $r = 2{,}6$ hat $g(x)$ die beiden in Abbildung 12.38b

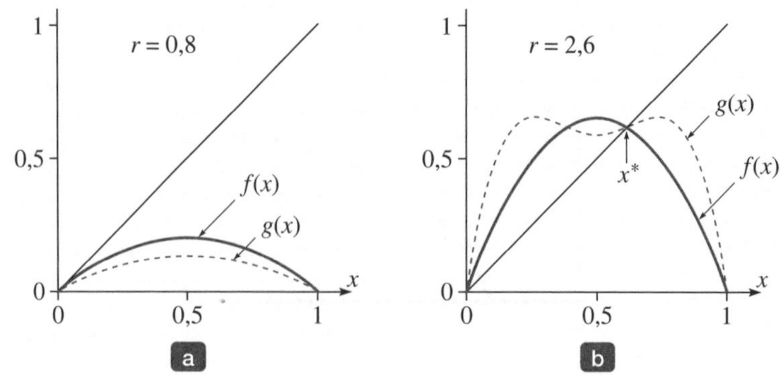

Abbildung 12.38: Die logistische Abbildung $f(x)$ und ihre zweite iterierte Abbildung (Doppelabbildung) $g(x) = f(f(x))$. (a) Für einen Wachstumsparameter $r = 0{,}8$ sind beide Funktionen ein einfacher Bogen, der die 45°-Gerade genau einmal (im Ursprung) schneidet. (b) Für $r = 2{,}6$ steigt $f(x)$ zwar höher als zuvor, bildet aber immer noch nur einen einzigen Bogen aus; $g(x)$ hat zwei Maxima entwickelt, die durch ein dazwischenliegendes Tal getrennt werden. Beide Funktionen haben einen weiteren Schnittpunkt mit der 45°-Geraden, der für beide Funktionen gleich ist (der Punkt x^*).

gezeigten Maxima ausgebildet. (Mit den Gründen für diesen Verlauf können Sie sich in Aufgabe 26 befassen.) Außerdem schneiden beide Kurven die 45°-Gerade nun zweimal, einmal im Ursprung und einmal in dem Fixpunkt $x^* = (r-1)/r$. Dass beide Kurven die 45°-Gerade in demselben Punkt schneiden, zeigt zweierlei: Erstens ist, wie wir ja bereits wissen, jeder Fixpunkt von $f(x)$ auch ein Fixpunkt von $g(x)$; und zweitens ist (zumindest für den in dieser Abbildung verwendeten Wachstumsparameter) jeder Fixpunkt von $g(x)$ auch ein Fixpunkt von $f(x)$ – mit anderen Worten: Es gibt noch keine Zweier-Zyklen.

Wenn wir den Wachstumsparameter r noch weiter erhöhen, wachsen die beiden Berge in der Doppelabbildung $g(x)$ weiterhin an, während das Tal zwischen ihnen sich absenkt. (Wieder bietet Ihnen Aufgabe 26 Gelegenheit, sich mit den Gründen dafür zu befassen.) Abbildung 12.39 zeigt den Verlauf von $f(x)$ und $g(x)$ für die Wachstumsparameter $r = 2{,}8$ 3,0 und 3,4. Mit $r = 2{,}8$ [Teilabbildung (a)] hat die Doppelabbildung $g(x)$ noch immer dieselben beiden Fixpunkte wie $f(x)$ bei $x = 0$ und in dem mit x^* bezeichneten Punkt. Für $r = 3{,}4$ [Teilabbildung (c)] hat die Doppelabbildung zwei zusätzliche Fixpunkte ausgebildet, die hier mit x_a und x_b bezeichnet sind; mit anderen Worten: Die logistische Abbildung hat nun einen Zweier-Zyklus. Der Schwellenwert, bei dem der Zweier-Zyklus erscheint, ist offenbar der Wert, für den die Kurve $g(x)$ *tangential* zur 45°-Gerade verläuft – nämlich $r = 3$ für die logistische Abbildung, wie in Teilabbildung (b) dargestellt. Für $r < 3$ schneidet die Kurve $g(x)$ die 45°-Gerade lediglich einmal, nämlich in x^*; für $r > 3$ schneidet sie die Gerade dreimal, einmal bei x^* sowie in den Punkten x_a und x_b (einmal unterhalb von x^*, einmal darüber).

Wir wissen bereits, dass $r = 3$ der Schwellenwert ist, bei dem der Fixpunkt x^* instabil wird. Demnach zeigt Abbildung 12.39, dass der Zweier-Zyklus genau in dem Augenblick auftaucht, in dem der „Einer-Zyklus“ (d. h. der Fixpunkt) instabil wird. Zum Glück können wir nun erkennen, *warum* das so sein muss: Wir haben bereits bemerkt, dass der Zweier-Zyklus genau dann auftaucht, wenn $g(x)$ im Punkt x^* tan-

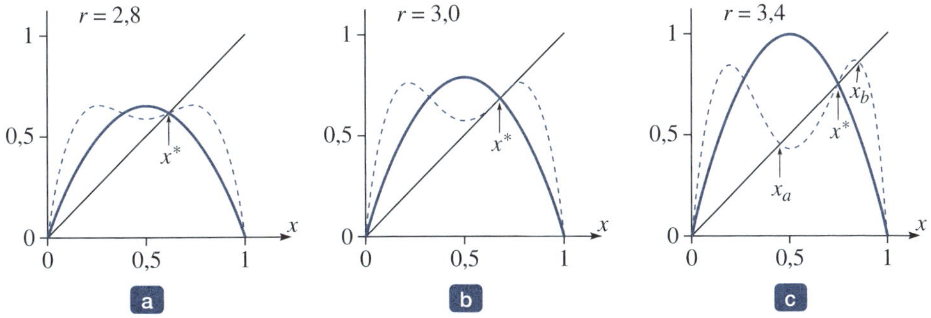

Abbildung 12.39: Die logistische Abbildung $f(x)$ (durchgezogene Kurven) und ihre zweite iterierte Abbildung (Doppelabbildung) $g(x) = f(f(x))$ (gestrichelt) für verschiedene Werte des Wachstumsparameters r. (a) Mit $r = 2{,}8$ hat die Abbildung $g(x)$ dieselben beiden Fixpunkte wie $f(x)$, nämlich (wie gezeigt) $x = 0$ und $x = x^*$. (b) Wenn r den Wert 3,0 erreicht, verläuft die Kurve von $g(x)$ im Fixpunkt tangential zur 45°-Geraden; für jeden höheren Wert von r wie in (c) hat die Abbildung $g(x)$ zwei zusätzliche Fixpunkte, die mit x_a und x_b bezeichnet sind.

gential zur 45°-Geraden verläuft, also wenn

$$g'(x) = 1\,. \tag{12.56}$$

Um zu sehen, was daraus folgt, berechnen wir die Ableitung $g'(x)$ der Doppelabbildung $g(x)$ an einem der beiden Fixpunkte für den Zweier-Zyklus, beispielsweise bei x_a:

$$\begin{aligned} g'(x_a) &= \frac{\mathrm{d}}{\mathrm{d}x} g(x)\bigg|_{x_a} = \frac{\mathrm{d}}{\mathrm{d}x} f(f(x))\bigg|_{x_a} = f'(f(x)) \cdot f'(x)\bigg|_{x_a} \\ &= f'(x_b) f'(x_a)\,. \end{aligned} \tag{12.57}$$

Hier habe ich im letzten Ausdruck der ersten Zeile die Kettenregel angewendet, in der zweiten Zeile habe ich den Zusammenhang $f(x_a) = x_b$ ausgenützt. Wenden wir dieses Ergebnis nun auf die „Geburt" des Zweier-Zyklus in Abbildung 12.39b an. Im Moment seiner Entstehung gilt $x^* = x_a = x_b$; wir können (12.56) und (12.57) kombinieren und erhalten

$$[f'(x^*)]^2 = 1\,.$$

Das bedeutet $|f'(x^*)| = 1$, und aufgrund unseres Stabilitätstests erkennen wir, dass der Zweier-Zyklus genau in dem Augenblick entsteht, in dem der Fixpunkt x^* instabil wird.

Wir können dasselbe Verfahren anwenden, um zu erkunden, was bei einer weiteren Erhöhung von r geschieht. Beispielsweise lässt sich zeigen (Sie können das in Aufgabe 28 tun), dass der Zweier-Zyklus, den wir gerade bei $r = 3$ haben entstehen sehen, bei $r = 1 + \sqrt{6} = 3{,}449$ instabil wird; es folgt ein stabiler Vierer-Zyklus. Um nun aber zu vermeiden, dass dieses ohnehin schon sehr lange Kapitel völlig ausufert, werde ich nachfolgend nur noch einige Kernaussagen knapp skizzieren, zu denen man bei einer numerischen Untersuchung der logistischen Abbildung gelangt.

Bifurkationsdiagramme

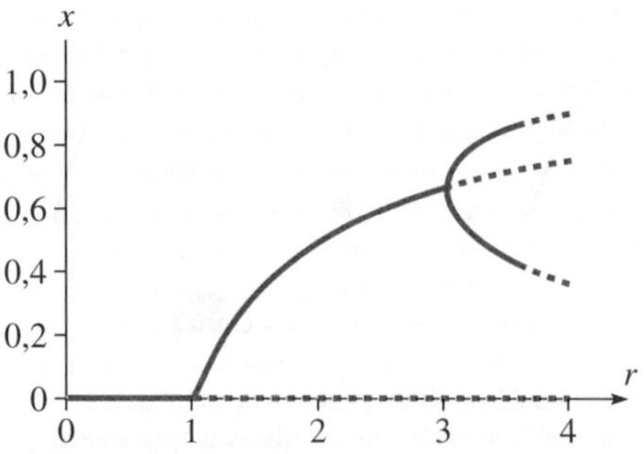

Abbildung 12.40: Die Fixpunkte und die Zweier-Zyklen der logistischen Abbildung als Funktionen des Wachstumsparameters r. Die durchgezogenen Kurven zeigen stabile, die gepunkteten Kurven instabile Fixpunkte.

In Abbildung 12.36 haben wir die Entwicklung der Fixpunkte der logistischen Abbildung gesehen. Wenn wir zu dieser Abbildung noch die Fixpunkte x_a und x_b der Doppelabbildung $g(x) = f(f(x))$ hinzufügen (d. h. die Zweier-Zyklen der logistischen Abbildung), erhalten wir die in Abbildung 12.40 gezeigten Kurven. Sie erinnern an den Anfang des Bifurkationsdiagramms 12.17 für das getriebene gedämpfte Pendel. Und tatsächlich können wir auch Abbildung 12.40 mithilfe desselben Verfahrens gewinnen, das wir schon für Abbildung 12.17 verwendet haben: Zunächst wählen wir eine große Anzahl von gleichmäßig verteilten Werten des Wachstumsparameters im interessierenden Bereich aus. (Ich habe den Bereich $2{,}8 \leq r \leq 4$ gewählt, weil hier die aufregendsten Dinge geschehen, und 1200 Werte in gleichmäßigem Abstand aus diesem Bereich genommen.) Dann berechnen wir für jeden Wert von r die Populationen $x_0, x_1, x_2, \ldots, x_{t_{\max}}$; dabei bezeichnet $t_{\max}$ einfach eine sehr große Zeit. (Ich habe $t_{\max} = 1000$ gewählt.) Als nächstes wählen wir eine Zeit $t_{\min}$, die so groß sein muss, dass alle Transienten bereits verschwunden sind. (Ich habe $t_{\min} = 900$ gewählt.) Schließlich tragen wir x in Abhängigkeit von r auf und stellen die Werte von x_t aus dem Bereich $t_{\min} \leq t \leq t_{\max}$ als Punkte oberhalb des entsprechenden Werts von r dar. Das entstehende Bifurkationsdiagramm für die logistische Abbildung ist in Abbildung 12.41 gezeigt.

Die Ähnlichkeit zwischen dem Bifurkationsdiagramm in Abbildung 12.41 für die logistische Abbildung und dem in Abbildung 12.17 für das getriebene gedämpfte Pendel ist verblüffend. Ähnlich sind auch die Interpretationen der beiden Darstellungen. Im linken Teil von Abbildung 12.41 sehen wir den Attraktor mit Periode 1 für $r \leq 3$, gefolgt von der ersten Periodenverdopplung bei $r = 3$. Es schließt sich eine zweite Periodenverdopplung bei $r = 3{,}449$ und dann eine ganze Kaskade von Verdopplungen an, die bei $r_c = 3{,}570$ im Chaos endet. Mithilfe dieses Diagramms können wir das langfristige Verhalten der logistischen Population für eine beliebige Wahl des Wachstumsparameters r vorhersagen (obwohl es natürlich viele feine Details gibt, die sich im Maßstab von Abbildung 12.41 nicht unterscheiden lassen). So sollte die Population beispielsweise für $r = 3{,}5$ die Periode 4 haben – eine Behauptung, die durch Abbildung 12.42a bekräftigt wird, in der die zwanzig Zyklen von $t = 100$ bis 120 für diesen r-Wert dargestellt sind. Ähnlich erkennen wir in der Nähe von $r = 3{,}84$ ein

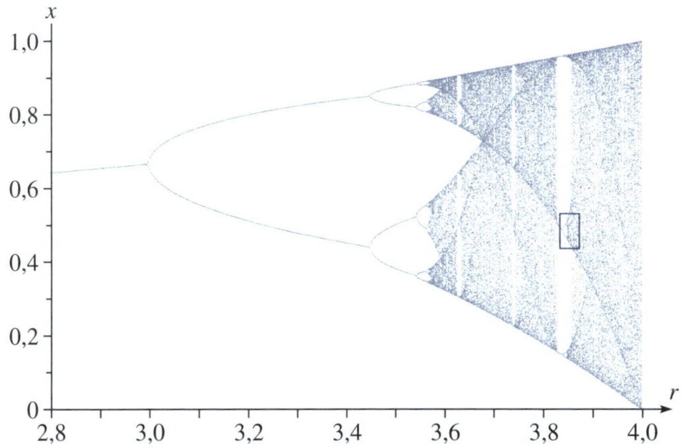

Abbildung 12.41: Bifurkationsdiagramm für die logistische Abbildung. Deutlich erkennbar beginnt eine Periodenverdopplungskaskade bei $r_1 = 3$, mit einer weiteren Verdopplung bei $r_2 = 3{,}449$, bei $r_c = 3{,}570$ endet die Kaskade im Chaos. Verschiedene Fenster der Periodizität stechen aus dem Chaos heraus, insbesondere das Fenster der Periode 3 in der Nähe von $r = 3{,}84$. Das kleine Rechteck bei $r = 3{,}84$ kennzeichnet den Bereich, der in Abbildung 12.44 vergrößert dargestellt ist.

schmales Fenster, eingeklemmt zwischen breiten chaotischen Intervallen, in dem es nach einer Periode 3 aussieht; diese Beobachtung wird bekräftigt durch die Darstellung in Abbildung 12.42b. Als Beispiel für Chaos zeigt Abbildung 12.43 die Entwicklung einer Population für $r = 3{,}7$; in den achtzig dargestellten Zyklen gibt es keinerlei Anzeichen für eine Periodizität.

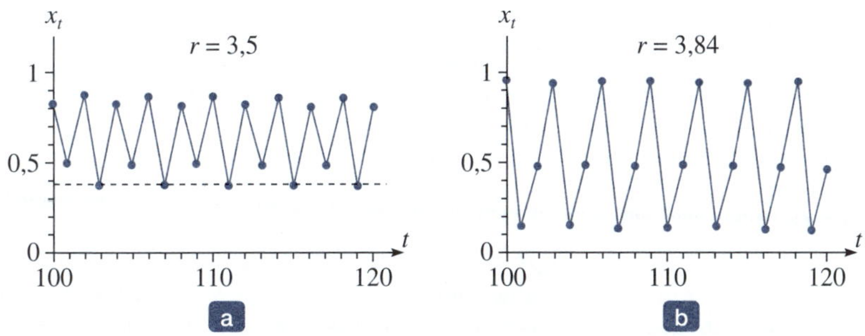

Abbildung 12.42: Langfristige Entwicklung der logistischen Population für die Wachstumsparameter $r = 3{,}5$ und 3,84. (a) Periode 4. Für $r = 3{,}5$ nehmen die x_t in den zwanzig Zyklen $100 \leq t \leq 120$ genau vier verschiedene Werte an, die sich jeweils nach vier Zyklen wiederholen. (Die gestrichelte Horizontale soll nur betonen, dass jeder vierte Wert gleich ist.) (b) Periode 3. Für $r = 3{,}84$ wiederholen sich die Populationswerte nach jeweils drei Zyklen.

Aus Abbildung 12.41 (und sorgfältigen Vergrößerungen) kann man die Schwellenwerte für r ablesen, bei denen die Periodenverdopplung auftritt. Wenn wir den Wert, bei dem der Zyklus mit der Periode 2^n auftaucht, mit r_n bezeichnen, dann ergibt sich folgende Reihe:

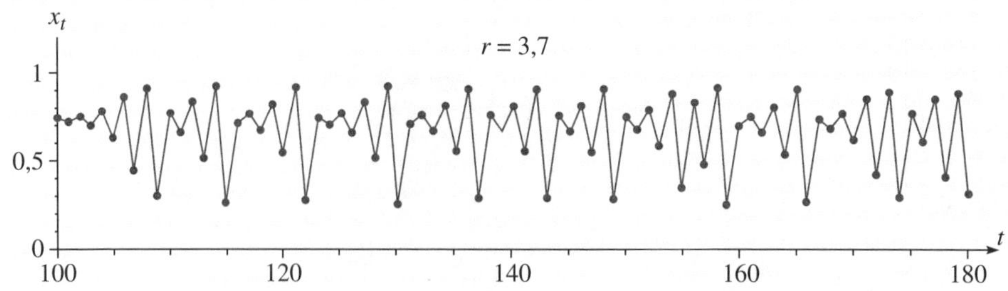

Abbildung 12.43: Chaos. Für $r = 3{,}7$ zeigen die achtzig Zyklen ($100 \leq t \leq 180$) der logistischen Abbildung keinerlei Anzeichen für eine Wiederholung der Werte.

$$\begin{aligned} &r_1 = 3, \quad r_2 = 3{,}4495, \quad r_3 = 3{,}5441, \quad r_4 = 3{,}5644, \\ &r_5 = 3{,}5688, \quad r_6 = 3{,}5697, \quad r_7 = 3{,}5699. \end{aligned} \tag{12.58}$$

Wie Sie überprüfen können, nimmt der Abstand zwischen aufeinanderfolgenden Schwellenwerten geometrisch ab, genau wie die entsprechenden Intervalle für die Periodenverdopplung beim getriebenen gedämpften Pendel. Tatsächlich (Sie können das in Aufgabe 29 untersuchen) stimmen die Zahlen in Gleichung (12.58) bemerkenswert gut mit der Feigenbaum-Relation (12.17) überein, der wir zuerst im Zusammenhang mit dem getriebenen gedämpften Pendel begegnet sind, und sie führen auf dieselbe Feigenbaum-Konstante (12.18). Eine weitere verblüffende Parallele zum getriebenen Pendel ist die folgende Beobachtung (vgl. Aufgabe 30): Für diejenigen Werte von r, die zu einer nicht-chaotischen Entwicklung des Systems führen, konvergiert die Differenz zwischen zwei Populationswerten, die anfangs genügend nahe beieinander liegen, mit $t \to \infty$ exponentiell gegen null. Für diejenigen Werte von r, die zum Chaos führen, *divergiert* dieselbe Differenz mit $t \to \infty$ jedoch exponentiell. Mit anderen Worten: Die chaotische Entwicklung der logistischen Abbildung zeigt dieselbe Empfindlichkeit gegenüber den Anfangsbedingungen, die wir schon für das getriebene gedämpfte Pendel gefunden haben.

Das vielleicht hervorstechendste Merkmal der logistischen Bifurkation ist, dass bei einer vergrößerten Betrachtung bestimmter Bereiche eine perfekte Selbstähnlichkeit auftaucht. Das kleine Rechteck in Abbildung 12.41 nahe bei $r = 3{,}84$ wurde für Abbildung 12.44 auf ein Vielfaches vergrößert. Abgesehen davon, dass dieses neue Bild auf dem Kopf steht und eine völlig andere Skala hat, ist es eine vollkommene Kopie des gesamten Originaldiagramms, von dem es ein kleiner Teil ist. Dies ist ein verblüffendes Beispiel für die *Selbstähnlichkeit*, die bei der Untersuchung von Chaos an vielen Stellen auftaucht und der wir im Zusammenhang mit dem Poincaré-Schnitt des getriebenen gedämpften Pendels bereits begegnet sind (vgl. Abbildungen 12.29, 12.30 und 12.31).

Die logistische Abbildung hat noch etliche andere Merkmale und Parallelen zum getriebenen gedämpften Pendel, die sämtliche weitere Untersuchungen lohnen; einige davon können Sie in den Aufgaben am Ende dieses Kapitels behandeln. Ich aber werde an dieser Stelle die logistische Abbildung verlassen und dieses Kapitel in der Hoffnung beenden, dass Sie nun mit einigen Hauptmerkmalen des Chaos und mit den Werkzeugen zu ihrer Untersuchung vertraut sind. Ich hoffe auch, dass ich Ihnen mit meiner knappen Einführung den Mund wässrig gemacht habe, dieses faszinierende Thema weiter zu untersuchen.[27]

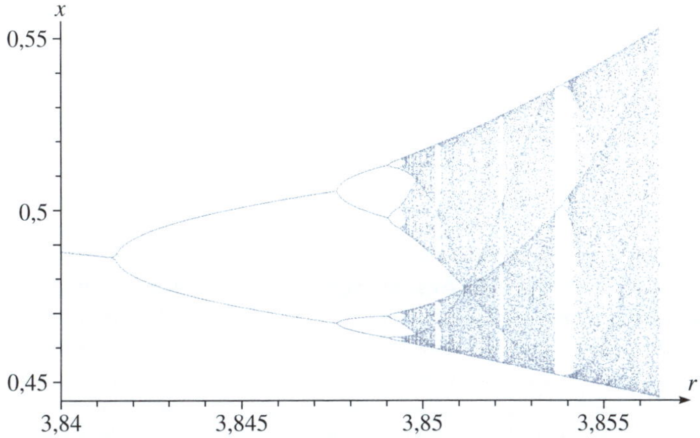

Abbildung 12.44: Starke Vergrößerung des kleinen Rechtecks aus dem logistischen Bifurkationsdiagramm in Abbildung 12.41. Der winzige Ausschnitt aus dem Ursprungsdiagramm ist eine perfekte, auf dem Kopf stehende Kopie des gesamten Originals. Beachten Sie, dass dieser Bereich nur einen von drei Strängen im Original abdeckt; obwohl es also *so aussieht*, als ob dieses Diagramm bei Periode 1 beginnt und die Periodenverdopplung zur Periode 2 führt, ist tatsächlich die Periode 3 bei einer Verdopplung auf Periode 6 usw. abgebildet.

27 Eine umfassende Geschichte der Chaosforschung mit sehr wenig Mathematik finden Sie in *Chaos, Making a New Science* von James Gleick, Viking-Penguin, New York (1987). Einen ziemlich mathematischen, aber dennoch höchst lesbaren Zugang zum Chaos in vielen verschiedenen Gebieten bietet *Nonlinear Dynamics and Chaos* von Steven H. Strogatz, Addison-Wesley, Reading, MA (1994). Zwei Bücher, die sich hauptsächlich auf Chaos in physikalischen Systemen beschränken, sind *Chaotic Dynamics: An Introduction* von G. L. Baker und J. P. Gollub, Cambridge University Press, Cambridge (1996) sowie *Chaos and Nonlinear Dynamics* von Robert C. Hilborn, Oxford University Press, New York (2000). –
Zwei populäre Einführungen in die Chaosforschung sind die Anthologie *Der Flügelschlag des Schmetterlings. Ein neues Weltbild durch die Chaosforschung*, hg. von Reinhard Breuer, DVA, Stuttgart (1993) sowie das Buch *Chaos. Bausteine der Ordnung* von Heinz-Otto Peitgen, einem der Pioniere der deutschen Chaosforschung, Hartmut Jürgens und Dietmar Saupe, Klett-Cotta (1994). Ein umfangreiches und detailliertes Lehrbuch zur Physik des Chaos ist *Die Erforschung des Chaos: Eine Einführung in die Theorie nichtlinearer Systeme* von John Argyris, Gunter Faust, Maria Haase und Rudolf Friedrich, Springer, Heidelberg (^{2}2010). Besonderes Augenmerk auf die Natur der Berechenbarkeit und die Verlässlichkeit des Computers (incl. vieler Beispielprogramme in Mathematica) legt das Lehrbuch *Berechenbares Chaos in dynamischen Systemen* von Ruedi Stoop und Willi-Hans Steeb, Birkhäuser, Basel (2006). (Anm. d. Übers.)

ZUSAMMENFASSUNG

Wichtige Definitionen und Gleichungen aus Kapitel 12

Das getriebene gedämpfte Pendel
Ein gedämpftes Pendel, das durch eine sinusförmige Kraft $F(t) = F_0 \cos(\omega t)$ getrieben wird, genügt der nichtlinearen Gleichung

$$\ddot{\varphi} + 2\beta\dot{\varphi} + \omega_0^2 \sin\varphi = \gamma\omega_0^2 \cos\omega t\,. \qquad (12.11)$$

Darin wird $\gamma = F_0/mg$ als die **Antriebsstärke** bezeichnet; sie gibt das Verhältnis zwischen der Amplitude der Antriebskraft und der Gewichtskraft des Pendels an.

Periodenverdopplung
Für kleine Antriebsstärken ($\gamma \lesssim 1$) hat das langfristige Verhalten des Pendels – der **Attraktor** – dieselbe Periode wie die Antriebskraft. Wenn man aber die Antriebsstärke über den Wert $\gamma_1 = 1{,}0663$ hinaus erhöht, dann durchläuft der Attraktor bei bestimmten Anfangsbedingungen und Antriebsfrequenzen eine **Periodenverdopplungskaskade**, in der sich die Periode wiederholt verdoppelt und für $\gamma \to \gamma_c = 1{,}0829$ gegen unendlich geht.

[Abschnitt 12.4]

Chaos
Wenn man die Antriebsstärke über einen kritischen Wert γ_c hinaus erhöht, dann wird – zumindest für bestimmte Werte der Antriebsfrequenz und der Anfangsbedingungen – die langfristige Bewegung des Pendels nichtperiodisch; wir sprechen davon, dass **Chaos** eingesetzt hat. Wenn man γ noch weiter erhöht, kann die langfristige Bewegung unterschiedlich aussehen, manchmal chaotisch, manchmal periodisch. [Abschnitte 12.5 und 12.6]

Empfindlichkeit gegenüber den Anfangsbedingungen
Die chaotische Bewegung ist **extrem empfindlich gegenüber den Anfangsbedingungen**. Wenn zwei identische Pendel mit identischen Antriebskräften mit geringfügig unterschiedlichen Anfangsbedingungen gestartet werden, nimmt ihr Abstand mit der Zeit exponentiell zu, ganz gleich, wie gering die anfänglichen Unterschiede gewesen sind. [Abschnitt 12.5]

Bifurkationsdiagramme
Ein **Bifurkationsdiagramm** ist eine Darstellung der Position des Systems zu diskreten Zeiten t_0, $t_0 + 1$, $t_0 + 2$, … (allgemeiner zu den diskreten Zeiten t_0, $t_0 + \tau$, $t_0 + 2\tau$, …) als einer Funktion der Antriebsstärke (allgemeiner als einer Funktion eines geeigneten Kontrollparameters). [Abbildungen 12.17 und 12.18]

Bahnen im Zustandsraum und Poincaré-Schnitte
Der **Zustandsraum** für ein System mit n Freiheitsgraden ist ein $2n$-dimensionaler Raum aus den n verallgemeinerten Koordinaten und den n verallgemeinerten Geschwindigkeiten. Für das getriebene gedämpfte Pendel haben die Punkte im Zustandsraum die Form $(\varphi, \dot{\varphi})$. Eine **Bahn im Zustandsraum** ist die Folge von Zuständen, die ein System bei wachsender Zeit im Zustandsraum durchläuft. Ein **Poincaré-Schnitt** ist eine Bahn im Zustandsraum, die auf diskrete Zeiten $t_0, t_0 + 1, t_0 + 2, \ldots$ (und für $n \geq 2$ auf einen niedrigerdimensionalen Unterraum) beschränkt ist.

Die logistische Abbildung
Die logistische Abbildung ist die rekursive Funktion

$$x_{t+1} = r\,x_t(1 - x_t)\,, \tag{12.42}$$

die für diskrete, regelmäßige Intervalle von t einen Wert x_t ausgibt (beispielsweise die relative Population einer bestimmten Käferart einmal im Jahr). Obwohl die logistische Abbildung kein mechanisches System beschreibt, zeigt sie viele Merkmale (Periodenverdopplung, Chaos, Empfindlichkeit gegenüber den Anfangsbedingungen), die man auch bei nichtlinearen mechanischen Systemen findet.

[Abschnitt 12.9]

Aufgaben zu Kapitel 12

*Die Sterne zeigen den ungefähren Schwierigkeitsgrad an, von * (leicht) bis *** (schwierig).*
Warnung: Selbst wenn die Bewegung nichtchaotisch ist, kann sie sehr empfindlich auf kleinste Fehler reagieren. In einigen der Computeraufgaben könnte es nötig werden, die Rechengenauigkeit zu erhöhen, um befriedigende Ergebnisse zu erzielen.

12.1 Linearität und Nichtlinearität

*** 1** Betrachten Sie die nichtlineare Differenzialgleichung erster Ordnung $\dot{x} = 2\sqrt{x-1}$.
a) Bestimmen Sie mithilfe der Variablenseparation eine Lösung $x_1(t)$.
b) Ihre Lösung sollte eine Integrationskonstante k enthalten, sodass Sie vernünftigerweise annehmen können, dass es sich um die allgemeine Lösung handelt. Zeigen Sie, dass es jedoch noch eine andere Lösung $x_2(t) = 1$ gibt, die nicht die Form von $x_1(t)$ hat, ganz gleich, welchen Wert für k man wählt.
c) Zeigen Sie, dass zwar $x_1(t)$ und $x_2(t)$ Lösungen sind, dass aber weder $Ax_1(t)$ noch $Bx_2(t)$ noch $x_1(t) + x_2(t)$ Lösungen sind (d. h., das Superpositionsprinzip gilt für diese Gleichung nicht).

*** 2** Diese Aufgabe befasst sich mit einem anderen Beispiel für die Unannehmlichkeiten, die beim Umgang mit nichtlinearen Gleichungen auftreten können. Betrachten Sie die nichtlineare Gleichung $\dot{x} = 2\sqrt{x}$. Da die Gleichung von erster Ordnung ist, sollte man erwarten, dass eine konkrete Wahl von $x(0)$ eine eindeutige Lösung bestimmt. Zeigen Sie, dass es zwei verschiedene Lösungen gibt, die beide die Anfangsbedingung $x(0) = 0$ erfüllen. [*Hinweis:* Bestimmen Sie eine Lösung $x_1(t)$ durch Variablenseparation, doch bedenken Sie, dass $x_2(t) = 0$ eine andere Lösung ist. Zum Glück leidet keine der Gleichungen, denen man in der klassischen Mechanik normalerweise begegnet, an dieser unangenehmen Mehrdeutigkeit.]

*** 3** Betrachten Sie eine lineare homogene Differenzialgleichung in der Form von Gleichung (12.6) auf Seite 538.
a) Das Superpositionsprinzip besagt: Wenn $x_1(t)$ und $x_2(t)$ Lösungen dieser Gleichung sind, dann ist auch jede Linearkombination $a_1x_1(t)+a_2x_2(t)$ (mit zwei beliebigen Konstanten a_1 und a_2) eine Lösung. Schreiben Sie einen detaillierten Beweis des Superpositionsprinzips auf.
b) Betrachten Sie die nichtlineare Gleichung, in der man den dritten Term in Gleichung (12.6) durch $r(t)\sqrt{x(t)}$ ersetzt hat. Erläutern Sie sorgfältig, warum für diese Gleichung das Superpositionsprinzip nicht gilt.

*** 4** Betrachten Sie eine *inhomogene* lineare Differenzialgleichung zweiter Ordnung der Form

$$p(t)\ddot{x}(t) + q(t)\dot{x}(t) + r(t)x(t) = f(t)\,. \tag{12.59}$$

a) Mit $x_p(t)$ wollen wir eine Lösung (eine *spezielle* Lösung) dieser Gleichung bezeichnen. Beweisen Sie, dass *jede* Lösung $x(t)$ sich in der Form

$$x(t) = x_p(t) + a_1x_1(t) + a_2x_2(t) \tag{12.60}$$

schreiben lässt, wenn $x_1(t)$ und $x_2(t)$ zwei unabhängige Lösungen der zugehörigen homogenen Gleichung sind [in der homogenen Gleichung verschwindet das $f(t)$ aus (12.59)]. [*Hinweis:* Schreiben Sie die Gleichungen für $x(t)$ und $x_p(t)$ auf und subtrahieren Sie sie voneinander.] Das Ergebnis zeigt, dass man, um *alle* Lösungen von (12.59) zu finden, lediglich eine spezielle Lösungen und zwei unabhängige Lösungen der entsprechenden homogenen Lösung bestimmen muss.

b) Erläutern Sie sorgfältig, warum das in Teil (a) bewiesene Ergebnis im Allgemeinen nicht gilt für eine nichtlineare Gleichung wie

$$p(t)\ddot{x}(t) + q(t)\dot{x}(t) + r(t)\sqrt{x(t)} = f(t)\,.$$

12.3 Einige zu erwartende Merkmale des getriebenen gedämpften Pendels

*** 5** Beweisen Sie die Identität (12.15) mithilfe der Euler'schen Gleichung und des entsprechenden Ausdrucks für $\cos\varphi$, der auf dem vorderen Vorsatzblatt abgedruckt ist.

**** 6** Computer **a)** Lösen Sie mithilfe von geeigneter Software die Gleichung (12.11) für ein getriebenes gedämpftes Pendel mit den folgenden Parametern: Antriebsstärke $\gamma = 0{,}9$, Antriebsfrequenz $\omega = 2\pi$, Eigenfrequenz $\omega_0 = 1{,}5\omega$, Dämpfungskonstante $\beta = \omega_0/4$, Anfangsbedingungen $\varphi(0) = \dot{\varphi}(0) = 0$. Lösen Sie die Gleichung und fertigen Sie einen Plot der Lösung für sechs Zyklen an ($0 \leq t \leq 6$). Prüfen Sie nach, dass Sie ein Ergebnis erhalten, wie es in Abbildung 12.3 gezeigt ist.

b) und **c)** Lösen Sie dieselbe Gleichung noch zweimal mit den unterschiedlichen Anfangsbedingungen $\varphi(0) = \pm\pi/2$ und (in beiden Fällen) $\dot{\varphi}(0) = 0$. Fertigen Sie einen Plot von allen drei Lösungen in derselben Darstellung an. Erhärten Ihre Ergebnisse die Behauptung, dass sich bei dieser Antriebsstärke alle Lösungen (ungeachtet ihrer Anfangsbedingungen) demselben periodischen Attraktor annähern?

12.4 Das getriebene gedämpfte Pendel: Wege ins Chaos

**** 7** Computer Wiederholen Sie alle Rechnungen aus Aufgabe 6, nun aber mit einer Antriebsstärke $\gamma = 1{,}06$ und für $0 \leq t \leq 10$. Überprüfen Sie für den Aufgabenteil (a), ob Ihre Ergebnisse mit Abbildung 12.4 übereinstimmen. Deuten Ihre Ergebnisse darauf hin, das es immer noch einen eindeutigen Attraktor gibt, auf den alle Lösungen (ungeachtet ihrer Anfangsbedingungen) zulaufen? (Auf den ersten Blick sieht die Antwort aus wie „Nein", doch denken Sie daran, dass man die Werte von φ, die sich um 2π unterscheiden, als gleich ansehen kann.)

**** 8** Computer Bestimmen Sie mithilfe eines Computers eine numerische Lösung für die Bewegungsgleichung (12.11) eines getriebenen gedämpften Pendels mit den folgenden Parametern: Antriebsstärke $\gamma = 1{,}073$, Antriebsfrequenz $\omega = 2\pi$, Eigenfrequenz $\omega_0 = 1{,}5\omega$, Dämpfungskonstante $\beta = \omega_0/4$, Anfangsbedingungen $\varphi(0) = \pi/2$ und $\dot{\varphi}(0) = 0$.

a) Lösen Sie die Gleichung für $0 \leq t \leq 50$ und fertigen Sie einen Plot der ersten zehn Zyklen ($0 \leq t \leq 10$) an.

b) Um sicherzugehen, dass die anfänglichen Transienten verschwunden sind, fertigen Sie einen Plot für die zehn Zyklen $40 \leq t \leq 50$ an. Welche Periode hat die langfristige Bewegung (der Attraktor)?

***9** Computer Wiederholen Sie die Rechnungen aus Aufgabe 8 mit denselben Parametern, wählen Sie nun jedoch $\varphi(0) = 0$. Fertigen Sie einen Plot der ersten dreißig Zyklen ($0 \leq t \leq 30$) an und überprüfen Sie, ob er mit Abbildung 12.5 übereinstimmt. Plotten Sie die zehn Zyklen $40 \leq t \leq 50$ und bestimmen Sie die Periode der langfristigen Bewegung.

****10** Computer Untersuchen Sie das Verhalten des getriebenen gedämpften Pendels mit denselben Parametern wie in Aufgabe 8, jedoch mit anderen Anfangsbedingungen. Sie könnten beispielsweise $\dot{\varphi}(0) = 0$ beibehalten, sollen aber mehrere verschiedene Werte für $\varphi(0)$ zwischen $-\pi$ und π durchrechnen. Sie werden sehen, dass zwar das anfängliche Verhalten je nach den gewählten Anfangsbedingungen ziemlich stark variiert, dass aber die langfristige Bewegung in allen Fällen gleich ist (solange Sie berücksichtigen, dass die Werte von φ, die sich um Vielfache von 2π unterscheiden, jeweils dieselbe Position darstellen).

***11** Prüfen Sie nach, wie gut die Schwellenwerte γ_n aus Tabelle 12.1 die Feigenbaum-Relation (12.17) erfüllen. Gehen Sie dabei folgendermaßen vor:

a) Nehmen Sie an, dass die Feigenbaum-Relation exakt gilt; beweisen Sie damit $(\gamma_{n+1} - \gamma_n) = (1/\delta)^{n-1}(\gamma_2 - \gamma_1)$ und somit auch die Folgerung, dass ein Plot von $\ln(\gamma_{n+1} - \gamma_n)$ gegen n eine Gerade mit der Steigung $-\ln\delta$ ist.

b) Fertigen Sie einen solchen Plot für die drei Differenzen aus Tabelle 12.1 an. Wie gut entsprechen Ihre Punkte der Vorhersage? Legen Sie eine Ausgleichsgerade in den Plot (entweder grafisch oder mithilfe der Methode der kleinsten Quadrate), bestimmen Sie deren Steigung und damit auch die Feigenbaum-Konstante δ. [Sie sollen aus zwei Gründen keine allzu gute Übereinstimmung mit dem bekannten Wert (12.18) erwarten: Erstens haben Sie nur drei Punkte aufgezeichnet, und zweitens gilt die Feigenbaum-Relation (12.17) nur näherungsweise, außer im Grenzfall sehr großer n. Unter diesen Umständen ist die Übereinstimmung allerdings bemerkenswert gut.]

****12** Diese Aufgabe bietet einen anderen Blick auf die Feigenbaum-Relation (12.17):

a) Nehmen Sie an, dass (12.17) exakt gilt; beweisen Sie, dass die Schwellenwerte γ_n sich einem beschränkten Grenzwert γ_c nähern, und beweisen Sie dann die Aussage $\gamma_n = \gamma_c - K/\delta^n$ (mit einer Konstanten K). Das bedeutet, dass ein Plot von γ_n gegen δ^{-n} eine Gerade ist.

b) Fertigen Sie diesen Plot mithilfe des bekannten Werts aus (12.18) und der vier Werte für γ_n aus Tabelle 12.1 an. Stimmt er mit Ihrer Vorhersage überein? Ihre Kurve sollte die Achse bei γ_c schneiden. Welchen Wert erhalten Sie, und wie gut stimmt er mit (12.20) überein?

12.5 Chaos und die Empfindlichkeit gegenüber den Anfangsbedingungen

***13** In Abbildung 12.13 ist zu erkennen, dass der Abstand zweier identischer Pendel mit leicht unterschiedlichen Anfangsbedingungen für $\gamma = 1{,}105$ exponentiell anwächst. Konkret beträgt dort $\Delta\varphi$ anfangs nur 10^{-4} und hat bis $t = 14{,}5$ schon fast die 1 erreicht. Schätzen Sie anhand dieser Information den Ljapunow-Exponenten λ ab, wie er in (12.26) definiert ist: $\Delta\varphi(t) \sim K\,\mathrm{e}^{\lambda t}$. Ihre Antwort sollte bestätigen, dass bei chaotischer Bewegung $\lambda > 1$ gilt.

***14** Computer Lösen Sie numerisch die Bewegungsgleichung (12.11) für ein getriebenes gedämpftes Pendel mit der Antriebsstärke $\gamma = 1{,}084$ und den folgenden Parametern: Antriebsfrequenz $\omega = 2\pi$, Eigenfrequenz $\omega_0 = 1{,}5\omega$, Dämpfungskonstante $\beta = \omega_0/4$, Anfangsbedingungen $\varphi(0) = \dot{\varphi}(0) = 0$. Bestimmen Sie eine Lösung für die ersten sieben Antriebszyklen $(0 \leq t \leq 7)$ und nennen Sie sie $\varphi_1(t)$. Lösen Sie die Gleichung nun nochmals mit denselben Parametern, jedoch mit $\varphi(0) = 0{,}00001$, und nennen Sie die Lösung $\varphi_2(t)$. Setzen Sie nun $\Delta\varphi(t) = \varphi_2(t) - \varphi_1(t)$ und fertigen Sie einen Plot von $\log|\Delta\varphi(t)|$ gegen t an. Bei dieser Antriebsstärke ist die Bewegung chaotisch. Zeigt sich das in Ihrem Plot? In welchem Sinne?

***15** Computer Lösen Sie numerisch die Bewegungsgleichung (12.11) für ein getriebenes gedämpftes Pendel mit den folgenden Parametern: Antriebsstärke $\gamma = 0{,}3$, Antriebsfrequenz $\omega = 2\pi$, Eigenfrequenz $\omega_0 = 1{,}5\omega$, Dämpfungskonstante $\beta = \omega_0/4$, Anfangsbedingungen $\varphi(0) = \dot{\varphi}(0) = 0$. Bestimmen Sie eine Lösung für die ersten fünf Antriebszyklen $(0 \leq t \leq 5)$ und nennen Sie sie $\varphi_1(t)$. Lösen Sie die Gleichung nun nochmals mit denselben Parametern, jedoch mit $\varphi(0) = 1$ (d. h., der Anfangswinkel ist ein Radian), und nennen Sie diese Lösung $\varphi_2(t)$. Setzen Sie nun $\Delta\varphi(t) = \varphi_2(t) - \varphi_1(t)$ und fertigen Sie einen Plot von $\log|\Delta\varphi(t)|$ gegen t an. Bestätigt Ihr Plot, dass $\Delta\varphi(t)$ exponentiell gegen null geht? [*Anmerkung:* Der exponentielle Abfall geht zwar immer weiter, doch $\Delta\varphi(t)$ ist irgendwann so winzig, dass es kleiner ist als die Rundungsfehler und der exponentielle Abfall nicht mehr zu sehen ist. Wenn Sie dann weitermachen wollen, müssen Sie die Rechengenauigkeit erhöhen.]

***16** Betrachten Sie die chaotische Bewegung eines getriebenen gedämpften Pendels mit einem Ljapunow-Exponenten $\lambda = 1$ (das ist ganz grob geschätzt der Wert, den Sie in Aufgabe 13 berechnet haben); die Zeit wird wie üblich in Einheiten der Antriebsperiode gemessen.

a) Sie wollen $\varphi(t)$ auf $1/100$ rad genau vorhersagen, und Sie kennen den Anfangswert $\varphi(0)$ auf 10^{-6} rad genau. Bis zu welcher Zeit t_{max} können Sie $\varphi(t)$ innerhalb der gewünschten Genauigkeit vorhersagen? Dieses t_{max} wird manchmals als **Zeithorizont** der Vorhersage innerhalb einer vorgegebenen Genauigkeit bezeichnet.

b) Nehmen Sie an, mit einem enormen Aufwand an Arbeit und Geld könnten Sie die Genauigkeit bei der Angabe Ihres Anfangswerts um das Tausendfache auf 10^{-9} rad verbessern. Welchen Zeithorizont haben Sie nun (bei derselben gewünschten Vorhersagegenauigkeit)? Um welchen Faktor hat sich t_{max} verbessert? Ihr Ergebnis illustriert die Schwierigkeit, bei chaotischen Bewegungen langfristig genaue Vorhersagen zu machen.

***17** Computer In Abbildung 12.15 sehen Sie, dass das getriebene gedämpfte Pendel für $\gamma = 1{,}503$ „versucht", eine gleichmäßige Überschlagbewegung auszuführen, bei der sich φ in jedem Zyklus um 2π ändert; dieser Bewegung ist ein unregelmäßiges Flattern überlagert, und von Zeit zu Zeit ändert sich die Richtung der Überschläge. Für andere Werte von γ nähert sich die Bewegung des Pendels einer gleichmäßigen periodischen Überschlagbewegung an.
a) Lösen Sie die Bewegungsgleichung (12.11) für $0 \leq t \leq 8$. Die Antriebsstärke ist $\gamma = 1{,}3$, alle anderen Parameter sollen dieselben sein wie im ersten Teil von Aufgabe 14. Nennen Sie Ihre Lösung $\varphi_1(t)$ und fertigen Sie davon einen Plot gegen t an. Beschreiben Sie die Bewegung.
b) Anhand dieses Darstellung ist es wegen der gleichmäßigen Überschlagbewegung um jeweils -2π schwierig, die Periodizität der Bewegung sicher zu erkennen. Es ist hier günstiger, $\varphi_1(t) + 2\pi t$ gegen die Zeit aufzutragen. Beschreiben Sie, was Sie in der Darstellung erkennen. Diese Art der periodischen Überschlagbewegung wird manchmal als **phasenstarr** bezeichnet.

***18** Computer Da die Überschlagbewegung in Aufgabe 17 periodisch ist (also nicht chaotisch), würde man erwarten, dass die Differenz $\Delta\varphi(t)$ zwischen benachbarten Lösungen (d. h. Lösungen derselben Gleichung, die von leicht unterschiedlichen Anfangsbedingungen ausgehen) exponentiell abnimmt. Um das zu illustrieren, lösen Sie Aufgabe 17a) und bestimmen Sie dann die Lösung desselben Problems, nun aber mit $\varphi(0) = 1$. Nennen Sie diese zweite Lösung $\varphi_2(t)$ und setzen Sie $\Delta\varphi(t) = \varphi_2(t) - \varphi_1(t)$. Fertigen Sie einen Plot von $\log|\Delta\varphi(t)|$ gegen t an und erläutern Sie den Plot.

12.7 Bahnen im Zustandsraum

*** 19** Betrachten Sie einen ungedämpften, frei schwingenden harmonischen Oszillator – eine Masse m am Ende einer Feder mit der Federkonstanten k.
a) Geben Sie die allgemeine Lösung $x(t)$ für die Position als Funktion der Zeit t an. Skizzieren Sie damit die Bahn im Zustandsraum, die die Bewegung des Punkts $[x(t), \dot{x}(t)]$ im zweidimensionalen Zustandsraum mit den Koordinaten $(x, \dot{x})$ angibt. Erläutern Sie die Richtung, in der die Bahn bei fortlaufender Zeit durchlaufen wird.
b) Geben Sie die Gesamtenergie des Systems an und beweisen Sie mithilfe des Satzes von der Energieerhaltung, dass die Bahn im Zustandsraum eine Ellipse ist.

*** 20** Betrachten Sie einen schwach gedämpften, aber nicht getriebenen Oszillator, wie er durch Gleichung (5.28) beschrieben wird. Die allgemeine Bewegung ist durch (5.38) gegeben.
a) Verwenden Sie die Parameter $\delta = 0$, $\omega_1 = 2\pi$ und $\beta = 0{,}5$. Skizzieren Sie mit diesen Angaben die Bahn im Zustandsraum, die die Bewegung von $(x, \dot{x})$ für $0 \leq t \leq 10$ zeigt.
b) Dieses System hat einen eindeutigen stationären Attraktor. Welchen? Erläutern Sie Ihre Antwort sowohl unter Bezug auf Ihre Skizze als auch mithilfe der Energie.

12.9 Die logistische Abbildung

21 Eine iterative Abbildung, die Sie leicht mithilfe Ihres Taschenrechners untersuchen können, ist die folgende: Sei $x_{t+1} = f(x_t)$ mit $f(x) = \cos(x)$. Sie können einen beliebigen Wert für x_0 auswählen und erhalten dann $x_1, x_2, x_3 \ldots$, indem Sie einfach wiederholt die Kosinus-Taste des Rechners drücken. (Sie müssen den Rechner dabei auf den Radian-Mode einstellen.)
a) Bestimmen Sie die ersten etwa 30 Werte von x_t für mehrere verschiedene Anfangswerte x_0. Beschreiben Sie, was dabei geschieht.
b) Sie sollten herausgefunden haben, dass es einen einzigen festen Attraktor zu geben scheint. Welchen? Erläutern Sie Ihre Antwort, indem Sie (beispielsweise grafisch) die Gleichung $f(x^*) = x^*$ für einen Fixpunkt untersuchen und unseren Stabilitätstest darauf anwenden; nach diesem Test ist ein Fixpunkt x^* stabil, wenn $|f'(x^*)| < 1$ gilt.

22 Betrachten Sie die iterative Abbildung $x_{t+1} = f(x_t)$ mit $f(x) = x^2$.
a) Zeigen Sie, dass die Abbildung genau zwei Fixpunkte hat, von denen nur einer stabil ist. Bestimmen Sie die Fixpunkte.
b) Zeigen Sie, dass x_t den stabilen Fixpunkt dann und nur dann erreicht, wenn $-1 < x_0 < 1$. Das Intervall $-1 < x_0 < 1$ wird als **Einzugs-** oder **Attraktionsgebiet** bezeichnet, denn alle Punkte $x_0, x_1, \ldots$, die in diesem Gebiet starten, werden von demselben Attraktor angezogen.
c) Zeigen Sie, dass x_t dann und nur dann gegen unendlich geht, wenn $|x_0| > 1$. (Damit könnten wir auch sagen, dass die Abbildung einen zweiten stabilen Fixpunkt bei $x = \infty$ hat und dass das Attraktionsgebiet für diesen Fixpunkt die Menge $|x_0| > 1$ ist.) Für chaotische Systeme sind die Attraktionsgebiete oft weit komplizierter als in diesen Beispielen, oft sind sie auch Fraktale.

23 Computer Betrachten Sie die **Sinusabbildung** $x_{t+1} = f(x_t)$ mit $f(x) = \sin(\pi x)$. Diese Abbildung zeigt für $0 \leq x \leq 1$ und $0 \leq r \leq 1$ ein interessantes Verhalten, daher beschränken wir unsere Aufmerksamkeit auf diese Bereiche.
a) Diskutieren Sie die Fixpunkte dieser Abbildung anhand eines Plots wie in Bild 12.35. Zeigen Sie, dass die Abbildung – je nach dem Wert von r – entweder einen oder zwei Fixpunkte hat. Zeigen Sie, dass für kleines r nur ein Fixpunkt auftritt, der stabil ist.
b) Bei welchem Wert von r (wir können ihn r_0 nennen) tritt der zweite Fixpunkt auf? Zeigen Sie, dass r_0 auch der Wert ist, bei dem der erste Fixpunkt instabil wird.
c) Wenn r anwächst, wird der zweite Fixpunkt irgendwann instabil. Berechnen Sie numerisch den Wert r_1, bei dem das geschieht.

24 Computer Betrachten Sie die Sinusabbildung aus Aufgabe 23. Mithilfe eines programmierbaren Taschenrechners (oder eines Computers) können Sie die ersten zehn oder zwanzig Werte von x_t für einen beliebigen vorgegebenen Anfangswert x_0 leicht finden. Wählen Sie $x_0 = 0{,}3$ und berechnen Sie die ersten zehn Wert von x_t für jeden der folgenden Werte des Parameters r: **a)** $r = 0{,}1$, **b)** $r = 0{,}5$, **c)** $r = 0{,}78$. Fertigen Sie für jeden der Fälle einen Plot (x_t gegen t) an und beschreiben Sie den langfristigen Attraktor.

Prüfen Sie, ob die Ergebnisse aus Aufgabe 23 mit dem in Einklang stehen, was Sie hier nachgewiesen haben.

★25 Computer Die Sinusabbildung aus Aufgabe 23 zeigt Periodenverdopplungskaskaden genau wie die logistische Abbildung. Um das zu illustrieren, wählen Sie $x_0 = 0{,}8$ und berechnen Sie die ersten zwanzig Werte von x_t für jeden der folgenden Werte des Parameters r: **a)** $r = 0{,}60$, **b)** $r = 0{,}79$, **c)** $r = 0{,}85$, **d)** $r = 0{,}865$. Fertigen Sie vier einzelne Plots für Ihre Ergebnisse an und erläutern Sie sie.

★26 Das Auftreten eines Zweier-Zyklus der logistischen Abbildung genau in dem Augenblick, wenn der Einer-Zyklus instabil wird, folgt direkt aus dem Verhalten der Kurven $f(x)$ und $g(x) = f(f(x))$, wie es in den Abbildungen 12.38 und 12.39 gezeigt wird. Der entscheidende Punkt ist, dass die Funktion $f(x)$ ein einfacher Bogen ist, der immer höher wird, je weiter wir den Kontrollparameter r – von null ausgehend – erhöhen. Zugleich beginnt $f(f(x))$ als einfacher Bogen, der niedriger ist als $f(x)$, der dann aber zwei Maxima [beide höher als $f(x)$] ausbildet, die durch ein dazwischenliegendes Minimum [niedriger als $f(x)$] getrennt sind. Erläutern Sie mit eigenen Worten, warum dieses Verhalten von $f(f(x))$ unausweichlich aus dem von $f(x)$ folgt. [*Hinweis:* Da die Funktion $f(x)$ symmetrisch bezüglich $x = 0{,}5$ ist, müssen Sie ihr Verhalten nur für die Änderung $x = 0$ bis $x = 0{,}5$ prüfen. Diese Überlegung bietet den Vorzug, dass sie sich auf jede Abbildung der Form $f(x) = r\varphi(x)$ anwenden lässt, wenn $\varphi(x)$ einen einzigen symmetrischen Bogen hat (so wie die Sinusabbildung aus Aufgabe 23).]

★27 Die Zweier-Zyklen der Abbildung $f(x)$ entsprechen den Fixpunkten der Doppelabbildung $g(x) = f(f(x))$. Damit sind die beiden Werte, die in Bild 12.37 als x_a und x_b eingezeichnet sind, Wurzeln der Gleichung $f(f(x)) = x$. Im Fall der logistischen Abbildung ist das eine Gleichung vierten Grades, deren Lösung nicht allzu schwer ist.
a) Prüfen Sie nach, dass für die logistische Funktion $f(x)$ gilt

$$x - f(f(x)) = rx\left(x - \frac{r-1}{r}\right)\left[r^2x^2 - r(r+1)x + r + 1\right]. \qquad (12.61)$$

Die Fixpunktgleichung $x - f(f(x)) = 0$ hat also vier Wurzeln. Die ersten beiden sind $x = 0$ und $x = (r-1)/r$. Erläutern Sie das und zeigen Sie, dass die beiden noch fehlenden Wurzeln

$$x_a, x_b = \frac{r + 1 \pm \sqrt{(r+1)(r-3)}}{2r} \qquad (12.62)$$

sind. Woher wissen Sie, dass dies die beiden Punkte eines Zweier-Zyklus sind?
b) Zeigen Sie, dass diese Wurzeln für $r < 3$ komplex sind und dass es demnach keinen reellen Zweier-Zyklus gibt.
c) Für $x \geq 3$ sind diese beiden Wurzeln reell, und es gibt einen reellen Zweier-Zyklus. Bestimmen Sie die Werte von x_a und x_b für den Fall $r = 3{,}2$ und überprüfen Sie die in Abbildung 12.37 gezeigten Werte.

⋆28 Gleichung (12.62) in Aufgabe 27 gibt zwei Fixpunkte des Zweier-Zyklus der logistischen Abbildung an. Sie können diesen Zweier-Zyklus nur beobachten, wenn er stabil ist; das ist der Fall für $|g'(x)| < 1$, wenn $g(x)$ die Doppelabbildung $g(x) = f(f(x))$ ist und x einen der beiden Werte x_a oder x_b annimmt.

a) Kombinieren Sie (12.62) und Gleichung (12.57) und bestimmen Sie so $g'(x_a)$. [Beachten Sie, dass (12.57) symmetrisch in x_a und x_b ist und dass Sie daher dasselbe Ergebnis erzielen, ganz gleich, ob Sie x_a oder x_b verwenden; die beiden Punkte werden also zwangsläufig gleichzeitig stabil oder instabil.]

b) Zeigen Sie, dass der Zweier-Zyklus für $3 < r < 1 + \sqrt{6}$ stabil ist. Der Schwellenwert, bei dem die Periode 2 in Periode 4 übergeht, ist $r_2 = 1 + \sqrt{6} = 3{,}449$.

⋆29 Computer Die Schwellenwerte r_n für die Periodenverdopplung der logistischen Abbildung sind in Gleichung (12.58) gegeben. Sie sollten die Feigenbaum-Relation (12.17) erfüllen, zumindest im Grenzfall $n \to \infty$ (dabei wird natürlich γ durch r ersetzt). Überprüfen Sie diese Behauptung folgendermaßen:

a) Wenn Sie Aufgabe 11 noch nicht bearbeitet haben, beweisen Sie, dass aus der Feigenbaum-Relation, wenn sie exakt gilt, $(r_{n+1} - r_n) = K/\delta^n$ folgt.

b) Fertigen Sie einen Plot von $\ln(r_{n+1} - r_n)$ gegen t an. Legen Sie eine Ausgleichsgerade durch die Daten und bestimmen Sie aus deren Steigung die Feigenbaum-Konstante. Vergleichen Sie den so erhaltenen Wert mit dem Literaturwert $\delta = 4{,}67$.

⋆30 Computer Das chaotische Verhalten der logistischen Abbildung zeigt dieselbe Empfindlichkeit gegenüber den Anfangsbedingungen, der wir schon beim getriebenen gedämpften Pendel begegnet sind. Illustrieren Sie das auf folgende Weise:

a) Verwenden Sie einen Wachstumsparameter $r = 2{,}6$ und berechnen Sie x_t für $1 \leq t \leq 40$; der Anfangswert soll $x_0 = 0{,}4$ sein. Wiederholen Sie die Rechnung, nun aber mit der Anfangsbedingung $x_0' = 0{,}5$ (der Strich dient hier nur dazu, die zweite Lösung von der ersten zu unterscheiden – er bezeichnet keine Ableitung). Fertigen Sie einen Plot für $|x_t' - x_t|$ gegen t. Beschreiben Sie das Verhalten von $x_t' - x_t$.

b) Wiederholen Sie Teil (a), nun aber mit $r = 3{,}3$. In diesem Fall hat die langfristige Entwicklung die Periode 2. Beschreiben Sie wieder das Verhalten von $x_t' - x_t$.

c) Wiederholen Sie die Teile (a) und (b), nun aber mit $r = 3{,}6$. In diesem Fall ist die Entwicklung chaotisch, und wir erwarten, dass die Differenz exponentiell *ansteigt*. Daher ist es interessanter, zwei viel dichter beieinander liegende Anfangswerte zu verwenden. Um konkret zu werden: Wählen Sie $x_0 = 0{,}4$ und $x_0' = 0{,}400001$. Wie verhält sich die Differenz?

⋆⋆31 Computer Wenn die logistische Abbildung sich nichtchaotisch entwickelt, werden zwei Lösungen, die anfangs dicht genug beieinander liegen, exponentiell konvergieren. (Das haben wir in Aufgabe 30 behandelt.) Das bedeutet aber nicht, das zwei *beliebige* Lösungen mit demselben r ebenfalls konvergieren.

a) Wiederholen Sie Aufgabe 30a mit denselben Parametern, nun jedoch mit $r = 3{,}5$; bei diesen Werten hat die langfristige Bewegung, wie wir wissen, die Periode 4. Geht $x'_t - x_t$ gegen null?
b) Wiederholen Sie diese Rechnung mit den Anfangsbedingungen $x_0 = 0{,}45$ und $x'_0 = 0{,}5$. Erläutern Sie Ihr Ergebnis. Können Sie erklären, warum es – sofern die Periode größer ist als 1 – unmöglich ist, dass die Differenz $x'_t - x_t$ für jede Wahl der Anfangsbedingungen gegen null geht?

32 Computer Fertigen Sie ein Bifurkationsdiagramm für die logistische Abbildung in der Art von Bild 12.41 für den Bereich $0 \leq t \leq 3{,}55$. Wählen Sie $x_0 = 0{,}1$. Erläutern Sie die Hauptmerkmale des Diagramms. [*Hinweis:* Beginnen Sie mit einer sehr kleinen Anzahl von Punkten, etwa indem Sie r in Schritten von 0,5 von 0 bis 3,5 und t von 51 bis 54 laufen lassen. Auf diese Weise können Sie die Rechnungen für jeden der Werte von r einzeln durchführen und bekommen ein Gefühl dafür, was bei den Rechnungen geschieht. Um ein aussagekräftiges Diagramm zu erstellen, müssen Sie dann aber die Anzahl der Punkte erhöhen (Sie könnten etwa r in Schritten von 0,025 von 0 bis 3,55 und t von 51 bis 60 laufen lassen). In diesem Fall müssen Sie die Berechnung der vielen Punkte automatisieren.]

33 Computer Reproduzieren Sie das logistische Bifurkationsdiagramm aus Abbildung 12.41 für den Bereich $2{,}8 \leq r \leq 4$. Wählen Sie $x_0 = 0{,}1$. [*Hinweis:* Für die Erstellung von Abbildung 12.41 habe ich etwa 50 000 Punkte verwendet, so viele müssen es bei Ihnen aber sicherlich nicht sein. Beginnen Sie mit einer sehr kleinen Anzahl von Punkten, etwa indem Sie r in Schritten von 0,2 von 2,8 bis 3,4 und t von 51 bis 54 laufen lassen. Auf diese Weise können Sie die Rechnungen für jeden der Werte von r einzeln durchführen und bekommen ein Gefühl dafür, was bei den Rechnungen geschieht. Um ein aussagekräftiges Diagramm zu erstellen, müssen Sie dann aber die Anzahl der Punkte erhöhen (Sie könnten etwa r in Schritten von 0,025 von 2,8 bis 4 und t von 500 bis 600 laufen lassen). In diesem Fall müssen Sie die Berechnung der vielen Punkte automatisieren.]

34 Computer Fertigen Sie ein Bifurkationsdiagramm für die Sinusabbildung aus den Aufgaben 23 und 25 an. Es sollte an das Diagramm aus Bild 12.41 erinnern, aber für den Bereich $0{,}6 \leq r \leq 1$. Wählen Sie $x_0 = 0{,}1$. Erläutern Sie die Hauptmerkmale des Diagramms. [*Hinweis:* Beginnen Sie mit einer sehr kleinen Anzahl von Punkten, etwa indem Sie r in Schritten von 0,05 von 0,6 bis 0,8 und t von 51 bis 54 laufen lassen. Auf diese Weise können Sie die Rechnungen für jeden der Werte von r einzeln durchführen und bekommen ein Gefühl dafür, was bei den Rechnungen geschieht. Um ein aussagekräftiges Diagramm zu erstellen, müssen Sie dann aber die Anzahl der Punkte erhöhen (Sie könnten etwa r in Schritten von 0,005 von 0,6 bis 1 und t von 400 bis 500 laufen lassen). In diesem Fall müssen Sie die Berechnung der vielen Punkte automatisieren.]

Hamilton-Mechanik

13

ÜBERBLICK

» In den ersten sechs Kapiteln dieses Buchs haben wir nur mit der Newton'schen Form der Mechanik gearbeitet, die die Welt mithilfe von Kräften und Beschleunigungen (entsprechend dem zweiten Newton'schen Gesetz) beschreibt und die sich besonders für die Anwendung in kartesischen Koordinatensystemen eignet. In Kapitel 7 haben wir dann den Lagrange-Formalismus kennengelernt. Diese alternative Formulierung der Mechanik ist völlig äquivalent zu der von Newton – in dem Sinne, dass jede der beiden sich aus der jeweils anderen herleiten lässt –, doch die Lagrange'sche Form ist deutlich flexibler in Bezug auf die Koordinatenwahl. Die n kartesischen Koordinaten, die ein System im Newton'schen Formalismus beschreiben, werden durch einen Satz von n verallgemeinerten Koordinaten $q_1, q_2, \ldots, q_n$ ersetzt, und die Lagrange-Gleichungen gelten gleichermaßen für eine fast beliebige Wahl der $q_1, q_2, \ldots, q_n$. Wie wir bereits gesehen haben, erlaubt es diese Vielseitigkeit, viele Probleme mit dem Lagrange-Formalismus viel einfacher zu lösen. Der Lagrange-Formalismus hat darüber hinaus den Vorteil, dass er die Zwangskräfte eliminiert. Andererseits hat die Lagrange'sche Formulierung der Mechanik dann Nachteile, wenn man sie auf dissipative Systeme anwendet (beispielsweise auf Systeme mit Reibung). Sie sollten, so hoffe ich, mittlerweile mit beiden Formulierungen routiniert umgehen können und mit den jeweiligen Vorzügen und Nachteilen vertraut sein.

Die Newton'sche Mechanik wurde zuerst von Isaac Newton in seinen *Principia Mathematica* dargelegt, die 1687 erschienen sind. Lagrange veröffentlichte seine Formulierung in dem Buch *Mécanique analytique* im Jahr 1788. Im frühen neunzehnten Jahrhundert entwickelten mehrere Physiker, darunter auch Lagrange, noch eine dritte Formulierung der Mechanik, die 1834 von dem irischen Mathematiker und Physiker William Rowan Hamilton (1805–1865) in eine geschlossene Form gebracht wurde und daher als Hamilton-Mechanik bezeichnet wird. Mit dieser dritten Formulierung der Mechanik wollen wir uns in diesem Kapitel befassen.

Wie die Lagrange'sche Formulierung ist auch die Hamilton-Mechanik äquivalent zur Newton'schen Mechanik, aber erheblich flexibler bei der Wahl der Koordinaten; in diesem Punkt übertrifft sie sogar noch den Lagrange'schen Ansatz. Während die Lagrange-Mechanik sich auf die Lagrange-Funktion $\mathcal{L}$ stützt, basiert die Hamilton-Mechanik auf der Hamilton-Funktion $\mathcal{H}$, der wie bereits in Kapitel 7 kurz begegnet sind. Für die meisten Systeme, mit denen wir uns befassen, ist $\mathcal{H}$ einfach die Gesamtenergie. Es ist somit einer der Vorzüge des Hamilton'schen Formalismus, dass er sich auf eine Funktion $\mathcal{H}$ stützt, die – anders als die Lagrange-Funktion $\mathcal{L}$ – eine klare physikalische Bedeutung hat und häufig erhalten bleibt. Der Hamilton'sche Ansatz eignet sich auch besonders gut für den Umgang mit anderen Erhaltungsgrößen und dafür, verschiedene Näherungskonzepte umzusetzen. Er wurde für mehrere Gebiete der Physik verallgemeinert; insbesondere ermöglicht die Hamilton-Mechanik einen ganz natürlichen Übergang von der klassischen Mechanik zur Quantenmechanik. Aus all diesen Gründen spielt die Hamilton'sche Formulierung eine wichtige Rolle in vielen Gebieten der modernen Physik, darunter in der Astrophysik, in der Plasmaphysik und beim Entwurf von Teilchenbeschleunigern. Leider ist es im Rahmen dieses Buchs schwierig, die vielen Vorzüge der Hamilton-Mechanik gegenüber der Lagrange-Mechanik zu demonstrieren. Ich kann Sie in diesem Kapitel also nur bitten, Hamilton als Alternative zu Lagrange aufzufassen – als eine Alternative, deren viele Vorzüge ich hier ansprechen, aber nicht vertiefen werde. Wenn Sie einen fortgeschrittenen Kurs in Klassischer Mechanik belegen oder die Quantenmechanik studieren, werden Ihnen sicherlich viele Konzepte dieses Kapitels wiederbegegnen. «

13.1 Die Basis-Variablen

Da die Hamilton'sche Version der Mechanik der von Lagrange näher steht als der von Newton und sich in natürlicher Weise aus der Lagrange-Mechanik entwickeln lässt, beginnen wir mit einem Rückblick auf die Hauptmerkmale der Lagrange-Mechanik, die sich alle um die Lagrange-Funktion $\mathcal{L}$ drehen. Für die meisten interessante Systeme ist $\mathcal{L}$ einfach die Differenz von kinetischer und potenzieller Energie, also $\mathcal{L} = T - U$. Wir werden uns in diesem Kapitel auf Systeme beschränken, bei denen das der Fall ist. Die Lagrange-Funktion ist eine Funktion der n verallgemeinerten Koordinaten $q_1, \ldots, q_n$, ihrer n zeitlichen Ableitungen $\dot{q}_1, \ldots, \dot{q}_n$ und möglicherweise der Zeit t

$$\mathcal{L} = \mathcal{L}(q_1, \ldots, q_n, \dot{q}_1, \ldots, \dot{q}_n, t) = T - U\,. \tag{13.1}$$

Die n Koordinaten $(q_1, \ldots, q_n)$ geben einen Ort oder eine „Konfiguration" des Systems an und lassen sich als Punkt im n-dimensionalen **Konfigurationsraum** auffassen. Die $2n$ Koordinaten $(q_1, \ldots, q_n, \dot{q}_1, \ldots, \dot{q}_n)$ definieren einen Punkt im **Zustandsraum** und geben einen Satz von Anfangsbedingungen (zu einer vorgegebenen Zeit t_0) vor, die eine eindeutige Lösung der n Bewegungsgleichungen

$$\frac{\partial \mathcal{L}}{\partial q_i} = \frac{\mathrm{d}}{\mathrm{d}t}\frac{\partial \mathcal{L}}{\partial \dot{q}_i} \qquad [i = 1, \ldots, n] \tag{13.2}$$

festlegen. Diese n Differenzialgleichungen zweiter Ordnung sind die **Lagrange-Gleichungen**. Für jeden Satz von Anfangsbedingungen führen sie zu einer eindeutigen Bahn im Zustandsraum.

Sie werden sich auch erinnern, dass wir einen **verallgemeinerten Impuls** definiert haben:

$$p_i = \frac{\partial \mathcal{L}}{\partial \dot{q}_i}\,. \tag{13.3}$$

Wenn die verallgemeinerten Koordinaten $(q_1, \ldots, q_n)$ kartesische Koordinaten sind, sind die verallgemeinerten Impulse p_i genau die entsprechenden Komponenten der üblichen Impulse. Im Allgemeinen aber ist p_i kein Impuls im physikalischen Sinn, spielt allerdings, wie wir gesehen haben, eine analoge Rolle. Der verallgemeinerte Impuls p_i wird auch als **kanonischer Impuls** oder als zu q_i **konjugierter Impuls** bezeichnet.

In der Hamilton'schen Version der Mechanik wird die zentrale Rolle der Lagrange-Funktion $\mathcal{L}$ durch die **Hamilton-Funktion** $\mathcal{H}$ (in der englischsprachigen Literatur auch als *Hamiltonian* bezeichnet) übernommen. Sie ist definiert als

$$\mathcal{H} = \sum_{i-1}^{n} p_i \dot{q}_i - \mathcal{L}\,. \tag{13.4}$$

Die Bewegungsgleichungen, die wir in den nächsten beiden Abschnitten herleiten werden, enthalten Ableitungen von $\mathcal{H}$ und nicht von $\mathcal{L}$ wie in den Lagrange-Gleichungen. Wir sind der Hamilton-Funktion bereits kurz in Abschnitt 7.8 begegnet, als wir bewiesen haben, dass $\mathcal{H}$ einfach die Gesamtenergie des Systems ist, sofern die verallgemeinerten Koordinaten $(q_1, \ldots, q_n)$ natürliche Koordinaten sind (d. h., dass der Zusammenhang zwischen den q_i und den zugrundeliegenden kartesischen Koordinaten nicht von der Zeit abhängt). $\mathcal{H}$ ist einfach die Gesamtenergie, die uns vertraut ist und die sich leicht darstellen lässt.

Es gibt noch einen zweiten wichtigen Unterschied zwischen dem Lagrange'schen und dem Hamilton'schen Formalismus. Nach Lagrange beschreiben wir den Zustand des Systems durch die $2n$ Koordinaten

$$(q_1, \dots, q_n, \dot{q}_1, \dots, \dot{q}_n), \qquad \text{[Lagrange]} \tag{13.5}$$

nach Hamilton verwenden wir hingegen die Koordinaten

$$(q_1, \dots, q_n, p_1, \dots, p_n), \qquad \text{[Hamilton]} \tag{13.6}$$

also die n verallgemeinerten Positionen und die n verallgemeinerten *Impulse* (und nicht die verallgemeinerten Geschwindigkeiten). Diese Wahl der Koordinaten hat mehrere Vorzüge, von denen ich einige hier skizzieren will, einige andere müssen Sie mir einfach glauben.

So wie wir für die $2n$ Koordinaten (13.5) des Lagrange'schen Formalismus sagen, dass sie einen Punkt im $2n$-dimensionalen Zustandsraum definieren, so können wir für die $2n$ Koordinaten (13.6) sagen, dass sie einen Punkt in einem $2n$-dimensionalen Raum definieren, der üblicherweise als **Phasenraum** bezeichnet wird.[1] So wie die Lagrange'schen Bewegungsgleichungen (13.2) eine eindeutige Bahn im Zustandsraum definieren, die von einem Startpunkt (13.5) ausgeht, so bestimmen die Hamilton'schen Gleichungen – wie wir noch sehen werden – eine eindeutige Bahn im Phasenraum, die von einem Startpunkt (13.6) ausgeht. Eine prägnante Möglichkeit, die Vorzüge des Hamilton'schen Formalismus darzustellen, ist es zu zeigen, dass der Phasenraum gewisse geometrische Eigenschaften hat, die ihn besser handhabbar machen als den Zustandsraum.

Wie der Lagrange'sche Formalismus eignet sich auch der Hamilton'sche Formalismus am besten für Systeme, in denen keine Reibungskräfte wirken. Entsprechend nehme ich in diesem Kapitel an, dass alle interessierenden Kräfte konservativ sind oder sich wenigstens aus einer potenziellen Energie herleiten lassen. Wenn diese Beschränkung auch viele interessante physikalische Probleme ausschließt, so bleibt doch eine gewaltige Vielzahl von wichtigen Problemen, insbesondere aus der Astrophysik, sowie von Problemen auf mikroskopischem, d. h. atomarem bzw. molekularem Niveau.

13.2 Hamilton-Gleichungen für eindimensionale Systeme

Um die Notation möglichst einfach zu halten, leite ich zunächst die Hamilton-Gleichungen für ein konservatives eindimensionales System mit einer einzigen natürlichen verallgemeinerten Koordinate q her. Sie können sich beispielsweise ein ebenes Pendel vorstellen – in diesem Fall wäre q der übliche Winkel φ; oder eine Perle auf einem festen Draht – in diesem Fall wäre q die horizontale Entfernung x entlang des Drahtes. Für ein solches System ist die Lagrange-Funktion eine Funktion von q und $\dot{q}$, d. h.

$$\mathcal{L} = \mathcal{L}(q, \dot{q}) = T(q, \dot{q}) - U(q). \tag{13.7}$$

1 Viele Autoren verwenden die Begriffe „Zustandsraum" und „Phasenraum" synonym, doch ich halte es für zweckdienlich, verschiedene Bezeichnungen für unterschiedliche Räume zu verwenden; ich reserviere daher den Begriff „Zustandsraum" für den Raum der verallgemeinerten Positionen und Geschwindigkeiten und den Begriff „Phasenraum" für den Raum der verallgemeinerten Positionen und Impulse.

Bedenken Sie, dass die kinetische Energie im Allgemeinen sowohl von q als auch von $\dot{q}$ abhängen kann, wohingegen die potenzielle Energie bei konservativen Systemen nur von q abhängt. Beispielsweise gilt für ein Fadenpendel (Masse m und Länge L)

$$\mathcal{L} = \mathcal{L}(\varphi, \dot{\varphi}) = \tfrac{1}{2} mL^2 \dot{\varphi}^2 - mgL(1 - \cos\varphi), \tag{13.8}$$

wobei in diesem Beispiel die kinetische Energie nur von $\dot{\varphi}$, aber nicht von φ abhängt. Bei einer Perle, die sich auf einem reibungsfreien Draht mit variabler Höhe $y = f(x)$ bewegen kann, gilt (vgl. Beispiel 11.1, Seite 511)

$$\mathcal{L} = \mathcal{L}(x, \dot{x}) = T - U = \tfrac{1}{2} m[1 + f'(x)^2]\dot{x}^2 - mgf(x). \tag{13.9}$$

Hier kommt die x-Abhängigkeit der kinetischen Energie dadurch ins Spiel, dass wir das v in $\frac{1}{2}mv^2$ durch die horizontale Entfernung x ausdrücken. Die beiden Beispiele (13.8) und (13.9) illustrieren ein allgemeines Ergebnis, das wir in Abschnitt 7.8 (Seite 321) bewiesen haben und nach dem die Lagrange-Funktion für ein konservatives System mit natürlichen Koordinaten die allgemeine Form

$$\mathcal{L} = \mathcal{L}(q, \dot{q}) = T - U = \tfrac{1}{2} A(q)\dot{q}^2 - U(q) \tag{13.10}$$

hat. Beachten Sie, dass die kinetische Energie zwar gemäß $A(q)$ in komplizierter Weise von q abhängen kann, dass die Abhängigkeit von $\dot{q}$ aber nur durch den einfachen quadratischen Faktor $\dot{q}^2$ gegeben ist. Wie Sie leicht überprüfen können, indem Sie die Lagrange-Gleichung niederschreiben, ist die Lagrange-Gleichung für diese Lagrange-Funktion immer eine Differenzialgleichung zweiter Ordnung in q.

Die in (13.4) definierte Hamilton-Funktion reduziert sich in einer Dimension auf

$$\mathcal{H} = p\dot{q} - \mathcal{L}. \tag{13.11}$$

In der Diskussion in Abschnitt 7.8 habe ich einige Gründe dafür angeführt, warum man erwarten könnte, dass eine derart definierte Funktion eine nähere Betrachtung verdient. Fürs Erste wollen wir aber diese Definition als inspirierte Eingebung Hamiltons akzeptieren – eine Eingebung, deren Wert sich im weiteren Verlauf unserer Betrachtung zeigen wird.[2] Gehen wir von der Form (13.10) von $\mathcal{L}$ aus, ergibt sich als verallgemeinerter Impuls p

$$p = \frac{\partial \mathcal{L}}{\partial \dot{q}} = A(q)\dot{q}, \tag{13.12}$$

sodass $p\dot{q} = A(q)\dot{q}^2 = 2T$ gilt. Setzen wir das in (13.11) ein, erhalten wir

$$\mathcal{H} = p\dot{q} - \mathcal{L} = 2T - (T - U) = T + U. \tag{13.13}$$

Mit anderen Worten: Die Hamilton-Funktion $\mathcal{H}$ für das hier betrachtete „natürliche“ System ist genau die Gesamtenergie – und das ist das Ergebnis, das wir in

2 Eigentlich ist der Wechsel von $\mathcal{L}$ zu $\mathcal{H}$ als neuem Objekt unseres Interesses ein Beispiel für eine mathematische Operation, die sogenannte *Legendre-Transformation*, die in vielen Bereichen der Physik eine wichtige Rolle spielt, insbesondere in der Thermodynamik. Beispielsweise ist der Übergang von der thermodynamischen inneren Energie U zur Enthalpie H eine Legendre-Transformation ganz analog zu Hamiltons Übergang von $\mathcal{L}$ zu $\mathcal{H}$.

Abschnitt 7.8 für ein beliebiges „natürliches“ System in beliebig vielen Dimensionen bewiesen haben.

Der nächste Schritt beim Aufbau des Hamilton'schen Formalismus ist wahrscheinlich der scharfsinnigste. Im Lagrange'schen Ansatz betrachten wir $\mathcal{L}$ als eine Funktion von q und $\dot{q}$, so steht es auch explizit in (13.10). Entsprechend gibt (13.12) den verallgemeinerten Impuls p in Abhängigkeit von q und $\dot{q}$ an. Wir können jedoch (13.12) nach $\dot{q}$ auflösen und somit $\dot{q}$ durch q und p ausdrücken, nämlich in der Form

$$\dot{q} = p/A(q) = \dot{q}(q, p) \, .$$

Wenn wir nun $\dot{q}$ als Funktion von q und p ausgedrückt haben, schauen wir uns die Hamilton-Funktion an. Wo immer in $\mathcal{H}$ ein $\dot{q}$ auftaucht, können wir es durch $\dot{q}(q, p)$ ersetzen; damit wird $\mathcal{H}$ eine Funktion von q und p. Geht man bis ins letzte Detail, dann wird (13.11) zu

$$\mathcal{H}(q, p) = p\,\dot{q}(q, p) - \mathcal{L}(q, \dot{q}(q, p)) \, . \tag{13.14}$$

Unser letzter Schritt besteht nun darin, die Hamilton'schen Bewegungsgleichungen aufzustellen. Dazu berechnen wir die (partiellen) Ableitungen von $\mathcal{H}(q, p)$ nach q bzw. nach p. Als Erstes wenden wir die Kettenregel an und leiten (13.14) nach q ab:

$$\frac{\partial \mathcal{H}}{\partial q} = p\,\frac{\partial \dot{q}}{\partial q} - \left[\frac{\partial \mathcal{L}}{\partial q} + \frac{\partial \mathcal{L}}{\partial \dot{q}}\,\frac{\partial \dot{q}}{\partial q}\right] .$$

Im dritten Term auf der rechten Seite werden Sie den Zusammenhang $\partial \mathcal{L}/\partial \dot{q} = p$ erkennen. Damit heben sich der erste und der dritte Term auf der rechten Seite hinweg, und es bleibt

$$\frac{\partial \mathcal{H}}{\partial q} = -\frac{\partial \mathcal{L}}{\partial q} = -\frac{\mathrm{d}}{\mathrm{d}t}\frac{\partial \mathcal{L}}{\partial \dot{q}} = -\frac{\mathrm{d}}{\mathrm{d}t}p = -\dot{p} \, ; \tag{13.15}$$

das zweite Gleichheitszeichen folgt dabei aus der Lagrange-Gleichung (13.2). Gleichung (13.15) gibt die zeitliche Ableitung von p (also $\dot{p}$) mithilfe der Hamilton-Funktion $\mathcal{H}$ an; sie ist die erste der beiden Hamilton'schen Bewegungsgleichungen. Bevor wir näher auf sie eingehen, leiten wir erst noch die zweite her.

Die Ableitung von (13.14) nach p ergibt unter Anwendung der Kettenregel

$$\frac{\partial \mathcal{H}}{\partial p} = \left[\dot{q} + p\,\frac{\partial \dot{q}}{\partial p}\right] - \frac{\partial \mathcal{L}}{\partial \dot{q}}\,\frac{\partial \dot{q}}{\partial p} = \dot{q} \, , \tag{13.16}$$

denn der zweite und der dritte Term im mittleren Ausdruck heben sich hinweg. Dies ist die zweite der Hamilton'schen Bewegungsgleichungen, die $\dot{q}$ mithilfe von $\mathcal{H}$ ausdrückt. Wenn wir die beiden Gleichungen zusammenstellen (und ein wenig umordnen), erhalten wir die **Hamilton-Gleichungen** für ein eindimensionales System:

$$\dot{q} = \frac{\partial \mathcal{H}}{\partial p} \qquad \text{und} \qquad \dot{p} = -\frac{\partial \mathcal{H}}{\partial q} \, . \tag{13.17}$$

Im Lagrange'schen Formalismus ist die Bewegungsgleichung für ein eindimensionales System eine *einzige Differenzialgleichung zweiter Ordnung* in q. Im Hamilton'schen Formalismus haben wir *zwei Differenzialgleichungen erster Ordnung*, eine in q und eine in p. Bevor wir dieses Ergebnis auf allgemeinere Systeme erweitern und auf die eventuellen Vorzüge des neuen Formalismus eingehen, schauen wir uns einige einfache Beispiele an.

Beispiel 13.1 Betrachten Sie eine Perle, die auf einem geraden Draht aufgefädelt ist und sich reibungsfrei darauf bewegen kann. Der Draht liegt, wie in Abbildung 13.1 gezeigt, auf der x-Achse. Die Perle hat die Masse m und erfährt eine konservative Kraft, zu der eine entsprechende potenzielle Energie $U(x)$ gehört. Geben Sie die Lagrange-Funktion und die Lagrange'schen Bewegungsgleichungen an. Bestimmen Sie die Hamilton-Funktion und vergleichen Sie die beiden Ansätze miteinander.

Eine Perle auf einem geraden Draht

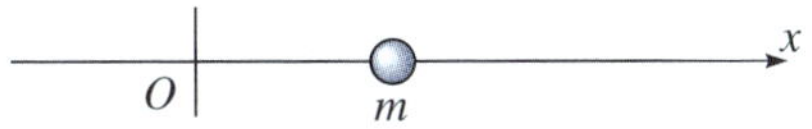

Abbildung 13.1: Eine Perle mit der Masse m bewegt sich reibungsfrei auf einem geraden Draht.

Lösung Natürlich wählen wir als unsere verallgemeinerte Koordinate q die kartesische Koordinate x. Die Lagrange-Funktion ist dann

$$\mathcal{L}(x, \dot{x}) = T - U = \tfrac{1}{2}m\dot{x}^2 - U(x)\,.$$

Die entsprechende Lagrange-Gleichung ist

$$\frac{\partial \mathcal{L}}{\partial x} = \frac{\mathrm{d}}{\mathrm{d}t}\frac{\partial \mathcal{L}}{\partial \dot{x}} \qquad \text{oder} \qquad -\frac{\mathrm{d}U}{\mathrm{d}x} = m\ddot{x}\,, \tag{13.18}$$

und das ist gerade der Newton'sche Ausdruck $F = ma$, wie wir erwartet haben.

Um den Hamilton'schen Formalismus anwenden zu können, müssen wir zunächst den verallgemeinerten Impuls bestimmen:

$$p = \frac{\partial \mathcal{L}}{\partial \dot{x}} = m\dot{x}\,.$$

Wie zu erwarten, ist das genau der konventionelle Impuls mv. Wenn man diese Gleichung nach $\dot{x}$ auflöst, erhält man $\dot{x} = p/m$, und das kann man in die Hamilton-Funktion einsetzen:

$$\mathcal{H} = p\dot{x} - \mathcal{L} = \frac{p^2}{m} - \left[\frac{p^2}{2m} - U(x)\right] = \frac{p^2}{2m} + U(x)\,;$$

Sie werden in diesem Ausdruck die Gesamtenergie erkennen, in der der kinetische Term $\frac{1}{2}m\dot{x}^2$ mithilfe des Impulses als $p^2/(2m)$ ausgedrückt ist. Damit ergeben sich schließlich die beiden Hamilton-Gleichungen (13.17) zu

$$\dot{x} = \frac{\partial \mathcal{H}}{\partial p} = \frac{p}{m} \qquad \text{und} \qquad \dot{p} = -\frac{\partial \mathcal{H}}{\partial x} = -\frac{\mathrm{d}U}{\mathrm{d}x}\,.$$

Die erste dieser Gleichungen ist in der Newton'schen Sichtweise einfach nur die traditionelle Definition des Impulses; wenn wir diese Definition in die zweite Gleichung einsetzen, erhalten wir wieder $m\ddot{x} = -\mathrm{d}U/\mathrm{d}x$. Wie es natürlich sein muss, führen uns also Newton, Lagrange und Hamilton alle auf dieselbe vertraute Gleichung. In diesem sehr einfachen Beispiel bieten weder Lagrange noch Hamilton erkennbare Vorteile gegenüber Newton. ■

Atwood'sche Fallmaschine

Beispiel 13.2 Wenden Sie den Hamilton'schen Formalismus auf die Atwood'sche Fallmaschine an, die wir bereits in Abbildung 4.15 kennengelernt haben und die hier in Abbildung 13.2 nochmals gezeigt ist. Wählen Sie die (nach unten gemessene) Höhe von m_1 als die eine verallgemeinerte Koordinate.

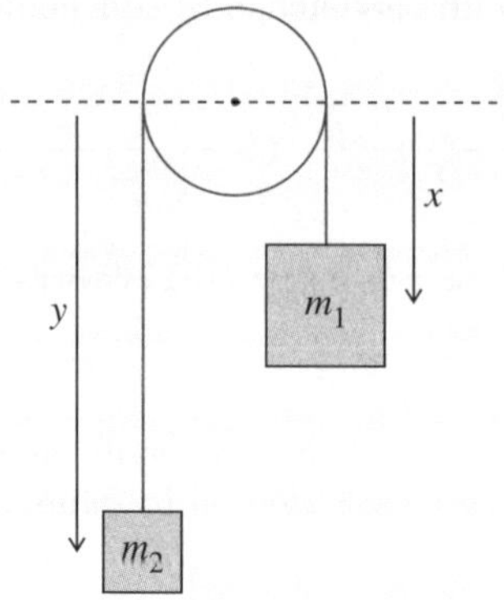

Abbildung 13.2: Eine Atwood'sche Fallmaschine besteht aus zwei Massen m_1 und m_2, die durch eine masselose, nicht dehnbare Schnur miteinander verbunden sind. Die Schnur läuft über eine masselose, reibungsfreie Rolle. Da die Länge der Schnur fest ist, ist die Position des gesamten Systems eindeutig bestimmt, wenn man die Höhe x der Masse m_1 unter einem geeigneten festen Niveau angibt.

Lösung Die Lagrange-Funktion ist $\mathcal{L} = T - U$, und es gilt (vgl. Beispiel 7.3 auf Seite 308)

$$T = \tfrac{1}{2}(m_1 + m_2)\dot{x}^2 \qquad \text{und} \qquad U = -(m_1 - m_2)gx\,. \tag{13.19}$$

Die Hamilton-Funktion $\mathcal{H}$ können wir entweder als $\mathcal{H} = p\dot{x} - \mathcal{L}$ oder als $\mathcal{H} = T + U$ berechnen; der zweite Ausdruck führt, sofern er wahr ist,[3] meist etwas schneller zum Ziel. In beiden Fällen müssen wir zunächst den verallgemeinerten Impuls $p = \partial\mathcal{L}/\partial\dot{x}$ oder – da U die Ableitung $\dot{x}$ nicht enthält –

$$p = \frac{\partial T}{\partial \dot{x}} = (m_1 + m_2)\dot{x}$$

bestimmen. Wir stellen die Gleichungen um und drücken $\dot{x}$ mithilfe von p als $\dot{x} = p/(m_1 + m_2)$ aus; das können wir dann in $\mathcal{H}$ einsetzen und erhalten so $\mathcal{H}$ als Funktion von x und p:

$$\mathcal{H} = T + U = \frac{p^2}{2(m_1 + m_2)} - (m_1 - m_2)gx\,. \tag{13.20}$$

Nun können wir die beiden Hamilton'schen Bewegungsgleichungen (13.17) angeben:

$$\dot{x} = \frac{\partial\mathcal{H}}{\partial p} = \frac{p}{m_1 + m_2} \qquad \text{und} \qquad \dot{p} = -\frac{\partial\mathcal{H}}{\partial x} = (m_1 - m_2)g\,.$$

3 Denken Sie daran, dass dieser zweite Ausdruck nur dann wahr ist, wenn die verallgemeinerte Koordinate natürlich ist, d. h., wenn der Zusammenhang zwischen der verallgemeinerten Koordinate und den zugrundeliegenden kartesischen Koordinaten nicht von der Zeit abhängt – eine Bedingung, die hier sicherlich erfüllt ist (vgl. Aufgabe 4).

Auch hier wiederholt die erste der beiden Gleichungen nur die Definition für den verallgemeinerten Impuls; wenn wir die erste und die zweite Gleichung kombinieren, erhalten wir das wohlbekannte Ergebnis für die Beschleunigung der Atwood'schen Fallmaschine:

$$\ddot{x} = \frac{m_1 - m_2}{m_1 + m_2} g .$$

■

Diese beiden Beispiele zeigen einige allgemeine Eigenschaften des Hamilton'schen Ansatzes: Unser erster Schritt besteht immer darin, die Hamilton-Funktion $\mathcal{H}$ anzugeben (so wie im Lagrange'schen Ansatz zunächst die Lagrange-Funktion gefunden werden muss). Im Hamilton'schen Formalismus sind noch einige zusätzliche Schritte erforderlich: Man muss zunächst den verallgemeinerten Impuls angeben, die sich ergebende Gleichung für die verallgemeinerte Geschwindigkeit lösen und schließlich $\mathcal{H}$ als Funktion von Ort und Impuls ausdrücken. Sobald das erledigt ist, muss man nur noch aufs Knöpfchen drücken, und die Hamilton-Gleichungen werden ausgespuckt. Im Allgemeinen gibt es natürlich keine Garantie dafür, dass die sich ergebenden Gleichungen auch lösbar sind, doch es ist eine der wunderbaren Eigenschaften des Hamilton'schen (übrigens auch des Lagrange'schen) Formalismus, dass er fast unfehlbar zu den Bewegungsgleichungen führt.

13.3 Hamilton-Gleichungen in mehreren Dimensionen

Unsere Herleitung der Hamilton-Gleichungen für ein eindimensionales System lässt sich leicht auf mehrdimensionale Systeme erweitern. Das einzige wirkliche Problem dabei ist, dass die Gleichungen mit Indizes gespickt sind; um Verwirrung zu vermeiden, werde ich die in Abschnitt 11.5 eingeführte abkürzende Schreibweise verwenden: Die Konfiguration eines n-dimensionalen Systems ist durch n verallgemeinerte Koordinaten $q_1, \ldots, q_n$ gegeben, die ich durch einen einzigen fett-kursiven Buchstaben darstellen werde:

$$\boldsymbol{q} = (q_1, \ldots, q_n) .$$

Entsprechend werden die verallgemeinerten Geschwindigkeiten zu $\dot{\boldsymbol{q}} = (\dot{q}_1, \ldots, \dot{q}_n)$, und die verallgemeinerten Impulse sind

$$\boldsymbol{p} = (p_1, \ldots, p_n) .$$

Bitte beachten Sie, dass die fett-kursiven Buchstaben $\boldsymbol{q}$ bzw. $\boldsymbol{p}$ jetzt nicht unbedingt einen dreidimensionalen Vektor darstellen. $\boldsymbol{q}$ und $\boldsymbol{p}$ bezeichnen vielmehr n-dimensionale Vektoren im Raum der verallgemeinerten Positionen bzw. Impulse.

Die Hamilton-Gleichungen folgen direkt aus den Lagrange-Gleichungen in ihrer Standardform. Um also die die ersteren zu beweisen, müssen wir nur die Richtigkeit der letzteren zeigen. Konkret werde ich dieselben Annahmen treffen wie in Kapitel 7: Ich werde annehmen, dass die Zwangsbedingungen holonom sind, d. h., dass die Anzahl der Freiheitsgrade gleich der Anzahl der verallgemeinerten Koordinaten ist. Ferner nehme ich an, dass die Nicht-Zwangskräfte sich aus einer potenziellen Energie herleiten lassen, obwohl es nicht wesentlich ist, dass die Kräfte auch konservativ sind (mit anderen Worten: die potenzielle Energie kann von t abhängen). Die Gleichungen, die den Zusammenhang zwischen den N zugrundeliegenden kartesischen Koordinaten $\boldsymbol{r}_1, \ldots, \boldsymbol{r}_N$ und den n verallgemeinerten Koordinaten angeben, *können* von der

Zeit abhängen; es ist also nicht notwendig, dass die verallgemeinerten Koordinaten natürlich sind. Diese Annahmen reichen aus, um den normalen Lagrange'schen Formalismus anzuwenden, sodass wir daraus auch den Hamilton'schen Formalismus ableiten können. Unser Ausgangspunkt ist also, dass es eine Lagrange-Funktion

$$\mathcal{L} = \mathcal{L}(\boldsymbol{q}, \dot{\boldsymbol{q}}, t) = T - U$$

gibt und dass die Entwicklung unseres Systems durch die n Lagrange-Gleichungen

$$\frac{\partial \mathcal{L}}{\partial q_i} = \frac{\mathrm{d}}{\mathrm{d}t}\frac{\partial \mathcal{L}}{\partial \dot{q}_i} \qquad [i = 1, \cdots, n] \tag{13.21}$$

bestimmt ist.

Wir definieren die Hamilton-Funktion wie in (13.4) als

$$\mathcal{H} = \sum_{i=1}^{n} p_i \dot{q}_i - \mathcal{L} \tag{13.22}$$

mit den verallgemeinerten Impulsen

$$p_i = \frac{\partial \mathcal{L}(\boldsymbol{q}, \dot{\boldsymbol{q}}, t)}{\partial \dot{q}_i} \qquad [i = 1, \cdots, n] \tag{13.23}$$

wie in (13.3). Wie schon im eindimensionalen Fall, so besteht auch hier unser nächster Schritt darin, die Hamilton-Funktion als eine Funktion der $2n$ Variablen $\boldsymbol{q}$ und $\boldsymbol{p}$ auszudrücken. Dazu können wir die Gleichungen (13.23) als n simultane Gleichungen für die n verallgemeinerten Geschwindigkeiten $\dot{\boldsymbol{q}}$ auffassen. Diese Gleichungen lassen sich im Prinzip lösen, und wir erhalten die verallgemeinerten Geschwindigkeiten, ausgedrückt mithilfe der Variablen $\boldsymbol{p}$, $\boldsymbol{q}$ und t:

$$\dot{q}_i = \dot{q}_i(q_1, \cdots, q_n, p_1, \cdots, p_n, t) \qquad [i = 1, \cdots, n]$$

oder, etwas knapper formuliert,

$$\dot{\boldsymbol{q}} = \dot{\boldsymbol{q}}(\boldsymbol{q}, \boldsymbol{p}, t).$$

Nun können wir die verallgemeinerten Geschwindigkeiten aus unserer Definition der Hamilton-Funktion eliminieren und kommen (wieder unter Angabe aller Details) zu

$$\mathcal{H} = \mathcal{H}(\boldsymbol{q}, \boldsymbol{p}, t) = \sum_{i=1}^{n} p_i \dot{q}_i(\boldsymbol{q}, \boldsymbol{p}, t) - \mathcal{L}(\boldsymbol{q}, \dot{\boldsymbol{q}}(\boldsymbol{q}, \boldsymbol{p}, t), t). \tag{13.24}$$

Die Herleitung der Hamilton-Gleichungen geht im Wesentlichen ebenso vor sich wie im eindimensionalen Fall; die Details überlasse ich Ihnen (vgl. Aufgabe 15). Wir folgen demselben Weg, der uns von Gleichung (13.14) zu (13.17) geführt hat, differenzieren $\mathcal{H}$ zunächst nach q_i und dann nach p_i und kommen so auf die **Hamilton-Gleichungen**

$$\dot{q}_i = \frac{\partial \mathcal{H}}{\partial p_i} \quad \text{und} \quad \dot{p}_i = -\frac{\partial \mathcal{H}}{\partial q_i} \qquad [i = 1, \cdots, n]. \tag{13.25}$$

Beachten Sie, dass der Hamilton'sche Ansatz auf $2n$ Differenzialgleichungen erster Ordnung führt, der Lagrange'sche Ansatz hingegen auf n Differenzialgleichungen zweiter Ordnung.

Bevor wir ein Beispiel für die Hamilton-Gleichungen besprechen, gilt es noch eine weitere Ableitung von $\mathcal{H}$ zu betrachten, nämlich die Ableitung nach der Zeit. Das ist eine ziemlich heikle Angelegenheit. Die Funktion $\mathcal{H}(\boldsymbol{q}, \boldsymbol{p}, t)$ könnte aus zwei Gründen von der Zeit abhängen: Erstens können, wenn die Bewegung voranschreitet, die $2n$ Koordinaten $(\boldsymbol{q}, \boldsymbol{p})$ sich ändern, und das führt dann zu einer Änderung von $\mathcal{H}(\boldsymbol{q}, \boldsymbol{p}, t)$. Zweitens kann $\mathcal{H}(\boldsymbol{q}, \boldsymbol{p}, t)$ aber auch eine explizite Zeitabhängigkeit haben, wie es das letzte Argument t nahelegt, und auch auf diese Weise kann $\mathcal{H}$ sich mit der Zeit ändern. Mathematisch gesehen, enthält $\mathrm{d}\mathcal{H}/\mathrm{d}t$ also $2n + 1$ Terme, nämlich

$$\frac{\mathrm{d}\mathcal{H}}{\mathrm{d}t} = \sum_{i=1}^{n} \left[\frac{\partial \mathcal{H}}{\partial q_i} \dot{q}_i + \frac{\partial \mathcal{H}}{\partial p_i} \dot{p}_i \right] + \frac{\partial \mathcal{H}}{\partial t} . \tag{13.26}$$

Es ist wichtig, dass Sie den Unterschied zwischen den beiden Ableitungen von $\mathcal{H}$ in dieser Gleichung verstehen. Die Ableitung $\mathrm{d}\mathcal{H}/\mathrm{d}t$ auf der linken Seite (mitunter als **totale Ableitung** bezeichnet) ist die tatsächliche zeitliche Änderungsrate für $\mathcal{H}$, wenn die Bewegung sich vollzieht, wobei sich alle Koordinaten $q_1, \ldots, q_n, p_1, \ldots, p_n$ ändern, wenn t voranschreitet. Die partielle Ableitung $\partial\mathcal{H}/\partial t$ auf der rechten Seite ist die Änderungsrate von $\mathcal{H}$, wenn sich ausschließlich das letzte Argument t ändert und alle anderen Argumente festgehalten werden. Insbesondere ist, wenn $\mathcal{H}$ nicht explizit von t abhängt, diese partielle Ableitung null. Es ist nun mit Blick auf die Hamilton-Gleichungen (13.25) leicht einzusehen, dass jedes Paar in der Summe von (13.26) exakt null ist. Damit kommen wir auf das einfache Ergebnis

$$\frac{\mathrm{d}\mathcal{H}}{\mathrm{d}t} = \frac{\partial \mathcal{H}}{\partial t} .$$

In Worten: Die Hamilton-Funktion $\mathcal{H}$ ändert sich mit der Zeit nur dann, wenn sie explizit von der Zeit abhängt. Wenn $\mathcal{H}$ nicht explizit von der Zeit t abhängt (und das ist häufig der Fall), ist $\mathcal{H}$ zeitlich konstant, d. h., $\mathcal{H}$ ist eine Erhaltungsgröße. Dieses Ergebnis haben wir schon in Abschnitt 7.8 hergeleitet.[4]

In Abschnitt 7.8 haben wir noch ein zweites Ergebnis zur Zeitunabhängigkeit bewiesen: Wenn der Zusammenhang zwischen den verallgemeinerten Koordinaten $q_1, \ldots, q_n$ und den zugrundeliegenden kartesischen Koordinaten nicht von t abhängt (d. h., wenn unsere verallgemeinerten Koordinaten natürlich sind), dann ist die Hamilton-Funktion einfach die Gesamtenergie: $\mathcal{H} = T + U$. Im weiteren Verlauf dieses Kapitels werde ich ausschließlich den Fall behandeln, dass die verallgemeinerten Koordinaten tatsächlich natürlich sind *und* dass $\mathcal{H}$ nicht explizit zeitabhängig ist. Von nun an wird also immer gelten, dass $\mathcal{H}$ die Gesamtenergie ist und dass die Gesamtenergie erhalten bleibt.

Betrachten wir nun ein Beispiel für den Hamilton-Formalismus eines Systems in zwei räumlichen Dimensionen. Leider zeigt es – wie alle vergleichsweise einfachen Beispiele – keine signifikanten Vorteile des Hamilton'schen gegenüber dem Lagrange'schen Ansatz; es zeigt vielmehr nur einen alternativen Weg zur selben Bewegungsgleichung auf.

Hamilton-Gleichungen für ein Teilchen unter der Wirkung einer Zentralkraft

Beispiel 13.3 Stellen Sie die Hamilton-Gleichungen für ein Teilchen der Masse m auf, das eine konservative Zentralkraft mit der potenziellen Energie $U(r)$ erfährt. Verwenden Sie als verallgemeinerte Koordinaten die üblichen Polarkoordinaten r und φ.

4 Wir haben damals in den Gleichungen (7.89) und (7.90) bewiesen, dass $\mathcal{H}$ dann und nur dann erhalten bleibt, wenn $\mathcal{L}$ nicht explizit von der Zeit abhängt. Diese beiden Bedingungen ($\mathcal{H}$ ist nicht explizit zeitabhängig, wenn das auch für $\mathcal{L}$ gilt, und umgekehrt) sind äquivalent, denn es gilt, wie Sie leicht überprüfen können, $\partial\mathcal{H}/\partial t = -\partial\mathcal{L}/\partial t$ (vgl. Aufgabe 16).

Lösung ■ Wie wir wissen, ist die Bewegung wegen der Drehimpulserhaltung auf eine feste Ebene beschränkt, in der wir die Polarkoordinaten r und φ definieren können. Die kinetische Energie wird mit diesen verallgemeinerten Koordinaten durch den vertrauten Ausdruck

$$T = \tfrac{1}{2}m(\dot{r}^2 + r^2\dot{\varphi}^2) \tag{13.27}$$

angegeben. Weil die Gleichungen, die den Zusammenhang zwischen (r, φ) und (x, y) herstellen, nicht von der Zeit abhängen, muss $\mathcal{H} = T + U$ gelten; $\mathcal{H}$ müssen wir bezüglich r und φ sowie der entsprechenden verallgemeinerten Impulse p_r und p_φ darstellen. Diese Impulse sind definiert durch den Zusammenhang[5] $p_i = \partial\mathcal{L}/\partial\dot{q}_i = \partial T/\partial\dot{q}_i$; das führt auf

$$p_r = \partial T/\partial\dot{r} = m\dot{r} \qquad \text{und} \qquad p_\varphi = \partial T/\partial\dot{\varphi} = mr^2\dot{\varphi}\,. \tag{13.28}$$

Der zu r konjugierte Impuls p_r ist gerade die Radialkomponente des gewöhnlichen Impulses $m\boldsymbol{v}$; aber, wie wir zuerst in Abschnitt 7.1 [Gleichung (7.26)] gesehen haben, ist der zu φ konjugierte Impuls der *Dreh*impuls. Wir müssen als Nächstes die beiden Gleichungen (13.28) umstellen, um die Geschwindigkeiten $\dot{r}$ und $\dot{\varphi}$ durch die Impulse p_r und p_φ ausdrücken zu können:

$$\dot{r} = \frac{p_r}{m} \qquad \text{und} \qquad \dot{\varphi} = \frac{p_\varphi}{mr^2}\,.$$

Diese Ausdrücke können wir nun in (13.27) einsetzen und kommen zur Hamilton-Funktion, ausgedrückt mithilfe der richtigen Variablen:

$$\mathcal{H} = T + U = \frac{1}{2m}\left(p_r^2 + \frac{p_\varphi^2}{r^2}\right) + U(r)\,. \tag{13.29}$$

Nun können wir die vier Hamilton-Gleichungen (13.25) angeben. Die beiden Radialgleichungen sind

$$\dot{r} = \frac{\partial\mathcal{H}}{\partial p_r} = \frac{p_r}{m} \qquad \text{und} \qquad \dot{p}_r = -\frac{\partial\mathcal{H}}{\partial r} = \frac{p_\varphi^2}{mr^3} - \frac{\mathrm{d}U}{\mathrm{d}r}\,. \tag{13.30}$$

Die erste dieser Gleichungen wiederholt die Definition des radialen Impulses. Wenn wir die erste in die zweite Gleichung einsetzen, erhalten wir das vertraute Ergebnis, dass $m\ddot{r}$ die Summe der wirkenden Radialkraft $(-\mathrm{d}U/\mathrm{d}r)$ und der Zentrifugalkraft p_φ^2/mr^3 ist [vgl. die Gleichungen (8.24) und (8.26)]. Die beiden φ-Gleichungen sind

$$\dot{\varphi} = \frac{\partial\mathcal{H}}{\partial p_\varphi} = \frac{p_\varphi}{mr^2} \qquad \text{und} \qquad \dot{p}_\varphi = -\frac{\partial\mathcal{H}}{\partial\varphi} = 0\,. \tag{13.31}$$

Die erste dieser Gleichungen wiederholt die Definition von p_φ. Die zweite sagt uns, was wir bereits wissen, dass nämlich der Drehimpuls erhalten bleibt. Wie in den beiden vorangegangenen Beispielen sehen wir, dass der Hamilton'sche Formalismus uns einen alternativen Weg zu denselben endgültigen Bewegungsgleichungen liefert, die wir auch mit dem Newton'schen oder dem Lagrange'schen Ansatz hätten finden können. ■

Dieses Beispiel zeigt das allgemeine Vorgehen beim Aufstellen der Hamilton-Gleichungen für ein beliebiges System:

5 Bei jedem Problem, bei dem die potenzielle Energie $U = U(\boldsymbol{q})$ nicht von den Geschwindigkeiten $\dot{\boldsymbol{q}}$ abhängt (und genau das nehmen wir hier ja an), ist die kleine Vereinfachung zulässig, dass man $\mathcal{L}$ in der Definition von p_i durch T ersetzen kann.

1. Wählen Sie geeignete verallgemeinerte Koordinaten $\boldsymbol{q} = (q_1, \ldots, q_n)$.
2. Drücken Sie die kinetische Energie T und die potenzielle Energie U mithilfe der $\boldsymbol{q}$ und $\dot{\boldsymbol{q}}$ aus.
3. Bestimmen Sie die verallgemeinerten Impulse $\boldsymbol{p} = (p_1, \ldots, p_n)$. (Wir nehmen durchgängig an, dass unser System konservativ ist; dann hängt U nicht von den $\dot{q}_i$ ab, und wir können den Ansatz $p_i = \partial T/\partial \dot{q}_i$ verwenden. Im Allgemeinen muss man $p_i = \partial \mathcal{L}/\partial \dot{q}_i$ ansetzen.)
4. Lösen Sie nach den $\dot{\boldsymbol{q}}$ auf und drücken Sie sie mithilfe der $\boldsymbol{p}$ und $\boldsymbol{q}$ aus.
5. Geben Sie die Hamilton-Funktion $\mathcal{H}$ als eine Funktion der $\boldsymbol{p}$ und der $\boldsymbol{q}$ an. [Sofern unsere Koordinaten natürlich sind (d. h., der Zusammenhang zwischen den verallgemeinerten und den zugrundeliegenden kartesischen Koordinaten hängt nicht von der Zeit ab), ist $\mathcal{H}$ einfach die Gesamtenergie: $\mathcal{H} = T + U$. Im Zweifelsfall müssen Sie $\mathcal{H} = \sum_i p_i \dot{q}_i - \mathcal{L}$ ansetzen (vgl. die Aufgaben 11 und 12)]
6. Schreiben Sie die Hamilton-Gleichungen (13.25) nieder.

Wenn Sie sich das vorangegangene Beispiel noch einmal ansehen, werden Sie feststellen, dass die Lösung genau diesen sechs Schritten folgt; dasselbe gilt für alle nachfolgenden Beispiele und Aufgaben. Doch bevor wir ein weiteres Beispiel durchrechnen, wollen wir diese sechs Schritte noch mit dem entsprechenden Vorgehen beim Lagrange'schen Ansatz vergleichen. Um die Lagrange-Gleichungen aufzustellen, führen wir dieselben ersten beiden Schritte aus (Wahl der verallgemeinerten Koordinaten und Angabe von T und U). Die Schritte (3) und (4) sind unnötig, denn wir müssen weder die verallgemeinerten Impulse kennen noch die $\dot{\boldsymbol{q}}$ zugunsten der $\boldsymbol{p}$ eliminieren. Es folgen die Entsprechungen der Schritte (5) und (6), nämlich die Angabe der Lagrange-Funktion und schließlich der Lagrange-Gleichungen. Offenbar erfordert also die Aufstellung der Hamilton-Funktion im Vergleich zur Aufstellung der Lagrange-Funktion zwei zusätzliche kleine Schritte [die obigen Schritte (3) und (4)]. Obwohl sie normalerweise unkompliziert sind, ist dies unbestreitbar ein kleiner Nachteil des Hamilton'schen Formalismus. Und nun folgt ein weiteres Beispiel.

Beispiel 13.4 Betrachten Sie eine Masse m, deren Bewegung auf die reibungsfreie Oberfläche eines vertikalen Kegels $\rho = cz$ beschränkt ist (in zylindrischen Polarkoordinaten ρ, φ, z mit $z > 0$) (Abbildung 13.3). Eine gleichförmige Gravitationsbeschleunigung g wirkt vertikal nach unten. Stellen Sie mithilfe von z und φ als den verallgemeinerten Koordinaten die Hamilton-Gleichungen auf. Zeigen Sie, dass es für jede Lösung einen Maximalwert z_{max} und einen Minimalwert z_{min} der Höhe gibt, zwischen denen die Bewegung abläuft. Beschreiben Sie mithilfe dieses Ergebnisses die Bewegung der Masse auf der Kegeloberfläche. Zeigen Sie, dass es für jeden Wert von $z > 0$ eine Lösung gibt, bei der sich die Masse auf einer kreisförmigen Bahn mit gleichbleibender Höhe z bewegt.

Hamilton-Gleichungen für eine Masse auf einem Kegel

Lösung ■ Unsere verallgemeinerten Koordinaten sind z und φ; die Koordinate ρ ist durch die Zwangsbedingung bestimmt, dass die Masse sich nur auf der Kegeloberflä-

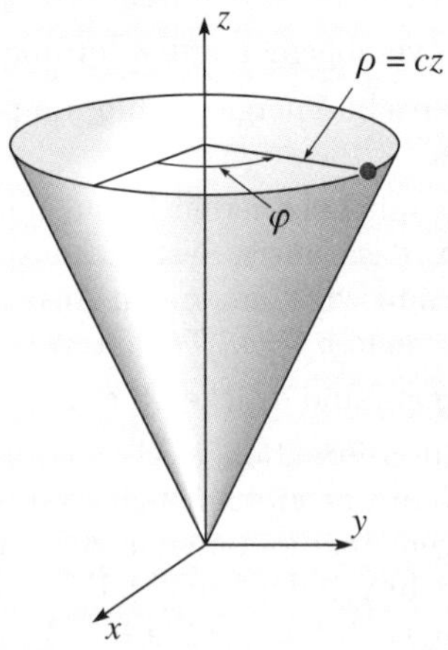

Abbildung 13.3: Eine Masse m kann sich nur auf der Oberfläche des dargestellten Kegels bewegen. Im Interesse der Klarheit ist der Kegel auf der Höhe der Masse abgeschnitten, er erstreckt sich aber unendlich weit nach oben.

che bewegen kann, also durch $\rho = cz$. Die kinetische Energie ist demnach

$$T = \tfrac{1}{2}m\left[\dot{\rho}^2 + (\rho\dot{\varphi})^2 + \dot{z}^2\right] = \tfrac{1}{2}m\left[(c^2+1)\dot{z}^2 + (cz\dot{\varphi})^2\right] .$$

Die potenzielle Energie ist natürlich $U = mgz$. Die verallgemeinerten Impulse sind

$$p_z = \frac{\partial T}{\partial \dot{z}} = m(c^2+1)\dot{z} \qquad \text{und} \qquad p_\varphi = \frac{\partial T}{\partial \dot{\varphi}} = mc^2z^2\dot{\varphi} . \tag{13.32}$$

Diese Gleichungen lassen sich leicht nach $\dot{z}$ und $\dot{\varphi}$ auflösen, und wir können die Hamilton-Funktion angeben:

$$\mathcal{H} = T + U = \frac{1}{2m}\left[\frac{p_z^2}{(c^2+1)} + \frac{p_\varphi^2}{c^2z^2}\right] + mgz . \tag{13.33}$$

Nun können wir die Hamilton-Gleichungen leicht bestimmen: Die beiden z-Gleichungen sind

$$\dot{z} = \frac{\partial \mathcal{H}}{\partial p_z} = \frac{p_z}{m(c^2+1)} \qquad \text{und} \qquad \dot{p}_z = -\frac{\partial \mathcal{H}}{\partial z} = \frac{p_\varphi^2}{mc^2z^3} - mg . \tag{13.34}$$

Die beiden φ-Gleichungen sind

$$\dot{\varphi} = \frac{\partial \mathcal{H}}{\partial p_\varphi} = \frac{p_\varphi}{mc^2z^2} \qquad \text{und} \qquad \dot{p}_\varphi = -\frac{\partial \mathcal{H}}{\partial \varphi} = 0 . \tag{13.35}$$

Die letzte dieser Gleichungen sagt uns, was wir schon vorher hätten vermuten können, dass nämlich p_φ (mit anderen Worten: die z-Komponente des Drehimpulses) konstant ist.

Dass z für jede Lösung zwischen zwei Grenzwerten z_{min} und z_{max} liegen muss, sieht man am einfachsten, wenn man berücksichtigt, dass die Hamilton-Funktion (13.33) gleich der Gesamtenergie ist und dass die Energie erhalten bleibt. Somit ist (13.33) für jede Lösung gleich einer festen Konstanten E. Nun ist die Funktion $\mathcal{H}$ in (13.33) die Summe von drei positiven Termen, und für $z \to \infty$ geht der letzte Term gegen unendlich. Da $\mathcal{H}$ aber gleich der festen Konstanten E sein muss, muss es eine obere Schranke z_{max} geben, die z nicht übersteigen kann. Andererseits geht der zweite Term in (13.33) für $z \to 0$ gegen unendlich; daher muss es auch eine untere Schranke $z_{min} > 0$ geben, die z nicht unterschreiten kann. Das bedeutet insbesondere, dass die Masse niemals bis zur Spitze des Kegels bei $z = 0$ absinken kann.[6] Die Bewegung der Masse auf der Kegeloberfläche ist nun leicht zu beschreiben. Sie bewegt sich mit dem konstanten Drehimpuls $p_\varphi = mc^2z^2\dot{\varphi}$ um die z-Achse. Da p_φ konstant ist, ändert sich die Winkelgeschwindigkeit $\dot{\varphi}$ – sie nimmt für kleiner werdendes z zu und für größer werdendes z ab. Gleichzeitig schwingt die Höhe z der Masse auf und ab, dabei bleibt sie immer zwischen den Werten z_{min} und z_{max}. (Nähere Einzelheiten finden Sie in den Aufgabe 14 und 13.17.)

Um die Möglichkeit einer Lösung zu untersuchen, bei der die Masse sich auf einer festen Höhe z bewegt, bedenken Sie, dass dann für jeden Zeitpunkt $\dot{z} = 0$ gelten muss. Dazu muss für jeden Zeitpunkt $p_z = 0$ und folglich auch $\dot{p}_z = 0$ gelten. Anhand der zweiten z-Gleichung in (13.34) sehen wir, dass $\dot{p}_z = 0$ dann und nur dann gilt, wenn

$$p_\varphi = \pm\sqrt{m^2c^2gz^3}\,. \tag{13.36}$$

Wenn wir die Masse für eine gegebene Anfangshöhe z mit $p_z = 0$ starten und p_φ gleich einem von den beiden Werten ist (entsprechend einer Drehung im Uhrzeiger- oder im Gegenuhrzeigersinn), dann müssen wegen $\dot{p}_z = 0$ zum einen p_z und damit auch $\dot{z}$ null bleiben, und die Masse bewegt sich auf ihrer Anfangshöhe auf einem horizontalen Kreis. ■

13.4 Zyklische Koordinaten

Bis hierher haben wir den Hamilton'schen Formalismus beschrieben und gesehen, dass er dann gültig ist, wenn auch der Lagrange'sche Formalismus gilt. Hamilton erfreut sich fast aller Vorzüge und Nachteile von Lagrange, wenn man beide mit Newton vergleicht. Aber es noch nicht klar, ob die Anwendung von Hamilton auch signifikante Vorzüge gegenüber Lagrange hat (oder umgekehrt). Wie bereits erwähnt, hat Hamilton in anspruchsvolleren theoretischen Anwendungen eindeutige Vorzüge; ich werde in den nächsten vier Abschnitten versuchen, Ihnen ein Gefühl für einige davon zu vermitteln.

In Kapitel 7 haben wir gesehen, dass immer dann, wenn die Lagrange-Funktion $\mathcal{L}$ von einer Koordinate q_i nicht abhängt, der entsprechende verallgemeinerte Impuls p_i konstant ist. [Das folgt sofort aus der Lagrange-Gleichung $\partial\mathcal{L}/\partial q_i = (\mathrm{d}/\mathrm{d}t)\partial\mathcal{L}/\partial\dot{q}_i$, die man zu $\partial\mathcal{L}/\partial q_i = \dot{p}_i$ umformulieren kann. Für $\partial\mathcal{L}/\partial q_i = 0$ folgt damit unmittelbar $\dot{p}_i = 0$.] Wenn dieser Fall vorliegt, nennen wir die Koordinate q_i **zyklisch** oder **ignorabel**.

6 Zwei Anmerkungen dazu: Es ist leicht zu erkennen, dass der zweite Term in (13.33) mit der Zentrifugalkraft zusammenhängt; damit können wir sagen, dass die Masse durch die Zentrifugalkraft von der untenliegenden Spitze des Kegels ferngehalten wird. Zweitens: Es gibt eine Ausnahme von der obigen Aussage, nämlich wenn für den Drehimpuls $p_\varphi = 0$ gilt; in diesem Fall bewegt sich die Masse auf der Kegeloberfläche in radialer Richtung (φ ist konstant) auf und ab und fällt schließlich zur Spitze des Kegels.

In gleicher Weise gilt: Wenn die Hamilton-Funktion $\mathcal{H}$ nicht von q_i abhängt, folgt aus der Hamilton-Gleichung $\dot{p}_i = -\partial\mathcal{H}/\partial q_i$, dass ihr konjugierter Impuls p_i eine Konstante ist. Wir haben das in Gleichung (13.35) des vorangegangenen Beispiels gesehen; dort war $\mathcal{H}$ unabhängig von φ, und der konjugierte Impuls p_φ (also eigentlich der Drehimpuls) war konstant. Die Ergebnisse dieses und des vorangegangenen Absatzes besagen wirklich *dasselbe*, denn es ist leicht zu beweisen, dass $\partial\mathcal{L}/\partial q_i = -\partial\mathcal{H}/\partial q_i$ (Aufgabe 13.22). Demnach ist $\mathcal{L}$ dann und nur dann unabhängig von q_i, wenn $\mathcal{H}$ unabhängig von q_i ist. Wenn q_i in der Lagrange-Funktion zyklisch ist, dann ist q_i auch in der Hamilton-Funktion zyklisch, und umgekehrt.

Trotzdem ist es richtig, dass der Hamilton'sche Formalismus Vorteile beim Umgang mit zyklischen Koordinaten bietet. Um das zu sehen, betrachten wir ein System mit nur zwei Freiheitsgraden und nehmen an, dass die Hamilton-Funktion unabhängig von q_2 ist, d. h., dass die Hamilton-Funktion nur von drei Variablen abhängt:

$$\mathcal{H} = \mathcal{H}(q_1, p_1, p_2)\,. \tag{13.37}$$

Beispielsweise hat die Hamilton-Funktion (13.29) für das Zentralkraftproblem die Eigenschaft, dass sie nicht von der Koordinate φ abhängt. Es gilt also $p_2 = k$ mit einer Konstante k, die durch die Anfangsbedingungen bestimmt ist. Setzen wir diese Konstante in die Hamilton-Funktion ein, bleibt

$$\mathcal{H} = \mathcal{H}(q_1, p_1, k)\,,$$

also eine Funktion nur der Variablen q_1 und p_1, und die Lösung der Bewegung reduziert sich auf ein eindimensionales Problem mit einer praktisch eindimensionalen Hamilton-Funktion. Allgemeiner gilt: Wenn ein System mit n Freiheitsgraden eine zyklische Koordinate q_i aufweist, dann ist die Lösung der Bewegung im Rahmen des Hamilton'schen Mechanismus äquivalent zu einem Problem mit $n-1$ Freiheitsgraden, bei dem q_i und p_i völlig ignoriert werden können. Wenn es mehrere zyklische Koordinaten gibt, vereinfacht sich das Problem entsprechend noch weiter.

Auch im Lagrange'schen Mechanismus gilt natürlich, dass p_i konstant bleibt, wenn q_i zyklisch ist, doch führt das dort nicht zu derselben eleganten Vereinfachung wie bei Hamilton: Nehmen wir wieder an, dass das System zwei Freiheitsgrade hat und dass q_2 zyklisch ist; als Entsprechung zu (13.37) haben wir dann

$$\mathcal{L} = \mathcal{L}(q_1, \dot{q}_1, \dot{q}_2)\,.$$

Doch obwohl hier q_2 zyklisch und p_2 eine Konstante ist, muss nun $\dot{q}_2$ nicht unbedingt konstant sein. Die Lagrange-Funktion reduziert sich also nicht auf eine rein eindimensionale Funktion, die nur von q_1 und $\dot{q}_1$ abhängt. [Beispielsweise hat die Lagrange-Funktion im Zentralkraftproblem die Form $\mathcal{L}(r, \dot{r}, \dot{\varphi})$; doch obwohl φ zyklisch ist, verändert sich $\dot{\varphi}$ bei fortschreitender Bewegung noch immer, und das Problem reduziert sich eben nicht automatisch auf ein Problem mit nur einem Freiheitsgrad.[7]]

7 In diesem speziellen Fall lässt sich die Schwierigkeit aber relativ einfach umgehen. In der Diskussion von Abschnitt 8.4 haben wir die Lagrange'sche Radialgleichung (8.24) durch die Variable $\dot{\varphi}$ ausgedrückt und dann umformuliert, indem wir $\dot{\varphi}$ zugunsten von $p_\varphi = \ell$ eliminiert haben – und ℓ ist eine Konstante.

13.5 Die Lagrange-Gleichungen und die Hamilton-Gleichungen – ein Vergleich

Der Lagrange'sche Formalismus präsentiert uns für ein System mit n Freiheitsgraden n Differenzialgleichungen zweiter Ordnung in den n Variablen $q_1, \ldots, q_n$. Für dasselbe System haben wir im Hamilton'schen Formalismus $2n$ Differenzialgleichungen *erster* Ordnung in den $2n$ Variablen $q_1, \ldots, q_n, p_1, \ldots, p_n$. Dass man mit Hamilton die n Gleichungen zweiter Ordnung in $2n$ Gleichungen erster Ordnung umformen konnte, ist nicht sonderlich überraschend. Es lässt sich sogar leicht zeigen, dass man jeden *beliebigen* Satz von Gleichungen zweiter Ordnung auf diese Weise umformen kann: Der Einfachheit halber betrachten wir den Fall von nur einem Freiheitsgrad, sodass wir mit Lagrange genau eine Differenzialgleichung zweiter Ordnung für die eine Koordinate q erhalten. Diese Gleichung lässt sich in der Form

$$f(\ddot{q}, \dot{q}, q) = 0 \tag{13.38}$$

schreiben, f ist dabei eine Funktion ihrer drei Argumente. Definieren wir nun eine zweite Variable gemäß

$$s = \dot{q}\,. \tag{13.39}$$

Durch diese zweite Variablen ausgedrückt, ergibt sich $\ddot{q} = \dot{s}$, und unsere ursprüngliche Differenzialgleichung wird zu

$$f(\dot{s}, s, q) = 0\,. \tag{13.40}$$

Damit haben wir die eine Gleichung (13.38) zweiter Ordnung in q durch die zwei Gleichungen (13.39) und (13.40) in q und s ersetzt.

Offenbar bedeutet es keinen besonderen Fortschritt, dass die Hamilton-Gleichungen nun von erster Ordnung sind, während die Lagrange-Gleichungen von zweiter Ordnung waren. Die spezielle Form der Hamilton-Gleichungen ist aber sehr wohl eine gewaltige Verbesserung. Um das zu zeigen, schreiben wir die Hamilton-Gleichungen in eine etwas schnittigere Form um. Dazu können wir die ersten n Gleichungen aus (13.25) auf die Form

$$\dot{q}_i = \frac{\partial \mathcal{H}}{\partial p_i} = f_i(\boldsymbol{q}, \boldsymbol{p}) \qquad [i = 1, \cdots, n] \tag{13.41}$$

bringen, wobei jedes f_i eine unbestimmte Funktion in $\boldsymbol{q}$ und $\boldsymbol{p}$ ist; wir können diese n Gleichungen zu einer einzigen n-dimensionalen Gleichung

$$\dot{\boldsymbol{q}} = \boldsymbol{f}(\boldsymbol{q}, \boldsymbol{p}) \tag{13.42}$$

kombinieren. Das fett-kursive $\boldsymbol{f}$ steht für den Vektor, der aus den n Funktionen $f_i = \partial\mathcal{H}/\partial p_i$ besteht. In gleicher Weise können wir die n Gleichungen für die $\dot{p}_i$ auf eine ähnliche Form bringen:

$$\dot{\boldsymbol{p}} = \boldsymbol{g}(\boldsymbol{q}, \boldsymbol{p})\,; \tag{13.43}$$

das fett-kursive $\boldsymbol{g}$ steht für den Vektor aus den n Funktionen $g_i = -\partial\mathcal{H}/\partial q_i$. Schließlich können wir einen $2n$-dimensionalen Vektor

$$\mathbf{z} = (\boldsymbol{q}, \boldsymbol{p}) = (q_1, \cdots, q_n, p_1, \cdots, p_n) \tag{13.44}$$

einführen. Dieser **Phasenraumvektor** oder **Phasenpunkt** $\mathbf{z}$ besteht aus allen verallgemeinerten Koordinaten *und* allen ihren konjugierten Impulsen. Jeder Wert von $\mathbf{z}$ kennzeichnet einen eindeutigen Punkt im Phasenraum und legt einen eindeutigen Satz von Anfangsbedingungen für unser System fest. Mit dieser neuen Schreibweise können wir die beiden Gleichungen (13.42) und (13.43) in einer einzigen $2n$-komponentigen Bewegungsgleichung

$$\dot{\mathbf{z}} = \boldsymbol{h}(\mathbf{z}) \tag{13.45}$$

kombinieren, in der die Funktion $\boldsymbol{h}$ ein Vektor ist, der aus den $2n$ Funktionen $f_1, \ldots, f_n$ und $g_1, \ldots, g_n$ aus den Gleichungen (13.42) und (13.43) besteht.

Gleichung (13.45) drückt die Hamilton-Gleichungen als *eine* Differenzialgleichung erster Ordnung für den Phasenraumvektor $\mathbf{z}$ aus. Darüber hinaus handelt es sich um eine Gleichung erster Ordnung mit einer besonders einfachen Form:[8]

$$(\text{Erste Ableitung von } \mathbf{z}) = (\text{Funktion von } \mathbf{z}) \,.$$

Ein Großteil der mathematischen Literatur über Differenzialgleichungen befasst sich mit Gleichungen in dieser Standardform, und es ist ein ganz entschiedener Vorteil des Hamilton'schen Formalismus, dass die Hamilton-Gleichungen – anders als die Lagrange-Gleichungen – automatisch in dieser Form vorliegen.

Unsere Kombination der n Ortskoordinaten $\boldsymbol{q}$ mit den n Impulskoordinaten $\boldsymbol{p}$ zu einem einzigen Phasenraumvektor $\mathbf{z} = (\boldsymbol{q}, \boldsymbol{p})$ legt eine gewisse Gleichrangigkeit zwischen den Orts- und den Impulskoordinaten nahe, und diese Annahme wird sich als korrekt herausstellen. Seit Kapitel 7 wissen wir, dass eine der Stärken des Lagrange'schen Formalismus dessen große Flexibilität bezüglich der Koordinaten ist: Jeder Satz von verallgemeinerten Koordinaten $\boldsymbol{q} = (q_1, \ldots, q_n)$ lässt sich durch einen zweiten Satz $\boldsymbol{Q} = (Q_1, \ldots, Q_n)$ ersetzen, in dem jedes neue Q_i eine Funktion der ursprünglichen $(q_1, \ldots, q_n)$ ist:

$$\boldsymbol{Q} = \boldsymbol{Q}(\boldsymbol{q}) \,; \tag{13.46}$$

die Lagrange-Gleichungen bleiben bezüglich dieser neuen Koordinaten $\boldsymbol{Q}$ ebenso gültig, wie sie es bezüglich der alten $\boldsymbol{q}$ waren.[9] Wir können dies in der Aussage paraphrasieren, dass die Lagrange-Gleichungen sich bei einem Koordinatenwechsel im n-dimensionalen, durch $\boldsymbol{q} = (q_1, \ldots, q_n)$ definierten Konfigurationsraum nicht ändern (sie sind *invariant*). Der Hamilton'sche Formalismus teilt diese Flexibilität: Die Hamilton-Gleichungen sind unter jedem Koordinatenwechsel (13.46) im Konfigurationsraum invariant. Der Hamilton'sche Formalismus zeigt aber eine noch größere Flexibilität und ermöglicht auch definierte Koordinatenwechsel im $2n$-dimensionalen Phasenraum. Wir können Koordinatenwechsel der Form

$$\boldsymbol{Q} = \boldsymbol{Q}(\boldsymbol{q}, \boldsymbol{p}) \qquad \text{und} \qquad \boldsymbol{P} = \boldsymbol{P}(\boldsymbol{q}, \boldsymbol{p}) \tag{13.47}$$

betrachten, d. h. Koordinatenwechsel, in denen die $\boldsymbol{p}$ und $\boldsymbol{q}$ miteinander verflochten sind. Wenn die Gleichungen (13.47) definierte Bedingungen erfüllen, nennt

8 Wenn die Hamilton-Funktion explizit zeitabhängig wäre, dann würde (13.45) die (immer noch sehr einfache) Form $\dot{\mathbf{z}} = \boldsymbol{h}(\mathbf{z}, t)$ annehmen. Eine Form wie in Gleichung (13.45) ohne explizite Zeitabhängigkeit wird als *autonom* bezeichnet.

9 Natürlich ist diese Aussage ein wenig einzuschränken: Die Koordinaten $\boldsymbol{Q}$ müssen „vernünftig“ sein in dem Sinne, dass jeder Satz von $\boldsymbol{Q}$ einen eindeutigen Satz von $\boldsymbol{q}$ bestimmt und umgekehrt, und die Funktion $\boldsymbol{Q}(\boldsymbol{q})$ muss geeignet differenzierbar sein.

man einen solchen Koordinatenwechsel eine **kanonische Transformation**, und die Hamilton-Gleichungen sind unter solchen Transformationen invariant. Eine detaillierte Darlegung der kanonischen Transformationen würde weit über den Rahmen dieses Buches hinausführen; Sie sollten aber wenigstens wissen, dass es solche Transformationen gibt und dass sie einer der Gründe dafür sind, dass der Hamilton'sche Ansatz ein so leistungsfähiges Instrument der theoretischen Physik ist.[10] Die Aufgaben 24 und 25 geben Ihnen zwei Beispiele für kanonische Transformationen.

13.6 Bahnen im Phasenraum

Man kann den Phasenraumvektor $\boldsymbol{z} = (\boldsymbol{q}, \boldsymbol{p})$ aus (13.44) so auffassen, dass er die „Position" des Systems im Phasenraum angibt. Ein beliebiger Punkt $\boldsymbol{z}_0$ gibt eine mögliche Anfangsbedingung vor (zu einer frei wählbaren Zeit t_0), und die Hamilton-Gleichungen (13.45) bestimmen eine eindeutige **Bahn im Phasenraum** (oder *Trajektorie im Phasenraum*), die zum Zeitpunkt t_0 bei $\boldsymbol{z}_0$ beginnt und der das System folgt, während die Zeit voranschreitet. Da der Phasenraum $2n$ Dimensionen hat, ist die Visualisierung dieser Bahnen (außer für den Fall $n = 1$) nicht so einfach. Ein einzelnes, keinen Zwangsbedingungen unterliegendes Teilchen beispielsweise bewegt sich in drei Dimensionen ($n = 3$), und der Phasenraum ist somit sechsdimensional – das ist nichts, was sich mal so eben visualisieren ließe. Es gibt zwar verschiedene Verfahren wie den in Abschnitt 12.8 beschriebenen Poincaré-Schnitt, um sich die Bahnen im Phasenraum in einem Unterraum mit geringerer Dimension als der des vollen Phasenraums anschauen zu können, doch hier werde ich nur zwei Beispiele von Systemen angeben, für die $n = 1$ gilt und deren Phasenraum daher nur zweidimensional ist.

Bevor wir uns diese Beispiele anschauen, muss noch eine wichtige Eigenschaft des Phasenraums erwähnt werden: Es ist leicht einzusehen, dass zwei verschiedene Bahnen im Phasenraum nicht durch denselben Punkt im Phasenraum laufen können, mit anderen Worten: Die Bahnen im Phasenraum kreuzen sich nicht. Nehmen Sie einmal an, zwei solche Bahnen könnten doch durch ein und denselben Punkt $\boldsymbol{z}_0$ laufen (Abbildung 13.4).

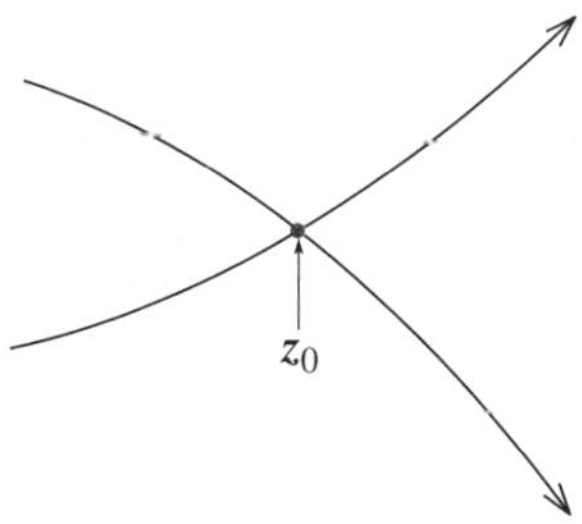

Abbildung 13.4: Man kann sich vorstellen, zwei Bahnen im Phasenraum würden durch denselben Punkt $\boldsymbol{z}_0$ im Phasenraum laufen. Die Hamilton-Gleichungen garantieren aber, dass es für einen beliebig gewählten Punkt $\boldsymbol{z}_0$ immer nur eine eindeutige Bahn gibt, die durch $\boldsymbol{z}_0$ läuft, sodass die beiden Bahnen gleich sein müssen.

10 Ich sollte hier betonen, dass es in der Lagrange'schen Mechanik keine entsprechende Transformationen gibt, die in dem durch den $2n$-dimensionalen Vektor $(\boldsymbol{q}, \dot{\boldsymbol{q}})$ definierten Zustandsraum wirken. Da $\dot{\boldsymbol{q}}$ als die zeitliche Ableitung von $\boldsymbol{q}$ definiert ist, gibt es keine Entsprechung zu (13.47), in der die $\boldsymbol{q}$ und $\dot{\boldsymbol{q}}$ miteinander verflochten sind.

Aus den Hamilton-Gleichungen (13.45) folgt aber, dass es für jeden Punkt $\mathbf{z}_0$ nur eine einzige durch $\mathbf{z}_0$ laufende Bahn geben kann. Wenn also zwei Bahnen durch $\mathbf{z}_0$ laufen, dann müssen sie gleich sein. Beachten Sie, dass diese Aussage verschiedene Bahnen *auch für verschiedene Zeiten* daran hindert, durch denselben Punkt zu laufen: Wenn eine Bahn heute durch $\mathbf{z}_0$ verläuft, dann kann heute, gestern oder morgen keine andere Bahn durch $\mathbf{z}_0$ laufen.[11] Dieses Ergebnis – die Bahnen im Zustandsraum können sich nicht kreuzen – bedeutet starke Einschränkungen für die Art und Weise, in der solche Bahnen im Phasenraum durchlaufen werden. Das hat wichtige Folgen beispielsweise für die Untersuchung von chaotischen Bewegungen im Hamilton'schen Systemen.

Der eindimensionale harmonische Oszillator

Beispiel 13.5 Stellen Sie die Hamilton-Gleichungen für den eindimensionalen harmonischen Oszillator mit der Masse m und der Federkonstanten k auf und beschreiben Sie die möglichen Bahnen im Phasenraum, die durch die Koordinaten (x, p) bestimmt werden.

Lösung Die kinetische Energie ist $T = \frac{1}{2}m\dot{x}^2$ und die potenzielle Energie $U = \frac{1}{2}kx^2 = \frac{1}{2}m\omega^2x^2$ (mit der Eigenfrequenz $\omega = \sqrt{k/m}$). Der verallgemeinerte Impuls ist $p = \partial T/\partial\dot{x} = m\dot{x}$, und die Hamilton-Funktion (geschrieben als Funktion von x und p) ist

$$\mathcal{H} = T + U = \frac{p^2}{2m} + \frac{1}{2}m\omega^2x^2. \tag{13.48}$$

Die Hamilton-Gleichungen lauten also

$$\dot{x} = \frac{\partial\mathcal{H}}{\partial p} = \frac{p}{m} \quad \text{und} \quad \dot{p} = -\frac{\partial\mathcal{H}}{\partial x} = -m\omega^2x\,.$$

Diese beiden Gleichungen lassen sich am einfachsten lösen, wenn man p eliminiert; dann erhält man die vertraute Gleichung zweiter Ordnung $\ddot{x} = -\omega^2x$ mit der ebenfalls vertrauten Lösung

$$x = A\cos(\omega t - \delta) \quad \text{und daraus} \quad p = m\dot{x} = -m\omega A\sin(\omega t - \delta)\,. \tag{13.49}$$

Der Phasenraum für den eindimensionalen Oszillator ist der zweidimensionale Raum mit den Koordinaten (x, p). In diesem Raum gibt die Lösung (13.49) die parametrischen Gleichungen für eine Ellipse wieder, die im Uhrzeigersinn durchlaufen wird, so wie in Abbildung 13.5; die Abbildung zeigt zwei Bahnen im Phasenraum für den aus dem Stillstand gestarteten Oszillator, der einmal bei $x = A$ (durchgezogene Kurve) und einmal bei $x = A/2$ (gestrichelte Kurve) gestartet wird. Dass die Bahnen Ellipsen sein *müssen,* folgt aus der Energieerhaltung: Die Gesamtenergie ist durch die Hamilton-Funktion (13.48) gegeben, deren Anfangswert (für die durchgezogene Kurve mit $x = A$ und $p = 0$) gegeben ist durch $\frac{1}{2}m\omega^2A^2$. Aus der Energieerhaltung folgt also

$$\frac{p^2}{2m} + \frac{1}{2}m\omega^2x^2 = \frac{1}{2}m\omega^2A^2$$

oder

$$\frac{x^2}{A^2} + \frac{p^2}{(m\omega A)^2} = 1\,. \tag{13.50}$$

11 Dies folgt daraus, dass die Hamilton-Funktion zeitunabhängig ist. Wenn $\mathcal{H}$ explizit von der Zeit abhängt, dann können wir nur aussagen, dass zu einem gegebenen Zeitpunkt nicht zwei verschiedene Bahnen durch einen Punkt laufen können.

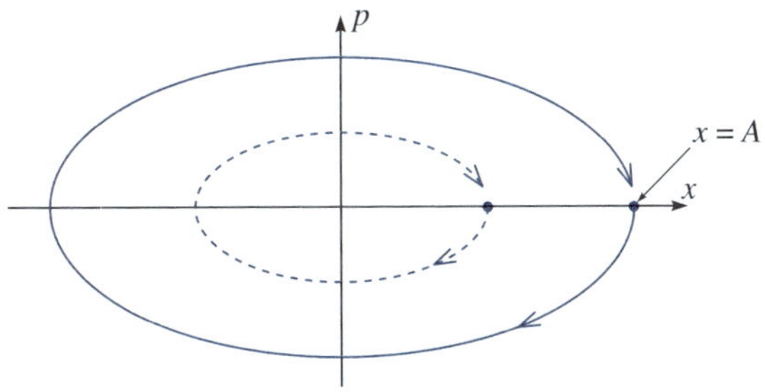

Abbildung 13.5: Der Phasenraum für den eindimensionalen harmonischen Oszillator ist eine Ebene, deren Achsen mit x (Position) und p (Impuls) bezeichnet sind; der Punkt in der Ebene, der den Zustand der Bewegung repräsentiert, durchläuft im Uhrzeigersinn eine elliptische Bahn. Für jeden Phasenpunkt gibt es eine eindeutige Bahn. Die äußere Bahn (durchgezogene Kurve) beginnt aus dem Stillstand bei $x = A$ und $p = 0$; die innere Bahn beginnt bei $x = A/2$ und $p = 0$.

Dies ist die Gleichung einer Ellipse mit der großen Halbachse A und der kleinen Halbachse $m\omega A$, in Übereinstimmung mit (13.49).

Es lohnt sich vielleicht, eine der Bahnen im Phasenraum aus Abbildung 13.5 im Detail anzuschauen. Für die durchgezogene Kurve beginnt die Bewegung aus dem Stillstand mit einem Maximalwert von x bei $x = A$ und $p = 0$ (als dicker Punkt in der Abbildung markiert). Die Rückstellkraft beschleunigt die Masse m hin zu $x = 0$, sodass x immer kleiner wird und p immer negativer. Wenn x die Null erreicht hat, nimmt p den größten (negativen) Wert $p = -m\omega A$ an. Der Oszillator schießt nun über den Gleichgewichtspunkt hinaus, sodass x nun negativ wird; der Impuls p ist auch noch negativ, sein Betrag nimmt aber ab. Wenn x bei $-A$ ankommt, ist p wieder null, und so weiter, bis der Oszillator wieder seinen Startpunkt $x = A$, $p = 0$ erreicht und der Zyklus von Neuem beginnt. Beachten Sie, dass – in Übereinstimmung mit unserer allgemeinen Behauptung – die beiden in Abbildung 13.5 gezeigten Bahnen einander nicht kreuzen. Es ist leicht zu erkennen, dass zwei Ellipsen in der Form von (13.50) keinen Punkt gemeinsam haben, außer wenn für beide der Wert von A gleich ist (und dann handelt es sich um *dieselbe* Ellipse).

In diesem einfachen eindimensionalen Fall verrät uns die Phasenraumdarstellung nichts, was wir nicht auch schon aus der einfachen Lösung $x = A\cos(\omega t - \delta)$ hätten ablesen können; ich hoffe aber, Sie stimmen mir zu, dass die Phasenraumdarstellung einige Details der Bewegung deutlicher zum Ausdruck bringt. ■

Wenn Sie Kapitel 12 gelesen haben, wird Ihnen aufgefallen sein, dass eine Bahn im Phasenraum eng mit jenen Bahnen im Zustandsraum zusammenhängt, die in Abschnitt 12.7 behandelt wurden. Der einzige Unterschied besteht darin, dass die Bahn im Phasenraum die Entwicklung des Systems in der (x, p)-Ebene zeigt, während die Bahn im Zustandsraum in der $(x, \dot{x})$-Ebene verläuft. Im vorliegenden Fall gibt es da kaum einen Unterschied, denn für eine eindimensionale Bewegung entlang der x-Achse ist p proportional zu $\dot{x}$ (nämlich $p = m\dot{x}$). Folglich sind die beiden Arten der Darstellung bis auf den Umstand identisch, dass der Phasenraumplot um den Faktor m in vertikaler Richtung gedehnt ist. Im allgemeinen $2n$-dimensionalen Fall können die durch $(\boldsymbol{q}, \boldsymbol{p})$ und $(\boldsymbol{q}, \dot{\boldsymbol{q}})$ definierten Räume jedoch sehr verschieden sein.

Wie wir im nächsten Abschnitt sehen werden, hat die Phasenraumdarstellung einige sehr elegante Eigenschaften, die die Zustandsraumdarstellung nicht bieten kann.

Es geschieht häufig, dass man nicht nur eine einzige, sondern mehrere Bahnen im Phasenraum verfolgen muss. Bei der Untersuchung des Chaos beispielsweise haben wir gesehen, dass es sehr interessant ist, die Entwicklung zweier identischer Systeme zu betrachten, die mit leicht unterschiedlichen Anfangsbedingungen starten. Wenn die Bewegung nichtchaotisch ist, bleiben die beiden Systeme im Phasenraum eng beieinander, doch wenn die Bewegung chaotisch ist, bewegen sie sich so schnell auseinander, dass die Einzelheiten ihrer Bewegung in der Praxis nicht vorherzusagen sind. Im nächsten Beispiel schauen wir uns vier benachbarte Bahnen im Phasenraum eines Teilchens an, das unter dem Einfluss der Schwerkraft nach unten fällt.

Ein fallender Körper

Beispiel 13.6 Wenden Sie den Hamilton'schen Formalismus auf eine Masse m an, die auf eine Bewegung in der Vertikalen beschränkt ist und nur die Schwerkraft erfährt. Verwenden Sie die Koordinate x, von einem geeigneten Ursprung nach unten gemessen, und den dazu konjugierten Impuls. Beschreiben Sie die Bahnen im Phasenraum; skizzieren Sie insbesondere die Bahnen von einem Zeitpunkt 0 zu einer späteren Zeit t für die folgenden vier verschiedenen Anfangsbedingungen bei $t = 0$:

a) $x_0 = p_0 = 0$ (d. h., die Masse startet aus dem Stillstand bei $x = 0$);

b) $x_0 = X$, aber $p_0 = 0$ (die Masse startet aus dem Stillstand bei $x = X$);

c) $x_0 = X$ und $p_0 = P$ (die Masse startet bei $x = X$ mit dem Anfangsimpuls $p = P$);

d) $x_0 = 0$ und $p_0 = P$ (die Masse startet bei $x = 0$ mit dem Anfangsimpuls $p = P$).

Lösung ■ Die kinetische Energie ist $T = \frac{1}{2}m\dot{x}^2$, die potenzielle Energie ist $U = -mgx$ (denken Sie daran, dass x nach unten gemessen wird). Der konjugierte Impuls ist natürlich $p = m\dot{x}$, und als Hamilton-Funktion haben wir

$$\mathcal{H} = T + U = \frac{p^2}{2m} - mgx\,. \tag{13.51}$$

Um die allgemeine Gestalt der Bahnen im Phasenraum zu bestimmen, brauchen wir die Bewegungsgleichungen gar nicht zu lösen, denn wegen der Energieerhaltung muss $\mathcal{H} = \text{const.}$ gelten. Für die Hamilton-Funktion (13.51) definiert das eine Parabel der Form $x = kp^2 + \text{const.}$, deren Symmetrieachse die x-Achse ist. Wenn man die vier fraglichen Bahnen konkret zeichnen will, braucht man aber natürlich doch die Lösungen der Bewegungsgleichungen:

$$\dot{x} = \frac{\partial \mathcal{H}}{\partial p} = \frac{p}{m} \qquad \text{und} \qquad \dot{p} = -\frac{\partial \mathcal{H}}{\partial x} = mg\,.$$

Die zweite Gleichung ergibt

$$p = p_0 + mgt\,,$$

und dann führt die erste auf

$$x = x_0 + \frac{p_0}{m}t + \frac{1}{2}gt^2\,,$$

zwei Ergebnisse, die wir schon aus der elementaren Physik sehr gut kennen. Setzen wir die vier Anfangsbedingungen ein, erhalten wir die vier in Abbildung 13.6 gezeigten Kurven. Wie erwartet, sind die vier Bahnen $A_0A, \ldots, D_0D$ Parabeln, die einander

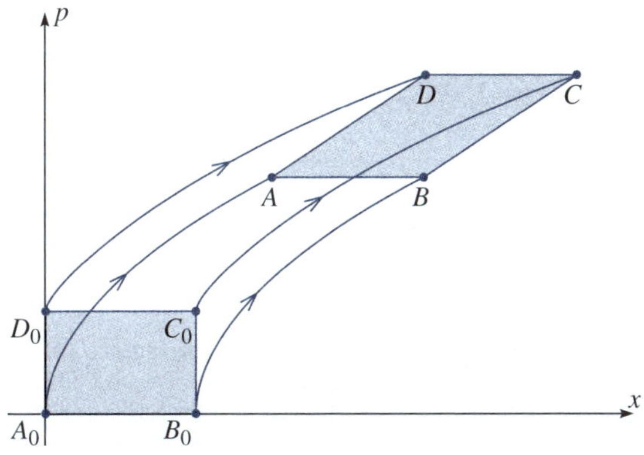

Abbildung 13.6: Vier verschiedene Bahnen im Phasenraum für einen Körper, der unter dem Einfluss der Schwerkraft vertikal nach unten fällt. Die Koordinaten sind der Ort x (vertikal nach unten gemessen) und der Impuls p. Die vier verschiedenen Anfangszustände zur Zeit $t = 0$ sind durch die Punkte A_0, B_0, C_0 und D_0 markiert, die entsprechenden Zustände zu einer späteren Zeit t sind mit A, B, C und D bezeichnet.

nicht schneiden. Sie können erkennen, dass das anfängliche Rechteck $A_0B_0C_0D_0$ sich in ein Parallelogramm $ABCD$ entwickelt hat. Man zeigt aber leicht, dass dieses Parallelogramm denselben Flächeninhalt hat wie das ursprüngliche Rechteck (gleiche Basis $A_0B_0 = AB$, gleiche Höhe; vgl. Aufgabe 27). Im nächsten Abschnitt werden wir sehen, dass diese beiden Eigenschaften (die Form ändert sich zwar, der Flächeninhalt bleibt aber gleich) allgemeine Eigenschaften aller Bahnen im Phasenraum sind. Die wichtige Aussage, dass der Flächeninhalt sich nicht ändert, ist als der Liouville'sche Satz bekannt.

■

13.7 Der Liouville'sche Satz*

**Der Stoff in diesem Abschnitt ist anspruchsvoller als der Großteil des sonstigen Stoffs in diesem Buch. Insbesondere werden hier der Divergenzoperator und der Gauß'sche Integralsatz (Divergenzsatz) der Vektorrechnung als bekannt vorausgesetzt. Wenn Sie diesen Konzepten noch nicht begegnet sind, können Sie diesen Abschnitt auch überspringen.*

In Beispiel 13.6 haben wir gesehen, dass man eine Darstellung im Phasenraum verwenden kann, um die Bewegung identischer Systeme mit unterschiedlichen Anfangsbedingungen verfolgen zu können. Bei vielen Problemen, insbesondere bei Problemen der statistischen Mechanik, besteht die Notwendigkeit, die Bewegung sehr vieler identischer Systeme zu verfolgen. Der Zustand eines jeden Systems kann durch einen Punkt im Phasenraum dargestellt werden; wenn die Anzahl dieser Punkte groß genug ist, können wir die sich ergebende Punktwolke als eine Art von Fluid auffassen, dessen Dichte ϱ durch die Anzahl der Punkte pro Volumeneinheit des Phasenraums gegeben ist. In der statistischen Mechanik des idealen Gases beispielsweise will man der Bewegung von rund 10^{23} identischen Molekülen folgen, die sich in einem Behälter bewegen. Jedes Molekül gehorcht derselben

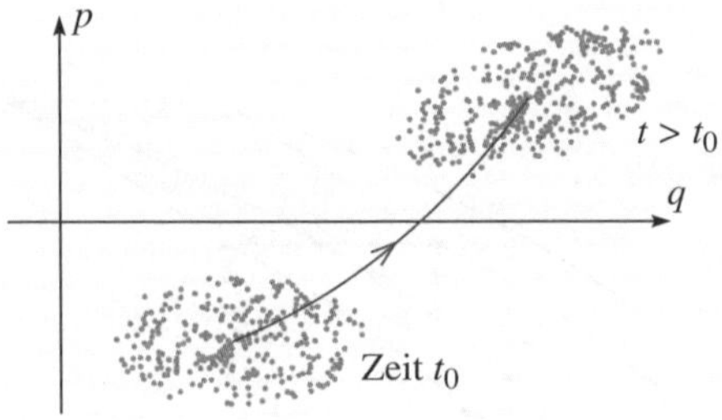

Abbildung 13.7: Die Punkte in der unteren Wolke markieren die Zustände von rund 300 identischen Systemen zur Zeit t_0. Wenn die Zeit voranschreitet, bewegt sich jeder Punkt in Übereinstimmung mit den Hamilton-Gleichungen durch den Phasenraum, und die Wolke als Ganzes bewegt sich (im angenommenen Beispiel) nach oben.

Hamilton-Funktion und bewegt sich im selben sechsdimensionalen Phasenraum mit den Koordinaten (x, y, z, p_x, p_y, p_z). Folglich kann man den Zustand des Systems zu einem beliebigen Zeitpunkt bestimmen, indem man die Orte der 10^{23} Punkte im Phasenraum angibt. Diese 10^{23} Punkte bilden eine Punktwolke, deren Bewegung sich in vielen Fällen wie die Bewegung eines Fluids behandeln lässt. Dieses Bild können Sie für den Großteil dieses Kapitels im Hinterkopf behalten, wenn ich mich auch in bestimmten Fällen auf ein System mit nur einer räumlichen Dimension (und demzufolge auf einen zweidimensionalen Phasenraum) beschränken werde.

Die Verfolgung der Bewegung von vielen identischen Systemen mithilfe einer Punktwolke im Phasenraum ist in Abbildung 13.7 dargestellt. Man kann die Abbildung als die schematische Darstellung eines mehrdimensionalen Phasenraums auffassen; der Einfachheit halber interpretieren wir das Bild aber als den zweidimensionalen Phasenraum mit den Koordinaten $\mathbf{z} = (q, p)$ eines Systems mit nur einem Freiheitsgrad. Jeder Punkt in der unteren Wolke gibt den Anfangszustand eines Systems (beispielsweise eines Moleküls in einem Gas) dadurch wieder, dass er dessen Position $\mathbf{z} = (q, p)$ im Phasenraum zur Zeit t_0 angibt. Die Hamilton-Gleichungen bestimmen die „Geschwindigkeit“, mit der sich jeder Punkt durch den Phasenraum bewegt:

$$(\text{Phasenraumgeschwindigkeit}) = \dot{\mathbf{z}} = (\dot{q}, \dot{p}) = \left(\frac{\partial \mathcal{H}}{\partial p}, -\frac{\partial \mathcal{H}}{\partial q} \right). \tag{13.52}$$

Für jeden Punkt $\mathbf{z}$ in der Ausgangswolke gibt es eine individuelle Geschwindigkeit $\dot{\mathbf{z}}$, und jeder Punkt bewegt sich mit dieser individuellen Geschwindigkeit. Im Allgemeinen haben unterschiedliche Punkte verschiedene Geschwindigkeiten, und die Wolke kann daher – wie gezeigt – ihre Form und ihre Orientierung ändern. Wie wir aber gleich beweisen werden, ändert sich das durch die Wolke eingenommene Volumen dabei jedoch nicht – das ist die Aussage des sogenannten Liouville'schen Satzes.

Um unsere Überlegungen zu präzisieren, müssen wir eine geschlossene Fläche im Phasenraum betrachten, wie sie in der linken unteren Ecke von Abbildung 13.8 zu sehen ist. Jeder Punkt dieser geschlossenen Fläche entspricht einem eindeutigen Satz von Anfangsbedingungen und bewegt sich mit fortschreitender Zeit entlang seiner individuellen Bahn im Phasenraum. Damit bewegt sich auch die gesamte Fläche durch den Phasenraum. Es ist leicht einzusehen, dass ein Punkt, der sich anfangs im Inneren der Fläche befindet, für alle Zeiten im Inneren bleiben muss: Nehmen

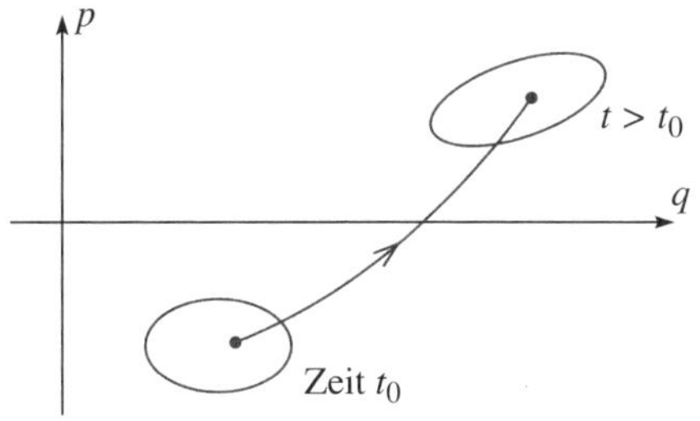

Abbildung 13.8: Mit fortschreitender Zeit bewegt sich die geschlossene Fläche links unten durch den Phasenraum. Jeder Punkt, der sich anfangs innerhalb der Fläche befindet, bleibt für alle Zeiten im Inneren.

Sie einfach an, er könnte sich nach außen bewegen. Dann müsste er zu einem gewissen Zeitpunkt die sich bewegende Fläche kreuzen. In diesem Moment hätten wir dann zwei verschiedene Bahnen, die sich kreuzen, und das ist bekanntlich unmöglich. Nach derselben Argumentation bleibt ein Punkt, der sich anfangs außerhalb der Fläche befindet, für alle Zeiten außerhalb. Daher ist die Anzahl der Punkte (die beispielsweise Moleküle darstellen) innerhalb der Fläche zeitlich konstant. Das Hauptergebnis dieses Abschnitts – der Liouville'sche Satz – besagt, dass das Volumen der geschlossenen Fläche in Abbildung 13.8 zeitlich konstant ist. Um das zu beweisen, benötigen wir den Zusammenhang zwischen der Änderungsrate derartiger Volumina und der sogenannten *Divergenz* des Geschwindigkeitsvektors.

Veränderung des Volumens

Die beiden benötigten mathematischen Aussagen gelten in Vektorräumen mit einer beliebigen Anzahl von Dimensionen. Wir werden sie auf den $2n$-dimensionalen Phasenraum anwenden müssen. Dennoch betrachten wir sie zunächst im vertrauten Kontext unseres alltäglichen dreidimensionalen Raums. Wir stellen uns einen dreidimensionalen Raum vor, der mit einem strömenden Fluid gefüllt ist. Das Fluid bewegt sich in jedem Punkt $\boldsymbol{r}$ mit der Geschwindigkeit $\boldsymbol{v}$. Für jeden Ort $\boldsymbol{r}$ gibt es eine individuelle Geschwindigkeit $\boldsymbol{v}$, doch $\boldsymbol{v}$ kann natürlich für verschiedene Punkte $\boldsymbol{r}$ verschiedene Werte haben; es gilt also $\boldsymbol{v} = \boldsymbol{v}(\boldsymbol{r})$. Dies ist ganz analog zu der Situation im Phasenraum, bei der jeder Phasenpunkt $\mathbf{z}$ sich mit einer Geschwindigkeit bewegt, die durch seine Position im Phasenraum eindeutig bestimmt ist, d. h. $\dot{\mathbf{z}} = \dot{\mathbf{z}}(\mathbf{z})$.

Betrachten wir nun eine geschlossene Fläche S in dem Fluid zu einer bestimmten Zeit t. Stellen wir uns vor, wir würden die Fläche einfärben, sodass wir ihre Bewegung verfolgen können, wenn sie sich mit dem Fluid bewegt. Dann stellt sich die Frage: Wenn V das durch S umschlossene Volumen bezeichnet, wie schnell ändert sich dann V, während sich das Fluid bewegt? Abbildung 13.9a) zeigt zwei aufeinanderfolgende Positionen der Fläche S zu zwei aufeinanderfolgenden Zeitpunkten, die um eine kurze Zeit δt auseinanderliegen. Die Änderung von V während des Intervalls δt ist das Volumen zwischen diesen beiden Flächen. Um es zu berechnen, betrachten wir zunächst den Beitrag des kleinen schattierten Volumens in Abbildung 13.9a), das in Abbildung 13.9b) vergrößert dargestellt ist. Dieses kleine Volumen ist ein Zylinder, dessen Grundfläche den Flächeninhalt dA hat. Die Seite des Zylinders ist durch die Verschiebung $\boldsymbol{v}\,\delta t$ gegeben, die Zylinderhöhe ist also die Komponente von $\boldsymbol{v}\,\delta t$ normal

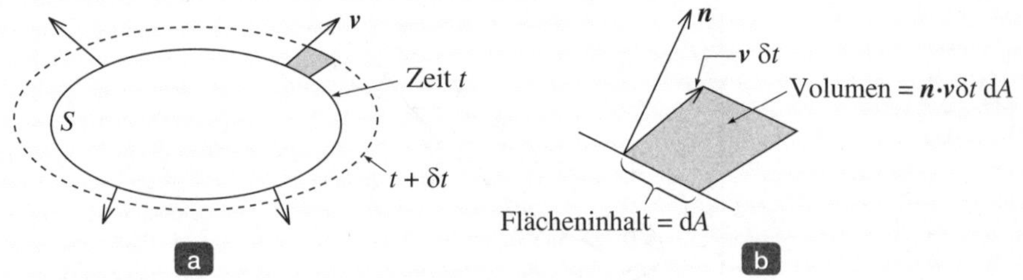

Abbildung 13.9: (a) Die Fläche S bewegt sich mit dem Fluid aus ihrer Anfangsposition (durchgezogene Kurve) zur Zeit t in eine neue Position (gestrichelte Kurve) zur Zeit $t + \delta t$. Die Änderung in V ist genau das Volumen zwischen den beiden Flächen. (b) Vergrößerte Ansicht des schattierten Volumens aus Teil (a). Der Vektor $\boldsymbol{n}$ ist ein Einheitsvektor, der normal auf der Fläche S steht und nach außen zeigt.

zu der Fläche. Wenn wir einen Einheitsvektor $\boldsymbol{n}$ in Richtung der auswärts zeigenden Normale von S einführen, dann hat unser Zylinder die Höhe $\boldsymbol{n} \cdot \boldsymbol{v}\, \delta t$ und das Volumen $\boldsymbol{n} \cdot \boldsymbol{v}\, \delta t\, \mathrm{d}A$. Die Gesamtänderung des Volumens im Inneren von S findet man, indem man diese kleinen Beiträge aufsummiert; man erhält dann

$$\delta V = \int_S \boldsymbol{n} \cdot \boldsymbol{v}\, \delta t\, \mathrm{d}A\,; \tag{13.53}$$

das Integral hier ist ein Oberflächenintegal, das über die gesamte geschlossene Fläche S läuft. Wenn wir beide Seiten durch δt teilen und $\delta t \to 0$ gehen lassen, erhalten wir das erste unserer beiden Schlüsselergebnisse:

$$\frac{\mathrm{d}V}{\mathrm{d}t} = \int_S \boldsymbol{n} \cdot \boldsymbol{v}\, \mathrm{d}A\,. \tag{13.54}$$

Abbildung 13.9a) zeigte eine Fluidströmung, deren Geschwindigkeit $\boldsymbol{v}$ überall nach außen gerichtet ist (stellen Sie sich die expandierende Luft in einem Ballon vor, dessen Temperatur ansteigt). Mit dem nach außen gerichteten $\boldsymbol{v}$ ist das Skalarprodukt $\boldsymbol{n} \cdot \boldsymbol{v}$ positiv (denn $\boldsymbol{n}$ ist als auswärts gerichtete Normale definiert), und das Integral (13.54) ist positiv; daraus folgt, wie es auch sein sollte, dass V zunimmt. Wenn $\boldsymbol{v}$ überall nach innen gerichtet wäre (Luft in einem Ballon, dessen Temperatur fällt), das wäre $\boldsymbol{n} \cdot \boldsymbol{v}$ negativ, und V würde abnehmen. Im Allgemeinen kann $\boldsymbol{n} \cdot \boldsymbol{v}$ über Teilen der Fläche S positiv und über anderen negativ sein. Namentlich wenn das Fluid inkompressibel ist, kann sich V nicht ändern; dann müssen sich die Beiträge von positiven und negativen Werten für $\boldsymbol{n} \cdot \boldsymbol{v}$ genau aufheben, sodass $\mathrm{d}V/\mathrm{d}t$ null ist.

Wir haben die Gleichung (13.54) für eine Fläche S und ein Volumen V in drei Dimensionen hergeleitet, doch sie gilt ebenso für eine beliebige Anzahl von Dimensionen. In einem m-dimensionalen Raum haben die Vektoren $\boldsymbol{n}$ und $\boldsymbol{v}$ jeweils m Komponenten, und ihr Skalarprodukt ist $\boldsymbol{n} \cdot \boldsymbol{v} = n_1 v_1 + \cdots + n_m v_m$. Mit dieser Definition gilt (13.54) für beliebige Werte von m.

Der Divergenzsatz

Der zweite mathematische Satz, den wir benötigen, ist der nach dem deutschen Mathematiker und Physiker Carl Friedrich Gauß (1777–1855) benannte **Gaußsche**

Integralsatz, der – weil von Gauß eine ganze Reihe von Sätzen stammt – zur besseren Unterscheidung auch als **Divergenzsatz** bezeichnet wird. Er ist eine der zentralen Aussagen der Vektoranalysis (ähnlich dem Stokes'schen Satz, den wir in Kapitel 4 verwendet haben), seinen Beweis finden Sie in jedem Buch zur Vektoranalysis;[12] wir verzichten deshalb hier auf den Beweis, obwohl er ziemlich unkompliziert und in einigen einfachen Fällen auch instruktiv ist (vgl. Aufgabe 37). Der Satz wendet einen Vektoroperator an, der als Divergenz bezeichnet wird. Für einen Vektor $\boldsymbol{v}$ ist die **Divergenz** von $\boldsymbol{v}$ definiert als

$$\boldsymbol{\nabla} \cdot \boldsymbol{v} = \frac{\partial v_x}{\partial x} + \frac{\partial v_y}{\partial y} + \frac{\partial v_z}{\partial z}\,; \tag{13.55}$$

$\boldsymbol{v}$ kann ein beliebiger Vektor sein (etwa eine Kraft oder ein elektrisches Feld), für uns wird $\boldsymbol{v}$ immer eine Geschwindigkeit sein. Wenn Sie dem Divergenzoperator noch nicht begegnet sind, sollten Sie sich mit ihm durch einige der Aufgaben 31, 32 bzw. 34 vertraut machen.

Der Divergenzsatz behauptet, dass sich das Flächenintegral in (13.54) mithilfe von $\boldsymbol{\nabla} \cdot \boldsymbol{v}$ ausdrücken lässt:

$$\int_S \boldsymbol{n} \cdot \boldsymbol{v}\, \mathrm{d}A = \int_V \boldsymbol{\nabla} \cdot \boldsymbol{v}\, \mathrm{d}V\,. \tag{13.56}$$

Das Integral auf der rechten Seite ist ein Volumenintegral über das von der Fläche S umschlossene Volumen V. Dieser Satz ist ein sehr leistungsfähiges Werkzeug. Er spielt eine entscheidende Rolle in Anwendungen des Gauß'schen elektrostatischen Gesetzes. Mit ihm kann man oft Integrale auswerten, die man anders nur schwer berechnen könnte. Insbesondere gibt es viele interessante Fluidströmungen mit der Eigenschaft $\boldsymbol{\nabla} \cdot \boldsymbol{v} = 0$. Für solche Strömungen kann die Berechnung des Flächenintegrals auf der linken Seite sehr unangenehm werden, doch dank des Divergenzsatzes können wir sofort erkennen, dass das Integral tatsächlich null ist. Da wir den Divergenzsatz genau auf solche Fälle anwenden wollen, schauen wir uns gleich ein Beispiel für eine solche Strömung an.

Beispiel 13.7 **Scherströmung**

Die Strömungsgeschwindigkeit eines Fluids ist

$$\boldsymbol{v} = ky\hat{\mathbf{x}} \tag{13.57}$$

mit einer Konstanten k, d. h., es gilt $v_x = ky$ und $v_y = v_z = 0$. Beschreiben Sie diese Strömung und zeichnen Sie die Bewegung einer geschlossenen, anfangs kugelförmigen Fläche. Bestimmen Sie die Divergenz $\boldsymbol{\nabla} \cdot \boldsymbol{v}$ und zeigen Sie, dass sich das mit der Strömung mitbewegte und durch eine Oberfläche S eingeschlossene Volumen nicht ändern kann. Mit anderen Worten: das Fluid strömt inkompressibel.

Lösung ■ Die Geschwindigkeit $\boldsymbol{v}$ weist überall in die x-Richtung und hängt nur von y ab. Somit verhalten sich alle Punkte in einer Ebene, für die $y = \text{const.}$ gilt, wie eine gleitende feste Schicht – ein Muster, das man laminare Strömung nennt.[13] Die Strömungsgeschwindigkeit wächst mit y, sodass jede Schicht sich ein weniger schneller

12 vgl. beispielsweise Mary Boas, *Mathematical Methods in the Physical Sciences* (Wiley, 1983), S. 271; die aktuelle (dritte) Auflage stammt von 2005.

13 Nach dem lateinischen *lamina* „Blatt“ oder „Schicht“, von dem auch Wörter wie „Laminat“ oder „laminieren“ abgeleitet werden.

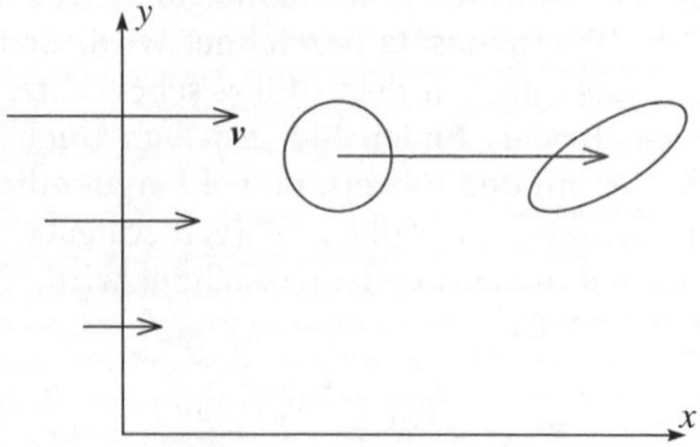

Abbildung 13.10: Die in (13.57) beschriebene laminare Strömung ist eine Scherströmung. Die Schichten parallel zu der Ebene $y = 0$ bewegen sich alle starr in der x-Richtung mit einer zu y proportionalen Geschwindigkeit. Die Scherbewegung verformt die ursprüngliche Kugel zu einem Ellipsoid.

bewegt als die darunterliegende Schicht. Das entspricht einer *Scherbewegung*, wie sie durch die drei dünnen Pfeile unterschiedlicher Länge in Abbildung 13.10 angedeutet wird. Wenn wir eine geschlossene, anfangs kugelförmige Fläche betrachten, die sich mit der Strömung mitbewegt, so wird sie – wie gezeigt – im oberen Teil etwas schneller mitgeführt als im unteren, und sie verformt sich zu einem Ellipsoid mit wachsender Exzentrizität.

Mithilfe der Definition (13.55) können wir $\nabla \cdot \boldsymbol{v}$ leicht berechnen:

$$\nabla \cdot \boldsymbol{v} = \frac{\partial v_x}{\partial x} + \frac{\partial v_y}{\partial y} + \frac{\partial v_z}{\partial z} = \frac{\partial ky}{\partial x} + 0 + 0 = 0\,. \tag{13.58}$$

Durch Kombination unserer beiden Ergebnisse (13.54) und (13.56) erkennen wir, dass sich als Änderungsrate des Volumens innerhalb einer geschlossenen Oberfläche ergibt

$$\frac{\mathrm{d}V}{\mathrm{d}t} = \int_V \nabla \cdot \boldsymbol{v}\, \mathrm{d}V\,. \tag{13.59}$$

Da wir aber gezeigt haben, dass in unserem Beispiel überall $\nabla \cdot \boldsymbol{v} = 0$ gilt, muss $\mathrm{d}V/\mathrm{d}t = 0$ sein, d. h., das Volumen innerhalb einer geschlossenen, sich mit der Strömung mitbewegenden Fläche ist für eine Strömung der Form (13.57) konstant. ■

Wenn Sie noch nie mit dem Divergenzsatz gearbeitet haben, sollten Sie jetzt versuchen, zumindest eine der beiden Aufgaben 33 und 37 zu lösen. Ich möchte nur noch eine Bemerkung zur Bedeutung von $\nabla \cdot \boldsymbol{v}$ machen. Wenn wir (13.59) auf ein hinreichend kleines Volumen V anwenden, dann ist $\nabla \cdot \boldsymbol{v}$ näherungsweise über dem gesamten Integrationsbereich konstant; die rechte Seite von (13.59) wird einfach $(\nabla \cdot \boldsymbol{v})V$, und aus (13.59) folgt für ein kleines Volumen V

$$\nabla \cdot \boldsymbol{v} = \frac{1}{V}\frac{\mathrm{d}V}{\mathrm{d}t}\,.$$

Da man $\mathrm{d}V/\mathrm{d}t$ als die abfließende Strömung von $\boldsymbol{v}$ bezeichnen kann, lässt sich $\nabla \cdot \boldsymbol{v}$ als der *Abfluss pro Volumen* auffassen. Wenn $\nabla \cdot \boldsymbol{v}$ im Punkt $\boldsymbol{r}$ positiv ist, gibt es um $\boldsymbol{r}$

herum eine nach außen gerichtete Strömung, und jedes kleine Volumen um $\boldsymbol{r}$ dehnt sich aus (wie das Gas in einem Ballon, das man erhitzt); wenn $\nabla \cdot \boldsymbol{v}$ negativ ist, gibt es eine nach innen gerichtete Strömung, und jedes Volumen um $\boldsymbol{r}$ zieht sich zusammen (wie das Gas in einem Ballon, das gekühlt wird). In unserem Beispiel ist $\nabla \cdot \boldsymbol{v}$ gleich null, und jedes mit der Strömung bewegte Volumen bleibt konstant.

Die Divergenz lässt sich leicht auf eine beliebige Anzahl von Dimensionen erweitern. In einem m-dimensionalen Raum mit den Koordinaten $(x_1, \ldots, x_m)$ ist die Divergenz eines Vektor $\boldsymbol{v} = (v_1, \ldots, v_m)$ definiert als

$$\nabla \cdot \boldsymbol{v} = \frac{\partial v_1}{\partial x_1} + \cdots + \frac{\partial v_m}{\partial x_m} ;$$

mit dieser Definition hat die entscheidende Aussage (13.59) genau dieselbe Form, nur mit dem Unterschied, dass das Integral nun ein Integral über einen m-dimensionalen Bereich mit dem Volumenelement $\mathrm{d}V = \mathrm{d}x_1 \mathrm{d}x_2 \ldots \mathrm{d}x_m$ ist.

Der Liouville'sche Satz

Nun sind wir endlich so weit, dass wir die Hauptaussage dieses Abschnitts beweisen können – den Liouville'schen Satz. Es handelt sich dabei um einen Satz über Bewegungen im Phasenraum, also im $2n$-dimensionalen Raum mit den Koordinaten $\mathbf{z} = (\boldsymbol{q}, \boldsymbol{p}) = (q_1, \ldots, q_n, p_1, \ldots, p_n)$. Um die Notation zu vereinfachen, werde ich ein System mit nur einem einzigen Freiheitsgrad betrachten; es gilt also $n = 1$, und der Phasenraum ist zweidimensional mit den Phasenpunkten $\mathbf{z} = (q, p)$. Der Beweis für den allgemeinen Fall läuft fast genauso ab, wie Sie in Aufgabe 36 selbst zeigen können.

Jeder Phasenpunkt $\mathbf{z} = (q, p)$ bewegt sich durch den zweidimensionalen Phasenraum entsprechend den Hamilton-Gleichungen mit der Geschwindigkeit

$$\boldsymbol{v} = \dot{\mathbf{z}} = (\dot{q}, \dot{p}) = \left(\frac{\partial \mathcal{H}}{\partial p}, -\frac{\partial \mathcal{H}}{\partial q} \right) . \tag{13.60}$$

Wir betrachten nun eine beliebige geschlossene Fläche S, die sich mit den Phasenpunkten durch den Phasenraum bewegt, wie in Abbildung 13.8 gezeigt. Die Änderungsrate für das von S umschlossene Volumen ist durch (13.59) gegeben, wobei das Volumen nun ein zweidimensionales Volumen (also eigentlich eine Fläche) ist und

$$\nabla \cdot \boldsymbol{v} = \frac{\partial \dot{q}}{\partial q} + \frac{\partial \dot{p}}{\partial p} = \frac{\partial}{\partial q} \left(\frac{\partial \mathcal{H}}{\partial p} \right) + \frac{\partial}{\partial p} \left(-\frac{\partial \mathcal{H}}{\partial q} \right) = 0 \tag{13.61}$$

gilt. Der Ausdruck ist null, weil die Reihenfolge der beiden Differenziationen in den doppelten Ableitungen keine Rolle spielt. Wegen $\nabla \cdot \boldsymbol{v} = 0$ folgt $\mathrm{d}V/\mathrm{d}t = 0$, und somit haben wir bewiesen, dass das von einer beliebigen Fläche umschlossene Volumen V konstant bleibt, wenn sich die Fläche im Phasenraum bewegt. Das ist der **Liouville'sche Satz**, benannt nach dem französischen Mathematiker Joseph Liouville (1809–1882).

Man kann den Liouville'schen Satz auch auf andere Weise formulieren: Wir haben bereits gesehen, dass die Anzahl N der Punkte im Phasenraum, die identische Systeme darstellen, sich innerhalb eines gegebenen Volumens V nicht ändern kann. (Keiner der Punkte kann die Grenzfläche S von innen nach außen – oder umgekehrt –

durchdringen.) Wir haben nun gesehen, dass das Volumen V sich nicht ändern kann. Daher kann auch die Dichte der Punkte $\varrho = N/V$ sich nicht ändern. Diese Aussage wird manchmal in der Form paraphrasiert, die Punktwolke würde sich wie ein inkompressibles Fluid durch den Phasenraum bewegen. Man sollte sich dessen aber genau bewusst sein, was diese Aussage bedeutet: Die Dichte ϱ kann natürlich sehr wohl in verschiedenen Phasenpunkten $\mathbf{z} = (q, p)$ unterschiedlich sein; gemeint ist, dass – wenn wir einen Phasenpunkt entlang seiner Bahn verfolgen – sich die Dichte an diesem Punkt nicht ändert.

Leider können wir den Konsequenzen aus dem Liouville'schen Satz an dieser Stelle nicht weiter nachgehen; ich möchte nur ein Beispiel anführen: In Kapitel 12 haben wir gesehen, dass bei chaotischer Bewegung zwei identische Systeme, die mit nahezu identischen Anfangsbedingungen starten, sich im Phasenraum schnell voneinander entfernen. Wenn wir also ein kleines Anfangsvolumen im Phasenraum betrachten, etwa so eines wie in Abbildung 13.8, und die Bewegung chaotisch ist, dann müssen sich zumindest einige Punkte innerhalb dieses Volumens rasch voneinander entfernen. Doch wir haben nun gesehen, dass sich das Gesamtvolumen V nicht ändern kann. Daher muss sich das Volumen, wenn es sich in eine Richtung ausdehnt, in einer anderen Richtung zusammenziehen; eine anfängliche Kugel wandelt sich dann zu einer Form ähnlich einer Zigarre. Nun kommt es aber häufig vor, dass der Bereich, in dem sich die Phasenpunkte bewegen können, gewissen Zwangsbedingungen unterliegt. (Beispielsweise hat die Energieerhaltung diese Wirkung auf den harmonischen Oszillator aus Abbildung 13.5.) Dann muss sich das Volumen V, während es länger und dünner wird, auf komplizierte Weise auf sich selber falten – eine weitere interessante Wendung in der ohnehin schon interessanten Geschichte der chaotischen Bewegungen.

Zum Abschluss noch einige Bemerkungen zur Gültigkeit des Liouville'schen Satzes: Erstens haben wir in allen Beispielen dieses Kapitels angenommen, dass die Hamilton-Funktion nicht explizit von der Zeit abhängt, also $\partial\mathcal{H}/\partial t = 0$; ferner mussten die Kräfte konservativ und die Koordinaten natürlich sein, sodass $\mathcal{H} = T + U$ gilt. Keine dieser Annahmen ist jedoch notwendig für die Gültigkeit des Liouville'schen Satzes. Der in diesem Abschnitt skizzierte Beweis hängt nur von der Gültigkeit der Hamilton-Gleichungen ab, und für jedes System, das den Hamilton-Gleichungen gehorcht, gilt auch der Liouville'sche Satz. Beispielsweise gehorcht ein geladenes Teilchen in einem elektromagnetischen Feld den Hamilton-Gleichungen (Aufgabe 18), und damit gilt auch der Liouville'sche Satz, obwohl $\partial\mathcal{H}/\partial t$ von null verschieden sein kann und $\mathcal{H}$ mit Sicherheit nicht gleich $T + U$ ist. Zweitens gilt der Liouville'sche Satz zwar für den Hamilton'schen Phasenraum mit den Koordinaten $(\boldsymbol{q}, \boldsymbol{p})$, doch einen entsprechenden Satz für den Lagrange'schen Zustandsraum mit den Koordinaten $(\boldsymbol{q}, \dot{\boldsymbol{q}})$ gibt es nicht. Das ist einer der wichtigsten Vorzüge des Hamilton'schen gegenüber dem Lagrange'schen Formalismus.

ZUSAMMENFASSUNG

Wichtige Definitionen und Gleichungen aus Kapitel 13

Die Hamilton-Funktion

Wenn ein System die verallgemeinerten Koordinaten $\boldsymbol{q} = (q_1, \ldots, q_n)$, die Lagrange-Funktion $\mathcal{L}$ und die verallgemeinerten Impulse $p_i = \partial\mathcal{L}/\partial\dot{q}_i$ hat, dann ist seine **Hamilton-Funktion** definiert durch

$$\mathcal{H} = \sum_{i=1}^{n} p_i\dot{q}_i - \mathcal{L}\,; \tag{13.22}$$

$\mathcal{H}$ wird dabei als Funktion der Variablen $\boldsymbol{q}$ und $\boldsymbol{p}$ (und möglicherweise t) aufgefasst.

Hamilton-Gleichungen

Die zeitliche Entwicklung eines Systems wird durch die **Hamilton-Gleichungen**

$$\dot{q}_i = \frac{\partial\mathcal{H}}{\partial p_i} \quad \text{und} \quad \dot{p}_i = -\frac{\partial\mathcal{H}}{\partial q_i} \quad [i = 1, \cdots, n] \tag{13.25}$$

beschrieben.

Phasenraum und Bahnen im Phasenraum

Der **Phasenraum** eines Systems ist der $2n$-dimensionale Raum der Punkte $(\boldsymbol{q}, \boldsymbol{p})$, die als die n verallgemeinerten Koordinaten q_i und die n kanonisch konjugierten Impulse p_i definiert sind. Eine **Bahn im Phasenraum** ist der Weg, den das System bei fortschreitender Zeit im Phasenraum zurücklegt.

[Abschnitte 13.5 und 13.6]

Der Liouville'sche Satz

Wenn wir uns eine große Anzahl von identischen Systemen vorstellen, die zur selben Zeit mit leicht unterschiedlichen Anfangsbedingungen starten, dann kann man die Punkte im Phasenraum, die diese Systeme repräsentieren, als ein Fluid auffassen. Der Liouville'sche Satz besagt dann, dass die Dichte dieses Fluids zeitlich konstant ist (oder, äquivalent, dass das Volumen, das eine beliebige Untergruppe dieser Phasenraumpunkte einnimmt, konstant ist).
[Abschnitt 13.7]

Aufgaben zu Kapitel 13

*Die Sterne zeigen den ungefähren Schwierigkeitsgrad an, von * (leicht) bis *** (schwierig).*

13.2 Hamilton-Gleichungen für eindimensionale Systeme

*** 1** Bestimmen Sie die Lagrange-Funktion, den verallgemeinerten Impuls und die Hamilton-Funktion für ein freies Teilchen (ganz ohne Kräfte), dessen Bewegung auf die x-Achse beschränkt ist. Verwenden Sie x als verallgemeinerte Koordinate. Bestimmen und lösen Sie die Hamilton-Gleichungen.

*** 2** Betrachten Sie eine Masse m, deren Bewegung unter dem Einfluss der Schwerkraft auf eine vertikale Gerade beschränkt ist. Verwenden Sie die Koordinate x, die von einem geeigneten Ursprung O aus vertikal nach unten gemessen wird. Geben Sie die Lagrange-Funktion $\mathcal{L}$ an und bestimmen Sie den verallgemeinerten Impuls $p = \partial\mathcal{L}/\partial\dot{x}$. Bestimmen Sie die Hamilton-Funktion $\mathcal{H}$ als Funktion von x und p und geben Sie die Hamilton'schen Bewegungsgleichungen an. (Man kann nicht erwarten, bei Anwendung des Hamilton'schen Formalismus auf ein derart einfaches System etwas Neues zu lernen, doch Sie sollten die Bewegungsgleichungen auf Plausibilität prüfen.)

*** 3** Betrachten Sie die Atwood'sche Fallmaschine aus Abbildung 13.2, nun soll die Rolle aber eine homogene Scheibe mit der Masse M und dem Radius R sein. Verwenden Sie x als verallgemeinerte Koordinate. Geben Sie die Lagrange-Funktion, den verallgemeinerten Impuls p sowie die Hamilton-Funktion $\mathcal{H} = p\dot{x} - \mathcal{L}$ an. Bestimmen Sie die Hamilton-Gleichungen und berechnen Sie damit die Beschleunigung $\ddot{x}$.

*** 4** Die Hamilton-Funktion $\mathcal{H}$ wird (in einer Dimension) immer als $\mathcal{H} = p\dot{q} - \mathcal{L}$ angegeben, und genau diese Form sollten Sie normalerweise verwenden. Wenn jedoch Ihre verallgemeinerte Koordinate q natürlich ist (d. h., der Zusammenhang zwischen q und den zugrundeliegenden kartesischen Koordinaten hängt nicht von der Zeit ab), dann gilt $\mathcal{H} = T + U$, und diese Form ist fast immer leichter anzugeben. Wenn Sie also ein Problem zu lösen haben, sollten Sie zunächst prüfen, ob Ihre verallgemeinerte Koordinate natürlich ist, und wenn das Fall ist, können Sie die einfachere Form $\mathcal{H} = T + U$ verwenden. Prüfen Sie, ob bei der Atwood'schen Fallmaschine in Beispiel 13.2 auf Seite 612 die verallgemeinerte Koordinate natürlich ist. [*Hinweis:* Es gibt eine verallgemeinerte Koordinate x und zwei zugrundeliegende kartesische Koordinaten x und y. Sie müssen nur die Gleichungen für die beiden kartesischen Koordinaten mithilfe der einen Gleichung für die verallgemeinerte Koordinate niederschreiben und nachweisen, dass die Zeit darin nicht vorkommt; dann können Sie $\mathcal{H} = T + U$ verwenden. Das ist lächerlich einfach!]

**** 5** Eine Perle mit der Masse m ist auf einen reibungsfreien, zu einer Helix gebogenen Draht aufgefädelt; die Helix lässt sich mit zylindrischen Polarkoordinaten (ρ, φ, z) beschreiben, die über $z = c\varphi$ und $\rho = R$ zusammenhängen (c und R sind Konstanten). Die z-Achse zeigt vertikal nach oben, die

Schwerkraft wirkt senkrecht nach unten. Verwenden Sie φ als verallgemeinerte Koordinate und geben Sie die kinetische und die potenzielle Energie an; leiten Sie daraus die Hamilton-Funktion $\mathcal{H}$ als Funktion von φ und dem dazu konjugierten Impuls p her. Schreiben Sie die Hamilton-Gleichungen nieder und lösen Sie sie für $\ddot{\varphi}$ und dann für $\ddot{z}$. Erläutern Sie Ihr Ergebnis im Rahmen der Newton'schen Mechanik und diskutieren Sie den Spezialfall $R = 0$.

★6 Wenn wir die Oszillation eines Wagens am Ende einer Feder behandeln, vernachlässigen wir fast immer die Masse der Feder. Stellen Sie die Hamilton-Gleichung $\mathcal{H}$ für einen Wagen mit der Masse m an einer Feder (Federkonstante k) auf, deren Masse M *nicht* vernachlässigbar ist; verwenden Sie die Dehnung x der Feder als verallgemeinerte Koordinate. Lösen Sie die Hamilton-Gleichungen und zeigen Sie, dass der Wagen mit der Kreisfrequenz $\omega = \sqrt{k/(m + M/3)}$ oszilliert. (Nehmen Sie an, dass die Masse der Feder gleichförmig verteilt ist und dass diese sich gleichförmig dehnt.)

★★7 Ein Achterbahnwagen mit der Masse m bewegt sich entlang einer reibungsfreien Strecke, die in der x-y-Ebene verläuft (x horizontal, y vertikal nach oben). Die Höhe des Gleises über dem Boden ist $y = h(x)$.
a) Geben Sie mit x als verallgemeinerter Koordinate die Lagrange-Funktion, den verallgemeinerten Impuls p sowie die Hamilton-Funktion $\mathcal{H} = p\dot{x} - \mathcal{L}$ als Funktion von x und p an.
b) Geben Sie die Hamilton-Gleichungen an und zeigen Sie, dass sie mit dem übereinstimmen, was Sie nach der Newton'schen Physik erwarten würden. [*Hinweis:* Sie wissen aus Abschnitt 4.7, dass das zweite Newton'sche Gesetz die Form $F_{\text{tang}} = m\ddot{s}$ annimmt (s ist dabei die entlang des Gleises gemessene Streckenlänge). Schreiben Sie das in eine Gleichung für $\ddot{x}$ um und zeigen Sie, dass Sie mit den Hamilton-Gleichungen auf dasselbe Ergebnis kommen.]

13.3 Hamilton-Gleichungen in mehreren Dimensionen

★8 Bestimmen Sie die Lagrange-Funktion, die verallgemeinerten Impulse und die Hamilton-Funktion für ein freies Teilchen (ganz ohne Kräfte), das sich in drei Dimensionen bewegt. Verwenden Sie x, y und z als verallgemeinerte Koordinaten. Bestimmen und lösen Sie die Hamilton-Gleichungen.

★9 Bestimmen Sie die Hamilton-Funktion und die Hamilton-Gleichungen für ein Geschoss mit der Masse m, das sich in einer vertikaler Ebene bewegt und nur die Schwerkraft, aber keinen Luftwiderstand erfährt. Verwenden Sie als Koordinaten x (horizontal gemessen) und y (vertikal nach oben gemessen). Erläutern Sie jede der vier sich ergebenden Bewegungsgleichungen.

★10 Betrachten Sie ein Teilchen mit der Masse m, das sich in zwei Dimensionen bewegt und eine Kraft $\mathbf{F} = -kx\hat{\mathbf{x}} + K\hat{\mathbf{y}}$ erfährt (k und K sind positive Konstanten). Geben Sie die Hamilton-Funktion und die Hamilton-Gleichungen an, verwenden Sie dabei x und y als verallgemeinerte Koordinaten. Lösen Sie die Gleichungen und beschreiben Sie die Bewegung.

***11** Die einfache Form $\mathcal{H} = T + U$ gilt nur dann, wenn die verallgemeinerten Koordinaten natürlich sind (d. h., wenn der Zusammenhang zwischen den verallgemeinerten und den zugrundeliegenden kartesischen Koordinaten nicht von der Zeit abhängt). Wenn die verallgemeinerten Koordinaten nicht natürlich sind, müssen Sie die Definition $\mathcal{H} = \sum p_i \dot{q}_i - \mathcal{L}$ verwenden. Um diesen Punkt zu illustrieren, denken Sie über Folgendes nach: Zwei Kinder spielen in einem Eisenbahnwaggon Fangen; der Waggon bewegt sich mit wechselnder Geschwindigkeit V auf einem geraden, horizontalen Gleis. Als verallgemeinerte Koordinaten können Sie den Ort (x, y, z) des Balls relativ zu einem bestimmten Punkt im Waggon verwenden; beim Aufstellen der Hamilton-Funktion müssen Sie aber Koordinaten in einem Inertialsystem verwenden – also in einem mit dem Boden fest verbundenen Bezugssystem. Bestimmen Sie die Hamilton-Funktion für den Ball und zeigen Sie, dass sie nicht gleich $T + U$ ist (weder bei einer Messung im Waggon noch bei einer Messung im erdfesten Bezugssystem).

***12** Wiederholen Sie Aufgabe 11, nun aber für das folgende System: Eine Perle mit der Masse m ist auf einem reibungsfreien, geraden Stab aufgefädelt, der sich in einer horizontalen Ebene mit konstanter Winkelgeschwindigkeit ω um eine feste vertikale Achse durch den Mittelpunkt des Stabes dreht. Bestimmen Sie die Hamilton-Funktion für die Perle und zeigen Sie, dass sie nicht gleich $T + U$ ist.

****13** Betrachten Sie ein Teilchen der Masse m, dessen Bewegung auf die Oberfläche eines reibungsfreien Zylinders mit dem Radius R beschränkt ist; die Zylinderoberfläche ist in zylindrischen Polarkoordinaten (ρ, φ, z) durch die Gleichung $\rho = R$ gegeben. Die Masse erfährt nur eine einzige äußere Kraft $\boldsymbol{F} = -kr\hat{\boldsymbol{r}}$; darin ist wie üblich k eine positive Konstante, r ist der Abstand vom Ursprung, und $\hat{\boldsymbol{r}}$ ist der vom Ursprung weg zeigende Einheitsvektor. Bestimmen Sie mit z und φ als verallgemeinerten Koordinaten die Hamilton-Funktion $\mathcal{H}$. Schreiben Sie die Hamilton-Gleichungen nieder, lösen Sie sie und beschreiben Sie die Bewegung.

****14** Betrachten Sie die Masse, deren Bewegung, wie in Beispiel 13.4 (Seite 617) beschrieben, auf eine Kegeloberfläche beschränkt ist. In diesem Beispiel haben wir gesehen, dass es eine maximale und eine minimale Höhe z_{max} und z_{min} geben muss, außerhalb derer sich das Teilchen nicht bewegen kann. Wenn z maximal oder minimal ist, muss $\dot{z} = 0$ gelten. Zeigen Sie, dass dies dann und nur dann auftreten kann, wenn der konjugierte Impuls $p_z = 0$ ist; zeigen Sie ferner mithilfe der Gleichung $\mathcal{H} = E$ [dabei soll $\mathcal{H}$ die Hamilton-Funktion (13.33) sein], dass dies für eine gegebene Energie E bei genau zwei Werten von z auftritt. [*Hinweis:* Geben Sie die Funktion $\mathcal{H}$ für den Fall $p_z = 0$ an und skizzieren Sie ihr Verhalten als Funktion von z für $0 < z < \infty$. Wie oft kann diese Funktion gleich einem beliebigen, vorgegebenen E sein?] Beschreiben Sie anhand Ihrer Skizze die Bewegung der Masse.

****15** Arbeiten Sie die ausgelassenen Details bei der Herleitung der $2n$ Hamilton-Gleichungen (13.25) für ein System mit n Freiheitsgraden nach; gehen Sie von Gleichung (13.24) aus. Sie können analog zu dem Gedankengang vorgehen, der von (13.14) auf (13.15) und (13.16) geführt hat, aber Sie haben $2n$

verschiedene Ableitungen zu berücksichtigen und müssen mit einer Vielzahl von Summation von $i = 1$ bis n fertigwerden.

⋆16 Gehen Sie von dem Ausdruck (13.24) für die Hamilton-Funktion aus und beweisen Sie, dass $\partial\mathcal{H}/\partial t = -\partial\mathcal{L}/\partial t$. [*Hinweis:* Betrachten Sie zunächst ein System mit einem Freiheitsgrad, für das sich (13.24) zu $\mathcal{H}(q, p, t) = p\dot{q}(q, p, t) - \mathcal{L}(q, \dot{q}(q, p, t), t)$ vereinfacht.]

⋆⋆⋆17 Betrachten Sie die Masse, deren Bewegung auf die in Beispiel 13.4 (Seite 617) beschriebene Kegeloberfläche beschränkt ist. Wir haben in dem Beispiel gesehen, dass es Lösungen gibt, bei denen die Masse auf einer festen Höhe $z = z_0$ bleibt und dabei eine feste Winkelgeschwindigkeit hat, die wir $\dot{\varphi}_0$ nennen wollen.

a) Gehen Sie von (13.34) aus und stellen Sie eine Gleichung auf, die für einen beliebigen vorgegebenen Wert von p_φ den entsprechenden Wert für z_0 ergibt.

b) Zeigen Sie mithilfe der Bewegungsgleichungen, dass diese Bewegung stabil ist, d. h., zeigen Sie, dass für eine Bahn $z = z_0 + \varepsilon$ mit einem kleinen ε das ε um null schwingt.

c) Zeigen Sie, dass die Winkelgeschwindigkeit dieser Schwingungen $\omega = \sqrt{3}\dot{\varphi}_0 \sin\alpha$ ist; α ist dabei der Halbwinkel des Kegels ($\tan\alpha = c$, darin ist c die Konstante in $\rho = cz$).

d) Bestimmen Sie den Winkel α, für den die Schwingungsfrequenz ω gleich der Orbitalwinkelgeschwindigkeit $\dot{\varphi}_0$ ist, und beschreiben Sie die Bewegung für diesen Fall.

⋆⋆⋆18 Alle Beispiele und alle Aufgaben in diesem Kapitel (außer dieser hier) behandeln Kräfte, die sich aus einer potenziellen Energie $U(\boldsymbol{r})$ [gelegentlich auch $U(\boldsymbol{r}, t)$] herleiten lassen. Der in Abschnitt 13.3 geführte Beweis der Hamilton-Gleichungen gilt aber für ein beliebiges System, in dem die Lagrange-Gleichungen gelten, und dazu gehören auch Kräfte, die sich nicht aus einer potenziellen Energie ableiten lassen. Ein wichtiges Beispiel für eine solche Kraft ist die magnetische Kraft auf ein geladenes Teilchen.

a) Zeigen Sie mithilfe der Lagrange-Funktion (7.103), dass die Hamilton-Funktion für eine Ladung q in einem elektromagnetischen Feld

$$\mathcal{H} = (\boldsymbol{p} - q\boldsymbol{A})^2/(2m) + qV$$

ist. (Diese Hamilton-Funktion spielt eine wichtige Rolle in der Quantenmechanik geladener Teilchen.)

b) Zeigen Sie, dass die Hamilton-Gleichungen äquivalent zu der vertrauten Gleichung für die Lorentz-Kraft $m\ddot{\boldsymbol{r}} = q(\boldsymbol{E} + \boldsymbol{v} \times \boldsymbol{B})$ sind.

13.4 Zyklische Koordinaten

⋆19 In Beispiel 13.3 auf Seite 615 haben wir gesehen, dass bei einem zweidimensionalen Problem mit einer Zentralkraft die Koordinate φ in der Hamilton-Funktion, wenn wir sie in den Polarkoordinaten r und φ ausdrücken, zyklisch ist. Geben Sie die Hamilton-Funktion für ein solches Problem an, aber verwenden Sie die kartesischen Koordinaten x, y. Zeigen Sie, dass bei dieser Koordinatenwahl keine der Koordinaten zyklisch ist. [Und die Moral von der Geschicht': Die Wahl der verallgemeinerten Koordinaten erfordert einige Sorgfalt. Sie sollten immer nach Symmetrien in dem System suchen und die verallgemeinerten Koordinaten so wählen, dass Sie diese nach Möglichkeit ausnutzen können.]

*** 20** Betrachten Sie eine Masse m, die sich in zwei Dimensionen bewegt und eine einzige Kraft $\boldsymbol{F}$ erfährt, die nicht von $\boldsymbol{r}$ und t abhängt.
a) Bestimmen Sie die potenzielle Energie $U(\boldsymbol{r})$ und die Hamilton-Funktion $\mathcal{H}$.
b) Zeigen Sie, dass bei Verwendung von kartesischen Koordinaten x, y die y-Koordinate zyklisch ist, wenn die x-Achse in die Richtung von $\boldsymbol{F}$ zeigt.
c) Zeigen Sie, dass bei Verwendung von kartesischen Koordinaten x, y keine der beiden Koordinaten zyklisch ist, wenn beide Achsen nicht in die Richtung von $\boldsymbol{F}$ zeigen. (Moral: Wählen Sie die verallgemeinerten Koordinaten umsichtig!)

*** 21** Zwei Massen m_1 und m_2 sind durch eine masselose Feder (Federkonstante k, natürliche Länge l_0) miteinander verbunden und bewegen sich reibungsfrei in einer horizontalen Ebene; der Schwerpunkt des Systems und die relativen Positionen $\boldsymbol{R}$ und $\boldsymbol{r}$ sind definiert wie in Abschnitt 8.2.
a) Geben Sie die Hamilton-Funktion mit den verallgemeinerten Koordinaten X, Y, r, φ an; dabei sind (X, Y) die kartesischen Komponenten von $\boldsymbol{R}$, die (r, φ) sind die Polarkoordinaten von $\boldsymbol{r}$. Welche Koordinaten sind zyklisch, welche nicht? Erläutern Sie Ihre Antwort.
b) Geben Sie die acht Hamilton'schen Bewegungsgleichungen an.
c) Lösen Sie die r-Gleichungen für den Spezialfall $p_\varphi = 0$ und beschreiben Sie die Bewegung.
d) Beschreiben Sie die Bewegung für den Fall $p_\varphi \neq 0$ und erläutern Sie mit einer physikalischen Begründung, warum in diesem Fall die r-Gleichung schwieriger zu lösen ist.

*** 22** Im Lagrange'schen Formalismus ist eine Koordinate q_i zyklisch, wenn $\partial\mathcal{L}/\partial q_i = 0$ gilt, d. h., wenn $\mathcal{L}$ von q_i unabhängig ist. Das hat zur Konsequenz, dass der Impuls p_i konstant ist. Im Hamilton'schen Mechanismus nennen wir q_i zyklisch, wenn $\mathcal{H}$ unabhängig von q_i ist, und auch das führt dazu, dass p_i konstant ist. Diese beiden Bedingungen müssen also dasselbe besagen, da die Folgerung „$p_i = \text{const.}$" in beiden Fällen dieselbe ist. Beweisen Sie das direkt. Gehen Sie dazu folgendermaßen vor:
a) Beweisen Sie für ein System mit einem Freiheitsgrad, ausgehend von dem Ausdruck (13.14) für die Hamilton-Funktion, dass $\partial\mathcal{H}/\partial q = -\partial\mathcal{L}/\partial q$ ist. Demnach gilt $\partial\mathcal{H} = \partial q = 0$ dann und nur dann, wenn $\partial\mathcal{L}/\partial q = 0$.
b) Gehen Sie von dem Ausdruck (13.24) aus und beweisen Sie für ein System mit n Freiheitsgraden, dass $\partial\mathcal{H}/\partial q_i = -\partial\mathcal{L}/\partial q_i$ ist.

**** 23** Betrachten Sie die modifizierte Atwood'sche Fallmaschine in Abbildung 13.11. Die beiden Gewichte auf der linken Seite haben jeweils die gleiche Masse m und sind durch eine masselose Feder mit der Federkonstanten k verbunden. Das Gewicht auf der rechten Seite hat die Masse $M = 2m$, die Rolle ist masselos und reibungsfrei. Die Koordinate x gibt die Dehnung der Feder gegenüber der Gleichgewichtslänge an; die Feder hat also die Länge

$l_G + x$, wobei l_G die Gleichgewichtslänge ist, wenn alle Gewichte an ihrem Ort sind und M in Ruhe ist.

a) Zeigen Sie, dass die potenzielle Gesamtenergie (Feder plus Gravitation) $U = \frac{1}{2}kx^2$ beträgt (plus eine Konstante, die wir als null annehmen können).

b) Bestimmen Sie die zu x und y konjugierten Impulse. Lösen Sie nach $\dot{x}$ und $\dot{y}$ auf und geben Sie die Hamilton-Funktion an. Zeigen Sie, dass die Koordinate y zyklisch ist.

c) Geben Sie die vier Hamilton-Gleichungen an und lösen Sie sie für die folgenden Anfangsbedingungen: Sie halten die Masse M fest, das gesamte System ist im Gleichgewicht und $y = y_0$. Halten Sie M weiterhin fest, ziehen Sie nun die untere Masse m um eine Strecke x_0 nach unten und lassen Sie zum Zeitpunkt $t = t_0$ beide Massen los. [*Hinweis:* Schreiben Sie die Anfangswerte von x, y sowie die Impulse nieder. Sie können die x-Gleichungen lösen, indem Sie sie zu einer Gleichung zweiter Ordnung in x kombinieren. Wenn Sie $x(t)$ kennen, können Sie rasch auch die Bewegungsgleichungen für die anderen drei Variablen angeben.] Beschreiben Sie die Bewegung. Geben Sie insbesondere die Schwingungsfrequenz von x an.

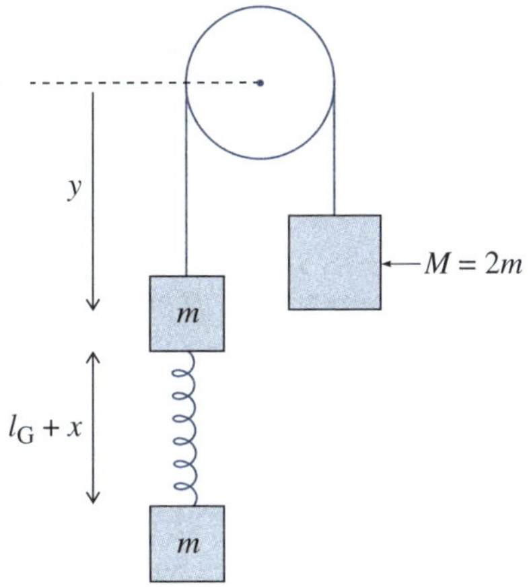

Abbildung 13.11: Zu Aufgabe 23.

13.5 Die Lagrange-Gleichungen und die Hamilton-Gleichungen – ein Vergleich

*** 24** Dieses einfache Beispiel für eine kanonische Transformation soll illustrieren, wie man mithilfe des Hamilton'schen Formalismus die q und die p miteinander vermischt. Betrachten Sie ein System mit einem Freiheitsgrad und der Hamilton-Funktion $\mathcal{H} = \mathcal{H}(q, p)$. Die Bewegungsgleichungen sind natürlich die üblichen Hamilton-Gleichungen $\dot{q} = \partial\mathcal{H}/\partial p$ und $\dot{p} = -\partial\mathcal{H}/\partial q$. Betrachten Sie nun neue Koordinaten im Phasenraum, die als $Q = p$ und $P = -q$ definiert sind. Zeigen Sie, dass sich als Bewegungsgleichungen für die neuen Koordinaten Q und P die Gleichungen $\dot{Q} = \partial\mathcal{H}/\partial P$ und $\dot{P} = -\partial\mathcal{H}/\partial Q$ ergeben – mit anderen Worten: Der Hamilton'sche Formalismus gilt auch für die neue Koordinatenwahl, in der wir die Rollen von Ort und Impuls vertauscht haben.

★★25 Dies ist ein weiteres Beispiel für eine kanonische Transformation, die zwar noch zu einfach ist, als dass sie realen Nutzen böte, die aber dennoch die Leistungskraft eines Koordinatenwechsels illustriert.
a) Betrachten Sie ein System mit einem Freiheitsgrad und der Hamilton-Funktion $\mathcal{H} = \mathcal{H}(q, p)$ sowie ein neues Paar von Koordinaten Q und P, die folgendermaßen definiert sind:

$$q = \sqrt{2P}\sin Q \qquad \text{und} \qquad p = \sqrt{2P}\cos Q\,. \tag{13.62}$$

Beweisen Sie: Wenn $\partial\mathcal{H}/\partial q = -\dot{p}$ und $\partial\mathcal{H}/\partial p = \dot{q}$ gilt, dann folgt automatisch $\partial\mathcal{H}/\partial Q = -\dot{P}$ und $\partial\mathcal{H}/\partial P = \dot{Q}$. Mit anderen Worten: Der Hamilton'sche Formalismus gilt genauso für die neuen Koordinaten wie für die alten.
b) Zeigen Sie, dass für einen eindimensionalen harmonischen Oszillator mit der Masse $m = 1$ und der Federkonstanten $k = 1$ die Hamilton-Funktion $\mathcal{H} = \frac{1}{2}(q^2 + p^2)$ ist.
c) Zeigen Sie: Wenn Sie diese Hamilton-Funktion mit den in (13.62) definierten neuen Koordinaten ausdrücken, dann ist Q zyklisch. [Der Koordinatenwechsel (13.62) wurde ja gerade in dieser Weise vorgenommen, damit dieses elegante Ergebnis herauskommt.] Was ist P?
d) Lösen Sie die Hamilton-Gleichung für $Q(t)$ und überprüfen Sie, dass Ihre Lösung nach dem Umschreiben auf q das erwartete Verhalten zeigt.

13.6 Bahnen im Phasenraum

★26 Bestimmen Sie die Hamilton-Funktion $\mathcal{H}$ für eine Masse m, die sich nur entlang der x-Achse bewegen kann und eine Kraft $F_x = -kx^3$ mit $k > 0$ erfährt. Skizzieren und beschreiben Sie die Bahnen im Phasenraum.

★★27 Abbildung 13.6 zeigt einige Bahnen im Phasenraum für eine Masse im freien Fall. Die Punkte A_0, B_0, C_0 und D_0 repräsentieren vier verschiedene mögliche Anfangszustände zur Zeit $t = 0$, die Punkte A, B, C und D stellen die entsprechenden Zustände zu einem späteren Zeitpunkt dar. Geben Sie die Orte $x(t)$ und die Impulse $p(t)$ als Funktionen von t an und beweisen Sie damit, dass das Parallelgramm $ABCD$ und das Rechteck $A_0B_0C_0D_0$ denselben Flächeninhalt haben. (Dies ist ein Beispiel für den Liouville'schen Satz.)

★★28 Betrachten Sie eine Masse M, die sich nur entlang der x-Achse bewegen kann und eine Kraft $F_x = kx$ mit $k > 0$ erfährt.
a) Schreiben Sie die potenzielle Energie $U(x)$ nieder, skizzieren Sie ihren Verlauf und beschreiben Sie die möglichen Bewegungen der Masse. (Unterscheiden Sie dabei die Fälle $E > 0$ und $E < 0$.)
b) Geben Sie die Hamilton-Funktion $\mathcal{H}(x, p)$ an und beschreiben Sie die möglichen Bahnen im Phasenraum für die beiden Fälle $E > 0$ und $E < 0$. (Denken Sie daran, dass die Funktion $\mathcal{H}(x, p)$ gleich der konstanten Energie E sein muss.) Erläutern Sie Ihre Lösungen zu dieser Teilaufgabe mithilfe der Ergebnisse aus (a).

13.7 Der Liouville'sche Satz*

* 29 Abbildung 13.10 zeigt ein anfangs kugelförmiges Volumen, das durch die Scherströmung (13.57) zu einem Ellipsoid gestreckt wird. Fertigen Sie eine ähnliche Skizze für ein Volumen, das anfangs kugelförmig mit dem Mittelpunkt im Ursprung ist.

* 30 Abbildung 13.9 zeigt eine Fluidströmung, die überall nach außen gerichtet ist (zumindest für alle Punkte auf der Fläche S). Das bedeutet, dass alle Beiträge zur Volumenänderung δV positiv sind und dass V auf jeden Fall zunimmt. Skizzieren Sie das entsprechende Bild für den Fall, dass der Fluss im oberen Teil von S nach außen und im unteren Teil von S nach innen gerichtet ist. Erläutern Sie verständlich, warum die Beiträge $\boldsymbol{n} \cdot \boldsymbol{v}\, \delta t\, \mathrm{d}A$ zur Änderung von V aus dem unteren Teil von S *negativ* sind und dass δV sowohl ein positives als auch ein negatives Vorzeichen haben kann, je nachdem, ob die positiven Beiträge die negativen überwiegen oder umgekehrt.

* 31 Berechnen Sie die dreidimensionale Divergenz $\nabla \cdot \boldsymbol{v}$ für jeden der folgenden Vektoren: **a)** $\boldsymbol{v} = k\boldsymbol{r}$, **b)** $\boldsymbol{v} = k(z, x, y)$, **c)** $\boldsymbol{v} = k(z, y, x)$, **d)** $\boldsymbol{v} = k(x, y, -2z)$. Dabei ist $\boldsymbol{r} = (x, y, z)$ der übliche Ortsvektor, k ist eine Konstante.

** 32 Berechnen Sie die dreidimensionale Divergenz $\nabla \cdot \boldsymbol{v}$ für jeden der folgenden Vektoren: **a)** $\boldsymbol{v} = k\hat{\boldsymbol{x}}$, **b)** $\boldsymbol{v} = kx\hat{\boldsymbol{x}}$, **c)** $\boldsymbol{v} = ky\hat{\boldsymbol{x}}$. Wir wissen, dass $\nabla \cdot \boldsymbol{v}$ den mit $\boldsymbol{v}$ verbundenen auswärts gerichteten Gesamtfluss angibt. Fertigen Sie eine Skizze für diejenigen Fälle, in denen Sie $\nabla \cdot \boldsymbol{v} = 0$ erhalten haben, und illustrieren Sie damit, dass der auswärts gerichtete Fluss null ist; für die anderen Fälle ($\nabla \cdot \boldsymbol{v} \neq 0$) fertigen Sie eine Skizze, mit der Sie zeigen, dass der Fluss positiv bzw. negativ ist und warum.

** 33 Der Divergenzsatz ist ein bemerkenswerter mathematischer Satz: Er verknüpft das *Flächen*integral, das den Fluss von $\boldsymbol{v}$ durch eine geschlossene Fläche S angibt, mit dem *Volumen*integral von $\nabla \cdot \boldsymbol{v}$. Manchmal ist es leicht, beide Integrale zu berechnen, sodass sich die Gültigkeit des Satzes rasch überprüfen lässt. Häufiger jedoch ist eines der beiden Integrale viel leichter zu berechnen als das andere; der Divergenzsatz bietet dann eine elegante Möglichkeit, auch das schwierigere Integral zu bestimmen. Die folgende Aufgabe illustriert diese beiden Fälle.

a) Es sei $\boldsymbol{v} = k\boldsymbol{r}$ mit einer Konstanten k, und S sei eine Kugel vom Radius R um den Ursprung. Berechnen Sie die linke Seite des Divergenzsatzes (13.56), d. h. das Flächenintegral. Berechnen Sie dann $\nabla \cdot \boldsymbol{v}$ und die rechte Seite des Divergenzsatzes (13.56), d. h. das Volumenintegral.

b) Verwenden Sie dieselbe Geschwindigkeit $\boldsymbol{v}$, doch nun soll die Kugel S *nicht* um den Ursprung zentriert sein. Erläutern Sie, warum das Flächenintegral jetzt nur schwer direkt zu berechnen ist (Sie brauchen die Rechnung nicht durchzuführen). Bestimmen Sie den Wert des Flächenintegrals stattdessen, indem Sie das Volumenintegral berechnen. [Diese zweite Möglichkeit sollte nicht schwieriger sein als im Aufgabenteil (a).]

** 34 **a)** Berechnen Sie $\nabla \cdot \boldsymbol{v}$ für $\boldsymbol{v} = k\hat{\boldsymbol{r}}/r^2$ in kartesischen Koordinaten. (Beachten Sie $\hat{\boldsymbol{r}}/r^2 = \boldsymbol{r}/r^3$.)

b) Auf dem hinteren Buchinnendeckel finden Sie die Ausdrücke für verschiedene Vektoroperatoren (Divergenz, Gradient usw.) in Polarkoordinaten. Verwenden Sie den Ausdruck für die Divergenz in sphärischen Polarkoordinaten und bestätigen Sie Ihr Ergebnis aus Teilaufgabe (a). (Es sei $r \neq 0$.)

★35 Ein Teilchenstrahl bewegt sich in einer Beschleunigerröhre in z-Richtung. Die Teilchen verteilen sich gleichförmig auf ein zylinderförmiges Volumen mit der Länge L_0 (in z-Richtung) und dem Radius R_0. Die Teilchenimpulse p_z sind gleichförmig verteilt, die p_z liegen in einem Intervall $p_0 \pm \Delta p_z$, die Transversalimpulse $p_\perp$ innerhalb eines Kreises mit dem Radius $\Delta p_\perp$. Um die räumliche Teilchendichte zu erhöhen, wird der Strahl durch elektrische und magnetische Felder fokussiert, sodass der Radius auf einen Wert $R < R_0$ schrumpft. Was sagt der Liouville'sche Satz dann über die Verteilung der Transversalimpulse $p_\perp$ und das weitere Verhalten des Radius R aus? (Nehmen Sie an, dass die Fokussierung weder L_0 noch Δp_z beeinflusst.)

★36 Beweisen Sie den Liouville'schen Satz in dem $2n$-dimensionalen Phasenraum eines Systems mit n Freiheitsgraden. Sie können dem Beweisgang um die Gleichungen (13.61) und (13.62) folgen. Der einzige Unterschied besteht darin, dass die Phasengeschwindigkeit $\boldsymbol{v} = \dot{\boldsymbol{z}}$ hier ein $2n$-dimensionaler Vektor und $\boldsymbol{\nabla} \cdot \boldsymbol{n}$ die $2n$-dimensionale Divergenz ist.

★37 Der allgemeine Beweis des Divergenzsatzes

$$\int_S \boldsymbol{n} \cdot \boldsymbol{v} \, \mathrm{d}A = \int_V \boldsymbol{\nabla} \cdot \boldsymbol{v} \, \mathrm{d}V \qquad (13.63)$$

ist ziemlich kompliziert und nicht sonderlich erhellend. Es gibt aber ein paar Spezialfälle, in denen der Beweis recht einfach zu führen und recht aufschlussreich ist. Einen dieser Fälle behandelt diese Aufgabe: Betrachten Sie ein rechteckiges Gebiet, das durch die sechs Ebenen $x = X$ und $x = X + A$, $y = Y$ und $y = Y + B$ sowie $z = Z$ und $z = Z + C$ begrenzt ist; das Volumen ist $V = ABC$. Die Oberfläche dieses Gebiets besteht aus sechs Rechtecken, die wir als S_1 (in der Ebene $x = X$), S_2 (in der Ebene $x = X + A$) usw. bezeichnen können. Das Flächenintegral auf der linken Seite von (13.63) ist dann die Summe von sechs Integralen, jedes über eines der Rechtecke S_1, S_2 usw.

a) Betrachten Sie die ersten beiden dieser Integrale und zeigen Sie

$$\int_{S_1} \boldsymbol{n} \cdot \boldsymbol{v} \, \mathrm{d}A + \int_{S_2} \boldsymbol{n} \cdot \boldsymbol{v} \, \mathrm{d}A = \int_Y^{Y+B} \mathrm{d}y \int_Z^{Z+C} \mathrm{d}z \, [v_x(X+A, y, z) - v_x(X, y, z)] \, .$$

b) Zeigen Sie, dass der Integrand auf der rechten Seite sich als ein Integral von $\partial v_x / \partial x$ über x schreiben lässt, wobei x von $x = X$ bis $x = X + A$ läuft.

c) Setzen Sie das Ergebnis aus Teilaufgabe (b) in (a) ein und schreiben Sie die entsprechenden Ergebnisse für die beiden verbleibenden Paare von Flächen nieder. Addieren Sie diese Ergebnisse und beweisen Sie so den Divergenzsatz (13.63).

Streutheorie

14

ÜBERBLICK

» Das *Streuexperiment* ist das bei weitem leistungsfähigste Instrument für die Untersuchung der Struktur von atomaren und subatomaren Objekten. Bei dieser Art von Versuchen schießt man eine Vielzahl von Projektilen wie Elektronen oder Protonen auf ein Ziel, das sogenannte Target – beispielsweise ein Atom oder einen Atomkern – und beobachtet die Verteilung der „gestreuten" Projektile nach dem Stoß[1]; daraus lassen sich Informationen über das Target und seine Wechselwirkung mit dem Projektil gewinnen. Der wohl berühmteste Streuversuch wurde von dem neuseeländischen, in England tätigen Physiker Ernest Rutherford (1871–1937) durchgeführt. Mit diesem Versuch konnte er den Aufbau des Atoms aufklären: Rutherford und seinen Assistenten schossen α-Teilchen (das sind die positiv geladenen Kerne von Heliumatomen) auf eine dünne Goldfolie. Aus den Messwerten der Energie- und Winkelverteilung der gestreuten α-Teilchen konnten sie folgern, dass der größte Teil der Masse eines Atoms in einem winzigen, positiv geladenen „Kern" im Mittelpunkt des Atoms konzentriert ist. Seit dieser Zeit wurden die meisten Entdeckungen der Atomphysik und der subatomaren Physik (der Nachweis des Neutrons, die Kernspaltung und Kernfusion, der Nachweis von Quarks und vieles mehr) mithilfe von Streuversuchen gemacht, in denen man einen Strom von Projektilen auf ein geeignetes Target schießt und dann die resultierenden Teilchen sorgfältig untersucht.

Man könnte sich vorstellen, einen solchen Streuversuch auch mit größeren Objekten durchzuführen – beispielsweise, indem man eine Billardkugel an einer anderen streut, ja sogar die Streuung eines Kometen an der Sonne ist denkbar –, aber in diesen Fällen gibt es gewöhnlich einfachere Wege, etwas über das Target herauszufinden. Daher liegt das Hauptanwendungsgebiet der Streutheorie auf atomarem und subatomarem Niveau. Da man atomare und subatomare Systeme korrekt mit der Quantenmechanik beschreibt, ist die verbreitetste Form der Streutheorie die *Quantenstreutheorie*. Allerdings tauchen viele der zentralen Konzepte der Quantenmechanik – der totale und der differenzielle Wirkungsquerschnitt, das Labor- und das Schwerpunktsystem – schon in der klassischen Theorie auf, die man daher als eine ausgezeichnete Einführung in diese Konzepte ohne die Komplikationen der Quantentheorie betrachten kann. Es ist deshalb das Hauptziel dieses Kapitels, die wichtigsten Konzepte der Streutheorie im Kontext der klassischen Mechanik vorzustellen.

Der Hauptgrund, warum die Streutheorie relativ kompliziert ist, liegt darin, dass man im atomaren oder subatomaren Maßstab der Bahn des Projektils bei seiner Wechselwirkung mit dem Target nicht im Einzelnen folgen kann. Deshalb kann man, wie wir sehen werden, durch die Beobachtung eines einzelnen Projektils nur sehr wenig erfahren. Wenn wir aber eine große Anzahl von Projektilen auf das Target schießen, können wir beobachten, wie viele von ihnen in welche Richtung gestreut werden – und aus dieser Verteilung können wir eine Menge erfahren. Um die statistische Verteilung der vielen gestreuten Projektile behandeln zu können, müssen wir

1 Da es sich bei diesen Prozessen physikalisch um Stöße handelt, wurde historisch zuerst eine *Stoßtheorie* entwickelt; dieses Konzept spiegelt sich noch heute in einem Begriff wie „Stoßparameter" wider. Als man später auch die Fernwechselwirkungen zwischen Projektil und Target berücksichtigte, wurde die Stoßtheorie zu einer *Streutheorie* erweitert. (Anm. d. Übers.)

das Konzept des *Wirkungsquerschnitts* einführen; diese Größe bildet den zentralen Begriff der Streutheorie – sowohl klassisch als auch quantenmechanisch[2] – und ist daher auch der Hauptgegenstand dieses Kapitels. «

14.1 Der Streuwinkel und der Stoßparameter

Bevor wir das zentrale Konzept des Wirkungsquerschnitts einführen, ist es sinnvoll, zunächst zwei andere wichtige Parameter vorzustellen, den **Streuwinkel** und den **Stoßparameter**. Dazu ist es hilfreich, einige einfache Streuversuche zu kennen. Alle Streuversuche beginnen damit, dass ein Projektil sich einem Target aus hinreichend großer Entfernung nähert, sodass es sich im Wesentlichen frei bewegt und seine Energie rein kinetisch ist. In Abbildung 14.1 übt ein ortsfestes Target eine Kraft auf das Projektil aus. Wenn sich das Projektil dem Target nähert, krümmt sich seine Bahn, sodass das Projektil „gestreut" wird und sich in eine andere Richtung weiterbewegt. Ein Beispiel dafür ist der berühmte Rutherford'sche Streuversuch. In diesem Versuch sind sowohl das Projektil als auch das Target positiv geladene Teilchen, die die Streuung verursachende Kraft ist die zwischen den Teilchen wirkende abstoßende Coulomb-Kraft. In Abbildung 14.2 ist das Target eine harte Kugel, die auf das Projektil nur solange eine Kraft ausübt, wie sie sich berühren (man spricht daher von einer *Kontaktkraft*); das Projektil bewegt sich also auf einer geraden Bahn und trifft (gegebenenfalls) das Target, prallt vom Target ab und bewegt sich in eine andere Richtung weiter. Ein vertrautes Beispiel für diese Art der Streuung ist der Stoß zweier Billardkugeln (in diesem Fall sind das Target und das Projektil jedoch von gleicher Größe).

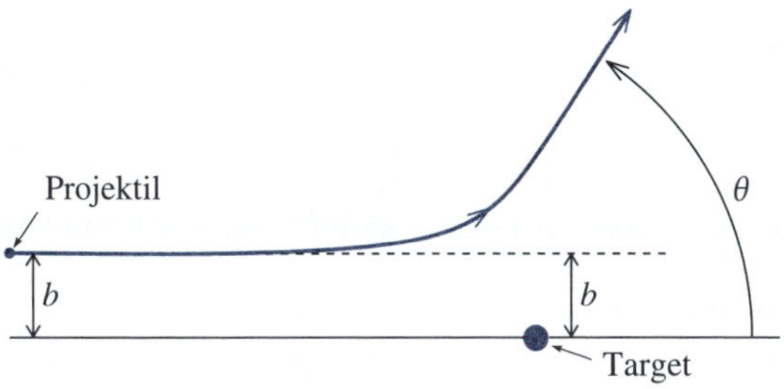

Abbildung 14.1: In diesem Streuexperiment läuft das Projektil von links ein und bewegt sich wie ein freies Teilchen. Wenn es sich dem Target so stark nähert, dass es durch dessen Kraftfeld beeinflusst wird, krümmt sich seine Bahn, und es bewegt sich in eine andere Richtung weiter. Der Streuwinkel θ ist der Winkel zwischen der Anfangs- und der Endgeschwindigkeit. Der Stoßparameter b ist der senkrecht gemessene Abstand zwischen der geraden Einfallsbahn und einer Parallele durch den Mittelpunkt des Targets.

2 Die Quantenmechanik ist eine an sich statistische Theorie, die mit *Wahrscheinlichkeiten* arbeitet und weniger mit bestimmten, vorhersagbaren Ergebnissen. Daher muss man in der Quantenmechanik von Anfang an die Verteilung der verschiedenen Streurichtungen behandeln, während dies in der klassischen Mechanik nur deshalb erforderlich ist, weil man die Bahn eines Projektils in der Praxis nicht in allen Einzelheiten verfolgen kann. Die Herangehensweise an dieses Problem – insbesondere das Konzept des Wirkungsquerschnitts – ist aber in beiden Theorien sehr ähnlich.

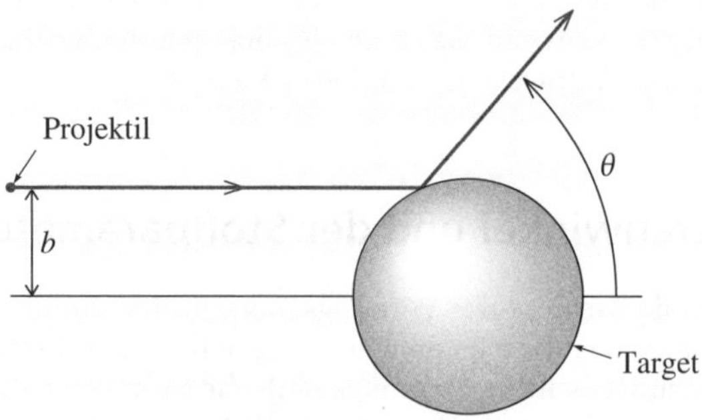

Abbildung 14.2: Ein Streuexperiment, bei dem das Projektil und das Target nur über eine Kontaktkraft miteinander wechselwirken; das Projektil wird nur dann abgelenkt, wenn es das Target tatsächlich trifft und von ihm abprallt. Ein Stoß findet nur statt, wenn der Stoßparameter b kleiner ist als der Radius des Targets.

Mit dem Blick auf diese Beispiele können wir nun die beiden Schlüsselparameter der Streutheorie definieren: Der **Streuwinkel** θ ist definiert als der Winkel zwischen der Eingangs- und der Ausgangsgeschwindigkeit des Projektils, wie in den Abbildungen 14.1 und 14.2 eingezeichnet. Ohne Target ist der Streuwinkel natürlich null. Demnach entspricht $\theta = 0$ also *keiner Streuung*. Ebenso könnte das Projektil in Abbildung 14.2 das Target vollständig (d. h. ohne Wechselwirkung) verfehlen – auch dann wäre θ gleich null. Der maximal mögliche Wert ist $\theta = \pi$. In Abbildung 14.2 entspricht das einem zentralen Stoß, bei dem das Projektil sich auf der Symmetrieachse dem Target nähert und nach einer 180°-Ablenkung in die entgegengesetzte Richtung zurückprallt, also mit $\theta = \pi$.

Der **Stoßparameter** b ist – wie in den beiden Abbildungen 14.1 und 14.2 gezeigt – definiert als die senkrecht gemessene Entfernung zwischen der geradlinigen Bahn, auf der das Projektil einläuft, zu einer Parallele durch den Mittelpunkt des Projektils. Eine alternative Möglichkeit, sich den Stoßparameter vorzustellen, ist im rechten Teil von Abbildung 14.1 zu sehen: Sie können sich b als den Abstand vorstellen, der sich bei der dichtest möglichen Annäherung des Projektils an das Target *ergäbe*, wenn keine Kräfte auf das Projektil wirken würden und seine Bahn folglich eine Gerade wäre. Mit anderen Worten: Der Stoßparameter sagt uns, wie gut das Projektil auf das Target *gezielt* war. Wenn der Stoßparameter sehr groß ist, wird das Projektil das Target kaum bemerken, und θ ist klein. Und tatsächlich wäre in Abbildung 14.2 der Streuwinkel θ exakt null für jeden Wert von b, der größer ist als der Radius des Targets. Im anderen Extrem kann man aus einem Wert $b = 0$ auf einen zentralen Stoß schließen; oft entspricht $b = 0$ auch $\theta = \pi$.[3] Aus den Abbildungen 14.1 und 14.2 ist wohl klar zu erkennen, dass zu jedem vorgegebenen Wert von b ein eindeutiger Wert von θ gehört, und tatsächlich zeigt sich, dass die wesentliche theoretische Aufgabe der klassischen Streutheorie darin besteht, den funktionalen Zusammenhang $\theta = \theta(b)$ zwischen diesen beiden Variablen zu finden.

3 In unseren beiden Beispielen (dem Rutherford'schen Streuversuch und der Harte-Kugel-Streuung) folgt aus $b = 0$ ganz sicher $\theta = \pi$. Wenn aber zwischen dem Projektil und dem Target eine anziehende Kraft wirkt, dann rast ein Projektil mit $b = 0$ förmlich in das Target hinein; je nach den Eigenschaften des Targets kommt es dann nie wieder zum Vorschein oder durchquert das Target mit $\theta = 0$.

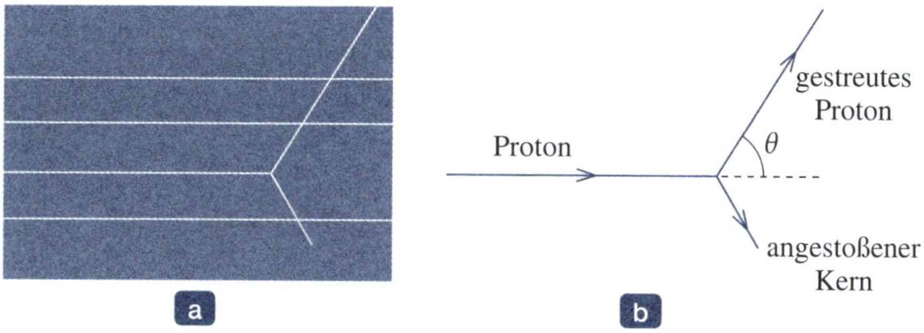

Abbildung 14.3: (a) In einer Nebelkammer hinterlässt ein bewegtes geladenes Teilchen eine sichtbare Spur, die man fotografieren kann. Im vorliegenden Fall sind vier Protonen von links in die Kammer eingetreten, von denen drei nicht abgelenkt wurden und die Kammer passierten. Das vierte traf auf einen Stickstoffkern, wurde abgelenkt und verließ die Kammer nahe der rechten oberen Ecke. Der angestoßene Kern bewegte sich nach rechts unten. (b) Die Bahnen der am Stoß beteiligten Teilchen, noch einmal nachgezeichnet.

In der atomaren und subatomaren Physik (dort ist die Anwendung der Streutheorie am meisten verbreitet) ist die *experimentelle* Bedeutung des Streuwinkels eine ganz andere als die des Stoßparameters: Der Streuwinkel θ lässt sich recht einfach messen, der Stoßparameter dagegen lässt sich niemals direkt messen. Gehen wir nacheinander auf diese Punkte ein. Es gibt viele Möglichkeiten, den Streuwinkel zu messen; eine der einsichtigsten Methoden ist in Abbildung 14.3 gezeigt. Das Bild könnte beispielsweise eine fotografische Nebelkammeraufnahme vom Stoß eines Protons mit einem Stickstoffkern darstellen. Diese Teilchen sind natürlich viel zu klein, als dass man sie direkt fotografieren könnte, aber die Nebelkammer ist eines von mehreren Geräten, mit denen sich die *Bahn* eines bewegten geladenen Teilchens aufzeichnen lässt – selbst wenn das Teilchen viel zu klein ist, um es zu sehen. In der Nebelkammer bewegt sich ein geladenes Teilchen durch übersättigten Wasserdampf und ionisiert dabei die Atome, an denen es vorbeifliegt; diese ionisierten Atome wiederum bilden die Kondensationskeime, an denen Wassertröpfchen kondensieren können. So entsteht eine Spur, ähnlich wie der Kondensstreifen eines Flugzeugs am Himmel. In Abbildung 14.3 können Sie deutlich die Spur des ankommenden Protons erkennen. Der Kern, mit dem das Proton schließlich zusammenstößt, ist anfangs nicht sichtbar, da er sich nicht bewegt. Wenn das Proton auf den Kern trifft, ändert seine Spur abrupt ihre Richtung, und der Kern erhält einen Impuls und bewegt sich seinerseits auf einer anderen Bahn. Aus Bildern wie diesem lässt sich der Streuwinkel leicht ablesen.

Der Stoßparameter lässt sich hingegen niemals direkt messen. Das Problem besteht darin, dass die interessanten Stoßparameter im atomaren oder gar subatomaren Bereich liegen – etwa 0,1 nm oder noch weniger. Eine Nebelkammerspur wie in Abbildung 14.3 hat eine Breite von der Größenordnung 1 mm, also 10 Millionen mal größer als die größten interessierenden Stoßparameter. Offensichtlich kommen direkte, aussagekräfte Messungen des Stoßparameters nicht in Frage. Wie wir im nächsten Abschnitt sehen werden, führt uns die Unmöglichkeit einer direkten Messung des Stoßparameters auf das Konzept des Wirkungsquerschnitts.

14.2 Der Wirkungsquerschnitt

Stellen wir uns vor, wir wollten einen einzelnen Stoß wie den in Abbildung 14.1 betrachten. Wenn wir den Stoßparameter kennen würden, ließe sich offenbar etwas über die Größe des Targets oder über die Stärke und die Reichweite der Kraft aussagen, die es auf das Projektil ausübt. Wenn wir hingegen den Stoßparameter *nicht* kennen, lässt sich aus einem Einzelereignis wie diesem herzlich wenig schließen; ja eigentlich ist das einzige, was wir aus dem Ereignis erkennen können, *dass* es eine Art von Hindernis auf der Bahn des Projektils gab, aber nicht, was für eines. Wenn wir jedoch viele Stöße von ähnlichen Projektilen und Targets beobachten, dann können wir auch erste Aussagen über die Art des Projektils und des Targets sowie über ihre Wechselwirkung machen. Um diese Idee zu vertiefen, betrachte ich einige einfache Experimente.

Betrachten wir zunächst einen Versuch wie den in Abbildung 14.2. Hier fliegt ein Projektil von vernachlässigbarer Größe auf eine harte Kugel mit dem Radius R; eine Wechselwirkung tritt nur bei direkter Berührung auf. Wenn das Projektil das Target trifft, wird es abgelenkt und bewegt sich in eine andere Richtung weiter; wenn das Projektil jedoch das Target verfehlt, bewegt es sich ohne Ablenkung weiter. Untersucht man die Kollision experimentell, wird der in Abbildung 14.2 dargestellte Stoß so ähnlich *aussehen* wie in Abbildung 14.3, und die Beobachtung eines solchen Ereignisses sagt uns nur, dass es ein Target gibt.

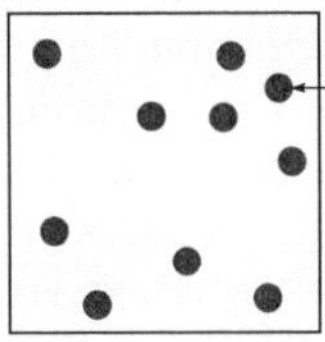

Abbildung 14.4: Eine Anordnung aus mehreren Targets (jeweils harte Kugeln), wie ein einlaufendes Projektil sie bei seiner Annäherung sehen könnte. Der Wirkungsquerschnitt σ ist die Fläche, die ein einzelnes Target senkrecht zur Einfallsrichtung darbietet. Die Targetdichte n_{Tar} ist die Dichte (d. h. Anzahl pro Fläche) von Targets beim Blick aus der Einfallsrichtung, so wie hier.

Nehmen wir nun aber an, wir könnten dasselbe Experiment viele Male wiederholen. In der Praxis lässt sich das auf zwei Wegen erreichen: Erstens verwendet man anstelle eines einzigen Targets viele Targets in einem Targetträger – beispielsweise viele Goldkerne in einer Goldfolie oder viele Heliumatome in einem Tank mit Heliumgas. Zweitens kann man, statt nur ein einziges Projektil abzufeuern, einen ganzen Teilchenstrahl verwenden. Betrachten wir zu Beginn ein einzelnes Projektil, das einen Träger vieler Targets (harte Kugeln) passiert. Das ankommende Projektil „sieht" eine Anordnung wie die in Abbildung 14.4. Da wir die genaue Bahn des Projektils nicht kennen, lässt sich nicht sagen, ob es eines der Targets trifft oder nicht. Wir können aber die *Wahrscheinlichkeit* dafür folgendermaßen berechnen: Wenn die Targets zufällig verteilt und hinreichend zahlreich sind,[4] können wir die **Targetdichte** n_{Tar}

4 Für statistische Betrachtungen ist es notwendig, viele Targets zu verwenden. Andererseits darf die Anzahl der Targets nicht *zu* groß sein, denn dann könnten einzelne Targets im „Schatten" von anderen liegen, und das Projektil kann mehrere Streuprozesse durchführen. Um solche Mehrfachstreuungen zu vermeiden, verwendete Rutherford in seinem berühmten Experiment eine *dünne* Goldfolie.

als die Anzahl der Targets pro Flächeneinheit, wie man sie in Einfallsrichtung sehen würde, einführen. Wenn A die Fläche des Targetträgers ist, dann ist die Gesamtanzahl der Targets $n_{\text{Tar}}A$. Weiterhin bezeichnen wir mit $\sigma = \pi R^2$ den **Wirkungsquerschnitt**[5] eines jeden Targets (die Querschnittsfläche, wie man sie in Einfallsrichtung sieht), sodass sich als Gesamtfläche aller Targets $n_{\text{Tar}}A\sigma$ ergibt. Daher ist die Wahrscheinlichkeit, dass ein Projektil eines der Targets trifft, wenn es den Targetträger auf einer zufälligen Bahn passiert, das Verhältnis

$$\begin{aligned}(\text{Wahrscheinlichkeit eines Treffers}) &= \frac{\text{Querschnittsfläche aller Targets}}{\text{Fläche des Targetträgers}} \\ &= \frac{n_{\text{Tar}}A\sigma}{A} = n_{\text{Tar}}\sigma\,. \end{aligned} \tag{14.1}$$

Wenn wir nun einen Strahl mit einer großen Anzahl von einfallenden Projektilen (wir nennen sie N_{ein}) auf die Targets schicken, dann ergibt sich die Anzahl N_{streu} der gestreuten Projektile als Produkt der Wahrscheinlichkeit (14.1) und N_{ein}:

$$N_{\text{streu}} = N_{\text{ein}}\, n_{\text{Tar}}\, \sigma\,. \tag{14.2}$$

Diese **Streuformel** ist die grundlegende Gleichung der Streutheorie. Da wir die Zahlen N_{streu} und N_{ein} sowie die Targetdichte n_{Tar} messen können, lässt sich aus Gleichung 14.2 die Größe (d. h. der Wirkungsquerschnitt) σ des Targets bestimmen. Im Folgenden werden wir sehen, dass das Konzept eines Wirkungsquerschnitts sich erheblich verallgemeinern lässt, dann aber auch ziemlich kompliziert wird; die Grundidee ist aber immer dieselbe und recht einfach: Wenn wir die Anzahl der Streuvorgänge (oder Reaktionen oder Absorptionen oder anderer Prozesse) zählen, die sich aus einer großen Anzahl von ähnlichen Stößen ergeben, dann kann man mit dem Analogon zu Gleichung 14.2 den Parameter σ bestimmen, der immer *die effektive Fläche des Targets für eine Wechselwirkung mit dem Projektil* angibt.

Schüsse auf Krähen in einem Baum

Beispiel 14.1 Ein Studierender will die Krähen ärgern, die vom Baum neben seinem Parkplatz aus sein Auto vollkeckern, und mit Farbkugeln beschießen. Die 50 Krähen setzen sich zufällig verteilt in dem Baum nieder, sodass er sie durch das Blattwerk nicht mehr sehen kann. Jede Krähe hat eine Querschnittsfläche von $\sigma \approx (30 \times 15)\,\text{cm}^2 = 450\,\text{cm}^2 = 0{,}045\,\text{m}^2$, der Baum hat (vom Ort des Studierenden aus gesehen) eine Gesamtfläche von $13{,}5\,\text{m}^2$. Wie viele Krähen werden voraussichtlich farbig markiert, wenn er nacheinander 60 Farbkugeln blindlings in den Baum feuert?

Lösung Wenn man eine solche Frage als Denksportaufgabe stellt, kommt natürlich die Antwort, dass der Studierender höchstens eine einzige Krähe trifft (weil die anderen Krähen beim ersten Knall wegfliegen). Wir wollen hier aber annehmen, dass die Krähen im Baum sitzenbleiben. Dann ähnelt die Situation der in unserem einfachen Streuexperiment. Für die Targetdichte gilt $n_{\text{Tar}} = (\text{Anzahl der Krähen})/(\text{Fläche des Baums}) = 50/13{,}5 = 3{,}7\,\text{m}^{-2}$. Die Anzahl der

5 Die allgemeine Bezeichnung *Wirkungs*querschnitt soll andeuten, dass es eine Wechselwirkung zwischen Projektil und Target gibt; das kann ein Stoß sein, ein Streuvorgang, eine Ionisierung oder auch ein anderer Prozess. (Anm. d. Übers.)

abgefeuerten Projektile ist $N_{\text{ein}} = 60$, und analog zu (14.2) ergibt sich für die Anzahl der zu erwartenden Treffer

$$N_{\text{Treff}} = N_{\text{ein}}\, n_{\text{Tar}}\, \sigma = 60 \times \left(3{,}7\,\text{m}^{-2}\right) \cdot \left(0{,}045\,\text{m}^2\right) = 10\,.$$ ■

In der Praxis verwendet man häufig einen gleichmäßigen Strahl von Projektilen; es ist daher günstiger, die *Anzahl* N_{ein} durch die Zeit Δt zu dividieren und die Einfalls*rate* $R_{\text{ein}} = N_{\text{ein}}/\Delta t$ zu verwenden. Entsprechend ergibt sich die Streurate $R_{\text{streu}} = N_{\text{streu}}/\Delta t$. Wenn wir beide Seiten von (14.2) durch Δt teilen, erhalten wir für diese Raten die vollständig äquivalente Gleichung

$$R_{\text{streu}} = R_{\text{ein}}\, n_{\text{Tar}}\, \sigma\,.$$

Da der Wirkungsquerschnitt eine Fläche ist, ist seine SI-Einheit natürlich das Quadratmeter. Atomare und nukleare Wirkungsquerschnitte werden aber unbequem klein, wenn man sie in dieser Einheit misst. Da die nuklearen Abmessungen in der Größenordnung von 10^{-14} m liegen, misst man nukleare Wirkungsquerschnitte am besten in Einheiten von $10^{-28}\,\text{m}^2$. Diese Fläche wird als **barn**[6] bezeichnet:

$$1\,\text{barn} = 10^{-28}\,\text{m}^2\,.$$

Streuung von Neutronen in einer Aluminiumfolie

Beispiel 14.2 10 000 Neutronen werden durch eine 0,1 mm dicke Aluminiumfolie geschossen; der Wirkungsquerschnitt des Aluminiumkerns beträgt 1,5 barn.[7]

Lösung ■ Die Anzahl der Streuvorgänge wird durch (14.2) bestimmt, und wir kennen bereits die Werte $N_{\text{ein}} = 10^4$ und $\sigma = 1{,}5 \cdot 10^{-28}\,\text{m}^2$. Wir müssen also nur noch die Targetdichte n_{Tar} bestimmen, d. h. die Anzahl der Aluminiumkerne in der Folie pro Flächeneinheit. (Natürlich enthält die Folie auch eine große Anzahl von Elektronen, doch die tragen nicht nennenswert zur Neutronenstreuung bei.) Die Dichte von Aluminium (Masse/Volumen) ist $\varrho = 2{,}7 \cdot 10^3\,\text{kg/m}^3$. Wenn wir das mit der Dicke der Folie multiplizieren ($d = 10^{-4}$ m) und durch die Masse eines Aluminiumkerns dividieren ($m = 27$ atomare Masseneinheiten), dann erhalten wir n_{Tar}:

$$n_{\text{Tar}} = \frac{\varrho d}{m} = \frac{(2{,}7 \cdot 10^3\,\text{kg/m}^3) \cdot (10^{-4}\,\text{m})}{27 \cdot 1{,}66 \cdot 10^{-27}\,\text{kg}} = 6{,}0 \cdot 10^{24}\,\text{m}^{-2}\,. \tag{14.3}$$

Durch Einsetzen in (14.2) finden wir für die Anzahl der Streuvorgänge

$$N_{\text{streu}} = N_{\text{ein}}\, n_{\text{Tar}}\, \sigma = (10^4) \cdot (6{,}0 \cdot 10^{24}\,\text{m}^{-2}) \cdot (1{,}5 \cdot 10^{-28}\,\text{m}^2) = 9\,.$$

Hier haben wir den *vorgegebenen* Wirkungsquerschnitt σ dazu verwendet, die Anzahl der Streuvorgänge N_{streu} vorherzusagen, die wir beobachten sollten. Alternativ hätten wir den beobachteten Wert von N_{streu} verwenden und damit den Wirkungsquerschnitt σ *bestimmen* können. ■

6 Der Begriff stammt von dem englischen Wort für „Scheune". Er wurde bei den Entwicklungsarbeiten zur Atombombe geprägt, als die Wissenschaftler feststellten, wie vergleichweise riesig der Urankern ist: „It's as big as a barn." (Anm. d. Übers.)

7 Wie wir gleich sehen werden, kann der Wirkungsquerschnitt eines Targets für verschiedene Projektile unterschiedliche Werte annehmen. Streng genommen, muss ich also sagen, dass der Wirkungsquerschnitt von Aluminium *für gestreute Neutronen* 1,5 barn beträgt. Außerdem kann der Wirkungsquerschnitt noch von der Energie der Projektile abhängen. Der hier angegebene Wert gilt für Einfallsenergien zwischen etwa 0,1 eV und etwa 1000 eV.

14.3 Verallgemeinerungen des Wirkungsquerschnitts

Die Gleichung (14.2) mit ihren vielen Verallgemeinerungen ist die zentrale Gleichung der Streutheorie. Die Theoretiker berechnen den Wirkungsquerschnitt σ mithilfe von Annahmen über das Target, die Experimentatoren verwenden dann (14.2) zur Messung von σ und vergleichen ihr Ergebnis mit dem vorhergesagten Wert. Allerdings sind Projektil, Target und ihre Wechselwirkung im Allgemeinen viel komplizierter als das einfache punktförmige Projektil und das Harte-Kugel-Target, die wir im vorangegangenen Abschnitt betrachtet haben. In diesem Abschnitt wollen wir uns einige etwas interessantere Fälle anschauen.

Stoß zweier harter Kugeln

Betrachten wir ein Target in Form einer harten Kugel mit dem Radius R_2 und ein Projektil als eine weitere harte Kugel mit dem Radius R_1 (Abbildung 14.5). Die beiden Kugeln kommen dann und nur dann miteinander in Berührung, wenn der Stoßparameter b kleiner oder gleich der *Summe* der beiden Radien ist, also $b \leq R_1 + R_2$. Der Mittelpunkt des Projektils muss also innerhalb eines Kreises um den Mittelpunkt des Targets mit dem Radius $R_1 + R_2$ und der Fläche $\sigma = \pi(R_1 + R_2)^2$ liegen. Der Versuch wird viele Male wiederholt. Wir können nun genau dem Gedankengang des vorangegangenen Abschnitts folgen, bestimmen die Wahrscheinlichkeit dafür, dass eines der Projektile gestreut wird, und berechnen daraus die Gesamtzahl der gestreuten Projektile. Der einzige Unterschied besteht darin, dass die Fläche des Targets $\sigma = \pi R^2$ nun durch $\sigma = \pi(R_1 + R_2)^2$ ersetzt wird. So kommen wir zu demselben Schluss

$$N_{\text{streu}} = N_{\text{ein}}\, n_{\text{Tar}}\, \sigma\,, \tag{14.4}$$

nur dass jetzt gilt

$$\sigma = \pi(R_1 + R_2)^2\,. \tag{14.5}$$

Die wichtigste Lehre, die wir aus diesem Beispiel ziehen können, ist die Erkenntnis, dass wir die gewohnte Beziehung (14.4) zwar weiterhin verwenden können, dass man dann aber σ nicht mehr als Wirkungsquerschnitt des Targets allein ansehen kann. Stattdessen ist σ nun eine Eigenschaft von Target *und* Projektil gemeinsam und sollte als die *effektive Fläche des Targets für die Streuung des Projektils* aufgefasst werden. Das bedeutet insbesondere, dass der Wirkungsquerschnitt eines gegebenen Targets für die Streuung einer bestimmten Art von Projektilen sich stark vom Wirkungsquerschnitt desselben Targets für die Streuung eines anderen Projektils unterscheiden kann.

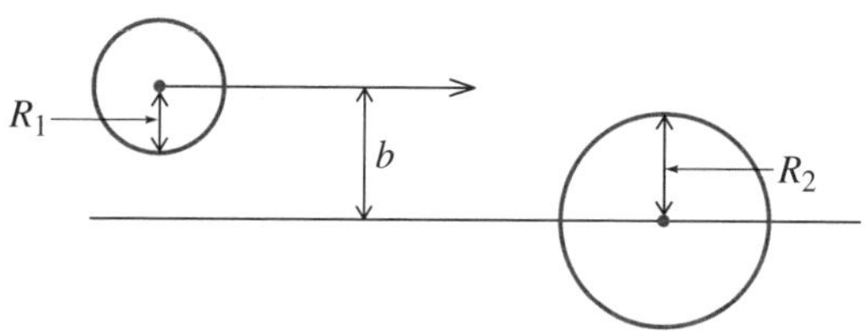

Abbildung 14.5: Ein Projektil mit dem Radius R_1 nähert sich einem Target R_2, der Stoßparameter ist b. Beide – Projektil und Target – werden als harte Kugeln angenommen. Ein Stoß findet nur dann statt, wenn $b \leq R_1 + R_2$.

Mittlere freie Weglänge eines Luftmoleküls

Beispiel 14.3 Die N_2- und O_2-Moleküle in der uns umgebenden Luft verhalten sich etwa so wie harte Kugeln vom Radius $R \approx 0{,}15\,\text{nm}$. Berechnen Sie mit dieser Angabe die mittlere freie Weglänge für ein Luftmolekül bei Standardbedingungen (definiert als eine Temperatur von $0\,°\text{C}$ und ein Druck von $1013{,}25\,\text{hPa}$).

Lösung ■ Die mittlere freie Weglänge λ eine Moleküls in einem Gas ist ein wichtiger Parameter, der viele Eigenschaften des Gases bestimmt – beispielsweise die Leitfähigkeit, die Viskosität, die Diffusionsraten und anderes mehr. Sie ist definiert als die mittlere Entfernung, die ein Molekül zwischen zwei Stößen mit anderen Molekülen zurücklegt. Zu ihrer Abschätzung verfolgen wir eines der Moleküle bei seinem Weg durch das Gas, beginnend unmittelbar nach einem Stoß. Um unsere Diskussion zu vereinfachen, werde ich annehmen, dass alle anderen Moleküle in Ruhe sind. (Diese Näherung beeinflusst zwar das Ergebnis ein wenig, doch wir erhalten eine annehmbare Abschätzung.) Wir können uns unser Molekül als ein Projektil vorstellen, das sich durch einen Targetträger mit den anderen ortsfesten Molekülen bewegt. Die Aufgabe besteht nun darin, die mittlere Entfernung x zu finden, die das Projektil zurücklegt, bevor es mit dem nächsten Molekül zusammenstößt. Der Wirkungsquerschnitt für die Stöße ist gemäß (14.5) gegeben durch $\sigma = \pi(2R)^2 = 4\pi R^2$. Wenn wir uns zunächst eine dünne Schicht des Gases mit der Dicke $\mathrm{d}x$ vorstellen (in der Richtung der Projektilbewegung), dann ist die „Target"dichte dieser Schicht

$$n_{\text{Tar}} = \frac{N}{V}\,\mathrm{d}x\,;$$

darin ist N die Gesamtanzahl der Moleküle und V ihr Gesamtvolumen, N/V ist also die Teilchendichte (Teilchenanzahl/Volumen). Die Wahrscheinlichkeit P dafür, dass unser Molekül in einer solchen dünnen Schicht der Dicke $\mathrm{d}x$ einen Stoß vollführt, ist nach (14.1) gegeben durch

$$P(\text{Stoß in d}x) = \frac{N\sigma}{V}\,\mathrm{d}x\,. \tag{14.6}$$

Bezeichnen wir mit $P(x)$ die Wahrscheinlichkeit dafür, dass das Projektil eine Strecke x zurücklegt, ohne mit einem anderen Molekül zusammenzustoßen, dann ist die Wahrscheinlichkeit dafür, dass es die Strecke x ohne Stoß zurücklegt *und dann* in der nächsten Schicht der Dicke $\mathrm{d}x$ einen Stoß vollführt, das Produkt aus $P(x)$ und (14.6):

$$P(\text{erster Stoß zwischen } x \text{ und } x + \mathrm{d}x) = P(x)\cdot\frac{N\sigma}{V}\,\mathrm{d}x\,. \tag{14.7}$$

Dieselbe Wahrscheinlichkeit ergibt sich aber auch als

$$\begin{aligned} P(\text{erster Stoß zwischen } x \text{ und } x + \mathrm{d}x) &= P(x) - P(x + \mathrm{d}x) \\ &= -\frac{\mathrm{d}}{\mathrm{d}x}P(x)\,\mathrm{d}x\,. \end{aligned} \tag{14.8}$$

Durch Vergleich von (14.7) mit (14.8) erhalten wir eine Differenzialgleichung für $P(x)$:

$$\frac{\mathrm{d}}{\mathrm{d}x}P(x) = -\frac{N\sigma}{V}P(x)\,.$$

Wir können aus der Gleichung erkennen, dass $P(x)$ exponentiell mit x abnimmt:

$$P(x) = \mathrm{e}^{-(N\sigma/V)x}\,. \tag{14.9}$$

[Hier habe ich die Anfangsbedingung verwendet, dass $P(0)$ offensichtlich 1 ist.] Die mittlere freie Weglänge ist der Mittelwert von x (also $\lambda = \langle x \rangle$); um diesen Mittelwert zu finden, müssen wir x mit der Wahrscheinlichkeit (14.7) multiplizieren und über alle möglichen Werte von x integrieren:

$$\lambda = \langle x \rangle = \int_0^\infty x \left[\frac{N\sigma}{V} \mathrm{e}^{-(N\sigma/V)x} \right] \mathrm{d}x = \frac{V}{N\sigma} . \qquad (14.10)$$

Bei Standardbedingungen enthalten 22,4 Liter Luft bekanntermaßen genau N_A Moleküle (ein Mol; N_A ist die Avogadro-Zahl). Daher gilt

$$\begin{aligned} \lambda &= \frac{V}{N_\mathrm{A}(4\pi R^2)} = \frac{22{,}4 \cdot 10^{-3}\,\mathrm{m}^3}{(6{,}02 \cdot 10^{23}) \cdot 4\pi(0{,}15 \cdot 10^{-9}\,\mathrm{m})^2} \\ &= 1{,}3 \cdot 10^{-7}\,\mathrm{m} = 130\,\mathrm{nm} . \end{aligned}$$

Die mittlere freie Weglänge eines Luftmoleküls bei Standardbedingungen ist also deutlich größer als der Abstand zwischen den Molekülen (etwa 3 nm) und ganz erheblich größer als die Molekülgröße (etwa 0,3 nm). ■

Unterschiedliche Prozesse und Targets

Bislang haben wir nur Streuprozesse untersucht, bei denen eigentlich nichts weiter passiert ist, als dass das auf das Target einlaufende Projektil vom Target umgelenkt wird und sich in eine andere Richtung weiterbewegt. Doch es gibt noch andere Möglichkeiten: Betrachten Sie einen Stoß zwischen einem punktförmigen Projektil und einem Target, das aus einem Klumpen Kitt besteht. Wenn der Kitt hinreichend absorptionsfähig ist, verschwindet jedes Projektil, das auf das Target trifft, in dessen Innern und taucht nie mehr auf. Man sagt, dass das Target das Projektil *absorbiert* oder *einfängt*. Mit genau derselben Herleitung wie zuvor kommen wir auf den Ausdruck für die Anzahl der eingefangenen Projektile, nämlich $N_\mathrm{abs} = N_\mathrm{ein} n_\mathrm{Tar} \sigma$. Doch wir können die Situation ohne Weiteres auch komplizierter machen. Beispielsweise könnte ein Teil der Oberfläche des Targets absorbierend sein, ein anderer Teil hingegen hart. Ein Projektil, das auf den absorbierenden Teil des Targets trifft, würde also eingefangen, ein Projektil, das den harten Teil trifft, würde gestreut (d. h., es würde sich in eine andere Richtung weiterbewegen). In einem solchen Fall hätten wir zwei einzelne Gleichungen analog zu (14.4), von denen die eine die Anzahl der Einfänge und die andere die Anzahl der Streuungen angibt:

$$N_\mathrm{abs} = N_\mathrm{ein}\, n_\mathrm{Tar}\, \sigma_\mathrm{abs} \qquad \text{[Einfang]} \qquad (14.11)$$

und

$$N_\mathrm{streu} = N_\mathrm{ein}\, n_\mathrm{Tar}\, \sigma_\mathrm{streu} \qquad \text{[Streuung]}. \qquad (14.12)$$

Hier ist σ_abs die Fläche von demjenigen Teil des Targets, der das Projektil absorbiert, σ_streu ist die Fläche des streuenden Teils des Targets. Der Gesamtwirkungsquerschnitt des Targets ist natürlich

$$\sigma_\mathrm{ges} = \sigma_\mathrm{abs} + \sigma_\mathrm{streu} .$$

Ein Beispiel für einen realen Stoß, bei dem sowohl Einfang als auch Streuung möglich sind, ist der Stoß zwischen einem Elektron und einem Atom, etwa Chlor, das ein zusätzliches Elektron aufnehmen kann. In diesem Fall können wir zwar keinen konkreten Teil des Targets als „Einfangfläche" für das Projektil benennen, doch es bleibt richtig, dass die Anzahl der absorbierten Projektile proportional zur Anzahl N_{ein} der eintreffenden Projektile und zur Targetdichte n_{Tar} ist. Dann können wir mit eben dieser Gleichung (14.11) den **Absorptionsquerschnitt** oder **Einfangquerschnitt** σ_{abs} als die relevante Proportionalitätskonstante definieren. Mit dieser Definition können (und sollten) Sie σ_{abs} als *die effektive Fläche des Targets für die Absorption des Projektils* ansehen. In gleicher Weise können wir mit (14.12) den **Wirkungsquerschnitt** σ_{streu} definieren und dann σ_{streu} als die effektive Fläche des Targets für die Streuung des Projektils ansehen.

Bei Stößen von Elektronen und Atomen gibt es neben Streuung und Einfang noch weitere Wirkungen. Wenn beispielsweise das einlaufende Elektron genügend Energie hat, kann es das Atom auch *ionisieren*, d. h. eines oder mehrere Elektronen aus der Atomhülle freisetzen. Die Anzahl der Ionisationen lässt sich schreiben als

$$N_{\text{ion}} = N_{\text{ein}}\, n_{\text{Tar}}\, \sigma_{\text{ion}} \qquad \text{[Ionisierung]} \tag{14.13}$$

und definiert den **Ionisierungsquerschnitt** σ_{ion} als die effektive Fläche des Targetatoms für die Ionisierung durch das einlaufende Elektron. Wenn wir weiterhin ein Neutron betrachten, das auf einen Uran-235-Kern stößt, kann es den Kern *spalten*; dabei entstehen zwei kleinere Kerne, und es wird eine Energie von etwa 200 MeV frei. Wir können den **Spaltungsquerschnitt** (manchmal auch als *Spaltquerschnitt* bezeichnet) σ_{spalt} als die effektive Fläche des ^{235}U-Kerns für die Kernspaltung bei Neutronenbeschuss definieren; er genügt der Gleichung $N_{\text{spalt}} = N_{\text{ein}}\, n_{\text{Tar}}\, \sigma_{\text{spalt}}$.

Noch eine weitere Klassifizierung ist der Erwähnung wert. Der Begriff „Streuung" wird im Allgemeinen für einen Prozess verwendet, bei dem das Projektil aus seiner Ursprungsrichtung abgelenkt wird und sich in eine andere Richtung weiterbewegt; das Target bleibt dabei *unverändert* zurück – bleibt also dasselbe Atom, derselbe Kern oder was auch immer. Dieser Sprachgebrauch schließt Prozesse wie den Einfang aus, bei dem das Projektil nach dem Stoß nicht mehr auftaucht. Er schließt auch Prozesse wie die Ionisierung aus, bei der ein Elektron aus dem Targetatom herausgelöst wird; dasselbe gilt für die Kernspaltung, bei der der Targetkern in Stücke zerbricht. Wenn die innere Anregung des Targets unverändert bleibt, spricht man von **elastischer Streuung**; wenn sich die innere Anregung des Targets durch den Streuprozess ändert, liegt eine **inelastische Streuung** vor. Betrachten Sie als Beispiel die Streuung eines Elektrons an einem ruhenden Atom. Um die Diskussion zu vereinfachen, wollen wir das Atom als ortsfest annehmen (eine ausgezeichnete Näherung, da das Atom so viel schwerer ist als das Elektron), außerdem sollen die Hüllenelektronen sich im **Grundzustand** befinden – das niedrigstmögliche Energieniveau[8] und der stabilste Zustand des Atoms. Wenn das einlaufende Elektron am Atom gestreut wird, gibt es zwei Möglichkeiten: Das Elektron kann elastisch gestreut werden, dann entfernt es sich mit unveränderter kinetischer Energie und lässt das Target mit einem unveränderten Zustand zurück. Oder es wird inelastisch gestreut, überträgt dabei ein wenig von seiner kinetischen Energie auf das Atom und hebt den Zustand des

8 Beachten Sie, dass Atome nur in bestimmten diskreten „Energieniveaus" existieren können. Da ein isoliertes Atom mit der Zeit immer den Weg in sein niedrigstes Energieniveau findet (in den Grundzustand), ist das Targetatom vor einem Stoß meist in seinem Grundzustand.

Atoms auf ein höheres Energieniveau.[9] Der zuletzt genannte Prozess der **atomaren Anregung** wurde zuerst von den deutschen Physikern James Franck (1882–1964) und Gustav Hertz (1887–1975) beobachtet. Er lieferte überzeugende Beweise für die Existenz von atomaren Energieniveaus; Franck und Hertz wurden dafür 1925 mit dem Physik-Nobelpreis ausgezeichnet.

Wenn ein Projektil an einem Target gestreut wird, können wir, falls gewünscht, zwei Arten von Prozessen unterscheiden – die elastische und die inelastische Streuung. Die Gesamtanzahl der Streuvorgänge N_{streu} in einem Experiment ist die Summe aus der Anzahl der elastischen und der inelastischen Streuvorgänge, $N_{\text{streu}} = N_{\text{elast}} + N_{\text{inelast}}$, und wir können die entsprechenden Wirkungsquerschnitte gemäß $\sigma_{\text{streu}} = \sigma_{\text{elast}} + \sigma_{\text{inelast}}$ definieren.

Für ein gegebenes Target und ein gegebenes Projektil können wir alle möglichen Wirkungen eines Streuprozesses auflisten – Richtungsänderung, Einfang, Ionisierung, Spaltung usw. – und für jede dieser Wirkungen einen entsprechenden Wirkungsquerschnitt definieren. Die Summe aller dieser Wirkungsquerschnitte wird als **totaler Wirkungsquerschnitt** σ_{tot} bezeichnet. Wenn man beispielsweise ein Atom mit Elektronen beschießt, kann es drei mögliche Wirkungen geben – Streuung, Einfang und Ionisierung; in diesem Fall ist der totale Wirkungsquerschnitt

$$\sigma_{\text{tot}} = \sigma_{\text{streu}} + \sigma_{\text{abs}} + \sigma_{\text{ion}} .$$

Durch Addition der drei Gleichungen (14.12), (14.11) und (14.13) erkennen wir, dass sich aus dem totalen Wirkungsquerschnitt die Gesamtanzahl der Projektile ergibt, die durch die drei möglichen Prozesse zusammen aus dem einlaufenden Elektronenstrahl ausgesondert werden:

$$N_{\text{ges}} = N_{\text{ein}}\, n_{\text{Tar}}\, \sigma_{\text{tot}} \qquad \text{[Gesamt]} .$$

Mit anderen Worten: σ_{tot} gibt die effektive Fläche des Targets für die Wechselwirkung mit dem Projektil für einen beliebigen der möglichen Prozesse an.

In den meisten Fällen stellt sich heraus, dass die so definierten Wirkungsquerschnitte von der Energie des einlaufenden Projektils abhängen. Ein leicht verständliches Beispiel soll das illustrieren. Stellen Sie sich den Ionisierungsquerschnitt für ein Elektron vor, das mit einem Atom zusammenstößt. Um das Atom ionisieren zu können, muss das einlaufende Elektron eine Mindestenergie haben, damit es eines der Elektronen aus der Atomhülle herausschlagen kann. Wenn die Elektronenenergie niedriger ist als diese **Ionisierungsenergie**, ist eine Ionisierung unmöglich; demzufolge haben wir $N_{\text{ion}} = 0$, und der in (14.13) definierte Ionisierungsquerschnitt σ_{ion} ist exakt null. Ist die Elektronenenergie höher, ist eine Ionisierung möglich, und sowohl N_{ion} als auch σ_{ion} sind normalerweise von null verschieden. Offensichtlich verändert sich σ_{ion} mit der Energie. Obwohl das in anderen Fällen nicht ganz so klar ist, finden wir in der Praxis für fast alle Wirkungsquerschnitte eine ähnliche Energieabhängigkeit.

9 Im Allgemeinen können sich sowohl das Projektil als auch das Target bewegen, und beide können eine innere Struktur und somit eine Energie der inneren Anregung aufweisen, so etwa bei dem Stoß von zwei Molekülen in einem Gas. In diesem Fall ist die elastische Streuung definiert als eine Streuung, bei der die *gemeinsame* innere Anregung von Target und Projektil unverändert bleibt. Mit anderen Worten: Die Gesamtenergie $E_{\text{Projektil}} + E_{\text{Target}}$ ist vor und nach dem Zusammentreffen unverändert.

14.4 Der differenzielle Wirkungsquerschnitt

Bei der Definition des Wirkungsquerschnitts σ_{streu} in (14.12) haben wir die Gesamtzahl der gestreuten Projektile gezählt, ungeachtet der jeweiligen Richtung, in die sie gestreut wurden. Offenbar können wir noch mehr Informationen gewinnen, wenn wir auch die Richtungen beobachten. Das führt uns auf den Begriff des **differenziellen Wirkungsquerschnitts**, den wir im Folgenden einführen wollen.

Um die Sache zu vereinfachen, betrachten wir einen Prozess, dessen einzig mögliches Ergebnis eine elastische Streuung ist. Sie können sich beispielsweise die Streuung eines punktförmigen Projektils an einer harten Kugel (Abbildung 14.2) oder die Rutherford-Streuung eines positiv geladenen Alphateilchens an einem schweren, positiv geladenen Atomkern vorstellen (Abbildung 14.1). In beiden Fällen gibt es nur zwei Möglichkeiten: Entweder tritt das Projektil gar nicht in Wechselwirkung mit dem Target und verschwindet ohne Streuung, oder es wird elastisch gestreut.[10]

Wenn wir beobachten wollen, wie viele Teilchen in eine gegebene Richtung entweichen, müssen wir zunächst klären, wie wir die Richtung messen wollen. Es ist üblich, die Richtung des einfallenden Strahls als die z-Richtung zu nehmen und dann die Richtung eines gestreuten Teilchens durch die Polarwinkel θ und φ anzugeben. Da diese Winkel ein Kontinuum bilden, können wir natürlich nicht von der Anzahl der Teilchen sprechen, die in eine *exakt angegebene* Richtung (θ, φ) gestreut werden. Stattdessen müssen wir die Anzahl der Teilchen bestimmen, die innerhalb eines engen Kegels um (θ, φ) auslaufen. Um die Größes dieses engen Kegels zu charakterisieren, verwenden wir das Konzept des *Raumwinkels*, der im Folgenden definiert wird.

Raumwinkel

Um die Definition des Raumwinkels eines Kegels zu verstehen, erinnern wir uns an die Definition des ebenen Winkels zwischen zwei Geraden in einer Ebene. Das Prinzip ist in Abbildung 14.6a illustriert: Wenn die beiden Geraden sich in O treffen, dann können wir einen Kreis mit einem geeigneten Radius r um O ziehen. Die beiden Geraden begrenzen einen Bogen der Länge s auf dem Kreis; wir definieren den Winkel $\Delta\theta$ (in Radian) als $\Delta\theta = s/r$. (Da s proportional zu r ist, geht unsere spezielle Wahl von r nicht in diese Definition ein.) In analoger Weise betrachten wir einen dreidimensionalen Kegel mit seiner Spitze in O, um den wir eine Kugel mit dem Radius r und dem Mittelpunkt O legen (Abbildung 14.6b). Der Kegel schneidet aus der Kugeloberfläche eine Fläche mit dem Flächeninhalt A (proportional zu r^2) aus, und wir definieren den **Raumwinkel** des Kegels als

$$\Delta\Omega = A/r^2 \,. \tag{14.14}$$

10 Wenn das Alphateilchen bei der Rutherford-Streuung genügend Energie hätte, könnte es auch den Kern auf ein höheres Energieniveau heben oder den Kern gar spalten. Bei den niedrigen Energien, die Rutherford 1911 bei seinem Versuch zugänglich waren, gab es diese Möglichkeit aber nicht; auch wir können unsere Aufmerksamkeit fürs Erste auf diese niedrigen Energien beschränken. Es gibt noch eine weitere Besonderheit bei der Rutherford-Streuung, die der Erwähnung wert ist: Die Coulomb-Kraft $F = kqQ/r^2$ auf einen vollständig isolierten Kern erstreckt sich bis ins Unendliche, sodass jedes Alphateilchen, unabhängig von seinem Stoßparameter, wenigstens ein wenig abgelenkt wird – mit anderen Worten: Es werden eigentlich *alle* einfallenden Alphateilchen gestreut. In der Praxis wird aber die Coulomb-Kraft des Kerns in großen Entfernungen durch die Elektronen der Atomhülle abgeschirmt, und die Alphateilchen, die am Gesamtatom vorbeifliegen, werden nicht gestreut.

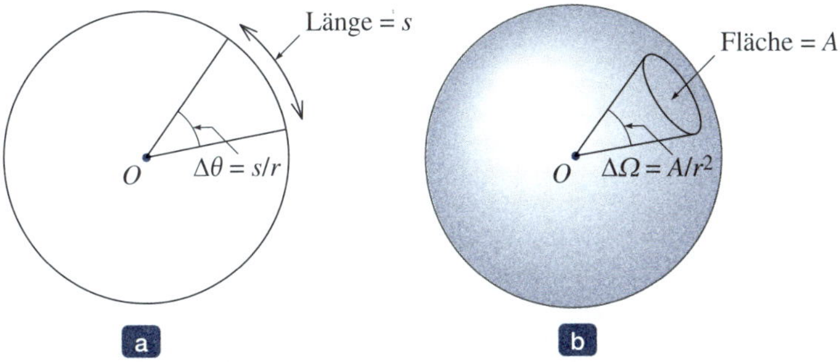

Abbildung 14.6: (a) Der gewöhnliche zweidimensionale (ebene) Winkel $\Delta\theta$, der durch einen Bogen der Länge s auf einem Kreis mit dem Radius r gegeben ist, wird definiert als $\Delta\theta = s/r$; dabei wird der Winkel $\Delta\theta$ in Radian gemessen. (b) Der Raumwinkel $\Delta\Omega$ eines Kegels, der aus der Oberfläche einer Kugel mit dem Radius r eine Fläche mit dem Inhalt A ausschneidet, ist definiert als $\Delta\Omega = A/r^2$; dabei wird der Raumwinkel $\Delta\Omega$ in Steradian gemessen.

Die Einheit des auf diese Weise definierten Raumwinkels wird als **Steradian** bezeichnet, abgekürzt **sr**. Da der Flächeninhalt der gesamten Kugeloberfläche $4\pi r^2$ beträgt, misst der Raumwinkel, wenn der Kegel alle möglichen Richtungen einschließt, 4π. Mit anderen Worten: Der Raumwinkel, der allen möglichen Richtungen im dreidimensionalen Raum entspricht, misst 4π Steradian, so wie der ebene Winkel, der allen möglichen Richungen im zweidimensionalen Raum entspricht, 2π Radian misst. Der Kegel in Abbildung 14.6b ist zwar ein Kreiskegel, die Definition $\Delta\Omega = A/r^2$ gilt aber für beliebige Formen des Kegels. Wenn wir beispielsweise den engen Kegel betrachten müssen, dessen Polarwinkel in den Bereichen θ bis $\theta + \mathrm{d}\theta$ und φ bis $\varphi + \mathrm{d}\varphi$ liegen, dann schneidet dieser Kegel eine „rechteckige“ Fläche aus der Kugeloberfläche aus; ihr Flächeninhalt ist $r^2 \sin\theta \, \mathrm{d}\theta \, \mathrm{d}\varphi$, und somit ergibt sich für den Raumwinkel

$$\mathrm{d}\Omega = \sin\theta \, \mathrm{d}\theta \, \mathrm{d}\varphi \,. \qquad (14.15)$$

Der differenzielle Wirkungsquerschnitt

Bewaffnet mit dem Konzept des Raumwinkels, sind wir nun soweit, dass wir den differenziellen Wirkungsquerschnitt definieren können. Wir stellen uns wieder unser gewohntes Exeriment vor, bei dem eine große Anzahl N_{ein} von Projektilen auf einen Targetträger mit der Dichte n_{Tar} gelenkt wird. Nun beobachten wir für jeden Kegel mit dem Raumwinkel $\mathrm{d}\Omega$ in einer bestimmten Richtung (θ, φ) die Anzahl der Projektile, die in den Raumwinkel gestreut werden (Abbildung 14.7). Diese Anzahl bezeichnen wir mit $N_{\text{streu}}(\text{in } \mathrm{d}\Omega)$. Gemäß dem üblichen Argument muss sie proportional zu N_{ein} und zu n_{Tar} sein; sie lässt sich daher schreiben als

$$N_{\text{streu}}(\text{in } \mathrm{d}\Omega) = N_{\text{ein}} \, n_{\text{Tar}} \, \mathrm{d}\sigma(\text{in } \mathrm{d}\Omega) \,. \qquad (14.16)$$

Dabei ist $\mathrm{d}\sigma(\text{in } \mathrm{d}\Omega)$ der effektive Wirkungsquerschnitt des Targets für die Streuung in den Raumwinkel $\mathrm{d}\Omega$. Er ist proportional zu $\mathrm{d}\Omega$, und daher schreibt man

$$\mathrm{d}\sigma(\text{in } \mathrm{d}\Omega) = \frac{\mathrm{d}\sigma}{\mathrm{d}\Omega} \mathrm{d}\Omega$$

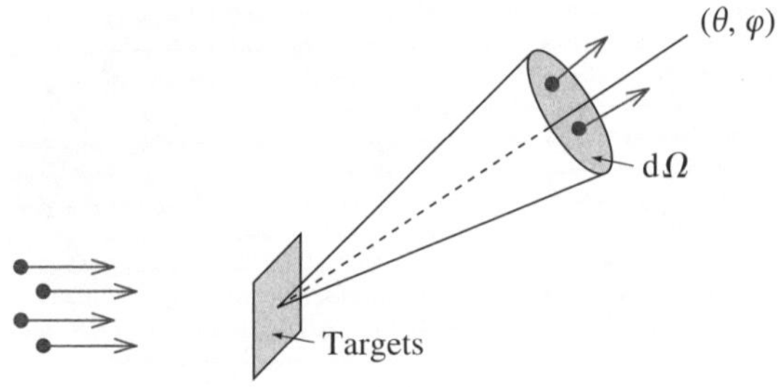

Abbildung 14.7: Die Projektile laufen von links auf einen rechteckigen Targetträger; wir beobachten die Anzahl $N_{\text{streu}}(\text{in } d\Omega)$ der Projektile, die in einen Kegel mit dem Raumwinkel $d\Omega$ in der Richtung (θ, φ) gestreut werden.

und nennt den Faktor $\mathrm{d}\sigma/\mathrm{d}\Omega$ den **differenziellen Wirkungsquerschnitt**. Mit seiner Hilfe können wir (14.16) umschreiben zu

$$N_{\text{streu}}(\text{in } \mathrm{d}\Omega) = N_{\text{ein}}\, n_{\text{Tar}}\, \frac{\mathrm{d}\sigma}{\mathrm{d}\Omega}(\theta, \varphi)\, \mathrm{d}\Omega\,. \tag{14.17}$$

Hier habe ich das Argument (θ, φ) eingefügt, um zu betonen, dass der differenzielle Wirkungsquerschnitt (im Allgemeinen) von der Beobachtungsrichtung abhängt. Man kann Gleichung (14.17) als Definition des differenziellen Wirkungsquerschnitts $\mathrm{d}\sigma/\mathrm{d}\Omega$ betrachten. Es ist die Aufgabe des Experimentators, $\mathrm{d}\sigma/\mathrm{d}\Omega$ mithilfe von (14.17) zu bestimmen, und es ist die Aufgabe des Theoretikers, $\mathrm{d}\sigma/\mathrm{d}\Omega$ auf der Grundlage von Modellen für die Wechselwirkungen zwischen Projektil und Target vorherzusagen.

Wenn wir die Zahlen $N_{\text{streu}}(\text{in } \mathrm{d}\Omega)$ für alle Raumwinkel aufsummieren, erhalten wir die Gesamtzahl N_{streu} der Streuvorgänge. Mit anderen Worten: Wenn man (14.17) über alle Raumwinkel integriert, erhält man N_{streu}. Wegen $N_{\text{streu}} = N_{\text{ein}}\, n_{\text{Tar}}\, \sigma$ (mit dem totalen Wirkungsquerschnitt σ) folgern wir

$$\sigma = \int \frac{\mathrm{d}\sigma}{\mathrm{d}\Omega}(\theta, \varphi)\, \mathrm{d}\Omega = \int_0^{\pi} \sin\theta\, \mathrm{d}\theta \int_0^{2\pi} \mathrm{d}\varphi\, \frac{\mathrm{d}\sigma}{\mathrm{d}\Omega}(\theta, \varphi)\,, \tag{14.18}$$

wobei der zweite Ausdruck aus (14.15) folgt. Der totale Wirkungsquerschnitt[11] ist also das Integral über alle Raumwinkel des differenziellen Wirkungsquerschnitts.

Winkelverteilung von gestreuten Neutronen

Beispiel 14.4 Bei einer Einfallsenergie von mehreren MeV (Millionen Elektronenvolt) könnte der differenzielle Wirkungsquerschnitt für die Streuung von Neutronen an einem schweren Atomkern folgende Form haben:

$$\frac{\mathrm{d}\sigma}{\mathrm{d}\Omega}(\theta, \varphi) = \sigma_0(1 + 3\cos\theta + 3\cos^2\theta)\,; \tag{14.19}$$

Darin ist σ_0 eine Konstante von etwa 30 Millibarn pro Steradian (mb/sr). Beschreiben Sie die Winkelverteilung der gestreuten Neutronen und geben Sie den totalen Wirkungsquerschnitt an.

11 Im Allgemeinen sollte man vom totalen *Streu*querschnitt σ_{streu} sprechen; hier nehmen wir aber an, dass die einzige mögliche Wirkung eine Streuung ist, daher sind sie gleich.

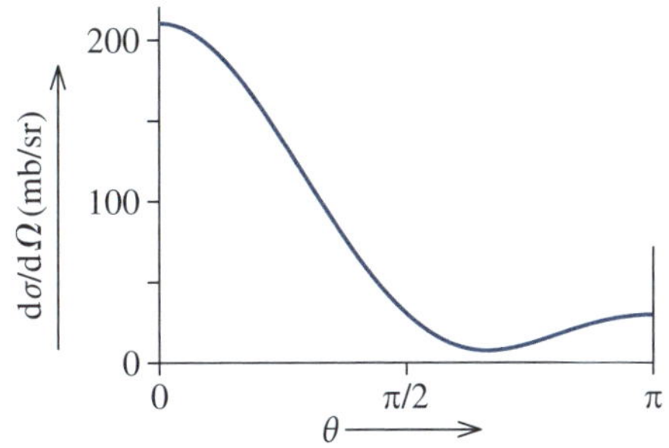

Abbildung 14.8: Der differenzielle Wirkungsquerschnitt (14.19) für die Streuung von Neutronen an einem Atomkern, aufgetragen als eine Funktion des Streuwinkels θ. Die vertikale Achse zeigt $\mathrm{d}\sigma/\mathrm{d}\Omega$ in Einheiten von Millibarn pro Steradian.

Lösung Das hervorstechende Merkmal von (14.19) ist, dass keine Abhängigkeit von φ auftritt. (Wie wir im nächsten Abschnitt sehen werden, kommt das recht häufig vor.) Die Verteilung der gestreuten Neutronen ist also *axialsymmetrisch*, d. h., die Winkelverteilung ist einfach zu visualisieren, da wir nur die Abhängigkeit von θ zu berücksichtigen haben. Abbildung 14.8 zeigt $\mathrm{d}\sigma/\mathrm{d}\Omega$ als Funktion von θ für $\theta = 0$ bis π. Wir sehen, dass $\mathrm{d}\sigma/\mathrm{d}\Omega$ für $\theta = 0$ am größten ist. Ein Teilchen wird also – zumindest in diesem Beispiel – am wahrscheinlichsten in die „Vorwärtsrichtung" $\theta = 0$ gestreut. (Bei der Streuung in quantenphysikalischen Systemen ist dies, insbesondere bei hohen Energien, häufig der Fall.) In diesem Beispiel gibt es ein kleineres Maximum für die Rückwärtsrichtung bei $\theta = \pi$, und die Wahrscheinlichkeit für eine absolute Rückwärtsstreuung nach $\theta = \pi$ ist größer als für jede andere Richtung in die rückwärts gerichtete Hemisphäre ($\pi/2 < \theta < \pi$).

Den totalen Wirkungsquerschnitt bestimmt man durch Integration des differenziellen Wirkungsquerschnitts, so wie in (14.18). Da der Integrand nicht von φ abhängt, ist die Integration über φ trivial und ergibt einen Faktor 2π. Insgesamt haben wir

$$\begin{aligned}\sigma &= \int \frac{\mathrm{d}\sigma}{\mathrm{d}\Omega}(\theta,\varphi)\,\mathrm{d}\Omega = 2\pi\sigma_0 \int_0^\pi \sin\theta\,\mathrm{d}\theta(1 + 3\cos\theta + 3\cos^2\theta) \\ &= 8\pi\sigma_0 = 754\,\mathrm{mb}\,. \end{aligned} \tag{14.20}$$

■

14.5 Berechnung des differenziellen Wirkungsquerschnitts

Um die Berechnung des differenziellen Wirkungsquerschnitts zu vereinfachen, werde ich von einer axialsymmetrischen Streuung ausgehen. Das ist sicher dann der Fall, wenn das Target kugelsymmetrisch ist (so wie die harte Kugel aus Abbildung 14.2 oder ein beliebiges anderes Target mit einem sphärisch symmetrischen Kraftfeld), da die Axialsymmetrie aus der Kugelsymmetrie folgt. Die Annahme hat zur Folge, dass der differenzielle Wirkungsquerschnitt unabhängig von φ ist und dass wir bei unseren Überlegungen alle verschiedenen Werte von φ gemeinsam behandeln können. Wir stellen uns ein Projektil vor, das sich mit dem Stoßparameter b auf das Target zubewegt. Durch Berechnung der Projektilbahn lässt sich – zumindest im Prinzip – der zugehörige Streuwinkel $\theta = \theta(b)$ als Funktion von b bestimmen. Alternativ können wir nach b auflösen und damit b als Funktion von θ ausdrücken, also $b(\theta)$.

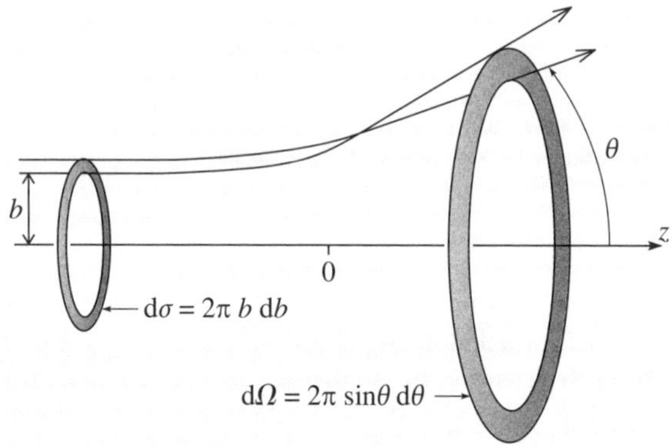

Abbildung 14.9: Alle Projektile, die sich zwischen b und $b + \mathrm{d}b$ auf das Target zubewegen, werden um einen Winkel zwischen θ und $\theta + \mathrm{d}\theta$ gestreut. Die einlaufenden Projektile durchfliegen also eine ringförmige Fläche mit dem Flächeninhalt $\mathrm{d}\sigma = 2\pi b\, \mathrm{d}b$, der Raumwinkel, in den sie gestreut werden, ist $\mathrm{d}\Omega = 2\pi \sin\theta\, \mathrm{d}\theta$.

Betrachten wir als Nächstes alle diejenigen Projektile, die sich auf das Target mit einem Stoßparameter zwischen b und $b + \mathrm{d}b$ zubewegen. Sie durchfliegen die ringförmige Fläche, die im linken Teil von Abbildung 14.9 schattiert dargestellt ist. Der Ring hat eine Querschnittsfläche von

$$\mathrm{d}\sigma = 2\pi b\, \mathrm{d}b\,. \tag{14.21}$$

Die gestreuten Projektile verlassen das Target unter einem Winkel zwischen θ und $\theta + \mathrm{d}\theta$ in einem Raumwinkel

$$\mathrm{d}\Omega = 2\pi \sin\theta\, \mathrm{d}\theta \tag{14.22}$$

(Abbildung 14.9). Der differenzielle Wirkungsquerschnitt $\mathrm{d}\sigma/\mathrm{d}\Omega$ wird nun einfach bestimmt, indem man (14.21) durch (14.22) dividiert:

$$\frac{\mathrm{d}\sigma}{\mathrm{d}\Omega} = \frac{b}{\sin\theta}\left|\frac{\mathrm{d}b}{\mathrm{d}\theta}\right|\,; \tag{14.23}$$

die Betragsstriche habe ich hier eingefügt, um sicherzustellen, dass $\mathrm{d}\sigma/\mathrm{d}\Omega$ positiv ist. (Weil θ oft abnimmt, wenn b zunimmt, kann $\mathrm{d}b/\mathrm{d}\theta$ negativ sein.)

Zusammengefasst: Wenn wir den differenziellen Wirkungsquerschnitt für ein an einem Target gestreutes Projektil berechnen wollen, müssen wir zunächst die Bahn des Projektils bestimmen, um den Streuwinkel θ als eine Funktion des Stoßparameters b angeben zu können (oder umgekehrt). Dann ergibt sich $\mathrm{d}\sigma/\mathrm{d}\Omega$ einfach gemäß Gleichung (14.23) aus der Ableitung von b nach θ.

Harte-Kugel-Streuung

Beispiel 14.5 Als erstes Beispiel für die Anwendung von (14.23) bestimmen Sie den differenziellen Wirkungsquerschnitt für die Streuung eines punktförmigen Projektils an einer ortsfesten harten Kugel mit dem Radius R. Integrieren Sie Ihr Ergebnis über alle Raumwinkel und bestimmen Sie so den totalen Wirkungsquerschnitt.

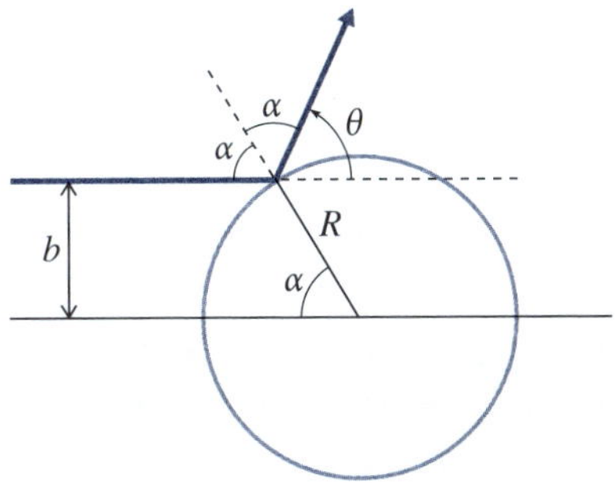

Abbildung 14.10: Ein punktförmiges Projektil, das an einer harten Kugel gestreut wird, unterliegt dem Reflexionsgesetz, nach dem die beiden mit α bezeichneten benachbarten Winkel gleich sind. Der Stoßparameter ist $b = R\sin\alpha$, der Streuwinkel ist $\theta = \pi - \alpha$.

Lösung Als Erstes müssen wir die Bahn des gestreuten Projektils bestimmen (Abbildung 14.10). Die entscheidende Beobachtung ist, dass der Einfalls- und der Ausfallswinkel (beide in der Abbildung als α gezeigt) des Projektils gleich sind, wenn es an einer harten Kugel gestreut wird. (Dieses „Reflexionsgesetz" folgt aus der Erhaltung von Energie und Drehimpuls, vgl. Aufgabe 13). Eine nähere Betrachtung der Abbildung zeigt, dass der Stoßparameter $b = R\sin\alpha$ ist und dass der Streuwinkel $\theta = \pi - 2\alpha$ beträgt. Kombinieren wir diese beiden Gleichungen, kommen wir zu

$$b = R\sin\frac{\pi-\theta}{2} = R\cos(\theta/2)\,; \tag{14.24}$$

mit (14.23) erhalten wir dann den differenziellen Wirkungsquerschnitt

$$\frac{d\sigma}{d\Omega} = \frac{b}{\sin\theta}\left|\frac{db}{d\theta}\right| = \frac{R\cos(\theta/2)}{\sin\theta}\,\frac{R\sin(\theta/2)}{2} = \frac{R^2}{4}\,. \tag{14.25}$$

Das Überraschendste an diesem Ergebnis ist, dass der differenzielle Wirkungsquerschnitt sich als isotrop herausstellt, d. h., die Anzahl der in einen Raumwinkel gestreuten Teilchen ist für alle Richtungen gleich. Um den totalen Wirkungsquerschnitt zu bestimmen, müssen wir unser Ergebnis nur über alle Raumwinkel integrieren:

$$\sigma = \int \frac{d\sigma}{d\Omega}d\Omega = \int \frac{R^2}{4}\,d\Omega = \pi R^2\,,$$

und das ist natürlich die Querschnittsfläche des kugelförmigen Targets. ■

14.6 Die Rutherford-Streuung

Das vielleicht berühmteste Streuexperiment aller Zeiten war der Rutherford'sche Streuversuch, in dem er und seine Assistenten die Streuung von Alphateilchen

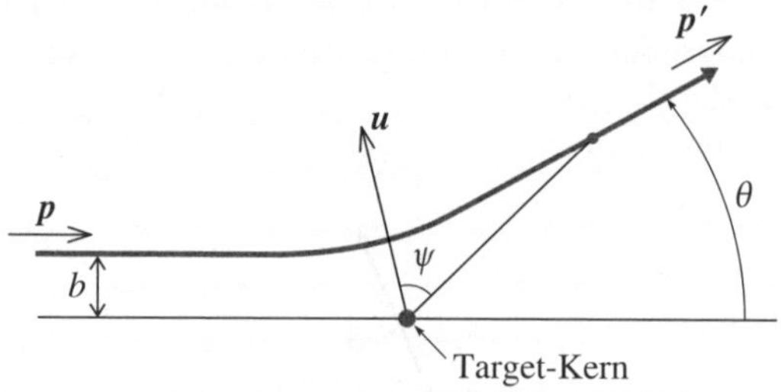

Abbildung 14.11: Die Rutherford-Streuung eines Alphateilchens an einem ortsfesten Atomkern. Das Teilchen bewegt sich auf einer hyperbelförmigen Bahn, die symmetrisch zu der mit dem festen Einheitsvektor $\boldsymbol{u}$ bezeichneten Richtung ist. Der Ort des Teilchens lässt sich durch den gegen $\boldsymbol{u}$ gemessenen Winkel ψ angeben. Wenn das Teilchen sich von dem Kern fortbewegt ($t \to \infty$), geht ψ gegen ψ_0; für $t \to -\infty$ geht ψ gegen $-\psi_0$. Der Streuwinkel ist daher $\theta = \pi - 2\psi_0$.

an den Goldkernen in einer dünnen Goldfolie untersuchten; ihre Beobachtungen bildeten die experimentelle Grundlage für die Entwicklung des Atommodells. Nach diesem Modell übt der Kern (Ladung Q) eine Kraft auf ein Alphateilchen (Ladung q) aus:

$$F = \frac{kqQ}{r^2} = \frac{\gamma}{r^2} \,. \tag{14.26}$$

Die Alphateilchen werden erst dann merklich gestreut, wenn sie sich dem Kern nähern, weit innerhalb der ihn umgebenden Hülle aus Elektronen. Wir können also die von den Elektronen ausgeübte Kraft vernachlässigen, und (14.26) ist die einzige Kraft, die auf die Alphateilchen wirkt. Daher müssen sich, wie wir in Kapitel 8 gesehen haben, die Teilchen auf einer Hyperbelbahn bewegen, in deren Fokus der Kern steht (Abbildung 14.11); den Kern wollen wir vorerst als ortsfest annehmen. Wenn wir mit $\boldsymbol{u}$ den Einheitsvektor bezeichnen, der von dem Target auf den Punkt der dichtesten Annäherung des Alphateilchens zeigt, ist die Bahn bezüglich der Richtung von $\boldsymbol{u}$ symmetrisch. Es ist daher bequem, den Ort des Alphateilchens mithilfe des Polarwinkels ψ anzugeben, der gegen $\boldsymbol{u}$ gemessen wird (Abbildung 14.11). Bezeichnen wir mit ψ_0 den Grenzwert von ψ, wenn das gestreute Teilchen sich weit entfernt vom Target bewegt, dann ist der gesamte von der Bahn durchlaufene Winkel $2\psi_0$, und der Streuwinkel ist

$$\theta = \pi - 2\psi_0 \,. \tag{14.27}$$

Unsere Aufgabe besteht nun darin, einen Zusammenhang zwischen dem Streuwinkel θ und dem Stoßparameter b herzustellen. Dazu können wir die Impulsänderung des Projektils

$$\Delta\boldsymbol{p} = \boldsymbol{p}' - \boldsymbol{p} \tag{14.28}$$

auf zwei verschiedenen Wegen berechnen ($\boldsymbol{p}$ und $\boldsymbol{p}'$ sollen die Impulse lange vor bzw. lange nach dem Auftreffen auf das Target bezeichnen). Wegen der Energieerhaltung haben $\boldsymbol{p}$ und $\boldsymbol{p}'$ den gleichen Betrag; das in Abbildung 14.12 gezeigte Dreieck ist also gleichschenklig, und es gilt

$$|\Delta\boldsymbol{p}| = 2p\sin(\theta/2) \,. \tag{14.29}$$

Andererseits wissen wir aus dem zweiten Newton'schen Gesetz, dass $\Delta\boldsymbol{p} = \int \boldsymbol{F}\,\mathrm{d}t$. Beim Vergleich der Abbildungen 14.11 und 14.12 sieht man, dass $\Delta\boldsymbol{p}$ in dieselbe

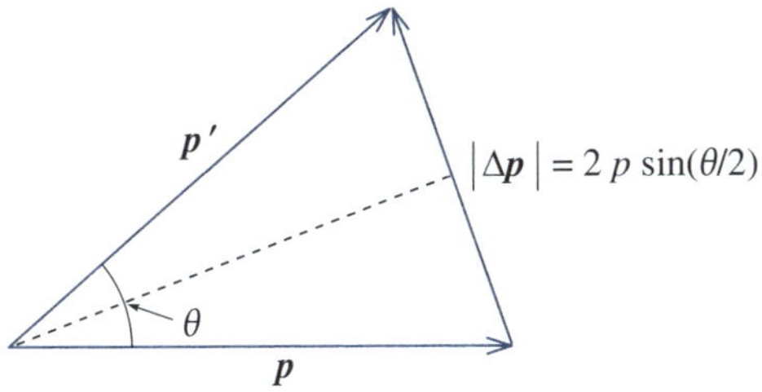

Abbildung 14.12: Die Impulsänderung des Projektils ist $\Delta \boldsymbol{p} = \boldsymbol{p}' - \boldsymbol{p}$. Wegen $|\boldsymbol{p}| = |\boldsymbol{p}'|$ sieht man leicht, dass $|\Delta \boldsymbol{p}| = 2p\sin(\theta/2)$.

Richtung weist wie der Einheitsvektor $\boldsymbol{u}$. Folglich ist der Betrag von $\Delta\boldsymbol{p}$ durch dasselbe Integral gegeben, wenn wir $\boldsymbol{F}$ durch seine Komponente F_u in die Richtung von $\boldsymbol{u}$ ersetzen:

$$|\Delta \boldsymbol{p}| = \int_{-\infty}^{\infty} F_u \, \mathrm{d}t \, .$$

Aus Abbildung 14.11 können Sie $F_u = (\gamma/r^2)\cos\psi$ ablesen. Mit dem schon vertrauten Trick können wir $\mathrm{d}t = \mathrm{d}\psi/\dot{\psi}$ schreiben und darin wegen $mr^2\dot{\psi} = \ell = bp$ (vgl. wieder Abbildung 14.11) $\dot{\psi}$ durch bp/mr^2 ersetzen. Bringen wir das alles zusammen, ergibt sich

$$|\Delta \boldsymbol{p}| = \int_{-\psi_0}^{\psi_0} \frac{\gamma\cos\psi}{r^2} \frac{\mathrm{d}\psi}{bp/mr^2} = \frac{\gamma m}{bp} 2\sin\psi_0 = \frac{2\gamma m}{bp}\cos(\theta/2) \, . \tag{14.30}$$

[Um die Integrationsgrenzen zu verstehen, bedenken Sie, dass für $t \to \pm\infty$ gilt $\psi \to \pm\psi_0$. Im letzten Schritt habe ich ψ_0 mithilfe von (14.27) durch $(\pi - \theta)/2$ und dann $\sin\psi_0$ durch $\cos(\theta/2)$ ersetzt.] Wenn wir nun die beiden Gleichungen (14.29) und (14.30) für $|\Delta\boldsymbol{p}|$ gleichsetzen, können wir nach b auflösen und erhalten

$$b = \frac{\gamma m}{p^2} \frac{\cos(\theta/2)}{\sin(\theta/2)} = \frac{\gamma}{mv^2}\cot(\theta/2) \, ; \tag{14.31}$$

beim zweiten Gleichheitszeichen habe ich p durch mv ersetzt (v ist die Einfallsgeschwindigkeit des Projektils).

Mit (14.31) haben wir einen Ausdruck für b als Funktion des Streuwinkels θ gefunden, und damit können wir nun Gleichung (14.23) anwenden, um den differenziellen Wirkungsquerschnitt anzugeben:

$$\frac{\mathrm{d}\sigma}{\mathrm{d}\Omega} = \frac{1}{\sin\theta} \cdot b \cdot \left|\frac{\mathrm{d}b}{\mathrm{d}\theta}\right| = \frac{1}{2\sin(\theta/2)\cos(\theta/2)} \cdot \frac{\gamma}{mv^2}\cot(\theta/2) \cdot \frac{\gamma}{mv^2} \frac{1}{2\sin^2(\theta/2)} \, ;$$

wenn wir nun noch γ wieder durch kqQ ersetzen, ergibt sich

$$\frac{\mathrm{d}\sigma}{\mathrm{d}\Omega} = \left(\frac{kqQ}{4E\sin^2(\theta/2)}\right)^2 \tag{14.32}$$

mit der Energie $E = \frac{1}{2}mv^2$ des einlaufenden Projektils. Das ist die vielgerühmte **Rutherford'sche Streuformel**. Sie gibt den differenziellen Wirkungsquerschnitt für die Streuung einer Ladung q mit der Energie E an einem festen Target mit der Ladung Q an. Die Formel ist auch heute noch, über ein Jahrhundert nach ihrer Aufstellung, häufig in Gebrauch. Ihre große historische Bedeutung aber liegt darin, dass man durch sie die Existenz des Atomkerns nachweisen konnte. Das wollen wir gleich kurz besprechen.[12]

Das Experiment von Geiger und Marsden

Der bekannteste und wichtigste der Rutherford'schen Streuversuche wurde von Rutherfords Assistenten Hans Geiger (dem späteren Erfinder des Geigerzählers, 1882–1945) und Ernest Marsden (1889–1970) durchgeführt und 1913 publiziert.[13] Das Ziel der beiden war es, das Rutherford'sche „Planetenmodell" des Atoms, demzufolge dem der allergrößte Teil der Atommasse sich in einem winzigen, positiv geladenen Atomkern konzentriert, zu überprüfen.[14] Wie wir gesehen haben, führt dieses Modell zum Wirkungsquerschnitt (14.32) für die Streuung von Alphateilchen und zu einigen sehr speziellen Vorhersagen: Die Streuwahrscheinlichkeit sollte umgekehrt proportional zu $\sin^4 \theta/2$, umgekehrt proportional zum Quadrat der Energie E^2 und proportional zum Quadrat der Kernladung Q^2 sein. Geiger und Marsden konnten alle diese Vorhersagen mit erstaunlicher Präzision bestätigen und trugen damit wesentlich zur raschen Akzeptanz des Rutherford'schen Atommodells bei. In ihrer Versuchsdurchführung verwendeten sie Alphateilchen, die von Radongas emittiert werden (damals sprach man von der „Radiumemanation") und eine Energie von etwa 6,5 MeV haben ($1\,\text{MeV} = 10^6$ Elektronenvolt, und $1\,\text{eV} = 1{,}6 \cdot 10^{-19}$ Joule.) Sie richteten einen feinen Strahl dieser Alphateilchen auf eine dünne Metallfolie und zählten die gestreuten Teilchen mithilfe einer mit Zinksulfid bestrichenen Scheibe: Jedes Teilchen, das die Scheibe erreichte, erzeugte in dem Zinksulfid einen kleinen Lichtblitz, eine sogenannte Szintillation, die sich im Mikroskop beobachten ließ. Auf diese Weise konnten sie bis zu 90 Alphateilchen pro Minute zählen (eine Aufgabe, die viel Geduld und hohe Konzentration verlangt!). Um die Winkelabhängigkeit der Streuung zu ermitteln, konnten sie die Scheibe und das Mikroskop im Winkelbereich von $5° \leq \theta \leq 150°$ drehen. Die Abhängigkeit von der Energie der auftreffenden Teilchen überprüften sie, indem sie die Teilchen durch dünne Glimmerplatten schickten, um sie abzubremsen und dadurch ihre Energie zu verändern. Zur Prüfung der Abhängigkeit von der Kernladung verwendeten sie verschiedene Targetfolien (Gold, Platin, Zinn, Silber, Kupfer und Aluminium).

12 Da das Atom ein quantenmechanisches System ist, auf das man die Quantenmechanik und nicht die klassische Mechanik anwenden muss, wird es Sie vielleicht überraschen, dass diese klassische Formel bei den Streuversuchen von Rutherford und seinen Assistenten so gut funktioniert hat. Es ist einer der erstaunlichsten Zufälle in der Geschichte der Physik, dass die quantenmechanische Formel für die Streuung zweier geladener Teilchen exakt mit der klassischen Rutherford'schen Streuformel übereinstimmt. (Bei anderen Kraftgesetzen gilt das nicht.)

13 H. Geiger und E. Marsden, *The Laws of Deflexion of a Particles through Large Angles*, Philosophical Magazine **25** (1913) S. 604–623. (Anm. d. Übers.)

14 Anfangs war es nicht klar, ob die Kernladung ein positives oder negatives Vorzeichen hat; doch schon wenig später wurde deutlich, dass das Atom einen positiv geladenen Kern hat und die gleiche Anzahl von negativen Ladungen durch die Elektronen getragen wird, die den Kern umgeben.

Winkelabhängigkeit der Rutherford-Streuung

Beispiel 14.6 Isolieren Sie die Winkelabhängigkeit im Rutherford'schen Wirkungsquerschnitt und schreiben Sie dazu (14.32) folgendermaßen um:

$$\frac{\mathrm{d}\sigma}{\mathrm{d}\Omega}(\theta) = \frac{\sigma_0(E)}{\sin^4 \theta/2} \,. \tag{14.33}$$

Bestimmen Sie $\sigma_0(E)$ für die Streuung von Alphateilchen mit 6,5 MeV an Gold. Geben Sie den differenziellen Wirkungsquerschnitt für die Winkel 150° und 5° an (d. h. für den größten und den kleinsten der von Geiger und Marsden überprüften Winkel). Bestimmen Sie dann anhand folgender Werte die Anzahl der Alphateilchen, die sie pro Minute zählen mussten: $N_{\text{ein}} = 6 \cdot 10^8$; Dicke der Goldfolie $d = 1\ \mu\text{m}$; Fläche der Zinksulfidscheibe $= 1\,\text{mm}^2$; Abstand vom Target zur Scheibe $= 1\,\text{cm}$. Erstellen Sie einen auswertbaren Plot des differenziellen Wirkungsquerschnitts als Funktion des Streuwinkels θ.

Lösung Ein Alphateilchen trägt die Ladung $q = 2e$, die Kernladung von Gold beträgt $Q = 79e$; somit ergibt sich

$$\sigma_0(E) = \left(\frac{2 \cdot 79 \cdot ke^2}{4E}\right)^2 .$$

Das kann man zwar in SI-Einheiten leicht ausrechnen, es ist jedoch geschickter, die nützliche Zahlenwertgleichung $ke^2 = 1{,}44\,\text{MeV}\cdot\text{fm}$ zu verwenden (fm steht darin für Femtometer oder 10^{-15} m). In beiden Fällen finden wir

$$\sigma_0 = 76{,}6 \cdot 10^{-30}\ \text{m}^2/\text{sr} = 0{,}766\ \text{barn/sr} .$$

Wenn wir das in (14.33) einsetzen, erhalten wir

$$\frac{\mathrm{d}\sigma}{\mathrm{d}\Omega}(150^\circ) = 0{,}88\,\text{barn/sr} \quad \text{und} \quad \frac{\mathrm{d}\sigma}{\mathrm{d}\Omega}(5^\circ) = 2{,}1 \cdot 10^5\,\text{barn/sr} . \tag{14.34}$$

Die riesige Differenz zwischen diesen Werten – mehr als fünf Größenordnungen – führt, wie wir gleich sehen werden, zu beträchtlichen praktischen Schwierigkeiten. Bevor wir diese Werte in (14.17) einsetzen, um die tatsächlich gezählten Werte angeben zu können, müssen wir zunächst n_{Tar} und $\mathrm{d}\Omega$ berechnen. Wie üblich drücken wir n_{Tar} mithilfe der Dichte von Gold (relative Dichte 19,3) und seiner relativen Atommasse (197) aus:

$$n_{\text{Tar}} = \frac{\varrho t}{m} = \frac{(19{,}3 \cdot 10^3\,\text{kg/m}^3) \cdot (10^{-6}\,\text{m})}{197 \cdot 1{,}66 \cdot 10^{-27}\,\text{kg}} = 5{,}90 \cdot 10^{22}\,\text{m}^{-2} .$$

Die von Geiger und Marsden verwendete Scheibe hatte eine Fläche von $A = 1\,\text{mm}^2$ und war $r = 10\,\text{mm}$ vom Target entfernt. Somit deckte sie einen Raumwinkel

$$\mathrm{d}\Omega = \frac{A}{r^2} = 0{,}01\,\text{sr}$$

ab. Wenn wir nun alles zusammenfügen, erhalten wir als Anzahl der Alphateilchen, die bei einem Streuwinkel von 150° pro Minute die Scheibe ereichen,

$$\begin{aligned} N_{\text{streu}}(\text{bei } 150^\circ) &= N_{\text{ein}}\, n_{\text{Tar}} \frac{\mathrm{d}\sigma}{\mathrm{d}\Omega}(150^\circ)\,\mathrm{d}\Omega \\ &= (6 \cdot 10^8) \cdot (5{,}90 \cdot 10^{22}\,\text{m}^{-2}) \cdot (0{,}88 \cdot 10^{-28}\,\text{m}^2/\text{sr}) \cdot (0{,}01\,\text{sr}) \\ &= 31 , \end{aligned}$$

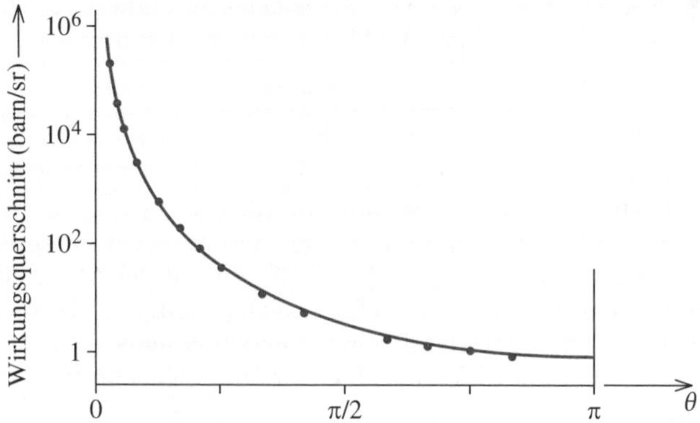

Abbildung 14.13: Halblogarithmische Darstellung des Rutherford'schen Wirkungsquerschnitts als Funktion des Streuwinkels θ. Die Punkte sind die Messwerte von Geiger und Marsden.

eine Anzahl, die sich leicht und genau zählen lässt. Für den Streuwinkel 5° ergibt sich allerdings nach derselben Rechnung

$$N_{\text{streu}}(\text{bei } 5^\circ) = 7{,}5 \cdot 10^6\,,$$

ein Wert, den man unmöglich zählen oder auch nur abschätzen kann. Offenbar ist für die Messung des Wirkungsquerschnitts bei kleinen Winkeln eine viel, viel schwächere Quelle als bei großen Winkeln erforderlich.

Wegen der gewaltigen Spannbreite des Wirkungsquerschnitts mit der Änderung des Streuwinkels ist ein einfacher linearer Plot von $\mathrm{d}\sigma/\mathrm{d}\Omega$ nicht sonderlich aussagekräftig. Wenn wir den Maßstab so groß wählen, dass die kleinen Winkel gut dargestellt werden, sind die Wirkungsquerschnitte für große Winkel nahezu null. Wenn wir es so einrichten, dass die großen Winkel gut berücksichtigt werden, sprengen die Werte für die kleinen Winkel jedes Maß. Die Lösung besteht in einer logarithmischen (genauer: halblogarithmischen) Darstellung, d. h., wir tragen den *Logarithmus* des Wirkungsquerschnitts gegen θ auf. So ergibt sich die in Abbildung 14.13 gezeigte Kurve, an der Sie die Spannbreite über mehr als fünf Größenordnungen für Winkel zwischen 5° und 150° leicht erkennen können. Die Punkte in der Abbildung sind die originalen Messwerte von Geiger und Marsden und zeigen deutlich, warum das Rutherford'sche Atommodell sich so schnell etabliert hat. ■

14.7 Wirkungsquerschnitte in verschiedenen Bezugssystemen*

**Wie üblich können Sie die mit * markierten Abschnitte beim ersten Lesen überspringen.*

Bislang haben wir zumeist Streuprozesse diskutiert, in denen das Target *ortsfest* ist. Dies ist eine ausgezeichnete Näherung, wenn das Target sehr viel schwerer ist als das Projektil (so wie beispielsweise bei der Streuung von Elektronen an Atomen); dennoch ist einzuräumen, dass es ein wirklich ortsfestes Teilchen nicht gibt. Wir müssen also lernen, Streuprozesse zwischen zwei Teilchen zu behandeln, die sich beide bewegen. Glücklicherweise haben wir schon gelernt, wie man das macht: Wenn wir die Bewegung im Schwerpunktsystem behandeln (also in dem Bezugssystem, in dem der Schwerpunkt in Ruhe ist), dann bewegt sich die Relativkoordinate $\boldsymbol{r} = \boldsymbol{r}_1 - \boldsymbol{r}_2$ genauso wie ein einzelnes Teilchen mit der reduzierten Masse $\mu = m_1 m_2/M$. Wenn wir also den Streuprozess im Schwerpunktsystem betrachten, dann reduziert sich unser Problem auf die Bewegung eines einzigen „äquivalenten Teilchens" in einem ortsfesten Kraftfeld. Es bleibt nur eine Schwierigkeit: Das Schwerpunktsystem ist normalerweise nicht das Bezugssystem, in dem wir die Versuche durchführen. Daher müssen wir lernen, wie ein Wirkungsquerschnitt, der im Schwerpunktsystem berechnet wurde, mit dem entsprechenden Wert im **Laborsystem** zusammenhängt, also in dem Bezugssystem, in dem der Versuch durchgeführt wird. Insbesondere wollen wir den Zusammenhang zwischen dem differenziellen Wirkungsquerschnitt $(\mathrm{d}\sigma/\mathrm{d}\Omega)_\mathrm{S}$ im Schwerpunktsystem und dem entsprechenden im Labor gemessenen $(\mathrm{d}\sigma/\mathrm{d}\Omega)_\mathrm{Lab}$ herstellen.

Variablen im Schwerpunktsystem

Bevor wir uns mit dem Problem befassen, wie man von einem Bezugssystem zu einem anderen übergeht, muss ich noch zwei weitere günstige Eigenschaften des Schwerpunktsystems erwähnen. Zunächst erinnern Sie sich bitte daran, dass die Lagrange-Funktion für zwei Teilchen, ausgedrückt mithilfe der Schwerpunkt- und der Relativkoordinaten, die Form (8.13) hat, also

$$\mathcal{L} = \tfrac{1}{2} M \dot{\boldsymbol{R}}^2 + \tfrac{1}{2} \mu \dot{\boldsymbol{r}}^2 - U(r)\,. \tag{14.35}$$

Durch Ableitung von $\mathcal{L}$ nach den drei Komponenten von $\dot{\boldsymbol{r}}$ erhalten wir für den verallgemeinerten Impuls, der zu $\boldsymbol{r}$ kanonisch konjugiert ist,

$$\boldsymbol{p} = \mu \dot{\boldsymbol{r}}\,. \tag{14.36}$$

Mit anderen Worten: Der Impuls für die Relativbewegung ist genau der Impuls eines einzelnen Teilchens mit der Masse μ und der Geschwindigkeit $\dot{\boldsymbol{r}}$ – aber das werden Sie sicher schon vermutet haben.

Das zweite Merkmal betrifft die Impulse der beiden Teilchen, gemessen im Schwerpunktsystem. Nach (8.9) gilt

$$\boldsymbol{r}_1 = \boldsymbol{R} + \frac{m_2}{M}\boldsymbol{r} \qquad \text{und} \qquad \boldsymbol{r}_2 = \boldsymbol{R} - \frac{m_1}{M}\boldsymbol{r}\,. \tag{14.37}$$

Diese beiden Ausdrücke können wir differenzieren und erhalten die Geschwindigkeiten. Im Schwerpunktsystem gilt natürlich $\dot{\boldsymbol{R}} = 0$, es folgt also $\dot{\boldsymbol{r}}_1 = (m_2/M)\dot{\boldsymbol{r}}$. Durch Multiplikation mit m_1 erhalten wir für den Impuls des Projektils $\boldsymbol{p}_1 = \mu\dot{\boldsymbol{r}} = \boldsymbol{p}$. Im Schwerpunktsystem ist also der Impuls $\boldsymbol{p}_1$ des Projektils gleich dem Impuls $\boldsymbol{p}$ der Relativbewegung. In gleicher Weise können wir die Aussage $\boldsymbol{p}_2 = -\boldsymbol{p}$ beweisen, und es gilt

$$\boldsymbol{p}_1 = -\boldsymbol{p}_2 = \boldsymbol{p} = \mu\dot{\boldsymbol{r}} \qquad \text{(im Schwerpunktsystem).} \tag{14.38}$$

Das erste Gleichheitszeichen bestätigt, dass der Gesamtimpuls im Schwerpunktsystem null ist; das zweite hilft uns bei der Berechnung von Wirkungsquerschnitten: Bei der Messung des differenziellen Wirkungsquerschnitts zählen wir, wie oft das Teilchen mit seinem Impuls $\boldsymbol{p}_1$ in den Raumwinkel $\mathrm{d}\Omega$ gestreut wird. Daher können wir den differenziellen Wirkungsquerschnitt im Schwerpunktsystem so bestimmen, also ob ein einzelnes Teilchen der Masse μ an einem ortsfesten Target gestreut würde. Daher gibt beispielsweise die Rutherford'sche Streuformel (14.32) für die Streuung eines Teilchens an einem ortsfesten Target zugleich auch den differenziellen Wirkungsquerschnitt für die Streuung zweier geladener Teilchen in ihrem Schwerpunktsystem an, sofern wir nur m durch μ ersetzen.

Allgemeiner Zusammenhang zwischen Wirkungsquerschnitten in verschiedenen Bezugssystemen

Im Schwerpunktsystem nähern sich das Projektil und das Target einander mit entgegengesetzt gleichen Impulsen. Im Laborsystem des traditionellen Streuversuchs (etwa des Rutherford'schen Streuversuchs) ist das Target anfangs in Ruhe. In vielen heutigen Experimenten mit Teilchenbeschleunigern bewegen sich sowohl die Projektile als auch das Target in entgegengesetzter Richtung. In allen diesen Fällen sind die Anfangsimpulse kollinear; um die Angelegenheit zu vereinfachen, werde ich unsere Diskussion auf diesen Fall beschränken.[15] Wenn wir feststellen wollen, wie sich der Wirkungsquerschnitt zwischen zwei verschiedenen Bezugssystemen transformiert, müssen wir nur seine Definition betrachten. Beginnen wir mit dem totalen Wirkungsquerschnitt. Er ist in (14.2) definiert als

$$N_{\text{streu}} = N_{\text{ein}}\, n_{\text{Tar}}\, \sigma\,.$$

(Wir gehen weiterhin davon aus, dass die einzig mögliche Wirkung des Streuprozesse die elastische Streuung ist, sodass wir uns um andere Prozesse wie Absorption oder Ionisierung keine Gedanken machen müssen.) Diese Definition können wir in beliebigen Bezugssystemen anwenden. Daher definieren wir den totalen Wirkungsquerschnitt σ_{S} im Schwerpunktsystem durch

$$N^{\text{S}}_{\text{streu}} = N^{\text{S}}_{\text{ein}}\, n^{\text{S}}_{\text{Tar}}\, \sigma_{\text{S}}\,; \tag{14.39}$$

alle vier Größen werden dabei im Schwerpunktsystem gemessen. Entsprechend definieren wir den totalen Wirkungsquerschnitt σ_{S} im Laborsystem durch

$$N^{\text{Lab}}_{\text{streu}} = N^{\text{Lab}}_{\text{ein}}\, n^{\text{Lab}}_{\text{Tar}}\, \sigma_{\text{Lab}}\,, \tag{14.40}$$

wobei alle vier Größen im Laborsystem gemessen werden. Nun kann zwar ein Streuereignis in den beiden Bezugssystemen sehr unterschiedlich aussehen, doch die Gesamtzahl der Ereignisse muss in beiden Bezugssystemen gleich sein. Es gilt also

$$N^{\text{S}}_{\text{streu}} = N^{\text{Lab}}_{\text{streu}}\,.$$

Ebenso muss auch die Anzahl der einfallenden Teilchen gleich sein, egal in welchem Bezugssystem man arbeitet, sodass $N^{\text{S}}_{\text{ein}} = N^{\text{Lab}}_{\text{ein}}$ gilt. Die Targetdichte n_{Tar} ist

15 Manchmal sind die gegeneinanderlaufenden Teilchenstrahlen nicht genau kollinear. Manche Versuche in der Atomphysik verwenden Strahlen, die sich in einem bestimmten Winkel kreuzen, und bei der Streuung der Moleküle in einem Gas können die beiden Teilchen sich einander in jedem beliebigen Winkel nähern. Obwohl Streuprozesse unter schrägem Einfall nicht sonderlich schwierig zu behandeln sind, werde ich hier nur den kollinearen Fall betrachten.

gemäß Abbildung 14.4 die Dichte der Targetteilchen (Anzahl/Fläche), gesehen in der Einlaufrichtung. Da eine Vor- oder Rückbewegung des Targets die Dichte nicht beeinflusst, gilt $n_{\mathrm{Tar}}^{\mathrm{S}} = n_{\mathrm{Tar}}^{\mathrm{Lab}}$. Beim Vergleich von (14.39) und (14.40) sehen wir nun, dass die ersten drei Terme von (14.39) und die entsprechenden Terme in (14.40) jeweils gleich sind. Auch die letzten Terme müssen also gleich sein, und somit haben wir das einfache Ergebnis, dass die totalen Wirkungsquerschnitte im Schwerpunkt- und im Laborsystem gleich sind:

$$\sigma_{\mathrm{S}} = \sigma_{\mathrm{Lab}} \qquad \text{[totaler Wirkungsquerschnitt]}. \tag{14.41}$$

Wenn im Ergebnis eines Streuereignisses auch andere Wirkungen wie Absorption oder Ionisierung möglich sind, führt derselbe Gedankengang zu genau denselben Ergebnissen; beispielsweise ist auch der totale Absorptionsquerschnitt im Schwerpunkt- und im Laborsystem gleich.

Beim differenziellen Wirkungsquerschnitt sehen die Dinge etwas komplizierter aus. Der Streuwinkel, den wir im Schwerpunktsystem als θ_{S} messen, wird im Allgemeinen im Laborsystem einen anderen Wert θ_{Lab} haben; ein vorgegebener Raumwinkel hat im ersten Bezugssystem den Wert $\mathrm{d}\Omega_{\mathrm{S}}$ und einen davon verschiedenen Wert $\mathrm{d}\Omega_{\mathrm{Lab}}$ im zweiten Bezugssystem. Von solchen Komplikationen abgesehen, können wir genauso argumentieren wie zuvor. Die in (14.17) gegebene Definition des differenziellen Wirkungsquerschnitts

$$N_{\mathrm{streu}}(\text{in } \mathrm{d}\Omega) = N_{\mathrm{ein}}\, n_{\mathrm{Tar}}\, \frac{\mathrm{d}\sigma}{\mathrm{d}\Omega}\, \mathrm{d}\Omega \tag{14.42}$$

kann in beiden Bezugssystemen verwendet werden. Genau wie zuvor haben die Größen N_{ein} und n_{Tar} in beiden Systemen denselben Wert. Außerdem ist die Anzahl der in einen vorgegebenen Raumwinkel $\mathrm{d}\Omega_{\mathrm{S}}$ im Schwerpunktsystem gestreuten Teilchen genauso groß wie die Anzahl der Teilchen, die in den entsprechenden Raumwinkel $\mathrm{d}\Omega_{\mathrm{Lab}}$ im Laborsystem gestreut werden. Somit haben wie zuvor die ersten drei Terme in (14.42) in beiden Bezugssystemen denselben Wert, und das muss dann auch für das Produkt der letzten beiden Terme gelten. Es gilt also

$$\left(\frac{\mathrm{d}\sigma}{\mathrm{d}\Omega}\right)_{\mathrm{S}} \mathrm{d}\Omega_{\mathrm{S}} = \left(\frac{\mathrm{d}\sigma}{\mathrm{d}\Omega}\right)_{\mathrm{Lab}} \mathrm{d}\Omega_{\mathrm{Lab}} \tag{14.43}$$

oder

$$\left(\frac{\mathrm{d}\sigma}{\mathrm{d}\Omega}\right)_{\mathrm{Lab}} = \left(\frac{\mathrm{d}\sigma}{\mathrm{d}\Omega}\right)_{\mathrm{S}} \frac{\mathrm{d}\Omega_{\mathrm{S}}}{\mathrm{d}\Omega_{\mathrm{Lab}}}. \tag{14.44}$$

Wie man sieht, sind die differenziellen Wirkungsquerschnitte in den beiden Bezugssystemen nicht gleich, das aber nur deshalb, weil ein gegebener Raumwinkel je nach dem verwendeten Bezugssystem einen anderen Wert hat (nämlich $\mathrm{d}\Omega_{\mathrm{S}}$ bzw. $\mathrm{d}\Omega_{\mathrm{Lab}}$).

Wegen $\mathrm{d}\Omega = \sin\theta\, \mathrm{d}\theta\, \mathrm{d}\varphi = -\mathrm{d}(\cos\theta)\, \mathrm{d}\varphi$ und weil der Azimutwinkel φ für den Impuls des auslaufenden Teilchens in beiden Bezugssystemen gleich ist, können wir (14.44) auf die besser anzuwendende, wenn auch vielleicht etwas weniger einsichtige Form bringen:

$$\left(\frac{\mathrm{d}\sigma}{\mathrm{d}\Omega}\right)_{\mathrm{Lab}} = \left(\frac{\mathrm{d}\sigma}{\mathrm{d}\Omega}\right)_{\mathrm{S}} \left|\frac{\mathrm{d}(\cos\theta_{\mathrm{S}})}{\mathrm{d}(\cos\theta_{\mathrm{Lab}})}\right|. \tag{14.45}$$

(Die Betragsstriche sind nötig, weil beide Wirkungsquerschnitte per Definition positiv sind, die Ableitung auf der rechten Seite hingegen auch negativ werden kann.) Das

Problem, den differenziellen Wirkungsquerschnitt vom Schwerpunkt- in das Laborsystem zu transformieren, ist also reduziert auf das kinematische Problem, den Streuwinkel θ_S mithilfe von θ_{Lab} auszudrücken (oder umgekehrt) und dann die angegebene Ableitung durchzuführen.

14.8 Streuwinkel im Schwerpunkt- und im Laborsystem*

**Wie üblich können Sie die mit * markierten Abschnitte beim ersten Lesen überspringen.*

Um einen Zusammenhang zwischen den Streuwinkeln im Schwerpunkt- und im Laborsystem herzustellen, müssen wir uns die Impulse der Teilchen in beiden Systemen anschauen. Wir schreiben sie mit einem Index „S" bzw. „Lab" und versehen die Größen für die gestreuten Teilchen mit einem Strich (z. B. $\boldsymbol{p}'$), die Größen für die einlaufenden Teilchen tragen dagegen keinen Strich. Nach (14.38) sind die Impulse im Schwerpunktsystem

$$\boldsymbol{p}_{S1} = -\boldsymbol{p}_{S2} = \boldsymbol{p} \qquad \text{(Anfang)} \tag{14.46}$$

und

$$\boldsymbol{p}'_{S1} = -\boldsymbol{p}'_{S2} = \boldsymbol{p}' \qquad \text{(Ende)}; \tag{14.47}$$

dabei bezeichnen wie üblich $\boldsymbol{p}$ und $\boldsymbol{p}'$ den Impuls bezüglich der Relativkoordinate ($\boldsymbol{p} = \mu\dot{\boldsymbol{r}}$). Die Werte sind in Abbildung 14.14a dargestellt. Beachten Sie, dass wegen der Energieerhaltung alle vier Impulse im Schwerpunktsystem den gleichen Betrag haben.

Ich werde unsere Analyse im „Laborsystem" auf das traditionelle Laborsystem beschränken, in dem Teilchen 2 – das Target – anfangs in Ruhe ist. Die einzelnen Impulse sind in Abbildung 14.14b dargestellt. Um sie zu bestimmen, gehen wir wieder von den beiden Gleichungen (14.37) aus:

$$\boldsymbol{r}_1 = \boldsymbol{R} + \frac{m_2}{M}\boldsymbol{r} \qquad \text{und} \qquad \boldsymbol{r}_2 = \boldsymbol{R} - \frac{m_1}{M}\boldsymbol{r}\,. \tag{14.48}$$

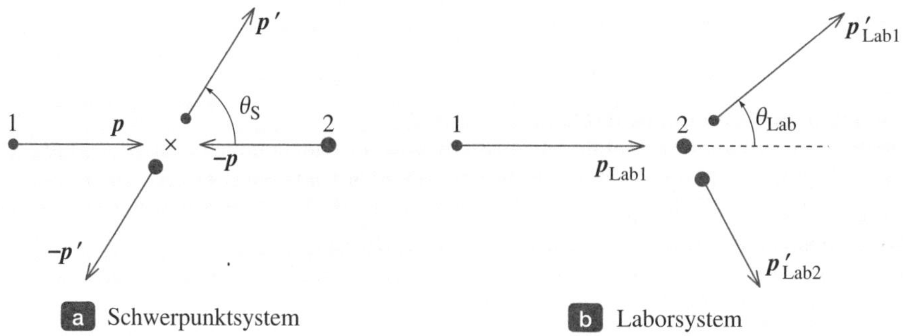

Abbildung 14.14: (a) Ein elastischer Streuprozess im Schwerpunktsystem. Die beiden Teilchen nähern sich dem Schwerpunkt S (als Kreuz dargestellt) mit entgegengesetzt gleichen Impulsen. (b) Derselbe Streuprozess im Laborsystem, bei dem Teilchen 2 anfangs in Ruhe ist.

Da Teilchen 2 anfangs in Ruhe ist, folgt aus der rechten der beiden Gleichungen

$$\dot{\boldsymbol{R}} = \frac{m_1}{M}\dot{\boldsymbol{r}} = \frac{\mu}{m_2}\dot{\boldsymbol{r}} = \frac{\boldsymbol{p}}{m_2}\,. \tag{14.49}$$

Das ist die Geschwindigkeit des Schwerpunkts im Laborsystem. Diese Gleichung stellt den Zusammenhang zwischen den Labor-Impulsen und den entsprechenden Schwerpunkt-Impulsen her. Insbesondere finden wir durch Differenziation der ersten Gleichung aus (14.48)

$$\boldsymbol{p}_{\text{Lab1}} = m_1\dot{\boldsymbol{r}}_1 = m_1\dot{\boldsymbol{R}} + \mu\dot{\boldsymbol{r}} = \frac{m_1}{m_2}\boldsymbol{p} + \boldsymbol{p}$$

oder

$$\boldsymbol{p}_{\text{Lab1}} = \lambda\boldsymbol{p} + \boldsymbol{p}\,; \tag{14.50}$$

hier habe ich das wichtige **Massenverhältnis**

$$\lambda = \frac{m_1}{m_2} \tag{14.51}$$

eingeführt. Auf genau dieselbe Weise finden wir den Endimpuls im Laborsystem:

$$\boldsymbol{p}'_{\text{Lab1}} = \lambda\boldsymbol{p} + \boldsymbol{p}'\,. \tag{14.52}$$

Die beiden Ergebnisse (14.50) und (14.52) sind in Abbildung 14.15 dargestellt. Die Geraden *BC* und *BD* repräsentieren den Anfangs- und den Endimpuls von Teilchen 1 im Schwerpunktsystem, *AB* und *AC* repräsentieren die entsprechenden Impulse im Laborsystem. Durch Konstruktion einer Senkrechten auf die Gerade *AC* durch *D* können Sie überprüfen, dass

$$\tan\theta_{\text{Lab}} = \frac{\sin\theta_{\text{S}}}{\lambda + \cos\theta_{\text{S}}} \tag{14.53}$$

gilt (vgl. Aufgabe 25). Diese Gleichung gibt den Streuwinkel θ_{Lab} im Laborsystem mithilfe von θ_{S} an. Doch bevor wir mit diesem Ergebnis den Labor-Wirkungsquerschnitt mithilfe des entsprechenden Schwerpunkt-Wirkungsquerschnitts ausdrücken, schauen wir uns Abbildung 14.15 noch ein wenig genauer an und leiten einige weitere Aussagen her.

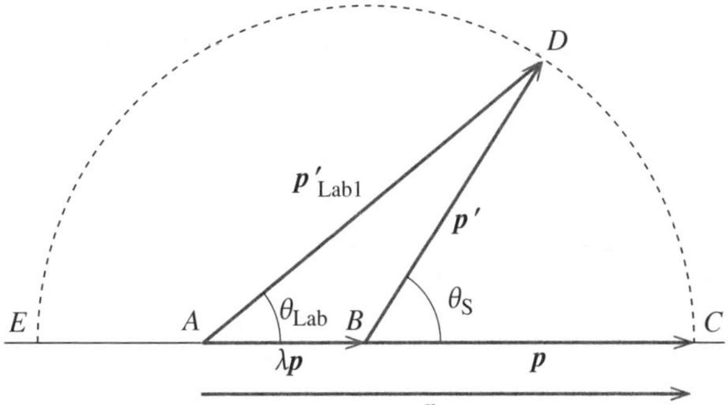

Abbildung 14.15: Der Zusammenhang zwischen den Anfangs- und den Endimpulsen im Schwerpunkt- und im Laborsystem. Die Zahl λ ist das Massenverhältnis m_1/m_2, sie wurde für diese Abbildung auf 0,5 gesetzt. Die als $\boldsymbol{p}$ und $\boldsymbol{p}'$ dargestellten Impulse sind die Impulse bezüglich der Relativkoordinate zu Anfang und am Ende und sind dieselben wie $\boldsymbol{p}_{\text{S1}}$ und $\boldsymbol{p}'_{\text{S1}}$.

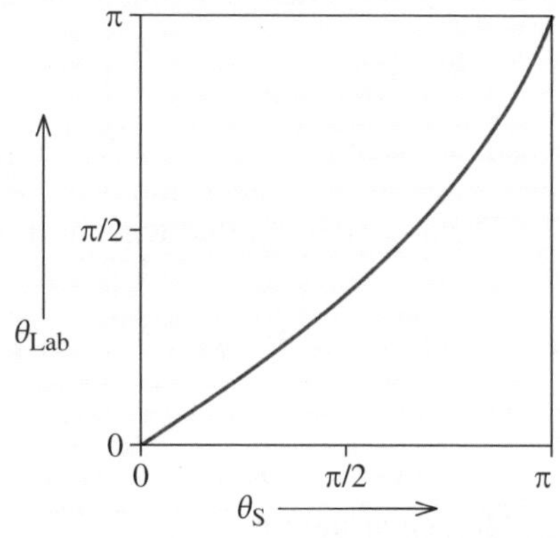

Abbildung 14.16: Der Streuwinkel θ_{Lab} im Laborsystem als Funktion des Streuwinkels θ_S im Schwerpunktsystem gemäß Gleichung (14.53). Es wurde ein Massenverhältnis von $\lambda = 0{,}5$ angenommen (d. h. $m_1 = 0{,}5\,m_2$). Die beiden Winkel sind für 0 und π gleich, ansonsten gilt überall $\theta_{\text{Lab}} < \theta_S$.

Wegen $|\boldsymbol{p}| = |\boldsymbol{p}'|$ liegt der Punkt D auf dem eingezeichneten Kreis um den Punkt B mit dem Radius $|\boldsymbol{p}|$. Man erkennt leicht (und vielleicht haben Sie auch schon damit gerechnet), dass θ_{Lab} (außer für $\theta_S = 0$ oder π) immer kleiner ist als θ_S. Die Einzelheiten von Abbildung 14.15 hängen vom Verhältnis der beiden Massen ab: Nehmen Sie als Erstes $\lambda < 1$ an (d. h., das Projektil ist leichter als das Target, $m_1 < m_2$). In diesem Fall liegt der Punkt A, wie in Abbildung 14.15 gezeigt, innerhalb des Kreises. (Für die Abbildung wurde ein Massenverhältnis von $\lambda = 0{,}5$ verwendet.) Für $\theta_S = 0$ fällt der Punkt D mit C zusammen, und dann ist auch θ_{Lab} gleich null. Wenn wir uns vorstellen, θ_S würde stetig von 0 bis π steigen, denn bewegt sich der Punkt D kontinuierlich auf dem Halbkreis von C nach E. Dabei ist θ_{Lab} immer kleiner als θ_S, bis $\theta_S = \pi$; in diesem Punkt ist θ_{Lab} ebenfalls gleich π. (Mit anderen Worten: Wenn das Projektil im Schwerpunktsystem gerade zurückgestreut wird, dann gilt das auch im Laborsystem, zumindest für $\lambda < 1$.) Dieses Verhalten wird in Abbildung 14.16 gezeigt, einer Darstellung von θ_{Lab} gegen θ_S für das Massenverhältnis $\lambda = 0{,}5$.

Für $\lambda = 1$ (d. h., Projektil und Target haben die gleiche Masse) ist das Verhalten von θ_{Lab} als Funktion von θ_S überraschend anders. In diesem Fall reduziert sich (14.53) auf

$$\theta_{\text{Lab}} = \tfrac{1}{2}\theta_S \qquad (14.54)$$

(vgl. Aufgabe 27). Folglich durchläuft θ_{Lab} bei einer Veränderung von θ_S von 0 auf π einen Winkelbereich von 0 bis $\pi/2$; insbesondere kann im Laborsystem der Streuwinkel bei einem Stoß zweier gleicher Massen niemals größer sein als 90°. Und für $\lambda > 1$ ist die Situation wieder anders, wie Sie in Aufgabe 31 nachrechnen können.

Um den differenziellen Wirkungsquerschnitt im Laborsystem angeben zu können, müssen wir die Ableitung $\text{d}(\cos\theta_S)/\text{d}(\cos\theta_{\text{Lab}})$ in (14.45) bestimmen. Mit Gleichung (14.53) ist es eine relativ einfache Übung (vgl. Aufgabe 26) zu zeigen, dass

$$\frac{\text{d}(\cos\theta_{\text{Lab}})}{\text{d}(\cos\theta_S)} = \frac{1 + \lambda\cos\theta_S}{(1 + 2\lambda\cos\theta_S + \lambda^2)^{3/2}} \qquad (14.55)$$

gilt. Setzen wir das in (14.45) ein, so erhalten wir

$$\left(\frac{d\sigma}{d\Omega}\right)_{\text{Lab}} = \left(\frac{d\sigma}{d\Omega}\right)_{\text{S}} \frac{(1 + 2\lambda \cos\theta_{\text{S}} + \lambda^2)^{3/2}}{|1 + \lambda \cos\theta_{\text{S}}|} . \tag{14.56}$$

Beispiel 14.7 Bestimmen Sie den differenziellen Wirkungsquerschnitt für die Streuung eines punktförmigen Projektils mit der Masse m_1 an einer harten Kugel mit dem Radius R und der Masse $m_2 = 2m_1$ sowohl im Schwerpunkt- als auch im Laborsystem. Erstellen Sie einen Plot der beiden differenziellen Wirkungsquerschnitte als Funktion des jeweiligen Streuwinkels.

Noch einmal die Harte-Kugel-Streuung

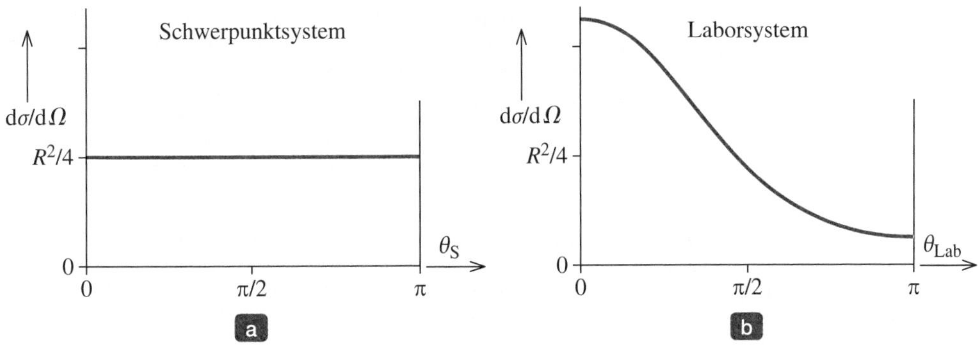

Abbildung 14.17: (a) Der differenzielle Wirkungsquerschnitt für die Streuung an einer harten Kugel ist im Schwerpunktsystem isotrop. (b) Im Laborsystem hat der differenzielle Wirkungsquerschnitt einen deutlichen Peak in der Vorwärtsrichtung.

Lösung Der differenzielle Wirkungsquerschnitt ist im Schwerpunktsystem derselbe wie für ein Teilchen mit einer Masse gleich der reduzierten Masse, das an einem ortsfesten Target gestreut wird. In Beispiel 14.5 (Seite 663) haben wir ihn zu $R^2/4$ berechnet, also

$$\left(\frac{d\sigma}{d\Omega}\right)_{\text{S}} = \frac{R^2}{4} .$$

Mit (14.56) lässt sich dann sofort der differenzielle Wirkungsquerschnitt im Laborsystem angeben (mit $\lambda = 0{,}5$). In Abbildung 14.17 sind die beiden differenziellen Wirkungsquerschnitte als Funktionen der jeweiligen Streuwinkel dargestellt.[16]

Wie wir bereits wussten, ist der differenzielle Wirkungsquerschnitt im Schwerpunktsystem isotrop. Der differenzielle Wirkungsquerschnitt im Laborsystem ist deutlich in die Vorwärtsrichtung verzerrt. ■

16 Gleichung 14.56 gibt den differenziellen Labor-Wirkungsquerschnitt als Funktion des Schwerpunkt-Streuwinkels θ_{S} an. Um ihn als explizite Funktion von θ_{Lab} anzugeben, muss man Gleichung (14.53) umstellen und θ_{S} als Funktion von θ_{Lab} ausdrücken. Bei der Erstellung des Plots in Abbildung 14.17b ist es viel einfacher, sowohl θ_{Lab} als auch $(d\sigma/d\Omega)_{\text{Lab}}$ als Funktionen des Parameters θ_{S} aufzufassen und eine parametrische Darstellung zu zeichnen, bei der θ_{S} von 0 bis π läuft.

ZUSAMMENFASSUNG

Wichtige Definitionen und Gleichungen aus Kapitel 14

Der Streuwinkel und der Stoßparameter Der **Streuwinkel** ist der Winkel θ, um den ein Projektil bei seiner Wechselwirkung mit einem Target abgelenkt wird. Der **Stoßparameter** ist der Abstand b, um den das Projektil den Mittelpunkt des Targets verfehlt hätte, wenn es nicht abgelenkt worden wäre. [Abschnitt 14.1]

Der Wirkungsquerschnitt Der **Wirkungsquerschnitt** σ_{E} für ein bestimmtes Ereignis „E" (elastische Streuung, Absorption, Ionisierung, Reaktion, Spaltung usw.) ist definiert durch

$$N_{\mathrm{E}} = N_{\mathrm{ein}}\, n_{\mathrm{Tar}}\, \sigma_{\mathrm{E}}\,. \qquad \text{(Abschnitte 14.2 und 14.3)}$$

Dabei gibt N_{E} die Anzahl der betrachteten Ereignisse an, N_{ein} ist die Anzahl der einlaufenden Projektile, und n_{Tar} ist die Dichte (Anzahl/Fläche) des Targets.

Der differenzielle Wirkungsquerschnitt

Der **differenzielle Wirkungsquerschnitt** $\frac{\mathrm{d}\sigma}{\mathrm{d}\Omega}(\theta,\varphi)$ für die Streuung in eine Richtung (θ,φ) ist definiert durch

$$N_{\mathrm{streu}}(\text{in } \mathrm{d}\Omega) = N_{\mathrm{ein}}\, n_{\mathrm{Tar}}\, \frac{\mathrm{d}\sigma}{\mathrm{d}\Omega}(\theta,\varphi)\,\mathrm{d}\Omega\,. \qquad (14.17)$$

Berechnung des differenziellen Wirkungsquerschnitts Wenn man den Streuwinkel θ als Funktion des Stoßparameters b angeben kann (oder umgekehrt), dann gilt

$$\frac{\mathrm{d}\sigma}{\mathrm{d}\Omega} = \frac{b}{\sin\theta}\left|\frac{\mathrm{d}b}{\mathrm{d}\theta}\right|\,. \qquad (14.23)$$

Die Rutherford'sche Streuformel

Der differenzielle Wirkungsquerschnitt für die Streuung einer Ladung q an einer ortsfesten Ladung Q wird durch die **Rutherford'sche Streuformel** angegeben:

$$\frac{\mathrm{d}\sigma}{\mathrm{d}\Omega} = \left(\frac{kqQ}{4E\sin^2(\theta/2)}\right)^2 \qquad (14.32)$$

Streuwinkel im Schwerpunkt- und im Laborsystem

Unter dem **Laborsystem** versteht man im Allgemeinen das Bezugssystem, in dem das Target in Ruhe ist; das **Schwerpunktsystem** ist das System, in dem der Schwerpunkt von Projektil und Target in Ruhe ist. Die differenziellen Wirkungsquerschnitte in den beiden Systemen gehorchen der Gleichung

$$\left(\frac{\mathrm{d}\sigma}{\mathrm{d}\Omega}\right)_{\mathrm{Lab}} = \left(\frac{\mathrm{d}\sigma}{\mathrm{d}\Omega}\right)_{\mathrm{S}}\left|\frac{\mathrm{d}(\cos\theta_{\mathrm{S}})}{\mathrm{d}(\cos\theta_{\mathrm{Lab}})}\right|\,. \qquad (14.45)$$

Aufgaben zu Kapitel 14

*Die Sterne zeigen den ungefähren Schwierigkeitsgrad an, von * (leicht) bis *** (schwierig).*

14.2 Der Wirkungsquerschnitt

*** 1** Ein Blaubeerpfannkuchen hat einen Durchmesser von 15 cm und enthält sechs große Blaubeeren mit einem Durchmesser von jeweils 1 cm. Bestimmen Sie den Wirkungsquerschnitt σ einer Blaubeere und die „Target"dichte n_{Tar} (d. h. die Anzahl pro Fläche, von oben betrachtet) der Beeren in dem Pfannkuchen. Mit welcher Wahrscheinlichkeit werden Sie eine Blaubeere treffen, wenn Sie zufällig mit einem Spieß in den Pfannkuchen stechen? Drücken Sie Ihre Antwort zunächst mithilfe von σ und n_{Tar} uns und geben Sie dann einen Zahlenwert an.

*** 2** **a)** Ein gegebener Atomkern hat einen Durchmesser von 5 fm. (Ein Femtometer, 1 fm, sind 10^{-15} m.) Bestimmen Sie den Wirkungsquerschnitt σ in barn ($1\,\mathrm{barn} = 10^{-28}\,\mathrm{m}^2$).
b) Wiederholen Sie die Rechnung für ein Atom mit dem Radius 0,1 nm ($1\,\mathrm{nm} = 10^{-9}\,\mathrm{m}$).

*** 3** Ein Teilchenstrahl läuft durch einen Tank mit flüssigem Wasserstoff. Der Tank ist 50 cm lang, die Flüssigkeitsdichte beträgt $0{,}07\,\mathrm{g/cm}^3$. Welche Targetdichte (d. h. Anzahl der Wasserstoffatome pro Fläche) „sehen" die einlaufenden Teilchen?

**** 4** Der Wirkungsquerschnitt für die Streuung eines bestimmten Nuklearteilchens an einem Kupferkern beträgt 2,0 barn. Wie viele dieser Teilchen werden gestreut, wenn man 10^9 Teilchen durch eine Kupferfolie mit der Dicke $10\,\mu\mathrm{m}$ schießt? (Die Dichte von Kupfer beträgt $8{,}9\,\mathrm{g/cm}^3$, die relative Atommasse ist 63,5. Die Streuung an Elektronen ist komplett zu vernachlässigen.)

**** 5** Der Wirkungsquerschnitt für die Streuung eines gegebenen Nuklearteilchens an einem Stickstoffkern beträgt 0,5 barn. Wie viele dieser Teilchen werden gestreut, wenn man 10^{11} Teilchen durch eine 10 cm lange Nebelkammer schießt, die Stickstoffgas zu Standardbedingungen enthält? (Wenden Sie das ideale Gasgesetz an und denken Sie daran, dass jedes Stickstoffmolekül zwei Stickstoffatome enthält. Die Streuung an Elektronen ist komplett zu vernachlässigen.)

**** 6** Unsere Definition des Wirkungsquerschnitts $N_{\mathrm{streu}} = N_{\mathrm{ein}}\, n_{\mathrm{Tar}}\, \sigma$ gilt für einen Versuch mit einem dünnen Strahl von Projektilen, die alle einen ausgedehnten Targetträger durchlaufen. Manchmal verwenden die Experimentatoren aber auch einen Strahl, dessen Ausdehnung viel größer ist als die des kleinen Targetträgers (beispielsweise ein Photonenstrahl aus einem Scheinwerfer, der auf ein winziges Kunststofftarget trifft). Zeigen Sie, dass in einem solchen Fall $N_{\mathrm{streu}} = n_{\mathrm{ein}}\, N_{\mathrm{Tar}}\, \sigma$ gilt; darin ist n_{ein} die Dichte (Anzahl/Fläche) des einfallenden Strahls, in Bewegungsrichtung betrachtet, und N_{Tar} ist die Gesamtanzahl der Targets im Targetträger.

14.4 Der differenzielle Wirkungsquerschnitt

* 7 Berechnen Sie die Raumwinkel, unter denen der Mond und die Sonne von der Erde aus erscheinen. Erläutern Sie Ihre Antworten. (Der Mondradius beträgt $R_M = 1{,}74 \cdot 10^6$ m, der Radius der Sonne ist $R_S = 6{,}96 \cdot 10^8$ m. Die Entfernung von der Erde zum Mond ist $d_M = 3{,}84 \cdot 10^8$ m, die zur Sonne $d_S = 1{,}50 \cdot 10^{11}$ m.)

* 8 In ihrem berühmten Versuch wiesen Geiger und Marsden, die Assistenten von Rutherford, die gestreuten Alphateilchen mithilfe einer mit Zinksulfid bestrichenen Scheibe im Fokus eines Mikroskops nach. Auf der Scheibe gab es einen winzigen Lichtblitz, wenn sie durch ein Alphateilchen getroffen wurde. Nehmen Sie an, dass die Scheibe eine Fläche von 1 mm² hatte und 1 cm vom Target entfernt war. Welchen Raumwinkel deckte sie dann ab?

* 9 Integrieren Sie das Raumwinkelelement (14.15), also $\mathrm{d}\Omega = \sin\theta\,\mathrm{d}\theta\,\mathrm{d}\varphi$, über alle Raumrichtungen. Rechnen Sie damit nach, dass der Raumwinkel, der allen Richtungen entspricht, 4π Steradian misst.

* 10 Überprüfen Sie durch Integration des notwendigen Integrals den Ausdruck (14.20) für den totalen Wirkungsquerschnitt aus Beispiel 14.4 (Seite 660). (Mit der Variablensubstitution $u = \cos\theta$ ist die Aufgabe ganz leicht zu lösen.)

** 11 Der differenzielle Wirkungsquerschnitt für Alphateilchen mit 6,5 MeV für eine Streuung um 120° an einem Silberkern beträgt etwa 0,5 barn/sr. Es sollen insgesamt 10^{10} Alphateilchen auf eine 10 μm dicke Silberfolie auftreffen; wir weisen die gestreuten Teilchen mit einem Zähler nach, der bei 120° eine aktive Fläche von 0,1 mm² hat und 1 cm vom Target entfernt ist. Wie viele Teilchen werden wir zählen? (Silber hat eine relative Dichte von 10,5 und eine relative Atommasse von 108.)

*** 12 Computer In der Quantenstreutheorie ist der differenzielle Wirkungsquerschnitt gleich dem Quadrat des Absolutwerts einer komplexen Zahl $f(\theta)$, der sogenannten Streuamplitude:

$$\frac{\mathrm{d}\sigma}{\mathrm{d}\Omega} = |f(\theta)|^2 \,. \tag{14.57}$$

Die Streuamplitude lässt sich als unendliche Reihe darstellen:

$$f(\theta) = \frac{\hbar}{p}\sum_{\ell=0}^{\infty}(2\ell+1)\,\mathrm{e}^{\mathrm{i}\delta_\ell}\,\sin\delta_\ell\,P_\ell(\cos\theta)\,. \tag{14.58}$$

Hier ist $\hbar = 1{,}05 \cdot 10^{-34}$ J·s (sprich: h-quer) das Planck'sche Wirkungsquantum h, dividiert durch 2π, und p ist der Impuls des eintreffenden Projektils. Die reellen Zahlen δ_ℓ werden als **Phasenverschiebung** bezeichnet und hängen von der Art der Projektile und des Targets sowie von der Einfallsenergie ab. $P_\ell(\cos\theta)$ ist das sogenannte Legendre-Polynom ($P_0 = 1, P_1 = \cos\theta$ usw.) Die sogenannte **Partialwellenzerlegung** nach (14.58) ist besonders nützlich bei niedrigen Energien, wenn nur einige wenige Phasenverschiebungen von null verschieden sind.

a) Geben Sie die Partialwellenzerlegung für Neutronen mit 10 MeV an (die Neutronenmasse ist $m = 1{,}675 \cdot 10^{-27}$ kg), die an einem schweren Kern gestreut werden, wobei $\delta_0 = -30°$ und $\delta_1 = 150°$ gilt (alle anderen Phasenverschiebungen sind zu vernachlässigen).
b) Drücken Sie den differenziellen Wirkungsquerschnitt mithilfe von $\hbar$, m, der Einfallsenergie E und der zwei von null verschiedenen Phasenverschiebungen aus. Erstellen Sie einen Plot für $0 \leq \theta \leq 180°$.
c) Bestimmen Sie den totalen Wirkungsquerschnitt.

14.5 Berechnung des differenziellen Wirkungsquerschnitts

★13 Bei der Herleitung des Wirkungsquerschnitts für eine harte Kugel haben wir das „Reflexionsgesetz" verwendet, nach dem der Einfalls- und der Reflexionswinkel eines Teilchens, das an einer harten Kugel gestreut wird, gleich sind (Abbildung 14.10). Beweisen Sie dieses Gesetz mithilfe der Energie- und der Drehimpulserhaltung. (Nach der Definition der „Harte-Kugel-Streuung" ändert sich die kinetische Energie des Projektils bei dem Stoß nicht. Da die Kraft sphärisch symmetrisch ist, folgt natürlich die Drehimpulserhaltung bezüglich des Kugelmittelpunkts.)

★★14 Man kann eine zweidimensionale Streutheorie aufstellen, die sich auf Pucks als Projektile auf einer Eisfläche anwenden lässt, die mit verschiedenen Hindernissen als Targets zusammenstoßen. Der Wirkungsquerschnitt σ ist dann die effektive Breite eines Targets, und der differenzielle Wirkungsquerschnitt $\mathrm{d}\sigma/\mathrm{d}\Omega$ gibt die Anzahl der Pucks an, die in den Winkel $\mathrm{d}\theta$ gestreut werden.
a) Zeigen Sie, dass das zweidimensionale Analogon zu (14.23) der Ausdruck $\mathrm{d}\sigma = |\mathrm{d}b/\mathrm{d}\theta|$ ist. (Beachten Sie, dass es bei einer zweidimensionalen Streuung bequemer ist, θ von $-\pi$ bis π laufen zu lassen.)
b) Betrachten Sie nun die Streuung eines kleinen Projektils, das von einer auf der Eisfläche befestigten harten „Kugel" (eigentlich einer harten Scheibe) mit dem Radius R gestreut wird. Geben Sie den differenziellen Wirkungsquerschnitt an. (Beachten Sie, dass die zweidimensionale Streuung an einer harten „Kugel" nicht isotrop ist.)
c) Integrieren Sie Ihr Ergebnis aus Teilaufgabe (b) und zeigen Sie, dass der totale Wirkungsquerschnitt wie erwartet $2R$ beträgt.

★★15 Computer Betrachten Sie ein punktförmiges Projektil, das sich unter der Wirkung einer konstanten Zentralkraft mit der potenziellen Energie

$$U(r) = \begin{cases} -U_0 & (0 \leq r \leq R) \\ 0 & (R < r) \end{cases} \tag{14.59}$$

bewegt; U_0 ist eine positive Konstante. Dieser sogenannte *sphärische Potenzialtopf* beschreibt ein Projektil, das sich zwar in einem der Bereiche $r < R$ bzw. $R < r$ frei bewegen kann, beim Überschreiten der Grenze $r = R$ aber einen radial nach innen gerichteten Kraftstoß erfährt, der seine kinetische Energie um $\pm U_0$ ändert ($+U_0$ beim Überschreiten der Grenze nach innen, $-U_0$ nach außen).

a) Zeichnen Sie die Bahn eines Projektils, das sich dem Potenzialtopf mit dem Impuls p_0 und dem Stoßparameter $b < R$ nähert.
b) Bestimmen Sie mithilfe der Energieerhaltung den Impuls p des Projektils innerhalb des Potenzialtopfs ($r < R$). Bezeichnen Sie das Verhältnis der beiden Impulse mit $\zeta = p_0/p$ und mit d den Abstand des Projektils vom Ursprung bei der dichtesten Annäherung. Zeigen Sie mithilfe der Drehimpulserhaltung $d = \zeta b$.
c) Beweisen Sie anhand Ihrer Zeichnung, dass für den Streuwinkel gilt

$$\theta = 2\left(\arcsin\frac{b}{R} - \arcsin\frac{\zeta b}{R}\right). \qquad (14.60)$$

Dieser Ausdruck gibt θ als Funktion von b an, was Sie ja benötigen, um den Wirkungsquerschnitt zu bestimmen. Der Ausdruck hängt vom Impulsverhältnis ζ ab, das wiederum vom Anfangsimpuls p_0 des eintreffenden Projektils und der Tiefe U_0 des Potenzialtopfs abhängt. Erstellen Sie einen Plot von θ als Funktion von b für den Fall $\zeta = 0{,}5$.
d) Leiten Sie θ nach b ab und bestimmen Sie so einen Ausdruck für den differenziellen Wirkungsquerschnitt als Funktion von b; erstellen Sie einen Plot von $\mathrm{d}\sigma/\mathrm{d}\Omega$ in Abhängigkeit von θ für den Fall $\zeta = 0{,}5$. [*Hinweis:* Um b als Funktion von θ zu plotten, müssen Sie nicht b mithilfe von θ ausdrücken; Sie können stattdessen eine parametrische Darstellung des Punkts $(\theta, \mathrm{d}\sigma/\mathrm{d}\Omega)$ als Funktion des Parameters b auftragen, b läuft dabei von 0 bis R.]
e) Integrieren Sie $\mathrm{d}\sigma/\mathrm{d}\Omega$ über alle Richtungen und bestimmen Sie so den totalen Wirkungsquerschnitt.

14.6 Die Rutherford-Streuung

*** 16** Eine spezielle Vorhersage des Rutherford'schen Atommodells war, dass der Wirkungsquerschnitt umgekehrt proportional zu E^2 (entsprechend zu v^4) sein sollte. Um diese Aussage zu überprüfen, variierten Geiger und Marsden die Geschwindigkeit v der Alphateilchen, indem sie sie durch dünne Glimmerplatten schickten und so abbremsten. Nach der Rutherford'schen Vorhersage sollte das Produkt aus N_{streu} und v^4 konstant sein, ganz gleich, mit welcher Geschwindigkeit die Alphateilchen einfallen (vorausgesetzt, alle anderen Parameter werden konstant gehalten). Fügen Sie der unten angegebenen Tabelle von Messwerten eine weitere Zeile mit den Werten für $N_{\text{streu}}v^4$ hinzu und zeigen Sie, wie gut die Rutherford'sche Vorhersage bestätigt wird.

Anzahl der Glimmerplatten	0	1	2	3	4	5	6
Zählungen N_{streu} (pro Min)	24,7	29	33,4	44	81	101	255
Geschwindigkeit, v (willk. Einheiten)	1	0,95	0,90	0,85	0,77	0,69	0,57

*** 17** Eine weitere spezielle Vorhersage des Rutherford'schen Atommodells war, dass der Wirkungsquerschnitt proportional zum Quadrat der Kernladung sein sollte, also proportional zu Z^2; dabei gibt Z die Ordnungszahl an, d. h. die Anzahl der Protonen im Kern. Zur Überprüfung zählten Geiger und

Marsden die Anzahl der Streuvorgänge für verschiedene Targets (alle anderen Parameter wurden gleich gehalten) mit folgenden Ergebnissen:

Target	Gold	Platin	Zinn	Silber	Kupfer	Aluminium
N_{streu}	1319	1217	467	420	152	26
Z	79	78	50	47	29	13

Fügen Sie dieser Tabelle eine weitere Zeile mit dem Verhältnis N_{streu}/Z^2 hinzu und zeigen Sie, wie gut die Rutherford'sche Vorhersage bestätigt wird. (Zur damaligen Zeit war die Ordnungszahl noch nicht mit Sicherheit bekannt, geschweige denn gut verstanden. Rutherford hatte – richtig – geraten, dass die Ordnungszahl etwa der halben Atommasse entspricht; dieser Wert wurde anstelle von Z verwendet. Die relativ schlechte Übereinstimmung bei Aluminium geht wahrscheinlich darauf zurück, dass der Rückstoß des Targets vernachlässigt wurde, der bei leichten Targets eine größere Rolle spielt.)

⋆18 Eine der ersten Beobachtungen, die Rutherford zur Entwicklung seines Atommodells mit einem Kern veranlasste, war die Streuung von einigen Alphateilchen an Metallfolien in die Rückwärtsrichtung, also in die Hemisphäre mit $\pi/2 \leq \theta \leq \pi$.[17] Diese Beobachtung ließ sich durch die konkurrierenden Atommodelle unmöglich erklären, folgte aber zwangslos aus der Vorstellung eines sehr schweren Kerns. In einem frühen Experiment maßen Geiger und Marsden den Anteil der auf eine Platinfolie geschossenen Alphateilchen, die in die Rückwärtsrichtung gestreut wurden. Zeigen Sie durch Integration des Rutherford'schen Wirkungsquerschnitts (14.33) über die Rückwärtshemisphäre, dass der Wirkungsquerschnitt für Streuwinkel $\theta \geq 90°$ bei $4\pi\sigma_0(E)$ liegen sollte. Verwenden Sie folgende Werte, um das Verhältnis $N_{\text{streu}}(\theta \geq 90°)/N_{\text{ein}}$ vorherzusagen: Dicke der Platinfolie $\approx 3\ \mu\text{m}$, Dichte $= 21{,}4\,\text{g/cm}^3$, relative Atommasse $= 195$, Ordnungszahl $= 78$, Energie der einlaufenden Alphateilchen $= 7{,}8\,\text{MeV}$. Vergleichen Sie Ihre Antwort mit der Abschätzung von Geiger und Marsden, es würde „von den einlaufenden α-Teilchen 1 aus 8000 reflektiert" (also rückgestreut). So klein dieser Anteil auch ist, er war weit größer, als eines der konkurrierenden Atommodelle erklären konnte.

⋆19 Eine wichtige Vereinfachung bei unserer Herleitung des Rutherford'schen Wirkungsquerschnitts war die Annahme, dass die Bahn des Projektils symmetrisch zur Richtung $\boldsymbol{u}$ der dichtesten Annäherung ist (Abbildung 14.11). Beweisen Sie, dass diese Annahme für fast jede Zentralkraft zutrifft. Gehen Sie folgendermaßen vor:

a) Nehmen Sie an, das effektive Potenzial (tatsächliches Potenzial plus Zentrifugalpotenzial) würde sich wie in Abbildung 8.4 verhalten, d. h., es

17 Rutherford kommentierte diese Beobachtung mit dem Satz: „Es war das unglaublichste Ereignis, das mir in meinem ganzen Leben zugestoßen ist. Es war, als hätte man eine 15-Zoll-Granate auf ein Stück Seidenpapier abgefeuert, und sie kam zurück und traf einen." (Anm. d. Übers.)

geht für $r \to \infty$ gegen null und geht für $r \to 0$ gegen ∞.[18] Beweisen Sie damit, dass ein aus dem Unendlichen ankommendes Projektil einen minimalen Wert $r_{\min}$ erreicht und sich dann wieder ins Unendliche entfernt.

b) Daraus folgt, dass ein Projektil einen beliebigen Wert für r zwischen $r_{\min}$ und unendlich genau zweimal erreicht, nämlich einmal auf dem Weg zum Target und einmal auf dem Weg davon weg. Zeigen Sie, dass in diesen beiden Punkten die jeweiligen Werte von $\dot{r}$ entgegengesetzt gleich und die von $\dot{\psi}$ gleich sind (der Polarwinkel ψ wurde in Abbildung 14.11 definiert).

c) Beweisen Sie anhand dieser Ergebnisse, dass die Bahn spiegelsymmetrisch bezüglich der Richtung von $\boldsymbol{u}$ ist.

★20 Die Herleitung des Rutherford'schen Wirkungsquerschnitts wurde durch die Eliminierung der r-Faktoren im Integral (14.30) vereinfacht. Hier sollen Sie einen Weg zur Herleitung des Wirkungsquerschnitts kennenlernen, der – zumindest prinzipiell – für beliebige Zentralkräfte gangbar ist: Die allgemeine Form der Streubahn ist in Abbildung 14.11 zu sehen. Sie ist symmetrisch bezüglich der Richtung $\boldsymbol{u}$ der dichtesten Annäherung (vgl. Aufgabe 19). Wenn wir mit ψ den gegen die Richtung von $\boldsymbol{u}$ gemessenen Polarwinkel des Projektils bezeichnen, dann gilt $\psi \to \pm\psi_0$ für $t \to \pm\infty$, und der Streuwinkel ist $\theta = \pi - 2\psi_0$ (vgl. wiederum Abbildung 14.11). Der Winkel ψ_0 ist gleich $\int \dot{\psi}\,\mathrm{d}t$, berechnet ab der Zeit der dichtesten Annäherung bis ∞. Mit dem schon vertrauten Trick können Sie dieses Integral umformen zu $\int (\dot{\psi}/\dot{r})\,\mathrm{d}r$. Drücken Sie nun $\dot{\psi}$ mithilfe des Drehimpulses ℓ sowie r aus, und drücken Sie $\dot{r}$ mithilfe der Energie E und des in Gleichung 14.35 definierten effektiven Potenzials aus. Dann sollten Sie die Gleichung

$$\theta = \pi - 2 \int_{r_{\min}}^{\infty} \frac{(b/r^2)\,\mathrm{d}r}{\sqrt{1 - (b/r)^2 - U(r)/E}} \qquad (14.61)$$

beweisen können. Wenn sich das Integral berechnen lässt, gibt es θ mithilfe von b und damit auch den Wirkungsquerschnitt (14.23) an. Beispiele für die Anwendung dieser Gleichung finden Sie in den Aufgaben 21, 22 und 23.

★21 Leiten Sie mithilfe von Gleichung (14.61) aus Aufgabe 20 noch einmal den Zusammenhang (14.24) für die Streuung an einer harten Kugel her.

★22 Leiten Sie mithilfe von Gleichung (14.61) aus Aufgabe 20 noch einmal den Zusammenhang (14.31) für die Rutherford-Streuung her.

---

18 Dieses Verhalten ist zwar das normale, es gibt aber einige Kraftfelder, für die es nicht gilt. Wenn die tatsächliche potenzielle Energie nahe $r = 0$ stark anziehend ist (beispielweise $U(r) = -1/r^3$), dann überwiegt es das Zentrifugalpotenzial in der Nähe von $r = 0$, und das effektive Potenzial geht für $r \to 0$ nicht gegen $+\infty$. Unsere Diskussion versagt auch für den Spezialfall $b = 0$, in dem das Projektil direkt auf das Target trifft.

23 Betrachten Sie die Streuung eines Teilchens mit der Energie E an einem festen, abstoßenden $1/r^3$-Kraftfeld mit der potenziellen Energie $U = \gamma/r^2$. Wenden Sie Gleichung (14.61) aus Aufgabe 20 an und bestimmen Sie damit θ in Abhängigkeit von b. Zeigen Sie, dass der differenzielle Wirkungsquerschnitt dann

$$\frac{d\sigma}{d\Omega} = \frac{\gamma}{E} \frac{\pi^2(\pi - \theta)}{\theta^2(2\pi - \theta)^2 \sin\theta} \tag{14.62}$$

beträgt. Wie man r_{min} findet, können Sie sich mit Abbildung 8.5 (für den Fall $E > 0$) nochmals in Erinnerung rufen. Sie sollten in der Lage sein, Ihre Gleichung für θ in Abhängigkeit von b zu lösen, sodass Sie eine Gleichung für b in Abhängigkeit von θ bekommen und den Wirkungsquerschnitt angeben können.

14.8 Streuwinkel im Schwerpunkt- und im Laborsystem

24 Betrachten Sie die Streuung von zwei Teilchen gleicher Masse (beispielsweise die Streuung von Protonen an Protonen). In diesem Fall gilt $\theta_{Lab} = \frac{1}{2}\theta_S$ (vgl. Aufgabe 27).
a) Wenden Sie diese Aussage auf (14.45) an und beweisen Sie, dass

$$\left(\frac{d\sigma}{d\Omega}\right)_{Lab} = 4\cos\theta_{Lab}\left(\frac{d\sigma}{d\Omega}\right)_S \tag{14.63}$$

gilt, wenn das Projektil und das Target die gleiche Masse haben.
b) Geben Sie den Labor-Wirkungsquerschnitt für die Streuung zweier harter Kugeln gleicher Masse an. (Wir wissen bereits, dass der Wirkungsquerschnitt im Schwerpunktsystem $R^2/4$ beträgt, mit $R = R_1 + R_2$). Weisen Sie durch Integration über alle Raumrichtungen nach, dass der totale Wirkungsquerschnitt im Laborsystem πR^2 ist, wie es denn auch sein soll.

25 Beweisen Sie anhand von Abbildung 14.15 die Gleichung (14.53):

$$\tan\theta_{Lab} = \frac{\sin\theta_S}{\lambda + \cos\theta_S}. \tag{14.64}$$

26 Schreiben Sie unter Anwendung von geeigneten trigonometrischen Identitäten Gleichung (14.64) aus Aufgabe 25 um und geben Sie θ_{Lab} als Funktion von $\cos\theta_S$ an; überprüfen sie die Ableitung (14.53), die wesentlich für die Aufstellung des Zusammenhangs zwischen den Wirkungsquerschnitten im Schwerpunkt- und im Laborsystem ist.

27 **a)** Setzen Sie in Gleichung (14.64) aus Aufgabe 25 das Massenverhältnis $\lambda = 1$ und beweisen Sie für die Streuung von Teilchen gleicher Masse, dass $\theta_{Lab} = \frac{1}{2}\theta_S$ gilt.
b) Zeichnen Sie eine Darstellung wie in Abbildung 14.15 für den Fall $\lambda = 1$ (d. h. $m_1 = m_2$) und erläutern Sie, warum θ_{Lab} einen Maximalwert von $\pi/2$ nicht übersteigt.

28 Es ist häufig interessant, etwas über den Rückstoßimpuls des Targets im Laborsystem zu wissen. Bezeichnen wir mit ξ_{Lab} den Rückstoßwinkel, der als der Winkel zwischen dem Rückstoßimpuls p'_{Lab2} und der Einfallsrichtung definiert ist (in Abbildung 14.14 ist der Rückstoßwinkel der Winkel unterhalb der gestrichelten Linie).
a) Zeigen Sie, dass der Rückstoßimpuls in Abbildung 14.15 durch den Vektor DC repräsentiert wird. Folgern Sie daraus $\xi_{\text{Lab}} = (\pi - \theta_S)/2$.
b) Zeigen Sie, dass für den Spezialfall gleicher Massen ($m_1 = m_2$) folgt: $\xi_{\text{Lab}} + \theta_{\text{Lab}} = \pi/2$. Bei einem elastischen Stoß von Teilchen gleicher Masse entfernen sich also die beiden Teilchen im Winkel von 90°.
c) Beweisen Sie die letzte Aussage für die elastische Streuung direkt, indem Sie nur die Energie- und die Impulserhaltung verwenden.

29 Eine elastische Streuung ist als eine Streuung definiert, bei der die kinetische Gesamtenergie der beiden Partner vor und nach dem Streuprozess gleich ist.
a) Zeigen Sie, dass bei einem elastischen Streuprozess im Schwerpunktsystem die kinetische Energie von jedem der beiden Teilchen separat erhalten bleibt.
b) Erläutern Sie, warum dieses Ergebnis offensichtlich im Laborsystem *nicht* gilt. (Denken Sie über die Energie des Targetteilchens nach.)
c) Bezeichnen Sie die Energie, die das Targetteilchen bei dem Streuprozess gewinnt (und die folglich dem Projektil verloren geht), mit ΔE. Zeigen Sie anhand von Abbildung 14.15, dass der relative Energieverlust des Projektils im Laborsystem

$$\frac{\Delta E}{E} = \frac{4\lambda}{(1+\lambda)^2} \sin^2(\theta_S/2)$$

beträgt; dabei bezeichnet wie üblich λ das Massenverhältnis m_1/m_2. (Beachten Sie, dass in Abbildung 14.15 die Gerade DC den Rückstoßimpuls des Teilchens repräsentiert.)
d) Das Massenverhältnis sei vorgegeben. Für welche Art von Streuprozessen ergibt sich der größte relative Energieverlust? Welcher Wert von λ maximiert den Energieverlust? (Ihre Antwort ist wichtig für Fälle, in denen Teilchen so schnell wie möglich Energie verlieren sollen, etwa in einem Kernreaktor.)

30 Wenn Sie es nicht schon getan haben, bearbeiten Sie Aufgabe 24.
a) Betrachten Sie nun die Streuung von zwei harten Kugeln A und B mit gleicher Masse, wobei B anfangs in Ruhe ist. Geben Sie den Standardausdruck (14.42) für die Anzahl der Projektile an, die durch A in einen Raumwinkel $d\Omega$ um einen gegebenen Winkel Θ gestreut werden. Nennen Sie diese Zahl $N(A \text{ in } d\Omega \text{ um } \Theta)$.
b) Nehmen Sie nun an, dass wir die Anzahl der Targetteilchen B messen, die in denselben Raumwinkel $d\Omega$ um *denselben* Winkel Θ zurückprallen. Bestimmen Sie $N(B \text{ in } d\Omega \text{ um } \Theta)$, d. h. die Anzahl der Teilchen B, die wir beobachten. Wie sieht diese Anzahl im Vergleich zur Anzahl der Teilchen A aus?

31 Computer Betrachten Sie die elastische Streuung eines Projektils, das schwerer ist als das Target, also $m_1 > m_2$ bzw. $\lambda > 1$.

a) Zeichnen Sie eine zu Abbildung 14.15 analoge Darstellung für diesen Fall. Zeigen Sie deutlich, dass jedem Wert von θ_{Lab} jeweils zwei verschiedene Werte des Schwerpunkt-Streuwinkel θ_{S} entsprechen.

b) Welche zwei Werte für den Schwerpunkt-Streuwinkel entsprechen θ_{Lab}? Erläutern Sie anhand dieses Beispiels, warum es im Fall $m_1 > m_2$ zu dieser Mehrdeutigkeit von θ_{S} kommt.

c) Betrachten Sie den Fall $\lambda = 2$ und tragen Sie θ_{Lab} als Funktion von θ_{S} auf.

d) Bestimmen Sie mithilfe Ihres Bilds aus Aufgabenteil (a) einen Ausdruck für den maximal möglichen Wert von θ_{Lab} für einen vorgegebenen Wert von λ. Prüfen Sie nach, ob Ihre Antwort auch für $\lambda = 1$ gilt.

Spezielle Relativitätstheorie

15

ÜBERBLICK

» Seit der Erstpublikation von Newtons *Principia* 1687 herrschte bis in das Jahr 1905 die Newton'sche Mechanik uneingeschränkt über die Physik. Sie wurde auf immer mehr Systeme angewendet, fast stets mit durchschlagendem Erfolg. In den seltenen Fällen, in denen die Newton'schen Prinzipien nicht zum Ziel führten, stellte sich heraus, dass irgendeine Komplikation übersehen worden war; wenn man diese Komplikation berücksichtigte, galt Newton wieder für alle Beobachtungen.[1] Zwar wurde Newtons ursprüngliche Formulierung durch einige neue Konzepte ergänzt (etwa durch den Begriff der Energie) und in verschiedene Formen gegossen (von Lagrange und Hamilton), doch die Fundamente seiner Theorie schienen unerschütterlich. Dann, gegen Ende des neunzehnten Jahrhunderts, gab es einige Entdeckungen, die mit den klassischen Newton'schen Ideen unvereinbar schienen. Es wurden heroische Anstrengungen unternommen, diese Beobachtungen in das Gebäude der klassischen Physik einzugliedern, doch 1905 veröffentlichte Albert Einstein (1879–1955) den ersten seiner Aufsätze zu einer Theorie, die wir heute als Relativitätstheorie bezeichnen; er zeigte darin, dass Teilchen, die sich mit nahezu Lichtgeschwindigkeit bewegen, für ihre Beschreibung eine völlig neue Art der Mechanik benötigen. Seine Überlegungen sind Gegenstand dieses Kapitels. Schon bei weit geringeren Geschwindigkeiten als der Lichtgeschwindigkeit ist die Newton'sche Mechanik nur eine Näherung der neuen „relativistischen Mechanik", wenn auch der Unterschied gewöhnlich viel zu klein ist, als dass man ihn nachweisen könnte. Deshalb ist die Newton'sche Mechanik bei den Geschwindigkeiten, wie man ihnen auf der Erde üblicherweise begegnet, völlig ausreichend – was erklärt, warum sie immer noch ein so bedeutsamer und interessanter Teil der Physik ist (und warum dieses Buch sie in 15 Kapiteln beschreibt).[2] «

15.1 Relativität

Was bedeutet das „relativ" in der Relativitätstheorie? Ein Augenblick des Nachdenkens sollte Ihnen klarmachen, dass die meisten physikalischen Messungen *relativ* zu einem gewählten Bezugssystem durchgeführt werden. Wenn wir den Ort eines Teilchens als $\boldsymbol{r} = (x, y, z)$ bezeichnen, bedeutet das, dass dessen Ortsvektor die Komponenten (x, y, z) *relativ* zu einem gewählten Ursprung und einem gewählten Satz von Koordinatenachsen hat. Wenn ein Ereignis zur Zeit $t = 5\,\mathrm{s}$ eintritt, heißt das, dass t fünf Sekunden *relativ* zu einem gewählten Zeitnullpunkt $(t = 0)$ ist. Wenn wir

1 Der vielleicht größte Triumph der Newton'schen Mechanik waren die Vorhersage und die darauffolgende Entdeckung des Planeten Neptun: Selbst wenn man die Einflüsse aller anderen bekannten Planeten berücksichtigte, wichen die Berechnungen der Umlaufbahn des Uranus auf Grundlage der Newton'schen Mechanik um etwa 1,5 Bogenminuten von den beobachteten Positionen ab. 1846 zeigten der englische Astronom John Couch Adams (1819–1892) und der Franzose Urbain Le Verrier (1811–1877) unabhängig voneinander, dass sich diese Abweichung durch die Annahme eines bis dahin unentdeckten Planeten außerhalb der Uranusbahn erklären ließ. Innerhalb weniger Monate wurde dieser neue Planet, nun als „Neptun" bezeichnet, von dem deutschen Astronomen Johann Galle (1812–1910) entdeckt – genau an der vorhersagten Position.

2 Beim Verfassen dieses Kapitels über die Relativitätstheorie (insbesondere bei den einleitenden Abschnitten und den Aufgaben) war es manchmal schwierig, der Versuchung zu widerstehen, mir einige Ideen aus den entsprechenden Kapiteln der *Modern Physics* von Chris Zafiratos, Michael Dubson und mir zu borgen (zweite Auflage, Prentice Hall, 2003). Ich danke dem Verlag Prentice Hall, der mir das gestattet hat.

die kinetische Energie T eines Autos messen, macht es einen großen Unterschied, ob man T relativ zu einem mit der Straße oder relativ zu einem mit dem Auto verbundenen Bezugssystem misst. Fast alle Messungen erfordern ein Bezugssystem, relativ zu dem man misst. Das können wir als die *Relativität der Messung* bezeichnen.

Die Relativitätstheorie untersucht, welche Folgen die Relativität der Messung hat. Auf den ersten Blick scheint das kein allzu interessantes Thema zu sein. Doch Einstein veränderte durch seine sorgfältige Analyse (und deren konsequentes Zu-Ende-Denken) der Art und Weise, wie physikalische Messungen von der Wahl des Koordinatensystems abhängen, unsere Vorstellung von Raum und Zeit komplett. Er zeigte damit, dass eine vollständige Revision der Newton'schen Mechanik erforderlich ist.

Die Einstein'sche Relativitätstheorie besteht eigentlich aus zwei Theorien. Die erste, als „spezielle Relativitätstheorie" bezeichnet, ist in dem Sinne „speziell", dass sie sich auf nichtbeschleunigte Bezugssysteme beschränkt. Die zweite, die sogenannte „allgemeine Relativitätstheorie", ist „allgemein" in dem Sinne, dass sie auch beschleunigte Bezugssysteme einbezieht. Einstein fand heraus, dass die Untersuchung von beschleunigten Bezugssystemen ganz zwanglos zu einer Theorie der Gravitation führt, und die allgemeine Relativitätstheorie stellte sich denn auch als die relativistische Theorie der Schwerkraft heraus. In der Praxis benötigt man die allgemeine Relativitätstheorie nur in solchen Fällen, bei denen ihre Vorhersagen merklich von der Newton'schen Theorie der Gravitation abweichen. Solche Fälle sind beispielsweise die Untersuchung der extremen Gravitation von Schwarzen Löchern, von großen Bereichen des Universums oder davon, wie sich die Anziehungskraft der Erde auf extrem genaue Zeitmessungen auswirkt, wie sie bei einem Satellitennavigationssystem wie GPS erforderlich sind. In der Kern- und Teilchenphysik, in der wir Teilchen mit einer Geschwindigkeit nahe der Lichtgeschwindigkeit untersuchen, in der aber die Erdanziehung meist komplett zu vernachlässigen ist, reicht die spezielle Relativitätstheorie normalerweise völlig aus. In diesem Kapitel werde ich nur die spezielle Relativitätstheorie behandeln.[3]

15.2 Galilei-Relativität

Viele der Konzepte der Relativitätstheorie spielen auch in der klassischen Physik eine Rolle, und wir haben sie in den vorangegangenen Kapiteln bereits kennengelernt. Schauen wir uns diese Konzepte noch einmal an und formulieren wir sie in einer Weise um, die für unsere Darlegung der Einstein'schen Relativitätstheorie besser geeignet ist.

Wie wir schon in Kapitel 1 erfahren haben, gelten die Newton'schen Gesetze in vielen Bezugssystemen, den sogenannten Inertialsystemen, die sich jeweils mit konstanter Geschwindigkeit gegeneinander bewegen. Wir können das auch so ausdrücken, dass in der klassischen Physik die Newton'schen Gesetze **invariant** sind (d. h. sie bleiben unverändert), wenn wir von einem Bezugssystem zu einem ande-

3 Die Behandlung der allgemeinen Relativitätstheorie würde ein weiteres Buch erfordern. Gute Bücher zum Thema sind R. Geroch, *General Relativity from A to B*, University of Chicago Press, 1978; I. R. Kenyon, *General Relativity*, Oxford University Press, 1990; B. F. A.Schutz, *A First Course in General Relativity*, Cambridge University Press, 1985; und James B. Hartle, *Gravity: An Introduction to Einstein's General Relativity*, Addison-Wesley, 2003. – Empfehlenswerte deutschsprachige Bücher sind beispielsweise J. Bennett et al., *Astronomie. Die kosmische Perspektive*, Pearson Studium, 2009; oder R. Harris, *Moderne Physik*, Pearson Studium 2013. (Anm. d. Übers.)

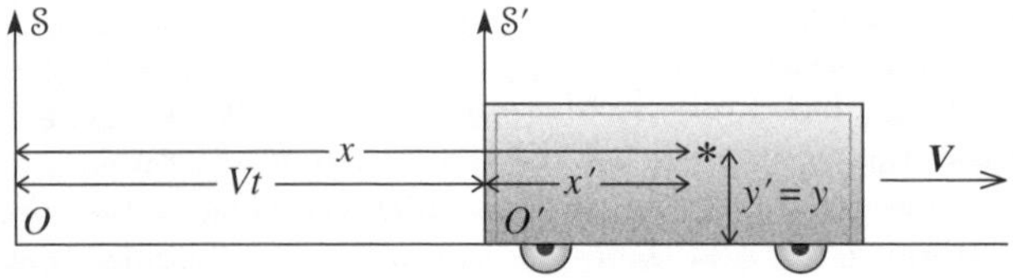

Abbildung 15.1: Das Bezugssystem $\mathcal{S}$ ist fest mit dem Erdboden verbunden, das Bezugssystem $\mathcal{S}'$ ist mit einem Zug verbunden, der sich mit der konstanten Geschwindigkeit $\boldsymbol{V}$ in die x-Richtung bewegt. Die beiden Ursprünge $O = O'$ fallen zur Zeit $t = t' = 0$ zusammen. Der Stern deutet ein Ereignis an, etwa eine kleine Explosion.

ren übergehen. Die klassische Transformation von einem Bezugssystem zu einem anderen, das sich mit konstanter Geschwindigkeit bezüglich des ersten bewegt, heißt **Galilei-Transformation**. Eine kompakte Formulierung lautet somit, dass die Newton'schen Gesetze unter der Galilei-Transformation invariant sind. Schauen wir uns diese Behauptung einmal näher an.

Die Galilei-Transformation

Der Einfachheit halber betrachten wir zunächst zwei Bezugssysteme $\mathcal{S}$ und $\mathcal{S}'$, die in gleicher Weise orientiert sind, d. h., die x'-Achse ist parallel zur x-Achse, y' ist parallel zu y und z' parallel zu z. Nehmen wir nun an, dass die Geschwindigkeit $\boldsymbol{V}$ von $\mathcal{S}'$ relativ zu $\mathcal{S}$ entlang der x-Achse orientiert ist. Es ist eine grundlegende Annahme der Newton'schen Mechanik, dass es eine einzige universelle Zeit t gibt. Wenn also die Beobachter in $\mathcal{S}$ und $\mathcal{S}'$ sich darauf einigen, ihre Uhren zu synchronisieren (und dieselbe Zeiteinheit zu verwenden), dann gilt $t = t'$. Schließlich können wir unsere Ursprünge O und O' so wählen, dass sie zum Zeitpunkt $t = t' = 0$ übereinstimmen. Diese Konfiguration ist in Abbildung 15.1 dargestellt; darin ist $\mathcal{S}$ ein fest mit dem Boden verbundenes Bezugssystem. (Wir nehmen an, dass ein mit der Erde verbundenes Bezugssystem ein Inertialsystem ist, d. h., wir vernachlässigen die langsame Erdumdrehung.) Das Bezugssystem $\mathcal{S}'$ ist fest mit einem Zug verbunden, der sich mit der Geschwindigkeit $\boldsymbol{V}$ entlang der x-Achse bewegt.

Betrachten wir nun ein Ereignis, etwa die Explosion eines kleinen Knallkörpers. Für einen Beobachter in $\mathcal{S}$ findet dieses Ereignis am Ort $\boldsymbol{r} = (x, y, z)$ zur Zeit t statt, ein Beobachter in $\mathcal{S}'$ misst den Ort $\boldsymbol{r}' = (x', y', z')$ und die Zeit t'. Unsere erste (sehr einfache) Aufgabe besteht nun darin, einen mathematischen Zusammenhang zwischen den Koordinaten (x, y, z, t) und (x', y', z', t') herzustellen. Ein kurzer Blick auf Abbildung 15.1 sollte Sie davon überzeugen, dass man x' gemäß $x' = x - Vt$ umrechnen kann und dass $y' = y$ sowie $z' = z$ gilt. Unter der klassischen Annahme $t' = t$ sind die gesuchten Zusammenhänge also

$$\left.\begin{aligned} x' &= x - Vt \\ y' &= y \\ z' &= z \\ t' &= t\,. \end{aligned}\right\} \tag{15.1}$$

Diese vier Gleichungen werden als **Galilei-Transformation** bezeichnet. Sie geben die Koordinaten (x', y', z', t') eines in $\mathcal{S}'$ gemessenen Ereignisses mithilfe der entspre-

Abbildung 15.2: Zwei Bezugssysteme $\mathcal{S}$ und $\mathcal{S}'$ in der Standardkonfiguration mit einer Relativgeschwindigkeit $\boldsymbol{V}$. Zwei Lichtstrahlen erreichen den Wagen aus entgegengesetzten Richtungen. Wenn das Licht, in $\mathcal{S}$ gemessen, in beliebiger Richtung die Geschwindigkeit c hat, dann ergibt die klassische Formel für die Geschwindigkeitsaddition für die Lichtgeschwindigkeit in $\mathcal{S}'$ die Werte $c - V$ für einen nach rechts und $c + V$ für einen nach links laufenden Lichtstrahl.

chenden Koordinaten (x, y, z, t) desselben, jedoch in $\mathcal{S}$ gemessenen Ereignisses an. Sie sind die mathematische Formulierung des klassischen Konzepts von Raum und Zeit.

Die Galilei-Transformation (15.1) stellt eine Beziehung zwischen den Koordinaten her, die in zwei Bezugssystemen gemessen werden; die Systeme sind dabei, wie in Abbildung 15.1 gezeigt, so angeordnet, dass die entsprechenden Achsen parallel sind, und sie bewegen sich mit der Relativgeschwindigkeit $\boldsymbol{V}$ entlang der x-Achse gegeneinander. Diese Anordnung nennen wir die **Standardkonfiguration**. Natürlich ist das nicht die allgemeinste Konfiguration. Wenn beispielsweise die Relativgeschwindigkeit $\boldsymbol{V}$ in eine beliebige Richtung zeigt, dann kann man – leicht einsichtig – (15.1) folgendermaßen kompakt umschreiben:

$$\boldsymbol{r}' = \boldsymbol{r} - \boldsymbol{V}t \qquad \text{und} \qquad t' = t\,. \tag{15.2}$$

Auch das ist noch nicht die allgemeinste Form der Galilei-Transformation, denn man könnte ja auch die Achsen gegeneinander verdrehen, sodass die sich jeweils entsprechenden Achsen nicht mehr parallel sind, außerdem könnte man die Ursprünge O und O' sowie die Zeitnullpunkte gegeneinander verschieben. Doch Gleichung (15.2) ist für unsere momentanen Bedürfnisse allgemein genug.

Mithilfe der Galilei-Transformation (15.2) können wir sofort die Geschwindigkeiten eines Körpers, gemessen in beiden Bezugssystemen, miteinander in Beziehung setzen. Wenn $\boldsymbol{v}(t) = \dot{\boldsymbol{r}}(t)$ die in $\mathcal{S}$ gemessene Geschwindigkeit des Körpers und $\boldsymbol{v}'(t)$ die entsprechende, in $\mathcal{S}'$ gemessene Geschwindigkeit ist, dann erhalten wir durch Ableitung von (15.2) sofort (denken Sie daran, dass $\boldsymbol{V}$ konstant ist)

$$\boldsymbol{v}' = \boldsymbol{v} - \boldsymbol{V}\,. \tag{15.3}$$

Dies ist die **klassische Formel für die Geschwindigkeitsaddition**. Sie geht davon aus, dass – gemäß den Konzepten der klassischen Physik – die Relativgeschwindigkeiten entsprechend den normalen Regeln der Vektorrechnung addiert (bzw. subtrahiert) werden können.

Die Galilei-Invarianz der Newton'schen Gesetze

Um die Invarianz der Newton'schen Gesetze unter der Galilei-Transformation zu beweisen, wollen wir annehmen, dass das zweite Gesetz im Bezugssystem $\mathcal{S}$ gilt; wir haben also $\boldsymbol{F} = m\boldsymbol{a}$, und alle drei Variablen werden in $\mathcal{S}$ gemessen. Nun ist es aber eine experimentelle Tatsache (zumindest im Bereich der klassischen Physik), dass die Messung der Masse eines Körpers in allen Inertialsystemen denselben Wert liefert. Demnach ist die in $\mathcal{S}'$ gemessene Masse m' dieselbe wie die in $\mathcal{S}$ gemessene, und wir haben $m' = m$. Der Beweis, dass dasselbe auch für die Gesamtkraft gilt, hängt in gewissem Maß davon ab, wie wir die Kraft definiert haben. Wenn wir davon ausgehen, dass Kräfte durch die Auslenkung von Federwaagen definiert sind, dann ist klar, dass die in $\mathcal{S}'$ gemessene Kraft $\boldsymbol{F}'$ genauso groß ist wie die in $\mathcal{S}$ gemessene, und wir haben $\boldsymbol{F}' = \boldsymbol{F}$. Die Ableitung von (15.3) nach der Zeit (denken Sie wieder daran, dass wir $\boldsymbol{V}$ als konstant angenommen haben) ergibt $\boldsymbol{a}' = \boldsymbol{a}$. Wir haben damit bewiesen, dass jede der Variablen $\boldsymbol{F}'$, m' und $\boldsymbol{a}'$ im Bezugssystem $\mathcal{S}'$ gleich der entsprechenden Variable $\boldsymbol{F}$, m und $\boldsymbol{a}$ im Bezugssystem $\mathcal{S}$ ist. Wenn also $\boldsymbol{F} = m\boldsymbol{a}$ gilt, dann muss auch $\boldsymbol{F}' = m'\boldsymbol{a}'$ gelten – das zweite Newton'sche Gesetz ist also unter der Galilei-Transformation invariant. Ich überlasse es Ihnen als Übung (vgl. Aufgabe 1) zu zeigen, dass das auch für das erste und das dritte Newton'sche Gesetz gilt. Die Invarianz der mechanischen Gesetze unter der Galilei-Transformation war schon Galilei bekannt. Auf ihrer Grundlage argumentierte er, dass kein Experiment zeigen könne, ob sich die Erde „wirklich" bewegt oder „wirklich" in Ruhe ist. Damit sei das heliozentrische Bild des Sonnensystems des Kopernikus genauso annehmbar wie das traditionelle geozentrische Weltbild.

Die Galilei-Relativität und die Lichtgeschwindigkeit

Während die Newton'schen Gesetze unter der Galilei-Transformation invariant sind, gilt das nicht für die Gesetze des Elektromagnetismus. Ob wir sie nun kompakt durch die vier Maxwell'schen Gleichungen oder in ihrer originalen Form (Coulomb'sches Gesetz, Faraday'sches Gesetz usw.) ausdrücken – sie können zwar in einem bestimmten Inertialsystem richtig sein, doch dann gelten sie in keinem anderen Inertialsystem, *vorausgesetzt, die Galilei-Transformation beschreibt den Zusammenhang zwischen zwei Inertialsystemen korrekt.* Der bei weitem schnellste Weg, diese kühne Behauptung zu beweisen, führt über die Lichtgeschwindigkeit: Gemäß den Maxwell'schen Gleichungen breitet sich das Licht (oder allgemeiner: jede elektromagnetische Welle) im Vakuum in jede Richtung mit der Geschwindigkeit

$$c = \frac{1}{\sqrt{\varepsilon_0 \mu_0}} = 3{,}00 \cdot 10^8 \text{ m/s} \tag{15.4}$$

aus; dabei ist ε_0 die Dielektrizitätskonstante und μ_0 die Permeabilität des Vakuums.[4] Wenn also die Maxwell'schen Gleichungen in einem System $\mathcal{S}$ gelten, dann muss sich das Licht im System $\mathcal{S}$ in jede Richtung mit derselben Geschwindigkeit c ausbreiten. Betrachten wir nun aber ein zweites System $\mathcal{S}'$, das sich mit der Geschwindigkeit V entlang der x-Achse von $\mathcal{S}$ fortbewegt, und stellen wir uns einen Lichtstrahl vor, der sich in derselben Richtung ausbreitet. In $\mathcal{S}$ ist dann die Lichtgeschwindigkeit $v = c$. Dann ergibt sich nach der klassischen Formel für die Geschwindigkeitsaddition (15.3) die Lichtgeschwindigkeit in $\mathcal{S}'$ zu

$$v' = c - V,$$

4 In der englischsprachigen Literatur wird ε_0 als *permittivity of the vacuum* bezeichnet, der entsprechende Begriff „Permittivität des Vakuums" wird im Deutschen aber nur selten verwendet. (Anm. d. Übers.)

wie auf der linken Seite von Abbildung 15.2 gezeigt. Entsprechend hat ein Lichtstrahl, der sich nach links ausbreitet, in $\mathcal{S}$ die Geschwindigkeit $v = c$, in $\mathcal{S}'$ hingegen $v' = c + V$. Je nach seiner Ausbreitungsrichtung hätte ein Lichtstrahl also eine Geschwindigkeit v' (in $\mathcal{S}'$ gemessen), die irgendwo zwischen $c - V$ und $c + V$ liegt. Damit können die Maxwell'schen Gleichungen im Inertialsystem $\mathcal{S}'$ nicht gelten.

Wenn die Galilei-Transformation die richtige Transformation zwischen Inertialsystemen wäre, dann würden zwar die Newton'schen Gesetze in allen Inertialsystemen gelten, es würde aber nur ein einziges Inertialsystem geben, in dem auch die Maxwell'schen Gleichungen gelten. Dieses vermutete *absolute* System, in dem sich das Licht in alle Richtungen mit derselben Geschwindigkeit ausbreitet, wird manchmal als *Äthersystem* bezeichnet.[5]

Das Michelson-Morley-Experiment

Der bisher beschriebene Stand der Dinge – die Newton'schen Gesetze gelten in allen Inertialsystemen, die Gesetze des Elektromagnetismus hingegen nur in einem einzigen absoluten Inertialsystem – war gegen Ende des neunzehnten Jahrhunderts Konsens unter den Physikern. Diese Auffassung wurde aber von einigen (allen voran von Einstein) als unbefriedigend empfunden, und schließlich zeigte Einstein, dass sie falsch ist. Dennoch war das Gedankengebäude in sich logisch konsistent, und die meisten Physiker nahmen es als gegeben hin, dass es nur ein einziges absolutes System geben kann, in dem die Lichtgeschwindigkeit c in alle Richtungen denselben Wert hat. Da die Erde sich mit hoher Geschwindigkeit in ständig wechselnder Richtung um die Sonne bewegt, schien es offensichtlich, dass sie sich fast immer relativ zum Äthersystem bewegen musste; demnach sollte auch die auf der Erde gemessene Lichtgeschwindigkeit in verschiedenen Richtungen unterschiedlich sein, wenn der Effekt auch als ziemlich klein erwartet wurde. (Die Bahngeschwindigkeit der Erde ist mit $V \approx 3 \cdot 10^4$ m/s zwar nach irdischen Maßstäben ziemlich groß, im Vergleich zur Lichtgeschwindigkeit $c = 3 \cdot 10^8$ m/s aber sehr klein. Daher konnte man auch nur eine sehr kleine relative Änderung zwischen $c - V$ und $c + V$ erwarten.) Dennoch entwarf der amerikanische Physiker Albert Michelson (1852–1931), später unterstützt durch den Chemiker Edward Morley (1838–1923), ein Interferometer, mit dem sich die erwarteten Unterschiede in der Lichtgeschwindigkeit leicht nachweisen lassen sollten. Zu ihrer Überraschung und Enttäuschung fanden sie aber überhaupt keinen Unterschied.

Ihre Experimente (und viele weitere Versuche mit demselben Ziel) wurden häufig wiederholt und haben niemals reproduzierbare Hinweise auf irgendeine Änderung der Lichtgeschwindigkeit relativ zur Erde erbracht. Im Rückblick fällt es leicht, daraus den richtigen Schluss zu ziehen: Entgegen allen Erwartungen ist die Lichtgeschwindigkeit in einem erdfesten Bezugssystem in allen Richtungen dieselbe, obwohl sich doch die Erde zu verschiedenen Zeiten im Jahr mit unterschiedlicher

5 Der Name erklärt sich folgendermaßen: Man nahm an, dass sich die Lichtwellen nur in einem Medium ausbreiten können, etwa so wie sich Schallwellen in der Luft ausbreiten. Da aber niemand dieses Medium nachweisen konnte und da Licht auch den scheinbar leeren Raum durchdringt, musste dieses Medium höchst sonderbare Eigenschaften haben; nach dem griechischen Wort für das Unfassbare des Himmels wurde es als „Äther" bezeichnet. Das „Äthersystem" sollte das Bezugssystem sein, in dem sich der vermutete Äther in Ruhe befindet.

Geschwindigkeit um die Sonne bewegt. Mit anderen Worten: Es kann nicht nur ein einziges Bezugssystem geben, in dem das Licht in allen Richtungen dieselbe Geschwindigkeit hat.

Diese Schlussfolgerung ist so überraschend, dass sie rund zwanzig Jahre lang nicht ernst genommen wurde. Stattdessen wurden verschiedene geistreiche Theorien entwickelt, um das Michelson-Morley-Experiment im Rahmen eines absoluten Äthersystems zu erklären. Beispielsweise behauptete die sogenannte Äther-Mitführungshypothese, dass der Äther – das Medium, in dem sich das Licht fortpflanzen sollte – von der Erde mitgerissen würde, etwa so, wie ja auch die irdische Atmosphäre von der Erde mitgeführt wird. Demnach sollte ein irdischer Beobachter sich relativ zum Äther in Ruhe befinden und somit in allen Richtungen für die Lichtgeschwindigkeit denselben Wert messen. Diese Theorie widersprach allerdings dem Phänomen der stellaren Aberration.[6] Doch keine dieser alternativen Theorien konnte *alle* experimentellen Fakten erklären (jedenfalls nicht auf eine plausible und ökonomische Weise). Heute akzeptieren fast alle Physiker, dass es kein absolutes Äthersystem gibt und dass die Lichtgeschwindigkeit eine universelle Konstante ist, die in allen Inertialsystemen in allen Richtungen denselben Wert hat. Der Erste, der diese überraschende Vorstellung voller Überzeugung akzeptierte, war Albert Einstein. Wir werden seine Gedanken im Folgenden darlegen. Dabei werden wir insbesondere sehen, dass die Universalität der Lichtgeschwindigkeit es erforderlich macht, die Galilei-Transformation und das klassische, dieser Tranformation zugrundeliegende Bild von Raum und Zeit zu verwerfen. Und das wiederum macht es nötig, einen Großteil der Newton'schen Mechanik zu modifizieren.

15.3 Die Postulate der speziellen Relativitätstheorie

Die spezielle Relativitätstheorie beruht auf der Annahme, dass die Lichtgeschwindigkeit – wie vom Michelson-Morley-Experiment gezeigt – eine universelle Konstante ist.[7] Einstein stellte zwei Postulate (oder Axiome) auf, die seine Überzeugung ausdrückten, dass *alle* physikalischen Gesetze in allen Inertialsystemen gelten müssen. Auf der Grundlage dieser Postulate entwickelte er seine spezielle Relativitätstheorie.

Bevor wie diese Postulate angeben, sollten wir uns darüber einigen, was wir eigentlich unter einem Inertialsystem verstehen:

---

6 Nach der Äther-Mitführungshypothese müssten sich die Lichtstrahlen, die in die Ätherhülle der Erde eindringen, krümmen. Das aber widerspricht der stellaren Aberration, nach der die scheinbare Position eines Sterns, während die Erde auf ihrer Kreisbahn um die Sonne läuft, sich entlang eines kleinen Kreises bewegt – und zwar derart, dass das Licht der Sterne auf seinem Weg zur Erde sich entlang einer Geraden bewegen muss.

7 Ob Einstein das Michelson-Morley-Experiment gekannt hat, als er seine Theorie formulierte, ist unklar. Es gibt einige Hinweise darauf, dass dies der Fall war, doch seine Hauptmotivation scheint seine Überzeugung gewesen zu sein, dass die Maxwell'schen Gleichungen in allen Inertialsystemen gelten müssten. Doch ob er das Experiment kannte oder nicht, beeinträchtigt weder Einsteins bewundernswerte Gedankengänge noch die Bedeutung der Ergebnisse des Michelson-Morley-Experiments als einen wunderbar klaren Beweis *für* Einsteins Annahmen.

Definition eines Inertialsystems

Ein Inertialsystem ist ein Bezugssystem (also ein System von Koordinaten x, y, z und t), in dem alle physikalischen Gesetze in ihrer üblichen Form gültig sind.

Bitte beachten Sie, dass ich noch nicht gesagt habe, was eigentlich „alle physikalischen Gesetze" sind. Nach Einstein können wir mithilfe der relativistischen Postulate entscheiden, was die physikalischen Gesetze sein sollten. (Wie immer ist der entscheidende Test, ob sie mit dem Experiment übereinstimmen.) Wie sich herausstellen wird, ist eines der klassischen Gesetze, die sich unverändert in die Relativitätstheorie übertragen lassen, das Trägheitsgesetz (das erste Newton'sche Gesetz). Somit sind Inertialsysteme auch nach unserer neuen Definition die vertrauten „nichtbeschleunigten" Bezugssysteme, in denen ein Körper, auf den keine Kräfte wirken, sich mit konstanter Geschwindigkeit bewegt. Wie zuvor ist ein mit der Erde verbundenes Bezugssystem (in guter Näherung) ein Inertialsystem, ein mit einer beschleunigten Rakete oder mit einem rotierenden Drehtisch verbundenes System hingegen nicht. Der große Unterschied zwischen den Inertialsystemenen der Relativitätstheorie und denen der klassischen Mechanik besteht im mathematischen Zusammenhang zwischen den Koordinaten in den verschiedenen Systemen. Wir werden sehen, dass man in der Relativitätstheorie die klassische Galilei-Transformation durch die sogenannte Lorentz-Transformation ersetzen muss.

Bitte beachten Sie auch, dass nach der obigen Definition die physikalischen Gesetze in einem Inertialsystem „in ihrer üblichen Form" gelten sollen. Wie wir in Kapitel 9 gesehen haben, können wir mitunter die physikalischen Gesetze so modifizieren, dass sie auch in Nicht-Inertialsystemen gelten. (Beispielweise konnten wir das zweite Newton'sche Gesetz nach Einführung von Zentrifugalkraft und Coriolis-Kraft auch in einem rotierenden Bezugssystem anwenden.) Um solche Modifikationen auszuschließen, habe ich die Einschränkung „in ihrer üblichen Form" hinzugefügt.

Das erste Postulat behauptet die Existenz von vielen verschiedenen Inertialsystemen, die sich mit konstanten Geschwindigkeiten relativ zueinander bewegen:

Erstes Postulat der Relativitätstheorie

Wenn $\mathcal{S}$ ein Inertialsystem und $\mathcal{S}'$ ein weiteres Bezugssystem ist, das sich mit konstanter Geschwindigkeit relativ zu $\mathcal{S}$ bewegt, dann ist $\mathcal{S}'$ ebenfalls ein Inertialsystem.

Man kann das auch so ausdrücken, dass die physikalischen Gesetze invariant sind, wenn wir von einem Bezugssystem zu einem anderen Bezugssystem übergehen, das sich mit konstanter Geschwindigkeit relativ zum ersten bewegt. Das haben wir für die Gesetze der Mechanik bewiesen, nun aber behaupten wir, dass es für *alle* physikalischen Gesetze gilt.

Eine andere häufig anzutreffende Formulierung des ersten Postulats ist: „Es gibt keine absolute Bewegung.“ Zur Erläuterung betrachten Sie zwei Bezugssysteme: $\mathcal{S}$ ist fest mit der Erde und $\mathcal{S}'$ mit einer Rakete verbunden, die sich mit konstanter Geschwindigkeit relativ zur Erde bewegt. Damit kommt natürlich die Frage auf, ob es eine sinnvolle Aussage ist, dass wir $\mathcal{S}$ als wirklich in Ruhe und $\mathcal{S}'$ als wirklich in Bewegung betrachten (oder umgekehrt). Wenn wir diese Frage bejahen, dann könnten wir $\mathcal{S}$ als absolut in Ruhe und alles, was sich relativ zu $\mathcal{S}$ bewegt, als absolut in Bewegung betrachten. Das würde aber dem ersten Postulat der Relativitätstheorie widersprechen: Alle physikalischen Gesetze, die ein Forscher in $\mathcal{S}$ beobachten kann, sind gleichermaßen auch von einem Forscher in $\mathcal{S}'$ zu beobachten; jedes Experiment, das man in $\mathcal{S}$ durchführen kann, lässt sich in gleicher Weise auch in $\mathcal{S}'$ durchführen. Somit kann kein Experiment zeigen, welches Bezugssystem sich *wirklich* bewegt. Relativ zur Erde bewegt sich die Rakete, relativ zur Rakete bewegt sich die Erde; das ist alles, was wir dazu sagen können.

Eine weitere Aussage des ersten Postulats ist, dass es unter den Inertialsystemen *kein bevorzugtes Bezugssystem* gibt. Die physikalischen Gesetze zeichnen keines der Bezugssysteme gegenüber den anderen aus.

Das zweite Postulat formuliert eines der Gesetze, die in allen Inertialsystemen gelten:

Zweites Postulat der Relativitätstheorie

Die Geschwindigkeit des Lichts (im Vakuum) hat in allen Inertialsystemen in jeder Richtung denselben Wert c.

Das ist – natürlich – das Ergebnis von Michelson und Morley.

Obwohl dieses zweite Postulat jeglicher Alltagserfahrung widerspricht, ist es heute ein experimentell gut gesichertes Faktum. Wenn wir die Folgen der Einstein'schen Postulate untersuchen, werden wir einigen überraschenden Vorhersagen begegnen, die allesamt unserer Erfahrung zu widersprechen scheinen (beispielsweise die sogenannte Zeitdilatation, die wir im folgenden Abschnitt beschreiben). Wenn Sie Schwierigkeiten haben, diese Vorhersagen zu akzeptieren, dann behalten Sie bitte Folgendes im Auge: Erstens sind die Vorhersagen allesamt logische Folgerungen aus dem zweiten Postulat. Wenn Sie dieses (überraschende, doch zweifelsfrei richtige) Postulat akzeptieren, dann *müssen* Sie auch alle daraus folgenden logischen Schlüsse akzeptieren, wie sehr sie auch der Intuition zu widersprechen scheinen. Zweitens werden alle diese überraschenden Effekte (sowie das zweite Postulat selbst) erst dann bedeutsam, wenn Körper sich mit einer Geschwindigkeit bewegen, die mit der Lichtgeschwindigkeit vergleichbar ist. Im Alltag sind alle auftretenden Geschwindigkeiten weit geringer als c, die überraschenden Phänomene zeigen sich also nicht. In diesem Sinne steht keine der überraschenden Folgerungen aus den Einstein'schen Postulaten wirklich im Widerspruch zu unserer Alltagserfahrung.

15.4 Die Relativität der Zeit; Zeitdilatation

Zeitmessung in einem einzelnen Bezugssystem

Wir werden in diesem Abschnitt herausfinden, dass das zweite Postulat uns zur Aufgabe der klassischen Vorstellung einer einzigen universellen Zeit zwingt. Stattdessen werden wir sehen, dass die Zeitpunkte für ein Ereignis, die in zwei verschiedenen Inertialsystemen gemessen werden, im Allgemeinen verschieden sind. Daher müssen wir uns zunächst klarmachen, was wir eigentlich unter einem Zeitpunkt verstehen, der in einem einem Bezugssystem gemessen wird.

Ich werde im Weiteren stets voraussetzen, dass wir eine Vielzahl von zuverlässigen Maßstäben und Uhren zur Verfügung haben. Die Uhren müssen nicht baulich gleich sein, doch sie müssen dieselbe Zeit anzeigen, wenn man sie an einem Ort (in Ruhe, im selben Inertialsystem) zusammenbringt. Betrachten wir nun ein einzelnes Inertialsystem $\mathcal{S}$ mit dem Ursprung O. In diesem Ursprung platzieren wir unsere Chefbeobachterin mit einer unserer Uhren. Sie kann leicht den Zeitpunkt für jedes ganz in der Nähe stattfindende Ereignis – etwa für einen Lichtblitz – bestimmen, da sie dieses Ereignis im Wesentlichen instantan sieht. Schwieriger ist es schon, den Zeitpunkt für ein Ereignis in einer gewissen Entfernung vom Ursprung zu bestimmen, da das Licht sich erst von dem Ereignis bis O ausbreiten muss, bevor sie es bemerken kann. Wenn sie wüsste, wie weit entfernt das Ereignis vom Ursprung eintrat, könnte sie berechnen, wie lange das Signal benötigt hat, um sie zu erreichen (sie weiß ja, dass das Licht sich mit der Geschwindigkeit c ausbreitet); sie könnte diese Zeit vom Ankunftszeitpunkt abziehen und wüsste dann, zu welchem Zeitpunkt das Ereignis stattgefunden hat. Ein (zumindest im Prinzip) einfacherer Weg ist es, eine große Anzahl von Helfern zu beschäftigen, die in regelmäßigen Abständen im interessierenden Gebiet platziert sind und von denen jeder seine eigene Uhr hat. Die Helfer können ihren Abstand von O messen, und wir können sicherstellen, dass ihre Uhren mit der Uhr in O synchronisiert sind, indem die Chefbeobachterin zu einem vereinbarten (auf ihrer Uhr gemessenen) Zeitpunkt ein Lichtsignal aussendet. Jeder der Helfer kann dann die Zeit berechnen, die das Signal benötigt, um bis zu ihm zu gelangen, und unter Berücksichtigung dieser Laufzeit dafür sorgen, dass seine Uhr mit der Uhr in O übereinstimmt.

Wenn man ausreichend viele Helfer hat, die genügend dicht beieinander platziert sind, dann wird einer der Helfer immer hinreichend dicht bei einem Ereignis sein, um dessen Zeitpunkt im Wesentlichen instantan zu bestimmen. Sobald er das getan hat, kann er mit geeigneten Hilfsmitteln alle anderen über das Ergebnis seiner Messung informieren (z. B. über das Telefon). Auf diese Weise lässt sich jedem beliebigen Ereignis ein eindeutiger und wohldefinierter Zeitpunkt t (im Bezugssystem $\mathcal{S}$ gemessen) zuschreiben. Im Folgenden werde ich annehmen, dass jedes Inertialsystem $\mathcal{S}$ einen Ursprung O und rechtwinklige Achsen xyz hat. Über ganz $\mathcal{S}$ soll ein Team von Helfern, jeweils mit synchronisierten Uhren ausgestattet, verteilt sein. So können wir jedem in $\mathcal{S}$ beobachteten Ereignis einen Ort (x, y, z) und einen Zeitpunkt t zuschreiben.

Zeitdilatation

Nun wollen wir die Zeitmessungen von Beobachtern in zwei verschiedenen Inertialsystemen miteinander vergleichen. Betrachten wir wieder unsere zwei vertrauten

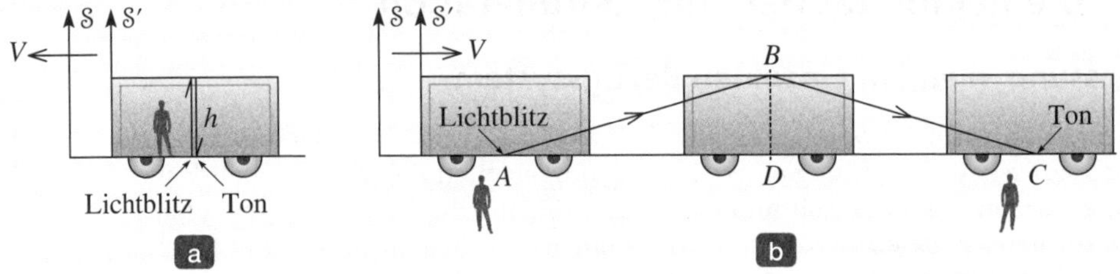

Abbildung 15.3: (a) Das Gedankenexperiment für einen Beobachter in $\mathcal{S}'$. Das Licht breitet sich senkrecht nach oben und wieder zurück aus, die Ereignisse (der Lichtblitz und das Tonsignal) finden am selben Ort statt. (b) In $\mathcal{S}$ sind der Lichtblitz und das Tonsignal durch einen Abstand $V\Delta t$ voneinander getrennt. Beachten Sie, dass in $\mathcal{S}$ zwei Beobachter für die beiden Ereignisse nötig sind, da sie an verschiedenen Orten stattfinden.

Bezugssysteme $\mathcal{S}$ (mit dem Boden verbunden) und $\mathcal{S}'$ (mit einem Zug verbunden, der sich mit der Geschwindigkeit V relativ zu $\mathcal{S}$ in x-Richtung bewegt). Wir führen nun ein sogenanntes **Gedankenexperiment**[8] durch, bei dem ein Beobachter im Zug eine Taschenlampe auf dem Boden des Waggons aufleuchten lässt. Das Licht breitet sich bis zur Decke des Waggons aus, wird dort reflektiert und kehrt zum Ausgangspunkt zurück; hier trifft es auf eine Fotozelle und löst einen hörbaren Hupton aus. Wir wollen die Zeiten Δt und $\Delta t'$ zwischen dem Aussenden des Lichtsignals und dem Tonsignal, gemessen in den beiden Bezugssystemen, miteinander vergleichen.

Für einen Beobachter im Zug (also im Bezugssystem $\mathcal{S}'$) stellt sich das Experiment so dar wie in Abbildung 15.3a. Wenn wir die Höhe des Waggons mit h bezeichnen, dann legt das Licht – gemessen in $\mathcal{S}'$ – die Gesamtstrecke $2h$ mit der Geschwindigkeit c (entsprechend dem zweiten Postulat) zurück, benötigt also für den Weg die Zeit

$$\Delta t' = \frac{2h}{c}\,. \tag{15.5}$$

Das ist die Zeit zwischen dem Lichtblitz und dem Tonsignal, wie sie ein Beobachter in $\mathcal{S}'$ misst (vorausgesetzt, seine Uhr ist zuverlässig).

Dasselbe Experiment, nun aber in $\mathcal{S}$ betrachtet, ist in Abbildung 15.3b gezeigt. Man erkennt insbesondere, dass der Lichtstrahl sich entlang der beiden Seiten AB und BC eines Dreiecks bewegt. Wenn Δt die Zeit zwischen dem Lichtblitz und dem Tonsignal ist (gemessen in $\mathcal{S}$), hat die Seite AC die Länge $V\Delta t$. Somit hat das Dreieck ABD die Seitenlängen[9] h, $V\Delta t/2$ und $c\Delta t/2$. (Beachten Sie, dass wir an dieser Stelle das zweite Postultat verwenden, nach dem die Lichtgeschwindigkeit c in beiden Bezugssystemen gleich ist.) Damit gilt

$$(c\,\Delta t/2)^2 = h^2 + (V\Delta t/2)^2\,,$$

8 Ein Gedankenexperiment ist kein Experiment im eigentlichen Sinn. Es ist vielmehr ein Hilfsmittel, um sich die Konsequenzen einer real so nicht durchzuführenden Anordnung klar zu machen. Alle diese Konsequenzen folgen aber nur aus der verwendeten Theorie; der einem realen Experiment innewohnende empirische Aspekt fehlt. – Der von Einstein geprägte Begriff „Gedankenexperiment“ ist übrigens in der Form „gedanken experiment“ auch in der englischsprachigen Literatur zu finden. (Anm. d. Übers.)

9 Ich gehe davo aus, dass die Höhe des Waggons in beiden Bezugssystemen gleich ist. Wir werden das in Kürze auch beweisen.

was wir umstellen können zu

$$\Delta t = \frac{2h}{\sqrt{c^2 - V^2}} = \frac{2h}{c}\frac{1}{\sqrt{1-\beta^2}}\,; \tag{15.6}$$

darin habe ich als nützliche Abkürzung den Betafaktor

$$\beta = \frac{V}{c} \tag{15.7}$$

eingeführt, der einfach die Geschwindigkeit V, gemessen in Einheiten von c, angibt.

Überraschenderweise sind die beiden Ergebnisse (15.5) und (15.6) nicht gleich. Die Zeit zwischen den beiden Ereignissen (dem Lichtblitz und dem Tonsignal) liefert bei Messungen in den beiden Inertialsystemen unterschiedliche Werte. Konkret gilt

$$\Delta t = \frac{\Delta t'}{\sqrt{1-\beta^2}}\,. \tag{15.8}$$

Wir sind zu diesem Ergebnis durch ein Gedankenexperiment gelangt, bei dem wir einen Lichtblitz durch einen Spiegel an der Decke des Waggons in seinen Ursprung reflektiert haben, doch die Schlussfolgerung gilt für zwei *beliebige* Ereignisse, die am selben Ort des Zuges stattfinden. Stellen Sie sich beispielsweise einen Beobachter vor, der in $\mathcal{S}'$ in Ruhe ist; er ruft „Ach" und einen Moment später „ja". Im Prinzip könnten wir bei „Ach" ein Blitzlicht zünden und einen Spiegel so anbringen, dass er das Licht derart reflektiert, dass es bei „ja" wieder an diesem Ort ankommt. Die Beziehung (15.8) muss also auch für die beiden Ereignisse „Ach" und „ja" gelten. Da der zeitliche Abstand der beiden Ereignisse nicht davon abhängen kann, ob wir das Experiment mit dem Blitzlicht und der Hupe wirklich so durchgeführt haben, muss der Zusammenhang (15.8) für zwei *beliebige* Ereignisse gelten, die im Bezugssystem $\mathcal{S}'$ am selben Ort eintreten.

Sie sollten jetzt auf keinen Fall glauben, dass die Uhren in einem unserer Bezugssysteme vielleicht irgendwie falsch gehen – im Gegenteil: Für unseren Gedankengang ist es wesentlich, dass alle Uhren in beiden Bezugssystemen korrekt anzeigen. Da es außerdem unwesentlich ist, welche spezielle Art Uhren wir verwendet haben, muss die Folgerung (15.8) für alle (genau laufenden) Uhren gelten. Das heißt, *die Zeit selbst* muss, wenn man sie in zwei verschiedenen Bezugssystemen misst, entsprechend (15.8) unterschiedlich sein. Wie wir gleich besprechen werden, ist diese überraschende Schlussfolgerung verschiedentlich verifiziert worden.

Wenn das Bezugssystem $\mathcal{S}'$ relativ zu $\mathcal{S}$ in Ruhe ist, dann haben wir $V = 0$ und somit $\beta = 0$, und (15.8) reduziert sich auf $\Delta t' = \Delta t$. Mit anderen Worten: Es gibt erst dann einen Unterschied in den Zeiten, wenn sich $\mathcal{S}'$ relativ zu $\mathcal{S}$ bewegt. Bei den normalen Geschwindigkeiten auf der Erde gilt außerdem $V \ll c$, also $\beta \ll 1$, und der Nenner in (15.8) liegt sehr dicht bei eins. Bei den Geschwindigkeiten unserer Alltagserfahrung sind die beiden Zeiten also nahezu gleich – so dicht beieinander, dass es fast unmöglich ist, einen Unterschied nachzuweisen, wie das folgende Beispiel zeigt.

Beispiel 15.1 **Die Zeitverschiebung für ein Düsenflugzeug** Der Pilot eines Düsenflugzeugs, das sich gleichmäßig mit $V = 300\,\mathrm{m/s}$ relativ zur Erdoberfläche bewegt, hat eine Taschenlampe, mit der er in Abständen von exakt einer Stunde (gemessen in seinem Bezugssystem) Lichtblitze aussenden kann. Zwei Beobachter auf dem Boden sollen die Abstände der Lichtblitze überprüfen. Welchen Abstand Δt messen sie zwischen zwei aufeinanderfolgenden Lichtblitzen? (Nehmen Sie den Erdboden als Inertialsystem an, d. h., ignorieren Sie die Effekte der Erdumdrehung.)

Lösung Der gesuchte zeitliche Abstand ist gegeben durch (15.8) mit $\Delta t' =$ 1 Stunde und $\beta = V/c = 10^{-6}$. Also haben wir

$$\begin{aligned}\Delta t &= \frac{\Delta t'}{\sqrt{1-\beta^2}} = \frac{1\mathrm{h}}{\sqrt{1-10^{-12}}} \\ &\approx 1\,\mathrm{h}\cdot(1+\tfrac{1}{2}\cdot 10^{-12}) = 1\,\mathrm{h} + 1{,}8\cdot 10^{-9}\,\mathrm{s}\,,\end{aligned}$$

wobei ich beim Übergang zur zweiten Zeile die Binomialnäherung verwendet habe.[10] Bei diesem Experiment liegt die Zeitdifferenz unter 2 Nanosekunden ($1\,\mathrm{ns} = 10^{-9}\,\mathrm{s}$). Es ist nicht schwer zu verstehen, warum die klassischen Physiker einen solchen Unterschied nicht nachweisen konnten! ■

Bei einer Zunahme von V wird die Differenz zwischen den Zeitwerten in (15.8) größer, und wenn V gegen c geht, können wir die Differenz beliebig groß machen. Beispielsweise haben wir für $V = 0{,}99c$ einen Wert $\beta = 0{,}99$, und damit ergibt (15.8) $\Delta t \approx 7\Delta t'$. Solch hohe Geschwindigkeiten werden in den Teilchenbeschleunigern der Teilchenphysiker durchaus erreicht, und die vorhergesagte Zeitdifferenz wurde genauestens bestätigt.

Wollten wir in (15.8) $V = c$ setzen (also $\beta = 1$), würden wir das absurde Ergebnis $\Delta t = \Delta t'/0$ erhalten, und für $V > c$ (also $\beta > 1$) ergäbe sich gar ein imaginärer Wert für Δt. Diese Fälle weisen darauf hin, dass V immer kleiner als c sein muss:

$$V < c\,.$$

Diese Aussage hat sich als richtig erwiesen – sie ist eines der wichtigsten Ergebnisse der Relativitätstheorie: Die Relativgeschwindigkeit zweier Inertialsysteme kann c niemals erreichen oder gar übersteigen. Mit anderen Worten ist also die Lichtgeschwindigkeit nicht nur in allen Inertialsystemen gleich, sie ist auch die universelle Grenzgeschwindigkeit für die Bewegung zweier Inertialsysteme relativ zueinander.

Der Faktor $1/\sqrt{1-\beta^2}$ taucht in den Rechnungen der Relativitätstheorie so häufig auf, dass man ihm ein eigenes Formelzeichen gibt:

$$\gamma = \frac{1}{\sqrt{1-\beta^2}}\,. \tag{15.9}$$

Man sollte stets daran denken, dass dieser sogenannte **Gammafaktor** immer die Beziehung $\gamma \geq 1$ erfüllt; für $\beta \to 1$ (d. h. $V \to c$) gilt $\gamma \to \infty$.

Mithilfe des Parameters γ lässt sich Gleichung (15.8) etwas kompakter schreiben als

$$\Delta t = \gamma\,\Delta t' \geq \Delta t'\,. \tag{15.10}$$

Die Asymmetrie dieser Beziehung (dass $\Delta t'$ niemals größer ist als Δt) scheint auf den ersten Blick das erste Postulat der Relativitätstheorie zu verletzen, da es eine spezielle Rolle für das Bezugssystem $\mathcal{S}'$ zum Ausdruck bringt – nämlich in dem Sinne, dass $\mathcal{S}'$

10 Dies ist ein hübsches Beispiel für eine Aufgabe, bei der man für die Rechnung die Binomialnäherung praktisch anwenden *muss*, da die meisten Taschenrechner den Unterschied zwischen 1 und $1 - 10^{-12}$ nicht darstellen können.

ein spezielles Bezugssystem ist, in dem das Zeitintervall minimal wird. Allerdings ist alles so, wie es sein sollte, denn in unserem Gedankenexperiment ist $\mathcal{S}'$ *tatsächlich* etwas Besonderes, weil es dasjenige Bezugssystem ist, in dem die beiden betrachteten Ereignisse (der Lichtblitz und das Tonsignal) am selben Ort stattfinden. (Diese Asymmetrie wurde implizit schon in Abbildung 15.3 gezeigt, in der ein einziger Beobachter zu sehen ist, der $\Delta t'$ misst, aber zwei Beobachter, die Δt messen.) Um diese Asymmetrie zu betonen, bezeichnet man die Zeit $\Delta t'$ oft als Δt_0 und schreibt (15.10) als

$$\Delta t = \gamma \, \Delta t_0 \geq \Delta t_0 \,. \tag{15.11}$$

Der Index 0 von Δt_0 soll unterstreichen, dass Δt_0 diejenige Zeit ist, die auf einer Uhr gemessen wird, die in dem speziellen Bezugssystem ruht, in dem die beiden fraglichen Ereignisse am selben Ort eintreten. Sie wird oft als die **Eigenzeit** zwischen den beiden Ereignissen bezeichnet. In (15.11) ist Δt die entsprechende, in einem *beliebigen* Bezugssystem gemessene Zeit; sie ist immer größer oder gleich der Eigenzeit Δt_0. Aus diesem Grund bezeichnet man den durch (15.11) bezeichneten Effekt als *Zeitdehnung* oder **Zeitdilatation**; salopp gesprochen besagt die Zeitdilatation, dass *eine bewegte Uhr für einen unbewegten Beobachter nachgeht:* Für einen Beobachter auf dem Boden läuft eine Uhr in einem bewegten Zug langsamer.

Zum Schluss möchte ich noch die grundlegende Symmetrie zwischen zwei beliebigen Inertialsystemen betonen. Wir haben unser Gedankenexperiment so durchgeführt, dass dem Bezugssystem $\mathcal{S}'$ eine besondere Rolle zukam (es war das System, in dem der Lichtblitz und das Tonsignal am selben Ort eintraten). Wir hätten das Experiment aber auch genau anders herum durchführen können, also mit der Taschenlampe, dem Spiegel und der Tonquelle auf dem Erdboden; in diesem Fall hätten wir genau den entgegengesetzten Effekt gefunden, nämlich $\Delta t' = \gamma \Delta t$. Wenn man die Formel für die Zeitdilatation in Form von Gleichung (15.11) schreibt, hat man aber den Vorzug, dass man nicht daran denken muss, welches Bezugssystem $\mathcal{S}$ und welches $\mathcal{S}'$ ist; der Index 0 bei Δt_0 bezeichnet immer die Eigenzeit, also das in dem Bezugssystem gemessene Zeitintervall, in dem die beiden Ereignisse am selben Ort eintreten.

Belege für die Zeitdilation

Die Zeitdilatation wurde 1905 vorhergesagt, aber erst 1941 durch die Astrophysiker Bruno Rossi und David B. Hall experimentell belegt.[11] Das Problem bestand natürlich darin, eine „Uhr" zu finden, die schnell genug läuft, um eine messbare Zeitdehnung nachzuweisen. Rossi und Hall nützen die natürlichen „Uhren" von instabilen subatomaren Teilchen, die (im Mittel) nach einer bestimmten, für das jeweilige Teilchen charakteristischen Zeit zerfallen. Die Lebensdauer eines instabilen Teilchens lässt sich mithilfe seiner **Halbwertszeit** $t_{1/2}$ angeben, also der Zeit, in der die Hälfte einer großen Anzahl dieser Teilchen zerfallen ist. Das Myon ist ein solches instabiles Teilchen, das in der oberen Erdatmosphäre entsteht, wenn die kosmische Strahlung (hauptsächlich Protonen und Alphateilchen) aus dem freien Raum mit den Atomen der Atmosphäre kollidieren. Viele der so entstehenden Myonen haben eine Geschwindigkeit nahe der Lichtgeschwindigkeit und leben so lange, dass sie bis zur Erdoberfläche gelangen. Das Myon wurde 1935 von Carl Anderson entdeckt, als er die kosmische Strahlung untersuchte. Seit 1941 kennt man die Halbwertszeit von

11 B. Rossi und D. B. Hall, *Physical Review*, Vol. 59, S. 223 (1941).

etwa $t_{1/2} = 1{,}5\ \mu s$, d. h., dass die Hälfte einer großen Anzahl von *ruhenden* Myonen in dieser Zeit zerfällt. Wenn die Formeln zur Zeitdilatation korrekt sind, dann muss die Halbwertszeit für ein *bewegtes* Myon (gemessen von einem erdfesten Beobachter) gemäß (15.11) um den Faktor γ größer sein. Wenn ein Myon beispielsweise die Geschwindigkeit $0{,}8c$ hat, dann gilt $\gamma = 1{,}67$, und die Halbwertszeit des Myons beträgt

$$t_{1/2}\,(\text{bei } 0{,}8\,c) = 1{,}67 \cdot t_{1/2}\,(\text{in Ruhe}) = 2{,}5\ \mu s\,.$$

Es gelang Rossi und Hall, die durch die kosmische Strahlung erzeugten Myonen nach ihrer Geschwindigkeit zu trennen; die Halbwertszeit fanden sie, indem sie maßen, wie viele von ihnen durch die Atmosphäre bis zum Erdboden gelangten. Obwohl ihre Messungen große experimentelle Fehler aufwiesen, waren sie doch so gut, dass sie Einsteins Vorhersage (15.11) bestätigen und die klassische Annahme einer einzigen universellen Zeit widerlegen konnten.

Eine Prüfung der Zeitdilatation mit von Menschenhand geschaffenen Uhren musste bis zur Entwicklung von supergenauen Atomuhren warten. Im Jahr 1971 wurden vier transportable Atomuhren mit einer Referenzuhr des U. S. Naval Observatory in Washington synchronisiert und dann mit einem Düsenflugzeug einmal um die Erde geflogen. Nach ihrer Rückkehr zum Naval Observatory betrug der Gangunterschied zwischen der Referenzuhr und den „Fluguhren" (273 ± 7) ns (gemittelt über die vier Uhren), in ausgezeichneter Übereinstimmung mit dem vorhergesagten Wert (275 ± 21) ns.[12]

Die Zeitdilatation wurde seitdem immer wieder überprüft, sowohl mit den „natürlichen Uhren" in Gestalt von instabilen Teilchen als auch mit künstlichen Atomuhren. Die Genauigkeit der Versuche konnte immer weiter gesteigert werden, und es gibt heute keinerlei Zweifel mehr, dass die Relativität der Zeit, wie sie sich in Gleichung (15.11) zeigt, korrekt ist. Ein anderer wichtiger Test wird tausendfach in jeder Stunde durchgeführt – mithilfe des GPS-Satellitennavigationssystems (Global Positioning System). Mit diesem System lässt sich die Position von Flugzeugen, Schiffen, Autos oder Wanderern auf wenige Meter genau bestimmen; das GPS-Empfangsgerät misst dazu die Ankunftszeit der Signale von 24 GPS-Satelliten und bestimmt aus den bekannten Positionen der Satelliten seine eigene exakte Position. Um den eigenen Ort auf wenige Meter genau angeben zu können, ist eine auf wenige Nanosekunden genaue Zeitmessung erforderlich, und dazu müssen die relativistischen Unterschiede zwischen den Zeiten der jeweiligen Satelliten und des erdgebundenen Bezugssystems berücksichtigt werden. Der Erfolg des GPS ist ein täglicher Beweis der Richtigkeit der Relativitätstheorie.[13]

12 Vgl. J. C. Haefele und R. E. Keating, *Science*, Vol. 177, S. 166 (1972). Es wurden zwei Flüge durchgeführt, einer westwärts, einer ostwärts, und beide mit befriedigenden Ergebnissen. Die angegebenen Zahlen stammen von dem maßgeblicheren Flug in Westrichtung. – Der Versuch ist nicht nur eine Prüfung der speziellen, sondern zugleich auch eine Prüfung der allgemeinen Relativitätstheorie, weil ein erheblicher Anteil des vorhergesagten Gangunterschieds aus Gravitationseffekten stammt.

13 Eine lesenswerte Zusammenfassung der wichtigen Rolle der Relativitätstheorie bei der Funktion von GPS gibt N. Ashby, *Physics Today*, Mai 2002, S. 41. Wie dort beschrieben, spielen bei der Satellitennavigation sowohl Effekte der speziellen als auch der allgemeinen Relativitätstheorie eine Rolle. Der Erfolg von GPS ist somit eine Prüfung beider Theorien.

15.5 Längenkontraktion

Die Postulate der Relativitätstheorie haben uns zu der Schlussfolgerung gezwungen, dass die Zeit relativ ist – der Zeitraum zwischen zwei Ereignissen ist, in verschiedenen Bezugssystemen gemessen, unterschiedlich. Weit wichtiger: Dieser Schluss hält einer experimentellen Prüfung stand. Das führt dann aber zu dem Schluss, dass die Länge eines Körpers ebenfalls von dem Bezugssystem abhängt, in dem man sie misst. Um das zu erkennen, führen wir ein zweites Gedankenexperiment mit dem Zug aus Abbildung 15.3 durch, bei dem wir diesmal seine Länge messen. Für einen Beobachter (wir wollen ihn Q nennen) im erdfesten Bezugssystem $\mathcal{S}$ ist es wohl am einfachsten, die Zeit zu messen, die der Zug für die Vorbeifahrt benötigt, und dann die Länge aus

$$l = V\Delta t \tag{15.12}$$

zu berechnen.[14]

Um die Länge l' des Zugs in dessen Ruhesystem zu bestimmen, könnte ein Beobachter im Zug einfach einen Zollstock verwenden. Für den Vergleich mit (15.12) ist aber ein anderes Verfahren günstiger. Wir können zwei Beobachter im Zug platzieren, einen an der Zugspitze und einen hinten am Ende des Zuges, und sie die Zeitpunkte aufnehmen lassen, zu denen sie am Beobachter Q auf dem Boden vorbeikommen. Die Differenz $\Delta t'$ zwischen diesen Zeitpunkten ist die Zeit (gemessen im Bezugssystem $\mathcal{S}'$), die der Zug für die Vorbeifahrt an Q benötigt; die Länge des Zuges (wieder in $\mathcal{S}'$ gemessen) ist also

$$l' = V\Delta t' \, . \tag{15.13}$$

Beachten Sie, das wir hier eine wichtige Annahme treffen, nämlich dass die Geschwindigkeit von Bezugssystem $\mathcal{S}$ relativ zu $\mathcal{S}'$ und die Geschwindigkeit V von $\mathcal{S}'$ relativ zu $\mathcal{S}$ denselben Betrag haben (die Richtungen sind allerdings entgegengesetzt). Das ist in der klassischen Mechanik zweifellos richtig, und es bleibt auch in der relativistischen Mechanik richtig, wo es aus den beiden Postulaten folgt. Die Details der Argumentation benötigen ein wenig Sorgfalt, wesentlich ist dabei Folgendes: Betrachten Sie die Transformation von Bezugssystem $\mathcal{S}$ zu $\mathcal{S}'$. Wir bezeichnen sie vorerst mit $\mathcal{S} \to \mathcal{S}'$. Nehmen Sie nun an, dass wir vor der Transformation unsere Achsen um 180° um die y- oder z-Achse drehen, dann die Transformation durchführen und danach wieder zurückdrehen. Die Drehung kehrt die Richtung der x-Achse um (die Drehung im Gegensinn stellt sie anschließend wieder her). In der Summe bewirken alle drei Operationen genau die Transformation $\mathcal{S}' \to \mathcal{S}$. Da die Drehungen garantiert keine Geschwindigkeitsbeträge ändern, haben wir bewiesen, dass die Geschwindigkeit von $\mathcal{S}'$ relativ zu $\mathcal{S}$ (betragsmäßig) dieselbe ist wie die Geschwindigkeit von $\mathcal{S}$ relativ zu $\mathcal{S}'$.

Weil die Zeiten Δt und $\Delta t'$ unterschiedlich sind, sehen wir beim Vergleich von (15.12) und (15.13), dass dann auch die Längen l und l' unterschiedlich sein müssen. Um die Differenz quantitativ angegeben zu können, müssen wir darauf achten, den Zusammenhang zwischen Δt und $\Delta t'$ in der richtigen Relation anzuwenden. Wir haben die Zeiten (gemessen in den Bezugssystemen $\mathcal{S}$ und $\mathcal{S}'$) zwischen

14 Nachdem schon so viele vertraute klassische Ideen in Frage gestellt wurden, können Sie sich berechtigterweise fragen, ob man die klassische Gleichung 15.12 tatsächlich anwenden darf. Diese Formel gibt aber einfach nur die Definition der Geschwindigkeit an (Geschwindigkeit ist Entfernung/Zeit) und muss damit in jedem beliebigen Bezugssystem gelten, jedenfalls solange wir alle auftretenden Größen in demselben Bezugssystem messen.

den Ereignissen „Die Zugspitze passiert den Beobachter Q" und „Das Zugende passiert den Beobachter Q". Diese beiden Ereignisse treten im Bezugssystem $\mathcal{S}$ am selben Ort auf, also ist Δt die Eigenzeit, und somit gilt $\Delta t' = \gamma \Delta t$. Setzen wir das in (15.13) ein und vergleichen mit (15.12), so haben wir $l' = \gamma l$ oder

$$l = \frac{l'}{\gamma} \leq l' . \tag{15.14}$$

Die in $\mathcal{S}$ gemessene Länge des Zuges ist also geringer als die in $\mathcal{S}'$ gemessene Länge (außer im Fall $V = 0$).

Wie die Zeitdilatation ist auch der Effekt (15.14) asymmetrisch, was die Asymmetrie des Experiments widerspiegelt. Das Bezugssystem $\mathcal{S}'$ ist speziell, weil es dasjenige Bezugssystem ist, in dem der zu vermessende Körper (der Zug) in Ruhe ist. [Wir hätten das Experiment natürlich auch anders herum durchführen können. Wenn wir beispielsweise die Länge eines Gebäudes hätten messen wollen, das im erdfesten Bezugssystem in Ruhe ist, dann wären die Rollen von l und l' gerade vertauscht.] Um Verwirrungen zu vermeiden, welches Bezugssystem wir wie bezeichnen, ist es üblich, (15.14) auf folgende Form zu bringen:

$$l = \frac{l_0}{\gamma} \leq l_0 ; \tag{15.15}$$

darin bezeichnet l_0 die Länge eines Körpers, die im **Ruhesystem** des Körpers (d. h. dem Bezugssystem, in dem der Körper in Ruhe ist) gemessen wird, die Länge l ist die Länge in einem *beliebigen* Bezugssystem. Die Länge l_0 wird als **Eigenlänge** des Körpers bezeichnet. Da für $V \neq 0$ immer $l < l_0$ gilt, nennt man den Längenunterschied die **Längenkontraktion** oder **Lorentz-Kontraktion** [nach dem niederländischen Physiker Hendrik Antoon Lorentz (1853–1928); im englischen Sprachraum ist auch die Bezeichnung *FitzGerald-Lorentz contraction* verbreitet, nach dem irischen Physiker George Francis FitzGerald (1851–1901). FitzGerald hatte 1889 aus qualitativen Erwägungen eine solche Kontraktion behauptet, Lorentz hatte 1892 die quantitative Formel angegeben. Beide hatten eine solche Kontraktion unabhängig voneinander vorgeschlagen, um die Ergebnisse des Michelson-Morley-Versuchs im Rahmen der Äthertheorie zu erklären.] Man kann das Ergebnis, salopp gesprochen, so ausdrücken: *Ein bewegter Körper wird als verkürzt wahrgenommen.*

Wie die Zeitdilatation ist auch die Längenkontraktion ein realer Effekt, der durch Experimente wohlbelegt ist. Da die beiden Effekte so eng miteinander verbunden sind, kann man jeden Beleg für den einen auch als Beleg für den anderen werten. Insbesondere kann man den Zerfall eines instabilen Teilchens, das sich mit hoher Geschwindigkeit bewegt, im Ruhesystem des Teilchens betrachtet, als klaren Beleg für die Längenkontraktion ansehen (vgl. Aufgabe 12).

Längen senkrecht zur Relativgeschwindigkeit

Die soeben hergeleitete Längenkontraktion gilt für Längen in Richtung der Relativgeschwindigkeit, etwa für die Länge eines Zuges in Bewegungsrichtung. Man erkennt leicht, dass es für dazu senkrechte Richtungen keine analoge Kontraktion oder Dehnung geben kann, etwa für die Höhe des Zuges. Nehmen Sie dazu als Beispiel an, es gäbe eine solche Kontraktion, und stellen Sie sich zwei Beobachter Q und Q' vor, die in $\mathcal{S}$ bzw. in $\mathcal{S}'$ in Ruhe sind. Stellen Sie sich ferner vor, dass Q und Q' (in Ruhe) gleich groß sind und dass Q' ein Messer genau auf der Scheitelhöhe von Q hält. Wenn es eine Kontraktion gibt, dann wird (in der Beobachtung von Q) der Beobachter Q' schrumpfen, während er vorüberrauscht, und Q wird von dem Messer skalpiert oder gar geköpft. Aber anders als die bisherigen Gedankenexperimente ist dieses Experiment bezüglich der beiden Bezugssysteme völlig symmetrisch: Es gibt nur einen Beobachter in jedem der Bezugssysteme, und der einzige Unterschied besteht in der Richtung ihrer Relativgeschwindigkeit. Daher muss in der Beobachtung von Q' auch Q kontrahiert werden; das Messer verfehlt Q also, und Q wird nicht skalpiert. Die Annahme einer Querkontraktion hat uns zu einem Widerspruch geführt – es kann also keine solche Kontraktion geben. Mit einer ähnlichen Argumentation können wir auch die Möglichkeit einer Expansion ausschließen, und tatsächlich schrammt das Messer, in beiden Bezugssystemen beobachtet, einfach an Q vorbei. Wir schließen daraus, dass Längen senkrecht zur Richtung der Relativbewegung unverändert bleiben. Die Formel (15.15) zur Längenkontraktion gilt nur für Längen parallel zur Bewegungsrichtung.

15.6 Die Lorentz-Transformation

Wir haben gesehen, dass der mathematische Zusammenhang zwischen den Koordinaten in zwei Inertialsystemen $\mathcal{S}$ und $\mathcal{S}'$ entsprechend der klassischen Auffassung von Raum und Zeit durch die Galilei-Transformation (15.1) beschrieben wird. In der Relativitätstheorie kann dieser Zusammenhang aber nicht korrekt sein. (Beispielsweise widerspricht die Zeitdehnung der Gleichung $t = t'$.) Mit einem Gedankengang ähnlich dem, den wir gemeinsam mit Abbildung 15.1 zur Herleitung der Galilei-Transformation verwendet haben, können wir aber den richtigen Zusammenhang erschließen. Wir stellen uns zwei Bezugssysteme vor: $\mathcal{S}$ ist mit dem Erdboden und $\mathcal{S}'$ mit einem Zug verbunden, der sich mit der Geschwindigkeit V relativ zu $\mathcal{S}$ bewegt. Wir stellen uns dann die Explosion eines Knallkörpers vor, die im Punkt P' an der Wand des Waggons einen Brandfleck hinterlässt. Die Explosion hat die Koordinaten (x, y, z, t) (gemessen in $\mathcal{S}$) bzw. (x', y', z', t') (gemessen in $\mathcal{S}'$). Unser Ziel ist es, die x', y', z' und t' mithilfe von Gleichungen auszudrücken, die x, y, z und t enthalten. Das Gedankenexperiment ist in Abbildung 15.4 dargestellt. Es sieht aus wie in Abbildung 15.1, wir müssen nun aber sorgfältig darauf achten, die Bezugssysteme ($\mathcal{S}$ bzw. $\mathcal{S}'$) festzulegen, relativ zu denen die einzelnen Entfernungen gemessen werden.

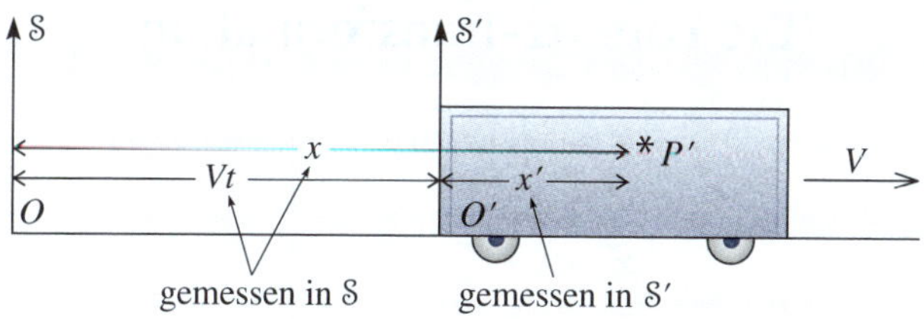

Abbildung 15.4: Die Koordinate x' ist die horizontale Entfernung, gemessen in $\mathcal{S}'$, zwischen dem Ursprung O' und dem Brandfleck in P'. Die Entfernungen x und Vt werden beide in $\mathcal{S}$ zum Zeitpunkt t (gemessen in $\mathcal{S}$) der Explosion gemessen.

Da die Längen senkrecht zur Relativgeschwindigkeit in beiden Bezugssystemen gleich sind, können wir sofort

$$y' = y \qquad \text{und} \qquad z' = z \tag{15.16}$$

schreiben, genau wie bei der Galilei-Transformation. Die Koordinate x' ist die horizontale Entfernung zwischen dem Ursprung O' und dem Brandfleck bei P', gemessen in $\mathcal{S}'$. Dieselbe Entfernung, gemessen in $\mathcal{S}$, ist $x - Vt$, da x bzw. Vt die Entfernungen zwischen O bzw. P' und zwischen O und O' zum Zeitpunkt t der Explosion (gemessen in $\mathcal{S}$) sind. Daher folgt aus der Gleichung (15.15) zur Längenkontraktion (hier ist x' die Eigenlänge)

$$x - Vt = x'/\gamma$$

oder

$$x' = \gamma(x - Vt)\,. \tag{15.17}$$

Das ist die dritte der vier gesuchten Gleichungen. Beachten Sie, dass für $V \ll c$ dann $\gamma \approx 1$ gilt; (15.17) reduziert sich damit auf die Galilei-Relation $x' = x - Vt$.

Um schließlich auch die Gleichung für t' zu erhalten, wenden wir einen einfachen Trick an: Wir wiederholen den vorherigen Gedankengang mit vertauschten Rollen von $\mathcal{S}$ und $\mathcal{S}'$, d. h., wir lassen die Explosion einen Brandfleck in dem Punkt P auf der in $\mathcal{S}$ festen Waggonwand erzeugen. Durch dieselbe Argumentation wie zuvor erhalten wir das Ergebnis

$$x = \gamma(x' + Vt')\,. \tag{15.18}$$

(Beachten Sie, dass wir diesen Ausdruck auch direkt aus (15.17) hätten erhalten können, wenn wir die Variablen mit und ohne Strich vertauscht und statt V nun $-V$ verwendet hätten.) Setzen wir (15.17) in (15.18) ein, können wir x' eliminieren und nach t' auflösen; es ergibt sich (Sie sollten das nachrechnen)

$$t' = \gamma(t - Vx/c^2)\,. \tag{15.19}$$

Das ist die gesuchte Gleichung für t'. Für $V \ll c$ können wir den zweiten Term vernachlässigen, außerdem wird $\gamma \approx 1$, sodass sich (15.19) auf die Galilei-Relation $t' = t$ reduziert.

Stellen wir die Ergebnisse (15.16), (15.17) und (15.19) zusammen, so erhalten wir die gewünschten vier Gleichungen

Die Lorentz-Transformation

$$\left.\begin{aligned} x' &= \gamma(x - Vt) \\ y' &= y \\ z' &= z \\ t' &= \gamma(t - Vx/c^2) \quad . \end{aligned}\right\} \tag{15.20}$$

Diese vier Gleichungen werden als **Lorentz-Transformation**, manchmal auch als *Lorentz-Einstein-Transformation* bezeichnet, zu Ehren einerseits von Lorentz, der sie als Erster veröffentlichte, und andererseits von Einstein, der sie als Erster richtig interpretierte. Die Lorentz-Transformation gibt die Koordinaten (x', y', z', t') eines Ereignisses (gemessen in $\mathcal{S}'$) mithilfe der in $\mathcal{S}$ gemessenen Koordinaten (x, y, z, t) an. Sie ist das relativistisch korrekte Gegenstück der klassischen Galilei-Transformation (15.1).

Wenn wir die Koordinaten (x, y, z, t) mithilfe der Koordinaten (x', y', z', t') ausdrücken wollen, könnten wir die vier Gleichungen (15.20) umstellen, einfacher ist es aber, die Variablen mit und ohne Strich zu vertauschen und V durch $-V$ zu ersetzen. Auf beiden Wegen erhalten wir

Die inverse Lorentz-Transformation

$$\left.\begin{aligned} x &= \gamma(x' + Vt') \\ y &= y' \\ z &= z' \\ t &= \gamma(t' + Vx'/c^2)\,. \end{aligned}\right\} \qquad (15.21)$$

Die Lorentz-Transformation drückt alle Eigenschaften von Raum und Zeit aus, die aus den Postulaten der Relativitätstheorie folgen. Wenn man diese Transformation anwendet, kann man alle kinematischen Zusammenhänge zwischen Messungen in verschiedenen Inertialsystemen berechnen. In den Aufgaben am Ende dieses Kapitels finden Sie mehrere Beispiele zur Anwendung der Lorentz-Transformation, einige stelle ich schon hier vor.

Beispiel 15.2 **Erneute Herleitung der Längenkontraktion** Wenden Sie die Lorentz-Transformation an, um die Formel (15.15) zur Längenkontraktion noch einmal herzuleiten. (Bedenken Sie, dass Sie damit keine alternative Herleitung der Längenkontraktion erhalten, weil die Längenkontraktion schon bei der Herleitung der Lorentz-Transformation berücksichtigt wurde. Verstehen Sie dieses Beispiel lediglich als Plausibilitätsprüfung.)

Lösung ■ Wir betrachten wieder unsere beiden gewohnten Inertialsysteme, $\mathcal{S}$ am Boden und $\mathcal{S}'$ an einem Zug befestigt, der sich entlang der x-Achse mit der Geschwindigkeit V relativ zu $\mathcal{S}$ bewegt. Wir wollen die Werte für die Länge des Zuges, gemessen in $\mathcal{S}$ und $\mathcal{S}'$, miteinander vergleichen. Die Messung in $\mathcal{S}'$ ist einfach, da der Zug in diesem Bezugssystem in Ruhe ist. Ein Beobachter kann die x'-Koordinaten x_1' von der Spitze und x_2' vom Ende des Zuges messen, wie es ihm passt; die Zuglänge ist dann gerade die Differenz $l' = x_2' - x_1'$. Diese Länge ist die Eigenlänge des Zuges:

$$l_0 = l' = x_2' - x_1'\,. \qquad (15.22)$$

Die Messung in $\mathcal{S}$ ist schwieriger, weil der Zug sich bewegt. Man kann, mit gebührender Sorgfalt, zwei Beobachter Q_1 und Q_2 neben dem Gleis platzieren, sodass das Ende des Zuges bei Q_1 genau in dem Moment $(t_1 = t_2)$ vorbeikommt, in dem die Zugspitze bei Q_2 ist. Die in $\mathcal{S}$ gemessene Länge ist dann

$$l = x_2 - x_1\,.$$

Wenden wir nun die Lorentz-Transformation (15.20) auf das Ereignis „Zugspitze bei Q_2“ an, erhalten wir

$$x_2' = \gamma(x_2 - Vt_2)$$

und für das Ereignis „Zugende bei Q_1“

$$x_1' = \gamma(x_1 - Vt_1) .$$

Wenn wir die Gleichungen voneinander subtrahieren und $t_2 = t_1$ berücksichtigen, ergibt sich

$$l_0 = x_2' - x_1' = \gamma(x_2 - x_1) = \gamma l$$

oder $l = l_0/\gamma$ – also genau die Längenkontraktion gemäß (15.15). ■

Unser nächstes Beispiel stellt eines der vielen (Schein-)Paradoxa der Relativitätstheorie vor.

Eine relativistische Schlange

Beispiel 15.3 Eine relativistische Schlange mit der Eigenlänge $l_0 = 100\,\text{cm}$ bewegt sich mit $V = 0{,}6c$ über einen Tisch. Um die Schlange zu ärgern, hält ein Physikstudent zwei Hackmesser in 100 cm Abstand und will damit gleichzeitig auf den Tisch schlagen, wobei das linke Messer unmittelbar hinter dem Schwanz der Schlange aufschlägt. Der Student argumentiert: „Die Schlange bewegt sich mit $\beta = 0{,}6$, also ist ihre Länge um den Faktor $\gamma = 5/4$ verkürzt [rechnen Sie das bitte nach!], beträgt demnach in meinem Bezugssystem 80 cm. Das Messer in meiner rechten Hand schlägt also in großem Abstand vor dem Kopf der Schlange auf, somit bleibt sie unverletzt.“ Die Anordnung ist in Abbildung 15.5 gezeigt. Die Schlange hingegen denkt: „Die Messer nähern sich mir mit $\beta = 0{,}6$, der Abstand zwischen ihnen kontrahiert sich also auf 80 cm, und ich werde von ihnen in Stücke gehauen, wenn sie auf den Tisch aufschlagen.“ Wenden Sie die Lorentz-Transformation an und lösen Sie das Paradoxon auf.

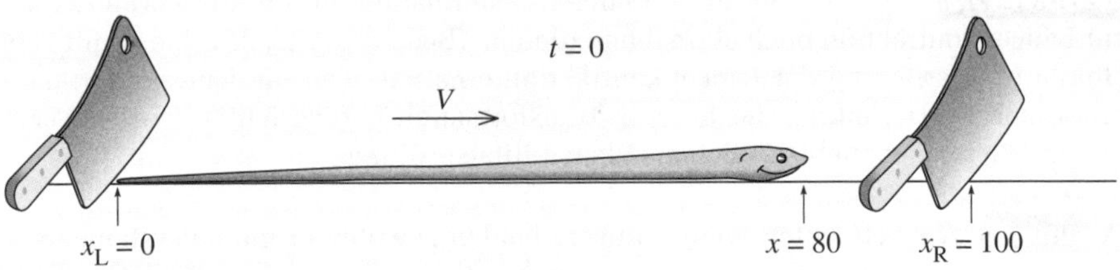

Abbildung 15.5: Das Schlangen-Paradoxon, dargestellt im Bezugssystem $\mathcal{S}$ des Studenten. Die Hackmesser fallen gleichzeitig zum Zeitpunkt $t = 0$.

Lösung ■ Wählen wir die Bezugssysteme $\mathcal{S}$ und $\mathcal{S}'$ in der üblichen Weise. Der Student ist in $\mathcal{S}$ in Ruhe, die Messer sind an den Orten $x_L = 0$ und $x_R = 100\,\text{cm}$. Die Schlange ist in $\mathcal{S}'$ in Ruhe, ihr Schwanz befindet sich bei $x' = 0$ und ihr Kopf bei $x' = 100$. Um den Widerspruch aufzulösen, müssen wir herausfinden, wo und wann die beiden Messer fallen (beobachtet in $\mathcal{S}$ und $\mathcal{S}'$).

In $\mathcal{S}$ fallen die Messer gleichzeitig bei $t = 0$. Zu diesem Zeitpunkt ist der Schwanz der Schlange bei $x = 0$. Da ihre Länge 80 cm beträgt, muss ihr Kopf bei $x = 80\,\text{cm}$ sein. [Sie können das, wenn Sie mögen, mit der Transformationsgleichung $x' = \gamma(x - Vt)$ überprüfen; mit $x = 80\,\text{cm}$ und $t = 0$ ergibt sich der korrekte

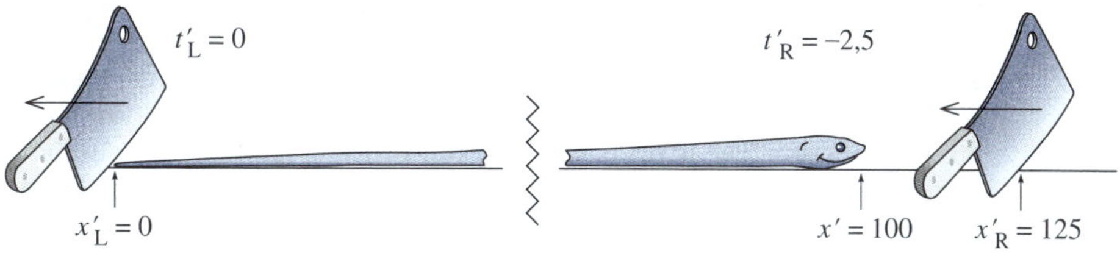

Abbildung 15.6: Das Schlangen-Paradoxon, dargestellt im Bezugssystem $\mathcal{S}'$ der Schlange. Die Messer bewegen sich mit der Geschwindigkeit V nach links, und das rechte Messer fällt 2,5 ns *vor* dem linken. Obwohl die Messer nur einen Abstand von 80 cm haben, liegen die Aufschlagstellen somit 125 cm auseinander.

Wert $x' = 100\,\text{cm}$.] Abbildung 15.5 zeigt das Experiment, wie man es in $\mathcal{S}$ sieht. Das rechte Messer fällt ein gutes Stück vor dem Kopf der Schlange, der Student hat Recht: der Schlange passiert nichts.

Was ist falsch an der Argumentation der Schlange? Für eine Antwort müssen wir die Koordinaten und die Zeiten bestimmen, wo und wann (in $\mathcal{S}'$ beobachtet) die Messer aufschlagen. Das linke Messer fällt zum Zeitpunkt $t_L = 0$ und bei $x_L = 0$. Gemäß der Lorentz-Transformation (15.20) sind die Koordinaten für dieses Ereignis (in $\mathcal{S}'$ beobachtet)

$$t'_L = \gamma(t_L - Vx_L/c^2) = 0$$

und

$$x'_L = \gamma(x_L - Vt_L) = 0\,.$$

Wie erwartet, fällt das linke Messer zur Zeit $t'_L = 0$ unmittelbar hinter dem Schwanz der Schlange, wie im linken Teil von Abbildung 15.6 dargestellt.

Soweit gibt es also keine Überraschung. Doch das rechte Messer fällt zur Zeit $t_R = 0$ bei $x_R = 100\,\text{cm}$. Es fällt also (in $\mathcal{S}'$ beobachtet) zu einer Zeit, die gemäß der Lorentz-Transformation durch

$$t'_R = \gamma(t_R - Vx_R/c^2) = -2{,}5\,\text{ns}$$

gegeben ist (rechnen Sie die Zahlen selbst nach!). Der entscheidende Punkt ist, dass (in $\mathcal{S}'$ beobachtet) *die beiden Messer nicht zur selben Zeit fallen.* Da das rechte Messer *vor* dem linken Messer fällt, trifft es nicht unbedingt auf die Schlange, obwohl die beiden Messer (in diesem Bezugssystem) nur 80 cm Abstand haben. Tatsächlich ist der Ort, an dem das rechte Messer fällt, gemäß der Lorentz-Transformation durch

$$x'_R = \gamma(x_R - Vt_R) = 125\,\text{cm}$$

gegeben. Das rechte Messer verfehlt die Schlange also wirklich!

Die Auflösung dieses Paradoxons – und vieler ähnlicher Paradoxa – besteht darin, dass zwei in einem Bezugssystem gleichzeitige Ereignisse in einem anderen Bezugssystem nicht unbedingt gleichzeitig sein müssen. Dieser Effekt wird daher als **Relativität der Gleichzeitigkeit** bezeichnet. Wenn wir erkannt haben, dass im Bezugssystem der Schlange die beiden Messer zu verschiedenen Zeiten fallen, gibt es kein Problem mehr zu erklären, warum sie beide die Schlange verfehlen. ■

15.7 Relativistische Addition von Geschwindigkeiten

Als nächste – und sehr wichtige – Anwendung der Lorentz-Transformation wollen wir nun eine Formel zur relativistischen Addition von Geschwindigkeiten herleiten. Eine solche Formel beantwortet folgende Frage: Wenn ein Körper – ein Elektron, ein Baseball, ein Planet – sich mit der Geschwindigkeit $\boldsymbol{v}$ relativ zu einem Inertialsystem $\mathcal{S}$ bewegt, wie können wir dann seine Geschwindigkeit $\boldsymbol{v}'$ relativ zu einem anderen Bezugssystem $\mathcal{S}'$ berechnen? In der klassischen Physik verwendet man die **klassische Formel zur Geschwindigkeitsaddition**: Wenn $\boldsymbol{V}$ die Geschwindigkeit von $\mathcal{S}'$ relativ zu $\mathcal{S}$ angibt, dann gilt $\boldsymbol{v}' = \boldsymbol{v} - \boldsymbol{V}$. (Als die Formel ihren Namen erhielt, wurde sie vermutlich als $\boldsymbol{v} = \boldsymbol{v}' + \boldsymbol{V}$ geschrieben.) Für den Spezialfall, dass die Achsen von $\mathcal{S}$ und $\mathcal{S}'$ parallel sind und $\boldsymbol{V}$ in die x-Richtung zeigt (unsere „Standardkonfiguration"), wird daraus

$$v'_x = v_x - V\,, \qquad v'_y = v_y \qquad \text{und} \qquad v'_z = v_z\,. \tag{15.23}$$

Nun wollen wir den entsprechenden relativistischen Ausdruck herleiten.

Betrachten wir ein sich bewegendes Teilchen mit der Position $\boldsymbol{r}(t)$ bzw. $\boldsymbol{r}'(t')$ (gemessen in $\mathcal{S}$ bzw. in $\mathcal{S}'$). Die Geschwindigkeit $\boldsymbol{v}$ ist definiert als die Ableitung

$$\boldsymbol{v} = \frac{\mathrm{d}\boldsymbol{r}}{\mathrm{d}t}\,, \tag{15.24}$$

wobei $\mathrm{d}\boldsymbol{r} = \boldsymbol{r}_2 - \boldsymbol{r}_1$ die infinitesimale Verrückung zwischen den Positionen zu den Zeitpunkten t_1 und $t_2 = t_1 + \mathrm{d}t$ angibt. Wenn wir nun die Lorentz-Transformation auf (x_2, y_2, z_2, t_2) und (x_1, y_1, z_1, t_1) anwenden und die Differenzen bilden, erhalten wir

$$\mathrm{d}x' = \gamma(\mathrm{d}x - V\mathrm{d}t)\,, \quad \mathrm{d}y' = \mathrm{d}y\,, \quad \mathrm{d}z' = \mathrm{d}z\,, \quad \mathrm{d}t' = \gamma(\mathrm{d}t - V\mathrm{d}x/c^2)\,. \tag{15.25}$$

(Beachten Sie, dass $\mathrm{d}\boldsymbol{r}$ und $\mathrm{d}t$ genau dieselben Transformationsgleichungen erfüllen wir $\boldsymbol{r}$ und t. Der Grund dafür ist die Linearität der Lorentz-Tranformation.) Mithilfe der Definition (15.24) können wir die Komponenten von $\boldsymbol{v}'$ angeben, und wenn wir (15.25) einsetzen, erhalten wir für v'_x

$$v'_x = \frac{\mathrm{d}x'}{\mathrm{d}t'} = \frac{\gamma(\mathrm{d}x - V\mathrm{d}t)}{\gamma(\mathrm{d}t - V\mathrm{d}x/c^2)}$$

bzw., nach Kürzen von γ sowie nach Division von Zähler und Nenner durch $\mathrm{d}t$,

$$v'_x = \frac{v_x - V}{1 - v_x V/c^2}\,. \tag{15.26}$$

Analog ergibt sich

$$v'_y = \frac{\mathrm{d}y'}{\mathrm{d}t'} = \frac{\mathrm{d}y}{\gamma(\mathrm{d}t - V\mathrm{d}x/c^2)}\,.$$

Nach Division von Zähler und Nenner durch $\mathrm{d}t$ erhalten wir für v'_y (und entsprechend für v'_z)

$$v'_y = \frac{v_y}{\gamma(1 - v_x V/c^2)} \qquad \text{und} \qquad v'_z = \frac{v_z}{\gamma(1 - v_x V/c^2)}\,. \tag{15.27}$$

Beachten Sie $v'_y \neq v_y$, obwohl $\mathrm{d}y' = \mathrm{d}y$ gilt (da $\mathrm{d}t' \neq \mathrm{d}t$). Beachten Sie weiterhin, dass γ ein Faktor ist, der von der Geschwindigkeit V von $\mathcal{S}'$ bezüglich $\mathcal{S}$ abhängt, also $\gamma = 1/\sqrt{1 - V^2/c^2}$.

Die drei Gleichungen in (15.25) und (15.26) sind die **Gleichungen für die relativistische Geschwindigkeitsaddition**, auch als *relativistische Geschwindigkeitstransformation* bezeichnet. Wenn alle auftretenden Geschwindigkeiten viel kleiner sind als c, gilt $\gamma \approx 1$; wir können dann jeweils den zweiten Term im Nenner ignorieren, und es ergeben sich die klassischen Gleichungen (15.23). Wenn aber die auftretenden Geschwindigkeiten sich c nähern, kann die relativistische Geschwindigkeitstransformation einige überraschende Ergebnisse bringen, wie das folgende Beispiel zeigt.

Beispiel 15.4 Eine Rakete bewegt sich mit $0{,}8c$ relativ zur Erde; sie feuert Kanonenkugeln mit einer Geschwindigkeit von $0{,}6c$ (relativ zur Rakete) in Vorwärtsrichtung ab. Welche Geschwindigkeit haben die Kugeln relativ zur Erde?

Addition zweier Geschwindigkeiten nahe c

Lösung Wenn wir die Bezugssysteme auf die übliche Weise wählen, d. h., $\mathcal{S}$ fest mit der Erde und $\mathcal{S}'$ fest mit der Rakete verbunden, dann haben wir $V = 0{,}8c$ und $v' = 0{,}6c$. Wir wollen v bestimmen. Die klassische Antwort wäre natürlich $v = v' + V = 1{,}4c$. Die relativistische Antwort erhalten wir durch die Umkehrung von (15.26), die sich durch den vertrauten Trick finden lässt, die Variablen mit und ohne Strich zu vertauschen und das Vorzeichen von V umzukehren. Das Ergebnis ist (ich lasse den Index x jeweils weg, da ja alle Geschwindigkeiten in die x-Richtung zeigen)

$$\begin{aligned} v &= \frac{v' + V}{1 + v'V/c^2} \qquad (15.28) \\ &= \frac{0{,}6c + 0{,}8c}{1 + 0{,}8 \cdot 0{,}6} = \frac{1{,}4}{1{,}48}\, c \approx 0{,}95c\,. \end{aligned}$$

Das Überraschende an diesem Ergebnis ist, dass wir bei einer „Addition" von $0{,}8c$ zu $0{,}6c$ einen Wert erhalten, der unter c liegt. Es ist relativ leicht zu beweisen, dass für jede Geschwindigkeit mit $v' < c$ das entsprechende v stets geringer ist als c. (Sie können diesen Beweis in Aufgabe 43 führen.) Mit anderen Worten: Alles, was sich in einem Bezugssystem mit einer Geschwindigkeit unter c bewegt, hat auch in jedem anderen Bezugssystem eine Geschwindigkeit unter c. ■

Beispiel 15.5 Die Rakete aus Beispiel 15.4 gibt nun in Vorwärtsrichtung ein Signal (beispielsweise einen Lichtblitz) mit der Geschwindigkeit c relativ zur Rakete ab. Welche Geschwindigkeit hat das Signal relativ zur Erde?

Addition zweier Geschwindigkeiten, von denen eine gleich c ist

Lösung Hier gilt $v' = c$, aus (15.28) wird also

$$v = \frac{v' + V}{1 + v'V/c^2} = \frac{c + V}{1 + V/c} = c\,. \qquad (15.29)$$

Mit anderen Worten: Ein Signal, das sich in x-Richtung mit der Geschwindigkeit c relativ zu $\mathcal{S}'$ ausbreitet, hat auch relativ zu $\mathcal{S}$ die Geschwindigkeit c. Dieses Ergebnis ist für alle Richtungen gültig, wie Sie in Aufgabe 43 zeigen können. Die Lichtgeschwindigkeit ist also unter der Lorentz-Transformation invariant, in Übereinstimmung mit dem zweiten Postulat der Relativitätstheorie, das uns ja überhaupt erst zur Lorentz-Transformation geführt hat). ■

15.8 Die vierdimensionale Raumzeit; Vierervektoren

Die Lorentz-Transformation (15.20) vermischt die Koordinaten von Raum und Zeit in dem Sinne, dass jede der Gleichungen für x' und t' sowohl x als auch t enthält. Der deutsche Mathematiker Hermann Minkowski (1864–1909) regte an,[15] diese Vermischung von Raum und Zeit durch eine Kombination der drei räumlichen und der zeitlichen Koordinate zu einer vierdimensionalen *Raumzeit* auszudrücken, auf die die Lorentz-Transformation wie eine Art Drehung wirkt. Bevor wir uns mit dieser Idee beschäftigen, schauen wir uns einige grundlegende Erkenntnisse über gewöhnliche Drehungen des unseres alltäglichen dreidimensionalen Raums an.

Drehungen des gewöhnlichen dreidimensionalen Raums

Für die Diskussion von Vektoren im gewöhnlichen dreidimensionalen Raum ist es bequemer, unsere bisherige Notation ein wenig abzuändern: Für eine beliebige Wahl von orthogonalen Achsen werde ich die in Kapitel 1 angegebene Schreibweise mit den drei Einheitsvektoren $\mathbf{e}_1$, $\mathbf{e}_2$ und $\mathbf{e}_3$ verwenden. Die Komponenten eines Vektors $\boldsymbol{q}$ werden wir mit q_1, q_2, q_3 bezeichnen; wir haben also

$$\boldsymbol{q} = q_1\mathbf{e}_1 + q_2\mathbf{e}_2 + q_3\mathbf{e}_3 = \sum_{i=1}^{3} q_i\mathbf{e}_i\,; \tag{15.30}$$

darin gilt wie gewohnt

$$q_i = \mathbf{e}_i \cdot \boldsymbol{q}\,. \tag{15.31}$$

Um konform mit dieser Notation zu sein, bezeichne ich von nun an den Ortsvektor $\boldsymbol{r} = (x, y, z)$ als $\mathbf{x} = (x_1, x_2, x_3)$.

Betrachten Sie nun eine Drehung, die die durch $\mathbf{e}_1$, $\mathbf{e}_2$ und $\mathbf{e}_3$ definierten Achsen in einen anderen Achsensatz mit den Einheitsvektoren $\mathbf{e}'_1$, $\mathbf{e}'_2$ und $\mathbf{e}'_3$ überführt. Die Komponenten q'_i desselben Vektors bezüglich dieser neuen Achsen lassen sich leicht angeben:

$$q'_i = \mathbf{e}'_i \cdot \boldsymbol{q} = \mathbf{e}'_i \cdot \sum_{j=1}^{3} q_j\mathbf{e}_j = \sum_{j=1}^{3} (\mathbf{e}'_i \cdot \mathbf{e}_j) q_j\,. \tag{15.32}$$

Diese Gleichung drückt die Koordinaten q'_i in dem neuen Koordinatensystem als eine Summe über die Koordinaten q_j im alten System aus. (Für Drehungen leistet sie also dasselbe, was die Lorentz-Transformation für den Wechsel zwischen zwei relativ zueinander bewegten Bezugssystemen leistet.) Die Koeffizienten in dieser Summe sind die Skalarprodukte $\mathbf{e}'_i \cdot \mathbf{e}_j$ der Einheitsvektoren des neuen und des alten Systems.[16]

Wir können (15.32) etwas kompakter schreiben, wenn wir die Matrizennotation von Kapitel 10 verwenden: Es bezeichne $\boldsymbol{R}$ die quadratische (3×3)-Matrix mit den Elementen

$$R_{ij} = \mathbf{e}'_i \cdot \mathbf{e}_j\,, \tag{15.33}$$

15 „Von Stund' an sollen Raum für sich und Zeit für sich völlig zu Schatten herabsinken und nur noch eine Art Union der beiden soll Selbständigkeit bewahren." (Vortrag über „Raum und Zeit", gehalten auf der 80. Naturforscherversammlung zu Köln, 21. September 1908. (Anm. d. Übers.)

16 Da $\mathbf{e}'_i \cdot \mathbf{e}_j = \cos\theta_{ij}$ gilt, werden die Zahlen $\mathbf{e}'_i \cdot \mathbf{e}_j$ oft als **Richtungskosinus** der neuen Achsen bezüglich der alten bezeichnet, denn θ_{ij} ist der Winkel zwischen $\mathbf{e}'_i$ und $\mathbf{e}_j$.

und $\boldsymbol{q}$ und $\boldsymbol{q}'$ sollen die (3×1)-Spalten, bestehend aus den Koordinaten

$$\boldsymbol{q} = \begin{bmatrix} q_1 \\ q_2 \\ q_3 \end{bmatrix} \quad \text{und} \quad \boldsymbol{q}' = \begin{bmatrix} q_1' \\ q_2' \\ q_3' \end{bmatrix}, \tag{15.34}$$

bezeichnen. [Wie schon in Kapitel 10 empfiehlt es sich, angesichts dieser Notation nicht die Nerven zu verlieren. Wenn Verwechslungsgefahr besteht, dann vereinbaren wir, dass $\boldsymbol{q}$ eine *Spaltenmatrix* wie in (15.34) ist, aber wenn diese Gefahr nicht besteht, nennen wir $\boldsymbol{q}$ weiterhin einen „Vektor“ und schreiben ihn sogar in der Zeilenform (q_1, q_2, q_3).] Mit dieser Notation nimmt die Drehung (15.32) die kompakte Form

$$\boldsymbol{q}' = \boldsymbol{R}\boldsymbol{q} \tag{15.35}$$

an. Die Drehung unserer Achsen hat also die Wirkung, dass wir die Spalte $\boldsymbol{q}$ der Koordinaten q_i mit einer bestimmten (3×3)-**Drehmatrix $\boldsymbol{R}$** multiplizieren.

Beispiel 15.6 Betrachten Sie einen Satz von rechtwinkligen Achsen; die x_1-x_2-Ebene liegt horizontal, die x_3-Achse zeigt senkrecht nach oben. Nehmen Sie nun an, dass wir diese Achsen um die x_2-Achse um einen Winkel θ drehen, sodass sich ein neuer Achsensatz ergibt (Abbildung 15.7). Bestimmen Sie die Drehmatrix $\boldsymbol{R}$ für diese Drehung.

Eine einfache Drehung um eine Achse

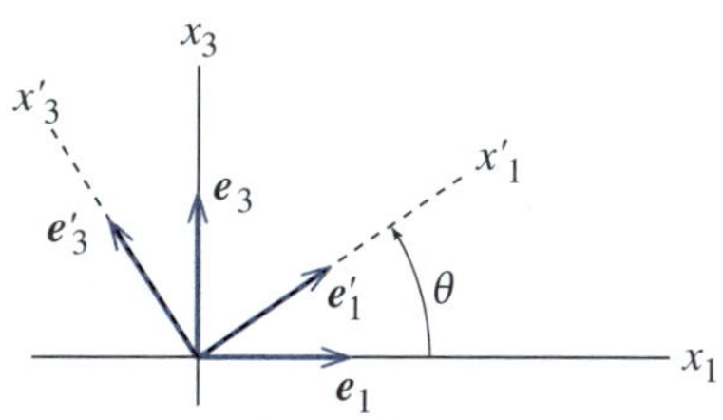

Abbildung 15.7: Die mit einem Strich gekennzeichneten Achsen erhält man aus den Achsen ohne Strich durch eine Drehung gegen den Uhrzeigersinn um die x_2-Achse (zeigt in die Zeichenebene hinein) um einen Winkel θ. Die x_2-Richtung bleibt durch diese Drehung unberührt; beide Einheitsvektoren $\boldsymbol{e}_2$ und $\boldsymbol{e}_2'$ zeigen in die Zeichenebene hinein.

Lösung ■ Mithilfe von (15.33) lässt sich die Drehmatrix $\boldsymbol{R}$ leicht angeben. Bei näherer Betrachtung von Abbildung 15.7 kann man die notwendigen Skalarprodukte berechnen und erhält

$$\boldsymbol{R} = \begin{bmatrix} \cos\theta & 0 & \sin\theta \\ 0 & 1 & 0 \\ -\sin\theta & 0 & \cos\theta \end{bmatrix}. \tag{15.36}$$

Die Drehung $\boldsymbol{R}$ der Koordinaten eines beliebigen Punkts führt also zu $\mathbf{x}' = \boldsymbol{R}\mathbf{x}$ bzw.

$$\left.\begin{aligned} x_1' &= (\cos\theta)x_1 + (\sin\theta)x_3 \\ x_2' &= x_2 \\ x_3' &= (-\sin\theta)x_1 + (\cos\theta)x_3\,. \end{aligned}\right\} \tag{15.37}$$

Eines der besten Argumente dafür, die drei Zahlen x_1, x_2, x_3 als Koordinaten in einem gemeinsamen dreidimensionalen Raum aufzufassen, besteht darin, dass eine Drehung sie in der in (15.37) beschriebenen Weise vermischen kann: Man könnte ja beispielsweise die Ansicht vertreten, dass vertikale Entfernungen (x_3) sich grundsätzlich von den horizontalen Entfernungen (x_1 oder x_2) unterscheiden.[17] Gegen diese Ansicht spricht aber, dass (15.37) die x_1 und x_3 miteinander vermischt (und für $\theta = \pi/2$ ihre Rollen sogar einfach vertauscht). Wir werden im Folgenden in ähnlicher Weise argumentieren, dass die Lorentz-Transformation eine Art Drehung ist, die die räumlichen und zeitlichen Koordinaten einer vierdimensionalen Raumzeit miteinander mischt. ■

Die Lorentz-Transformation als „Drehung" der Raumzeit

Ein Blick auf die Lorentz-Transformation (15.20) sollte Sie davon überzeugen, dass sie x und t in gewissem Sinne ähnlich miteinander vermischt wie die Rotation (15.37) das mit den x_1 und x_3 tut. Wenn wir unsere Notation ein wenig aufhübschen, wird das noch deutlicher. Zunächst benennen wir unsere räumlichen Koordinaten wie oben in x_1, x_2, x_3 um, dann führen wir eine vierte Koordinate

$$x_4 = ct \qquad (15.38)$$

ein; der Faktor c darin sichert, dass x_4 dieselbe Dimension hat wie x_1, x_2 und x_3.[18] Wenn wir dann an die Definition $\beta = V/c$ denken, können wir die Lorentz-Transformation (15.20) umschreiben zu

$$\left.\begin{aligned} x_1' &= \gamma x_1 - \gamma\beta x_4 \\ x_2' &= x_2 \\ x_3' &= x_3 \\ x_4' &= -\gamma\beta x_1 + \gamma x_4 \,. \end{aligned}\right\} \qquad (15.39)$$

Wir können die Parallele zur Drehung (15.37) noch deutlicher machen, wenn wir einen „Winkel" ϕ definieren, für den $\gamma = \cosh\phi$ gilt (das geht wegen $\gamma \geq 1$). Einige einfache algebraische Umformungen (vgl. Aufgabe 30) sollten Sie davon überzeugen,

17 Eine solche Ansicht erscheint bizarr, ist in manchen Bereichen aber durchaus üblich. Im Wasserbau in den USA beispielsweise wird das Fassungsvermögen von Kanälen, Stauseen oder großflächigen Wasserbehältern in „acre-feet" angegeben; gemeint ist die Wassermenge, die man benötigt, um eine Fläche von 1 acre mit einer Tiefe von 1 foot zu fluten. Da ein acre 43 560 ft^2 (Quadratfuß) misst, ist das eine Wassermenge von 43 560 ft^3 (Kubikfuß). Die Besonderheit dabei ist, dass man bei einem Volumenmaß gewöhnlich einen Würfel mit drei gleichen Kantenlängen erwartet. Das wäre beim acre-foot ein Würfel mit der Kantenlänge von gut 35 feet, etwa 10,72 m. Nach der US-amerikanischen Definition handelt es sich aber um einen Quader mit drei unterschiedlichen Kantenlängen: 1 furlong × 1 chain × 1 foot = 660 ft × 66 ft × 1 ft (oder 1 acre × 1 foot). Offenbar werden hier horizontale und vertikale Koordinaten unterschiedlich verwendet.

18 Vielerorts ist es üblich, die vierte Koordinate mit $x_0 = ct$ zu bezeichnen. Damit ändert sich zwar die Reihenfolge der Spalten in der später eingeführten Transformationsmatrix, eine inhaltliche Änderung ist das aber natürlich nicht. (Anm. d. Übers.)

dass dann $\gamma\beta = \sinh\phi$ gilt, und (15.39) wird zu

$$\left.\begin{aligned} x_1' &= (\cosh\phi)x_1 - (\sinh\phi)x_4 \\ x_2' &= x_2 \\ x_3' &= x_3 \\ x_4' &= (-\sinh\phi)x_1 + (\cosh\phi)x_4 \,. \end{aligned}\right\} \tag{15.40}$$

Damit ist unsere Parallele so eng wie sie nur sein kann. Es ist wichtig zu verstehen, dass niemand behaupten würde, die Lorentz-Transformation (15.40) würde x_1 und x_4 in *exakt* derselben Weise vermischen, wie das die Drehung (15.37) mit x_1 und x_3 tut – wie man sieht, sind aus den trigonometrischen Funktionen von (15.37) in (15.40) hyperbolische Funktionen geworden (und ein Vorzeichen hat sich geändert). Dennoch ist die Parallele sehr eng, und sie ist ein schlagkräftiges Argument dafür, $x_4 = ct$ als die vierte Koordinaten in einer **vierdimensionalen Raumzeit** (kurz auch als *Viererraum* bezeichnet) aufzufassen.

Vierervektoren

Die vier Zahlen x_1, x_2, x_3 und $x_4 = ct$ bilden einen Vektor in der vierdimensionalen Raumzeit. Solche Vektoren werden als **Vierervektoren** bezeichnet, um sie von den dreidimensionalen Vektoren (Dreiervektoren) wie den Ortsvektoren $\mathbf{x} = (x_1, x_2, x_3)$ zu unterscheiden. Leider sind für Vierervektoren verschiedene Notationen in Gebrauch. Ich werde Vierervektoren mit einfachen Kursivbuchstaben schreiben, beispielsweise

$$x = (x_1, x_2, x_3, x_4) = (\mathbf{x}, ct)$$

für den gerade diskutierten Raumzeitvektor. Wir werden aber auch anderen Vierervektoren (beispielsweise dem Viererimpuls p, den ich gleich definieren werde) begegnen. Meine Schreibweise für einen beliebigen Vierervektor ist

$$q = (q_1, q_2, q_3, q_4) = (\boldsymbol{q}, q_4)\,,$$

wobei das fett-kursive $\boldsymbol{q}$, das aus den ersten drei Komponenten von q besteht, als der *räumliche Anteil* von q und die vierte Komponente q_4 als der *zeitliche Anteil* von q bezeichnet wird.[19]

Wie bei Dreiervektoren ist es oft vorteilhaft, Vierervektoren als (4×1)-*Spaltenvektoren* aufzufassen:

$$\begin{bmatrix} x_1 \\ x_2 \\ x_3 \\ x_4 \end{bmatrix} \quad \text{und} \quad \begin{bmatrix} q_1 \\ q_2 \\ q_3 \\ q_4 \end{bmatrix}. \tag{15.41}$$

Mit dieser Notation lässt sich die Lorentz-Transformation (15.39) in Matrizenform als

$$x' = \Lambda x \tag{15.42}$$

19 Diese Schreibweise hat zwei Nachteile, die Ihnen bewusst sein sollten: (1) Da wir kursive Buchstaben auch für Skalare verwenden (z. B. m für die Masse), können Sie nur aus dem Kontext erkennen, ob es sich um einen Vierervektor oder um einen Skalar handelt. (2) Wir können nicht mehr die Konvention verwenden, dass q den Betrag des Dreiervektors $\boldsymbol{q}$ angibt. Stattdessen müssen wir dafür $|\boldsymbol{q}|$ schreiben; ich werde allerdings weiterhin r für den Betrag des Ortsvektors (also $r = |\mathbf{x}|$) verwenden.

schreiben, worin Λ die (4×4)-Matrix

$$\Lambda = \begin{bmatrix} \gamma & 0 & 0 & -\gamma\beta \\ 0 & 1 & 0 & 0 \\ 0 & 0 & 1 & 0 \\ -\gamma\beta & 0 & 0 & \gamma \end{bmatrix} \qquad \text{[Standardtransformation]} \qquad (15.43)$$

ist. Das ist nicht die allgemeinste Lorentz-Transformation, sondern die Transformation zwischen zwei Bezugssystemen in der von uns so genannten Standardkonfiguration, d. h., entsprechende Achsen sind parallel, und die Geschwindigkeit von $\mathcal{S}'$ relativ zu $\mathcal{S}$ verläuft parallel zur x-Achse. Für viele Zwecke reicht es, diese **Standardtransformation** zu verwenden. Trotzdem wollen wir uns noch kurz allgemeinere Transformationen anschauen.

Jede Lorentz-Transformation, die die einander entsprechenden Achsen parallel lässt, wird als **Lorentz-Boost** bezeichnet (von *to boost* „schieben"), da sie nur von einem Bezugssystem auf ein anderes verschiebt, das sich mit konstanter Geschwindigkeit relativ zum ersten bewegt, und keine Drehung umfasst. Die allgemeine Transformation enthält aber auch Drehanteile. Wenn die Transformation eine *reine* Drehung ist (keine Relativbewegung, nur eine Änderung der Orientierung), dann gilt natürlich $t = t'$, und nur die drei räumlichen Koordinaten ändern sich. Somit können wir auch eine reine Drehung in der Form (15.42) schreiben; hier hat aber die (4×4)-Matrix Λ die Blockform

$$\Lambda = \Lambda_{\mathrm{R}} = \left[\begin{array}{ccc|c} & & & 0 \\ & \boldsymbol{R} & & 0 \\ & & & 0 \\ \hline 0 & 0 & 0 & 1 \end{array}\right]; \qquad \text{[reine Drehung]}, \qquad (15.44)$$

wobei $\boldsymbol{R}$ die (3×3)-Matrix der jeweiligen Drehung ist. (Wenn Sie eine solche Blockmatrix noch nie gesehen haben, schreiben Sie die Gleichung $x' = \Lambda_{\mathrm{R}} x$ in allen Einzelheiten aus und schauen Sie sich an, wie sie die drei räumlichen Koordinaten dreht, aber die vierte Komponente unverändert lässt, sodass weiterhin $t' = t$ gilt.)

Wenn wir einen reinen Lorentz-Boost Λ_{B} in eine *beliebige* Richtung $\boldsymbol{u}$ angeben wollen, können wir ihn aus einer Anzahl von Drehungen plus einer Standardtransformation konstruieren: Zuerst drehen wir, sodass unsere neue x_1-Achse entlang der gewünschten Richtung $\boldsymbol{u}$ zeigt; dann führen wir die Standardtransformation (15.43) durch und drehen danach zur ursprünglichen Orientierung zurück. Somit lässt sich jede Lorentz-Transformation Λ als Produkt einer Standardtransformation, gefolgt von einer geeigneten Drehung, darstellen: $\Lambda = \Lambda_{\mathrm{R}}\Lambda_{\mathrm{B}}$.[20] Um ein wenig Übung im Umgang mit verschiedenen Lorentz-Transformationen zu erhalten, befassen Sie sich mit den Aufgaben 32 bis 34.

Ein Vierervektor ist definiert als etwas, das sich unter allen Lorentz-Transformationen (15.42) in derselben Weise transformiert wie der Raumzeitvektor $x = (\mathbf{x}, ct)$. Die formale Definition ist folgende:

20 Auch dies ist noch nicht die *allgemeinste* Transformation, da noch immer die räumlichen Ursprünge unserer beiden Bezugssysteme für $t = t' = 0$ zusammenfallen; dies kann man aber berücksichtigen, indem man einen der beiden Ursprünge verschiebt. Diese zusätzliche Möglichkeit soll uns hier jedoch nicht kümmern.

Definition eines Vierervektors

In jedem Inertialsystem $\mathcal{S}$ wird ein Vierervektor durch einen Satz von vier Zahlen $q = (q_1, q_2, q_3, q_4)$ angegeben, wobei die Werte in den beiden Bezugssystemen $\mathcal{S}$ und $\mathcal{S}'$ über die Gleichung $q' = \Lambda q$ zusammenhängen. Λ ist dabei die Lorentz-Transformation von $\mathcal{S}$ zu $\mathcal{S}'$.

Offensichtlich genügt der Raumzeitvektor $x = (\mathbf{x}, ct)$ dieser Definition, und wir werden in den nächsten Abschnitten noch etliche weitere Beispiele für Vierervektoren finden (darunter den bereits erwähnten Viererimpuls p).

Der große Vorzug der Schreibweise mit Vierervektoren ist, dass man damit fast mühelos überprüfen kann, ob ein neu aufgestelltes Gesetz relativistisch invariant ist. Nehmen Sie beispielsweise an, es gäbe ein physikalisches Gesetz der Form

$$q = p, \tag{15.45}$$

von dem wir wissen, dass q und p Vierervektoren sind. (Wie wir sehen werden, hat der Impulserhaltungssatz $p_{\mathrm{E}} = p_{\mathrm{A}}$ diese Form.) Nehmen Sie weiter an, dass dieses Gesetz in einem Bezugssystem $\mathcal{S}$ gilt. Da die entsprechenden Werte in einem beliebigen anderen Inertialsystem $\mathcal{S}'$ dann $q' = \Lambda q$ und $p' = \Lambda p$ sind, müssen wir nur beide Seiten von (15.45) mit Λ multiplizieren und sehen sofort, dass $q' = p'$. Mit anderen Worten: Die Gültigkeit unseres postulierten Vierervektorgesetzes (15.45) in einem Bezugssystem $\mathcal{S}$ stellt dann auch dessen Gültigkeit in einem anderen Bezugssystem $\mathcal{S}'$ sicher. (Das garantiert natürlich noch nicht, dass dieses Gesetz *wahr* ist – das kann nur das Experiment entscheiden –, doch es garantiert sehr wohl, dass das Gesetz mit den Postulaten der Relativitätstheorie vereinbar ist.)

Eine skalare Größe, die unter Drehungen (im Dreidimensionalen) invariant ist, heißt **Drehskalar** oder **Dreierskalar**; beispielsweise ist die Masse m eines Körpers ein Dreierskalar, ebenso die Zeit t. In gleicher Weise bezeichnet man eine skalare Größe, die unter Lorentz-Transformationen invariant ist, als **Lorentz-Skalar** oder **Viererskalar**. Wir werden sehen, dass beispielsweise die Masse – wenn man sie geeignet definiert – ein Viererskalar ist, d. h., die Masse eines Körpers hat in allen Inertialsystemen denselben Wert. Die Zeit t hingegen ist kein Viererskalar; stattdessen ist sie, wie wir bereits gesehen haben, die vierte Komponente eines Vierervektors.

15.9 Das invariante Skalarprodukt

Ein Satz von Transformationen – etwa der Satz aller Drehungen im Dreierraum oder alle Lorentz-Transformationen im Viererraum – lässt sich oft durch die Größen charakterisieren, die sich durch diese Transformationen nicht ändern, also invariant sind. Unser Hauptinteresse gilt natürlich den Lorentz-Transformationen, doch um uns ein wenig darauf vorzubereiten, was wir zu erwarten haben, schauen wir uns zunächst die Drehungen an.

Das invariante Skalarprodukt im Dreierraum

Eine der offensichtlichsten Eigenschaften von Drehungen im Dreierraum ist, dass sie die Länge eines Vektors nicht verändern. Wenn wir

$$s = \mathbf{x} \cdot \mathbf{x} = x_1^2 + x_2^2 + x_3^2 \tag{15.46}$$

als das Quadrat der Länge eines Vektors $\mathbf{x}$ definieren, dann hat $s = \mathbf{x} \cdot \mathbf{x}$ in einem Koordinatensystem denselben Wert wie $s' = \mathbf{x}' \cdot \mathbf{x}'$ in einem anderen System, das durch Drehung aus dem ersten hervorgegangen ist. (In der am Ende des letzten Abschnitts eingeführten Terminologie ist s ein Drehskalar.) Da dies für jedes $\mathbf{x}$ gilt, können wir $\mathbf{x}$ auch durch $\mathbf{x} = \boldsymbol{a} + \boldsymbol{b}$ ersetzen ($\boldsymbol{a}$ und $\boldsymbol{b}$ sind dabei zwei beliebige andere Vektoren), und aus der Invarianz von $(\boldsymbol{a} + \boldsymbol{b})^2$ folgt

$$\boldsymbol{a} \cdot \boldsymbol{a} + 2\boldsymbol{a} \cdot \boldsymbol{b} + \boldsymbol{b} \cdot \boldsymbol{b} = \boldsymbol{a}' \cdot \boldsymbol{a}' + 2\boldsymbol{a}' \cdot \boldsymbol{b}' + \boldsymbol{b}' \cdot \boldsymbol{b}' \,. \tag{15.47}$$

Wenn wir die Terme eliminieren, von denen wir bereits wissen, dass sie gleich sind, erhalten wir

$$\boldsymbol{a} \cdot \boldsymbol{b} = \boldsymbol{a}' \cdot \boldsymbol{b}' \,. \tag{15.48}$$

Mit anderen Worten: Aus der Invarianz der Länge eines beliebigen Dreiervektors unter einer Drehung folgt, dass das Skalarprodukt zweier beliebiger Dreiervektoren invariant ist. Einen analogen Gedankengang werden wir nun auf das Skalarprodukt im Viererraum anwenden.

Das invariante Skalarprodukt im Viererraum

Auch im Viererraum lässt sich ein Skalarprodukt konstruieren, das einige der Eigenschaften von dessen dreidimensionalem Analogon hat. Definieren wir also für einen beliebigen Vierervektor $x = (x_1, x_2, x_3, x_4) = (\mathbf{x}, ct)$

$$s = x_1^2 + x_2^2 + x_3^2 - x_4^2 = r^2 - c^2 t^2 \,. \tag{15.49}$$

Dieses s ist offenbar eine Verallgemeinerung des dreidimensionalen Längenquadrats; beachten Sie aber das Minuszeichen vor dem vierten Term! (Wegen dieses Minuszeichens sind die Lorentz-Transformationen der Raumzeit nicht genau analog zu den Drehungen des dreidimensionalen Raums.) Wie sich leicht beweisen lässt, ist die Größe s unter Lorentz-Transformationen invariant: Betrachten Sie die Standardtransformation (15.39). Unter dieser Transformation wird die Größe s zu

$$\begin{aligned}
s' &= x_1'^2 + x_2'^2 + x_3'^2 - x_4'^2 \\
&= \gamma^2 (x_1 - \beta x_4)^2 + x_2^2 + x_3^2 - \gamma^2(-\beta x_1 + x_4)^2 \\
&= \gamma^2 (1 - \beta^2) x_1^2 + x_2^2 + x_3^2 - \gamma^2 (1 - \beta^2) x_4^2 \\
&= s \,;
\end{aligned}$$

das letzte Gleichheitszeichen gilt wegen $\gamma^2(1 - \beta^2) = 1$. Daher ist die Größe s unter der Standardtransformation invariant. Wir haben aber bereits gesehen, dass sich eine beliebige Lorentz-Transformation aus einer Standardtransformation und Drehungen aufbauen lässt, und s ändert sich unter einer Drehung garantiert nicht (weil r^2 und t unter Drehungen jeweils sich invariant sind). Somit ist s unter *beliebigen* Lorentz-Transformationen invariant.

Bevor wir untersuchen, welche Bedeutung die Invarianz dieser neuen Größe s hat, können wir mit ihrer Hilfe ein **invariantes Skalarprodukt** im Viererraum definieren. Für zwei beliebige Vektoren $x = (x_1, x_2, x_3, x_4)$ und $y = (y_1, y_2, y_3, y_4)$ definieren wir[21]

$$x \cdot y = x_1 y_1 + x_2 y_2 + x_3 y_3 - x_4 y_4 \,. \tag{15.50}$$

(Achten Sie wieder auf der Minuszeichen vor der vierten Komponente – dieses „Skalarprodukt" ist etwas anders definiert als das übliche Skalarprodukt im gewöhnlichen dreidimensionalen Raum.) Offenbar ist das invariante s aus (15.49) einfach $s = x \cdot x$. Und wie bei den Drehungen folgt aus dem Gedankengang, der von (15.47) auf (15.48) führt, dass das Skalarprodukt $x \cdot y$ für zwei beliebige Vierervektoren x und y invariant ist, weil schon $x \cdot x$ für einen beliebigen Vierervektor x invariant ist. Wir werden sehen, dass das Skalarprodukt $x \cdot y$ in der Relativitätstheorie dieselbe wichtige Rolle spielt wie das „gewöhnliche" Skalarprodukt $\mathbf{x} \cdot \mathbf{y}$ in der klassischen Physik. Das Skalarprodukt eines beliebigen Vierervektors x mit sich selbst wird oft als $x \cdot x = x^2$ geschrieben und kann als „invariantes Längenquadrat" von x bezeichnet werden; man sollte sich durch diese Terminologie allerdings nicht dazu hinreißen lassen zu glauben, dass x^2 positiv sei. Im Gegenteil, x^2 kann offensichtlich positiv, negativ oder null sein.

Für künftige Rückbezüge können wir die Invarianz von $x \cdot y$ als Eigenschaft der Lorentz-Matrizen formulieren: Bekanntermaßen haben wir unabhängig von den Werten x und y stets $x \cdot y = x' \cdot y'$, sofern x' bzw. y' durch eine Lorentz-Transformation Λ aus x bzw. y hervorgeht (d. h. $x' = \Lambda x$ und $y' = \Lambda y$). Daher können wir sagen, dass für eine beliebige Lorentz-Transformation Λ und zwei Spaltenvektoren x und y mit je vier Zahlen gilt

$$x \cdot y = (\Lambda x) \cdot (\Lambda y) \,. \tag{15.51}$$

Wir wollen verstehen, was es mit dem Skalarprodukt auf sich hat. Dazu betrachten wir ein Experiment, bei dem eine Taschenlampe am Ursprung $\mathbf{x} = 0$ zur Zeit $t = 0$ (im Bezugssystem $\mathcal{S}$) einen Lichtblitz aussendet. Das Licht breitet sich mit der Geschwindigkeit c aus, sodass es zu einem späteren Zeitpunkt t die Kugeloberfläche $r^2 = c^2 t^2$ füllt. Mit unserer neuen Notation können wir also sagen, dass die sich ausbreitende Wellenfront durch die Bedingung $x \cdot x = r^2 - c^2 t^2 = 0$ lokalisiert ist. Nun folgt aber aus der Invarianz von $x \cdot x$, dass $x \cdot x = 0$ dann und nur dann gilt, wenn auch $x' \cdot x' = 0$ in einem beliebigen anderen Bezugssystem $\mathcal{S}'$ gilt. Daher ist eine – von $\mathcal{S}$ aus gesehen – sich mit c ausbreitende sphärische Welle auch in $\mathcal{S}'$ eine sich mit c ausbreitende sphärische Welle, und umgekehrt. Die Invarianz des Skalarprodukts $x \cdot x$ ist also ein Widerschein des zweiten relativistischen Postulats, nach dem die Lichtgeschwindigkeit in allen Inertialsystemen gleich ist.

15.10 Der Kausalitätskegel

Mit dem Skalarprodukt $x \cdot x$ können wir die Raumzeit in fünf physikalisch verschiedene Bereiche aufteilen. Zur Veranschaulichung dieser Aussage ist es üblich, eine der räumlichen Dimensionen (etwa x_3) zu vernachlässigen, sodass wir die beiden verbleibenden räumlichen Dimensionen horizontal und $x_4 = ct$ vertikal nach oben auftragen

21 Seien Sie gewarnt! Die Physiker verwenden zu etwa gleichen Teilen die in (15.50) angegebene und eine davon abweichende Definition, bei der vor dem gesamten Ausdruck ein Minuszeichen steht. Beide Konventionen haben ihre Vor- und Nachteile.

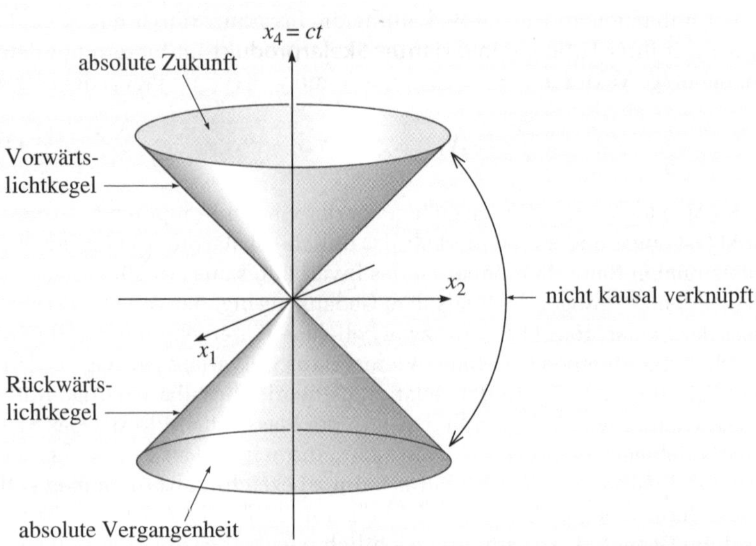

Abbildung 15.8: Der Kausalitätskegel ist durch die Bedingung $x \cdot x = r^2 - c^2 t^2 = 0$ definiert und teilt die Raumzeit in fünf verschiedene Bereiche: die Mantelfläche des Vorwärts- und des Rückwärtslichtkegels mit $t > 0$ bzw. $t < 0$; das Innere des Vorwärts- und des Rückwärtslichtkegels, als „absolute Zukunft" bzw. „absolute Vergangenheit" bezeichnet; und der Bereich außerhalb des Kausalitätskegels, in dem es keine kausale Verknüpfung gibt.

können, so wie in Abbildung 15.8. (Mathematisch führt das dazu, dass wir uns auf die „Ebene" $x_3 = 0$ beschränken.) Wir betrachten wieder das Licht einer Taschenlampe, die im Ursprung O der Raumzeit angeschaltet wird (d. h., sie geht zum Zeitpunkt $t = 0$ bei $\mathbf{x} = 0$ an). Im Laufe der Zeit bewegt sich das Licht in der x_1-x_2-Ebene auf einem sich ausdehnenden Kreis mit $r^2 = c^2 t^2$ nach außen; es bildet sich also der in Abbildung 15.8 gezeigte obere Halbkegel. Dieser sogenannte **Vorwärtslichtkegel** ist somit der Ort aller Punkte der Raumzeit, die durch das vom Ursprung O ausgehende Licht erreicht werden. Mathematisch ist er der Ort aller Raumzeitpunkte $x = (\mathbf{x}, ct)$, die die Gleichung $x \cdot x = r^2 - c^2 t^2 = 0$ mit $t > 0$ erfüllen.

Der in Abbildung 15.8 gezeigte untere Kegel wird als **Rückwärtslichtkegel** bezeichnet und ist die Menge aller Raumzeitpunkte $x = (\mathbf{x}, ct)$ mit der Eigenschaft, dass das von x ausgehende Licht irgendwann durch den Ursprung O verläuft. Den vollständigen Doppelkegel (Vorwärts- und Rückwärtslichtkegel) bezeichnet man als **Lichtkegel** oder – aus Gründen, die wir gleich noch diskutieren werden – als **Kausalitätskegel**. Er besteht aus den Geraden, die den Weg eines durch den Ursprung verlaufenden Lichtstrahls kennzeichnen. Da das Licht sich mit der Geschwindigkeit c ausbreitet und x_4 sinnvollerweise als $x_4 = ct$ definiert wurde, haben diese Geraden die Steigung 1; die Mantelfläche des Kausalitätskegels bildet also (wenn im richtigen Maßstab gezeichnet) einen Winkel von 45° mit der Zeitachse. Da der Kausalitätskegel durch die Bedingung $x \cdot x = 0$ definiert und $x \cdot x$ invariant ist (d. h. in allen Bezugssystemen denselben Wert hat), muss auch der Kausalitätskegel invariant sein. Mit anderen Worten: Zwei Beobachter in zwei verschiedenen Bezugssystemen werden immer übereinstimmend sagen können, welche Punkte auf dem Kausalitätskegel liegen.

Das Innere des Kausalitätskegels; Zukunft und Vergangenheit

Betrachten Sie nun einen Raumzeitpunkt P mit den Koordinaten $x = (\mathbf{x}, ct)$ im Inneren des Vorwärtslichtkegels. Offensichtlich gilt $t > 0$ und $r^2 < c^2t^2$ bzw.

$$\left.\begin{array}{ll} x_4 > 0 \quad \text{und} & \\ x_1^2 + x_2^2 + x_3^2 < x_4^2 & \qquad (\text{oder } x \cdot x < 0)\,. \end{array}\right\} \tag{15.52}$$

Diese beiden Bedingungen haben eine bemerkenswerte Konsequenz: Zunächst können wir für jedes Ereignis in P aussagen, dass es später als ein Ereignis in O eintritt, denn es gilt ja $t > 0$ (zumindest in dem Bezugssystem $\mathcal{S}$, in dem wir unsere Koordinaten x messen). Was aber ist mit einem anderen Bezugssystem $\mathcal{S}'$? Beachten Sie dazu, dass die zweite Bedingung in (15.52) einfach nur $x \cdot x < 0$ besagt; wir wissen aber, dass $x \cdot x$ unter Lorentz-Transformationen invariant ist. Also ist $x' \cdot x'$ ebenfalls negativ, und die zweite Bedingung ist auch in $\mathcal{S}'$ erfüllt. Um zu erkennen, das die erste Bedingung in $\mathcal{S}'$ ebenfalls erfüllt ist, nehmen Sie an, dass $\mathcal{S}'$ aus $\mathcal{S}$ durch die Standardtransformation (15.39) hervorgeht, für die

$$x_4' = \gamma(x_4 - \beta x_1) \tag{15.53}$$

gilt. Nun wissen wir, dass $|\beta| < 1$, und die zweite Bedingung in (15.52) garantiert $|x_1| < x_4$. Demnach gilt $x_4' > 0$, und auch die erste Bedingung ist in $\mathcal{S}'$ erfüllt. Da sich jede Lorentz-Transformation aus der Standardtransformation und Drehungen zusammensetzen lässt (und da Drehungen x_4 bekanntermaßen nicht verändern), müssen beide Bedingungen (15.52) in allen Bezugssystemen gelten, wenn sie in einem Bezugssystem gelten. Mit anderen Worten: Die Aussage, P liege im Inneren des Vorwärtslichtkegels, ist Lorentz-invariant. Wenn P im Vorwärtslichtkegel liegt, werden alle Beobachter darin übereinstimmen, dass ein Ereignis in P später eintritt als ein Ereignis in O. Aus diesem Grund bezeichnet man das Innere des Vorwärtslichtkegels oft als die **absolute Zukunft** – „absolut“ deshalb, weil alle Beobachter darin übereinstimmen, dass P in der Zukunft von O liegt. Wenn entsprechend P im Inneren des Rückwärtslichtkegels liegt, dann tritt P nach Auffassung aller inertialen Beobachter *früher* ein als O; dieser Bereich wird daher als **absolute Vergangenheit** bezeichnet (vgl. Aufgabe 39).

Bislang haben wir den Kausalitätskegel mit seinem Scheitel im raumzeitlichen Ursprung O betrachtet. Dieser Ursprung ist durch die Lichtstrahlen definiert, die durch O verlaufen. Wenn wir stattdessen Licht betrachtet hätten, das durch einen anderen Raumzeitpunkt Q verläuft, hätten wir einen anderen Lichtkegel mit seinem Scheitel in Q erhalten – den Kausalitätskegel von Q. Er sähe genauso aus wie der Doppelkegel in Abbildung 15.8, nur dass sein Scheitel nun eben nicht in O, sondern in dem beliebigen Punkt Q läge (Abbildung 15.9). Jeder Punkt P auf diesem Kegel muss die Gleichung $(\mathbf{x}_P - \mathbf{x}_Q)^2 = c^2(t_P - t_Q)^2$ erfüllen, sodass

$$(x_P - x_Q)^2 = 0 \qquad (P \text{ auf dem Kausalitätskegel von } Q) \tag{15.54}$$

gilt. Das Innere des Vorwärtslichtkegels von Q ist die absolute Zukunft von Q, in dessen Punkten Ereignisse liegen, die nach Beobachtung aller inertialen Beobachter später eintreten als Q. Für einen beliebigen Punkt P im Inneren des Vorwärtslichtkegels von Q stimmen also alle Beobachter in der Aussage $t_P > t_Q$ überein.

Das Äußere des Kausalitätskegels; raumartige Vektoren

Ganz anders sieht die Situation für einen Punkt P aus, der außerhalb des Kausalitätskegels liegt (Abbildung 15.9). Die Bedingung, dass P außerhalb des Kegels liegt, ist

$$(\mathbf{x}_P - \mathbf{x}_Q)^2 > c^2(t_P - t_Q)^2 \qquad (15.55)$$

oder äquivalent

$$(x_P - x_Q)^2 > 0 \qquad (P \text{ außerhalb des Kausalitätskegels von } Q)\,. \qquad (15.56)$$

Diese Bedingung ist in P und Q symmetrisch, d. h., wenn P außerhalb des Kausalitätskegels von Q liegt, dann liegt auch Q außerhalb des Kausalitätskegels von P und umgekehrt. Aus Abbildung 15.9 wird deutlich, dass es Punkte P außerhalb des Kausalitätskegels von Q gibt, für die P später als Q eintritt (d. h. $t_P > t_Q$), andere Punkte, für die P und Q gleichzeitig sind ($t_P = t_Q$), und noch andere Punkte, für die P früher eintritt als Q ($t_P < t_Q$). An dieser Aussage ist nichts Bemerkenswertes, sie ist eine simple Folge der Geometrie von Abbildung 15.9. Sehr wohl bemerkenswert ist aber die folgende Behauptung (die ich direkt beweisen werde):

Behauptung

Es sei P ein vorgegebener Raumzeitpunkt außerhalb des Kausalitätskegels eines zweiten vorgegebenen Punkts Q. Dann gilt:
(1) Es gibt Bezugssysteme $\mathcal{S}$, in denen $t_P > t_Q$ gilt, aber
(2) es gibt auch Bezugssysteme $\mathcal{S}'$ mit $t'_P = t'_Q$, und
(3) es gibt ebenso Bezugssysteme $\mathcal{S}''$ mit $t''_P < t''_Q$.

Diese überraschende Behauptung impliziert, dass die zeitliche Reihenfolge von zwei vorgegebenen Ereignissen, die jeweils außerhalb des Kausalitätskegels des anderen liegen, in verschiedenen Bezugssystemen unterschiedlich sein kann: Während ein Beobachter sagt, dass Ereignis A vor dem Ereignis B eintritt, sieht das ein zweiter

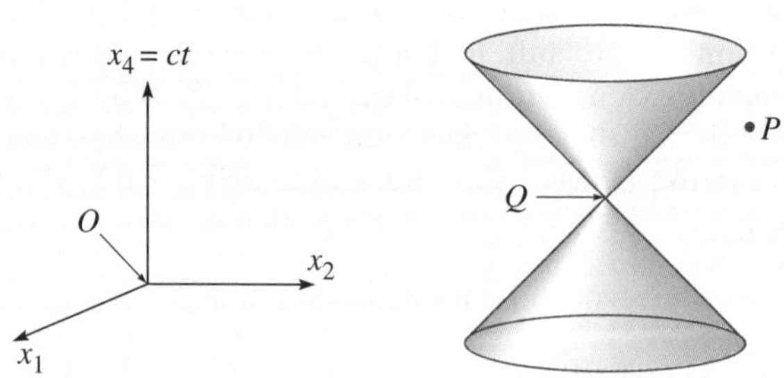

Abbildung 15.9: Der Kausalitätskegel eines beliebigen Raumzeitpunkts Q mit den Koordinaten $x_Q = (\mathbf{x}_Q, ct_Q)$ besteht aus allen Lichtstrahlen, die durch Q verlaufen. Der gezeigte Punkt P liegt außerhalb des Kausalitätskegels von Q.

Beobachter gerade anders herum (und für einen dritten Beobachter können sie sogar gleichzeitig sein). Dieser Befund hat tiefgehende Konsequenzen für das Konzept der **Kausalität**. Wenn ein Ereignis A (beispielsweise eine Explosion) die Ursache für ein anderes Ereignis B ist (etwa für den Einsturz eines entfernten Gebäudes), dann muss A offensichtlich zuerst eintreten, da eine Ursache ihrer Wirkung immer vorausgeht. Wenn der Raumzeitpunkt P außerhalb des Kausalitätskegels von Q liegt, dann kann nach unserer Behauptung weder Q noch P eindeutig zuerst eintreten. (In dem einen Bezugssystem tritt das eine Ereignis, in einem anderen das andere zuerst ein.) Also kann nichts, das bei Q geschieht, die Ursache für etwas sein, das bei P geschieht, und anders herum. Nun müsste sich aber jedes Signal, das sich von Q nach P ausbreitet, mit einer Geschwindigkeit größer c ausbreiten. [Das folgt aus (15.55).] Wenn umgekehrt ein von Q ausgehendes Signal eine Geschwindigkeit größer als c hätte, dann müsste es zu einem Punkt P außerhalb des Kausalitätskegels von Q gelangen. Es folgt, dass *keine kausale Wirkung sich schneller als mit Lichtgeschwindigkeit ausbreiten kann.*[22] Weil der Bereich außerhalb des Kausalitätskegels von Q sich von nichts beeinflussen lässt, das bei Q geschieht, spricht man von diesem Bereich manchmal auch als von einer **undefinierten Kausalitätsbeziehung** bezüglich Q.

Um den Beweis unserer Behauptung zu vereinfachen, legen wir den Punkt Q in den Ursprung O und kürzen die Koordinaten von P mit $x = (\mathbf{x}, ct)$ ab. (Der allgemeine Fall ist nicht schwieriger, er ist nur in der Notation etwas unübersichtlicher.) Wenn nötig, führen wir eine Drehung aus und können dann $\mathbf{x}$ auf die positive x_1-Achse legen, sodass sich

$$x = (x_1, 0, 0, x_4) \tag{15.57}$$

ergibt. Wir nehmen nun an, das unsere obige Aussage (1) wahr ist (sodass $x_4 > 0$ gilt) und beweisen die Aussagen (2) und (3). [Offensichtlich muss eine unserer Aussagen wahr sein, und Sie können leicht überprüfen, dass unsere Argumentation genauso gut funktioniert, wenn wir von (2) oder (3) als wahre Aussagen ausgehen.] Führen wir nun die Standardtransformation (15.39) zu einem neuen Bezugssystem $\mathcal{S}'$ durch, in dem

$$x_4' = \gamma(x_4 - \beta x_1) \tag{15.58}$$

gilt. Da P außerhalb des Kausalitätskegels von O liegt, gilt $\mathbf{x}^2 > c^2t^2$, und das bedeutet für den Vektor (15.57) $x_1 > x_4$. Somit können wir $\beta = x_4/x_1 < 1$ und nach (15.58) $x_4' = 0$ wählen. Mit anderen Worten ist $t' = 0$, und wir haben die obige Aussage (2) für den Fall $Q = O$ bewiesen. Wenn P außerhalb des Kausalitätskegels eines *beliebigen* Punkts Q liegt, dann ergibt der entsprechende Lorentz-Boost einen Vektor $x_P' - x_Q'$, dessen vierte Komponente gleich null ist, und damit ist wieder, wie gefordert, $t_P' = t_Q'$.

Ein Vierervektor, dessen vierte Komponente null ist, lässt sich als reiner Raumvektor beschreiben. Wenn man ihn durch eine Lorentz-Transformation auf diese Form bringen kann, spricht von einem **raumartigen Vierervektor**. Ein Vierervektor ist also raumartig, wenn es ein Bezugssystem gibt, in dem er ein reiner Raumvektor ist, dessen vierte Komponente null ist. Mit dieser Terminologie können wir sagen, dass das Äußere des Kausalitätskegels aus allen raumartigen Vektoren besteht. Damit können wir unsere Aussage über die kausalen Zusammenhänge auch so umformulieren: Wenn der Abstand $x_P - x_Q$ zweier Punkte P und Q raumartig ist, dann kann nichts, was bei P geschieht, die Ereignisse bei Q beeinflussen, und umgekehrt.

22 Wenn das kausale Signal eine Geschwindigkeit größer c haben könnte, dann könnte es sich von Q zu einem bestimmten P außerhalb des Kausalitätskegels von Q ausbreiten, doch wir haben gerade gesehen, dass das unmöglich ist.

Um die Aussage (3) aus der [als gültig vorausgesetzten] Aussage (1) herzuleiten, müssen wir uns die Transformation (15.58) nur noch einmal anschauen. Wegen $x_1 > x_4$ können wir β ein wenig größer wählen als x_4/x_1, aber immer noch kleiner als 1; mit dieser Wahl erhalten wir ein Bezugssystem, das wir $\mathcal{S}''$ nennen wollen und in dem wie gefordert $t'' < 0$ (oder allgemein $t''_P < t''_Q$) gilt.

Zeitartige Vektoren

Ein Gedankengang ähnlich dem gerade dargelegten für die raumartigen Vektoren (Aufgabe 44) zeigt: Wenn ein Vierervektor q innerhalb des Kausalitätskegels liegt (wenn also $q \cdot q < 0$ gilt), dann gibt es ein Bezugssystem $\mathcal{S}'$, in dem er die Form eines reinen Zeitvektors hat ($q' = (0, 0, 0, x'_4)$). Daher bezeichnen wir die Vektoren innerhalb des Kausalitätskegels als **zeitartige Vierervektoren**. Man kann sie in vorwärts-zeitartige Vektoren (mit $q_4 > 0$) und rückwärts-zeitartige Vektoren (mit $q_4 < 0$) unterteilen.

Ein wichtiges Beispiel für einen vorwärts-zeitartigen Vektor ist der Vierervektor $\mathrm{d}x$ eines Materieteilchens, der dessen Verrückung in einer Zeit $\mathrm{d}t$ beschreibt. Wie wir in Kürze sehen werden, lässt sich ein Materieteilchen als ein Teilchen mit positiver Masse ($m > 0$) definieren. Äquivalent kann man es, wie wir ebenfalls sehen werden, als ein Teilchen auffassen, für das es zu jedem beliebigen Zeitpunkt ein Bezugssystem gibt, in dem es in Ruhe ist (mit $v = 0$). Es ist eine Erfahrungstatsache, dass alle gewöhnlichen Bausteine unserer Materie wie Elektronen, Protonen und Neutronen diese Eigenschaft aufweisen, ebenso alle zusammengesetzten Körper wie Atome, Moleküle, Fußbälle oder Sterne.[23] Nehmen wir jetzt an, dass sich ein Materieteilchen zwischen den Zeitpunkten t und $t + \mathrm{d}t$ von $\mathbf{x}$ nach $\mathbf{x} + \mathrm{d}\mathbf{x}$ bewegt, und betrachten wir den Vierervektor der Verrückung

$$\mathrm{d}x = (\mathrm{d}\mathbf{x}, c\mathrm{d}t) = (\mathbf{v}, c)\mathrm{d}t\,.$$

Im Ruhesystem des Teilchens gilt $\mathrm{d}\mathbf{x} = 0$, und $\mathrm{d}x$ hat die Form eines reinen Zeitvektors $\mathrm{d}x = (0, 0, 0, c\mathrm{d}t)$. Daher ist $\mathrm{d}x$ in allen Bezugssystemen zeitartig, und es gilt $\mathrm{d}x^2 < 0$. Wegen

$$\mathrm{d}x^2 = (\mathbf{v}^2 - c^2)\mathrm{d}t^2 < 0$$

können wir $\mathbf{v}^2 < c^2$ für alle Bezugssysteme folgern. Mit anderen Worten: Ein Materieteilchen kann sich nicht mit einer Geschwindigkeit größer oder gleich der Lichtgeschwindigkeit c bewegen. Dies ist eine dritte Deutung der Aussage, dass die Lichtgeschwindigkeit wie eine universelle Grenzgeschwindigkeit wirkt: (1) Die Relativgeschwindigkeit zweier beliebiger Inertialsysteme ist immer geringer als c. (2) In einem beliebigen Inertialsystem ist die Signalgeschwindigkeit von kausalen Signalen immer kleiner oder gleich c. Und nun haben wir (3) die Aussage, dass in jedem Bezugssystem die Geschwindigkeit eines Materieteilchens immer kleiner ist als c.

---

23 Wie wir in Abschnitt 15.16 sehen werden, ist das einzige natürliche Teilchen, das nicht massebehaftet ist, das Photon, das „Lichtteilchen“. Da es sich in allen Bezugssystemen mit der Geschwindigkeit c bewegt, gibt es natürlich kein Ruhesystem. Somit betrachten wir das Photon nicht als Materieteilchen.

15.11 Die Quotientenregel und der Doppler-Effekt

Als eine schöne Ausnutzung der Eigenschaften von Vierervektoren untersuchen wir als Nächstes den Doppler-Effekt – die Frequenzverschiebung einer Welle aufgrund der Bewegung von Quelle oder Beobachter. Zuvor müssen wir aber eine weitere wichtige Eigenschaft von Vierervektoren herleiten: die Quotientenregel.

Die Quotientenregel

Nehmen wir an, wir würden eine Größe k finden, die in jedem Inertialsystem $\mathcal{S}$ durch die vier Zahlen $k = (k_1, k_2, k_3, k_4)$ definiert ist. Man ist versucht zu sagen, dass k ein Vierervektor ist, doch das muss nicht notwendigerweise so sein. Wenn wir beispielsweise die Bewegung eines Körpers mit der Masse m, der Ladung q, dem Volumen V und der Temperatur T untersuchen, so könnten wir

$$k = (m, q, V, T)$$

definieren – und dieser Satz von vier Zahlen ist zwar in jedem Bezugssystem definiert, aber offensichtlich kein Vierervektor, d. h., sein Wert in einem Bezugssystem $\mathcal{S}$ hängt nicht mit seinem Wert in einem anderen Bezugssystem $\mathcal{S}'$ über die Lorentz-Transformation $k' = \Lambda k$ zusammen. Dieses Beispiel mag ein wenig gekünstelt aussehen, doch es zeigt deutlich, dass nicht jede Größe k mit vier Komponenten unbedingt ein Vierervektor ist. Andererseits *ist* die Größe k ein Vierervektor, wenn sie die Bedingungen des folgenden Satzes erfüllt:

Die Quotientenregel

Nehmen wir an, x ist ein Vierervektor und $k = (k_1, k_2, k_3, k_4)$ sei in jedem Inertialsystem ein Satz von vier Zahlen; nehmen wir ferner an, dass die Größe $\phi = k \cdot x = k_1 x_1 + k_2 k_x + k_3 x_3 - k_4 x_4$ für jeden Wert von x in allen Bezugssystemen denselben Wert hat (d. h., dass $\phi = k \cdot x$ ein Viererskalar ist). Dann ist k ein Vierervektor.

Der Beweis dieser Regel ist überraschend einfach. Erstens muss, wenn ϕ ein Viererskalar ist,

$$k \cdot x = k' \cdot x' \tag{15.59}$$

gelten. Doch aus (15.51) wissen wir, dass für eine beliebige Lorentz-Transformation Λ gilt

$$k \cdot x = (\Lambda k) \cdot (\Lambda x) \, .$$

Nun ist x nach unserer Annahme ein Vierervektor, also können wir Λx durch x' ersetzen und erhalten

$$k \cdot x = (\Lambda k) \cdot x' \, . \tag{15.60}$$

Durch Vergleich von (15.59) und (15.60) erkennen wir

$$k' \cdot x' = (\Lambda k) \cdot x' \, .$$

Diese Gleichung gilt für eine beliebige Wahl von x'. Wenn wir $x' = (1, 0, 0, 0)$ wählen, dann erkennen wir, dass die erste Komponente von k' gleich der ersten Komponente von Λk ist; fahren wir auf diese Weise fort, so können wir zeigen, dass alle vier Komponenten gleich sind, so dass

$$k' = \Lambda k$$

gilt – d. h., k (der „Quotient" des Viererskalars ϕ und des Vierervektors x) ist also tatsächlich ein Vierervektor. Mit dieser Quotientenregel ausgerüstet, kommen wir nun zum Doppler-Effekt.

Der Doppler-Effekt

Wenn Sie den Begriff „Doppler-Effekt" hören, denken Sie wahrscheinlich an die Doppler-Verschiebung beim Schall. Eine Polizeisirene hat einen höheren Ton, wenn sich der Polizeiwagen nähert, und einen niedrigeren Ton, wenn er vorbeifährt und sich entfernt, als wenn der Wagen mit der Sirene in Ruhe wäre. Wenn andererseits ein Zug sich einem Bahnübergang nähert, hören die Passagiere die Warnglocke an der Schranke in einer höheren Tonlage, als wenn er sich wieder vom Bahnübergang entfernt. Für Licht und alle anderen Formen von elektromagnetischen Wellen gibt es einen entsprechenden Effekt. Die berühmte „Rotverschiebung" des Sternenlichts wird von Astronomen genutzt, um herauszufinden, wie schnell sich ein Stern von uns entfernt (und um indirekt zu bestimmen, wie weit der Stern entfernt ist); bei der „Doppler-Kühlung" von Atomen verwendet man die Doppler-Verschiebung des Laserlichts, das auf ein bewegtes Atom trifft, um die schnell bewegten Atome selektiv abzubremsen und somit Atomgruppen auf sehr niedrige Temperaturen zu bringen; und bei der Verkehrskontrolle nutzt der „Blitzer" die Doppler-Verschiebung der von Ihrem Auto reflektierten Radarstrahlung, um Ihre Geschwindigkeit zu messen. Um die Gleichung für die Doppler-Verschiebung von Licht herzuleiten, müssen wir relativistisch arbeiten (Licht breitet sich mit Lichtgeschwindigkeit aus!). Dank unserer Kenntnisse der Vierervektoren ist diese Herleitung aber überraschend einfach.

Eine sinusförmige ebene Welle hat die Gestalt

$$\phi = A\cos(\boldsymbol{k} \cdot \mathbf{x} - \omega t - \delta)\,. \tag{15.61}$$

Die physikalische Bedeutung der Funktion ϕ hängt von der betrachteten Welle ab; bei einer Schallwelle wäre es die durch den Schall verursachte Druckänderung; beim Licht wäre es eine beliebige Komponente des elektromagnetischen Felds, usw. Der Vektor $\boldsymbol{k}$ wird als **Wellenvektor** bezeichnet. Seine Richtung gibt die Ausbreitungsrichtung der Welle an, sein Betrag ist $|\boldsymbol{k}| = 2\pi/\lambda$ mit der Wellenlänge λ; und δ ist eine (im Allgemeinen nicht weiter interessierende) konstante Phasenverschiebung. Die Wellengeschwindigkeit ist $v = \omega/|\boldsymbol{k}|$; für Licht im Vakuum beträgt sie natürlich c, es gilt also $\omega = c|\boldsymbol{k}|$.

Unser Hauptinteresse bei der ebenen Welle (15.61) gilt der Phase $\boldsymbol{k} \cdot \mathbf{x} - \omega t$. Man kann kaum widerstehen, sie als ein vierdimensionales Skalarprodukt

$$\boldsymbol{k} \cdot \mathbf{x} - \omega t = k \cdot x \tag{15.62}$$

zu schreiben, wobei wie immer $x = (\mathbf{x}, ct)$ gilt und k den **Viererwellenvektor**

$$k = (\boldsymbol{k}, \omega/c) \tag{15.63}$$

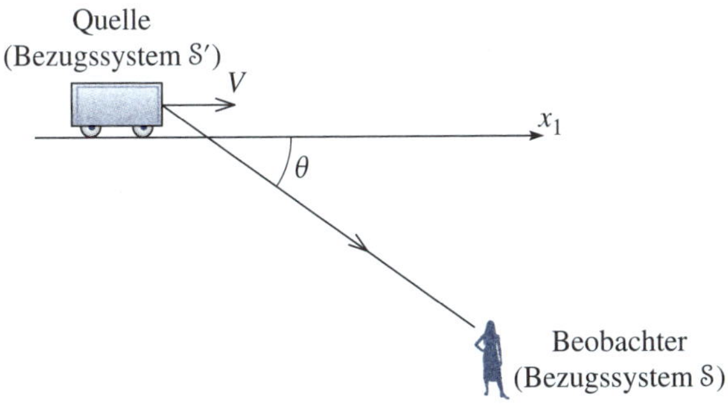

Abbildung 15.10: Das Doppler-Experiment. Eine Lichtquelle bewegt sich mit der Geschwindigkeit V (relativ zum Bezugssystem $\mathcal{S}$) entlang der x_1-Achse. Der Beobachter in $\mathcal{S}$ sieht das Licht der Quelle, das sich in einem Winkel θ zur x_1-Achse ausbreitet. Im Bezugssystem $\mathcal{S}$ hat das Licht die Frequenz ω, im Ruhesystem $\mathcal{S}'$ der Quelle beträgt die Frequenz $\omega' = \omega_0$.

darstellt. Wir wollen nun beweisen, dass die auf diese Weise definierte Größe k tatsächlich ein Vierervektor ist. Dazu bedenken wir, dass die Phase $k \cdot x$ in einem beliebigen Punkt x die Höhe der Welle bezüglich der Berge und Täler der Welle bestimmt. Da sie in jedem Bezugssystem gleich sein muss, muss $k \cdot x$ ein Viererskalar sein, und da x mit Gewissheit ein Vierervektor ist, garantiert die Quotientenregel, dass k tatsächlich ein Vierervektor ist (wie der oben eingeführte Name „Viererwellenvektor" zum Ausdruck bringt). Da ω/c die vierte Komponente von k ist und da wir wissen, wie sich k transformiert, können wir die Frequenz[24] eines Lichtsignals bestimmen, gemessen in einem Bezugssystem, relativ zu dem die Quelle sich bewegt.

Das dazu notwendige Experiment ist in Abbildung 15.10 dargestellt. Ein im Bezugssystem $\mathcal{S}$ ruhender Beobachter sieht den Waggon eines Zuges, der sich mit der Geschwindigkeit V entlang der x_1-Achse nähert. Der Waggon strahlt (im Ruhesystem $\mathcal{S}'$ des Waggons gemessen) Licht mit einer Frequenz $\omega' = \omega_0$ aus. Wenn das den Beobachter erreichende Licht sich in einem Winkel θ zur x_1-Achse ausbreitet, wollen wir dessen Frequenz ω (im Bezugssystem des Beobachters) bestimmen.

Der Viererwellenvektor k des den Beobachter erreichenden Lichts hat die Form $k = (\mathbf{k}, k_4)$ mit $k_4 = \omega/c = |\mathbf{k}|$. Gemäß der Standardtransformation ist

$$k_4' = \gamma(k_4 - \beta k_1)\,.$$

Setzen wir nun $k_4' = \omega'/c$, $k_4 = \omega/c$ und $k_1 = |\mathbf{k}|\cos\theta = (\omega/c)\cos\theta$, ergibt sich

$$\omega' = \gamma\omega(1 - \beta\cos\theta)\,.$$

Wenn wir nach ω auflösen und ω' durch ω_0 ersetzen, erhalten wir die **relativistische Doppler-Formel für Licht**

$$\omega = \frac{\omega_0}{\gamma(1 - \beta\cos\theta)}\,; \tag{15.64}$$

24 Eigentlich handelt es sich um die *Kreis*frequenz, aber diesen Unterschied beachten wir nicht weiter. (Anm. d. Übers.)

darin ist ω_0 die Frequenz des Lichts im Ruhesystem der Quelle, ω ist die Frequenz in einem Bezugssystem, in dem die Quelle die Geschwindigkeit $\boldsymbol{V}$ hat, und θ ist der Winkel zwischen $\boldsymbol{V}$ und dem beobachteten Lichtstrahl.

15.12 Masse, Vierergeschwindigkeit und Viererimpuls

Vielleicht sind Sie mittlerweile ungeduldig geworden, weil wir in elf Abschnitten dieses Kapitels zur Relativitätstheorie bislang nur die relativistische Kinematik behandelt haben. Doch darin spiegelt sich eine banale Erkenntnis zur Relativitätstheorie wider – dass nämlich viele ihrer interessantesten Eigenschaften wie die Zeitdilatation und die Unmöglichkeit, kausale Lichtsignale schneller als mit Lichtgeschwindigkeit zu übermitteln, reine Kinematik sind. Dennoch ist es höchste Zeit, dass wir uns auch um die relativistische Dynamik kümmern, und genau das werden wir jetzt auch tun.

In diesem Abschnitt führe ich die relativistischen Definitionen von Masse und Impuls eines Körpers ein. Es ist wichtig zu erkennen, dass es so etwas wie die „richtige" Definition eines Begriffs wie Masse oder Impuls nicht gibt, wenn wir uns in die *terra incognita* eines neuen Bereiches wie die Relativitätstheorie wagen. Wie Humpty Dumpty sind wir – zumindest im Prinzip – völlig frei darin, die Begriffe so zu definieren, wie es uns beliebt.[25] Dennoch gibt es natürlich gewisse Plausibilitätsanforderungen, die wir hoffentlich auch erfüllen: Eine relativistische Definition des Impulses sollte so eng wie möglich an die nichtrelativistische Definition in dem Bereich anschließen, in dem sie sich als sinnvoll erwiesen hat, nämlich in dem Bereich, in dem die Geschwindigkeit des Körpers viel kleiner ist als c. Und es wäre von Vorteil, wenn unsere neuen Definitionen und ihre nichtrelativistischen Gegenstücke einige Gemeinsamkeiten in den Eigenschaften aufweisen, die für den jeweiligen Begriff wesentlich zu sein scheinen. Beispielsweise sollte der relativistische Impuls so definiert sein, dass der Gesamtimpuls eines isolierten Systems erhalten bleibt.

Die Masse in der Relativitätstheorie

Es gibt eigentlich zwei verschiedene Definitionen für die relativistische Masse, die beide unsere Plausibilitätsanforderungen erfüllen und die jeweils ihre Anhänger haben. Die Definition, die ich verwende, kann man als die *invariante Masse* bezeichnen; sie wird von der Mehrheit der praktizierenden Physiker verwendet. Die andere, die *variable Masse*, wird vor allem in populären Darstellungen der Relativitätstheorie verwendet, weil sie auf den ersten Blick einige Konzepte zu vereinfachen scheint. Ich werde diese Definition später kurz beschreiben, doch im weiteren Verlauf dieses Kapitels verwende ich die invariante Masse, die folgendermaßen definiert ist: Ein Körper befinde sich in Ruhe (oder er habe eine Geschwindigkeit, die viel, viel kleiner ist als c); dann wissen wir, dass die nichtrelativistische Masse eine wohldefinierte und nützliche Größe ist. Um ihre Definition noch zu betonen, wird diese Masse oft als **Ruhemasse** bezeichnet. Um nun die Masse desselben Körpers zu definieren,

25 „Wenn *ich* ein Wort verwende", erwiderte Humpty Dumpty ziemlich geringschätzig, „dann bedeutet es genau, was ich es bedeuten lasse, und nichts anderes." Lewis Carroll, *Through the Looking Glass, and What Alice Found There* (deutsch „Alice hinter den Spiegeln", die Fortsetzung seines großen Erfolgs „Alice im Wunderland"); in der älteren deutschen Übersetzung heißt *Humpty Dumpty* „Goggelmoggel". (Anm. d. Übers.)

wenn er sich mit sehr hoher Geschwindigkeit bewegt, verwenden wir die folgende, erstaunlich einfache Definition:

Definition der invarianten Masse

Die Masse m eines Körpers ist – unabhängig von seiner Geschwindigkeit – seine Ruhemasse.

Wenn Beobachter in einem Inertialsystem $\mathcal{S}$ einen Körper sehen, der mit halber Lichtgeschwindigkeit an ihnen vorbeirauscht, und dessen Masse bestimmen wollen, müssen sie diesen Körper irgendwie zur Ruhe bringen (oder sich selbst in ein Bezugssystem begeben, das sich mit dem Körper bewegt) und dann seine Masse mit einem geeigneten, aus der nichtrelativistischen Mechanik bekannten Verfahren bestimmen. Die Äquivalenz aller Inertialsysteme garantiert, dass dieses Verfahren in allen Bezugssystemen zum selben Ergebnis führt. Die ermittelte Masse kann als invariante Masse bezeichnet werden. Da wir aber nur diese Definition verwenden, können wir allgemein einfach von der Masse sprechen. Da die Masse in allen Bezugssystemen denselben Wert hat, ist sie ein Lorentz-Skalar.

Die Eigenzeit eines Körpers

Bevor wir uns an die Definition des relativistischen Impulses machen, ist es günstig, zwei weitere wichtige kinematische Größen einzuführen. Die dreidimensionale Position $\mathbf{x}(t)$ eines Körpers zur Zeit t definiert einen Punkt $x = (\mathbf{x}(t), ct)$ in der Raumzeit; mit fortschreitender Zeit beschreibt dieser Punkt eine Bahn, die sogenannte **Weltlinie** des Körpers. Wir haben gesehen, dass der Abstand $\mathrm{d}x$ zwischen benachbarten Punkten x und $x + \mathrm{d}x$ auf der Weltlinie eines massebehafteten Körpers ein zeitartiger Vektor ist, d. h., es gibt ein Bezugssystem (nämlich das Ruhesystem des Körpers), in dem der Abstand rein zeitartig ist mit der Form $\mathrm{d}x_0 = (0, 0, 0, c(\mathrm{d}t_0))$. (Der Index 0 kennzeichnet das Ruhesystem.) Da die beiden Positionen im dreidimensionalen Raum zusammenfallen ($\mathbf{x}_0 = \mathbf{x}_0 + \mathrm{d}\mathbf{x}_0$), ist die Zeit $\mathrm{d}t_0$ die Eigenzeit zwischen den beiden Punkten auf der Weltlinie des Körpers. Um diese Eigenzeit zu bestimmen, müssen wir nicht unbedingt in das Ruhesystem wechseln. In einem beliebigen anderen Bezugssystem hat der Abstand die Form

$$\mathrm{d}x = (\mathbf{v}\mathrm{d}t, c\mathrm{d}t)\,,$$

und wegen $\mathrm{d}x_0^2 = \mathrm{d}x^2$ folgt $-c^2\mathrm{d}t_0^2 = (v^2 - c^2)\mathrm{d}t^2$; wenn wir nach $\mathrm{d}t_0$ auflösen, ergibt sich

$$\mathrm{d}t_0 = \mathrm{d}t\sqrt{1 - v^2/c^2} = \frac{\mathrm{d}t}{\gamma(v)}\,. \qquad (15.65)$$

Darin ist $\gamma(v)$ der vertraute Faktor $\gamma = 1/\sqrt{1 - v^2/c^2}$, berechnet für die Geschwindigkeit v des Körpers. [Sie werden in (15.65) die Gleichung (15.11) für die Zeitdilatation wiedererkennen, sodass wir nicht die ganze Rechnung im Einzelnen wiederholen müssen.] Wir können (15.65) in jedem Bezugssystem $\mathcal{S}$ anwenden und erhalten natürlich immer denselben Wert für $\mathrm{d}t_0$. Mit anderen Worten: Die Eigenzeit $\mathrm{d}t_0$ ist ein Lorentz-Skalar, und deshalb kann man – wie sich zeigen wird – bequem damit arbeiten.

Die Vierergeschwindigkeit

Wir haben gesehen, dass sich die dreidimensionale Geschwindigkeit $\boldsymbol{v}$ eines Körpers gemäß den ziemlich komplizierten Gleichungen (15.26) und (15.27) für die relativistische Geschwindigkeitsaddition transformiert. Der Grund für den komplizierten Aufbau dieser Formeln ist leicht einzusehen: Die Dreiergeschwindigkeit $\mathbf{x} = \mathrm{d}\mathbf{x}/\mathrm{d}t$ ist der Quotient eines Dreiervektors $\mathrm{d}\mathbf{x}$ und der vierten Komponente $\mathrm{d}t$ eines Vierervektors. Kein Wunder also, dass die ganze Transformation etwas ungelenk daherkommt. Wenn wir dieses Problem aber erkannt haben, können wir leicht einen ähnlichen Vektor konstruieren, der sich einfacher transformieren lässt. Betrachten wir $\boldsymbol{u} = \mathrm{d}\mathbf{x}/\mathrm{d}t_0$ anstelle von $\mathrm{d}\mathbf{x}/\mathrm{d}t$, dann ist zumindest der Nenner ein Skalar. Ja, wo wir gerade dabei sind, können wir auch gleich den Vierervektor

$$u = \frac{\mathrm{d}x}{\mathrm{d}t_0} = \left(\frac{\mathrm{d}\mathbf{x}}{\mathrm{d}t_0}, c\frac{\mathrm{d}t}{\mathrm{d}t_0}\right) \tag{15.66}$$

betrachten. Diese **Vierergeschwindigkeit** ist der Quotient eines Vierervektors und eines Viererskalars und ist damit auf jeden Fall ein Vierervektor. Wenn wir $\mathrm{d}t_0$ mithilfe von (15.65) durch $\mathrm{d}t/\gamma$ ersetzen, erhalten wir

$$u = \gamma\left(\frac{\mathrm{d}\mathbf{x}}{\mathrm{d}t}, c\frac{\mathrm{d}t}{\mathrm{d}t}\right) = \gamma(\boldsymbol{v}, c)\,. \tag{15.67}$$

Das Bemerkenswerteste an diesem Ergebnis ist, dass die Dreiergeschwindigkeit $\boldsymbol{v}$ *nicht* der räumliche Teil der Viergeschwindigkeit u ist (deswegen habe ich letztere auch u und nicht v genannt). Wenn unser Körper sich allerdings deutlich langsamer als c bewegt, dann gilt $\gamma \approx 1$, und der räumliche Teil der Vierergeschwindigkeit ist von der gewöhnlichen Dreiergeschwindigkeit $\boldsymbol{v}$ nicht zu unterscheiden. Wir wir gleich sehen, ist es für die Konstruktion einer relativistischen Mechanik günstig, dass u ein Vierervektor ist.

Der relativistische Impuls

Nun sind wir soweit, dass wir uns der nächsten Definition in unserer relativistischen Mechanik widmen können – der Definition des Impulses $\boldsymbol{p}$ eines Körpers mit der Masse m und der Geschwindigkeit $\boldsymbol{v}$. Wir wollen, dass unsere Definition mit der klassischen Definition ($\boldsymbol{p} = m\boldsymbol{v}$) übereinstimmt, zumindest bei nichtrelativistischen Geschwindigkeiten, also bei $|\boldsymbol{v}| \ll c$. Was wir sonst noch von unserer Definition erwarten, hängt davon ab, welche klassischen Eigenschaften des Impulses wir als so wichtig erachten, dass wir sie in die Relativitätstheorie hinüberretten wollen. Es ist schwierig, die allerwichtigste Eigenschaft des Impulses in der klassischen Mechanik zu benennen, doch ein guter Kandidat ist sicherlich die Impulserhaltung. Wir suchen daher nach einer Definition von $\boldsymbol{p}$ mit der Eigenschaft, dass der Gesamtimpuls $\boldsymbol{P} = \sum \boldsymbol{p}$ eines isolierten Systems von Körpern erhalten bleibt. Um den Postulaten der Relativitätstheorie zu genügen, muss dieses Gesetz, wenn es denn überhaupt gilt, in allen Inertialsystemen gelten.

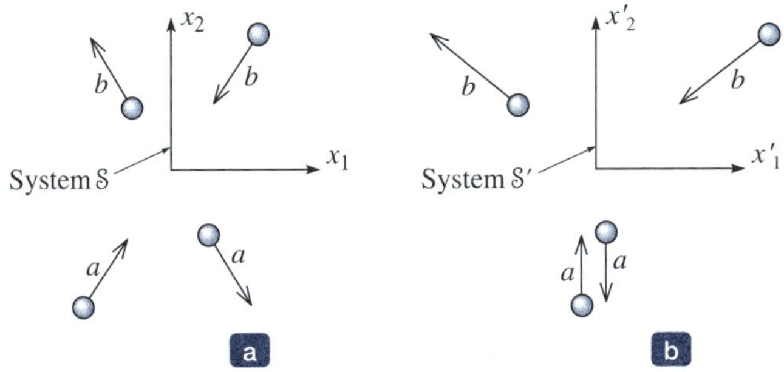

Abbildung 15.11: Ein elastischer Stoß zwischen zwei Teilchen a und b gleicher Masse. (a) Im Bezugssystem $\mathcal{S}$ nähern sich die einlaufenden Teilchen mit entgegengesetzt gleichen Geschwindigkeiten und laufen nach dem Stoß mit umgekehrter x_2-Kompenente wieder aus. (b) Die Geschwindigkeit von Bezugssystem $\mathcal{S}'$ und die x_1-Komponente der Einlaufgeschwindigkeit von Teilchen a im Bezugssystem $\mathcal{S}$ sind gleich. Mit den Gleichungen zur relativistischen Geschwindigkeitsaddition lässt sich leicht zeigen, dass der klassische Gesamtimpuls $\sum m\boldsymbol{v}'$ in diesem System nicht erhalten bleibt.

Die einfachste Möglichkeit wäre es, unsere klassische Definition $\boldsymbol{p} = m\boldsymbol{v}$ einfach weiterzuführen, doch diese Möglichkeit können wir recht schnell verwerfen. Mit ein wenig Scharfsinn lässt sich nämlich ein Gedankenexperiment konstruieren, in dem der klassische Gesamtimpuls $\sum m\boldsymbol{v}$ im Bezugssystem $\mathcal{S}$ erhalten bleibt, in einem zweiten System $\mathcal{S}'$ hingegen nicht. Ein Beispiel dafür, dargestellt in Abbildung 15.11, ist der elastische Stoß zwischen zwei Teilchen a und b gleicher Masse. Im System $\mathcal{S}$ nähern sich die beiden Teilchen in der x_1-x_2-Ebene dem Ursprung mit entgegengesetzt gleichen Geschwindigkeiten; nach dem Stoß sind die x_2-Komponenten ihrer Geschwindigkeiten umgedreht. Offenbar ist (in $\mathcal{S}$ gemessen) der klassische Gesamtimpuls vor und nach dem Stoß null ($\sum m\boldsymbol{v} = 0$). Abbildung 15.11b zeigt dasselbe Experiment, beobachtet im Bezugssystem $\mathcal{S}'$, das sich entlang der x_1-Achse von $\mathcal{S}$ mit der Geschwindigkeit V bewegt. Dabei ist V gleich der Geschwindigkeitskomponente v_1 von Teilchen a, d. h., das Teilchen bewegt sich entlang der x_2'-Achse geradewegs nach oben und dann nach unten (gesehen in $\mathcal{S}'$). Mithilfe der relativistischen Geschwindigkeitstransformationen (15.26) und (15.27) lassen sich die vier Geschwindigkeiten in $\mathcal{S}'$ bestimmen. Diese Rechnungen sind nicht kompliziert, aber etwas unübersichtlich, daher überlasse ich sie Ihnen als Übung (Aufgabe 54). Das wichtige Ergebnis ist folgendes: Wenn wir die Geschwindigkeiten in $\mathcal{S}'$ einsetzen, sehen wir, dass der klassische Gesamtimpuls im System $\mathcal{S}'$ *nicht* erhalten bleibt, also $\sum m\boldsymbol{v}'_{\mathrm{A}} \neq \sum m\boldsymbol{v}'_{\mathrm{E}}$ (A und E stehen wie üblich für Anfang und Ende).[26] Wenn wir also die klassische Definition des Impulses beibehalten würden, wäre das Impulserhaltungsgesetz mit den Postulaten der Relativitätstheorie unvereinbar.

Das Problem mit der klassischen Impulsdefinition $\boldsymbol{p} = m\boldsymbol{v}$ erwächst aus der ungünstigen Transformation der Dreiergeschwindigkeit $\boldsymbol{v}$; damit liegt ein vielversprechenderer Ansatz für unser Problem nahe: Anstelle der Dreiergeschwindigkeit $\boldsymbol{v}$

26 Der Grund dafür ist leicht zu erkennen. Die Transformation (15.27) der y-Komponente der Geschwindigkeit hängt von der x-Komponente ab. Da die Geschwindigkeiten der Teilchen a und b in $\mathcal{S}$ unterschiedliche x-Komponenten haben, sind ihre y-Komponenten in $\mathcal{S}'$ unterschiedlich groß. Damit ist $\sum mv'_y$ nicht null und ändert sogar das Vorzeichen, wenn die Geschwindigkeiten sich durch den Stoß umkehren.

verwenden wir die Vierergeschwindigkeit u, wenn wir den **Viererimpuls** für einen Körper der Masse m definieren wollen. Wir gelangen dann zu

$$p = mu = (\gamma m\boldsymbol{v}, \gamma mc) \qquad \text{[Definition des Viererimpulses]} . \qquad (15.68)$$

[Der letzte Ausdruck folgt aus (15.67).] Da m ein Viererskalar und u ein Vierervektor ist, ist damit p als ein Vierervektor definiert. Wenn wir, wie üblich,

$$p = (\boldsymbol{p}, p_4) \qquad (15.69)$$

schreiben, dann definiert das den **Dreierimpuls $\boldsymbol{p}$** als den räumlichen Teil des Vierervektors p bzw. – nach Vergleich mit (15.68) –

$$\boldsymbol{p} = m\boldsymbol{u} = \gamma m\boldsymbol{v} \qquad \text{[Definition des Dreierimpulses]} . \qquad (15.70)$$

Wenn unser Körper sich langsam bewegt ($|\boldsymbol{v}| \ll c$), dann gilt $\gamma \approx 1$, und unsere neue Definition von $\boldsymbol{p}$ stimmt mit der klassischen Definition $\boldsymbol{p} = m\boldsymbol{v}$ überein. Im Allgemeinen aber unterscheiden sich die beiden Definitionen durch den Faktor γ, und die neue Definition (15.70) stellt sich als brauchbar heraus.

Wie sieht es nun mit der Impulserhaltung aus? Da wir jetzt mit einem vierdimensionalen Impulsvektor arbeiten, sollte die Impulserhaltung – wenn sie denn überhaupt gelten soll – auch im Vierdimensionalen gelten; wir schreiben dann (A und E stehen wie üblich für Anfang und Ende)

$$\sum p_{\mathrm{E}} = \sum p_{\mathrm{A}} . \qquad (15.71)$$

Dies sind eigentlich vier Gleichungen. Die ersten drei sind der Impulserhaltungssatz für den neu definierten Dreierimpuls, die vierte gibt die Erhaltung von etwas anderem an, nämlich der vierten Komponente $\sum p_4$. Deshalb sollten wir rasch herausfinden, was diese vierte Komponente eigentlich ist, doch ich werde dieser wichtigen Frage einen eigenen Abschnitt widmen. Vorab sei nur so viel gesagt, dass die vierte Komponente des neuen Viererimpulses sich als die Energie herausstellen wird (genauer: als E/c), sodass (15.71) eine wunderbar kompakte Kombination des alten Impulserhaltungssatzes *und* des Energieerhaltungsgesetzes darstellt.

An dieser Stelle möchte ich vor allem Folgendes betonen: Da der Viererimpuls ein Vierervektor ist, gilt das natürlich für beide Seiten von (15.71). Wenn also (15.71) in *einem* Bezugssystem $\mathcal{S}$ gilt, dann automatisch auch in *allen* Bezugssystemen; unser so entwickelter Erhaltungssatz für den Viererimpuls genügt also den Postulaten der Relativitätstheorie. Ob er auch wahr ist, muss natürlich das Experiment entscheiden. Doch wie Sie sicher schon erraten haben, steht das Urteil bereits fest: Unzählige Experimente haben gezeigt, dass der gesamte Viererimpuls eines isolierten Systems konstant bleibt.

Variable Masse

Einige Physiker ziehen es vor, die Definition (15.70) des relativistischen Dreierimpulses umzuformulieren, indem sie eine **variable Masse**

$$m_{\mathrm{var}} = \gamma(v)m \qquad (15.72)$$

einführen. Mit dieser Definition wird der Dreierimpuls zu

$$\boldsymbol{p} = m_{\text{var}}\boldsymbol{v} \,. \tag{15.73}$$

Diese Form hat den Vorzug, dass der relativistische Impuls *so aussieht* wie sein nichtrelativistisches Gegenstück $\boldsymbol{p} = m\boldsymbol{v}$. Sie hat jedoch auch schwerwiegende Nachteile, weshalb die Mehrheit der Physiker die Verwendung einer variablen Masse vermeidet. Erstens ist es nicht unbedingt eine gute Idee, eine neue Definition so aussehen zu lassen wie ihr älteres Gegenstück, wenn es eigentlich wesentliche Unterschiede gibt. Zweitens gelingt es auch mit der Einführung einer variablen Masse nicht, eine vollständige Parallele zur klassischen Mechanik herzustellen. Beispielsweise ergibt sich die relativistische Energie (die wir im nächsten Abschnitt behandeln) eben nicht als $\frac{1}{2}m_{\text{var}}v^2$, und (im Allgemeinen) ist auch der Zusammenhang $\boldsymbol{F} = m_{\text{var}}\boldsymbol{a}$ nicht richtig (vgl. Aufgaben 59 und 79). Und drittens ist die variable Masse, anders als die invariante Masse, kein Lorentz-Skalar. Aus allen diesen Gründen verwende ich die variable Masse nicht.

15.13 Energie, die vierte Komponente des Impulses

Die Erhaltung des Viererimpulses bedeutet, dass es für ein isoliertes System vier Erhaltungsgrößen gibt. Die ersten drei bilden den neu definierten Dreierimpuls $\boldsymbol{p}$. Aber was ist mit der vierten Komponente? Wir werden herausfinden, dass die vierte Komponente des durch (15.68) definierten Viererimpulses für jeden sich frei bewegenden Körper die durch c dividierte Energie ist. Das ist ein derart wichtiges Ergebnis, dass ich es zunächst als formale Definition angebe und dann die Begründung und die Folgerungen nachliefere. Dementsprechend treffen wir die Definition:

Definition der relativistischen Energie

Die Energie E eines sich frei bewegenden Körpers mit dem Viererimpuls $p = (\boldsymbol{p}, p_4)$ ist

$$E = p_4 c = \gamma m c^2 \,. \tag{15.74}$$

Der zweite Ausdruck folgt aus (15.68), nach dem $p_4 = \gamma m c$ gilt. Mit dieser Definition können wir den Viererimpuls umschreiben zu

$$p = (\boldsymbol{p}, E/c) \,, \tag{15.75}$$

was erklärt, warum man den Viererimpuls p auch als **Impuls-Energie-Vierervektor** bezeichnet.

Als erste Rechtfertigung der Definition (15.74) machen Sie sich bitte zunächst klar, dass (15.74) zumindest schon einmal die Dimension einer Energie hat, nämlich [Masse · Geschwindigkeit^2]. Dann schauen wir uns E für einen nichtrelativistischen Körper an und prüfen, ob E dann die Form der nichtrelativistischen Energie annimmt. Mit $v \ll c$ können wir γ in einer Binomialreihe entwickeln:

$$\gamma = [1 - (v/c)^2]^{-1/2} = 1 + \tfrac{1}{2}(v/c)^2 + \cdots \,, \tag{15.76}$$

und (15.74) wird (für den Fall $v \ll c$) zu

$$E \approx mc^2 + \tfrac{1}{2}mv^2 \,. \tag{15.77}$$

In der nichtrelativistischen Mechanik wird die Masse als absolute Erhaltungsgröße angesehen, der Term mc^2 wäre also eine Konstante. Da der Nullpunkt der Energie frei wählbar ist, würde ein klassischer Physiker (15.77) dahingehend interpretieren, dass das neu definierte E einfach die klassische kinetische Energie plus einer irrelevanten Konstante ist.

Um das Ergebnis (15.77) zu illustrieren, betrachten wir einen elastischen Stoß. Nehmen wir beispielsweise an, dass zwei Atome a und b mit den Anfangsmassen m_a^{A} bzw. m_b^{A} und den nichtrelativistischen Geschwindigkeiten v_a^{A} bzw. v_b^{A} zusammenstoßen und nach dem Stoß die Endmassen m_a^{E} bzw. m_b^{E} und die Geschwindigkeiten v_a^{E} bzw. v_b^{E} haben. (In der klassischen Physik sind die Anfangs- und die Endmassen natürlich jeweils gleich, doch wir verwenden hier unterschiedliche Bezeichnungen, um in dieser Frage nichts vorwegzunehmen.) Für einen Zweikörperstoß folgt aus der Erhaltung unserer neu definierten relativistischen Energie (15.74)

$$E_a^{\mathrm{A}} + E_b^{\mathrm{A}} = E_a^{\mathrm{E}} + E_b^{\mathrm{E}}$$

bzw. für einen nichtrelativistischen Stoß

$$\begin{aligned}&\left[m_a^{\mathrm{A}}c^2 + \tfrac{1}{2}m_a^{\mathrm{A}}(v_a^{\mathrm{A}})^2\right] + \left[m_b^{\mathrm{A}}c^2 + \tfrac{1}{2}m_b^{\mathrm{A}}(v_b^{\mathrm{A}})^2\right]\\ &\quad= \left[m_a^{\mathrm{E}}c^2 + \tfrac{1}{2}m_a^{\mathrm{E}}(v_a^{\mathrm{E}})^2\right] + \left[m_b^{\mathrm{E}}c^2 + \tfrac{1}{2}m_b^{\mathrm{E}}(v_b^{\mathrm{E}})^2\right].\end{aligned}$$

Wenn wir die Terme umordnen, können wir das schreiben als

$$M^{\mathrm{A}}c^2 + T^{\mathrm{A}} = M^{\mathrm{E}}c^2 + T^{\mathrm{E}} \,. \tag{15.78}$$

Darin bezeichnet M^{A} die anfängliche Gesamtmasse, T^{A} die anfängliche kinetische Gesamtenergie usw.[27] Nach den klassischen Vorstellungen bleibt die Masse erhalten, es gilt also $M^{\mathrm{A}} = M^{\mathrm{E}}$. Daher heben sich die beiden Masseterme in (15.78) hinweg, und es bleibt einfach

$$T^{\mathrm{A}} = T^{\mathrm{E}} \,.$$

Das ist die Aussage, dass die kinetische Gesamtenergie erhalten bleibt – also genau das, was wir von unserer Behandlung der elastischen Stöße bereits wissen. Also fällt die Erhaltung der neu definierten relativistischen Energie (15.74) im Kontext der nichtrelativistischen elastischen Stöße mit der vertrauten Erhaltung der klassischen Energie zusammen. Das ist wohl das einfachste und stärkste Argument dafür, die Definition (15.74) als geeignete Verallgemeinerung der klassischen Energie anzusehen (natürlich neben dem experimentellen Nachweis, dass die auf diese Weise definierte Energie *tatsächlich* erhalten bleibt).

27 Mit „kinetischer Energie" meine ich hier die kinetische Energie $\frac{1}{2}mv^2$ der Translationsbewegung von jedem Atom als Ganzem; natürlich könnte man einem Atom auch die kinetische Energie seiner Elektronen zuschreiben, die sich um den Kern bewegen, doch diesen Beitrag wollen wir als Teil der inneren Energie des Atoms verstehen.

Der Gedankengang im letzten Absatz führt im Fall des elastische Stoßes zu einem beruhigend vertrauten Ergebnis. Er wird uns aber auch zur ersten großen Überraschung in unserer relativistischen Mechanik führen. Wir wissen, dass es auch in der nichtrelativistischen Mechanik *inelastische* Prozesse gibt, bei denen die gesamte kinetische Energie *nicht* erhalten bleibt. So könnte in unserem Beispiel der zwei Atome der Stoß die Bewegung der Hüllelektronen stören, sodass sich die innere Energie von einem (oder beiden) der Atome ändert. In diesem Fall hätten die Atome nach dem Stoß eine geänderte kinetische Gesamtenergie, sodass $T^{\mathrm{E}} \neq T^{\mathrm{A}}$ gilt. (Es gibt zahlreiche Experimente, bei denen ein solcher Prozess auftritt; ein berühmtes Beispiel ist der Franck-Hertz-Versuch, bei dem Elektronen inelastisch an Quecksilberatomen gestreut werden.) Nun hängt aber der zu (15.78) führende Gedankengang nur von der (zutreffenden) Annahme ab, dass die relativistische Energie erhalten bleibt; daher muss (15.78) für jeden nichtrelativistischen Stoß gelten. Insbesondere folgt bei einem inelastischen Stoß mit $T^{\mathrm{E}} \neq T^{\mathrm{A}}$ aus (15.78), dass die Gesamtmasse der beiden Atome sich ändern muss, also $M^{\mathrm{E}} \neq M^{\mathrm{A}}$. Wenn wir einen inelastischen Stoß betrachten, bei dem sich die innere Energie von einem der Atome ändert, während die des anderen unverändert bleibt, dann können wir über das erste Atom sagen: Wenn das Atom innere Energie gewinnt („angeregt" wird), dann gilt $T^{\mathrm{E}} < T^{\mathrm{A}}$ und damit nach (15.78) $M^{\mathrm{E}} > M^{\mathrm{A}}$ – mit anderen Worten: Wenn ein Atom innere Energie gewinnt, muss es auch an Masse gewinnen. Umgekehrt muss es an Masse verlieren, wenn seine innere Energie abnimmt.

Wenn die relativistische Energie erhalten bleibt (was zutrifft), dann folgt logischerweise, dass die Masse nicht erhalten bleibt. Die erste zu klärende Frage ist, warum diese Nichterhaltung der Masse nicht schon viel früher entdeckt wurde. Zur Beantwortung dieser Frage schauen Sie sich Gleichung (15.78) an, die man in der Form

$$\Delta M c^2 = -\Delta T \tag{15.79}$$

schreiben kann. Die knappe Antwort auf unsere Frage lautet: Nach gewöhnlichen Maßstäben hat c^2 einen außerordentlich großen Wert, sodass – selbst wenn ΔT ziemlich groß ist – der Massenzuwachs $\Delta M = -\Delta T/c^2$ immer noch ziemlich klein ist, in den meisten Fällen sogar unmessbar klein, wie das folgende Beispiel illustriert.

Massenänderung im Franck-Hertz-Versuch

Beispiel 15.7 In ihrem berühmten Experiment von 1914 schossen James Franck und Gustav Hertz Elektronen durch einen Behälter mit Quecksilberdampf. Das Quecksilberatom hat einen Zustand, dessen innere Energie um 4,9 eV (Elektronenvolt, $1\,\mathrm{eV} = 1{,}6 \cdot 10^{-19}\,\mathrm{J}$) höher liegt als der normale „Grundzustand" des Atoms. Bei einigen Stößen zwischen den Elektronen und den Atomen wurde ein Quecksilberatom in diesen Zustand angeregt, mit dem Ergebnis, dass die kinetische Endenergie des auslaufenden Elektrons um 4,9 eV geringer war als die Anfangsenergie, d. h. $\Delta T = -4{,}9\,\mathrm{eV}$. Um wie viel nahm die Masse des Quecksilberatoms durch den Stoß zu?

Lösung ■ Nach (15.79) beträgt der Massenzuwachs

$$\Delta M = -\frac{\Delta T}{c^2} = \frac{4{,}9\,\mathrm{eV}}{c^2} = 8{,}7 \cdot 10^{-36}\,\mathrm{kg}\,.$$

(Überprüfen Sie bitte die Umformungen und die Rechnung als Ganzes.) Das Elektron hat nach dem Stoß eine unveränderte Masse (es ist immer noch ein Elektron), der gesamte Massenzuwachs geht also an das (nun angeregte) Quecksilberatom. Der Zuwachs ist nach alltäglichen Maßstäben extrem klein, doch die eigentliche Frage lautet: Wie groß ist der Massenzuwachs im Vergleich zur Ausgangsmasse des Quecksilberatoms, die 200,6 atomare Masseneinheiten (entsprechend $3{,}3 \cdot 10^{-25}$ kg) beträgt? Die relative Massenänderung des Atoms ist

$$\frac{\Delta M}{M} = \frac{8{,}7 \cdot 10^{-36}}{3{,}3 \cdot 10^{-25}} = 2{,}6 \cdot 10^{-11} \,.$$

Diese relative Änderung ist viel zu gering, als dass man sie bei einer direkten Messung bestimmen könnte. ■

Bei typischen chemischen Reaktionen liegt die freigesetzte Energie in der Größenordnung einiger eV pro Atom. Beispielsweise kann man die Verbrennung von Wasserstoff im Beisein von Sauerstoff als inelastischen Stoß auffassen:

$$H_2 + H_2 + O_2 \longrightarrow H_2O + H_2O \,, \tag{15.80}$$

bei dem die kinetische Gesamtenergie der zwei entstehenden Moleküle um etwa 5 eV höher ist als die kinetische Energie der drei Ausgangsmoleküle.[28] Die Erhaltung der relativistischen Energie macht es erforderlich, dass die Wassermoleküle eine geringere Gesamtmasse haben als die Ausgangsmoleküle – Wasserstoff und Sauerstoff – zusammen, doch auch hier ist die Differenz (man spricht vom *Massendefekt*) viel zu gering, als dass man sie durch direkte Messungen nachweisen könnte.

Bei Kernreaktionen kann die freigesetzte Energie weit größer sein. Beispielsweise nimmt bei der neutroneninduzierten Kernspaltung

$$n + {}^{235}U \rightarrow {}^{90}Kr + {}^{143}Ba + n + n + n$$

die kinetische Energie um rund 220 MeV zu, und der relative Massendefekt liegt bei etwa 1 : 1000 – immer noch nicht sehr groß, aber doch immerhin so groß, dass man ihn bei vielen Kernreaktionen direkt messen kann. Wie wir später sehen werden, gibt es Prozesse, bei denen die Massenänderung noch größer ist, doch schon die Befunde der Kernphysik sind hinreichend, um die relativistische Vorhersage (15.79) über jeden Zweifel erhaben zu machen.

Äquivalenz von Masse und Energie

Wir haben gesehen, dass der Term mc^2 in $E \approx mc^2 + \frac{1}{2}mv^2$ [Gleichung (15.77)] nicht jene „irrelevante Konstante" ist, die ein klassischer Physiker darin sehen würde. Tatsächliche enthält die Energie in der Relativitätstheorie – anders als in der klassischen Mechanik – keine beliebige Konstante. Das ist so, weil der Viererimpuls $p = (\boldsymbol{p}, E/c)$ ein Vierervektor sein soll, und die Addition einer Konstanten würde diese wünschenswerte Eigenschaft zerstören (vgl. Aufgabe 66). Mit diesem Befund

28 Es ist kein Zufall, dass der Betrag der freigesetzten (oder der aufgenommenen) Energie bei einer chemischen Reaktion ungefähr so groß ist wie beim Franck-Hertz-Versuch aus Beispiel 15.7. In beiden Fällen geht die Größenordnung der Energieänderung auf die Unterschiede zwischen den Energieniveaus der Elektronen in den Atomen bzw. Molekülen zurück, und diese Unterschiede liegen immer in der Größenordnung einiger weniger Elektronenvolt.

im Hinterkopf schauen wir uns noch einmal die relativistische Definition der Energie $E = \gamma mc^2$ eines Körpers an. Selbst dann, wenn sich der Körper in Ruhe befindet ($\gamma = 1$), hat der Körper noch eine gewisse Energie, die durch $E = mc^2$ gegeben ist (das ist wahrscheinlich die bekannteste Formel der gesamten Physik). Diese Energie nennt man die **Ruheenergie** und spricht, weil sie aufs Engste mit der Masse m verknüpft ist, von der **Äquivalenz von Masse und Energie**.

Das Konzept der Äquivalenz von Masse und Energie lässt uns die oben diskutierten inelastischen Prozesse als Vorgänge begreifen, bei denen Masse in kinetische Energie umgewandelt wird (oder umgekehrt). Bei den Prozessen der Atom- und Kernphysik betrifft diese Umwandlung typischerweise nur winzige Bruchteile der Gesamtenergie, doch es gibt auch Prozesse, bei denen eine vollständige Umwandlung stattfindet. Beim Stoß beispielsweise zwischen einem Elektron (e^-) und dessen „Antiteilchen", dem Positron e^+, können beide Teilchen „zerstrahlen" (annihilieren):

$$e^- + e^+ \to \text{Strahlung}\,;$$

dabei wird ihre Masse zu 100 % in die Energie der elektromagnetischen Strahlung umgewandelt.

Wenn ein Körper sich bewegt, gilt $\gamma > 1$, und seine Energie $E = \gamma mc^2$ ist größer als seine Ruheenergie mc^2. Das legt nahe, eine Größe T durch die Gleichung

$$E = mc^2 + T \tag{15.81}$$

zu definieren. Diese Größe T ist die zusätzliche Energie, die ein Körper aufgrund seiner Bewegung hat; sie wird natürlich als **kinetische Energie** bezeichnet:

$$T = E - mc^2 = (\gamma - 1)mc^2\,. \tag{15.82}$$

Wenn der Körper sich nur langsam bewegt, haben wir gesehen, dass $T \approx \frac{1}{2}mv^2$ gilt [das folgt aus (15.77)], doch im Allgemeinen ist der nichtrelativistische Ausdruck inkorrekt, und wir müssen die relativistische Definition (15.82) verwenden.

Drei nützliche Beziehungen

Es gibt drei nützliche Beziehungen zwischen den Größen m, $\boldsymbol{v}$, $\boldsymbol{p}$ und E, die die Bewegung eines Körpers charakterisieren. Als Erstes sehen wir wegen $p = \gamma m(\boldsymbol{v}, c)$ sowie $p = (\boldsymbol{p}, E/c)$ sofort

$$\boldsymbol{\beta} \equiv \frac{\boldsymbol{v}}{c} = \frac{\boldsymbol{p}c}{E}\,. \tag{15.83}$$

Mit diesem Zusammenhang können Sie die Geschwindigkeit eines Körpers bestimmen, wenn Sie dessen Dreierimpuls $\boldsymbol{p}$ und die Energie E kennen.

Betrachten Sie als Nächstes das invariante „Längenquadrat" $p^2 = p \cdot p$. Im Ruhesystems des Körpers hat p die Form $p = (0, 0, 0, mc)$, es gilt also $p \cdot p = -(mc)^2$. Da beide Seiten dieser Gleichung invariant sind, folgt sofort, dass derselbe Zusammenhang in einem beliebigen System gelten muss: Für einen Körper mit dem Viererimpuls p und der Masse m gilt also in jedem Inertialsystem

$$p \cdot p = -(mc)^2\,. \tag{15.84}$$

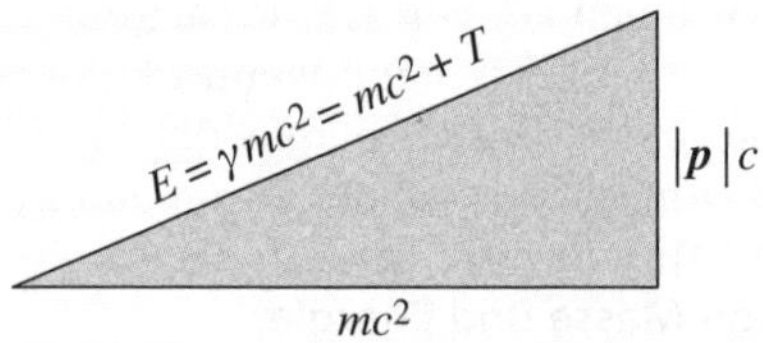

Abbildung 15.12: Die drei Größen E, mc^2 und $|\boldsymbol{p}|c$ hängen miteinander zusammen wie die Seiten eines rechtwinkligen Dreiecks mit E als Hypotenuse.

Sie sollten sich diese Beziehung gut merken, denn wie wir sehen werden, kann man damit viele Rechnungen stark vereinfachen.

Schließlich ist es manchmal hilfreich, Gleichung (15.84) mithilfe des Dreierimpulses und der Energie umzuschreiben. Wegen $p = (\boldsymbol{p}, E/c)$ wird (15.84) zu $\boldsymbol{p}^2 - (E/c)^2 = -(mc)^2$ oder

$$E^2 = (mc^2)^2 + (\boldsymbol{p}c)^2 . \tag{15.85}$$

Das zeigt, dass die drei Größen E, mc^2 und $|\boldsymbol{p}|c$ miteinander zusammenhängen wie die Seiten eines rechtwinkligen Dreiecks mit E als Hypotenuse (Abbildung 15.12). Das hat zum gegenwärtigen Zeitpunkt keine tiefere geometrische Bedeutung, aber es bietet eine einfache Möglichkeit, sich die Beziehung (15.85) zu merken und zu veranschaulichen. Wenn die Geschwindigkeit viel kleiner ist als c, dann gilt $\gamma \approx 1$ und damit $E \approx mc^2$; in diesem Fall sind die Hypotenuse und die Basis des Dreiecks nahezu gleich, also ist $T \ll mc^2$, und das Dreieck ist sehr flach (Höhe $\ll$ Basis). Wenn andererseits v sehr nahe an c liegt, dann gilt $\gamma \gg 1$ und damit $E \gg mc^2$; in diesem Fall ist $T \gg mc^2$, d. h., die Energie ist vorwiegend kinetisch, und das Dreieck ist sehr hoch (Höhe $\gg$ Basis) mit $E \approx |\boldsymbol{p}|c$.

Energie und Impuls eines Elektrons

Beispiel 15.8 Die Ruheenergie eines Elektrons beträgt etwa 0,5 eV (genau genommen sind es 0,511 eV, doch für viele Zwecke reicht der gerundete Wert). Welche Masse hat das Elektron in der SI-Einheit Kilogramm, welche Masse hat es in MeV/c^2? Die kinetische Energie des Elektrons soll $T = 0{,}8\,\text{MeV}$ betragen; wie groß ist die Gesamtenergie E, und welchen Betrag $|\boldsymbol{p}|$ hat der Dreierimpuls in MeV/c? Wie groß ist die Geschwindigkeit des Elektrons?

Lösung Aus der gegebenen Ruheenergie folgt

$$mc^2 = 0{,}5\,\text{MeV} . \tag{15.86}$$

Löst man das nach m auf, wandelt die eV in Joule um und setzt den Wert von c ein, so erhält man (Sie sollten das nachrechnen) $m \approx 9 \cdot 10^{-31}\,\text{kg}$ (genau sind es $9{,}11 \cdot 10^{-31}\,\text{kg}$). Diese Umrechnung in Kilogramm ist zwar unkompliziert, aber noch einfacher (und oft auch zweckmäßiger) ist es, in MeV/c^2 zu rechnen. Wir dividieren einfach beide Seiten von (15.86) durch c^2 und erhalten direkt unser Ergebnis:

$$m = 0{,}5\,\text{MeV}/c^2$$

Offenbar hat die Masse in MeV/c^2 denselben Zahlenwert wie mc^2 in MeV. Das ist so einfach, dass man sich erst daran gewöhnen muss. Wenn Sie die Einheit MeV/c^2

zuvor noch nie verwendet haben, dann merken Sie sich einfach, dass die Aussage $m = 0{,}5\,\mathrm{MeV}/c^2$ genau äquivent zu der Aussage $mc^2 = 0{,}5\,\mathrm{MeV}$ ist. Der Grund dafür, dass man Massen auf diese Weise so bequem angeben kann, liegt darin, dass es uns ja meist eigentlich gar nicht um die Masse selbst geht, sondern um die zugehörige Energie mc^2, und die dafür am besten geeignete Einheit ist eben das Megaelektronenvolt MeV.

Für $T = 0{,}8\,\mathrm{MeV}$ folgt offensichtlich $E = T + mc^2 = 1{,}3\,\mathrm{MeV}$, und mit der „nützlichen Beziehung" (15.85) ergibt sich

$$|\boldsymbol{p}|c = \sqrt{E^2 - (mc^2)^2} = \sqrt{1{,}3^2 - 0{,}5^2}\,\mathrm{MeV} = 1{,}2\,\mathrm{MeV}\,.$$

Wieder könnten wir das Ergebnis durch geeignete Umrechnungen auch in SI-Einheiten angeben, doch es ist einfacher und oft praktischer, beide Seiten durch c zu dividieren:

$$|\boldsymbol{p}| = 1{,}2\,\mathrm{MeV}/c\,.$$

Für die dimensionslose Geschwindigkeit des Elektrons erhalten wir schließlich mit der nützlichen Beziehung (15.83)

$$\beta = \frac{|\boldsymbol{p}|c}{E} = \frac{1{,}2\,\mathrm{MeV}}{1{,}3\,\mathrm{MeV}} = 0{,}92\,,$$

also $v = 0{,}92c$.

Beachten Sie, wie schön sich der Faktor c jeweils hinweghebt, wenn wir bei der Anwendung der Beziehungen (15.83) und (15.85) die Massen in MeV/c^2 und die Impulse in MeV/c angeben. Der Grund dafür ist, dass m und $\boldsymbol{p}$ in diesen Beziehungen nur in der Kombination mc^2 bzw. $\boldsymbol{p}c$ vorkommen. Sie können die Anwendung dieser Beziehungen und der neuen Einheiten in den Aufgaben 61 bis 63 üben. ■

15.14 Stöße

Die Erhaltungssätze für Energie und Impuls spielen eine Schlüsselrolle bei der Untersuchung von Stößen. In diesem Abschnitt werde ich diese Behauptung anhand einiger Beispiele illustrieren.

Beispiel 15.9 Ein relativistischer Kittklumpen mit der Masse m_a, der Energie E_a und der Geschwindigkeit $\boldsymbol{v}_a$ stößt auf einen ruhenden Kittklumpen mit der Masse m_b, wie in Abbildung 15.13 gezeigt. Die beiden vereinen sich zu einem einzigen Klumpen. Welche Masse m hat er, und mit welcher Geschwindigkeit $\boldsymbol{v}$ bewegt er sich weiter? **Zusammenstoß zweier Kittklumpen**

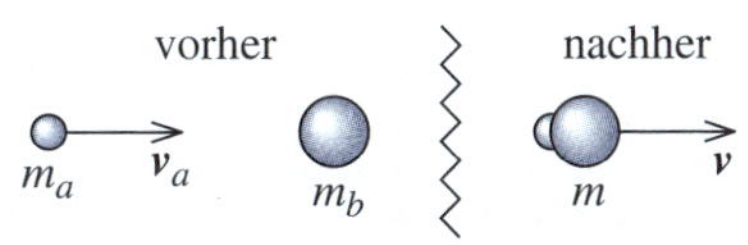

Abbildung 15.13: Zwei Kittklumpen stoßen zusammen und bilden einen einzigen Klumpen.

Lösung Wenn wir die Endmasse bestimmen wollen, müssen wir uns nur daran erinnern, dass das invariante „Längenquadrat“ des Viererimpulses für einen Körper $-m^2c^2$ beträgt. Wenn wir den Viererimpuls am Ende mit p_E bezeichnen, gilt

$$(p_\mathrm{E})^2 = -m^2c^2 \,. \tag{15.87}$$

Wegen der Erhaltung des Viererimpulses (Impuls und Energie) haben wir $p_\mathrm{E} = p_\mathrm{A}$ mit dem anfänglichen Gesamtimpuls, d. h., $p_\mathrm{A} = p_a + p_b$; daraus folgt

$$\begin{aligned}(p_\mathrm{A})^2 = (p_a + p_b)^2 &= p_a^2 + p_b^2 + 2p_a \cdot p_b \\ &= -m_a^2c^2 - m_b^2c^2 - 2E_a m_b\,; \end{aligned} \tag{15.88}$$

der letzte Term kommt zustande wegen $p_b = (0, 0, 0, m_b c)$. Durch Vergleich von (15.87) und (15.88) erhalten wir für die Masse des am Ende entstandenen Kittklumpens

$$m = \sqrt{m_a^2 + m_b^2 + 2E_a m_b/c^2}.$$

Beachten Sie, dass für eine nichtrelativistische Anfangsbewegung $E_a \approx m_a c^2$ gilt, sodass man das nichtrelativistische Ergebnis $m = m_a + m_b$ erhält; im Allgemeinen ist aber $m > m_a + m_b$.

Nach der nützlichen Beziehung (15.83) ist die Endgeschwindigkeit $\boldsymbol{v} = \boldsymbol{p}_\mathrm{E}c^2/E_\mathrm{E}$. Wegen der Erhaltung des Viererimpulses können wir die Komponenten von p_E durch die von p_A ersetzen und erhalten

$$\boldsymbol{v} = \frac{\boldsymbol{p}_a c^2}{E_a + m_b c^2} = \frac{\gamma_a m_a \boldsymbol{v}_a}{\gamma_a m_a + m_b}\,; \tag{15.89}$$

darin bezeichnet γ_a den γ-Faktor für den einlaufenden Klumpen a. Beachten Sie, dass sich dieser Ausdruck für $v_a \ll c$ auf das vertraute nichtrelativistische Ergebnis $\boldsymbol{v} = m_a\boldsymbol{v}_a/(m_a + m_b)$ reduziert. ■

Das Schwerpunktsystem

In der nichtrelativistischen Mechanik haben wir gesehen, dass es ein sehr nützliches Konzept für die Behandlung von Mehrkörperproblemen gibt – das sogenannte Schwerpunktsystem, d. h. dasjenige Bezugssystem, in dem der Schwerpunkt des Systems in Ruhe ist. Alternativ kann man dieses Bezugssystem dadurch charakterisieren, dass in ihm der Gesamtimpuls null ist, also $\boldsymbol{P} = \sum \boldsymbol{p} = 0$. Diese alternative Definition lässt sich direkt auf die relativistische Mechanik übertragen.[29] Wir haben ferner gesehen, dass der Viererimpuls p eines massebehafteten Teilchens immer vorwärts-zeitartig ist (d. h., er liegt innerhalb des Vorwärtslichtkegels).[30] Es ist nun ein Leichtes (vgl. Aufgabe 69) zu zeigen, dass die Summe von vorwärts-zeitartigen Vierervektoren selbst auch vorwärts-zeitartig ist. Daher ist der Gesamtimpuls $P = \sum p$ einer beliebigen Ansammlung von Teilchen ebenfalls zeitartig, und damit ist die Existenz eines

29 Merkwürdigerweise funktioniert das Konzept des Schwerpunkts selbst – korrekt eigentlich: des Schwerpunkts – im relativistischen Bereich nicht zufriedenstellend. Sie sollten sich das Schwerpunktsystem daher besser als das Null-Impuls-System vorstellen.

30 Bislang haben wir nur massebehaftete Teilchen betrachtet, also Teilchen mit $m > 0$. Wir werden aber gleich den Fall von masselosen Teilchen diskutieren, für die p *auf* dem Kausalitätskegel liegt. Glücklicherweise gelten (mit einer kleinen Ausnahme) dieselben Ergebnisse aber auch dann, wenn die Teilchen masselos sind, vgl. Aufgaben 88 und 89.

Bezugssystems garantiert, in dem P die Form $P = (0, 0, 0, P_4)$ hat. In diesem Bezugssystem ist der Gesamt-Dreierimpuls $\boldsymbol{P} = 0$, und somit definieren wir es natürlich als das Schwerpunktsystem der Teilchen.

Oft lassen sich Stoßprobleme im Schwerpunktsystem sehr leicht lösen. Wenn wir dasselbe Problem in einem anderen Bezugssystem $\mathcal{S}$ lösen müssen, ist es also das Einfachste, von $\mathcal{S}$ in das Schwerpunktsystem zu transformieren, das Problem dort zu lösen und dann nach $\mathcal{S}$ rückzutransformieren. Das nächste Beispiel illustriert das Vorgehen.

Ein elastischer Frontalzusammenstoß

Beispiel 15.10 Wir betrachten einen Frontalzusammenstoß zwischen einem Projektil (Masse m_a, Geschwindigkeit $\boldsymbol{v}_a$) mit einem ruhenden Target (Masse m_b), wie in Abbildung 15.14a gezeigt. („Frontalzusammenstoß“ bedeutet, dass beide Stoßpartner sich nach dem Stoß wie dargestellt entlang der Einfallsgeschwindigkeit $\boldsymbol{v}_a$ bewegen.) Welche Geschwindigkeit $\boldsymbol{v}_b$ hat das Targetteilchen b nach dem Stoß?

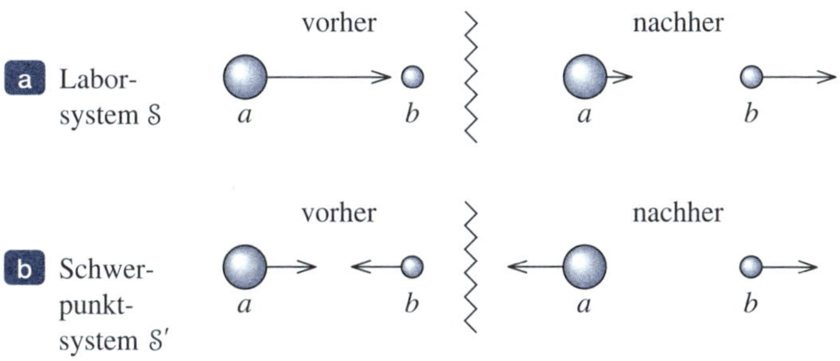

Abbildung 15.14: (a) Ein elastischer Frontalzusammenstoß im Laborsystem $\mathcal{S}$, in dem das Target b anfangs ruht. (b) Im Schwerpunktsystem $\mathcal{S}'$ haben alle Dreierimpulse denselben Betrag. Die einzige Wirkung des Stoßes ist, dass sich der Dreierimpuls für jedes der Teilchen umkehrt. (Die Pfeile stellen die Impulse dar.)

Lösung Wir bezeichnen mit $\mathcal{S}$ das Laborsystem, in dem der Versuch tatsächlich stattfindet (und b anfangs in Ruhe ist); die Richtung der einlaufenden Geschwindigkeit soll die x-Achse sein. Um das Problem im System $\mathcal{S}$ direkt zu lösen, könnten wir von den Gleichungen für die Energie- und Impulserhaltung ausgehen und sie nach der gesuchten Endgeschwindigkeit auflösen. Leider sind diese Gleichungen extrem unübersichtlich. Viel einfacher ist es, in das Schwerpunktsystem $\mathcal{S}'$ zu transformieren. Im Schwerpunktsystem sind die beiden Anfangs-Dreierimpulse entgegengesetzt gleich; man erkennt leicht (vgl. Aufgabe 68), dass sie durch den Stoß einfach nur umgekehrt werden. Wir werden also folgendermaßen vorgehen: (1) Wir transformieren p_b in das Schwerpunktsystem $\mathcal{S}'$. (2) Wir kehren dessen räumlichen Teil $\boldsymbol{p}_b$ um. Und (3) transformieren wir zurück nach $\mathcal{S}$ und berechnen die Geschwindigkeit. Bevor wir das tun, müssen wir die Geschwindigkeit des Schwerpunktsystems $\mathcal{S}'$ relativ zu $\mathcal{S}$ bestimmen. Da der Gesamt-Viererimpuls

$$P = \left(\boldsymbol{p}_a, \frac{E_a + m_b c^2}{c}\right)$$

beträgt, ist die gesuchte (dimensionslose) Geschwindigkeit $\boldsymbol{\beta}$, die in das Schwerpunktsystem transformiert, gegeben durch

$$\boldsymbol{\beta} = \frac{\boldsymbol{p}_a c}{E_a + m_b c^2} \,. \tag{15.90}$$

(Im nichtrelativistischen Grenzfall mit $\boldsymbol{p}_a \approx m_a \boldsymbol{v}_a$ und $E \approx m_a c^2$ entspricht dies einer Geschwindigkeit $\boldsymbol{v} = m_a \boldsymbol{v}_a/(m_a + m_b)$, und das ist – wie erwartet – die Geschwindigkeit des Schwerpunkts.)

Nun führen wir unsere drei Schritte aus, um das Problem zu lösen. Im Laborsystem ist der anfängliche Viererimpuls des Targets b gegeben durch

$$p_b^{\mathrm{A}} = (0, 0, 0, m_b c) \qquad \text{[Laborsystem, Anfang]}. \tag{15.91}$$

Durch Anwendung der Standardtransformation mit der (dimensionslosen) Geschwindigkeit (15.90) erhalten wir den entsprechenden Impuls im Schwerpunktsystem:

$$p_b'^{\mathrm{A}} = \gamma m_b c(-\beta, 0, 0, 1) \qquad \text{[Schwerpunktsystem, Anfang]}. \tag{15.92}$$

Im Schwerpunktsystem kehren sich die räumlichen Komponenten dieses Impulses durch den Stoß einfach nur um. Der entsprechende Viererimpuls nach dem Stoß ist also

$$p_b'^{\mathrm{E}} = \gamma m_b c(\beta, 0, 0, 1) \qquad \text{[Schwerpunktsystem, Ende]}. \tag{15.93}$$

Nach der Rücktransformation in das Laborsystem haben wir

$$p_b^{\mathrm{E}} = \gamma^2 m_b c \left(2\beta, 0, 0, (1 + \beta^2)\right) \qquad \text{[Laborsystem, Ende]}. \tag{15.94}$$

Die entsprechende dimensionslose Geschwindigkeit ist einfach das Verhältnis $2\beta/(1 + \beta^2)$, für die tatsächliche Endgeschwindigkeit des Targets mit dem in (15.90) gegebenen $\boldsymbol{\beta}$ erhalten wir also

$$\boldsymbol{v}_b = \frac{2\boldsymbol{\beta}}{1 + \beta^2}\, c \,. \tag{15.95}$$

Gleichung (15.95) ist zwar leicht zu finden, aber nicht sonderlich erhellend. Für den Spezialfall zweier gleicher Massen kann man leicht zeigen (Aufgabe 73), dass sich (15.95) auf $\boldsymbol{v}_b = \boldsymbol{v}_a$ reduziert, d. h., das Target bewegt sich nach dem Stoß mit genau derselben Geschwindigkeit wie das ankommende Projektil, und das Projektil bremst abrupt ab. Dieses Verhalten kennen wir aus der nichtrelativistischen Mechanik (z. B. beim Billardspiel); es zeigt, dass das relativistische Ergebnis exakt mit dem nichtrelativistischen übereinstimmt.

Egal aber, ob die beiden Massen gleich sind oder nicht, es lässt sich leicht zeigen, dass das relativistische Ergebnis (15.95) im Grenzfall $v_a \ll c$ sich dem entsprechenden nichtrelativistischen Ergebnis nähert (vgl. Aufgabe 73). ■

Schwellenenergien

Die meisten Elementarteilchen, die man in den letzten rund achtzig Jahren entdeckt hat, wurden in Stoßversuchen mit anderen Teilchen nachgewiesen. Beispielsweise lässt sich das negative Pion π^- durch den Stoß eines Protons und eines Neutrons erzeugen:

$$\mathrm{p} + \mathrm{n} \longrightarrow \mathrm{p} + \mathrm{p} + \pi^- \,.$$

Ähnlich wurde das erste beobachtete Antiproton durch den Stoß zweier Protonen gemäß der Reaktion

$$\mathrm{p} + \mathrm{p} \longrightarrow \mathrm{p} + \mathrm{p} + \mathrm{p} + \widetilde{\mathrm{p}} \tag{15.96}$$

erzeugt. (Das negativ geladene Antiproton $\widetilde{\mathrm{p}}$ ist das „Antiteilchen" des Protons; es hat dieselbe Masse, aber entgegengesetzte Ladung.) Für jeden Experimentator, der solche Reaktionen beobachten will, ist die sogenannte **Schwellenenergie** eine wichtige Größe, definiert als die Mindestenergie der Ausgangsteilchen, die für das Eintreten der Reaktion notwendig ist.

Betrachten wir eine Reaktion der Form

$$a + b \longrightarrow d + \cdots + g\,.$$

Bei einem traditionellen Stoßversuch ist normalerweise eines der Ausgangsteilchen (beispielsweise b) in Ruhe – und damit ist das Bezugssystem definiert, das wir als Laborsystem bezeichnet haben. Es geht also darum, die Schwellenenergie für eine Reaktion dieser Art im Laborsystem zu bestimmen. Auf den ersten Blick sieht das nach einer einfachen Rechnung aus: Die minimal mögliche Energie der erzeugten Teilchen muss gerade ihre gesamte Ruheenergie $\sum m_\mathrm{E} c^2$ sein, also die Energie, die sie alle zusammen im Ruhezustand haben – und dann ergibt sich die Schwellenenergie einfach als $\sum m_\mathrm{E} c^2$. Dieser Gedankengang ist zwar plausibel, aber leider falsch. Das Problem besteht darin, dass im Laborsystem der anfängliche Gesamt-Dreierimpuls nicht null ist. (Teilchen b ist in Ruhe, also muss sich Teilchen a bewegen, um die nötige Energie zu liefern.) Wegen der Erhaltung des Dreierimpulses muss der Dreierimpuls am Ende ebenfalls ungleich null sein, also können die erzeugten Teilchen nicht alle in Ruhe sein. Die Schwellenenergie ist daher höher als nur $\sum m_\mathrm{E} c^2$. Aber um wie viel höher?

Man beantwortet diese Frage am einfachsten, indem man den Stoß im Schwerpunktsystem betrachtet, in dem der Gesamt-Dreierimpuls *tatsächlich* null ist, d. h., in dem auch alle entstehenden Teilchen in Ruhe sein können. Damit folgt

$$E_\mathrm{S} \geq \sum m_\mathrm{E} c^2 \tag{15.97}$$

(der Index S steht für Schwerpunktsystem); das Gleichheitszeichen ist jetzt möglich: Es gilt in dem Fall, dass am Ende alle Teilchen in Ruhe sind. Wir können nun die Schwellenenergie im Laborsystem bestimmen, indem wir die Gesamt-Viererimpulse in den beiden Bezugssystemen miteinander vergleichen. Im Schwerpunktsystem hat der Gesamt-Viererimpuls die Form $P_\mathrm{S} = (0, 0, 0, E_\mathrm{S}/c)$. Im Laborsystem gilt $P_\mathrm{Lab} = p_a + p_b$ mit den Anfangsimpulsen $p_a = (\boldsymbol{p}_a, E_a/c)$ und $p_b = (0, 0, 0, m_b c)$ der Ausgangsteilchen. Wegen der Invarianz des Skalarprodukts gilt $P_\mathrm{S}^2 = P_\mathrm{Lab}^2$ und damit

$$-E_\mathrm{S}^2/c^2 = (p_a + p_b)^2 = p_a^2 + p_b^2 + 2p_a \cdot p_b = -m_a^2 c^2 - m_b^2 c^2 - 2E_a m_b$$

oder – aufgelöst nach E_a –

$$E_a = \frac{E_\mathrm{S}^2 - m_a^2 c^4 - m_b^2 c^4}{2 m_b c^2}\,.$$

Setzen wir den Minimalwert von E_S aus (15.97) ein, erhalten wir die Minimalenergie für das Projektil a im Laborsystem:

$$E_a^\mathrm{min} = \frac{(\sum m_\mathrm{E})^2 - m_a^2 - m_b^2}{2 m_b} c^2\,. \tag{15.98}$$

Ein berühmtes Beispiel für die Anwendung dieser Gleichung ist der Entwurf des Experiments, mit dem man die Existenz des Antiprotons anhand der Reaktionsgleichung (15.96) nachweisen wollte. Bei dieser Reaktion gilt $\sum m_\mathrm{E} = 4m_\mathrm{p}$; wegen $m_a = m_b = m_\mathrm{p}$ ist nach Gleichung (15.98) die Minimalenergie $7m_\mathrm{p}c^2$. Wenn man also über die Reaktion (15.96) Antiprotonen erzeugen will, müssen die Protonen eine *kinetische* Mindestenergie von $6m_\mathrm{p}c^2 \approx 5600\,\mathrm{MeV}$ haben. Diese Reaktion wurde zuerst 1955 am US-amerikanischen Beschleunigerlaboratorium in Berkeley an dem Beschleuniger „Bevatron" beobachtet. Das Bevatron wurde speziell dafür konstruiert, Protonen auf rund 6000 MeV zu beschleunigen, also gerade genug, um die Schwellenenergie für diese Reaktion zu überschreiten.

Ein wichtiges Merkmal von (15.98) ist, dass der führende Term proportional zu $(\sum m_\mathrm{E})^2$ ist. Wenn man also vorhat, ein besonders schweres Teilchen zu erzeugen, muss E_a^min extrem groß sein. Das als ψ (oder J/ψ) bezeichnete Teilchen beispielsweise hat eine Masse von rund $3100\,\mathrm{MeV}/c^2$ und wurde in der Reaktion

$$\mathrm{e}^+ + \mathrm{e}^- \longrightarrow \psi$$

entdeckt. Das Elektron und das Positron haben jeweils eine Masse von rund $0{,}5\,\mathrm{MeV}/c^2$. Wenn wir diese Werte in (15.98) einsetzen, sehen wir, dass man für die Reaktion „Positronen auf ruhende Elektronen" (oder anders herum) mit einer Mindestenergie von fantastischen $E^\mathrm{min} \approx 10^7\,\mathrm{MeV}$ schießen müsste – weit mehr als die Energie, die selbst ein moderner Elektronen- oder Positronenbeschleuniger erreicht. Man konnte diese hoffnungslose Situation erst überwinden, als man sogenannte Collider verwendete, in denen man Elektronen und Positronen in zwei gegenläufigen Strahlen mit jeweils entgegengesetzt gleichen Impulsen frontal aufeinander schießt: Mit anderen Worten wurde der Versuch im Schwerpunktsystem durchgeführt. Aus Gleichung (15.97) können Sie ablesen, dass die Schwellenenergie in diesem Fall nur $E_\mathrm{S} \approx 3100\,\mathrm{MeV}$ beträgt. In diesen Versuch überwogen also die Vorteile einer so deutlich kleineren Schwellenenergie bei weitem die Schwierigkeiten, die aus der Arbeit mit zwei kollidierenden hochenergetischen Teilchenstrahlen resultieren.

15.15 Die Kraft in der Relativitätstheorie

Bis jetzt haben wir noch nicht das Konzept der Kraft in unsere relativistische Mechanik eingeführt. Einer der Gründe dafür ist, dass die Kraft in der Relativitätstheorie eine viel geringere Rolle spielt als in der nichtrelativistischen Mechanik. Ein weiterer Grund ist, dass das Konzept der Kraft im relativistischen Bereich viel komplizierter ist. Die offensichtlichste Schwierigkeit besteht darin, dass man die Kraft (ebenso wie andere Größen, beispielsweise die Masse oder die Geschwindigkeit) auf unterschiedliche Weise definieren kann. Eine weitere Schwierigkeit erwächst daraus, dass sich die Ruhemasse eines Körpers ändern kann. Wie wir gesehen haben, kann der inelastische Stoß eines Elektrons mit einem Atom dem Atom zusätzliche innere Energie verleihen und so seine Ruhemasse erhöhen. Als makroskopisches Beispiel für diesen Effekt stellen Sie sich eine Flamme vor, die unter einem Metallobjekt brennt; die absorbierte Wärme erhöht dessen innere Energie und damit dessen Ruhemasse. Wie die meisten Autoren von Einführungen zur Relativitätstheorie vermeide auch ich derartige sogenannte „wärmeartige" Kräfte und die damit verbundenen Schwierigkeiten, indem ich mich auf Kräfte beschränke, die *die Ruhemasse der Körper, auf die sie wirken, nicht verändern.*[31] Dazu gehören glücklicherweise viele der in der Relativitätstheorie bedeutsamen Kräfte, darunter auch die Lorentz-Kraft

$$\boldsymbol{F} = q(\boldsymbol{E} + \boldsymbol{v} \times \boldsymbol{B}) \tag{15.99}$$

auf eine Ladung q in einem elektrischen Feld $\boldsymbol{E}$ und einem magnetischen Feld $\boldsymbol{B}$.

Von den mehreren vorstellbaren Definitionen für eine Kraft in der Relativitätstheorie ist die bei weitem nützlichste die **Dreierkraft**, die als

$$\boldsymbol{F} = \frac{\mathrm{d}\boldsymbol{p}}{\mathrm{d}t} \tag{15.100}$$

definiert ist; darin bezeichnet $\boldsymbol{p}$ den relativistischen Dreierimpuls $\boldsymbol{p} = \gamma m \boldsymbol{v}$. Natürlich ist die Dreierkraft nicht dasselbe wie die nichtrelativistische Kraft, denn $\boldsymbol{p}$ ist nicht der nichtrelativistische Impuls, doch diese Definition hat den wesentlichen Vorteil, dass sie für $v \ll c$ (und $\gamma \approx 1$) mit der nichtrelativistischen Definition übereinstimmt. Ein weiterer Punkt zugunsten von Definition (15.100) ist das Experiment, nach dem eine so definierte Kraft auf eine Ladung q durch die Lorentz-Gleichung (15.99) gegeben ist. Und drittens können wir mit der Definition (15.100) ein Analogon zu dem nichtrelativistischen Zusammenhang zwischen Arbeit und kinetischer Energie (4.7) beweisen: Gehen Sie von der nützlichen Beziehung (15.85) aus, nach der $E^2 = (\boldsymbol{p}c)^2 + (mc^2)^2$ gilt. Wenn Sie beide Seiten nach der Zeit differenzieren, so erhalten Sie

$$E\,\frac{\mathrm{d}E}{\mathrm{d}t} = \boldsymbol{p}c^2 \cdot \frac{\mathrm{d}\boldsymbol{p}}{\mathrm{d}t} = \boldsymbol{p}c^2 \cdot \boldsymbol{F}$$

(denken Sie daran, dass wir annehmen, die Ruhemasse m würde sich nicht ändern, daher taucht kein Term $\mathrm{d}m/\mathrm{d}t$ auf; vgl. aber Aufgabe 85) bzw. (wenn Sie beide Seiten durch E dividieren und $\boldsymbol{p}c^2/E = \boldsymbol{v}$ berücksichtigen)

$$\frac{\mathrm{d}E}{\mathrm{d}t} = \boldsymbol{v} \cdot \boldsymbol{F} \tag{15.101}$$

Wenn wir jetzt noch beide Seiten mit $\mathrm{d}t$ multiplizieren, ergibt sich

$$\mathrm{d}E = \boldsymbol{F} \cdot \mathrm{d}\boldsymbol{x}\,, \tag{15.102}$$

wobei $\mathrm{d}\boldsymbol{x}$ die Verrückung $\mathrm{d}\boldsymbol{x} = \boldsymbol{v}\mathrm{d}t$ bezeichnet. Schließlich kommen wir wegen $E = mc^2 + T$ und wegen der Annahme, die Masse würde sich nicht ändern, auf

$$\mathrm{d}T = \boldsymbol{F} \cdot \mathrm{d}\boldsymbol{x}\,, \tag{15.103}$$

und das ist genau der Zusammenhang zwischen kinetischer Energie und geleisteter Arbeit, nun aber so verallgemeinert, dass er auch für relativistische Energien und Kräfte gilt.

31 Eine sorgfältige und klare Behandlung solcher „wärmeartigen“ Kräfte findet man bei Wolfgang Rindler, *Introduction to Special Relativity*, Oxford University Press, ^{2}1991. Aber seien Sie gewarnt: Rindler kennzeichnet mit m die variable Masse (vgl. Seite 732), die wir mit γm bezeichnen würden.

Bewegung unter einer konstanten Kraft

Beispiel 15.11 Ein Körper mit der konstanten Ruhemasse m wird durch eine gleichförmige, konstante Kraft $\boldsymbol{F}$ bewegt (beispielsweise durch die Kraft, die auf eine Ladung in einem gleichförmigen elektrostatischen Feld wirkt); er wird zur Zeit $t = 0$ am Ursprung aus dem Ruhezustand losgelassen. Bestimmen Sie den Dreierimpuls $\boldsymbol{p}$ des Körpers, seine Dreiergeschwindigkeit $\boldsymbol{v}$ und seinen Ort $\boldsymbol{x}$, jeweils als Funktion der Zeit.

Lösung Durch Integration von (15.100) (mit konstanter Kraft $\boldsymbol{F}$) finden wir sofort

$$\boldsymbol{p} = \boldsymbol{F}t. \qquad (15.104)$$

Ausgehend von (15.85) sieht man leicht, dass $\gamma^2 = 1 + \boldsymbol{p}^2/(mc)^2$ gilt und damit

$$\gamma = \sqrt{1 + (Ft/mc)^2}$$

und

$$\boldsymbol{v} = \frac{\boldsymbol{p}}{m\gamma} = \frac{\boldsymbol{F}t}{m\sqrt{1 + (Ft/mc)^2}}. \qquad (15.105)$$

Solange t klein ist, können wir den zweiten Term unter der Wurzel vernachlässigen und erhalten das nichtrelativistische Ergebnis $\boldsymbol{v} = \boldsymbol{F}t/m$, wenn t aber groß wird, dominiert der zweite Term unter der Wurzel; v nähert sich dann c, ohne es jemals zu erreichen. Das stimmt mit unserer Erkenntnis überein, dass kein materielles Teilchen eine Geschwindigkeit größer oder gleich der Lichtgeschwindigkeit erreichen kann.

Um den Ort $\boldsymbol{x}$ des Körpers zu bestimmen, müssen wir nur (15.105) integrieren und erhalten

$$\boldsymbol{x} = \frac{\boldsymbol{F}}{m}\left(\frac{mc}{F}\right)^2\left(\sqrt{1 + \left(\frac{Ft}{mc}\right)^2} - 1\right). \qquad (15.106)$$

Wie Sie leicht überprüfen können, reduziert sich der Ausdruck für kleines t auf den bekannten nichtrelativistischen Ausdruck $\boldsymbol{x} = \frac{1}{2}\boldsymbol{F}t^2/m$ (d. h. $\frac{1}{2}\boldsymbol{a}t^2$); für $t \to \infty$, wenn die Geschwindigkeit sich der Lichtgeschwindigkeit nähert, geht $\boldsymbol{x}$ asymptotisch gegen $(ct + \text{const.})$ und zeigt in die Richtung von $\boldsymbol{F}$ (Aufgabe 82). ■

Potenzielle Energie

Es kann – zumindest in einem Bezugssystem $\mathcal{S}$ – zutreffen, dass die Kraft $\boldsymbol{F}$ auf einen Körper der Gradient einer Funktion $U(\boldsymbol{x})$ ist, d. h., es gilt $\boldsymbol{F} = -\boldsymbol{\nabla}U(\boldsymbol{x})$, und die Kraft ist konservativ. Ein solcher Fall liegt beispielsweise dann vor, wenn sich eine Ladung in einem elektrostatischen Feld bewegt. Die durch die Verrückung $\mathrm{d}\boldsymbol{x}$ an einem solchen Körper verrichtete Arbeit ist $\boldsymbol{F}\cdot\mathrm{d}\boldsymbol{x} = -\boldsymbol{\nabla}U\cdot\mathrm{d}\boldsymbol{x} = -\mathrm{d}U$. Kombinieren wir das mit dem Zusammenhang (15.103) zwischen kinetischer Energie und Arbeit, erhalten wir $\mathrm{d}T = -\mathrm{d}U$ oder $\mathrm{d}(T + U) = 0$. Wie in der nichtrelativistischen Mechanik bleibt also die Summe $T + U$ erhalten, wenn die auf einen Körper wirkende Kraft konservativ ist.

Die Viererkraft

Die Dreierkraft $\boldsymbol{F} = \mathrm{d}\boldsymbol{p}/\mathrm{d}t$ ist nicht der räumliche Teil eines Vierervektors. (Das liegt daran, dass zwar $\mathrm{d}\boldsymbol{p}$ der räumliche Teil eines Vierervektors, $\mathrm{d}t$ aber kein Skalar ist.) In dieser Hinsicht gleicht die Dreierkraft der Dreiergeschwindigkeit $\boldsymbol{v} = \mathrm{d}\boldsymbol{x}/\mathrm{d}t$, und die Transformation von $\boldsymbol{F}$ von einem Bezugssystem zu einem anderen ähnelt der von $\boldsymbol{v}$

(vgl. Aufgabe 83). Und wie bei der Geschwindigkeit ist es leicht zu sehen, wie man eine Viererkraft definiert, die eng mit der Dreierkraft zusammenhängt. Wir können die **Viererkraft** auf einen Körper definieren als die Ableitung von p nach der Eigenzeit t_0, gemessen entlang der Weltlinie des Körpers:

$$K = \frac{\mathrm{d}p}{\mathrm{d}t_0}\,. \tag{15.107}$$

(Es gibt kein allgemein akzeptiertes Symbol für die Viererkraft, doch K ist ein häufig verwendetes Formelzeichen.) Da $\mathrm{d}p$ ein Vierervektor und $\mathrm{d}t_0$ ein Viererskalar ist, ist auch K ein Vierervektor. Wegen $\mathrm{d}t_0 = \mathrm{d}t/\gamma$ können wir K schreiben als

$$K = (\boldsymbol{K}, K_4) = \gamma\left(\frac{\mathrm{d}\boldsymbol{p}}{\mathrm{d}t}, \frac{1}{c}\frac{\mathrm{d}E}{\mathrm{d}t}\right) = \gamma(\boldsymbol{F}, \boldsymbol{v}\cdot\boldsymbol{F}/c)\,; \tag{15.108}$$

das letzte Gleichheitszeichen folgt aus (15.101). Wir erkennen, dass der räumliche Teil der Viererkraft γ-mal die Dreierkraft $\boldsymbol{F}$ ist, genauso wie der räumliche Teil der Vierergeschwindigkeit u gemäß (15.67) γ-mal die übliche Dreiergeschwindigkeit $\boldsymbol{v}$ ist.

Die Vorzüge der Viererkraft erwachsen daraus, dass sie ein Vierervektor ist. Dadurch ist die Transformation von einem Bezugssystem in ein anderes einfach die vertraute Lorentz-Transformation. Darüber hinaus lässt sich die Lorentz-Invarianz eines beliebigen, mit Vierervektoren formulierten physikalischen Gesetzes leicht überprüfen. Der größte *Nachteil* der Viererkraft besteht darin, dass sie die zeitliche Ableitung des Impulses bezüglich der *Eigen*zeit angibt, während die Dreierkraft die Ableitung des Impulses nach der Zeit, gemessen in einem *beliebigen* Bezugssystem, angibt. Da wir meist nur daran interessiert sind, die Bewegung eines Körpers hinsichtlich der Zeit in einem bestimmten Bezugssystem auszudrücken (also eben nicht hinsichtlich der Eigenzeit des bewegten Körpers), ist – unter diesem Aspekt – die Dreierkraft nützlicher.

15.16 Masselose Teilchen; das Photon

Eine überraschende Folgerung der Relativitätstheorie besteht in der möglichen Existenz von masselosen Teilchen ($m = 0$). In der nichtrelativistischen Mechanik ist das Konzept eines masselosen Teilchens völlig sinnlos. Die Definitionen $\boldsymbol{p} = m\boldsymbol{v}$ und $T = \frac{1}{2}mv^2$ zeigen deutlich, dass ein Teilchen mit $m = 0$ weder einen Impuls noch kinetische Energie hätte und daher wohl nur ein Gedankenkonstrukt wäre. Auf den ersten Blick scheint dieses Argument auch in der Relativitätstheorie zu gelten: Wenn wir in den relativistischen Definitionen

$$\boldsymbol{p} = \gamma m\boldsymbol{v} \qquad \text{und} \qquad E = \gamma mc^2 \tag{15.109}$$

die Masse gegen null gehen lassen ($m \to 0$), dann scheint sich dieselbe Schlussfolgerung zu ergeben – dass nämlich ein masseloses Teilchen keinen Impuls und keine Energie hat und daher nicht existiert. Wir ignorieren diesen Einwand fürs Erste und betrachten die beiden Beziehungen (15.83) und (15.85)

$$E^2 = (mc^2)^2 + (\boldsymbol{p}c)^2 \qquad \text{und} \qquad \frac{\boldsymbol{v}}{c} = \frac{\boldsymbol{p}c}{E}\,. \tag{15.110}$$

Wenn es ein Teilchen mit $m = 0$ gäbe (und diese Beziehungen immer noch gelten), dann würde aus der ersten

$$E = |\boldsymbol{p}|c \qquad [\text{für } m = 0]\,, \tag{15.111}$$

und daraus könnte man in Kombination mit der zweiten Beziehung folgern, dass die Geschwindigkeit des Teilchens c sein müsste:

$$v = c \qquad [\text{für } m = 0]\,. \tag{15.112}$$

Mit anderen Worten: Wenn es ein masseloses Teilchen gäbe, dann müsste es sich aufgrund der „nützlichen Beziehungen" der relativistischen Mechanik mit Lichtgeschwindigkeit c bewegen. Wenn wir nun zu unserer ursprünglichen Definition (15.109) von $\boldsymbol{p}$ und E zurückkehren, dann sehen wir, dass für $m \to 0$ auch $v \to c$ und $\gamma \to \infty$ gilt. Für ein masseloses Teilchen nähmen also die beiden Definitionen die Form $\infty \cdot 0$ an, sie wären also unbestimmt und würden die Existenz von Teilchen mit $m = 0$ nicht ausschließen.

Augenscheinlich gibt es in der relativistischen Mechanik Platz für masselose Teilchen, die sich stets mit der Geschwindigkeit c bewegen. Ob ein solches Teilchen tatsächlich existiert, kann natürlich nur das Experiment beantworten – und die Experimente sagen uns unmissverständlich, dass dem so ist. Das **Photon** ist das Teilchen, das die Energie und den Impuls von elektromagnetischen Wellen trägt; Experimente zeigen, dass für ein Photon E und $\boldsymbol{p}$ die Gleichung (15.111) erfüllen und dass – welche Überraschung! – das Photon sich mit Lichtgeschwindigkeit bewegt.[32]

Beachten Sie, dass der Viererimpuls eines Photons (mit $m = 0$) die Beziehung

$$p^2 = 0 \tag{15.113}$$

erfüllt; sein invariantes Längenquadrat ist null. Wir haben gesehen, dass der Viererimpuls eines materiellen Teilchens (also eines Teilchens mit $m > 0$) immer vorwärtszeitartig ist. Im Gegensatz dazu liegt der Viererimpuls eines masselosen Teilchens auf dem Vorwärts-Lichtkegel und ist **vorwärts-lichtartig**.

Da die Definitionen (15.109) für masselose Teilchen keine Bedeutung mehr haben, kommt natürlich die Frage auf, wie man denn nun Impuls und Energie eines masselosen Teilchens definiert. Zumindest im Prinzip lassen sie sich mithilfe der Erhaltungssätze definieren. Betrachten Sie beispielsweise die Emission eines Photons durch ein Atom X:

$$X^* \to X + \gamma\,, \tag{15.114}$$

wobei X^* einen angeregten Zustand des Atoms und X dessen Grundzustand bezeichnet, γ ist das Standardformelzeichen für ein Photon [nicht zu verwechseln mit dem Gammafaktor γ nach (15.9)]. Da wir bereits wissen, wie man Energie und Impuls für diese beiden Atomzustände definiert und misst, können wir die entsprechenden

32 Man glaubte bis vor kurzem, dass ein weiteres Beispiel für ein masseloses Teilchen das Neutrino sei, doch die Beobachtung der Neutrinooszillationen belegt, dass es eine – wenn auch sehr kleine – Masse hat, möglicherweise etwa das 10^{-6}-Fache der Elektronenmasse. (Zum Vergleich: die experimentell gesicherte Grenze für die eventuelle Photonenmasse liegt in der Größenordnung des 10^{-20}-Fachen der Elektronenmasse.) Aus theoretischen Gründen geht man allgemein davon aus, dass es ein masseloses Teilchen namens Graviton geben muss, das für die Gravitation dasselbe leistet, was das Photon für den Elektromagnetismus tut, doch bislang gibt es noch keinen direkten Nachweis für Gravitonen.

Werte für das Photon aufgrund der Energie- und Impulserhaltungssätze bestimmen. Diese Definition muss natürlich noch auf Widerspruchsfreiheit überprüft werden. Würde ein anderer Prozess zu denselben Ergebnissen für dasselbe Photon führen? Nehmen Sie beispielsweise an, wir würden das Photon aus (15.114) auf ein zweites Atom Y schießen, aus dem es ein Elektron herausschlägt (das ist der fotoelektrische Effekt):

$$\gamma + Y \rightarrow Y^{+} + \mathrm{e}^{-}, \tag{15.115}$$

wobei Y^{+} das positive Ion von Y bezeichnet, aus dem ein Elektron entfernt wurde. Durch diesen Prozess könnten wir ebenfalls die Energie und den Impuls des Photons messen, und diese zweite Messung sollte nicht von den Ergebnissen der ersten Messung abweichen. Doch verschiedene Experimente haben immer wieder gezeigt, dass Energie und Impuls auf diese Weise widerspruchsfrei definiert sind.

Es gibt aber noch einen zweiten Weg, um die Energie und den Impuls des Photons zu bestimmen. Eine der ersten Erkenntnisse in der Entwicklung der Quantenmechanik – sie geht auf den Physiker Max Planck (1858–1947) zurück und wurde von Albert Einstein gedeutet – bestand darin, dass die Energie eines Photons mit der Frequenz der zugehörigen elektromagnetischen Welle durch die berühmte Beziehung

$$E = \hbar\omega \tag{15.116}$$

verbunden ist. Darin ist $\hbar$ (sprich h-quer) die **Planck'sche Konstante** (eigentlich handelt es sich um die von Planck ursprünglich postulierte Konstante h, dividiert durch 2π, also $\hbar = h/2\pi = 1{,}05 \cdot 10^{-34}\,\mathrm{J\cdot s}$), und ω ist die Kreisfrequenz der Welle. Entsprechend ist der Impuls eines Photons gegeben durch

$$\boldsymbol{p} = \hbar\boldsymbol{k} \tag{15.117}$$

mit dem Wellenvektor $\boldsymbol{k}$ der Welle. Somit lassen sich E und $\boldsymbol{p}$ bestimmen, indem man die Frequenz und den Wellenvektor der entsprechenden elektromagnetischen Welle misst. Es ist ein höchst befriedigender Umstand, dass sich (15.116) und (15.117) zu einer einzige Vierervektorbeziehung kombinieren lassen. Wegen $p = (\boldsymbol{p}, E/c)$ und weil der Wellen-Vierervektor $k = (\boldsymbol{k}, \omega/c)$ ist, folgt aus den beiden Beziehungen

$$p = \hbar k\,. \tag{15.118}$$

Da beide Seiten dieser Gleichung Vierervektoren sind, ist die Gleichung relativistisch invariant, d. h., die beiden Quantenbeziehungen (15.116) und (15.117) stehen im Einklang mit den Prinzipien der Relativitätstheorie.

Die Beziehung (15.117) wird oft mithilfe der Wellenlänge λ umformuliert. Wegen $|\boldsymbol{k}| = 2\pi/\lambda$ gilt

$$|\boldsymbol{p}| = \hbar|\boldsymbol{k}| = \frac{2\pi\hbar}{\lambda} = \frac{h}{\lambda}\,. \tag{15.119}$$

In dieser Form bezeichnet man die Gleichung als **De-Broglie-Beziehung** zu Ehren des französischen Physikers Louis de Broglie (1892–1987), der als Erster vorschlug, sie auf die Quantenwelle eines *beliebigen* Teilchens anzuwenden – und nicht nur auf die Photonen.[33] Ich gebe hier noch den Viererimpuls eines Photons in einer anderen Form an:

$$p = \hbar k = \hbar\left(\boldsymbol{k}, \frac{\omega}{c}\right) = \frac{\hbar\omega}{c}\,(\hat{\boldsymbol{k}}, 1)\,; \tag{15.120}$$

das letzte Gleichheitszeichen gilt wegen $|\boldsymbol{k}| = \omega/c$, woraus $\boldsymbol{k} = (\omega/c)\hat{\boldsymbol{k}}$ folgt.

33 Die sogenannten De-Broglie-Wellen werden darum auch als *Materiewellen* bezeichnet. (Anm. d. Übers.)

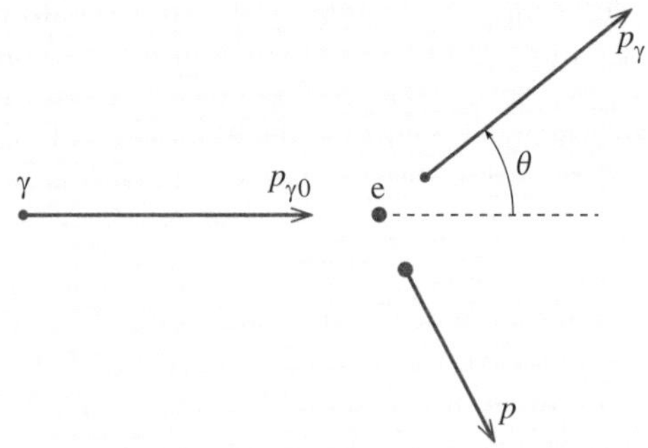

Abbildung 15.15: Ein mit γ bezeichnetes Photon mit dem Viererimpuls $p_{\gamma 0}$ stößt auf ein ruhendes Elektron. Das Photon entweicht nach dem Stoß in einem Winkel θ mit dem Viererimpuls p_γ, das Elektron bewegt sich nun mit dem Viererimpuls p.

Der Compton-Effekt

Historisch gesehen war der wirkungsvollste und überzeugendste Beleg für die Existenz von masselosen Teilchen, die den Beziehungen der letzten Absätze genügen, der Versuch des amerikanischen Physikers Arthur H. Compton (1892–1962) aus dem Jahr 1923. Compton lenkte hochenergetische Röntgenstrahlen auf ruhende Elektronen[34] und maß die Zunahme der Wellenlänge bei den gestreuten Photonen. Nach der klassischen Theorie sollten die gestreuten Photonen exakt dieselbe Wellenlänge haben wie die einfallenden Photonen, sie hat also keine Erklärung für den Effekt. Die Zunahme der Wellenlänge ist aber leicht zu erklären, wenn man annimmt, dass die Strahlung durch teilchenartige Photonen getragen wird. Wenn ein Photon auf ein Elektron stößt, prallt das Elektron weg und nimmt dadurch dem Photon ein wenig von seiner Energie. Daher muss das Photon nach dem Stoß eine geringere Energie und somit auch einen kleineren Impuls haben als die Photonen im einfallenden Strahl. Nach (15.119) bedeutet aber ein kleinerer Impuls eine größere Wellenlänge – und somit konnte man die Zunahme der Wellenlänge erklären. Mit den in den letzten Absätzen eingeführten Beziehungen konnte Compton die erwartete Wellenlängenzunahme berechnen. Sein Versuch bestätigte die Rechnungen aufs Glänzendste (und trug ihm 1927 den Physiknobelpreis ein).

Comptons Versuch ist schematisch in Abbildung 15.15 dargestellt. Das Photon kommt von links mit dem Viererimpuls $p_{\gamma 0}$ und entweicht in einem Winkel θ mit dem Viererimpuls p_γ. Nach (15.120) gilt dann

$$p_{\gamma 0} = \frac{\hbar\omega_0}{c}(\hat{\boldsymbol{k}}_0, 1) \qquad \text{und} \qquad p_\gamma = \frac{\hbar\omega}{c}(\hat{\boldsymbol{k}}, 1)\,. \tag{15.121}$$

Das Elektron hat anfangs den Viererimpuls

$$p_0 = (0, 0, 0, mc) \tag{15.122}$$

34 Die Targetelektronen waren keine freien Elektronen, sondern die Valenzelektronen des Kohlenstoffs in einer Grafitprobe. Somit waren die Elektronen eigentlich nicht in Ruhe, aber ihre kinetische Energie (einige eV) war im Vergleich zur Energie der Photonen der Röntgenstrahlung (mehrere tausend eV) zu vernachlässigen. Ebenso spielte es bei solch hohen Photonenenergien auch keine Rolle, dass die Elektronen gebunden waren (die Bindungsenergie betrug nur einige wenige eV).

und hat nach dem Stoß den Viererimpuls p. Nun gilt wegen der Erhaltung des Viererimpulses $p_0 + p_{\gamma 0} = p + p_\gamma$ oder

$$p_0 + (p_{\gamma 0} - p_\gamma) = p\,. \tag{15.123}$$

Wenn wir beide Seiten quadrieren, erhalten wir

$$p_0^2 + 2p_0 \cdot (p_{\gamma 0} - p_\gamma) + \left(p_{\gamma 0}^2 - 2p_{\gamma 0} \cdot p_\gamma + p_\gamma^2\right) = p^2\,.$$

Wegen $p_0^2 = p^2 = -m^2c^2$ heben sich diese beiden Terme weg, und wegen $p_{\gamma 0}^2 = p_\gamma^2 = 0$ fallen auch diese beiden Terme heraus. Es bleibt

$$p_0 \cdot (p_{\gamma 0} - p_\gamma) = p_{\gamma 0} \cdot p_\gamma\,.$$

Nun setzen wir (15.122) und (15.121) ein, stellen ein wenig um und erhalten (Sie sollten das nachrechnen)

$$\omega_0 - \omega = \frac{\hbar}{mc^2}(1 - \cos\theta)\omega_0\omega$$

oder

$$\frac{1}{\omega} - \frac{1}{\omega_0} = \frac{\hbar}{mc^2}(1 - \cos\theta)\,.$$

Wenn wir schließlich noch ω durch $2\pi c/\lambda$ ersetzen, erhalten wir die gesuchte Wellenlängenzunahme

$$\Delta\lambda = \lambda - \lambda_0 = \frac{h}{mc}(1 - \cos\theta)\,, \tag{15.124}$$

in der ich $2\pi\hbar$ durch die ursprüngliche Planck'sche Konstante h ersetzt habe. Das ist die berühmte **Compton-Formel** für die Wellenlängenzunahme bei gestreuter Strahlung. Dass Comptons Daten bei verschiedenen Winkeln mit dieser Vorhersage übereinstimmten, war ein starkes Indiz für die Richtigkeit der Annahme, dass Energie und Impuls einer Strahlung durch Lichtteilchen – die Photonen – getragen werden, die den Gesetzen der relativistischen Mechanik gehorchen, aber keine Masse besitzen ($m = 0$).

15.17 Tensoren*

**Wie üblich können Sie die mit * markierten Abschnitte beim ersten Lesen überspringen.*

In diesem und im letzten Abschnitt dieses Kapitels gebe ich einen sehr kurzen Überblick über die relativistische Formulierung der elektromagnetischen Theorie. Leider erfordert selbst diese kurze Einführung einige Vorkenntnisse zu den Eigenschaften von Tensoren in der vierdimensionalen Raumzeit; diese Vierertensoren sind das Hauptthema dieses Abschnitts. Eine vollständige Darstellung von Vierertensoren erfordert einen ziemlich aufwendigen Mechanismus von „kovarianten" und „kontravarianten" Tensoren, für unsere Zwecke kommen wir aber auch ohne diesen Formalismus aus. Sie sollten sich aber im Klaren darüber sein, dass Sie um diese mathematische Ausrüstung nicht herumkommen, wenn Sie sich ernsthaft weiter mit der Relativitätstheorie befassen wollen.[35] Ich beginne meine Darstellung mit einer Untersuchung der Transformationseigenschaften von dreidimensionalen Vektoren und Tensoren.

35 Eine klare und halbwegs einfache Darstellung gibt David J. Griffiths, *Elektrodynamik. Eine Einführung*, 3., aktualisierte Auflage (Pearson Studium, 2011), S. 643ff. und 661ff.

Vektoren und Tensoren in drei Dimensionen

Ein Dreiervektor $\boldsymbol{a}$ ist durch seine drei Komponenten (in jedem Bezugssystem) sowie durch seine Transformationseigenschaften unter einer Drehung wie in (15.35) gekennzeichnet:

$$\boldsymbol{a}' = \boldsymbol{R}\boldsymbol{a}, \tag{15.125}$$

wobei $\boldsymbol{a}$ und $\boldsymbol{a}'$ Spalten sind, bestehend aus den drei Komponenten im jewiligen Bezugssystem, und $\boldsymbol{R}$ ist die (3×3)-Drehmatrix, die sie miteinander verbindet. Wenn man sie ausschreibt, wird diese Matrizengleichung zu

$$a'_i = \sum_j R_{ij} a_j ; \tag{15.126}$$

die Summen laufen von $j = 1$ bis 3.

Für unsere weitere Arbeit müssen wir nun eine wichtige Eigenschaft der Drehmatrizen $\boldsymbol{R}$ beweisen. Wir wissen natürlich, dass jede Drehung das Skalarprodukt $\boldsymbol{a} \cdot \boldsymbol{b}$ zweier Vektoren invariant lässt, d. h., $\boldsymbol{a} \cdot \boldsymbol{b} = \boldsymbol{a}' \cdot \boldsymbol{b}'$ für ein durch (15.125) gegebenes $\boldsymbol{a}'$ und ein entsprechendes $\boldsymbol{b}'$. In der Matrizennotation ist das Skalarprodukt gegeben durch

$$\boldsymbol{a} \cdot \boldsymbol{b} = \tilde{\boldsymbol{a}}\boldsymbol{b}, \tag{15.127}$$

wobei $\boldsymbol{b}$ die *Spalte* mit den Zahlen b_1, b_2, b_3 und $\tilde{\boldsymbol{a}}$ die *Zeile* mit den Zahlen a_1, a_2, a_3 bezeichnet. In Matrizennotation wird also aus der Gleichung $\boldsymbol{a} \cdot \boldsymbol{b} = \boldsymbol{a}' \cdot \boldsymbol{b}'$

$$\tilde{\boldsymbol{a}}\boldsymbol{b} = (\boldsymbol{R}\boldsymbol{a})\tilde{}\,(\boldsymbol{R}\boldsymbol{b}) = \tilde{\boldsymbol{a}}(\widetilde{\boldsymbol{R}}\boldsymbol{R})\boldsymbol{b}. \tag{15.128}$$

[Hier habe ich die Beziehung $(\boldsymbol{R}\boldsymbol{a})\tilde{} = \tilde{\boldsymbol{a}}\widetilde{\boldsymbol{R}}$ verwendet, vgl. Aufgabe 94.] Da die Gleichung für eine beliebige Wahl von $\boldsymbol{a}$ und $\boldsymbol{b}$ gelten muss, lässt sich leicht zeigen (vgl. Aufgabe 95), dass

$$\widetilde{\boldsymbol{R}}\boldsymbol{R} = \boldsymbol{1} \tag{15.129}$$

gilt; wie zuvor bezeichnet $\boldsymbol{1}$ die (3×3)-Einheitsmatrix. Jede Matrix, die dieser Bedingung genügt, wird als **orthogonale Matrix** bezeichnet. Wir haben also bewiesen, dass sich Drehungen durch orthogonale (3×3)-Matrizen darstellen lassen.

Ein dreidimensionaler Tensor $\boldsymbol{T}$ besteht (in jedem dreidimensionalen kartesischen Koordinatensystem) aus neun Elementen T_{ij}, wobei die i und j jeweils die Werte von 1 bis 3 annehmen können. (Streng genommen ist ein Tensor mit neun Elementen T_{ij} ein sogenannter *Tensor zweiter Stufe*. Allgemein hat ein Tensor n-ter Stufe 3^n Elemente, wir werden hier aber nur den Fall $n = 2$ behandeln.) Um die Transformationseigenschaften eines Tensors zu bestimmen, betrachten wir das einfache Beispiel eines Tensors mit den Elementen

$$T_{ij} = a_i b_j , \tag{15.130}$$

wobei a_i und b_j die Komponenten von zwei beliebigen Vektoren sind (beispielsweise könnte $\boldsymbol{a}$ den Ort und $\boldsymbol{b}$ die Geschwindigkeit eines Teilchens angeben). T_{ij} hat offenbar die erforderlichen neun Elemente und ist in gewissem Sinne der prototypische Tensor.

Die Transformation des Tensors (15.130) folgt sofort aus der Transformation der beiden Vektoren, aus denen er konstruiert wurde:

$$T'_{ij} = a'_i b'_j = \left(\sum_k R_{ik} a_k\right)\left(\sum_l R_{jl} b_l\right) \tag{15.131}$$

$$= \sum_{k,l} R_{ik} R_{jl} T_{kl} \,. \tag{15.132}$$

Diese Transformation ist die charakteristische Eigenschaft eines Tensor. Sie steht in enger Parallele zur Transformation (15.126) eines Vektors, nur dass bei dem Tensor mit seinen zwei Indizes zwei Drehmatrizen beteiligt sind, eine für jeden Index.

Wir können die Transformation (15.131) in Matrizennotation angeben, wenn wir berücksichtigen, dass $(\boldsymbol{R})_{jl} = (\widetilde{\boldsymbol{R}})_{lj}$ gilt (dabei bezeichnet $\widetilde{\boldsymbol{R}}$ das Transponierte von $\boldsymbol{R}$), sodass man (15.131) als

$$\boldsymbol{T}' = \boldsymbol{R}\boldsymbol{T}\widetilde{\boldsymbol{R}} \tag{15.133}$$

schreiben kann. Jeder dreidimensionale Tensor (zweiter Stufe) transformiert sich entsprechend dieser Gleichung, und jeder Satz von neun Elementen, der sich auf diese Weise transformiert, ist ein Tensor.

Eine der wichtigsten Operationen, die man mit Tensoren durchführen kann, ist die Multiplikation mit Vektoren. Beispielsweise ist der Drehimpuls $\boldsymbol{L}$ eines starren Körpers durch das Produkt $\boldsymbol{L} = \boldsymbol{I}\boldsymbol{\omega}$ gegeben; dabei ist $\boldsymbol{I}$ der Trägheitstensor und $\boldsymbol{\omega}$ der Vektor der Winkelgeschwindigkeit. Es ist wichtig zu erkennen, dass – wie zu erwarten – jedes Produkt dieser Form ein Vektor ist; das ist leicht zu beweisen: Sei $\boldsymbol{T}$ ein Tensor und $\boldsymbol{a}$ ein beliebiger Vektor, und sei in jedem Koordinatensystem die Spalte $\boldsymbol{b}$ aus drei Zahlen definiert durch $\boldsymbol{b} = \boldsymbol{T}\boldsymbol{a}$. Um zu zeigen, dass $\boldsymbol{b}$ nach dieser Definition tatsächlich ein Vektor ist, nutzen wir die Eigenschaften (15.133) und (15.125) von $\boldsymbol{T}$ und $\boldsymbol{a}$ auf folgende Weise:

$$\boldsymbol{b}' = \boldsymbol{T}'\boldsymbol{a}' = (\boldsymbol{R}\boldsymbol{T}\widetilde{\boldsymbol{R}})(\boldsymbol{R}\boldsymbol{a}) = \boldsymbol{R}\boldsymbol{T}(\widetilde{\boldsymbol{R}}\boldsymbol{R})\boldsymbol{a} = \boldsymbol{R}\boldsymbol{T}\boldsymbol{a} = \boldsymbol{R}\boldsymbol{b}\,; \tag{15.134}$$

das vierte Gleichheitszeichen gilt, weil nach (15.129) $\widetilde{\boldsymbol{R}}\boldsymbol{R} = \boldsymbol{1}$ ist. Wir schließen daraus, dass sich $\boldsymbol{b}$, das wir als eine Spalte von drei Zahlen angenommen haben, wie ein Vektor transformiert – mit anderen Worten: $\boldsymbol{b} = \boldsymbol{T}\boldsymbol{a}$ *ist* ein Vektor. Wir können diesen Gedankengang nun umkehren und beweisen (vgl. Aufgabe 99): Wenn $\boldsymbol{a}$ und $\boldsymbol{b}$ Vektoren sind und in jedem Koordinatensystem $\boldsymbol{b} = \boldsymbol{T}\boldsymbol{a}$ gilt, wobei $\boldsymbol{T}$ in jedem Koordinatensystem eine (3×3)-Anordnung von Zahlen ist, dann erfüllt $\boldsymbol{T}$ Gleichung (15.133) und ist damit ein Tensor.

Vektoren und Tensoren in der vierdimensionalen Raumzeit

Die Behandlung von Vektoren und Tensoren in der vierdimensionalen Raumzeit läuft völlig parallel zu der soeben besprochenen Behandlung in drei Dimensionen. Die einzige Schwierigkeit resultiert aus dem Minuszeichen im invarianten Skalarprodukt. Ein Vierervektor ist (in jedem Koordinatensystem) durch eine Spalte a aus vier Zahlen gegeben, die sich gemäß der Lorentz-Transformation $a' = \Lambda a$ transformieren, wenn wir von einem Inertialsystem $\mathcal{S}$ zu einem anderen System $\mathcal{S}'$ wechseln. Diese Transformation lässt das Skalarprodukt invariant, das wir in Matrizenschreibweise als

$$a \cdot b = a_1 b_1 + a_2 b_2 + a_3 b_3 - a_4 b_4 = \tilde{a} G b \tag{15.135}$$

schreiben können; b ist dabei die Spalte für den Vierervektor b, $\tilde{a}$ ist die Zeile für a, und G ist die (4×4)-Matrix

$$G = \begin{bmatrix} +1 & 0 & 0 & 0 \\ 0 & +1 & 0 & 0 \\ 0 & 0 & +1 & 0 \\ 0 & 0 & 0 & -1 \end{bmatrix}, \tag{15.136}$$

die als **metrische Matrix** bezeichnet wird. Wenn man sie wie in (15.135) zwischen $\tilde{a}$ und b einfügt, ändert sich einfach nur das Vorzeichen der vierten Komponente von b, d. h., die Matrix fügt das erforderliche Minuszeichen in das Skalarprodukt ein.

Das Skalarprodukt (15.135) ist invariant, wenn wir a bzw. b durch Λa bzw. Λb ersetzen; genau derselbe Gedankengang, der auf (15.129) führte (Sie können das in Aufgabe 98 nachvollziehen) zeigt, dass

$$\widetilde{\Lambda} G \Lambda = G \tag{15.137}$$

gilt – das ist die relativistische Entsprechung der Bedingung $\widetilde{\boldsymbol{R}}\boldsymbol{R} = \mathbf{1}$ für Drehungen im Dreidimensionalen. Die Menge alle (4×4)-Matrizen, die die Bedingung (15.137) erfüllen, wird als **Lorentz-Gruppe** bezeichnet, da alle Lorentz-Transformationen diese Bedingung erfüllen müssen.

Ein Vierertensor (streng genommen: ein Vierertensor zweiter Stufe) ist durch eine Menge von sechzehn Zahlen $T_{\mu\nu}$ defininiert (die für jedes Inertialsystem $\mathcal{S}$ festgelegt sind); die Indizes μ und ν laufen jeweils von 1 bis 4 und genügen, wenn man sie in einer (4×4)-Matrix notiert, der Bedingung

$$T' = \Lambda T \widetilde{\Lambda} \tag{15.138}$$

– eine exakte Parallele zu Gleichung (15.133) für Dreiertensoren. Genauso wie wir das Skalarprodukt (15.135) zweier Vierervektoren bilden, indem wir die Matrix G zwischen die beiden entsprechenden Matrizen setzen, so können wir auch das Skalarprodukt eines Tensors und eines Vektors bilden:

$$T \cdot a = TGa\,. \tag{15.139}$$

Man kann leicht zeigen, dass für einen beliebigen Tensor T und einen beliebigen Vektor a dann $b = T \cdot a$ ein Vierervektor ist. [Der Beweis läuft analog zu dem von (15.134) in drei Dimensionen; vgl. Aufgabe 96.] Umgekehrt können Sie (vgl. Aufgabe 99) eine „Quotientenregel" beweisen: Wenn a und b zwei Vierervektoren sind und $b = T \cdot a$ in jedem Bezugssystem $\mathcal{S}$ gilt, dann ist T (der „Quotient" von b und a) ein Vierertensor.

Mit diesen Definitionen und Eigenschaften von Vierertensoren bewaffnet, sind wir nun bereit für unseren kurzen Ausflug in die relativistischen Elektrodynamik.

15.18 Elektrodynamik und Relativitätstheorie

Dass das Licht sich in alle Richtungen mit der Geschwindigkeit c ausbreitet, folgt aus den Gesetzen der klassischen Elektrodynamik; die Relativitätstheorie hat ihre Wurzeln in der Erkenntnis, dass die Lichtgeschwindigkeit c in allen Inertialsystemen gleich ist. Diese beiden Beobachungen legen nahe, dass die klassische Elektrodynamik bereits mit den Prinzipien der Relativität in Einklang steht. Der einfachste Weg für einen *Beweis* dieser Vermutung besteht darin zu zeigen, dass die vertrauten Gesetze der Elektrodynamik sich mithilfe von Viererskalaren, Vierervektoren und Vierertensoren schreiben lassen, sodass ihre Invarianz unter Lorentz-Transformationen offensichtlich wird. Genau das werde ich jetzt tun, allerdings nur für eines der Gesetze, das wichtige Gesetz der **Lorentz-Kraft**

$$\boldsymbol{F} = q(\boldsymbol{E} + \boldsymbol{v} \times \boldsymbol{B}) . \tag{15.140}$$

Durch dieses Vorgehen werden wir die Transformationsregeln für das elektrische Feld $\boldsymbol{E}$ und das magnetische Feld $\boldsymbol{B}$ bestimmen. Doch bevor wir uns den Eigenschaften des $\boldsymbol{E}$- und des $\boldsymbol{B}$-Felds widmen, müssen Sie noch einen experimentellen Befund kennenlernen: Die Ladung q eines Teilchens hat in jedem Inertialsystem denselben Wert; q ist also ein Lorentz-Skalar.

Ich gehe davon aus, dass die Lorentz-Gleichung (15.140) ein experimentelles Faktum ist, das in allen Inertialsystemen gilt (das trifft tatsächlich zu). In der Form (15.140) sieht die Gleichung aber nicht relativistisch *aus* – unsere Aufgabe ist es, sie so umzuschreiben, dass man sie sofort als relativistische Gleichung erkennt. Unser erster Anhaltspunkt, wie man das tun könnte, ist die Erkenntnis, dass (15.140) die Kraft $\boldsymbol{F}$ als eine lineare Funktion von $\boldsymbol{v}$ definiert. Der nächste, ganz naheliegende Schritt besteht darin, diese lineare Beziehung mithilfe der Viererkraft K und der Vierergeschwindigkeit u zu schreiben. Bekanntermaßen gilt

$$K = \left(\gamma \boldsymbol{F}, \frac{\gamma \boldsymbol{v} \cdot \boldsymbol{F}}{c}\right) \qquad \text{und} \qquad u = (\gamma \boldsymbol{v}, \gamma c) . \tag{15.141}$$

Wenn wir beide Seiten von (15.140) mit γ multiplizieren, können Sie erkennen, dass K eine lineare Funktion von u ist. Die einfachste derartige Beziehung hat die Form $K = q\mathcal{F} \cdot u$ mit einem noch unbekannten Vierertensor $\mathcal{F}$ (den separaten Faktor q habe ich eingefügt, weil K offensichtlich proportional zu q ist). In Matrizenform schreibt man diese Beziehung als $K = q\mathcal{F}Gu$ [dabei muss man K und u nun als (4×1)-Spalten ansehen, und G ist die metrische Matrix (15.136)]. Die 16 Elemente der Matrix $\mathcal{F}G$ lassen sich bestimmen, wenn man die Komponenten von K nacheinander aufschreibt. Beispielsweise erhält man aus (15.141) und (15.140) für die erste Komponente von K

$$K_1 = \gamma q(E_1 + v_2 B_3 - v_3 B_2) = q[B_3 u_2 - B_2 u_3 + (E_1/c) u_4] . \tag{15.142}$$

Die Koeffizienten vor $u_1, \ldots, u_4$ bilden einfach die erste Zeile der Matrix $\mathcal{F}G$ in der untersuchten Beziehung $K = q\mathcal{F}Gu$. Wenn wir so fortfahren, erhalten wir für die gesamte Matrix $\mathcal{F}G$

$$\mathcal{F}G = \begin{bmatrix} 0 & B_3 & -B_2 & E_1/c \\ -B_3 & 0 & B_1 & E_2/c \\ B_2 & -B_1 & 0 & E_3/c \\ E_1/c & E_2/c & E_3/c & 0 \end{bmatrix} \tag{15.143}$$

[Vergleichen Sie die erste Zeile dieser Matrix mit den Koeffizienten in (15.142); nähere Einzelheiten erfahren Sie in Aufgabe 104.] Da letztlich $G^2 = 1$ gilt [die (4×4) Einheitsmatrix], können wir von rechts mit G multiplizieren und erhalten den **elektromagnetischen Feldtensor**

$$\mathcal{F} = \begin{bmatrix} 0 & B_3 & -B_2 & -E_1/c \\ -B_3 & 0 & B_1 & -E_2/c \\ B_2 & -B_1 & 0 & -E_3/c \\ E_1/c & E_2/c & E_3/c & 0 \end{bmatrix} . \tag{15.144}$$

Mit diesem Feldtensor nimmt die Lorentz-Kraft eine ganz einfache, schöne Form an:

$$K = q\mathcal{F} \cdot u\,. \tag{15.145}$$

Wir sind davon ausgegangen, dass die Gleichung für die Lorentz-Kraft ein experimentell gesichertes, in allen Inertialsystemen gültiges Gesetz ist. In der Gleichung (15.145) sind K und u bekanntlich Vierervektoren, und die Ladung q ist ein Viererskalar. Aus der nach Gleichung (15.139) dargelegten „Quotientenregel" folgt dann, dass $\mathcal{F}$ ein Vierertensor ist, und damit können wir das Verhalten des elektrischen und des magnetischen Feldes unter einer beliebigen Lorentz-Transformation bestimmen.[36] Es sei nur noch angemerkt, dass $\mathcal{F}$ ein *antisymmetrischer* Tensor ist, d. h., die Matrix $\mathcal{F}$ ist antisymmetrisch und genügt der Bedingung $\widetilde{\mathcal{F}} = -\mathcal{F}$.

Die Lorentz-Transformation von elektrischen und magnetischen Feldern

Der Feldtensor $\mathcal{F}$ gibt die Felder $\boldsymbol{E}$ und $\boldsymbol{B}$ in einem bestimmten Inertialsystem $\mathcal{S}$ an. Da $\mathcal{F}$ ein Vierertensor ist, ist sein Wert in einem anderen Inertialsystem $\mathcal{S}'$ nach (15.138) gegeben durch

$$\mathcal{F}' = \Lambda \mathcal{F} \widetilde{\Lambda}\,. \tag{15.146}$$

Für eine gegebene Lorentz-Transformation Λ ist es eine unkomplizierte, aber mühselige Übung, die rechte Seite von (15.146) niederzuschreiben; Wenn wir das Ergebnis mit der Definition (15.144) für $\mathcal{F}'$ vergleichen, können wir die transformierten Felder angeben. Beispielsweise erhält man für die Standardtransformation mit der Geschwindigkeit v entlang der x_1-Achse (vgl. Aufgabe 105)

$$\begin{aligned} E_1' &= E_1, \quad E_2' = \gamma(E_2 - \beta c B_3), \quad E_3' = \gamma(E_3 + \beta c B_2) \\ B_1' &= B_1, \quad B_2' = \gamma(B_2 + \beta E_3/c), \quad B_3' = \gamma(B_3 - \beta E_2/c). \end{aligned} \tag{15.147}$$

Das Überraschendste an den Transformationen (15.147) ist, dass sie das elektrische und das magnetische Feld mischen. Eine Konfiguration, deren Felder in einem Bezugssystem $\mathcal{S}$ rein elektrisch sind (d. h. $\boldsymbol{B} = 0$ überall, wie es bei jeder statischen Ladungsverteilung der Fall ist), hat in einigen anderen Bezugssystemen $\mathcal{S}'$ unweigerlich auch ein gewisses Magnetfeld ($\boldsymbol{B}' \neq 0$). Wir können damit sagen, dass in der Relativitätstheorie die Existenz von elektrischen Feldern die Existenz von Magnetfelder *voraussetzt* (und umgekehrt).

Es ist sehr vorteilhaft, wenn man die Transformationseigenschaften der elektromagnetischen Felder kennt: Bei der Suche nach den durch eine gegebene Ladungs- und Stromverteilung verursachten Feldern in einem Bezugssystem $\mathcal{S}$ kann man eventuell ein Bezugssystem $\mathcal{S}'$ finden, in dem sich die Felder leichter bestimmen lassen. Wenn das der Fall ist, dann ist es am einfachsten, die Felder in $\mathcal{S}'$ anzugeben und sie dann in das ursprüngliche Bezugssystem $\mathcal{S}$ zu transformieren. Das folgende Beispiel zeigt dieses Vorgehen.

36 Es gibt viele verschiedene Wege, zum Feldtensor $\mathcal{F}$ zu gelangen, einige davon *definieren* $\mathcal{F}$ als Vierertensor. In einem solchen Ansatz hat die Gleichung (15.145) für die Lorentz-Kraft automatisch die Form „Vierervektor = Vierervektor", und damit ist die Lorentz-Invarianz der Gleichung garantiert.

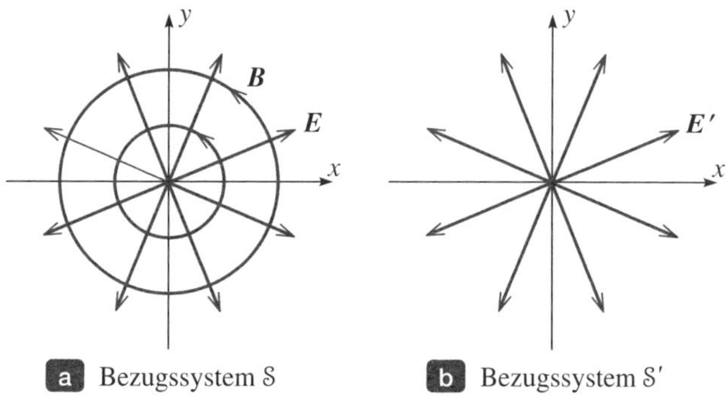

Abbildung 15.16: Die von einer Linienladung auf der z-Achse erzeugten Felder. (a) Im Bezugssystem $\mathcal{S}$ bewegt sich die Linienladung nach oben (aus der Zeichenebene heraus). Das erzeugt einen Strom, der ein konzentrisch um die z-Achse laufendes B-Feld erzeugt – zusätzlich zu dem radial nach außen zeigenden E-Feld. (b) Das Bezugssystem $\mathcal{S}'$ ist das Ruhesystem der Ladungen; hier gibt es demnach keinen Strom und damit auch kein B-Feld – nur das radiale E-Feld.

Das Feld eines langen linearen Stromleiters

Beispiel 15.12 Bestimmen Sie das E- und das B-Feld einer unendlich langen, gleichförmigen Linienladung mit der Ladungsdichte λ (gemessen in Coulomb/Meter), die sich auf der z-Achse von Bezugssystem $\mathcal{S}$ befindet und die sich mit der Geschwindigkeit v in die positive z-Richtung bewegt.

Lösung ■ Die sich bewegende Linienladung bildet einen Strom $I = \lambda v$ entlang der z-Achse; unsere Aufgabe besteht also darin, die kombinierten Felder einer Linienladung und eines Linienstroms zu bestimmen. Zunächst wollen wir festhalten, dass dies auch mit elementaren Verfahren möglich ist, ohne das Bezugssystem $\mathcal{S}$ zu verlassen: Mithilfe des Gauß'schen Gesetzes können wir zeigen, dass das E-Feld einer Linienladung $E = 2k\lambda/\rho$ beträgt und von der z-Achse radial nach außen zeigt. (Der Faktor $k = 1/4\pi\varepsilon_0$ ist die Coulomb'sche Kraftkonstante, ρ ist der senkrechte Abstand von der z-Achse, d. h. die erste der Koordinaten ρ, φ, z bei Verwendung von zylindrischen Polarkoordinaten.) Entsprechend können wir mithilfe des Ampère'schen Gesetzes zeigen, dass das B-Feld des Stroms $B = (\mu_0/2\pi)I/\rho$ ist und in die durch die Rechte-Hand-Regel bestimmte Richtung weist; μ_0 ist die sogenannte Permeabilität des Vakuums. Wir können diese beiden wohlbekannten Ergebnisse etwas kompakter ausdrücken, wenn wir die Einheitsvektoren der zylindrischen Polarkoordinaten verwenden:

$$\boldsymbol{E} = \frac{2k\lambda}{\rho}\,\hat{\boldsymbol{\rho}} \qquad \text{und} \qquad \boldsymbol{B} = \frac{\mu_0}{2\pi}\,\frac{I}{\rho}\,\hat{\boldsymbol{\varphi}}\,. \tag{15.148}$$

Beide Felder sind in Abbildung 15.16a skizziert.

Die Herleitung mithilfe des Gauß'schen und des Ampère'schen Gesetzes ist zwar völlig unproblematisch, doch es ist aufschlussreich, dieselben Ergebnisse mithilfe einer Transformation in ein System $\mathcal{S}'$ noch einmal herzuleiten, das sich mit den Ladungen bewegen soll. In $\mathcal{S}'$ gibt es also keinen Strom, das einzige Feld ist demnach das radiale elektrische Feld $E' = 2k\lambda'/\rho'$, wie in Abbildung 15.16b dargestellt. Dieses Feld weist in die Richtung des Einheitsvektors $\hat{\boldsymbol{\rho}}' = (x'/\rho', y'/\rho', 0)$ und kann daher in der Form

$$\boldsymbol{E}' = \frac{2k\lambda'}{\rho'}\hat{\boldsymbol{\rho}}' = \frac{2k\lambda'}{\rho'^2}(x', y', 0) \tag{15.149}$$

geschrieben werden. Bevor wir diesen Ausdruck in das Ausgangssystem $\mathcal{S}$ transformieren, müssen wir uns klarmachen, dass die Ladungsdichten λ und λ' nicht gleich sind: Die in einem vorgegebenen Abschnitt der z-Achse enthaltene Gesamtladung muss in beiden Bezugssystemen gleich sein (wegen der Invarianz der Ladung), also muss $\lambda\Delta z = \lambda'\Delta z'$ gelten, doch wegen der Längenkontraktion haben wir $\Delta z = \Delta z'/\gamma$. Damit ergibt sich

$$\lambda = \gamma\lambda' . \tag{15.150}$$

Wir müssen nun die Felder $\boldsymbol{E}'$ [gegeben durch (15.149)] und $\boldsymbol{B}' = 0$ in das Bezugssystem $\mathcal{S}'$ transformieren. Dazu nützen wir als Erstes aus, dass $\mathcal{S}'$ sich entlang der z-Achse von $\mathcal{S}$ bewegt (nicht entlang der x-Achse wie bei der Standardtransformation). Wir müssen daher (15.147) für eine Transformation entlang der z-Achse umschreiben. Danach geht es darum, das Inverse dieser Transformation zu bestimmen (wir wollen ja die Felder „ohne Strich" mithilfe der Felder „mit Strich" ausdrücken). Das Ergebnis ist, wie Sie leicht nachprüfen können,

$$\begin{aligned} E_1 &= \gamma(E_1' + \beta c B_2'), \quad & E_2 &= \gamma(E_2' - \beta c B_1'), \quad & E_3 &= E_3' \\ B_1 &= \gamma(B_1' - \beta E_2'/c), \quad & B_2 &= \gamma(B_2' + \beta E_1'/c), \quad & B_3 &= B_3' . \end{aligned} \tag{15.151}$$

Setzen wir $\boldsymbol{B}' = 0$ und die Komponenten von $\boldsymbol{E}'$ aus (15.149) ein, so erhalten wir

$$\boldsymbol{E} = \gamma\,\frac{2k\lambda'}{\rho^2}(x, y, 0) = \frac{2k\lambda}{\rho}\,\hat{\boldsymbol{\rho}} . \tag{15.152}$$

Hier habe ich beim ersten Gleichheitszeichen ausgenutzt, dass x und y (und damit auch $\rho = \sqrt{x^2 + y^2}$) unter einer Transformation (Lorentz-Boost) in z-Richtung invariant sind; für das zweite Gleichheitszeichen habe ich $\gamma\lambda'$ durch λ ersetzt. Das stimmt exakt mit dem in (15.148) gefundenen E-Feld überein.

Auf ähnliche Weise finden wir das magnetische Feld, wenn wir $\boldsymbol{B}' = 0$ und (15.149) in die Ausdrücke für $\boldsymbol{B}$ in (15.151) einsetzen:

$$\boldsymbol{B} = \gamma\beta\frac{2k\lambda'}{c\rho^2}(-y, x, 0) .$$

Mit den Ersetzungen $\gamma\lambda' = \lambda$, $\beta = v/c$, $k/c^2 = 1/(4\pi\varepsilon_0 c^2) = \mu_0/4\pi$ und $(-y/\rho, x/\rho, 0) = \hat{\boldsymbol{\varphi}}$ wird daraus

$$\boldsymbol{B} = \frac{\mu_0}{2\pi}\frac{\lambda v}{\rho}\,\hat{\boldsymbol{\varphi}} . \tag{15.153}$$

Da der Strom als $\lambda v = I$ definiert ist, haben wir damit denselben Ausdruck für das B-Feld wie in (15.148). Bemerkenswerterweise nimmt diese Herleitung von $\boldsymbol{B}$ keinerlei Bezug auf das Ampère'sche Gesetz. Allein unter Rückgriff auf das Gauß'sche Gesetz im Bezugssystem $\mathcal{S}'$, kombiniert mit der Lorentz-Transformation der Felder, haben wir ein Ergebnis erhalten, das wir normalerweise als Ausdruck des Ampère'schen Gesetzes ansehen. ■

Mit diesem eindrucksvollen Beispiel zum Verhalten elektromagnetischer Felder unter der Lorentz-Transformation muss ich unseren kurzen Streifzug durch die relativistische Elektrodynamik beenden. Sie können sich in den Aufgaben am Ende dieses Kapitels noch einigen weiteren Aspekten widmen. Zur weiteren Vertiefung können Sie danach die ausgezeichneten Bücher von Griffiths und Jackson lesen.[37]

ZUSAMMENFASSUNG

Wichtige Definitionen und Gleichungen aus Kapitel 15

Zeitdilatation

Wenn zwei Ereignisse, beobachtet im Bezugssystem $\mathcal{S}_0$, am selben Ort eintreten und durch eine Zeitspanne Δt_0 getrennt sind, dann ist die Zeitspanne zwischen ihnen – gemessen in einem anderen Bezugssystem $\mathcal{S}$ – gegeben durch

$$\Delta t = \gamma \Delta t_0 \,; \tag{15.11}$$

darin gilt $\gamma = 1/\sqrt{1-\beta^2}$ und $\beta = V/c$, und V ist die Geschwindigkeit, mit der sich $\mathcal{S}$ relativ zu $\mathcal{S}_0$ bewegt.

Längenkontraktion

Wenn ein Körper – in einem Bezugssystem $\mathcal{S}_0$ beobachtet – in Ruhe ist und die Länge l_0 hat, dann misst man in einem Bezugssystem $\mathcal{S}$, das sich mit der Geschwindigkeit $\boldsymbol{V}$ in Richtung der Länge bewegt, die Länge

$$l = l_0/\gamma \,. \tag{15.15}$$

Längen senkrecht zu $\boldsymbol{V}$ bleiben unverändert.

Die Lorentz-Transformation

Die Koordinaten eines Ereignisses, die man in zwei verschiedenen Koordinatensystemen (in Standardkonfiguration) misst, hängen miteinander über die **Lorentz-Transformation** zusammen:

$$\left.\begin{aligned} x' &= \gamma(x - Vt) \\ y' &= y \\ z' &= z \\ t' &= \gamma(t - Vx/c^2)\,. \end{aligned}\right\} \tag{15.20}$$

Die inverse Lorentz-Transformation erhält man, indem man die Variablen mit und ohne Strich austauscht und das Vorzeichen von V ändert.

37 Kapitel 12 von David J. Griffiths, *Elektrodynamik. Eine Einführung*, 3., aktualisierte Auflage (Pearson Studium, 2011) liegt ungefähr auf dem Niveau des vorliegenden Buches, stellt aber natürlich die Elektrodynamik weit mehr in den Vordergrund. Die *Klassische Elektrodynamik* von John D. Jackson (4., überarbeitete Auflage, de Gruyter, Berlin 2006) ist ein Lehrbuch für Fortgeschrittene, ein echter Klassiker, den Sie nach dem Durcharbeiten von Griffiths' Buch bewältigen können sollten.

Relativistische Addition von Geschwindigkeiten
Die Geschwindigkeiten ein und desselben Körpers, die in zwei verschiedenen Bezugssystemen (in Standardkonfiguration) gemessen werden, hängen über die **Formel der relativistischen Geschwindigkeitsaddition** zusammen:

$$v'_x = \frac{v_x - V}{1 - v_x V/c^2}, \quad v'_y = \frac{v_y}{\gamma(1 - v_x V/c^2)} \quad \text{und} \quad v'_z = \frac{v_z}{\gamma(1 - v_x V/c^2)}.$$

((15.26) und (15.27))

Vierervektoren
Wenn wir die Koordinaten (x, y, z) als (x_1, x_2, x_3) schreiben und $x_4 = ct$ einführen, dann bezeichnet der Vierervektor $x = (x_1, x_2, x_3, x_4)$ einen Punkt in der vierdimensionalen **Raumzeit**. Wenn wir die Komponenten von x in einer $(4{\times}1)$-Spalte anordnen, dann werden aus den Lorentz-Transformationen „Drehungen" der Form $x' = \Lambda x$ mit einer (4×4)-Matrix Λ. Ein **Vierervektor** ist ein beliebiger Satz von vier Zahlen $q = (q_1, q_2, q_3, q_4)$ (jeweils ein anderer Satz für jedes Inertialsystem), der sich folgendermaßen transformiert:

$$q' = \Lambda q.$$ (Abschnitt 15.8)

Das invariante Skalarprodukt
Das **Skalarprodukt** zweier Vierervektoren x und y ist definiert als

$$x \cdot y = x_1 y_1 + x_2 y_2 + x_3 y_3 - x_4 y_4. \tag{15.50}$$

Es ist unter allen Lorentz-Transformationen invariant. Das Skalarprodukt eines Vektors mit sich selbst wird auch als $x \cdot x = x^2$ geschrieben.

Der Kausalitätskegel
Der Lichtkegel (Kausalitätskegel) eines Punkts Q der Raumzeit besteht aus allen Lichtstrahlen, die durch Q verlaufen; alternativ kann man sagen, er enthält alle Punkt P mit $(x_P - x_Q)^2 = 0$. (Abschnitt 15.10)

Der relativistische Doppler-Effekt
Licht aus einer Lichtquelle, die sich mit der Geschwindigkeit $\boldsymbol{V}$ relativ zum Bezugssystem $\mathcal{S}$ bewegt, wird unter einem Winkel θ beobachtet (θ ist der Winkel zwischen $\boldsymbol{V}$ und dem Lichtstrahl). Wenn, im Ruhesystem der Lichtquelle beobachtet, das Licht die Frequenz ω_0 hat, dann beobachtet man in $\mathcal{S}$ die Frequenz

$$\omega = \frac{\omega_0}{\gamma(1 - \beta \cos\theta)}. \tag{15.64}$$

Masse, Vierergeschwindigkeit, Impuls und Energie
Die (invariante) **Masse** eines Körpers ist als dessen Ruhemasse definiert. Die **Vierergeschwindigkeit** ist

$$u = \frac{\mathrm{d}x}{\mathrm{d}t_0} = \gamma(\boldsymbol{v}, c).$$ ((15.66) und (15.67))

Drei nützliche Beziehungen

$$\boldsymbol{\beta} = \mathbf{p}c/E\,, \quad p \cdot p = -(mc)^2 \quad \text{und} \quad E^2 = (mc^2)^2 + (\mathbf{p}c)^2\,. \qquad \text{((15.83) bis (15.85))}$$

Dreierkraft und Viererkraft

Die **Dreierkraft** $\boldsymbol{F}$ und die **Viererkraft** K auf ein Teilchen sind

$$\boldsymbol{F} = \frac{\mathrm{d}\mathbf{p}}{\mathrm{d}t} \quad \text{und} \quad K = \frac{\mathrm{d}p}{\mathrm{d}t_0}\,. \qquad \text{((15.100) und (15.107))}$$

Masselose Teilchen

Ein masseloses Teilchen ($m = 0$) hat

$$E = |\mathbf{p}|c\,, \quad v = c \quad \text{und} \quad p^2 = 0\,. \qquad \text{((15.111) bis (15.113))}$$

Transformation der elektrodynamischen Felder

Unter der Standardtransformation transformieren sich das elektrische und das magnetische Feld folgendermaßen:

$$\begin{aligned} E_1' &= E_1, \quad E_2' = \gamma(E_2 - \beta c B_3), \quad E_3' = \gamma(E_3 + \beta c B_2) \\ B_1' &= B_1, \quad B_2' = \gamma(B_2 + \beta E_3/c), \quad B_3' = \gamma(B_3 - \beta E_2/c). \end{aligned} \qquad (15.147)$$

Aufgaben zu Kapitel 15

*Die Sterne zeigen den ungefähren Schwierigkeitsgrad an, von * (leicht) bis *** (schwierig).*

15.2 Galilei-Relativität

*** 1** Beweisen Sie mithilfe von Argumenten ähnlich denen in Abschnitt 15.2, dass auch das erste und das dritte Newton'sche Gesetz unter einer Galilei-Transformation invariant sind.

**** 2** Betrachten Sie einen klassischen inelastischen Stoß der Form $A + B \longrightarrow C + D$. (Das könnte beispielsweise ein Stoß wie $\mathrm{Na} + \mathrm{Cl} \longrightarrow \mathrm{Na}^+ + \mathrm{Cl}^-$ sein, in dem zwei neutrale Atome ein Elektron austauschen und zu entgegengesetzt geladenen Ionen werden.) Zeigen Sie, dass das Erhaltungsgesetz für den klassischen Impuls dann und nur dann unter der Galilei-Transformation invariant ist, wenn die Gesamtmasse erhalten bleibt – eine in der klassischen Physik sicherlich richtige Annahme. (In der Relativitätstheorie hingegen muss die klassische Definition des Impulses modifiziert werden – mit der Folge, dass die Gesamtmasse *nicht* erhalten bleibt.)

15.4 Die Relativität der Zeit; Zeitdilatation

*** 3** Ein Satellit auf einer niedrigen Erdumlaufbahn bewegt sich mit etwa 8000 m/s. Wie groß ist der Parameter γ bei dieser Geschwindigkeit? Um wie viel würde nach einer Stunde für einen Beobachter auf der Erde eine mit dieser Geschwindigkeit bewegte Uhr von einer Uhr am Boden abweichen? (Die Stunde wird auf der erdfesten Uhr gemessen.) Wie groß ist der prozentuale Unterschied?

*** 4** Wie groß ist der Parameter γ für eine Geschwindigkeit von $0{,}99c$? Um wie viel würde nach einer Stunde für einen Beobachter auf der Erde eine mit dieser Geschwindigkeit bewegte Uhr von einer Uhr am Boden abweichen? (Die Stunde wird auf der erdfesten Uhr gemessen.)

*** 5** Ein Raumfahrer A startet mit der Geschwindigkeit $0{,}95c$ zu einem fernen Stern. Nachdem er den Stern für kurze Zeit untersucht hat, kehrt er mit derselben Geschwindigkeit zur Erde zurück und kommt dort nach insgesamt 80 Jahren an (gemessen von einem Beobachter auf der Erde). Wie lange war A nach seiner eigenen Uhr unterwegs? Um wieviel Jahre ist er dabei gealtert im Gegensatz zu seinem Zwillingsbruder B, der auf der Erde geblieben ist?

[*Hinweis:* Das ist das berühmte **„Zwillingsparadoxon"**. Es ist ziemlich einfach, die richtige Antwort zu finden, wenn man den Faktor γ vernünftig an der richtigen Stelle einsetzt, aber um das Ganze zu verstehen, sollten Sie erkennen, dass insgesamt *drei* Inertialsysteme im Spiel sind: das erdgebundene System $\mathcal{S}$, das Bezugssystem $\mathcal{S}'$ für die Rakete auf dem Hinflug und das System $\mathcal{S}''$ für die Rakete auf dem Rückflug. Geben Sie die Zeitdilatation für den Hin- und den Rückflug separat an und addieren Sie dann beide Teile. Beachten Sie, dass das Experiment bezüglich der beiden Zwillinge *nicht* symmetrisch ist: B bleibt in Ruhe in dem alleinigen Bezugssystem $\mathcal{S}$, aber A

bewegt sich in mindestens zwei verschiedenen Bezugssystemen. Daher ist auch das Ergebnis asymmetrisch.]

***6** Als Mr. Spock nach einer Woche Raumfahrt seine Mietrakete beim Raketenverleih wieder abgibt, ist er geschockt, dass er eine Rechnung für insgesamt drei Wochen Mietdauer erhält. Nehmen Sie an, dass die Rakete mit stets derselben Geschwindigkeit schnurstracks hin- und wieder zurückgeflogen ist. Wie schnell war Mr. Spock unterwegs? (Vgl. dazu den Hinweis zu Aufgabe 5.)

***7** Die Myonen, die durch die kosmische Strahlung im oberen Bereich der Erdatmosphäre entstehen, gelangen mehr oder weniger gleichmäßig bis zur Erdoberfläche, obwohl einige von ihnen auf dem Weg zerfallen (mit einer Halbwertszeit von etwa 1,5 μs, gemessen in ihrem Ruhesystem). Ein Myonendetektor wird mit einem Ballon auf eine Höhe von 2000 m gebracht und weist im Lauf einer Stunde 650 Myonen nach, die sich mit $0{,}99c$ auf den Erdboden zu bewegen. Wie viele Myonen würde ein identischer Detektor auf dem Erdboden (auf Meereshöhe) innerhalb einer Stunde nachweisen? Ermitteln Sie Ihre Antwort einmal unter Berücksichtigung der relativistischen Zeitdilatation und einmal klassisch. (Bedenken Sie, dass nach n Halbwertszeiten noch ein Anteil von 2^{-n} der ursprünglich vorhandenen Teilchen überlebt.) Unnötig zu sagen, dass die relativistisch berechnete Antwort mit dem Experiment übereinstimmt.

⁑8 Das Pion (bezeichnet mit dem Symbol π^+ bzw. π^-) ist ein instabiles Teilchen, das mit einer Eigenhalbwertszeit von $1{,}8 \cdot 10^{-8}$ s zerfällt. (Die Eigenhalbwertszeit ist die Halbwertszeit, gemessen im Ruhesystem des Pions.)
a) Welche Halbwertszeit hat das Pion, gemessen in einem Bezugssystem $\mathcal{S}$, das sich mit $0{,}8c$ bewegt?
b) 32 000 Pionen werden am selben Ort erzeugt, sie bewegen sich alle mit derselben Geschwindigkeit. Wie viele von ihnen bleiben übrig, wenn sie durch eine Vakuumröhre von $d = 36$ m Länge geflogen sind? Bedenken Sie, dass nach n Halbwertszeiten noch ein Anteil von 2^{-n} der ursprünglich vorhandenen Teilchen überlebt.
c) Wie sähe die Antwort aus, wenn Sie dabei die Zeitdilatation vernachlässigt hätten? (Natürlich stimmt die Antwort (b) mit dem Experiment überein.)

⁑9 Eine Möglichkeit, ein System von synchronisierten Uhren in einem Bezugssystem $\mathcal{S}$ aufzustellen, so wie es zu Anfang von Abschnitt 15.4 beschrieben wurde, ist die folgende: Die Chefbeobachterin bestellt alle ihre Helfer zum Ursprung O, damit sie dort ihre Uhren synchronisieren; anschließend müssen die Helfer *sehr langsam* zu ihrem Posten zurückkehren. Beweisen Sie folgendermaßen, dass dieses Verfahren funktioniert: Einer der Helfer soll seine Messungen an der Position P in einer Entfernung d vom Ursprung vornehmen. Er soll sich dahin mit konstanter Geschwindigkeit V bewegen. Wie sehr weicht dann seine Uhr von der Uhr der Chefbeobachterin in O ab, wenn er P erreicht? Zeigen Sie, dass diese Abweichung für $V \to 0$ gegen null geht.

★★★ 10 Aus der Zeitdilatation folgt, dass ein Beobachter in $\mathcal{S}$ für eine Uhr, die sich relativ zum Bezugssystem $\mathcal{S}$ bewegt, bei sorgfältiger Messung feststellen wird, dass die Uhr langsamer geht. Das ist nicht dasselbe wie die Behauptung, dass ein einzelner Beobachter in $\mathcal{S}$ die Uhr langsamer gehen *sieht*, und diese Behauptung ist auch nicht immer wahr. Um das verstehen zu können, müssen wir daran denken, dass das, was wir sehen, durch das Licht bestimmt wird, das in unser Auge fällt. Stellen Sie sich einen Beobachter vor, der dicht neben der x-Achse steht, während die Uhr sich mit der Geschwindigkeit V entlang der Achse nähert. Während die Uhr sich von dem Punkt A nach B bewegt, misst sie dafür eine Zeit Δt_0; für die Helfer des Beobachters ist die Zeit zwischen den beiden Ereignissen („Uhr bei A“ und „Uhr bei B“) $\Delta t = \gamma \Delta t_0$. Da aber B näher am Beobachter ist als A, trifft das Licht von der Uhr bei B nach einem kürzeren Zeitraum beim Beobachter ein als das Licht von A. Daher ist der Zeitraum Δt_{seh} zwischen den Ereignissen „Beobachter *sieht* die Uhr in A“ und „Beobachter *sieht* die Uhr in B“ kleiner als Δt.
a) Beweisen Sie

$$\Delta t_{\text{seh}} = \Delta t(1-\beta) = \Delta t_0 \sqrt{\frac{1-\beta}{1+\beta}}$$

(das ist kleiner als Δt_0). Beweisen Sie beide Gleichheitszeichen.
b) Welche Zeit sieht der Beobachter, wenn die Uhr ihn passiert hat und sich von ihm fortbewegt?

Moral dieser Aufgabe: Sie müssen sehr sorgfältig sein, wenn Sie etwas über die Zeitdilatation denken oder sagen. Es ist ok zu sagen „Bei einer Messung stellt man fest, dass bewegte Uhren langsamer gehen“, aber es ist definitiv falsch zu sagen „Man sieht, dass bewegte Uhren langsamer gehen.“

15.5 Längenkontraktion

★ 11 Ein 1 Meter langer Maßstab rauscht mit der Geschwindigkeit $\boldsymbol{v}$ (parallel zu dem Maßstab) an mir vorbei. Ich kann seine Länge zu 80 cm messen. Wie groß ist v?

★★ 12 Behandeln Sie noch einmal das Experiment aus Aufgabe 8, diesmal aus dem Ruhesystem des Pions betrachtet. Welche Halbwertszeit haben die Pionen in diesem Bezugssystem? Welche Länge hat die Vakuumröhre aus Aufgabe 8b) für die Pionen, und wie lange brauchen sie, um sie zu durchqueren? Wie viele Pionen bleiben am Ende dieser Zeit übrig? Vergleichen Sie Ihre Antwort mit der Lösung aus Aufgabe 8 und beschreiben Sie, weshalb die zwei unterschiedlichen Sichtweisen zum selben Ergebnis führen.

★★ 13 Ein 1 Meter langer Maßstab (Meterstab) ist in einem Bezugssystem $\mathcal{S}_0$ in Ruhe, das sich mit der Geschwindigkeit $V = 0{,}8c$ in der Standardkonfiguration relativ zum Bezugssystem $\mathcal{S}$ bewegt.
a) Der Meterstab liegt in der x-y-Ebene und bildet (in $\mathcal{S}_0$ gemessen) einen Winkel $\theta_0 = 60°$ mit der x_0-Achse. Welche Länge l misst man für den Stab in $\mathcal{S}$, und welchen Winkel θ bildet er mit der x-Achse? [*Hinweis:* Vielleicht hilft es Ihnen, wenn Sie sich den Meterstab als die Hypotenuse eines rechtwinkligen Dreiecks (30°-60°-90°) vorstellen.]
b) Wie groß ist l für $\theta = 60°$? Wie groß ist θ_0 in diesem Fall?

*****14** Wie die Zeitdilatation ist auch die Längenkontraktion von einem einzelnen Beobachter nicht direkt zu *sehen*. Um diese Behauptung zu erläutern, stellen Sie sich einen Stab mit der Eigenlänge l_0 vor, der sich entlang der x-Achse eines Bezugssystems $\mathcal{S}$ bewegt, sowie einen Beobachter, der neben der x-Achse rechts von dem Stab steht. Sorgfältige Messungen der Stablänge im System $\mathcal{S}$ zu einem beliebigen Zeitpunkt ergeben natürlich den Wert $l = l_0/\gamma$.
a) Erläutern Sie genau, warum das Licht, das zu einem beliebigen Zeitpunkt in das Auge des Beobachters fällt, die beiden Enden des Stabs zu *verschiedenen Zeiten* verlassen haben muss.
b) Zeigen Sie, dass der Beobachter eine Länge von mehr als l sehen würde (dasselbe würde eine Kamera aufzeichnen). [Es hilft, sich die x-Achse mit einer feinen Skala vorzustellen.]
c) Zeigen Sie: Wenn der Beobachter dicht neben der x-Achse steht, sieht er eine Länge, die tatsächlich größer ist als l_0; mit anderen Worten: Die Längenkontraktion ist zu einer Dehnung verzerrt.

15.6 Die Lorentz-Transformation

***15** Formen Sie die Gleichungen (15.20) der Lorentz-Transformation so um, dass sie x, y, z und t mithilfe von x', y', z' und t' ausdrücken können. Prüfen Sie nach, dass Sie damit die inverse Lorentz-Transformation (15.21) erhalten haben. Machen Sie sich klar, dass Sie dasselbe Ergebnis erhalten, wenn Sie die Variablen mit und ohne Strich vertauschen und statt V nun $-V$ verwenden.

***16** Betrachten Sie zwei Ereignisse, die an den Orten $\boldsymbol{r}_1$ bzw. $\boldsymbol{r}_2$ und zu den Zeiten t_1 bzw. t_2 auftreten. Setzen Sie $\Delta\boldsymbol{r} = \boldsymbol{r}_2 - \boldsymbol{r}_1$ und $\Delta t = t_2 - t_1$. Geben Sie die Lorentz-Transformation für $\boldsymbol{r}_1$ und t_1 sowie entsprechend für $\boldsymbol{r}_2$ und t_2 an; schließen Sie daraus auf die Transformation für $\Delta\boldsymbol{r}$ und Δt. Machen Sie sich klar, dass sich die Differenzen $\Delta\boldsymbol{r}$ und Δt in genau derselben Weise transformieren wie $\boldsymbol{r}$ und t. Diese wichtige Eigenschaft folgt aus der Linearität der Lorentz-Transformation.

***17** Betrachten Sie zwei Ereignisse, die im Bezugssystem $\mathcal{S}$ gleichzeitig zum Zeitpunkt $t = 0$ eintreten, beide auf der x-Achse bei $x = 0$ bzw. bei $x = a$.
a) Bestimmen Sie die Zeitpunkte für die Ereignisse, beobachtet in einem System $\mathcal{S}'$, das sich mit der Geschwindigkeit V in positiver Richtung entlang der x-Achse bewegt.
b) Wiederholen Sie die Aufgabe für ein System $\mathcal{S}''$, das sich mit der Geschwindigkeit V in negativer Richtung entlang der x-Achse bewegt. Erläutern Sie die zeitliche Reihenfolge der beiden Ereignisse, wie sie in den drei Bezugssystemen beobachtet wird. Das überraschende Ergebnis wird in Abschnitt 15.10 näher diskutiert.

****18** Leiten Sie mithilfe der inversen Lorentz-Transformation (15.21) die Gleichung (15.8) für die Zeitdilatation her. [*Hinweis:* Schauen Sie sich noch einmal das Gedankenexperiment in Abbildung 15.3 an, bei dem der Lichtblitz und das Tonsignal – im Bezugssystem $\mathcal{S}'$ betrachtet – am selben Ort auftreten.]

***19** Ein Astronaut in einer Rakete mit der Eigenlänge $2d$ erstellt ein Koordinatensystem $\mathcal{S}'$, dessen Ursprung O' genau in der Mitte der Rakete verankert ist und dessen x'-Achse entlang der Längsachse der Rakete zeigt. Bei $t' = 0$ erzeugt er in O' einen Lichtblitz.
a) Geben Sie die Koordinaten x'_S und t'_S bzw. x'_E und t'_E an, bei denen das Licht die Spitze bzw. das Ende der Rakete erreicht.
b) Betrachten Sie nun dasselbe Experiment von einem Bezugssystem $\mathcal{S}$ aus, relativ zu dem sich die Rakete mit einer Geschwindigkeit V bewegt ($\mathcal{S}$ und $\mathcal{S}'$ sind in der Standardkonfiguration). Bestimmen Sie mithilfe der inversen Lorentz-Transformation die Koordinaten x_S und t_S bzw. x_E und t_E, bei denen das Licht die Spitze bzw. das Ende der Rakete erreicht. Erläutern Sie in klaren Worten, warum das Licht in $\mathcal{S}'$ die Spitze und das Ende der Rakete gleichzeitig erreicht, in $\mathcal{S}$ aber nicht. Dieses Phänomen nennt man die Relativität der Gleichzeitigkeit.

15.7 Relativistische Addition von Geschwindigkeiten

***20** Das erste Newton'sche Gesetz lässt sich auch folgendermaßen ausdrücken: Wenn ein Körper isoliert ist (d. h., wenn er keinen Kräften unterliegt), dann bewegt er sich mit konstanter Geschwindigkeit. Wie wir wissen, ist dieses Gesetz unter der Galilei-Transformation invariant. Beweisen Sie, dass es auch unter der Lorentz-Transformation invariant ist. [Nehmen Sie dazu an, dass es in einem Inertialsystem $\mathcal{S}$ gilt, und zeigen Sie mithilfe der Formel für die relativistische Gechwindigkeitsaddition, dass es auch in einem beliebigen anderen Inertialsystem $\mathcal{S}'$ gilt.]

***21** Eine Rakete, die sich mit der Geschwindigkeit $\frac{1}{2}c$ relativ zum Bezugssystem $\mathcal{S}$ bewegt, schießt Kanonenkugeln in Vorwärtsrichtung mit einer Geschwindigkeit $\frac{3}{4}c$ relativ zur Rakete ab. Welche Geschwindigkeit haben die Kugeln relativ zu $\mathcal{S}$?

***22** Eine Rakete fliegt mit der Geschwindigkeit $0{,}9c$ entlang der x-Achse von Bezugssystem $\mathcal{S}$. Sie schießt eine Kanonenkugel mit einer Geschwindigkeit $\mathbf{v}'$ (gemessen im Ruhesystem $\mathcal{S}'$ der Rakete) von $0{,}9c$ entlang der y'-Achse von $\mathcal{S}'$ ab. Welche Geschwindigkeit (Betrag und Richtung) hat die Kugel in $\mathcal{S}$?

***23** Im Bezugssystem $\mathcal{S}$ beobachtet, nähern sich zwei Raketen einander entlang der x-Achse mit entgegengesetzt gleichen Geschwindigkeiten von $0{,}9c$. Welche Geschwindigkeit hat die Rakete rechts für einen Beobachter in der linken Rakete? [Diese und die vorangegangenen zwei Aufgaben sollen das allgemeine Ergebnis illustrieren, dass in der Relativitätstheorie die „Summe" zweier Geschwindigkeiten, die beide kleiner sind als c, immer kleiner ist als c; vgl. dazu auch Aufgabe 43.]

***24** Das Fluchtfahrzeug eines Bankräubers erreicht eine beeindruckende Geschwindigkeit von $0{,}8c$; es wird von einem Polizisten verfolgt, dessen Fahrzeug aber nur $0{,}4c$ erreicht. Als der Polizist erkennt, dass er den Räuber nicht einholen kann, versucht er, die Reifen mit Kugeln zu beschießen, die er mit 0,5c (relativ zum Polizeifahrzeug) abfeuert. Können die Kugeln das Fluchtfahrzeug erreichen?

*** 25** Eine Rakete bewegt sich mit der Geschwindigkeit V entlang der x-Achse des Bezugssystems $\mathcal{S}$. Sie gibt ein Signal ab (beispielsweise einen Lichtblitz), das sich mit der Geschwindigkeit c entlang der y'-Achse des Ruhesystems $\mathcal{S}'$ der Rakete ausbreitet. Welche Geschwindigkeit hat das Signal, gemessen in $\mathcal{S}$?

*** 26** Zwei Körper A und B nähern sich einander; sie bewegen sich in entgegensetzte Richtungen entlang der x-Achse von Bezugssystem $\mathcal{S}$ mit den Geschwindigkeiten v_A und v_B. Zum Zeitpunkt $t = 0$ befinden sie sich an den Positionen $x = 0$ bzw. $x = d$. Geben Sie ihre Zeit für einen beliebigen Zeitpunkt t an und zeigen Sie, dass sich die beiden Körper zum Zeitpunkt $t = d/(v_A + v_B)$ treffen. Daraus folgt, dass die Relativgeschwindigkeit der beiden Körper $v_A + v_B$ beträgt (gemessen im System $\mathcal{S}$, in dem sich beide Körper bewegen). Das mag auf den ersten Blick überraschen, denn wir können natürlich Werte von v_A und v_B wählen, für die diese Relativgeschwindigkeit größer als c ist.[38]

***** 27** Das Bezugssystem $\mathcal{S}'$ bewegt sich mit der Geschwindigkeit V_1 entlang der x-Achse von Bezugssystem $\mathcal{S}$ (in der Standardkonfiguration). Das Bezugssystem $\mathcal{S}''$ bewegt sich mit der Geschwindigkeit V_2 entlang der x'-Achse von Bezugssystem $\mathcal{S}'$ (ebenfalls in der Standardkonfiguration). Geben Sie durch zweifache Anwendung der Lorentz-Transformation die Koordinaten x'', y'', z'' und t'' eines Ereignisses mithilfe von x, y, z und t an. Zeigen Sie, dass diese Transformation eigentlich die Lorentz-Standardtransformation mit der Geschwindigkeit V ist, die sich als die relativistische „Summe" von V_1 und V_2 ergibt.

***** 28** Die Formel zur relativistischen Geschwindigkeitsaddition beantwortet folgende Frage: Wenn $\boldsymbol{u}$ die Geschwindigkeit eines inertialen Beobachters B relativ zu einem Beobachter A und $\boldsymbol{v}$ die Geschwindigkeit eines Beobachters C relativ zu B ist, welche Geschwindigkeit $\boldsymbol{w}$ hat dann C relativ zu A? Bezeichnen wir die Antwort mit $\boldsymbol{w} =$ „$\boldsymbol{u} + \boldsymbol{v}$". In der klassischen Physik wäre das einfach die gewöhnliche Vektorsumme von $\boldsymbol{u}$ und $\boldsymbol{v}$; in der Relativitätstheorie ist diese „Summe" gegeben durch die Umkehrung der Geschwindigkeitsadditionsformeln (15.26) und (15.27) (zumindest für den Fall, dass $\boldsymbol{u}$ entlang der x-Achse zeigt). Nehmen Sie $\boldsymbol{u} = (u, 0, 0)$ sowie $\boldsymbol{v} = (0, v, 0)$ an und geben Sie die Komponenten von „$\boldsymbol{u} + \boldsymbol{v}$" sowie von „$\boldsymbol{v} + \boldsymbol{u}$" an. [Unterscheiden Sie sorgfältig zwischen den γ-Faktoren γ_u und γ_v, die zu den Geschwindigkeiten u bzw. v gehören.] Zeigen Sie, dass zwar „$\boldsymbol{u}+\boldsymbol{v}$" $\neq$ „$\boldsymbol{v}+\boldsymbol{u}$" gilt, dass die beiden Vektoren aber denselben Betrag

38 Dennoch wird dadurch kein Prinzip der Relativitätstheorie verletzt. Wir werden sehen, dass kein Körper eine Geschwindigkeit größer als c relativ zu einem beliebigen Inertialsystem haben kann; jedoch steht dem nichts entgegen, dass *zwei* Körper eine Relativgeschwindigkeit größer als c – gemessen in einem Bezugssystem, in dem sich beide Körper bewegen – haben können.

haben und sich lediglich durch eine Rotation um die z-Achse unterscheiden. Diese Rotation wird manchmal als *Wigner-Rotation* bezeichnet und ist die Ursache für die sogenannte Thomas-Präzession, die einen wichtigen Einfluss auf die Feinstruktur von atomaren Energieniveaus hat.

15.8 Die vierdimensionale Raumzeit; Vierervektoren

*** 29** **a)** Bestimmen Sie diejenige (3×3)-Matrix $\boldsymbol{R}(\theta)$, die den dreidimensionalen Raum so um seine x_3-Achse dreht, dass $\boldsymbol{e}_1$ um den Winkel θ in Richtung auf $\boldsymbol{e}_2$ gedreht wird.
b) Zeigen Sie, dass $[\boldsymbol{R}(\theta)]^2 = \boldsymbol{R}(2\theta)$ gilt, und interpretieren Sie dieses Ergebnis.

*** 30** Der in Zusammenhang mit Gleichung (15.40) eingeführte „Winkel" ϕ hat mehrere nützliche Eigenschaften. Für eine beliebige Geschwindigkeit $v < c$ (und entsprechende Faktoren β und γ) können wir ϕ so definieren, dass $\gamma = \cosh\phi$ gilt. Das so definierte ϕ wird als die zu v gehörige **Rapidität** bezeichnet. Beweisen Sie die Zusammenhänge $\phi = \beta\gamma$ und $\tanh\phi = \beta$.

*** 31** Es folgt eine nützliche Eigenschaft der in Aufgabe 30 definierten Rapidität: Ein Beobachter B soll die Rapidität ϕ_1 (gemessen von A) und C soll die Rapidität ϕ_2 (gemessen von B) haben (beide Geschwindigkeit sind entlang der x-Achse). Mit anderen Worten: Für die Geschwindigkeit von B relativ zu A gilt $\beta_1 = \tanh\phi_1$ usw. Zeigen Sie, dass für die Rapidität von C (gemessen von A) gilt: $\phi = \phi_1 + \phi_2$.

*** 32** In Abschnitt 15.8 wurde behauptet, dass die zu einer reinen Drehung gehörende (4×4)-Matrix Λ_R die Blockform (15.44) hat. Beweisen Sie diese Behauptung, indem Sie die einzelnen Komponenten der Gleichung $x' = \Lambda_R x$ ausschreiben, und zeigen Sie, dass der räumliche Anteil (x_1, x_2, x_3) gedreht wird, die Komponente x_4 hingegen unverändert bleibt.

**** 33** **a)** Tauschen Sie x_1 und x_2 gegeneinander aus und geben Sie den Lorentz-Boost einer Geschwindigkeit V entlang der x_2-Achse und die entsprechende (4×4)-Matrix Λ_{B2} an.
b) Geben Sie die (4×4)-Matrizen Λ_{R^+} und Λ_{R^-} an, die die Drehungen der x_1-x_2-Ebene um $\pm\pi/2$ beschreiben (der Drehwinkel wird gegen den Uhrzeigersinn gemessen).
c) Prüfen Sie nach, dass $\Lambda_{B2} = \Lambda_{R^-}\Lambda_{B1}\Lambda_{R^+}$ gilt; dabei gibt Λ_{B1} die Standardtransformation entlang der x_1-Achse an. Interpretieren Sie diese Aussage.

**** 34** $\Lambda_B(\theta)$ ist die (4×4)-Matrix, die einen reinen Lorentz-Boost in diejenige Richtung beschreibt, die in der x_1-x_2-Ebene einen Winkel θ mit der x_1-Achse bildet. Erläutern Sie, warum man das als $\Lambda_B(\theta) = \Lambda_R(-\theta)\Lambda_B(0)\Lambda_R(\theta)$ schreiben kann, wenn $\Lambda_R(\theta)$ die Matrix bezeichnet, die die x_1-x_2-Ebene um den Winkel θ dreht, und $\Lambda_B(0)$ die Standardtransformation entlang der x_1-Achse angibt. Bestimmen Sie damit $\Lambda_B(\theta)$ und überprüfen Sie Ihr Ergebnis, indem Sie die Bewegung des räumlichen Ursprungs von $\mathcal{S}$ verfolgen, wie sie in $\mathcal{S}'$ gemessen wird.

**** 35** Beweisen Sie die folgende nützliche Aussage, die als *Nullkomponentensatz* bezeichnet wird: Es sei q ein Vierervektor, und eine Komponente von q soll in allen Inertialsystemen null sein. (Beispielsweise könnte in allen Inertialsystemen $q_4 = 0$ gelten.) Dann sind in allen Inertialsystemen alle vier Komponenten von q null.

15.9 Das invariante Skalarprodukt

*** 36** Wir haben gesehen, dass das Skalarprodukt $x \cdot x$ eines Vierervektors x mit sich selbst unter Lorentz-Transformationen invariant ist. Zeigen Sie mithilfe der Invarianz von $x \cdot x$, dass auch das Skalarprodukt $x \cdot y$ zweier beliebiger Vierervektoren x und y invariant ist.

*** 37** Zeigen Sie direkt, dass $x' \cdot y' = x \cdot y$ für zwei beliebige Vierervektoren x und y gilt, wenn x' bzw. y' mit x bzw. y über die Standardtransformation entlang der x_1-Achse zusammenhängen.

**** 38** Wenn ein Beobachter sich durch den Raum bewegt und seine Raumkoordinate $\mathbf{x}(t)$ ist, dann beschreibt der Vierervektor $(\mathbf{x}(t), ct)$ eine Bahn in der Raumzeit, die man als die *Weltlinie des Beobachters* bezeichnet. Betrachten Sie zwei Ereignisse, die an den Punkten P und Q der Raumzeit eintreten. Zwei Ereignisse sollen für den Beobachter gleichzeitig sein (sie treten für ihn zur selben Zeit t ein); zeigen Sie, dass die Gerade zwischen P und Q dann orthogonal zur Weltlinie des Beobachters zur Zeit t ist, d. h. $(x_P - x_Q) \cdot \mathrm{d}x = 0$, wobei $\mathrm{d}x$ zwei benachbarte Punkte auf der Weltlinien zu den Zeiten t und $t + \mathrm{d}t$ verbindet.

15.10 Der Kausalitätskegel

*** 39** Ein Punkt P der Raumzeit mit den Koordinaten $x = (\mathbf{x}, x_4)$ soll – im Bezugssystem $\mathcal{S}$ betrachtet – im Inneren des Rückwärtslichtkegels liegen. Das bedeutet $x \cdot x < 0$ und $x_4 < 0$, zumindest im Bezugssystem $\mathcal{S}$. Beweisen Sie, dass diese beiden Bedingungen in allen Bezugssystemen erfüllt sind. Da dies bedeutet, dass alle Beobachter in der Feststellung $t < 0$ übereinstimmen, ist es gerechtfertigt, das Innere des Rückwärtslichtkegels als absolute Vergangenheit zu bezeichnen.

*** 40** Zeigen Sie, dass die Aussage, ein Punkt x der Raumzeit liege im Vorwärtslichtkegel, Lorentz-invariant ist.

*** 41** In der Behauptung auf Seite 722 ist es offensichtlich, dass wenigstens eine der drei Aussagen wahr sein muss. In dem gegebenen Beweis habe ich gezeigt, dass die Aussagen (2) und (3) wahr sein müssen, wenn man die Aussage (1) als wahr voraussetzt. Zeigen Sie, um den Beweis zu vervollständigen, dass aus Aussage (2) die Aussagen (1) und (3) folgen. [Streng genommen müssten Sie dann auch noch prüfen, dass aus Aussage (3) die Aussagen (1) und (2) folgen, doch die Beweisführung ist dem bereits gegebenen Beweis so ähnlich, dass Sie sich damit nicht abgeben müssen.]

*** 42** Zeigen Sie: Wenn x zeitartig ist und $x \cdot y = 0$ gilt, dann ist y raumartig.

*** 43** **a)** Zeigen Sie: Wenn ein Körper in einem Inertialsystem die Geschwindigkeit $v < c$ hat, dann gilt $v < c$ in allen Inertialsystemen. [*Hinweis:* Betrachten Sie den Vierervektor der Verrückung $\mathrm{d}x = (\mathrm{d}\mathbf{x}, c\mathrm{d}t)$, wobei $\mathrm{d}\mathbf{x}$ die dreidimensionale Verrückung in einem kurzen Zeitraum $\mathrm{d}t$ ist.]

b) Zeigen Sie auf die gleiche Weise: Wenn ein Signal (etwa ein Lichtblitz) in einem Inertialsystem die Geschwindigkeit c hat, dann ist seine Geschwindigkeit in allen Inertialsystemen c.

⁑44 **a)** Zeigen Sie: Wenn q zeitartig ist, dann gibt es ein Bezugssystem $\mathcal{S}'$, in dem q die Form $q' = (0, 0, 0, q_4')$ annimmt.
b) Zeigen Sie: Wenn q in einem Bezugssystem $\mathcal{S}$ vorwärts-lichtartig ist, dann ist q in allen Inertialsystemen vorwärts-lichtartig.

15.11 Die Quotientenregel und der Doppler-Effekt

*** 45** Die zu Beginn von Abschnitt 15.11 hergeleitete Quotientenregel ist nur eine von mehreren ähnlichen Regeln. Hier folgt eine weitere. k und x sollen Vierervektoren sein, und k ist in jedem Bezugssystem ein Vielfaches von x, d. h., es gilt $k = \lambda x$ in Bezugssystem $\mathcal{S}$, $k' = \lambda' x'$ in Bezugssystem $\mathcal{S}'$ usw. Dann ist der Faktor λ (der „Quotient" von k und x) ein Vierervektor, der in allen Bezugssystemen denselben Wert hat, d. h. $\lambda = \lambda'$. Beweisen Sie diese Quotientenregel.

*** 46** **a)** Beweisen Sie: Wenn die Quelle sich dem Beobachter frontal nähert, dann lässt sich die Doppler-Formel (15.64) als $\omega = \omega_0 \sqrt{(1+\beta)/(1-\beta)}$ schreiben.
b) Wie sieht das entsprechende Ergebnis für den Fall aus, dass sich die Quelle frontal vom Beobachter weg bewegt?

*** 47** Ein Physiker erhält einen Strafzettel, weil er eine rote Ampel überfahren hat. Zu seiner Verteidigung führt er an, dass das Licht der Ampel, als er sich ihr näherte, Doppler-verschoben war und ihm grün vorkam. Wie schnell muss er dann gefahren sein? ($\lambda_{\text{rot}} \approx 650\,\text{nm}$ und $\lambda_{\text{grün}} \approx 530\,\text{nm}$.)

⁑48 Der Faktor γ in der Doppler-Formel (15.64), der sich auf die Zeitdilatation zurückführen lässt, bedeutet, dass selbst bei $\theta = 90°$ eine Doppler-Verschiebung auftritt. (In der klassischen Physik ist das anders, da gibt es keine Doppler-Verschiebung, wenn $\theta = 90°$ und die Quelle keine Geschwindigkeitskomponente in Richtung des Beobachters hat.) Diese *transversale Doppler-Verschiebung* ist daher eine Methode zur Prüfung der Zeitdilatation und hat zu einigen sehr genauen Tests der Theorie geführt. Die transversale Doppler-Verschiebung ist jedoch, außer wenn die Quelle sich nahezu mit Lichtgeschwindigkeit bewegt, nur gering.
a) Es sei $V = 0{,}2c$. Wie groß ist dann die prozentuale Verschiebung für $\theta = 90°$?
b) Vergleichen Sie diesen Wert mit der Verschiebung, die auftritt, wenn die Quelle sich dem Beobachter frontal nähert.

15.12 Masse, Vierergeschwindigkeit und Viererimpuls

*** 49** Zeigen Sie, dass die Vierergeschwindigkeit eines Körpers das invariante Längenquadrat $u \cdot u = -c^2$ hat.

*** 50** Zeigen Sie für zwei beliebige Körper a und b, dass für das Skalarprodukt ihrer Vierergeschwindigkeiten $u_a \cdot u_b = -c^2\gamma(v_{\text{rel}})$ gilt; dabei ist $\gamma(v)$ der übliche γ-Faktor mit $\gamma(v) = 1/\sqrt{1 - v^2/c^2}$, und v_{rel} bezeichnet die Geschwindigkeit von a im Ruhesystem von b oder umgekehrt.

⋆51 **a)** Zeigen Sie für den in Abbildung 15.11 (Seite 731) dargestellten Stoß, dass alle vier Komponenten des Gesamt-Viererimpulses $p_a + p_b$ in dem Bezugssystem $\mathcal{S}$ von Teilbild (a) erhalten bleiben. [Die einzelnen Impulse sollen wie in (15.68) definiert sein.]
b) Zeigen Sie in zwei Zeilen oder noch kürzer, dass der Gesamt-Viererimpuls im Bezugssystem $\mathcal{S}'$ von Teilbild (b) erhalten bleibt. [Diese Aufgabe beweist natürlich nicht, dass der Erhaltungssatz für den Gesamt-Viererimpuls allgemein wahr ist, doch sie zeigt zumindest, dass er auf den Stoß in Abbildung 15.11 anwendbar ist.]

⋆52 **a)** Der Gesamt-Dreierimpuls $\boldsymbol{P} = \sum \boldsymbol{p}$ eines isolierten Systems soll in allen Inertialsystemen erhalten bleiben. Zeigen Sie: Wenn das wahr ist (es ist wahr), dann *muss* auch die vierte Komponente P_4 des Gesamt-Viererimpulses $P = (\boldsymbol{P}, P_4)$ erhalten bleiben.
b) Wenden Sie den Nullkomponentensatz aus Aufgabe 35 an; damit können Sie die folgende, noch stärkere Aussage zur Impulserhaltung sehr schnell beweisen: Wenn eine beliebige Komponente des Gesamt-Viererimpulses P in allen Bezugssystemen erhalten bleibt, dann bleiben *alle vier* Komponenten erhalten.

⋆53 Zeigen Sie für zwei beliebige Körper a und b, dass

$$p_a \cdot p_b = m_a E_b = m_b E_a = m_a m_b c^2 \gamma(v_{\text{rel}})$$

gilt; dabei ist m_a die Masse von a, und E_b ist die Energie von b im Ruhesystem von a (und umgekehrt), v_{rel} ist die Geschwindigkeit von a im Ruhesystem von b (oder umgekehrt).

⋆⋆54 **a)** Betrachten Sie den in Abbildung 15.11b dargestellten Stoß. Wenden Sie die korrekten Gleichungen zur relativistischen Geschwindigkeitsaddition an und erstellen Sie eine Tabelle für die vier Geschwindigkeiten, wie sie im Bezugssystem $\mathcal{S}'$ gesehen werden, ausgedrückt mithilfe der Anfangsgeschwindigkeit von a in $\mathcal{S}$. [Geben Sie dieser Geschwindigkeit eine einfache Bezeichnung, etwa $\boldsymbol{v}_a = (\xi, \eta, 0)$.]
b) Fügen Sie der Tabelle noch eine Spalte mit dem klassischen Gesamtimpuls $m_a\boldsymbol{v}'_a + m_b\boldsymbol{v}'_b$ vor und nach dem Stoß hinzu; zeigen Sie, dass die y-Komponente des klassischen Impulses in $\mathcal{S}'$ *nicht* erhalten bleibt.

⋆⋆55 Da die Vierergeschwindigkeit $u = \gamma(\boldsymbol{v}, c)$ ein Vierervektor ist, hat sie einfache Transformationseigenschaften. Geben Sie die Standardtransformation für alle vier Komponenten von u an. Leiten Sie damit dann die Formel für die relativistische Geschwindigkeitsaddition für $\boldsymbol{v}$ her.

15.13 Energie, die vierte Komponente des Impulses

⋆56 Wenn Wasserstoff und Sauerstoff sich in der Reaktion (15.80) verbinden, werden etwa 5 eV Energie frei (d. h., die kinetische Energie der entstehenden zwei Moleküle ist um 5 eV größer als die der reagierenden drei Moleküle).
a) Um wie viel ändert sich die gesamte Ruhemasse der Moleküle bei der Reaktion?
b) Wie groß ist die relative Änderung der Gesamtmasse?

c) Wenn man durch diese Reaktion 10 Gramm Wasser erzeugt, wie groß ist dann die gesamte Massenänderung?

*** 57** Ein ruhender radioaktiver Kern von Astat-215 zerfällt nach der Reaktion

$$^{215}\mathrm{At} \longrightarrow {}^{211}\mathrm{Bi} + {}^{4}\mathrm{He}.$$

Die Massen der drei Atome (in der angegebenen Reihenfolge) sind 214,9873, 210,9873 und 4,0026, angegeben in atomaren Masseneinheiten (1 atomare Masseneinheit $= 1{,}66 \cdot 10^{-27}\,\mathrm{kg} = 931{,}5\,\mathrm{MeV}/c^2$). Welche kinetische Gesamtenergie haben die beiden entstehende Atome? Geben Sie die Werte in Joule und in MeV an.

*** 58** **a)** Welche Geschwindigkeit hat ein Teilchen, wenn seine kinetische Energie T gleich seiner Ruheenergie ist?
b) Wie sieht es aus, wenn die Energie E n-mal seine Ruheenergie ist?

*** 59** Wenn man eine variable Masse $m_{\mathrm{var}} = \gamma m$ definiert, wird aus dem relativistischen Impuls $\boldsymbol{p} = \gamma m \boldsymbol{v}$ die Form $m_{\mathrm{var}}\boldsymbol{v}$, was der klassischen Definition ziemlich ähnlich sieht. Zeigen Sie, dass die relativistische kinetische Energie dann aber *nicht* $\frac{1}{2} m_{\mathrm{var}} v^2$ ist.

*** 60** Ein Teilchen mit der Masse m_a zerfällt in Ruhe in zwei identische Teilchen, jeweils mit der Masse m_b. Wenden Sie die Erhaltungssätze für Impuls und Energie an und bestimmen Sie die Geschwindigkeit der entstehenden Teilchen.

*** 61** Ein Teilchen mit der Masse $3\,\mathrm{MeV}/c^2$ hat den Impuls $4\,\mathrm{MeV}/c$. Welche Energie (in Einheiten von MeV) und welche Geschwindigkeit (in Einheiten von c) hat das Teilchen?

*** 62** Ein Teilchen mit der Masse $12\,\mathrm{MeV}/c^2$ hat eine kinetische Energie von $1\,\mathrm{MeV}$. Welchen Impuls (in Einheiten von MeV/c) und welche Geschwindigkeit (in Einheiten von c) hat das Teilchen?

*** 63** **a)** Wie vielen Kilogramm entspricht eine Masse von $1\,\mathrm{MeV}/c^2$?
b) Wie vielen kg· m/s entspricht ein Impuls von $1\,\mathrm{MeV}/c$?

*** 64** Gemessen im Inertialsystem $\mathcal{S}$ hat ein Proton den Viererimpuls p. Ebenfalls in $\mathcal{S}$ gemessen hat ein Beobachter, der in dem System $\mathcal{S}'$ in Ruhe ist, die Vierergeschwindigkeit u. Zeigen Sie, dass dieser Beobachter für die Energie eines Protons $-u \cdot p$ misst.

**** 65** Ein Teilchen hat die relativistische Energie $T = (\gamma - 1)mc^2$. Drücken Sie T mithilfe einer Binomialreihe in Potenzen von $\beta = v/c$ aus.
a) Bestätigen Sie, dass der erste Term gerade die nichtrelativistische kinetische Energie ist, und zeigen Sie, dass in niedrigster Ordnung von β die Differenz zwischen der relativistischen und der nichtrelativistischen kinetischen Energie $3\beta^4 mc^2/8$ beträgt.
b) Bestimmen Sie mithilfe dieses Ergebnisses die maximale Geschwindigkeit, für die der nichtrelativistische und der korrekte relativistische Wert um höchstens 1 % voneinander abweichen.

**** 66** In der nichtrelativistischen Mechanik enthält die Energie eine frei wählbare additive Konstante – die Physik ändert sich also nicht, wenn man die

Energie E durch $E +$ Konstante ersetzt. Zeigen Sie, dass dies in der relativistischen Mechanik nicht gilt. [*Hinweis:* Denken Sie daran, dass sich der Viererimpuls p wie ein Vierervektor transformieren soll.]

15.14 Stöße

*** 67** Zwei Kugeln gleicher Masse (jeweils m) nähern sich einander frontal, ihre Geschwindigkeiten sind entgegengesetzt gleich mit dem Betrag $0{,}8c$. Der Stoß ist vollständig inelastisch, sie kleben also hinterher aneinander und bilden einen einzigen Körper mit der Masse M. Welche Geschwindigkeit hat der entstehende Körper, und wie groß ist seine Masse M?

*** 68** Betrachten Sie den elastischen Frontalzusammenstoß aus Beispiel 15.10 (Seite 741), bei dem sich zwei Teilchen (Massen m_a und m_b) einander entlang der x-Achse nähern, zusammenstoßen und sich danach entlang derselben Achse bewegen. Im Schwerpunktsystem gilt (nach dessen Definition) $\boldsymbol{p}_a^{\mathrm{A}} = -\boldsymbol{p}_b^{\mathrm{A}}$. Zeigen Sie mithilfe der Erhaltungssätze für Impuls und Energie $\boldsymbol{p}_a^{\mathrm{E}} = -\boldsymbol{p}_a^{\mathrm{A}}$, d. h., der Impuls von Teilchen a (und von Teilchen b) kehrt sich im Schwerpunktsystem einfach nur um.

*** 69** **a)** Zeigen Sie, dass der Viererimpuls eines materiellen Teilchens ($m > 0$) vorwärts-zeitartig ist.
b) Zeigen Sie, dass die Summe zweier vorwärts-zeitartiger Vektoren selbst auch vorwärts-zeitartig ist, und dass demnach die Summe einer beliebigen Anzahl von vorwärts-zeitartigen Vektoren vorwärts-zeitartig ist.

*** 70** **a)** Beweisen Sie mit dem Ergebnis aus Aufgabe 69, dass es für eine beliebige Anzahl von materiellen Teilchen ein Schwerpunktsystem gibt, d. h. ein Bezugssystem, in dem der Gesamt-Dreierimpuls null ist.
b) Zeigen Sie, dass die Geschwindigkeit des Schwerpunktsystems relativ zu einem anderen Bezugssystem $\mathcal{S}$ durch $\boldsymbol{\beta} = \sum \boldsymbol{p}c / \sum E$ gegeben ist.

*** 71** Ein Weg zur Erzeugung exotischer schwerer Teilchen besteht darin, einen Stoß zwischen zwei leichteren Teilchen herbeizuführen gemäß

$$a + b \longrightarrow d + e + \cdots + g\,;$$

dabei ist d das interessierende schwere Teilchen, $e, \ldots, g$ sind die anderen möglichen bei der Reaktion entstehenden Teilchen. (Ein gutes Beispiel für einen solchen Prozess ist die Erzeugung des ψ-Teilchens gemäß der Reaktion $\mathrm{e}^+ + \mathrm{e}^- \longrightarrow \psi$; hier treten keine weiteren Teilchen $e, \ldots, g$ auf.)
a) Nehmen Sie an, dass m_d viel größer ist als die Masse von jedem der anderen Teilchen. Zeigen Sie, dass dann die Minimal- oder Schwellenenergie für dieselbe Reaktion im Schwerpunktsystem $E_{\mathrm{S}} \approx m_d c^2$ beträgt.
b) Zeigen Sie, dass die Schwellenenergie für dieselbe Reaktion im Laborsystem (in dem das Teilchen b in Ruhe ist) $E_{\mathrm{Lab}} \approx m_d^2 c^2 / 2m_b$ beträgt.
c) Berechnen Sie diese beiden Energien für den Prozess $\mathrm{e}^+ + \mathrm{e}^- \longrightarrow \psi$ mit $m_{\mathrm{e}} \approx 0{,}5\,\mathrm{MeV}/c^2$ und $m_\psi \approx 3100\,\mathrm{MeV}/c^2$. Ihre Antwort sollte deutlich machen, warum die Teilchenphysiker den Aufwand und die Schwierigkeiten zur Durchführung von Collider-Experimenten auf sich nehmen.

*** 72** Ein irrer Physiker behauptet, er habe den Zerfall eines Teilchens mit der Masse M in zwei identische Teilchen mit jeweils der Masse m (mit $M < 2m$)

beobachtet. Als man ihm vorhält, das würde die Energieerhaltung verletzen, antwortet er, das Teilchen M sei so schnell gewesen, dass es wohl eine Energie von mehr als $2mc^2$ gehabt habe und daher auch in zwei Teilchen mit der Masse m habe zerfallen können. Zeigen Sie, dass er Unrecht hat. [Er hat nicht beachtet, dass sowohl Energie als auch Impuls erhalten bleiben. Sie können diese Aufgabe mithilfe dieser beiden Erhaltungssätze lösen, doch es ist viel einfacher, in das Ruhesystem von M zu wechseln.]

★73 Betrachten Sie den Frontalzusammenstoß aus Beispiel 15.10 (Seite 741), in dem die Endgeschwindigkeit $\boldsymbol{v}_b$ von Teilchen b durch (15.95) gegeben ist.
a) Zeigen Sie, dass v_b im Spezialfall gleicher Massen ($m_a = m_b$) den Wert der Anfangsgeschwindigkeit von Teilchen a annimmt ($v_b = v_a$). Zeigen Sie, dass in diesem Fall die Endgeschwindigkeit von a null ist. [Dieses Ergebnis für Stöße von Partnern gleicher Masse ist in der klassischen Mechanik wohlbekannt; hier sollen Sie zeigen, dass es auch im relativistischen Bereich gilt.]
b) Zeigen Sie, dass (15.95) sich im nichtrelativistischen Grenzfall auf $v_b = 2v_a m_a/(m_a + m_b)$ reduziert. Führen Sie die erforderlichen nichtrelativistischen Rechnungen durch und zeigen Sie, dass dies mit dem nichtrelativistischen Ergebnis für elastische Frontalzusammenstöße übereinstimmt.

★74 Ein Teilchen a, das sich entlang der positiven x-Achse mit der Geschwindigkeit $0{,}5c$ bewegt, zerfällt gemäß der Reaktion $a \longrightarrow b + b$ in zwei identische Teilchen, die sich beide entlang der x-Achse weiterbewegen.
a) Gegeben sei $m_a = 2{,}5 m_b$; bestimmen Sie die Geschwindigkeit der beiden Teilchen b im Ruhesystem von Teilchen a.
b) Führen Sie alle erforderlichen Transformationen des Ergebnisses aus Teil (a) durch und bestimmen Sie die Geschwindigkeiten der beiden Teilchen b im ursprünglichen Bezugssystem $\mathcal{S}$.

★75 Ein Teilchen mit der unbekannten Masse M zerfällt in zwei Teilchen mit den bekannten Massen $m_a = 0{,}5\,\mathrm{GeV}/c^2$ und $m_b = 1{,}0\,\mathrm{GeV}/c^2$, deren Impulse zu $\boldsymbol{p}_a = 2{,}0\,\mathrm{GeV}/c$ entlang der x_2-Achse bzw. $\boldsymbol{p}_b = 1{,}5\,\mathrm{GeV}/c$ entlang der x_1-Achse gemessen werden. ($1\,\mathrm{GeV} = 10^9\,\mathrm{eV}$.) Bestimmen Sie die unbekannte Masse und die Geschwindigkeit des Teilchens.

★76 Teilchen a verfolgt Teilchen b entlang der x_1-Achse von Bezugssystem $\mathcal{S}$. Die beiden Massen sind m_a bzw. m_b, die Geschwindigkeiten sind v_a bzw. v_b (mit $v_a > v_b$). Wenn a das Teilchen b einholt, stoßen sie zusammen und verschmelzen zu einem einzigen Teilchen mit der Masse m und der Geschwindigkeit v. Zeigen Sie, dass

$$m^2 = m_a^2 + m_b^2 + 2m_a m_b \gamma(v_a)\gamma(v_b)(1 - v_a v_b/c^2)$$

gilt, und bestimmen Sie v.

★77 Betrachten Sie den elastischen Frontalzusammenstoß aus Beispiel 15.10 (Seite 741), in dem Teilchen a mit einem ruhenden Teilchen b zusammenstößt.
a) Nehmen Sie $m_a \neq m_b$ an und zeigen Sie, dass die kinetische Endenergie von Teilchen a die Gleichung $T_a^{\mathrm{E}} < (m_a - m_b)^2 c^2 / 2m_b$ erfüllt. [*Hinweis:*

Schauen Sie sich das Schwerpunktsystem an, in dem Sie zeigen können, dass der Vierervektor $p_a^{\mathrm{E}} - p_b^{\mathrm{A}}$ zeitartig ist, sodass $(p_a^{\mathrm{E}} - p_b^{\mathrm{A}})^2 < 0$ gilt.]

b) Aus dem Ergebnis von Teil (a) folgt, dass für eine große kinetische Energie T_a^{A} praktisch die gesamte einlaufende Energie an b verloren geht – ganz anders als im nichtrelativistischen Fall. Zeigen Sie, dass in der nichtrelativistischen Mechanik der Anteil der kinetischen Energie, die a behält, nicht von T_a^{A} abhängt. Konkret gilt $T_a^{\mathrm{E}} = T_a^{\mathrm{A}}(m_a - m_b)^2/(m_a + m_b)^2$.

★★★ 78 Betrachten Sie den in Abbildung 15.17 dargestellten elastischen Stoß. Im Laborsystem $\mathcal{S}$ ist Teilchen b anfangs in Ruhe; Teilchen a tritt mit dem Viererimpuls p_a ein und wird um einen Winkel θ gestreut, Teilchen b prallt in einem Winkel ψ ab. Im Schwerpunktsystem $\mathcal{S}'$ nähern und entfernen sich die Teilchen mit entgegengesetzt gleichen Impulsen, und Teilchen a wird um einen Winkel θ' gestreut.

a) Zeigen Sie, dass das Schwerpunktsystem eine Geschwindigkeit $\boldsymbol{V} = \boldsymbol{p}_a c^2/(E_a + m_b c^2)$ relativ zum Laborsystem hat.

b) Transformieren Sie den Endimpuls von a vom Schwerpunktsystem zurück in das Laborsystem und zeigen Sie, dass

$$\tan\theta = \frac{\sin\theta'}{\gamma_V(\cos\theta' + V/v_a')} \qquad (15.154)$$

gilt; dabei ist v_a' die Geschwindigkeit von a im Schwerpunktsystem.

c) Alle auftretenden Geschwindigkeiten sollen viel kleiner als c sein; zeigen Sie, dass das Ergebnis in diesem Grenzfall mit dem nichtrelativistischen Ergebnis (14.53) übereinstimmt (mit $\lambda = m_a/m_b$).

d) Betrachten Sie nun den Fall $m_a = m_b$. Zeigen Sie, dass in diesem Fall $V/v_a' = 1$ gilt und geben Sie einen Ausdruck ähnlich wie (15.154) für $\tan\psi$ an.

e) Zeigen Sie, dass der Winkel zwischen den beiden Endimpulsen durch $\tan(\theta + \psi) = 2/(\beta_V^2 \gamma_V \sin\theta')$ gegeben ist. Zeigen Sie, dass sich im Grenzfall $V \ll c$ wieder der wohlbekannte nichtrelativistische Ausdruck $\theta + \psi = 90°$ ergibt.

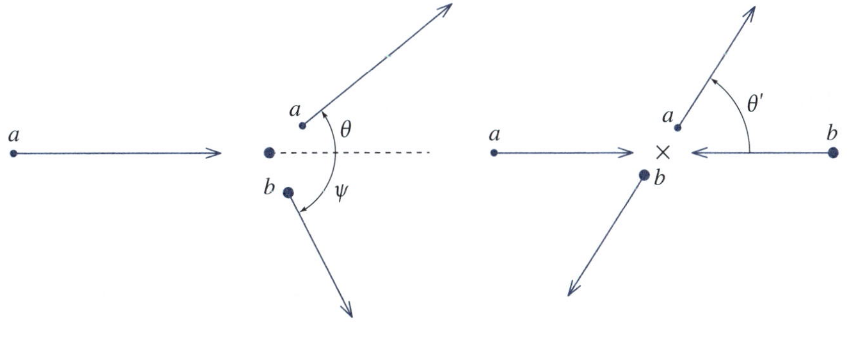

Abbildung 15.17: Zu Aufgabe 78.

15.15 Die Kraft in der Relativitätstheorie

*** 79** Betrachten Sie einen Körper mit der Masse m (die Sie als konstant annehmen können), auf den eine Kraft $\boldsymbol{F}$ wirkt. Beweisen Sie ausgehend von der Definition (15.100)

$$\boldsymbol{F} = \gamma m\boldsymbol{a} + (\boldsymbol{F} \cdot \mathbf{v})\mathbf{v}/c^2 \,,$$

wobei $\boldsymbol{a} = \mathrm{d}\mathbf{v}/\mathrm{d}t$ die Beschleunigung des Körpers ist. Beachten Sie, dass im relativistischen Bereich $\boldsymbol{F} = m\boldsymbol{a}$ sicher nicht gilt, auch die Beziehung $\boldsymbol{F} = m_{\text{var}}\boldsymbol{a}$ mit der variablen Masse $m_{\text{var}} = \gamma m$ wäre falsch, außer in dem Spezialfall, in dem $\boldsymbol{F}$ zufällig senkrecht zu $\mathbf{v}$ wirkt. Im Allgemeinen wirken $\boldsymbol{F}$ und $\boldsymbol{a}$ auch nicht in dieselbe Richtung.

*** 80** Ein Teilchen mit der Masse m und der Ladung q bewegt sich in einem gleichförmigen, konstanten Magnetfeld $\boldsymbol{B}$. Zeigen Sie: Wenn $\mathbf{v}$ senkrecht zu $\boldsymbol{B}$ ist, dann bewegt sich das Teilchen auf einem Kreis mit dem Radius

$$r = |\mathbf{p}/qB| \,. \tag{15.155}$$

[Dieses Ergebnis stimmt mit dem nichtrelativistischen Ausdruck (2.81) überein, nur dass $\mathbf{p}$ nun der relativistische Impuls $\mathbf{p} = \gamma m\mathbf{v}$ ist.]

*** 81** Ein Elektron (Masse 0,5 MeV) bewegt sich mit der Geschwindigkeit $0{,}7c$ in einem Magnetfeld von 0,02 Tesla auf einer kreisförmigen Bahn. Wenden Sie den relativistischen Ausdruck (15.155) aus Aufgabe 80 an und bestimmen Sie den Radius dieser Bahn. Welche Antwort würden Sie erhalten, wenn Sie die klassische Definition des Impulses angewendet hätten? [Es erübrigt sich wohl zu erwähnen, dass das relativistische Ergebnis durch Experimente gut belegt ist, ja die Versuche gaben sogar die ersten Hinweise auf die Korrektheit der relativistischen Mechanik.[39]]

*** 82** **a)** Überprüfen Sie Gleichung (15.106) für den Ort eines Teilchens, das sich in einem gleichförmigen elektrischen Feld bewegt, indem Sie den Ausdruck (15.105) integrieren.
b) Für kleine t sollte sich das Teilchen nur langsam bewegen, und (15.106) sollte mit dem nichtrelativistischen Ausdruck $\mathbf{x} = \frac{1}{2}\boldsymbol{a}t^2$ übereinstimmen. Zeigen Sie, dass das tatsächlich der Fall ist.
c) Zeigen Sie, dass für große t dann $\mathbf{x} \approx \hat{\boldsymbol{F}}(ct + \text{const.})$ gilt, und erläutern Sie den Ausdruck.

*** 83** Gehen Sie von der Definition (15.100) der Kraft $\boldsymbol{F}$ auf einen Körper aus und beweisen Sie, dass die Komponenten von $\boldsymbol{F}$ beim Übergang von einem Bezugssystem $\mathcal{S}$ zu einem anderen System $\mathcal{S}'$, das sich in der Standardkon-

39 In einem Aufsatz in den *Abhandlungen der Königlichen Gesellschaft der Wissenschaften zu Göttingen*, den sogenannten *Göttinger Nachrichten* (S. 153, 1901) zeigte der deutsche Physiker Walter Kaufmann (1871–1947), dass die „scheinbare Masse" eines Elektrons (wir würden sie heute als die variable Masse bezeichnen) in einem Magnetfeld mit der Geschwindigkeit zunimmt – und zwar in grober Übereinstimmung mit der relativistischen Formel $m_{\text{var}} = \gamma(v)m$. Beachten Sie, dass dieser Aufsatz etwa vier Jahre älter ist als die erste Arbeit Albert Einsteins zur Relativitätstheorie.

figuration mit einer Geschwindigkeit V relativ zum ersten bewegt, folgendermaßen transformieren:

$$F_1' = \frac{F_1 - \beta \boldsymbol{F} \cdot \boldsymbol{v}/c}{1 - \beta v_1/c}, \qquad F_2' = \frac{F_2}{\gamma(1 - \beta v_1/c)}, \qquad F_3' = \frac{F_3}{\gamma(1 - \beta v_1/c)}; \tag{15.156}$$

dabei hängen $\beta = \beta(V)$ und $\gamma = \gamma(V)$ von der Relativgeschwindigkeit der beiden Bezugssysteme ab, und $\boldsymbol{v}$ ist die in S gemessene Geschwindigkeit des Körpers.

⋆84 Eine Masse m wird zum Zeitpunkt $t = 0$ vom Ursprung aus mit dem anfänglichen Dreierimpuls p_0 in die y-Richtung geworfen. Auf die Masse soll eine konstante Kraft F_0 in x-Richtung wirken. Bestimmen Sie die Geschwindigkeit $\boldsymbol{v}$ der Masse als Funktion der Zeit t und durch Integration von $\boldsymbol{v}$ dann ihre Bahnkurve. Zeigen Sie, dass sich im nichtrelativistischen Grenzfall für die Bahn die erwartete Parabel ergibt.

⋆85 Wir haben verschiedentlich gesehen, dass es Prozesse gibt, in denen die Masse eines Körpers mit der Zeit variiert.
a) Gehen Sie von (15.85) aus und beweisen Sie $\mathrm{d}m/\mathrm{d}t_0 = -u \cdot K/c^2$; dabei ist t_0 die Eigenzeit des Körpers, u ist seine Vierergeschwindigkeit, und K ist die Viererkraft, die auf den Körper wirkt.
b) Nach Teilaufgabe (a) gibt es eine notwendige und hinreichende Bedingung dafür, dass eine Kraft die Masse eines Körpers nicht ändert, nämlich $u \cdot K = 0$. Wenn ein geladenes Teilchen in einem elektromagnetischen Feld (und sei es nur momentan) in Ruhe ist, dann ist experimentell belegt, dass dann $\mathrm{d}E/\mathrm{d}t = 0$ gilt. Legen Sie mithilfe dieser Aussage dar, dass die elektromagnetischen Kräfte die Masse eines Teilchens nicht ändern.

15.16 Masselose Teilchen; das Photon

⋆86 Das neutrale Pion π^0 ist ein instabiles Teilchen (Masse $m = 135\,\mathrm{MeV}/c^2$), das in zwei Photonen zerfallen kann: $\pi^0 \longrightarrow \gamma + \gamma$.
a) Welche Energie hat jedes der beiden Photonen, wenn das Pion anfangs in Ruhe war?
b) Nehmen Sie nun an, dass das Pion sich entlang der x-Achse bewegt und dass die Photonen sich ebenfalls auf der x-Achse bewegen, eines in die Vorwärts- und eines in die Rückwärtsrichtung. Das erste Photon soll die dreifache Energie des zweiten haben. Welche Geschwindigkeit hatte dann ursprünglich das Pion?

⋆87 Ein neutrales Pion (vgl. Aufgabe 86) bewegt sich mit der Geschwindigkeit v, als es in zwei Photonen zerfällt; die sich entfernenden Photonen bilden auf beiden Seiten der Geschwindigkeitsrichtung des Pions einen Winkel θ. Zeigen Sie: $v = c\cos\theta$.

⋆88 Zwei Teilchen a und b mit den Massen $m_a = 0$ und $m_b > 0$ nähern sich einander. Beweisen Sie, dass es für sie ein Schwerpunktsystem gibt (d. h. ein Bezugssystem, in dem ihr Gesamt-Dreierimpuls null ist). [*Hinweis:* Dies ist – wie Sie zeigen sollen – äquivalent zu dem Nachweis, dass die Summe zweier Vierervektoren, von denen einer vorwärts-lichtartig und der andere vorwärts-zeitartig ist, selbst vorwärts-zeitartig ist.]

★ 89 Zeigen Sie, dass zwei beliebige masselose Teilchen ein Schwerpunktsystem haben, sofern ihre Dreierimpulse nicht parallel sind. [*Hinweis:* Dies ist – wie sie zeigen sollen – äquivalent dazu, dass die Summe der beiden vorwärts-lichtartigen Vektoren selbst vorwärts-zeitartig ist, außer wenn deren räumlichen Teile parallel sind.]

★★ 90 Die ersten beobachteten Positronen entstanden, als hochenergetische Photonen der kosmischen Strahlung in der oberen Atmosphäre auf Elektron-Positron-Paare trafen.
a) Zeigen Sie, dass sich ein isoliertes Photon nicht durch den Prozess $\gamma \longrightarrow e^+ + e^-$ in ein Elektron-Positron-Paar umwandeln kann. [Zeigen Sie, dass dieser Prozess den Erhaltungssatz für den Viererimpuls verletzt.]
b) Der Prozess läuft in Wirklichkeit so ab, dass ein Photon auf einen ruhenden Kern trifft:

$$\gamma + \text{Kern} \longrightarrow e^+ + e^- + \text{Kern}\,.$$

Überzeugen Sie sich davon, dass man mit Gleichung (15.98) die Energie bestimmen kann, die ein Photon mindestens haben muss, um diese Reaktion aufzulösen. [Die Herleitung von (15.98) ging davon aus, dass das einfallende Teilchen eine Masse $m > 0$ hat.] Zeigen Sie, dass die Minimalenergie des Photons zur Auslösung der Reaktion näherungsweise bei $2m_ec^2$ liegt, wenn die Masse des Kerns viel größer ist als die des Elektrons. [Der Wert $2m_ec^2$ ist genau die Energie, die man für den Prozess $\gamma \longrightarrow e^+ + e^-$ berechnet; das zeigt, dass der Kern nur als eine Art „Katalysator" fungiert, der einen Teil des Dreierimpulses aufnehmen kann.]

★★ 91 Ein angeregter Zustand X^* eines ruhenden Atoms fällt unter Emission eines Photons in den Grundzustand X zurück. In der Atomphysik ist es üblich anzunehmen, dass die Energie E_γ des Photons gleich der Energiedifferenz $\Delta E = (M^* - M)c^2$ der beiden atomaren Zustände ist; dabei geben M und M^* die Ruhemassen des Atoms im Grundzustand bzw. im angeregten Zustand an. Das kann aber nicht exakt richtig sein, weil das abprallende Atom X einen Teil der Energie ΔE aufnehmen muss. Zeigen Sie, dass eigentlich $E_\gamma = \Delta E[1 - \Delta E/(2M^*c^2)]$ gilt. Nun ist ΔE von der Größenordnung einiger Elektronenvolt, während das leichteste Atom eine Masse M von der Größenordnung $1\,\text{GeV}/c^2$ hat; diskutieren Sie vor diesem Hintergrund die Gültigkeit der Annahme $E_\gamma = \Delta E$.

★★ 92 Ein positives Pion zerfällt gemäß $\pi^+ \longrightarrow \mu^+ + \nu$ in ein Myon und ein Neutrino. Die dabei beteiligten Massen sind $m_\pi = 140\,\text{MeV}/c^2$, $m_\mu = 106\,\text{MeV}/c^2$ und $m_\nu = 0$. (Es gibt mittlerweile zwar überzeugende Hinweise darauf, dass die Neutrinomasse nicht exakt null ist, jedoch ist sie so klein, dass man sie in dieser Aufgabe als null annehmen kann.) Zeigen Sie, dass für die Geschwindigkeit des entstehenden Myons gilt $\beta = (m_\pi^2 - m_\mu^2)/(m_\pi^2 + m_\mu^2)$. Berechnen Sie den Zahlenwert. Wiederholen Sie die Rechnung für den weit seltener auftretenden Zerfallskanal $\pi^+ \longrightarrow e^+ + \nu$ (dabei ist $m_e = 0{,}5\,\text{MeV}/c^2$).

★★ 93 Betrachten Sie einen elastischen Frontalzusammenstoß zwischen einem hochenergetischen Elektron (Energie E_0 und Geschwindigkeit $\beta_0 c$) und einem Photon mit der Energie $E_{\gamma 0}$. Zeigen Sie, dass die Endenergie E_γ des

Photons

$$E_\gamma = E_0 \frac{1+\beta_0}{2+(1-\beta_0)E_0/E_{\gamma 0}}$$

beträgt. [*Hinweis:* Wenden Sie (15.123) an.] Zeigen Sie, dass $E_\gamma < E_0$ gilt, allerdings geht für $\beta_0 \to 1$ das Verhältnis E_γ/E_0 gegen 1. Mit anderen Worten: Ein hochenergetisches Elektron kann bei einem Frontalzusammenstoß nahezu seine gesamte Energie an das Photon abgeben. Welcher Bruchteil seiner Energie bleibt dem Elektron erhalten, wenn es eine Anfangsenergie $E_0 \approx 10\,\text{TeV}$ hat und das Photon im sichtbaren Bereich liegt (d. h. $E_{\gamma 0} \approx 3\,\text{eV}$)? (Denken Sie daran, dass die Masse des Elektrons bei etwa $0{,}5\,\text{MeV}/c^2$ liegt; $1\,\text{TeV} \approx 10^{12}\,\text{eV}$.)

15.17 Tensoren

*** 94** A und B sind Matrizen, und A hat so viele Spalten wie B Zeilen hat; beweisen Sie, dass dann für das Transponierte von AB gilt: $(\widetilde{AB}) = \widetilde{B}\widetilde{A}$.

*** 95** $\boldsymbol{a}$ und $\boldsymbol{b}$ sind n-dimensionale Vektoren, $\boldsymbol{C}$ und $\boldsymbol{D}$ sind $(n \times n)$-Matrizen. Zeigen Sie: Wenn $\tilde{\boldsymbol{a}}\boldsymbol{C}\boldsymbol{b} = \tilde{\boldsymbol{a}}\boldsymbol{D}\boldsymbol{b}$ für eine beliebige Wahl von $\boldsymbol{a}$ und $\boldsymbol{b}$ gilt, dann gilt $\boldsymbol{C} = \boldsymbol{D}$.

*** 96** T ist ein Vierertensor, a ist ein Vierervektor. Beweisen Sie: $b = T \cdot a = TGa$, d. h., b transformiert entsprechend der Regel $b' = \Lambda b$.

*** 97** **a)** Ein Tensor heißt symmetrisch, wenn $T_{\mu\nu} = T_{\nu\mu}$ gilt. Beweisen Sie: Wenn ein Tensor in einem Inertialsystem symmetrisch ist, dann ist er in allen Inertialsystemen symmetrisch.
b) Ein Tensor T heißt antisymmetrisch, wenn $T_{\mu\nu} = -T_{\nu\mu}$ gilt. Beweisen Sie: Wenn ein Tensor in einem Inertialsystem antisymmetrisch ist, dann ist er in allen Inertialsystemen antisymmetrisch. (Ein Beispiel dafür ist der elektromagnetische Feldtensor, der in allen Inertialsystemen antisymmetrisch ist.)

**** 98** **a)** Beweisen Sie mithilfe der Invarianz des Skalarprodukts $a \cdot b = \tilde{a}Gb$, dass die (4×4)-Lorentz-Transformation Λ die Bedingung (15.137) erfüllen muss, d. h. $\tilde{\Lambda}G\Lambda = G$.
b) Zeigen Sie, dass die Standardtransformation (15.43) diese Bedingung erfüllt.

**** 99** Eine nützliche Form der Quotientenregel für dreidimensionale Vektoren ist die folgende: Nehmen Sie an, $\boldsymbol{a}$ und $\boldsymbol{b}$ seien Dreiervektoren, und nehmen Sie an, dass es für jeden orthogonalen Satz von Achsen eine (3×3)-Matrix $\boldsymbol{T}$ mit der Eigenschaft gibt, dass für jede Wahl von $\boldsymbol{a}$ gilt: $\boldsymbol{b} = \boldsymbol{T}\boldsymbol{a}$. Dann ist $\boldsymbol{T}$ ein Tensor.
a) Beweisen Sie diese Aussage.
b) Stellen Sie eine entsprechende Aussage für Vierervektoren und Vierertensoren auf und beweisen Sie die Aussage.

***** 100** **a)** Die Aussage, dass $\boldsymbol{\nabla}$ ein Vektoroperator ist, bedeutet: Wenn $\phi(\mathbf{x})$ ein beliebiger Skalar ist, dann transformieren die drei Komponenten von $\boldsymbol{\nabla}\phi = (\partial\phi/\partial x_1, \partial\phi/\partial x_2, \partial\phi/\partial x_3)$ entsprechend dem Transformationsgesetz (15.126)

für Dreiervektoren. Beweisen Sie das. [*Hinweis:* Denken Sie an die Kettenregel, nach der $\partial\phi/\partial x_i = \sum_j (\partial x'_j/\partial x_i)\partial\phi/\partial x'_j$ gilt.]
b) Beweisen Sie für die vierdimensionale Raumzeit: Wenn ϕ ein beliebiger Viererskalar ist, dann ist die durch die Komponenten

$$\Box\phi = \left(\frac{\partial\phi}{\partial x_1}, \frac{\partial\phi}{\partial x_2}, \frac{\partial\phi}{\partial x_3}, -\frac{\partial\phi}{\partial x_4}\right) \tag{15.157}$$

definierte Größe $\Box\phi$ (achten Sie auf das Minuszeichen bei der vierten Komponente) ein Vierervektor. Diese Aussage ist entscheidend bei der Formulierung der Maxwell'schen Gleichungen für das elektromagnetische Feld.[40]

15.18 Elektrodynamik und Relativitätstheorie

*101 **a)** Beweisen Sie, dass sowohl $\boldsymbol{E}\cdot\boldsymbol{B}$ als auch $E^2 - c^2B^2$ unter beliebigen Lorentz-Transformationen invariant sind. [Beweisen Sie mit den Transformationsgleichungen (15.147) zunächst die gesuchten Aussagen für die Standardtransformation und erläutern Sie dann, warum eine unter der Standardtransformation invariante Größe unter *beliebigen* Lorentz-Transformationen invariant ist.] Beweisen Sie damit dann die folgenden beiden Aussagen:
b) Wenn $\boldsymbol{E}$ und $\boldsymbol{B}$ in einem Bezugssystem $\mathcal{S}$ senkrecht aufeinander stehen, dann stehen sie auch in jedem anderen System $\mathcal{S}'$ aufeinander senkrecht.
c) Wenn $E > cB$ in einem Bezugssystem $\mathcal{S}$ gilt, dann kann es kein Bezugssystem geben, in dem $E = 0$ gilt.

*102 **a)** Gehen Sie von den Transformationsgleichungen (15.147) für die Standardtransformation entlang der x_1-Achse aus und bestimmen Sie den entsprechenden Lorentz-Boost entlang der x_3-Achse.
b) Geben Sie das Inverse zu dieser Transformation an und prüfen Sie dann die Gleichungen (15.152) und (15.153) für die Felder einer sich bewegenden Linienladung nach.

*103 **a)** Wenden Sie die Transformationsgleichungen (15.147) an und zeigen Sie: Wenn $\boldsymbol{E} = 0$ in einem Bezugssystem $\mathcal{S}$ gilt, dann gilt $\boldsymbol{E}' = \boldsymbol{v}\times\boldsymbol{B}'$ in $\mathcal{S}'$.
b) Zeigen Sie auf ähnliche Weise: Wenn $\boldsymbol{B} = 0$ in einem Bezugssystem $\mathcal{S}$ gilt, dann gilt $\boldsymbol{B}' = -\boldsymbol{v}\times\boldsymbol{E}'/c^2$ in $\mathcal{S}'$.

*104 Wir haben den elektromagnetischen Feldtensor durch die Gleichung $K = q\mathcal{F}\cdot u \equiv q\mathcal{F}Gu$ definiert; dabei ist K die Viererkraft auf die Ladung q, und u ist deren Vierergeschwindigkeit.
a) Geben Sie, ausgehend von der Lorentz-Kraft (15.140), die vier Komponenten von K an [so wie in (15.142)].
b) Bestimmen Sie damit die Matrix $\mathcal{F}G$ und zeigen Sie, dass der Tensor $\mathcal{F}$ die in (15.144) behauptete Form hat.

---

40 Dieser sogenannte *D'Alembert-Operator* $\Box$ ist eine Erweiterung des Gradientenoperators $\boldsymbol{\nabla}$ ins Vierdimensionale. Er wird auch als Wellenoperator oder – in Anlehnung an den Nabla-Operator $\boldsymbol{\nabla}$ – als „Quabla" bezeichnet. $\Box\phi$ spricht man dann als „Quabla phi". (Anm. d. Übers.)

105 Da $\mathcal{F}$ ein Vierertensor ist, muss er entsprechend (15.146) transformieren, also $\mathcal{F}' = \Lambda\mathcal{F}\widetilde{\Lambda}$. Gehen Sie von der Form (15.144) für $\mathcal{F}$ aus und setzen Sie für Λ die Standardtransformation an; bestimmen Sie so die Matrix $\mathcal{F}'$ und rechnen Sie die Transformationsgleichungen (15.147) für die elektromagnetischen Felder nach.

106 Leiten Sie die Gleichung für die Lorentz-Kraft folgendermaßen aus dem Coulomb'schen Gesetz her:
a) Wenn die Ladung q im Bezugssystem $\mathcal{S}'$ in Ruhe ist, dann wirkt auf q nach dem Coulomb'schen Gesetz die Kraft $\boldsymbol{F}' = q\boldsymbol{E}'$. Wenden Sie das Inverse der Krafttransformation (15.156) aus Aufgabe 83 an und geben Sie die Kraft $\boldsymbol{F}$, gesehen im Bezugssystem $\mathcal{S}$, an. (Schreiben Sie $\boldsymbol{F}$ fürs Erste mithilfe von $\boldsymbol{E}'$.)
b) Wenden Sie nun die Feldtransformation (15.147) an und drücken Sie Ihr Ergebnis mithilfe von $\boldsymbol{E}$ und $\boldsymbol{B}$ aus. Zeigen Sie so, dass $\boldsymbol{F} = q(\boldsymbol{E} + \boldsymbol{v}\times\boldsymbol{B})$ gilt.

107 Ein wohlbekannter Ansatz in der klassischen Elektrodynamik ist die Einführung des Dreierskalarpotenzials ϕ und des Dreiervektorpotenzials $\boldsymbol{A}$; mit ihrer Hilfe kann man die Felder $\boldsymbol{E}$ und $\boldsymbol{B}$ schreiben als

$$\boldsymbol{E} = -\boldsymbol{\nabla}\phi - \frac{\partial \boldsymbol{A}}{\partial t} \quad \text{und} \quad \boldsymbol{B} = \boldsymbol{\nabla} \times \boldsymbol{A}\,. \tag{15.158}$$

In der relativistischen Elektrodynamik kombiniert man diese Potenziale zu einem einzigen Viererpotenzial $A = (\boldsymbol{A}, \phi/c)$. Zeigen Sie, dass gilt

$$\mathcal{F}_{\mu\nu} = \Box_\mu A_\nu - \Box_\nu A_\mu\,;$$

Darin ist $\Box$ der in (15.157) definierte vierdimensionale Gradientenoperator Quabla aus Aufgabe 100. (Wenn wir akzeptieren, dass A wirklich ein Vierervektor ist, haben wir damit einen alternativen Beweis, dass $\mathcal{F}$ ein Vierertensor ist.)

108 Betrachten Sie eine elektrische Ladungsverteilung mit der Ladungsdichte ϱ, die sich mit der Geschwindigkeit $\boldsymbol{v}$ relativ zu einem Bezugssystem $\mathcal{S}$ bewegt.
a) Zeigen Sie, dass $\varrho = \gamma\varrho_0$ gilt, wenn ϱ_0 die Ladungsdichte im Ruhesystem angibt. (Beachten Sie, dass $\boldsymbol{v}$ mit dem Ort variieren kann, sodass verschiedene Teile der Ladungsverteilung unterschiedliche Ruhesysteme haben können, doch das ist kein Problem.)
b) Die Dreierstromdichte ist definiert als $\boldsymbol{J} = \varrho\boldsymbol{v}$. Zeigen Sie, dass die Viererstromdichte, definiert als $J = (\boldsymbol{J}, c\varrho)$, ein Vierervektor ist.
c) Wie in der Theorie des Elektromagnetismus wohlbekannt, folgt aus der Ladungserhaltung die sogenannte *Kontinuitätsgleichung* $\boldsymbol{\nabla}\cdot\boldsymbol{J} + \partial\varrho/\partial t = 0$ (darin ist $\boldsymbol{\nabla}\cdot\boldsymbol{J} = \sum \partial J_i/\partial x_i$ die sogenannte Divergenz von $\boldsymbol{J}$). Zeigen Sie, dass die Kontinuitätsgleichung äquivalent zu der offenkundig invarianten Bedingung $\Box \cdot J = 0$ ist [mit dem in (15.157) definierten vierdimensionalen Gradientenoperator $\Box$ aus Aufgabe 100].

109 Zwei gleiche Ladungen bewegen sich im Bezugssystem $\mathcal{S}$ nebeneinander in positive x-Richtung. Der Abstand zwischen ihnen ist r, ihre Geschwindigkeit ist v. Bestimmen Sie die Kraft, die eine Ladung auf die andere ausübt, auf zwei verschiedenen Wegen:

a) Bestimmen Sie die Kraft im Ruhesystem $\mathcal{S}'$ der Ladungen und transformieren Sie mit der Krafttransformation (15.156) aus Aufgabe 83 zurück. Beachten Sie, dass die Kraft in $\mathcal{S}$ geringer ist als im Ruhesystem.
b) Bestimmen Sie mithilfe der Krafttransformation (15.147) die elektrischen und magnetischen Felder in $\mathcal{S}'$ und darauf aufbauend in $\mathcal{S}$. Schreiben Sie mit diesen Feldern (in $\mathcal{S}$) die Lorentz-Kraft auf eine der Ladungen in $\mathcal{S}$ nieder. Beachten Sie, dass in $\mathcal{S}$ eine anziehende elektrische und eine abstoßende magnetische Kraft wirkt. Für $\beta \to 1$ werden sie nahezu gleich, und die resultierende Kraft geht gegen null.

110 Eine Ladung q bewegt sich mit konstanter Geschwindigkeit v entlang der x-Achse des Bezugssystems $\mathcal{S}$, der Ort der Ladung ist $vt\hat{\boldsymbol{x}}$.
a) Geben Sie das elektrische und das magnetische Feld im Ruhesystem $\mathcal{S}'$ der Ladung an.
b) Geben Sie unter Anwendung des Inversen der Feldtransformation (15.147) das elektrische Feld im Ursprungssystem $\mathcal{S}$ an. [Dabei bestimmen Sie $\boldsymbol{E}$ zunächst mithilfe der gestrichenen Variablen x', y', z' und t', doch die können Sie mit der Standardtransformation zugunsten von x, y, z und t eliminieren.] Zeigen Sie, dass das Feld am Ort $\boldsymbol{r}$ und zur Zeit t

$$\boldsymbol{E} = \frac{kq(1-\beta^2)}{(1-\beta^2\sin^2\theta)^{3/2}}\,\frac{\hat{\boldsymbol{R}}}{R^2} \qquad (15.159)$$

ist; dabei ist $\boldsymbol{R} = \boldsymbol{r} - vt\hat{\boldsymbol{x}}$ der Vektor, der vom Ort der Ladung zum Feldpunkt $\boldsymbol{r}$ zeigt, und θ ist der Winkel zwischen $\boldsymbol{R}$ und der x-Achse.
c) Skizzieren Sie das Verhalten der Feldstärke als Funktion von θ bei festem R und erstellen Sie eine Skizze der elektrischen Feldlinien zu einem bestimmten Zeitpunkt t.

111 Zwei der vier Maxwell'schen Gleichungen lauten

$$\boldsymbol{\nabla}\times\boldsymbol{B} - \frac{1}{c^2}\frac{\partial \boldsymbol{E}}{\partial t} = \mu_0\boldsymbol{J} \qquad \text{und} \qquad \boldsymbol{\nabla}\cdot\boldsymbol{E} = \frac{1}{\varepsilon_0}\varrho\,; \qquad (15.160)$$

darin sind $\boldsymbol{J}$ und ϱ die Strom- bzw. die Ladungsdichte, die die Felder verursachen. Zeigen Sie, dass sich diese beiden Gleichungen als eine einzige Vierervektorgleichung $\Box\cdot\mathcal{F} = -\mu_0\widetilde{J}$ schreiben lassen; darin ist $\Box$ der in Aufgabe 100 eingeführte vierdimensionale Gradientenoperator, J ist der Viererstrom $(\boldsymbol{J}, c\varrho)$, und das Skalarprodukt ist $\Box\cdot\mathcal{F} = \widetilde{\Box}G\mathcal{F}$.

Kontinuumsmechanik

16

ÜBERBLICK

» Wir können die klassische Mechanik nach zunehmender Komplexität in drei Hauptgebiete einteilen: **(1) Die Mechanik der Punktmassen.** Manchmal sind diese Punktmassen Elementarteilchen – ein Beispiel ist das Elektron –, deren Masse sich nach allem, was wir wissen, tatsächlich in einem Punkt konzentriert. Üblicherweise handelt es sich aber um ausgedehnte Körper, deren Masse sicher nicht in einem Punkt konzentriert ist; für manche Zwecke können wir aber in guter Näherung annehmen, dass es so wäre. Wenn wir beispielsweise die Flugbahn eines Baseballs untersuchen oder die Umlaufbahnen von Planeten bestimmen, ist es oft eine sehr gute Näherung, sie als Punktmassen zu behandeln. Dann ist die Konfiguration eines solchen Systems durch einen endlichen Satz von Koordinaten gegeben, jeweils drei für jede Punktmasse. **(2) Die Mechanik starrer Körper.** Hier wird berücksichtigt, dass die interessierende Masse sich über ein gewisses, von null verschiedenes Volumen verteilt, allerdings nehmen wir an, dass die relativen Orte der einzelnen Teile eines Körpers sich nicht gegeneinander verschieben – eben dass der Körper starr ist. Wie wir gesehen haben, müssen wir eine eventuelle Rotation solcher Körper berücksichtigen, doch die Konfiguration eines solchen Systems ist immer noch durch einen diskreten und endlichen Satz von Koordinaten gegeben. Beispielsweise benötigen wir für einen starren Körper nur sechs Koordinaten, nämlich drei für den Ort des Schwerpunkts und drei weitere für die räumliche Orientierung des Körpers. Das Konzept eines starren Körpers ist natürlich eine Idealisierung – alle realen Körper lassen sich verformen –, doch für viele Systeme ist es eine plausible und extrem nützliche Näherung. Schließlich gibt es **(3) die Kontinuumsmechanik,** in der wir davon ausgehen, dass die Masse in einem System über einen gewissen Bereich verteilt sein kann *und* dass die relativen Orte der einzelnen Teile sich in zwar stetiger, sonst aber beliebiger Weise ändern können. Offenbar ist die Bewegung eines Fluids – etwa die Luftströmung über die Tragfläche eines Flugzeugs oder die Wasserströmung in einem Rohr – ein Problem der Kontinuumsmechanik. Doch auch die Bewegung eines Festkörpers kann in diese Klasse fallen, wenn die unabhängigen Bewegungen seiner Teile wichtig sind, etwa wenn sich ein belasteter Stahlträger biegt oder wenn durch ein Erdbeben seismische Wellen entstehen. In der Kontinuumsmechanik besteht ein System aus einer kontinuierlichen, unendlichen Anzahl von Teilen, und die Angabe seiner Konfiguration erfordert eine unendliche Anzahl von Koordinaten.

In diesem Buch haben wir bislang nur die ersten beiden Bereichen behandelt, die Mechanik der Punktmassen und die Mechanik starrer Körper. Man könnte sie unter der Bezeichnung „diskrete Mechanik" zusammenfassen, denn hier gibt es nur eine diskrete, endliche Anzahl von Koordinaten. Das vorliegende letzte Kapitel dieses Buches ist nun als eine äußerst knappe Einführung in die Kontinuumsmechanik gedacht. Eine gründliche Behandlung würde ein weiteres Buch erfordern, doch ich hoffe, Ihnen hier zumindest ein Grundverständnis von einigen der zentralen Ideen geben zu können. Insbesondere werden wir sehen, wie der Übergang von der diskreten Mechanik zur Kontinuumsmechanik die gewöhnlichen Differenzialgleichungen der diskreten Mechanik zu *partiellen Differenzialgleichungen* macht. Wir werden sehen, dass diese partiellen Differenzialgleichungen oft auf die *Wellengleichung* führen, die das Verhalten aller Arten von Wellen bestimmt: von Schallwellen in Flüssigkeiten und Gasen, von seismischen Wellen in der Erdkruste und von vielen anderen Wellen, insbesondere von elektromagnetischen Wellen wie Licht oder Mikrowellen. Die ersten drei Abschnitte dieses Kapitels befassen sich mit eindimensionalen kontinuierlichen Systemen; in Abschnitt 16.4 gehen wir dann zu dreidimensionalen Systemen über. Die wohl größte Komplikation in drei Dimensionen besteht darin, dass man für die Angabe der Spannungen und der Dehnungen zwei Tensoren benötigt, den *Spannungs-* und den *Dehnungstensor*. Eines der Hauptziele dieses Kapitels ist es, Sie an diese beiden wichtigen Konzepte heranzuführen. Abschnitt 16.7 führt den Spannungstensor für Flüssigkeiten und Festkörper ein, Abschnitt 16.8 den Dehnungstensor für Festkörper. Abschnitt 16.9 behandelt den Zusammenhang zwischen diesen beiden Tensoren, das verallgemeinerte Hooke'sche Gesetz. Die Abschnitte 16.10 und 16.11 leiten die Bewegungsgleichung für einen elastischen Festkörper her und untersuchen auf ihrer Grundlage die Longitudinal- und Transversalwellen in einem Festkörper. Die letzten beiden Abschnitte geben dann eine ganz knappe Einführung in die Mechanik der idealen (reibungsfreien) Fluide. In Abschnitt 16.12 leiten wir die Bewegungsgleichung und die sogenannte Kontinuitätsgleichung her und nutzen Sie in Abschnitt 16.13, um die möglichen Wellen in einem Fluid zu untersuchen.

Bevor wir beginnen, möchte ich betonen, dass auch das Konzept einer kontinuierlichen Masseverteilung eine Idealisierung ist. Die Eigenschaften der in einem Windkanal strömenden Luft etwa scheinen sich stetig und glatt von Ort zu Ort zu ändern. Beispielsweise nehmen wir üblicherweise an, dass Luft eine Dichte $\varrho(\boldsymbol{r})$ hat, die in einem kleinen Volumen $\mathrm{d}V$ zu der Masse $\varrho(\boldsymbol{r})\mathrm{d}V$ führt; $\varrho(\boldsymbol{r})$ kann sich mit $\boldsymbol{r}$ ändern, und wir nehmen an, dass diese Änderung „glatt" verläuft. Allerdings könnte man, wie wir nur zu gut wissen, die Luft auch unter einem fiktiven Supermikroskop betrachten, das noch Bruchteile eines Nanometers auflösen kann. Dann würde man sehen, dass die Luft aus einzelnen Molekülen besteht, und die Dichte $\varrho(\boldsymbol{r})$ würde zwischen großen Werte in der Nähe eines Moleküls und null in den ausgedehnten Zwischenräumen wild hin- und herspringen. Doch glücklicherweise ist die Größenordnung dieser wilden Variationen im Vergleich zu den üblicherweise interessierenden Maßstäben nur winzig. Wenn wir uns beispielsweise für ein Gebiet von $1\,\mathrm{mm}^3$ interessieren, dann enthält dieses Volumen schon rund 10^{16} Moleküle. Die Dichte $\varrho(\boldsymbol{r})$, mit der wir in der Praxis arbeiten, ist also eigentlich die *über diese große Anzahl von Molekülen gemittelte* Dichte und ändert sich wirklich nur wenig mit $\boldsymbol{r}$. Die Vorstellung, dass man Materie – im Bereich von Millimetern oder mehr – als kontinuierlich betrachten kann, weil Parameter wie die Dichte über viele Moleküle gemittelt werden, wird als **Kontinuumshypothese** bezeichnet. Der Erfolg der Kontinuumsmechanik ist eine ausreichende Rechtfertigung dieser Hypothese, von der wir über dieses ganze Kapitel hinweg ausgehen werden. «

16.1 Transversalbewegung einer gespannten Saite

Als erstes Beispiel für ein kontinuierliches System betrachten wir eine straff gespannte Saite entlang der x-Achse. Wir nehmen zunächst an, dass die Saite im Gleichgewicht exakt auf der x-Achse liegt, dann aber soll die Saite eine kleine Bewegung in y-Richtung (möglicherweise eine Schwingung) ausführen. Eine einfache Möglichkeit, die Konfiguration der Saite zu einem beliebigen Zeitpunkt zu beschreiben, ist die Angabe der Auslenkung $u(x)$ von der x-Achse, wie in Abbildung 16.1a gezeigt. Konkret liegt ein kleines Segment der Saite, das sich im Gleichgewicht bei x auf der Achse befand, nun in einer Entfernung $y = u(x)$ oberhalb der Achse. Dieses Modell bedarf zwar keiner näheren Erläuterung, doch es lohnt sich, ihm ein ähnliches diskretes Modell gegenüberzustellen. Dieses System soll aus n Punktmas-

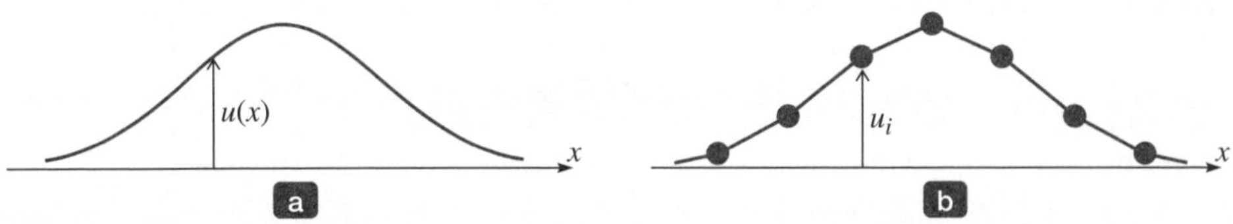

Abbildung 16.1: (a) Die Position einer kontinuierlichen Saite zu einem bestimmten Zeitpunkt wird durch die Funktion $u(x)$ spezifiziert, die die Auslenkung der Saite aus ihrer Gleichgewichtslage auf der x-Achse angibt. (b) Eine Menge von n Punkten, die durch eine masselose Saite verbunden sind, hat eine Konfiguration, die durch die diskrete Menge der Auslenkungen u_i mit $i = 1, \ldots, n$ spezifiziert wird.

sen $m_1, \ldots, m_n$ bestehen, die durch eine straffe masselose Saite verbunden sind, die im Gleichgewicht auf der x-Achse liegt. Wenn diese Massen sich wie in Abbildung 16.1b in y-Richtung bewegen können, lässt sich ihre Konfiguration durch die jeweiligen Auslenkungen $u_1, \ldots, u_n$ von der Achse angeben. Während das diskrete System durch die n Variablen u_i (mit $i = 1, \ldots, n$) bestimmt ist, lässt sich unser kontinuierliches System durch die *kontinuierliche Funktion* $u(x)$ spezifizieren. Die Rolle des diskreten Index i an den einzelnen u_i wird nun von der kontinuierlichen Variablen x in $u(x)$ übernommen. Während der Index i angibt, welche der n Massen sich am Ort $y = u_i$ befindet, spezifiziert die Variable x, welches der unendlich vielen Masseelemente auf der Saite sich bei $y = u(x)$ befindet.

Wenn die in Abbildung 16.1 gezeigten Systeme sich bewegen, hängen die Auslenkungen u von der Zeit t ab. Im diskreten Fall haben wir $u_i(t)$, im kontinuierlichen Fall müssen wir $u(x, t)$ schreiben, haben also eine Funktion von zwei Variablen. Im diskreten Fall folgt aus dem zweiten Newton'schen Gesetz ein Satz von gewöhnlichen Differenzialgleichungen für die $u_i(t)$ (beispielsweise die gekoppelten Differenzialgleichungen, die wir in Kapitel 11 besprochen haben). Im kontinuierlichen Fall erhält man aus dem zweiten Newton'schen Gesetz eine *partielle Differenzialgleichung* für $u(x, t)$, in der partielle Ableitungen sowohl nach x als auch nach t vorkommen; das wollen wir nun zeigen.

Um die Bewegung der Saite zu untersuchen, wenden wir das zweite Newton'sche Gesetz auf ein kleines Segment AB der Saite zwischen x und $x + \mathrm{d}x$ an (Abbildung 16.2). Zur Vereinfachung der Diskussion vernachlässigen wir die Schwerkraft und wollen annehmen, dass die Auslenkung $u(x, t)$ der Saite für alle x und alle t so klein bleibt, dass die Saite stets nahezu parallel zur x-Achse liegt. Das garantiert, dass die Länge der Saite sich im Wesentlichen nicht ändert, und dadurch bleibt die Zugkraft T entlang der Saite für alle x und für alle t gleich. Die Gesamtkraft auf das Segment AB ist dann $\boldsymbol{F}^{\text{ges}} = \boldsymbol{F}_1 + \boldsymbol{F}_2$; darin sind $\boldsymbol{F}_1$ und $\boldsymbol{F}_2$ die Zugkräfte, die durch die benachbarten Segmente der Saite ausgeübt werden (Abbildung 16.2). Wenn φ den Winkel zwischen der Saite und der x-Achse bezeichnet, dann ist die x-Komponente dieser Gesamtkraft

$$F_x^{\text{ges}} = T\cos(\varphi + \mathrm{d}\varphi) - T\cos\varphi\,;$$

da aber φ und $\varphi + \mathrm{d}\varphi$ beide klein sind, liegen beide Kosinuswerte sehr dicht bei 1, und F_x^{ges} ist vernachlässigbar, was unsere Annahme bestätigt, dass es nur eine Bewegung in y-Richtung gibt. Die y-Komponente der Kraft ist aber sicherlich nicht vernachlässigbar:

$$F_y^{\text{ges}} = T\sin(\varphi + \mathrm{d}\varphi) - T\sin\varphi = T\cos\varphi\,\mathrm{d}\varphi\,. \tag{16.1}$$

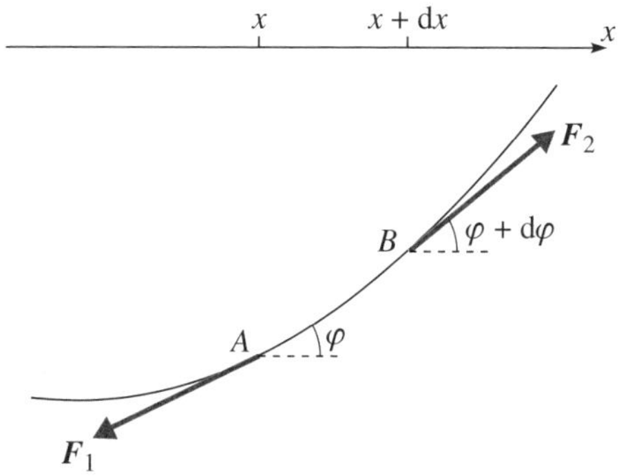

Abbildung 16.2: Die beiden Kräfte auf das kleine Segment AB der Saite sind die Zugkräfte $\boldsymbol{F}_1$ und $\boldsymbol{F}_2$, die durch die benachbarten Segmente der Saite ausgeübt werden.

Da φ klein ist, können wir für $\cos\varphi$ in guter Näherung 1 einsetzen und schreiben $\mathrm{d}\varphi = (\partial\varphi/\partial x)\mathrm{d}x$. [Es handelt sich um eine partielle Ableitung, weil $\varphi = \varphi(x, t)$ sowohl von x als auch von t abhängt.] Da φ klein ist, folgt für die Neigung der Saite $\varphi = \partial u/\partial x$. Damit gilt

$$F_y^{\mathrm{ges}} = T\,\frac{\partial\varphi}{\partial x}\,\mathrm{d}x = T\,\frac{\partial^2 u}{\partial x^2}\,\mathrm{d}x\,. \tag{16.2}$$

Nach dem zweiten Newton'schen Gesetz gilt $F_y^{\mathrm{ges}} = ma_y$ mit der Beschleunigung $a_y = \partial^2 u/\partial t^2$; die Masse m des Segments AB ist gleich $\mu\mathrm{d}x$, wenn wir mit μ die lineare Massendichte der Saite bezeichnen. Daher gilt

$$F_y^{\mathrm{ges}} = \mu\,\frac{\partial^2 u}{\partial t^2}\,\mathrm{d}x\,. \tag{16.3}$$

Wenn wir die rechten Seiten der beiden Ergebnisse (16.2) und (16.3) gleichsetzen, gelangen wir zur Bewegungsgleichung der gespannten Saite:

$$\frac{\partial^2 u}{\partial t^2} = c^2\,\frac{\partial^2 u}{\partial x^2}\,. \tag{16.4}$$

Hier habe ich die wichtige Konstante

$$c = \sqrt{\frac{T}{\mu}} \tag{16.5}$$

eingeführt; T ist die Zugkraft in unserer Saite, μ ist deren lineare Massendichte (Masse/Länge).

Die Bewegungsgleichung (16.4) wird als **eindimensionale Wellengleichung** bezeichnet, weil – wie wir bald sehen werden – ihre Lösungen Wellen sind, die sich entlang der Saite ausbreiten. Wie erwartet, handelt es sich um eine partielle Differenzialgleichung mit Ableitungen nach x und nach t. Die Konstante c hat die Dimension einer Geschwindigkeit (Sie sollten das nachprüfen) und gibt die **Ausbreitungsgeschwindigkeit** der Wellen an. Die Wellengleichung (16.4) bestimmt die Bewegung vieler unterschiedlicher Wellen – Wellen auf einer Saite, Schallwellen,

Lichtwellen, seismische Wellen und vieles mehr. Ich widme ihr daher einen eigenen Abschnitt.

16.2 Die Wellengleichung

Wir werden nun zeigen, dass es genau drei Arten von Lösungen der Wellengleichung (16.4) gibt: **(1)** eine Störung $u(x,t)$, die sich unverändert von links nach rechts entlang der Saite ausbreitet; **(2)** eine Störung $u(x,t)$, die sich unverändert von rechts nach links entlang der Saite ausbreitet; und **(3)** eine beliebige Kombination von (1) und (2). Diese Behauptung lässt sich erstaunlich einfach beweisen, der Beweis beruht aber auf einem Trick, auf den man nicht auf Anhieb kommt: Wir substituieren die Variablen x und t durch

$$\xi = x - ct \qquad \text{und} \qquad \eta = x + ct\,. \tag{16.6}$$

Es ist eine leichte Übung (Aufgabe 4) zu zeigen, dass dann

$$\frac{\partial^2 u}{\partial t^2} - c^2 \frac{\partial^2 u}{\partial x^2} = -4c^2 \frac{\partial}{\partial \xi}\frac{\partial u}{\partial \eta} \tag{16.7}$$

gilt. Ausgedrückt durch die neuen Variablen, nimmt die Wellengleichung (16.4) die folgende einfache Form an:

$$\frac{\partial}{\partial \xi}\frac{\partial u}{\partial \eta} = 0\,. \tag{16.8}$$

Um diese Gleichung zu lösen, schreiben wir vorübergehend $\partial u/\partial\eta = h$; damit wird (16.8) zu $\partial h/\partial\xi = 0$. Das ist einfach die Aussage, dass h nicht von ξ abhängt, h kann aber natürlich von η abhängen. Wir können also $h = h(\eta)$ schreiben und haben nun

$$\frac{\partial u}{\partial \eta} = h(\eta)\,.$$

Für jeden beliebigen Wert von ξ können wir diese Gleichung integrieren und erhalten $u = \int h(\eta)\mathrm{d}\eta +$ „const.“; die Konstante kann aber für verschiedene Werte von ξ unterschiedliche Werte annehmen. Wenn wir sie mit $f(\xi)$ bezeichnen und das Integral als $\int h(\eta)\mathrm{d}\eta = g(\eta)$ ansetzen, dann haben wir bewiesen, dass jede Lösung von (16.8) die Form

$$u = f(\xi) + g(\eta) \tag{16.9}$$

haben muss. Wenn Sie das in die linke Seite von (16.8) einsetzen, erkennen Sie, dass jede Funktion dieser Form eine Lösung von (16.8) ist, egal wie man die beiden Funktionen $f(\xi)$ und $g(\eta)$ wählt. Also ist (16.9) die allgemeine Lösung von (16.8).

Kehren wir zu den ursprünglichen Variablen x und t zurück, dann haben wir gezeigt, dass die allgemeine Lösung der Wellengleichung (16.4) die Form

$$u(x,t) = f(x - ct) + g(x + ct) \tag{16.10}$$

mit zwei beliebigen Funktionen f und g hat. Um zu erkennen, was diese Lösungen bedeuten, betrachten wir zunächst den Fall $g = 0$; unsere Lösung ist dann einfach

$$u(x,t) = f(x - ct)\,. \tag{16.11}$$

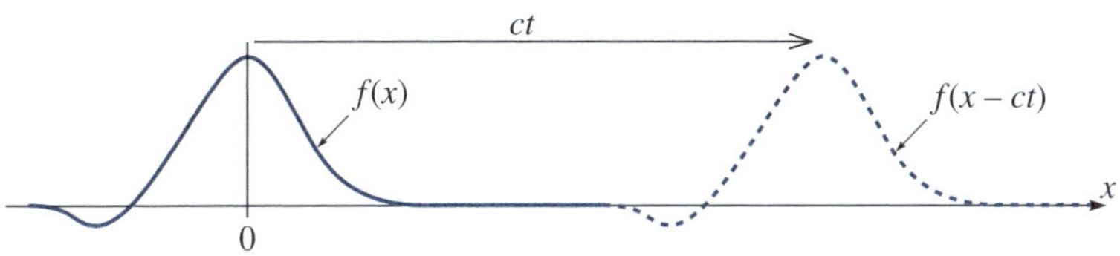

Abbildung 16.3: Bewegung der Welle (16.11). Zur Zeit $t = 0$ ist die Störung durch $u = f(x)$ gegeben. Zu einem späteren Zeitpunkt t ist sie durch $u = f(x - ct)$ gegeben, hat also dieselbe Form, ist aber als Ganzes um eine Strecke ct nach rechts verschoben.

Was besagt diese Lösung? Beachten Sie zunächst, dass zum Zeitpunkt $t = 0$ die Lösung $u(x, 0) = f(x)$ ist, d. h., die Funktion $f(x)$ ist einfach nur die Störung zur Zeit $t = 0$. Abbildung 16.3 zeigt eine mögliche derartige Funktion. Die durchgezogene Kurve mit einem hohen Maximum bei $x = 0$ und einer kleinen Delle links davon zeigt die Funktion $f(x)$, also die Form der Störung zur Zeit $t = 0$. Zu einem späteren Zeitpunkt t ist die Störung gegeben durch $f(x - ct)$. Da $f(x)$ das Maximum bei $x = 0$ annimmt, muss $f(x-ct)$ das Maximum an der Stelle annehmen, an der $x-ct = 0$ gilt. Das Maximum, das sich anfangs bei $x = 0$ befand, ist nun also bei $x = ct$. Da diese Argumentation für jeden Punkt der Kurve gilt (beispielsweise für die Delle auf der linken Seite), sehen wir, dass sich die Störung als Ganzes um eine Strecke ct nach rechts verschoben hat – mit anderen Worten: Die Störung hat sich als Ganzes mit der Geschwindigkeit c nach rechts bewegt.

Eine analoge Überlegung führt zu dem Ergebnis, dass eine Lösung der Form $u(x, t) = g(x + ct)$ eine Störung beschreibt, die sich als Ganzes mit der Geschwindigkeit c nach *links* bewegt; und die allgemeine Lösung (16.10) ist eine Überlagerung zweier Störungen, von denen die eine nach rechts und die andere nach links läuft. Die Funktionen f und g, die in der allgemeinen Lösung (16.10) auftauchen, sind durch die Anfangsbedingungen des speziellen Problems bestimmt. Wie Sie wohl schon vermutet haben, braucht man – wie das nachfolgende Beispiel zeigt – zur Angabe einer speziellen Lösung den Ort u und die Anfangsgeschwindigkeit $\dot{u} = \partial u/\partial t$ zu einer Anfangszeit.

Beispiel 16.1 **Die Ausbreitung einer Dreieckswelle**

Ein kurzes Segment einer langen gespannten Saite wird ausgelenkt und dann zur Zeit $t = 0$ aus dem Ruhezustand wieder losgelassen; die anfängliche Auslenkung ist also

$$u(x, 0) = u_0(x) \tag{16.12}$$

mit der in Abbildung 16.4a dargestellten Dreiecksfunktion $u_0(x)$. Bestimmen Sie die Störung $u(x, t)$ zu einem späteren Zeitpunkt t.

Lösung ■ Die Lösung muss die Form (16.10) haben, die beiden Funktionen f und g sind durch die Anfangsbedingungen bestimmt. Aus der vorgegebenen Anfangsauslenkung (16.12) folgt

$$f(x) + g(x) = u_0(x)\,. \tag{16.13}$$

Das reicht aber noch nicht aus, um f und g separat zu bestimmen; wir müssen auch die Anfangsgeschwindigkeit berücksichtigen. Wenn wir (16.10) nach t ableiten,

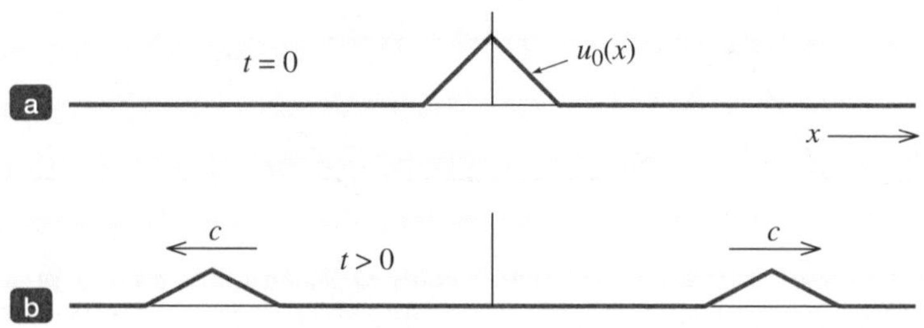

Abbildung 16.4: (a) Die Anfangsauslenkung einer Saite zur Zeit $t = 0$ ist durch die Dreiecksfunktion $u_0(x)$ gegeben. (b) Zu einem späteren Zeitpunkt besteht die Welle aus zwei Dreiecken, jedes halb so hoch wie das ursprüngliche; eines davon bewegt sich nach rechts, das andere nach links.

erkennen wir für die Anfangsgeschwindigkeit der Saite (in y-Richtung)

$$\left[\frac{\partial u}{\partial t}\right]_{t=0} = -cf'(x) + cg'(x)\,;$$

die Striche bezeichnen dabei die Ableitung einer Funktion nach ihrem Argument. In unserem Fall wird die Saite aus dem Ruhezustand losgelassen, es gilt also $f'(x) - g'(x) = 0$. Durch Integration über x erhalten wir[1]

$$f(x) - g(x) = 0\,. \tag{16.14}$$

Aus (16.13) und (16.14) folgt

$$f(x) = g(x) = \tfrac{1}{2}u_0(x)\,,$$

und die Störung (16.10) zu einem beliebigen Zeitpunkt t ist

$$u(x,t) = f(x-ct) + g(x+ct) = \tfrac{1}{2}u_0(x-ct) + \tfrac{1}{2}u_0(x+ct)\,. \tag{16.15}$$

Unser ursprüngliches Dreieick hat sich also in zwei Dreiecke mit jeweils der halben Höhe geteilt, die sich – wie in Abbildung 16.4b gezeigt – mit der Geschwindigkeit c in entgegengesetzte Richtungen bewegen.

Es ist interessant, die Lösung auch für Zeitpunkte $t < 0$ zu verfolgen. Zu diesen Zeiten besteht sie aus zwei Dreiecken, die aus entgegengesetzten Richtungen auf den Ursprung zulaufen. Wenn t nahe bei 0 ist, begegnen sich die beiden Dreiecke und überlagern sich. Bei $t = 0$ überlappen sie exakt und interferieren; dabei entsteht ein Dreieck mit der doppelten Höhe. Wenn t dann über 0 hinaus zunimmt, trennen sie sich wieder und bewegen sich – wie in Abbildung 16.4b gezeigt – auseinander. ■

Ein wichtiger Spezialfall der Lösung (16.10) liegt dann vor, wenn die Funktionen f und g sinusförmig sind. Für $g = 0$ nehmen die Störungen dann die Form

$$u(x,t) = A\sin[k(x-ct)] = A\sin(kx - \omega t) \tag{16.16}$$

1 Strenggenommen sollte in (16.14) auch noch eine Integrationskonstante auftauchen, doch wie Sie leicht nachprüfen können, fällt sie bei $u = f + g$ wieder heraus, sodass wir sie auch gleich null setzen können.

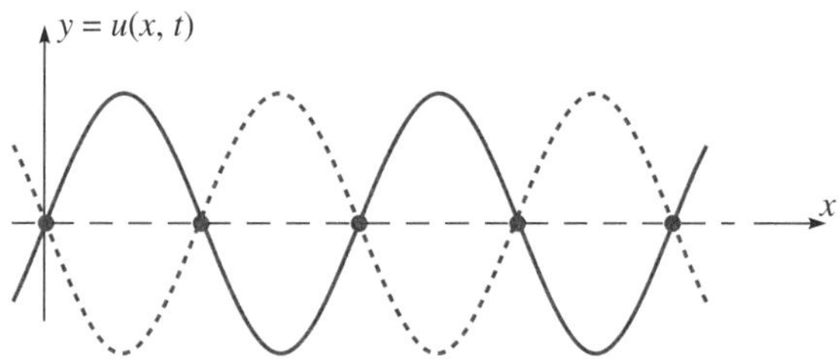

Abbildung 16.5: Die stehende Welle (16.18) zu drei aufeinander folgenden Zeitpunkten, nämlich $t = 0$ (durchgezogene Kurve), $t = \tau/4$ (langgestrichelte Kurve) und $t = \tau/2$ (kurzgestrichelte Kurve); dabei ist τ die Periode. Die mit • gekennzeichneten Punkte auf der x-Achse sind die Knoten; für sie gilt $kx = n\pi$, und in den Knoten bewegt sich die Saite gar nicht. In der Mitte zwischen zwei benachbarten Knoten liegt ein Schwingungsbauch, an dem die Saite sich mit der maximalen Amplitude $2A$ auf- und abbewegt.

an; dabei sind A und k beliebige Konstanten, und es gilt $\omega = kc$. Gleichung (16.16) beschreibt eine sinusförmige, nach rechts laufende Welle mit der Amplitude A, der Wellenzahl k (bzw. mit der Wellenlänge $\lambda = 2\pi/k$) und der Kreisfrequenz ω (bzw. mit der Periode $\tau = 2\pi/\omega$). Wenn wir $x - ct$ durch $x + ct$ ersetzen, erhalten wir eine ähnliche sinusförmige Welle

$$u(x, t) = A \sin[k(x + ct)] = A \sin(kx + \omega t)\,, \tag{16.17}$$

die nach links läuft. Die Summe dieser beiden Lösungen ist ebenfalls eine Lösung, nämlich

$$u(x, t) = A \sin(kx - \omega t) + A \sin(kx + \omega t) = 2A \sin(kx) \cos(\omega t)\,. \tag{16.18}$$

(Sie sollten das mithilfe der entsprechenden trigonometrischen Identitäten nachrechnen.) Diese Welle hat die bemerkenswerte Eigenschaft, dass sie sich gar nicht ausbreitet (also weder nach rechts noch nach links läuft). Stattdessen schwingt sie einfach nur auf und ab wie $\cos(\omega t)$, und ihre Amplitude ist am Punkt x gleich $2A \sin(kx)$. An denjenigen speziellen Punkten, an denen kx ein ganzzahliges Vielfaches von π ist ($kx = n\pi$), bewegt sich die Saite gar nicht (Abbildung 16.5). Diese ruhenden Punkte werden als **Knoten** bezeichnet, in der Mitte zwischen zwei benachbarten Knoten liegt ein sogenannter **Schwingungsbauch** mit der maximalen Amplitude $2A$. Offenbar entsteht also durch die Überlagerung von zwei präzise aufeinander abgestimmten Wellen eine **stehende Welle**. Wie wir im nächsten Abschnitt sehen werden, spielen stehende Wellen eine wichtige Rolle bei den Schwingungen einer Saite mit endlicher Länge; sie haben also in der Kontinuumsmechanik dieselbe Funktion wie die Normalmoden für ein System gekoppelter Oszillatoren.

16.3 Randbedingungen; Wellen auf einer endlich langen Saite*

**Wie üblich, können die mit einem Stern gekennzeichneten Abschnitte beim ersten Lesen ohne Weiteres übersprungen werden.*

Bislang haben wir stillschweigend angenommen, dass die Saite unendlich lang oder doch wenigstens so lang ist, dass wir den Einfluss ihrer Enden vernachlässigen können. Reale Saiten dagegen haben natürlich eine endliche Länge und weisen somit zwei Enden auf. Die Bewegung der Saite gehorcht derselben Wellengleichung (16.4) wie zuvor, doch wegen der Enden müssen die Lösungen zusätzliche **Randbedingungen** erfüllen. Diese Randbedingungen hängen von der Art der Enden ab: Beispielsweise kann die Saite jeweils an einem Ende fest sein, oder sie kann sich dort frei bewegen; die Randbedingungen für diese beiden Fälle unterscheiden sich stark voneinander. Im Folgenden betrachten wir nur eine Art von Randbedingungen und ein Verfahren, wie man sie bei der Lösung berücksichtigt. Konkret betrachten wir eine Saite, die an beiden Enden fest ist (bei $x = 0$ und $x = L$). Zur Lösung gehen wir ganz ähnlich vor wie bei unserer Diskussion der Normalmoden in Kapitel 11.

Normalmoden

Wir haben folgendes Problem zu lösen: Für $0 < x < L$ muss die Auslenkung $u(x,t)$ unserer Saite der Wellengleichung (16.4)

$$\frac{\partial^2 u}{\partial t^2} = c^2 \frac{\partial^2 u}{\partial x^2} \tag{16.19}$$

genügen und dabei Anfangsbedingungen erfüllen, die die Position u und die Geschwindigkeit $\dot{u}$ zum Zeitpunkt $t = 0$ festlegen; außerdem sind für $x = 0$ und $x = L$ die Randbedingungen

$$u(0,t) = u(L,t) = 0 \tag{16.20}$$

für alle t zu erfüllen. Es gibt mehrere Möglichkeiten, dieses Problem zu lösen; wir werden hier dem Ansatz aus Kapitel 11 folgen. Wir suchen also Lösungen, die sich sinusförmig mit der Zeit verändern und die Gestalt

$$u(x,t) = X(x)\cos(\omega t - \delta) \tag{16.21}$$

haben; dazu müssen wir die Funktion $X(x)$ sowie die Konstanten ω und δ bestimmen. Wie gehabt kann uns nichts davon abhalten, Lösungen mit dieser Form zu suchen, und wie zuvor werden wir sehen, dass es solche Lösungen gibt und dass man mit ihrer Hilfe *jede beliebige* Lösung konstruieren kann.

Setzen wir die angenommene Form (16.21) in die Wellengleichung (16.19) ein, erhalten wir

$$-\omega^2 X(x)\cos(\omega t - \delta) = c^2 \frac{\mathrm{d}^2 X(x)}{\mathrm{d}x^2} \cos(\omega t - \delta)$$

bzw.

$$\frac{\mathrm{d}^2 X(x)}{\mathrm{d}x^2} = -k^2 X(x) \tag{16.22}$$

mit

$$k = \frac{\omega}{c}\,. \tag{16.23}$$

Wir erkennen, dass die Annahme einer sinusförmigen Zeitabhängigkeit (16.21) die partielle Differenzialgleichung (16.19) auf die gewöhnliche Differenzialgleichung[2] (16.22) reduziert hat – auf eine Gleichung zudem, deren Lösungen wir leicht angeben können.

Die allgemeine Lösung von (16.22) ist einfach

$$X(x) = a\cos(kx) + b\sin(kx) \tag{16.24}$$

und liefert eine Lösung der Wellengleichung (16.19) für eine beliebige Wahl der Konstanten a und b. Wir müssen aber noch die Randbedingungen (16.20) erfüllen, nach denen zu gelten hat

$$X(0) = X(L) = 0\,. \tag{16.25}$$

Die Randbedingung $X(0) = 0$ besagt einfach, dass der Koeffizient a in (16.24) null sein muss; demnach ist $X(x) = b\sin(kx)$. Andererseits fordert die Bedingung $X(L) = 0$, dass entweder $b = 0$ oder $\sin(kL) = 0$ gelten muss. Im ersten Fall ist die Lösung identisch null, und die Saite bewegt sich überhaupt nicht – das ist zwar auch eine Lösung, aber eine triviale. Für $\sin(kL) = 0$ muss kL ein ganzzahliges Vielfaches von π sein, und wir erhalten (wenn wir $b = A$ setzen) die nichttriviale Lösung

$$u(x,t) = \sin(kx)A\cos(\omega t - \delta)\,, \tag{16.26}$$

wobei die Randbedingungen erzwingen, dass k einen der Werte

$$k_n = n\frac{\pi}{L} \qquad [n = 1, 2, 3, \cdots] \tag{16.27}$$

annimmt. Wegen (16.23) gilt $\omega = ck$, und die zugehörigen Frequenzen sind

$$\omega_n = n\frac{\pi c}{L} \qquad [n = 1, 2, 3, \cdots]. \tag{16.28}$$

Wir sehen, dass es tatsächlich Lösungen gibt, bei denen die Saite sinusförmig mit einer einzigen Frequenz ω schwingt, wenn ω einen der in (16.28) angegebenen Werte hat. Dieses Ergebnis erinnert an Kapitel 11, in dem wir herausgefunden haben, dass ein System aus n gekoppelten Oszillatoren in verschiedenen sinusförmigen *Normalmoden* mit den Frequenzen $\omega_1, \ldots, \omega_n$ schwingen kann. Der Hauptunterschied besteht darin, dass die Systeme in Kapitel 11 eine endliche Anzahl von Freiheitsgraden und eine gleiche Anzahl von Normalfrequenzen hatten. Unsere Saite hier hat aber eine unendliche Anzahl von Freiheitsgraden und eine unendliche Anzahl von Normalfrequenzen gemäß (16.28). Abbildung 16.6 zeigt die ersten drei Normalmoden unserer Saite mit den niedrigsten Frequenzen – die **Grundschwingung** und die ersten beiden **Oberschwingungen**. Wenn Sie diese Bilder mit Abbildung 16.5 vergleichen, werden Sie erkennen, dass jede der Normalmoden unserer endlichen Saite einfach nur ein Abschnitt einer stehenden Welle auf einer unendlich langen Saite ist. Weil unsere endlich lange Saite an beiden Enden eingespannt ist, müssen die Punkte bei $x = 0$ und $x = L$ Knoten sein, und dazu muss die Saitenlänge L das ganzzahlige Vielfache einer halbe Wellenlänge sein, also $L = n\lambda/2$. Wegen $\lambda = 2\pi/k$ erklärt dies die Bedingung (16.27), nach der $k = n\pi/L$ gilt.

2 Unser hier verwendetes Lösungsverfahren hängt eng mit dem Verfahren der *Variablenseparation* zusammen, vgl. Aufgabe 9.

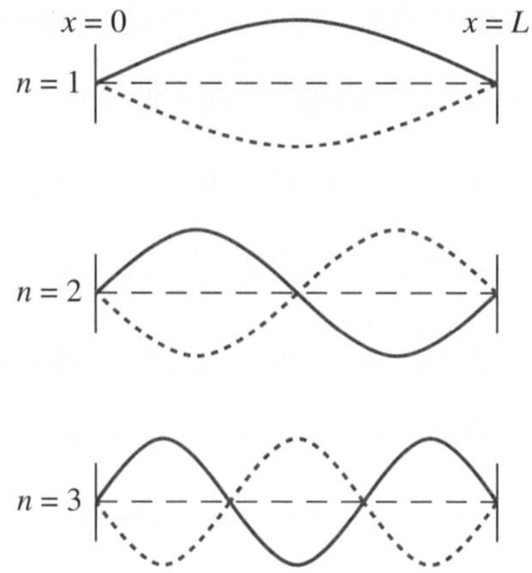

Abbildung 16.6: Die ersten drei Normalmoden mit den niedrigsten Frequenzen für eine an beiden Enden eingespannte Saite der Länge L. In jedem der drei Teilbilder zeigen die durchgezogene, die langgestrichelte und die kurzgestrichelte Kurve die Saite zu drei aufeinanderfolgenden Zeitpunkten, die jeweils durch einen Viertelzyklus voneinander getrennt sind. Die Mode mit $n = 1$ wird als Grundschwingung bezeichnet.

Die erlaubten Frequenzen (16.28) unserer Saite sind alle ganzzahlige Vielfache der niedrigsten Frequenz, es gilt also $\omega_n = n\omega_1$. Mit solchen Frequenzen tönen unter anderem die Saiteninstrumente, etwa ein Klavier, eine Gitarre oder eine Violine. Die entsprechenden Schwingungsmoden, einschließlich der Grundschwingung, heißen die **Harmonischen** der Saite, weil sie gut „harmonieren" (d. h. dem Ohr angenehm klingen), wenn sie zusammen gespielt werden.

Die allgemeine Lösung

Die Normalmoden (16.26) legen *alle* möglichen Bewegungen der endlich langen Saite fest, in dem Sinne, dass sich jede mögliche Bewegung aus den Normalmoden-Lösungen konstruieren lässt. Um das zu erkennen, müssen wir einige Eigenschaften von Fourier-Reihen heranziehen, wie sie in Abschnitt 5.7 beschrieben wurden. Zunächst machen wir uns klar, dass jede Bewegung der Saite durch eine Funktion $u(x, t)$ beschrieben wird, die die Wellengleichung (16.19) und die Randbedingungen (16.20) erfüllt. Die Randbedingungen sind durch die Anfangslage $u(x, 0) = u_0(x)$ und die Anfangsgeschwindigkeit $\dot{u}(x, 0) = \dot{u}_0(x)$ bestimmt. Um eine beliebige Lösung mithilfe der Normalmoden auszudrücken, müssen wir die Normalmoden-Lösung (16.26) in der Form „Sinus plus Kosinus" angeben:

$$u(x, t) = \sin k_n x(B_n \cos \omega_n t + C_n \sin \omega_n t) . \tag{16.29}$$

Unsere Behauptung ist nun, dass sich jede mögliche Bewegung der Saite als eine Linearkombination dieser Normalmoden-Lösungen schreiben lässt:

$$u(x, t) = \sum_{n=1}^{\infty} \sin k_n x(B_n \cos \omega_n t + C_n \sin \omega_n t) . \tag{16.30}$$

Zum Beweis beachten wir, dass diese Linearkombination sicherlich der Wellengleichung genügt und dass sie auch die Randbedingung erfüllt, dass u bei $x = 0$ und

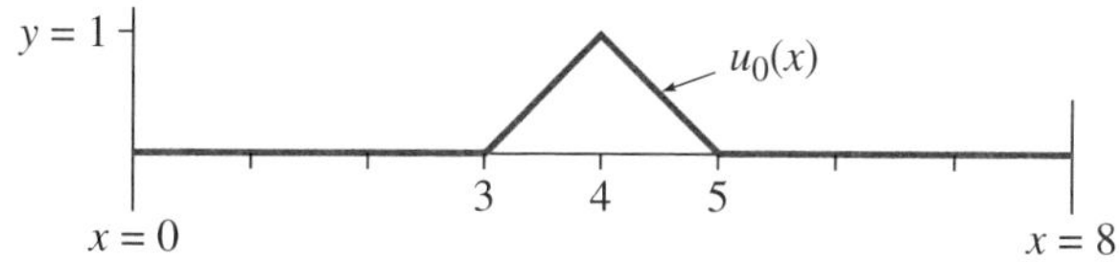

Abbildung 16.7: Eine Saite wird in der dargestellten dreieckigen Form ausgelenkt und bei $t = 0$ losgelassen.

$x = L$ verschwindet. Zur Zeit $t = 0$ ist die angenommene Lösung einfach

$$u(x, 0) = \sum_{n=1}^{\infty} B_n \sin k_n x \,. \tag{16.31}$$

Das ist eine Fourier-Sinusreihe, und die Koeffizienten B_n können so gewählt werden, dass $u(x, 0)$ jeden vorgegebenen Wert $u_0(x)$ annimmt.[3] Entsprechend ist die Geschwindigkeit der angenommenen Lösung (16.30) zum Zeitpunkt $t = 0$

$$\dot{u}(x, 0) = \sum_{n=1}^{\infty} \omega_n C_n \sin k_n x \,; \tag{16.32}$$

wir können die Koeffizienten C_n so wählen, dass dieser Ausdruck jeden vorgegebenen Wert der Anfangsgeschwindigkeit $\dot{u}_0(x)$ annimmt. Offenbar genügt die angenommene Lösung der Bewegungsgleichung und erfüllt die Randbedingungen, und durch eine geeignete Wahl der Koeffizienten B_n und C_n kann sie jede vorgegebene Randbedingung erfüllen. Daher kann man jede mögliche Bewegung der Saite gemäß (16.30) in den Normalmoden entwickeln.

Da alle in (16.30) auftretenden Frequenzen ganzzahlige Vielfache der niedrigsten Frequenz sind ($\omega_n = n\omega_1$), ist jeder Term in (16.30) periodisch mit der Periode $\tau = 2\pi/\omega_1$. Daher ist auch jede mögliche Bewegung unserer endlich langen Saite mit dieser Periode periodisch. [Natürlich kann die Bewegung auch eine kürzere Periode haben, wenn gewisse Koeffizienten in (16.30) null sind, doch *jede* Lösung hat die Periode der Grundschwingung.]

Beispiel 16.2 **Eine Dreieckswelle auf einer endlich langen Saite**

Eine Saite der Länge $L = 8$ ist an beiden Enden fest. Sie erhält eine kleine dreieckige Auslenkung (Abbildung 16.7) und wird bei $t = 0$ losgelassen. Bestimmen Sie die Fourier-Koeffizienten B_n und C_n in der Entwicklung (16.30), nähern Sie die unendliche Reihe mit einer vernünftigen endlichen Anzahl von Termen und plotten Sie die Auslenkung der Saite zu fünf gleichmäßig verteilten Zeitpunkten zwischen $t = 0$ und $t = \tau/2$ (dabei ist τ die Periode der Bewegung).

3 Es gibt allerdings eine kleine Komplikation, die ich hier aber ignoriere. Die Reihe (16.31) ist nicht die übliche Fourier-Reihe, denn in ihr kommen keine Kosinusterme vor. Dafür enthält sie wegen $k_n = n\pi/L$ doppelt so viele Sinusterme wie die übliche Fourier-Reihe (üblich ist sonst $k_n = 2n\pi/L$). Es lässt sich zeigen, dass man jede (vernünftige) Funktion im Intervall $0 \leq x \leq L$ in diese Reihe entwickeln kann (vgl. Aufgabe 13).

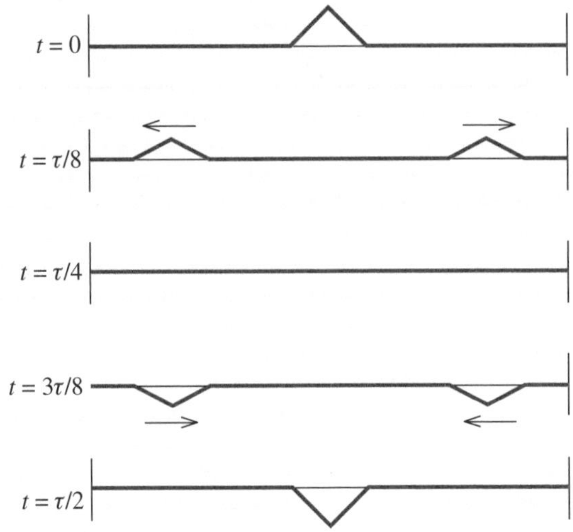

Abbildung 16.8: Fünf aufeinanderfolgende Momentaufnahmen einer Saite, die aus der in Abbildung 16.7 gezeigten Anfangsposition losgelassen wurde; die Darstellungen wurden jeweils mit den ersten zwanzig von null verschiedenen Termen der Fourier-Reihe (16.30) berechnet. Das erste Teilbild zeigt die anfängliche Situation (genähert durch 20 Terme der Fourier-Reihe). Die vier weiteren Teilbilder zeigen die Situation in Zeitabständen von $\tau/8$ (τ ist die Periode der Grundschwingung).

Lösung Da die Saite anfangs in Ruhe ist, sind alle Koeffizienten C_n null. Die Koeffizienten B_n sind gegeben durch das Integral

$$B_n = \frac{2}{L}\int_0^L u_0(x)\sin\frac{n\pi x}{L}\,\mathrm{d}x\,. \tag{16.33}$$

[Das ist beinahe, aber nicht genau die Standardgleichung (5.84); Details finden Sie in Aufgabe 13.] Man sieht leicht, dass dieser Ausdruck für gerades n null wird. Bei ungeradem n können wir $n = 2m + 1$ schreiben und erhalten (Sie können das in Aufgabe 10 nachrechnen)

$$B_{2m+1} = (-1)^m \frac{32}{(2m+1)^2\pi^2}\left(1 - \cos\frac{(2m+1)\pi}{8}\right). \tag{16.34}$$

Wenn wir diese Koeffizienten in die Entwicklung (16.30) einsetzen und mit einer vernünftigen endlichen Anzahl von Termen arbeiten, können wir eine gute Näherung für die Auslenkung $u(x, t)$ für alle Zeiten t erhalten. Bei Verwendung der ersten etwa fünf Terme ist die Näherung nur mäßig, doch da es (für einen Computer) kaum ein Problem ist, auch mit mehr Termen zu arbeiten, habe ich für die Rechnung die ersten zwanzig Terme eingesetzt. Die Ergebnisse sind in Abbildung 16.8 zu sehen.

Jeder der fünf Plots verdient eine sorgfältige Betrachtung. Der erste zeigt die anfängliche Auslenkung aus Abbildung 16.7, genähert durch die ersten 20 Terme der Fourier-Reihe. Die Näherung ist sehr gut, allerdings wird die scharfe Spitze am Gipfel nicht genau reproduziert. (Das kann man nur in starker Vergrößerung sehen; offenbar lässt sich durch eine endliche Summe von Sinus- und Kosinusausdrücken keine abrupte Änderung der Steigung reproduzieren.) Im zweiten Teilbild hat sich das anfängliche Dreieck in zwei separate Dreiecke getrennt, die sich in entgegengesetzte Richtungen bewegen. Das ist genau dasselbe Verhalten, das wir in Beispiel 16.1 (Abbildung 16.4) gesehen haben. Da beide Wellen die Ränder bei $x = 0$ bzw. $x = L$ noch nicht erreicht haben, wird die Bewegung bis zu diesem Zeitpunkt durch die Anwesenheit der Ränder nicht beeinflusst. Das dritte Teilbild überspringen wir fürs Erste. Das vierte Teilbild zeigt, dass jedes der Dreiecke von den Wänden reflektiert wurde und sich nun wieder zurück zur Mitte bewegt, allerdings sind sie nun invertiert. Im dritten Bild sind sowohl die ursprünglichen als auch die reflektierten Wellen vorhanden und interferieren destruktiv, sodass es insgesamt keine Auslenkung gibt. Im letzten Bild haben sich schließlich die beiden reflektierten Wellen momentan wieder zu einem einzigen invertierten Dreieck vereinigt. Wenn wir die Bewegung noch weiter verfolgen würden, könnten wir sehen, dass die beiden reflektierten Wellenzüge weiterlaufen, bis sie auf die gegenüberliegende Wand treffen und erneut reflektiert werden (vgl. Aufgabe 11). ■

16.4 Die dreidimensionale Wellengleichung

Wir leben in einer dreidimensionalen Welt, und die Wellengleichung (16.4)

$$\frac{\partial^2 u}{\partial t^2} = c^2 \frac{\partial^2 u}{\partial x^2} \tag{16.35}$$

muss auf drei Dimensionen erweitert werden. Wie diese Verallgemeinerung vonstattengeht, ist aber nicht schwer zu erraten: Wenn $p(x, y, z, t) = p(\mathbf{r}, t)$ eine gewisse Art der Auslenkung in einem dreidimensionalen System bezeichnet (beispielsweise den Druck in einer Schallwelle, die sich durch die Luft fortpflanzt), dann können wir guten Gewissens annehmen, dass die Verallgemeinerung von (16.35) die Form

$$\frac{\partial^2 p}{\partial t^2} = c^2 \left(\frac{\partial^2 p}{\partial x^2} + \frac{\partial^2 p}{\partial y^2} + \frac{\partial^2 p}{\partial z^2} \right) \tag{16.36}$$

haben sollte. Wir werden im Laufe dieses Kapitels einigen Beispielen für Störungen begegnen, die tatsächlich diese *dreidimensionale Wellengleichung* erfüllen. So werde ich in Abschnitt 16.13 beweisen, dass der Druck[4] in einem idealen (reibungsfreien) Fluid, etwa in Luft, ein Beispiel dafür ist, dass die Ausbreitungsgeschwindigkeit c der Welle durch

$$c = \sqrt{\frac{K}{\varrho_0}} \tag{16.37}$$

gegeben ist, wenn man mit K den **Kompressionsmodul** des Fluids und mit ϱ_0 seine Gleichgewichtsdichte bezeichnet. (Ich werde den Kompressionsmodul in Kürze definieren; betrachten Sie ihn fürs Erste als einen Parameter, der den Widerstand des Fluids gegen eine Kompression angibt.)

Es ist üblich, die Notation der Wellengleichung (16.36) etwas zu komprimieren: Wenn wir wie üblich den Nablaoperator $\boldsymbol{\nabla}$ als den „Vektor" mit den Komponenten

$$\boldsymbol{\nabla} = \left(\frac{\partial}{\partial x}, \frac{\partial}{\partial y}, \frac{\partial}{\partial z} \right)$$

4 Streng genommen ist der Druck p in diesem Abschnitt stets der *inkrementelle* Druck, d. h. die Differenz zwischen dem Gesamtdruck und dem Gleichgewichtsdruck der Atmosphäre.

ansehen, dann ist das Skalarprodukt von ∇ mit sich selbst offenbar

$$\nabla^2 = \nabla \cdot \nabla = \left(\frac{\partial}{\partial x}\right)^2 + \left(\frac{\partial}{\partial y}\right)^2 + \left(\frac{\partial}{\partial z}\right)^2 . \tag{16.38}$$

Sie sind diesem Differenzialoperator vielleicht schon begegnet, etwa in Ihren Kursen zur Elektrodynamik. Er spielt eine wichtige Rolle in vielen Bereichen – Elektromagnetismus, Quantenmechanik, Fluidmechanik, Elastizitätslehre, Thermodynamik u. v. m. Wegen seiner wichtigen Rolle in der Laplace-Gleichung der Elektrostatik wird er als **Laplace-Operator** bezeichnet. Mit dieser Notation können wir die **dreidimensionale Wellengleichung** folgendermaßen schreiben:

$$\frac{\partial^2 p}{\partial t^2} = c^2 \nabla^2 p . \tag{16.39}$$

Ebene Wellen

Die Gleichung (16.39) hat sehr viele Lösungen; die einfachsten sind die sogenannten ebenen Wellen. Das einfachste Beispiel einer ebenen Welle ist eine Lösung von (16.39) [oder von (16.36)], die unabhängig von y und z ist:

$$p(\boldsymbol{r}, t) = p(x, t) .$$

Offensichtlich hat eine Störung dieser Form in allen Punkten der Ebene $x = \text{const.}$ denselben Wert. Wenn wir diese Form in (16.36) einsetzen, fallen die Ableitungen nach y und z heraus, und es bleibt die eindimensionale Wellengleichung

$$\frac{\partial^2 p}{\partial t^2} = c^2 \frac{\partial^2 p}{\partial x^2} ,$$

deren allgemeine Lösung wir bereits zu $p = f(x-ct) + g(x+ct)$ bestimmt haben. Tatsächlich beschreibt jede Lösung $p = f(x - ct)$ eine ebene Störung (d. h., p ist in jeder Ebene senkrecht zur x-Achse konstant, daher der Name „ebene Welle"), die sich mit der Geschwindigkeit c in x-Richtung ausbreitet.

Entsprechend ist eine Lösung der Form $p = f(y-ct)$ oder $f(z-ct)$ eine ebene Welle, die sich in die y- bzw. in die z-Richtung ausbreitet. Allgemeiner: Wenn $\boldsymbol{n}$ einen beliebigen Einheitsvektor bezeichnet, dann erfüllt eine Störung der Form

$$p = f(\boldsymbol{n} \cdot \boldsymbol{r} - ct) \tag{16.40}$$

die Wellengleichung (16.39), ist in jeder Ebene senkrecht zu $\boldsymbol{n}$ konstant und bewegt sich mit der Geschwindigkeit c in die $\boldsymbol{n}$-Richtung (vgl. Aufgabe 15). Wenn die Funktion f eine sinusförmige Funktion ist [etwa $f(\xi) = \cos(k\xi)$], dann ist die Welle (16.40) die sinusförmige ebene Welle

$$p = \cos[k(\boldsymbol{n} \cdot \boldsymbol{r} - ct)] , \tag{16.41}$$

deren Wellenfronten (Scheitel) in Ebenen senkrecht zu $\boldsymbol{n}$ liegen und sich mit der Geschwindigkeit c in die Richtung von $\boldsymbol{n}$ ausbreiten (Abbildung 16.9). Solche Wellen kann man sich in zwei Dimensionen leichter vorstellen – denken Sie etwa an die „ebenen" Wellen auf der Wasseroberfläche eines Teichs.

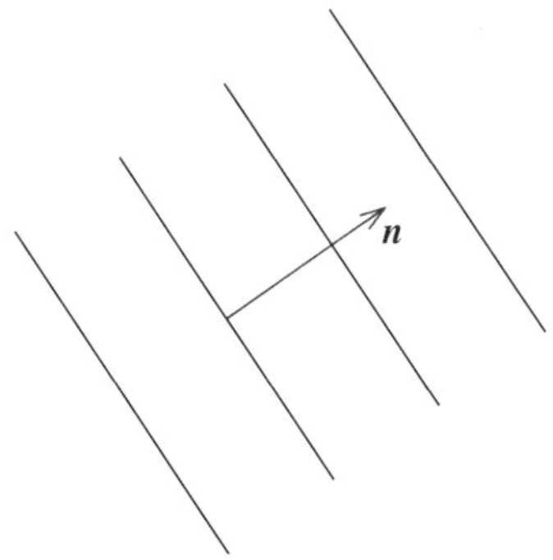

Abbildung 16.9: Die sinusförmige ebene Welle (16.41). Die Wellenscheitel (oder Wellenfronten) sind Ebenen senkrecht zum Einheitsvektor $\boldsymbol{n}$, die sich mit der Geschwindigkeit c in die Richung von $\boldsymbol{n}$ ausbreiten.

Eine ebene Welle ist eine mathematische Idealisierung, die in der Praxis nicht vorkommt, da keine reale Störung über eine unendliche Ebene hinweg konstant sein kann. Dennoch handelt es sich häufig um eine sehr nützliche Näherung. So kann man das Licht der Sonne, das auf die Erde trifft, gut durch eine ebene Welle annähern, und dasselbe gilt für den Schall, der von einer weit entfernten Explosion eintrifft.

Sphärische Wellen

Eine weitere wichtige Lösung der dreidimensionalen Wellengleichung ist eine **sphärische Welle** oder **Kugelwelle**, beispielsweise die Schallwelle, die sich von einem kleinen, omnidirektionalen Lautsprecher aus radial in alle Richtungen ausbreitet. Wenn wir annehmen, dass eine solche sphärische Welle kugelsymmetrisch ist, dann muss sie die Form $p = p(r, t)$ haben. (Mit anderen Worten: in sphärischen Polarkoordinaten ist p unabhängig von θ und φ.) Es lässt sich leicht zeigen, dass für eine Funktion dieser Form

$$\nabla^2 p = \frac{1}{r}\frac{\partial^2}{\partial r^2}(rp) \tag{16.42}$$

gelten muss. [Der naheliegendste Weg zum Beweis dieser Gleichung besteht darin, die linke Seite mithilfe der Definition (16.38) von ∇^2 zu berechnen; am einfachsten ist es jedoch, den Ausdruck für ∇^2 in Polarkoordinaten im hinteren Vorsatzblatt nachzuschlagen, vgl. Aufgabe 16.] Die Wellengleichung wird dann zu

$$\frac{\partial^2 p}{\partial t^2} = c^2 \frac{1}{r}\frac{\partial^2}{\partial r^2}(rp)$$

bzw., wenn man beide Seiten mit r multipliziert,

$$\frac{\partial^2}{\partial t^2}(rp) = c^2\,\frac{\partial^2}{\partial r^2}(rp)\,. \tag{16.43}$$

Wir erkennen, dass die Funktion $rp(r, t)$ für eine sphärische Welle die eindimensionale Wellengleichung bezüglich r und t erfüllt. Daher hat ihre allgemeine Lösung die Form

$$rp(r, t) = f(r - ct) + g(r + ct)\,.$$

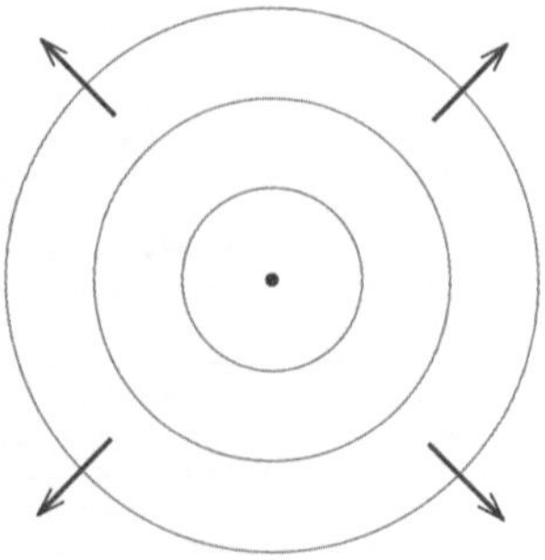

Abbildung 16.10: Eine sphärische Welle. Die Wellenfronten (die Scheitel) bewegen sich vom Ursprung nach außen. Um sich die Situation besser vor Augen zu führen, können Sie das Bild als eine zweidimensionale Welle ansehen, etwa als Wasserwelle, die auf der Oberfläche eines Teichs entsteht, wenn ein Stab im Ursprung periodisch ins Wasser getaucht wird.

Wenn die Funktion g null ist, hat die Störung die Form

$$p(r, t) = \frac{1}{r} f(r - ct)\,. \tag{16.44}$$

Der Faktor $f(r-ct)$ stellt eine Störung dar, die sich als Ganzes nach außen bewegt. Das haben Sie für eine sich radial ausbreitende Welle wahrscheinlich schon vermutet – es bleibt also die Frage „Wozu ist der Faktor $1/r$ da?“ Für die Antwort brauchen wir eine Aussage, die Sie wahrscheinlich schon in den physikalischen Einführungskursen kennengelernt haben. Die **Intensität** einer Welle in drei Dimensionen ist definiert als die durch die Welle transportierte und auf eine Einheitsfläche senkrecht zur Ausbreitungsrichtung bezogene Leistung; die Intensität einer Schallwelle ist proportional zu p^2. (Einen Leitfaden für den Beweis finden Sie in Aufgabe 37.) Der Faktor $1/r$ in (16.44) besagt, dass die Intensität proportional zu $1/r^2$ ist, und genau das ist für die Energieerhaltung auch erforderlich: In einer Entfernung r von der Quelle verteilt sich die Energie der Quelle auf eine Fläche $4\pi r^2$. Daher *muss* die Intensität, wenn die Welle sich nach außen bewegt, wie $1/r^2$ fallen, damit die Gesamtleistung konstant bleibt.

Wenn die Funktion f in (16.44) sinusförmig ist, also etwa $f(\xi) = \cos(k\xi)$, dann beschreibt (16.44) eine sinusförmige Welle, deren Scheitel sich vom Ursprung mit der Geschwindigkeit c radial nach außen bewegen, wie in Abbildung 16.10 gezeigt.

16.5 Volumen- und Flächenkräfte

Unser nächstes Ziel ist es zu erkennen, wie man die Bewegungsgleichung für ein dreidimensionales kontinuierliches System findet. Im Allgemeinen ist das ziemlich kompliziert, und die Einzelheiten hängen wesentlich von den Besonderheiten des Systems ab. Beispielsweise unterscheidet sich die Bewegungsgleichung für ein Fluid stark von der für einen elastischen Festkörper. Es gibt gleichwohl einige recht einfache allgemeine Prinzipien, die sich auf viele verschiedene kontinuierliche Systeme anwenden lassen; diese möchte ich im Folgenden beschreiben.

Wie Sie vielleicht schon vermutet haben, finden wir die Bewegungsgleichung für einen kontinuierlichen Körper, indem wir das zweite Newton'sche Gesetz auf ein kleines Volumenelement $\mathrm{d}V$ des Körpers anwenden. (Ich verwende in diesem Kapitel den Begriff „Körper“ für jede Ansammlung von Materie, sei sie nun fest, flüssig oder gasförmig.) Dasselbe haben wir in Abschnitt 16.1 getan, als wir das zweite Newton'sche Gesetz auf ein Längenelement $\mathrm{d}x$ der eindimensionalen Saite angewendet haben – nur ist der dreidimensionale Fall natürlich komplizierter. Zunächst müssen wir die Geometrie des Volumenelements $\mathrm{d}V$ bestimmen, dann die darauf wirkenden Kräfte und schließlich die sich ergebende Verformung von $\mathrm{d}V$.

Volumenelemente

Die Form des betrachteten Volumenelements ist beliebig – es kann kugel- oder quaderförmig sein oder sonst eine Form haben, die uns in den Sinn kommt. Der Einfachheit halber stellen Sie sich einen Quader wie in Abbildung 16.11 vor. Gewöhnlich werden wir ein infinitesimales Volumen betrachten, darauf soll die Bezeichnung $\mathrm{d}V$ hindeuten. Die Begrenzung von $\mathrm{d}V$ kann eine tatsächliche Grenzfläche eines kontinuierlichen Körpers sein (etwa die Wände des Behälters, der ein Gas enthält), normalerweise werden wir aber eine beliebige Fläche im Innern des Körpers betrachten. Die Grenzfläche ist natürlich eine *geschlossene Fläche*, die den gesamten Raum in zwei Teile teilt – in das „Innen“ (nämlich $\mathrm{d}V$) und in das „Außen“ (der Rest). Da es sich um eine geschlossene Fläche handelt, können wir die Orientierung eines Teils der Fläche – in Abbildung 16.11 etwa der Fläche S – mithilfe eines Einheitsvektors $\boldsymbol{n}$ angeben, der normal zu dieser Fläche steht und von $\mathrm{d}V$ nach außen weist.[5]

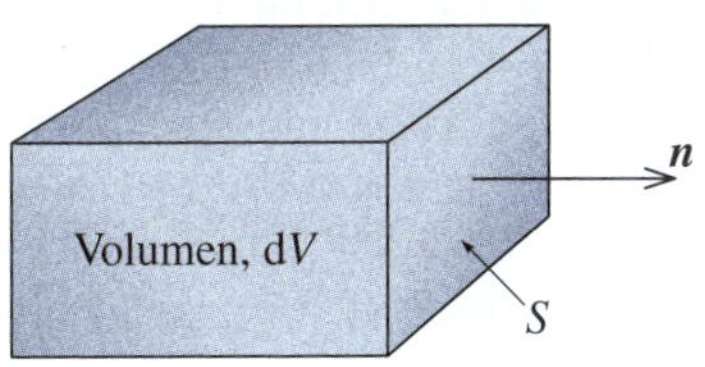

Abbildung 16.11: Ein kleines Volumenelement $\mathrm{d}V$ eines kontinuierlichen Körpers kann jede beliebige Form haben; eine bequeme Wahl ist die hier gezeigte Quaderform. Die Orientierung eines jeden Teils S der Grenzfläche (hier der Begrenzung nach rechts) wird durch einen Einheitsvektor $\boldsymbol{n}$ angegeben, der senkrecht auf S steht und von $\mathrm{d}V$ nach außen weist.

Kräfte auf das Volumenelement

Die beiden wichtigsten Arten von Kräften, die auf ein Volumenelement $\mathrm{d}V$ eines kontinuierlichen Körpers wirken können, werden als **Volumenkräfte** bzw. als **Flächenkräfte** bezeichnet. Ein Beispiel für eine Volumenkraft ist die Gravitationskraft $\boldsymbol{F} = \varrho \boldsymbol{g}\,\mathrm{d}V$ (hier ist ϱ die Massendichte des Materials und $\boldsymbol{g}$ die Gravitationsbeschleunigung). Ein weiteres Beispiel ist die elektrostatische Kraft $\boldsymbol{F} = \varrho \boldsymbol{E}\,\mathrm{d}V$ eines elektrischen Feldes bei einer Ladungsdichte ϱ. Die Definition einer **Volumenkraft** besagt

5 Auch wenn man eine nicht geschlossene Fläche betrachtet, kann man die Orientierung einer kleinen Teilfläche S dennoch durch einen zu S normalen Einheitsvektor $\boldsymbol{n}$ angeben, allerdings ist dann das Vorzeichen nicht eindeutig (die Definition passt dann sowohl auf $\boldsymbol{n}$ als auch auf $-\boldsymbol{n}$). Glücklicherweise wird in diesem Kapitel S immer ein Teil einer geschlossenen Fläche sein, und daher können wir ganz einfach und unzweideutig verlangen, dass $\boldsymbol{n}$ nach *außen* zeigt.

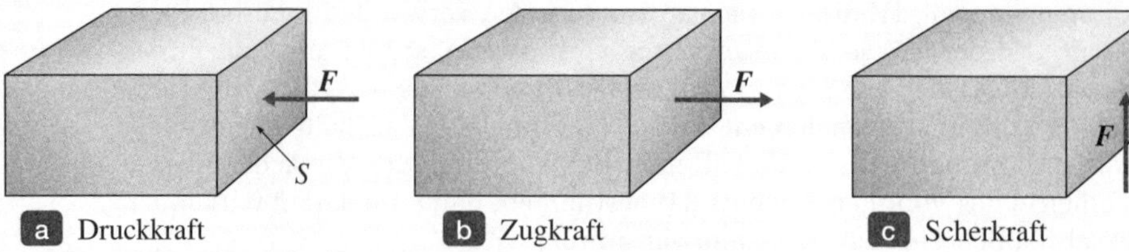

Abbildung 16.12: Drei verschiedene Flächenkräfte, die auf eine Seite S eines quaderförmigen Volumens wirken. (a) Der hydrostatische Druck wirkt normal zur Oberfläche nach innen; es gilt also $\mathbf{F} = -p\mathbf{n}\,dA$, das Minuszeichen tritt auf, weil die Kraft nach innen wirkt und $\mathbf{n}$ nach außen weist. (b) Eine einfache Zugkraft in der Richtung der Flächennormalen von S. (c) Eine Scherkraft wirkt definitionsgemäß tangential zu S.

einfach, dass es sich um eine Kraft proportional zum Volumen dV handelt. Volumenkräfte sind im Allgemeinen die Wirkung eines äußeren Feldes (etwa des Gravitationsfelds). Auf jeden Fall sind diese Kräfte fast immer bekannt und wohlverstanden. Ich werde im Folgenden annehmen, dass die einzige Volumenkraft die Gravitationskraft ist. Unser Hauptaugenmerk gilt daher den Flächenkräften.

Ein vertrautes Beispiel für eine Flächenkraft ist die Druckkraft $p\,dA$, die in einem Fluid durch den Druck p auf ein kleines Flächenelement mit dem Flächeninhalt dA ausgeübt wird. Gemäß ihrer Definition ist eine **Flächenkraft** eine Kraft proportional zum Flächeninhalt dA der Fläche, auf die sie wirkt. Flächenkräft sind im Allgemeinen die Wirkung von intermolekularen Kräften, die die außerhalb der Fläche befindlichen Moleküle auf die Moleküle innerhalb des Körpers ausüben. Abbildung 16.12 zeigt drei wichtige Spezialfälle von Flächenkräfte – eine Druckkraft, eine Zugkraft und eine Scherkraft. Beachten Sie, dass sowohl die Druck- als auch die Zugkraft in Normalenrichtung auf die Fläche S wirken, die Scherkraft wirkt hingegen definitionsgemäß tangential zu S. Eine Scherkraft verursacht eine Scherbewegung, wie in Abbildung 16.13 dargestellt.

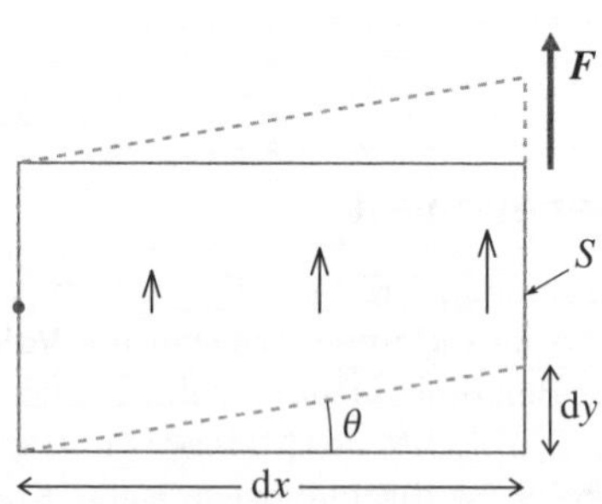

Abbildung 16.13: Eine auf die Seite S des quaderförmigen Festkörpers aus Abbildung 16.12 wirkende Scherkraft $\mathbf{F}$ (hier direkt von vorn gezeigt, die Fläche S ist normal zur Zeichenebene). Wenn die gegenüberliegende Fläche festgehalten wird, erzeugt die Scherkraft die gezeigte Bewegung, in der alle Ebenen parallel zu S sich in die Richtung von $\mathbf{F}$ bewegen. Dadurch wird aus dem rechteckigen Querschnitt des Körpers ein Parallelogramm. Die Strecken dx und dy werden benötigt, um in der noch herzuleitenden Gleichung (16.54) die Scherung (Dehnung durch die Scherkraft) zu definieren.

Wann ist der Druck isotrop?

Zum Abschluss dieses Abschnitts will ich eine Aussage beweisen, die Sie wahrscheinlich schon in einem einführenden Physikkurs gehört haben, dass nämlich der Druck in einem statischen Fluid in alle Richtungen gleichmäßig wirkt – oder vornehmer ausgedrückt: dass der Druck isotrop ist. Doch eigentlich gilt diese Aussage noch etwas allgemeiner, und ich werde sie in ihrer größeren Allgemeinheit beweisen. Ein charakteristisches Merkmal eines jeden Fluids besteht darin, dass es im Gleichgewicht keine Scherkräfte übertragen kann, und das Fehlen von Scherkräften ist eine wesentliche Voraussetzung für die Isotropie des Drucks. Ich werde gleich beweisen, dass der Druck in einer beliebigen Substanz, in der keine Scherkräfte wirken, isotrop ist. Diese Aussage gilt natürlich für jedes statische Fluid, aber auch für ein strömendes Fluid, solange keine Scherkräfte vorliegen. Da die Ursache für Scherkräfte in Fluiden deren Viskosität ist, können wir sagen, dass der Druck in einem strömenden Fluid isotrop ist, *sofern die Viskosität null ist.* Natürlich gibt es nur sehr wenige Fluide, deren Viskosität exakt null ist, doch es gibt viele Fälle, in denen die Viskosität derart gering ist, dass man sie vernachlässigen kann; in diesen Fällen ist der Druck effektiv isotrop. Unser Ergebnis ist offenbar sehr nützlich, doch noch wichtiger ist, dass man das Beweisverfahren, wie wir sehen werden, auf viele andere Fälle anwenden kann.

Betrachten wir also ein Medium, in dem es keine Scherkräfte gibt; $\boldsymbol{n}_1$ und $\boldsymbol{n}_2$ sollen zwei beliebige Richtungen sein. In einem beliebigen Punkt in dem Medium konstruieren wir zwei kleine identische rechteckige Flächen, S_1 normal zu $\boldsymbol{n}_1$ und S_2 normal zu $\boldsymbol{n}_2$, die gemeinsam ein kleines Dreiecksprisma wie in Abbildung 16.14 bilden. Die Flächenkräfte wirken normal auf die drei Seiten des Prismas und können als $\boldsymbol{F}_i = -p_i\boldsymbol{n}_i\,\mathrm{d}A_i$ usw. geschrieben werden, wenn wir die Drücke auf die drei Flächen mit p_1, p_2 bzw. p_3 bezeichnen und zunächst annehmen, dass sie unterschiedlich sein können. (Unser Ziel ist es natürlich zu beweisen, dass $p_1 = p_2 = p_3$ gilt.) Diese Drücke können in dem Medium natürlich von Punkt zu Punkt variieren, doch wenn das betrachtete Volumen klein genug ist, dann können wir davon ausgehen, dass sie sich innerhalb des Volumens nur um einen vernachlässigbaren Betrag ändern. Nun sind wir soweit, dass wir das zweite Newton'sche Gesetz auf unser kleines Prisma anwenden können. Die Masse des Prismas ist $m = \varrho\,\mathrm{d}V$. Die Gesamtkraft auf das Prisma ist $\boldsymbol{F}_1 + \boldsymbol{F}_2 + \boldsymbol{F}_3 + \boldsymbol{F}_{\mathrm{Vol}}$, wobei $\boldsymbol{F}_{\mathrm{Vol}}$ die Kraft auf das gesamte Volumen bezeichnet (beispielsweise die Gewichtskraft $\boldsymbol{F}_{\mathrm{Vol}} = \varrho\boldsymbol{g}\,\mathrm{d}V$). Aus der Gleichung $\boldsymbol{F} = m\boldsymbol{a}$ wird damit[6]

$$\boldsymbol{F}_1 + \boldsymbol{F}_2 + \boldsymbol{F}_3 + \boldsymbol{F}_{\mathrm{Vol}} = m\boldsymbol{a}\,,$$

was wir auf die folgende Form bringen können:

$$\boldsymbol{F}_1 + \boldsymbol{F}_2 + \boldsymbol{F}_3 = m\boldsymbol{a} - \boldsymbol{F}_{\mathrm{Vol}}\,. \tag{16.45}$$

Und nun kommt ein ziemlich raffinierter Trick. Wir haben Gleichung (16.45) zwar für das kleine Prisma in Abbildung 16.14 hergeleitet, die Gleichung muss aber ebenso für ein noch kleineres Prisma gelten. Lassen wir also unser Prisma in allen drei Richtungen um einen Faktor λ schrumpfen. Die drei Flächenterme auf der linken Seite

6 Streng genommen müssten wir auch die Druckkräfte auf die beiden Deckflächen des Prismas einbeziehen, doch wir befassen uns nur mit den Komponenten dieser Gleichung, die in der Zeichenebene von Abbildung 16.14 liegen, und können diese Kräfte darum hier vernachlässigen.

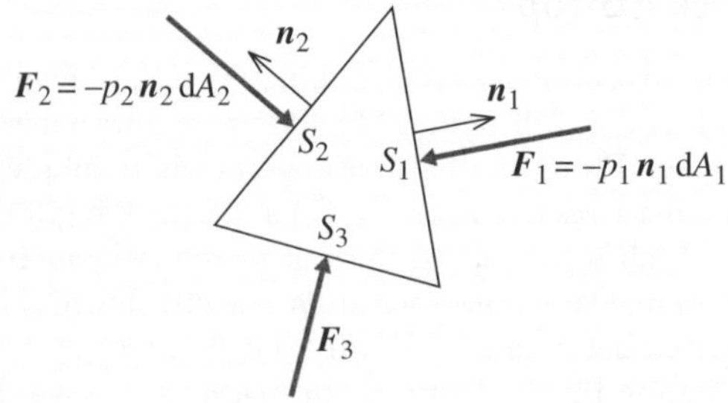

Abbildung 16.14: Die identischen rechteckigen Flächen S_1 und S_2 (hier im Blick auf die Kanten) sind normal zu den beiden Einheitsvektoren $\boldsymbol{n}_1$ bzw. $\boldsymbol{n}_2$. Gemeinsam mit der Fläche S_3 bilden sie ein gleichschenkliges Dreiecksprisma (die Abbildung zeigt eine der beiden Deckflächen). Die drei Kräfte $\boldsymbol{F}_1$, $\boldsymbol{F}_2$ und $\boldsymbol{F}_3$ sind die Flächenkräfte auf diese drei Flächen; sie wirken normal zu den Flächen, da nach Voraussetzung keine Scherkräfte auftreten.

von (16.45) sind proportional zum Flächeninhalt und nehmen somit also um den Faktor λ^2 ab. Sowohl die Masse als auch die Volumenkraft auf der rechten Seite sind aber proportional zu dV und müssen deshalb um den Faktor λ^3 abnehmen. Für das geschrumpfte Prisma nimmt (16.45) also die Form

$$\lambda^2(\boldsymbol{F}_1 + \boldsymbol{F}_2 + \boldsymbol{F}_3) = \lambda^3(m\boldsymbol{a} - \boldsymbol{F}_{\text{Vol}})$$

an; wenn wir jetzt auf beiden Seiten durch λ^2 dividieren, haben wir

$$(\boldsymbol{F}_1 + \boldsymbol{F}_2 + \boldsymbol{F}_3) = \lambda(m\boldsymbol{a} - \boldsymbol{F}_{\text{Vol}}) \,. \tag{16.46}$$

Diese Gleichung gilt für jedes λ (kleiner als 1). Insbesondere können wir λ auch gegen null gehen lassen und kommen damit zu dem überraschenden Schluss, dass die drei Flächenkräfte zusammen null ergeben müssen:

$$\boldsymbol{F}_1 + \boldsymbol{F}_2 + \boldsymbol{F}_3 = 0 \,. \tag{16.47}$$

Da das Dreieck in Abbildung 16.14 gleichschenklig ist, erkennt man sofort, dass $\boldsymbol{F}_1$ und $\boldsymbol{F}_2$ den gleichen Betrag haben müssen, also $F_1 = F_2$. (Um das zu erkennen, betrachten Sie einfach die Komponenten senkrecht zu $\boldsymbol{F}_3$.) Wegen $F_1 = p_1 \, dA_1$ und $F_2 = p_2 \, dA_2$ sowie $dA_1 = dA_2$ schließen wir

$$p_1 = p_2 \,. \tag{16.48}$$

Da die Richtungen von $\boldsymbol{n}_1$ und $\boldsymbol{n}_2$ frei wählbar waren, haben wir damit gezeigt, dass der Druck in einem Medium ohne Scherkräfte nicht von der Richtung abhängt, d. h., er ist isotrop. Insbesondere ist der Druck in einem statischen Fluid isotrop, ebenso in jedem strömenden Fluid mit vernachlässigbarer Viskosität.

16.6 Spannung und Dehnung: die elastischen Moduln

Wie wir im nächsten Abschnitt sehen werden, lassen sich die Flächenkräfte im Innern eines kontinuierlichen Körpers (Festkörper, Flüssigkeit oder Gas) mithilfe eines dreidimensionalen Tensors ausdrücken, des sogenannten Spannungstensors.

In Abschnitt 16.8 werden wir dann sehen, dass die daraus resultierende Verformung des Körpers mit einem zweiten Tensor beschrieben werden kann, dem sogenannten Verzerrungs- oder *Dehnungstensor*. Bevor wir die Bewegungsgleichung angeben können, müssen wir den Zusammenhang zwischen diesen beiden Tensoren klären. [Die letzte Aussage ist in der Kontinuumsmechanik das Analogon zu der vertrauten Feststellung, dass man die Bewegungsgleichung für eine Masse an einer Feder erst dann angeben kann, wenn man das Hooke'sche Gesetz ($F = -kx$) kennt, das den Zusammenhang zwischen der Federkraft F und der Dehnung x der Feder angibt.] Im Allgemeinen ist die Theorie der Spannungs- und Dehnungstensoren ziemlich kompliziert, daher stelle ich in diesem Abschnitt einige einfache Spezialfälle vor, ehe wir uns dann an den allgemeinen Fall herantasten.

Spannung

Da jede Flächenkraft F proportional zum Flächeninhalt A der Fläche ist, auf die sie wirkt, liegt es nahe, das Verhältnis F/A zu betrachten; diese Größe wird als **Spannung** (englisch *stress*) bezeichnet. Wie schon angedeutet, werden wir im Allgemeinen einen *Spannungstensor* betrachten müssen. Ein einfaches Beispiel ohne diese Komplikation ist die Druckkraft in einem statischen Fluid: Hier ist die Spannung einfach der Druck:

$$\text{Spannung} = \frac{F}{A} = \text{Druck} = p \quad [\text{in einem statischen Fluid}]. \tag{16.49}$$

Ganz ähnlich ist, wie Sie sich wohl erinnern, die Spannung in einem Stab oder in einem Draht unter einer Zugkraft definiert als

$$\text{Spannung} = \frac{\text{Zugkraft}}{\text{Fläche}} \quad [\text{in einem gespannten Draht}], \tag{16.50}$$

wobei die Fläche hier die Querschnittsfläche des Drahtes ist. Für eine einfache Scherkraft wie in Abbildung 16.13 ist die Scherspannung definiert als

$$\text{Spannung} = \frac{\text{Scherkraft}}{\text{Fläche}} \quad [\text{für eine Scherung}]. \tag{16.51}$$

Wie kompliziert auch immer die Situation ist, die Spannung (bzw. eine beliebige Komponente des Spannungstensors) lässt sich immer als das Verhältnis einer Flächenkraft (oder einer ihrer Komponenten) zum Flächeninhalt der Fläche angeben, auf die sie wirkt. Damit hat die Spannung immer die Dimension [Kraft/Fläche].

Dehnung

Das Ergebnis einer Spannung ist fast immer eine Verformung, also eine Änderung der Abmessungen des Körpers, auf den die Spannung gewirkt hat – etwa die Volumenänderung einer Flüssigkeit oder die Längenänderung eines Drahts. Meist gibt man diese Verformung als *relative Änderung* an und nennt sie **Dehnung** (englisch *strain*).[7] Dieser Ausdruck wird auch dann verwendet, wenn es sich um die Auswirkung einer

7 In den Wörterbüchern, auch in physikalischen, wird sowohl für *stress* als auch für *strain* als deutsche Übersetzung u. a. „Spannung" angeboten, obwohl es sich um völlig verschiedene Größen handelt. (Anm. d. Übers.)

Druckkraft handelt und eigentlich eine Kontraktion vorliegt.[8] Ein Beispiel für eine Dehnung ist die relative Volumenänderung

$$\text{Dehnung} = \frac{\mathrm{d}V}{V} \quad \text{[in einem statischen Fluid]}. \tag{16.52}$$

Bei einem unter mechanischer Spannung stehenden Draht könnte die Dehnung als relative Längenänderung angegeben werden:

$$\text{Dehnung} = \frac{\mathrm{d}l}{l} \quad \text{[bei einem gespannten Draht]}. \tag{16.53}$$

Für die einfache Scherkraft aus Abbildung 16.13 ist die Dehnung definiert als

$$\text{Dehnung} = \frac{\mathrm{d}y}{\mathrm{d}x} \quad \text{[Scherung]}. \tag{16.54}$$

Hier ist $\mathrm{d}y$ die Verschiebung in Richtung der Scherkraft und $\mathrm{d}x$ die dazu senkrechte Strecke, über die Verschiebung auftritt (Abbildung 16.13).

Verhältnis von Spannung und Dehnung: die elastischen Moduln

Wenn die Spannungen in einem Medium nicht zu groß sind, dann erwarten wir einen linearen Zusammenhang zwischen der Spannung und der daraus resultierenden Dehnung. Für den gedehnten Draht beispielsweise wird dieser Zusammenhang geschrieben als

$$\text{Spannung} = \text{Elastizitätsmodul} \cdot \text{Dehnung} \quad \text{oder} \quad \frac{\mathrm{d}F}{A} = E \cdot \frac{\mathrm{d}l}{l}\,; \tag{16.55}$$

hier ist E der **Elastizitätsmodul** (kurz auch als E-Modul bezeichnet) für das Material des Drahts.[9] [Wenn Sie diese Gleichung als $\mathrm{d}F = (AE/l)\mathrm{d}l$ schreiben, werden Sie das Hooke'sche Gesetz erkennen mit der Kraftkonstante $k = (AE/l)$. Der Vorteil der Verwendung des Elastizitätsmodul besteht daran, dass E eine für das Material charakteristische Kenngröße ist und – anders als k – nicht von den Abmessungen A und l abhängt.] In Gleichung (16.55) ist $\mathrm{d}l$ die Dehnung, die durch eine Änderung $\mathrm{d}F$ der Zugkraft verursacht wird.

Bei einem Material, auf das nur der hydrostatische Druck p wirkt, verursacht eine kleine Zunahme $\mathrm{d}p$ des Drucks eine Volumenänderung um

$$\text{Spannung} = \text{Kompressionsmodul} \cdot \text{Dehnung} \quad \text{oder} \quad \mathrm{d}p = -K \cdot \frac{\mathrm{d}V}{V} \tag{16.56}$$

---

8 Ein solcher der Alltagssprache zuwiderlaufender Sprachgebrauch ist in der Physik nicht ungewöhnlich. Denken Sie nur an den Begriff der „Beschleunigung“, den man auch verwendet, wenn sich die Geschwindigkeit verringert, wenn also eigentlich eine „Verzögerung“ vorliegt. Man spricht dann eben von einer „negativen Beschleunigung“. (Anm. d. Übers.)

9 Als ob es nicht genügend verschiedene Buchstaben gäbe, hat es sich eingebürgert, auch den Elastizitätsmodul mit dem Symbol E zu bezeichnen – wie die Energie, das elektrische Feld oder den Einheitenvorsatz Exa. Im Englischen heißt der E-Modul *Young's modulus* (nach dem englischen Arzt und Physiker Thomas Young, 1773–1829). Die Bezeichnung „Modul“ (Betonung auf der ersten Silbe, Plural Moduln) kommt von dem lateinischen *modulus* „Maß“. (Anm. d. Übers.)

mit dem **Kompressionmodul** K (engl. *bulk modulus*) des Materials; das Minuszeichen taucht auf, weil eine Zunahme des Drucks eine Abnahme des Volumens bewirkt (also eine negative Dehnung). Für eine Scherspannung gilt

$$\text{Spannung} = \text{Schubmodul} \cdot \text{Dehnung} \quad \text{oder} \quad \frac{F}{A} = G \cdot \frac{\mathrm{d}y}{\mathrm{d}x} \tag{16.57}$$

mit dem **Schubmodul** G des Materials (kurz auch G-Modul); in der Literatur findet man auch die Bezeichnungen **Schermodul** und **Torsionsmodul**.

Fassen wir diesen Abschnitt zusammen. Eine *Spannung* kennzeichnet Flächenkräfte in einem kontinuierlichen Medium

$$\text{Spannung} = \frac{\text{Kraft}}{\text{Fläche}}, \tag{16.58}$$

eine *Dehnung* beschreibt die daraus resultierende Verformung

$$\text{Dehnung} = \text{relative Verformung} \tag{16.59}$$

Eine Spannung hat immer die Dimension eines Drucks (Kraft/Fläche), die Dehnung ist immer dimensionslos. Die elastischen Moduln (Elastizitäts-, Kompressions- und Schubmodul) geben jeweils das Verhältnis der Spannung zur entsprechenden Dehnung an:

$$\text{elastischer Modul} = \frac{\text{Spannung}}{\text{entsprechende Dehnung}}. \tag{16.60}$$

16.7 Der Spannungstensor

In diesem Abschnitt werde ich einen allgemeinen Ausdruck für die Flächenkraft auf ein kleines Element $\mathrm{d}A$ einer geschlossenen Fläche S in einem kontinuierlichen Medium herleiten. Wie üblich soll der Einheitsvektor $\boldsymbol{n}$ am Ort von $\mathrm{d}A$ normal auf S stehen und nach außen zeigen. Um die Notation einfach zu halten, definiere ich einen Vektor $\mathrm{d}\boldsymbol{A}$ in Richtung von $\boldsymbol{n}$ mit dem Betrag $\mathrm{d}A$, d. h.

$$\mathrm{d}\boldsymbol{A} = \boldsymbol{n}\,\mathrm{d}A. \tag{16.61}$$

Dieser Vektor gibt sowohl die Orientierung als auch die Größe des von uns betrachteten kleinen Flächenelements an. Unsere erste Aufgabe ist es zu zeigen, dass die Flächenkraft $\boldsymbol{F}(\mathrm{d}\boldsymbol{A})$ auf das durch $\mathrm{d}\boldsymbol{A}$ bestimmte Flächenelement eine lineare Funktion von $\mathrm{d}\boldsymbol{A}$ ist, dass also gilt

$$\boldsymbol{F}(\lambda_1 \mathrm{d}\boldsymbol{A}_1 + \lambda_2 \mathrm{d}\boldsymbol{A}_2) = \lambda_1 \boldsymbol{F}(\mathrm{d}\boldsymbol{A}_1) + \lambda_2 \boldsymbol{F}(\mathrm{d}\boldsymbol{A}_2); \tag{16.62}$$

λ_1 und λ_2 sind dabei zwei beliebige reelle Zahlen, $\mathrm{d}\boldsymbol{A}_1$ und $\mathrm{d}\boldsymbol{A}_2$ sind zwei beliebige Vektoren.

Die Kraft $\boldsymbol{F}(\mathrm{d}\boldsymbol{A})$ hängt nicht von der konkreten Form des Flächenelements ab, doch sie ist proportional zum Flächeninhalt $\mathrm{d}A$; also haben wir (für nicht zu große positive Zahlen λ)

$$\boldsymbol{F}(\lambda\,\mathrm{d}\boldsymbol{A}) = \lambda \boldsymbol{F}(\mathrm{d}\boldsymbol{A}). \tag{16.63}$$

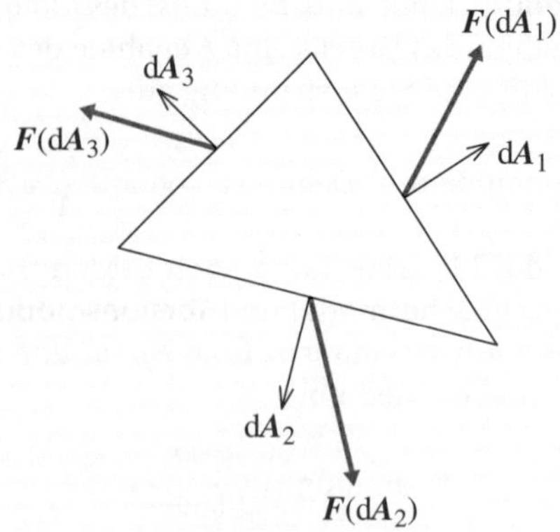

Abbildung 16.15: Die frei wählbaren kleinen Vektoren $d\boldsymbol{A}_1$ und $d\boldsymbol{A}_2$ definieren zwei rechteckige Flächen (in der Abbildung senkrecht zur Zeichenebene) mit einer gemeinsamen Kante (rechts unten). Die beiden Rechtecke bilden ein Dreiecksprisma (hier senkrecht zur Zeichenebene dargestellt), dessen dritte rechteckige Fläche mit dem Vektor $d\boldsymbol{A}_3$ bezeichnet ist. Die Flächenkräfte auf die drei rechteckigen Flächen sind mit $\boldsymbol{F}(d\boldsymbol{A}_i)$ bezeichnet.

Wenn wir $\mathrm{d}\boldsymbol{A}$ durch $-\mathrm{d}\boldsymbol{A}$ ersetzen würden, würde das die Innen- und Außenseite der betrachteten Fläche vertauschen; nach dem dritten Newton'schen Gesetz müsste sich dann auch das Vorzeichen der Flächenkraft ändern, d. h. wir haben $\boldsymbol{F}(-\mathrm{d}\boldsymbol{A}) = -\boldsymbol{F}(\mathrm{d}\boldsymbol{A})$. Daher gilt Gleichung (16.63) nicht nur für positive, sondern auch für negative Werte von λ.

Denken wir uns nun zwei frei wählbare Vektoren $\mathrm{d}\boldsymbol{A}_1$ und $\mathrm{d}\boldsymbol{A}_2$. Wir betrachten in einem beliebigen Punkt eines kontinuierlichen Mediums zwei kleine rechteckige Flächen mit einer gemeinsamen Kante, deren Orientierung und Flächeninhalt wie in Abbildung 16.15 durch $\mathrm{d}\boldsymbol{A}_1$ und $\mathrm{d}\boldsymbol{A}_2$ gegeben sind. Betrachten wir nun das Dreiecksprisma, das durch diese beiden Rechtecke und ein drittes Rechteck – in der Abbildung mit $\mathrm{d}\boldsymbol{A}_3$ bezeichnet – definiert wird. Dieses Prisma hat zwei bemerkenswerte Eigenschaften. Weil erstens die drei Kanten ein geschlossenes Dreieck bilden, gilt das auch für die drei Vektoren $\mathrm{d}\boldsymbol{A}_1$, $\mathrm{d}\boldsymbol{A}_2$ und $\mathrm{d}\boldsymbol{A}_3$. Daher haben wir

$$\mathrm{d}\boldsymbol{A}_1 + \mathrm{d}\boldsymbol{A}_2 + \mathrm{d}\boldsymbol{A}_3 = 0\,.$$

Zweitens kann man mit demselben Gedankengang, den wir beim Beweis der Isotropie des Druckes in einem idealen Fluid angewandt haben [Gleichung (16.47)], folgenden Ausdruck beweisen:[10]

$$\begin{aligned}\boldsymbol{F}(\mathrm{d}\boldsymbol{A}_1 + \mathrm{d}\boldsymbol{A}_2) = \boldsymbol{F}(-\mathrm{d}\boldsymbol{A}_3) &= -\boldsymbol{F}(\mathrm{d}\boldsymbol{A}_3)\\ &= \boldsymbol{F}(\mathrm{d}\boldsymbol{A}_1) + \boldsymbol{F}(\mathrm{d}\boldsymbol{A}_2)\,. \end{aligned} \qquad (16.64)$$

Wenn wir (16.63) und (16.64) kombinieren, können wir sofort (16.62) nachprüfen und haben damit bewiesen, dass die Kraft $\boldsymbol{F}(\mathrm{d}\boldsymbol{A})$ linear in $\mathrm{d}\boldsymbol{A}$ ist.

10 Ich ignoriere wieder die Kräfte auf die dreieckigen Deckflächen des Prismas, und das aus folgendem Grund: Wenn wir diese beiden Flächen mit $\mathrm{d}\boldsymbol{A}_4$ und $\mathrm{d}\boldsymbol{A}_5$ bezeichnen, dann gilt $\mathrm{d}\boldsymbol{A}_4 = -\mathrm{d}\boldsymbol{A}_5$ und damit wegen (16.63) $\boldsymbol{F}(\mathrm{d}\boldsymbol{A}_4) = -\boldsymbol{F}(\mathrm{d}\boldsymbol{A}_5)$, d. h., diese beiden Kräfte heben sich gegenseitig auf.

Wenn ein Vektor (in diesem Falle $\boldsymbol{F}$) eine lineare Funktion eines zweiten Vektors ($\mathrm{d}\boldsymbol{A}$) ist, dann hängen nach einer grundlegenden Aussage der linearen Algebra die Komponenten des ersten mit denen des zweiten Vektors über eine lineare Gleichung der folgenden Form zusammen:[11]

$$F_i(\mathrm{d}\boldsymbol{A}) = \sum_{j=1}^{3} \sigma_{ij}\,\mathrm{d}A_j\,; \tag{16.65}$$

in Matrizenschreibweise hat diese Gleichung die Form

$$\boldsymbol{F}(\mathrm{d}\boldsymbol{A}) = \boldsymbol{\Sigma}\,\mathrm{d}\boldsymbol{A}\,. \tag{16.66}$$

In Gleichung (16.66) bezeichnet $\boldsymbol{\Sigma}$ eine (3×3)-Matrix,[12] die aus den neun Zahlen σ_{ij} aus (16.65) besteht. Die Matrix $\boldsymbol{\Sigma}$ definiert einen dreidimensionalen Tensor zweiter Stufe, den sogenannten **Spannungstensor**. Der Spannungstensor kann natürlich von Punkt zu Punkt des Mediums variieren; seine Bedeutung ist in jedem Punkt $\boldsymbol{r}$ die folgende: Für jeden Punkt $\boldsymbol{r}$ des Mediums (und zu jedem gegebenen Zeitpunkt t) gibt es eine eindeutige (3×3)-Matrix $\boldsymbol{\Sigma}$, die gemäß Gleichung (16.66) die Kraft auf ein Flächenelement $\mathrm{d}\boldsymbol{A}$ im Punkt $\boldsymbol{r}$ angibt.

Die Elemente des Spannungstensors

Die *mathematische* Bedeutung des Spannungstensors $\boldsymbol{\Sigma}$ und seiner Elemente σ_{ij} kann nicht knapper als durch die Gleichungen (16.66) und (16.65) ausgedrückt werden. Um Ihnen eine Vorstellung von seiner *physikalischen* Bedeutung zu vermitteln, schauen wir uns einige Spezialfälle an. Betrachten wir beispielsweise ein kleines Flächenelement $\mathrm{d}A$ normal zur x-Achse, für das $\mathrm{d}\boldsymbol{A} = \boldsymbol{e}_1\,\mathrm{d}A$ gilt. Da nur eine der Komponenten von $\mathrm{d}\boldsymbol{A}$ von null verschieden ist (nämlich die erste), reduziert sich die Summe in (16.65) auf einen einzigen Term. Die x-Komponente von (16.65) beispielsweise wird zu

$$F_1(\text{auf Flächenelement } \mathrm{d}A \text{ normal zu } \boldsymbol{e}_1) = \sigma_{11}\,\mathrm{d}A\,.$$

Wenn wir diese Gleichung anders herum betrachten, dann können wir sagen, dass σ_{11} die erste Komponente der Kraft pro Fläche ist, wobei die Fläche senkrecht zur ersten Achse (d. h. zur x-Achse) orientiert ist. Verallgemeinert heißt das, dass σ_{ii} die i-te Komponente der Kraft pro Fläche ist, wobei die Fläche senkrecht zur i-ten Achse orientiert ist. Anders ausgedrückt gibt ein Diagonalelement σ_{ii} des Spannungstensors $\boldsymbol{\Sigma}$ die Normalkomponente der Kraft pro Fläche für eine Fläche an, die senkrecht zur i-ten Achse orientiert ist.

Die Nichtdiagonalelemente σ_{ij} $(i \neq j)$ lassen sich in ähnlicher Weise interpretieren. Betrachten wir wieder ein kleines Flächenelement $\mathrm{d}A$ normal zur x-Achse, für das die zweite Komponente von (16.65) die Form

$$F_2(\text{auf ein Flächenelement } \mathrm{d}A \text{ normal zu } \boldsymbol{e}_1) = \sigma_{21}\,\mathrm{d}A$$

11 Der Beweis ist relativ einfach: Wir nehmen an, dass $\boldsymbol{u}$ eine lineare Funktion von $\boldsymbol{v}$ ist. Wegen $u_i = \boldsymbol{e}_i \cdot \boldsymbol{u}$ und $\boldsymbol{v} = \sum_j \boldsymbol{e}_j v_j$ folgt $u_i(\boldsymbol{v}) = \boldsymbol{e}_i \cdot \boldsymbol{u}(\sum_j \boldsymbol{e}_j v_j) = \sum_j [\boldsymbol{e}_i \cdot \boldsymbol{u}(\boldsymbol{e}_j)] v_j$, und das hat die gewünschte Form (16.65) mit $\sigma_{ij} = \boldsymbol{e}_i \cdot \boldsymbol{u}(\boldsymbol{e}_j)$.

12 Bitte verwechseln Sie den fett-kursiven griechischen Buchstaben Sigma ($\boldsymbol{\Sigma}$) in (16.66) nicht mit dem Summensymbol in Gleichung (16.65).

hat. Offenbar ist σ_{21} die zweite Komponente (y) der Kraft pro Fläche auf eine Fläche senkrecht zur ersten Achse (x). Eine ähnliche Überlegung gilt für σ_{31}; demnach sind σ_{21} und σ_{31} die beiden Komponenten der tangentialen Scherkraft pro Fläche auf eine Fläche senkrecht zur ersten Achse. Allgemeiner geben uns die sechs Nichtdiagonalelemente σ_{ij} (mit $i \neq j$) die sechs Scherkräfte auf die drei Koordinatenebenen durch den betrachteten Punkt.

Der Spannungstensor ist symmetrisch

Die sechs Nichtdiagonalelemente σ_{ij} sind nicht wirklich voneinander unabhängig, sondern paarweise gleich. Tatsächlich ist der Spannungstensor $\boldsymbol{\Sigma}$ symmetrisch, d. h. $\sigma_{ij} = \sigma_{ji}$; das können wir jetzt beweisen, und zwar wieder mit demselben Gedankengang, dem wir schon in Abschnitt 16.5 zum Beweis der Isotropie des Drucks in einem idealen (reibungsfreien) Fluid gefolgt sind. Auch dieses Mal betrachten wir ein kleines Prisma, nun aber mit quadratischem Querschnitt, das parallel zur x-y-Ebene liegt; seine Achse soll in die z-Richtung zeigen (Abbildung 16.16). Der Drehimpuls des Prismas bezüglich seiner Achse durch den Ursprung genügt der Beziehung

$$\frac{\mathrm{d}L_3}{\mathrm{d}t} = \Gamma_3 , \tag{16.67}$$

wobei Γ_3 die z-Komponente des Gesamtdrehmoments auf das Prisma angibt. Die vier Kräfte (eigentlich nur die vier Komponenten der wirkenden Kräfte), die zu Γ_3 beitragen, sind die Scherkräfte, die in der Abbildung mit F_a, F_b, F_c und F_d bezeichnet sind. Aus (16.65) lesen wir $F_a = \sigma_{12}\,\mathrm{d}A$ und $F_b = \sigma_{21}\,\mathrm{d}A$ ab. Die Kräfte F_c und F_d sind betragsmäßig gleich F_a bzw. F_b, wirken aber in die jeweils entgegengesetzte Richtung. Das Gesamtdrehmoment Γ_3 ist demnach

$$\Gamma_3 = F_b l - F_a l = (\sigma_{21} - \sigma_{12}) l\,\mathrm{d}A . \tag{16.68}$$

Nun wenden wir erneut den bereits vertrauten Trick an und verkleinern unser Prisma in allen drei Richtungen um den Faktor λ. In (16.67) verkleinert sich Γ_3 dadurch um einen Faktor λ^3, während sich L_3 um einen Faktor λ^4 verkleinert[13]. Wenn wir durch λ^3 dividieren und λ gegen 0 gehen lassen, können wir erkennen, dass Γ_3 tatsächlich null sein muss. Nach (16.68) folgt daraus $\sigma_{21} = \sigma_{12}$. Ähnliche Überlegungen gelten für die anderen Nichtdiagonalelemente, und wir erhalten

$$\sigma_{ij} = \sigma_{ji} \tag{16.69}$$

für alle i und j. Mit anderen Worten: Der Spannungstensor $\boldsymbol{\Sigma}$ ist symmetrisch.

13 Wegen $L_3 \propto lmv$ tritt der Faktor λ viermal auf (einmal für l und dreimal für $m = \varrho V$), daher steht λ hier in der vierten Potenz. (Anm. d. Übers.)

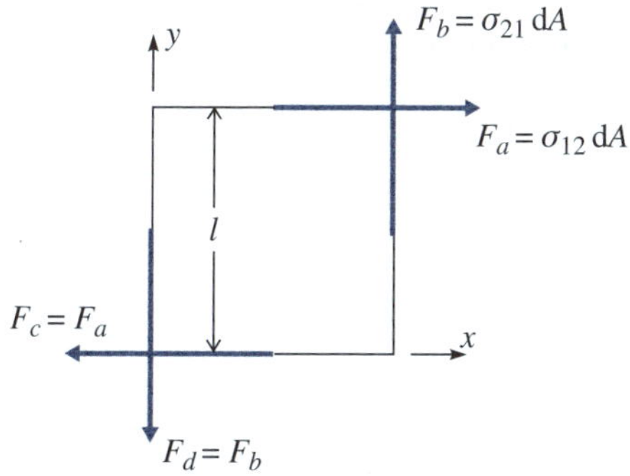

Abbildung 16.16: Blick auf eine Deckfläche eines quadratischen Prismas, dessen Achse durch den Ursprung parallel zur z-Achse liegt. Die vier Kräfte, die zu einer Drehung dieses Prismas um seine Achse beitragen, sind mit F_a, F_b, F_c und F_d bezeichnet. Die quadratische Deckfläche hat die Seitenlänge l, die vier Seitenflächen mit jeweils dem Flächeninhalt dA sind hier als in die Zeichenebene hinein verlaufend dargestellt.

Der Spannungstensor in einem statischen Fluid

Beispiel 16.3 Geben Sie den Spannungstensor $\boldsymbol{\Sigma}$ in einem statischen Fluid für einen Punkt an, in dem der Druck p herrscht.

Lösung Wir wissen, dass es in einem statischen Fluid keine Scherkräfte gibt und dass an jedem beliebigen Punkt der Druck in alle Richtungen derselbe ist. Also ist die Flächenkraft auf ein kleines, mit d$\boldsymbol{A}$ bezeichnetes Flächenelement einfach

$$\boldsymbol{F}(\mathrm{d}\boldsymbol{A}) = -p\,\mathrm{d}\boldsymbol{A}\,;$$

p ist dabei eine Konstante (für jeden Punkt des Fluids) und hängt nicht von d$\boldsymbol{A}$ ab. (Das Minuszeichen taucht auf, weil d$\boldsymbol{A}$ nach außen zeigt, die Kraft jedoch nach innen wirkt.) Vergleichen wir dies mit der Definition (16.66) für den Spannungstensor, erhalten wir

$$\boldsymbol{\Sigma} = -p\mathbf{1} \tag{16.70}$$

mit der (3×3)-Einheitsmatrix $\mathbf{1}$. Dieses schöne einfache Ergebnis spiegelt in kompakter Weise die Tatsache wider, dass in einem statischen Fluid (und ebenso in einem strömenden Fluid mit vernachlässigbarer Viskosität) die einzige Flächenkraft die Druckkraft ist, die normal zur Fläche wirkt und nicht von der Orientierung der Fläche abhängt.[14] ■

Ein Zahlenbeispiel für die Spannung

Beispiel 16.4 In einem gegebenen Punkt P in einem kontinuierlichen Medium hat der Spannungstensor den Wert

$$\boldsymbol{\Sigma} = \begin{bmatrix} -1 & 2 & 0 \\ 2 & -2 & 0 \\ 0 & 0 & 1 \end{bmatrix}. \tag{16.71}$$

14 Dieses Beispiel legt einen hübschen alternativen Beweis für die Isotropie der Druckkraft nahe. Wenn es keine Scherkräfte gibt, muss $\boldsymbol{\Sigma}$ diagonal sein (d. h., alle Nichtdiagonalelemente sind null), und zwar *für jede beliebige Wahl der Achsen*. Man zeigt leicht, dass der einzige Tensor mit dieser Eigenschaft ein Vielfaches der Einheitsmatrix ist.

Ein kleines Flächenelement bei P hat den Flächeninhalt $\mathrm{d}A$ und liegt parallel zu der Ebene $x + y + z = 0$. Welche Kraft wirkt auf dieses Flächenelement, und welchen Winkel bilden diese Kraft und die Flächennormale des Flächenelements? Nehmen Sie konkret P im positiven Oktanten an (x, y und z sind sämtlich positiv) und nehmen Sie weiter an, dass die Außenseite der Fläche die vom Ursprung abgewandte Seite ist.

Lösung Beachten Sie zunächst, dass ich keine Einheiten für die Komponenten von $\boldsymbol{\Sigma}$ angegeben habe, aber natürlich müssen es Druckeinheiten sein (da die Spannung die Dimension Kraft/Fläche hat). Wenn es sich bei unserem Medium um Wasser in einem Fluss handelt, könnten das Kilopascal sein, für ein Gestein in der Erdkruste hingegen Megapascal.

Die Kraft auf unser Flächenelement ist durch (16.66) gegeben mit $\mathrm{d}\boldsymbol{A} = \boldsymbol{n}\,\mathrm{d}A$ (dabei ist $\boldsymbol{n}$ der Einheitsvektor normal zur Fläche. Laut Aufgabenstellung soll die Fläche parallel zu der Ebene $x + y + z = 0$ sein, also gilt[15]

$$\boldsymbol{n} = \frac{1}{\sqrt{3}}\begin{bmatrix}1\\1\\1\end{bmatrix}. \tag{16.72}$$

Die Kraft auf das Flächenelement ist demnach

$$\boldsymbol{F}(\mathrm{d}\boldsymbol{A}) = \mathrm{d}A\,\boldsymbol{\Sigma}\boldsymbol{n} = \frac{\mathrm{d}A}{\sqrt{3}}\begin{bmatrix}1\\0\\1\end{bmatrix}. \tag{16.73}$$

Der Winkel zwischen der Kraft und der Flächennormalen ist gegeben durch

$$\cos\theta = \frac{\boldsymbol{F}\cdot\boldsymbol{n}}{|\boldsymbol{F}|\cdot|\boldsymbol{n}|} = \frac{2/3}{\sqrt{2/3}\cdot 1} = \sqrt{\frac{2}{3}}.$$

Demnach gilt $\theta = \arccos(\sqrt{2/3}) = 35{,}3°$. Das illustriert die offensichtliche Tatsache, dass in Anwesenheit von Scherkräften die Kraft auf ein Flächenelement nicht unbedingt normal zur Fläche wirken muss. ■

16.8 Der Dehnungstensor für einen Festkörper

Im vorigen Abschnitt haben wir gesehen, in welcher Weise der Spannungstensor die Flächenkräfte im Innern eines kontinuierlichen Mediums (eines Festkörpers, einer Flüssigkeit, eines Gases) beschreibt. Dieser Abschnitt gibt eine entsprechende Herleitung des Dehnungstensors zur Beschreibung der Verschiebungen im Innern des Mediums. Leider unterscheidet sich in diesem Fall die Untersuchung von Festkör-

15 Man kann das auf verschiedene Weise auffassen. Eine einfache Möglichkeit ist, daran zu denken, dass die Ebene in der Form $f(x, y, z) = \text{const.}$ angegeben ist; nach einem Standardsatz der Vektoranalysis ist dann der Vektor $\boldsymbol{\nabla} f$ normal zu einer Fläche dieser Form (vgl. Aufgabe 18). Daher wäre eigentlich $\boldsymbol{n} = \pm\boldsymbol{\nabla} f/|\boldsymbol{\nabla} f|$ möglich. Da aber $\boldsymbol{n}$ vom Ursprung weg zeigen soll, bleibt nur das Pluszeichen, und man kann leicht prüfen, dass sich damit Gleichung (16.72) ergibt.

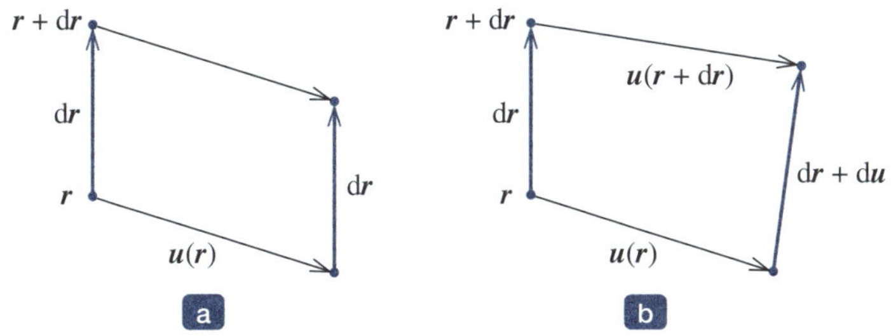

Abbildung 16.17: **a)** Bei einer starren Verschiebung werden alle Punkte des Körpers um dieselbe Strecke verschoben. Damit ist $\boldsymbol{u}(\boldsymbol{r})$ für alle $\boldsymbol{r}$ gleich, und der Abstand $\mathrm{d}\boldsymbol{r}$ zweier beliebiger benachbarter Punkte ändert sich nicht. **(b)** Eine Verformung des Körpers tritt nur dann auf, wenn $\boldsymbol{u}(\boldsymbol{r})$ von Punkt zu Punkt variiert. Dann bewegen sich die Punkte $\boldsymbol{r}$ und $\boldsymbol{r} + \mathrm{d}\boldsymbol{r}$ um unterschiedliche Beträge, und ihr Abstand ändert sich von $\mathrm{d}\boldsymbol{r}$ zu $\mathrm{d}\boldsymbol{r} + \mathrm{d}\boldsymbol{u}$.

pern erheblich von der Untersuchung der Fluide; der Einfachheit halber beschränke ich mich daher auf die Untersuchung von Festkörpern.[16]

Um die Konfiguration eines kontinuierlichen Festkörpers anzugeben, müssen wir die Position jedes der vielen kontinuierlichen Elemente kennen, aus denen er besteht. Der übliche Weg dazu besteht in der Aussage, dass ein bestimmtes kleines Volumen $\mathrm{d}V$ sich „ursprünglich" am Ort $\boldsymbol{r}$ befand und nun am Ort $\boldsymbol{r} + \boldsymbol{u}(\boldsymbol{r})$ ist. Die „ursprüngliche" Position könnte beispielsweise die Gleichgewichtslage oder einfach die Lage zu einem geeigneten Ausgangszeitpunkt t_0 sein. Auf jeden Fall ist der Vektor $\boldsymbol{u}(\boldsymbol{r})$ die Verschiebung, die erforderlich ist, um das Element aus seiner Ausgangslage $\boldsymbol{r}$ in die neue Lage zu bewegen.

Auf den ersten Blick sieht es so aus, als sei $\boldsymbol{u}(\boldsymbol{r})$ ein gutes Maß für die Dehnung des Körpers, doch es ist leicht einzusehen, warum das nicht der Fall ist. Betrachten Sie beispielsweise die Möglichkeit, dass $\boldsymbol{u}(\boldsymbol{r}) = \boldsymbol{u}_0$ eine Konstante ist (unabhängig von $\boldsymbol{r}$). Eine solche starre Verschiebung bewegt den gesamten Körper einfach nur um den Vektor $\boldsymbol{u}_0$ und erfordert überhaupt keine inneren Spannungen. Spannungen erwachsen nicht aus einer *Verschiebung* des Festkörpers, sondern aus seiner *Verformung*, und dazu müssen die einzelnen Elemente des Körpers um unterschiedliche Strecken verschoben werden, wie in Abbildung 16.17b dargestellt. Abbildung 16.17a zeigt hingegen eine starre Verschiebung, bei der $\boldsymbol{u}(\boldsymbol{r})$ für alle $\boldsymbol{r}$ gleich ist, sodass der Abstand $\mathrm{d}\boldsymbol{r}$ für zwei beliebige benachbarte Punkte gleich ist. In Teilbild b) sind hingegen $\boldsymbol{u}(\boldsymbol{r})$ und $\boldsymbol{u}(\boldsymbol{r} + \mathrm{d}\boldsymbol{r})$ verschieden, und der Abstand zwischen zwei benachbarten Punkten ändert sich von $\mathrm{d}\boldsymbol{r}$ zu $\mathrm{d}\boldsymbol{r} + \mathrm{d}\boldsymbol{u}$. Die Änderung $\mathrm{d}\boldsymbol{u}$ des Abstands lässt sich mithilfe der Ableitungen von $\boldsymbol{u}$ nach $\boldsymbol{r}$ ausdrücken:

$$\mathrm{d}u_i = \sum_j \frac{\partial u_i}{\partial r_j} dr_j \qquad (16.74)$$

16 Dass es einen großen Unterschied zwischen Festkörpern und Fluiden geben muss, ist leicht einzusehen. Beispielsweise führt eine Formänderung bei einem Festkörper zu einer Verzerrung und bedingt üblicherweise erhebliche Spannungen; bei einem Fluid hingegen erzeugt eine Formänderung (stellen Sie sich etwa das Umfüllen von Milch aus einem quaderförmigen Karton in eine runde Schüssel vor) normalerweise keine Verzerrungen, weil dafür keine Spannungen erforderlich sind.

oder in Matrizenschreibweise

$$\mathrm{d}\boldsymbol{u} = \boldsymbol{D}\,\mathrm{d}\boldsymbol{r} \tag{16.75}$$

mit der **Ableitungsmatrix** (bzw. dem Ableitungstensor) $\boldsymbol{D}$ aus den partiellen Ableitungen $\partial u_i/\partial r_j$:

$$\boldsymbol{D} = \begin{bmatrix} \partial u_1/\partial r_1 & \partial u_1/\partial r_2 & \partial u_1/\partial r_3 \\ \partial u_2/\partial r_1 & \partial u_2/\partial r_2 & \partial u_2/\partial r_3 \\ \partial u_3/\partial r_1 & \partial u_3/\partial r_2 & \partial u_3/\partial r_3 \end{bmatrix}. \tag{16.76}$$

Die Elemente der Ableitungsmatrix $\boldsymbol{D}$ sagen uns, wie stark die Verschiebung $\boldsymbol{u}(\boldsymbol{r})$ sich ändert, wenn wir uns im Inneren des Festkörpers bewegen; Sie können sich denken, dass $\boldsymbol{D}$ ein gutes Maß für die Dehnung ist. Wir haben bereits bemerkt, dass eine starre Verschiebung unseres Festkörpers nicht als Dehnung gelten kann, dasselbe gilt auch für eine starre Rotation. Wir müssen also untersuchen, welche Form $\boldsymbol{D}$ für eine starre Rotation annimmt, und dann, wenn uns ein $\boldsymbol{D}$ für eine beliebige Verschiebung gegeben ist, daraus den Rotationsanteil herausrechnen; der verbleibende Rest beschreibt dann das, was wir als Dehnung bezeichnen.

Im Folgenden werden wir uns nur mit kleinen Verschiebungen befassen (d. h., dass alle Ableitungen in $\boldsymbol{D}$ viel kleiner sind als 1.) Betrachten wir also eine kleine starre Rotation, die wir durch einen Vektor $\boldsymbol{\theta} = \theta\boldsymbol{u}$ beschreiben können; der Einheitsvektor $\boldsymbol{u}$ bezeichnet die Rotationsachse, θ ist der (kleine) Drehwinkel. Es ist nicht besonders schwierig, die resultierende Verschiebung für einen beliebigen Punkt $\boldsymbol{r}$ von elementar zu berechnen, doch wir können uns viel Mühe sparen, wenn wir an Gleichung (9.22) denken, $\boldsymbol{v} = \boldsymbol{\omega} \times \boldsymbol{r}$, die für die Geschwindigkeit eines Punktes $\boldsymbol{r}$ in einem starren Körper gilt, der sich mit der Winkelgeschwindigkeit $\boldsymbol{\omega}$ dreht. Wenn wir beide Seiten mit dem differenziellen Zeitintervall $\mathrm{d}t$ multiplizieren, erhalten wir für die Verschiebung $\boldsymbol{u}(\boldsymbol{r})$[17]

$$\boldsymbol{u}(\boldsymbol{r}) = \boldsymbol{v}\,\mathrm{d}t = \boldsymbol{\omega}\,\mathrm{d}t \times \boldsymbol{r} = \boldsymbol{\theta} \times \boldsymbol{r}, \tag{16.77}$$

denn es gilt $\boldsymbol{\theta} = \boldsymbol{\omega}\,\mathrm{d}t$. Wenn Sie die Komponenten dieser Gleichung ausschreiben und differenzieren, dann können Sie leicht überprüfen, dass wie in (16.75) $\mathrm{d}\boldsymbol{u} = \boldsymbol{D}\,\mathrm{d}\boldsymbol{r}$ gilt mit

$$\boldsymbol{D} = \begin{bmatrix} 0 & \theta_3 & -\theta_2 \\ -\theta_3 & 0 & \theta_1 \\ \theta_2 & -\theta_1 & 0 \end{bmatrix} \quad \text{[kleine Rotation]}. \tag{16.78}$$

Für eine durch den Vektor $\boldsymbol{\theta} = (\theta_1, \theta_2, \theta_3)$ beschriebene kleine Roation ist die Ableitungsmatrix also durch die antisymmetrische Matrix (16.78) gegeben. (Eine Matrix $\boldsymbol{M}$ ist antisymmetrisch, wenn $\widetilde{\boldsymbol{M}} = -\boldsymbol{M}$ gilt.) Umgekehrt hat eine antisymmetrische Matrix die Form (16.78), also ist jede antisymmetrische Matrix (deren Elemente alle klein sind) eine Ableitungsmatrix für eine kleine Rotation. Wenn daher die Ableitungsmatrix (16.76) sich als antisymmetrisch erweist, beschreibt sie eine Rotation und keine Dehnung.

Wenn wir die Aussage des letzten Absatzes ausnützen wollen, müssen wir einen grundlegenden Satz der Matrizentheorie anwenden: Jede quadratische Matrix $\boldsymbol{M}$ lässt sich als Summe zweier Matrizen schreiben, von denen die eine symmetrisch und

17 Es ist wesentlich, dass $\mathrm{d}t$ und damit auch θ klein sind, andernfalls könnte $\boldsymbol{v}$ sich während der Rotation deutlich ändern.

die andere antisymmetrisch ist; das lässt sich leicht anhand der folgenden ins Auge springenden Identität nachprüfen:

$$\boldsymbol{M} = \tfrac{1}{2}(\boldsymbol{M} - \widetilde{\boldsymbol{M}}) + \tfrac{1}{2}(\boldsymbol{M} + \widetilde{\boldsymbol{M}})\,. \tag{16.79}$$

Der erste Term ist offensichtlich eine antisymmetrische Matrix, der zweite eine symmetrische Matrix; damit ist die Behauptung bewiesen. Die Ableitungsmatrix $\boldsymbol{D}$ einer Verschiebung lässt sich also zerlegen in

$$\boldsymbol{D} = \boldsymbol{A} + \boldsymbol{E}. \tag{16.80}$$

Dabei ist $\boldsymbol{A}$ der antisymmetrische Anteil von $\boldsymbol{D}$; er beschreibt eine starre Rotation und trägt nicht zur Dehnung bei. Der zweite Term $\boldsymbol{E}$ wird als **Dehnungstensor** bezeichnet;[18] er ist der symmetrische Anteil von $\boldsymbol{D}$:

$$\boldsymbol{E} = \tfrac{1}{2}(\boldsymbol{D} + \widetilde{\boldsymbol{D}}) \tag{16.81}$$

mit der Ableitungsmatrix $\boldsymbol{D}$, wie sie in (16.76) definiert ist. Der auf diese Weise definierte Tensor ist ein gutes Maß für die Dehnung; die beiden folgenden Beispiele sollen das illustrieren.

Beispiel 16.5 Der Dehnungstensor $\boldsymbol{E}$ in einem gegebenen Punkt P eines Festkörpers ist das Vielfache der Einheitsmatrix: **Dehnung**

$$\boldsymbol{E} = e\mathbf{1} \tag{16.82}$$

mit einer kleinen Zahl e (die positiv oder negativ sein kann). Beschreiben Sie die Verschiebung der Punkte in der Umgebung von P (wobei wir P der Einfachheit halber als den Ursprung annehmen können).

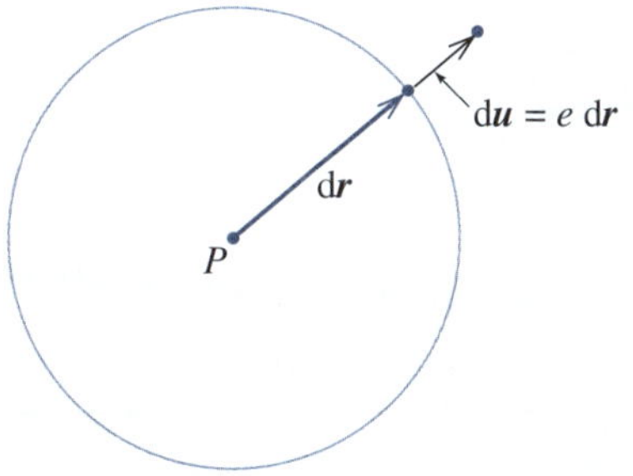

Abbildung 16.18: Die durch (16.82) beschriebenen Dehnung bewegt den Punkt bei d$\boldsymbol{r}$ radial nach außen zu $(1 + e)$d$\boldsymbol{r}$. Somit wird eine Kugel um P einfach nur in alle Richtungen um den Faktor $(1 + e)$ *gedehnt*.

Lösung Da wir weder an allgemeinen starren Verschiebungen noch an Rotationen interessiert sind, können wir annehmen, dass der Punkt P sich nicht bewegt und

18 Die Terminologie ist leider hoffnungslos uneinheitlich. Für den „Dehnungstensor" gibt es viele leicht unterschiedliche Definitionen, und er wird mit unterschiedlichen Formelsymbolen bezeichnet. Das wahrscheinlich Beste, was man über die hier verwendete Notation sagen kann, ist, dass sie wenigstens von *einigen* anderen Autoren verwendet wird.

dass die unmittelbare Umgebung von P nicht rotiert. In diesem Fall ist der antisymmetrische Anteil $\boldsymbol{A}$ von $\boldsymbol{D}$ in (16.80) null, es gilt also $\boldsymbol{D} = \boldsymbol{E}$. Ein Punkt am Ort $\mathrm{d}\boldsymbol{r}$ (relativ zu P) wird somit – wie in Abbildung 16.18 gezeigt – zu $\mathrm{d}\boldsymbol{r} + \mathrm{d}\boldsymbol{u}$ verschoben. Dabei gilt $\mathrm{d}\boldsymbol{u} = \boldsymbol{E}\,\mathrm{d}\boldsymbol{r} = e\,\mathrm{d}\boldsymbol{r}$ – mit anderen Worten: Der Punkt $\mathrm{d}\boldsymbol{r}$ geht über in den Punkt $(1+e)\mathrm{d}\boldsymbol{r}$. Da diese Aussage für jede Richtung von $\mathrm{d}\boldsymbol{r}$ gilt, vergrößert (*dehnt*) sich also die gesamte Kugelschale mit dem kleinen Radius $\mathrm{d}r$ in alle Richtungen um den Faktor $(1+e)$. Wir bezeichnen die durch (16.82) beschriebene Dehnung als **sphärische Dehnung**. Wenn e positiv ist, wird die Kugel wirklich vergrößert (gedehnt), bei negativem e wird sie verkleinert (gestaucht).

Folgendes können Sie sich merken: Wenn ein Teil des Raums in alle drei Richtungen um einen Faktor $(1+e)$ gedehnt wird, nimmt das Volumen um den Faktor $(1+e)^3 \approx 1 + 3e$ zu (nach Voraussetzung gilt $e \ll 1$). Mit anderen Worten: Die Dehnung $\boldsymbol{E} = e\mathbf{1}$ führt zu einer relativen Volumenzunahme um $3e$, also

$$\frac{\mathrm{d}V}{V} = 3e\,. \tag{16.83}$$

■

Scherung **Beispiel 16.6** Der Dehnungstensor $\boldsymbol{E}$ an einem gegebenen Punkt P in einem Festkörper hat die Form

$$\boldsymbol{E} = \begin{bmatrix} 0 & \gamma & 0 \\ \gamma & 0 & 0 \\ 0 & 0 & 0 \end{bmatrix} \tag{16.84}$$

(mit $\gamma \ll 1$). Wenn wir die Elemente von $\boldsymbol{E}$ mit ε_{ij} bezeichnen, dann gilt $\varepsilon_{12} = \varepsilon_{21} = \gamma$, und alle anderen ε_{ij} sind null. Beschreiben Sie die Verschiebung der Punkte in der Umgebung von P (wobei wir P wieder als den Ursprung annehmen können).

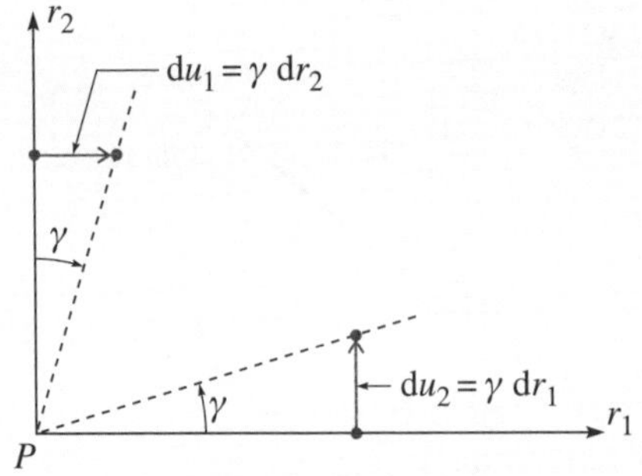

Abbildung 16.19: Durch die Dehnung (16.84) bewegen sich Punkte auf der r_2-Achse in die r_1-Richtung und Punkte auf der r_1-Achse in die r_2-Richtung. Das Ergebnis ist eine Scherung, bei der die Achsen sich wie dargestellt gegeneinander neigen.

Lösung Wir zuvor gehen wir davon aus, dass es keine starre Verschiebung oder Rotation gibt, sodass $\boldsymbol{E}$ mit der Ableitungsmatrix $\boldsymbol{D}$ identisch ist, mit den einzigen von null verschiedenen Elementen

$$\frac{\partial u_1}{\partial r_2} = \frac{\partial u_2}{\partial r_1} = \gamma\,.$$

Wenn wir uns entlang der r_2-Achse bewegen, dann ändert sich also nur eine einzige Komponente von $\boldsymbol{u}$, nämlich u_1. Ein Punkt auf der r_2-Achse wird somit zur Seite (in die r_1-Richtung) verschoben, wie in Abbildung 16.19 gezeigt. Entsprechend bewegt sich ein Punkt auf der r_1-Achse nach oben in die r_2-Richtung. Insgesamt ergibt sich dadurch eine Scherung, durch die sich die Achsen wie dargestellt gegeneinander neigen. (Das gilt für ein positives γ; für ein negatives γ ergibt sich eine Verschiebung in die entgegengesetzte Richtung.) Der Winkel, um den die beiden Achsen sich neigen, ist gleich dem Parameter γ, solange γ klein ist. ■

Im letzten Beispiel haben wir gesehen, dass die Nichtdiagonalelemente ε_{ij} des Dehnungstensors mit den Scherungen verbunden sind. Andererseits hängen die Diagonalelemente mit den Dehnungen entlang der Achsen zusammen. Wenn beispielsweise ε_{11} von null verschieden ist, dann werden die Punkte auf der r_1-Achse entlang der Achse verschoben (zusätzlich zu eventuellen seitlichen Verschiebungen), und die gesamte Achse wird um den Faktor $1+\varepsilon_{11}$ gestreckt. Aus diesem Grund kann man die drei Diagonalelemente ε_{11}, ε_{22} und ε_{33} als die **Streckungselemente** des Dehnungstensors $\boldsymbol{E}$ bezeichnen.

Zerlegung des allgemeinen Dehnungstensors

Die letzten beiden Beispiele führen uns zur abschließenden Aktion mit dem Dehnungstensor. Wir haben gesehen, dass die Dehnung eine einfache sphärische Dehnung wie in Beispiel 16.5 ist, wenn $\boldsymbol{E}$ diagonal ist und die Diagonalelemente des Tensors gleich sind (d. h. $\varepsilon_{11} = \varepsilon_{22} = \varepsilon_{33} = e$ und damit $\boldsymbol{E} = e\mathbf{1}$). Selbst wenn ein Dehnungstensor $\boldsymbol{E}$ diese Bedingung nicht erfüllt, können wir e als die **mittlere Dehnung** definieren, d. h. als den Mittelwert der drei Diagonalelemente

$$e = \tfrac{1}{3}(\varepsilon_{11} + \varepsilon_{22} + \varepsilon_{33})\,, \tag{16.85}$$

und die einfache sphärische Dehnung $e\mathbf{1}$ hat dann noch einen gewissen nützlichen Bezug zum Ursprungstensor $\boldsymbol{E}$. Bevor ich den Beweis antrete, möchte ich erwähnen, dass in der Matrizentheorie die Summe der Diagonalelemente einen eigenen Namen hat, nämlich **Spur**. Für eine quadratische $(n \times n)$-Matrix $\boldsymbol{M}$ mit den Elementen m_{ij} definieren wir ihre Spur Sp$\boldsymbol{M}$ als die Summe[19]

$$\mathrm{Sp}\boldsymbol{M} = \sum_{i=1}^{n} m_{ii} = m_{11} + \cdots + m_{nn}\,. \tag{16.86}$$

Man kann die Definition (16.85) für die mittlere Dehnung e eines Dehnungstensors $\boldsymbol{E}$ auch so ausdrücken, dass sie ein Drittel von dessen Spur beträgt:

$$e = \tfrac{1}{3}\,\mathrm{Sp}\boldsymbol{E}\,. \tag{16.87}$$

Die Matrix $e\mathbf{1}$ beschreibt eine reine sphärische Dehnung, die natürlich das Volumen jedes kleinen Bereichs rings um den interessierenden Punkt verändert, und man kann zeigen (Aufgabe 24), dass sie das Volumen um genau denselben Betrag ändert wie die ursprüngliche Dehnung $\boldsymbol{E}$. Wenn wir also schreiben

$$\boldsymbol{E} = e\mathbf{1} + \boldsymbol{E}'\,, \tag{16.88}$$

dann drücken wir $\boldsymbol{E}$ als die Summe zweier Dehnungen aus; die erste davon ist eine reine sphärische Dehnung, die zu derselben Volumenänderung wie $\boldsymbol{E}$ führt, die

19 Statt des Symbols „Sp“ sind auch die Schreibweisen sp, spr, Spur oder spur bzw. – vom englischen Begriff *trace* abgeleitet – auch Trace, trace, Tr oder tr gebräuchlich. (Anm. d. Übers.)

zweite bewirkt dieselben Scherungen wie $\boldsymbol{E}$, ohne aber das Volumen zu ändern. Wir können somit den ersten Term ($e\mathbf{1}$) als den **sphärischen Anteil** von $\boldsymbol{E}$ bezeichnen; der zweite Term wird mitunter als **Deviator des Dehnungstensors** $\boldsymbol{E}$ bezeichnet, wohl weil er angibt, wie groß die „Deviation“ (Abweichung) des Dehnungstensors von der entsprechenden reinen sphärischen Dehnung ist. Mathematisch lässt sich die Zerlegung (16.88) charakterisieren, indem man sagt, dass der erste Term ein Vielfaches der Einheitsmatrix mit derselben Spur wie der von $\boldsymbol{E}$ und der zweite eine Matrix mit der Spur null ist. Im nächsten Abschnitt werden wir sehen, dass diese Zerlegung von $\boldsymbol{E}$ eine entscheidende Rolle beim Zusammenhang zwischen Spannung und Dehnung spielt.

Ein Zahlenbeispiel für die Dehnung

Beispiel 16.7 Der Dehnungstensor an einem gegebenen Punkt in einem Festkörper wird bestimmt zu

$$\boldsymbol{E} = \begin{bmatrix} -0{,}01 & 0{,}02 & 0{,}05 \\ 0{,}02 & 0{,}03 & 0{,}04 \\ 0{,}05 & 0{,}04 & 0{,}04 \end{bmatrix}. \tag{16.89}$$

Zerlegen Sie diese Dehnung gemäß (16.88) in ihren sphärischen Anteil und ihren Deviator.

Lösung Die mittlere Dehnung erkennt man leicht als $e = \frac{1}{3}\mathrm{Sp}\boldsymbol{E} = 0{,}02$, und $\boldsymbol{E}'$ bestimmt man dann durch Subtraktion zu $\boldsymbol{E}' = \boldsymbol{E} - e\mathbf{1}$. Also gilt

$$e\mathbf{1} = \begin{bmatrix} 0{,}02 & 0 & 0 \\ 0 & 0{,}02 & 0 \\ 0 & 0 & 0{,}02 \end{bmatrix} \quad \text{und} \quad \boldsymbol{E}' = \begin{bmatrix} -0{,}03 & 0{,}02 & 0{,}05 \\ 0{,}02 & 0{,}01 & 0{,}04 \\ 0{,}05 & 0{,}04 & 0{,}02 \end{bmatrix} \tag{16.90}$$

Man überprüft leicht, dass der ursprüngliche Dehnungstensor $\boldsymbol{E}$ sich tatsächlich als $e\mathbf{1} + \boldsymbol{E}'$ schreiben lässt. Beachten Sie, dass $e\mathbf{1}$ wie erwartet dieselbe Spur hat wie $\boldsymbol{E}$ und dass die Spur von $\boldsymbol{E}'$ null ist. ■

16.9 Der Zusammenhang von Spannung und Dehnung: das Hooke'sche Gesetz

Der letzte Schritt bei der Herleitung der Bewegungsgleichung für einen kontinuierlichen Festkörper besteht in der Suche nach dem Zusammenhang zwischen dem Spannungstensor $\boldsymbol{\Sigma}$ und dem Dehnungstensor $\boldsymbol{E}$. Dieser Zusammenhang, manchmal als **Konsistenzgleichung** oder **Materialgleichung** (engl. *constitutive equation*) bezeichnet, entspricht dem Hooke'schen Gesetz für eine Masse an einer Feder und drückt die Kraft (hier: die Spannung) mithilfe der Deformation (hier: der Dehnung) aus. Nach einer plausiblen Annahme sollte – zumindest für kleine Störungen – der Zusammenhang zwischen Spannung und Dehnung linear sein; genau das werde ich hier auch annehmen. Es gibt etliche Materialien, für die diese Annahme ziemlich gut zutrifft – sei es ein Metallstück oder selbst Gestein aus der Erdkruste. Wenn der gesuchte Zusammenhang linear ist, nennt man ihn das *verallgemeinerte Hooke'sche Gesetz*. Um die Diskussion weiter zu vereinfachen (und das ist wirklich eine gewaltige Vereinfachung!), werde ich annehmen, dass der Festkörper isotrop ist, denn daraus folgt, dass der gesuchte Zusammenhang zwischen $\boldsymbol{\Sigma}$ und $\boldsymbol{E}$ nicht von unserer Wahl der Achsen abhängt, dass er also rotationsinvariant ist.

Wir wollen den Spannungstensor $\boldsymbol{\Sigma}$ als eine Funktion $\boldsymbol{\Sigma} = f(\boldsymbol{E})$ des Dehnungstensors $\boldsymbol{E}$ ausdrücken. Die Funktion f muss linear sein, und sie muss rotationsinvariant sein. Die Linearität ist eine altvertraute Eigenschaft. Rotationsinvarianz bedeutet folgendes: Wenn R eine beliebige Drehung unserer Koordinatenachsen und $\boldsymbol{M}_R$ die Matrix bezeichnet, die sich aus einer Matrix $\boldsymbol{M}$ durch die Drehung R ergibt, dann muss für eine beliebige Dehnung $\boldsymbol{E}$ und eine beliebige Drehung R gelten

$$f(\boldsymbol{E}_R) = [f(\boldsymbol{E})]_R\,. \tag{16.91}$$

Mit anderen Worten: Die Spannung, die der gedrehten Dehnung $\boldsymbol{E}_R$ entspricht (linke Seite der Gleichung), muss dieselbe sein, wie wenn man die der Dehnung $\boldsymbol{E}$ entsprechende Spannung dreht (rechte Seite der Gleichung). Nun haben wir gesehen, dass sich der Dehnungstensor als die Summe seines sphärischen Anteils und seines Deviators darstellen lässt:

$$\boldsymbol{E} = e\mathbf{1} + \boldsymbol{E}'\,. \tag{16.92}$$

Diese Zerlegung weist zwei wichtige Merkmale auf: Erstens ist sie rotationsinvariant, d. h., wenn wir die Achsen drehen, geht jeder Anteil separat für sich in den entsprechenden Anteil des gedrehten Tensors über. (Der sphärische Anteil von $\boldsymbol{E}$ geht also über in den sphärischen Anteil von $\boldsymbol{E}_R$, und für den Deviator gilt dasselbe.) Zweitens ist es unmöglich, $\boldsymbol{E}$ unter Beibehaltung dieser Eigenschaft weiter zu zerlegen.[20]

Das entscheidende Ergebnis (der Beweis geht leider weit über den Rahmen der in diesem Buch vorausgesetzten Mathematik hinaus) ist folgendes: Wenn $\boldsymbol{\Sigma} = f(\boldsymbol{E})$ gilt, wenn die Funktion f linear und rotationsinvariant ist und wenn man $\boldsymbol{E}$ gemäß (16.92) zerlegt, dann ist die allgemeinste mögliche Form der Funktion f

$$\boldsymbol{\Sigma} = \alpha e\mathbf{1} + \beta\boldsymbol{E}' \tag{16.93}$$

mit zwei (vom Material des Festkörpers abhängigen) Konstanten α und β und der üblichen Entsprechung $e = \frac{1}{3}\mathrm{Sp}\boldsymbol{E}$.[21] Der Zusammenhang (16.93) wird als **verallgemeinertes Hooke'sches Gesetz** oder kurz als **Hooke'sches Gesetz** bezeichnet, und ein Festkörper, auf den dieses Gesetz anwendbar ist, heißt **elastischer Festkörper**. Oft ist es günstig, das Hooke'sche Gesetz (16.93) durch $\boldsymbol{E}$ auszudrücken (statt durch $\boldsymbol{E}' = \boldsymbol{E} - e\mathbf{1}$); dann erhält man

$$\boldsymbol{\Sigma} = (\alpha - \beta)e\mathbf{1} + \beta\boldsymbol{E}\,. \tag{16.94}$$

20 In der Sprache der Gruppentheorie sind die beiden Anteile in (16.92) *irreduzibel*. Eine Darlegung der nötige Gruppentheorie finden Sie beispielsweise in Kapitel 10 des Buches *Mathematics for Scientists and Engineers* von Harold Cohen, Prentice Hall (1992), oder in Kapitel 16 von *Mathematical Methods of Physics* von Jon Mathews und R. L. Walker, W. A. Benjamin (1970). – Eine gute allgemeine Einführung in Gruppentheorie für Physiker bieten Pierre Ramond, *Group Theory. A Physicist's Survey*, Cambridge University Press, 2010; und für die wichtigen Lie-Gruppen (dazu gehört die Rotation) Howard Georgi, *Lie Algebras In Particle Physics: from Isospin To Unified Theories*, Westview Press, 1999.

21 Im Rahmen der Gruppendarstellungen ist der Beweis verblüffend einfach: Die lineare Funktion f muss mit allen Drehungen kommutieren. Die Zerlegung (16.92) teilt den Raum aller symmetrischen Matrizen in zwei *irreduzible* Unterräume (mit den Dimensionen 1 bzw. 5). Nach dem Schur'schen Lemma kann die Beschränkung von f auf die beiden irreduziblen Unterräume jeweils bestenfalls eine Multiplikation mit einem Skalar sein (den wir als α bzw. β bezeichnen können) – und schon ist (16.93) bewiesen.

Diese Gleichung können wir in zwei Schritten nach $\boldsymbol{E}$ umstellen und somit $\boldsymbol{E}$ durch $\boldsymbol{\Sigma}$ ausdrücken. Wenn wir die Spur von (16.93) bilden, ergibt sich $\mathrm{Sp}\boldsymbol{\Sigma} = 3\alpha e$ und damit $e = \mathrm{Sp}\boldsymbol{\Sigma}/3\alpha$. Setzen wir das in (16.94) ein, ergibt sich

$$\boldsymbol{E} = \frac{1}{3\alpha\beta}[3\alpha\boldsymbol{\Sigma} - (\alpha - \beta)(\mathrm{Sp}\boldsymbol{\Sigma})\mathbf{1}] . \tag{16.95}$$

Wie Sie wohl vermuten werden, hängen die Konstanten α und β mit den elastischen Moduln zusammen, die am Ende von Abschnitt 16.6 eingeführt wurden [Gleichungen (16.55) bis (16.57)]. Beginnen wir mit dem Kompressionsmodul.

Der Kompressionsmodul *K*

Stellen Sie sich einen Festkörper vor, auf den lediglich ein isotroper Druck p wirkt (es gibt keine Scherspannungen). Wie wir wissen, hat in diesem Fall der Spannungstensor die einfache Form $\boldsymbol{\Sigma} = -p\mathbf{1}$. Setzen wir das in das Hooke'sche Gesetz (16.95) ein, so erhalten wir

$$\boldsymbol{E} = \frac{1}{\alpha\beta}[-\alpha + (\alpha - \beta)]p\mathbf{1} = -\frac{p}{\alpha}\mathbf{1} . \tag{16.96}$$

Mit anderen Worten: Der Dehnungstensor $\boldsymbol{E}$ ist ebenfalls ein Vielfaches der Einheitsmatrix; wir können ihn damit als $\boldsymbol{E} = e\mathbf{1}$ schreiben (mit $e = -p/\alpha$). Doch wir wissen aus Gleichung (16.83), dass $e = \frac{1}{3}\mathrm{d}V/V$ gilt. Wenn wir die beiden Ausdrücke für e miteinander vergleichen, kommen wir auf $p = -\frac{1}{3}\alpha\mathrm{d}V/V$, und beim Vergleich mit der Definition (16.56) des Kompressionsmoduls K ergibt sich

$$\alpha = 3K . \tag{16.97}$$

Der Schubmodul *G*

Betrachten wir als Nächstes die einfache Scherung $\boldsymbol{E}$, die in Beispiel 16.6 [Gleichung (16.84)] gegeben und in Abbildung 16.19 dargestellt ist. Da $\boldsymbol{E}$ die Spur null hat, gilt $e = 0$, und das Hooke'sche Gesetz (16.94) reduziert sich auf die einfache Form

$$\boldsymbol{\Sigma} = \beta\boldsymbol{E} .$$

Insbesondere ist die Spannung, die die Scherung verursacht,

$$\frac{F}{A} = \sigma_{12} = \beta\varepsilon_{12} = \beta\gamma . \tag{16.98}$$

Diesen Ausdruck müssen wir mit der Definition (16.57) des Schubmoduls vergleichen. Leider bezieht sich (16.57) auf die Dehnung aus Abbildung 16.13, die sich etwas von der in Abbildung 16.19 unterscheidet. Konkret zeigt Abbildung 16.19, dass sich *beide* Achsen um einen Winkel γ gegeneinander neigen, während sich in Abbildung 16.13 nur die x-Achse um einen Winkel θ neigt und die y-Achse unverändert bleibt. Eine kurze Überlegung sollte Sie davon überzeugen, dass die Dehnung aus Abbildung 16.13 eine Kombination aus einer einfache Scherung (wie in Abbildung 16.19) und einer Drehung ist, die die y-Achse wieder in ihre ursprüngliche Lage zurückbringt. Demnach ist der Winkel θ aus Abbildung 16.13 das Doppelte des

Winkels γ aus Abbildung 16.19, es gilt also $\theta = 2\gamma$. Setzen wir das in die Definition (16.57) des Schubmoduls G ein, erhalten wir

$$\frac{F}{A} = G\frac{\mathrm{d}y}{\mathrm{d}x} = G\theta = 2G\gamma\,,$$

und durch Vergleich mit (16.98) schließen wir, dass die Konstante β gerade das Doppelte des Schubmoduls ist:

$$\beta = 2G\,. \tag{16.99}$$

Der Elastizitätsmodul *E*

In analoger Weise können wir auch den Elastizitätsmodul E mithilfe der Konstanten α und β ausdrücken. Die Einzelheiten überlasse ich Ihnen als Übung (Aufgabe 27); das Ergebnis ist

$$E = \frac{3\alpha\beta}{2\alpha + \beta} = \frac{9K \cdot G}{3K + G}\,, \tag{16.100}$$

der letzte Ausdruck folgt, wenn man (16.97) für α und (16.99) für β einsetzt. Interessanterweise zeigt dieses Ergebnis, dass nur zwei der drei elastischen Moduln unabhängige Größen sind. Wenn wir beispielsweise K und G kennen, können wir E berechnen (vgl. Aufgabe 26).

16.10 Die Bewegungsgleichung für einen elastischen Körper

Betrachten wir nun ein infinitesimales Volumenelement $\mathrm{d}V$ in einem elastischen Festkörper. Die Masse des Volumenelements beträgt $\varrho\,\mathrm{d}V$ mit der Dichte ϱ, sein Ort ist $\boldsymbol{r} + \boldsymbol{u}(\boldsymbol{r}, t)$ mit der Gleichgewichtsposition $\boldsymbol{r}$ und der Verschiebung $\boldsymbol{u}(\boldsymbol{r}, t)$ aus dem Gleichgewicht. [Die Verschiebung $\boldsymbol{u}(\boldsymbol{r}, t)$ hängt sowohl von $\boldsymbol{r}$ als auch von t ab, doch die Gleichgewichtslage $\boldsymbol{r}$ eines gegebenen Elements des Festkörpers ist konstant und hängt nicht von t ab.] Die Anwendung des zweiten Newton'schen Gesetzes auf dieses Volumenelement ergibt

$$\varrho\,\mathrm{d}V\,\frac{\partial^2 \boldsymbol{u}}{\partial t^2} = \boldsymbol{F}_{\mathrm{Vol}} + \boldsymbol{F}_{\mathrm{Fl}}\,, \tag{16.101}$$

wobei $\boldsymbol{F}_{\mathrm{Vol}}$ die Volumenkraft und $\boldsymbol{F}_{\mathrm{Fl}}$ die Summe aller Flächenkräfte auf $\mathrm{d}V$ angibt. Die Volumenkraft ist proportional zu $\mathrm{d}V$. Ich werde konkret annehmen, dass es sich nur um die Gravitationskraft handelt, also

$$\boldsymbol{F}_{\mathrm{Vol}} = \varrho\,\boldsymbol{g}\,\mathrm{d}V\,. \tag{16.102}$$

Bekanntlich ist die Flächenkraft auf ein kleines Flächenelement der Oberfläche unseres Volumens $\boldsymbol{\Sigma}\,\mathrm{d}\boldsymbol{A}$, dabei ist $\boldsymbol{\Sigma}$ wie üblich der (3×3)-Spannungstensor und $\mathrm{d}\boldsymbol{A}$ der Vektor, der das Flächenelement bezeichnet [wir betrachten ihn im Matrizenprodukt als einen (3×1)-Spaltenvektor]. Die Gesamtflächenkraft ist also

$$\boldsymbol{F}_{\mathrm{Fl}} = \int \boldsymbol{\Sigma}\,\mathrm{d}\boldsymbol{A}\,; \tag{16.103}$$

das Integral läuft dabei über die geschlossene Oberfläche des betrachteten Volumenelements. Wenn wir dieses Integral auf eine besser handhabbare Form bringen wollen, müssen wir den Divergenzsatz anwenden. Dieser Satz wurde in Kapitel 13 über die Hamilton-Mechanik eingeführt. Für den Fall, dass Sie dieses Kapitel nicht gelesen haben, stelle ich hier noch einmal seine Hauptaussage vor. (Nähere Details finden Sie in Abschnitt 13.7 sowie in den Aufgaben 31 bis 34.) Nach dem Divergenzsatz ist jedes Flächenintegral der Form $\int \boldsymbol{v}\cdot \mathrm{d}\boldsymbol{A}$ über eine geschlossene Fläche S gleich einem bestimmten Volumenintegral, nämlich

$$\int_S \boldsymbol{v}\cdot \mathrm{d}\boldsymbol{A} = \int_V \boldsymbol{\nabla}\cdot \boldsymbol{v}\,\mathrm{d}V\,. \tag{16.104}$$

Hier ist $\boldsymbol{v}$ ein beliebiger Vektor, V ist das von der Fläche S umschlossene Volumen, und $\boldsymbol{\nabla}\cdot\boldsymbol{v}$ ist die **Divergenz** von $\boldsymbol{v}$

$$\boldsymbol{\nabla}\cdot\boldsymbol{v} = \frac{\partial v_x}{\partial x} + \frac{\partial v_y}{\partial y} + \frac{\partial v_z}{\partial z} = \sum_{j=1}^{3} \partial_j v_j \tag{16.105}$$

mit der praktischen Abkürzung

$$\partial_j = \frac{\partial}{\partial r_j}\,.$$

Wenn wir den Divergenzsatz (16.104) komponentenweise aufschreiben, ergibt sich

$$\int \sum_j v_j\,\mathrm{d}A_j = \int \sum_j \partial_j v_j\,\mathrm{d}V\,. \tag{16.106}$$

Die i-te Komponente der Flächenkraft (16.103) ist

$$(\boldsymbol{F}_{\mathrm{Fl}})_i = \int \sum_j \sigma_{ij}\,\mathrm{d}A_j\,. \tag{16.107}$$

Für jeden festen Wert von i (1, 2 oder 3) hat dieser Ausdruck die Form der linken Seite von (16.106) und kann daher durch einen Term ersetzt werden, der die Form der rechten Seite aufweist:

$$(\boldsymbol{F}_{\mathrm{Fl}})_i = \int \sum_j \partial_j \sigma_{ij}\,\mathrm{d}V\,. \tag{16.108}$$

Wir können dies in der kompakteren Vektorform schreiben, wenn wir einen Vektor $\boldsymbol{\nabla}\cdot\boldsymbol{\Sigma}$ einführen, der so definiert ist, dass seine i-te Komponente

$$(\boldsymbol{\nabla}\cdot\boldsymbol{\Sigma})_i = \sum_{j=1}^{3} \partial_j \sigma_{ji}\,. \tag{16.109}$$

ist.[22] Beachten Sie, dass $\boldsymbol{\nabla}$ ein Vektoroperator und $\boldsymbol{\Sigma}$ ein Tensor ist; daher muss $\boldsymbol{\nabla}\cdot\boldsymbol{\Sigma}$ ein Vektor sein. Mit dieser Notation können wir (16.108) schreiben als

$$\boldsymbol{F}_{\mathrm{Fl}} = \int \boldsymbol{\nabla}\cdot\boldsymbol{\Sigma}\,\mathrm{d}V\,. \tag{16.110}$$

22 Für einen beliebigen Tensor $\boldsymbol{M}$ sind die Elemente m_{ij} und m_{ji} nicht unbedingt gleich, sodass wir die Reihenfolge der Indizes i und j beachten müssen. Glücklicherweise aber ist $\boldsymbol{\Sigma}$ symmetrisch, sodass die Reihenfolge der Indizes beliebig ist.

Das Ergebnis gilt für die Flächenkraft auf jedes Volumen, sei es nun klein oder groß. Wir interessieren uns aber hier für ein infinitesimales Volumenelement $\mathrm{d}V$. Wenn das Volumen nur klein genug ist, ist der Integrand konstant, und aus (16.110) wird

$$\boldsymbol{F}_{\mathrm{Fl}} = \boldsymbol{\nabla} \cdot \boldsymbol{\Sigma}\, \mathrm{d}V \tag{16.111}$$

für jedes kleine Volumen $\mathrm{d}V$.

Kehren wir nun zu der Bewegungsgleichung (16.101) zurück und setzen (16.102) für $\boldsymbol{F}_{\mathrm{Vol}}$ und (16.111) für $\boldsymbol{F}_{\mathrm{Fl}}$ ein. Damit erhält jeder Term einen Faktor $\mathrm{d}V$, durch den wir dividieren können, und es ergibt sich

$$\varrho \frac{\partial^2 \boldsymbol{u}}{\partial t^2} = \varrho \boldsymbol{g} + \boldsymbol{\nabla} \cdot \boldsymbol{\Sigma}\,. \tag{16.112}$$

Diese wichtige Gleichung ist leicht zu interpretieren. Die linke Seite entspricht dem $m\boldsymbol{a}$ von $m\boldsymbol{a} = \boldsymbol{F}$. Der erste Term auf der rechten Seite entspricht der Gravitationskraft (oder allgemeiner der Volumenkraft), der zweite Term entspricht der Flächenkraft.

Bevor wir diese Bewegungsgleichung anwenden können, müssen wir noch mithilfe des Hooke'schen Gesetzes den Spannungstensor $\boldsymbol{\Sigma}$ durch den Dehnungstensor $\boldsymbol{E}$ ersetzen. In der Form von Gleichung (16.94) lautet das Hooke'sche Gesetz

$$\boldsymbol{\Sigma} = (\alpha - \beta) e \mathbf{1} + \beta \boldsymbol{E} \tag{16.113}$$

oder – in Komponenten ausgedrückt –

$$\sigma_{ji} = (\alpha - \beta) e\, \delta_{ji} + \beta \varepsilon_{ji} \tag{16.114}$$

mit dem schon in Aufgabe 10.21 eingeführten **Kronecker-Symbol**

$$\delta_{ji} = \begin{cases} 1 & \text{für } j = i \\ 0 & \text{für } j \neq i\,. \end{cases} \tag{16.115}$$

Wegen $\varepsilon_{ji} = \frac{1}{2}(\partial_j u_i + \partial_i u_j)$ ist die mittlere Dehnung e

$$e = \tfrac{1}{3} \sum_i \varepsilon_{ii} = \tfrac{1}{3} \sum_i \partial_i u_i = \tfrac{1}{3} \boldsymbol{\nabla} \cdot \boldsymbol{u}\,.$$

Setzen wir dies in (16.114) ein, erhalten wir

$$\sigma_{ji} = \tfrac{1}{3}(\alpha - \beta)\, \delta_{ji} \boldsymbol{\nabla} \cdot \boldsymbol{u} + \tfrac{1}{2}\beta(\partial_i u_j + \partial_j u_i)\,.$$

Damit können wir $\boldsymbol{\nabla} \cdot \boldsymbol{\Sigma}$ für die Ersetzung in (16.112) berechnen:

$$(\boldsymbol{\nabla} \cdot \boldsymbol{\Sigma})_i = \sum_j \partial_j \sigma_{ji} = \tfrac{1}{3}(\alpha - \beta) \sum_j \delta_{ji} \partial_j (\boldsymbol{\nabla} \cdot \boldsymbol{u}) + \tfrac{1}{2}\beta \sum_j \partial_j \partial_i u_j + \tfrac{1}{2}\beta \sum_j \partial_j \partial_j u_i\,.$$

Ein hässliches Ergebnis, doch jeder einzelne Term lässt sich vereinfachen. Im ersten Term beachten Sie $\sum_j \delta_{ji} \partial_j = \partial_i$. Im zweiten Term haben wir $\sum_j \partial_j \partial_i u_j = \partial_i \sum_j \partial_j u_j = \partial_i \boldsymbol{\nabla} \cdot \boldsymbol{u}$ und im dritten $\sum_j \partial_j \partial_j = \boldsymbol{\nabla}^2$. Somit gelangen wir zu

$$\begin{aligned} \boldsymbol{\nabla} \cdot \boldsymbol{\Sigma} &= \tfrac{1}{3}(\alpha - \beta) \boldsymbol{\nabla}(\boldsymbol{\nabla} \cdot \boldsymbol{u}) + \tfrac{1}{2}\beta \boldsymbol{\nabla}(\boldsymbol{\nabla} \cdot \boldsymbol{u}) + \tfrac{1}{2}\beta \boldsymbol{\nabla}^2 \boldsymbol{u} \\ &= (\tfrac{1}{3}\alpha + \tfrac{1}{6}\beta) \boldsymbol{\nabla}(\boldsymbol{\nabla} \cdot \boldsymbol{u}) + \tfrac{1}{2}\beta \boldsymbol{\nabla}^2 \boldsymbol{u} \\ &= (K + \tfrac{1}{3}G) \boldsymbol{\nabla}(\boldsymbol{\nabla} \cdot \boldsymbol{u}) + G \boldsymbol{\nabla}^2 \boldsymbol{u}\,; \end{aligned} \tag{16.116}$$

in der letzten Zeile habe ich die Gleichungen (16.97) und (16.99) angewendet, um α und β durch den Kompressionsmodul K bzw. den Schubmodul G auszudrücken.

Und damit können wir endlich die Bewegungsgleichung für einen elastischen Festkörper in einer handhabbaren Form angeben. Wenn wir (16.116) in (16.112) einsetzen, erhalten wir

$$\varrho \frac{\partial^2 \boldsymbol{u}}{\partial t^2} = \varrho \boldsymbol{g} + \left(K + \tfrac{1}{3}G\right) \boldsymbol{\nabla}(\boldsymbol{\nabla} \cdot \boldsymbol{u}) + G\boldsymbol{\nabla}^2 \boldsymbol{u}. \tag{16.117}$$

Im nächsten Abschnitt werden wir diese manchmal als **Navier-Gleichung**[23] bezeichnete Beziehung anwenden und damit zwei wichtige Arten von Wellen in einem elastischen Festkörper herleiten.

16.11 Longitudinal- und Transversalwellen in einem Festkörper

Bekanntlich treten in einem elastischen Festkörper zwei Arten von Wellen auf – longitudinale und transversale. Um diese Aussage auch mathematisch herzuleiten, betrachten wir die Navier-Gleichung (16.117). Wir wollen annehmen, dass die Gravitation unwesentlich ist, und setzen $\boldsymbol{g} = 0$. (Das ist normalerweise eine ausgezeichnete Näherung, außer bei den sehr langsamen ($\tau \gtrapprox 200\,\mathrm{s}$) freien Schwingungen der Erde, für die die Gravitation sehr wohl eine wichtige Rolle spielt.) Ohne Beschränkung der Allgemeinheit betrachten wir eine ebene Welle, die sich in x-Richtung (d. h. r_1-Richtung) ausbreitet; damit hängt $\boldsymbol{u}$ nur von x und t ab.

Betrachten wir zunächst die Möglichkeit einer longitudinalen Störung, bei der es eine Auslenkung $\boldsymbol{u}$ in Ausbreitungsrichtung gibt:

$$\boldsymbol{u} = [u_x(x,t), 0, 0]\,.$$

In diesem Fall haben wir $\boldsymbol{\nabla} \cdot \boldsymbol{u} = \partial u_x/\partial x$, und die einzige von null verschiedene Komponente von $\boldsymbol{\nabla}(\boldsymbol{\nabla} \cdot \boldsymbol{u})$ ist dessen x-Komponente, also $\partial^2 u_x/\partial x^2$. Die einzige von null verschiedene Komponente von $\boldsymbol{\nabla}^2 \boldsymbol{u}$ ist ebenfalls die x-Komponente, die gleichfalls $\partial^2 u_x/\partial x^2$ ist. Wenn wir das in der Bewegunggleichung (16.117) berücksichtigen, erhalten wir

$$\varrho \frac{\partial^2 u_x}{\partial t^2} = \left(K + \tfrac{4}{3}G\right) \frac{\partial^2 u_x}{\partial x^2}. \tag{16.118}$$

Das ist eine Wellengleichung für eine Welle mit der Ausbreitungsgeschwindigkeit

$$c_{\text{long}} = \sqrt{\frac{K + \frac{4}{3}G}{\varrho}}. \tag{16.119}$$

Offenbar sind **Longitudinalwellen** mit der angegebenen Ausbreitungsgeschwindigkeit tatsächlich möglich.

Bei einer transversalen Störung hingegen, die sich in x-Richtung fortpflanzen soll, geht die Auslenkung $\boldsymbol{u}$ in eine dazu senkrechte Richtung (etwa in die y-Richtung); $\boldsymbol{u}$ hat dann die Form

$$\boldsymbol{u} = [0, u_y(x,t), 0]\,.$$

23 Gesprochen nav'je:, nach dem französischen Ingenieur Claude Navier, 1785–1836; sie ist nicht mit den Navier-Stokes-Gleichungen zu verwechseln, die die Strömung von viskosen Fluiden beschreiben. (Anm. d. Übers.)

In diesem Fall gilt $\boldsymbol{\nabla} \cdot \boldsymbol{u} = 0$, und $\boldsymbol{\nabla}^2 \boldsymbol{u}$ hat nur eine y-Komponente gleich $\partial^2 u_y / \partial x^2$; aus (16.117) wird dann

$$\varrho \frac{\partial^2 u_y}{\partial t^2} = G \frac{\partial^2 u_y}{\partial x^2} .$$

Das ist die Wellengleichung für eine Welle mit der Ausbreitungsgeschwindigkeit

$$c_{\text{tran}} = \sqrt{\frac{G}{\varrho}} . \qquad (16.120)$$

Wir schließen daraus, dass **Transversalwellen** mit der angegebenen Ausbreitungsgeschwindigkeit tatsächlich möglich sind.

Beachten Sie $c_{\text{long}} > c_{\text{tran}}$. Wenn also longitudinale und transversale Signale gleichzeitig von einer Quelle ausgehen, kommen an einem entfernten Detektor die longitudinalen Signale zuerst an. Es ist beispielsweise in den Geowissenschaften wohlbekannt, dass die Longitudinalwellen von einem entfernten Erdbeben vor den Transversalwellen eintreffen; das gibt den Seismologen die Möglichkeit, die Entfernung des Erdbebenzentrums oder der verursachenden Explosion zu bestimmen. Aus diesem Grund werden Longitudinalwellen auch als **Primärwellen** oder **P-Wellen** bezeichnet, Transversalwellen heißen entsprechend **Sekundärwellen** oder **S-Wellen**.

Beispiel 16.8 Die elastischen Moduln variieren für die verschiedenen Materialien der Erdkruste; typische Werte sind $K \approx 40\,\text{GPa}$ und $G \approx 25\,\text{GPa}$. (Das sind Näherungswerte für Granit mit einer Dichte von $2{,}7 \cdot 10^3\,\text{kg/m}^3$; ein Gigapascal (GPa) sind $10^9\,\text{Pa} = 10^9\,\text{N/m}^2$.) Welche Ausbreitungsgeschwindigkeit in Gestein haben bei diesen Werten longitudinale und transversale seismische Wellen? **Seismische Wellen**

Lösung Nach (16.119) ist die longitudinale Ausbreitungsgeschwindigkeit

$$c_{\text{long}} = \sqrt{\frac{(40 + \frac{4}{3} \cdot 25) \cdot 10^9\,\text{N/m}^2}{2{,}7 \cdot 10^3 \text{kg/m}^3}} \approx 5{,}25\,\text{km/s}.$$

Entsprechend ergibt sich mit (16.120) für die transversale Ausbreitungsgeschwindigkeit

$$c_{\text{tran}} = \sqrt{\frac{25 \cdot 10^9\,\text{N/m}^2}{2{,}7 \cdot 10^3\,\text{kg/m}^3}} \approx 3{,}0\,\text{km/s}.$$

■

Gleichung (16.120) für die transversale Ausbreitungsgeschwindigkeit hat die bemerkenswerte Eigenschaft, dass c_{tran} null wird, wenn der Schubmodul G null ist, etwa in einem Fluid. Das deutet darauf hin (und ist auch korrekt), dass in einem Fluid keine Transversalwellen auftreten.[24] Eine schöne Anwendung dieser Aussage ist die Beobachtung, dass transversale seismische Wellen (anders als die longitudinalen) sich nicht durch den Erdmittelpunkt ausbreiten; das zeigt, dass ein gewisser Bereich nahe dem Erdmittelpunkt (nämlich der äußere Kern) flüssig ist.

24 Natürlich ist dieses Argument nicht ganz wasserdicht, denn wir sind bei der Herleitung von (16.120) ja von einem Festkörper ausgegangen. Dennoch ist der Schluss korrekt, und das sogar aus dem richtigen Grund: Transversalwellen erfordern eine transversale Rückstellkraft (eine Scherkraft), die ein Fluid nicht beisteuern kann.

16.12 Fluide: Beschreibung der Bewegung*

**Wie üblich, können die mit einem Stern gekennzeichneten Abschnitte beim ersten Lesen ohne Weiteres übersprungen werden.*

In den vorigen vier Abschnitten haben wir hauptsächlich die Bewegung von *festen* kontinuierlichen Medien betrachtet. In den verbleibenden beiden Abschnitten dieses Kapitels möchte ich eine knappe Einführung in die Bewegung von Fluiden geben. Leider ist die Analyse eines allgemeinen Fluids – insbesondere eines viskosen Fluids – ziemlich kompliziert. Damit der Umfang dieses Kapitels nicht über Gebühr anwächst, werde ich mich auf **ideale Fluide** (reibungsfreie Fluide) beschränken, d. h. auf Fluide, deren Viskosität zu vernachlässigen ist. Man könnte mir vorhalten, mit der Vernachlässigung der Viskosität würde ich das Kind mit dem Bade ausschütten, doch es gibt tatsächlich eine ganze Reihe von Problemen bei Fluidströmungen, bei denen man die Viskosität *sehr wohl* vernachlässigen kann; noch wichtiger ist, dass man die gesamte Theorie, die für die Diskussion von idealen Fluiden benötigt wird, auch für die Untersuchung der viskosen Fluide braucht. In diesem Sinne ist die Diskussion hier eine gute Vorbereitung für eine weiterführende Untersuchung von viskosen Fluiden. Darüber hinaus sind einige der hier vorgestellten Konzepte – insbesondere die materielle Ableitung und die Kontinuitätsgleichung – in beiden Fällen gleichermaßen anwendbar.

Materielle und räumliche Beschreibung

Bislang haben wir die Vorgänge in einem kontinuierlichen Medium mit dem Ansatz untersucht, dass ein Element Materie, das sich ursprünglich am Ort $\boldsymbol{r}$ befand, später am Ort $\boldsymbol{r} + \boldsymbol{u}(\boldsymbol{r}, t)$ zu finden ist. Dieser Ansatz wird als die **substanzielle** oder **materielle Beschreibung** bezeichnet, da sie sich auf ein bestimmtes Element des Materials bezieht. Wie sich herausstellt, ist es bei der Diskussion von Fluiden aber oft günstiger, *nicht* die einzelnen Materialelemente zu betrachten, sondern anzugeben, was an einem bestimmten festen Raumpunkt geschieht. Wir könnten dann die Geschwindigkeit $\boldsymbol{v}(\boldsymbol{r}, t)$, die Dichte $\varrho(\boldsymbol{r}, t)$ usw. für ein Fluid an jedem festen Punkt $\boldsymbol{r}$ (und zu jedem Zeitpunkt t) angeben. Dieser Ansatz wird oft als **räumliche Beschreibung** bezeichnet.[25]

Einige Vorzüge der räumlichen Beschreibung eines Fluids sind ziemlich offensichtlich: In einem Festkörper hat jedes Materieelement normalerweise eine wohldefinierte Gleichgewichtslage $\boldsymbol{r}$, und genau darauf beziehen wir uns ja auch, wenn wir die einzelnen Elemente beschreiben und die Verschiebung $\boldsymbol{u}(\boldsymbol{r}, t)$ von $\boldsymbol{r}$ angeben. In einem Fluid haben die einzelnen Materieelemente aber im Allgemeinen keine eindeutige Gleichgewichtsposition. Wir könnten uns natürlich immer auf die Anfangsposition beziehen, aber bei der Beschreibung einer Fluidströmung entfernen sich die Elemente weit von ihren Anfangspositionen, sodass diese Beschreibung unhandlich wird. Bei der Diskussion eines Fluids ist es daher günstiger, die Vorgänge an jedem einzelnen raumfesten Punkt zu betrachten – und das ist genau die räumliche Beschreibung.

25 Die materielle und die räumliche Beschreibung nennt man manchmal auch die *Lagrange'sche* bzw. die *Euler'sche* Beschreibung – Bezeichnungen allerdings, die weder historisch zutreffend (denn beide Beschreibungen gehen auf Euler zurück) noch besonders einprägsam sind.

Die materielle Ableitung

Der Hauptnachteil der räumlichen Beschreibung tritt am deutlichsten in Erscheinung, wenn wir versuchen, das zweite Newton'sche Gesetz anzuwenden. Die Beschleunigung $\boldsymbol{a}$ in $\boldsymbol{F} = m\boldsymbol{a}$ ist natürlich die Beschleunigung eines kleinen Elements des Fluids. Leider ist aber, wenn $\boldsymbol{v}(\boldsymbol{r}, t)$ die Strömungsgeschwindigkeit des Fluids in einem Punkt $\boldsymbol{r}$ angibt, die Beschleunigung $\boldsymbol{a}$ des Fluidelements eben nicht $\partial\boldsymbol{v}/\partial t$. Die partielle Ableitung $\partial\boldsymbol{v}/\partial t$ ist die Änderungsrate der Strömungsgeschwindigkeit *an einem festen Punkt* $\boldsymbol{r}$, die Beschleunigung, die wir benötigen, ist hingegen die Änderungsrate der Geschwindigkeit $\boldsymbol{v}$ *eines gegebenen Elements des Fluids, wenn es sich bewegt.* Dieselbe Unterscheidung gilt auch für alle anderen Parameter. Vielleicht lässt sie sich am einfachsten anhand eines Skalars wie der Dichte oder der Temperatur veranschaulichen. Betrachten Sie beispielsweise die Dichte eines kleinen Elements des Fluids. Wenn dieses Element sich zur Zeit t am Ort $\boldsymbol{r}$ befindet, dann ist seine Dichte $\varrho(\boldsymbol{r}, t)$. Doch kurze Zeit $\mathrm{d}t$ später hat sich das Element zu dem neuen Ort $\boldsymbol{r} + \mathrm{d}\boldsymbol{r}$ bewegt mit $\mathrm{d}\boldsymbol{r} = \boldsymbol{v}\,\mathrm{d}t$, seine Dichte ist jetzt $\varrho(\boldsymbol{r} + \mathrm{d}\boldsymbol{r}, t + \mathrm{d}t)$. (Wenn wir dem Fluidelement bei seiner Bewegung folgen wollen, beachten Sie unbedingt, dass wir seine neue Dichte zur neuen Zeit $t + \mathrm{d}t$ *und* am neuen Ort $\boldsymbol{r} + \mathrm{d}\boldsymbol{r}$ bestimmen müssen.) Die Dichteänderung des Volumenelements ist also

$$\begin{aligned}\mathrm{d}\varrho = \varrho(\boldsymbol{r} + \mathrm{d}\boldsymbol{r}, t + \mathrm{d}t) - \varrho(\boldsymbol{r}, t) &= \frac{\partial\varrho}{\partial t}\,\mathrm{d}t + \mathrm{d}\boldsymbol{r} \cdot \boldsymbol{\nabla}\varrho \\ &= \frac{\partial\varrho}{\partial t}\,\mathrm{d}t + (\boldsymbol{v}\,\mathrm{d}t) \cdot \boldsymbol{\nabla}\varrho\,.\end{aligned}$$

Wenn wir beide Seiten durch $\mathrm{d}t$ dividieren, finden wir die zeitliche Ableitung von ϱ:

$$\frac{\mathrm{d}\varrho}{\mathrm{d}t} = \frac{\partial\varrho}{\partial t} + \boldsymbol{v} \cdot \boldsymbol{\nabla}\varrho\,. \tag{16.121}$$

Diese Ableitung heißt die **materielle Ableitung**, da sie die Änderungsrate von ϱ angibt, wenn wir der Bewegung eines Materieelements des Fluids folgen.[26]

Wir können diese Überlegung auch auf andere Parameter des Fluids übertragen. So wäre beispielsweise $\mathrm{d}p/\mathrm{d}t$ (definiert in genau derselben Weise) die Änderungsrate für den Druck, wenn wir der Bewegung eines Materieelements des Fluids folgen. Auf diese Weise können wir jede Komponente der Strömungsgeschwindigkeit des Fluids untersuchen; wenn wir die drei Komponenten zusammenfassen, erhalten wir

$$\frac{\mathrm{d}\boldsymbol{v}}{\mathrm{d}t} = \frac{\partial\boldsymbol{v}}{\partial t} + \boldsymbol{v} \cdot \boldsymbol{\nabla}\boldsymbol{v}\,. \tag{16.122}$$

Diese Ableitung ist – natürlich – die Beschleunigung, die ein Volumenelement des Fluids erfährt. Bewaffnet mit diesem Ergebnis, können wir nun die Bewegungsgleichung für ein ideales (reibungsfreies) Fluid angeben.

26 Andere Bezeichnungen für die materielle Ableitung sind **substanzielle Ableitung**, **totale Ableitung** oder **konvektive Ableitung**. Einige Autoren verwenden das Symbol D/Dt (statt $\mathrm{d}/\mathrm{d}t$), um den speziellen Charakter dieser Ableitung zu betonen.

Bewegungsgleichung für ein ideales Fluid

Betrachten wir nun ein kleines Volumenelement $\mathrm{d}V$ eines Fluids mit der Masse $\varrho\,\mathrm{d}V$ und der durch (16.122) gegebenen Beschleunigung. Nach dem zweiten Newton'schen Gesetz gilt

$$\varrho\,\mathrm{d}V\,\frac{\mathrm{d}\boldsymbol{v}}{\mathrm{d}t} = \boldsymbol{F} = \boldsymbol{F}_{\mathrm{Vol}} + \boldsymbol{F}_{\mathrm{Fl}}\,. \tag{16.123}$$

Ich werde annehmen, dass die einzige Volumenkraft die Gravitationskraft ist, sodass $\boldsymbol{F}_{\mathrm{Vol}} = \varrho\,\mathrm{d}V\boldsymbol{g}$ gilt (mit der Gravitationsbeschleunigung $\boldsymbol{g}$). Aus (16.111) wissen wir, dass die Flächenkraft $\boldsymbol{F}_{\mathrm{Fl}} = \boldsymbol{\nabla}\cdot\boldsymbol{\Sigma}\,\mathrm{d}V$ ist, und aus (16.70) wissen wir $\boldsymbol{\Sigma} = -p\mathbf{1}$. (Der letzte Ausdruck wurde zwar für ein statisches Fluid hergeleitet, doch bei der Herleitung wurde nur vorausgesetzt, dass die Viskosität vernachlässigbar ist.) Um $\boldsymbol{\nabla}\cdot\boldsymbol{\Sigma}$ zu berechnen, betrachten wir zunächst nur eine Komponente:

$$(\boldsymbol{\nabla}\cdot\boldsymbol{\Sigma})_i = \sum_j \partial_j\sigma_{ji} = -\sum_j \partial_j(p\,\delta_{ji}) = -\partial_i p\,.$$

Also muss $\boldsymbol{\nabla}\cdot\boldsymbol{\Sigma} = -\boldsymbol{\nabla}p$ gelten. Wenn wir all das in (16.123) einsetzen, sehen wir, dass jeder Term einen Faktor $\mathrm{d}V$ enthält; wenn wir durch diesen Faktor dividieren, gelangen wir zu der **Bewegungsgleichung für ein ideales Fluid**:

$$\varrho\,\frac{\mathrm{d}\boldsymbol{v}}{\mathrm{d}t} = \varrho\boldsymbol{g} - \boldsymbol{\nabla}p\,. \tag{16.124}$$

Das Bernoulli'sche Strömungsgesetz

Als erste einfache Anwendung der Bewegungsgleichung (16.124) wollen wir ein aus den physikalischen Einführungskursen bekanntes Ergebnis herleiten, das Bernoulli'sche Strömungsgesetz (benannt nach dem Schweizer Mathematiker und Physiker Daniel Bernoulli, 1700–1782). Dieses Gesetz gilt für die stationäre Strömung eines inkompressiblen, idealen Fluids, und genau diesen Fall will ich jetzt diskutieren. Bei einer stationären Strömung sind die Parameter p, $\boldsymbol{v}$ und ϱ an jedem Punkt zeitlich konstant, d. h., die partiellen Ableitungen $\partial p/\partial t$ usw. sind allesamt null. Weil außerdem das Fluid inkompressibel ist, ändert sich seine Dichte nicht, es gilt also $\mathrm{d}\varrho/\mathrm{d}t = 0$. (Beachten Sie, dass sowohl die *partielle* Ableitung der Dichte $\partial\varrho/\partial t$ als auch die *totale* zeitliche Ableitung $\mathrm{d}\varrho/\mathrm{d}t$ null sind.) Außerdem werde ich annehmen, dass $\boldsymbol{g}$ gleichförmig ist und in die negative z-Richtung weist, sodass wir $\boldsymbol{g} = -\boldsymbol{\nabla}(gz)$ schreiben können.[27] Setzen wir dies in (16.124) ein und bilden das Skalarprodukt mit $\boldsymbol{v}$, dann ergibt sich

$$\varrho\boldsymbol{v}\cdot\frac{\mathrm{d}\boldsymbol{v}}{\mathrm{d}t} + \varrho\boldsymbol{v}\cdot\boldsymbol{\nabla}(gz) + \boldsymbol{v}\cdot\boldsymbol{\nabla}p = 0\,. \tag{16.125}$$

Alle drei Terme dieser Gleichung lassen sich vereinfachen. Für den ersten Term beachten Sie, dass $\boldsymbol{v}\cdot\mathrm{d}\boldsymbol{v}/\mathrm{d}t = \frac{1}{2}\mathrm{d}(v^2)/\mathrm{d}t$ gilt. Für den zweiten und dritten Term beachten Sie $\boldsymbol{v}\cdot\boldsymbol{\nabla}f = \mathrm{d}f/\mathrm{d}t - \partial f/\partial t$ (für eine beliebige Funktion f). Da wir eine stationäre

27 Selbst wenn $\boldsymbol{g}$ nicht gleichförmig ist, ist es doch konservativ; daher können wir eine Funktion Φ einführen (das sogenannte Gravitationspotenzial), für das $\boldsymbol{g} = -\boldsymbol{\nabla}\Phi$ gilt. Um die Diskussion nicht durch zusätzliche Symbole zu verkomplizieren, behandle ich nur den einfachen Fall $\Phi = gz$.

Strömung betrachten, gilt für die hier interessierenden Funktionen $\partial f/\partial t = 0$ und damit $\boldsymbol{v} \cdot \boldsymbol{\nabla} f = \mathrm{d}f/\mathrm{d}t$. Mit diesen Ersetzungen wird (16.125) zu

$$\frac{1}{2}\varrho\,\frac{\mathrm{d}v^2}{\mathrm{d}t} + \varrho\,\frac{\mathrm{d}(gz)}{\mathrm{d}t} + \frac{\mathrm{d}p}{\mathrm{d}t} = 0. \tag{16.126}$$

Da außerdem $\mathrm{d}\varrho/\mathrm{d}t = 0$ gilt, können wir ϱ in die zeitlichen Ableitungen hineinziehen und gelangen zu

$$\frac{\mathrm{d}}{\mathrm{d}t}\left(\tfrac{1}{2}\varrho v^2 + \varrho g z + p\right) = \frac{\mathrm{d}}{\mathrm{d}t}\Psi = 0\,. \tag{16.127}$$

Es gibt also eine Größe $\Psi = \frac{1}{2}\varrho v^2 + \varrho g z + p$, die konstant bleibt, wenn wir uns mit einem Materieelement des Fluids mitbewegen. Anders ausgedrückt, ist Ψ entlang einer sog. Stromlinie konstant – und das ist genau die Aussage des Bernoulli'schen Strömungsgesetzes für die stationäre Strömung eines inkompressiblen idealen Fluids. Da der Term $\frac{1}{2}\varrho v^2$ in der Bernoulli'schen Größe Ψ zusammen mit dem Druck p auftaucht und mit der Bewegung (Strömung) des Fluids verbunden ist, bezeichnet man $\frac{1}{2}\varrho v^2$ als **dynamischen Druck** oder **Staudruck**.

Die Kontinuitätsgleichung

Aus der Massenerhaltung folgt eine wichtige Beziehung, die sogenannte Kontinuitätsgleichung, die einen Zusammenhang zwischen der Dichte und der Geschwindigkeit eines Fluids, sei es nun viskos oder ideal (reibungsfrei), herstellt. Wenn Sie schon einen Kurs in Elektrodynamik gehört haben, kennen Sie eine entsprechende Gleichung, die die Ladungserhaltung zum Ausdruck bringt. Um die Beziehung zu beweisen, betrachten wir ein kleines Volumenelement $\mathrm{d}V$ des Fluids. Wenn dieses Volumenelement sich bewegt, kann sich seine Masse $\varrho\,\mathrm{d}V$ nicht ändern. Daher gilt

$$\frac{\mathrm{d}}{\mathrm{d}t}(\varrho\,\mathrm{d}V) = \mathrm{d}V\frac{\mathrm{d}\varrho}{\mathrm{d}t} + \varrho\frac{\mathrm{d}}{\mathrm{d}t}(\mathrm{d}V) = 0\,. \tag{16.128}$$

Die Änderungsrate eines bewegten Volumens haben wir bereits im Zusammenhang mit dem Liouville'schen Satz mit Gleichung (13.59) in Abschnitt 13.7 bestimmt. (Wenn Sie Kapitel 13 nicht gelesen haben, reicht es, wenn Sie sich jetzt nur den Beweis anschauen, beginnend mit dem Abschnitt „Veränderung des Volumens" auf Seite 629.) Für ein beliebiges Volumen – sei es nun groß oder klein – gilt

$$\frac{\mathrm{d}V}{\mathrm{d}t} = \int_V \boldsymbol{\nabla}\cdot\boldsymbol{v}\,\mathrm{d}V\,.$$

Für ein infinitesimales Volumen $\mathrm{d}V$ reduziert sich das auf

$$\frac{\mathrm{d}}{\mathrm{d}t}(\mathrm{d}V) = \boldsymbol{\nabla}\cdot\boldsymbol{v}\,\mathrm{d}V\,.$$

Wenn wir das in (16.128) einsetzen und durch den gemeinsamen Faktor $\mathrm{d}V$ dividieren, gelangen wir zur **Kontinuitätsgleichung**

$$\frac{\mathrm{d}\varrho}{\mathrm{d}t} + \varrho\boldsymbol{\nabla}\cdot\boldsymbol{v} = 0\,; \tag{16.129}$$

eine äquivalente Formulierung lautet (vgl. Aufgabe 34)

$$\frac{\partial \varrho}{\partial t} + \nabla \cdot (\varrho \boldsymbol{v}) = 0\,. \tag{16.130}$$

Diese Beziehung spielt eine Schlüsselrolle in der Strömungsdynamik von Fluiden, ebenso wie die entsprechende Beziehung (in der ϱ durch die Ladungsdichte ersetzt ist) für die Elektrodynamik äußerst wichtig ist. Wir werden die Kontinuitätsgleichung im nächsten Abschnitt bei der Herleitung der Schallgeschwindigkeit in einem Fluid verwenden.

16.13 Wellen in einem Fluid*

**Wie üblich, können die mit einem Stern gekennzeichneten Abschnitte beim ersten Lesen ohne Weiteres übersprungen werden.*

Ausgestattet mit der Bewegungs- und der Kontinuitätsgleichung, können wir nun die Möglichkeit von Wellen in einem idealen Fluid untersuchen. Wir stellen uns ein Fluid vor, das eine kleine Störung aus seinem Gleichgewicht erfährt, sodass es eine kleine (und möglicherweise oszillatorische) Geschwindigkeit $\boldsymbol{v}$ erhält; Druck und Dichte sind dann

$$p = p_0 + p' \tag{16.131}$$

bzw.

$$\varrho = \varrho_0 + \varrho'\,. \tag{16.132}$$

Hier sind p_0 bzw. ϱ_0 die Gleichgewichtswerte, p' bzw. ϱ' sind die kleinen Störungen. Beachten Sie zunächst, dass aus der Bewegungsgleichung (16.124) im Gleichgewicht einfach nur folgt

$$\varrho_0 \boldsymbol{g} - \nabla p_0 = 0\,. \tag{16.133}$$

Für den zu untersuchenden Fall setzen wir (16.131) und (16.132) in die Bewegungsgleichung ein und erhalten

$$(\varrho_0 + \varrho')\left(\frac{\partial \boldsymbol{v}}{\partial t} + \boldsymbol{v}\cdot\nabla\boldsymbol{v}\right) = (\varrho_0 + \varrho')\boldsymbol{g} - \nabla(p_0 + p')\,.$$

Eine hässliche Gleichung, doch sie lässt sich vereinfachen. Erstens heben sich wegen der Gleichgewichtsbedingung (16.133) der erste und der dritte Term auf der rechten Seite gegenseitig auf. Zweitens haben wir eine kleine Störung angenommen und können darum alle Terme zweiter oder höherer Ordnung in den kleinen Größen v, ϱ' und p' sowie deren Ableitungen vernachlässigen. Das gilt insbesondere für den Term $\boldsymbol{v}\cdot\nabla\boldsymbol{v}$ und für die Terme mit ϱ' auf der linken Seite. Damit bleibt

$$\varrho_0 \frac{\partial \boldsymbol{v}}{\partial t} = \varrho' \boldsymbol{g} - \nabla p'\,. \tag{16.134}$$

Wenn wir realistische Zahlenwerte einsetzen, lässt sich leicht zeigen (vgl. Aufgabe 38), dass der Term $\varrho'\boldsymbol{g}$ auf der rechten Seite gegen $\nabla p'$ vernachlässigbar ist. Wir gelangen somit zur folgenden Bewegungsgleichung für unsere kleine Störung:

$$\varrho_0 \frac{\partial \boldsymbol{v}}{\partial t} = -\nabla p'\,. \tag{16.135}$$

Nun können wir uns in gleicher Weise mit der Kontinuitätsgleichung (16.130) befassen. Wenn wir dort (16.131) und (16.132) einsetzen, erhalten wir (Sie sollten das nachrechnen)

$$\frac{\partial \varrho'}{\partial t} = -\varrho_0 \boldsymbol{\nabla} \cdot \boldsymbol{v} - \boldsymbol{v} \cdot \boldsymbol{\nabla} \varrho_0 \,. \tag{16.136}$$

Aus denselben Gründen, warum der erste Term auf der rechten Seite von (16.134) vernachlässigbar war, lässt sich auch hier der letzte Term vernachlässigen (vgl. noch einmal Aufgabe 38); die Kontinuitätsgleichung wird damit zu

$$\frac{\partial \varrho'}{\partial t} = -\varrho_0 \boldsymbol{\nabla} \cdot \boldsymbol{v} \,. \tag{16.137}$$

Mit der Bewegungsgleichung (16.135) und der Kontinuitätsgleichung (16.137) haben wir zwei Gleichungen für die drei Variablen $\boldsymbol{v}$, p' und ϱ'. Eine dritte Gleichung erhalten wir durch einen Blick auf die Definition (16.56) des Kompressionsmoduls $p = K(-\mathrm{d}V/V)$. Wie dort ausgeführt, stellt sie eine Beziehung zwischen dem Druck und der entsprechenden Volumenänderung her, doch sie gilt auch bei einer *Änderung* des Drucks; dann wird daraus $\mathrm{d}p = K(-\mathrm{d}V/V)$. (Für den Augenblick wollen wir das betrachtete Volumen mit V bezeichnen, sodass $\mathrm{d}V$ dessen Änderung ist.) Nun wissen wir aber, dass sich die Masse eines gegebenen Fluidelements nicht ändern kann, die Größe ϱV muss also konstant sein. Daher gilt $\varrho\, \mathrm{d}V + V \mathrm{d}\varrho = 0$ oder $\mathrm{d}V/V = -\mathrm{d}\varrho/\varrho$. Wenn wir diese beiden Ausdrücke zusammenfassen, erhalten wir

$$\mathrm{d}p = K \frac{\mathrm{d}\varrho}{\varrho} \,. \tag{16.138}$$

In unserem Fall ist die Änderung $\mathrm{d}p$ des Drucks gerade das, was wir als p' bezeichnet haben. Entsprechend ist $\mathrm{d}\varrho$ das bisherige ϱ', die ursprüngliche Dichte ist ϱ_0. In dieser Notation haben wir also

$$p' = K \frac{\varrho'}{\varrho_0} \,. \tag{16.139}$$

Mit diesem Zusammenhang können wir ϱ' in der Kontinuitätsgleichung (16.137) ersetzen und erhalten

$$\frac{\partial p'}{\partial t} = -K \boldsymbol{\nabla} \cdot \boldsymbol{v} \,.$$

Wenn wir beide Seiten nach t ableiten und mit der Bewegungsgleichung (16.135) kombinieren, ergibt sich

$$\frac{\partial^2 p'}{\partial t^2} = -K \boldsymbol{\nabla} \cdot \frac{\partial \boldsymbol{v}}{\partial t} = \frac{K}{\varrho_0} \boldsymbol{\nabla}^2 p' \,.$$

Im zweiten Ausdruck habe ich die Reihenfolge der räumlichen und und der zeitlichen Ableitung vertauscht, im dritten Ausdruck habe ich die Bewegungsgleichung (16.135) verwendet. Das Ergebnis ist eine dreidimensionale Wellengleichung mit der Ausbreitungsgeschwindigkeit

$$c = \sqrt{\frac{K}{\varrho_0}} \,. \tag{16.140}$$

Ich werde gleich zeigen, dass Wellen in einem Fluid nur Longitudinalwellen sein können. Da Longitudinalwellen in einem kontinuierlichen Medium genau das sind, was wir im Allgemeinen als Schallwellen bezeichnen, haben wir damit bewiesen, dass die Schallgeschwindigkeit in einem Fluid $c = \sqrt{K/\varrho_0}$ ist.

Die Schallgeschwindigkeit in Wasser

Beispiel 16.9 Der Kompressionsmodul K von Wasser hat den Wert 2,2 GPa. Wie groß ist dann die Schallgeschwindigkeit in Wasser?

Lösung Die Dichte von Wasser beträgt natürlich 1000 kg/m^3; dann berechnet man mit (16.140) für die Schallgeschwindigkeit

$$c = \sqrt{\frac{K}{\varrho_0}} = \sqrt{\frac{2{,}2 \cdot 10^9\,\mathrm{N/m^2}}{10^3\,\mathrm{kg/m^3}}} = 1{,}5\,\mathrm{km/s}\,.$$

Um nachzuweisen, dass Wellen in einem Fluid immer Longitudinalwellen sind, stellen wir uns eine Welle vor, die sich in Richtung eines Einheitsvektors $\boldsymbol{n}$ ausbreitet, sodass

$$p' = f(\boldsymbol{n} \cdot \boldsymbol{r} - ct) \tag{16.141}$$

gilt. Nach der Bewegungsgleichung (16.135) folgt dann

$$\frac{\partial \boldsymbol{v}}{\partial t} = -\frac{1}{\varrho_0} \boldsymbol{\nabla} p' = -\frac{1}{\varrho_0} \boldsymbol{\nabla} f(\boldsymbol{n} \cdot \boldsymbol{r} - ct) = -\frac{\boldsymbol{n}}{\varrho_0} f'(\boldsymbol{n} \cdot \boldsymbol{r} - ct)\,;$$

darin bezeichnet f' die Ableitung von f bezüglich seines Arguments. Diese Beziehung kann man sofort integrieren und erhält für die Geschwindigkeit des Fluids:[28]

$$\boldsymbol{v} = -\frac{\boldsymbol{n}}{\varrho_0} \int f'(\boldsymbol{n} \cdot \boldsymbol{r} - ct)\,\mathrm{d}t = \frac{\boldsymbol{n}}{c\varrho_0} f(\boldsymbol{n} \cdot \boldsymbol{r} - ct) = \frac{p'\boldsymbol{n}}{c\varrho_0}\,. \tag{16.142}$$

(Wenn Sie die Integration nicht nachvollziehen können, versuchen Sie es mit der Variablensubstitution $\xi = \boldsymbol{n} \cdot \boldsymbol{r} - ct$). Dieses Ergebnis weist zwei wichtige Besonderheiten auf: Erstens sehen wir, dass die Geschwindigkeit des Fluids proportional zum Druck p' ist. Damit ist bei einer sinusförmigen Welle die Geschwindigkeit in Phase mit p'. Und zweitens weist die Geschwindigkeit des Fluids in die Ausbreitungsrichtung, d. h., die Welle ist longitudinal. Wie in Abschnitt 16.11 schon angedeutet, kann es in einem Fluid keine Transversalwellen geben.

28 Im dritten Ausdruck habe ich die Integrationskonstante weggelassen. Diese „Konstante" könnte von $\boldsymbol{r}$ abhängen (allerdings sicher nicht von t), und sie könnte auch von null verschieden sein. Wir könnten uns beispielsweise eine Störung vorstellen, zu der eine konstante gleichförmige Geschwindigkeit gehört, die der Schwingungsbewegung überlagert ist. Eine solche zeitunabhängige Geschwindigkeit gehört aber nicht zu dem, was wir als Welle beschreiben wollen; daher können wir sie in unserer Diskussion der Wellenausbreitung auch als null annehmen.

ZUSAMMENFASSUNG

Wichtige Definitionen und Gleichungen aus Kapitel 16

Die eindimensionale Wellengleichung

Die **eindimensionale Wellengleichung** lautet

$$\frac{\partial^2 u}{\partial t^2} = c^2 \frac{\partial^2 u}{\partial x^2} . \qquad (16.4)$$

Sie hat die allgemeine Lösung

$$u(x,t) = f(x - ct) + g(x + ct) ; \qquad (16.10)$$

darin beschreibt der erste Term eine sich nach rechts und der zweite eine sich nach links ausbreitende Störung.

Die dreidimensionale Wellengleichung

$$\frac{\partial^2 p}{\partial t^2} = c^2 \, \nabla^2 p . \qquad (16.39)$$

Mechanische Spannung, Dehnung und die elastischen Moduln

$$\text{Spannung} = \frac{\text{Kraft}}{\text{Fläche}} , \quad \text{Dehnung} = \text{relative Verformung} \qquad (16.58) \text{ und } (16.59)$$

$$\text{elastischer Modul} = \frac{\text{Spannung}}{\text{entsprechende Dehnung}} . \qquad (16.60)$$

Die elastischen Moduln sind der Elastizitätsmodul E, der Kompressionsmodul K und der Schubmodul G.

Der Spannungstensor

Der **Spannungstensor** ist eine symmetrische (3×3)-Matrix $\boldsymbol{\Sigma}$, die so definiert ist, dass für die Flächenkraft $\boldsymbol{F}$ auf ein kleines Flächenelement $\mathrm{d}\boldsymbol{A}$ gilt:

$$\boldsymbol{F}(\mathrm{d}\boldsymbol{A}) = \boldsymbol{\Sigma} \, \mathrm{d}\boldsymbol{A} . \qquad (16.66)$$

Der Dehnungstensor für einen Festkörper

Wenn $\boldsymbol{u}(\boldsymbol{r})$ die Verschiebung eines Elements eines Festkörpers aus seiner ursprünglichen Lage $\boldsymbol{r}$ bezeichnet, dann ist der **Dehnungstensor** die symmetrische (3×3)-Matrix $\boldsymbol{E}$ mit den Elementen

$$\varepsilon_{ij} = \frac{1}{2}\left(\frac{\partial u_i}{\partial r_j} + \frac{\partial u_j}{\partial r_i}\right) , \qquad (16.76) \text{ und } (16.81)$$

was sich als Summe von zwei Termen angeben lässt:

$$\boldsymbol{E} = e\mathbf{1} + \boldsymbol{E}' \qquad (16.88)$$

mit $e = \frac{1}{3}\mathrm{Sp}\boldsymbol{E}$.

Das verallgemeinerte Hooke'sche Gesetz
Für einen isotropen Festkörper lautet die allgemeinste Beziehung zwischen dem Spannungs- und dem Dehnungstensor

$$\boldsymbol{\Sigma} = \alpha e \mathbf{1} + \beta E' ; \tag{16.93}$$

darin stehen die Konstanten α und β mit den drei elastischen Moduln in Beziehung. (16.97), (16.99) und (16.100)

Die Bewegungsgleichung für einen elastischen Körper
Die Bewegungsgleichung für einen isotropen elastischen Festkörper ist die **Navier-Gleichung**

$$\varrho \frac{\partial^2 \boldsymbol{u}}{\partial t^2} = \varrho \boldsymbol{g} + \left(K + \tfrac{1}{3} G\right) \boldsymbol{\nabla}(\boldsymbol{\nabla} \cdot \boldsymbol{u}) + G \boldsymbol{\nabla}^2 \boldsymbol{u} . \tag{16.117}$$

Wellen in einem Festkörper
Die Ausbreitungsgeschwindigkeiten für eine **Longitudinalwelle** (auch *Primärwelle* oder *P-Welle*) bzw. für eine **Transversalwelle** (auch *Sekundärwelle* oder *S-Welle*) sind

$$c_{\text{long}} = \sqrt{\frac{K + \frac{4}{3} G}{\varrho}} \quad \text{bzw.} \quad c_{\text{tran}} = \sqrt{\frac{G}{\varrho}} . \qquad \text{(16.119) und (16.120)}$$

Die materielle Ableitung in einem Fluid
Wenn wir ein Element eines strömenden Fluids verfolgen, ist die zeitliche Änderungsrate für einen Parameter ξ (die Dichte, die Temperatur oder die Geschwindigkeit) die sogenannte **materielle Ableitung**

$$\frac{\mathrm{d}\xi}{\mathrm{d}t} = \frac{\partial \xi}{\partial t} + \boldsymbol{v} \cdot \boldsymbol{\nabla} \xi . \tag{16.121}$$

Bewegungsgleichung für ein ideales Fluid

$$\varrho \frac{\mathrm{d}\boldsymbol{v}}{\mathrm{d}t} = \varrho \boldsymbol{g} - \boldsymbol{\nabla} p . \tag{16.124}$$

Die Kontinuitätsgleichung
Aus der Erhaltung der Masse folgt die **Kontinuitätsgleichung**

$$\frac{\partial \varrho}{\partial t} + \boldsymbol{\nabla} \cdot (\varrho \boldsymbol{v}) = 0 . \tag{16.130}$$

Wellen in einem Fluid
Longitudinale Wellen in einem Fluid haben die Ausbreitungsgeschwindigkeit

$$c = \sqrt{\frac{K}{\varrho_0}} . \tag{16.140}$$

Transversalwellen können in einem Fluid nicht auftreten.

Aufgaben zu Kapitel 16

*Die Sterne zeigen den ungefähren Schwierigkeitsgrad an, von * (leicht) bis *** (schwierig).*

16.1 Transversalbewegung einer gespannten Saite

***1** Zeigen Sie, dass die Größe $c = \sqrt{T/\mu}$, die in der Wellengleichung für eine gespannte Saite auftritt, tatsächlich die Dimension einer Geschwindigkeit hat.

****2** Die Wellengleichung (16.4) ist, wie in Abbildung 16.1a (Seite 786) dargestellt, die Bewegungsgleichung einer kontinuierlichen Saite. Sie können diese Gleichung als Grenzfall der Gleichungen für n diskrete Massen für $n \to \infty$ betrachten (Abbildung 16.1b). Sie müssen beim Grenzübergang aber aufpassen: Für $n \to \infty$ müssen sowohl der Abstand b zwischen den Massen als auch die einzelnen Massen m selbst gegen null gehen (Abbildung 16.20), und zwar derart, dass die lineare Massendichte m/b gegen μ geht, d. h. gegen den Wert für die kontinuierliche Saite. Das können Sie durch $m = \mu b$ sicherstellen. Geben Sie das zweite Newton'sche Gesetz für die Position u_i der i-ten Masse an und zeigen Sie, dass diese Gleichung für $b \to 0$ in die Wellengleichung übergeht.

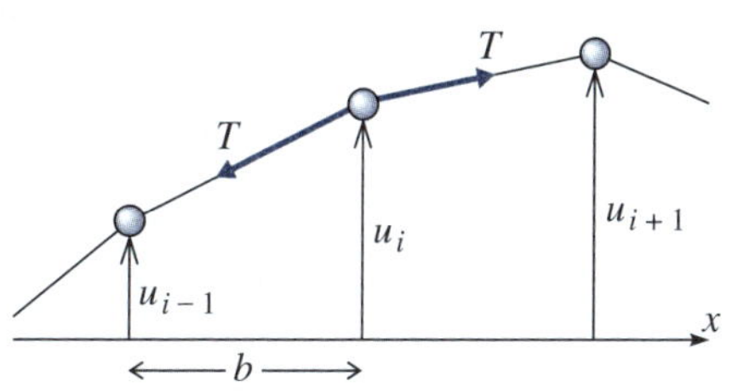

Abbildung 16.20: Zu Aufgabe 2.

16.2 Die Wellengleichung

***3** $f(\xi)$ sei eine beliebige, zweifach differenzierbare Funktion. Zeigen Sie durch direkte Substitution, dass $f(x - ct)$ eine Lösung der Wellengleichung (16.4) ist.

***4** Zeigen Sie, dass bei einer Variablensubstitution $\xi = x - ct$ und $\eta = x + ct$ genau wie in (16.7) gilt:

$$\frac{\partial^2 u}{\partial t^2} - c^2 \frac{\partial^2 u}{\partial x^2} = -4c^2 \frac{\partial}{\partial \xi} \frac{\partial u}{\partial \eta} .$$

***5** **a)** Zeigen Sie, dass $u = g(x + ct)$ für jede zweimal differenzierbare Funktion $g(\xi)$ eine Lösung der Wellengleichung (16.4) ist.
b) Erläutern Sie, dass diese Lösung eine Störung darstellt, die sich ohne Formänderung nach links ausbreitet.

*** 6** Beispiel 16.1 (Seite 789) hat einen kleinen Schönheitsfehler: In Gleichung (16.14) habe ich die Integrationskonstante weggelassen, sodass die Gleichung eigentlich $f(x) - g(x) = k$ lauten müsste. Zeigen Sie, dass man trotzdem zum selben Endergebnis (16.15) gelangt.

*** 7** Computer Erstellen Sie Plots der beiden Dreieckswellen aus Beispiel 16.1 (Seite 789) für mehrere kurz hintereineinanderliegende Zeiten und animieren Sie sie. Beschreiben Sie die Bewegung. Für die Erstellung der Plots können Sie beispielsweise die Geschwindigkeit c, die Höhe des Dreiecks zur Zeit $t = 0$ und die Halbwertsbreite der Basis alle gleich 1 setzen. Erstellen Sie Ihre Plots für Zeiten zwischen $t = -4$ und 4.

*** 8** Computer Erstellen Sie Plots ähnlich wie in Abbildung (16.5) für die stehende Welle (16.18) für mehrere gleichmäßig verteilte Zeitpunkte von $t = 0$ bis τ (der Periodendauer). Setzen Sie $2A = 1$ und $k = \omega = 2\pi$. Animieren Sie Ihre Plots und beschreiben Sie die Bewegung.

16.3 Randbedingungen; Wellen auf einer endlich langen Saite

*** 9** Die Bewegung einer endlich langen, an beiden Enden eingespannten Saite wird durch die Wellengleichung (16.19) und die Randbedingungen (16.20) bestimmt. Wir haben sie gelöst, indem wir nach einer zeitlich sinusförmigen Lösung suchten. Ein anderer, etwas allgemeinerer Ansatz zur Lösung von Problemen dieser Art ist die sogenannte **Variablenseparation**. Bei diesem Ansatz suchen wir nach Lösungen für (16.19) in der *separierten* Form $u(x, t) = X(x)T(t)$, d. h., die Lösungen sind ein einfaches Produkt einer Funktion in x und einer zweiten Funktion in t. [Wie üblich kann uns ja niemand daran hindern, nach einer Lösung in dieser Form zu suchen. Und tatsächlich gibt es eine große Klasse von Problemen (zu denen auch diese Aufgabe gehört), bei denen dieser Ansatz bekanntermaßen zu Lösungen führt, und zwar zu so vielen, dass sich daraus eine *beliebige* Lösung konstruieren lässt.]

a) Setzen Sie die separierte Form in (16.19) ein und zeigen Sie, dass sich die Lösung auf die Form $T''(t)/T(t) = c^2 X''(x)/X(x)$ bringen lässt.

b) Erläutern Sie, dass beide Seiten dieser letzten Gleichung jeweils für sich gleich derselben Konstanten (wir können sie K nennen) sein müssen. Es lässt sich zeigen, dass K negativ sein muss.[29] Zeigen Sie damit, dass die Funktion $T(t)$ sinusförmig sein muss – damit ist (16.21) begründet, und wir sind wieder bei der in Abschnitt 16.3 angegebenen Lösung. Der Ansatz der Variablenseparation spielt in vielen Bereichen der Physik eine große Rolle, insbesondere in der Quantenmechanik und in der Elektrodynamik.

*** 10** Zeigen Sie mithilfe des Integrals (16.33), dass die Fourier-Koeffizienten der Dreieckswelle von Abbildung 16.7 für gerades n null und für ungerades n durch (16.34) gegeben sind.

---

29 Das ist nicht sonderlich schwierig. Schauen Sie sich die Gleichung $X''(x)/X(x) = K/c^2$ genauer an. Sie können zeigen, dass es für $K > 0$ keine Lösung gibt, die die Randbedingungen $X(0) = X(L) = 0$ erfüllt.

⋆11 Computer Erstellen Sie Plots der Welle in Beispiel 16.2 (Seite 795) ähnlich wie in Abbildung 16.8, allerdings von $T = 0$ bis $t = \tau$, der Periode, und für dichter beieinanderliegende Zeitpunkte. Animieren Sie Ihre Plots und beschreiben Sie die Bewegung.

⋆12 Betrachten Sie eine halbseitig unendlich lange Saite, die im Ursprung bei $x = 0$ befestigt ist und sich beliebig weit nach rechts erstreckt. $f(\xi)$ ist eine um den Ursprung lokalisierte Funktion, etwa so wie die Funktion in Abbildung 16.4a.

a) Beschreiben Sie die Welle, die durch die Funktion $f(x + ct)$ für eine große negative Zeit t_0 gegeben ist.

b) Eine Möglichkeit, die spätere Bewegung der Welle auf der halbseitig unendlich langen Saite zu bestimmen, wird als **Spiegelbild-Verfahren** (engl. *method of images*) bezeichnet. Man geht dabei folgendermaßen vor: Betrachten Sie die Funktion $u = f(x + ct) - f(-x + ct)$. (Der zweite Term ist das „Spiegelbild". Können Sie erklären, warum?) Offenbar erfüllt diese Funktion die Wellengleichung für alle x und t. Zeigen Sie, dass sie zur Anfangszeit t_0 überall auf der halbseitig unendlich langen Saite mit der in Teil (a) gegebenen Welle zusammenfällt. Zeigen Sie ferner, dass sie die Randbedingung $u = 0$ bei $x = 0$ erfüllt.

c) Bekanntlich ist die Welle, die die Wellengleichung bei gegebenen Rand- und Anfangsbedingungen erfüllt, eindeutig bestimmt. Daher ist die Welle aus Teil (b) *die* Lösung für alle Zeiten (auf unserer halbseitig unendlich langen Saite). Beschreiben Sie die Bewegung auf der halbseitig unendlich langen Saite für alle Zeiten.

⋆⋆13 In Zusammenhang mit Gleichung (16.31) habe ich behauptet, dass *jede* Funktion sich im Intervall $0 \leq x \leq L$ in eine Fourier-Reihe entwickeln lässt, die ausschließlich Sinusfunktionen enthält. Auf den ersten Blick ist das ziemlich überraschend, weil man ja die Aussage gewöhnt ist, dass die allgemeine Fourier-Reihe Sinus- *und* Kosinusfunktionen enthält. In dieser Aufgabe können Sie die überraschende Behauptung beweisen. Es sei $f(x)$ eine beliebige, im Intervall $0 \leq x \leq L$ definierte Funktion. Nun können wir eine Funktion $f(x)$ für *alle* x definieren, indem wir sie im Ursprungsintervall mit der gegebenen Funktion gleichsetzen und

$$f(-x) = -f(x) \quad \text{und} \quad f(x + 2L) = f(x) \tag{16.143}$$

für alle x fordern. Beweisen Sie, dass damit eine Funktion definiert ist, die (1) periodisch mit der Periode $2L$ ist, (2) ungerade ist und (3) auf dem Ursprungsintervall mit der Ausgangsfunktion $f(x)$ übereinstimmt. Geben Sie die gewöhnliche Fourier-Entwicklung für die neue Funktion $f(x)$ an und zeigen Sie, dass die Koeffizienten der Kosinusterme alle null sind. Das eröffnet die Möglichkeit, die Ausgangsfunktion ausschließlich in Sinusfunktionen zu entwickeln.[30] Beachten Sie, dass die Periode der neuen

30 Beachten Sie aber, dass diese Entwicklung die Form $\sum B_n \sin(n\pi x/L)$ hat. Die gewöhnliche Fourier-Reihe enthält hingegen Sinus- *und* Kosinusterme mit dem Argument $2n\pi x/L$. Die neue Fourier-Reihe hat also in gewissem Sinne doppelt so viele Terme, um auszugleichen, dass sie ausschließlich Sinusterme enthält.

Funktion $2L$ ist, geben Sie die Standardgleichung (5.84) für die Entwicklungskoeffizienten an und zeigen Sie, dass Ihre Antwort mit (16.33) übereinstimmt. Die Fourier-Sinusreihe ist besonders nützlich bei der Diskussion von Funktionen, die an beiden Endpunkten $x = 0$ und $x = L$ null sind.

14 Computer Eine gespannte Saite der Länge $L = 1$ wird zum Zeitpunkt $t = 0$ aus dem Ruhezustand losgelassen, ihre Anfangsgestalt ist

$$u(x,0) = \begin{cases} 2x & [0 \le x \le \frac{1}{2}] \\ 2(1-x) & [\frac{1}{2} \le x \le 1]\,. \end{cases} \tag{16.144}$$

Die Wellenausbreitungsgeschwindigkeit auf der Saite soll $c = 1$ sein.
a) Skizzieren Sie die Anfangsgestalt und bestimmen Sie die Koeffizienten B_n der Fourier-Reihe (16.31).
b) Erstellen Sie Plots von der Summe der ersten paar Terme für mehrere dicht aufeinanderfolgende Zeiten zwischen $t = 0$ und τ, der Periodendauer. Animieren Sie Ihre Plots und beschreiben Sie die Bewegung.

16.4 Die dreidimensionale Wellengleichung

15 Es sei $f(\xi)$ eine beliebige Funktion mit den beiden Ableitungen $f'(\xi)$ und $f''(\xi)$, und es sei $\boldsymbol{n}$ ein beliebiger, aber fester Einheitsvektor.
a) Zeigen Sie $\nabla f(\boldsymbol{n} \cdot \boldsymbol{r} - ct) = \boldsymbol{n} f'(\boldsymbol{n} \cdot \boldsymbol{r} - ct)$.
b Zeigen Sie, dass $f(\boldsymbol{n} \cdot \boldsymbol{r} - ct)$ die dreidimensionale Wellengleichung (16.38) erfüllt.
c) Erläutern Sie, dass $f(\boldsymbol{n} \cdot \boldsymbol{r} - ct)$ ein Signal darstellt, das (zu einem bestimmten Zeitpunkt t) in jeder beliebigen Ebene senkrecht zu $\boldsymbol{n}$ konstant ist und sich starr mit der Geschwindigkeit c in die Richtung von $\boldsymbol{n}$ ausbreitet.

16 Sei $f(\boldsymbol{r})$ eine beliebige sphärisch symmetrische Funktion, d. h., in sphärischen Polarkoordinaten (r, θ, φ) ausgedrückt, hat sie die Form $f(\boldsymbol{r}) = f(r)$, hängt also nicht von θ und φ ab.
a) Gehen Sie von der Definition (16.38) für ∇^2 aus und zeigen Sie

$$\nabla^2 f = \frac{1}{r} \frac{\partial^2}{\partial r^2}(rf)\,.$$

b) Beweisen Sie dieselbe Aussage mithilfe der im hinteren Buchdeckel angegebenen Gleichung für ∇^2 in sphärischen Polarkoordinaten. (Offenbar ist dieser zweite Beweis viel einfacher; man bekommt aber nichts geschenkt – die harte Arbeit steckt in der Herleitung der Gleichung für ∇^2.)

16.6 Spannung und Dehnung: die elastischen Moduln

17 In Abschnitt 16.1 haben wir die Wellengleichung für Transversalwellen auf einer gespannten Saite hergeleitet. In dieser Aufgabe sollen Sie die Möglichkeit für Longitudinalwellen in dieser Saite untersuchen. Nehmen Sie an, dass ein Element der Saite mit der Gleichgewichtsposition x um ein kleines Stück $x + u(x, t)$ in x-Richtung ausgelenkt wird.

a) Betrachten Sie ein kurzes Stück der Saite mit der Länge l und zeigen Sie anhand der Definition (16.55) des Elastizitätsmoduls E, dass die Zugkraft in der Saite $F = AE\partial u/\partial x$ beträgt (A soll die Querschnittsfläche der Saite sein). [Wenn die Saite bereits im Gleichgewicht eine Zugkraft erfährt, dann ist F die *zusätzliche* Zugkraft, also $F =$ (vorliegende Kraft – Gleichgewichtskraft).]

b) Betrachten Sie die Kräfte, die auf einen kurzen Abschnitt $\mathrm{d}x$ der Saite wirken, und zeigen Sie, dass u die Wellengleichung mit der Ausbreitungsgeschwindigkeit $c = \sqrt{E/\varrho}$ erfüllt; ϱ ist dabei die Dichte (Masse/Volumen) der Saite.

16.7 Der Spannungstensor

*** 18** Abbildung 16.15 zeigt den Blick auf die Deckfläche eines Dreiecksprismas; die drei Teile der Mantelfläche werden mit den Vektoren $\mathrm{d}\boldsymbol{A}_1$ usw. bezeichnet. (Der Betrag von $\mathrm{d}\boldsymbol{A}_1$ ist der Flächeninhalt der entsprechenden Fläche, seine Richtung ist normal zur Fläche. Die beiden zur Zeichenebene parallelen Deckflächen interessieren uns bei dieser Betrachtung nicht.) Die Deckflächen sind jeweils dreieckig. Erläutern Sie, warum daraus $\mathrm{d}\boldsymbol{A}_1 + \mathrm{d}\boldsymbol{A}_2 + \mathrm{d}\boldsymbol{A}_3 = 0$ folgt.

*** 19** $\boldsymbol{n}_1$ und $\boldsymbol{n}_2$ sind zwei Einheitsvektoren, und P ist ein Punkt in einem kontinuierlichen Medium. $\boldsymbol{F}(\boldsymbol{n}_1\mathrm{d}A)$ ist die Flächenkraft auf ein kleines Flächenelement $\mathrm{d}A$ bei P mit der nach außen gerichteten Normalen $\boldsymbol{n}_1$; damit ist $\boldsymbol{n}_2 \cdot \boldsymbol{F}(\boldsymbol{n}_1\mathrm{d}A)$ die Komponente dieser Kraft in die Richtung von $\boldsymbol{n}_2$. Beweisen Sie die *Cauchy-Relation* $\boldsymbol{n}_2 \cdot \boldsymbol{F}(\boldsymbol{n}_1\mathrm{d}A) = \boldsymbol{n}_1 \cdot \boldsymbol{F}(\boldsymbol{n}_2\mathrm{d}A)$.

**** 20** Man hat ermittelt, dass der Spannungstensor für einen Punkt (x, y, z) in einem kontinuierlichen Medium die Form

$$\boldsymbol{\Sigma} = \begin{bmatrix} xz & z^2 & 0 \\ z^2 & 0 & -y \\ 0 & -y & 0 \end{bmatrix} \qquad (16.145)$$

hat (in nicht näher angegebenen geeigneten Einheiten). Bestimmen Sie die Flächenkraft auf ein kleines Flächenelement $\mathrm{d}A$ der Fläche $x^2+y^2+2z^2 = 4$ im Punkt $(1, 1, 1)$.

**** 21** In jedem vorgegebenen Punkt P eines kontinuierlichen Mediums sind die Flächenkräfte durch den Spannungstensor gegeben, also durch die reelle symmetrische Matrix $\boldsymbol{\Sigma}$. Nach einem bekannten Satz der linearen Algebra (siehe Anhang) lässt sich eine solche Matrix immer durch eine geeignete Drehung der kartesischen Koordinatenachsen auf Diagonalform bringen. Beweisen Sie auf Grundlage dieses Satzes, dass es für jeden Punkt P drei orthogonale Richtungen gibt (die sogenannten **Hauptspannungsachsen** bei P), die sich dadurch auszeichnen, dass die Flächenkraft auf eine zu diesen Richtungen normale Fläche exakt normal auf diese Fläche wirkt.

22 Zeigen Sie: Wenn der Spannungstensor $\boldsymbol{\Sigma}$ bezüglich einer *beliebigen* Wahl von orthogonalen Achsen diagonal ist (d. h., alle Nichtdiagonalelemente sind null), dann ist er ein Vielfaches der Einheitsmatrix. Damit geben Sie einen alternativen und eleganten Beweis für die Aussage, dass der Druck unabhängig von der Richtung ist, wenn es (in einem beliebigen Koordinatensystem) keine Scherspannungen gibt. Um diese Aufgabe zu lösen, müssen Sie wissen, wie sich die Tensorelemente bei einer Drehung der Koordinatenachsen transformieren (vgl. Abschnitt 15.17). Nehmen Sie an, dass $\boldsymbol{\Sigma}$ bezüglich eines Achsensatzes diagonal ist, die drei Diagonalelemente sollen aber nicht alle gleich sein (beispielsweise gilt $\sigma_{11} \neq \sigma_{33}$). Es ist nicht allzu schwierig, eine Drehung anzugeben – die von Gleichung (15.36) beispielsweise reicht aus –, sodass für das gedrehte System $\sigma'_{13} \neq 0$ gilt.

16.8 Der Dehnungstensor für einen Festkörper

23 Ein wichtiger Schritt bei der Herleitung des Dehnungstensors war die Zerlegung (16.79) einer Matrix $\boldsymbol{M}$ in einen antisymmetrischen und einen symmetrischen Anteil. Beweisen Sie, dass diese Zerlegung eindeutig ist. [*Hinweis:* Zeigen Sie: Wenn $\boldsymbol{M} = \boldsymbol{M}_\text{A} + \boldsymbol{M}_\text{S}$ mit den antisymmetrischen bzw. symmetrischen Teilmatrizen $\boldsymbol{M}_\text{A}$ bzw. $\boldsymbol{M}_\text{S}$ gilt, dann haben wir $\boldsymbol{M}_\text{A} = \frac{1}{2}(\boldsymbol{M}-\widetilde{\boldsymbol{M}})$ und $\boldsymbol{M}_\text{S} = \frac{1}{2}(\boldsymbol{M}+\widetilde{\boldsymbol{M}})$.

24 Schreiben Sie die Komponenten der Verschiebung (16.77) $\boldsymbol{u}(\boldsymbol{r}) = \boldsymbol{\theta} \times \boldsymbol{r}$ für eine kleine Drehung $\boldsymbol{\theta}$ aus und zeigen Sie, dass die Ableitungsmatrix durch Gleichung (16.78) gegeben ist.

25 An einem bestimmten Punkt P (den Sie als Ursprung wählen können) in einem kontinuierlichen Festkörper ist $\boldsymbol{E}$ der Dehnungstensor. Nehmen Sie der Einfachheit halber an, dass P durch alle bisherigen Verschiebungen fix geblieben ist und dass die Umgebung von P nicht gedreht wurde.
a) Zeigen Sie, dass die x-Achse bei P um den Faktor $(1+\varepsilon_{11})$ gestreckt wird.
b) Zeigen Sie dann, dass jedes kleine Volumen um P sich gemäß $\mathrm{d}V/V = \mathrm{Sp}\boldsymbol{E}$ ändert. Das zeigt, dass zwei Dehnungen mit derselben Spur ein Volumen um denselben Betrag ändern. In der Zerlegung $\boldsymbol{E} = e\boldsymbol{1} + \boldsymbol{E}'$ [Gleichung (16.88)] ändert der sphärische Anteil $e\boldsymbol{1}$ ein Volumen um denselben Betrag wie $\boldsymbol{E}$ selbst, während der Deviator $\boldsymbol{E}'$ ein Volumen überhaupt nicht ändert.

16.9 Der Zusammenhang zwischen Spannung und Dehnung: das Hooke'sche Gesetz

26 Die folgende Tabelle gibt die drei elastischen Moduln für verschiedene Materialien an. Nach (16.100) lässt sich der Elastizitätsmodul E für ein Material berechnen, wenn der Kompressionsmodul K und der Schubmodul G bekannt sind. Berechnen Sie E für jedes der angegebenen Materialien aus den Werten für K und G und vergleichen Sie Ihr Ergebnis mit den in der dritten Spalten aufgeführten Werten für E. (Die in der Tabelle angegebenen Werte für die Dichte werden in Aufgabe 32 benötigt.)

Elastische Moduln (in GPa) und Dichten (in g/cm³)				
Material	K	G	E	ϱ
Eisen	90	40	100	7,8
Stahl	140	80	200	7,8
Sandstein	17	6	16	1,9
Perowskit[31]	270	150	390	4,1
Wasser	2,2	0	0	1,0

27 Betrachten Sie einen gespannten Draht oder Stab entlang der x-Achse. Um den Elastizitätsmodul E zu bestimmen, nehmen wir eine reine Zugspannung entlang dieser Achse an, d. h. $\sigma_{11} > 0$ und $\sigma_{ij} = 0$ für alle anderen Elemente des Spannungstensors.

a) Schreiben Sie mithilfe von Gleichung (16.95) den entsprechenden Dehnungstensor $\boldsymbol{E}$ nieder.

b) Gehen Sie von der Definition (16.55) des Elastizitätsmoduls aus und zeigen Sie, dass $E = \sigma_{11}/\varepsilon_{11}$ gilt.

c) Fassen Sie diese beiden Ergebnisse zusammen und beweisen Sie den Ausdruck (16.100) für den Elastizitätsmodul; zeigen Sie insbesondere den Zusammenhang $E = 9K \cdot G/(3K + G)$.

28 Betrachten Sie noch einmal den Draht oder Stab aus Aufgabe 27. Im Allgemeinen wird der Draht, wenn man ihn in Längsrichtung dehnt, in der Querrichtung kontrahieren. Das Verhältnis zwischen der relativen Querkontraktion und der relativen Längendehnung heißt **Querkontraktionszahl** oder **Poisson-Zahl**, benannt nach dem französischen Mathematiker Siméon Denis Poisson (1781–1840), einem Schüler von Laplace und Lagrange; sie erhält das Symbol ν, vereinzelt auch μ.

a) Zeigen Sie, dass $\nu = -\varepsilon_{22}/\varepsilon_{11}$.

b) Zeigen Sie mit dem Verfahren aus Aufgabe 27, dass $\nu = (3K-2G)/(6K+2G)$ gilt.

c) Berechnen Sie die Poisson-Zahl für die fünf in Aufgabe 26 aufgeführten Materialien. Kommentieren Sie den Wert der Poisson-Zahl für Materialien mit $K \gg G$.

29 Wenn wir die Koordinatenachsen ändern, ändert sich der Dehnungstensor entsprechend Gleichung (15.133), die wir als $\boldsymbol{E}_R = \boldsymbol{R}\boldsymbol{E}\widetilde{\boldsymbol{R}}$ umschreiben können [mit der orthogonalen (3×3)-Drehmatrix $\boldsymbol{R}$]. Nutzen Sie die Eigenschaft (15.129) von orthogonalen Matrizen aus und zeigen Sie $\mathrm{Sp}\boldsymbol{E}_R = \mathrm{Sp}\boldsymbol{E}$, d. h., die Spur eines Tensors ist rotationsinvariant. Zeigen Sie damit, dass die Zerlegung $\boldsymbol{E} = e\mathbf{1} + \boldsymbol{E}'$ rotationsinvariant ist, so wie das im Anschluss an Gleichung 16.92 beschrieben wurde.

31 Ein Titanmineral ($CaTiO_3$), häufiger Bestandteil des unteren Erdmantels. (Anm. d. Übers.)

16.10 Die Bewegungsgleichung für einen elastischen Körper

*** 30** δ_{ji} bezeichnet das Kronecker-Delta (16.115), und $\boldsymbol{a}$ ist ein Vektor mit den Komponenten a_j ($j = 1, 2, 3$). Beweisen Sie die Aussage $\sum_j \delta_{ji} a_j = a_i$. Zeigen Sie auf dieselbe Weise $\sum_j \delta_j \partial_j = \partial_i$, eine Beziehung, die wir für den Beweis der wichtigen Identität (16.116) verwendet haben.

16.11 Longitudinal- und Transversalwellen in einem Festkörper

*** 31** Ein Seismograph zeichnet die Signale von einem weit entfernten Erdbeben auf. Die S-Wellen kommen zwölf Minuten nach den P-Wellen an. Wie weit war das Erdbeben entfernt? Verwenden Sie die Geschwindigkeiten, die wir in Beispiel 16.8 (Seite 825) gefunden haben.

*** 32** Computer Berechnen Sie mithilfe geeigneter Software die Ausbreitungsgeschwindigkeiten von Longitudinal- und Transversalwellen in den fünf Materialien, die in Aufgabe 26 aufgeführt sind. Richten Sie es so ein, dass Sie eine übersichtliche Wertetabelle erhalten.

16.12 Fluide: Beschreibung der Bewegung

*** 33** Schreiben Sie die Bewegungsgleichung (16.124) für ein *statisches* Fluid nieder. Nehmen Sie an, dass $\boldsymbol{g}$ gleichförmig und ϱ konstant (d. h. unabhängig von $\boldsymbol{r}$) ist und beweisen Sie das aus den Physik-Einführungskursen bekannte Ergebnis, dass die Druckdifferenz zwischen zwei Punkten $\boldsymbol{r}_1$ und $\boldsymbol{r}_2$ gerade $\Delta p = \varrho g h$ beträgt, wenn h die vertikal gemessene Höhendifferenz zwischen $\boldsymbol{r}_1$ und $\boldsymbol{r}_2$ ist.

**** 34** Die Gleichungen (16.129) und (16.130) sind zwei verschiedene Formen der Kontinuitätsgleichung. Beweisen Sie, dass diese beiden Formen äquivalent sind.

16.13 Wellen in einem Fluid

*** 35** Der entscheidende Schritt für den Beweis, dass die Wellen in einem Fluid notwendigerweise longitudinal sind, besteht in der Berechnung des Integrals in (16.142). Beweisen Sie für eine beliebige Funktion $f(\xi)$ mit der Ableitung $f'(\xi)$, dass $\int f'(\boldsymbol{n} \cdot \boldsymbol{r} - ct)\,\mathrm{d}t = -f(\boldsymbol{n} \cdot \boldsymbol{r} - ct)/c$ gilt.

**** 36** Bei der Bestimmung der Schallgeschwindigkeit in Luft mithilfe der Gleichung (16.140) muss man sorgfältig vorgehen. (Selbst der große Newton lag hier falsch!) Die Klippe besteht darin, den richtigen Wert des Kompressionsmoduls für Luft zu wählen. Weil die Schwingungen so rasch erfolgen, bleibt keine Zeit für einen Wärmetransport, sodass die Luft *adiabatisch* expandiert und kontrahiert, weshalb $pV^\gamma = \text{const.}$ gilt; γ ist dabei der sogenannte *Isentropenexponent* (manchmal auch als Adiabatenindex bezeichnet); er beträgt 1,4 für trockene Luft bei 0 °C .

a) Zeigen Sie, dass der Kompressionsmodul $K = \gamma p$ ist.

b) Zeigen Sie mithilfe des idealen Gasgesetzes $pV = nRT$, dass für die Dichte $\varrho_0 = pM/RT$ gilt; dabei ist M die mittlere Molmasse von Luft ($M \approx 29\,\mathrm{g/mol}$), R ist die universelle Gaskonstante ($R \approx 8{,}314\,\mathrm{J/mol\,K}$).

c) Führen Sie Ihre Ergebnisse zusammen und zeigen Sie, dass die Schallgeschwindigkeit in Luft $c = \sqrt{\gamma RT/M}$ beträgt. Bestimmen Sie die Schallgeschwindigkeit für 0 °C und vergleichen Sie Ihr Ergebnis mit dem akzeptierten Wert von 331 m/s.

★37 Zeigen Sie, dass die Intensität einer Schallwelle proportional zum Quadrat der Druckänderung p' ist. Betrachten Sie dazu ein kleines Scheibchen des Fluids normal zur Ausbreitungsrichtung mit dem Flächeninhalt $\mathrm{d}A$. Schreiben Sie nieder, mit welcher Rate dieses Scheibchen Arbeit an dem Fluid unmittelbar vor ihm verrichtet, dann dividieren Sie durch $\mathrm{d}A$ und zeigen Sie, dass für die zeitlich gemittelte Intensität gilt $\langle I \rangle = \langle p'^2 \rangle / c\varrho_0$.

★★38 Der entscheidende Schritt bei der Herleitung der Wellengleichung für eine Welle in einem Fluid bestand darin, den ersten Term auf der rechten Seite von Gleichung (16.134) zu vernachlässigen.

a) Begründen Sie diese Maßnahme, indem Sie mithilfe von (16.139) die rechte Seite von (16.125) zu $\varrho'\mathbf{g} - K\boldsymbol{\nabla}\varrho'/\varrho_0$ umformen. Erläutern Sie, dass das Verhältnis des ersten zum zweiten Term von der Ordnung $g\varrho_0\lambda/K$ ist, wenn λ die typische Entfernung angibt, über die ϱ' variiert. (Eine gute Wahl für λ ist die Wellenlänge der gesuchten Welle – von der Größenordnung eines Zentimeters bis maximal einige Meter.) Setzen Sie die Werte für Wasser ein ($K = 2\,\mathrm{GPa}$ usw.) und zeigen Sie, dass der erste Term vernachlässigbar ist. (Für Luft kommen Sie zum selben Ergebnis.)

b) Zeigen Sie mit einem analogen Gedankengang, dass der zweite Term auf der rechten Seite von (16.136) vernachlässigbar ist.

Diagonalisierung von reellen symmetrischen Matrizen

A

ÜBERBLICK

A.1 Diagonalisierung einer einzelnen Matrix

In Kapitel 10 sind wir dem Trägheitstensor $\boldsymbol{I}$ für einen starren Körper begegnet. $\boldsymbol{I}$ ist bezüglich eines beliebigen Satzes von orthogonalen Achsen eine reelle symmetrische (3×3)-Matrix, die den Drehimpuls $\boldsymbol{L}$ des Körpers in Abhängigkeit seiner Winkelgeschwindigkeit $\boldsymbol{\omega}$ durch die Beziehung $\boldsymbol{L} = \boldsymbol{I}\boldsymbol{\omega}$ ausdrückt. Wir haben eine **Hauptachse** (*Hauptträgheitsachse*) als eine Achse mit der Eigenschaft definiert, dass $\boldsymbol{L}$ parallel zu $\boldsymbol{\omega}$ ist, wenn $\boldsymbol{\omega}$ entlang dieser Achse zeigt, also

$$\boldsymbol{L} = \boldsymbol{I}\boldsymbol{\omega} = \lambda\boldsymbol{\omega} \tag{A.1}$$

für eine bestimmte Zahl λ. Wenn ein Körper drei *orthogonale* Hauptachsen hat, dann hat sein **Trägheitstensor** $\boldsymbol{I}$ bezüglich dieser Achsen die *Diagonalform*

$$\boldsymbol{I} = \begin{bmatrix} \lambda_1 & 0 & 0 \\ 0 & \lambda_2 & 0 \\ 0 & 0 & \lambda_3 \end{bmatrix}; \tag{A.2}$$

darin sind λ_1, λ_2 und λ_3 die Trägheitsmomente bezüglich der drei Hauptachsen. Wenn umgekehrt $\boldsymbol{I}$ diese Diagonalform hat, dann sind die Achsen, bezüglich derer $\boldsymbol{I}$ berechnet wurde, Hauptträgheitsachsen. Aus diesem Grund bezeichnet man die Bestimmung der Hauptachsen oft als **Diagonalisierung des Trägheitstensors**. Ich habe in Abschnitt 10.4 behauptet, dass jeder starre Körper, der um einen Ursprung O rotiert, drei orthogonale Hauptachsen hat. Hauptziel dieses Anhangs ist es, diese Behauptung zu beweisen.

Das Vorgehen zur Diagonalisierung einer Matrix wird Ihnen in den verschiedensten Bereichen der Physik immer wieder begegnen. Wenn Sie beispielsweise Kapitel 16 gelesen haben, dann wissen Sie, dass sowohl der Spannungs- als auch der Dehnungstensor durch reelle symmetrische Matrizen gegeben sind; und es ist häufig günstig, jene Achsen zu bestimmen, bezüglich derer eine dieser Matrizen diagonal ist. [So nennt man beispielsweise die Achsen, bezüglich derer der Spannungstensor (in einem gegebenen Punkt P) diagonal ist, die *Hauptspannungsachsen*; sie zeichnen sich durch die nette Eigenschaft aus, dass die Spannung entlang dieser Achsen eine reine Dehnung bewirkt.] In der Quantenmechanik ist das wohl Wichtigste, was man mit einem Operator machen kann, der eine gegebene dynamische Variable repräsentiert, diesen Operator zu diagonalisieren.[1] Um die Allgemeinheit des Vorgehens zu betonen, bezeichne ich die zu diagonalisierende Matrix mit $\boldsymbol{A}$; da sich uns häufig die Aufgabe stellt, eine $(n \times n)$-Matrix zu diagonalisieren (n ist dabei eine ganze Zahl und nicht unbedingt gleich 3), wollen wir annehmen, dass $\boldsymbol{A}$ eine beliebige symmetrische reelle $(n \times n)$-Matrix ist. Sie können aber immer das Beispiel im Hinterkopf behalten, dass $\boldsymbol{A}$ gleich $\boldsymbol{I}$ ist, der (3×3)-Trägheitstensor eines starren Körpers. Im Kontext der klassischen Mechanik sind die Matrizen, die wir diagonalisieren wollen, fast immer Tensoren (Trägheitstensor, Spannungstensor, Dehnungstensor usw.), und ich werde hier annehmen, dass $\boldsymbol{A}$ die Matrix ist, die einen n-dimensionalen Tensor repräsentiert.

1 In der Quantenmechanik werden dynamische Variable zwar durch komplexe hermitesche Matrizen (und nicht durch reelle symmetrische Matrizen) dargestellt, das Vorgehen zu deren Diagonalisierung ist aber in beiden Fällen recht ähnlich. Ich werde hier allerdings nur die Diagonalisierung reeller symmetrischer Matrizen behandeln.

Bevor wir unsere Hauptaussage beweisen, halten wir kurz inne und betrachten die Wirkung eines Wechsels der Achsen, bezüglich derer der interessierende Tensor berechnet wird. Wenn die $(n \times n)$-Matrix $\boldsymbol{A}$ einen beliebigen n-dimensionalen Tensor repräsentiert (bezüglich eines gegebenen Satzes von Achsen), dann geht die Matrix $\boldsymbol{A}'$, die denselben Tensor bezüglich eines anderen Satzes von Achsen repräsentiert, durch die orthogonale Transformation $\boldsymbol{A}' = \boldsymbol{R}\boldsymbol{A}\widetilde{\boldsymbol{R}}$ aus $\boldsymbol{A}$ hervor; $\boldsymbol{R}$ ist dabei, wie im Zusammenhang mit Gleichung (15.133) dargelegt, die orthogonale Drehmatrix, die die beiden Achsensätze miteinander verbindet. Glücklicherweise können Sie dem Beweis auch dann folgen, wenn Sie die orthogonalen Transformationen von Tensoren noch nicht kennengelernt haben. Sie müssen sich dann aber damit begnügen, nur den Fall $\boldsymbol{A} = \boldsymbol{I}$ zu betrachten, d. h., die Matrix $\boldsymbol{A}$ ist der Trägheitstensor $\boldsymbol{I}$. Diese Matrix ist durch die Summen (10.37) und (10.38) definiert (bzw. für kontinuierliche Körper durch die entsprechenden Integrale). Wenn wir die Achsen ändern, wird der Koordinatensatz x, y, z durch einen anderen Satz x', y', z' ersetzt; die Anwendung dieser neuen Koordinaten führt natürlich zu einer anderen (3×3)-Matrix $\boldsymbol{I}'$. Das ist alles, was Sie über den Zusammenhang zwischen $\boldsymbol{I}$ und $\boldsymbol{I}'$ wissen müssen.

Nun können wir daran gehen, den folgenden wichtigen Satz zu beweisen:

Diagonalisierung eines reellen symmetrischen Tensors

Wenn $\boldsymbol{A}$ eine reelle symmetrische $(n \times n)$-Matrix ist, die einen n-dimensionalen Tensor repräsentiert, dann gibt es n orthogonale Einheitsvektoren $\boldsymbol{e}_1, \ldots, \boldsymbol{e}_n$ mit der Eigenschaft, dass **(1)** jedes $\boldsymbol{e}_i$ ein Eigenvektor von $\boldsymbol{A}$ ist, d. h., es gilt die Eigenwertgleichung

$$\boldsymbol{A}\boldsymbol{e}_i = \lambda_i \boldsymbol{e}_i \tag{A.3}$$

für einen bestimmten Eigenwert λ_i, und dass **(2)** der Tensor bezüglich der durch diese n Eigenvektoren bestimmten Achsen repräsentiert wird durch die Diagonalmatrix

$$\boldsymbol{A}' = \begin{bmatrix} \lambda_1 & 0 & \cdots & 0 \\ 0 & \lambda_2 & \cdots & 0 \\ \vdots & \vdots & \ddots & \vdots \\ 0 & 0 & \cdots & \lambda_n \end{bmatrix} . \tag{A.4}$$

Bevor wir diesen Satz beweisen, beachten Sie bitte, dass die n Einheitsvektoren $\boldsymbol{e}_1, \ldots, \boldsymbol{e}_n$ linear unabhängig sind, weil sie paarweise orthogonal aufeinander stehen. Daher lässt sich mit ihnen *jeder* Vektor im n-dimensionalen Vektorraum konstruieren, d. h., die $\boldsymbol{e}_1, \ldots, \boldsymbol{e}_n$ sind eine **Orthonormalbasis** des Vektorraums, in dem sie existieren.

Zum Beweis dieses Satzes gehen wir in mehreren Schritten vor:

Schritt 1: *A* hat wenigstens einen Eigenwert mit dem dazugehörigen Eigenvektor. Wir haben bereits mehrfach gesehen, dass wegen der Eigenwertgleichung (A.3) $\det(\boldsymbol{A} - \lambda \mathbf{1}) = 0$ gelten muss. Diese Determinante ist ein Polynom n-ten Grades in λ und hat daher mindestens eine Nullstelle, etwa $\lambda = \lambda_1$.[2] Nun gibt es nach einer bekannten Aussage der linearen Algebra wenigstens einen von null verschiedenen Vektor (einen sogenannten Eigenvektor) $\boldsymbol{a}$ mit $\boldsymbol{Ba} = 0$, wenn die Determinante von $\boldsymbol{B}$ null ist (d. h. $\det(\boldsymbol{B}) = 0$).[3] Wegen $\det(\boldsymbol{A} - \lambda_1 \mathbf{1}) = 0$ gibt es also wenigstens einen Eigenvektor $\boldsymbol{a}$ mit

$$\boldsymbol{Aa} = \lambda_1 \boldsymbol{a} . \tag{A.5}$$

Schritt 2: Der Eigenwert λ_1 ist reell. Keine der Aussagen bislang garantiert, dass der Eigenwert λ_1 und der Eigenvektor $\boldsymbol{a}$ reell sind. Um zu zeigen, dass λ_1 reell ist, betrachten Sie Folgendes: Wenn wir (A.5) auf der linken Seite mit der Spalte $\tilde{\boldsymbol{a}}^*$ multiplizieren (d. h. mit dem komplex Konjugierten des Transponierten der Spalte $\boldsymbol{a}$), dann erhalten wir

$$\lambda_1 = \frac{\tilde{\boldsymbol{a}}^* \boldsymbol{A} \boldsymbol{a}}{\tilde{\boldsymbol{a}}^* \boldsymbol{a}} . \tag{A.6}$$

Es ist aber leicht zu erkennen, dass in diesem Bruch beide Terme reell sind: Es gilt nämlich

$$\tilde{\boldsymbol{a}}^* \boldsymbol{a} = \sum_i a_i^* a_i = \sum_i |a_i|^2 > 0 ,$$

und außerdem gilt für den Zähler

$$\tilde{\boldsymbol{a}}^* \boldsymbol{A} \boldsymbol{a} = (\tilde{\boldsymbol{a}}^* \boldsymbol{A} \boldsymbol{a})\tilde{} = \tilde{\boldsymbol{a}} \boldsymbol{A} \boldsymbol{a}^* = (\tilde{\boldsymbol{a}}^* \boldsymbol{A} \boldsymbol{a})^* ,$$

und das zeigt, dass $\tilde{\boldsymbol{a}}^* \boldsymbol{A} \boldsymbol{a}$ reell ist. [Für das erste Gleichheitszeichen habe ich verwendet, dass die linke Seite eine (1×1)-Matrix und somit gleich ihrem Transponierten ist; das zweite Gleichheitszeichen gilt wegen $(\boldsymbol{mnp})\tilde{} = \tilde{\boldsymbol{p}}\tilde{\boldsymbol{n}}\tilde{\boldsymbol{m}}$ und wegen der Symmetrie unserer gegebenen Matrix $\boldsymbol{A}$; und das letzte Gleichheitszeichen nützt aus, dass $\boldsymbol{A}$ reell ist.] Da sowohl der Zähler als auch der Nenner in (A.6) reell sind (und der Nenner von null verschieden ist), muss der Eigenwert λ_1 reell sein. (Beachten Sie, dass dieses Argument für einen beliebigen Eigenwert von $\boldsymbol{A}$ gilt; somit ist *jeder* Eigenwert einer reellen symmetrischen Matrix reell.)

Schritt 3: Der Eigenvektor kann als reell angenommen werden. Man könnte versucht sein davon auszugehen, dass die Eigenvektoren einer reellen Matrix notwendigerweise reell sind, doch das wäre falsch: Wenn Gleichung (A.5) von dem reellen

---

2 Im Allgemeinen hat ein Polynom n-ten Grades n Nullstellen, doch einige davon können gleich (entartet) sein. Wenn wir behaupten, dass es wenigstens *eine* Nullstelle gibt, sind wir aber auf der sicheren Seite.

3 Vgl. beispielsweise *Mathematical Methods for Scientists and Engineers* von Donald A. McQuarrie (University Science Books, 2003), S. 434, oder *Mathematical Methods in Physical Sciences* von Mary Boas (Wiley, 1983), S. 133.

Vektor $\boldsymbol{a}$ erfüllt wird, dann auch von $\mathrm{i}\boldsymbol{a}$, und das ist mit Sicherheit kein reeller Vektor. Also wird ein Eigenvektor von $\boldsymbol{A}$ im Allgemeinen komplex sein. Wenn wir aber das komplex Konjugierte von (A.5) nehmen und beachten, dass $\boldsymbol{A}$ und λ_1 reell sind, dann erkennen wir, dass für ein reelles $\boldsymbol{a}$ auch dessen komplex Konjugiertes $\boldsymbol{a}^*$ reell ist. Das bedeutet dann aber im Umkehrschluss, dass sowohl der Vektor $\boldsymbol{a}+\boldsymbol{a}^*$ als auch der Vektor $\mathrm{i}(\boldsymbol{a}-\boldsymbol{a}^*)$ reell sind. Wenn aber beide reell sind und wenigstens einer nicht null ist, dann haben wir gezeigt, dass es für jeden Eigenwert mindestens einen *reellen* Eigenvektor gibt. Daher können wir ohne Beschränkung der Allgemeinheit annehmen, dass der Eigenvektor $\boldsymbol{a}$ reell ist.

Schritt 4: Wählen Sie eine neue Basis, die den Eigenvektor enthält. Unser nächster Schritt besteht darin, den reellen Eigenvektor $\boldsymbol{a}$ zu normalisieren und eine neue Orthonormalbasis mit dem normalisierten Eigenvektor als dem ersten Einheitsvektor zu wählen. Wir definieren also den Einheitsvektor

$$\boldsymbol{e}_1 = \frac{\boldsymbol{a}}{|\boldsymbol{a}|}, \tag{A.7}$$

der auch die Eigenwertgleichung (A.5)

$$\boldsymbol{A}\boldsymbol{e}_1 = \lambda_1 \boldsymbol{e}_1 \tag{A.8}$$

erfüllt; dann wählen wir $n-1$ weitere, zu $\boldsymbol{e}_1$ und paarweise zueinander senkrecht stehende Einheitsvektoren als neuen Satz orthogonaler Achsen.[4] Bezüglich dieser neuen Basis wird der Vektor $\boldsymbol{e}_1$ durch eine Spalte dargestellt, deren erster Eintrag 1 und deren weiteren Elemente allesamt null sind. Aus der Eigenwertgleichung (A.8) folgt dann, dass (bezüglich unserer neuen Basis) die erste Spalte der Matrix, die $\boldsymbol{A}$ repräsentiert, als ersten Eintrag λ_1 und sonst überall Nullen hat. Da die Matrix symmetrisch ist, muss sie die Form

$$(\text{neue Matrix } \boldsymbol{A} \text{ bzgl. der neuen Basis}) = \left[\begin{array}{c|ccc} \lambda_1 & 0 & \cdots & 0 \\ \hline 0 & & & \\ \vdots & & \boldsymbol{A}_1 & \\ 0 & & & \end{array}\right] \tag{A.9}$$

haben; $\boldsymbol{A}_1$ ist dabei eine reelle symmetrische $((n-1)\times(n-1))$-Matrix.

Schritt 5: Wiederholen Sie die Schritte 1 bis 4 für die Matrix $\boldsymbol{A}_1$. Die Matrix $\boldsymbol{A}_1$ kann man als Matrix betrachten, die auf den zu unserem neuen Basisvektor $\boldsymbol{e}_1$ orthogonalen $(n-1)$-dimensionalen Unterraum wirkt. Sie hat wenigstens einen reellen Eigenwert λ_2 und einen entsprechenden Eigenvektor, den wir als reell annehmen und normalisieren können – und damit haben wir unseren zweiten Einheitsvektor $\boldsymbol{e}_2$. Wenn wir nun eine Orthonormalbasis wählen, die aus $\boldsymbol{e}_1$, $\boldsymbol{e}_2$ und $(n-2)$ anderen

4 In drei Dimensionen sieht man leicht, dass das immer möglich ist. Wenn $\boldsymbol{e}_1$ gegeben ist, wählen wir einfach zwei weitere Einheitsvektoren, die in der zu $\boldsymbol{e}_1$ senkrechten Ebene liegen. In n Dimensionen geht man im Wesentlichen genauso vor; um das Ganze wasserdicht zu machen, kann man auch das *Gram-Schmidt'sche Orthogonalisierungsverfahren* anwenden. Vgl. dazu *Mathematical Methods for Scientists and Engineers* von Donald A. McQuarrie (University Science Books, 2003), Seite 448.

Einheitsvektoren besteht, dann hat die unseren Tensor repräsentierende Matrix die Form

$$\text{(neue Matrix } \boldsymbol{A} \text{ bzgl. der zweiten neuen Basis)} = \left[\begin{array}{cc|ccc} \lambda_1 & 0 & 0 & \cdots & 0 \\ 0 & \lambda_2 & 0 & \cdots & 0 \\ \hline 0 & 0 & & & \\ \vdots & \vdots & & \boldsymbol{A}_2 & \\ 0 & 0 & & & \end{array}\right]; \tag{A.10}$$

$\boldsymbol{A}_2$ ist dabei eine reelle symmetrische $((n-2)\times(n-2))$-Matrix.

Schritt 6: Wiederholen Sie die Schritte 1 bis 4 für die Matrix $\boldsymbol{A}_2$, dann für $\boldsymbol{A}_3$ usw. Nach $n-3$ weiteren Wiederholungen hat die Matrix, die unseren Tensor repräsentiert, die in (A.4) behauptete Diagonalform, und damit ist unser Beweis abgeschlossen.

A.2 Simultane Diagonalisierung zweier Matrizen

In Kapitel 11 haben wir gesehen, dass ein System mit n Freiheitsgraden, das um eine stabile Gleichgewichtslage schwingt, einer Bewegungsgleichung der Form

$$\boldsymbol{M}\ddot{\boldsymbol{q}} = -\boldsymbol{K}\boldsymbol{q} \tag{A.11}$$

gehorcht. Dabei ist $\boldsymbol{q}$ eine Spalte mit n verallgemeinerten Koordinaten, und $\boldsymbol{M}$ und $\boldsymbol{K}$ sind reelle symmetrische $(n \times n)$-Matrizen, bezeichnet als Massen- bzw. Kraftkonstantenmatrix. Im Folgenden ist es wichtig, dass sowohl $\boldsymbol{M}$ als auch $\boldsymbol{K}$ *positiv definite* Matrizen sind. Um zu erkennen, was das bedeutet, betrachten wir zunächst die Matrix $\boldsymbol{K}$: Nach (11.53) ist die potenzielle Energie $U = \frac{1}{2}\tilde{\boldsymbol{q}}\boldsymbol{K}\boldsymbol{q}$. Sie ist null in der Gleichgewichtsposition $\boldsymbol{q} = 0$, und da das Gleichgewicht stabil ist, muss U für ein beliebiges $\boldsymbol{q} \neq 0$ größer als null sein. Daher muss die Matrix $\boldsymbol{K}$ die Eigenschaft haben, dass $\tilde{\boldsymbol{q}}\boldsymbol{K}\boldsymbol{q} > 0$ für jedes von null verschiedene $\boldsymbol{q}$ gilt – die definierende Eigenschaft einer positiv definiten Matrix. Ganz ähnlich ist nach (11.54) die kinetische Energie $T = \frac{1}{2}\tilde{\dot{\boldsymbol{q}}}\boldsymbol{M}\dot{\boldsymbol{q}}$, und die muss für ein beliebiges $\dot{\boldsymbol{q}} \neq 0$ positiv sein; also ist auch $\boldsymbol{M}$ positiv definit.

Wir haben eine Normalmode als eine Bewegung definiert, bei der alle n Koordinaten sinusförmig mit derselben Frequenz ω schwingen, sodass $\boldsymbol{q}(t) = \mathrm{Re}(\boldsymbol{a}e^{i\omega t})$ gilt, und wir haben gesehen, dass eine Normalmode dann und nur dann möglich ist, wenn ω und $\boldsymbol{a}$ die Bedingung

$$\boldsymbol{K}\boldsymbol{a} = \omega^2\boldsymbol{M}\boldsymbol{a} \tag{A.12}$$

erfüllen. Ich habe behauptet (und in einigen speziellen Beispielen haben wir das auch explizit gesehen), dass es n unabhängige Lösungen $\boldsymbol{a}$ dieser verallgemeinerten Eigenwertgleichung gibt und dass sich folglich *jede* mögliche Bewegung als eine Linearkombination der Normalmoden darstellen lässt.

Nun wollen wir diese Behauptung beweisen. Beachten Sie, dass – wenn wir eine Lösung von (A.11) mithilfe der n unabhängigen Lösungen $\boldsymbol{a}$ von (A.12) ausdrücken – die neuen generalisierten Koordinaten $\boldsymbol{q}'$ die Bedingung

$$\ddot{q}_i' = -\omega_i^2 q_i' \,. \tag{A.13}$$

erfüllen.[5] Beim Vergleich von (A.13) mit (A.11) sehen wir, was wir beweisen müssen – dass es eine Basis des n-dimensionalen Konfigurationsraums gibt, bezüglich derer die beiden Matrizen $\boldsymbol{M}$ und $\boldsymbol{K}$ diagonal sind und die Form

$$\boldsymbol{M}' = \mathbf{1} = \begin{bmatrix} 1 & \cdots & 0 \\ \vdots & \ddots & \vdots \\ 0 & \cdots & 1 \end{bmatrix} \quad \text{und} \quad \boldsymbol{K}' = \begin{bmatrix} \omega_1^2 & \cdots & 0 \\ \vdots & \ddots & \vdots \\ 0 & \cdots & \omega_n^2 \end{bmatrix} \tag{A.14}$$

haben. Insbesondere ist in dieser neuen Basis die Massenmatrix einfach nur die Einheitsmatrix. Das werden wir nun beweisen, obwohl wir sehen werden, dass die neue Basis im Allgemeinen keine Orthonormalbasis ist. Dieser Beweis lehnt sich stark an den Beweis im letzten Abschnitt an und läuft wie dieser in mehreren Schritten ab.

Schritt 1: Diagonalisieren Sie *M*. Da $\boldsymbol{M}$ reell und symmetrisch ist, können wir eine orthogonale $(n \times n)$-Matrix $\boldsymbol{R}$ finden, mit der sich $\boldsymbol{M}$ diagonalisieren lässt, d. h., $\boldsymbol{M}' = \boldsymbol{R}\boldsymbol{M}\widetilde{\boldsymbol{R}}$ ist diagonal mit der Form

$$\boldsymbol{M}' = \boldsymbol{R}\boldsymbol{M}\widetilde{\boldsymbol{R}} = \begin{bmatrix} \mu_1 & \cdots & 0 \\ \vdots & \ddots & \vdots \\ 0 & \cdots & \mu_n \end{bmatrix} . \tag{A.15}$$

Wenn wir $\boldsymbol{q}' = \boldsymbol{R}\boldsymbol{q}$ und $\boldsymbol{K}' = \boldsymbol{R}\boldsymbol{K}\widetilde{\boldsymbol{R}}$ definieren, dann wird die Eigenwertgleichung (A.12) bezüglich der neuen Koordinaten zu $\boldsymbol{K}'\boldsymbol{a}' = \omega^2\boldsymbol{M}'\boldsymbol{a}'$.

Schritt 2: Reskalieren Sie die Koordinaten, sodass *M''* = 1. Ausgedrückt mithilfe der neuen Koordinaten $\boldsymbol{q}'$, ist die kinetische Energie

$$T = \tfrac{1}{2}\dot{\widetilde{\boldsymbol{q}}}'\boldsymbol{M}'\dot{\boldsymbol{q}}' = \sum \mu_i \dot{q}_i'^2 \,. \tag{A.16}$$

Da T für ein beliebiges $\dot{\boldsymbol{q}}' \neq 0$ positiv sein muss, müssen alle Zahlen μ_i in (A.15) positiv sein. Daher können wir jede der Koordinaten q_i' mit einem Faktor $\sqrt{\mu_i}$ skalieren. Konkret definieren wir neue Koordinaten $q_i'' = q_i'\sqrt{\mu_i}$. Wenn wir zusätzliche eine diagonale (aber nicht notwendigerweise orthogonale) Matrix

$$\boldsymbol{S} = \begin{bmatrix} 1/\sqrt{\mu_1} & \cdots & 0 \\ \vdots & \ddots & \vdots \\ 0 & \cdots & 1/\sqrt{\mu_n} \end{bmatrix} \tag{A.17}$$

definieren und

$$\boldsymbol{M}'' = \boldsymbol{S}\boldsymbol{M}'\widetilde{\boldsymbol{S}} = \mathbf{1} \qquad \text{und} \qquad \boldsymbol{K}'' = \boldsymbol{S}\boldsymbol{K}'\widetilde{\boldsymbol{S}} \tag{A.18}$$

5 Die Koordinaten, die ich hier q_i' nenne, sind genau die Normalkoordinaten, die ich in Abschnitt 11.7 als ξ_i eingeführt habe.

setzen, dann ist bezüglich dieser neuen Koordinaten die Massenmatrix einfach die Einheitsmatrix, die kinetische Energie hat die einfache Form $T = \frac{1}{2} \sum \dot{q}''^2$, und – das Wichtigste – aus der verallgemeinerten Eigenwertgleichung $\boldsymbol{Ka} = \omega^2 \boldsymbol{Ma}$ wird wegen $\boldsymbol{M}'' = \mathbf{1}$ die *gewöhnliche* Eigenwertgleichung

$$\boldsymbol{K}''\boldsymbol{a}'' = \omega^2 \boldsymbol{a}''\,. \tag{A.19}$$

Schritt 3: Diagonalisieren Sie $\boldsymbol{K}''$. Abschnitt A.1 zufolge gibt es eine orthogonale Matrix $\boldsymbol{T}$, die $\boldsymbol{K}''$ diagonalisiert. Mit anderen Worten: Wenn wir

$$\boldsymbol{K}''' = \boldsymbol{T}\boldsymbol{K}''\widetilde{\boldsymbol{T}} \qquad \text{und} \qquad \boldsymbol{M}''' = \boldsymbol{T}\boldsymbol{M}''\widetilde{\boldsymbol{T}} = \mathbf{1} \tag{A.20}$$

definieren, dann sind sowohl $\boldsymbol{K}'''$ als auch $\boldsymbol{M}'''$ Diagonalmatrizen, und $\boldsymbol{M}'''$ ist noch immer gleich $\mathbf{1}$. Das beweist die Existenz der verlangten n Eigenvektoren mit den versprochenen Eigenschaften.[6]

6 Nur ein kleiner Punkt: Da die Eigenwerte nach unserer Annahme die Quadrate der Normalfrequenzen sein sollen, ist es wesentlich, dass sie positiv sind. Das ist aber sichergestellt, da $\boldsymbol{K}$ und $\boldsymbol{K}'''$ positiv definit sind.

Lösungen für Aufgaben mit ungerader Nummer

Es gibt neben den Kurzlösungen in diesem Buch auf der Webseite des Verlages unter *www.pearson-studium.de/4186* zu den Aufgaben ein Lösungsbuch (ISBN 978-3-86326-728-5), welches als PDF käuflich zu erwerben ist. Es enthält auf über 300 Seiten nachvollziehbare und ausführliche Lösungshinweise zu den über 700 Aufgaben aus diesem Buch.

Kapitel 1

1. $\boldsymbol{b}+\boldsymbol{c} = 2\hat{\boldsymbol{x}}+\hat{\boldsymbol{y}}+\hat{\boldsymbol{z}}, \quad 5\boldsymbol{b}+2\boldsymbol{c} = 7\hat{\boldsymbol{x}}+5\hat{\boldsymbol{y}}+2\hat{\boldsymbol{z}}, \quad \boldsymbol{b}\cdot\boldsymbol{c} = 1, \quad \boldsymbol{b}\times\boldsymbol{c} = \hat{\boldsymbol{x}}-\hat{\boldsymbol{y}}-\hat{\boldsymbol{z}}.$
5. $\theta = \arccos\sqrt{2/3} = 0{,}615$ rad oder $35{,}3°$.
11. Das Teilchen bewegt sich gegen den Uhrzeigersinn entlang der Ellipse $(x/b)^2 + (y/c)^2 = 1$ in der x-y-Ebene und vollführt eine vollständige Bahnumrundung in der Periode $2\pi/\omega$.
23. $\boldsymbol{v} = (\lambda\boldsymbol{b} - \boldsymbol{b}\times\boldsymbol{c})/b^2$.
25. Jede Lösung hat die Form $f(t) = A\mathrm{e}^{-3t}$; dieser Ausdruck enthält eine wählbare Konstante.
27. Vom Boden aus gesehen, bewegt sich der Puck geradeaus über den Drehtisch durch dessen Mittelpunkt O. Für den Beobachter auf dem Drehtisch beschreibt der Puck eine nach rechts gekrümmte Bahn, wie in der Abbildung gezeigt.

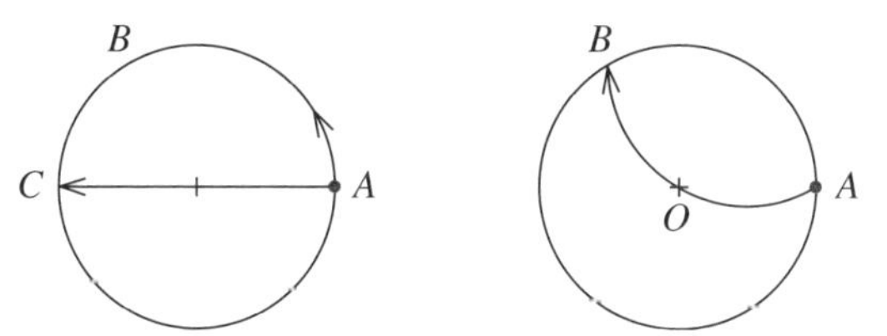

35. Der Ort des Balls ist $\boldsymbol{r} = (v_0 t\cos\theta, 0, v_0 t\sin\theta - \frac{1}{2}gt^2)$. Die Zeit, bis der Ball auf dem Boden aufschlägt, ist $t = (2v_0\sin\theta)/g$, und die während dieser Zeit zurückgelegte Entfernung ist $(2v_0^2\sin\theta\cos\theta)/g$.
37. **(a)** Wenn wir x entlang der geneigten Ebene nach oben messen, gilt $x = v_0 t - \frac{1}{2}gt^2\sin\theta$. **(b)** Der Puck kehrt nach der Zeit $t = 2v_0/(g\sin\theta)$ wieder zu seinem Ausgangspunkt zurück.
39. $x = v_0 t\cos\theta - \frac{1}{2}gt^2\sin\varphi, \ y = v_0 t\sin\theta - \frac{1}{2}gt^2\cos\varphi, \ z = 0.$
41. Zugkraft = $m\omega^2 R$ (oder mv^2/R).

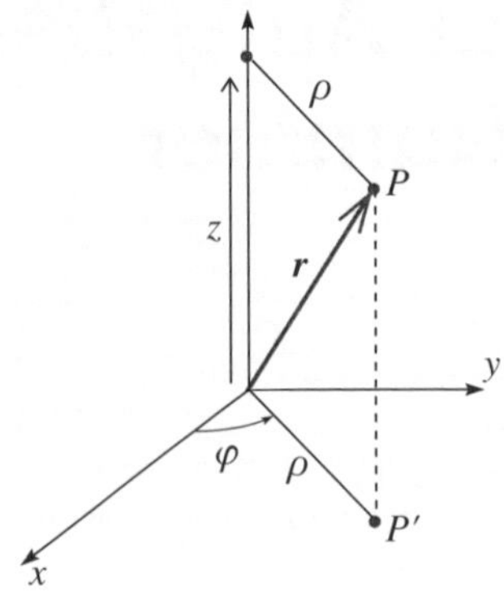

47. **(a)** $\rho = \sqrt{x^2 + y^2}$, $\varphi = \arctan(y/x)$ (so gewählt, dass es im richtigen Quadranten liegt), z ist dasselbe wie in kartesischen Koordinaten. Die Koordinate ρ ist der senkrecht gemessene Abstand von P zur z-Achse. Wenn wir r statt der Koordinate ρ verwenden würden, wäre dieses r nicht dasselbe wie $|\boldsymbol{r}|$, und $\hat{\boldsymbol{r}}$ wäre nicht der Einheitsvektor in Richtung von $\boldsymbol{r}$ [vgl. Teil (b)].

    (b) Der Einheitsvektor $\hat{\boldsymbol{\rho}}$ zeigt in die Richtung von wachsendem ρ (dabei sind φ und z fest), d. h., direkt weg von der z-Achse; $\hat{\boldsymbol{\varphi}}$ ist tangential zu einem horizontalen Kreis durch P, durch dessen Mittelpunkt die z-Achse verläuft (von oben gesehen gegen den Uhrzeigersinn); $\hat{\boldsymbol{z}}$ ist parallel zur z-Achse. $\boldsymbol{r} = \rho\hat{\boldsymbol{\rho}} + z\hat{\boldsymbol{z}}$.

    (c) $a_\rho = \ddot{\rho} - \rho\dot{\varphi}^2, \quad a_\varphi = \rho\ddot{\varphi} + 2\dot{\rho}\dot{\varphi}, \quad a_z = \ddot{z}$.

49. $\varphi = \varphi_0 + \omega t$ und $z = z_0 + v_{0z}t - \frac{1}{2}gt^2$.

51. In dieser Abbildung ist die durchgezogene Kurve die numerische Lösung der Differenzialgleichung (berechnet mit NDSolve aus Mathematica). Die gestrichelte Kurve ist die Kleinwinkelnäherung (1.57) mit derselben Anfangsbedingung ($\varphi_0 = \pi/2$). Wenn man bedenkt, wie groß der Anfangswinkel ist, ist die Kleinwinkelnäherung bemerkenswert gut. Der einzige wichtige Unterschied besteht darin, dass die Näherungslösung – wie zu erwarten – etwas zu schnell schwingt. (Für große Amplituden ist die wahre Periode ein wenig länger.)

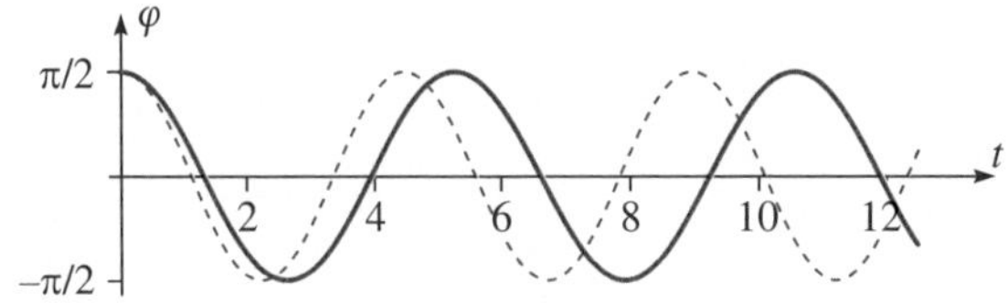

Kapitel 2

1. Die beiden Kräfte sind für $v \approx 1$ cm/s etwa gleich, und für $v \gg 1$ cm/s ist die lineare Kraft vernachlässigbar. Für einen Wasserball liegt die entsprechende Geschwindigkeit bei etwa 1 mm/s.

3. **(b)** $R \approx 0{,}01$; es ist mit Sicherheit vertretbar, die quadratische Bremskraft zu vernachlässigen.

5.

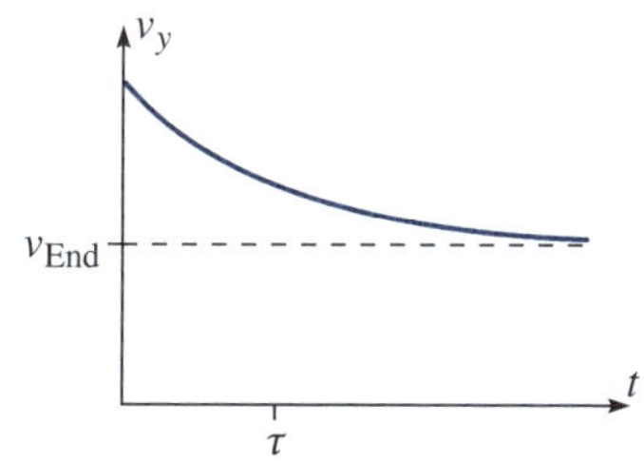

7. Wenn $F = F_0$ ist, also eine Konstante, dann gilt $v = v_0 + at$ mit $a = F_0/m$.

11. **(a)** $v_y(t) = -v_{End} + (v_0 + v_{End})\,e^{-t/\tau}$ und $y(t) = -v_{End}t + (v_0 + v_{End})\tau(1 - e^{-t/\tau})$.
(b) $t_{oben} = \tau \ln(1 + v_0/v_{End})$ und $y_{max} = [v_0 - v_{End}\ln(1 + v_0/v_{End})]\tau$.

13. $v = \pm\omega\sqrt{x_0^2 - x^2}$ mit $\omega = \sqrt{k/m}$ und $x(t) = x_0 \cos \omega t$.

15. Die Flugzeit ist $t = 2v_{y0}/g$.

19. **(a)** $y = \frac{v_{y0}}{v_{x0}}x - \frac{1}{2}g\left(\frac{x}{v_{x0}}\right)^2$.

23. Die Endgeschwindigkeiten betragen **(a)** 22 m/s (kleine Stahlkugel), **(b)** 140 m/s (Kanonenkugel) und **(c)** 107 m/s (Fallschirmspringer im freien Fall).

27. Die Geschwindigkeit ist $v(t) = v_{End}\tan\left(\arctan\frac{v_0}{v_{End}} - \frac{cv_{End}}{m}t\right)$; die Zeit, die sich der Puck aufwärts bewegt, ist $= \frac{m}{cv_{End}}\arctan\frac{v_0}{v_{End}}$ mit $v_{End} = \sqrt{mg\sin(\theta)/c}$.

29.

Zeit (s)	0	1	5	10	20	30
tatsächl. Geschwindigkeit (m/s)	0	9,7	37,7	48,1	50,0	50,0
Geschwindigkeit im Vakuum (m/s)	0	9,8	49,0	98,0	196,0	294,0

31. **(a)** Die Endgeschwindigkeit ist $v_{End} = 20{,}2$ m/s. (b) Bis zum Aufprall braucht der Ball $t = 2{,}78$ s (2,47 s im Vakuum); seine Aufprallgeschwindigkeit ist $v = 17{,}7$ m/s (24,2 m/s im Vakuum).

33. **(a)**

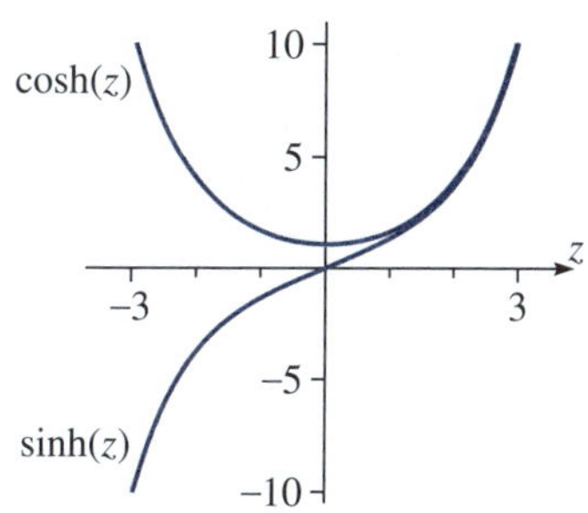

(b) $\sinh(z) = -\mathrm{i}\sin(\mathrm{i}z)$.

(c)

$$\frac{\mathrm{d}\cosh(z)}{\mathrm{d}z} = \sinh(z), \qquad \frac{\mathrm{d}\sinh(z)}{\mathrm{d}z} = \cosh(z),$$
$$\int \cosh(z)\mathrm{d}z = \sinh(z), \quad \int \sinh(z)\mathrm{d}z = \cosh(z).$$

35. **(b)** Für $t = 2\tau$ bzw. 3τ hat die Geschwindigkeit v 96% bzw. 99,5% ihres Endwerts.

39. **(a)**

$$t = \frac{m}{\sqrt{f_R c}}\left(\arctan\sqrt{\frac{c}{f_R}}v_0 - \arctan\sqrt{\frac{c}{f_R}}v\right).$$

(b)

v (m/s)	15	10	5	0
t (s)	6,3	18,4	48,3	142

Die entsprechenden Zeiten bei Vernachlässigung der Reibung sind (vgl. Aufgabe 26) 6,7 s, 20,0 s, 60,0 s und ∞. Man kann die Reibungskraft gegen den quadratischen Luftwiderstand vernachlässigen, wenn die Geschwindigkeiten hoch sind; bei sehr niedrigen Geschwindigkeiten führt diese Näherung aber stark in die Irre.

41. Die Geschwindigkeit beträgt $v(y) = \sqrt{(v_0^2 + v_{\mathrm{End}}^2)\,\mathrm{e}^{-2gy/v_{\mathrm{End}}^2} - v_{\mathrm{End}}^2}$ mit $v_{\mathrm{End}} = \sqrt{mg/c}$; die maximale Höhe ist $y_{\max} = 17{,}7$ m, der Vakuumwert ist 20,4 m.

43. **(a)** Die durchgezogene Kurve ist die tatsächliche Trajektorie, die gestrichelte Kurve gilt für das Vakuum.

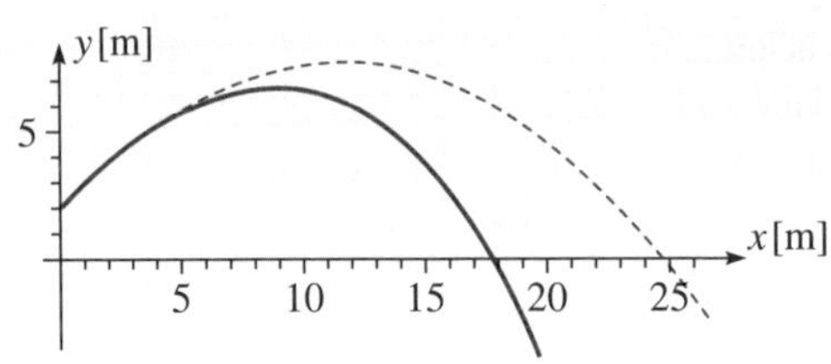

(b) Die tatsächliche Reichweite beträgt 17,7 m, im Vakuum beträgt sie 24,8 m.

45. **(b)** $z = 3 + 4i = 5\,\mathrm{e}^{0{,}927\mathrm{i}}$; **(c)** $z = 2\,\mathrm{e}^{-\mathrm{i}\pi/3} = 1 - \mathrm{i}\sqrt{3}$.

47. **(a)** $z + w = 9 + 4\mathrm{i}$, $z - w = 3 + 12\mathrm{i}$, $zw = 50$, $z/w = -0{,}56 + 1{,}92\mathrm{i}$;
(b) $z + w = (4 + 2\sqrt{3}) + (4\sqrt{3} + 2)\mathrm{i}$, $z - w = (4 - 2\sqrt{3}) + (4\sqrt{3} - 2)\mathrm{i}$, $zw = 32\mathrm{i}$, $z/w = \sqrt{3} + \mathrm{i}$.

49. **(b)** $\cos 3\theta = \cos\theta(\cos^2\theta - 3\sin^2\theta)$ und $\sin 3\theta = \sin\theta(3\cos^2\theta - \sin^2\theta)$.

53. $m\dot{v}_x = qBv_y$, $m\dot{v}_y = -qBv_x$, $m\dot{v}_z = qE$.
Die Bewegung von x und y ist dieselbe wie in Abbildung 2.15, also eine Bewegung im Uhrzeigersinn auf einer Kreisbahn mit der konstanten Winkelgeschwindigkeit $\omega = qB/m$. Gleichzeitig gilt $z = z_0 + v_{z0}t + \frac{1}{2}a_z t^2$ mit $a_z = qE/m$.

Das Teilchen bewegt sich also insgesamt auf einer Schraubenlinie (Helix) mit konstantem Radius um die z-Achse; die Steigung der Schraubenlinie wächst an, wenn die Bewegung in z-Richtung schneller wird.

55. **(a)** $\dot{v}_x = \omega v_y$, $\dot{v}_y = -\omega(v_x - E/B)$ und $\dot{v}_z = 0$. **(b)** $v_{\text{Drift}} = E/B$.

(c) $v_x = v_{\text{Drift}} + (v_{x0} - v_{\text{Drift}})\cos\omega t$, $v_y = -(v_{x0} - v_{\text{Drift}})\sin\omega t$ und $v_z = 0$. Als Transversalgeschwindigkeit (v_x, v_y) findet man eine gleichmäßige Bewegung auf einem Kreis vom Radius $(v_{x0} - v_{\text{Drift}})$, überlagert mit einer konstanten Driftgeschwindigkeit v_{Drift} in der x-Richtung.

(d) $x = v_{\text{Drift}}t + R\sin\omega t$ und $y = R(\cos\omega t - 1)$ mit $R = (v_{x0} - v_{\text{Drift}})/\omega$. Diese Bahn ist ein Zykloide, deren genaue Form von der Anfangsgeschwindigkeit v_{x0} abhängt; die Abbildung unten zeigt das für sieben verschiedene Wert von v_{x0}. Beachten Sie insbesondere, dass $R = 0$ wird, wenn $v_{x0} = v_{\text{Drift}}$ gilt; die Ladung driftet dann – wie wir bereits wissen – auf gerader Bahn durch die Felder. (Die Werte von v_{x0} sind als Vielfache von v_{Drift} und die Strecken als Vielfache von v_{Drift}/ω dargestellt.)

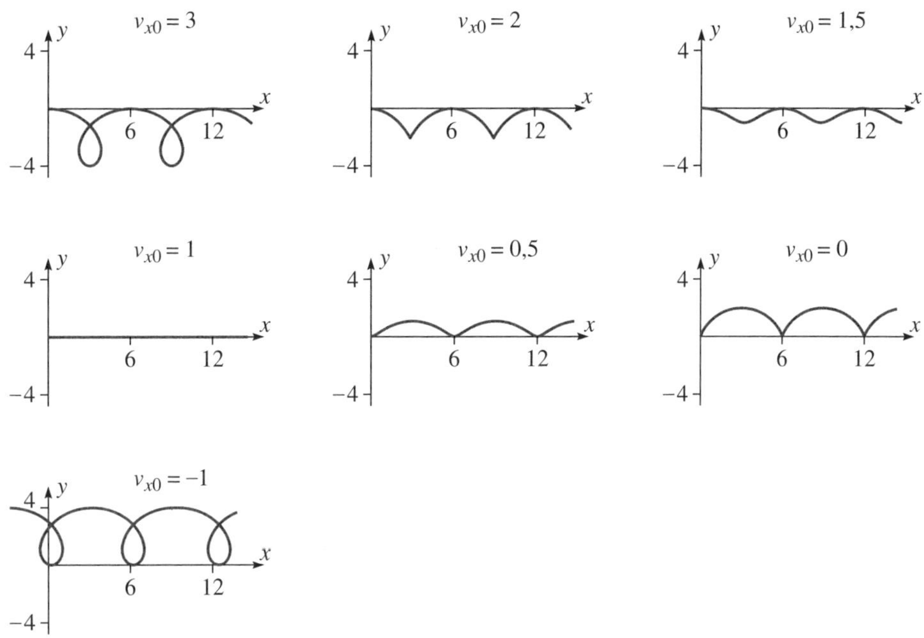

Kapitel 3

3. Die Vektoren $\boldsymbol{v}_2$ und $\boldsymbol{v}_3$ haben den gleichen Betrag $v_2 = v_3 = \sqrt{2}\, v_0$ und stehen jeweils im Winkel von 45° zu beiden Seiten der Anfangsrichtung.

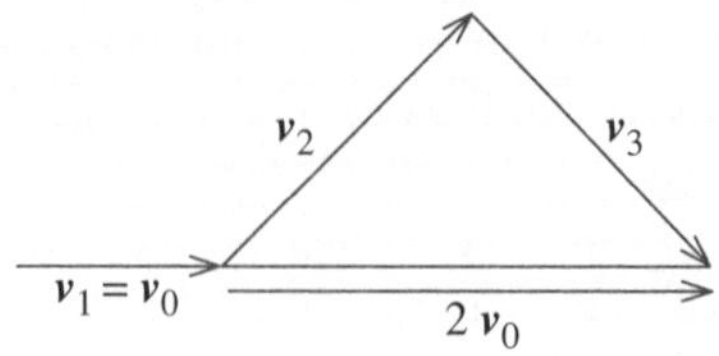

7. Die Geschwindigkeit nach zwei Minuten ist $v \approx 2100$ m/s. Der Schub beträgt etwa $2{,}5 \cdot 10^7$ N, ein wenig mehr als das Startgewicht von ca. $2{,}0 \cdot 10^7$ N.
9. Die Mindest-Ausstoßgeschwindigkeit ist ≈ 2400 m/s.
11. **(b)** und **(c)** $v = v_{\text{aus}} \ln(m_0/m) - gt \approx 900$ m/s; wenn keine Schwerkraft wirkt, liegt der Wert bei 2100 m/s.
13. Die Höhe beträgt etwa $4{,}0 \cdot 10^4$ m.
15. Der Schwerpunkt hat die Position $\boldsymbol{R} = (1/6, 0, 0)$, liegt also viel dichter an der großen Masse m_3 als an m_1 oder m_2.

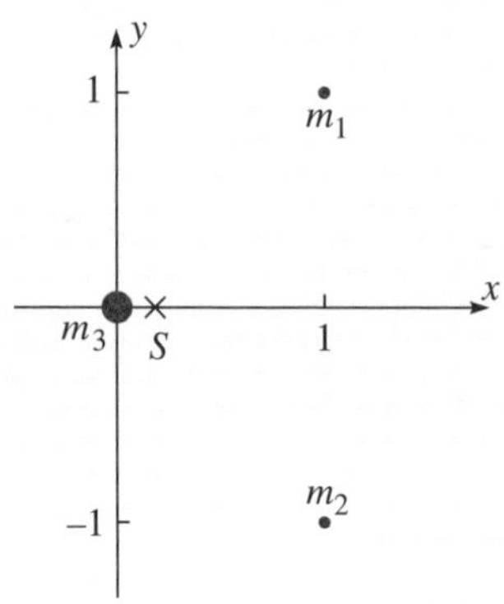

17. Der Schwerpunkt ist etwa $4{,}6 \cdot 10^3$ km vom Erdmittelpunkt entfernt, also deutlich noch innerhalb der Erde.
19. **(a)** Der Schwerpunkt folgt derselben Parabelbahn wie das vollständige, nicht zerplatzte Geschoss. **(b)** Das zweite Bruchstück trifft auf die Kanone, aus der die Granate abgefeuert wurde. **(c)** Nein.
21. $X = Z = 0$ und $Y = 4R/3\pi$.
23. Das zweite Bruchstück hat die Geschwindigkeit $\boldsymbol{v} - \Delta\boldsymbol{v}$. Der Schwerpunkt (in der Abbildung durch leere Punkte dargestellt) liegt jeweils in der Mitte der Verbindungslinie zwischen den beiden Bruchstücken; die Bahnkurve des Schwerpunkts setzt deutlich erkennbar die Parabelbahn fort, auf der sich die Granate vor der Explosion bewegt hat.

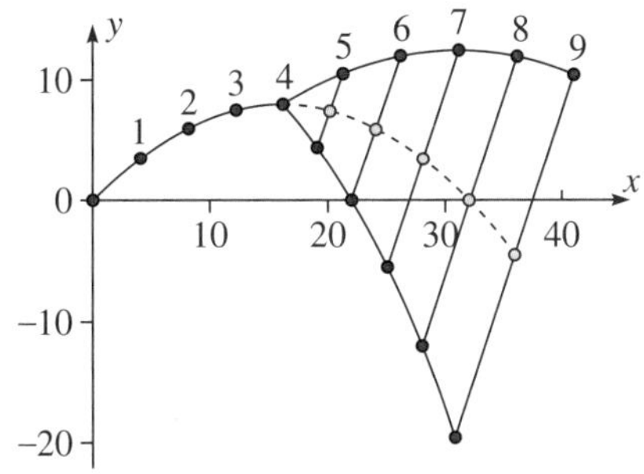

25. Die Winkelgeschwindigkeit am Schluss ist $\omega = \omega_0(r_0/r)^2$.
29. Die Winkelgeschwindigkeit ist $\omega = \omega_0(R_0/R)^5 = \omega_0/32$.
31. Das Trägheitsmoment ist $I = \frac{1}{2}MR^2$.
33. Das Trägheitsmoment ist $I = \frac{2}{3}Mb^2$.
35. **(a)**

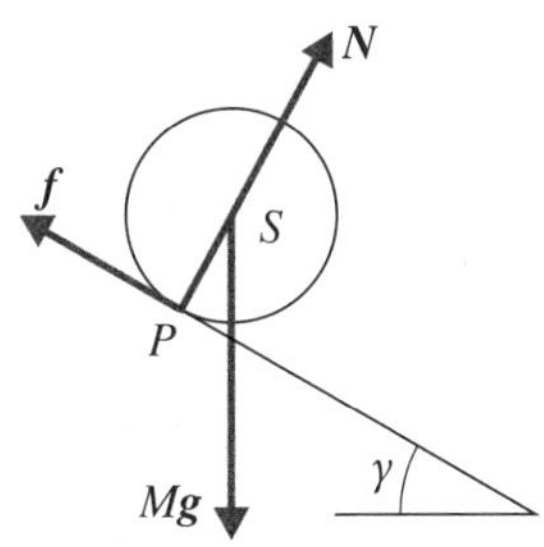

(b) und **(c)** In beiden Fällen ergibt sich $\dot{v} = \frac{2}{3}g \sin\gamma$.

37. **(a)**

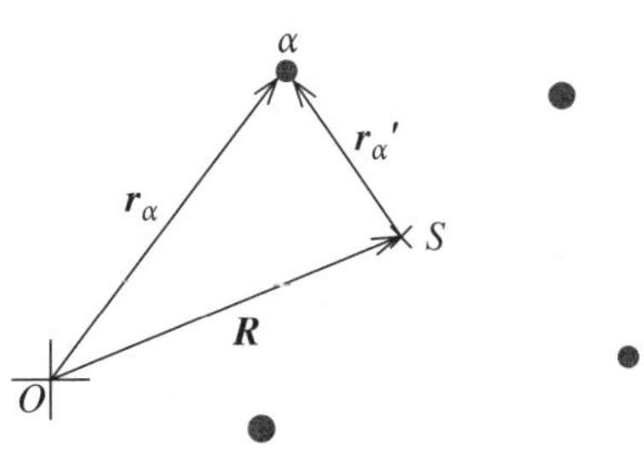

Kapitel 4

3. **(a)** $W = 0$, **(b)** $W = 1$, **(c)** $W = \pi/2$.
7. **(a)** $W(\boldsymbol{r}_1 \to \boldsymbol{r}_2) = -(m\gamma/3)(y_2^3 - y_1^3)$; $U(\boldsymbol{r}) = (m\gamma/3)y^3$.
   (b)

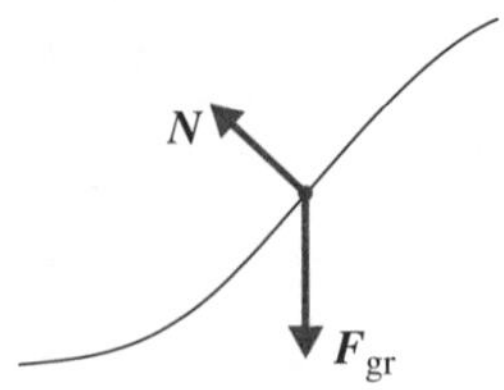

   (c) $v_{\text{Ende}} = \sqrt{2\gamma h^3/3}$.
9. **(b)** $x_0 = mg/k$.
11.

Funktion	$\partial/\partial x$	$\partial/\partial y$	$\partial/\partial z$
$ay^2 + 2byz + cz^2$	0	$2ay + 2bz$	$2by + 2cz$
$\cos(axy^2z^3)$	$-ay^2z^3\sin(axy^2z^3)$	$-2axyz^3\sin(axy^2z^3)$	$-3axy^2z^2\sin(axy^2z^3)$
$ar = a\sqrt{x^2+y^2+z^2}$	ax/r	ay/r	az/r

13.

Funktion	$\partial/\partial x$	$\partial/\partial y$	$\partial/\partial z$	∇f
$\ln(r)$	x/r^2	y/r^2	z/r^2	$\hat{\boldsymbol{r}}/r$
r^n	nxr^{n-2}	nyr^{n-2}	nzr^{n-2}	$nr^{n-1}\hat{\boldsymbol{r}}$
$g(r)$	$g'(r)x/r$	$g'(r)y/r$	$g'(r)z/r$	$g'(r)\hat{\boldsymbol{r}}$

15. Bei Anwendung von (4.35) erhalten wir $\Delta f \approx 0{,}44$, bei exakter Rechnung ergibt sich $\Delta f = 0{,}45$ (auf zwei Stellen angegeben).
19. **(a)** Die Fläche $x^2 + 4y^2 = K$ ist ein elliptischer Zylinder um die z-Achse mit einem „Radius" $\sqrt{K}$ in x-Richtung und der Hälfte davon in y-Richtung. **(b)** Der Einheitsvektor normal zu der Fläche ist $\boldsymbol{n} = (1, 4, 0)/\sqrt{17}$ (oder $-\boldsymbol{n}$). Die Zunahme ist in Richtung von $\boldsymbol{n}$ maximal, die Abnahme ist in Richtung von $-\boldsymbol{n}$ maximal.
21. Die zur Gravitation gehörige potenzielle Energie ist $U(r) = -GMm/r$.
23. **(a)** $\boldsymbol{F}$ ist konservativ, $U = \frac{1}{2}k(x^2+2y^2+3z^2)$. **(b)** $\boldsymbol{F}$ ist konservativ, $U = kxy$. **(c)** $\boldsymbol{F}$ ist nicht konservativ. In (a) und (b) wird U am Ursprung gleich null gesetzt.

29. **(a)**

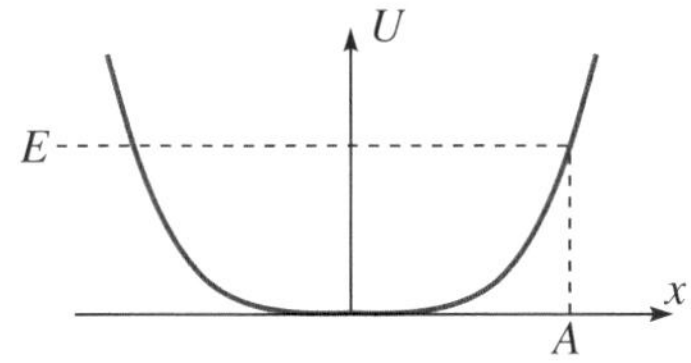

(b) Die Masse erreicht ihre maximale Auslenkung A nach der Zeit $t(0 \to A) = \sqrt{m/2k}\int_0^A \mathrm{d}x/\sqrt{A^4 - x^4}$. Die Periode ist $4t(0 \to A)$. **(d)** $\tau = 3{,}71$.

31. **(a)** Wenn wir alle uninteressanten Konstanten weglassen, ergibt sich $E = \frac{1}{2}(m_1 + m_2)\dot{x}^2 - (m_1 - m_2)gx$.

33. **(b)**

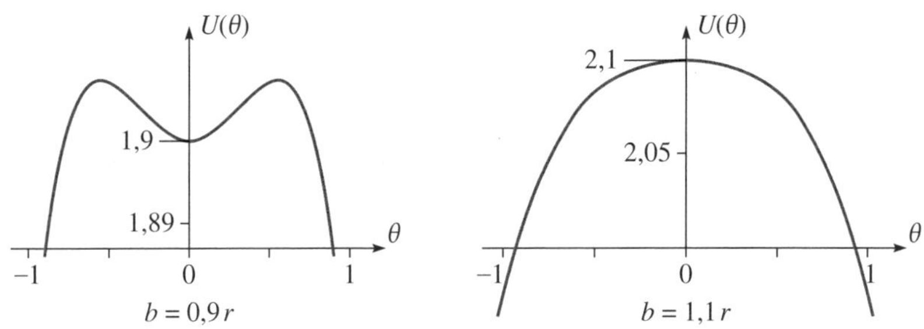

(c) Für $b < r$ können zwei weitere Gleichgewichtspunkte auftreten, die symmetrisch zu beiden Seiten von $\theta = 0$ liegen; beide sind instabil.

35. **(a)** $E = \frac{1}{2}(m_1 + m_2 + I/R^2)\dot{x}^2 - (m_1 - m_2)gx$ (plus eine Konstante, die man auch weglassen kann). **(b)** Die Bewegungsgleichung ist in beiden Fällen $(m_1 + m_2 + I/R^2)\ddot{x} = (m_1 - m_2)g$.

37. **(a)** $U(\varphi) = MgR(1 - \cos\varphi) - mgR\varphi$.

(b) Gleichgewichtslagen treten nur für $m \leq M$ auf. Für $m = M$ gibt es ein (instabiles) Gleichgewicht bei $\varphi = 90°$. Für $m < M$ gibt es zwei Gleichgewichtslagen, die durch die Bedingung $m = M\sin\varphi$ bestimmt sind; diese Gleichung hat zwei Lösungen symmetrisch ober- und unterhalb von $\varphi = 90°$. Die untere Position ist stabil, die obere ist instabil. [Vgl. dazu die Abbildungen zu Teil (c)].

(c) Für $m = 0{,}7M$ dreht sich das Rad bis zu einem Maximalwert $\varphi < \pi$, dann dreht es sich zurück bis $\varphi = 0$ und schwingt dann unendlich lange weiter. Für $m = 0{,}8M$ dreht sich das Rad über $\varphi = \pi$ hinaus und dreht sich dann gegen den Uhrzeigersinn weiter, bis der Faden abgerollt ist.

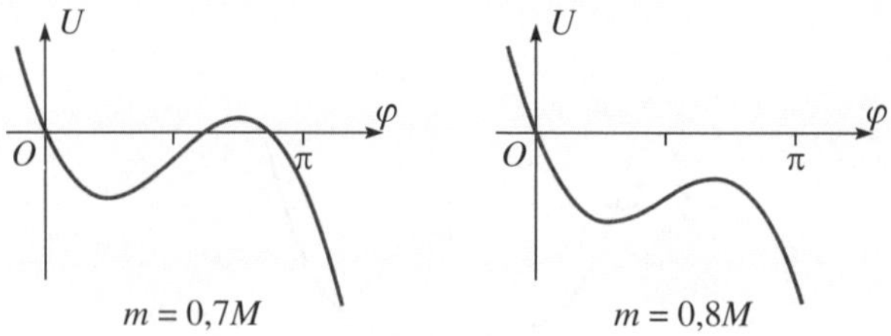

(d) Der kritische Wert für das Massenverhältnis m/M ist 0,725.

39. **(c)** Für $\Phi = 45°$ ergibt sich bei dieser Näherung $\tau = 1{,}037\tau_0$, also eine Korrektur von 3,7 % zur Näherung mit kleiner Amplitude (τ_0); das liegt maximal 0,3 % vom exakten Ergebnis ($1{,}040\tau_0$) entfernt.

51.

$$\begin{aligned} U(\boldsymbol{r}_1, \boldsymbol{r}_2, \boldsymbol{r}_3, \boldsymbol{r}_4) = \big[&U_{12}(\boldsymbol{r}_1 - \boldsymbol{r}_2) + U_{13}(\boldsymbol{r}_1 - \boldsymbol{r}_3) + U_{14}(\boldsymbol{r}_1 - \boldsymbol{r}_4) \\ &+ U_{23}(\boldsymbol{r}_2 - \boldsymbol{r}_3) + U_{24}(\boldsymbol{r}_2 - \boldsymbol{r}_4) + U_{34}(\boldsymbol{r}_3 - \boldsymbol{r}_4)\big] \\ &+ \big[U_1^{\text{ext}}(\boldsymbol{r}_1) + U_2^{\text{ext}}(\boldsymbol{r}_2) + U_3^{\text{ext}}(\boldsymbol{r}_3) + U_4^{\text{ext}}(\boldsymbol{r}_4)\big]. \end{aligned}$$

53. **(b)**

$$E = T_1 + T_2 + U_1 + U_2 + U_{12} = \tfrac{1}{2}m_1 v_1^2 + \tfrac{1}{2}m_2 v_2^2 - ke^2\left(\frac{1}{r_1} + \frac{1}{r_2} - \frac{1}{r_{12}}\right).$$

(c) Lange vor dem Stoß:

$$E = T_1 + T_2 + U_1 + 0 + 0 = T_2 - \frac{ke^2}{2r}.$$

Lange nach dem Stoß:

$$E' = T_1' + T_2' + 0 + U_2' + 0 = T_1' - \frac{ke^2}{2r'}.$$

Wegen der Energieerhaltung gilt

$$T_1' = T_2 + \tfrac{1}{2}ke^2\left(\frac{1}{r'} - \frac{1}{r}\right).$$

Kapitel 5

3. $U(\varphi) = mgl(1 - \cos\varphi)$ und $k = mgl$.
5. **(a)** $B_1 = C_1 + C_2$ und $B_2 = \mathrm{i}(C_1 - C_2)$.
(b) $A = \sqrt{B_1^2 + B_2^2}$ und $\delta = \arctan(B_2/B_1)$, jeweils im richtigen Quadranten gewählt.
(c) $C = A\,\mathrm{e}^{-\mathrm{i}\delta}$. **(d)** $C_1 = C/2$ und $C_2 = C^*/2$.
7. **(a)** $B_1 = x_0$ und $B_2 = v_0/\omega$. **(b)** $\omega = 10\ \mathrm{s}^{-1}$, $B_1 = 3$ m, $B_2 = 5$ m.

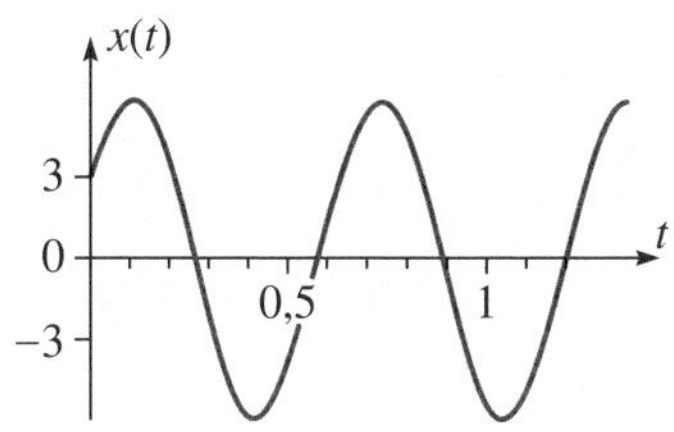

(c) $x = 0$ tritt zum ersten Mal bei $t = 0.26$ s auf; $\dot{x} = 0$ tritt zum ersten Mal bei $t = 0{,}10$ s auf.
9. Die Periode beträgt $\tau = 1{,}05$ s.
11.
$$A = \sqrt{\frac{x_2^2 v_1^2 - x_1^2 v_2^2}{v_1^2 - v_2^2}} \quad \text{und} \quad \omega = \sqrt{\frac{v_1^2 - v_2^2}{x_2^2 - x_1^2}}$$
13.
$$r_0 = \lambda R \quad \text{und} \quad \omega = \sqrt{\frac{2U_0}{m\lambda R^2}}$$
17. **(a)** Wenn der Bruch p/q vollständig gekürzt ist, dann gilt $\tau = 2\pi p/\omega_x$.
19. $k' = 2k(2a - l_0)/a$.
23. $\mathrm{d}E/\mathrm{d}t = \dot{x}(m\ddot{x} + kx)$.
25. **(a)** und **(b)**

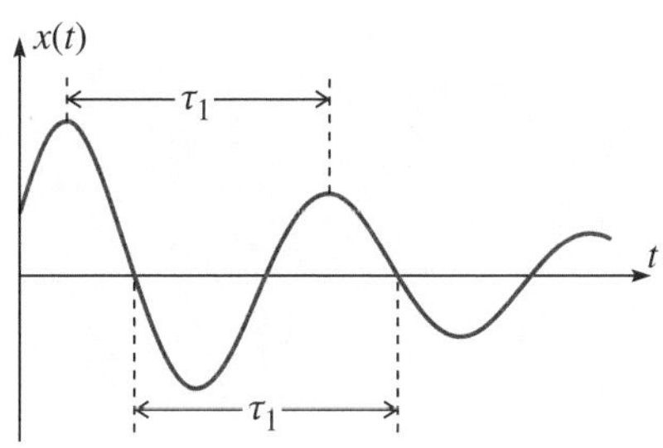

(c) Mit $\beta = \omega_0/2$ nimmt die Amplitude innerhalb einer Periode um einen Faktor 0,026 ab (viel weniger als in der Abbildung dargestellt; dort ist β als $\omega_0/10$ gewählt, und der Schwundfaktor beträgt dann etwa 0,53).

29. $\tau_1 = 1{,}006$ s und $\beta = 0{,}110\omega_0$.

31. Jedes der Teilbilder zeigt $x(t)$ für den angegebenen Wert von β als Funktion von t.

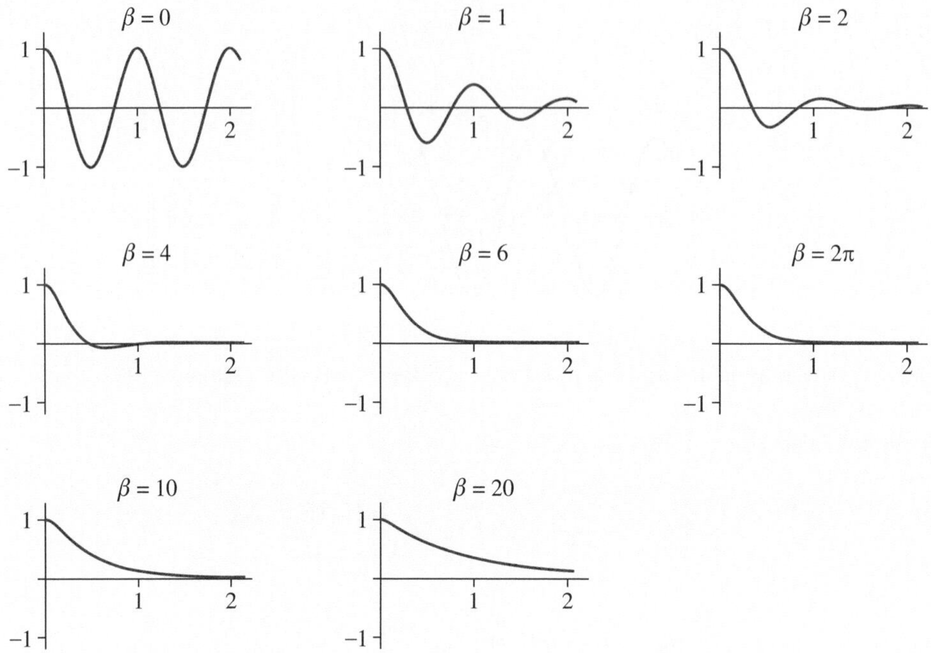

37. $A = 26{,}9$, $\delta = 3{,}04$ rad, $B_1 = 26{,}7$ und $B_2 = -6{,}18$.

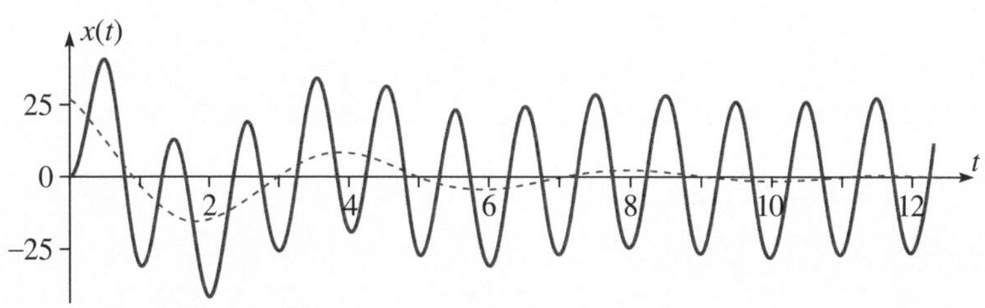

Die durchgezogene Kurve ist die tatsächlich auftretende Bewegung; die gestrichelte Kurve gibt die transiente homogene Lösung an.

43. **(a)** $k \approx 4 \cdot 10^4$ N/m. **(b)** $f \approx 6$ Hz. **(c)** $v \approx 5$ m/s entsprechend etwa 18 km/h.

49. Wir haben $a_0 = f_{\max}/2$ und $a_n = 4f_{\max}/(n\pi)^2$ für ungerades n und 0 für gerades n ($n > 0$); außerdem gilt $b_n = 0$ für alle n.

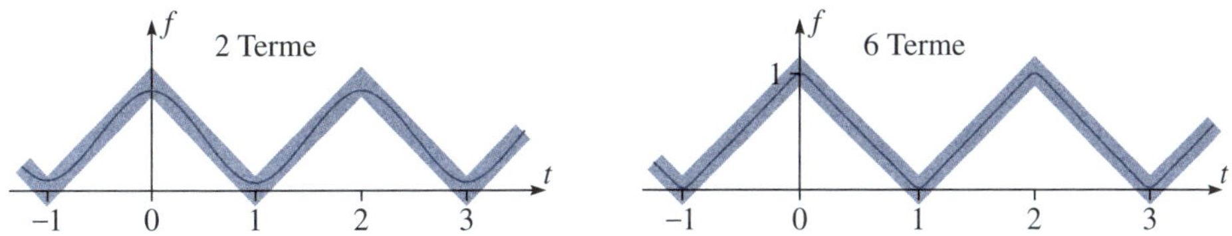

Das linke Teilbild zeigt die Summe der ersten beiden Terme (konstanter Term plus der erste Kosinus) sowie die „Sägezahnfunktion" selbst. Das rechte Teilbild zeigt die Summe der ersten sechs Terme. Sie liegt so dicht bei der Sägezahnfunktion, dass man sie – außer an den Ecken – kaum voneinander unterscheiden kann.

53. Wir haben $A_0 = 1/2\omega_0^2$ und $A_n = 4/n^2\pi^2\sqrt{(\omega_0^2 - n^2\omega^2)^2 + (2\beta n\omega)^2}$ für ungerades n; für gerades n haben wir null ($n > 0$). **(a)** Mit $\tau_0 = 2$ ergibt sich $\omega_0 = \pi$; dann haben wir für die ersten vier Kooeffizienten A_n ($n = 0, 1, 2, 3$) die Werte $0{,}0507, 0{,}6450, 0$ und $0{,}0006$.

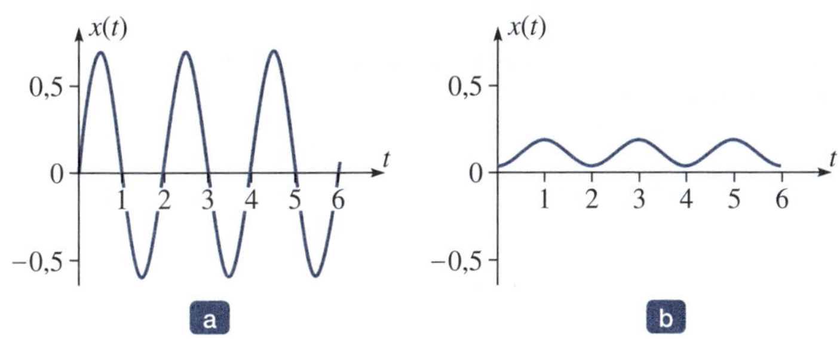

(b) Mit $\tau_0 = 3$ ergibt sich $\omega_0 = 2\pi/3$, und die ersten vier Koeffizienten A_n ($n = 0, 1, 2, 3$) sind $0{,}1140,\ \ 0{,}0734,\ 0$ und $\ 0{,}0005$.

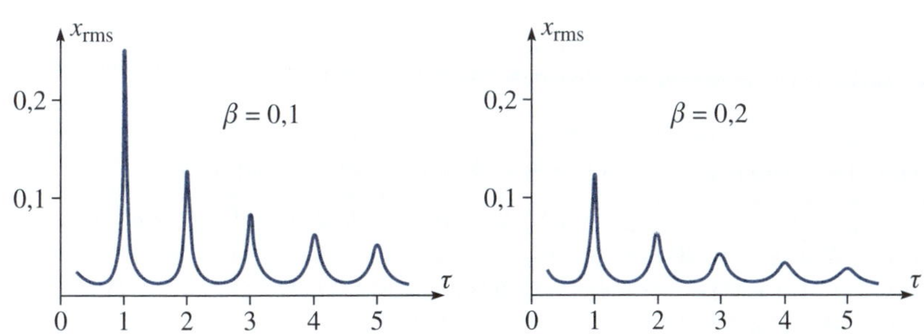

57. Das linke Teilbild zeigt die Daten für diese Aufgabe, das rechte die Daten aus Abbildung 5.26 (allerdings in einem etwas veränderten Maßstab). Beachten Sie, dass die Resonanzen für $\beta = 0{,}1$ doppelt so hoch und halb so breit sind wie die für $\beta = 0{,}2$.

Kapitel 6

3. Der Lichtstrahl braucht für den Weg von P_1 über Q nach P_2 die Zeit $\left(\sqrt{x^2+y_1^2+z^2}+\sqrt{(x-x_2)^2+y_2^2+z^2}\right)/c$.
5. Der Lichtstrahl braucht für den Weg von A über P nach B die Zeit $2\sqrt{2}(R/c)\cos(\theta/2)$.
7. Die Geodäte hat die Form $\varphi = az + b$ mit Konstanten a und b, die so gewählt sind, dass die Kurve durch die vorgegebenen Endpunkte verläuft. Im Allgemeinen gibt es viele verschiedene Kurven dieser Form.
9. $y = \sinh(x)/\sinh(1)$.
11. Der Weg ist eine Parabel $x = C + (y-D)^2/4C$ mit Konstanten C und D.
17. $\rho = \rho_0/\cos[(\varphi-\varphi_0)/\sqrt{1+\lambda^2}]$. Mit $\lambda = 0$ wird aus dem Kegel eine Ebene, und die Gleichung beschreibt eine Gerade.
23. **(a)** $v = \sqrt{(v_0\cos\varphi + Vy)^2 + (v_0\sin\varphi)^2}$.
    (c) $y_{\text{max}} = 366$ Kilometer; das Flugzeug spart auf dieser Route 27 Minuten.

Kapitel 7

1. $\mathcal{L} = \frac{1}{2}m(\dot{x}^2+\dot{y}^2+\dot{z}^2) - mgz$. Die drei Lagrange-Gleichungen sind $0 = m\ddot{x}$, $0 = m\ddot{y}$ und $-mg = m\ddot{z}$.
3. $\mathcal{L} = \frac{1}{2}m(\dot{x}^2+\dot{y}^2) - \frac{1}{2}k(x^2+y^2)$. Die beiden Lagrange-Gleichungen sind $m\ddot{x} = -kx$ und $m\ddot{y} = -ky$. Dies ist der isotrope Oszillator aus Abschnitt 5.3.
5. $$(\boldsymbol{\nabla} f)_r = \frac{\partial f}{\partial r} \quad \text{und} \quad (\boldsymbol{\nabla} f)_\varphi = \frac{1}{r}\frac{\partial f}{\partial \varphi}.$$
7. **(a)** $m_\alpha \ddot{\mathbf{r}}_\alpha = -\boldsymbol{\nabla}_\alpha U$, $[\alpha = 1,\cdots,N]$. **(b)** $\mathcal{L} = \sum_\alpha \frac{1}{2}m_\alpha \dot{\mathbf{r}}_\alpha^2 - U(\mathbf{r}_1,\cdots,\mathbf{r}_N)$.
9. $x = R\cos\varphi$, $y = R\sin\varphi$ und $\varphi = \arctan(y/x)$, jeweils so gewählt, dass sie im richtigen Quadranten liegen.
11. $x = A\cos\omega t + l\sin\varphi$, $y = l\cos\varphi$ und $\varphi = \arctan[(x - A\cos\omega t)/y]$.
15. $\mathcal{L} = \frac{1}{2}(m_1+m_2)\dot{x}^2 + m_2 gx$, $a = gm_2/(m_1+m_2)$.
17. $\ddot{x} = g(m_1-m_2)/(m_1+m_2+I/R^2)$.
21. $\mathcal{L} = \frac{1}{2}m(\dot{r}^2 + r^2\omega^2)$ und $r = A\,\mathrm{e}^{\omega t} + B\,\mathrm{e}^{-\omega t}$.
23. $\mathcal{L} = \frac{1}{2}m(\dot{x} - A\omega\sin\omega t)^2 - \frac{1}{2}kx^2$.
27. Die Masse $4m$ erfährt eine Beschleunigung von $g/7$ nach unten.
29. $\mathcal{L} = \frac{1}{2}m\left[R^2\omega^2 + l^2\dot{\varphi}^2 + 2Rl\omega\dot{\varphi}\sin(\varphi-\omega t)\right] - mg(R\sin\omega t - l\cos\varphi)$ und $l\ddot{\varphi} = -g\sin\varphi + \omega^2 R\cos(\varphi - \omega t)$.
31. **(a)** $\mathcal{L} = \frac{1}{2}(m+M)\dot{x}^2 + \frac{1}{2}M\left(L^2\dot{\varphi}^2 + 2\dot{x}L\dot{\varphi}\cos\varphi\right) - \frac{1}{2}kx^2 + MgL\cos\varphi$. Die x- und die φ-Gleichungen sind
    $$(m+M)\ddot{x} + ML(\ddot{\varphi}\cos\varphi - \dot{\varphi}^2\sin\varphi) = -kx \quad \text{und} \quad M(L\ddot{\varphi} + \ddot{x}\cos\varphi) = -Mg\sin\varphi.$$
    (b) Wenn x und φ beide klein sind, wird daraus
    $$(m+M)\ddot{x} + ML\ddot{\varphi} = -kx \quad \text{und} \quad M(L\ddot{\varphi} + \ddot{x}) = -Mg\varphi.$$

33. $x(t) = x_0 \cosh \omega t + (g/2\omega^2)(\sin \omega t - \sinh \omega t)$.

35. $\mathcal{L} = \frac{1}{2} mR^2 \left[\omega^2 + (\dot\varphi + \omega)^2 + 2\omega(\dot\varphi + \omega)\cos\varphi\right]$. Für kleine Schwingungen um B hat die Schwingung die Frequenz ω.

37. **(a)** $\mathcal{L} = m\dot r^2 + \frac{1}{2} mr^2\dot\varphi^2 - mgr$. **(b)** Die r- und die φ-Gleichung sind $mr\dot\varphi^2 - mg = 2m\ddot r$ bwz. $mr^2\dot\varphi = \text{const.}$ **(c)** $r_0 = [\ell^2/(m^2 g)]^{1/3}$. **(d)** Die Frequenz ist $\sqrt{3/2}\,\ell/mr_0^2$.

39. **(a)** $\mathcal{L} = \frac{1}{2} m \left(\dot r^2 + r^2\dot\theta^2 + r^2 \sin^2\theta\, \dot\varphi^2\right) - U(r)$.

(b) Die r-, θ- und φ-Gleichungen sind

$$m\ddot r = mr\left(\dot\theta^2 + \sin^2\theta\,\dot\varphi^2\right) - \partial U/\partial r$$
$$\frac{d}{dt}\left(mr^2\dot\theta\right) = mr^2 \sin\theta\cos\theta\,\dot\varphi^2$$
$$\frac{d}{dt}\left(mr^2\sin^2\theta\,\dot\varphi\right) = 0.$$

(c) Die Bewegung bleibt in der äquatorialen Ebene $\theta = \pi/2$ in Übereinstimmung mit unserem Wissen, dass die Bewegung auf eine Ebene beschränkt ist.

(d) Die Bewegung bleibt in der longitudinalen Ebene $\varphi = \varphi_0$.

41. $\mathcal{L} = \frac{1}{2} m(\dot\rho^2 + \rho^2\omega^2 + 4k^2\rho^2\dot\rho^2) - mgk\rho^2$, und die Bewegungsgleichung ist

$$(1 + 4k^2\rho^2)\ddot\rho + 4k^2\rho\dot\rho^2 = (\omega^2 - 2gk)\rho.$$

Der tiefste Punkt der Drahtschleife ($\rho = 0$) ist ein Gleichgewichtspunkt; er ist stabil für $\omega^2 < 2gk$ und instabil für $\omega^2 > 2gk$. Für $\omega^2 = 2gk$ ist die Perle für ein *beliebiges* ρ im Gleichgewicht, dieses Gleichgewicht ist aber jeweils instabil (außer für $\rho = 0$).

43. **(a)** $\mathcal{L} = \frac{1}{2}(M + m)R^2\dot\varphi^2 - MgR(1 - \cos\varphi) + mgR\varphi$, und die Bewegungsgleichung ist $(M + m)R\ddot\varphi = -Mg\sin\varphi + mg$.
(b)

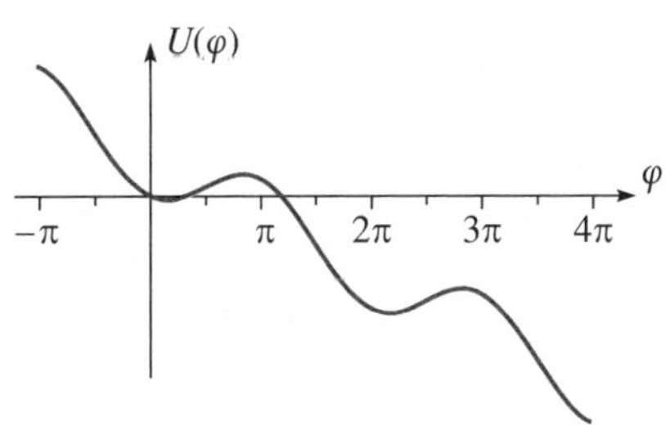

Beachten Sie, dass mehrere Gleichgewichtslagen auftreten, jeweils durch mehr oder weniger vollständige Umdrehungen getrennt.

(c)

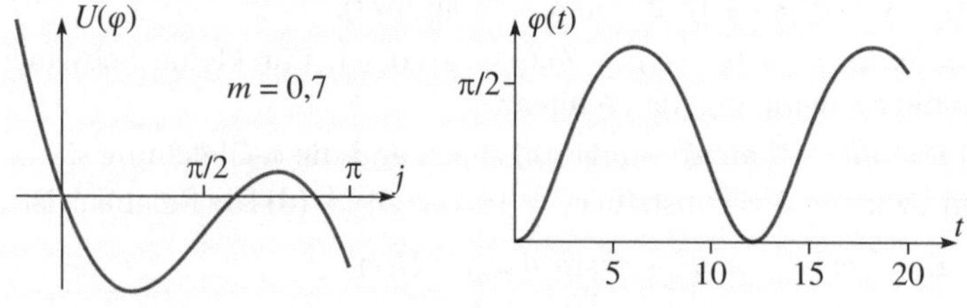

(d)

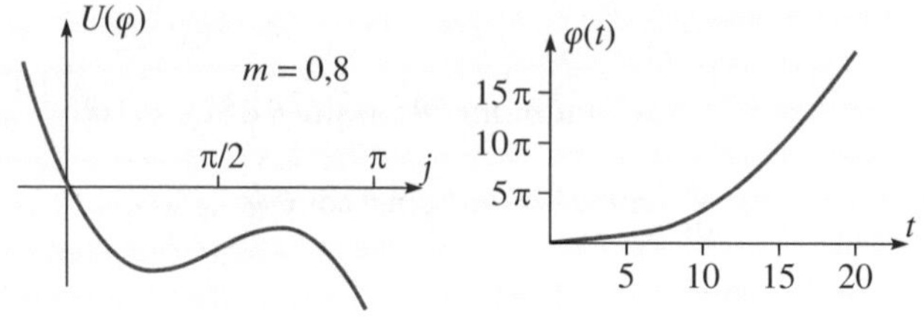

49. **(b)** $\mathcal{L} = \frac{1}{2}m\dot{\boldsymbol{r}}^2 + q\dot{\boldsymbol{r}}\cdot\boldsymbol{A} = \frac{1}{2}m(\dot{\rho}^2 + \rho^2\dot{\varphi}^2 + \dot{z}^2) + \frac{1}{2}qB\rho^2\dot{\varphi}$; die drei Lagrange-Gleichungen sind

$$m\ddot{\rho} = m\rho\dot{\varphi}^2 + qB\rho\dot{\varphi}, \quad \frac{\mathrm{d}}{\mathrm{d}t}\left(m\rho^2\dot{\varphi} + \tfrac{1}{2}qB\rho^2\right) = 0 \quad \text{und} \quad m\ddot{z} = 0.$$

51. $\mathcal{L}(x, y) = \frac{1}{2}m(\dot{x}^2 + \dot{y}^2) + mgy$.
(a) Die beiden modifizierten Lagrange-Gleichungen sind

$$\lambda\frac{x}{l} = m\ddot{x} \quad \text{und} \quad mg + \lambda\frac{y}{l} = m\ddot{y}.$$

Kapitel 8

3.

$$y_1 = L + \frac{m_1}{M}v_0 t - \tfrac{1}{2}gt^2 + \frac{m_2 v_0}{M\omega}\sin\omega t \quad \text{und} \quad y_2 = \frac{m_1}{M}v_0 t - \tfrac{1}{2}gt^2 - \frac{m_1 v_0}{M\omega}\sin\omega t.$$

7. **(a)** Die Umlaufzeit beträgt $\tau = 2\pi r^{3/2}/\sqrt{Gm_2}$.
(b) $\tau = 2\pi r^{3/2}/\sqrt{GM}$. Im Grenzfall $m_2 \to \infty$ sind diese beiden Lösungen gleich.
(c) $\tau = 0{,}71$ Jahre.

9. **(a)** $\mathcal{L} = \frac{1}{2}M(\dot{X}^2 + \dot{Y}^2) + \frac{1}{2}\mu(\dot{r}^2 + r^2\dot{\varphi}^2) - \frac{1}{2}k(r - L)^2$.
(b) $M\ddot{X} = 0$ und $M\ddot{Y} = 0$ mit den Lösungen $\boldsymbol{R} = \boldsymbol{R}_0 + \dot{\boldsymbol{R}}_0 t$.
(c) Die r- und die φ-Gleichungen sind

$$\mu\ddot{r} = \mu r\dot{\varphi}^2 - k(r - L) \quad \text{und} \quad \mu r^2\dot{\varphi} = \text{const.}$$

Ist $r = \text{const.}$, dann gilt $\dot{\varphi} = \text{const.}$ und $r = L + \mu r\dot{\varphi}^2/k$.

Ist $\varphi = \text{const.}$, dann gilt $r = L + A\cos(\omega t - \delta)$ mit $\omega = \sqrt{k/\mu} = \sqrt{2k/m_1}$.

13. **(a)**

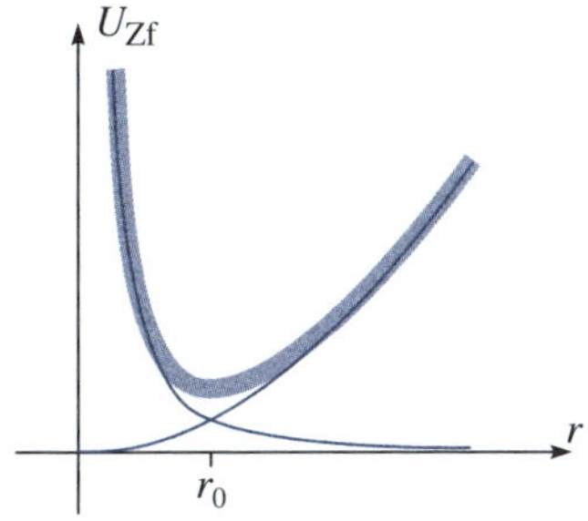

(b) $r_0 = (\ell^2/k\mu)^{1/4}$. **(c)** Die Kreisfrequenz der Schwingungen ist $\omega = \sqrt{4k/\mu}$.

15. Die prozentuale Änderung beträgt $\approx 0{,}1\,\%$.

19. Die Exzentrizität beträgt $\varepsilon = 0{,}17$; wenn der Satellit die y-Achse schneidet, beträgt seine Höhe 1424 km.

21. **(a)** Für $\ell \to 0$ ergibt sich $a \to r_{\max}/2$.
(b) $\tau_{(\ell\to 0)} = (\pi/\sqrt{2GM})(r_{\max})^{3/2}$. **(c)** $t = (\pi/2\sqrt{2GM})(r_{\max})^{3/2}$.
(d) und **(e)** $\tau_{(\ell=0)} = (2\pi/\sqrt{2GM})(r_{\max})^{3/2} = 2\tau_{(\ell\to 0)}$.

23. **(b)** $\beta = \sqrt{1 + m\lambda/\ell^2}$ und $c = \ell^2\beta^2/mk$.
(c) Die Bahn ist geschlossen, wenn β eine rationale Zahl ist, also $\beta = p/q$ (mit ganzen Zahlen p und q). Für $\lambda \to 0$ wird die Bahn zu einer Kepler-Ellipse.

25. **(a)** $r_0 = 1$.

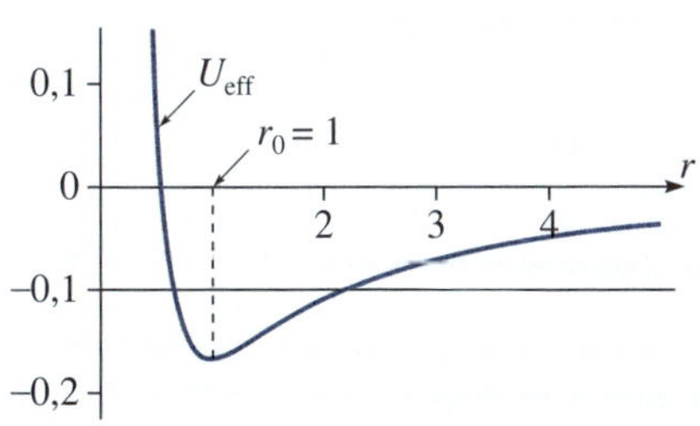

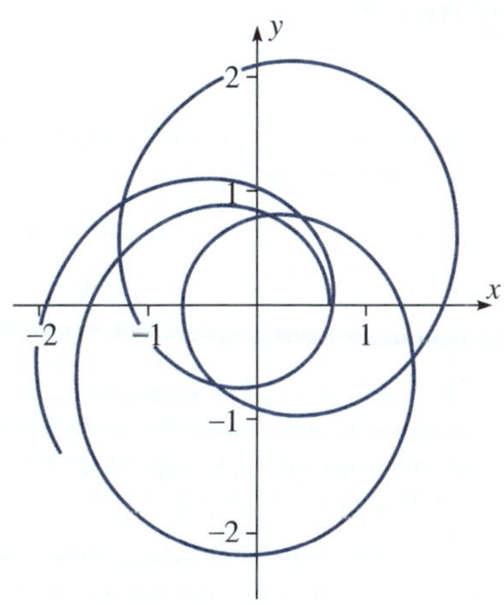

(b) Im linken Teilbild ist zu erkennen, dass der innere Umkehrpunkt für $E = -0{,}1$ bei etwa $r_{\min} = 0{,}7$ liegt. Wenn wir diesen Wert als Startwert für ein Gleichungslösungsprogramm verwenden (etwa für „FindRoot" in Mathematica), dann erhalten wir für die Gleichung $U_{\text{eff}}(r) = -0{,}1$ die Lösung $r_{\min} = 0{,}6671$.

(c) Offensichtlich ist die Bahn im rechten Teilbild nach 3,5 Umdrehungen nicht geschlossen, und so wird es auch für eine lange Zeit bleiben. (Tatsächlich schließt sich die Bahn überhaupt nicht, doch das ist schwieriger zu beweisen.)

27. $c = 8{,}87 \cdot 10^7$ km, $\varepsilon = 0{,}753$, $\delta = 1{,}72$ rad.

29. Die neue Bahn wäre eine Parabel, die die alte Kreisbahn in dem Punkt berührt, in dem sich die Erde beim Verschwinden der Sonnenmasse befand. Die Erde wäre gerade nicht mehr gebunden.

31. Die Skizze zeigt die Bahn des relativen Orts $\boldsymbol{r} = (x, y)$, also die Bahn von Teilchen 1, wie sie von Teilchen 2 aus gesehen wird.

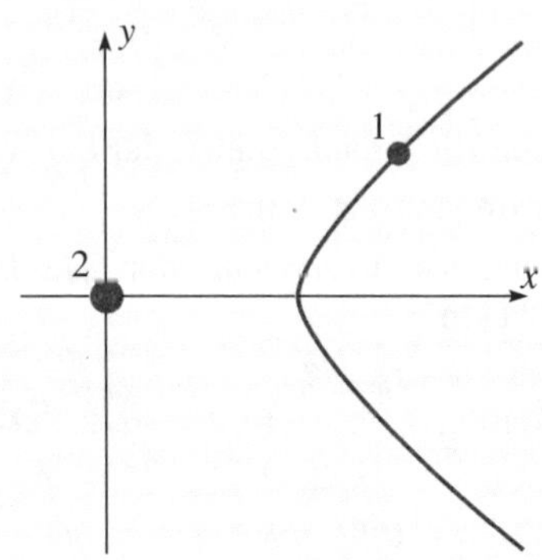

35. Der erste Schubfaktor ist $\sqrt{2/5}$, der zweite ist $\sqrt{5/8}$.

Kapitel 9

1. Der Ballon kippt um den Winkel $\arctan(A/g)$ gegen die Vertikale.
3. **(a)** $F_{\text{Gez}}/mg \approx 1{,}1 \cdot 10^{-7}$. **(b)** Die Kraft hat denselben Betrag, aber die entgegengesetzte Richtung.
9. $\boldsymbol{F}_{\text{Cor}} = 2mv_0\Omega\cos\theta$ nach Osten; $F_{\text{Cor}}/mg \approx 0{,}011$.
13. Der Maximalwert von α beträgt etwa $0{,}1°$, der Minimalwert ist null.
15. $g = g_0\sqrt{\cos^2\theta + \lambda^2\sin^2\theta}$.
19. **(a)** Vom Erdboden aus gesehen, bewegt sich der Puck auf einer Geraden. Vom Karussell aus gesehen, erfährt er anfangs eine radial nach außen gerichtete Beschleunigung; wenn seine Geschwindigkeit zunimmt, krümmt sich die Bahn nach rechts, und der Puck bewegt sich auf einer Spiralbahn vom Mittelpunkt des Karussells aus nach außen. **(b)** Vom Erdboden aus gesehen, bleibt der Puck in Ruhe. Vom Karussell aus gesehen, bewegt er sich im Uhrzeigersinn auf einer Kreisbahn, durch deren Mittelpunkt die Karussellachse verläuft.

21.

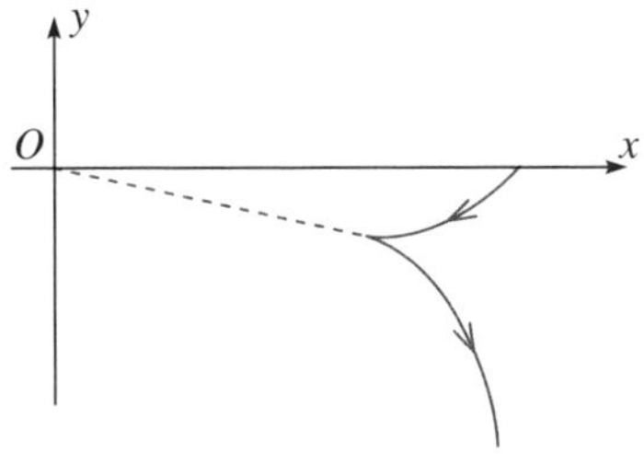

Der hier gezeigte Verlauf tritt in Aufgabe 24d) auf.

25. Das Lot ist um einen Winkel 0,13° nach links geneigt.

27.

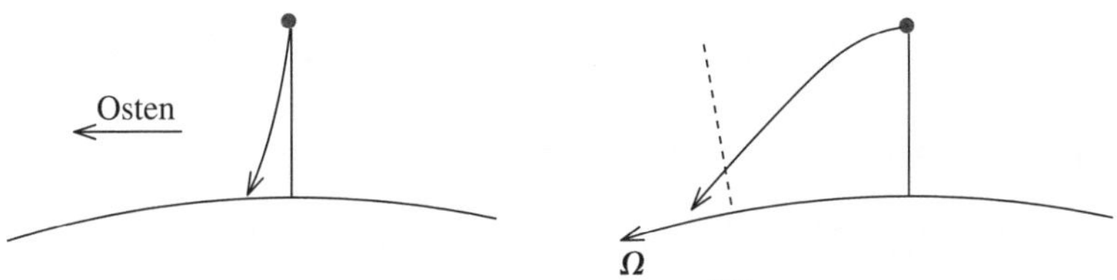

a Blick von der Erde   b Blick aus dem All

29.

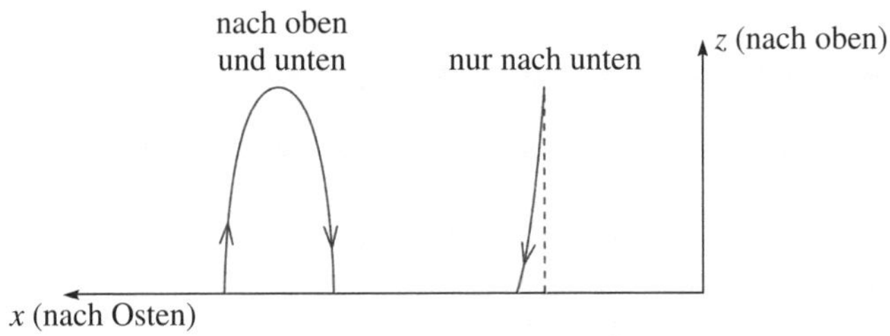

31. $v = 0{,}11$ mm/s.

33.

$$C_1 = \frac{A}{2}\left(1 + \frac{\Omega_z}{\omega_0}\right) \quad \text{und} \quad C_2 = \frac{A}{2}\left(1 - \frac{\Omega_z}{\omega_0}\right)$$

Kapitel 10

3. $\boldsymbol{R} = (0, 0, H/5)$.

5. $\boldsymbol{R} = (0, 0, 3R/8)$.

7. **(a)** $V = \frac{2}{3}\pi R^3(1 - \cos\theta_0)$; **(b)** $\boldsymbol{R} = (0, 0, Z)$ mit $Z = \frac{3R}{16} \cdot \frac{1-\cos 2\theta_0}{1-\cos\theta_0}$.

9. $I = \frac{1}{2}MR^2$.

11. **(a)** $I(\text{massiv}) = \frac{2}{5}MR^2$; **(b)** $I(\text{hohl}) = \frac{2}{5}M\,\frac{b^5-a^5}{b^3-a^3}$.

13. **(a)** $\tau = 2\pi\sqrt{I/mga}$; **(b)** $l = I/(ma)$.

15. $\omega = \sqrt{3g(\sqrt{2}-1)/2a}$.

17. $I_{zz} = \frac{1}{5}M(a^2 + b^2)$.

23. Alle Trägheitsprodukte, in denen z vorkommt, sind null: $I_{xz} = I_{yz} = I_{zx} = I_{zy} = 0$.

25. **(a)** und **(b)** Die Trägheitstensoren $\boldsymbol{I}_S$ bezüglich des Schwerpunkts und $\boldsymbol{I}_A$ bezüglich A sind

$$\boldsymbol{I}_S = \frac{1}{3}M\begin{bmatrix} b^2+c^2 & 0 & 0 \\ 0 & c^2+a^2 & 0 \\ 0 & 0 & a^2+b^2 \end{bmatrix}$$

und

$$\boldsymbol{I}_A = \frac{1}{3}M\begin{bmatrix} 4(b^2+c^2) & -3ab & -3ac \\ -3ba & 4(c^2+a^2) & -3bc \\ -3ca & -3cb & 4(a^2+b^2) \end{bmatrix}.$$

(c) $\boldsymbol{L} = \frac{1}{3}M\omega\big(4(b^2+c^2), -3ab, -3ac\big)$

27.

$$\boldsymbol{I} = \frac{1}{4}M\begin{bmatrix} (R^2+2h^2) & 0 & 0 \\ 0 & (R^2+2h^2) & 0 \\ 0 & 0 & 2R^2 \end{bmatrix}$$

35. **(a)**

$$\boldsymbol{I} = ma^2\begin{bmatrix} 10 & 0 & 0 \\ 0 & 6 & 1 \\ 0 & 1 & 6 \end{bmatrix}$$

(b) Die Hauptträgheitsmomente sind $\lambda_1 = 10ma^2$, $\lambda_2 = 7ma^2$ und $\lambda_3 = 5ma^2$. Die entsprechenden Hauptachsen haben die Richtungen $\mathbf{e}_1 = (1, 0, 0)$, $\mathbf{e}_2 = \frac{1}{\sqrt{2}}(0, 1, 1)$ und $\mathbf{e}_3 = \frac{1}{\sqrt{2}}(0, 1, -1)$.

37. **(a)**

$$\boldsymbol{I} = \begin{bmatrix} 2 & -1 & 0 \\ -1 & 2 & 0 \\ 0 & 0 & 4 \end{bmatrix}.$$

(b) $\lambda_1 = 1$, $\lambda_2 = 3$ und $\lambda_3 = 4$; $\mathbf{e}_1 = \frac{1}{\sqrt{2}}(1, 1, 0)$, $\mathbf{e}_2 = \frac{1}{\sqrt{2}}(1, -1, 0)$ und $\mathbf{e}_3 = (0, 0, 1)$.

39. $\Omega \approx 21$ rad/s, d. h. etwa 200 Umdrehungen pro Minute.

47. Es dauert etwa 1010 Jahre.

53. $b^2 \gg 4ac$.

57. **(a)** $\mathcal{L} = \frac{1}{2}M(\dot{X}^2 + \dot{Y}^2 + R^2\dot{\theta}^2 \sin^2\theta) + \frac{1}{2}\lambda_1^S(\dot{\varphi}^2 \sin^2\theta + \dot{\theta}^2) + \frac{1}{2}\lambda_3^S(\dot{\psi} + \dot{\varphi}\cos\theta)^2 - MgR\cos\theta$. Darin sind λ_1^S und λ_3^S die beiden Hauptträgheitsmomente bezüglich des Schwerpunkts. **(c)** Die größere Präzessionsgeschwindigkeit ist bezüglich des Schwerpunkts größer als bezüglich der Spitze. Nach Gleichung (10.111) bleibt die kleinere Präzessionsgeschwindigkeit unverändert. [Beachten Sie aber, dass (10.111) eine Näherung ist; wenn wir den nächsten Term der Näherung berücksichtigen, stellt sich heraus, dass die kleinere Präzessionsgeschwindigkeit ein wenig reduziert wird.]

Kapitel 11

1. $k_1(l_1 - L_1) = k_2(l_2 - L_2) = k_3(l_3 - L_3)$.

3.

$$\omega^2 = \frac{1}{2m_1m_2}\Big\{m_1(k_2 + k_3) + m_2(k_1 + k_2) \pm \sqrt{m_1^2(k_2 + k_3)^2 + m_2^2(k_1 + k_2)^2 - 2m_1m_2(k_2k_3 + k_3k_1 + k_1k_2 - k_2^2)}\Big\}$$

5. **(a)** Es gelte $m_1 = m_2 = m$ und $k_1 = k_2 = k$ sowie $\omega_0 = \sqrt{k/m}$. Dann sind die Normalfrequenzen

$$\omega_1 = \omega_0\sqrt{\frac{3 - \sqrt{5}}{2}} = 0{,}62\omega_0 \quad \text{und} \quad \omega_2 = \omega_0\sqrt{\frac{3 + \sqrt{5}}{2}} = 1{,}62\omega_0.$$

(b) In der ersten Mode schwingen die beiden Wagen in Phase mit der Amplitude von m_2, also dem 1,62-Fachen der Amplitude von m_1. In der zweiten Mode schwingen sie exakt gegenphasig, die Amplitude von m_2 ist das 0,62-Fache der von m_1.

7. **(b)** $B_1 = A$ und $B_2 = C_1 = C_2 = 0$.

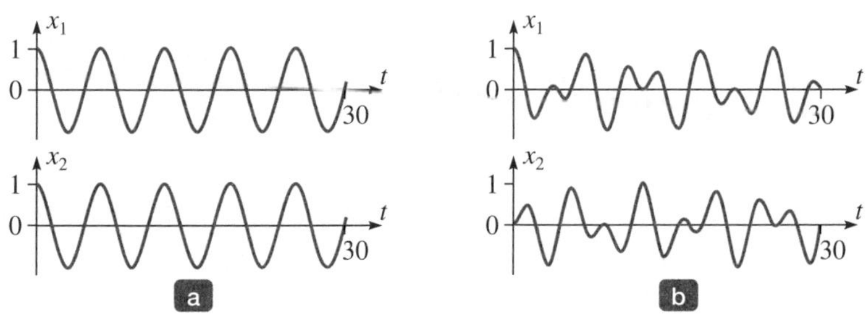

(c) $B_1 = B_2 = A/2$ und $C_1 = C_2 = 0$.

9. **(b)** $\xi_1 = A_1\cos(\omega_1 t - \delta_1)$ und $\xi_2 = A_2\cos(\omega_2 t - \delta_2)$ mit $\omega_1 = \sqrt{k/m}$ und $\omega_2 = \sqrt{3k/m}$; dabei sind $A_1, \delta_1, A_2, \delta_2$ beliebige Konstanten. Also gilt

$$x_1 = A_1\cos(\omega_1 t - \delta_1) + A_2\cos(\omega_2 t - \delta_2)$$

$$x_2 = A_1\cos(\omega_1 t - \delta_1) - A_2\cos(\omega_2 t - \delta_2).$$

11. **(a)**

$$m\ddot{x}_1 = -2kx_1 + kx_2 - b\dot{x}_1 + F_0 \cos \omega t$$
$$m\ddot{x}_2 = kx_1 - 2kx_2 - b\dot{x}_2$$

(c)

$$\xi_1(t) = A_1 \cos(\omega t - \delta_1) + B_1 \,\mathrm{e}^{-\beta t} \cos(\omega_1 t - \delta_1^{\mathrm{tr}})$$
$$\xi_2(t) = A_2 \cos(\omega t - \delta_2) + B_2 \,\mathrm{e}^{-\beta t} \cos(\omega_2 t - \delta_2^{\mathrm{tr}}).$$

Darin sind die Konstanten $A_1, A_2, \delta_1, \delta_2$ durch die Gleichungen (5.64) und (5.65) gegeben, allerdings gilt nun $f_0 = F_0/2m$ bzw. es ist (für A_2 und δ_2) nun ω_0^2 durch $3\omega_0^2$ ersetzt; die Konstanten $B_1, B_2, \delta_1^{\mathrm{tr}}, \delta_2^{\mathrm{tr}}$ in den transienten Termen sind frei wählbar und werden durch die Anfangsbedingungen bestimmt; und es gilt $\omega_1 = \sqrt{\omega_0^2 - \beta^2}$ und $\omega_2 = \sqrt{3\omega_0^2 - \beta^2}$.

13. **(b)** Es sei $\beta = b/2m$, $\omega_1 = \sqrt{k/m - \beta^2}$ und $\omega_2 = \sqrt{(k + 2k_2)/m - \beta^2}$. Dann gilt

$$\xi_1 = \mathrm{e}^{-\beta t}(B_1 \cos \omega_1 t + C_1 \sin \omega_1 t) \quad \text{und} \quad \xi_2 = \mathrm{e}^{-\beta t}(B_2 \cos \omega_2 t + C_2 \sin \omega_2 t)$$

mit den beliebigen Konstanten B_1, C_1, B_2, C_2.

(c) Mit den vorgegebenen Anfangsbedingungen (und $\beta \ll 1$) ergibt sich

$$x_1 = \tfrac{1}{2} A \,\mathrm{e}^{-\beta t}(\cos \omega_1 t + \cos \omega_2 t) \quad \text{und} \quad x_2 = \tfrac{1}{2} A \,\mathrm{e}^{-\beta t}(\cos \omega_1 t - \cos \omega_2 t).$$

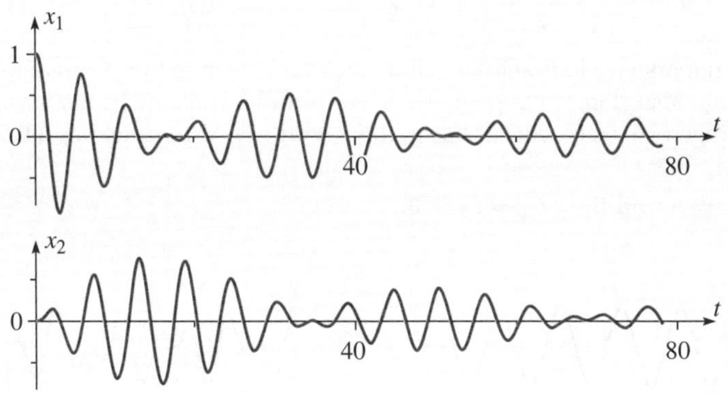

15. $\mathcal{L} = T - U$, wobei T und U durch (11.38) bzw. (11.37) gegeben sind. Die φ_1-Gleichung ist

$$(m_1 + m_2)L_1^2 \ddot{\varphi}_1 + m_2 L_1 L_2 \ddot{\varphi}_2 \cos(\varphi_1 - \varphi_2) + m_2 L_1 L_2 \dot{\varphi}_2^2 \sin(\varphi_1 - \varphi_2)$$
$$= -(m_1 + m_2) g L_1 \sin \varphi_1,$$

und die φ_2-Gleichung ist

$$m_2 L_1 L_2 \ddot{\varphi}_1 \cos(\varphi_1 - \varphi_2) + m_2 L_2^2 \ddot{\varphi}_2 - m_2 L_1 L_2 \dot{\varphi}_1^2 \sin(\varphi_1 - \varphi_2)$$
$$= -m_2 g L_2 \sin \varphi_2.$$

17. **(a)** $\omega_1^2 = \frac{3}{4}\omega_0^2$ und $\omega_2^2 = \frac{3}{2}\omega_0^2$ mit $\omega_0 = \sqrt{g/L}$.
Für die erste Mode gilt $\boldsymbol{a} = A\begin{bmatrix} 1 \\ 3 \end{bmatrix}$, für die zweite $\boldsymbol{a} = A\begin{bmatrix} 1 \\ -3 \end{bmatrix}$.
(b) $\begin{bmatrix} \varphi_1 \\ \varphi_2 \end{bmatrix} = \frac{\alpha}{6}\left\{\begin{bmatrix} 1 \\ 3 \end{bmatrix}\cos\omega_1 t - \begin{bmatrix} 1 \\ -3 \end{bmatrix}\cos\omega_2 t\right\}$, und das ist nicht periodisch.

19. **(a)** $\mathcal{L} = \frac{1}{2}(m+M)\dot{x}^2 + ML\dot{x}\dot{\varphi} + \frac{1}{2}ML^2\dot{\varphi}^2 - \left(\frac{1}{2}kx^2 + \frac{1}{2}MgL\varphi^2\right)$.
Die x- bzw. φ-Gleichung ist

$$(m+M)\ddot{x} + ML\ddot{\varphi} = -kx \quad \text{und} \quad ML\ddot{x} + ML^2\ddot{\varphi} = -MgL\varphi.$$

(b) Mit den gegebenen Zahlenwerten erhält man für die Normalfrequenzen

$$\omega_1 = \sqrt{2-\sqrt{2}} = 0{,}77 \quad \text{und} \quad \omega_2 = \sqrt{2+\sqrt{2}} = 1{,}85.$$

In der ersten Mode sind der Wagen und der Pendelkörper in Phase (d. h., beide bewegen sich nach rechts und dann beide nach links); dabei ist die Amplitude des Pendelkörpers (Auslenkung relativ zum Wagen) $\sqrt{2}$-mal größer als die des Wagens. In der zweiten Mode schwingen der Wagen und der Pendelkörper exakt gegenphasig; dabei ist die Amplitude des Pendelkörpers wieder $\sqrt{2}$-mal größer als die des Wagens.

23. $\omega_2^2 = \frac{g}{L} + \frac{k}{m}$ und $\omega_3^2 = \frac{g}{L} + 3\frac{k}{m}$

25. Für $\omega_0 = \sqrt{k/m}$ ergeben sich folgende Normalfrequenzen:

$$\omega_1 = \omega_0\sqrt{2-\sqrt{2}}, \qquad \omega_2 = \omega_0\sqrt{2} \quad \text{und} \quad \omega_3 = \omega_0\sqrt{2+\sqrt{2}}$$

In der ersten Mode schwingen alle drei Wagen in Phase mit $a_1 = a_3 = a_2/\sqrt{2}$; in der zweite Phase bleibt der mittlere Wagen in Ruhe, während der erste und der dritte mit $a_1 = -a_3$ und $a_2 = 0$ gegenphasig schwingen; und in der dritten Mode schwingen der rechte und der linke Wagen in Phase, während der mittlere exakt gegenphasig schwingt, mit $a_1 = a_3 = -a_2/\sqrt{2}$.

27. **(a)** $\mathcal{L} = \frac{1}{2}m(\dot{x}_1^2+\dot{x}_2^2) - \frac{1}{2}k(x_1-x_2)^2$. Die Normalfrequenzen sind $\omega_1 = 0$ und $\omega_2 = \omega_0\sqrt{2}$ (mit $\omega_0 = \sqrt{k/m}$). **(b)** In der zweiten Mode schwingen die beiden Wagen mit gleicher Amplitude, aber exakt gegenphasig. **(c)** In der ersten Mode haben wir $x_1 = x_2 = x_0 + v_0 t$, d. h., die Wagen bewegen sich mit konstanter Geschwindigkeit derart, dass die Feder in ihrer Gleichgewichtslänge bleibt.

29. $\omega_1 = \sqrt{2k/m}$, $\omega_2 = \sqrt{6k/m}$ und $\omega_3 = \sqrt{g/r_0}$; dabei ist r_0 der Gleichgewichtswert von r.

31. Die drei Normalfrequenzen sind 0, $\sqrt{2}\,\omega_0$ und $\sqrt{3}\,\omega_0$ (mit $\omega_0 = \sqrt{k/m}$).

35. **(a)** $\xi_1 = \varphi_1 + \varphi_2$ und $\xi_2 = \varphi_1 - \varphi_2$ (oder ein beliebiges geeignetes Vielfaches davon). **(c)** In der ersten Mode gilt $\varphi_1 = \varphi_2 = A\,\mathrm{e}^{-\beta t}\cos(\omega_1 t - \delta)$, in der zweiten Mode $\varphi_1 = -\varphi_2 = A\,\mathrm{e}^{-\beta t}\cos(\omega_2 t - \delta)$ mit

$$\omega_1 = \sqrt{\frac{g}{L} - \beta^2}, \quad \omega_2 = \sqrt{\frac{g}{L} + \frac{2k}{m} - \beta^2} \quad \text{und} \quad \beta = \frac{b}{2m}.$$

Kapitel 12

1. $x_1(t) = (t + k)^2 + 1$ für eine beliebige Konstante k.
7.

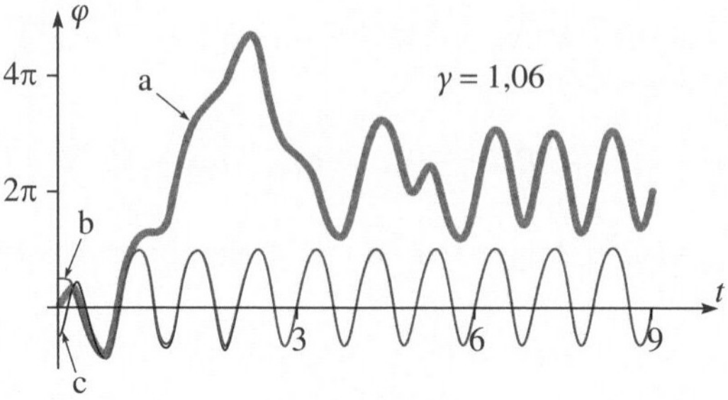

9.

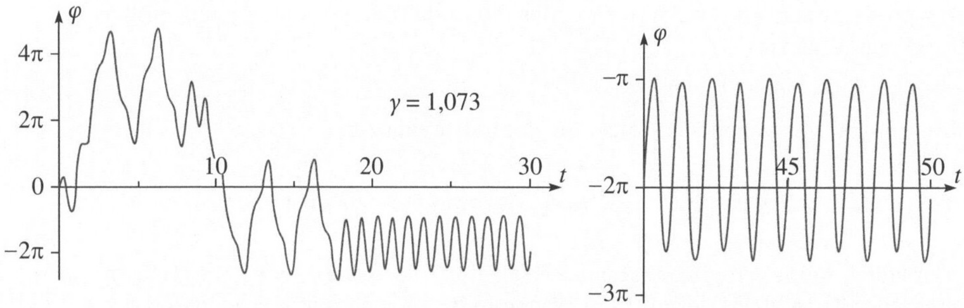

11. **(b)** Mithilfe der Methode der kleinsten Quadrate findet man eine Ausgleichsgerade mit der Steigung −1,54; daraus erhält man $\delta = \mathrm{e}^{1,54} = 4{,}66$, der korrekte Wert ist 4,67.

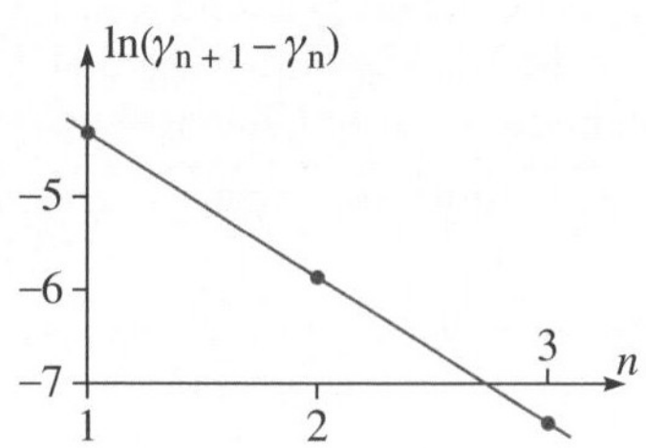

13. $\lambda \approx 0{,}64$.

15.

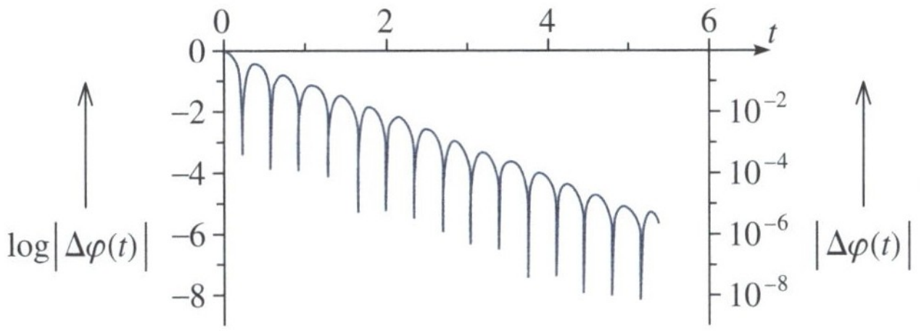

Die Darstellung zeigt, dass $\Delta\varphi(t)$ exponentiell abfällt.

17.

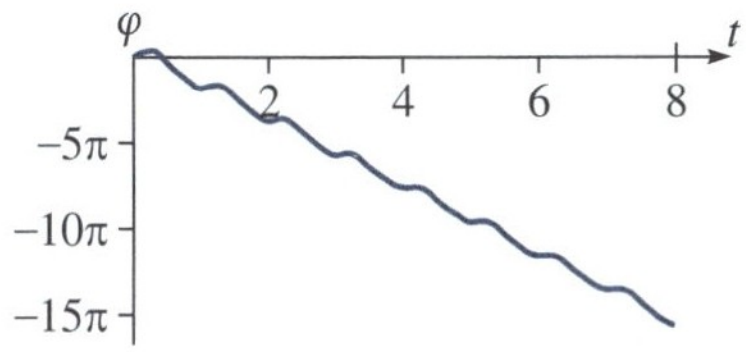

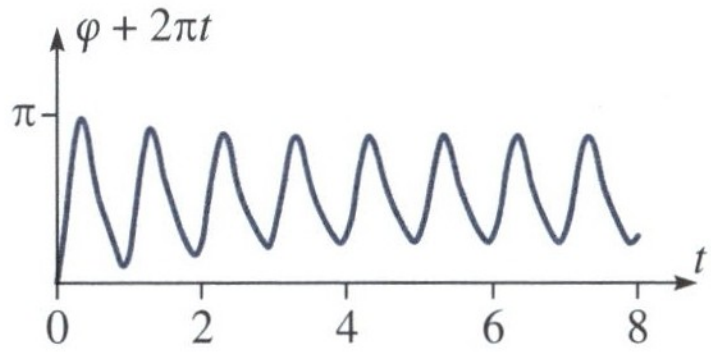

19. **(a)** $x = A\cos(\omega t - \delta)$ mit $\omega = \sqrt{k/m}$ und frei wählbaren Konstanten A und δ.

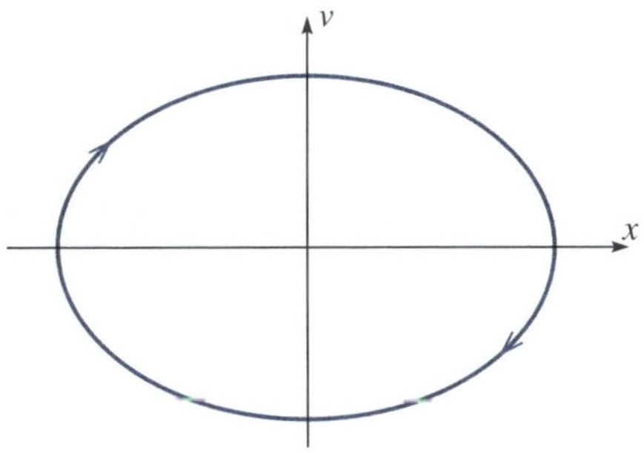

(b) $E = \frac{1}{2}kx^2 + \frac{1}{2}m\dot{x}^2$ = const.

21. **(a)**

x_0	x_1	x_2	x_3	x_4	x_5	···	x_{28}	x_{29}	x_{30}
0	1,00	0,54	0,86	0,65	0,793	···	0,7391	0,7391	0,7391
3	−0,99	0,55	0,85	0,66	0,791	···	0,7391	0,7391	0,7391
100	0,86	0,65	0,80	0,70	0,765	···	0,7391	0,7391	0,7391

(b) Es gibt einen einzigen, festen Attraktor bei $x^* = 0{,}739085$.

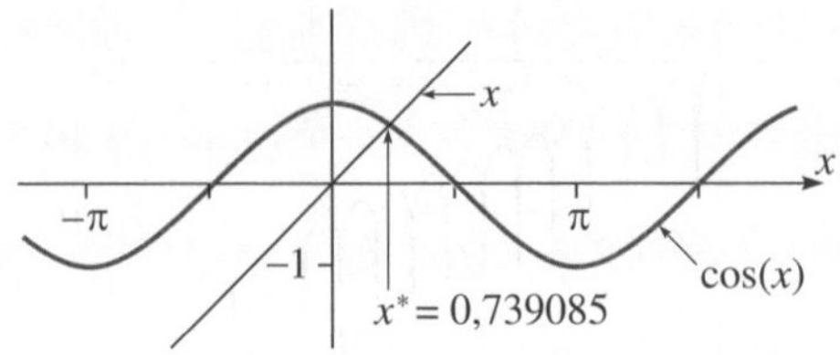

23. **(a)**

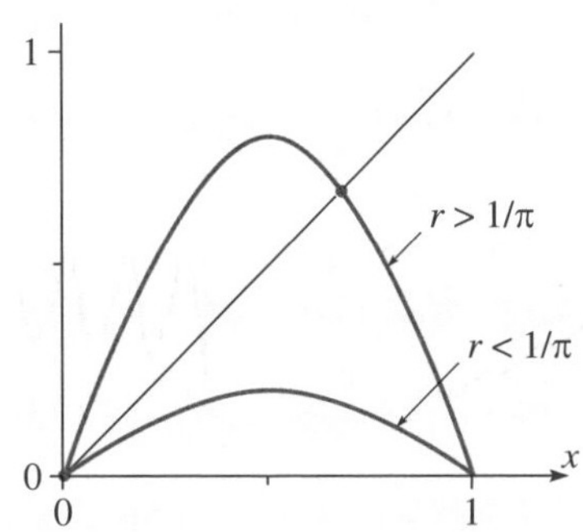

(b) $r_0 = 1/\pi = 0{,}318$. **(c)** $r_1 = 0{,}720$.

25.

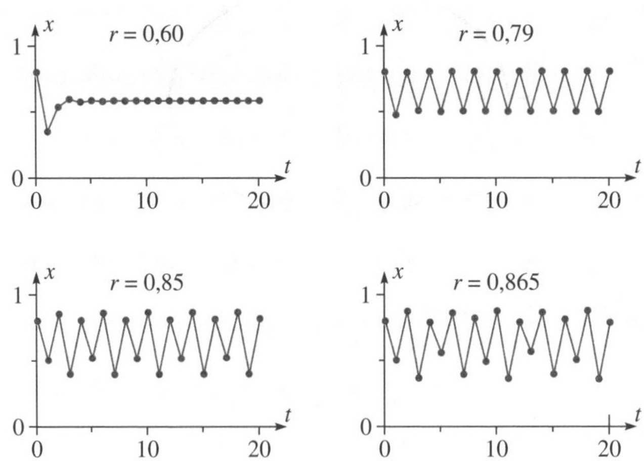

27. **(c)** $x_a = 0{,}5130$ und $x_b = 0{,}7995$.

29.

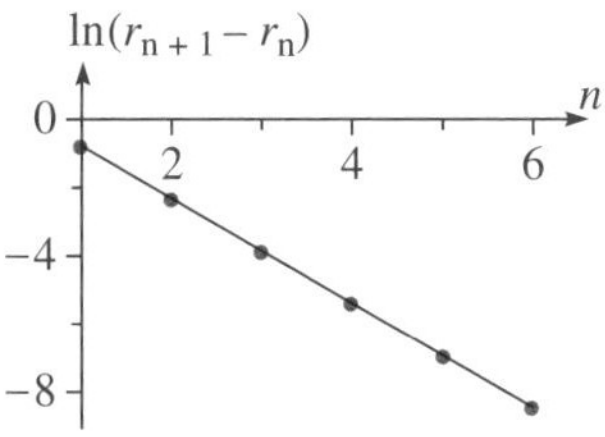

Aus der Steigung der Ausgleichsgeraden (gewonnen durch die Methode der kleinsten Quadrate) erhalten wir $\delta = 4{,}69$.

31.

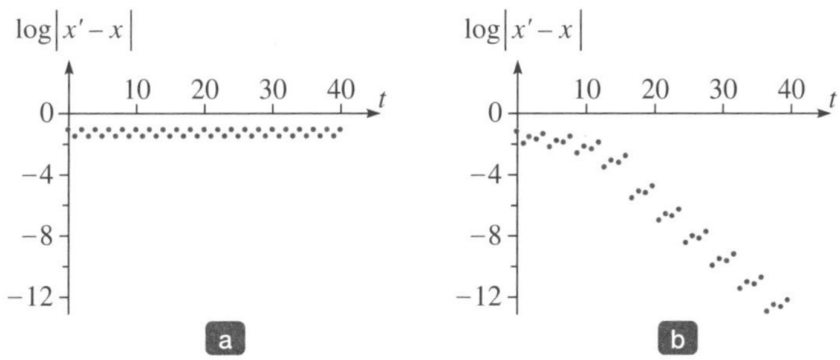

33. Vgl. Abbildung 12.41.

Kapitel 13

1. $\mathcal{H} = p^2/2m$. Die Hamilton-Gleichungen sind $\dot{x} = p/m$ und $\dot{p} = 0$ mit den Lösungen $p = p_0 = \text{const.}$ und $x = x_0 + v_0 t$; dabei gilt $v_0 = p_0/m$.
3. Die Hamilton-Funktion ist $\mathcal{H} = p^2/2(m_1+m_2+\frac{1}{2}M)-(m_1-m_2)gx$. Die Hamilton-Gleichungen sind $\dot{x} = p/(m_1 + m_2 + \frac{1}{2}M)$ und $\dot{p} = (m_1 - m_2)g$; die Beschleunigung ist $\ddot{x} = g(m_1 - m_2)/(m_1 + m_2 + \frac{1}{2}M)$.
5. Die Hamilton-Funktion und die beiden Hamilton-Gleichungen sind

$$\mathcal{H} = \frac{p^2}{2m(c^2 + R^2)} + mgc\varphi, \qquad \dot{\varphi} = \frac{p}{m(c^2 + R^2)} \quad \text{und} \quad \dot{p} = -mgc.$$

Aus der Kombination der beiden letzten Gleichungen ergibt sich $\ddot{z} = c\ddot{\varphi} = -g\,c^2/(c^2 + R^2)$.

7. **(a)** $\mathcal{H} = \frac{p^2}{2m[1+h'(x)^2]} + mgh(x)$. **(b)** Die Hamilton-Gleichungen sind

$$\dot{x} = \frac{p}{m[1+h'(x)^2]} \quad \text{und} \quad \dot{p} = \frac{p^2 h'(x)h''(x)}{m[1+h'(x)^2]^2} - mgh'(x).$$

9. Die Hamilton-Funktion ist $\mathcal{H} = (p_x^2 + p_y^2)/2m + mgy$. Die Hamilton-Gleichungen sind $\dot{x} = p_x/m$, $\dot{p}_x = 0$, $\dot{y} = p_y/m$ und $\dot{p}_y = -mg$.

11. Die Hamilton-Funktion ist $\mathcal{H} = \frac{p_x^2+p_y^2+p_z^2}{2m} - p_x V + mgz$ (dabei wird x entlang des Gleises und z vertikal nach oben gemessen).

13. $\mathcal{H} = \frac{1}{2m}\left(p_z^2 + \frac{p_\varphi^2}{R^2}\right) + \frac{1}{2}k(R^2 + z^2)$, $\quad z = A\cos(\omega t - \delta)$ mit $\omega = \sqrt{k/m}$, und $\dot{\varphi} = \text{const.}$

17. **(a)** $z_0 = [p_\varphi^2/(m^2c^2g)]^{1/3}$ **(d)** $\alpha = \arcsin(1/\sqrt{3}) = 35{,}3°$.

19. $\mathcal{H} = \frac{1}{2m}(p_x^2 + p_y^2) + U(\sqrt{x^2+y^2})$.

21. **(a)** $\mathcal{H} = \frac{1}{2M}(P_X^2 + P_Y^2) + \frac{1}{2\mu}\left(p_r^2 + \frac{p_\varphi^2}{r^2}\right) + \frac{1}{2}k(r - l_0)^2$. Darin sind X, Y und φ zyklische Koordinaten, r ist nicht zyklisch. **(c)** $r = l_0 + A\cos(\omega t - \delta)$; darin gilt $\omega = \sqrt{k/\mu}$, und A sowie δ sind Konstanten.

23. **(b)** Die beiden konjugierten Impulse sind $p_x = m(\dot{x} + \dot{y})$ und $p_y = m(\dot{x} + 4\dot{y})$. Die Hamilton-Funktion ist $\mathcal{H} = \frac{1}{2m}\left[\frac{1}{3}(p_x - p_y)^2 + p_x^2\right] + \frac{1}{2}kx^2$. **(c)** $x = x_0\cos\omega t$ und $y = y_0 + \frac{1}{4}x_0(1 - \cos\omega t)$, die Kreisfrequenz ist $\omega = \sqrt{4k/3m}$.

25. **(c)** $P = \mathcal{H}$. **(d)** $Q = t + \text{const.}$

29.

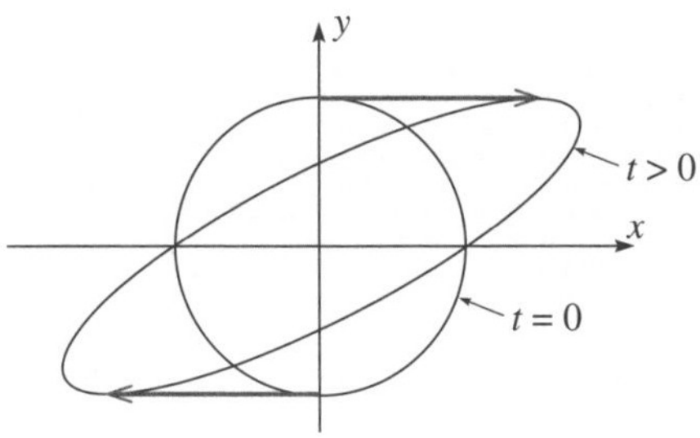

31. **(a)** $3k$, **(b)** 0, **(c)** k, **(d)** 0.

33. **(a)** Linke Seite $= 4\pi kR^3 =$ rechte Seite. **(b)** Dasselbe.

Kapitel 14

1. $\sigma = 0{,}79\ \text{cm}^2$, $n_{\text{Tar}} = 0{,}034\ \text{cm}^{-2}$, Wahrscheinlichkeit $= 0{,}027$.

3. (Targetdichte) $= 2{,}1 \cdot 10^{28}$ Atome/m^2.

5. $N_{\text{streu}} = 2{,}7 \cdot 10^7$.

7. $\Delta\Omega_{\text{Mond}} = 6{,}45 \cdot 10^{-5}$ sr und $\Delta\Omega_{\text{Sonne}} = 6{,}76 \cdot 10^{-5}$ sr.

11. $N_{\text{streu}} \approx 29$.

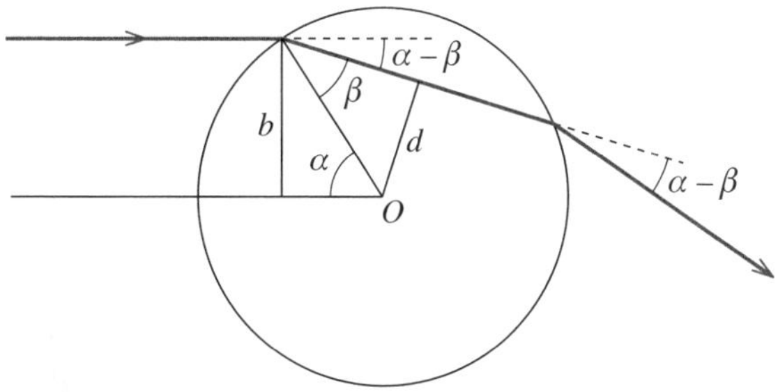

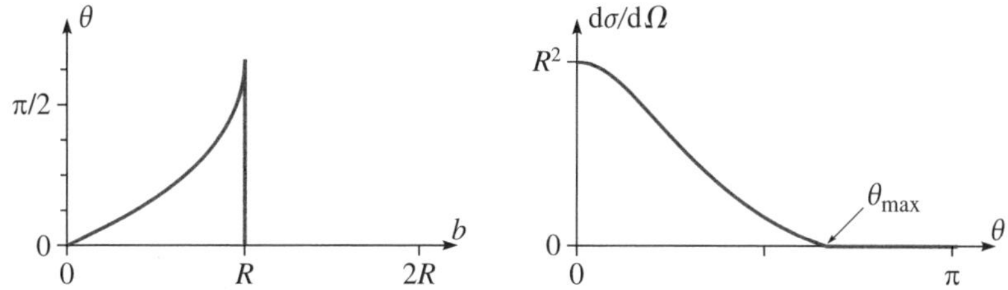

c d

15. **(a)**

(b) $\sqrt{p^2/2m + U_0}$. **(c)** Vgl. linkes Teilbild.

(d)

$$\frac{d\sigma}{d\Omega} = \frac{b}{(\sin\theta)d\theta/db} \quad \text{mit} \quad \frac{d\theta}{db} = 2\left(\frac{1}{\sqrt{R^2-b^2}} - \frac{\zeta}{\sqrt{R^2-\zeta^2 b^2}}\right)$$

für $0 \leq \theta \leq \theta_{max} = \pi - \arcsin\zeta$; für $\theta > \theta_{max}$ ergibt sich $d\sigma/d\Omega = 0$.
(e) $\sigma_{tot} = \pi R^2$.

17. $N_{streu}/Z^2 = 0{,}21, \quad 0{,}20 \quad$ usw.

31. **(b)** Für $\theta_{Lab} = 0$ kann der Schwerpunkt-Streuwinkel θ_S die Werte 0 oder π annehmen.

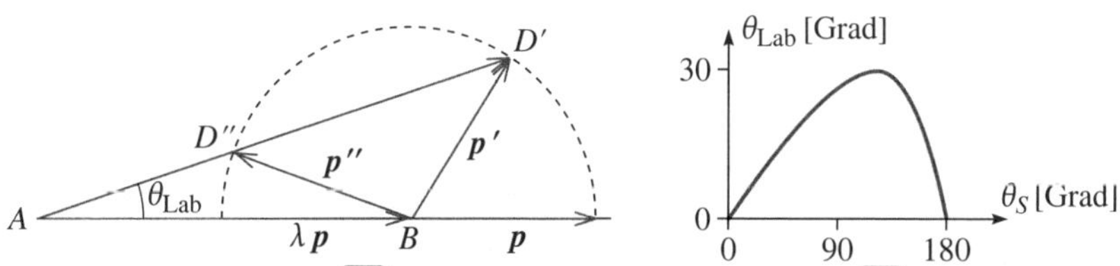

a b

(d) $\theta_{Lab}(\max) = \arcsin(1/\lambda)$.

Kapitel 15

3. $\gamma = 1 + 3{,}56 \cdot 10^{-10}$; die Uhr würde um $(\Delta t_0 - \Delta t) = -1{,}28\ \mu\text{s}$ abweichen; der prozentuale Unterschied ist $-3{,}56 \cdot 10^{-8}\ \%$.
5. Die Uhr von A zeigt 25 Jahre, und um diese 25 Jahre ist A auch gealtert; sein Zwillingsbruder B auf der Erde ist um 80 Jahre gealtert.
7. Bei Berücksichtigung der Zeitdilation würde man $N = 420$ Myonen erwarten, in der klassischen Rechnung nur $N = 29$.
11. $v = \frac{3}{5}c$.
13. **(a)** $l = 91{,}7$ cm und $\theta = 70{,}9°$; **(b)** $l = 83{,}2$ cm und $\theta_0 = 46{,}1°$.
17. **(a)** Wenn wir die Ereignisse mit 1 und 2 bezeichnen, dann ergibt sich bei Beobachtung in $\mathcal{S}'$ $t_1' = 0$ und $t_2' = -\gamma\beta a/c$. **(b)** Bei Beobachtung in $\mathcal{S}''$ haben wir $t_1' = 0$ und $t_2' = +\gamma\beta a/c$.
19. **(a)** $x_S' = d, \quad t_S' = d/c, \quad x_E' = -d, \quad t_E' = d/c$.
    (b) $x_S = \gamma(1+\beta)d, \quad t_S = \gamma(1+\beta)d/c, \quad x_E = -\gamma(1-\beta)d, \quad t_E = \gamma(1-\beta)d/c$.
21. $v = 0{,}91c$.
23. Die Geschwindigkeit der rechten Rakete relativ zur linken ist $0{,}994c$ nach links.
25. (Geschwindigkeit gemessen in $\mathcal{S}$) $= c$.
29. **(a)**

$$\boldsymbol{R}(\theta) = \begin{bmatrix} \cos\theta & \sin\theta & 0 \\ -\sin\theta & \cos\theta & 0 \\ 0 & 0 & 1 \end{bmatrix}$$

33. **(a)**

$$\left.\begin{aligned} x_1' &= x_1 \\ x_2' &= \gamma(x_2 - \beta x_4) \\ x_3' &= x_3 \\ x_4' &= \gamma(x_4 - \beta x_2) \end{aligned}\right\} \quad \text{mit} \quad \Lambda_{B2} = \begin{bmatrix} 1 & 0 & 0 & 0 \\ 0 & \gamma & 0 & -\gamma\beta \\ 0 & 0 & 1 & 0 \\ 0 & -\gamma\beta & 0 & \gamma \end{bmatrix}$$

    (b)

$$\Lambda_{R+} = \begin{bmatrix} 0 & 1 & 0 & 0 \\ -1 & 0 & 0 & 0 \\ 0 & 0 & 1 & 0 \\ 0 & 0 & 0 & 1 \end{bmatrix} \quad \text{und} \quad \Lambda_{R-} = \begin{bmatrix} 0 & -1 & 0 & 0 \\ 1 & 0 & 0 & 0 \\ 0 & 0 & 1 & 0 \\ 0 & 0 & 0 & 1 \end{bmatrix}$$

47. $v = 0{,}20c$
55. Da u ein Vierervektor ist, gilt

$$u_1' = \gamma(V)[u_1 - \beta(V)u_4], \quad u_2' = u_2, \quad u_3' = u_3, \quad u_4' = \gamma(V)[u_4 - \beta(V)u_1].$$

57. $T(\text{Bi}) + T(\text{He}) = 1{,}3 \cdot 10^{-12}\ \text{J} = 8{,}1$ MeV.
61. $E = 5$ MeV; $\quad v = 0{,}8c$.
63. $1\ \text{MeV}/c^2 = 1{,}78 \cdot 10^{-30}$ kg; $1\ \text{MeV}/c = 5{,}34 \cdot 10^{-22}$ kg·m/s.
65. **(b)** $v_{\text{max}} = 0{,}12c$.
67. $v_{\text{ges}} = 0$; $M = \frac{10}{3}m$.

71. **(c)** Die Mindestenergien sind $E_S \approx 3100$ MeV, aber nur $E_{\text{Lab}} \approx 9{,}6 \cdot 10^6$ MeV.

75. $M = 2{,}95\ \text{GeV}/c^2$; $v = 0{,}65c$.

81. $r(\text{rel}) = 8{,}3$ cm; $r(\text{nichtrel}) = 5{,}9$ cm.

93. Wenn wir die Endenergie des Elektrons mit E bezeichnen, erhalten wir $E/E_0 \approx 0{,}002$.

109. **(a)** Wenn wir die Achsen so wählen, dass die beiden Ladungen sich in der x-y-Ebene befinden, dann üben sie in ihrem Ruhesystem $\mathcal{S}'$ die Kraft $\boldsymbol{F}' = (0, kq^2/r'^2, 0)$ aufeinander aus. Nach (15.156) transformiert sich das zu $\boldsymbol{F} = (0, kq^2/\gamma r^2, 0)$ in $\mathcal{S}$. **(b)** In $\mathcal{S}'$ finden wir für die Felder einer Ladung am Ort der anderen $\boldsymbol{E}' = (0, kq/r'^2, 0)$ und $\boldsymbol{B}' = (0, 0, 0)$. In $\mathcal{S}$ sind die Felder $\boldsymbol{E} = (0, \gamma kq/r^2, 0)$ und $\boldsymbol{B} = (0, 0, \gamma\beta kq^2/cr^2)$; sie erzeugen eine Kraft $\boldsymbol{F} = q\boldsymbol{v} \times \boldsymbol{B}$, und man erkennt leicht, dass die Kraft dieselbe ist wie in Teil (a).

Kapitel 16

7.

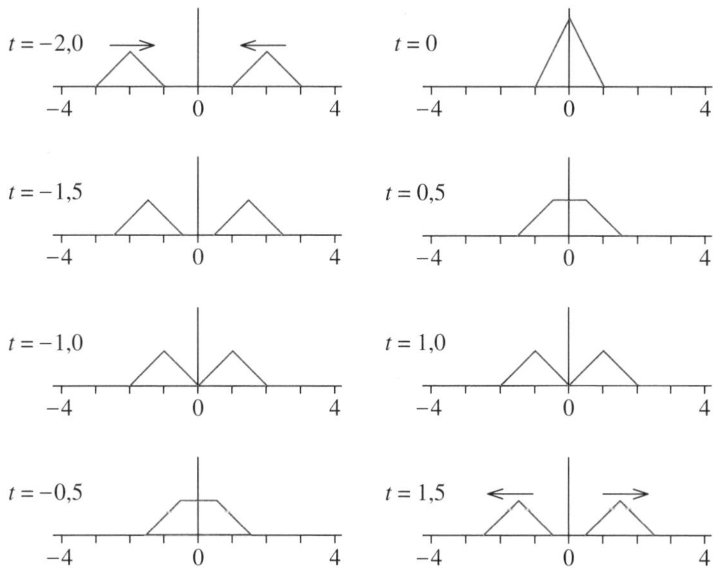

11.

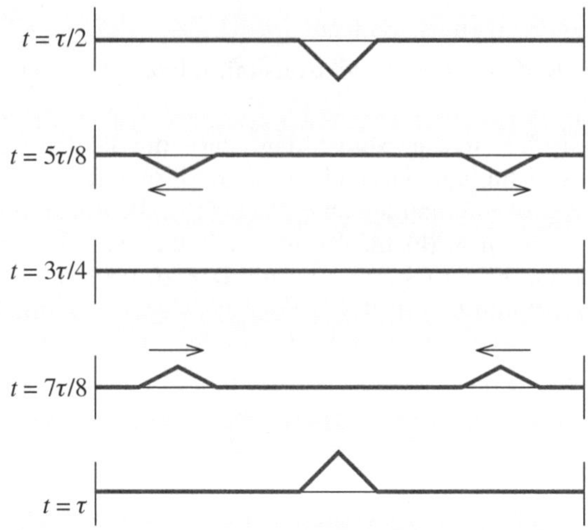

27.

$$\boldsymbol{E} = \frac{1}{3\alpha\beta}\begin{bmatrix} 2\alpha+\beta & 0 & 0 \\ 0 & \beta-\alpha & 0 \\ 0 & 0 & \beta-\alpha \end{bmatrix}$$

31. Das Erdbeben ist 5040 km entfernt.

Register

I

K

L

Q

R

S

T

U

V

Literatur

Standardliteratur

Herbert Goldstein, Charles Poole und John L. Safko, *Klassische Mechanik*. Dritte, vollständig überarbeitete und erweiterte Auflage, Weinheim 2006 (Wiley-VCH).

Friedhelm Kuypers, *Klassische Mechanik*. 9. erweiterte Auflage, Weinheim 2010 (Wiley-VCH).

Florian Scheck, *Theoretische Physik 1: Mechanik*. 8. Auflage, Heidelberg 2007 (Springer).

Stephen Thornton and Jerry Marion, *Classical Dynamics of Particles and Systems*. 5th edition, 2003 (Thomson Press).

Chaos

Steven H. Strogatz, *Nonlinear Dynamics and Chaos*. Nachdruck der Paperback-Ausgabe, Cambridge, Mass., 2008 (Westview). [ein schon etwas älteres Buch, aber pädagogisch unübertroffen elegant]

„Klassiker"

Lew Dawidowitsch Landau und Ewgeni M. Lifschitz, *Lehrbuch der theoretischen Physik I. Mechanik*. 14., korrigierte Auflage, Thun und Frankfurt/M. (Harry Deutsch).

Walter Greiner, *Klassische Mechanik, Bd. 1: Kinematik und Dynamik der Punktteilchen, Relativität*. 8., u¨berarbeitete und erweiterte Auflage, Frankfurt 2007 (Europa-Lehrmittel).

Walter Greiner, *Klassische Mechanik, Bd. 2: Teilchensysteme, Lagrange-Hamiltonsche Dynamik, nichtlineare Phänomene*. 7., überarbeitete Auflage, Frankfurt 2008 (Europa-Lehrmittel).

Vermischte Daten (zur Verwendung in den Aufgaben)

Das Sonnensystem

(Masse der Erde) = $5{,}97 \cdot 10^{24}$ kg

(Erdradius) = $6{,}38 \cdot 10^{6}$ m

(Masse des Mondes) = $7{,}35 \cdot 10^{22}$ kg

(Mondradius) = $1{,}74 \cdot 10^{6}$ m

(Masse der Sonne) = $1{,}99 \cdot 10^{30}$ kg

(Sonnenradius) = $6{,}96 \cdot 10^{8}$ m

(Abstand des Mondes von der Erde) = $3{,}84 \cdot 10^{8}$ m

(Abstand der Erde von der Sonne) = $1{,}50 \cdot 10^{11}$ m

Umrechnungsfaktoren

Fläche:	1 barn $= 10^{-28}$ m^2
Energie:	1 eV $= 1{,}60 \cdot 10^{-19}$ J
	1 cal $= 4{,}184$ J
Länge:	1 inch $= 2{,}54$ cm
	1 mile $= 1609$ m
Masse:	1 u (atomare Masseneinheit) $= 1{,}66 \cdot 10^{-27}$ kg $= 931{,}5$ MeV/c^2
	1 lb (Pfund) $= 0{,}454$ kg
	1 MeV/c^2 $= 1{,}074 \cdot 10^{-3}$ u $= 1{,}783 \cdot 10^{-30}$ kg
Impuls:	1 MeV/c $= 5{,}34 \cdot 10^{-22}$ kg · m/s

Ideale Gase

Avogadro-Zahl $N_A = 6{,}02 \cdot 10^{23}$ Teilchen/Mol

Boltzmann-Konstante $k = 1{,}38 \cdot 10^{-23}$ J/K $= 8{,}62 \cdot 10^{-5}$ eV/K

Universelle Gaskonstante R $= 8{,}31$ J/(mol·K) $= 0{,}0821$ liter·atm/(mol·K)

Standardbedingungen: 0°C und 1 atm

(Volumen von 1 Mol eines Gases bei Standardbedingungen) = 22,4 Liter

Einige weitere Konstanten

Coulomb'sche Kraftkonstante
$k = 1/(4\pi\varepsilon_0) = 8{,}99 \cdot 10^{9}$ N·m^2/C^2

Gravitationskonstante
$G = 6{,}67 \cdot 10^{-11}$ N·m^2/kg^2

Planck'sches Wirkungsquantum
$h = 6{,}63 \cdot 10^{-34}$ J·s und
$\hbar = 1{,}05 \cdot 10^{-34}$ J·s

Lichtgeschwindigkeit
$c = 3{,}00 \cdot 10^{8}$ m/s

Permeabilität des Vakuums
$\mu_0 = 4\pi \cdot 10^{-7}$ N/A^2

Dielektrizitätskonstante
$\varepsilon_0 = 8{,}85 \cdot 10^{-12}$ C^2/(N·m^2)